CB041767

PARA ENTENDER A
TERRA

Tradutores da 4ª edição:
Rualdo Menegat
Professor do Instituto de Geociências da UFRGS.
Paulo César Dávila Fernandes
Professor da Universidade do Estado da Bahia (UNEB).
Luís Alberto Dávila Fernandes
Professor do Instituto de Geociências da UFRGS.
Carla Cristine Porcher
Professora do Instituto de Geociências da UFRGS.

G881e Grotzinger, John.
Para entender a terra / John Grotzinger, Thomas H. Jordan ; tradução: Francisco Araújo da Costa ; revisão técnica: Rualdo Menegat. – 8. ed. – Porto Alegre : Bookman, 2023.
xxi, 757 p. : il. color. ; 28 cm.

ISBN 978-85-8260-592-9

1. Geociências. 2. Geologia. I. Jordan, Thomas H. II. Título.

CDU 55

Catalogação na publicação: Karin Lorien Menoncin – CRB 10/2147

John Grotzinger
California Institute of Technology

Thomas H. Jordan
University of Southern California

PARA ENTENDER A TERRA

8ª EDIÇÃO

Tradução
Francisco Araújo da Costa

Revisão Técnica
Rualdo Menegat
Geólogo. Professor da Universidade Federal do Rio Grande do Sul (UFRGS).
Doutor em Ciências. Doutor *Honoris Causa* (UPAB, Peru). Membro honorário do Fórum Nacional dos Cursos de Geologia.
Colíder do IGCP Project Geology and Society (Unesco-IUGS), Vice-Presidente Científico do
Foro Latino-Americano de Ciências Ambientais (FLACAM/Cátedra Unesco para o Desenvolvimento Sustentável.
Membro da International Commission on the History of Geological Sciences of the
International Union of Geological Sciences.

Porto Alegre
2023

Obra originalmente publicada sob o título *Understanding Earth*, 8th edition.

ISBN 9781319055325

Gerente editorial: *Letícia Bispo de Lima*

Colaboraram nesta edição:

Consultora editorial: *Arysinha Jacques Affonso*

Editora: *Simone de Fraga*

Preparação e finalização: *Marina Carvalho Dummer*

Leitura Final: *Daniela de Freitas Louzada*

Arte sobre a capa original: *Márcio Monticelli*

Editoração: *Clic Editoração Eletrônica Ltda.*

Reservados todos os direitos de publicação, em língua portuguesa, à
GRUPO A EDUCAÇÃO S.A.
(Bookman é um selo editorial do GRUPO A EDUCAÇÃO S.A.)
Rua Ernesto Alves, 150 – Bairro Floresta
90220-190 – Porto Alegre – RS
Fone: (51) 3027-7000

SAC 0800 703 3444 – www.grupoa.com.br

IMPRESSO NO BRASIL
PRINTED IN BRAZIL

Dedicatória

Dedicamos este livro a Frank Press e a Ray Siever, educadores pioneiros na era da geologia moderna. Este livro somente foi possível porque eles nos mostraram o caminho.

Os autores

Cortesia de John Grotzinger

Cortesia de Tom Jordan

John Grotzinger é geólogo de campo interessado na evolução da biosfera e dos ambientes superficiais da Terra. Trabalha também em torno da evolução ambiental de Marte e da avaliação do seu potencial de habitabilidade. Sua pesquisa é voltada para o desenvolvimento químico dos oceanos e da atmosfera primitivos, para o contexto ambiental da evolução animal primitiva e para os fatores geológicos que regulam as bacias sedimentares. Através do trabalho de campo que realizou, foi ao noroeste do Canadá, norte da Sibéria, sul da África, oeste dos Estados Unidos e, usando um robô, a Marte. É Bacharel em Geociências pela Universidade Hobart (1979), Mestre em Geologia pela Universidade de Montana (1981) e Doutor em Geologia pelo Instituto Politécnico e Universidade do Estado de Virgínia (1985). Durante três anos atuou como pesquisador do Observatório Geológico de Lamont-Doherty, antes de integrar o corpo docente do MIT, em 1988. De 1979 a 1990, esteve engajado em mapeamento regional para o Serviço Geológico do Canadá. De 2008 a 2015, atuou como cientista-chefe na equipe responsável pelo veículo explorador de Marte Curiosity, enviado ao Planeta Vermelho na primeira missão a avaliar a habitabilidade dos ambientes antigos de outro planeta.

Em 1998, o Dr. Grotzinger recebeu a distinção de Acadêmico Ilustre Waldemar Lindgren no MIT e, em 2000, assumiu a posição de Professor Robert R. Shrock de Ciências Planetárias e da Terra. Em 2005, transferiu-se do MIT para o Caltech (Instituto de Tecnologia da Califórnia, EUA), onde assumiu a posição de Professor Fletcher Jones de Geologia. Recebeu o Prêmio Jovem Pesquisador da Presidência da Fundação Nacional de Ciência dos Estados Unidos em 1990, a Medalha Donath da Sociedade de Geologia dos EUA (GSA) em 1992, a Medalha Charles Doolittle Walcott da Academia Nacional de Ciências em 2007 e a Medalha de Excelência em Liderança Pública da NASA em 2013. É membro da Academia de Artes e Ciências dos EUA e da Academia Nacional de Ciências dos Estados Unidos.

Tom Jordan é geofísico cujos interesses incluem a composição, a dinâmica e a evolução da Terra sólida. Concentra suas pesquisas na natureza da subducção profunda, na formação de uma espessa quilha sob os antigos crátons continentais e na questão da estratificação do manto. Ele desenvolveu uma série de técnicas para elucidar as feições estruturais do interior da Terra, que dão suporte a esses e outros problemas geodinâmicos. Trabalha, também, na modelagem do movimento das placas, medindo deformações neotectônicas nas zonas de borda de placas, quantificando vários aspectos da morfologia do assoalho oceânico e caracterizando grandes terremotos. Doutor em Geofísica e Matemática Aplicada no Instituto de Tecnologia da Califórnia, EUA (Caltech), lecionou na Universidade de Princeton e no Instituto de Oceanografia Scripps antes de integrar a faculdade do Instituto de Tecnologia de Massachusetts (MIT) como Professor Robert R. Shrock de Ciências Planetárias e da Terra em 1984. Foi chefe do Departamento de Ciências Planetárias, da Atmosfera e da Terra do MIT durante 10 anos (1988-1998). Transferiu-se do MIT para a Universidade da Califórnia do Sul em 2000, onde assumiu a posição de Professor W. M. Keck de Ciências Geológicas. De 2002 a 2017, foi diretor do Centro de Terremotos da Califórnia do Sul, onde coordenou um programa de pesquisa internacional voltado para a ciência do sistema sísmico que envolveu mais de 600 cientistas, em mais de 60 universidades e institutos de pesquisa.

O Dr. Jordan recebeu a Medalha James B. Macelwane da União de Geofísica dos EUA em 1983, o Prêmio George P. Woollard da Sociedade de Geologia dos EUA em 1998 e a Medalha Lehmann da União de Geofísica dos EUA em 2005. É membro da Academia de Artes e Ciências dos EUA, da Academia Nacional de Ciências dos EUA e da Sociedade de Filosofia dos EUA.

Prefácio

Para entender a Terra como um planeta em transformação

A geologia está presente em diversos âmbitos de nosso cotidiano. Estamos cercados de materiais e recursos extraídos da Terra, desde as joias que usamos à gasolina que abastece nossos carros e à água que bebemos, bem como no desenvolvimento de nossa compreensão sobre o clima passado e futuro do planeta. As ciências geológicas constantemente informam as decisões de líderes e formuladores de políticas públicas no governo, na economia e em organizações comunitárias. Entender a nossa Terra nunca foi tão importante.

Como a ciência da Terra está tão arraigada em nossas vidas, essa disciplina avança com o passar dos anos em resposta às necessidades que a própria sociedade nos mostra. Décadas atrás, a maioria dos geólogos trabalhava para mineradoras e na indústria petrolífera, mas houve uma explosão na demanda por especialistas ambientais e cientistas que entendam os oceanos, a atmosfera e o clima terrestre. À medida que a população mundial cresce, observamos o aumento do impacto de furacões, secas, tornados e outras forças ambientais, como terremotos e deslizamentos de terra. Mesmo na busca por vida em outros planetas, cada vez mais precisamos de conhecimento em geologia para ajudar a reconstruir ambientes fora da Terra, como em Marte. Lá, os geólogos estão em busca de traços de vida em rochas que têm bilhões de anos de idade, usando robôs que operam a centenas de milhões de quilômetros da Terra.

Essas necessidades variadas exigem um entendimento também amplo sobre os princípios e conceitos básicos das geociências. Embora os tempos mudem e as aplicações variem, entender a composição básica de materiais geológicos, suas origens e como o planeta atua enquanto sistema é fundamental para entender a Terra. Tudo é relevante, da mudança climática à abundância de água subterrânea, da frequência de grandes tempestades e erupções vulcânicas à localização e custo da extração de elementos raros. É um fato que, à medida que a complexidade desses desafios aumenta, cresce a necessidade de geólogos com boa formação para tomar decisões inteligentes. É essa crença que trazemos para este livro.

À medida que a Terra se transforma ao nosso redor, também se transformam as demandas da sociedade por compreender relações entre energia, clima e meio ambiente. *Para entender a Terra*, ao mesmo tempo que reforça os conceitos fundamentais da geologia física, busca engajar estudantes em debates sérios sobre como o consumo de combustíveis fósseis afeta o meio ambiente e contribui para a mudança global.

FIGURA 14.19 Bolhas de gás metano congeladas em gelo transparente no Lago Baikal, próximo à fronteira entre Rússia e Mongólia. [Streluk/Getty Images.]

FIGURA 5.23 Imagem de satélite de uma enorme nuvem de cinzas da erupção do vulcão Cordón Caulle, na região central do Chile, em 13 de junho de 2011. A pluma de cinzas se estende 800 km, desde as montanhas nevadas da Cordilheira dos Andes (à esquerda na foto) até a capital argentina de Buenos Aires (parte central direita da foto). Essa nuvem de cinzas envolveu a Terra, levando ao fechamento de aeroportos na Austrália e Nova Zelândia. [Imagem da NASA cortesia de Jeff Schmaltz, MODIS Rapid Response Team no NASA GSFC.]

NOVIDADE Ferramentas para ajudar estudantes no aprendizado e no engajamento com o tema

Rochas ígneas: sólidos que se formaram de líquidos

Objetivos de Aprendizagem

Neste capítulo, estudaremos a ampla variedade existente de rochas ígneas intrusivas e extrusivas, bem como os processos que as formam. Vamos explorar as forças que causam a fusão das rochas e formam magmas. Também veremos como esses magmas atingem locais na superfície terrestre e abaixo dela, onde se solidificam. A seguir, analisaremos os processos ígneos associados a contextos específicos da tectônica de placas. Após estudar o capítulo, você será capaz de:

4.1 Explicar como as rochas ígneas podem ser classificadas e diferenciadas umas das outras.

4.2 Descrever como os magmas se formam e o que faz as rochas se fundirem.

4.3 Demonstrar como magmas de composições diferentes podem ser formados a partir de um material-matriz uniforme.

4.4 Resumir os diferentes tipos de intrusões ígneas.

...essos ígneos e a

A 8ª edição incorpora **Objetivos de Aprendizagem** no início de cada capítulo para promover uma leitura mais focada e ajudar estudantes a navegar nos capítulos.

A **Revisão dos Objetivos de Aprendizagem** no final de cada capítulo reforça o conteúdo com atividades de estudo, exercícios e questões para reflexão crítica.

REVISÃO DOS OBJETIVOS DE APRENDIZAGEM

4.1 Explicar como as rochas ígneas podem ser classificadas e diferenciadas umas das outras.

Todas as rochas ígneas podem ser divididas em duas classes texturais amplas: (1) as rochas cristalinas grossas, que são intrusivas e, portanto, resfriaram-se lentamente, e (2) as texturas cristalinas finas, que são extrusivas e resfriaram-se rapidamente. As rochas ígneas também podem ser classificadas com base na sua composição química e mineral. Os sistemas de classificação modernos agrupam as rochas ígneas com base no seu teor de sílica usando uma escala que varia de félsico (rico em sílica) a ultramáfico (pobre em sílica). Os minerais máficos cristalizam-se em temperaturas mais altas (nos primeiros estágios de resfriamento de um magma) do que os minerais félsicos.

Atividades de Estudo: Figuras 4.3 e 4.4

Exercício: Por que as rochas intrusivas têm granulação grossa e as rochas extrusivas têm granulação fina?

Questão para Pensar: Como você classificaria uma rocha ígnea de granulação grossa que contém cerca de 50% de piroxênio e 50% de olivina?

EXERCÍCIO DE LEITURA VISUAL

FIGURA 4.3 Os tipos de rochas ígneas podem ser identificados pela textura. [John Grotzinger/Ramón Rivera-Moret/Harvard Mineralogical Museum.]

Exercícios de Leitura Visual foram adicionados a cada capítulo para fortalecimento das habilidades de raciocínio. Neles, é necessário interpretar uma ilustração do capítulo. Os exercícios apoiam o sucesso dos estudantes na geologia ao mesmo tempo que desenvolvem uma habilidade de valiosa de pensamento crítico para toda a vida.

1. **O que diferencia o granito do gabro?**
   a. Taxa de resfriamento (rápido vs. lento)
   b. Tamanho dos minerais (grandes vs. pequenos)
   c. Local da formação (superfície vs. profundezas da crosta)
   d. Composição (máfica vs. félsica)
2. **Quais rochas se formariam no Local A e no Local B, respectivamente?**
   a. A: Basalto e B: Gabro
   b. A: Gabro e B: Granito
   c. A: Granito e B: Riólito
   d. A: Riólito e B: Basalto
3. **O início da formação de um pórfiro é semelhante à formação de que qual tipo de rocha?**
   a. Piroclastos ígneos extrusivos
   b. Rochas ígneas extrusivas
   c. Rochas ígneas intrusivas
4. **Qual é o material vulcânico mais fino?**
   a. Cinza
   b. Bombas
   c. Pedra-pomes
   d. Lava
5. **Onde se formam as rochas porfiríticas?**
   a. No manto da Terra
   b. No núcleo da Terra
   c. Em níveis rasos na crosta
   d. Em níveis profundos na crosta

NOVIDADE Foco na mudança global

Ao passo que as mudanças globais se tornam um tópico cada vez mais proeminente dos cursos de Geodinâmica, um único capítulo sobre clima não basta mais para ensinar aos estudantes o que eles precisam saber. Nesta edição de *Para entender a Terra*, ampliamos o conteúdo sobre mudanças climáticas e globais, distribuindo-o em três capítulos consecutivos.

Esse conteúdo integral está próximo ao centro do livro, após a introdução de conceitos-chave da geologia, mas antes da discussão sobre processos de superfícies e hidrológicos.

FIGURA 12.13 Imagens obtidas antes (em dezembro/2014, à esquerda) e depois (fevereiro/2015, à direita) do fenômeno de branqueamento dos corais nas águas da região central do Oceano Pacífico. [The Ocean Agency / XL Catlin Seaview Survey.]

O Capítulo 12, O sistema do clima, discute os componentes do sistema do clima, o efeito estufa, as variações climáticas e o ciclo do carbono, estabelecendo os alicerces para os Capítulos 13 e 14.

O Capítulo 13, A civilização como um geossistema global, demonstra como a civilização – a soma coletiva das atividades humanas – se transformou em um geossistema global que está alterando a superfície terrestre a uma velocidade sem precedentes.

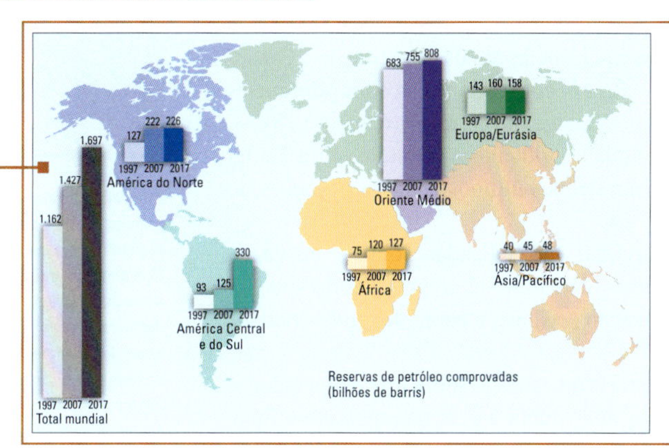

FIGURA 13.12 Estimativas regionais das reservas mundiais de petróleo em 1997 (barra da esquerda), 2007 (barra central) e 2017 (barra da direita) em bilhões de barris (bbl). As reservas de petróleo mundiais totais em 2017 eram de 1,7 trilhão de barris. [Dados da *British Petroleum Statistical Review of World Energy 2017*.]

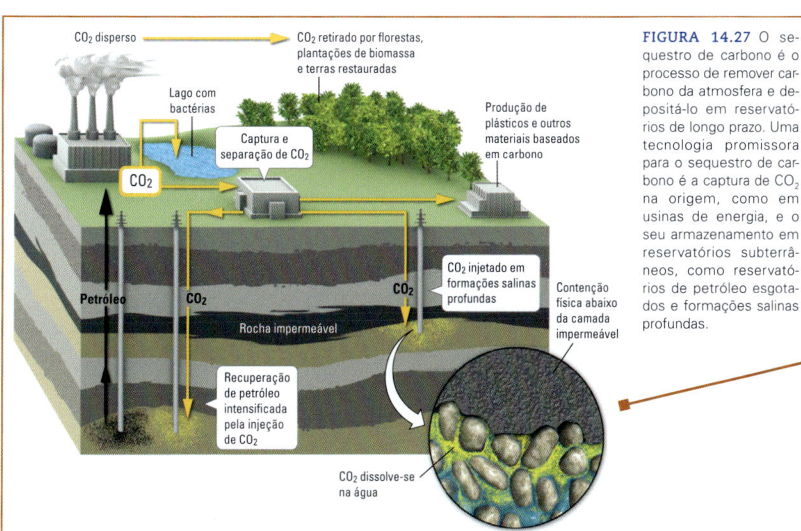

FIGURA 14.27 O sequestro de carbono é o processo de remover carbono da atmosfera e depositá-lo em reservatórios de longo prazo. Uma tecnologia promissora para o sequestro de carbono é a captura de CO_2 na origem, como em usinas de energia, e o seu armazenamento em reservatórios subterrâneos, como reservatórios de petróleo esgotados e formações salinas profundas.

O Capítulo 14, Mudança global antropogênica, discute três das formas mais graves de mudança global causadas por seres humanos: mudança climática, acidificação oceânica e perda de diversidade de espécies.

NOVIDADE Mudanças na organização

- O capítulo sobre Vulcanismo (Capítulo 5) foi colocado após o capítulo sobre Rochas Ígneas (Capítulo 4).
- O capítulo sobre Terremotos (Capítulo 9) foi colocado após o capítulo sobre Deformação (Capítulo 8).
- O capítulo sobre Geleiras (Capítulo 15) foi deslocado para a frente como extensão lógica dos Capítulos 12 a 14, sobre mudança global.
- O Capítulo 16, Processos da superfície terrestre e evolução das paisagens, agora abrange os temas intemperismo e erosão, e a evolução das paisagens.
- O Capítulo 19, Costas e desertos, agora abrange tanto ventos e desertos quanto costas e bacias oceânicas. Com a ênfase da 8ª edição nas interações com o sistema do clima e a mudança global, fez sentido reunir os dois tópicos.
- A geobiologia, um tema de conclusão, passou a ser o Capítulo 22.

NOVIDADE Atualizações de Ciência, Pesquisa e Histórias

Na tentativa de apresentar histórias atualizadas e ciência de ponta em todo o texto, as seguintes mudanças foram adotadas nesta edição:

- Nova seção sobre evolução mineral (Capítulo 3)
- Atualização dos dados sobre riscos sísmicos e eventos de terremotos da Agência Federal de Gestão de Emergências dos EUA (FEMA), incluindo discussão sobre sismicidade induzida em Oklahoma, ilustrada na figura ao lado (Capítulo 10)
- Nova discussão sobre as zonas climáticas da Terra e cinturões de vento dominantes (Capítulo 12)
- Expansão da discussão sobre combustível fóssil, fontes de energia alternativa e tendências atuais na produção e consumo de energia, atualizada com estatísticas com referências de alta credibilidade abrangendo até 2017 (Capítulo 13)
- Discussão sobre mudança global nos Capítulos 12 a 15 desenvolvida de forma fiel aos últimos dados e projeções do IPCC
- Discussões expandidas e atualizadas sobre a curva de Keeling, o Protocolo de Montreal como caso de sucesso ambiental, acidificação oceânica e perda de biodiversidade (Capítulo 14)
- Revisões significativas no capítulo sobre processos glaciais (Capítulo 15), colocando maior ênfase na espessura e fluxo das geleiras continentais, expandindo as discussões sobre os efeitos antropogênicos no Capítulo 14; nova seção sobre isostasia e mudança do nível do mar; novos mapas da espessura do gelo na Groenlândia e Antártida e fluxo de gelo na Antártida.
- Novos dados sobre precipitação anual nos Estados Unidos, assim como contaminantes e extração de água subterrânea (Capítulo 17)

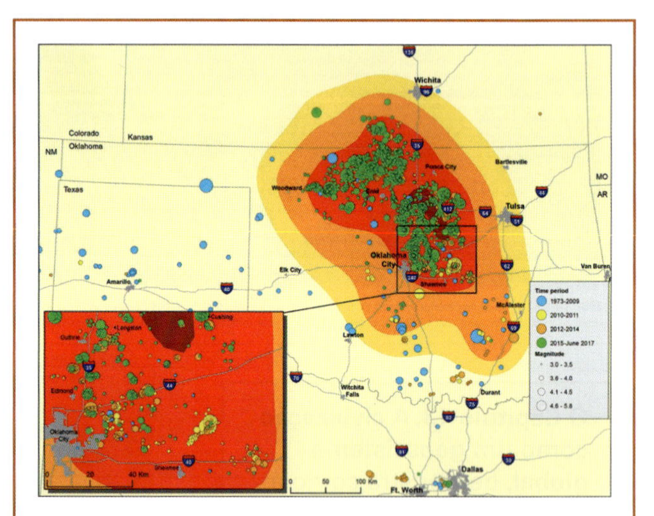

Atividades sísmicas em Oklahoma têm aumentado muito desde 2009, induzidas principalmente pela inserção de águas residuais em formações geológicas profundas. O mapa mostra locais onde ocorreram terremotos (pontos coloridos), bem como as projeções de onde é possível que ocorram abalos de intensidade VI na escala de Mercalli Modificada (áreas coloridas). O vermelho mais profundo demarca a zonas onde a chance de ocorrer um abalo de intensidade VI no próximo ano é de aproximadamente 10 a 14%. O gráfico em barras quantifica o número de terremotos com magnitude acima de 3 registrados a cada ano. A redução de abalos desde o pico de 2015 pode ser atribuída a reduções na taxa de inserção que seguiram após as diretivas emergenciais feitas pelo Estado de Oklahoma. [Dados de USGS.]

- Informações atualizadas sobre a expansão dos desertos (Capítulo 19)
- Novas informações sobre as missões Veículos Exploradores de Marte e Mars Science Laboratory (Capítulo 22)

Agradecimentos

Constitui-se em um desafio tanto aos professores de geologia como aos autores de livros-texto condensar os diversos aspectos importantes dessa ciência em um único volume e inspirar o interesse e o entusiasmo de seus alunos. Para ir ao encontro desse desafio, solicitamos a colaboração de muitos colegas que ensinam em distintas faculdades e universidades.

Desde os primeiros estágios de planejamento de cada edição deste livro, contamos com um consenso nas visões de planejamento e organização do texto e na escolha dos tópicos a serem incluídos. Quando escrevemos e reescrevemos os capítulos, novamente contamos com a orientação de nossos colegas para tornar o trabalho pedagogicamente mais adequado, acessível e estimulante para os estudantes. Somos gratos a cada um deles.
Amanda Julson, Blinn College

Barry Weaver, *University of Oklahoma*
Bruce Herbert, *Texas A&M University*
Cassandra Runyon, *College of Charleston*
David Bradley, *Georgia Southern University*
David Kratzmann, *Santa Rosa Junior College*
Dennis Ballero, *Georgia State University*
Ellery Ingall, *Georgia Institute of Technology*
Eric Jerde, *Morehead State University*
Glenn Dolphin, *University of Calgary*
Haraldur Karlsson, *Texas Tech University*
Ian Brown, *Wake Technical Community College*
Joann Hochstein, *Lone Star College*
Joanna Scheffler, *Mesa Community College*
Joshua Schwartz, *California State University, Northridge*
Lawrence Lemke, *Wayne State University*
Lisa Greer, *Washington and Lee University*
Margaret Benoit, *The College of New Jersey*
Mark Baskaran, *Wayne State University*
Mark Everett, *Texas A&M University*
Mark Feigenson, *Rutgers, The State University of New Jersey– Livingston*
Meredith Denton-Hedrick, *Austin Community College*
Pamela Nelson, *Glendale Community College*
Qinhong Hu, *University of Texas at Arlington*
Thomas Smith, *Kalamazoo College*
Tim Callahan, *College of Charleston*

Ainda somos muito gratos aos educadores que se envolveram ou auxiliaram nos estágios de planejamento e revisão da edição anterior:

Alycia Stigall, *Ohio University*
Bernard Housen, *Western Washington University*
Bruce Herbert, *Texas A&M University*
Courtney Clamons, *Austin Community College*
Daniel Kelley, *Louisiana State University*
Edward Garnero, *Arizona State University*
Ellen Cowan, *Appalachian State University*
J. M. Wampler, *Georgia State University*
John Tacinelli, *Rochester Community and Technical College*
Marianne Caldwell, *Hillsborough Community College*
Mark Feigenson, *Rutgers, The State University of New Jersey-Livingston*
Maureen McCurdy Hillard, *Louisiana Tech University*
Meredith Denton-Hedrick, *Austin Community College*
Qinhong Hu, *University of Texas at Arlington*
Richard Gibson, *Texas A&M University*
Steppen Murphy, *Central Piedmont Community College*

Outras pessoas trabalharam conosco diretamente na escrita e na preparação dos originais para a publicação. Randi Rossignol, nossa editora de ciências na W. H. Freeman and Company, que sempre esteve ao nosso lado. Randi, que trabalhou conosco nos últimos 18 anos e passou por cinco revisões do texto. Foi um grande prazer trabalhar com ela! Kerry O'Shaughnessy, que administrou o processo de produção, manteve-nos no prazo e deu toda atenção aos detalhes. Amy Thorne, que coordenou os suplementos de mídia. Natasha Wolfe, que cuidou do projeto gráfico e Jennifer Atnins, que fez muitas fotografias lindas. Crissy Dudonis, que coordenou o processo de transmissão. Andrew Dunaway, diretor do programa de STEM, foi um participante inteligente e entusiasmado. Nossos agradecimentos sinceros à Emily Cooper, que criou tantas ilustrações belíssimas.

Sumário

Sumário detalhado

Capítulo 15
Geleiras: o trabalho do gelo 423

Capítulo 16
Processos da superfície terrestre e evolução das paisagens 453

Capítulo 17
O ciclo hidrológico e a água subterrânea 495

Capítulo 18
Transporte fluvial: das montanhas aos oceanos 527

Capítulo 19
Costas e desertos 559

Capítulo 20
História primordial dos planetas terrestres 599

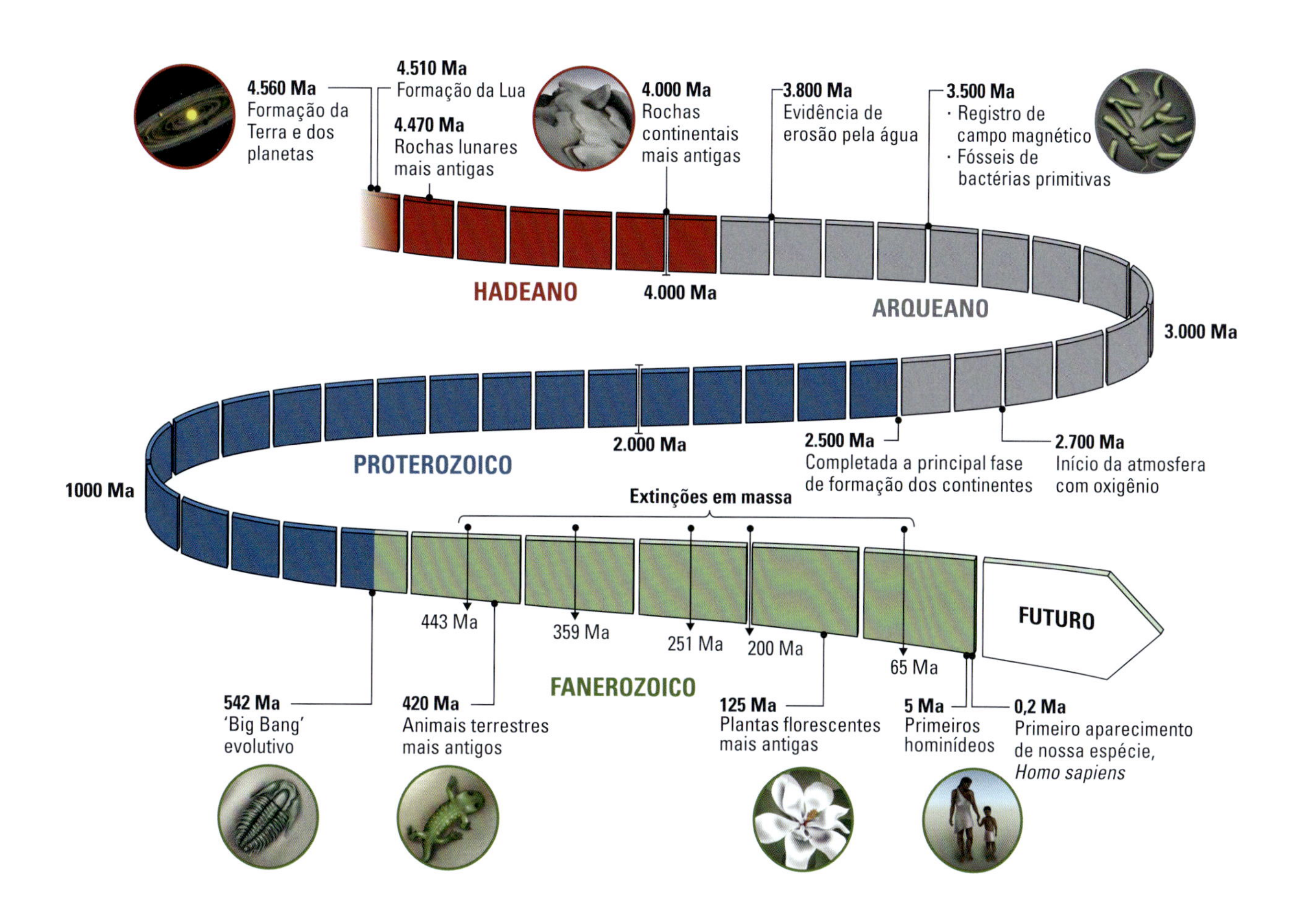
4.560 Ma
Formação da Terra e dos planetas
4.510 Ma
Formação da Lua
4.470 Ma
Rochas lunares mais antigas
4.000 Ma
Rochas continentais mais antigas
3.800 Ma
Evidência de erosão pela água
3.500 Ma
· Registro de campo magnético
· Fósseis de bactérias primitivas
HADEANO
4.000 Ma
ARQUEANO
3.000 Ma
2.000 Ma
2.500 Ma
Completada a principal fase de formação dos continentes
2.700 Ma
Início da atmosfera com oxigênio
PROTEROZOICO
1000 Ma
Extinções em massa
443 Ma
359 Ma
251 Ma
200 Ma
65 Ma
FUTURO
FANEROZOICO
542 Ma
'Big Bang' evolutivo
420 Ma
Animais terrestres mais antigos
125 Ma
Plantas florescentes mais antigas
5 Ma
Primeiros hominídeos
0,2 Ma
Primeiro aparecimento de nossa espécie, *Homo sapiens*

O sistema Terra

1

Objetivos de Aprendizagem

Cada capítulo deste livro incia enumerando os "Objetivos de Aprendizagem" para ajudar você a estudar. No final do capítulo, você vai encontrar a "Revisão dos objetivos", onde consta um resumo dos conceitos relacionados a cada item aqui listado. O Capítulo 1 descreve como os geólogos investigam a Terra, vista como um sistema de componentes que interagem uns com os outros. Após estudar o capítulo, você será capaz de:

1.1 Descrever os aspectos mais importantes da Geologia que a relacionam com e a distinguem de outras ciências, como física, química e biologia.

1.2 Ilustrar como o método científico foi usado para desenvolver teorias sobre a forma e estrutura da Terra.

1.3 Comparar as composições químicas da crosta, manto e núcleo da Terra em relação aos seus elementos mais abundantes.

1.4 Localizar, no sistema de camadas da Terra, os geossistemas globais que explicam o clima, a tectônica de placas e o campo geomagnético.

1.5 Memorizar a idade da Terra e alguns dos principais eventos da evolução da vida que se destacam no registro geológico.

Primeira imagem de toda a Terra, mostrando parcialmente os continentes Antártida e África, feita pelos astronautas da *Apollo* no dia 7 de dezembro de 1972. [NASA.]

A Terra é um lugar único, o lar de uma infinidade de organismos, incluindo nós mesmos. Nenhum outro local que já tenhamos descoberto tem o mesmo delicado equilíbrio de condições para manter a vida. A Geologia é a ciência que estuda a Terra: como nasceu, como evoluiu, como funciona e como podemos ajudar a preservar os hábitats que sustentam a vida. Os geólogos buscam respostas a muitas perguntas básicas. De que material o planeta é composto? Por que existem continentes e oceanos? Como o Himalaia, os Alpes e as Montanhas Rochosas chegam a tamanha altura? Por que algumas regiões estão sujeitas a terremotos e erupções vulcânicas, enquanto outras não? Como o ambiente da superfície terrestre, e a vida contida nele, evoluiu ao longo de bilhões de anos? Quais são as prováveis mudanças no futuro? Acreditamos que as respostas a essas perguntas sejam fascinantes. Damos a você as boas-vindas à ciência da Geologia!

Neste livro, estruturamos os temas da Geologia em torno de três conceitos básicos, que vão aparecer em quase todos os capítulos: (1) a Terra como sistema de componentes interativos; (2) a tectônica de placas como uma teoria unificadora da Geologia; e (3) as mudanças do sistema Terra ao longo do tempo geológico.

Este capítulo oferecerá uma ampla visão de como os geólogos pensam. Ele começa com o método científico, ou seja, a abordagem objetiva do universo físico na qual toda investigação científica é baseada. Com este livro, você verá o método científico em ação à medida que descobrir como os geólogos obtêm e interpretam as informações sobre o nosso planeta. No primeiro capítulo, ilustraremos como o método científico vem sendo aplicado para descobrir algumas das características básicas da Terra – sua forma e camadas internas.

Para explicar características que têm milhões e até bilhões de anos, os cientistas da Terra analisam o que está acontecendo hoje no planeta. Introduziremos o estudo de nosso complexo mundo natural como um *sistema terrestre* que envolve muitos componentes inter-relacionados. Alguns desses componentes, como a atmosfera e os oceanos, são claramente visíveis acima da superfície sólida da Terra; outros estão escondidos em regiões profundas de seu interior. Pela observação das maneiras como esses componentes interagem, os cientistas desenvolveram uma compreensão de como o sistema terrestre mudou ao longo do tempo geológico.

Também apresentaremos uma visão de tempo desde a perspectiva de um geólogo. Você começará a pensar sobre o tempo de forma diferente à medida que passar a entender a extensão da história geológica. A Terra e os outros planetas em nosso sistema solar tiveram sua formação há aproximadamente 4,5 bilhões de anos. Antes de 3 bilhões de anos atrás, células vivas desenvolveram-se sobre a Terra, e, desde então, a vida não parou de evoluir. Ainda assim, nossa origem humana ocorreu há apenas alguns poucos milhões de anos – menos de 0,1% de toda a existência da Terra.

O método científico

O termo *Geologia* (do grego *Terra* e *conhecimento*) foi criado por filósofos da natureza há mais de 200 anos para descrever o estudo de formações rochosas e fósseis.* Por meio de observações e raciocínios criteriosos, seus sucessores desenvolveram as teorias da evolução biológica, da deriva continental e da tectônica de placas – tópicos importantes deste livro. Hoje em dia, **Geologia** identifica o ramo da ciência da Terra que estuda todos os aspectos do planeta: sua história, sua composição e estrutura interna e suas características de superfície.

O objetivo da Geologia – e de toda a Ciência – é explicar o universo físico. Os cientistas acreditam que os eventos físicos têm explicações físicas, mesmo quando estão além da nossa capacidade atual de entendimento. O **método científico**, que todo cientista adota, é o procedimento geral para descobrir como o universo funciona por meio de observações sistemáticas e experimentos. O uso do método científico para fazer novas descobertas e confirmar as antigas é o processo de *pesquisa científica*.

Hipótese e teoria

Quando os cientistas propõem uma *hipótese*, uma suposição baseada em dados coletados por meio de observação e experimentação, eles a submetem à comunidade científica para que seja criticada e repetidamente testada contra novos dados. Uma hipótese é suportada se explicar dados novos ou se prever o resultado de novos experimentos. Uma hipótese que é confirmada por novas observações conquista credibilidade; as que são contraditas pelos dados podem ser rejeitadas.

Aqui estão quatro interessantes hipóteses científicas que encontraremos neste livro:

- A Terra tem bilhões de anos.
- O carvão é uma rocha formada a partir de plantas mortas.
- Os terremotos são causados pela ruptura de rochas ao longo de falhas geológicas.
- A queima de combustível fóssil causa o aquecimento global.

A primeira hipótese está de acordo com as idades de milhares de análises de rochas antigas, medidas por técnicas laboratoriais precisas, e as duas hipóteses seguintes já foram confirmadas por muitos observadores independentes. A quarta tem sido mais polêmica, embora existam tantos dados novos confirmando-a, que a maioria dos cientistas agora a aceita como verdadeira (veja os Caps. 12 e 14).

Um conjunto coerente de hipóteses proposto para explicar algum aspecto da natureza é o que constitui uma *teoria* científica. Boas teorias recebem o suporte de um corpo significativo de dados e sobrevivem a repetidos desafios. Geralmente explicam *leis físicas*, princípios gerais sobre como o universo funciona que podem ser aplicados em quase todas as situações, como a lei da gravitação de Newton.

*N. de R.T.: O termo *geologia* surgiu pela primeira vez na obra do professor Ulisse Aldrovandi, da Universidade da Bolonha (Itália), em 1603. Além de introduzir essa nova ciência, ele propôs o modelo dos modernos museus de História Natural, das viagens naturalistas e do papel da ilustração científica no conhecimento do mundo.

Algumas hipóteses e teorias foram testadas de forma tão completa que todos os cientistas as aceitam como verdadeiras, pelo menos com uma boa aproximação à realidade que buscam descrever. Por exemplo, a teoria de que a Terra é quase esférica, que segue a lei da gravidade de Newton, é sustentada por tantas experiências e evidências diretas (pergunte a qualquer astronauta) que a consideramos um fato. Quanto mais tempo uma teoria resiste a todas as mudanças científicas, mais confiável ela será considerada.

Ainda assim, as teorias nunca podem ser consideradas definitivamente comprovadas. A essência da Ciência é que nenhuma explicação, não importa se acreditada ou atraente, está fechada a questionamentos. Se evidências novas e convincentes indicam que uma teoria está errada, os cientistas podem descartá-la ou modificá-la para explicar os dados. Uma teoria, como uma hipótese, deve sempre ser testável; qualquer proposta sobre o universo que não possa ser avaliada pela observação do mundo natural, não deve ser chamada de teoria científica.

Para cientistas que trabalham com pesquisa, as hipóteses mais interessantes geralmente são as mais polêmicas, e não aquelas mais aceitas. A hipótese de que a queima de combustível fóssil causa aquecimento global foi questionada diversas vezes desde que foi proposta, décadas atrás. Como as previsões de longo prazo dessa hipótese são muito importantes, hoje vários estudiosos das Ciências da Terra a testam de forma vigorosa, fazendo o mesmo com as teorias climáticas baseadas nela.

Modelos científicos

O conhecimento baseado em hipóteses e teorias bem-sucedidas pode ser utilizado para criar um *modelo científico*, uma representação formal de como um processo natural opera ou de como um sistema natural se comporta. Os cientistas reunem ideias relacionadas em um modelo para testar a consistência de seu conhecimento e para fazer previsões. À semelhança de uma boa hipótese ou teoria, um bom modelo faz previsões que concordam com as observações.

Um modelo científico costuma ser formulado em termos de programas computadorizados, que simulam o comportamento de sistemas naturais por meio de cálculos numéricos. A previsão de chuva ou sol mostrada na televisão esta noite vem de um modelo computacional do clima. Um computador pode ser programado para simular fenômenos geológicos grandes demais para replicar em laboratório ou que operam em períodos de tempo extensos demais para serem observados pelos humanos. Por exemplo, modelos usados para previsão do tempo foram ampliados para prever mudanças climáticas daqui a décadas.

A importância da colaboração científica

Para encorajar a discussão de suas ideias, os cientistas as compartilham com seus colegas, juntamente com os dados em que elas se baseiam. Eles apresentam suas descobertas em encontros profissionais, publicam-nas em revistas especializadas e explicam-nas em conversas informais com seus pares. Os cientistas aprendem com os trabalhos dos outros profissionais da área e, também, com as descobertas dos seus antecedentes. A maioria dos principais conceitos da ciência que surge tanto a partir de um lampejo da imaginação, como de uma análise cuidadosa, é fruto de incontáveis interações desse tipo. De acordo com Albert Einstein: "Na ciência (...) o trabalho científico do indivíduo está tão inseparavelmente conectado ao de seus antecessores e contemporâneos, que parece ser quase um produto impessoal de sua geração".

Pelo fato desse livre intercâmbio intelectual poder estar sujeito a abusos, um código de ética foi desenvolvido entre os cientistas. Eles não devem fabricar ou falsificar dados, utilizar o trabalho de terceiros sem fazer referências, ou, de outro modo, ser fraudulentos em seu trabalho. Devem, ainda, assumir a responsabilidade de instruir a próxima geração de pesquisadores e professores. Esses princípios são sustentados pelos valores básicos de cooperação científica. Bruce Alberts, ex-presidente da National Academy of Science (Academia Nacional de Ciência dos Estados Unidos), apropriadamente descreveu esses valores como sendo os de "honestidade, generosidade, respeito pelas evidências e abertura a todas as ideias e opiniões".

A geologia como ciência

Na mídia popular, os cientistas geralmente são descritos como pessoas que realizam experimentos com jalecos brancos. Esse estereótipo não é inadequado: muitos problemas científicos são melhor investigados no laboratório. Que forças mantêm os átomos juntos? Como os produtos químicos reagem entre si? Os vírus podem causar câncer? Os fenômenos que os cientistas observam para responder a essas perguntas são pequenos o bastante e ocorrem rápido o suficiente para serem estudados no ambiente controlado de um laboratório.

Porém, as grandes questões da Geologia envolvem processos que operam em escalas muito maiores e mais longas. As medições controladas em laboratório geram dados cruciais para testar hipóteses e teorias geológicas – as idades e propriedades de rochas, por exemplo –, mas normalmente são insuficientes para solucionar os principais problemas geológicos. Quase todas as grandes descobertas descritas neste livro foram feitas por meio da observação dos processos terrestres em seu ambiente natural, não controlado.

Por esse motivo, a Geologia é uma ciência de campo, com estilos e concepções próprios e específicos. Os geólogos "vão a campo" para fazer uma observação direta da natureza (**Figura 1.1**). Eles aprendem como as montanhas se formaram escalando encostas íngremes e examinando as rochas expostas e acionam instrumentos delicados para coletar dados sobre terremotos, erupções vulcânicas e outras atividades na Terra sólida. Eles descobrem como as bacias oceânicas evoluíram navegando por mares agitados para mapear o fundo oceânico (**Figura 1.2**).

A Geologia tem uma relação estreita com outras áreas das ciências da Terra, inclusive com a *Oceanografia*, o estudo dos oceanos; a *Meteorologia*, o estudo da atmosfera; e a *Ecologia*, que lida com a abundância e a distribuição da vida. A *Geofísica, a Geoquímica* e a *Geobiologia* são subáreas da Geologia que aplicam os métodos da Física, da Química e da Biologia para resolver problemas geológicos (**Figura 1.3**).

FIGURA 1.1 A Geologia é basicamente uma ciência de campo. Aqui, Peter Gray solda uma das cinco estações de Sistema de Posicionamento Global (GPS, do inglês Global Positioning System) colocadas sobre os flancos do Monte Santa Helena. As estações irão monitorar a mudança na forma da superfície terrestre à medida que rochas derretidas ascendem por dentro do vulcão. [Foto USGS de Lyn Topinka.]

FIGURA 1.3 Uma série de subáreas contribui para o estudo da Geologia. Geobiólogos investigam a vida subterrânea na Caverna Spider, nas Grutas de Carlsbad, Novo México (EUA). [AP Photo/Val Hildreth-Werker.]

A Geologia é uma *ciência planetária* que usa aparelhos de sensoriamento remoto, como instrumentos acoplados a espaçonaves em órbita da Terra, para mapear o globo inteiro (Figura 1.4). Os geólogos desenvolvem modelos de computador que podem analisar a enorme quantidade de dados colhidos por satélites para mapear os continentes, representar por meio de gráficos os movimentos da atmosfera e dos oceanos e monitorar como o ambiente está mudando.

FIGURA 1.2 A equipe de pesquisa do quebra-gelo Louis S. St-Laurent baixa um testemunhador que coletará lama e sedimentos do fundo oceânico. [AP Photo/The Canadian Press, Jonathan Hayward.]

Um aspecto especial da Geologia é sua capacidade de investigar a longa história da Terra, lendo o que foi "escrito em pedra". O **registro geológico** é a informação preservada nas rochas originadas em vários tempos da longa história da Terra (Figura 1.5). Os geólogos decifram o registro geológico combinando informações de muitos tipos de trabalho: exame de rochas no campo; mapeamento detalhado de suas posições em relação a formações rochosas mais antigas e mais novas; coleta de amostras representativas; e determinação de suas idades por meio de delicados instrumentos de laboratório.

FIGURA 1.4 Um astronauta verifica os instrumentos para monitorar a superfície da Terra. [StockTrek/SuperStock.]

FIGURA 1.5 O registro geológico preserva evidências da longa história da Terra. Essas camadas multicoloridas de arenitos no Colorado National Monument (Monumento Nacional do Colorado) foram depositadas há mais de 200 milhões de anos, quando esta parte do oeste dos Estados Unidos era um vasto deserto semelhante ao Saara. As areias desse deserto foram posteriormente sobrepostas por outras rochas, soldadas por pressão como arenito, soerguidas por eventos de construção de montanhas e erodidas por vento e água para se transformarem na arrebatadora paisagem atual. [Mark Newman/Lonely Planet Images/Getty Images, Inc.]

Em *Annals of the Former World* ("Anais do mundo antigo"), um compêndio de histórias pitorescas sobre geólogos, o popular escritor John McPhee oferece sua visão de como os geólogos agrupam observações de campo e de laboratório para visualizar o quadro global:

Eles veem montanhas na lama, oceanos em montanhas e futuras montanhas em oceanos. Eles escalam uma rocha e solucionam uma história, outra rocha, outra história, e à medida que as histórias se acumulam ao longo do tempo, elas se conectam – e histórias longas são construídas e escritas a partir da interpretação de padrões de pistas. Trata-se de um trabalho de detetive em uma escala inimaginável para a maioria dos detetives, com a notável exceção de Sherlock Holmes.

O registro geológico nos diz que, geralmente, os processos que vemos atuantes na Terra hoje funcionaram de modo muito semelhante ao longo do tempo geológico. Esse importante conceito é conhecido como o **princípio do uniformitarismo**. Ele foi enunciado como hipótese científica no século XVIII pelo médico e geólogo escocês James Hutton. Em 1830, o geólogo britânico Charles Lyell resumiu o conceito em uma frase memorável: "O presente é a chave do passado". Por exemplo, ao entender os processos que criam montanhas hoje, podemos inferir como as montanhas foram criadas bilhões de anos atrás.

O princípio do uniformitarismo não significa que todo fenômeno geológico ocorre de forma lenta. Alguns dos mais importantes processos ocorrem como eventos súbitos. Um meteoroide grande que impacta a Terra pode escavar uma vasta cratera em questão de segundos. Um vulcão pode explodir seu cume, e uma falha pode romper instantaneamente o solo em um terremoto. Outros processos ocorrem de maneira mais lenta. Milhões de anos são necessários para que continentes migrem, montanhas sejam soerguidas e erodidas e sistemas fluviais depositem espessas camadas de sedimentos. Os processos geológicos ocorrem em uma extraordinária gama de escalas tanto no espaço como no tempo (**Figura 1.6**).

O princípio do uniformitarismo não significa que temos que observar um evento geológico para saber que ele é importante para o atual sistema Terra. Os humanos nunca presenciaram o impacto de um grande bólido, mas sabemos que tais eventos aconteceram muitas vezes no passado geológico e que certamente acontecerão de novo. O mesmo pode ser dito de vastos derrames vulcânicos, que cobriram com lavas áreas maiores que o Texas* e envenenaram a atmosfera global com gases. A longa evolução do planeta é pontuada por muitos eventos extremos, ainda que infrequentes, envolvendo mudanças rápidas no sistema Terra. A Geologia é o estudo de *eventos extremos*, bem como de mudanças graduais.

Desde a época de Hutton, os geólogos têm observado o trabalho da natureza e utilizado o princípio do uniformitarismo para interpretar feições encontradas em formações geológicas. Apesar do sucesso dessa abordagem, esse princípio de Hutton é muito limitado para mostrar como a ciência Geológica é praticada atualmente. A moderna Geologia deve ocupar-se com todo o intervalo da história da Terra, que começou há mais de 4,5 bilhões de anos. Como veremos no Capítulo 9, os violentos processos que moldaram a história da Terra primitiva foram substancialmente diferentes daqueles que atuam hoje. Para entender essa história, precisaremos de algumas informações sobre a forma e a superfície da Terra, além de seu interior profundo.

*N. de R.T.: A área do Texas (692.408 km^2) equivale, aproximadamente, à soma das áreas de Minas Gerais (587.172 km^2) e de quase a metade do Estado de São Paulo, cuja extensão é de 247.892 km^2.

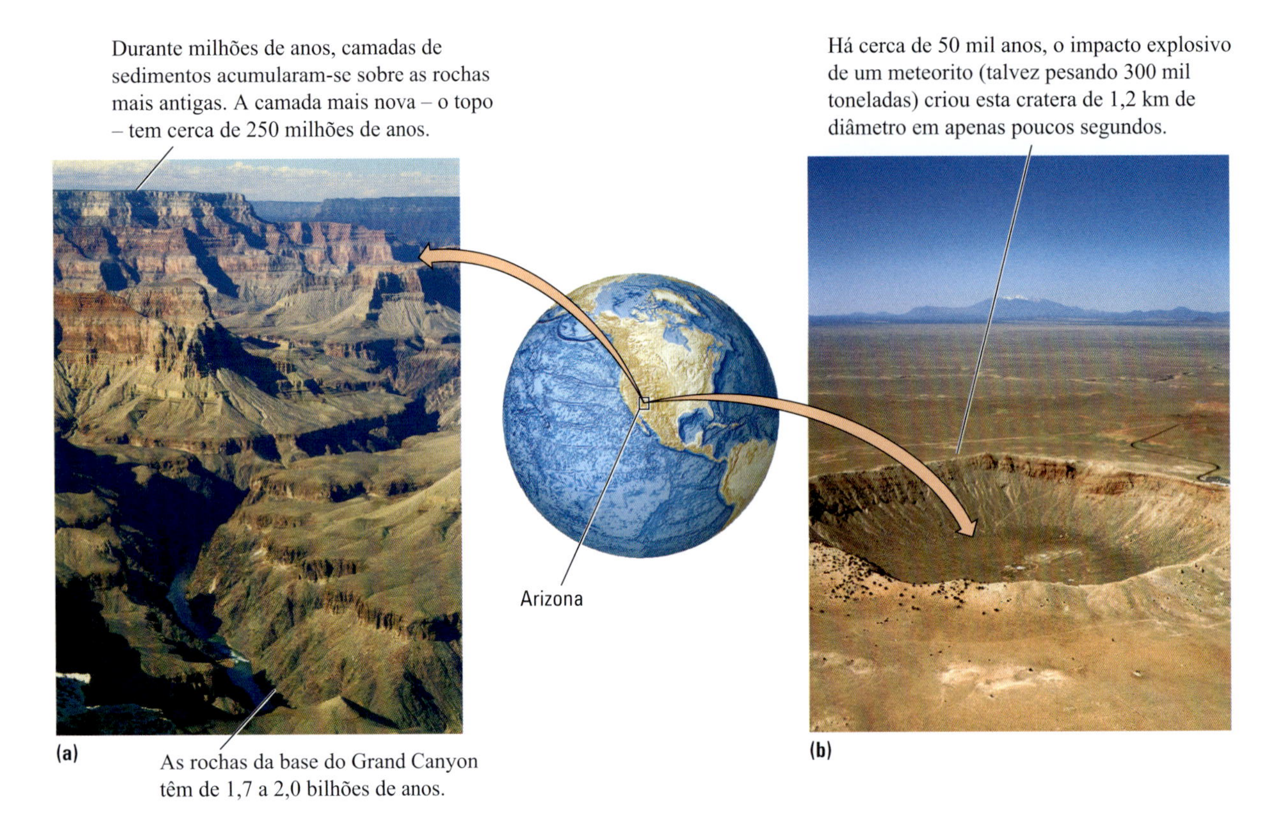

FIGURA 1.6 Os fenômenos geológicos podem estender-se durante milhares de séculos ou ocorrer com velocidades estupendas. (a) O Grand Canyon, no Arizona (EUA). (b) Cratera de Barringer, Arizona (EUA). [(a) John Wang/PhotoDisc/Getty Images; (b) David Parker/Science Photo Library/Getty Images.]

Forma e superfície da Terra

O método científico tem suas raízes na **geodésia**, um ramo antiquíssimo das Ciências da Terra que estuda a forma e a superfície do planeta. O conceito de que a Terra é esférica, em vez de plana, foi proposto por filósofos gregos e indianos por volta do século VI a.C., sendo a base para a teoria da Terra de Aristóteles, detalhada em seu famoso tratado, *Meteorologica*, publicado em torno de 330 a.C. (o primeiro livro de Ciências da Terra!). No século III a.C., Eratóstenes usou um experimento engenhoso para medir o raio da Terra, que foi calculado em 6.371 km (veja o Pratique um Exercício de Geologia *Qual é o tamanho de nosso planeta?*).

Medições muito mais precisas demonstraram que a Terra não é uma esfera perfeita. Por causa de sua rotação, ela é levemente protuberante no equador e um pouco achatada nos polos. Além disso, a curvatura suave da superfície terrestre é quebrada por montanhas e vales e outros altos e baixos. Essa **topografia** é medida em relação ao *nível do mar*, uma superfície suave determinada no nível médio da água oceânica, a qual corresponde de perto à forma esférica e achatada que se espera da Terra em rotação.

Muitas feições de significância geológica têm destaque na topografia terrestre (Figura 1.7). Suas duas maiores feições são os continentes, que têm elevações típicas de 0 a 1 km acima do nível do mar, e as bacias oceânicas, que têm profundidades médias de 4 a 5 km abaixo do nível do mar. A elevação da superfície da Terra varia em aproximadamente 20 km do ponto mais alto (Monte Everest, no Himalaia, a 8.850 m acima do nível do mar) até o ponto mais baixo (Depressão Challenger, na Fossa das Marianas, no Oceano Pacífico, a 11.030 m abaixo do nível do mar). Embora o Himalaia possa parecer tão alto para nós, sua elevação é uma pequena fração do raio da Terra, apenas em torno de uma parte em mil. É por esse motivo que o globo parece-se a uma esfera suave quando visto do espaço.

Descascando a cebola: a descoberta de uma Terra em camadas

Os pensadores da Antiguidade dividiam o universo em duas partes: os Céus acima, e o Hades embaixo. O céu era transparente e cheio de luz, e eles podiam enxergar diretamente as estrelas e rastrear os planetas vagantes. O interior da Terra era obscuro e fechado para os olhos humanos. Em alguns lugares, o chão tremia e havia erupção de lava quente. Com certeza algo terrível estava acontecendo lá embaixo!

Essa visão permaneceu até cerca de um século atrás, quando os geólogos começaram a espiar o interior da Terra, não com ondas de luz (que não penetram a rocha), mas com ondas produzidas por terremotos. Um terremoto ocorre quando forças geológicas fraturam as rochas frágeis, enviando vibrações que

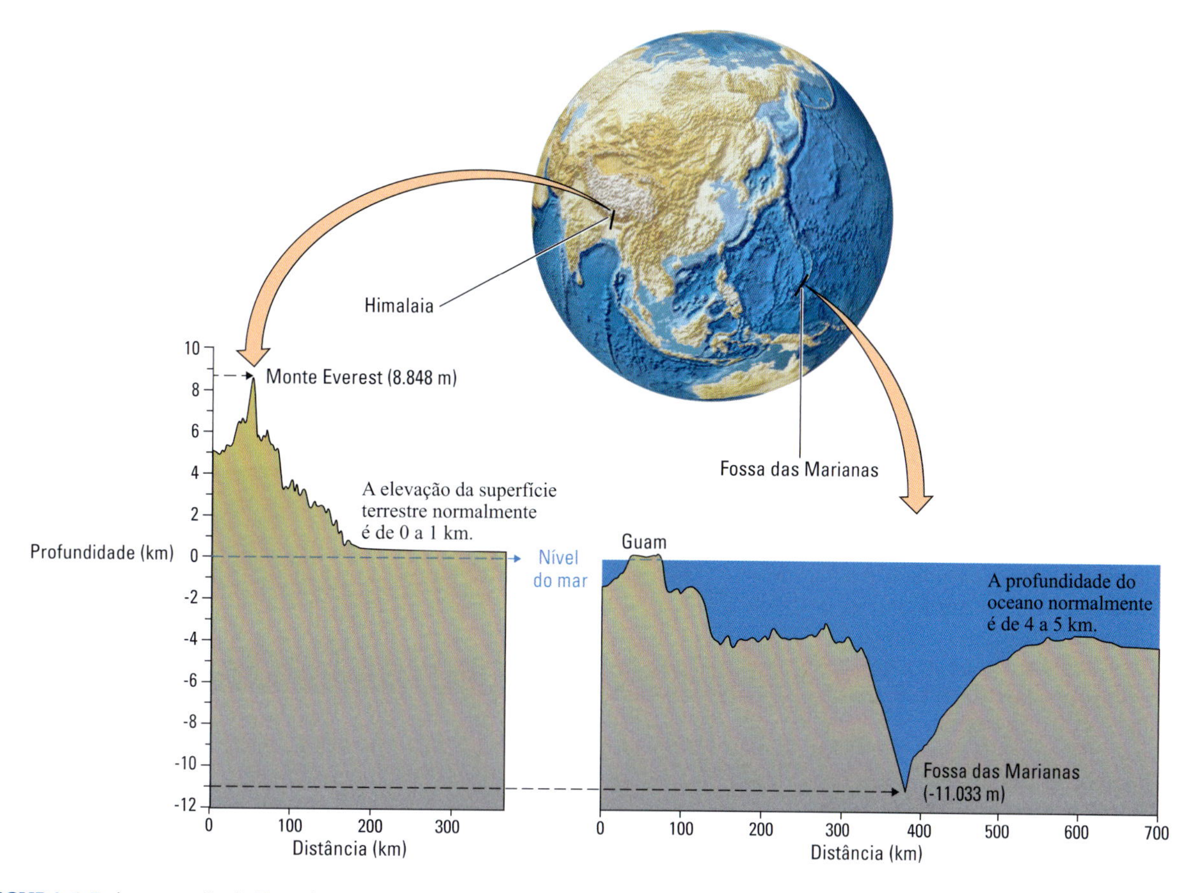

FIGURA 1.7 A topografia da Terra é medida em relação ao nível do mar. A escala de elevação no diagrama está bastante exagerada.

se assemelham ao gelo rachando sobre um rio. Essas **ondas sísmicas** (do grego *seismos,* "*terremoto*"), quando registradas por instrumentos sensíveis chamados *sismógrafos*, permitem que os geólogos localizem terremotos e também tirem "fotografias" do funcionamento interno da Terra. Do mesmo modo como os médicos usam o ultrassom e a tomografia computadorizada para obter imagens do interior do corpo. Quando as primeiras redes de sismógrafos foram instaladas em todo o mundo no final do século XIX, os geólogos começaram a descobrir que o interior da Terra era dividido em camadas concêntricas de diferentes composições, separadas por limites nítidos, quase esféricos (Figura 1.8).

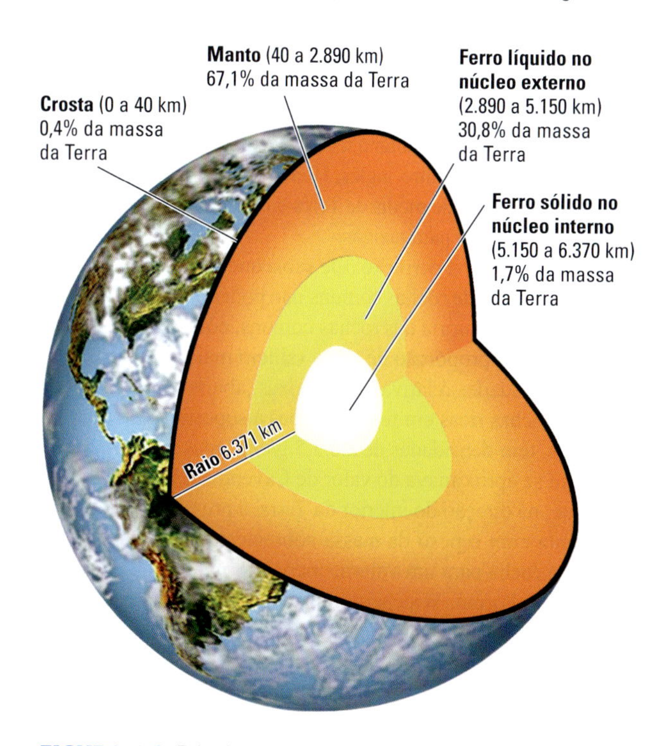

FIGURA 1.8 Principais camadas da Terra e respectivas profundidades e porcentagens de suas massas em relação à massa total do planeta.

A densidade da Terra

A teoria das camadas do interior profundo da Terra foi proposta pela primeira vez por Emil Wiechert no fim do século XIX, antes que muitos dados sísmicos estivessem disponíveis. Ele queria entender por que nosso planeta é tão pesado ou, mais precisamente, tão *denso*. É fácil calcular a densidade de uma substância: basta medir a massa em uma balança e dividir pelo volume. Uma rocha típica, como o granito usado em lápides sepulcrais, tem densidade de aproximadamente 2,7 gramas por centímetro cúbico (g/cm^3). É um pouco mais difícil estimar a densidade do planeta inteiro, mas não tanto. Eratóstenes mostrou como medir o volume da Terra em 250 a.C. e, em algum momento por volta de 1680, o grande cientista inglês Isaac Newton descobriu como calcular sua massa a partir da força gravitacional que atrai objetos à

PRATIQUE UM EXERCÍCIO DE GEOLOGIA

Qual é o tamanho do nosso planeta?

Como foi descoberto que a Terra é redonda e tem circunferência de 40.000 km? Até o início da década de 1960, ninguém havia olhado do espaço para a Terra, mas mesmo assim, há muito tempo ela era considerada esférica. Em 1492, Colombo definiu um curso a oeste para a Índia porque acreditava em uma teoria da geodésia que fora proposta por filósofos gregos: *vivemos em uma esfera*. Porém, ele não era bom em matemática, então subestimou em muito a circunferência da Terra. Em vez de um atalho, ele fez o caminho mais longo, encontrando um Novo Mundo em vez das Ilhas das Especiarias! Se Colombo tivesse de fato entendido a forma proposta pelos gregos antigos, talvez não teria cometido esse erro afortunado. Os gregos haviam medido com precisão o tamanho da Terra mais de 17 séculos antes.

O crédito da determinação do tamanho da Terra vai para Eratóstenes, um grego que dirigia a Grande Biblioteca de Alexandria, no Egito. Por volta de 250 a.C., um viajante contou a ele uma observação interessante. Ao meio-dia do primeiro dia de verão no Hemisfério Norte (21 de junho), um poço profundo na cidade de Siena,* cerca de 800 km ao sul de Alexandria, ficava totalmente iluminado pela luz solar, porque o Sol

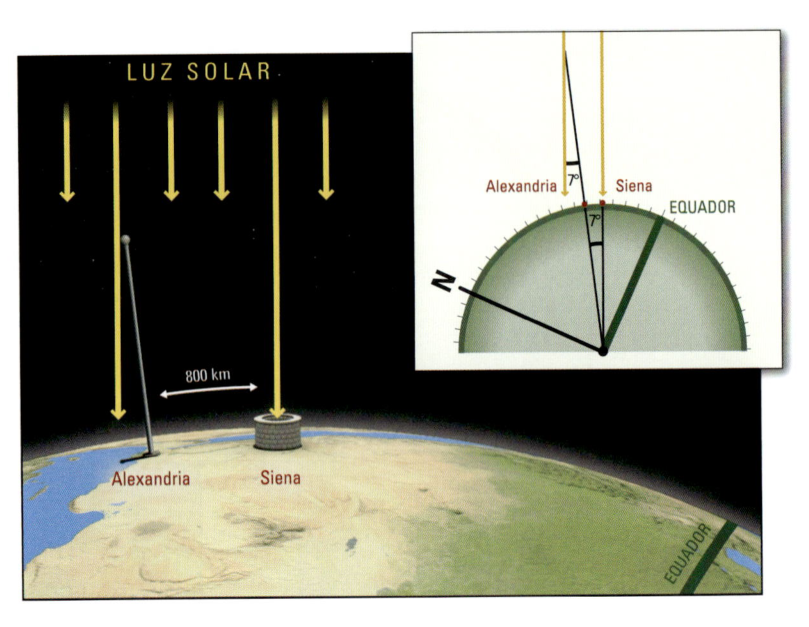

Como Eratóstenes mediu a circunferência da Terra. Qual é o tamanho do nosso planeta?

superfície. Os detalhes, que envolviam cuidadosos experimentos em laboratório para calibrar a lei da gravitação de Newton, foram desenvolvidos por outro inglês, Henry Cavendish. Em 1798, ele calculou a densidade média da Terra em cerca de 5,5 g/cm^3, duas vezes a do granito para jazigos.

Wiechert ficou perplexo. Ele sabia que um planeta composto inteiramente de rochas comuns não poderia ter uma densidade tão alta. A maioria das rochas comuns, como o granito, contém uma alta proporção de sílica (silício mais oxigênio; SiO_2) e tem densidades relativamente baixas, abaixo de 3 g/cm^3. Algumas rochas ricas em ferro, trazidas à superfície terrestre por vulcões, têm densidades de até 3,5 g/cm^3, mas nenhuma rocha comum se aproximava do valor de Cavendish. Ele também sabia que, na direção do interior da Terra, a pressão sobre a rocha aumenta com o peso da massa sobrejacente. A pressão comprime a rocha para um volume menor, tornando sua densidade mais alta. Porém, Wiechert constatou que mesmo o efeito da pressão era pequeno demais para explicar a densidade calculada por Cavendish.

O manto e o núcleo

Ao refletir sobre o que havia embaixo de seus pés, Wiechert voltou-se para o sistema solar e, em especial, aos meteoritos, que são peças do sistema solar caídas na Terra. Ele sabia que alguns meteoritos são compostos de uma *liga* (uma mistura) de dois metais pesados, ferro e níquel, e que, portanto, têm densidades de até 8 g/cm^3 (**Figura 1.9**). Ele também sabia que esses dois elementos são relativamente abundantes em todo o nosso sistema solar. Então, em 1896, propôs uma hipótese grandiosa: em algum momento no passado da Terra, a maior parte do ferro e do níquel de seu interior havia se deslocado para o centro sob a força da gravidade. Esse movimento criou um **núcleo** denso, que foi cercado por uma capa de rocha rica em silicato, a qual chamou de **manto** (usando a palavra em alemão para "casaco"). Com essa hipótese, ele conseguiu elaborar um modelo da Terra com duas camadas que estava de acordo com o valor de Cavendish para a densidade média da Terra. Ele também conseguiu explicar a existência de meteoritos de ferro-níquel: eram pedaços do núcleo de um planeta (ou planetas) como a Terra que haviam se destroçado, muito provavelmente pela colisão com outros planetas.

Wiechert ocupou-se com o teste de sua hipótese usando ondas sísmicas registradas por sismógrafos localizados ao redor do globo (ele próprio projetou um). Os primeiros resultados demonstraram uma massa interna indistinta que ele presumiu ser o núcleo, mas teve problemas para identificar algumas das

*N.de R.T.: Siena ou *Siene*, em grego, é a atual cidade de Assuã, situada no Sul do Egito, a 950 km do Cairo.

estava posicionado no zênite solar, ou seja, exatamente na vertical em relação ao poço. Seguindo um palpite, Eratóstenes realizou um experimento. Ele fincou uma estaca vertical em sua própria cidade e, ao meio-dia, no primeiro dia do verão, a estaca projetou sua sombra.

Eratóstenes presumiu que o Sol estava muito distante, de forma que os raios de luz incidentes sobre as duas cidades eram paralelos. Sabendo que o Sol projetava uma sombra em Alexandria, mas ao mesmo tempo estava no zênite solar em Siena, Eratóstenes conseguiu demonstrar por meio de geometria simples que a superfície do terreno deveria ser curva. Ele sabia que a superfície curva mais perfeita é a da esfera, então levantou a hipótese de que a Terra tinha uma forma esférica (os gregos admiravam a perfeição geométrica). Medindo o comprimento da sombra da estaca em Alexandria, ele calculou que, se as linhas verticais entre as duas cidades pudessem ser estendidas ao centro da Terra, elas se encontrariam em uma intersecção com ângulo em torno de 7°, que é aproximadamente 1/50 de um círculo completo (360°). Ele sabia que a distância entre as duas cidades era cerca de 800 km em medições atuais. Usando esses dados, Eratóstenes calculou a circunferência da Terra, cujo valor é muito próximo ao moderno:

$$\text{Circunferência da Terra} = 50 \times \text{distância de Siena a Alexandria} = 50 \times 800 \text{ km} = 40.000 \text{ km}$$

Uma vez conhecido o valor da circunferência, ficava simples calcular o raio. Eratóstenes sabia que, para qualquer círculo, a circunferência é igual a 2π vezes o raio, onde $\pi \approx 3{,}14$. Portanto, ele dividiu sua estimativa da circunferência da Terra por 2π para encontrar o raio:

$$\text{raio} = \frac{\text{circunferência}}{2\pi} = \frac{40.000 \text{ km}}{6{,}28} = 6.370 \text{ km}$$

Com esses cálculos, Eratóstenes chegou a um modelo científico simples e elegante: *a Terra é uma esfera com raio de aproximadamente 6.370 km.*

Em sua poderosa demonstração do método científico, Eratóstenes fez observações (o comprimento da sombra), formulou uma hipótese (forma esférica) e aplicou um pouco de teoria matemática (geometria esférica) para propor um modelo incrivelmente preciso da forma física da Terra. Seu modelo previa corretamente outros tipos de medições, como a distância em que o mastro alto de um navio desapareceria no horizonte. Além disso, conhecer o tamanho e a forma da Terra permitia aos astrônomos gregos calcular os tamanhos da Lua e do Sol e as distâncias desses corpos em relação à Terra. Essa história explica por que experimentos bem projetados e boas medições são cruciais para o método científico: eles nos dão novas informações sobre o mundo natural.

PROBLEMA EXTRA: O volume de uma esfera é dado por

$$\text{volume} = \frac{4\pi}{3}(\text{raio})^3$$

Usando essa fórmula, calcule o volume da Terra em quilômetros cúbicos.

ondas sísmicas. Essas ondas são de dois tipos básicos: *ondas compressionais*, que expandem e comprimem o material que movem conforme se propagam através de um sólido, líquido ou gás; e *ondas cisalhantes*, que deslocam o material de lado a lado. As ondas cisalhantes podem propagar-se apenas em sólidos, que resistem ao cisalhamento, e não em fluidos (líquidos ou gases), como o ar e a água, que não têm resistência a esse tipo de movimento.

(a)

(b)

FIGURA 1.9 Dois tipos comuns de meteoritos. (a) Este meteorito rochoso, que é semelhante em composição ao manto silicático da Terra, tem densidade em torno de 3 g/cm³. (a) Este meteorito metálico de ferro-níquel, que é semelhante em composição ao núcleo da Terra, tem densidade de aproximadamente 8 g/cm³. [John Grotzinger/Ramón Rivera-Moret/Harvard Mineralogical Museum.]

Em 1906, um sismólogo britânico, Robert Oldham, conseguiu classificar os caminhos percorridos por esses dois tipos de ondas sísmicas e demonstrar que as ondas cisalhantes não se propagavam no núcleo. O núcleo, pelo menos na parte externa, era líquido! Acontece que essa descoberta não é das mais surpreendentes. O ferro funde a uma temperatura mais baixa do que os silicatos, e é por isso que os metalúrgicos podem usar recipientes feitos de cerâmica (que são materiais silicáticos) para conter o ferro fundido. O interior profundo da Terra é quente o bastante para fundir uma liga de ferro-níquel, mas não rocha silicática. Beno Gutenberg, um dos alunos de Wiechert, confirmou as observações de Oldham e, em 1914, determinou que a profundidade do *limite núcleo-manto** era de aproximadamente 2.890 km (ver Figura 1.9).

A crosta

Cinco anos antes, um cientista croata detectara outro limite a uma profundidade relativamente rasa de 40 km abaixo do continente europeu. Esse limite, chamado de *descontinuidade de Mohorovičić* (Moho, como abreviação), em homenagem ao seu descobridor, separa uma **crosta** composta de silicatos de baixa densidade, que são ricos em alumínio e potássio, dos silicatos de densidade mais alta encontrados no manto, que contêm mais magnésio e ferro.

Assim como o limite núcleo-manto, a Moho é uma feição global. Contudo, verificou-se que ela é substancialmente mais rasa sob os oceanos do que sob os continentes. Em média, a espessura da crosta oceânica de apenas 7 km é bem mais delgada que a da crosta continental com quase 40 km. Além disso, as rochas na crosta continental são mais ricas em elementos leves, como oxigênio e silício, o que torna a crosta continental menos densa do que a oceânica. Como a crosta continental é mais espessa, mas menos densa do que a oceânica, os continentes flutuam mais elevados, como se fossem botes sobre o manto mais denso (**Figura 1.10**), semelhante a como os *icebergs* flutuam na superfície do oceano. A flutuação continental explica a feição mais impactante da topografia da superfície da Terra: por que as elevações dividem-se em dois grupos principais, 0 a 1 km acima do nível do mar para a maior parte da superfície continental e 4 a 5 km abaixo do nível do mar para grande parte do mar profundo.

As ondas cisalhantes propagam-se bem pelo manto e pela crosta, então sabemos que ambos são constituídos de rocha sólida. Como os continentes podem flutuar sobre a rocha sólida? As rochas podem ser sólidas e fortes por um curto espaço de tempo (segundos a anos), embora continuem sendo fracas por um longo período (milhares até milhões de anos). O manto abaixo de uma profundidade próxima a 100 km tem pouca resistência e, durante períodos muito longos, flui à medida que se ajusta para suportar o peso de continentes e montanhas.

*N. de R.T.: Este limite é conhecido como descontinuidade de Gutenberg (ou Wiechert-Gutenberg).

O núcleo interno

Uma vez que o manto é sólido e a parte externa do núcleo é liquida, o limite núcleo-manto reflete as ondas sísmicas, assim como um espelho reflete ondas de luz. Em 1936, a sismóloga dinamarquesa Inge Lehmann descobriu outro limite esférico nítido a uma profundidade de 5.150 km, indicando uma massa central com densidade maior do que a do núcleo líquido. Estudos conduzidos após sua pesquisa pioneira mostraram que o núcleo interno pode transmitir ondas cisalhantes e compressionais. Portanto, o **núcleo interno** é uma esfera metálica sólida suspensa no **núcleo externo** líquido – um "planeta dentro de um planeta". O raio do núcleo interno é de 1.220 km, cerca de dois terços do tamanho da Lua.

Os geólogos estavam intrigados com a existência desse núcleo interno "congelado". Eles sabiam que as temperaturas dentro da Terra deveriam aumentar com a profundidade. Segundo as melhores estimativas atuais, a temperatura da Terra sobe de aproximadamente 3.500°C na fronteira núcleo-manto para quase 5.000°C no centro. Se o núcleo interno é mais quente, como pode ser sólido enquanto o núcleo externo é fundido? O mistério foi finalmente resolvido por experimentos de laboratório com ligas de ferro-níquel, que demonstraram que o "congelamento" no centro da Terra deveu-se a altas pressões, em vez de temperaturas menores.

A composição química das principais camadas da Terra

Em meados do século XX, os geólogos haviam descoberto todas as principais camadas da Terra – crosta, manto, núcleo externo e

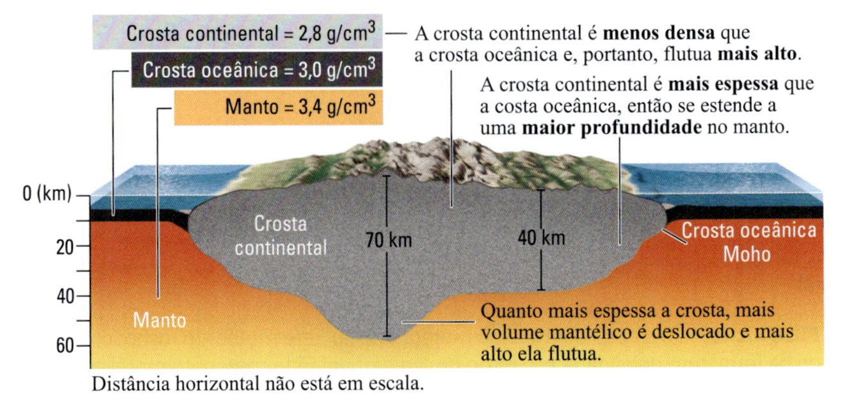

FIGURA 1.10 Como as rochas crustais são menos densas do que as do manto, a crosta da Terra flutua sobre ele. A crosta continental, por ter maior espessura e menor densidade que a oceânica, flutua mais alto que esta, o que explica a diferença de elevação entre os continentes e o assoalho oceânico profundo.

núcleo interno – além de uma série de feições muito sutis em seu interior. Eles verificaram, por exemplo, que o próprio manto divide-se em *manto superior* e *manto inferior*, camadas separadas por uma *zona de transição* em que a densidade da rocha aumenta em uma série de degraus. Essas variações de densidade não são causadas por mudanças na composição química da rocha, mas por mudanças na compactação dos minerais constituintes em razão do aumento de pressão com a profundidade. Os dois maiores saltos de densidade na zona de transição estão localizados a profundidades de aproximadamente 410 e 660 km, mas são menores do que os aumentos de densidade quando se cruza os limites de Moho e do núcleo-manto, *estes*, sim, causados por mudanças na composição química (Figura 1.11).

Os geólogos também conseguiram demonstrar que o núcleo externo da Terra não pode ser feito de uma liga pura de ferro-níquel, porque as densidades desses metais são maiores do que a densidade desse núcleo. Cerca de 10% da massa do núcleo externo deve ser composta de elementos mais leves, como oxigênio e enxofre. Por outro lado, a densidade do núcleo interno sólido é um pouco maior do que a do núcleo externo e é condizente com uma liga de ferro-níquel quase pura.

Pela combinação de muitas linhas de evidência, os geólogos desenvolveram um modelo da composição da Terra e de suas várias camadas. Além dos dados sísmicos, as evidências incluem as composições das rochas crustais e do manto, bem como as de meteoritos, considerados amostras do material cósmico do qual planetas como a Terra foram originalmente feitos.

Apenas oito elementos, de mais de uma centena, compõem 99% da massa da Terra (ver Figura 1.11). De fato, cerca de 90% da Terra consistem em apenas quatro elementos: ferro, oxigênio, silício e magnésio. Os dois primeiros são os elementos mais abundantes, sendo que cada um representa quase um terço da massa total do planeta, mas são distribuídos de forma bem distinta. O ferro, que é o mais denso desses elementos comuns, concentra-se no núcleo, ao passo que o oxigênio – o menos denso – concentra-se na crosta e no manto. A crosta contém mais silício do que o manto, enquanto o núcleo, quase nada. Essas relações confirmam a hipótese de Wiechert de que as diferentes

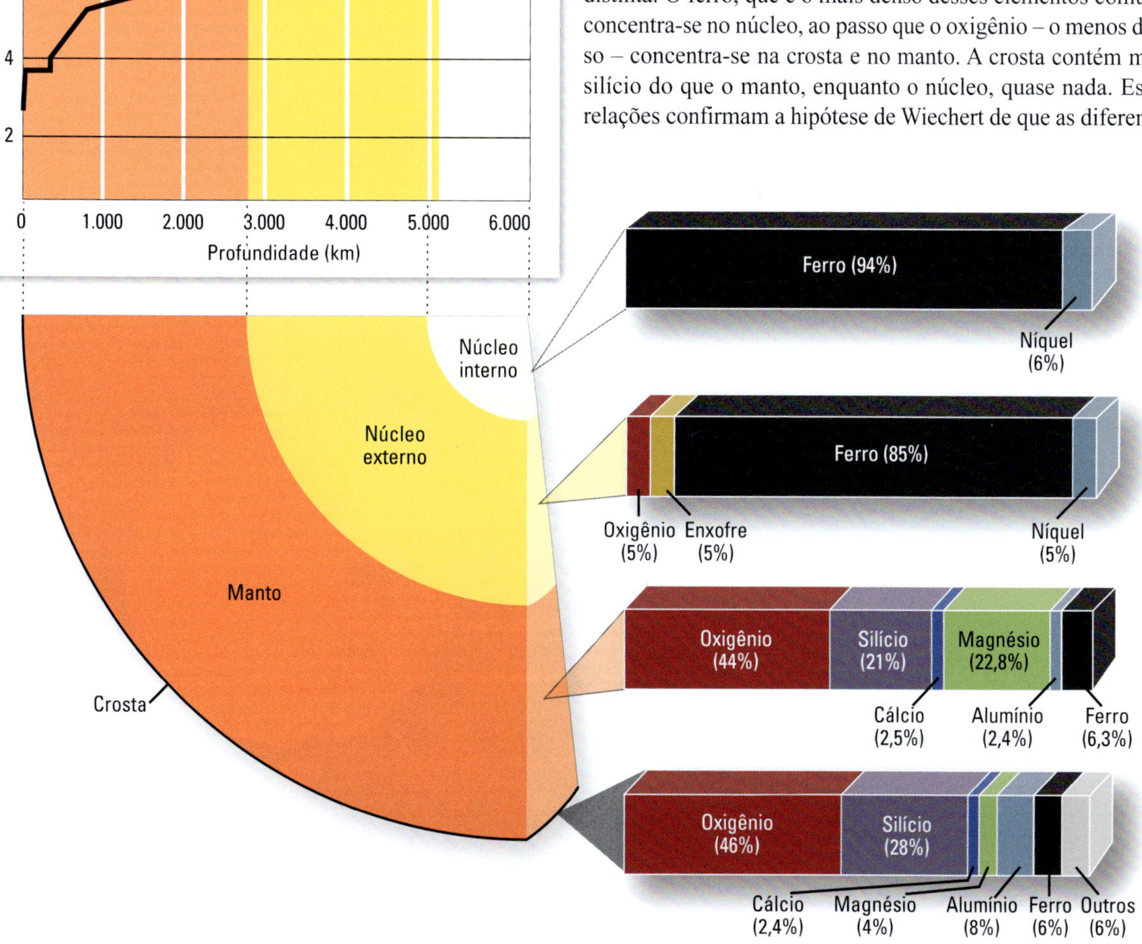

FIGURA 1.11 Saltos de densidade entre as principais camadas da Terra, mostradas em cores diferentes, são basicamente causados por diferenças de composição química. As quantias relativas dos principais elementos são exibidas nas barras à direita.

composições das camadas da Terra devem-se, basicamente, ao o trabalho da gravidade. Como você pode ver na Figura 1.11, as rochas crustais sobre as quais nos situamos são constituídas por quase 50% de oxigênio!

A Terra como um sistema de componentes interativos

A Terra é um planeta inquieto, mudando continuamente por meio de atividades geológicas como terremotos, vulcões e glaciações. Essas atividades são governadas por dois mecanismos térmicos: um interno e outro externo (**Figura 1.12**). *Mecanismos térmicos* – por exemplo, o motor a gasolina de um automóvel – transformam calor em movimento mecânico ou trabalho. O *mecanismo térmico interno da Terra* é governado pela energia térmica aprisionada durante a origem cataclísmica do planeta e aquela liberada pela radioatividade dentro dele. O calor interior controla os movimentos no manto e no núcleo, suprindo energia para fundir rochas, mover continentes e soerguer montanhas. O *mecanismo térmico externo da Terra* é controlado pela energia solar – calor fornecido à superfície terrestre pelo Sol. O calor do Sol energiza a atmosfera e os oceanos e é responsável pelo nosso clima e tempo. Chuva, vento e gelo erodem montanhas e modelam a paisagem e, por sua vez, a forma da superfície influencia o clima.

Todas as partes do nosso planeta e todas suas interações, tomadas juntas, constituem o **sistema Terra**. Embora os cientistas da Terra pensem já há algum tempo em termos de sistemas naturais, foi apenas nas últimas décadas do século XX que dispuseram de equipamentos adequados para investigar como o sistema Terra realmente funciona. Entre os principais avanços, estão as redes de instrumentos e satélites em órbita da Terra que coletam informações do sistema terrestre em escala global e o uso de computadores com potência suficiente para calcular a massa e a energia transferidas dentro do sistema. Os principais componentes do sistema Terra podem ser representados como um conjunto de domínios ou "esferas" (**Figura 1.13**). Já discorremos sobre alguns deles e definiremos os outros a seguir.

Falaremos bastante sobre o sistema Terra durante toda esta obra. Por ora, vamos começar a pensar sobre algumas de suas feições básicas. O sistema Terra é um *sistema aberto*, no sentido de que troca massa e energia com o restante do cosmos (ver Figura 1.13). A energia radiante do Sol energiza o intemperismo e a erosão da superfície terrestre, bem como o crescimento das plantas, as quais servem de alimento a muitos outros seres vivos. Nosso clima é controlado pelo balanço entre a energia solar que chega até o sistema Terra e a energia que o planeta irradia de volta para o espaço.

Nos primórdios do sistema solar, colisões entre a Terra e outros corpos sólidos foram um processo muito importante para aumentar a massa do planeta e formar a Lua. Hoje em dia, a troca de massa entre a Terra e o espaço é relativamente pequena: em média, apenas cerca de 40 mil toneladas de materiais – equivalente a um cubo com 24 m de lado – caem na Terra por ano na forma de meteoros e meteoritos. A maior parte dos meteoros que vemos cruzar o céu é pequena, com massa de poucos

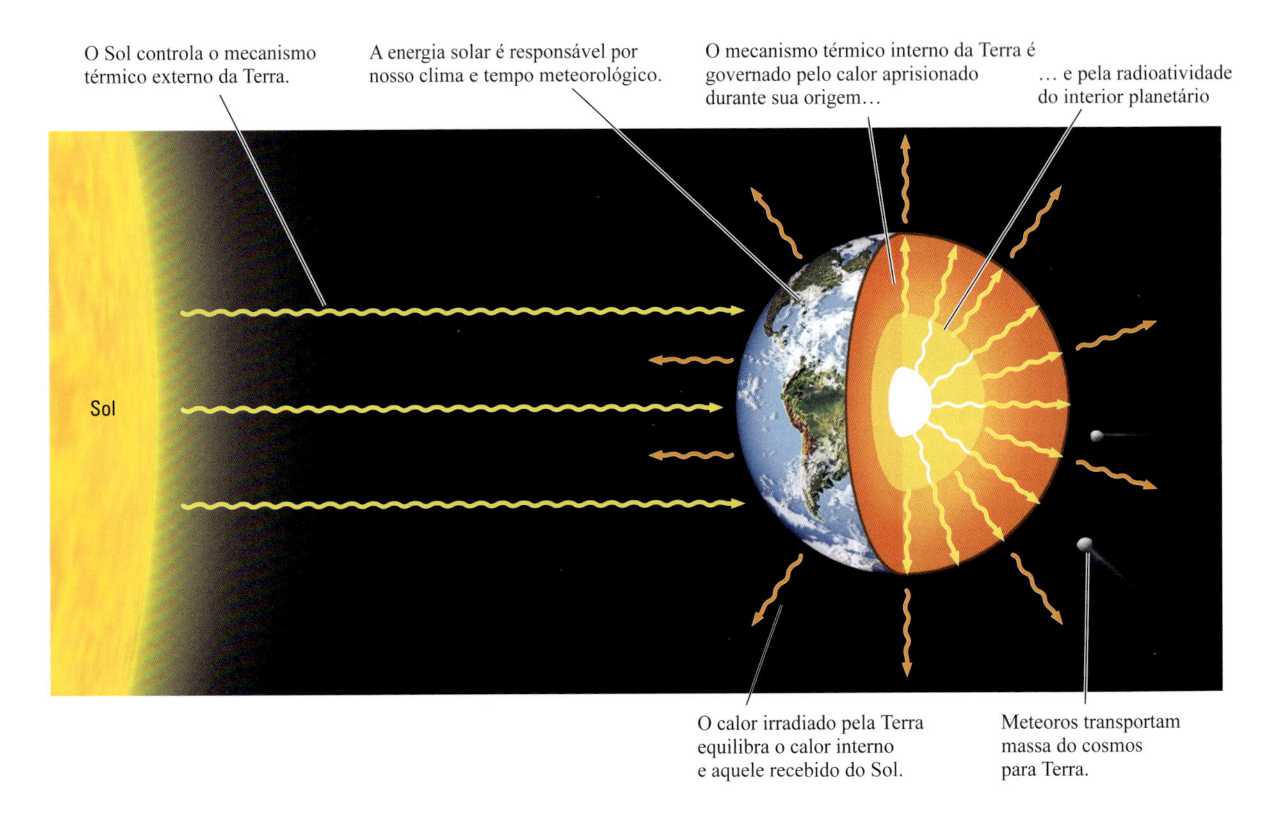

FIGURA 1.12 O sistema da Terra é um sistema aberto que troca energia e massa com seu entorno.

Componentes interativos do sistema Terra em camadas

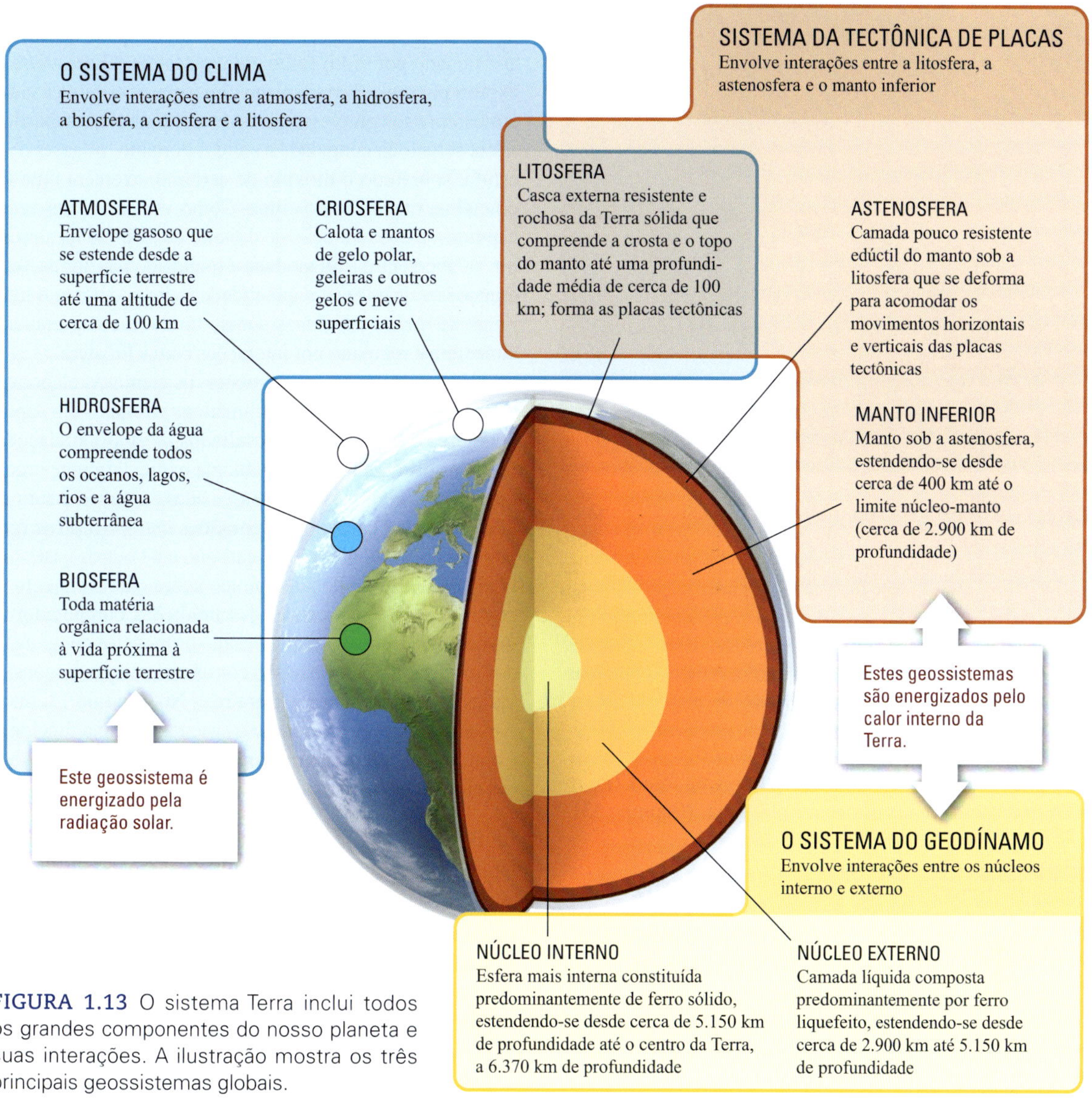

O SISTEMA DO CLIMA
Envolve interações entre a atmosfera, a hidrosfera, a biosfera, a criosfera e a litosfera

ATMOSFERA
Envelope gasoso que se estende desde a superfície terrestre até uma altitude de cerca de 100 km

CRIOSFERA
Calota e mantos de gelo polar, geleiras e outros gelos e neve superficiais

HIDROSFERA
O envelope da água compreende todos os oceanos, lagos, rios e a água subterrânea

BIOSFERA
Toda matéria orgânica relacionada à vida próxima à superfície terrestre

Este geossistema é energizado pela radiação solar.

SISTEMA DA TECTÔNICA DE PLACAS
Envolve interações entre a litosfera, a astenosfera e o manto inferior

LITOSFERA
Casca externa resistente e rochosa da Terra sólida que compreende a crosta e o topo do manto até uma profundidade média de cerca de 100 km; forma as placas tectônicas

ASTENOSFERA
Camada pouco resistente edúctil do manto sob a litosfera que se deforma para acomodar os movimentos horizontais e verticais das placas tectônicas

MANTO INFERIOR
Manto sob a astenosfera, estendendo-se desde cerca de 400 km até o limite núcleo-manto (cerca de 2.900 km de profundidade)

Estes geossistemas são energizados pelo calor interno da Terra.

O SISTEMA DO GEODÍNAMO
Envolve interações entre os núcleos interno e externo

NÚCLEO INTERNO
Esfera mais interna constituída predominantemente de ferro sólido, estendendo-se desde cerca de 5.150 km de profundidade até o centro da Terra, a 6.370 km de profundidade

NÚCLEO EXTERNO
Camada líquida composta predominantemente por ferro liquefeito, estendendo-se desde cerca de 2.900 km até 5.150 km de profundidade

FIGURA 1.13 O sistema Terra inclui todos os grandes componentes do nosso planeta e suas interações. A ilustração mostra os três principais geossistemas globais.

gramas, mas a Terra ocasionalmente encontra um bloco maior, como o meteoro de Chelyabinsk de 2013, com efeitos perigosos (Figura 1.14).

Embora pensamos a Terra como sendo um único sistema, estudá-la como um todo de uma só vez é um desafio. Em vez disso, concentraremos nossa atenção a certos componentes específicos do sistema Terra (subsistemas) que buscamos entender. Por exemplo, em nossa discussão sobre mudança climática global, vamos considerar basicamente as interações entre a atmosfera e diversos outros componentes que são governados pela energia solar: a *hidrosfera* (águas da superfície terrestre e água subterrânea), a *criosfera* (calotas de gelo, geleiras e campos de neve) e a *biosfera* (os organismos vivos da Terra). Nossa abordagem sobre como os continentes são deformados para soerguer montanhas se concentrará nas interações entre a crosta e o manto, que são controladas pelo motor térmico interno da Terra. Os subsistemas especializados que produzem tipos específicos de atividade, como mudança climática ou construção de montanhas, são chamados de **geossistemas.*** O sistema Terra pode ser pensado como uma coleção desses geossistemas abertos e interativos (e geralmente sobrepondo-se).

Nesta seção, apresentaremos três geossistemas importantes que operam em uma escala global: o sistema do clima, o sistema da tectônica de placas e o geodínamo. Posteriormente, discutiremos uma série de geossistemas menores, como vulcões que expelem lava quente (Capítulo 5), sistemas hidrológicos

*N. de R.T.: O conceito de geossistema foi criado por Sotchava, na década de 1960, e posteriormente sistematizado por Bertrand, cujas obras foram traduzidas e introduzidas no meio científico brasileiro na década seguinte. Ver Sotchava, V. B. 1977. O estudo de geossistemas. São Paulo: Instituto de Geografia da USP; Bertrand, G. 1972. Paisagem e Geografia Física global: esboço metodológico. São Paulo: Instituto de Geografia da USP; e, também, Monteiro, C. A. F. 2000. Geossistemas: a história de uma procura. São Paulo: Contexto/IGEAUSP.

FIGURA 1.14 A explosão do meteoro Chelyabinsk acima da região central da Rússia, em 15 de fevereiro de 2013, liberou 20 a 30 vezes mais energia do que a bomba atômica de Hiroshima, e sua onda de choque feriu 1.500 pessoas. Esse pequeno asteroide tinha cerca de 20 metros de diâmetro e pesava cerca de 11.000 toneladas. O acontecimento nos lembra que a Terra é um sistema aberto que continua trocar massa e energia com o sistema solar. [The Asahi Shimbun/Getty Images.]

que nos proporcionam água para consumo (Capítulo 17) e reservatórios de petróleo que fornecem óleo e gás (Capítulo 13).

O sistema do clima

Tempo é o termo que usamos para descrever a temperatura, a precipitação, a nebulosidade e os ventos observados em um ponto da superfície terrestre. Todos sabemos o quanto o tempo pode ser variável – quente e chuvoso em um dia, frio e seco no outro –, dependendo dos movimentos de sistemas de tempestades, frentes frias e quentes e outras mudanças rápidas dos distúrbios atmosféricos. Como a atmosfera é muito complexa, mesmo os melhores meteorologistas têm dificuldades em prever o tempo com antecedência de mais de uma semana. Entretanto, podemos inferir como ele será, em termos gerais, em um futuro bem mais distante, pois o tempo predominante é governado principalmente pelas variações do influxo de energia solar nos ciclos sazonais e diários: verões são quentes e invernos, frios; dias são quentes e noites, mais frescas. O **clima** é a descrição desses ciclos de tempo em termos das médias de temperatura e outras variáveis obtidas durante muitos anos de observação. Uma descrição completa do clima também inclui medidas de quanto tem sido a variação do tempo meteorológico, como as temperaturas mais altas ou mais baixas já registradas em um certo dia.

O **sistema do clima** inclui todos os componentes do sistema Terra que determinam o clima em escala global e como ele muda com o tempo. Em outras palavras, o sistema do clima não envolve somente o comportamento da atmosfera, mas também suas interações com a hidrosfera, a criosfera, a biosfera e a litosfera (ver Figura 1.13).

Quando o Sol aquece a superfície da Terra, parte do calor é aprisionada por vapor d'água, dióxido de carbono e outros gases na atmosfera, semelhante ao modo pelo qual o calor é aprisionado por vidro fosco em uma estufa.* Esse *efeito estufa* explica por que a Terra tem um clima que possibilita a vida. Se a atmosfera não contivesse gases de efeito estufa, a superfície terrestre seria toda congelada e sólida! Portanto, os gases de efeito estufa, sobretudo o dióxido de carbono, exercem uma função crucial na regulação do clima. Como vamos ver nos próximos capítulos, a concentração de dióxido de carbono na atmosfera é um balanço entre a quantidade expelida do interior da Terra por erupções vulcânicas e a quantidade retirada durante o intemperismo de rochas silicáticas. Dessa forma, o comportamento da atmosfera é regulado por interações com a litosfera.

Para entender essas interações, os cientistas elaboram modelos numéricos – sistemas climáticos virtuais – em supercomputadores e comparam os resultados de suas simulações com os dados observados. Um problema particularmente urgente ao qual tais modelos estão sendo aplicados é o aquecimento global, que está sendo causado por emissões *antropogênicas* (geradas por humanos) de dióxido de carbono e de outros gases de efeito estufa. Parte do debate público sobre o aquecimento global centra-se sobre a precisão das predições computadorizadas. Os céticos argumentam que mesmo os modelos computadorizados mais sofisticados não são confiáveis porque desconsideram várias feições do sistema Terra real. No Capítulo 12, discutiremos alguns aspectos de como o sistema do clima funciona e, no Capítulo 14, examinaremos os problemas práticos das mudanças climáticas antropogênicas.

O sistema da tectônica de placas

Alguns dos mais perigosos eventos geológicos do planeta – erupções vulcânicas e terremotos, por exemplo – resultam de interações dentro da Terra. Esses fenômenos são controlados pelo calor interno do globo, que é transferido para fora por meio da convecção de material no manto sólido.

Vimos que, de acordo com a composição química, pode-se reconhecer as zonas da Terra: a crosta, o manto e o núcleo são camadas quimicamente distintas. A Terra também é dividida pela *resistência*, uma propriedade que mede quanto um material terrestre resiste a deformações. A resistência de um material depende da sua composição química (tijolos são fortes, sabonetes são fracos) e da temperatura (a cera fria é forte, a cera quente é fraca).

De certa forma, a parte externa da Terra sólida comporta-se como uma bola de cera quente. O resfriamento da superfície torna resistente a casca mais externa, ou **litosfera** (do grego *lithos*, "pedra"), a qual envolve uma **astenosfera** (do grego *asthenes*, "fraqueza") quente quente, dúctil e menos resistente. A litosfera inclui a crosta e o topo do manto até uma profundidade média de cerca de 100 km. A astenosfera é a parte do manto, talvez com 300 km de espessura, imediatamente abaixo da litosfera.

*N. de R.T.: Embora os autores tenham simplificado para fins didáticos, o mecanismo de aquecimento de uma estufa é diferente daquele proporcionado pelos gases de efeito estufa na atmosfera. Enquanto a estufa aquece pela convecção (o ar próximo à superfície aquece-se, ascende e fica aprisionado no recinto), a atmosfera é aquecida pelos gases de efeito estufa que absorvem e emitem radiação infra-vermelha.

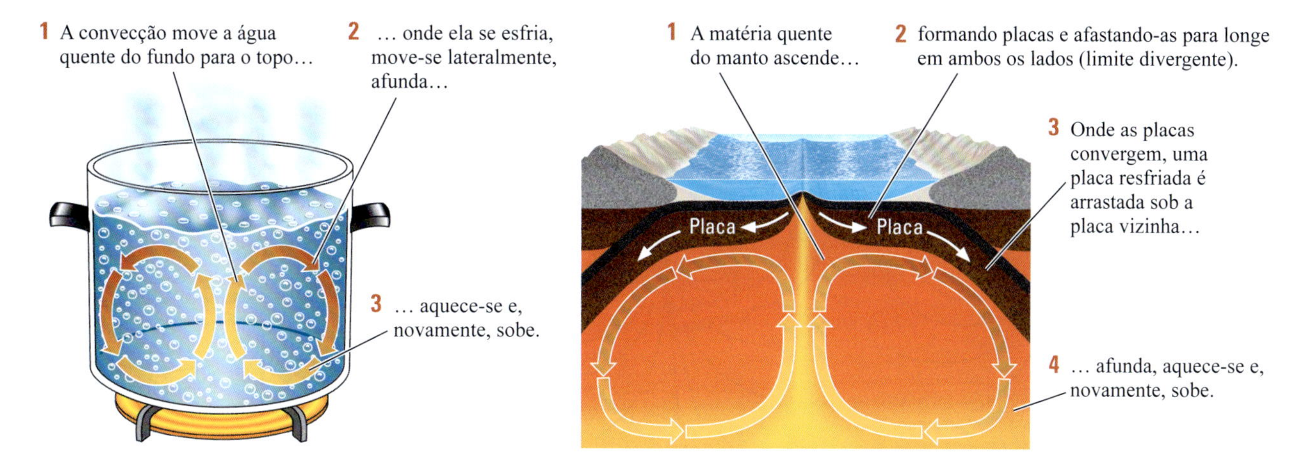

FIGURA 1.15 A convecção no manto da Terra pode ser comparada ao padrão de movimento em uma chaleira de água fervente. Nos dois processos, o calor é carregado para a superfície pelo movimento da matéria.

Quando submetida a uma força, a litosfera tende a comportar-se como uma casca rígida e frágil, enquanto a astenosfera sotoposta flui como um sólido moldável ou *dúctil*.

De acordo com a notável teoria da *tectônica de placas*, a litosfera não é uma casca contínua; ela está quebrada em cerca de 12 grandes placas que se movem sobre a superfície terrestre com taxas de alguns centímetros por ano. Cada placa litosférica atua como uma unidade rígida distinta que se move sobre a astenosfera, a qual também está em movimento. Ao formar uma placa, a litosfera pode ter uma espessura de apenas alguns quilômetros nas áreas com atividade vulcânica e, talvez, de até 200 km ou mais nas regiões mais antigas e frias dos continentes. A descoberta das placas tectônicas na década de 1960 forneceu aos cientistas a primeira teoria unificada para explicar a distribuição mundial de terremotos e vulcões, a deriva dos continentes, o soerguimento de montanhas e muitos outros fenômenos geológicos. O Capítulo 2 descreverá os fundamentos da tectônica de placas.

Por que as placas se movem na superfície terrestre em vez de se soldarem completamente como uma casca rígida? As forças que empurram e arrastam as placas originam-se no manto. Controlado pelo calor interno da Terra, o material quente do manto sobe onde as placas se separam, formando nova litosfera. À medida que se afasta desse limite divergente, a litosfera esfria e torna-se mais rígida. Eventualmente, ela pode afundar de volta para o manto sob a força da gravidade, nos limites onde as placas convergem. Esse processo geral, no qual o material aquecido ascende e o resfriado afunda, é chamado de **convecção** (**Figura 1.15**). A convecção no manto pode ser comparada ao padrão de movimento em uma chaleira de água fervente. Ambos os processos transferem energia pelo movimento de massa, mas a convecção do manto é muito mais lenta, pois as rochas mantélicas sólidas são mais resistentes à deformação do que os fluidos comuns, como a água.

O manto em convecção e seu mosaico sobrejacente de placas litosféricas constituem o **sistema da tectônica de placas**. Assim como no sistema do clima (que envolve uma ampla variedade de processos convectivos na atmosfera e nos oceanos), os cientistas estudam as placas tectônicas usando simulações computadorizadas e comparam resultados para determinar se os modelos concordam entre si.

O geodínamo

O terceiro sistema global envolve interações que produzem um profundo **campo magnético** dentro da Terra, em seu núcleo externo líquido. Esse campo magnético alcança o espaço sideral, fazendo as bússolas apontarem para o norte e protegendo a biosfera contra a radiação solar prejudicial. Quando as rochas se formam, elas se tornam levemente magnetizadas por esse campo magnético, por isso os geólogos podem estudar como esse campo magnético se comportava no passado, usando-o para decifrar o registro geológico.

A Terra gira sobre um eixo que passa pelos polos norte e sul. O campo magnético interno da Terra comporta-se como se uma poderosa barra magnetizada, inclinada a 11° do eixo de rotação da Terra (**Figura 1.16**), estivesse localizada no centro do globo. A força magnética aponta para o interior do planeta no polo norte magnético e para fora no polo sul magnético. Em qualquer local na Terra (exceto nos polos magnéticos), uma agulha de bússola, que é livre para girar sob a influência de um campo magnético, irá rotar para a posição paralela à linha de força local, aproximadamente na direção norte-sul.

Embora um ímã permanente no centro da Terra possa explicar a natureza dipolar (dois polos) do campo magnético observado, essa hipótese pode ser facilmente rejeitada. Experimentos de laboratório demonstram que o campo de um ímã permanente é destruído quando aquecido acima de 500ºC. Sabemos que as temperaturas no interior profundo da Terra são muito mais altas do que isso – milhares de graus no seu centro –, de modo que, caso o magnetismo não fosse constantemente regenerado, ele não poderia ser mantido.

Os cientistas teorizam que a convecção no núcleo externo da Terra gera e mantém o campo magnético. Por que um campo magnético é criado por convecção no núcleo externo, mas não no manto? Em primeiro lugar, porque o núcleo externo é feito principalmente de ferro, que é um condutor elétrico muito bom, enquanto as rochas silicáticas do manto são más condutoras elétricas. Em segundo lugar, porque os fluxos convectivos são

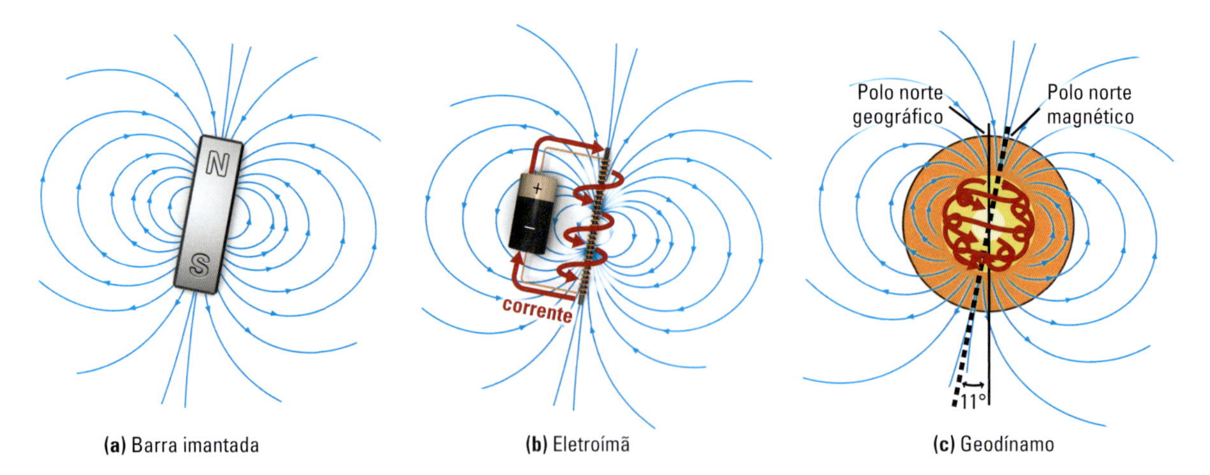

FIGURA 1.16 (a) Uma barra imantada cria um campo dipolar com os polos norte e sul. (b) Um campo dipolar também pode ser produzido por correntes elétricas que fluem por meio de uma bobina de fio metálico, conforme mostrado neste eletroímã movido a bateria. (c) O campo magnético aproximadamente dipolar da Terra é produzido por correntes elétricas que fluem no núcleo externo de metal líquido, as quais são movidas por convecção.

um milhão de vezes mais rápidos no núcleo externo do que no manto sólido. Esses fluxos rápidos induzem correntes elétricas na liga líquida de ferro-níquel para criar o campo magnético. Dessa forma, esse **geodínamo** é mais semelhante a um eletroímã do que a uma barra imantada (ver Figura 1.16).

Por cerca de 400 anos, os cientistas têm conhecimento de que a agulha de uma bússola aponta para o norte por causa do campo magnético da Terra. Imagine a surpresa que tiveram, meio século atrás, quando encontraram evidência geológica de que a direção da força magnética pode ser revertida. Durante aproximadamente metade do tempo geológico, uma agulha de bússola teria apontado para o sul! Essas *reversões magnéticas* ocorrem a intervalos irregulares que variam de dezenas de milhares a milhões de anos. Os processos que as causam não são inteiramente entendidos, mas modelos computadorizados do geodínamo mostram reversões esporádicas que ocorrem na ausência de qualquer fator externo, isto é, unicamente por meio de interações dentro do núcleo da Terra. Como veremos no próximo capítulo, as reversões magnéticas, que deixam sua marca no registro geológico, têm ajudado os geólogos a entender os movimentos das placas litosféricas.

Interações entre geossistemas sustentam a vida

O ambiente natural, o hábitat da vida, é controlado, em grande parte, pelo sistema do clima. A biosfera é um componente ativo desse geossistema, regulando, por exemplo, a quantidade de dióxido de carbono, metano e outros gases de efeito estufa na atmosfera, que, por sua vez, determina a temperatura da superfície do planeta. Como veremos no Capítulo 11, a evolução da biosfera e da atmosfera andaram lado a lado nos últimos 3,5 bilhões de anos do sistema do clima.

Menos óbvia é a relação entre o ambiente natural e os dois outros geossistemas globais. A tectônica de placas produz vulcões que reabastecem a atmosfera e os oceanos com água e gases das profundezas da Terra, e também é responsável pelos processos tectônicos que soerguem as montanhas. As interações da atmosfera, hidrosfera e criosfera com a topografia superficial criam diversos hábitats que enriquecem a biosfera e, por meio da erosão das rochas e dissolução dos minerais, fornecem os nutrientes essenciais para a vida.

Ao contrário dos movimentos convectivos da tectônica de placas, os remoinhos do núcleo externo da Terra são profundos demais para deformar a crosta ou alterar a sua composição química. Contudo, o campo magnético produzido pelo geodínamo alcança o espaço sideral muito além da atmosfera terrestre (ver Figura 1.16). Lá, ele forma uma barreira contra as partículas de alta energia lançadas pelo Sol a velocidades de mais de 400 km/s – o *vento solar* (**Figura 1.17**). Sem esse escudo, a superfície terrestre seria bombardeada pela radiação solar prejudicial, que mataria muitas formas de vida que hoje crescem na sua biosfera.

Um panorama do tempo geológico

Até agora, discutimos o tamanho e a forma da Terra, suas camadas internas e respectivas composições, e o funcionamento de seus três principais geossistemas. Afinal de contas, como a Terra obteve essa estrutura em camadas? Como os geossistemas globais evoluíram ao longo do tempo geológico? Para responder a essas questões, iniciaremos com uma abordagem geral do tempo geológico, desde o nascimento do planeta até o presente. Os capítulos seguintes apresentarão mais detalhes.

Compreender a imensidão do tempo geológico é um desafio. O escritor John McPhee observou que os geólogos olham para o "tempo profundo" do início da história da Terra (medido em bilhões de anos) da mesma maneira que um astrônomo olha para o "espaço profundo" do universo (medido em bilhões de anos-luz). A **Figura 1.18** apresenta o tempo geológico como uma fita marcada com alguns dos principais eventos e transições.

A origem da Terra e de seus geossistemas globais

Usando a evidência de meteoritos, os geólogos conseguiram demonstrar que a Terra e os outros planetas do sistema solar se formaram há cerca de 4,56 bilhões de anos, por meio da rápida condensação de uma nuvem de poeira que circulava em torno do jovem Sol. O violento processo, que envolveu a agregação e colisão de aglomerados cada vez maiores de matéria, será descrito com mais detalhe no Capítulo 9. Em apenas 100 milhões de anos (um tempo relativamente curto, em termos geológicos), já estava formada a Lua, bem como o manto e o núcleo da Terra já estavam separados. É difícil saber o que ocorreu nas centenas de milhões de anos seguintes. Muito pouco do registro geológico foi capaz de sobreviver ao intenso bombardeamento dos grandes meteoritos que atingiam a Terra de modo constante. Esse período dos primórdios da história da Terra é apropriadamente chamado de idade geológica "das trevas".

As rochas mais antigas encontradas atualmente na superfície terrestre têm mais de 4 bilhões de anos. Rochas muito antigas, com idade de 3,8 bilhões de anos, mostram evidências de erosão pela água, indicando a existência da hidrosfera e a operação de um sistema do clima que era muito distinto do atual. Rochas apenas um pouco mais novas, com 3,5 bilhões de anos, registram um campo magnético tão forte quanto o que vemos hoje, mostrando que o geodínamo já estava em operação naquela época. Cerca de 3 bilhões de anos atrás, reuniu-se suficiente crosta de baixa densidade na superfície terrestre para formar grandes massas continentais. Os processos geológicos que subsequentemente modificaram esses continentes foram muito similares àqueles que hoje vemos atuando nas placas tectônicas.

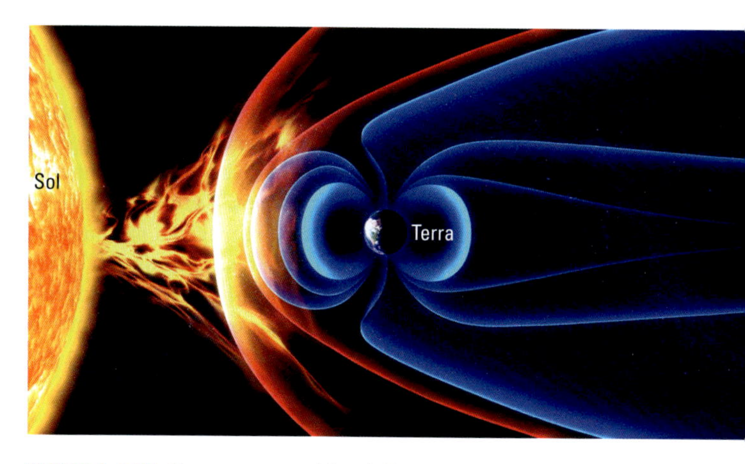

FIGURA 1.17 O campo magnético da Terra protege a vida, blindando a superfície terrestre da radiação solar prejudicial. O vento solar contém partículas de alta energia ejetadas do Sol, que distorcem as linhas do campo magnético da Terra, mostradas acima em azul-claro. As distâncias na imagem não estão em escala. [Ikon Images/Getty Images.]

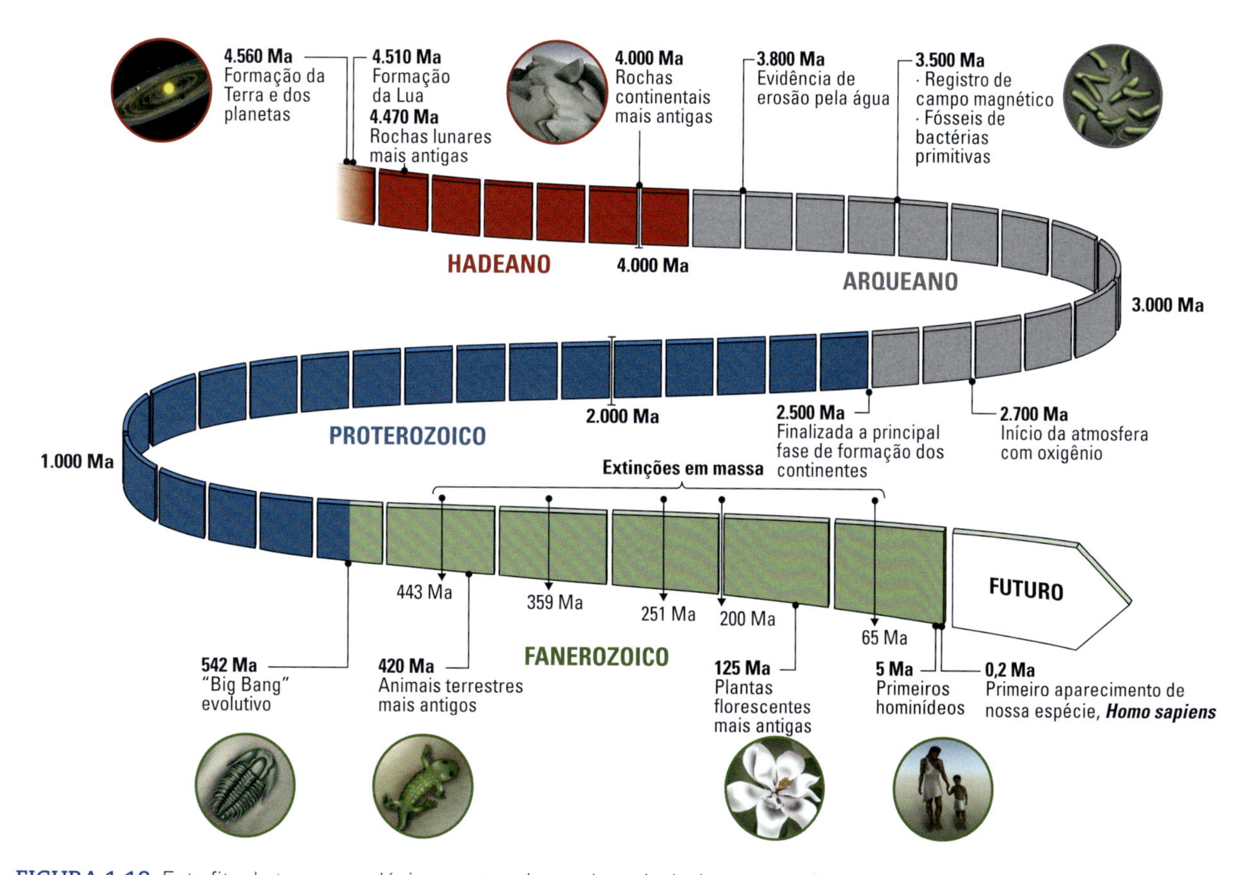

FIGURA 1.18 Esta fita do tempo geológico mostra alguns dos principais eventos observados no registro geológico, começando com a formação dos planetas. (Ma = milhões de anos atrás)

A evolução da vida

A vida também começou muito cedo na história da Terra, segundo podemos afirmar pelo estudo dos **fósseis**, foram encontrados diversos traços de organismos preservados no registro geológico. Fósseis de bactérias primitivas foram encontrados em rochas datadas de 3,5 bilhões de anos. Um evento-chave foi a evolução de organismos que liberam oxigênio na atmosfera e nos oceanos. O acúmulo de oxigênio na atmosfera já estava ocorrendo há 2,7 bilhões de anos. As concentrações de oxigênio atmosférico provavelmente subiram até os níveis atuais em uma série de etapas ocorridas em um período de tempo de pelo menos 2 bilhões de anos.

A vida no início da Terra era simples, consistindo basicamente em pequenos organismos unicelulares que flutuavam próximo à superfície dos oceanos ou viviam no fundo dos mares. Entre 1 e 2 bilhões de anos atrás, formas de vida mais complexas, como as algas e as algas marinhas, evoluíram. Os primeiros animais entraram em cena há cerca de 600 milhões de anos, evoluindo em uma sequência de ondas. Em um breve período iniciado há 542 milhões de anos e, provavelmente, com uma duração menor que 10 milhões de anos, oito filos inteiramente novos do reino animal foram estabelecidos, incluindo os ancestrais de quase todos os animais que conhecemos hoje. Foi durante essa explosão evolutiva, às vezes referida como "Big Bang" ("grande explosão") da biologia, que animais cujo corpo continha partes duras deixaram, pela primeira vez, fósseis no registro geológico.

Embora a evolução biológica seja muitas vezes vista como um processo muito lento, ela é pontuada por breves períodos de mudança rápida. Exemplos espetaculares são as *extinções em massa*, durante as quais muitos tipos de organismos desapareceram subitamente do registro geológico. Cinco dessas imensas reviravoltas estão indicadas na fita do tempo geológico da Figura 1.18. A última foi causada pelo impacto de um grande bólido há 65 milhões de anos. O bólido, não muito maior do que 10 km de diâmetro, causou a extinção de metade das espécies da Terra, inclusive os animais gigantes daquela era geológica, os dinossauros.

CONCEITOS E TERMOS-CHAVE

astenosfera (p. 14)
campo magnético (p. 15)
clima (p. 14)
convecção (p. 15)
crosta (p. 10)
fósseis (p. 18)
geodésia (p. 6)
geodínamo (p. 16)
Geologia (p. 2)
geossistemas (p. 13)
litosfera (p. 14)
manto (p. 8)
método científico (p. 2)
núcleo (p. 8)
núcleo externo (p. 10)
núcleo interno (p. 10)
ondas sísmicas (p. 7)
princípio do uniformitarismo (p. 5)
registro geológico (p. 4)
sistema da tectônica de placas (p. 15)
sistema do clima (p. 14)
sistema Terra (p. 12)
topografia (p. 6)

REVISÃO DOS OBJETIVOS DE APRENDIZAGEM

1.1 Descrever aspectos fundamentais da Geologia que a relacionam com e distinguem de outras ciências como Física, Química e Biologia.

A Geologia é a ciência que trata da Terra – sua história, sua composição e estrutura interna e suas feições superficiais. Os geólogos estudam processos terrestres que normalmente envolvem interações sistêmicas grandes demais para serem replicadas em laboratório. Assim, eles precisam fazer levantamentos em terra e mar, instalar redes de instrumentos para monitorar a atividade terrestre e medir mudanças no sistema Terra por satélites, de modo a coletar informações sobre o planeta. Muitos processos geológicos operam em escalas de tempo muito longas ou ocorrem com muito pouca frequência, então os geólogos apenas podem estudá-los a partir das evidências preservadas no registro geológico. As técnicas usadas para estudar fenômenos terrestres muitas vezes vêm da física, da química e da biologia. Os geólogos, como os pesquisadores desses outros campos, utilizam o método científico. Eles elaboram e testam hipóteses, que são explicações provisórias para fenômenos naturais com base em observações e experimentos. Eles então combinam hipóteses bem-sucedidas em teorias e desenvolvem modelos científicos, muitas vezes na forma de programas de computador capazes de simular determinados aspectos do sistema Terra. A credibilidade das hipóteses, teorias e modelos cresce na medida em que resistem repetidamente aos testes e são capazes de predizer os resultados de novas observações ou experimentos.

Atividades de Estudo: Revisar as seções *O método científico e A Geologia como ciência.*

Exercício: Utilize exemplos deste capítulo para ilustrar as semelhanças e diferenças entre uma hipótese, uma teoria e um modelo.

Questões para Pensar: (a) Como a ciência difere da religião como forma de entender o mundo? (b) Se nenhuma teoria pode ser comprovada por completo, por que quase todos os geólogos acreditam na teoria da evolução de Darwin?

1.2 Ilustrar como o método científico foi usado para desenvolver teorias sobre a forma e a estrutura da Terra.

O filósofo grego Eratóstenes obteve uma medida precisa do raio da Terra usando duas hipóteses simples (a Terra é uma esfera; o Sol está muito distante), uma teoria matemática (a geometria esférica) e resultados de um experimento inteligente (medir a sombra de uma estaca vertical). Para explicar a alta densidade da Terra, o físico alemão Emil Wiechert elaborou a hipótese de que a Terra possui um núcleo de ferro encapsulado em um manto silicático. Ele suportou sua hipótese por observações de meteoritos rochosos e de ferro-níquel. A existência de um manto e de um núcleo interno foi confirmada por diversas observações desde então, incluindo imageamento direto da estrutura interna da Terra a partir das ondas sísmicas dos terremotos. Os geólogos construíram um modelo da Terra em camadas que inclui um núcleo interno sólido e um núcleo externo líquido e uma crosta silicática de baixa densidade sobrejacente a um manto silicático espesso de mais alta densidade.

Atividades de Estudo: Completar o Exercício de Geologia na Prática e revisar a Figura 1.8.

Exercícios: (a) Dê um exemplo de como o modelo da forma esférica da Terra, desenvolvido por Eratóstenes, pode ser testado de forma experimental usando observações realizadas na superfície terrestre. (b) Dê duas razões de por que a forma da Terra não é uma esfera perfeita. (c) Se você criasse um modelo da Terra com 10 cm de raio, que altura teria o Monte Everest acima do nível do mar?

Questão para Pensar: Por que a densidade do material no interior da Terra geralmente aumenta com a profundidade?

1.3 Comparar as composições químicas da crosta, do manto e do núcleo da Terra em relação aos seus elementos mais abundantes.

Noventa por cento da massa da Terra é composta de quatro elementos. O núcleo é constituído principalmente de ferro, enquanto a crosta e o manto, fundamentalmente de oxigênio, silício e magnésio. O oxigênio e o silício combinam-se com metais como magnésio e ferro para formar os minerais silicáticos. A crosta contém mais oxigênio e silício do que o manto e, logo, tem densidade menor. As variações na composição e espessura crustais explicam a topografia dos continentes e dos oceanos.

Atividade de Estudo: Revisar Figura 1.11.

Exercícios: (a) A partir das médias do raio e da densidade da Terra apresentadas neste capítulo, calcule sua massa total em quilogramas e compare seus resultados com os valores listados no Apêndice 2. (b) Explique como o núcleo externo da Terra pode ser líquido se o manto é sólido.

Questões para Pensar: (a) Imagine que você é um guia turístico em uma jornada que parte da superfície da Terra até seu centro. Como você descreveria o material que o seu grupo de turistas encontra à medida que desce cada vez mais?

1.4 Localizar, no sistema Terra em camadas, os geossistemas globais que explicam o clima, a tectônica de placas e o campo geomagnético.

Para entender o sistema Terra, nos concentramos nos seus subsistemas (geossistemas). Os três principais geossistemas globais são o sistema do clima, que envolve interações entre a atmosfera, a hidrosfera, a criosfera, a biosfera e a litosfera; o sistema da tectônica de placas, que inclui interações entre a litosfera, a astenosfera e o manto profundo; e o geodínamo, que abrange interações dentro do núcleo da Terra. O sistema do clima é controlado pelo calor do Sol, ao passo que o sistema da tectônica de placas e do geodínamo são controlados pelo motor térmico interno da Terra.

Atividade de Estudo: Completar o Exercício de Leitura Visual.

Exercícios: (a) Qual é a diferença entre os termos *tempo* e *clima*? Expresse a relação entre clima e tempo usando exemplos de sua própria experiência. (b) O manto da Terra é sólido, mas é submetido à convecção como parte do sistema das placas tectônicas. Explique por que essas afirmações não são contraditórias.

Questões para Pensar: (a) De que formas gerais o sistema do clima, o sistema da tectônica de placas e do geodínamo são semelhantes? Em que eles são diferentes? (b) Com base no material apresentado neste capítulo, como podemos responder a questão: há quanto tempo os três principais geossistemas globais começaram a operar? (c) Nem todos os planetas têm um geodínamo. Por que não? Se a Terra não tivesse um campo magnético, o que poderia ser diferente em nosso planeta?

1.5 Memorizar a idade da Terra e alguns dos principais eventos da evolução da vida que se destacam no registro geológico.

A Terra formou-se como planeta há 4,56 bilhões de anos. Rochas de mais de 4 bilhões de anos foram preservadas na sua crosta. A água líquida já existia na superfície terrestre há cerca de 3,8 bilhões de anos. Rochas com cerca de 3,5 bilhões de anos contêm a evidência mais antiga de vida. Há cerca de 2,7 bilhões de anos, a quantidade de oxigênio na atmosfera estava aumentando devido à produção desse elemento por organismos primitivos. Os animais apareceram repentinamente há cerca de 600 milhões de anos, diversificando-se rapidamente em uma grande explosão evolutiva. A subsequente evolução da vida foi marcada por uma série de eventos extremos que extinguiram muitas espécies, permitindo que novas evoluíssem. Nossa espécie, *Homo sapiens*, apareceu pela primeira vez há cerca de 200 mil anos.*

Atividade de Estudo: Revisar Figura 1.18.

Exercício: Imagine que toda a história da Terra seja comprimida em um ano, de modo que o planeta teria se formado em 1° de janeiro e agora seja meia-noite de 31 de dezembro. Quando a nossa espécie humana teria surgido? Em que momento da véspera do Ano Novo você teria nascido?

Questão para Pensar: Acredita-se que o impacto de um grande bólido há 65 milhões de anos tenha causado a extinção de metade das espécies da Terra, inclusive todos os dinossauros. Esse evento invalida o princípio do uniformitarianismo? Explique sua resposta.

*N. de R.T.: Os autores referem-se ao *Homo sapiens sapiens* moderno. Os primeiros humanos, como o Australopithecus, surgiram em torno de 3,5 Ma, e o gênero Homo, há 2,8 Ma.

EXERCÍCIO DE LEITURA VISUAL

Componentes interativos do sistema Terra em camadas

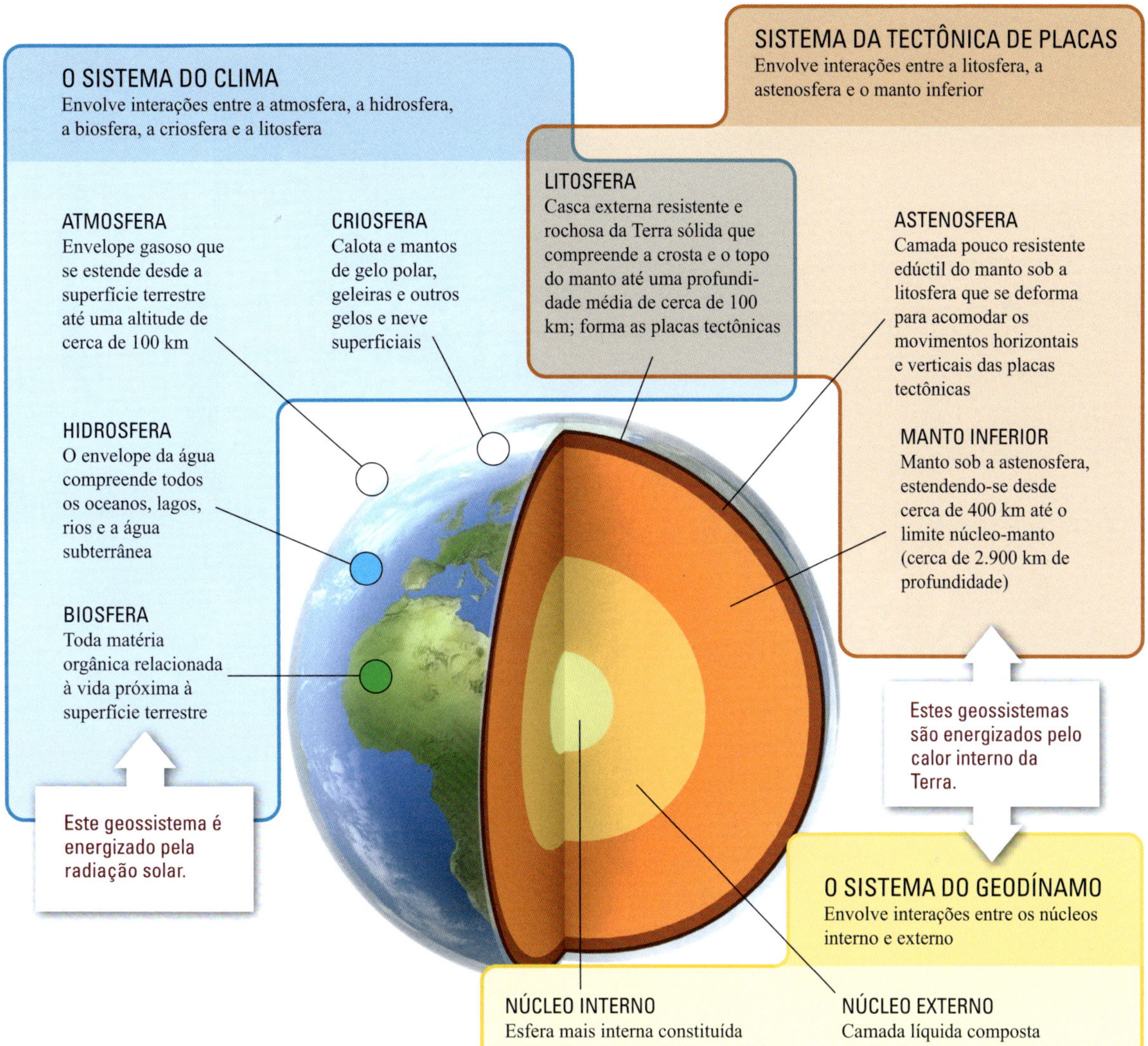

O SISTEMA DO CLIMA
Envolve interações entre a atmosfera, a hidrosfera, a biosfera, a criosfera e a litosfera

ATMOSFERA
Envelope gasoso que se estende desde a superfície terrestre até uma altitude de cerca de 100 km

CRIOSFERA
Calota e mantos de gelo polar, geleiras e outros gelos e neve superficiais

HIDROSFERA
O envelope da água compreende todos os oceanos, lagos, rios e a água subterrânea

BIOSFERA
Toda matéria orgânica relacionada à vida próxima à superfície terrestre

Este geossistema é energizado pela radiação solar.

SISTEMA DA TECTÔNICA DE PLACAS
Envolve interações entre a litosfera, a astenosfera e o manto inferior

LITOSFERA
Casca externa resistente e rochosa da Terra sólida que compreende a crosta e o topo do manto até uma profundidade média de cerca de 100 km; forma as placas tectônicas

ASTENOSFERA
Camada pouco resistente edúctil do manto sob a litosfera que se deforma para acomodar os movimentos horizontais e verticais das placas tectônicas

MANTO INFERIOR
Manto sob a astenosfera, estendendo-se desde cerca de 400 km até o limite núcleo-manto (cerca de 2.900 km de profundidade)

Estes geossistemas são energizados pelo calor interno da Terra.

O SISTEMA DO GEODÍNAMO
Envolve interações entre os núcleos interno e externo

NÚCLEO INTERNO
Esfera mais interna constituída predominantemente de ferro sólido, estendendo-se desde cerca de 5.150 km de profundidade até o centro da Terra, a 6.370 km de profundidade

NÚCLEO EXTERNO
Camada líquida composta predominantemente por ferro liquefeito, estendendo-se desde cerca de 2.900 km até 5.150 km de profundidade

FIGURA 1.13 O sistema Terra inclui todos os grandes componentes do nosso planeta e suas interações. A ilustração mostra os três principais geossistemas globais.

1. **Quais destes três geossistemas globais são energizados pelo calor interno da Terra?**
2. **Qual destes três geossistemas globais envolvem principalmente interações internas ao núcleo da Terra?**
3. **Com quais geossistemas globais as interações com a biosfera são as mais fortes?**
4. **Quais geossistemas globais são necessários para a sustentação da vida em longo prazo?**
5. **Por que a legenda da litosfera na figura acima está incluída na caixa marrom e na azul?**

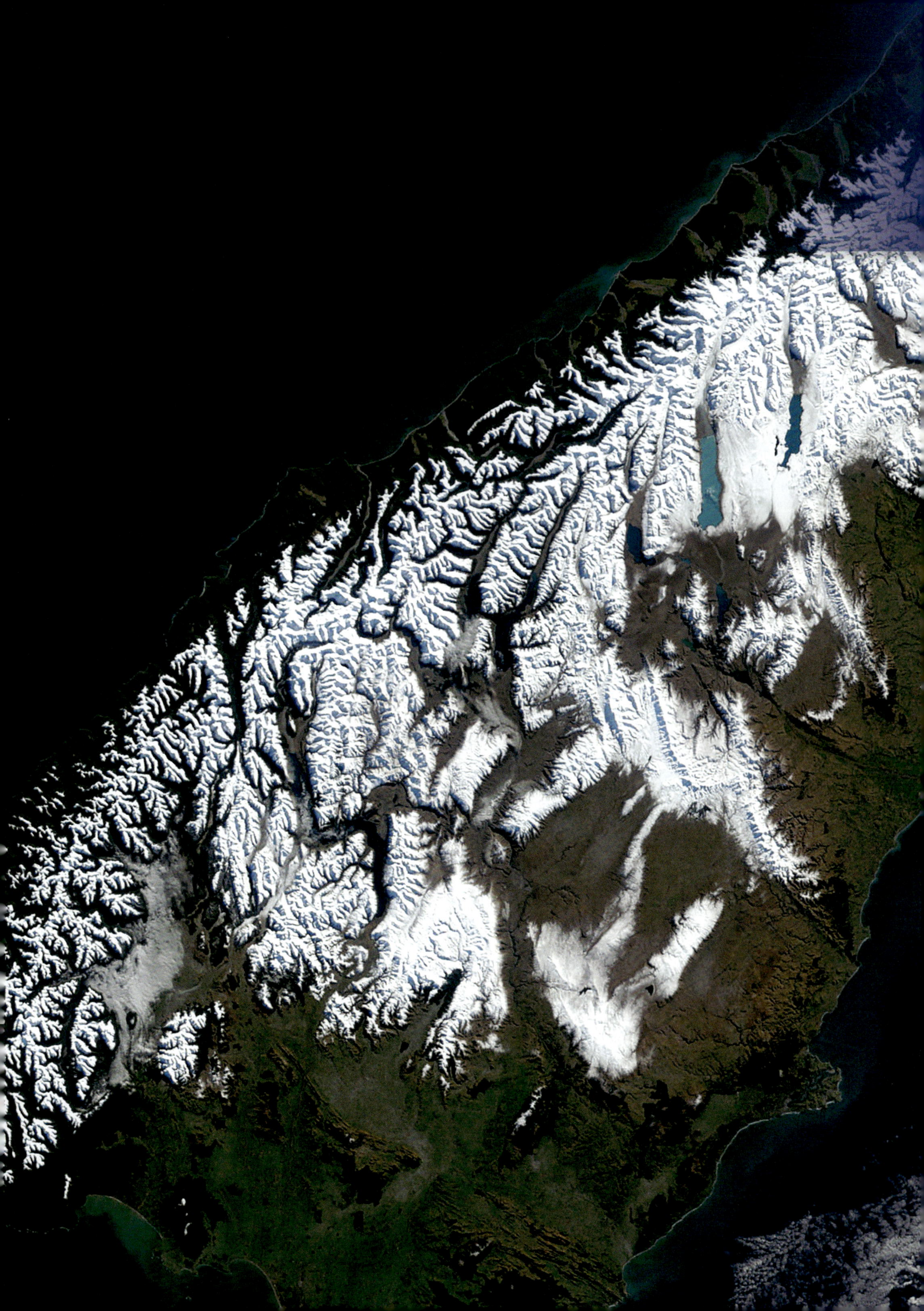

Tectônica de placas: a teoria unificadora

2

Objetivos de Aprendizagem

A tectônica de placas explica processos geológicos em escala global. Após estudar tectônica de placas no Capítulo 2, você deve saber:

2.1 Identificar as maiores placas tectônicas e delinear os seus limites em um mapa-múndi.

2.2 Resumir como os geólogos da década de 1960 usaram a expansão do assoalho oceânico para explicar a deriva continental de Wegener.

2.3 Com base em observações sobre movimentos relativos e atividade geológica, determinar se a borda de uma placa tectônica está atuando como limite divergente, convergente ou de falha transformante.

2.4 Explicar como anomalias magnéticas registradas por navios são usadas para estimar a idade do assoalho oceânico e a sua taxa de expansão.

2.5 Rebobinar a deriva continental dos últimos 200 milhões de anos para reconstruir o supercontinente Pangeia.

2.6 Descrever como as placas oceânicas participam da convecção do manto.

A linha de neve oblíqua no topo desta imagem de satélite marca a Falha Alpina, um limite de placas propenso a terremotos entre as placas da Austrália e do Pacífico que cruza a Ilha Sul da Nova Zelândia. [Jeff Schmaltz, MODIS Rapid Response Team, NASA/GSFC.]

A litosfera – a camada mais externa, rígida e resistente da Terra – é fragmentada em cerca de 12 placas, que deslizam, convergem ou se separam umas em relação às outras à medida que se movem sobre a astenosfera, menos resistente e dúctil. As placas são criadas onde se separam e recicladas onde convergem, em um processo contínuo de criação e destruição. Os continentes, encravados na litosfera, migram junto com as placas em movimento.

A teoria da tectônica de placas descreve o movimento das placas e as forças que nelas atuam. Explica também vulcões, terremotos e a distribuição de cadeias de montanhas, associações de rochas e estruturas no fundo do mar – feições resultantes de eventos que ocorrem nos limites de placa. A tectônica de placas fornece uma base conceitual para grande parte deste livro e, na verdade, também da Geologia.

Este capítulo apresentará a teoria da tectônica de placas e como ela foi descoberta, descreverá os movimentos das placas hoje e no passado geológico e examinará como as forças que controlam o movimento das placas estão relacionadas com o sistema de convecção do manto.

A descoberta da tectônica de placas

Na década de 1960, uma grande revolução no pensamento sacudiu o mundo da Geologia. Por quase 200 anos, os geólogos desenvolveram diversas teorias *tectônicas* (do grego *tekton*, "construtor") – o termo geral que eles usaram para descrever a formação de montanhas, o vulcanismo, os terremotos e outros processos que formam feições geológicas na superfície da Terra. No entanto, até a descoberta da tectônica de placas, nenhuma teoria conseguia, isoladamente, explicar de modo satisfatório toda a variedade de processos geológicos. A Física teve uma revolução comparável no início do século XX, quando a teoria da relatividade unificou as leis físicas que governam o espaço, o tempo, a massa e o movimento. A Biologia também teve uma revolução comparável na metade do mesmo século, quando a descoberta do DNA permitiu aos biólogos explicar como os organismos transmitem as informações que controlam seu crescimento, desenvolvimento e funcionamento de geração a geração.

As ideias básicas da tectônica de placas foram reunidas como uma teoria unificada da Geologia há menos de 50 anos. A síntese científica que conduziu a essa teoria, no entanto, começou muito antes, ainda no século XX, com o reconhecimento das evidências da deriva continental.

A deriva continental

Tais mudanças nas partes superficiais do globo pareciam, para mim, improváveis de acontecer se a Terra fosse sólida até o centro. Desse modo, imaginei que as partes internas poderiam constituir-se de um fluido mais denso e de densidade específica maior que a de qualquer outro sólido que conhecemos, e, assim, poderiam nadar no ou sobre aquele fluido. Desse modo, a superfície da Terra seria uma casca capaz de ser quebrada e desordenada pelos movimentos violentos do fluido sobre o qual repousa.

(Benjamin Franklin, 1782, em uma carta para o geólogo Francês Abbé J. L. Giraud-Soulavie.)

O conceito de **deriva continental** – movimentos de grande proporção dos continentes – existe há muito tempo. No final do século XVI e no século XVII, cientistas europeus notaram o encaixe do quebra-cabeça das linhas costeiras em ambos os lados do Atlântico, como se as Américas, a Europa e a África tivessem estado juntas em uma determinada época e, depois, se afastado por deriva. Ao final do século XIX, o geólogo austríaco Eduard Suess encaixou algumas das peças do quebra-cabeça e postulou que o conjunto atual dos continentes meridionais formara, certa vez, um único continente gigante, chamado *Terra de Gondwana* (ou, simplesmente, *Gondwana*). Em 1915, Alfred Wegener (Figura 2.1), um meteorologista alemão que estava se recuperando de ferimentos sofridos na Primeira Guerra Mundial, escreveu um livro sobre a fragmentação e a deriva dos continentes. Nele, apresentou as similaridades marcantes entre as estruturas geológicas dos lados opostos do Atlântico (Figura 2.2). Nos anos seguintes, Wegener postulou um supercontinente, que denominou de **Pangeia*** (do grego "todas as terras"), que se fragmentou nos continentes como os conhecemos hoje.

Embora Wegener estivesse correto em afirmar que os continentes tinham se afastado por deriva, sua hipótese acerca de quão

FIGURA 2.1 Alfred Lothar Wegener (1880-1930) atravessando uma geleira durante a sua última e fatídica expedição à Groenlândia, novembro de 1930. [Ullstein Bild/Getty Images.]

*N. de R.T.: "Pangeia" trata-se de uma forma preferível à "Pangea", que é uma grafia em inglês, além de a palavra ser encontrada com essa grafia na maioria dos dicionários.

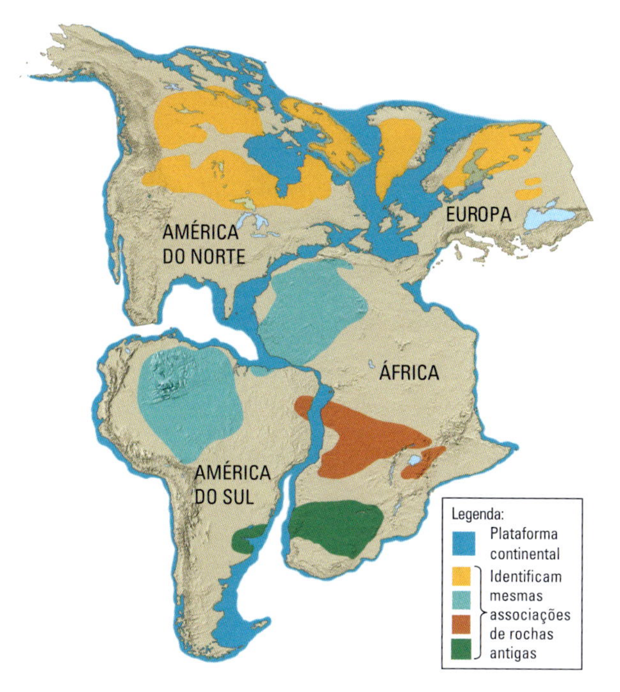

FIGURA 2.2 Encaixes do quebra-cabeça dos continentes que bordejam o Oceano Atlântico construídos com base na teoria da deriva continental de Alfred Wegener. Em seu livro *A Origem dos Continentes e Oceanos*, Wegener citou como evidência adicional a similaridade de feições geológicas nos lados opostos do Atlântico. O encaixe de rochas cristalinas muito antigas em regiões adjacentes da América do Sul e da África, e da América do Norte e da Europa, foi extraído de mapas refinados por geólogos em meados da década de 1960.

rápido eles se moviam e quais forças os empurravam na superfície terrestre mostrou-se errônea, como veremos, o que reduziu sua credibilidade entre outros cientistas. Após cerca de uma década de vigoroso debate, os físicos convenceram os geólogos de que as camadas externas da Terra eram muito rígidas para que a deriva continental ocorresse, o que fez com que as ideias de Wegener caíssem em descrédito, exceto entre uns poucos geólogos.

Wegener e os defensores da hipótese da deriva mostraram não apenas o encaixe geográfico, mas também as similaridades geológicas das idades das rochas e das orientações das estruturas geológicas nos lados opostos do Atlântico. Eles também apresentaram argumentos, aceitos até hoje como boas evidências da deriva, baseados em fósseis e dados climatológicos. Por exemplo, fósseis do réptil *Mesosaurus*, com idade de 300 milhões de anos, foram encontrados somente na América do Sul e na África, sugerindo que os dois continentes estavam contíguos quando o *Mesosaurus* estava vivo (Figura 2.3). Os animais e as plantas dos diferentes continentes mostraram similaridades na evolução até o tempo postulado para a fragmentação. Posteriormente, seguiram caminhos evolutivos divergentes, devido ao isolamento e às mudanças ambientais das massas continentais em separação. Além disso, depósitos associados com geleiras que existiam há cerca de 300 milhões de anos estão agora distribuídos na América do Sul, na África, na Índia e na Austrália. Se os continentes meridionais fossem reunidos para formar a Terra de Gondwana

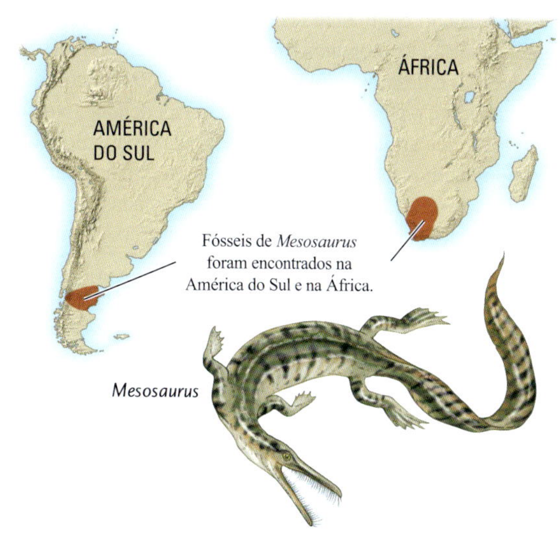

FIGURA 2.3 Fósseis de *Mesosaurus*, réptil de água doce com idade de 300 milhões de anos, foram encontrados apenas na América do Sul e na África. Se o *Mesosaurus* pudesse atravessar o Oceano Atlântico Sul nadando, poderia ter cruzado outros oceanos e se espalhado mais amplamente. O fato dele não ter se espalhado sugere que a América do Sul e a África estavam conectadas naquele tempo. [Informações de A. Hallam, "Continental Drift and the Fossil Record", Scientific American (November 1972): 57–66.]

próximo ao Polo Sul, uma única geleira poderia explicar todos os depósitos glaciais.

Expansão do assoalho oceânico

A evidência geológica não convenceu os céticos, os quais mantiveram que a deriva continental era fisicamente impossível. Ninguém havia proposto, ainda, uma força motora plausível que pudesse ter fragmentado a Pangeia e separado os continentes. Wegener, por exemplo, pensava que os continentes flutuavam como barcos sobre a crosta oceânica sólida, arrastados pelas forças das marés, do sol e da lua. Porém, sua hipótese foi rapidamente rejeitada porque pode ser demonstrado que as forças da maré são fracas demais para mover continentes.

A mudança revolucionária ocorreu quando os cientistas deram-se conta de que a convecção do manto da Terra (discutida no Capítulo 1) poderia empurrar e separar continentes, formando uma nova crosta oceânica, por meio do processo de **expansão do assoalho oceânico***. Em 1928, o geólogo britânico Arthur Holmes propôs que as correntes de convecção "arrastaram as

*N. de R.T.: Entre traduções de *seafloor spreading*, encontra-se, na literatura brasileira, "espalhamento", "espraiamento" e "expansão" do "assoalho", "fundo" ou "leito", "oceânico" ou "submarino". Optou-se por "expansão do assoalho oceânico" como a melhor expressão para designar o contínuo acrescentamento de material a partir de um centro, de modo a constituir um objeto tridimensional, a crosta oceânica, que se expande lateralmente. Tanto "espalhamento" como "espraiamento" são vocábulos mais apropriados para expressar o derramamento de líquidos, embora também sejam utilizados na literatura. Dentre os vocábulos "assoalho", "fundo" e "leito", o primeiro é o mais adequado para se referir à crosta oceânica, um objeto tridimensional cuja face superior vem a ser o fundo ou o leito submarino ou oceânico.

duas metades do continente original, afastando-as, com consequente formação de montanhas na borda, onde as correntes estão em descenso, e desenvolvimento de assoalho oceânico no lugar da fenda aberta, onde as correntes estão ascendendo". No entanto, muitos ainda argumentavam que a crosta e o manto da Terra são rígidos e imóveis, e Holmes admitiu que "ideias puramente especulativas desse tipo, especialmente inventadas para atender certas postulações, podem não ter valor científico até que adquiram o suporte de evidências independentes".

Essas evidências emergiram como um resultado da intensa exploração do fundo oceânico ocorrida após a Segunda Guerra Mundial. O geólogo marinho Maurice "Doc" Ewing demonstrou que o assoalho do Oceano Atlântico é composto de basalto novo, e não de granito antigo, como alguns geólogos haviam pensado. Além disso, o mapeamento de uma cadeia submarina de montanhas chamada Dorsal Mesoatlântica* levou à descoberta de um vale profundo na forma de fenda, ou *rifte*,** estendendo-se ao longo de seu centro (**Figura 2.4**). Dois dos geólogos que mapearam essa feição foram Bruce Heezen e Marie Tharp, colegas de Doc Ewing na Universidade de Columbia (**Figura 2.5**). "Achei que poderia ser um vale em rifte", Tharp disse anos mais tarde. A princípio, Heezen descartou a ideia por parecer ser "conversa furada", mas logo descobriram que quase todos os terremotos no Oceano Atlântico ocorreram próximos ao rifte, confirmando o palpite de Tharp. Uma vez que a maioria dos terremotos é gerada por falhamento tectônico, esses resultados indicaram que o rifte era uma feição tectonicamente ativa. Outras dorsais mesoceânicas com formas e atividade sísmica similares foram encontradas nos oceanos Pacífico e Índico.

No início da década de 1960, Harry Hess, da Universidade de Princeton, e Robert Dietz, da Instituição Scripps de Oceanografia,*** propuseram que a crosta separa-se ao longo de riftes nas dorsais mesoceânicas e que nova crosta é formada pela ascensão de rochas fundentes nessas fendas. O novo assoalho oceânico – na verdade, o topo da nova litosfera criada – expande-se lateralmente a partir do rifte e é substituído por uma crosta ainda mais nova, em um processo contínuo de formação de placa.

*N. de R.T.: O termo *mid-atlantic ridge* tem sido traduzido em português como "dorsal mesoatlântica", embora também seja encontrado como "cadeia" ou "cordilheira". Preferimos "dorsal" por ser de uso mais antigo e por designar de forma menos ambígua uma feição exclusiva do assoalho oceânico e muito distinta das cadeias e cordilheiras continentais e mesmo de outras elevações submarinas. Além disso, o vocábulo inglês *ridge* denota ao mesmo tempo "crista" e "fenda", sendo bem apropriado para designar uma elevação que, em seu centro, tem duas cristas separadas por um vale em rifte. Porém, o mesmo não ocorre com seus possíveis correlatos em português, "cadeia" ou "cordilheira", que não designam vale de afundamento, mas, pelo contrário, "sucessão extensa de montanhas".

**N. de R.T.: O vocábulo "rifte", derivado do inglês *rift*, ("brecha", "fenda"), está dicionarizado em Suguio (1998, Dicionário de Geologia Sedimentar) e no Dicionário Houaiss da Língua Portuguesa, sendo equivalente a "vale de afundamento" ou, também, a "vale de desabamento tectônico".

***N. de R.T.: Scripps Institution of Oceanography.

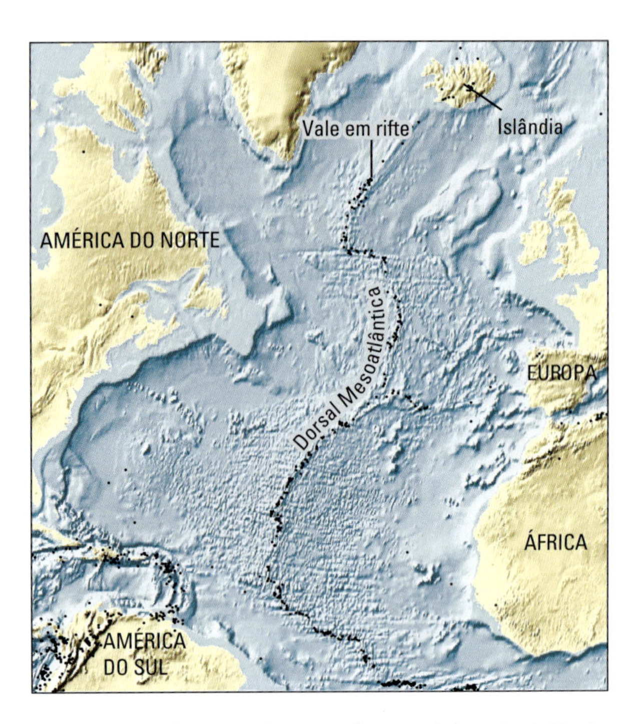

FIGURA 2.4 O mapa do assoalho oceânico do Atlântico Norte mostra vales em rifte em forma de fendas ao longo do centro da Dorsal Mesoatlântica e a localização de terremotos (pontos pretos).

FIGURA 2.5 Marie Tharp e Bruce Heezen inspecionam um mapa do assoalho oceânico. A descoberta que fizeram sobre riftes tectonicamente ativos nas dorsais mesoceânicas forneceu evidências importantes da expansão do assoalho oceânico. [Acervo de Marie Tharp.]

A Grande Síntese: 1963–1968

A hipótese de expansão do assoalho oceânico apresentada por Hess e Dietz explicou como os continentes poderiam separar-se por meio da criação de uma nova litosfera em riftes mesoceânicos. Mas também suscitou outra questão: o assoalho oceânico e sua litosfera subjacente poderiam ser destruídos e reciclados, retornando ao interior da Terra? Do contrário, a área da superfície terrestre deveria ter aumentado ao longo do tempo. Por certo período, no início da década de 1960, alguns físicos e geólogos, inclusive Heezen, realmente acreditaram na ideia de uma Terra em expansão. Outros geólogos reconheceram que o assoalho oceânico estava na verdade sendo reciclado. Eles estavam convencidos de que isso estava ocorrendo nas diversas regiões de intensa atividade vulcânica e sísmica ao longo das margens da bacia do Oceano Pacífico, conhecidas coletivamente como Círculo de Fogo (Figura 2.6). Os detalhes desse processo, todavia, permaneciam obscuros.

Em 1965, o geólogo canadense J. Tuzo Wilson descreveu, pela primeira vez, a tectônica em torno do globo em termos de placas rígidas movendo-se sobre a superfície terrestre. Ele caracterizou os três tipos básicos de limites onde as placas separam-se, aproximam-se ou deslizam lateralmente uma em relação à outra. Logo após, outros cientistas mostraram que quase todas as deformações tectônicas atuais – o processo pelo qual as rochas são dobradas, falhadas, cisalhadas ou comprimidas pelas forças tectônicas – estão concentradas nesses limites. Eles mediram as taxas e as direções dos movimentos tectônicos e demonstraram que os mesmos eram matematicamente consistentes com o sistema de placas rígidas movendo-se na superfície esférica do planeta.

Os elementos básicos da teoria da **tectônica de placas** foram estabelecidos ao final de 1968. Por volta de 1970, as evidências da tectônica de placas tornaram-se tão persuasivas que quase todos os geocientistas adotaram-na. Os livros-texto foram revisados e especialistas começaram a considerar as implicações do novo conceito em seus campos de atuação.

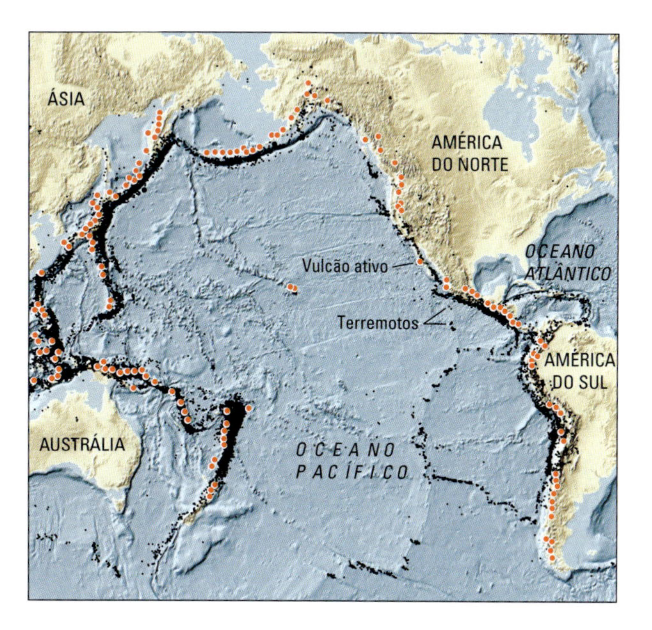

FIGURA 2.6 O Círculo de Fogo do Pacífico, com seus vulcões ativos (círculos vermelhos grandes) e terremotos frequentes (círculos pretos pequenos), marca os limites de placas convergentes onde a litosfera oceânica está sendo reciclada.

As placas e seus limites

De acordo com a teoria da tectônica de placas, a litosfera rígida não é uma capa contínua, mas está fragmentada em um mosaico de placas rígidas que estão em movimento sobre a superfície terrestre (Figura 2.7). Cada placa move-se como uma unidade distinta, cavalgando sobre a astenosfera, que também está em movimento. A maior é a Placa do Pacífico,* que compreende a maior parte da bacia do Oceano Pacífico. Algumas das placas recebem o nome dos continentes que elas contêm, porém, em nenhum caso uma placa é idêntica a um continente. A Placa da América do Norte, por exemplo, estende-se desde a costa oeste da América do Norte até o meio do Oceano Atlântico, onde se limita com as Placas da Eurásia e da África.

Além das treze placas maiores, existe uma série de outras menores. Um exemplo é a minúscula Placa de Juan de Fuca, um pequeno pedaço da litosfera oceânica aprisionado entre as placas gigantes do Pacífico e da América do Norte, na costa noroeste dos Estados Unidos. Outras, não apresentadas na Figura 2.7, são fragmentos continentais, como a pequena Placa da Anatólia, que inclui a maior parte da Turquia.

Se você quer ver a tectônica de placas em ação, visite um limite de placa. Dependendo de qual você for ver, encontrará terremotos, vulcões, montanhas, riftes estreitos e longos, dobramento, falhamento, etc. Muitas feições geológicas desenvolvem-se por meio da interação das placas em seus limites.

Há três tipos básicos de limites de placas (Figura 2.8), todos definidos pela direção do movimento de uma em relação à outra:

- Em **limites divergentes**, as placas afastam-se e uma nova litosfera é criada (a área da placa aumenta).
- Em **limites convergentes**, as placas juntam-se e uma delas é reciclada, retornando ao manto (a área da placa diminui).
- Em **limites transformantes**, as placas deslizam horizontalmente uma em relação à outra (a área da placa permanece constante).

Como em muitos modelos da natureza, os três tipos de limites de placa são idealizados. Existem também limites "oblíquos", que combinam divergência ou convergência com alguma incidência de falhamento transformante. Ainda, o que de fato acontece em um limite de placa depende do tipo de litosfera envolvida, se oceânica ou continental, que se comportam de modos diferentes. A crosta continental é formada de rochas que

---

*N. de R.T.: A designação das placas em português não é uniformizada. Enquanto em inglês utiliza-se a adição do adjetivo gentílico ao substantivo "placa", como em Pacific Plate e African Plate, em português não há uma regra clara. Na presente obra, adotou-se a regra de pospor o topônimo ao substantivo "placa", como sugerem os melhores estilos em português.

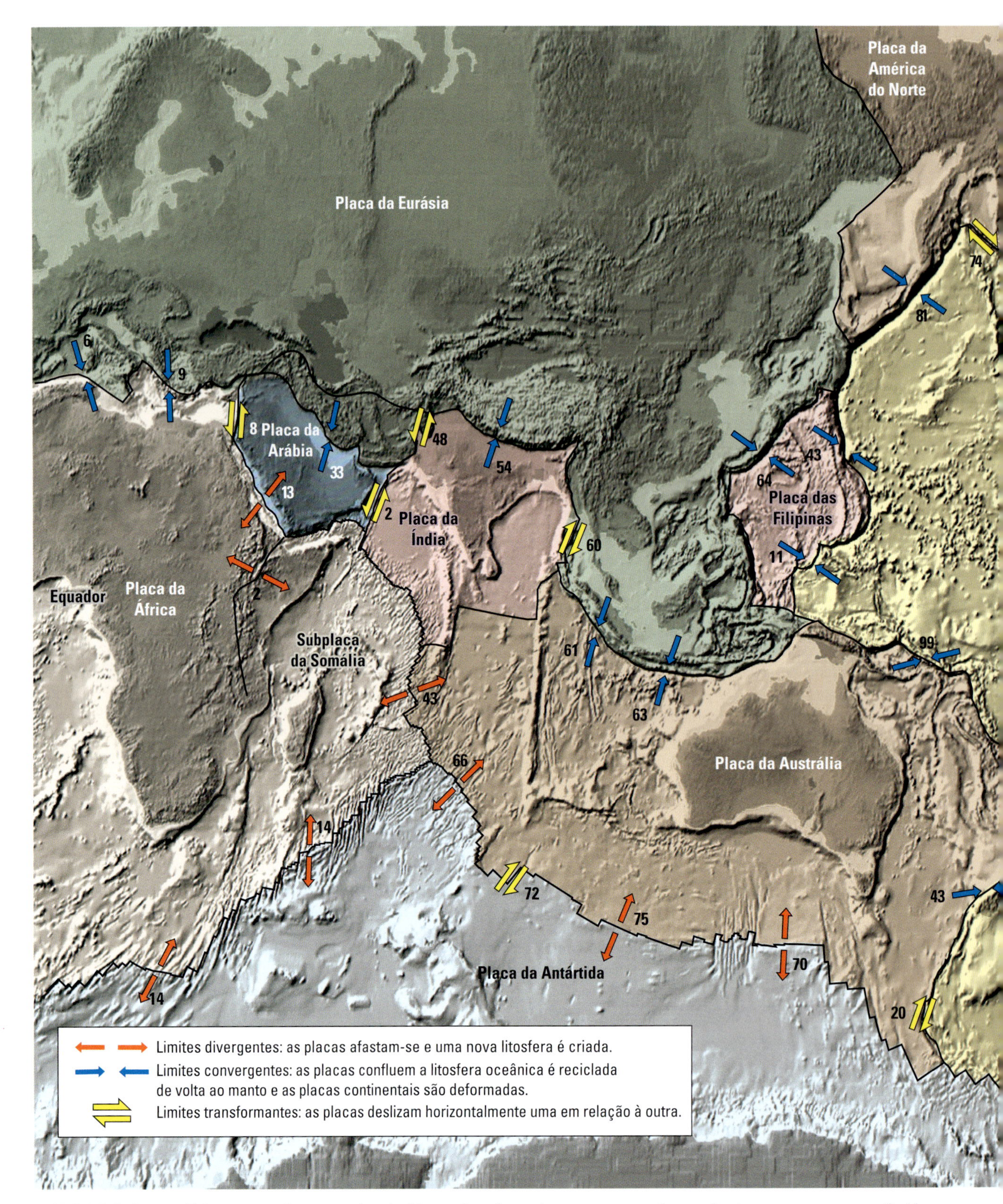

FIGURA 2.7 A superfície terrestre é um mosaico de 13 grandes placas, bem como um número de placas menores, constituídas de litosfera rígida, que se movem lentamente sobre a astenosfera dúctil. Somente uma das placas menores – a Placa Juan de Fuca, na costa oeste da América do Norte – é identificada neste mapa. As setas mostram o movimento relativo das duas placas em um ponto de seus limites. Os números próximos a elas indicam as velocidades relativas das placas em mm/ano. [Dados sobre limites de placas por Peter Bird, UCLA.]

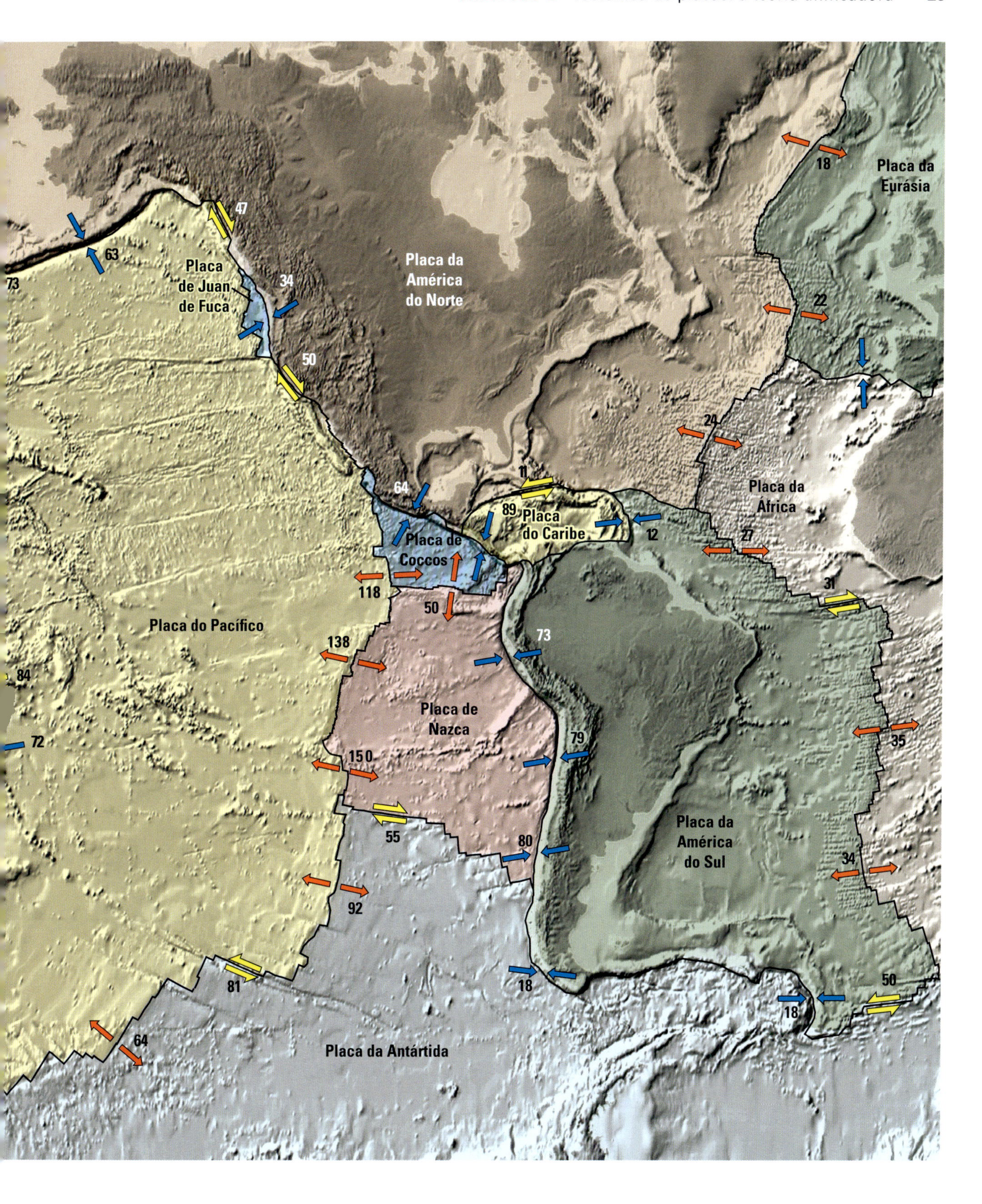
Placa da Eurásia
Placa da América do Norte
Placa de Juan de Fuca
Placa da África
Placa do Caribe
Placa de Coccos
Placa do Pacífico
Placa de Nazca
Placa da América do Sul
Placa da Antártida
18
47
63
73
34
22
50
24
11
64
89
12
27
118
31
50
138
73
84
35
72
79
150
55
80
34
92
81
18
50
18
64

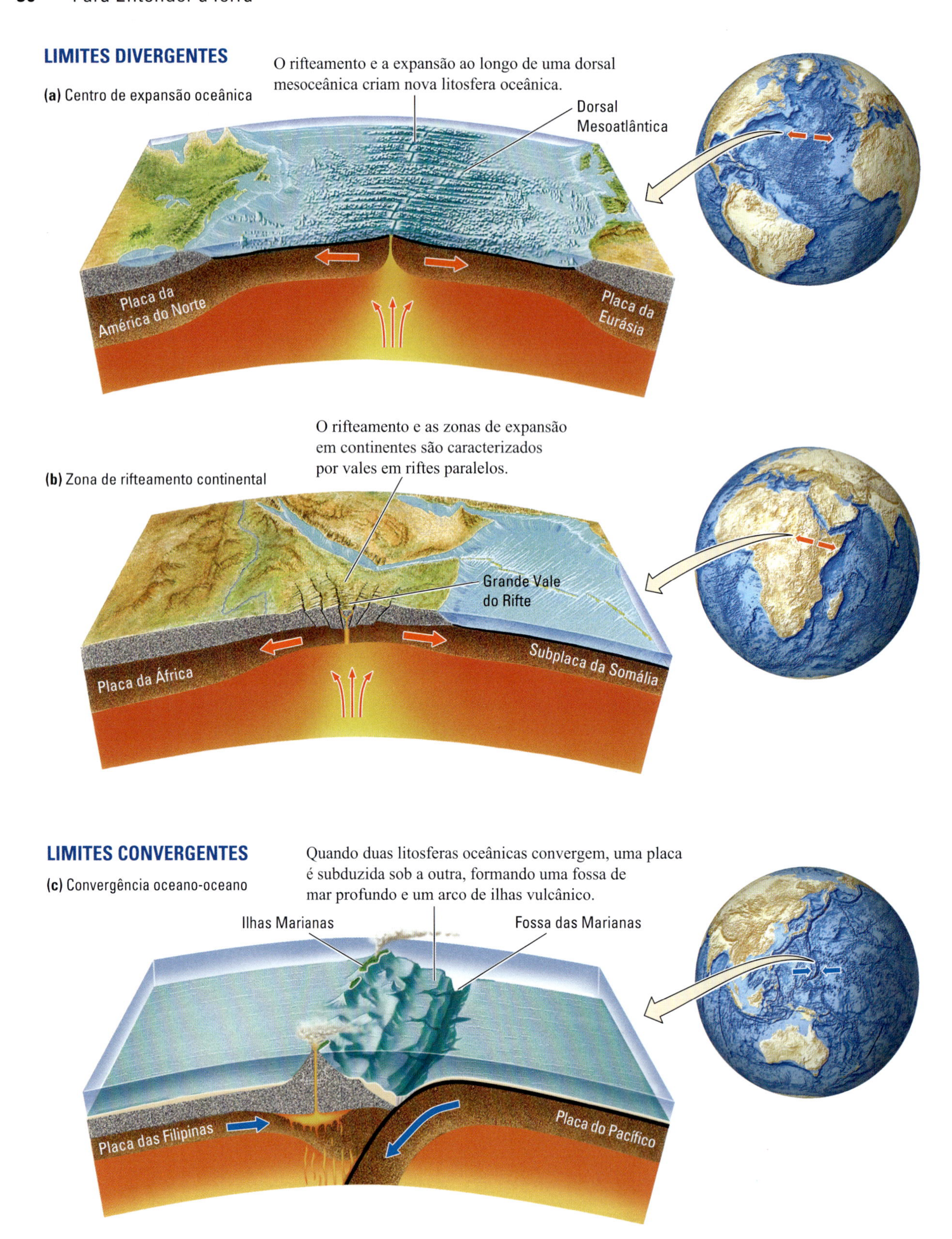

FIGURA 2.8 As interações nos limites de placas litosféricas dependem da direção relativa do movimento das placas e do tipo de litosfera envolvido.

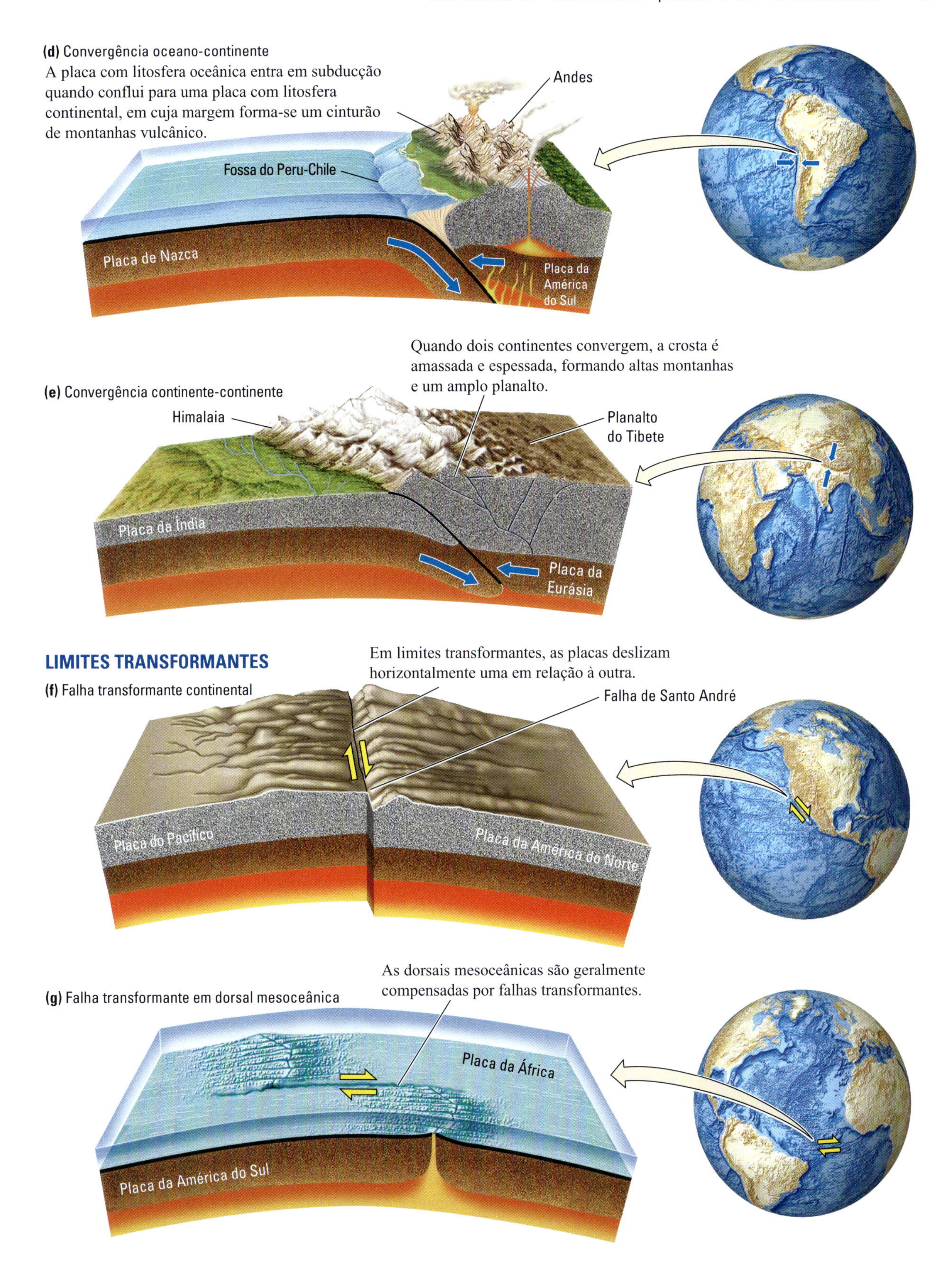
(d) Convergência oceano-continente
A placa com litosfera oceânica entra em subducção quando conflui para uma placa com litosfera continental, em cuja margem forma-se um cinturão de montanhas vulcânico.
Andes
Fossa do Peru-Chile
Placa de Nazca
Placa da América do Sul
Quando dois continentes convergem, a crosta é amassada e espessada, formando altas montanhas e um amplo planalto.
(e) Convergência continente-continente
Himalaia
Planalto do Tibete
Placa da Índia
Placa da Eurásia
LIMITES TRANSFORMANTES
Em limites transformantes, as placas deslizam horizontalmente uma em relação à outra.
(f) Falha transformante continental
Falha de Santo André
Placa do Pacífico
Placa da América do Norte
As dorsais mesoceânicas são geralmente compensadas por falhas transformantes.
(g) Falha transformante em dorsal mesoceânica
Placa da África
Placa da América do Sul

são mais leves e menos resistentes que a crosta oceânica ou o manto subjacente à crosta (ver Figura 1.10). Os capítulos posteriores irão examinar essa diferença composicional em mais detalhe, mas, por enquanto, é necessário ter em mente apenas duas consequências:

1. Por ser mais leve, a crosta continental não é tão facilmente reciclada mergulhando no manto como a crosta oceânica.
2. Como a crosta continental é menos resistente, os limites de placa que a envolvem tendem a ser mais largos e complicados que os limites das placas oceânicas.

Limites divergentes

Os limites divergentes são aqueles onde as placas se separam. Os limites divergentes dentro das bacias oceânicas são riftes estreitos que se parecem com a idealização da tectônica de placas. A divergência dentro dos continentes geralmente é mais complicada e distribuída sobre uma área mais larga. Essa diferença é ilustrada nas Figuras 2.8a e 2.8b.

Centros de expansão do assoalho oceânico No fundo do mar, o limite entre as placas em separação é marcado por uma **dorsal mesoceânica**, uma cadeia submarina de montanhas que exibe terremotos, vulcanismo e rifteamento causados por forças extensionais (estiramento) de convecção do manto que estão puxando as duas placas à parte. O assoalho oceânico separa-se à medida que a rocha quente derretida, chamada *magma*, sobe pelos riftes ou fendas para formar uma nova crosta oceânica. A Figura 2.8a mostra o que acontece em um desses **centros de expansão** na Dorsal Mesoatlântica, onde as placas da América do Norte e da Eurásia estão separando-se. (Um mapa mais detalhado da Dorsal Mesoatlântica foi mostrado na Figura 2.4.) A ilha da Islândia expõe na superfície um segmento da Dorsal Mesoatlântica, que em outras circunstâncias está submersa, fornecendo aos geólogos uma oportunidade de observar diretamente o processo de separação de placas e de expansão do fundo oceânico (Figura 2.9). A Dorsal Mesoatlântica continua no Oceano Ártico, ao norte da Islândia, e conecta-se a um sistema de dorsais mesoceânicas que quase circunda o globo e serpenteia através dos oceanos Índico e Pacífico, terminando ao longo da costa oeste da América do Norte. Esses centros de expansão originaram os milhões de quilômetros quadrados de crosta oceânica que são atualmente o assoalho de todos os oceanos.

Rifteamento continental Os estágios iniciais da separação de placas, como a divergência que forma o grande vale em Rifte do Leste da África (Figura 2.8b), podem ser encontrados em alguns continentes. Esses limites divergentes são caracterizados por vales em rifte, atividade vulcânica e terremotos distribuídos sobre uma zona mais larga que a dos centros de expansão oceânicos. O Mar Vermelho e o Golfo da Califórnia são riftes que se encontram em um estágio mais avançado de expansão (Figura 2.10). Nesses casos, os continentes já se separaram o suficiente para que o novo assoalho oceânico pudesse ser formado ao longo do eixo de expansão, criando-se uma bacia profunda inundada pelo oceano.

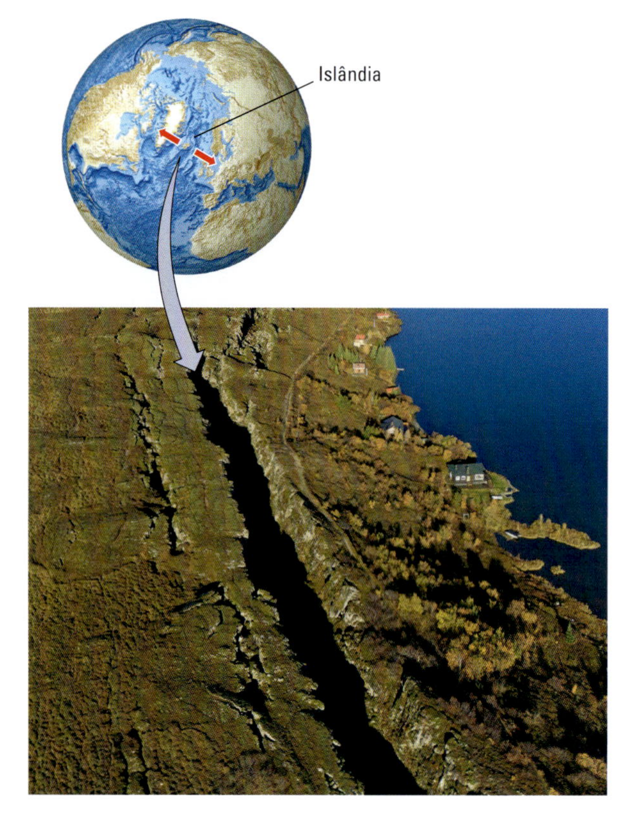

FIGURA 2.9 A Dorsal Mesoatlântica, um limite de placa divergente, aflora acima do nível do mar na Islândia. O vale em rifte com forma de fenda preenchido com rochas vulcânicas novas indica que as placas estão sendo afastadas. [Ragnar Th. Sigurdsson © Arctic Images/Alamy.]

Algumas vezes, o fendimento continental pode tornar-se mais lento ou parar antes de ocorrer de fato a separação do continente. O Vale do Reno, ao longo da fronteira da Alemanha e da França, no oeste da Europa, é um rifte continental fracamente ativo que pode ser este tipo de centro de expansão que "fracassou". Será que o rifte do leste africano vai continuar a abrir-se, levando a Subplaca da Somália a separar-se completamente da África e formar uma nova bacia oceânica, como aconteceu entre a África e a ilha de Madagascar? Ou irá a expansão tornar-se mais lenta e finalmente parar, como parece estar acontecendo no oeste da Europa? Os geólogos não sabem a resposta.

Limites convergentes

As placas litosféricas cobrem todo o globo, de modo que, se elas se separam em certo lugar, deverão convergir em outro, conservando, assim, a área da superfície terrestre. (Até onde pode ser averiguado, nosso planeta não está se expandindo!) Onde as placas colidem frontalmente, elas formam limites convergentes. Os processos geológicos que atuam durante a convergência de placas torna esse limite mais complexo do que os outros dois tipos.

Convergência oceano-oceano Se as duas placas envolvidas são oceânicas, uma descende sob a outra em um processo

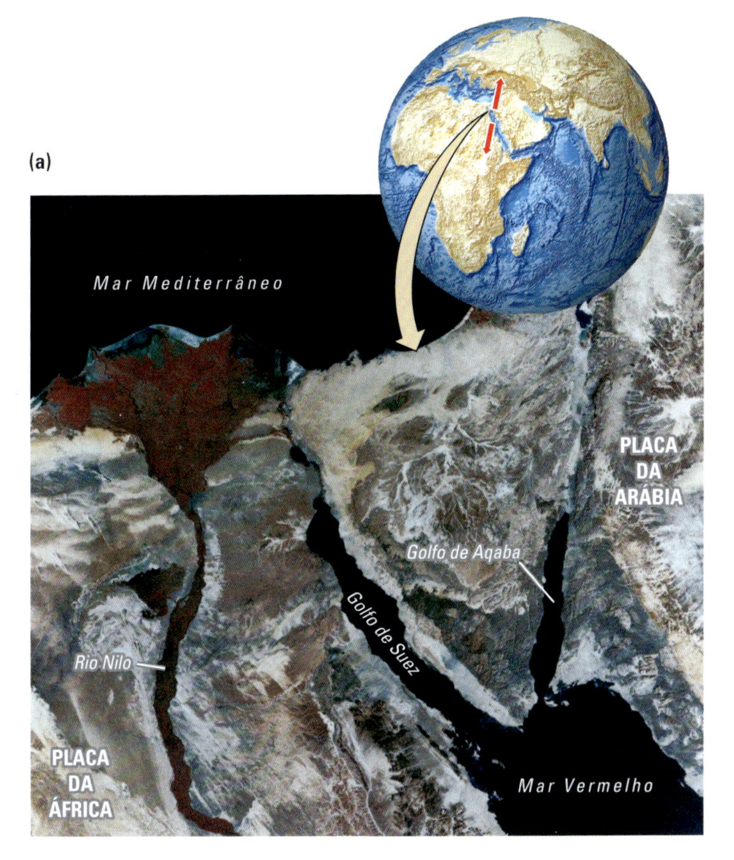

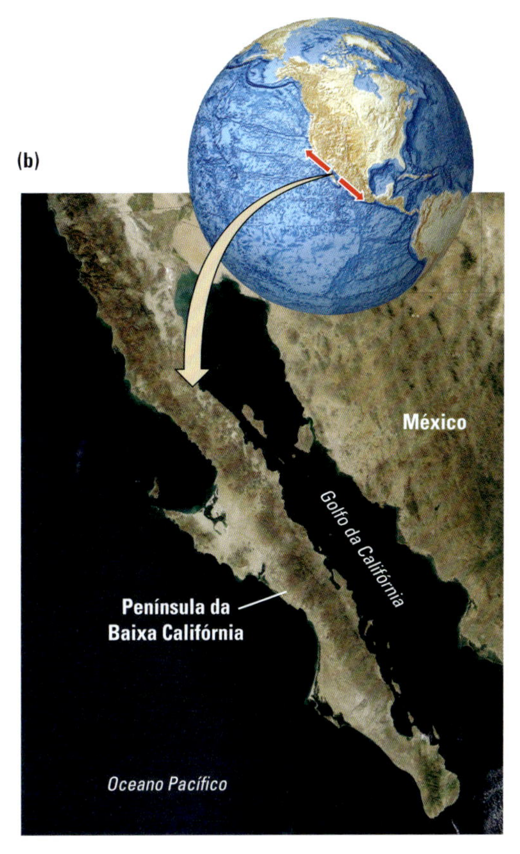

FIGURA 2.10 Rifteamento da crosta continental. (a) A Placa da Arábia, à direita, está se movendo para o nordeste em relação à Placa da África, à esquerda, abrindo o Mar Vermelho (embaixo à direita). O Golfo de Suez é um rifte malogrado que se tornou inativo há cerca de 5 milhões de anos. Ao norte do Mar Vermelho, a maioria do movimento de placa agora se dá por rifteamento e falhas transformantes ao longo do Golfo de 'Aqaba e sua extensão norte. (b) A Baixa Califórnia, na Placa do Pacífico, está se movendo para o noroeste em relação à Placa da América do Norte, abrindo o Golfo da Califórnia entre a Baixa Califórnia e o continente mexicano. [(a) Cortesia de MDA Information Systems LLC; (b) Jeff Schmaltz, MODIS Rapid Response Team, NASA/GSFC.]

conhecido como **subducção*** (Figura 2.8c). A litosfera oceânica da placa que está em subducção afunda na astenosfera e é por fim reciclada pelo sistema de convecção do manto. Esse afundamento produz uma longa e estreita fossa de mar profundo. Na Fossa das Marianas, no oeste do Pacífico, ocorre a maior profundidade oceânica, de cerca de 11 km – mais que a altura do Monte Everest (ver Figura 1.7).

À medida que a placa litosférica fria descende, a pressão aumenta; a água aprisionada nas rochas da crosta oceânica subduzida é espremida e ascende à astenosfera acima da placa. Esse fluido causa fusão do manto. O magma resultante produz uma cadeia de vulcões, denominada **arco de ilhas**,** atrás da fossa. A subducção da Placa do Pacífico formou as Ilhas Aleutas, a oeste do Alasca, que são vulcanicamente ativas, bem como o arco das Ilhas Marianas entre outros que são abundantes no oeste do Pacífico. Os terremotos que podem ocorrer em profundidades de até 690 km abaixo desses arcos de ilhas devem-se às lajes tectônicas que se afundam no manto.

*N. de R.T.: O vocábulo "subducção" (em inglês, *subduction*) não está dicionarizado, bem como o verbo "subductar", ambos utilizados na literatura geológica brasileira. Eles são derivados das palavras latinas *sub* ("por baixo") e *ductus* ("levar, conduzir, transportar") e significam, portanto, "conduzir, levar, transportar por baixo de".

**N. de R.T.: Também denominado de "arco insular".

Convergência oceano-continente Se uma placa tem uma borda continental, ela cavalga a placa oceânica, porque a crosta continental é menos densa e, logo, subduz mais dificilmente que a crosta oceânica (Figura 2.8d). A margem submersa do continente fica enrugada pela convergência, deformando a crosta continental e soerguendo rochas em um cinturão de montanhas aproximadamente paralelo à fossa de mar profundo. As enormes forças compressivas de convergência e subducção produzem grandes terremotos ao longo da zona de subducção. Ao longo do tempo, materiais são raspados da placa descendente e incorporados nas montanhas adjacentes, deixando aos geólogos um complexo (e frequentemente confuso) registro do processo de subducção. Como no caso da convergência oceano-oceano, a água carregada para baixo pela placa oceânica mergulhante causa a fusão da cunha do manto; o magma resultante ascende e forma vulcões no cinturão de montanhas atrás da fossa.

A costa oeste da América do Sul, onde a Placa da América do Sul colide com a Placa de Nazca, é uma zona de subducção desse tipo. Uma grande cadeia de altas montanhas, os Andes, eleva-se no lado continental do limite colidente, e uma fossa de mar profundo situa-se próximo à costa. Os vulcões aqui são ativos e mortais. Um deles, o Nevado del Ruiz, na Colômbia, matou 25 mil pessoas por ocasião de uma erupção em 1985. Alguns dos mais intensos terremotos do mundo também foram registrados ao longo desse limite.

Outro exemplo é a zona de subducção de Cascadia, onde a pequena Placa de Juan de Fuca converge com a Placa da América do Norte ao longo da costa oeste do continente homônimo. Esse limite convergente deu origem aos perigosos vulcões da Cadeia Cascade,* como o do Monte Santa Helena, que teve uma forte erupção em 1980 e outra fraca em 2004. Existe uma preocupação crescente de que um grande terremoto ocorra na zona de subducção de Cascadia, o que causaria dano considerável ao longo das costas dos estados de Oregon e Washington, nos EUA, e na província canadense da Colúmbia Britânica. Um terremoto desses poderia causar um tsunâmi desastroso tão grande quanto aquele gerado pelo terremoto de Tohoku de 11 de março de 2011, que ocorreu em uma zona de subducção na costa nordeste de Honshu, Japão.

Convergência continente-continente Onde a convergência de placas envolve dois continentes (Figura 2.8e), a subducção do tipo oceânica não pode acontecer. As consequências geológicas desse tipo de colisão são consideráveis. A colisão das placas da Índia e da Eurásia, ambas com continentes em sua borda frontal, fornece o melhor exemplo. A Placa da Eurásia cavalga a Placa da Índia, mas a Índia e a Ásia mantêm-se flutuantes, criando uma espessura dupla da crosta e formando a mais alta cordilheira de montanhas do mundo, o Himalaia, bem como o vasto e alto Planalto do Tibete. Nessa e em outras zonas de colisão continente-continente, ocorrem terremotos violentos na crosta que está sofrendo enrugamento.

Muitos episódios de formação de montanhas ao longo de toda a história da Terra foram causados por colisões continente-continente. Os Apalaches, que percorrem a costa leste da América do Norte, foram soerguidos quando a América do Norte, a Eurásia e a África colidiram para formar o supercontinente Pangeia, cerca de 300 milhões de anos atrás.

Limites de falhas transformantes

Em limites onde as placas deslizam uma em relação à outra, a litosfera não é nem criada nem destruída. Esses limites são falhas transformantes: fraturas ao longo das quais as placas deslizam horizontalmente uma em relação à outra (ver Figuras 2.8f e 2.8g).

A Falha de Santo André na Califórnia, onde a Placa do Pacífico desliza em relação à Placa da América do Norte, é um ótimo exemplo de uma falha transformante em continente (Figura 2.8f). Outro é a Falha Alpina, que corta a Ilha Sul da Nova Zelândia, destacada na foto no início deste capítulo. Pelo fato de as placas terem se deslocado umas em relação às outras durante milhões de anos, as rochas contíguas nos dois lados da falha são de tipos e idades diferentes (**Figura 2.11**). Grandes terremotos, como o que destruiu a cidade de San Francisco em 1906, podem ocorrer nos limites de placas transformantes, que muitas vezes são verticais e delineadas pelas suas atividades sísmicas. Existe muita preocupação de que, nas próximas décadas, um repentino deslocamento possa ocorrer ao longo da Falha de Santo André ou de outras falhas relacionadas nas proximidades de Los Angeles e São Francisco, resultando em um terremoto extremamente destrutivo.

Os limites de falhas transformantes são geralmente encontrados em dorsais mesoceânicas, onde a continuidade de uma zona de expansão é rompida e o limite é compensado em um padrão semelhante a degraus. Um exemplo pode ser visto no limite entre a Placa da África e a Placa da América do Sul no Oceano Atlântico Central (Figura 2.8g). As falhas transformantes também podem conectar limites de placas divergentes com limites convergentes e limites convergentes com outros limites convergentes. Você poderia encontrar outros exemplos de tipos de limites de falhas transformantes na Figura 2.7?

Combinações de limites de placas

Cada placa é limitada por uma combinação de limites divergentes, convergentes e transformantes. Por exemplo, a Placa de

FIGURA 2.11 A Falha de Santo André atravessa a Califórnia por 970 km, desde Imperial Valley até Point Arena. Esta é uma vista para o sudeste ao longo da falha na Planície de Carrizo, na Califórnia central. Santo André é uma falha transformante entre a Placa do Pacífico, à direita, e a Placa da América do Norte, à esquerda. [James Balog/Getty Images.]

*N. de R.T.: Também traduzido como Cadeia das Cascatas.

Nazca tem três lados limitados por centros de expansão, deslocados segundo um padrão escalonado pelas falhas transformantes, e em um lado pela zona de subducção do Peru-Chile (ver Figura 2.7). A Placa da América do Norte é limitada a leste pela Dorsal Mesoatlântica, que é um centro de expansão, e a oeste pelas zonas de subducção e outros limites de falhas transformantes.

Velocidade das placas e história dos movimentos

Quão rápido as placas se movem? Algumas movem-se mais rápido que outras? Se sim, por quê? As velocidades atuais dos movimentos das placas são as mesmas que no passado geológico? Os geólogos têm desenvolvido métodos engenhosos para responder essas questões e, desse modo, entender melhor a tectônica de placas. Nesta seção, examinaremos três desses métodos.

O assoalho oceânico como um gravador magnético

Durante a Segunda Guerra Mundial, foram desenvolvidos magnetômetros extremamente sensíveis para detectar submarinos a partir dos campos magnéticos emanados por suas couraças de aço. Os geólogos modificaram ligeiramente esses instrumentos e rebocaram-nos atrás de navios de pesquisa para medir o campo magnético local criado por rochas magnetizadas no fundo do mar. Cruzando os oceanos repetidas vezes, os cientistas marinhos descobriram surpreendentes padrões regulares na intensidade do campo magnético local. Em muitas áreas, a intensidade do campo magnético alternava entre valores altos e baixos dispostos em bandas longas e estreitas chamadas de **anomalias magnéticas**, que eram quase perfeitamente simétricas à crista da dorsal mesoceânica (Figura 2.12). A detecção desses padrões foi uma dentre as grandes descobertas que confirmaram a hipótese da expansão do assoalho oceânico e levaram à teoria da tectônica de placas. A detecção desses padrões também permitiu aos geólogos medir os movimentos das placas ao longo do tempo geológico. Para entender esses avanços, precisamos olhar mais detidamente como as rochas tornam-se magnetizadas.

O registro rochoso continental das reversões magnéticas As anomalias magnéticas são evidências de que o campo magnético da Terra não permanece constante ao longo do tempo. Atualmente, o polo norte magnético está em alinhamento próximo ao polo norte geográfico (ver Figura 1.16), mas pequenas mudanças no geodínamo podem deslocar a orientação dos polos magnéticos norte e sul em 180°, criando uma reversão magnética.

No início da década de 1960, os geólogos descobriram que o registro preciso desse comportamento peculiar pode ser obtido a partir de pilhas de lava vulcânica. Quando lavas ricas em ferro resfriam-se, tornam-se levemente magnetizadas, mas de forma permanente, segundo a direção do campo magnético terrestre. Tal fenômeno é chamado de *magnetização termorremanente*, porque a rocha "recorda-se" da magnetização muito depois de o campo magnetizador existente ter sido mudado.

Em derrames de lavas acamados, como os de um cone vulcânico, as rochas no topo representam a camada mais recente, enquanto as camadas mais profundas, as mais antigas. A idade de cada camada pode ser determinada por métodos de datação precisa (descritos no Capítulo 8). A direção da magnetização de amostras de rocha de cada camada fornece a direção do campo magnético terrestre nelas congelada quando de seu resfriamento (Figura 2.12b). Por meio da repetição dessas medidas em centenas de lugares no mundo, os geólogos desvendaram a história detalhada da **escala de tempo de polaridades geomagnéticas** dos últimos 200 milhões de anos. A Figura 2.12c apresenta essa escala para os últimos 5 milhões de anos. Cerca de metade de todas as rochas vulcânicas estudadas mostrou-se magnetizada em uma direção oposta ao campo magnético terrestre atual. Aparentemente, o campo inverteu-se muitas vezes no tempo geológico, e campos normais (os mesmos de agora) e reversos (opostos ao de agora) são igualmente prováveis. Os períodos mais longos do campo normal ou reverso são chamados de *crons magnéticos*; eles duram, em média, cerca de meio milhão de anos, embora o padrão de reversão, quando retrocedemos no tempo geológico, torne-se altamente irregular. Dentro dos crons maiores estão as reversões breves do campo, conhecidas como *subcrons magnéticos*, que podem durar desde alguns milhares até 200 mil anos.

Padrões de anomalias magnéticas no assoalho oceânico Os padrões magnéticos bandados localizados no fundo do oceano confundiam os cientistas até 1963, quando dois ingleses, F. J. Vine e D. H. Mathews – e, independentemente, dois canadenses, L. Morley e A. Larochelle – formularam uma proposta surpreendente. Com base em evidências de reversões magnéticas coletadas por geólogos em derrames de lavas no continente, eles argumentaram que as bandas de intensidades magnéticas altas e baixas correspondiam a bandas de rochas do fundo submarino que foram magnetizadas durante episódios ancestrais do campo magnético normal e reverso. Ou seja, quando o navio de pesquisa estivesse sobre rochas magnetizadas na direção normal, ele registraria um campo magnético localmente mais forte, ou uma *anomalia magnética positiva*, e quando estivesse sobre rochas magnetizadas na direção reversa, registraria um campo localmente mais fraco, ou uma *anomalia magnética negativa.*

A hipótese da expansão do assoalho oceânico explicaria essas observações: Quando as placas se afastam em uma dorsal mesoceânica, o magma ascende do interior planetário e move-se para o rifte, onde esfria, solidifica-se e torna-se magnetizado na direção do campo magnético da Terra da época. À medida que o assoalho oceânico separa-se e afasta-se da crista, aproximadamente metade do material magnetizado em um certo momento move-se para um lado, e metade para o outro, formando duas bandas magnetizadas simétricas. Um novo material preenche as fraturas, continuando o processo. Desse modo, o assoalho submarino funciona como um gravador magnético que codifica a história de abertura dos oceanos.

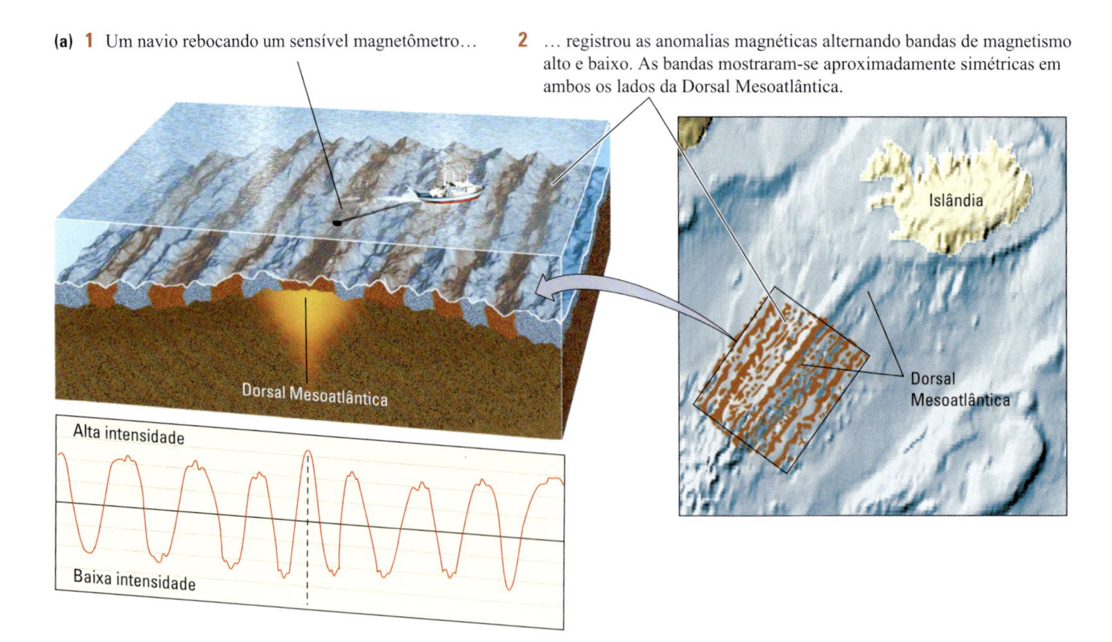

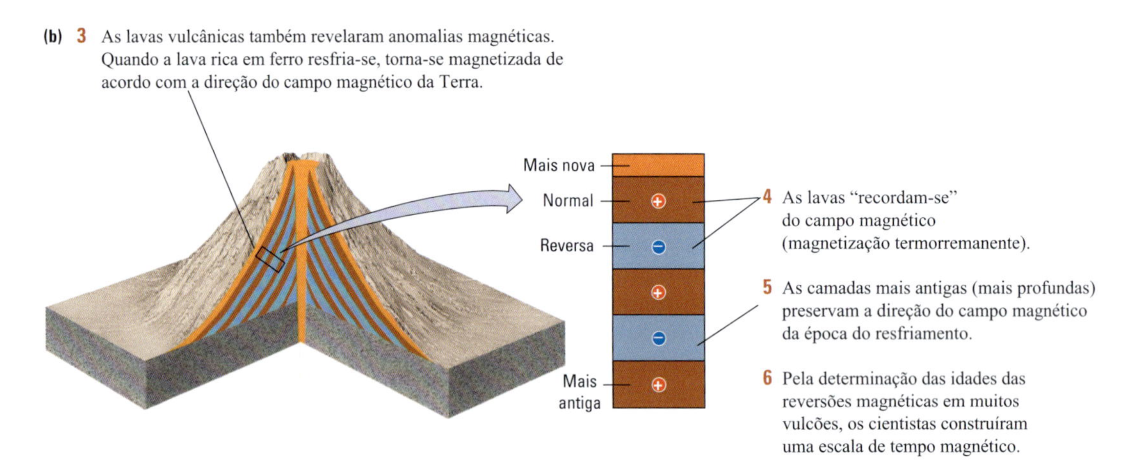

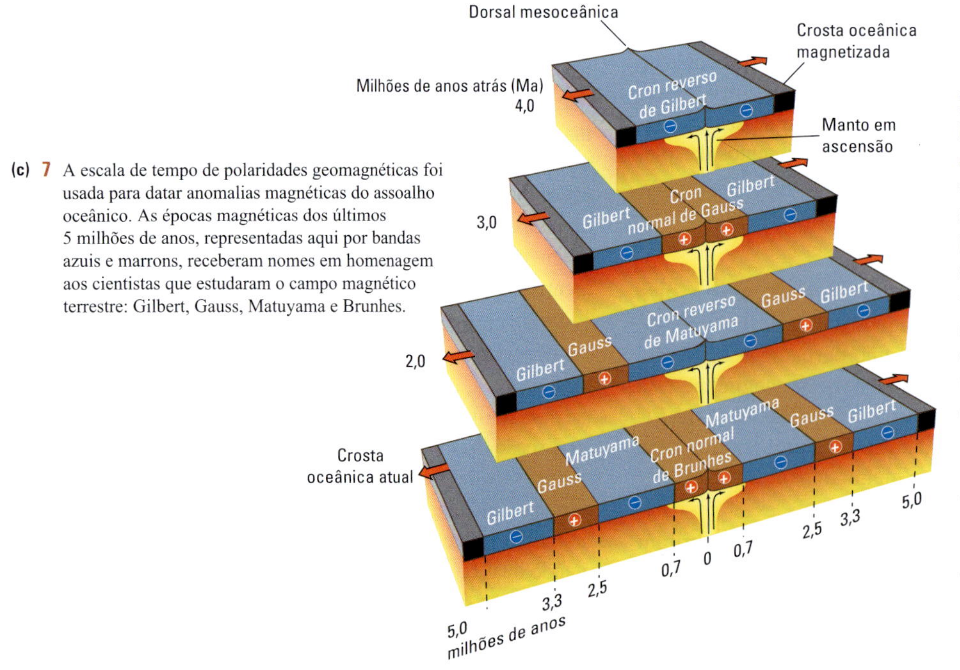

FIGURA 2.12 As anomalias magnéticas permitem que os geólogos meçam a velocidade de expansão do assoalho oceânico. (a) Um levantamento oceanográfico sobre a Dorsal Mesoatlântica, a sudoeste da Islândia, mostrou um padrão bandado de intensidade de campos magnéticos. (b) Os geólogos descobriram e dataram anomalias magnéticas semelhantes em lavas vulcânicas continentais para construir uma escala de tempo magnético. (c) Essa escala de tempo magnético foi usada para datar as anomalias magnéticas no assoalho oceânico no mundo inteiro.

Inferindo as idades do assoalho oceânico e as velocidades relativas das placas Por meio do uso das idades das reversões que foram determinadas a partir de lavas magnetizadas nos continentes, os geólogos puderam indicar idades para as bandas de rochas magnetizadas no fundo oceânico. Eles puderam calcular, então, quão rápido os oceanos se abriram, usando a fórmula *velocidade = distância/tempo*, sendo que a distância foi medida a partir do eixo da dorsal e o tempo, igualado à idade do fundo oceânico. Por exemplo: o padrão de anomalia magnética da Figura 2.12c mostrou que o limite entre a época normal de Gauss e a época reversa de Gilbert, que foram datadas a partir de derrames de lavas em 3,3 milhões de anos, estava localizado a cerca de 30 km da crista da Dorsal Mesoatlântica, a sudoeste da Islândia. Aqui, a expansão do assoalho oceânico separou as placas da América do Norte e da Eurásia por cerca de 60 km em 3,3 milhões de anos, fornecendo uma taxa de expansão de 18 km por milhão de ano ou, de outro modo, 18 mm/ano. Em um limite divergente de placas, a combinação da taxa de expansão e da direção de expansão fornece a **velocidade relativa da placa**: a velocidade com que uma placa move-se relativamente a outra.

O recorde de velocidade de expansão pode ser encontrado na Dorsal do Pacífico Oriental* ao sul do equador, onde as placas Pacífica e de Nazca estão se separando a uma taxa de cerca de 150 mm/ano – muito mais rapidamente do que a taxa do Atlântico Norte. Uma estimativa aproximada para as dorsais mesoceânicas do mundo é de cerca de 50 mm/ano. Essa é aproximadamente a taxa de crescimento de nossas unhas, e mostra que, em termos de geologia, as placas se movem mesmo muito rápido!

O mapeamento das anomalias magnéticas no assoalho oceânico é um método incrivelmente eficaz e conveniente de determinar a história das bacias oceânicas. Os geólogos calculam as idades de várias regiões do fundo oceânico sem sequer analisar amostras de rochas extraídas muito abaixo da superfície. Eles simplesmente cruzam os oceanos, medindo os campos magnéticos das rochas do fundo submarino, e correlacionaram os padrões de anomalias magnéticas com a escala de tempo de polaridades geomagnéticas. Na prática, os geólogos aprenderam a "tocar a fita novamente".

Perfuração de mar profundo

Em 1968, um programa de perfurações do fundo dos oceanos foi lançado como um projeto integrado pelas maiores instituições oceanográficas dos Estados Unidos e a Fundação Nacional de Ciência** deste país. Mais tarde, outras nações juntaram-se a esse esforço (Figura 2.13). Usando perfuratrizes rotativas, os cientistas trouxeram testemunhos contendo secções de rochas do assoalho oceânico.

Pequenas partículas caindo através da água oceânica – poeira da atmosfera, material orgânico de plantas e animais marinhos – acumulam-se como sedimentos no fundo do mar à medida que uma nova crosta oceânica vai se formando. Desse modo, a idade dos sedimentos mais antigos dos testemunhos de sondagem, ou seja, daqueles imediatamente sobre a crosta, forneceu aos geólogos a idade do fundo oceânico naquele determinado ponto. A idade dos sedimentos pode ser calculada a partir de esqueletos fósseis de minúsculos organismos planctônicos unicelulares, que vivem na superfície do oceano e afundam quando morrem. Os geólogos constataram que as idades das amostras dos testemunhos de perfurações tornavam-se mais antigas com o aumento da distância a partir das dorsais mesoceânicas. Também viram que as idades das amostras de qualquer lugar coincidiam quase perfeitamente com a idade do assoalho determinada a partir dos dados de reversão de polaridade magnética. Essa concordância validou a escala de tempo de polaridades geomagnéticas e forneceu fortes evidências da expansão do assoalho oceânico.

*N. de R.T.: Nome tradicional dessa feição, que eventualmente também é grafada como Cadeia do Leste do Pacífico.

**N. de R.T.: National Science Foundation.

FIGURA 2.13 O navio *JOIDES Resolution*, que perfura em mar profundo, tem 143 m de comprimento e carrega uma torre de perfuração de 61 m de altura, com capacidade de perfurar até o oceano mais profundo. Amostras de rocha recuperadas de perfurações do fundo do mar confirmaram as idades do assoalho oceânico deduzidas a partir de anomalias magnéticas. Essas amostras também lançaram nova luz sobre a história das bacias oceânicas e as antigas condições climáticas. [Foto de Arito Sakaguchi; courtesy International Ocean Discovery Program (IODP).]

Medidas do movimento da placa pela Geodésia

Posicionamento astronômico O posicionamento astronômico – medida da posição de pontos na superfície da Terra em relação a estrelas fixas no céu noturno – é uma técnica da **Geodésia**, a ciência ancestral de medir a forma da Terra e posicionar pontos na sua superfície. Os agrimensores utilizaram o posicionamento astronômico durante séculos para determinar os limites geográficos das terras, e os marinheiros fizeram o mesmo para direcionar seus navios no mar. Há 4 mil anos, os construtores egípcios usaram essa técnica para posicionar a Grande Pirâmide perfeitamente para o norte.

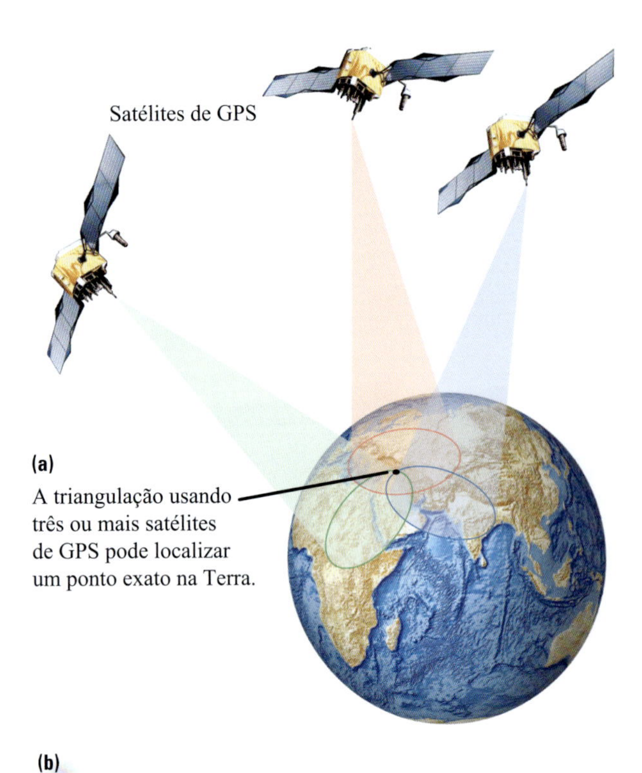

(b)

Uma estação de GPS

FIGURA 2.14 O Sistema de Posicionamento Global (GPS) é usado pelos geólogos para monitorar o movimento das placas. (a) Satélites de GPS fornecem um ponto fixo de referência fora da Terra. (b) Pequenos receptores de GPS, como este em Los Angeles, podem ser facilmente posicionados em qualquer lugar da Terra. Deslocamentos de localizações dos receptores por um período de anos podem ser usados para medir o movimento de placas. [Foto cortesia do Southern California Earthquake Center.]

Em função da alta exatidão requerida para observar diretamente o movimento das placas, as técnicas geodésicas não exerceram papel significativo na descoberta da tectônica de placas. Os geólogos tiveram de confiar na evidência da expansão do assoalho oceânico a partir do registro geológico – as anomalias magnéticas e as idades dos fósseis descritas anteriormente.

No entanto, um método de posicionamento astronômico iniciado no final da década de 1970 usou sinais de distantes "fontes de rádio quase estelares" (quasares) registrados por enormes radiotelescópios. Esse método pode medir distâncias intercontinentais com uma exatidão admirável de até 1 mm. Em 1986, um grupo de cientistas publicou um conjunto de medidas baseadas nessa técnica, que mostrou que as distâncias entre os radiotelescópios na Europa (Suécia) e na América do Norte (Massachusetts) tinham aumentado 19 mm/ano em um período de cinco anos, muito próximo da velocidade prevista pelos modelos geológicos da tectônica de placas.

Hoje, a Grande Pirâmide do Egito não se encontra mais perfeitamente direcionada para o norte, mas levemente a nordeste. Será que os astrônomos egípcios ancestrais cometeram esse erro ao orientá-la 40 séculos atrás?* Os arqueólogos pensam que não. Durante esse período, a África derivou o suficiente para girar a pirâmide fora do alinhamento com o verdadeiro norte.

O Sistema de Posicionamento Global As operações geodésicas feitas com grandes radiotelescópios são muito caras e não são uma ferramenta prática para a investigação do movimento das placas tectônicas em áreas remotas. Desde meados da década de 1980, os geólogos têm conseguido tirar vantagem de uma nova constelação de 24 satélites orbitadores da Terra, chamados de Sistema de Posicionamento Global (GPS**), para fazer os mesmos tipos de medidas com a mesma impressionante exatidão. A constelação de satélites serve como um sistema de referência externa, do mesmo modo que as estrelas fixas e os quasares fazem em um posicionamento astronômico. Os satélites emitem ondas de rádio de alta frequência sincronizadas com relógios atômicos precisos situados à bordo. Esses sinais podem ser captados por receptores de rádios portáteis, muito mais baratos e menores que este livro (Figura 2.14). Esses aparelhos são semelhantes aos receptores GPS usados em automóveis e telefones celulares, embora sejam muito mais precisos.

Os geólogos usam o GPS para medir anualmente os movimentos das placas em muitas localidades do globo. As mudanças da distância entre os receptores de GPS baseados na superfície terrestre de diferentes placas e registrados ao longo de muitos anos concordam em magnitude e direção com aquelas determinadas a partir das anomalias magnéticas do assoalho oceânico. Esses experimentos indicam que os movimentos das placas são notavelmente constantes durante períodos de tempo que variam de poucos a milhões de anos, como demonstrado no Pratique um Exercício de Geologia.

A grande reconstrução

O supercontinente Pangeia era a única grande massa de terras que existia há 250 milhões de anos. Um dos grandes triunfos da

*N. de R.T.: A Grande Pirâmide de Quéops, construída de 2606 a 2583 a.C., tem 146,5 m de altura e uma base cujo lado do quadrado mede 230,3 m. Foram utilizados cerca de 2,6 milhões de blocos de calcário dispostos em 201 fileiras, tendo a mais inferior 1,5 m de altura e a do topo, 0,55 m.

**N. de R.T.: Sigla da expressão inglesa Global Positioning System.

geologia moderna foi a reconstrução dos eventos que levaram à aglutinação da Pangeia e a sua posterior fragmentação nos continentes que conhecemos hoje. Vamos usar o que aprendemos a respeito da tectônica de placas para ver como essa descoberta foi alcançada.

Isócronas do assoalho oceânico

O mapa colorido da Figura 2.15 mostra as idades das rochas do assoalho oceânico, as quais foram determinadas a partir dos dados de anomalia magnética e de perfurações de mar profundo. Cada banda de cor representa o intervalo de tempo correspondente à idade em que as rochas que representa foram formadas. Note como o assoalho oceânico torna-se progressivamente mais antigo em ambos os lados das dorsais mesoceânicas. Os limites entre as bandas, chamados de **isócronas, são curvas de contorno que delimitam rochas de mesma idade.**

As isócronas fornecem-nos o tempo que decorreu desde que as rochas crustais foram injetadas como magma em um rifte mesoceânico e, desse modo, indicam a quantidade de expansão havida desde que elas foram geradas. Por exemplo, a distância a partir do eixo da dorsal de uma isócrona de 100 milhões de anos (limite entre bandas verdes e azuis) corresponde à extensão do novo assoalho oceânico criado nesse intervalo de tempo. As isócronas mais espaçadas (as bandas coloridas mais largas) do Pacífico oriental indicam taxas de expansão mais rápidas que as do Atlântico.

Em 1990, após uma busca de 20 anos, os geólogos encontraram as rochas oceânicas mais antigas por meio da perfuração do assoalho do Pacífico ocidental. Essas rochas tinham uma idade de cerca de 200 milhões de anos, o que representa apenas 4% da história da Terra. Em contraposição, as rochas continentais mais antigas têm aproximadamente 4 bilhões de anos. Todo o assoalho oceânico existente é geologicamente novo em comparação com os continentes.

Reconstruindo a história dos movimentos das placas

As placas da Terra comportam-se como corpos rígidos. Ou seja, a distância entre três pontos na mesma placa rígida – digamos, Nova York, Miami e Bermudas, na Placa da América do Norte – não muda muito, independentemente do quão distante a placa se mova. Mas a distância entre, digamos, Nova York e Lisboa aumenta, porque as duas cidades estão em placas diferentes, as quais estão sendo separadas ao longo da Dorsal Mesoatlântica. A direção do movimento de uma placa em relação à outra

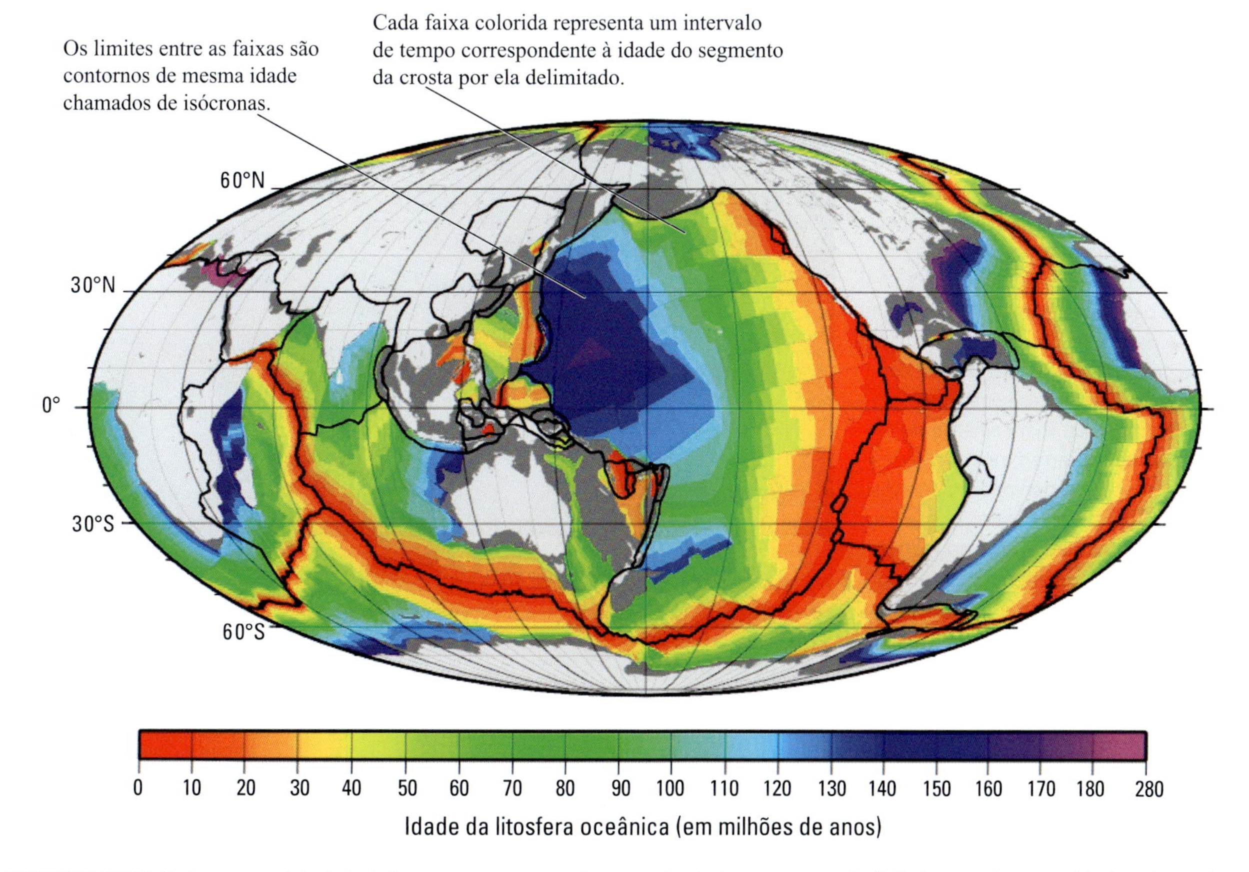

FIGURA 2.15 Este mapa global de isócronas e a respectiva escala de tempo na parte inferior mostram as idades de rochas do assoalho oceânico em milhões de anos, desde sua criação nas dorsais mesoceânicas. A cor cinza-clara indica terra; a cinza-escura, águas rasas sobre plataformas continentais. As dorsais mesoceânicas, ao longo das quais um novo assoalho submarino é extrudado, coincidem com as rochas mais novas (vermelho). [Dietmar Müller, University of Sydney.]

PRATIQUE UM EXERCÍCIO DE GEOLOGIA

O que aconteceu na Baixa Califórnia? Como geólogos reconstroem os movimentos das placas

Geógrafos e geólogos há muito têm se perguntado sobre a incomum geografia da Baixa Califórnia. Por que o Golfo da Califórnia é tão comprido e delgado? Por que a península da Baixa Califórnia é paralela à linha costeira do México?

Quando atracou no litoral da Califórnia em 1535, o conquistador espanhol Hernando Cortés pensava ter descoberto uma ilha. Passaram-se décadas até que os espanhóis percebessem que a metade norte da *Isla California* era, na verdade, a costa oeste da América do Norte, e que sua metade inferior, a Baixa Califórnia, era uma longa e delgada península, separada do continente pelo estreito Golfo da Califórnia.

Quatro séculos mais tarde, a teoria da tectônica de placas deu uma resposta elegante ao enigma da Baixa Califórnia. Ao norte, na Alta Califórnia (também conhecida como Estado Dourado), a Placa do Pacífico está passando pela Placa da América do Norte ao longo da falha transformante de Santo André. Ao sul, o limite divergente entre a Placa do Pacífico e a pequena Placa de Rivera forma parte da Dorsal do Pacífico Oriental, que produz nova crosta oceânica conforme as duas placas separam-se.

Por meio do mapeamento de localizações de terremotos e vulcões submarinos, os geólogos marinhos conseguiram demonstrar que a Falha de Santo André está conectada à Dorsal do Pacífico Oriental por uma dúzia de pequenos centros de expansão deslocados por falhas transformantes – um limite de placa

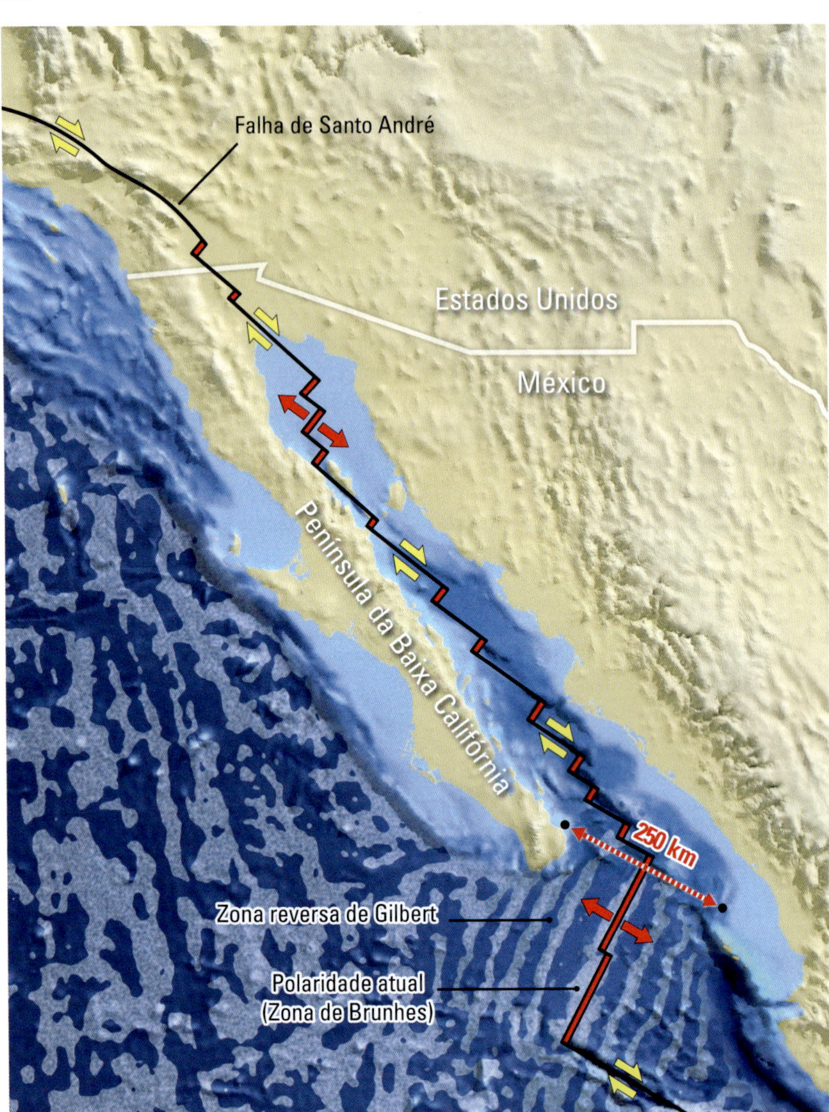

A Placa do Pacífico, à esquerda, está se movendo para o noroeste em relação à Placa da América do Norte, à direita, a uma velocidade de cerca de 50 mm/ano, deslocando a península da Baixa Califórnia, por rifteamento, do continente mexicano e abrindo o Golfo da Califórnia.

depende de princípios geométricos que governam o comportamento de placas rígidas em uma superfície esférica:

- *Os limites transformantes indicam as direções de movimentos relativos da placa.* Com poucas exceções, não ocorre sobreposição, flambagem ou separação ao longo de limites transformantes típicos nos oceanos. As duas placas meramente se deslocam uma em relação à outra, sem criação ou destruição de material de ambos os lados. Portanto, a orientação da falha mede a direção na qual uma placa se desloca em relação à outra (ver Figuras 2.8f e 2.8g).
- *As isócronas do assoalho oceânico revelam as posições de limites divergentes em tempos anteriores.* As isócronas no

escalonado como uma escada ao longo de todo o Golfo da Califórnia. Desta forma, o movimento relativo das placas do Pacífico e da América do Norte está afastando para noroeste a Baixa Califórnia do continente, em um movimento paralelo às falhas transformantes. Além disso, o Golfo da Califórnia está sendo progressivamente ampliado pela expansão do assoalho oceânico.

Com que velocidade isso está ocorrendo? Pode-se fazer uma estimativa usando a seguinte equação:

velocidade = distância ÷ tempo

Precisamos de dois tipos de dados para aplicar essa fórmula:

- Podemos medir de forma direta em um mapa do fundo oceânico a *distância* com que a Baixa Califórnia se separou do México: cerca de 250 km.
- Podemos estimar o *tempo* transcorrido desde que a separação começou até alcançar o padrão de anomalias magnéticas observado na Dorsal do Pacífico Oriental. Nos dois lados desse centro de expansão, a anomalia magnética mais próxima à margem continental (e, portanto, a mais antiga) é a zona reversa de Gilbert. Usando a escala de tempo de polaridades geomagnéticas da Figura 2.12c, obtemos uma idade de separação de aproximadamente 5 milhões de anos (Ma).

Com essas informações, podemos agora calcular a velocidade aproximada da expansão do assoalho oceânico no Golfo da Califórnia:

velocidade = distância ÷ tempo
= 250 km/5 Ma
= 50 km/Ma

ou 50 mm/ano.

É claro que essa é apenas uma velocidade média. Que constância ela tem apresentado? A separação de placas poderia ter começado de forma lenta e gradualmente acelerado, ou começado rapidamente e, depois, desacelerado. Se a primeira é verdadeira, então a taxa de separação atual deve ser maior do que a taxa média; se a segunda estiver correta, a taxa deve ser menor.

Com o uso de GPS, os geólogos conseguiram testar essas hipóteses usando um tipo completamente diferente de medição. Na década de 1990, foram feitos repetidos levantamentos das localizações de pontos nos dois lados do Golfo da Califórnia, paralelamente orientados ao movimento das placas. Verificou-se que as distâncias entre esses pontos aumentou em meio metro, ou seja, 500 mm em 10 anos, ou 50 mm/ano. Desta forma, a velocidade atual do movimento é aproximadamente igual à velocidade média; não é necessário haver uma aceleração ou desaceleração do movimento de placas para explicá-lo.

Baseados na concordância entre essas duas medições, assim como em outros dados, os geólogos propuseram uma história simples. Antes de 5 milhões de anos atrás, quando a Baixa Califórnia era parte do continente, o limite entre as placas do Pacífico e da América do Norte estava em algum lugar a oeste do continente norte-americano. Há cerca de 5 milhões de anos, esse limite saltou para o continente, dando início à expansão do assoalho oceânico no Golfo da Califórnia. Desde então, o movimento de placas tem sido praticamente estável, a 50 mm/ano.

Essa teoria sobreviveu a vários testes. Por exemplo, ela prevê que o atual deslizamento ao longo da Falha de Santo André também deveria ter começado há cerca de 5 milhões de anos, e essa previsão está em conformidade com as idades de rochas que foram deslocadas pela moderna Falha de Santo André.

assoalho oceânico são grosseiramente paralelas e simétricas ao eixo da dorsal mesoceânica ao longo da qual foram geradas (ver Figura 2.15). Devido ao fato de que cada isócrona coincidia com o limite de separação da placa em um tempo anterior, aquelas que apresentam a mesma idade, porém em lados opostos de uma dorsal mesoceânica, podem ser reaproximadas para mostrar a posição das placas e a configuração dos continentes nelas encravados naquela época anterior.

Usando esses princípios, os geólogos reconstruíram a história da deriva continental. Eles mostraram, por exemplo, como a delgada península da Baixa Califórnia foi deslocada, por rifteamento, do continente mexicano durante os últimos 5 milhões de anos (ver Pratique um Exercício de Geologia).

A fragmentação da Pangeia

Em uma escala muito maior, os geólogos reconstruíram a abertura do Oceano Atlântico e a fragmentação da Pangeia (**Figura 2.16**). Esse supercontinente é mostrado como existiu há 240 milhões de anos na Figura 2.16e. Ele começou a fragmentar-se com o rifteamento da América do Norte, que a separou da Europa há cerca de 200 milhões de anos (Figura 2.16f). A abertura do Atlântico Norte foi acompanhada da separação dos continentes do norte (Laurásia) e do sul (Gondwana) e pelo rifteamento do Gondwana ao longo do que é hoje a costa leste da África (Figura 2.16g). A fragmentação do Gondwana separou a América do Sul, a África, a Índia e a Antártida, criando o Atlântico Sul e os oceanos do sul e estreitando o Oceano Tethys* (Figura 2.16h). A separação da Austrália a partir da Antártida e a "martelada" da Índia na Eurásia fecharam o Oceano Tethys, formando o mundo como o vemos hoje (Figura 2.16i).

Os movimentos das placas não cessaram, é claro, de modo que a configuração dos continentes vai continuar a evoluir. Um cenário plausível para a distribuição dos continentes e limites de placas em 50 milhões de anos no futuro é mostrado na Figura 2.16j.

*N. de R.T.: O vocábulo Tethys está dicionarizado em Suguio (1998, Dicionário de Geologia Sedimentar).

FORMAÇÃO DA PANGEIA

RODÍNIA (a) Neoproterozoico, 750 Ma

RODÍNIA

1 O supercontinente de Rodínia formou-se há cerca de 1,1 bilhão de anos e começou a se fragmentar há cerca de 750 milhões de anos.

(b) Neoproterozoico, 650 Ma

(c) Ordoviciano Médio, 458 Ma

2 O supercontinente Pangeia já estava agregado há 237 Ma, circundado por um superoceano chamado Pantalassa (grego para "todos os mares"), o Oceano Pacífico ancestral. O Oceano Tethys, entre a África e a Eurásia, foi o ancestral do Mar Mediterrâneo.

(d) Devoniano Inferior, 390 Ma

PANGEIA (e) Triássico Inferior, 237 Ma

FIGURA 2.16 Rifteamento continental, deriva e colisões formaram e, depois, fragmentaram o supercontinente Pangeia. [Mapa paleogeográfico por Christopher R. Scotese, 2003. Projeto PALEOMAPA (www.scotese.com).]

A FRAGMENTAÇÃO DA PANGEIA

(f) Jurássico Inferior, 195 Ma

3 A fragmentação da Pangeia foi assinalada pela abertura de riftes a partir dos quais lavas extravasaram. Assembleias de rochas relictuais desse grande evento podem ser encontradas hoje como rochas vulcânicas de 200 milhões de anos desde a Nova Escócia até a Carolina do Norte.

(g) Jurássico Superior, 152 Ma

4 Há cerca de 150 Ma, a Pangeia estava nos seus estágios iniciais de fragmentação. O Oceano Atlântico abriu-se parcialmente, o Oceano Tethys contraiu-se e os continentes do Norte (Laurásia) tinham sido todos separados daqueles do Sul (Gondwana). Índia, Antártida e Austrália começaram a separar-se da África.

(h) Cretáceo Superior e Terciário Inferior, 66 Ma

5 Há 66 milhões de anos, o Atlântico Sul abriu-se e alargou-se. A Índia estava no seu caminho para o norte em direção à Ásia, e o Oceano Tethys estava se fechando de modo a formar o Mediterrâneo.

O MUNDO ATUAL E FUTURO

(i) **MUNDO ATUAL**

6 O mundo atual foi configurado durante os últimos 65 Ma. A Índia colidiu com a Ásia, terminando a sua viagem através do oceano, e ainda está sendo empurrada para o norte, contra a Ásia. A Austrália separou-se da Antártida.

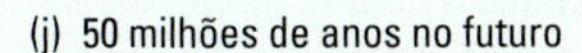

(j) 50 milhões de anos no futuro

A aglutinação da Pangeia pela deriva continental

O mapa de isócronas da Figura 2.15 informa-nos de que todo o fundo oceânico existente na superfície terrestre foi criado a partir da fragmentação da Pangeia. No entanto, sabemos, baseados em registros geológicos de cinturões de montanhas continentais mais antigos, que a tectônica de placas estava operando há bilhões de anos antes dessa fragmentação. Evidentemente, a expansão do assoalho oceânico ocorria como hoje e existiram episódios prévios de deriva continental e colisão. O assoalho oceânico criado nesses tempos anteriores foi destruído pela subducção, retornando ao manto, de modo que são as evidências mais antigas preservadas nos continentes que possibilitam identificar e cartografar o movimento dos continentes antigos (*paleocontinentes*).

Os cinturões de montanhas antigos, como os Apalaches na América do Norte e os Urais, que separam a Europa da Ásia, auxiliam a posicionar colisões ancestrais de paleocontinentes. Em muitos lugares, as rochas revelam episódios ancestrais de rifteamento e subducção. Tipos de rochas e fósseis também indicam a distribuição de mares ancestrais, geleiras, terras baixas, montanhas e climas. O conhecimento dos climas ancestrais possibilita aos geólogos posicionarem as latitudes nas quais as rochas continentais foram formadas, o que, por sua vez, os auxilia a reconstituir o quebra-cabeça dos continentes ancestrais. Quando o vulcanismo ou a formação de montanhas produz rochas continentais novas, elas também registram a direção do campo magnético da Terra. Isso também acontece com as rochas oceânicas quando estas são criadas por expansão do assoalho oceânico. Como uma bússola congelada no tempo, o magnetismo fóssil de um fragmento continental registra a sua orientação e posição ancestrais.

O lado esquerdo da Figura 2.16 mostra um dos esforços recentemente empreendidos para representar a configuração dos continentes antes da Pangeia. É uma demonstração impressionante e verdadeira de que a ciência moderna pode recuperar a geografia desse estranho mundo de centenas de milhões de anos atrás. A evidência a partir de tipos de rochas, fósseis e magnetização permitiu aos cientistas reconstruir um supercontinente anterior, chamado de **Rodínia**, que se formou há cerca de 1,1 bilhão de anos e começou a fragmentar-se há cerca de 750 milhões de anos (Figura 2.16a). Eles foram capazes de cartografar os fragmentos desse supercontinente ao longo dos 500 milhões de anos subsequentes à medida que derivavam e se rearranjavam no supercontinente Pangeia. Os geólogos estão continuamente descobrindo mais detalhes desse quebra-cabeça complexo, no qual cada fragmento muda sua forma no decorrer do tempo geológico.

Implicações da grande reconstrução

Dificilmente algum ramo da Geologia passou incólume por essa grande reconstrução dos continentes. Os geólogos da área de prospecção usaram o encaixe dos continentes para encontrar depósitos minerais e de petróleo por meio da correlação de formações rochosas existentes em um continente com suas contrapartes pré-deriva em outro. Os paleontólogos repensaram alguns aspectos da evolução à luz da deriva continental. Os geólogos ampliaram seu foco de uma geologia de uma região particular para um cenário que abrange o mundo. Com efeito, o conceito da tectônica de placas fornece uma maneira de interpretar, em termos globais, desde processos geológicos como formação de rochas, soerguimento de montanhas até as mudanças climáticas.

Mudanças climáticas do passado Durante milhões de anos, os movimentos das placas tectônicas reorganizaram os continentes e os oceanos, o que afetou o sistema do clima de maneira profunda. No arranjo atual, as águas do Oceano Austral circulam ao redor de toda a Antártida, formando uma rota marítima circumpolar ou "Oceano Austral" que isola o continente do ar e das águas mais quentes das latitudes tropicais. Esse isolamento mantém as regiões polares mais frias e preserva um manto de gelo maciço por todo o continente.

A situação era um tanto diferente durante a fragmentação da Pangeia (Figura 2.16). Como mostra a Figura 2.16h, há 66 milhões de anos atrás, a Austrália ainda estava ligada à Antártida, o que permitia que correntes de águas mais quentes fluíssem para o sul e aquecessem o continente polar. Também nessa época, os continentes da América do Norte e do Sul estavam separados, de modo que a água fluía entre os oceanos Atlântico e Pacífico. A rota marítima circumpolar não se formou até a Austrália separar-se da Antártida, cerca de 40 milhões de anos atrás. Algum tempo depois, há meros 5 milhões de anos, a subducção no Oceano Pacífico oriental formou o istmo do Panamá, que ligou a América do Norte à do Sul e isolou o Atlântico do Pacífico.

Combinadas com a colisão da Índia com a Ásia, que formou o planalto elevado do Tibete (ver Figura 2.16i), essas mudanças resfriaram o suficiente todo o planeta para criar os mantos de gelo da Antártida no Hemisfério Sul e da Groenlândia no Hemisfério Norte. Acredita-se que essa modificação do sistema do clima tenha dado início a oscilações climáticas entre períodos muito frios (idades do gelo, descritas no Capítulo 15) e períodos um pouco mais quentes, como o que vivemos hoje.

Convecção do manto: o mecanismo motor da tectônica de placas

Tudo que discutimos neste capítulo até o momento foi uma descrição de *como* as placas se movem. A teoria da convecção do manto explica o *porquê* das placas se moverem.

Como Arthur Holmes e os outros defensores pioneiros da deriva continental perceberam, a convecção do manto é o "motor" que controla os processos tectônicos de grande proporção que operam na superfície terrestre. No Capítulo 1, descrevemos o manto quente como um sólido dúctil, capaz de mover-se como um fluido viscoso. O calor que escapa do interior da Terra provoca a convecção desse material (circulação ascendente e descendente) a velocidades de poucas dezenas de milímetros por ano.

Quase todos os cientistas atualmente aceitam que as placas litosféricas de algum modo participam do fluxo desse sistema de convecção do manto. No entanto, como é de praxe, "o truque está nos detalhes". Muitas hipóteses diferentes têm sido propostas com base em uma ou em outra peça de evidência, mas ninguém forneceu uma teoria satisfatória e abrangente que amarrasse todos os elementos. A seguir, apresentaremos três questões que remetem ao âmago do assunto e forneceremos nosso entendimento atual, mas este permanece um trabalho em andamento, o qual, talvez, tenhamos que alterar à medida que novas evidências estiverem disponíveis.

Onde se originam as forças que movem as placas?

Veja um experimento que você pode fazer em sua cozinha: aqueça uma panela com água até que esteja próxima do ponto de fervura e adicione algumas folhas de chá seco no centro dela. Você vai observar que as folhas de chá movem-se na superfície da água, arrastadas pelas correntes de convecção da panela. Será que é desse modo que as placas se movem, passivamente arrastadas de um lado para outro nas costas das correntes de convecção que ascendem do manto?

A resposta parece ser não. A evidência principal vem das taxas de movimento das placas discutidas anteriormente neste capítulo. A partir da Figura 2.7, podemos observar que as placas que estão se movendo mais rápido (as placas do Pacífico, de Nazca, de Cocos, da Índia e da Austrália) são aquelas que estão em processo de subducção ao longo de uma grande parte de suas bordas. Em contraste, as placas que estão se movendo devagar (placas da América do Norte, da América do Sul, da África, da Eurásia e da Antártida) não têm porções significativas de lajes tectônicas descendentes. Essas observações sugerem que o movimento rápido das placas é causado pelas forças gravitacionais exercidas pelas lajes litosféricas mais antigas e frias (por isso densas). Em outras palavras, as placas não são arrastadas por correntes de convecção a partir do manto profundo, mas, em vez disso, "caem de volta" para o manto sob a ação do seu próprio peso. De acordo com essa hipótese, a expansão do assoalho oceânico é decorrente de uma ascensão passiva de material do manto onde as placas têm sido afastadas pelas forças de subducção.

Mas se a única força importante na tectônica de placas é o arraste gravitacional de lajes tectônicas que estão em processo de subducção, por que então a Pangeia fragmentou-se e o Oceano Atlântico foi formado? Veja que a única laje litosférica em subducção que atualmente está apensa nas bordas das placas da América do Norte e da América do Sul encontra-se nos pequenos arcos de ilhas que limitam os mares do Caribe e de Scotia, os quais são considerados muito pequenos para arrastar o assoalho do Atlântico. Uma possibilidade é a de que as placas cavalgantes, como as que estão em subducção, sejam puxadas em direção aos seus limites convergentes. Por exemplo, à medida que a Placa de Nazca é consumida sob a América do Sul, ela pode fazer com que o limite de placas ao longo da fossa Peru-Chile regrida em direção ao Pacífico, "sugando" a Placa da América do Sul para o oeste.

Outras forças são evidentes na história do movimento de placas. Quando os continentes se agruparam para formar a Pangeia, comportaram-se como um cobertor de isolamento, impedindo que o calor deixasse o manto da Terra (como geralmente o faz por meio do processo de expansão do assoalho oceânico). Esse calor acumulou-se ao decorrer do tempo, causando a formação de protuberâncias quentes no manto sob o supercontinente. Essas protuberâncias soergueram levemente a Pangeia, causando riftes cujos lados se separaram como em um 'deslizamento' desde o alto da protuberância para as laterais mais baixas. Essas forças gravitacionais continuaram a controlar a expansão do assoalho oceânico à medida que as placas "deslizavam morro abaixo" a partir da crista da Dorsal Mesoatlântica. Os terremotos que algumas vezes ocorrem no interior das placas fornecem evidências diretas da compressão nelas exercidas por ação dessas forças de "empurrão" gravitacional relacionado à dorsal mesoceânica.

A convecção no manto, a ascensão da matéria quente em um local e o afundamento da fria em outro, é a força motriz da tectônica de placas. Embora muitas questões permaneçam abertas, podemos ter uma certeza razoável de que: (1) as placas exercem

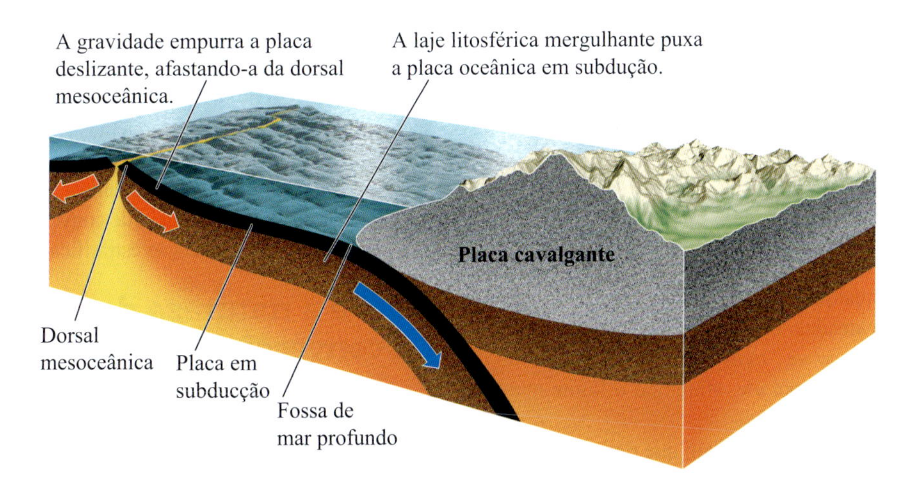

FIGURA 2.17 Secção esquemática das camadas externas da Terra, ilustrando duas das forças consideradas importantes no controle da tectônica de placas: a força de puxão de uma lasca litosférica mergulhante e a força de empurrão de placas operando nas dorsais mesoceânicas.

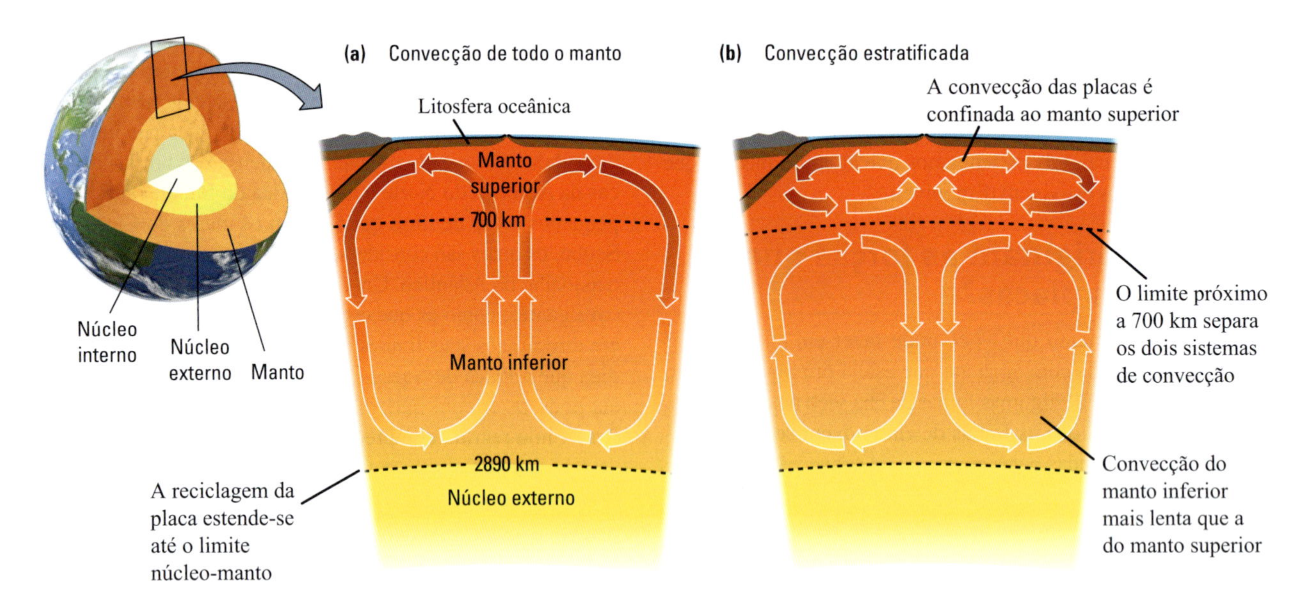

FIGURA 2.18 Duas hipóteses concorem para explicar a extensão da profundidade em que ocorre o sistema de convecção do manto que recicla a litosfera.

um papel ativo nesse sistema; e (2) as forças associadas com as lajes mergulhantes e as cristas elevadas são provavelmente os fatores mais importantes para governar as taxas de movimento das placas (Figura 2.17). Os cientistas estão tentando resolver essa e outras questões levantadas nessa discussão por meio da comparação de observações com modelos computadorizados de detalhe do sistema de convecção mantélica. Alguns resultados serão discutidos no Capítulo 11.

Em qual profundidade ocorre a reciclagem das placas?

Para que a tectônica de placas funcione, o material litosférico que é consumido na zona de subducção deve ser reciclado no manto e, por fim, retornar à superfície à medida que a nova litosfera é criada ao longo dos centros de expansão das dorsais mesoceânicas. Até que profundidade esse processo de reciclagem se estende no manto? Ou seja, onde é o limite inferior do sistema de convecção do manto?

O limite inferior pode ter profundidade de até 2.890 km abaixo da superfície externa da Terra, onde um limite composicional abrupto separa o manto do núcleo (Figura 2.18). Como vimos no Capítulo 1, o líquido rico em ferro abaixo desse limite núcleo-manto é muito mais denso que as rochas sólidas do manto, prevenindo qualquer intercâmbio significativo de material entre as duas camadas. Desse modo, podemos imaginar um sistema de *convecção de "todo o manto"* em que todo o material das placas circula por ele, atingindo o limite manto-núcleo (ver Figura 2.18a).

Contudo, alguns cientistas acreditam que o manto pode ser dividido em duas camadas: um sistema do manto superior nos primeiros 700 km de profundidade, onde a reciclagem da litosfera ocorre, e um sistema do manto inferior, de 700 km de profundidade até o limite núcleo-manto, onde a convecção é muito mais lenta. De acordo com essa hipótese, chamada de *convecção estratificada*, a separação entre os dois sistemas mantém-se porque o sistema superior é constituído de rochas mais leves que as do inferior e, assim, flutua no topo, da mesma maneira que o manto flutua sobre o núcleo (ver Figura 2.18b).

Para testar essas duas hipóteses concorrentes, os cientistas procuraram por "cemitérios litosféricos" abaixo das zonas convergentes, onde placas antigas mergulharam em subducção. A litosfera antiga consumida é mais fria que o manto circundante e, desse modo, pode ser "percebida" com o uso de ondas sísmicas. Além disso, deveria haver muitas delas lá embaixo. A partir do conhecimento do movimento das placas no passado, podemos estimar que, apenas a partir da fragmentação da Pangeia, a litosfera reciclada de volta para o manto totaliza uma área equivalente à da superfície terrestre. Certamente, os cientistas encontraram regiões de material mais frio no manto profundo sob as Américas do Norte e do Sul, o leste da Ásia e outros sítios adjacentes aos limites de colisão de placas. Essas zonas ocorrem como extensões de lajes litosféricas descendentes, e algumas parecem ir até profundidades tão grandes quanto o limite núcleo-manto. A partir dessa evidência, a maioria dos cientistas concluiu que a reciclagem das placas ocorre por meio de convecção que afeta o manto inteiro, mais do que convecção estratificada.

Qual é a natureza das correntes de convecção ascendentes?

E o que se poderia dizer sobre as correntes de convecção ascendentes de material do manto necessárias para equilibrar a subducção? Existem zonas de ascensão de material mantélico em forma de folhas diretamente abaixo das dorsais mesoceânicas? A maioria dos cientistas que estudam o assunto pensa que não. Em vez disso, acredita-se que as correntes ascendentes são mais lentas e espalhadas sobre regiões mais largas. Essa visão

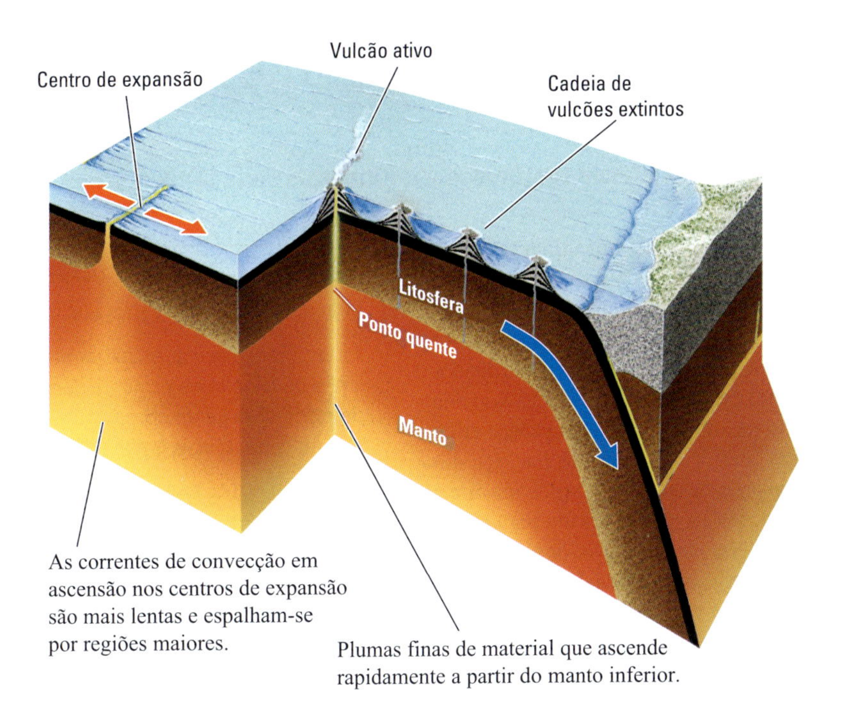

FIGURA 2.19 Um modelo da hipótese da pluma do manto.

é consistente com a ideia de que a expansão do assoalho oceânico é um processo mais passivo: praticamente em qualquer lugar onde você afastar as placas, vai ser gerado um centro de expansão.

Existe, no entanto, uma exceção: um tipo de corrente ascendente estreita em forma de jato, chamado de **pluma do manto** (Figura 2.19). A melhor evidência para as plumas do manto vem de regiões de vulcanismo intenso e localizado (chamadas de *pontos quentes*), como o Havaí, onde enormes vulcões estão sendo formados no meio da placa, distantes de qualquer centro de expansão. As plumas são entendidas como cilindros finos, de menos de 100 km de diâmetro, de material que ascende rapidamente a partir do manto profundo (abaixo da astenosfera). As plumas do manto são tão intensas que podem literalmente formar buracos nas placas e extravasar grandes volumes de lava. As plumas talvez sejam responsáveis por derrames de lava tão volumosos que podem ter mudado o clima da Terra e causado extinção em massa (ver Capítulo 1). Veremos o vulcanismo de plumas com mais detalhes no Capítulo 11.

A hipótese da pluma foi primeiramente proposta por um dos fundadores da tectônica de placas, W. Jason Morgan, da Universidade de Princeton, em 1970, logo após o estabelecimento dessa teoria. Como outros aspectos do sistema de convecção do manto, no entanto, as observações sobre as correntes de convecção ascendentes são indiretas, e a hipótese das plumas ainda é controversa.

CONCEITOS E TERMOS-CHAVE

anomalias magnéticas (p. 35)
arco de ilhas (p. 33)
centros de expansão (p. 32)
deriva continental (p. 24)
dorsal mesoceânica (p. 32)
escala de tempo de polaridades geomagnéticas (p. 35)
expansão do assoalho oceânico (p. 25)
limites transformantes (p. 27)
geodésia (p. 37)
isócrona (p. 38)
limites convergentes (p. 27)
limites divergentes (p. 27)
Pangeia (p. 24)
pluma do manto (p. 47)
Rodínia (p. 44)
subducção (p. 33)
tectônica de placas (p. 27)
velocidade relativa da placa (p. 37)

REVISÃO DOS OBJETIVOS DE APRENDIZAGEM

2.1 Identificar as maiores placas tectônicas e delinear os seus limites em um mapa-múndi.

Os mapas-múndi das Figuras 2.7 e 2.15 mostram as placas maiores e os seus limites. A maior, em amarelo no centro da Figura 2.7, é a Placa do Pacífico, limitada a leste e sul por uma longa cadeia de centros de expansão deslocados por falhas transformantes, e, a oeste, por arcos de ilhas voltados para fossas de mar aberto. O arco-íris de idades do assoalho oceânico da Figura 2.15 mostra como a sua expansão criou continuamente a crosta oceânica da Placa do Pacífico durante os últimos 200 milhões de anos. A segunda maior é a Placa da África, quase completamente cercada por centros de expansão ativos, exceto no Mediterrâneo, onde está convergindo com a Placa da Eurásia. (A Placa da Eurásia *não* é a maior que estas duas, como você imaginaria apenas pela Figura 2.7. A projeção de Mercator aumenta artificialmente os tamanhos das placas distantes do equador. A projeção de Mollweide da Figura 2.15 preserva a área da placa, mas distorce os seus formatos. Se quiser uma visão não distorcida das áreas das placas, consulte um globo!)

Atividade de Estudo: Completar o Exercício de Leitura Visual.

Exercícios: Na Figura 2.7, identifique um exemplo de limite de falha transformante que (a) conecta um limite de placa divergente com um limite convergente e um que (b) conecta dois limites de placas convergentes.

Questões para Pensar: Liste quatro placas grandes para as quais a área da placa acrescida pela expansão do assoalho oceânico é maior do que a área perdida por subducção. Como a soma das áreas de todas as placas (ou seja, a área total da superfície terrestre) é mantida em um valor constante?

2.2 Resumir como os geólogos da década de 1960 usaram a expansão do assoalho oceânico para explicar a deriva continental de Wegener.

Wegener acreditava que os continentes estavam à deriva, como navios, com a crosta continental sendo arrastada pela crosta oceânica pelas forças de maré causadas pela Lua e o Sol – uma teoria que logo foi rejeitada, pois é fisicamente impossível. Os geólogos marinhos que mapearam anomalias magnéticas no mar descobriram que o assoalho oceânico era criado pela divergência ao longo das dorsais meso-oceânicas, separando os continentes em um processo impulsionado pela convecção do manto. De acordo com a teoria da tectônica de placas, desenvolvida na década de 1960, a litosfera, composta da crosta e do topo do manto, divide-se em cerca de uma dúzia de grandes placas rígidas, além de diversas outras menores, que se movem sobre a superfície da Terra. A crosta continental e a oceânica podem estar encravadas na mesma placa litosférica, e os dois tipos podem deslizar juntos sobre a astenosfera. A partir de cerca de 200 milhões de anos atrás, a expansão do assoalho oceânico que criou a bacia do Oceano Atlântico fez com que as Américas do Sul e do Norte se afastassem da Eurásia e da África, sendo esse processo parte da fragmentação do supercontinente Pangeia.

Atividade de Estudo: Revisar a seção *A descoberta da tectônica de placas*.

Exercícios: (a) Use um globo ou o Google Earth e o mapa de isócronas da Figura 2.15 para estimar a velocidade média da deriva continental entre a América do Norte e a África. (b) Até que ponto essa velocidade equivale ao valor atual de 23 mm/ano, determinado com a utilização de GPS?

Questões para Pensar: (a) Que erros Wegener cometeu ao formular sua teoria da deriva continental? (b) Você acha que a rejeição a sua teoria, por parte dos geólogos daquela época se justificava? (c) Você classificaria a tectônica de placas como uma hipótese, uma teoria ou um fato? Por quê?

2.3 Com base em observações sobre movimentos relativos e atividade geológica, determinar se a borda de uma placa tectônica está atuando como limite divergente, convergente ou de falha transformante.

Três tipos de limites de placas são definidos pela direção do movimento relativo entre elas: divergente (afastando-se), convergente (aproximando-se) e transformante (deslizamento lateral). O tipo de limite de placa é diagnosticado pelas feições geológicas que ali ocorrem. Os limites divergentes são tipicamente evidenciadas por atividade vulcânica e terremotos rasos na crista das dorsais mesoceânicas ou na zona de rifteamento continental. As margens convergentes são evidenciadas por fossas de mar profundo, terremotos profundos, soerguimento de montanhas e vulcões. Os limites das falhas transformantes, ao longo das quais as placas deslizam horizontalmente uma em relação à outra, podem ser reconhecidos pela atividade de terremotos distribuídos em um alinhamento e pelo deslocamento horizontal de feições geológicas.

Atividade de Estudo: Revisar os tipos de limites de placas mostrados na Figura 2.8.

Exercícios: (a) Usando a Figura 2.7, desenhe os limites da Placa da América do Sul em uma folha de papel e identifique os segmentos que são divergentes, convergentes e falhas transformantes. (b) Aproximadamente que porção da área da placa é ocupada pelo continente sul-americano? (c) A porção da Placa da América do Sul ocupada pela crosta oceânica está aumentando ou diminuindo ao longo do tempo? Explique sua resposta usando os princípios da tectônica de placas.

Questões para Pensar: (a) Por que há vulcões ativos na costa oeste da América do Sul, mas não ao longo da costa atlântica do Brasil, Uruguai e Argentina? (b) Como as diferenças entre as crostas continental e oceânica afetam o modo como as placas litosféricas interagem?

2.4 Explicar como anomalias magnéticas registradas por navios são usadas para estimar a idade do assoalho oceânico e a sua taxa de expansão.

Para estimar as idades do assoalho oceânico, os geólogos medem a magnetização termorremanente das lavas basálticas solidificadas nos centros de expansão. Os padrões de anomalias magnéticas no assoalho oceânico são comparados com uma escala de tempo de polaridades geomagnéticas estabelecida com base nas anomalias observadas em lavas de idades conhecidas. A taxa média de expansão do assoalho oceânico entre duas placas é calculada pela medida da distância entre uma anomalia magnética de uma placa e a anomalia a partir da outra placa dividida pela idade da anomalia determinada a partir da escala de tempo de polaridades geomagnéticas. As idades do assoalho oceânico foram confirmadas pela datação de amostras de rochas e de sedimentos obtidas por perfuração de mar profundo.

Atividade de Estudo: Revisar a seção *O assoalho oceânico como um gravador magnético*, com atenção especial à Figura 2.12.

Exercício: Na Dorsal Mesoatlântica ao sul da Islândia, a zona (ou cron) normal de Gauss na Placa da América do Norte fica a cerca de 60 quilômetros de distância dessa mesma zona na Placa da Eurásia. A partir desse fato e das informações sobre a escala de tempo de polaridades geomagnéticas da zona presente na Figura 2.12, estime a taxa de expansão do assoalho nesse local.

Questão para Pensar: Na Figura 2.15, as isócronas estão distribuídas simetricamente no assoalho do Oceano Atlântico, mas não no do Pacífico. Por exemplo, assoalho oceânico de até 180 milhões de anos (em lilás) é encontrado no oeste, mas não no leste do Pacífico. Por quê?

2.5 Rebobinar a deriva continental dos últimos 200 milhões de anos para reconstruir o supercontinente Pangeia.

Os geólogos desenvolveram mapas de isócronas para o assoalho damaioria dos oceanos do mundo, os quais permitem reconstruir a história da expansão das bacias oceânicas durante os últimos 200 milhões de anos (Figura 2.15). Usando esses métodos e outros dados geológicos, foi possível construir um modelo detalhado de como a Pangeia fragmentou-se e os continentes derivaram para a sua presente configuração. "Rebobinando a fita" consegue-se a história da deriva continental mostrada na parte superior direita da Figura 2.16.

Atividade de Estudo: Complete o Pratique um Exercício de Geologia.

Exercícios: (a) Usando o mapa de isócronas da Figura 2.15, estime há quanto tempo os continentes da Austrália e da Antártida foram separados pela expansão do assoalho oceânico. Isso ocorreu antes ou depois da América do Sul ter se separado da África? (b) Cite três cinturões de montanhas formados por colisões continentais que estão ocorrendo agora ou que ocorreram no passado.

Questão para Pensar: A teoria da tectônica de placas não foi inteiramente aceita até que os padrões bandados de magnetismo no assoalho oceânico fossem descobertos. Por que essas anomalias magnéticas foram mais convincentes do que as observações anteriores, como o encaixe enigmático dos continentes, a ocorrência de fósseis das mesmas formas de vida nos dois lados do Atlântico e a reconstrução de antigas condições climáticas?

2.6 Descrever como as placas oceânicas participam da convecção do manto.

O sistema da tectônica de placas é movido pela convecção do manto, alimentada pela energia térmica que vem das profundezas da Terra. Como parte desse sistema de convecção, as forças gravitacionais levam a litosfera oceânica solidificada não só a deslizar morro abaixo nos centros de expansão mais elevados, como também a afundarem nas zonas de subducção até o manto. Usando ondas sísmicas, podemos observar que a litosfera mergulhante estende-se até o manto inferior e, em alguns lugares, até o limite núcleo-manto, indicando que todo o manto está envolvido no sistema de convecção que recicla as placas. As correntes de convecção ascendentes podem incluir plumas do manto, que são intensos jatos de material do manto profundo, causando vulcanismo localizado em pontos quentes no meio de placas oceânicas e continentais.

Atividade de Estudo: Revise a seção *Convecção do manto: o mecanismo motor da tectônica de placas*.

Exercícios: A maioria dos vulcões ativos está localizada sobre ou próximo de limites de placas. (a) Dê exemplos de vulcões que não estejam sobre um limite de placas. (b) Descreva uma hipótese consistente com a tectônica de placas que possa explicar essa atividade vulcânica "intraplacas".

Questão para Pensar: Quais observações favorecem a convecção de todo o manto em relação à convecção estratificada?

EXERCÍCIO DE LEITURA VISUAL

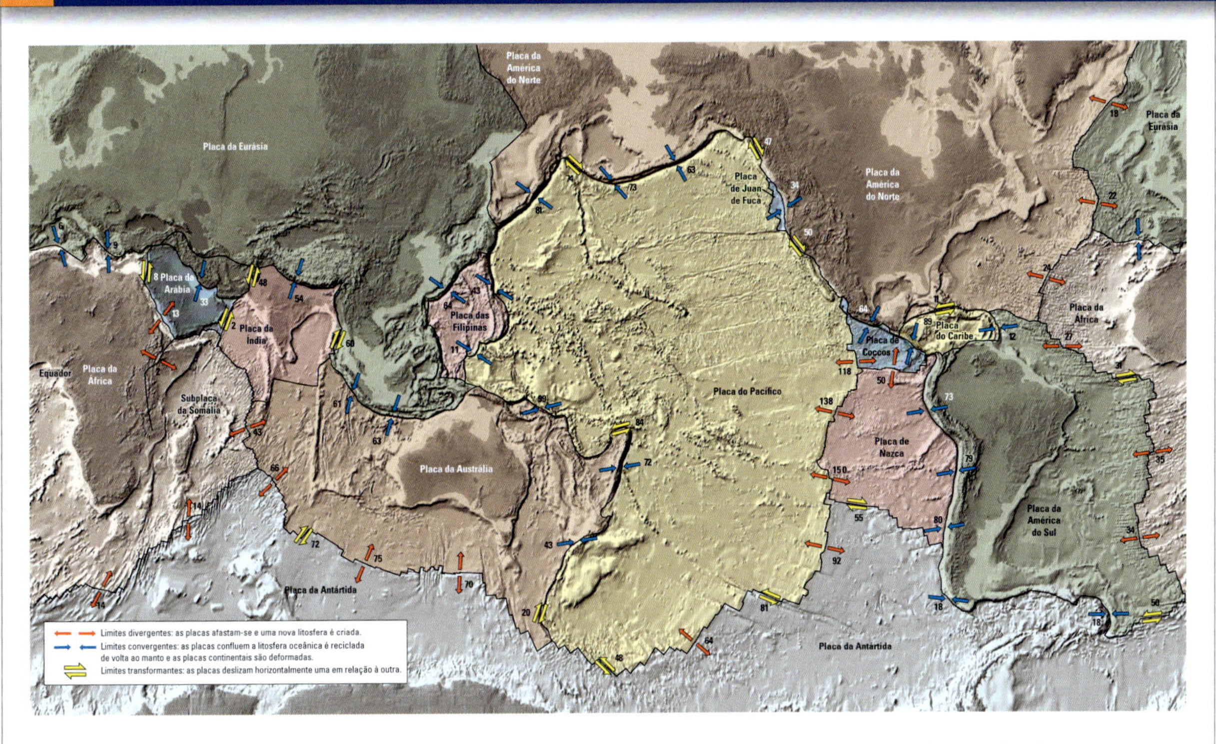

FIGURA 2.7 A superfície terrestre é um mosaico de 13 grandes placas, bem como um número de placas menores, constituídas de litosfera rígida, que se movem lentamente sobre a astenosfera dúctil. Somente uma das placas menores – a Placa Juan de Fuca, na costa oeste da América do Norte – é identificada neste mapa. As setas mostram o movimento relativo das duas placas em um ponto de seus limites. Os números próximos a elas indicam as velocidades relativas das placas em mm/ano. [Dados sobre limites de placas por Peter Bird, UCLA.]

1. O que representam as áreas sombreadas em diferentes tons pastéis, como amarelo e verde?

a. Continentes
b. Oceanos
c. Placas tectônicas
d. Limites de placas

2. O que representam os números ao lado das setas?

a. Idade da placa em milhões de anos
b. Comprimento do segmento de limite de placa em quilômetros
c. Área da placa criada por ano em quilômetros quadrados
d. Velocidades relativas das placas em milímetros por ano

3. Em relação à Placa da Antártida, a Placa de Nazca se move em qual direção aproximada?

a. Norte
b. Leste
c. Sul
d. Oeste

4. A Placa da América do Norte inclui qual dos itens a seguir?

a. Continente norte-americano
b. Continente norte-americano e todo o Oceano Atlântico
c. Continente norte-americano, Groenlândia e parte do Oceano Atlântico
d. Continente norte-americano, parte do Oceano Atlântico e o Mar do Caribe

5. Qual limite de placa apresenta as maiores taxas de expansão do assoalho oceânico?

a. Limite entre as Placas de Nazca e do Pacífico
b. Limite entre as Placas da Antártida e da Austrália
c. Limite entre as Placas da América do Norte e da África
d. Limite entre as Placas do Caribe e da América do Sul

Materiais da Terra: minerais e rochas

3

Objetivos de Aprendizagem

O Capítulo 3 descreve como os geólogos decompõem a Terra até seus blocos constituintes fundamentais: minerais e rochas. Após estudar o capítulo, você será capaz de:

3.1 Entender a estrutura da matéria e como os átomos reagem por meio de ligações químicas para formar minerais, que são substâncias cristalinas.

3.2 Reconhecer que todos os minerais são agrupados em sete classes com base na sua composição química e que todos eles têm também propriedades físicas distintivas.

3.3 Entender que o objetivo principal dos geólogos é estudar as três classes básicas de rochas de modo a deduzir as suas origens geológicas.

3.4 Saber que os recursos minerais econômicos ocorrem em locais específicos e que a evolução dos minerais durante o tempo geológico nos ensina a história do nosso planeta, incluindo a emergência e a evolução da vida.

Cristais de ametista e quartzo, crescendo sobre cristais de epídoto (verdes). As superfícies planas são faces de cristais, cujas geometrias são determinadas pelo arranjo subjacente dos átomos que os compõem. [John Grotzinger/Ramón Rivera-Moret/Harvard Mineralogical Museum.]

No Capítulo 2, vimos como a tectônica de placas pode explicar a dinâmica e as estruturas de grandes proporções da Terra, mas pouco foi visto sobre a imensa variedade de materiais que aparecem nos ambientes geotectônicos. Neste capítulo, vamos dirigir nossa atenção a esses materiais: os minerais e as rochas. Os minerais são os constituintes básicos das rochas, que, por sua vez, são os registros da história geológica. As rochas e os minerais ajudam a determinar a estrutura da Terra, da mesma forma como o concreto, o aço e o plástico identificam a estrutura, o *design* e a arquitetura dos grandes edifícios.

Para contar a história da Terra, os geólogos frequentemente adotam uma "estratégia de Sherlock Holmes", utilizando as evidências existentes para deduzir os processos e eventos que ocorreram em um determinado local, em tempos passados. Por exemplo, os tipos de minerais presentes em uma rocha vulcânica podem fornecer evidências de que as erupções trouxeram à superfície terrestre rochas fundidas, enquanto os minerais de um granito revelam que este cristalizou na crosta profunda, nas altas temperaturas e pressões que ocorrem quando duas placas continentais colidem. O conhecimento da geologia de uma região permite-nos fazer previsões consistentes sobre os locais onde há possibilidade de descobrir recursos minerais de importância econômica.

Este capítulo começa com uma descrição dos minerais – o que são, como se formam e como podem ser identificados. A seguir, voltamos nossa atenção para os principais grupos de rochas formadas a partir desses minerais e os ambientes geológicos em que elas se formam.

O que é um mineral?

Os minerais são os constituintes básicos das rochas. A **Mineralogia** é o ramo da Geologia que estuda a composição, a estrutura, a aparência, a estabilidade, os tipos de ocorrência e as associações de minerais. Com ferramentas apropriadas, pode-se separar cada um dos minerais que constituem as rochas. Poucos tipos de rochas, como os calcários, contêm apenas um mineral (neste caso, a calcita). Outros tipos, como o granito, são constituídos de vários minerais diferentes. Para identificar e classificar os diversos tipos de rochas que compõem a Terra e entender como se formaram, devemos saber como os minerais são formados.

Os geólogos definem um **mineral** como uma substância de ocorrência natural, sólida, cristalina, geralmente inorgânica, com uma composição química específica. Os minerais são homogêneos: não podem ser divididos, por meios mecânicos, em componentes menores.

Vamos examinar detalhadamente a seguir cada parte da nossa definição de mineral.

De ocorrência natural: para ser qualificada como um mineral, uma substância deve ser encontrada na natureza. Os diamantes que são retirados das minas da África do Sul, por exemplo, são minerais. Os exemplares sintéticos, produzidos em laboratórios industriais, não são considerados minerais, nem os milhares de produtos inventados pelos químicos.

Substância sólida cristalina: os minerais são substâncias sólidas – não são líquidos nem gases. Quando dizemos que um mineral é cristalino, queremos nos referir ao fato de que as minúsculas partículas de matéria, ou átomos, que o compõem estão dispostas em um arranjo tridimensional ordenado e repetitivo. Os materiais sólidos que não têm um arranjo ordenado desse tipo são considerados vítreos ou amorfos (sem forma) e por convenção não são considerados minerais. O vidro de janela é amorfo, como também alguns vidros naturais formados durante as erupções vulcânicas. Mais adiante, neste capítulo, discutiremos com mais detalhe os processos que formam os materiais cristalinos.

Geralmente inorgânico: os minerais são definidos como substâncias inorgânicas, excluindo assim os materiais orgânicos que formam os corpos das plantas e dos animais. A matéria orgânica é composta de carbono orgânico, que é a forma de carbono encontrada em todos os organismos vivos ou mortos. A vegetação em decomposição em um pântano pode ser transformada, por processos geológicos, em carvão, que também é feito de carbono orgânico, mas embora forme depósitos naturais, o carvão não é tradicionalmente considerado um mineral. Muitos minerais são, entretanto, secretados por organismos.* Um desses minerais, a calcita (**Figura 3.1**), forma as conchas de ostras e de muitos outros organismos e contém carbono inorgânico. Essas conchas acumulam-se no assoalho oceânico, onde podem ser transformadas, por um processo geológico, em calcário. A calcita dessas conchas satisfaz a definição de mineral, por ser inorgânica e cristalina.

Com uma composição química específica: a chave para entendermos a composição dos materiais que formam a Terra reside em conhecer como os elementos químicos estão organizados nos minerais. O que torna cada mineral único é a sua composição química e a forma como estão dispostos os átomos na sua estrutura interna. A composição química de um mineral, dentro de limites definidos, tanto pode ser fixa como variável. O quartzo, por exemplo, tem uma proporção fixa de dois átomos de oxigênio para um de silício. Essa proporção nunca muda, embora o quartzo possa ser encontrado em muitos tipos de rochas. Da mesma forma, os elementos químicos que compõem o mineral olivina – ferro, magnésio, oxigênio e silício – sempre ocorrem em uma proporção fixa. Embora a razão entre o número de átomos de ferro e magnésio possa variar, a proporção entre suas somas e o total de átomos de silício sempre permanece constante.

*N. de R.T.: A Associação Internacional de Mineralogia (IMA – International Mineralogical Association), por meio da sua Comissão de Novos Minerais e Nomenclatura Mineral (CNMMN – Comission on New Minerals and Mineral Names), sugeriu, após discussões entre seus associados, que os materiais biogênicos, isto é, aqueles produzidos unicamente por processos biológicos, como as conchas e os dentes, não deveriam ser considerados minerais. Entretanto, caso esses tipos de materiais sejam modificados por processos geológicos, poderão ser incluídos na definição; é o caso dos fosfatos, formados pela modificação de fezes de aves em cavernas, ou das rochas carbonáticas, formadas pela modificação de conchas. (Ver Nickel, E. H. 1995. The definition of a mineral. Canadian Mineralogist, v.33, p. 689-690)

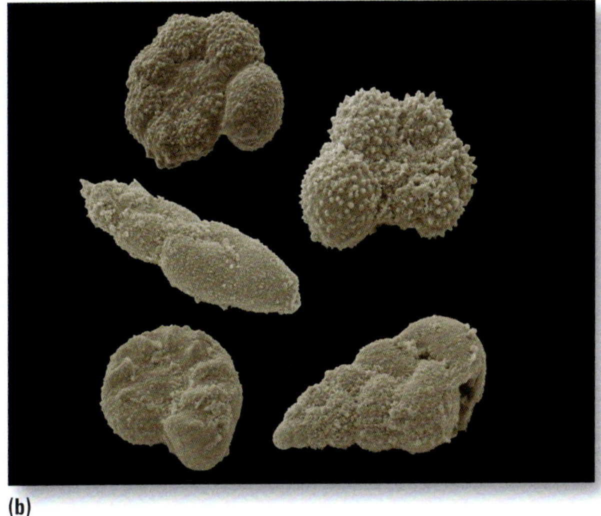

(a) (b)

FIGURA 3.1 Muitos minerais são secretados por organismos. (a) O mineral calcita contém carbono inorgânico. (b) A calcita é encontrada nas conchas de muitos organismos marinhos, como esses foraminíferos. [(a) John Grotzinger/Ramón Rivera-Moret/Harvard Mineralogical Museum; (b) Andrew Syred/Science Source.]

A estrutura da matéria

Em 1805, John Dalton, um químico inglês, formulou a hipótese de que cada elemento químico consiste em um tipo diferente de átomo, que todos os átomos de um dado elemento químico são idênticos e que os compostos químicos são formados por várias combinações de átomos de diferentes elementos em proporções definidas. No início do século XX, os físicos, químicos e mineralogistas, trabalhando a partir das ideias de Dalton, conseguiram entender a estrutura da matéria de uma forma muito próxima daquela aceita atualmente. Sabemos hoje que um *átomo* é a menor parte de um elemento que conserva suas propriedades físicas e químicas. Também sabemos que os átomos são as menores unidades de matéria que se combinam nas reações químicas e que os próprios átomos são divisíveis em unidades ainda menores.

A estrutura dos átomos

O conhecimento da estrutura dos átomos permite-nos predizer como os elementos químicos irão reagir uns com os outros, formando novas estruturas cristalinas. A estrutura de um átomo é definida por um núcleo, que contém prótons e nêutrons, e que é cercado por elétrons. Para informações mais detalhadas a respeito da estrutura dos átomos, consulte o Apêndice 3.

O núcleo: prótons e nêutrons No centro de cada átomo, há um *núcleo* denso, no qual está contida virtualmente toda a massa do átomo em dois tipos de partículas: prótons e nêutrons (Figura 3.2). O *próton* tem uma carga elétrica positiva +1. O *nêutron* é eletricamente neutro, isto é, sem carga. Os átomos de um mesmo elemento químico podem ter diferentes números de nêutrons, mas o número de prótons não varia. Por exemplo, todos os átomos de carbono têm seis prótons.

Elétrons Circundando o núcleo, há uma nuvem de partículas em movimento, os *elétrons*, cada qual com uma massa tão pequena que, por convenção, é considerada de valor zero. Cada elétron tem uma carga elétrica negativa –1. O número de prótons de qualquer átomo está em equilíbrio com o mesmo número de elétrons da nuvem que circunda o núcleo; portanto, um átomo é eletricamente neutro. Assim, o núcleo de um átomo de carbono é circundado por seis elétrons (ver Figura 3.2).

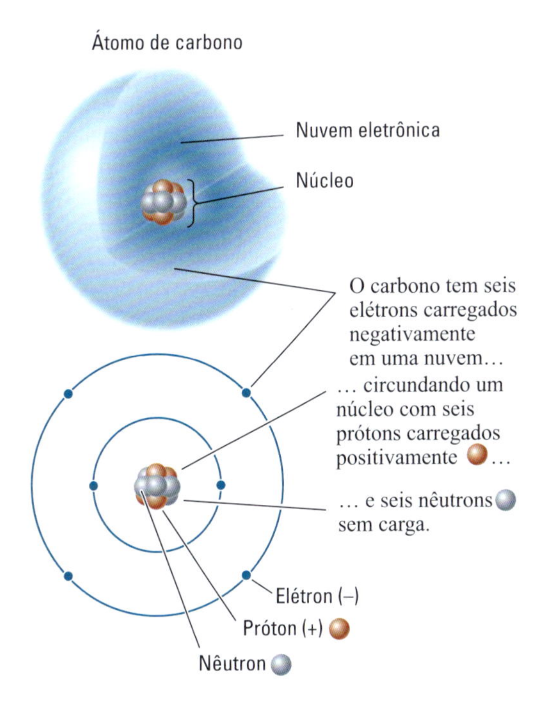

FIGURA 3.2 Estrutura do átomo de carbono (carbono-12). Os seis elétrons, cada um com carga –1, são representados como uma nuvem carregada negativamente, que circunda o núcleo; este contém seis prótons, cada qual com carga +1, e seis nêutrons, cada qual com carga zero. No desenho, o tamanho do núcleo está representado em uma escala muito exagerada; ele é pequeno demais para ser exibido em uma escala verdadeira.

Número atômico e massa atômica

O número de prótons do núcleo de um átomo é chamado de **número atômico**. Como todos os átomos de um mesmo elemento têm igual número de prótons, então eles também têm o mesmo número atômico. Todos os átomos com seis prótons, por exemplo, são átomos de carbono (número atômico 6). Na verdade, o número atômico de um elemento pode nos dizer diversas informações sobre o seu comportamento, tanto que a tabela periódica foi organizada de acordo com esse número (ver Apêndice 3). Os elementos de uma mesma coluna da tabela periódica, como o carbono e o silício, tendem a ter propriedades químicas semelhantes.

A **massa atômica** de um elemento é a soma das massas de seus prótons e nêutrons. (Os elétrons, por terem uma massa muito pequena, não são incluídos nessa soma.) Embora o número de prótons seja constante, os átomos de um mesmo elemento químico podem ter diferentes números de nêutrons e, portanto, diferentes massas atômicas. Esses vários tipos de átomos são chamados de **isótopos**. Todos os isótopos do elemento carbono, por exemplo, têm seis prótons, podendo ter seis, sete e oito nêutrons, cujas massas atômicas serão, portanto, 12, 13 e 14, respectivamente.

Na natureza, os elementos químicos existem como misturas de isótopos e, assim, suas massas atômicas nunca são números inteiros. A massa atômica do carbono, por exemplo, é 12,011. É próxima a 12, porque o isótopo carbono-12 é, de longe, muito mais abundante. As abundâncias relativas de vários isótopos de um elemento encontradas na Terra resultam de processos que aumentam a abundância de alguns isótopos em detrimento de outros. O carbono-12, por exemplo, é favorecido por algumas reações, como a fotossíntese, nas quais os compostos de carbono orgânico são produzidos a partir de compostos de carbono inorgânico.

Reações químicas

A estrutura de um átomo determina suas reações químicas com os demais. As *reações químicas* são interações entre átomos de dois ou mais elementos químicos em certas proporções fixas, produzindo compostos químicos. Por exemplo, quando dois átomos de hidrogênio combinam-se com um de oxigênio, formam um novo composto químico: a água (H_2O). As propriedades de um composto químico podem ser inteiramente diferentes daquelas dos seus elementos constituintes. Por exemplo, quando um átomo de sódio, um metal, combina-se com um átomo de cloro, um gás nocivo, forma-se o composto químico cloreto de sódio, mais conhecido como sal de cozinha. Representa-se esse composto pela fórmula química NaCl, na qual o símbolo Na refere-se ao elemento sódio e o Cl, ao cloro. (A cada elemento químico foi atribuído um símbolo próprio, que se usa à maneira de uma notação taquigráfica, para escrever fórmulas e equações químicas; esses símbolos estão na tabela periódica do Apêndice 3.)

Os compostos químicos, como os minerais, são formados por **transferências de elétrons** entre os átomos reagentes ou por **compartilhamento de elétrons** entre eles. O carbono e o silício, dois dos mais abundantes elementos da crosta terrestre, tendem a formar compostos por meio de compartilhamento de elétrons. O diamante é um composto formado inteiramente por átomos de carbono que compartilham elétrons entre si (Figura 3.3).

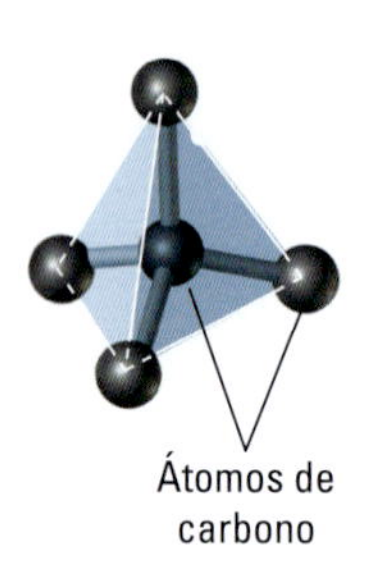

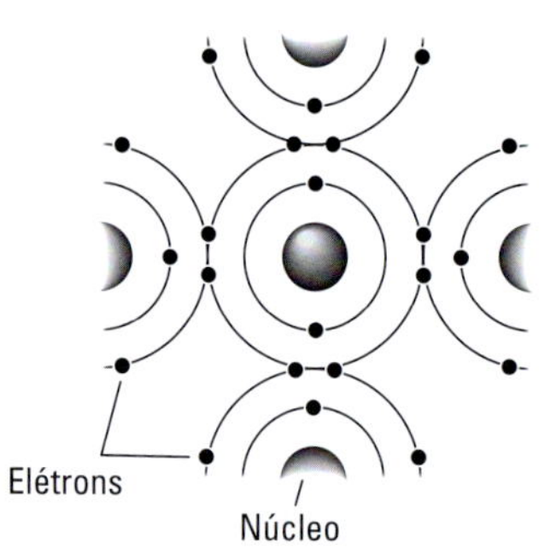

FIGURA 3.3 Alguns átomos compartilham elétrons para formar ligações covalentes.

Na reação entre os átomos de sódio (Na) e de cloro (Cl) para formar cloreto de sódio (NaCl), os elétrons se transferem. O átomo de sódio perde um elétron, que o átomo de cloro ganha (Figura 3.4a). Um átomo ou grupo de átomos que tenha carga elétrica, seja positiva ou negativa, devido à perda ou ganho de um ou mais elétrons é chamado de **íon**. Como o átomo de cloro recebeu um elétron com carga negativa, tornou-se um íon carregado negativamente (Cl^-). Da mesma forma, a perda de um elétron dá ao átomo de sódio uma carga positiva, tornando-o um íon de sódio (Na^+). O composto NaCl permanece eletricamente neutro, pois a carga positiva do Na^+ é exatamente balanceada pela carga negativa do Cl^-. Um íon carregado positivamente é denominado de **cátion**, e um íon carregado negativamente é chamado de **ânion.**

Ligações químicas

Quando um composto químico é formado por compartilhamento ou transferência de elétrons, os íons ou átomos que o compõem são mantidos juntos por atração eletrostática entre elétrons com carga negativa e prótons com carga positiva. As atrações, ou *ligações químicas*, entre elétrons compartilhados ou elétrons cedidos e ganhos podem ser fortes ou fracas. As ligações fortes impedem que a substância decomponha-se nos seus elementos constituintes ou em outros compostos. Elas também tornam os minerais duros e impedem que eles se quebrem ou se dividam em partes. Os dois mais importantes tipos de ligação encontrados na maior parte dos minerais formadores de rochas são: as ligações iônicas e as covalentes.

Ligações iônicas A forma mais simples de ligação química é a **ligação iônica**. As ligações desse tipo formam-se pela atração eletrostática entre íons de cargas opostas, como o Na^+ e o Cl^- no cloreto de sódio (ver Figura 3.4a), quando os elétrons são transferidos. Essa atração é exatamente do mesmo tipo da eletricidade estática que faz as roupas de náilon ou de seda ficarem grudadas

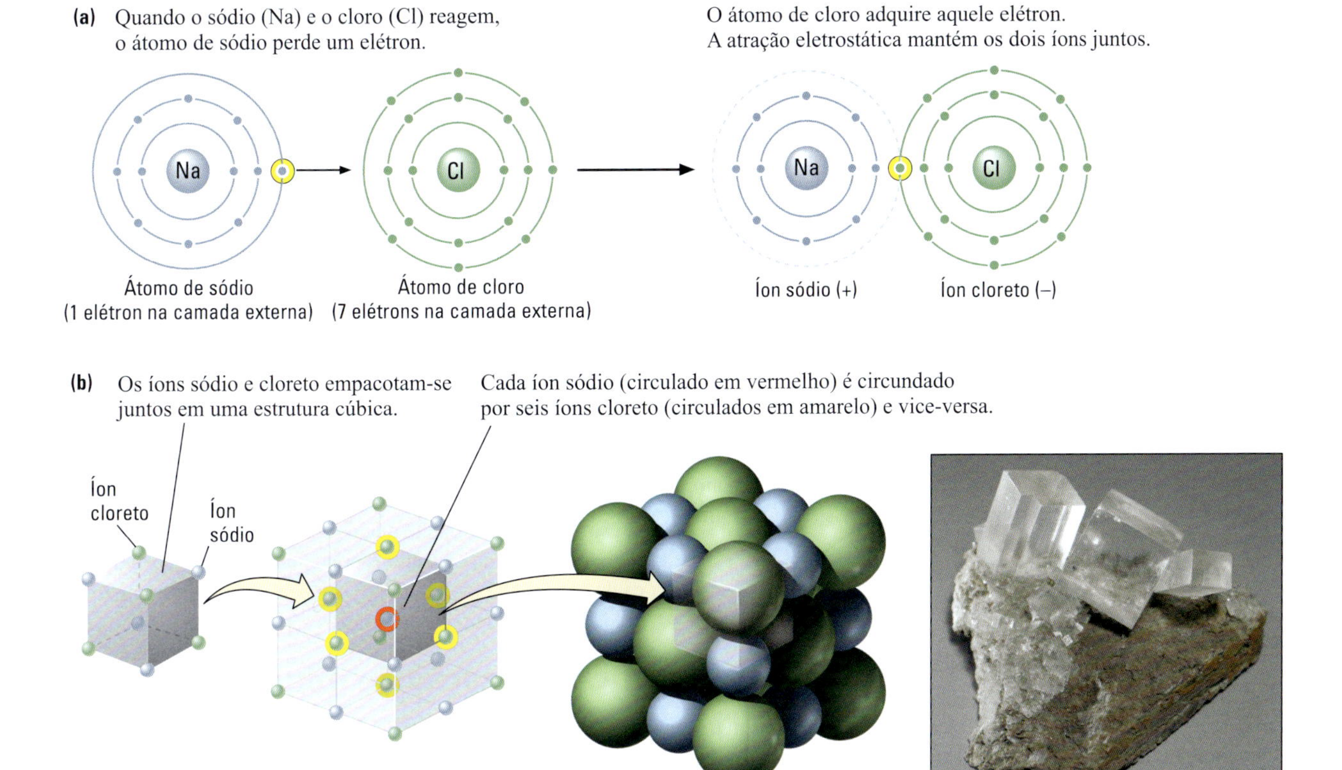

FIGURA 3.4 Alguns átomos transferem elétrons para formar ligações iônicas. [Foto de John Grotzinger/Ramón Rivera-Moret/Harvard Mineralogical Museum.]

ao nosso corpo.* A força de uma ligação iônica diminui muito à medida que a distância entre os íons aumenta e é mais forte se as cargas elétricas destes forem maiores. As ligações iônicas são predominantes nas estruturas cristalinas: cerca de 90% de todos os minerais são compostos essencialmente iônicos.

Ligações covalentes Os elementos que não ganham nem perdem elétrons facilmente para formar íons e que, em vez disso, formam compostos por compartilhamento eletrônico, ligam-se uns aos outros por meio de **ligações covalentes**, que são, em geral, mais fortes que as ligações iônicas. Um exemplo de mineral com estrutura cristalina ligada por meio de covalência é o diamante, que se compõe unicamente do elemento carbono. Os átomos de carbono têm quatro elétrons na camada de valência e adquirem mais quatro por compartilhamento. No diamante, cada átomo de carbono é circundado por quatro outros átomos, dispostos em um *tetraedro* regular, ou seja, uma forma piramidal de quatro faces triangulares (ver Figura 3.3). Nessa configuração, cada átomo de carbono compartilha um elétron com cada um de seus átomos vizinhos, o que resulta em uma configuração muito estável. A Figura 3.10 mostra um retículo formado por tetraedros de carbono ligados entre si.

Ligações metálicas Os átomos de elementos metálicos, que têm forte tendência a perder elétrons, são empacotados como se fossem cátions, e os elétrons, que permanecem livres para mover-se, são compartilhados e ficam dispersos entre esses cátions. Esse compartilhamento de elétrons livres resulta em um tipo de ligação covalente chamada de **ligação metálica**, que ocorre em poucos minerais, entre eles, o cobre metálico e alguns sulfetos.

As ligações químicas de alguns minerais têm caráter intermediário entre ligações puramente iônicas e puramente covalentes, pois alguns elétrons são trocados, enquanto outros são compartilhados.

A formação dos minerais

As formas ordenadas dos minerais resultam das ligações químicas que acabamos de descrever. Os minerais podem ser estudados segundo dois pontos de vista complementares: como agrupamentos de átomos submicroscópicos organizados segundo um arranjo tridimensional ordenado; ou como cristais que podem ser vistos a olho nu. Nesta seção, examinamos as estruturas cristalinas dos minerais e as condições em que são formados. Mais adiante, neste capítulo, veremos de que maneira a estrutura cristalina dos minerais se manifesta nas suas propriedades físicas.

*N. de R.T.: Em climas mais úmidos, como os que ocorrem na maior parte do território brasileiro, isso não acontece com muita frequência. Contudo, um fenômeno mais comumente observado de eletricidade estática seria o da atração de pequenos fragmentos de papel por um pente de plástico logo após ter sido friccionado várias vezes no cabelo ou tecido de lã.

A estrutura atômica dos minerais

Os minerais formam-se pelo processo de **cristalização**, que é o crescimento de um sólido a partir de um gás ou líquido cujos átomos constituintes agrupam-se segundo proporções químicas e arranjos cristalinos adequados (lembre-se de que os átomos dos minerais são organizados segundo um arranjo tridimensional ordenado). Um exemplo de cristalização são as ligações de átomos de carbono do diamante, que é um mineral constituído por ligações covalentes. Sob as altíssimas pressões e temperaturas do manto da Terra, os átomos de carbono juntam-se em tetraedros, cada qual ligado a outros, constituindo uma estrutura tridimensional regular a partir de um grande número de átomos. À medida que o cristal de diamante cresce, estende sua estrutura tetraédrica em todas as direções, sempre adicionando novos átomos e seguindo um arranjo geométrico próprio. Os diamantes podem ser sintetizados artificialmente a partir do carbono, quando colocado sob altas temperaturas e pressões que reproduzem as condições do manto terrestre.

Os íons sódio e cloreto, que constituem o cloreto de sódio, um mineral cujas ligações são iônicas, também cristalizam segundo um arranjo tridimensional ordenado. Na Figura 3.4b, podemos ver como é a geometria desse agrupamento, em que cada íon de um elemento é circundado por seis íons do outro, formando uma série de estruturas cúbicas que se estendem em três direções. Podemos assim considerar os íons como se fossem esferas rígidas, empacotadas em conjunto e formando unidades estruturais que se ajustam precisamente. A Figura 3.4b também mostra as dimensões relativas dos íons no NaCl. Os tamanhos relativos dos íons sódio e cloreto permitem que eles se encaixem em um arranjo precisamente ajustado.

Nos minerais mais comuns, a maioria dos cátions é relativamente pequena e a dos ânions é grande (**Figura 3.5**), como é o caso do ânion mais comum na Terra, o oxigênio (O^{2-}). Como os ânions tendem a ser maiores do que os cátions, a maior parte do espaço de um cristal é ocupada por ânions, e os cátions ocupam os espaços entre estes. Como consequência, as estruturas cristalinas são em grande parte determinadas pela forma como os ânions estão dispostos e pela maneira como os cátions se colocam entre eles.

Os cátions com tamanhos e cargas semelhantes tendem a substituir-se mutuamente e formar compostos de mesma estrutura cristalina, mas com composições químicas diferentes. A *substituição catiônica* é comum em minerais contendo o íon silicato (SiO^{4+}), e esse processo pode ser ilustrado pela olivina, um mineral do tipo silicato que é abundante em muitas rochas vulcânicas. Os íons ferro (Fe^{2+}) e magnésio (Mg^{2+}) têm tamanhos semelhantes e duas cargas positivas, podendo então substituir-se mutuamente com muita facilidade na estrutura da olivina. A composição da olivina puramente magnesiana é Mg_2SiO_4, e a da olivina puramente ferrífera é Fe_2SiO_4. A composição da olivina contendo ferro e magnésio é dada pela fórmula $(Mg,Fe)_2SiO_4$, o que significa simplesmente que o número de cátions de ferro e de magnésio pode variar, mas seu total combinado (expresso pelo número 2 na fórmula da olivina) não muda em relação a cada íon SiO_4^{4-}. A proporção entre ferro e magnésio é determinada pela abundância relativa* dos dois elementos no material fundido a partir do qual a olivina cristalizou-se. Da mesma forma, o alumínio (Al^{3+}) substitui o silício (Si^{4+}) em muitos minerais silicáticos. Os íons alumínio e silício são tão similares em tamanho que o primeiro pode tomar o lugar do segundo em muitas estruturas cristalinas. Nesse caso, a diferença de carga entre o alumínio (3+) e o silício (4+) é compensada pelo aumento do número de outros cátions, como o sódio (1+).

A cristalização de minerais

A cristalização começa com a formação de **cristais** microscópicos individuais, que são arranjos tridimensionais ordenados de átomos nos quais o arranjo básico repete-se em todas as direções. Os limites dos cristais são superfícies *planas* chamadas de *faces cristalinas* (**Figura 3.6**). As faces cristalinas de um mineral são a expressão externa da estrutura atômica interior. Na **Figura 3.7** é mostrado o desenho de um cristal perfeito de quartzo junto com a fotografia do mineral real. A forma sextavada (hexagonal) do cristal de quartzo corresponde a sua estrutura atômica interna hexagonal.

Durante a cristalização, os cristais inicialmente microscópicos crescem, mantendo as faces cristalinas enquanto tiverem liberdade de crescimento. Os grandes cristais com faces bem definidas formam-se quando o crescimento é lento e estável e quando há espaço adequado para permitir o crescimento sem

*N. R.T.: Além da abundância relativa dos elementos, as condições termodinâmicas da cristalização também são essenciais na determinação das proporções de Ferro e Magnésio na olivina.

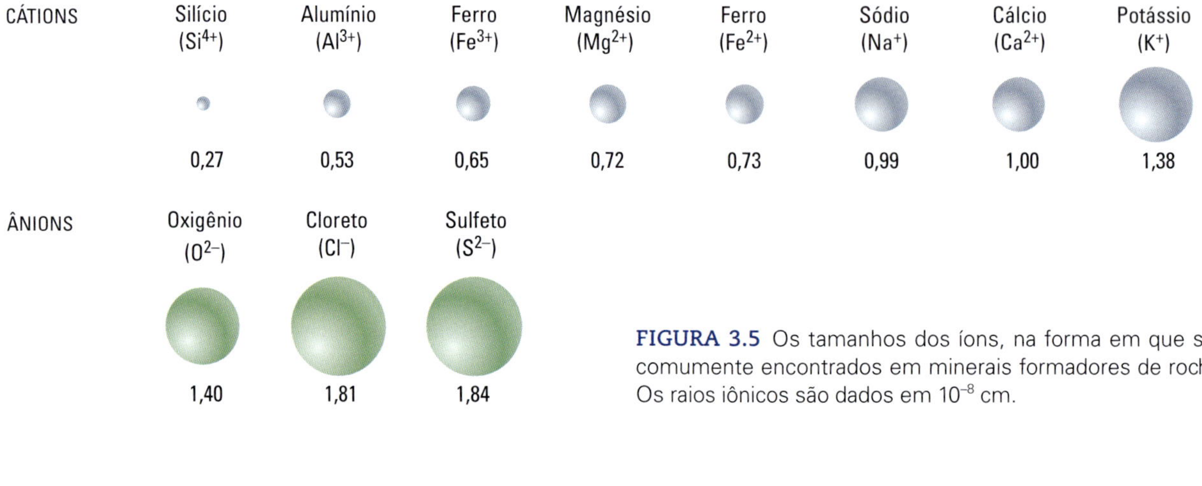

CÁTIONS	Silício (Si^{4+})	Alumínio (Al^{3+})	Ferro (Fe^{3+})	Magnésio (Mg^{2+})	Ferro (Fe^{2+})	Sódio (Na^{+})	Cálcio (Ca^{2+})	Potássio (K^{+})
	0,27	0,53	0,65	0,72	0,73	0,99	1,00	1,38

ÂNIONS	Oxigênio (O^{2-})	Cloreto (Cl^{-})	Sulfeto (S^{2-})
	1,40	1,81	1,84

FIGURA 3.5 Os tamanhos dos íons, na forma em que são comumente encontrados em minerais formadores de rocha. Os raios iônicos são dados em 10^{-8} cm.

FIGURA 3.6 Cristais de ametista e quartzo crescendo sobre cristais de epídoto (verde). As superfícies planas são faces cristalinas e refletem a estrutura atômica interna do mineral. [John Grotzinger/Ramón Rivera-Moret/Harvard Mineralogical Museum.]

FIGURA 3.7 Os cristais perfeitos são raros na natureza, mas independentemente do grau de irregularidade das faces, os ângulos são sempre exatamente os mesmos. [Breck P. Kent.]

interferência de outros cristais próximos (Figura 3.8). Por esta razão, a maioria dos grandes cristais forma-se em espaços abertos nas rochas, como fraturas e cavidades.

Entretanto, é comum que os espaços entre os cristais em crescimento encontrem-se preenchidos, ou que a cristalização ocorra com muita rapidez. Dessa forma, os cristais acabam crescendo uns sobre os outros e coalescem para se tornar uma massa sólida de partículas cristalinas, chamadas de **grãos**. Nesse caso, poucos grãos ou nenhum terão faces cristalinas. Cristais suficientemente grandes para serem vistos a olho nu são raros, mas muitos dos minerais nas rochas têm faces cristalinas que podem ser vistas ao microscópio.

Diferentemente dos minerais cristalinos, os materiais vítreos – que, por se solidificarem tão rapidamente a partir de líquidos não têm qualquer ordem atômica interna – não formam cristais com faces planas. Em vez disso, eles são encontrados como massas com superfícies curvas, irregulares. O mais comum dos vidros é o vidro vulcânico.

FIGURA 3.8 Cristais gigantes são por vezes encontrados em cavernas, onde têm espaço para crescer. Estes cristais de selenita são uma forma de gipsita com qualidade de gema (sulfato de cálcio). [Javier Trueba/MSF/Science Source.]

Como se formam os minerais?

Uma maneira de começar um processo de cristalização é diminuir a temperatura de um líquido abaixo de seu ponto de congelamento. Para a água, por exemplo, 0°C é a temperatura abaixo da qual os cristais de gelo, que é um mineral, começam a se formar. Da mesma forma, um **magma** – rocha líquida derretida e quente – cristaliza minerais sólidos à medida que resfria. Quando a temperatura de um magma cai abaixo do seu ponto de fusão, que pode ser mais alto que 1.000°C dependendo dos elementos que contém, os cristais de silicatos como a olivina ou o feldspato começam a se formar. (Os geólogos normalmente utilizam ponto de fusão de magmas em vez de ponto de congelamento, pois essa palavra, em geral, implica temperaturas baixas.)

A cristalização também pode ocorrer quando os líquidos de uma solução evaporam. Uma *solução* forma-se quando uma substância química é dissolvida em outra, como o sal na água. À medida que a água evapora de uma solução salina, a concentração de sal torna-se tão alta que a solução é dita *saturada* – não pode conter mais sal. Se a evaporação continuar, o sal começa a **precipitar-se**, isto é, abandona a solução sob a forma de cristais. Depósitos de halita, que é o sal de cozinha, formam-se exatamente nessas condições, ou seja, quando a água do mar evapora até o ponto de saturação, em baías ou braços de mares de climas quentes e áridos (Figura 3.9).

O diamante e a grafita (que é usada na fabricação de lápis) exemplificam os efeitos surpreendentes que a temperatura e a pressão podem exercer na formação de minerais. Esses dois minerais são **polimorfos**, ou seja, estruturas alternativas formadas a partir de um único elemento ou composto químico (Figura 3.10). Ambos são formados por carbono, têm diferentes estruturas cristalinas, e sua aparência é, também, bastante diversa. A partir de experimentos e da observação geológica, sabemos que o diamante forma-se e mantém-se estável nas altas pressões e temperaturas do manto terrestre. A alta pressão do manto força os átomos do diamante a ficarem fortemente empacotados e, portanto, o diamante tem uma **densidade** (massa por unidade de volume, geralmente expressa em gramas por centímetro cúbico, g/cm^3) de 3,5 g/cm^3, maior do que a da grafita, que tem um empacotamento menos fechado e uma densidade de apenas 2,1 g/cm^3. A grafita forma-se e permanece estável em pressões e temperaturas moderadas, como as da crosta terrestre.

As baixas temperaturas também podem produzir empacotamentos densos de átomos. O quartzo e a cristobalita, por exemplo, são polimorfos de sílica (SiO_2). O quartzo forma-se em baixas temperaturas e é relativamente denso (2,7 g/cm^3). A cristobalita, que se forma em temperaturas mais altas, tem uma estrutura mais aberta e, portanto, é menos densa (2,3 g/cm^3).

Classes de minerais formadores de rochas

Todos os minerais da Terra são classificados em sete grupos, de acordo com sua composição química (Quadro 3.1).* Alguns minerais, como o cobre, ocorrem naturalmente como elementos puros não ionizados e são classificados como *elementos nativos*. A maioria dos demais minerais é classificada de acordo com seus ânions. A olivina, por exemplo, é classificada como silicato por causa de seu ânion, que tem a fórmula SiO_4^{4-}. A halita (cloreto de sódio, NaCl) e sua parente próxima, a silvita, que é o cloreto de potássio (KCl), são ambas classificadas como haletos por causa de seu ânion, o Cl^-.

Embora se conheçam milhares de minerais, os geólogos comumente se deparam com pouco mais de 30 minerais diferentes, sendo esses os principais constituintes da maioria das rochas crustais e, por esse motivo, denominados *minerais formadores de rochas*. O pequeno número de minerais formadores de rochas existentes é consequência do reduzido número de elementos encontrados dentre os mais abundantes da crosta terrestre.

*N. de R.T.: As abundâncias de cada um dos grupos de minerais são: silicatos, 97% (feldspatos, 58%; piroxênios e anfibólios, 13%; quartzo, 11%; micas, cloritas e argilominerais, 10%; epídoto, granada, andaluzita, silimanita, zeólitas, etc., 2%); carbonatos, óxidos, sulfetos, sulfatos, haloides e outros, 3%.

FIGURA 3.9 Cristais de halita precipitados em uma moderna lagoa hipersalina na ilha de San Salvador, nas Bahamas. Note a forma cúbica dos cristais. [John Grotzinger.]

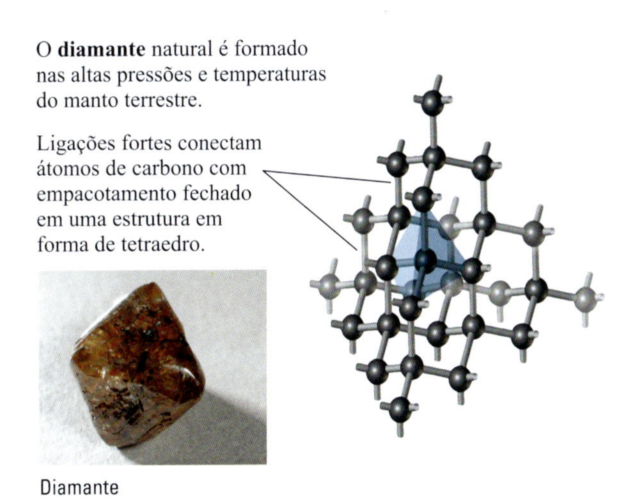

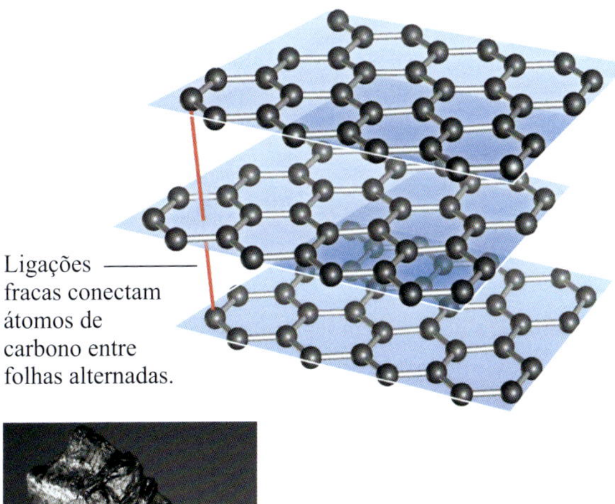

FIGURA 3.10 A grafita e o diamante são polimorfos, ou seja, alternativas formadas a partir do mesmo composto químico, o carbono. [John Grotzinger/Ramón Rivera-Moret/Harvard Mineralogical Museum.]

QUADRO 3.1 Algumas classes químicas de minerais

CLASSE	ÂNIONS DEFINIDORES	EXEMPLO
Elementos nativos	Nenhum: sem íons carregados	Cobre metálico (Cu)
Óxidos	Íon oxigênio (O^{2-})	Hematita (Fe_2O_3)
Haletos	Cloreto (Cl^-) Fluoreto (F^-) Brometo (Br^-) Iodeto (I^-)	Halita (NaCl)
Carbonatos	Íon carbonato (CO_3^{2-})	Calcita ($CaCO_3$)
Sulfatos	Íon sulfato (SO_4^{2-})	Anidrita ($CaSO_4$)
Silicatos	Íon silicato (SiO_4^{4-})	Olivina $(Mg,Fe)_2SiO_4$
Sulfetos	Íon sulfeto (S^{2-})	Pirita (FeS_2)

Nas páginas seguintes, vamos estudar os cinco grupos mais comuns de minerais formadores de rochas, são eles:

- **Silicatos**, os minerais mais abundantes da crosta terrestre, são formados pela combinação de oxigênio (O) e silício (Si) – os dois elementos de maior ocorrência na crosta – com cátions de outros elementos.
- **Carbonatos** são minerais constituídos de carbono e oxigênio, na forma de ânion carbonato $(CO_3)^{2-}$ combinado com cálcio e magnésio. A calcita (carbonato de cálcio, $CaCO_3$) é um desses minerais.
- **Óxidos** são compostos de ânion oxigênio (O^{2-}) e cátions metálicos; um exemplo é o mineral hematita (óxido de ferro, Fe_2O_3).
- **Sulfetos** são compostos de ânion sulfeto (S^{2-}) e cátions metálicos. Neste grupo está incluso o mineral pirita (sulfeto de ferro, FeS_2).
- **Sulfatos** são compostos de ânion sulfato $(SO_4)^{2-}$ e cátions metálicos; o grupo inclui o mineral anidrita (sulfato de cálcio, $CaSO_4$).

As outras duas classes químicas de minerais – elementos nativos, hidróxidos e haletos – não são tão comuns quanto os minerais formadores de rochas.

Silicatos

O constituinte básico de todas as estruturas dos minerais silicáticos é o íon silicato.* É um tetraedro composto de um íon central de silício (Si^{4+}) circundado por quatro íons oxigênio (O^{2-}), que configuram a fórmula SiO_4^{4-} (**Figura 3.11**).

*N. de R.T.: Embora muitos utilizem como exemplo de polimorfismo o íon silicato, ele não é um exemplo tão característico como o do carbono. Nesta ilustração, os autores exemplificam o polimorfismo com as diferentes formas de agregação dos tetraedros de sílica, o que não se ajusta exatamente ao conceito. Isso porque os minerais constituídos por tetraedros isolados de silicato (SiO_4) têm diferentes fórmulas contendo cátions (SiO_4 + cátion). Enquanto os minerais formados por cadeias simples de tetraedros têm fórmulas do tipo SiO_3 + cátions, os de cadeias duplas têm fórmulas Si_4O_{11} + cátions. Portanto, não são compostos com a mesma fórmula e, por isso, não são polimorfos. Os diferentes tipos de encadeamento dos tetraedros de SiO_4 constituem algo semelhante ao que, em química orgânica, se denomina polimerização. Todavia, existem exemplos de polimorfos de sílica (SiO_2) que se ajustam perfeitamente ao conceito, como é o caso dos minerais quartzo, cristobalita e tridimita, que têm a mesma fórmula química (SiO_2), mas diferentes estruturas cristalinas.

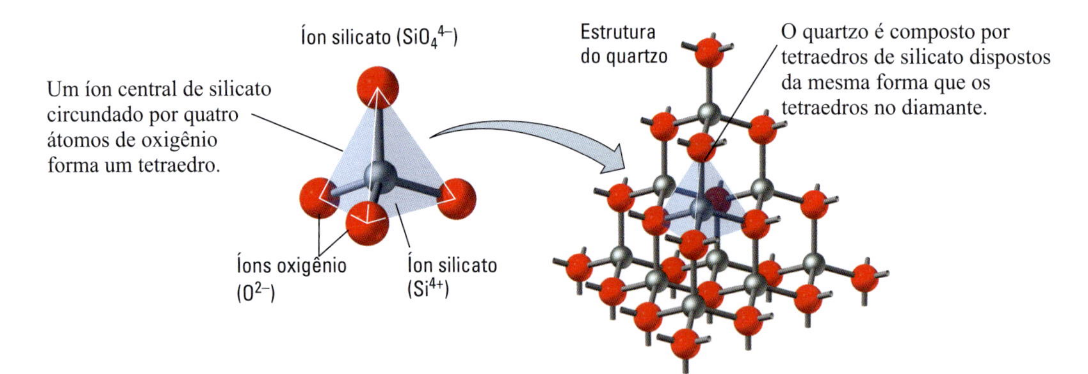

Os tetraedros de silicato podem ser dispostos em várias estruturas distintas.

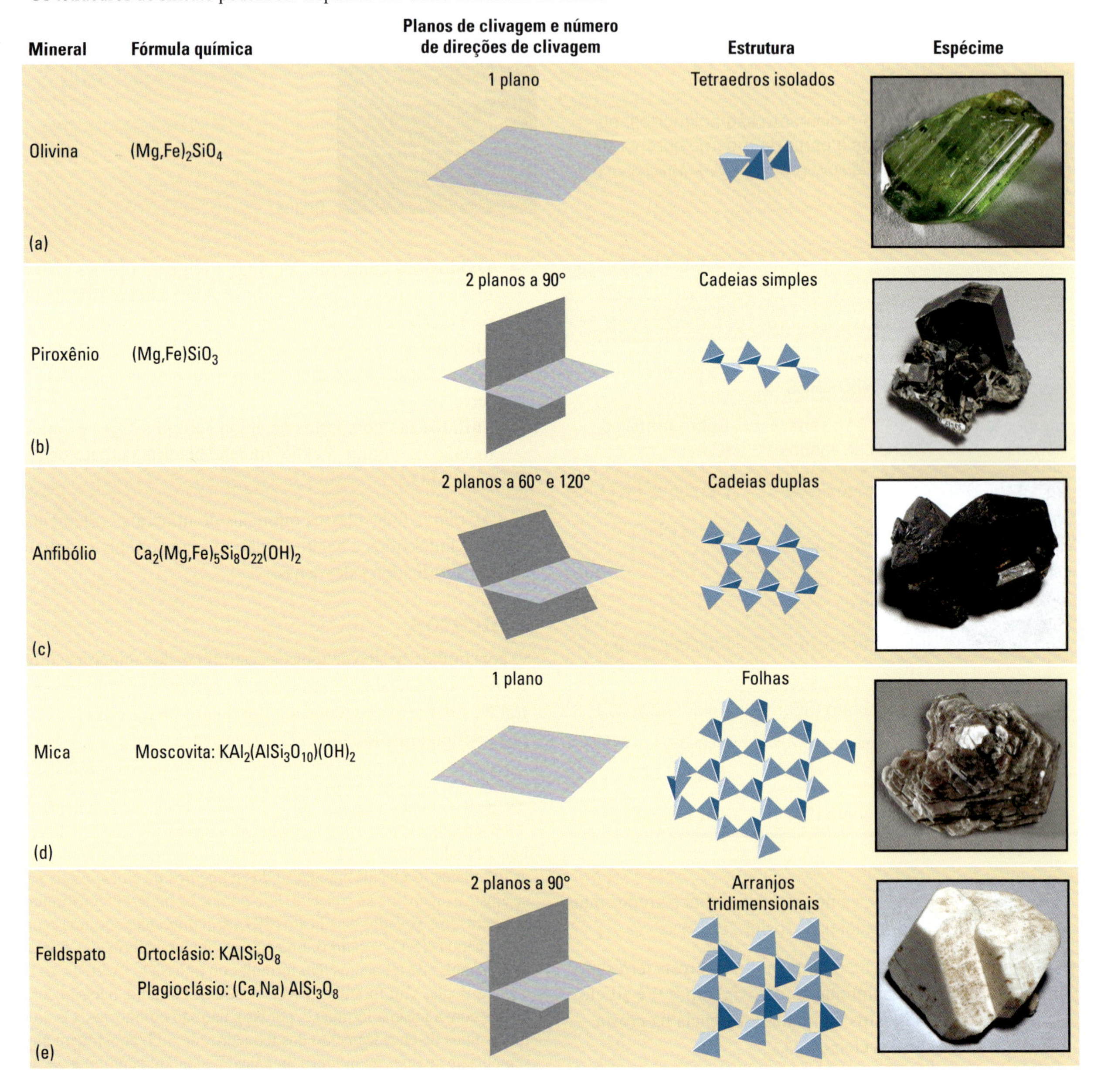

Mineral	Fórmula química	Planos de clivagem e número de direções de clivagem	Estrutura	Espécime
(a) Olivina	$(Mg,Fe)_2SiO_4$	1 plano	Tetraedros isolados	
(b) Piroxênio	$(Mg,Fe)SiO_3$	2 planos a 90°	Cadeias simples	
(c) Anfibólio	$Ca_2(Mg,Fe)_5Si_8O_{22}(OH)_2$	2 planos a 60° e 120°	Cadeias duplas	
(d) Mica	Moscovita: $KAl_2(AlSi_3O_{10})(OH)_2$	1 plano	Folhas	
(e) Feldspato	Ortoclásio: $KAlSi_3O_8$ Plagioclásio: $(Ca,Na)AlSi_3O_8$	2 planos a 90°	Arranjos tridimensionais	

FIGURA 3.11 O íon silicato é o componente básico dos minerais silicáticos. [John Grotzinger/Ramón Rivera-Moret/Harvard Mineralogical Museum.]

Como o íon silicato tem uma carga negativa, frequentemente se liga a cátions para formar minerais. O íon silicato liga-se geralmente a cátions como sódio (Na^+), potássio (K^+), cálcio (Ca^{2+}), magnésio (Mg^{2+}) e ferro ($Fe2^+$). Alternativamente, ele pode compartilhar íons oxigênio com outros tetraedros de sílica. Os tetraedros de sílica podem formar uma série de estruturas cristalinas: podem estar isolados (ligados somente a cátions), como também podem ligar-se a outros tetraedros de sílica, formando anéis, cadeias simples, cadeias duplas, folhas ou redes. Algumas dessas estruturas foram mostradas na Figura 3.11.

Tetraedros isolados (nesossilicatos) Os tetraedros isolados são conectados por meio da ligação de cada íon oxigênio do tetraedro a um cátion (Figura 3.11a). Os cátions, por sua vez, ligam-se aos íons oxigênio de outros tetraedros. Os tetraedros são, assim, isolados uns dos outros por meio de cátions, que os separam por todos os lados. A olivina é um dos minerais formadores de rochas que apresenta essa estrutura.

Arranjos em cadeias simples (inossilicatos) As cadeias simples* formam-se por compartilhamento de íons oxigênio. Dois íons de oxigênio de cada tetraedro ligam-se a tetraedros adjacentes em uma cadeia de extremidade aberta (Figura 3.11b). As cadeias individuais ligam-se a outras cadeias por meio de cátions. Os minerais do grupo dos piroxênios são silicatos de cadeia simples. A enstatita, um piroxênio, é composta de íons de ferro ou magnésio, ou ambos; os dois cátions podem substituir-se mutuamente, como na olivina. A fórmula $(Mg,Fe)SiO_3$ representa essa estrutura.

Arranjos em cadeias dupla (inossilicatos) Duas cadeias simples podem combinar-se para formar cadeias duplas ligadas umas às outras por íons oxigênio compartilhados (Figura 3.11c). Os minerais do grupo dos anfibólios têm estruturas formadas por cadeias duplas adjacentes, ligadas por cátions. A hornblenda, membro desse grupo, é um mineral extremamente comum nas rochas ígneas e metamórficas. Sua composição é complexa, incluindo cálcio (Ca^{2+}), sódio (Na^+), magnésio (Mg^{2+}), ferro (Fe^{2+}) e alumínio (Al^{3+}).

*N. de R.T.: Os silicatos formados por estruturas em cadeias (simples ou duplas) são conhecidos como inossilicatos.

Estruturas em folhas (filossilicatos) Em estruturas do tipo folha, cada tetraedro compartilha três dos seus íons oxigênio com outros tetraedros para formar empilhamentos de folhas de tetraedros (Figura 3.11d), sendo que, os cátions podem estar intercalados pelas folhas de tetraedros. Os silicatos mais abundantes com estrutura em folha são as micas e os minerais de argila. A muscovita, uma mica cuja fórmula é $KAl_2(AlSi_3O_{10})(OH)_2$, é um dos silicatos com estrutura em folha mais comuns, podendo ser encontrada em muitos tipos de rochas. A muscovita pode ser separada em folhas transparentes extremamente finas. A caulinita, de fórmula $Al_2Si_2O_5(OH)_4$, que tem a mesma estrutura em folhas, é um argilomineral comum encontrado em sedimentos, e constitui a matéria-prima essencial para a fabricação de cerâmica.

Estruturas tridimensionais As redes tridimensionais** formam-se à medida que cada tetraedro compartilha todos os seus íons oxigênio com outros tetraedros. Os feldspatos, que são os minerais mais abundantes da crosta terrestre, bem como o quartzo (SiO_2), outro mineral também muito comum, são silicatos com redes tridimensionais de tetraedros (Figura 3.11e).

Composição dos silicatos O silicato de composição química mais simples é o dióxido de silício, também chamado sílica (SiO_2), encontrado com mais frequência na forma do mineral quartzo. Quando os tetraedros de silicato do quartzo se ligam, compartilhando dois íons oxigênio para cada íon silício, a fórmula toma a configuração SiO_2.

Em outros silicatos, as unidades básicas – anéis, cadeias, folhas e estruturas tridimensionais – são ligadas a cátions como sódio (Na^+), cálcio (Ca^{2+}), potássio (K^+), magnésio (Mg^{2+}) e ferro (Fe^{2+}). Como já foi mencionado na discussão sobre substituição de cátions, o alumínio (Al^{3+}) substitui o silício em muitos silicatos.

Carbonatos

O constituinte básico de minerais carbonato é o íon carbonato $(CO_3)^{2-}$, que consiste em um íon carbono circundado por três íons oxigênio, em ligações covalentes na forma de um triângulo

**N. de R.T.: Utiliza-se o termo tectossilicato para os silicatos formados por arranjos tridimensionais de tetraedros de SiO_4. Já os silicatos com estrutura formada por anéis de tetraedros de SiO_4 são denominados sorossilicatos (como a turmalina) e ciclossilicatos (como o berilo).

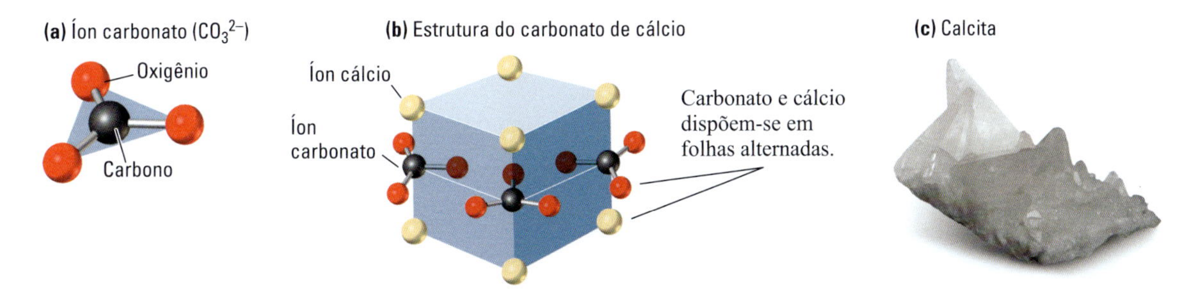

FIGURA 3.12 Os carbonatos, como a calcita (carbonato de cálcio, $CaCO_3$), têm uma estrutura em camadas. (a) Vista do topo do íon carbonato, composto por um íon carbono circundado, em um triângulo, por três de oxigênio. (b) Vista das camadas alternadas de íons de cálcio e carbonato na calcita.(c) Calcita. [John Grotzinger/Ramón Rivera-Moret/Harvard Mineralogical Museum.]

(a)

(b)

FIGURA 3.13 Os óxidos incluem muitos minerais de alto valor econômico. (a) Hematita. (b) Espinélio. [John Grotzinger/Ramón Rivera-Moret/Harvard Mineralogical Museum.]

(Figura 3.12a). Os grupos de íons carbonato são dispostos em folhas, sendo, de certa forma, similares à estrutura dos silicatos com estrutura foliácea, e são ligados por camadas de cátions. As folhas de íons carbonato na calcita (carbonato de cálcio, $CaCO_3$) são separadas por camadas de íons cálcio (Figura 3.12b). A calcita é um dos minerais mais abundantes da crosta terrestre, sendo o constituinte principal de um grupo de rochas, os calcários (Figura 3.12c). O mineral dolomita, cuja fórmula é ($CaMg(CO_3)_2$), que é também um dos principais minerais das rochas crustais, é constituído pelas mesmas folhas de carbonato, separadas por camadas alternadas de íons cálcio e magnésio.

Óxidos

Os minerais do grupo dos óxidos são compostos nos quais o oxigênio é ligado a átomos ou a cátions de outros elementos, normalmente íons metálicos como o ferro (Fe^{2+} ou Fe^{3+}). A maioria dos óxidos tem ligações iônicas, e suas estruturas são variáveis de acordo com o tamanho dos cátions metálicos. Esse grupo de minerais tem grande importância econômica, pois inclui os minérios da maioria dos metais, como cromo e titânio, usados na fabricação de materiais e aparelhos metálicos. A hematita (Fe_2O_3), mostrada na Figura 3.13a, é o principal minério de ferro.

Outro abundante mineral desse grupo, o espinélio (Figura 3.13b), é um óxido de dois metais, magnésio e alumínio ($MgAl_2O_4$). O espinélio tem uma estrutura cúbica fortemente empacotada e alta densidade (3,6 g/cm^3), refletindo as condições de alta pressão e temperatura em que se forma. O espinélio transparente, com qualidade de gema, lembra o rubi e a safira e pode ser encontrado nas joias das coroas da Inglaterra e da Rússia.

Sulfetos

Os principais minérios de muitas substâncias importantes – como cobre, zinco e níquel – são membros do grupo dos sulfetos. O constituinte básico desse grupo é o íon sulfeto (S^{2-}), um átomo de enxofre que recebeu dois elétrons. Nos sulfetos, o íon sulfeto é ligado a cátions metálicos. A maioria dos sulfetos parece metal, e quase todos são opacos. O sulfeto mais comum é a pirita (FeS_2), também chamada de "ouro de tolo", devido à sua aparência metálica amarelada (Figura 3.14).

FIGURA 3.14 A pirita, um sulfeto, também é conhecida como "ouro de tolo". [John Grotzinger/Ramón Rivera-Moret/Harvard Mineralogical Museum.]

FIGURA 3.15 A gipsita é um sulfato formado pela evaporação da água do mar. [John Grotzinger/Ramón Rivera-Moret/Harvard Mineralogical Museum.]

Sulfatos

A unidade básica de todos os sulfatos é o íon sulfato $(SO_4)^{2-}$. Trata-se de um tetraedro composto por um átomo central de enxofre circundado por quatro íons de oxigênio (O^{2-}). Um dos minerais mais abundantes desse grupo é a gipsita, o componente primário do gesso (Figura 3.15). A gipsita, que é um sulfato de cálcio, forma-se quando a água do mar evapora. Durante a evaporação, o Ca^{2+} e o SO_4^{2-}, dois íons abundantes na água do mar, combinam-se e precipitam como camadas de sedimento, formando sulfato de cálcio $(CaSO_4 \cdot 2H_2O)$. (O ponto, nessa fórmula, representa a ligação de duas moléculas de água aos íons cálcio e sulfato.)

Outro sulfato de cálcio, a anidrita $(CaSO_4)$, difere da gipsita por não conter água. (Seu nome é derivado da palavra *anidro*, que significa "sem água".) A gipsita é estável nas baixas temperaturas e pressões na superfície terrestre, enquanto a anidrita é estável em temperaturas e pressões mais elevadas, típicas das rochas sedimentares que sofreram soterramento.

Conforme descoberto por cientistas em 2004, os sulfatos precipitaram da água e formaram camadas sedimentares nos primórdios da história de Marte. Esses minerais foram precipitados por processos semelhantes àqueles observados na Terra quando lagos e mares rasos secaram. Muitos desse sulfatos, no entanto, são bastante diferentes dos sulfatos comumente encontrados na Terra e incluem estranhos sulfatos com ferro que precipitaram de águas muito acres e ácidas (ver Jornal da Terra 11.1).

Propriedades físicas dos minerais

Os geólogos usam seus conhecimentos sobre a composição e a estrutura dos minerais para entender as origens das rochas. Para tanto, em primeiro lugar, é necessário identificar os minerais que compõem a rocha, o que é feito por meio de propriedades físicas e químicas, as quais podem ser observadas de modo relativamente fácil. No século XIX e início do XX, os geólogos andavam com estojos de campo para fazer testes químicos preliminares que ajudavam na identificação dos minerais. Um desses testes deu origem à expressão "teste da efervescência", que consiste em pingar uma gota de ácido clorídrico diluído (HCl) no mineral para ver se ele efervesce (Figura 3.16). A efervescência indica que o dióxido de carbono (CO_2) está escapando, o que significa que o mineral em questão é provavelmente a calcita, um carbonato.

Nesta seção, revisamos as propriedades físicas dos minerais, muitas das quais lhes conferem valor de uso prático ou decorativo.

Dureza

A **dureza** é a facilidade com que a superfície de um mineral pode ser riscada. Da mesma forma que o diamante, o mineral mais duro da natureza, risca o vidro, também o quartzo, que é mais duro que o feldspato, pode riscar este último mineral. Em 1822, Friedrich Mohs, um mineralogista austríaco, construiu uma escala (conhecida como **escala de dureza de Mohs**), baseada na facilidade com que um mineral risca o outro. Em um extremo da escala, está o mineral mais mole (talco) e, no outro, o mais duro (diamante) (Quadro 3.2). A escala de Mohs é ainda uma das melhores ferramentas para identificar um mineral

FIGURA 3.16 Teste com ácido clorídrico. Um método fácil e eficaz para identificar certos minerais é pingar ácido clorídrico diluído (HCl) na substância. Se ela efervescer, indicando escape de dióxido de carbono, o mineral provavelmente é a calcita. [Chip Clark/Fundamental Photographs.]

QUADRO 3.2 Escala de dureza de Mohs

MINERAL	NÚMERO NA ESCALA	OBJETOS COMUNS
Talco	1	
Gipsita	2	Unha
Calcita	3	Moeda de cobre (ou prego de cobre)
Fluorita	4	
Apatita	5	Lâmina de uma faca
Ortoclásio	6	Vidro de janela
Quartzo	7	Estilete de aço*
Topázio	8	
Coríndon	9	
Diamante	10	

*A sonda exploradora odontológica, instrumento utilizado por dentistas para diagnosticar a dureza dos dentes, geralmente tem essa dureza.

desconhecido. Com uma faca de aço e amostras de alguns dos minerais que fazem parte da escala de dureza, um geólogo pode, no campo, determinar a posição que um mineral desconhecido ocupa na escala. Por exemplo, se o mineral desconhecido puder ser riscado por um pedaço de quartzo, mas não pela faca, sua dureza, na escala, estará entre 5 e 7.

Lembre-se de que as ligações covalentes são geralmente mais fortes que as iônicas. A dureza de um mineral depende da força de suas ligações químicas: quanto mais fortes as ligações, mais duro ele será. Também a estrutura cristalina varia entre os minerais do grupo dos silicatos, o que se traduz em variações de dureza. Por exemplo, a dureza varia desde 1, no talco (um silicato com estrutura em folhas), até 8, no topázio (um silicato formado por tetraedros isolados). A dureza da maioria dos silicatos varia entre 5 e 7 na escala de Mohs, e somente aqueles com estrutura em folhas são relativamente moles, com dureza variável de 1 a 3.

Dentro de grupos específicos de minerais com estruturas cristalinas similares, o aumento da dureza está relacionado a outros fatores, que também aumentam a força das ligações, como:

- *Tamanho:* quanto menores os átomos ou íons, menor a distância entre eles, mais forte a atração elétrica e, portanto, mais forte a ligação.
- *Carga:* quanto maior a carga dos íons, maior a atração entre eles e, portanto, mais forte a ligação.
- *Empacotamento dos átomos ou íons:* quanto mais fechado o empacotamento de átomos ou íons, menor a distância entre eles e, portanto, mais forte a ligação.

O tamanho é um fator de especial importância para a dureza da maioria dos óxidos metálicos e sulfetos de metais com grande número atômico – como ouro, prata, cobre e chumbo. Os minerais desses grupos são moles, com dureza menor que 3, porque os cátions metálicos que os compõem são muito grandes. Os carbonatos e sulfatos, grupos em que as estruturas têm empacotamento menos denso, também são moles, com dureza menor que 5.

Clivagem

Clivagem é a tendência que um cristal apresenta de partir-se segundo superfícies planas.* O termo *clivagem* também é usado para descrever o padrão geométrico produzido por essa quebra. A perfeição da clivagem varia inversamente com a força das ligações: fortes ligações tendem a produzir clivagens imperfeitas; enquanto que as fracas tendem a produzir clivagens perfeitas ou boas. Como consequência de sua força, as ligações covalentes geralmente produzem clivagens imperfeitas ou mesmo nenhuma clivagem. As ligações iônicas são geralmente fracas e, assim, produzem excelentes clivagens. Porém, mesmo em um mineral formado por ligações inteiramente covalentes ou iônicas, a força de ligação varia ao longo de diferentes planos. Por exemplo, todas as ligações no diamante são covalentes, ligações muito fortes, mas alguns planos têm uma ligação mais fraca do que outros. Assim, o diamante, que é o mais duro mineral, pode ser clivado nesses planos mais fracos para produzir superfícies planas perfeitas. A muscovita, que é um silicato da família das micas com estrutura em folhas, quebra-se ao longo de superfícies planas, paralelas e lustrosas, formando folhas transparentes com menos de 1 mm de espessura. A excelente clivagem das micas é resultante da fraqueza das ligações entre as camadas de cátions alternadas com folhas de tetraedros de sílica, formando "sanduíches" (**Figura 3.17**).

As clivagens são classificadas de acordo com dois grupos de características: o número de planos e padrão de clivagem; e a qualidade dos planos de clivagem e facilidade com que o cristal se separa ao longo desses planos.

Número de planos e padrão de clivagem O número de planos e o padrão de clivagem são características diagnósticas para a identificação de muitos minerais formadores de rochas. A muscovita, por exemplo, tem somente um plano de clivagem, enquanto a calcita e a dolomita têm três excelentes direções de clivagem, o que dá a elas uma aparência romboidal (**Figura 3.18**).

A estrutura de cada cristal determina a natureza dos seus planos de clivagem e de suas faces cristalinas. Em um dado cristal, o número de planos de clivagem será sempre menor que o de possíveis faces cristalinas, pois faces podem formar-se ao longo de qualquer um dos muitos planos formados por alinhamentos de átomos ou íons, enquanto a clivagem ocorrerá entre os planos que têm ligações fracas entre si. Enquanto todos os cristais de um mesmo mineral exibem a sua clivagem característica, somente alguns mostram suas faces distintivas.

A existência de clivagens em ângulos distintivos ajuda a identificar outro importante grupo de silicatos, os piroxênios e os anfibólios, que, se não fosse pelas clivagens, seriam muito parecidos

*N. de R.T.: Outro modo de definir clivagem, muito aceito no Brasil, é aquele que consta no Manual de Mineralogia, de Dana e Hurlbut (1969): "Clivagens são superfícies planares definidas, produzidas pela ruptura de um mineral após aplicação de força." O sucedâneo desse livro é o Manual de Ciência dos Minerais, de Klein e Dutrow (2012, Bookman Editora).

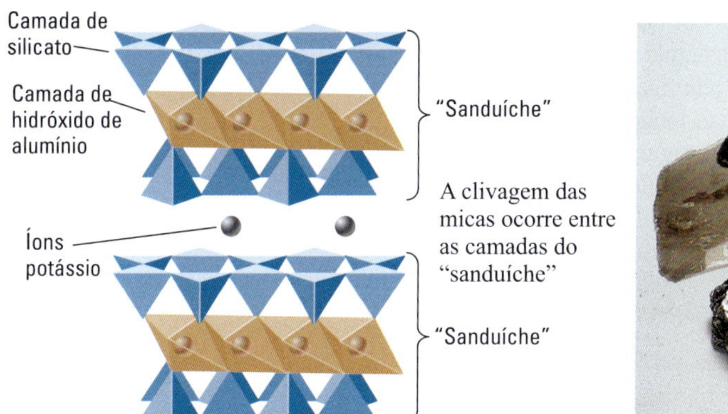

FIGURA 3.17 A clivagem da mica. O diagrama mostra os planos de clivagem na estrutura cristalina, orientados perpendicularmente ao plano da página. As linhas horizontais marcam as interfaces entre as folhas de tetraedros de sílica-oxigênio e as folhas de hidróxido de alumínio. Estas últimas ligam as duas camadas tetraédricas como se fossem um "sanduíche". Os planos de clivagem localizam-se entre esses "sanduíches" compostos de tetraedros de sílica e de hidróxido de alumínio. A imagem mostra as finas folhas de mica que se separam ao longo de planos de clivagem. [Chip Clark/Fundamental Photographs.]

FIGURA 3.18 Exemplo de clivagem romboidal na calcita. [Charles D. Winters/Science Source.]

entre si (Figura 3.19). Os piroxênios são silicatos de cadeias simples, ligadas umas às outras com uma disposição que provoca o surgimento de planos de clivagem com ângulos quase retos (cerca de 90°) entre si. Em secções basais, o padrão de clivagem do piroxênio aparece quase como um quadrado. Em contraste, os anfibólios, formados por cadeias duplas, são ligados de maneira a mostrar dois planos de clivagem, formando ângulos próximos a 60 e 120° entre si e produzindo uma secção em forma de losango.

Qualidade da clivagem e facilidade de separação dos planos A clivagem de um mineral pode ser avaliada como perfeita, excelente, boa, regular, ruim ou inexistente, dependendo da qualidade da superfície produzida e da facilidade com que o mineral se separa nos planos de clivagem. A seguir, são dados alguns exemplos.

A muscovita pode ser facilmente clivada, produzindo superfícies muito lisas, de extrema qualidade; diz-se que sua clivagem é *perfeita*. Os silicatos de cadeias simples e duplas (piroxênios e anfibólios, respectivamente) têm clivagens *boas*. Embora esses minerais quebram-se facilmente ao longo dos seus planos de clivagem, podem quebrar-se também em outras direções, produzindo superfícies de clivagem não tão lisas quanto as das micas. A clivagem *regular* ocorre no berilo, um silicato com estrutura em anéis. A clivagem do berilo é irregular, e o mineral quebra-se de forma relativamente fácil ao longo de direções diferentes daquelas dos planos de clivagem.

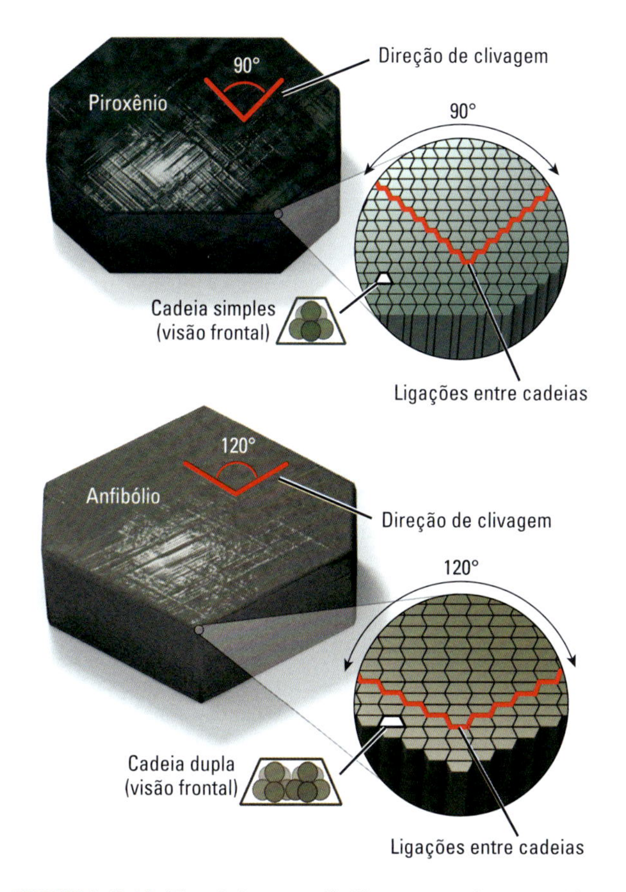

FIGURA 3.19 Piroxênios e anfibólios são muito parecidos entre si, mas seus diferentes ângulos de clivagem podem ser usados para sua identificação e classificação.

Muitos minerais formam-se por ligações tão fortes que não apresentam nem mesmo clivagens regulares. O quartzo, que é um silicato com estrutura em redes tridimensionais, tem ligações tão fortes em todas as direções que se quebra ao longo de superfícies irregulares. A granada, um silicato com estrutura formada por tetraedros isolados, também tem ligações muito fortes em todas as direções e, assim, não tem clivagem. A falta de uma tendência a clivar é encontrada em muitos silicatos formados por redes tridimensionais de tetraedros e em silicatos formados por tetraedros isolados.

Fratura

Fratura é a tendência que os cristais têm de quebrar-se ao longo de superfícies irregulares em vez de utilizarem planos de clivagem.* Todos os minerais mostram fraturas; elas podem cortar os planos de clivagem ou desenvolver-se em qualquer direção em minerais que não têm clivagem, como o quartzo. As fraturas estão relacionadas ao modo como as forças de ligação distribuem-se em direções transversais aos planos cristalinos. A fratura pode ser *concoidal*,** que tem superfícies lisas, encurvadas, como as que se formam pela quebra de peças espessas de vidro. As fraturas que comumente têm a aparência de madeira rachada são chamadas de *fibrosas*. A forma e a aparência das superfícies de fraturas dependem da estrutura e composição particulares de cada mineral.

Brilho

O modo como a superfície de cada mineral reflete a luz confere-lhe uma propriedade característica, que é o **brilho**. O brilho dos minerais pode ser descrito pelos termos listados no Quadro 3.3. O brilho é controlado pelos tipos de átomos presentes e pelas suas ligações, sendo que esses dois fatores afetam a maneira como a luz passa através do mineral ou é refletida por ele. Os cristais com ligações iônicas tendem a ser vítreos, mas os cristais com ligações covalentes são mais variáveis, sendo muitos deles caracterizados pelo brilho adamantino, como o do diamante. O brilho metálico ocorre nos metais puros, como o ouro, e em muitos sulfetos, como a galena (sulfeto de chumbo, PbS). O brilho nacarado resulta das múltiplas reflexões da luz formadas a partir de planos localizados abaixo da superfície de minerais translúcidos. Esse tipo de brilho aparece na parte interna, com aspecto de madrepérola, das conchas de muitos mariscos, que são constituídas do mineral aragonita. Embora o brilho seja um importante critério para a classificação de minerais em campo, ele depende muito da percepção visual da luz que é refletida e, portanto, as descrições dos livros podem estar muito distantes das condições existentes para avaliar o mineral que por ventura chegar às suas mãos.

*N. de R.T.: Definições alternativas de fratura, utilizadas no Brasil, são: "Fratura é o rompimento de minerais que não ocorre ao longo de superfícies de clivagem ou partição." (Klein, C.; Dutrow, B. 2012. Manual de Ciência dos Minerais. Porto Alegre : Bookman).

**N. de R.T.: Também chamada de fratura concoide ou, sendo menos preferível, "conchoidal".

QUADRO 3.3 Brilho dos minerais

BRILHO	CARACTERÍSTICAS
Metálico	Reflexões fortes produzidas por substâncias opacas
Vítreo	Brilhante como o vidro
Resinoso	Característico das resinas, como o âmbar
Graxo	Como se estivesse recoberto por uma substância oleosa
Nacarado	É a iridescência esbranquiçada de alguns materiais como a pérola
Sedoso	O lustro dos materiais fibrosos, como a seda
Adamantino	O brilho intenso do diamante e de minerais similares

Cor

A **cor** de um mineral é conferida pela luz refletida ou transmitida através dos cristais ou de massas irregulares. A cor de um mineral pode ser distintiva, mas não é o critério mais confiável para sua identificação. Alguns minerais sempre mostram a mesma cor, enquanto outros podem apresentar-se sob várias cores. Existem minerais que mostram uma cor característica somente em superfícies recém-quebradas, enquanto outros só mostram cores características em superfícies alteradas. Há minerais (p. ex., a opala preciosa) que mostram um deslumbrante arranjo de cores nas superfícies onde a luz é refletida. Existem, ainda, minerais cuja cor varia levemente se houver uma mudança no ângulo da luz que brilha em sua superfície. Muitos cristais com ligações iônicas são incolores.

O **traço** de um mineral refere-se à cor do fino depósito de pó que é deixado quando ele é raspado sobre uma superfície abrasiva, como uma placa de porcelana não vitrificada. Tais materiais são chamados de *placas de porcelana**** (Figura 3.20). Essas placas são boas ferramentas para diagnóstico, pois os pequenos grãos uniformes do mineral que estão presentes no pó retido pela placa de cerâmica permitem analisar melhor a cor do mineral do que uma massa de grãos do mesmo. A hematita, por exemplo, pode ser preta, vermelha ou marrom, mas esse mineral sempre deixará um traço de pó castanho-avermelhado quando riscado em uma placa de porcelana.

A cor dos minerais é uma propriedade complexa e ainda não totalmente compreendida. É determinada tanto pelos tipos de íons encontrados no mineral puro quanto pelos elementos-traço.

Os íons e as cores dos minerais A cor das substâncias puras depende da presença de certos íons, como ferro ou cromo, que absorvem fortemente determinadas porções do espectro luminoso. A olivina que contém ferro, por exemplo, absorve todas as cores, exceto o verde, que é refletido, por isso vemos esse tipo de olivina na cor verde. Já a olivina puramente magnesiana será percebida como um material branco (transparente e incolor).

***N. de R.T.: Em inglês, *streak plates*, ou seja, "placas de riscar".

FIGURA 3.20 A hematita pode ser preta, vermelha ou marrom, mas sempre deixa um traço castanho-avermelhado quando riscada em uma placa de porcelana. [Breck P. Kent.]

FIGURA 3.21 Os elementos-traço dão suas cores às gemas. A safira (*esquerda*) e o rubi (*centro*) são formados do mesmo mineral em comum, o coríndon (óxido de alumínio). Pequenas quantidades de impurezas produzem as intensas cores que lhe conferem valor. O rubi, por exemplo, é vermelho devido a pequenas quantidades de cromo, a mesma substância que confere à esmeralda (*direita*) sua cor verde. [John Grotzinger/Ramón Rivera-Moret/Harvard Mineralogical Museum.]

Os traços de impurezas e a cor dos minerais Todos os minerais contêm impurezas. Hoje em dia há instrumentos capazes de medir quantidades muito pequenas de alguns elementos – até mesmo alguns bilionésimos de grama, em alguns casos. Os elementos que perfazem menos de 0,1% de um determinado mineral são chamados de **elementos-traço**.

Alguns elementos-traço podem ser utilizados para interpretar as origens dos minerais onde foram encontrados. Outros, como os traços de urânio em alguns granitos, contribuem para aumentar a radioatividade local. Ou ainda, como os pequenos flocos de hematita que colorem os cristais de feldspatos com tons acastanhados ou avermelhados são notáveis por conferir cores a um mineral que, de outra forma, seria incolor. Muitas das variedades gemológicas de minerais, como a esmeralda (berilo verde) e a safira (coríndon azul), devem suas colorações aos elementos-traço dissolvidos no cristal sólido (Figura 3.21). A esmeralda deve sua cor verde ao cromo; as fontes da cor azul da safira são o ferro e o titânio.

Densidade

Pode-se facilmente sentir a diferença de peso entre um pedaço de minério de ferro hematítico e um pedaço de enxofre do mesmo tamanho ao erguermos os dois. Entretanto, a densidade da maioria dos minerais de rocha comuns é muito parecida, não sendo perceptível por meio de um teste fácil como este. Assim, os cientistas precisam de outro método simples para medir essa propriedade dos minerais. Uma medida-padrão da densidade é a **gravidade específica**,* que é o peso do mineral no ar, dividido pelo peso de um volume igual de água pura a 4°C.

A densidade depende da massa atômica dos íons que compõem um mineral e da proximidade com a qual eles estão empacotados em sua estrutura cristalina. Considere a magnetita, um óxido de ferro cuja densidade é 5,2 g/cm^3. Essa alta densidade resulta, em parte, da alta massa atômica do ferro e, um tanto, da estrutura fortemente empacotada que a magnetita tem e que é comum aos outros minerais do grupo dos espinélios. A densidade da olivina, um silicato de ferro, é 4,4 g/cm^3, menor do que a densidade da magnetita por duas razões. Primeiramente, a massa atômica do silício, um dos elementos que forma a olivina, é mais baixa que a do ferro. Em segundo lugar, a olivina tem uma estrutura com um empacotamento mais aberto que aquele dos minerais do grupo dos espinélios. A densidade da olivina magnesiana é ainda mais baixa, 3,32 g/cm^3, porque a massa atômica do magnésio é muito mais baixa que a do ferro.

Aumentos de densidade decorrentes do aumento da pressão afetam a maneira como os minerais transmitem a luz, o calor e as ondas sísmicas. Experimentos feitos em pressões extremamente altas mostraram que a estrutura da olivina converte-se na estrutura mais densa do espinélio em pressões correspondentes a uma profundidade no manto da Terra de 410 km. Em profundidade mais alta, a 660 km, os materiais do manto transformam-se em silicatos com a estrutura de um empacotamento ainda mais denso do mineral perovskita. Devido ao enorme volume do manto inferior, a perovskita é, provavelmente, o mais abundante mineral da Terra.** A temperatu-

*N. de R.T.: Também denominada "densidade relativa".

**N. de R.T.: O conceito foi utilizado por Jeanloz (1989) para se referir a um mineral com a fórmula do piroxênio ($MgSiO_3$) e com a estrutura da perovskita (cúbica), estável em pressões equivalentes a uma profundidade do manto inferior próxima a 600 km. Ele afirmou que "a perovskita é estável em pressões ainda mais altas que 70 GPa, o que implica que o silicato-perovskita parece ocorrer em todo o manto inferior e, portanto, é o mineral mais abundante da Terra". O silicato com a estrutura da perovskita é, desse modo, um produto de experimentos em alta pressão. Nesse caso, a qualificação "mineral" deveria ficar entre aspas. Ver Jeanloz, R. 1989. *High pressure chemistry of the Earth's mantle and core*. In: Peltier, W. R. (ed.). *Mantle convection, plate tectonics and global dynamics*. Montreux: Gordon and Breach Science Publishers.

ra também afeta a densidade: quanto mais alta a temperatura, mais aberta e expandida a estrutura do mineral e, portanto, mais baixa a sua densidade.

Hábito cristalino

O **hábito cristalino** de um mineral é a forma como seus cristais individuais ou agregados de cristais crescem. Alguns minerais têm hábitos cristalinos tão distintivos que são facilmente reconhecíveis. Um exemplo é o quartzo, que é formado por uma coluna de seis lados que culmina em um conjunto de faces em forma de pirâmide (ver Figura 3.7). Os hábitos cristalinos têm nomes frequentemente relacionados a formas geométricas, como lâminas, placas e agulhas. Essas formas indicam não só os planos de átomos ou íons, como também a velocidade e a direção de crescimento típicas do cristal. Assim, um cristal acicular cresce muito rápido em uma direção e muito lentamente em todas as outras. Em contraste, um cristal em forma de placa (muitas vezes denominado de *placoide*) cresce muito rápido em todas as direções que forem perpendiculares à única direção em que o crescimento é lento. Os cristais *fibrosos* tomam a forma de múltiplas fibras, longas e estreitas, que constituem essencialmente agregados de longas agulhas. O nome genérico *asbesto* aplica-se a um grupo de silicatos com hábito mais ou menos fibroso que faz os cristais permanecerem entranhados nos pulmões após terem sido inalados (Figura 3.22).

O Quadro 3.4 resume as propriedades físicas dos minerais, discutidas nesta seção.

FIGURA 3.22 Crisotilo, um tipo de asbesto. As fibras são retiradas do mineral com muita facilidade. [Cortesia de Eurico Zimbres.]

O que é uma rocha?

A primeira tarefa de um geólogo é deduzir a origem de uma **rocha** a partir das propriedades que ela possui. Tais deduções promovem a compreensão do nosso planeta e fornecem informações relevantes sobre recursos economicamente importantes. Por exemplo, saber que o óleo forma-se em certos tipos de rochas sedimentares ricas em matéria orgânica permite-nos explorar novos reservatórios de um modo mais inteligente. Entender como as rochas se formam também nos guia na resolução de problemas ambientais. Ou ainda, o armazenamento subterrâneo de material radioativo e outros rejeitos depende da análise da rocha que vai ser usada como reservatório. Estará certa rocha propensa aos movimentos do solo provocados por terremotos? Como ela poderia transmitir a água poluída no solo?

QUADRO 3.4 Propriedades físicas dos minerais

PROPRIEDADE	RELAÇÃO COM A COMPOSIÇÃO E COM A ESTRUTURA CRISTALINA
Dureza	Fortes ligações químicas resultam em alta dureza. Minerais com ligações covalentes são geralmente mais duros do que minerais com ligações iônicas.
Clivagem	A clivagem é pobre se as ligações na estrutura cristalina forem fortes e boa se as ligações forem fracas. Ligações covalentes geralmente resultam em clivagens pobres ou em ausência de clivagem. Ligações iônicas são fracas e, portanto, originam excelentes clivagens.
Fratura	O tipo de fratura é produto da distribuição das forças de ligação ao longo de superfícies irregulares não correspondentes a planos de clivagem.
Brilho	Tende a ser vítreo nos cristais com ligações iônicas e mais variável nos cristais com ligações covalentes.
Cor	Determinada pelos tipos de íons e por traços de impurezas. Muitos cristais com ligações iônicas são incolores. A presença de ferro tende a produzir forte coloração.
Traço	A cor do pó é mais característica que a do mineral maciço, pois o pó é formado por grãos de pequeno tamanho.
Densidade	Depende do peso atômico dos átomos ou dos íons e da proximidade do seu empacotamento na estrutura cristalina.
Hábito cristalino	Depende dos planos de átomos ou de íons presentes na estrutura cristalina do mineral e da velocidade e direção de crescimento específicas de cada cristal.

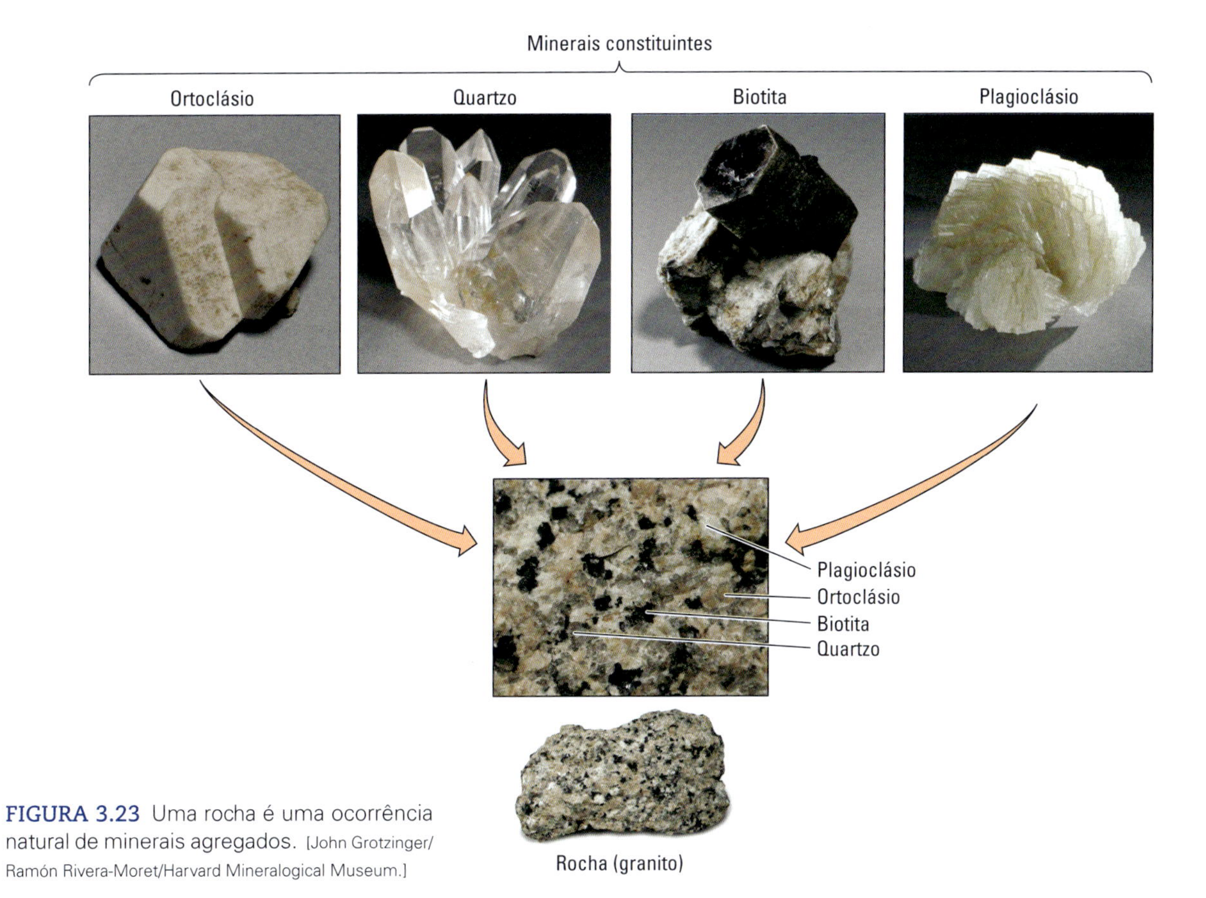

FIGURA 3.23 Uma rocha é uma ocorrência natural de minerais agregados. [John Grotzinger/ Ramón Rivera-Moret/Harvard Mineralogical Museum.]

Propriedades das rochas

Uma **rocha** é um agregado sólido de minerais ou, em alguns casos, matéria sólida não mineral que ocorre naturalmente. Em um *agregado*, os minerais são unidos de maneira a manter suas características individuais (Figura 3.23). Certas rochas são compostas por matéria não mineral, em que se incluem materiais não cristalinos, rochas vulcânicas vítreas, obsidiana e pedra-pomes,* assim como carvão, que são restos de plantas compactados.

O que determina a aparência física de uma rocha? Elas variam na cor, no tamanho dos seus cristais ou grãos e nos tipos de minerais que as compõem. Ao longo de um corte de estrada, por exemplo, podemos encontrar uma rocha áspera com manchas brancas e rosas compostas de cristais interpenetrados, grandes o suficiente para os enxergarmos a olho nu. Perto dali, podemos ver uma rocha acastanhada, com muitos cristais grandes e brilhantes de mica e com alguns grãos de quartzo e feldspato. Sobrejacentes a ambas as rochas, é possível ver camadas horizontais de rocha marrom-clara que parecem ser compostas por grãos de areia cimentados juntos. E essas rochas podem estar sobrepostas por uma rocha escura de grãos finos com minúsculos pontos brancos.

A identidade de uma rocha é determinada, em parte, por sua mineralogia e também por sua textura. Aqui, o termo *mineralogia* refere-se à proporção relativa dos minerais constituintes de uma rocha. A **textura** descreve os tamanhos e as formas dos cristais ou grãos de uma rocha e o modo como estão unidos.

*N. de R.T.: Também conhecida como *púmice*.

Esses cristais (ou grãos), que, na maioria das rochas, tem apenas alguns milímetros de diâmetro, são chamados de *grossos* se forem grandes o bastante para serem vistos a olho nu, e de *finos*, caso contrário. A mineralogia e a textura que determinam a aparência de uma rocha são, por sua vez, estabelecidas pela origem geológica desta – onde e como foi formada (Figura 3.24).

A rocha escura do corte de estrada, descrita acima, chamada de basalto, foi formada por uma erupção vulcânica. Sua mineralogia e textura dependem da composição química das rochas que foram fundidas nas profundezas da Terra. Todas as rochas que se formam pela solidificação de rochas fundidas, como basalto e granito, são chamadas de **rochas ígneas**.

Por sua vez, a camada de rocha marrom-clara desse corte de estrada, um arenito, foi formada pela acumulação de partículas de areia, talvez em uma praia, que foram cobertas, soterradas e cimentadas juntas. Todas as rochas formadas como produtos do soterramento de camadas de sedimentos (como areia, lama e conchas de carbonato de cálcio de organismos marinhos), sejam elas depositadas em terra ou no mar, são chamadas de **rochas sedimentares**.

Por fim, a rocha de cor marrom do exemplo do corte de estrada, um xisto, contém cristais de mica, quartzo e feldspato. Ela formou-se na profundeza da crosta terrestre, sob altas temperaturas e pressões, que transformaram a mineralogia e a textura de uma rocha sedimentar soterrada. Todas as rochas formadas pela transformação de rochas sólidas preexistentes sob a influência de alta pressão e temperatura são chamadas de **rochas metamórficas**.

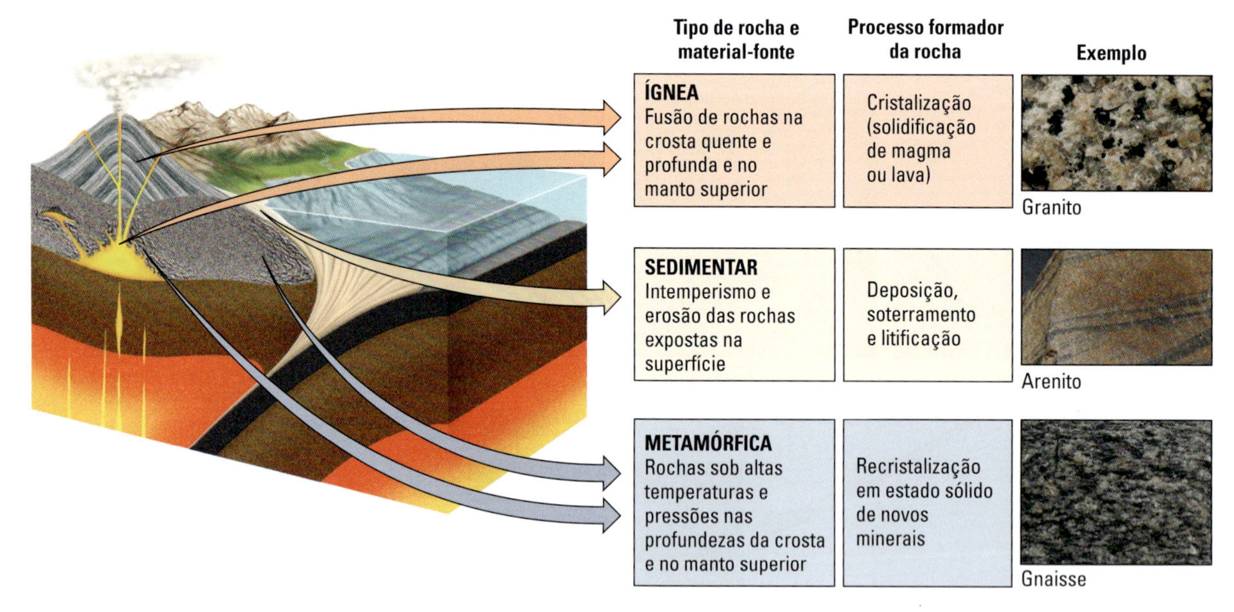

FIGURA 3.24 As três famílias de rochas são formadas em diferentes ambientes geológicos e por diferentes processos. [John Grotzinger/Ramón Rivera-Moret/Harvard Mineralogical Museum.]

Os quatro tipos de rocha vistos em nosso exemplo do corte de estrada representam as três grandes famílias de rochas: ígneas, sedimentares e metamórficas. A seguir, vamos analisar com mais detalhes uma dessas famílias e os processos geológicos que as formaram.

Rochas ígneas

As rochas ígneas (do latim *ignis*, "fogo") formam-se pela cristalização do magma. À medida que um magma esfria lentamente no interior da Terra, os cristais microscópicos começam a ser formados nos minerais que ele contém. Como o magma esfria abaixo da temperatura de fusão, alguns desses cristais têm tempo para crescer até poucos milímetros ou mais antes que toda a massa seja cristalizada como uma rocha ígnea de granulação grossa. Mas quando o magma é extrudido de um vulcão na superfície terrestre, ele esfria e solidifica tão rapidamente que os cristais individuais não têm tempo para crescer gradualmente. Neste caso, muitos cristais minúsculos formam-se simultaneamente, e o resultado é uma rocha ígnea de granulação fina. Os geólogos distinguem dois grandes tipos de rochas ígneas com base no tamanho de seus cristais: intrusivas e extrusivas.

Rochas ígneas intrusivas e extrusivas *As rochas ígneas intrusivas* cristalizam-se quando o magma *intrude* em uma massa de rocha não fundida em profundidade na crosta terrestre. Cristais grandes crescem enquanto o magma esfria, produzindo rochas de granulação grossa. As rochas ígneas intrusivas podem ser reconhecidas por seus cristais grandes intercrescidos (**Figura 3.25**). O granito é uma rocha ígnea intrusiva.

As rochas ígneas extrusivas são formadas quando o magma extravasa na superfície, onde rapidamente se resfria.

A rocha resultante, como este basalto, é finamente granulada ou tem uma textura vítrea.

As rochas ígneas intrusivas formam-se quando o magma intrude nas rochas não fundidas e resfria lentamente.

Os cristais grandes crescem durante o lento processo de resfriamento, produzindo rochas de granulação grossa, como o granito, mostrado nesta fotografia.

FIGURA 3.25 As rochas ígneas formam-se pela cristalização do magma. [John Grotzinger/Ramón Rivera-Moret/Harvard Mineralogical Museum.]

As rochas ígneas extrusivas formam-se pelo rápido resfriamento do magma que chega à superfície por meio de erupções vulcânicas. As rochas ígneas extrusivas, como o basalto, são reconhecidas facilmente por suas texturas vítreas ou de granulação fina.

Minerais comuns de rochas ígneas A maioria dos minerais das rochas ígneas são silicatos, em parte porque o silício é muito abundante na crosta da Terra e em parte porque vários minerais silicatados fundem-se nas altas temperaturas e pressões alcançadas nas partes mais profundas da crosta e do manto. Entre os minerais comuns de silicato encontrados nas rochas ígneas estão o quartzo, o feldspato, a mica, o piroxênio, o anfibólio e a olivina (ver Quadro 3.5).

Rochas sedimentares

Os **sedimentos**, precursores das rochas sedimentares, são encontrados na superfície terrestre como camadas de partículas soltas, como areia, silte e conchas de organismos. Essas partículas originam-se dos processos de intemperismo e erosão. O **intemperismo** são todos os processos químicos e físicos que desintegram e decompõem as rochas em fragmentos e dissolvem substâncias de vários tamanhos. Essas partículas são, então, transportadas pela **erosão**, que é o conjunto de processos que desprendem o solo e as rochas, transportando-os morro e rio abaixo para o local onde são depositados em camadas de sedimentos (Figura 3.26).

QUADRO 3.5 Alguns cristais comuns de rochas ígneas, sedimentares e metamórficas

ROCHAS ÍGNEAS	ROCHAS SEDIMENTARES	ROCHAS METAMÓRFICAS
Quartzo	Quartzo	Quartzo
Feldspato	Argilominerais	Feldspato
Mica	Feldspato	Mica
Piroxênio	Calcita*	Granada
Anfibólio	Dolomita*	Piroxênio
Olivina	Gipsita*	Estaurolita
	Halita*	Cianita

*Minerais não silicatos.

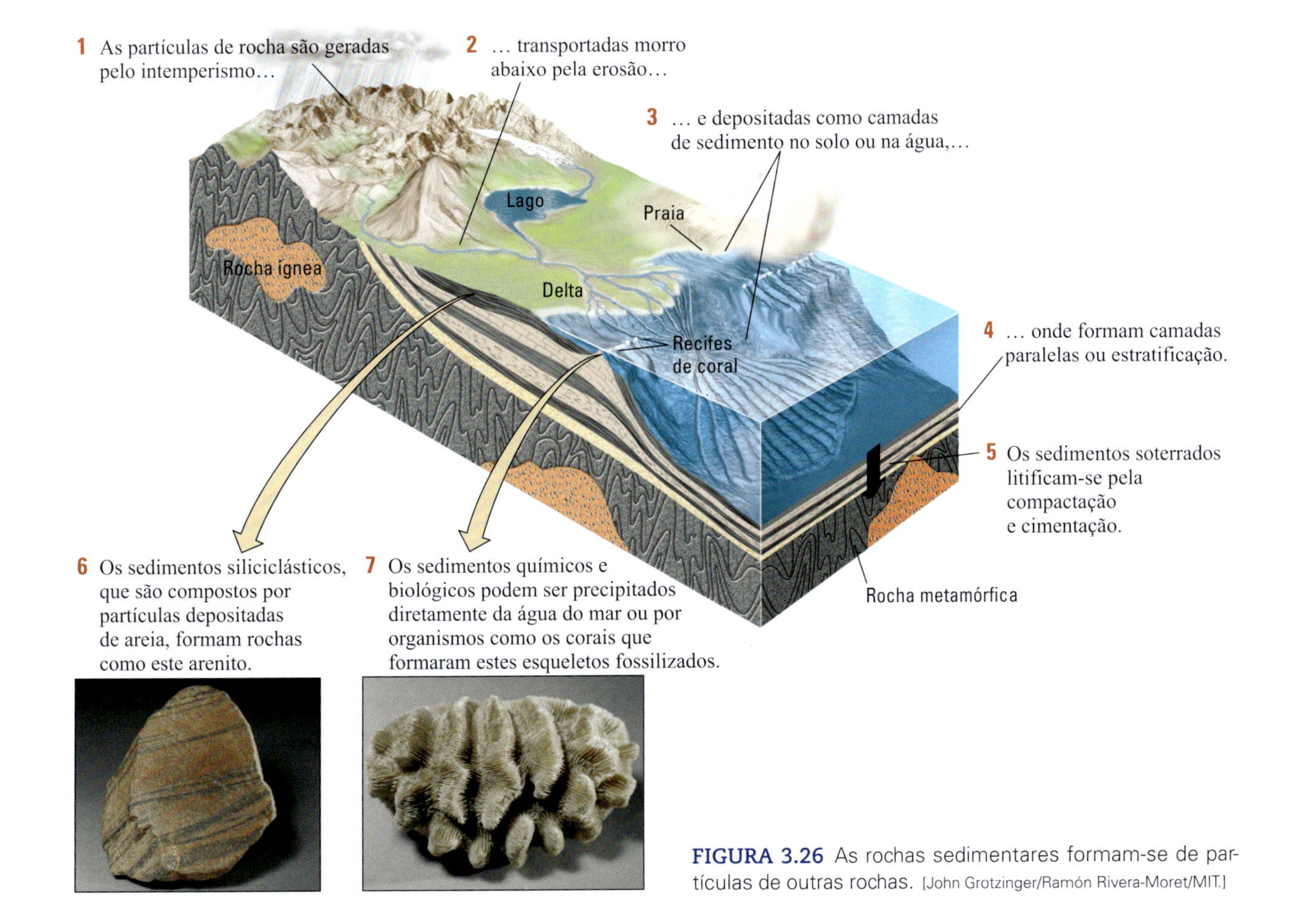

FIGURA 3.26 As rochas sedimentares formam-se de partículas de outras rochas. [John Grotzinger/Ramón Rivera-Moret/MIT.]

Os sedimentos são depositados de duas formas:

- **Sedimentos siliciclásticos** são partículas depositadas fisicamente, como os grãos de quartzo e feldspato derivados de um granito alterado. (*Clástico* é derivado da palavra grega *klastos*, "quebrado".) Esses sedimentos são depositados pela água corrente, pelo vento e pelo gelo.
- **Sedimentos químicos** e **biológicos** são substâncias químicas novas que se formam por precipitação quando alguns dos componentes das rochas dissolvem-se durante o intemperismo e são carregados pelas águas dos rios para o mar. A halita é um sedimento químico que precipita diretamente da água do mar em evaporação. A calcita é precipitada por organismos marinhos para formar conchas ou esqueletos, que formam sedimentos biológicos quando os organismos morrem.

Do sedimento à rocha sólida A **litificação** é o processo que converte os sedimentos em rocha sólida, isso ocorre de duas maneiras:

- Por *compactação*, quando os grãos são compactados pelo peso do sedimento sobreposto, formando uma massa mais densa que a original.
- Por *cimentação*, quando minerais precipitam-se ao redor das partículas depositadas e soldam-nas umas às outras.

Os sedimentos são compactados e cimentados depois de serem soterrados sob mais camadas de sedimentos. Dessa maneira, o arenito é formado por litificação de partículas de areia, e o calcário, pela litificação de conchas e de outras partículas de calcita.

Camadas de sedimentos Os sedimentos e as rochas sedimentares são caracterizados pela **estratificação**, formação e empilhamento de camadas paralelas de sedimentos à medida que as partículas depositam-se. Pelo fato de as rochas sedimentares serem formadas por processos superficiais, elas cobrem grande parte dos continentes e do fundo dos oceanos. A maioria das rochas encontradas na superfície terrestre é sedimentar, mas essas rochas sofrem intemperismo com facilidade, portanto, seu volume é menor do que o das rochas ígneas e metamórficas, que constituem o principal volume da crosta.

Minerais comuns de rochas sedimentares Os minerais comuns dos sedimentos siliciclásticos são os silicatos, porque eles predominam nas rochas que são alteradas para formar as partículas sedimentares (ver Quadro 3.5). Os minerais mais abundantes nas rochas sedimentares clásticas são o quartzo, o feldspato e os argilominerais. Os argilominerais formam-se pelo intemperismo e pela alteração de minerais silicatos preexistentes, como o feldspato.

Os minerais mais abundantes nos sedimentos precipitados química ou biologicamente são os carbonatos, como a calcita, o principal constituinte do calcário. A dolomita é um carbonato de magnésio e cálcio formado por precipitação durante a litificação. Dois outros sedimentos químicos – a gipsita e a halita – formam-se por precipitação quando a água do mar evapora.

Rochas metamórficas

As rochas metamórficas têm seu nome derivado das palavras gregas que significam mudança (*meta*) e forma (*morphe*). Essas rochas são produzidas quando as altas temperaturas e pressões das profundezas da Terra atuam em qualquer tipo de rocha – ígnea, sedimentar ou outra rocha metamórfica – para mudar sua mineralogia, textura ou composição química – embora mantendo sua forma sólida. As temperaturas do metamorfismo estão abaixo do ponto de fusão das rochas (aproximadamente 700°C), mas são altas o bastante (acima de 250°C) para as rochas modificarem-se por recristalização e por reações químicas.

Metamorfismo regional e de contato O metamorfismo pode ocorrer em uma área extensa ou, pelo contrário, limitada (Figura 3.27). O **metamorfismo regional** ocorre onde as altas pressões e temperaturas estendem-se por regiões amplas, o que acontece onde as placas colidem. O metamorfismo regional acompanha as colisões das placas, resultando na formação de cadeias de montanhas e no dobramento e fraturamento das camadas sedimentares que até então eram horizontais. Onde as temperaturas altas restringem-se a áreas pequenas, como as rochas que estão perto ou em contato com uma intrusão, as rochas são transformadas por **metamorfismo de contato**. Outros tipos de metamorfismo, que serão descritos no Capítulo 6, incluem metamorfismo de alta pressão e de ultra-alta pressão.

Muitas rochas metamorfizadas regionalmente, como os xistos, têm uma *foliação* característica, isto é, superfícies onduladas ou planas produzidas quando a rocha foi deformada estruturalmente por dobras. As texturas granulares são mais típicas na maioria das rochas de metamorfismo de contato e em certas rochas de metamorfismo regional formadas por temperatura e pressão muito altas.

Minerais comuns de rochas metamórficas Os silicatos são os minerais mais abundantes das rochas metamórficas, pois as rochas parentais também são ricas nesses minerais (ver Quadro 3.5). Os minerais típicos das rochas metamórficas são o quartzo, o feldspato, a mica, o piroxênio e os anfibólios (os mesmos silicatos também característicos das rochas ígneas). Muitos outros silicatos – como a cianita, a estaurolita e algumas variedades de granadas – são exclusivos das rochas metamórficas. Esses minerais formam-se sob condições de alta pressão e temperatura na crosta e não são característicos das rochas ígneas. Eles são, portanto, bons indicadores do metamorfismo. A calcita é o principal mineral dos mármores, os quais são calcários metamorfizados.

O ciclo das rochas: interação dos sistemas da tectônica de placas e do clima

Os geocientistas já sabem, há mais de 200 anos, que as três famílias de rochas – ígneas, metamórficas e sedimentares – podem transformar-se de uma para outra. Suas observações

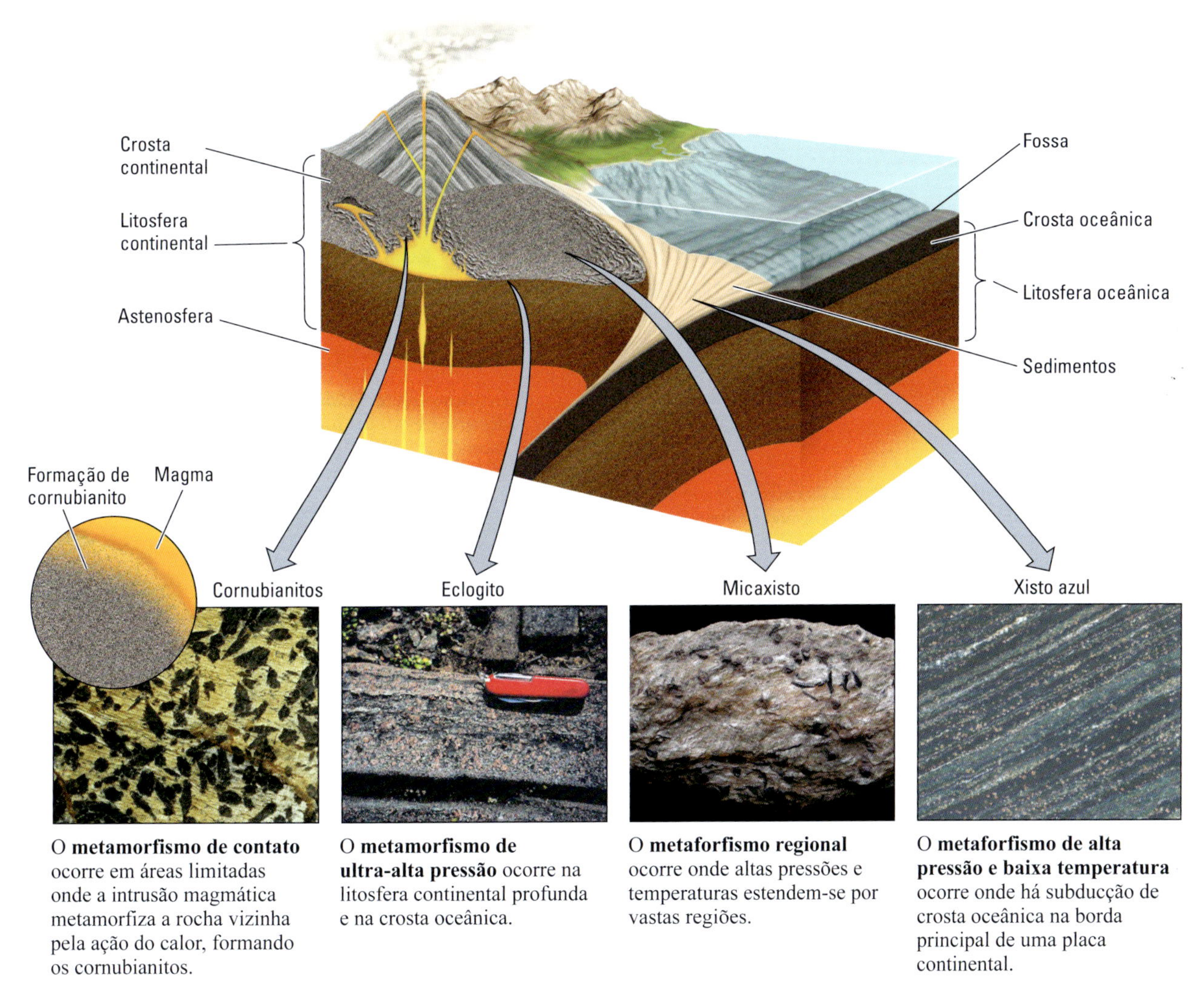

FIGURA 3.27 As rochas metamórficas formam-se sob condições de alta temperatura e pressão. [*cornubianitos:* Biophoto Associates/ Science Source; *eclogito:* Cortesia de Julie Baldwin; *micaxisto:* John Grotzinger; *xistos azuis:* Cortesia de Mark Cloos.]

originaram o conceito de **ciclo das rochas**, que explica como cada variedade de rocha é transformada em algum dos outros dois tipos. O ciclo das rochas é o resultado das interações de dois dentre os três geossistemas globais: o sistema da tectônica de placas e o sistema do clima. Controlados pelas interações desses dois sistemas, materiais e energia são trocados entre o interior da Terra, a superfície terrestre, os oceanos e a atmosfera. Por exemplo, a formação de magma em zonas de subducção resulta de processos operantes dentro do sistema da tectônica de placas. Quando essas rochas fundidas extravasam, matéria e energia são transferidas para a superfície terrestre, onde o material (as rochas recém-formadas) é submetido ao intemperismo pelo sistema do clima. O mesmo processo injeta cinza vulcânica e o gás dióxido de carbono nas porções superiores da atmosfera, podendo afetar todo o clima mundial. À medida que muda o clima global, talvez ficando mais quente ou mais frio, também muda a taxa de intemperismo, o que, por sua vez, influencia a taxa com que o material (sedimento) retorna para o interior da Terra.

Vamos delinear uma volta do ciclo das rochas, começando com a criação de nova litosfera oceânica em um centro de expansão de dorsal mesoceânica conforme dois continentes se afastam (Figura 3.28). O oceano fica cada vez mais largo, até que, em algum ponto, o processo reverte-se, e ele passa a se fechar. À medida que a bacia oceânica se fecha, as rochas ígneas criadas na dorsal mesoceânica são, por fim, subduzidas sob um um continente. Os sedimentos que se formaram no continente e foram depositados em sua borda também podem ser arrastados para baixo na zona de subducção. Finalmente, os dois continentes, que em determinado momento estavam se afastando, podem colidir. À medida que as rochas ígneas e os sedimentos que descendem na zona de subducção avançam em profundidade no

1 O ciclo começa com o rifteamento em um continente. Sedimentos erodem do interior continental e são depositados em bacias de rifteamento, onde são soterrados para formar rochas sedimentares.

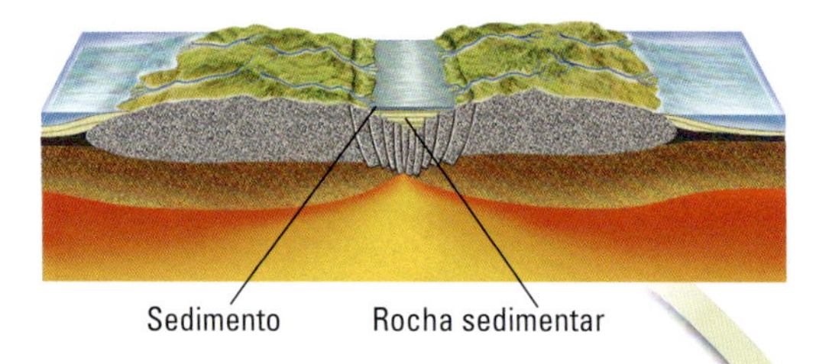

2 O rifteamento e a expansão continuam, e desenvolve-se uma nova bacia oceânica. O magma ascende da astenosfera em dorsais mesoceânicas e resfria-se para formar o basalto, uma rocha ígnea.

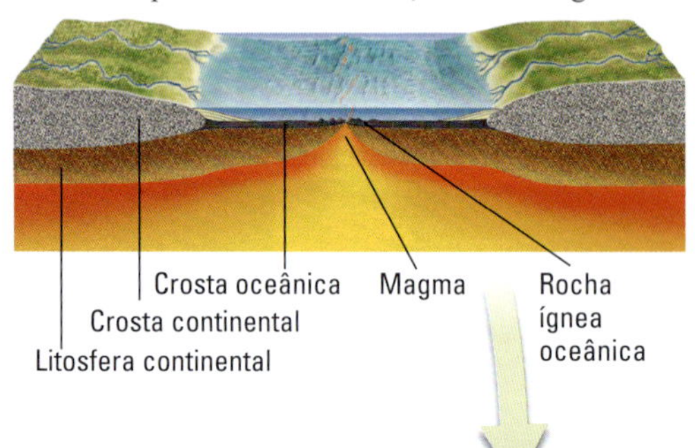

3 A subsidência da margem continental – afundamento da litosfera da Terra – leva ao acúmulo de sedimentos e à formação de rocha sedimentar durante o enterramento.

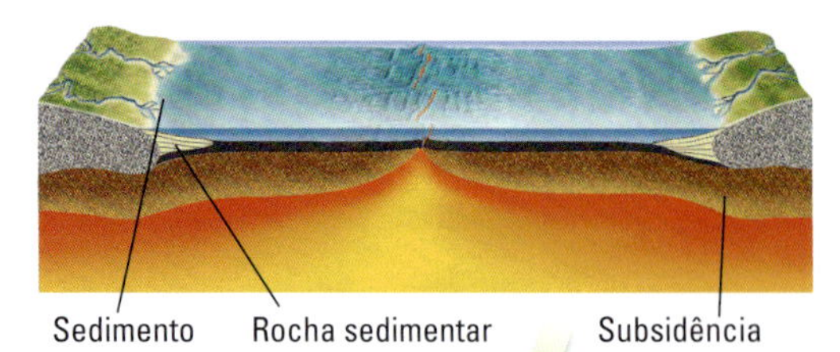

4 A crosta oceânica é consumida sob um continente, soerguendo uma cadeia de montanhas vulcânicas. A placa que entra em subducção funde-se à medida que mergulha. O magma ascende da placa fundida e do manto e esfria-se para formar as rochas ígneas graníticas.

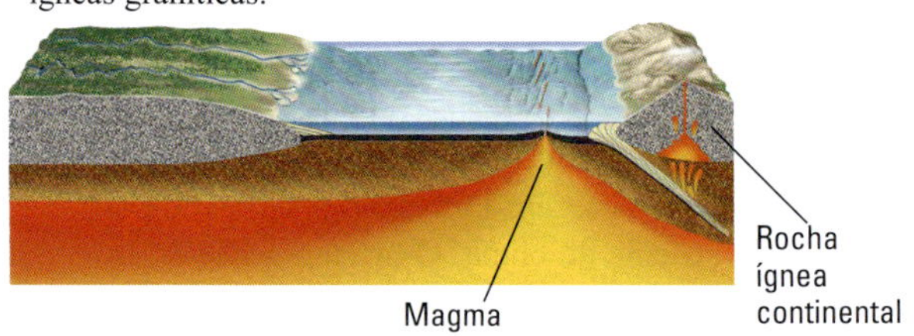

5 O fechamento adicional da bacia oceânica leva à colisão continental, formando cadeias de montanhas altas. Onde os continentes colidem, as rochas são soterradas a uma maior profundidade ou modificadas por calor e pressão, formando rochas metamórficas. As montanhas soerguidas forçam o ar carregado de umidade a ascender, esfriar e liberar sua umidade na forma de precipitação. O intemperismo cria material solto – solo e sedimento – que é carregado pela erosão.

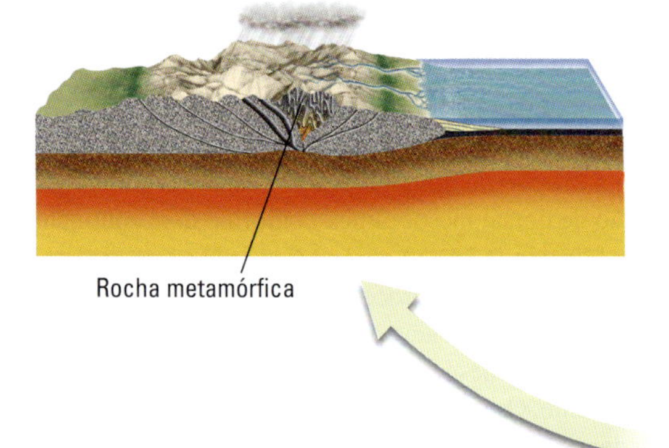

6 O sedimento afasta-se das zonas de colisão, sendo transportado para o oceano por rios, onde é depositado como camadas de areia e silte. As camadas de sedimentos são soterradas e sofrem litificação, tornando-se rochas sedimentares.

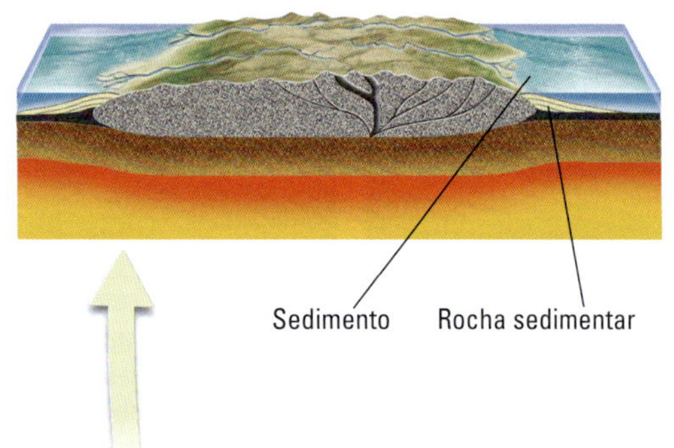

FIGURA 3.28 O ciclo das rochas resulta da interação dos sistemas da tectônica de placas e do clima.

interior da Terra, começam a se fundir para formar uma nova geração de rochas ígneas. O forte calor associado à intrusão dessas rochas ígneas, combinado com o calor e a pressão que resultam do avanço a níveis profundos da Terra, transforma essas rochas – e outras rochas circundantes – em rochas metamórficas. Quando os continentes colidem, essas rochas ígneas e metamórficas são soerguidas em uma cadeia de montanhas altas à medida que a crosta terrestre é amassada, deformada e submetida a metamorfismo adicional.

As rochas das montanhas soerguidas são expostas às influências do sistema do clima, mas, por sua vez, também o afetam, forçando o ar em movimento a ascender, esfriar e liberar precipitação. As rochas sofrem intemperismo lentamente, formando materiais granulosos soltos que são carregados por erosão. A água e o vento transportam parte desse material continente afora até suas bordas, onde são depositados como sedimentos. Os sedimentos depositados onde o continente encontra o oceano são soterrados por sucessivas camadas de sedimentos, litificando vagarosamente para formar as rochas sedimentares. Esses oceanos, como aqueles mencionados no início do ciclo, foram provavelmente formados por expansão do fundo oceânico ao longo de dorsais mesoceânicas, concluindo, assim, o ciclo das rochas.

O trajeto específico ilustrado aqui – de um continente se separando, formando uma nova bacia oceânica, a qual depois se fecha novamente – é apenas uma variação entre muitas que podem ocorrer no ciclo das rochas. Qualquer rocha – metamórfica, sedimentar ou ígnea – pode ser soerguida durante uma orogênese e meteorizada e erodida para formar novos sedimentos. Certos estágios podem ser omitidos, por exemplo: quando uma rocha sedimentar é soerguida e erodida, o metamorfismo e a fusão não acontecem. Em alguns casos, o ciclo das rochas procede muito lentamente. Sabemos que certas rochas ígneas e metamórficas, localizadas a muitos quilômetros de profundidade na crosta, podem ser soerguidas ou expostas ao intemperismo e à erosão somente depois de bilhões de anos.

O ciclo das rochas nunca tem fim. Está sempre operando em diferentes estágios em várias partes do mundo, formando e erodindo montanhas em um lugar e depositando e soterrando sedimentos em outro. As rochas que compõem a Terra sólida são recicladas continuamente, mas só podemos ver as partes do ciclo que ocorrem na superfície e, portanto, devemos deduzir a reciclagem da crosta profunda e do manto por evidências indiretas.

Concentrações de recursos minerais valiosos

O ciclo das rochas é essencial para a criação de concentrações econômicas importantes de muitos minerais valiosos encontrados na crosta da Terra. Os minerais não são apenas fontes de metais, que será o nosso foco aqui, mas também fornecem materiais de construção para a utilização em prédios e estradas, fosfatos para a fabricação de fertilizantes, cimento para a construção civil, argilas para as cerâmicas, areia para a fabricação de transistores de silício e cabos de fibra óptica e muitos outros itens que usamos em nosso dia a dia. Encontrar esses minerais e extraí-los é um trabalho vital para os geocientistas, então voltamos nossa atenção para como e onde alguns desses prêmios geológicos são formados.

Os elementos químicos da crosta terrestre estão amplamente distribuídos em muitos tipos de minerais, sendo estes encontrados em uma grande variedade de rochas. Em muitos locais, qualquer elemento específico será encontrado homogeneizado com outros elementos, em quantidades próximas à sua concentração média na crosta. Uma rocha granítica comum, por exemplo, pode conter baixa percentagem de ferro, semelhante à concentração média desse elemento na crosta terrestre.

A existência de concentrações mais altas de um determinado elemento na crosta significa que ele passou por algum processo geológico capaz de segregá-lo em quantidades muito maiores que o normal. O *fator de concentração* de um elemento em um corpo de minério é a razão entre a abundância daquele elemento no depósito e sua abundância média na crosta. As altas concentrações de elementos são encontradas em um número limitado de ambientes geológicos específicos. Esses ambientes são de interesse econômico, pois quanto mais alta a concentração de um recurso em um determinado depósito, mais baixo será o custo de sua recuperação.

Minérios são depósitos ricos de minerais, a partir dos quais podem-se recuperar lucrativamente metais valiosos (ver Pratique um Exercício de Geologia). Os minerais que contêm esses metais são chamados de *minerais de minério*. Os minerais de minério são os sulfetos (o grupo principal), os óxidos e os silicatos. Os minerais de minério de cada um desses grupos são compostos de elementos metálicos com enxofre, oxigênio e óxido de silício, respectivamente. A covelita, um mineral de minério de cobre, por exemplo, é um sulfeto de cobre (CuS). A hematita (Fe_2O_3), um mineral de minério de ferro, é um óxido de ferro. A garnierita, um mineral de minério de níquel, é um silicato de níquel ($Ni_3Si_2O_5(OH)_4$). Além disso, alguns metais, como o ouro, são encontrados no estado nativo, isto é, não combinado com outros elementos (Figura 3.29).

Os depósitos hidrotermais

Dentre os depósitos mais ricos de minérios, muitos formaram-se em regiões de vulcanismo pela interação de processos ígneos com a hidrosfera. Lembre-se de que explicamos, em nossa discussão sobre o ciclo das rochas, que as zonas de subducção podem estar associadas à fusão da litosfera oceânica para formar rochas ígneas. Depósitos enormes de minério podem se formar nesses ambientes tectônicos quando soluções de água quente – também conhecidas como **soluções hidrotermais** – são formadas em torno de corpos de rocha fundida. Isso acontece quando a água subterrânea ou do mar circulante entra em contato com uma intrusão magmática, reage com ela e carrega uma quantidade significativa de elementos e íons liberados pela reação. A seguir, esses elementos e íons interagem entre si para formar minerais de minério, geralmente à medida que a solução esfria.

PRATIQUE UM EXERCÍCIO DE GEOLOGIA

A mineração vale a pena?

Amostra do testemunho

Perfuratriz

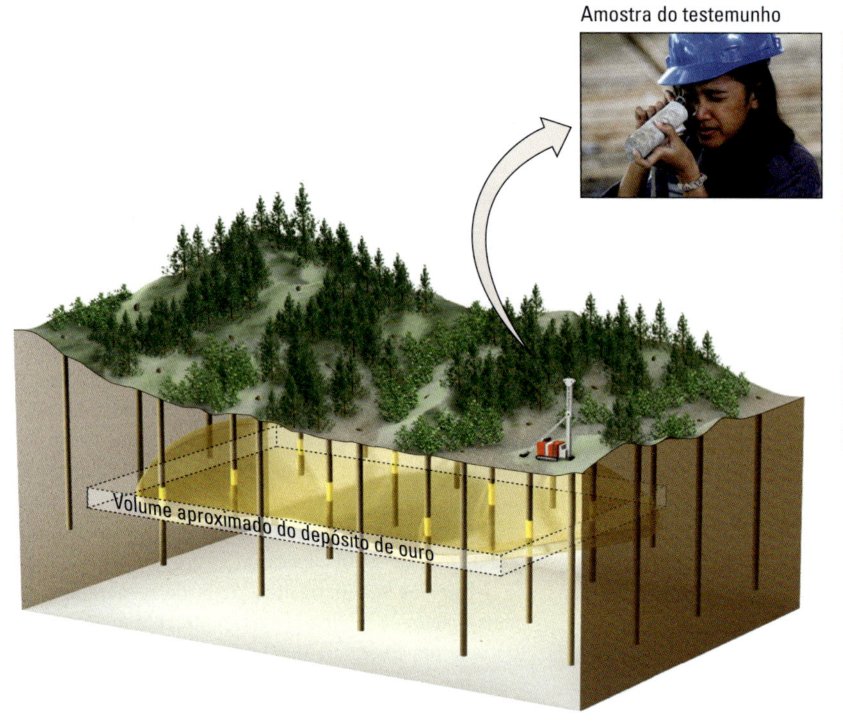

Um depósito de minério é perfurado para a obtenção de amostras do testemunho para análise geoquímica e mineralógica. Um tubo de metal giratório, guarnecido com dentes de diamante, corta as rochas do depósito. O espaço oco no tubo enche-se de rocha sólida, que é extraída quando o tubo é retirado do substrato. O testemunho tem a forma de um cilindro. [*perfuratriz:* SPL/Science Source; *núcleo:* Dadang Tri/Bloomberg via Getty Images.]

Geólogos trabalhando para a Rocks-r-Us Corporation descobriram rochas vulcânicas basálticas entremeadas com ouro. Os executivos corporativos refletem sobre os números e as mensurações e estudam o modelo tridimensional do depósito de minério, mas, no final, eles fazem apenas uma pergunta: devemos abrir uma mina?

A exploração de minerais de minério é uma atividade importante e desafiadora que emprega muitos geólogos. No entanto, encontrar um depósito promissor é apenas o primeiro passo rumo à extração de materiais úteis. A forma do depósito e a distribuição e concentração do minério devem ser estimados antes do início da mineração. Isso é realizado com a perfuração de furos de sondagem próximos uns dos outros e obtendo testemunhos contínuos através do depósito de minério e da rocha circundante. Informações obtidas a partir dos testemunhos são utilizadas para criar um modelo tridimensional do depósito de minério. Esse modelo é, então, usado para avaliar se o depósito é grande o bastante e se tem uma alta concentração de minérios para justificar a abertura da mina. Os geólogos contribuem com informações fundamentais de significado econômico direto para esse processo prático de tomada de decisão.

O planejamento de operações de mineração geralmente baseia-se em análises químicas e mineralógicas dos testemunhos de sondagem extraídos, a partir das quais duas grandezas são calculadas:

- O *teor* refere-se à concentração de minerais de minério em rochas parentais sem valor econômico (chamadas de *resíduos de rocha*).
- A *massa* é a quantidade de minério que tem o potencial de ser extraído do depósito.

As duas grandezas são importantes porque nem o teor nem a massa sozinhos são suficientes para identificar um depósito de valor econômico. Por exemplo, o teor pode ser localmente muito alto em veios, mas a massa geral pode ser baixa porque os veios são raros. Em outro caso, a massa pode ser alta, mas os minerais de minério podem estar tão dispersos nos resíduos de rocha que os custos de processamento para extração do minério seriam altos demais. Dessa forma, o depósito ideal de minério é o que tem teor e massa em alta quantidade.

Calcula-se o teor pela determinação da porcentagem de minerais por volume de rocha. Essa mensuração é feita por análise laboratorial de amostras do testemunho. A massa é calculada pela atribuição do valor do teor determinado para cada testemunho ao volume de rocha não amostrado entre os furos de sondagem. A massa é a quantidade de minério que pode ser extraída se for possível retirá-lo por completo da rocha, mas é raro que isso aconteça. No linguajar da indústria de mineração, a massa é geralmente calculada em toneladas e chamada de *tonelagem*, em razão dos volumes enormes de rocha que estão envolvidos.

A perfuração e a análise de amostras de testemunhos demonstraram que o ouro nos depósitos da Rocks-r-Us tem teor médio de 0,02% em todos os testemunhos. Determinou-se que o depósito tem uma geometria retangular que se estende lateralmente por 50 metros em uma direção e 1.500 metros na outra, com espessura de 2 metros.

Qual é o volume de ouro no depósito de minério?

$$V_{depósito} = \text{comprimento} \times \text{largura} \times \text{espessura}$$
$$= 50 \text{ m} \times 1.500 \text{ m} \times 2 \text{ m}$$
$$= 150.000 \text{ m}^3$$

Qual é o volume de ouro do depósito de minério?

$$V_{ouro} = V_{depósito} \times \text{teor}$$
$$= 150.000 \text{ m}^2 \times 0{,}02\%$$
$$= 30 \text{ m}^3$$

Considerando que o ouro tem densidade de 19 g/cm^3 (aproximadamente 6.800 onças/m^3), qual é a massa do ouro em onças?

$$\text{massa} = V_{ouro} \times \text{densidade}$$
$$= 30\text{m}^3 \times 6.800 \text{ onças/m}^3$$
$$= 204.000 \text{ onças}$$

O preço do ouro costuma ser dado em dólares por onça. Quando este livro estava sendo escrito, o preço do ouro era em torno de US$ 800 por onça. Qual é o valor potencial deste depósito de minério?

$$\text{valor} = \text{massa} \times \text{preço}$$
$$= 204.000 \text{ onças} \times \text{US\$800/onça}$$
$$= \text{US\$ } 163.200.000$$

PROBLEMA EXTRA: Você leva essas informações para uma reunião com os diretores executivos da Rocks-r-Us. Eles calculam que, durante sua vida útil, a mina terá custos operacionais em torno de US$ 120 milhões, incluindo a recuperação do terreno de lavra após o término da mineração. O valor do ouro compensa esse custo? Que cálculo simples você daria como resposta?

(a)

(b)

FIGURA 3.29 Alguns metais são encontrados em seu estado nativo. (a) Um geólogo examina amostras de rocha em uma mina de ouro subterrânea no Zimbábue, sul da África. (b) Ouro nativo em drusa de quartzo. [(a) Peter Bowater/Science Source; (b) 97-35023 by Chip Clark, Smithsonian.]

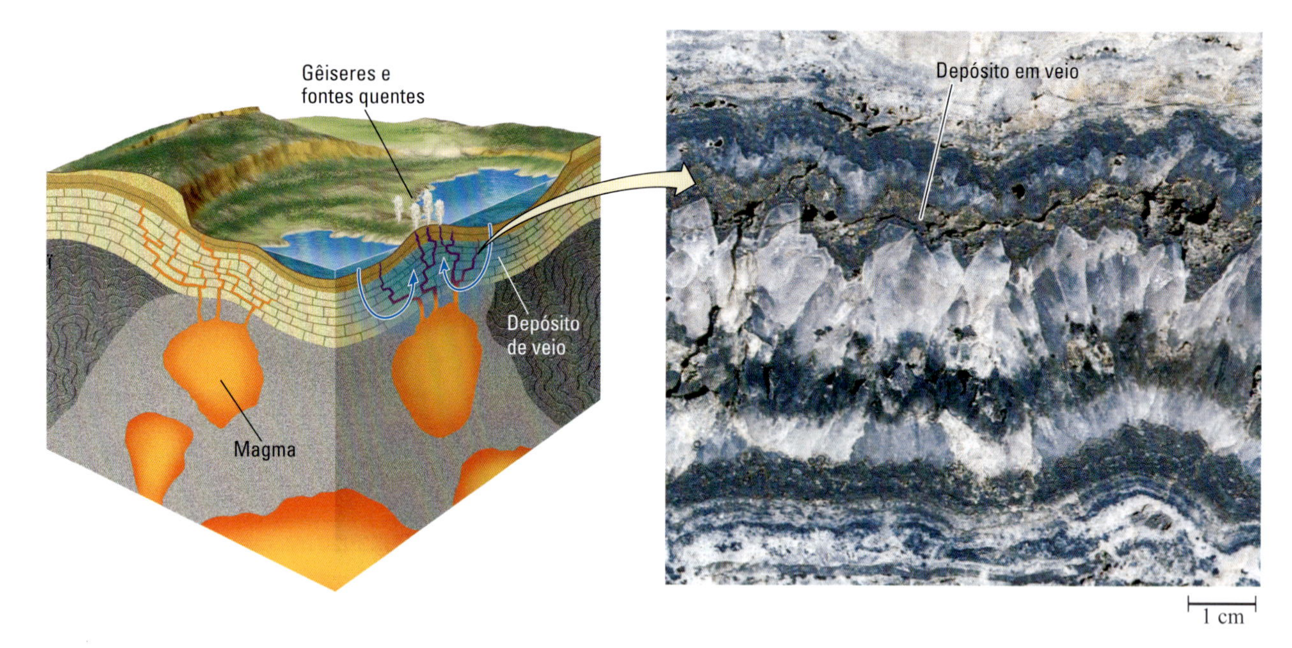

FIGURA 3.30 Muitos depósitos de minérios são encontrados em veios formados por soluções hidrotermais. (a) A água subterrânea, ao percolar pela rocha fraturada, dissolve óxidos e sulfetos metálicos. Aquecida por uma intrusão magmática, ela ascende, precipitando os minérios metálicos nas fraturas das rochas. (b) Este depósito de veio de quartzo (com cerca de 1 cm de espessura) em Oatman, Arizona (EUA), contendo minérios de ouro e de prata, formou-se por esse processo. [Peter Kresan.]

Veios As soluções hidrotermais que se movem pelas rochas frequentemente depositam minerais de minério (Figura 3.30). Os fluidos quentes circulam com facilidade pelas fraturas nas rochas, resfriando de maneira rápida durante o processo. O resfriamento rápido acelera a precipitação dos constituintes do minério. Os depósitos *tabulares* (em forma de folhas) de minerais precipitados nas fraturas são denominados **veios**. Alguns minérios são encontrados em veios; outros são encontrados nas rochas encaixantes adjacentes a eles, que foram alteradas quando as soluções hidrotermais as aqueceram e nelas se infiltraram. À medida que as soluções reagem com as rochas adjacentes, podem precipitar minerais junto com quartzo, calcita ou outros minerais que comumente preenchem veios. Os depósitos de veios são uma das principais fontes de ouro.

Os depósitos de veios hidrotermais são algumas das mais importantes fontes de minérios metálicos. Os minérios metálicos existem geralmente sob a forma de sulfetos, como o de ferro (pirita), o de chumbo (galena), o de zinco (esfalerita) e o de mercúrio (cinábrio), mostrados na Figura 3.31. As soluções hidrotermais chegam à superfície sob a forma de fontes quentes e gêiseres, muitos dos quais precipitam minérios metálicos – como, por exemplo, de chumbo, zinco e mercúrio – à medida que se resfriam.

Depósitos disseminados Os depósitos minerais que estão dispersos em volumes de rochas muito maiores que os veios são chamados de **depósitos disseminados**. Nas rochas ígneas e sedimentares, os minerais estão disseminados em abundantes rachaduras e fraturas. Exemplos de depósitos disseminados

FIGURA 3.31 Alguns minérios de sulfetos metálicos. Os sulfetos são os minérios metálicos mais comuns. [Chip Clark/Fundamental Photographs.]

FIGURA 3.32 Minérios de cobre. A calcopirita e a calcocita são minérios de cobre do tipo sulfeto. A malaquita é um carbonato de cobre encontrado em associação com sulfetos desse elemento. [Chip Clark/Fundamental Photographs.]

importantes são os de cobre nos pórfiros do Chile e do sudoeste dos Estados Unidos. Esses depósitos desenvolvem-se em regiões geológicas com abundância de rochas ígneas, geralmente posicionadas na forma de grandes corpos intrusivos. No Chile, essas rochas ígneas intrusivas estão relacionadas à subducção da litosfera oceânica sob os Andes (um evento muito semelhante ao que foi descrito em nosso exemplo do ciclo das rochas). O mineral de cobre mais comum nesses depósitos é a calcopirita, um sulfeto de cobre (Figura 3.32). O cobre depositou-se ali quando os minerais constituintes do minério foram introduzidos em várias pequenas fraturas, em intrusivas félsicas porfiríticas e nas rochas encaixantes próximas às porções apicais das intrusões ígneas. Algum processo desconhecido associado à intrusão do magma, ou sucedendo-a imediatamente, quebrou a rocha em milhões de fragmentos. As soluções hidrotermais penetraram e recimentaram as rochas por meio da precipitação de minerais de minério infiltrados na extensa rede de fraturas diminutas. Essa dispersão generalizada produziu um recurso de baixo teor, mas de volume muito grande, com milhares de toneladas de minério, que pode ser explorado economicamente por meio de métodos de grande proporção (Figura 3.33).

Os depósitos de chumbo e zinco do vale do alto Mississippi, que se estende do sul do Estado de Wisconsin até Kansas e Oklahoma, são encontrados em rochas sedimentares. Os minérios nesse disseminado **depósito hidrotermal** não estão associados a uma conhecida intrusão magmática, que poderia ter sido a fonte de soluções hidrotermais, portanto sua origem deve ser muito distinta. Alguns geólogos especulam que os minérios tenham sido depositados por água subterrânea vinda dos Apalaches quando eram muito mais altos. Uma colisão de continentes entre a América do Norte e a África pode ter criado um rodo em escala continental, o qual empurrou fluidos localizados em profundidade da zona de colisão por toda a extensão até o interior continental da América do Norte. A água subterrânea poderia ter

FIGURA 3.33 Mina Kennecott Bingham Canyon (a céu aberto), Utah. A mineração a céu aberto é um típico método de grande proporção utilizado para a extração de depósitos de minérios muito disseminados. [Royce Bair/Getty Images.]

se infiltrado em rochas crustais quentes até altas profundidades, extraindo constituintes solúveis dos minérios, e, então, teria se movido para cima, nas rochas sedimentares sobrejacentes, onde precipitou seu conteúdo mineral sob a forma de preenchimentos de cavidades. Em alguns casos, parece que essas soluções infiltraram-se em formações calcárias e dissolveram alguns carbonatos, substituindo-os por volumes iguais de novos cristais de sulfeto. Os principais minerais desses depósitos são o sulfeto de chumbo (galena) e o sulfeto de zinco (esfalerita).

Depósitos ígneos

Os mais importantes depósitos de minério em rochas ígneas são encontrados como segregações de minerais de minério próximas à base das intrusões (ver Cap. 5, Pratique um Exercício de Geologia). Os depósitos formam-se quando os minerais com temperaturas de fusão relativamente altas cristalizam-se a partir do magma e, então, são depositados e acumulam-se no assoalho de uma câmara magmática. A maior parte do cromo e da platina do mundo, como nos depósitos da África do Sul e de Montana, é encontrada como acumulação de minérios que se formaram desse modo (**Figura 3.34**). Um dos mais ricos corpos de minério já encontrados, em Sudbury, Ontário (Canadá), é uma enorme intrusão máfica contendo grandes quantidades de sulfetos de níquel, cobre e sulfetos de ferro estratiformes próximos à base. Os geólogos acreditam que esses depósitos de sulfetos formaram-se a partir da cristalização de um líquido rico em sulfetos, denso, que se separou do resto do magma durante o resfriamento e afundou até o fundo da câmara antes de se congelar.

À medida que o magma em uma grande intrusão formadora de granito resfria, o último material a cristalizar forma *pegmatitos*. Trata-se de rochas de granulação extremamente grossa nas quais estão concentrados apenas os minerais presentes no magma em quantidades de elementos-traço. Os pegmatitos podem conter depósitos de minerais raros, ricos em elementos como berílio, boro, flúor, lítio, nióbio e urânio, e, também, gemas como a turmalina.

Depósitos minerais sedimentares

Os depósitos minerais sedimentares constituem parte das maiores fontes de minérios do mundo. Muitos minerais de importância econômica, como cobre, ferro e outros metais, são segregados como resultado de processos sedimentares. Esses depósitos são quimicamente precipitados em ambientes sedimentares, aos quais grandes volumes de metais são transportados em solução. Alguns importantes minérios sedimentares de cobre, como aqueles das camadas permianas de Kupferschiefer ("ardósia de cobre"), da Alemanha, podem ter sido precipitados a partir de soluções hidrotermais ricas em sulfetos metálicos, que interagiram com sedimentos do fundo do mar. O ambiente nas placas tectônicas desses depósitos pode ter sido algo como a dorsal mesoceânica descrita no exemplo do ciclo das rochas, mais acima, exceto que se desenvolveu em um continente. Aqui, o rifteamento da crosta continental levou ao desenvolvimento de um vale profundo, em que sedimentos e minérios foram depositados em um mar muito calmo e estreito.

Muitos depósitos com alto teor de ouro, diamantes e outros minerais pesados, como magnetita e clorita, são encontrados em *pláceres*, que são depósitos minerais que foram concentrados por mecanismos de seleção de correntes fluviais. Esses depósitos de minério originam-se onde rochas soerguidas são alteradas por intemperismo e formam grãos de sedimento, os quais são selecionados por peso quando as correntes de fluxos de água passam sobre eles. Pelo fato dos minerais pesados depositarem-se mais rapidamente que os mais leves (como o quartzo e o feldspato)

FIGURA 3.34 Cromita (minério de cromo, faixas escuras) em um corpo intrusivo estratiforme no Complexo de Bushveld, África do Sul. [Spencer Titley.]

quando transportados por uma corrente, eles tendem a acumular-se nos leitos dos rios e em barras de areia. Da mesma forma, as ondas do mar acumulam preferencialmente os minerais pesados nas praias ou nas barras de areia de costa afora. O garimpeiro de ouro consegue a mesma coisa: a agitação da bateia cheia de água permite que os minerais mais leves sejam lavados para fora, deixando o ouro, mais pesado, no fundo dela (Figura 3.35).

Alguns pláceres podem ser rastreados rio acima até que se encontre o local da fonte do depósito mineral, que é geralmente de origem ígnea, a partir da qual foram erodidos os minerais. A erosão do Mother Lode,* um extenso sistema de veios auríferos que ocorre nos flancos ocidentais do batólito da Sierra Nevada, deu origem a pláceres, que foram descobertos em 1848, causando a corrida do ouro da Califórnia, nos Estados Unidos. Os pláceres foram encontrados antes que sua fonte fosse descoberta, e também levaram à descoberta das minas de diamante de Kimberley, na África do Sul, duas décadas mais tarde.

Evolução mineral

O estudo dos minerais também possui uma dimensão histórica importante. A Terra moderna é composta de mais de 4.000 minerais, constituindo uma ampla gama de tipos de rocha e depósitos minerais economicamente importantes. Contudo, a Terra recém formada tinha uma diversidade de minerais muito menor do que aquela observada na atualidade. Essa diferença registra uma evolução dos minerais que reflete a evolução da Terra, e também do nosso sistema solar (Figura 3.36). A história da Terra e do nosso sistema solar é analisada em mais detalhes nos Capítulos 20 (História Primordial dos Planetas Terrestres) e 21 (A História dos Continentes).

A história da evolução mineral remonta ao próprio "Big Bang", quando o universo se formou. No início, não havia minerais, apenas elementos químicos mais leves que as forças gravitacionais reuniram para formar as estrelas. Algumas estrelas gigantes se transformaram em supernovas e explodiram, sintetizando o resto dos elementos químicos. Os primeiros minerais formados foram cristais microscópicos de grafita e diamante, logo seguidos por cerca de uma dúzia de minerais resistentes, compostos de silício, carbono, titânio e nitrogênio.

À medida que nosso sistema solar formava-se, pulsos de calor vindos do jovem Sol fundiram e recombinaram os elementos, formando dezenas de novos minerais, incluindo as primeiras ligas de ferro-níquel, sulfetos e uma série de silicatos e óxidos. Os restos desses primeiros minerais estão preservados em uma classe de meteoritos primitivos chamados de "condritos". Durante a formação dos planetas, quando poeira, areia, e massas de rocha primitiva do tamanho de seixos se agregaram para formar massas maiores, foram criados até 250 novos minerais. Esses novos minerais são a matéria-prima da qual são formados todos os planetas rochosos, e todos estão representados nos diversos meteoritos que ainda caem na Terra nos dias atuais.

(a)

(b)

FIGURA 3.35 (a) O garimpo de ouro foi popularizado pelos "forty-niners" [referência ao ano de 1849] durante a corrida do ouro na Califórnia, sendo ainda hoje popular no rio San Gabriel. (b) O ouro é mais denso do que os outros materiais do leito do rio, por isso permanece no fundo da bateia. [(a) Bo Zaunders/Getty Images; (b) David Butow/Getty Images.]

*N. de R.T.: Embora a tradução literal seja "veio mãe", na literatura técnica em português diz-se "veio pai".

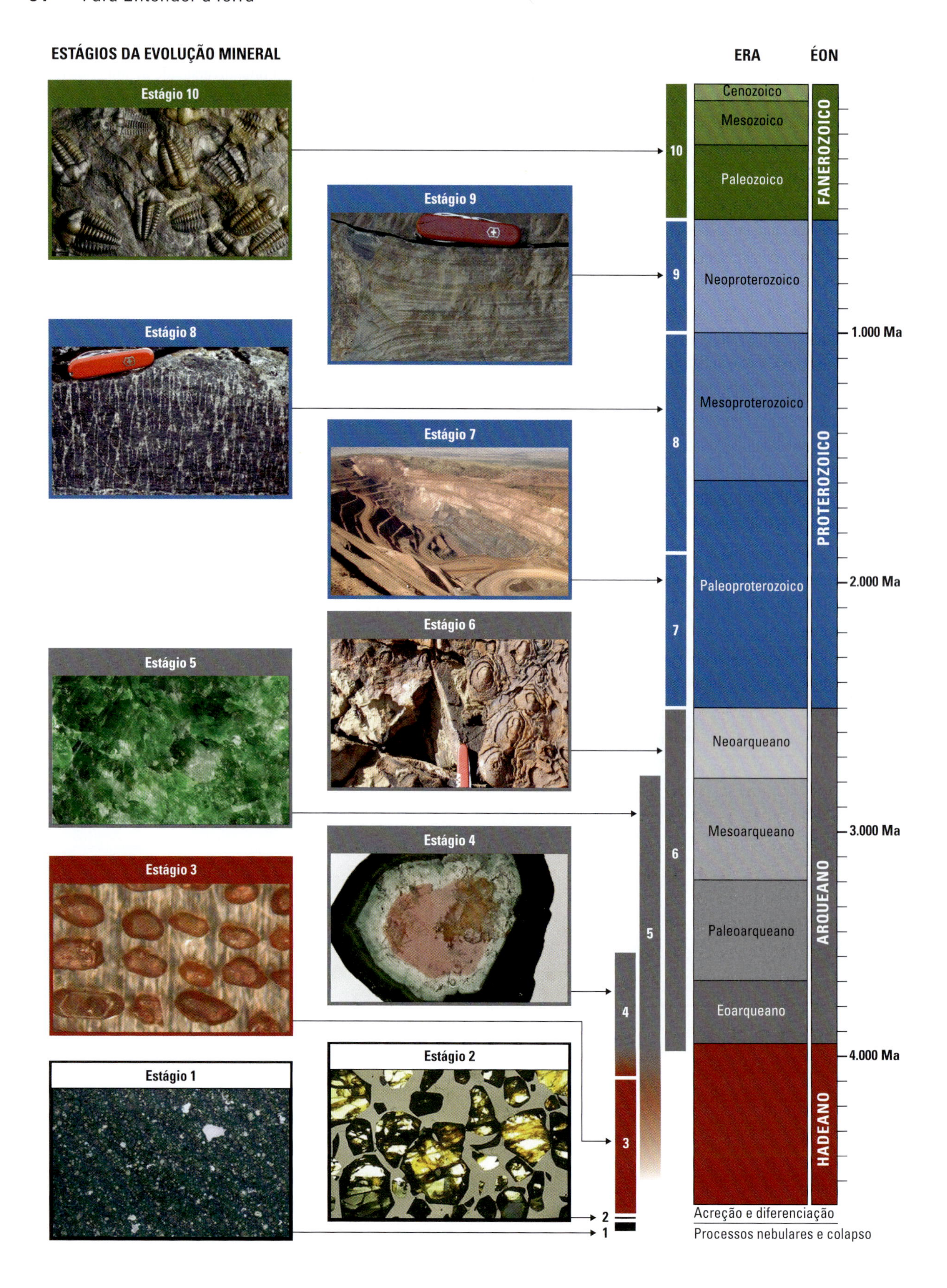
ESTÁGIOS DA EVOLUÇÃO MINERAL
Estágio 10
Estágio 9
Estágio 8
Estágio 7
Estágio 6
Estágio 5
Estágio 4
Estágio 3
Estágio 2
Estágio 1
ERA
ÉON
Cenozoico
Mesozoico
Paleozoico
Neoproterozoico
Mesoproterozoico
Paleoproterozoico
Neoarqueano
Mesoarqueano
Paleoarqueano
Eoarqueano
FANEROZOICO
PROTEROZOICO
ARQUEANO
HADEANO
1.000 Ma
2.000 Ma
3.000 Ma
4.000 Ma
Acreção e diferenciação
Processos nebulares e colapso
10
9
8
7
6
5
4
3
2
1

FIGURA 3.36 Cada um dos 10 estágios da evolução mineral testemunhou uma mudança na diversidade e/ou distribuição superficial de espécies minerais. Esta linha do tempo é acompanhada de fotos de materiais da Terra próximos à superfície terrestre que ilustram cada estágio. **Estágio 1:** meteorito de condrito; **Estágio 2:** meteorito de palasito; **Estágio 3:** grão de zircão; **Estágio 4:** turmalina; **Estágio 5:** jadeíta; **Estágio 6:** os mais antigos estromatólitos, domos simples; **Estágio 7:** formação ferrífera; **Estágio 8:** estromatólitos colunares frequente nos oceanos jovens; **Estágio 9:** clasto pingado de granito depositado em sedimentos marinhos finos quando do derretimento de um *iceberg*; **Estágio 10:** trilobita, os fósseis animais mais antigos. [Dados de Lafuente, B., Downs, R. T., Yang, H., and Stone, N. (2015). The power of databases: The RRUFF project. In: *Highlights in Mineralogical Crystallography*, T. Armbruster and R. M. Danisi, eds. Berlin, Germany: W. De Gruyter, pp. 1–30. Estágios 1–2: Cortesia do Smithsonian Institution; Estágio 3: Cortesia de Aaron J. Cavosie; Estágios 4–5: Cortesia de Robert Downs; Estágios 6–10: Cortesia de John Grotzinger.]

Durante as primeiras centenas de milhões de anos da Terra, ciclos de fusão e solidificação da sua crosta rochosa aumentaram a diversidade mineral. Após algum tempo, formaram-se os granitos, assim como outros 500 minerais ricos em lítio, berílio, boro, césio, urânio e uma dúzia de outras terras raras. Além disso, a formação de um oceano e da atmosfera causou a ocorrência de um novo processo: o intemperismo das rochas, sobre o qual aprenderemos mais no Capítulo 6 (Sedimentação: rochas formadas por processos de superfície). Por ora, imagine que é o resultado de todos os processos que afetam as rochas quando a atmosfera e o oceano interagem com elas, como a chuva que dissolve as rochas e o congelamento/degelo que as quebra. Esses processos de ciclos crustais e intemperismo, operando ao longo de inúmeros ciclos, gradualmente concentraram elementos raros o suficiente para formar uma ampla gama de minerais exóticos. Nem todos os planetas possuem esses minerais. Mercúrio e a Lua se solidificaram antes que pudessem interagir mais intensamente com a água. No início da sua história, Marte teve interações significativas com a água antes de dessecar-se demais; na verdade, um objetivo importante das missões robóticas a Marte é avaliar quais minerais da superfície registram sua formação na água de modo a determinar a semelhança daqueles ambientes com os da Terra primordial. Provavelmente 1.500 minerais formaram-se na superfície terrestre ou próximo a ela durante os seus primeiros 2 bilhões de anos. Porém, foi o que aconteceu a seguir que realmente diferenciou a Terra de todos os outros planetas do sistema solar e triplicou a sua diversidade mineralógica.

A resposta é a origem e evolução da vida. A biosfera terrestre a diferencia de todos os outros planetas e da Lua, e transformou irreversivelmente a superfície e subsuperfície do planeta. Esse fato é mais óbvio quando estudamos os oceanos e a atmosfera, mas também vale para as rochas e minerais. No início, a atmosfera da Terra era pobre em oxigênio, tão essencial para a sobrevivência dos animais e dos seres humanos. No entanto, de 2,5 a 2,0 bilhões de anos atrás, quantidades significativas começaram a se acumular devido às emergência da fotossíntese a partir de microrganismos (ver Cap. 22, Geobiologia: a vida interage com a Terra). Um tipo de rocha bem importante dentre os novos que surgiram foi o das "formações de ferro bandado" nas quais os oceanos precipitavam compostos ferrosos que capturavam o oxigênio recém-formado.

A presença do oxigênio e da água abriu caminho para a formação de até 2.500 novas espécies minerais, resultado direto dos novos processos biogeoquímicos da Terra. E na superfície do planeta, todo o basalto negro foi transformado em rochas vermelhas e solo. Do espaço, os continentes terrestres de 2 bilhões de anos atrás teriam se parecido com a atual superfície vermelha de Marte, ainda que cercados de oceanos azuis e cobertos por nuvens brancas. A cor vermelha de Marte também é causada pela oxidação, mas, nesse caso, o oxigênio foi produzido por um processo não biológico: a luz do sol dividiu as moléculas de água em altas altitudes da atmosfera, mas o hidrogênio, por ser tão leve, escapou para o espaço. Esse processo criou oxigênio suficiente para enferrujar a superfície do planeta e avermelhá-la, mas não o suficiente para criar a grande diversidade (e abundância) observada na Terra, mais geológica e biologicamente ativa.

No Capítulo 20 (História primordial dos planetas terrestres), veremos que além do nosso próprio sistema solar, existem milhares de outros. E a busca continua por algum que possa ter uma superfície geológica e biologicamente ativa, como a Terra. Se um dia for descoberto oxigênio na atmosfera de um desses "exoplanetas", este será interpretado como um sinal forte de que a vida também pode ter se originado nele e tornado-se avançada o suficiente para produzir oxigênio por fotossíntese. A próxima pergunta que faremos será "qual é a diversidade mineral do planeta", pois isso ajudaria a confirmar a hipótese de vida extraterrestre. Vivemos em um universo que tende ao aumento da complexidade: átomos de hidrogênio formam estrelas, estrelas formam elementos, elementos formam planetas, e estes criam minerais. E os minerais catalisam a formação da vida. Desse ponto de vista, é fácil imaginar que talvez não estejamos sós no universo.

CONCEITOS E TERMOS-CHAVE

ânion (p. 56)
brilho (p. 68)
carbonatos (p. 61)
ciclo das rochas (p. 75)
clivagem (p. 66)
compartilhamento de elétrons (p. 56)
cor (p. 68)
cristal (p. 58)
cristalização (p. 58)
cátion (p. 56)
densidade (p. 60)
depósito disseminado (p. 80)
depósito hidrotermal (p. 81)
diamante (p. 61)
dureza (p. 65)
elemento-traço (p. 69)
erosão (p. 73)
escala de dureza de Mohs (p. 65)
estratificação (p. 74)
fratura (p. 68)
grafita (p. 61)
gravidade específica (p. 69)
grão (p. 59)
hábito cristalino (p. 70)
intemperismo (p. 73)
íon (p. 56)
isótopo (p. 56)
ligação covalente (p. 57)
ligação iônica (p. 56)
ligação metálica (p. 57)
litificação (p. 74)
magma (p. 60)
massa atômica (p. 56)
metamorfismo de contato (p. 74)
metamorfismo regional (p. 74)
mineral (p. 54)
mineralogia (p. 54)
minérios (p. 77)
número atômico (p. 56)
óxidos (p. 61)
polimorfo (p. 60)
precipitado (p. 60)
rocha (p. 70)
rocha metamórfica (p. 71)
rocha sedimentar (p. 71)
rocha ígnea (p. 71)
sedimento (p. 73)
sedimento biológico (p. 74)
sedimento químico (p. 74)
sedimento siliciclástico (p. 74)
silicato (p. 61)
sulfato (p. 61)
sulfeto (p. 61)
textura (p. 71)
transferência de elétrons (p. 56)
traço (p. 68)
veio (p. 80)

REVISÃO DOS OBJETIVOS DE APRENDIZAGEM

3.1 Entender a estrutura da matéria e como os átomos reagem por meio de ligações químicas para formar minerais, que são substâncias cristalinas.

Os minerais – unidades constituintes básicas das rochas – são sólidos inorgânicos, de ocorrência natural, com estruturas cristalinas e composições químicas específicas. Um mineral é constituído de átomos, que são pequenas unidades de matéria que se combinam por meio de reações químicas. Um átomo é composto de um núcleo de prótons e nêutrons, circundado por elétrons. O número atômico de um elemento é o número de prótons em seu núcleo, e sua massa atômica é a soma das massas de seus prótons e nêutrons.

As substâncias químicas reagem entre si para formar compostos, perdendo ou ganhando elétrons para se tornarem íons, ou por meio de compartilhamento de elétrons. As ligações iônicas, que se formam pela atração eletrostática entre íons positivos (cátions) e negativos (ânions), são o tipo dominante de ligação química em estruturas minerais. Os átomos que compartilham elétrons para formar um composto mantêm-se juntos por meio de ligações covalentes. Quando um mineral cristaliza, os átomos ou íons agrupam-se em proporções específicas para formar uma estrutura cristalina, que é um arranjo tridimensional ordenado no qual a configuração básica repete-se em todas as direções.

Atividades de estudo: Figuras 3.3 e 3.4

Exercício: Desenhe um diagrama simples para mostrar como o silício e o oxigênio dos silicatos compartilham elétrons.

Questão para pensar: Quais são as diferenças entre um átomo e um íon?

3.2 Reconhecer que todos os minerais são agrupados em sete classes com base na sua composição química e que todos eles têm também propriedades físicas distintivas.

Os silicatos – os mais abundantes minerais da crosta terrestre – são estruturas cristalinas formadas por tetraedros de silicato ligados entre si de várias formas. Os tetraedros podem ser isolados (ligados entre si apenas por cátions) ou estruturados em cadeias simples, duplas, em folhas ou, ainda, em arranjos tridimensionais. Os minerais de carbonato são compostos de íons carbonato ligados ao cálcio, ao magnésio, ou a ambos. Os óxidos são compostos de oxigênio com elementos metálicos. Os sulfetos e sulfatos são compostos de íons de sulfeto e sulfato, respectivamente, em combinação com elementos metálicos.

A mineralogia (os tipos e as proporções de minerais que constituem a rocha) e a textura (os tamanhos, as formas e o arranjo espacial de seus cristais ou grãos) definem uma rocha. Os geólogos utilizam as propriedades físicas dos minerais para identificá-los. Essas propriedades físicas são: dureza – facilidade com que sua superfície pode ser arranhada; clivagem – sua aptidão para se romper ou quebrar ao longo de superfícies planas;* fratura – o modo como se quebram ao longo de superfícies irregulares; brilho – o tipo de luz refletida; cor – conferida pela luz transmitida ou refletida pelos cristais ou às massas irregulares ou ao seu traço (a cor do pó do mineral); densidade – a massa por unidade de volume; e hábito cristalino – a forma dos cristais individuais ou de agregados.

Atividades de Estudo: Quadro 3.2, Apêndice 4

Exercício: No Apêndice 4, escolha dois minerais que você acredita serem passíveis de uso como bons abrasivos ou pedras para afiar aço e descreva a propriedade física que justifica a sua escolha.

Questão para pensar: Como um geólogo de campo mediria a dureza?

3.3 Entender que o objetivo principal dos geólogos é estudar as três classes básicas de rochas de modo a deduzir as suas origens geológicas.

A mineralogia e a textura de uma rocha são determinadas pelas condições geológicas sob as quais foi formada. As rochas ígneas formam-se por cristalização dos magmas ao resfriarem-se. As rochas ígneas intrusivas resfriam lentamente no interior da Terra e têm cristais grandes. As rochas ígneas extrusivas, as quais se resfriam rapidamente na superfície, têm uma textura vítrea ou granular fina. As rochas sedimentares formam-se pela litificação de sedimentos após serem soterrados. Os sedimentos são derivados do intemperismo e da erosão das rochas expostas na superfície terrestre. As rochas metamórficas formam-se quando rochas ígneas, sedimentares ou outras rochas metamórficas são submetidas a altas temperaturas e pressões no interior da Terra que alteram sua mineralogia, textura ou composição química.

O ciclo das rochas relaciona os processos geológicos movidos pelos sistemas da tectônica de placas e do clima à formação de cada um dos três tipos de rocha. Podemos ver esses processos iniciando em qualquer ponto do ciclo, como, por exemplo, o da criação de nova litosfera oceânica em um centro de expansão à medida que dois continentes se separam. A bacia oceânica torna-se mais larga até que, em algum ponto, o processo seja revertido e a bacia passa a se fechar. Conforme a bacia se fecha e as rochas ígneas e os sedimentos são subduzidos sob um continente, começam a se fundir para formar uma nova geração de rochas ígneas. O calor e a pressão associados à subducção e à intrusão dessas rochas ígneas transformam as rochas circundantes em rochas metamórficas. Por fim, os dois continentes colidem, e essas rochas ígneas e metamórficas são soerguidas em uma cadeia de montanhas altas. As rochas soerguidas sofrem lento intemperismo, e seus fragmentos são depositados na forma de sedimentos.

Atividade de Estudo: Figura 3.28

Exercício: Utilizando o ciclo das rochas, trace a rota percorrida desde um magma até uma intrusão granítica, passando a um gnaisse metamórfico e, por fim, transformando-se em um arenito. Certifique-se de incluir o papel dos sistemas da tectônica de placas e do clima, bem como os processos específicos que originam essas rochas.

Questão para Pensar: Qual processo é o "motor" que causa a reciclagem das rochas na Terra?

*N. de R.T.: Ver nota de revisor técnico na p. 66.

3.4 Saber que os recursos minerais econômicos ocorrem em locais específicos e que a evolução dos minerais durante o tempo geológico nos ensina a história do nosso planeta, incluindo a emergência e a evolução da vida.

Minérios são depósitos de minerais a partir dos quais é possível recuperar metais valiosos de forma lucrativa. Os depósitos hidrotermais de minérios são formados quando a água subterrânea ou a água do mar reage com uma intrusão magmática para formar uma solução hidrotermal. A água aquecida lixivia os minerais solúveis para rochas mais frias, onde são precipitados em fraturas. Esses minérios podem ser encontrados em veios ou em depósitos disseminados. Os depósitos de minério ígneo geralmente formam-se quando os minerais cristalizam-se a partir do magma e, então, são depositados e acumulam-se na base de uma câmara magmática. Frequentemente são encontrados na forma de acúmulos de minerais em camadas. Outros minérios são quimicamente precipitados em ambientes sedimentares, para os quais os metais são transportados em solução.

Os minerais são importantes para o registro da história da Terra. O surgimento de uma nova espécie mineral ao longo do tempo é a consequência de diversos processos físicos, químicos e biológicos. Nos tempos primordiais, havia apenas alguns poucos minerais, incluindo óxidos e silicatos, mas hoje há mais de 4.000 tipos. Esse crescimento radical da abundância mineral é devido a eventos críticos na história da Terra, como a reciclagem de rochas causada pela tectônica de placas, o surgimento da vida e a origem da fotossíntese por microrganismos, que criou uma atmosfera rica em oxigênio.

Atividade de Estudo: Exercício de Geologia na Prática

Exercício: Resolva o "problema extra".

Questão para Pensar: Por que é importante coletar dados tridimensionais para determinar o valor econômico de um depósito de minério?

EXERCÍCIO DE LEITURA VISUAL

1. O que causa a erosão das rochas e a formação de partículas sedimentares?

- **a.** Eventos de impactos de meteoritos
- **b.** Intemperismo devido à exposição à atmosfera
- **c.** Colisões de placas tectônicas
- **d.** Transporte por correntes longitudinais ao longo das praias

2. Como os sedimentos são levados das montanhas para os oceanos?

- **a.** Durantes erupções vulcânicas
- **b.** Por vendavais regionais
- **c.** Por transporte declive abaixo por meio de cursos d'água
- **d.** Durante reversões do campo magnético

3. Quando os sedimentos chegam nos oceanos a partir de um curso d'água, que tipo de depósito é formado?

- **a.** Um leque submarino
- **b.** Um campo de dunas
- **c.** Um pavimento desértico
- **d.** Um delta

4. Como os sedimentos são convertidos em rochas?

- **a.** Por um processo chamado de "litificação", que envolve compactação e cimentação
- **b.** Durante o "metamorfismo", processo que envolve o aquecimento de rochas
- **c.** Por um processo chamado "subducção", quando uma placa tectônica cavalga outra
- **d.** Em fluxos de detritos, que se formam em declividades acentuadas

5. Onde se formam os recifes?

- **a.** Em desertos nos quais o transporte eólico é importante
- **b.** Ao longo dos picos de montanhas, onde a precipitação é alta
- **c.** Ao longo da linha de costa, mas distante dos deltas, onde a acumulação de sedimentos pode inibir o seu crescimento
- **d.** Em lagos de deserto, onde as taxas de evaporação são altas

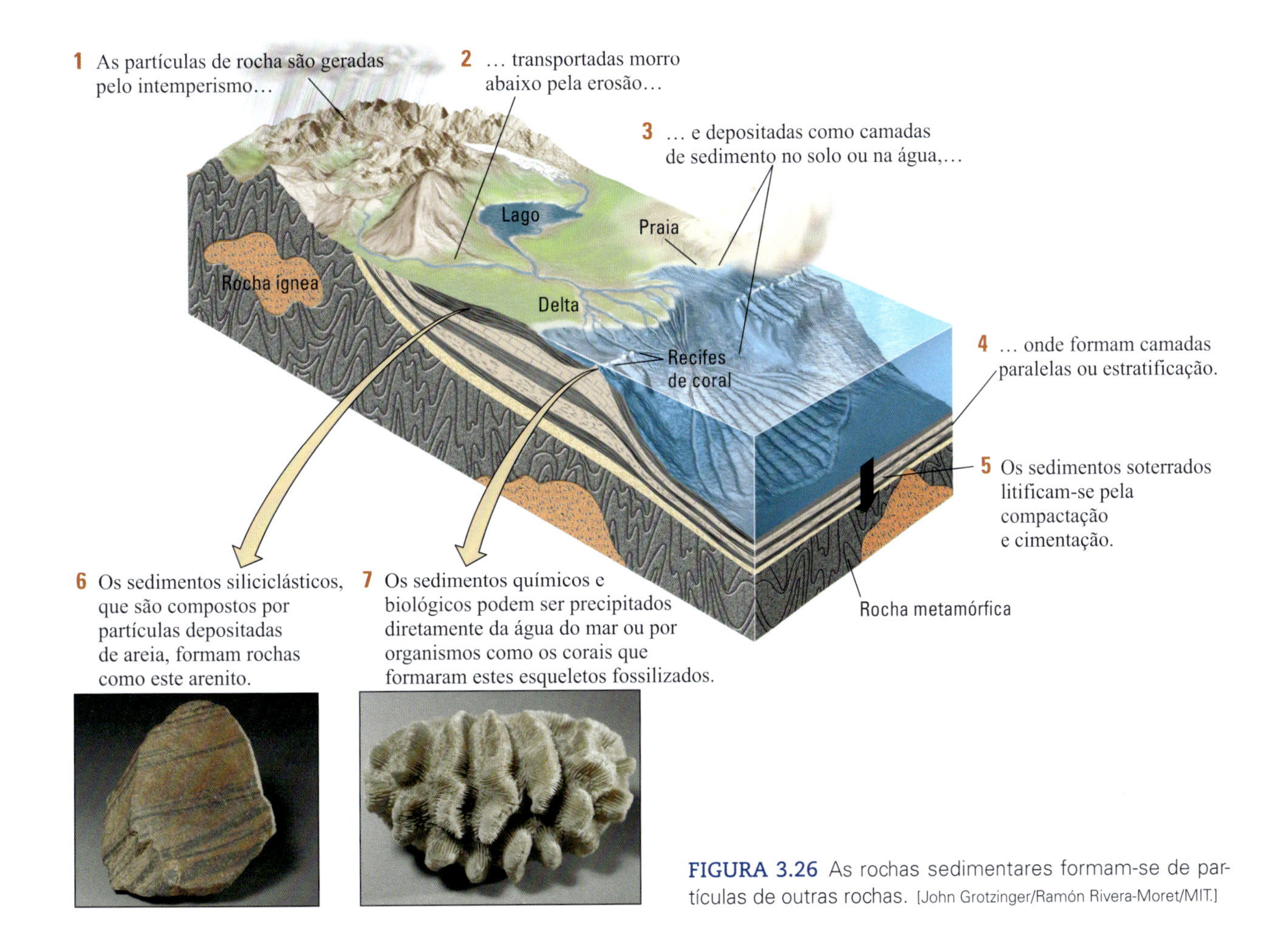

FIGURA 3.26 As rochas sedimentares formam-se de partículas de outras rochas. [John Grotzinger/Ramón Rivera-Moret/MIT.]

Rochas ígneas: sólidos que se formaram de líquidos

Objetivos de Aprendizagem

Neste capítulo, estudaremos a ampla variedade existente de rochas ígneas intrusivas e extrusivas, bem como os processos que as formam. Vamos explorar as forças que causam a fusão das rochas e formam magmas. Também veremos como esses magmas atingem locais na superfície terrestre e abaixo dela, onde se solidificam. A seguir, analisaremos os processos ígneos associados a contextos específicos da tectônica de placas. Após estudar o capítulo, você será capaz de:

4.1 Explicar como as rochas ígneas podem ser classificadas e diferenciadas umas das outras.

4.2 Descrever como os magmas se formam e o que faz as rochas se fundirem.

4.3 Demonstrar como magmas de composições diferentes podem ser formados a partir de um material-matriz uniforme.

4.4 Resumir os diferentes tipos de intrusões ígneas.

4.5 Discutir a relação entre os processos ígneos e a tectônica de placas.

O granito, como este mostrado na imagem do Monte Whitney, cume mais alto da zona continental dos Estados Unidos, compõe quase toda a cadeia de montanhas de Sierra Nevada. [Cortesia de Jennifer Griffes.]

Há mais de dois mil anos, o cientista e geógrafo grego Estrabão viajou para a Sicília para ver as erupções vulcânicas do Monte Etna. Ele observou que a lava líquida quente que era derramada pelo vulcão para a superfície terrestre resfriava-se e endurecia, formando, em poucas horas, rochas sólidas. No século XVIII, os geólogos começaram a entender que alguns corpos tabulares* que seccionavam outras formações rochosas também haviam sido formados a partir do resfriamento e solidificação de magmas. Nesse caso, o magma resfriou-se lentamente, por ter permanecido nas profundezas da crosta terrestre.

Hoje, sabe-se que as rochas fundem-se nas partes profundas da crosta e do manto terrestre e ascendem até a superfície. Alguns desses magmas solidificam-se antes mesmo de alcançar a superfície, enquanto outros abrem caminho até ela, onde então extravasam e se solidificam. Ambos os processos produzem rochas ígneas.

Entender os processos que fundem e ressolidificam a rocha é essencial para compreender como a crosta terrestre se forma. Embora ainda tenhamos muito a aprender a respeito dos exatos *mecanismos* de fusão e de solidificação, certamente temos boas respostas para algumas questões fundamentais. Em que uma rocha ígnea difere de outras? Onde e como se formam os magmas? Como as rochas se solidificam a partir desses magmas?

Ao responder a essas questões, o Capítulo 4 também vai mostrar o papel central desempenhado pelos processos ígneos no sistema Terra. Observações sobre as rochas ígneas feitas por geólogos desde Estrabão até os dias atuais somente fazem sentido à luz da teoria da tectônica das placas. Especificamente, as rochas ígneas formam-se em centros de expansão, onde as placas afastam-se de forma mútua, nos limites convergentes onde uma placa mergulha por baixo da outra, e em "pontos quentes", onde o material quente do manto ascende até a crosta.

*N. de R.T.: No original, *sheets* (em português, "lençol" ou "folha"), tem sido traduzido com vários significados na literatura geológica. Para rochas intrusivas, geralmente designa corpos com forma tabular. Em Geologia Sedimentar, pode significar depósito delgado de sedimentos, como os de areia ou cascalho, com a forma de lençol ou manto.

Em que uma rocha ígnea difere de outras?

Atualmente, as rochas ígneas são classificadas do mesmo modo que alguns geólogos do século XIX faziam: pela textura e pela composição mineralógica e química.

Textura

Há 200 anos, a primeira divisão das rochas ígneas foi feita com base na textura, um aspecto que reflete, em grande medida, as diferenças de tamanho dos cristais. Os geólogos classificavam as rochas como cristalina grossa ou fina (ver Capítulo 3). O tamanho dos cristais é uma característica simples, que o geólogo pode facilmente distinguir no campo. Uma rocha de granulação grossa, como o granito, tem cristais individuais que são facilmente visualizados a olho nu. Em contraposição, os cristais de rochas de granulação fina, como o basalto, são pequenos demais para serem vistos a olho nu ou mesmo com a ajuda de uma lente de aumento. A **Figura 4.1** apresenta amostras de granito e de basalto acompanhadas de lâminas delgadas e transparentes de cada uma dessas rochas. As *fotomicrografias*, isto é, fotografias tiradas com o uso de um microscópio, fornecem uma imagem ampliada dos minerais e de suas texturas. As diferenças texturais eram óbvias para os geólogos do passado, mas foram necessárias muitas investigações adicionais para que se conseguisse entender o significado dessas diferenças.

A primeira pista: as rochas vulcânicas Os primeiros geólogos observaram as rochas vulcânicas que se formavam a

FIGURA 4.1 As rochas ígneas foram inicialmente classificadas a partir de sua textura. Os primeiros geólogos avaliavam a textura com uma pequena lente de aumento. Os geólogos modernos têm acesso a potentes microscópios de luz polarizada, que produzem fotomicrografias de lâminas delgadas e transparentes de rochas, como as que estão mostradas ao lado. [John Grotzinger/Ramón Rivera-Moret/Harvard Mineralogical Museum; Cortesia de Steven Chemtob.]

partir da lava, durante as erupções vulcânicas (**lava** é o termo que aplicamos ao magma que flui na superfície). Os geólogos notaram que, quando a lava resfriava rapidamente, formava ou uma rocha cristalina fina, ou uma rocha vítrea na qual nenhum cristal podia ser reconhecido. Mas, nos locais onde a lava resfriava-se mais lentamente, como no meio de um espesso derrame com muitos metros de espessura, estavam presentes cristais um pouco maiores.

A segunda pista: estudos de cristalização em laboratório Há pouco mais de 100 anos, os cientistas experimentais começaram a entender a natureza da cristalização. Qualquer pessoa que já tenha congelado água para obter cubos de gelo sabe que ela se solidifica em poucas horas, à medida que sua temperatura cai abaixo do ponto de congelamento. Se você alguma vez tentou retirar os cubos antes de a água solidificar-se completamente, com certeza deve ter visto finos cristais de gelo formados na sua superfície e junto às paredes da forma de congelamento. Durante a cristalização, as moléculas de água adquirem posições fixas na estrutura cristalina que está se formando e não podem mais mover-se livremente, como faziam na água líquida. Todos os outros líquidos, inclusive os magmas, cristalizam-se dessa forma.

Os primeiros cristais minúsculos formam um padrão. Outros átomos ou íons no líquido cristalizante aderem uns aos outros de forma que os cristais pequenos vão ficando maiores. Passado algum tempo, os átomos ou os íons "encontram" seus locais corretos em um cristal em crescimento, o que significa que os cristais aumentam de tamanho apenas se tiverem tempo para crescer lentamente. Se um líquido solidificar-se muito rapidamente, assim como ocorre com um magma quando extravasa na superfície fria da Terra, os cristais não têm tempo para crescer. Ao contrário, uma grande quantidade de cristais minúsculos forma-se simultaneamente à medida que o líquido se resfria e solidifica.

A terceira pista: o granito como evidência de resfriamento lento O estudo dos vulcões permitiu que os geólogos fizessem a ligação entre as texturas cristalinas finas e o rápido resfriamento na superfície terrestre. Além disso, possibilitou que pudessem entender as rochas ígneas cristalinas de textura fina como evidências de antiga atividade vulcânica. Mas, na ausência de observações diretas, como poderiam os geólogos deduzir que as rochas de granulação grossa formam-se por meio de resfriamento *lento* em profundidade? O granito – uma das rochas mais comuns dos continentes – acabou sendo a pista crucial (**Figura 4.2**). James Hutton, um dos fundadores da Geologia moderna, ao fazer trabalhos de campo na Escócia, observou que os granitos cortavam e rompiam as camadas de rochas sedimentares. Ele notou que o granito havia de alguma forma fraturado e invadido as rochas sedimentares, como se tivesse entrado à força nas fraturas, como um líquido.

À medida que Hutton examinava mais e mais granitos, começou a prestar atenção nas rochas sedimentares situadas nos contatos com eles. Observou, então, que os minerais dessas rochas sedimentares em contato com o granito eram diferentes daqueles que se encontravam nas mesmas rochas a certa distância da intrusão. Chegou à conclusão de que as mudanças nas rochas sedimentares teriam de ser resultantes de forte aquecimento e que o calor teria de ser proveniente do granito. Hutton também notou que o granito era composto de cristais encaixados entre si (ver Figura 4.1). Nessa época, os químicos já tinham estabelecido que um processo lento de cristalização produziria esse tipo de padrão.

Hutton avaliou essas três linhas de evidência e propôs que o granito deveria ter sido formado a partir de um material fundido

FIGURA 4.2 A soleira ou o dique de granito pegmatítico (rocha de cor mais clara) em um afloramento de xisto (rocha de cor mais escura) ao longo do Rio Harlem, em Nova York, sugeriu a geólogos que a rocha intrusiva fora forçada nas fraturas como um líquido. [Catherine Ursillo/Science Source.]

quente, que se solidificava nas profundezas da Terra. As evidências eram conclusivas, pois nenhuma outra explicação poderia acomodar tão bem todos os fatos. Outros geólogos, ao verem as mesmas características dos granitos em locais de várias partes do mundo muito distantes entre si, vieram a reconhecer que o granito e outras rochas cristalinas grossas eram os produtos de magmas que se cristalizaram lentamente no interior da Terra.

Texturas intrusivas e extrusivas O significado completo das distintas texturas das rochas ígneas está claro agora. Como vimos, a textura está ligada ao tempo de resfriamento e, portanto, também ao local onde ele acontece. Uma **rocha ígnea intrusiva** é aquela que forçou seu caminho nas rochas vizinhas, as quais são denominadas de **rochas encaixantes**,* e solidificou-se sem atingir a superfície terrestre. O resfriamento lento dos magmas no interior da Terra proporciona o tempo adequado para o crescimento dos grandes cristais encaixados entre si, que caracterizam as rochas ígneas intrusivas (Figura 4.3).

O resfriamento rápido na superfície terrestre produz as **rochas ígneas extrusivas** (ver Figura 4.3), que mostram texturas de granulação fina ou têm aparência vítrea. Essas rochas, que contêm proporções variáveis de vidro vulcânico, formam-se quando a lava ou outro material vulcânico é ejetado dos vulcões. Por essa razão, são também conhecidas como *rochas vulcânicas*. Elas podem pertencer a duas categorias principais, dependendo do tipo de material extravasado que as formam:

*N. de R.T.: No original, *country rock*, cuja tradução literal não é utilizada em português, sendo preferível rocha encaixante.

- *Lavas:* a aparência das rochas vulcânicas formadas a partir de lavas é variada. Pode-se encontrar lavas com superfícies desde lisa, filamentosa retorcida, até ásperas cortantes, pontiagudas ou entalhadas, dependendo das condições em que se formaram.
- *Rochas piroclásticas*: em erupções mais violentas, formam-se **piroclastos** quando fragmentos de lava são lançados ao ar. Os piroclastos mais finos são a **cinza vulcânica**, fragmentos diminutos, geralmente de vidro, que se formam quando os gases que escapam de um vulcão forçam a irrupção de um borrifo de magma. **Bombas** são partículas maiores arremessadas do vulcão e transportadas pelo ar à medida que se movem violenta e rapidamente por meio dele. Conforme caem ao solo e resfriam, esses fragmentos de detritos vulcânicos podem aglomerar-se e solidificar para formar rochas.

Um tipo de rocha piroclástica é a **pedra-pomes**,** que consiste em uma massa porosa de vidro vulcânico com um grande número de vesículas. Estas são buracos vazios que se formam depois que os gases aprisionados escapam do magma em processo de solidificação. Outra rocha vulcânica completamente vítrea é a **obsidiana**, que, diferentemente da pedra-pomes, contém apenas minúsculas vesículas e é, portanto, sólida e densa. A obsidiana lascada e fragmentada produz bordas muito afiladas, tendo sido utilizada pelos índios das Américas e muitos outros grupos de caçadores e coletores para fazer pontas de flecha e diversos instrumentos cortantes.

**N. de R.T.: Também chamada de púmice.

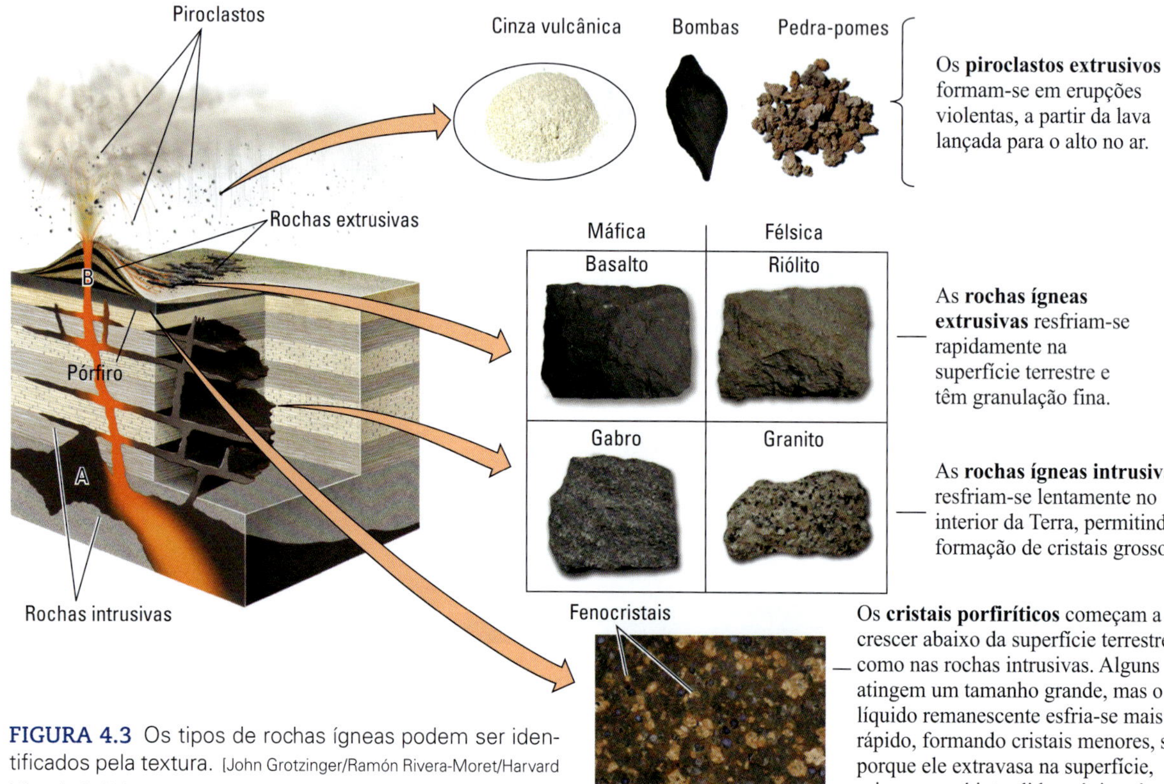

FIGURA 4.3 Os tipos de rochas ígneas podem ser identificados pela textura. [John Grotzinger/Ramón Rivera-Moret/Harvard Mineralogical Museum.]

Pórfiro* é uma rocha ígnea com uma textura mista, na qual grandes cristais "flutuam" em uma matriz de textura predominantemente fina (ver Figura 4.3). Os grandes cristais, chamados de *fenocristais*, formaram-se quando o magma ainda estava sob a superfície terrestre. Então, antes que outros cristais pudessem crescer, uma erupção vulcânica levou o magma para a superfície, onde ele rapidamente se resfriou como uma massa cristalina fina. Em alguns casos, os pórfiros desenvolvem-se como rochas ígneas intrusivas, por exemplo, em locais pouco profundos da crosta, onde os magmas são colocados e resfriados rapidamente. As texturas porfiríticas são muito importantes para os geólogos, pois indicam que diferentes minerais cresceram em diferentes velocidades, um tema que será discutido com mais detalhes posteriormente neste capítulo.

No Capítulo 12, examinaremos mais minuciosamente como os processos vulcânicos formam rochas ígneas extrusivas. Por enquanto, vamos direcionar nossa atenção à segunda maneira de classificar as rochas ígneas.

Composição química e mineralógica

Vimos anteriormente que as rochas ígneas podem ser subdivididas de acordo com sua textura. Contudo, elas também podem ser subdivididas com base na sua composição química e mineralógica. O vidro vulcânico, que não tem forma mesmo quando observado ao microscópio, é frequentemente classificado de acordo com as análises químicas. Uma das mais antigas classificações de rochas ígneas baseia-se em uma simples análise química do seu teor de sílica. A sílica (SiO_2) é abundante na maioria das rochas ígneas e representa 40 a 70% do seu peso total.

As classificações modernas agrupam as rochas ígneas de acordo com suas proporções relativas de minerais silicosos (**Quadro 4.1**; ver também Apêndice 4).

Esses minerais – quartzo, feldspatos, micas dos tipos muscovita** e biotita, os grupos dos anfibólios e dos piroxênios e a olivina – formam uma série sistemática. Enquanto os minerais *félsicos* são ricos em sílica, os *máficos* são pobres. Os adjetivos *félsico* (a partir de *feldspato* e *sílica*) e *máfico* (a partir de *magnésio* e *férrico*, do latim *ferrum*) são aplicados para minerais e para as rochas que têm alto teor desses minerais. Os minerais máficos cristalizam-se em temperaturas mais altas – isto é, logo nos primeiros estágios de resfriamento de um magma – que os minerais félsicos.

Quando o conhecimento da composição mineralógica e química das rochas ígneas foi ampliado, tornou-se claro para os geólogos que algumas rochas intrusivas e extrusivas tinham composição idêntica, diferindo apenas no aspecto textural. O basalto, por exemplo, é uma rocha extrusiva formada a partir

*N. de R.T.: O termo "pórfiro" é mais utilizado nos países de língua inglesa. Contudo, a classificação das rochas ígneas mais utilizada (Streckeisen, 1976, 1979) não inclui esse conceito.

**N. de R.T.: Sinônimo de "mica branca" e de "moscovita", (que é menos preferível, pois se confunde com o adjetivo gentílico de Moscou). O vocábulo muscovita deriva de Muscovia, antiga designação em italiano de Moscou.

QUADRO 4.1 Os minerais mais comuns das rochas ígneas

GRUPO COMPOSICIONAL	MINERAL	COMPOSIÇÃO QUÍMICA	ESTRUTURA DO SILICATO
FÉLSICA	Quartzo	SiO_2	Cadeias tridimensionais (ou tectossilicatos)
	Ortoclásio	$KAlSi_3O_8$	
	Plagioclásio*	$NaAlSi_3O_8$; $CaAl_2Si_2O_8$	
	Muscovita (mica)	$KAl_3Si_3O_{10}(OH)_2$	Folhas (ou filossilicatos)
	Biotita (mica)	K, Mg, Fe, Al } $Si_3O_{10}(OH)_2$	Folhas (ou filossilicatos)
MÁFICA	Grupo dos anfibólios	Mg, Fe, Ca, Na } $Si_8O_{22}(OH)_2$	Cadeias duplas (ou inossilicatos)
	Grupo dos piroxênios	Mg, Fe, Ca, Al } SiO_3	Cadeias simples (ou inossilicatos)
	Olivina	$(Mg,Fe)_2SiO_4$	Tetraedros isolados (ou nesossilicatos)

*No original, *plagioclase feldspar*, ou seja, feldspato do tipo plagioclásio. Em português técnico, usa-se simplesmente plagioclásio para designar os feldspatos de composição calciossódica, da mesma forma que *orthoclase feldspar* é traduzido simplesmente como ortoclásio.

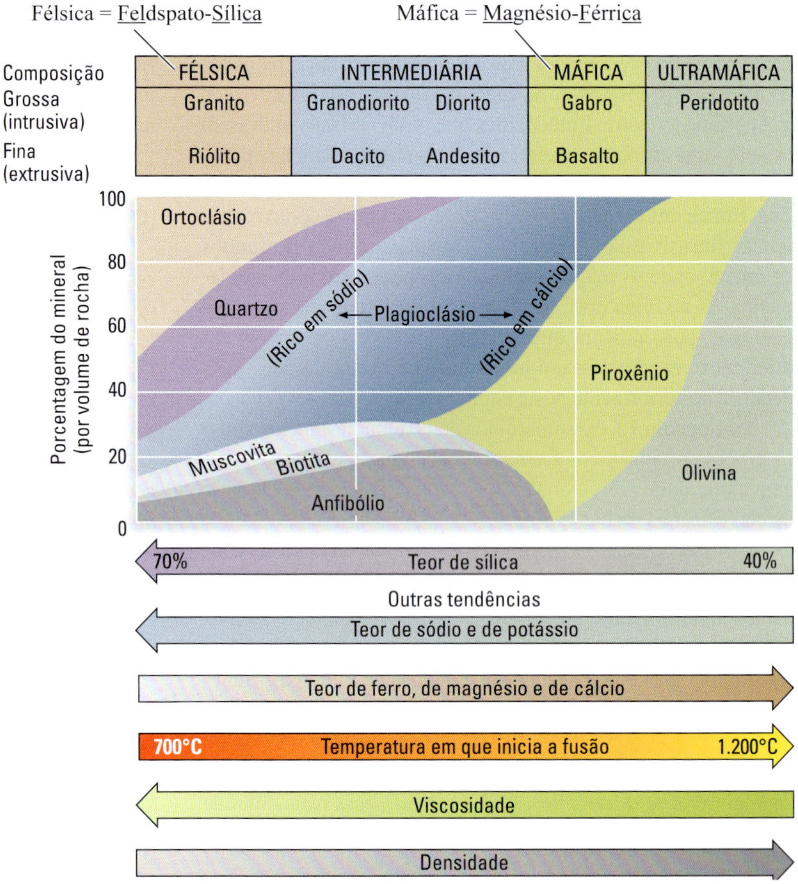

FIGURA 4.4 Classificação modal das rochas ígneas.* O eixo vertical expressa a composição mineralógica de uma determinada rocha sob forma de porcentagem de seu volume. O eixo horizontal é uma escala de teor de sílica por peso de rocha. Assim, se você soubesse, por meio de uma análise química, que uma amostra de rocha de granulação grossa tem 70% de sílica, poderia determinar que sua composição teria cerca de 6% de anfibólio, 3% de biotita, 5% de muscovita, 14% de plagioclásio, 22% de quartzo e 50% de ortoclásio, e a rocha seria classificada como um granito. Embora o riólito tenha a mesma composição mineralógica, seria excluído devido a sua textura fina.

*N. de R.T.: Neste quadro foram relacionados termos de dois tipos distintos de classificação de rochas ígneas. O primeiro, que reúne os termos félsico, intermediário (mafélsico), máfico e ultramáfico, refere-se à classificação modal das rochas ígneas, feita de acordo com a quantidade de minerais máficos (olivinas, piroxênios, anfibólios, micas, monticellita, melilita, minerais opacos e acessórios, como zircão, apatita, esfênio, epídoto, allanita, granada e carbonatos). O segundo refere-se a uma classificação química baseada no teor de sílica, sendo uma das mais antigas proposições. Segundo essa classificação, há as seguintes categorias de rochas: ultrabásica (teor de SiO_2 < 49%), básica (teor de SiO_2 entre 49-52%), intermediária (teor de SiO_2 entre 52-66%) e ácida (com teor de sílica > 66%).

Félsica = Feldspato-Sílica — Máfica = Magnésio-Férrica

Composição	FÉLSICA	INTERMEDIÁRIA	MÁFICA	ULTRAMÁFICA
Grossa (intrusiva)	Granito	Granodiorito Diorito	Gabro	Peridotito
Fina (extrusiva)	Riólito	Dacito Andesito	Basalto	

Porcentagem do mineral (por volume de rocha): 100, 80, 60, 40, 20, 0 — Ortoclásio, Quartzo, (Rico em sódio) ←Plagioclásio→ (Rico em cálcio), Piroxênio, Muscovita, Biotita, Anfibólio, Olivina

70% Teor de sílica 40%

Outras tendências

Teor de sódio e de potássio

Teor de ferro, de magnésio e de cálcio

700°C Temperatura em que inicia a fusão 1.200°C

Viscosidade

Densidade

de lava. O gabro tem exatamente a mesma composição mineral do basalto, porém se forma nas grandes profundidades da crosta (ver Figura 4.3). Da mesma forma, o riólito e o granito são idênticos em composição, diferindo apenas na textura. Assim, as rochas extrusivas e intrusivas formam dois conjuntos paralelos, no que diz respeito à composição química e mineralógica. Ou seja, grande parte das composições químicas e mineralógicas na série félsica-máfica descrita anteriormente pode aparecer tanto em rochas extrusivas quanto intrusivas. As únicas exceções são as rochas com alto teor de minerais máficos, que raramente ocorreram como rochas ígneas extrusivas.

A **Figura 4.4** apresenta um modelo gráfico que retrata essas relações. Note que, no eixo horizontal, os teores de sílica são plotados como porcentagem de uma determinada massa de rocha. As porcentagens representadas variam de 70 (correspondendo a um alto teor de sílica) a 40% (correspondendo a um baixo teor de sílica) e cobrem toda a variedade composicional das rochas ígneas. O eixo vertical mostra uma escala que mede a quantidade de um mineral de uma determinada rocha, sob forma de porcentagem do volume. Esse modelo pode ser usado para classificar uma amostra de rocha desconhecida com um teor conhecido de sílica: procurando o teor de sílica no eixo horizontal, pode-se determinar sua composição mineralógica e, a partir disso, o tipo de rocha.

A Figura 4.4 pode auxiliar na análise de rochas ígneas intrusivas e extrusivas. Começaremos pelas rochas félsicas, situadas na extremidade esquerda do modelo.

Rochas félsicas **Rochas félsicas** são pobres em ferro e magnésio e ricas em minerais que têm altos teores de sílica. Tais minerais incluem quartzo, ortoclásio e plagioclásio. Os ortoclásios, que contêm potássio, são mais abundantes do que os plagioclásios, os quais contêm quantidades variadas de cálcio e sódio. Como indica a Figura 4.4, eles são mais ricos em sódio próximo à extremidade félsica e mais ricos em cálcio próximo ao extremo máfico do diagrama. Assim, da mesma forma que os minerais máficos cristalizam-se em temperaturas mais altas que a dos félsicos, os plagioclásios ricos em cálcio cristalizam-se em temperaturas mais altas que a dos plagioclásios mais sódicos.

Os minerais e as rochas félsicas tendem a ser de cor mais clara. O **granito**, uma das rochas ígneas intrusivas mais abundantes, contém cerca de 70% de sílica. Sua composição inclui quartzo e ortoclásio em abundância e quantidades mais baixas de plagioclásio (ver parte esquerda da Figura 4.4). Esses minerais félsicos de coloração clara conferem ao granito uma cor rosada ou cinza. O granito também contém pequenas quantidades de micas (biotita e muscovita) e de anfibólio. O **riólito** é o equivalente extrusivo do granito. Essa rocha, de cor castanha-clara a cinza, tem a mesma composição félsica e a coloração clara do granito, porém sua granulação é muito mais fina. Muitos riólitos são compostos inteiramente, ou em grande parte, de vidro vulcânico.

Rochas ígneas intermediárias A meio caminho entre os extremos félsico e máfico da série estão as **rochas ígneas intermediárias**. Como seu nome indica, essas rochas não são nem tão ricas em sílica quanto as rochas félsicas nem tão pobres deste elemento quanto as rochas máficas. As rochas intermediárias encontram-se à direita do granito na Figura 4.4. A primeira é o **granodiorito,*** uma rocha félsica de cor clara que tem uma aparência semelhante a do granito. Ela também é similar ao granito por ter quartzo abundante, mas nela, o feldspato predominante é o plagioclásio, e não o ortoclásio. À direita do granodiorito está o **diorito**, que contém ainda menos sílica e é dominado por plagioclásio, com pouco ou nenhum quartzo. Os dioritos contêm uma quantidade moderada dos minerais máficos biotita, anfibólio e piroxênio e tendem a ser mais escuros do que os granitos e granodioritos.

O equivalente extrusivo do granodiorito é o **dacito**. À sua direita, na série das rochas extrusivas, está o **andesito**, que é o equivalente vulcânico do diorito. O nome do andesito é derivado de Andes, a cordilheira de montanhas vulcânicas da América do Sul.

Rochas máficas As **rochas máficas** são ricas em piroxênios e olivinas. Esses minerais são relativamente pobres em sílica, mas ricos em magnésio e ferro, elementos que lhes conferem suas cores escuras características. O **gabro**, que tem muito menos sílica que as rochas intermediárias, é uma rocha ígnea de cor cinza-escura com granulação grossa e tem minerais máficos, especialmente piroxênio, em abundância. Essa rocha não contém quartzo e apresenta quantidade apenas moderada de plagioclásio rico em cálcio.

O **basalto** é a rocha ígnea mais abundante da crosta e está virtualmente presente sob todo o assoalho marinho. Essa rocha tem cor cinza-escura a preta, é o equivalente extrusivo do gabro, mas com granulação fina. Em alguns locais, extensos e espessos derrames de basalto, chamados de *basalto de inundação,* constituem grandes planaltos**. O Planalto Colúmbia (Columbia River), no Estado de Washington (EUA), e a notável formação conhecida como o Elevado do Gigante (Giant's Causeway), no norte da Irlanda, são exemplos. Os basaltos do Deccan, na Índia, e os da Sibéria, no norte da Rússia, representam enormes derrames que parecem coincidir perfeitamente com dois dos maiores períodos de extinção em massa do registro fóssil.

Rochas ultramáficas São rochas que consistem fundamentalmente em minerais máficos e contêm menos de 10% de feldspato. Na extremidade direita da Figura 4.4 está o **peridotito**, que tem um teor de sílica de apenas cerca de 45%, granulação grossa e cor cinza-esverdeada escura. Essa rocha é composta principalmente de olivina com pequenas quantidades de piroxênio. Os peridotitos são a rocha dominante do manto da Terra e constituem a fonte das rochas basálticas que se formam nas dorsais mesoceânicas. As **rochas ultramáficas** raramente são extrusivas. Como se formam em altas temperaturas, raramente constituem líquidos e, portanto, não formam lavas típicas.

*N. de R.T.: Os granodioritos podem ser rochas ácidas ou intermediárias, dependendo do teor de minerais máficos que contenham. A maioria dos granodioritos tem baixo teor de minerais máficos (em geral, entre 10 e 30%) e é rica em sílica, podendo ser classificada como ácida. Entretanto, existem aqueles com teores entre 30 e 40%, podendo ser, neste caso, rochas intermediárias.

** N. de RT.: No Brasil, o Planalto Meridional também é formado por espesso pacote de derrames de basalto, incluído na Província Ígnea do Paraná, sendo uma das maiores do mundo.

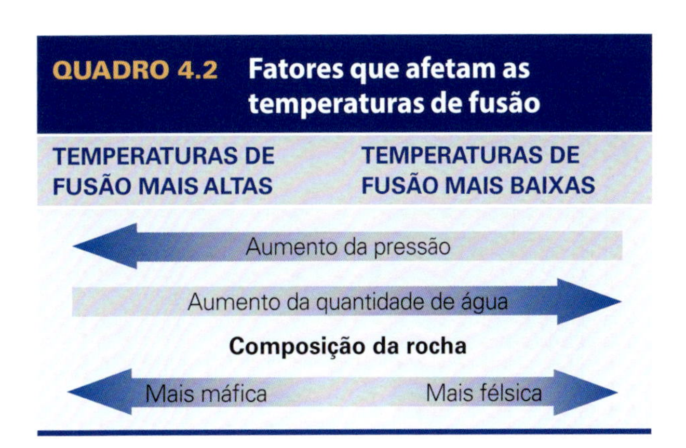

Tendências na série félsica-máfica Os nomes e as composições exatas das várias rochas da série félsica-máfica são menos importantes do que as mudanças sistemáticas mostradas na Figura 4.4. Há uma forte correlação entre a mineralogia e as temperaturas de cristalização ou de fusão. Como indicado no Quadro 4.2, os minerais máficos fundem-se em temperaturas mais altas que os félsicos. Com temperaturas abaixo do ponto de fusão, os minerais cristalizam-se; portanto, os minerais máficos também cristalizam-se em temperaturas mais altas do que os félsicos. Podemos ver no quadro que o conteúdo de sílica também aumenta à medida que nos deslocamos do grupo máfico para o félsico. O aumento do teor de sílica resulta na formação de estruturas de silicatos cada vez mais complexas (ver Quadro 4.1), o que interfere na capacidade que uma rocha fundida tem de fluir. Assim, a **viscosidade**, que é a medida da *resistência* que um líquido tem de fluir, aumenta à medida que o teor de sílica torna-se mais alto. A viscosidade é um fator importante no comportamento de lavas, conforme veremos no Capítulo 12. O aumento do teor de sílica também resulta em diminuição da densidade, como vimos no Capítulo 1.

Está claro que o conhecimento dos minerais de uma rocha pode fornecer informações importantes sobre as condições de formação e cristalização do magma parental que a originou. Entretanto, para interpretar essas informações corretamente, temos de saber mais sobre os processos ígneos, o que faremos no próximo tópico.

Como se formam os magmas?

Sabemos, a partir do modo como a Terra transmite as ondas de terremotos, que a maior parte do planeta é sólida por milhares de quilômetros, até o limite núcleo-manto (ver Capítulo 1). As evidências fornecidas pelas erupções vulcânicas, entretanto, indicam-nos que deve haver também regiões líquidas, onde se originam os magmas. Como poderemos resolver essa aparente contradição? A resposta está nos processos que fundem as rochas e criam os magmas.

Como as rochas se fundem?

Embora ainda não entendamos exatamente os mecanismos de fusão e de solidificação, os geólogos têm aprendido muito com experimentos de laboratório que utilizam fornalhas de

FIGURA 4.5 Aparelho experimental utilizado para fundir rochas em laboratório. [Cortesia de Jon Blundy.]

alta temperatura (**Figura 4.5**). A partir dessas experiências, sabemos que o ponto de fusão de uma rocha depende de sua composição química e mineralógica e das condições de temperatura e pressão (Quadro 4.2).

Temperatura e fusão Há 100 anos, os geólogos descobriram que uma rocha nunca se funde completamente, seja qual for a temperatura. Em vez disso, ocorre a **fusão parcial** da rocha, porque os minerais que a compõem fundem-se em diferentes temperaturas. À medida que a temperatura sobe, alguns minerais fundem-se e outros permanecem sólidos. Se forem mantidas as mesmas condições em uma dada temperatura, a mesma mistura de rocha sólida e de líquido se mantém. A fração de rocha que se fundiu em uma determinada temperatura é chamada de *fusão parcial*. Para visualizar uma fusão parcial, imagine como ficaria um biscoito contendo pedacinhos de chocolate dispersos na massa ao ser aquecido. A certa temperatura, o chocolate derreteria, mas a massa continuaria sólida. Os pedacinhos de chocolate representam a fusão parcial, ou o magma.

A proporção entre sólido e líquido em uma fusão parcial depende da composição e das temperaturas de fusão dos minerais que constituem a rocha original. Depende, também, da temperatura do nível da crosta ou do manto onde a fusão acontece. Consideremos, agora, duas situações da fusão parcial em um intervalo de temperatura em que ocorre a fusão de uma rocha: no limite inferior e no limite superior desse intervalo. No primeiro limite, a fusão parcial pode ser inferior a 1% do volume original da rocha. Grande parte da rocha ainda estaria sólida, mas quantidades apreciáveis de líquido estariam presentes sob a forma de pequenas gotículas nos minúsculos espaços entre os cristais da massa de rocha. No manto superior, por exemplo, alguns magmas basálticos são produzidos pela fusão de 1 ou 2% de peridotito. Entretanto, são comuns fusões de 15 a 20% de peridotito mantélico para produzir magmas basálticos sob as dorsais mesoceânicas. Já no limite superior, grande parte dela estaria líquida, contendo quantidades menores de cristais não fundidos. Um exemplo disso seria um reservatório de magma basáltico contendo cristais e situado bem abaixo de um vulcão, como ocorre na ilha do Havaí. Os geólogos valeram-se dos novos conhecimentos sobre as fusões parciais para poderem determinar como os diferentes tipos de magmas formam-se em distintas temperaturas e em diversas regiões do interior da Terra. Como você pode imaginar, a composição de uma fusão parcial em que somente os minerais com os menores pontos de fusão foram fundidos pode ser significativamente diferente da composição de uma rocha que foi liquefeita por completo. Assim, os basaltos que se formam em distintas regiões do manto podem ter composições um tanto diferentes entre si.

Pressão e fusão Para entender todo o processo de fusão, devemos considerar a pressão e a temperatura. A pressão aumenta com a profundidade no interior da Terra, como resultado da acumulação do peso das rochas sobrejacentes. Os geólogos descobriram, ao fundir rochas sob várias pressões no laboratório, que o aumento de pressão também elevava a temperatura de fusão. Assim, rochas que teriam se fundido na superfície terrestre permaneceriam sólidas, na mesma temperatura, no interior da Terra. Por exemplo, uma rocha que se funde a 1.000°C na superfície poderia ter uma temperatura de fusão muito mais alta, talvez 1.300°C, em níveis mais profundos, onde a pressão é milhares de vezes maior. O efeito da pressão explica por que a maioria das rochas da crosta e do manto não se funde. Isso só ocorre quando sua composição mineral, pressão e temperatura estiverem ajustadas.

Da mesma forma que o aumento de pressão pode manter uma rocha sólida, a diminuição da pressão pode fazê-la fundir-se, se a temperatura for alta o suficiente. Como resultado da convecção, o manto terrestre ascende na região das dorsais mesoceânicas, a uma temperatura mais ou menos constante. À medida que o material mantélico ascende e a pressão diminui abaixo de um ponto crítico, as rochas sólidas fundem-se espontaneamente, sem introdução adicional de calor. Esse processo, conhecido como **fusão por descompressão**, produz o maior volume de rocha fundida da Terra. É por meio desse processo que a maioria dos basaltos do fundo oceânico se forma.

Água e fusão As experiências com temperaturas de fusão e fusão parcial proporcionaram também outros benefícios. Um deles foi a compreensão do papel desempenhado pela água nos processos de fusão das rochas. Os geólogos sabiam, a partir de análises das lavas naturais, que havia água em alguns magmas. Essa descoberta levou-os à ideia de adicionar água às fusões experimentais feitas no laboratório. Com a adição de quantidades pequenas, porém variadas de água, descobriram que as composições de fusões parciais variam não somente com a temperatura e a pressão, mas também com a quantidade de água presente.

Considere, por exemplo, o efeito da água dissolvida na albita pura (plagioclásio com alto teor de sódio), em locais de baixa pressão na superfície terrestre. Se uma pequena quantidade de água estiver presente na rocha, a albita pura mantém-se sólida até temperaturas um pouco maiores que 1.000°C, que é 10 vezes mais alta do que a do ponto de ebulição da água.

Nessas temperaturas, a água na albita está sob a forma de vapor (gás). Se grande quantidade de água estiver presente, a temperatura de fusão da albita diminuirá, caindo até temperaturas em torno de 800°C. Esse comportamento segue a regra geral, que estabelece que, ao dissolver-se um pouco de uma substância (no caso, a água) em outra (a albita), o ponto de fusão da substância será rebaixado. Se você vive em um local de clima frio, deve estar familiarizado com esse princípio, pois as prefeituras espalham sal nas estradas cobertas de gelo para baixar seu ponto de fusão. Segundo esse mesmo princípio, a temperatura de fusão da albita – e de todos os silicatos – cai de forma considerável na presença de grandes quantidades de água. Os pontos de fusão desses minerais diminuem proporcionalmente à quantidade de água dissolvida no silicato fundido.

A fusão de rocha induzida pela presença de água que reduz seu ponto de fusão é chamada de **fusão induzida por fluidos**. A quantidade de água é um fator significativo na fusão de rochas sedimentares, que contêm um volume bastante grande de água em seus poros, maior do que pode ser encontrado em rochas ígneas ou metamórficas. Como discutiremos mais adiante, neste capítulo, a água das rochas sedimentares desempenha um papel importante nos processos de fusão que originam boa parte da atividade vulcânica nas zonas de subducção.

A formação das câmaras magmáticas

A maioria das substâncias é menos densa na forma líquida do que na forma sólida. A densidade de uma rocha fundida é menor do que a de uma rocha sólida de mesma composição. Com esse conhecimento, os geólogos argumentam que grandes volumes de magma poderiam se formar de acordo com a explicação que será exposta a seguir. Se o magma menos denso tivesse uma oportunidade de se mover, ele se moveria para cima, da mesma forma que o óleo, que é menos denso que a água, ascende até a superfície de uma mistura de ambos. Sendo líquida, a fusão parcial poderia mover-se lentamente para cima por meio de poros e ao longo dos limites intercristalinos das rochas sobrejacentes. À medida que as gotas de rocha fundida se movem para cima, elas podem coalescer com outras gotas, formando borbulhas maiores de rocha fundida no interior sólido da Terra.

A ascensão de magmas, atravessando o manto e a crosta, pode ser lenta ou rápida. As velocidades de ascensão podem variar de 0,3 até 50 m/ano. O tempo de ascensão pode ser de dezenas de milhares até centenas de milhares de anos. À medida que ascendem, os magmas podem misturar-se com outros e também influir na fusão da crosta litosférica. Hoje, sabemos que as grandes borbulhas de rocha fundida, chamadas de **câmaras magmáticas**, formam-se na litosfera à medida que as gotas de rocha fundida em processo de ascensão empurram para os lados as rochas sólidas adjacentes. Consideramos que elas existem, porque as ondas de terremotos conseguem mostrar-nos a profundidade, o tamanho e os contornos gerais das câmaras existentes abaixo de alguns vulcões ativos. O volume de uma câmara magmática pode chegar a vários quilômetros cúbicos. Ainda não se pode dizer, com certeza, como as câmaras magmáticas se formam, nem como se parecem em três dimensões. Pensa-se que sejam grandes cavidades na rocha sólida, preenchidas com líquido, as quais se expandem à medida que mais porções das rochas envolventes são fundidas, ou à medida que mais líquido é adicionado ao longo de rachaduras e outras pequenas aberturas entre os cristais. As câmaras magmáticas contraem-se à medida que expelem magmas para a superfície durante as erupções.

Onde se formam os magmas?

O conhecimento que temos dos processos ígneos é proveniente de inferências geológicas e de experimentos em laboratório. Uma importante fonte de informação são os vulcões, que fornecem informações sobre os locais onde os magmas estão. A segunda fonte de dados refere-se aos registros de temperaturas medidas em sondagens profundas e em poços de minas. Esses registros mostram que a temperatura do interior da Terra aumenta com a profundidade. Usando essas medições, os cientistas puderam estimar a taxa de aumento da temperatura com a profundidade.

Em alguns locais, as temperaturas registradas em uma determinada profundidade são muito mais altas do que aquelas medidas na mesma profundidade em outros locais. Esses resultados indicam que algumas partes da crosta e do manto da Terra são mais quentes do que outras. Por exemplo, a Grande Bacia (Great Basin), no Oeste dos Estados Unidos, é uma área onde o continente norte-americano está sendo estendido e sofrendo adelgaçamento, o que resulta em um aumento da temperatura a uma taxa extremamente rápida, alcançando 1.000°C a uma profundidade de 40 km, não muito abaixo da base da crosta. Essa temperatura é quase suficiente para fundir o basalto. Em contraste, em regiões tectonicamente estáveis, como as porções interiores dos continentes, a temperatura aumenta muito mais lentamente, alcançando apenas 500°C na mesma profundidade.

A diferenciação magmática

Os processos que abordamos até o momento demonstram como as rochas se fundem para formar magmas. Mas como é possível explicar a diversidade de rochas ígneas? Essa diversidade é resultante de magmas de distintas composições, formados pela fusão de diferentes tipos de rochas? Ou existem processos que produzem a diversidade a partir de um material parental originalmente uniforme?

Mais uma vez, as respostas para essas questões vieram de experiências de laboratório. Os geólogos misturaram elementos químicos em proporções que simulavam as composições de rochas ígneas naturais e, então, fundiram essas misturas. À medida que as fusões resfriavam-se e solidificavam-se, os pesquisadores observaram cuidadosamente as temperaturas nas quais os cristais se formavam e registraram suas composições químicas. Essa pesquisa deu origem à teoria da **diferenciação magmática**, que é um processo por meio do qual rochas de proporções variadas podem surgir a partir de um magma parental uniforme. A diferenciação magmática ocorre porque diferentes minerais cristalizam-se em diferentes temperaturas.

Como em uma imagem especular invertida das etapas de fusão parcial obtida pelos experimentos, os primeiros minerais que se cristalizam em um magma em resfriamento são aqueles que se fundem por último. Na etapa de cristalização inicial, são retirados elementos químicos do líquido que acabam por modificar a composição do magma. Na continuação do resfriamento, cristalizam-se os minerais que se fundiram na etapa de temperatura imediatamente mais baixa daquela da fase final de fusão. Mais uma vez, a composição química do magma modifica-se, como resultado da retirada de vários elementos químicos. Finalmente, quando o magma solidifica-se por completo, os últimos minerais a cristalizarem-se são os que se fundiram primeiro. É dessa maneira que o mesmo magma parental pode dar origem a diferentes rochas ígneas, como resultado das mudanças na sua composição química ao longo do processo de cristalização.

Cristalização fracionada: observações de laboratório e de campo

A **cristalização fracionada** é o processo por meio do qual os cristais formados a partir de um magma em resfriamento são segregados do líquido remanescente. Essa segregação acontece de várias formas, seguindo uma sequência normalmente descrita como *série de reação de Bowen* (**Figura 4.6**). No cenário mais simples, os cristais formados em uma câmara magmática depositam-se no assoalho desta, sendo, assim, impedidos de reagir com o líquido remanescente. Os cristais que já haviam se formado são, deste modo, segregados do magma remanescente, que continua seu processo de cristalização à medida que se resfria.

Um bom exemplo para testar a teoria da cristalização fracionada é o de Palisades,* um alinhamento de penhascos imponentes próximo à cidade de Nova Iorque, na margem oeste do rio Hudson (**Figura 4.7**). Essa formação ígnea tem cerca de 80 km de comprimento e, em alguns locais, chega a 300 m de altura. Ela resultou de um magma de composição basáltica que foi intrudido entre dois pacotes de rochas sedimentares quase horizontais. Contém abundante olivina em sua base, piroxênio e plagioclásio na porção mediana e, próximo ao topo, é composta principalmente de plagioclásio rico em sódio. Essas variações da composição mineralógica entre a base e o topo tornaram Palisades um local perfeito para testar a teoria da cristalização fracionada.

A partir das experiências de fusão de rochas com proporções de minerais praticamente idênticas à composição da intrusão de Palisades, os geólogos determinaram que a temperatura da fusão deve ter sido em torno de 1.200°C. As porções de magma próximas aos contatos relativamente frios com as encaixantes sedimentares, no topo e na base, resfriaram-se rapidamente, formando um basalto de granulação fina, cuja composição química é a mesma do magma original. Entretanto, a porção interna da intrusão resfriou-se mais lentamente, como evidenciam os cristais de tamanho um pouco maior encontrados no interior da intrusão.

A teoria da cristalização fracionada levam-nos a pensar que o primeiro mineral a cristalizar no interior da intrusão de Palisades, sob resfriamento lento, teria sido a olivina. Esse mineral pesado teria afundado no magma e depositado-se na base da intrusão. Pode-se encontrar hoje uma camada rica em olivina de granulação grossa, localizada logo acima da camada de basalto de granulação fina resultante do "congelamento" do magma basáltico no contato inferior da intrusão. O plagioclásio teria começado a cristalizar-se mais ou menos no mesmo período; ele tem densidade menor do que a da olivina e, portanto, teria se depositado ao fundo mais lentamente (ver Pratique um Exercício de Geologia *Como os minérios metálicos valiosos se formam?*). O resfriamento continuado teria produzido cristais de piroxênio, seguidos quase imediatamente de plagioclásio rico em cálcio. A abundância de plagioclásio nas porções superiores da intrusão é uma evidência de que a composição do magma

*N. de R.T.: A palavra inglesa *palisades* significa "cerca fortificada com estacas ou paliçadas".

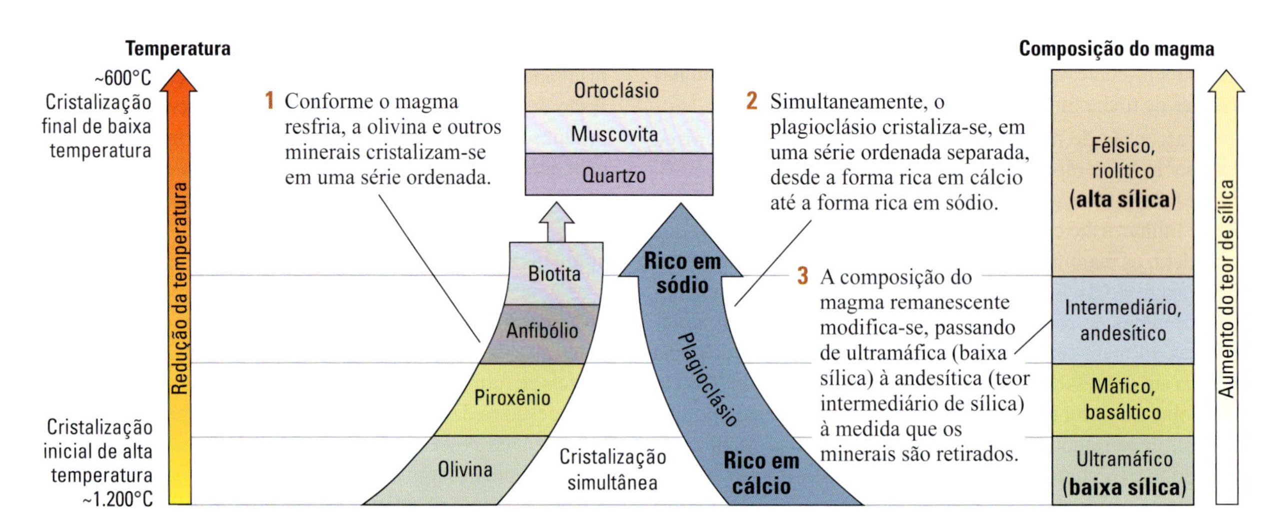

FIGURA 4.6 A série de reação de Bowen fornece um modelo de cristalização fracionada.

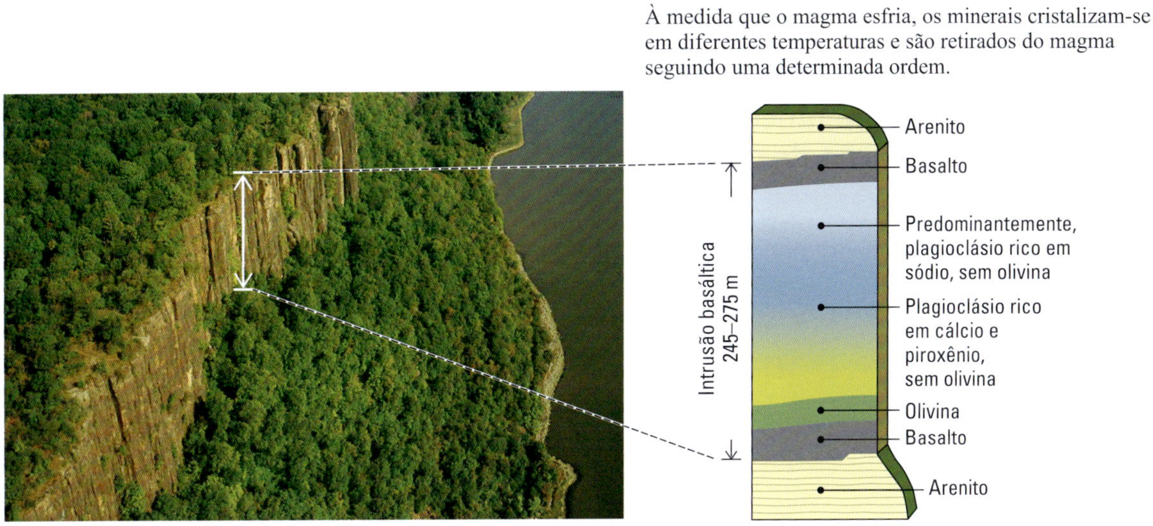

À medida que o magma esfria, os minerais cristalizam-se em diferentes temperaturas e são retirados do magma seguindo uma determinada ordem.

Intrusão basáltica 245–275 m

Arenito
Basalto
Predominantemente, plagioclásio rico em sódio, sem olivina
Plagioclásio rico em cálcio e piroxênio, sem olivina
Olivina
Basalto
Arenito

FIGURA 4.7 A cristalização fracionada explica a composição da intrusão basáltica que forma as Palisades. Nelas, os minerais têm o seguinte ordenamento: um nível de olivina na base, um gradiente de piroxênio e de plagioclásio rico em cálcio na parte média e plagioclásio rico em sódio no topo. Camadas de basalto com granulação fina, que resfriou rapidamente na base e no topo da intrusão, delimitam o interior que sofreu um resfriamento mais lento. [Jim Wark/AirPhoto.]

continuou a mudar até que sucessivas camadas de cristais depositados fossem cobertas por uma camada de topo, composta principalmente de cristais de plagioclásio rico em sódio. Além de cristalizar a uma temperatura mais baixa, o plagioclásio rico em sódio é menos denso do que a olivina e o piroxênio, então teria se depositado por último.

A explicação para a existência de camadas na intrusão de Palisades foi um dos primeiros sucessos da versão inicial da teoria da diferenciação magmática. Ela conseguiu ajustar de maneira muito firme as observações de campo com as experiências de laboratório e estava solidamente baseada em dados químicos. Hoje sabemos que essa intrusão tem, na verdade, uma história mais complexa, que inclui várias injeções de magma e um processo de deposição de olivina muito mais complicado. Apesar disso, a intrusão de Palisades continua sendo um exemplo válido de cristalização fracionada.

Granito e basalto: complexidades de diferenciação magmática

Estudos das lavas dos vulcões mostraram que os magmas basálticos são comuns – muito mais comuns do que os magmas riolíticos cuja composição corresponde à dos granitos. Como, então, os granitos tornaram-se tão abundantes na crosta terrestre? A resposta está no fato de que o processo de diferenciação magmática é muito mais complexo do que os geólogos pensavam.

A ideia original da teoria da diferenciação magmática era de que um magma basáltico resfriaria-se gradualmente, diferenciando-se até um magma mais félsico por meio do processo de cristalização fracionada. Os primeiros estágios dessa diferenciação teriam produzido magmas andesíticos, que poderiam extrudir para formar lavas andesíticas ou solidificar por meio de resfriamento lento para formar rochas intrusivas dioríticas. Estágios intermediários produziriam rochas de composição granodiorítica. Se esse processo operasse ainda mais adiante, seus estágios mais tardios formariam lavas riolíticas e intrusões graníticas. Porém, uma das linhas de pesquisa demonstrou que o tempo necessário para que pequenos cristais de olivina atravessassem um magma denso e viscoso seria tão grande que eles jamais poderiam alcançar o assoalho de uma câmara magmática. Outros pesquisadores demonstraram que muitas intrusões acamadas similares à de Palisades, porém bem maiores, não apresentam progressão simples de camadas previstas por uma teoria magmática simples.

O maior problema, entretanto, era a fonte dos granitos. O grande volume de granito encontrado na Terra não poderia ter se formado a partir da diferenciação de magmas basálticos, pois grandes quantidades de volume de líquidos são perdidas por cristalização durante sucessivos estágios de diferenciação. Para produzir a quantidade de granito existente, seria necessário um volume inicial de basalto 10 vezes maior do que o volume de granito. Essa abundância implicaria a cristalização de gigantescas quantidades de basalto sob as intrusões graníticas. Entretanto, os geólogos nunca encontraram nada parecido com essas quantidades de basalto. Mesmo nos locais onde grandes volumes de basalto são encontrados, nas dorsais mesoceânicas, não há conversão generalizada de basalto em granito por meio de diferenciação magmática.

A ideia original, de que todas as rochas graníticas eram derivadas da diferenciação de um único tipo de magma, uma fusão basáltica, tem sido questionada. Em vez disso, os geólogos

PRATIQUE UM EXERCÍCIO DE GEOLOGIA

Como os minérios metálicos valiosos se formam? Diferenciação magmática por meio de deposição de cristais

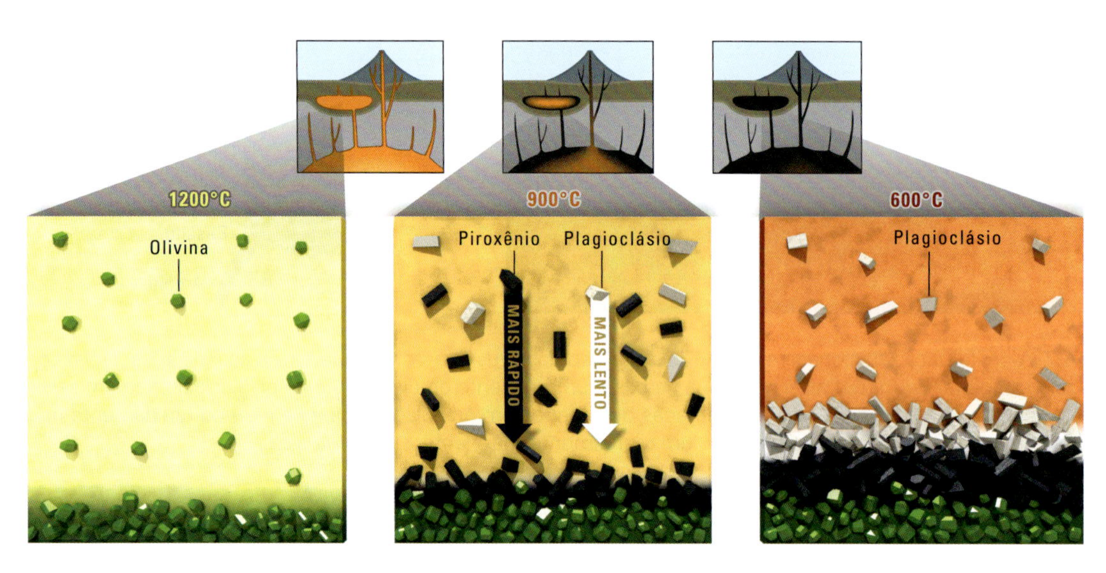

Cristalização fracionada na soleira de Palisades

Alguns dos depósitos minerais de maior importância econômica do mundo são formados por deposição diferencial de cristais em câmaras magmáticas. O depósito de Bushveld, na África do Sul, e o de Stillwater, em Montana, ao norte do Parque Nacional Yellowstone, são os dois dos exemplos mais famosos.

Esses depósitos contêm algumas das maiores reservas mundiais de metais do grupo da platina – como a platina e o paládio –, embora sejam encontradas vastas quantidades de ferro, estanho, cromo e titânio. Tais depósitos representam antigas câmaras magmáticas, nas quais a cristalização fracionada levou à formação de diferentes minerais ao longo do tempo, que foram depositados no fundo dessa câmara em concentrações economicamente importantes. Os geólogos perceberam que o processo de deposição de cristais era a chave para entender como os depósitos se formavam.

Muitos processos geológicos envolvem a movimentação de partículas

agora passaram a considerar que a fusão de vários tipos de rocha no manto superior e na crosta causaria grande parte da variação na composição dos magmas da seguinte maneira:

1. Rochas do manto superior poderiam fundir-se parcialmente para produzir magma basáltico.
2. Uma mistura de rochas sedimentares com rochas basálticas oceânicas, como as que existem em zonas de subducção, poderia fundir-se para formar magma andesítico.
3. A fusão de rochas crustais sedimentares, ígneas e metamórficas poderia produzir magmas graníticos.

Logo, os mecanismos de diferenciação magmática devem ser muito mais complexos do que se imaginava no começo:

- A diferenciação magmática pode ser alcançada por meio de fusão parcial de rochas mantélicas e crustais sob temperaturas e conteúdos de água variados.
- Os magmas não se resfriam uniformemente; eles podem existir transitoriamente em certos intervalos de temperatura dentro de uma câmara magmática. As diferenças de temperatura no interior de câmaras magmáticas e de uma câmara para outra podem provocar variações na composição dos magmas de uma região para outra.
- Alguns magmas são *imiscíveis* – não se misturam entre si, da mesma forma que água e óleo. Quando tais magmas coexistem em câmaras magmáticas, cada um deles forma seus próprios produtos de cristalização. Magmas

dentro de fluidos. Vemos os mesmos princípios básicos no movimento de grãos de areia em rios, no transporte rápido de detritos por meio da atmosfera quando um vulcão entra em erupção e na deposição de cristais através de magmas. Em cada caso, o movimento de partículas é regulado por uma série de fatores.

No exemplo da soleira de Palisades, vimos que, à medida que o magma basáltico resfria, a olivina cristaliza em primeiro lugar, seguida do piroxênio e do plagioclásio. Depois de cristalizado, cada mineral afunda através do magma líquido restante para depositar-se no fundo da câmara magmática. Dessa forma, a soleira de Palisades tem camadas de olivina na base e, logo acima, piroxênio e plagioclásio (ver Figura 4.7).

A olivina cristaliza antes do feldspato, assim como deposita-se mais rapidamente, em função de sua maior densidade. As taxas de cristalização fracionada e de deposição cristalina contribuem com a segregação de minerais nas câmaras magmáticas.

A taxa com que os cristais depositam-se depende de sua densidade e tamanho, além da viscosidade do magma remanescente. Essa taxa pode ser calculada usando uma relação matemática chamada de *lei de Stokes*:

$$V = \frac{gr^2(d_c - d_m)}{\mu}$$

onde V é a velocidade em que os cristais se depositam através do magma; g é a aceleração devido à gravidade da Terra (980 cm/s^2); r é o raio do cristal; d_c é a densidade do cristal; d_m é a densidade do magma; e μ é a viscosidade do magma.

Segundo a lei de Stokes, três fatores são importantes para regular a velocidade com que os cristais se movimentam através do magma:

1. À medida que os cristais crescem, o raio (r) aumenta. Como r está no numerador da equação, a lei de Stokes nos diz que cristais maiores serão depositados mais rapidamente do que os menores. Além disso, r está elevado ao quadrado, o que nos diz que pequenos aumentos no tamanho do cristal resultarão em aumentos muito maiores na velocidade de deposição.
2. A viscosidade do magma (μ) é uma medida da resistência do magma ao fluxo ou, nesse caso, a sair do caminho de um cristal que está afundando. Uma vez que μ está no denominador da equação, ele nos diz que um aumento na viscosidade do magma resultará em uma diminuição da velocidade de deposição.
3. A velocidade de deposição (V) também depende da diferença entre a densidade do cristal (d_c) e a densidade do magma (d_m). V aumentará à medida que a densidade do cristal aumentar e conforme a densidade do magma diminuir. Assim, em um magma de densidade constante, cristais com densidade mais alta serão depositados mais rapidamente que aqueles com densidade menor.

Agora, se considerarmos a cristalização fracionada na soleira de Palisades, a lei de Stokes nos ajudará a determinar as taxas reais de deposição para determinados minerais. Considere um cristal de olivina com raio de 0,1 cm e densidade de 3,7 g/cm^3. O magma através do qual o cristal deposita-se tem densidade de 2,6 g/cm^3 e viscosidade de 3.000 poise (1 poise = 1 g/cm^3 · s). Com que velocidade esse cristal de olivina cai pelo magma?

$$V = \frac{(980\ \text{cm/s}^2) \times (0{,}1)^2 \times (3{,}7 - 2{,}6\ \text{g/cm}^3)}{3000\ \text{g/cm}^3 \cdot \text{s}}$$

$$= 0{,}0036\ \text{cm/s}$$

$$= 12{,}9\ \text{cm/h}$$

PROBLEMA EXTRA: Tente fazer o mesmo cálculo para um cristal de plagioclásio de mesmo tamanho, com densidade de 2,7 g/cm^3. Qual mineral deposita-se através do magma com maior velocidade? Quão mais rápido ele se deposita?

que são *miscíveis*, isto é, que se misturam, podem originar uma trajetória de cristalização diferente daquelas que seriam formadas pela cristalização de cada um deles individualmente.

Agora sabemos mais sobre os processos físicos que interagem com a cristalização no interior das câmaras magmáticas (**Figura 4.8**). Os magmas que estão em temperaturas diferentes, em partes diversas de uma câmara magmática, podem fluir de forma turbulenta, cristalizando-se à medida que circulam. Os cristais podem assentar-se no fundo e, depois, ser de novo colocados em suspensão pelas correntes magmáticas. Podem, ainda, ser depositados nas paredes da câmara. Esses bordos, localizados entre a rocha sólida encaixante e o magma completamente líquido no interior de tais câmaras, podem ser constituídos por uma zona "pastosa",* composta de cristais misturados com magma. Em algumas dorsais mesoceânicas, como a Dorsal do Pacífico Oriental, uma câmara em forma de cogumelo pode estar circundada por rocha basáltica quente com pequenas quantidades (1–3%) de fusão parcial.

*N. de R.T.: *Mushy magma* (em português, "magma pastoso") é uma expressão eventualmente utilizada sem ser traduzida. Designa uma mistura viscosa de magmas com cristais em suspensão.

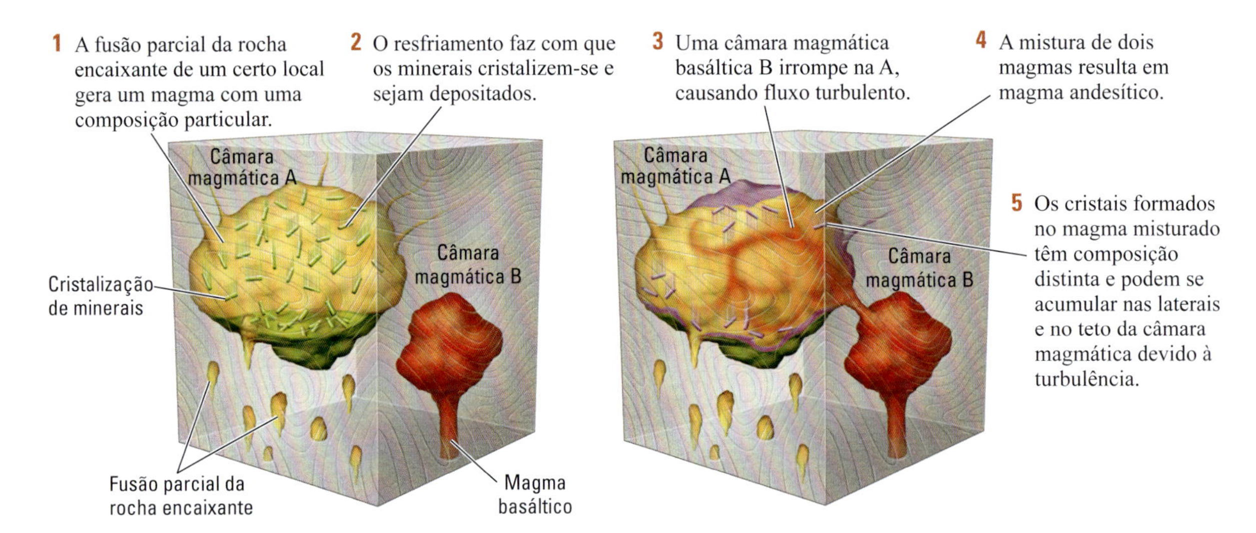

FIGURA 4.8 A diferenciação magmática é um processo mais complexo do que se pensava no passado. Alguns magmas derivados de rochas de diferentes composições podem se misturar, enquanto outros são imiscíveis. Os cristais podem ser transportados para várias partes da câmara magmática por correntes turbulentas no líquido.

As formas das intrusões magmáticas

Como já foi dito, os geólogos não podem observar diretamente as formas de intrusões ígneas. Só é possível deduzir as formas e a distribuição dessas rochas a partir de evidências obtidas por trabalhos de campo. Estes são realizados quando já se passaram muitos milhões de anos após a formação, resfriamento e soerguimento das rochas até a superfície, onde estão expostas à erosão*.

Existem evidências indiretas de atividades magmáticas atuais. As ondas sísmicas, por exemplo, mostram os contornos gerais das câmaras magmáticas que estão subjacentes a alguns vulcões ativos. Em algumas regiões sem ocorrência de vulcanismo, embora tectonicamente ativas, como a área próxima ao Mar de Salton, no sul da Califórnia (EUA), a medição das temperaturas em furos de sondagem profundos revelou a existência de uma crosta muito mais quente que o normal, o que pode indicar a existência de uma intrusão próxima ao local. Entretanto, esses métodos não podem revelar em detalhe as formas ou o tamanho das intrusões.

A maior parte do que sabemos a respeito das rochas ígneas intrusivas baseia-se no trabalho de geólogos de campo que, ao examinarem e compararem uma grande quantidade de afloramentos, têm conseguido reconstruir as histórias dessas rochas. A seguir, vamos considerar algumas dessas formas. A **Figura 4.9** ilustra algumas estruturas extrusivas e intrusivas.

*N. de R.T.: Para técnicas de rochas ígneas no campo, consulte Jerram, D. & Petford, N. 2014. (Descrição de rochas ígneas; Guia geológico de campo. Porto Alegre : Bookman.)

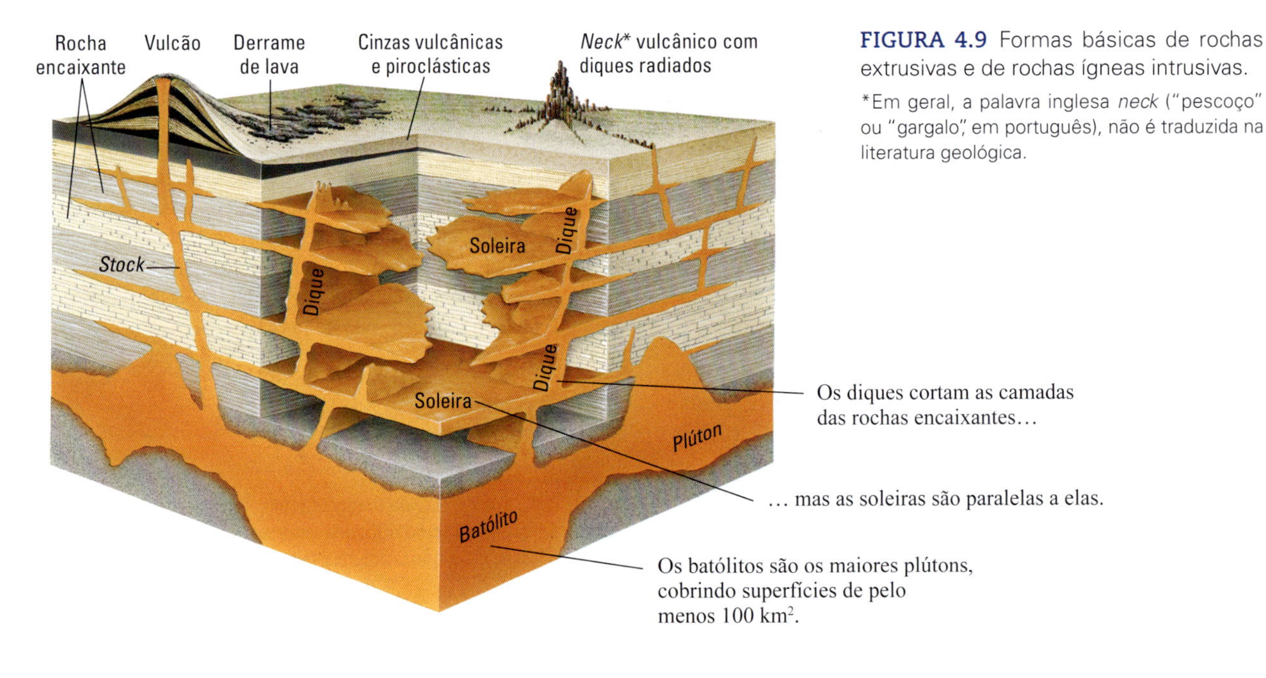

FIGURA 4.9 Formas básicas de rochas extrusivas e de rochas ígneas intrusivas.

*Em geral, a palavra inglesa *neck* ("pescoço" ou "gargalo", em português), não é traduzida na literatura geológica.

Plútons

Os **plútons*** são grandes massas ígneas formadas em profundidade na crosta terrestre. Seu tamanho varia de um a centenas de quilômetros cúbicos. Esses grandes corpos podem ser estudados quando expostos pelo soerguimento e pela erosão, ou quando alcançados por minas ou furos de sondagem. São altamente variados, não só em tamanho como também em suas formas e relações com as rochas encaixantes.

Essa grande variedade deve-se, em parte, ao modo como o magma abre espaço para si mesmo, na sua ascensão por meio da crosta. A maioria dos magmas intrude-se em profundidades maiores que 8 ou 10 km. Nessa profundidade, existem poucos espaços vazios ou aberturas, pois a enorme pressão das rochas sobrejacentes tende a fechá-los. Entretanto, o magma em ascensão supera até mesmo essa alta pressão.

Os magmas que ascendem por meio da crosta abrem espaço para si mesmos de três maneiras (**Figura 4.10**), que podem ser coletivamente referidas como *stoping magmático*:**

1. *Intrusão forçada* ou *abertura por acunhamento das rochas sobrejacentes.* À medida que o magma levanta o enorme peso das rochas sobrejacentes, fratura-as, penetra nas fendas, abre-as como se fosse uma cunha e, assim, fluem por meio das rochas. As rochas sobrejacentes podem arquear-se durante esse processo.
2. *Fusão das rochas encaixantes.* O magma também abre caminhos por meio da fusão das paredes das rochas encaixantes.
3. *Rompimento de grandes blocos de rocha.* O magma pode abrir caminho aos empurrões, em sua trajetória ascensional, rompendo blocos da crosta invadida. Esses blocos, conhecidos como *xenólitos* (do grego, "rochas estrangeiras"), afundam no magma, podendo fundir-se e misturar-se ao líquido, modificando a composição do próprio magma em alguns locais.

Muitos plútons mostram contatos nítidos com as rochas encaixantes, além de outras evidências de intrusão de um magma líquido em rochas sólidas. Outros corpos plutônicos são gradacionais até suas rochas encaixantes e têm estruturas que se parecem vagamente com aquelas das rochas sedimentares.*** As feições desses corpos plutônicos sugerem que eles se formaram por fusão parcial ou total de rochas sedimentares preexistentes.

Os **batólitos**, que são os maiores corpos plutônicos, são enormes massas irregulares de rochas ígneas de granulação grossa que, por definição, cobrem áreas de, pelo menos, 100 km^2 (ver Figura 4.10). São corpos espessos, horizontais, em forma de folha ou lobados, que se estendem a partir de uma região central em forma de funil. Suas porções basais podem chegar até 10 ou 15 km de profundidade e alguns deles podem ser ainda mais profundos. A granulação grossa dos batólitos é resultante de resfriamento lento em grande profundidade. Os demais corpos plutônicos similares, mas de menor tamanho, são chamados de **stocks**.**** Tanto os batólitos quanto os *stocks* são **intrusões discordantes**, isto é, que cortam as camadas***** das rochas encaixantes que intrudem.

*N. de R.T.: Em inglês, a palavra *pluton* designa grandes corpos intrusivos, incluindo os batólitos e os *stocks*, que serão definidos mais adiante. Em português, ela é traduzida como "plúton" e, eventualmente, também como "corpo plutônico".

**N. de R.T.: O termo *magma stoping* é utilizado sem tradução na literatura geológica brasileira para descrever a 'escavação magmática escalonada' a partir do rompimento e engolfamento de blocos da rocha encaixante pelo magma ascendente.

***N. de R.T.: É raro uma rocha que resulta do resfriamento de líquidos obtidos a partir da fusão de uma rocha sedimentar preservar alguma estrutura sedimentar. A fusão de rochas sedimentares pode ocorrer em áreas restritas de bordos de intrusões, como pode ser visto em certas soleiras de basalto intrudidas nos arenitos da Formação Botucatu, na Bacia do Paraná, no Sul do Brasil.

****N. de R.T.: A palavra inglesa *stocks* ("repositório", "acumulado") tradicionalmente comparece sem tradução na literatura geológica.

*****N. de R.T.: No caso de uma intrusão em rochas metamórficas, as estruturas desta rocha são seccionadas.

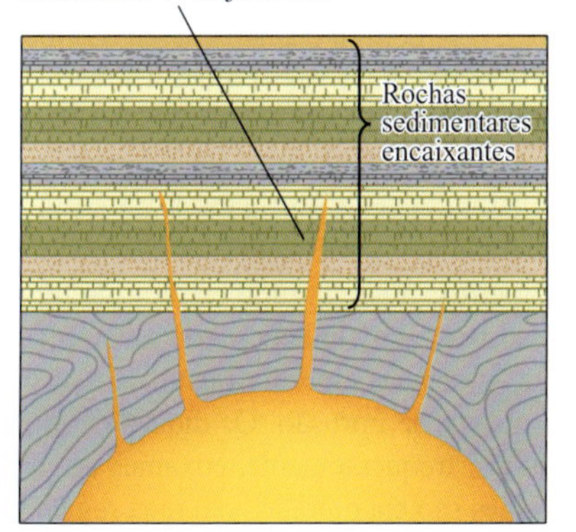

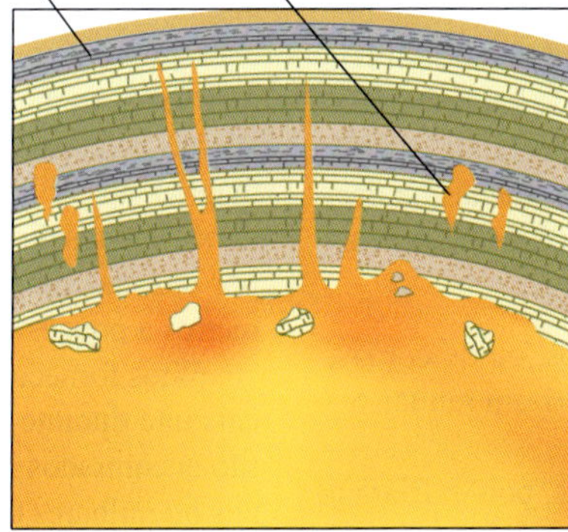

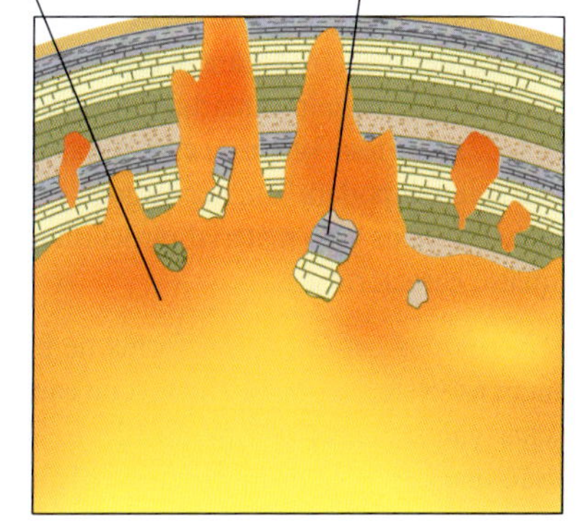

FIGURA 4.10 Os magmas abrem seu caminho por meio das rochas encaixantes basicamente de três modos: por invasão de rachaduras e abertura de cunhas na rocha sobrejacente, por fusão das rochas encaixantes e por rompimento de blocos de rocha. Pedaços da rocha encaixante fragmentada, chamados de xenólitos, podem ser completamente dissolvidos no magma. Se a composição da rocha encaixante for diferente daquela do magma, a composição do mesmo será modificada.

FIGURA 4.11 Soleiras e diques. (a) As soleiras são intrusões concordantes. No Parque Nacional do Glacier, Montana (Glacier National Park, EUA), a soleira de diorito alojou-se em uma sequência de rochas sedimentares. (b) Os diques são intrusões discordantes. Um dique de rocha ígnea (escura) intrudido em rocha sedimentar no Parque Nacional Grand Canyon, Arizona (Grand Canyon National Park, EUA). [(a) Marli Bryant Miller; (b) Asa Thorsen/Photo Researchers/Getty Images.]

Soleiras e diques

As soleiras e os diques são similares aos corpos plutônicos em muitos aspectos, mas são menores e têm uma relação diferente com as camadas das rochas encaixantes (**Figura 4.11**). Uma **soleira*** é um corpo tabular, com forma de folha, formado pela injeção de magma entre as camadas paralelas de um pacto de rochas acamadas preexistente. As soleiras são **intrusões concordantes**, isto é, seus limites são paralelos às camadas, sejam elas horizontais ou não. A espessura das soleiras varia de um centímetro a centenas de metros e podem estender-se por áreas consideráveis. A Figura 4.11a mostra uma grande soleira em Finger Mountain, Antártida. A intrusão de Palisades (ver Figura 4.7), que tem 300 m de espessura, é outra grande soleira.

As soleiras podem lembrar vagamente as camadas de derrames vulcânicos e de material piroclástico, mas diferem deles em quatro características:

1. Não têm as estruturas em forma de blocos, ou de cordas, nem as vesículas preenchidas, que caracterizam muitas rochas vulcânicas (ver Capítulo 12).
2. São mais grossas que as rochas vulcânicas, pois esfriaram mais lentamente.
3. As rochas acima e abaixo das soleiras mostram efeitos de aquecimento: suas cores podem ter sido modificadas ou sua mineralogia pode ter sido alterada pelo metamorfismo de contato.
4. Muitos derrames de lavas cobrem derrames mais antigos, que foram meteorizados, ou solos formados entre derrames sucessivos; isso não acontece com as soleiras.

Os **diques** são a principal rota de transporte de magmas por meio da crosta. Eles são similares às soleiras por serem também corpos ígneos tabulares, mas cortam o acamamento das rochas encaixantes e, portanto, seccionam-nas (Figura 4.11b). Algumas vezes, os diques formam-se quando o magma força fraturas abertas preexistentes, mas é mais frequente que a pressão desse magma, ao ser injetado, abra canais por meio de novas rachaduras. Alguns diques individuais podem ser seguidos no campo por dezenas de quilômetros. Suas larguras variam de muitos metros a poucos centímetros. Em alguns diques, a presença de xenólitos fornece boas evidências do rompimento da rocha encaixante durante o processo de intrusão. Os diques raramente são encontrados sozinhos: frequentemente, enxames de centenas ou milhares de diques são encontrados em uma região que foi deformada por uma grande intrusão ígnea.

A textura dos diques e das soleiras é variável. Muitos têm textura cristalina grossa, com aparência típica das rochas intrusivas. Outros têm granulação fina e parecem-se muito mais com

*N. de R.T.: A palavra inglesa *sill* ("soleira") também ocorre na literatura geológica brasileira sem estar traduzida.

FIGURA 4.12 Um dique de pegmatito granítico. O centro da intrusão (*acima, à direita*) mostra cristais mais grossos associados ao resfriamento lento. A margem da intrusão (*abaixo, à esquerda*) tem cristais mais finos em razão do resfriamento mais rápido. [John Grotzinger/Ramón Rivera- Moret/Harvard Mineralogical Museum.]

rochas vulcânicas. Como a textura é um resultado da velocidade de resfriamento, sabemos que os diques e as soleiras de granulação fina intrudiram as rochas encaixantes próximo à superfície terrestre, onde as rochas são frias em comparação com as intrusões. Sua textura fina é, portanto, resultante de resfriamento rápido. Os que têm texturas mais grossas formaram-se em profundidades de muitos quilômetros e invadiram rochas mais quentes, cujas temperaturas eram muito mais próximas daquelas da própria intrusão.

Veios

Os **veios** são depósitos de minerais que se localizam em uma fratura e que não têm a mesma origem da rocha encaixante. Veios irregulares com formas de lápis ou com formas tabulares irradiam-se a partir do topo ou dos lados de muitos corpos intrusivos. Podem ter poucos milímetros ou vários metros de espessura e tendem a apresentar comprimentos ou larguras da ordem de dezenas de metros até quilômetros. A formação de veios está descrita em maior detalhe no Capítulo 3.

Veios de granito extremamente grosso que cortam uma rocha encaixante muito mais fina são chamados de **pegmatitos** (Figura 4.12).* Eles cristalizaram-se a partir de magmas ricos em água, nos estágios finais de solidificação.

Alguns veios são preenchidos com minerais que têm grandes quantidades de água em sua estrutura e que se cristalizam a partir de soluções aquosas quentes. A partir de experiências de laboratório, sabemos que esses minerais cristalizam-se em altas temperaturas – geralmente entre 250 a 350°C –, mas não tão altas quanto as dos magmas. A solubilidade e a composição dos minerais presentes nesses veios hidrotermais indicam que água abundante esteve presente no momento em que se formaram. Um pouco da água poderia ter vindo do próprio magma, mas parte dela pode ser água subterrânea depositada nas rachaduras e nos espaços dos poros das rochas intrudidas. As águas subterrâneas originam-se quando a água da chuva se infiltra no solo e nas rochas da superfície. Os veios hidrotermais são abundantes nas dorsais mesoceânicas. Nessas áreas, a água do mar infiltra-se nas rachaduras do basalto e circula até as regiões inferiores, mais quentes, da dorsal basáltica e emergem em chaminés quentes no assoalho oceânico do vale em rifte localizado entre as placas que estão se afastando. Os processos hidrotermais nas dorsais mesoceânicas serão examinados com mais detalhes no Capítulo 12.

*N. de R.T.: Os autores referem-se aos pegmatitos mais comuns, que têm composição granítica e ocorrem em veios. O conceito de pegmatito refere-se somente à granulação grossa de uma rocha ígnea, que pode ter qualquer composição (granítica, sienítica, gabroica, etc.). Portanto, independe do modo de ocorrência, que pode ser em veios ou não.

Os processos ígneos e a tectônica de placas

Os geólogos observaram que os fatos e as teorias de formação das rochas ígneas ajustam-se perfeitamente ao arcabouço conceitual baseado na teoria da tectônica de placas. A geometria dos movimentos de placas é o elo que precisamos para correlacionar a atividade tectônica e a composição das rochas aos processos de fusão (Figura 4.13). Os batólitos, por exemplo, encontram-se nos núcleos de cadeias de montanhas que foram formadas pela convergência de duas placas. Essa observação implica a existência de uma conexão entre o plutonismo e o processo de soerguimento de montanhas e entre ambos e a tectônica de placas – que é a força causadora dos movimentos das placas. Da mesma forma, nosso conhecimento sobre as temperaturas e as pressões em que os diferentes tipos de rocha fundem-se nos dá uma ideia acerca dos locais onde acontece a fusão. Por exemplo, as misturas de rochas sedimentares, graças a sua composição e teor de água, fundem-se em temperaturas centenas de graus mais baixas que o ponto de fusão do basalto. Essa informação leva-nos a esperar que o basalto comece a se fundir próximo à base da crosta, em regiões tectonicamente ativas do manto superior, e que as rochas sedimentares sofram fusão em profundidades mais baixas do que aquelas em que o basalto se funde.

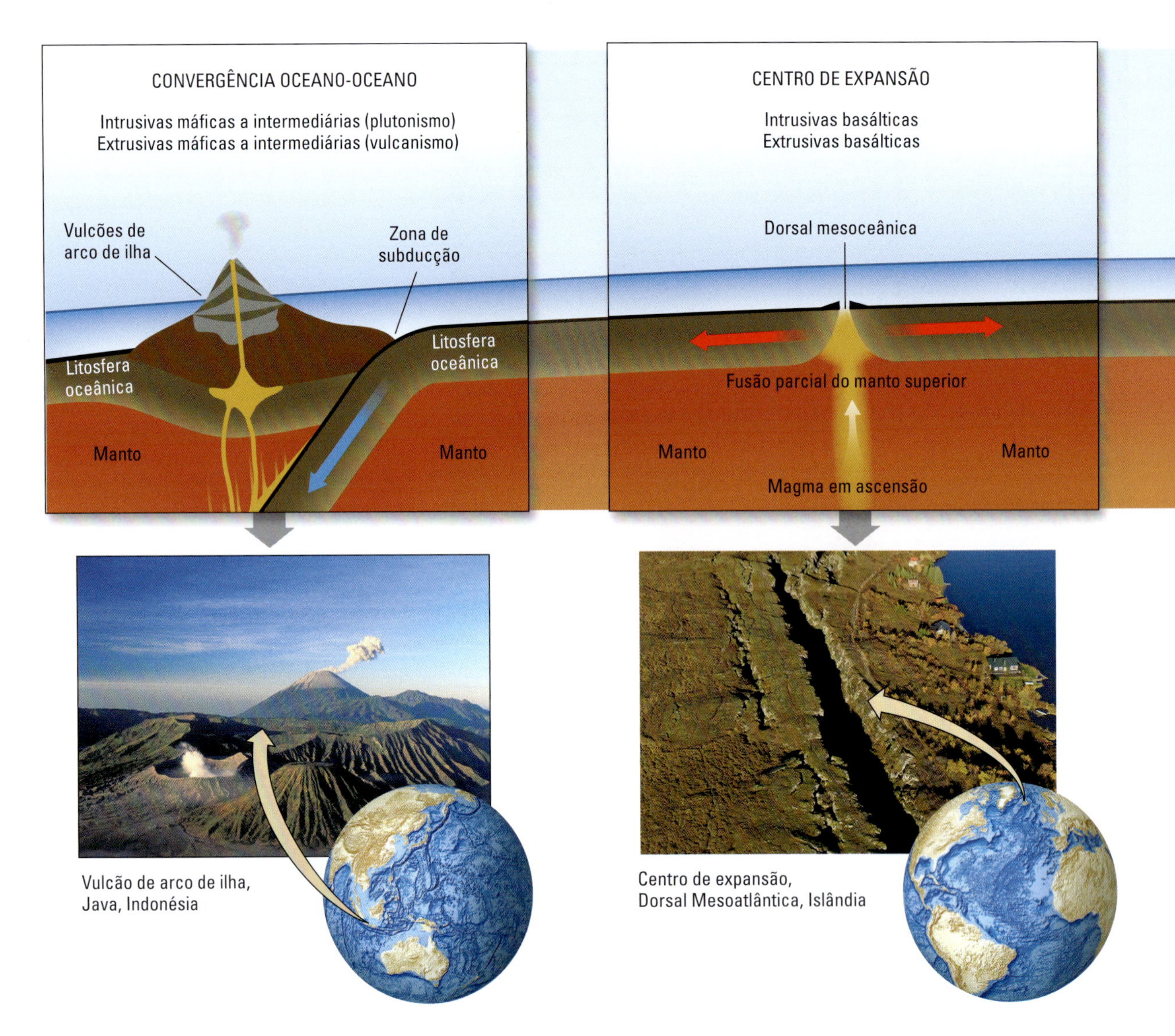

FIGURA 4.13 A atividade magmática está relacionada às configurações da tectônica de placas. [Fotos (esquerda para direita): 24BY36/Alamy; Ragnar Th Sigurdsson © Arctic Images/Alamy; G. Brad Lewis/Stone/Getty Images; © Michael Sedam/Age Fotostock.]

Dois tipos de limites de placas estão associados à formação de magmas: dorsais mesoceânicas, em que o movimento divergente de duas placas causa expansão do assoalho oceânico, e zonas de subducção, em que uma placa mergulha sob a outra. As plumas do manto, embora não estejam associadas a limites de placas, também produzem grandes volumes de magma.

Os centros de expansão como fábricas de magma

A maioria das rochas ígneas forma-se em dorsais mesoceânicas pelo processo de expansão do assoalho oceânico. Todos os anos, aproximadamente 19 km^3 de magma basáltico são produzidos em dorsais mesoceânicas no processo de expansão do assoalho oceânico – um volume incrivelmente enorme*. Em comparação, todos os vulcões ativos nos limites de placas convergentes (cerca de 400) geram rocha vulcânica a uma taxa abaixo de 1 km^3/ano. Houve erupção de magma durante a expansão do assoalho oceânico nos últimos 200 milhões de anos suficiente para criar todo o assoalho oceânico atual, que cobre quase dois terços da superfície terrestre. Por meio da rede de dorsais mesoceânicas, a fusão por descompressão do material mantélico que brota ao longo de correntes de convecção ascendentes cria câmaras magmáticas abaixo do eixo das dorsais. Esses magmas são expelidos como lavas e formam um novo assoalho oceânico. Ao mesmo tempo, as intrusões de gabro são incrustadas em profundidade.

Antes do advento da tectônica de placas, os geólogos ficavam intrigados com estranhas assembleias de rochas, típicas dos assoalhos marinhos, mas que eram encontradas também nos continentes. Conhecidas como **suítes ofiolíticas**, essas assembleias consistem em sedimentos de mar profundo, lavas basálticas submarinas e intrusões ígneas máficas (**Figura 4.14**). A partir de dados obtidos por meio de submarinos de alcance

*N. de R.T.: O cálculo considera a soma das extensões de todas dorsais mesoceânicas, em torno de 65.000 km, uma expansão média de 3 cm/ano, e uma espessura crustal média de 10 km.

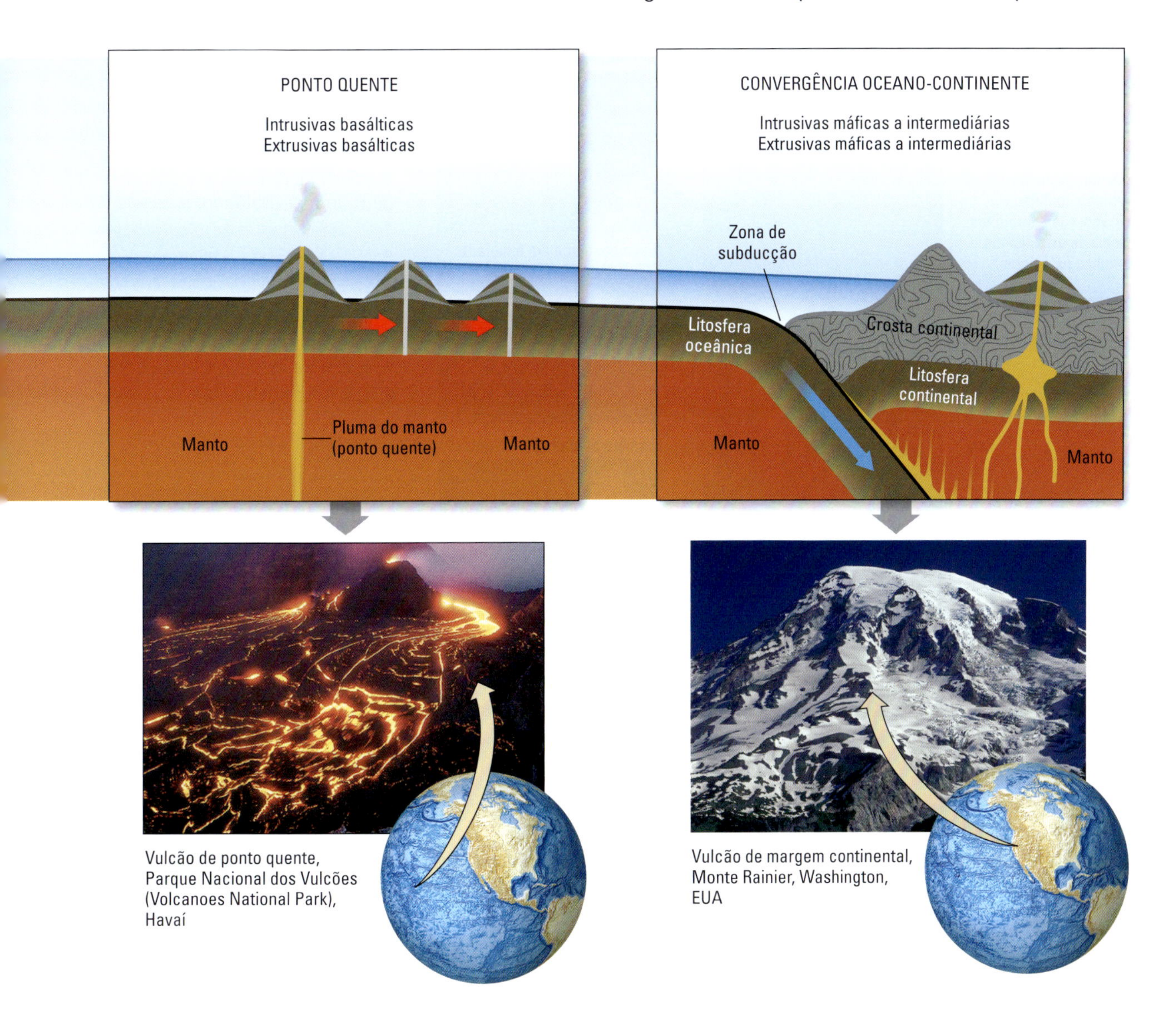

Vulcão de ponto quente, Parque Nacional dos Vulcões (Volcanoes National Park), Havaí

Vulcão de margem continental, Monte Rainier, Washington, EUA

profundo, dragagens, sondagens em mar profundo e explorações sísmicas, os geólogos podem agora interpretar essas rochas como fragmentos de crosta oceânica que foram transportados por expansão do assoalho oceânico, levantados acima do nível do mar e acavalados sobre um continente em um episódio posterior de colisão entre placas. Em algumas das sequências ofiolíticas mais completas que foram preservadas em continentes, pode-se literalmente caminhar em cima de rochas que ficavam no limite entre a crosta e o manto terrestre.

De que forma a expansão do assoalho oceânico funciona? Pode-se pensar nesse sistema como uma gigantesca máquina que processa material do manto para produzir crosta oceânica. A **Figura 4.15** é uma representação esquemática e altamente simplificada do que pode estar acontecendo, sendo baseada, em parte, no estudo dos ofiólitos encontrados nos continentes e nas informações obtidas por sondagens em mar profundo e por perfis sísmicos. As sondagens oceânicas penetraram até a camada de gabro do assoalho oceânico, mas não chegaram até o limite crosta-manto mais abaixo. Além disso, perfis feitos por meio de ondas sísmicas encontraram várias câmaras magmáticas similares àquela mostrada na Figura 4.15.

Material de entrada: peridotitos no manto A matéria-prima fornecida à máquina de expansão do assoalho oceânico é proveniente da astenosfera convectiva, cujo tipo de rocha dominante é o peridotito. A composição mineral média do peridotito do manto seria predominantemente de olivina, com quantidades menores de piroxênio e de granada. As temperaturas na astenosfera são suficientemente altas para fundir uma pequena fração (menos de 1%) desse peridotito, mas não tão altas para gerar volumes substanciais de magma.

Processo: fusão por descompressão A máquina de expansão do assoalho marinho gera magma a partir do peridotito mantélico pelo processo de fusão por descompressão. Relembre que uma redução de pressão geralmente diminui a temperatura de fusão de um mineral. À medida que as placas se separam,

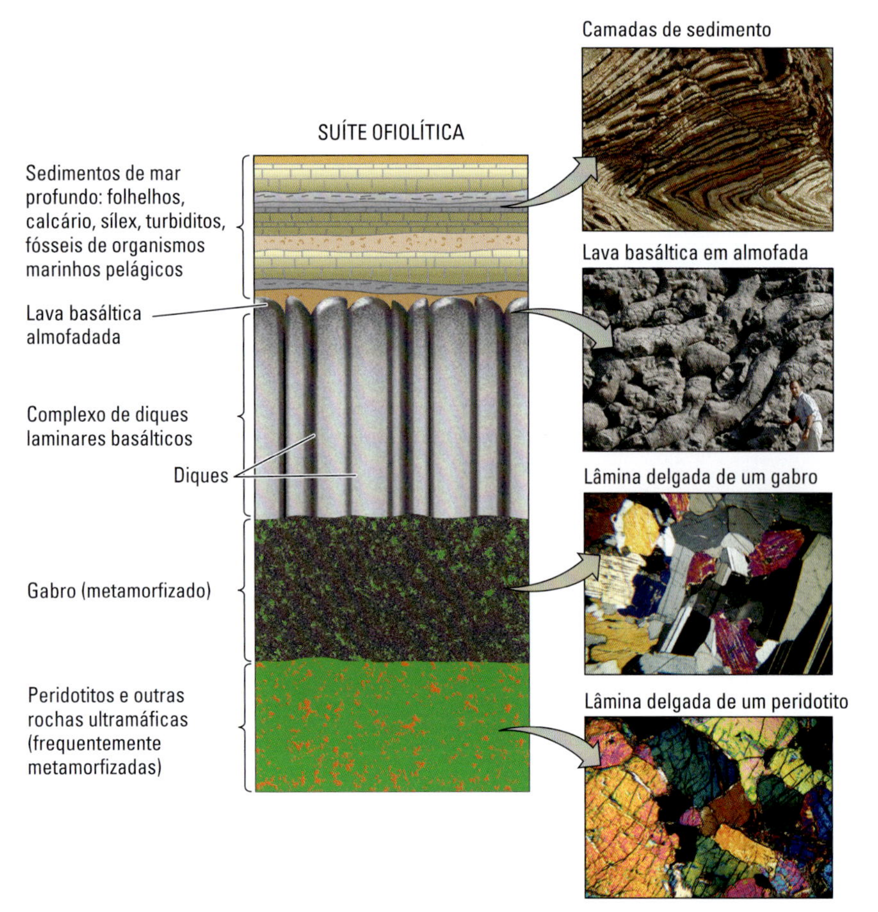

FIGURA 4.14 Secção idealizada de uma suíte ofiolítica. A combinação de sedimentos de mar profundo, lavas em almofada* submarinas, enxame de diques laminares** basálticos e intrusões ígneas máficas indica uma origem de mar profundo. [*sedimento e lava almofadada:* Cortesia de John Grotzinger; *gabro e peridotito:* Cortesia de T. L. Grove.]

* N. de R.T.: No original, *pillow lava*, normalmente não é traduzido nos livros de geologia de língua portuguesa.

** N. de R.T.: Em inglês, *sheeted dikes*, normalmente não é traduzido para o português nos livros de geologia.

os peridotitos parcialmente fundidos adentram nos centros de expansão. Como eles ascendem rápido demais para se resfriarem, a diminuição da pressão faz uma fração importante (até 15%) da rocha ser fundida. A baixa densidade do material fundido permite que ele ascenda mais rapidamente que as rochas vizinhas, mais densas, e o líquido separa-se da pasta magmática de cristais remanescentes, produzindo grandes volumes de magmas.

Material de saída: crosta oceânica mais litosfera mantélica Os peridotitos que fazem parte desse processo não se fundem de forma homogênea: a granada e o piroxênio fundem-se mais facilmente do que a olivina. Por essa razão, o magma gerado pelo processo de fusão por descompressão não tem a composição de um peridotito e, sim, a de um basalto, mais rico em sílica e em ferro. Essa fusão basáltica acumula-se em uma câmara magmática abaixo da crista da dorsal mesoceânica, da qual se separa formando três camadas (ver Figura 4.15):

1. Um pouco de magma ascende por meio de estreitas fendas distensionais, que são abertas no local onde as placas se separam, e derrama-se no oceano, formando as *almofadas* de basalto que cobrem o assoalho marinho.
2. Um pouco de magma resfria-se nas fendas distensíveis, como enxames de diques laminares de gabro.
3. O magma restante resfria-se sob a forma de "gabros maciços", à medida que a câmara magmática é rompida pela expansão do assoalho oceânico.

Essas unidades ígneas – lavas em almofada, diques laminares e gabros maciços – são as camadas básicas da crosta que os geólogos têm encontrado nos oceanos.

A expansão do assoalho oceânico leva à formação de outra camada embaixo dessa crosta oceânica: o peridotito residual a partir do qual o magma basáltico originalmente se derivou. Os geólogos consideram essa camada parte do manto, mas ela não tem a mesma composição da astenosfera convectiva. Sobretudo, a extração de líquido basáltico torna o peridotito mais rico em olivina e mais rígido do que o material ordinário do manto. Os geólogos hoje consideram que a enorme rigidez das placas oceânicas deve-se a essa camada rica em olivina do topo do manto.

Uma delgada camada de sedimentos de mar profundo cobre de forma incipiente as lavas em almofada da oceânica recém-formada. À medida que o assoalho oceânico se expande, as camadas de sedimentos, de lavas, diques e gabros são transportadas para longe da dorsal mesoceânica, onde é formada essa sequência característica de rochas, que constitui a crosta oceânica – quase como se fosse uma linha de produção.

Zonas de subducção como fábricas de magma

Outros tipos de magmas são encontrados em regiões nas quais há grandes concentrações de vulcões, como nos Andes, na América do Sul, ou nas Ilhas Aleutas, no Alasca. Essas regiões estão sobre zonas de subducção, que são importantes fábricas de magma (**Figura 4.16**). Elas geram magmas de composição

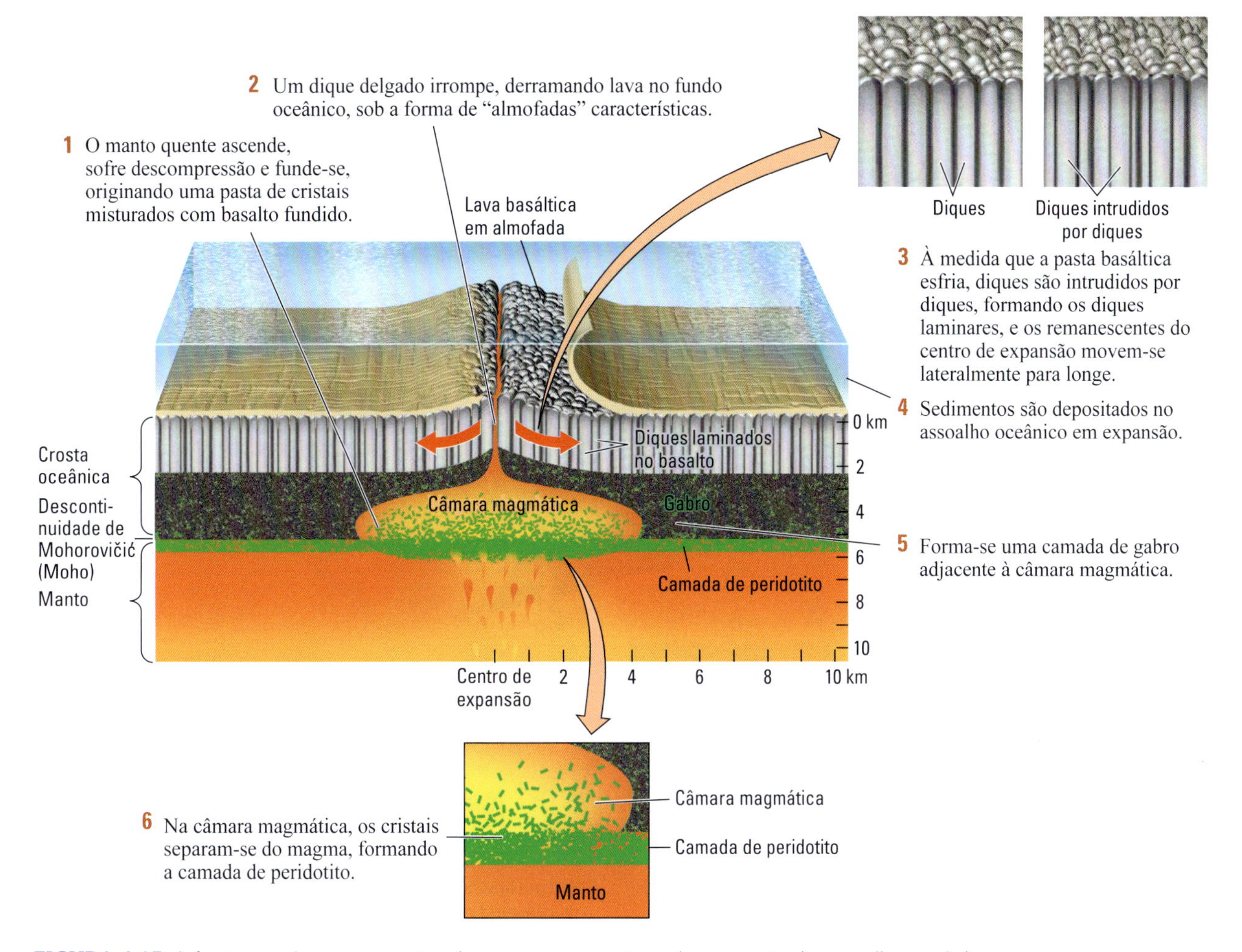

FIGURA 4.15 A fusão por descompressão cria magma nos centros de expansão do assoalho oceânico.

variada, dependendo do volume e dos tipos de materiais do assoalho oceânico estão em processo de subducção.

Onde a litosfera oceânica é subduzida sob um continente, os vulcões e rochas vulcânicas resultantes formam um cinturão de montanhas vulcânicas no continente. Os Andes, que marcam a subducção da Placa de Nazca sob a América do Sul, são um exemplo desse tipo de cinturão de montanhas. Da mesma forma, a subducção da pequena Placa de Juan de Fuca, sob a região oeste da América do Norte, gerou a Cordilheira Cascade, com seus vulcões ativos, no norte da Califórnia, Oregon e Washington. Onde existe subducção de duas litosferas oceânicas, formam-se uma fossa de oceano profundo e um arco de ilhas vulcânicas.

Material de entrada: sortidos A variação de composição química e física de magmas em zonas de subducção é uma pista de que as fábricas de magma em limites convergentes operam de modo distinto daquelas em centros de expansão. A matéria-prima para essas fábricas de magma inclui misturas de sedimentos do assoalho oceânico, misturas de crosta oceânica basáltica e crosta continental félsica, peridotito mantélico e água.

Processo: fusão induzida por fluidos O mecanismo básico da formação de magma em zonas de subducção é a fusão induzida por fluidos. O fluido é, principalmente, a água, que, como vimos, reduz a temperatura de fusão da rocha. Antes que a litosfera oceânica seja subduzida em um limite convergente, muita água foi incorporada às suas camadas externas. Já apresentamos um dos processos que causam isso: a atividade hidrotermal durante a formação da litosfera. Um pouco da água que circula pela crosta, nas proximidades do centro de expansão, reage com o basalto para formar novos minerais que contêm água incorporada à sua estrutura. Além disso, à medida que a litosfera envelhece e atravessa a bacia oceânica, sedimentos contendo água são depositados em sua superfície. As rochas formadas a partir desses sedimentos incluem os folhelhos, que são muito ricos em argilominerais e contêm muita água incorporada à sua estrutura cristalina. Alguns desses sedimentos são raspados na fossa de mar profundo onde a placa entra em subducção, mas grande parte desse material, encharcada de água, é carregada para baixo, na zona de subducção.

À medida que a pressão vai aumentando, a água é expulsa dos minerais presentes nas camadas mais externas da placa em descenso e sobe para a cunha do manto acima da zona de subducção. Em profundidades moderadas, de cerca de 5 km, correspondendo a temperaturas de, aproximadamente, 150°C, um pouco dessa água é liberada pelas reações químicas metamórficas que convertem o basalto em *anfibolito*, uma rocha composta de anfibólio e de plagioclásio (ver Capítulo 6). À medida que outras reações

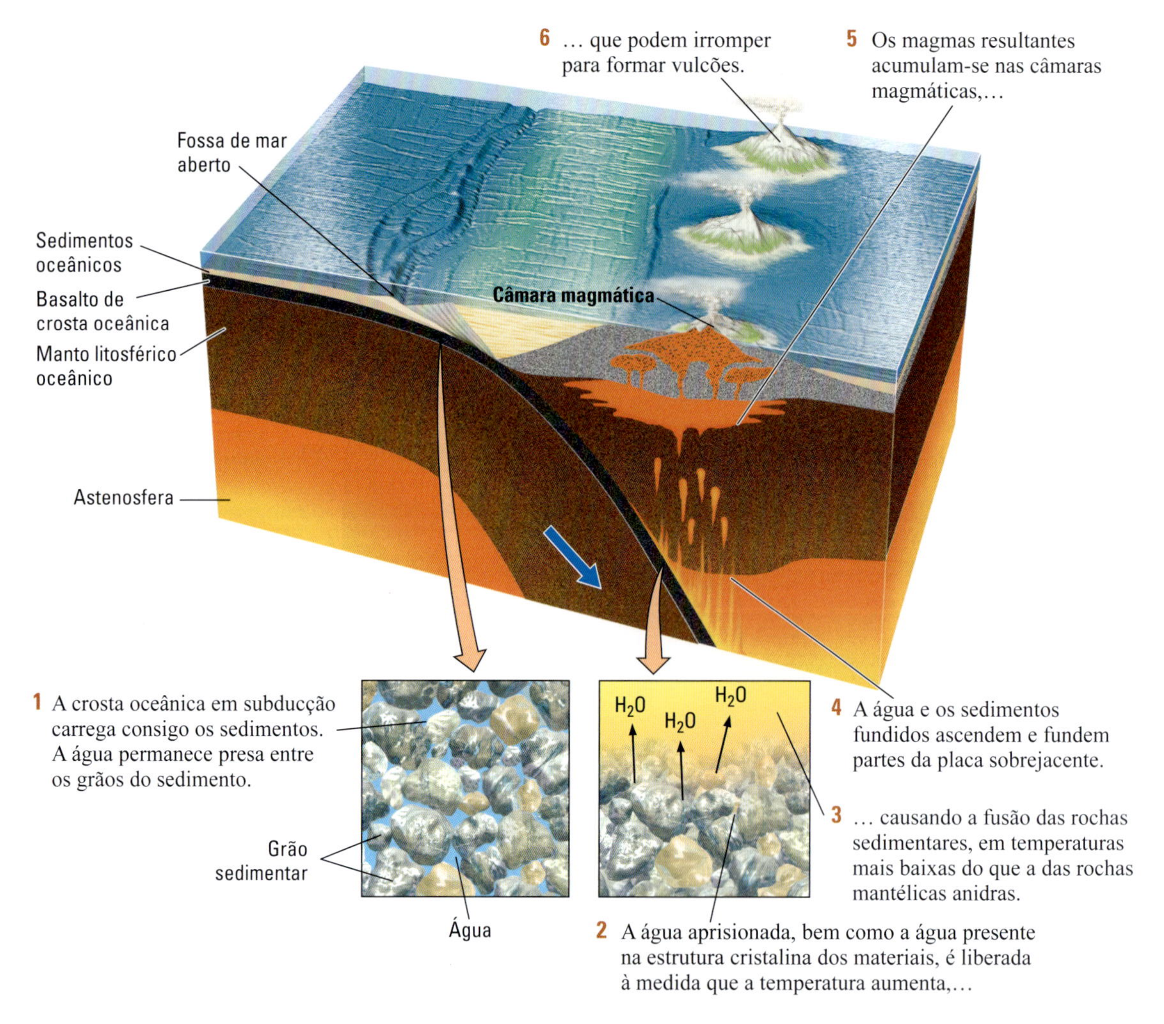

FIGURA 4.16 A fusão induzida por fluidos cria magma em zonas de subducção.

químicas acontecem, mais água é liberada em profundidades maiores, variando de 10 a 20 km. Por fim, em profundidades maiores que 100 km, a temperatura sobe para 1.200 a 1.500°C, e a crosta subductada passa por outra transição metamórfica, induzida pelo aumento da pressão, na qual o anfibolito é convertido para *eclogito*, que é composto de piroxênio e granada (ver Capítulo 6). O aumento da pressão e da temperatura na placa em subducção libera toda a água remanescente, além de outros materiais.

Durante a subducção, a água liberada induz a fusão na crosta oceânica rica em basalto e em descenso, e no material mantélico sobrejacente rico em peridotito. Grande parte do magma máfico acumula-se na base da crosta da placa que está sendo acavalada, e parte dele penetra na crosta para formar câmaras magmáticas, resultando na formação de vulcões.

Saída: magmas de composição variada Os magmas produzidos por esse tipo de fusão induzida por fluidos têm composição essencialmente basáltica, embora sua química seja diferente (mais variável) do que a dos basaltos das dorsais mesoceânicas. A composição dos magmas é, ainda, posteriormente modificada durante sua residência na crosta. Dentro das câmaras magmáticas, o processo de cristalização fracionada aumenta seu teor de sílica, produzindo erupções de lavas andesíticas. Nos casos em que a crosta sobrejacente é continental, o calor dos magmas pode fundir as rochas félsicas da crosta, formando magmas com teores ainda mais altos de sílica, com composições dacíticas e riolíticas. A contribuição dos fluidos da placa descendente pode ser inferida porque elementos-traço, sabidamente presentes na crosta oceânica e nos sedimentos, são também encontrados no magma.

Plumas do manto como fábricas de magma

As plumas do manto, como os centros de expansão, são locais de fusão por descompressão, mas distinguem-se pela formação em placas litosféricas, em vez de ao longo de margens de placas. Essas plumas de manto quente ascendem do interior da Terra, talvez de locais profundos como o limite núcleo-manto. As plumas do manto que alcançam a superfície, grande parte das quais em lugares distantes de limites de placas, formam os pontos quentes da Terra. Nessas localizações, os magmas basálticos produzidos por fusão por descompressão do material mantélico podem entrar em erupção em enormes derrames para formar ilhas, como as Ilhas do Havaí, ou planaltos basálticos, como o Planalto Colúmbia, no Noroeste Pacífico da América do Norte. As plumas de manto e os pontos quentes são discutidos em maior detalhe no Capítulo 12.

CONCEITOS E TERMOS-CHAVE

REVISÃO DOS OBJETIVOS DE APRENDIZAGEM

4.1 Explicar como as rochas ígneas podem ser classificadas e diferenciadas umas das outras.

Todas as rochas ígneas podem ser divididas em duas classes texturais amplas: (1) as rochas cristalinas grossas, que são intrusivas e, portanto, resfriaram-se lentamente, e (2) as texturas cristalinas finas, que são extrusivas e resfriaram-se rapidamente. As rochas ígneas também podem ser classificadas com base na sua composição química e mineral. Os sistemas de classificação modernos agrupam as rochas ígneas com base no seu teor de sílica usando uma escala que varia de félsico (rico em sílica) a ultramáfico (pobre em sílica). Os minerais máficos cristalizam-se em temperaturas mais altas (nos primeiros estágios de resfriamento de um magma) do que os minerais félsicos.

Atividades de Estudo: Figuras 4.3 e 4.4

Exercício: Por que as rochas intrusivas têm granulação grossa e as rochas extrusivas têm granulação fina?

Questão para Pensar: Como você classificaria uma rocha ígnea de granulação grossa que contém cerca de 50% de piroxênio e 50% de olivina?

4.2 Descrever como os magmas se formam e o que faz as rochas se fundirem.

Os magmas formam-se nos locais do manto e da crosta onde as temperaturas são suficientemente altas para produzir, pelo menos, a fusão parcial de rochas. Como os minerais de uma rocha apresentam diferentes temperaturas de fusão, a composição de magmas varia de acordo com a temperatura. A pressão aumenta a temperatura de fusão da rocha, e a presença de água a reduz. Como a rocha fundida é menos densa do que a sólida, o magma ascende pela rocha encaixante, e gotas de magma agrupam-se para formar câmaras magmáticas. A densidade de uma rocha fundida é menor do que a de uma sólida de mesma composição. Se rochas fundidas menos densas têm a oportunidade de se mover, o que acontece é que se deslocam para cima. Como os líquidos podem fluir, uma fusão parcial pode ascender por meio dos poros e ao longo dos limites entre cristais da rocha sólida encaixante. A ascensão de magmas, atravessando o manto e a crosta, pode ser lenta ou rápida.

Atividades de Estudo: Quadro 4.2, Figura 4.5

Exercício: Usando a Figura 4.5, elabore um experimento que lhe permitiria determinar o teor de sílica de uma rocha ígnea.

Questão para Pensar: Quais fatores afetariam a proporção entre sólido e líquido em uma fusão parcial?

4.3 Demonstrar como magmas de composições diferentes podem ser formados a partir de um material-matriz uniforme.

A diferenciação magmática é um processo por meio do qual rochas de proporções variadas podem formar-se a partir de um magma parental uniforme. Uma vez que diferentes minerais cristalizam-se a temperaturas diferentes, a composição do magma muda à medida que ele resfria e diversos minerais são retirados por cristalização. A cristalização fracionada é o processo por meio do qual os cristais formados a partir de um magma em resfriamento são segregados do líquido remanescente. No cenário mais simples, os cristais formados em uma câmara magmática depositam-se no assoalho desta, sendo, assim, impedidos de reagir com o líquido remanescente.

Atividades de Estudo: Figura 4.6, Figura 4.8

Exercício: Descreva como uma variação de temperatura de uma fusão lenta pode alterar a composição do feldspato.

Questão para Pensar: Como uma rocha pode ser composta quase inteiramente de olivina?

4.4 Resumir os diferentes tipos de intrusões ígneas.

Os grandes corpos ígneos são denominados plútons. Os maiores plútons são os batólitos, espessas massas tabulares com um funil central. Os *stocks* são corpos plutônicos menores. Menos gigantescos que os plútons são as soleiras, que são concordantes com suas encaixantes, sendo paralelas ao seu acamamento, e os diques, que seccionam o acamamento. Veios hidrotermais formam-se onde há abundância de água, no magma ou na rocha encaixante vizinha.

Atividade de Estudo: Figura 4.9

Exercício: Descreva as diferenças entre um vulcão e uma intrusão ígnea. Que tipos de texturas apoiariam as suas ideias?

Questão para Pensar: Que observações você poderia fazer para demonstrar que um dique é posterior a um conjunto de "rochas encaixantes" sedimentares?

4.5 Discutir a relação entre os processos ígneos e a tectônica de placas.

Os magmas são produzidos em dois tipos de limites de placas. Nos centros de expansão, o peridotito ascende do manto e é submetido à fusão por descompressão para formar o magma basáltico. Nas zonas de subducção, a litosfera oceânica que entra em subducção é submetida à fusão induzida por fluidos para gerar magmas de composição variada. As plumas do manto nas placas litosféricas também são locais de fusão por descompressão que produzem magmas basálticos.

Atividade de Estudo: Figura 4.13

Exercício: Descreva como os processos da tectônica de placas causam a fusão por descompressão.

Questão para Pensar: Por que as rochas vulcânicas de composição intermediária se formam acima das zonas de subducção, enquanto magmas de composição máfica se formam acima dos centros de expansão?

EXERCÍCIO DE LEITURA VISUAL

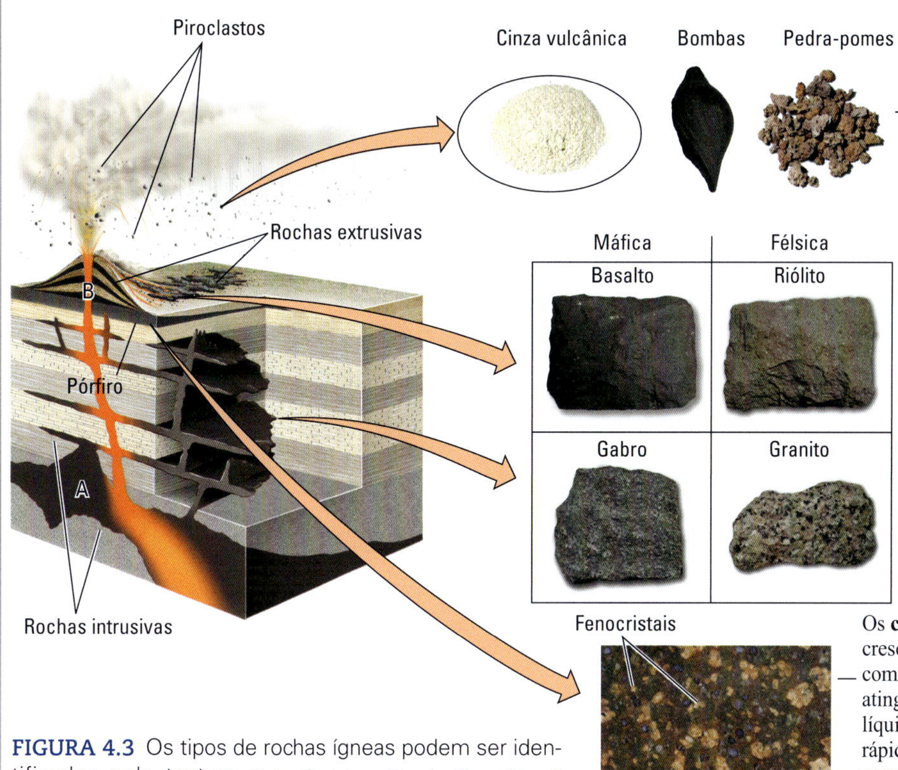

Os **piroclastos extrusivos** formam-se em erupções violentas, a partir da lava lançada para o alto no ar.

As **rochas ígneas extrusivas** resfriam-se rapidamente na superfície terrestre e têm granulação fina.

As **rochas ígneas intrusivas** resfriam-se lentamente no interior da Terra, permitindo a formação de cristais grossos.

Os **cristais porfiríticos** começam a crescer abaixo da superfície terrestre, como nas rochas intrusivas. Alguns atingem um tamanho grande, mas o líquido remanescente esfria-se mais rápido, formando cristais menores, seja porque ele extravasa na superfície, seja porque é intrudido próximo à superfície da Terra.

FIGURA 4.3 Os tipos de rochas ígneas podem ser identificados pela textura. [John Grotzinger/Ramón Rivera-Moret/ Harvard Mineralogical Museum.]

1. **O que diferencia o granito do gabro?**
   a. Taxa de resfriamento (rápido vs. lento)
   b. Tamanho dos minerais (grandes vs. pequenos)
   c. Local da formação (superfície vs. profundezas da crosta)
   d. Composição (máfica vs. félsica)

2. **Quais rochas se formariam no Local A e no Local B, respectivamente?**
   a. A: Basalto e B: Gabro
   b. A: Gabro e B: Granito
   c. A: Granito e B: Riólito
   d. A: Riólito e B: Basalto

3. **O início da formação de um pórfiro é semelhante à formação de que qual tipo de rocha?**
   a. Piroclastos ígneos extrusivos
   b. Rochas ígneas extrusivas
   c. Rochas ígneas intrusivas

4. **Qual é o material vulcânico mais fino?**
   a. Cinza
   b. Bombas
   c. Pedra-pomes
   d. Lava

5. **Onde se formam as rochas porfiríticas?**
   a. No manto da Terra
   b. No núcleo da Terra
   c. Em níveis rasos na crosta
   d. Em níveis profundos na crosta

Vulcanismo 5

Objetivos de Aprendizagem

Após estudar o capítulo, você será capaz de:

5.1 Descrever como vulcões transportam magma do interior da Terra para a superfície.

5.2 Diferenciar entre os principais tipos de depósitos vulcânicos e explicar como as texturas das rochas vulcânicas podem refletir as condições sob as quais se solidificaram.

5.3 Resumir como as formas de relevo vulcânicas são criadas.

5.4 Discutir como os gases vulcânicos podem afetar a hidrosfera e a atmosfera.

5.5 Explicar como o padrão global do vulcanismo está relacionado à tectônica de placas.

5.6 Ilustrar os riscos e os efeitos benéficos da atividade vulcânica.

Soufrière Hills é um estratovulcão composto de camadas alternadas de lava enrijecida, cinzas solidificadas e rochas ejetadas pelas erupções anteriores. A erupção de Soufrière Hills, Montserrat, no Caribe, começou em 8 de janeiro de 2010, uma sexta-feira. Os moradores disseram que foi uma das maiores erupções que já haviam visto desde que o vulcão despertara em 1995. Os cientistas não acreditam que houve um grande colapso do domo, mas uma quantidade significativa de material foi perdido. Não houve erupções registradas entre o século XVII e 1995, quando uma série de grandes erupções acabou por forçar a evacuação de Plymouth, a antiga capital de Montserrat. [Marco Fulle/Barcroft Media.]

O canto noroeste do Estado norte-americano de Wyoming é um paraíso geológico de gêiseres, fontes quentes e correntes de vapor – sinais visíveis de um enorme vulcão ativo que se estende pela imensidão do Parque Nacional de Yellowstone. Todos os dias, esse vulcão expele mais energia na forma de calor do que é consumido como energia elétrica nos três estados circundantes, Wyoming, Idaho e Montana. Essa energia não é liberada de modo contínuo; parte dela acumula-se em câmaras magmáticas quentes até que o vulcão estoure seu topo. Uma erupção cataclísmica do vulcão de Yellowstone, há 630 mil anos, ejetou 1.000 km^3 de rochas no ar, cobrindo com uma camada de cinza vulcânica regiões tão distantes quanto o Texas e a Califórnia.

O registro geológico mostra que explosões vulcânicas quase tão grandes, ou mesmo maiores, ocorreram no oeste dos Estados Unidos (EUA) pelo menos seis vezes nos últimos 2 milhões de anos, então pode-se afirmar com relativa certeza que outra erupção dessas acontecerá novamente. Só podemos imaginar o que ela faria com a civilização humana. A cinza quente acabaria com todas as formas de vida por distâncias de 100 km ou mais, e a cinza mais fria, porém sufocante, cobriria o solo por uma distância maior que 1.000 km. A poeira vulcânica lançada até a alta estratosfera enfraqueceria a luz do Sol por diversos anos, fazendo as temperaturas caírem e precipitando o Hemisfério Norte em um longo inverno vulcânico.

Os danos que os vulcões representam à sociedade, bem como os recursos minerais e a energia que fornecem, certamente são motivos bons o bastante para estudá-los. Além disso, os vulcões fascinam porque são janelas através das quais pode-se enxergar o interior profundo da Terra a fim de entender os processos ígneos e os da tectônica de placas que geraram a crosta continental e oceânica.

Neste capítulo, examinaremos como os magmas ascendem até a crosta da Terra, emergem na superfície como lava e resfriam-se para formar rochas vulcânicas duras. Veremos de que forma a tectônica de placas e a convecção mantélica podem explicar o vulcanismo em limites de placas e em "pontos quentes" de regiões intraplacas. Analisaremos como os vulcões interagem com os outros componentes do sistema Terra, particularmente com a hidrosfera e a atmosfera. Por fim, consideraremos o potencial destrutivo dos vulcões, bem como os potenciais benefícios que podem oferecer à sociedade.

Vulcões como geossistemas

Os processos geológicos que originam os vulcões e as rochas vulcânicas são conhecidos coletivamente como *vulcanismo*. Tivemos um vislumbre de alguns desses processos quando examinamos a formação de rochas ígneas no Capítulo 4, mas agora entraremos em maior detalhe.

Os filósofos antigos ficaram impressionados com os vulcões e com suas temíveis erupções de rocha fundida. Na tentativa de explicá-los, difundiram ideias que se tornaram mitos sobre um mundo subterrâneo quente e infernal. Basicamente, estavam certos. Os pesquisadores modernos também obtêm dos vulcões as evidências de que existem altas temperaturas no interior da Terra. As medições de temperatura nas rochas provenientes das sondagens mais profundas já feitas (cerca de 10 km) mostraram que a Terra de fato torna-se mais quente com o aumento da profundidade. Atualmente, os geólogos acreditam que, em profundidades de 100 km ou mais – na astenosfera –, as temperaturas cheguem no mínimo a 1.300°C, o que é suficientemente quente para que as rochas comecem a fundir-se. Por essa razão, a astenosfera é considerada como uma das principais fontes de *magma*, a mesma rocha fundida que chamamos de *lava* depois que irrompe na superfície. As secções da litosfera sólida que se localizam acima da astenosfera podem também fundir-se para formar magmas.

Como os magmas são líquidos, têm menor densidade do que as rochas que os produziram. Portanto, à medida que o magma se acumula, começa a ascender à litosfera. Em alguns locais, o magma pode encontrar um caminho até a superfície fraturando a litosfera em zonas de fraqueza. Em outros, o magma ascendente abre seu caminho fundindo as rochas existentes. A maior parte do magma se solidifica nas profundezas, mas parte dele, provavelmente de 10 a 30%, acaba por chegar à superfície e entra em erupção como lava. Um **vulcão** é uma elevação ou uma montanha construída pela acumulação de lavas e de outros materiais eruptivos.

As rochas, os magmas e os processos necessários para descrever toda a sequência de eventos desde a fusão até a erupção constituem um **geossistema vulcânico**. Esse tipo de geossistema pode ser visto como uma fábrica química que processa o material de entrada (magmas da astenosfera) e transporta o produto final (lava) até a superfície por meio de um sistema de encanamento interno.

A **Figura 5.1** é um diagrama simplificado de um vulcão, mostrando o sistema de encanamentos pelo qual o magma ascende à superfície. Os magmas que ascendem à litosfera acumulam-se em uma câmara magmática, situada, geralmente, em locais pouco profundos da crosta. Esse reservatório periodicamente é esvaziado para a superfície por meio de uma chaminé, que é um conduto em forma de cano, em ciclos repetidos de *erupções com conduto central*. A lava pode também irromper a partir de fendas verticais e outros condutos localizados nos flancos dos vulcões.

Como foi visto no Capítulo 4, inicialmente só uma pequena parte da astenosfera sofre fusão. Na sua ascensão pela litosfera, o magma adquire componentes químicos, à medida que provoca a fusão de outras rochas, e perde outros componentes, pela deposição de cristais em câmaras magmáticas e pelo escape de seus constituintes gasosos para a atmosfera ou para o oceano, quando há erupção. Levando em conta essas modificações, os geólogos podem extrair das lavas importantes informações, que constituem indícios da composição e do estado físico do manto superior, onde as lavas se originaram. A partir da datação isotópica, pode-se, também, aprender muita coisa a respeito das erupções que ocorreram há milhões ou mesmo bilhões de anos (ver Capítulo 8) para determinar as idades de lavas.

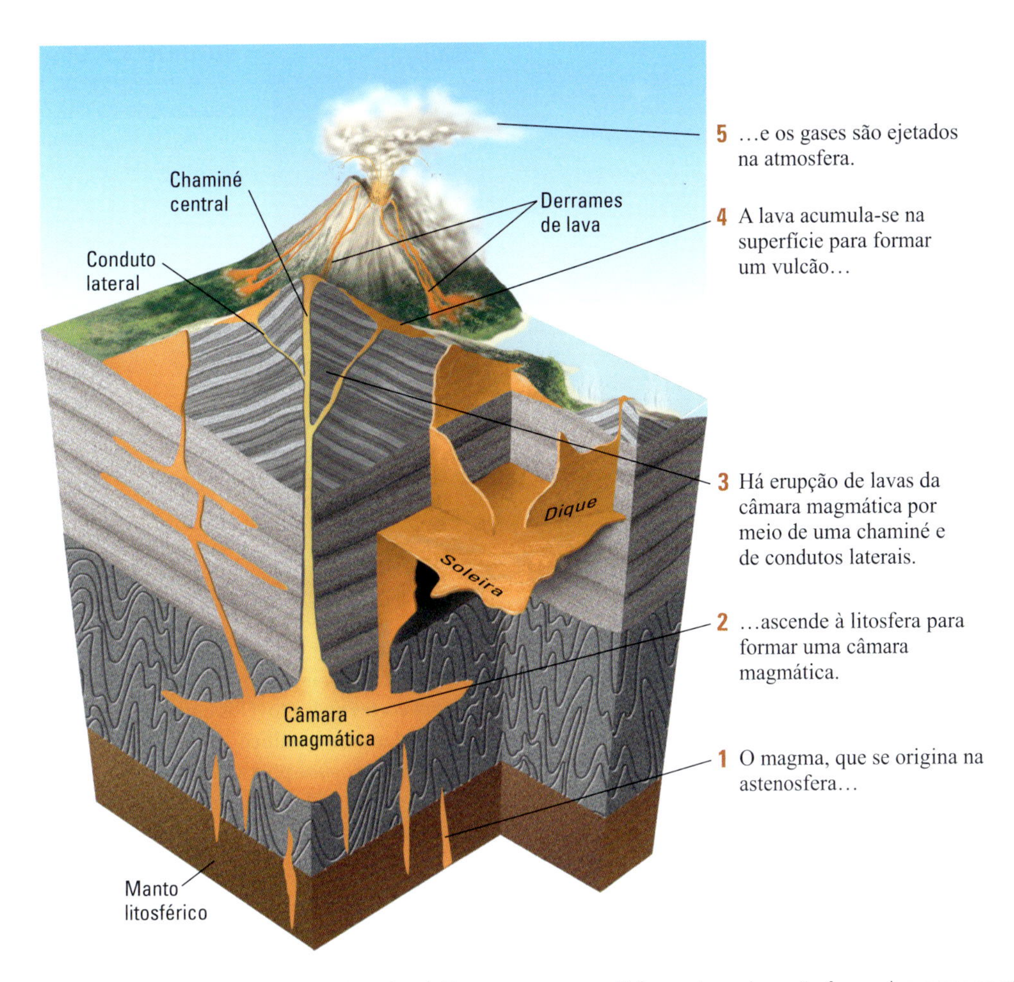

FIGURA 5.1 Vulcões transportam magma do interior da Terra para a superfície, onde rochas são formadas e gases são injetados na atmosfera (ou hidrosfera, no caso de uma erupção submarina).

Lavas e outros depósitos vulcânicos

Os vários tipos de lavas originam diversas formas de relevo. Essas variações são resultantes de diferenças na composição química, no teor de gases e na temperatura das lavas. Quanto maior o teor de sílica e quanto mais baixa a temperatura, por exemplo, mais viscosa (resistente ao fluxo) será a lava e mais lentamente ela se moverá. Quanto mais gás uma lava contiver, maior será a probabilidade de uma erupção violenta.

Tipos de lava

As lavas eruptivas, o produto final de geossistemas vulcânicos, geralmente solidificam-se em três principais tipos de rocha ígnea (ver Capítulo 4): basalto, andesito ou riólito.

Lavas basálticas O basalto é uma rocha ígnea extrusiva de composição máfica (rica em magnésio, ferro e cálcio) e tem o conteúdo mais baixo de sílica dos três tipos de rocha ígnea; seu equivalente intrusivo é o gabro. O magma basáltico, produto da fusão do manto, é o tipo mais comum de magma. Ele é produzido ao longo de dorsais mesoceânicas e em pontos quentes dentro de placas, bem como em vales em rifte continentais outras zonas de extensão. A ilha vulcânica do Havaí, que é composta basicamente de lava basáltica, está sobre um ponto quente.

As **lavas basálticas** extrudem quando magmas quentes e fluidos preenchem o sistema de encanamento de um vulcão e transbordam (Figura 5.2). As erupções basálticas raramente são explosivas. Na terra, uma erupção basáltica envia lava pelos flancos do vulcão em grandes correntes que podem engolfar tudo no caminho (Figura 5.3). Quando resfriadas, essas lavas são pretas ou cinza-escuro, mas nas altas temperaturas de erupção (1.000–1.200 °C), brilham em tons de vermelho e amarelo. Devido a sua alta temperatura e a seu baixo teor de sílica, a lava basáltica é extremamente fluida e pode escorrer rapidamente por grandes distâncias. Foram observadas correntes de lava com velocidade de até 100 km/h, embora velocidades de poucos quilômetros por hora sejam mais comuns. Em 1938, dois corajosos vulcanólogos russos mediram temperaturas e coletaram amostras de gases navegando em uma jangada de lava já solidificada e com temperatura mais baixa que flutuava em um rio de lava basáltica. A temperatura na superfície da jangada era de 300 °C, e a do rio de lava era de 870 °C. Foram observadas correntes de lava fluindo por distâncias de mais de 50 km, a partir de sua fonte.

FIGURA 5.2 Uma erupção com conduto central do Kilauea, um vulcão-escudo na ilha do Havaí, produz um rio de lava basáltica quente e de fluxo rápido. [J. D. Griggs/USGS.]

Os derrames de lavas basálticas variam de acordo com as condições em que resfriam. Na terra, solidificam-se como *pahoehoe* (pronuncia-se [pəˈhoʊ.i.hoʊ.i]) ou *aa* (pronuncia-se "ah-ah") (**Figura 5.4**). A lava *pahoehoe* (que significa "em forma de corda", em havaiano) forma-se quando um magma muito fluido espalha-se como um lençol e uma fina película vítrea e elástica endurece na sua superfície durante o resfriamento. À medida que a lava líquida continua a fluir por baixo da superfície, a película é arrastada, curvada e torcida, formando dobras justapostas retorcidas que lembram cordas.

Aa é a exclamação que os desavisados fazem ao aventurar-se caminhando de pés descalços nesse tipo de lava, que tem aparência de torrões de terra úmida recém-arada. A lava *aa* forma-se quando a lava perde seus gases e, assim, move-se mais lentamente do que a *pahoehoe*, permitindo que uma espessa capa endurecida se forme na superfície. À medida que o derrame continua a fluir, essa nata se quebra em muitos blocos angulosos, que se empilham como uma frente íngreme de blocos angulares que avança como uma esteira de trator. É muito perigoso caminhar em cima da lava *aa*. Sobre ela, um bom par de botas pode durar até uma semana, e o viajante pode se preparar para cortes nos cotovelos e nos joelhos.

Um derrame basáltico isolado comumente tem as características de *pahoehoe* próximo à sua fonte, onde a lava está ainda fluida e quente, adquirindo as características de *aa* na porção frontal do derrame, onde mostra uma camada superficial mais espessa, por ter ficado mais tempo exposta ao ar frio.

FIGURA 5.3 Um ônibus escolar parcialmente soterrado em Kalapana, Havaí. A aldeia foi soterrada por um derrame de lava basáltica do Kilauea. [J. D. Griggs/USGS.]

FIGURA 5.4 As duas formas de lava basáltica são mostradas na figura: os derrames angulosos de lava *aa* se movem sobre o derrame de lava *pahoehoe* na ilha do Havaí. [InterNetwork Media/Getty Images.]

FIGURA 5.5 Essas bulbosas lavas em almofada, recentemente extrudadas na Dorsal Mesoatlântica, foram fotografadas do submersível de mar profundo *Alvin*. [OAR/National Undersea Research Program (NURP)/NOAA.]

A lava basáltica que resfria abaixo d'água forma *lavas almofadadas:** pilhas de blocos elipsoidais de basalto, em forma de almofadas, com cerca de um metro de largura (Figura 5.5). As lavas em almofada são um importante indicador de que uma região já esteve um dia sob a água. Geólogos-mergulhadores, inclusive, já observaram a formação de lavas em almofada no fundo oceânico próximo ao Havaí. As línguas de lava basáltica, ao entrarem em contato com a água fria do oceano, desenvolvem um envoltório resistente, plástico. Como a lava no interior desse envoltório resfria-se mais lentamente, o interior da almofada desenvolve uma textura cristalina, ao passo que o envoltório, que se resfriou rapidamente, solidifica-se como um vidro sem cristais.

Lavas andesíticas O andesito é uma rocha ígnea extrusiva com um conteúdo intermediário de sílica; seu equivalente intrusivo é o diorito. Os magmas andesíticos são produzidos principalmente nos cinturões de montanhas vulcânicas acima de zonas de subducção. O nome vem de um de seus principais exemplos: os Andes da América do Sul.

As temperaturas de **lavas andesíticas** são menores do que as de basalto e, uma vez que seu conteúdo de sílica é mais alto, o fluxo é mais lento e formam caroços de massas pegajosas. Se uma dessas massas pegajosas aloja-se no conduto central de um vulcão, gases que se acumulam abaixo do conduto, por fim, explodem o topo do vulcão. A erupção explosiva do Monte Santa Helena, em 1980, (Figura 5.6) é um exemplo famoso.

Algumas das erupções vulcânicas mais destrutivas da história foram explosões *freáticas*, ou de vapor, que ocorrem quando o magma quente e carregado de gases encontra a água

*N. de R.T.: Também grafado como lava em almofada. Às vezes, aparece como *pillow lava*, sem tradução.

(a)

(b)

(c)

FIGURA 5.6 O Monte Santa Helena, um vulcão andesítico no sudoeste do Estado de Washington, antes, durante e após sua erupção cataclísmica de maio de 1980, que ejetou cerca de 1 km^3 de material piroclástico. O flanco norte em colapso pode ser visto na foto de baixo. [(a) U.S. Forest Service/USGS; (b) USGS; (c) Lyn Topinka/USGS.]

FIGURA 5.7 Uma erupção freática de um vulcão de arco de ilha expele plumas de vapor na atmosfera. O vulcão, a cerca de 9,5 km da ilha de Tongatau, em Tonga, é um dos cerca de 36 vulcões existentes naquela área. [Dana Stephenson/Getty Images.]

subterrânea ou a água do mar, gerando vastas quantidades de vapor superaquecido (Figura 5.7). A ilha de Krakatoa, um vulcão andesítico na Indonésia, foi destruída por uma explosão freática em 1883. Essa erupção lendária foi ouvida a centenas de quilômetros de distância e gerou um tsunâmi que matou mais de 40 mil pessoas.

Lavas riolíticas O riólito é uma rocha ígnea extrusiva de composição félsica (rico em sódio e potássio), com conteúdo de sílica maior que 68%; seu equivalente intrusivo é o granito. Sua cor é clara, frequentemente um rosa bonito. Os magmas riolíticos são produzidos em zonas em que o calor do manto fundiu grandes volumes de crosta continental. Hoje, o vulcão de Yellowstone está produzindo enormes quantidades de magma riolítico, que estão se acumulando em câmaras rasas.

O ponto de fusão do riólito é mais baixo que o do andesito, tornando-se líquido em temperaturas de 600 a 800 °C. Por serem mais ricas em sílica do que qualquer outro tipo de lava, as **lavas riolíticas** são as mais viscosas. A lava riolítica em geral move-se 10 vezes mais lentamente do que a do basalto e tende a acumular-se, formando depósitos espessos com aparência de bulbos (Figura 5.8). Os gases são facilmente aprisionados sob lavas riolíticas, e grandes vulcões riolíticos, como o de Yellowstone, produzem as erupções vulcânicas mais explosivas.

Texturas das rochas vulcânicas

As texturas de rochas vulcânicas, como as superfícies de fluxos de lava solidificados, refletem as condições sob as quais se formaram. As texturas grossas, com cristais visíveis, podem se formar no caso de haver resfriamento lento das lavas. Lavas que se resfriam rapidamente tendem a ter granulação fina. Se forem ricas em sílica e de rápido resfriamento, as lavas podem formar *obsidiana*, um vidro vulcânico.

FIGURA 5.8 Vista aérea de um domo de riólito que entrou em erupção em torno de 1.300 anos atrás em Newberry Caldera, Oregon, EUA. O fluxo de riólito claro se destaca entre as árvores, com o Pico Paulina no fundo. A forma de domo indica que a lava era bastante viscosa. [William Scott/USGS.]

A rocha vulcânica geralmente contém pequenas bolhas, criadas quando gases são liberados durante uma erupção. Como vimos, o magma é geralmente carregado de gases, como o refrigerante em uma garrafa fechada. Quando ascende na direção da superfície terrestre, a pressão que atua sobre ele diminui, assim como a pressão no refrigerante cai quando a tampa é retirada. Da mesma forma que o dióxido de carbono cria bolhas no refrigerante quando é liberado, o vapor d'água e outros gases dissolvidos, ao escaparem da lava, criam cavidades gasosas, ou *vesículas* (**Figura 5.9**). Uma rocha vulcânica que tenha uma grande quantidade de vesículas, geralmente de composição riolítica, é denominada *pedra-pomes* (ou púmice). Algumas pedras-pomes têm tantos espaços vazios que se tornam extremamente leves, a ponto de flutuar na água.

FIGURA 5.9 Amostra de basalto vesicular. [Cortesia de John Grotzinger.]

Depósitos piroclásticos

A água e os gases nos magmas podem provocar efeitos ainda mais surpreendentes no estilo das erupções. Antes de um magma entrar em erupção, a pressão confinante devido às rochas sobrejacentes não permite que esses voláteis escapem. Quando o magma chega próximo à superfície e a pressão cai, os voláteis podem ser liberados explosivamente, estraçalhando a lava e qualquer rocha sólida que estiver acima em fragmentos de vários tamanhos, formas e texturas (**Figura 5.10**). Esses fragmentos, conhecidos como *piroclastos*, são classificados de acordo com seu tamanho.

Ejetólitos vulcânicos Os piroclastos mais finos, com menos de 2 mm de diâmetro, são chamados de *cinzas vulcânicas*. As erupções vulcânicas podem borrifar cinza na atmosfera, elas são suficientemente finas para se manter em suspensão e podem ser carregadas por uma grande distância. Por exemplo, duas semanas após a erupção do Monte Pinatubo (Filipinas), em 1991, a poeira vulcânica era detectada, por satélites artificiais, em volta de toda a Terra.

Fragmentos ejetados como respingos de lava, que ficam arredondados e se resfriam no ar, ou a partir de fragmentos arrancados de rochas vulcânicas já solidificadas, podem ser muito maiores. Esses fragmentos são chamados de *bombas vulcânicas* (**Figura 5.11**). Já se observou, durante erupções vulcânicas explosivas, o lançamento de ejetólitos do tamanho de uma casa por distâncias de mais de 10 km.

Cedo ou tarde os piroclastos caem na Terra, formando os depósitos mais extensos perto de sua fonte. À medida que resfriam, os fragmentos quentes e não totalmente solidificados, por isso pegajosos, soldam-se uns aos outros (litificam-se). As rochas criadas a partir dos fragmentos menores são denominadas **tufos**, enquanto aquelas constituídas de fragmentos maiores são as **brechas vulcânicas** (**Figura 5.12**).

Fluxos piroclásticos Os **fluxos piroclásticos**, um tipo particularmente espetacular e devastador de erupção, ocorrem quando a cinza quente e gases são ejetados como uma nuvem

FIGURA 5.10 Uma erupção explosiva do vulcão Arenal, na Costa Rica, arremessa piroclastos no ar. [Gregory G. Dimijian/ Science Source.]

FIGURA 5.11 Bombas vulcânicas em um depósito piroclástico estratificado no Parque Nacional dos Vulcões (Volcanoes National Park), Havaí. Essas erupções explosivas ejetam materiais vulcânicos na atmosfera, que então se precipitam e se acumulam na forma de depósitos pobremente selecionados em fluxos piroclásticos. [Cortesia de John Grotzinger.]

ardente* que se projeta montanha abaixo em alta velocidade. Como as partículas sólidas permanecem em suspensão nos gases quentes, o atrito contra esse movimento é muito baixo.

Em 1902, uma nuvem ardente com uma temperatura interna de 800 °C explodiu, sem muitos sinais prévios, no flanco do Monte Pelado,** na ilha da Martinica, no Caribe. A avalanche de gás asfixiante e de cinza vulcânica incandescente derramou-se pelas encostas a uma velocidade de 160 km/h, semelhante à de um furacão. Em um minuto, e praticamente em silêncio, a emulsão fervente de gás, cinza e poeira envolveu a cidade de Saint Pierre, matando 29 mil pessoas. Seria sensato relembrar a declaração de um certo Professor Landes, feita um dia antes do cataclismo: "O Monte Pelado representa tanto perigo para os habitantes de Saint Pierre quanto o Vesúvio para os moradores de Nápoles". O Professor Landes pereceu com os demais. Em 1991, O Monte Pinatubo entrou em erupção e criou um enorme fluxo piroclástico, que foi capturado pelas câmeras e criou esta imagem impressionante (Figura 5.13).

Os estilos de erupção e as formas de relevo vulcânico

As feições de superfície produzidas por um vulcão quando ejeta material variam de acordo com as propriedades do magma, sobretudo sua composição química e seu conteúdo gasoso, tipo de material (lava *versus* piroclastos) e condições ambientais sob as quais ele entra em erupção – na terra ou submerso. As formas de relevo vulcânico também dependem da taxa com que a lava é produzida e o sistema de encanamento que a leva para a superfície (Figura 5.14).

*N. de R.T.: A expressão "nuvem ardente" foi cunhada por Lacroix (em francês, *nuée ardente*), em 1904, para descrever os pequenos fluxos originados dos condutos centrais na erupção do Monte Pelado. Alguns autores utilizam esse termo para designar emulsões de material sólido e líquido em gás, que se movimentam com muita rapidez e grande turbulência. Dessa forma, as nuvens ardentes diferenciam-se de "fluxos (ou derrames) piroclásticos", porque estes seriam mais densos e menos turbulentos e velozes, pois contêm menor volume de gases.

**N. de R.T.: Em francês, *Pelée*.

(a)

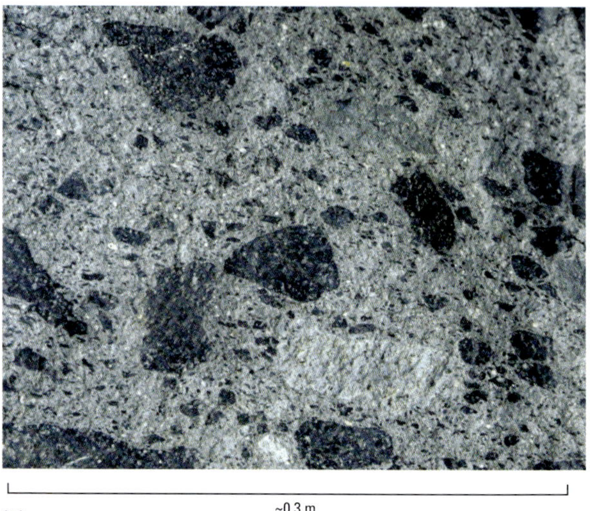

(b)

FIGURA 5.12 (a) Tufo fundido é uma rocha vulcânica de depósitos de cinza que se solidificaram ainda quentes pelo peso do soterramento. (b) Brecha vulcânica, com fragmentos de 6,5 cm. [(a) Cortesia de John Grotzinger; (b) W. K. Fletcher/Science Source.]

FIGURA 5.13 Fluxo piroclástico emanando do Monte Pinatubo, nas Filipinas. Após permanecer inativo por 611 anos, o Monte Pinatubo entrou em erupção com incrível violência, destruindo tudo em seu caminho e matando 847 pessoas. A erupção do Monte Pinatubo é considerada a erupção vulcânica mais violenta e destrutiva do século XX. [Alberto Garcia/Redux.]

Erupções com conduto central

As erupções com condutos centrais descarregam lava ou material piroclástico por uma *chaminé ou conduto central*, uma abertura no topo de um canal alimentador cilíndrico que se conecta com a câmara magmática e por onde o material ascende para irromper à superfície da Terra. As erupções com condutos centrais criam a mais conhecida das feições vulcânicas: a montanha vulcânica em forma de cone.

Vulcões-escudo Um *cone de lava* do tipo vulcão-escudo é construído por sucessivos derrames de lava, que se espalham a partir de uma chaminé. Se a lava for basáltica, flui com facilidade e espalha-se por grandes áreas. Se os derrames forem copiosos e frequentes, criarão um amplo vulcão em forma de escudo, com dezenas de quilômetros de circunferência e com mais de 2 km de altura, com vertentes geralmente suaves. O Mauna Loa, no Havaí, EUA, é o exemplo clássico de um **vulcão-escudo** (ver Figura 5.14a). Embora esteja a somente 4 km acima do nível do mar, ele é efetivamente a estrutura mais alta da Terra: medido a partir do fundo oceânico, ele tem 10 km de altura, mais alto do que o Monte Everest! Esse vulcão cresceu até essas enormes dimensões devido à superposição de milhares de derrames de lavas, cada um com poucos metros de espessura, em um período de cerca de 1 milhão de anos. Na verdade, a ilha do Havaí nada mais é do que o topo de uma série de vulcões-escudo ativos superpostos, que emergem acima do nível do mar.

Domos vulcânicos Ao contrário das lavas basálticas, as lavas andesíticas e riolíticas são tão viscosas que mal conseguem fluir. Elas geralmente produzem *domos vulcânicos*, que são massas arredondadas de rochas com vertentes abruptas (ver Figura 5.8). A forma dos domos proporciona a impressão de que a lava foi espremida para fora da chaminé sem se espalhar lateralmente, como se fosse pasta de dente. Frequentemente, os domos obstruem as chaminés, aprisionando os gases (Figura 5.14b). Então, a pressão aumenta até que uma explosão ocorra, fragmentando o domo.

Cones de cinzas* Quando as chaminés vulcânicas descarregam piroclastos, os fragmentos sólidos acumulam-se e formam um *cone de cinza*. O perfil de um cone vulcânico é determinado pelo maior *ângulo de repouso* dos fragmentos, que é o ângulo máximo em que os detritos permanecem estáveis, em vez de deslizar encosta abaixo. Os fragmentos maiores, que caem perto do cume, formam taludes muito inclinados, que, entretanto, são estáveis. As partículas mais finas são carregadas para posições mais afastadas da chaminé e formam taludes de baixo declive na base do cone. Assim se originaram os cones vulcânicos de formas clássicas, com vertentes côncavas e uma chaminé no cume (ver Figura 5.14c).

Estratovulcões Quando um vulcão emite lava e piroclastos, formam-se derrames alternados desses materiais, que dão origem a um vulcão composto com formas côncavas, ou **estratovulcão** (Figura 5.14d). A lava que se solidifica no canal alimentador e em diques radiais fortalece a estrutura do cone. Os estratovulcões são comuns acima de zonas de subducção. Exemplos famosos são o Monte Fuji, no Japão, os montes Vesúvio e Etna, na Itália, e o Monte Rainier, no Estado de Washington, nos EUA. O Monte Santa Helena tinha uma forma quase perfeita de estratovulcão até que sua erupção em 1980 destruiu o flanco norte (ver Figura 5.6c).

Crateras Uma depressão em forma de tigela, a **cratera**, é encontrada no cume de muitos vulcões, sendo centrada na chaminé. Durante uma erupção, a lava ascendente transborda da cratera. Quando a erupção cessa, a lava remanescente na cratera escorre para dentro da chaminé e solidifica-se, e a cratera pode ficar parcialmente preenchida pelos detritos que caem de volta. Quando da ocorrência da próxima erupção, o material pode ser estraçalhado para fora da cratera. Como as paredes de uma cratera têm alta declividade, com o passar do tempo podem

*N. de R.T.: Também conhecidos como "cones vulcânicos piroclásticos", por conterem fragmentos de diâmetro maior do que o de cinzas.

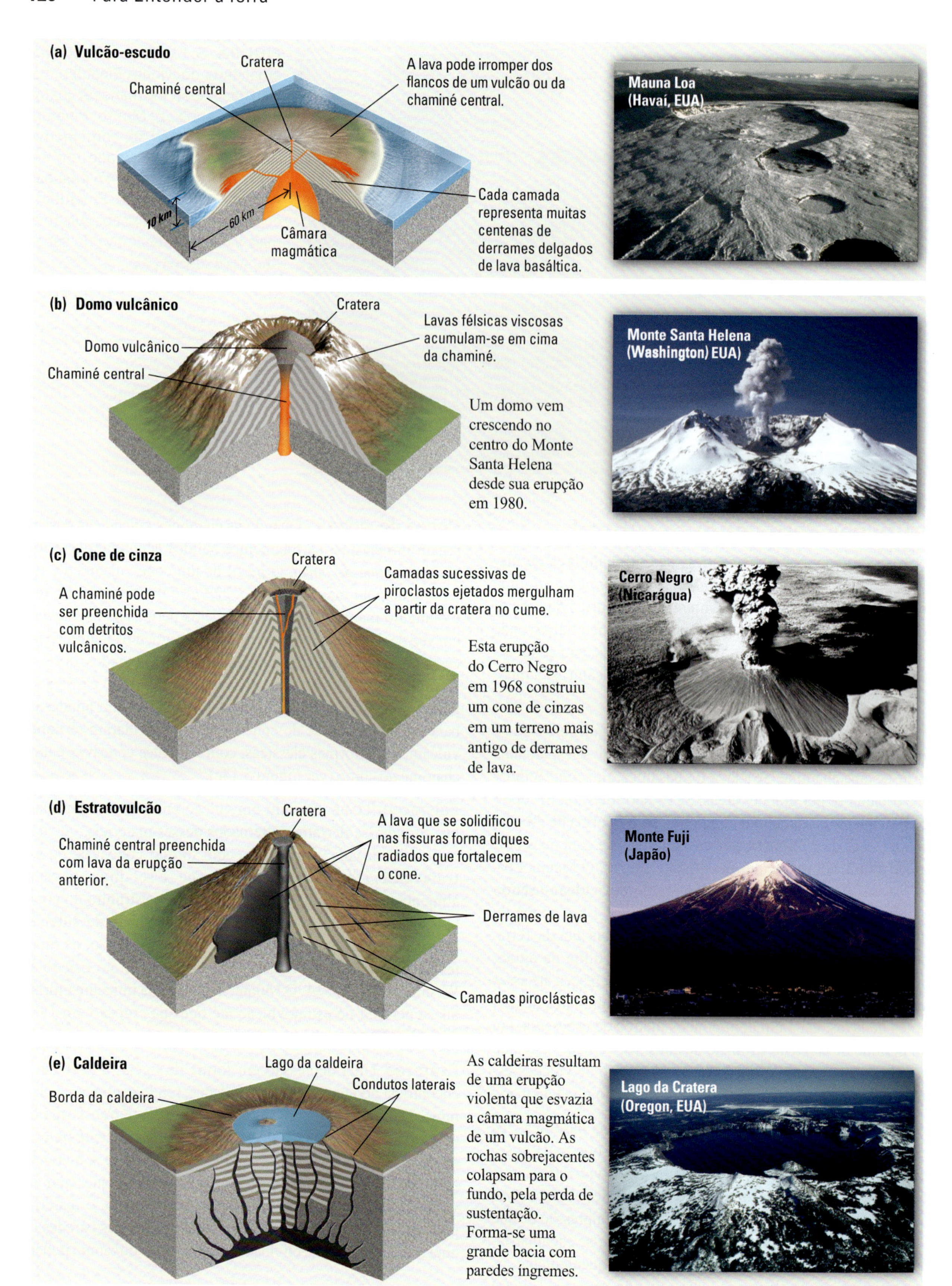

FIGURA 5.14 Os estilos de erupção e as formas de relevo vulcanogênico que eles criam são determinados pela composição do magma. [(a) USGS; (b) Lyn Topinka/USGS Cascades Volcano Observatory; (c) Smithsonian; (d) Corbis; (e) Bates Littlehales/Getty Images.]

desabar ou ser erodidas. Desse modo, o diâmetro de uma cratera pode crescer até tornar-se muitas vezes maior que o da chaminé, e a profundidade pode chegar a centenas de metros. Por exemplo, a cratera do Monte Etna, na Sicília, Itália, atualmente tem mais de 300 m de diâmetro.*

Caldeiras Quando grandes volumes de magma são descarregados de uma grande câmara magmática, ela pode não mais ser capaz de sustentar seu teto. Em tais casos, a estrutura vulcânica sobrejacente pode entrar em colapso de maneira catastrófica, formando uma **caldeira**, isto é, uma grande depressão em forma de bacia, com paredes íngremes, sendo muito maior que a cratera (ver Figura 5.14e). O desenvolvimento da caldeira que formou o Lago da Cratera (Crater Lake), em Oregon, EUA, é mostrado na Figura 5.15. As caldeiras são feições impressionantes, cujos diâmetros variam de poucos quilômetros até 50 km ou mais. Devido ao seu tamanho e às erupções de alto volume, grandes sistemas de câmara magmática também são chamados de "supervulcões". O vulcão de Yellowstone, que é o maior vulcão ativo dos EUA, tem uma caldeira com área maior do que o Estado americano de Rhode Island.**

Após um período de centenas de milhares de anos, novos magmas, ao reentrarem em uma câmara magmática colapsada, podem inflá-la novamente e, com isso, forçar o assoalho da caldeira a formar um novo domo, gerando assim uma *caldeira ressurgente*. O ciclo de erupção, colapso e ressurgência pode ser repetido ao longo do tempo geológico. Três vezes nos últimos 2 milhões de anos, o supervulcão de Yellowstone entrou em erupção de forma catastrófica, ejetando centenas ou milhares de vezes mais material do que a erupção do Monte Santa Helena, em 1980, e depositando cinzas ao longo de grande parte do que hoje é o oeste dos EUA. Outros exemplos de caldeiras ressurgentes são a de Valles, no Novo México, e a do Vale Comprido (Long Valley), na Califórnia, que entraram em erupção pela última vez há cerca de 1,2 milhão e 760 mil anos, respectivamente.

Diatremas Quando o material quente do interior da Terra escapa de forma explosiva, a chaminé e o canal alimentador abaixo dela frequentemente são preenchidos por uma brecha, à medida que a erupção entra em declínio. A estrutura resultante é um **diatrema**. O Monte Shiprock,*** que lembra uma torre isolada na planície circundante, no Novo México (EUA), é um diatrema exposto pela erosão das rochas sedimentares que um dia ele atravessou. Para os passageiros de avião que cruzam a

*N. de R.T.: Atualmente, não há vulcões ativos no Brasil. Sobrevivem, entretanto, testemunhos de erupções vulcânicas de conduto central, como as estruturas dômicas de Poços de Caldas (com cerca de 30 km de diâmetro, originada há 90 Ma [milhões de anos]), em Minas Gerais, e das ilhas de Fernando de Noronha (12,3 Ma) e Trindade (3,5–2,5 Ma), entre outras, localizadas em quase todos os Estados do Brasil.

**N. de R.T.: A superfície do Estado norte-americano de Rhode Island é de 3.140 km^2, o que equivale a cerca de um sétimo da área do Estado de Sergipe, no Brasil.

***N. de R.T.: Significa literalmente "navio de pedra".

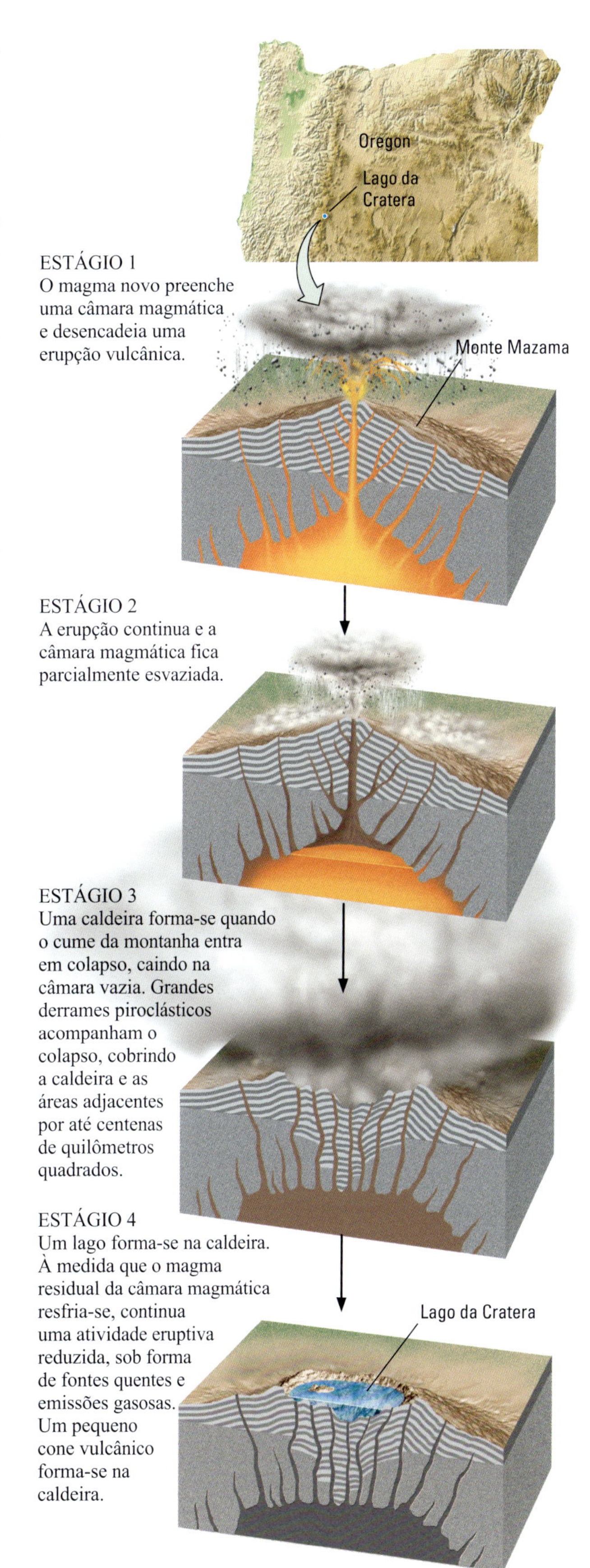

FIGURA 5.15 Estágios da evolução da caldeira do Lago da Cratera. O colapso do Estágio 3 ocorreu cerca de 7.700 anos atrás.

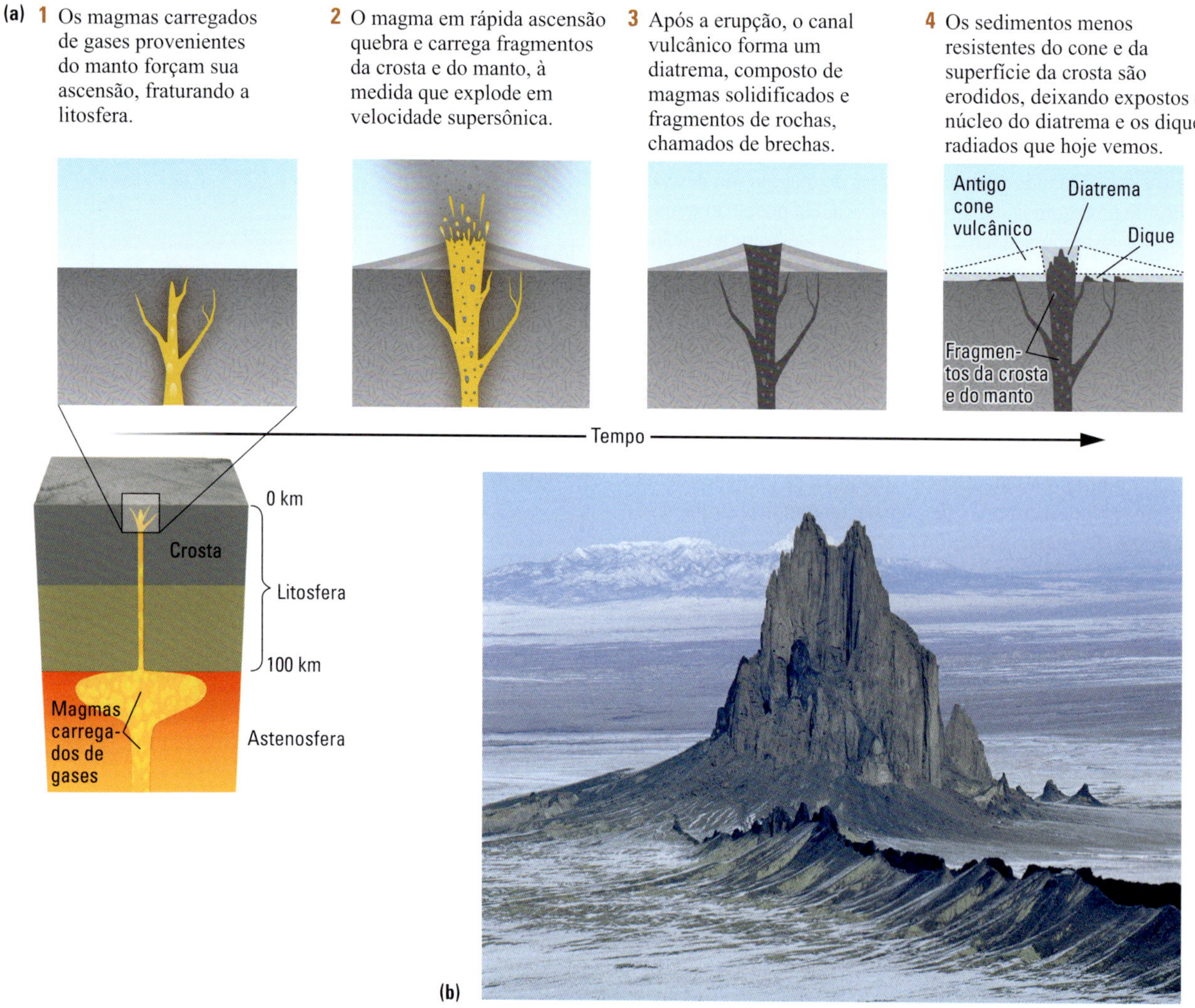

(a) 1 Os magmas carregados de gases provenientes do manto forçam sua ascensão, fraturando a litosfera.

2 O magma em rápida ascensão quebra e carrega fragmentos da crosta e do manto, à medida que explode em velocidade supersônica.

3 Após a erupção, o canal vulcânico forma um diatrema, composto de magmas solidificados e fragmentos de rochas, chamados de brechas.

4 Os sedimentos menos resistentes do cone e da superfície da crosta são erodidos, deixando expostos o núcleo do diatrema e os diques radiados que hoje vemos.

FIGURA 5.16 (a) A formação de um diatrema. (b) O Monte Shiprock, com 515 m acima das planuras sedimentares do entorno, no Novo México, EUA, é um diatrema exposto por causa da erosão das rochas sedimentares menos resistentes que o circundavam antigamente. Note o dique vertical, um dos seis que se irradiam a partir da chaminé vulcânica central. [Airphoto – Jim Wark.]

região, o Monte Shiprock parece um gigantesco arranha-céu negro no meio do deserto vermelho (**Figura 5.16**).

O mecanismo de erupção que produz o diatrema foi reconstituído a partir do registro geológico. Os tipos de minerais e de rochas encontrados em alguns diatremas somente poderiam ter sido formados em grandes profundidades – 100 km, mais ou menos, no manto superior. Os magmas carregados de gases forçam seu caminho até a superfície, fraturando a litosfera e explodindo na atmosfera, ejetando gases e fragmentos sólidos da crosta e do manto, às vezes em velocidade supersônica. Tal erupção provavelmente se pareceria com os jatos exaustores de um gigantesco foguete colocado de cabeça para baixo no terreno, expelindo gases e rochas para o ar.

Talvez os diatremas mais exóticos sejam as *chaminés* kimberlíticas*, cujo nome provém das fabulosas minas de diamante de Kimberley, na África do Sul. O kimberlito é um tipo de peridotito vulcânico – uma rocha formada principalmente de olivina. As chaminés kimberlíticas também contêm uma grande variedade de fragmentos mantélicos, incluindo diamantes, que são empurrados para dentro dos magmas quando estes explodem em direção à superfície (ver Figura 21.25). As pressões extremamente altas, necessárias para transformar o carbono no mineral diamante, somente podem ser encontradas em profundidades maiores que 150 km. A partir de estudos detalhados de diamantes e de outros fragmentos mantélicos encontrados em chaminés kimberlíticas, os geólogos conseguiram reconstruir secções do manto, como se tivessem retirado um testemunho de sondagem de uma profundidade de mais de 200 km. Esses estudos fornecem fortes evidências para a teoria de que o manto superior é constituído basicamente de peridotito.

Erupções fissurais

As maiores erupções vulcânicas não se originam de uma chaminé vulcânica central, mas de grandes fraturas, praticamente verticais, na superfície terrestre, por vezes com dezenas de

*N. de R.T.: Também designada, na literatura geológica, com o vocábulo inglês *pipe*, que é um corpo em forma de cilindro.

FIGURA 5.17 Uma erupção fissural gera uma "cortina de fogo" em Kilauea, Havaí, em 1992. [USGS.]

quilômetros de comprimento (**Figura 5.17**). Tais **erupções fissurais** são o principal estilo de vulcanismo ao longo de dorsais mesoceânicas, onde a nova crosta oceânica é formada. Uma erupção fissural de tamanho moderado ocorreu em 1783, em um segmento da Dorsal Mesoatlântica exposto na Islândia (**Figura 5.18**). Uma fissura de 32 km de comprimento abriu-se e derramou 12 km^3 de basalto, uma quantidade suficiente para cobrir toda a Ilha de Manhattan, em Nova Iorque, até a metade da altura do famoso Edifício Empire State.* A erupção também liberou mais de 100 megatoneladas de dióxido de enxofre, criando uma névoa azul venenosa que pairou sobre a Islândia por mais de um ano. As perdas de plantações resultantes fizeram com que três quartos do gado da ilha e um quinto da população morressem de fome. Os aerossóis sulfúricos da erupção do Laki foram transportadas pelos ventos predominantes por toda a Europa, causando catástrofes agrícolas e doenças respiratórias em muitos países.

Derrames basálticos (planaltos basálticos) Lavas basálticas muito fluidas que irrompem em fissuras nos continentes podem se espalhar em lençóis sobre o terreno plano. Derrames sucessivos frequentemente acumulam-se em imensos **planaltos basálticos**, em vez de se empilharem sob a forma

*N. de R.T.: O Edifício Empire State tem 381 m de altura, e a Ilha de Manhattan tem cerca de 81,5 km^2.

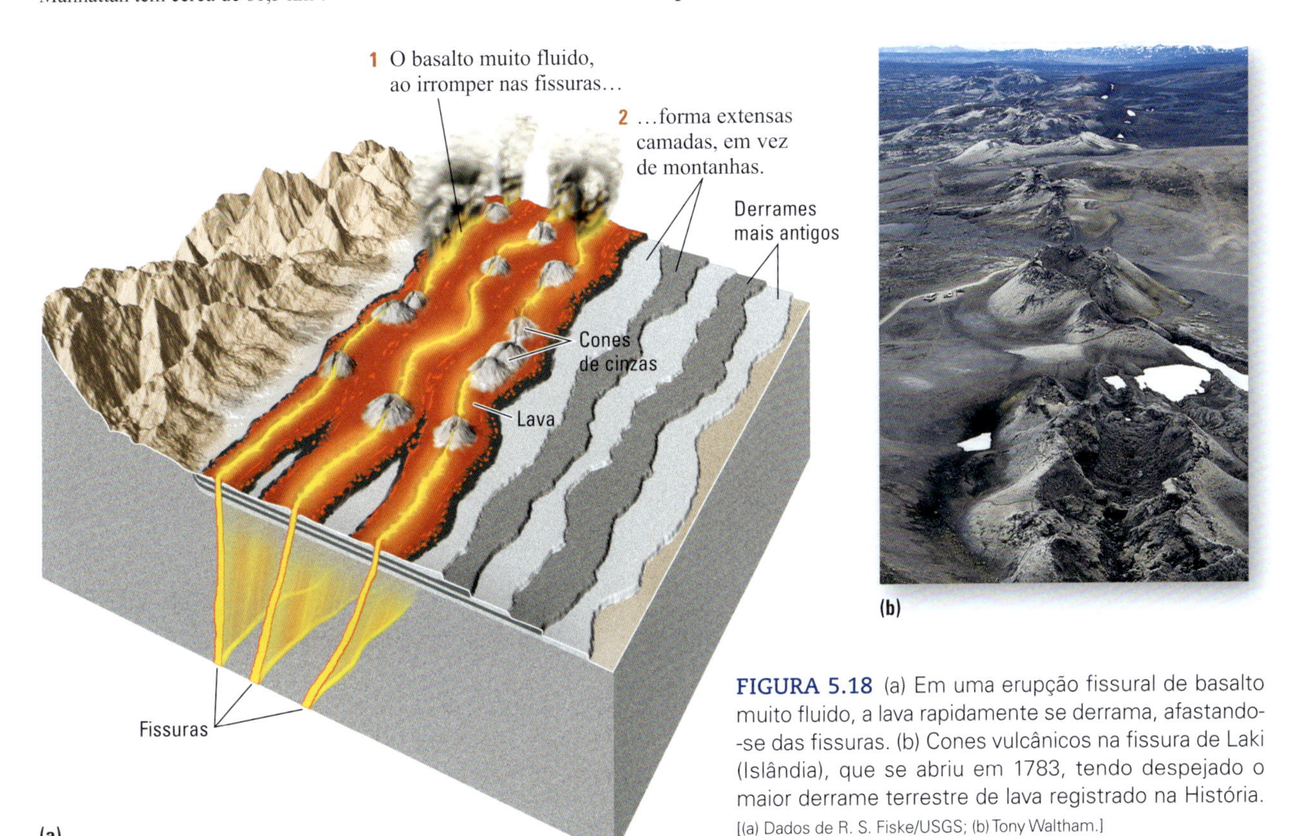

FIGURA 5.18 (a) Em uma erupção fissural de basalto muito fluido, a lava rapidamente se derrama, afastando-se das fissuras. (b) Cones vulcânicos na fissura de Laki (Islândia), que se abriu em 1783, tendo despejado o maior derrame terrestre de lava registrado na História. [(a) Dados de R. S. Fiske/USGS; (b) Tony Waltham.]

de um vulcão-escudo, como acontece quando extravasam de uma chaminé. Na América do Norte, uma enorme erupção de derrames basálticos há cerca de 16 milhões de anos soterrou 160.000 km^2 de topografia preexistente no que hoje são os Estados de Washington, Oregon e Idaho, para formar o Planalto Colúmbia (**Figura 5.19**). Certos derrames individuais tinham mais de 100 m de espessura, e alguns eram tão fluidos que se espalharam por distâncias de mais de 500 km a partir de sua fonte. Desde então, uma paisagem inteiramente diferente, com novos vales fluviais, vem se desenvolvendo no topo da lava que soterrou a antiga superfície. Encontram-se planaltos basálticos em todos os continentes,* bem como no assoalho oceânico.

Depósitos de fluxos de cinza Erupções de piroclastos em continentes produziram extensas camadas de tufos vulcânicos endurecidos denominados **depósitos de fluxos de cinza**. O Parque Nacional de Yellowstone, no Estado de Wyoming, foi coberto por alguns derrames de cinza, que soterraram uma sucessão de florestas. Alguns dos maiores depósitos piroclásticos do planeta são os depósitos de fluxos de cinza da Era Mesocenozoica, 45 a 30 Ma atrás, por meio de fissuras no que atualmente é a Província de Bacias e Cristas Montanhosas do oeste dos EUA. A quantidade de material liberada durante essa explosão piroclástica foram incríveis 500.000 km^3 – o suficiente para cobrir todo o Estado de Nevada (EUA) com uma camada de rocha com espessura aproximada de 2 km! A humanidade nunca presenciou qualquer desses eventos espetaculares.

Interações entre vulcões e outros geossistemas

Os vulcões são fábricas químicas que produzem gases e materiais sólidos. Os gases dos vulcões têm sido coletados por corajosos vulcanólogos e analisados para que a sua composição seja determinada. O vapor d'água é o principal constituinte do gás vulcânico (70-95%), seguido pelo dióxido de carbono, pelo dióxido de enxofre e por traços de nitrogênio, hidrogênio, monóxido de carbono, enxofre e cloro. As erupções podem liberar enormes quantidades desses gases. Uma parte dos gases vulcânicos pode ser proveniente de grandes profundidades da Terra, chegando à

*N. de R.T.: No sul do Brasil, o Planalto Meridional é formado por uma sucessão de camadas de rochas sedimentares encimadas por um pacote de derrames vulcanogênicos (incluindo basaltos, riodacitos, riólitos e piroclásticos) com mais de 1.700 m de espessura. Esses derrames são conhecidos como Grupo Serra Geral, da Bacia do Paraná. Essa formação representa um dos mais volumosos vulcanismos intracontinentais do planeta, com um volume estimado de 650.000 km^3 e uma área aproximada de 1.200.000 km^2 distribuída no sul do Brasil, Paraguai, Argentina, Uruguai e, ainda, uma contraparte na África do Sul, onde é chamada de Grupo Etendeka. Esses derrames irromperam entre 133 e 129 Ma, quando a América do Sul e a África estavam reunidas no supercontinente Gondwana, e fizeram parte dos eventos que levaram à formação do assoalho do Oceano Atlântico e à separação dos continentes. No Planalto Meridional ocorrem paisagens singulares, como a dos cânions e das famosas Cataratas do Iguaçu, sendo vegetado por uma mata mista com araucária. Nele desenvolveu-se a importante cultura dos índios Kaingang.

(a)

(b)

FIGURA 5.19 (a) O Planalto Colúmbia abrange 160.000 km^2 nos Estados de Washington, Oregon e Idaho (EUA). (b) Derrames sucessivos de lavas basálticas acumularam-se para construir este imenso planalto, cortado aqui pelo rio Palouse. [© Charles Bolin/Alamy.]

superfície pela primeira vez. Outra parte pode ser água subterrânea e água do mar, gases atmosféricos reciclados ou gases que tenham sido aprisionados em rochas geradas em épocas passadas.

Como vimos, os gases vulcânicos liberados na superfície terrestre têm uma série de efeitos sobre os outros geossistemas. Pensa-se que, no decorrer da história inicial da Terra, a emissão de gases vulcânicos tenha formado os oceanos e a atmosfera e que essas emissões continuam a influenciar os componentes do sistema Terra atual. Períodos de intensa atividade vulcânica afetaram o clima terrestre repetidas vezes e podem ter sido responsáveis por algumas das extinções em massa documentadas no registro geológico.

O vulcanismo e a hidrosfera

A atividade vulcânica não para quando a lava ou os materiais piroclásticos deixam de fluir. Durante décadas ou, às vezes, por centenas de anos após as grandes erupções, os vulcões continuam a emitir vapor e outros gases por meio de pequenos condutos, chamados de *fumarolas* (Figura 5.20). Essas emanações contêm materiais dissolvidos que se precipitam nas superfícies adjacentes à medida que a água evapora ou se resfria, formando vários tipos de depósitos de incrustação, inclusive alguns com minerais valiosos.

As fumarolas são manifestações superficiais da **atividade hidrotermal**, que é a circulação de água por meio de magmas e rochas vulcânicas quentes. A água subterrânea circulante, ao alcançar os magmas profundos, que retêm o calor por centenas ou milhares de anos, aquece-se e retorna para a superfície sob a forma de fontes quentes ou de gêiseres. Um *gêiser* é uma fonte de água quente que jorra de forma intermitente com grande força, frequentemente acompanhada por um rugido trovejante. O gêiser mais conhecido dos EUA, o Old Faithful,* no Parque Nacional de Yellowstone, irrompe em intervalos de aproximadamente 65 a 90 minutos, formando um jato de água quente que se eleva até 60 m de altura acima da superfície (Figura 5.21). Abordaremos de forma mais detalhada os mecanismos que movem as fontes quentes e os gêiseres no Capítulo 17.

*N. de R.T.: Old Faithful Geyser significa "velho e fiel gêiser". O nome é uma alusão à regularidade com que o gêiser emite seus vapores.

FIGURA 5.21 O gêiser Old Faithful, no Parque Nacional de Yellowstone (EUA), irrompe regularmente a intervalos de 65 a 90 minutos. [SPL/Science Source.]

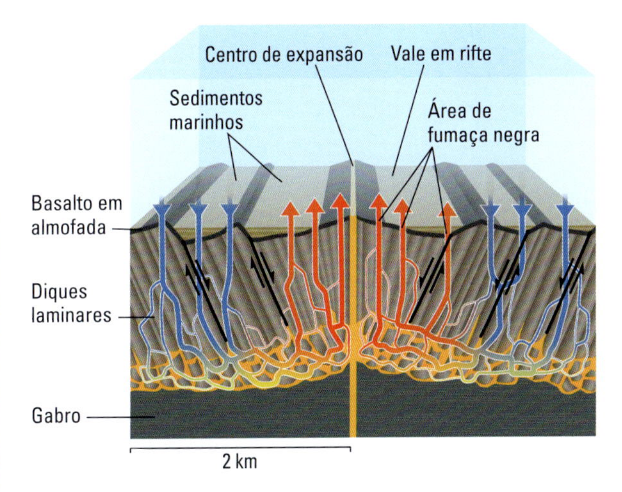

FIGURA 5.22 Próximo a centros de expansão, a água do mar circula pela crosta oceânica, é aquecida pelo magma e injetada novamente no oceano, formando chaminés pretas* e depositando minerais no assoalho oceânico.
*N. de R.T.: Em inglês, *black smokers*. Eventualmente, em textos na língua portuguesa, essa expressão não é traduzida.

FIGURA 5.20 Uma fumarola do vulcão Merapi, na Indonésia, forma depósitos de incrustação sulfurosos. [R. L. Christiansen/USGS.]

A atividade hidrotermal é especialmente intensa nos centros de expansão das dorsais mesoceânicas, onde enormes volumes de água e de magma entram em contato. As fissuras distensionais permitem que a água do mar circule pela crosta oceânica recém-formada. O calor das rochas vulcânicas quentes e dos magmas que estão nas profundezas propulsiona um vigoroso processo convectivo. Ele puxa a água fria do mar para o interior da crosta, onde ela se aquece em contato com o magma, e, depois, expele a água quente para o oceano sobrejacente por meio de chaminés no assoalho do vale em rifte (**Figura 5.22**).

Considerando que são comuns as ocorrências de fontes quentes e gêiseres em geossistemas vulcânicos terrestres, as evidências de atividade hidrotermal intensa em centros de expansão (que geralmente estão submersos pela água) não deveria causar surpresa. Entretanto, os geólogos ficaram impressionados quando descobriram a intensidade da convecção e as consequências químicas e biológicas que ocorrem na Terra por sua causa. As manifestações mais espetaculares desse processo foram primeiramente encontradas no Oceano Pacífico oriental em 1977. Observaram-se plumas de água quente, saturada de elementos químicos, com temperaturas chegando a 350 °C, jorrando por condutos hidrotermais na crista da Dorsal do Pacífico Oriental, em que o volume de fluido circulante é muito alto (ver Capítulo 22). Os geólogos marinhos estimaram que um volume de fluido equivalente a toda a água dos oceanos circule pelas fraturas e condutos dos centros de expansão a cada 10 milhões de anos.

Os cientistas também perceberam que as interações hidrosfera-litosfera, em centros de expansão, afetam profundamente a geologia, a química e a biologia dos oceanos de várias modos:

- A criação de nova litosfera responde por quase 60% da energia que flui do interior da Terra. A água do mar em circulação resfria a nova litosfera com muita eficiência e, dessa forma, desempenha um papel importante no processo pelo qual o calor interno da Terra é transferido para fora.
- A atividade hidrotermal lixivia metais e outros elementos da nova crosta, introduzindo-os nos oceanos. Esses elementos influenciam tanto as características químicas da água do mar quanto os componentes minerais levados por todos os rios do mundo para os oceanos.
- Os minerais metálicos precipitam-se a partir da água do mar circulante, formando minérios de zinco, cobre e ferro nas partes mais rasas da crosta oceânica. O minério forma-se quando a água do mar infiltra-se nas rochas vulcânicas porosas, aquece-se e lixivia esses elementos da nova crosta. Quando essa água quente, enriquecida em minerais dissolvidos, ascende e entra de novo no oceano frio, precipitam-se os minerais que vão formar os minérios.

A energia hidrotermal e os nutrientes da água do mar circulante alimentam colônias incomuns de estranhos organismos cuja energia vem do interior da Terra e não da luz do Sol. Hipertermófilos quimioautótrofos semelhantes aos que povoam as fontes quentes na terra formam a base dos ecossistemas complexos, que fornecem o alimento para as conchas gigantes e para os poliquetas com vários metros de comprimento. Alguns cientistas acreditam que a vida na Terra tenha começado nos energéticos e quimicamente ricos ambientes dos condutos hidrotermais (ver Capítulo 22).

O vulcanismo e a atmosfera

O vulcanismo na litosfera afeta o tempo e o clima pela alteração da composição e das propriedades da atmosfera. Grandes erupções podem injetar gases sulfurosos na atmosfera a dezenas de quilômetros acima da Terra (**Figura 5.23**). Por meio de várias

FIGURA 5.23 Imagem de satélite de uma enorme nuvem de cinzas da erupção do vulcão Cordón Caulle, na região central do Chile, em 13 de junho de 2011. A pluma de cinzas se estende 800 km, desde as montanhas nevadas da Cordilheira dos Andes (à esquerda na foto) até a capital argentina de Buenos Aires (parte central direita da foto). Essa nuvem de cinzas envolveu a Terra, levando ao fechamento de aeroportos na Austrália e Nova Zelândia. [Imagem da NASA cortesia de Jeff Schmaltz, MODIS Rapid Response Team no NASA GSFC.]

reações químicas, os gases formam um aerossol (uma fina névoa em suspensão no ar) que representa dezenas de milhões de toneladas de ácido sulfúrico. Esse aerossol pode bloquear a radiação solar, impedindo que uma parte dela chegue à superfície, e, dessa forma, rebaixando as temperaturas globais durante um ou dois anos. A erupção do Monte Pinatubo, uma das maiores erupções explosivas do século XX, causou um esfriamento global de pelo menos 0,5°C em 1992. (As emissões de cloro do Pinatubo também apressaram a perda de ozônio na atmosfera, o escudo que protege a biosfera da radiação ultravioleta do Sol.)

Os detritos jogados na atmosfera durante a erupção de 1815 do Monte Tambora, na Indonésia, causaram resfriamento ainda maior. No ano seguinte, o Hemisfério Norte passou por um verão muito frio; segundo um diário de um habitante de Vermont: "nenhum mês se passou sem uma geada, nem sem neve". A queda na temperatura e a precipitação de cinza causaram ampla quebra nas safras. Como resultado, mais de 90 mil pessoas pereceram naquele "ano sem verão". Esse terrível ano inspirou o triste poema "Escuridão", de Lord Byron:

Eu tive um sonho, que não foi apenas um sonho.
O sol brilhante extinguiu-se e as estrelas
Perambulavam escurecidas no espaço eterno,
Sem raios e sem rumo; e a Terra gelada
Orbitava cega e obscurecida no ar sem Lua;
As manhãs chegaram e se foram – e chegaram sem trazer o dia.
E os homens esqueceram suas paixões no pavor
dessa desolação que se lhes abateu; e todos os corações
*Gelaram numa prece egoísta por luz.**

O padrão global do vulcanismo

Antes do advento da teoria da tectônica de placas, os geólogos constataram a existência de uma concentração de vulcões ao longo da orla do Oceano Pacífico e apelidaram-na de Cinturão de Fogo (ver Figura 2.6). A explicação do Cinturão de Fogo em termos da subducção de placas foi um dos grandes sucessos da nova teoria. Nesta seção, mostraremos como a tectônica de placas pode explicar todas as principais características do padrão global do vulcanismo (**Figura 5.24**).

A **Figura 5.25** mostra a localização dos vulcões ativos no mundo, sejam eles terrestres ou marinhos, que se encontram acima do nível do mar. Cerca de 80% estão em limites convergentes de placas, 15% em limites divergentes e os poucos restantes, no interior das placas. Entretanto, existem muito mais vulcões ativos do que aqueles representados na figura. A maior

*N. de R.T.: I had a dream, which was not all a dream. /The bright sun was extinguish'd, and the stars /Did wander darkling in the eternal space/Rayless, and pathless, and the icy earth /Swung blind and blackening in the moonless air /Morn came and went – and came, and brought no day. /And men forgot their passions in the dread /Of this their desolation; and all hearts /Were chill'd into a selfish prayer for light.

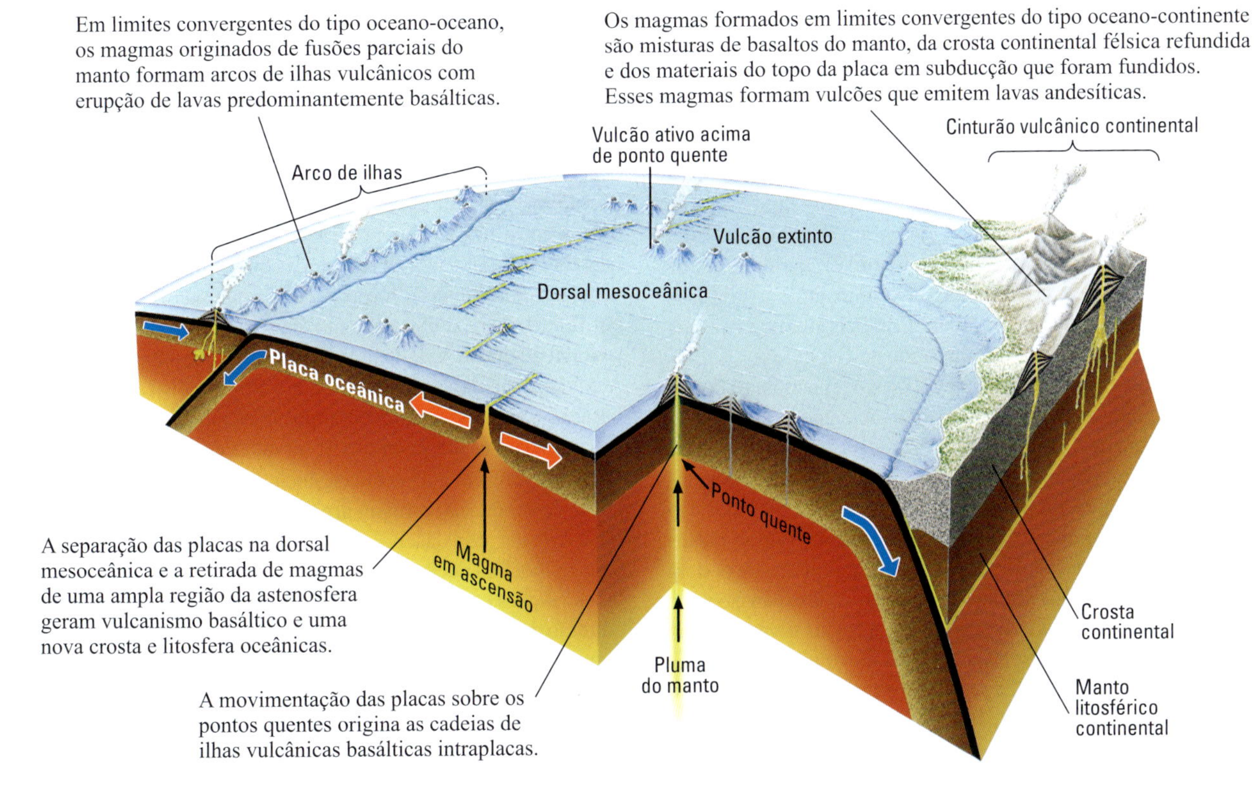

FIGURA 5.24 O padrão global do vulcanismo pode ser explicado pela tectônica de placas.

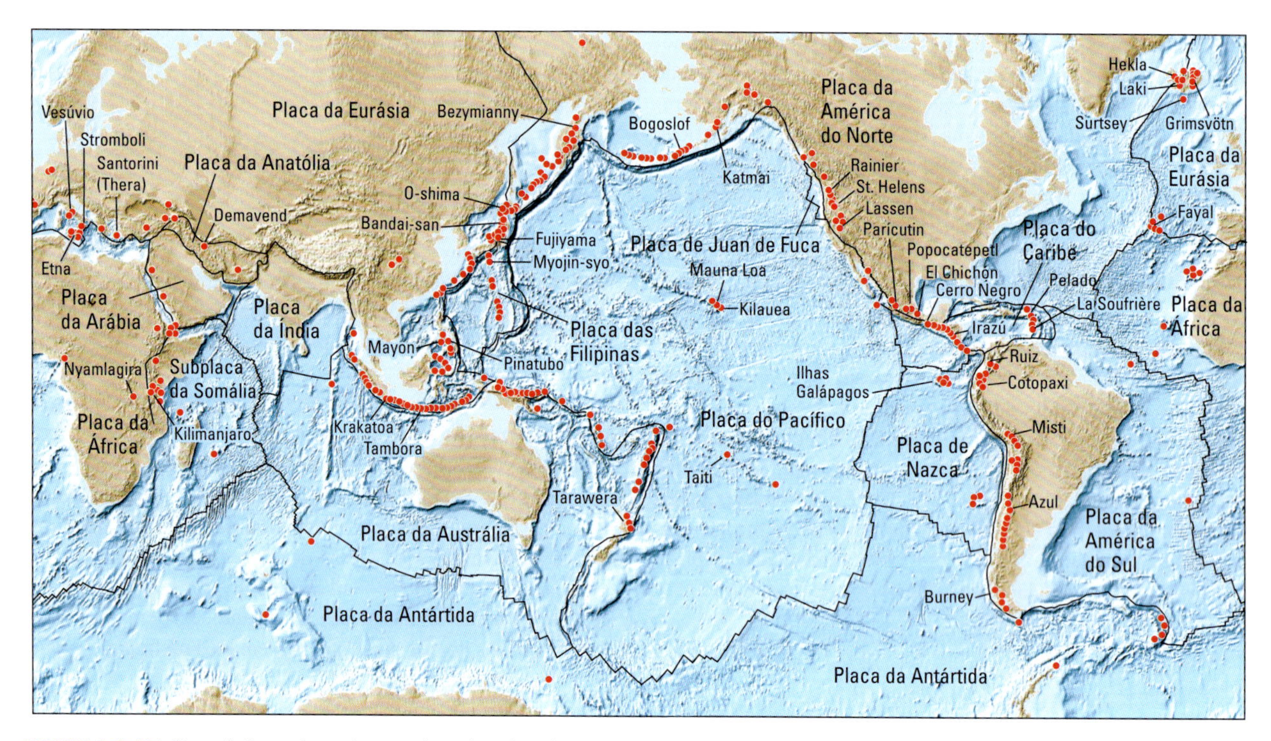

FIGURA 5.25 Os vulcões ativos do mundo cujas chaminés localizam-se em terra ou acima do nível do mar estão representados neste mapa por pontos vermelhos. As linhas pretas representam os limites de placas. Aqui, não estão representadas as inúmeras chaminés do sistema de dorsais mesoceânicas abaixo da superfície oceânica.

parte da lava que irrompe na superfície terrestre é proveniente de erupções submarinas, localizadas nos centros de expansão das dorsais mesoceânicas.

O vulcanismo nos centros de expansão

Como vimos, enormes volumes de lava basáltica irrompem continuamente ao longo da rede mundial de dorsais mesoceânicas – o suficiente para criar todo o atual fundo oceânico. Essa "fábrica crustal" está sob um vale em rifte e tem dimensões da ordem de poucos quilômetros de largura e de profundidade, estendendo-se ao longo de cerca de 65 mil de quilômetros de dorsais mesoceânicas (ver Figura 5.24). Os magmas irrompidos são formados por meio da fusão do manto peridotítico causada por descompressão, conforme discutido no Capítulo 4.

Os limites divergentes compreendem segmentos de dorsal mesoceânica deslocados em um padrão de zigue-zague por falhas transformantes (ver Figura 2.7). O mapeamento geológico detalhado do assoalho oceânico revelou que os segmentos das dorsais podem, eles próprios, ser bastante complexos. Eles são frequentemente compostos por centros de expansão mais curtos e paralelos, que são deslocados por alguns quilômetros e podem ter partes sobrepostas. Cada um desses centros de expansão é um "vulcão axial" que extravasa lava basáltica em taxas variáveis ao longo de seu comprimento. Os basaltos de vulcões axiais próximos geralmente mostram pequenas diferenças geoquímicas, indicando que esses vulcões têm sistemas separados de dutos.

Na Islândia, a Dorsal Mesoatlântica ergue-se acima do oceano e grandes erupções basálticas são comuns. A erupção significativa mais recente, de um vulcão abaixo da geleira Eyjafjallajökull, no litoral sul da Islândia. Em 2010, ele ejetou grandes quantidades de cinza finíssima na atmosfera, atrapalhando o tráfego aéreo na Europa Ocidental por várias semanas (ver Jornal da Terra 5.1).

Vulcanismo em zonas de subducção

Uma das feições mais impressionantes das zonas de subducção é a cadeia de vulcões paralela ao limite convergente. Essa cadeia de vulcões posiciona-se sempre na placa que está acima da porção mergulhante da litosfera oceânica, independentemente da sua constituição, que pode ser tanto oceânica como continental (ver Figura 5.24). Os magmas que alimentam os vulcões de zonas de subducção formam-se por meio de fusão induzida por fluidos (ver Capítulo 4) e mostram maior variedade composicional do que os basaltos formados nas dorsais mesoceânicas. A composição dessas lavas varia de máfica a félsica – isto é, de basaltos a riólitos – embora composições intermediárias (andesíticas) sejam as mais comuns observadas em terra.

Nos locais em que a convergência é oceânica, os vulcões de zonas de subducção formam arcos de ilhas vulcânicas, como as ilhas Aleutas, do Alasca, e as Marianas, do Pacífico ocidental. Onde a litosfera oceânica entra em subducção sob um continente, os vulcões e as rochas vulcânicas coalescem para formar um cinturão de montanhas vulcânicas em terra, como os Andes, que marcam a subducção da Placa de Nazca oceânica sob a porção continental da Placa da América do Sul.

Recentemente, o Monte Sinabung, na Indonésia, tem estado bastante ativo, com grandes erupções em 2010, 2013 e 2018. Uma fase de erupção contínua teve início em 2013 e estendeu-se até 2018, culminando com a maior explosão até então, em

Jornal da Terra 5.1 Nuvens de cinza vulcânica sobre a Europa

Em 14 de abril de 2010, o vulcão islandês Eyjafjallajökull começou uma série de erupções que paralisou o tráfego aéreo sobre o norte e o oeste da Europa por um período de seis dias. (De acordo com a piada, "Eyjafjallajökull" em islandês significa "nome que ninguém sabe pronunciar". Na verdade, pronuncia-se ai-ia-fia-dla-djou-cudl e significa "geleira da montanha da ilha".) As erupções levaram ao fechamento da maior parte dos grandes aeroportos europeus e causou o cancelamento de muitos voos no continente, resultando na maior interrupção do tráfego aéreo desde a Segunda Guerra Mundial. Muitas pessoas ficaram presas onde estavam por vários dias, em situações pouco confortáveis, pois os voos foram cancelados em sequência, forçando-as a buscar modos de transporte alternativos ou novas acomodações. Na semana após a erupção, estima-se que 250.000 cidadãos britânicos, franceses e irlandeses tenham ficado presos no exterior, que a economia europeia tenha perdido quase 2 bilhões de dólares e que a indústria da aviação perdeu até 250 milhões de dólares por dia.

Nesta foto de 16 de abril de 2010, o vulcão Eyjafjallajökull, no sul da Islândia, ejeta cinzas no ar logo antes do crepúsculo. [AP Photo/Brynjar Gauti.]

As erupções foram previstas com bastante antecedência. As atividades sísmicas em Eyjafjallajökull e no seu entorno começaram no final de 2009 e aumentaram em frequência e intensidade até 20 de março de 2010, quando ocorreu uma pequena erupção. Uma segunda erupção, muito maior, ocorreu em 14 de abril, quando o vulcão ejetou 250 milhões de metros cúbicos de cinza vulcânica. A nuvem de cinzas atingiu elevações de 9.000 metros e, embora menor que a erupção do Monte Santa Helena em 1980, no estado do Oregon (EUA), foi o suficiente para entrar nas correntes de jato, que fluíam diretamente sobre a Islândia na época. O fluxo para leste das correntes de jato transportou as cinzas para a Europa, onde se espalharam sobre boa parte do continente.

Uma parcela significativa dessa cinza vulcânica foi produzida pela interação entre o magma quente e a água e gelo glacial, que o tornaram muito fino, com menos de 2 mm. Quando cinzas desse tamanho invadem turbinas de aviões, as altas temperaturas dos aparelhos (até 2.000°C) podem refundi-las, recriando uma lava viscosa que pode levar à falha do motor.

Em casos extremos, aviões tiveram que literalmente planar para fora da nuvem de cinzas até que seus motores pudessem ser religados. As erupções do Eyjafjallajökull duraram apenas um mês; em junho de 2010, o volume de cinzas ejetado já era mínimo. Erupções futuras na Islândia serão inevitáveis, entretanto, as consequências agrícolas e ambientais para a Europa poderão ser catastróficas. No momento, os geólogos estão monitorando o vulcão Katla, não muito distante, que historicamente costuma entrar em erupção após o Eyjafjallajökull.

fevereiro de 2018. Curiosamente, essa explosão maior ocorreu durante um período em que a frequência das erupções estava em declínio (**Figura 5.26**), mas ainda foi a mais poderosa e explodiu o topo do vulcão.

O terreno japonês é um exemplo excelente do complexo arranjo de rochas intrusivas e extrusivas que se desenvolveu ao longo de muitos milhões de anos em uma zona de subducção. Nesse pequeno país, encontram-se todos os tipos de rochas

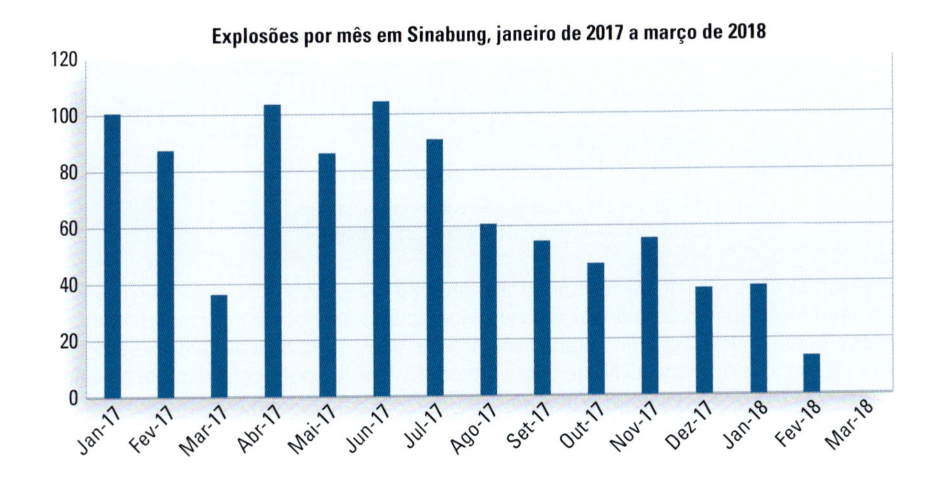

FIGURA 5.26 O gráfico mostra o número de explosões por mês no Monte Sinabung entre janeiro de 2017 e março de 2018. Foram informados apenas os dados parciais para o período entre 18 e 31 de janeiro e não foram informadas as explosões durante março de 2018. [Dados do Center for Volcanology and Geological Disaster Mitigation (PVMBG).]

extrusivas de diversas idades, misturadas com intrusivas máficas e intermediárias, rochas vulcânicas metamorfizadas e rochas sedimentares formadas a partir da erosão de rochas ígneas. A erosão de todo esse conjunto de rochas contribuiu para formar as singulares paisagens retratadas em tantas pinturas japonesas clássicas e modernas.

Vulcanismo intraplaca: a hipótese da pluma mantélica

A fusão por descompressão explica o vulcanismo nos centros de dispersão, e a fusão induzida por fluidos esclarece o vulcanismo que ocorre acima das zonas de subducção. Mas como a teoria da tectônica de placas pode explicar o *vulcanismo intraplaca*, ou seja, os vulcões que estão longe dos limites de placas? Os geólogos encontraram uma pista nas idades desses vulcões.

Pontos quentes e plumas do manto Considere as ilhas havaianas, no meio da Placa do Pacífico. Essa cadeia de ilhas começa com os vulcões ativos da ilha do Havaí e continua para noroeste como um cordão de montanhas e de cadeias vulcânicas submersas, progressivamente mais antigas, extintas e erodidas. Em contraste com as dorsais mesoceânicas, que são sismicamente ativas, a cadeia havaiana não é marcada pela frequência de grandes terremotos (exceto próximo ao centro vulcânico), constituindo essencialmente uma *cadeia assísmica* (i.e., sem terremotos). Vulcões ativos no início de cadeias assísmicas progressivamente mais antigas podem ser encontrados em outros locais do Pacífico e em outras grandes bacias oceânicas. Os vulcões ativos do Taiti, no extremo sudeste das Ilhas Sociedade, e as Ilhas Galápagos, no limite norte da cadeia assísmica de Nazca, são dois exemplos (ver Figura 5.25).

(a) A Placa do Pacífico moveu-se para noroeste, sobre o ponto quente do Havaí... ...resultando na formação da cadeia de ilhas vulcânicas e montes submarinos. As idades das montanhas são consistentes com os movimentos da placa de cerca de 100 mm/ano.

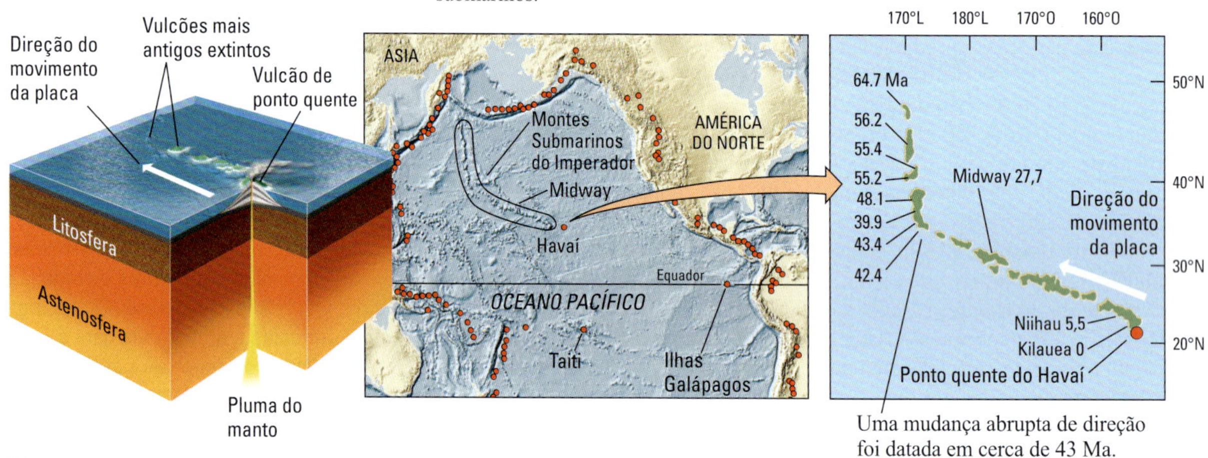

Uma mudança abrupta de direção foi datada em cerca de 43 Ma.

(b)

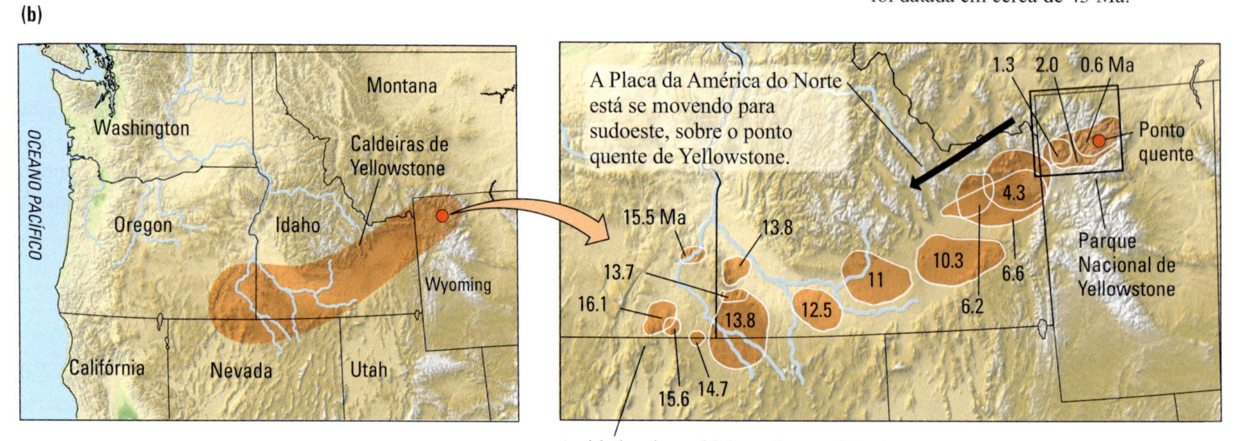

As idades das caldeiras são consistentes com os movimentos da placa de cerca de 25 mm/ano.

FIGURA 5.27 O movimento da placa gera um alinhamento de vulcões progressivamente mais antigos. (a) A cadeia de vulcões das ilhas havaianas e seu prolongamento em direção ao noroeste do Pacífico (os Montes Submarinos do Imperador) mostram a tendência dos vulcões de serem progressivamente mais antigos em direção ao noroeste. (b) Uma cadeia de caldeiras progressivamente mais antigas marca o movimento da Placa da América do Norte sobre um ponto quente continental durante os últimos 16 Ma (milhões de anos). [Dados de Wheeling Jesuit University/NASA Classroom of the Future.]

Quando o padrão geral de movimentos das placas foi definido, os geólogos puderam demonstrar que essas cadeias assísmicas se pareciam com os alinhamentos de vulcões que se formam nas placas. Tais alinhamentos originam-se quando as placas se movimentam sobre os **pontos quentes** que se encontram em posições fixas, como se fossem tochas ancoradas no manto terrestre (Figura 5.27). Com base nessas evidências, foi formulada a hipótese de que os pontos quentes eram causados pelo material sólido quente, que ascende em jatos estreitos e cilíndricos de locais profundos do manto (talvez do limite núcleo-manto), chamados de **plumas do manto**. Segundo a hipótese das plumas do manto, quando os peridotitos trazidos em uma pluma chegam a regiões menos profundas, em que as pressões são mais baixas, eles começam a fundir-se, produzindo magma basáltico. O magma penetra na litosfera e pode irromper na superfície. A posição que a placa está ocupando sobre o ponto quente é marcada por um vulcão ativo, que se torna inativo à medida que a placa se afasta desse ponto. Assim, o movimento da placa origina um alinhamento de vulcões extintos e progressivamente mais antigos. Como é mostrado na Figura 5.27a, as ilhas havaianas ajustam-se muito bem a esse padrão, sendo possível determinar que a velocidade com que a Placa do Pacífico se movimenta sobre o ponto quente do Havaí é de cerca de 100 mm/ano.

Alguns aspectos do vulcanismo intraplaca nos continentes foram também explicados com a utilização da hipótese das plumas do manto. A moderna Caldeira de Yellowstone, que tem somente 630 mil anos de idade, ainda está vulcanicamente ativa, com gêiseres, fontes de água em ebulição, soerguimento e terremotos. Ela é o membro mais recente de um alinhamento de uma sequência de caldeiras cada vez mais antigas, agora extintas, que supostamente marcam o movimento da Placa da América do Norte sobre o ponto quente de Yellowstone (Figura 5.27b). O membro mais antigo desse alinhamento, que é uma área vulcânica no Estado de Oregon, sofreu erupção há cerca de 16 milhões de anos, produzindo alguns dos planaltos basálticos do Planalto Colúmbia. A Placa da América do Norte moveu-se sobre o ponto quente de Yellowstone para o sudoeste a uma taxa de cerca de 25 mm/ano durante os últimos 16 milhões de anos. Levando em consideração os movimentos relativos das placas do Pacífico e da América do Norte, essa velocidade e essa direção são consistentes com os movimentos das placas inferidos a partir do Havaí.

Erupção do vulcão Kilauea, Havaí, em 2018

A erupção do vulcão Kilauea, na ilha do Havaí, em 2018, nos lembra do impacto contínuo e praticamente constante do vulcanismo intraplaca. A fase atual da erupção teve início em 3 de maio de 2018 e continuou até ao menos agosto de 2018 (Figura 5.28). A lava tem irrompido por meio das fissuras associadas com a Zona de Rift leste (East Rift Zone) do vulcão, em Puna (Figura 5.29). A erupção coincidiu com um terremoto de magnitude 6,9 e a abertura de dezenas de fissuras por meio das quais a lava se derramou, causando a evacuação de aproximadamente 2.000 moradores. Até agosto de 2018, quase 40 km^2 haviam sido cobertos por lava fresca, destruindo mais de 700 residências e uma grande usina de energia geotérmica, que produzia cerca de 25% da eletricidade da ilha. Essa erupção foi a mais destrutiva dos EUA desde a erupção do Monte Santa Helena, em 1980.

Medição de movimentos de placa usando alinhamentos de pontos quentes Partindo do princípio de que os pontos quentes são ancorados por plumas que ascendem

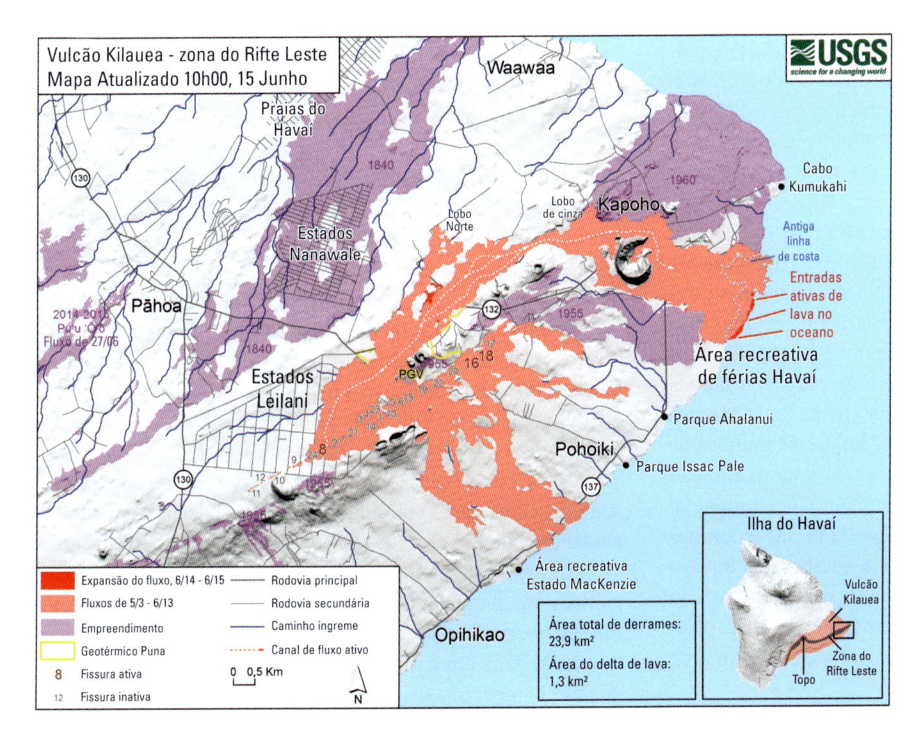

FIGURA 5.28 A erupção do vulcão Kilauea, na ilha do Havaí, em 2018, é um exemplo de vulcanismo intraplaca. A fase atual da erupção teve início em 3 de maio de 2018 e continuou até ao menos agosto de 2018. [USGS.]

FIGURA 5.29 Lava. A foto, tirada em 6 de março de 2011, mostra a lava irrompendo por meio de fissuras associadas com a Zona de Rift leste do vulcão Kilauea em Puna. [USGS.]

desde regiões profundas do manto, os geólogos podem usar a distribuição mundial dos alinhamentos de rochas vulcânicas para calcular quanto o sistema global das placas está se movendo em relação às partes profundas do manto. Os resultados são algumas vezes chamados de "movimentos absolutos das placas tectônicas", para distingui-los dos movimentos relativos entre as placas. Os movimentos absolutos das placas, derivados do estudo das rochas vulcânicas, em alinhamentos devidos a pontos quentes ajudaram os geólogos a entender quais forças estão movendo as placas. As placas cujos limites entram em subducção ao longo de grandes extensões movem-se rapidamente em relação aos pontos quentes. É o caso das placas do Pacífico, de Nazca, de Coccos, da Índia e da Austrália. Enquanto isso, placas cuja subducção acontece em áreas restritas, como as placas da Eurásia e da África, movem-se lentamente. Essa observação dá sustentação à hipótese de que o impulso gravitacional provocado pelo mergulho das placas densas é importante para movimentá-las (ver Capítulo 2).

O uso de alinhamentos de pontos quentes para reconstruir a história dos movimentos das placas funciona razoavelmente bem para os movimentos recentes das placas. Quando se trata de períodos mais longos, entretanto, vários problemas surgem. Por exemplo, de acordo com a hipótese de que os pontos quentes são fixos, a curvatura abrupta da cadeia assísmica do Havaí (no local em que ela passa a ser chamada de Montes Submarinos do Imperador, ver Figura 5.27a), há 43 milhões de anos, deveria coincidir com uma mudança abrupta na direção de movimento da Placa do Pacífico. Entretanto, nenhum sinal dessa mudança de direção pode ser encontrado nas isócronas magnéticas, o que levou alguns geólogos a questionar a hipótese de que os pontos quentes são fixos. Outros sugeriram que, no manto em convecção, as plumas não permaneceriam em posições fixas entre si, mas poderiam estar à deriva em correntes de convecção de direções variáveis.

As grandes províncias ígneas A origem das erupções fissurais nos continentes – como aquelas que formaram o Planalto Colúmbia e também os grandes planaltos de derrames que existem no Brasil e no Paraguai, na Índia e na Sibéria – é um grande quebra-cabeça. O registro geológico mostra que imensas quantidades de lava, chegando a milhões de quilômetros cúbicos, podem ser liberadas em um curto período de um milhão de anos.

Os basaltos de platô não ocorrem exclusivamente em continentes: eles também formam grandes planaltos oceânicos, como o Planalto de Java-Ontong, ao norte da ilha da Nova Guiné, e grandes partes do Planalto de Kerguelen, no Oceano Índico ocidental. Essas feições constituem exemplos do que os geólogos chamam de **grandes províncias ígneas** (GPIs) (Figura 5.30). Elas são definidas como grandes volumes de rochas máficas extrusivas e de rochas intrusivas, predominantemente, cujas origens estão ligadas a processos outros que não os da expansão normal do assoalho oceânico. As grandes províncias ígneas são constituídas de basaltos de planaltos continentais e rochas intrusivas associadas, de basaltos de planaltos de bacias oceânicas e de cadeias assísmicas dos pontos quentes.

A erupção fissural que cobriu grande parte da Sibéria com lava basáltica é especialmente interessante porque ocorreu na mesma época em que houve a maior extinção de espécies do registro geológico, no fim do Período Permiano, há cerca de 251 milhões de anos (ver Capítulo 22). Alguns geólogos pensam que a erupção causou a extinção em massa, talvez pela contaminação da atmosfera com gases vulcânicos que desencadearam uma grande mudança climática (ver Pratique um Exercício de Geologia).

Muitos geólogos acreditam que as grandes províncias magmáticas foram criadas em pontos quentes, por plumas do manto. Entretanto, a quantidade de lava que se forma no Havaí, o ponto quente mais ativo do mundo na atualidade, é insignificante quando comparada aos enormes derramamentos das erupções

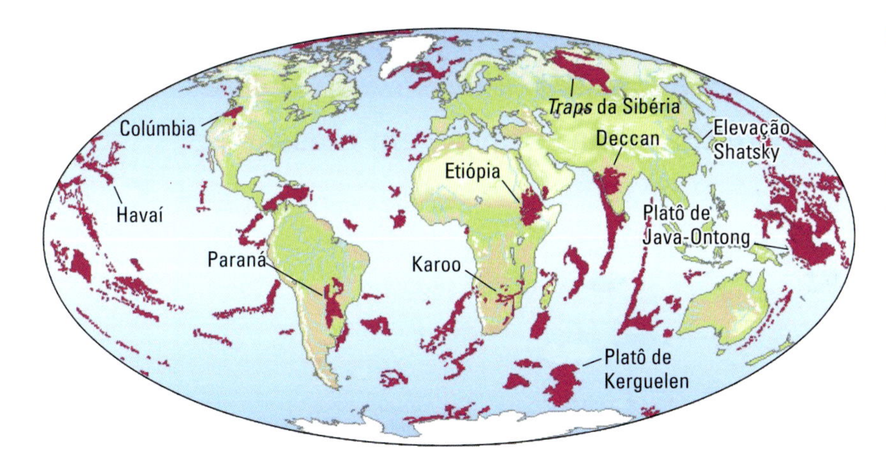

FIGURA 5.30 A distribuição global das grandes províncias ígneas continentais e das bacias oceânicas. Essas províncias são marcadas por grandes derramamentos de magmas basálticos. [Dados de M. Coffin and O. Eldholm, *Reviews of Geophysics, 32* (1994): 1–36, Figure 1.]

fissurais. O que explica esses episódios eruptivos atípicos de magma basáltico do manto? Alguns geólogos especulam que eles ocorrem quando uma nova pluma ascende do limite núcleo-manto. De acordo com essa hipótese, um grande bulbo de material quente e turbulento – uma "frente de pluma" – abre o caminho. Quando essa frente de pluma chega ao topo do manto, gera uma grande quantidade de magma por um processo de fusão por descompressão, o qual entra em erupção como gigantescos derrames basálticos (Figura 5.31). Essa hipótese é contestada por outros pesquisadores que argumentam que os basaltos de platô parecem geralmente estar associados a zonas de fraqueza preexistentes nas placas continentais – sugerindo que os magmas são gerados por processos convectivos localizados no manto superior. Descobrir as origens das grandes províncias ígneas é uma das mais empolgantes áreas de pesquisas correntes em Geologia.

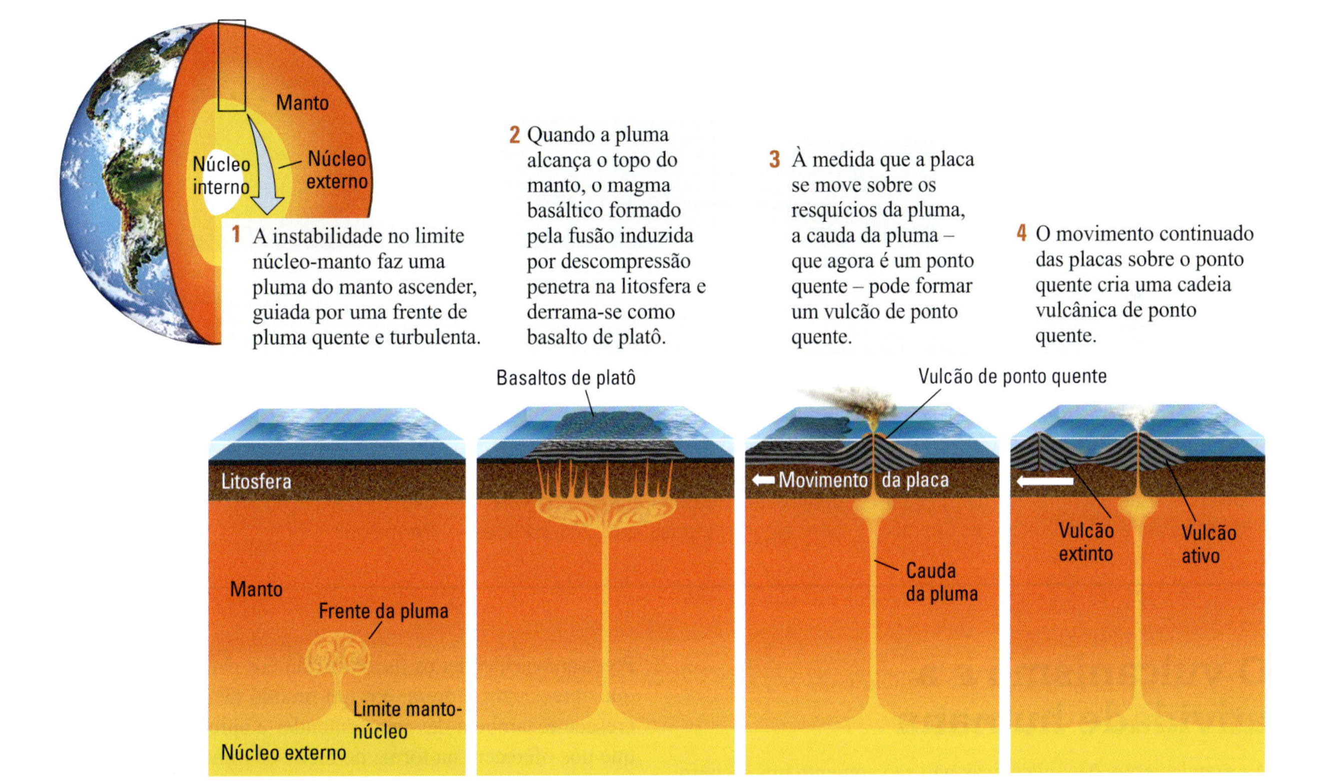

FIGURA 5.31 Um modelo especulativo para a formação de derrames de basalto e outras grandes províncias ígneas (GPIs). Uma nova pluma ascende do limite núcleo-manto, originando uma frente de pluma quente e turbulenta. Quando a frente de pluma alcança o topo do manto, ela achata-se, gerando um imenso volume de magma basáltico, o qual irrompe como derrames de basalto.

PRATIQUE UM EXERCÍCIO DE GEOLOGIA

Os *traps* da Sibéria são prova irrefutável da extinção em massa?

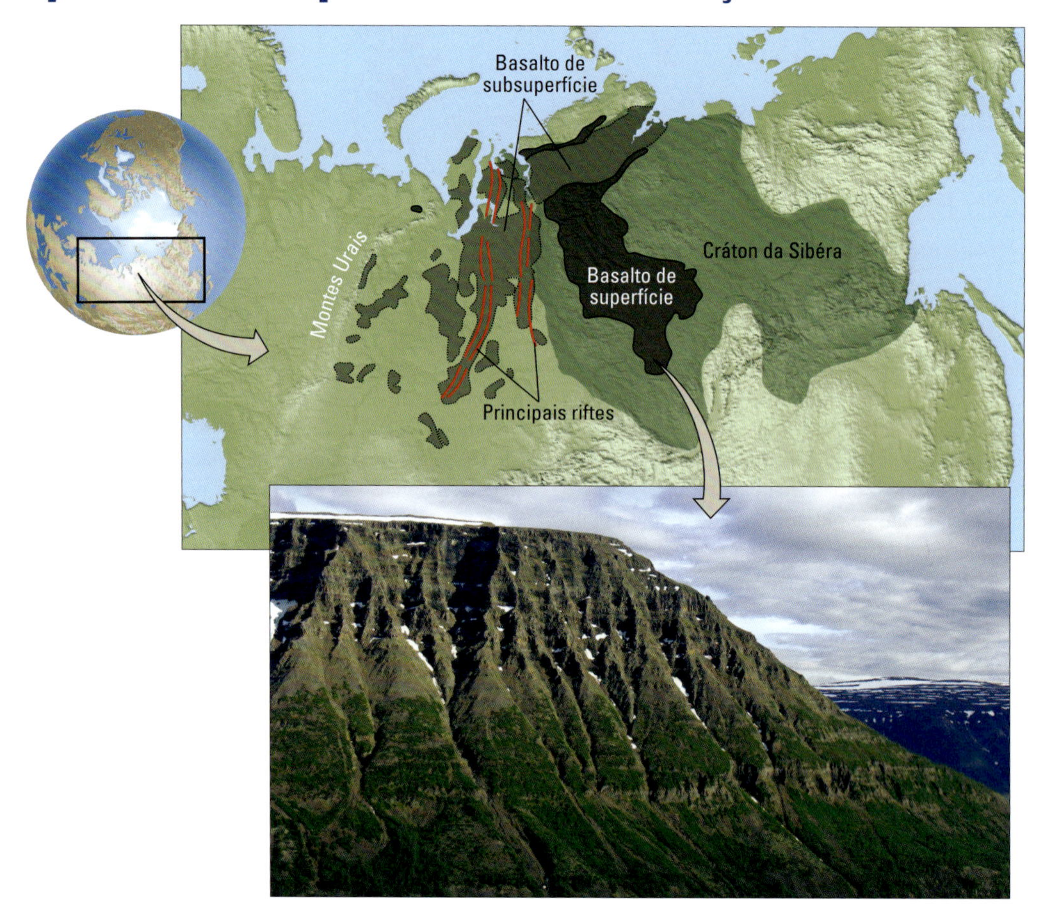

Os *traps* da Sibéria são basaltos de platô que cobrem uma área quase duas vezes maior que o Alasca (2 x 1,723 mihões km^2) Os basaltos expostos no cráton siberiano atingem espessuras maiores do que 6 km e sofrem forte erosão desde sua erupção há 251 Ma. Uma ampla área desses basaltos de platô encontra-se soterrada sob os sedimentos da plataforma siberiana. [Sergey Anatolievich Pristyazhnyuk/123RF.com]

A extinção em massa no fim do Período Permiano, datada há 251 milhões de anos, marca a transição da Era Paleozoica para a Mesozoica (ver Capítulo 9). Os basaltos de platô da Sibéria – produto da maior erupção vulcânica continental do Éon Fanerozoico – também foram datadas em 251 milhões de anos. Será apenas uma coincidência, ou a erupção dos basaltos de platô causou a extinção em massa do fim do Permiano?

O vulcanismo e a atividade humana

As grandes erupções vulcânicas não são somente um assunto de interesse acadêmico para geólogos. Mais de 600 milhões de pessoas vivem perto o suficiente de vulcões ativos para serem afetados diretamente pelas erupções.

Uma repetição das maiores erupções observadas no registro geológico poderia afetar ou até destruir toda a civilização. Precisamos entender os riscos vulcânicos para reduzir os riscos que apresentam. Porém, em um mundo de consumo humano crescente, também devemos entender e apreciar os benefícios que nos oferecem na forma de recursos minerais, solos férteis e energia.

Riscos vulcânicos

As erupções vulcânicas têm um lugar proeminente na história e mitologia humanas. O mito do continente perdido de Atlântida

Primeiro, vamos considerar o tamanho e a taxa da erupção da Sibéria. O mapeamento geológico desses basaltos de platô, chamados de *traps* da Sibéria, mostra que, um dia, eles se estenderam ao longo de grande parte da plataforma e do cráton da Sibéria, abrangendo uma área de mais de quatro milhões de quilômetros quadrados. Embora muito já tenha sido erodido ou soterrado sob sedimentos mais novos, o volume total dos basaltos deve ter originalmente ultrapassado dois milhões de quilômetros cúbicos e pode mesmo ter atingido quatro milhões de quilômetros cúbicos. A datação isotópica indica que os basaltos extrudiram em um período de aproximadamente um milhão de anos, o que implica uma taxa média de erupção de 2 a 4 km^3/ano.

Para ter uma ideia de como essa taxa é alta, podemos compará-la ao vulcanismo de limites de placas com divergência rápida. Basalto suficiente é extrudado ao longo de dorsais mesoceânicas para formar toda a crosta oceânica, portanto a taxa de produção da expansão do assoalho oceânico é dada pela fórmula

taxa de produção = taxa de expansão
× espessura crustal
× comprimento da dorsal

A expansão mais rápida que vemos atualmente é ao longo da Dorsal do Pacífico Oriental próxima ao equador, onde a Placa do Pacífico está se separando da Placa de Nazca a uma taxa média de cerca de 140 mm/ano, ou $1{,}4 \times 10^{-4}$ km/ano (ver Figura 2.7), criando uma crosta basáltica com espessura média de 7 km. O comprimento do limite entre as placas do Pacífico e de Nazca é de aproximadamente 3.600 km, então a taxa de produção ao longo desse centro de expansão é

$$1{,}4 \times 10^{-4}\ \text{km/ano} \times 7\ \text{km} \times 3.600\ \text{km} = 3{,}5\ \text{km}^3\text{/ano}$$

A partir desse cálculo, vemos que a erupção siberiana produziu basalto a uma taxa comparável à de todo o limite entre as placas do Pacífico e de Nazca, que é atualmente a maior fábrica de magma da Terra!

Você pode navegar pela superfície do mar tropical sobre o limite entre as placas do Pacífico e de Nazca sem estar ciente da atividade magmática que ocorre nas profundezas. A maior parte do magma gerado pela expansão do assoalho oceânico solidifica-se na forma de intrusões ígneas para formar os diques basálticos e os massivos gabros da crosta oceânica (ver Figura 4.15). Os basaltos que são extrudados no assoalho oceânico são rapidamente resfriados pela água do mar para produzir lavas em almofada, e os gases que são emitidos dissolvem-se no oceano.

Mas se você fosse visitar a Sibéria há cerca de 251 milhões de anos, provavelmente não ficaria tão confortável. Ali, os basaltos sofreram erupção diretamente na superfície terrestre por meio de fissuras na crosta continental, inundando milhões de quilômetros cúbicos. Essa extrusão excepcionalmente rápida de lavas teria gerado enormes depósitos piroclásticos – muito mais do que erupções típicas de basaltos de platô, como as do Planalto Colúmbia – e também teria descarregado volumes maciços de cinzas e gases, inclusive dióxido de carbono e metano, na atmosfera. Tal erupção poderia ter desencadeado mudanças no clima da Terra de uma magnitude que poderia ter levado à extinção em massa do fim do Permiano, na qual 95% das espécies vivas na época foram inteiramente exterminadas (ver Capítulo 9).

Alguns geólogos vêm argumentando há anos que a extinção em massa do fim do Permiano foi resultado desse intenso vulcanismo siberiano, possivelmente causado pela chegada súbita de uma "frente de pluma" na superfície terrestre (ver Figura 5.31). Outros optaram por hipóteses alternativas, como um impacto de meteorito ou uma liberação súbita de gases do oceano. No entanto, a datação isotópica recente com técnicas aprimoradas demonstrou que o vulcanismo siberiano ocorreu imediatamente antes ou durante a extinção em massa do fim do Permiano. A descoberta de que esses eventos extremos coincidem de modo tão exato convenceu muito mais geólogos de que os *traps* da Sibéria são a "prova irrefutável" por trás do maior extermínio de espécies da história da Terra.

PROBLEMA EXTRA: A Ilha Grande do Havaí, que tem um volume total de rochas de aproximadamente 100.000 km^3, formou-se por uma série de erupções basálticas ao longo do último milhão de anos. Calcule a taxa de produção dos basaltos havaianos e compare-a com a dos *traps* siberianos. Que comprimento do limite entre as placas Pacífica e de Nazca produz basalto a uma taxa equivalente à do ponto quente havaiano?

pode ter sua fonte na explosão de Thira,* uma ilha vulcânica no Mar Egeu (também conhecida como Santorini). A erupção, datada em 1.623 a.C., formou uma caldeira cujos eixos medem 7 km por 10 km, hoje visível como uma laguna de, aproximadamente, 500 m de profundidade e com dois pequenos vulcões ativos no centro. Os detritos vulcânicos e os tsunâmis resultantes destruíram dezenas de localidades costeiras de grande parte do Mediterrâneo Oriental. Alguns cientistas atribuíram o misterioso desaparecimento da civilização Minoica a esse antigo cataclismo.

Dos cerca de 500 a 600 vulcões ativos acima do nível do mar (ver Figura 5.25), ao menos um entre cada seis já ceifou vidas humanas. Neste século, apenas cerca de 600 pessoas morreram devido a erupções vulcânicas, mais de metade delas nas erupções do Monte Merapi, na Indonésia, em 2010. Mas a história nos ensina que essa sorte pode não ser duradoura. Só nos últimos

*N. de R.T.: Também grafada como Thera, Thíra e Tera, essa ilha está situada no Mar de Creta, região sul do Mar Egeu, e pertence ao conjunto das Ilhas Cíclades.

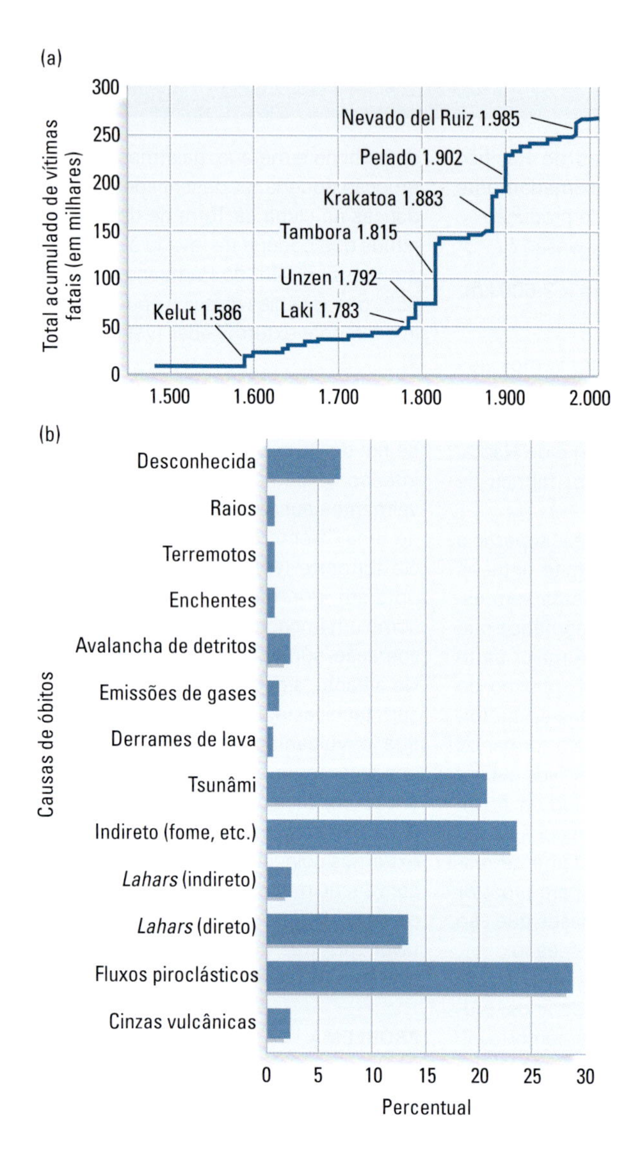

FIGURA 5.32 (a) As oito maiores erupções registradas, cada uma com 10 mil vítimas ou mais, estão indicadas e respondem por mais de dois terços do total de óbitos. (b) Causas específicas das mortes devido a vulcões desde o ano 1.500 d.C.

500 anos, mais de 250 mil pessoas foram mortas por erupções vulcânicas (**Figura 5.32a**). Os vulcões podem matar pessoas e danificar propriedades de várias formas, algumas das quais são listadas na Figura 5.32b e exibidas na **Figura 5.33**. Já mencionamos alguns desses riscos, inclusive derrames piroclásticos e tsunâmis. Diversos outros riscos vulcânicos são de particular interesse.

Lahares Um dos mais perigosos fenômenos vulcânicos é o fluxo torrencial de lama e detritos chamado de **lahar**.* Esses fluxos podem ocorrer quando um derrame piroclástico encontra um rio ou um banco de neve; quando a parede de um lago de cratera se rompe; quando um derrame de lava derrete o gelo glacial; ou, ainda, quando fortes chuvas transformam depósitos de cinza recentes em lama. Uma camada extensa de detritos vulcânicos na Serra Nevada da Califórnia (EUA) contém 8.000 km^3 de material depositado por *lahar*, o que seria suficiente para cobrir o Estado de Delaware** com um depósito com mais de 1 km de espessura. Verificou-se que os lahares são capazes de carregar grandes matacões por dezenas de quilômetros. Quando houve a erupção do Nevado del Ruiz, nos Andes colombianos, em 1985, os lahares desencadeados pelo derretimento de geleiras perto do cimo projetaram-se encosta abaixo e soterraram a cidade de Armero, a 50 km de distância, matando mais de 25 mil pessoas. Em terrenos vulcânicos abaixo das geleiras, um risco comum é o fluxo torrencial de águas das cheias quando o magma derrete grandes volumes de gelo glacial; esse tipo altamente fluidizado de lahar é chamado de *jökulhlaup* (iu-quil-lup), em islandês.

Após a erupção do vulcão de Soufriere Hills em Montserrat, em 1997, foi gerado um lahar que cobriu parte da ilha e provocou 19 mortes (**Figura 5.34**). A indústria do turismo em Montserrat entrou em colapso e levou 15 anos para começar a se recuperar.

Colapso de flancos Um vulcão é construído por milhares de depósitos de lava, de piroclastos ou de ambos, formando estruturas pouco estáveis. Suas laterais podem tornar-se inclinadas demais e, então, quebrar-se ou deslizar. Nos últimos anos, os vulcanólogos descobriram muitos exemplos pré-históricos de falhas estruturais catastróficas nas quais grandes pedaços de vulcões se romperam, talvez por efeito de um terremoto, e desceram encosta abaixo como um deslizamento de terra maciço e destrutivo. Em escala mundial, tais *colapsos de flancos* ocorrem em uma média de cerca de quatro vezes por século. Os maiores prejuízos na erupção de 1980, do Monte Santa Helena (EUA), foram causados pelo colapso de um flanco (ver Figura 5.6).

Levantamentos realizados no assoalho oceânico do Havaí revelaram muitos deslizamentos de terra gigantes nos flancos submarinos da Cordilheira Havaiana. É provável que, ao ocorrerem, esses gigantescos movimentos tenham provocado enormes tsunâmis.*** Na verdade, sedimentos marinhos coralígenos foram encontrados em uma das ilhas havaianas, cerca de 300 m acima do nível do mar. Esses sedimentos foram provavelmente depositados por tsunâmis gigantes provocados pelo colapso de um flanco, em tempos pré-históricos.

*N. de R.T.: Lahar é uma palavra sem tradução para o português. Originada na região de Java, é grafada da mesma forma em espanhol, inglês, alemão ou francês. Encontra-se dicionarizada em Suguio (1998, Dicionário de Geologia Sedimentar) e significa "corrida de lama vulcânica".

**N. de R.T.: O Estado de Delaware tem uma área de 5.328 km^2, o que corresponde a um quarto da superfície do Estado de Sergipe, no Brasil.

***N. de R.T.: Tsunâmi é uma palavra de origem japonesa (*tsu* = porto e *nami* = onda, mar) e encontra-se dicionarizada em Suguio (1998, Dicionário de Geologia Sedimentar), Guerra (1978, Dicionário Geológico-Geomorfológico) e no Dicionário Houaiss da Língua Portuguesa; neste, ainda como vocábulo estrangeiro. É grafada da mesma forma em várias línguas, como alemão, inglês, francês e espanhol, significando "onda de grande período e pequena amplitude produzida por terremoto, erupção vulcânica, deslizamento de massa e queda de meteoritos nos oceanos". Em 27 de dezembro de 2004, as zonas litorâneas de vários países na orla do Oceano Índico foram devastadas por um descomunal tsunâmi originado por um terremoto de 8,9 graus na escala Richter, com epicentro no assoalho oceânico próximo à costa norte da Indonésia, matando mais de 300 mil pessoas.

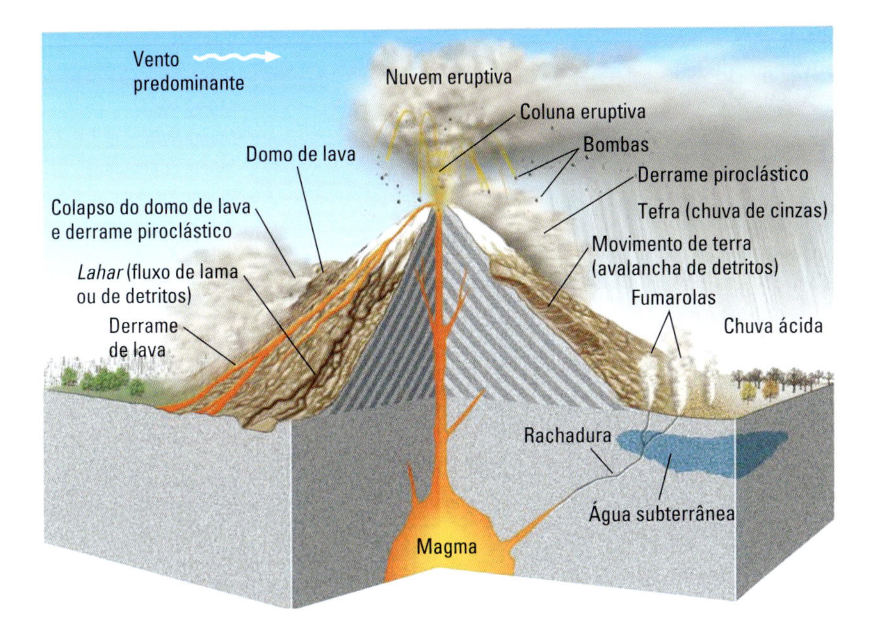

FIGURA 5.33 Alguns dos riscos vulcânicos capazes de provocar mortes e produzir danos materiais.

O flanco sul do vulcão Kilauea, na ilha do Havaí, está avançando em direção ao mar a uma velocidade de 100 mm/ano, o que é muito rápido em termos geológicos. Esse avanço tornou-se mais preocupante quando foi repentinamente acelerado por um fator da ordem de várias centenas em 8 de novembro de 2000. Uma rede de sensores de movimentação detectou um aumento sinistro da velocidade, que alcançou cerca de 50 mm/dia, durante 36 horas, tendo, posteriormente, voltado ao normal. Desde então, eventos de aceleração semelhantes, ainda que de magnitudes variadas, foram observados a cada dois a três anos. Algum dia, talvez daqui a milhões de anos, ou mesmo antes, o flanco sul do vulcão provavelmente vá se quebrar e deslizar para o oceano. Esse evento catastrófico provocaria um tsunâmi que poderia se tornar desastroso para o Havaí, para a Califórnia e para outras áreas litorâneas da orla do Oceano Pacífico.

Colapso de caldeira Apesar de infrequentes, colapsos de grandes caldeiras são um dos fenômenos naturais mais destrutivos da Terra. O monitoramento da atividade de caldeiras é muito importante devido ao seu alto potencial destrutivo. Felizmente, não há registros na História da ocorrência de colapsos catastróficos na América do Norte, mas os geólogos estão desconfiados do aumento da frequência de pequenos terremotos nas caldeiras de Yellowstone e do Vale Comprido e de outras indicações de atividade nas câmaras magmáticas na crosta abaixo delas. Por exemplo, a infiltração de dióxido de carbono no solo, a partir do magma existente em porções mais profundas da crosta, vem matando árvores desde 1992 no Monte Mammoth, um vulcão na borda da caldeira do Vale Comprido. Regiões da caldeira de Yellowstone estão subindo a taxas de até 7 cm/ano desde 2004, e mais de mil pequenos terremotos ocorreram próximo ao centro da caldeira em um período de duas semanas, de dezembro de 2008 a janeiro de 2009. Como no caso da Caldeira do Vale Comprido, essas observações são consistentes com a injeção de magma em profundidades da crosta intermediária.

FIGURA 5.34 Montserrat, no Caribe, foi inundada por *lahares* após uma erupção do vulcão Soufriere Hills em 1997. [Prisma Bildagentur AG/Alamy.]

Nuvens eruptivas Um risco menos mortal, mas ainda bastante caro, vem da erupção de nuvens eruptivas que podem danificar as turbinas dos aviões que as atravessam. Mais de 60 aviões de passageiros foram danificados por essas nuvens. Um Boeing 747 perdeu temporariamente todos os seus quatro motores quando a cinza de um vulcão em erupção no Alasca foi sugada por eles, provocando incêndios. Felizmente, o piloto foi capaz de fazer um pouso de emergência. Atualmente, vários países emitem alerta quando as erupções vulcânicas lançam cinzas próximo às rotas de tráfego aéreo. As erupções do vulcão Eyjafjallajökull, na Islândia, em abril e maio de 2010, prejudicaram o tráfego aéreo no Atlântico Norte, resultando em prejuízos bilionários para as companhias aéreas comerciais (ver Jornal da Terra 5.1).

Reduzindo os riscos de vulcões perigosos

Há 100 vulcões de alto risco no mundo, e cerca de 50 entram em erupção a cada ano. As erupções vulcânicas não podem ser evitadas, mas seus efeitos catastróficos podem ser significativamente reduzidos se a ciência for aliada às políticas públicas progressistas. Os progressos da vulcanologia permitem-nos identificar os vulcões mais perigosos do mundo e caracterizar seus riscos potenciais a partir dos depósitos formados em erupções anteriores. Alguns vulcões potencialmente perigosos dos EUA e do Canadá são mostrados na Figura 5.35. Essas avaliações de risco poderão ser utilizadas como diretrizes para o zoneamento e restrição do uso do solo – que é a medida mais efetiva para reduzir o número de vítimas.

Tais estudos indicam que o Monte Rainier, devido à sua proximidade com as populosas cidades de Seattle e Tacoma, no Estado de Washington, talvez represente o maior risco vulcânico nos EUA (Figura 5.36). Pelo menos 80 mil pessoas e suas residências correm perigo nas zonas de risco de lahares do Monte Rainier. Uma erupção poderia matar milhares de pessoas e prejudicar seriamente a economia da costa noroeste do Pacífico.

Previsão de erupções As erupções vulcânicas podem ser previstas? Sim, até certo ponto, desde que perto do momento da erupção em si. Os "murmúrios" (tremores sísmicos) dos vulcões tendem a aumentar logo antes da sua erupção. O monitoramento por instrumentos pode detectar sinais como terremotos, pulsos magnéticos, variações gravitacionais, inchaço de um vulcão e emissões de gases que avisam sobre erupções iminentes. Medições com GPS de alta resolução podem detectar movimentações nas câmaras magmáticas sob a superfície do vulcão. As pessoas em situação de risco poderão ser retiradas da área se as autoridades estiverem organizadas e preparadas para essas situações. Os cientistas que estavam monitorando o Monte Santa Helena puderam avisar as pessoas antes de sua erupção em 1980 (ver Jornal da Terra 5.2). Um aparato governamental foi deslocado ao local para avaliar os alertas e emitir e reforçar os comandos de evacuação, assim, poucas pessoas morreram.

Outro alerta exitoso foi emitido poucos dias antes de uma erupção cataclísmica do Monte Pinatubo, nas Filipinas, ocorrida em 15 de junho de 1991. Duzentas e cinquenta mil pessoas

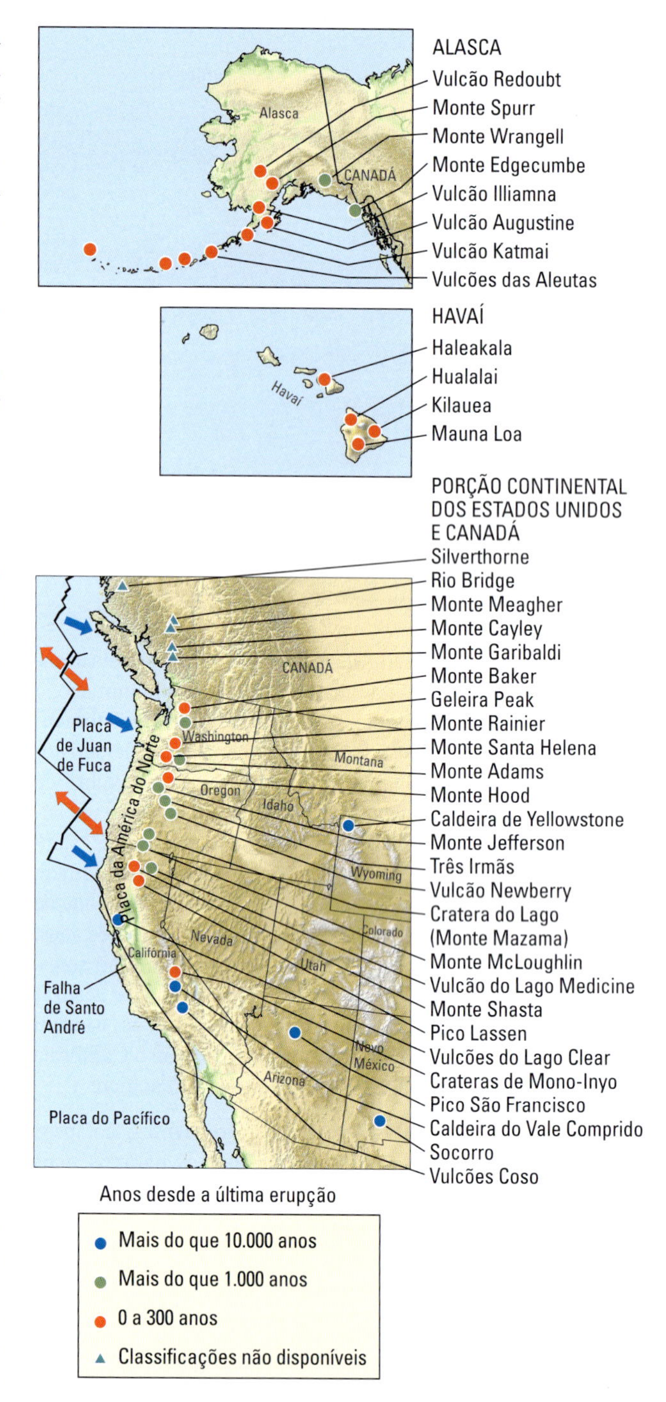

FIGURA 5.35 Localização dos vulcões potencialmente perigosos dos Estados Unidos e do Canadá. Os vulcões nos EUA receberam símbolos com cores por intervalo de tempo desde a última erupção; acredita-se que os que entraram em erupção mais recentemente representem a maior causa de preocupação. (Essas classificações estão sujeitas a revisões à medida que os estudos progredirem. Não há classificações disponíveis para os vulcões canadenses.) Note a relação entre os vulcões que se estendem do norte da Califórnia até a Colúmbia Britânica e o limite de subducção entre a Placa da América do Norte e a Placa de Juan de Fuca. [Dados de R. A. Bailey, P. R. Beauchemin, F. P. Kapinos e D. W. Klick/USGS.]

FIGURA 5.36 Monte Rainer, visto de Tacoma, Washington. [Patrick Lynch/Alamy.]

foram retiradas da área, inclusive os 16 mil residentes da Base Clark, da Força Aérea dos EUA, localizada nas proximidades (que sofreu sérios danos e, desde então, foi permanentemente desativada). Dezenas de milhares de vidas foram salvas dos lahares que destruíram tudo que estava no caminho. As únicas vítimas foram pessoas que desrespeitaram a ordem de evacuação. Em 1994, os 30 mil residentes de Rabaul, em Papua-Nova Guiné, foram retirados das áreas de risco com sucesso, por terra e por mar, horas antes da erupção de dois vulcões localizados nos dois lados da cidade, a qual foi em grande parte destruída ou danificada. Muitas pessoas devem suas vidas ao governo, que conduziu simulações de evacuação, e aos cientistas do observatório vulcânico local, que emitiram um alerta quando os seus sismógrafos registraram o tremor de terra que assinalou a ascensão do magma para a superfície.

No longo prazo, prever erupções é muito mais difícil, pois devem se basear no histórico de erupções vulcânicas, os chamados "intervalos de recorrência de erupções". Estes são pouco confiáveis por dois motivos: 1) poucos vulcões são suficientemente bem estudados para gerar um histórico preciso das suas erupções ao longo das muitas centenas de anos, ou dezenas de milhares, como seria necessário para estabelecer um intervalo de recorrência confiável; e 2) poucos vulcões mantêm o mesmo comportamento por muito tempo. Em geral, assim que um padrão repetitivo torna-se evidente, o comportamento do vulcão muda.

Controle de erupções As erupções vulcânicas poderiam ser controladas? Provavelmente não porque grandes vulcões liberam energia em uma escala que limita nossa capacidade de controle. Entretanto, em circunstâncias especiais e em pequena escala, as perdas podem ser reduzidas. Talvez a tentativa mais bem-sucedida de controlar a atividade vulcânica tenha sido aquela da ilha de Heimaey, na Islândia, em janeiro de 1973. Os islandeses espargiram água do mar na lava em movimento, resfriando e diminuindo a velocidade do fluxo, o que evitou que a lava bloqueasse a entrada do porto e impediu a destruição de algumas casas. Porém, a melhor concentração de nossos esforços será o estabelecimento de mais sistemas de alerta, e de evacuação e de restrições mais rigorosas ao povoamento de locais potencialmente perigosos.

Os recursos naturais dos vulcões

Neste capítulo, vimos um pouco da beleza dos vulcões e um pouco do seu poder destrutivo. Os vulcões contribuem para o nosso bem-estar de várias formas, embora frequentemente indiretas. Os solos derivados de materiais vulcânicos são excepcionalmente férteis por causa dos nutrientes minerais que contêm. As rochas vulcânicas, os gases e o vapor são também fontes de importantes materiais industriais e químicos, como a pedra-pomes, o ácido bórico, a amônia, o enxofre, o dióxido de carbono e alguns metais. As atividades hidrotermais são responsáveis pela deposição de minerais incomuns que concentram elementos relativamente raros, particularmente metais, formando corpos de minérios com grande valor econômico. A água do mar que circula pelas dorsais oceânicas é um dos principais fatores na formação de minérios e na manutenção do balanço químico dos oceanos.

Em algumas regiões em que os gradientes geotérmicos são excessivos, o calor interno da Terra pode ser aprisionado para aquecer residências e movimentar geradores elétricos. A **energia geotérmica** depende do aquecimento de água à medida que passa por uma região de rocha quente (um *reservatório de calor*) que pode estar a centenas ou milhares de metros abaixo da superfície terrestre. O vapor e a água quente podem ser trazidos à superfície por meio de poços perfurados com esse propósito. Geralmente, a água é subterrânea, ocorre naturalmente e se infiltra para baixo ao longo de fraturas nas rochas. Menos comumente, a água é artificialmente introduzida por meio de bombeamento a partir da superfície.

Com certeza a fonte mais abundante de energia geotérmica é a água subterrânea de ocorrência natural que foi aquecida a temperaturas de 80°C a 180°C. A água nessas temperaturas relativamente baixas é utilizada para aquecimento residencial, comercial e industrial. A água subterrânea quente retirada de um reservatório de calor na bacia sedimentar de Paris hoje aquece mais de 20 mil apartamentos na França. Reykjavík, a capital da Islândia, que está sobre a Dorsal Mesoatlântica, é quase inteiramente aquecida por energia geotérmica.

Reservatórios de calor com temperaturas acima de 180°C são úteis para a geração de eletricidade. Eles estão presentes em regiões de vulcanismo recente na forma de rocha quente e seca, água quente natural ou vapor natural. A água de

Jornal da Terra 5.2 O Monte Santa Helena: perigoso, mas previsível

O Monte Santa Helena, na Cadeia Cascade do Pacífico noroeste, é o vulcão mais ativo e explosivo na parte contígua dos EUA (ver Figura 5.6). Ele tem uma história bem documentada de 4.500 anos de eventos destrutivos como derrames de lavas e rochas piroclásticas quentes, lahares e precipitação de cinza. Após 123 anos de inatividade, a partir de 20 de março de 1980, passou a ocorrer uma série de terremotos pequenos e moderados sob o vulcão, assinalando o começo de uma nova fase eruptiva. Esses terremotos fizeram com que o Serviço Geológico dos EUA (USGS, na sigla em inglês) emitisse formalmente um alerta de desastre. Após uma semana, a primeira emissão de cinza e de vapor irrompeu em uma cratera recém-aberta no cume.

Em abril, os tremores sísmicos aumentaram, indicando que havia magma movendo-se abaixo do cume, e instrumentos detectaram o aparecimento de uma sinistra inchação da encosta nordeste. O USGS emitiu um alerta mais vigoroso e ordenou a evacuação das redondezas. Em 18 de maio, o clímax da erupção começou subitamente. Um forte terremoto desencadeou, aparentemente, o colapso do lado norte da montanha, liberando um enorme deslizamento de terra, o maior já registrado no mundo. À medida que o gigantesco fluxo de detritos despencava montanha abaixo, gás e vapor sob alta pressão eram liberados em uma grande explosão lateral que acabou com a encosta norte da montanha.

O geólogo David A. Johnston, do USGS, estava monitorando o vulcão a partir de seu posto de observação, localizado 8 km ao norte. Ele deve ter visto a onda explosiva avançando, antes de enviar por rádio sua última mensagem: "Vancouver, Vancouver, é isso aí!". Um jato direcionado para o norte, composto de cinza superaquecida (500°C), gás, cinza e vapor, saiu como um estrondo para fora da brecha aberta com a força de um furacão, devastando uma zona de 30 km de largura que se estendeu até 20 km de distância do vulcão. Uma erupção vertical jogou uma pluma de cinza para o céu até a altitude de 25 km, o dobro da altitude de voo dos jatos comerciais. A nuvem de cinza moveu-se para leste e nordeste, seguindo os ventos predominantes, causando escuridão em pleno meio-dia em uma área distante 250 km para leste e depositou uma camada de cinzas de 10 cm de espessura em grande parte do Estado de Washington, na região norte de Idaho, e no oeste de Montana. A energia liberada na explosão foi equivalente a cerca de 25 milhões de toneladas de TNT. O topo do vulcão foi destruído, a sua altura foi reduzida em 400 m e sua vertente norte desapareceu. De fato, a montanha foi "cavoucada".

Terremotos e atividade magmática continuaram alternadamente desde a erupção de 1980. Após mais de uma década de relativo repouso, o vulcão reacordou em setembro de 2004, com uma série de pequenas erupções de vapor e cinzas que continuou até 2005. O crescimento do domo vulcânico central (ver Figura 5.14b) sugere que a fase atual de atividade eruptiva pode persistir por algum tempo no futuro.

A erupção do Monte Santa Helena, em 18 de maio de 1980, enviou uma pluma de cinzas para a estratosfera, uma avalanche e uma onda explosiva em direção ao norte.

17 de maio, 15h00 – Vista do Monte Santa Helena no dia anterior à erupção. A lateral norte do vulcão criou uma protuberância a partir do magma intrudido em níveis rasos durante os dois meses anteriores. [Keith Ronnholm.]

18 de maio, 15h33 – Um terremoto e um gigantesco deslizamento de terra "desarrolham" o vulcão, liberando uma pluma de cinzas e uma potente onda explosiva lateral. [Keith Ronnholm.]

FIGURA 5.37 The Geysers, um dos maiores suprimentos de vapor natural do mundo. A energia geotérmica é convertida em eletricidade para São Francisco, 120 km ao sul. [Charles Rotkin/Getty Images.]

ocorrência natural aquecida acima do ponto de ebulição e o vapor de ocorrência natural são recursos muito valorizados. A maior instalação mundial de produção de eletricidade a partir de vapor natural, localizada em The Geysers, 120 km ao norte de São Francisco, gera mais de 600 megawatts de eletricidade (Figura 5.37). Em torno de 70 usinas de geração de eletricidade geotérmica estão em operação na Califórnia, em Utah, em Nevada e no Havaí, produzindo 2.800 megawatts de energia – o suficiente para abastecer cerca de 1 milhão de pessoas.

CONCEITOS E TERMOS-CHAVE

atividade hidrotermal (p. 131)
planalto basáltico (p. 129)
brecha vulcânica (p. 123)
caldeira (p. 127)
cratera (p. 125)
depósito de fluxos de cinza (p. 130)
diatrema (p. 127)
energia geotérmica (p. 145)
erupção fissural (p. 129)
estratovulcão (p. 125)
fluxo piroclástico (p. 123)
geossistema vulcânico (p. 118)
grande província ígnea (p. 138)
lahar (p. 142)
lava andesítica (p. 121)
lava basáltica (p. 119)
lava riolítica (p. 122)
pluma do manto (p. 137)
ponto quente (p. 137)
tufo (p. 123)
vulcão (p. 118)
vulcão-escudo (p. 125)

REVISÃO DOS OBJETIVOS DE APRENDIZAGEM

5.1 Descrever como os vulcões transportam magma do interior da Terra para a superfície.

As temperaturas na astenosfera podem chegar ao mínimo de 1.300°C, suficientemente quente para que as rochas comecem a fundir-se. A astenosfera é a principal fonte de magma, e chamamos essa rocha fundida de lava depois que irrompe na superfície. Como os magmas são líquidos, têm menor densidade do que as rochas que os produziram e começam a ascender à litosfera. Em alguns locais, o magma pode fraturar a litosfera em zonas de fraqueza. As rochas, os magmas e os processos necessários para descrever toda a sequência de eventos desde a fusão até a erupção constituem um geossistema vulcânico.

Atividade de Estudo: Figura 5.1

Exercício: Qual é a diferença entre magma e lava? Descreva uma situação geológica em que o magma não forma lava.

Questão para Pensar: Dê alguns exemplos do que os geólogos aprenderam sobre o interior da Terra estudando vulcões e rochas vulcânicas.

5.2 Diferenciar entre os principais tipos de depósitos vulcânicos e explicar como as texturas das rochas vulcânicas podem refletir as condições sob as quais se solidificaram.

Os vários tipos de lavas originam diversas formas de relevo. Essas variações são resultantes de diferenças na composição química, no teor de gases e na temperatura das lavas. As texturas de rochas vulcânicas refletem as condições sob as quais se formaram. As lavas eruptivas geralmente solidificam-se em três principais tipos de rocha ígnea: basálticas (máficas), andesíticas (intermediárias) ou riolíticas (félsicas), de acordo com seus teores de sílica e de outros minerais. As lavas basálticas são relativamente fluidas e vertem livremente; as lavas andesíticas e riolíticas são mais viscosas. As lavas diferem dos piroclastos, que são formados por erupções explosivas e têm tamanho variado, de finas partículas de cinzas a bombas do tamanho de uma casa.

Atividade de Estudo: Figuras 5.4, 5.6, 5.8

Exercício: Quais são os três principais tipos de rochas vulcânicas e suas contrapartes intrusivas? O kimberlito é um desses três tipos?

Questão para Pensar: Em uma viagem a campo, você encontra uma formação vulcânica com aparência de um grande campo de sacos de areia unidos. As formas individuais, com morfologia elipsoidal, têm uma textura superficial externa vítrea, lisa. Que tipo de lava é essa e quais informações ela pode fornecer sobre a própria história?

5.3 Resumir como as formas de relevo vulcânicas são criadas.

A composição química e o teor de gás do magma são fatores importantes no estilo eruptivo de um vulcão e na forma dos relevos criados. As formas de relevo vulcânico também dependem da taxa com que a lava é produzida e o sistema de encanamento que a leva para a superfície. Um vulcão-escudo cresce a partir de erupções repetidas de lava basáltica de um conduto central. As lavas andesíticas e riolíticas tendem a entrar em erupção de forma explosiva. Os fragmentos piroclásticos podem empilhar-se como um cone de cinza. Um estratovulcão é feito de camadas alternadas de derrames de lava e de depósitos piroclásticos. A rápida ejeção de magma a partir de uma câmara magmática, seguida de colapso do teto da câmara, resulta em uma grande depressão, chamada de caldeira. As lavas basálticas podem irromper de fissuras ao longo de dorsais mesoceânicas, bem como em continentes, onde fluem sobre a paisagem em camadas para formar basaltos de platô. As erupções piroclásticas de fissuras podem cobrir uma área extensa com depósitos de cinzas.

Atividade de Estudo: Figura 5.14

Exercício: Que tipo de vulcão é o vulcão Arenal, mostrado na Figura 5.10?

Questão para Pensar: Por que as erupções de estratovulcões costumam ser mais explosivas do que as dos vulcões-escudo?

5.4 Discutir como os gases vulcânicos podem afetar a hidrosfera e a atmosfera.

Os vulcões produzem gases e materiais sólidos. Os gases vulcânicos podem ser provenientes de grandes profundidades da Terra, chegando à superfície pela primeira vez, e têm uma série de efeitos sobre os outros geossistemas, incluindo a hidrosfera e a atmosfera. Mesmo quando as lavas e piroclastos deixam de fluir, os vulcões continuam a emitir vapores e gases por muitos anos. A atividade hidrotermal é a circulação de água por meio de magmas e de rochas vulcânicas quentes, que aquece-se e retorna para a superfície sob a forma de fontes termais ou de gêiseres. A atividade hidrotermal é especialmente intensa em centros de expansão e dorsais mesoceânicas, onde grandes volumes de água e de magma entram em contato. O vulcanismo também afeta o tempo e o clima por meio da alteração da composição e das propriedades da atmosfera. Grandes erupções podem injetar gases sulfurosos na atmosfera, bloqueando a radiação solar e reduzindo as temperaturas globais.

Atividade de Estudo: Figura 5.22

Exercício: Descreva como as interações hidrosfera-litosfera, em centros de expansão, afetam a geologia, a química e a biologia dos oceanos.

Questão para Pensar: Como períodos de atividade vulcânica intensa poderiam ser responsáveis por algumas das extinções em massa documentadas no registro geológico?

5.5 Explicar como o padrão global do vulcanismo está relacionado à tectônica de placas.

Dos vulcões ativos que ocorrem no continente ou acima do nível do mar, 80% estão em limites convergentes de placas, 15% em limites divergentes e os poucos restantes, no interior das placas. Os enormes volumes de magma basáltico que formam a crosta oceânica são produzidos por fusão por descompressão e entram em erupção em centros de expansão nas dorsais mesoceânicas. As interações hidrosfera-litosfera, em centros de expansão, afetam a geologia, a química e a biologia dos oceanos. As lavas andesíticas são o tipo mais comum de lava nos cinturões de montanhas vulcânicas de zonas de subducção oceano-continente. As lavas riolíticas são produzidas pela fusão da crosta continental félsica. Nas placas, o vulcanismo basáltico ocorre acima de pontos quentes, que são manifestações de plumas ascendentes do material mantélico quente.

Atividade de Estudo: Figura 5.24

Exercício: Na superfície terrestre como um todo, que processo gera o maior volume de rocha vulcânica: a fusão por descompressão ou a fusão induzida por fluidos? Qual desses processos cria os vulcões mais perigosos?

Questão para Pensar: Por que os vulcões presentes no noroeste das ilhas havaianas estão inativos, enquanto outros no lado sudeste permanecem ativos?

5.6 Ilustrar os riscos e os efeitos benéficos da atividade vulcânica.

Riscos vulcânicos que podem matar pessoas e danificar propriedades incluem derrames piroclásticos, tsunâmis, lahares, colapsos de flancos e de caldeiras, nuvens eruptivas e queda de cinzas. As erupções vulcânicas mataram mais de 250 mil pessoas nos últimos 500 anos. Pelo lado positivo, materiais vulcânicos produzem solos ricos em nutrientes, e os processos hidrotermais são importantes na formação de muitos minérios economicamente valiosos. A água do mar que circula pelas dorsais oceânicas é um dos principais fatores na formação de minérios e na manutenção do balanço químico dos oceanos. O calor geotérmico obtido de áreas de atividade hidrotermal é uma fonte de energia útil em algumas regiões.

Atividade de Estudo: Figura 5.33

Exercício: Como os cientistas preveem erupções vulcânicas?

Questão para Pensar: Quais poderiam ser os efeitos sobre a civilização de uma erupção de caldeira do tipo da de Yellowstone, como a descrita na abertura deste capítulo?

EXERCÍCIO DE LEITURA VISUAL

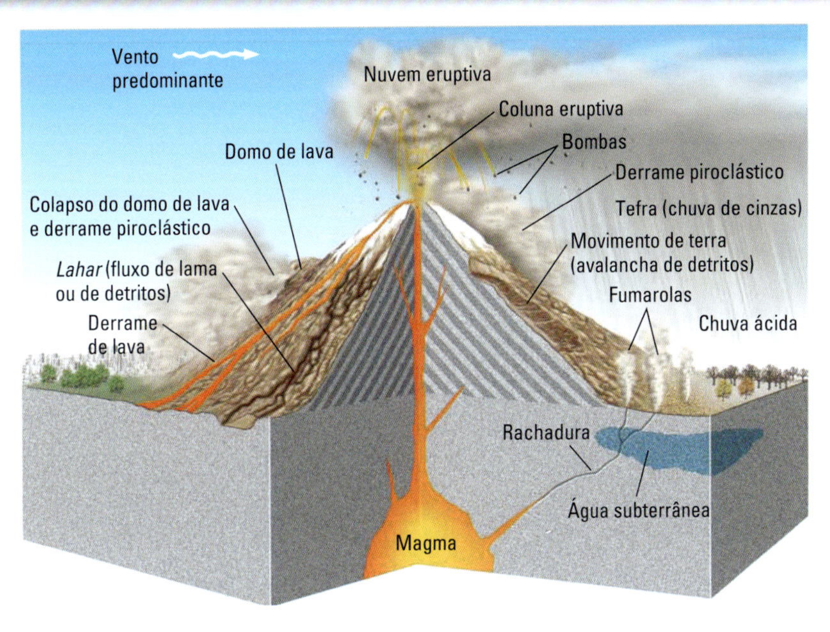

FIGURA 5.33 Alguns dos riscos vulcânicos capazes de provocar mortes e destruir propriedades.

1. **O que causa um derrame piroclástico?**
   a. Colapso do domo de lava
   b. Chuva ácida
   c. Erupção da água subterrânea
   d. Arraste por ventos predominantes

2. **Quando bombas vulcânicas se movem?**
   a. Durante um deslizamento
   b. Em lavas em fluxo
   c. Durante uma erupção vulcânica
   d. Durante a formação de fumarolas

3. **Como é aquecida a água que alimenta as fumarolas?**
   a. Quando a água subterrânea entra em contato com rochas aquecidas pelo magma
   b. Durante a chuva
   c. Por fricção gerada em fluxos de detritos
   d. Quando a lava flui pelas laterais de vulcões

4. **Quais itens abaixo estão corretos?**
   a. Um fluxo piroclástico é gerado por uma erupção vulcânica.
   b. Cinzas vulcânicas caem de uma nuvem eruptiva.
   c. Os ventos predominantes levam a nuvem eruptiva na direção do vento.
   d. As cinzas podem alcançar distâncias maiores do que as bombas.

5. **De que são compostos os lahares? Quais itens abaixo estão corretos?**
   a. Chuva ácida
   b. Água subterrânea
   c. Bombas
   d. Lama

Sedimentação: rochas formadas por processos de superfície

Objetivos de Aprendizagem

O Capítulo 6 descreve como o ciclo das rochas produz sedimentos e rochas sedimentares. Descreveremos as composições, texturas e estruturas dos sedimentos e das rochas sedimentares e examinaremos como correlacioná-los com os vários tipos de ambientes em que são gerados. Ao longo do capítulo, aplicaremos nosso conhecimento das origens dos sedimentos para o estudo de problemas ambientais humanos e para a exploração de recursos energéticos e minerais. Após estudar o capítulo, você ser capaz de:

6.1 Descrever os principais processos que formam rochas sedimentares.

6.2 Comparar os diversos tipos de bacias sedimentares.

6.3 Definir os diferentes tipos de ambientes de sedimentação e os dois principais tipos de sedimentos e rochas sedimentares.

6.4 Resumir os tipos de estruturas sedimentares.

6.5 Discutir o processo de soterramento e diagênese de sedimentos.

6.6 Descrever como são classificados os principais tipos de sedimentos siliciclásticos, químicos e biológicos.

6.7 Discutir como as rochas carbonáticas e evaporíticas são formadas.

A estratificação cruzada de grande porte visível neste arenito registra a história de sua formação em um antigo deserto. [Cortesia de John Grotzinger.]

A maior parte da superfície terrestre, incluindo o assoalho oceânico, é coberta de sedimentos. Essas camadas de partículas soltas têm diversas origens e a maior parte desses sedimentos é gerada pelo intemperismo da crosta continental. Alguns resultam dos restos de organismos que secretaram conchas minerais. Outros, ainda, consistem em cristais inorgânicos que se precipitaram quando elementos químicos dissolvidos nos oceanos e lagos se combinaram para formar novos minerais.

As rochas sedimentares uma vez foram sedimentos e, por isso, são o registro das condições da superfície terrestre da época e do lugar onde eles foram depositados. Os geólogos podem reconstruir o caminho de volta dessas rochas para inferir as áreas-fonte dos sedimentos e os tipos de ambientes onde foram originalmente depositados. O topo do Monte Everest, por exemplo, é composto de calcários fossilíferos (que contêm fósseis). Como sabemos que esses calcários são formados a partir de minerais carbonáticos na água do mar, podemos concluir que as rochas do Monte Everest fizeram parte do assoalho marinho! O tipo de análise utilizada aplica-se exatamente da mesma forma para antigas linhas de costa, montanhas, planícies, desertos e pântanos de outras regiões. Ao reconstruirmos tais ambientes, podemos mapear continentes e oceanos de muito tempo atrás.

As rochas sedimentares também podem revelar antigos eventos e processos da tectônica de placas segundo sua presença em (ou ao redor de) arcos vulcânicos, vales em rifte* ou em montanhas em limites colisionais ou vulcânicos. Em alguns casos, em que os constituintes dos sedimentos e das rochas sedimentares são derivados da alteração de rochas preexistentes, pode-se formular hipóteses sobre o clima antigo e o regime do intemperismo. Também podemos utilizar as rochas sedimentares formadas pela precipitação na água do mar para ler a história da mudança do clima e da química dos oceanos da Terra.

O estudo dos sedimentos e das rochas sedimentares tem, da mesma forma, grande valor prático. O petróleo, o gás natural e o carvão, nossas mais importantes fontes de energia, são encontrados nessas rochas. Uma série de outros recursos minerais básicos também são sedimentares, como as rochas fosfáticas utilizadas para fertilizantes e grande parte do minério de ferro do mundo. O conhecimento sobre a formação desses tipos de sedimentos ajuda-nos a encontrar e utilizar esses recursos limitados.

Por fim, devido ao fato de que praticamente todos os processos sedimentares acontecem próximo à superfície terrestre, onde a humanidade vive, eles fornecem os fundamentos para o entendimento dos problemas ambientais. Antigamente, estudávamos as rochas sedimentares sobretudo para melhor explorar os recursos naturais citados antes. Cada vez mais, entretanto, estudamos essas rochas para melhorar nosso conhecimento sobre o meio ambiente da Terra.

*N. de R.T.: Sobre o uso em português do termo "rifte", ver nota na p. 26 no Capítulo 2.

Os processos de superfície do ciclo das rochas

Os sedimentos e as rochas sedimentares formadas a partir deles são produzidos durante os estágios de superfície do ciclo das rochas. Esses processos agem depois que as rochas formadas no interior da crosta ficam expostas na superfície devido à tectônica e antes de retornarem para níveis mais profundos por subducção. Eles movem materiais de uma *área-fonte*, em que são criadas partículas sedimentares, para uma *área de acumulação*, onde são depositadas em camadas. O trajeto que as partículas sedimentares seguem da fonte até o destino pode ser bastante longo, envolvendo diversos processos importantes que resultam das interações entre os sistemas da tectônica de placas e do clima.

Vamos analisar o papel do rio Mississippi em um típico processo sedimentar. Os movimentos das placas soerguem rochas nas Montanhas Rochosas. A chuva e a neve nessas montanhas – uma área-fonte – causam intemperismo nas rochas. Se a precipitação aumentar nas montanhas, o intemperismo também aumentará. O intemperismo mais rápido produz mais sedimentos a serem liberados e transportados morro e rio abaixo. Ao mesmo tempo, se o fluxo no rio também aumentar em razão de uma precipitação maior, o transporte de sedimentos pela extensão do rio aumentará e o volume de sedimento a ser entregue às áreas de acumulação – locais de deposição, também conhecidos como *bacias sedimentares* – no delta do Mississippi e no Golfo do México também ficará maior. Nessas bacias sedimentares, os sedimentos empilham-se uns sobre os outros – camada após camada – e, por fim, são profundamente soterrados na crosta terrestre, onde podem estar repletos de óleo e gás natural valiosos.

Os processos de superfície do ciclo das rochas que são importantes na formação de rochas sedimentares estão ilustrados na **Figura 6.1** e resumidos a seguir:

- *Intemperismo* é o processo geral pelo qual as rochas são fragmentadas na superfície terrestre para produzir partículas sedimentares. Há dois tipos de intemperismo. O **intemperismo físico** ocorre quando a rocha sólida é fragmentada por processos mecânicos, como congelamento e derretimento ou acunhamento por raízes de árvores (**Figura 6.2**), os quais não alteram sua composição química. Os escombros de rochas fragmentadas vistos com frequência no topo de montanhas e colinas é basicamente resultado do intemperismo físico. O **intemperismo químico** refere-se aos processos pelos quais os minerais em uma rocha são alterados ou dissolvidos quimicamente. O apagamento ou desaparecimento de inscrições em antigos túmulos e monumentos é causado principalmente por intemperismo químico.
- *Erosão* refere-se aos processos que deslocam partículas de rocha produzidas por intemperismo e as afastam da área-fonte. A erosão ocorre mais comumente quando a água da chuva escoa morro abaixo.
- *Transporte* refere-se aos processos pelos quais as partículas sedimentares são movidas para áreas de acumulação. O transporte ocorre quando as correntes de vento e de água e o deslocamento das geleiras transportam partículas para novos lugares morro ou rio abaixo.

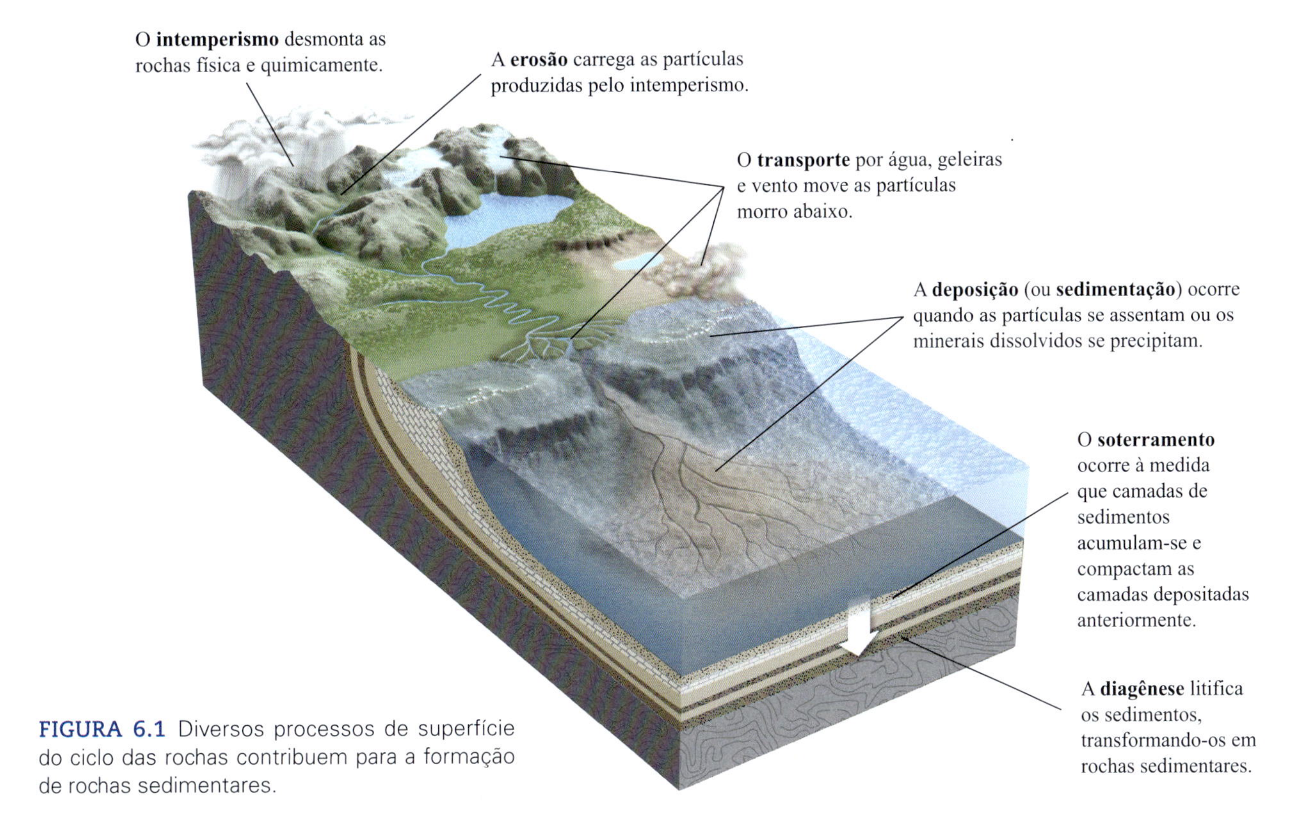

FIGURA 6.1 Diversos processos de superfície do ciclo das rochas contribuem para a formação de rochas sedimentares.

FIGURA 6.2 As raízes de plantas contribuem para o intemperismo físico ao penetrarem em fraturas, onde causam acunhamento das rochas. [David R. Frazier/Science Source.]

- *Deposição* (também chamada de *sedimentação*) refere-se aos processos pelos quais as partículas sedimentares depositam-se quando o vento se aquieta, as correntes de água se desaceleram, ou os bordos das geleiras se fundem. A deposição forma camadas de sedimentos em áreas de acumulação. Em ambientes aquáticos, formam-se precipitados químicos que se assentam, e conchas de organismos mortos são quebradas e depositadas.
- *Soterramento* ocorre quando as camadas de sedimentos se empilham em áreas de acumulação sobre outras mais antigas, sendo compactadas e progressivamente soterradas em uma bacia sedimentar. Esses sedimentos permanecerão em profundidade, como parte da crosta terrestre, até que sejam soerguidos novamente ou subduzidos por processos da tectônica de placas.
- *Diagênese* refere-se às mudanças físicas e químicas – incluindo pressão, calor e reações químicas – pelas quais os sedimentos soterrados nas bacias sedimentares são *litificados*, ou convertidos em rochas sedimentares.

Intemperismo e erosão: a fonte de sedimentos

Os intemperismos físico e químico reforçam um ao outro. O intemperismo químico enfraquece as rochas e as torna mais suscetíveis à fragmentação. Quanto menores os fragmentos produzidos por intemperismo físico, maior a área de superfície exposta ao intemperismo químico. Juntos, eles produzem tanto produtos sólidos como dissolvidos, e a erosão carrega esses materiais adiante. Os produtos finais são agrupados ou como sedimentos siliciclásticos ou como sedimentos químicos e biológicos.

Sedimentos siliciclásticos Os intemperismos físico e químico de rochas preexistentes formam *partículas clásticas* que são transportadas e depositadas na forma de sedimentos. Essas partículas variam em tamanho, desde matacão e seixo até areia, silte e argila. Elas também variam muito na forma. A ruptura natural ao longo de juntas, planos de acamamento e outras fraturas na rocha-matriz determina a forma dos matacões, blocos e seixos. Já os grãos de areia tendem a herdar suas formas dos cristais individuais da rocha-matriz, na qual eram anteriormente encaixados uns nos outros.

A maioria das partículas clásticas é produzida pelo intemperismo de rochas comuns compostas predominantemente por silicatos, por isso os sedimentos formados a partir dessas partículas são chamados de **siliciclásticos**. A mistura de minerais nos sedimentos siliciclásticos varia. Minerais como o quartzo são resistentes ao intemperismo e, assim, são encontrados quimicamente inalterados nos sedimentos siliciclásticos. Esses também podem conter fragmentos parcialmente alterados de minerais, como o feldspato, que são menos resistentes ao intemperismo e, portanto, menos estáveis. Além disso, outros minerais dos sedimentos siliciclásticos, como os argilominerais, podem ser neoformados por intemperismo químico. A variação na intensidade do intemperismo pode produzir conjuntos diferentes de minerais em sedimentos derivados da mesma rocha-matriz. Onde o intemperismo é intenso, o sedimento conterá apenas partículas clásticas feitas de minerais quimicamente estáveis, misturados com argilominerais. Onde o intemperismo é pouco intenso, muitos minerais que são instáveis em condições superficiais sobrevivem como partículas clásticas no sedimento. O Quadro 6.1 mostra três conjuntos de minerais em um afloramento típico de granito.

QUADRO 6.1 Minerais presentes em sedimentos derivados de um afloramento médio de granito sob diferentes intensidades de intemperismo

INTENSIDADE DO INTEMPERISMO		
BAIXA	**MÉDIA**	**ALTA**
Quartzo	Quartzo	Quartzo
Feldspato	Feldspato	Argilominerais
Mica	Mica	
Piroxênio	Argilominerais	
Anfibólio		

Sedimentos químicos e biológicos Os produtos dissolvidos pelo intemperismo químico são íons ou moléculas que se acumulam nas águas dos solos, rios, lagos e oceanos. Essas substâncias dissolvidas são precipitadas a partir de reações químicas e biológicas para formar sedimentos químicos e biológicos. Fazemos a distinção entre esses dois tipos de sedimentos somente por conveniência, pois, na prática, muitos sedimentos químicos e biológicos sobrepõem-se. Os **sedimentos químicos** formam-se no ou próximo ao local de deposição. Por exemplo, a evaporação da água do mar frequentemente leva à precipitação de gipsita ou halita (Figura 6.3).

Os **sedimentos biológicos** também formam-se próximo ao local de deposição, mas resultam de minerais precipitados por organismos. Alguns organismos, como moluscos e corais, precipitam minerais à medida que crescem. Após a morte dos organismos, suas conchas ou esqueletos acumulam-se no assoalho oceânico na forma de sedimentos. Nesses casos, o organismo controla *diretamente* a precipitação mineral. Entretanto, em um segundo processo, de mesma importância, os organismos controlam a precipitação mineral apenas de forma *indireta*. Em vez de obter

FIGURA 6.3 Os sais precipitam-se quando a água que contém minerais dissolvidos evapora. Isso ocorreu no Vale da Morte, na Califórnia (EUA). [John G. Wilbanks/Age fotostock.]

FIGURA 6.4 Um tipo de rocha sedimentar de origem biológica é formado inteiramente de fragmentos de conchas. [Cortesia de John Grotzinger.]

minerais da água para formar uma concha, esses organismos alteram o ambiente circundante de forma que a precipitação mineral ocorre fora do organismo, ou mesmo distante dele. Acredita-se que certos microrganismos permitem a precipitação de pirita (um mineral de sulfeto de ferro) dessa forma (ver Capítulo 22).

Em ambientes marinhos rasos, sedimentos biológicos podem ser diretamente depositados e consistem em camadas de conchas, inteiras ou fragmentadas, de organismos marinhos (Figura 6.4). Muitos tipos diferentes de organismos, desde corais até mariscos e algas, podem contribuir com suas conchas. Às vezes, as conchas podem ser transportadas e, posteriormente, quebradas e depositadas como **sedimentos bioclásticos**. Esses sedimentos de águas rasas consistem, predominantemente, em dois minerais de carbonato de cálcio – calcita e aragonita – em proporções variáveis. Outros minerais, como fosfatos e sulfatos, são abundantes apenas em certos sedimentos bioclásticos.

No oceano profundo, os sedimentos biológicos são constituídos de conchas de poucos tipos de organismos planctônicos. A maioria desses organismos secreta conchas compostas primariamente de calcita e aragonita, mas algumas espécies formam conchas de sílica, que são depositadas amplamente sobre algumas partes do assoalho oceânico profundo. Como essas partículas biológicas acumulam-se em águas muito profundas, onde a agitação por correntes que transportam sedimentos é rara, as conchas dificilmente formam sedimentos bioclásticos.

Transporte e deposição: a viagem de descida até as bacias sedimentares

Depois de se formarem pelo intemperismo e pela erosão, as partículas clásticas e os íons dissolvidos começam sua viagem até uma bacia sedimentar. Essa jornada pode ser muito longa; por exemplo, ela pode estender-se por milhares de quilômetros desde os tributários do rio Mississippi, nos contrafortes das Montanhas Rochosas, até os pântanos do delta do Mississippi.

A maioria dos agentes de transporte carrega material morro abaixo em uma viagem só de ida. Uma rocha que cai de um penhasco, a areia que é carregada por um rio que deságua no mar e as geleiras que vagarosamente deslizam morro abaixo são, todas elas, respostas à força da gravidade. Embora os ventos possam levar materiais de locais mais baixos para mais elevados, no longo prazo, os efeitos da gravidade prevalecem. Quando uma partícula soprada pelo vento cai no oceano e sedimenta-se por meio da água, ela fica aprisionada. Ela pode ser movimentada de novo somente por uma corrente oceânica, a qual transporta apenas para outro sítio deposicional do próprio fundo marinho. As correntes marinhas transportam sedimentos por distâncias mais curtas do que grandes rios continentais, e o pequeno percurso de transporte dos sedimentos químicos ou biológicos contrasta com as grandes distâncias de deslocamento dos sedimentos siliciclásticos. Porém, no final, todos os caminhos de transporte de sedimentos, por mais simples ou complicados que possam parecer, conduzem morro abaixo até uma bacia sedimentar.

As correntes como agentes de transporte A maioria dos sedimentos é transportada por correntes de ar ou de água. A enorme quantidade de todos os tipos de sedimentos encontrada nos oceanos resulta, principalmente, da capacidade de transporte dos rios, que anualmente carregam uma carga de sedimentos sólidos e dissolvidos de cerca de 25 bilhões de toneladas (25×10^{15} g) (Figura 6.5). As correntes de ar também movem materiais, mas em quantidade muito menor do que a dos rios e correntes oceânicas. Quando as partículas são levantadas por fluidos como o ar ou a água, as correntes carregam-nas adiante na direção do vento ou do rio. Quanto mais forte a corrente – isto é, quanto mais rápido ela flui –, maiores são as partículas que ela transporta.

Força da corrente, tamanho da partícula e seleção A sedimentação começa onde o transporte termina. Para partículas clásticas, a força que controla a sedimentação é a

FIGURA 6.5 Os sedimentos são facilmente transportados pela corrente de água. Nesta foto, pequenas ondulações de areia no canal são evidência do transporte de sedimentos. [Cortesia de John Grotzinger.]

gravidade. As partículas tendem a assentar-se sob a atração gravitacional. Essa tendência opõe-se à capacidade de uma corrente carregar uma partícula. A velocidade de assentamento é proporcional à densidade e ao tamanho da partícula (ver Pratique um Exercício de Geologia no Capítulo 4, p.102). Como todas as partículas clásticas têm aproximadamente a mesma densidade, utilizamos o tamanho como indicador da velocidade de assentamento de minerais na sedimentação. (Analisaremos em maior detalhe as categorias de tamanhos de partículas mais adiante neste capítulo.) Na água, os grãos maiores assentam-se mais rapidamente do que os menores. Isso também é verdadeiro no ar, mas a diferença é muito menor.

A força da corrente, que está diretamente relacionada à sua velocidade, define o tamanho das partículas depositadas em um determinado lugar. Quando uma corrente de ar ou de água começa a desacelerar, ela não pode mais continuar carregando as partículas maiores que, então, se depositam. Quando a corrente se desacelera ainda mais, as partículas menores também se assentam. Por fim, quando a corrente para por completo, mesmo as menores partículas se depositam. As correntes segregam as partículas nos seguintes modos:

- *Correntes fortes* (mais velozes que 50 cm/s) carregam cascalho (que inclui matacões, calhaus e seixos) com um abundante suprimento de partículas menores. Tais correntes são comuns em riachos que fluem velozmente em terrenos montanhosos, onde a erosão é rápida. O cascalho é depositado na praia, em locais onde as ondas erodem costas rochosas.
- *Correntes moderadamente fortes* (velocidade entre 20–50 cm/s) depositam camadas de areia. As correntes de força moderada são comuns na maioria dos rios, que carregam e depositam areia em seus canais. Inundações que fluem rapidamente podem espalhar areia na planície do vale fluvial. As ondas e as correntes depositam areia em praias e oceanos. Os ventos também transportam e depositam areia, especialmente nos desertos. Porém, como o ar é muito menos denso do que a água, são necessárias velocidades de corrente muito maiores para mover sedimentos de mesmo tamanho e densidade.
- *Correntes fracas* (velocidade menor que 20 cm/s) carregam lama, composta pelas menores partículas clásticas (silte e argila). Essas correntes são encontradas na planície de um vale fluvial quando as inundações recuam vagarosamente ou param de escoar. Em geral, as lamas são depositadas no oceano a alguma distância da praia, onde as correntes são muito lentas para carregar até mesmo as finas partículas em suspensão. Grande parte do fundo do mar aberto é coberto por partículas de lama originalmente transportadas pelas ondas superficiais e correntes ou pelo vento. Todas essas partículas assentam-se vagarosamente em profundidades onde as correntes e ondas não atuam, até alcançarem, por fim, o assoalho oceânico.

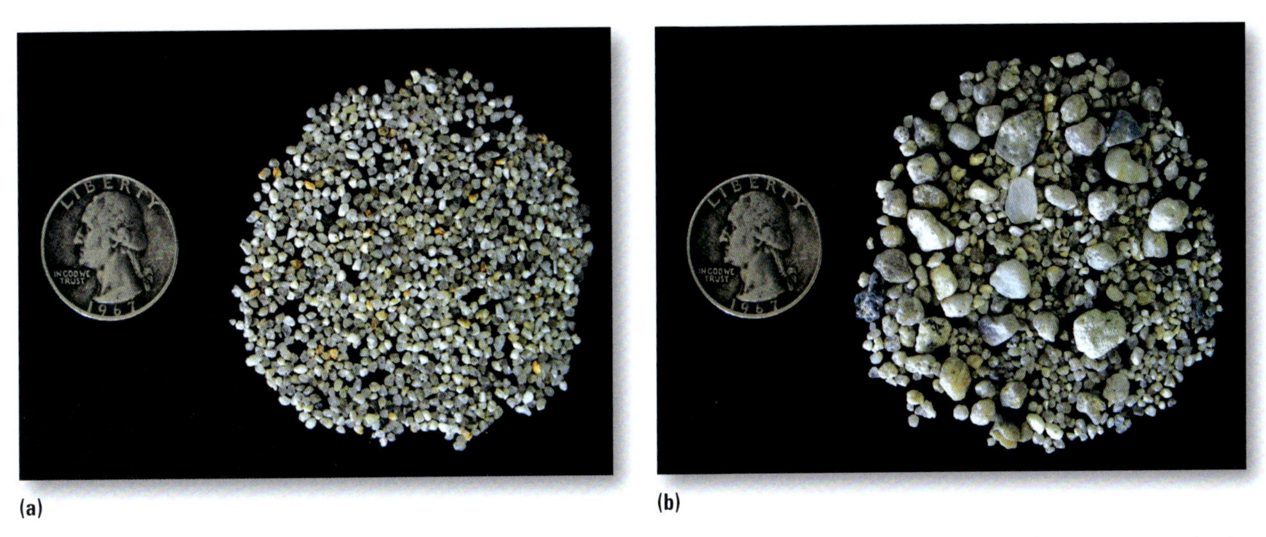

FIGURA 6.6 Quando as correntes diminuem sua velocidade, os sedimentos são segregados de acordo com o tamanho da partícula. O grupo relativamente homogêneo de grãos de areia da esquerda é bem selecionado; o grupo da direita é mal selecionado. [Cortesia de John Grotzinger.]

Como vemos, as correntes podem começar carregando partículas de tamanhos muito diversos e, à medida que a velocidade varia, essas partículas vão se separando. Uma corrente forte e rápida pode depositar uma camada de cascalho enquanto mantém areias e lamas em suspensão. Se a corrente enfraquece e desacelera, depositará uma camada de areia sobre a de cascalho. Se parar completamente, então depositará uma camada de lama no topo da camada de areia. Essa tendência de segregar sedimentos de acordo com o tamanho, à medida que varia a velocidade da corrente, é chamada de **seleção**. Um sedimento bem selecionado consiste em partículas de tamanho predominantemente uniforme. Um sedimento mal selecionado contém partículas de muitos tamanhos (Figura 6.6).

À medida que cascalho, seixos e grãos de areia vão sendo transportados por correntes de água ou de ar, as partículas tombam e chocam-se umas com as outras ou friccionam-se contra o substrato rochoso. A *abrasão* resultante afeta as partículas de duas formas: reduz seu tamanho e suaviza as arestas e as pontas (Figura 6.7). Esses efeitos aplicam-se à maioria das partículas grandes, havendo pouca abrasão na areia e no silte causada por impacto.

O transporte das partículas não é contínuo, mas intermitente. Um rio pode transportar grandes quantidades de areia e cascalho quando suas margens extravasam, mas ele abandona essa carga assim que a inundação recua e somente volta a apanhá-la e carregá-la para locais ainda mais distantes na próxima cheia. Da mesma forma, ventos fortes podem carregar grandes quantidades de pó por poucos dias para, então, aquietar-se e depositar o material como uma camada de sedimentos. As marés fortes nos litorais podem transportar fragmentos de conchas quebradas para lugares mais distantes costa afora e abandoná-los lá.

O tempo total entre a formação das partículas clásticas e sua deposição final pode ser de muitas centenas ou milhares de anos, dependendo da distância até a bacia sedimentar final e do número de paradas ao longo do caminho. As partículas clásticas

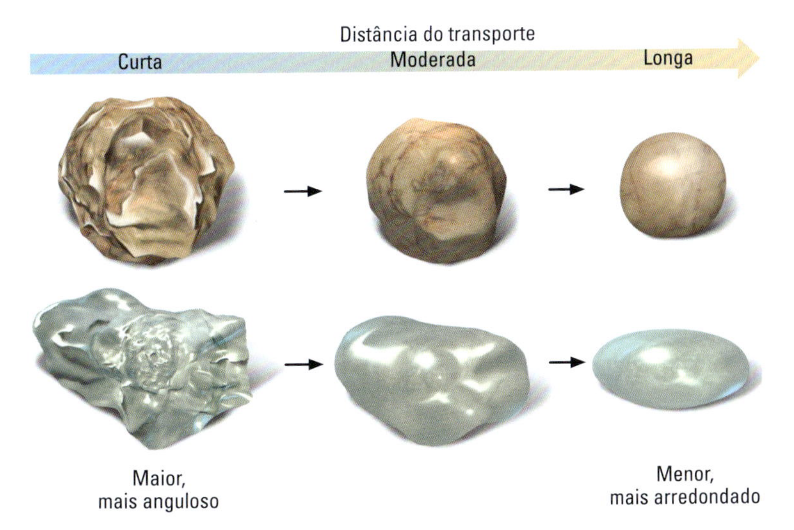

FIGURA 6.7 A abrasão durante o transporte reduz o tamanho e a angularidade das partículas clásticas. Os grãos tornam-se arredondados e um pouco menores à medida que são transportados, embora sua forma geral possa não mudar de forma significativa.

erodidas nas montanhas do oeste do estado de Montana, por exemplo, levam centenas de anos para viajar os 3.200 km do rio Mississippi até o Golfo do México.

Oceanos como tanques de mistura química

O fator de controle da sedimentação química e biológica é a precipitação, mais do que a gravidade. Substâncias dissolvidas na água durante o intemperismo químico são carregadas por ela como uma solução homogênea. Esses materiais formam a própria solução aquosa, de modo que a gravidade não tem como atuar para a deposição isolada deles. Como os materiais dissolvidos fluem rio abaixo, eles, ao final, entram no oceano.

Os oceanos podem ser pensados como imensos tanques de mistura química. Os rios, a chuva, o vento e as geleiras constantemente levam materiais dissolvidos para eles. Além disso, pequenas quantidades de materiais dissolvidos entram no oceano pelas reações químicas entre a água e o basalto quente das dorsais mesoceânicas. Os oceanos estão continuamente perdendo água, que evapora de suas superfícies. Os volumes de entrada e saída de água dos oceanos são tão precisamente equilibrados que permanecem constantes por curtos intervalos do tempo geológico, como anos, décadas ou mesmo séculos. Em grandes escalas de milhares a milhões de anos, entretanto, o equilíbrio pode mudar. Durante as Idades do Gelo mais recentes, por exemplo, quantidades significativas de água do mar foram convertidas em gelo glacial e o nível do mar foi rebaixado por mais de 100 m.

A entrada e a saída de materiais dissolvidos são, da mesma forma, equilibradas. Cada um dos vários componentes da água do mar participa de alguma reação química ou biológica que, por fim, se precipita da água e se deposita no assoalho marinho. Como resultado, a **salinidade** do oceano – a quantidade total de substâncias dissolvidas em um dado volume de água do mar – mantém-se constante. Considerando todos os oceanos do mundo, a precipitação mineral equilibra o influxo total de materiais dissolvidos – que é outra maneira, ainda, como o sistema Terra mantém seu equilíbrio.

Podemos entender alguns dos mecanismos que sustentam esse balanço químico ao analisarmos o balanço do cálcio. Esse elemento é um importante componente do mais abundante precipitado biológico formado nos oceanos: o carbonato de cálcio ($CaCO_3$). No continente, o cálcio é dissolvido quando o calcário e os silicatos que o contêm – como certos feldspatos e piroxênios – sofrem intemperismo, e o cálcio é transportado para o oceano na forma de íons de cálcio dissolvidos (Ca^{2+}), onde vários organismos marinhos combinam íons de cálcio com íons de carbonato (CO_3^{2-}), também presentes na água do mar, para formar conchas de carbonato de cálcio. Dessa forma, o cálcio, que entra no oceano como íon dissolvido, sai dele como sedimento sólido quando os organismos morrem e suas conchas assentam-se e acumulam-se sobre o fundo marinho como sedimento de carbonato de cálcio. Por fim, os sedimentos de carbonato de cálcio serão soterrados e transformados em calcário. O balanço químico que mantém constante o nível de cálcio dissolvido no oceano é, em parte, regulado pelas atividades dos organismos.

Mecanismos não biológicos também mantêm o balanço químico nos oceanos. Por exemplo, íons de sódio (Na^+) levados para os oceanos reagem quimicamente com íons de cloro (Cl^-) para formar o precipitado de cloreto de sódio (NaCl). Isso acontece quando a evaporação eleva a quantidade de íons de sódio e cloro para além do ponto de saturação. Como vimos no Capítulo 3, as soluções cristalizam minerais quando se tornam tão saturadas com os materiais dissolvidos que não podem mais contê-los. A intensa evaporação necessária para a cristalização do sal ocorre nas águas rasas e quentes dos braços de mar ou em lagos salinos.

Bacias sedimentares: os tanques dos sedimentos

Como vimos, as correntes que movem sedimentos por meio da superfície terrestre, geralmente fluem morro abaixo. Portanto, os sedimentos tendem a se acumular em depressões na crosta terrestre. Essas depressões são formadas por **subsidência**, na qual uma ampla área da crosta afunda em relação às elevações das áreas adjacentes. A subsidência é parcialmente induzida pelo peso adicional dos sedimentos sobre a crosta, mas é principalmente controlada pelos mecanismos tectônicos.

As **bacias sedimentares** são regiões de extensão variável, em que a combinação de sedimentação e subsidência formou uma espessa acumulação de sedimentos e rochas sedimentares. Essas bacias são fontes primárias de óleo e gás natural na Terra. A exploração comercial desses recursos ajudou-nos a entender melhor a estrutura mais profunda das bacias e da litosfera continental.

Bacias rifte e bacias de subsidência térmica

Quando um continente começa a fragmentar-se, o mecanismo de subsidência da bacia, controlado pelas forças de separação das placas, envolve deformação, adelgaçamento e aquecimento da porção da litosfera sotoposta (Figura 6.8). Uma rachadura alongada e estreita, conhecida como vale em rifte, desenvolve-se com o afundamento de grandes blocos crustais. O magma quente e dúctil do manto sobe e preenche o espaço criado pela litosfera e pela crosta adelgaçadas, iniciando-se uma erupção vulcânica de rochas basálticas na zona do rifte. As **bacias rifte** são profundas, estreitas e alongadas, com espessas sucessões de rochas sedimentares e também de rochas ígneas extrusivas e intrusivas. O vale em rifte do leste da África,* o vale em rifte do Rio Grande (EUA) e o vale do Jordão, no Oriente Médio, são exemplos de bacias rifte.

Nos estágios finais da separação de placas, quando os processos de rifteamento são substituídos pela expansão do assoalho oceânico, fazendo as placas continentais começarem a se afastar uma da outra, o mecanismo de subsidência da bacia passa a envolver, principalmente, o esfriamento da litosfera que foi

*N. de R.T.: Também denominado "Grande Vale da África Oriental", é uma fissura cujo trecho principal tem 2.400 km de extensão e cerca de 50 km de largura, desde a costa do Mar Vermelho, na Etiópia, até o Lago Manyara, na Tanzânia. Nesse trajeto existem cerca de 30 vulcões ativos e semiativos e diversos lagos.

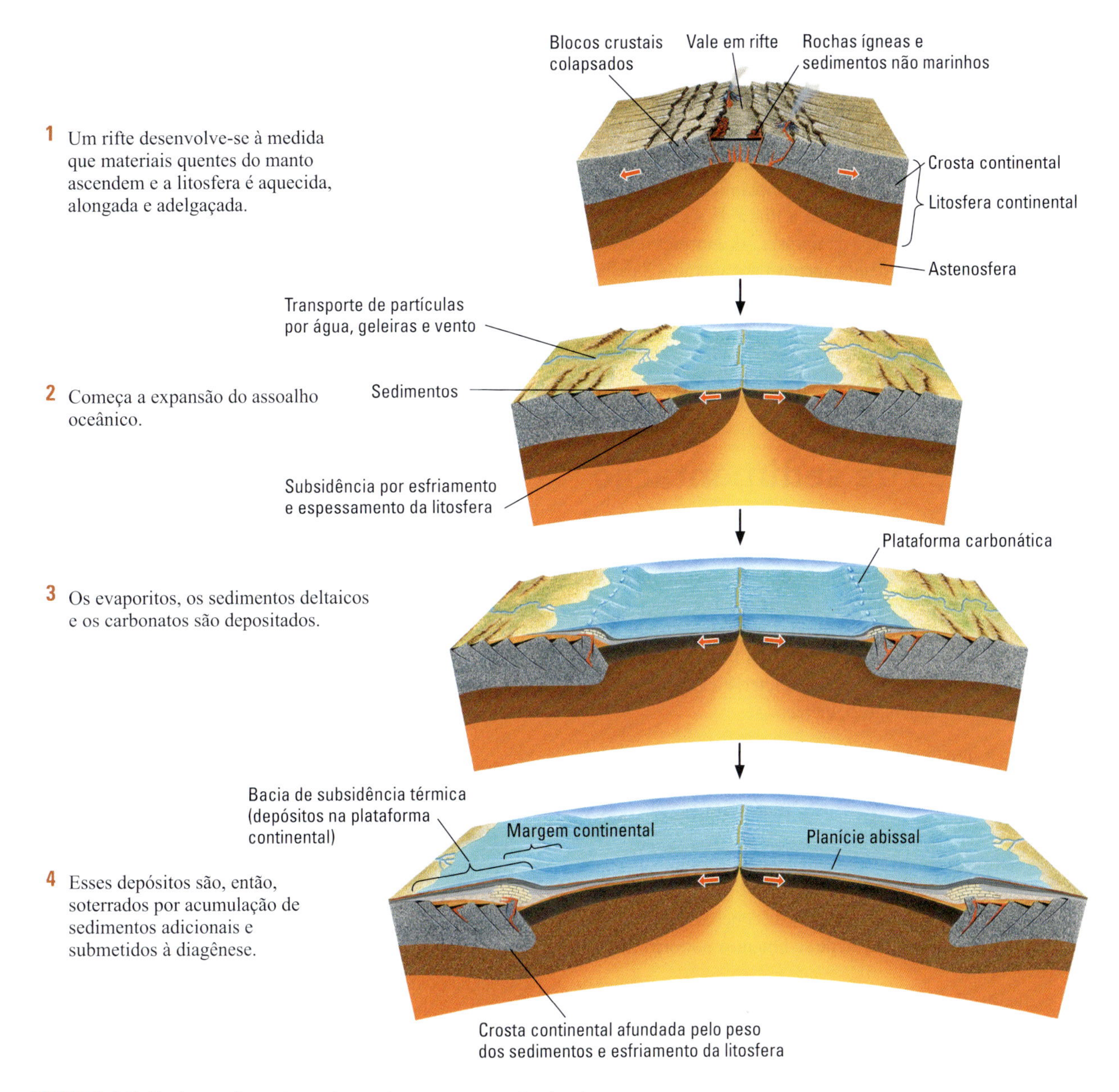

FIGURA 6.8 Bacias sedimentares formadas por separação de placas.

adelgaçada e aquecida durante os estágios iniciais do processo (Figura 6.8).* O esfriamento leva a um aumento da densidade da litosfera, o que, por sua vez, leva à sua subsidência abaixo do nível do mar, onde os sedimentos podem se acumular. Como o resfriamento da litosfera é o principal processo de criação das bacias sedimentares, nesse estágio, elas são chamadas de **bacias de subsidência térmica.**** Os sedimentos da erosão da área adjacente preenchem a bacia próximo ao nível do mar ao longo da borda do continente, criando uma **plataforma continental**.

*N. de R.T.: A figura ilustra, também, os processos que ocorreram na margem atlântica do Brasil, que foram semelhantes àqueles da costa oeste da África.

**N. de R.T.: Em inglês, *thermal sag basin*. Suguio (2003) denomina essa fase de formação da bacia "pós-fossa de afundamento".

A plataforma continental continua a receber sedimentos por um longo período de tempo, seja porque a borda em deriva do continente afunda lentamente, seja porque os continentes têm uma imensa área que pode prover o suprimento de partículas. Posteriormente, a carga resultante do aumento da massa de sedimentos deprime a crosta, de modo que as bacias podem receber ainda mais materiais do continente. Como resultado dessa subsidência contínua e do transporte de sedimentos, os depósitos de plataforma continental podem acumular-se em um metódico acomodamento de espessuras de 10 km ou mais. As plataformas continentais das regiões costeiras do Atlântico na América do Norte e do Sul, na Europa e na África são bons exemplos de bacias de subsidência térmica. Essas bacias começaram a se formar quando o supercontinente Pangeia se fragmentou há cerca de 200 milhões de anos e, com isso, as placas da América do Norte e da América do Sul separaram-se das placas da Eurásia e da África.

Bacias flexurais

Um terceiro tipo de bacia sedimentar desenvolve-se dentro de zonas tectônicas convergentes, onde uma placa litosférica é empurrada sobre a outra. O peso da placa cavalgante causa uma curvatura ou flexão na placa acavalada, resultando na formação de uma **bacia flexural**. A Bacia Mesopotâmica, no Iraque, é uma bacia flexural formada quando a Placa da Arábia colidiu com e foi subduzida pela Placa da Eurásia. As enormes reservas de petróleo do Iraque (perdendo apenas para a Arábia Saudita) devem seu tamanho ao fato de terem os ingredientes certos nessa importante bacia flexural. Na verdade, o petróleo que havia se formado nas rochas que hoje estão sob a Cordilheira de Zagros foi espremido para fora formando diversos poços de petróleo com volumes maiores do que 10 bilhões de barris.

Ambientes de sedimentação

Entre a área-fonte, onde os sedimentos são formados, e a bacia sedimentar, onde são soterrados e convertidos em rochas sedimentares, eles viajam ao longo de muitos ambientes de sedimentação. Um **ambiente de sedimentação** é uma área de deposição sedimentar caracterizada por uma combinação particular de condições climáticas e processos físicos, químicos e biológicos (**Figura 6.9**). Entre as características importantes dos ambientes de sedimentação, incluem-se:

- o tipo e a quantidade de água (oceano, lago, rio e terra árida);
- o tipo e a força dos agentes de transporte (água, vento, gelo);
- o relevo (terras baixas, montanha, planície costeira, oceano raso e oceano profundo);
- a atividade biológica (precipitação de conchas, crescimento de recifes de coral, agitação de sedimentos por organismos escavadores);
- a posição na placa tectônica ocupada pelas áreas-fonte (cinturão de montanhas vulcânicas, zona de colisão entre continentes) e pelas bacias sedimentares (rifte, subsidência térmica, flexural);
- o clima (climas frios podem formar geleiras; climas áridos podem formar desertos onde há precipitação de minerais por evaporação).

Considere as praias do Havaí, famosas por suas exóticas areias verdes, que resultam de seu ambiente de sedimentação peculiar. A ilha vulcânica do Havaí é composta de basalto com olivina, que é liberada durante o intemperismo. Os rios transportam a olivina para a praia, onde as ondas e as correntes por elas produzidas a concentram e removem fragmentos de basalto para formar depósitos de areia ricos nesse mineral.

Os ambientes de sedimentação são frequentemente agrupados por sua localização, seja nos continentes, em regiões costeiras ou nos oceanos. Essa subdivisão bastante geral destaca os processos que dão aos ambientes de sedimentação suas identidades características.

Ambientes continentais

Os ambientes de sedimentação em continentes são diversos devido ao grande intervalo de variação de temperatura e precipitação de chuva na superfície. Esses ambientes são estruturados no entorno de rios, desertos, lagos e geleiras (ver Figura 6.9).

- Um *ambiente lacustre* é controlado pelas ondas relativamente pequenas e pelas correntes moderadas dos corpos interiores de água doce ou salina. A sedimentação química de matéria orgânica ou de carbonatos pode ocorrer em lagos de água doce. Os lagos salinos, como aqueles encontrados em desertos, evaporam e precipitam diversos minerais *evaporíticos*, como a halita. O Grande Lago Salgado (Great Salt Lake, EUA) é um exemplo.
- Um *ambiente aluvial* inclui o canal fluvial, as margens do canal e o fundo plano do vale em ambas as margens do canal, que é inundado quando o rio transborda (a *planície de inundação*). Os rios estão presentes em todos os continentes, exceto na Antártida, de modo que os depósitos aluviais estão amplamente distribuídos. Os organismos são abundantes nos depósitos de inundação lamacentos e são responsáveis pelos sedimentos orgânicos que se acumulam em pântanos adjacentes aos canais fluviais. O clima varia de árido a úmido. Um exemplo é o rio Mississippi e suas planícies de inundação.
- Um *ambiente desértico* é árido. O vento e os rios que fluem de modo intermitente ao longo dos desertos transportam areia e poeira. A aridez inibe o crescimento orgânico abundante, de modo que os organismos têm pouco efeito nos sedimentos. As dunas de areia do deserto são um exemplo desse ambiente.
- Um *ambiente glacial* é dominado pela dinâmica das massas de gelo em movimento e é caracterizado pelo clima frio. A vegetação está presente, mas tem pouco efeito no sedimento. Nas bordas de derretimento de uma geleira, as correntes da água do degelo formam um ambiente aluvial transicional.

Ambientes costeiros

A dinâmica das ondas, das marés e das correntes em praias arenosas domina os ambientes costeiros (ver Figura 6.9):

- ambientes *deltaicos*, onde os rios desembocam em lagos ou no mar;
- ambientes de *planície de maré*, onde extensas áreas expostas na maré baixa são dominadas por correntes de maré;
- ambientes *praiais*, onde as ondas fortes que se aproximam e arrebentam no litoral distribuem os sedimentos na praia, depositando faixas de areia ou cascalho.

Na maioria dos casos, os sedimentos que se acumulam nos ambientes costeiros são siliciclásticos. Os organismos afetam esses sedimentos principalmente escavando-os e misturando-se a eles. Contudo, em alguns ambientes tropicais e subtropicais, partículas sedimentares, em especial sedimentos carbonáticos, podem ter origem biológica. Esses sedimentos biológicos também estão sujeitos ao transporte por ondas e correntes de maré.

Ambientes continentais	1 Lago	2 Aluvial	3 Deserto	4 Glacial
Agente de transporte	Correntes lacustres, ondas	Correntes fluviais	Vento	Gelo, água de degelo
Sedimentos	Areia e lama, precipitados salinos em climas áridos	Areia, lama e cascalho	Areia e pó	Areia, lama e cascalho
Clima	Árido a úmido	Árido a úmido	Árido	Frio
Processos biológicos	Organismos de água doce e precipitados	Matéria orgânica em depósitos lamosos de inundação	Pouca atividade orgânica	Pouca atividade orgânica

Ambientes costeiros	5 Delta	6 Praia	7 Planícies de maré
Agente de transporte	Correntes fluviais, ondas	Ondas, correntes de maré	Correntes de maré
Sedimentos	Areia e lama	Areia e cascalho	Areia e lama
Clima	Árido a úmido	Árido a úmido	Árido a úmido
Processos biológicos	Soterramento de detritos vegetais	Pouca atividade orgânica	Organismos misturados aos sedimentos

Ambientes marinhos	8 Mar profundo	9 Plataforma continental	10 Recifes orgânicos	11 Margem continental/talude
Agente de transporte	Correntes oceânicas Correntes de turbidez	Ondas e marés	Ondas e marés	Correntes oceânicas e ondas
Sedimentos	Areia e lama	Areia e lama	Organismos calcificados	Areia e lama
Processos biológicos	Deposição de restos de organismos	Deposição de restos de organismos	Secreção de carbonatos por corais e outros organismos	Deposição de restos de organismos

FIGURA 6.9 Vários fatores interagem para criar ambientes de sedimentação.

Ambientes marinhos

Os ambientes marinhos em geral são subdivididos de acordo com a profundidade da água, determinando os tipos de correntes que estão presentes (ver Figura 6.9). De maneira alternativa, eles podem ser classificados com base na distância até a margem continental.

- *Ambientes de plataforma continental* estão localizados em águas rasas distantes das praias continentais, onde a sedimentação é controlada por correntes relativamente calmas. Esses sedimentos podem ser compostos tanto por partículas siliciclásticas quanto por carbonatos biogênicos, dependendo da quantidade de sedimentos siliciclásticos fornecidos pelos rios e da abundância de organismos que produzem carbonato. A sedimentação também pode ser química se o clima for árido e um braço do mar tornar-se isolado e evaporar.
- *Recifes orgânicos* são compostos por estruturas carbonáticas formadas de material secretado por organismos, construídas sobre as plataformas continentais ou em ilhas vulcânicas oceânicas.
- *Ambientes de margem e talude continental* são encontrados nas águas mais profundas das bordas continentais, onde o sedimento é depositado por correntes de turbidez. Uma *corrente de turbidez* é uma avalancha submarina turbulenta de sedimento e água que se move talude abaixo. A maioria dos sedimentos depositados por correntes de turbidez é siliciclástico, mas em locais onde os organismos produzem sedimentos carbonáticos abundantes, os sedimentos de margem continental podem ser ricos em carbonatos.
- *Ambientes marinhos profundos* são encontrados distante dos continentes, onde as águas calmas são perturbadas ocasionalmente por correntes oceânicas. Entre esses ambientes, pode-se citar o talude continental, que é construído por correntes de turbidez deslocando-se para longe das margens continentais; as planícies abissais, as quais acumulam sedimentos carbonáticos supridos predominantemente por esqueletos de plâncton; e as dorsais mesoceânicas.

Ambientes de sedimentação siliciclásticos *versus* químicos e biológicos

Os ambientes de sedimentação podem ser agrupados não apenas por sua localização, mas também pelos tipos de sedimentos encontrados neles ou pelo processo dominante de formação de sedimentos. Os ambientes assim agrupados constituem duas classes amplas: ambientes de sedimentação siliciclásticos e ambientes de sedimentação químicos e biológicos.

Os ambientes de sedimentação siliciclásticos são aqueles constituídos predominantemente por sedimentos siliciclásticos. Eles incluem todos os ambientes continentais, bem como os ambientes costeiros, que servem de zonas de transição entre os ambientes continentais e os marinhos. Nessa categoria, estão também incluídos os ambientes oceânicos da plataforma continental, da margem continental e do assoalho oceânico profundo, onde areias e lamas siliciclásticas são depositadas (**Figura 6.10**). Os sedimentos desses ambientes siliciclásticos são frequentemente chamados de **sedimentos terrígenos**, para indicar sua origem no continente.

Ambientes de sedimentação químicos e biológicos são aqueles caracterizados principalmente pela precipitação química e biológica (**Quadro 6.2**).

Ambientes carbonáticos são locais marinhos onde o carbonato de cálcio, sobretudo secretado por organismos, é o

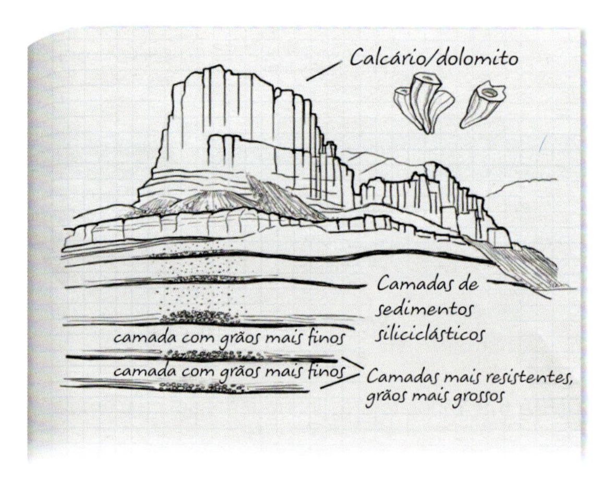

FIGURA 6.10 Estas rochas sedimentares expostas em El Capitan, nas Montanhas Guadalupe, no oeste do Texas (EUA), formaram-se em um antigo oceano, aproximadamente 260 milhões de anos atrás. As encostas mais baixas das montanhas contêm rochas sedimentares siliciclásticas, formadas em ambientes de mar profundo. Os penhascos sobrejacentes de El Capitan são calcário e dolomita, formados a partir de sedimentos depositados em um mar raso quando organismos secretores de carbonato morreram, deixando as conchas na forma de um recife. [Cortesia de John Grotzinger.]

QUADRO 6.2 Principais ambientes de sedimentação químicos e biológicos

AMBIENTE	AGENTE DE PRECIPITAÇÃO	SEDIMENTOS
Costeiro e marinho		
Carbonático (recifes, plataformas, mar profundo etc.)	Organismos conquíferos, algumas algas; precipitação inorgânica da água do mar	Areias e lamas carbonáticas, recifes
Evaporito	Evaporação da água do mar	Gipsita, halita, outros sais
Silicosos (mar profundo)	Organismos conquíferos	Sílica
Continental		
Evaporito	Evaporação da água lacustre	Halita, boratos, nitratos, carbonatos e outros sais
Pântano	Vegetação	Turfa

principal sedimento. Eles são, de longe, os mais abundantes ambientes de sedimentação químicos e biológicos. Centenas de espécies de moluscos e outros organismos invertebrados, bem como algas e os microrganismos calcários (contendo cálcio), secretam conchas ou esqueletos carbonáticos. Várias populações desses organismos vivem em diferentes profundidades da água, tanto em áreas calmas como em lugares onde as ondas e as correntes são fortes. Quando eles morrem, suas conchas se acumulam para formar o sedimento.

Os ambientes carbonáticos, com exceção daqueles de mar profundo, são encontrados predominantemente nas regiões oceânicas tropicais ou subtropicais mais quentes, onde florescem organismos que secretam carbonato. Essas regiões contêm recifes orgânicos, praias de areia carbonática, planícies de maré e margens carbonáticas rasas. Em poucos lugares, os sedimentos carbonáticos podem formar-se em águas mais frias, que são supersaturadas em carbonato – águas que geralmente estão abaixo de 20°C, como algumas regiões do Oceano Índico no sul da Austrália. Esses sedimentos carbonáticos são formados por um grupo muito limitado de organismos, sendo que a maioria deles secreta conchas de calcita.

Ambientes silicosos são ambientes marinhos profundos especiais, cujo nome se refere aos restos de carapaças silicosas neles depositados. Os organismos planctônicos que secretam sílica desenvolvem-se na superfície das águas, onde os nutrientes são abundantes. Quando morrem, suas carapaças assentam-se no fundo do oceano e acumulam-se em camadas de sedimentos silicosos.

Um *ambiente evaporítico* forma-se em uma enseada ou braço de mar, em que a taxa de evaporação da água quente é maior do que a mistura com a água do mar aberto com a qual está conectada. A taxa e o tempo de evaporação controlam a salinidade da água do mar submetida a esse processo e, assim, os tipos de sedimentos formados. Ambientes evaporíticos também se formam em lagos sem rios emissários. Tais lagos podem produzir sedimentos de halita, borato, nitratos e outros sais.

Estruturas sedimentares

As **estruturas sedimentares** incluem todos os tipos de feições formadas durante a deposição. Sedimentos e rochas sedimentares são caracterizados por *acamamento*, ou *estratificação*, que ocorre quando *camadas* de sedimento, ou *estratos*, com partículas de diferentes tamanhos e composição, são depositadas umas sobre as outras. Esses estratos variam de apenas alguns milímetros ou centímetros a metros, podendo atingir muitos metros de espessura. Grande parte da estratificação é horizontal, ou próximo a isso, no tempo de deposição. Alguns tipos de estratificação, entretanto, formam-se com altos ângulos em relação à horizontal.

Estratificação cruzada

A **estratificação cruzada** consiste em conjuntos de material estratificado, depositado pelo vento ou pela água, nos quais as lâminas inclinam-se em até 35° em relação à horizontal. (Figura 6.11). Os estratos cruzados formam-se quando os grãos são depositados sobre os planos mais inclinados, no sentido da corrente (a jusante), das dunas de areia sobre o solo, ou das barras arenosas em rios e sob o mar. A estratificação cruzada em dunas arenosas depositadas pelo vento pode ser complexa como resultado da rápida mudança das direções do vento (como na fotografia da abertura deste capítulo). A estratificação cruzada é comum em arenitos e também ocorre em conglomerados e rochas carbonáticas. É mais fácil identificá-la em rochas areníticas do que em depósitos inconsolidados de areia. Nestes, deve-se escavar uma trincheira para se visualizar a estrutura em uma seção transversal.

Estratificação gradacional

A **estratificação gradacional*** é mais abundante em sedimentos do talude continental e marinho profundo depositados por correntes de turbidez densas e lamacentas, que aproximam-se do

*N. de R.T.: A expressão estratificação gradacional, embora amplamente utilizada para traduzir *graded bedding*, pode gerar ambiguidade. A gradação do tamanho do grão pode ocorrer dentro de uma mesma camada (ou estrato) ou em um conjunto de estratos sucessivos. Quando ocorre dentro de uma mesma camada, utiliza-se o termo gradação normal (do grosso para o fino) ou gradação inversa (do fino para o grosso). Porém, quando a gradação do tamanho de grão ocorre em um conjunto de estratos sucessivos, é denominada de granodecrescência ascendente (os grãos tornam-se cada vez mais finos nas camadas em direção ao topo) ou granocrescência ascendente (os grãos tornam-se cada vez mais grossos nas camadas em direção ao topo).

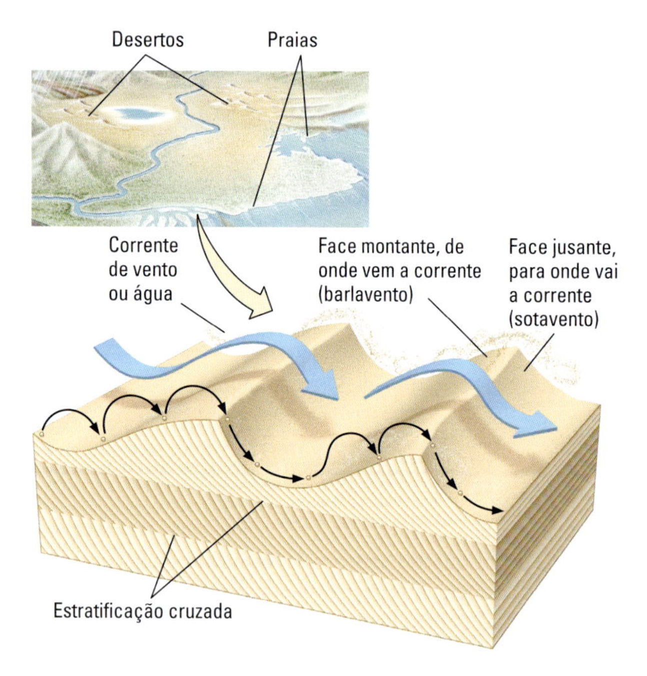

FIGURA 6.11 A estratificação cruzada forma-se quando os grãos são depositados sobre o plano mais íngreme e inclinado no sentido da corrente (para jusante) de uma duna ou marca ondulada.

fundo do oceano à medida que se movem talude abaixo. Cada camada empilha-se desde grãos grossos na base até grãos finos no topo. Conforme a corrente fica cada vez mais lenta, depositam-se partículas progressivamente menores. A gradação indica um enfraquecimento da corrente que depositou os grãos. O tamanho de grão pode variar, também, ao longo de uma pilha de camadas, em que ele fica cada vez mais fino nas posicionadas no topo do pacote, o que chamamos de granodecrescência ascendente. O inverso, quando o grão fica cada vez mais grosso para o topo, é denominada de granocrescência ascendente. A espessura do pacote de camadas pode variar, desde poucos centímetros a muitos metros. Essas camadas formam leitos horizontais, ou próximos a isso, ao tempo de deposição. As acumulações de muitos desses pacotes granodecrescentes ascendentes podem alcançar uma espessura total de centenas de metros. Um conjunto desses pacotes de camadas formado como resultado da deposição de correntes de turbidez é chamado de *turbidito*.

Marcas onduladas

As **marcas onduladas** ou *ondulações* são cristas muitos pequenas de areia e silte, cujo eixo longitudinal comumente alinha-se em ângulo reto ao sentido da corrente. Essas cristas, pequenas e estreitas, geralmente de apenas um ou dois centímetros de altura, são separadas por calhas mais largas. Essas estruturas sedimentares são comuns tanto em areias modernas como em arenitos antigos (Figura 6.12). As marcas onduladas podem ser observadas nas superfícies das dunas expostas ao vento, em barras arenosas subaquáticas de correntes rasas e sob as ondas nas praias. Os geólogos podem distinguir ondulações simétricas feitas pelo vai e vem das ondas em uma praia de ondulações assimétricas formadas por correntes, movendo-se em uma única direção sobre barras arenosas fluviais ou dunas eólicas (Figura 6.13).

Estruturas de bioturbação

A estratificação em muitas rochas sedimentares apresenta-se quebrada ou rompida por tubos aproximadamente cilíndricos, de poucos centímetros de diâmetro, que se estendem verticalmente através de muitas camadas. Essas estruturas sedimentares são remanescentes de furos e túneis escavados por moluscos, vermes e muitos outros organismos marinhos que vivem no fundo do mar. Tais organismos retrabalham os sedimentos existentes escavando leitos de lamas e areias – um processo chamado de **bioturbação**. Eles ingerem os sedimentos em busca das pequenas quantidades de material orgânico que contêm e deixam para trás sedimentos retrabalhados, que preenchem os furos (Figura 6.14). A partir das estruturas de bioturbação, os

(a)

(b)

FIGURA 6.12 Marcas onduladas. (a) Marcas onduladas em areias de uma praia atual [John Grotzinger.] (b) Marcas onduladas em um arenito antigo. [John Grotzinger/Ramón Rivera-Moret/MIT.]

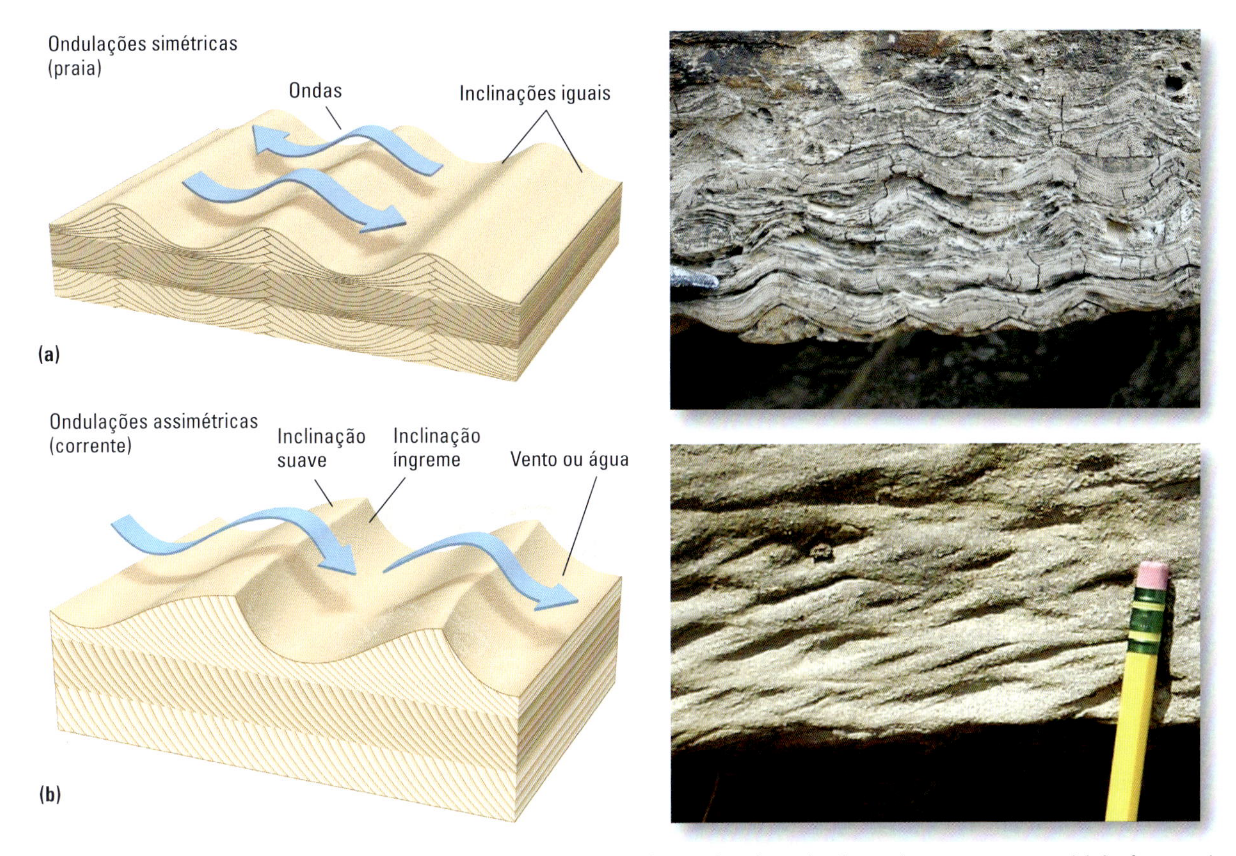

FIGURA 6.13 Os geólogos podem distinguir ondulações criadas pelas ondas daquelas formadas por correntes. (a) As formas das ondulações na areia de uma praia, produzidas pelo vai e vém das ondas, são simétricas. [Cortesia de John Grotzinger.] (b) As ondulações em dunas eólicas e barras arenosas fluviais, resultantes de corrente em uma única direção, são assimétricas. [Cortesia de John Grotzinger.]

geólogos podem determinar o comportamento dos organismos que escavaram os sedimentos. Como o comportamento de organismos escavadores é controlado, em parte, por fatores ambientais, como força das correntes ou disponibilidade de nutrientes, as estruturas de bioturbação podem nos ajudar a reconstruir ambientes de sedimentação do passado.

Sucessão de camadas

Uma **sucessão de camadas** é estruturada por uma pilha de camadas intercaladas verticalmente de diferentes tipos de rochas sedimentares. Uma sucessão pode consistir em arenito com estratificação cruzada, sobreposto por siltito bioturbado, e este, por sua vez, superposto por arenito com marcas onduladas – em qualquer combinação de espessuras para cada tipo de rocha da sucessão.

As sucessões de camadas ajudam os geólogos na reconstrução das maneiras pelas quais os sedimentos foram depositados e, com isso, fornecem ideias sobre a história dos eventos antigos que ocorreram na superfície terrestre. A Figura 6.15 mostra uma sucessão de camadas comumente formada por ambientes

FIGURA 6.14 Estruturas de bioturbação. Esta rocha está entrecruzada por túneis fossilizados, ancestralmente escavados na lama por organismos. [John Grotzinger/Ramón Rivera-Moret/Harvard Mineralogical Museum.]

FIGURA 6.15 Uma sucessão sedimentar típica formada por um rio meandrante. [USDA-NRCS foto de Jim R. Fortner.]

fluviais. Um rio deposita sucessões repetitivas que se formam quando o canal migra lateralmente no fundo do vale. A parte inferior de cada sucessão representa os sedimentos depositados na porção mais profunda do canal, onde as correntes são mais fortes. A parte mediana representa os sedimentos depositados nas porções mais rasas, onde as correntes são mais fracas, e a parte superior contém as camadas depositadas na planície de inundação. Um típico ciclo formado dessa maneira consistirá em sedimentos que gradam, em direção ao topo, desde grossos até finos (granodecrescência ascendente). Essa sucessão pode ser repetida uma série de vezes se o rio migrar lateralmente.

A maioria dos ciclos sedimentares consiste em várias subdivisões em escalas menores. No exemplo mostrado na Figura 6.15, as camadas basais contêm estratificação cruzada. Essas camadas são sobrepostas por mais camadas com estratificação cruzada, mas as camadas são de menor porte. A estratificação horizontal ocorre no topo do ciclo sedimentar. Atualmente, existem avançados modelos computadorizados para analisar como os ciclos sedimentares foram depositados em ambientes aluviais.

Soterramento e diagênese: do sedimento à rocha

A maioria das partículas clásticas produzidas pelo intemperismo do solo termina como sedimentos marinhos depositados em várias partes dos oceanos. Uma pequena quantidade de sedimentos siliciclásticos fica depositada nos terrenos continentais. Da mesma forma, a maioria dos sedimentos químicos e biológicos é depositada nas bacias oceânicas, embora eles também se depositem em lagos e pântanos.

Soterramento

Uma vez que os sedimentos chegam até o assoalho dos oceanos, eles são ali aprisionados. O leito oceânico profundo é a deposição definitiva na bacia sedimentar e, para a maior parte dos sedimentos, seu último lugar de descanso. À medida que os sedimentos são soterrados sob novas camadas, estão sujeitos a temperaturas e pressões cada vez maiores, bem como a mudanças químicas.

Diagênese

Depois que os sedimentos são depositados e soterrados, estão sujeitos à **diagênese** – as várias mudanças físicas e químicas que resultam do aumento das temperaturas e pressões à medida que são soterrados a uma profundidade cada vez maior na crosta terrestre. Essas mudanças continuam até que os sedimentos ou rochas sedimentares sejam novamente expostos ao intemperismo ou metamorfizados pelo calor e pela pressão (Figura 6.16).

A temperatura aumenta com a profundidade na crosta terrestre a uma taxa média de 30°C por quilômetro, embora exista certa variação dessa taxa entre as bacias sedimentares. Assim, a uma profundidade de 4 km, os sedimentos soterrados podem alcançar 120°C ou mais. Nessa temperatura, certos tipos de matéria orgânica enterradas com os sedimentos podem ser convertidos em óleo ou gás (ver Pratique um Exercício de Geologia). A pressão também aumenta com a profundidade – a uma média aproximada de 1 atmosfera para cada 4,4 m. Esse aumento de pressão é responsável pela compactação dos sedimentos soterrados.

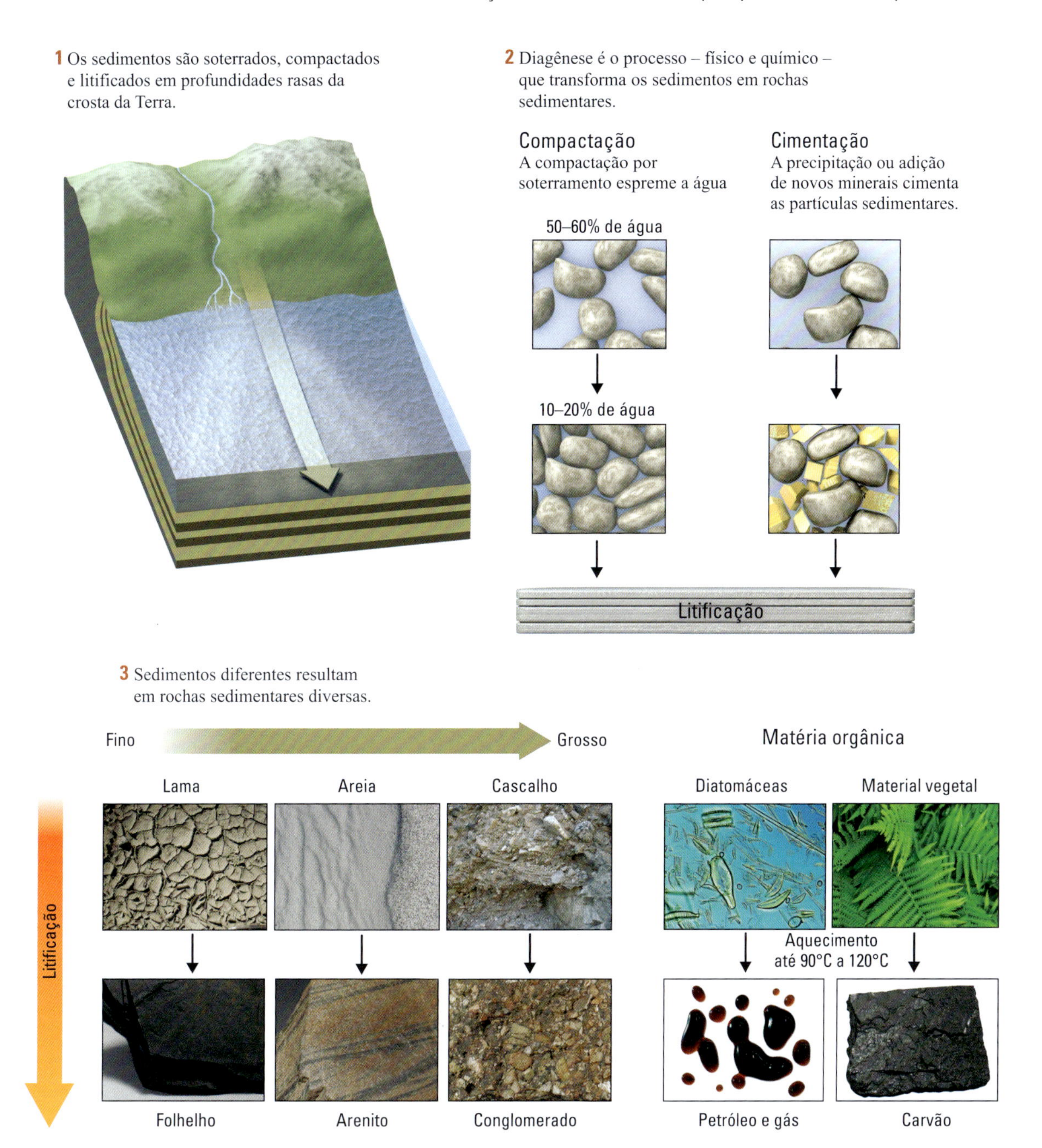

FIGURA 6.16 Diagênese é o conjunto de alterações físicas e químicas que converte os sedimentos em rochas sedimentares. [*lama, areia, cascalho:* Cortesia de John Grotzinger; *folhelho betuminoso:* John Grotzinger/Ramón Rivera-Moret/Harvard Mineralogical Museum; *arenito, conglomerado, carvão:* Cortesia de John Grotzinger/Ramón Rivera-Moret/MIT; *diatomáceas:* Mark B. Edlund, Ph.D./Science Museum of Minnesota; *material vegetal:* Roman Gorielov/Shutterstock; *petróleo e gás:* Wasabi/Alamy.]

Os sedimentos soterrados também são continuamente banhados em água subterrânea repleta de minerais dissolvidos. Esses minerais podem precipitar nos poros entre as partículas sedimentares e uni-las – uma mudança química chamada de **cimentação**. A cimentação diminui a **porosidade**, a percentagem do volume de uma rocha que consiste em poros abertos entre os grãos. Em algumas areias, por exemplo, o carbonato de cálcio é precipitado como calcita, a qual atua como um cimento que liga os grãos e solidifica a massa resultante em um arenito (**Figura 6.17**). Outros minerais, como o quartzo, podem cimentar areias, lamas e cascalhos em arenitos, lamitos e conglomerados.

A principal mudança da diagênese física é a **compactação**, um decréscimo no volume e na porosidade dos sedimentos. A compactação ocorre quando os grãos são comprimidos pelo

PRATIQUE UM EXERCÍCIO DE GEOLOGIA

Folhelhos ricos em matéria orgânica: onde procuramos petróleo e gás?

A busca por novos depósitos de petróleo e gás natural está enfrentando uma urgência cada vez maior à medida que o suprimento de combustível definha e questões geopolíticas tornam as nações ávidas por produzir seu próprio fornecimento energético. A procura por esses depósitos deve ser orientada por uma compreensão de como e onde se formam o petróleo e o gás.

O primeiro passo na exploração de petróleo e gás é uma busca por rochas sedimentares formadas a partir de sedimentos que podem ter sido ricos em matéria orgânica. Assim que tais rochas são localizadas, o próximo passo é determinar com que profundidade foram soterradas e a temperatura máxima que podem ter atingido. Esses fatores determinam a potencialidade das rochas – sua probabilidade de conter petróleo ou gás.

Muitos sedimentos e rochas sedimentares de granulação fina, como o folhelho, contêm matéria orgânica. A subsidência de bacias sedimentares, combinada com a deposição de camadas sedimentares sobrepostas, pode resultar em um soterramento profundo desses sedimentos ricos

peso dos sedimentos sobrepostos. Os grãos de areia, ao serem depositados, contêm poucos espaços vazios entre si, de modo que não se compactam muito mais. Entretanto, as lamas recém depositadas, inclusive aquelas carbonáticas, são altamente porosas. É comum que esses sedimentos contenham mais de 60% de água em seus espaços porosos. Como resultado, as argilas compactam muito depois do soterramento, perdendo mais da metade de sua água.

Tanto a cimentação como a compactação resulta na **litificação**, o endurecimento de sedimentos moles em rocha.

Classificação dos sedimentos siliciclásticos e das rochas sedimentares

Podemos, agora, utilizar nosso conhecimento em sedimentação para classificar os sedimentos e seus equivalentes litificados, que são as rochas sedimentares. Como vimos, as principais classes existentes são, novamente, a siliciclástica e a química e biológica. Os sedimentos e rochas sedimentares

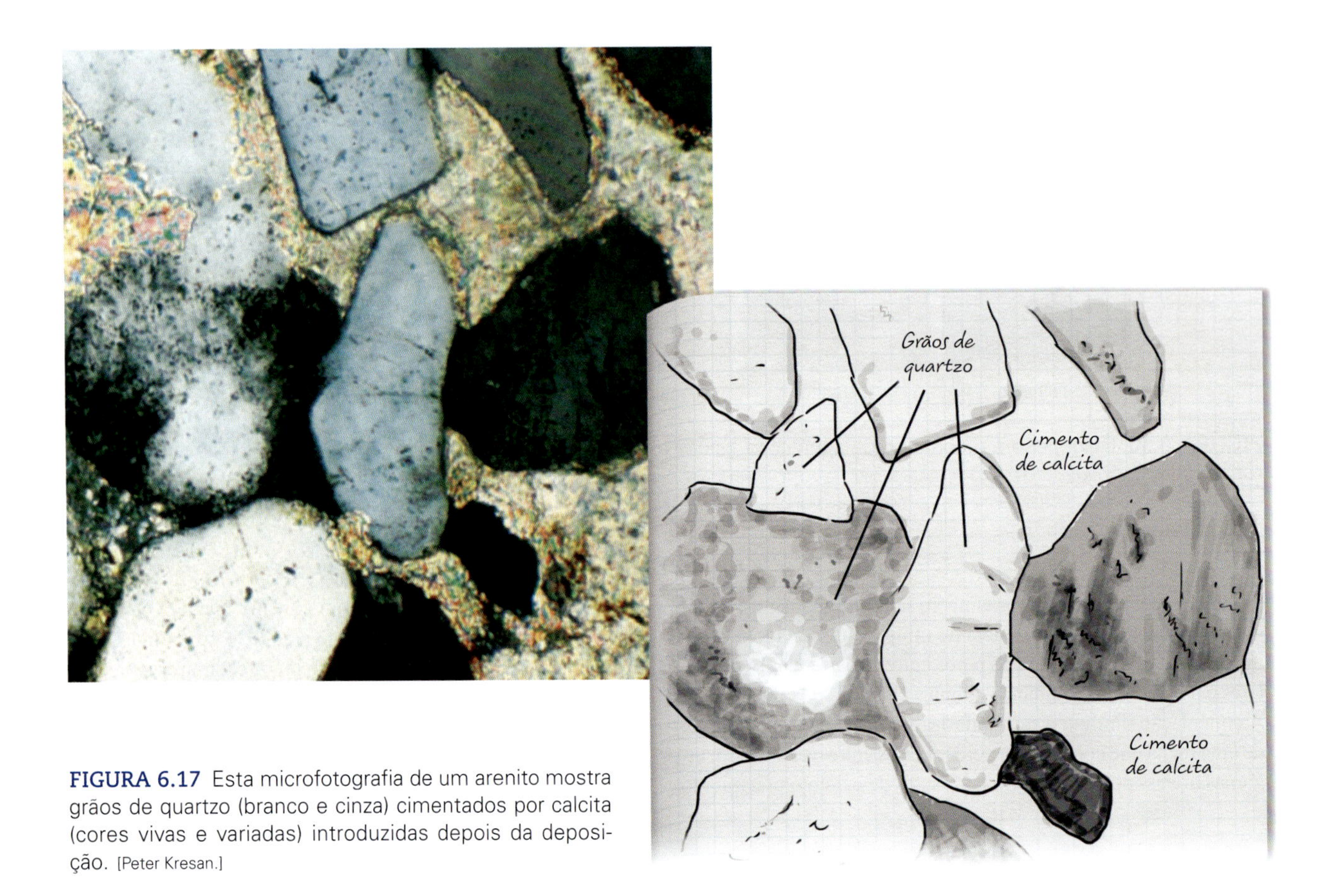

FIGURA 6.17 Esta microfotografia de um arenito mostra grãos de quartzo (branco e cinza) cimentados por calcita (cores vivas e variadas) introduzidas depois da deposição. [Peter Kresan.]

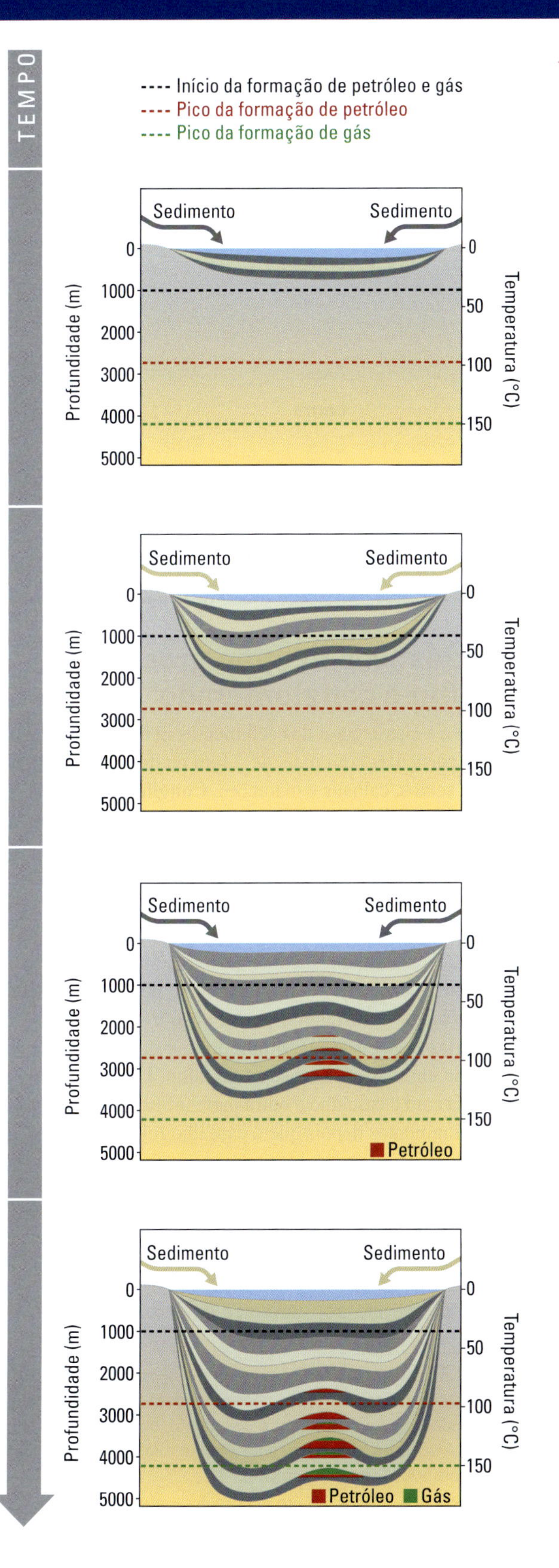

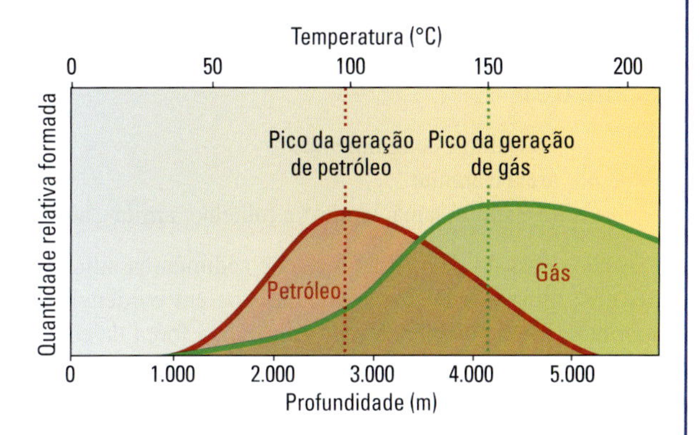

em matéria orgânica. Conforme são soterrados a uma profundidade cada vez maior, os sedimentos tornam-se progressivamente mais quentes. A taxa pela qual as temperaturas aumentam com a profundidade é chamada de gradiente geotérmico (ver Capítulo 7).

Dependendo do gradiente geotérmico na bacia sedimentar, rochas sedimentares ricas em matéria orgânica podem, por fim, ficar quentes o bastante para que a matéria orgânica contida nelas seja transformada em petróleo ou em gás. Esse processo de transformação (descrito em maior detalhe no Capítulo 13) é conhecido como maturação. A maturação começa logo após a deposição dos sedimentos, mas aumenta drasticamente acima de 50°C. O petróleo é gerado à medida que os sedimentos são aquecidos a temperaturas entre 60°C e 150°C. A temperaturas mais altas, o petróleo torna-se instável e rompe-se, ou "quebra-se", para formar o gás natural.

Os geólogos descobriram folhelhos ricos em matéria orgânica na bacia de Rocknest, que tem um gradiente geotérmico de 35°C/km. Os diagramas que acompanham este texto mostram a relação entre profundidade de soterramento, temperatura e as quantidades relativas de petróleo e gás formadas em folhelhos nessa bacia sedimentar. Presumindo que o pico da geração de petróleo ocorre a aproximadamente a 100°C, calcule a profundidade em que esse pico ocorreria na bacia de Rocknest.

Profundidade do pico de geração de petróleo = Temperatura do pico de geração de petróleo ÷ Gradiente geotérmico
= 100°C ÷ 35°C/km
= 2,85 km (2.850 m)

Se os folhelhos ricos em matéria orgânica na bacia de Rocknest estivessem soterrados a profundidades de 2.850 m ou mais, então seria esperado que houvesse petróleo na bacia. Porém, se a profundidade de soterramento fosse mais rasa do que 2.850 m, então a potencialidade da bacia seria minimizada.

PROBLEMA EXTRA: A profundidade do pico de geração de petróleo na bacia de Rocknest é de 3.575 m. Reorganize a equação acima e encontre a solução para a temperatura em que haveria o pico da geração de gás.

siliciclásticos constituem mais de três quartos da massa total de sedimentos e rochas sedimentares da crosta terrestre (Figura 6.18). Começaremos, portanto, por eles.

Os sedimentos e as rochas sedimentares siliciclásticos são classificados, primeiramente, pelo tamanho dos grãos (Quadro 6.3):

- *grosso:* cascalho e conglomerado
- *médio:* areia e arenito
- *fino:* silte e siltito; lama, lamito* e folhelho; argila e argilito

A classificação das várias rochas e sedimentos siliciclásticos pelo tamanho de suas partículas põe em evidência um importante condicionante da sedimentação: a força da corrente. Como já vimos, quanto maior a partícula, mais forte se faz necessária a corrente para carregá-la e depositá-la. Essa relação entre a força da corrente e o tamanho da partícula é a razão pela qual partículas de mesmo tamanho tendem a se acumular em camadas diferentes. Isto é, geralmente as camadas de areia não contêm seixos ou lama e, na maioria dos casos, as lamas têm apenas partículas mais finas que areia.

Entre os vários tipos de sedimentos e rochas sedimentares, os siliciclásticos de grãos finos são, de longe, os mais abundantes – cerca de três vezes mais comuns que os siliciclásticos mais grossos (Figura 6.18). Essa abundância dos siliciclásticos de grãos finos, que contêm grandes quantidades de argilominerais, deve-se ao intemperismo químico de vultuosas quantidades de feldspato e outros silicatos da crosta da Terra. A seguir, abordaremos com mais detalhes cada um dos três grandes grupos de rochas e sedimentos siliciclásticos.

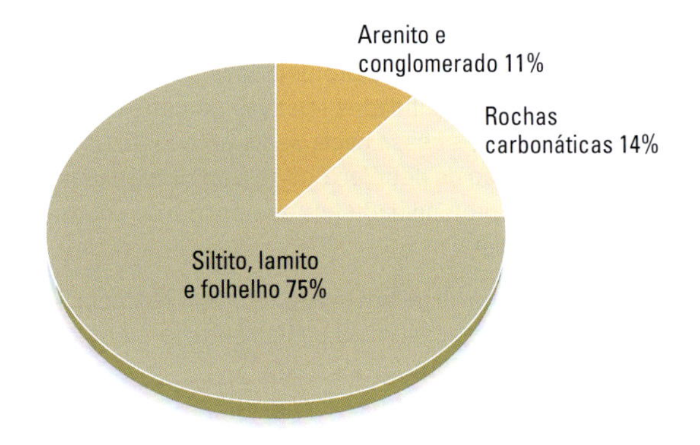

FIGURA 6.18 Abundância relativa dos principais tipos de rochas sedimentares. Em comparação com estes três tipos, todos os demais – evaporitos, sílex e outras rochas sedimentares químicas – existem somente em pequenas quantidades.

*N. de R.T.: Utiliza-se, também, o termo de origem latina *lutito* (*lùtum*, "lama, lodo, limo") para designar a rocha, e "depósito lutáceo" para denominar o sedimento, ou o sinônimo de origem grega, *pelito* (*pélós*, "lama, lodo, argila"), para a rocha, e "depósito pelítico" para o sedimento.

QUADRO 6.3 Principais classes de rochas sedimentares e sedimentos siliciclásticos

TAMANHO DA PARTÍCULA	SEDIMENTO	ROCHA
Grosso	**Cascalho**	
Maior que 256 mm	Matacão	Conglomerado
256–64 mm	Calhau	
64–4 mm	Seixo	
4–2 mm	Grânulo	
Médio		
2–0,062 mm	Areia	Arenito
Fino	**Lama**	
0,062–0,0039 mm	Silte	Siltito
		Lamito (fratura em bloco)
Menor que 0,0039 mm	Argila	Folhelho (rompe ao longo da laminação)
		Argilito

Siliciclásticos de grão grosso: cascalho e conglomerado**

Cascalho é a classe geral dos sedimentos mais grossos, consistindo em partículas com mais de 2 mm de diâmetro, incluindo grânulos, seixos, calhaus e matacões. **Conglomerado** é o equivalente litificado do cascalho (Figura 6.19a). Grânulos, seixos, calhaus e matacões são fáceis de se estudar devido a seus grandes tamanhos, que podem nos informar a velocidade das correntes que os transportaram. Ademais, sua composição nos conta sobre a natureza das áreas-fonte onde foram produzidos.

Em poucos ambientes, como rios de montanhas, praias rochosas com ondas altas e águas de degelo de geleiras, existem correntes fortes o suficiente para transportar cascalho. Correntes fortes também transportam areia e quase sempre ela é encontrada entre as partículas de cascalho. Uma parte dela foi depositada com o cascalho e outra parte infiltrou-se nos espaços entre os fragmentos depois que o cascalho foi depositado.

Siliciclásticos de grão médio: areia e arenito***

As **areias** consistem em partículas de tamanho médio, cujo diâmetro varia desde 0,062 até 2 mm. Esses sedimentos são movidos até mesmo por correntes moderadas, como as dos

**N. de R.T.: Utiliza-se, também, o termo de origem latina *rudito* (*rúdus*, "pedra miúda misturada com cal") para designar a rocha, e depósito rudáceo para denominar o sedimento, ou o sinônimo de origem grega, *psefite* ou *psefito* (*pséphos*, "seixo rolado"), para a rocha, e "depósito psefítico" para o sedimento.

***N. de R.T.: Os termos arenito para rocha e arenáceo para os depósitos têm origem latina (*aréna*, "areia, praia, margem, chão, teatro"). Também se utiliza o sinônimo de origem grega *psamito* (de *psámmos*, "areia") para a rocha, e "depósito psamítico" para o sedimento.

(a) Conglomerado

(b) Arenito

(c) Folhelho

FIGURA 6.19 Exemplos das três principais classes de rochas sedimentares siliciclásticas. [*conglomerado e arenito*: John Grotzinger/Ramón Rivera-Moret/MIT; *folhelho*: John Grotzinger/Ramón Rivera-Moret/Harvard Mineralogical Museum.]

rios, ondas nos litorais e ventos que sopram a areia nas dunas. As partículas de areia são grandes o suficiente para serem vistas a olho nu e muitas de suas características são facilmente reconhecidas com o uso de uma simples lupa de mão. O equivalente litificado da areia é o **arenito** (ver Figura 6.19b).

Tanto os hidrogeólogos como os geólogos do petróleo têm um interesse especial pelos arenitos. Os hidrogeólogos examinam sua origem para predizer possíveis suprimentos de água em áreas com arenitos porosos, como aquelas encontradas nas planícies do oeste dos EUA.* Os geólogos do petróleo precisam saber sobre a porosidade e cimentação dos arenitos, pois boa parte do petróleo e do gás descobertos nos últimos 150 anos foi encontrada em reservatórios areníticos. Além disso, grande parte do urânio utilizado em usinas nucleares e bombas atômicas é proveniente do urânio diagenético de arenitos.

Tamanhos e formas dos grãos de areia As partículas siliciclásticas de tamanho médio – areias – são subdivididas em muito finas, finas, médias, grossas e muito grossas. O tamanho médio dos grãos de qualquer arenito pode ser um importante indício tanto da força da corrente que os transportou, como do tamanho dos cristais erodidos da rocha-matriz. A variedade e a abundância relativa dos diversos tamanhos também são significativas. Se todos os grãos são próximos da média de tamanhos da amostra, diz-se que a areia é bem selecionada. Se muitos grãos são maiores ou menores que a média, a areia é mal selecionada (ver Figura 6.6). O grau de seleção pode ajudar a distinguir, por exemplo, entre areias de praias (bem selecionadas) e areias lamosas depositadas por geleiras (mal selecionadas). As formas dos grãos de areia também podem ser importantes indicadores de sua origem. Assim como os seixos, os grãos de areia são arredondados durante o transporte. A existência de grãos angulosos indica que percorreram distâncias pequenas, enquanto grãos arredondados indicam um longo caminho percorrido, como ocorre em um grande sistema fluvial (ver Figura 6.7).

*N. de R.T.: No Brasil, há muitas ocorrências de aquíferos em rochas arenáceas. O principal é conhecido como Aquífero Guarani – noticiado como um dos maiores do mundo –, que ocorre na Formação Botucatu, na Bacia do Paraná. Essa formação está distribuída em grande parte dos territórios dos Estados de Mato Grosso do Sul, São Paulo, Paraná, Santa Catarina e Rio Grande do Sul, além dos países vizinhos Uruguai, Argentina e Paraguai.

Mineralogia de areias e arenitos Dentro de cada categoria, os siliciclásticos podem ainda ser subdivididos de acordo com a composição mineralógica, a qual pode ajudar a identificar a rocha-matriz. Assim, há arenitos que são ricos em quartzo, e outros em feldspato. Certas areias são bioclásticas e formam-se quando materiais como o carbonato, originalmente depositado como conchas, são quebrados e transportados por correntes. Assim, a composição mineralógica das areias e arenitos indica a área-fonte que foi erodida para produzir os grãos. A presença de plagioclásios sódicos e feldspatos potássicos com bastante quartzo, por exemplo, pode indicar que os sedimentos foram erodidos a partir de um terreno granítico. Outros minerais, como será abordado no Capítulo 7, seriam indicativos de rochas parentais metamórficas.

A composição mineralógica das areias e arenitos pode também indicar o posicionamento da rocha-matriz na placa tectônica. Arenitos contendo abundantes fragmentos de rochas vulcânicas máficas, por exemplo, são derivados de arcos vulcânicos de zonas de subducção.

Principais tipos de arenitos Os arenitos são classificados em vários grupos principais, de acordo com sua mineralogia e textura (Figura 6.20):

- O **quartzarenito**** é constituído quase inteiramente por grãos de quartzo, geralmente bem selecionados e arredondados. Essa areia de puro quartzo resulta de um extenso intemperismo que ocorreu desde antes e, também, durante o transporte, removendo tudo, exceto o quartzo, que é o mineral mais estável.
- O **arcózio** ou *arenito feldspático**** contém mais de 25% de feldspato. Os grãos tendem a ser mal arredondados e

**N. de R.T.: Também conhecido como "quartzo arenito" ou "quartzoarenito". Kenitiro Suguio, um dos mais notáveis mestres da Geologia Sedimentar brasileira, utiliza *quartzarenito* (cf. Suguio, K. 1998, Dicionário de Geologia Sedimentar, e 2003, Geologia Sedimentar). O quartzarenito contém mais de 95% de quartzo na sua fração detrítica.

***N. de R.T.: Embora certas classificações contemporâneas de rochas sedimentares utilizem a designação "arenito feldspático", há também os termos "arcose" (Dicionário Houaiss), "arcóseo" (Dicionário Aurélio) e, quando ocorre como adjetivo, "arenito arcóseo" (Dicionário Houaiss). Acima, preferiu-se a forma "arcózio" e "arcoziano" (cf. Suguio, 1998, Dicionário de Geologia Sedimentar). A palavra deriva do francês *arkose* e é grafada em inglês e alemão como *arkose* e, em espanhol, *arcosa*.

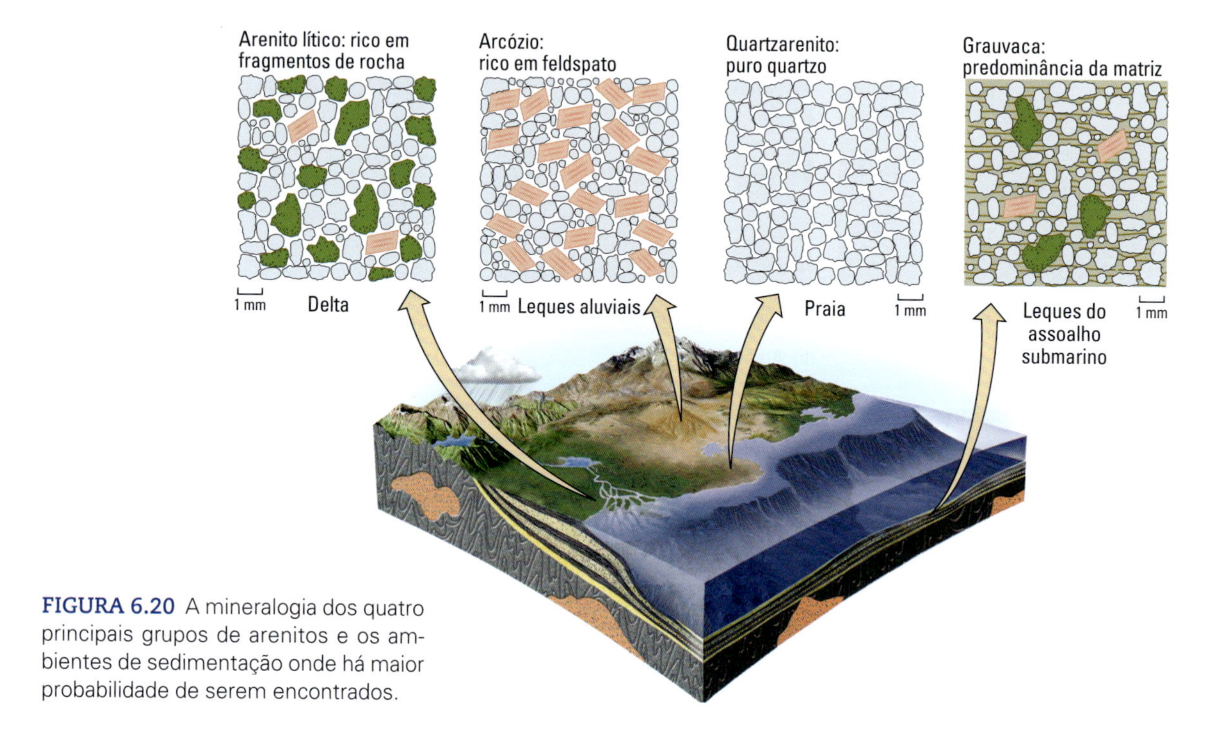

FIGURA 6.20 A mineralogia dos quatro principais grupos de arenitos e os ambientes de sedimentação onde há maior probabilidade de serem encontrados.

menos selecionados do que os quartzarenitos. Esse arenito rico em feldspato provém de terrenos graníticos e metamórficos rapidamente erodidos, onde o intemperismo químico é subordinado ao físico.

- O **arenito lítico*** contém muitos fragmentos derivados de rochas de textura fina, predominantemente folhelhos, rochas vulcânicas e rochas metamórficas de grão fino.
- A **grauvaca**** é uma mistura heterogênea de fragmentos rochosos e grãos angulares de quartzo e feldspato, sendo os grãos arenosos envolvidos por uma matriz argilosa de grãos finos. A maior parte dessa matriz é formada por alteração química, compactação e deformação mecânica de fragmentos de rocha relativamente moles, como folhelhos e algumas rochas vulcânicas, após soterramento profundo da formação arenítica.

Siliciclásticos de grão fino

Os sedimentos e as rochas sedimentares siliciclásticos de grão mais fino são os siltes e siltitos; as lamas, lamitos e folhelhos; e as argilas e argilitos. As partículas desses sedimentos variam bastante sua composição mineralógica e diâmetro, embora todas sejam menores que 0,062 mm. Os sedimentos de grão fino são depositados pelas correntes mais suaves, as quais permitem que se assentem lentamente até o fundo tranquilo das águas.

Silte e siltito O **siltito** é o equivalente litificado do **silte**, um sedimento siliciclástico cuja maioria dos grãos tem um diâmetro entre 0,0039 e 0,062 mm. A aparência dos siltitos é semelhante à dos lamitos ou dos arenitos de grãos muito finos.

Lama, lamito e folhelho lamoso A **lama** é um sedimento siliciclástico misturado com água em que a maioria das partículas é menor que 0,062 mm de diâmetro. Assim, a lama pode ser constituída por sedimentos de tamanho de silte ou argila ou também por diversas proporções de ambos. Esse termo geral é muito utilizado no trabalho de campo pois costuma ser difícil distinguir-se entre sedimentos de tamanho de silte ou argila sem um estudo detalhado com o uso de microscópio.

Lamas são depositadas por rios e marés. Depois que um rio inunda, sua planície fluvial e a enchente recuou, a corrente diminui e a argila se deposita, sendo que parte dela contém abundante matéria orgânica. Essa lama contribui para a fertilidade das porções mais baixas do vale fluvial. As lamas também são deixadas para trás pelas marés vazantes em muitas planícies de maré, onde a ação das ondas é branda. Grande parte do fundo marinho profundo, onde as correntes são fracas ou ausentes, é coberta por lama.

As rochas de grão fino equivalentes da lama são o lamito e o folhelho. Os **lamitos** são maciços e exibem laminação incipiente ou nenhuma. Às vezes, a estratificação fica bem marcada quando os sedimentos se depositam, mas é perdida com a bioturbação. Os **folhelhos** (ver **Figura 6.19c**) são compostos de silte e de uma quantidade significativa de argila, que causa a facilidade de rompimento dessa rocha ao longo dos planos de laminação. Muitas lamas, lamitos e folhelhos têm mais de 10% de carbonato, formando depósitos de folhelhos calcários. Os folhelhos pretos ou carbonosos contêm abundante matéria orgânica. Alguns são chamados de folhelhos oleígenos ou pirobetuminosos, contendo grande quantidade de matéria orgânica oleígena, a qual os torna importantes fontes de óleo.

O fraturamento hidráulico, também conhecido pelo termo *fracking*, é causado pela injeção de fluidos altamente

*N. de R.T.: Também grafado como *litarenito* em classificações antigas. Ele contém mais de 25% de partículas líticas em sua fração areia.

**N. de R.T.: A palavra "grauvaca" é uma grafia mais recente de "grauvaque", recorrente na década de 1950, e de "grauwache", utilizada no século XIX. Derivada do alemão *grauwacke* ("grés, psamito"), também é grafada apenas como *wacke*. Essa rocha contém mais de 15% de matriz pelítica.

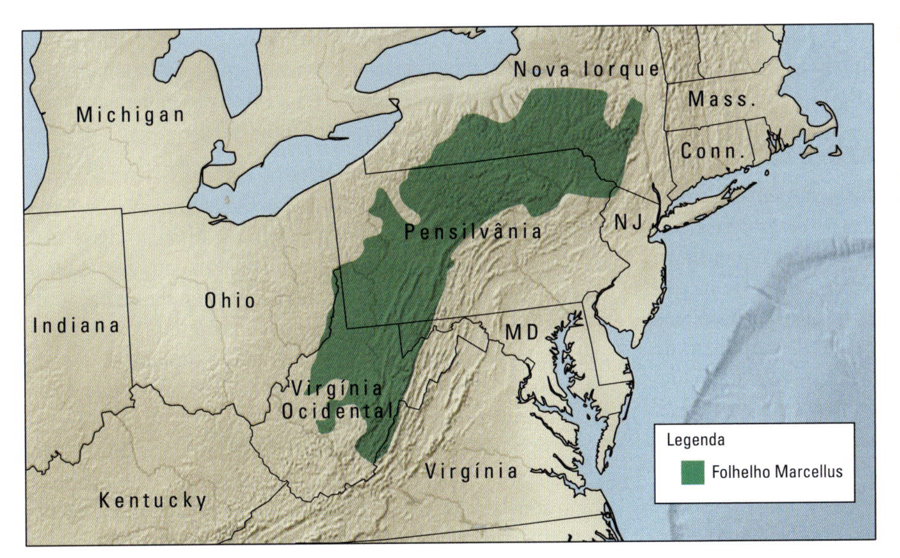

FIGURA 6.21 A Formação Marcellus, no nordeste dos Estados Unidos, possui reservas de gás natural nunca acessadas. A área sombreada do mapa indica as partes mais economicamente promissoras dessa formação.

pressurizados em folhelhos, o que cria novos canais (fraturas) na rocha. As fraturas interligam poros minúsculos, preenchidos com petróleo e gás natural, para criar um fluxo de maior escala, economicamente viável. A Formação Marcellus, no nordeste dos EUA (ver Figura 6.21), foi batizada em homenagem à cidade de Marcellus, no estado de Nova Iorque. É uma unidade de folhelho que possui reservas de gás natural jamais acessadas. As primeiras perfurações no Folhelho Marcellus ocorreram em 2007 e o uso de métodos de fraturamento viabilizou economicamente a extração de gás natural. Contudo, os impactos ambientais do fraturamento hidráulico são um tema controverso, dados os efeitos dos produtos químicos utilizados, o abastecimento de água e a segurança da perfuração.

Argila e argilito A **argila** é o mais abundante componente dos sedimentos de grão fino e das rochas sedimentares, e consiste predominantemente em argilominerais. O diâmetro das partículas de argila é menor que 0,0039 mm. As rochas que consistem exclusivamente em partículas de tamanho argila são chamadas de **argilitos**.

Classificação dos sedimentos químicos e biológicos e das rochas sedimentares

As rochas sedimentares e os sedimentos químicos e biológicos são classificados pela sua composição química (ver Quadro 6.4). Os geólogos fazem uma distinção entre sedimentos químicos e biológicos não só por conveniência, mas também para enfatizar a importância dos organismos como os principais mediadores

QUADRO 6.4 Classificação de rochas sedimentares e sedimentos químicos e biológicos

SEDIMENTO	ROCHA	COMPOSIÇÃO QUÍMICA	MINERAIS/(MAT. ORGÂNICO)
Biológico			
Areia e lama (originalmente bioclásticas)	Calcário	Carbonato de cálcio ($CaCO_3$)	Calcita, aragonita
Sedimentos silicosos	Sílex	Sílica (SiO_2)	Opala, calcedônia e quartzo
Turfa, matéria orgânica	Orgânicas	Compostos de carbono; carbono combinado com oxigênio e hidrogênio	(carvão, petróleo, gás)
Originalmente não sedimentar (formado pela diagênese)	Fosforito	Fosfato de cálcio ($Ca_3(PO_4)_2$)	Apatita
Químico			
Originalmente não sedimentar (formado pela diagênese)	Dolomito	Carbonato de magnésio e cálcio ($CaMg(CO_3)_2$)	Dolomita
Sedimento de óxido de ferro	Formação ferrífera	Silicato de ferro; óxido (Fe_2O_3); limonita, carbonato	Hematita, siderita
Sedimento evaporítico	Evaporito	Sulfato de cálcio ($CaSO_4$); cloreto de sódio (NaCl)	Gipsita, anidrita, halita e outros sais

desse tipo de sedimentação. Os dois tipos de sedimentos podem nos trazer informações sobre condições químicas no oceano, que é o ambiente predominante de deposição.

Rochas e sedimentos carbonáticos

A maioria das **rochas carbonáticas** e dos **sedimentos carbonáticos** forma-se da acumulação e litificação de minerais carbonáticos precipitados direta ou indiretamente por organismos. O mais abundante desses minerais é a calcita (carbonato de cálcio, $CaCO_3$); além disso, a maioria dos sedimentos carbonáticos contém aragonita, uma forma menos estável de carbonato de cálcio. Alguns organismos precipitam calcita, outros, aragonita, e, ainda outros, ambos. Durante o soterramento e a diagênese, os sedimentos carbonáticos reagem com a água para formar um novo conjunto de minerais carbonáticos.

A rocha sedimentar biológica litificada a partir de sedimentos carbonáticos mais comum é o **calcário**, composto principalmente de calcita (Figura 6.22a). O calcário é formado a partir de areias e lamas carbonáticas e, em alguns casos, de recifes antigos (ver Figura 5.10).

Uma outra rocha carbonática abundante é o **dolomito**, constituído do mineral dolomita, que é composto de carbonato de cálcio e magnésio. Os dolomitos são sedimentos carbonáticos e calcários diageneticamente alterados. O mineral dolomita não se forma como precipitado primário a partir da água do mar comum, e nenhum organismo secreta conchas desse mineral. Em vez disso, alguns íons de cálcio na calcita ou na aragonita de um sedimento carbonático são trocados por íons de magnésio da água do mar (ou de águas subterrâneas ricas nesse íon), que lentamente passam pelos poros do sedimento. Isso converte o mineral carbonato de cálcio, $CaCO_3$, em dolomita, $CaMg(CO_3)_2$.

Precipitação biológica direta de sedimentos carbonáticos As rochas carbonáticas são abundantes devido ao grande volume de minerais de cálcio e carbonato dissolvidos na água do mar, os quais os organismos podem converter diretamente em conchas. O cálcio é suprido pela alteração dos feldspatos e de outros minerais de rochas ígneas e metamórficas. Os minerais carbonáticos derivam do dióxido de carbono da atmosfera. O cálcio e o carbonato provêm do intemperismo fácil de calcários dos continentes.

A maioria dos sedimentos carbonáticos de ambientes marinhos rasos é bioclástica. Eles foram originalmente secretados como conchas por organismos que vivem próximos à superfície ou no fundo dos oceanos. Após a morte dos organismos, eles se quebram, produzindo conchas ou fragmentos de conchas que constituem partículas individuais, ou *clastos*, de sedimento carbonático. Esses sedimentos são encontrados em ambientes tropicais e subtropicais das ilhas do Pacífico ao Caribe e às Bahamas.*

*N de R.T.: O Grande Banco das Bahamas, quase emerso, na costa afora da Flórida, ocupa uma área de cerca de 700 km de comprimento e 300 km de largura, na maior parte coberta com uma lâmina de água com menos de 10 m de profundidade. Nas partes emersas, ocorrem areias calcárias, com menor volume de lama carbonática e rochas de recife.

(a) Calcário

(b) Gipsita

(c) Halita

(d) Sílex

FIGURA 6.22 Rochas sedimentares químicas e biológicas: (a) calcário, litificado a partir de sedimentos carbonáticos; (b) gipsita e (c) halita, evaporitos marinhos que se precipitam em bacias oceânicas de águas rasas; e (d) sílex, constituído de sedimentos de sílica. [John Grotzinger/Ramón Rivera-Moret/Harvard Mineralogical Museum.]

Os sedimentos carbonáticos para fins de estudo são mais acessíveis nesses espetaculares lugares turísticos, mas é no mar profundo que a maior quantidade de carbonato está depositada hoje.

A maioria dos sedimentos carbonáticos depositados nas planícies abissais dos oceanos é originada de conchas e esqueletos de **foraminíferos** (ver Figura 3.1b) e de outros organismos planctônicos que vivem nas superfícies das águas e secretam carbonato de cálcio. Quando os organismos morrem, suas conchas e esqueletos assentam-se no fundo do mar e lá se acumulam como sedimentos.

Os **recifes** são estruturas orgânicas com a forma de um morrote arredondado ou de uma crista alongada, constituídos por esqueletos de carbonato de cálcio de milhões de organismos (Figura 6.23). Nos mares quentes atuais, a maioria dos recifes é composta por corais, embora haja a contribuição de

1 As Bahamas são parte de um sistema de plataformas carbonáticas no Oceano Atlântico Norte, a leste da Flórida (EUA).

2 Os recifes são construídos em mares quentes e rasos por organismos que precipitam carbonato de cálcio.

Recife de coral
Luz
Laguna
Oceano aberto

3 Dentro da laguna rasa, o crescimento de organismos é rápido, e os sedimentos carbonáticos formam-se depressa...

Luz
Morfologia em rampa

4 ...enquanto na parte externa do recife, no oceano aberto, a sedimentação é muito mais lenta.

5 Se o nível do mar sobe, o recife continua a crescer em direção à luz, acompanhando o nível do mar, e a sedimentação na laguna passa a acumular sedimentos no oceano aberto.

Luz

6 Por fim, uma plataforma de carbonato cresce, com laterais abruptas inclinadas em direção ao oceano aberto.

Fragmentos carbonáticos soltos

FIGURA 6.23 Os organismos marinhos criam plataformas carbonáticas. [*esquerda*: Jacques Descloitres, MODIS Land Rapid Response Team, NASA/GSFC; *direita*: © Stephen Frink/Getty Images.]

centenas de outros organismos, como algas, mariscos e caracóis. Em contraste com o sedimento mole e solto produzido em outros ambientes, o recife forma uma estrutura de calcita sólida e aragonita rígida e resistente à ação das ondas, que é construída até um pouco acima do nível do mar. A calcita e a aragonita sólidas do recife são produzidas diretamente pela ação de organismos que cimentam carbonato; não há estágio algum de sedimentos moles.

Os recifes de coral podem dar origem a *plataformas carbonáticas*: extensas áreas rasas, como aquelas das Bahamas, onde sedimentos carbonáticos biológicos e não biológicos são depositados (Figura 6.23). As plataformas carbonáticas, tanto no passado geológico como no presente, estão entre os mais importantes ambientes carbonáticos. A construção de plataformas carbonáticas envolve a interação da hidrosfera, da biosfera e da litosfera (ver Jornal da Terra 6.1). O processo inicia com um recife que encerra e abriga uma área de água oceânica rasa, conhecida como *laguna*. Organismos que secretam carbonato proliferam dentro e ao redor da laguna, e os sedimentos carbonáticos formam-se depressa, enquanto na parte externa do recife no oceano aberto a sedimentação é muito mais lenta. Neste ponto, a plataforma carbonática tem uma morfologia em *rampa*, com encostas suaves que conduzem a águas mais profundas. À medida que a sedimentação na laguna continua a sobrepujar o recife, a plataforma fica mais alta, desenvolvendo uma morfologia de *plataforma protegida*. Abaixo da barreira de proteção estão as encostas íngremes com sedimentos carbonáticos soltos, derivados dos materiais das porções mais altas.

Recifes e processos evolutivos Os recifes atuais são construídos principalmente por corais; mas, em épocas mais antigas, eles eram construídos por outros organismos, como uma variedade de moluscos que agora encontra-se extinta (**Figura 6.24**). As rochas e os sedimentos carbonáticos formados de recifes são um registro da diversificação e extinção de organismos construtores de recifes ao longo do tempo geológico. Esse registro nos mostra como a mudança ecológica e ambiental pode ajudar a regular os processos da evolução.

Hoje, efeitos naturais e produzidos pela humanidade* ameaçam o crescimento dos recifes de coral, os quais são muito sensíveis às mudanças ambientais. Em 1998, um evento El Niño (descrito no Capítulo 12) elevou as temperaturas da superfície do mar até um ponto no qual muitos recifes no oeste do Oceano Índico morreram. Os recifes das Ilhas da Flórida estão próximos do fim por uma razão completamente diferente: estão ganhando algo bom em quantidades excessivas. Ocorre que as águas subterrâneas originadas nas fazendas da Península da Flórida estão se infiltrando próximas aos recifes e expondo-os a concentrações letais de nutrientes.

Precipitação biológica indireta de sedimentos carbonáticos Uma fração significativa da lama carbonática depositada em lagunas e plataformas carbonáticas rasas é indiretamente precipitada da água do mar. Microrganismos podem ajudar a facilitar esse processo, mas seu papel ainda é incerto. Eles podem ajudar a deslocar o equilíbrio de íons de cálcio (Ca^{2+}) e carbonato (CO_3^{2-}) na água do mar ao redor deles, de modo a formar carbonato de cálcio ($CaCO_3$). Os microrganismos podem precipitar minerais carbonáticos apenas se o ambiente externo já contiver abundância de íons de cálcio e carbonato. Nesse caso, as substâncias químicas que os microrganismos emitem na água do mar causam a precipitação dos minerais. Em contraste, os organismos com conchas secretam minerais carbonáticos continuamente como parte normal do seu ciclo de vida.

Rochas e sedimentos evaporíticos: produtos da evaporação

As **rochas evaporíticas** e os **sedimentos evaporíticos** são precipitados quimicamente pela evaporação da água do mar ou, em alguns casos, de lagos.

*N. de R.T.: O aquecimento global da superfície terrestre, devido aos gases de efeito estufa, é, em torno de 1,2°C. Essa temperatura é mais facilmente absorvida pelos oceanos que, em resposta, aumentam seu volume, fazendo o nível do mar subir e afogar recifes, bancos de corais etc. Além disso, essa alteração de temperatura causa o aumento da concentração de CO_2, desencadeando uma doença conhecida como branqueamento dos corais, que sofrem despigmentação e morrem.

FIGURA 6.24 Calcário recifal feito de moluscos extintos (rudistas) na formação Shuiba, do Cretáceo, localizada em Omã. [Cortesia de John Grotzinger.]

Jornal da Terra 6.1 Os recifes de corais e atóis de Darwin

Há mais de 200 anos, os recifes de corais têm atraído exploradores e escritores de livros de viagens. Desde que Charles Darwin navegou os oceanos a bordo do *Beagle*, de 1831 a 1836, esses recifes também têm sido assunto de discussão científica. Darwin foi um dos primeiros a analisar a geologia dos recifes de corais, e a teoria de suas origem ainda é aceita nos dias de hoje.

Os recifes de corais que Darwin estudou eram atóis, isto é, ilhas no oceano aberto com forma de lagunas circulares. A parte mais externa de um recife é uma frente resistente à ação das ondas, ligeiramente submersa, com uma forte inclinação em direção ao oceano. A frente do recife é composta por esqueletos entrelaçados de corais e algas calcíferas, formando um calcário duro e resistente. Em direção à costa a partir da frente recifal, estende-se uma plataforma plana que se conforma em termos de uma laguna rasa, no centro da qual eventualmente pode formar-se uma ilha. Partes do recife, bem como a parte central da ilha, estão acima do nível da água e podem tornar-se vegetadas. Uma grande quantidade de espécies animais e vegetais pode habitar o recife e a laguna.

Os recifes de corais geralmente são limitados a águas com menos de 20 m de profundidade porque, abaixo disso, a água do mar não transmite luz suficiente para permitir o crescimento da estrutura recifal. Como, então, um atol poderia ser construído desde o assoalho do oceano profundo e escuro? Darwin propôs que o processo inicia com um vulcão emergindo na superfície a partir do assoalho oceânico e formando uma ilha. À medida que o vulcão se torna temporária ou permanentemente inativo, os corais e as algas colonizam a margem da ilha e constroem recifes de franja. A erosão pode então rebaixar a ilha vulcânica até quase o nível do mar.

Darwin supôs que, se tais ilhas vulcânicas entrassem em subsidência lenta, submergindo abaixo das ondas, um ativo crescimento de corais e algas poderia compensar esse rebaixamento por meio da construção continuada do recife. Dessa forma, a ilha vulcânica desapareceria e nos depararíamos com um atol. Mais de 100 anos depois de Darwin ter proposto sua teoria, perfurações profundas em vários atóis penetraram nas rochas vulcânicas abaixo do calcário coralino, confirmando-a. E, algumas décadas mais tarde, a teoria da tectônica de placas explicou tanto o vulcanismo como a subsidência que resultaram do resfriamento e da contração da placa oceânica.

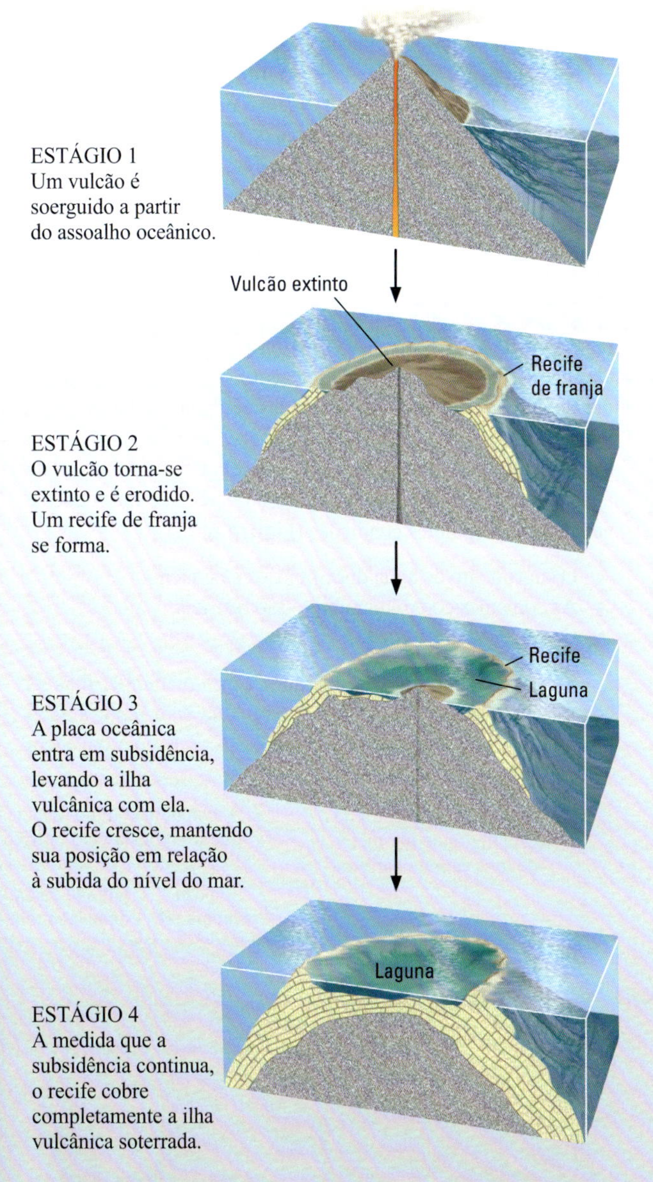

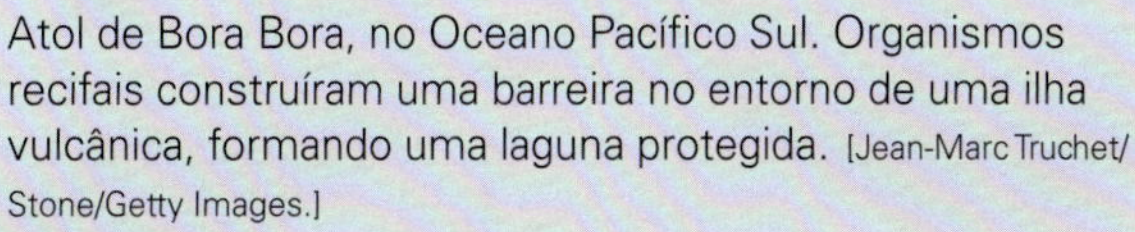

Atol de Bora Bora, no Oceano Pacífico Sul. Organismos recifais construíram uma barreira no entorno de uma ilha vulcânica, formando uma laguna protegida. [Jean-Marc Truchet/ Stone/Getty Images.]

Evaporitos marinhos Os evaporitos marinhos são rochas sedimentares e sedimentos químicos formados pela evaporação da água do mar. Os sedimentos e as rochas produzidos nesses ambientes contêm minerais formados pela cristalização de cloreto de sódio (halita), sulfato de cálcio (gipsita e anidrita) e outras combinações de íons comumente encontradas na água do mar. À medida que a evaporação avança, a concentração de sais na água do mar torna-se mais alta e os minerais passam a se cristalizar em uma série sequencial. À proporção que os íons se precipitam para formar cada mineral, a água do mar residual vai mudando de composição.

A água do mar tem a mesma composição em todos os oceanos, o que explica por que os evaporitos marinhos são tão parecidos no mundo inteiro. Não importa onde ela evapora, pois sempre se forma a mesma sequência de minerais. A história dos minerais evaporíticos mostra que a composição dos oceanos do mundo permanece mais ou menos constante há 1,8 bilhão de anos. Antes desse tempo, entretanto, a sequência de precipitação pode ter sido diferente, indicando que a composição da água do mar pode ter sido outra.

O grande volume de muitos evaporitos marinhos, que chegam a ter algumas centenas de metros de espessura, mostra que eles não poderiam ter se formado a partir de pequenas quantidades de água, como aquelas represadas em baías ou lagos rasos. Uma imensa quantidade de água do mar deve ter evaporado. O processo de evaporação de uma parcela tão significativa de água do mar é muito clara em baías ou braços de mar onde se verificam as seguintes condições (**Figura 6.25**):

- O suprimento de água doce por rios é pequeno.
- As conexões com o mar aberto são restritas.
- O clima é árido.

Em tais lugares, a água evapora constantemente, mas as conexões permitem que a água do mar flua para repor a água evaporada na baía. Como resultado, essas águas permanecem com volume constante, mas tornam-se mais salinas do que as do oceano aberto. As águas da baía que estão em evaporação permanecem constantemente próximas à supersaturação, bem como invariavelmente depositam minerais evaporíticos no fundo da baía.

À medida que a água do mar evapora, os primeiros precipitados que se formam são os carbonatos. A continuidade da evaporação leva à precipitação da gipsita, o sulfato de cálcio ($CaSO_4 \cdot 2H_2O$) (ver Figura 6.22b). Quando a gipsita se precipita, já não resta quase íon carbonato algum na água. A gipsita é o principal constituinte do gesso e é utilizada para fabricar argamassa, material que reveste as paredes das habitações modernas.

Com o avanço continuado da evaporação, o mineral halita (NaCl) – um dos sedimentos químicos mais comuns precipitados com a evaporação da água do mar – começa a se formar (ver Figura 6.22c). A halita, como você deve estar lembrado do Capítulo 3, é o sal de cozinha. O substrato rochoso da cidade de Detroit, Michigan (EUA), é composto por camadas de sal que se depositaram pela evaporação de um braço de oceano antigo e que são exploradas comercialmente.

Nos estágios finais da evaporação, depois que o cloreto de sódio foi esgotado, os cloretos e sulfatos de magnésio e potássio precipitam-se. As minas de sal próximas a Carlsbad, Novo México, contêm quantidades comercializáveis de cloreto de potássio. Essa substância é frequentemente utilizada como substituto do sal de cozinha pelas pessoas que sofrem restrições alimentares.

Essa sequência de precipitação tem sido estudada nos laboratórios e é equivalente às sequências sedimentares encontradas em certas formações salinas naturais. Grande parte dos evaporitos do mundo consiste em espessas sequências de dolomita, gipsita e halita e não contém os precipitados dos estágios finais. Muitos sequer chegam a precipitar a halita. A ausência dos estágios finais indica que a água não evaporou de forma completa, mas foi reposta por água do mar normal enquanto a evaporação continuava.

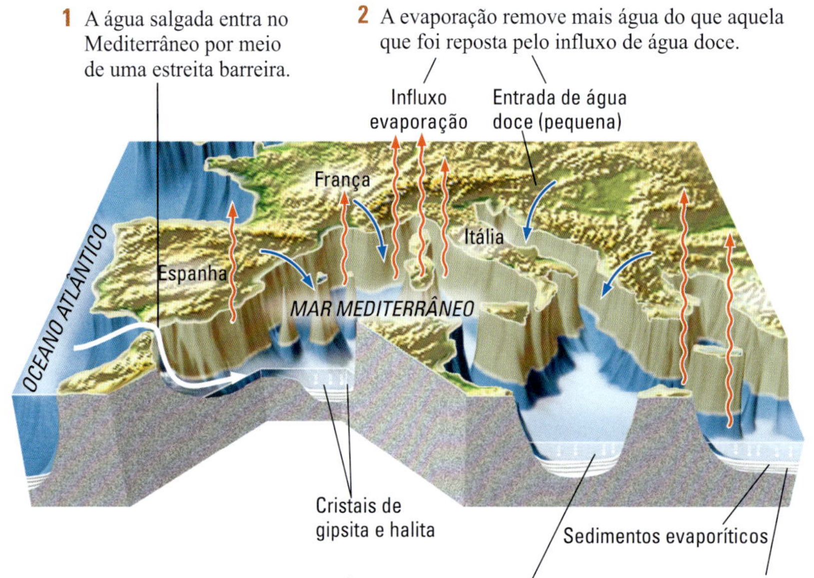

FIGURA 6.25 Um ambiente evaporítico marinho do passado. O clima mais seco no Mioceno tornou o Mar Mediterrâneo mais raso do que é hoje, e sua conexão restrita com o oceano aberto criou condições favoráveis à formação de evaporitos. À medida que a água do mar evaporava, a gipsita precipitava-se para formar sedimentos evaporíticos. O posterior aumento na salinidade levou à cristalização da halita. (Neste bloco-diagrama, a profundidade da bacia foi exagerada.)

Evaporitos não marinhos Sedimentos evaporíticos também se formam em lagos de regiões áridas que caracteristicamente têm poucos ou nenhum rio desembocando neles. Em tais lagos, o nível da água é controlado pela evaporação, e a chegada de sais vem do intemperismo químico acumulado. O Grande Lago Salgado, em Utah (EUA), é um dos mais bem conhecidos desse tipo (Figura 6.26). No clima seco de Utah, a evaporação supera o influxo de água doce dos rios e da chuva. Como resultado, os íons dissolvidos concentrados no lago tornam-o um dos corpos de água mais salgados do mundo – oito vezes mais que a água do mar. Os sedimentos formam-se quando esses íons precipitam-se.

Em regiões áridas, pequenos lagos podem coletar sais incomuns, como boratos (compostos do elemento boro), e alguns se tornam alcalinos. A água desse tipo de lago é venenosa. Fontes economicamente viáveis de boratos e nitratos (minerais contendo o elemento nitrogênio) são encontradas em sedimentos sob alguns desses lagos.

Outros sedimentos químicos e biológicos

Os minerais carbonáticos secretados por organismos são a principal fonte de sedimentos biológicos, e os minerais precipitados da água do mar em evaporação são a principal fonte de sedimentos químicos. Porém, existem diversos sedimentos químicos e biológicos menos comuns que são localmente abundantes. Entre eles estão o sílex, o carvão, o fosforitos, o minério de ferro e os sedimentos ricos em carbono orgânico que produzem petróleo e gás natural. A função dos processos biológicos em comparação aos químicos na formação desses sedimentos é variável.

Sedimentos silicosos: fonte de sílex Uma das primeiras rochas sedimentares utilizadas para fins práticos por nossos ancestrais pré-históricos foi o **sílex**, que é feito de sílica (SiO_2) (Figura 6.22d). Os caçadores primitivos utilizavam essa rocha para fazer pontas de flecha e outros tipos de instrumentos, pois ela podia ser lascada e adquirir o formato de instrumentos duros e afiados. Um nome comum do sílex é *flint*,* que é utilizado como sinônimo. Na maioria dos sílex, a sílica encontra-se na forma de quartzo cristalino extremamente fino. Parte do sílex de idade geológica recente consiste na opala, uma variedade de sílica não tão bem cristalizada.

Assim como o carbonato de cálcio, grande parte do sedimento silicoso é precipitada por processos biológicos na forma de conchas de sílica e secretada por organismos planctônicos que vivem no oceano profundo e acumulam-se como camadas de sedimento. Depois que esses sedimentos são soterrados por sedimentos posteriores, eles são cimentados, formando o sílex. Ele também pode se formar como nódulos e massas irregulares em substituição ao carbonato em calcários e dolomitos.

Sedimentos fosfáticos Entre vários outros tipos de sedimentos depositados por processos químicos ou biológicos na água do mar, podem-se citar os **fosfatos**. O fosforito, às vezes chamado de *rocha fosfática*, é composto de fosfato de cálcio que se precipita da água do mar rica nesse composto, em margens continentais onde emergem correntes de água fria e profunda, contendo esse e outros nutrientes. Os organismos desempenham um importante papel na criação de água rica em fosfato, e as bactérias que vivem no enxofre podem ter uma função central na precipitação de minerais fosfáticos. O fosforito forma-se diageneticamente pela interação entre sedimentos lamosos ou carbonáticos e a água rica em fosfato.

*N. de R.T.: Variedade de sílex preto ou cinza-escuro, composto por calcedônia, porém com menos brilho e pureza e mais opaco.

FIGURA 6.26 As altas concentrações de íons dissolvidos no Grande Lago Salgado (Great Salt Lake) o tornam um dos corpos de água mais salgados do mundo, sendo oito vezes mais salino do que a água do mar. Os sedimentos evaporíticos se formam com a precipitação desses íons. [© Jon Mclean/Alamy.]

Sedimentos ferruginosos: a fonte das formações ferríferas **Formações ferríferas** são rochas sedimentares que normalmente contêm mais de 15% de ferro na forma de óxidos desse elemento, além de alguns silicatos e carbonatos de ferro. Acreditava-se que os óxidos de ferro tinham origem química, mas há evidências atuais de que talvez tenham se precipitado indiretamente por microrganismos. A maioria dessas rochas formou-se em uma época remota da história da Terra, quando havia menos oxigênio na atmosfera, e, como resultado, o ferro dissolvia-se mais facilmente. Na forma solúvel, o ferro foi transportado para o mar e, onde o oxigênio estava sendo produzido por microrganismos, ele reagiu com esse oxigênio e precipitou-se da solução na forma de óxidos de ferro (ver Capítulo 11).

Partículas orgânicas: fontes de carvão, óleo e gás
O **carvão** é uma rocha sedimentar biológica composta quase inteiramente de carbono orgânico formado pela diagênese de restos da vegetação de pântanos. Em ambientes pantanosos, a vegetação pode ser preservada durante décadas e se acumular como matéria orgânica concentrada, a **turfa**, a qual contém mais de 50% de carbono. Se a turfa for soterrada, ela pode transformar-se em carvão. O carvão é classificado como **rocha sedimentar orgânica**, cujo grupo consiste inteiramente ou parcialmente em depósitos ricos em carbono orgânico formados pela decomposição de restos de vegetais que foram soterrados.

Tanto em águas de lagos como de oceanos, os restos de algas, bactérias e outros organismos microscópicos podem acumular-se em sedimentos como matéria orgânica, que, por diagênese, pode ser transformada em petróleo e gás. O **petróleo** e o **gás natural** são fluidos que normalmente não são classificados com as rochas sedimentares. Entretanto, eles podem ser considerados sedimentos orgânicos, pois se formam pela diagênese desse material nos poros das rochas sedimentares. O soterramento profundo transforma a matéria orgânica originalmente depositada junto com sedimentos inorgânicos em fluido que, então, migra para outras formações porosas e lá fica aprisionado. O óleo e o gás são encontrados principalmente em arenitos e calcários.

À medida que o suprimento de óleo e gás começa a diminuir, aumentam os desafios para os geólogos. Esses desafios incluem a descoberta de novos campos de petróleo e a extração do que sobrou nos campos existentes. Em última análise, é a disponibilidade de sedimentos orgânicos que limita quando óleo e gás podem ser encontrados. Esses sedimentos foram mais abundantes em alguns períodos da história da Terra e formaram-se com mais facilidade em determinadas partes do planeta, então existem restrições geológicas que devemos aprender a aceitar. Mas podemos aprender a explorar o pouco óleo que resta de forma mais inteligente e, dessa forma, a necessidade de geólogos bem treinados nunca foi tão grande como agora.

CONCEITOS E TERMOS-CHAVE

REVISÃO DOS OBJETIVOS DE APRENDIZAGEM

6.1 Descrever os principais processos que formam rochas sedimentares.

Os sedimentos e as rochas sedimentares que os formam são produzidos durante os estágios de superfície do ciclo das rochas. Esses processos movem materiais de uma área-fonte para uma área de acumulação, onde são depositadas. O trajeto entre fonte e acumulação envolve diversos processos, incluindo intemperismo, erosão, transporte, deposição, soterramento e diagênese. O intemperismo e a erosão produzem as partículas clásticas que compõem os sedimentos e, também, os íons e as moléculas dissolvidos que se precipitam para formar os sedimentos biológicos e químicos. A erosão mobiliza as partículas produzidas por intemperismo. As correntes de água e vento e o fluxo do gelo transportam os sedimentos para seus lugares definitivos de acumulação, as bacias de sedimentação. A deposição (também chamada de sedimentação) é o assentamento de partículas ou precipitação de minerais para formar camadas de sedimentos. O soterramento e a diagênese comprimem e endurecem os sedimentos, transformando-os em rochas sedimentares.

Atividade de Estudo: Figura 6.1

Exercício: Quais são os processos que transformam o sedimento em rocha sedimentar?

Questão para Pensar: O intemperismo dos continentes foi muito mais intenso e amplamente distribuído nos últimos 10 milhões de anos do que em épocas mais antigas. Como essa observação pode ser suportada com base nas evidências obtidas dos sedimentos que cobrem atualmente a superfície terrestre?

6.2 Comparar os diversos tipos de bacias sedimentares.

As correntes que movem sedimentos ao longo da superfície fluem morro abaixo. Portanto, os sedimentos tendem a se acumular em depressões presentes na crosta terrestre e formadas pela subsidência, o que promove o afundamento de uma ampla área crustal em relação à área adjacente. As bacias sedimentares são regiões onde a combinação de sedimentação e subsidência formou uma espessa acumulação de sedimentos e rochas sedimentares. Alguns desses tipos de bacia incluem bacias rifte, bacias de subsidência térmica e bacias flexurais. As bacias rifte ocorrem quando um continente começa a fragmentar-se; a subsidência resulta da deformação, adelgaçamento e aquecimento da porção da litosfera sotoposta; e o rifte desenvolve-se com o afundamento continuado de grandes blocos crustais. Uma vez que o rifteamento dá lugar à expansão do assoalho oceânico, a subsidência continua e a litosfera adelgaçada resfria-se. Como o resfriamento da litosfera é o principal processo de criação das bacias sedimentares nesse estágio, são chamadas de bacias de subsidência térmica. Nas áreas em que uma placa litosférica é empurrada sobre a outra, o peso da placa cavalgante causa uma flexão na placa acavalada, resultando na formação de uma bacia flexural.

Atividade de Estudo: Figura 6.8

Exercício: Explique como os processos de tectônica de placas controlam o desenvolvimento de bacias sedimentares.

Questão para Pensar: Como se formaram as plataformas continentais das costas do Atlântico na América do Norte, na América do Sul, na Europa e na África? E que tipos de bacia ocorrem ali?

6.3 Definir os diferentes tipos de ambientes de sedimentação e os dois principais tipos de sedimentos e rochas sedimentares.

Um ambiente de sedimentação é uma área de deposição sedimentar caracterizada por uma combinação particular de condições climáticas e processos físicos, químicos e biológicos. As características dos ambientes de sedimentação incluem o tipo e a quantidade de água, o tipo e a força dos agentes de transporte, o relevo, a atividade biológica, a posição na placa tectônica e o clima. Os ambientes de sedimentação podem ser agrupados não apenas por sua localização, mas também pelos tipos de sedimentos encontrados neles. Os sedimentos e as rochas sedimentares são classificados como siliciclásticos ou químicos e biológicos. Os sedimentos siliciclásticos formam-se a partir de fragmentos de rochas parentais resultantes do intemperismo físico e químico e são transportados até bacias sedimentares por água, vento ou gelo. Os sedimentos químicos e biológicos originam-se de minerais dissolvidos na água e transportados por ela. Por meio de reações químicas e biológicas, esses minerais são precipitados da solução para formar os sedimentos.

Atividade de Estudo: Figura 6.9

Exercícios: Defina ambiente de sedimentação e relacione três tipos de ambientes siliciclásticos. Como e com base em que critério são classificadas as rochas sedimentares siliciclásticas?

Questão para Pensar: Em quais ambientes sedimentares você esperaria encontrar lamas carbonáticas?

6.4 Resumir os tipos de estruturas sedimentares.

As estruturas sedimentares incluem feições formadas durante a deposição. Sedimentos e rochas sedimentares são caracterizados por acamamento, ou estratificação, que ocorre quando camadas de sedimento, ou estratos, com partículas de diferentes tamanhos e composição, são empilhadas por deposição uma sobre a outra. A estratificação pode ser horizontal ou formar-se com altos ângulos em relação à horizontal. Exemplos incluem estratificação cruzada, estratificação gradacional, marcas onduladas, estruturas de bioturbação e sucessão de camadas. A estratificação cruzada forma-se pela migração do plano frontal e mais inclinado de uma duna ou barra arenosa que se move no sentido da corrente de vento ou água. Os padrões de estratificação cruzada podem ser complexos devido à rápida mudança das direções do vento. A estratificação gradacional é uma variação vertical do tamanho de grão desde a base – mais grossos – até o topo – mais finos. A gradação indica um enfraquecimento da corrente que depositou os grãos. As marcas onduladas são pequenas cristas de areia ou silte com eixo longitudinal alinhado em ângulo reto com a corrente. As ondulações podem ser observadas nas superfícies das dunas expostas ao vento, em barras arenosas subaquáticas de correntes rasas e sob as pequenas ondas nas praias. As estruturas de bioturbação são remanescentes de tocas e túneis escavados por moluscos, vermes e muitos outros organismos que vivem no fundo do mar. Tais organismos ingerem os sedimentos, digerem a matéria orgânica que contêm e deixam para trás sedimentos retrabalhados, que preenchem os furos. As sucessões de camadas são estruturadas pela intercalação e empilhamento vertical de estratos de diferentes tipos de sedimentos. Todas essas estruturas podem ajudar os geólogos a reconstruir como os sedimentos foram depositados e esclarecer eventos que aconteceram muito tempo atrás.

Atividades de Estudo: Figura 6.11, Figura 6.15

Exercício: Como os organismos produzem ou modificam os sedimentos?

Questão para Pensar: Você está observando uma secção transversal de uma marca de onda em um arenito. Que estrutura sedimentar poderia informar sobre a direção da corrente que depositou a areia?

6.5 Discutir o processo de soterramento e diagênese de sedimentos.

A maior parte das partículas clásticas produzida pelo intemperismo em terra termina nos oceanos, mas uma pequena quantidade de sedimentos siliciclásticos fica depositada nos ambientes sedimentares continentais. Uma vez que os sedimentos chegam até o fundo dos oceanos, eles são aprisionados ali. À medida que os sedimentos são soterrados sob novas camadas, estão sujeitos a temperaturas e pressões cada vez maiores, bem como a mudanças químicas. Depois que os sedimentos são soterrados, estão sujeitos à diagênese, que resulta em mudanças físicas e químicas até que sejam expostos ao intemperismo ou metamorfizados. Sedimentos soterrados também estão em contato com água subterrânea rica em minerais dissolvidos. Esses minerais podem precipitar nos poros entre as partículas sedimentares e uni-las, processo chamado de cimentação. A cimentação como a compactação dos sedimentos devido ao peso dos sedimento sobrepostos resulta na litificação, o endurecimento de sedimentos moles em rocha.

Atividade de Estudo: Figura 6.16

Exercício: Descreva como a diagênese converte sedimentos em rochas sedimentares.

Questão para Pensar: Se você perfurou um poço de petróleo em uma bacia sedimentar até atingir a profundidade de 1 km e, depois, outro, até a profundidade de 5 km, qual teria maior pressão e temperatura? O óleo transforma-se em gás natural em altas temperaturas da bacia. Em que poço você esperaria encontrar mais gás natural?

6.6 Descrever como são classificados os principais tipos de sedimentos siliciclásticos, químicos e biológicos.

Os sedimentos e as rochas sedimentares siliciclásticos são classificados pelo tamanho de suas partículas. As três principais classes, em ordem decrescente de tamanho de partícula, são os siliciclásticos de grão grosso (cascalhos e conglomerados); siliciclásticos de grão médio (areias e arenitos); e siliciclásticos de grão fino (siltes e siltitos; lamas, lamitos e folhelhos; argilas e argilitos). Esse método de classificação dos sedimentos enfatiza a importância da energia da corrente que transporta os sedimentos. As rochas sedimentares e os sedimentos químicos e biológicos também classificados com base na sua composição química. As rochas carbonáticas – calcário e dolomito – são as mais abundantes dessa classe de rochas. O calcário é constituído predominantemente de materiais conquíferos precipitados por processos biológicos. O dolomito é formado pela alteração diagenética do calcário. Outros sedimentos químicos e biológicos são os evaporitos; os sedimentos silicosos, como o sílex; os fosforitos; as formações ferríferas; as turfas e outras matérias orgânicas que são transformadas em carvão, óleo e gás.

Atividade de Estudo: Quadro 6.3

Exercício: Relacione dois tipos de rochas sedimentares onde são encontrados o petróleo e o gás.

Questão para Pensar: Como você pode usar a forma e a seleção de partículas sedimentares para distinguir sedimentos depositados em um ambiente glacial daqueles depositados em um deserto?

6.7 Discutir como as rochas carbonáticas evaporíticas são formadas.

A maior parte das rochas carbonáticas forma-se da acumulação e da litificação de minerais carbonáticos precipitados direta ou indiretamente por organismos. O mais abundante desses minerais carbonáticos é a calcita; além disso, a maioria dos sedimentos carbonáticos contém aragonita, uma forma menos estável de carbonato de cálcio. Durante o soterramento e a diagênese, os sedimentos carbonáticos reagem com a água para formar um novo conjunto de minerais carbonáticos. As rochas sedimentares biológicas litificadas a partir de sedimentos carbonáticos são o calcário e o dolomito. As rochas carbonáticas são abundantes devido aos grandes volumes de minerais de cálcio e carbonato dissolvidos na água do mar, que os organismos convertem em conchas. Os recifes são estruturas orgânicas com a forma de um dique, constituído por esqueletos de carbonato de cálcio de milhões de organismos, que dão origem a plataformas carbonáticas. Os sedimentos evaporíticos são precipitados quimicamente pela evaporação da água do mar (evaporitos marinhos) ou de lagos (evaporitos não marinhos). À medida que a evaporação continua e os íons tornam-se mais concentrados na água, cristalizam-se minerais como halita, gipsita e anidrita.

Atividades de Estudo: Figura 6.23, Figura 6.25

Exercício: Dê o nome de dois íons que fazem parte da precipitação de carbonato de cálcio.

Questão para Pensar: Da base para o topo, uma sequência sedimentar inicia-se por camadas de calcário bioclástico, sendo sobrepostas por camadas de uma rocha carbonática densa formada por cimento carbonático biogênico, e termina com camadas de dolomitos. Deduza o possível ambiente sedimentar representado por essa sequência.

EXERCÍCIO DE LEITURA VISUAL

1. **Qual dos itens abaixo é um exemplo de ambiente costeiro?**
   a. Deserto
   b. Plataforma continental
   c. Planície de maré
   d. Geleira

2. **Onde as correntes de turbidez se formam?**
   a. Deserto
   b. Planície de maré
   c. Talude continental/oceano profundo
   d. Recifes

3. **Quais feições geológicas originam deltas?**
   a. Geleiras
   b. Rios
   c. Recifes
   d. Planícies de maré

4. **Onde se formam as geleiras?**
   a. Praia
   b. Oceano profundo
   c. Lagos
   d. Montanhas

5. **Quais tipos de sedimento se formam nos recifes?**
   a. Lama e areia
   b. Cascalho
   c. Sais
   d. Organismos calcificados

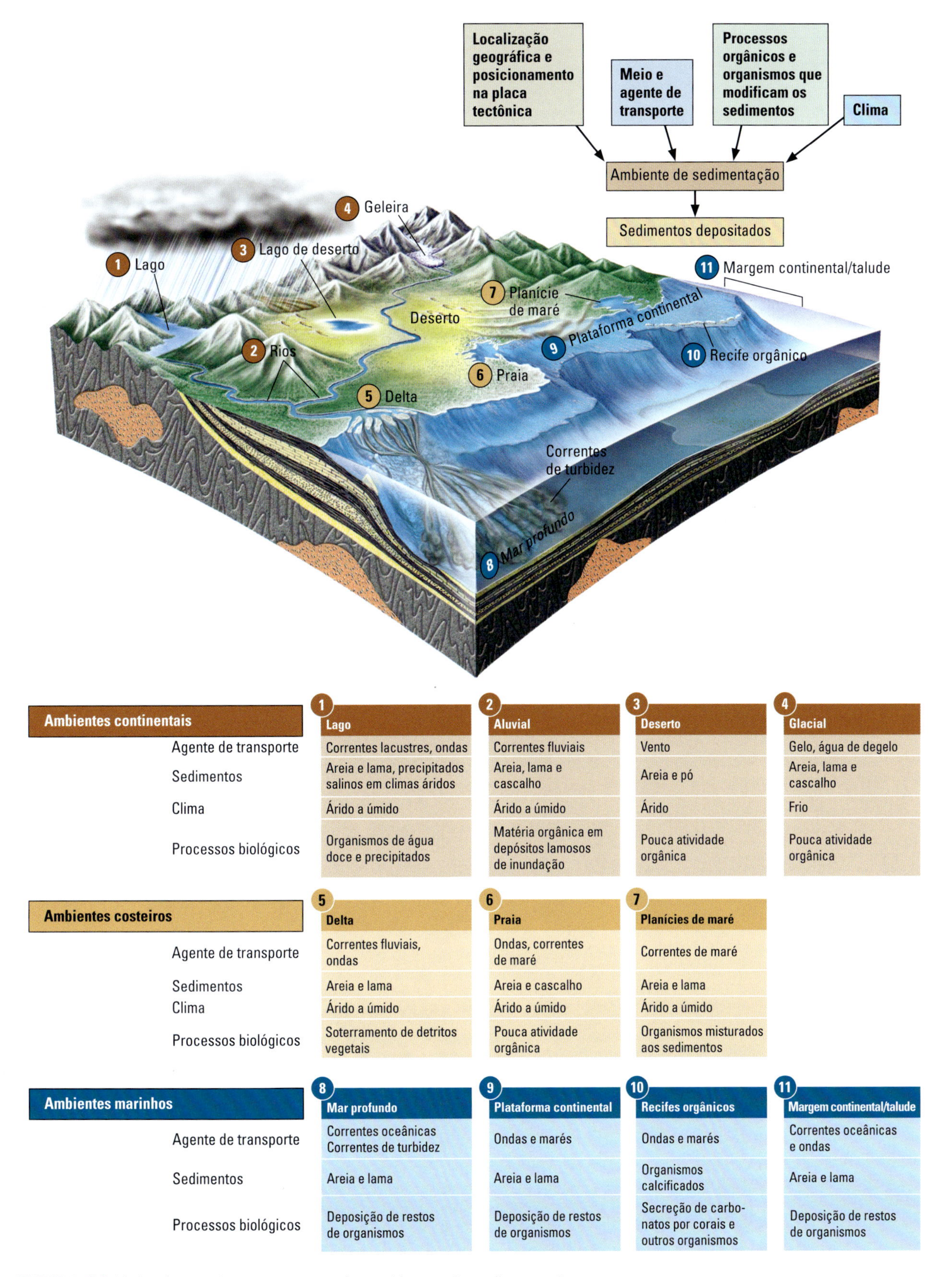

Ambientes continentais	1 Lago	2 Aluvial	3 Deserto	4 Glacial
Agente de transporte	Correntes lacustres, ondas	Correntes fluviais	Vento	Gelo, água de degelo
Sedimentos	Areia e lama, precipitados salinos em climas áridos	Areia, lama e cascalho	Areia e pó	Areia, lama e cascalho
Clima	Árido a úmido	Árido a úmido	Árido	Frio
Processos biológicos	Organismos de água doce e precipitados	Matéria orgânica em depósitos lamosos de inundação	Pouca atividade orgânica	Pouca atividade orgânica

Ambientes costeiros	5 Delta	6 Praia	7 Planícies de maré
Agente de transporte	Correntes fluviais, ondas	Ondas, correntes de maré	Correntes de maré
Sedimentos	Areia e lama	Areia e cascalho	Areia e lama
Clima	Árido a úmido	Árido a úmido	Árido a úmido
Processos biológicos	Soterramento de detritos vegetais	Pouca atividade orgânica	Organismos misturados aos sedimentos

Ambientes marinhos	8 Mar profundo	9 Plataforma continental	10 Recifes orgânicos	11 Margem continental/talude
Agente de transporte	Correntes oceânicas Correntes de turbidez	Ondas e marés	Ondas e marés	Correntes oceânicas e ondas
Sedimentos	Areia e lama	Areia e lama	Organismos calcificados	Areia e lama
Processos biológicos	Deposição de restos de organismos	Deposição de restos de organismos	Secreção de carbonatos por corais e outros organismos	Deposição de restos de organismos

FIGURA 6.9 Vários fatores interagem para criar ambientes de sedimentação.

Metamorfismo: alteração das rochas por temperatura e pressão

7

Objetivos de Aprendizagem

Este capítulo examinará as causas do metamorfismo, os tipos que ocorrem sob certas condições geológicas e as origens das várias texturas que caracterizam uma rocha metamórfica. Ele mostrará como os geólogos usam as características das rochas metamórficas para entender como e onde elas foram transformadas e analisará o que sua jornada ao longo do ciclo das rochas nos diz sobre os processos que modelam a crosta terrestre. Após estudar o capítulo, você será capaz de:

7.1 Explicar as causas do metamorfismo.

7.2 Descrever os diversos tipos de metamorfismo.

7.3 Resumir os diversos tipos de feições texturais encontradas nas rochas metamórficas.

7.4 Discutir os modos como as rochas metamórficas revelam as condições sob as quais foram formadas.

7.5 Ilustrar como as rochas metamórficas estão relacionadas com os processos da tectônica de placas.

O mármore de Connemara, encontrado no Oeste da Irlanda, apresenta forte deformação por dobramento durante o metamorfismo. [Cortesia de Jennifer Griffes.]

Durante o ciclo das rochas, elas podem estar sujeitas a temperaturas e pressões grandes o bastante para causarem mudanças em sua mineralogia, textura ou composição química. Estamos todos familiarizados com as formas pelas quais o calor e a pressão podem transformar os materiais. Quando cozinhamos uma massa de *waffle** em uma forma de ferro, não apenas aquecemos a massa, mas também aplicamos pressão sobre ela, transformando-a em um sólido rígido. De modo similar, as rochas modificam-se quando submetidas a altas temperaturas e pressões em zonas profundas da crosta terrestre.

Dezenas de quilômetros abaixo da superfície, as temperaturas e as pressões são altas o suficiente para causar reações químicas e recristalizações capazes de metamorfosear uma rocha, mas não o bastante para derretê-la. Aumentos de calor e pressão, bem como mudanças no ambiente químico, podem alterar a composição mineral e as texturas cristalinas das rochas sedimentares e ígneas, *embora elas permaneçam sólidas o tempo todo*. O resultado é a terceira maior classe de rochas: as rochas metamórficas, as quais sofreram mudanças na mineralogia, na textura, na composição química ou em todos esses três parâmetros.

É importante entender que a maior parte do metamorfismo ocorre como um processo dinâmico e não como um evento estático. O motor térmico interno da Terra impulsiona os processos de tectônica de placas que empurram as rochas formadas na superfície terrestre até profundidades maiores, sujeitando-as, assim, a altas pressões e temperaturas. Porém, as rochas transformadas, com o tempo, retornam à superfície terrestre, e esse processo é, em grande parte, impulsionado pelo intemperismo e pela erosão – em outras palavras, pelo sistema do clima.

Causas do metamorfismo

Os sedimentos e as rochas sedimentares pertencem aos ambientes da superfície da Terra, enquanto as rochas ígneas resultam das fusões da crosta inferior e do manto. As rochas metamórficas são resultantes de processos que atuam nas rochas em profundidades variáveis, desde a crosta superior até a crosta inferior.

Quando uma rocha for submetida a mudanças significativas de temperatura e pressão, ela sofrerá, se transcorrer tempo suficiente – curto para os padrões geológicos, mas geralmente um milhão de anos ou mais –, mudanças na mineralogia, na textura, na composição química ou em todos esses três parâmetros, até ficar em equilíbrio com as novas temperaturas e pressões. Um calcário fossilífero, por exemplo, pode ser transformado em um mármore branco no qual não permanecem resquícios de fósseis. A composição química e mineralógica da rocha pode permanecer inalterada, porém, sua textura pode ter mudanças drásticas, de cristais de calcita pequenos a cristais grandes intercrescidos, que distorcem as feições antigas de fósseis. O folhelho, que é uma rocha com boa estratificação e de grãos tão finos que os minerais individuais não podem ser reconhecidos a olho nu, pode se tornar um xisto, no qual o acamamento original é obscurecido e a textura é dominada por grandes cristais de mica. Neste caso, tanto a composição mineralógica quanto a textura mudam, porém a composição química geral permanece a mesma.

A maioria das rochas metamórficas formou-se em profundidades entre 10 e 30 km, ou seja, entre as porções mediana e inferior da crosta. Somente mais tarde essas rochas serão *exumadas*, ou transportadas de volta à superfície terrestre, onde poderão ser expostas como afloramentos. Contudo, o metamorfismo também pode ocorrer na superfície da Terra. Podemos ver mudanças metamórficas, por exemplo, em superfícies cozidas de solos e sedimentos, situados logo abaixo de derrames de lavas vulcânicas.

O calor e a pressão internos da Terra e a composição dos fluidos são os três principais fatores que controlam o metamorfismo. Na maior parte da crosta da Terra, as temperaturas aumentam com a profundidade segundo um gradiente de 30°C por quilômetro, embora esse índice varie consideravelmente entre diferentes regiões, conforme veremos em breve. Assim, a temperatura será de aproximadamente 450°C em uma profundidade de 15 km, sendo muito mais alta que a temperatura média da superfície, que varia de 10 a 20°C na maioria das regiões. A contribuição da pressão provém de forças com orientação vertical, exercidas pelo peso das rochas sobrejacentes, bem como de forças com orientação horizontal, desenvolvidas à medida que as rochas são deformadas por processos da tectônica de placas. A pressão média em uma profundidade de 15 km é de aproximadamente 4 mil vezes a pressão existente na superfície.

Embora essas temperaturas e pressões possam parecer altas, elas correspondem apenas ao intervalo intermediário do metamorfismo, como mostra a **Figura 7.1**. O *grau metamórfico* da rocha reflete as temperaturas e pressões à qual foi sujeita durante o metamorfismo. Referimo-nos às rochas metamórficas formadas sob temperaturas e pressões mais baixas de regiões crustais rasas como rochas de *baixo grau* e àquelas formadas em zonas mais profundas, em temperaturas e pressões mais altas, como rochas de *alto grau*.

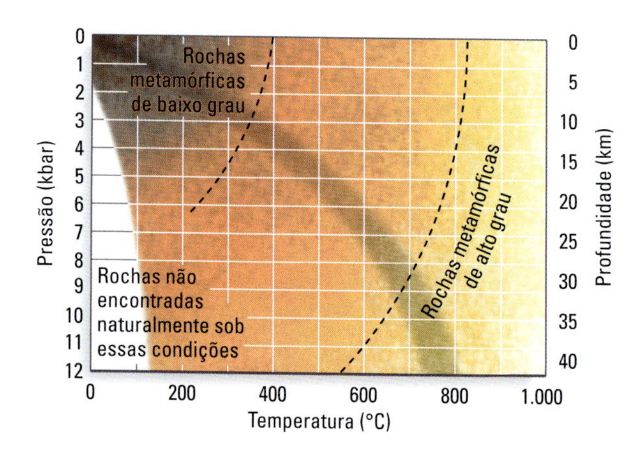

FIGURA 7.1 Temperaturas, pressões e profundidades em que se formam as rochas metamórficas de baixo e alto grau. A faixa escura mostra a variação da temperatura e da pressão de acordo com a profundidade, na maior parte da área continental.

*N. de R.T.: O *waffle* é uma massa de bolo fluida colocada para cozinhar em uma forma que, ao ser fechada com sua contraparte, permite prensá-la enquanto cozinha.

À medida que o grau do metamorfismo muda, as assembleias minerais das rochas metamórficas também mudam. Alguns minerais silicáticos são encontrados em rochas metamórficas. Entre esses minerais estão a cianita, a andaluzita, a silimanita, a estaurolita, a granada e o epídoto. Os geólogos usam texturas distintivas e a composição mineral para ajudar a orientar seus estudos de rochas metamórficas.

O papel da temperatura

O calor pode transformar a composição química, a mineralogia e a textura de uma rocha na quebra de ligações químicas e na alteração das estruturas dos cristais da rocha. Quando a rocha é movida da superfície para o interior da Terra, onde as temperaturas são mais altas, ela ajusta-se à nova temperatura. Seus átomos e íons recristalizam-se, ligando-se em novos arranjos e criando novas assembleias minerais. Muitos dos novos cristais vão ficar maiores do que eram na rocha original.

O aumento da temperatura, com o aumento da profundidade no interior da Terra, é chamado de *gradiente geotérmico*. O gradiente geotérmico varia dependendo do ambiente tectônico, mas, em média, é cerca de 30°C por quilômetro de profundidade. Em áreas em que a litosfera continental foi adelgaçada por extensão das placas, como na Grande Bacia (Great Basin), Nevada (EUA), o gradiente geotérmico é *alto* (p. ex., 50°C/km). Em áreas em que a litosfera continental é antiga e espessa, como no centro da América do Norte, o gradiente geotérmico é *baixo* (p. ex., 20°C/km) (ver **Figura 7.2**).

Devido ao fato de diferentes minerais cristalizarem-se e permanecerem estáveis em diferentes temperaturas, podemos usar a composição mineral da rocha como um tipo de *geotermômetro* para medir a temperatura em que ela se formou. Por exemplo, quando as rochas sedimentares contendo argilominerais são soterradas cada vez mais profundamente, os argilominerais começam a se recristalizar e a formar novos minerais,

FIGURA 7.2 O gradiente geotérmico varia de acordo com o ambiente tectônico, mas a pressão aumenta com a profundidade mais ou menos na mesma taxa em todos os lugares. *Isoterma* é uma linha que conecta zonas de mesma temperatura.

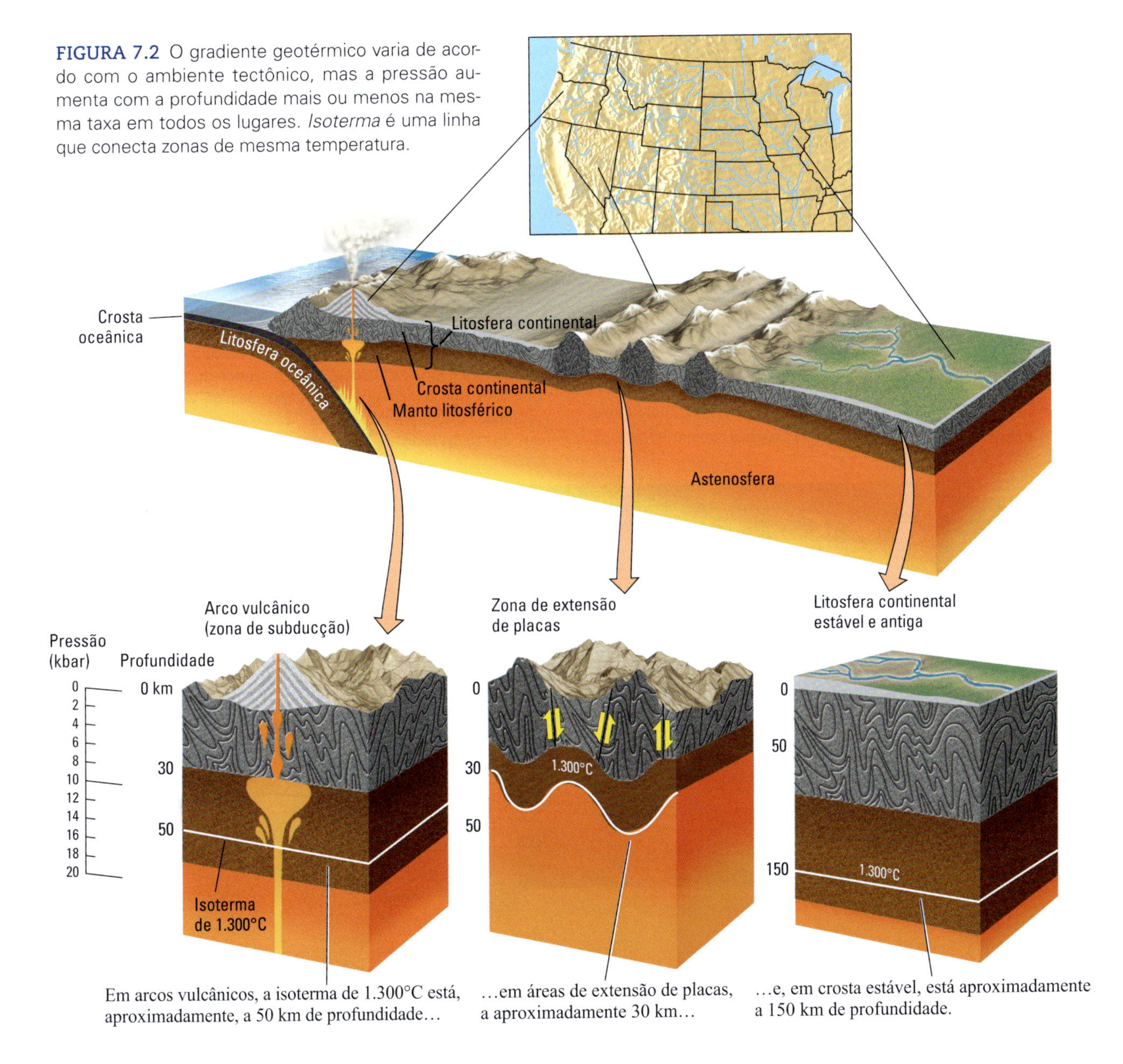

como as micas. Com o soterramento adicional até profundidades e temperaturas maiores, as micas tornam-se instáveis e começam a se recristalizar em novos minerais, como a granada.

Os processos da tectônica de placas, como a subducção e a colisão continental, que transportam rochas e sedimentos para as profundezas quentes da crosta, são os principais mecanismos para a formação da maioria das rochas metamórficas. Além disso, pode ocorrer metamorfismo limitado no qual as rochas próximas a intrusões ígneas estão sujeitas a temperaturas elevadas. O calor é localmente intenso, porém não penetra profundamente. Desta forma, as intrusões podem alterar metamorficamente as rochas encaixantes próximas, porém a extensão do efeito é localizada.

O papel da pressão

A pressão, assim como a temperatura, muda a composição química, a mineralogia e a textura da rocha. A rocha sólida é submetida a dois tipos básicos de pressão, também chamada de **tensão:**

1. *Pressão confinante* é uma força geral aplicada igualmente em todas as direções, como a pressão que o nadador sente quando submerge em uma piscina. Do mesmo modo que um nadador que mergulha até profundidades maiores da piscina, uma rocha descendo para profundidades maiores da crosta será submetida a uma pressão confinante progressivamente maior, proporcional ao peso da massa sobrejacente.
2. *Pressão dirigida* ou *tensão diferencial* é a força exercida em uma direção particular, como quando uma bola de argila é apertada entre o polegar e o indicador. A pressão dirigida geralmente é concentrada em algumas zonas ou ao longo de planos discretos.

A força compressiva que ocorre quando as placas convergem é uma forma de pressão dirigida e resulta na deformação das rochas próximas aos limites de placas. O calor reduz a resistência da rocha e, dessa forma, a pressão dirigida provavelmente causa dobramento intenso e deformação das rochas metamórficas em cinturões de montanhas, onde as temperaturas são altas. As rochas submetidas à tensão diferencial podem ser intensamente deformadas, tornando-se achatadas na direção em que a força é aplicada e alongadas na direção perpendicular à força (Figura 7.3).

Os minerais em uma rocha podem ser comprimidos, alongados ou rotados para alinhar-se em uma direção particular, dependendo do tipo de tensão aplicado às rochas. Assim, a pressão dirigida determina a forma e a orientação dos novos cristais metamórficos, que se originam à medida que os minerais recristalizam-se sob a influência do calor e da pressão. Durante a recristalização das micas, por exemplo, os cristais crescem com os planos das suas estruturas de filossilicatos alinhados perpendicularmente à direção da tensão. A rocha pode tornar-se bandada,* à medida que minerais de diferentes composições são segregados em planos separados.

O mármore deve sua notável coesão a esse processo de recristalização. Quando o calcário, uma rocha sedimentar, é aquecido em altas temperaturas que resultam em sua recristalização, os minerais e cristais originais reorientam-se e tornam-se firmemente intercrescidos para formar uma estrutura bastante coesa sem planos de fraqueza.

A pressão a que uma rocha é submetida nas profundidades da crosta terrestre decorre da espessura das rochas sobrejacentes e da densidade dessas rochas. A pressão é geralmente registrada em *kilobars* (1.000 bars, abreviado como kbar ou kb) e aumenta

*N. de R.T.: Embora não exista nos dicionários correntes de língua portuguesa o significado "dispor em bandas, faixas" para o verbo "bandar", de acordo com a acepção de "banda" oriunda do francês *bande*, que significa "barra, faixa", tem sido comum nos textos de geologia utilizar os derivativos do verbo "bandear" (cuja etimologia está relacionada à palavra "banda" com o sentido de "lado, grupo de músicos" ou à palavra "bando", com o sentido de "grupo"). Portanto, utilizamos aqui os derivativos do verbo "bandar" acrescentando-lhe o sentido de "dispor em faixas, tiras", como em "bandamento metamórfico" ou "rocha bandada".

FIGURA 7.3 Estas rochas, na Floresta Nacional da Sequoia, Califórnia (EUA), mostram o bandamento e a deformação em dobras característicos das rochas sedimentares metamorfizadas em mármores, xistos e gnaisses. [Gregory G. Dimijian/Science Source.]

a uma taxa de 0,3 a 0,4 kbar por quilômetro de profundidade (ver Figura 7.1). Um bar é aproximadamente equivalente à pressão do ar na superfície da Terra. Um mergulhador que esteja fazendo um passeio na parte mais profunda de um recife de corais, a 10 m, por exemplo, irá experimentar mais 1 bar de pressão.

Minerais que são estáveis em pressões mais baixas, próximas à superfície terrestre, tornam-se instáveis e recristalizam-se para novos minerais devido ao aumento da pressão na crosta profunda. Como veremos no Capítulo 8, os geólogos sujeitaram rochas a pressões extremamente altas em laboratório e registraram as pressões necessárias para causar essas mudanças. Usando esses dados, podemos examinar a mineralogia e a textura das amostras de rochas metamórficas e inferir qual era a pressão na área em que foram formadas. Assim, assembleias minerais metamórficas podem ser usadas como medidores de pressão, ou *geobarômetros*. A partir de uma assembleia específica de minerais em uma rocha metamórfica, o geólogo pode delimitar as variações das pressões e, consequentemente, da profundidade na qual a rocha foi formada.

O papel dos fluidos

Os processos metamórficos podem alterar a mineralogia da rocha, introduzindo ou removendo componentes químicos que se dissolvem na água aquecida. Os fluidos hidrotermais aceleram as reações químicas metamórficas porque transportam dióxido de carbono dissolvido, como também substâncias químicas como sódio, potássio, sílica, cobre e zinco, que são solúveis em água quente sob pressão. Quando as soluções hidrotermais percolam até as partes rasas da crosta, elas reagem com as rochas nas quais penetram, mudando sua composição química e mineralógica e algumas vezes substituindo completamente um mineral pelo outro, sem mudar a textura da rocha. Esse tipo de modificação na composição da rocha por transporte de fluidos com substâncias químicas para dentro ou para fora dela é chamado de **metassomatismo**. Muitos depósitos valiosos de cobre, zinco, chumbo e outros metais são formados por esse tipo de substituição química, conforme vimos no Capítulo 3.

Onde esses fluidos quimicamente reativos se originam? Embora a maioria das rochas pareça ser completamente seca e ter porosidade extremamente baixa, elas comumente contêm água em minúsculos poros (os espaços entre grãos). Essa água não vem dos poros sedimentares – dos quais a maior parte dos fluidos é expelida durante a diagênese –, mas sim da água quimicamente ligada às argilas. Em outros minerais hidratados, como as micas e o anfibólio, a água faz parte da estrutura cristalina. O dióxido de carbono dissolvido em fluidos hidrotermais é, em grande parte, derivado de carbonatos sedimentares, como os calcários e os dolomitos.

Tipos de metamorfismo

Os geólogos podem reproduzir as condições metamórficas em laboratório e determinar as combinações precisas de pressão, temperatura e composição da rocha-matriz em que as transformações podem acontecer. Porém, para entender quando, onde e como essas condições originam-se no interior da Terra, devemos caracterizar as rochas metamórficas com base nas circunstâncias geológicas em que foram originadas (Figura 7.4).

Metamorfismo regional

O **metamorfismo regional***, tipo de metamorfismo mais comum, ocorre quando alta temperatura e pressão são exercidas em grandes partes da crosta. Utiliza-se esse termo para distinguir esse tipo de metamorfismo de processos de transformações mais localizadas, próximas a intrusões ígneas ou falhas. O metamorfismo regional é um evento característico de um ambiente de tectônica de placas convergentes. Ele ocorre dentro de arcos de ilhas vulcânicos, como as montanhas dos Andes, na América do Sul, e no núcleo de cadeias de montanhas produzidas durante a colisão de continentes, como as montanhas do Himalaia, na Ásia Central. Esses cinturões de montanhas são frequentemente lineares e, assim, as zonas de metamorfismo regional também são comumente lineares na sua distribuição. De fato, os geólogos costumam interpretar os extensos cinturões de rochas com metamorfismo regional como representantes dos locais onde se formaram cadeias de montanhas que foram, posteriormente, erodidas ao longo de milhões de anos, expondo as rochas à superfície terrestre.

Alguns cinturões de metamorfismo regional foram originados em altas temperaturas e em pressões moderadas a altas, próximos a arcos vulcânicos formados onde as placas em subducção mergulham profundamente no manto. Outros são formados sob pressões e temperaturas muito altas em níveis mais profundos da crosta, ao longo de limites onde a colisão de continentes deforma as rochas e onde são soerguidos os altos cinturões de montanhas. Em ambos os casos, as rochas metamorfizadas costumam ser transportadas para profundidades significativas da crosta, eventualmente sendo soerguidas, expostas e erodidas na superfície terrestre. Um entendimento completo dos padrões de metamorfismo regional, incluindo a forma como as rochas respondem às mudanças sistemáticas de temperatura e pressão ao longo do tempo, depende de compreender as especificidades das placas tectônicas em que as rochas metamórficas se formam. Discutiremos esse tópico mais adiante, neste capítulo.

O metamorfismo de contato

No **metamorfismo de contato**,** o calor de intrusões ígneas metamorfiza as rochas imediatamente circundantes. Esse tipo de transformação localizada em geral afeta apenas uma estreita faixa das rochas encaixantes ao longo da zona de contato. Em muitas rochas metamórficas de contato, principalmente na margem de intrusões rasas, as transformações minerais e químicas estão sobretudo relacionadas à alta temperatura do magma. Os efeitos de pressão são importantes apenas onde o magma foi intrudido em grandes profundidades. Lá, a pressão não resulta da força feita pela intrusão para abrir seu caminho na rocha encaixante, mas da presença da pressão confinante regional. O metamorfismo de contato causado por rochas extrusivas é limitado a zonas muito

*N. de R.T.: Também referido na literatura técnica como "metamorfismo dinamotermal".

**N. de R.T.: Conhecido na literatura técnica também como "metamorfismo termal".

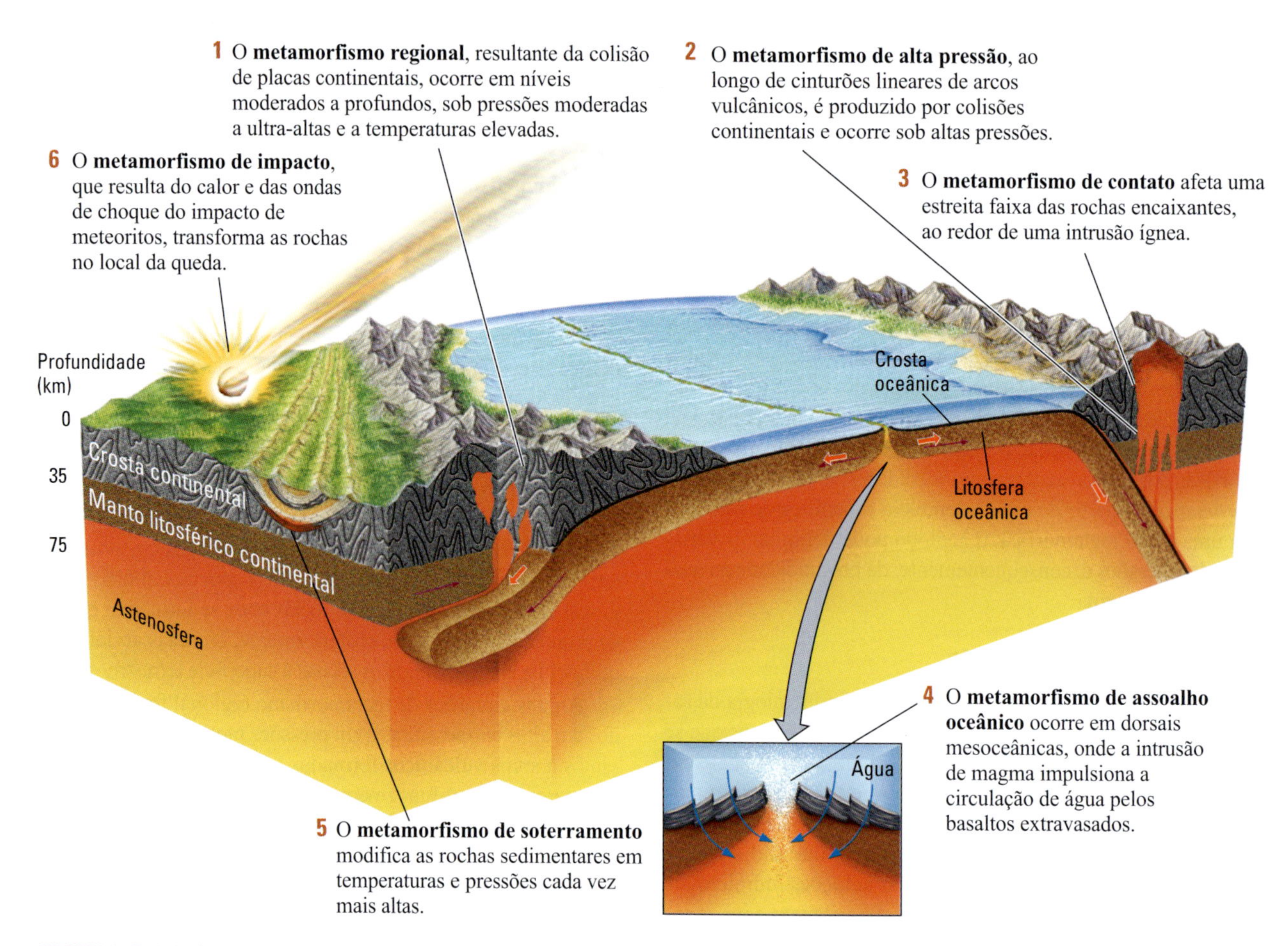

FIGURA 7.4 Diferentes tipos de metamorfismo ocorrem em diferentes ambientes geológicos.

estreitas porque as lavas resfriam-se rapidamente na superfície e seu calor tem pouco tempo para penetrar profundamente nas rochas circundantes e causar as mudanças metamórficas. O metamorfismo de contato também pode afetar xenólitos que não estão completamente fundidos. Blocos de rocha com vários metros de largura podem ser arrancados das laterais de câmaras magmáticas e completamente envoltos por magma quente. O calor projeta-se nesses xenólitos de todas as direções e eles podem tornar-se inteiramente metamorfizados.

O metamorfismo de assoalho oceânico

Outro tipo de metamorfismo, uma forma de metassomatismo chamada de **metamorfismo de assoalho oceânico** (também chamado de "metamorfismo de fundo oceânico"), é frequentemente associado às dorsais mesoceânicas (ver Capítulo 4). A lava basáltica quente em um centro de expansão de assoalho oceânico aquece a água do mar infiltrante, que começa a circular pela crosta oceânica recém-formada por convecção. O aumento de temperatura promove reações químicas entre a água do mar e a rocha, formando basalto alterado, cuja composição química difere daquela do basalto original. O metamorfismo resultante da percolação de fluidos de alta temperatura também ocorre nos continentes, quando os fluidos que circulam próximos às intrusões ígneas metamorfizam as rochas encaixantes.

Outros tipos de metamorfismo

Há outros tipos de metamorfismo que originam pequenas quantidades de rochas metamórficas. Alguns deles são extremamente importantes para ajudar os geólogos a entender as condições existentes nas grandes profundidades da Terra.

Metamorfismo de baixo grau (soterramento) Recorde-se do Capítulo 6 que as rochas sedimentares são transformadas por diagênese à medida que são gradualmente soterradas. A diagênese grada para o **metamorfismo de baixo grau**, ou de *soterramento*, o qual é causado pelo aumento progressivo da pressão exercida pela pilha crescente de sedimentos e rochas sedimentares sobrepostas e pelo aumento do calor associado à crescente profundidade de soterramento.

Dependendo do gradiente geotérmico local, o metamorfismo de baixo grau inicia-se normalmente em profundidades de 6 a 10 km, em que as temperaturas variam entre 100 e 200°C e as pressões são menores que 3 kbar. Esse conhecimento é de grande importância para a indústria de petróleo e gás, que denomina de "embasamento econômico" o nível em que se inicia o metamorfismo de baixo grau. Os poços de petróleo e gás são raramente perfurados abaixo dessa profundidade porque temperaturas acima de 150ºC convertem a matéria orgânica aprisionada nas rochas sedimentares em dióxido de carbono, em vez de convertê-la em petróleo e gás natural.

Metamorfismo de alta pressão e de pressão ultra-alta As rochas metamórficas formadas em **altas pressões** (8-12 kbar) e **pressões ultra-altas** (maiores que 28 kbar) são raramente expostas à superfície para que os geólogos possam estudá-las. Essas rochas são incomuns, pois se formam em profundidades tão grandes que levam muito tempo para serem recicladas de volta à superfície. A maioria das rochas de alta pressão forma-se em zonas de subducção, onde os sedimentos raspados da placa oceânica que está afundando são levados até profundidades de mais de 30 km, onde experimentam pressões acima de 12 kbar.

Rochas metamórficas incomuns, que antigamente se localizavam na base da crosta, podem, às vezes, ser encontradas na superfície terrestre. Essas rochas, chamadas de **eclogitos** (ver Figura 3.27), em geral contêm minerais como a *coesita* (uma forma de quartzo muito densa e de alta pressão), que indica pressões maiores que 28 kbar, sugerindo profundidades superiores a 80 km. Tais rochas formaram-se sob temperaturas moderadas a altas, variando de 800 a 1.000°C. Em alguns casos, essas rochas contêm *diamantes microscópicos*, indicativos de pressões maiores que 40 kbar e profundidades de mais de 120 km! Surpreendentemente, afloramentos dessas rochas metamórficas de pressão ultra-alta cobrem áreas com dimensões maiores que 400 km de comprimento e 200 km de largura. Além dessa, há apenas outras duas rochas conhecidas que vêm dessas profundidades: os diatremas e kimberlitos (ver Capítulo 5), rochas ígneas que formam *pipes** estreitos de poucas centenas de metros de extensão. Os geólogos concordam que essas rochas são formadas por erupções "vulcânicas", embora de profundidades muito incomuns. Por outro lado, os mecanismos necessários para trazer os eclogitos para a superfície são intensamente debatidos. Parece que essas rochas representam fragmentos do bordo frontal de continentes onde ocorreu subducção durante a colisão e que, posteriormente, retornaram (por meio de algum mecanismo desconhecido) para a superfície antes que tivessem tempo de recristalizar a pressões mais baixas.

Metamorfismo de impacto O **metamorfismo de impacto** ocorre quando um meteorito colide com a Terra. Durante o impacto, a energia representada pela massa e pela velocidade dos meteoritos é transformada em calor e ondas de choque, que passam pela rocha encaixante impactada. A rocha encaixante pode ser fragmentada e até mesmo parcialmente fundida para produzir *tektitos*, os quais se parecem com gotículas de vidro. Em alguns casos, o quartzo é transformado em coesita e *stishovita*, duas de suas formas de alta pressão.

A maioria dos grandes impactos na Terra não deixou rastro algum do meteorito porque esses corpos costumam ser destruídos na colisão. Entretanto, a ocorrência de coesita e de crateras com texturas de fraturamento em franja características comumente fornece evidências-chave dessa colisão. A atmosfera densa da Terra causa a queima da maioria dos meteoros antes do impacto na sua superfície e, assim, o metamorfismo de impacto é raro. Porém, na superfície da Lua, o metamorfismo de impacto é pervasivo. Ele é caracterizado por pressões extremamente altas, de muitas dezenas a centenas de kilobars.

*N. de R.T.: O termo *pipe* é, com frequência, usado sem tradução na literatura geológica, referindo-se a corpos com forma aproximadamente cilíndrica ou de charuto.

Texturas metamórficas

O metamorfismo imprime novas texturas nas rochas que altera. A textura da rocha metamórfica é determinada pelos tamanhos, formas e arranjos de seus cristais constituintes. Algumas texturas metamórficas dependem dos tipos de minerais formados sob condições metamórficas. A variação no tamanho de grão também é importante. Em geral, considera-se que o tamanho dos cristais aumenta proporcionalmente ao aumento do grau metamórfico. Cada variedade textural revela alguma coisa sobre o processo metamórfico que a criou. Nesta seção, examinamos esses processos e, a seguir, descrevemos as duas principais classes texturais de rochas metamórficas: foliadas e granoblásticas.

Foliação e clivagem

A feição textural mais proeminente das rochas de metamorfismo regional é a **foliação**, um conjunto de superfícies paralelas, planas ou onduladas, produzidas pela deformação de rochas sedimentares e ígneas sob pressão direta (**Figura 7.5**). Essas superfícies ou planos de foliação podem cortar o acamamento em qualquer ângulo ou ser paralelas a ele (Figura 7.5). Em geral, à medida que aumenta o grau de metamorfismo regional, a foliação torna-se mais marcada.

A principal causa da foliação é a presença de minerais placoides, principalmente as micas e a clorita. Os planos de todos os cristais placoides são alinhados paralelos à foliação, um alinhamento chamado de *orientação preferencial* dos minerais (Figura 7.5). Quando os minerais placoides cristalizam-se, a orientação preferencial é geralmente perpendicular à direção principal das forças de compressão da rocha, e ela é deformada durante o metamorfismo. Os cristais de minerais preexistentes podem produzir a foliação por rotação, até ficarem paralelos ao plano desenvolvido.

A forma mais comum de foliação é vista na ardósia, uma rocha metamórfica comum que é facilmente partida em superfícies lisas e paralelas, como se fossem folhas delgadas. Essa *clivagem ardosiana* (não confundir com a clivagem perfeita de filossilicatos como as micas) desenvolve-se ao longo de intervalos mais ou menos delgados e regulares em uma rocha.

Os minerais cujos cristais são alongados, em forma de lápis, tendem a assumir uma orientação preferencial durante o metamorfismo e, normalmente, alinham-se paralelos ao plano da foliação. As rochas que contêm anfibólios em abundância, em geral as vulcânicas máficas metamorfizadas, têm esse tipo de textura.

Rochas foliadas

As **rochas foliadas** são classificadas de acordo com quatro critérios principais:

1. Grau metamórfico
2. O tamanho de seus grãos (cristais)
3. A natureza da sua foliação
4. Bandamento

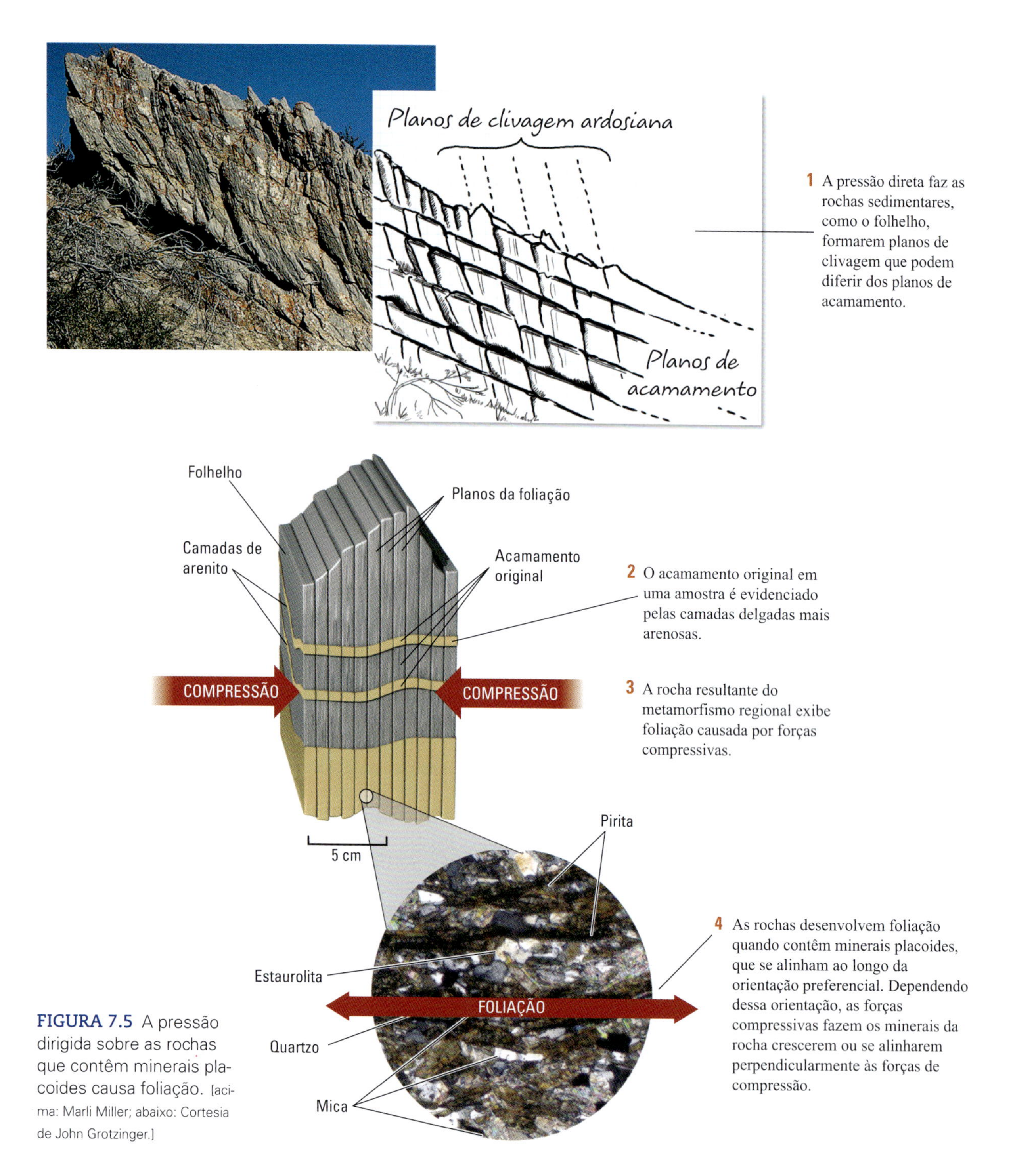

FIGURA 7.5 A pressão dirigida sobre as rochas que contêm minerais placoides causa foliação. [acima: Marli Miller; abaixo: Cortesia de John Grotzinger.]

A Figura 7.6 mostra exemplos dos principais tipos de rochas foliadas. Em geral, a foliação progride de uma textura para outra, refletindo o aumento na temperatura e na pressão. Nessa progressão, um folhelho pode ser metamorfizado primeiramente para uma ardósia, passando para um filito, depois para um xisto, em seguida, para um gnaisse e, finalmente, para um migmatito.

Ardósia As **ardósias** são as rochas foliadas de mais baixo grau. Elas têm grãos tão finos que seus minerais individuais não podem ser vistos facilmente sem um microscópio. Elas são comumente produzidas pelo metamorfismo de folhelhos ou, com menos frequência, de depósitos de cinzas vulcânicas. As ardósias em geral variam de cinza-escuro a preto, sendo coloridas por pequenas quantidades de matéria orgânica originalmente presentes no folhelho parental. Os pedreiros de ardósias aprenderam há muito tempo a reconhecer essa foliação e usam isso para fazer chapas, espessas ou delgadas, para serem usadas como telhas e quadros-negros. Ainda hoje são utilizadas lajes planas de ardósia para pavimentar caminhos, principalmente onde ela é abundante.

FIGURA 7.6 As rochas foliadas são classificadas por grau metamórfico, tamanho do grão, natureza da foliação e bandamento. [*ardósia, filito, xisto, gnaisse:* John Grotzinger/Ramón Rivera-Moret/Harvard Mineralogical Museum; *migmatito:* Cortesia de Kip Hodges.]

Filito Os **filitos** são de grau levemente mais alto do que as ardósias, mas são similares em suas características e origem. Eles tendem a ter um brilho mais ou menos lustroso, resultante de cristais de mica e clorita que cresceram um pouco maiores do que os da ardósia. Os filitos, como as ardósias, tendem a se partir em folhas delgadas, mas não tão perfeitamente como elas.

Xisto Em baixos graus de metamorfismo, os cristais de minerais placoides costumam ser muito pequenos para serem vistos, e a foliação é pouco espaçada. Porém, quando as rochas são submetidas a maiores temperaturas e pressões, os cristais placoides crescem o suficiente para serem visíveis a olho nu e os minerais tendem a segregar-se em bandas mais claras e mais escuras. Esse arranjo paralelo dos minerais em folhas produz a foliação penetrativa, espessa e ondulada, chamada de *xistosidade*, a qual caracteriza os **xistos**, que estão entre os tipos de rochas metamórficas mais abundantes. Eles contêm mais de 50% de minerais placoides, principalmente micas, como a muscovita e a biotita. Os xistos podem conter camadas delgadas de quartzo, feldspato ou ambos, dependendo da quantidade de quartzo do folhelho original.

Gnaisse Uma foliação ainda mais espessa é mostrada pelos **gnaisses** de alto grau, que são rochas de coloração clara, com bandas espessas de minerais claros e escuros segregados na rocha. A *foliação dos gnaisses* em camadas claras e escuras resulta da segregação de quartzo e feldspato de coloração clara, e de anfibólios e outros minerais máficos de coloração escura. Os gnaisses são rochas de grão grosso que possuem razão entre os minerais granulares e os placoides maior do que nas ardósias ou nos xistos. O resultado é uma foliação fraca e, assim, com pequena tendência a se partir. Sob condições de alta pressão e temperatura, as assembleias minerais das rochas de grau mais baixo, contendo micas e cloritas, irão transformar-se em novas assembleias dominadas por quartzo e feldspato, com menos quantidades de micas e anfibólios.

Migmatito Em temperaturas mais altas do que as necessárias para produzir gnaisses, a rocha encaixante pode começar a se fundir. Nesse caso, como nas rochas ígneas (ver Capítulo 4), os primeiros minerais a se fundir serão os de menor temperatura de fusão. Portanto, apenas parte da rocha encaixante se fundirá, e a fusão pode migrar apenas por uma pequena distância antes de resfriar-se novamente. As rochas produzidas desse modo são muito deformadas e contorcidas, penetradas por muitos veios e pequenas lentes de rochas fundidas, algumas com formas de navetas. O resultado é uma mistura de rochas ígneas e metamórficas chamada de **migmatito**. Alguns migmatitos são sobretudo metamórficos, com apenas uma proporção pequena de material ígneo. Outros foram tão afetados pela fusão que são considerados quase completamente ígneos.

Rochas granoblásticas

As **rochas granoblásticas** são compostas principalmente por cristais que cresceram em formas equidimensionais, como cubos e esferas, em vez de formas placoides ou alongadas. Essas rochas resultam de processos metamórficos, como o metamorfismo de contato, em que a pressão direta está ausente, por isso a foliação não ocorre. Entre as rochas granoblásticas estão o cornubianito, o quartzito, o mármore, o *greenstone*, o anfibolito e o granulito (**Figura 7.7**). Todas as rochas granoblásticas, excluindo o cornubianito, são definidas por sua composição mineral, em vez de sua textura, porque são de aparência maciça.

O **cornubianito** é uma rocha metamórfica de contato de alta temperatura, com tamanho de grão uniforme, que sofreu pouca ou nenhuma deformação (ver Figura 3.27). Ele forma-se de rocha sedimentar de grão fino e de outros tipos de rocha contendo abundantes minerais silicáticos. Os cornubianitos têm uma textura granular dominante, embora comumente contenham piroxênio, que forma cristais alongados, e algumas micas. Seus cristais placoides ou alongados são orientados de forma aleatoria e não têm textura foliada.

Os **quartzitos** são rochas muito duras e brancas, derivadas de arenitos ricos em quartzo. Alguns quartzitos são maciços, sem preservação de acamamento ou foliação (Figura 7.7a). Outros contêm bandas delgadas de ardósias ou xistos, relíquias da intercalação original de camadas de argilas ou folhelhos.

Os **mármores** são os produtos metamórficos da ação do calor e da pressão sobre os calcários e dolomitos. Alguns mármores brancos e puros, como o famoso mármore italiano de Carrara, apreciado pelos escultores, mostram uma textura lisa, homogênea, de cristais intercrescidos de calcita com tamanho uniforme. Outros mármores mostram um bandamento irregular ou mosqueado de silicatos ou outras impurezas minerais do calcário original (ver Figura 7.7b).

(a) Quartzito

(b) Mármore

FIGURA 7.7 Rochas metamórficas granoblásticas (não foliadas): (a) quartzito; (b) mármore. [*quartzito:* Breck P. Kent; *mármore:* Cortesia de Grotzinger.]

Os ***greenstones**** são rochas vulcânicas máficas metamorfizadas. Muitas dessas rochas de baixo grau são formadas por metamorfismo de assoalho oceânico. Grandes áreas do fundo oceânico são cobertas por basaltos leve ou extensivamente alterados desse modo nas dorsais mesoceânicas. Uma abundância de cloritas confere a essas rochas seu aspecto esverdeado.

O **anfibolito** é formado de anfibólio e plagioclásio. Em geral, ele é o produto do metamorfismo de médio a alto grau de vulcânicas máficas. Os anfibolitos foliados são produzidos quando ocorre deformação.

Os **granulitos**, que são rochas metamórficas de alto grau muitas vezes chamadas de *granofels*,** têm textura granular e homogênea. Os *granofels* são rochas de grão médio a grosso, com cristais equidimensionais, e mostram apenas foliação fraca. Eles são formados pelo metamorfismo de folhelhos, arenitos impuros e muitos tipos de rochas ígneas.

Porfiroblastos

Os novos cristais metamórficos podem crescer como cristais grandes, circundados por uma matriz de grão muito fino de outros minerais (**Figura 7.8**). Esses cristais grandes são

*N. de R.T.: O termo *greenstone* em geral não é traduzido em português e significa, literalmente, "pedra verde".

**N. de R.T.: O termo *granofels* não é muito utilizado na literatura geológica. Entretanto, é adequado para descrever rochas que não se enquadram nem na definição de xistos nem na de gnaisses, principalmente metarenitos contendo pouca mica e granitos com poucos minerais máficos recristalizados.

FIGURA 7.8 Porfiroblastos de granada em uma matriz xistosa. Os minerais na matriz são continuamente recristalizados à medida que as pressões e as temperaturas mudam e, portanto, atingem apenas tamanhos pequenos. Por outro lado, os porfiroblastos crescem até atingir tamanhos grandes porque são estabilizados por uma ampla variedade de pressões e de temperaturas. [MSA 260 por Chip Clark, Smithsonian.]

QUADRO 7.1 Classificação das rochas metamórficas com base na textura

CLASSIFICAÇÃO	CARACTERÍSTICAS	NOME DA ROCHA	ROCHA-FONTE TÍPICA
Foliada	Distinguida por clivagem ardosiana, xistosidade ou bandamento gnáissico; os grãos minerais mostram orientação preferencial	Ardósia Filito Xisto Gnaisse	Folhelho, arenito
Granoblástica (não foliada)	Granular, caracterizada por grãos interpenetrados,* grossos ou finos; com pouca ou nenhuma orientação preferencial * N. de R.T.: Os limites intergranulares nesse tipo de rochas podem ser, também, retilíneos, comumente com junções tríplices intergranulares formando ângulos de 120°.	Cornubianitos Quartzito Mármore Argilito *Greenstone* Anfibolito Granulito	Folhelhos, vulcânicas Arenitos ricos em quartzo Calcário, dolomito Folhelho Basalto Folhelho, basalto Folhelho, basalto
Porfiroblástica	Conjunto de cristais grandes em uma matriz fina	Ardósia a gnaisse	Folhelho

porfiroblastos e são encontrados em rochas de metamorfismo regional e de contato. Os porfiroblastos formam-se a partir de minerais que são estáveis por uma ampla variedade de pressões e temperaturas. Os cristais desses minerais crescem enquanto os minerais da matriz estão sendo continuamente recristalizados à medida que as pressões e as temperaturas são alteradas, portanto, substituem partes da matriz. Os porfiroblastos variam em tamanho, oscilando de poucos milímetros a vários centímetros de diâmetro. A granada e a estaurolita são os dois minerais que comumente formam porfiroblastos, porém, muitos outros minerais também podem ser encontrados com essas características. A composição precisa e a distribuição dos porfiroblastos desses dois minerais podem ser usadas para inferir as trajetórias de pressão e temperatura que ocorreram durante o metamorfismo, como veremos mais tarde neste capítulo.

O Quadro 7.1 é um resumo das classes texturais das rochas metamórficas e de suas principais características.

Metamorfismo regional e grau metamórfico

Como vimos, as rochas metamórficas são formadas sob uma ampla variação de condições, e seus minerais e texturas são índices da pressão e da temperatura da crosta e, também, do local e do tempo em que foram formados. Os geólogos que estudam a formação das rochas metamórficas buscam constantemente determinar a intensidade e o tipo de metamorfismo de modo mais preciso do que é indicado pela designação de "baixo grau" e "alto grau". Para melhor fazer essa distinção, eles leem os minerais como se fossem medidores de pressão e termômetros. A técnica é mais bem ilustrada por sua aplicação ao metamorfismo regional.

Isógradas minerais: mapeando zonas de transição

Quando os geólogos estudam extensos cinturões de rochas de metamorfismo regional, eles podem ver muitos afloramentos, cada qual mostrando certo conjunto de minerais. Diferentes partes desses cinturões podem ser distinguidas pelos seus *minerais-índice*. Um mineral-índice é o mineral característico que representa uma variação restrita de pressão e temperatura (Figura 7.9). Por exemplo, pode-se passar de uma região de folhelhos não metamorfizados para um cinturão de ardósias fracamente metamorfizadas (Figura 7.9a). No cinturão de ardósias, um novo mineral, a clorita, aparece. A clorita é um mineral-índice que marca o ponto em que passamos para uma nova região com grau metamórfico mais alto. Se estudos de laboratório determinaram a temperatura e pressão em que se forma o mineral-índice, podemos obter conclusões sobre as condições que existiram quando as rochas na região foram formadas.

Podemos usar as ocorrências de minerais-índice para compor um mapa dos limites entre as zonas metamórficas. Os geólogos definem as zonas traçando linhas chamadas de *isógradas*, que representam as transições de uma zona para outra. As isógradas são usadas na Figura 7.9a para mostrar uma série de assembleias minerais produzidas por metamorfismo regional de um folhelho na Nova Inglaterra. Um padrão de isógradas tende a seguir as feições de deformação de uma região, como as dobras e as falhas. Uma isógrada baseada em um único mineral-índice, como a da clorita mostrada na Figura 7.9a, é uma boa medida aproximada da pressão e da temperatura do metamorfismo.

Para determinar a pressão e a temperatura mais precisamente, os geólogos examinam um grupo de dois ou três minerais cujas texturas indicam que se cristalizaram juntos. Por exemplo,

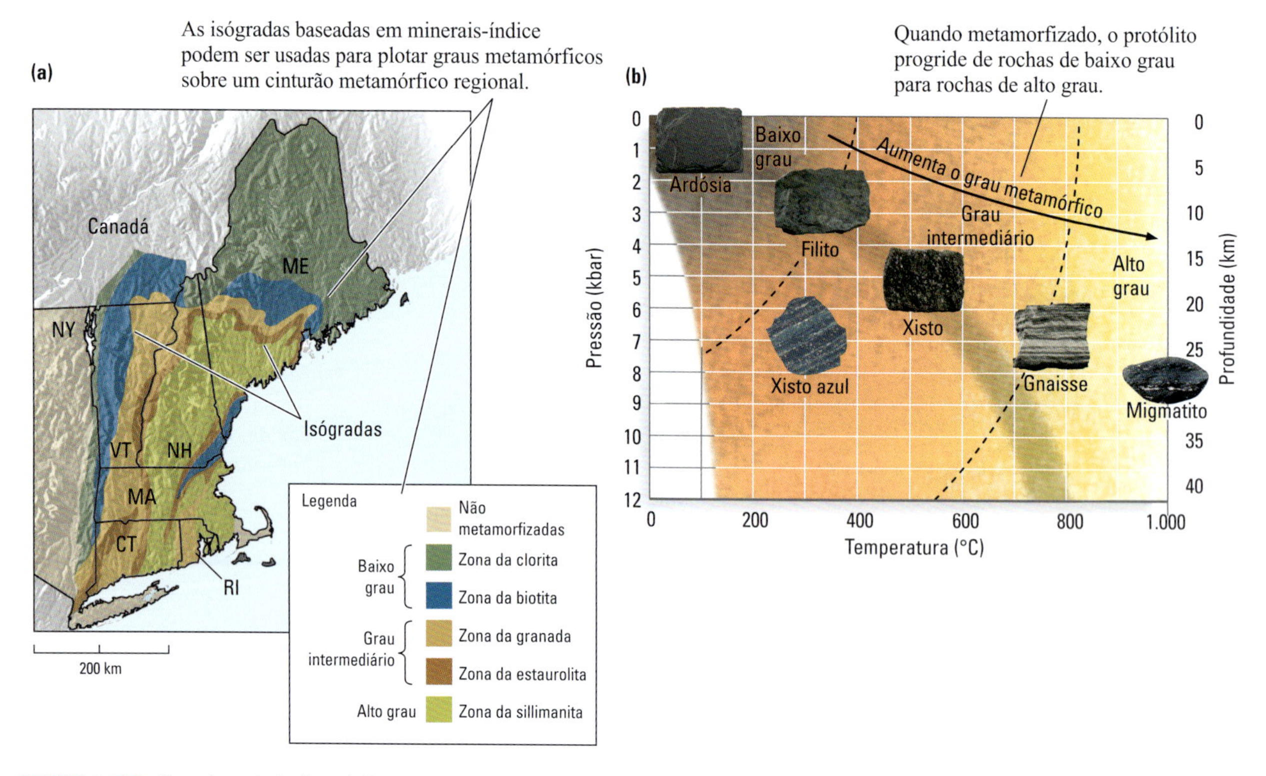

FIGURA 7.9 Os minerais-índice definem as zonas metamórficas em um cinturão de metamorfismo regional. (a) Mapa da Nova Inglaterra mostrando zonas metamórficas baseadas nos minerais-índice encontrados em rochas metamorfizadas de folhelhos. (b) Rochas produzidas pelo metamorfismo do folhelho em diferentes pressões e temperaturas. [*ardósia, filito, xisto, gnaisse*: John Grotzinger/Ramón Rivera-Moret/Harvard Mineralogical Museum; *xisto azul*: cortesia de Mark Cloos; *migmatito*: cortesia de Kip Hodges.]

com base em dados de laboratório, um geólogo sabe que uma zona de sillimanita que contenha ortoclásio e sillimanita formou-se pela reação da muscovita e do quartzo a temperaturas de aproximadamente 600°C e pressões em torno de 5 kbar, liberando água (como vapor d'água) no processo. A isógrada da silimanita registra a seguinte reação:

$$\underset{\text{Muscovita}}{KAl_3Si_3O_{10}(OH)} + \underset{\text{quartzo}}{SiO_2} \rightarrow \underset{\text{ortoclásio}}{KAlSi_3O_8} + \underset{\text{sillimanita}}{Al_2SiO_5} + \underset{\text{água}}{H_2O}$$

As isógradas revelam a pressão e a temperatura na qual os minerais se formam; assim, a sequência de isógradas em um cinturão metamórfico pode diferir daquelas que ocorrem em outro cinturão. A razão para essas diferenças é que, como vimos, a pressão e a temperatura não aumentam na mesma proporção em todos os ambientes de tectônica de placas.

Grau metamórfico e composição do protólito

O tipo de rocha metamórfica que resulta de um dado grau de metamorfismo depende parcialmente da composição mineralógica do protólito ou da rocha parental (**Figura 7.10**). O metamorfismo do folhelho, mostrado na Figura 7.10a, revela os efeitos da pressão e da temperatura na rocha parental rica em argilominerais, quartzo e, talvez, alguns minerais de carbonato. O metamorfismo das rochas vulcânicas máficas, compostas predominantemente por feldspatos e piroxênio, segue um curso diferente (Figura 7.10b).

No metamorfismo regional do basalto, por exemplo, a rocha de menor grau contém como característica vários minerais do grupo da **zeólita**. Os minerais silicáticos dessa classe contêm água em cavidades dentro da estrutura do cristal. Os minerais do grupo da zeólita formam-se por alterações em temperaturas e pressões muito baixas. Assim, as rochas que apresentam esse grupo de minerais são identificadas como pertencentes ao grau da zeólita.

Sobrepondo-se ao grau da zeólita, há um grau mais alto de rochas vulcânicas máficas metamorfizadas, o grau dos **xistos verdes**, cujo mineral abundante inclui a clorita. Após, há o anfibolito, o qual contém uma grande quantidade de anfibólios. O grau mais alto de vulcânicas máficas metamorfizadas compreende os piroxênio-granulitos, que são rochas de grão grosso contendo piroxênio e plagioclásio cálcico.

As rochas dos graus do xisto verde, do anfibolito e do granulito também são formadas durante o metamorfismo de rochas sedimentares como o folhelho, conforme mostrado na Figura 7.10b. Os piroxênio-granulitos são os produtos do metamorfismo de alto grau, no qual a temperatura é alta e a pressão é

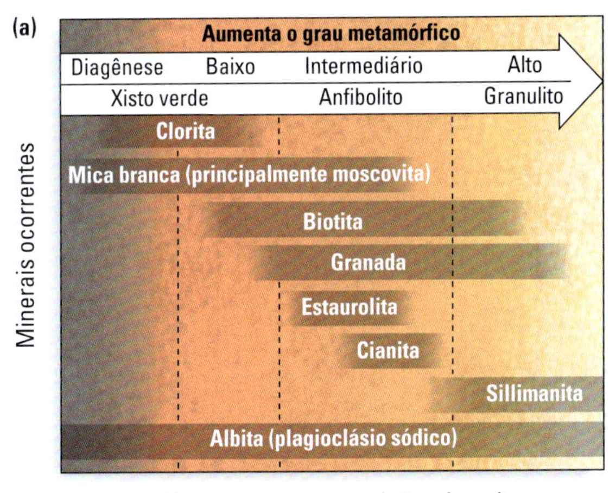

(c)

Fácies metamórfica	Minerais produzidos a partir de um folhelho parental	Minerais produzidos a partir de um basalto parental
Xisto verde	Moscovita, clorita, quartzo, albita	Albita, epídoto, clorita
Anfibolito	Moscovita, biotita, granada, quartzo, albita, estaurolita, cianita, sillimanita	Anfibólio, plagioclásio
Granulito	Granada, sillimanita, albita, ortoclásio, quartzo, biotita	Piroxênio cálcico, plagioclásio cálcico
Eclogito	Granada, piroxênio sódico, quartzo/coesita, cianita	Piroxênio sódico, granada

FIGURA 7.10 O tipo de rocha metamórfica que resulta de um dado grau de metamorfismo depende parcialmente da composição mineralógica da rocha parental. (a) Mudanças na composição mineral do basalto (uma rocha vulcânica máfica) com o aumento do grau metamórfico. (b) Mudanças na composição mineral do folhelho (uma rocha sedimentar) com o aumento do grau metamórfico. (c) Principais minerais das fácies metamórficas produzidos a partir de folhelho e basalto.

moderada. A situação oposta, na qual a pressão é alta e a temperatura é moderada, produz rochas de grau do **xisto azul**, com várias composições iniciais, de rochas vulcânicas máficas a rochas sedimentares argilosas (ver Figura 7.9b). O nome vem da abundância de glaucofânio, um anfibólio azul, presente nessas rochas. Outra rocha metamórfica, formada sob pressões extremamente altas e temperaturas moderadas a altas, é o eclogito, o qual é rico em granada e piroxênio.

Fácies metamórficas

Podemos colocar todas essas informações sobre graus de rochas metamórficas em um cinturão metamórfico regional – derivadas de rochas parentais de muitas composições químicas diferentes – em um gráfico de temperatura e pressão (Figura 7.11). As **fácies metamórficas** são agrupamentos de rochas de várias composições minerais formadas sob diferentes graus de metamorfismo e de protólitos distintos. Ao designarmos fácies metamórficas particulares, poderemos ser mais específicos sobre a intensidade do metamorfismo preservado nas rochas. Dois pontos essenciais caracterizam o conceito de fácies metamórficas:

1. Diferentes tipos de rochas metamórficas são formados a partir de protólitos de composições diferentes em um mesmo grau de metamorfismo.
2. Diferentes tipos de rochas metamórficas são formados sob diferentes graus de metamorfismo a partir de protólitos de mesma composição.

A Figura 7.10c lista os principais minerais das fácies metamórficas produzidas a partir do folhelho e do basalto. Devido à intensa variação de composição do protólito, não há limites nítidos entre as fácies metamórficas (ver Figura 7.11). Talvez o motivo mais importante para analisar fácies metamórficas é que elas nos dão pistas sobre os processos da tectônica de placas que causaram o metamorfismo, como veremos a seguir.

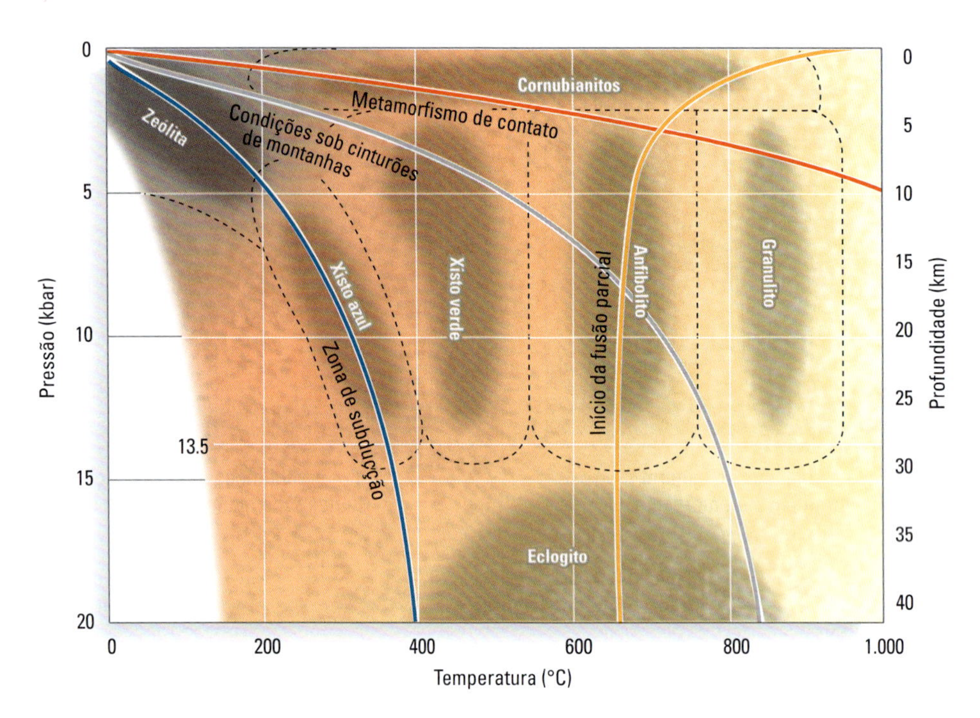

FIGURA 7.11 As fácies metamórficas correspondem a uma combinação particular de pressão e temperatura, que, por sua vez, correspondem a determinados ambientes de tectônica de placas. A linha pontilhada indica a natureza de sobreposição dos limites entre as fácies metamórficas.

Tectônica de placas e metamorfismo

Logo depois de a teoria da tectônica de placas ter sido proposta, os geólogos começaram a ver como os padrões de metamorfismo se ajustavam dentro do contexto maior de movimentos das placas tectônicas. Os diferentes tipos de metamorfismo têm probabilidade de ocorrer nos distintos ambientes tectônicos (ver Figura 7.4):

- *Interior das placas.* Metamorfismo de contato, metamorfismo de soterramento e, talvez, metamorfismo regional, podem ocorrer na base da crosta. O metamorfismo de impacto, provavelmente, é preservado nesse ambiente, porque a grande área exposta no interior das placas oferece uma grande área-alvo para registrar eventos raros de impacto de meteoritos.
- *Margens de placas divergentes.* Metamorfismo de assoalho oceânico e metamorfismo de contato, ao redor de plútons intrudidos na crosta oceânica, são encontrados em margens de placas divergentes.
- *Margens de placas convergentes.* Metamorfismo regional, metamorfismo de alta pressão e pressão ultra-alta e metamorfismo de contato.
- *Margens de placas transformantes.* Em ambientes oceânicos, pode ocorrer metamorfismo de assoalho oceânico. Tanto em ambientes oceânicos quanto continentais, ocorre o cisalhamento extensivo ao longo do limite das placas.

Trajetórias de pressão e temperatura do metamorfismo

O conceito de grau metamórfico, introduzido anteriormente, pode nos fornecer informações sobre a pressão máxima ou sobre a temperatura a que a rocha foi submetida, mas não diz nada a respeito do local onde a rocha encontra essas condições ou sobre a forma como ela foi **exumada** ou transportada para a superfície terrestre.

Cada rocha metamórfica tem uma história singular de mudança de temperatura e pressão que é refletida em sua textura e mineralogia. Essa história é chamada de trajetória pressão-temperatura do metamorfismo, ou de **trajetória P–T**. A trajetória P–T pode ser um registro sensível de muitos fatores importantes que influenciam o metamorfismo, como as fontes de calor, as quais mudam as temperaturas, e as taxas de transporte tectônico (soterramento e exumação), que mudam as pressões. Portanto, as trajetórias P–T são características de determinados ambientes da tectônica de placas.

Para obter uma trajetória P–T, os geólogos devem analisar minerais metamórficos específicos em laboratório. Um dos minerais mais amplamente usados é a granada, um porfiroblasto comum que serve como um tipo de dispositivo de gravação (Figura 7.12). Durante o metamorfismo, as granadas crescem uniformemente e, quando a pressão e a temperatura do ambiente circundante mudam, a composição da granada também muda. A parte mais antiga da granada é o seu núcleo, e a mais

1 Durante o metamorfismo, um cristal de granada cresce e sua composição muda enquanto a temperatura e a pressão ao seu redor também mudam.

2 A composição do cristal pode ser plotada na trajetória P–T à medida que ele cresce de ❶, no centro, para ❷, na borda.

Lâmina delgada de granada-gnaisse

Crescimento zonado em granadas

3 Quando a rocha é levada para zonas mais profundas da crosta e submetida a temperaturas e pressões maiores (a trajetória **progressiva**), o cristal de granada cresce em um xisto, porém termina crescendo em um gnaisse, à medida que o metamorfismo progride.

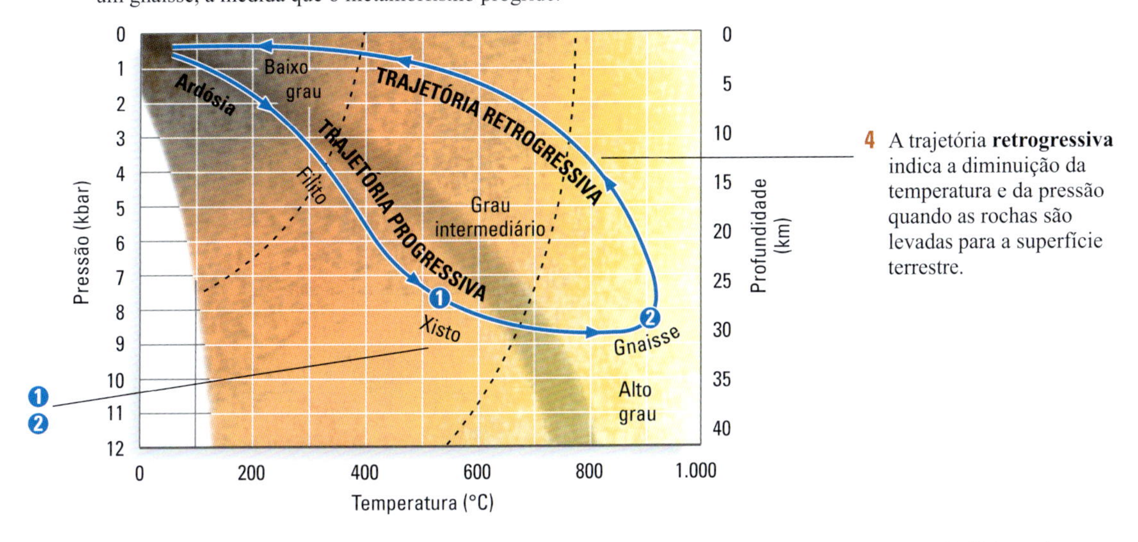

4 A trajetória **retrogressiva** indica a diminuição da temperatura e da pressão quando as rochas são levadas para a superfície terrestre.

FIGURA 7.12 Os porfiroblastos, como a granada, podem ser usados para representar as trajetórias P–T de rochas metamórficas em um gráfico. A trajetória P–T que uma rocha metamórfica geralmente segue começa com um aumento de pressão e temperatura (trajetória progressiva), seguido de uma queda de pressão e temperatura (trajetória retrogressiva). [Fotos cortesia de Kip Hodges.]

nova, a sua borda externa. Assim, a variação da composição do núcleo em relação à borda revelará a história das condições de metamorfismo. A partir de um valor da composição da granada medido em laboratório, os valores correspondentes de pressão e temperatura podem ser obtidos e, então, plotados como uma trajetória P–T (ver Pratique um Exercício de Geologia).

As trajetórias P–T têm dois segmentos: o *progressivo*, que indica aumento de pressão e temperatura, e o *retrogressivo*, que indica diminuição de pressão e temperatura. As trajetórias P–T de algumas assembleias de rochas que se formam em limites convergentes são mostradas na Figura 7.13.

Convergência oceano-continente

Uma assembleia metamórfica distinta forma-se quando uma placa transportando um continente em seu bordo principal converge sobre uma placa oceânica em processo de subducção (Figura 7.13a). O espesso pacote de sedimentos erodidos do continente rapidamente ocupa a depressão adjacente do fundo oceânico, que forma uma bacia flexural ao longo da zona de subducção. À medida que a litosfera oceânica descende, a região debaixo da parede interna da fossa (a parede próxima ao continente) é preenchida com esses sedimentos e com aqueles do fundo oceânico, além de fragmentos de ofiólitos raspados da placa descendente. O resultado é uma mistura caótica chamada de ***mélange*** (do francês, "mistura").* Assembleias desse tipo, localizadas entre o *arco* magmático do continente e a fossa na costa afora, são muito complexas e variáveis. Os depósitos são todos intensamente dobrados, em fatias intrincadas e metamorfizadas (**Figura 7.14**). Eles são difíceis de mapear em detalhe, mas são reconhecidos por sua mistura e materiais distintivos e feições estruturais.

*N. de R.T.: Pronuncia-se [mé·lanj].

Metamorfismo relacionado à subducção O xisto azul – rocha vulcânica e sedimentar metamorfizada cujos minerais indicam que foram originados sob pressões muito altas, porém à temperaturas relativamente baixas (ver Figura 7.9b) – forma-se da *mélange* na região da frente do arco de uma zona de subducção. Nesse local, os sedimentos podem ser rapidamente carregados para baixo na zona de subducção, para profundidades de até 30 km. A placa fria mergulhante move-se tão depressa para baixo, que há pouco tempo para que se aqueça, mas a pressão na placa aumenta rapidamente.

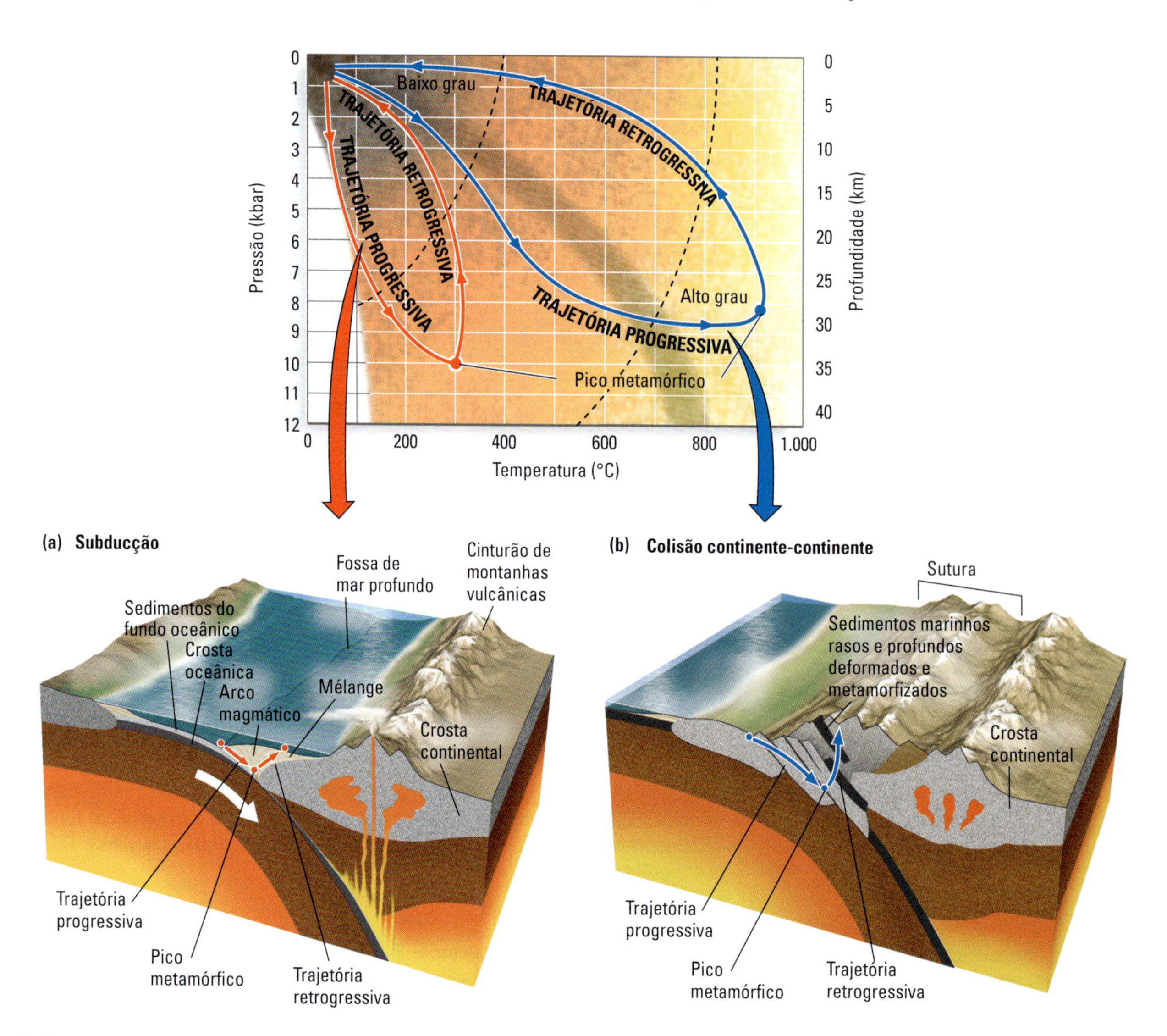

FIGURA 7.13 As trajetórias P–T indicam a trajetória das rochas durante o metamorfismo. (a) Metamorfismo de *mélange* em uma zona de convergência oceano-continente. (b) Metamorfismo em uma zona de convergência continente-continente. As diferentes trajetórias P–T das rochas formadas nesses diferentes ambientes tectônicos indicam diferenças de gradiente térmico. As rochas transportadas para profundidades e pressões similares sob um cinturão de montanhas tornam-se muito mais quentes do que as rochas transportadas para uma profundidade equivalente por subducção.

FIGURA 7.14 A *mélange* é um tipo de brecha composta de fragmentos rochosos formados por agitação em zonas de subducção. [John Platt.]

Por fim, como parte do processo de subducção, o material eleva-se de volta para a superfície. Essa exumação ocorre por causa de dois efeitos: empuxo e circulação. Imagine tentar empurrar uma bola de basquete sob a superfície da água em uma piscina. A bola, cheia de ar, tem uma densidade menor que a água em torno dela; assim, tende a voltar para a superfície. De forma similar, as rochas metamórficas que passaram por subducção são conduzidas para cima devido ao seu próprio empuxo em relação à crosta circundante. Porém, para começar, o que "empurra" o material para baixo? Uma circulação natural estabelecida na zona de subducção, que você pode imaginar como se fosse um misturador de ovos. À medida que o misturador gira, ele move a espuma em uma direção circular. Se algo se move em uma direção, também pode se mover na direção oposta, pois o movimento é circular. De modo análogo, a porção mergulhante da placa em uma zona de subducção estabelece um movimento circular do material acima dela, primeiro puxando esse material para baixo, até grandes profundidades, e depois retornando-o para a superfície.

A Figura 7.13a mostra a trajetória P–T típica para as rochas em que ocorreu metamorfismo de grau xisto azul durante a subducção e a exumação. Note que a trajetória P–T forma um laço nesse diagrama. Se compararmos o gráfico da Figura 7.13a com o diagrama de fácies metamórficas da Figura 7.11, podemos ver que a parte progressiva da trajetória representa a subducção, como mostrado pelo rápido aumento da pressão, para um aumento apenas relativamente pequeno na temperatura. Durante a exumação, o laço da trajetória retorna porque, enquanto a temperatura ainda está aumentando lentamente, a pressão está rapidamente diminuindo. A parte retrogressiva da trajetória P–T representa o processo de exumação, descrito mais adiante.

Evidências de antiga convergência oceano-continente Os elementos essenciais dessas assembleias de rochas relacionadas à subducção foram encontrados no registro geológico em muitos lugares, sobretudo em torno da bacia do Oceano Pacífico. Pode-se reconhecer uma *mélange* na Formação Franciscan, da Cordilheira da Costa da Califórnia (California Coast Ranges), e no cinturão paralelo ao arco magmático da Serra Nevada, a leste. Essas rochas marcam a colisão mesozoica entre a Placa da América do Norte e a Placa de Farallon, que foi consumida por subducção. A localização da *mélange*, a oeste, e do cinturão de montanhas vulcânicas, a leste, mostra que a Placa de Farallon, a oeste, sofreu subducção. As análises das trajetórias P–T dos minerais metamórficos de grau xisto azul da *mélange*, pertencentes à formação Franciscan, revelam um laço similar àquele ilustrado na Figura 7.13a, indicando aumento rápido de pressão, o que caracteriza o diagnóstico de subducção.

Colisão continente-continente

Devido à flutuação da crosta continental, quando um continente colide com outro, os dois podem resistir à subducção e permanecer à tona. Como resultado, uma larga zona de intensa deformação desenvolve-se no limite onde os continentes se chocam. O remanescente de tal limite, deixado para trás no registro geológico, é chamado de **sutura**. A intensa deformação resulta em uma crosta continental muito espessada na zona de colisão, frequentemente produzindo altas montanhas. Os ofiólitos costumam ser encontrados próximos à sutura.

À medida que a litosfera torna-se mais espessa, as partes mais profundas da crosta continental aquecem-se e são metamorfizadas em graus diferentes. Em zonas mais profundas, a fusão pode iniciar-se ao mesmo tempo, formando câmaras magmáticas em locais profundos no núcleo da cadeia de montanhas.

PRATIQUE UM EXERCÍCIO DE GEOLOGIA

Como é feita a leitura da história geológica em cristais?

O que um cristal minúsculo de granada pode nos dizer sobre a história do local em que foi encontrado? O conhecimento do ambiente tectônico em que uma amostra de rocha se formou nos informa sobre outros tipos de minerais que podem ser encontrados nesse ambiente. Os geólogos usam variações na composição química de porfiroblastos de granada para deduzir as taxas relativas em que as rochas que os contêm foram soterradas e, depois, exumadas. Essas taxas, por sua vez, refletem ambientes tectônicos específicos, como mostra a Figura 7.13.

A composição química de um porfiroblasto de granada geralmente varia progressivamente do centro para as bordas (ver Figura 7.12). Essa progressão nos dá uma noção da mudança de pressão e temperatura como função do tempo: o centro do cristal registra condições mais antigas, enquanto a borda grava condições mais recentes. Alterações no conteúdo de cálcio da granada monitoram mudanças de pressão, ao passo que seu conteúdo de ferro é mais sensível a mudanças de temperatura. Observamos que o aumento de pressão para uma dada variação de valores de temperatura é muito maior durante a subducção em zonas de convergência continente-oceano do que durante o soerguimento de montanhas em zonas de convergência continente-continente. Por outro lado, uma rocha aquecida por intrusão ígnea recebe um aumento de temperatura, mas pouca mudança de pressão.

Pela análise da composição química de cristais de granada, podemos distinguir esses diferentes processos metamórficos. Para isso, podemos comparar mudanças na abundância do elemento de interesse (cálcio ou ferro) com a soma das mudanças na abundância de todos os elementos que podem variar na granada: cálcio (Ca), ferro (Fe), magnésio (Mg) e manganês (Mn). O cálculo das mudanças reais de pressão e temperatura que uma rocha passou durante o metamorfismo exige dados adicionais, inclusive a composição da assembleia mineral completa.

Dessa forma, uma mistura complexa de rochas metamórficas e ígneas forma o núcleo dos cinturões de montanhas. Milhões de anos depois, quando a erosão remove as camadas superficiais das montanhas, os núcleos são expostos à superfície, fornecendo ao geólogo um registro rochoso dos processos metamórficos que formaram os xistos, gnaisses e outras rochas metamórficas.

As trajetórias P–T de rochas metamórficas produzidas por colisão continental têm uma forma diferente daquelas produzidas apenas por subducção. A colisão continental gera temperaturas maiores do que a subducção; portanto, à medida que uma rocha é empurrada para profundidades maiores, a temperatura correspondente a uma dada pressão será mais alta (ver Figura 7.13b). A trajetória P–T inicia no mesmo lugar que a trajetória da subducção, mas mostra um aumento mais rápido da temperatura à medida que pressões e profundidades maiores são atingidas. Os geólogos geralmente interpretam que o segmento progressivo de uma trajetória P–T colisional indica o soterramento de rochas sob altas montanhas. O segmento retrogressivo representa o soerguimento e a exumação das rochas soterradas durante o colapso das montanhas, ou por erosão ou por estiramento e adelgaçamento da crosta continental pós-colisão.

O principal exemplo de uma colisão de continentes é o Himalaia, que iniciou sua formação há cerca de 50 milhões de anos, quando o continente indiano colidiu com o asiático. A colisão continua hoje: a Índia move-se endentando-se na Ásia a uma taxa de poucos centímetros por ano e o soerguimento ainda está em andamento, do mesmo modo que falhamentos e taxas muito rápidas de erosão causadas por rios e geleiras.

Exumação: o elo entre a tectônica de placas e os geossistemas do clima

Há 40 anos, a teoria da tectônica de placas forneceu uma pronta explicação de como as rochas metamórficas poderiam ser originadas por meio da expansão do assoalho oceânico, da subducção de placas e da colisão continental. Em meados da década de 1980, o estudo das trajetórias P–T forneceu um quadro mais bem resolvido dos mecanismos tectônicos específicos relacionados com o soterramento e o metamorfismo de rochas em grandes profundidades. Na mesma época, esses estudos surpreenderam os geólogos ao fornecerem uma imagem também muito nítida dos processos subsequentes ao soterramento, e por vezes muito rápidos, que causam o soerguimento e a exumação dessas rochas soterradas em grande profundidade. Desde a época dessa descoberta, os geólogos têm pesquisado os mecanismos exclusivamente tectônicos que poderiam trazer, de forma tão rápida, essas rochas de volta para a superfície terrestre.

Uma ideia bastante difundida é a de que as montanhas, tendo alcançado tão grandes elevações durante o espessamento crustal devido à colisão, repentinamente malogram por colapso gravitacional. O velho ditado "tudo que sobe, desce" aplica-se aqui, mas com resultados surpreendentemente rápidos. De fato tão rápidos que alguns geólogos não acreditam que a gravidade seja o único efeito importante, pois outras forças também devem estar agindo.

Como vamos ver no Capítulo 16, os geólogos que estudam as paisagens descobriram que as taxas de erosão extremamente

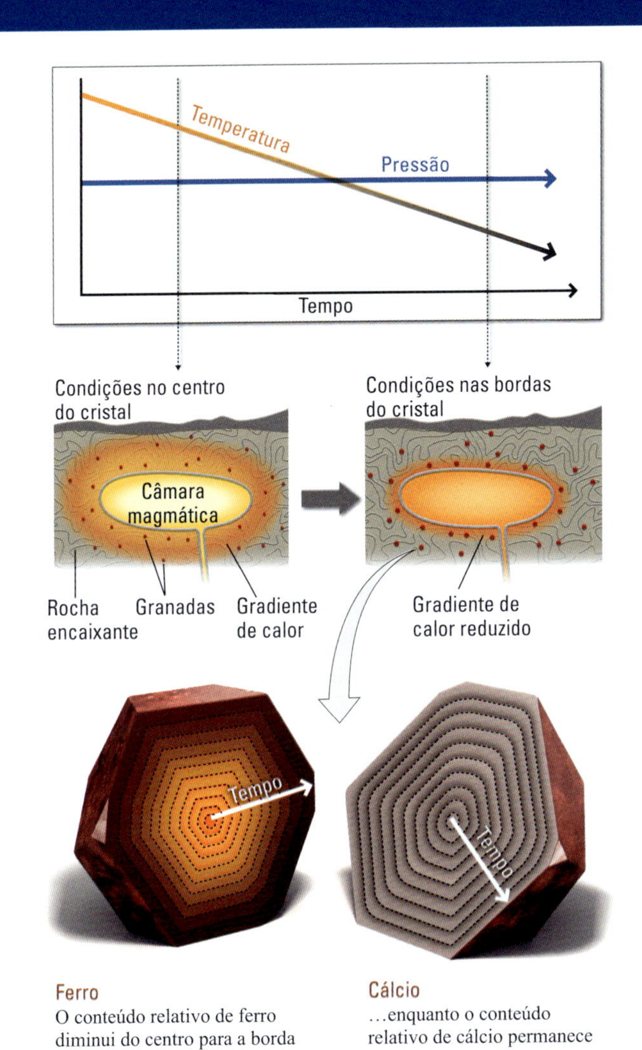

Ferro
O conteúdo relativo de ferro diminui do centro para a borda do cristal, indicando redução de temperatura...

Cálcio
...enquanto o conteúdo relativo de cálcio permanece constante em todo o cristal, indicando pressão constante.

Mesmo sem esses detalhes, no entanto, é possível fazer algumas estimativas aproximadas.

Os seguintes dados foram obtidos por meio da mensuração do número de átomos de quatro elementos no centro e na borda de um porfiroblasto de granada:

Elemento	Abundância no centro	Abundância na borda
Ca	0,30	0,30
Fe	2,25	1,98
Mg	0,20	0,52
Mn	0,25	0,20

Primeiro, calculamos as abundâncias relativas de cálcio e ferro no centro do cristal usando as seguintes razões:

$$\left(\frac{Ca}{Ca + Fe + Mg + Mn}\right)_{centro} = \frac{0{,}30}{0{,}30 + 1{,}98 + 0{,}52 + 0{,}20} = 0{,}10$$

$$\left(\frac{Fe}{Ca + Fe + Mg + Mn}\right)_{centro} = \frac{2{,}25}{0{,}30 + 1{,}98 + 0{,}52 + 0{,}20} = 0{,}75$$

A seguir, fazemos o mesmo para as abundâncias relativas de cálcio e ferro na borda:

$$\left(\frac{Ca}{Ca + Fe + Mg + Mn}\right)_{borda} = \frac{0{,}30}{0{,}30 + 1{,}98 + 0{,}52 + 0{,}20} = 0{,}10$$

$$\left(\frac{Fe}{Ca + Fe + Mg + Mn}\right)_{borda} = \frac{1{,}98}{0{,}30 + 1{,}98 + 0{,}52 + 0{,}20} = 0{,}66$$

Com base nesses dados, o que se pode dizer sobre o evento metamórfico que resultou no crescimento desse cristal de granada? A rocha foi carregada para baixo em uma zona de subducção ou estava imóvel ao lado de uma intrusão ígnea?

A diminuição do conteúdo de ferro de 0,75 para 0,66 do centro para a borda não está associada com nenhuma mudança no conteúdo de cálcio. Essa observação indica que o metamorfismo resultou principalmente de uma mudança de temperatura, sem mudança de pressão. Essas condições são mais consistentes com o metamorfismo próximo a uma intrusão ígnea do que com a subducção.

PROBLEMA EXTRA: Suponha que os mesmos cálculos tenham demonstrado que o conteúdo de ferro foi constante, mas que o conteúdo de cálcio foi alterado significativamente do centro para a borda. Esse padrão seria consistente com o transporte das rochas para uma zona de subducção?

altas podem ser produzidas por geleiras e rios em uma região de montanhas tectonicamente ativas. Durante a última década, eles apresentaram uma nova hipótese que relaciona as altas taxas de soerguimento e exumação às rápidas taxas de erosão. A ideia aqui é a de que o clima, e não apenas a tectônica sozinha, controla o fluxo das rochas da crosta profunda para a crosta rasa por meio de processos de erosão rápida. Assim, a tectônica – que age por meio da orogênese e da construção de montanhas – e o clima – que atua por meio do intemperismo e da erosão – interagem para controlar o fluxo das rochas metamórficas para a superfície terrestre. Após décadas de ênfases em explicações somente tectônicas dos processos regionais e globais da Terra, parece agora que duas disciplinas aparentemente não relacionadas na Geologia – o metamorfismo e a erosão – podem estar ligadas de modo muito elegante. Como um geólogo exclamou: "Saborosa ironia: deveriam os músculos metamórficos que empurram as montanhas para o céu ser controlados pelo tintinar dos minúsculos pingos de chuva".

CONCEITOS E TERMOS-CHAVE

REVISÃO DOS OBJETIVOS DE APRENDIZAGEM

7.1 Explicar as causas do metamorfismo.

O metamorfismo é a alteração na mineralogia, textura ou composição química de rochas sólidas. Ele é causado pelo aumento da pressão, da temperatura e por reações com componentes químicos introduzidos por soluções hidrotermais. À medida que a pressão e a temperatura nas profundezas da crosta aumentam como resultado da atividade tectônica ou ígnea, os componentes químicos do protólito rearranjam-se em um novo conjunto de minerais, que são estáveis sob as novas condições. As rochas metamorfizadas a pressões e temperaturas relativamente baixas são referidas como rochas de baixo grau. Aquelas metamorfizadas a temperaturas e pressões altas são chamadas de rochas de alto grau. Ao alterarem a mineralogia de uma rocha, os fluidos também desempenham um papel importante no metamorfismo. Os componentes químicos de uma rocha podem ser adicionados ou removidos durante o metamorfismo, geralmente por soluções hidrotermais.

Atividade de Estudo: Figura 7.1

Exercícios: Em que profundidades na Terra formam-se as rochas metamórficas? O que acontece se as temperaturas ficam altas demais?

Questão para Pensar: Por que não há rochas metamórficas formadas sob condições naturais de temperatura muito baixa e pressão alta, como mostrado na Figura 7.1?

7.2 Descrever os diversos tipos de metamorfismo.

Os três principais tipos de metamorfismo são: (1) o metamorfismo regional, durante o qual grandes áreas são metamorfizadas por altas pressões e temperaturas geradas durante as orogêneses; (2) o metamorfismo de contato, durante o qual as rochas encaixantes são metamorfizadas principalmente pelo calor do corpo ígneo que nelas se intrude; e (3) o metamorfismo de assoalho oceânico, durante o qual os fluidos quentes percolam e metamorfizam as várias rochas crustais. Outros tipos menos comuns são: (1) o metamorfismo de soterramento, durante o qual as rochas sedimentares profundamente soterradas são alteradas por pressões e temperaturas maiores do que aquelas que resultam na diagênese; (2) o metamorfismo de alta pressão e o de pressão ultra-alta, que ocorre em maiores profundidades, como quando os sedimentos sofrem subducção; e (3) o metamorfismo de impacto, que resulta do impacto de meteoritos.

Atividade de Estudo: Figura 7.4

Exercício: Desenhe um esboço mostrando como poderia ocorrer o metamorfismo de assoalho oceânico.

Questão para Pensar: Que tipo de metamorfismo está relacionado com intrusões ígneas?

7.3 Resumir os diversos tipos de feições texturais encontradas nas rochas metamórficas.

A variedade textural das rochas metamórficas nos revela algo sobre o processo metamórfico que as criou. Essas rochas apresentam duas classes texturais principais: as foliadas (que mostram foliação, um padrão de planos paralelos de clivagem que resultam de uma orientação preferencial dos cristais) e as granoblásticas, ou não foliadas. Os tipos de rochas produzidas dependem da composição do protólito e do grau de metamorfismo. O metamorfismo regional de um folhelho avança para zonas de rochas foliadas de grau progressivamente mais alto, de ardósias a filitos, xistos, gnaisses e, finalmente, migmatitos. Entre as rochas granoblásticas, o mármore é derivado do metamorfismo de rochas calcárias; o quartzito, de arenitos ricos em quartzo; e os *greenstones*, de basaltos. O cornubianito é o produto do metamorfismo de contato de rochas sedimentares de grão fino e de outros tipos de rochas contendo abundância de minerais silicáticos. O metamorfismo regional das rochas vulcânicas máficas progride do grau de zeólita para o de xistos verdes e, depois, para os de anfibolito e piroxênio-granulito.

Atividades de Estudo: Figura 7.6, Quadro 7.1

Exercício: A que se refere a orientação preferencial em uma rocha metamórfica? Pense em como o alinhamento de minerais relaciona-se com os processos metamórficos.

Questão para Pensar: Como os minerais que definem a foliação estabelecem o seu grau metamórfico?

7.4 Discutir os modos como as rochas metamórficas revelam as condições sob as quais foram formadas.

As zonas de metamorfismo podem ser mapeadas com isógradas definidas pela primeira ocorrência de um mineral-índice. A presença de um mineral-índice pode indicar a temperatura e a pressão com que as rochas na zona foram formadas. De acordo com o conceito de fácies metamórficas, as rochas do mesmo grau metamórfico podem diferir devido às variações na composição química do protólito, enquanto as rochas metamorfizadas do mesmo protólito podem variar porque foram sujeitas a diferentes graus de metamorfismo.

Atividade de Estudo: Figura 7.10

Exercício: Você mapeou uma área de metamorfismo regional, como a região mostrada na Figura 7.9a, e observou uma série de zonas metamórficas, marcadas por isógradas, com direção norte-sul, que variam desde a isógrada da sillimanita, a leste, até a da clorita, a oeste. Onde as temperaturas metamórficas foram mais altas, a leste ou oeste?

Questão para Pensar: Qual é a relação entre isógradas e fácies metamórficas?

7.5 Ilustrar como as rochas metamórficas estão relacionadas com os processos da tectônica de placas.

Os diferentes tipos de metamorfismo têm probabilidade de ocorrer nos distintos ambientes tectônicos, incluindo nos interiores das placas, margens de placas divergentes, margens de placas convergentes e falhas transformantes. Durante a subducção e a colisão continental em limites de placas convergentes, as rochas e os sedimentos são empurrados para profundidades maiores na crosta terrestre, onde são submetidos a aumentos de pressão e de temperatura que resultam em metamorfismo. A forma das trajetórias de pressão-temperatura (P–T) fornece ideias sobre os ambientes tectônicos em que essas rochas são metamorfizadas. Em ambientes de margens convergentes, as trajetórias P–T indicam rápida subducção de rochas e de sedimentos a locais com alta pressão e temperaturas relativamente baixas. Em ambientes onde a subducção leva a uma colisão continental, as rochas são empurradas para profundidades onde a pressão e a temperatura são altas. Nos dois ambientes, as trajetórias P–T mostram que as rochas, depois de terem experimentado a máxima pressão e temperatura, são empurradas de volta para profundidades mais rasas. Esse processo de exumação pode ser conduzido pelo intemperismo e erosão na superfície terrestre, ou, ainda, por processos da tectônica de placas.

Atividade de Estudo: Figura 7.13

Exercício: Desenhe uma trajetória P–T para uma rocha metamórfica de grau anfibolito exposta próximo ao topo do Monte Everest.

Questão para Pensar: O que controla a exumação de rochas metamórficas?

EXERCÍCIO DE LEITURA VISUAL

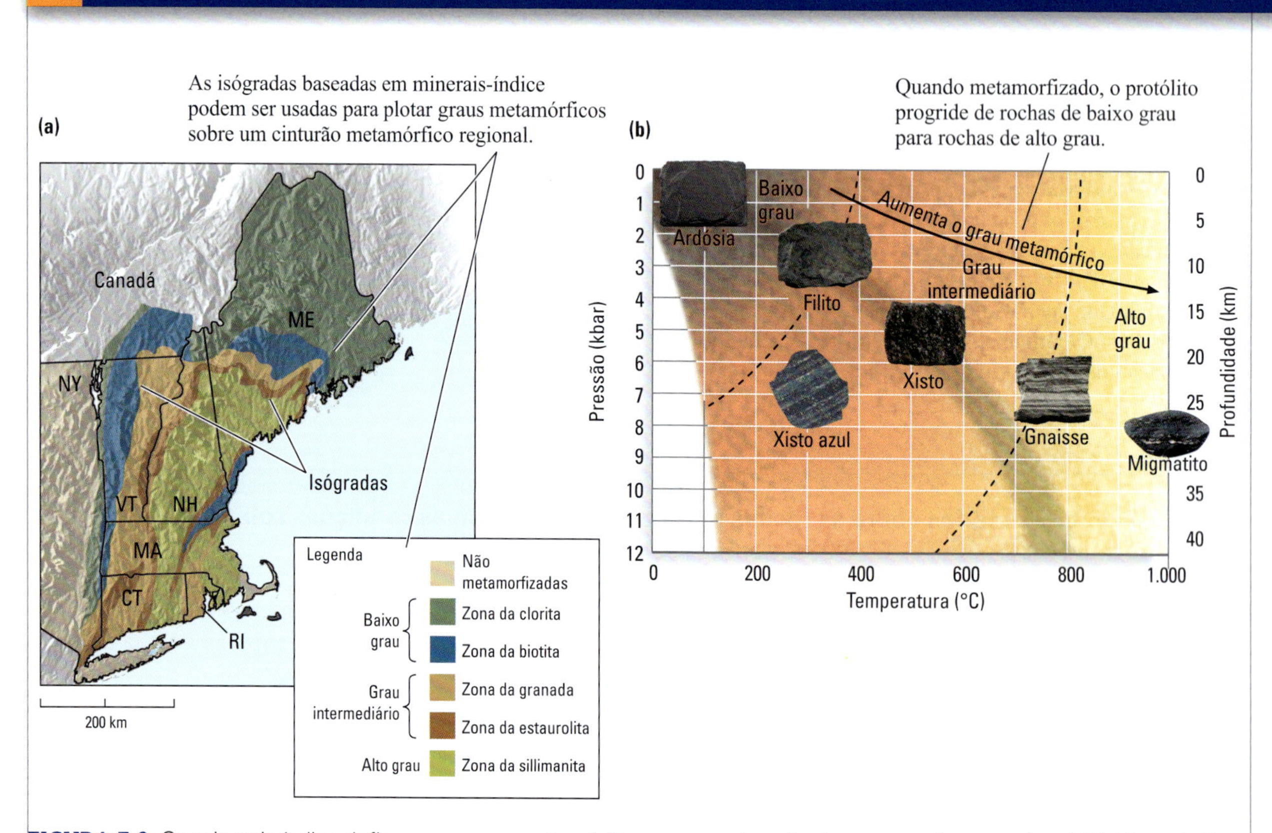

FIGURA 7.9 Os minerais-índice definem as zonas metamórficas em um cinturão de metamorfismo regional. (a) Mapa da Nova Inglaterra mostrando zonas metamórficas baseadas nos minerais-índice encontrados em rochas metamorfizadas de folhelhos. (b) Rochas produzidas pelo metamorfismo do folhelho em diferentes pressões e temperaturas. [*ardósia, filito, xisto, gnaisse*: John Grotzinger/Ramón Rivera-Moret/Harvard Mineralogical Museum; *xisto azul*: cortesia de Mark Cloos; *migmatito*: cortesia de Kip Hodges.]

1. **Qual sequência de tipos de rocha define o aumento do grau metamórfico?**
   a. Migmatito → Gnaisse → Xisto → Filito → Ardósia
   b. Ardósia → Filito → Xisto → Gnaisse → Migmatito
   c. Filito → Gnaisse → Ardósia → Migmatito → Ardósia
   d. Migmatito → Gnaisse → Xisto → Filito → Ardósia

2. **Quais minerais definem o grau metamórfico intermediário?**
   a. Sillimanita
   b. Granada/Estaurolita
   c. Clorita/Biotita
   d. Nenhum específico

3. **Qual estado da região da Nova Inglaterra, no nordeste dos EUA, possui a maior quantidade de rochas metamórficas de baixo grau?**
   a. New Hampshire
   b. Maine
   c. Massachusetts
   d. Nova Iorque

4. **Em qual temperatura se forma o gnaisse?**
   a. 100°C
   b. 400°C
   c. 1.000°C
   d. 800°C

5. **Por que os geólogos mapeiam linhas isógradas?**
   a. Para registrar o grau metamórfico em um cinturão de metamorfismo regional
   b. Para traçar a trajetória de erupções vulcânicas
   c. Para buscar recifes antigos
   d. Para delinear reversões magnéticas

Deformação: a modificação de rochas por dobramento e falhamento

Objetivos de Aprendizagem

O Capítulo 8 descreve como as rochas podem ser inclinadas, dobradas e fraturadas para formar os padrões que vemos na superfície terrestre. O enfoque está nos processos de dobramento e falhamento que deformam rochas continentais próximas aos limites de placas. Você descobrirá como os geólogos coletam e interpretam observações de campo para fazer mapas geológicos e, a seguir, exploram o que esses mapas podem dizer sobre a história de deformação e das forças tectônicas que a causaram. Após estudar o capítulo, você será capaz de:

8.1 Comparar os diferentes tipos de forças tectônicas nos limites de placas que deformam as rochas.

8.2 Descrever como mapas e diagramas são usados para representar estruturas geológicas.

8.3 Explicar como experimentos de laboratório podem nos ajudar a entender como a deformação de rochas funciona.

8.4 Resumir as estruturas de deformação básicas observadas em campo e os tipos de forças que as produzem.

8.5 Definir os principais estilos de deformação continental.

8.6 Descrever como reconstruímos a história geológica de uma região.

Vista panorâmica de Tree River Folds, no noroeste do Canadá. Estas dobras em larga escala têm um comprimento de onda de cerca de 1 km. [Cortesia de John Grotzinger].

Quando as rochas se situam em limites de placas, suas texturas e mineralogia podem ser transformadas por metamorfismo, como vimos no Capítulo 7. Entre os processos que causam metamorfismo regional em continentes, o mais importante é o da *deformação*, isto é, a modificação de rochas por compressão, extensão, dobramento e falhamento. Na escala de rochas individuais, a deformação pode transformar granitos em gnaisses e sedimentos em xistos. Em escala ampla, a deformação pode distorcer camadas de sedimentos, que foram depositados quase horizontalmente em padrões de aparência incomum.

Os primeiros geólogos achavam que a maioria das rochas sedimentares é originalmente depositada no fundo do mar, como camada horizontal inicialmente mole e, posteriormente, enrijecida com o tempo. Que forças poderiam ter agido sobre essas rochas, que pareciam ser tão fortes e rígidas, para produzir os padrões observados? Por que determinados padrões de deformação eram sempre repetidos ao longo da história geológica? A descoberta da tectônica de placas na década de 1960 trouxe as respostas.

Forças da tectônica de placas

Deformação é um termo geral que inclui dobramento, falhamento, cisalhamento, compressão e extensão de rochas por forças da tectônica de placas. Os tipos de deformação que vemos expostos na superfície terrestre são causados, principalmente, pelos movimentos horizontais das placas litosféricas umas em relação às outras. Por esse motivo, as forças tectônicas que deformam rochas em limites de placas têm orientação predominantemente *horizontal* e dependem da direção do movimento relativo de placas:

- **Forças extensionais**, que alongam um corpo e tendem a segmentá-lo, predominam em limites divergentes, onde as placas afastam-se entre si.
- **Forças compressivas**, que apertam e encurtam formações rochosas, predominam em limites convergentes, onde as placas aproximam-se.
- **Forças de cisalhamento**, que cisalham os dois lados de uma formação rochosa em direções opostas, predominam em limites de falhas transformantes, onde as placas deslizam uma em relação à outra.

Se as placas fossem perfeitamente rígidas, os limites de placas seriam delineações precisas, e os pontos em cada lado desses limites se moveriam na velocidade relativa da placa. Essa idealização geralmente é uma boa aproximação nos oceanos, onde vales em rifte em dorsais mesoceânicas, fossas de mar profundo e falhas transformantes praticamente verticais formam zonas estreitas de limites de placas, muitas vezes com apenas alguns quilômetros de largura.

Porém, nos continentes, a deformação causada por movimentos de placas pode ser "turvada" em uma zona de limite de placas com largura de centenas ou mesmo milhares de quilômetros. A crosta continental não se comporta de maneira rígida nessas zonas amplas, portanto as rochas na superfície são deformadas por dobramento e falhamento. As dobras das rochas são como as dobras das roupas. Da mesma maneira como uma roupa fica enrugada quando suas extremidades são empurradas uma contra a outra, também as camadas rochosas dobram-se quando são lentamente comprimidas por forças da crosta (**Figura 8.1a**). As forças tectônicas também podem causar o rompimento de uma formação rochosa com deslizamento paralelo à fratura em ambos os lados da mesma (Figura 8.1b), formando uma falha. Quando ocorre uma quebra súbita dessas, o resultado é um terremoto. Zonas ativas de deformação continental são marcadas por terremotos frequentes.

As dobras e as falhas geológicas apresentam tamanhos que variam de centímetros a metros (como na Figura 8.1) e até dezenas de quilômetros ou mais. Muitos cinturões de montanhas são, na verdade, uma série de grandes dobras ou falhas, ou ambas, que foram meteorizadas e erodidas. Com base no registro geológico da deformação exposta na superfície terrestre, os geólogos podem deduzir as direções do movimento de antigos limites de placas e reconstruir a história tectônica da crosta continental.

Mapeamento de estruturas geológicas

Falhas e dobras são exemplos das feições básicas que os geólogos observam e mapeiam para reconstruir a deformação crustal. Para entender melhor esse processo, precisamos de informações sobre a geometria dessas feições, e o melhor lugar para encontrá-las é em uma *exposição*, onde a rocha sólida subjacente à superfície do solo – o *substrato rochoso* – está exposta (sem estar obscurecida pela vegetação, pelo solo ou por matacões soltos). Em uma exposição, os geólogos podem identificar **formações** distintas: grupos de camadas de rochas que podem ser identificados em uma região por suas propriedades físicas. Algumas formações consistem em um único tipo de rocha, como o calcário. Outras são compostas de camadas delgadas e interacamadas de diferentes tipos de rocha, como arenito e folhelho. Por mais que exista variação, cada formação compreende um conjunto distinto de camadas rochosas que pode ser reconhecido e mapeado como uma unidade.

A Figura 8.1a mostra uma exposição em que o dobramento de camadas sedimentares é claramente visível. No entanto, com frequência, as rochas dobradas são apenas parcialmente reveladas em uma exposição e podem ser observadas somente como uma camada inclinada (**Figura 8.2**). A orientação da camada é uma indicação importante que os geólogos podem usar para reconstituir o panorama da estrutura geral deformada. Duas medições descrevem a orientação de uma camada rochosa revelada em um afloramento: a direção e o mergulho da superfície da camada.

Medindo a direção e o mergulho

A **direção** é o é o ângulo entre a linha norte-sul da bússola e a linha de uma camada rochosa onde esta intercepta um plano horizontal. O **mergulho**, que é medido em ângulo reto com a

(a)

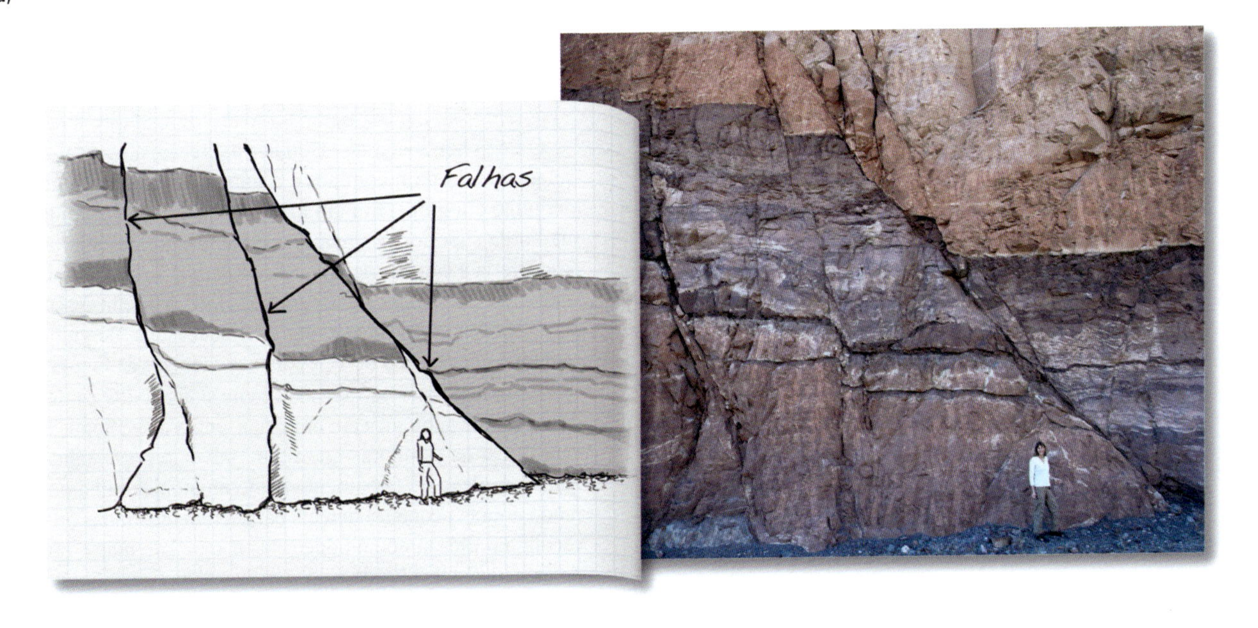

(b)

FIGURA 8.1 Rochas sujeitas a forças tectônicas são deformadas por dobramento e falhamento. (a) Uma exposição de camadas de rochas, originalmente horizontais, dobradas por forças tectônicas compressivas. (b) Um afloramento de camadas de rochas, anteriormente contínuas, permanentemente deslocadas ao longo de pequenas falhas por forças tectônicas extensionais. [(a) Tony Waltham; (b) Marli Miller.]

FIGURA 8.2 Camadas inclinadas de calcário e folhelho da costa de Somerset, Inglaterra. As crianças estão caminhando ao longo da direção das camadas. As camadas mergulham para a esquerda com um ângulo de aproximadamente 15°. [Chris Pellant.]

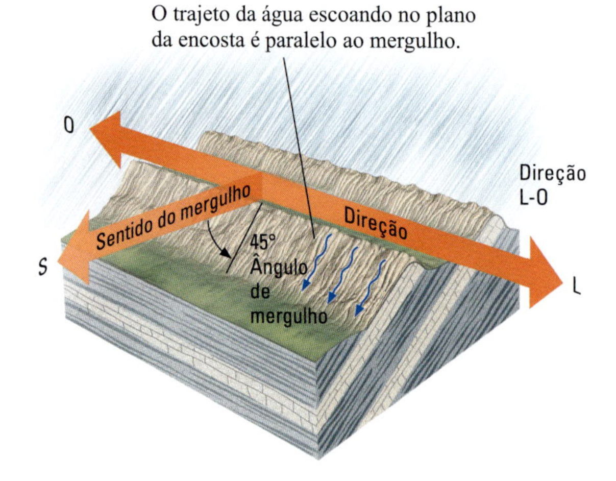

FIGURA 8.3 A direção e o mergulho de uma camada rochosa definem sua orientação em um determinado local. A direção é o ponto cardeal de um plano rochoso medido ao longo de uma linha formada pela intersecção deste plano com uma superfície horizontal. O mergulho é o ângulo e o sentido de maior inclinação da camada a partir da horizontal, medido em ângulo reto com a direção. Aqui, a direção é leste-oeste, e o mergulho é de 45° para o sul.

direção, é simplesmente o grau da inclinação – ou seja, o ângulo com que a camada inclina-se a partir da horizontal. A Figura 8.3 mostra como a direção e o mergulho são observados e medidos no campo. Um geólogo pode descrever o afloramento nessa figura da seguinte forma: "uma camada de arenito grosso com direção oeste e mergulhando a 45° para o sul".

Mapas geológicos

O mapa geológico é uma representação bidimensional das formações rochosas expostas na superfície terrestre (Figura 8.4). Para criar um mapa geológico, o geólogo deve escolher uma *escala* apropriada – a razão entre a distância no mapa e a distância real na superfície. Uma escala comum para o mapeamento geológico de campo é 1:25.000 (lê-se "um para vinte e cinco mil"), que significa que 1 centímetro no mapa corresponde a 25 mil centímetros na superfície terrestre. Para representar a geologia de um estado inteiro, um geólogo escolheria uma escala menor, por exemplo de 1:1.000.000, onde 1 cm representa 10 km. Quanto menor a escala, menos detalhes podem ser exibidos no mapa.

Os geólogos podem monitorar diferentes formações rochosas atribuindo uma determinada cor no mapa para cada formação, geralmente referente ao tipo e à idade da rocha (ver Figura 8.4). Muitas formações rochosas diferentes podem estar expostas em regiões com alto grau de deformação, por isso os mapas geológicos podem ser bastante coloridos!

Rochas mais suaves, como o lamito e outros sedimentos com consolidação fraca, erodem com mais facilidade do que as rochas mais duras, como o calcário, o arenito ou as rochas metamórficas. Como consequência, os tipos de rochas podem exercer uma forte influência na topografia da superfície terrestre e na exposição de formações rochosas (ver Figura 8.4). A importante relação entre geologia e topografia pode ser evidenciada pela representação em gráfico dos contornos da superfície terrestre em um mapa geológico.

Como os mapas geológicos podem representar uma quantidade enorme de informação, eles são chamados de "livros-texto em um pedaço de papel". Para comunicar essa informação de modo mais conciso, os mapas geológicos incluem símbolos especiais que indicam a direção e o mergulho locais de formações rochosas, além de tipos especiais de linhas que marcam falhas e outras feições significativas. Por exemplo, a direção e o mergulho de formações rochosas são indicados em um mapa geológico por símbolos semelhantes à letra 'T':

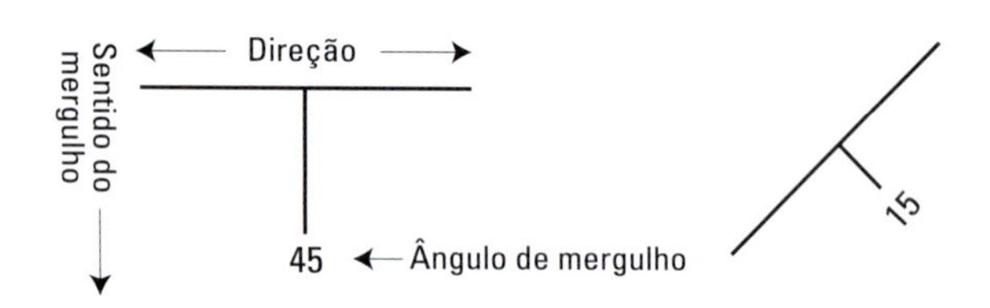

O traço horizontal do 'T' indica a direção, o vertical refere-se ao sentido do mergulho, e o número fornece o ângulo de mergulho em graus. Em um mapa no qual o norte aponta para sua borda superior, o símbolo à esquerda (no desenho acima) descreveria a camada de arenito da Figura 7.3, que tem direção leste-oeste e mergulho de 45° para o sul. O da direita descreveria uma formação com direção nordeste-sudoeste e mergulho para o sudeste com ângulo de 15°, como as camadas da Figura 7.2.

É evidente que não se pode representar todos os detalhes da superfície geológica em um mapa, então os geólogos devem simplificar as estruturas que veem, talvez representando uma zona complexa de falhamento como uma única falha ou ignorando dobras pequenas demais para serem mostradas na escala escolhida. Eles também podem "tirar o pó" do mapa, ignorando camadas delgadas de solo e rochas soltas que cobrem a estrutura geológica, retratando-a como se estivessem aflorando continuamente em todo lugar. Portanto, deve-se pensar no mapa geológico como um *modelo científico* simplificado da geologia superficial.

Seções geológicas transversais

Assim que uma região é mapeada, o mapa geológico bidimensional deve ser interpretado em termos da estrutura geológica tridimensional subjacente. Como é possível reconstruir a forma das camadas de rochas, mesmo quando a erosão removeu parte da formação? O processo é como montar um quebra-cabeça tridimensional no qual faltam peças. O senso comum e a intuição têm um papel importante, assim como princípios geológicos básicos.

Para montar o quebra-cabeça, os geólogos constroem **seções geológicas transversais** – diagramas mostrando as feições que seriam visíveis se fossem obtidas fatias verticais através de uma parte da crosta. Uma seção natural pode ser frequentemente observada em uma face vertical de um penhasco, de uma pedreira e de um corte de estrada (Figura 8.5). Seções transversais que abrangem áreas muito maiores podem ser construídas a partir

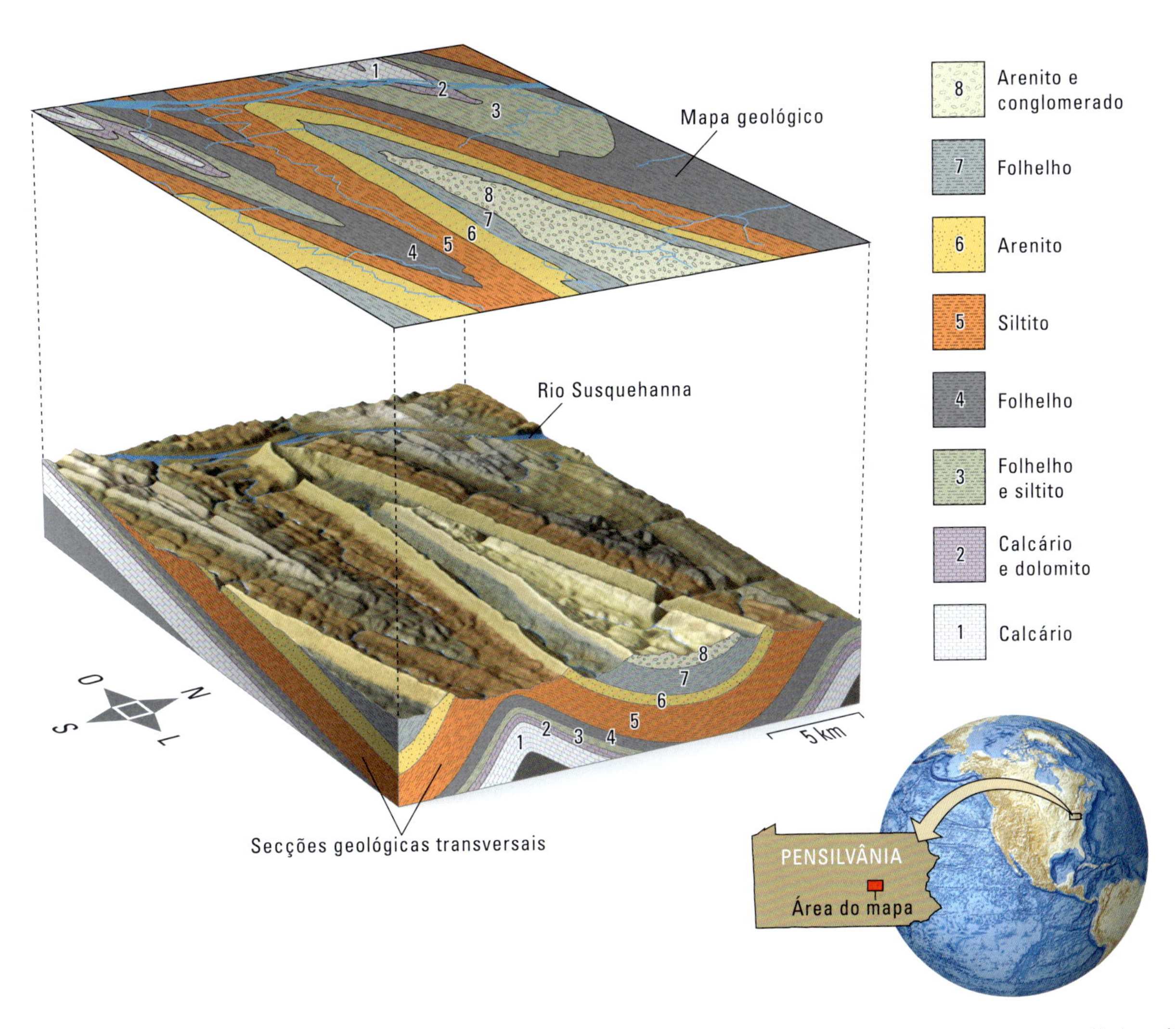

FIGURA 8.4 Um mapa geológico e secções transversais são representações bidimensionais de uma estrutura geológica tridimensional. Esta figura mostra uma região de rochas sedimentares dobradas na área central da Pensilvânia, a leste do rio Susquehanna. As formações rochosas expostas na superfície estão numeradas da mais antiga (formação 1) para a mais nova (formação 8).

da informação em um mapa geológico, inclusive as direções e os mergulhos observados em exposições. A precisão de seções transversais com base no mapeamento de superfície pode ser aprimorada com a perfuração de furos de sondagem para coletar amostras de rocha e com o uso de imagens sísmicas. Porém, a perfuração e as imagens sísmicas são caras; portanto, os dados coletados por esses métodos geralmente estão disponíveis apenas para áreas que foram exploradas em busca de petróleo, água ou outros recursos naturais valiosos.

A Figura 8.4 mostra um mapa geológico de uma área em que camadas originalmente horizontais de rochas sedimentares foram dobradas em uma série de dobras e erodidas em um conjunto de cristas e vales em ziguezague. Vamos explorar algumas das relações geológicas vistas nesse mapa mais adiante, neste capítulo. Antes disso, vamos investigar os processos básicos pelos quais as rochas são deformadas.

Como as rochas são deformadas

As rochas deformam-se em resposta às forças tectônicas que agem sobre elas. Se elas responderão a essas forças por dobramento, falhamento ou alguma combinação dos dois depende da orientação das forças, do tipo de rocha e das condições físicas (como temperatura e pressão) durante a deformação.

Fragilidade e ductibilidade de rochas no laboratório

Em meados da década de 1900, os geólogos começaram a explorar as forças de deformação usando carneiros hidráulicos para dobrar e quebrar pequenas amostras de rocha. Engenheiros haviam inventado tais máquinas para medir a força do concreto

FIGURA 8.5 As seções geológicas podem, por vezes, ser observadas diretamente no campo. Este corte de estrada, parte da Estrada Cênica de Lariat Loop, no Colorado, mostra uma secção transversal quase vertical através de uma sequência de camadas sedimentares inclinadas pelo soerguimento das Montanhas Rochosas. [James Steinberg/Science Source.]

e de outros materiais de construção, mas os geólogos os modificaram para descobrir como as rochas deformam-se em pressões e temperaturas altas o bastante para simular condições físicas na crosta terrestre profunda.

Em um desses experimentos, os pesquisadores aplicaram força de compressão usando um carneiro hidráulico para empurrar uma extremidade de um pequeno cilindro de mármore enquanto, ao mesmo tempo, mantinham a pressão confinante no cilindro (**Figura 8.6**). Sob condições de pressão confinante baixa, equivalente às encontradas em profundidades rasas da crosta, a amostra de mármore teve pouca deformação, até que a força de compressão em sua extremidade foi aumentada ao ponto em que toda a amostra subitamente fraturou-se (ver Figura 8.6, lado esquerdo). Esse experimento mostrou que o mármore comporta-se como um material **frágil** sob as baixas pressões confinantes encontradas na profundidade rasa de crosta. A repetição do experimento sob condições de pressão confinante alta, equivalente às que acompanham o metamorfismo, teve resultado diferente: a amostra de mármore deformou-se lenta e constantemente até obter uma forma encurtada e abaulada, sem fraturar-se (ver Figura 8.6, lado direito). O mármore, então, comporta-se como um material deformável, ou **dúctil**, sob condições de alta pressão confinante em profundidades maiores da crosta.

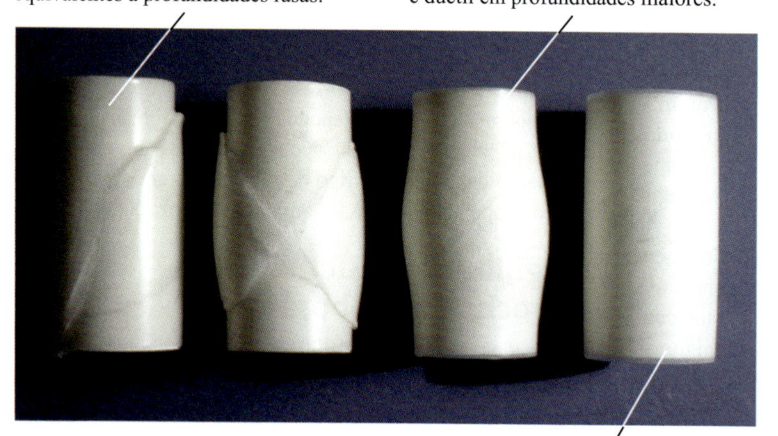

FIGURA 8.6 Resultados dos experimentos de laboratório conduzidos para investigar como a rocha – neste caso, o mármore – é deformada por forças compressivas. As amostras de mármore estão envoltas em invólucros de plástico transparente, o que explica sua aparência brilhosa. [Fred e Judith Chester/John Handin Rock Deformation Laboratory of the Center for Tectonophysics.]

Outros experimentos demonstraram que, quando o mármore era aquecido a temperaturas semelhantes às que acompanham o metamorfismo, ele comportava-se como um material dúctil sob condições de pressão confinante baixa – assim como a cera aquecida transforma-se de um material duro quebrável para um material suave que flui. Os pesquisadores concluíram que o mármore com que estavam trabalhando sofreria deformação por falhamento em profundidades mais rasas do que alguns quilômetros, mas por dobramento em maiores profundidades da crosta, onde geralmente ocorre o metamorfismo.

Fragilidade e ductibilidade de rochas na crosta terrestre

As condições naturais na crosta terrestre não podem ser reproduzidas com exatidão no laboratório. As forças tectônicas são atuantes durante períodos de milhões de anos, enquanto os experimentos de laboratório tendem a ser conduzidos em poucas horas ou, no máximo, em algumas semanas. De qualquer modo, os resultados de laboratório podem ajudar a interpretar o que é visto no campo. Os geólogos prestam atenção aos seguintes aspectos durante o mapeamento de dobras e falhas crustais:

- A mesma rocha pode ser frágil em profundidades pequenas (onde as temperaturas e pressões são relativamente baixas) e dúctil nas profundezas da crosta (onde as temperaturas e pressões são maiores). O metamorfismo geralmente é acompanhado pela deformação dúctil.
- O tipo de rocha afeta a deformação. Sobretudo, as rochas metamórficas e ígneas duras que formam o *embasamento* cristalino de um continente (a crosta sob as camadas de sedimentos) frequentemente comportam-se como materiais frágeis, fraturando-se ao longo de falhas durante a deformação. Já as rochas sedimentares mais macias que as recobrem, geralmente comportam-se como materiais dúcteis, dobrando-se durante a deformação.
- Uma formação rochosa que se comportaria como um material dúctil ao ser deformada lentamente, pode comportar-se como um material frágil ao ser deformada mais rapidamente. (Pense em massa de modelar, que se deforma como argila dúctil quando você a comprime lentamente, mas quebra-se em fragmentos quando você a esmaga rapidamente contra uma superfície dura.)
- As rochas quebram-se com mais facilidade quando sujeitas a forças extensionais (de esticar e alongar) do que quando sujeitas a forças de compressão. Formações rochosas sedimentares que se deformam por dobramento sob compressão muitas vezes se quebram ao longo de falhas quando sujeitas à extensão.

Estruturas básicas de deformação

Os geólogos usam os conceitos geométricos e medições simples, descritos anteriormente neste capítulo, para classificar feições como falhas e dobras em diferentes tipos de estruturas de deformação.

Falhas

A **falha** é uma fratura que desloca a rocha em ambos os lados paralelos à ela. Podemos medir a orientação da superfície da fratura, ou *superfície da falha*, por sua direção e mergulho, assim como fazemos com outras superfícies geológicas (ver Figura 8.3). O movimento do bloco rochoso de um lado da falha com relação ao do outro lado pode ser descrito pelo *rejeito* e pelo deslocamento total. Em falhas pequenas, como aquelas mostradas na Figura 8.1b, o deslocamento pode ser de apenas alguns metros, enquanto ao longo de uma falha transformante grande, como a de Santo André, ele pode chegar a centenas de quilômetros (**Figura 8.7**).

As rochas em cada lado de uma falha não podem se interpenetrar e, sob altas pressões abaixo da superfície, não têm como

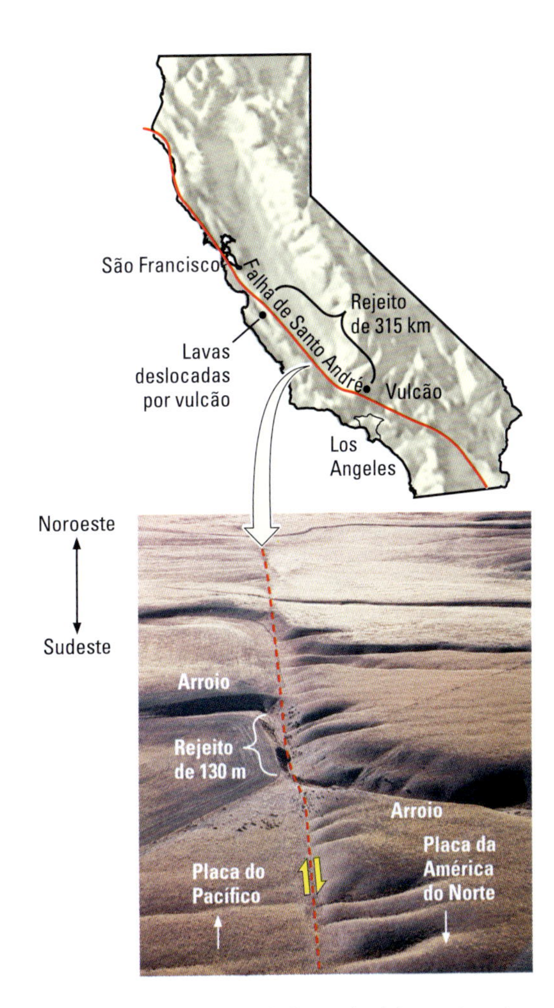

FIGURA 8.7 Vista da Falha de Santo André, mostrando o movimento para o noroeste da Placa do Pacífico com relação à Placa da América do Norte. O mapa mostra uma formação de rochas vulcânicas com 23 milhões de anos que foi deslocada 315 km. A falha estende-se desde o topo até a base da fotografia (linha pontilhada). Note o deslocamento do curso d'água (arroio Wallace) em 130 m quando atravessa a falha. [University of Washington Libraries, Special Collections, John Shelton Collection, KCN7-23.]

se abrir, então a direção do rejeito durante o falhamento deve ser paralela à superfície da falha. Assim, as falhas podem ser classificadas de acordo com seu rejeito ao longo dessa superfície (Figura 8.8). Uma **falha com rejeito paralelo ao mergulho** é aquela em que há movimento relativo dos blocos rochosos para baixo ou para cima do plano de falha. Uma **falha direcional** é aquela em que o movimento dos blocos é horizontal, paralelo à direção do plano de falha. O movimento ao longo da direção e simultaneamente para cima ou para baixo ao longo do mergulho caracteriza uma *falha oblíqua*. As falhas com rejeito paralelo ao mergulho estão associadas com compressão ou extensão, e as falhas direcionais indicam que as forças de cisalhamento foram atuantes. Uma falha oblíqua resulta de um cisalhamento em combinação com compressão ou extensão.

Contudo, as falhas necessitam ser mais bem caracterizadas, porque o movimento pode ser para cima ou para baixo, para a direita ou para a esquerda. Para descrever esses movimentos, os geólogos tomam emprestado alguns termos usados por mineiros, chamando o bloco de rocha acima de um plano de falha com rejeito paralelo ao mergulho de **teto**, e o bloco de rocha abaixo dele, de **muro**. Uma falha com rejeito paralelo ao mergulho é chamada de **falha normal** se o teto move-se para baixo em relação ao muro, estendendo a estrutura horizontalmente (Figura 8.8a). Por outro lado, essa falha é chamada de *inversa*

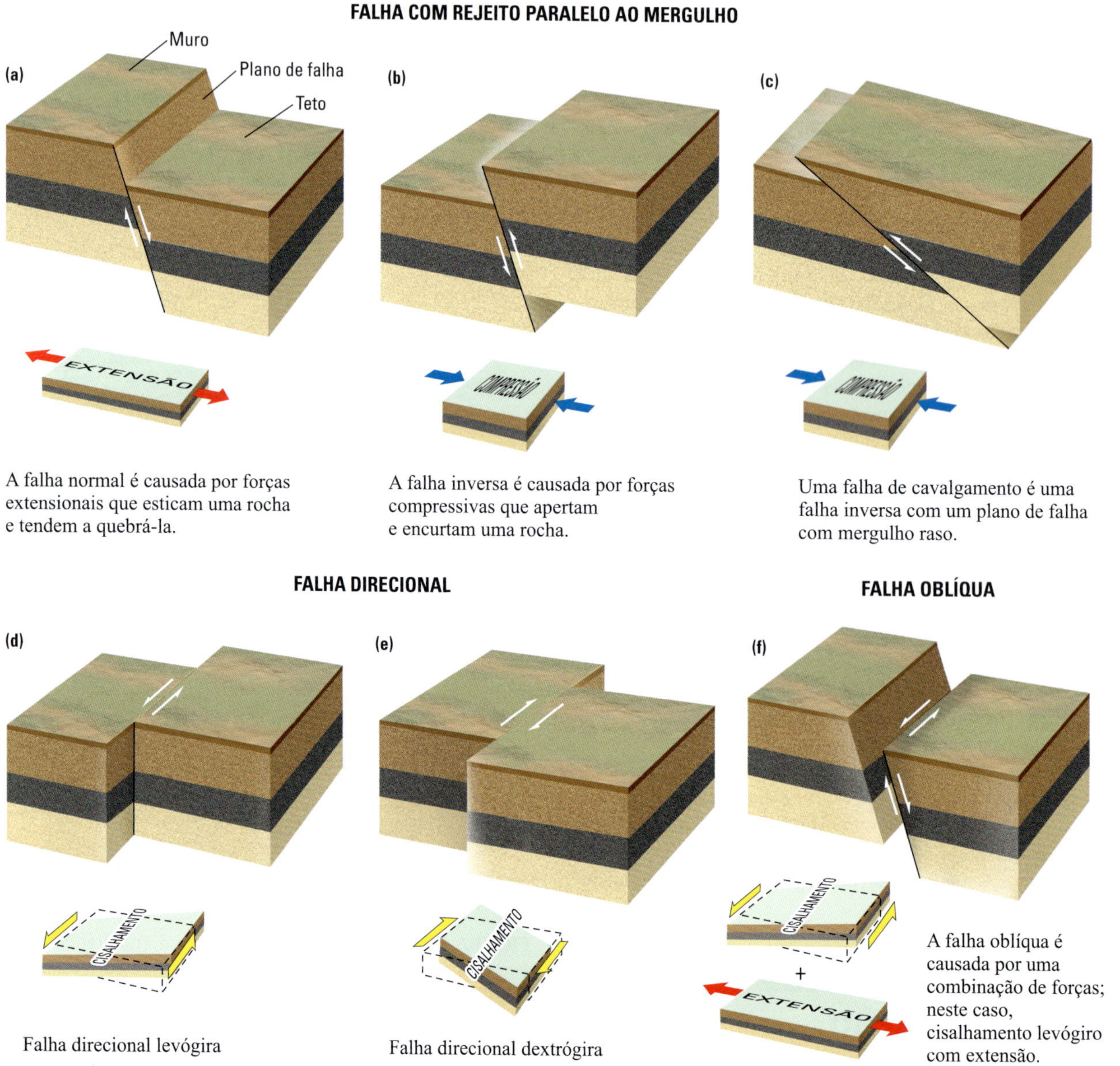

FALHA COM REJEITO PARALELO AO MERGULHO

(a) Muro; Plano de falha; Teto; EXTENSÃO

A falha normal é causada por forças extensionais que esticam uma rocha e tendem a quebrá-la.

(b) COMPRESSÃO

A falha inversa é causada por forças compressivas que apertam e encurtam uma rocha.

(c) COMPRESSÃO

Uma falha de cavalgamento é uma falha inversa com um plano de falha com mergulho raso.

FALHA DIRECIONAL

(d) CISALHAMENTO

Falha direcional levógira

(e) CISALHAMENTO

Falha direcional dextrógira

FALHA OBLÍQUA

(f) CISALHAMENTO + EXTENSÃO

A falha oblíqua é causada por uma combinação de forças; neste caso, cisalhamento levógiro com extensão.

FIGURA 8.8 A orientação das forças tectônicas determina o estilo do falhamento. As falhas com rejeito paralelo de mergulho (a–c) são causadas por forças compressivas e extensionais. As falhas direcionais (d, e) são causadas por forças de cisalhamento. As falhas oblíquas (f) são causadas por uma combinação de forças de cisalhamento e compressivas ou extensionais.

se o teto move-se para cima em relação ao muro, causando um encurtamento da estrutura (Figura 8.8b) – o contrário do que os geólogos definiram (de forma um tanto arbitrária) como "normal". Uma **falha de cavalgamento** é uma falha inversa de ângulo baixo, ou seja, com ângulo de mergulho menor do que 45°, de forma que o movimento é mais horizontal do que vertical (Figura 8.8c). Quando sujeitas à compressão horizontal, as rochas frágeis da crosta continental geralmente quebram ao longo de falhas de cavalgamento com ângulo de mergulho de 30° ou menos, em vez de ao longo de falhas inversas com mergulho mais inclinado.

Uma falha direcional é *levógira* se um observador em um lado da falha perceber que o bloco do lado oposto está deslocado para a esquerda (Figura 8.8d). Ela é uma falha *dextrógira* se o bloco do lado oposto parecer ter se deslocado para a direita (Figura 8.8e). Como se pode ver pelo rejeito do arroio na Figura 8.7, a Falha de Santo André é dextrógira. Outras falhas apresentam movimentos direcionais e de rejeito de mergulho e são conhecidas como **falhas oblíquas** (Figura 8.8f).

Os geólogos reconhecem falhas no campo de diversas maneiras. A falha pode formar uma *escarpa* (pequeno penhasco) que marca o traço da falha na superfície do terreno (**Figura 8.9**). Se o movimento relativo for grande, como é o caso da falha transformante de Santo André, as formações rochosas, agora em contato umas com as outras na linha de falha, vão, provavelmente, diferir em litologia e idade. Quando os movimentos são menores, as feições do deslocamento podem ser observadas e medidas. (Como exercício, tente realinhar as camadas deslocadas pelas pequenas falhas na Figura 8.1b.) Para estabelecer a idade do falhamento, os geólogos usam uma ideia simples: uma falha deve ser mais nova que a mais nova dentre as rochas que ela corta (as rochas deveriam estar lá antes de que pudessem ser falhadas), e mais antiga que a mais antiga das camadas que a recobrem e que não foram por ela deslocadas.

Em mapas geológicos, as falhas são representadas por *traços da falha*: linhas que indicam o ponto onde uma falha cruza a superfície do solo. As falhas normais distinguem-se das falhas de cavalgamento pelos diferentes tipos de "dentes" representados no traço da falha:

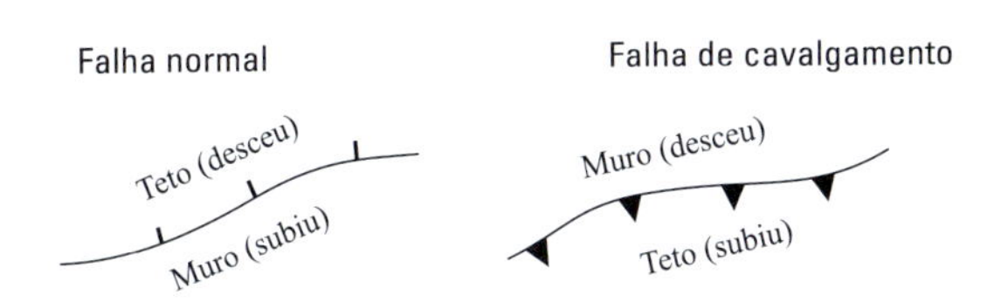

Para os dois tipos de falhas com rejeito paralelo ao mergulho, os dentes apontam na direção do teto. Exemplos de falhas normais representadas dessa forma são mostrados na Figura 8.20; exemplos de falhas de cavalgamento podem ser vistos na Figura 8.22. Para falhas direcionais, a direção do movimento, dextrógiro ou levógiro, é indicado por um par de setas (amarelas) que delimitam o traço da falha (ver Figura 8.7).

FIGURA 8.9 Esta escarpa é uma superfície fresca de uma feição que se formou por falhamento normal durante o terremoto de 1954 em Fairview Peak, Nevada (EUA). [Garry Hayes/Geotripper Images.]

FIGURA 8.10 Dobras em ampla escala nas rochas sedimentares que formam as Montanhas Kananaskis, em Alberta, Canadá. [Design Pics/Michael Interisano/Getty Images.]

FIGURA 8.11 Dobras em pequena dimensão em camadas sedimentares de anidrito (claro) e folhelho (escuro) no oeste do Texas (EUA). [John Grotzinger/Ramón Rivera-Moret/Harvard Mineralogical Museum.]

Dobras

O dobramento é uma forma comum de deformação observada em rochas acamadas (como na Figura 8.1a). As **dobras** ocorrem quando uma estrutura originalmente plana, como uma camada sedimentar, é dobrada para formar uma estrutura curva. A deformação pode ser produzida por forças dirigidas horizontalmente ou verticalmente na crosta, do mesmo modo que pode se dobrar uma folha de papel empurrando um de seus lados contra o oposto, ou empurrando-a para baixo ou para cima em um de seus lados.

Assim como as falhas, as dobras ocorrem em todos os tamanhos. Em muitos sistemas de montanhas, majestosas dobras de grande extensão podem ser traçadas, algumas delas com dimensões de muitos quilômetros (Figura 8.10). Em uma proporção bem menor, camadas sedimentares muito delgadas podem ser amassadas em dobras de poucos centímetros (Figura 8.11). O encurvamento pode ser suave ou severo, dependendo da magnitude das forças aplicadas, do período de tempo em que elas foram aplicadas e da habilidade das camadas de resistir à deformação.

As rochas acamadas que foram dobradas em arco, com a concavidade para baixo, são chamadas de **anticlinais**; já aquelas dobradas com a concavidade para cima, formando calhas, são denominadas de **sinclinais** (Figura 8.12). Os dois lados de uma dobra são chamados de *flancos*. O *plano axial* é uma

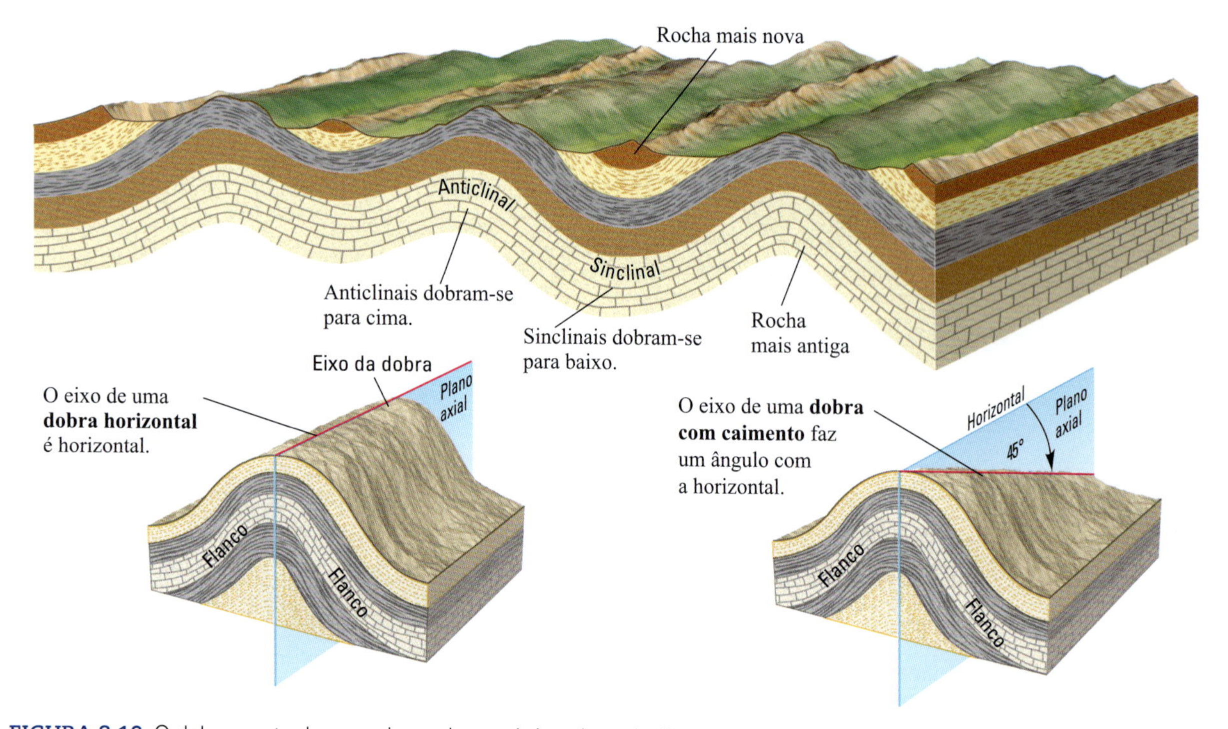

FIGURA 8.12 O dobramento de camadas rochosas é descrito pela direção da dobra (para cima ou para baixo) e pela orientação do eixo da dobra e do plano axial.

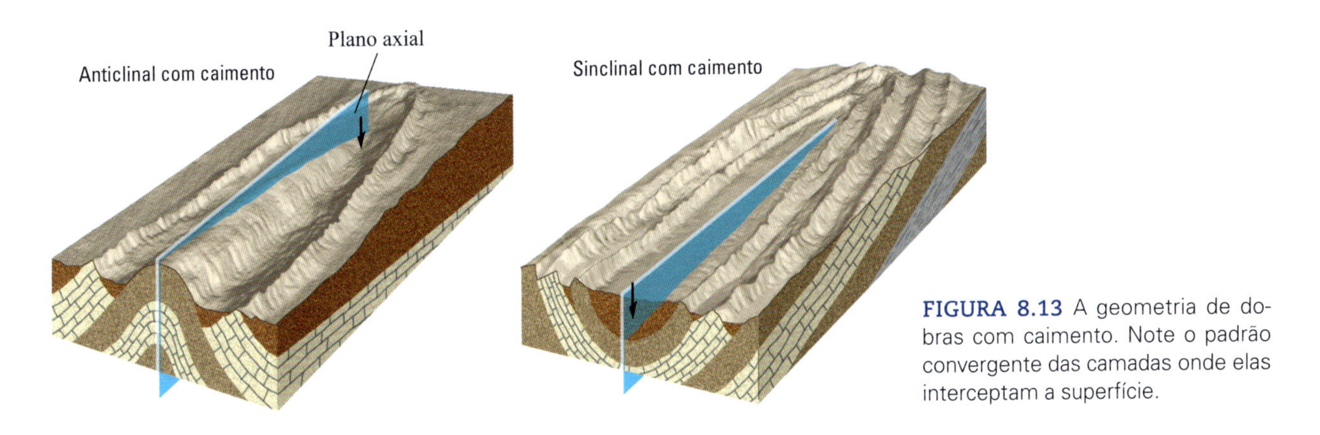

FIGURA 8.13 A geometria de dobras com caimento. Note o padrão convergente das camadas onde elas interceptam a superfície.

superfície imaginária que divide uma dobra tão simetricamente quanto possível, com um flanco em cada lado do plano. A linha formada pela intersecção do plano axial com as camadas é o *eixo da dobra*. Uma dobra horizontal simétrica tem um eixo horizontal e um plano axial vertical com os flancos mergulhando simetricamente para longe do eixo.

Porém, as dobras raramente permanecem horizontais. Siga o eixo de qualquer dobra no campo e, mais cedo ou mais tarde, a dobra desaparece ou parece mergulhar no terreno. Se o eixo de uma dobra não é horizontal, temos uma *dobra com caimento*. A **Figura 8.13** traz um diagrama da geometria de anticlinais e sinclinais. Em cinturões de montanhas erodidos, exposições com um padrão em zigue-zague podem aparecer no campo após a remoção de grande parte das rochas na superfície pela erosão. O mapa geológico na Figura 8.4 mostra esse padrão característico.

As dobras também não costumam permanecer simétricas. Com o aumento da deformação, as dobras podem resultar em formas assimétricas, com um flanco mergulhando mais que o outro (**Figura 8.14**). Essas *dobras assimétricas* são comuns. Quando a deformação é tão intensa a ponto de um flanco ter sido inclinado para além de 90°, invertendo a estratigrafia, a

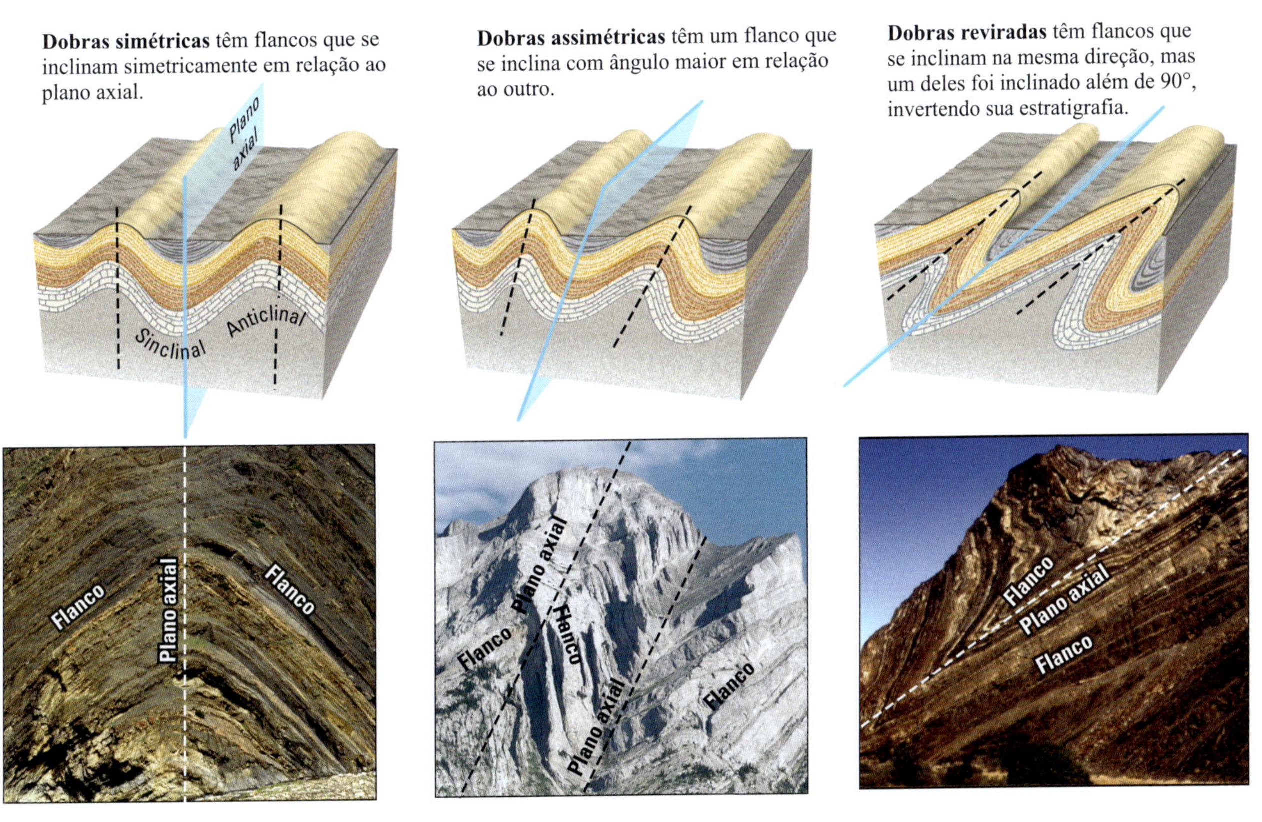

FIGURA 8.14 Com o aumento da deformação, as dobras são empurradas em formas assimétricas. [(esquerda) Tony Waltham; (centro) Design Pics/Michael Interisano/Getty Images; (direita) Cortesia de John Grotzinger.]

PRATIQUE UM EXERCÍCIO DE GEOLOGIA

Como usamos mapas geológicos para encontrar petróleo?

O óleo bruto, ou *petróleo* (do latim "óleo de rocha"), tem sido coletado de exsudações naturais na superfície terrestre desde épocas antigas. A substância betuminosa de cheiro ruim já foi usada como calafetagem de barcos, graxa para rodas e remédio, mas não era comum usá-la como combustível até o processo de refinamento de petróleo ser desenvolvido na década de 1850. A demanda disparou naquela época, principalmente porque o óleo de gordura de baleia, o melhor combustível que havia disponível para as lamparinas, ficou incrivelmente caro (US$ 16 por litro em valores atuais!) quando a pesca excessiva dizimou populações de baleias.

A capacidade de refinar óleo limpo para lamparinas a partir do petróleo deflagrou o primeiro *boom* do óleo. A mineração do "ouro negro" concentrou-se em áreas em torno do Lago Erie, onde foram descobertos grandes exsudações de petróleo – no noroeste da Pensilvânia, nordeste de Ohio e sul de Ontário. Os primeiros exploradores de petróleo, como o autoproclamado "Coronel" Edwin Drake, da Pensilvânia, simplesmente perfuravam as exsudações, mas essa abordagem direta logo se mostrou uma estratégia inadequada para satisfazer a nova sede de petróleo.

O conhecimento geológico podia ser usado para localizar grandes reservatórios de petróleo escondidos no subsolo, ou seja, em regiões onde nenhum óleo aflorava na superfície? Uma resposta afirmativa foi dada em 1861 por T. Sterry Hunt, um geoquímico nascido em Connecticut (EUA). Hunt, membro do Serviço Geológico do Canadá, era ativo na nova ciência do mapeamento de recursos naturais. Ele

dobra é chamada de *dobra revirada*.* Ambos os flancos de uma dobra reversa mergulham na mesma direção, mas a ordem da sequência de camadas no flanco inferior é precisamente o inverso da sequência original – ou seja, as rochas mais antigas estão sobrepostas às mais novas.

As observações no campo raramente fornecem aos geólogos informações completas. Ou o substrato é recoberto por solos ou a erosão removeu a maioria das estruturas pretéritas. Desse modo, os geólogos buscam evidências que possam ser utilizadas para descobrir a relação de uma camada com a outra. Por exemplo, no campo ou no mapa, um anticlinal erodido seria reconhecido por uma faixa de rochas mais antigas formando um núcleo bordejado, em ambos os lados, por rochas mais novas com mergulhos divergentes. Uma sinclinal erodida mostrar-se-ia como um núcleo de rochas mais novas bordejadas, em ambos os lados, por rochas mais antigas, que mergulham para o centro da estrutura. Essas relações estão ilustradas nas Figuras 8.4 e 8.13. A determinação da estrutura subsuperficial de dobras por mapeamento de superfície é um método importante para encontrar óleo, conforme descrito no Pratique um Exercício de Geologia.

Estruturas circulares

A deformação ao longo de limites de placas por forças com direção horizontal geralmente resulta em falhas e dobras lineares orientadas quase paralelamente a esses limites. Alguns tipos de deformação, contudo, são mais simétricos, formando estruturas praticamente circulares, chamadas de bacias e domos.

Uma **bacia** é uma estrutura sinclinal, uma depressão de camadas rochosas em forma de tigela nas quais as

*N. de R.T.: Também chamada de "dobra invertida" ou "reversa". Quando o plano axial é horizontal (caso extremo de inclinação), a dobra é dita *recumbente*. Dobras em que o plano axial está inclinado e a estratigrafia não foi invertida, são ditas *inclinadas*.

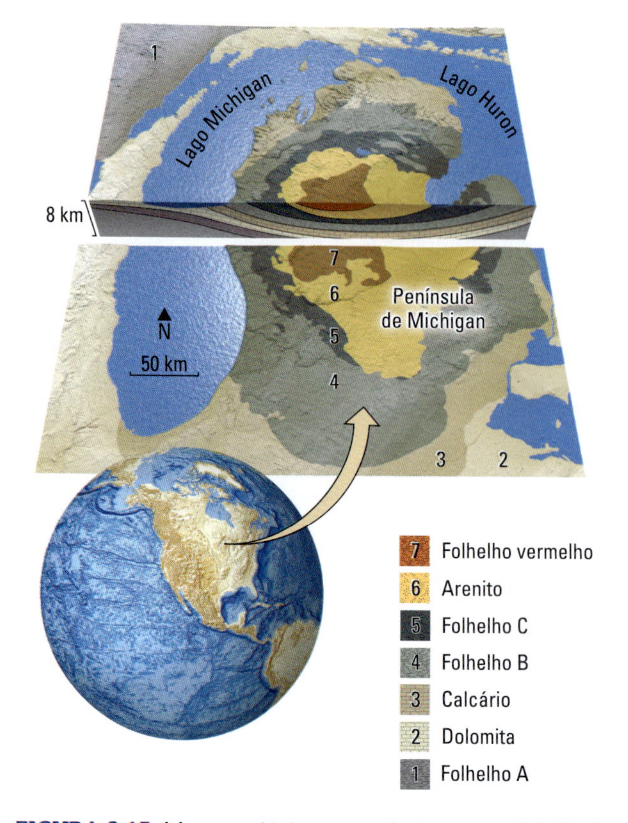

FIGURA 8.15 Mapa geológico e secção transversal da Bacia de Michigan, que mostra camadas sedimentares depositadas em uma sequência delgada da mais antiga (formação 1) para a mais nova (formação 7) durante a subsidência da bacia. A secção transversal foi exagerada verticalmente por um fator de 5:1.

documentou os afloramentos de petróleo do sul de Ontário em 1850. À medida que a produção de óleo da região aumentava, ele percebeu que os afloramentos e os poços bem-sucedidos tendiam a estar alinhados ao longo de cristas de dobras geológicas.

Hunt também havia estudado as propriedades físicas e químicas do petróleo no laboratório e sabia que ele se formava quando rochas sedimentares ricas em material orgânico eram sujeitas ao calor e à pressão (ver Capítulo 6). O petróleo é mais leve que a água; devido a sua flutuabilidade, ele tende a ascender em direção à superfície. A hipótese proposta por Hunt era que o petróleo ascendente acumulava-se em "rochas reservatório" porosas, como arenitos, se tais rochas estivessem sobrepostas por "rochas selantes", como folhelhos, que evitavam a ascensão posterior do petróleo. Além disso, o local mais provável para encontrar grandes reservatórios seria ao longo dos eixos de dobras de anticlinais, onde volumes consideráveis de petróleo podiam estar presos sem escapar para a superfície.

A figura que acompanha esta seção ilustra uma armadilha anticlinal, para a qual podemos imaginar a seguinte narrativa de descoberta geológica. A erosão da dobra expôs uma sequência de arenitos, calcários e folhelhos. O mapeamento feito por um geólogo empreendedor mostra que o eixo do anticlinal tem direção nordeste. A perfuração no ponto A sobre o eixo do anticlinal penetra, em primeiro lugar, uma camada espessa de arenito exposta na superfície e, a seguir, uma camada mais delgada de folhelho. Logo abaixo do folhelho, a equipe de perfuração encontra outra camada de arenito contendo gás e, abaixo desse gás, quantidades significativas de óleo. O geólogo infere que o folhelho está capeando um importante reservatório de petróleo na camada mais profunda do arenito, então instrui a equipe a mover-se ao longo da direção do anticlinal e perfurar no ponto B. Bingo: mais um próspero poço de óleo!

A "teoria anticlinal" de Hunt permitiu que os geólogos descobrissem óleo (alguns ficaram ricos) mapeando estruturas de dobras na superfície e, mais tarde, por meio de imagens tridimensionais dessas estruturas, usando técnicas sísmicas. Os resultados foram impressionantes: a maior parte do total de um trilhão de barris de óleo bruto produzido desde 1861 veio de armadilhas anticlinais de óleo do tipo que Hunt descobriu.

PROBLEMA EXTRA: A empresa que gerencia o petróleo mostrado na figura gostaria de expandir suas operações, então propuseram perfurar um novo poço ao longo do eixo do anticlinal no ponto C. Como você, que trabalha com consultoria geológica, classificaria as chances de obter outro poço promissor? Ilustre sua resposta com um esboço de uma secção geológica transversal.

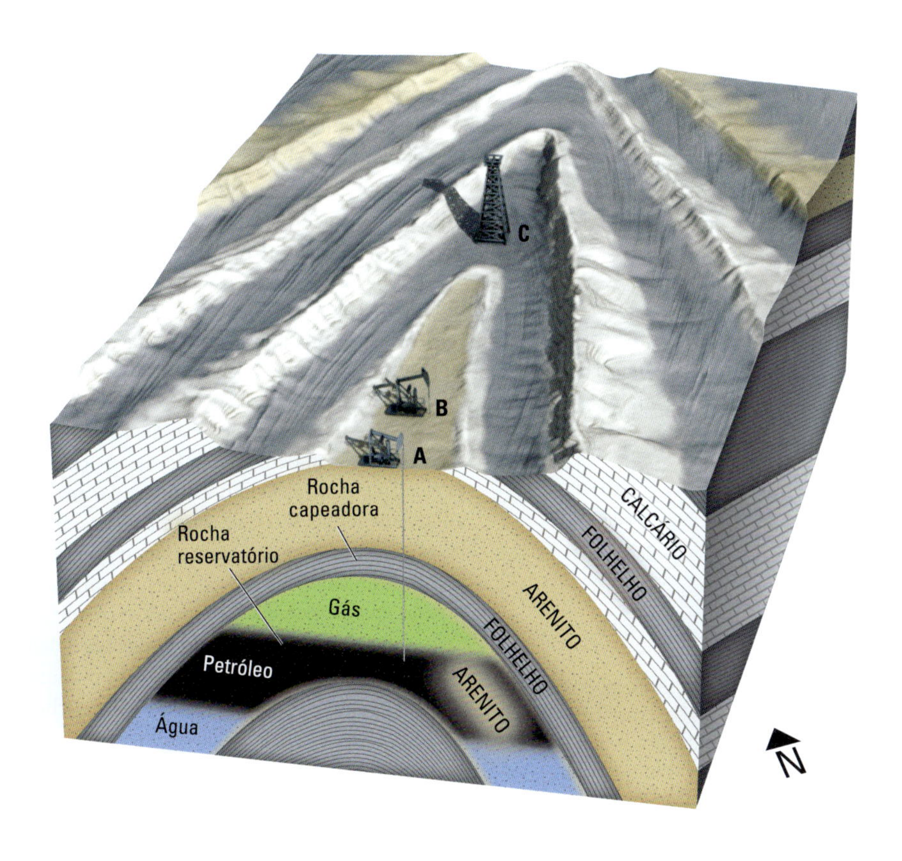

camadas mergulham radialmente em direção a um ponto central (**Figura 8.15**). Os sedimentos frequentemente são depositados em bacias (ver Capítulo 6). Em alguns casos, como a Bacia de Michigan, mostrada na Figura 8.15, essa deposição pode produzir sequências sedimentares com muitos quilômetros de espessura. Um **domo** é uma estrutura anticlinal, uma vasta saliência circular ou oval de camadas rochosas. As camadas dos flancos do domo circundam-no em um ponto central e mergulham radialmente a partir deste (**Figura 8.16**). Os domos, como outros anticlinais, são importantes para a geologia do petróleo, porque o óleo, sendo mais leve, tende a migrar para cima através das rochas permeáveis (ver Pratique um Exercício de Geologia). Se as rochas nos pontos superiores de um domo são impermeáveis, o petróleo fica aprisionado, pois é retido por elas.

Os domos e as bacias têm diâmetros típicos de muitos quilômetros, sendo que alguns podem chegar a centenas de quilômetros. Eles são reconhecidos no campo por exposições com as formas circulares ou ovais características. Nessas exposições, as camadas rochosas mergulham para baixo em direção ao centro da bacia, ou para cima em direção à parte superior do domo (ver Figuras 8.15 e 8.16).

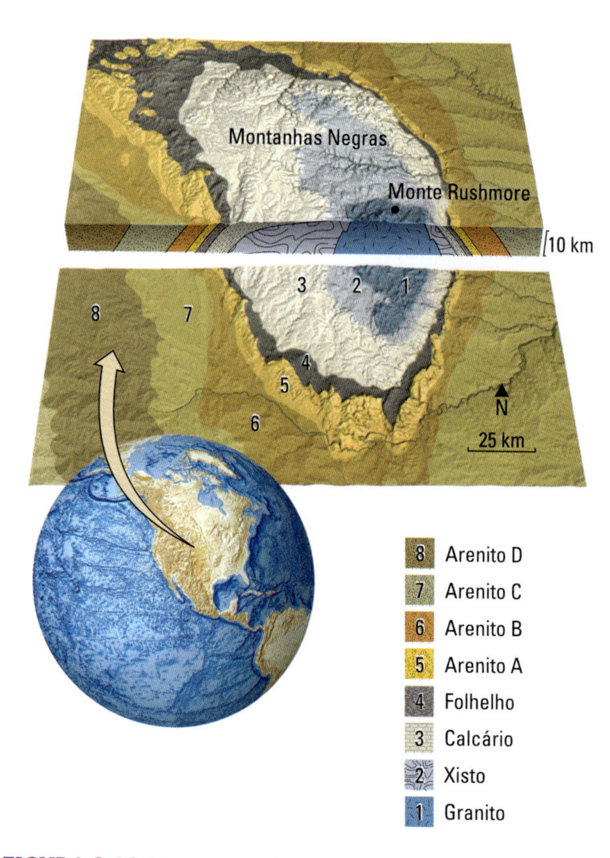

FIGURA 8.16 Mapa geológico e secção transversal do domo das Montanhas Negras, mostrando rochas sedimentares (formação 3 a 8) e rochas metamórficas (formação 2) que foram soerguidas e erodidas pela intrusão de um batólito granítico (formação 1). No Monte Rushmore, os rostos de quatro presidentes – George Washington, Thomas Jefferson, Theodore Roosevelt e Abraham Lincoln – estão esculpidos nessas rochas graníticas.

Algumas estruturas circulares são formadas por vários episódios de deformação – por exemplo, quando as rochas são comprimidas em uma direção e, a seguir, novamente em uma direção quase perpendicular à direção original. Porém, em muitos outros casos, essas estruturas resultam da força para cima do material ascendente ou da força para baixo do material mergulhante, em vez de forças com direção horizontal da tectônica de placas. Não é surpresa que tais estruturas circulares tenham a tendência de ser mais comuns nos interiores de placas, distante de limites ativos de placas. Existem muitos domos e bacias, por exemplo, na porção central dos Estados Unidos. A maior parte da Península Inferior de Michigan é uma grande bacia sedimentar (ver Figura 8.15); as Montanhas Negras de Dakota do Sul são um domo erodido (ver Figura 8.16).

Os domos e as bacias podem resultar de diversos tipos de deformação. Certos domos podem ser atribuídos a corpos de material menos denso – como magma, rochas ígneas quentes ou sal – que empurram os sedimentos sobrejacentes para cima. Como vimos no Capítulo 6, algumas bacias sedimentares formam-se quando uma porção aquecida da crosta resfria-se e contrai-se, causando a subsidência dos sedimentos sobrejacentes (bacias de subsidência térmica). Outras resultam quando as forças tectônicas estiram e adelgaçam a crosta (bacias em rifte) ou a comprimem para baixo (bacias flexurais). O peso dos sedimentos depositados por um delta de rio pode deprimir a crosta, formando uma bacia sedimentar, como a enorme bacia que agora está se formando na foz do rio Mississippi no Golfo do México.

Juntas

Como vimos, uma fratura que deslocou a rocha em qualquer um dos lados chama-se falha. Um segundo tipo de fratura é a **junta** – uma rachadura em uma formação rochosa ao longo da qual não houve movimento considerável (**Figura 8.17a**).

As juntas são encontradas em quase todas as exposições. Algumas são causadas por forças tectônicas. Como qualquer outro material facilmente quebrável, as rochas frágeis, quando submetidas a pressões, fraturam mais facilmente ao longo de defeitos ou pontos fracos. Esses defeitos podem ser pequenas fissuras, fragmentos ou outros materiais, ou mesmo fósseis. As forças tectônicas regionais – compressivas, extensivas ou de cisalhamento –, que há muito tempo desapareceram, podem deixar um conjunto de juntas como registro da sua atuação.

As juntas também podem formar-se como resultado de uma expansão e contração não tectônica das rochas. Os padrões regulares de juntas são frequentemente encontrados em plútons e lavas que se resfriaram, contraíram e fraturaram. A erosão pode eliminar as camadas superficiais, diminuindo a pressão confinante nas formações sotopostas, e permitindo que as rochas expandam-se e quebrem-se ao longo dos defeitos.

As juntas são, geralmente, apenas o início de uma série de mudanças que vai alterar as formações rochosas significativamente à medida que envelhecerem. Por exemplo, as juntas fornecem condutos através dos quais a água e o ar podem atingir certa formação em maior profundidade e acelerar o intemperismo e o enfraquecimento interno de sua estrutura. Se dois ou mais conjuntos de juntas intersectam-se, o intemperismo pode controlar a quebra da formação em grandes colunas ou blocos

(a) (b)

FIGURA 8.17 Padrões de juntas. (a) Intersecção de juntas em uma exposição enorme de granito, Joshua Tree National Park, Califórnia (EUA). (b) Juntas colunares em basalto, Giants Causeway, Irlanda do Norte. [(a) Sean Russell/Getty Images; (b) Michael Brooke/Photolibrary/Getty Images.]

(Figura 8.17b). A circulação de fluidos hidrotermais através das juntas pode depositar minerais, como quartzo e calcita, formando veios, como vimos no Capítulo 3.

As texturas da deformação

As juntas são exemplos de pequenas feições em formações rochosas que são mais bem observadas de perto em um afloramento. Outro tipo de estrutura de deformação de pequena escala é a textura de uma massa de rocha em áreas de cisalhamento localizado, como zonas de falha.

Como vimos, os movimentos tectônicos causam o fraturamento e o deslizamento das partes frágeis da crosta. À medida que as rochas ao longo de um plano de falha de cisalhamento deslizam umas em relação às outras, elas moem e fragmentam mecanicamente a rocha sólida. Onde as rochas se comportam como materiais frágeis (geralmente na crosta superior), o cisalhamento produz rochas com *texturas cataclásticas*, em que os

(a) (b)

FIGURA 8.18 (a) Brecha de falha desenvolvida em uma falha no leste de Nevada (EUA). A brecha com cor de ferrugem mostra uma textura cataclástica. As rochas cinzas nos dois lados são calcários. (b) O milonito desenvolveu-se na zona de cisalhamento de Great Slave Lake, nos Territórios do Noroeste, Canadá. A rocha era originalmente um granito. Como resultado de intensas forças de cisalhamento, os cristais de feldspato potássico grandes e originalmente angulares rolaram e transformaram-se em bolas lisas. [(a) Marli Miller, University of Oregon/Earth Science World Image Bank; (b) Cortesia de John Grotzinger.]

grãos são fragmentos quebrados e angulares. Uma rocha desse tipo, chamada de *brecha de falha*, é mostrada na **Figura 8.18a**.

Se o cisalhamento ocorre em profundidades onde as temperaturas e as pressões são altas o suficiente para que ocorra deformação dúctil, são formadas as rochas metamórficas chamadas de *milonitos* (Figura 8.18b). O movimento de uma superfície rochosa contra outra produz a recristalização e a granulação dos minerais, transformando-os em fitas ou bandas. O desenvolvimento de milonitos ocorre tipicamente em metamorfismo de grau xisto-verde a anfibolito (ver Capítulo 7). Os efeitos texturais da deformação são principalmente óbvios em milonitos, mas também são provenientes de rochas cataclásticas.

A Falha de Santo André, no sul da Califórnia, é um bom estudo de caso de como texturas de deformação podem estar relacionadas a mudanças de temperaturas e pressões com a profundidade. Essa falha marca o limite entre a Placa do Pacífico e a Placa da América do Norte (ver Figura 8.7) e estende-se através da crosta até, provavelmente, o manto. Até uma profundidade de 20 km pensa-se que a falha é bastante estreita e caracterizada por texturas cataclásticas, indicando que houve deformação frágil. Terremotos são gerados nessa zona. No entanto, não ocorrem terremotos em profundidades maiores que 20 km, e pensa-se que a falha é caracterizada por uma larga zona de deformação dúctil, que produz os milonitos.

Estilos de deformação continental

Se olharmos perto o suficiente, podemos encontrar todas as estruturas básicas de deformação – falhas, dobras, domos, bacias, juntas – em qualquer zona de deformação continental. Porém, quando vemos a deformação continental em escala regional, encontramos padrões característicos de falhamento e dobramento

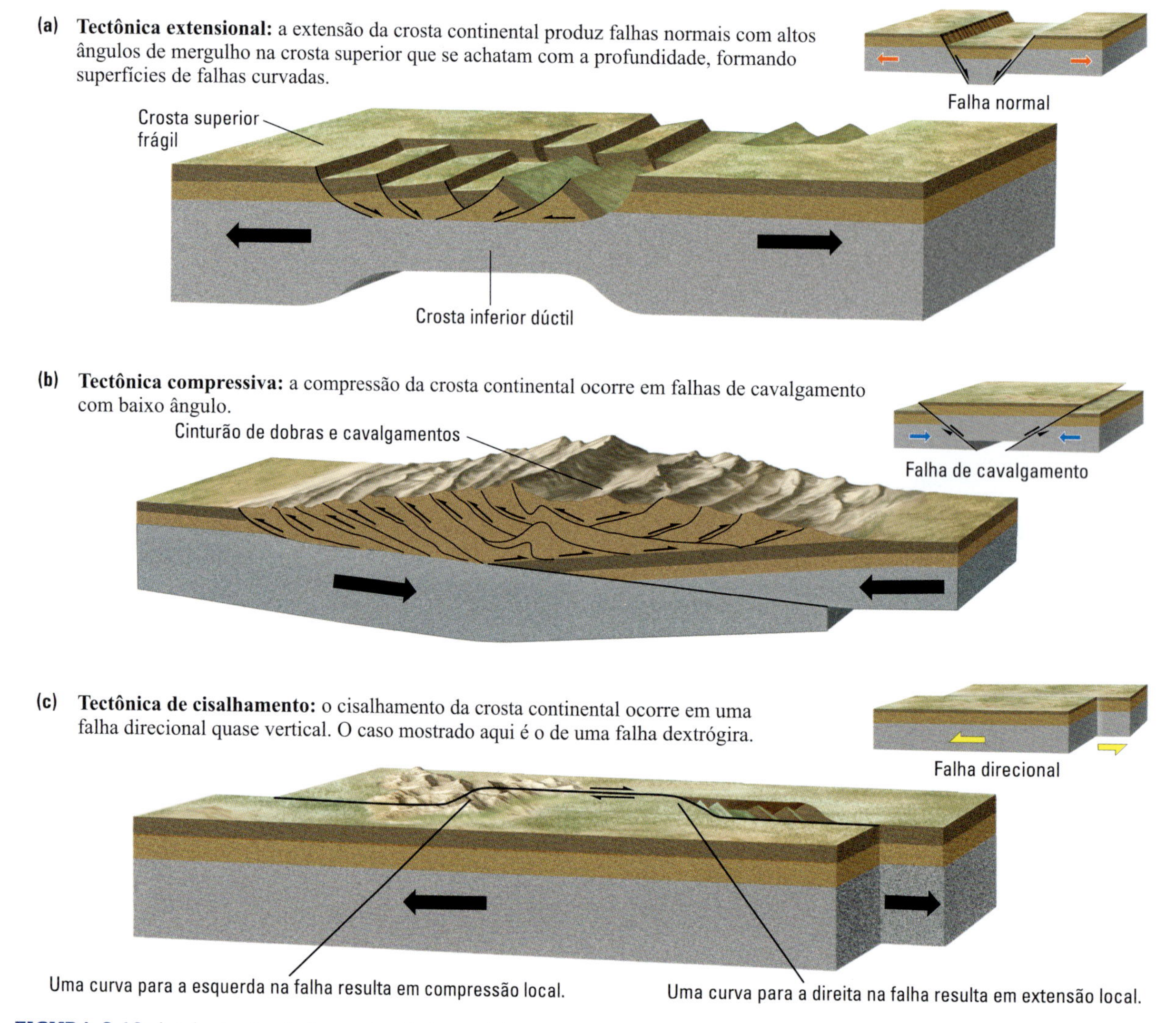

FIGURA 8.19 A orientação de forças tectônicas – (a) extensional, (b) compressiva e (c) de cisalhamento – determina o estilo da deformação continental. Em escala regional, os tipos básicos de falhamento mostrados nas figuras menores podem levar a padrões complexos e diferenciados de deformação.

que se relacionam diretamente com as forças tectônicas que causam a deformação. A **Figura 8.19** retrata os estilos de deformação típicos dos três principais tipos de força tectônica.

Tectônica extensional

Na crosta frágil, as forças extensionais que produzem o falhamento normal podem separar uma placa, resultando em um *vale em rifte* – um vale longo e estreito formado quando um bloco rochoso cai em relação a seus dois blocos adjacentes ao longo de falhas normais quase paralelas, mergulhando abruptamente (Figura 8.19a). Os vales em rifte do Leste da África* (**Figura 8.20**), os riftes das dorsais mesoceânicas, o vale do rio Reno e o rifte do Mar Vermelho são exemplos bem conhecidos de vales em rifte. Como vimos no Capítulo 6, essas estruturas formam bacias que são preenchidas com sedimentos erodidos das paredes do rifte e das rochas vulcânicas extrudidas de rachaduras extensionais na crosta.

A tensão na crosta continental rasa geralmente produz falhas normais com altos ângulos de mergulho, tipicamente de 60° ou mais. Além da profundidade de aproximadamente 20 km, no entanto, as rochas crustais são quentes o bastante para se comportarem como materiais dúcteis, e ocorre a deformação por extensão, em vez de ocorrer por fraturamento. Essa mudança no comportamento da rocha faz com que o mergulho das falhas seja achatado com o aumento da profundidade, o que resulta em falhas normais com superfícies curvas – chamadas de falhas *lístricas* –, conforme mostrado na Figura 8.19a. Os blocos crustais que se movem ao longo dessas falhas encurvadas são inclinados para trás à medida que a extensão continua.

A província Bacias e Cristas, que está centralizada na Grande Bacia de Nevada e Utah, é um bom exemplo de região definida por muitos vales em rifte adjacentes. A região, que hoje tem mais de 800 km de largura, foi alongada e estendida na direção noroeste-sudeste por um fator de dois nos últimos 15 milhões de anos. Aqui, o falhamento normal criou uma imensa paisagem de montanhas com blocos em falha erodidos e acidentados e vales repletos de sedimentos, alguns cobertos com rochas vulcânicas recentes (ver Figura 10.5). Essa deformação extensional, que parece ser causada por correntes de convecção de ascensão sob a província de Bacias e Cristas, continua até hoje.

* Também denominado "Grande Vale da África Oriental"

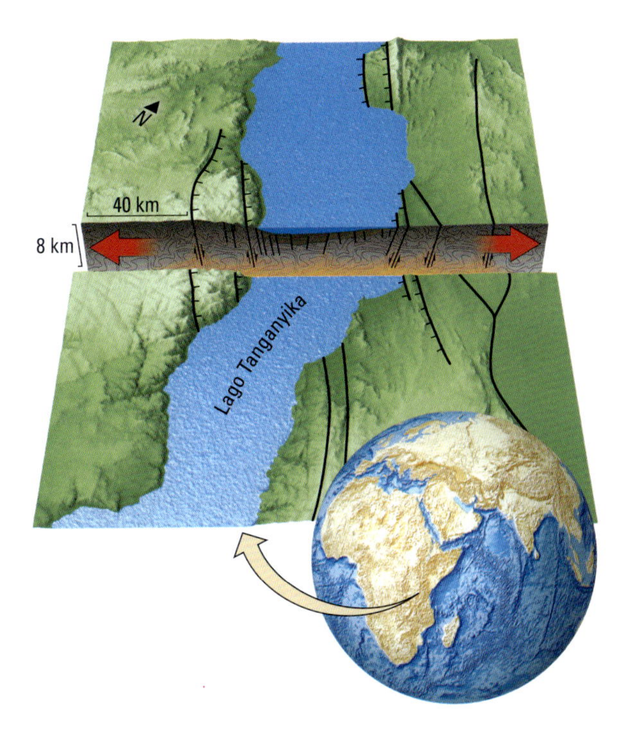

FIGURA 8.20 Na África Oriental, forças extensionais estão afastando a Subplaca da Somália da Placa da África, criando vales em rifte limitados por falhas normais (ver Figura 2.8b). O vale em rifte mostrado aqui está repleto de sedimentos e pelo Lago Tanganyika, na fronteira entre a Tanzânia e a República Democrática do Congo. A secção transversal foi exagerada verticalmente por um fator de 2,5:1, que amplia os mergulhos de falha; os mergulhos reais das falhas normais são de aproximadamente 60°.

Tectônica compressiva

Em zonas de subducção, a litosfera oceânica desliza sob uma placa acavalada ao longo de uma enorme falha de cavalgamento, ou *megathrust* ou *megacavalgamento.*. Os maiores terremotos do mundo, como o grande terremoto de Tohoku, Japão, em 11 de março de 2011, que gerou um tsunâmi desastroso que matou mais de 19.000 pessoas, são causados por deslizamentos súbitos em *megathrusts*. A falha de cavalgamento também é o tipo mais comum de falhamento em continentes onde ocorre compressão tectônica. Lâminas da crosta podem deslizar umas em relação às outras por dezenas de quilômetros ao longo de falhas de cavalgamento quase horizontais, formando estruturas de *overthrust* (**Figura 8.21**).

Quando dois continentes colidem, a crosta pode ser comprimida por uma zona ampla, resultando em episódios espetaculares de soerguimento de montanhas. Durante essas colisões, as rochas frágeis do embasamento cavalgam umas sobre as outras por falha de cavalgamento, enquanto as rochas sedimentares mais dúcteis sobrepostas são comprimidas em uma série de enormes dobras, formando um *cinturão de dobras e empurrões* (Figura 8.19b). Grandes terremotos são comuns em cinturões de dobras e empurrões; um exemplo recente é o grande terremoto Wenchuan que atingiu Sichuan, China, em 12 de maio de 2008, matando mais de 80 mil pessoas.

As colisões em curso da África, Arábia e Índia com a margem sul do continente Eurasiano criaram cinturões de dobras e empurrões desde os Alpes até o Himalaia, sendo que muitos deles ainda estão ativos. Os grandes reservatórios de óleo no Oriente Médio estão aprisionados em anticlinais estruturados por essa deformação. Compressões no oeste da América do Norte, causadas pelo movimento na direção oeste daquele continente durante a abertura do Oceano Atlântico, criaram o cinturão de dobras e empurrões das Rochosas Canadenses. A Província de Vales e Cristas dos Apalaches é um antigo cinturão de dobras e empurrões que data do tempo das colisões que criaram o supercontinente Pangeia.

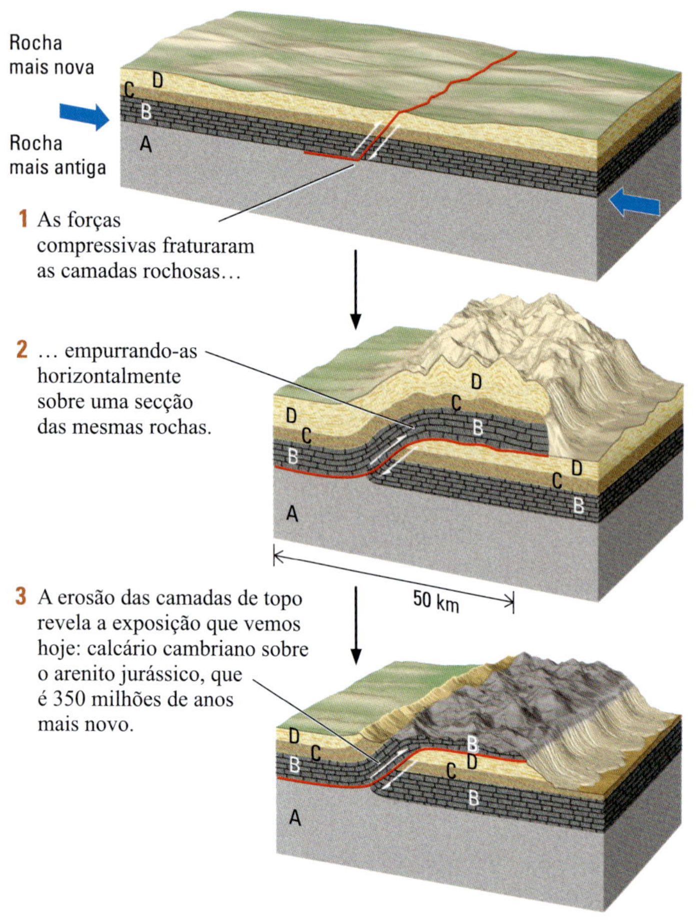

Falha de cavalgamento de Keystone, sul de Nevada (EUA)

FIGURA 8.21 A falha de cavalgamento de Keystone, no sul de Nevada, é uma estrutura de *overthrust* em ampla escala do tipo que se forma durante episódios de compressão continental. As forças compressivas deslocaram uma secção de camadas rochosas – D, C, B – e empurraram-na, horizontalmente, por uma grande distância, sobre a secção D, C, B, A. [Cortesia de Vince Matthews.]

Tectônica de cisalhamento

Uma falha transformante é uma falha direcional que constitui um limite de placas. Falhas transformantes, como a de Santo André, podem deslocar formações geológicas por longas distâncias (ver Figura 8.7). Porém, desde que permaneçam alinhados com a direção do movimento relativo das placas, os blocos nos dois lados podem deslizar um em relação ao outro sem muita deformação interna. No entanto, falhas transformantes longas raramente são retas, então os padrões de deformação ao longo dessas falhas podem ser muito mais complicados. As falhas podem ter curvas e saliências que alteram as forças tectônicas atuantes em algumas porções desse limite de placas. Elas podem alterar-se de forças de cisalhamento para forças de compressão ou extensionais. Essas forças, por sua vez, causam falhamento e dobramento secundário (Figura 8.19c).

Um bom exemplo dessas complicações pode ser encontrado no sul da Califórnia, onde a Falha de Santo André, dextrógira, primeiro dobra para a esquerda e, depois, para a direita à medida que seguimos seu traçado do sul para o norte (**Figura 8.22**). Os segmentos da falha nos dois lados dessa "Grande Curvatura (*Big Bend*)" estão alinhados com a direção do movimento relativo de placas, de forma que os blocos deslizam um em relação ao outro simplesmente por falhamento direcional. Porém, na Grande Curvatura, a mudança na orientação da falha faz com que as placas se empurrem, produzindo falha de cavalgamento ao sul da falha. Esse cavalgamento soergueu as montanhas San Gabriel e San Bernardino a elevações que excedem 3.000 m e, durante a última metade do século passado, produziu uma série de terremotos destrutivos, inclusive o tremor de Northridge em 1994, que causou danos de mais de US$ 40 bilhões para Los Angeles (ver Capítulo 9).

Na extremidade sul da Falha de Santo André, entre o Golfo da Califórnia e o Mar Salton, o limite entre as placas do Pacífico e da América do Norte desloca-se para a direita em uma série de degraus. Nesses deslocamentos, o limite de placas fica sujeito a forças extensionais e o falhamento normal forma vales em rifte que são vulcanicamente ativos, subsidem com rapidez e preenchem-se de sedimentos. Essa extensão ocorre por 200 km da compressão da Grande Curvatura, demonstrando como a tectônica pode ser variável ao longo de falhas transformantes continentais!

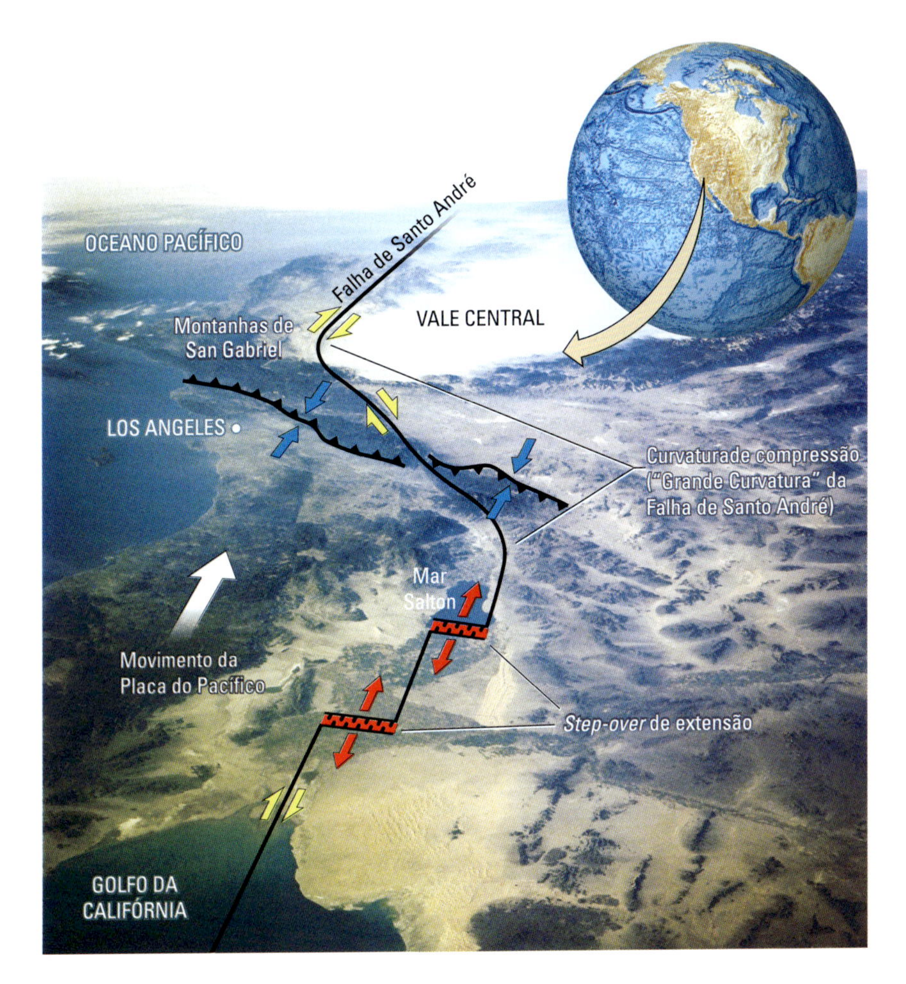

FIGURA 8.22 Fotografia a partir de ônibus espacial mostrando uma visão oblíqua do sistema da Falha de Santo André. As anotações ilustram como os desvios da direção de uma falha transformante em relação à direção do movimento de placas podem causar extensão e compressão locais. Entre o Golfo da Califórnia e o Mar Salton (próximo à parte inferior da figura), o sistema da falha desloca-se para a direita em dois passos principais; os segmentos de falha dextrógira (linhas pretas), que são paralelos ao movimento das placas do Pacífico e da América do Norte, estão separados por vales em rifte (em vermelho) que são vulcanicamente ativos, subsidindo e enchendo-se de sedimentos. Quando olhamos para o norte, o traço da falha primeiro dobra para a esquerda, distinto da direção do movimento de placas e, depois, para a direita, realinhando-se com o movimento de placas na região central da Califórnia (próximo à parte de cima da figura). Essa "Grande Curvatura" na Falha de Santo André causa compressão, que resulta em falhamento inverso na região de Los Angeles (centro da figura). [Image Science & Analysis Laboratory, NASA Johnson Space Center.]

Revelando a história geológica

A história geológica de uma região é uma sucessão de episódios de deformação e outros processos geológicos. Vamos ver como alguns conceitos e métodos introduzidos neste capítulo podem ser usados para reconstruir essa história.

As secções da Figura 8.23 representam algumas dezenas de quilômetros de uma província geológica que sofreu uma sucessão de eventos tectônicos. Primeiramente, as camadas horizontais de sedimentos foram depositadas no fundo oceânico e, depois, foram subsequentemente inclinadas e dobradas acima do nível do mar por forças de compressão horizontais. Lá, a erosão originou uma nova superfície horizontal, que foi coberta por um derrame discordante, quando forças profundas do interior da Terra causaram uma erupção vulcânica. No estágio mais recente, as forças extensionais resultaram em falhamento normal, que fragmentou a crosta em blocos.

O geólogo vê apenas o último estágio, mas concebe a sequência inteira. Ele começa identificando e determinando as idades das camadas rochosas e registrando a orientação de camadas, dobras e falhas em mapas geológicos. A seguir, usa esses mapas para construir seções transversais das feições subsuperficiais. Quando as camadas sedimentares foram identificadas, o geólogo assume que elas devem ter sido originalmente horizontais, e não deformadas, dispostas no fundo de um oceano ancestral. Os eventos posteriores podem, então, ser reconstruídos.

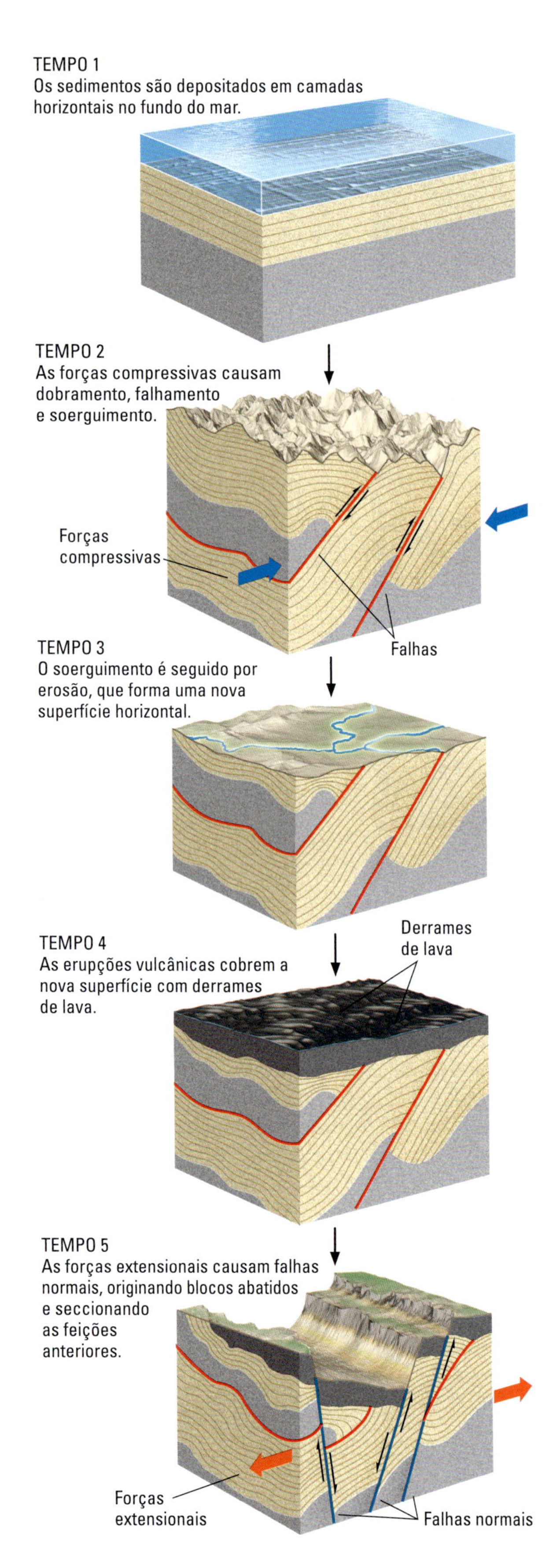

O relevo da superfície atual – como encontramos nos Alpes, nas Montanhas Rochosas, nas Cadeias Costeiras do Pacífico e no Himalaia – pode estar relacionado, em grande parte, com a deformação que ocorreu durante as últimas dezenas de milhões de anos. Esses sistemas de montanhas mais novos ainda contêm muito da informação que o geólogo necessita para reconstruir a história da deformação. No entanto, a deformação que ocorreu centenas de milhões de anos atrás, bem como as montanhas enrugadas, não existe mais. A erosão deixou apenas os remanescentes de dobras e falhas, expressos como cristas baixas e vales rasos. Como veremos no Capítulo 21, mesmo episódios mais antigos de construção de montanhas são evidentes a partir das formações metamorfizadas altamente torcidas, que constituem as rochas do embasamento no interior dos continentes.

FIGURA 8.23 Estágios de desenvolvimento de uma província geológica. Um geólogo vê apenas o último estágio e tenta reconstruir, a partir das evidências estruturais e estratigráficas, todos os estágios anteriores da história de uma região.

CONCEITOS E TERMOS-CHAVE

REVISÃO DOS OBJETIVOS DE APRENDIZAGEM

8.1 Comparar os diferentes tipos de forças tectônicas nos limites de placas que deformam as rochas.

A deformação abrange os processos de dobramento, falhamento, cisalhamento, compressão e extensão de rochas por forças da tectônica de placas. Nos limites das placas, essas forças tectônicas são extensionais, compressivas ou de cisalhamento. As forças extensionais alongam e segmentam as formações rochosas e predominam em limites divergentes, onde as placas afastam-se entre si. As forças compressivas apertam e encurtam a rocha e predominam em limites convergentes, onde as placas aproximam-se. As forças de cisalhamento cisalham os dois lados de uma formação rochosa em direções opostas e predominam em limites de falhas transformantes, onde as placas deslizam uma em relação à outra. As forças tectônicas também podem causar o rompimento de uma formação rochosa com deslizamento paralelo à fratura em ambos os lados da mesma, formando uma falha.

Atividade de Estudo: Figura 8.1

Exercício: Descreva como padrões geológicos de deformação podem ser usados para deduzir as direções de movimento ao longo de antigos limites de placas.

Questão para Pensar: Que tipos de força resultam em dobramento?

8.2 Descrever como mapas e diagramas são usados para representar estruturas geológicas.

Duas medidas importantes em mapas e diagramas geológicos são a direção e o mergulho. A direção é o ponto cardeal de uma camada rochosa ao longo do qual ela intersecta uma superfície horizontal. O mergulho é o ângulo em que a camada rochosa inclina-se a partir da horizontal, medido em ângulo reto à direção. O mapa geológico é um modelo bidimensional das feições geológicas expostas na superfície terrestre, mostrando várias formações rochosas, bem como outras feições, como falhas. Uma seção transversal geológica é um diagrama que representa as feições geológicas que seriam visíveis se fosse cortada uma fatia vertical em parte da crosta. As secções geológicas transversais podem ser construídas com base nas informações de um mapa geológico, embora possam ser aprimoradas com dados subsuperficiais coletados por perfuração ou por imagens sísmicas.

Atividade de Estudo: Figuras 8.3 e 8.4

Exercício: Em um mapa geológico com escala de 1:250.000, quantos centímetros representariam uma distância real de 2,5 km? Qual é a distância real, em quilômetros, de 2,5 centímetros no mesmo mapa?

Questão para Pensar: Por que é correto dizer que "estruturas geológicas em grande escala devem ser representadas em mapas geológicos de pequena escala"? Que tamanho deve ter uma folha de papel para fazer um mapa de todas as Montanhas Rochosas dos Estados Unidos com escala de 1:24.000?

8.3 Explicar como experimentos de laboratório podem nos ajudar a entender como a deformação de rochas funciona.

As rochas se deformam em resposta às forças tectônicas que atuam sobre elas, sejam estas por dobramento, falhamento ou alguma combinação de ambas. Os estudos de laboratório mostram que rochas sujeitas a forças tectônicas podem comportar-se como materiais frágeis ou dúcteis. Esse comportamento depende da temperatura e da pressão, do tipo de rocha, da velocidade da deformação e da orientação das forças tectônicas. Rochas frágeis a profundidades rasas podem se comportar como material dúctil nas profundezas da crosta. Rochas ígneas e metamórficas rígidas muitas vezes se comportam como materiais frágeis, enquanto rochas sedimentares mais suaves normalmente se comportam como materiais dúcteis e dobram-se gradualmente.

Atividade de Estudo: Figura 8.6

Exercício: Explique por que uma formação rochosa se comportaria como um material dúctil quando deformada lentamente, mas como um material frágil quando deformada mais rapidamente.

Questão para Pensar: A margem submersa de um continente tem uma camada espessa de sedimentos sobrepostos a rochas sedimentares metamórficas. Essa margem continental colide com outra massa continental, e a forças compressivas a deformam em um cinturão de dobras e empurrões. Durante a deformação, qual das formações geológicas teria maior probabilidade de se comportar como material frágil e como material dúctil: (a) as formações sedimentares em alguns quilômetros da parte superior; (b) as rochas sedimentares metamórficas a profundidades de 5 a 15 km; (c) rochas crustais inferiores a profundidades abaixo de 20 km? Em qual dessas camadas você esperaria terremotos?

8.4 Resumir as estruturas de deformação básicas observadas em campo e os tipos de forças que as produzem.

Entre as estruturas geológicas que resultam da deformação, incluem-se as dobras, as falhas, as estruturas circulares, as juntas e as texturas de deformação causadas por cisalhamento. As fraturas são conhecidas como falhas se as rochas forem deslocadas na superfície da fratura e como juntas se não for observado deslocamento algum. As falhas e as dobras são causadas, basicamente, por forças tectônicas horizontalmente direcionadas em limites de placas. Forças extensionais horizontais em limites divergentes produzem falhas normais; forças compressivas horizontais em limites convergentes produzem falhas de cavalgamento; e forças de cisalhamento horizontais em limites de falha transformante produzem falhas direcionais. As dobras geralmente são formadas por forças compressivas em rochas acamadas, como aquelas que ocorrem ao longo de limites onde placas colidem. Estruturas circulares, como domos e bacias, podem ser causadas por forças com direção vertical, distante dos limites de placas. Certos domos são causados pela ascensão de material menos denso. As bacias podem ser formadas quando as forças extensionais estiram a crosta ou quando uma porção aquecida desta resfria-se e contrai-se. As juntas podem ser causadas por tensões tectônicas ou por resfriamento e contração de formações rochosas.

Atividades de Estudo: Figuras 8.8 e 8.12

Exercício: Demonstre que um deslocamento para a esquerda em uma falha direcional dextrógira produzirá compressão, enquanto um deslocamento para a direita nessa mesma falha produzirá extensão. Escreva uma regra semelhante para falhas direcionais levógiras.

Questão para Pensar: O falhamento de rejeito de mergulho causa deslocamentos de blocos de rochas em ambos os lados da falha. Como podemos diferenciar os blocos deslocados durante a extensão daqueles deslocados durante a compressão?

8.5 Definir os principais estilos de deformação continental.

Há três estilos principais de deformação continental. A tectônica extensional produz vales em rifte com falhamento normal; em regiões continentais submetidas à extensão, os ângulos de mergulho das falhas normais achatam-se com a profundidade, fazendo com que os blocos de falhas inclinem-se na direção oposta do rifte à medida que o falhamento continua. A tectônica compressiva produz falhas de cavalgamento; no caso de colisões entre continentes, a compressão pode produzir cinturões de dobras e empurrões. A tectônica de cisalhamento produz falhamento direcional, mas dobras e deslocamentos na falha podem causar falhas de cavalgamento e falhas normais localmente.

Atividade de Estudo: Figura 8.21

Exercício: Descreva como uma sequência repetida de camadas estratigráficas exigiria a presença de uma estrutura de *overthrust*.

Questão para Pensar: Como a tectônica compressiva cria estruturas de *overthrust*?

8.6 Descrever como reconstruímos a história geológica de uma região.

Podemos observar apenas os resultados finais de uma sucessão de eventos: deposição, deformação, erosão, vulcanismo etc. Deduzimos a história deformacional de uma região por meio da identificação e determinação da idade das camadas rochosas, registrando a orientação geométrica das mesmas em mapas geológicos, mapeando dobras e falhas e reconstruindo seções da subsuperfície consistentes com as observações de superfície.

Atividade de Estudo: Figura 8.23

Exercício: Desenhe uma secção geológica que mostre a seguinte história: uma série de sedimentos marinhos é depositada e, subsequentemente, deformada por forças compressivas em um cinturão de dobras e empurrões. As montanhas desse cinturão foram erodidas até o nível do mar, e novos sedimentos depositaram-se. A região, então, começou a ser estendida, e a lava intrudiu os novos sedimentos, gerando uma soleira. No estágio final, forças extensionais romperam a crosta para formar um vale em rifte limitado por falhas normais com alto ângulo de mergulho.

Questão para Pensar: Discuta como desvendar uma série de eventos geológicos leva a um entendimento da história geológica.

EXERCÍCIO DE LEITURA VISUAL

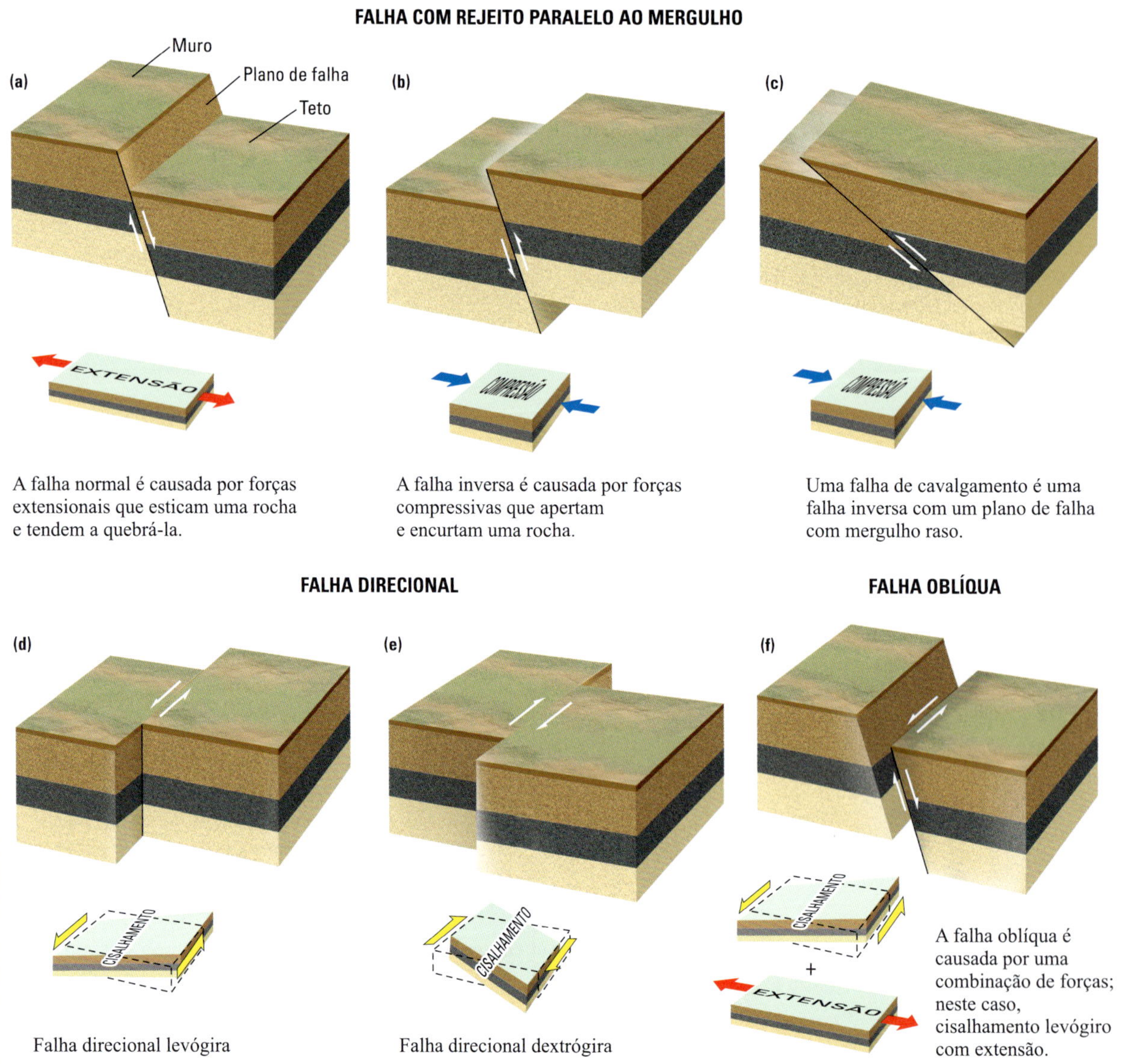

FALHA COM REJEITO PARALELO AO MERGULHO

A falha normal é causada por forças extensionais que esticam uma rocha e tendem a quebrá-la.

A falha inversa é causada por forças compressivas que apertam e encurtam uma rocha.

Uma falha de cavalgamento é uma falha inversa com um plano de falha com mergulho raso.

FALHA DIRECIONAL

Falha direcional levógira

Falha direcional dextrógira

FALHA OBLÍQUA

A falha oblíqua é causada por uma combinação de forças; neste caso, cisalhamento levógiro com extensão.

FIGURA 8.8 A orientação das forças tectônicas determina o estilo do falhamento. As falhas com rejeito paralelo de mergulho (a–c) são causadas por forças compressivas e extensionais. As falhas direcionais (d, e) são causadas por forças de cisalhamento. As falhas oblíquas (f) são causadas por uma combinação de forças de cisalhamento e compressivas ou extensionais.

1. **Que tipo de forças gera uma falha normal?**
   a. Extensional
   b. Compressiva
   c. Cisalhamento
   d. As forças não estão envolvidas em falhamento

2. **Que tipo de forças gera uma falha oblíqua?**
   a. Extensional + Cisalhamento
   b. Extensional + Compressiva
   c. Cisalhamento
   d. Compressiva

3. **O que é uma falha de cavalgamento?**
   a. Uma falha direcional dextrógira
   b. Uma falha direcional levógira
   c. Uma falha reversa com ângulo de mergulho raso
   d. Uma falha de rejeito de mergulho com ângulo alto

4. **Como as forças compressivas modificam uma rocha?**
   a. Esticam-na e rompem-na
   b. Cisalham-na
   c. Espremem-na e encurtam-na
   d. Dobram-na

5. **Se um geólogo encontra uma falha direcional e observa que as rochas no outro lado da falha moveram-se para a direita, como a falha é classificada?**
   a. Falha normal
   b. Falha de cavalgamento
   c. Falha direcional dextrógira
   d. Falha direcional levógira

Relógios nas rochas: datando o registro geológico

Objetivos de Aprendizagem

A partir das informações deste capítulo, você será capaz de:

9.1 Aplicar princípios estratigráficos a observações geológicas de campo para deduzir se uma rocha é mais antiga do que outra.

9.2 Classificar discordâncias em sequências estratigráficas de acordo com as relações entre as camadas sobrejacentes e sotopostas.

9.3 Entender como as idades numéricas das rochas podem ser determinadas pelo decaimento de isótopos radioativos e saber quais sistemas isotópicos são apropriados para a datação de rochas de diversas idades.

9.4 Lembrar das principais divisões e subdivisões da escala de tempo geológico, desde a formação da Terra até o presente.

9.5 Resumir como os geólogos criaram e refinaram a escala de tempo geológico.

Trilobitas preservados como fósseis em rochas de cerca de 365 milhões de anos. [Science Photo Library/Science Source.]

Os filósofos têm entrado em conflito com a noção de tempo ao longo da história humana, mas até recentemente, eles tinham pouquíssimos dados para limitar suas especulações. A imensidão do tempo – o "tempo profundo", medido em bilhões de anos – foi uma grande descoberta geológica que mudou nosso pensamento sobre como a Terra opera em termos de um sistema.

Os geólogos pioneiros como James Hutton e Charles Lyell compreendiam que o planeta não era modelado por uma série de eventos catastróficos que ocorriam por meros milhares de anos, como muitos acreditavam. Em vez disso, o que encontramos na Terra atual é o produto de processos geológicos comuns operando por intervalos de tempo muito maiores. Hutton enunciou seu entendimento na forma do *princípio do uniformitarismo*, descrito no Capítulo 1. O conhecimento do tempo geológico ajudou Charles Darwin a formular sua teoria da evolução, e também possibilitou muitas outras observações sobre o funcionamento do sistema Terra, do sistema solar e do universo como um todo.

Os processos geológicos ocorrem em escalas de tempo que variam de segundos (impactos de meteoritos, explosões vulcânicas, terremotos) a dezenas de milhões de anos (reciclagem da litosfera oceânica) e até bilhões de anos (evolução tectônica dos continentes). Se formos cuidadosos o bastante, podemos mensurar as taxas de processos de curto prazo, como erosão de praias ou variações sazonais no transporte de sedimentos por rios, que ocorrem em alguns anos. A avaliação precisa pode monitorar os movimentos lentos das geleiras (metros por ano) e, com o Sistema de Posicionamento Global, podemos acompanhar os movimentos ainda mais lentos das placas litosféricas (centímetros por ano). Documentos históricos podem fornecer certos tipos de dados geológicos, como as datas dos principais terremotos ou erupções vulcânicas, de centenas ou, em alguns casos, milhares de anos atrás.

No entanto, o registro da observação humana é curto demais para o estudo de diversos processos geológicos lentos (Figura 9.1). Na verdade, ele não é suficiente nem para capturar alguns tipos de eventos rápidos, mas raros; por exemplo, nunca testemunhamos um impacto de meteorito tão grande quanto o que deixou a cratera mostrada na Figura 1.6. Em vez disso, devemos confiar no registro geológico: as informações preservadas nas rochas que sobreviveram à erosão e à subducção. Quase toda a crosta oceânica com mais de 200 milhões de anos sofreu subducção, mergulhando de volta para o manto, de modo que a maior parte da história terrestre está documentada apenas nas rochas mais antigas dos continentes. Os geólogos podem reconstruir a subsidência a partir do registro da sedimentação; do soerguimento, a partir da erosão de camadas rochosas; e da deformação, a partir de falhas, dobras e rochas metamórficas. Porém, para medir o ritmo desses processos e entender suas causas comuns, é preciso ser capaz de atribuir idades a eventos observados no registro geológico.

Neste capítulo, aprenderemos como os geólogos mediram, pela primeira vez, o abismo do tempo ao encontrar uma ordem cronológica no registro geológico. A seguir, veremos como usaram a descoberta de "relógios radioativos nas rochas" para desenvolver uma escala de tempo geológico precisa e detalhada e datar os eventos que ocorreram ao longo dos 4,56 bilhões de anos de história da Terra.

FIGURA 9.1 As duas fotografias do Meandro de Bowknot, no rio Green, no Estado de Utah (EUA), foram tomadas em um intervalo de quase 100 anos e mostram que pouco mudou na configuração destas rochas e formações no transcurso desse tempo. [(esquerda) E. O. Beaman/USGS; (direita) H. G. Stevens/USGS.]

(a)

FIGURA 9.2 Fósseis são traços de organismos vivos preservados no registro geológico. (a) Esqueleto fossilizado, encontrado no Monumento Nacional do Dinossauro, próximo à divisa entre os estados de Colorado e Utah (EUA). Este indivíduo é um gripossauro, um dinossauro bico-de-pato com nariz adunco que viveu durante o Cretáceo Superior. (b) Floresta petrificada, Arizona (EUA). Estes troncos têm mais de duzentos milhões de anos. Seu lenho foi completamente substituído por sílica, a qual preservou todos os detalhes da forma original. [(a) Dorling Kindersley/Science Source. (b) Thinkstock.]

(b)

Reconstrução da história geológica a partir do registro estratigráfico

Os geólogos falam cuidadosamente sobre o tempo. Para eles, a *datação* não se refere a uma atividade social popular, mas à mensuração da **idade absoluta** de um evento no registro geológico: o número de anos transcorridos desse evento até os dias atuais. Antes do século XX, ninguém sabia muito sobre idades absolutas; os geólogos somente conseguiam determinar se um evento era anterior ou posterior a outro, ou seja, suas **idades relativas**. Eles podiam dizer, por exemplo, que os ossos de peixe foram depositados pela primeira vez em sedimentos marinhos antes do aparecimento dos primeiros ossos de mamíferos na terra, mas não sabiam precisar há quantos milhões de anos surgiram os primeiros peixes ou mamíferos.

As primeiras observações geológicas pertencentes à questão do tempo profundo vieram em meados do século XVII, com o estudo dos fósseis. Um *fóssil* é um resto de ser vivo preservado no registro geológico (**Figura 9.2**). Porém, poucas pessoas que viveram na Europa do século XVII teriam compreendido essa definição. A maioria acreditava que as conchas e outras formas de vida encontradas em rochas datavam dos primórdios da Terra – aproximadamente 6 mil anos atrás – ou cresciam lá de forma espontânea.

Em 1667, o cientista dinamarquês Nicolaus Steno, que trabalhava para a Casa de Medici, em Florença, Itália, demonstrou que as "línguas de pedra" encontradas em certas rochas sedimentares do Mediterrâneo eram basicamente idênticas aos dentes dos tubarões modernos (**Figura 9.3**). Ele concluiu que as línguas de pedra *realmente eram* antigos dentes de tubarão preservados nas rochas e, mais genericamente, que os fósseis eram os remanescentes de uma vida antiga depositados com os sedimentos. Para convencer as pessoas de suas ideias, Steno escreveu um livro curto, mas brilhante, sobre a geologia da Toscana, no qual assentou a base para a ciência moderna da **estratigrafia** – o estudo de *estratos* (camadas) rochosos.

Princípios da estratigrafia

Os geólogos ainda usam os princípios propostos por Steno para interpretar a ordem dos estratos sedimentares. Duas de suas regras básicas são tão simples que parecem óbvias hoje em dia:

1. O **princípio da horizontalidade original** estabelece que os sedimentos são depositados sob a influência da gravidade como camadas quase horizontais. A observação de uma grande variedade de ambientes de sedimentação suporta essa generalização. Se encontramos estratos dobrados ou inclinados, sabemos que as camadas foram deformadas por esforços tectônicos posteriores à sedimentação;
2. O **princípio da superposição** estipula que, em uma sequência não deformada tectonicamente, cada camada sedimentar é mais nova que aquela sotoposta e mais antiga que a sobreposta. Uma camada mais nova não pode se depositar embaixo de uma camada preexistente. Assim, os estratos podem ser temporalmente ordenados na vertical, desde a camada mais inferior (mais antiga) à mais superior (mais nova), como mostra a **Figura 9.4**. Uma sequência cronologicamente ordenada de estratos é chamada de **sucessão estratigráfica**.

Podemos aplicar os princípios de Steno no campo para determinar se uma formação sedimentar é mais antiga do que outra. Depois, juntando as peças das formações expostas em diferentes afloramentos, podemos classificá-las em ordem cronológica e, com isso, construir a sucessão estratigráfica de uma região – pelo menos em princípio.

Na prática, havia dois problemas com essa estratégia. Em primeiro lugar, os geólogos quase sempre encontravam lacunas na sucessão estratigráfica de uma região, indicando intervalos de tempo que passaram inteiramente sem registro. Alguns desses intervalos eram curtos, como períodos de seca entre inundações; outros duravam milhões de anos – por exemplo, períodos de soerguimento tectônico regional quando sequências espessas de rochas sedimentares foram removidas por erosão. Segundo, era difícil determinar as idades relativas das duas formações que estavam amplamente separadas no espaço; a estratigrafia por si só não conseguia determinar se uma sequência de lamitos, digamos, na Toscana, era mais antiga, mais nova ou tinha a mesma idade de uma sequência semelhante na Inglaterra. Era necessário expandir as ideias de Steno sobre a origem biológica dos fósseis para solucionar esses problemas.

Os fósseis como marcadores do tempo geológico

Em 1793, William Smith, um inspetor que trabalhava na construção de canais no sul da Inglaterra, reconheceu que os fósseis poderiam ajudar os geólogos a determinar as idades relativas das rochas sedimentares. Smith era fascinado pela variedade de fósseis, coletando-os nos estratos expostos ao longo de cortes no canal. Ele observou que diferentes camadas continham diferentes conjuntos de fósseis e foi capaz de distinguir uma camada da

(a)

(b)

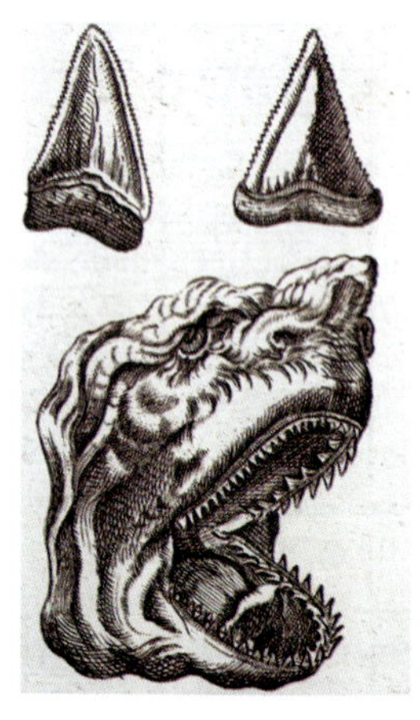

(c)

FIGURA 9.3 Nicolaus Steno foi o primeiro a demonstrar que os fósseis são remanescentes da vida antiga. (a) Um retrato de Nicolaus Steno (1638–1686). (b) "Línguas de pedra" do tipo encontrado em rochas sedimentares na região mediterrânica, onde Steno trabalhou. (c) Este diagrama é do livro de Steno de 1667, demonstrando que as línguas de pedra são os dentes fossilizados de antigos tubarões. [(esquerda) SPL/Science Source; (centro) Corbis RF/Alamy; (direita) Paul D. Stewart/SPL/Science Source.]

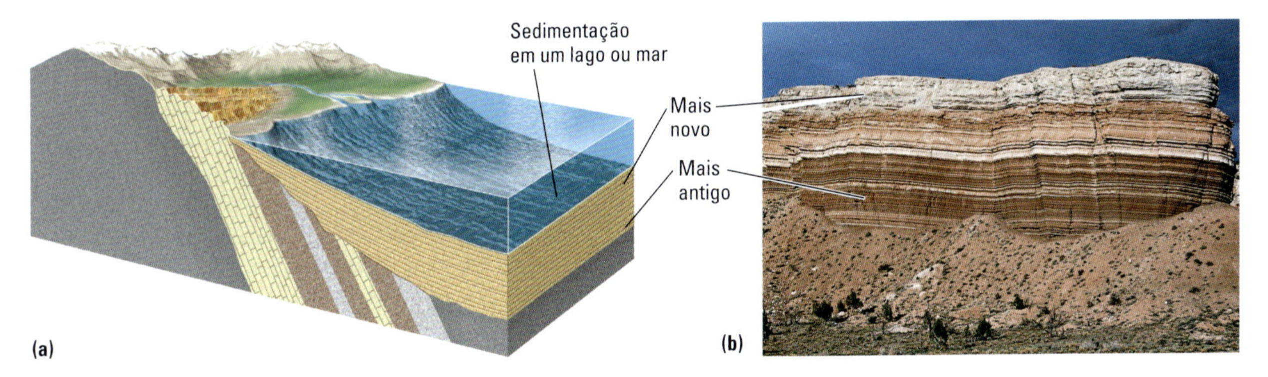

FIGURA 9.4 Os princípios de Steno guiam o estudo dos estratos sedimentares. (a) Os sedimentos são depositados em camadas horizontais e lentamente transformados em rochas sedimentares. Se não houver perturbação por processos tectônicos, as camadas mais novas permanecem no topo, e as mais antigas, na base. (b) O Cânion Marble, um braço do Grand Canyon, foi escavado pelo rio Colorado na região onde hoje se situa o norte do Arizona (EUA), revelando esses estratos não perturbados, que registram milhões de anos de história geológica. [W. K. Fletcher/Science Source.]

outra pelos fósseis característicos de cada uma. Ele estabeleceu uma ordem geral para a sequência de fósseis e estratos, desde a camada mais inferior (mais antiga) até a mais superior (mais nova). Independentemente de sua localização, Smith podia predizer a posição estratigráfica de qualquer camada individual, ou formação, de qualquer afloramento do sul da Inglaterra apenas com base na associação de fósseis que continham. Essa ordem estratigráfica de fósseis de espécies animais (fauna) produz uma sequência conhecida como *sucessão faunística*. O **princípio de sucessão faunística** de Smith afirma que os estratos sedimentares em um afloramento contêm fósseis em uma sequência definida. A mesma sequência pode ser encontrada em afloramentos em outras localizações, de forma que os estratos de um local podem ser correlacionados com os de outro.

Usando sucessões faunísticas, Smith conseguiu identificar as formações de idades semelhantes encontradas em diferentes afloramentos. Pela observação da ordem vertical em que as formações eram encontradas em cada lugar, compilou uma sucessão estratigráfica composta para toda a região. Sua série composta mostrava como a sucessão completa seria observável se as formações dos diferentes níveis de todos os afloramentos pudessem ser vistas reunidas em um único perfil. A Figura 9.5 mostra tal composição para uma série de duas formações. Smith monitorava seu trabalho mapeando afloramentos com cores atribuídas a formações específicas, inventando o mapa

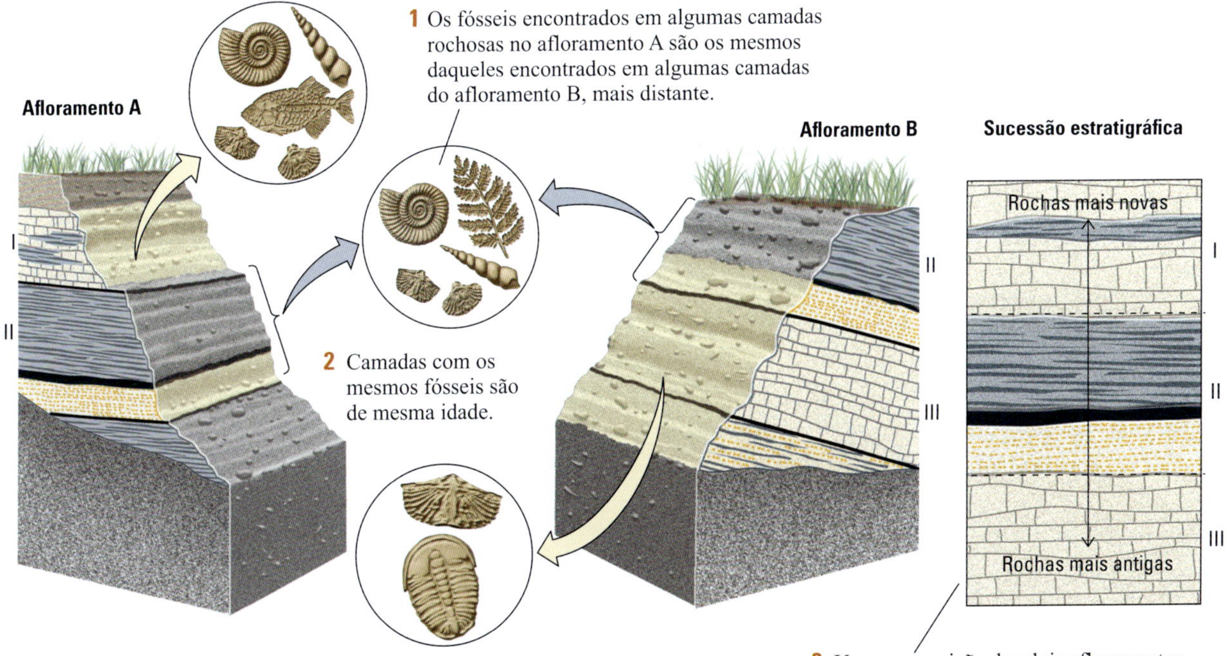

FIGURA 9.5 O princípio de sucessão faunística pode ser usado para correlacionar formações rochosas em diferentes afloramentos.

geológico. Em 1815, ele resumiu a pesquisa de toda sua vida na publicação do *Mapa Geral dos Estratos da Inglaterra e País de Gales*, uma obra-prima colorida à mão, com 2,5 metros de altura e quase 2 metros de largura – o primeiro mapa geológico de um país inteiro (**Figura 9.6**).

Os geólogos que seguiram os passos de Steno e Smith descreveram e catalogaram centenas de fósseis e suas relações com os organismos modernos, estabelecendo a nova ciência da *Paleontologia*: o estudo da história de antigas formas de vida. Os fósseis mais comuns foram as conchas de invertebrados. Alguns eram semelhantes a mariscos, ostras e outras conchas vivas; outros representavam espécies estranhas sem exemplos vivos, como os trilobitas mostrados na foto de abertura do capítulo. Menos comuns eram os ossos de vertebrados, como mamíferos, aves e os enormes répteis extintos aos quais chamavam de dinossauros. Foram encontradas plantas fósseis abundantes em algumas rochas, particularmente em camadas de carvão, onde folhas, brotos, ramos e mesmo troncos inteiros de árvores podem ser reconhecidos. Os fósseis não foram encontrados em rochas ígneas intrusivas, o que não surpreende, porque qualquer material biológico seria perdido na fusão quente. Também não havia fósseis em rochas metamórficas de alto grau, pois quaisquer remanescentes de organismos encontram-se quase sempre tão transformados e deformados que dificilmente podem ser reconhecidos.

No início do século XIX, a Paleontologia havia se tornado a mais importante fonte de informação sobre a história geológica. Contudo, o estudo sistemático dos fósseis afetou a ciência muito além da Geologia. Charles Darwin estudou Paleontologia quando era um jovem cientista e coletou muitos fósseis incomuns em sua famosa viagem a bordo do *Beagle* (1831-1836). Durante sua volta ao mundo, ele também teve oportunidade de observar uma imensa variedade de espécies animais e vegetais nada familiares em seus hábitats naturais. Darwin ponderou sobre o que havia visto até 1859, quando propôs sua teoria da evolução por seleção natural. Sua teoria revolucionou a ciência da biologia e

William "Estrato" Smith, 1769–1839

FIGURA 9.6 O *Mapa Geral dos Estratos da Inglaterra e País de Gales* de William Smith, o primeiro mapa geológico de todo um país. As cores indicam formações rochosas com a mesma idade relativa. O original ainda está pendurado em uma sala da Sociedade Geológica de Londres. [*mapa:* Science Source/ Science Source; *William Smith:* New York Public Library/Getty Images.]

forneceu um seguro arcabouço teórico para a Paleontologia: se os organismos evoluem progressivamente com o tempo, então os fósseis em cada camada sedimentar devem representar os organismos que viviam quando essa camada foi depositada.

Discordâncias: lacunas no registro geológico

Ao compilar a sucessão estratigráfica de uma região, os geólogos frequentemente encontram lugares no registro geológico onde está faltando uma formação. Isso evidencia que ela ou não foi depositada, ou foi erodida antes da deposição dos estratos posteriores. A superfície entre duas camadas que foram depositadas com um intervalo de tempo entre elas – o limite que representa o tempo ausente na pilha de estratos – é chamada de **discordância** (Figura 9.7). A *sequência sedimentar* é uma pilha de camadas delimitadas acima e abaixo por discordâncias. Uma discordância, assim como uma sequência sedimentar, representa a passagem do tempo.

Uma discordância pode implicar que forças tectônicas soergueram a rocha acima do nível do mar, onde a erosão removeu algumas camadas rochosas. De forma alternativa, a discordância pode ter sido produzida pela erosão de uma rocha recém-exposta assim que ocorreu a queda do nível do mar. Como veremos no Capítulo 12, o nível do mar pode baixar em centenas de metros durante as idades do gelo, devido à retirada de água dos oceanos para formar os mantos de gelo continental.

As discordâncias são classificadas de acordo com as relações entre pacotes das camadas superior e inferior:

- Uma *desconformidade* é um tipo de discordância que ocorre quando uma superfície erosiva separa duas sequências sedimentares cujas camadas são paralelas entre si (ver Figura 9.7). Quedas no nível do mar e amplos soerguimentos tectônicos geralmente criam desconformidades.
- Uma *não conformidade* é uma discordância em que um pacote de camadas sobrepõe-se a rochas metamórficas* ou ígneas intrusivas. (veja um exemplo no Jornal da Terra 9.1, para um exemplo).
- Uma discordância em que o pacote superior de camadas sobrepõe-se a um inferior cujas camadas foram dobradas por processos tectônicos** e, depois, sofreram erosão em uma superfície mais ou menos plana é denominada *discordância angular*. Em uma discordância angular, os planos de acamamento dos dois pacotes de camadas não são paralelos (Figura 9.8). A Figura 9.9 ilustra os processos pelos quais uma discordância angular pode se formar.

Relações de seccionamento

Outras feições de rochas sedimentares acamadas também fornecem chaves para a datação relativa. Lembre-se que os diques podem seccionar e romper as camadas sedimentares; as soleiras

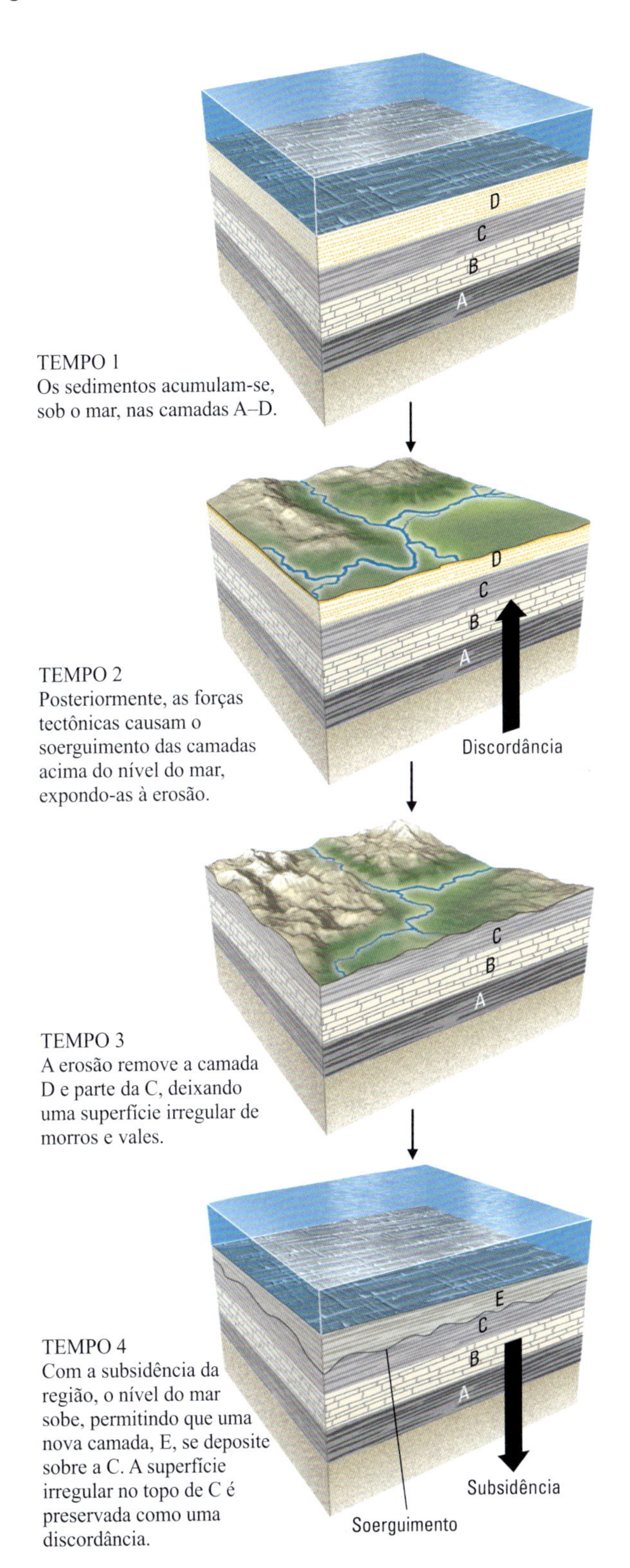

FIGURA 9.7 Uma discordância é uma superfície entre duas camadas rochosas que representa a não deposição ou a erosão de camadas. O esquema acima mostra uma discordância do tipo desconformidade, que é originada pelo soerguimento e erosão, seguida de subsidência e deposição de outro pacote, paralelo ao anterior, sobre uma superfície de erosão.

*N. de R.T.: As rochas metamórficas de alto e médio grau, que se originaram de rochas sedimentares, tem seu acamamento original apagado.

**N. de R.T.: Nesse caso, as rochas dobradas podem ter sido metamorfizadas em grau baixo e, portanto, não foram apagadas.

FIGURA 9.8 A grande discordância, mostrada aqui no Cânion Box, em Ouray, Colorado (EUA), estende-se por vários estados do sudoeste dos EUA e inclui o Grand Canyon, no Arizona. Essa vasta feição geológica é uma discordância angular entre o Arenito Tapeats (horizontal, no topo), sobreposto ao Folhelho Wapatai (vertical, na base). Enquanto o folhelho formou-se no Neoproterozoico, o arenito depositou-se no Cambriano. [Ron Wolf.]

podem ser intrudidas paralelamente aos planos de acamamento (ver Capítulo 4); e as falhas podem deslocar planos de acamamento, diques e soleiras quando separam blocos de rochas (ver Capítulo 8). Essas *relações de seccionamento* podem ser usadas para estabelecer as idades relativas de intrusões ígneas ou falhas na sucessão estratigráfica. Sabemos que eventos deformacionais ou intrusivos ocorreram depois que as camadas sedimentares afetadas foram depositadas e que, portanto, essas estruturas devem ter sido mais novas que as rochas que elas cortaram (**Figura 9.10**). Se os deslocamentos por intrusões ou falhas forem erodidos pela superfície de uma discordância e, depois, sobrepostos por uma série mais nova de formações, saberemos que essas estruturas são mais antigas que essas formações.

Os geólogos podem combinar observações de campo, relações de seccionamento, discordâncias e sucessões estratigráficas para decifrar a história de regiões cuja geologia é complexa (**Figura 9.11**). O Jornal da Terra 9.1 fornece um exemplo mais detalhado de como os geólogos trabalham retrocedendo no tempo para determinar as idades relativas das rochas em uma região.

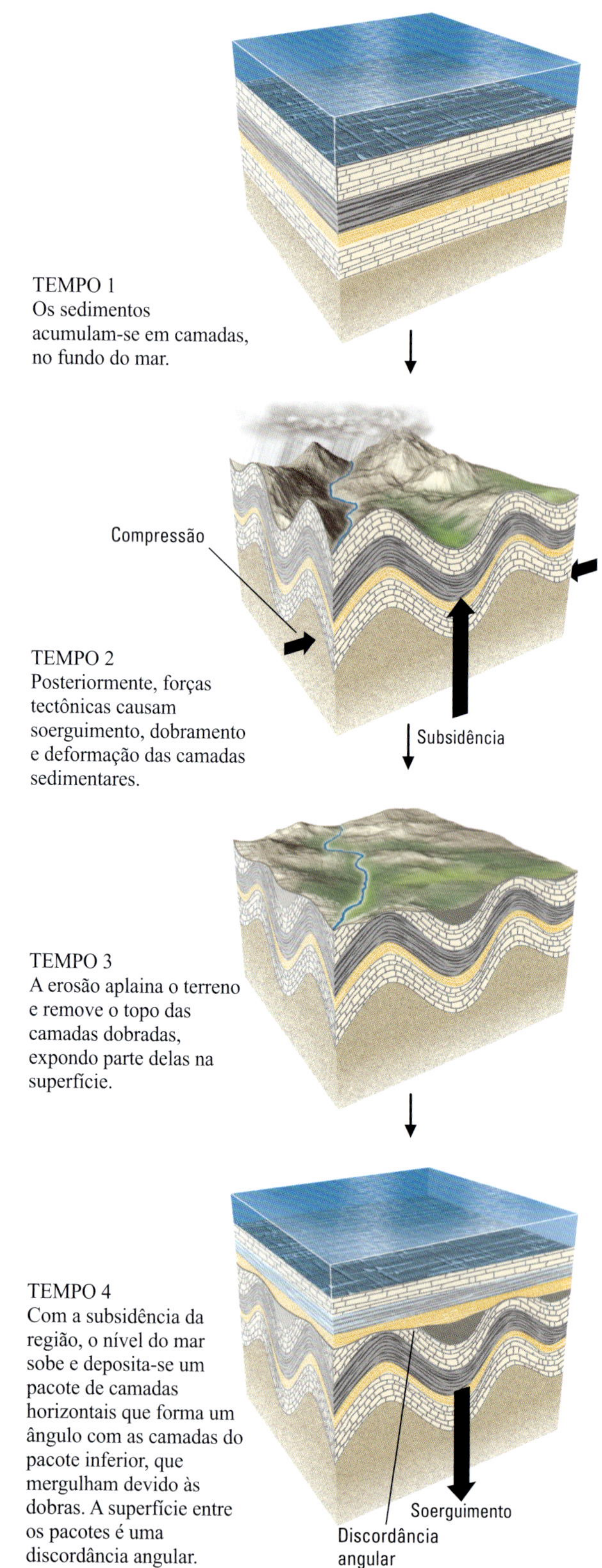

FIGURA 9.9 Uma discordância angular é uma superfície que separa dois pacotes de camadas cujos planos de acamamento não são paralelos entre si. Esta série de desenhos mostra como tal superfície pode ser formada.

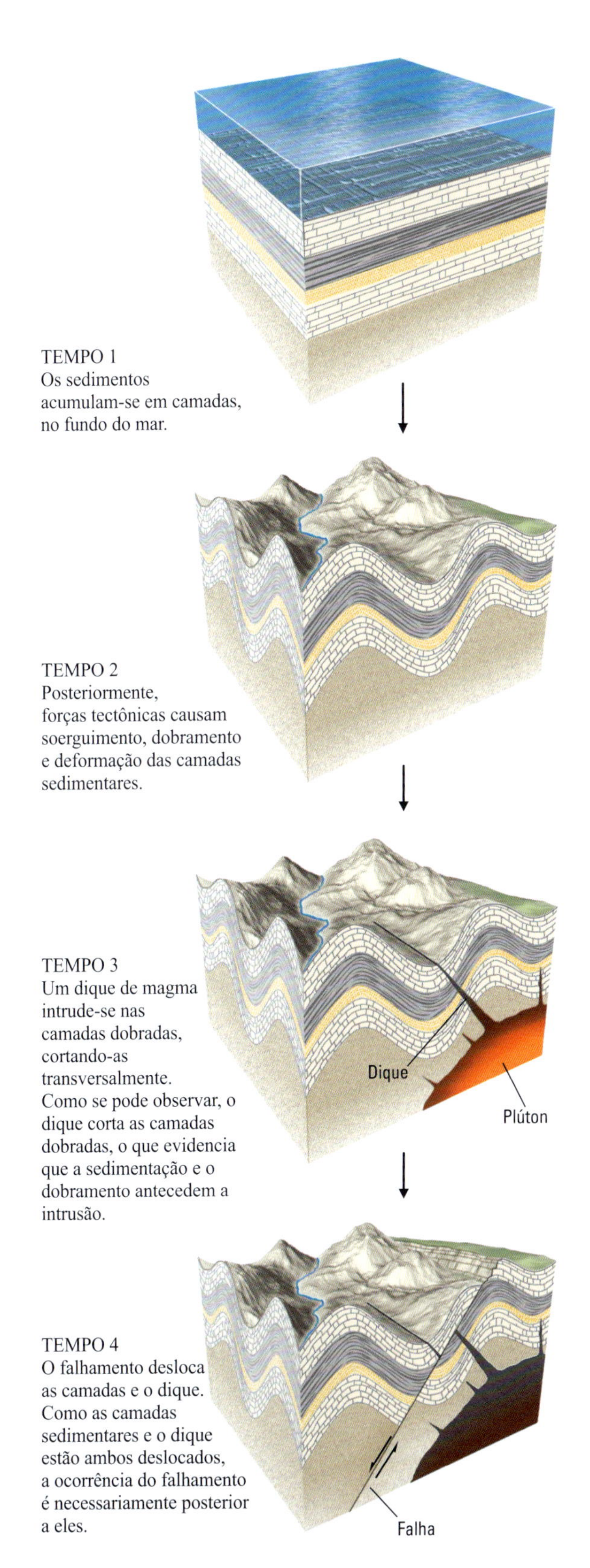

FIGURA 9.10 As relações de seccionamento permitem que os geólogos estabeleçam as idades relativas de intrusões ígneas ou falhas em uma sucessão estratigráfica.

A escala do tempo geológico: idades relativas

No início do século XIX, os geólogos começaram a aplicar os princípios estratigráficos de Steno e Smith em afloramentos por todo o mundo e descobriram os mesmos fósseis distintivos em formações similares em vários continentes. Além disso, as sucessões faunísticas de diferentes continentes frequentemente exibiam as mesmas mudanças nas sequências de fósseis. Comparando as sucessões faunísticas e usando relações de seccionamento, os geólogos conseguiram determinar as idades relativas de formações rochosas em nível global. Por volta do fim do século, haviam montado uma história mundial de eventos geológicos – uma **escala do tempo geológico.**

Intervalos de tempo geológico

A escala do tempo geológico divide a história da Terra em intervalos marcados por conjuntos distintos de fósseis e estabelece os limites desses intervalos toda vez que esses conjuntos de fósseis mudaram abruptamente (Figura 9.12). As divisões básicas dessa escala de tempo são as **eras**: a Paleozoica (do grego *paleo*, que significa "antigo", e *zoi*, "vida"), a Mesozoica ("vida intermediária") e a Cenozoica ("vida recente").

Por sua vez, as eras são subdivididas em **períodos**, a maioria deles denominados de acordo com o nome da localidade geográfica onde as formações estão mais bem expostas ou onde foram descritas pela primeira vez ou, ainda, por alguma característica distintiva das formações. O Período Jurássico, por exemplo, é denominado devido às Montanhas Jura, na França e na Suíça, e o Período Carbonífero, por causa das rochas sedimentares portadoras de carvão da Europa e da América do Norte. Exceções são os períodos do Cenozoico, em que Paleógeno ("origem antiga") e Neógeno ("origem nova") provêm de nomes gregos, e Quaternário, que indica o período mais recente.

Alguns períodos são, ainda, subdivididos em **épocas**, como o Mioceno, o Plioceno e o Pleistoceno do Período Quaternário (ver Figura 9.12). A mais recente é a do Holoceno ("completamente novo") do Período Quaternário da Era Cenozoica.

Limites de intervalos marcam extinções em massa

Muitos dos principais limites na escala de tempo geológico representam **extinções em massa**: intervalos curtos durante os quais houve simplesmente o desaparecimento do registro fóssil de grande parte das espécies que vivia naquele momento, seguidos do surgimento de muitas novas espécies. Essas mudanças abruptas nas sucessões faunísticas eram um grande mistério para os geólogos que as descobriram. A teoria da evolução de Darwin explicava como as novas espécies conseguiam evoluir, mas o que havia causado as extinções em massa?

Em alguns casos, pensamos ter a resposta. A extinção em massa no final do Período Cretáceo, que dizimou 75% das espécies vivas, inclusive basicamente todos os dinossauros, foi quase com certeza o resultado do impacto de um grande meteorito que

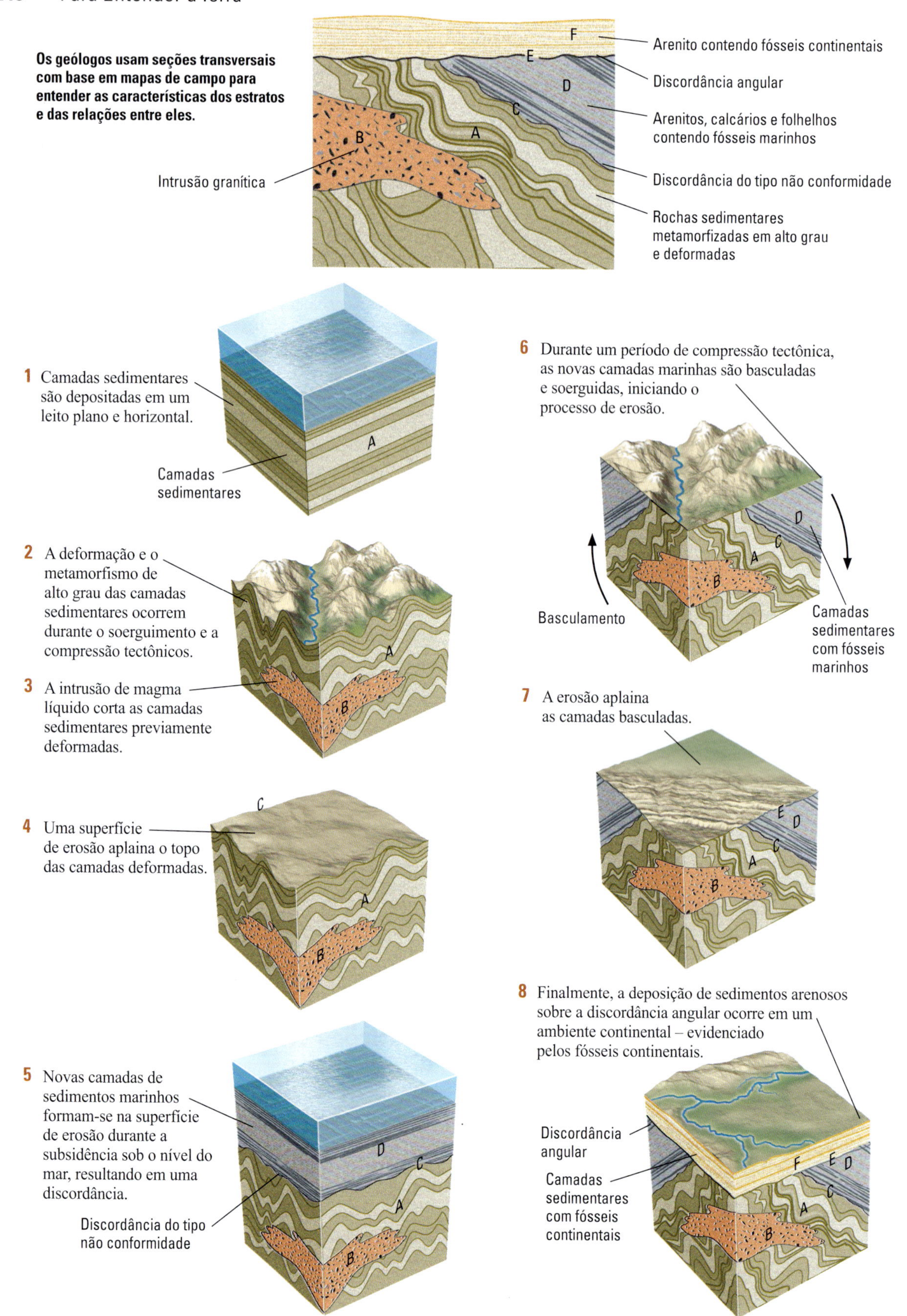

FIGURA 9.11 Os geólogos usam princípios estratigráficos e relações de seccionamento para estabelecer uma cronologia relativa de eventos geológicos.

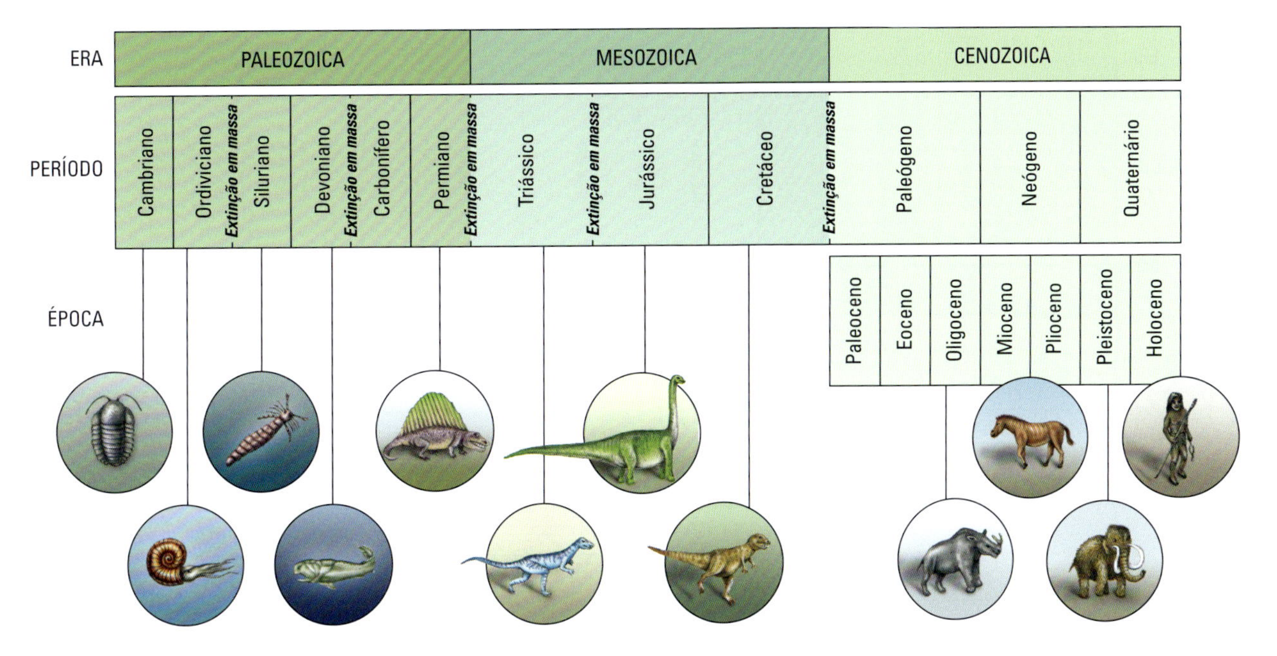

FIGURA 9.12 A escala de tempo geológico, mostrando as idades relativas das eras, períodos e épocas do Éon Fanerozoico, diferenciados por assembleias de fósseis. Os limites desses intervalos são marcados pelo desaparecimento abrupto de algumas formas de vida e o surgimento de novas formas. As cinco extinções em massa mais dramáticas estão indicadas. Note que este diagrama mostra apenas as idades relativas dos intervalos.

escureceu e envenenou a atmosfera e imergiu a Terra em muitos anos de clima extremamente frio. Esse desastre marcou o fim da Era Mesozoica e o início da Cenozoica. Em outros casos, ainda não temos certeza. A maior extinção em massa, no fim do Período Permiano, que define o limite entre as eras Paleozoica e Mesozoica, eliminou aproximadamente 95% de todas as espécies vivas, mas a causa desse evento ainda é debatida. Os eventos extremos que separam intervalos de tempo geológico são objeto de muitas pesquisas ativas, como veremos no Capítulo 22.

As Idades das Rochas Geradoras de Petróleo

O petróleo e o gás natural são oriundos da matéria orgânica soterrada em formações rochosas sedimentares em algum ponto do passado geológico. As idades relativas dessas "rochas geradoras de petróleo" nos fornecem pistas importantes sobre onde buscar novos recursos de petróleo e gás natural. Levantamentos globais mostraram que muito pouco petróleo veio das rochas pré-cambrianas, o que faz sentido, pois os organismos primitivos que existiam antes do Período Cambriano geraram pouquíssima matéria orgânica.

As rochas geradoras de petróleo foram depositadas durante todas as três eras geológicas após o Período Cambriano, embora determinados períodos do tempo geológico tenham produzido mais desse recurso do que outros (**Figura 9.13**). Os grandes vencedores são os Períodos Jurássico e Cretáceo da Era Mesozoica, que juntos representam quase 60% da produção de petróleo mundial. As formações sedimentares do Jurássico e do Cretáceo foram as rochas geradoras dos grandes campos petrolíferos do Oriente Médio, Golfo do México, Venezuela e da Encosta Norte do Alasca.

Se voltarmos à Figura 2.16, veremos que durante esses períodos do tempo geológico, o supercontinente Pangeia estava se fragmentando para formar os continentes modernos. Essa atividade tectônica formou muitas bacias sedimentares marinhas e aumentou a velocidade em que os sedimentos eram depositados nelas. Durante os Períodos Jurássico e Cretáceo, que incluem a Era dos Dinossauros, a vida marinha era abundante, gerando boa parte da matéria orgânica que foi soterrada nos sedimentos. Desde então, esse material rico em carbono foi "cozinhado" e transportado para os reservatórios de petróleo onde os encontramos hoje em dia.

Medição do tempo absoluto com relógios isotópicos

A escala do tempo geológico, baseada em estratigrafia e em sucessões faunísticas, é relativa. Com ela, os geólogos podem dizer se uma formação ou assembleia de fósseis é mais antiga que outra, mas não a duração real, em anos, de eras, períodos e épocas. Estimativas do tempo necessário para haver erosão de montanhas e acúmulo de sedimentos sugeriram que a maior parte dos períodos geológicos havia durado milhões de anos, mas os geólogos do século XIX não sabiam se a duração de qualquer período específico era de 10 ou 100 milhões de anos ou mesmo mais do que isso. Eles não sabiam que a escala de tempo geológico estava incompleta.

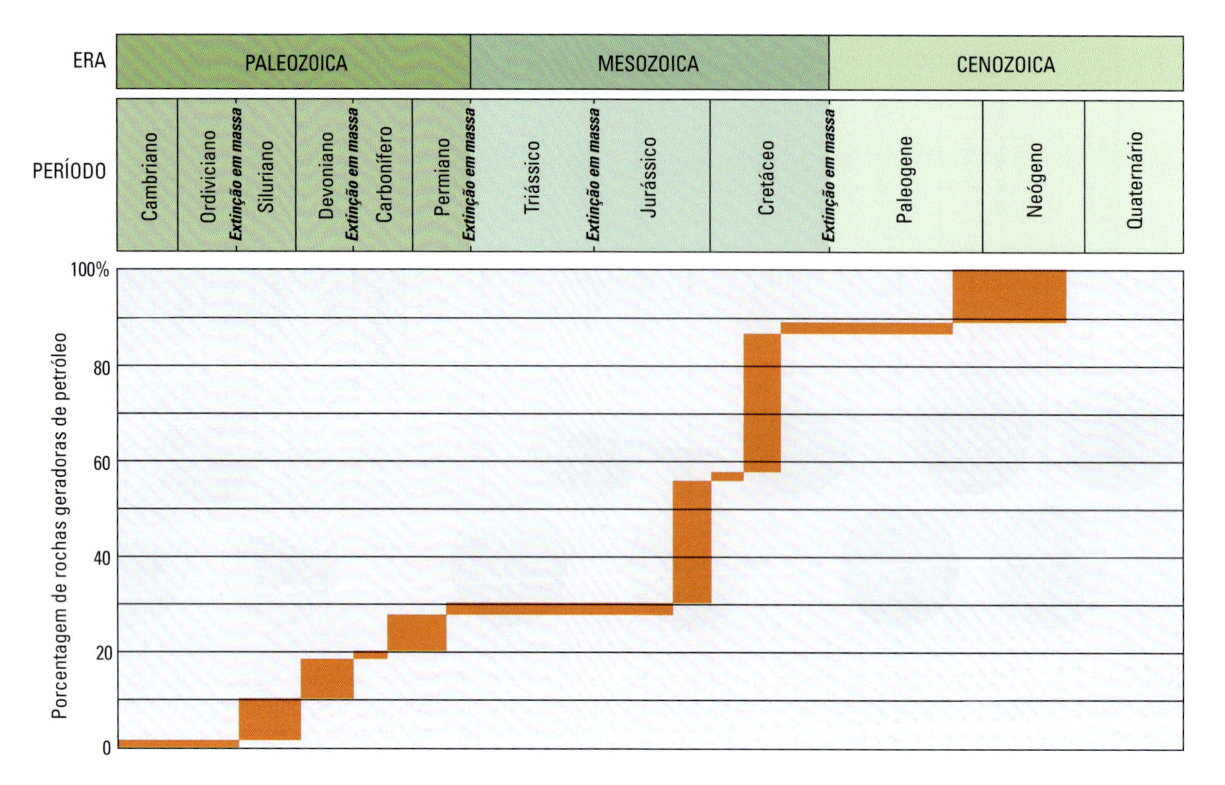

FIGURA 9.13 Idades relativas e quantidades de rochas sedimentares que continham a matéria orgânica que hoje encontramos na forma de petróleo e gás natural. As barras no gráfico inferior mostram a porcentagem dessas rochas geradoras de petróleo em todo o mundo (altura da barra) dentro de uma determinada faixa de idade (largura da barra). Quase 60% do estoque total foi depositado durante os períodos Jurássico e Cretáceo da Era Mesozoica. [Dados de H. D. Klemme & G. F. Ulmishek, *AAPG Bulletin*, 1999.]

O período mais recente da história geológica registrado por sucessões faunísticas era o Cambriano, quando a vida animal, na forma de fósseis de conchas, apareceu subitamente no registro geológico. No entanto, muitas formações rochosas eram nitidamente mais antigas, uma vez que ocorriam sotopostas às rochas cambrianas em sucessões estratigráficas. Mas essas formações não continham nenhum fóssil reconhecível, então não havia como determinar suas idades relativas. Todas essas rochas foram agregadas na categoria geral chamada de **Pré-Cambriano**. Que fração da história da Terra estava trancada nessas rochas enigmáticas? Que idade tinha a rocha mais antiga do Pré-Cambriano? Que idade tinha a própria Terra?

Essas questões suscitaram um debate acalorado na segunda metade do século XIX. Físicos e astrônomos defendiam uma idade máxima menor do que 100 milhões de anos, mas a maioria dos geólogos considerava essa idade pequena demais, embora não houvesse dados precisos para respaldá-los.

Descoberta da radioatividade

Em 1896, um avanço na física moderna pavimentou uma maneira confiável e precisa de medição das idades absolutas. Henri Becquerel, um físico francês, descobriu a radioatividade do urânio. Menos de um ano depois, a química francesa Marie Sklodowska-Curie descobriu e isolou outro elemento altamente radioativo, o rádio.

Em 1905, o físico Ernest Rutherford sugeriu que a radioatividade poderia ser usada para medir a idade exata de uma rocha. Ele calculou a idade de uma rocha a partir de medições de seu teor de urânio. Esse foi o início da **datação isotópica**, que consiste em usar elementos radioativos naturais para determinar as idades das rochas. Poucos anos depois, as idades de muitas outras rochas foram determinadas, enquanto os métodos de datação iam sendo refinados e mais elementos radioativos eram descobertos. Uma década depois da primeira tentativa de Rutherford, os geólogos conseguiram demonstrar que algumas rochas pré-cambrianas tinham bilhões de anos.

Em 1956, o geoquímico Clair Patterson mediu o decaimento do urânio em meteoritos e em rochas terrestres para determinar que o sistema solar – e, por implicação, a Terra – havia se formado 4,56 bilhões de anos atrás. Essa idade foi modificada em menos de 10 milhões de anos desde a medida original de Patterson; portanto, podemos dizer que ele deu o último passo para a descoberta do tempo geológico.

Isótopos radioativos: os relógios das rochas

Como se utiliza a radioatividade para determinar a idade de uma rocha? Lembre-se que o núcleo de um átomo consiste de prótons e nêutrons. Para um determinado elemento, o número

Jornal da Terra 9.1 Estratigrafia do Planalto do Colorado: um exercício de datação relativa

Os estratos expostos no Grand Canyon e em outras partes do Planalto do Colorado podem ser usados para ilustrar como funciona a datação relativa (ver figura na página ao lado). Essas camadas registram uma longa história de sedimentação em uma variedade de ambientes, algumas vezes continentais e, outras, marinhos. Pela correlação de formações rochosas expostas em diferentes localidades, os geólogos construíram uma sucessão estratigráfica de um intervalo de mais de 1 bilhão de anos, que abrange as eras Paleozoica e Mesozoica.

As rochas expostas mais basais e, portanto, as mais antigas do Grand Canyon são as rochas ígneas e metamórficas escuras do Grupo Vishnu, um grupo de formações com idade de cerca de 1,8 bilhão de anos.

Sobrepostas ao Grupo Vishnu, e mais novas, portanto, estão as Camadas Grand Canyon. Embora essas rochas sedimentares contenham fósseis de microrganismos unicelulares que oferecem evidências de vida anterior, elas não contêm os fósseis de conchas distintivos do Cambriano e de períodos posteriores e, por essa razão, são classificadas como rochas pré-cambrianas.

Uma não conformidade separa as camadas do Grupo Vishnu e as do Grand Canyon, representando um período de deformação estrutural que acompanhou o metamorfismo desse grupo e, depois, de erosão, antes da deposição das camadas mais novas. A inclinação das Camadas Grand Canyon, formando um ângulo em relação à posição horizontal de quando foram geradas, mostra que elas também foram dobradas depois da deposição e do soterramento.

Uma discordância angular de grande extensão, chamada de Grande Discordância, separa as Camadas Grand Canyon das camadas horizontais sobrepostas do Arenito Tapeats (ver Figura 9.8). Essa discordância indica um longo período de erosão depois do basculamento das rochas inferiores. O Arenito Tapeats e o Folhelho Bright Angel podem ser datados como do Cambriano pelos seus fósseis, muitos dos quais são de trilobitas.

Sobreposto ao Folhelho Bright Angel está um grupo de formações horizontais de calcário e folhelho (Calcário Muav, Calcário Temple Butte e Calcário Redwall) que representam cerca de 200 milhões de anos de sedimentação marinha, desde o final do Período Cambriano até o Período Carbonífero. Existe um lapso de tempo muito longo representado pelas discordâncias dessa sequência, sendo que os estratos das rochas materializam de fato menos de 40% do Paleozoico.

O próximo pacote de estratos, em direção ao topo da parede do cânion, é o Grupo Supai (Carbonífero e Permiano), que reúne formações que contêm fósseis de vegetação terrestre, como aqueles encontrados em camadas de carvão na América do Norte e em outros continentes. Sobrepondo-se ao Grupo Supai, está o Hermit, um folhelho arenítico vermelho depositado em um ambiente continental.

Continuando em direção ao topo, encontramos outro depósito continental, o Arenito Coconino, o qual contém rastros de animais vertebrados. Os rastros desses animais indicam que o Coconino foi formado em um ambiente terrestre durante o Período Permiano. No topo dos penhascos da borda do cânion, estão mais duas formações de idade permiana: a Toroweap, constituída predominantemente de calcário, sobreposta pela Kaibab, uma camada maciça de calcário arenoso contendo sílex. Essas duas formações registram a subsidência da região sob o nível do mar e a deposição de sedimentos marinhos.

Acima do Calcário Kaibab e da própria borda do cânion, mas exposta no Parque Nacional Grand Canyon, está a formação Moenkopi, um arenito vermelho do Período Triássico – a primeira aparição de rochas da Era Mesozoica nessa sucessão estratigráfica.

A sucessão de estratos no Grand Canyon, embora pitoresca e instrutiva, representa uma imagem incompleta da história da Terra. Períodos mais novos do tempo geológico não estão ali preservados, e devemos nos deslocar para lugares em Utah, nos parques nacionais dos cânions Zion e Bryce, para completar os últimos eventos dessa história. Em Zion, encontramos as unidades equivalentes de Kaibab e Moenkopi, que nos permitem estabelecer uma correlação com a região do Grand Canyon e encadear a história de ambas as regiões. Diferentemente da área do Grand Canyon, entretanto, as rochas em Zion estendem-se, em direção ao topo, até o tempo jurássico, incluindo dunas arenosas antigas representadas pelo Arenito Navajo. No Cânion Bryce, a leste de Zion, encontra-se novamente o Arenito Navajo, assim como os estratos que se empilham em direção ao topo até a Formação Wasatch, do Paleógeno

A correlação dos estratos dessas três áreas do Planalto do Colorado mostra como as sequências de lugares bastante separados – cada qual com um registro incompleto do tempo geológico – podem ser empilhadas para construir um registro composto da história da Terra.

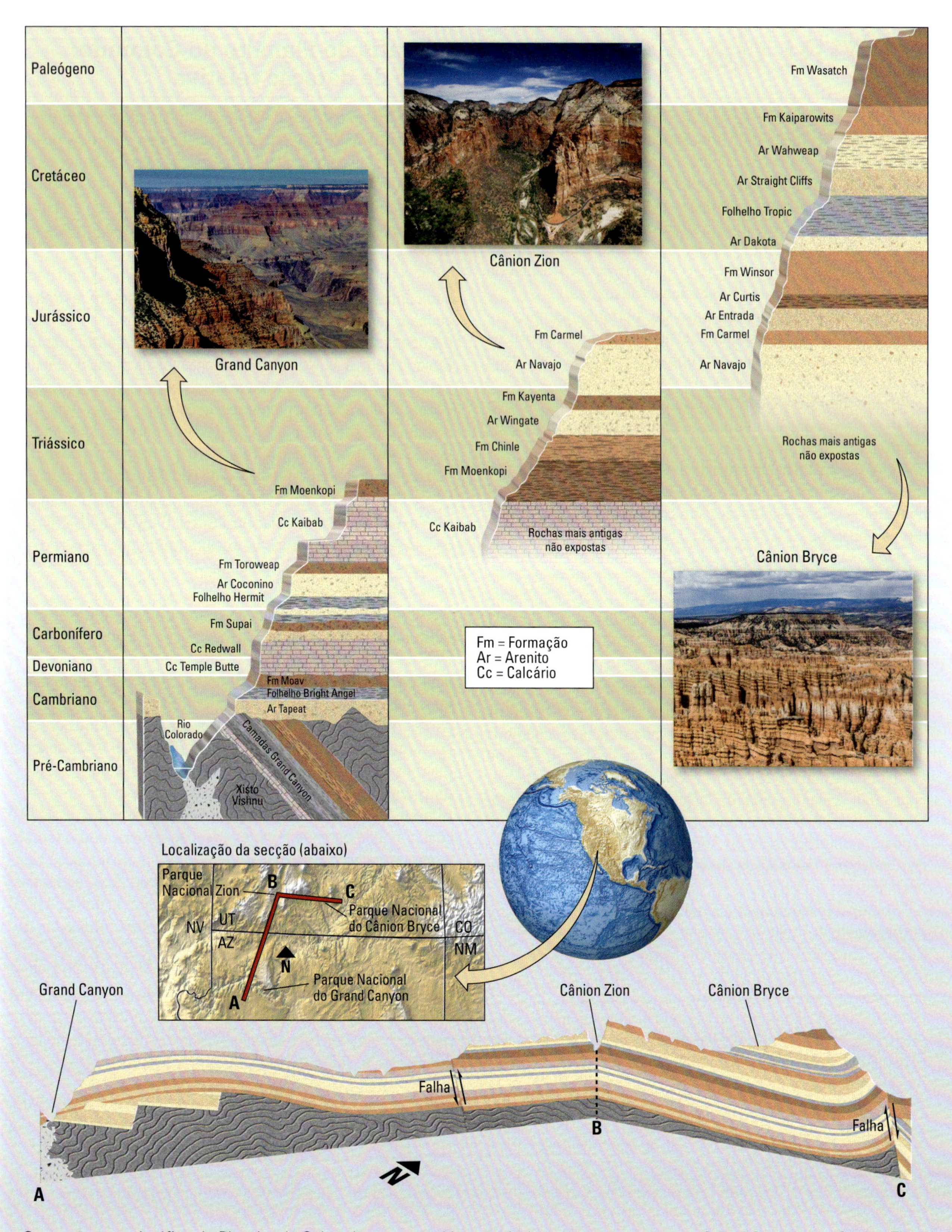

Sucessão estratigráfica do Planalto do Colorado, reconstruída a partir de estratos expostos no Grand Canyon, no Cânion Zion e no Cânion Bryce. [*Grand Canyon:* Richard A. McMillin/Shutterstock; *Cânion Zion:* Bryan Brazil/Shutterstock; *Cânion Bryce:* Filip Fuxa/Shutterstock.]

de prótons é constante, mas o número de nêutrons pode variar entre diferentes *isótopos* do mesmo elemento (ver Capítulo 3). A maioria dos isótopos é estável, mas o núcleo de um isótopo *radioativo* pode desintegrar-se (ou *decair*) espontaneamente, ejetando partículas e formando um átomo de um elemento diferente. Chamamos o átomo original de *pai*, e o produto do seu decaimento é conhecido como *filho*.

Um elemento útil para a datação isotópica é o rubídio, que tem 37 prótons e dois isótopos de ocorrência natural: o rubídio-85, que tem 48 nêutrons e é estável, e o rubídio-87, que tem 50 nêutrons e é radioativo. Um nêutron no núcleo de um átomo de rubídio-87 pode ejetar um elétron de forma espontânea, assim transformando-se em próton, que permanece no núcleo. O isótopo-pai rubídio-87, então, forma um isótopo-filho estável, o estrôncio-87, com 38 prótons e 49 nêutrons (**Figura 9.14**). Assim, aqueles isótopos que decaem lentamente durante bilhões de anos, como o rubídio-87, são utilizados para medir a idade de rochas antigas, enquanto os que decaem rapidamente, como o carbono-14, são úteis para determinar as idades de rochas muito novas (ver **Quadro 9.1** e Pratique um Exercício de Geologia).

Um isótopo-pai forma um isótopo-filho por decaimento a uma taxa constante. As taxas de decaimento radioativo são estabelecidas em termos da **meia-vida** de um elemento – o tempo requerido para que a metade do número inicial de átomos transforme-se em átomos-filhos. No final do período da primeira meia-vida, a metade do número de átomos-pais ainda permanece. No final do período da segunda meia-vida, a metade daquela metade, ou um quarto do número original, ainda resta. No final da terceira meia-vida, um oitavo ainda resta e assim sucessivamente. À medida que os pais decaem, a quantidade de isótopos-filhos aumenta, preservando o número total de átomos (**Figura 9.15**). As meias-vidas de elementos radioativos comumente usados para datação isotópica estão listadas no Quadro 9.1.

Isótopos radioativos são bons relógios porque suas meias-vidas não variam com mudanças de temperatura, pressão, ambiente químico ou outros fatores que podem acompanhar os processos geológicos na Terra e em outros planetas. Assim, quando os átomos de um isótopo radioativo são criados em qualquer lugar do universo, eles começam a atuar como as

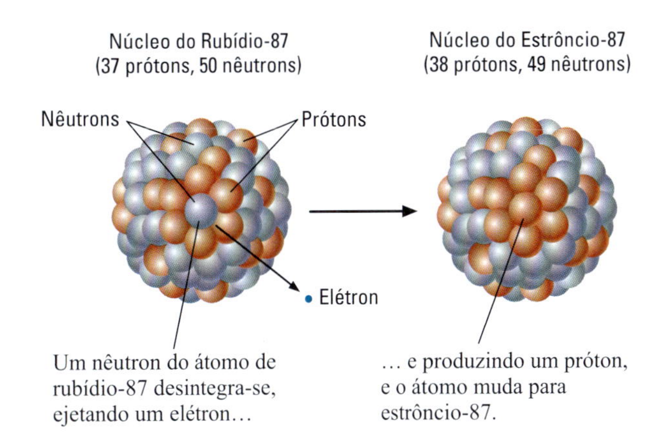

FIGURA 9.14 O decaimento radioativo do rubídio para estrôncio.

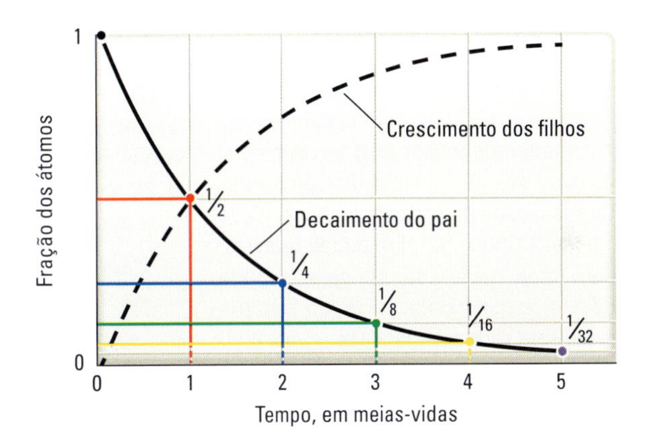

FIGURA 9.15 O número de átomos de um isótopo-pai declina numa taxa constante ao longo do tempo. Essa taxa de decaimento é estabelecida pela meia-vida do isótopo. À medida que o isótopo-pai decai, a quantidade de isótopos-filhos cresce, preservando o número de átomos total.

QUADRO 9.1 Principais elementos radioativos utilizados na datação isotópica

ISÓTOPOS		MEIA-VIDA DO ISÓTOPO-PAI (ANOS)	INTERVALO DE DATAÇÃO EFETIVA (ANOS)	MINERAIS E MATERIAIS QUE PODEM SER DATADOS
PAI	FILHO			
Rubídio-87	Estrôncio-87	49 bilhões	10 milhões–4,6 bilhões	Muscovita, biotita, ortoclásio
Urânio-238	Chumbo-206	4,5 bilhões	10 milhões–4,6 bilhões	Zircão, apatita
Potássio-40	Argônio-40	1,3 bilhão	50 mil–4,6 bilhões	Muscovita, biotita, hornblenda
Urânio-235	Chumbo-207	0,7 bilhão	10 milhões–4,6 bilhões	Zircão, apatita
Carbono-14	Nitrogênio-14	5.730	100–70.000	Madeira, carvão vegetal, turfa; ossos e tecidos; conchas e outros carbonatos de cálcio

PRATIQUE UM EXERCÍCIO DE GEOLOGIA

Como os isótopos nos informam sobre as idades dos materiais terrestres?

Métodos de datação isotópica permitem-nos datar muitos tipos de materiais terrestres para muitos propósitos práticos: formações rochosas na busca de minerais e petróleo; amostras de água para entender a circulação oceânica; núcleos de gelo para criar gráficos de variações climáticas; e até bolhas de ar presas em rochas e no gelo para medir mudanças na composição da atmosfera. Portanto, vale a pena entender em maior detalhe como os geólogos realmente determinam as idades de materiais usando isótopos.

Considere um grão de mineral que se formou no tempo $T = 0$ e contém uma determinada quantidade de isótopos-pais, digamos, 1.000 átomos. Se medirmos a idade do grão de mineral a partir das meias-vidas do isótopo-pai, a quantidade deixada em qualquer idade T será $1.000 \times 1/2^T$. Em outras palavras, em uma meia-vida, ou seja, quando $T = 1$, a quantidade inicial do isótopo-pai será reduzida para $1/2^1 = 1/2$ (500 átomos); em duas meias-vidas, para $1/2^2 = 1/4$ (250 átomos); em três meias-vidas, para $1/2^3 = 1/8$ (125 átomos); e assim por diante (ver Figura 9.14).

O decaimento radioativo de cada átomo do isótopo-pai gera um novo átomo do isótopo-filho. Se o grão de mineral permanecer como um sistema fechado (isto é, se nenhum isótopo for transferido para dentro ou para fora do grão), o número de novos átomos-filho produzidos a partir dos átomos-pai pela idade T deve ser igual a $1.000 \times (1 - 1/2^T)$, porque os novos filhos e pais remanescentes devem ser adicionados à quantidade inicial de isótopos-pais (1.000 átomos). Assim, a razão entre novos filhos e pais remanescentes depende apenas da idade do grão mineral:

$$\left(\frac{\text{número de novos filhos}}{\text{número de pais remanescentes}}\right) = \frac{1-1/2^T}{1/2^T} = 2^T - 1$$

À medida que a idade do grão mineral aumenta de 0 para 3 meias-vidas, por exemplo, essa razão aumenta de 0 para 7, independentemente do número inicial de átomos-pais.

Com o espectrômetro de massa, podemos medir os isótopos pai e filho com precisão: hoje, tais instrumentos podem literalmente contar os átomos de uma amostra pequena. Mas para determinar a idade de um grão mineral, devemos incluir qualquer isótopo-filho incorporado no grão mineral quando ocorreu sua cristalização. Em nosso exemplo, se houvesse 100 átomos-filho no grão em $T = 0$, então o número de átomos-filho aumentaria para $500 + 100 = 600$ após uma meia-vida; para $750 + 100 = 850$ após duas meias-vidas; e para $875 + 100 = 975$ após três meias-vidas. Portanto, a expressão geral para o número total de átomos-filho é:

$$= (2^T - 1) \times \text{número de pais remanescentes} + \text{número de filhos iniciais}$$

Talvez você tenha notado que esta é uma equação de uma reta com inclinação de $(2^T - 1)$ e seccionamento do eixo vertical igual ao número inicial de átomos-filho, conforme ilustrado na parte (a) da ilustração.

Embora seja possível mensurar apenas a quantidade total do isótopo-filho, podemos, com frequência, inferir a quantidade inicial de outro isótopo do mesmo elemento. Por exemplo, o estrôncio-87 é criado pelo decaimento do rubídio-87 (ver Figura 9.14), mas outro isótopo, o estrôncio-86, não é produzido por decaimento radioativo e não é, em si, radioativo. Desta forma, se um grão mineral permanecer um sistema fechado após a cristalização, o número de átomos de estrôncio-86 não será alterado com a idade. O truque é dividir a relação entre filhos e pais pela quantidade de estrôncio-86:

$$\left(\frac{\text{número de estrôncio-87}}{\text{número de estrôncio-86}}\right) = (2^T - 1) \times \left(\frac{\text{número de rubídio-87}}{\text{número de estrôncio-86}}\right) + \left(\frac{\text{número inicial de estrôncio-87}}{\text{número de estrôncio-86}}\right)$$

Diferentes grãos minerais em uma rocha serão cristalizados com quantidades iniciais diferentes de estrôncio e rubídio. No entanto, como os dois isótopos de estrôncio comportam-se de modo similar nas reações químicas que ocorrem antes da cristalização, a razão entre estrôncio-87 e estrôncio-86 na cristalização será a mesma para todos os grãos na mesma rocha. Portanto, encaixando uma linha aos dados de diversos grãos minerais, podemos determinar a razão inicial entre estrôncio-87 e estrôncio-86, bem como a idade T.

Na parte (b) da figura, aplicamos esse método às medidas de estrôncio e rubídio de um famoso meteorito rochoso, chamado de Juvinas, que caiu no sul da França em 1821. Acredita-se que o meteorito Juvinas, que é semelhante ao mostrado na Figura 1.9a, tenha vindo de um corpo planetário formado ao mesmo tempo em que a Terra, mas que foi subsequentemente destruído por colisões planetárias (ver Capítulo 20). Usando medidas com espectrômetro de massa de quatro amostras, podemos criar um gráfico das razões entre o estrôncio-87 e o estrôncio-86 e entre o rubídio-87 e o estrôncio-86 ao longo de uma linha cuja intercepção dá uma razão inicial entre estrôncio-87 e estrôncio-86 de 0,699. Essa linha é uma isócrona (um local de mesmo tempo) com inclinação de 0,067.

Para solucionar T, começamos com

$$(2^T - 1) = 0{,}067$$

Adicionando 1 e obtendo logaritmos de base 10 nos dois lados dessa equação, temos

$$T \log(2) = \log(1{,}067)$$

ou

$$T = \log(1{,}067) / \log(2)$$

Usando uma calculadora científica (provavelmente seu celular tem uma),

descobrimos que log(1,067) = 0,0282 e log(2) = 0,301, o que resulta em

$$T = \frac{0,0282}{0,301} = 0,094 \text{ meias-vidas}$$

A multiplicação do número de meias-vidas pela meia-vida do rubídio-87, 49 bilhões de anos (ver Quadro 9.1), gera uma idade do meteorito de

$$0,094 \times 49 \text{ bilhões de anos} = 4,59 \text{ bilhões de anos}$$

O erro dessa estimativa é de aproximadamente 0,07 bilhão de anos, então é consistente com a idade de 4,56 bilhões de anos obtida pela primeira vez para a Terra por Patterson em 1956.

PROBLEMA EXTRA: Quando representadas em um diagrama como a parte (b) da figura, as razões dos isótopos de rubídio e estrôncio de diversos grãos minerais coletados da mesma rocha estão sobre uma linha com inclinação de 0,0143. Presumindo que esses grãos minerais foram sistemas fechados desde sua cristalização, calcule a idade da rocha. *Dica:* log(1,0143) = 0,00617.

Como os isótopos pais e filhos evoluem ao longo do tempo

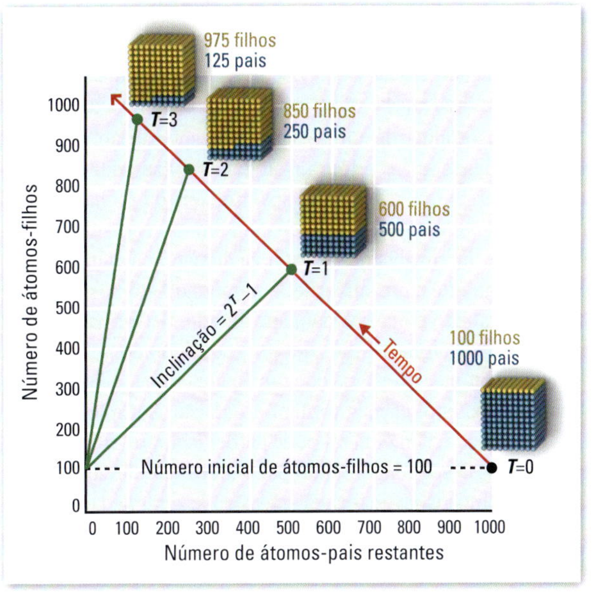

Datação do meteorito Juvinas

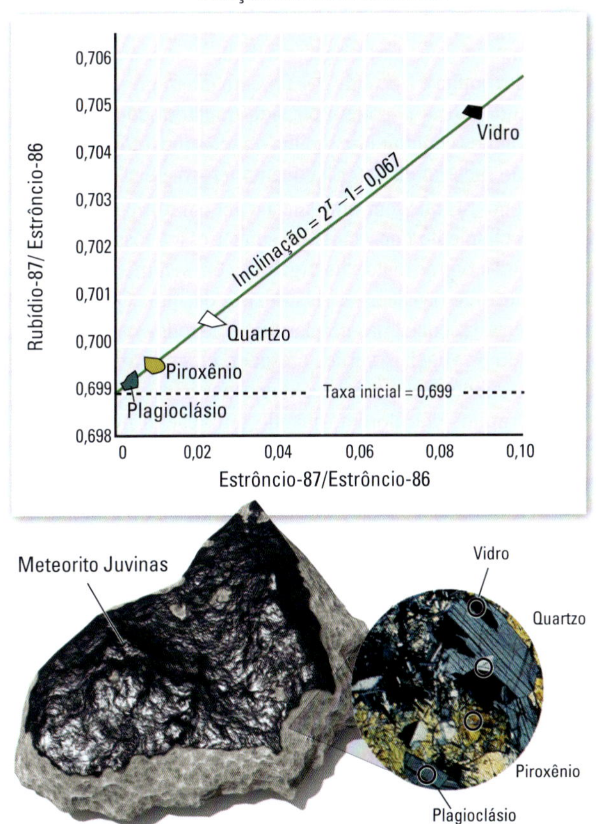

(a) O número de átomos-pai em um grão mineral diminui, e o número de átomos-filhos aumenta durante o decaimento radioativo. Conforme o grão mineral envelhece, sua representação neste gráfico move-se continuamente para cima e para a esquerda, ao longo da linha vermelha. Os pontos representam 0, 1, 2 e 3 meias-vidas. (b) Um gráfico das razões entre estrôncio-87 e estrôncio-86 *versus* rubídio-87 e estrôncio-86 para o meteorito Juvinas. Os dados são obtidos a partir de medidas com espectrômetro de massa de diferentes minerais do meteorito. [Martin Prinz/American Museum of Natural History.]

batidas de um relógio, alterando-se de forma estável de um tipo de átomo para outro a uma taxa constante.

Podemos medir a razão entre isótopos-pais e isótopos-filhos com um espectrômetro de massa, um instrumento muito preciso e sensível, que pode detectar até quantidades ínfimas de isótopos e determinar quanto do átomo-filho foi produzido a partir do átomo-pai. Sabendo a meia-vida, podemos, então, calcular o tempo transcorrido desde que o relógio isotópico começou a bater.

A idade isotópica de uma rocha corresponde ao tempo transcorrido desde que o relógio isotópico foi "zerado" quando os isótopos foram "trancados" nos minerais da rocha. Esse "trancamento" geralmente ocorre quando um mineral se cristaliza a partir de um magma ou recristaliza durante o metamorfismo. Porém, durante a cristalização, o número de átomos-filhos em um mineral não é necessariamente zerado, de forma que o número inicial de átomos-filhos deve ser considerado no cálculo da idade isotópica (ver Pratique um Exercício de Geologia). Muitas outras complicações tornam a datação isotópica uma atividade intricada. Um mineral pode perder isótopos-filhos por intemperismo ou ser contaminado por fluidos que circulam na rocha. O metamorfismo de rochas ígneas pode zerar a idade isotópica de minerais nessas rochas para uma data muito posterior à sua idade de cristalização.

Métodos de datação isotópica

A datação isotópica é possível somente se uma quantidade mensurável de átomos-pais permanecer na rocha. Por exemplo, se a rocha é muito antiga e a taxa de decaimento muito rápida, quase todos os átomos-pais já podem ter sido transformados. Nesse caso, poderíamos concluir que a pilha do relógio isotópico acabou, mas não saberíamos dizer há quanto tempo ele parou.

O carbono-14, que tem uma meia-vida em torno de 5.700 anos, é especialmente importante para datar ossos fósseis, conchas, madeira e outros materiais orgânicos em sedimentos muito novos com algumas dezenas de milhares de anos. O carbono é um elemento essencial nas células vivas de todos os organismos. Quando os vegetais verdes crescem, eles continuamente incorporam carbono em seus tecidos a partir do dióxido de carbono da atmosfera. Porém, quando um vegetal morre, ele para de absorver dióxido de carbono. No momento da morte, a quantidade de carbono-14 em relação aos isótopos estáveis de carbono-12 no vegetal é idêntica àquela da atmosfera. Entretanto, a quantidade decresce à medida que o carbono-14 do tecido morto se desintegra. O nitrogênio-14, que é o isótopo-filho do carbono-14, é gasoso e, assim, abandona o sedimento, de modo que não pode ser medido para determinar o tempo transcorrido desde que o vegetal morreu. Contudo, podemos estimar a idade absoluta do material vegetal comparando a razão entre o carbono-14 e o carbono-12 no material com a razão na atmosfera quando o vegetal morreu. Essa razão pode ser estimada a partir das idades do carbono-14 calibradas com a utilização de outras medidas de tempo absoluto, como a dendrocronologia (contagem dos anéis de árvores).

Um dos métodos mais precisos de datação para rochas antigas baseia-se no decaimento de dois isótopos relacionados: o decaimento do urânio-238 para chumbo-206 e o decaimento do urânio-235 para chumbo-207. Isótopos do mesmo elemento comportam-se de modo semelhante nas reações químicas que alteram as rochas porque a química de um elemento depende basicamente de seu número atômico, e não de sua massa atômica. Porém, os dois isótopos de urânio têm meias-vidas diferentes, o que significa que, juntos, oferecem uma verificação de consistência que auxilia os geólogos a compensar os problemas do intemperismo, da contaminação e do metamorfismo discutidos anteriormente. Os isótopos de chumbo de um único cristal de zircão – silicato de zircônio, um mineral crustal com concentração relativamente alta de urânio – podem ser usados para datar as rochas mais antigas na Terra com um erro menor do que 1%. O resultado é que essas formações revelaram ter mais de 4 bilhões de anos.

A escala do tempo geológico: idades absolutas

Armados com técnicas de datação isotópica, os geólogos do século XX conseguiram definir com exatidão as idades absolutas dos principais eventos sobre os quais seus antecessores haviam baseado a escala do tempo geológico. Mais importante ainda, puderam explorar a história inicial do planeta registrada nas rochas pré-cambrianas. A **Figura 9.16** apresenta os resultados desse esforço de um século de duração.

A atribuição de idades absolutas à escala do tempo geológico revela enormes diferenças na duração dos intervalos de tempo dos períodos geológicos. O Período Cretáceo (que abrange 80 milhões de anos) é três vezes maior do que o Período Quaternário (apenas 2,58 milhões de anos), e a Era Paleozoica (287 milhões de anos) durou mais tempo do que as eras Mesozoica e Cenozoica juntas. A maior surpresa é o Pré-Cambriano, que teve duração de mais de 4.000 milhões de anos – quase nove décimos da história terrestre!

Éons: os maiores intervalos do tempo geológico

Para representar a rica história do Pré-Cambriano, foi introduzida uma divisão da escala do tempo geológico maior do que a Era, chamada de **Éon.** Quatro éons, com base nas idades isotópicas de rochas e meteoritos terrestres, são agora reconhecidos.

Éon Hadeano O éon mais antigo, cujo nome deriva de *Hades** (a palavra grega para "inferno"), começou com a formação da Terra há 4,56 bilhões de anos e terminou aproximadamente 4,0 bilhões de anos atrás. Durante seus primeiros 650 milhões de anos, a Terra foi bombardeada por blocos de material dos primórdios do sistema solar. Embora muito poucas formações rochosas tenham sobrevivido a esse período violento, foram encontrados grãos individuais de zircão com idades de até 4,4 bilhões de anos, indicando que a Terra tinha uma crosta félsica no período de 150 milhões de anos depois de sua formação. Também há evidências de que existia água líquida

*N. de R.T.: Na verdade, Hades é o deus grego do submundo, equivalente ao deus Plutão dos romanos.

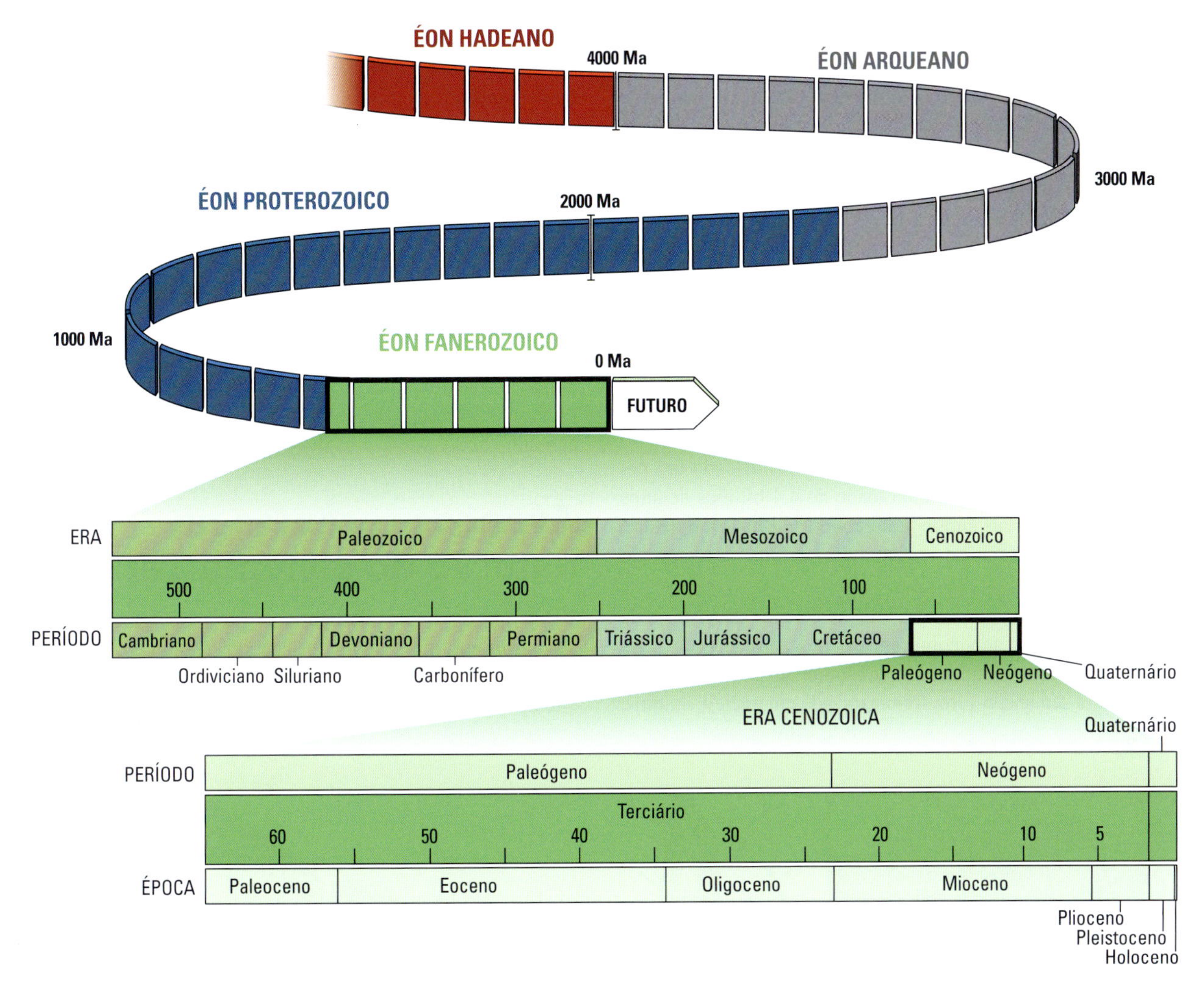

FIGURA 9.16 A escala completa do tempo geológico. (Ma = milhões de anos atrás.) O intervalo "Terciário" foi substituído pelos períodos Paleógeno e Neógeno, mas às vezes, ainda é utilizado por geólogos.*

*N. de R.T.: De acordo com a Comissão Internacional de Estatigrafia da União Internacional de Ciências Geológicas (ICS/IUGS, acrônimo em inglês), em sua resolução de agosto de 2012, o Quaternário, cujo limite inferior foi estabelecido em 2,588 Ma, passou a ser o último Período do Cenozoico, precedido pelo Neógeno e Paleógeno. O Quaternário compreende duas épocas, o Pleistoceno e o Holoceno. Já o Pleistoceno inclui os seguintes andares/estágios, do mais antigo para o mais recente: Gelasiano, Calabriano, Chibaniano e Superior.

na superfície terrestre mais ou menos nessa época, sugerindo que o planeta resfriou rapidamente. No Capítulo 20, vamos explorar essa fase inicial da história da Terra em maior detalhe.

Éon Arqueano O nome do éon seguinte vem de *archaios* (grego para "antigo"). As idades das rochas arqueanas variam entre 4,0 e 2,5 bilhões de anos. Durante o **Éon Arqueano**, os sistemas do geodínamo, da tectônica de placas e do clima foram estabelecidos, e a crosta félsica acumulou-se para formar as primeiras massas continentais estáveis, como veremos no Capítulo 21. É provável que os processos da tectônica de placas estivessem em operação no final do Arqueano, embora talvez de uma forma substancialmente distinta de como operavam mais tarde na história terrestre. Estabeleceu-se a vida, na forma de microrganismos unicelulares primitivos, conforme indicado pelos fósseis encontrados em algumas rochas sedimentares dessa idade.

Éon Proterozoico A última parte do Pré-Cambriano é o **Éon Proterozoico** (do grego *próteros*, "anterior", e *zoikós*, "vida"), que cobre o intervalo de tempo de 2,5 bilhões a 538 milhões de anos atrás. Por volta do início desse éon, os sistemas da tectônica de placas e do clima estavam iniciando suas estruturações, com algumas similaridades às atuais. Durante o Proterozoico, os organismos que produziam oxigênio como resíduo (como as plantas fazem hoje) aumentaram a quantidade de oxigênio na atmosfera terrestre. A evolução inicial da vida e seus efeitos sobre o sistema Terra serão explorados no Capítulo 22.

Éon Fanerozoico O início do **Éon Fanerozoico** é marcado pela primeira aparição de fósseis de conchas no começo do Período Cambriano, agora datado em 538 milhões de anos atrás. O nome desse éon – do grego *phaneros*, "visível", e *zoi*, "vida" – certamente é adequado, porque compreende todas as três eras originalmente reconhecidas no registro fóssil: a **Paleozoica** (538 a 251 milhões de anos atrás), a **Mesozoica** (251 a 66 milhões de anos atrás) e a **Cenozoica** (66 milhões de anos até o presente).

Perspectivas sobre o tempo geológico

Na empoeirada região rural de criação de ovelhas, no extremo ocidente da Austrália, existe um pequeno promontório de antigas rochas vermelhas chamado de Jack Hills (Figura 9.17). Os geólogos pulverizaram uma enorme quantidade dessas rochas para isolar alguns cristais de zircão do tamanho de grãos de areia. Pela medida dos isótopos do chumbo-206 e do chumbo-207 gerados pelo decaimento radioativo do urânio-238 e do urânio-235, conforme descrito acima, foi identificado um pequeno fragmento de cristal com idade de 4,4 bilhões de anos – o grão mineral mais antigo já descoberto na crosta terrestre. Como podemos relacionar-nos com um período de tempo tão impressionante?

Imagine comprimir os 4,56 bilhões de anos da história da Terra em um único ano, começando com a formação da Terra em 1º de janeiro e terminando à meia-noite de 31 de dezembro. Na primeira semana, a Terra foi organizada em núcleo, manto e crosta. O grão de zircão mais antigo da Jack Hills cristalizou-se em 13 de janeiro. Os primeiros organismos primitivos apareceram em meados de março. Em meados de junho, os continentes estáveis desenvolveram-se e, durante o inverno e o início da primavera, a atividade biológica da vida em evolução aumentou a concentração de oxigênio na atmosfera. Em 18 de novembro, no início do Período Cambriano, os organismos complexos, incluindo aqueles com conchas, chegaram. Em 11 de dezembro, os répteis evoluíram e, no Natal, os dinossauros foram extintos. Os humanos modernos, *Homo sapiens sapiens*, apareceram em cena às 23h42min, na véspera do Ano Novo, e a última idade do gelo terminou às 23h58min. Três centésimos e meio de segundo antes da meia-noite, Colombo aportou em uma ilha das Índias Ocidentais. E poucos milésimos de segundos atrás, você nasceu!

Avanços recentes na datação do sistema Terra

Vimos que as escalas de tempo de processos geológicos não são uniformes, mas variam de segundos a bilhões de anos. Devemos, portanto, usar uma variedade de métodos para marcar o tempo do sistema terrestre: alguns para determinar as idades

FIGURA 9.17 O afloramento em Jack Hills, no oeste da Austrália, onde os geólogos encontraram grãos de zircão de até 4,4 bilhões de anos atrás. *Detalhe:* Um cristal de zircão ($ZrSiO_4$) do Éon Hadeano, extraído de Jack Hills. [Bruce Watson, Rensselaer Polytechnic Institute; *detalhe:* Dr. Martina Menneken.]

de rochas muito antigas; outros para medir mudanças rápidas. Novos métodos para determinar as idades relativa e absoluta dos materiais terrestres têm melhorado continuamente nosso entendimento sobre como funciona o sistema Terra. Para concluir nossa história da escala do tempo geológico, descreveremos alguns desses avanços recentes.

Estratigrafia de sequências

Até poucas décadas atrás, os geólogos tinham que se basear em rochas expostas em afloramentos, em minas e em perfurações para mapear sucessões estratigráficas. Conforme mencionado no Capítulo 1 (e descrito em maior detalhe no Capítulo 11), as inovações tecnológicas no campo das imagens sísmicas agora nos permitem ver abaixo da superfície terrestre sem necessariamente abrir buracos. A partir de registros de ondas sísmicas geradas por explosões controladas ou por terremotos naturais, podemos construir imagens tridimensionais de estruturas soterradas a grandes profundidades (Figura 9.18). Imagens sísmicas de rochas sedimentares permitem aos geólogos identificar sequências sedimentares e mapear sua distribuição em três dimensões, um tipo de mapeamento geológico chamado de *estratigrafia de sequências*.

Sequências sedimentares comumente formam-se nas bordas de continentes quando a deposição de sedimentos por rios é modificada por flutuações do nível do mar. No exemplo mostrado na Figura 9.18, os sedimentos foram depositados em um delta onde o rio desembocava no oceano. À medida que os sedimentos acumularam-se, o delta avançou para dentro do mar. Quando o nível do mar desceu em função da glaciação continental, os depósitos deltaicos foram expostos e erodiram. Assim que as geleiras derreteram e o nível do mar subiu, a linha de costa deslocou-se para o continente, e uma nova sequência deltaica começou a cobrir a antiga, criando uma discordância entre ambas.

Ao longo de milhões de anos, ciclos como esse podem se repetir muitas vezes, produzindo um pacote complexo de sequências sedimentares. Como as flutuações do nível do mar são globais, os geólogos podem comparar sequências sedimentares de mesma idade em áreas amplas. As idades relativas dessas sequências podem, então, ser usadas para reconstruir a história geológica de uma região, incluindo qualquer soerguimento tectônico regional que tenha contribuído com mudanças no nível do mar. A estratigrafia de sequências foi particularmente eficiente para encontrar óleo e gás a grandes profundidades em margens

(a) Seção sísmica

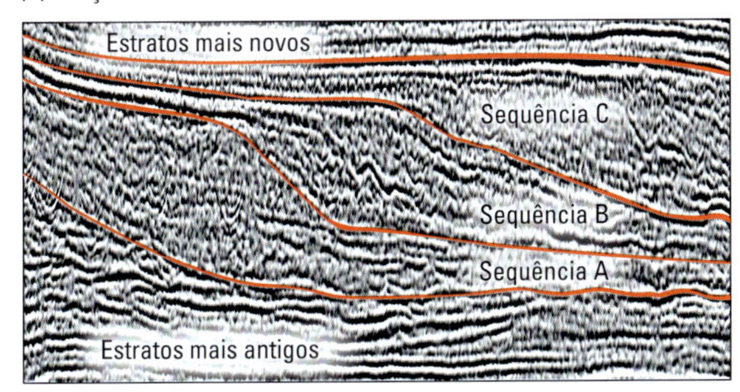

(b) Sequências sedimentares

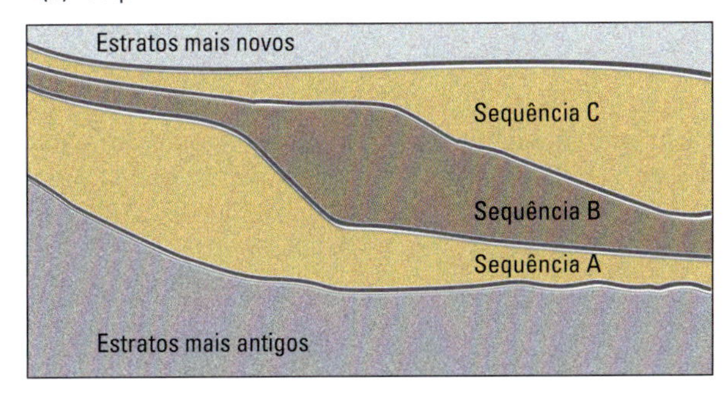

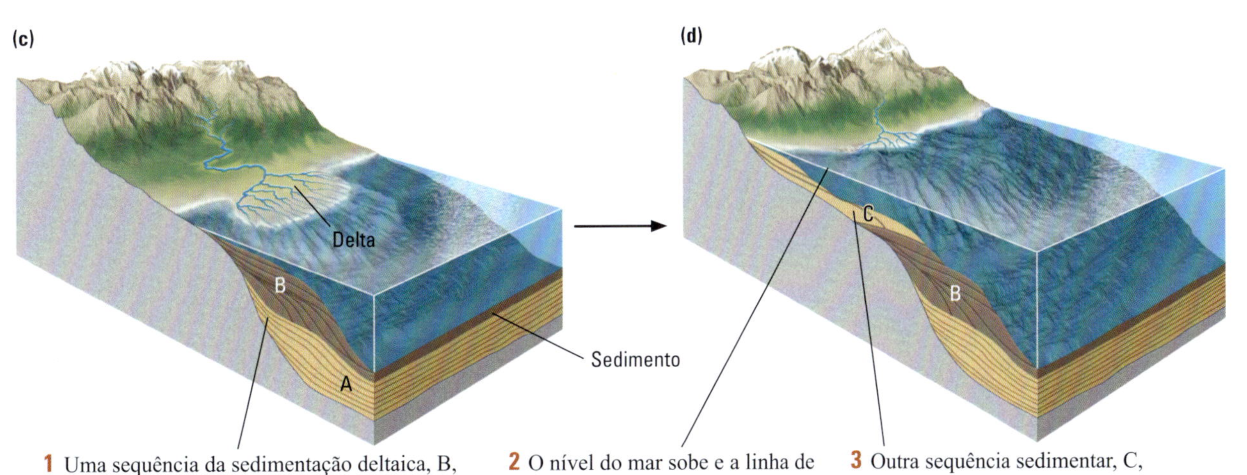

FIGURA 9.18 A estratigrafia de sequências pode ser usada para entender como foram criados os padrões de acamamento sedimentar. (a) Um perfil sísmico revela camadas sedimentares individuais. (b) Os geólogos podem agrupar essas camadas em sequências sedimentares. (c) e (d) Neste caso, imagens sísmicas revelam uma sucessão estratigráfica que é característica de uma série de sequências deltaicas.

continentais, como no Golfo do México e na margem atlântica da América do Norte.*

Estratigrafia química

Muitas camadas sedimentares contêm minerais e elementos químicos que as identificam como unidades distintas. Por exemplo, a quantidade de ferro ou manganês em sedimentos carbonáticos pode variar entre camadas se a composição da água marinha alterou-se durante a precipitação dos minerais carbonatos. Quando os sedimentos são enterrados e transformados em rochas sedimentares, essas variações químicas podem ser preservadas, marcando as formações com "impressões digitais". Essas digitais químicas podem estender-se regional ou mesmo globalmente, permitindo a comparação de rochas sedimentares por *estratigrafia química* quando nenhuma outra feição, como fósseis, está disponível.

Estratigrafia paleomagnética

Outra técnica para obter a impressão digital de formações rochosas é a *estratigrafia paleomagnética*. Como vimos no Capítulo 1, o campo magnético da Terra reverte-se em intervalos irregulares. Essas reversões magnéticas são registradas por magnetização termorremanente em rochas vulcânicas, que podem ser datadas por métodos isotópicos. A cronologia resultante de reversões magnéticas – a escala de tempo geomagnético – permite-nos "rodar novamente a fita magnética" da expansão do assoalho oceânico e determinar as taxas de movimentos de placas, como fizemos no Capítulo 2. Padrões ainda mais detalhados de reversões magnéticas podem ser observados em núcleos sedimentares, e essas impressões magnéticas podem ser datadas usando sucessões faunísticas. A estratigrafia paleomagnética tornou-se recentemente um dos principais métodos para mensuração das taxas de sedimentação ao longo das margens continentais e no oceano profundo. Discutiremos a estratigrafia paleomagnética em maior detalhe no Capítulo 11.

*N. de R.T.: No Brasil, a Estratigrafia de sequências vem sendo aplicada desde o início dos anos 1990, a partir de estudos da equipe de estatigrafia da Petrobrás e da UFRGS, liderada pelo eminente geólogo Dr. Jorge C. Della Fávera.

Datando o sistema do clima

O Plioceno e o Pleistoceno foram épocas de mudança climática global rápida e drástica. É possível usar os isótopos contidos nos fósseis de conchas soterrados em sedimentos de mar profundo para traçar essas mudanças climáticas. Navios que fazem perfurações em mar profundo, como o *JOIDES Resolution* (ver Figura 2.13), extraíram testemunhos das camadas sedimentares do fundo dos oceanos de todo o mundo. Os geólogos usam o método de datação por carbono-14 para estimar quando as conchas recuperadas desses sedimentos foram formadas e medem os isótopos estáveis de oxigênio para estimar a temperatura da água do mar na qual os organismos produtores das conchas viviam.

A tabulação minuciosa das estimativas de idade e temperatura de muitas camadas sedimentares nos forneceu um registro exato do clima global durante os últimos 5 milhões de anos (**Figura 9.19**). O registro mostra uma tendência de resfriamento geral, com início cerca de 3,5 milhões de anos atrás, e o desenvolvimento subsequente de ciclos climáticos rápidos que se tornaram especialmente fortes durante a época pleistocênica. As baixas temperaturas durante esses ciclos, que chegaram a ficar 8° C abaixo da temperatura média atual da superfície terrestre, correspondem às "idades do gelo" do Pleistoceno, quando geleiras cobriam grandes áreas da América do Norte, Europa e Ásia.

Ocorreram ciclos repetidos de glaciação, com períodos dominantes de 40.000 a 100.000 anos. Ciclos mais curtos, de alguns milhares de anos ou menos, também são evidentes. Os efeitos desses ciclos climáticos, como elevações e quedas no nível do mar, podem ter efeitos profundos na superfície terrestre. Exploraremos esses ciclos glaciais e suas causas em maior detalhe nos Capítulos 12 e 15.

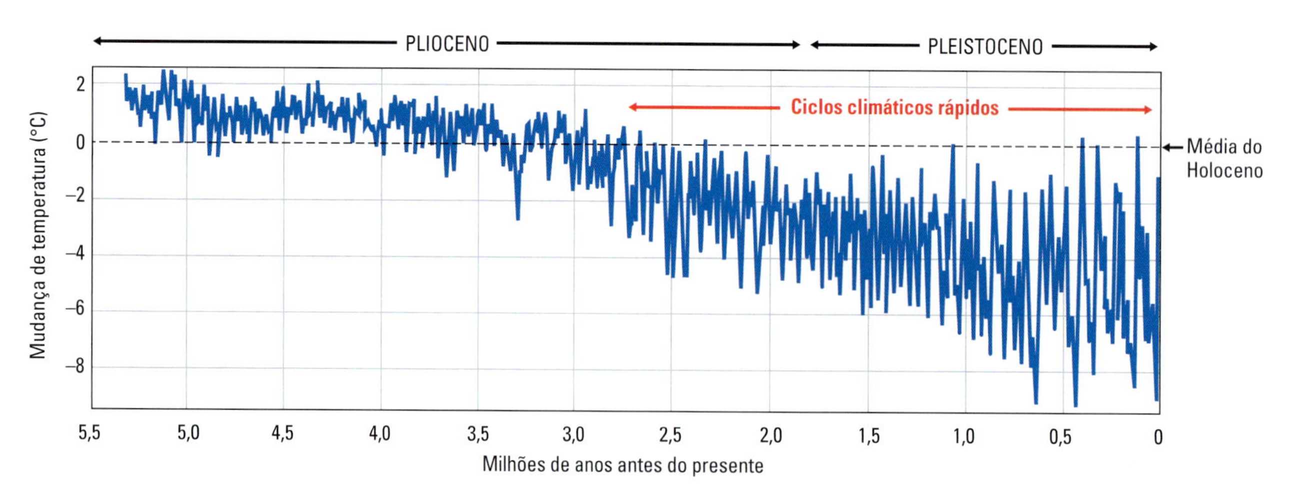

FIGURA 9.19 Variações na temperatura média da superfície da Terra (linha azul em zigue-zague) durante as épocas do Plioceno e Pleistoceno, medidas a partir de indicadores de temperatura em sedimentos oceânicos com datação de alta qualidade. A variação zero (linha preta tracejada) corresponde à temperatura média durante o Holoceno dos últimos 11.000 anos. Observe os ciclos climáticos rápidos ocorridos desde cerca de 2,7 milhões de anos atrás. As baixas temperaturas durante esses ciclos correspondem às "idades do gelo". [Dados de L. E. Lisiecki e M. E. Raymo.]

CONCEITOS E TERMOS-CHAVE

datação isotópica (p. 250)
discordância (p. 245)
Éon (p. 256)
Éon Arqueano (p. 257)
Éon Fanerozoico (p. 257)
Éon Hadeano (p. 256)
Éon Proterozoico (p. 257)
época (p. 247)
era (p. 247)
Era Cenozoica (p. 258)
Era Mesozoica (p. 258)
Era Paleozoica (p. 258)
escala do tempo geológico (p. 247)
estratigrafia (p. 242)
extinção em massa (p. 247)
idade absoluta (p. 241)
idade relativa (p. 241)
meia-vida (p. 253)
período (p. 247)
Pré-Cambriano (p. 250)
princípio da horizontalidade original (p. 242)
princípio da superposição (p. 242)
princípio de sucessão faunística (p. 243)
sucessão estratigráfica (p. 242)

REVISÃO DOS OBJETIVOS DE APRENDIZAGEM

9.1 Aplicar princípios estratigráficos a observações de campo geológicas para deduzir se uma rocha é mais antiga do que outra.

Pode-se determinar as idades relativas de rochas pelo estudo da estratigrafia, dos fósseis e das relações de seccionamento de formações rochosas observadas em afloramentos. Segundo os princípios de Steno, uma sequência não deformada de camadas sedimentares será horizontal, sendo que cada camada é mais nova do que as camadas sotopostas, e mais antiga do que as camadas sobrepostas a ela. Estratos sedimentares contêm fósseis em uma sequência definida, o que permite que estratos de um local sejam correlacionados com estratos de outro local. As relações de seccionamento estabelecem as idades relativas de intrusões ígneas ou falhas em uma sucessão estratigráfica.

Atividade de Estudo: Figura 9.11

Exercício: Construa uma secção transversal semelhante à da parte superior da Figura 9.11 para mostrar a seguinte sequência de eventos geológicos: (a) deposição de formação de calcário; (b) soerguimento e dobramento do calcário; (c) erosão da rocha dobrada; (d) subsidência e deposição de uma formação arenítica.

Questões para Pensar: (a) A teoria da evolução sugere um "princípio de sucessão floral (vegetais)" para complementar o princípio da sucessão faunística de Smith. Por que você acha que Smith baseou-se primariamente em fósseis faunísticos, em vez de fósseis florais para realizar o mapeamento estratigráfico? (b) Você encontra um afloramento isolado de uma sequência sedimentar onde os estratos foram basculados até uma posição vertical e observa que os sedimentos são turbiditos com estratificação gradacional (ver Capítulo 6). Como você determinaria quais estratos são os mais antigos e quais são os mais novos?

9.2 Classificar discordâncias em sequências estratigráficas de acordo com as relações entre as camadas acima e abaixo delas.

Uma discordância é uma superfície entre dois pacotes rochosos em uma sucessão estratigráfica que representa um intervalo de tempo entre eles, indicando que não houve deposição durante o intervalo que falta ou que os estratos foram erodidos. Os três tipos de discordância são (a) desconformidade, em que o conjunto superior de camadas assenta-se em uma superfície erosiva desenvolvida sobre uma sequência sedimentar não perturbada; (2) uma não conformidade, em que o pacote superior de camadas recobre rochas metamórficas ou ígneas intrusivas; e (3) uma discordância angular, em que o pacote superior de camadas sobrepõe-se a um inferior cujas camadas foram dobradas por processos tectônicos e, depois, sofreram erosão.

Atividade de Estudo: Jornal da Terra 9.1.

Exercício: (a) Quantas formações você consegue contar na seção geológica transversal do Grand Canyon no Jornal da Terra 9.1? Quantas equivalem às mesmas formações observadas no Cânion Zion? Alguma das formações é observada nas seções transversais do Grand Canyon ou do Cânion Bryce? (b) Comparando a sequência de formações ilustrada no Jornal da Terra 9.1 com a escala de tempo relativo na Figura 9.12, identifique uma desconformidade importante na sucessão estratigráfica do Grand Canyon. (i) Quais períodos do tempo geológico estão faltando? (ii) Consulte a Figura 9.16 para estimar a quantidade mínima de tempo geológico, medido em milhões de anos, representada por essa desconformidade.

Questões para Pensar: Ao estudar uma área de compressão tectônica, um geólogo descobre uma sequência de rochas sedimentares mais antigas e deformadas sobre uma sequência mais nova e menos deformada, separadas por uma discordância angular. Que processos de tectônica de placas podem ter criado a discordância angular?

9.3 Entender como as idades absolutas das rochas podem ser determinadas pelo decaimento de isótopos radioativos e saber quais sistemas isotópicos são apropriados para a datação de rochas de diversas idades.

A datação isotópica é baseada no decaimento de isótopos radioativos, quando os átomos-pais instáveis são transformados em isótopos-filhos estáveis a uma taxa constante. As meias-vidas não variam com mudanças de temperatura, pressão e ambiente químico. O relógio isotópico começa a bater quando isótopos radioativos são aprisionados em minerais à medida que há cristalização de rochas ígneas ou recristalização de rochas metamórficas. Ao medir-se a quantidade de pais e filhos em uma amostra, os geólogos podem calcular a idade absoluta de rochas. Os isótopos que decaem lentamente durante bilhões de anos, como o rubídio-87, são utilizados para medir a idade de rochas antigas, enquanto os que decaem rapidamente, como o carbono-14, são úteis para determinar as idades de rochas muito novas.

Atividade de Estudo: Exercício de Geologia na Prática

Exercícios: (a) Se um mineral isolado inicialmente contém 1.000 átomos de um isótopo-pai radioativo e zero átomos do seu isótopo-filho estável, quantos átomos do isótopo-filho existirão após duas meias-vidas do isótopo-pai? (b) Se um isótopo-pai no mesmo mineral tem meia-vida de 700 milhões de anos e o número de átomos-pai medido é de 125 átomos, qual é a idade da rocha? (c) Um geólogo descobre um conjunto distinto de fósseis de peixe que datam do Período Devoniano em uma rocha metamórfica de baixo grau. Determina-se que a idade isotópica do rubídio-estrôncio da rocha é de apenas 70 milhões de anos. Dê uma possível explicação para essa discrepância.

Questões para Pensar: (a) Como a determinação das idades de rochas ígneas ajuda a datar fósseis? (b) O carbono-14 é um isótopo adequado para a datação de eventos geológicos no Plioceno?

9.4 Lembrar das principais divisões e subdivisões da escala de tempo geológico, desde a formação da Terra até o presente.

A escala do tempo geológico é dividida em quatro éons: o Hadeano (4,56 a 4,0 bilhões de anos atrás), o Arqueano (4,0 a 2,5 bilhões de anos atrás), o Proterozoico (2,5 bilhões a 538 milhões de anos atrás) e o Fanerozoico (538 milhões de anos atrás até o presente). O Éon Fanerozoico divide-se em três eras, a Paleozoica, a Mesozoica e a Cenozoica, sendo que cada uma subdivide-se em períodos mais curtos. Os limites das eras e dos períodos são marcados por mudanças abruptas no registro fóssil; muitas correspondem a extinções em massa.

Atividade de Estudo: Exercício de Leitura Visual.

Exercícios: (a) Explique por que o último éon do tempo geológico é chamado de Fanerozoico. (b) Na taxa atual de expansão, todo o assoalho oceânico é reciclado a cada 200 milhões de anos. Presumindo que a taxa passada de expansão teve velocidade igual ou superior a essa, calcule o número mínimo de vezes que o assoalho oceânico foi reciclado desde o fim do Éon Arqueano. (c) Se os 4,56 bilhões de anos da história da Terra fossem comprimidos e transformados em um único ano, que datas corresponderiam aos limites Paleozoico-Mesozoico e Mesozoico-Cenozoico?

Questão para Pensar: Por que os geólogos escolheram o limite entre os períodos Permiano e o Triássico para separar a era Paleozoica da Mesozoica e não, por exemplo, o limite entre o Carbonífero e o Permiano?

9.5 Resumir como os geólogos criaram e refinaram a escala de tempo geológico.

Usando sucessões faunísticas para encontrar correspondências entre rochas de afloramentos ao redor do mundo, os geólogos do século XIX compilaram sucessões estratigráficas compostas, a partir das quais desenvolveram uma escala de tempo relativo. Esta escala foi dividida em era, períodos e épocas, com base em mudanças abruptas no registro fóssil, muitas das quais, hoje sabemos, estão associadas com extinções em massa causadas por mudanças ambientais rápidas. Métodos de datação isotópica desenvolvidos no século XX permitiram que os geólogos designassem idades absolutas à escala de tempo e determinassem que o Pré-Cambriano abrangeu quase nove décimos da história da Terra. Aprimoramentos recentes da escala de tempo geológico são o resultado de imagens sísmicas e da datação de fósseis de sequências sedimentares em margens continentais, produzidas pelo ciclo de subida e descida do nível do mar durante os ciclos glaciais. Os ciclos glaciais registrados em sedimentos também foram datados usando núcleos de gelo dos mantos glaciais da Antártida e da Groenlândia. Impressões digitais químicas e reversões magnéticas fornecem informações adicionais sobre as idades de sequências sedimentares.

Atividade de Estudo: Todo o capítulo

Exercícios: (a) As extinções em massa foram datadas em 444, 416 e 359 milhões de anos atrás. Como esses eventos estão expressos na escala do tempo geológico da Figura 9.16? (b) Verdadeiro ou falso: Nenhuma rocha sobreviveu às condições infernais na superfície terrestre durante o Éon Hadeano.

Questões para Pensar: (a) Por que os geólogos do século XIX que estavam construindo a escala do tempo geológico consideraram os estratos sedimentares depositados em oceanos e mares rasos mais úteis do que os estratos depositados em terra? (b) Um geólogo documenta uma assinatura química peculiar, causada por organismos do Éon Proterozoico e que foi preservada em rocha sedimentar. Você diria que essa assinatura química é um fóssil?

EXERCÍCIO DE LEITURA VISUAL

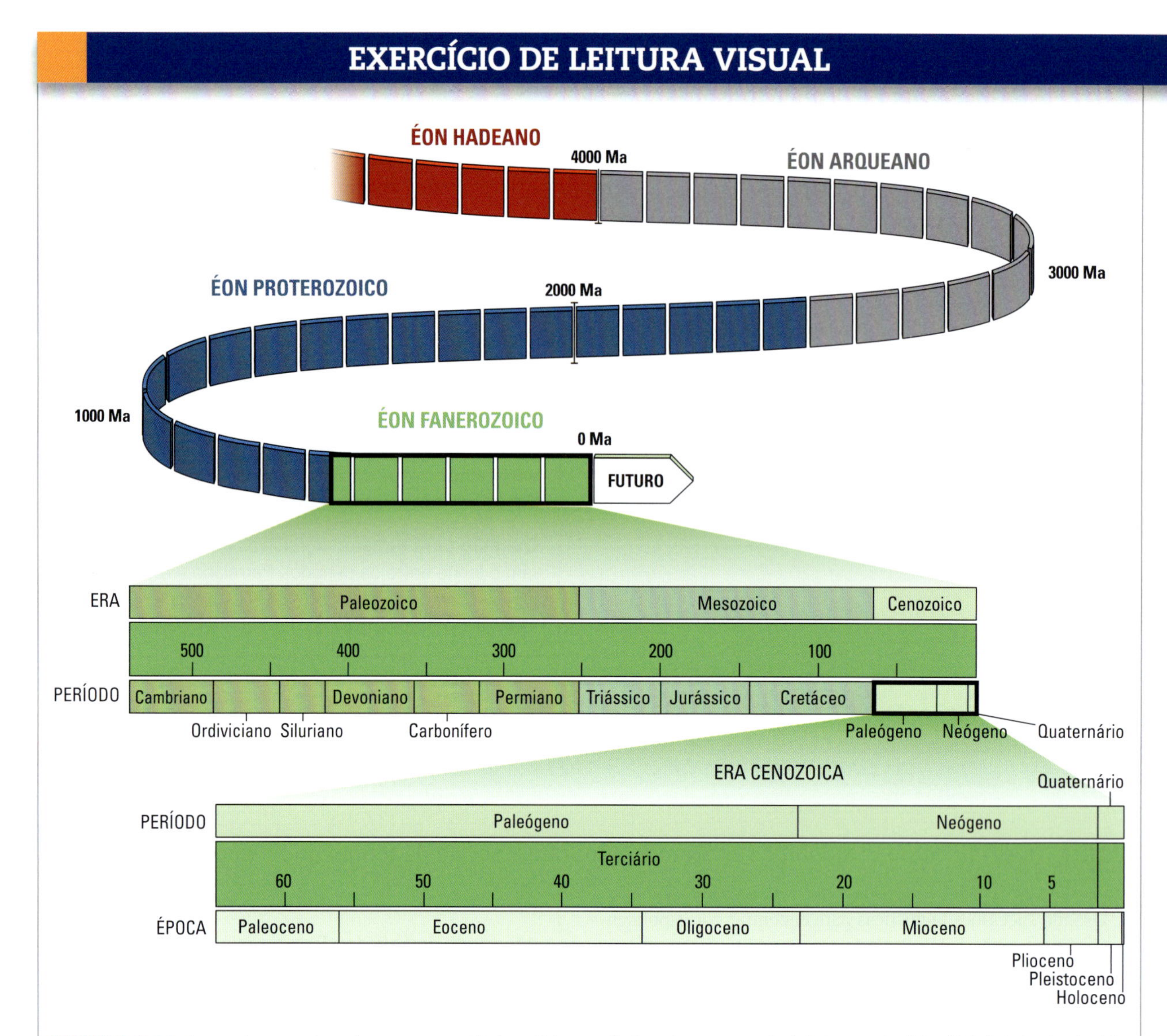

FIGURA 9.16 A escala completa do tempo geológico. (Ma = milhões de anos atrás.) O intervalo "Terciário" foi substituído pelos períodos Paleógeno e Neógeno, mas às vezes, ainda é utilizado por geólogos.*

*N. de R.T.: De acordo com a Comissão Internacional de Estatigrafia da União Internacional de Ciências Geológicas (ICS/IUGS, acrônimo em inglês), em sua resolução de agosto de 2012, o Quaternário, cujo limite inferior foi estabelecido em 2,588 Ma, passou a ser o último Período do Cenozoico, precedido pelo Neógeno e Paleógeno. O Quaternário compreende duas épocas, o Pleistoceno e o Holoceno. Já o Pleistoceno inclui os seguintes andares/estágios, do mais antigo para o mais recente: Gelasiano, Calabriano, Chibaniano e Superior.

1. **A fita no topo da Figura 9.16 divide o tempo geológico em éons.**
   a. Quantos éons existem? Quais são seus nomes?
   b. Qual éon é o mais longo? Quando começou? Quando terminou?
   c. Qual éon é o mais antigo? Quando começou? Quando terminou?

2. **As barras abaixo da fita de tempo geológico mostram as principais divisões do Éon Fanerozoico em uma escala de tempo expandida.**
   a. Quantos períodos inclui a Era Paleozoica?
   b. Quantos períodos inclui a Era Mesozoica?
   c. O limite Mesozoico-Cenozoico corresponde ao limite entre quais períodos?

3. **Qual intervalo de tempo geológico é indicado pelo conjunto inferior de barras? Qual é o nome desse intervalo?**

4. **Qual é o intervalo de tempo do período Neógeno? Quantas épocas ele inclui?**

Terremotos 10

Objetivos de Aprendizagem

Os terremotos são um processo crucial da tectônica de placas, a consequência violenta do falhamento ativo. A partir das informações neste capítulo, você será capaz de:

10.1 Explicar como a tensão se acumula nas falhas e é liberada em terremotos através do processo de rebote elástico.

10.2 Identificar os três principais tipos de onda sísmica e descrever os movimentos do solo que produzem.

10.3 Diferenciar a intensidade do tremor da magnitude do terremoto e entender a relação entre elas.

10.4 Classificar terremotos de acordo com o seu ambiente tectônico e padrões de falhamentos.

10.5 Caracterizar perigos sísmicos e os riscos que representam para a sociedade e para o seu ambiente construído.

10.6 Defender a afirmação de que "podemos prever os terremotos em longo prazo, mas não em curto".

O tsunâmi causado pelo terremoto de Tohoku, em 2011, avança sobre a grande muralha projetada para proteger a cidade de Miyako das ondas destrutivas do mar.
[AP Photo/Mainichi Shimbun, Tomohiko Kano.]

Os terremotos superam todos os outros desastres naturais na ameaça que representam à vida e aos bens humanos. Nosso frágil "ambiente construído" é necessariamente ancorado na crosta ativa da Terra, o que o torna extremamente vulnerável a terremotos e a seus efeitos secundários, como ruptura do solo, deslizamentos de terra e tsunâmis. Alguns eventos do século passado são ilustrações preocupantes desse fato.

Em uma bela manhã de abril de 1906, os cidadãos do norte da Califórnia foram despertados pelo rugido e tremor violento causado pela ruptura da Falha de Santo André, que causou o terremoto mais destrutivo já ocorrido nos Estados Unidos. Os incêndios subsequentes destruíram a cidade de São Francisco; quando as chamas se extinguiram, quase 3.000 habitantes estavam mortos (Figura 13.1).

Quase um século depois, em 26 de dezembro de 2004, uma falha muito maior, uma zona de subducção em megaempurrão, rompeu-se a oeste da ilha indonésia de Sumatra, soerguendo o assoalho oceânico e produzindo um enorme tsunâmi pelo Oceano Índico. Essa onda monstruosa vitimou mais de 220 mil pessoas que habitavam as linhas costeiras da Tailândia à África. Outro megaempurrão rompeu-se no Japão em 11 de março de 2011, criando um tsunâmi ainda maior (ver foto de abertura deste capítulo), que vitimou quase 20.000 pessoas. Entre o evento de 1906 e hoje, os terremotos já mataram mais de 2 milhões em todo o mundo.

Para lidar com as frequentes mortes e destruições consequentes de terremotos, há muito buscamos melhorar nossa capacidade de prever onde e quando esses eventos podem ocorrer e nosso entendimento do que acontece quando ocorrem. A ciência demonstrou que a atividade sísmica pode ser compreendida em termos do maquinário básico da tectônica de placas. Como resultado, tentativas de reduzir o risco de terremoto estão cada vez mais voltadas à busca de uma compreensão mais essencial da Terra geologicamente ativa.

Este capítulo examinará o que acontece durante um terremoto, como os cientistas localizam e medem os terremotos e que medidas as pessoas podem adotar para reduzir as fatalidades e os prejuízos econômicos causados por eventos sísmicos. Ainda não podemos prever de forma confiável quando grandes terremotos ocorrerão, mas podemos tomar medidas para reduzir seu poder de destruição. Podemos usar o conhecimento geológico para identificar onde há probabilidade de haver grandes terremotos; trabalhar com engenheiros para projetar as construções, represas, pontes e outras estruturas que devem suportar os abalos que produzem; e ajudar as comunidades ameaçadas a se preparar e responder a eventos sísmicos.

FIGURA 10.1 Esta fotografia, tirada de um balão por George Lawrence cinco semanas após o terremoto de São Francisco em 18 de abril de 1906, mostra a devastação da cidade causada pelo tremor e pelos incêndios subsequentes. A vista é de Nob Hill na direção do distrito comercial. [Library of Congress/Getty Images.]

O que é um terremoto?

Vimos, no Capítulo 8, que os movimentos das placas tectônicas geram forças enormes nos limites entre elas. Essas forças atuam para deformar rochas crustais frágeis por processos que podem ser descritos pelos conceitos de tensão, deformação e resistência. A *tensão** é a força exercida por unidade de área, que causa a deformação das rochas. A *deformação*** é a quantidade relativa de modificação na forma do material, expressa como porcentagem de distorção (p. ex., compressão de uma rocha em 1% de seu comprimento). As rochas *fraturam-se* – isto é, perdem a coesão e rompem-se em duas ou mais partes – quando são tensionadas além de um valor crítico chamado de *resistência****.

Um **terremoto** ocorre quando as rochas sob tensão repentinamente rompem-se ao longo de uma falha geológica. A maioria dos terremotos grandes é causada por rupturas de falhas preexistentes, onde terremotos antigos já enfraqueceram as rochas na superfície da falha. Os dois blocos de rocha, em cada lado da falha, deslizam repentinamente, liberando energia na forma de ondas sísmicas, que sentimos como tremores do solo. Quando a falha desliza, a tensão é reduzida, caindo a um nível inferior ao da resistência da rocha. Após o terremoto, a tensão começa a aumentar novamente, levando, por fim, a outro terremoto grande. As falhas envolvidas nesse ciclo repetido de terremotos são chamadas de *falhas ativas* e concentram-se nas zonas que formam limites de placas, onde converge a maior parte da tensão e da deformação causadas pelo movimento de placas.

A teoria do rebote elástico

O terremoto na Falha de Santo André, que devastou São Francisco (EUA) em 1906, recebeu o mais detalhado estudo dentre todos os terremotos ocorridos até aquela época. Pelo mapeamento do deslocamento do solo ao longo da falha e pela análise de registros sísmicos do terremoto, os geólogos conseguiram demonstrar que essa ruptura começou a oeste da ponte Golden Gate e propagou-se ao longo da falha por mais de 500 km, na direção sudeste da cidade jesuítica de San Juan Bautista e para noroeste até Cabo Mendocino (Figura 10.2). Em 1910, um dos cientistas que estudou essa ruptura, Henry Fielding Reid, da Universidade Johns Hopkins, propôs a **teoria do rebote elástico****** para explicar a recorrência de terremotos em falhas ativas na crosta terrestre.

Imagine uma falha direcional entre dois blocos crustais e suponha que os agrimensores tenham pintado linhas retas no chão, estendendo-se perpendicularmente à falha, de um bloco ao outro, como na Figura 10.3a. Ambos os blocos estão sendo empurrados em direções opostas pelo movimento das placas. Entretanto, o peso das rochas sobrejacentes comprime um contra o outro, assim, a fricção trava-os ao longo da falha. Eles não se movem, exatamente como um carro não se move quando o freio é acionado. Ao invés de deslizarem ao logo da falha com o aumento da tensão, os blocos são deformados elasticamente próximos a ela, como mostrado pelas linhas encurvadas na Figura 10.3b. Por *elasticamente*, queremos dizer que os blocos iriam reacomodar-se e retornar à sua forma sem tensão e indeformada se a falha, de repente, desativasse.

Enquanto os movimentos de placas seguem empurrando os blocos em direções opostas, a deformação nas rochas – medida pelo encurvamento das linhas pintadas – continua sendo acumulada, por décadas, séculos ou até milênios (Figura 10.3c). Em algum lugar, a resistência das rochas é excedida. Em algum lugar da superfície da falha, o esforço friccional que detém o movimento da falha não aguenta mais e ela se rompe. Os blocos deslizam subitamente, e a ruptura estende-se ao longo de uma secção da falha.

A Figura 10.3d mostra como os dois blocos recuperaram-se elasticamente – foram reacomodados ao seu estado indeformado – após o terremoto. As linhas encurvadas imaginárias retificaram-se, e os blocos foram deslocados. (Note que uma cerca construída logo antes da ruptura foi dobrada pelo deslocamento.) A distância do deslocamento é chamada de **rejeito**. Na fotografia menor da Figura 10.3, pode-se ver que o rejeito durante o terremoto de 1906 foi de aproximadamente 4 m. A velocidade máxima do deslizamento em qualquer ponto na falha é em torno de 1 m/s, então todo o episódio de deslizamento da falha em determinado ponto leva apenas alguns segundos. Imediatamente a seguir, a falha trava-se de novo. O movimento contínuo dos blocos nos dois lados da falha faz com que a tensão suba mais uma vez, e o ciclo de terremoto repete-se.

A energia de deformação elástica que lentamente se acumula, quando dois blocos são empurrados em direções opostas,

FIGURA 10.2 Mapa da Califórnia, mostrando os segmentos da Falha de Santo André rompidos em 1680, 1857 e 1906. [Southern California Earthquake Center]

*N. de R.T.: Em inglês, *stress*.

**N. de R.T.: Em inglês, *strain*.

***N. de R.T.: Em inglês, *strength*.

****N. de R.T.: No original, *elastic rebound*, termo eventualmente utilizado sem tradução na literatura técnica de Geologia. Foi traduzido também como "teoria da reação elástica" (Duarte, O. O. Dicionário enciclopédico inglês-português de Geofísica e Geologia, Rio de Janeiro: Petrobras, 2003). O termo utilizado em Ciência dos Materiais é recuperação elástica, descrita como "uma deformação não permanente que é recuperada (i.e., que sofreu alívio de uma parte da energia de deformação interna) ou novamente ganha quando da liberação de uma tensão mecânica". (Callister Jr, W. D., Ciência e Engenharia dos Materiais: uma introdução. Rio de Janeiro: LTC, 2000, p. 93.)

AS ROCHAS DEFORMAM-SE ELASTICAMENTE E, ENTÃO, RETORNAM AO ESTADO NÃO DEFORMADO DURANTE UMA RUPTURA EM UM TERREMOTO

A Um fazendeiro constrói um muro de pedras atravessando uma falha dextrógira poucos anos após a última ruptura.

B Nos 150 anos seguintes, o movimento relativo entre os blocos, em ambos os lados da falha, causa a deformação do terreno e do muro de pedra.

C Logo antes da próxima ruptura, uma nova cerca é construída no terreno já deformado.

D A ruptura desloca os blocos, reduzindo a tensão, e o rebote elástico recoloca os blocos em seu estado pré-tensional. Tanto o muro de pedras como a cerca são deslocados em iguais quantidades ao longo da linha de falha.

40 km

Falhamento direcional

20 km

As rochas deformam-se à medida que a tensão se desenvolve

A TENSÃO ACUMULA-SE ATÉ ULTRAPASSAR A RESISTÊNCIA

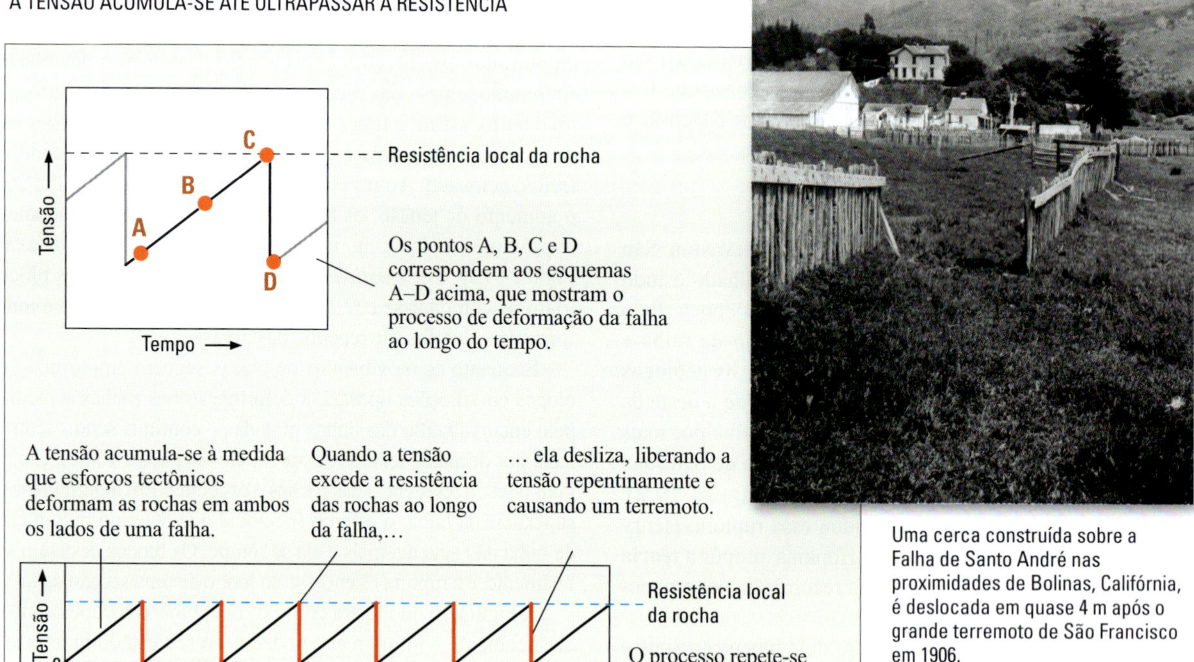

Uma cerca construída sobre a Falha de Santo André nas proximidades de Bolinas, Califórnia, é deslocada em quase 4 m após o grande terremoto de São Francisco em 1906.

FIGURA 10.3 A teoria do rebote elástico explica o ciclo de terremotos. Segundo a teoria, a tensão nas rochas acumula-se ao longo do tempo como resultado dos movimentos das placas. Os terremotos ocorrem quando a tensão ultrapassa a resistência da rocha. As rochas sob tensão deformam-se elasticamente e depois retornam ao estado não deformado quando ocorre um terremoto. Os esquemas de A a D mostram a deformação nos pontos rotulados de A a D no esquema inferior. [Foto de G. K. Gilbert/USGS.]

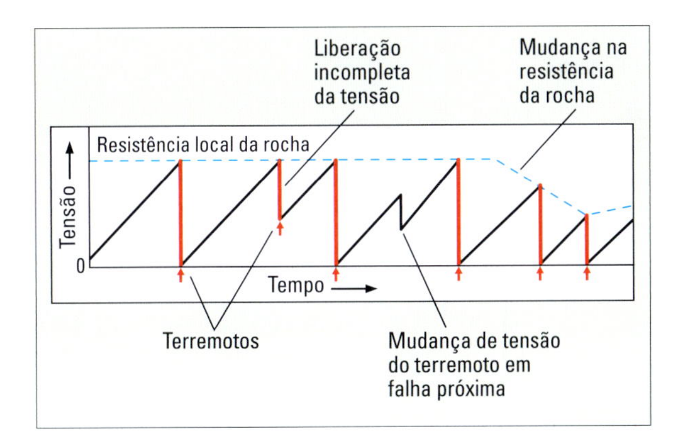

FIGURA 10.4 Irregularidades no ciclo de terremotos podem ser causadas por liberação incompleta da tensão, por mudanças na tensão resultantes de terremotos em falhas próximas e por variações locais na resistência da rocha.

é análoga à energia de deformação acumulada em um elástico de borracha quando ele é lentamente esticado. A liberação repentina de energia, assinalada pelo deslocamento ao longo de uma falha, é análoga ao violento *retorno* ou salto para trás que a borracha dá quando arrebenta. Parte dessa energia elástica é irradiada na forma de ondas sísmicas, que causam tremores violentos a muitos quilômetros de distância da falha.

O modelo do rebote elástico implica que as falhas devem exibir periódicas acumulações e liberações de energia de deformação e que o tempo entre as rupturas, chamado de **intervalo de recorrência**, deve ser constante (conforme mostrado no painel inferior da Figura 10.3). O intervalo de recorrência pode ser calculado dividindo-se o valor do rejeito em cada ruptura pela taxa de rejeito em longo prazo. A taxa de deslizamento em longo prazo da Falha de Santo André, por exemplo, é de aproximadamente 30 mm/ano, de forma que terremotos com 4 m de rejeito devem ocorrer com um intervalo de recorrência em torno de uma vez a cada 130 anos.

Porém, a maioria das falhas ativas, inclusive a de Santo André, não se conformam com essa teoria simples. Por exemplo, toda a deformação acumulada desde o último terremoto pode não ser liberada no próximo, ou seja, o rebote pode estar incompleto, ou a tensão em uma falha pode sofrer mudanças devido a terremotos em falhas próximas (Figura 10.4). Em longo prazo, a resistência das rochas da falha em si pode mudar. Essas inconstâncias são alguns dos motivos pelos quais é tão difícil prever terremotos.

A ruptura das falhas durante os terremotos

O ponto no qual o deslocamento começa é o **foco*** do terremoto (Figura 10.5). O **epicentro** é o ponto geográfico na superfície da Terra diretamente sobre o foco. Por exemplo, você pode ouvir em um noticiário: "O Serviço Geológico dos EUA informa que o epicentro do destrutivo terremoto ocorrido na noite passada na Califórnia foi localizado a 6 km a leste da Prefeitura de Los Angeles. A profundidade do foco foi de 10 km".

Na maioria dos terremotos que ocorrem na crosta continental, as profundidades focais variam de 2 a 20 km. Os terremotos continentais são raros abaixo de 20 km, porque, sob as altas temperaturas e pressões encontradas em grandes profundidades, a crosta deforma-se como material dúctil, em vez de frágil (assim como a cera quente flui quando é submetida a um esforço, enquanto a cera fria é rompida; ver Capítulo 8). Em zonas de subducção, entretanto, onde a litosfera oceânica fria mergulha de volta para o manto, os terremotos podem começar em profundidades de quase 700 km.

A ruptura da falha não ocorre toda de uma vez. Ela começa no foco e espalha-se para o plano de falha, tipicamente com velocidade de 2 a 3 km/s (ver Figura 10.5). A ruptura para quando os esforços tornam-se insuficientes para continuar rompendo a falha (onde as rochas são mais resistentes) ou onde a ruptura segue em material dúctil, no qual ela não pode mais se propagar como uma fratura. Como veremos mais adiante, neste capítulo, o tamanho de um terremoto está relacionado com a área total rompida pela falha. A maioria dos terremotos é muito pequena, ou seja, o tamanho da ruptura é bem menor que a profundidade do foco, de modo que a ruptura nunca quebra a superfície.

Em terremotos grandes e destrutivos, entretanto, as rupturas em superfície são comuns. O grande terremoto de São Francisco, em 1906, causou deslocamentos de, em média, 4 m na superfície, ao longo de um setor da Falha de Santo André medindo 400 km (ver Figura 10.3). Os falhamentos nos maiores terremotos podem estender-se por mais de 1.000 km, e o deslocamento dos dois blocos pode ter dezenas de metros. Geralmente, quanto mais longa a ruptura da falha, maior o deslocamento.

Como vimos, o deslocamento repentino dos blocos no momento do terremoto reduz o esforço na falha e libera grande parte da energia de deformação acumulada. A maior parte dessa energia acumulada é convertida em aquecimento por fricção na zona de falha ou dissipada por fraturamento da rocha, mas parte dela é liberada em forma de ondas sísmicas que se propagam para fora da ruptura, assim como as ondulações se propagam para além do ponto onde uma pedra cai na água parada. O foco de um terremoto gera as primeiras ondas sísmicas, embora o deslizamento ao longo de outras partes da falha continuem a gerar ondas até que a ruptura pare. Em um grande evento, a falha continua a produzir ondas por várias dezenas de segundos. Essas ondas podem causar danos ao longo de toda a falha, até mesmo longe do epicentro. Cidades ao longo da Falha de Santo André ao norte de São Francisco sofreram sérios danos no terremoto de 1906.

Abalos precursores e abalos secundários

Quase todos os grandes terremotos desencadeiam terremotos menores, chamados de **abalos secundários****. Os abalos secundários seguem o *terremoto principal* em sequências, e seus

*N. de R.T.: Também denominado "hipocentro".

**N. de R.T.: Em inglês, *aftershock* (ver Duarte, O. O. 2003. Dicionário enciclopédico inglês-português de Geofísica e Geologia. Rio de Janeiro: Petrobras).

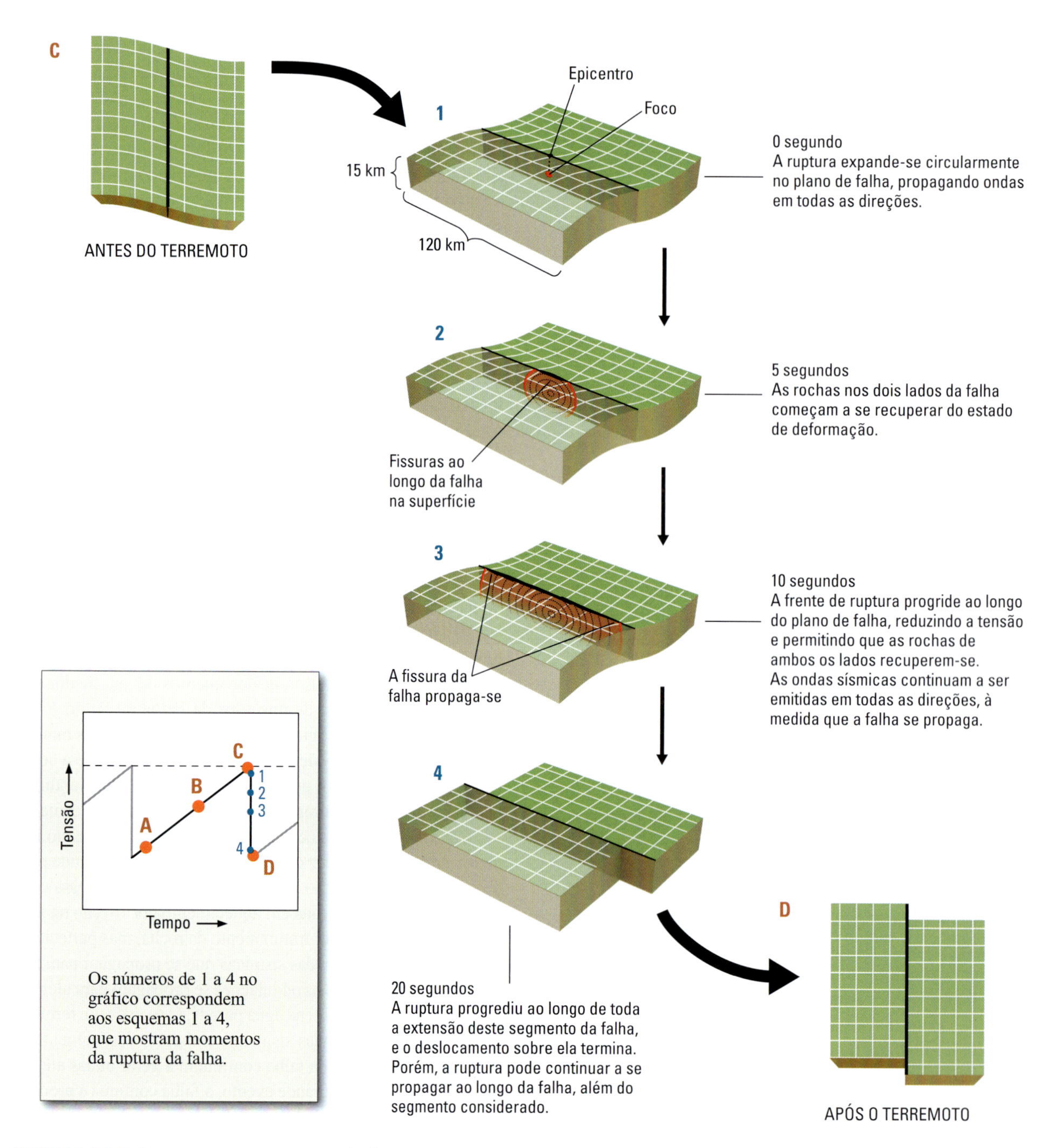

FIGURA 10.5 Durante um terremoto, o deslocamento começa no foco e espalha-se ao longo da superfície da falha. Os esquemas 1 a 4 são imagens da ruptura de falha correspondentes aos pontos numerados no gráfico.

focos são distribuídos no plano da falha do abalo sísmico principal e em torno dele (**Figura 10.6**). Os abalos secundários são um exemplo das complexidades dos terremotos não descritas por simples rebote elástico. Embora a tensão diminua ao longo da maior parte da superfície da ruptura, o deslocamento durante o terremoto principal pode aumentar a tensão em partes da superfície de falha que não se deslocam ou onde o deslocamento foi incompleto, bem como em regiões circundantes. Os abalos secundários acontecem onde a tensão excede a resistência da rocha.

Tanto a quantidade como o tamanho dos abalos secundários dependem da magnitude do abalo sísmico principal e ambas as frequências diminuem ao longo do tempo. Abalos secundários significativos de um terremoto de magnitude 5 podem durar por apenas poucas semanas, enquanto para um terremoto de magnitude 7 podem prolongar-se por vários anos. O tamanho do maior abalo secundário é normalmente em torno de uma unidade de magnitude menor que o abalo sísmico principal. De acordo com essa aproximação, um terremoto

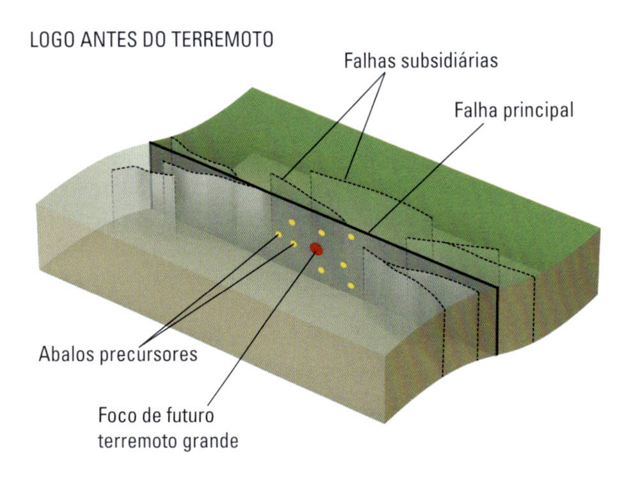

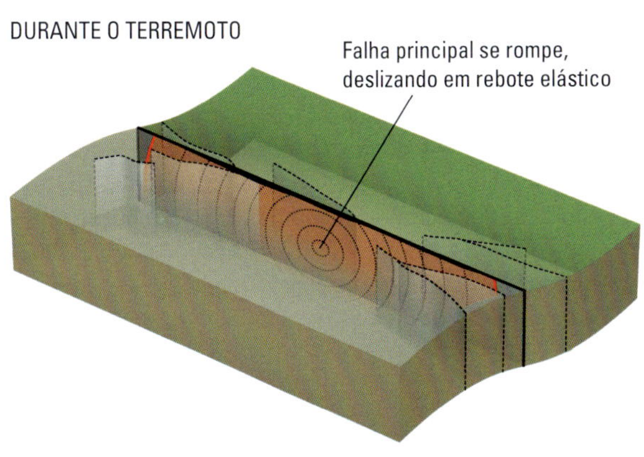

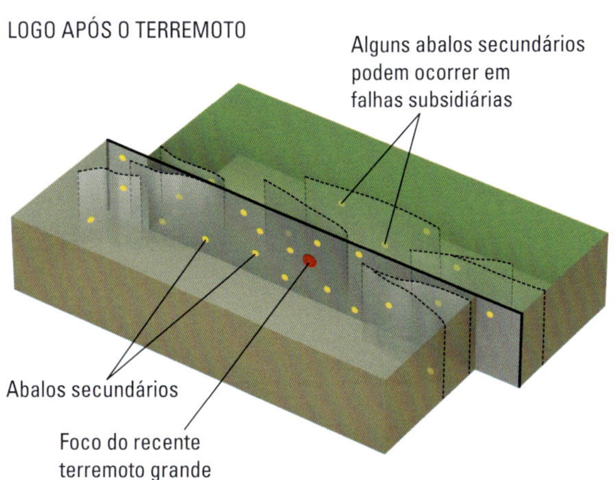

FIGURA 10.6 Os abalos secundários são terremotos menores que seguem um sismo grande (terremoto principal). O abalo precursor ocorre logo antes do terremoto principal, perto do seu foco.

de magnitude 7 pode ter um abalo secundário de, no máximo, magnitude 6.

Em regiões populosas, os tremores dos grandes abalos secundários podem ser muito perigosos, agravando os danos causados pelo abalo sísmico principal. Em 4 de setembro de 2010, um terremoto de magnitude 7,1 a oeste de Christchurch, a segunda maior cidade da Nova Zelândia, causou danos sérios, mas ninguém morreu e algumas poucas pessoas ficaram feridas. Contudo, um abalo secundário de magnitude 6,3 ocorreu sob o centro da cidade em 22 de fevereiro de 2011, causando o colapso de edifícios e matando 185 pessoas (**Figura 10.7**). O prejuízo econômico desse abalo secundário, estimado em 15 bilhões de dólares, foi muitas vezes maior do que aquele causado pelo abalo sísmico principal cinco meses antes. Outros abalos secundários fortes atingiram a cidade em 13 de junho e em dezembro de 2011, ferindo dúzias de pessoas e causando mais 4 bilhões de dólares em danos.

Um **abalo precursor** (ver Figura 10.6) é um pequeno terremoto que ocorre próximo, porém antes, de um abalo sísmico principal. Um ou mais abalos precursores precederam muitos terremotos grandes, de modo que os sismólogos tentam utilizá-los para prever quando e onde os grandes terremotos poderiam ocorrer. Infelizmente, é muito difícil, em geral, distinguir os abalos anteriores de outros terremotos pequenos que ocorrem aleatoriamente em falhas ativas. Portanto, esse método tem sido eficiente em raras ocasiões. O terremoto de magnitude 9 de Tohoku, que causou o grande tsunâmi que atingiu a ilha de Honshu, no Japão, em 11 de março de 2011 (ver Jornal da Terra 10.1), foi precedido de um abalo precursor de magnitude 7,2 cerca de 50 horas antes do principal. Em certo sentido, o terremoto principal foi um "abalo secundário" anomalamente grande associado com o primeiro evento. Mas, o abalo que depois foi considerado precursor foi, no momento de sua ocorrência, identificado apenas como um terremoto normal da zona de subducção com magnitude 7,2.

Como o exemplo ilustra, abalos precursores, principais e secundários podem ser classificados definitivamente apenas depois que a sequência sísmica termina: durante a sequência, não temos como ter certeza se o terremoto principal, o maior evento da sequência, ainda não ocorreu.

FIGURA 10.7 Ruínas da Basílica de Christchurch, um dos vários edifícios do centro de Christchurch, Nova Zelândia, destruídos por um terremoto em 22 de fevereiro de 2011. O evento foi um abalo secundário de um terremoto maior, mas menos destrutivo, que ocorreu a oeste de Christchurch em 4 de setembro de 2010. [Mark Longley/Alamy.]

Como estudamos os terremotos?

Como em qualquer ciência experimental, os instrumentos e as observações de campo fornecem os dados básicos utilizados para estudar os terremotos.

Esses dados permitem aos pesquisadores localizar os terremotos, determinar seus tamanhos e quantidades de ocorrências e entender suas relações com as falhas.

Os sismógrafos

O **sismógrafo**, que registra as ondas sísmicas, é para o cientista da Terra o que o telescópio é para o astrônomo – uma ferramenta para examinar as regiões inacessíveis (**Figura 10.8**). O sismógrafo ideal seria um aparelho instalado em uma estrutura estacionária independente da vibração da superfície da Terra. Quando o chão tremesse, o sismógrafo poderia medir a variação da distância entre a estrutura, que não se move, e o chão em vibração, que se move. Até agora, não existem meios de posicionar um sismógrafo que não esteja fixo na superfície da Terra – embora o Sistema de Posicionamento Global esteja começando a eliminar essa limitação. Então chegamos a um meio-termo. Fixamos um peso, como uma peça de aço, em relação à superfície da Terra que tenha folga suficiente para que, embora o chão vibre para cima e para baixo e de um lado para outro, ele não tenha muito movimento.

Uma maneira de conseguir essa fixação folgada é suspendendo o peso por uma mola (Figura 10.8a). Quando ondas sísmicas movem o chão para cima e para baixo, o peso tende a permanecer estacionário devido à sua inércia (um objeto em repouso tende a permanecer em repouso), mas o peso e o chão movem-se relativamente um ao outro porque a mola pode ser comprimida ou esticada. Desse modo, o deslocamento vertical da superfície causado por ondas sísmicas pode ser registrado por uma caneta em um rolo de papel ou, quase sempre hoje em dia, digitalmente, em um computador; tal registro é chamado de *sismograma*.

Outro modo de se conseguir uma fixação desse aparato no qual o peso tenha folga suficiente é utilizando um eixo. Um sismógrafo que tem seu peso suspenso por eixos, como uma ponte oscilante (Figura 10.8b), pode registrar os movimentos horizontais do terreno.

Um observatório típico tem instrumentos para medir os três componentes do movimento do chão: o vertical, para cima e para baixo; o horizontal, leste-oeste; e o horizontal, norte-sul. Os sismógrafos modernos podem detectar deslocamentos do chão de menos de um bilionésimo de metro (um nanômetro) – uma proeza impressionante, considerando que tais diminutos deslocamentos são de dimensões atômicas!

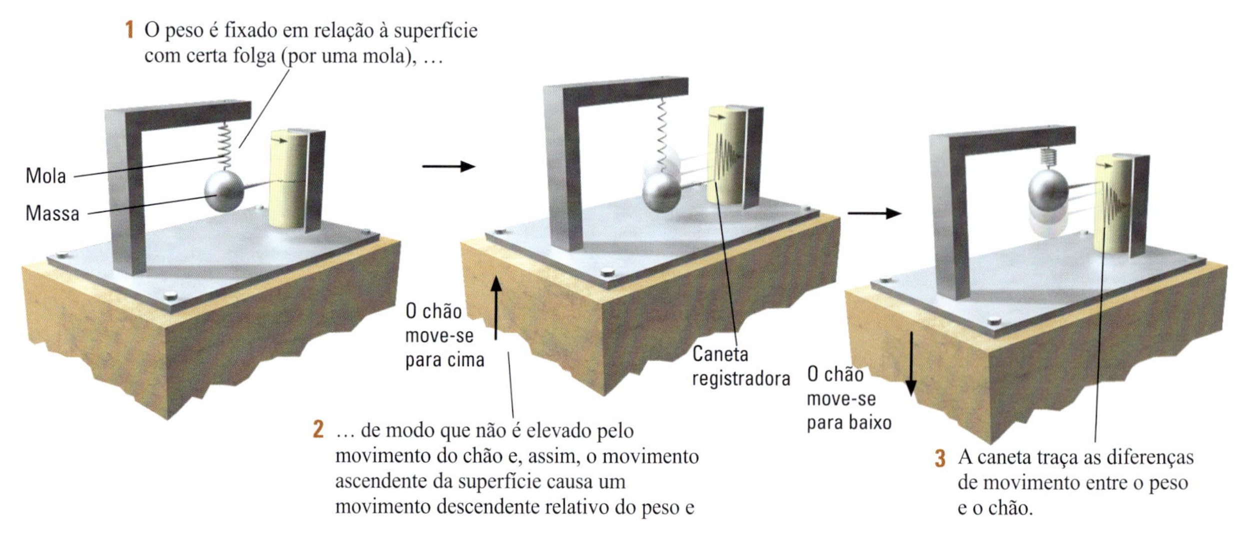

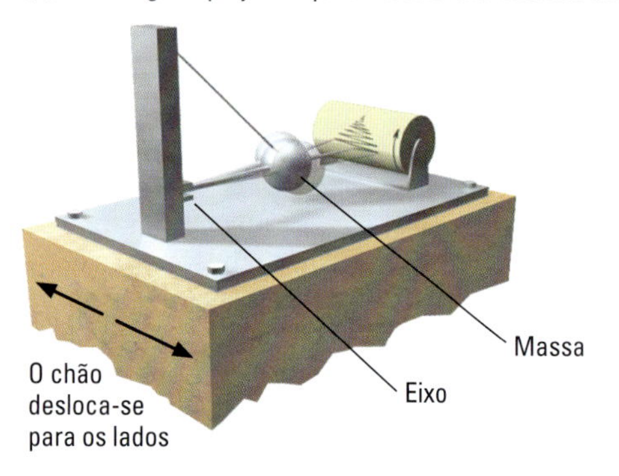

FIGURA 10.8 O sismógrafo consiste em um peso denso (como uma bola de aço) preso a um aparelho de gravação. Por causa de sua inércia e por serem fixados na superfície com certa folga, por meio de (a) uma mola ou de (b) um eixo, o peso não acompanha o movimento do chão.

Jornal da Terra 10.1 A Pedra do Tsunâmi de Aneyoshi

Em uma colina na costa de Tohoku, no nordeste de Honshu (a maior ilha do Japão), na vila de pescadores de Aneyoshi, está um monumento de pedra de idade incerta, inscrita com as seguintes frases em caracteres japoneses: "Residências altas são a paz e a harmonia dos nossos descendentes. Lembre-se da calamidade dos grandes tsunâmis. Não construa casas abaixo deste ponto". Aneyoshi, hoje parte do município de Miyako, costumava estar situada em um local mais conveniente, junto ao mar, onde os pescadores atracavam seus barcos, mas apenas quatro moradores sobreviveram ao tsunâmi de 1896, e apenas dois ao tsunâmi de 1933. A pedra lembra o povo o porquê de terem passado a morar em um terreno mais elevado.

A história se transformou em profecia às 14:46 de 11 de março de 2011, quando a falha de cavalgamento costa afora que separa o Japão da Placa do Pacífico começou a deslizar. A ruptura iniciou em uma pequena área da superfície da falha, 30 km abaixo do oceano, cerca de 100 km a sudeste de Aneyoshi, e acelerou-se como uma rachadura em uma vidraça, atingindo velocidades de quase 3 km/s (10.800 km/h). Quando parou, vários minutos depois, a placa do Pacífico havia movido-se até 50 m sob o Japão, ao longo de uma superfície de falha do tamanho do estado americano da Carolina do Sul. As ondas sísmicas desse megaterremoto de Tohoku, que atingiram a magnitude 9, propagaram-se pela superfície e pelo interior profundo da Terra, fazendo com que o planeta tocasse como um sino por vários dias.

A falha de empurrão de Honshu moveu-se para leste e para cima em relação à Placa do Pacífico, o que elevou o nível do mar em até 10 m quase instantaneamente, deslocando várias centenas de bilhões de toneladas de água, que afastaram-se da falha em um enorme tsunâmi. Em menos de uma hora, ondas de água, mais lentas que as ondas sísmicas, mas muito mais letais, invadiram as baías e enseadas da costa do Japão como um monstro ondulante, ganhando altura à medida que se aproximavam do litoral (ver foto na abertura do capítulo). Afunilando-se nos portos, as ondas criaram enormes muralhas de água (em japonês, "tsunâmi" significa "onda do porto") que inundaram as comunidades litorâneas e varreram barcos, carros e edifícios, chegando a entrar vários quilômetros terra adentro em alguns locais.

A onda de devastação e sua velocidade descomunal foram capturadas em vídeos de helicópteros e por sobreviventes que alcançaram terrenos mais altos e subiram em edifícios. O tsunâmi foi maior do que os muros de contenção projetados para proteger o centro de Miyako, destruiu quase toda a sua famosa frota de pesca (sobraram apenas 30 das 1.000 embarcações) e matou muitas centenas que não puderam ou não conseguiram escapar a tempo. Embora o número exato ainda seja desconhecido, sabe-se que morreram mais de 20.000 pessoas na costa de Tohoku. Um dos níveis mais altos alcançados pela onda gigante, a maior na história recente do Japão, foi de 39 m acima da linha de costa, logo abaixo da pedra do tsunâmi de Aneyoshi. Acima da pedra, os moradores ficaram seguros em suas casas.

A pedra do tsunâmi de Aneyoshi. [Ko Sasaki/*The New York Times*/ Redux]

As ondas sísmicas

Instale um sismógrafo em qualquer lugar e, em poucas horas, ele registrará a passagem de ondas sísmicas geradas por um terremoto em algum lugar da Terra. Essas ondas deslocar-se-ão do foco do terremoto através da Terra e chegarão ao sismógrafo em três grupos distintos (**Figura 10.9a**). As primeiras a chegar são chamadas de ondas primárias ou **ondas P**. Logo em seguida, chegam as ondas secundárias ou **ondas S**. Tanto uma como a outra deslocam-se através do interior da Terra. Por último, chegam as **ondas de superfície**, mais lentas, que se deslocam, como o nome diz, na superfície terrestre.

As ondas P que se propagam nas rochas são análogas às ondas sonoras que se transmitem no ar, exceto pelo fato de que as primeiras se propagam através da crosta terrestre em velocidades próximas a 6 km/s, ou seja, aproximadamente 20 vezes mais rápidas que a velocidade do som. Assim como as ondas sonoras, as ondas P são *ondas compressionais*, denominadas dessa forma porque se propagam em materiais sólidos, líquidos e gasosos em sucessivas compressões e expansões (Figura 10.9b). As ondas P podem ser vistas como ondas do tipo empurra-e-puxa: elas empurram ou puxam partículas de matéria na direção do caminho de sua propagação.

(a) As ondas sísmicas geradas no foco de um terremoto atingem um sismógrafo distante do evento.

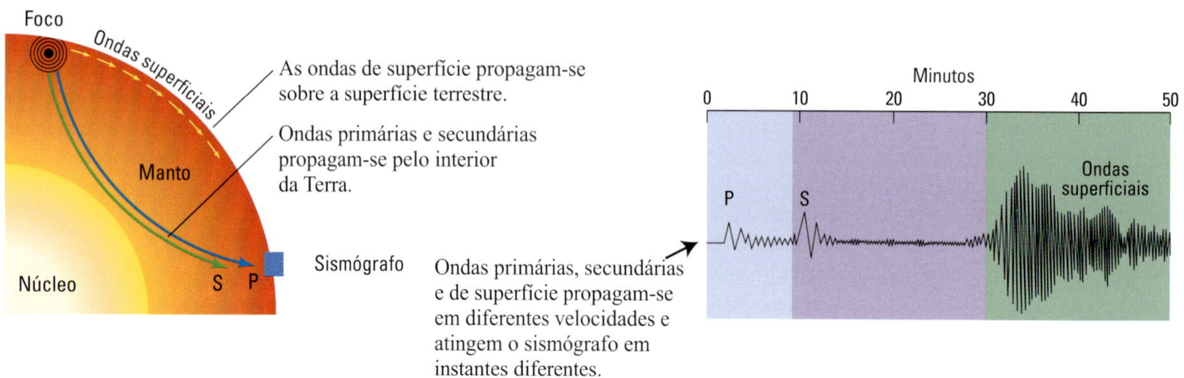

(b) As ondas sísmicas são caracterizadas por diferentes tipos de deformação do solo.

Movimento das ondas P

As ondas P (primárias) são ondas compressionais – como ondas sonoras – que se propagam rapidamente nas rochas.

Crista da onda compressional

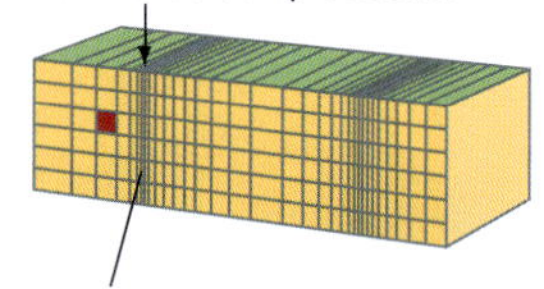

As ondas P propagam-se na forma de uma série de contrações e expansões, empurrando e puxando partículas na direção da trajetória percorrida.

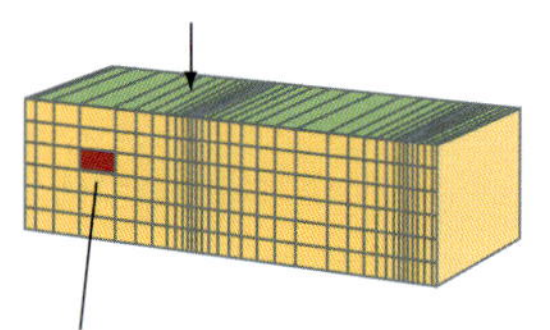

O quadrado vermelho representa a contração e a expansão em uma secção da rocha.

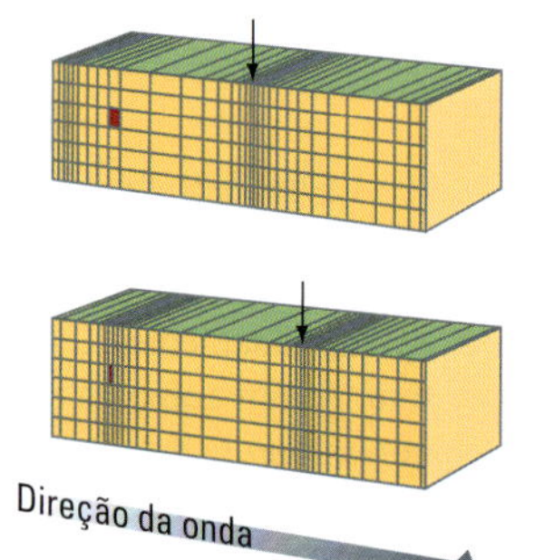

Movimento das ondas S

As ondas S são ondas de cisalhamento que empurram o material em ângulos perpendiculares à sua direção de propagação.

Crista da onda de cisalhamento

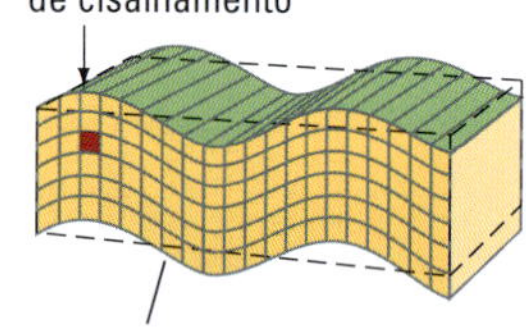

As ondas S (secundárias) propagam-se em velocidade próxima à metade da velocidade das ondas P.

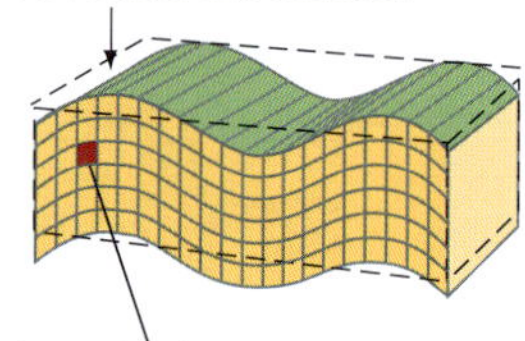

O quadrado vermelho mostra como uma secção da rocha é deformada a partir de um quadrado para um paralelogramo à medida que a onda S passa.

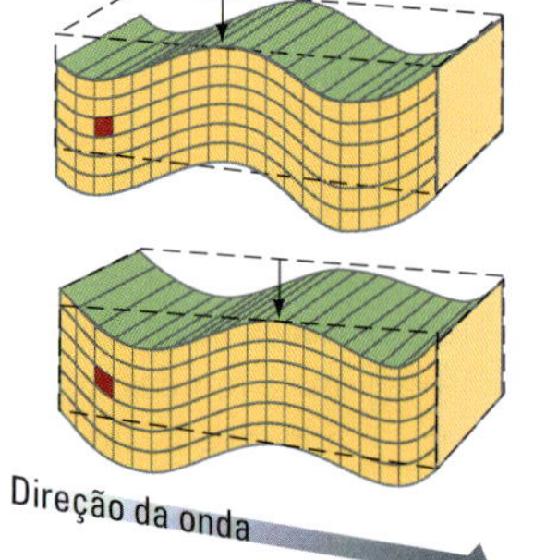

Movimento das ondas de superfície

As ondas de superfície oscilam sobre a superfície terrestre, onde o ar permite a livre movimentação. Existem dois tipos de ondas de superfície.

Em um tipo, a superfície do chão move-se verticalmente em um movimento elíptico ondulante, que se extingue à medida que a profundidade aumenta.

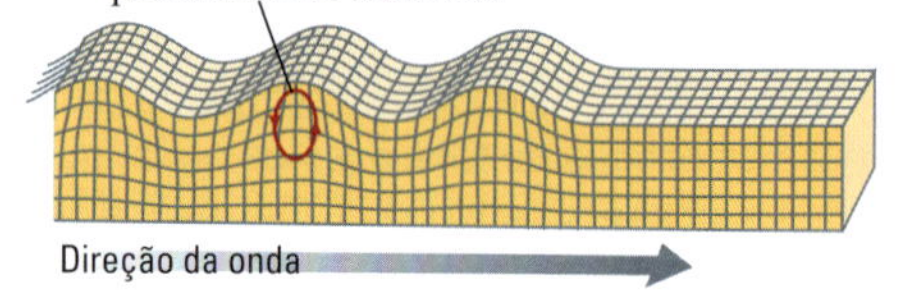

Em um segundo tipo, o chão é movimentado lateralmente, sem movimento vertical.

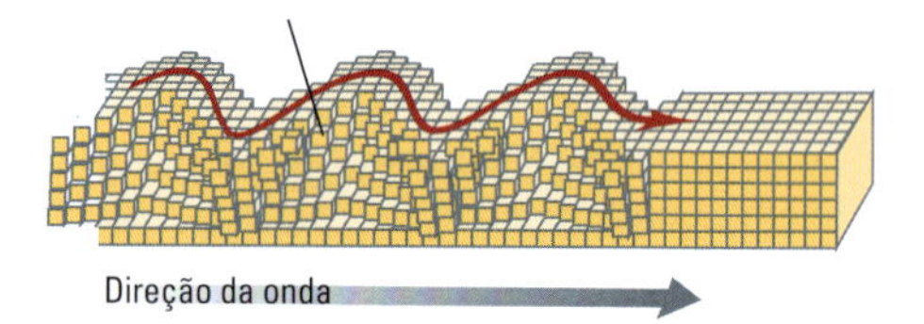

FIGURA 10.9 (a) Os três tipos de ondas movem-se por caminhos e velocidades diferentes em relação ao sismógrafo que as registra. (b) Os três tipos de ondas sísmicas são caracterizados por tipos distintos de deformação do solo. Os quadrados vermelhos mostram a distorção de uma secção de rocha quando uma onda passa por ela.

As ondas S propagam-se em rocha sólida com velocidades um pouco maiores que a metade daquelas das ondas P. Elas são chamadas de *ondas de cisalhamento* porque deslocam o material em ângulos perpendiculares à sua trajetória de propagação (ver Figura 10.9b). Não existem ondas de cisalhamento em líquidos ou gases.

As velocidades em que as ondas P e S propagam-se são maiores quando a resistência a seu movimento é maior. É preciso mais força para comprimir sólidos do que para cisalhá-los, então as ondas P sempre viajam mais rápido do que as ondas S através de um sólido, e é por isso que as ondas P de um terremoto chegam a um sismógrafo antes que as ondas S. Esse princípio físico também explica por que as ondas S não podem se propagar pelo ar, água ou núcleo externo líquido da Terra: os gases e os líquidos não oferecem resistência ao cisalhamento.

As ondas de superfície são confinadas à superfície terrestre e às camadas mais superficiais, como ondas no oceano. Sua velocidade é levemente menor que a das ondas S. Um dos tipos de ondas superficiais estabelece um movimento ondulante no chão*; o outro tipo sacode o chão para os lados** (ver Figura 10.9b). As ondas de superfície geralmente são as mais destrutivas em um terremoto grande e de foco raso, sobretudo em bacias sedimentares, onde as reverberações nos sedimentos frágeis próximos à superfície podem aumentar suas amplitudes, causando um tremor muito mais forte do que nas rochas do embasamento.

Muitas pessoas já sentiram as ondas sísmicas e testemunharam seu poder de destruição ao longo da história, mas somente no final do século XIX os sismólogos foram capazes de projetar instrumentos para registrá-las com precisão. As ondas sísmicas permitem-nos estudar os terremotos e também fornecem-nos a mais importante ferramenta para analisarmos o interior da Terra, como veremos no Capítulo 11.

Como localizar o epicentro

Localizar o epicentro de um terremoto é como deduzir a distância de um raio com base no intervalo de tempo entre o relâmpago e o som do trovão – quanto maior a distância até o relâmpago, maior o intervalo de tempo. A luz propaga-se mais rápido que o som, portanto, a luz do relâmpago pode assemelhar-se às ondas P dos terremotos, e o som do trovão, às ondas S.

O intervalo de tempo entre a chegada das ondas P e S depende da distância que as ondas percorreram desde o foco: quanto maior o intervalo, maior a distância percorrida pelas ondas. Os sismólogos usam redes de sismógrafos sensíveis em todo o mundo e relógios de alta precisão para cronometrar a chegada de ondas sísmicas dos terremotos, bem como de explosões nucleares subterrâneas em localizações conhecidas. A partir dos resultados, construíram *curvas de tempo de viagem*, que mostram quanto tempo leva para que as ondas sísmicas de cada tipo percorram uma determinada distância.

Para determinar a distância aproximada de um epicentro, os sismólogos leem de um sismograma a quantidade de tempo que se passou entre a chegada das primeiras ondas P e as chegadas posteriores das ondas S. Então eles usam curvas de tempo de viagem, como aquelas mostradas na Figura 10.9, para determinar a distância do sismógrafo até o epicentro. Se eles puderem estimar as distâncias a partir de três ou mais estações, podem localizar o epicentro (ver **Figura 10.10**). Eles podem, também, deduzir o momento do choque no epicentro – o *tempo de origem* do terremoto – porque o tempo de chegada das ondas P em cada uma das estações é conhecido, e é possível determinar a partir de curvas de tempo de viagem quanto tempo as ondas levaram para atingir a estação. Atualmente, todo esse processo é conduzido repetidamente por um computador, que usa dados de uma grande quantidade de estações sismográficas para determinar o epicentro, a profundidade do foco e o tempo de origem.

Como medir o tamanho de um terremoto

Localizar um terremoto é apenas um passo para descrevê-lo. Os sismólogos precisam também determinar seu tamanho ou *magnitude*. Sendo as outras variáveis iguais (como a distância até o foco e a geologia regional), a magnitude de um terremoto é o principal fator determinante da intensidade e duração das ondas sísmicas e, assim, do seu potencial de destruição.

Magnitude Richter Em 1935, Charles Richter, um sismólogo da Califórnia, desenvolveu um procedimento simples para determinar o tamanho de um terremoto, hoje chamado de *magnitude Richter* (**Figura 10.11**). Richter estudou Astronomia quando jovem e aprendeu que os astrônomos usam uma escala logarítmica para medir o brilho das estrelas, que varia ao longo de uma enorme amplitude de valores. Adaptando essa ideia aos terremotos, Richter utilizou o logaritmo da maior amplitude de onda registrada pelo sismógrafo durante um tremor de terra como sendo a medida do tamanho desse terremoto, definindo, assim, uma **escala de magnitude.**

Na escala Richter, dois terremotos ocorridos à mesma distância de um sismógrafo, cujos tremores de terra diferenciem-se por um fator de 10, diferirão, quanto à magnitude, em 1 unidade Richter. O tremor de terra de um terremoto de magnitude 3, portanto, é 10 vezes maior que o de um de magnitude 2. De forma semelhante, um terremoto de magnitude 6 produz tremores de terra que são 100 vezes maiores que os de magnitude 4. A energia liberada sob a forma de ondas sísmicas aumenta ainda mais com a magnitude do terremoto, em um fator de aproximadamente 32 para cada unidade Richter. Um terremoto de magnitude 7 libera 32×32, ou cerca de 1.000 vezes, a energia de um terremoto de magnitude 5. De acordo com essa escala de energia, o megaterremoto de Tohoku foi um milhão de vezes mais poderoso do que um evento de magnitude 5.

As ondas sísmicas enfraquecem à medida que se propagam para longe do foco, então, para fazer seu procedimento funcionar para qualquer sismógrafo, Richter precisava encontrar uma maneira de corrigir a mensuração do movimento do solo para a distância entre o sismógrafo e o foco. Ele elaborou um gráfico simples que permitiu a sismólogos, em qualquer lugar do mundo, estudar seus registros e, em poucos minutos, obter aproximadamente o mesmo valor para a magnitude de um terremoto,

---

*N. de R. T.: Também conhecida como "onda Rayleigh". O nome homenageia John William Strutt Rayleigh, prêmio Nobel de Física.

**N. de R. T.: Também conhecida como "onda Love". O nome homenageia seu descobridor, o matemático inglês A. E. H. Love.

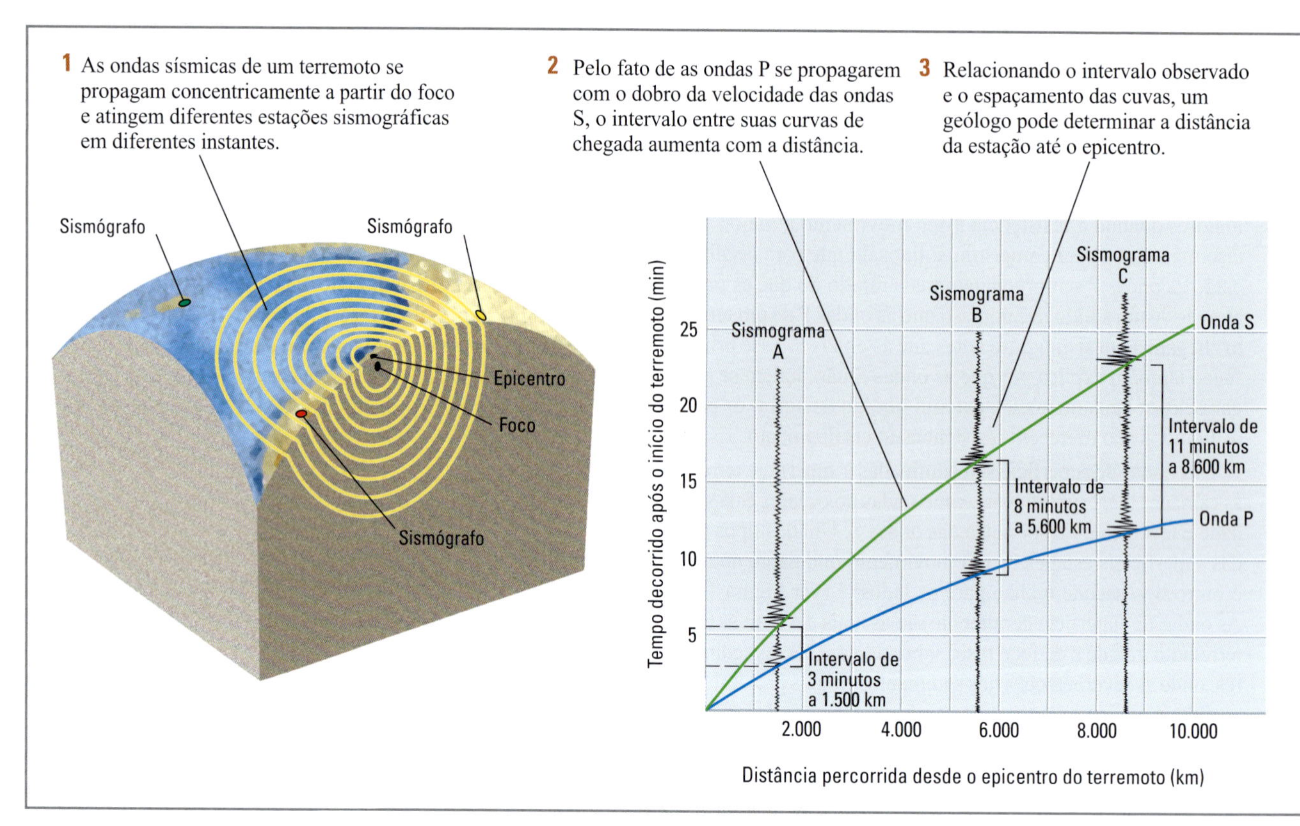

FIGURA 10.10 Leituras de três ou mais estações de sismógrafos podem ser usadas para determinar a localização do foco de um terremoto.

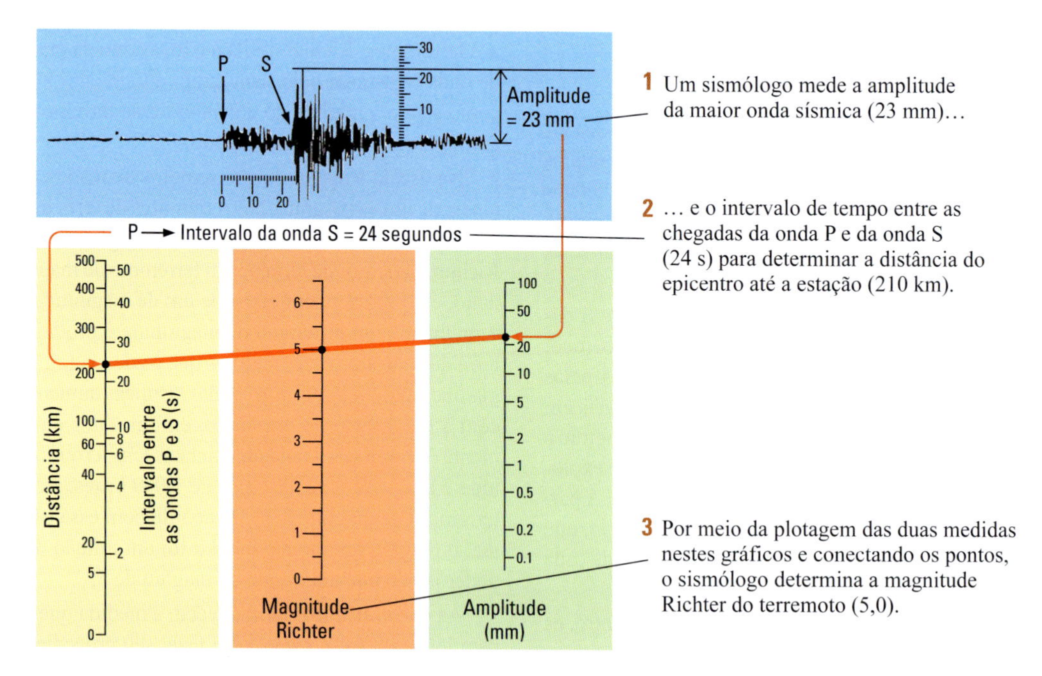

FIGURA 10.11 A amplitude máxima do tremor de terra, corrigida pelo intervalo entre as ondas P e S, é utilizada para atribuir uma magnitude Richter a um terremoto. [Dados do California Institute of Technology.]

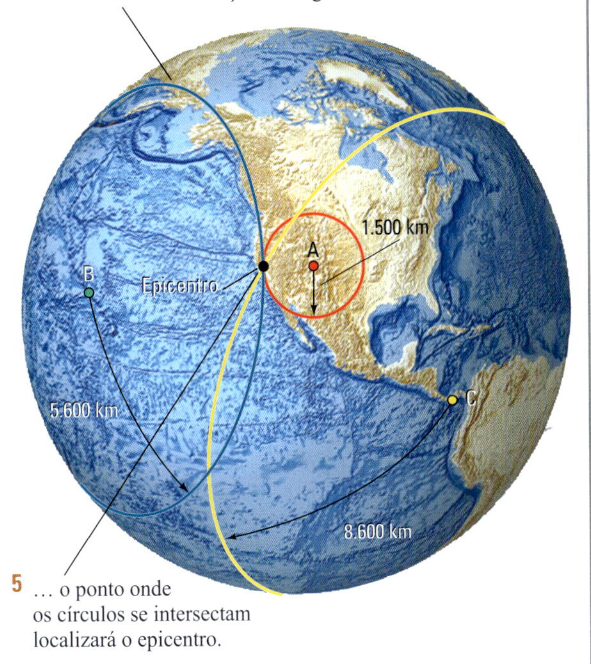

seja qual for a distância entre os sismógrafos e o foco (ver Figura 10.11). Esse método é usado no mundo todo.

Momento sísmico Embora a "escala Richter" seja um termo familiar, os sismólogos preferem uma medida do tamanho dos terremotos mais diretamente relacionada com as propriedades físicas do falhamento que causa o terremoto. Essa medida, chamada de *momento sísmico*, é um número proporcional ao produto da área de falhamento e do deslocamento médio da falha. A *magnitude de momento* correspondente aumenta em aproximadamente uma unidade para cada aumento de 10 vezes na área do falhamento (ver Pratique um Exercício de Geologia na próxima seção).

Embora tanto o método de Richter como o do momento sísmico produzam aproximadamente os mesmos valores numéricos, o segundo pode ser quantificado com mais precisão a partir dos sismógrafos e, ocasionalmente, ser deduzido diretamente a partir de medições do falhamento no campo.

Magnitude e frequência Os grandes terremotos ocorrem com frequência muito menor que a dos pequenos. Essa observação pode ser expressa pela simples relação entre frequências e magnitudes de terremotos (**Figura 10.12**). No mundo, a cada ano ocorrem, aproximadamente, 1 milhão de terremotos com magnitudes superiores a 2, e essa quantidade decresce segundo um fator de 10 para cada unidade de magnitude. Desse modo, ocorrem cerca de 100 mil terremotos com magnitudes maiores que 3, cerca de mil com magnitudes maiores que 5, e aproximadamente 10 com magnitudes maiores que 7.

De acordo com essa regra estatística, deve ocorrer, em média, um terremoto de magnitude maior do que 8 por ano e um terremoto com magnitude maior do que 9 a cada 10 anos. De fato, os terremotos verdadeiramente gigantescos, como os que ocorreram em falhas inversas nas zonas de subducção no Japão, em 2011 (magnitude de momento 9,1); de Sumatra, em 2004 (magnitude 9,2); no Alasca, em 1964 (magnitude 9,1); no Chile, em 1960 (magnitude 9,5) e 2010 (magnitude 8,8) tem

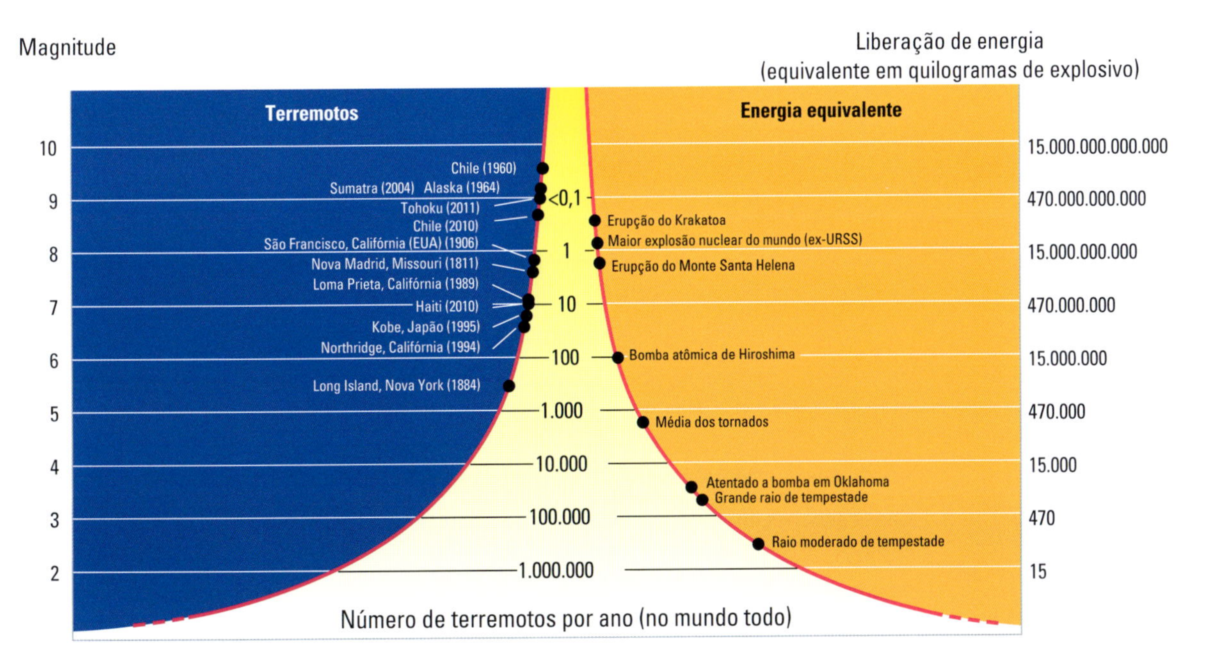

FIGURA 10.12 Relação entre momento sísmico, liberação de energia por terremotos e número de terremotos por ano no mundo. Exemplos de terremotos de magnitudes variadas e de outras grandes fontes de liberação súbita de energia estão incluídos para fins de comparação. [Dados de IRIS Consortium, http://www.iris.edu.]

quase essa frequência quando calculamos a sua média ao longo de muitas décadas. Contudo, mesmo os maiores megaempurrões das zonas de subducção são pequenos demais para criar terremotos de magnitude 10, então os sismólogos acreditam que eventos tão extremos não seguem essa regra; em outras palavras, eles ocorrem menos do que uma vez por século.

Intensidade do tremor A magnitude de um terremoto não descreve o seu poder de destruição porque o tremor que causa destruição geralmente se enfraquece ao se distanciar da ruptura da falha. Um terremoto de magnitude 8, em uma área remota longe da cidade mais próxima, pode não causar perdas humanas ou econômicas, enquanto um terremoto de magnitude 6 imediatamente sob uma cidade causará, provavelmente, sérios danos. A destruição de Christchurch pelos terremotos de 22 de fevereiro e 13 de junho de 2011 ilustra essa questão importante (ver Figura 10.7).

No final do século XIX, antes que Richter inventasse sua escala de magnitude, os sismólogos e os engenheiros de terremotos desenvolveram métodos para estimar a **intensidade** do tremor de sismos diretamente a partir dos efeitos destrutivos de um evento. O Quadro 10.1 mostra uma escala ainda em uso na atualidade, a *escala de intensidade Mercalli modificada*, em homenagem a Giuseppe Mercalli, o cientista italiano que a propôs em 1902. Essa escala de intensidade atribui um valor, dado como um numeral romano de I a XII, à intensidade do tremor em um determinado local. Por exemplo, a um local onde um terremoto só é levemente sentido por poucas pessoas é atribuído o valor II, enquanto a um local onde ele foi sentido por quase todos é dada uma intensidade de V. Os números no limite superior da escala descrevem quantidades crescentes de danos. A descrição atribuída ao maior valor, XII, é concisamente apocalíptica: "Dano total. Linhas de visão e de nível distorcidas. Objetos lançados para o ar".

Observações dos danos e dos efeitos sentidos, reunidos após um terremoto, podem ser compiladas em mapas mostrando linhas de intensidades iguais. Hoje, muitas pessoas informam esses dados diretamente para o Serviço Geológico dos EUA através do seu site popular "Você sentiu isso?" (Did You Feel It?), que posta mapas de intensidade imediatamente após eventos significativos. Embora as magnitudes sejam máximas geralmente próximo à ruptura da falha, elas também dependem da geologia local. Por exemplo, quando comparamos locais situados a iguais distâncias da ruptura, o tremor tende a ser mais intenso em sedimentos macios do que em rochas duras do embasamento. Desse modo, os mapas de intensidade fornecem aos engenheiros dados cruciais para projetar estruturas que possam suportar os tremores de um terremoto.

A Figura 10.13 compara os mapas de intensidade sísmica de dois eventos históricos famosos, o terremoto de magnitude 7,5 de Nova Madrid, que ocorreu próximo ao extremo sul de Missouri (EUA) em 16 de dezembro de 1811, e o terremoto de magnitude 7,8 de 1906 em São Francisco. O terremoto de Nova Madrid sacudiu Boston, a mais de 1.700 km do epicentro,

QUADRO 10.1 Escala de intensidade Mercalli modificada

NÍVEL DE INTENSIDADE	DESCRIÇÃO
I	Não percebido.
II	Percebido por apenas algumas pessoas em repouso. Objetos suspensos podem oscilar.
III	Percebido notavelmente dentro de casa. Muitos não o reconhecem como um terremoto. Veículos parados podem oscilar levemente.
IV	Percebido por muitas pessoas dentro de casa e por poucas na rua. Louças, janelas e portas são perturbadas. Os veículos parados oscilam de forma perceptível.
V	Percebido por quase todas as pessoas; muitas acordam. Alguns pratos e janelas quebram. Objetos instáveis caem.
VI	Sentido por todos. Alguns móveis pesados movem-se. Danos leves.
VII	Danos leves a moderados em prédios bem construídos; danos consideráveis em estruturas mal construídas ou mal projetadas; algumas chaminés quebram.
VIII	Danos consideráveis em prédios bem construídos. Danos enormes em estruturas mal construídas. Queda de chaminés residenciais e industriais, colunas, monumentos e muros.
IX	Danos enormes em prédios bem construídos, com colapso parcial. Alicerces de prédios são deslocados.
X	Algumas estruturas bem construídas de madeira desmoronam; a maioria das estruturas de concreto e de madeira é destruída. Trilhos recurvam-se.
XI	Poucas estruturas de alvenaria permanecem em pé. Pontes caem. Trilhos ficam muito recurvados.
XII	Destruição total. Linhas de visão e de nível são distorcidas. Objetos são arremessados ao ar.

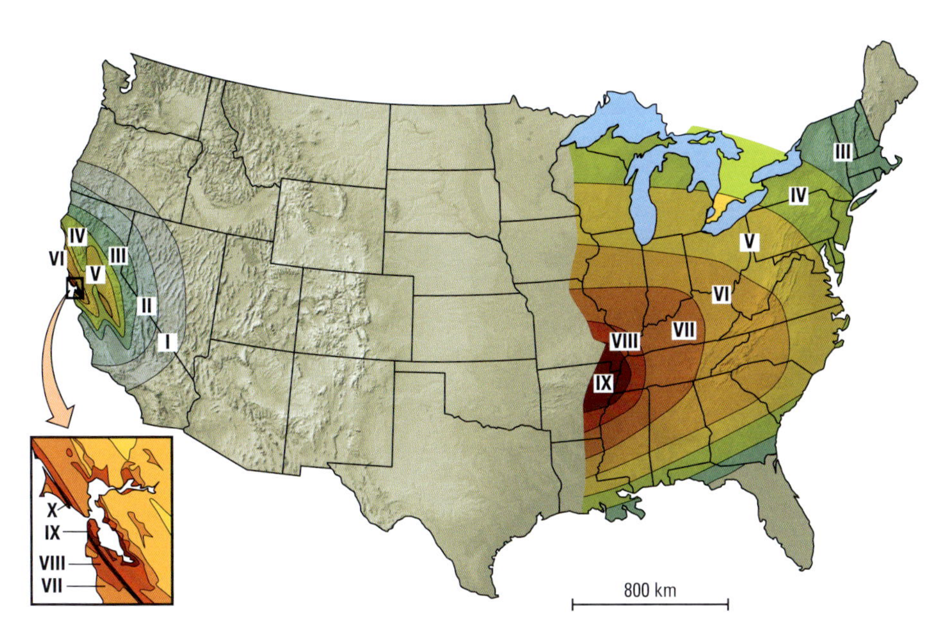

FIGURA 10.13 Intensidades da escala Mercalli modificada medidas de dois eventos históricos famosos: o terremoto de Nova Madrid, Missouri, em 16 de dezembro de 1811, um evento de magnitude 7,5; e o terremoto de São Francisco de 1906, de magnitude 7,8. Durante o terremoto de Nova Madrid, intensidades de até VI foram observadas a 200 km do epicentro, enquanto o terremoto de São Francisco sequer foi sentido em Los Angeles, a menos de 500 km de distância (ver Quadro 10.1). Devido à falta de observações, as intensidades do terremoto de Nova Madrid não são indicadas para regiões a oeste do Rio Mississippi.

enquanto o de São Francisco sequer foi sentido em Los Angeles, a menos de 500 km de distância. Por que a área de tremores intensos foi tão maior para o primeiro terremoto, embora a sua magnitude tenha sido menor? A crosta e a parte superior do manto no interior continental do leste dos EUA é composto de rochas mais rígidas, a temperaturas menores, do que as regiões tectonicamente ativas do oeste; logo, as ondas sísmicas propagam-se com muito mais eficiência e os tremores de um terremoto de uma determinada magnitude podem ser muito mais intensos a distâncias muito maiores. Os engenheiros precisam levar essas diferenças regionais em conta quando avaliam os riscos sísmicos.

A determinação dos mecanismos de falhamento

O padrão de um tremor de terra também depende da orientação da ruptura de falha e da direção do deslocamento, que, juntas, especificam o **mecanismo de falhamento** de um terremoto. O mecanismo de falhamento nos diz se a ruptura se deu em uma *falha normal, inversa* ou *transcorrente*. Se a ruptura foi em uma falha transcorrente, o mecanismo de falhamento também nos diz se o sentido do movimento foi *lateral direito* (ou dextrógiro) ou *lateral esquerdo* (levógiro) (ver a definição desses termos na Figura 8.8). Podemos, então, usar essa informação para inferir o padrão regional de forças tectônicas (Figura 10.14).

Em rupturas rasas que quebram a superfície do terreno, podemos às vezes deduzir o mecanismo do falhamento a partir de observações de campo na escarpa de falha. Como vimos, entretanto, a maioria das rupturas é muito profunda para expressar-se na superfície, portanto, temos que inferir o padrão de falhamento a partir dos movimentos medidos nos sismógrafos.

Em grandes terremotos ocorridos em quaisquer profundidades, isso torna-se fácil, porque existem sismógrafos suficientes

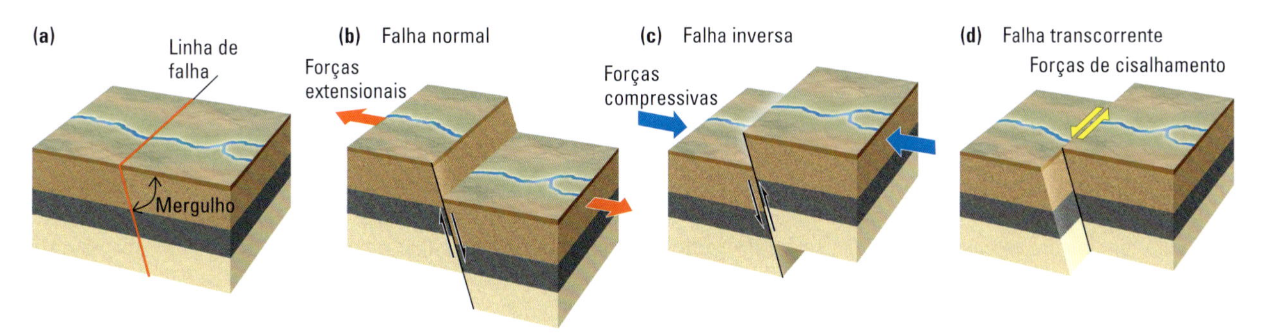

FIGURA 10.14 Os três principais tipos de movimentos de falhas que iniciam os terremotos e as tensões que os causam. (a) Situação antes da ocorrência do movimento. (b) Falha normal devido à tensão extensional. (c) Falha inversa devido à tensão compressiva. (d) Falha transcorrente (neste caso, levógira) devido à tensão cisalhante.

PRATIQUE UM EXERCÍCIO DE GEOLOGIA

Os terremotos podem ser controlados?

Os terremotos de magnitude 4 raramente resultam em muitos danos a comunidades próximas, ao passo que tremores de magnitude 8 podem ser muito destrutivos. Seria, de alguma forma, possível para os humanos controlar o deslocamento em uma falha para manter os terremotos pequenos?

Experimentos em campos de petróleo e gás natural demonstraram que terremotos pequenos podem ser causados pela injeção de água ou outros fluidos em zonas de falhamento através de perfurações profundas. O fluido lubrifica o plano de falha, reduzindo o atrito que a impede de deslizar. É só bombear e pronto! Temos um terremoto. Por que não controlar o tamanho dos terremotos usando a técnica de injeção de fluidos para liberar energia em uma falha apenas em rupturas com magnitudes menores do que 4?

A viabilidade desse método depende de quantos eventos de magnitude 4 produziriam o mesmo deslocamento sobre a mesma área que um evento de magnitude 8. A partir de observações de muitos terremotos, os sismólogos descobriram duas regras simples sobre a magnitude de momento que podem orientar este cálculo:

1. *Regra de área:* a área do falhamento aumenta por um fator de 10 para cada unidade de magnitude de momento. Portanto, uma ruptura de magnitude 8 é 10 mil vezes maior que a área de uma ruptura de magnitude 4 (porque $10^{(8-4)} = 10^4$).
2. *Regra de deslocamento:* o deslocamento médio de uma ruptura de

ÁREA TÍPICA DA RUPTURA DE FALHA

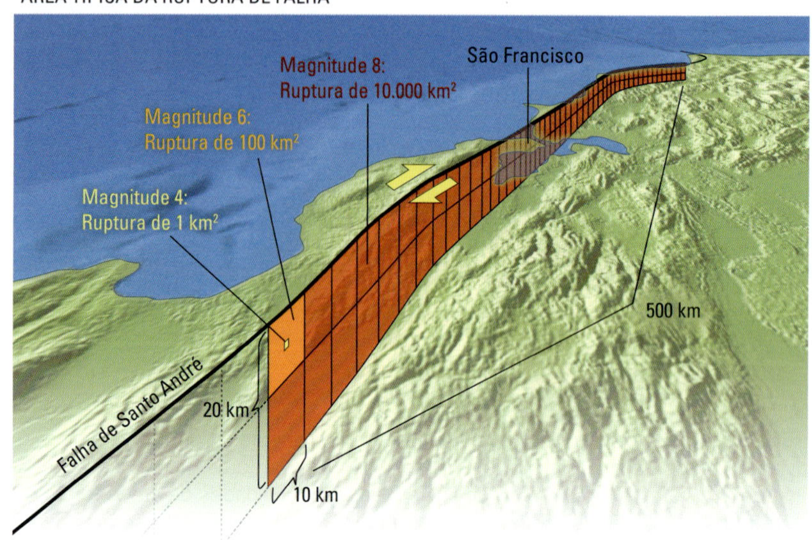

DISTÂNCIA DE DESLIZAMENTO TÍPICA DA RUPTURA DE FALHA

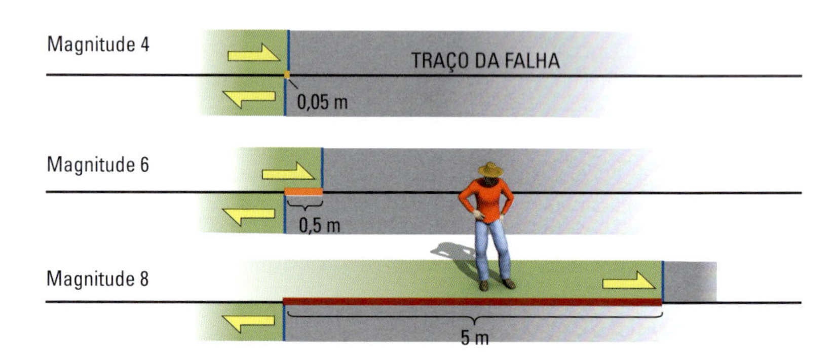

O esquema superior mostra como a área de ruptura da Falha de Santo André aumenta com a magnitude do terremoto. O esquema inferior mostra como a distância do deslocamento da ruptura de falha aumenta com a magnitude.

no entorno do foco do terremoto em todo o mundo. Em algumas direções a partir do foco, o primeiro tremor de terra registrado – a onda P – é um *empurrão para longe* do foco, causando um movimento ascendente em um sismógrafo vertical. Em outras direções, o movimento inicial de terra é um *puxão em direção* ao foco, causando um movimento descendente em um sismógrafo vertical. Para rupturas direcionais, as direções dos maiores empurrões seguem um eixo rotacionado 45° em relação ao plano de falha e são perpendiculares às direções dos maiores puxões (**Figura 10.15**). Os empurrões e puxões podem ser subdivididos em quatro secções, com base nas posições das estações sismográficas. Um dos dois limites das secções é a orientação da falha; o outro é um plano perpendicular à falha. A direção do deslocamento no plano de falha também pode ser inferida a partir do arranjo dos empurrões e puxões. Desse modo, os sismólogos podem deduzir se as forças crustais que desencadearam o terremoto foram extensionais, compressivas ou de cisalhamento.

falha aumenta por um fator de 10 para cada duas unidades de magnitude de momento. Portanto, o deslocamento de uma ruptura de magnitude 8 é 100 vezes maior do que o de uma ruptura de magnitude 4 (porque $10^{(8-4)/2} = 10^2$).

A área de uma ruptura de magnitude 8 geralmente é em torno de 10.000 km², e o deslocamento médio é de aproximadamente 5 metros por evento.

- A regra de área implica que a área de uma ruptura de magnitude 4 será 10 mil vezes menor do que a de uma ruptura de magnitude 8, ou 1 km².
- A regra de deslocamento implica que o deslocamento em uma ruptura de magnitude 4 será 100 vezes menor do que o deslocamento de uma ruptura de magnitude 8, ou 0,05 m (5 cm).

Portanto, o número de eventos de magnitude 4 necessário para ser equivalente a um único evento de magnitude 8 é

$$10.000 \times 100 = 1.000.000$$

Esse cálculo mostra que terremotos pequenos não acrescentam muito ao deslocamento que ocorre ao longo de uma falha; os grandes são os que realmente importam. Em uma falha como a de Santo André, que tem terremotos de magnitude próxima a 8 a cada 100 anos, teríamos que gerar terremotos de magnitude 4 a uma taxa de praticamente 10 mil por ano para absorver a mesma quantidade de movimento de falha.

A injeção de fluidos em falhas para aumentar a taxa de terremotos pequenos é uma má ideia por, no mínimo, dois motivos. Seria exorbitantemente caro: milhares de perfurações ao longo da falha e o bombeamento de enormes volumes de água até as profundidades focais do terremoto custariam bilhões de dólares. Também seria perigoso: uma das rupturas induzidas pela injeção de fluidos poderia se tornar um terremoto muito maior do que pretendido. Um esforço para controlar terremotos poderia acabar causando um terremoto grande!

PROBLEMA EXTRA: Quantos terremotos de magnitude 4 forneceriam o mesmo deslocamento sobre a mesma área que um terremoto de magnitude 6?

Medidas por GPS e terremotos "silenciosos"

Como foi discutido no Capítulo 2, as estações de GPS podem registrar o lento movimento das placas litosféricas. Esses instrumentos podem também medir a deformação que é dada por tais movimentos, assim como o repentino deslocamento de uma falha quando rompida em um terremoto.

Os sismólogos usam observações de GPS para estudar um outro tipo de movimento ao longo de falhas ativas. Sabe-se há muitos anos que algumas secções da Falha de Santo André, na Califórnia central, deslizam continuamente ao invés de

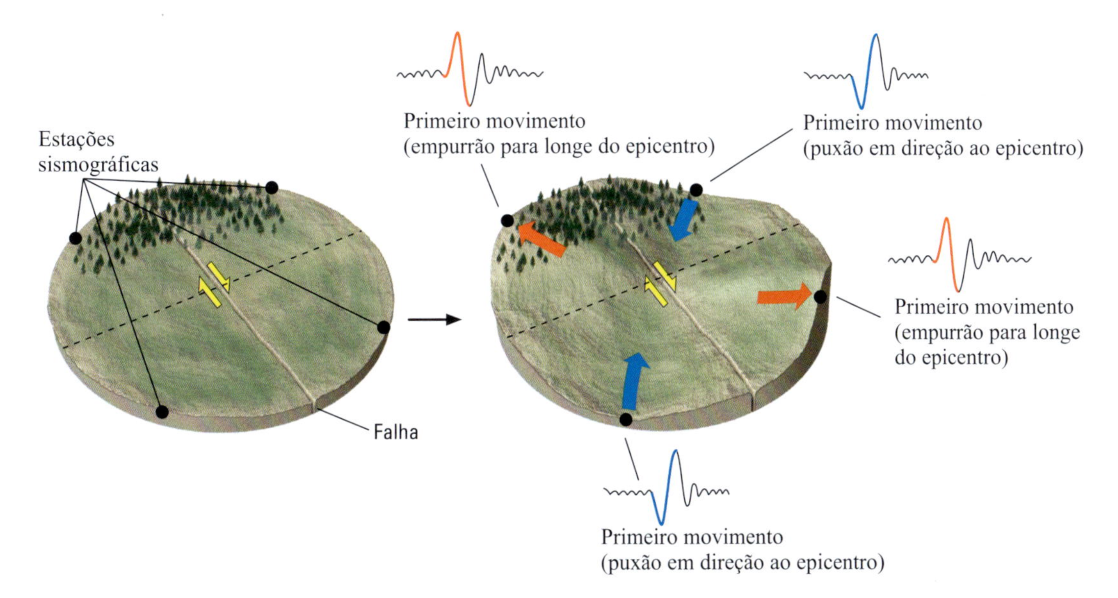

FIGURA 10.15 O primeiro movimento das ondas P atingindo estações sismográficas é usado para determinar a orientação do plano de falha e a direção do deslizamento. O caso mostrado aqui é para a ruptura de uma falha transcorrente dextrógira. Note que o padrão alternado de empurrões e puxões permaneceria o mesmo se o plano perpendicular à falha se rompesse com deslocamento levógiro. Frequentemente, os sismólogos podem escolher qual das duas possibilidades é a correta usando informação adicional, como o mapeamento de campo da linha de falha ou alinhamentos de abalos posteriores ao longo do plano de falha.

romperem-se repentinamente. Esses deslocamentos deformam lentamente as estruturas e rompem os pavimentos que atravessam a linha de falha. Recentemente, estações de GPS encontraram movimentos na superfície, em limites convergentes de placas, que refletem eventos de deslizamento de curta duração mais profundos. Cada um desses eventos de deslizamento pode durar alguns dias ou semanas. Eles foram chamados de *terremotos silenciosos* porque os movimentos graduais não desencadeiam ondas sísmicas destrutivas. Todavia, eles lentamente liberam grandes quantidades de energia deformacional.

Essas observações levantam muitas questões que os geólogos estão tentando responder. O que faz as falhas romperem-se e deslizarem catastroficamente em alguns locais e arrastarem-se gradualmente em outros? Será que a liberação de energia deformacional pelos terremotos silenciosos torna menos frequentes ou menos graves os terremotos destrutivos dessas regiões? Será que terremotos silenciosos podem ser usados para prever terremotos potencialmente destrutivos?

Terremotos e padrões de falhamentos

Como vimos, as redes de sismógrafos sensíveis permitem que os sismólogos localizem os terremotos em todo o globo, mensurem suas magnitudes e deduzam seus mecanismos de falhamento. Esses métodos estão revelando novas informações sobre os processos tectônicos em proporções muito menores que as das placas em si. Nesta seção, resumiremos o padrão global de ocorrência de terremotos a partir da perspectiva da tectônica de placas e mostraremos como o estudo das redes de falhas ativas está aperfeiçoando nosso entendimento a respeito de falhamentos em limites de placas e no interior delas.

Visão geral: terremotos e tectônica de placas

O *mapa de atividade sísmica* na **Figura 10.16** mostra os epicentros de terremotos ocorridos no mundo desde 1976. Uma das feições mais evidentes nesse mapa, conhecido pelos sismólogos há muitas décadas, são os cinturões de terremotos que marcam os principais limites de placas. Os mecanismos de falhamento observados para terremotos nesses cinturões (**Figura 10.17**) são consistentes com os tipos de falhamento ao longo de diferentes tipos de limites de placas descritos no Capítulo 8.

Limites divergentes Os estreitos cinturões de terremotos rasos que cortam as bacias oceânicas coincidem com as cristas das dorsais mesoceânicas e com os deslocamentos delas nas falhas transformantes. As ondas P registradas em tremores nas cristas das dorsais indicam que eles são causados por falhamentos normais. A direção das falhas é paralela ao sentido das cristas e elas mergulham em direção ao vale em rifte no centro da dorsal. O falhamento normal indica que as forças extensionais estão em ação à medida que as placas são separadas durante a expansão do assoalho oceânico. Os terremotos também apresentam um padrão normal de falhamento em zonas onde a crosta continental está sendo separada, como nos vales em rifte do leste da África e nas províncias das Bacias e Cristas (Basin and Range) do oeste da América do Norte.

Limites transformantes A atividade de terremotos é ainda maior ao longo de limites transformantes de placas, que deslocam os segmentos da dorsal, onde as placas criam forças de cisalhamento horizontais enquanto se deslocam horizontalmente em direções opostas. Como esperado, os terremotos ao longo desses limites têm mecanismos transcorrentes. Observe também que o deslocamento indicado pelo mecanismo de falhamento é levógiro, nos casos em que a crista da dorsal fica à direita, e dextrógiro, quando a crista fica à esquerda. Essas direções são o oposto do que seria necessário para criar os desvios da dorsal, mas são consistentes com a direção do deslocamento previsto para expansão do assoalho oceânico. Em meados da década de 1960, os sismólogos usaram essa propriedade diagnóstica de falhas transformantes para apoiar a hipótese da expansão do assoalho oceânico. Os movimentos das falhas transformantes que cortam a crosta continental, como a Falha de Santo André e a falha Alpina da Nova Zelândia (ambas dextrógiras), também concordam com as previsões da tectônica de placas.

Limites convergentes Os maiores terremotos do mundo ocorrem nos limites de placas convergentes. Os quatro maiores terremotos dos últimos cem anos foram desse tipo: o terremoto de Tohoku (2011); o do Alasca (1964); o de Sumatra (2004); e o maior de todos, o do Chile (1960) na zona de subducção a oeste do país. Durante o terremoto do Chile, a crosta da Placa de Nazca deslizou 20 m, em média, sob a crosta da Placa da América do Sul em uma ruptura de falha com uma área quase do tamanho do Estado da Califórnia! Os mecanismos de falhamento mostram que esses grandes terremotos ocorrem por compressão horizontal ao longo de gigantescas falhas de empurrão, chamadas de *megaempurrões*, que formam limites onde uma placa subduz outra. Todos os quatro terremotos deslocaram o assoalho oceânico, gerando tsunâmis que devastaram os litorais.

O limite da Placa da América do Norte, na costa do Pacífico Noroeste, é um megaempurrão de 1.000 km de comprimento conhecido pelo nome de Falha de Cascadia, onde a litosfera oceânica da Placa de Juan de Fuca é subduzida no continente norte-americano (ver Figura 2.7). Embora a atividade sísmica recente nessa região tenha sido relativamente baixa, um terremoto de magnitude 9 nessa falha gerou um grande tsunâmi que atingiu o Japão em 1700. O intervalo de recorrência dos terremotos dessa dimensão no megaempurrão de Cascadia é de cerca de 500–600 anos.

A atividade sísmica mais profunda na Terra também ocorre em limites convergentes. Quase todos os terremotos ocorridos além dos 100 km de profundidade rompem a placa oceânica descendente em zonas de subducção. Os mecanismos das falhas desses terremotos profundos mostram diversas orientações, mas são consistentes com a deformação esperada na placa descendente à medida que a gravidade puxa-a para baixo em direção ao manto em convecção. Os terremotos mais profundos ocorrem nas placas mais antigas – portanto, mais frias –, como aquelas sob a América do Sul, sob o Japão e sob os arcos de ilhas do Pacífico Ocidental. Alguns desses terremotos de foco profundo podem liberar quantidades enormes de energia. O maior já

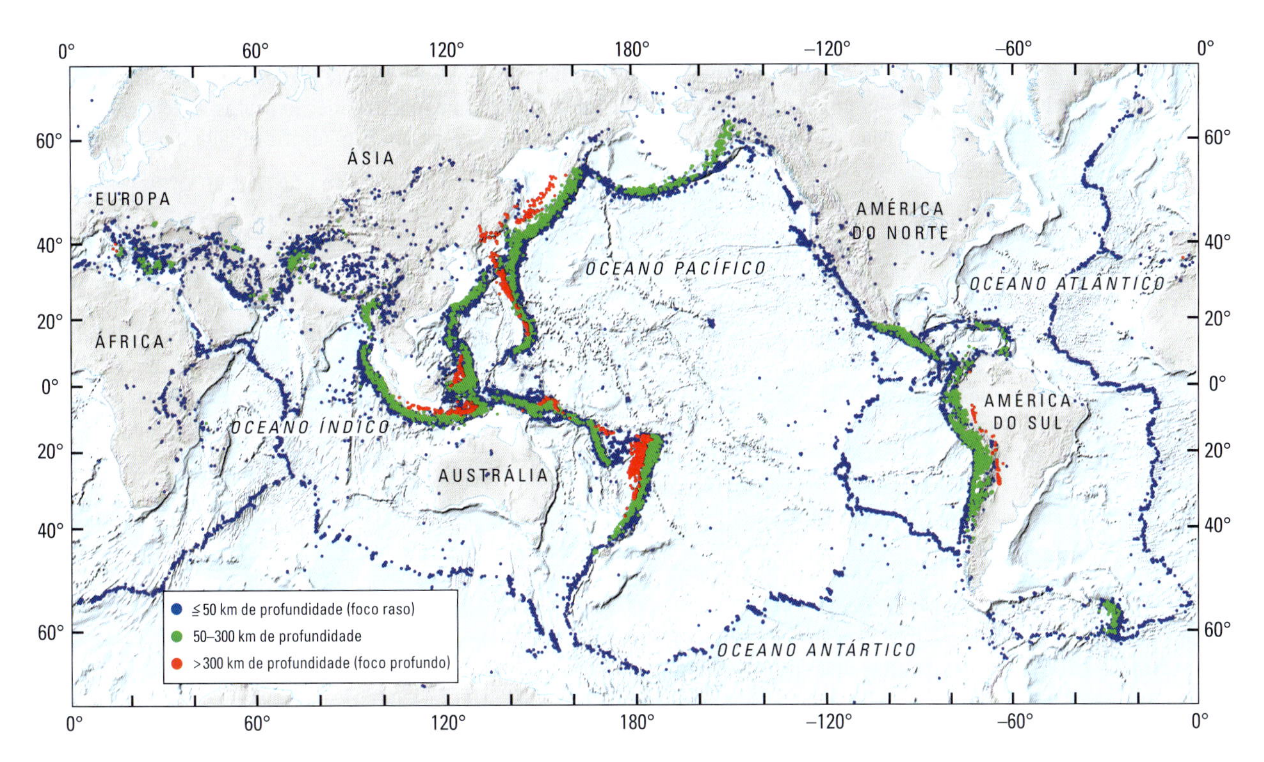

FIGURA 10.16 Mapa global de atividade sísmica de janeiro de 1976 a outubro de 2013. Cada ponto representa o epicentro de um terremoto de magnitude acima de 5. As cores indicam a profundidade focal. Note a concentração de terremotos ao longo de limites entre as principais placas litosféricas. [Mapa baseado em dados da USGS.]

(b) Mecanismos de falhamento nos limites de placa

Dorsal mesoceânica (divergência)

Falha normal

Falha transformante (cisalhamento lateral)

Vale em rifte (divergência)

Litosfera

Astenosfera

Fossas oceânicas profundas (convergência)

Litosfera

Astenosfera

Os terremotos rasos coincidem com a falha normal, em limites divergentes, e com a falha transcorrente, em falhas transformantes.

Os grandes terremotos rasos ocorrem principalmente em falhas de empurrão, em limites de placas.

Os terremotos de foco intermediário ocorrem na placa descendente.

Os terremotos de foco profundo ocorrem na placa descendente.

FIGURA 10.17 Os mecanismos de falhamento observados em diferentes tipos de limites de placas confirmam as previsões da teoria da tectônica de placas.

registrado foi um evento de magnitude 8,3, ocorrido em 2013 sob o Mar de Okhotsk, onde a Placa do Pacífico é subduzida na Península de Kamchatka. Devido à sua grande profundidade, de cerca de 600 km, esse terremoto não causou danos significativos, mas os tremores foram sentidos em Moscou, a mais de 7.000 km de distância.

Terremotos intraplaca Embora a maioria dos terremotos ocorra em limites de placas, uma pequena porcentagem da atividade sísmica global é originada no interior das placas. Os focos desses *terremotos intraplaca* são relativamente rasos, e a maioria ocorre em continentes. Dentre eles estão os mais destrutivos da história norte-americana: uma sequência de três grandes eventos próximo a Nova Madrid, Missouri (1811-1812); Charleston, Carolina do Sul (1886); e o de Cape Ann, próximo a Boston, Massachusetts (1755). Muitos desses terremotos intraplaca ocorrem em antigas falhas que uma vez fizeram parte de antigos limites de placas. As falhas não mais formam limites de placas, mas permanecem como zonas de fraqueza da crosta, que concentram e liberam tensões intraplacas.

Um dos mais trágicos terremotos intraplaca (magnitude 7,6) registrados ocorreu próximo a Bhuj, no Estado de Gujarat, oeste da Índia, em 2001. Estima-se que cerca de 20 mil vidas foram perdidas. O terremoto de Bhuj ocorreu em uma falha de cavalgamento desconhecida até então, a 100 km ao sul do limite entre as placas Indiana e Eurasiana, mas tensões compressivas responsáveis pela ruptura foram o resultado da colisão contínua entre as duas placas. Terremotos intraplaca mostram que enormes forças crustais podem desenvolver e causar falhamentos em uma placa litosférica, longe dos limites de placas modernos.

Alguns terremotos intraplaca estão associados com atividades humanas, como o recente agrupamento de muitos terremotos em Oklahoma, onde a injeção profunda de águas residuais nas rochas de embasamento lubrificou falhas intraplaca antigas (Jornal da Terra 10.2).

Sistemas regionais de falhas

Embora a maioria dos terremotos concorde com os tipos de falhamentos previstos pela tectônica de placas, um limite de placas raramente pode ser descrito apenas como uma falha, sobretudo quando envolver a crosta continental. Em vez disso, a zona de deformação entre duas placas em movimento consiste em uma rede de falhas em interação – um *sistema de falhas*. O sistema de falhas no sul da Califórnia fornece um exemplo interessante (**Figura 10.18**).

A "falha principal" desse sistema é a nossa velha Nêmesis*, a Falha de Santo André – uma falha transcorrente dextrógira que corta a Califórnia (EUA) em direção noroeste desde a fronteira com o México até costa afora na parte norte do Estado (ver Figura 8.7). Entretanto, há várias falhas secundárias, em ambos os lados da Falha de Santo André, que geram grandes terremotos. De fato, a maioria dos terremotos destrutivos no sul da Califórnia ao longo do século passado ocorreu nessas falhas secundárias.

Por que o sistema de falhas de Santo André é tão complexo? Parte da explicação tem a ver com a própria geometria da Falha

*N. de R.T.: "Nêmesis" é a deusa grega da vingança e da justiça vingativa. Fonte de ruína ou de danos; um oponente que não pode ser derrotado.

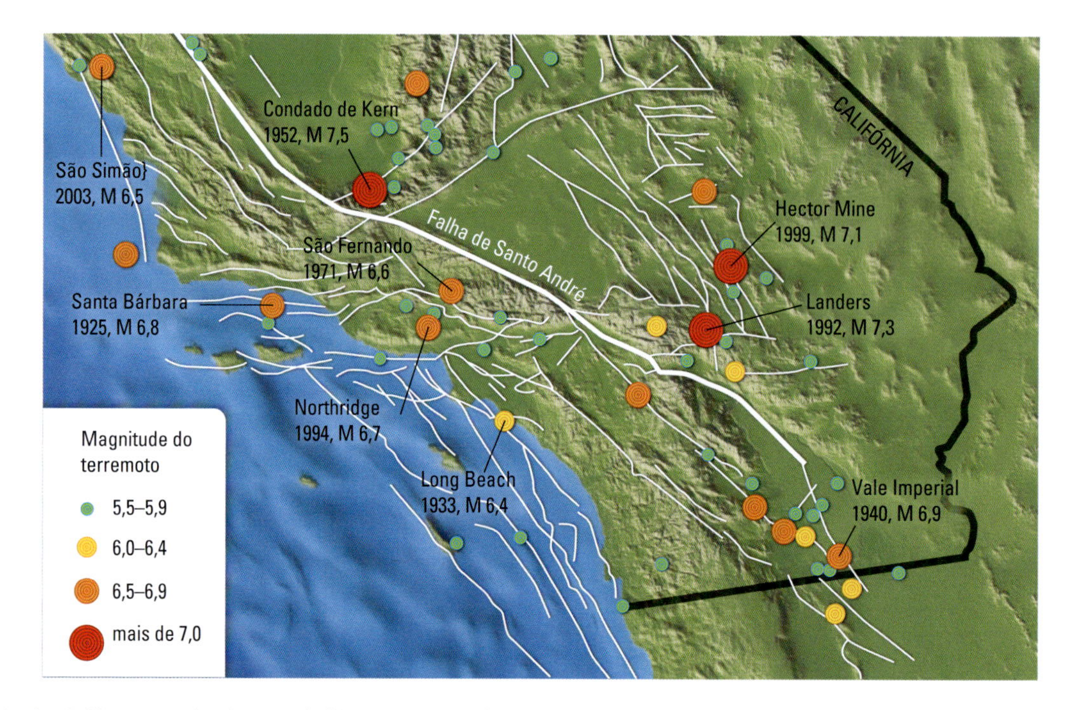

FIGURA 10.18 Um mapa do sistema de falhas do sul da Califórnia, mostrando os traços de superfície da Falha de Santo André (linha espessa branca) e suas falhas secundárias (linhas brancas finas). Os círculos coloridos mostram os epicentros de terremotos com magnitudes maior do que 5,5 durante o século XX. Os terremotos significativos são classificados com nome, ano e magnitude. [Cortesia de Southern California Earthquake Center.]

FIGURA 10.19 Dezesseis pessoas morreram no condomínio Northridge Meadows, em Los Angeles, durante o terremoto de Northridge, em 1994. As vítimas viviam no primeiro andar e foram esmagadas quando os andares superiores colapsaram. Muitos outros prédios como este teriam colapsado se as edificações mais novas da área não tivessem sido construídas de acordo com os estritos códigos para resistência a terremotos. [Nick Ut/AP Photo.]

de Santo André. Uma curva na falha cria forças compressivas que causam falhas inversas na área ao norte de Los Angeles (ver Figura 8.22). As falhas inversas nessa "Grande Curva" foram responsáveis por dois terremotos letais, o de São Fernando, em 1971 (magnitude 6,6, com 65 pessoas mortas), e o de Northridge, em 1994 (magnitude 6,7, com 58 pessoas mortas) (ver Figura 10.18). Ao longo dos últimos milhões de anos, falhamentos de empurrão soergueram as montanhas de São Gabriel até elevações de 1.800 a 3.000 m.

Outra complicação é a deformação extensional que está ocorrendo a leste da Califórnia, na Província de Bacias e Cristas (Basin and Range), que cruza o Estado de Nevada e grande parte de Utah e do Arizona (ver Capítulos 8 e 21). Essa larga zona de deformação extensional conecta-se com o sistema de falhas de Santo André por meio de uma série de falhas que correm ao longo do flanco oeste da Sierra Nevada e através do deserto Mojave. As falhas desse sistema causaram o grande terremoto de Landers, em 1992 (magnitude 7,3), e o terremoto de Hector Mine, em 1999 (magnitude 7,1), assim como o grande sismo de Owens Valley, em 1872 (magnitude 7,6).

Danos e riscos dos terremotos

Desde 2000, terremotos mataram mais 700.000 pessoas no mundo todo e prejudicaram as economias de regiões inteiras. Os Estados Unidos tiveram uma sorte incrível; durante o período, terremotos causaram apenas três mortes. Contudo, dois tremores da Califórnia – o de Loma Prieta, em 1989 (magnitude 7,1), que ocorreu a mais ou menos 80 km ao sul de São Francisco, e o de Northridge, em 1994, em Los Angeles – estão entre os desastres mais caros da história dos Estados Unidos. Os danos chegaram a 10 bilhões de dólares no terremoto de Loma Prieta e a 40 bilhões de dólares no de Northridge, devido a suas proximidades com áreas de grande densidade populacional. Ocorreram cerca de 60 fatalidades, mas a lista de vítimas seria muito maior se os rigorosos códigos que regulam as construções resistentes a terremotos não fossem respeitados (Figura 10.19).

Os terremotos destrutivos são ainda mais frequentes no Japão do que na Califórnia. A história dos terremotos destrutivos registrada no Japão, que remonta a 2 mil anos, deixou uma impressão indelével no povo japonês. É por isso que não há país em todo o mundo mais bem preparado do que o Japão para lidar com terremotos. O Japão implementou campanhas impressionantes de educação pública, códigos de obras e sistemas de alarmes. Apesar de todo esse preparo, mais de 5.600 pessoas morreram em um terremoto devastador (com magnitude 6,9), que atingiu a cidade de Kobe em 16 de janeiro de 1995 (Figura 10.20). A quantidade de mortos e feridos e os

FIGURA 10.20 Esta via expressa elevada em Hyogo, no Japão, foi destruída durante o terremoto de 1995. [Pacific Press Service/Alamy.]

Jornal da Terra 10.2 Oklahoma, Terra do terremoto?

O estado de Oklahoma está situado na plataforma interior da América do Norte, distante dos limites de placas sismicamente ativos. Até recentemente, terremotos fortes o suficiente para serem sentidos na superfície terrestre, de magnitude 3 ou maiores, atingiam as suas pradarias a uma taxa de menos de 2 por ano. Mas as atividades sísmicas começaram a aumentar rapidamente em 2009 (ver figura). Em 2015, terremotos dessa magnitude ocorriam a uma taxa de mais de 2 por *dia*, o que tornava Oklahoma o estado sismicamente mais ativo dos EUA. Alguns desses eventos, como o terremoto de magnitude 5,6 que atingiu a cidade de Prague em 2011, produziram tremores de nível VII na Escala de Mercalli Modificada (Quadro 10.1) – fortes o suficiente para danificar edifícios e ferir pessoas.

Essa incrível multiplicação da sismicidade pode ser atribuída ao rápido aumento da atividade humana: a injeção de águas residuais nas profundezas da crosta terrestre. Há enormes quantidades de petróleo e gás natural sob as colinas de Oklahoma, mas boa parte está aprisionada em formações compactas de rochas sedimentares. Essas formações impermeáveis são de difícil acesso por métodos de perfuração convencionais, mas técnicas de produção aprimoradas, que incluem a perfuração horizontal e o fraturamento hidráulico (o chamado *fracking*) superaram essas limitações, o que levou a um *boom* da indústria petrolífera nas regiões central e leste dos EUA. Infelizmente, o que sai desses novos poços é mais água do que petróleo – em geral, um galão de água para cada xícara de petróleo. Uma parcela significativa dessa "água produzida" vem de salmouras presas nos mesmos reservatórios que o petróleo e o gás natural, frequentemente são saturadas de minerais e sais venenosos que as tornam impróprias para outros usos. A forma mais barata de impedir que essas águas residuais contaminem o meio ambiente é injetá-las de volta na crosta. Essa injeção precisa ocorrer muito abaixo das águas subterrâneas locais, ou seja, nas regiões profundas das formações rochosas, campo fértil para terremotos.

Experimentos em poços de petróleo realizados desde a década de 1960 demonstram que a injeção profunda pode gerar terremotos ao alterar as tensões crustais. A injeção de águas residuais, em especial, pode aumentar a pressão de fluidos nas rochas, o que reduz o atrito nas falhas pré-existentes e permite que elas se rompam durante terremotos. Muitos fatores precisam ser favoráveis para que esse mecanismo funcione; por exemplo, as falhas devem ser grandes o suficiente para produzir terremotos perceptíveis e devem ter a orientação certa para que as tensões crustais causem a ruptura delas. Entender essas pré-condições ajuda a explicar por que, dentre dezenas de milhares de poços de injeção profunda nos Estados Unidos, apenas uma pequena parcela causa sismicidade significativa.

Os terremotos gerados por atividades humanas que alteram as tensões na crosta terrestre são chamados de **sismicidade induzida**. A injeção de águas residuais é a principal causa da sismicidade induzida em Oklahoma, mas os terremotos também podem ser induzidos pelo preenchimento de grandes reservatórios, o que aumenta localmente a carga sobre a crosta, e pela produção de energia geotérmica, que pode alterar as temperaturas e pressões de fluidos na crosta. O perigo dos terremotos naturais não pode ser evitado, mas o da sismicidade induzida pode. Entender como a injeção causa terremotos está permitindo que a sociedade se planeje melhor para reduzir o risco de terremotos induzidos por atividades industriais futuras e os danos que causariam.

E Oklahoma não está sozinha. Muitas partes das regiões central e leste dos Estados Unidos passaram a ter aumentos significativos de sismicidade induzida. Em março de 2016, o Serviço Geológico dos EUA emitiu, pela primeira vez em sua história, uma previsão de sismicidade induzida para o próximo ano nessas duas regiões. Diversos estados afetados estão aumentando a regulamentação da injeção profunda de águas residuais. Uma comissão regulatória de Oklahoma, por exemplo, pediu aos operadores de poços na região central do estado que reduzissem o volume de injeções profundas em 40%, e essas ações parecem estar reduzindo a taxa de sismicidade induzida em relação ao pico de 2015.

enormes danos nas estruturas (50 mil construções destruídas) resultaram, por um lado, da menor severidade dos códigos de construção que estavam em vigor antes de 1980, quando grande parte da cidade foi construída, e, por outro, da localização da ruptura do terremoto bem próxima à cidade. O tsunâmi após o terremoto de Tohoku, em 2011, causou um número de mortos ainda maior (quase 20.000). A escala do desastre foi maior ainda devido às explosões e derretimento nuclear na usina de energia de Fukushima-Daiichi, uma das maiores instalações nucleares do mundo, que analisaremos posteriormente neste capítulo. Embora os custos econômicos ainda estejam sendo contabilizados, o terremoto de Tohoku já é considerado o desastre natural mais caro da história.

Como os terremotos causam danos

Os terremotos ocorrem como reações em cadeia, nas quais os efeitos primários dos terremotos – falhamento e tremor de terra – geram perigos secundários, como deslizamentos de terra, tsunâmis e outros processos destrutivos no ambiente construído, como colapso de estruturas e incêndios.

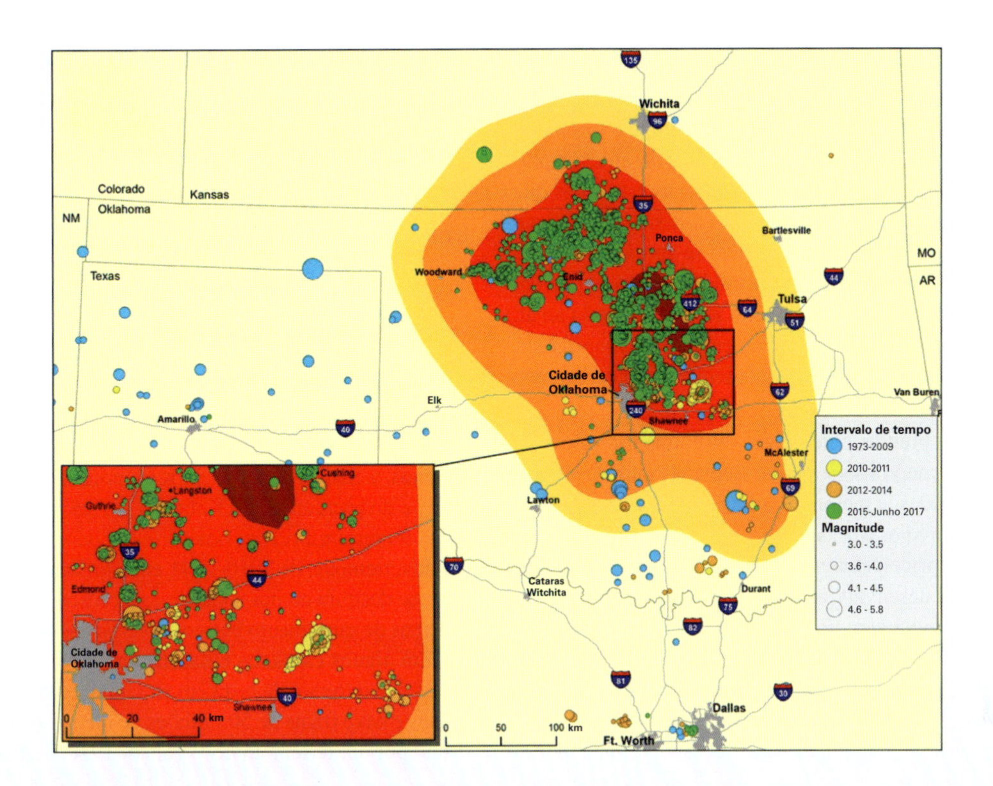

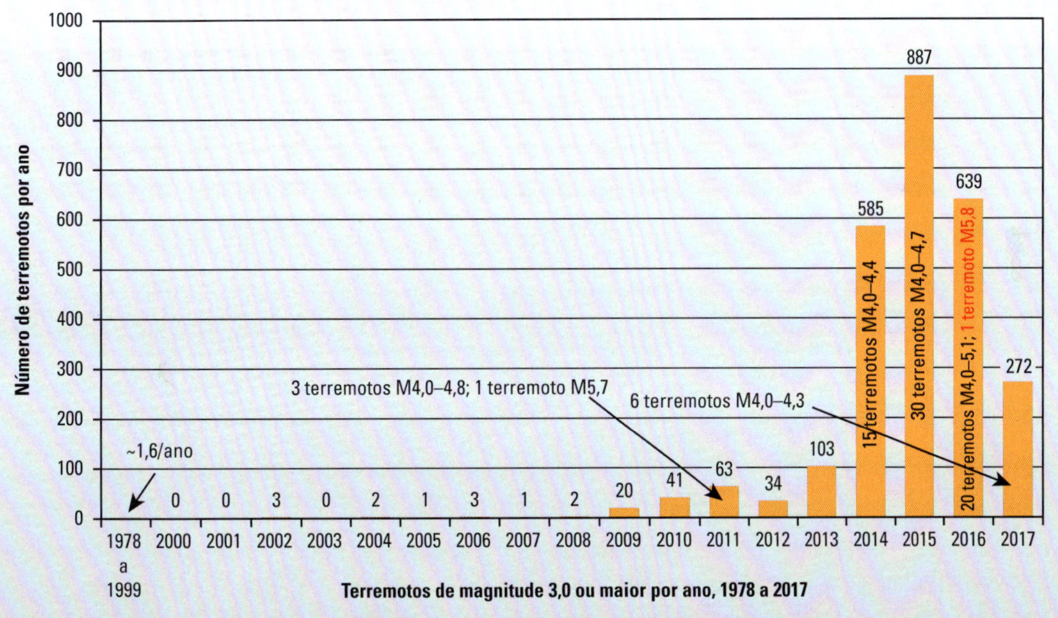

A sismicidade em Oklahoma aumentou radicalmente desde 2009, induzida principalmente pela injeção de águas residuais em formações geológicas profundas. O mapa mostra os locais de terremotos anteriores (pontos coloridos) e projeções de onde provavelmente ocorrerão tremores de de nível VI na Escala de Mercalli Modificada (áreas coloridas). O vermelho mais forte mostra a zona onde a probabilidade de tremores de intensidade VI para o ano de 2018 são de 10 a 14%. O gráfico de colunas mostra o número de terremotos de magnitude 3 ou maior registrado a cada ano. A queda desde o pico de 2015 pode ser atribuída a reduções nas taxas de injeção após a promulgação de diretrizes emergenciais pelo governo estadual de Oklahoma. [Dados do USGS.]

Falhamento e tremores Os *perigos primários* dos terremotos são as rupturas no substrato, que ocorrem quando as falhas se rompem, a permanente subsidência e o soerguimento da superfície terrestre causados pelo falhamento, e o tremor de terra, originado pelas ondas sísmicas irradiadas durante a ruptura. As vibrações do solo podem sacudir tanto as estruturas que elas chegam a colapsar. As acelerações do terreno próximas ao epicentro de um grande terremoto podem se aproximar ou até exceder a aceleração da gravidade, de modo que um objeto em repouso na superfície pode literalmente ser arremessado ao ar. Poucas estruturas construídas pelo homem podem suportar um tremor tão intenso, e aquelas que o conseguem são seriamente danificadas.

O colapso de prédios e de outras estruturas é a principal causa de danos econômicos e perdas humanas durante os terremotos. Nas cidades, a maioria das fatalidades é causada por desabamento de prédios e de seus interiores. O número de mortos pode ser alto principalmente em áreas densamente povoadas de países em desenvolvimento, onde os prédios são com frequência construídos com tijolos e cimento e não têm reforço de aço. Um terremoto de magnitude 7, ocorrido em 12 de janeiro de 2010, destruiu 250.000 residências e 30.000 prédios comerciais em Port-au-Prince, a capital do Haiti, e vitimou mais de 230.000 pessoas; foi o quinto desastre sísmico mais mortal da história (**Figura 10.21**). Melhorar as práticas de construção para que os edifícios sejam capazes de suportar os tremores é essencial para evitar tragédias dessa natureza.

Deslizamentos e outros tipos de colapso do solo Os efeitos primários do falhamento e do tremor de terra geram uma série de *perigos secundários*. Entre eles, estão deslizamentos de terra e outras formas de colapso do solo, que dão origem a movimentos em massa dos materiais terrestres (descritos no Capítulo 16). Quando as ondas sísmicas sacodem os solos saturados de água, eles comportam-se como líquidos e tornam-se instáveis. O chão simplesmente flui, levando prédios, pontes e qualquer outra coisa consigo. A *liquefação* do solo destruiu a área residencial de Turnagain Heights, próximo a Anchorage, Alasca, no terremoto de 1964 (ver Figura 16.18); a via expressa de Nimitz, próxima a São Francisco, no terremoto de Loma Prieta, em 1989; e diversas áreas em Kobe, no terremoto de 1995. A liquefação foi responsável por boa parte dos danos durante a sequência de terremotos de 2010–2011 em Christchurch, Nova Zelândia, que destruiu muitas residências e causou danos enormes aos sistemas de saneamento básico subterrâneos da cidade.

Em alguns casos, os colapsos do solo podem causar mais danos que o tremor de terra em si. Um imenso deslizamento de rochas e neve (mais de 50 milhões de metros cúbicos) desencadeado por um terremoto no Peru, em 1970, destruiu as cidades

FIGURA 10.21 Casas e edifícios de Port-au-Prince, no Haiti, destruídos pelo terremoto de 12 de janeiro de 2010. [Daniel Aguilar/Reuters/Newscom.]

andinas de Yungay e Ranrahirca (ver Figura 16.27). Das mais de 66 mil pessoas mortas no terremoto, cerca de 18 mil morreram na avalanche.

Tsunâmis Os terremotos que ocorrem sob os oceanos geram, ocasionalmente, ondas marítimas gigantescas, comumente chamadas de "ondas de maré", mas são mais precisamente designadas como **tsunâmis** ("onda do porto", em japonês), uma vez que não têm nenhuma relação com as marés. Os tsunâmis são, de longe, os perigos mais fatais e destrutivos associados aos maiores terremotos mundiais: os eventos de megaempurrão que ocorrem em zonas de subducção.

Quando há uma ruptura em um megaempurrão, o assoalho oceânico pode ser empurrado em direção ao continente a partir da fossa oceânica para cima, por dezenas de metros, deslocando uma grande massa da água oceânica sobrejacente. Esse distúrbio flui externamente em ondas que se propagam pelo oceano com velocidades de até 800 km/h (tão rápido quanto um jato comercial). No mar profundo, um tsunâmi quase não é perceptível, mas quando se aproxima das águas rasas costeiras, as ondas diminuem e se acumulam, inundando a linha de costa em paredes de água que podem atingir alturas de dezenas de metros (Figura 10.22). Esse "acúmulo" pode propagar-se para o continente por centenas de metros, ou mesmo quilômetros, dependendo da inclinação da margem costeira.

Os tsunâmis causados por eventos de megaempurrão são mais comuns no Oceano Pacífico, que está cercado de zonas de subducção muito ativas. Os vídeos aterradores capturados em 11 de março de 2011, quando o tsunâmi de Tohoku varreu a costa nordeste do Japão, deixam claro o poder destrutivo de um grande tsunâmi. Na cidade litorânea de Miyako, a altura da massa de água atingiu incríveis 38 m acima do nível do mar normal e destruiu quase tudo em seu caminho (ver Jornal da Terra 10.1). Nas regiões de baixa elevação próximas à cidade portuária de Sendai, o tsunâmi avançou até 10 km no interior da ilha, transportando grandes campos de detritos flutuantes, compostos de edifícios, barcos, carros e caminhões (Figura 10.23). As ondas se propagaram por todo o Oceano Pacífico e atingiram alturas de mais de 2 m na costa do Chile, a 16 mil quilômetros de distância.

Os sistemas de alerta de tsunâmi no Japão e na região do Circumpacífico funcionaram como projetados. Os tempos de alerta na região da costa japonesa mais próxima ao terremoto foram pequenos demais para uma evacuação completa. Ainda assim, acredita-se que o sistema tenha salvo milhares de vidas.

Não havia um sistema de alerta de tsunâmi quando o terremoto de Sumatra, de magnitude 9,2, criou um tsunâmi de proporções oceânicas em 26 de dezembro de 2004 que varreu as áreas litorâneas de baixa elevação e estendeu-se da Indonésia e Tailândia ao Sri Lanka, Índia e à costa oriental da África

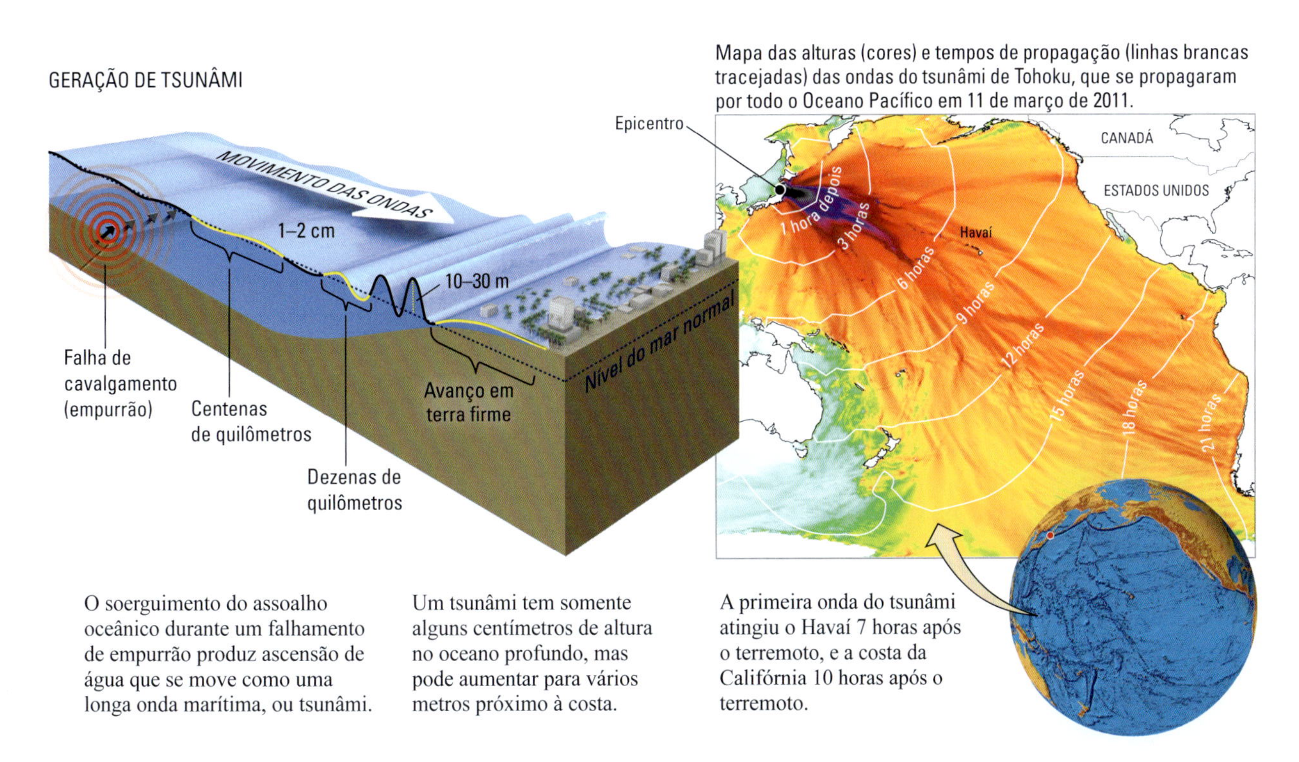

FIGURA 10.22 Os terremotos em megaempurrões podem gerar tsunâmis que podem se propagar através de bacias oceânicas. [NOAA, Pacific Marine Environmental Laboratory.]

FIGURA 10.23 Imagem de vídeo gravado de um helicóptero que mostra o tsunâmi arrastando detritos por fazendas próximas a Sendai, Japão, após o terremoto de Tohoku em 11 de março de 2011. [Xinhua/Xinhua News Agency/Newscom.]

(**Figura 10.24**). Em 15 minutos, a primeira onda avançou sobre a linha costeira de Sumatra. Poucas testemunhas oculares sobreviveram lá, mas as investigações geológicas após o tsunâmi indicaram que a altura máxima de onda nas praias da costa voltada para o oeste foi de aproximadamente 15 m. O avanço chegou a alturas de 25 a 35 m, adentrando até 2 km no continente e destruindo a maioria das estruturas construídas, a vegetação e a vida em seu caminho (**Figura 10.25**). Acredita-se que mais de 150 mil pessoas morreram ao longo da costa de Sumatra, embora ninguém poderá ter certeza, pois muitos corpos foram levados pelo mar.

Distúrbios do fundo oceânico causados por deslizamentos de terra ou erupções vulcânicas também podem produzir tsunâmis. O tsunâmi gerado pela explosão do vulcão Krakatoa, na Indonésia, em 1883, atingiu 40 m de altura e afogou 36 mil pessoas na região costeira próxima.

FIGURA 10.24 O tsunâmi causado pelo terremoto de Sumatra em 2004 atingiu uma praia em Phuket, Tailândia, sem aviso. [Cortesia de David Rydevik.]

Incêndios Os perigos secundários dos terremotos também incluem processos destrutivos que têm origem na natureza do próprio ambiente construído, como os incêndios gerados por linhas de gás rompidas ou por redes elétricas derrubadas. Os danos nas redes de água em um terremoto podem tornar o combate aos incêndios uma tarefa impossível – uma circunstância que contribuiu para o incêndio de São Francisco após o terremoto de 1906 (ver Figura 10.1). A maioria dos 140 mil óbitos no terremoto de Kanto, em 1923, um dos maiores desastres ocorridos no Japão, resultou de incêndios nas cidades de Tóquio e Yokohama. Estudos de cenários preveem que incêndios incontroláveis causados por terremotos seriam a causa da metade dos danos de um grande terremoto na Califórnia, ou talvez até mais.

A redução de riscos em terremotos

Ao se estimar a possibilidade de danos por terremotos, ou de qualquer tipo de desastre natural, é importante fazer a distinção entre *perigo* e *risco*. No caso dos terremotos, o **perigo sísmico***

*N. de R.T.: Em inglês, *seismic hazard*.

FIGURA 10.25 Este pequeno pontal próximo a Banda Aceh, na costa oeste de Sumatra, estava previamente coberto com vegetação densa até a linha d'água, mas foi desnudado até uma altura de aproximadamente 15 m pelo tsunâmi de 2004. [Cortesia de Jose Borrero, University of Southern California Tsunami Research Group.]

é uma medida da frequência e intensidade da vibração sísmica e do rompimento do chão que podem ser esperados em longo prazo em um lugar específico. O perigo depende da proximidade do local com as falhas ativas que podem gerar terremotos e pode ser expresso sob a forma de um mapa de perigo. A **Figura 10.26** apresenta o mapa nacional de perigo sísmico produzido pelo U. S. Geological Survey. Também é utilizada a expressão "perigosidade sísmica" por cientistas portugueses.

Diferentemente, o **risco sísmico*** descreve o *dano* que pode ser esperado em longo prazo para uma região específica, como um Estado ou um país, medido, geralmente, em termos de mortes e do prejuízo médio em dólares por ano. O risco depende não só do perigo sísmico, mas também da exposição da região a riscos sísmicos (sua população, número de construções e outros tipos de infraestrutura) e de sua fragilidade (a vulnerabilidade aos abalos sísmicos de suas estruturas construídas). Estimar o risco sísmico é um trabalho complexo, pois muitas variáveis geológicas e econômicas devem ser consideradas. Um estudo abrangente em nível nacional, publicado pela Agência Federal de Administração de Emergências** dos Estados Unidos em 2017, são apresentados na **Figura 10.27**.

*N. de R.T.: Em inglês, *seismic risk*.

**N. de R.T.: Em inglês, Federal Emergency Management Agency.

As diferenças entre perigo e risco sísmicos podem ser observadas comparando os mapas nacionais. Por exemplo, embora os níveis de perigo sísmico no Alasca e na Califórnia sejam altos, a exposição na Califórnia é muito maior, totalizando um risco total também maior. A Califórnia lidera, dentre os Estados norte-americanos, o risco sísmico, com cerca de 61% do total nacional; na verdade, um único condado, Los Angeles, contribui com 22%. Contudo, o problema é realmente nacional: 46 milhões de pessoas em áreas metropolitanas fora da Califórnia enfrentam riscos substanciais de terremotos. Entre essas áreas, podem-se citar Hilo, Honolulu, Anchorage, Seattle, Tacoma, Portland, Salt Lake City, Reno, Las Vegas, Albuquerque, Charleston, Memphis, Atlanta, St. Louis, Nova York, Boston e Filadélfia.

Não se pode fazer muita coisa quanto ao perigo sísmico, porque não temos meios para prever ou controlar terremotos (ver Pratique um Exercício de Geologia). Entretanto, existem muitas medidas importantes que a sociedade pode tomar para reduzir o risco sísmico.

Caracterização do perigo sísmico O primeiro passo é seguir o velho provérbio: "Conhece teu inimigo". Ainda temos muito que aprender sobre os tamanhos e as frequências de rupturas em falhas ativas. Por exemplo, somente nas últimas décadas viemos a conhecer os perigos sísmicos da zona de

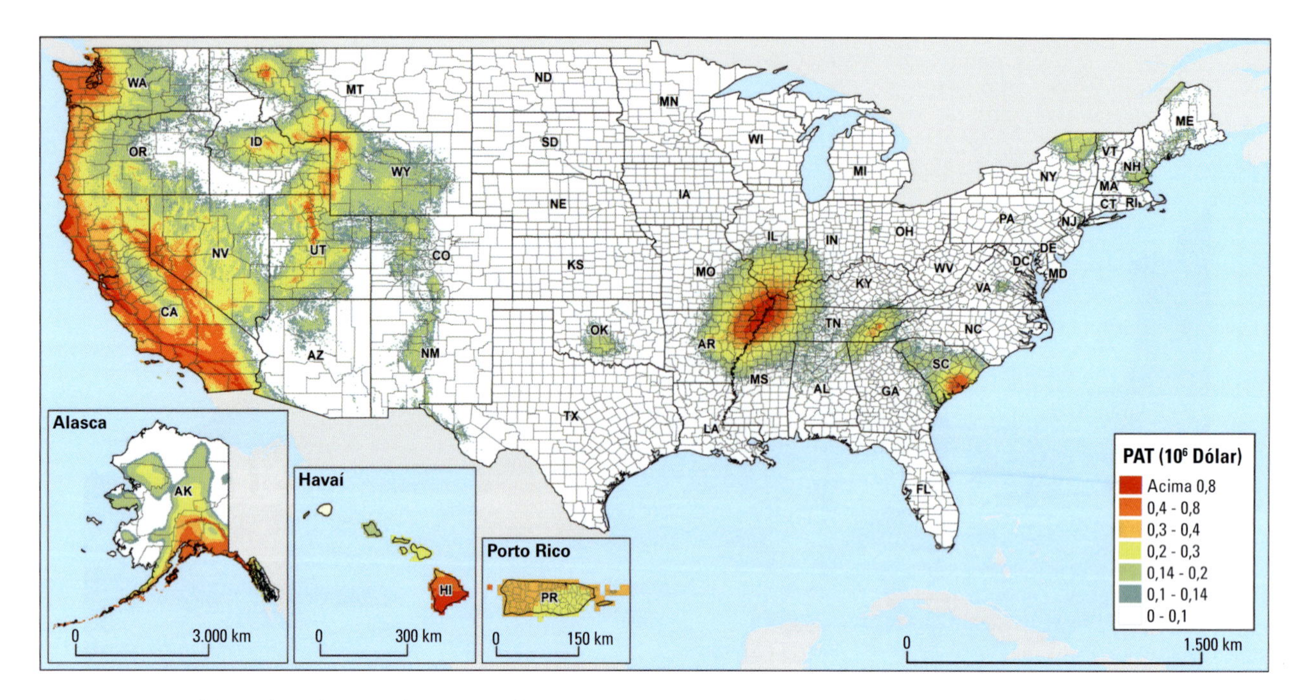

FIGURA 10.26 Mapa de perigo sísmico para os Estados Unidos, medido pela aceleração de pico do solo (PGA – Peak Ground Acceleration) em unidades gravitacionais (g) esperada com 5% de probabilidade nos próximos 50 anos. As regiões de maior perigo estão sobre os limites de placas da Costa Oeste e do Alasca e no lado sul da Ilha do Havaí. Nas regiões central e leste dos Estados Unidos, as áreas de maior perigo estão próximas a Nova Madrid, Missouri e Charleston, Carolina do Sul; no leste do Tennessee; e em porções do nordeste. [U.S. Geological Survey, http://geohazards.cr.usgs.gov]

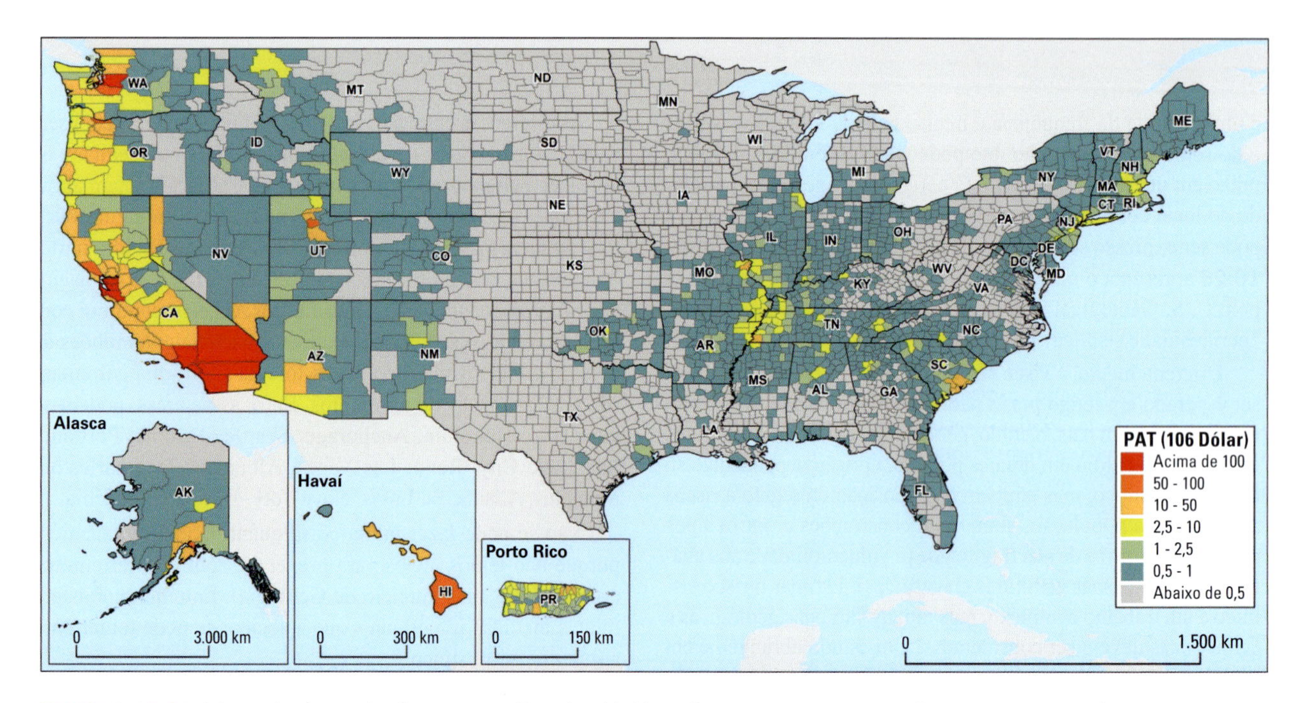

FIGURA 10.27 Mapa de risco sísmico para os Estados Unidos. O mapa mostra os prejuízos anuais devidos a terremotos (PAT)* organizados por condados, em milhões de dólares. Medido dessa forma, cerca de dois terços dos riscos de terremotos concentram-se na Califórnia. [USGS.]

*N. de R.T.: Em inglês, AEL – Annual Earthquake Losses.

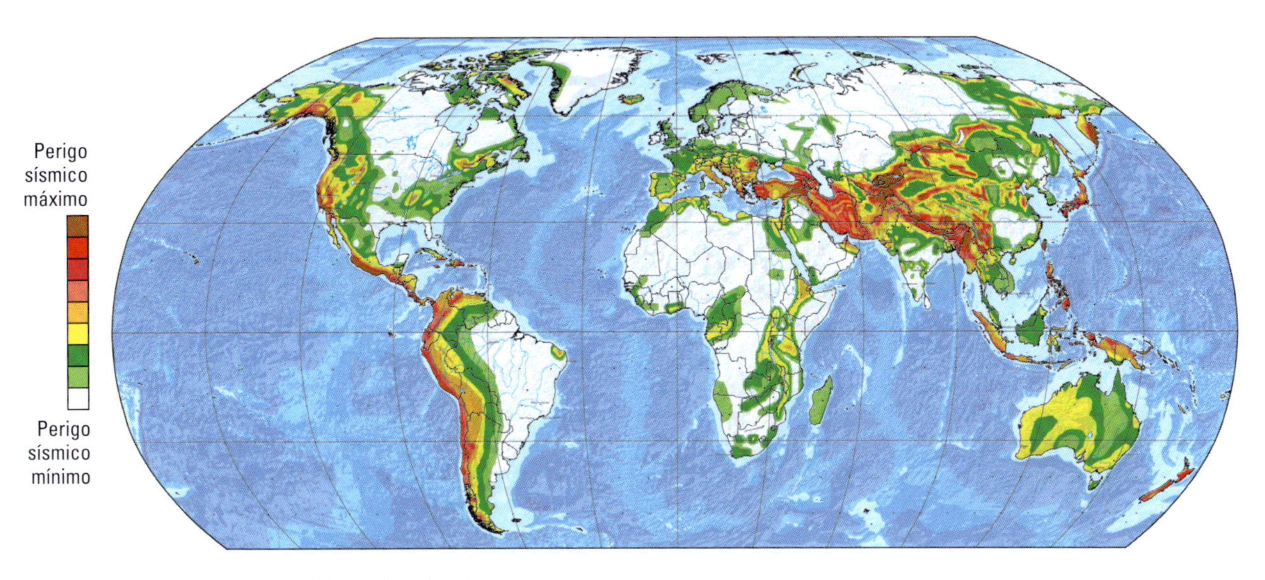

FIGURA 10.28 Mapa mundial de perigo sísmico. [Dados de K. M. Shedlock *et al.*, *Seismological Research Letters* 71(2000): 679–686.]

subducção de Cascadia, que se estende do norte da Califórnia, passando por Oregon e Washington (EUA), até a Colúmbia Britânica (Canadá). Um terremoto nessa parte poderia produzir um tsunâmi tão grande quanto o que devastou a região do Oceano Índico em 2004 e o Japão em 2011. Esses perigos ficaram aparentes quando os geólogos encontraram evidências de um terremoto de magnitude 9, que ocorreu em 1700, antes da existência de qualquer registro histórico na área. O monstro sísmico causou uma grande subsidência ao longo da linha de costa de Cascadia e deixou um registro de florestas costeiras inundadas e mortas. Um tsunâmi de pelo menos 5 m atingiu o Japão, onde registros históricos apontam sua data exata (26 de janeiro de 1700). Os geólogos sabem que a Placa de Juan de Fuca está sendo subduzida na Placa da América do Norte em uma taxa próxima a 40 mm/ano. Eles têm debatido se esse movimento ocorre sismicamente ou se acontece por deslizamento gradual ou talvez por terremotos silenciosos. As opiniões atuais estimam que o intervalo entre terremotos de magnitude 9, nessa zona de subducção, situe-se entre 500 e 600 anos.

Embora tenhamos um bom entendimento sobre os perigos sísmicos em algumas partes do mundo – Estados Unidos e Japão, particularmente –, sabemos muito menos sobre outras. Durante a década de 1990, as Nações Unidas patrocinaram um esforço para mapear perigos sísmicos em todo o mundo como parte da Década Internacional da Redução de Desastres Naturais. Esse esforço resultou no primeiro mapa global de perigo sísmico, mostrado na **Figura 10.28**. O mapa baseia-se sobretudo em terremotos historicamente conhecidos, de modo que pode subestimar o perigo em algumas regiões onde o registro histórico é fraco. Cientistas e engenheiros de todo o mundo estão combinando seus esforços na Fundação Modelo Global de Terremotos (GEM – Global Earthquake Model), sediada na Itália, para melhorar o conhecimento sobre perigos e riscos sísmicos em escala global.

Políticas de uso do solo A exposição de construções e outras estruturas ao risco de terremotos pode ser reduzida por políticas que restrinjam o uso do solo. Essa abordagem funciona bem onde o perigo é localizado, como no caso de rupturas de falhas. Erguer prédios em falhas ativas conhecidas, como foi feito nas zonas residenciais ilustradas na **Figura 10.29**, é claramente uma insensatez, já que apenas poucos prédios podem suportar a deformação que ocorre no momento em que uma falha se rompe. No terremoto de São Fernando, em 1971, uma falha rompeu-se sob uma área com alta densidade populacional, em Los Angeles, destruindo quase 100 estruturas. O Estado da Califórnia reagiu, em 1972, com uma lei que restringe a construção de novos prédios em falhas ativas. Quanto às residências já existentes em uma falha, os corretores de imóveis são

FIGURA 10.29 Conjuntos habitacionais próximos à zona de falhas de Santo André, Península de São Francisco, antes que o Estado passasse a ter leis restringindo essa prática. A linha vermelha indica de forma aproximada a linha de falha, ao longo da qual o chão rompeu-se e deslocou-se cerca de 2 m durante o terremoto de 1906. [Copyright 2013 TerraMetrics, Inc., www.terrametrics.com.]

obrigados a fornecer a informação aos potenciais compradores. Uma notável omissão é que o ato não se aplica para instalações industriais ou de propriedade pública.

A localização de usinas nucleares e outras instalações industriais críticas para evitar perigos sísmicos e de tsunâmis pode parecer uma prioridade óbvia, mas a experiência japonesa mostra que considerações adicionais, como a necessidade de água para o arrefecimento dos reatores, pode levar a concessões não tão sábias. Duas usinas nucleares no litoral japonês foram gravemente danificadas por terremotos na última década, a de Kashiwazaki-Kariwa em 2007 e a de Fukushima-Daiichi em 2011 (**Figura 10.30**). A maior preocupação do público após o desastre de Fukushima levou o governo japonês a fechar a maioria das usinas nucleares do país, o que elevou a preocupação com os custos futuros da energia elétrica, tanto em termos econômicos quanto ambientais.

Engenharia de terremotos Embora as políticas de uso do solo ajudem a reduzir o risco sísmico localizado, como rupturas e liquefação do solo, elas são menos efetivas em localizar o perigo sísmico, que tende a ser distribuído através de grandes regiões. Os perigos resultantes dos abalos sísmicos podem ser reduzidos por meio de uma boa engenharia de construção. Padrões para o projeto e a construção de novos prédios são regulados por códigos de obras criados pelos governos estaduais e locais. Um **código de obras** especifica o nível do abalo que uma estrutura deve ser capaz de suportar, baseado na intensidade máxima esperada do perigo sísmico. Após um terremoto, os engenheiros estudam os prédios que foram danificados e fazem recomendações sobre as modificações no código de obras que poderão reduzir danos futuros devido a eventos similares.

Os códigos de obras dos Estados Unidos têm tido sucesso na prevenção à perda de vidas durante terremotos. Por exemplo, de 1980 a 2017, 146 pessoas morreram em 11 grandes terremotos no oeste do país, enquanto mais de 1 milhão de pessoas morreram em terremotos no mundo todo. A baixa taxa de fatalidades americana é prova da qualidade geral da construção civil promovida por códigos de obras estritos. Contudo, mais ainda pode ser feito para aperfeiçoar a engenharia de terremotos. Os danos causados pelos terremotos inevitáveis poderia ser reduzido se adaptássemos estruturas mais antigas e vulneráveis para fortalecer a sua segurança sísmica, além do uso de materiais de construção específicos e métodos avançados de engenharia, como colocar prédios inteiros sobre rolos ou outros suportes móveis para isolá-los do tremor.

Planejamento e resposta a emergências As autoridades públicas devem planejar com antecedência e estar preparadas com suprimentos de emergência, equipes de resgate, procedimentos de evacuação, planos de combate a incêndio e outros passos para

FIGURA 10.30 Foto aérea tirada por um minidrone em 24 de março de 2011, mostrando os edifícios de contenção do reator da usina nuclear de Fukushima-Daiichi danificados por uma explosão após os danos causados pelo tsunâmi de Tohoku. [Air Photo Service/ABACAUSA.COM/Newscom.]

minimizar as consequências de um terremoto grave. Para a população, a preparação contra terremotos começa em casa. O Jornal da Terra 10.3 resume alguns desses passos que que podem ser adotados para proteger você e a sua família contra terremotos.

Quando um terremoto ocorre, as redes de sismógrafos podem enviar sinais automaticamente para as instalações centrais de processamento. Em uma fração de minuto, essas instalações podem apontar o foco do terremoto, medir sua magnitude e determinar seu mecanismo de falhamento. Se esses sistemas automatizados estiverem equipados com sensores de movimento fortes que registrem com acurácia o abalo mais violento, eles poderão enviar mapas precisos dos locais onde o abalo foi forte o suficiente para causar dano significativo em tempo quase real. Tais informações, conhecidas como "Mapas do abalo"* (ShakeMaps), podem ajudar equipes de emergência e outros órgãos a disponibilizar equipamentos e equipes o mais rápido possível para salvar pessoas presas em escombros e para reduzir as perdas de propriedades por incêndios e outros efeitos secundários. Notícias sobre a magnitude e os limites do abalo também podem ser veiculadas pela mídia, reduzindo o caos público durante os desastres e o pânico causado por tremores pequenos.

Advertências sobre terremotos em tempo real Com a tecnologia recém-descrita, é possível detectar terremotos nos primeiros estágios da ruptura da falha, prever rapidamente a intensidade de movimentos futuros do solo e avisar a população antes de sofrerem os tremores intensos que podem causar danos. Os sistemas de aviso detectam tremores fortes próximos ao epicentro do terremoto e transmitem alertas à velocidade da luz, correndo à frente das ondas sísmicas. Os tempos de aviso dependem principalmente da distância entre o usuário e o epicentro do terremoto. Existe uma "zona cega" próxima ao epicentro, onde o aviso é lento demais para chegar antes das ondas sísmicas; em locais mais distantes, entretanto, os avisos podem ser emitidos desde alguns segundos até um minuto antes dos tremores de terra mais fortes.

Os sistemas de advertência sobre terremotos já foram adotados em, no mínimo, quatro países (Japão, Romênia, Taiwan e Turquia) e um sistema operacional está em desenvolvimento nos Estados Unidos. O Japão é o único país com um sistema nacional que envia alertas ao público. Uma rede sísmica nacional de quase 1.000 sismógrafos é usada para detectar terremotos e emitir alertas, que são transmitidas pela Internet, satélites e celulares, além de sistemas de controle automatizados que adotam ações como frear trens e colocar equipamentos sensíveis em modo de segurança. Um sistema de advertência sobre terremotos chamado "ShakeAlert" está sendo implementado na Califónia e no Noroeste do Pacífico por uma parceria público-privada, com aportes financeiros dos governos estaduais e do governo federal.

Sistemas de alerta de tsunâmi Os grandes tsunâmis gerados pelo terremoto de Sumatra em 2004 e pelo de Tohoku em 2011 exemplificam as questões associadas com o alerta de tsunâmi. Como as ondas dos tsunâmis se deslocam 10 vezes mais lentamente do que as ondas sísmicas, há tempo suficiente após a ocorrência de um terremoto suboceânico, às vezes até muitas horas, para avisar os habitantes de litorais distantes sobre o desastre no horizonte. Os alertas do Centro de Alerta de Tsunâmis do Pacífico, sediado no Havaí, após o terremoto de Tohoku, permitiu que ilhas como a do Havaí e o litoral oriental das Américas fossem evacuados antes da chegada do tsunâmi (ver Figura 10.22). Infelizmente, não havia um sistema do tipo instalado no Oceano Índico, de modo que o tsunâmi de 2004 chegou basicamente sem aviso e matou dezenas de milhares de pessoas.

As situações mais difíceis surgem em áreas costeiras localizadas próximas a falhas ativas no fundo do mar, onde os tsunâmis chegam de modo tão rápido que não há tempo para avisos. Um desses lugares é Papua-Nova Guiné, onde, em 1998, um tsunâmi matou 3.000 pessoas em vilarejos costeiros próximos ao epicentro do sismo que o causou. Tais comunidades poderiam ser protegidas com a construção de muros de barreira para bloquear a inundação pela água oceânica, mas esse tipo de construção é cara e foi tentada no Japão, onde resultados não foram totalmente positivos (**Figura 10.31**). Nesses locais, o melhor sistema de aviso é bastante simples: se você sentir um forte terremoto, afaste-se rapidamente das terras baixas costeiras e vá para terras mais altas!

*N. de R.T.: Um "Mapa do abalo" representa as zonas de diferentes magnitudes produzidas a partir do epicentro de um terremoto.

Os terremotos podem ser previstos?

Se pudéssemos prever os terremotos com precisão, as comunidades poderiam estar preparadas, as pessoas poderiam ser evacuadas de locais perigosos e muitos aspectos de um desastre vindouro poderiam ser anunciados. Quão bem podemos prever os terremotos?

Para prever um terremoto, deve-se ser capaz de especificar seu tempo, localização e tamanho. Combinando a teoria da

FIGURA 10.31 Esta barreira contra tsunâmis foi projetada para proteger a cidade de Taro, Japão, mas foi sobrepujada pelo tsunâmi causado pelo grande terremoto de Tohoku. [Carlos Barria/Reuters/Newscom.]

Jornal da Terra 10.3 Sete passos para a segurança contra terremotos

As pessoas que vivem em áreas sismicamente ativas precisam se preparar contra terremotos e saber como responder quando há ocorrência de um tremor. Aqui estão sete passos para a segurança contra terremotos, recomendados pelo Centro de Terremotos do Sul da Califórnia, os quais podem ser usados para proteção própria e da família.

Antes de um terremoto:

1. *Identifique perigos potenciais em sua casa e comece a resolvê-los.* Uma vez que os prédios estão sendo mais bem projetados para suportar tremores sísmicos, a maioria dos danos e lesões ocorre como resultado de objetos soltos que caem. Você deve fixar itens em sua casa que sejam pesados o suficiente para causar danos ou lesões se caírem, ou se forem valiosos o bastante e representarem perda significativa em caso de quebra.
2. *Crie um plano para catástrofes.* Com sua família ou colegas de quarto, planeje agora o que você fará antes, durante e após um terremoto. O plano deve incluir locais seguros para onde você possa ir durante o tremor, como embaixo de mesas e escrivaninhas resistentes; um local seguro fora de sua casa onde possam se encontrar depois que os tremores cessarem; e números de telefone de contato, inclusive alguém de fora da área que possa ser chamado para transmitir informações caso as comunicações locais sejam danificadas.
3. *Organize um kit para catástrofes.* Mantenha um kit de desastre com itens essenciais. Seu kit pessoal deve incluir remédios, um kit de primeiros socorros, um apito, sapatos resistentes, lanches energéticos, uma lanterna com pilhas extras e suprimentos de higiene pessoal. Seu kit caseiro deve incluir um extintor de incêndio, chaves de fenda para desligar linhas de alimentação de gás e água, um rádio portátil, água potável, suprimentos alimentares e roupas adicionais.
4. *Identifique as potenciais fraquezas do prédio e comece a consertá-las.* Consulte um inspetor de prédios ou empreiteiro para identificar potenciais problemas de segurança. Problemas comuns incluem fundações inadequadas, paredes frágeis sem escoras, andar térreo fraco, construção sem reforços e canos vulneráveis.

Durante um terremoto:

5. *Vá para o chão, proteja-se e segure-se firme.* Durante um terremoto ou abalo secundário, vá para o chão, proteja-se sob uma mesa ou escrivaninha resistente e segure-se, de forma que ela não se afaste de você. Espere até que o tremor pare. Fique afastado de zonas de perigo, como próximo às paredes exteriores de prédios e janelas e sob fachadas arquitetônicas.

Após um terremoto:

6. *Depois que o tremor parar, verifique danos e lesões que precisam de atenção imediata.* Cuide de sua própria situação em primeiro lugar; vá para uma localidade segura e lembre-se do plano de desastre. Se estiver preso, proteja a boca, o nariz e os olhos contra o pó; sinalize por ajuda usando um telefone celular ou apito ou batendo com força em uma parte sólida do prédio três vezes com um intervalo de alguns minutos (a equipe de resgate estará procurando tais batidas). Verifique ferimentos e trate as pessoas que precisem de auxílio. Verifique incêndios, vazamentos de gás, sistemas elétricos danificados e vazamentos em geral. Afaste-se de estruturas danificadas.
7. *Quando estiver em segurança, siga o plano de desastre.* Mantenha-se informado ligando o rádio e escutando relatórios; verifique os telefones, ligue para o seu contato fora da área para informá-lo sobre sua situação e, depois, só utilize o telefone para emergências. Verifique seus suprimentos de alimento e água e confira a situação de seus vizinhos.

Para mais informações, leia o documento *Putting Down Roots in Earthquake Country*, Southern California Earthquake Center, disponível on-line em http://www.earthquakecountry.org

tectônica de placas e de um mapeamento geológico detalhado dos sistemas de falhas regionais, os geólogos podem prever com confiança quais falhas podem, provavelmente, causar grandes terremotos em longo prazo. Especificar com precisão *quando* uma determinada falha irá se romper, entretanto, é muito difícil.

Previsão em longo prazo

Peça a um sismólogo para prever o próximo grande terremoto em uma determinada localidade e é provável que a resposta seja do tipo: "Quanto maior o tempo desde o último grande choque, mais próximo estará o seguinte". Como vimos, o intervalo de recorrência – o tempo necessário para acumular a deformação que será liberada por deslocamento da falha em um futuro terremoto – pode ser calculado a partir da taxa de movimento relativo da placa e o rejeito esperado, conforme estimado com base em deslocamentos observados em terremotos passados. Os geólogos também podem estimar os intervalos entre grandes terremotos até diversos milhares de anos no passado encontrando e datando as camadas de solo que foram afastadas por deslocamentos de falha (**Figura 10.32**).

Embora esses dois métodos geralmente forneçam resultados semelhantes, a incerteza das previsões é grande – até 100% do intervalo de recorrência. No sul da Califórnia, por exemplo, estima-se que o intervalo de recorrência para a Falha de Santo André seja de 110 a 180 anos, mas os intervalos observados entre terremotos individuais podem ser consideravelmente mais curtos ou mais longos do que esse valor médio. Uma parte dessa falha gerou um grande terremoto em 1857, enquanto outra (mais ao sul) parece ter permanecido trancada desde um grande terremoto que ocorreu em 1680 (ver Figura 10.2). Portanto, um terremoto pode ser esperado a qualquer momento – amanhã ou daqui a décadas.

Prepare-se

Antes do próximo grande terremoto, recomendamos estes quatro passos que ajudarão a preparar você, sua família ou seu ambiente de trabalho para sobreviverem e se recuperarem mais rapidamente:

Passo 1:
Proteja seu espaço. Identifique perigos e prenda itens móveis.

Passo 2:
Planeje a segurança. Crie um plano contra desastres e decida como se comunicará em uma emergência.

Passo 3:
Organize suprimentos para caso de desastre. Guarde-os em locais convenientes.

Passo 4:
Minimize as dificuldades financeiras. Organize documentos importantes, reforce suas propriedades e considere adquirir uma apólice de seguro.

Sobreviva e Recupere-se

Durante o próximo grande terremoto e imediatamente depois é quando o seu nível de preparação fará a diferença no modo como você e os outros sobreviverão e reagirão às emergências.

Passo 5:
Agache, Cubra-se e Segure-se firme durante o tremor.

Passo 6:
Melhore a segurança após os terremotos. Se necessário, evacue a área, ajude os feridos e previna mais danos ou ferimentos.

Após a ameaça imediata do terremoto ter passado, seu nível de preparação determinará a sua qualidade de vida nas semanas e meses subsequentes.

Passo 7:
Reconecte-se e Retome
Reconecte-se com as outras pessoas, repare os danos e reconstrua a comunidade para retomar a vida cotidiana.

Os 7 passos para preparação e sobrevivência para terremotos. [Cortesia de Southern California Earthquake Center.]

FIGURA 10.32 O geólogo Gordon Seitz examina camadas de rocha e turfa que foram deslocadas por terremotos pré-históricos em uma trincheira que atravessa a falha de São Jacinto, a mais importante linha do sistema da Falha de Santo André, no sul da Califórnia. Pela datação das camadas de turfa usando o método do carbono-14, os geólogos conseguem reconstruir a história de grandes terremotos nesta falha. Essa informação ajuda os cientistas a prever eventos futuros. [Cortesia de Tom Rockwell, San Diego State University]

Como os intervalos de previsão vão de décadas a séculos, esses métodos de predição de terremotos são chamados de *previsão em longo prazo*, para distingui-los daquilo que as pessoas realmente iriam querer – uma *previsão em curto prazo* de uma grande ruptura em uma falha específica, com precisão de dias ou até horas para o evento real.

Previsão em curto prazo

Houve algumas previsões de terremotos em curto prazo de sucesso. Em 1975, um terremoto foi previsto somente horas antes que ocorresse próximo a Haicheng, no nordeste da China. Os sismólogos chineses utilizaram o que consideraram os *eventos precursores* para fazer suas previsões: enxames de pequenos terremotos e uma rápida deformação do solo muitas horas antes do abalo. Quase 1 milhão de pessoas, preparadas com antecedência por uma campanha de educação pública, abandonaram suas casas e locais de trabalho horas antes do abalo. Embora algumas cidades e vilarejos tenham sido destruídos e centenas de pessoas tenham morrido, não há dúvida de que muitas vidas foram salvas. No ano seguinte, entretanto, um terremoto não previsto atingiu a cidade chinesa de Tangshan, matando mais de 240 mil pessoas. Os eventos precursores óbvios, como os vistos em Haicheng, não se repetiram em grandes eventos posteriores.

Embora muitas ideias tenham sido propostas, ainda não encontramos um método confiável para prever terremotos com antecedência de minutos a semanas. Embora não possamos dizer que a previsão de terremotos em curto prazo seja impossível, os sismólogos são pessimistas quanto à possibilidade de que uma previsão específica em curto prazo seja possível no futuro próximo.

Temos algumas informações úteis sobre como as probabilidades de terremotos variam com o tempo. Sabemos que os terremotos tendem a se aglomerar no tempo e no espaço (p. ex., grandes terremotos têm abalos secundários) e os sismólogos demonstraram que a probabilidade de um terremoto com potencial destrutivo tende a aumentar durante períodos de maior atividade sísmica. Interpretar esse tipo de informação pode ser difícil, entretanto, pois, mesmo quando o nível de atividade sísmica é alto, previsões exatas sobre grandes terremotos ainda não são possíveis. Durante crises sísmicas, o público se confunde facilmente em relação às mudanças do perigo sísmico durante o evento. Por exemplo, um erro de comunicação sobre as probabilidades de terremotos em curto prazo antes do abalo de L'Aquila, em 6 de abril de 2009, levou os assessores científicos do governo italiano a serem processados por homicídio culposo. Hoje, previsões baseadas em agrupamentos de terremotos são utilizadas para ajudar os italianos a avaliar as variações no perigo sísmico. Esses métodos de previsão de curto prazo também estão sendo desenvolvidos em outras regiões, inclusive na Califórnia.

Previsão em médio prazo

As incertezas das previsões em longo prazo podem ser reduzidas pelo estudo do comportamento de sistemas de falhas regionais. A estratégia é generalizar o modelo do rebote elástico. A versão simples da teoria representada na Figura 10.3 descreve como a deformação tectônica, gradualmente produzida em uma falha isolada, pode ser liberada em uma sequência periódica de rupturas de falha. Entretanto, como vimos no caso do sul da Califórnia (Figura 10.18), as falhas raramente são isoladas umas das outras. Em vez disso, são interconectadas em redes complexas. Dessa forma, a ruptura em um segmento modifica os esforços em toda a região circundante (ver Figura 10.4). Dependendo da geometria da rede de falhas, essa modificação dos esforços pode tanto aumentar como reduzir a probabilidade de terremotos em segmentos de falhas próximos. Em outras palavras, a ocorrência de terremotos em determinado tempo e lugar de uma parte de um sistema de falhas irá, da mesma forma, influenciar a localização e o tempo em que eles ocorrerão em outra parte do sistema.

Se os cientistas conseguirem entender como as variações de tensão aumentam ou reduzem a frequência de pequenos eventos sísmicos, poderiam ser capazes de prever terremotos em curtos intervalos de tempo, de anos, ou mesmo de poucos meses, embora ainda com incertezas consideráveis. O monitoramento desses eventos pode ser registrado em redes de sismógrafos e, desse modo, fornecer um "medidor de esforços" regional. Um dia você poderá ouvir uma notícia que diz: "O Conselho Nacional de Previsão de Terremotos estima que, ao longo do próximo ano, há uma probabilidade de 50% de ocorrência de um terremoto de magnitude 7 ou maior no segmento sul da Falha de Santo André".

A capacidade de publicar tais *previsões em médio prazo* levantaria questões difíceis. Como a sociedade deve responder a uma ameaça que não é nem iminente nem ocorrerá em longo prazo? Uma previsão em médio prazo mostraria a probabilidade de ocorrência de um evento entre alguns meses e anos – o que não seria suficientemente preciso para evacuar áreas que poderiam ser danificadas. Alarmes falsos seriam comuns. Que efeito teriam as previsões confiáveis no valor das propriedades e em outros investimentos na região ameaçada? Essas são questões que precisarão ser respondidas por políticos e economistas, além de cientistas.

CONCEITOS E TERMOS-CHAVE

abalo precursor (p. 273)
abalo secundário (p. 271)
código de obras (p. 296)
epicentro (p. 271)
intensidade (p. 280)
escala de magnitude (p. 277)
foco (p. 271)
intervalo de recorrência (p. 271)
mecanismo de falhamento (p. 281)
onda de superfície (p. 275)
onda P (p. 275)
onda S (p. 275)
perigo sísmico (p. 292)
rejeito (p. 269)
risco sísmico (p. 293)
sismicidade induzida (p. 288)
sismógrafo (p. 274)
teoria do rebote elástico (p. 269)
terremoto (p. 269)
tsunâmi (p. 291)

REVISÃO DOS OBJETIVOS DE APRENDIZAGEM

10.1 Explicar como a tensão se acumula nas falhas e é liberada em terremotos através do processo de rebote elástico.

Um terremoto é um tremor do solo que ocorre quando rochas frágeis tensionadas por forças tectônicas rompem-se subitamente ao longo de uma falha. Movimentos de placa lentos deslocam blocos em ambos os lados das falhas de limites de placas em direções opostas, acumulando tensão elástica ao longo de décadas, séculos ou até milênios (Figura 10.3). O esforço friccional em algum local que detém o movimento da falha não aguenta mais e ela se rompe. Quando a falha é rompida, a energia elástica é liberada rapidamente e parte da energia é irradiada na forma de ondas sísmicas. O foco de um terremoto é o ponto em que a falha se rompe pela primeira vez; o epicentro é o ponto na superfície terrestre diretamente acima do foco. Os focos da maioria dos terremotos continentais são rasos. Entretanto, em zonas de subducção, os terremotos podem ocorrer em lajes litosféricas descendentes frias, a profundidades de até 690 km.

Atividade de Estudo: Exercício de Leitura Visual.

Exercícios: O último grande terremoto que ocorreu na Falha de Santo André, ao norte de Los Angeles, foi em 1857 (magnitude 7,8). A análise geológica dos solos em uma trincheira que atravessa a falha mostra que terremotos pré-históricos com magnitudes de mais de 7 ocorreram em 1812, 1547, 1360, 1084, 1067 e 956. (a) Estime o intervalo de recorrência para terremotos de magnitude 7 ou mais nessa seção da falha. (b) Compare a estimativa com o intervalo de recorrência obtido pelo pressuposto de que a taxa de rejeito em longo prazo de 25 mm/ano é acomodada por terremotos com deslocamentos médios de 4 m.

Questão para Pensar: O intervalo de recorrência é o tempo entre terremotos, calculado como uma média de muitos eventos. Por que o tempo entre eventos individuais é diferente dessa média? (Dica: Consulte a Figura 10.4.)

10.2 Identificar os três principais tipos de onda sísmica e descrever os movimentos do solo que produzem.

Os terremotos geram três tipos de ondas sísmicas que podem ser diferenciadas por sismogramas. Dois tipos de ondas sísmicas propagam-se no interior da Terra: ondas P (primárias), que são transmitidas por todos os estados da matéria e se movem mais rápido; e ondas S (secundárias), que são transmitidas apenas através de sólidos e se propagam a uma velocidade um pouco superior à metade da velocidade das ondas P. As ondas P são ondas compressionais que se propagam como uma sucessão de compressões e expansões. As ondas S são ondas de cisalhamento que deslocam material em ângulos retos em relação à trajetória. As ondas de superfície são confinadas à superfície terrestre e às camadas rasas. Elas se movem mais lentamente que as ondas S e vêm em dois tipos básicos: as que envolvem movimentos de solo verticais e aquelas cujos movimentos de solo são laterais e perpendiculares à direção da propagação.

Atividade de Estudo: Revisar os tipos de ondas sísmicas na Figura 10.9.

Exercício: Estações sismográficas registram as seguintes diferenças de tempo de chegada das ondas S e P para um terremoto: Dallas, S-P = 3 minutos; Los Angeles, S-P = 2 minutos; São Francisco, S-P = 2 minutos. Use um mapa dos Estados Unidos (ou melhor, um globo) e curvas de deslocamento-tempo na Figura 10.9 para obter uma localização aproximada do epicentro do terremoto.

Questão para Pensar: Qual dos três tipos de onda sísmica causa os maiores danos durante os grandes terremotos?

10.3 Diferenciar a intensidade do tremor da magnitude do terremoto e entender a relação entre elas.

A magnitude de um terremoto é a medida do tamanho dele, enquanto a intensidade do tremor é uma medida dos movimentos do solo em um determinado local. Os sismólogos atualmente usam a magnitude de momento, derivada das propriedades físicas do falhamento que causa o terremoto: a área do falhamento e o rejeito médio. A área do falhamento aumenta por um fator de 10 para cada unidade de magnitude de momento e o deslocamento de uma ruptura de falha aumenta por um fator de 10 para cada duas unidades de magnitude de momento. A intensidade do tremor é medida na escala de Mercalli modificada (Quadro 10.1), com valores unitários de I a XII, que descreve os efeitos do tremor. Em geral, a intensidade do tremor é maior próxima ao falhamento e decai com a distância devido ao espalhamento e dissipação da energia sísmica. A área de tremor mais forte aumenta com a magnitude. Para uma determinada magnitude, a área de tremor mais forte tende a ser maior nas regiões central e leste dos EUA, onde as rochas são antigas, frias e fortes, do que na Costa Oeste, onde as rochas são mais jovens, quentes e fracas.

Atividade de Estudo: Pratique um exercício de Geologia

Exercícios: (a) Descreva duas escalas para medir o tamanho de um terremoto. (b) Qual delas é a mais apropriada para medir a quantidade de falhamento que causou o terremoto? (c) Qual é a mais apropriada para medir a quantidade de vibração que um observador sentiu?

Questões para Pensar: (a) Por que os maiores terremotos ocorrem em megaempurrões em zonas de subducção e não em, por exemplo, falhas direcionais continentais? (b) Qual precisaria ser a dimensão de uma falha para produzir um terremoto de magnitude 10? Você acredita que um terremoto dessa magnitude poderia ser causado pela ruptura de megaempurrões em zonas de subducção?

10.4 Classificar terremotos de acordo com o seu ambiente tectônico e padrões de falhamentos.

O mecanismo de falhamento de um terremoto é determinado pelo tipo de limite de placas. O falhamento normal, causado por forças extensionais, ocorre em limites de placas divergentes; o falhamento transcorrente, causado por forças de cisalhamento, ocorre ao longo de falhas transformantes; o falhamento de empurrão (cavalgamento), devido a esforços compressivos, ocorre em limites convergentes. Um número pequeno de terremotos ocorre longe de limites de placas, principalmente nos continentes. Cerca de 1 milhão de terremotos ocorrem anualmente com magnitudes maiores que 2, e esse número diminui 10 vezes para cada unidade de magnitude. Desse modo, há aproximadamente 100 mil terremotos com magnitudes maiores que 3, cerca de mil com magnitudes maiores que 5 e uns 10 com magnitudes maiores que 7. Os maiores terremotos, causados por forças compressivas, ocorrem em megaempurrões em limites convergentes, como o devastador terremoto de Tohoku, Japão, em 2011 (magnitude 9,0).

Atividade de Estudo: Compare o mapa de sismicidade global da Figura 10.16 com o mapa das placas tectônicas da Figura 2.7.

Exercícios: (a) Que tipos de falhas de terremotos ocorrem nos três tipos de limites de placas? (b) No sul da Califórnia, ocorre por ano cerca de um terremoto de magnitude 5. Aproximadamente quantos terremotos de magnitude 4 você esperaria por ano? E de magnitude 2?

Questões para Pensar: (a) Os terremotos destrutivos ocasionalmente ocorrem no interior de placas litosféricas, distantes dos limites de placa. Por quê? (b) Os cinturões dos terremotos de foco raso mostrados pelos pontos azuis na Figura 10.16 são mais amplos e mais difusos nos continentes do que nos oceanos. Por quê? (*Dica:* Revise o Capítulo 8.)

10.5 Caracterizar perigos sísmicos e os riscos que representam para a sociedade e para o seu ambiente construído.

O falhamento e o tremor do solo, os principais perigos durante um terremoto, podem danificar ou destruir prédios e outras infraestruturas. Também podem desencadear riscos secundários, como deslizamentos de terra e incêndios. Os terremotos no assoalho oceânico podem originar tsunâmis, que podem causar uma ampla destruição quando atingem as águas costeiras rasas. O risco pode ser reduzido de diversas formas. A regulamentação do uso do solo pode restringir a construção de novos edifícios em zonas de falhamento ativo, e a construção em áreas de alto perigo podem ser regulamentadas por códigos de obras de modo que os prédios e outras estruturas sejam fortes o suficiente para suportar a intensidade esperada dos tremores sísmicos. Foram desenvolvidos sistemas que usam redes de sismógrafos e outros sensores para oferecer avisos de terremotos e de tsunâmis. As autoridades públicas podem planejar com antecedência, estar preparadas e implantar sistemas de aviso. As pessoas residentes em áreas propensas a manifestações de terremotos devem ser informadas sobre como se preparar e o que fazer quando ocorre um sismo.

Atividade de Estudo: Use os mapas das Figuras 10.26 e 10.27 para avaliar o perigo sísmico e o risco sísmico no seu estado.

Exercício: Que quantidade de energia é liberada a mais por um terremoto de magnitude 7,5 do que por um de magnitude 6,5?

Questão para Pensar: Você apoiaria a legislação para evitar que proprietários de terra construíssem estruturas próximas a falhas ativas?

10.6 Defender a afirmação de que "podemos prever os terremotos em longo prazo, mas não em curto".

Os cientistas podem determinar o nível de perigo em uma região pela magnitude em potencial do falhamento (pela área da falha), a taxa de rejeito (por observações geológicas e geodéticas) e pela frequência dos grandes terremotos (pelos registros históricos e geológicos. Os resultados podem ser apresentados na forma de mapas de perigo sísmico (Figura 10.26), que, por exemplo, orientam as disposições sobre segurança sísmica nos códigos de obras. Contudo, os cientistas não têm como prever de forma consistente terremotos com o grau de exatidão necessário para alertar a população com horas ou semanas de antecedência. Em especial, nunca foram identificados sinais precursores capazes de prever de maneira confiável a ocorrência de grandes terremotos em curto prazo. A maior esperança de fazer esse tipo de previsão no futuro pode estar em uma melhor compreensão de como as variações de tensão aumentam ou reduzem a frequência de eventos sísmicos em um sistema regional de falhas.

Atividade de Estudo: Revisar a seção "*Os terremotos podem ser previstos?*".

Exercício: Em um lugar ao longo de um limite de falha entre a Placa de Nazca e a Placa da América do Sul, o movimento relativo entre ambas é de 80 mm/ano. O último grande terremoto, em 1880, mostrou um deslizamento de falha de 12 m. Se o próximo grande terremoto tiver deslocamento semelhante, estime quando devemos esperar que ocorra. Qual o motivo para a incerteza dessa estimativa?

Questão para Pensar: Levando em conta a possibilidade de alarmes falsos, histeria em massa, depressão econômica e outras possíveis consequências de uma previsão de terremoto, você acha que o objetivo de prever abalos sísmicos deveria ter alta prioridade?

EXERCÍCIO DE LEITURA VISUAL

AS ROCHAS DEFORMAM-SE ELASTICAMENTE E, ENTÃO, RETORNAM AO ESTADO NÃO DEFORMADO DURANTE UMA RUPTURA EM UM TERREMOTO

A Um fazendeiro constrói um muro de pedras atravessando uma falha dextrógira poucos anos após a última ruptura.

B Nos 150 anos seguintes, o movimento relativo entre os blocos, em ambos os lados da falha, causa a deformação do terreno e do muro de pedra.

C Logo antes da próxima ruptura, uma nova cerca é construída no terreno já deformado.

D A ruptura desloca os blocos, reduzindo a tensão, e o rebote elástico recoloca os blocos em seu estado pré-tensional. Tanto o muro de pedras como a cerca são deslocados em iguais quantidades ao longo da linha de falha.

40 km

Falhamento direcional

20 km

As rochas deformam-se à medida que a tensão se desenvolve

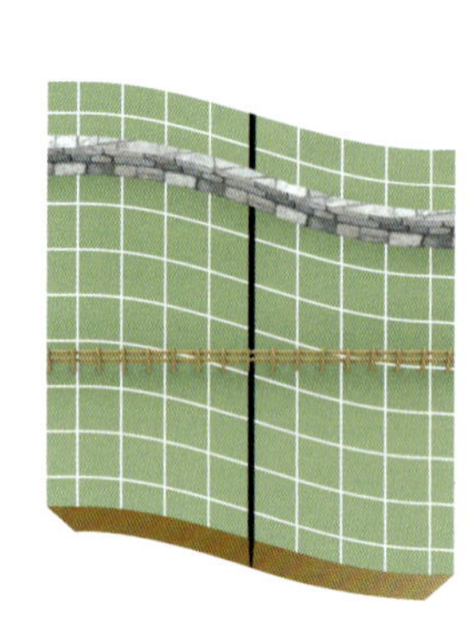

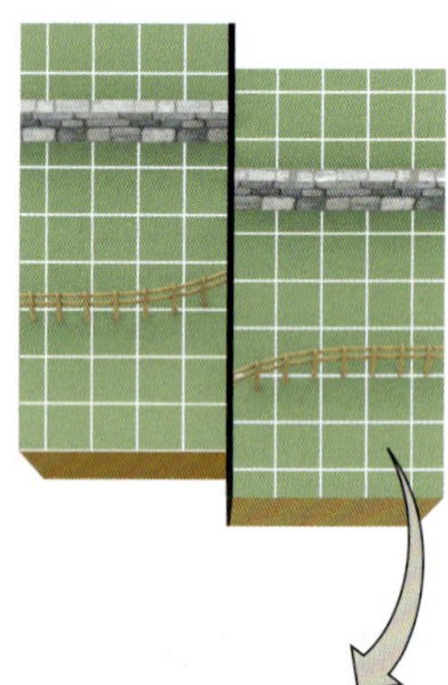

A TENSÃO ACUMULA-SE ATÉ ULTRAPASSAR A RESISTÊNCIA

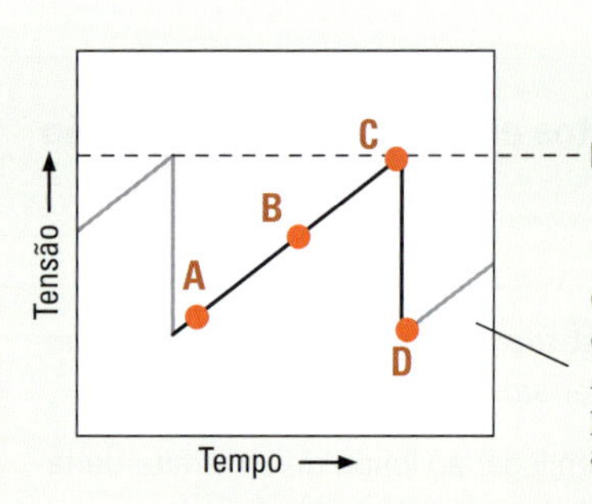

Resistência local da rocha

Os pontos A, B, C e D correspondem aos esquemas A–D acima, que mostram o processo de deformação da falha ao longo do tempo.

A tensão acumula-se à medida que esforços tectônicos deformam as rochas em ambos os lados de uma falha.

Quando a tensão excede a resistência das rochas ao longo da falha,...

... ela desliza, liberando a tensão repentinamente e causando um terremoto.

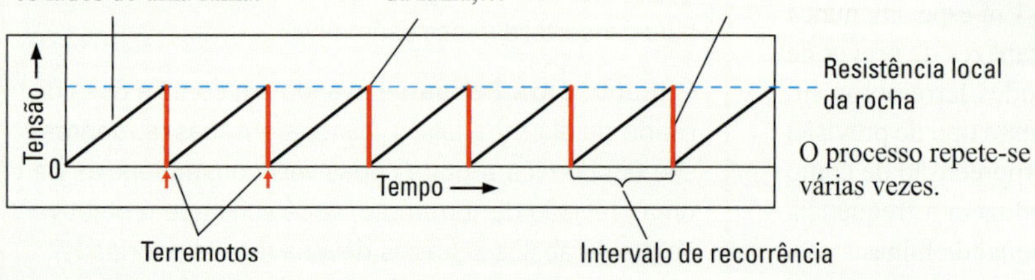

Resistência local da rocha

O processo repete-se várias vezes.

Terremotos

Intervalo de recorrência

Uma cerca construída sobre a Falha de Santo André nas proximidades de Bolinas, Califórnia, é deslocada em quase 4 m após o grande terremoto de São Francisco em 1906.

FIGURA 10.3 A teoria do rebote elástico explica o ciclo de terremotos. Segundo a teoria, a tensão nas rochas acumula-se ao longo do tempo como resultado dos movimentos das placas. Os terremotos ocorrem quando a tensão ultrapassa a resistência da rocha. As rochas sob tensão deformam-se elasticamente e depois retornam ao estado não deformado quando ocorre um terremoto. Os esquemas de A a D mostram a deformação nos pontos rotulados de A a D no esquema inferior. [Foto de G. K. Gilbert/USGS.]

A Figura 10.3 ilustra quatro estágios do ciclo de terremotos nos esquemas de A a D e relaciona os estágios de tensão na falha.

1. Que tipo de falhamento é mostrado na figura?

- **a.** Normal
- **b.** De cavalgamento
- **c.** Direcional levógiro
- **d.** Direcional dextrógiro

2. A ruptura do terremoto ocorre entre quais esquemas?

- **a.** A e B
- **b.** B e C
- **c.** C e D
- **d.** D e A

3. Em qual esquema a tensão na falha é mais elevada?

- **a.** A
- **b.** B
- **c.** C
- **d.** D

4. Qual é a melhor medida do intervalo de recorrência do terremoto?

- **a.** Tempo entre A e B
- **b.** Tempo entre A e D
- **c.** Tempo entre B e C
- **d.** Tempo entre C e D

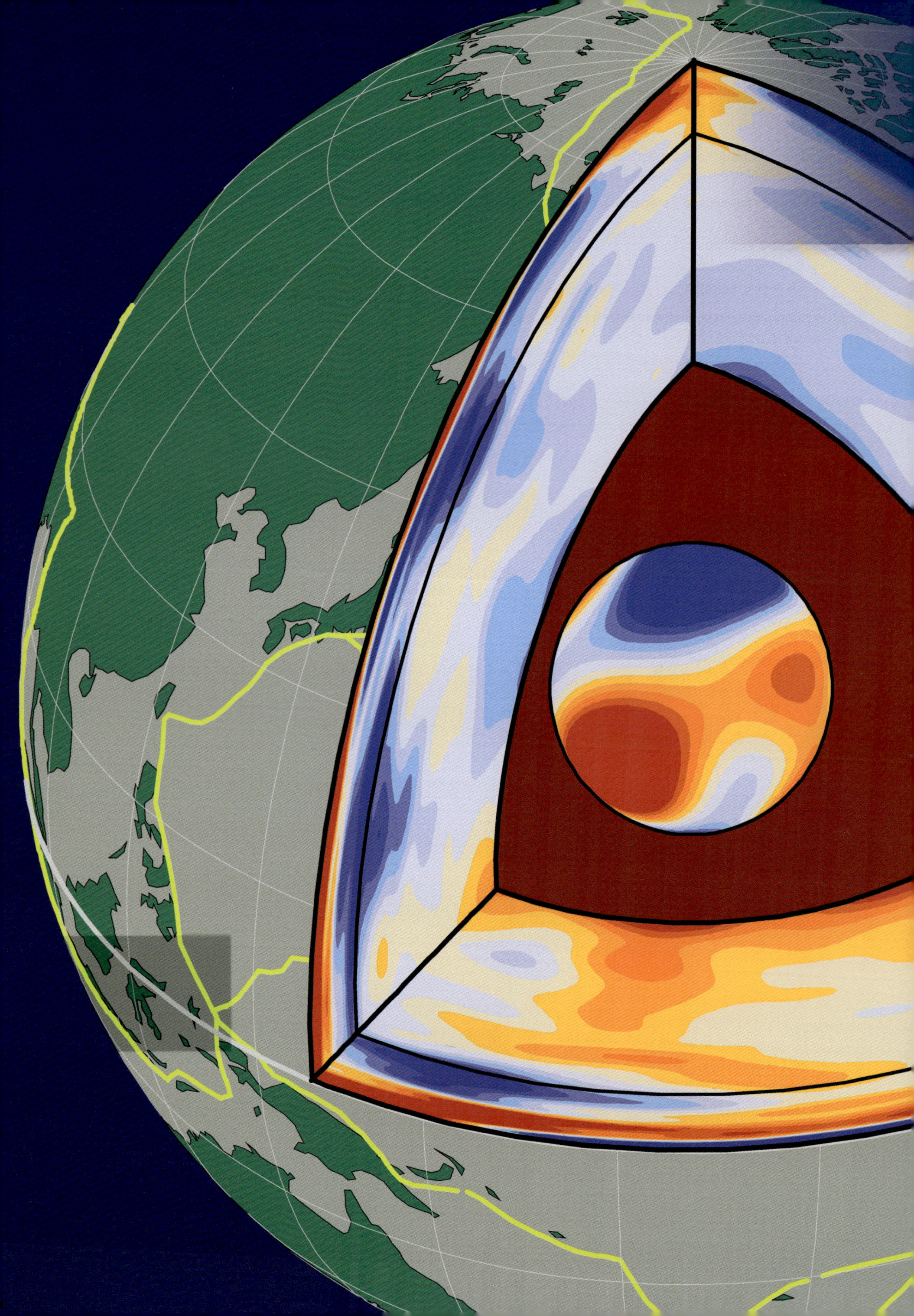

Explorando o interior da Terra

11

Objetivos de Aprendizagem

Como o interior da Terra é opaco a observações diretas, será preciso usar a sua imaginação para pensar sobre o que pode estar acontecendo nesse "inframundo" planetário. A partir da aprendizagem do conteúdo deste capítulo, você será capaz de:

11.1 Traçar as rotas das principais ondas sísmicas através do interior da Terra e entender o que revelam sobre as camadas da crosta, manto e núcleo do planeta.

11.2 Aplicar o princípio da isostasia para explicar por que os continentes flutuam mais alto do que os oceanos e por que estes se tornam mais profundos à medida que a idade geológica do assoalho oceânico aumenta.

11.3 Reconhecer onde o transporte de calor desde o interior da Terra para a superfície ocorre preponderantemente por condução e onde ocorre por convecção.

11.4 Descrever como a temperatura aumenta desde a superfície da Terra até seu centro e identificar as profundidades onde a geoterma cruza a curva de fusão.

11.5 Visualizar a estrutura tridimensional da Terra a partir de imagens fornecidas pela tomografia sísmica.

11.6 Resumir o que o campo magnético da Terra nos diz sobre o seu núcleo externo líquido.

11.7 Explicar como reversões do campo magnético são usadas na datação de sequências de rochas.

As ondas sísmicas podem ser usadas para mapear feições geradas por processos dinâmicos no interior terrestre. Esta imagem mostra variações na velocidade das ondas de cisalhamento em seções transversais através do manto e na superfície do núcleo interno. As linhas amarelas na superfície do globo são os limites de placas. [Cortesia de J. H. Woodhouse, Oxford University.]

Os humanos escavam minas até profundidades de 4 km para extrair ouro e outros minerais e perfuram até 10 km em busca de petróleo. Mas tais esforços, por mais heroicos que sejam, mal arranharam a superfície de nosso volumoso planeta. As pressões esmagadoras e as temperaturas vermelhas incandescentes das camadas mais profundas da Terra tornam o interior do planeta inacessível para nós no futuro previsível. Mesmo assim, aprendemos muito sobre a estrutura e a composição do interior da Terra a partir de nossa posição na superfície.

Algumas das melhores informações vêm da sismologia. O Capítulo 10 descreveu os terríveis tremores e a destruição que podem ser produzidos por ondas sísmicas. Essa mesma energia sísmica pode, ainda, ser utilizada para revelar as mais profundas camadas da Terra, permitindo-nos construir imagens tridimensionais das feições geológicas na crosta inferior, das correntes ascendentes e descendentes de convecção mantélica e até mesmo da estrutura do núcleo interno. Nosso entendimento do interior terrestre foi ampliado pelo material expelido de vulcões, pelo comportamento dos materiais terrestres sob altas temperaturas e pressões no laboratório e pelas informações contidas nos campos gravitacional e magnético da Terra.

Neste capítulo, exploraremos o interior da Terra até o centro, aproximadamente a 6.400 km abaixo de nossos pés. Veremos como as ondas sísmicas têm sido utilizadas para criar imagens da estrutura da crosta, do manto e do núcleo da Terra. Investigaremos as temperaturas do interior profundo do planeta e o maquinário dos dois grandes geossistemas movidos por seu motor térmico interno: a tectônica de placas, que é controlada pela convecção do manto, e o geodínamo no núcleo externo, que gera o campo magnético.

Explorando o interior da Terra com ondas sísmicas

Os diferentes tipos de ondas – luz, som e sísmica – têm uma característica comum: a velocidade com que viajam depende do material que atravessam. A luz viaja mais rápido através do vácuo, mais vagarosamente através do ar e ainda mais devagar através da água. A onda sonora, por outro lado, viaja mais rápido através da água do que do ar e não se desloca através do vácuo. Por quê?

As ondas sonoras estão simplesmente propagando variações de pressão. Sem alguma coisa para comprimir, como ar ou água, elas não podem existir. Quanto mais força usam para comprimir um material, mais rápido viajarão através dele. A velocidade do som no ar – Mach 1, no jargão dos pilotos de jatos – é tipicamente de 0,34 km/s, ou cerca de 1.220 km/h. A água resiste à compressão muito mais que o ar, por isso, a velocidade das ondas sonoras na água também é mais alta, sendo cerca de 1,5 km/s. Os materiais sólidos são ainda mais resistentes à compressão, e as ondas sonoras viajam através deles com mais rapidez ainda. Nos granitos, o som viaja a 6 km/s, mais de 21.000 km/h!

Os tipos básicos de ondas

Como vimos no Capítulo 10, algumas das ondas sísmicas criadas por terremotos são **ondas compressionais** (como ondas sonoras), que viajam com um movimento de puxa-empurra, enquanto outras são **ondas de cisalhamento**, que viajam com movimento lado a lado, deslocando material em ângulos retos a seu percurso (ver Figura 10.10). Sólidos são mais resistentes à compressão do que ao cisalhamento; assim, as ondas compressionais viajam mais rápido que as cisalhantes. Esse princípio físico explica a relação que discutimos no Capítulo 10: as ondas compressionais são sempre as primeiras a chegar a uma estação sismográfica (e, portanto, são chamadas de primárias, ou ondas P), e as ondas de cisalhamento são as segundas a chegar (secundárias, ou ondas S). Ele também explica por que a velocidade das ondas cisalhantes em gases e líquidos é nula: esses materiais não têm resistência ao cisalhamento. As ondas cisalhantes não podem se propagar através de fluido algum – ar, água ou o ferro líquido no núcleo externo da Terra.

Os geólogos podem calcular a velocidade das ondas P e S, dividindo a distância percorrida pelo tempo de viagem. A medida da velocidade dessas ondas pode ser usada para inferir os materiais que elas encontram ao longo dos seus caminhos.

Os conceitos de tempos de viagem e o caminho das ondas sonoras são bastante simples, mas surgem complicações quando as ondas atravessam mais de um tipo de material. No contato entre dois materiais diferentes, algumas ondas batem e voltam (i.e., são *refletidas*) e outras são transmitidas através do segundo material – justamente como a luz é parcialmente refletida e parcialmente transmitida quando encontra o vidro de uma janela. As ondas que cruzam a fronteira entre os dois materiais são desviadas, ou *refratadas*, à medida que sua velocidade varia de um primeiro material para um segundo. A **Figura 11.1** mostra uma faixa de luz de laser cujo caminho desvia à medida que ela vai do ar para a água, assim como uma onda P ou uma S desviam à medida que viajam de um material para outro. Estudando quão rápido as ondas sísmicas viajam e como elas são refratadas e refletidas nas interfaces internas da Terra, os sismólogos têm sido capazes de medir as espessuras das camadas da crosta, do manto e do núcleo com grande precisão (ver Figura 1.11).

O caminho das ondas sísmicas na Terra

Se a Terra fosse constituída de um só material com propriedades constantes da superfície até o centro, as ondas P e S viajariam do foco de um terremoto até um sismógrafo distante atravessando o interior da Terra ao longo de uma reta (assim como os raios solares viajam em linhas retas pelo espaço exterior). Contudo, quando a primeira rede global de sismógrafos foi instalada, há aproximadamente um século, os sismólogos descobriram que as **trajetórias dos raios sísmicos** não eram retilíneas; as ondas são refratadas e refletidas de acordo com a estrutura em camadas da Terra.

Ondas refratadas através do interior da Terra A partir dos tempos de percurso e da quantidade de refração de retorno das trajetórias dos raios, os sismólogos puderam demonstrar que as ondas P viajaram muito mais rápido através das rochas em grandes profundidades, do que através das rochas

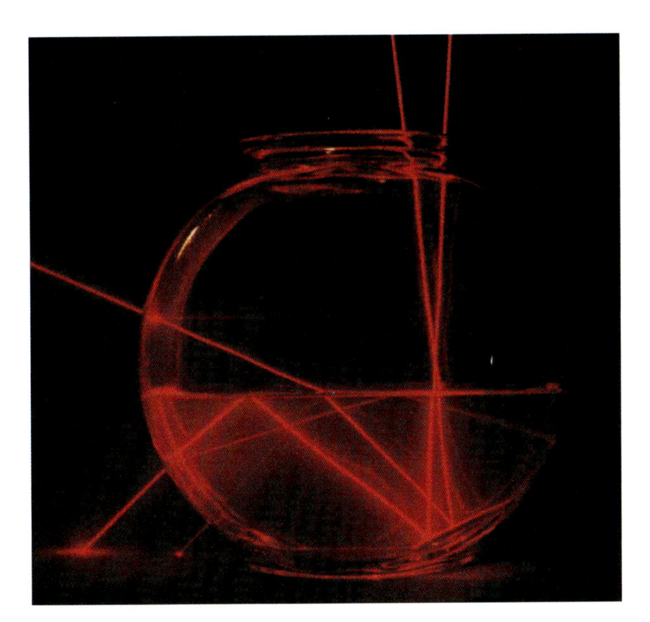

FIGURA 11.1 Neste experimento, dois feixes de laser entram pela parte superior de um globo com água em ângulos ligeiramente diferentes. Ambos são refletidos em um espelho posicionado no fundo do globo. Um, então, é refletido na interface ar-água e passa através da parede do globo, originando um ponto brilhante na mesa. A maior parte da energia do outro é infletida (refratada) quando ele passa da água para o ar, e uma pequena quantidade é refletida para formar um segundo ponto brilhante na mesa. [Susan Schwartzenberg/The Exploratorium.]

encontradas na superfície. Isso não chegou a surpreender, já que as rochas submetidas a grandes pressões no interior da Terra estão comprimidas em uma estrutura cristalina mais compacta. Os átomos nessas estruturas fechadas são mais resistentes a compressões posteriores, as quais são a causa de as ondas P deslocarem-se mais rapidamente através delas.

Contudo, os sismólogos ficaram muito surpresos com o que encontraram a distâncias progressivamente maiores do foco do terremoto (Figura 11.2). Após percorrerem uma trajetória de 11.600 km do foco do terremoto, as ondas P e S desapareceram repentinamente! Como pilotos de aviões e capitães de navios, os sismólogos preferem medir as distâncias percorridas na superfície da Terra em graus angulares, a partir de 0° no foco do terremoto até 180° em um ponto no lado oposto da superfície terrestre. Cada grau representa um trajeto de 111 km na superfície, de modo que 11.600 km correspondem a 105°, conforme mostrado na Figura 11.2. Quando olharam os sismogramas gravados além dessa distância, não distinguiram a chegada de P e S, que estava tão clara naqueles gravados a curta distância. Então, a partir de 15.800 km do foco (142°), as ondas P reapareceram subitamente, mas estavam muito atrasadas quando comparadas com os tempos de viagem esperados. As ondas S nunca reapareceram.

Em 1906, essas observações foram reunidas pelo sismólogo britânico R. D. Oldham com intuito de fornecer a primeira evidência de que a Terra tem um núcleo externo líquido. Ele argumentou que nenhuma onda S pode viajar pelo núcleo externo porque ele é líquido, e os líquidos não têm resistência ao cisalhamento. Assim, existe uma **zona de sombra** dessas ondas além de 105° do foco do terremoto, onde as trajetórias dos raios dessas ondas S encontram o limite núcleo-manto (ver Figura

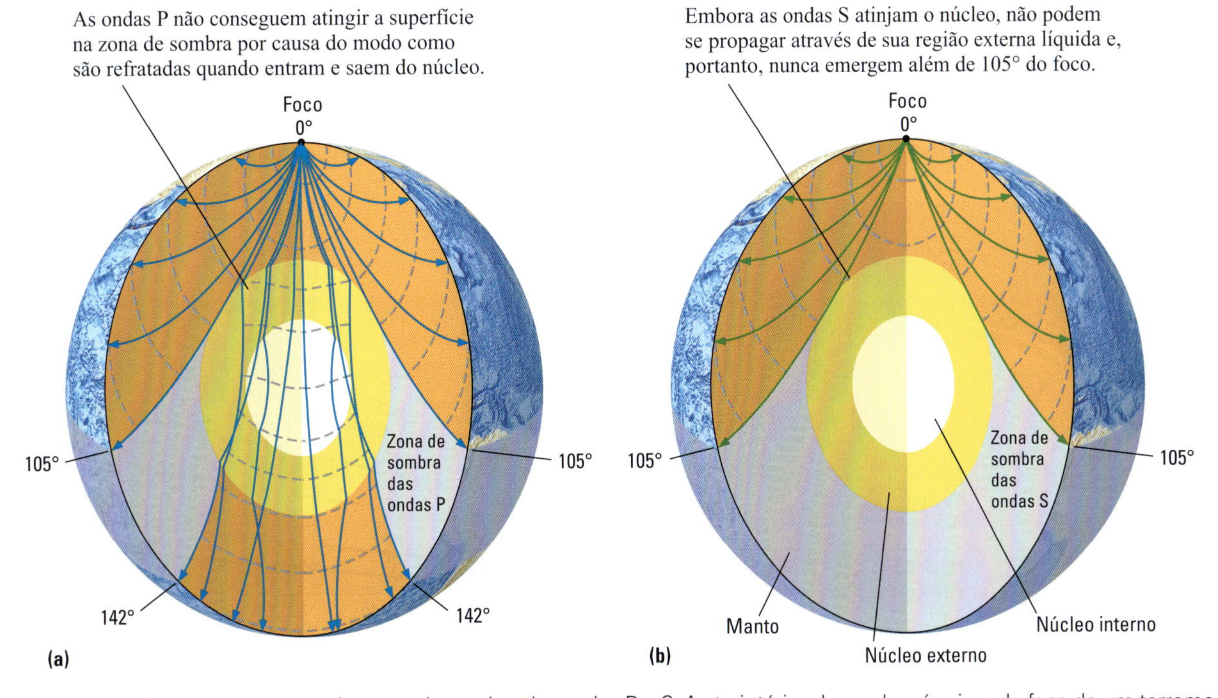

FIGURA 11.2 O núcleo terrestre cria zonas de sombra das ondas P e S. As trajetórias das ondas sísmicas do foco de um terremoto através do interior da Terra são mostradas por linhas contínuas (azuis para ondas P, verde para ondas S). A linha tracejada mostra o avanço das ondas em um intervalo de 2 minutos. As distâncias são medidas em ângulos a partir do foco do terremoto. (a) A zona de sombra da onda P estende-se de 105 a 142°. (b) A zona de sombra mais ampla das ondas S estende-se de 105 a 180°.

11.2b). A propagação das ondas P é mais complicada (ver Figura 11.2a). A 105°, suas trajetórias de raios também encontram o limite núcleo-manto. Nele, a velocidade das ondas P cai, aproximadamente, por um fator de dois. Dessa maneira, as ondas são refratadas para baixo, imergindo no núcleo e emergindo a distâncias maiores depois do retardamento causado por seu desvio através do núcleo. Esse efeito de refração forma a zona de sombra das ondas P a distâncias angulares entre 105 e 142°.

As ondas refletidas nas interfaces internas da Terra Quando os sismólogos olharam os registros das ondas sísmicas feitos a distâncias angulares de menos que 105° do foco de um terremoto, encontraram ondas que devem ter sido refletidas pelo limite núcleo-manto. Eles chamaram de PcP as ondas compressionais que se refletem no topo do núcleo externo e de ScS as ondas cisalhantes. (A letra minúscula *c* indica a reflexão pelo núcleo, do inglês *core*.) Em 1914, o sismólogo alemão Beno Gutenberg usou os tempos de percurso dessas ondas refletidas para determinar a profundidade precisa da interface núcleo-manto, atualmente estimada em 2.890 km. A **Figura 11.3** mostra exemplos de trajetórias dos raios sísmicos extraídas dessas ondas refletidas pelo núcleo.

A Figura 11.3 também mostra as trajetórias dos raios de alguns tipos de ondas proeminentes vistas nos sismogramas, assim como os nomes simbólicos que os sismólogos lhes atribuíram. Por exemplo, uma onda compressional refletida uma vez na superfície da Terra é chamada de PP, e a onda cisalhante com um caminho similar é chamada de SS. A **Figura 11.4** mostra as trajetórias dos raios desses tipos de ondas e suas reflexões internas em sismogramas registrados a diferentes distâncias angulares do foco de um terremoto.

O caminho de uma onda compressional através do núcleo externo é rotulado com um *K* (da palavra alemã Kernel, "núcleo"). Assim, PKP descreve uma onda compressional que se propaga de um terremoto através da crosta e manto para dentro do núcleo externo e retorna através do manto e da crosta até um receptor na superfície. Em 1936, a sismóloga dinamarquesa Inge Lehmann (**Figura 11.5**) descobriu o núcleo interno da Terra observando as ondas compressionais refratadas na sua interface externa, a qual determinou estar a uma profundidade de cerca de 5.150 km. As trajetórias através do núcleo interno estão rotuladas com a letra *I*; assim, ela chamou as ondas refratadas de

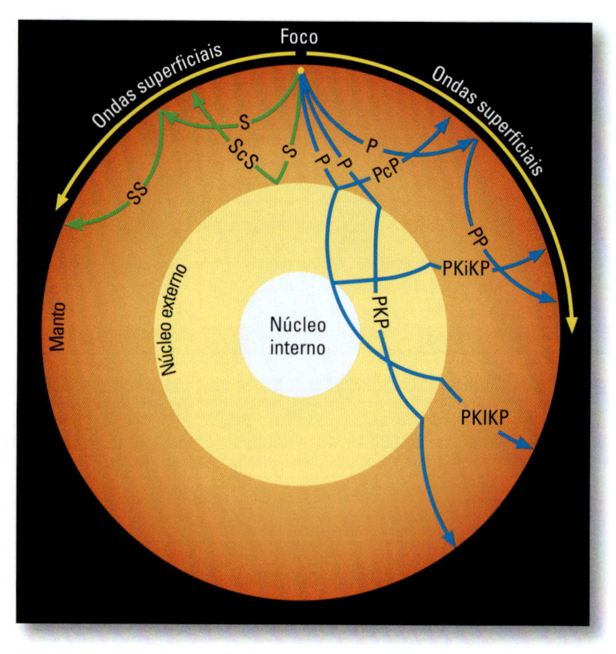

FIGURA 11.3 Os sismólogos usam um esquema simples de classificação para descrever as várias trajetórias percorridas pelas ondas sísmicas. As ondas PcP e ScS são ondas compressionais e de cisalhamento que retornam do núcleo. As ondas PP e SS são refletidas internamente a partir da superfície da Terra. Uma onda PKP é transmitida através do núcleo externo líquido, a onda PKIKP atravessa o núcleo interno sólido, e a onda PKiKP é refletida pelo núcleo interno. As ondas de superfície propagam-se ao longo da superfície externa da Terra, como as ondas na superfície de um lago.

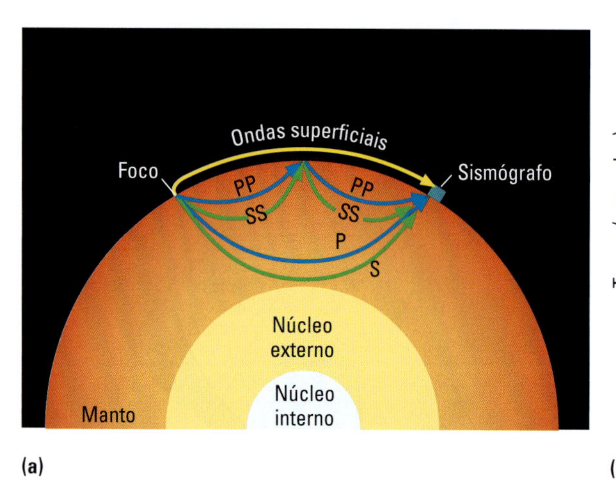

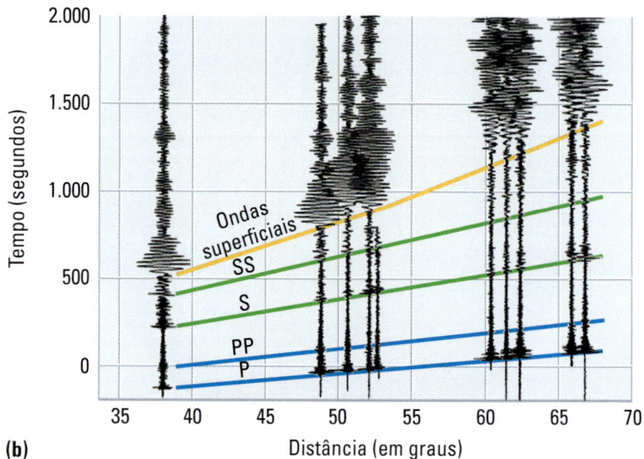

FIGURA 11.4 (a) As ondas P e S podem ser refletidas para cima a partir da interface núcleo-manto e também da superfície terrestre. Uma onda sísmica que foi refletida uma vez da superfície terrestre é representada com uma letra dupla (PP ou SS). (b) Sismogramas registrados em várias distâncias a partir de um terremoto nas Ilhas Aleutas, Alasca. As linhas coloridas identificam os tempos de chegada das ondas P e S, das ondas de superfície e das ondas PP e SS refletidas da superfície terrestre.

PKIKP. Outros pesquisadores têm observado desde então ondas compressionais (PKiKP) refletidas no lado do topo da interface interior do núcleo interno-núcleo externo (a letra *i* minúscula indica uma reflexão em vez de uma refração; ver Figura 11.3).

Exploração sísmica de camadas próximas à superfície

As ondas sísmicas também podem ser usadas para investigar as partes rasas da crosta terrestre. Essa técnica, chamada de *perfilagem sísmica*, tem uma série de aplicações práticas. As ondas sísmicas geradas por fontes artificiais, como explosões de dinamite em terra e de ar comprido no mar, são refletidas pelas estruturas geológicas em profundidades rasas da crosta (**Figura 11.6**). Registros dessas reflexões provaram ser o método de maior sucesso para encontrar reservatórios de gás e petróleo em grandes profundidades. Esse tipo de exploração sísmica tornou-se uma indústria de muitos bilhões de dólares. Ondas sísmicas refletidas também são empregadas para medir a profundidade do nível d'água e a espessura das geleiras. No mar, as ondas compressionais podem ser geradas de fontes mecânicas semelhantes a alto-falantes,* e nos navios oceanográficos usa-se rotineiramente o

*N. de R.T.: Comumente, utilizam-se canhões de pressão que produzem ondas mecânicas dentro da água, semelhantes àquelas produzidas por alto-falantes no ar.

FIGURA 11.5 A sismóloga dinamarquesa Inge Lehmann descobriu o núcleo interno da Terra em 1936. [SPL/Science Source.]

(a)

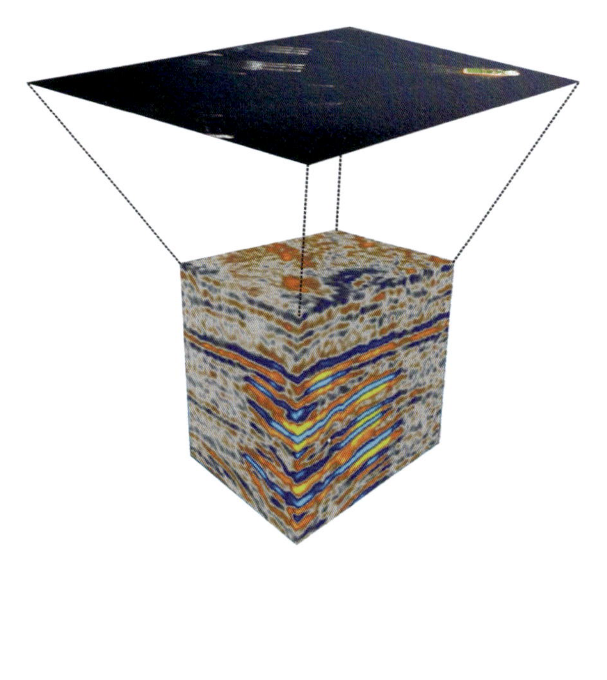

(b)

FIGURA 11.6 (a) *Geco Topaz*, um navio operado pela WesternGeco Inc., rebocando hidrofones, conduz uma pesquisa sísmica tridimensional de um campo de petróleo no Mar do Norte. As bolhas atrás do navio devem-se a explosões de ar comprimido que enviam ondas compressionais; as reflexões dessas ondas pelo substrato rochoso são registradas por sismógrafos puxados por cabos atrás do navio e fornecem uma imagem da estrutura subsuperficial. (b) Uma imagem tridimensional produzida por pesquisa sísmica. As cores representam camadas sedimentares sob o leito oceânico, podendo, algumas delas, aprisionar petróleo e gás natural. [a: John Lawrence Photography/Alamy; b: Cortesia da BP.]

som que eles produzem sob a água para medir a profundidade do oceano e a espessura dos sedimentos no fundo marinho.

As camadas e a composição do interior da Terra

Com a medição dos tempos de viagem das ondas compressionais e de cisalhamento de terremotos em todo o mundo, os geólogos desenvolveram um modelo detalhado de como as velocidades de onda variam com a profundidade da superfície da Terra até o seu centro. Vamos explorar esse modelo da Terra, mostrado na Figura 11.7, pela qual faremos uma viagem imaginária para o interior da Terra, desde sua crosta exterior até seu núcleo interno.

A crosta

Pela medição feita em laboratório das velocidades das ondas sísmicas que passam através de amostras de vários materiais, os sismólogos compilaram uma biblioteca de velocidades sísmicas para diferentes tipos de rochas. Os valores aproximados das velocidades das ondas P em rochas ígneas, por exemplo, são como seguem:

- Rochas félsicas típicas da crosta continental superior (granito): 6 km/s
- Rochas máficas típicas da crosta oceânica ou da crosta continental inferior (gabro): 7 km/s
- Rochas ultramáficas típicas do manto superior (peridotito): 8 km/s

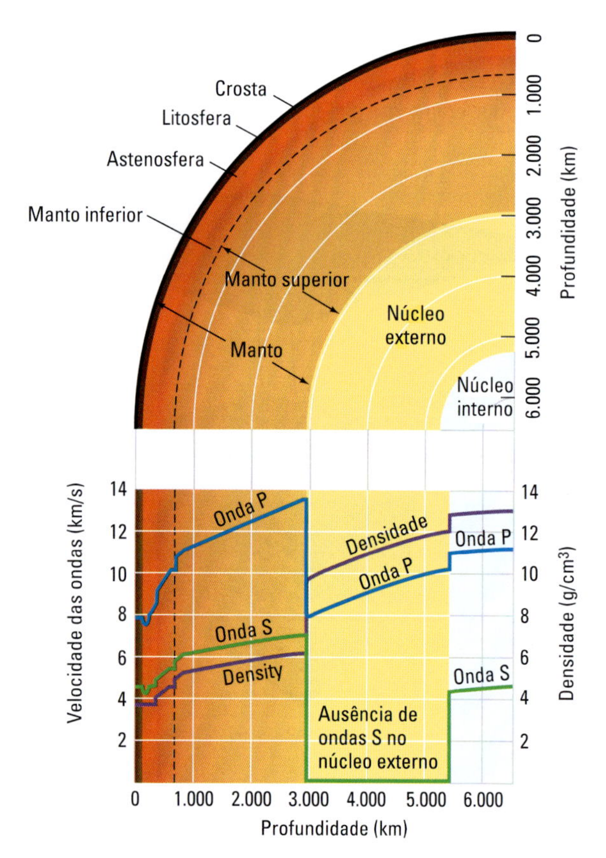

FIGURA 11.7 Camadas da Terra reveladas pela sismologia. O diagrama inferior mostra as alterações das velocidades das ondas P e S e da densidade das rochas de acordo com a profundidade. O diagrama superior é uma secção transversal do interior da Terra na mesma escala das profundidades, mostrando como essas mudanças estão relacionadas com as camadas principais (ver também Figura 1.11).

As velocidades das ondas sísmicas diferem porque dependem da densidade das rochas e de suas resistências à compressão e ao cisalhamento, parâmetros que variam com a composição e a estrutura cristalina. Em geral, densidades maiores correspondem a velocidades maiores das ondas P; densidades típicas para o granito, o gabro e o peridotito são 2,6 g/cm^3, 2,9 g/cm^3 e 3,3 g/cm^3, respectivamente.

Sabemos, a partir das medições das velocidades de ondas P, que a parte superior da crosta continental é constituída, principalmente, de rochas graníticas de baixa densidade. Essas medições também mostram que não existe granito no assoalho do oceano profundo. Lá, a crosta consiste inteiramente em basalto e gabro recobertos por sedimentos. A velocidade das ondas P aumenta abruptamente para 8 km/s na **descontinuidade de Mohorovičić** (ou *Moho*), que marca a base da crosta (ver Capítulo 1). Essa velocidade indica que o manto abaixo de Moho é feito basicamente de peridotito denso.

Os dados sísmicos mostram que a crosta terrestre é delgada (cerca de 7 km) sob os oceanos, mais espessa (em torno de 33 km) sob os continentes estáveis e planos e atinge sua maior maior espessura (até 70 km) sob as altas montanhas das zonas orogênicas. As elevações dos continentes em relação ao assoalho oceânico profundo podem ser explicadas pelo **princípio da isostasia**, segundo o qual o peso total das colunas litosféricas deve ser o mesmo para os continentes e para os oceanos, relação chamada de *equilíbrio isostático* (ver o Exercício de Geologia na Prática incluso nesta seção).

O manto

O **manto superior**, que se estende de Moho até 410 km, é constituído sobretudo de peridotito, uma rocha densa ultramáfica composta basicamente de olivina e piroxênio. Esses minerais contêm menos sílica e mais magnésio e ferro do que os das rochas crustais típicas (ver Capítulo 4). Para explorar as camadas do manto, foram utilizadas as velocidades das ondas S (Figura 11.8). O sistema de camadas do manto superior resulta principalmente dos efeitos do aumento de pressão e temperatura no peridotito. A olivina e o piroxênio sofrem fusão parcial sob as condições encontradas na porção de topo do manto superior. Em grandes profundidades, as pressões forçam seus átomos a aproximarem-se em uma estrutura cristalina mais compacta.

O manto logo abaixo de Moho é relativamente frio. Como a crosta, ele é parte da litosfera, a camada rígida que forma as placas (ver Capítulo 1). A espessura média dessa camada é de cerca de 100 km, mas é muito variável geograficamente, oscilando desde uma espessura quase nula, próxima aos centros de expansão, onde a nova litosfera oceânica está formando-se pelo

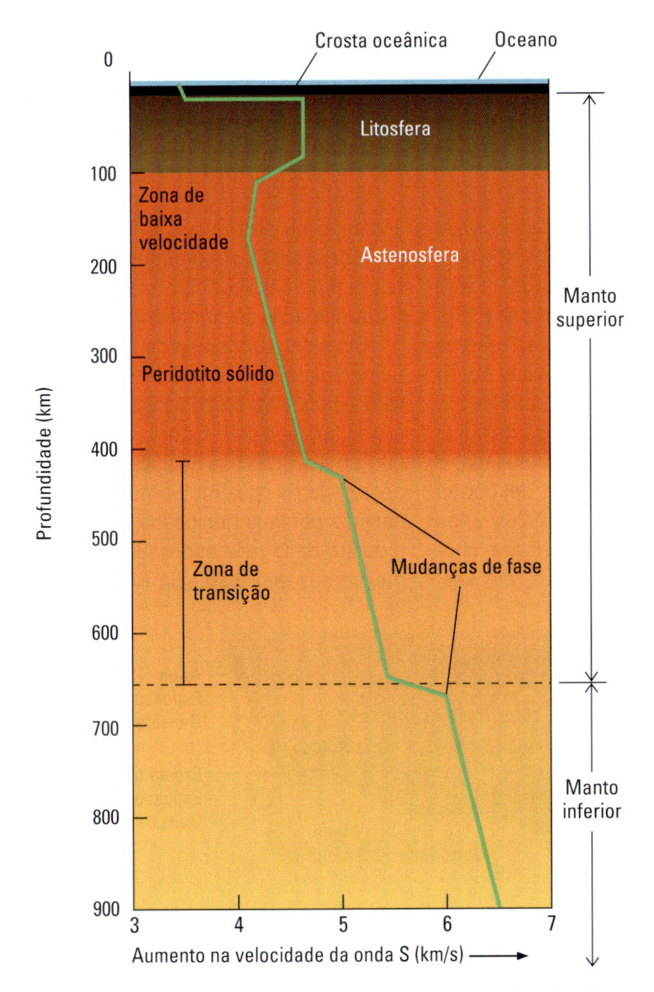

FIGURA 11.8 A estrutura do manto sob uma antiga litosfera oceânica, mostrando as velocidades das ondas S a uma profundidade de 900 km. As mudanças na velocidade das ondas S marcam a litosfera rígida, a dúctil e pouco rígida astenosfera e uma zona de transição, na qual pressões cada vez maiores forçam um rearranjo dos átomos dentro de uma estrutura cristalina mais compacta e densa (mudanças de fase).

efeito do calor, e espessando-se para mais de 200 km sob os crátons, frios e estáveis, da crosta continental.

Próximo à base da litosfera, a velocidade das ondas S decresce abruptamente para formar uma **zona de baixa velocidade**. A cerca de 100 km, ela aproxima-se da temperatura de fusão do peridotito, fundindo parcialmente alguns de seus minerais. Embora a quantidade de fusão seja pequena (em muitos lugares, menos que 1%), é suficiente para diminuir a rigidez da rocha, o que retarda as ondas S que passam através dela. O fato de a fusão parcial também permitir que as rochas fluam mais facilmente levou os geólogos a identificarem a zona de baixa velocidade como sendo a parte do topo da *astenosfera* – a camada pouco rígida e dúctil através da qual a placa litosférica rígida desliza. Essa ideia ajusta-se muito bem com a evidência de que a astenosfera é a fonte da maior parte do magma basáltico (ver Capítulos 4 e 5).

A base da zona de baixa velocidade ocorre em torno de 200 a 250 km sob a placa oceânica, onde a velocidade das ondas S aumenta para um valor compatível com o peridotito sólido. A zona de baixa velocidade não é tão bem definida sob os crátons continentais estáveis, onde o manto litosférico mais frio estende-se até essas profundidades.

Na profundidade de 200 a 400 km, a velocidade das ondas S aumenta com a profundidade. Dentro dessa zona, a pressão continua a aumentar, mas a temperatura não sobe tão rapidamente como acontece próximo à superfície, devido aos efeitos de convecção dentro da astenosfera. (Discutiremos na próxima seção por que isso é assim.) Os efeitos combinados da pressão e da temperatura causam não só um decréscimo na quantidade de material fundido com a profundidade, mas também a rigidez da rocha – e então aumenta a velocidade das ondas S.

A cerca de 400 km abaixo da superfície, a velocidade das ondas S aumenta em torno de 10%, dentro de uma estreita zona com menos de 20 km de espessura. Esse salto na velocidade das ondas S poderia ser explicado pela **mudança de fase** na olivina, a constituinte mineral majoritária do manto superior. Quando a olivina é submetida, em laboratório, a altas pressões, os átomos que formam sua estrutura cristalina colapsam para um arranjo mais compacto que corresponde a temperaturas e pressões de profundidades de aproximadamente 410 km. Os saltos das velocidades das ondas P e S medidos para essa mudança de fase em laboratório correspondem ao aumento observado nas ondas sísmicas nessas profundidades.

A uma profundidade de cerca de 660 km, a velocidade das ondas S aumenta abruptamente outra vez, indicando uma segunda mudança importante de fase na olivina para uma estrutura cristalina ainda mais compacta. As experiências de laboratório confirmaram a existência de outra mudança importante na fase mineralógica compatível com as pressões e temperaturas encontradas nessa profundidade.

Por conter ao menos duas grandes mudanças de fase, a camada entre 410 a 670 km de profundidade é chamada de **zona de transição**. As mudanças de fase envolvem transições na mineralogia da rocha, mas não em sua composição química. Entretanto, alguns geólogos argumentam que o aumento de velocidade das ondas sísmicas em 660 km pode assinalar uma mudança na composição química da rocha mantélica. Esse debate é essencial ao entendimento do sistema da tectônica de placas, porque uma mudança química implicaria que a convecção que move as placas tectônicas não penetra muito além dessa profundidade – em outras palavras, que a convecção no manto é estratificada (conforme mostrado na Figura 2.19b). Evidências atuais de estudos detalhados da estrutura do manto, contudo, indicam muito pouca, se houver alguma variação química nessa região do manto.

Abaixo da transição, a uma profundidade de 660 km, a velocidade das ondas sísmicas aumenta gradualmente e não mostra qualquer feição não usual até próximo à fronteira núcleo-manto. Essa região relativamente homogênea, com mais de 2.000 km de espessura, é chamada de **manto inferior**. O manto inferior está em convecção e troca massa com o manto superior, em parte devido à subducção de lajes* da litosfera oceânica desde o manto superior até o inferior.

*N. de T.: O termo inglês *slab* é, geralmente, traduzido como "laje tectônica". Trata-se da porção da placa litosférica oceânica envolvida na subducção, ou seja, que mergulha em direção ao manto inferior.

PRATIQUE UM EXERCÍCIO DE GEOLOGIA

O princípio da isostasia: por que os oceanos são profundos e as montanhas elevadas?

As duas maiores feições da topografia terrestre são os continentes, que normalmente têm elevações de 0 a 1 km acima do nível do mar, e as bacias oceânicas, que geralmente têm elevações de 4 a 5 km abaixo do nível do mar. Por que essa diferença? A resposta está no princípio da isostasia, que relaciona as elevações dos continentes e dos oceanos com as densidades de rochas crustais e mantélicas. Esse princípio incrivelmente útil explica grande parte da topografia terrestre, além de permitir que os cientistas usem as mudanças de elevação crustal ao longo do tempo para investigar as propriedades do manto (ver Jornal da Terra 11.1 na página 318).

A isostasia (do grego para "mesmo equilíbrio") baseia-se no princípio de Arquimedes, que afirma que o peso de um sólido flutuante é igual ao peso do fluido deslocado por ele. (Segundo a lenda, o filósofo grego Arquimedes descobriu esse princípio há mais de 2.200 anos enquanto estava em sua banheira; chocado com suas implicações, ele saiu correndo nu para a rua, gritando "Eureka, descobri!". As grandes descobertas raramente provocam respostas tão entusiasmadas de cientistas modernos.)

Considere um bloco de madeira flutuando na água. Em cada unidade de área, a massa do bloco é igual à densidade multiplicada pela espessura, ao passo que a massa da água deslocada é igual à densidade da água multiplicada pela espessura da água deslocada pelo bloco, a qual é dada pela espessura do bloco menos sua elevação acima da água. O

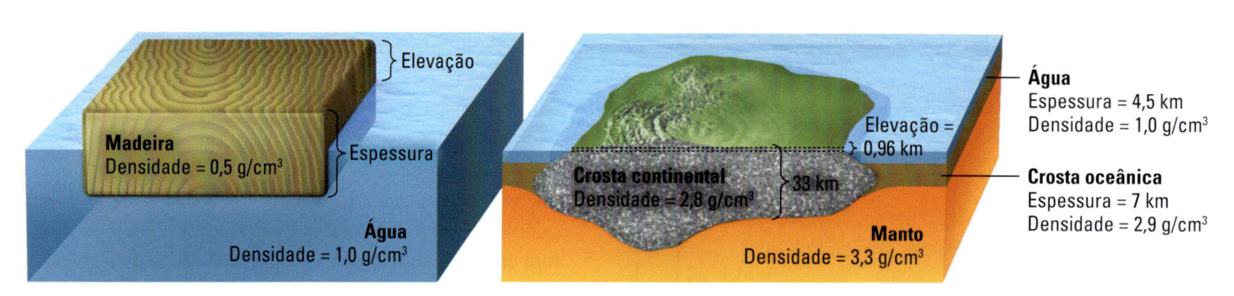

O princípio da isostasia explica quão elevado um bloco de madeira flutua na água e, também, quão elevado um continente situa-se acima do nível do mar.

O limite núcleo-manto

No **limite núcleo-manto**, cerca de 2.890 km abaixo da superfície, ocorre a variação mais extrema nas propriedades encontradas em qualquer lugar do interior da Terra. O caminho das ondas sísmicas refletidas nesse limite permite aos sismólogos afirmarem que se trata de uma interface muito nítida. O material varia abruptamente de uma rocha silicática sólida para uma liga de ferro líquida. Devido à completa perda de rigidez, a velocidade das ondas S cai de cerca de 7,5 km/s para zero, e a velocidade das ondas P cai de mais de 13 km/s para próximo de 8 km/s, originando a zona de sombra do núcleo. A densidade, por outro lado, aumenta cerca de 4 g/cm^3 (ver Figura 11.7). Esse grande salto no valor da densidade, que é ainda maior que aquele verificado entre a densidade da atmosfera e a litosfera na superfície sólida da Terra, mantém a fronteira núcleo-manto plana (você poderia andar de skate nela!) e impede qualquer mistura, em larga escala, do manto com o núcleo.

O limite núcleo-manto parece ser um lugar muito ativo. O calor conduzido para fora do núcleo deveria aumentar as temperaturas na base do manto em até 1.000ºC (ver Figura 11.10). Na verdade, as ondas sísmicas que passam próximas à base do manto mostram complicações peculiares, sugerindo uma região de excepcional atividade geológica. Em uma delgada camada acima do limite núcleo-manto, há uma forte diminuição (10% ou mais) da velocidade das ondas sísmicas, o que pode ser uma indicação de que o manto em contato com o núcleo é parcialmente fundido, pelo menos em certos lugares. Notamos, no Capítulo 5, que alguns geólogos acreditam que essa região quente seja a fonte das plumas do manto que ascendem até a superfície da Terra, criando pontos quentes vulcânicos, como os do Havaí e de Yellowstone.

A camada limitante mais inferior do manto, uma zona de cerca de 300 km de espessura, pode também ser o cemitério final de algum material litosférico subduzido, como as porções mais densas da crosta oceânica, ricas em ferro. É possível que essa zona seja uma versão de cabeça para baixo da tectônica que vemos na superfície da Terra. Por exemplo, a acumulação de material pesado e rico em ferro deve formar "anticontinentes" quimicamente distintos que são constantemente empurrados de um lado para o outro da fronteira núcleo-manto pelas correntes de convecção. Ainda temos muito a aprender sobre os processos geológicos que se encontram ativos nessa estranha região.

O núcleo

Muitas linhas de evidência apoiam a hipótese de que o núcleo da Terra é composto de ferro e níquel. Esses metais são abundantes no cosmos (ver Capítulo 1); além disso, são densos o suficiente para explicar a massa do núcleo (cerca de um terço da massa total princípio de Arquimedes afirma que as duas quantidades (massa do bloco e massa da água deslocada) devem ser iguais:

$$\text{densidade da madeira} \times \text{espessura da madeira} =$$
$$\text{densidade da água} \times \text{espessura da água deslocada} =$$
$$\begin{matrix}\text{densidade} \\ \text{da água}\end{matrix} \times \left(\begin{matrix}\text{espessura} \\ \text{da madeira}\end{matrix} - \begin{matrix}\text{elevação} \\ \text{da madeira}\end{matrix}\right)$$

Podemos solucionar a última equação algébrica para encontrar a elevação:

$$\begin{matrix}\text{elevação} \\ \text{da madeira}\end{matrix} = \left(1 - \frac{\text{densidade da madeira}}{\text{densidade da água}}\right) \times \begin{matrix}\text{espessura} \\ \text{da madeira}\end{matrix}$$

A expressão entre parênteses é chamada de "fator de flutuabilidade", porque nos diz quanto da espessura da madeira ficará acima da superfície da água. Uma madeira leve, como um pinheiro jovem, tem apenas metade da densidade da água, portanto seu fator de flutuabilidade é

$$1 - \frac{0{,}5\ \text{g/cm}^3}{1{,}0\ \text{g/cm}^3} = 0{,}5$$

O bloco de pinheiro flutuará mais elevado, com metade do volume para fora da água. Porém, no caso de um carvalho velho, que tem densidade de 0,9 g/cm^3, o fator de flutuabilidade é de apenas 0,1, então o bloco flutuará menos elevado, com somente um décimo de sua espessura acima da água.

Se a crosta continental (densidade = 2,8 g/cm^3) flutuasse sozinha sobre o material mantélico (3,3 g/cm^3), a equação anterior poderia ser aplicada para dar a elevação continental simplesmente substituindo "madeira" por "continente" e "água" por "manto". No entanto, devemos considerar a crosta oceânica (2,9 g/cm^3) e a água oceânica (1,0 g/cm^3) que também flutuam sobre o manto. Uma vez que essas duas camadas preenchem as bacias oceânicas em torno dos continentes, devemos subtrair, da elevação continental, a altura que cada uma dessas camadas individualmente flutuaria acima do manto, dada pelo fator de flutuabilidade multiplicado pela espessura. Portanto, a equação isostática para os continentes tem três termos, um positivo e dois negativos:

elevação continental =

$$\left(1 - \frac{\text{densidade da crosta continental}}{\text{densidade mantélica}}\right) \times \text{espessura continental}$$
$$- \left(1 - \frac{\text{densidade da crosta oceânica}}{\text{densidade mantélica}}\right) \times \begin{matrix}\text{espessura da crosta} \\ \text{oceânica}\end{matrix}$$
$$- \left(1 - \frac{\text{densidade da água oceânica}}{\text{densidade mantélica}}\right) \times \begin{matrix}\text{espessura da} \\ \text{água oceânica}\end{matrix}$$

Usando espessuras de 33 km e 7 km para as crostas continental e oceânica, respectivamente, e uma profundidade de água de 4,5 km, obtemos

elevação continental =

$$(0{,}15 \times 33\ \text{km}) - (0{,}12 \times 7{,}0\ \text{km}) - (0{,}7 \times 4{,}5\ \text{km})$$
$$= 0{,}96\ \text{km cima do nível do mar}$$

Esse resultado é consistente com a distribuição global da topografia terrestre (ver Figura 1.7).

Por causa da isostasia, a elevação é um indicador sensível da espessura crustal, de modo que as regiões de elevação mais baixa devem ter crosta mais delgada (ou maior densidade média), enquanto regiões de elevação mais alta, como o Planalto do Tibete, devem ter crosta mais espessa (ou menor densidade média).

O princípio da isostasia explica a altura que um bloco de madeira flutua na água e a altura com que um continente flutua acima do nível do mar.

PROBLEMA EXTRA: A elevação média do Planalto do Tibete é de aproximadamente 5 km acima do nível do mar. Use a equação isostática para continentes para calcular a espessura média da crosta nessa região, presumindo que sua densidade média seja de 2,8 g/cm^3.

da Terra) e para darem suporte à teoria de que o núcleo formou-se por diferenciação gravitacional (ver Capítulo 20). Essa hipótese, primeiramente formulada por Emil Wiechert no final do século XIX, foi reforçada pela descoberta de meteoritos constituídos quase exclusivamente de ferro e níquel, que, presumivelmente, originaram-se a partir da quebra de um corpo planetário que também tinha um núcleo de ferro-níquel (ver Figura 1.9).

As medidas de laboratório feitas sob pressão e temperatura adequadas têm levado a uma ligeira revisão dessa hipótese. Uma liga de ferro-níquel pura precisa ser cerca de 10% mais densa para se ajustar aos dados do núcleo externo. Os geólogos têm proposto, dessa maneira, que o núcleo deve incluir uma menor quantidade de alguns elementos mais leves. O oxigênio e o enxofre são fortes candidatos, embora a composição precisa permaneça objeto de pesquisa e debate.

A sismologia conta-nos que o núcleo sob o manto é líquido, mas esse estado não se mantém em todo o núcleo da Terra. Como inicialmente descobriu Lehmann, as ondas P que penetram a profundidades de 5.150 km aumentam sua velocidade repentinamente, indicando a presença de um *núcleo interno*, uma esfera metálica com dois terços do tamanho da Lua. Os sismólogos recentemente mostraram que o núcleo interno transmite ondas de cisalhamento, confirmando as especulações anteriores de que ele é sólido. De fato, alguns cálculos sugerem que o núcleo interno gira a uma velocidade um pouco mais rápida que o manto, agindo como "um planeta dentro de outro planeta".

O centro verdadeiro do planeta não é um lugar onde você gostaria de estar. As pressões são imensas, da ordem de 4 milhões de vezes a pressão atmosférica na superfície terrestre. E ele é, também, como veremos, muito quente.

A temperatura interna da Terra

A evidência do calor no interior da Terra está em todo lugar: vulcões, fontes de águas quentes e temperaturas elevadas em minas e furos de sondagem. O calor interno impulsiona a convecção do manto, que move o sistema de placas tectônicas, bem como o geodínamo do núcleo, o qual produz o campo magnético terrestre.

O calor no interior da Terra vem de diversas fontes. Durante a violenta origem do planeta, a energia cinética liberada pelos impactos com planetesimais aqueceu sua região mais externa, enquanto a energia gravitacional liberada por diferenciação do núcleo aqueceu seu interior (ver Capítulo 20). A desintegração dos isótopos radioativos no interior da Terra continua a gerar calor.

Depois de formada, a Terra começou a se resfriar, processo esse que continua até hoje, à medida que o calor flui do interior quente até a superfície fria. A temperatura do interior do planeta resulta de um balanço entre o calor ganho e aquele perdido.

O fluxo de calor através do interior da Terra

A Terra esfria de duas maneiras: por meio de um transporte vagaroso de calor, por condução, e por meio de um transporte mais rápido, por convecção. A condução domina na litosfera, enquanto a convecção ocorre na maior parte do interior do planeta.

A condução através da litosfera A energia calorífica existe no meio material à medida que os átomos vibram; quanto mais alta é a temperatura, mais intensas são as vibrações. A **condução** do calor ocorre quando os átomos e as moléculas agitados termicamente empurram uns aos outros, transferindo mecanicamente o movimento de vibração da região quente para a região fria. Por esse processo, o calor é conduzido das regiões de alta temperatura para as de baixa temperatura.

A capacidade de conduzir o calor varia entre os materiais. Os metais conduzem melhor o calor do que os plásticos (pense quão rapidamente o cabo metálico de uma frigideira se aquece em comparação com o cabo feito de plástico). O solo e as rochas são maus condutores de calor, sendo essa a razão pela qual os canos enterrados são menos suscetíveis ao congelamento que aqueles que ficam em cima do solo. As rochas são tão más condutoras de calor, que um fluxo de lava de 100 m de espessura e 1.000°C leva cerca de 300 anos para resfriar-se até atingir a temperatura da superfície. Além disso, o tempo de resfriamento de uma camada aumenta proporcionalmente ao quadrado da taxa de aumento de sua espessura. Por exemplo, um fluxo de lava duas vezes mais espesso (200 m) levaria o quádruplo do tempo para se resfriar (cerca de 1.200 anos).

A condução do calor através da superfície mais externa da litosfera é a causa do seu vagaroso resfriamento no tempo. À medida que ela esfria, sua espessura aumenta, justamente como ocorre com a crosta fria sobre a cera quente em uma tigela, que se torna espessa com o passar do tempo. As rochas, assim como a cera, contraem-se, tornando-se mais densas com o decréscimo da temperatura, de modo que a densidade média da litosfera deve aumentar com o tempo, e, pelo princípio da isostasia, sua superfície deve afundar para níveis mais baixos. De igual modo, as dorsais mesoceânicas permanecem elevadas, porque lá a litosfera é mais nova, fina e quente, enquanto as planícies abissais são profundas, porque a litosfera é antiga, fria, espessa e densa.

A partir dessas considerações, os geólogos construíram uma simples, mas precisa, teoria da topografia do assoalho oceânico, que usa o resfriamento condutivo para explicar as feições de macroescala das bacias oceânicas. A teoria prediz que a profundidade dos oceanos deveria depender, primordialmente, da idade do assoalho oceânico. Como a profundidade de subsidência decorrente do resfriamento é proporcional à raiz quadrada do tempo de resfriamento, a profundidade dos oceanos também deveria aumentar proporcionalmente à raiz quadrada de sua idade. Em outras palavras, o assoalho oceânico, com 40 milhões de anos de idade, deveria ter retrocedido uma profundidade duas vezes maior do que se tivesse 10 milhões de anos (porque $\sqrt{40/10} = \sqrt{4} = 2$). Essa relação matemática simples ajusta-se incrivelmente bem à topografia do assoalho oceânico próximo à dorsal mesoceânica, como demonstrado na Figura 11.9.

O resfriamento condutivo da litosfera dá ensejo a uma grande variedade de outros fenômenos geológicos, incluindo a subsidência da margem continental passiva e o desenvolvimento de bacias sedimentares por subsidência termal (ver Capítulo 6). Ele explica por que o calor que flui para fora da litosfera oceânica é mais intenso próximo aos centros de expansão e decresce à medida que a litosfera oceânica fica mais antiga. Ele também nos conta por que a espessura média da litosfera oceânica é de aproximadamente 100 km. A formulação dessa teoria foi um dos grandes sucessos da teoria da tectônica de placas.

Entretanto, o resfriamento condutivo não explica todos os aspectos do fluxo de calor através da superfície externa da Terra. Os geólogos marinhos descobriram que o assoalho oceânico mais antigo que 100 milhões de anos não continua a subsidir, como uma teoria simples poderia predizer. Porém, o resfriamento condutivo simples é demasiadamente ineficiente para dar conta do resfriamento da Terra durante toda a sua história. Pode ser mostrado que, se a Terra de 4,5 bilhões de anos tivesse esfriado apenas por condução, muito pouco do calor das profundidades maiores que 500 km teria alcançado a sua superfície. O manto, o qual foi fundido nos primórdios da história da Terra, estaria muito mais quente do que está agora. Para entender esses fatos, devemos considerar o segundo modo de transporte de calor, a convecção, que é mais eficiente do que a condução para extrair calor do interior da Terra.

A convecção no manto e no núcleo A convecção ocorre quando um fluido aquecido, líquido ou gasoso, expande-se e sobe porque se torna menos denso que o material circundante. O material mais frio flui para baixo, tomando o lugar do fluido quente que subiu, e, aí, ele se aquece e sobe para continuar o ciclo. Esse processo, chamado de **convecção**, transfere o calor mais eficientemente que a condução, pois o material aquecido move-se transportando o calor com ele. A convecção é o mesmo

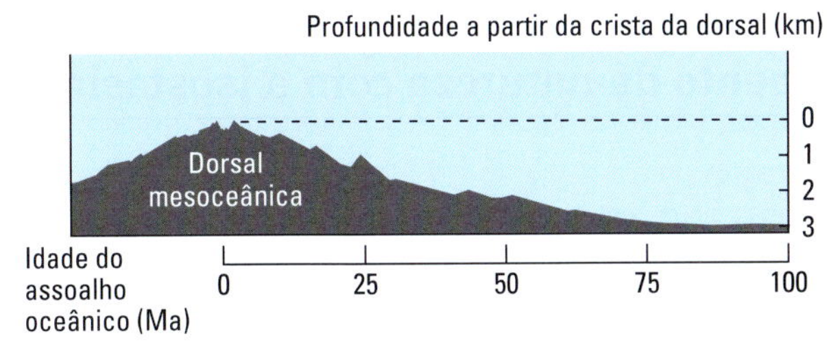

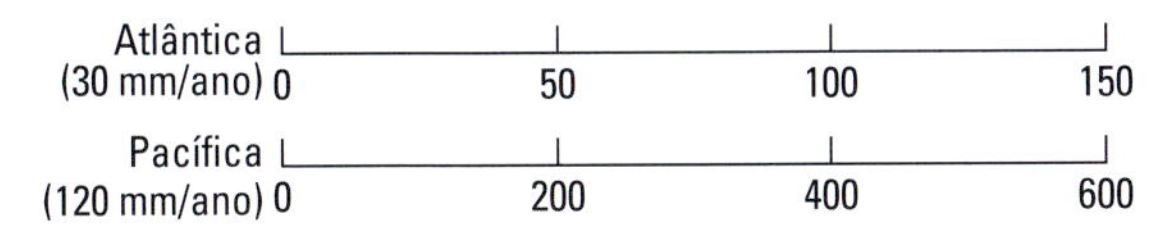

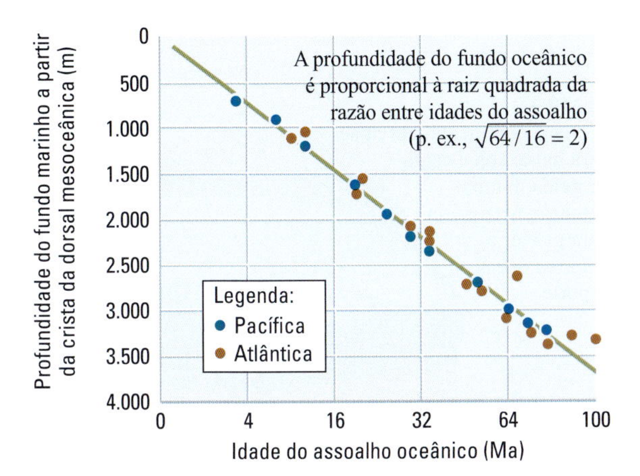

FIGURA 11.9 Topografia da dorsal mesoceânica dos oceanos Atlântico e Pacífico, mostrando como a profundidade do fundo do oceano aumenta proporcionalmente à raiz quadrada da idade da litosfera à medida que as placas se afastam dos centros de expansão. A mesma curva teórica, que é derivada da suposição de que a litosfera resfria-se por condução, ajusta-se aos dados para ambas as bacias oceânicas, embora a expansão do assoalho no Pacífico seja muito mais rápida que no Atlântico.

processo pelo qual ocorre o aquecimento da água em uma chaleira (ver Figura 1.15). Os líquidos são maus condutores de calor, de modo que a água em uma chaleira levaria um longo tempo para atingir o ponto de ebulição, se a convecção não distribuísse o calor rapidamente. A convecção move o calor quando uma chaminé exaure bem, quando a fumaça quente do cigarro sobe ou, ainda, quando as nuvens se formam em um dia quente.

Já vimos como as ondas sísmicas revelam que o núcleo externo é líquido. Outros tipos de dados demonstram que o material rico em ferro no núcleo externo tem baixa viscosidade e pode, portanto, mover-se por convecção muito facilmente. O movimento convectivo no núcleo externo move o calor através deste muito eficazmente e gera o campo magnético terrestre, um fenômeno que examinaremos com mais detalhes ainda neste capítulo. No limite núcleo-manto, o calor do núcleo flui para o manto.

A existência da convecção no manto sólido é mais surpreendente, porém devemos considerar que as rochas do manto subjacente à litosfera comportam-se como um material dúctil; por longos períodos, podem fluir como um fluido bastante viscoso (ver Jornal da Terra 11.1). Como discutido nos Capítulos 1 e 2, a expansão do assoalho oceânico e a tectônica de placas são evidências diretas do funcionamento atual dessa convecção no estado sólido. O soerguimento da matéria quente sob a dorsal mesoceânica constrói uma nova litosfera, a qual é resfriada à medida que vai se distanciando. Dado um certo tempo, ela mergulha para dentro do manto, onde é finalmente reabsorvida e reaquecida. Por esse processo, o calor é carregado do interior para a superfície.

As temperaturas no interior da Terra

Os geólogos têm muitos motivos para querer entender o *gradiente geotérmico* – o aumento de temperatura com a profundidade – no interior da Terra. A temperatura e a pressão determinam o estado da matéria (sólida ou fundida), sua viscosidade (resistência ao fluxo) e como os átomos se dispõem no empacotamento do cristal. A curva que descreve como a temperatura aumenta com a profundidade é chamada de **geoterma**. Na **Figura 11.10**, comparamos uma possível geoterma

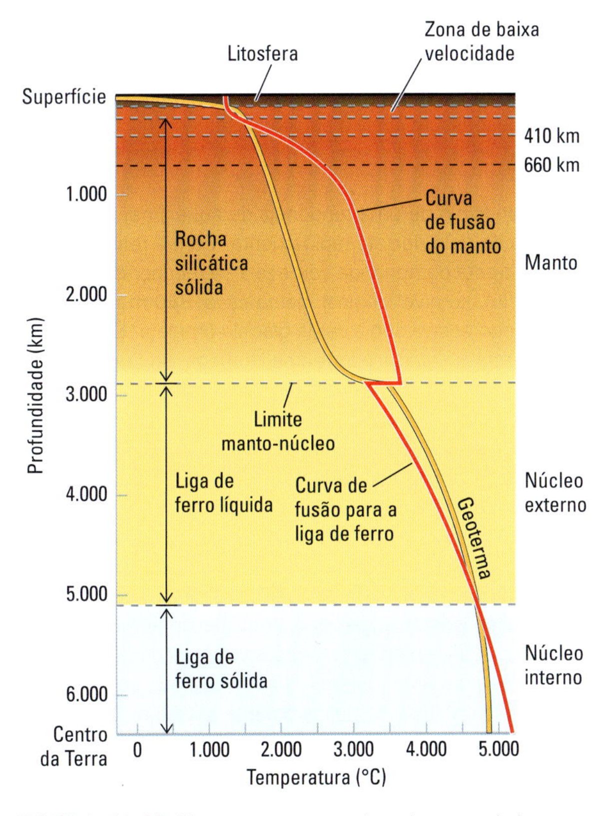

FIGURA 11.10 Uma geoterma estimada, a qual descreve como a temperatura aumenta com a profundidade na Terra (linha amarela). A primeira vez em que a geoterma fica acima das temperaturas da curva de fusão – a temperatura na qual o peridotito começa a se fundir (linha vermelha) –, ocorre no manto superior, formando a zona parcialmente fundida e de baixa velocidade. Ela faz isso novamente no núcleo externo, onde a liga de ferro e níquel está em um estado líquido. A geoterma cai abaixo das temperaturas da curva de fusão através da maior parte do manto e no núcleo interno sólido.

Jornal da Terra 11.1 Recuperação isostática glacial: o experimento da natureza com a isostasia

Se pressionarmos uma rolha flutuando na água com o dedo e depois a soltarmos, ela pula quase instantaneamente. Uma rolha que flutua no melado sobe mais lentamente porque a resistência do fluido viscoso desacelera o processo. Como seria conveniente se, em algum lugar, pudéssemos empurrar a crosta terrestre para baixo, retirar a força depressiva e, então, sentar e assistir a ascensão da área comprimida. Com base na resposta, poderíamos aprender muito mais sobre como funciona a isostasia, sobretudo a viscosidade do manto e como ela afeta as taxas de movimento epirogênico (soerguimento e subsidência).

Na verdade, a natureza realizou esse experimento para nós. A força depressiva é o peso de uma geleira continental – um manto de gelo com 2 a 3 km de espessura. Durante o início de uma idade do gelo, mantos de gelo podem se formar em apenas alguns milhares de anos. A imensa carga de gelo comprime a crosta e desenvolve-se uma protuberância inversa sob o manto de gelo, deslocando uma porção suficiente do manto para fornecer suporte flutuante. Utilizando a informação do Pratique um Exercício de Geologia e as densidades do gelo (0,92 g/cm^3) e do material mantélico (3,3 g/cm^3), podemos calcular a reentrância necessária para que um manto de gelo com 3 km de espessura atinja o equilíbrio isostático:

$$(0{,}92\ g/cm^3 \div 3{,}3\ g/cm^3) \times 3{,}0\ km = 0{,}84\ km$$

No princípio de uma tendência de aquecimento do clima, o manto de gelo derrete rapidamente. Com a retirada de seu peso, a crosta comprimida começa a se recuperar, ascendendo, por fim, ao nível original; neste caso, 840 m mais alta do que quando estava sob a carga glacial completa. Essa *recuperação isostática glacial* ocorreu na Noruega, na Suécia, na Finlândia, no Canadá e em qualquer outra região que costumava ser coberta por gelo. O manto de gelo mais recente recuou dessas áreas há aproximadamente 12 mil anos, e a região continental vem subindo desde então.

Podemos medir a taxa de soerguimento datando praias antigas que uma vez estiveram no nível do mar e foram soerguidas. A Figura 21.21 mostra uma série dessas praias no norte do Canadá que permitiram aos geólogos medir a velocidade da recuperação isostática glacial e, com isso, inferir as viscosidades dos materiais mantélicos. Essas viscosidades são bastante altas. Mesmo a astenosfera – a camada fraca onde ocorre a maior parte do fluxo mantélico durante a recuperação isostática glacial – tem uma viscosidade de magnitude de 10 ordens mais alta do que o vidro de sílica em temperaturas mantélicas.

TEMPO 1
Uma geleira continental começa a se formar e continua a se espessar durante milhares de anos no início de uma idade do gelo.

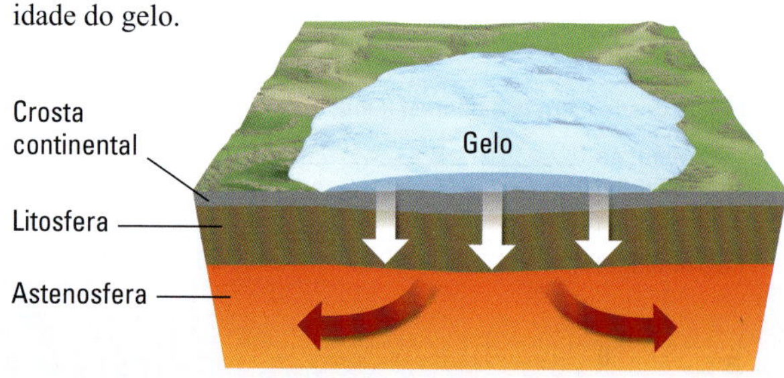

TEMPO 2
A crosta continental curva-se para baixo sob a carga de gelo em uma extensão necessária para prover o empuxo que a suporte.

TEMPO 3
No fim da idade do gelo, o rápido aquecimento do clima funde a geleira. A crosta deprimida começa a recuperação isostática.

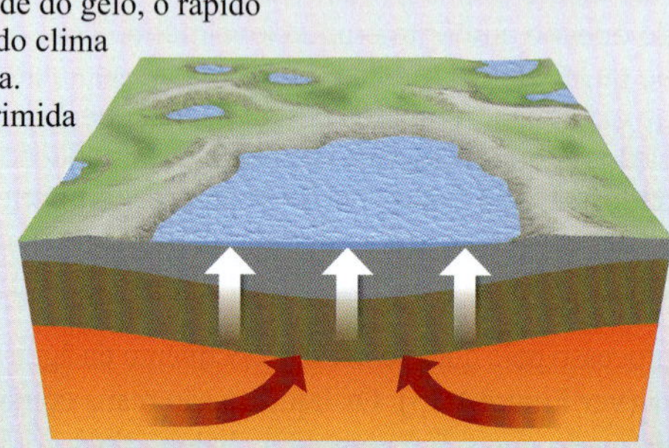

TEMPO 4
A recuperação continua até depois da geleira ter se fundido, e a crosta vagarosamente retorna até sua elevação da época da pré-idade do gelo.

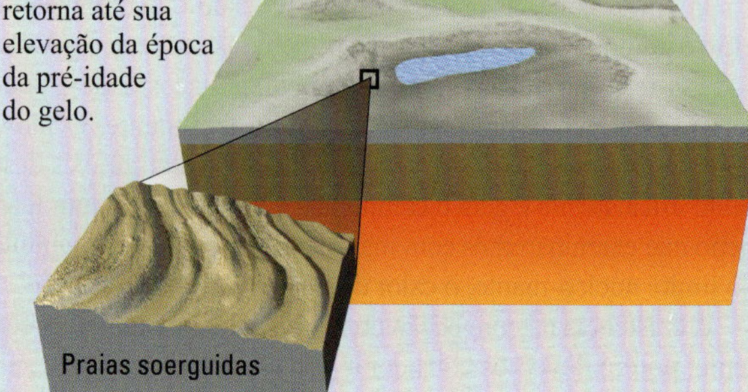

O princípio da isostasia explica a recuperação isostática glacial. Taxas de soerguimento medidas em praias soerguidas possibilitam que geólogos infiram as viscosidades do manto, inclusive a da astenosfera, onde ocorre a maior parte do fluxo mantélico durante o soerguimento.

(em amarelo) com as curvas de fusão para os materiais mantélico e do núcleo (em vermelho). As curvas de fusão mostram como o início da transição da fase sólida para a líquida depende da pressão, que aumenta com a profundidade.

Próximo à superfície, os geólogos podem medir diretamente a temperatura, seja em minas com profundidades de 4 km, seja em furos de sondagem com profundidades de 10 km. Eles observaram que o gradiente geotérmico é de 20 a 30ºC por quilômetro na crosta continental normal. As condições abaixo da crosta podem ser inferidas a partir das lavas e das rochas eruptivas dos vulcões. Os dados indicam que as temperaturas próximas à base da litosfera variam de 1.300 a 1.400ºC. Como mostra a Figura 11.10, são nessas temperaturas que a geoterma fica acima do ponto de fusão das rochas do manto. A geoterma cruza para temperaturas acima da curva de fusão a uma profundidade aproximada de 100 km sob a maior parte da crosta oceânica, e de 150 a 200 km sob a maior parte da crosta continental. Dessa profundidade até 200 a 250 km, onde a geoterma fica abaixo da curva de fusão, o material mantélico é parcialmente fundido. Essas observações são consistentes com a existência de uma zona de onda de cisalhamento de baixa velocidade (ver Figura 11.8), bem como com evidências sugestivas de que o magma basáltico é produzido por fusão parcial da parte superior da astenosfera.

A queda do gradiente geotérmico próxima à superfície da Terra informa-nos que o calor é transportado por condução através da litosfera. Abaixo dessa profundidade, a temperatura não aumenta tão rapidamente. Se assim fosse, as temperaturas nas partes mais profundas do manto seriam tão altas (dezenas de milhares de graus) que o manto inferior seria fundido, o que é inconsistente com as observações sismológicas. Em vez disso, a variação da temperatura com a profundidade cai em torno de 0,5 ºC por quilômetro, que é o gradiente geotérmico em um manto convectivo. Essa redução ocorre porque a convecção, ao misturar o material mais frio próximo ao topo com o mais quente em grandes profundidades, produz uma média das diferenças de ambas temperaturas (justamente como as temperaturas são amornadas quando você mistura leite frio ao café quente em sua xícara).

As mudanças de fase – observadas com o aumento acentuado da velocidade sísmica – ocorrem na zona de transição nas profundidades de 410 e 660 km (ver Figura 11.8). As profundidades (e, assim, as pressões) nas quais essas mudanças de fase ocorrem podem ser precisamente determinadas pela sismologia, de modo que as temperaturas em que ocorrem também podem ser determinadas usando-se experimentos em laboratório de altas pressões. Os valores obtidos em laboratório são consistentes com as geotermas mostradas na Figura 11.10.

Os geólogos têm informações muito limitadas sobre as temperaturas em grandes profundidades. A maioria concorda que a convecção estende-se através do manto, misturando o material verticalmente e mantendo o gradiente geotérmico baixo. Contudo, próximo à base do manto, esperamos que a temperatura aumente mais rapidamente porque a fronteira núcleo-manto restringe a mistura vertical. Os movimentos convectivos próximos ao limite núcleo-manto, assim como aqueles próximo à crosta, são primordialmente horizontais mais que verticais. Nessa camada de fronteira, o calor é transportado do núcleo para o manto principalmente por condução. Para transportar o calor com suficiente rapidez, o gradiente nessa camada também deve ser alto, como ocorre na litosfera. Isso porque a taxa pela qual o calor flui é proporcional ao gradiente geotérmico.

A sismologia mostra-nos que o núcleo externo é líquido, o que implica que sua temperatura deve exceder o ponto de fusão da liga de ferro que o constitui. Dados de laboratório indicam que essa temperatura é, provavelmente, maior que 3.000ºC e é consistente com o alto gradiente geotérmico esperado pelo modelo de convecção previsto na base do manto. O núcleo interno, por outro lado, é sólido. Como sua composição de ferro e níquel é quase igual à do núcleo externo, então a fronteira núcleo interno-núcleo externo deveria corresponder à profundidade onde a geoterma cruza a curva de fusão para o material do núcleo. Essa hipótese implica que a temperatura no centro da Terra é ligeiramente menor que 5.000ºC.

Contudo, muitos aspectos dessa história podem ser debatidos, especialmente em relação às partes mais profundas da geoterma. Por exemplo, alguns geólogos acreditam que a temperatura no centro da Terra pode atingir até 6.000 ou 7.000ºC. Mais experimentos de laboratórios e melhores cálculos serão necessários para conciliar essas diferenças.

Visualizando a estrutura tridimensional da Terra

Até agora investigamos como as propriedades dos materiais da Terra variam com a profundidade. Tal descrição unidimensional seria suficiente se nosso planeta fosse uma esfera perfeita, mas, naturalmente, ele não é tão simétrico. Na superfície, podemos ver *variações laterais* (diferenças geográficas) na estrutura da Terra associadas com oceanos e continentes e com as feições básicas das placas tectônicas: centros de expansão nas dorsais mesoceânicas, zonas de subducção nas fossas de mar profundo e cinturões de montanhas soerguidas por colisões continente-continente.

Abaixo da crosta podemos esperar que a convecção cause variações na temperatura de uma parte para outra no manto. As correntes descendentes, como aquelas associadas com as placas litosféricas subduzidas, estarão relativamente frias; enquanto as correntes ascendentes, como as associadas com as plumas do manto, estarão relativamente quentes. Os modelos computacionais contam-nos que as variações laterais na temperatura, devido à convecção no manto, deveriam ser da ordem de diversas centenas de graus. A partir de experimentos com rochas em laboratório, sabemos que essas diferenças de temperatura devem causar pequenas variações nas velocidades das ondas sísmicas de um lugar para outro. Por exemplo, o aumento de 100°C da temperatura reduz a velocidade de uma onda S, que se desloca através do manto peridotítico, cerca de 1% (ou ainda mais se a rocha estiver próxima a seu ponto de fusão). Se o manto realmente estiver em convecção, a velocidade das ondas sísmicas deve variar, de um lugar para outro, em diversos pontos percentuais. Os sismólogos podem fazer mapas tridimensionais dessas pequenas variações laterais na velocidade das ondas usando a técnica de tomografia sísmica.

A tomografia sísmica

A **tomografia sísmica** é uma adaptação de uma técnica médica, comumente usada para mapear os corpos humanos, chamada de tomografia axial computadorizada (TAC*). Rastreadores tipo TAC constroem imagens tridimensionais dos órgãos, medindo pequenas diferenças nos raios X que varrem o corpo em muitas direções. Igualmente, podemos usar ondas sísmicas dos terremotos, gravadas por milhares de sismógrafos espalhados pelo mundo, para varrer o interior da Terra em muitas direções diferentes e, assim, construir uma imagem tridimensional de seu interior. Uma hipótese razoável, consistente com os experimentos de laboratório, é a de que as regiões onde as ondas sísmicas aumentam de velocidade são constituídas de rochas relativamente frias e densas (p. ex., litosfera subduzida), enquanto as regiões onde as ondas sísmicas movem-se mais devagar indicam um meio rochoso relativamente quente e flutuante (p. ex., plumas ascendentes).

A tomografia sísmica tem revelado feições no manto claramente associadas à convecção. Na década de 1990, pesquisadores da Universidade de Harvard construíram um modelo tomográfico do manto. O modelo é mostrado na **Figura 11.11** como uma seção transversal e uma série de mapas globais em diferentes profundidades que variam desde abaixo da crosta até a fronteira núcleo-manto. Próximo à superfície (Figura 11.11b), vê-se claramente a estrutura das placas tectônicas. A ascensão do material quente ao longo da dorsal mesoceânica é mostrada em cores quentes; a litosfera fria nas bacias oceânicas antigas e sob os crátons continentais é mostrada em cores frias.

Em maiores profundidades, as feições tornam-se mais variáveis e menos coerentes do que as das placas tectônicas superficiais, refletindo, provavelmente, o que seria um padrão complexo de convecção do manto. Contudo, algumas feições de grande proporção permanecem bem evidentes. Você poderá observar que, logo acima da fronteira núcleo-manto (Figura 11.11e), existe uma região vermelha, de velocidade relativamente baixa das ondas S, sob a parte central do Oceano Pacífico, circundada por um vasto anel azul de velocidades mais altas das ondas S. Os sismólogos especularam que as altas velocidades representam um "cemitério" de litosfera oceânica fria subduzida sob os arcos vulcânicos do Pacífico – o Anel de Fogo – durante os últimos 100 milhões de anos ou mais.

A secção transversal através do manto (Figura 11.11a) claramente revela o material originado da outrora grande Placa de Farallon, a qual foi quase completamente subduzida** sob a América do Norte (ver Capítulo 10). A laje tectônica que mergulha obliquamente (em azul) parece ter penetrado todo o manto. A imagem também indica que rochas mais frias estão mergulhando sob a Indonésia, que é outra zona de subducção. Além disso, um grande bulbo amarelo de rocha mais quente, tido como uma "superpluma", pode ser visto ascendendo em ângulo a partir do limite núcleo-manto para uma posição sob o sul da África. Essa massa flutuante quente empurra para cima o material mais frio sobre ela e pode explicar o soerguimento dos planaltos elevados da África do Sul. Os outros bulbos de materiais mais quentes e mais frios podem ser evidência de troca de material entre a litosfera, o manto e a camada de material mais quente da fronteira núcleo-manto.

O campo gravitacional da Terra

As mesmas variações de temperatura que aumentam e diminuem a velocidade das ondas sísmicas também mudam a densidade das rochas do manto. As experiências de laboratório mostram que a expansão da rocha devido a um aumento de 300ºC na temperatura reduz sua densidade em cerca de 1%. Parece um efeito pequeno, porém o manto é enorme (em torno de 4 sextilhões de toneladas!), de modo que pequenas mudanças na distribuição da massa podem levar a variações observáveis na força de atração da gravidade da Terra.

Os geólogos podem determinar o campo gravitacional e as feições da distribuição de massas na Terra observando o aumento e a diminuição na forma do planeta. Por meio de cuidadosa análise, eles conseguiram mostrar que a forma medida pelos satélites que orbitam a Terra concorda com o padrão de convecção do manto imageados pela tomografia sísmica (ver Jornal da Terra 11.2). Essa concordância lhes permitiu refinar seus modelos de sistemas de convecção do manto.

O campo magnético terrestre e o geodínamo

Como o manto, o núcleo externo da Terra transporta a maior parte do calor por convecção. Mas as mesmas técnicas que têm revelado tanto sobre a convecção no manto – a tomografia sísmica e o estudo do campo gravitacional da Terra – forneceram quase nenhuma informação sobre o núcleo. Por quê?

O problema tem a ver com a fluidez do núcleo externo. O manto é um sólido viscoso que flui muito lentamente. Como resultado, a convecção cria regiões onde as temperaturas são significativamente mais altas ou mais baixas que a geoterma média do manto. Podemos ver essas regiões na Figura 11.11 como lugares onde a velocidade das ondas sísmicas são menores ou maiores do que a média naquela profundidade. O núcleo externo, ao contrário, tem uma viscosidade muito baixa – seu material em fusão pode fluir tão facilmente quanto a água ou o mercúrio líquido. Mesmo pequenas variações na densidade, causadas pela convecção, são ligeiramente suavizadas pelo fluxo rápido sob a força da gravidade. Qualquer variação lateral na velocidade das ondas sísmicas, causada por convecção, seria demasiado pequena para os geólogos verem usando tomografia sísmica e tampouco causaria distorções mensuráveis na forma do planeta.

Contudo, podemos investigar a convecção no núcleo externo por meio da observação do campo geomagnético. No Capítulo 1, descrevemos brevemente o campo magnético e sua geração pelo geodínamo do núcleo externo. No Capítulo 2, investigamos as reversões magnéticas e o uso de anomalias magnéticas em rochas vulcânicas para medir a expansão do assoalho oceânico. Nesta seção, investigaremos a natureza do campo magnético da Terra e sua origem no geodínamo.

*N. de R.: Em inglês, CAT, iniciais da expressão *computerized axial tomography*.

**N. de T.: O termo "subducção" deriva do latim *subductus*, particípio, passado de *subducěre*: conduzir para baixo. Por isso, neste livro será utilizado o verbo "subduzir" e suas flexões para designar esse sentido.

(a) Seção tomográfica transversal

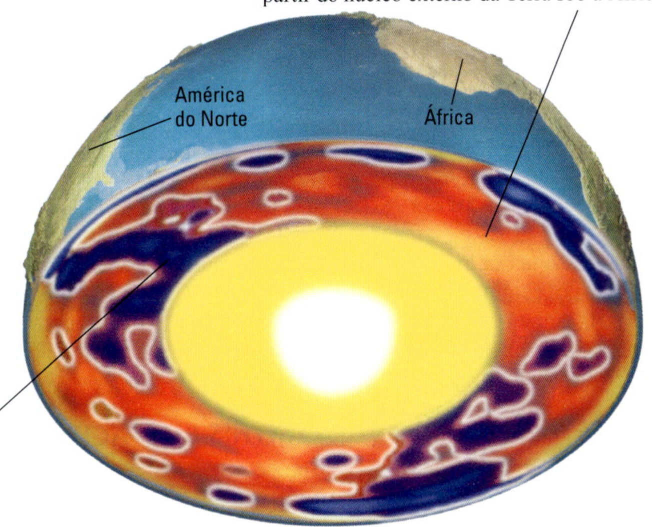

(b–e) Mapas globais em quatro profundidades diferentes

(b)

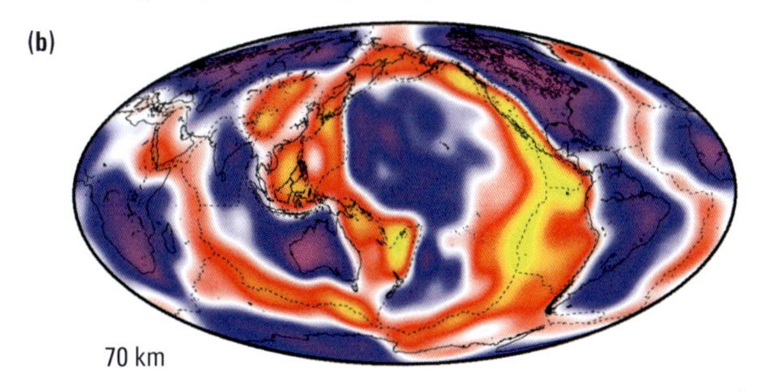

(c)

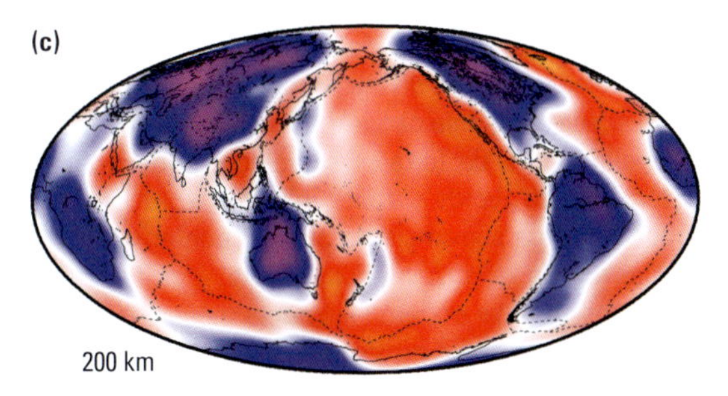

(d)

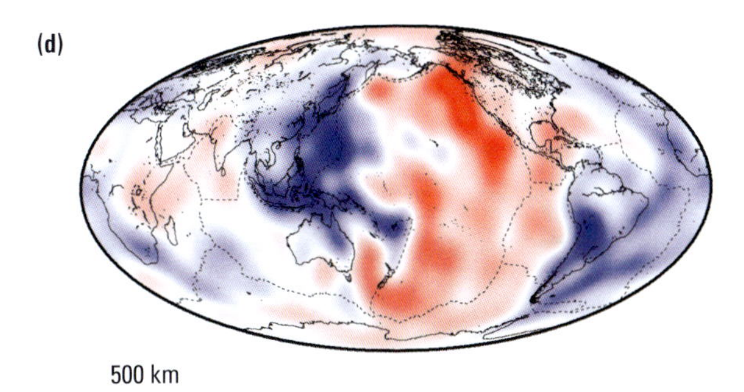

(e)

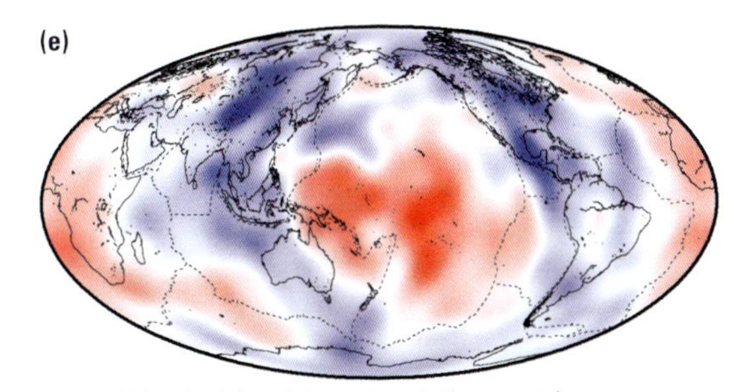

FIGURA 11.11 Um modelo tridimensional do manto da Terra criado por tomografia sísmica. As regiões com velocidades mais altas das ondas S (azul e violeta) indicam rochas mais frias e mais densas; as regiões com velocidades mais baixas das ondas S (amarelo e vermelho) indicam rochas mais quentes e menos densas. (a) Seção transversal da Terra. (b–e) Mapas globais em quatro profundidades diferentes. As variações nas velocidades das ondas S são medidas em relação ao valor médio em uma determinada profundidade; ou seja, as velocidades próximas a essa média são apresentadas em branco. [Seção transversal (a) de M. Gurnis, *Scientific American* (Março, 2001): 40; mapas (b–e) por L. Chen e T. Jordan, University of Southern California.]

Jornal da Terra 11.2 O geoide: a forma do planeta Terra

A superfície do oceano é arqueada para cima em lugares onde a força gravitacional é mais forte e, para baixo, onde a força gravitacional é mais fraca. A forma da superfície oceânica pode ser medida com precisão por altímetros de radar instalados em satélites. Medindo o movimento das ondas e outras flutuações, os oceanógrafos podem mapear variações de pequena proporção na gravidade, causadas por feições geológicas no assoalho oceânico, como falhas e montanhas submarinas. Variações de gravidade são também produzidas por feições muito maiores causadas por correntes de convecção do manto.

Um oceano perfeitamente imóvel teria uma superfície que se conforma àquilo que os geólogos chamam de *geoide*. A superfície de um corpo imóvel de água é perfeitamente "plana", no sentido de que a força da gravidade é perpendicular a essa superfície; de outra forma, a água fluiria "morro abaixo" para tornar a superfície mais plana. O geoide é definido como sendo uma superfície imaginária em relação a alguma referência elevada acima da Terra e ajustada para ser, em todo lugar, perpendicular à força gravitacional local. Como a superfície oceânica aproxima o geoide, geralmente tomamos a altura de referência como sendo o nível do mar. Quando medimos a altura de uma montanha em relação ao nível do mar, estamos realmente referindo a altura acima do geoide naquele ponto. Nesse sentido, o geoide é a exata "forma da Terra". Os geólogos podem usar a forma e o tamanho do geoide e a direção da força gravitacional em qualquer ponto da superfície do planeta e inferir como a densidade das rochas varia no interior da Terra.

Os altímetros de radar podem facilmente mapear o geoide sobre os oceanos, mas como podemos obter essa informação em terra? Descobrimos que o geoide pode ser medido na Terra inteira por satélites orbitais rastreadores. As variações tridimensionais da massa exercem uma pequena força no satélite, deslocando-o ligeiramente de sua órbita. Monitorando esses deslocamentos por longos períodos, os cientistas podem criar mapas bidimensionais do geoide tanto sobre continentes como oceanos.

Uma versão suavizada do geoide observado revela as feições em grande escala do campo gravitacional da Terra. Se considerarmos o nível do mar que existiria sobre a Terra caso não houvesse qualquer variação lateral de massa, a altura do geoide variaria desde um baixo, de cerca de –110 m em um ponto próximo da costa da Antártida, até uma altura de um pouco mais de 100 m, sobre a ilha da Nova Guiné no oeste do Pacífico.

O geoide mostra algumas similaridades para feições de grande proporção nas partes mais profundas do manto, as quais ficam visíveis ao compararmos o mapa do geoide com as Figuras 11.11d e 11.11e. A afirmação sugere que as variações tridimensionais na densidade das rochas e a velocidade das ondas S são ambas relacionadas a diferenças na temperatura vindas da convecção mantélica.

Os geofísicos Brad Hager e Mark Richards testaram essa hipótese em meados da década de 1980. Usando dados de laboratório para a calibração, eles primeiro calcularam as diferenças de densidade tridimensional das variações das velocidades das ondas sísmicas mapeadas por tomografia. Então, construíram um modelo computadorizado do fluxo convectivo supondo que as partes mais pesadas do manto estariam mergulhando enquanto as mais leves, ascendendo. Por fim, calcularam a forma do geoide que deveria estar de acordo com esse modelo de convecção. Você pode ver que o modelo deles coincide muito bem com o geoide observado, especialmente para as grandes feições. Essa concordância deu aos geólogos a confiança de que a variação da temperatura dentro do sistema de convecção do manto pode explicar o que vemos nas imagens sísmicas e no campo gravitacional.

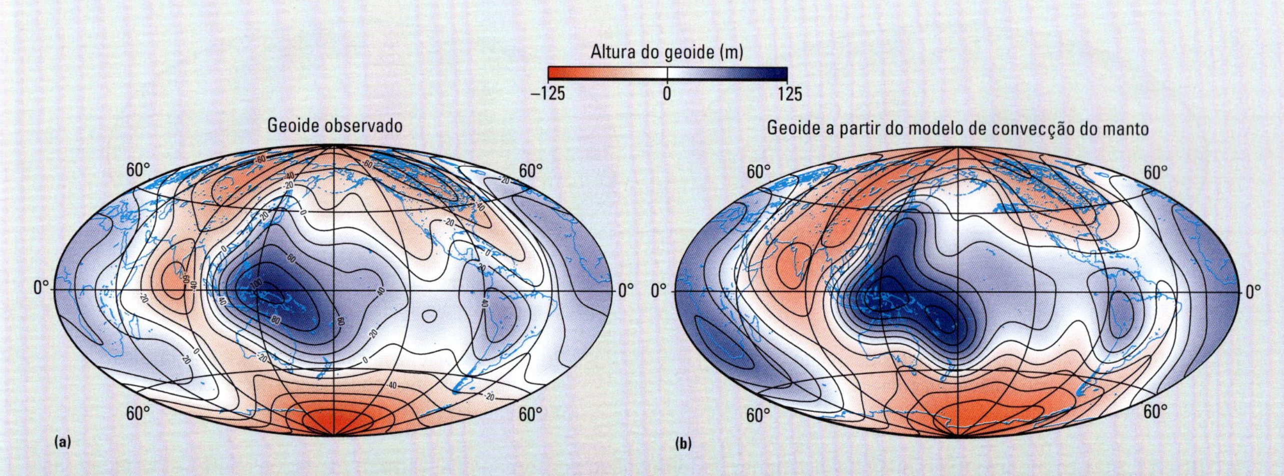

(a) Um mapa suavizado do geoide, ou "forma da Terra", obtido a partir das observações de satélite. As curvas de nível, expressas em metros, mostram como o nível do mar desvia de uma Terra ideal, sem qualquer variação lateral na densidade da rocha. (b) Um mapa do geoide calculado a partir de um modelo de convecção do manto, que é consistente com a estrutura de temperaturas mantélicas obtida da tomografia sísmica. Comparando as observações com o modelo teórico, os geólogos melhoraram seu entendimento do sistema de convecção do manto. [(a) NASA; mapa de L. Chen e T. Jordan; (b) modelo de B. Hager, Massachussets Institute of Technology; mapas de L. Chen e T. Jordan.]

O campo dipolar

O instrumento mais básico utilizado para detectar o campo magnético da Terra é a bússola magnética, inventada pelos chineses há mais de 22 séculos. Por centenas de anos, exploradores e capitães de navio usaram bússolas magnéticas para navegar, mas tinham pouco entendimento de como esses aparelhos antigos realmente funcionavam. Em 1600, William Gilbert, médico da Rainha Elizabeth I, forneceu uma explicação científica. Ele ofereceu a proposição de que "a Terra toda é um gigantesco ímã", cujo campo atua no pequeno ímã da agulha da bússola para alinhá-la na direção do polo magnético norte.

Os cientistas da época de Gilbert começaram a visualizar o campo magnético como linhas de força, como aquelas reveladas pelo alinhamento das limalhas de ferro em um pedaço de papel disposto sobre um ímã em forma de barra. Gilbert demonstrou que as linhas do campo geomagnético apontam para dentro do solo no polo norte magnético e para fora no polo sul magnético, como se uma poderosa barra magnetizada e, inclinada a 11° do eixo de rotação da Terra estivesse localizada no centro do globo (Figura 1.16). Em outras palavras, as linhas de força revelaram um campo magnético **dipolar** (dois polos).

A complexidade do campo magnético

Gilbert solucionou um problema importante para uma nação marítima dependente da bússola para a navegação, mas sua explicação estava apenas parcialmente correta. Hoje sabemos que a fonte do campo magnético é um geodínamo movido pela convecção do núcleo, e não um ímã permanente no centro da Terra (que seria destruído rapidamente pelas altas temperaturas no núcleo). O geodínamo é formado por movimentos convectivos rápidos no núcleo externo líquido, rico em ferro e condutor elétrico. O campo magnético produzido pelo geodínamo é bem mais complexo do que um simples campo dipolar e está constantemente mudando ao longo do tempo devido a esses movimentos de fluidos.

Algumas décadas após o famoso pronunciamento de Gilbert, observadores cuidadosos perceberam que o campo magnético muda com o passar do tempo. Não surpreende o fato de que algumas das melhores evidências dessas mudanças vêm das medições de bússolas sistematicamente registradas pela marinha britânica. Os navegadores tinham que corrigir os rumos das bússolas para dar conta do deslocamento do polo norte magnético (norte magnético) em relação ao polo norte rotacional (norte verdadeiro). Tais correções mostraram que o polo norte magnético estava movendo-se a taxas de 5° a 10° por século (**Figura 11.12**). Mal sabiam os marinheiros britânicos que essas mudanças eram causadas por movimentos convectivos profundos do núcleo da Terra!

Campos não dipolares Medidas na superfície terrestre revelaram que somente 90% do campo magnético pode ser descrito como o dipolo simples ilustrado na Figura 1.16. Os restantes 10%, aos quais os geólogos referem-se como *campos não dipolares**, têm uma estrutura mais complexa. Essa estrutura pode ser vista por meio da comparação do módulo do campo calculado para um campo dipolar simples (**Figura 11.13a**) com o campo observado (Figura 11.13b). Se extrapolarmos as linhas de campo ou isodinâmicas para a região inferior até a fronteira núcleo-manto usando um modelo computacional, o tamanho do campo não dipolar de fato aumenta relativamente ao tamanho do campo dipolar, como indicado pelas protuberâncias alaranjadas e azuladas no mapa da Figura 11.13c. O manto, um mau condutor, tende a suavizar as complexidades do campo magnético, fazendo o campo dipolar parecer maior do que realmente é.

*N. de T.: Também conhecidos como "anomalias magnéticas".

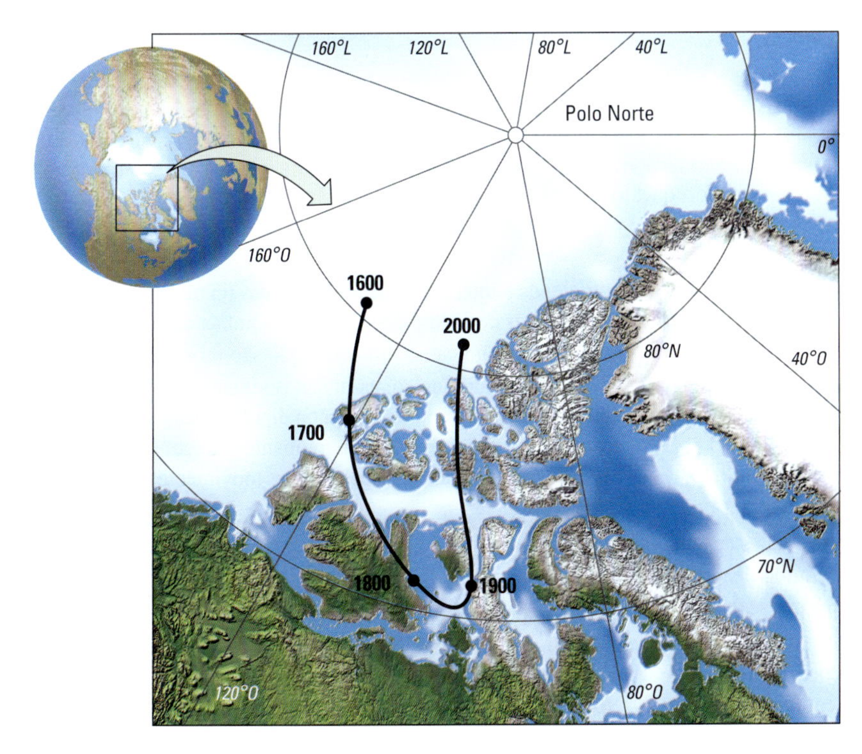

FIGURA 11.12 Trajeto do polo norte magnético, conforme mapeado por leituras de bússola e outras medições do campo magnético da Terra desde 1600. Mudanças na localização dos polos são causadas por movimentos convectivos no núcleo externo líquido da Terra.

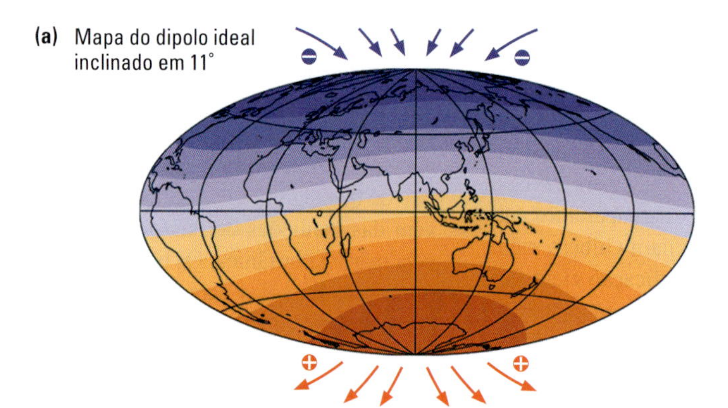

(b) Campo magnético mapeado na superfície em 2000 d.C.

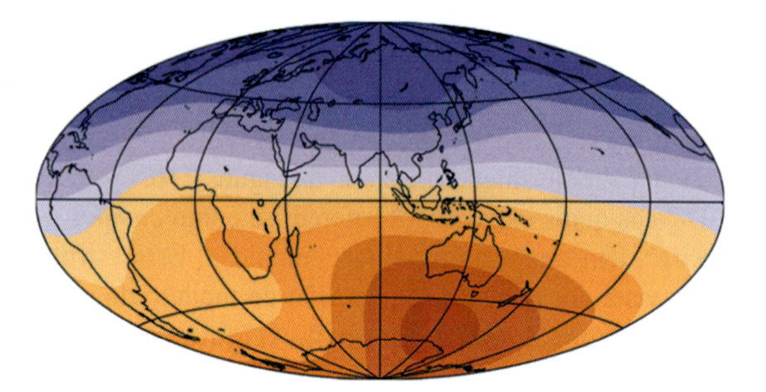

(c) Campo magnético mapeado no limite núcleo-manto em 2000 d.C.

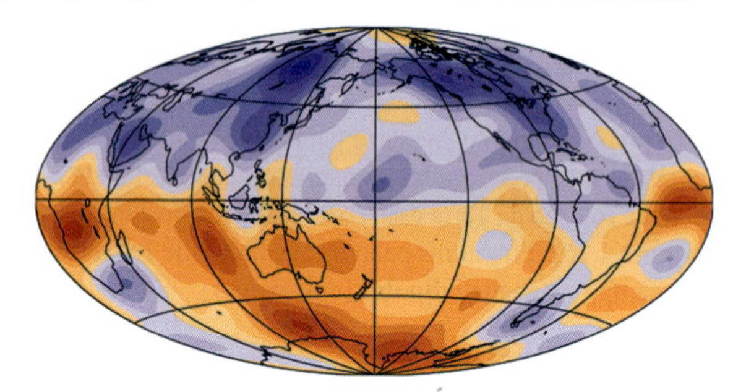

(d) Campo magnético mapeado no limite núcleo-manto em 1900 d.C.

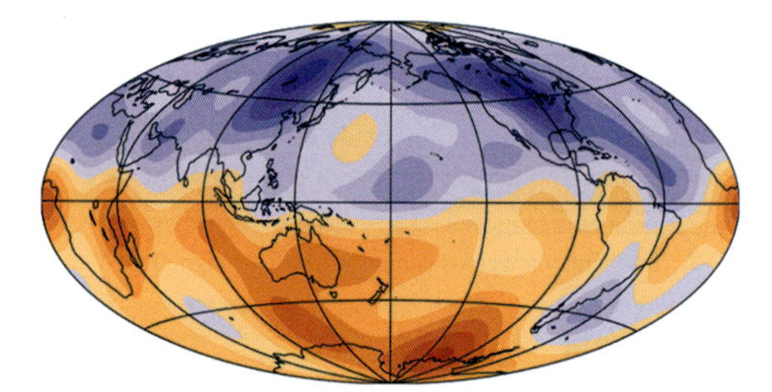

(e) Campo magnético mapeado no limite núcleo-manto em 1800 d.C.

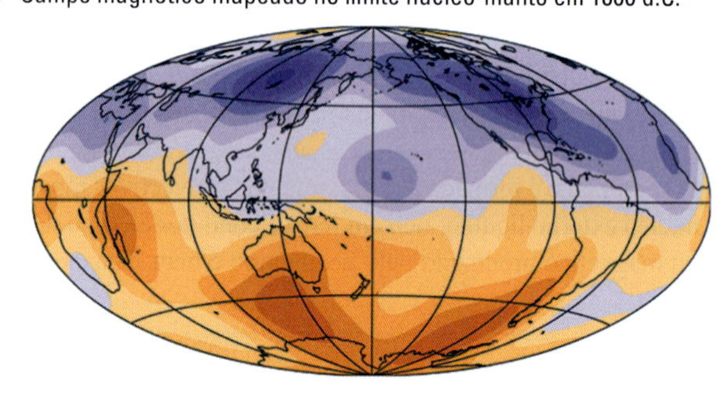

FIGURA 11.13 O campo magnético da Terra muda ao longo do tempo. A cor azul mostra a intensidade do campo que aponta para dentro, e a cor laranja mostra a intensidade do campo que aponta para fora. O campo magnético mapeado na superfície (b) é mais complexo do que um dipolo simples (a) e mostra mais complicações quando extrapolado para o limite núcleo-manto (c). As feições no campo não dipolar mudam com o tempo, como visto de (c) a (e), devido a convecção no núcleo externo líquido da Terra. [Dados para os mapas de J. Bloxham, Harvard University.]

Variação secular Registros magnéticos dos últimos 300 anos (muitos realizados pela marinha britânica) mostram que tanto a parte dipolar como a não dipolar de um campo são alteradas com o tempo, mas essa *variação secular* (relacionada com o tempo) é mais rápida para a parte não dipolar. A variação secular é mais evidente quando comparamos um mapa do campo magnético de hoje na fronteira núcleo-manto (Figura 11.13c) com mapas reconstruídos dos últimos séculos (ver Figura 11.13d-e). Mudanças na intensidade do campo ocorrem nas escalas de tempo de décadas e indicam que o movimento do fluido dentro do sistema de geodínamo é da ordem de milímetros por segundo.

Os cientistas podem usar a variação secular para entender a convecção no núcleo externo. Com computadores de alta capacidade, eles têm conseguido simular movimentos convectivos complexos e interações eletromagnéticas no núcleo externo que podem estar criando o geodínamo. As linhas de campo magnético ou isodinâmicas de tal simulação são mostradas na Figura 11.14. Longe do núcleo, as linhas isodinâmicas comportam-se aproximadamente como um campo dipolar, mas tornam-se mais complicadas próximas à fronteira manto-núcleo. Dentro do núcleo, elas são emaranhadas pelos fortes movimentos convectivos.

Reversão magnética Simulações de computadores também permitem-nos entender um comportamento fora do comum do sistema do geodínamo: a reversão espontânea do campo magnético. Como aprendemos no Capítulo 2, o campo magnético reverte sua direção a intervalos irregulares (variando de dezenas de milhares a milhões de anos), trocando os polos Norte e Sul como se o ímã, desenhado na Figura 1.16, fosse girado em 180º. As recentes simulações computadorizadas do geodínamo conseguiram reproduzir essas reversões esporádicas na ausência de qualquer fato desencadeador externo (Figura 11.14). Em outras palavras, é possível que o campo geomagnético reverta-se de modo espontâneo, puramente por meio de interações internas ao núcleo da Terra.

Esse comportamento ilustra uma diferença fundamental entre o geodínamo e os dínamos usados em usinas de geração de energia elétrica. Um dínamo impulsionado a vapor é um sistema artificial criado por humanos para fazer um trabalho específico. O geodínamo, ao contrário, exemplifica um *sistema natural auto-organizado* – aquele cujo comportamento não é predeterminado por vínculos externos, mas emerge de interações internas. Os outros dois geossistemas globais, a tectônica de placas e o clima, também mostram uma grande variedade de comportamentos auto-organizados. Tentar entender como esses

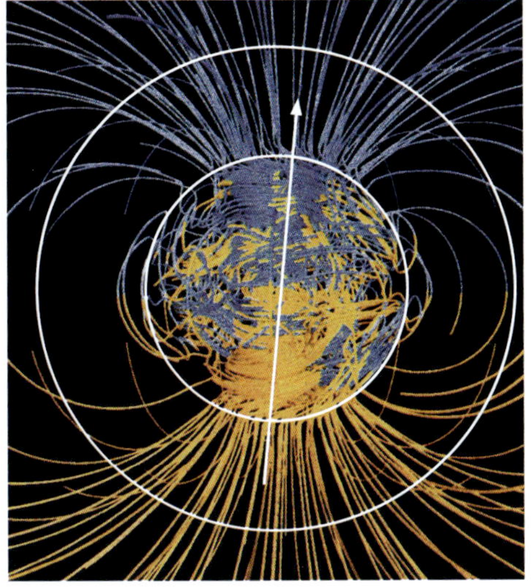

Tempo 1

Linhas de força magnéticas com orientação normal antes da reversão. As linhas de força no manto aproximam-se daquelas de um campo dipolar.

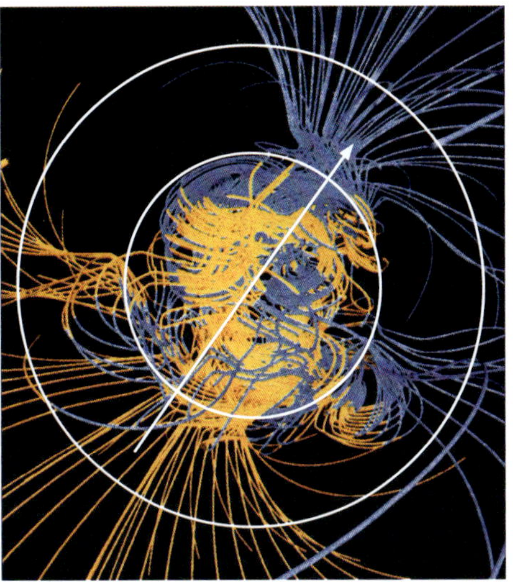

Tempo 2

Início da reversão magnética. O geodínamo espontaneamente começa a reorganizar-se, aumentando a complexidade das linhas de força no núcleo externo e diminuindo a intensidade da parte dipolar do campo magnético.

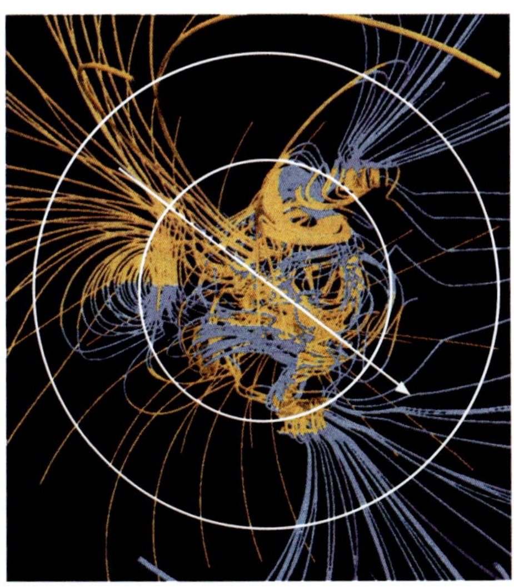

Tempo 3

A reversão segue com mudanças rápidas na estrutura do campo magnético, que continua a ter um componente dipolar fraco.

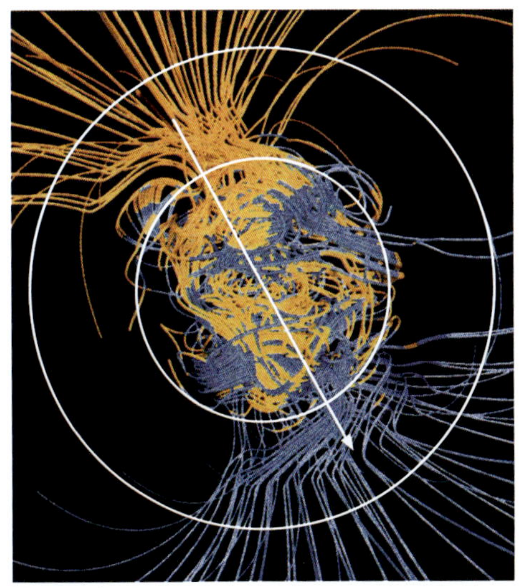

Tempo 4

A reversão está quase completa. O campo dipolar se refortalece, com o polo norte agora apontando para o sul.

FIGURA 11.14 Modelos computadorizados demonstraram que mudanças espontâneas no geodínamo poderiam causar reversões magnéticas. Os círculos grandes e pequenos mostram as posições da superfície da Terra e do limite núcleo-manto, respectivamente. [Cortesia de G. Glatzmaier, University of California, Santa Cruz.]

sistemas naturais organizam a si mesmos é um grande desafio da geociência moderna. Retornaremos a esses objetivos quando discutirmos o sistema do clima no Capítulo 12.

Paleomagnetismo

Vimos repetidamente como o registro geológico do magnetismo antigo, ou **paleomagnetismo**, tem se tornado uma fonte decisiva de informações para o entendimento da história da Terra. As anomalias magnéticas mapeadas sobre a crosta oceânica confirmaram a existência de centros de expansão do assoalho oceânico e, também, forneceram melhores dados para explicar como os movimentos das placas têm evoluído desde a separação da Pangeia, há 200 milhões de anos (ver Capítulo 2). O paleomagnetismo de rochas continentais antigas foi essencial para estabelecer a existência dos mais antigos supercontinentes, como a Rodínia (ver Capítulo 21).

Os cientistas usaram o paleomagnetismo para reconstruir a história do campo geomagnético da Terra. As rochas magnetizadas mais antigas encontradas até hoje, formadas há 3,5 bilhões de anos, indicam que a Terra tinha, naquela época, um campo magnético semelhante ao de hoje. A presença do magnetismo na maioria das rochas antigas é consistente com as ideias sobre a diferenciação da Terra, discutidas no Capítulo 1, as quais implicam um núcleo fluido que deve ter sido estabelecido muito cedo na história do planeta, há 4,5 bilhões de anos.

Vamos sondar um pouco mais profundamente os processos de formação das rochas que têm permitido aos geólogos esboçarem essas notáveis conclusões. Talvez seja útil consultar o material na Figura 2.12 e o texto que o acompanha à medida que você for lendo esta seção.

Magnetização termorremanente No início da década de 1960, um estudante australiano de pós-graduação encontrou restos de uma fogueira onde eram cozidos os alimentos em uma antiga aldeia aborígine. Ele removeu cuidadosamente diversas pedras que tinham sido aquecidas no fogo, primeiro anotando sua orientação física. Então mediu a direção da magnetização das pedras e observou que estava exatamente invertida em relação ao campo magnético atual da Terra. Ele propôs para seu incrédulo professor que, há recentes 30 mil anos, quando o sítio ainda estava ocupado, o campo magnético estava invertido em relação ao atual – isto é, a agulha da bússola teria apontado para o sul, em vez de para o norte.

Lembre-se de que as altas temperaturas destroem o magnetismo. Uma importante propriedade de muitos materiais magnetizáveis é que, quando resfriados abaixo de aproximadamente 500ºC, tornam-se magnetizados na direção do campo magnético circundante. Isso acontece porque os grupos de átomos do material alinham-se na direção do campo magnético quando o material está quente. Depois que o material esfria, esses átomos são aprisionados no lugar. Esse processo é chamado de **magnetização termorremanente**, porque a magnetização causada por aquecimento e resfriamento é "relembrada" pela rocha logo depois que o campo magnetizador desapareceu. Assim, o estudante australiano foi capaz de determinar a direção do campo quando as pedras resfriaram depois da última fogueira (**Figura 11.15**).

A magnetização termorremanente é o mesmo processo que magnetiza os derrames de lava e a crosta oceânica recém-formada, conforme descrito no Capítulo 2. A descoberta da reversão dos campos magnéticos nesses tipos de rocha ígnea foi um ingrediente-chave na formulação da teoria da tectônica de placas.

Magnetização remanente deposicional Certas rochas sedimentares podem empregar diferentes tipos de magnetização

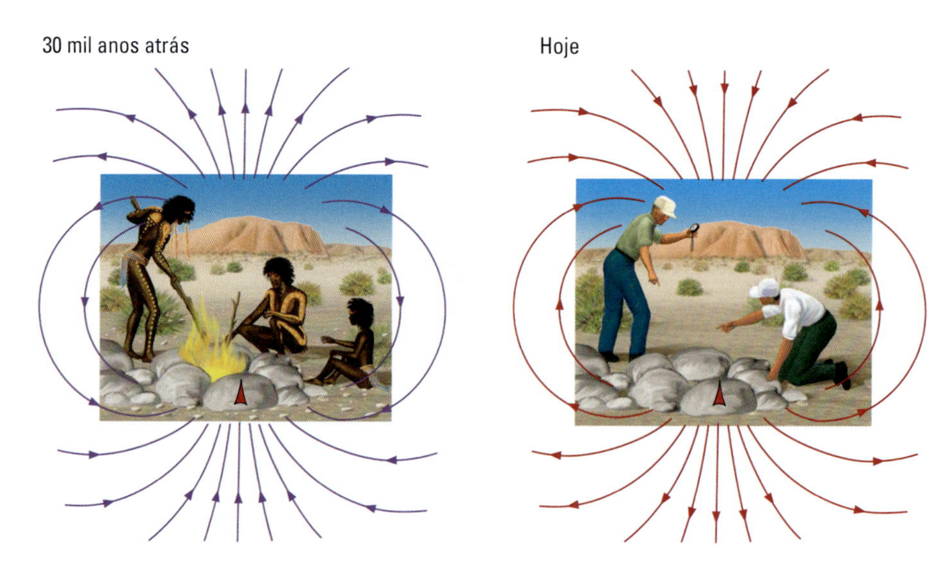

FIGURA 11.15 A orientação do campo geomagnético há 30 mil anos era invertido em relação ao atual, como evidenciado pelas rochas magnetizadas descobertas na fogueira de um antigo sítio arqueológico. As rochas, esfriadas depois de o último fogo ter sido apagado, ficaram magnetizadas com a direção do antigo campo magnético, que deixou um registro permanente de sua orientação.

remanente. Recorde-se de que as rochas sedimentares marinhas formam-se quando as partículas de sedimento que se depositaram no solo oceânico são litificadas. Entre os vários grãos magnéticos, as partículas – lascas de magnetita mineral (Fe_3O_4), por exemplo – tornam-se alinhadas na direção do campo geomagnético quando decantam na água, e essa orientação pode ser incorporada dentro da rocha quando as partículas tornam-se litificadas. A **magnetização remanente deposicional** ou **detrítica** de uma rocha sedimentar resulta do alinhamento de todos esses pequenos ímãs, como se fossem bússolas apontando na direção do campo prevalecente na época da deposição (Figura 11.16).

Estratigrafia paleomagnética Os geólogos têm usado o paleomagnetismo em combinação com métodos de datação isotópica para analisar a sequência de tempo das reversões magnéticas nos últimos 170 milhões de anos (Figura 11.17). Essa informação, por sua vez, pode ser utilizada para datar novas formações rochosas. A estratigrafia paleomagnética é utilizada por arqueólogos e antropólogos, bem como por geólogos. Por exemplo, a estratigrafia paleomagnética dos sedimentos continentais foi usada para datar sedimentos contendo os restos de antecessores da nossa própria espécie.

FIGURA 11.16 Depósitos sedimentares recém-formados podem se tornar magnetizados na direção do campo magnético da época de sua deposição.

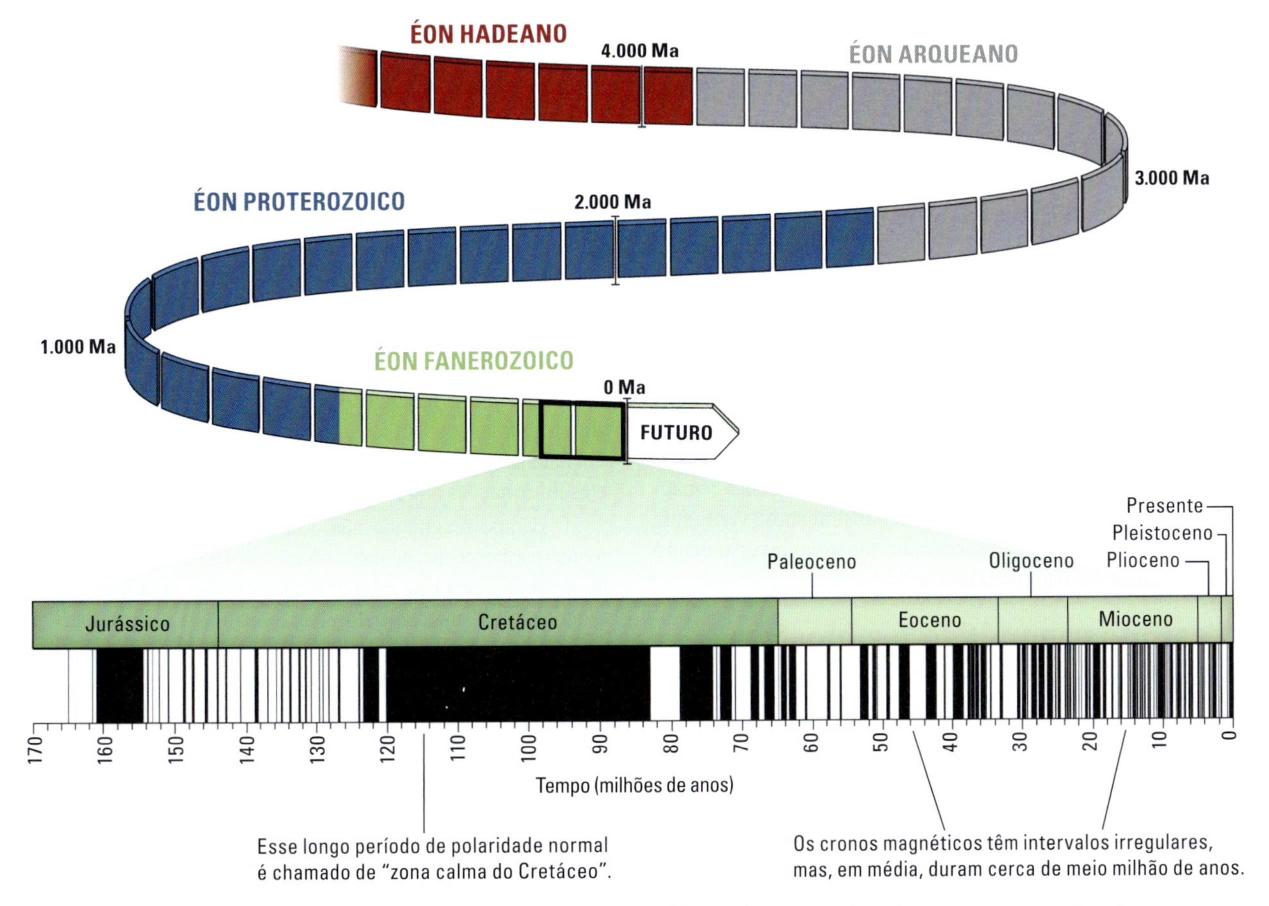

FIGURA 11.17 A escala do tempo paleomagnético, desde 170 milhões de anos atrás até o presente, mostrando cronos normais (bandas pretas) e inversos (bandas brancas).

FIGURA 11.18 Um bando de pombos-correio prepara-se para aterrissar no seu ninhal na província de Villaclara de Cuba após um vôo de 240 km que iniciou em Havana e atravessou toda a ilha. As aves usam o campo magnético da Terra para navegação em seus longos voos de volta para casa. Evidências recentes sugerem que os pombos-correio detectam o campo magnético com receptores em seus ouvidos internos e bicos. [© Desmond Boylan/Reuters.]

Como vimos no Capítulo 2, períodos de orientação do campo magnético "normal" (igual à de hoje) e inversa, que são chamados de *cronos magnéticos*, têm durações irregulares, mas, em média, duram cerca de meio milhão de anos. Um *crono* pode conter inversões transitórias de curta duração, conhecidas como *subcronos*, que podem durar desde alguns milhares até dezenas de milhares de anos. A reversão encontrada nas rochas remagnetizadas pela fogueira dos aborígenes australianos (ver Figura 11.15) pode ser interpretada como um subcrono reverso dentro do crono magnético normal de hoje.

O campo magnético e a biosfera

A partir do registro rochoso, sabemos que o geodínamo começou a operar no início da história da Terra, e que a vida, portanto, evoluiu em um forte campo magnético. As consequências mostraram-se um tanto surpreendentes. Por exemplo, muitos tipos de organismos – pombos, tartarugas-marinhas, baleias e mesmo bactérias – desenvolveram sistemas sensoriais que utilizam o campo magnético para navegação (**Figura 11.18**). Seus sensores básicos são pequenos cristais de magnetita que se tornam magnetizados pelo campo geomagnético à medida que são biologicamente precipitados no organismo. Esses cristais agem como bússolas minúsculas para orientar o organismo dentro do campo magnético. Os geobiólogos descobriram que alguns animais podem até usar conjuntos de cristais de magnetita para perceber a intensidade do campo magnético, o que dá a eles informações adicionais para navegação.

O campo magnético não é apenas um referencial conveniente para espécies aéreas e aquáticas. Ele constitui uma parte do sistema Terra que é crucial para manter uma biosfera rica e delicada na superfície do planeta. Embora o maquinário do geodínamo opere nas profundezas do núcleo, suas linhas de força magnética atingem regiões distantes do espaço exterior, formando uma barreira que protege a superfície terrestre da radiação prejudicial do vento solar (ver Figura 1.17). Sem a proteção de um forte campo magnético, esse fluxo intenso de partículas de alta energia e com carga elétrica seria letal para muitos organismos.

Além disso, se o geodínamo parasse de produzir um campo magnético, o bombardeio do vento solar removeria gradualmente a atmosfera, degradando ainda mais o ambiente terrestre. Isso parece ter acontecido com Marte. O paleomagnetismo na antiga crosta marciana foi detectado por espaçonaves em órbita, então sabemos que o Planeta Vermelho já teve um geodínamo ativo que gerou um forte campo magnético. Em algum momento nos primórdios da história do planeta, seu geodínamo cessou de operar, talvez porque o núcleo marciano resfriou-se o suficiente para tornar-se sólido. Em seguida, a exposição ao vento solar erodiu sua atmosfera até o estado tênue observado hoje.

CONCEITOS E TERMOS-CHAVE

condução (p. 316)
convecção (p. 316)
descontinuidade de Mohorovičić (p. 312)
dipolo (p. 323)
geoterma (p. 317)
isostasia, princípio da (p. 312)
limite núcleo-manto (p. 314)
magnetização remanente deposicional (p. 327)
magnetização termorremanente (p. 326)
manto inferior (p. 314)
manto superior (p. 313)
mudança de fase (p. 313)
onda compressional (p. 308)
onda de cisalhamento (p. 308)
paleomagnetismo (p. 326)
tomografia sísmica (p. 320)
trajetória dos raios sísmicos (p. 308)
zona de baixa velocidade (p. 313)
zona de sombra (p. 309)
zona de transição (p. 313)

REVISÃO DOS OBJETIVOS DE APRENDIZAGEM

11.1 Traçar as rotas das principais ondas sísmicas através do interior da Terra e entender o que revelam sobre as camadas da crosta, manto e núcleo do planeta.

As ondas sísmicas são refletidas e refratadas pela estruturação da Terra em camadas. Pela observação de como os tempos de deslocamento de diversos tipos de onda variam com a distância, os sismólogos podem determinar como as velocidades das ondas P e S variam com a profundidade. Correlações de velocidades de ondas sísmicas com tipos de rochas possibilitaram o uso de ondas sísmicas para explorar a composição do interior da Terra. Essas explorações revelaram que a crosta continental é feita principalmente de rocha granítica de baixa densidade, e que o assoalho oceânico profundo é composto de basalto e gabro. A crosta e a parte mais externa do manto constituem a litosfera rígida, a qual move-se pela superfície das placas tectônicas. Sob a litosfera, há a astenosfera, a camada dúctil e de baixa rigidez do manto, sobre a qual as placas litosféricas deslizam. No topo da astenosfera, a temperatura é alta o suficiente para fundir parcialmente o peridotito, formando uma zona de baixa velocidade das ondas S. Abaixo de 250 km, a velocidade das ondas S aumenta novamente com a profundidade. A 410 e a 660 km sob a superfície, as velocidades das ondas sísmicas mostram saltos causados pela mudança de fase dos minerais do manto. Além de 660 km, está o manto inferior, uma camada relativamente homogênea com 2.000 km de espessura, na qual a velocidade das ondas sísmicas aumenta gradualmente.

As ondas sísmicas refletidas no limite núcleo-manto mostram que se trata de uma interface muito nítida, localizada a uma profundidade de 2.890 km. No limite núcleo-manto, a densidade aumenta e as velocidades sísmicas diminuem, ambas abruptamente. A incapacidade das ondas S de penetrarem sob o limite núcleo-manto indica que o núcleo externo é fluido. Um salto na velocidade das ondas P marca o limite entre o núcleo externo fluido e o núcleo interno sólido a uma profundidade de 5.150 km. Diversas linhas de evidência mostram que o núcleo é composto principalmente de ferro e níquel, com menor quantidade de elementos mais leves, como oxigênio e enxofre.

Atividades de Estudo: Identifique as principais trajetórias de ondas sísmicas nas Figuras 11.1, 11.2 e 11.3. Revise a seção *As camadas e a composição do interior da Terra.*

Exercícios: (a) A velocidade média das ondas compressionais na parte inferior da crosta oceânica é de aproximadamente 7 km/s. Que tipo de rocha é mais consistente com essa observação e com o seu conhecimento da crosta oceânica? (b) Onde você deve procurar, no manto, para encontrar as regiões onde as velocidades das ondas S são anomalamente altas?

Questão para Pensar: Como você usaria as ondas sísmicas para encontrar uma câmara de magma fundido na crosta?

11.2 Aplicar o princípio da isostasia para explicar por que os continentes flutuam mais alto do que os oceanos e por que estes se tornam mais profundos à medida que a idade geológica do assoalho oceânico aumenta.

O princípio da isostasia afirma que o peso total de duas colunas litosféricas será o mesmo quando elas forem medidas a uma mesma profundidade próxima à base da litosfera (p. ex., a 100 km). Portanto, as densidades médias de regiões de alta elevação, como os continentes, deve ser menor do que as densidades médias de regiões baixas, como os oceanos, o que é consistente com a composição félsica de baixa densidade da crosta continental. O resfriamento da litosfera oceânica por condução aumenta a densidade litosférica média proporcionalmente à raiz quadrada da idade litosférica. De acordo com o princípio da isostasia, a profundidade do assoalho oceânico deve, então, aumentar com a raiz quadrada da idade litosférica, o que é condizente com as profundidades observadas do assoalho oceânico em todas as principais bacias oceânicas.

Atividade de Estudo: Pratique um Exercício de Geologia e Figura 11.9

Exercícios: (a) A elevação média do Planalto do Tibete é de aproximadamente 5 km acima do nível do mar. Use a equação isostática para continentes e calcule a espessura média da crosta nessa região, presumindo que sua densidade média seja de 2,8 g/cm^3 (problema extra do Pratique um Exercício de Geologia). (b) Se a crosta oceânica tivesse a mesma densidade que as rochas mantélicas (3,3 gm/cm^3) qual seria a elevação média dos continentes acima do nível do mar?

Questão para Pensar: Como a Terra mantém o equilíbrio isostático?

11.3 Reconhecer onde o transporte de calor desde o interior da Terra para a superfície ocorre preponderantemente por condução e onde ocorre por convecção.

O interior da Terra é resfriado pelo fluxo ascendente de calor, transportado eficientemente por convecção no manto sólido e no núcleo externo líquido. Por quase todo o interior planetário, os movimentos contínuos de convecção mantêm um gradiente geotérmico baixo (menos de 1°C/km). As exceções são as camadas limite, onde os movimentos de massa são principalmente horizontais e o calor é transportado para cima predominantemente por condução. Uma dessas camadas é a litosfera, que forma placas com movimento horizontal na superfície da Terra. Outra é a base do manto inferior, logo acima do limite núcleo-manto, onde os movimentos verticais são inibidos pelo grande aumento de densidade na passagem de um manto de silicato para um núcleo rico em ferro. Como a condução é menos eficiente do que a convecção, os gradientes geotérmicos nessas camadas limite precisam ser muito maiores (mais de 20°C/km) para transportar a mesma quantidade de calor.

Atividade de Estudo: Revisar a seção *O fluxo de calor através do interior da Terra.*

Exercícios: (a) A temperatura no limite de Moho sob um cráton continental seria mais quente ou mais fria do que no mesmo limite sob uma bacia oceânica? (b) Observa-se que o assoalho oceânico de 4 milhões de anos sofreu subsidência de cerca de 700 m abaixo da profundidade onde foi formado no centro de expansão. Qual será a subsidência adicional desse assoalho oceânico quando atingir 16 milhões de anos de idade?

Questão para Pensar: A Lua não mostra evidências de processos de placas tectônicas nem de atividade vulcânica há bilhões de anos. O que essa observação informa sobre o estado e a temperatura do interior desse corpo planetário?

11.4 Descrever como a temperatura aumenta desde a superfície da Terra até seu centro e identificar as profundidades onde a geoterma cruza a curva de fusão.

O interior da Terra é quente porque ainda retém parte do calor de sua formação violenta, bem como pelo calor atualmente gerado pelo decaimento dos isótopos radioativos. A geoterma é uma curva que descreve como a temperatura aumenta com a profundidade. Dentro de grande parte da crosta continental, ela aumenta a uma taxa de 20 a 30ºC por quilômetro. As temperaturas aumentam ainda mais rapidamente com a profundidade na litosfera oceânica, onde atingem de 1.300ºC a 1.400ºC próximo à base (~100 km). Aqui, as condições são quentes o suficiente para começar a fusão dos peridotitos do manto, formando uma zona de baixa velocidade parcialmente fundida. A convecção do manto mantém um gradiente geotérmico baixo sob a litosfera, enquanto a curva de fusão aumenta com a pressão, mantendo-a acima da geoterma nas regiões mais profundas do manto. O limite núcleo-manto é uma zona de transição nítida entre a rocha de silicato com alta temperatura de fusão e a liga de ferro-níquel com baixa temperatura de fusão. Aqui, a curva de fusão cai abaixo da geoterma, o que explica por que o núcleo externo está em estado líquido. Contudo, o gradiente geotérmico no núcleo externo em convecção é menor do que o gradiente da curva de fusão; portanto, as duas curvas mais uma vez se cruzam no limite entre o núcleo interno e o externo, o que explica por que o núcleo interno é sólido. No centro da Terra, ela alcança aproximadamente 5.000ºC.

Atividade de Estudo: Figura 11.10

Exercícios: (a) Que evidência sugere que a astenosfera é parcialmente fundida em alguns pontos? (b) Dada a curva de fusão do manto na Figura 11.10, você esperaria encontrar uma zona de ondas S de baixa velocidade sob interiores continentais estáveis, onde os gradientes geotérmicos observados são de menos de 30 °C/km?

Questão para Pensar: À medida que a Terra esfria, o núcleo interno cresce ou diminui de tamanho?

11.5 Visualizar a estrutura tridimensional da Terra a partir de imagens fornecidas pela tomografia sísmica.

Os sismólogos podem usar a tomografia sísmica para fazer imagens tridimensionais do interior da Terra. Regiões em que a velocidade das ondas sísmicas aumenta indicam rochas relativamente densas e frias; regiões em que diminui indicam rochas relativamente quentes e menos densas. As imagens tomográficas revelam as estruturas da tectônica de placas próximas à superfície terrestre, da ascensão do material mantélico quente sob as dorsais mesoceânicas até a litosfera fria que se estende nas profundidades sob os crátons continentais. Elas também revelam muitas características da convecção do manto, como porções de placas litosféricas mergulhando no manto inferior e plumas ascendendo desde as profundezas do manto.

Atividade de Estudo: Exercício de Leitura Visual.

Exercícios: (a) A que profundidade as lajes tectônicas subduzidas precisam chegar antes de serem recicladas pela convecção do manto? (b) A partir da Figura 11.11b, identifique a região geográfica onde as velocidades das ondas S do manto superior são menores e explique essas baixas velocidades com base na tectônica de placas.

Questão para Pensar: A tomografia sísmica do núcleo externo da Terra mostra que as variações laterais na velocidade das ondas P são indetectáveis. Por que o núcleo externo é tão homogêneo?

11.6 Resumir o que o campo magnético da Terra nos diz sobre o seu núcleo externo líquido.

Os movimentos convectivos no núcleo externo agitam o fluido rico em ferro e condutor elétrico, formando um geodínamo que produz o campo magnético. O campo magnético na superfície, produzido pelo geodínamo, é principalmente dipolar, mas tem uma pequena parte não dipolar. Mapas do campo magnético, derivados de leituras de bússolas, mostram que o padrão das linhas de forças magnéticas na superfície da Terra mudou ao longo dos últimos séculos. Essas observações nos informam que os movimentos convectivos controlados pelo geodínamo são muito mais rápidos do que os da convecção do manto, sendo condizente com a previsão de que o núcleo externo líquido flui com a mesma facilidade que a água ou o mercúrio líquido.

Atividade de Estudo: Revisar a seção *O campo magnético terrestre e o geodínamo.*

Exercícios: (a) Qual evidência suporta a hipótese de que o campo geomagnético é gerado por um geodínamo no núcleo externo? (b) Que evidências temos de que o campo magnético muda de maneira observável durante o tempo de uma vida humana?

Questão para Pensar: Como a existência do campo geomagnético, os meteoritos de ferro e a abundância de ferro no cosmos sustentam a ideia de que o núcleo da Terra é composto, predominantemente, de ferro e de que o núcleo externo é líquido?

11.7 Explicar como reversões do campo magnético são usadas na datação de sequências de rochas.

Os geólogos descobriram que os minerais de alguns tipos de rochas podem alinhar-se na direção do campo geomagnético quando se formam. Essa magnetização remanente pode ser preservada nas rochas por milhões de anos. A estratigrafia paleomagnética conta-nos que o campo geomagnético reverte-se (oscilando de um polo para outro) ao longo do tempo geológico. Os cientistas foram capazes de traçar a cronologia das inversões ao longo das últimas centenas de milhões de anos. As mudanças de direção da magnetização remanente de uma sequência de rochas pode, assim, ser comparada com a escala do tempo paleomagnético para determinar as idades das rochas dessa sequência.

Atividade de Estudo: A escala do tempo paleomagnético na Figura 11.17.

Exercícios: (a) Como as rochas ígneas se tornam magnetizadas ao se formarem? (b) Como a magnetização de rochas sedimentares difere desse processo?

Questão para Pensar: Como a escala do tempo paleomagnético é usada para determinar a idade da litosfera oceânica?

EXERCÍCIO DE LEITURA VISUAL

(a) Seção tomográfica transversal

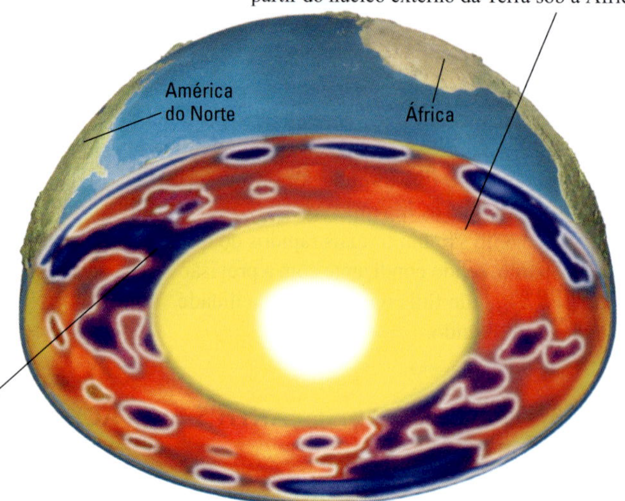

Uma seção tomográfica transversal através da Terra revela regiões quentes, como uma superpluma ascendendo a partir do núcleo externo da Terra sob a África do Sul...

... e regiões mais frias, como as remanescentes do afundamento da antiga Placa de Farallon sob a Placa da América do Norte.

(b–e) Mapas globais em quatro profundidades diferentes

(b)

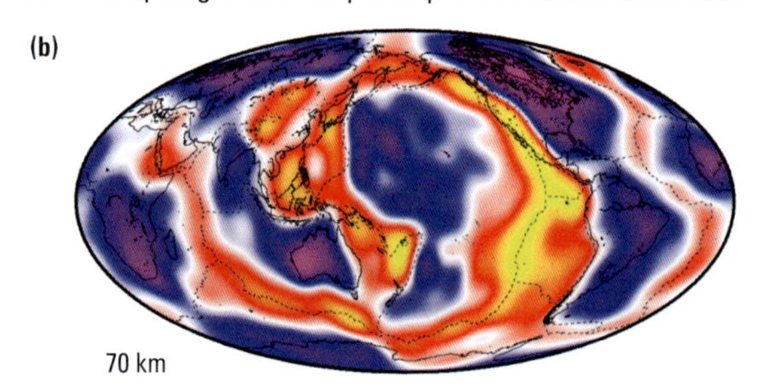

70 km

Próximo à superfície terrestre, as rochas quentes na astenosfera situam-se sob centros de expansão oceânica.

(c)

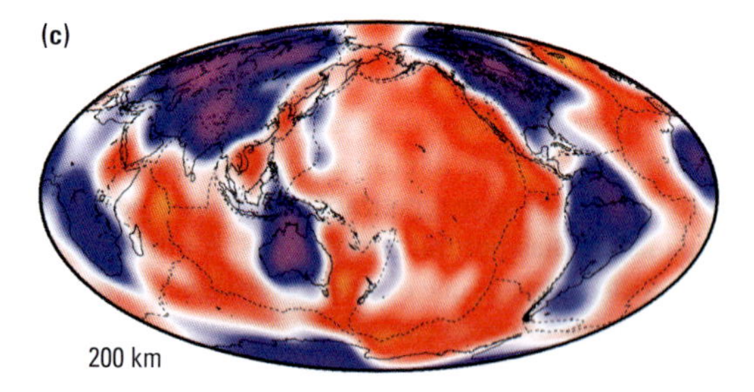

200 km

Movendo-se para profundidades mais altas, vemos a litosfera fria e estável do cráton continental e a astenosfera mais quente sob as bacias oceânicas.

(d)

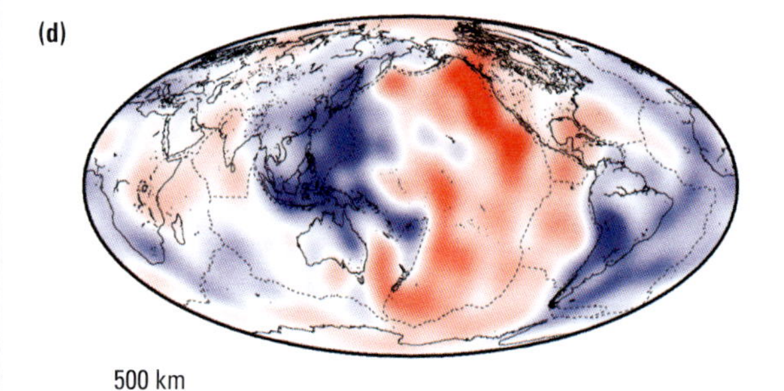

500 km

Em níveis ainda mais profundos do manto, as feições já não coincidem com as posições continentais.

(e)

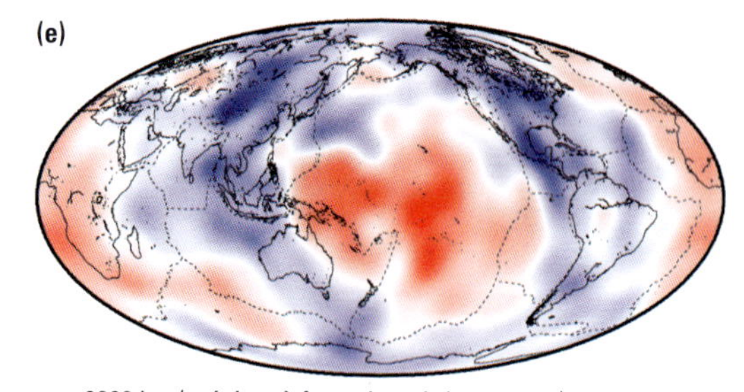

2800 km (próximo à fronteira núcleo-manto)

Próximo à fronteira núcleo-manto, as regiões mais frias ao redor do Pacífico podem ser o "cemitério" do mergulho das placas litosféricas.

FIGURA 11.11 Um modelo tridimensional do manto da Terra criado por tomografia sísmica. As regiões com velocidades mais altas das ondas S (azul e violeta) indicam rochas mais frias e mais densas; as regiões com velocidades mais baixas das ondas S (amarelo e vermelho) indicam rochas mais quentes e menos densas. (a) Seção transversal da Terra. (b–e) Mapas globais em quatro profundidades diferentes. As variações nas velocidades das ondas S são medidas em relação ao valor médio em uma determinada profundidade; ou seja, as velocidades próximas a essa média são apresentadas em branco. [Seção transversal (a) de M. Gurnis, *Scientific American* (Março, 2001): 40; mapas (b–e) por L. Chen e T. Jordan, University of Southern California.]

1. **Como as variações das ondas S são representadas por cores?**
   a. Qual cor mostra regiões em que a velocidade está próxima à média para uma determinada profundidade?
   b. Qual cor mostra as menores velocidades relativas?
   c. Qual cor mostra as maiores velocidades relativas?

2. **O painel (a) é uma seção tomográfica transversal.**
   a. O que é a região circular amarela nesta seção transversal?
   b. O que é a região central branca?
   c. As partes do manto que provavelmente estão mergulhando com a convecção mantélica estão marcadas em azul e roxo. Por que esse material estaria afundando?

3. **Os painéis (b)–(e) são mapas de diversas profundidades.**
   a. Qual mapa mostra as variações laterais de velocidade das ondas S na litosfera?
   b. Quais são as feições de alta velocidade dominantes no mapa (c) e o que esse mapa sugere sobre as suas temperaturas a uma profundidade de 200 km?
   c. Que processo da tectônica de placas explicaria as regiões azuladas em torno do Oceano Pacífico no mapa (e)?

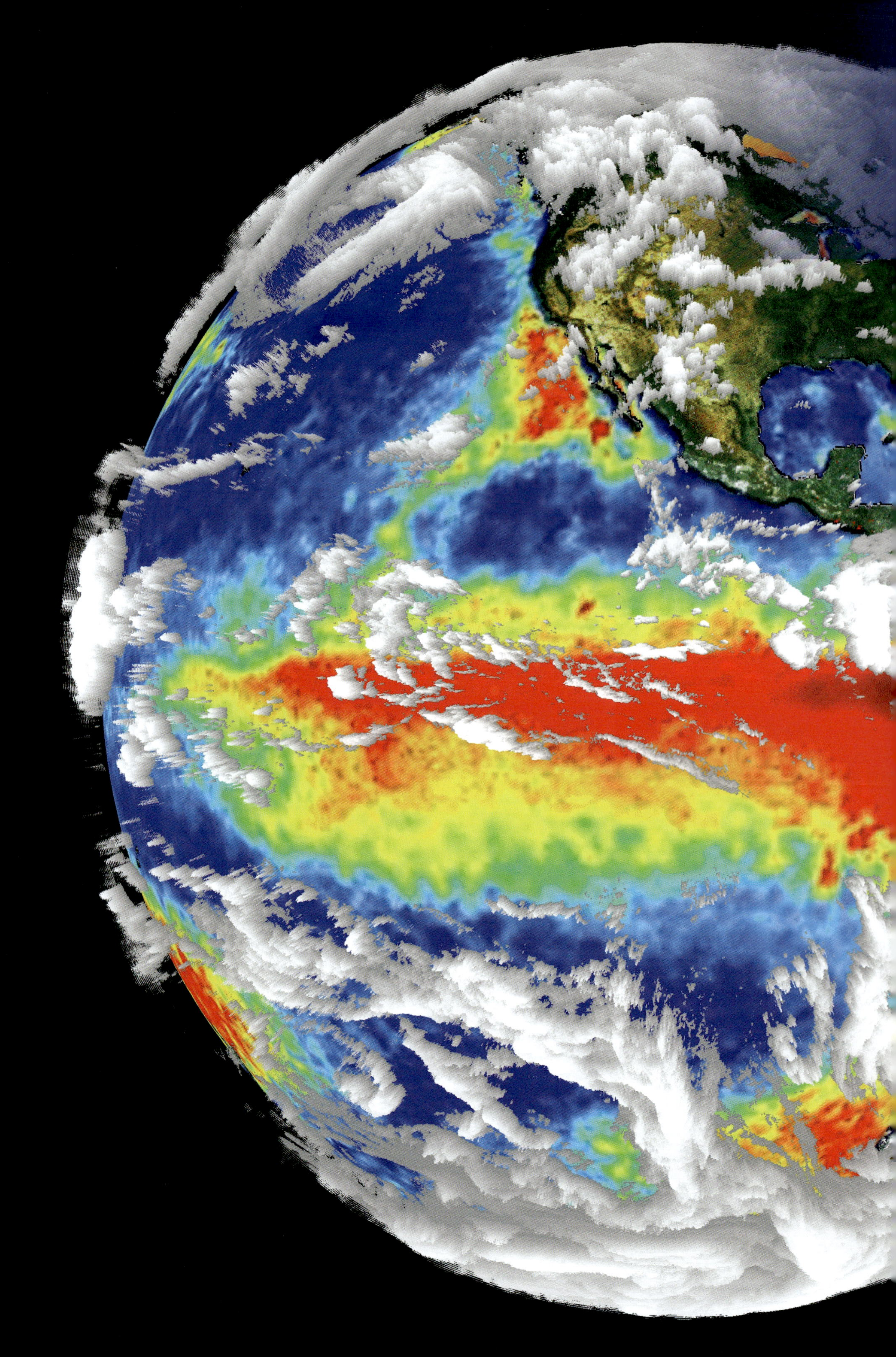

O sistema do clima

Objetivos de Aprendizagem

Após estudar o capítulo, você será capaz de:

12.1 Reconhecer as principais zonas climáticas do mundo atual a partir de variações anuais de temperatura e precipitação.

12.2 Considerar cada componente principal do sistema do clima e descrever como o transporte de energia e massa dentro e entre tais componentes afeta a divisão das zonas climáticas.

12.3 Explicar o efeito estufa em termos de balanço da radiação e retroalimentação dentro do sistema do clima.

12.4 Descrever como o clima varia em curto prazo durante o El Niño – Oscilação do Sul e em longo prazo durante as glaciações.

12.5 Identificar as assinaturas dos ciclos de Milankovitch no registro glacial do Pleistoceno.

12.6 Quantificar o ciclo do carbono nos termos do fluxo de carbono entre a atmosfera e os outros principais reservatórios de carbono.

Uma imagem de um momento do sistema do clima obtida por sensores em diversas espaçonaves, mostra a cobertura de nuvens (em branco), variações na temperatura da superfície marinha (da mais quente, em vermelho, à mais fria, em azul escuro) e propriedades superficiais terrestres, inclusive densidade de vegetação (da menor densidade, em marrom, para a maior, em verde). [R.B. Husar, Washington University/NASA Visible Earth.]

No último capítulo, descemos ao interior profundo da Terra para explorar o motor térmico interno que move o sistema da tectônica de placas e o geodínamo. Neste capítulo, retornamos à superfície terrestre para examinar um geossistema global que não é movido pelo motor térmico interno da Terra, mas pelo calor externo do Sol: o sistema do clima.

O que aprenderemos neste capítulo nos dará suporte para o estudo da ampla variação dos processos geológicos que modelam a face de nosso planeta – intemperismo, erosão, transporte de sedimentos e a interação entre esse sistema e a tectônica de placas. Em especial, o tema nos prepara para os dois próximos capítulos, nos quais examinaremos mais de perto como a nossa civilização, enquanto motor de carbono global, está provocando mudanças no clima, na química oceânica e na biosfera, e o que podemos fazer para atenuar essas alterações.

Nenhum aspecto da ciência terrestre é mais importante para nosso bem-estar contínuo do que o estudo do sistema do clima. Ao longo do tempo geológico, radiações evolutivas e extinções de organismos estiveram intimamente relacionadas a mudanças do clima. Mesmo a breve história de nossa própria espécie está profundamente marcada pela mudança climática: sociedades agrícolas começaram a desenvolver-se há apenas 10.000 anos, quando o clima árido da última idade do gelo foi rapidamente transformado no clima ameno e estável do Holoceno. Agora, uma sociedade humana globalizada, energizada pelos combustíveis fósseis, está injetando gases de efeito estufa na atmosfera a uma taxa cada vez maior, com consequências potencialmente terríveis: aquecimento global, acidificação oceânica e mudanças desfavoráveis à biosfera. O sistema do clima é uma enorme e incrível máquina complexa, a qual, gostemos ou não, controlamos com nossas mãos. Estamos no banco do motorista, com o pé no acelerador, então é bom que entendamos o funcionamento da coisa!

Neste capítulo, examinaremos os componentes principais desse sistema e como seus componentes interagem para produzir as zonas climáticas em que vivemos hoje. Investigaremos o registro geológico das mudanças climáticas e discutiremos o importante papel do ciclo do carbono na regulação do clima.

O que é o clima?

Em qualquer ponto da superfície terrestre, a quantidade de energia recebida do Sol muda em ciclos diários, anuais e de duração mais longa devido ao movimento da Terra no sistema solar. Essa variação cíclica na entrada de energia solar, conhecida como **forçante solar**, causa mudanças no ambiente: as temperaturas sobem durante o dia e caem à noite, além de subirem no verão e caírem no inverno. O termo *clima* refere-se às condições médias em um ponto da superfície terrestre e à sua variação durante os ciclos da forçante solar.

O clima é descrito por estatísticas diárias e sazonais da temperatura atmosférica próxima à superfície terrestre (a *temperatura superficial*), bem como a pressão atmosférica, a umidade superficial, a cobertura de nuvens, o índice de precipitação e outras condições meteorológicas. O **Quadro 12.1** fornece um exemplo de estatísticas da temperatura sazonal para a cidade de Nova York, que inclui medidas da amplitude de variação de temperatura (recorde de máximas e mínimas absolutas), assim como valores médios. Além dessas estatísticas meteorológicas comuns, uma completa descrição científica do clima inclui os componentes não atmosféricos do ambiente superficial, como umidade do solo em terra e a temperatura da superfície marinha.

Os registros meteorológicos em diversos pontos da superfície continental permitem a identificação de **zonas climáticas** com variações sazonais semelhantes em termos de temperatura e precipitação (**Figura 12.1**). As *zonas tropicais* são definidas como os locais onde a temperatura média do mês mais frio é maior do que 18ºC, enquanto as *zonas polares* são aquelas onde a temperatura média do mês mais quente é inferior a 10ºC. Entre os dois extremos temos as *zonas temperadas* e as *boreais*, diferenciadas pelo fato da média mensal mais fria ser maior ou menor do que o ponto de congelamento da água (0ºC). As *zonas áridas* são secas, caracterizadas por baixos limites de precipitação. Cada uma dessas grandes zonas climáticas contém subzonas, definidas por variações sazonais de temperatura e precipitação, muitas vezes correlacionadas com os tipos de vegetação dominantes. Algumas regiões tropicais são úmidas (florestas tropicais), enquanto outras são secas (savanas). Algumas regiões polares são vastas extensões de solo congelado sem árvores (tundra), enquanto outras são cobertas permanentemente por gelo e neve. O clima nas latitudes intermediárias

QUADRO 12.1 Temperaturas sazonais (ºC) no Central Park, em Nova York (EUA)

TIPO DE VARIÁVEL*	1º DE JANEIRO	1º DE ABRIL	1º DE JULHO	1º DE OUTUBRO
Máxima absoluta (1869–2017)	16,6	28,3	37,7	31,1
Média da máxima (1981–2010)	3,8	13,3	28,3	20,5
Média da mínima (1981–2010)	−2,2	4,4	20,0	12,7
Mínima absoluta (1869–2017)	−4,4	−11,1	11,1	2,2

*As temperaturas médias para as datas referidas no intervalo 1981–2010; as temperaturas absolutas máxima e mínima são aquelas ocorridas no intervalo 1869–2017.

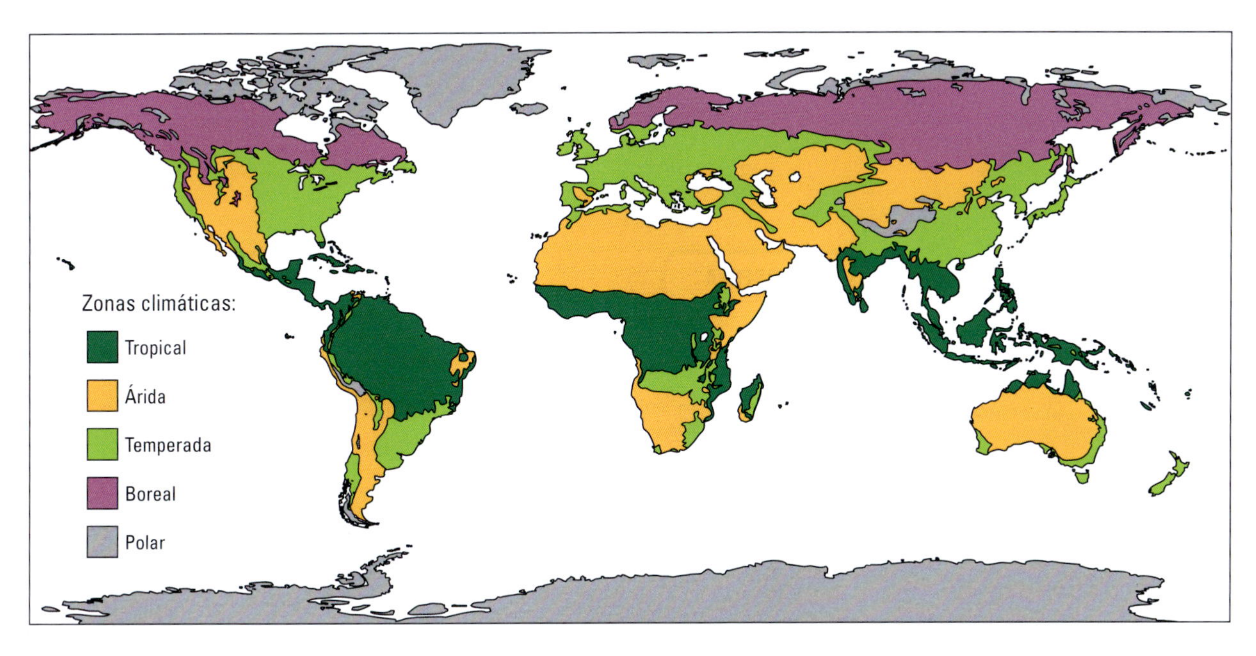

FIGURA 12.1 As zonas climáticas da Terra: tropical, árida, temperada, boreal e polar. [Daddos de M. C. Peel, B. L. Finlayson, T. A. McMahon.]

é altamente variável, com subzonas definidas pela duração e época dos períodos secos e chuvosos. Um clima mediterrâneo, por exemplo, é um clima temperado, caracterizado por verões quentes e secos e invernos frios e úmidos.

Componentes do sistema do clima

As zonas climáticas são o produto do *sistema do clima*. Esse geossistema global é definido de modo a incluir todos os componentes do sistema Terra e todas as interações entre esses componentes, que determinam como o clima varia no espaço e no tempo (Figura 12.2). Os componentes principais do sistema climático são a atmosfera, a hidrosfera, a criosfera, a litosfera e a biosfera. Cada um deles tem um papel diferenciado no sistema, dependendo da sua capacidade de armazenar e transportar massa e energia.

A atmosfera

A atmosfera terrestre é a parte mais móvel e rapidamente mutável do sistema do clima. Assim como o interior da Terra, a atmosfera é disposta em camadas (Figura 12.3). Cerca de três quartos de sua massa estão concentrados na camada mais próxima à superfície terrestre, a **troposfera**, que tem espessura variável, estendendo-se até 20 km próximo ao equador, mas apenas 7 km perto dos polos. Acima da troposfera está a **estratosfera**, uma camada mais seca que atinge uma altitude de aproximadamente 50 km. A atmosfera exterior, acima da estratosfera, não tem limite abrupto; ela torna-se lentamente mais fina e desaparece no espaço exterior.

A atmosfera é uma mistura de gases, predominantemente de nitrogênio (78% por volume de ar seco) e oxigênio (21% por volume de ar seco). O 1% restante consiste em argônio (0,92%), dióxido de carbono (0,04%) e outros gases menores, incluindo metano e ozônio. O vapor d'água está concentrado na troposfera em quantidades altamente variadas (até 3%, mas normalmente cerca de 1%). O vapor d'água e o dióxido de carbono, embora sejam constituintes menores da atmosfera, têm um papel importante no sistema do clima por serem os principais *gases de efeito estufa*.

O ozônio (O_3^+) é um gás de efeito estufa muito reativo produzido principalmente pela ionização do oxigênio molecular por meio da radiação ultravioleta do Sol. Na parte baixa da atmosfera, o ozônio existe somente em diminutas quantidades, embora seja um gás de efeito estufa potente o suficiente para exercer um papel na regulação da temperatura da superfície terrestre. A maior parte do ozônio é encontrada na estratosfera, onde sua concentração atinge um valor máximo na altitude de 25 a 30 km (ver Figura 12.3). Essa camada estratosférica de ozônio filtra a radiação ultravioleta, protegendo a biosfera na superfície terrestre de seus efeitos potencialmente perigosos.

A troposfera conduz calor de forma vigorosa devido ao aquecimento irregular da superfície terrestre pelo Sol (*tropos* é a palavra grega para "girar" ou "misturar"). Quando aquecido, o ar expande-se, torna-se menos denso do que o ar fresco e tende a subir; o ar frio, ao contrário, tende a afundar. Os padrões resultantes de convecção na troposfera, combinados com a rotação da Terra, configuram uma série de cinturões de ventos

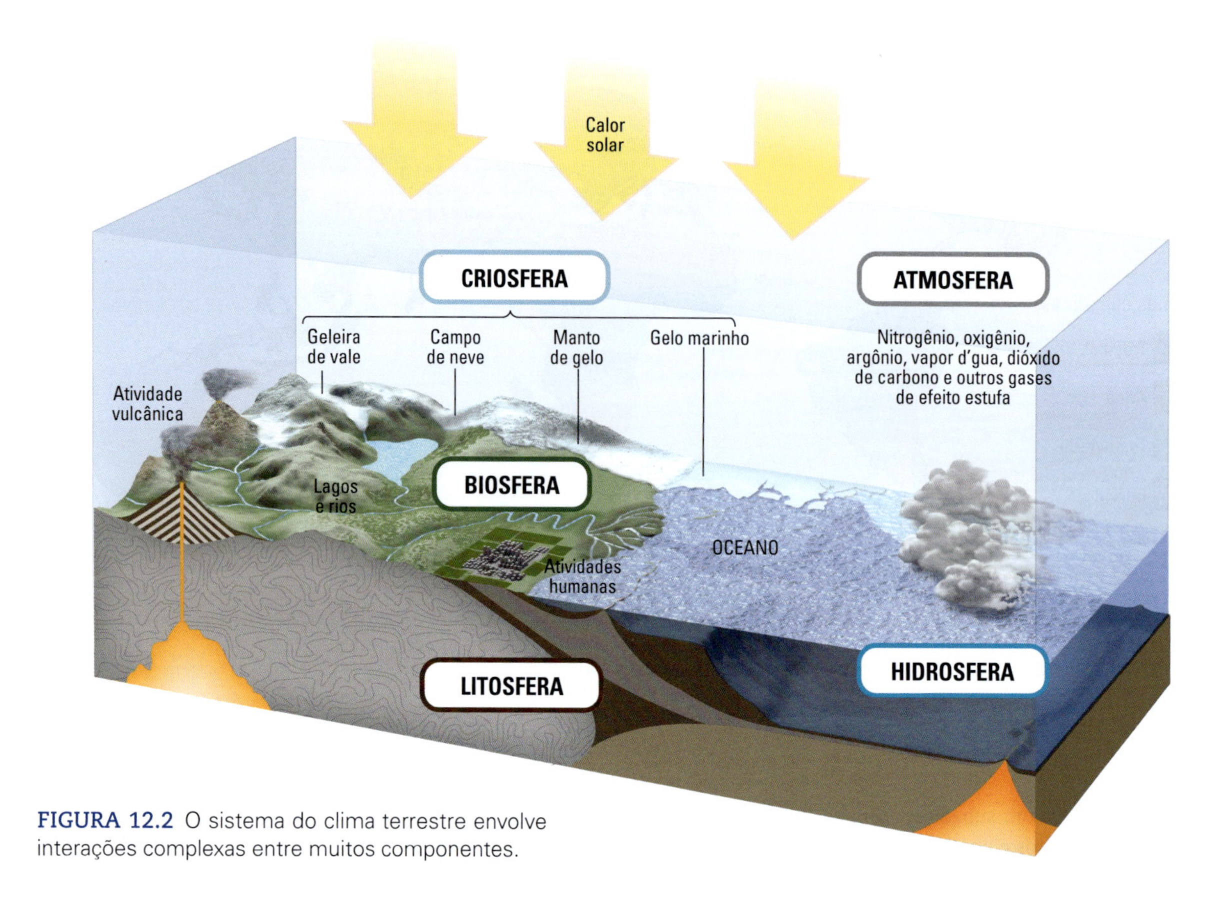

FIGURA 12.2 O sistema do clima terrestre envolve interações complexas entre muitos componentes.

predominantes, cada qual subtendido dentro de um arco de cerca de 30º de latitude (Figura 12.4). Esses cinturões de vento surgem porque o Sol aquece a superfície terrestre mais intensamente no equador, onde os raios solares são quase perpendiculares. A intensidade da luz solar é menor nas altas latitudes, onde raios do sol incidem obliquamente na superfície, espalhando a energia solar sobre uma área de superfície maior.

À medida que sobe próximo ao equador, o ar quente se resfria e libera a sua umidade, causando nebulosidade e chuvas

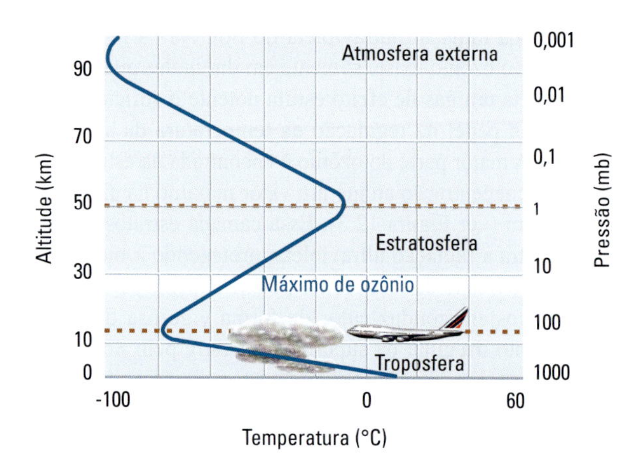

FIGURA 12.3 Camadas da atmosfera, mostrando variações de temperatura (indicadas pela linha azul) e de pressão (que diminui rapidamente com a altitude).

abundantes nos trópicos. A ressurgência atmosférica mais intensa ocorre na *zona de convergência intertropical*, um cinturão de nuvens e tempestades que desloca-se para o norte durante o verão do Hemisfério Norte e para o sul durante o inverno, regulando as estações úmidas e secas das regiões tropicais. A ressurgência do ar fica mais seca e mais fria à medida que se afasta do equador, voltando ao nível do solo em latitudes próximas de 30º N e 30 ºS. Os cinturões de pressões atmosféricas maiores associadas com esses fenômenos são chamados de *regiões subtropicais de alta pressão*.* Muitos dos grandes desertos do mundo, como o Saara na África e o Grande Deserto de Vitória na Austrália, estão nessas regiões de correntes atmosféricas descendentes secas.

Nas latitudes temperadas, o ar na superfície da Terra flui em direção aos polos a partir das regiões subtropicais de alta pressão, e sua umidade aumenta. O ar quente e úmido converge com o ar seco e frio das regiões polares em latitudes próximas a 60º N e 60º S, formando cinturões de tempestades de pressão atmosférica menor, chamadas de *regiões subpolares de baixa pressão*. Assim, a circulação atmosférica é organizada em seis grandes "células de convecção" que, em conjunto, transportam energia térmica das latitudes inferiores para as superiores (ver

*N. de R.T.: Essas latitudes de 30° N e 30° S também são conhecidas como "Latitudes dos cavalos". O nome deriva da prática dos espanhóis de lançarem ao mar os cavalos dos navios quando, ao rumarem para o Novo Mundo ou para as Índias, alcançavam essas latitudes. Devido à calmaria, as viagens se prolongavam e o estoque de água poderia acabar, levando-os a sacrificar os animais.

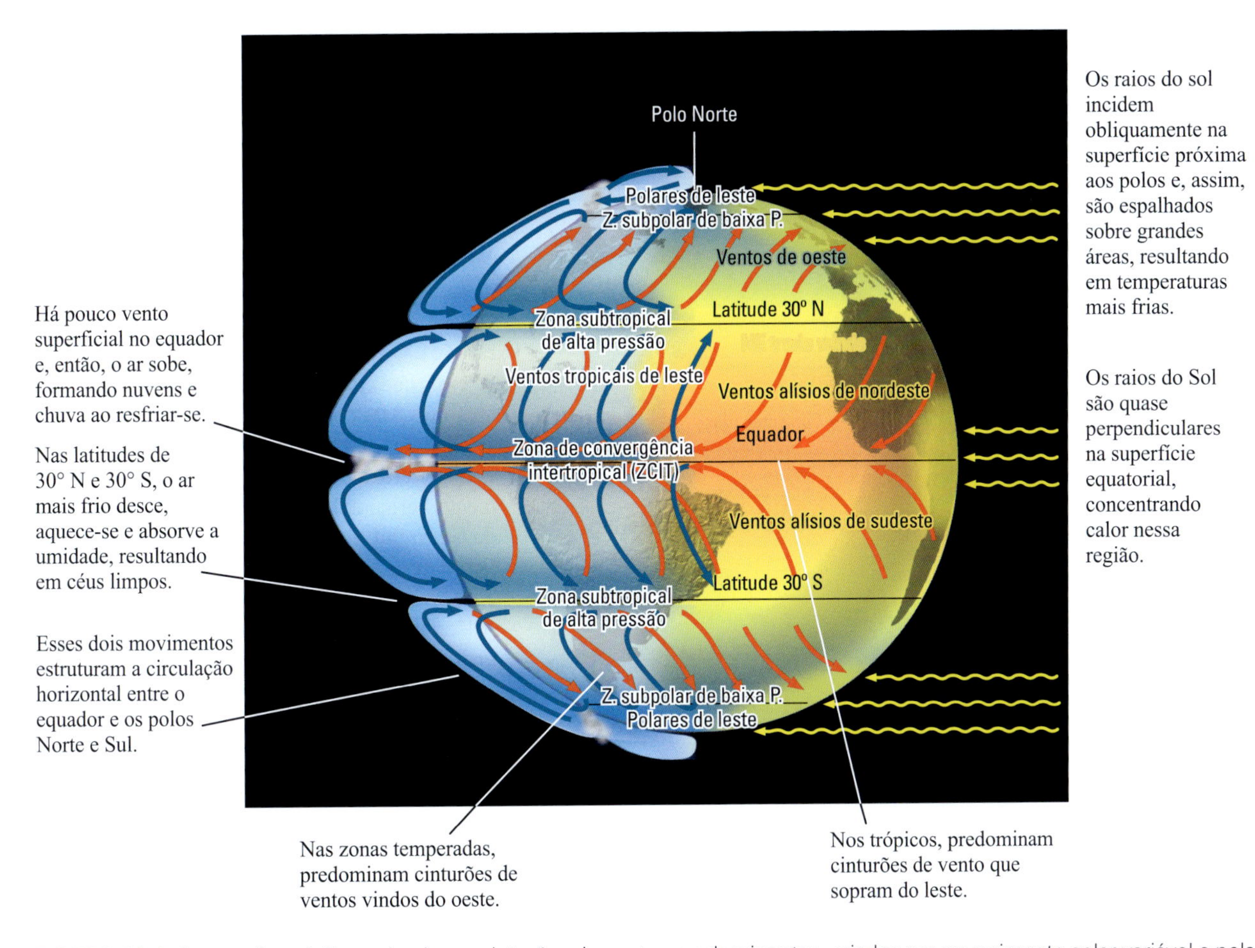

FIGURA 12.4 A atmosfera da Terra circula em cinturões de ventos predominantes, criados por aquecimento solar variável e pela rotação da Terra.

Figura 12.4). As células tropicais e temperadas são limitadas por uma ressurgência de ar em um lado (a zona de convergência intertropical ou uma região subpolar de baixa pressão) e correntes descendentes no outro (uma região subtropical de alta pressão). Em uma célula polar, a descendência ocorre em uma região de alta pressão centrada no polo, em torno da qual gira um enorme cinturão de ventos de baixa pressão. Esse *vórtice polar* circula em sentido anti-horário no Hemisfério Norte e em sentido horário no Hemisfério Sul.

A rotação da Terra, que tende a encurvar qualquer corrente de ar (ou água) para a direita no Hemisfério Norte e para a esquerda no Hemisfério Sul, complica esses simples padrões circulatórios norte-sul. O fenômeno, batizado de *efeito de Coriolis* em homenagem ao seu descobridor, altera profundamente o padrão de circulação atmosférica. Por exemplo, à medida que o ar na superfície do Hemisfério Sul flui para o norte, das regiões subtropicais de alta pressão para a zona de convergência intertropical, este é defletido para a esquerda (oeste), o que produz os ventos alísios que sopram do sudeste, não do sul. Da mesma forma, o movimento para o sul do ar na superfície nas regiões temperadas também é defletido para a esquerda, o que faz com que os ventos dominantes soprem do noroeste. Tais *ventos de oeste* transportam o ar para leste ao redor do mundo em cerca de um mês. Nos Estados Unidos, por exemplo, as tempestades que sopram do oeste demoram poucos dias para chegarem até o leste. Os ventos de oeste mais fortes são as chamadas *correntes de jato*, correntes de ar de alta velocidade (100–400 km/h) na troposfera superior, acima das regiões subtropicais de alta pressão e subpolares de baixa pressão. As correntes de jato deslocam-se para o norte e para o sul em movimentos ondulados que guiam as trajetórias das tempestades, o que causa mudanças meteorológicas rápidas nas latitudes médias.

A hidrosfera

A *hidrosfera* engloba toda a água líquida na, sobre e sob a superfície terrestre, incluindo oceanos, lagos, rios e água subterrânea. Quase toda a água líquida está no oceano global (1.400 milhões de quilômetros cúbicos); lagos, rios e água subterrânea constituem apenas 1% (15 milhões de quilômetros cúbicos) da hidrosfera. Por menores que sejam, esses componentes continentais da hidrosfera exercem um papel vital no sistema climático. São reservatórios de umidade continental e transportam água, sal e matéria orgânica para os oceanos.

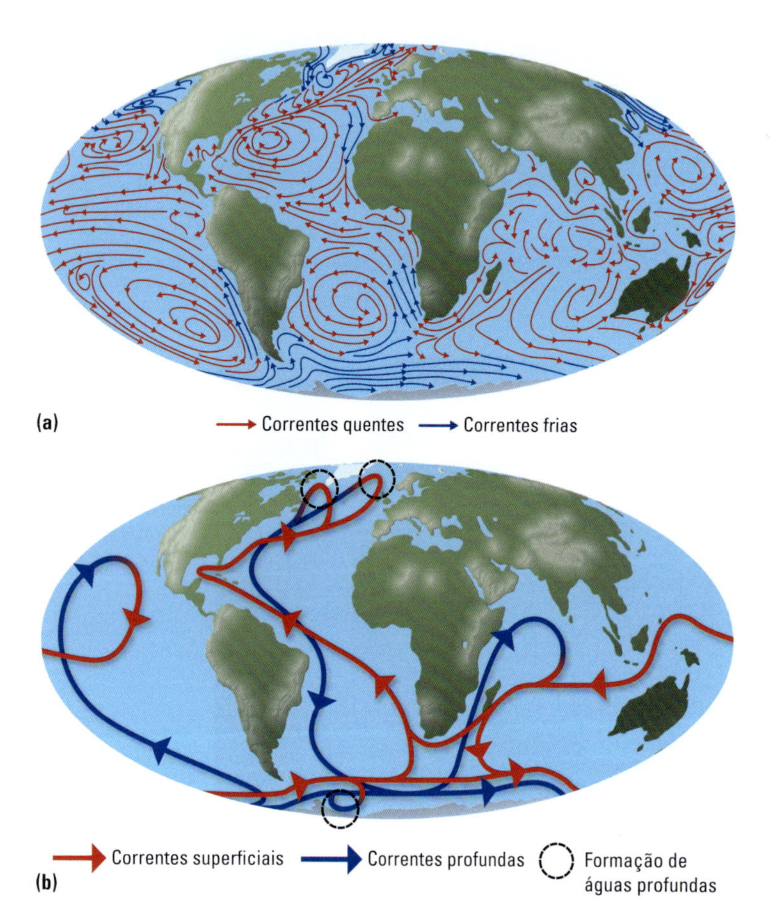

FIGURA 12.5 Dois principais sistemas de circulação nos oceanos. (a) As correntes na superfície dos oceanos são geradas por ventos. [Dados de sercarleton.edu] (b) Uma representação esquematizada da circulação termo-halina, que age como uma correia transportadora para carregar calor das regiões equatoriais quentes às regiões polares frias. [Dados da NASA.]

Embora mova-se mais lentamente do que o ar, a água do mar pode armazenar uma quantidade muito maior de energia térmica. Devido a essa alta capacidade térmica, as correntes oceânicas transportam energia térmica com muito mais eficiência das regiões equatoriais para as polares. Os ventos predominantes que sopram pelos oceanos geram correntes superficiais que organizam-se em circulações de grande escala chamadas de *giros*, que abrangem as bacias oceânicas (**Figura 12.5a**). A água do oceano é impulsionada para oeste pelos ventos alísios nas baixas latitudes e para leste pelos ventos de oeste nas altas latitudes. Isso cria os giros subtropicais, com rotação em sentido horário no Hemisfério Norte e anti-horário no Hemisfério Sul. Devido ao efeito de Coriolis, as correntes de superfície mais intensas são os fluxos de água quente para os polos no lado oeste dos giros subtropicais. Exemplos conhecidos incluem a Corrente do Golfo no oeste do Giro do Atlântico Norte e a Corrente Kuroshio no oeste do Giro do Pacífico Norte.

Os ventos de superfície nas latitudes superiores movem os giros subpolares. Os giros subpolares do norte, que circulam em sentido anti-horário, são confinados pelos continentes a pequenas áreas das regiões mais ao norte dos Oceanos Atlântico e Pacífico. No Hemisfério Sul, entretanto, o continente da Antártida está completamente cercado por um vasto Oceano Austral. Próximo a 60°S, dentro do cinturão subpolar de baixa pressão atmosférica, não há continentes para impedir a circulação oceânica; por consequência, os ventos de oeste conseguem criar um forte fluxo de água do mar para leste, a Corrente Circumpolar Antártica, ao redor de todo o continente (ver Figura 12.5). O folclore está repleto de histórias sobre veleiros que enfrentaram essa corrente e seus ventos fortes para dobrar o Cabo Horn.

Padrões de circulação oceânica envolvem convecção vertical de água do mar bem como movimento horizontal causado pelo vento. A Corrente do Golfo flui ao longo da margem oeste do Atlântico Norte, levando as águas do Mar do Caribe e do Golfo do México, que aquecem o clima do Atlântico Norte e da Europa. Em altas latitudes, mais água evapora da superfície do oceano do que é reposta pela água doce dos rios e da precipitação, então a água que flui no Atlântico Norte resfria-se e torna-se mais salina. A água fria é mais densa do que a quente, e a água salgada é mais densa do que a doce; portanto, essa água mais fria e mais salgada afunda e flui para o sul pelas profundezas do oceano, parte de um sistema global de convecção impulsionado por diferenças de temperatura e salinidade chamado de **circulação termo-halina**. Essa circulação age como uma enorme correia transportadora que percorre os oceanos e move calor das regiões equatoriais para os polos (Figura 12.5b). Mudanças nesse padrão de circulação podem ter uma enorme influência no clima global.

A criosfera

A massa de gelo como componente do sistema do clima é chamada de *criosfera*. Seu volume é de 33 milhões de quilômetros cúbicos, principalmente nas massas glaciais próximas aos polos; regiões de *permafrost*, onde o solo está congelado permanentemente; e territórios cobertos por neves sazonais (**Figura 12.6**). Hoje, as calotas de gelo e geleiras continentais cobrem aproximadamente 10% da superfície terrestre (15 milhões de quilômetros quadrados), armazenando 75% da água doce do mundo. O gelo flutuante inclui o *gelo marinho* no oceano aberto, bem como água de rios e lagos congelados. O papel da criosfera no sistema climático difere daquele da hidrosfera líquida, pois o gelo é relativamente imóvel, conduz mal o calor e reflete quase toda a energia do sol que incide nele.

A troca sazonal de água entre a criosfera e a hidrosfera é um processo importante do sistema do clima. Durante o inverno, o gelo marinho cobre tipicamente 14 a 16 milhões de quilômetros quadrados do Oceano Ártico (**Figura 12.7**) e 17 a 20 milhões de quilômetros quadrados dos oceanos periantárticos, encolhendo para aproximadamente um terço dessa área no verão. Cerca

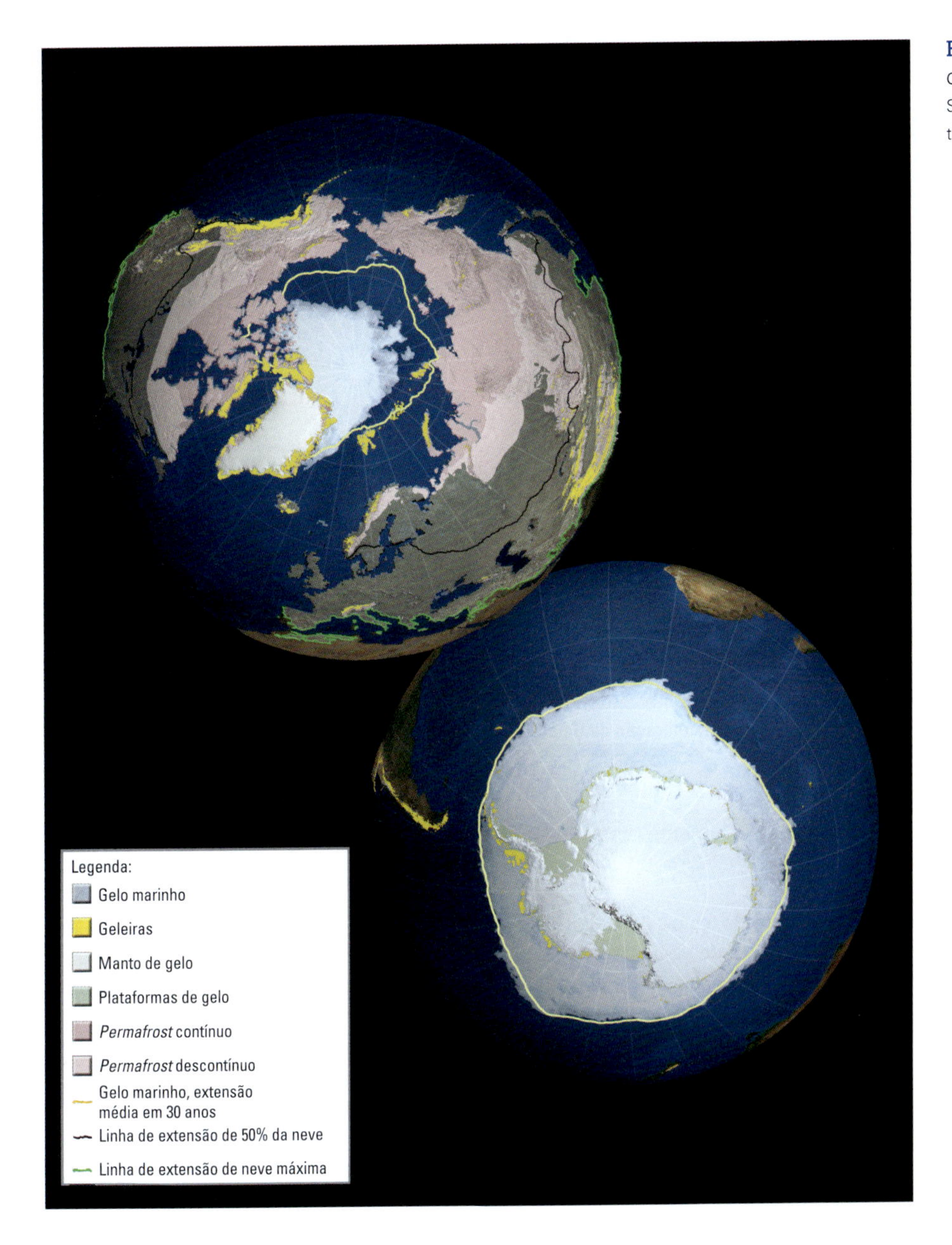

FIGURA 12.6 Elementos da criosfera da Terra. [NASA/Goddard Space Flight Center Scientific Visualization Studio.]

de um terço da superfície terrestre é coberto por neves sazonais, quase inteiramente (com exceção de 2%) no Hemisfério Norte. A neve derretida é a fonte de grande parte da água doce na hidrosfera. Na Sierra Nevada e nas Montanhas Rochosas nos Estados Unidos, por exemplo, 60 a 70% de precipitação anual é na forma de neve, que é posteriormente liberada como água durante seu derretimento e o escoamento dos rios na primavera. Volumes muito maiores de água são trocados entre a criosfera e a hidrosfera durante os ciclos glaciais. No ápice do último máximo glacial, há 20 mil anos, o nível do mar estava mais ou menos 130 m mais baixo que o nível atual, e o volume da criosfera era três vezes maior.

A litosfera

A parte da litosfera mais importante para o sistema do clima é a superfície continental, a qual representa 30% da área total do planeta. A composição da superfície continental afeta o modo como a energia solar é absorvida e refletida. À medida que a temperatura da superfície continental aumenta, mais energia térmica é irradiada de volta para a atmosfera e mais água evapora para a atmosfera. Uma vez que a evaporação requer considerável quantidade de energia, ela faz com que a superfície terrestre seja resfriada. Por consequência, a umidade do solo e outros fatores que influenciam a evaporação – como a vegetação e o fluxo de água subterrânea – são muito importantes no controle da temperatura da superfície.

O relevo estruturado pela tectônica de placas tem um efeito direto no clima através de sua influência na circulação atmosférica. As massas de ar que fluem sobre as grandes cadeias de montanhas despejam a chuva na vertente onde sopra o vento, criando uma zona de sombra pluvial no lado oposto,

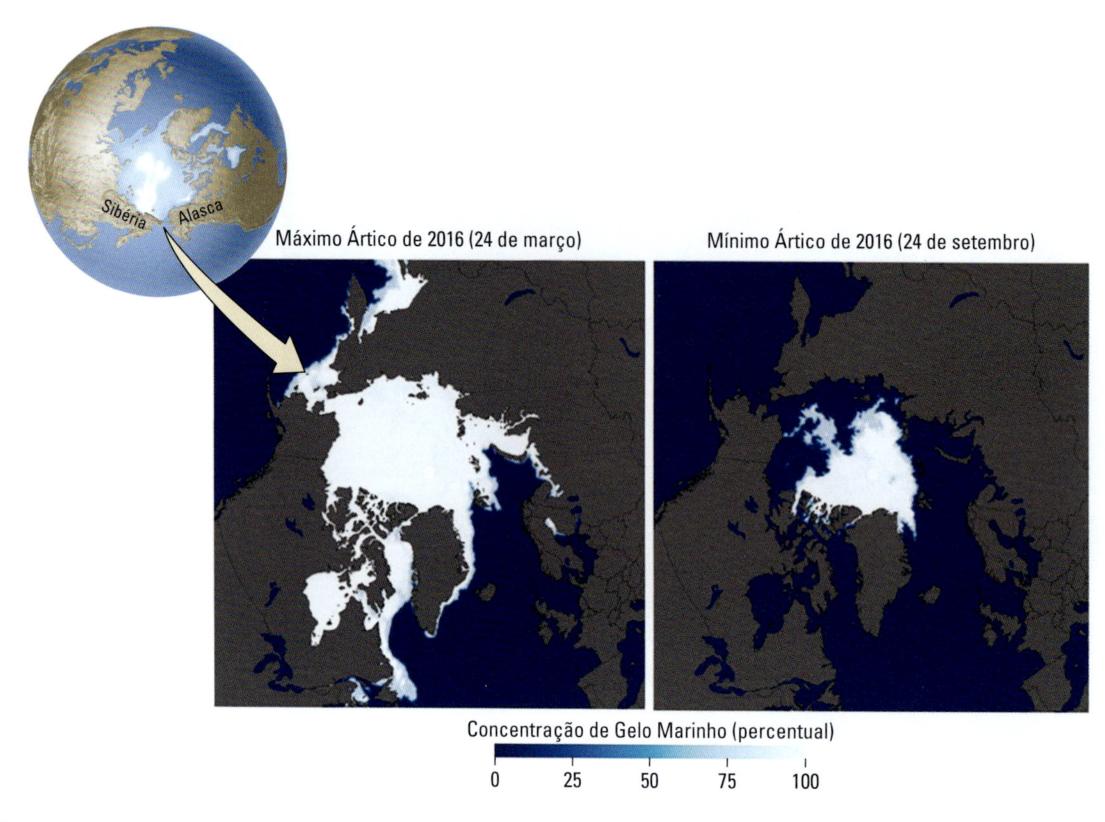

FIGURA 12.7 O volume de gelo marinho varia sazonalmente. Estas imagens de satélite mostram o máximo e o mínimo da extensão do gelo marinho do Ártico em 2016. [Mapas do NASA Earth Observatory por Joshua Stevens, com base em dados de AMSR2-E do NSIDC.]

protegido do vento (ver Figura 17.3). O movimento da tectônica de placas afeta profundamente o sistema do clima de vários modos, através do rearranjo dos continentes e das bacias oceânicas. Atualmente, a área total dos continentes do Hemisfério Norte é cerca de duas vezes maior que a do Hemisfério Sul, o que causa assimetrias atmosféricas na distribuição das zonas climáticas; por exemplo, a posição média da zona de convergência intertropical é deslocada em várias centenas de quilômetros ao norte do equador.

As mudanças na profundidade média das bacias oceânicas significam que a expansão do assoalho oceânico pode provocar variações no nível do mar, enquanto a deriva dos continentes sobre os polos leva ao crescimento de geleiras continentais. Os movimentos dos continentes também podem bloquear as correntes marinhas ou abrir passagens através das quais as correntes de água marinha podem fluir, inibindo ou facilitando a transferência de calor em direção aos polos. Por exemplo, se a atividade tectônica futura vier a fechar o estreito canal entre as Bahamas e a Flórida, através do qual flui a Corrente do Golfo, a temperatura média na Europa Ocidental pode cair significativamente.

O vulcanismo da litosfera afeta o clima por mudar a composição e as propriedades da atmosfera. Como vimos no Capítulo 5, as erupções vulcânicas principais podem lançar aerossóis na estratosfera, bloqueando a radiação solar e diminuindo temporariamente a temperatura atmosférica em escala global. Após a gigantesca erupção do Monte Tambora, na Indonésia, em abril de 1915, a Nova Inglaterra teve um "ano sem verão" em 1816, o que provocou ampla quebra nas safras. Recentes erupções vulcânicas de grandes proporções, incluindo Krakatoa (1883), El Chichón (1982) e Monte Pinatubo (1991), produziram uma queda média de 0,3°C na temperatura global cerca de 14 meses depois dos eventos. As temperaturas retornam ao normal aproximadamente depois de quatro anos. Obviamente, as erupções vulcânicas mais extremas, como o colapso de uma caldeira semelhante a de Yellowstone ou uma erupção de basaltos de platô na escala dos *traps** da Sibéria, são capazes de perturbar o sistema do clima de forma muito mais severa e por durações muito maiores (ver Pratique um Exercício de Geologia do Capítulo 5).

A biosfera

A *biosfera* compreende todos os organismos que vivem na superfície terrestre ou abaixo dela, na atmosfera e nas águas. A vida está presente em praticamente toda a Terra, mas a quantidade de vida em qualquer local depende de condições climáticas locais, como podemos ver na imagem de satélite da biomassa de plantas e algas na **Figura 12.8**.

A quantidade de energia total contida e transportada pelos organismos vivos é relativamente pequena em escala global:

*N. de R.T: *Trap*, palavra usada na literatura internacional para designar basaltos de platô, grandes extensões de basalto em várias camadas, sobrepostas como degraus.

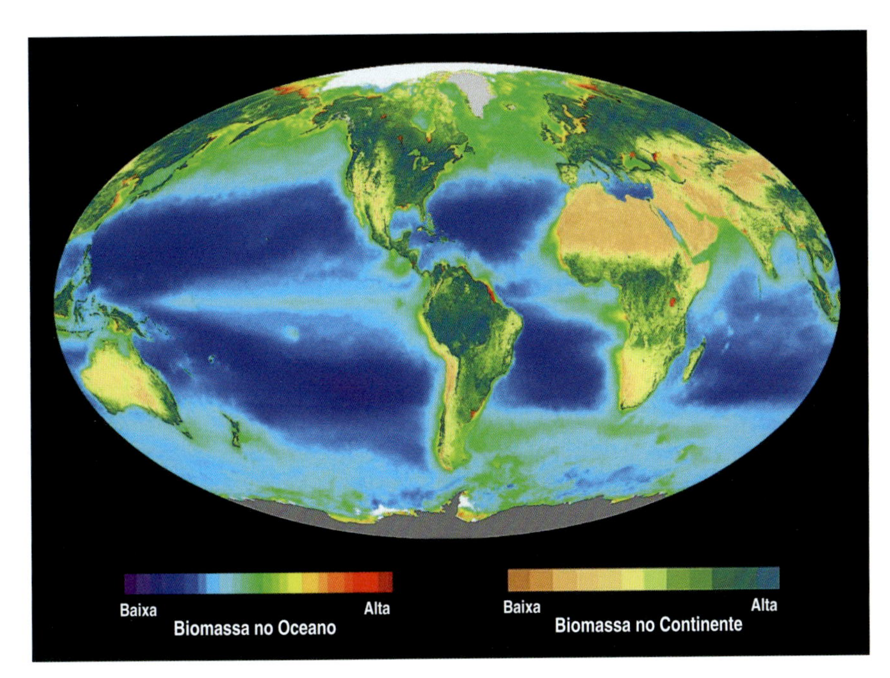

FIGURA 12.8 A biosfera, representada pela distribuição global de biomassa de algas e plantas nos oceanos e nos continentes, conforme mapeada pelo satélite SeaWiFS da NASA. [NASA/Goddard Space Flight Center]

menos de 0,1% da energia solar é utilizada por plantas na fotossíntese. Porém, a biosfera é fortemente vinculada aos outros componentes do sistema do clima pelos processos metabólicos descritos no Capítulo 22. Por exemplo, a vegetação terrestre pode afetar a temperatura atmosférica, porque as plantas absorvem a radiação solar para a fotossíntese e a liberam como calor durante a respiração, além da umidade atmosférica, porque absorve água subterrânea e a libera na forma de vapor d'água. Os organismos também regulam a composição da atmosfera absorvendo ou liberando gases de efeito estufa, como dióxido de carbono (CO_2) e metano (CH_4). Por meio da fotossíntese, as plantas e as algas transferem CO_2 da atmosfera para a biosfera. Como foi observado acima, parte do carbono desse CO_2 move-se da biosfera para a litosfera, onde é precipitada como conchas feitas de carbonato de cálcio ou soterradas como matéria orgânica nos sedimentos. A biosfera, assim, exerce um papel central no ciclo do carbono.

É claro que os humanos (*anthropoi*, em grego) são parte da biosfera, embora dificilmente sejam uma parte comum. Nossa influência sobre a biosfera está crescendo rapidamente, e nos tornamos os agentes mais ativos da mudança ambiental. A modificação do ambiente global pelos seres humanos é chamada de **mudança global antropogênica**. Como sociedade organizada com tecnologia altamente desenvolvida, nos comportamos de maneira fundamentalmente diferente das outras espécies. Por exemplo, podemos estudar a mudança global antropogênica de modo científico e modificar nossas ações de acordo com o que aprendemos (ver Capítulo 14).*

*N. de R.T.: Os autores expressam, por razões didáticas, uma visão deveras otimista e simplista da atividade humana. O gigantesco sistema humano, ao mesmo tempo cultural, econômico e social-político, tem prazos mais longos do que desejaríamos para responder aos efeitos das mudanças climáticas.

A mudança global antropogênica mais preocupante é o aumento das concentrações atmosféricas de CO_2 e de outros gases de efeito estufa devido ao consumo de combustíveis fósseis, que está causando o **aquecimento global** – um aumento da temperatura média da superfície do planeta ao longo do tempo. Para entender esse problema, precisamos estudar o papel dos gases de efeito estufa na regulação da temperatura da superfície da Terra.

O efeito estufa

O Sol é uma estrela amarela que emite cerca de metade de sua radiação na parte visível do espectro eletromagnético. A outra metade é repartida entre ondas infravermelhas, as quais têm comprimento de onda maior e energia mais baixa do que a luz visível (e que são percebidas como calor), e ondas ultravioleta, que têm comprimento de onda menor e energia mais alta (que podem causar queimaduras). A quantidade média de radiação solar que a superfície terrestre recebe no intervalo de um ano é de 340 watts por metro quadrado de área de superfície (340 W/m^2; 1 *watt* = 1 joule/segundo; o *joule* é uma unidade de energia ou calor). Em comparação, a quantidade média de calor emitida pelo interior da Terra a partir da convecção do manto é diminuta, somente 0,06 W/m^2. Fundamentalmente, toda a energia que controla o sistema climático vem do Sol (Figura 12.9).

Sabemos que a temperatura média da superfície global, ao longo de ciclos diários e sazonais, permanece aproximadamente constante. Portanto, a superfície terrestre deve irradiar energia de volta para o espaço precisamente a uma taxa de 340 W/m^2. Qualquer diferença para menos poderia causar um aquecimento da superfície; para mais, causaria um esfriamento. Em outras palavras, a Terra mantém um *equilíbrio da radiação*: um

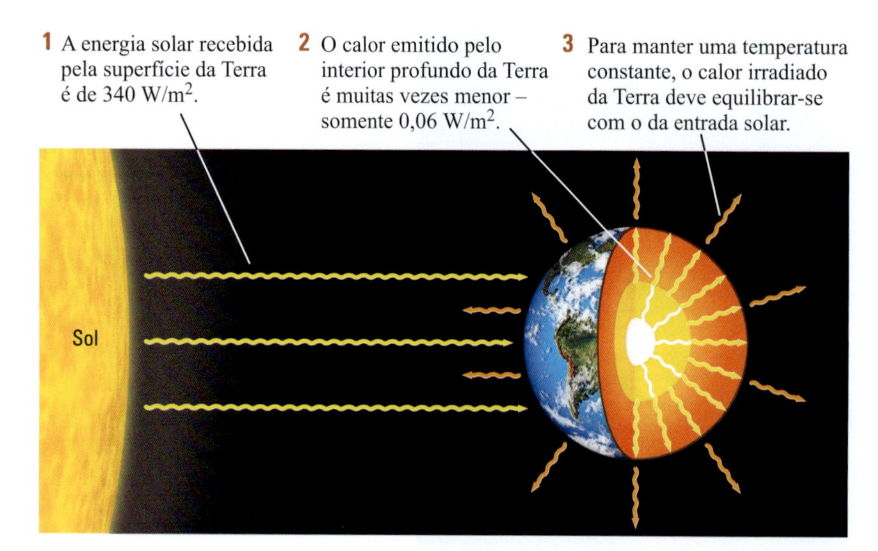

FIGURA 12.9 O balanço de energia da Terra é alcançado pela irradiação de retorno para o espaço da energia solar recebida. O calor do interior do planeta é desprezível em comparação com a energia solar.

balanço entre a energia radiante recebida e emitida. Como esse equilíbrio é atingido?

Um planeta sem gases de efeito estufa

Suponha que a Terra não tivesse de modo algum uma atmosfera, mas fosse uma esfera rochosa como a Lua. Parte da luz do Sol que incidisse sobre a sua superfície seria refletida de volta para o espaço, e parte seria absorvida pelas rochas, dependendo da cor da superfície delas. Um planeta perfeitamente branco refletiria toda a energia solar, enquanto um planeta perfeitamente preto absorveria toda ela. A fração de energia refletida por uma superfície é chamada de **albedo** do planeta (do latim *albus*, que significa "branco"). Embora a Lua cheia pareça ser brilhante para nós, as rochas de sua superfície são predominantemente basaltos escuros, de modo que seu albedo é de somente cerca de 7%. Em outras palavras, a Lua é cinza-escura, quase preta.

A energia irradiada por um corpo negro sobe rapidamente com o aumento da temperatura. Uma barra de ferro fria é preta e emite pouco calor. Se você a aquecer até 100ºC, ela emitirá calor na forma de ondas infravermelhas (como um aquecedor a vapor). Se você aquecer a barra até 1.000ºC, ela se tornará laranja brilhante, irradiando calor em um comprimento de onda visível (como um queimador de um aquecedor elétrico).

Um corpo negro exposto ao Sol aquece-se até que sua temperatura atinja um certo valor característico para que ele irradie, retornando ao espaço, a energia solar recebida. O mesmo princípio aplica-se a um "corpo cinza" como a Lua, porém, para esse balanço, deve-se excluir a energia refletida. E, no caso de corpos com movimento de rotação como a Lua e a Terra, ciclos diurnos e noturnos devem ser considerados. A temperatura durante o dia lunar sobe até 130°C e, à noite, desce para –170°C. Não é um ambiente agradável!

A Terra gira muito mais rápido que a Lua (uma vez por dia, e não uma vez por mês), de modo que os extremos de temperatura entre o dia e a noite ficam mais equiparados. O albedo da Terra, cerca de 29%, é muito mais alto que o da Lua, porque os oceanos azuis, as nuvens brancas e as massas de gelo do planeta refletem mais que os basaltos lunares escuros. Se a atmosfera da Terra não contivesse gases de efeito estufa, a temperatura superficial média necessária para equilibrar a radiação solar não refletida seria de aproximadamente –19°C, frio suficiente para congelar toda a água do planeta. Em vez disso, a temperatura superficial média mantém-se em amenos 14°C. A diferença de 33°C é um resultado do efeito estufa.

A atmosfera-estufa da Terra

Os **gases de efeito estufa**, como o vapor d'água, o dióxido de carbono, o metano e o ozônio, absorvem energia – a que vem diretamente do Sol e também a que é irradiada pela superfície terrestre – e a irradiam como energia infravermelha em todas as direções, inclusive para a superfície terrestre. Dessa forma, a atmosfera atua como um vidro em uma estufa, permitindo que a energia radiante passe através dela, mas aprisionando o calor. Esse aprisionamento de calor, que aumenta a temperatura na superfície proporcionalmente ao aumento da temperatura na atmosfera, é conhecido como **efeito estufa.**

A **Figura 12.10** ilustra como a atmosfera terrestre equilibra a radiação recebida e a emitida. A radiação solar recebida e não refletida diretamente é absorvida pela atmosfera e pela superfície. Ao atingir o equilíbrio da radiação, a Terra emite a mesma quantidade de energia de volta para o espaço como ondas infravermelhas. Devido ao calor aprisionado pelos gases de efeito estufa, a quantidade de energia circulante na superfície terrestre, seja como radiação, seja como fluxo de ar e de umidade superficial quentes, é significativamente maior que a quantidade que a Terra recebe como radiação solar direta. O excesso é exatamente a energia recebida como radiação infravermelha emitida para a superfície pelos gases de efeito estufa. É essa "radiação de retorno" que faz com que a superfície da Terra seja 33°C mais quente do que seria se a atmosfera não contivesse gases de efeito estufa.

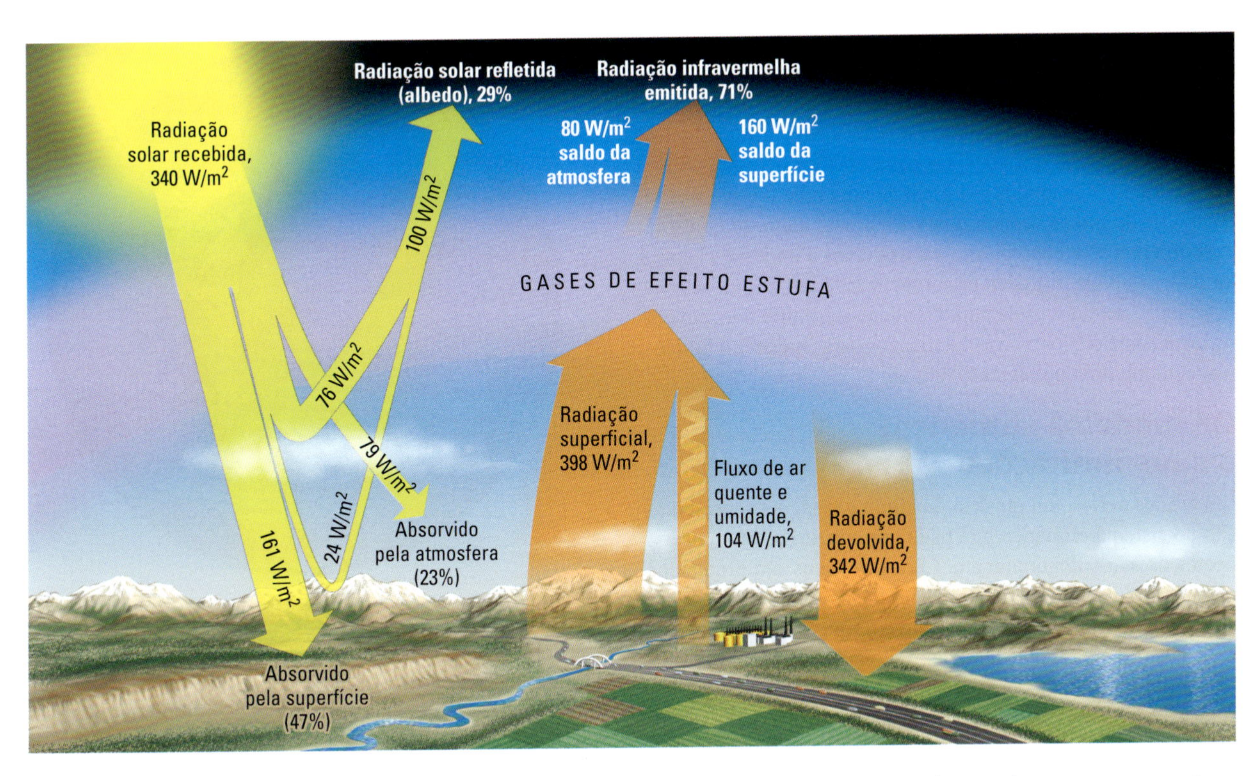

FIGURA 12.10 Para manter o balanço da radiação, a Terra irradia, em média, a mesma porção de energia para o espaço externo que recebe do Sol (340 W/m²). Da radiação recebida, 100 W/m² (29%) são refletidos, 161 W/m² são absorvidos pela superfície terrestre e 79 W/m², pela atmosfera terrestre. O ar quente, a umidade e a radiação transportam mais energia da superfície terrestre (502 W/m²) que aquela recebida. Os gases de efeito estufa na atmosfera refletem a maior parte dessa energia (324 W/m²) de volta à superfície terrestre na forma de radiação infravermelha. [Dados de IPCC, *Climate Change 2013: The Physical Science Basis*.]

Equilibrando o sistema por meio da retroalimentação

Como o sistema do clima alcança de fato o equilíbrio da radiação ilustrado na Figura 12.10? Por que o efeito estufa resulta em um aquecimento total de 33°C e não outra temperatura mais alta ou baixa? As respostas a essas questões não são simples pois dependem das interações entre muitos componentes do sistema climático. As mais importantes interações envolvem *retroalimentações*.

Existem dois tipos básicos de retroalimentação: a **positiva**, na qual a mudança de um componente é *acentuada* pelas variações que induz em outros, e a **negativa**, em que a mudança em um componente é *reduzida* pelas mudanças que induz em outros. A retroalimentação positiva tende a amplificar as mudanças no sistema, enquanto a negativa tende a estabilizá-lo contra as mudanças.

A seguir, estão listadas algumas retroalimentações do sistema do clima que podem afetar significativamente as temperaturas alcançadas pelo balanço da radiação.

- *Retroalimentação do vapor d'água.* Um aumento de temperatura eleva a quantidade de vapor d'água que se move da superfície terrestre para a atmosfera por evaporação. Por ser um gás de efeito estufa, esse aumento realça esse efeito e, assim, a temperatura eleva-se mais ainda – uma retroalimentação positiva.
- *Retroalimentação do albedo.* O aumento da temperatura reduz o acúmulo de gelo e neve na criosfera, o que diminui o albedo e aumenta a energia que a superfície terrestre absorve. O aumento do aquecimento da atmosfera realça a subida da temperatura – outra retroalimentação positiva.
- *Retroalimentação da radiação.* A subida da temperatura atmosférica aumenta enormemente a quantidade de energia infravermelha irradiada de volta para o espaço, o que reduz a subida da temperatura – uma retroalimentação negativa. Esse "amortecedor radioativo" estabiliza o clima da Terra em relação às principais mudanças, evitando que os oceanos congelem ou fervam e, assim, mantendo um hábitat tranquilo para a vida aquática.
- *Retroalimentação do crescimento da vegetação.* O aumento de concentrações atmosféricas de CO_2 estimula o crescimento vegetal. A vegetação em crescimento remove o CO_2 da atmosfera, convertendo-o em matéria orgânica rica em carbono, e, assim, reduz o efeito estufa – outra retroalimentação negativa.

As retroalimentações podem envolver interações muito mais complexas entre os componentes do sistema do clima. Por exemplo, um aumento do vapor d'água atmosférico produz mais nuvens. Pelo fato de elas refletirem energia solar, aumentam o albedo planetário, que desencadeia uma retroalimentação negativa entre o vapor d'água e a temperatura. Por outro lado, as nuvens absorvem eficientemente a radiação infravermelha, de modo que o aumento da cobertura de nuvens realça o efeito estufa, resultando, assim, em uma retroalimentação positiva entre o vapor d'água e a temperatura. O saldo do efeito das nuvens produz uma retroalimentação positiva ou negativa?

Os cientistas têm encontrado dificuldades surpreendentes para responder tais questões. Os componentes de nosso sistema do clima estão unidos por meio de uma rede incrivelmente complexa de interações em uma escala para além do controle experimental. Por conseguinte, muitas vezes é impossível coletar dados que identifiquem de forma isolada um tipo de retroalimentação de todos os demais. Os cientistas, entretanto, devem recorrer aos modelos computadorizados para entender o funcionamento interno do sistema do clima.

Os modelos climáticos e suas limitações

Em termos gerais, um **modelo do clima** é qualquer representação do sistema climático que pode reproduzir um ou mais aspectos do seu comportamento. Certos modelos são projetados para o estudo de processos climáticos locais ou regionais, como as relações entre vapor d'água e nuvens, mas a maioria das representações diz respeito a modelos globais utilizados para predizer como o clima poderá mudar no futuro.

No cerne de tais modelos globais estão esquemas para calcular os movimentos dentro da atmosfera e dos oceanos baseados nas leis fundamentais da Física. Esses *modelos gerais de circulação* representam as correntes de ar e água controladas pela energia solar em escalas que vão desde pequenas perturbações (tempestades na atmosfera, turbulências nos oceanos) até circulações globais (células de circulação na atmosfera, convecção termo-halina dos oceanos). Os cientistas representam as variáveis físicas básicas (temperatura, pressão, densidade, velocidade, e assim por diante) em grades tridimensionais contendo milhões, ou mesmo bilhões de pontos geográficos. Eles utilizam supercomputadores para resolver as equações matemáticas que descrevem como as variáveis mudam com o tempo em cada um desses pontos (Figura 12.11). Você pode ver os resultados desse tipo de cálculo ao conferir a previsão do tempo. Atualmente, a maioria das predições climáticas é feita pela inserção das condições frequentemente observadas em milhares de estações meteorológicas em um modelo de circulação geral e pela simulação do tempo futuro. A predição meteorológica emprega, assim, os mesmos programas computadorizados básicos que são utilizados para a modelagem climática.

Entretanto, esta é intrinsecamente mais difícil. Na predição meteorológica para intervalos de poucos dias, os cientistas podem ignorar certos processos lentos, como as mudanças nos gases de efeito estufa atmosféricos ou na circulação dos oceanos. As predições climáticas, por outro lado, requerem que esses processos lentos, incluindo todas as importantes retroalimentações, sejam apropriadamente modelados. Além do mais, a simulação deve ser estendida para um futuro de vários anos ou décadas.

Como os modelos do sistema climático são muito complexos e podem representar apenas parcialmente o sistema do clima, suas previsões precisam ser consideradas com uma certa dose de ceticismo. Muitas questões sobre o funcionamento do sistema do clima – por exemplo, o papel das nuvens na regulagem da temperatura atmosférica – não foram inteiramente respondidas. Embora a maioria dos climatologistas hoje acredite que a retroalimentação

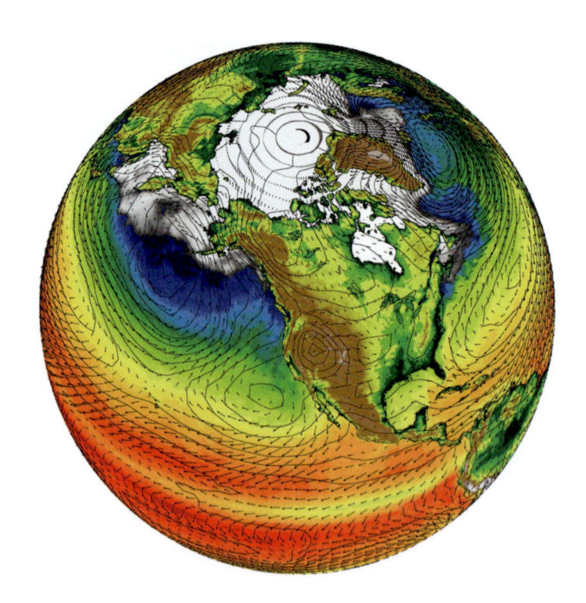

FIGURA 12.11 Modelos climáticos numéricos são utilizados para prever a mudança climática futura. Este modelo climático global, desenvolvido com o suporte do Departamento Americano de Energia, retrata interações entre a atmosfera, a hidrosfera, a criosfera e a superfície continental. As cores nos oceanos representam temperaturas da superfície marinha, e as setas representam velocidades do vento na superfície. [Warren Washington and Gary Strand/ National Center for Atmospheric Research]

das nuvens seja positiva (desestabilizante), ainda há incertezas significativas em relação a estes e outros processos críticos. As predições dos modelos climáticos têm engendrado um intenso debate entre os especialistas e as autoridades governamentais que precisam entender e lidar com as consequências da mudança climática induzida pelas atividades humanas. Analisaremos em maior detalhe essas previsões no Capítulo 14.

A variabilidade climática

O clima da Terra varia consideravelmente de um lugar para outro: os polos são gelados e áridos, e os trópicos, abafados e úmidos. Variações no clima comparáveis a estas também podem ocorrer ao longo do tempo. O registro geológico indica que longos períodos de aquecimento global alternados com períodos de frio glacial ocorreram muitas vezes no passado. Essa variação climática é errática; mudanças drásticas podem acontecer em apenas algumas décadas ou evoluir por escalas de tempo de muitos milhões de anos.

Certas variações climáticas podem ser atribuídas a fatores externos ao sistema do clima, como a forçante solar e mudanças na distribuição das massas continentais e aquáticas causada pela deriva dos continentes. Outras resultam das mudanças internas do próprio sistema climático, como o crescimento das geleiras continentais que aumentam o albedo da Terra. Ambas as variações, externa e interna, podem ser amplificadas ou suprimidas por retroalimentações. Nesta seção, examinaremos diversos tipos de variação climática e discutiremos suas causas, começando com a variação de curta duração em escala regional.

Variações regionais de curta duração: El Niño e a Oscilação Meridional

Os climas locais e regionais são muito mais variáveis que o clima global médio, pois as médias de uma grande área superficial, bem como de um longo período de tempo, tendem a suavizar as flutuações de pequenas proporções. Durante períodos de anos a décadas, as variações regionais predominantes resultam das interações entre a circulação atmosférica e as superfícies continentais e oceânicas. Elas geralmente ocorrem em padrões geográficos distintos, embora suas sincronizações e amplitudes possam ser altamente irregulares.

O mais famoso exemplo é um aquecimento do leste do Oceano Pacífico que ocorre em intervalos de 3 a 7 anos e dura mais ou menos 1 ano. Os pescadores peruanos chamam tal evento de **El Niño** ("o menino", em espanhol), porque o aquecimento alcança as águas superficiais da costa da América do Sul tipicamente na época natalina. Os eventos do El Niño podem dizimar populações de peixes, que dependem da ressurgência de águas frias para o abastecimento de nutrientes, sendo um desastre para populações humanas costeiras que dependem da pesca.

O El Niño e um evento complementar de esfriamento, conhecido como *La Niña* ("a menina"), são parte de uma variação natural de troca de calor entre a atmosfera e o Oceano Pacífico tropical. Normalmente, os gradientes de pressão atmosférica fazem com que os ventos dominantes, os ventos alísios, soprem do leste para oeste, empurrando as águas tropicais mais quentes para o oeste. Esse movimento da água mais quente faz com que a água mais fria ressurja das profundezas do oceano perto do Peru. Esporadicamente, os ventos alísios se enfraquecem, cortando a ressurgência e equalizando as temperaturas da água no Pacífico tropical (um evento El Niño). Em outras vezes, os ventos alísios se fortalecem, intensificando a diferença de temperatura entre o leste e o oeste do Pacífico (um evento La Niña). Essa variação recorrente na pressão atmosférica é chamada de Oscilação Meridional, e a variação geral no clima do Pacífico equatorial associada com esses fenômenos é chamada de El Niño – Oscilação do Sul, ou **ENOS***. (**Figura 12.12**).

Bons registros instrumentais do ENOS não se tornaram amplamente disponíveis até cerca de 1950. Os três maiores eventos El Niño desde então ocorreram em 1982–83,

*N. de R.T.: Em inglês, a sigla é ENSO e vem de El Niño – Southern Oscilation.

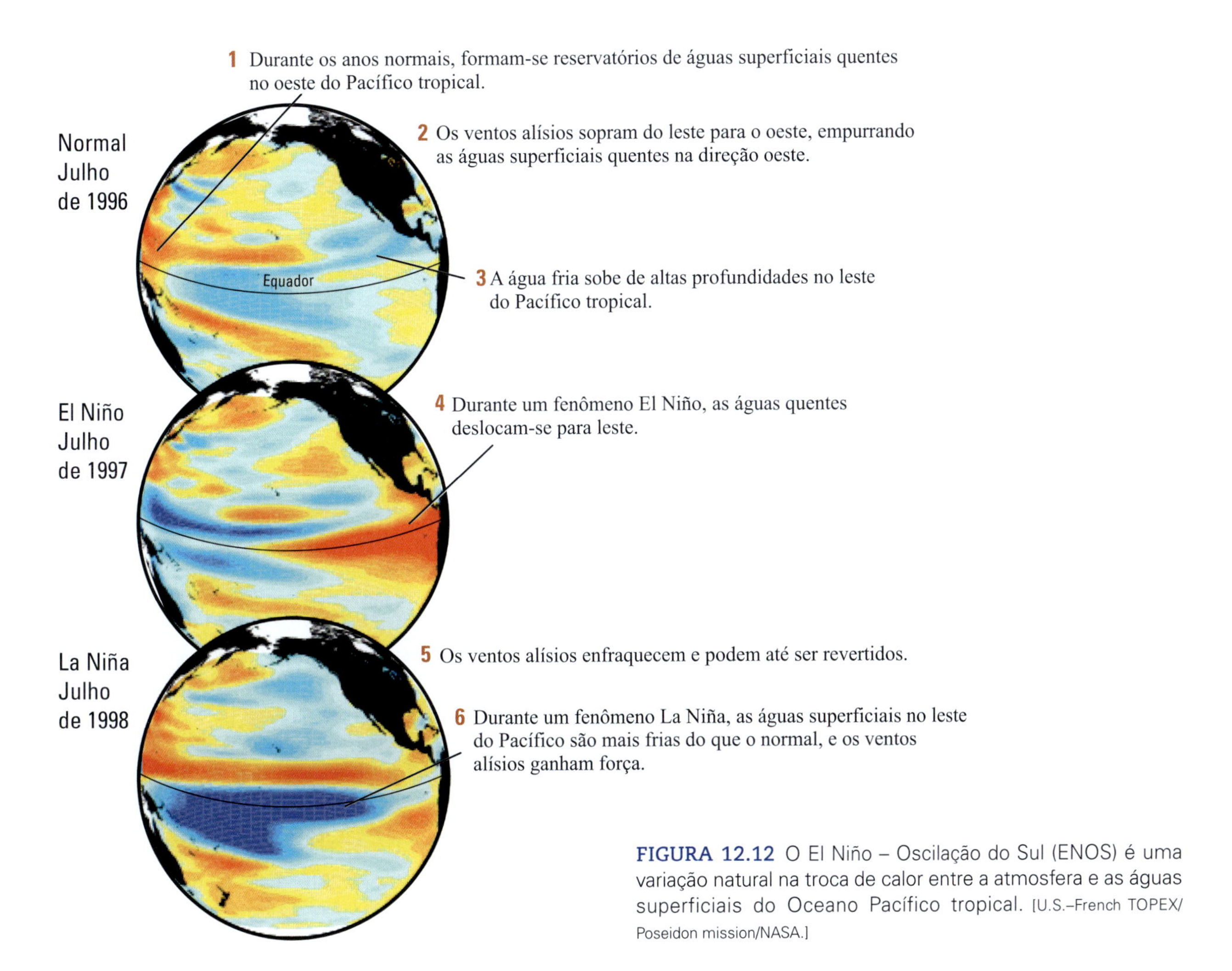

FIGURA 12.12 O El Niño – Oscilação do Sul (ENOS) é uma variação natural na troca de calor entre a atmosfera e as águas superficiais do Oceano Pacífico tropical. [U.S.–French TOPEX/Poseidon mission/NASA.]

1997–1998 e 2015–2016, quando as temperaturas do Pacífico tropical central ficaram até 3°C acima da média. O último El Niño, apelidado de "Godzilla" pelos meteorologistas devido ao seu tamanho e intensidade, começou em março de 2015 e terminou em maio de 2016. O fenômeno afetou o tempo no mundo todo, provocando chuvas fortes no sul da América do Sul, região central da África, sudeste da China e sudeste dos Estados Unidos, assim como secas no norte da América do Sul, na Indonésia e no norte da Austrália. As temperaturas acima do normal das águas na região central do Oceano Pacífico foram apontadas como a causa pelo nível anômalo de atividade ciclônica e maciço branqueamento dos corais (**Figura 12.13**). As águas mais quentes contribuíram para o aumento da temperatura média da Terra, o que tornou 2015 e 2016 os anos mais quentes registrados até então.

Os padrões oscilatórios na variabilidade meteorológica e climática ocorrem também em outras regiões. Um exemplo é a Oscilação do Atlântico Norte, uma flutuação altamente irregular plurianual da pressão atmosférica entre a Islândia e as Ilhas dos Açores que tem uma grande influência no movimento de tempestades através do Atlântico Norte e, assim, afeta as condições climáticas da Europa e de partes da Ásia. Entender esses padrões pode melhorar a previsão meteorológica de longo alcance, como também fornecer importantes informações sobre os efeitos regionais da mudança climática antropogênica.

Variações globais de longa duração: as idades do gelo do Pleistoceno

Algumas das variações climáticas mais drásticas que podem ser vistas no registro geológico são os ciclos glaciais do Pleistoceno, que tiveram início há 1,8 milhão de anos. Um **ciclo glacial** começa com um declínio gradual de cerca de 6° C a 8° C na temperatura de um **período interglacial** quente para um *período glacial* frio, ou **idade do gelo**. À medida que o clima resfria-se, a água é transferida da hidrosfera para a criosfera. O volume de gelo marinho aumenta, e cai maior quantidade de neve nos continentes no inverno do que derrete no verão. Isso aumenta o volume e a área das massas de gelo polar e reduz o volume dos oceanos. Conforme se expandem para latitudes mais baixas, as massas de gelo refletem mais energia solar de volta para o espaço, e as temperaturas da superfície terrestre caem ainda mais – um exemplo de retroalimentação do albedo. O nível do mar cai, expondo áreas das plataformas continentais que normalmente ficam submersas. No auge da idade do gelo – o *máximo glacial* – grandes geleiras continentais de até 2 ou 3 m de espessura cobrem amplas áreas terrestres (**Figura 12.14**). A idade do gelo

FIGURA 12.13 Imagens obtidas antes (em dezembro/2014, à esquerda) e depois (fevereiro/2015, à direita) do fenômeno de branqueamento dos corais nas águas da região central do Oceano Pacífico. [The Ocean Agency / XL Catlin Seaview Survey.]

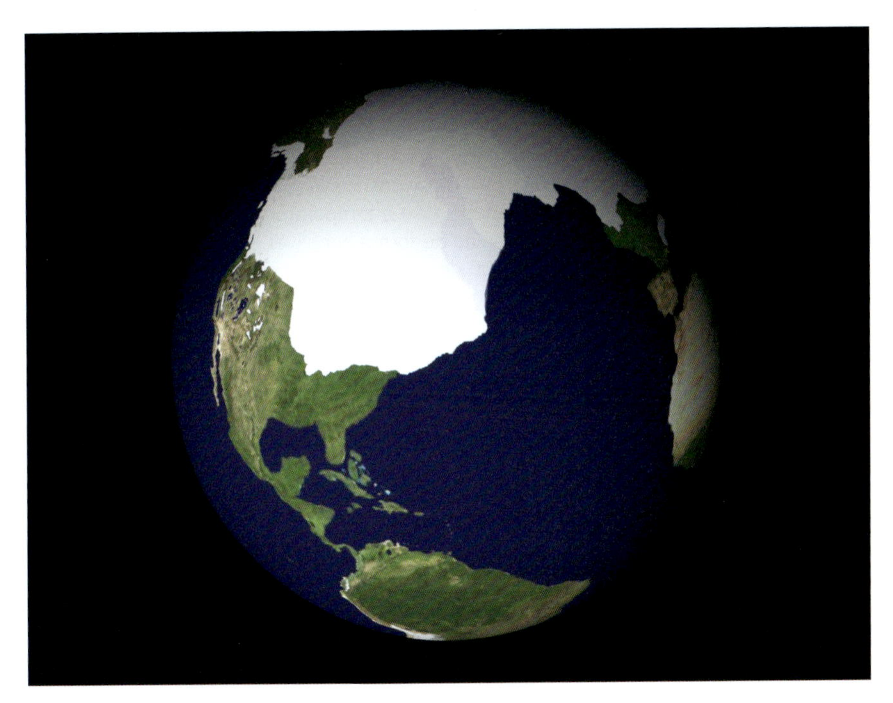

FIGURA 12.14 Na última glaciação máxima, em torno de 20 mil anos atrás, geleiras continentais cobriam a maior parte da América do Norte. As plataformas continentais foram expostas pela descida do nível do mar, ilustrada aqui pela costa alargada da Flórida. [Wm. Robert Johnston.]

termina de forma abrupta com um aumento rápido de temperatura. Com isso, a água é transferida da criosfera para a hidrosfera à medida que as massas de gelo derretem e o nível do mar sobe.

Datação das idades de gelo do Pleistoceno Um registro preciso das variações de temperatura do Pleistoceno pode ser obtido pela medição de isótopos de oxigênio preservados em sedimentos marinhos e no gelo glacial. Os sedimentos marinhos pleistocênicos contêm numerosos fósseis de foraminíferos: organismos marinhos pequenos e unicelulares que secretam conchas de calcita ($CaCO_3$). As proporções de isótopos de oxigênio incorporadas nessas conchas refletem a razão entre isótopos de oxigênio da água marinha em que os organismos viveram. A água (H_2O) contendo o isótopo mais leve e mais comum, o oxigênio-16 (^{16}O), tem maior tendência de evaporar do que a água que contém o oxigênio-18 (^{18}O) mais pesado. Portanto, durante as idades do gelo, o ^{18}O é preferencialmente deixado para trás nos oceanos à medida que a água que contém ^{16}O evapora da superfície oceânica e fica aprisionada no gelo glacial. Assim, sobe a razão de $^{18}O/^{16}O$ nos oceanos. Os paleoclimatólogos podem usar razões de $^{18}O/^{16}O$ em leitos sedimentares marinhos para estimar a temperatura da superfície marinha e o volume de gelo quando os leitos foram depositados. A **Figura 12.15** mostra mudanças no clima global ao longo dos últimos 1,8 milhão de anos, conforme inferidas a partir dessas estimativas.

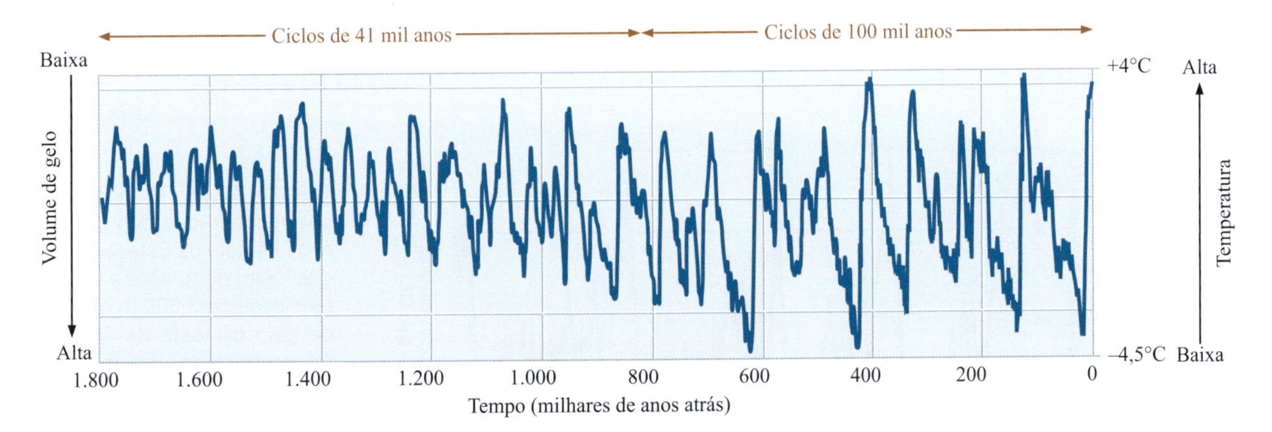

FIGURA 12.15 Mudanças no clima global ao longo dos últimos 1,8 milhão de anos inferidas a partir de razões entre isótopos de oxigênio em sedimentos marinhos. Os picos indicam períodos interglaciais (altas temperaturas, pequenos volumes de gelo, nível do mar alto), e os vales mostram as idades do gelo (baixas temperaturas, grandes volumes de gelo, nível do mar baixo). [Dados de Fonte: L. E. Lisiecki e M. E. Raymo, *Paleoceanography* 20 (2005): 1003.]

Jornal da Terra 12.1 Sondagens no gelo da Antártida e da Groenlândia

Na estação científica de Vostok, na gélida Antártida, cientistas russos e franceses têm trabalhado há décadas para descobrir a história climática da Terra que se esconde no gelo. Até 1998, eles haviam perfurado o gelo até profundidades de 3.600 m e recuperado testemunhos de até 400 mil anos. Uma contagem cuidadosa dos ciclos anuais de formação de gelo, a partir do topo para a base, revelou aos pesquisadores a idade do gelo em cada profundidade, da mesma forma que os anéis de crescimento de uma árvore revelam sua idade. Eles mediram as razões entre os isótopos de oxigênio no gelo, bem como a composição gasosa de pequenas bolhas de ar nele aprisionadas. Com base no registro estratigráfico, produziram uma história detalhada dos quatro últimos ciclos glaciais.

Os dados acrescentaram outras evidências sugerindo que as variações na órbita da Terra – os ciclos de Milankovitch – controlam a alternância entre idades do gelo e períodos interglaciais, além de mostrar que as temperaturas superficiais estavam correlacionadas a concentrações de gases de efeito estufa na atmosfera (ver Figura 12.16). Os resultados de Vostok foram confirmados por uma série de outros testemunhos de gelo perfurados igualmente no manto da Antártida e também da Groenlândia. Um testemunho extraído em um local a cerca de 600 km da estação Vostok, por uma equipe europeia, forneceu o mais longo registro histórico do gelo até então extraído, com dados sobre temperatura e concentrações de gases de efeito estufa para os oito últimos ciclos glaciais. Durante esse período de 800 mil anos, a concentração de CO_2 na atmosfera variou de apenas 170 partes por milhão (ppm) durante os máximos glaciais para 300 ppm durante os períodos interglaciais. Em comparação, a concentração de CO_2 havia subido de cerca de 280 ppm em meados do século XIX, no início da Revolução Industrial, para 410 ppm nos dias atuais, e continua a aumentar a uma taxa de 2 ppm/ano.

Essas descobertas científicas não foram conquistadas facilmente. A Estação Vostok, localizada a uma altitude de 3.500 m próximo ao centro da Antártida, é um local extremamente fatigante para se realizar pesquisas. Sua temperatura média anual é de apenas −55°C, e a temperatura mais baixa da superfície terrestre medida de forma confiável, −89,2°C, foi registrada lá em 1983. Além de suportar essas condições extremas, os cientistas tiveram cuidados para que os testemunhos de gelo não derretessem e se contaminassem enquanto eram perfurados, transportados para os laboratórios e armazenados. É devido à paciência e engenhosidade dessas intrépidas equipes de pesquisadores que os testemunhos de gelo glacial contribuíram tanto para o entendimento da história da mudança climática global*.

Cientistas franceses, russos e americanos, na foto da equipe da Estação Vostok, seguram testemunhos de gelo recém-extraídos. Posteriormente, os testemunhos foram cortados em seções de um metro e analisados em um laboratório no local. [NOAA.]

*N. de R.T.: A pequisa brasileira sobre a massa de gelo planetária, inclusive da Antártida, é conduzida pelo Instituto Nacional de Ciência e Tecnologia da Criosfera, sediado na UFRGS e liderado pelo Dr. Jefferson Cardia Simões, primeiro brasileiro a alcançar o pólo Sul.

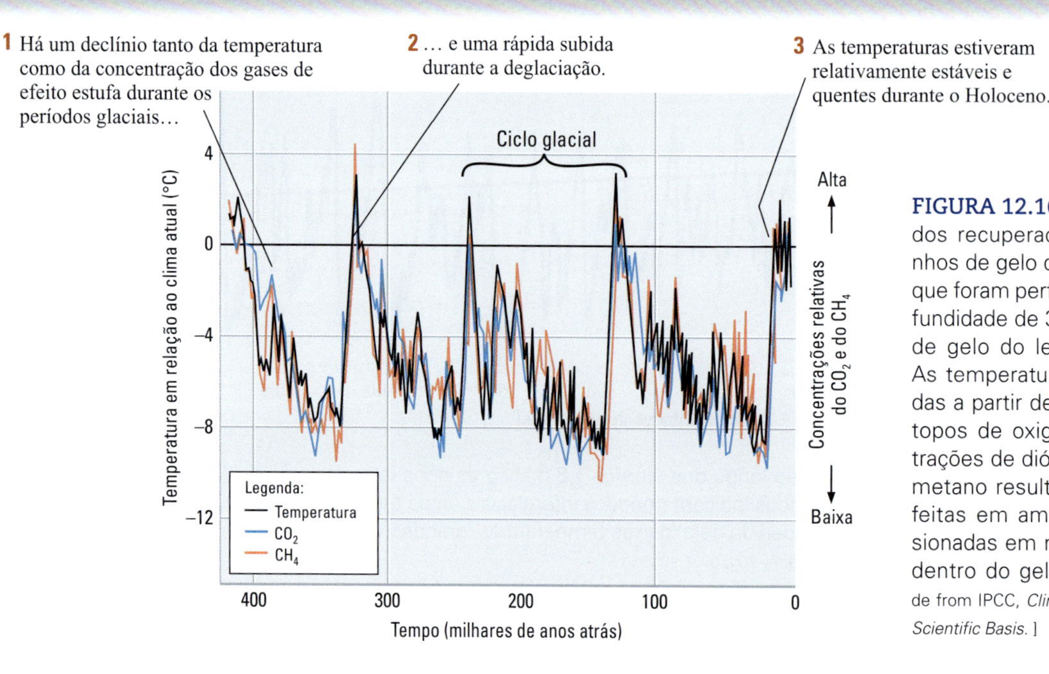

FIGURA 12.16 Três tipos de dados recuperados dos testemunhos de gelo da Estação Vostok, que foram perfurados a uma profundidade de 3.600 m no manto de gelo do leste da Antártida. As temperaturas foram estimadas a partir de razões entre isótopos de oxigênio. As concentrações de dióxido de carbono e metano resultaram de medidas feitas em amostras de ar aprisionadas em minúsculas bolhas dentro do gelo antártico. [Dados de from IPCC, *Climate Change 2001: The Scientific Basis.*]

À medida que as razões entre $^{18}O/^{16}O$ nos oceanos aumentam durante as idades do gelo, diminuem as que estão nas camadas de gelo que vão espessando as geleiras. Os melhores registros de variação climática durante os últimos 500 mil anos vêm de testemunhos de gelo perfurados no manto de gelo do leste da Antártida e no manto de gelo da Groenlândia (ver Jornal da Terra 12.1). As razões entre os isótopos de oxigênio das camadas de gelo nos testemunhos podem ser usadas para estimar as temperaturas atmosféricas da época da formação do gelo. A composição da atmosfera, inclusive as concentrações de dióxido de carbono e de metano, também pode ser medida em minúsculas bolhas de ar aprisionadas quando o gelo se formou. A **Figura 12.16** exibe esses três tipos de medições do testemunho de gelo de Vostok obtido no manto de gelo do leste da Antártida.

Ciclos de Milankovitch

As grandes variações no registro de sedimentos marinhos (ver Figura 12.15) durante a Época Pleistocênica correspondem aos ciclos glaciais nos testemunhos de gelo (ver Figura 12.6). Quais as causas dessas flutuações no clima? A resposta: pequenas variações periódicas no volume de radiação que a Terra recebe do Sol, a forçante solar. Essas variações são causadas pelas complexidades do movimento da Terra em torno do Sol, chamadas de **ciclos de Milankovitch**, em homenagem ao geofísico sérvio que as calculou pela primeira vez no início do século XX. Três tipos de ciclos de Milankovitch podem ser correlacionados à variação climática global:

- Primeiro, a forma da órbita da Terra em torno do Sol muda periodicamente, tornando-se mais circular algumas vezes e, em outras, mais elíptica. O grau de elipticidade da órbita terrestre em torno do Sol é conhecido como *excentricidade*. Uma órbita quase circular tem baixa excentricidade, e uma órbita mais elíptica tem excentricidade alta (**Figura 12.17a**). A quantidade média de radiação solar que a Terra recebe sobre sua superfície por ano diminui ligeiramente com o aumento da excentricidade. O comprimento de um ciclo de variação de excentricidade é de aproximadamente 100 mil anos.
- Segundo, o ângulo de *obliquidade* do eixo de rotação terrestre muda periodicamente. Atualmente, esse ângulo é de 23,4°, mas varia entre 22,1° e 24,5° em um período em torno de 41 mil anos. Essas variações também mudam levemente a quantidade de radiação que a Terra recebe do Sol (Figura 12.17b).
- Terceiro, o eixo de rotação da Terra oscila como um pião, dando origem a um padrão de variação chamado de *precessão*, com um período de aproximadamente 23 mil anos (Figura 12.17c). A precessão também modifica o volume de radiação que a Terra recebe do Sol, embora com menos variação que a excentricidade e a obliquidade.

Correlações com ciclos glaciais É possível ver várias pequenas subidas e descidas na curva da Figura 12.15, mas nos últimos 500 mil anos, o registro revela um padrão serrilhado de

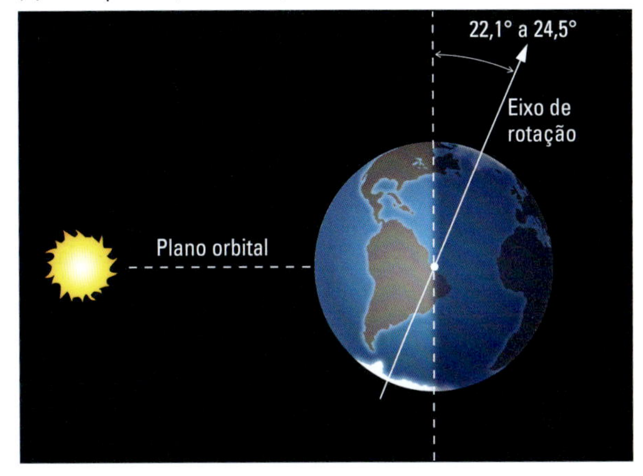

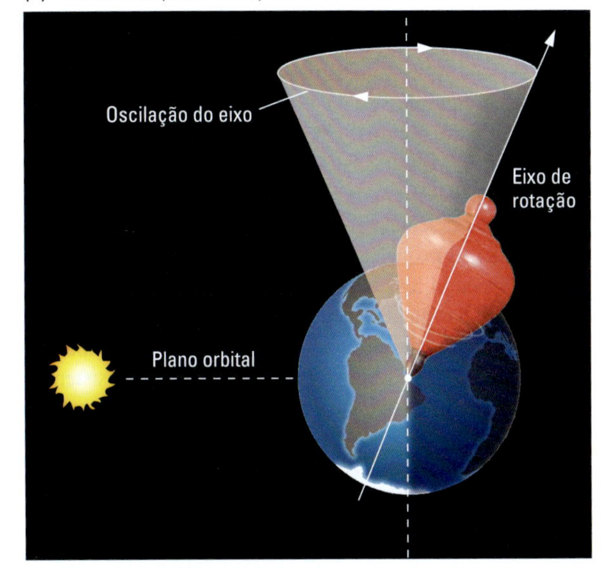

FIGURA 12.17 Três tipos de ciclos de Milankovitch (bastante exagerados nesses diagramas) afetam o volume de radiação solar que a Terra recebe. (a) A excentricidade é o grau de elipticidade da órbita da Terra. (b) A obliquidade é o ângulo entre o eixo de rotação da Terra e o eixo perpendicular ao plano orbital. (c) A precessão é a oscilação do eixo de rotação. Pode-se imaginar esse movimento por analogia ao balanço do topo de um pião quando rodopia.

grandes ciclos glaciais que, em termos gerais, se parecem com o que segue:

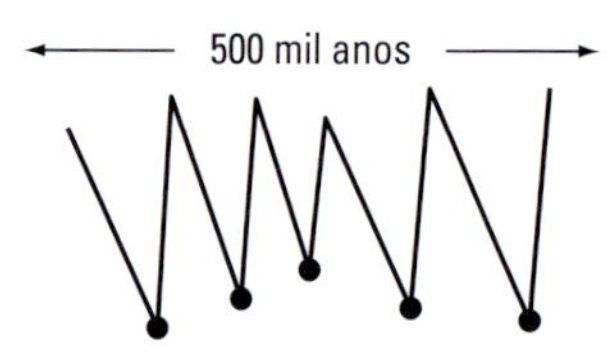

No registro, é possível contar cinco máximos glaciais, nos quais os volumes de gelo são altos e as temperaturas são baixas (mostrados no desenho acima como pontos pretos), o que revela um intervalo de tempo médio entre os máximos glaciais de 100 mil anos. Esse intervalo de 100 mil anos entre as temperaturas mínimas coincide razoavelmente com o intervalo de alta excentricidade orbital, quando a Terra recebeu um pouco menos de radiação solar – um ciclo de Milankovitch.

Agora vamos retroceder no tempo e examinar os primeiros 500 mil anos do registro na Figura 12.15, de 1,8 a 1,3 milhão de anos atrás. Novamente, vê-se muitas flutuações, mas os principais máximos e mínimos ocorrem com maior frequência, conforme a aproximação mostrada no desenho a seguir:

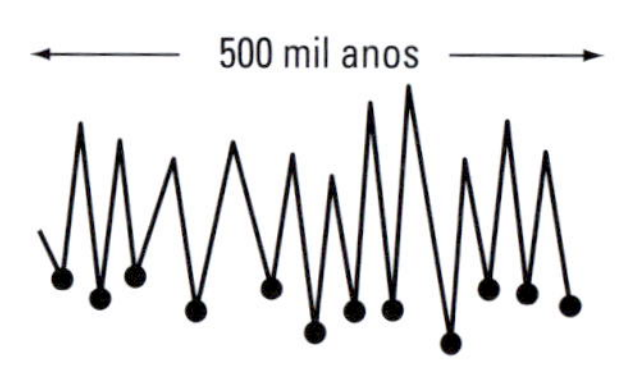

Durante esse período, encontramos doze máximos glaciais, dando um espaçamento médio entre eles de 500.000 anos/12 ciclos, ou seja, 41.667 anos. Esse intervalo mais curto é muito próximo ao ciclo de variação de 41 mil anos na obliquidade do eixo terrestre – outro ciclo de Milankovitch! Assim como a variação de excentricidade, a variação de obliquidade é muito pequena – apenas cerca de 3° (ver Figura 15.14b) –, mas é evidentemente suficiente para desencadear idades do gelo.

Contudo, as pequenas mudanças na radiação solar causadas pelos ciclos de Milankovitch não podem explicar por completo a magnitude das quedas de temperatura na superfície terrestre de períodos interglaciais para idades do gelo. Algum tipo de retroalimentação positiva deve estar em operação no sistema do clima para amplificar a forçante solar. Os dados na Figura 12.16 sugerem fortemente que essa retroalimentação envolve gases de efeito estufa. As concentrações atmosféricas de dióxido de carbono e metano acompanham com exatidão as variações de temperatura através dos ciclos glaciais: períodos interglaciais quentes são marcados por altas concentrações, e períodos glaciais frios, por baixas concentrações. Ainda não há uma explicação completa para como essa retroalimentação funciona, mas isso demonstra a importância do efeito estufa nas variações climáticas de longa duração.

Muitos outros aspectos dessa história ainda não foram entendidos. Por exemplo, você perceberá na Figura 12.15 que a periodicidade de 41 mil anos continuou a dominar o registro climático até aproximadamente 1 milhão de anos atrás, mas os altos e baixos tornaram-se mais variáveis, alternando, por fim, para a periodicidade de 100 mil anos após cerca de 700 mil anos atrás. O que causou esta transição? Cientistas climáticos ainda estão quebrando a cabeça.

Na verdade, não sabemos ao certo o que causou as idades do gelo pleistocênicas. O registro climático mostra que os ciclos glaciais de 41 mil anos não foram confinados ao Pleistoceno, mas estenderam-se pelo menos até o Plioceno (5,3 a 1,8 milhão de anos atrás), quando a Antártida ficou coberta de gelo. O resfriamento global do clima da Terra que precedeu essas glaciações teve início durante o Mioceno (23 a 5,3 milhões de anos atrás). Sua causa continua a ser debatida, embora a maioria dos geólogos acredite estar, de alguma forma, relacionada à deriva continental. De acordo com uma hipótese, a colisão do subcontinente indiano com a Eurásia e a consequente orogenia do Himalaia levaram a um aumento no intemperismo de rochas silicáticas, e os processos químicos do intemperismo diminuíram a quantidade de CO_2 na atmosfera. Outras hipóteses baseiam-se em mudanças na circulação oceânica associadas à abertura da Passagem de Drake entre a América do Sul e a Antártida (25 a 20 milhões de anos atrás) ou ao fechamento do Istmo do Panamá entre a América do Norte e do Sul (cerca de 5 milhões de anos atrás). Talvez o resfriamento tenha resultado de uma combinação desses eventos.

Variações globais de longa duração: Idades do gelo e períodos quentes antigos

Além das idades do gelo do Pleistoceno, existem boas evidências no registro geológico de episódios mais antigos de glaciação continental durante os períodos Permiano-Carbonífero e Ordoviciano e, pelo menos duas vezes, no Éon Proterozoico. Na maioria dos casos, esses eventos podem ser explicados por processos da tectônica de placas, em combinação com a retroalimentação do albedo e outras retroalimentações no sistema do clima.

Na maior parte da história terrestre, não houve áreas extensas de terra nas regiões polares e, logo, também não houve calotas de gelo duradouras. A circulação oceânica estendeu-se das regiões equatoriais para as polares, transportando calor de uma maneira razoavelmente homogênea sobre a superfície da Terra. Durante o Paleoceno e o Eoceno, épocas relativamente sem gelo no início da Era Cenozoica, o clima global era cerca de 8° C mais quente do que é hoje. O limite entre as duas épocas, 56 milhões de anos atrás, foi um período excepcionalmente quente, evidentemente causado por injeções maciças de carbono na atmosfera, saído de reservatórios dos continentes e dos oceanos. As mudanças no registro fóssil no pico do "Máximo Térmico do Paleoceno-Eoceno" mostram extinções em massa de foraminíferos bentônicos e o surgimento dos mamíferos modernos, incluindo os primatas.

Quando vastas áreas terrestres flutuaram para posições que obstruíram esse transporte eficiente de calor, as diferenças de temperatura entre os polos e o equador aumentaram. À medida que os polos resfriaram, formaram-se calotas de gelo. Por exemplo, quando a primeira glaciação antártica ocorreu no final do Eoceno, cerca de 34 milhões de anos atrás, a temperatura global caiu abruptamente em vários graus.

Alguns geólogos acreditam que, em algum momento no fim do Proterozoico, a Terra esteve muito mais fria do que as glaciações do Cenozoico, ficando completamente coberta de gelo. A atmosfera passou a aquecer-se apenas após o aumento da concentração de gases de efeito estufa emitidos por vulcões. Analisaremos em maior detalhe essa hipótese da "Terra como Bola de Neve" no Capítulo 15.

O ciclo do carbono

Nos últimos 200 anos, as concentrações atmosféricas de CO_2 subiram quase 50%, passando de 280 para 410 ppm (em meados de 2017). A atmosfera terrestre nunca havia atingido essa concentração de CO_2 pelo menos no último 1 milhão de anos e, provavelmente, nos últimos 14 milhões de anos. A concentração de CO_2 está, atualmente, aumentando em uma taxa sem precedentes de 0,5% ao ano, mais rápido que em qualquer tempo da história geológica recente.

A situação poderia ser ainda pior. Durante a década de 2000 a 2009, as atividades humanas emitiram uma média de 8,9 gigatoneladas (Gt) de carbono na atmosfera por ano. (1 gigatonelada, ou 1 bilhão de toneladas, é 10^{12} kg, a massa de 1 km^3 de água. Esse número considera apenas a queima de combustível fóssil e outras atividades industriais, que emitiram cerca de 7,8 Gt de carbono/ano, e outras 1,1 Gt pela queima de florestas e outras mudanças do uso do solo. Se todas essas emissões tivessem permanecido no ar, o aumento de CO_2 teria sido de mais de 1% ao ano, mais que duas vezes a taxa observada. Em vez disso, 4,9 Gt de carbono foram anualmente removidas da atmosfera pelos processos naturais. Aonde esse carbono foi parar?

Responderemos essa questão ao analisarmos o **ciclo do carbono**: o continuado movimento desse elemento entre os diferentes componentes do sistema Terra. Vamos começar com uma análise mais ampla dos ciclos geoquímicos.

Os ciclos geoquímicos e como eles funcionam

Os ciclos geoquímicos descrevem o *fluxo* dos elementos químicos de um componente do sistema Terra para outro. Ao abordar os ciclos geoquímicos, consideramos os componentes do sistema Terra – atmosfera, hidrosfera, criosfera, litosfera e biosfera – como sendo **reservatórios geoquímicos** que armazenam carbono e outros elementos químicos, associados a processos que os transportam de um componente a outro. Pela quantificação da concentração do elemento químico que está armazenado e circulando entre os diversos reservatórios, podemos obter novos esclarecimentos sobre o funcionamento do sistema Terra.

Tempo de residência Os reservatórios ganham elementos químicos dos fluxos de entrada e os perdem nos fluxos de saída. Quando a entrada equipara-se à saída, a quantidade de elementos químicos no reservatório permanece a mesma, embora o elemento esteja constantemente entrando e saindo. O tempo médio que um átomo do elemento permanece no reservatório antes de deixá-lo é chamado de **tempo de residência**. Por exemplo, o tempo de residência do sódio no oceano é extremamente longo, cerca de 48 milhões de anos, pois esse elemento é muito solúvel na água do mar (a capacidade do reservatório é alta) e os rios contêm quantidades relativamente pequenas (a entrada do elemento é baixa). Ao contrário disso, o ferro permanece no oceano apenas cerca de 100 anos, pois sua solubilidade é muito baixa e a entrada dos rios é relativamente alta.

Os tempos de residência de elementos químicos na atmosfera são, em geral, muito mais curtos que aqueles no oceano, pois, em termos de massa total, a atmosfera não só é um reservatório muito menor que o marinho, bem como seus fluxos de entrada e saída podem ser maiores. O dióxido de enxofre, por exemplo, tem tempo de residência na atmosfera de horas a semanas, enquanto o oxigênio, que compõe cerca de 21% da atmosfera, tem um tempo de residência de 6.000 anos. O gás nitrogênio atmosférico é abundante (cerca de 78% da atmosfera) e bastante estável, então o seu tempo de residência é de quase 400 milhões de anos. Uma molécula de nitrogênio que entrou na atmosfera no final da Era Paleozoica provavelmente ainda está lá!

Reações químicas Em muitos casos, as reações geralmente governam o tempo de residência dos elementos químicos em um reservatório. Por exemplo, como aprendemos no Capítulo 6, um íon de cálcio (Ca^{2+}) pode ser removido da água do mar pela reação com um íon carbonato (CO_3^{2-}) para formar o carbonato de cálcio ($CaCO_3$), que pode se precipitar na forma de sedimento carbonático. A quantidade de cálcio que pode ser dissolvida na água do mar depende, assim, da disponibilidade de íons carbonatos, os quais, por sua vez, dependem da entrada de CO_2 no oceano.

Quando o dióxido de carbono dissolve-se na água, a maior parte dele reage com a água para formar ácido carbônico (H_2CO_3), que pode se dissociar em hidrogênio (H^+) e íons bicarbonatos (HCO_3^-). A seguir, parte dos íons de hidrogênio reage com íons carbonatos para formar mais íons bicarbonatos (**Figura 12.18**). O efeito resultante é uma diminuição da concentração de íons carbonatos na água do mar e, assim, da capacidade que os organismos marinhos, como corais, mariscos e foraminíferos, têm de construir suas conchas e esqueletos de carbonato de cálcio. Como veremos, esse processo de *acidificação oceânica* é um dos aspectos mais ameaçadores da mudança global antropogênica.

O balanço do carbono

O ciclo do carbono envolve quatro reservatórios principais: a atmosfera; o oceano global, incluindo organismos marinhos; a superfície continental, incluindo plantas terrestres e solos; e a litosfera mais profunda (**Figura 12.19**). Podemos descrever o fluxo de carbono entre esses reservatórios em termos de quatro subciclos básicos. Durante as épocas em que o clima da Terra é estável, cada subciclo pode ser caracterizado por um fluxo constante.

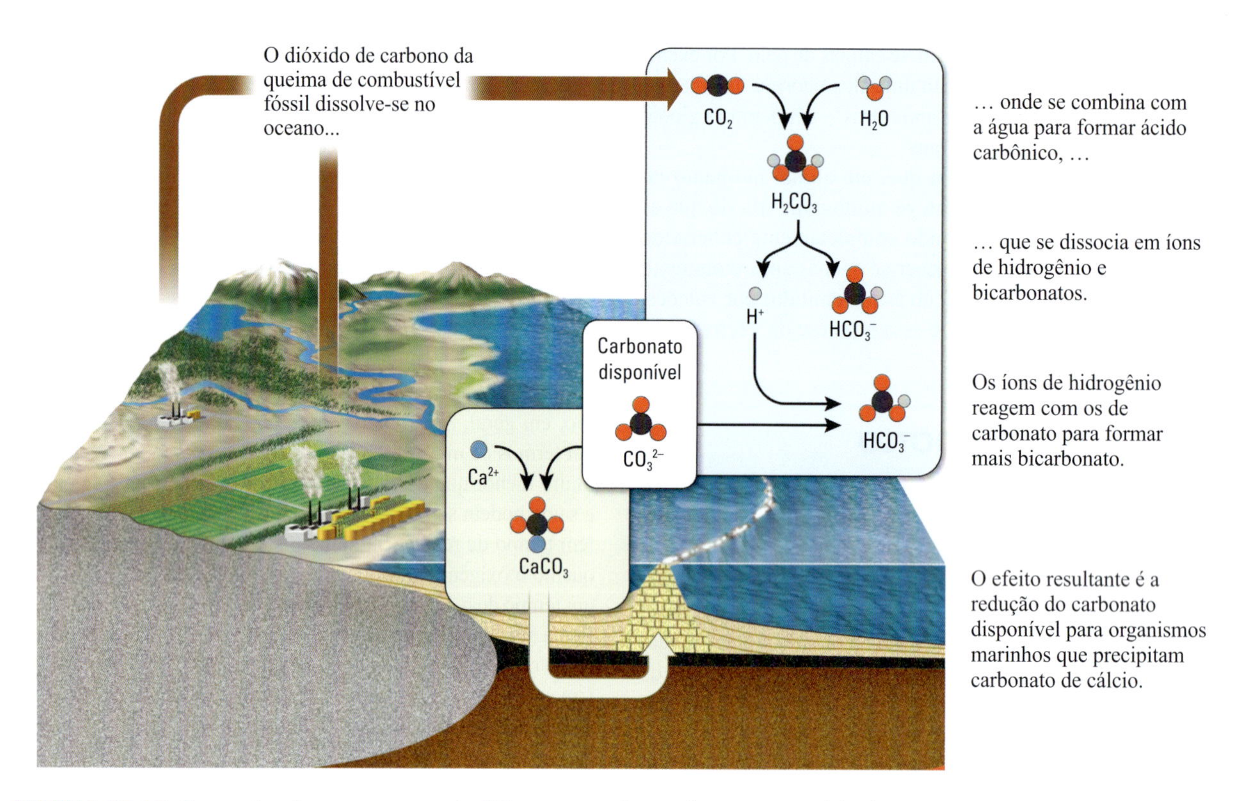

FIGURA 12.18 Concentrações crescentes de CO_2 na atmosfera acionam uma série de reações químicas na água do mar, causando acidificação oceânica e reduzindo a capacidade que os organismos marinhos têm de formar conchas e esqueletos de carbonato de cálcio.

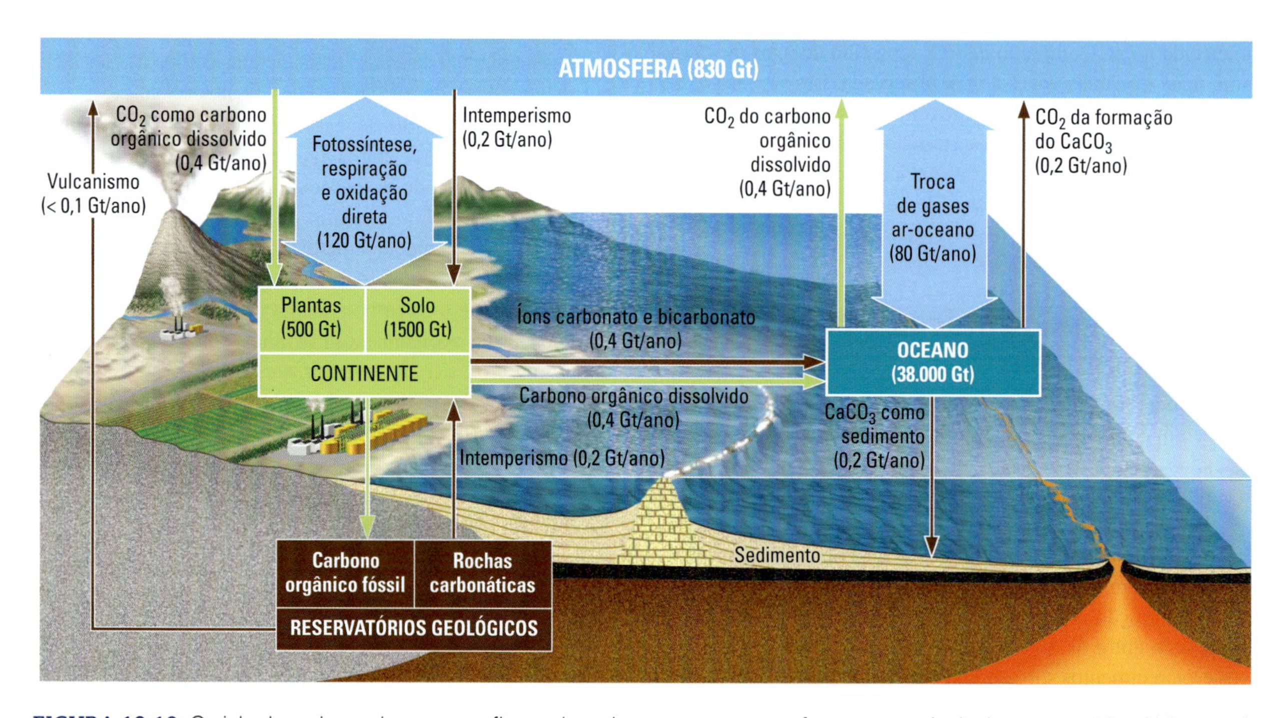

FIGURA 12.19 O ciclo do carbono descreve os fluxos de carbono entre a atmosfera e seus principais reservatórios. Volumes de carbono armazenado em cada reservatório são dados em gigatoneladas; os fluxos são dados em gigatoneladas por ano. [Dados de IPCC, *Climate Change 2001: The Scientific Basis*, atualizados de acordo com IPCC, *Climate Change 2013: The Physical Science Basis*.]

Troca de gases atmosfera-oceano A troca de CO_2 através da interface entre os oceanos e a atmosfera contribui com uma quantidade aproximada de 80 Gt/ano para o fluxo do carbono. O fluxo por esse subciclo depende de muitos fatores, incluindo as temperaturas do ar e do oceano e a composição da água do mar, mas é particularmente sensível à velocidade do vento, que aumenta a transferência de CO_2 por agitar a superfície da água, gerando névoa. O dióxido de carbono dissolvido na água do mar escapa da solução e entra na atmosfera por meio da evaporação da névoa, enquanto o CO_2 atmosférico entra no oceano pela dissolução na névoa e na chuva ou diretamente através da superfície marinha.

Troca de gases atmosfera-biosfera O maior dos fluxos de carbono, 120 Gt/ano, resulta da troca de CO_2 entre a biosfera terrestre e a atmosfera por meio da fotossíntese, da respiração e da decomposição. As plantas recebem toda essa quantidade de CO_2 durante a fotossíntese e expelem cerca de metade dela de volta para a atmosfera. A outra metade é incorporada aos tecidos das plantas – folhas, madeira e raízes – na forma de carbono orgânico. Os animais comem as plantas e os microrganismos promovem a decomposição delas; ambos os processos oxidam os tecidos das plantas e exalam CO_2. Grande parte do carbono orgânico liberado por esses processos – aproximadamente três vezes o total da massa vegetal – é armazenada nos solos. Uma pequena fração (cerca de 4 Gt/ano) entra novamente na atmosfera por oxidação direta por meio dos incêndios florestais e outras combustões de material vegetal.

Uma pequena fração de CO_2 incorporada nos tecidos das plantas (0,4 Gt/ano) é dissolvida nas águas superficiais e transportada pelos rios até os oceanos, onde é exalada de volta para a atmosfera por organismos marinhos e, por fim, absorvida novamente por plantas por meio da fotossíntese.

Troca de gases atmosfera-litosfera A litosfera é um reservatório de longo prazo para o carbono, que armazena na forma de carbonato de cálcio ($CaCO_3$) nos calcários e outras rochas sedimentares ou como matéria orgânica soterrada, como carvão e petróleo. O intemperismo das rochas carbonáticas remove cerca de 0,2 Gt de carbono por ano da litosfera e outra quantidade igual da atmosfera. O CO_2 dissolvido na água da chuva forma ácido carbônico, que reage com os carbonatos na rocha, liberando íons de cálcio dissolvido (Ca^{2+}), carbonatos (CO_3^-) e bicarbonatos (HCO_3^-), que são transportados pelos rios até os oceanos. Aqui, os organismos marinhos formadores de conchas invertem a reação do intemperismo, combinando o cálcio dissolvido com o carbonato para formar conchas de carbonato de cálcio. A reação reversa lança uma quantidade equivalente de carbono (0,2 Gt) de volta para a atmosfera como CO_2. As conchas de carbonato de cálcio caem no assoalho oceânico e são soterradas em sedimentos, devolvendo 0,2 Gt de carbono à litosfera.

Em escalas de tempo geológico, o CO_2 atmosférico é regulado por um segundo processo de intemperismo químico no qual o dióxido de carbono dissolvido na chuva reage com o silicato de cálcio ($CaSiO_3$), liberando íons de cálcio dissolvido (Ca^{2+}), íons de bicarbonato (HCO_3^-) e sílica (SiO_2). Essa matéria-prima é levada aos oceanos, onde algumas espécies de organismos marinhos, como corais e cocolitóforos (um tipo de fitoplâncton), formam conchas de carbonato de cálcio, enquanto outros, como diatomáceas e radiolários, formam conchas de sílica (ver Capítulo 16). Observe a diferença. O **ciclo geoquímico** que envolve o intemperismo do calcário não muda a quantidade de carbono na atmosfera, pois cada unidade de $CaCO_3$ que sofre intemperismo e sai da litosfera é devolvida como uma unidade de $CaCO_3$ nas conchas marinhas. Por outro lado, o intemperismo dos silicatos substitui cada unidade de $CaSiO_3$ por uma de $CaCO_3$, o que remove uma molécula de CO_2 da atmosfera.

O intemperismo de silicatos é um processo lento, então o fluxo de carbono do intemperismo de silicatos é relativamente pequeno (< 0,1 Gt/ano), de modo que, assim como o vulcanismo (que libera volumes menores de CO_2 na atmosfera), é comumente desprezado nas considerações de mudança climática de curta duração. Em uma escala de milhões de anos, entretanto, essa reação bombeia CO_2 da atmosfera para a litosfera, o que reduz a quantidade de gases do efeito estufa e resfria o clima global. Por exemplo, o soerguimento do Himalaia e do Planalto do Tibete, que começou há cerca de 40 milhões de anos, pode ter aumentado as taxas de intemperismo o suficiente para reduzir a concentração de CO_2 na atmosfera. Isso pode ter contribuído com o subsequente resfriamento climático que levou a glaciações no Pleistoceno.

Perturbações humanas no ciclo do carbono

A partir do que já foi analisado, podemos retornar ao tema das emissões antropogênicas de carbono. A **Figura 12.20** mostra o que aconteceu ao carbono que foi adicionado à atmosfera por atividades humanas durante a década de 2000–2009. De um total de 8,9 Gt/ano injetados na atmosfera pelas atividades humanas, somente 45% do total (4,0 Gt/ano) ficaram na atmosfera como CO_2. O restante, em uma quantidade aproximadamente igual, foi absorvido pelos oceanos (2,3 Gt/ano) e pela superfície continental (2,6 Gt/ano). Por meio do ciclo do carbono, a hidrosfera e a litosfera estiveram nitidamente fazendo sua parte na absorção de nossas emissões cada vez maiores de carbono!

Embora essa remoção de carbono da atmosfera atue para reduzir o índice de aquecimento global – algo bom, sem dúvida – seus efeitos sobre a vida marinha podem ser mortais. As emissões antropogênicas de carbono estão sendo absorvidas pelos oceanos, o que torna a água do mar mais ácida, e essa acidificação oceânica está aumentando a solubilidade do cálcio na água, dificultando que os principais organismos marinhos formem conchas e esqueletos de carbonato de cálcio (ver Figura 12.18). Os recifes de coral já estão em apuros (Figura 12.13) e, se a tendência atual continuar, a acidificação oceânica pode causar reduções na população de certos tipos comuns de organismos marinhos, como estrelas-do-mar e moluscos, nas próximas décadas. Na verdade, alguns biólogos acreditam que esse tipo de mudança global já tenha contribuído para casos de mortandade em massa de estrelas-do-mar informadas recentemente nas costas leste e oeste da América do Norte.

O que acontecerá em terra é menos evidente. Na verdade, exatamente o que está ocorrendo ao enorme volume de dióxido de carbono extraído da atmosfera por plantas terrestres tem sido um verdadeiro enigma (ver Pratique um exercício de Geologia).

PRATIQUE UM EXERCÍCIO DE GEOLOGIA

Equilibrando emissão e acumulação de carbono: O caso do sumidouro perdido

Entender como os humanos estão mudando o ciclo do carbono é uma das questões mais urgentes da ciência terrestre atualmente porque possui a chave para aprender a lidar com a mudança global antropogênica. Pode-se ver, na Figura 12.20, que, das 8,9 Gt/ano de emissões antropogênicas de carbono na década de 2000–2009, 2,6 Gt/ano – quase um terço – foram absorvidas na superfície terrestre. A fotossíntese e a respiração vegetal dominaram a troca de CO_2 entre a atmosfera e a superfície terrestre, portanto um aumento na taxa de fotossíntese por plantas terrestres deve nitidamente ser a causa. Mas onde, na Terra, isso está acontecendo? Foi tão difícil responder a essa questão que, há anos, os cientistas a chamam de problema do "sumidouro perdido". A resposta é importante, porque futuros tratados nos quais as nações concordem em regular suas emissões de carbono precisarão levar em consideração todas as fontes e sumidouros de carbono dentro das fronteiras de cada país.

Como mostra a figura, o total de emissões antropogênicas de carbono subiu de uma média de 6,9 Gt/ano na década de 1980 para 8,9 Gt/ano na de 2000. A velocidade de absorção dessas emissões atmosféricas pelo oceano também aumentou, de modo que o percentual capturado pelos oceanos permaneceu praticamente constante. Contudo, a fração do carbono antropogênico acumulado na atmosfera ficou longe de apresentar a mesma estabilidade; na verdade, a taxa caiu entre as décadas de 1980 e 1990, de 2,4 para 3,1 Gt/ano, e então saltou para 3,0 Gt/ano na década de 2000.

A acumulação atmosférica varia inversamente com o carbono absorvido pelo sumidouro perdido. A quantidade total de carbono é conservada; logo, quando somamos todos os

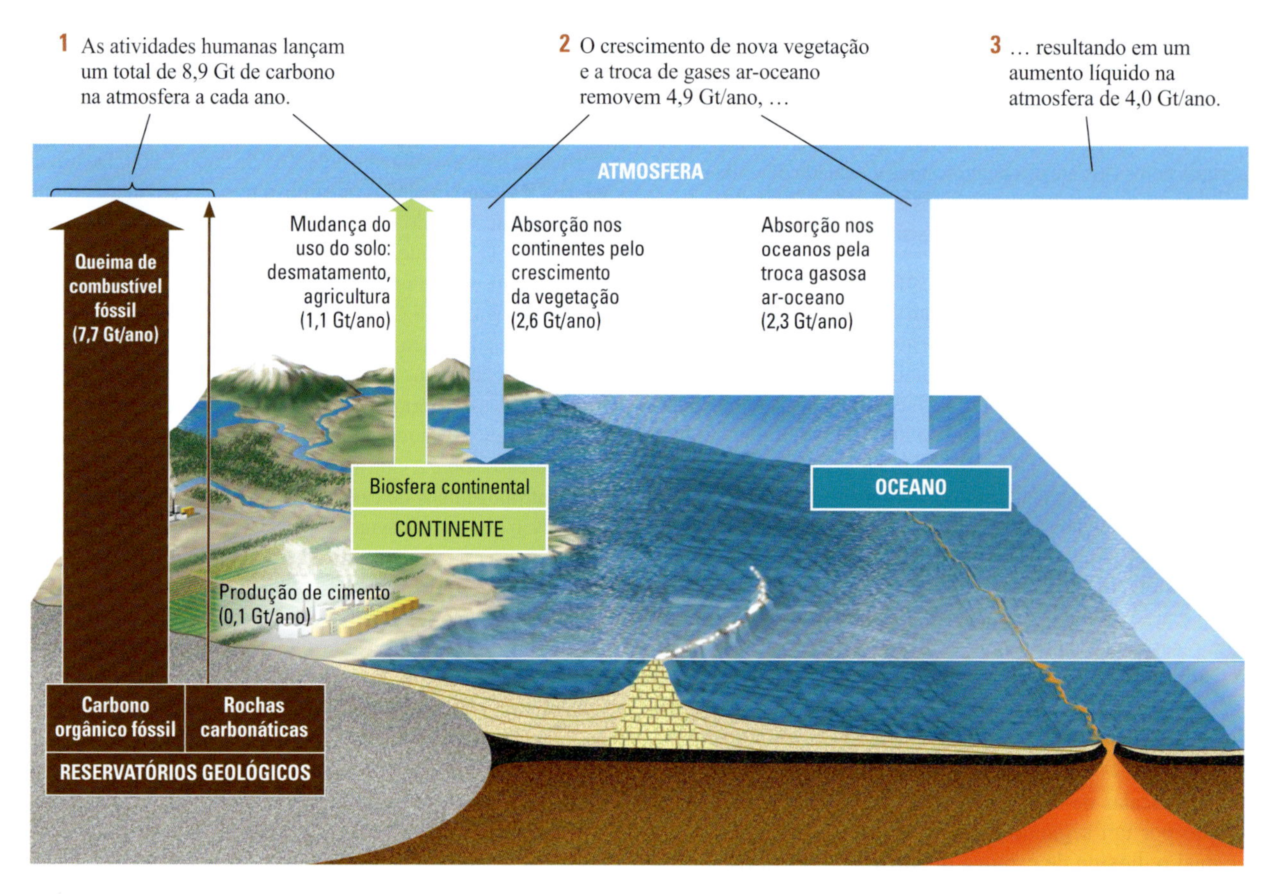

FIGURA 12.20 Grande parte do CO_2 emitido na atmosfera por atividades humanas é absorvida pelos oceanos e pelo crescimento vegetal no continente. O restante fica na atmosfera, aumentando a concentração de CO_2. Os fluxos mostrados nesta figura (dados em gigatoneladas por ano) são para a década de 2000–2009. [Dados de IPCC, *Climate Change 2013: The Physical Science Basis*.]

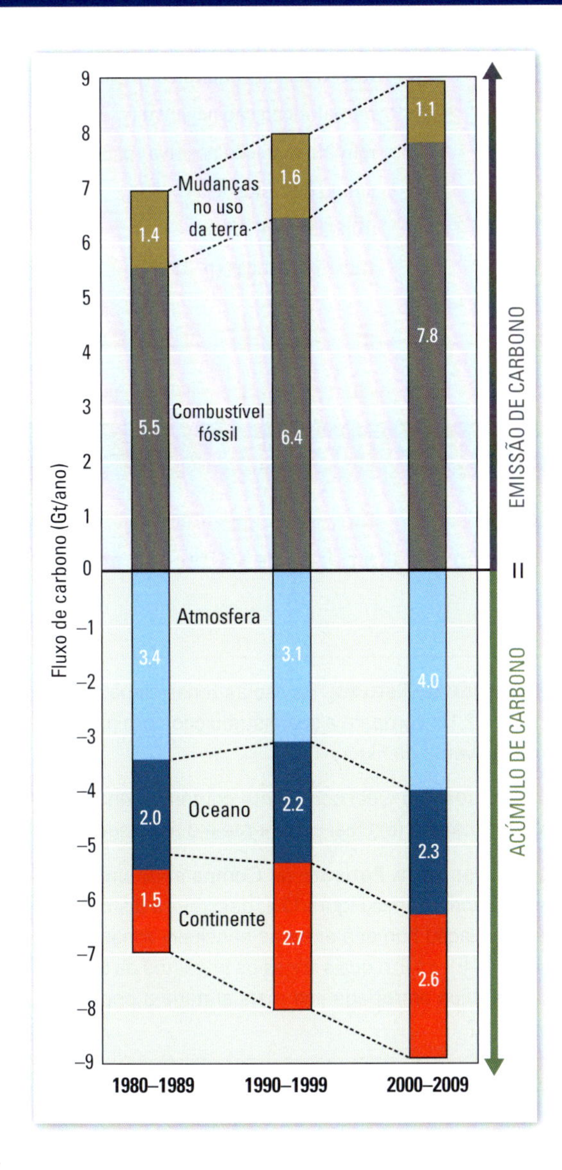

Comparação do equilíbrio de carbono global para as três últimas décadas. [Dados de IPCC, *Climate Change 2013: The Physical Science Basis*.]

reservatórios geoquímicos, a acumulação de carbono deve corresponder à emissão de carbono, como mostram os gráficos de colunas na figura. Esse equilíbrio permite que calculemos a quantidade de carbono absorvida pelo sumidouro perdido:

$$\begin{array}{c}\textit{sumidouro}\\ \textit{perdido}\end{array} = \begin{array}{c}\textit{emissões totais}\\ \textit{de carbono}\end{array} - \begin{array}{c}\textit{acumulação}\\ \textit{atmosférica}\end{array} - \begin{array}{c}\textit{acumulação}\\ \textit{oceânica}\end{array}$$

Os valores são dados pelas barras vermelhas na figura. A absorção de carbono pelo sumidouro perdido aumentou em 80%, de 1,5 Gt/ano na década de 1980 para 2,7 Gt/ano na de 1990, e então diminuiu ligeiramente para 2,6 Gt/ano na de 2000.

Um lugar óbvio para procurar o carbono perdido são as florestas do mundo, que representam quase metade da absorção anual terrestre de CO_2 por fotossíntese. As florestas são classificadas de acordo com as zonas climáticas em que crescem: boreal, temperada ou tropical (ver Figura 12.1). Os primeiros modelos sugeriam que o crescimento das florestas temperadas poderia representar quase todo o carbono perdido. Contudo, dados do *Quinto Relatório de Avaliação* do IPCC indicam que a acumulação de carbono, embora grande nas regiões boreais, é, na verdade, maior nas regiões tropicais.

$$\begin{array}{c}\textit{sumidouro}\\ \textit{perdido}\\ \text{(2,6 Gt/}\\ \text{ano)}\end{array} = \begin{array}{c}\textit{acumulação}\\ \textit{boreal}\\ \text{(0.5 Gt/}\\ \text{ano)}\end{array} + \begin{array}{c}\textit{crescimento}\\ \textit{de florestas}\\ \textit{temperadas}\\ \text{(0,8 Gt/ano)}\end{array} + \begin{array}{c}\textit{crescimento}\\ \textit{de florestas}\\ \textit{tropicais}\\ \text{(1,3 Gt/ano)}\end{array}$$

Esse novo modelo sugere que o crescimento das florestas tropicais (1,3 Gt/ano) mais do que compensa o desmatamento tropical, que representa a maior das emissões de carbono causadas por mudanças do uso do solo (1,1 Gt/ano).

Essas estimativas demonstram a importância de nossas florestas como sumidouros de carbono, além de suscitarem importantes questões políticas sobre como devem ser gerenciadas. Por exemplo, quanto "crédito de carbono" nações como os Estados Unidos e o Brasil devem receber pelo carbono absorvido por suas florestas? Tais questões serão relevantes na negociação de tratados internacionais para lidar com a mudança global antropogênica.

PROBLEMA EXTRA: A partir dos dados apresentados na figura, calcule o saldo do fluxo de carbono da superfície continental pela comparação entre o carbono emitido por mudanças no uso do solo com o carbono absorvido pelo sumidouro perdido. Nas três décadas mostradas, esse saldo do fluxo de carbono da superfície continental foi positivo (mais emissões) ou negativo (mais absorção)? Que fatores explicariam por que a magnitude desse saldo do fluxo aumentou continuamente entre as décadas de 1980 e 2000?

CONCEITOS E TERMOS-CHAVE

REVISÃO DOS OBJETIVOS DE APRENDIZAGEM

12.1 Reconhecer as principais zonas climáticas do mundo atual a partir de variações anuais em temperatura e precipitação.

Nas zonas climáticas tropicais, a temperatura média do mês mais frio é maior do que 18ºC; nas zonas polares, a temperatura média do mês mais quente é inferior a 10ºC. As zonas temperadas e as boreais, entre esses dois extremos, são diferenciadas entre si pela temperatura média do mês mais frio, que é maior ou menor que 0°C, respectivamente. As zonas áridas são áreas de baixa precipitação. As subzonas climáticas são diferenciadas por variações sazonais de temperatura e precipitação, muitas vezes correlacionadas com os tipos de vegetação predominante; por exemplo, as subzonas tropicais são caracterizadas por florestas úmidas e savanas secas.

Atividade de Estudo: Revise as zonas climáticas na Figura 12.1 e compare a sua distribuição com os cinturões de vento da Figura 12.4.

Exercícios: (a) Qual continente contém apenas uma zona climática? (b) Qual continente é o mais árido?

Questões para Pensar: (a) Comparando um mapa populacional com a Figura 12.1, descreva a distribuição da população humana entre as principais zonas climáticas (A–E). (b) Em quais zonas os impactos da mudança climática antropogênica mais afetaria a população humana?

12.2 Considerar cada componente principal do sistema do clima e descrever como o transporte de energia e massa dentro e entre tais componentes afeta a divisão das zonas climáticas.

O sistema do clima inclui todas as partes da Terra e todas as interações entre esses componentes necessárias para descrever como o clima se comporta no tempo e no espaço. Os principais componentes do sistema climático são a atmosfera, a hidrosfera, a criosfera, a litosfera e a biosfera. Cada componente exerce um papel diferente no sistema do clima, dependendo de sua capacidade de armazenar e transportar energia e massa. A convecção troposférica é estruturada em faixas de cinturões de vento dominantes, cada qual compreendido em um arco de aproximadamente 30° de latitude, que transportam energia térmica das latitudes inferiores para as superiores. A água do mar tem capacidade térmica muito menor, então as correntes oceânicas, muito mais lentas, também são importantes para o transporte de calor das regiões equatoriais para as polares. A troca de água entre a criosfera e a hidrosfera é um processo importante do sistema do clima, especialmente pela alteração do albedo terrestre. A superfície continental absorve e libera energia solar, e sua topografia governa o fluxo de água e ar. A atividade vulcânica da litosfera afeta o clima ao alterar a composição e as propriedades da atmosfera.

Atividade de Estudo: Revisar a seção *Componentes do sistema do clima.*

Exercícios: (a) Por que a maioria das zonas áridas do mundo concentra-se próximo às latitudes de 30° N e 30° S? (b) Por que o clima da Grã-Bretanha é muito mais ameno do que as regiões do Canadá na mesma latitude?

Questão para Pensar: Por que os giros oceânicos subtropicais circulam em sentido horário no Hemisfério Norte e no sentido anti-horário no Hemisfério Sul?

12.3 Explicar o efeito estufa em termos de balanço da radiação e retroalimentação dentro do sistema do clima.

Quando a superfície terrestre é aquecida pelo Sol, ela irradia calor de volta para a atmosfera. O dióxido de carbono e outros gases de efeito estufa absorvem parte dessa radiação infravermelha e a irradiam para todas as direções, inclusive para a superfície da Terra. Essa radiação mantém a atmosfera em uma temperatura maior do que ficaria sem os gases de efeito estufa, semelhante ao modo como uma estufa mantém a temperatura do ar mais quente. As retroalimentações positivas associadas com variações no vapor d'água e no albedo podem intensificar o efeito estufa, enquanto a retroalimentação da radiação (negativa) estabiliza o clima da Terra contra grandes variações de temperatura.

Atividade de Estudo: Revise o balanço da radiação mostrado na Figura 12.10.

Exercícios: (a) Liste os três gases atmosféricos que contribuem para o efeito estufa. (b) Os fluxos de energia da Figura 12.10 são médias, mas médias do quê?

Questões para Pensar: (a) Por que é errado afirmar que os gases de efeito estufa inibem o escape da energia do calor para o espaço exterior? (b) Dê um exemplo de uma retroalimentação positiva e de uma negativa no sistema do clima não apresentadas neste capítulo.

12.4 Descrever como o clima varia em curto prazo durante o El Niño – Oscilação do Sul e em longo prazo durante as glaciações.

As variações naturais do clima ocorrem em um amplo intervalo de escalas, tanto no tempo como no espaço. Algumas resultam de fatores externos ao sistema do clima, como a forçante solar e as mudanças na distribuição das massas continentais pela deriva dos continentes. Outras resultam das variações internas do próprio sistema climático. Flutuações climáticas regionais, com durações de alguns anos, incluem o El Niño – Oscilação do Sul (ENOS), caracterizado por duas fases extremas: El Niño, quando os ventos alísios se enfraquecem, cortando a ressurgência peruana e equalizando as temperaturas da água no Pacífico tropical; e La Niña, quando os ventos alísios se fortalecem, intensificando a diferença de temperatura entre o leste e o oeste do Pacífico. Variações climáticas de longa duração são exemplificadas pelas glaciações do Pleistoceno, durante as quais os mantos de gelo avançaram e retrocederam diversas vezes e as temperaturas médias da superfície variaram em até 6ºC a 8ºC. Cada idade do gelo envolveu uma transferência gigantesca de água da hidrosfera para a criosfera, resultando em expansão das geleiras e diminuição do nível do mar.

Atividade de Estudo: Observe quais feições dos mapas da Figura 12.12 correspondem aos fenômenos ENOS analisados no texto.

Exercícios: (a) O que os dados de testemunhos de gelo nos informam sobre o papel dos gases de efeito estufa nos ciclos glaciais? (b) Cite três causas da mudança do clima que resultam dos processos da tectônica de placas.

Questões para Pensar: (a) De que maneiras o evento El Niño altera os padrões climáticos globais? (b) Avalie a hipótese de que os ciclos glaciais do Pleistoceno podem ter resultado do aumento das taxas de intemperismo devido ao soerguimento do Planalto do Tibete no período Cenozoico. Em especial, explique por que aumentos nas taxas de intemperismo causariam resfriamento global.

12.5 Identificar as assinaturas dos ciclos de Milankovitch no registro glacial do Pleistoceno.

O avanço e retrocesso do gelo durante as glaciações do Pleistoceno foram determinadas pelos ciclos de Milankovitch, pequenas variações periódicas no movimento da Terra através do sistema solar que alteram a quantidade de radiação solar recebida pela superfície do planeta. Os ciclos de Milankovitch são causados por variações na excentricidade da órbita terrestre (período de 100 mil anos), a inclinação do eixo de rotação do planeta (período de 41 mil anos) e na precessão do seu eixo de rotação (período de 25 mil anos). Essas variações foram amplificadas por processos de retroalimentação positiva que envolvem as concentrações atmosféricas de gases do efeito estufa.

Atividade de Estudo: Revise a seção *Ciclos de Milankovitch*, com atenção especial à Figura 12.17.

Exercícios: (a) Qual ciclo de Milankovitch predominou nos ciclos glaciais durante os últimos 600.000 anos? (b) Qual predominou durante o período de 1,3 a 1,8 milhão de anos atrás?

Questão para Pensar: Os ciclos de Milankovitch explicam completamente o aquecimento e o resfriamento do clima global durante os ciclos glaciais do Pleistoceno?

12.6 Quantificar o ciclo do carbono nos termos do fluxo de carbono entre a atmosfera e os outros principais reservatórios de carbono.

O ciclo do carbono é o fluxo do carbono entre seus quatro reservatórios principais: a atmosfera, a litosfera, os oceanos e a superfície continental. Os principais fluxos de carbono entre esses reservatórios incluem troca gasosa entre a atmosfera e o oceano (80 Gt/ano); o movimento do dióxido de carbono entre a biosfera e a atmosfera por meio da fotossíntese, respiração e oxidação direta (120 Gt/ano); o transporte de carbono orgânico dissolvido nas águas de superfície para o oceano e então para a atmosfera (0,4 Gt/ano); e o intemperismo e precipitação de carbonato de cálcio (0,2 Gt/ano).

Atividade de Estudo: Pratique um Exercício de Geologia

Exercícios: (a) Entre 2000 e 2010, as emissões de carbono na atmosfera da queima de combustível fóssil e de outras atividades industriais tiveram média aproximada de 7,8 Gt/ano, quase toda na forma de dióxido de carbono. Qual foi a massa de dióxido de carbono emitida? (b) A partir da informação apresentada na Figura 15.18, estime o tempo de residência do dióxido de carbono (i) no oceano e (ii) na atmosfera.

Questões para Pensar: Como o ciclo do carbono é afetado (a) pelo intemperismo de rochas silicáticas e (b) pela atividade humana?

EXERCÍCIO DE LEITURA VISUAL

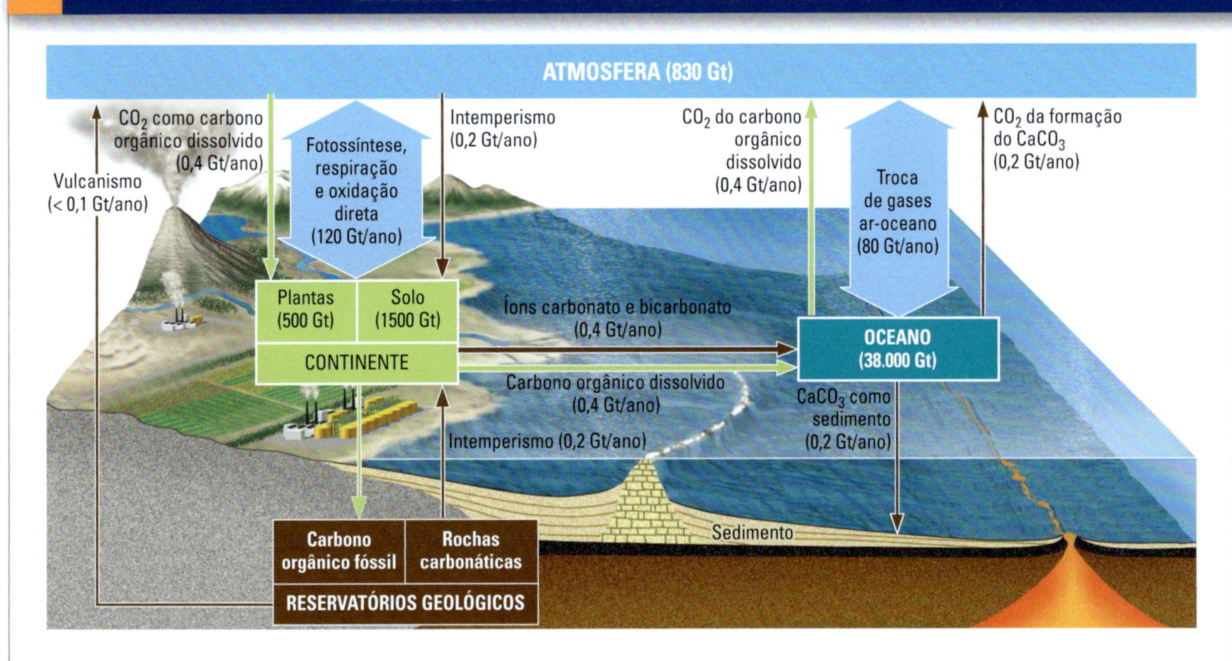

FIGURA 12.19 O ciclo do carbono descreve os fluxos de carbono entre a atmosfera e seus principais reservatórios. Volumes de carbono armazenado em cada reservatório são dados em gigatoneladas; os fluxos são dados em gigatoneladas por ano. [Dados de IPCC, *Climate Change 2001: The Scientific Basis*, atualizados de acordo com IPCC, *Climate Change 2013: The Physical Science Basis*.]

1. **Qual é o tema principal da figura?**
   a. O ciclo do cálcio
   b. O fluxo de carbonatos e bicarbonatos do continente para os oceanos
   c. O ciclo do carbono
   d. A troca de gases ar-oceano

2. **Qual é o fluxo anual de carbono entre a atmosfera e o oceano?**
   a. 120 Gt/ano
   b. 80 Gt/ano
   c. 0,4 Gt/ano
   d. O fluxo não é dado na figura

3. **Por que as setas azuis apontam para cima e para baixo?**

4. **Verdadeiro ou falso: A quantidade de carbono nos oceanos é 40 vezes maior, ou mais, do que a quantidade de carbono na atmosfera.**

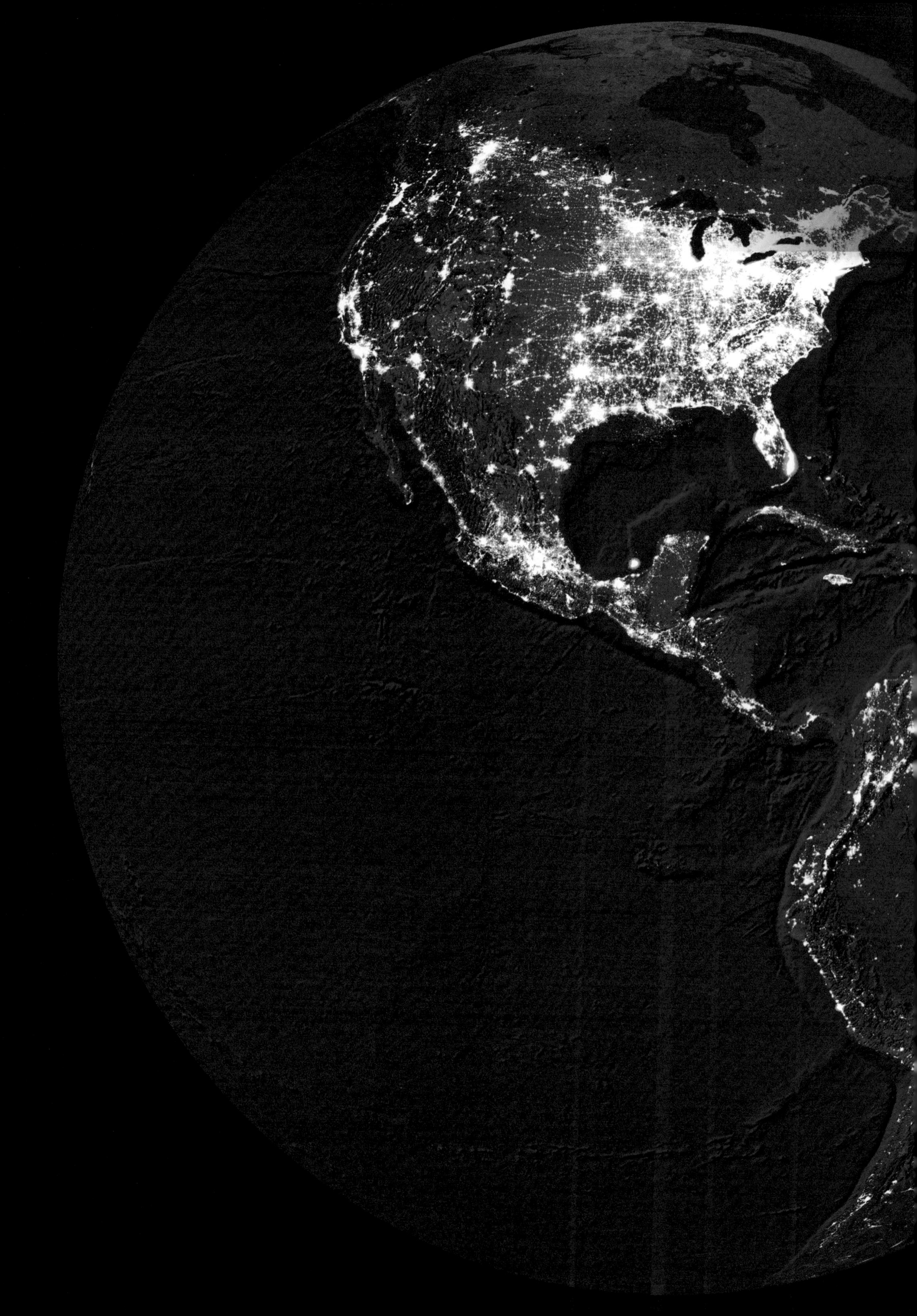

A civilização como um geossistema global

13

Objetivos de Aprendizagem

A população humana e a energia necessária para sustentá-la estão se multiplicando a velocidades fenomenais. Este capítulo contém os fatos e dados essenciais que você precisará para:

13.1 Explicar como o impacto da civilização no sistema Terra a qualifica como um geossistema global.

13.2 Categorizar nossos recursos naturais como renováveis e não renováveis e diferenciar reservas de energia de recursos energéticos.

13.3 Entender os processos geológicos que formam combustíveis fósseis e a energia disponível nas suas reservas.

13.4 Responder à seguinte pergunta: Quando a civilização ficará sem petróleo?

13.5 Calcular o fator de emissão de carbono de combustíveis fósseis a partir da energia que produzem e do dióxido de carbono que emitem e usar tais fatores de emissão para calcular as mudanças no fluxo de carbono a partir de variações na produção de energia.

13.6 Quantificar as contribuições relativas de recursos energéticos alternativos à produção de energia e estimar o seu potencial para a satisfação de necessidades energéticas futuras.

13.7 Projetar o crescimento mundial do consumo de energia por região geográfica e tipo de combustível.

A América do Sul e do Norte à noite, mostrando as luzes e o uso intenso de energia de nossa civilização globalizada. [Imagem do Centro Nacional de Dados Geofísicos do NOAA, a partir de dados coletados pela Agência de Meteorologia da Força Aérea dos EUA.]

Um melhor entendimento do sistema Terra nos ajuda a encontrar recursos naturais, sustentar o ambiente natural e reduzir os riscos dos perigos naturais. Mas o progresso da civilização não pode ser considerado como algo garantido. A população humana está crescendo a uma taxa fenomenal e os recursos naturais da Terra são limitados. As condições ambientais e a prosperidade geral não estão melhorando em algumas partes do mundo, e possíveis mudanças prejudiciais no meio ambiente global agigantam-se. O equilíbrio entre os benefícios do uso de nossos recursos naturais e os custos dessa utilização – especialmente mudanças de longo prazo nocivas ao nosso ambiente – suscita novos desafios para as geociências e a sociedade.

Neste capítulo, mostramos como a civilização – a soma coletiva de todas as atividades humanas – transformou-se em um geossistema global que está alterando o ambiente da superfície terrestre a uma velocidade incrível. Investigamos os recursos energéticos que movem nossa economia e examinamos como a utilização desses recursos afeta o meio ambiente. Nosso foco recai sobre dois dos mais prementes problemas da civilização: a necessidade por mais recursos energéticos para alimentar o desenvolvimento econômico, e potencial de que o uso de energia cause mudanças globais prejudiciais.

Nossa economia depende da queima de recursos energéticos não renováveis (combustíveis fósseis), que produzem um gás de efeito estufa potencialmente nocivo (dióxido de carbono). Essa simples realidade apresenta algumas questões difíceis. Quanto tempo os recursos de combustíveis fósseis vão durar? Com que velocidade a queima de combustíveis fósseis aumenta a concentração de gases do efeito estufa na atmosfera? Como esses aumentos mudam o sistema do clima? Com que velocidade precisaremos substituir os combustíveis fósseis por fontes energéticas alternativas para sustentar nossa economia e o meio ambiente? Essas questões têm dimensões políticas e econômicas que se estendem além das ciências da Terra, portanto, não têm respostas estritamente científicas. Apesar disso, as decisões que tomarmos como sociedade devem ser baseadas em nossas melhores e mais realísticas previsões científicas sobre como o sistema Terra mudará nas próximas décadas e séculos. Previsões realistas sobre o ambiente global futuro somente podem ser feitas se incluirmos a civilização como parte do sistema Terra.

Crescimento e impacto da civilização

O hábitat humano é uma interface tênue e rica em água entre a Terra e o céu, onde os três geossistemas globais – do clima, da tectônica de placas e do geodínamo – interagem para fornecer um meio ambiente que sustente a vida. Aumentamos nosso padrão de vida com o desenvolvimento de tecnologias que criam modos cada vez mais eficientes de explorar esse meio ambiente: o cultivo de mais alimentos, a extração de mais minerais, a construção de mais estruturas, o transporte de mais materiais e a manufatura de mais bens de todos os tipos. Um dos resultados foi uma explosão no crescimento da população humana.

O crescimento da população humana

No início do Holoceno, cerca de 10 mil anos atrás, quando o clima estava aquecendo e a agricultura começou a florescer pela primeira vez, aproximadamente 100 milhões de pessoas viviam no planeta. A população crescia lentamente (**Figura 13.1**). Foram necessários 5 mil anos para ser duplicada pela primeira vez, para 200 milhões, no começo da Idade do Bronze. Foi quando os humanos aprenderam a minerar e a refinar minérios para transformá-los em metais, como cobre e estanho (dos quais o bronze é uma liga). A segunda duplicação, para 400 milhões, só foi atingida na Idade Média, cerca de 700 anos atrás. Porém, assim que a industrialização começou, no final do século XVIII, a população global realmente decolou, atingindo um bilhão em cerca de 1800, dois bilhões em 1927 e quatro bilhões em 1974. Em meados do século XX, o tempo de duplicação da população caiu para apenas 47 anos – menos do que o tempo de uma vida humana. A população mundial superou sete bilhões no início de 2012 e, embora espere-se que a taxa de crescimento diminua, o total quase certamente superará oito bilhões até 2030.

À medida que o aumento nossa população explodia, a demanda por recursos naturais disparava. Nossa utilização de

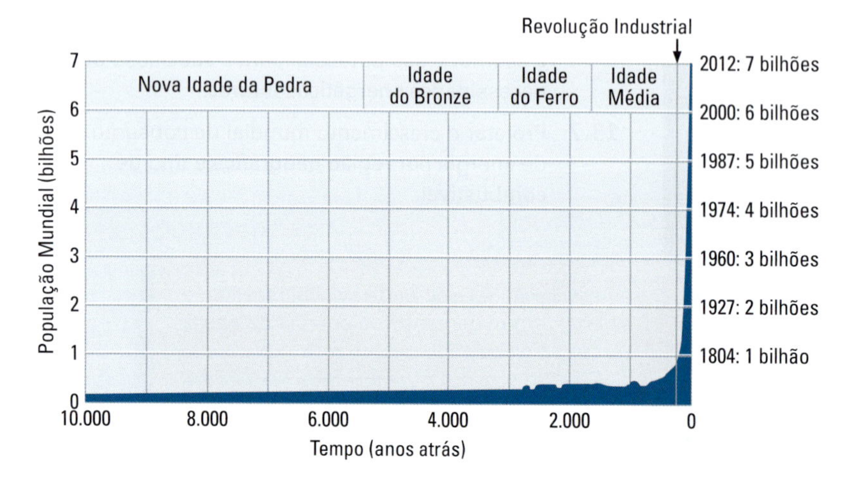

FIGURA 13.1 Crescimento da população humana nos últimos 10 mil anos. Espera-se que ela atinja a marca de 8 bilhões em 2028. [Dados do U.S. Census Bureau.]

energia aumentou em 1.000% nos últimos 70 anos e agora está subindo duas vezes mais rápido do que a população humana. A imagem da Terra vista do espaço na fotografia de abertura deste capítulo mostra uma rede luminosa de urbanização energizada espalhando-se rapidamente pela superfície do planeta.

As atividades humanas alteraram o meio ambiente por meio do desmatamento, da agricultura e de outras mudanças no uso do solo desde a origem da civilização. Mas, em épocas remotas, os efeitos da nossa espécie, o *Homo sapiens*, geralmente ficavam restritos a hábitats regionais ou locais. Atualmente, a produção energética industrializada possibilita que nossa civilização dispute com os sistemas do clima e da tectônica de placas em termos de quem modifica mais meio ambiente da superfície terrestre. Algumas observações chocantes ilustram a escala global dessas mudanças:

- As atividades humanas atualmente erodem a superfície terrestre dez vezes mais rápido do que todos os processos naturais juntos.
- Desde o início da Revolução Industrial, os seres humanos aumentaram a carga sedimentar dos rios em quase 30%. Represas e reservatórios construídos por seres humanos hoje prendem quase 40% dessa carga sedimentar global antes que chegue aos oceanos.
- Os humanos converteram aproximadamente um terço da área florestal do mundo em outros usos do solo, principalmente agricultura, no último século.
- Cinquenta anos após a invenção do fréon, um gás refrigerativo artificial, uma porção suficiente dele vazou de refrigeradores e condicionadores de ar e flutuou para a atmosfera superior, danificando a camada de ozônio protetora da Terra.
- A queima de combustíveis fósseis aumentou a concentração de dióxido de carbono na atmosfera em quase 50% em relação aos níveis pré-industriais.

Não somos apenas parte do sistema Terra; estamos transformando o modo como o sistema Terra funciona, talvez de forma crucial. Em um piscar de olhos geológico, a civilização desenvolveu-se em um geossistema global completo.

Os recursos energéticos

A energia é necessária para realizar trabalho; portanto, o acesso à energia é essencial a todos os aspectos da civilização humana, incluindo o crescimento populacional. O termo **recursos energéticos** refere-se à energia total que uma civilização poderia produzir a partir do ambiente natural. Há 150 anos, a maior parte da energia disponível para a civilização vinha da queima de madeira (Figura 13.2). O fogo produzido pela madeira, em termos químicos, é a combustão da *biomassa* – matéria orgânica, consistindo em compostos de carbono e hidrogênio, ou **hidrocarbonetos**. A biomassa é produzida por vegetais e animais em uma cadeia alimentar baseada na fotossíntese. Dessa forma, em última análise, a fonte da energia da madeira é a luz solar que as plantas utilizam para converter dióxido de carbono e água em hidrocarbonetos. A combustão da madeira ou de outra biomassa produz energia térmica e retorna dióxido de carbono e água ao meio ambiente. Neste sentido, a biomassa atua como um reservatório de curto prazo para o armazenamento de energia solar. É um **recurso energético renovável** porque a biosfera está constantemente produzindo novos hidrocarbonetos. Antes de meados do século XIX, a queima de madeira e de outras biomassas derivadas de vegetais e animais (p. ex., óleo de baleia e esterco seco de búfalo) satisfazia a maior parte da demanda de combustível da sociedade. Hoje, a energia derivada da biomassa é apenas uma pequena parcela do nosso uso de energia total, ainda que essa fração esteja aumentando devido à produção industrial de etanol e de outros biocombustíveis.

O carvão, uma rocha combustível, foi formado a partir da biomassa que foi soterrada em formações rochosas sedimentares

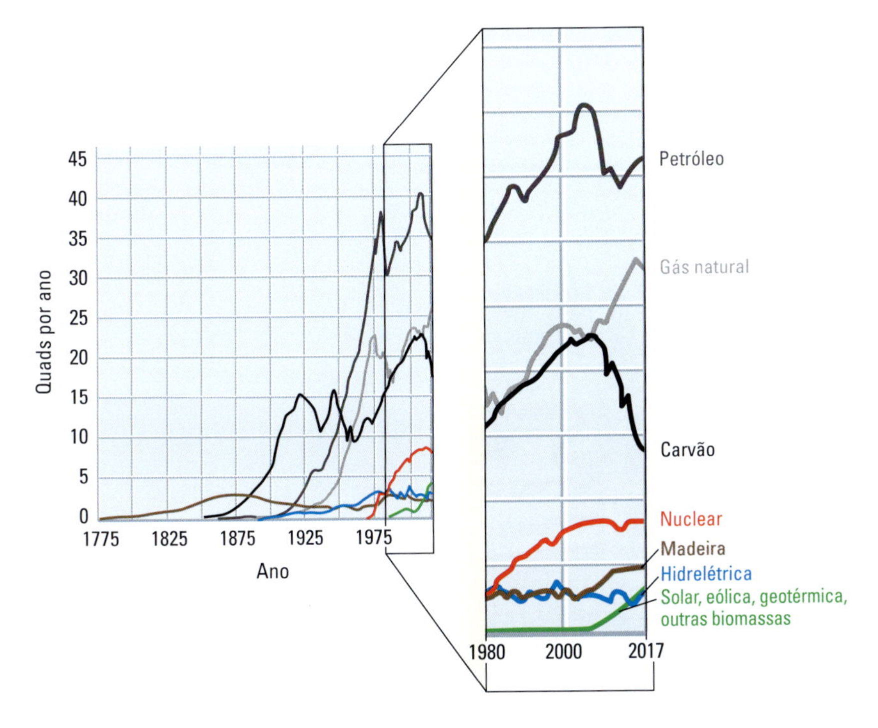

FIGURA 13.2 O consumo de energia dos EUA, apresentado aqui para o período de 1775–2017, foi dominado sucessivamente pela queima de madeira, carvão e petróleo. Nos últimos poucos anos, a energia extraída do carvão diminuiu, enquanto aquela obtida de gás natural e fontes renováveis, como biomassa, energia solar e energia eólica, aumentou. Nesta figura e no resto do capítulo, a unidade de energia utilizada é a de quad por ano (1 quad = 10^{15} BTU = $1{,}054 \times 10^{18}$ J). [Dados da U.S. Energy Information Agency.]

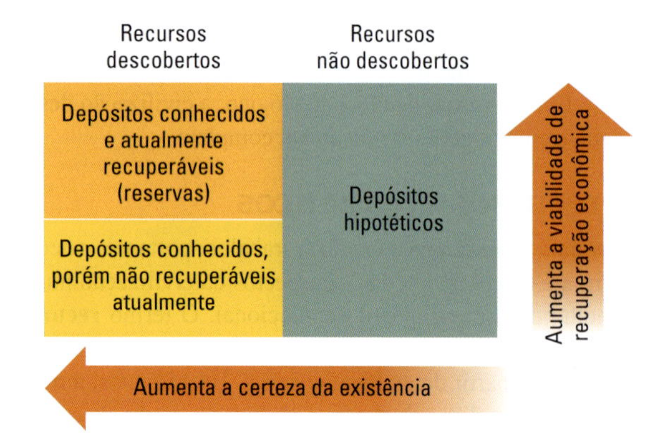

FIGURA 13.3 Os recursos de combustíveis fósseis incluem as reservas, mais os depósitos que já foram descobertos, como também os depósitos ainda não descobertos, que são aqueles que poderiam, eventualmente, ser encontrados, segundo os geólogos.

há milhões de anos, sobretudo durante o Período Carbonífero. Quando o queimamos, estamos utilizando a energia que foi armazenada da luz do Sol do Paleozoico. Assim, a fonte primária dessa energia fossilizada é a mesma energia solar que move o sistema do clima. Os outros combustíveis principais, o óleo cru (petróleo) e o gás natural (metano), também são oriundos de matéria orgânica morta. Carvão, petróleo e gás natural são substâncias ricas em hidrocarbonetos conhecidas coletivamente como **combustíveis fósseis**. Os geólogos usam um termo mais restritivo, **reservas**, para descrever depósitos comprovados que podem ser explorados economicamente (e legalmente) no presente. Os recursos são "chutes" mais incertos, que incluem as reservas e também depósitos conhecidos, mas atualmente irrecuperáveis, e depósitos desconhecidos que provavelmente serão descobertos em algum momento no futuro (Figura 13.3). Nas taxas atuais de uso, nossas reservas de combustíveis fósseis serão exauridas muito antes que os processos geológicos consigam repô-los; assim, eles são considerados **recursos não renováveis.**

A ascensão da economia dos hidrocarbonetos

A civilização usa uma série de fontes energéticas renováveis para mover moinhos e outras máquinas há milhares de anos, como o vento, quedas d'água e o trabalho de cavalos, bois e elefantes. Entretanto, próximo ao final do século XVIII, a industrialização estava aumentando a demanda de energia além do que essas fontes renováveis tradicionais podiam suprir. Por volta de 1780, James Watt e outros desenvolveram motores a vapor movidos a carvão que podiam realizar o trabalho de centenas de cavalos, dando início à Revolução Industrial. A tecnologia do vapor reduziu substancialmente o preço da energia, em parte porque possibilitou a mineração do carvão em escala industrial. No final do século XIX, o carvão representou mais de 60% de todo o suprimento energético dos Estados Unidos (ver Figura 13.2).

O primeiro poço de petróleo foi perfurado na Pensilvânia pelo Coronel Edwin L. Drake em 1859. A ideia de que o petróleo poderia ser minerado de forma lucrativa, como o carvão, fez com que alguns céticos chamassem o projeto de "loucura de Drake" (Figura 13.4). Eles estavam errados, é evidente: no início do século XX, o petróleo e o gás natural estavam começando a substituir o carvão como o combustível preferido. Além de terem uma combustão mais limpa do que a do carvão, sem produzir cinzas, podiam ser transportados por oleodutos, assim como por ferrovias e por navios. Além disso, combustíveis de gasolina e diesel refinados do petróleo eram adequados para queima no motor de combustão interna recém-inventado.

Atualmente, o motor da civilização trabalha basicamente com combustíveis fósseis. Juntos, o petróleo, o gás natural e

FIGURA 13.4 Edwin L. Drake (*direita*) em frente ao poço de petróleo que deu início à "era do petróleo". Esta foto foi tirada por John Mather em 1866 em Titusville, Pensilvânia (EUA). [Bettmann/ Getty Images.]

o carvão representam 81% do consumo energético global. Podemos, com justiça, chamar a civilização alimentada por esse sistema energético de **economia dos hidrocarbonetos**. É uma economia que extrai os hidrocarbonetos armazenados na litosfera e os queima na atmosfera para produzir a energia de que os seres humanos necessitam. A queima também produz resíduos que os seres humanos precisam soterrar na litosfera ou lançar no ambiente. Basicamente, todo o dióxido de carbono produzido pelo consumo de combustíveis fósseis é lançado na atmosfera.

Para entender as consequências dessa prática, contabilizaremos nosso uso de energia em termos do dióxido de carbono que produz e compararemos os combustíveis fósseis com fontes alternativas de energia. Essa contabilidade exige que criemos estimativas minuciosas de quanto dióxido de carbono é produzido por cada unidade de energia capturada durante a queima de um combustível, uma taxa chamada de **fator de emissão de carbono** (ver Pratique um Exercício de Geologia no final da próxima seção).

Consumo energético

O uso da energia geralmente é medido em unidades apropriadas ao combustível – por exemplo, barris de petróleo*, metros cúbicos de gás natural ou toneladas de carvão. Mas as comparações ficam mais fáceis se expressarmos o consumo de combustível em termos da sua *energia equivalente*, a quantidade de energia que o combustível produz ao ser consumido. Uma opção popular para medir a energia equivalente é a unidade térmica britânica (BTU, da sigla em inglês para British thermal unit). Um BTU é a quantidade de energia necessária para aumentar em 0,555 °C (ou 1.055 joule) a temperatura de 453,59 g de água. Quando medimos quantidades grandes, como o uso anual de energia de um país, usamos unidades de 1 quatrilhão (10^{15}) BTU, ou **quad****. Um quad ($1,055 \times 10^{18}$ joules) é uma quantidade enorme de energia, equivalente a consumir 170 milhões de barris de petróleo, 27,5 bilhões de metros cúbicos de gás natural ou 36 milhões de toneladas de carvão.

A produção de energia nos Estados Unidos em 2017 foi de cerca de 97,7 quad (**Figura 13.5**), em comparação com o total mundial de 536 quad. Assim, os Estados Unidos, com 4,4% da população mundial, consome cerca de quatro vezes mais energia por pessoa (ou *per capita*) do que a média global.

*N. de R.T.: Um barril de petróleo equivale a 158,98 litros.

**N. de R.T.: Unidade de medida de energia usada somente nos Estados Unidos e no Reino Unido, assim como o BTU. Um quad equivale a $293,07 \times 10^9$ kw.h.

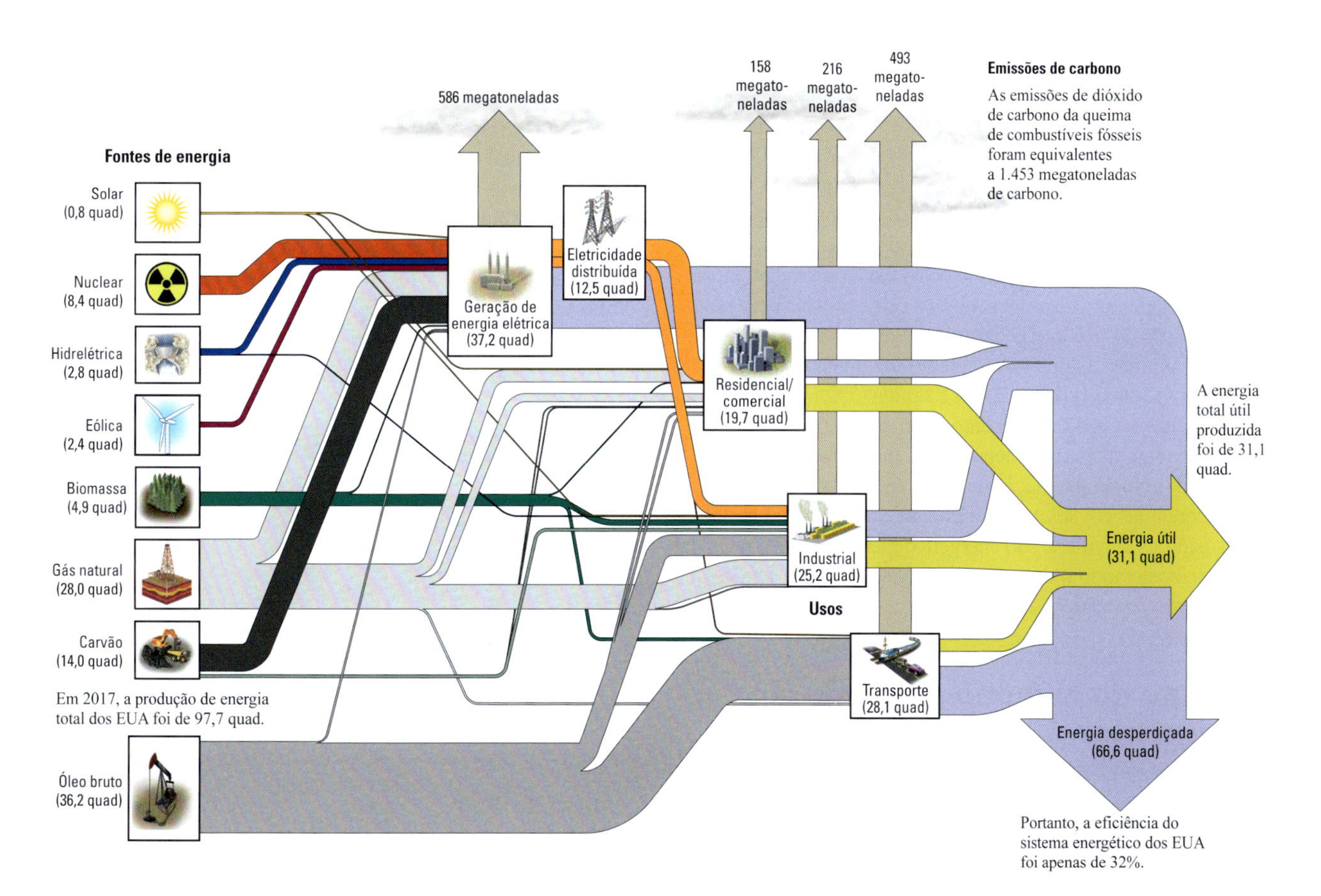

FIGURA 13.5 Consumo de energia nos Estados Unidos em 2017 (em quad). A energia das fontes primárias de combustível (caixas à esquerda) é fornecida aos setores residencial, comercial, industrial e de transporte (caixas do centro para a direita). Não estão representadas pequenas contribuições à geração de energia elétrica a partir da energia geotérmica (0,2 quad). [Informações do Lawrence Livermore National Laboratory, com base em dados da Energy Information Administration.]

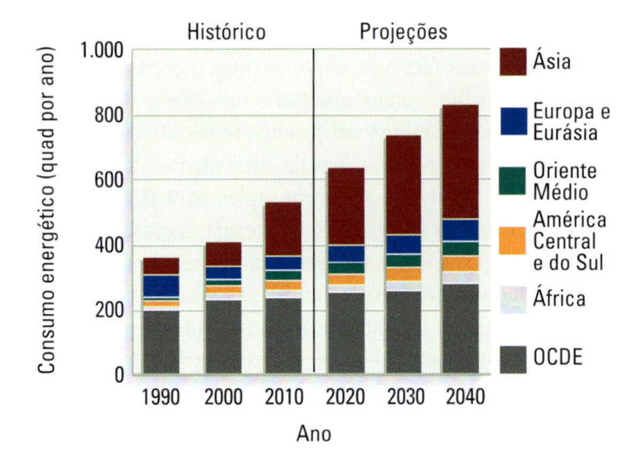

FIGURA 13.6 Consumo energético histórico e projetado, em quad por ano, agrupado de acordo com regiões mundiais, 1990–2040. A Organização para a Cooperação e Desenvolvimento Econômico (OCDE) inclui países da Europa Ocidental e América do Norte e a Austrália. Cerca de 70% do crescimento do consumo energético virá de países de fora da OCDE. [Dados da U.S. Energy Information Agency, 2015.]

Os combustíveis fósseis forneceram 80% desse total, a energia nuclear 9% e fontes de energia renovável, 11%. Percebe-se que o fluxo de energia através desse sistema não é particularmente eficiente: aproximadamente 32% da energia realizaram trabalho útil, enquanto 68% foram desperdiçados.

Há sinais promissores de que as novas tecnologias de maior eficiência energética e o aumento da conservação de energia estão começando a diminuir o apetite por energia dos EUA. O total anual de consumo de energia de todos os tipos, na verdade, caiu 3,7% entre 2007 e 2017 no país – a primeira queda plurianual na história recente. Em nível global, porém, pequenas reduções no consumo de energia pelos Estados Unidos, Japão e Europa Ocidental foram mais do que compensadas pelo rápido crescimento do uso energético pelos dois países mais populosos do mundo, a China (crescimento médio de 4% ao ano no consumo de energia desde 2007) e a Índia (5% ao ano). Mesmo com as altas taxas de crescimento, o uso de energia per capita da China ainda é três vezes menor que o dos Estados Unidos, em função de ter uma população maior. À medida que a China e outras economias em desenvolvimento se esforçam para melhorar seus padrões de vida, o uso energético global per capita tende a crescer, acelerando o consumo energético geral. Projeta-se que o consumo energético global anual exceda 600 quads em 2020 (Figura 13.6).

O fluxo do carbono da produção energética

No mundo pré-humano, a troca de carbono entre a litosfera e outros componentes do sistema Terra era regulada pelas taxas lentas em que os processos geológicos soterravam e exumavam a matéria orgânica. Esse ciclo do carbono natural foi interrompido pela ascensão da economia dos hidrocarbonetos, que agora está emitindo volumes enormes de carbono da litosfera diretamente para a atmosfera. Na Figura 13.5, vemos que o sistema energético dos EUA lançou cerca de 1,5 gigatonelada (Gt) de carbono na atmosfera em 2017, principalmente na forma de CO_2 (1 Gt = 1 bilhão de toneladas = 10^{12} kg). Durante a década de 2000–2009, a média das emissões globais totais causadas pela queima de combustíveis fósseis foi de 7,8 Gt por ano, mas essa massa havia aumentado para cerca de 10 Gt por ano em 2018.

Como vimos no Capítulo 12, o sistema do clima está intimamente ligado ao ciclo do carbono global, pois o dióxido de carbono é um gás de efeito estufa. A concentração desse gás aumentou rapidamente em relação ao seu nível pré-industrial de cerca de 280 ppm, ultrapassando 410 ppm nos tempos atuais. Se a queima de combustíveis fósseis não sofrer restrições, a quantidade de CO_2 na atmosfera atingirá o dobro do nível pré-industrial em meados do século XXI.

Os aumentos antropogênicos na concentração de dióxido de carbono e de outros gases de efeito estufa já levou à intensificação do aquecimento climático global. Não há dúvida alguma de que o futuro do sistema do clima e do seu componente vivo, a biosfera, depende de como nossa sociedade administra seus recursos energéticos, tema que consideraremos em mais detalhes a seguir.

Os recursos de combustíveis fósseis

O quanto precisamos nos preocupar com o esgotamento dos nossos recursos energéticos não renováveis? As reservas mundiais comprovadas de combustíveis fósseis totalizam cerca de 53.000 quad (Figura 13.7), quase cem vezes maior do que o consumo anual mundial (536 quad por ano em 2017). Descobertas de novos recursos, assim como tecnologias mais avançadas para a extração de combustíveis fósseis, expandirão significativamente essas reservas. No caso do petróleo, por exemplo, estima-se que os recursos disponíveis para exploração no próximo século estão entre o dobro e o triplo das reservas atuais.

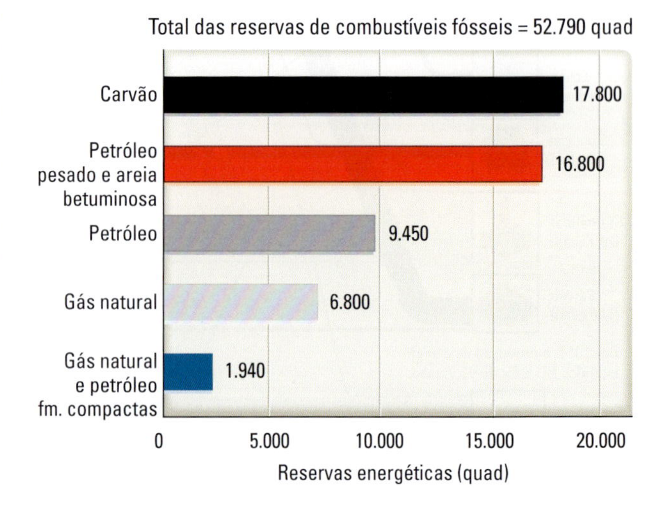

FIGURA 13.7 As estimativas do total das reservas de combustíveis fósseis são de cerca de 53.000 quad. O total de recursos de combustíveis fósseis que poderiam ser recuperados com melhorias tecnológicas e custos mais baixos é de, pelo menos, quatro vezes essa quantidade. [Dados do World Energy Council.]

Assim, os recursos de hidrocarbonetos certamente estarão disponíveis para alimentar as necessidades da civilização por muitas décadas. Uma série de fatores complica a economia da produção energética, incluindo os custos ambientais da queima de combustíveis fósseis e a disponibilidade crescente dos recursos energéticos renováveis. Nesta seção, descrevemos como os combustíveis fósseis são formados por processos geológicos e avaliamos nossas reservas atuais.

A formação geológica dos hidrocarbonetos

Depósitos economicamente viáveis de hidrocarbonetos desenvolvem-se sob condições geológicas especiais. Os combustíveis fósseis derivam de detritos orgânicos de seres vivos: plantas, algas, bactérias e outros organismos que foram soterrados, transformados e preservados nos sedimentos.

O **carvão** é um sedimento biológico formado a partir de vastas acumulações de materiais vegetais em pântanos onde o crescimento dos vegetais é bastante rápido (Figura 13.8). O soterramento em solo alagado preserva o material, pois o isola do oxigênio necessário para a decomposição por bactérias. A vegetação acumula-se e transforma-se em *turfa*, uma massa marrom porosa de matéria orgânica, na qual gravetos, raízes e outras partes de plantas podem ainda ser reconhecidos. A acumulação de turfa em um ambiente pobre em oxigênio pode ser observada em pântanos e locais alagadiços modernos. Quando seca, a turfa queima facilmente, pois tem cerca de 50% de carbono.

Reações químicas durante a compressão e aquecimento dos sedimentos ricos em materiais orgânicos (diagênese) primeiro converte a turfa em *linhito*, um carvão marrom bastante macio, com 60–70% de carbono, e então em carvão *betuminoso*, que contém até 80% de carbono. Sob pressões e temperaturas ainda maiores, reações metamórficas de baixo grau transformam o carvão macio em carvão duro, chamado de *antracito*, que contém mais de 90% de carbono, o que aumenta ainda mais o seu conteúdo energético.

Combustíveis de hidrocarbonetos líquidos e gasosos também começam a se formar em bacias sedimentares onde a produção de matéria orgânica é alta e o suprimento de oxigênio é inadequado para decompor toda a matéria orgânica contida nos sedimentos. Muitas bacias de subsidência térmica costa

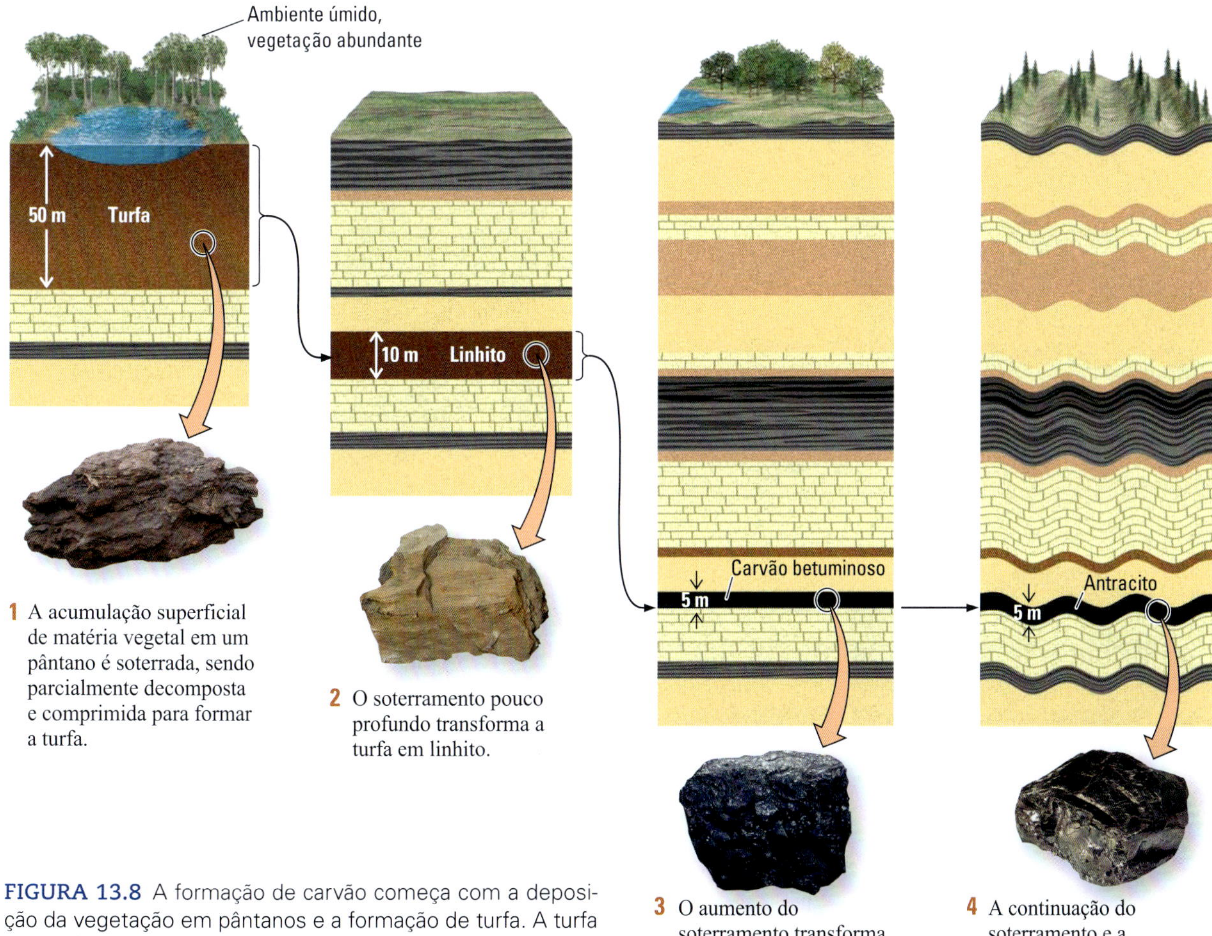

FIGURA 13.8 A formação de carvão começa com a deposição da vegetação em pântanos e a formação de turfa. A turfa é transformada em carvão por aquecimento e compressão, que aumentam o teor de carbono do carvão. [turfa: Andrew Martinez/Science Source; linhito: SCI STK Photog/Science Source; carvão betuminoso: Mark A. Schneider/Science Source; antracito: Gary Ombler/Getty Images.]

afora*, nas margens continentais, satisfazem essas duas condições, assim como alguns deltas fluviais e mares interiores. Durante milhões de anos de soterramento, reações diagenéticas sob pressões e temperaturas elevadas lentamente transformam o material orgânico contido nessas *camadas geradoras* em combustíveis de hidrocarbonetos. O hidrocarboneto mais simples é o metano (CH_4), principal constituinte do **gás natural**. O óleo bruto, ou **petróleo**, inclui uma classe diversa de líquidos compostos de hidrocarbonetos mais complexos.

O óleo cru forma-se em uma faixa limitada de pressão e temperatura, conhecida como **janela do petróleo**, geralmente encontrada em profundidades entre cerca de 2 e 5 km (ver Capítulo 6, Pratique um Exercício de Geologia, *Folhelhos ricos em matéria orgânica: onde procuramos petróleo e gás?*). Acima da janela do petróleo, as temperaturas são baixas demais (geralmente abaixo de 50°C) para a maturação de material orgânico em hidrocarbonetos, ao passo que, abaixo dela, as temperaturas são tão altas (acima de 150°C) que os hidrocarbonetos que se formam são decompostos em metano, produzindo apenas gás natural.

*N. de R.T.: O termo inglês, *offshore*, eventualmente não é traduzido na literatura técnica brasileira. Ele designa a região situada mar adentro, a partir da linha de arrebentação das ondas.

Reservatórios de Hidrocarbonetos

À medida que o soterramento dos sedimentos progride, a compactação das camadas geradoras força a migração do petróleo e do gás natural para as camadas adjacentes de rocha permeável (como arenitos ou calcários fraturados), que atuam como *reservatórios de hidrocarboneto*. A densidade relativamente baixa do petróleo e do gás faz com que eles ascendam, de forma que flutuam acima da água que quase sempre ocupa os poros dessas formações permeáveis. As condições que favorecem a acumulação em grandes proporções de petróleo e gás natural são aquelas em que formações geológicas permeáveis são capeadas com camadas de rocha impermeável, como folhelhos ou evaporitos. Essa barreira à migração para o topo forma uma **armadilha de petróleo** (Figura 13.9).

Algumas armadilhas de petróleo são causadas por uma deformação estrutural e são chamadas de *armadilhas estruturais*. Um tipo de armadilha estrutural é formado por um anticlinal, no qual uma camada impermeável de folhelho está sobrejacente a uma camada permeável de arenito (Figura 13.9a). O petróleo e o gás acumulam-se na crista do anticlinal – o gás na posição mais alta, o petróleo logo abaixo – e ambos flutuam na água subterrânea que satura o arenito. Da mesma forma, uma discordância angular ou deslocamento em uma falha pode colocar

(a) Armadilha em anticlinal

Bombeamento de petróleo

Gás

Petróleo

Folhelho impermeável

Rocha-reservatório permeável, saturada em água

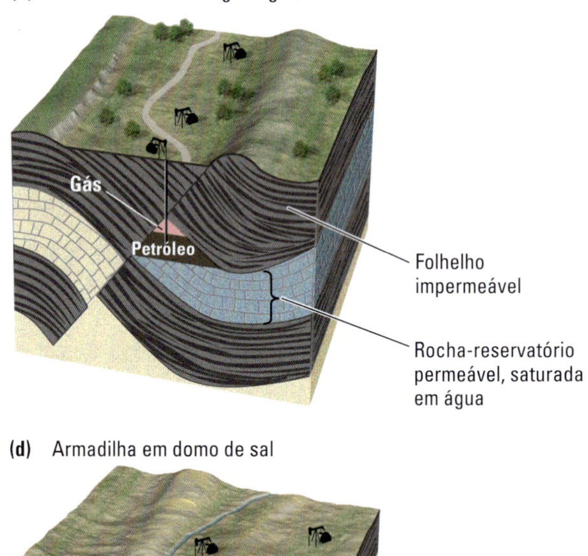

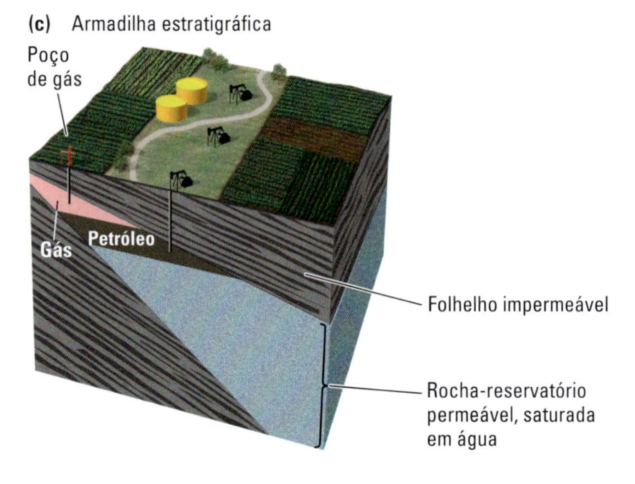

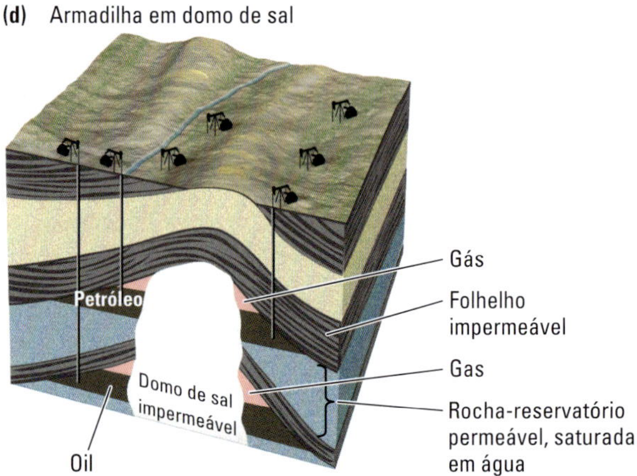

FIGURA 13.9 O petróleo e o gás acumulam-se em armadilhas formadas por estruturas geológicas. Quatro tipos de armadilhas do petróleo são ilustrados nesta figura.

FIGURA 13.10 Novas tecnologias usadas em plataformas em alto-mar no Golfo do México podem recuperar petróleo e gás de reservatórios rochosos abaixo de águas bastante profundas. A perfuração de uma única plataforma como esta pode custar mais de US$ 100 milhões. [Larry Lee Photography/Getty Images.]

uma camada mergulhante de calcário permeável ao lado de um folhelho impermeável, criando outro tipo de armadilha estrutural (Figura 13.9b). Outras armadilhas de petróleo são criadas pelo padrão original da sedimentação, como, por exemplo, quando uma camada mergulhante de arenito permeável estreita-se no contato com um folhelho impermeável (Figura 13.9c). Essas são denominadas *armadilhas estratigráficas*. O petróleo pode também ser confinado por uma massa impermeável de sal, em *armadilhas de domos de sal* (Figura 13.9d).

Extrair petróleo e gás natural pela perfuração em locais profundos da crosta terrestre tornou-se um negócio bastante sofisticado e caro (Figura 13.10)*, que abriu vastas áreas das margens continentais à produção de petróleo e gás natural. Imagens sísmicas podem mapear as rochas-reservatório em três dimensões (ver Figura 11.6), mostrar onde a maior parte do petróleo e do gás natural está localizada e mapear como fluirá para a superfície desde os poços perfurados até o reservatório. Injeta-se água e dióxido de carbono em poços estrategicamente posicionados para empurrar o petróleo até áreas onde possa ser bombeado com maior eficiência por meio de outras sondagens. Esses métodos ampliaram a quantidade de petróleo e gás natural que pode ser extraída de reservatórios de hidrocarbonetos e, logo, aumentaram nossas reservas de combustíveis fósseis.

Em sua procura por petróleo, os geólogos mapearam sismicamente milhares de armadilhas nas mais diversas regiões do mundo. Somente uma fração delas provou conter quantidades economicamente valiosas de petróleo ou gás, pois a simples existência de uma armadilha não é suficiente para criar um reservatório de hidrocarboneto. Ela conterá petróleo somente se estiverem presentes as camadas geradoras, se tiverem acontecido reações químicas apropriadas e se o petróleo puder migrar para a armadilha e lá permanecer, sem ser posteriormente perturbado por muito aquecimento ou deformação. A maior parte dos grandes reservatórios de hidrocarbonetos já foi descoberta, e encontrar novos grandes reservatórios está cada vez mais difícil.

*N. de R.T.: No Brasil, a Petrobrás explora campos de petróleo que se situam, em sua maior parte, em profundidades da lâmina d'água maiores que 400 m. No caso dos campos pré-sal, a profundidade da água pode ultrapassar 2.000 m. A companhia é líder mundial em águas profundas, tendo recebido o prêmio Distinguished Achievement Award for Companies, considerado o Oscar da indústria mundial.

Produção de petróleo e gás natural de formações compactas

Os hidrocarbonetos são bastante comuns em rochas sedimentares, mas apenas uma pequena fração concentrou-se na forma de petróleo e gás natural em reservatórios de fácil perfuração. A grande maioria dos nossos recursos de petróleo está amplamente distribuída, selada em camadas geradoras impermeáveis chamadas de **formações fechadas****. Os exemplos incluem os grandes depósitos de folhelho rico em gás natural da América do Norte, como a Formação Marcellus sob o norte dos Apalaches e do Planalto de Allegheny, no leste dos Estados Unidos (ver Figura 6.21). Os engenheiros de petróleo desenvolveram maneiras mais eficientes de extrair petróleo e gás natural dessas formações fechadas. Eles utilizam modelos tridimensionais das estruturas sedimentares e sistemas de navegação sofisticados para direcionar brocas perfuratrizes por trajetórias horizontais, através de rochas sedimentares tabulares, e injetam grandes quantidades de água e areia através de orifícios no tubo de perfuração de modo a criar pequenas fissuras na rocha, o que permite que o gás flua mais rapidamente de volta para a tubulação (Figura 13.11). Essa combinação de **perfuração horizontal** com **fraturamento hidráulico** (ou ***fracking***) revolucionou a indústria petrolífera. As reservas comprovadas de gás natural dos folhelhos e outras formações compactas hoje supera as reservas de gás convencionais.

Distribuição de reservas de petróleo

Na década de 2007–2017, o mundo consumiu cerca de 0,33 trilhão de barris de petróleo (1 barril = 158,98 litros). Contudo, as reservas mundiais de petróleo não diminuíram; na verdade, elas *aumentaram* aproximadamente na mesma proporção, de cerca de 1,43 trilhão de barris em 2007 para 1,70 trilhão em 2017. A exploração de petróleo é uma atividade geológica incrivelmente bem-sucedida!

A Figura 13.12 mostra as reservas de petróleo por regiões e suas variações ao longo das décadas. Os campos petrolíferos do Oriente Médio, como os do Irã, Kuwait, Arábia Saudita, Iraque e região de Baku, no Azerbaidjão, representam cerca de 48% do total mundial. Ali, sedimentos ricos em material

**N. de R.T.: Em inglês, *tight formations*, também referidas como formações compactadas ou compactas, possuem espaço intergranular fechado, de sorte que são impermeáveis e aprisionam o gás ou óleo em porções mais porosas, porém sem conectividade.

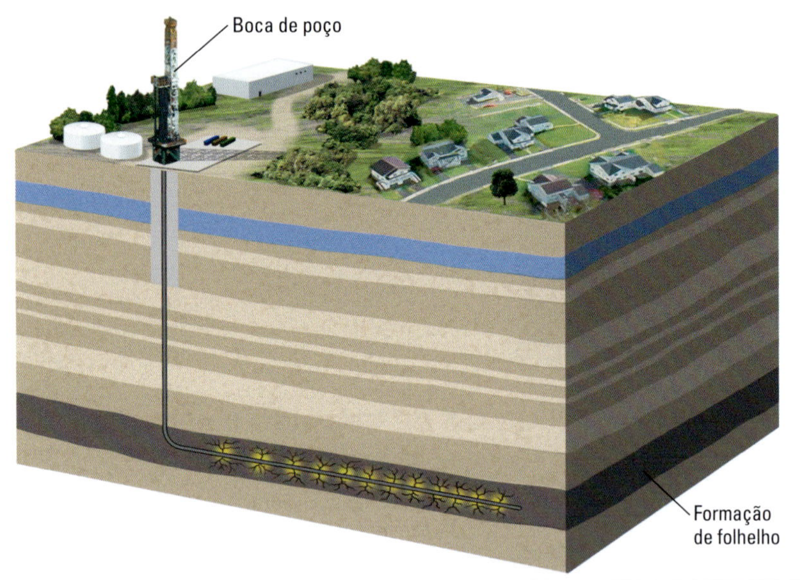

FIGURA 13.11 O fraturamento hidráulico, ou "*fracking*", é uma técnica para extrair petróleo e gás natural de folhelho e outras formações fechadas ou compactas. Bombeia-se água e areia em um poço sob altas pressões para criar fraturas através das quais o petróleo e o gás natural podem fluir mais facilmente. Em geral, os poços são perfurados horizontalmente através de formações de folhelho tabulares.

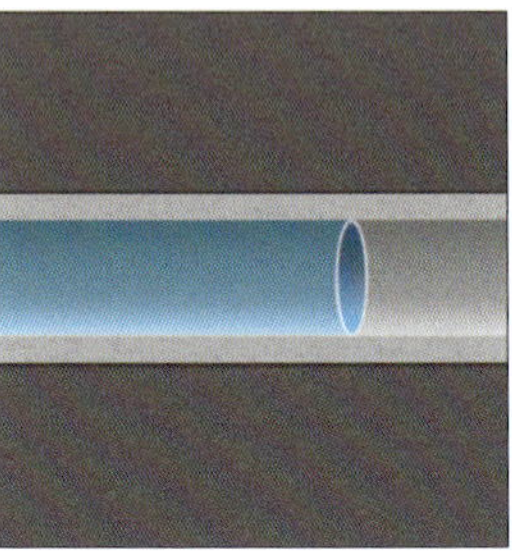

(a) O poço é selado e revestido de cimento.

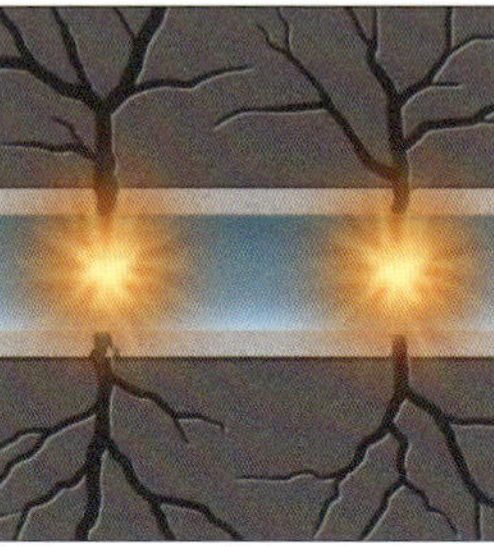

(b) Pequenos orifícios são abertos através do selamento e do cimento.

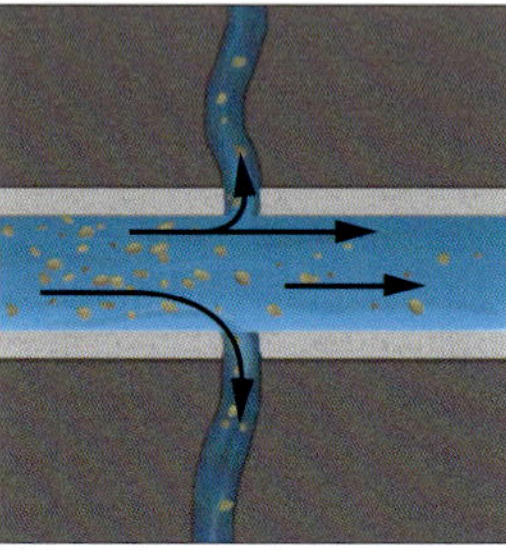

(c) As rochas encaixantes são fraturadas hidraulicamente pelo bombeamento de água e areia em um poço sob alta pressão.

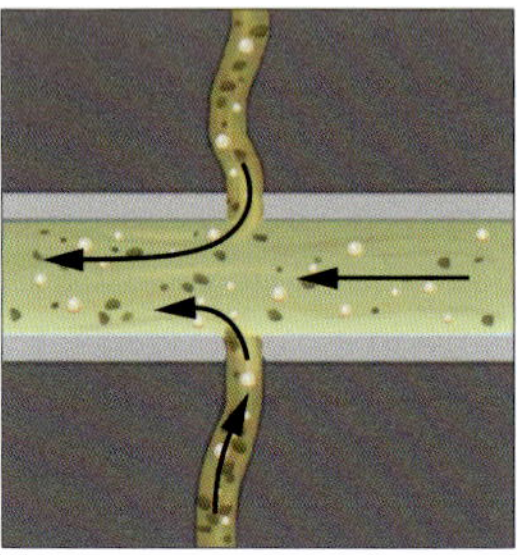

(d) O fraturamento hidráulico gera pequenas fissuras, mantidas abertas pela areia, que permitem que o petróleo e o gás natural subam pelo poço perfurado até a boca de poço.

orgânico sofreram dobramento e falhamento devido ao fechamento do antigo Oceano Tethys, formando um ambiente quase ideal para a acumulação de petróleo. Os amplos reservatórios descobertos nessa grande zona de convergência incluem o campo Ghawar, na Arábia Saudita, o maior do mundo. Ghawar produziu cerca de 70 bilhões de barris de petróleo desde a sua inauguração em 1948, e poderá produzir outros 70 bilhões no tempo de operação que lhe resta.

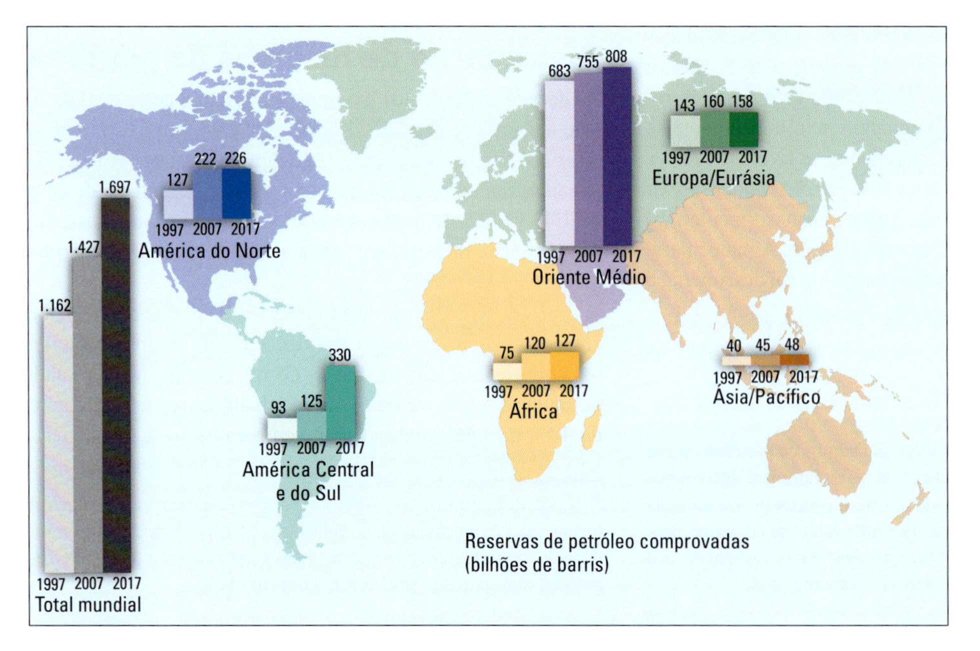

FIGURA 13.12 Estimativas regionais das reservas mundiais de petróleo em 1997 (barra da esquerda), 2007 (barra central) e 2017 (barra da direita) em bilhões de barris (bbl). As reservas de petróleo mundiais totais em 2017 eram de 1,7 trilhão de barris. [Dados da *British Petroleum Statistical Review of World Energy 2017*.]

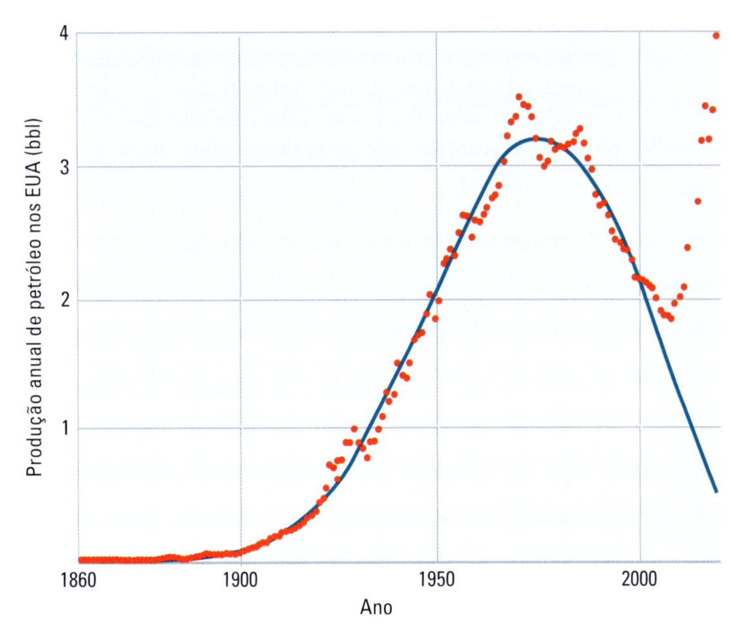

FIGURA 13.13 Produção anual de petróleo dos Estados Unidos em bilhões de barris de 1860 a 2018. Os pontos vermelhos mostram os números da produção para cada ano. A linha contínua azul é semelhante à projeção feita por Hubbert em 1956, que previu o pico na década de 1970 e o subsequente declínio. Contudo, a produção atingiu o seu ponto mínimo em 2008 e tem aumentado rapidamente desde então, atingindo quase 4 bilhões de barris em 2018. [Dados de U.S. Energy Information Administration and from K. Deffeyes, *Hubbert's Peak*. Princeton, NJ: Princeton University Press, 2001.]

A maioria das reservas de petróleo do hemisfério ocidental está localizada na área altamente produtiva do Golfo-Caribe, que inclui a região do Texas-Luisiana, México, Colômbia e Venezuela. As reservas de petróleo da América do Sul triplicaram de 2007 a 2017, principalmente graças a melhorias na tecnologia de recuperação de petróleo, que permitirão que o óleo pesado da Bacia do Orinoco, na Venezuela, seja explorada comercialmente, e também devido à descoberta de enormes campos de petróleo na costa brasileira do Oceano Atlântico.

As reservas de petróleo dos Estados Unidos também aumentaram, de 30 bilhões de barris em 2007 para 50 bilhões em 2017, o que elevou o país à nona posição no ranking mundial. Nos Estados Unidos, entre os 50 Estados que compõem a federação, 31 produzem petróleo para o mercado, e pequenas ocorrências não comerciais são conhecidas na maioria dos demais.

Produção de petróleo

A produção global de petróleo em 2018 foi de cerca de 30 bilhões de barris anuais. Os Estados Unidos produziram 4 bilhões de barris, mais do que qualquer outro país. Os EUA são um produtor de petróleo maduro, cujo histórico de produção nos ajuda a entender o futuro do suprimento global de combustíveis fósseis. A produção atingiu seu pico em 1970 e então entrou em declínio. A história da produção de petróleo nos Estados Unidos segue aproximadamente uma curva em forma de sino (Figura 13.13).

O ponto alto da curva é referido como **pico de Hubbert**, em homenagem ao geólogo de petróleo M. King Hubbert. Em meados da década de 1950, Hubbert usou uma relação matemática simples entre a taxa de produção e a taxa de descoberta de novas reservas para prever que a produção de petróleo dos Estados Unidos começaria a entrar em declínio durante a década de 1970. Seus argumentos foram inteiramente desconsiderados por serem pessimistas demais, pois a produção ainda crescia rapidamente na época, mas a história provou que estava certo. O ponto alto da produção realmente ocorreu em 1970, seguido de um declínio que seguiu as previsões de Hubbert até o final do século XX.

Em 2009, no entanto, a produção de petróleo americana voltou a aumentar subitamente, e essa tendência se acelerou: a produção de 2018 foi de quase 4 bilhões de barris, mais do que o dobro do ponto mínimo de 2008, e ultrapassou os 3,5 bilhões de barris de 1970. Esse aumento sinaliza um novo *boom* da indústria petrolífera americana, alimentado pelo rápido desenvolvimento de campos de petróleo costa afora e aprimoramentos na tecnologia para extração de petróleo em terra, incluindo o fraturamento hidráulico, uma técnica controversa. Essas mesmas tecnologias, que agora estão sendo aplicadas em outras regiões, aumentaram tanto a oferta que o preço do petróleo caiu de US$ 100 por barril em 2008 para US$ 50 em 2017. O petróleo não vai acabar tão cedo! (Ver Jornal da Terra 13.1.)

Gás natural

As reservas de gás natural são comparáveis às de petróleo (ver Figura 13.7) e provavelmente as excederão nas próximas décadas. As estimativas dos recursos de gás natural têm crescido nos últimos anos, pois a exploração do gás natural aumentou e foram identificados reservatórios em novos ambientes, como formações muito profundas, estruturas de falhas de cavalgamento, camadas de carvão, formações compactas de arenitos e folhelhos. A tecnologia de fraturamento hidráulico alavancou a extração de gás natural de formações de folhelhos extensas (ver Capítulo 6). A produção de "formações gaseíferas fechadas" de folhelhos e outras formações compactadas aumentou por um fator de mais de três desde 2000, e hoje representa cerca de dois terços da produção de gás natural dos Estados Unidos (Figura 13.14).

O gás natural é um combustível vantajoso por uma série de motivos. Na combustão, o metano combina-se com o oxigênio atmosférico, fornecendo energia sob forma de calor e produzindo dióxido de carbono e água. Portanto, a queima do gás natural é mais limpa do que a combustão de petróleo ou carvão, que também produz dióxido de enxofre (a principal causa da chuva ácida). Além disso, ele produz 30% menos CO_2 por unidade de energia que o petróleo e acima de 60% menos que o carvão.

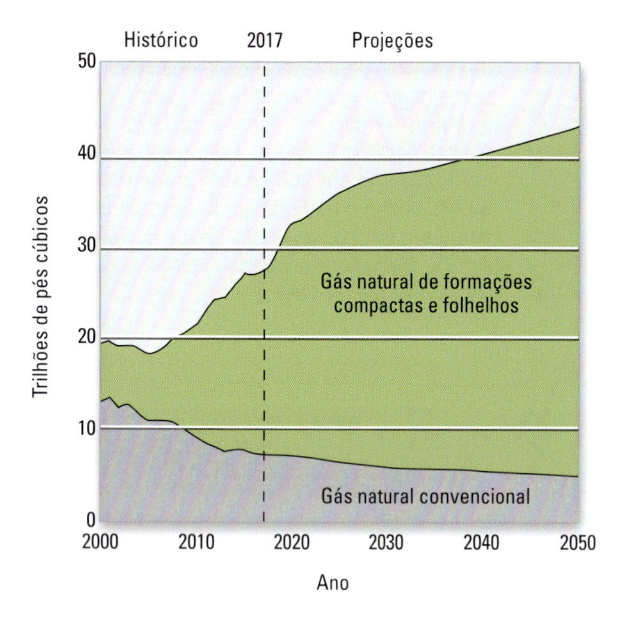

FIGURA 13.14 O gás natural produzido de folhelhos e outras formações compactas representa tipo de reservatório dois terços da produção de gás natural nos Estados Unidos, e espera-se que represente quase três quartos até 2040. [Dados de U.S. Energy Information Administration, 2017.]

Assim, trocar o carvão por gás natural, por exemplo, em usinas termelétricas, reduz o fator de emissão de carbono da produção de energia (ver Pratique um Exercício de Geologia no final desta seção). O gás natural é facilmente transportado através de gasodutos. Transportá-lo da fonte aos mercados pelos oceanos tem sido mais difícil. A construção de navios-petroleiros e portos que possam lidar com o gás natural liquefeito (GNL) está começando a resolver esse problema, embora os potenciais perigos (como o risco de uma grande explosão) tornem as instalações de GNL polêmicas nas comunidades onde estariam localizados.

O gás natural responde por uma porcentagem crescente do total de combustíveis fósseis consumidos anualmente nos Estados Unidos, cerca de 35% em 2017 (ver Figura 13.5). Mais de metade das residências americanas e a grande maioria dos estabelecimentos industriais e comerciais estão conectados a uma rede subterrânea de gasodutos, que trazem gás de campos dos Estados Unidos, do Canadá e do México. O crescimento do consumo de gás natural em relação ao petróleo (ver Figura 13.2) levou alguns observadores a prever que estamos em um período de transição, passando de uma "economia do petróleo" para uma "economia do metano".

Carvão

Há recursos enormes de carvão nas rochas sedimentares. Embora o carvão seja uma fonte de energia importante desde o final do século XIX, uma porcentagem muito baixa das reservas mundiais de carvão já foi utilizada. Segundo as melhores estimativas disponíveis, essas reservas representam 860 bilhões de toneladas de carvão, capazes de produzir 17.800 quad de energia mais do que qualquer outro combustível fóssil (ver Figura 13.7). Cerca de 85% dos recursos carboníferos mundiais estão concentrados na Federação Russa, na China e nos Estados Unidos; esses países são os maiores produtores mundiais de carvão. Os Estados Unidos têm os depósitos de carvão mais extensos do mundo (Figura 13.15) – o bastante para durar algumas centenas de anos, nas taxas de uso atuais (cerca de 800 milhões de toneladas por ano). Entre 1975, quando o preço do petróleo começou a disparar, até 2005, o carvão atendeu uma parcela crescente das necessidades energéticas do país, principalmente como combustível

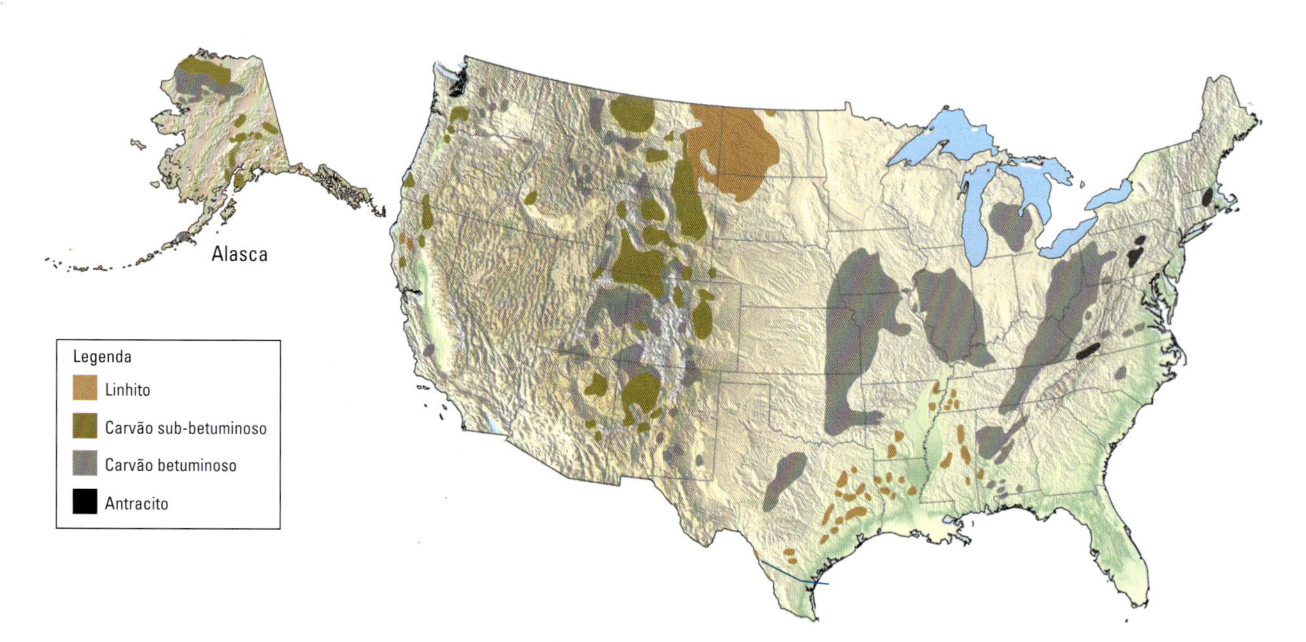

FIGURA 13.15 Recursos carboníferos dos Estados Unidos. Em 2017, as reservas de carvão dos EUA eram de 251 bilhões de toneladas, cerca de um quarto do total mundial. [U.S. Bureau of Mines.]

Jornal da Terra 13.1 Quando ficaremos sem petróleo?

Na taxa atual de produção, o mundo consumirá todas as suas reservas conhecidas de petróleo em cerca de 55 anos. Isso significa que ficaremos sem petróleo antes do final do século? Não, porque os recursos de petróleo são muito maiores do que suas reservas.

Na verdade, nunca "esgotaremos" o petróleo. À medida que os recursos diminuírem, os preços acabarão subindo tanto que não poderemos nos dar ao luxo de desperdiçar petróleo queimando-o como combustível. Seu uso principal será como matéria-prima para a produção de plásticos, fertilizantes e uma série de outros produtos petroquímicos. A indústria petroquímica já é um negócio imenso, consumindo 7% da produção global de petróleo. Conforme o geólogo Ken Deffeyes observou, gerações futuras provavelmente analisarão a Idade do Petróleo com uma ponta de descrença: "Eles queimaram petróleo? Todas aquelas adoráveis moléculas orgânicas, e eles queimaram tudo?".

A questão central não é quando o petróleo se esgotará, mas quando a produção de petróleo não irá mais subir e começará a entrar em declínio. Esse marco – o pico de Hubbert para a produção mundial de petróleo – é o verdadeiro divisor de águas; quando for atingido, a lacuna entre suprimento e demanda crescerá rapidamente, levando os preços do petróleo às alturas.

Afinal, estamos próximos do pico de Hubbert? A resposta a essa questão é assunto de intenso debate. O próprio Hubbert acreditava que a produção mundial de petróleo começaria a diminuir a partir do ano 2000. A produção por técnicas de recuperação convencionais no continente realmente atingiu seu máximo nessa época (2003) e diminuiu desde então. Entretanto, Hubbert e outros "pessimistas do petróleo" não levaram em conta o surgimento de novas tecnologias, como o fraturamento hidráulico e a perfuração marítima, que aumentaram significativamente as reservas globais de petróleo (ver Figura 13.12) e levaram a uma verdadeira renascença na produção americana de petróleo (ver Figura 13.13). Hoje, atingir o pico de Hubbert parece um risco econômico muito menor do que os efeitos ambientais nocivos da queima de combustíveis fósseis, especialmente o custo tremendo da poluição da atmosfera com dióxido de carbono e outros gases de efeito estufa.

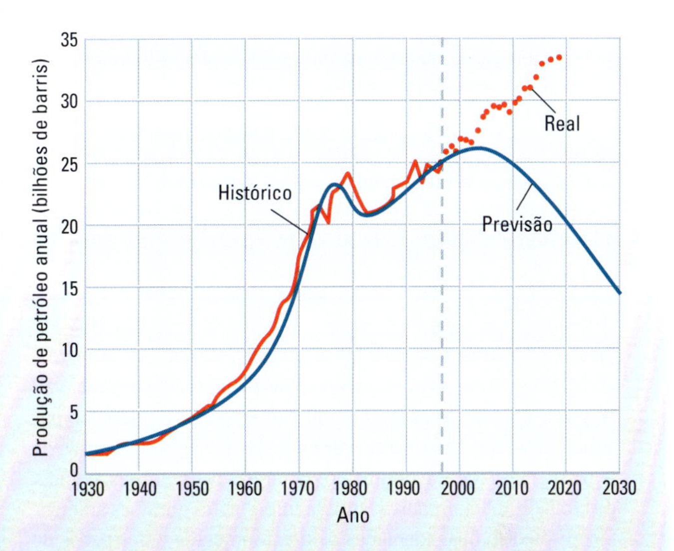

Com base em dados de 1996 (linha vermelha), o geólogo do petróleo Colin Campbell publicou uma previsão (linha azul) de que o pico de Hubbert da produção global de petróleo ocorreria no início da década de 2000. Na realidade, a produção real (pontos vermelhos) cresceu rapidamente, devido quase totalmente ao crescimento de recursos petrolíferos não convencionais, como o fraturamento hidráulico e a perfuração marítima. [Previsão de C. J. Campbell & J. H. Laherrère, *Scientific American*, March 1998; dados de *British Petroleum Statistical Review of World Energy 2018*.]

para a geração de eletricidade. Contudo, o uso de carvão tem diminuído radicalmente desde então, dado o aumento da produção de gás natural (ver Figura 13.2). Hoje, o carvão representa apenas cerca de 14% do consumo de energia dos EUA.

Outros recursos de hidrocarbonetos

Depósitos extensos de hidrocarbonetos ocorrem em duas outras formas: (1) camadas geradoras que são ricas em material orgânico, mas nunca atingem a janela do petróleo, e (2) formações que já contiveram petróleo, mas "secaram", perdendo muitos de seus componentes voláteis para formar petróleo pesado ou uma substância semelhante ao alcatrão, chamada de *betume natural* (não confundir com carvão betuminoso).

Um recurso de hidrocarboneto do primeiro tipo é o *folhelho betuminoso*, uma rocha sedimentar de grão fino e rica em argila, que contém grandes quantidades de matéria orgânica. Na década de 1970, os produtores de petróleo começaram a comercializar os extensos folhelhos betuminosos do oeste do Colorado e leste de Utah, mas tais esforços foram abandonados, em grande parte, nos anos 1980, à medida que caíam os preços do petróleo, aumentavam as preocupações com os danos ambientais e persistiam os problemas técnicos. Os métodos em uso exigem a mineração do folhelho betuminoso, que é esmagado e aquecido para a extração de "petróleo de xisto" (que não deve ser confundido com o "petróleo de formações fechadas", derivado do fraturamento hidráulico de camadas de folhelho e outras formações compactas). O processo é tão caro, consome tanta energia e produz tantos resíduos nocivos ao meio ambiente que a produção comercial de petróleo de xisto ainda não é viável. Contudo, novas técnicas, como a produção de petróleo de xisto pelo aquecimento de formações rochosas *in situ*, podem alterar o cálculo econômico. As consequências para os recursos seriam significativas, pois a quantidade total de petróleo potencialmente recuperável de depósitos de folhelho betuminoso conhecidos é de cerca de três trilhões de barris, o dobro das reservas de petróleo convencional.

Estima-se que um depósito do segundo tipo, as *areias betuminosas* de Alberta, no Canadá, contenha uma reserva de hidrocarbonetos equivalente a 170 bilhões de barris de petróleo e um

PRATIQUE UM EXERCÍCIO DE GEOLOGIA

O fator de emissão de carbono resultante da queima de combustíveis fósseis

O fator de emissão de carbono de um combustível é definido como a massa de carbono emitida na forma de CO_2 por unidade de energia útil produzida pela queima do combustível. A quantidade de carbono emitida por um determinado tipo de combustível fóssil é uma fração fixa da sua massa. Por exemplo, a queima do metano é representada pela seguinte equação química:

$$CH_4 + 2O_2 = CO_2 + 2H_2O + \text{energia térmica}$$

A quantidade de carbono (massa atômica 12) emitida pela queima de 1 gigatonelada (10^{12} kg) de metano (massa atômica 16) é 1 Gt × 12/16 = 0,75 Gt de carbono. Também podemos medir a energia térmica liberada durante a reação, que é de 52 quad por gigatonelada de metano. O fator de emissão de carbono resultante da queima de metano é a razão entre essas duas quantidades:

$$\text{Fator de emissão de carbono} = \frac{\text{carbono emitido}}{\text{energia produzida}}$$

$$= \frac{0{,}75\ \text{Gt}}{52\ \text{quad}} = 0{,}014\ \text{Gt/quad}$$

Os fatores de emissão de carbono de outros combustíveis fósseis são 0,020 Gt/quad para o óleo cru e 0,025 para o carvão, como resume o seguinte gráfico:

recurso total provavelmente 10 vezes maior do que esse número – comparável às reservas mundiais totais de petróleo convencional (Figura 13.16). Mais de 900 milhões de barris de petróleo por ano estão sendo atualmente extraídos das areias betuminosas de Alberta, mas o desenvolvimento das areias betuminosas, como a dos folhelhos betuminosos, suscita importantes questões ambientais. É preciso duas toneladas de areia minerada e três barris de água para produzir um barril de petróleo, deixando grande quantidade de areia e água residuais, que são poluentes ambientais. Além disso, a produção de petróleo a partir das areias betuminosas é um processo ineficiente que consome até dois terços da energia que geram e seu fator de emissão de carbono é significativamente maior do que a da produção convencional de petróleo.

Os custos ambientais da extração de combustíveis fósseis

Embora a poluição da atmosfera com gases de efeito estufa seja o problema ambiental mais grave associado ao uso de combustíveis fósseis, o processo de extração em si de um combustível fóssil da litosfera também pode ter fortes efeitos nocivos no meio ambiente. Ilustraremos os problemas com alguns exemplos.

Carvão Existem vários problemas com a extração e o uso do carvão que o tornam menos desejável que o petróleo ou o gás. A mineração subterrânea do carvão é uma profissão perigosa; na China, mais de 2.000 mineradores são mortos por ano. Muitos outros sofrem de antracose ("pulmão negro"), que é uma inflamação debilitante desse órgão, causada pela inalação de partículas de carvão. A "mineiração em tiras" a céu aberto, em que o solo e os sedimentos superficiais são retirados até alcançar as camadas de carvão, é mais segura para os mineradores, mas pode devastar a paisagem se o solo não for recomposto. Um tipo particularmente destrutivo de mineração superficial, agora comum nos Apalaches do leste dos Estados Unidos, é a "remoção de montanhas", na qual até 300 metros verticais do cume de uma montanha são explodidos para expor camadas de carvão sotopostas (Figura 13.17). A rocha e o solo em excesso são despejados nos vales próximos.

FIGURA 13.16 A mineração a céu aberto das areias betuminosas de Athabasca, em Alberta, Canadá, produz, hoje, mais de 900 milhões de barris de petróleo por ano. [dan_prat/Getty Images.]

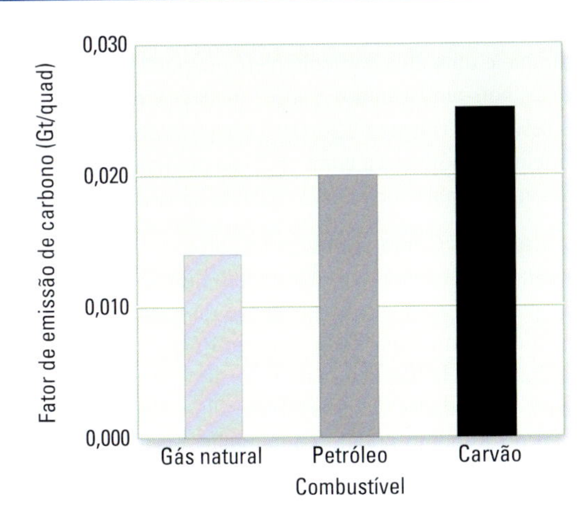

Vemos que o petróleo emite 40% mais carbono por unidade de energia do que o gás natural, enquanto o carvão emite 70% mais. Assim, transformar as usinas termelétricas a carvão por usinas a gás natural reduziria significativamente as emissões de CO_2 na atmosfera.

Outras medidas do fator de emissão de carbono podem ser derivadas desses valores. Por exemplo, de acordo com a Figura 13.5, a combinação de combustíveis usados para gerar energia elétrica nos Estados Unidos produz 38 quad de energia e emite 0,57 Gt de carbono, resultando em um fator de emissão de carbono combinado de 0,015 Gt/quad. Observe que o valor é apenas ligeiramente maior do que o do gás natural, o combustível fóssil com menor fator de emissão de carbono de todos, apesar de o sistema energético dos EUA usar quantidades comparáveis de petróleo e carvão. Por quê? Porque as fontes de energia alternativas, com baixíssimos fatores de emissão de carbono (nuclear, hidrelétrica, eólica e solar) também contribuem significativamente para a produção de energia.

PROBLEMA EXTRA: Usando os dados da Figura 13.5 e pressupondo que apenas os combustíveis fósseis produzem dióxido de carbono, calcule o fator de emissão de carbono de cada tipo de combustível fóssil do sistema energético dos Estados Unidos.

O carvão é um combustível notoriamente sujo. Além de seu alto fator de emissão de carbono, a maioria dos carvões também contém quantidades consideráveis de pirita, que é liberada na atmosfera na forma de gases nocivos contendo enxofre durante a combustão do carvão. O *smog* e a chuva ácida, que se forma quando esses gases se combinam, estão se tornando problemas sérios em alguns países, especialmente a China. As normas federais dos Estados Unidos atualmente requerem que tecnologias para a queima "limpa" do carvão sejam adotadas reduzindo as emissões de enxofre e de químicos tóxicos. A lei obriga a recomposição do terreno prejudicado pela mineração superficial e a redução dos riscos a que são submetidos os mineiros. Essas medidas são caras e aumentam o custo do carvão, o que explica, em parte, por que o carvão diminuiu significativamente enquanto componente do mix energético dos Estados Unidos (ver Figura 13.2).

Petróleo Em 20 de abril de 2010, uma explosão a bordo da plataforma de petróleo *Deepwater Horizon* matou 11 pessoas

FIGURA 13.17 Mineração de carvão por remoção das montanhas nos Apalaches, Virgínia do Oeste (EUA). [Rob Perks, Natural Resources Defense Council.]

e feriu outras 17. O incidente levou ao maior derramamento de petróleo em águas marinhas da história, lançando 5 milhões de barris de óleo cru no Golfo do México durante os três meses seguintes (**Figura 13.18**). O derramamento causou danos ambientais significativos ao longo da Costa do Golfo.

Esse acidente, como os derramamentos infames na costa da Península de Iucatã em 1979 e em Santa Barbara em 1969, reacenderam o longo e acirrado debate sobre a permissão para perfurações de petróleo no Refúgio Nacional da Vida Selvagem do Ártico*, na planície costeira do norte do Alasca. Os recursos totais do Refúgio ainda não foram totalmente avaliados, mas podem chegar até 80 bilhões de barris de petróleo. O Serviço Geológico dos EUA estima que, se os preços do petróleo estiverem altos o bastante e as restrições ambientais foram afrouxadas, 6 a 16 bilhões de barris de petróleo poderiam ser produzidos economicamente usando tecnologias atuais. Não restam dúvidas de que esses recursos contribuiriam para a economia nacional. Porém, a produção de petróleo e de gás requer a construção de estradas, oleodutos e habitações em um ambiente ecológico muito frágil, que é uma área particularmente importante para a criação de alces, bois-almiscarados, gansos-da-neve e muitos outros animais selvagens (**Figura 13.19**). As autoridades devem pesar os benefícios econômicos a curto prazo da perfuração e as possíveis perdas ambientais a longo prazo quando tomarem essa decisão.

*N. de R.T.: Em inglês, Arctic National Wildlife Refuge.

Gás natural Como vimos, as tecnologias de perfuração horizontal direcionada e de fraturamento hidráulico contribuíram para o recente aumento na produção de gás natural nos Estados Unidos. Entretanto, os custos ambientais associados com o fraturamento hidráulico podem ser altos, pois o processo usa grandes quantidades de água e os resíduos da produção de gás natural do folhelho podem contaminar o suprimento de água local. Além disso, a eliminação das águas residuais e produtos

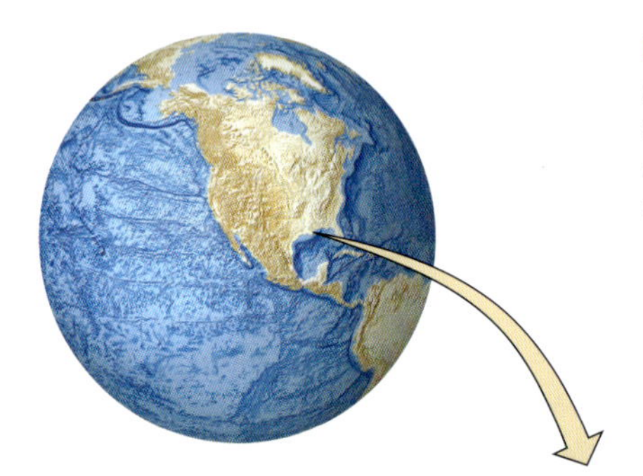

FIGURA 13.18 (a) Mancha de petróleo no Golfo do México identificada por imagem do satélite do programa Terra, da NASA, em 24 de maio de 2010, 34 dias após a explosão da plataforma *Deepwater Horizon*. (b) O petróleo derramado pela explosão dessa plataforma prejudicou a fauna ao longo da Costa do Golfo. [a: Michon Scott/NASA Earth Observatory/Goddard Space Flight Center; b: AP Photo/Bill Haber.]

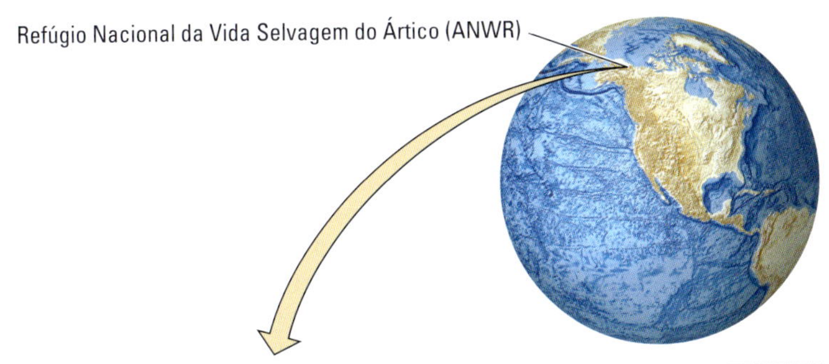

FIGURA 13.19 Manada de caribus no Refúgio Nacional da Vida Selvagem do Ártico (ANWR – Arctic National Wildlife Refuge). Há uma forte controvérsia em torno de propostas de perfuração de poços de petróleo e gás natural nessa área natural. [Prisma by Dukas Presseagentur GmbH/ Alamy.]

químicos usados no fraturamento hidráulico e em outros métodos de recuperação não convencionais muitas vezes baseia-se na injeção desses fluidos em poços profundos, o que lubrifica falhas antigas na crosta terrestre e causa terremotos. A prática aumentou a atividade sísmica em muitas regiões dos EUA cuja sismicidade é historicamente baixa, como os estados de Oklahoma, Texas e Ohio (ver Jornal da Terra 10.2).

Recursos energéticos alternativos

Os combustíveis fósseis representam 81% da produção energética primária mundial, aproximadamente a mesma fração que nos Estados Unidos (**Figura 13.20**). Os dados da seção anterior demonstram que temos recursos de combustíveis fósseis suficientes para alimentar a civilização pelas próximas décadas, talvez até por séculos. Ainda assim, é cada vez mais evidente que a nossa sociedade não pode se dar ao luxo de continuar a depender de combustíveis fósseis, pois estamos sobrecarregando a atmosfera com dióxido de carbono. A seguir, exploramos as fontes de energias alternativas que têm o maior potencial de substituir os combustíveis fósseis e avaliaremos os fatores que ajudam e atrapalham o progresso na direção de um sistema energético "descarbonizado".

Energia nuclear

A primeira utilização do isótopo radioativo do urânio-235 foi em uma bomba atômica, em 1944. Entretanto, os físicos nucleares, ao observarem pela primeira vez a vasta quantidade de

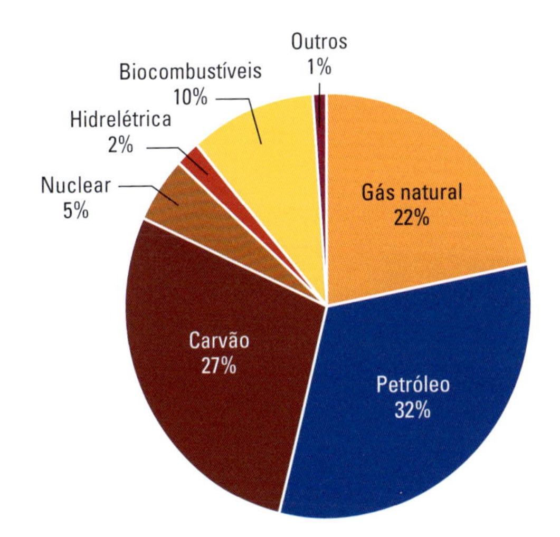

FIGURA 13.20 Distribuição da produção mundial de energia primária por fonte. Em 2017, a produção de energia total foi de 536 quad. [Dados da Agência Internacional de Energia, 2018.]

energia liberada pela divisão espontânea do núcleo do urânio (um fenômeno chamado de *fissão*), previram a possibilidade de aplicações pacíficas dessa fonte de energia. Após a Segunda Guerra Mundial, muitos países construíram reatores nucleares para produzir **energia nuclear**. Nesses reatores, a fissão do urânio-235 libera calor para produzir vapor, que, então, move as turbinas para gerar eletricidade. Um reator comercial típico produz cerca de 1.000 megawatts de eletricidade (1 megawatt = 1 milhão de watts). Grandes instalações nucleares podem ter vários reatores (Figura 13.21).

A energia nuclear fornece uma fração considerável da energia elétrica usada por alguns países, como a França (72% em 2017), a Eslováquia (54%) e a Suécia (40%), mas essa proporção é muito menor nos Estados Unidos. No geral, os 100 reatores nucleares deste país produzem 20% da eletricidade americana, o que representa cerca de 8,6% da sua demanda total de energia (ver Figura 13.5). Em nível mundial, essa fração é de apenas 4,5%.

Reservas de urânio O urânio é um elemento extremamente raro na Terra, mas a fusão de rochas mantélicas e crustais tende a concentrá-lo na crosta superior, onde é 50 vezes mais comum do que a prata e 1.800 vezes mais comum do que o ouro. Concentrações mineráveis são encontradas na forma de pequenas quantidades do mineral uraninita, um óxido de urânio (UO_2, também denominado de pechblenda) em veios de granitos e de outras rochas ígneas félsicas. O urânio é altamente solúvel em águas subterrâneas e pode ser precipitado na forma de uraninita em rochas sedimentares. Minérios de urânio de alto grau contêm vários pontos percentuais de urânio. Em sua forma nativa, o isótopo de urânio-235 representa apenas uma pequena proporção do metal (cerca de 0,7%). O isótopo de urânio-238, muito mais abundante, não é radioativo o suficiente para ser usado como combustível nuclear. As reservas comprovadas de urânio, que totalizam cerca de 5,9 megatoneladas em todo o mundo, correspondem a cerca de 3.200 quad de energia nuclear, o suficiente para alimentar todas as usinas nucleares existentes por 90 anos.

A energia nuclear poderia ser usada para reduzir as emissões globais de carbono? Os recursos de urânio totais são muito maiores do que as reservas, obviamente, e muitos especialistas em energia acreditam que a aceleração do desenvolvimento desses recursos poderia fornecer ao mundo energia nuclear suficiente para reduzir as emissões de carbono. Os reatores nucleares não lançam gases do efeito estufa na atmosfera – o fator de emissão de carbono da queima de combustível nuclear é, basicamente, zero. Não é exatamente zero quando consideramos o seu "ciclo de energia" completo, pois ainda é preciso gastar alguma energia de combustíveis fósseis (p. ex., na operação de veículos a diesel) para construir, operar e descomissionar usinas nucleares e para transportar a energia nuclear da usina ao local onde será utilizada. Quando levamos esse consumo de combustíveis fósseis em consideração, descobrimos que o fator de emissão de carbono na geração de eletricidade por energia nuclear equivale a apenas 3% do fator de emissão gás natural, que é o combustível fóssil mais limpo.

Em janeiro de 2019, havia 450 usinas nucleares no mundo todo, que representavam 11% da geração de eletricidade global, e cerca de 60 outras em construção, incluindo duas nos Estados Unidos. Um programa emergencial para construir centenas de usinas nas próximas décadas poderia reduzir as emissões de carbono globais em um bilhão de toneladas por ano, uma possibilidade que consideraremos em mais detalhes no próximo capítulo. Um programa com essas características é improvável, no entanto, dada a ansiedade que os perigos nucleares causam na sociedade.

Riscos da energia nuclear As maiores desvantagens da energia nuclear são preocupações com a segurança dos reatores

FIGURA 13.21 A instalação japonesa de Kashiwazaki-Kariwa é a maior usina nuclear do mundo, com sete reatores e uma capacidade total de geração que excede 8.200 megawatts. Ela foi completamente paralisada após ser danificada por um terremoto intenso (6,6 de magnitude) que atingiu a região em 16 de julho de 2007, e novamente depois que o grande terremoto de Tohoku (magnitude 9,0) causou danos graves à usina nuclear de Fukushima Daiichi, em 11 de março de 2011. A reativação de dois reatores estava agendada para 2019. [STR/AFP/Getty Images.]

nucleares, o risco de contaminação ambiental com material radioativo e o potencial uso de combustíveis radioativos para a criação de armas nucleares.

Nos Estados Unidos, danos ao reator de Three Mile Island, na Pensilvânia (EUA), em 1979, produziram a emissão de detritos radioativos. Embora ninguém tenha sido ferido, muitos especialistas concordam que foi uma situação limite. Muito mais séria foi a destruição do reator nuclear da cidade de Chernobyl, na Ucrânia, em 1986. O reator ficou fora de controle por causa de erro de projeto e de erro humano. Trinta e uma pessoas morreram e a pluma com detritos radiativos foi carregada pelos ventos até a Escandinávia e a Europa Ocidental. A contaminação do solo e das construções tornou centenas de quilômetros quadrados da região em torno de Chernobyl inabitáveis. Estoques de alimentos em muitos países foram comprometidos pela deposição de contaminantes e tiveram de ser destruídos. O número de mortes decorrentes de câncer provocado pela exposição ao material precipitado pode ser da ordem de milhares.

Um segundo desastre ocorreu quando o tsunâmi do grande terremoto de Tohoku, de 11 de março de 2011, inundou a usina nuclear de Fukushima Daiichi, na costa nordeste da ilha de Honshu, no Japão (ver Figura 10.31). Os reatores foram desativados, de acordo com o projeto, mas o tsunâmi destruiu os geradores substitutos a diesel, o que cortou a energia para as bombas de água que deveriam resfriá-los. Três dos seis reatores sofreram derretimentos completos ou parciais e explosões de gás hidrogênio gerados durante os derretimentos destruíram os prédios de contenção dos reatores, lançando detritos radioativos na atmosfera. A água borrifada para resfriar os reatores danificados levou materiais radioativos para o oceano. Os materiais radioativos desses reatores ainda estão vazando para o meio ambiente.

O urânio consumido nos reatores nucleares produz muitos rejeitos radiativos perigosos. Um sistema seguro de armazenagem de rejeitos por períodos longos ainda não está disponível, e os rejeitos de reatores estão sendo mantidos em depósitos temporários, nos locais onde se situam os reatores. É uma prática perigosa; varetas usadas de combustível, armazenadas no local, contribuíram para os detritos radioativos em Fukushima. Muitos cientistas acreditam que a contenção geológica – enterramento de rejeitos nucleares em formações rochosas impermeáveis, profundas e estáveis – seria uma forma de armazenamento segura para as centenas de milhares de anos necessárias até o decaimento do material. A França e a Suécia construíram depósitos de rejeitos nucleares subterrâneos. Um depósito nacional, o Repositório de Resíduo Nuclear da Montanha Yucca, estava sendo desenvolvido nos Estados Unidos, no campo de testes de armas nucleares no estado de Nevada (**Figura 13.22**), mas a oposição local levou o governo americano a cancelar o financiamento do projeto em 2011. No momento, os Estados Unidos não têm planos de longo prazo para o descarte de resíduos nucleares.

Biocombustíveis

Antes da Revolução Industrial movida a carvão do século XIX, a queima de madeira e outras biomassas derivadas de animais e vegetais satisfazia a maior parte das necessidades energéticas da sociedade. Mesmo hoje, a queima de biomassa contribui com mais de 10% do uso de energia global, superando o total derivado de todos os outros recursos renováveis (ver Figura 13.20). A biomassa é uma alternativa atraente para os combustíveis fósseis porque, pelo menos em princípio, é *neutra em carbono*; ou seja, o CO_2 produzido pela combustão de biomassa é, por fim, retirado da atmosfera pela fotossíntese vegetal e usado para produzir nova biomassa.

FIGURA 13.22 Visão aérea da entrada norte do Depósito de Resíduo Nuclear da Montanha Yucca, desenvolvido no local de testes de Nevada, ao norte de Las Vegas. A Montanha Yucca é a cordilheira alta à direita da entrada. O governo federal dos EUA interrompeu o financiamento do projeto em 2011. [Departamento de Energia dos Estados Unidos.]

Os **biocombustíveis** líquidos derivados da biomassa, como o *etanol* (álcool etílico: C_2H_6O), poderiam substituir a gasolina como sendo nosso principal combustível para automóveis. O uso de biocombustíveis no transporte não é nada novo. O primeiro motor de combustão interna de quatro tempos, inventado por Nikolaus Otto em 1876, era movido a etanol, e o motor a diesel original, patenteado por Rudolf Diesel em 1898, usava óleo vegetal como combustível. O Ford Modelo T, de Henry Ford, produzido pela primeira vez em 1903, foi projetado para operar com etanol. Porém, logo após, o petróleo das novas reservas descobertas na Pensilvânia e no Texas tornou-se amplamente disponível, e os carros e caminhões foram convertidos quase inteiramente para gasolina à base de petróleo e combustível diesel.

O etanol pode ser misturado com a gasolina para abastecer a maioria dos motores de carros construídos atualmente. Ele é produzido principalmente do milho, nos Estados Unidos, e da cana-de-açúcar, no Brasil. Nos últimos 35 anos, o governo brasileiro tem se esforçado para substituir o petróleo importado pelo etanol nacional; em 2017, cerca de 90% dos combustíveis de automóveis brasileiros eram "combustíveis flex", uma combinação de gasolina e etanol, normalmente 70% mais barata do que a gasolina. O Brasil e os Estados Unidos representam 85% da produção mundial de biocombustíveis.

Uma fonte promissora de biomassa é o painço-perene (*Panicum virgatum*), uma planta perene nativa das Planícies Centrais (**Figura 13.23**). O painço-perene tem o potencial de produzir até 3.800 litros de etanol por acre anualmente, comparado com 2.500 litros para a cana-de-açúcar e 1.500 litros para

FIGURA 13.23 Painço-perene (em inglês, *switchgrass*), uma planta perene nativa das Planícies Centrais, é uma fonte eficiente de etanol, o biocombustível mais popular. Aqui, o geneticista Michael Casler colhe sementes de painço-perene como parte de um programa de cultivo para aumentar a produção de etanol da planta. [Wolfgang Hoffmann/USDA.]

o milho, e pode ser cultivada em campos abertos de pouca utilidade para outros tipos de agricultura. No entanto, a produção de biocombustível concorre com a produção de alimentos, isto é, o aumento daquele eleva o preço deste, o que reduz os benefícios econômicos dos biocombustíveis.

Quais são os benefícios ambientais dos biocombustíveis? Eles são mesmo neutros em carbono? Como vimos para a energia nuclear, a intensidade de carbono dos biocombustíveis não é zero quando consideramos o ciclo de energia completo, pois a energia utilizada para fertilizar plantas, transformá-las em biocombustíveis e levar os biocombustíveis ao mercado vêm principalmente dos combustíveis fósseis. Além disso, o pressuposto básico da neutralidade de carbono – de que todo o carbono emitido na atmosfera pela queima de biocombustíveis voltará para a biosfera com o tempo – não é verdadeiro. Cerca de um quarto do dióxido de carbono emitido na atmosfera pela queima de todo e qualquer tipo de combustível é absorvido pelos oceanos, o que aumenta o problema da acidificação oceânica (ver Pratique um Exercício de Geologia no Capítulo 12). O uso disseminado de biocombustíveis para o transporte, sem dúvida, reduziria o bombeamento de carbono da litosfera para a atmosfera, mas os especialistas ainda estão discutindo sobre a magnitude dessa redução.

Energia hidrelétrica

Cerca de 2,4% da produção de energia global vem da **energia hidrelétrica**, derivada da água que, ao escorrer devido à força da gravidade, movimenta as turbinas elétricas. Em geral, os reservatórios artificiais das barragens fornecem a água necessária. A energia hidrelétrica é uma fonte de energia renovável e, em última análise, vem do Sol, cuja energia move o sistema do clima e produz precipitação. Além disso, a energia hidrelétrica é relativamente limpa, isenta de riscos e barata.

A Barragem das Três Gargantas, no rio Yang-Tsé na China (**Figura 13.24**), é a maior instalação hidrelétrica do mundo. Ela é capaz de gerar 22.500 megawatts – quase 5% da demanda total de eletricidade da China. Entretanto, o projeto é polêmico, pois a barragem do Yang-Tsé causou inundações que deslocaram mais de um milhão de pessoas.

Nos Estados Unidos, as hidrelétricas fornecem cerca de 2,7 quad anuais, uma parcela pequena, mas de grande importância local, do consumo anual de energia do país. O estado de Washington é o maior produtor americano, sendo que quase 90% da sua eletricidade vem da energia hidrelétrica.

O Departamento de Energia dos Estados Unidos identificou mais de cinco mil locais onde novas hidrelétricas poderiam ser construídas e operadas de modo econômico. Entretanto, a expansão significativa da atual capacidade seria objeto de resistência, pois inundaria terras de fazendas e áreas de conservação da natureza sob os reservatórios das barragens, adicionando apenas uma pequena fração de energia para a demanda dos Estados Unidos. Por esse motivo, a maioria dos especialistas em energia espera que a proporção da energia daquele país produzida por energia hidrelétrica, na verdade, diminuirá no futuro.

Energia eólica

A energia eólica é produzida por moinhos de vento que movem geradores elétricos. Atualmente, a geração de eletricidade por turbinas eólicas de alta eficiência é uma fonte de energia renovável com altos índices de crescimento; a produção global aumenta a 17% ao ano. Parques eólicos com centenas de turbinas podem produzir tanta eletricidade quanto uma usina nuclear de médio porte (**Figura 13.25**). A Dinamarca é a líder mundial na geração de energia eólica, sendo que mais de 40% da sua energia elétrica hoje é produzida pelo vento. Nos Estados Unidos, a eletricidade de fontes eólicas triplicou entre 2008 e 2018, e atualmente representa pouco mais de 6% de toda a energia elétrica gerada no país.

O Departamento de Energia dos Estados Unidos estima que sopram ventos suficientes para a geração de energia em 6% da área terrestre do país continental, e que tais ventos têm o potencial de fornecer mais de 1,5 vezes a atual demanda nacional de

FIGURA 13.24 A Barragem das Três Gargantas, no Rio Yang-Tsé, na China, tem cerca de 2.335 m de extensão e 185 m de altura. Seus 32 geradores são capazes de produzir 22.500 megawatts de energia hidrelétrica. [AP photo/Xinhua Photo, Xia Lin.]

eletricidade. Porém, a coleta dessa energia exigiria a colocação de milhões de moinhos de 100 metros de altura em centenas de milhares de quilômetros quadrados de terra. As mudanças na paisagem necessárias para a instalação de parques eólicos industriais, além do ruído de baixa frequência gerado pelas turbinas, transformaram a escolha do local para novas instalações em uma questão ambiental controversa em algumas regiões.

A energia solar

Os fãs da energia solar gostam de lembrar que "a cada hora, a Terra recebe do Sol mais energia do que a civilização usa no ano todo". A **energia solar** é o melhor exemplo de um recurso que não se esgota com o uso: o Sol ainda continuará a brilhar por vários bilhões de anos. Embora o uso de energia solar para aquecer água para residências, indústrias e agricultura seja economicamente lucrativa com as tecnologias existentes, os métodos para a conversão de energia solar em eletricidade em larga escala permanecem caros e ineficientes. Ainda assim, a geração de eletricidade por energia solar está aumentando rapidamente à medida que grandes usinas são construídas em resposta às demandas do eleitorado e subsídios governamentais. O sistema de geração de energia solar de Ivanpah, no Deserto de Mojave, na Califórnia (EUA), comissionado em 2013, é o maior do mundo, com capacidade para produzir até 392 megawatts de eletricidade (Figura 13.26).

A energia solar é uma fração minúscula da produção de energia global (0,2%), mas sua taxa de crescimento de 23% anuais é maior do que a de qualquer outra fonte de energia. No Reino Unido, um país que não é famoso pelos céus ensolarados, a energia solar superou a eletricidade gerada por usinas termelétricas pela primeira vez em 2016. Nos Estados Unidos, a produção de energia solar quadruplicou em 5 anos, passando de 0,2 quad em 2012 para quase 0,8 quad em 2017. As projeções otimistas são de que a conversão solar global poderia chegar a 12 quad por ano na próxima década, o que representaria cerca de 2% da produção energética total.

FIGURA 13.25 A fotografia, tirada em 20 de fevereiro de 2012, mostra a cena de moinhos de vento no parque eólico de Jinshan, na província de Gansu, no noroeste da China. A capacidade instalada dos aerogeradores ligados à rede de energia elétrica da China já chega a 53 milhões de quilowatts. A China ultrapassou os Estados Unidos e tornou-se a maior produtora de energia eólica do mundo. [Ma Xiaowei/Xinhua News Agency/eyevine/Redux.]

FIGURA 13.26 O sistema de geração de energia solar de Ivanpah, no Deserto de Mojave, Califórnia (EUA), comissionado em 2013, é o maior do mundo. Mais de 170.000 espelhos focam a luz do sol em três torres cheias de água, produzindo vapor que gira turbinas e gera até 392 megawatts de eletricidade. [Gilles Mingasson/GettyImages for Bechtel.]

A energia geotérmica

O calor interno da Terra pode ser explorado como fonte de *energia geotérmica*, conforme descrito no Capítulo 12. Segundo uma estimativa islandesa, até 40 quad de eletricidade poderiam ser gerados por ano a partir de fontes acessíveis de energia geotérmica, mas até então apenas uma fração minúscula desse valor, cerca de 0,3 quad por ano, está sendo, de fato, gerada. Outro 0,3 quad de energia geotérmica é usado para aquecimento direto. Pelo menos 46 países utilizam, hoje, alguma forma de energia geotérmica.

Embora seja improvável que a energia geotérmica substitua o petróleo como fonte principal de energia, ela pode ajudar a atender as demandas energéticas de uma economia pós-carbono. Da mesma forma que as outras fontes de energia, a energia geotérmica pode causar alguns problemas ambientais: pode ocorrer subsidência regional se a água quente for retirada sem ser substituída; as águas geotérmicas aquecidas podem conter sais e materiais tóxicos dissolvidos das rochas quentes; e assim como no caso do fraturamento hidráulico, o descarte dessas águas residuais por reinjeção na crosta pode provocar terremotos.

Nosso futuro energético

À medida que a população humana continua a crescer e os padrões de vida melhoram, a necessidade por mais energia da civilização continuará a aumentar. De acordo com estimativas do Departamento de Informações sobre Energia dos EUA, 70% do aumento da demanda de energia nas próximas décadas virá dos países em desenvolvimento. O consumo de combustíveis fósseis continuará a crescer, mas a expansão das fontes alternativas de energia será ainda mais rápida (**Figura 13.27**).

- O percentual de combustíveis fósseis no suprimento de energia mundial diminuirá apenas ligeiramente, de 81% em 2017 para 78% em 2040.
- O petróleo continuará a ser a maior fonte de energia, com participação caindo de 33% em 2017 para 30% em 2040.
- Entre os combustíveis fósseis, o consumo de carvão terá o crescimento mais lento e o gás natural, o mais rápido.
- O uso de energia nuclear aumentará mais rapidamente do que o de combustíveis fósseis.
- A energia renovável continuará a ser a fonte de energia com crescimento mais rápido em todo mundo, a uma taxa média de 2,6% ao ano.

Eventos inesperados (como conflitos militares globais) e avanços tecnológicos (novos métodos de geração de energia) significam que não podemos ter certeza sobre essas projeções, mas elas indicam que a civilização continuará a bombear carbono da litosfera para a atmosfera em altíssimas velocidades. Os possíveis efeitos no sistema do clima e na biosfera serão o tema do próximo capítulo.

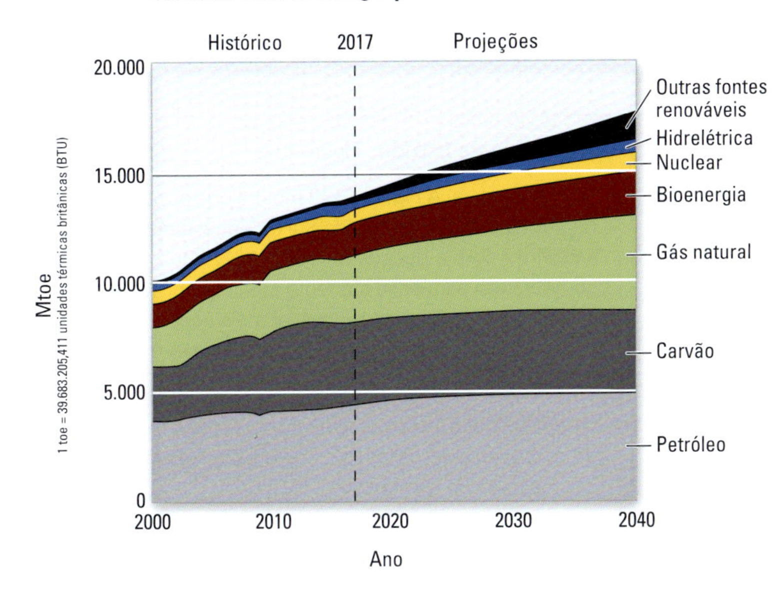

FIGURA 13.27 Consumo de energia mundial por fonte, 2000–2040. Os valores além de 2017 são projeções baseadas em estimativas de crescimento econômico e populacional. [Dados da Agência Internacional de Energia, 2018.]

CONCEITOS E TERMOS-CHAVE

armadilha de petróleo (p. 372)
biocombustível (p. 383)
carvão (p. 371)
combustível fóssil (p. 368)
economia dos hidrocarbonetos (p. 369)
energia eólica (p. 384)
energia hidrelétrica (p. 384)
energia nuclear (p. 382)
energia solar (p. 385)
fator de emissão de carbono (p. 369)
formação fechada (p. 373)
fraturamento hidráulico (*fracking*) (p. 373)
gás natural (p. 372)
hidrocarboneto (p. 367)
janela do petróleo (p. 372)
perfuração horizontal (p. 373)
petróleo (p. 372)
pico de Hubbert (p. 375)
quad (p. 369)
recurso não renovável (p. 368)
recurso renovável (p. 367)
recursos energéticos (p. 367)
reserva (p. 368)

REVISÃO DOS OBJETIVOS DE APRENDIZAGEM

13.1 Explicar como o impacto da civilização no sistema Terra a qualifica como um geossistema global.

A sociedade humana controla os meios de produção de energia em escala global e agora compete com os sistemas da tectônica de placas e do clima para modificar o ambiente da superfície terrestre. A maior parte da energia utilizada pela civilização humana atualmente vem dos combustíveis de hidrocarbonetos. A ascensão da economia dos hidrocarbonetos alterou seu ciclo natural, criando um novo e enorme fluxo de carbono da litosfera para a atmosfera. Se esse fluxo continuar sem interrupção, as concentrações de CO_2 na atmosfera irão duplicar por volta da metade do século XXI.

Atividade de Estudo: Revisar a seção *Crescimento e impacto da civilização.*

Exercício: Liste três fatos que mostram como a civilização compete com a tectônica de placas e com o sistema do clima na modificação da paisagem.

Questões para Pensar: (a) De que modo a civilização é fundamentalmente diferente dos geossistemas naturais que estudamos neste livro? (b) Na sua opinião, que fatores mais influenciarão o crescimento populacional humano durante o próximo século?

13.2 Categorizar nossos recursos naturais como renováveis e não renováveis e diferenciar reservas de energia de recursos energéticos.

Os recursos naturais podem ser classificados como renováveis ou não renováveis, dependendo se são reabastecidos por processos geológicos e biológicos a taxas comparáveis às taxas com que os consumimos. As reservas são os suprimentos conhecidos de recursos naturais que podem ser explorados economicamente sob as condições atuais.

Atividade de Estudo: Figura 13.3

Exercícios: (a) A Figura 13.12 mostra que as reservas de petróleo nas Américas do Sul e Central quase triplicaram durante a década de 2007–2017. Que fatores contribuíram para esse aumento tão intenso? (b) Qual recurso energético não renovável mais contribui para a produção de energia dos EUA na atualidade? E qual recurso energético renovável?

Questão para Pensar: Quanto os nossos recursos de combustíveis fósseis são maiores do que as nossas reservas de combustíveis fósseis?

13.3 Entender os processos geológicos que formam combustíveis fósseis e a energia disponível nas suas reservas.

O carvão é formado pelo soterramento, compressão e diagênese da vegetação de pântanos. Mais compressão e aquecimento de camadas de carvão geralmente aumentam o conteúdo energético do carvão. O petróleo e o gás natural formam-se a partir da matéria orgânica depositada em sedimentos marinhos pobres em oxigênio, tipicamente em águas marinhas costeiras. Os materiais orgânicos são soterrados à medida que aumenta a espessura das camadas sedimentares. Sob calor e alta pressão, a matéria orgânica soterrada é transformada em hidrocarbonetos líquidos e gasosos. O petróleo e o gás acumulam-se em estruturas geológicas chamadas de armadilhas geológicas, que confinam os fluidos dentro de barreiras impermeáveis. Os recursos de hidrocarbonetos também incluem folhelhos betuminosos, ricos em material orgânico, mas que nunca chegaram à janela do petróleo; e areias betuminosas, que contiveram petróleo no passado, mas que perderam a maior parte dos seus componentes voláteis desde então. Estima-se que a energia disponível das reservas comprovadas de combustíveis fósseis seja de cerca de 53.000 quad; à taxas atuais de consumo de energia, seria o suficiente para, pelo menos, mais um século de uso pela civilização.

Atividades de Estudo: Figuras 13.9 e 13.10

Exercícios: (a) Quais são os pré-requisitos para que as armadilhas de petróleo contenham esse combustível fóssil? (b) Um programa agressivo de perfuração no Refúgio Nacional da Vida Selvagem do Ártico pode produzir até 16 bilhões de barris de petróleo. Considerando as taxas atuais de consumo, por quantos anos esse recurso abasteceria a demanda de petróleo dos Estados Unidos? (c) Quais são os três países com as maiores reservas de carvão?

Questão para Pensar: Quais dos seguintes fatores são importantes para estimar o estoque futuro de petróleo e gás natural: (i) a taxa de acumulação de petróleo e gás nas armadilhas, (ii) a taxa de esgotamento de reservas conhecidas, (iii) a taxa de descoberta de novas reservas, (iv) o volume total de petróleo e gás presentes atualmente na Terra.

13.4 Responder à seguinte pergunta: Quando a civilização ficará sem petróleo?

A resposta curta é "vai demorar". Na taxa atual de produção, o mundo consumirá todas as suas reservas conhecidas de petróleo em cerca de 55 anos. Contudo, novas tecnologias, como perfuração horizontal de alta precisão e fraturamento hidráulico, estão aumentando as reservas de petróleo rapidamente; foram mais de 20% apenas na última década. Além disso, o petróleo pode ser derivado de enormes recursos não convencionais de hidrocarbonetos, incluindo folhelhos betuminosos e areias betuminosas. As previsões pessimistas de que a produção global de petróleo poderia atingir o pico de Hubbert no início do século XXI – de que pararia de crescer e começaria a diminuir – não se realizaram. Na verdade, o petróleo nunca se esgotará; à medida que os recursos diminuem e os preços aumentam, o petróleo se transformará principalmente em matéria-prima para a produção de plásticos, fertilizantes e outros produtos petroquímicos.

Atividade de Estudo: Jornal da Terra 13.1.

Exercícios: (a) A produção mundial de petróleo era de cerca de 30 bilhões de barris por ano em 2018. Qual é a energia equivalente em quad? (b) O consumo de petróleo está aumentando ou diminuindo nos Estados Unidos? E no mundo como um todo?

Questões para Pensar: (a) Você é um otimista ou pessimista do petróleo? Justifique sua resposta. (b) Por que alguns especialistas acreditam que a nossa economia de energia está passando de uma "economia do petróleo" para uma "economia do metano"?

13.5 Calcular o fator de emissão de carbono de combustíveis fósseis a partir da energia que produzem e do dióxido de carbono que emitem e usar tais fatores de emissão para calcular as mudanças no fluxo de carbono a partir de variações na produção de energia.

O fator de emissão de carbono de um combustível é definido como a massa de carbono emitida na forma de CO_2 por unidade de energia útil produzida pela queima do combustível. O carbono emitido pela queima de 1 gigatonelada (Gt) de metano é 0,75 Gt, e a energia produzida é 52 quad; a razão entre essas duas quantidades, 0,014 Gt/quad, é a intensidade de carbono da queima de metano. A intensidade de carbono da queima de petróleo é 40% maior do que esse valor, e a do carvão, 70% maior, o que mostra que o gás natural é o combustível fóssil de menor intensidade de carbono, e o carvão, o de maior. A intensidade de carbono geral do sistema elétrico dos Estados Unidos é de 0,015 Gt/quad, apenas ligeiramente maior do que a do gás natural, pois a maior intensidade de carbono do carvão é compensada pela intensidade de carbono quase zero da energia nuclear e das fontes de energia renováveis. Substituir as usinas termelétricas a carvão por usinas a gás natural reduziria a intensidade do sistema elétrico dos EUA para 0,012 Gt/quad [ver Exercício (b)].

Atividade de Estudo: Pratique um Exercício de Geologia

Exercícios: (a) Qual combustível fóssil produz a menor quantidade de CO_2 por unidade de energia: petróleo, gás natural ou carvão? Qual produz a maior? (b) Cerca de um terço da geração de energia elétrica dos EUA vem da queima de carvão. Mostre que o fator de emissão de carbono desse sistema seria reduzido de 0,015 para 0,012 se substituíssemos o uso de carvão por gás natural nas usinas termelétricas.

Questão para Pensar: O fator de emissão de carbono geral do sistema de energia dos EUA está aumentando ou diminuindo? Por quê?

13.6 Quantificar as contribuições relativas de recursos energéticos alternativos à produção de energia e estimar o seu potencial para a satisfação de necessidades energéticas futuras.

Entre as fontes alternativas, podem-se citar os biocombustíveis e as energias nuclear, solar, hidrelétrica, eólica e geotérmica. Consideradas em conjunto, essas fontes de energia atualmente fornecem apenas uma pequena percentagem da demanda energética mundial. A energia nuclear produzida pela fissão do urânio, o recurso energético explorável mais abundante do mundo, pode ser uma importante fonte de energia, mas somente se a sociedade puder ser convencida de sua segurança. Os combustíveis nucleares têm o potencial de ser uma grande fonte de energia de baixo custo, basicamente sem produção de dióxido de carbono. Seu potencial não se concretizou, entretanto, devido a problemas com a segurança dos reatores, descarte de resíduos radioativos e segurança nuclear. Com avanços na tecnologia e redução de custos, recursos renováveis, como a energia solar, a eólica e a da biomassa poderão tornar-se fontes importantes no século XXI.

Atividade de Estudo: Revisar a seção *Recursos energéticos alternativos*, especialmente a Figura 13.20.

Exercícios: (a) Compare os riscos e benefícios da fissão nuclear e da combustão do carvão como fontes de energia. (b) Por que não podemos afirmar que os biocombustíveis são neutros em carbono; ou seja, que todo o carbono emitido para a atmosfera pela queima de biocombustíveis acaba voltando à biosfera?

Questões para Pensar: (a) Quais questões relacionadas ao uso da energia nuclear podem ser abordadas por geólogos? (b) Dado que a energia solar é tão abundante, por que a sua contribuição para o suprimento energético global é tão pequena?

13.7 Projetar o crescimento mundial do consumo de energia por região geográfica e tipo de combustível.

O crescimento econômico e populacional aumenta o consumo de energia. À medida que os países se desenvolvem e o padrão de vida melhora, a demanda por energia cresce rapidamente. Com base em projeções de crescimento, 72% do aumento no consumo de energia global entre hoje e 2040 ocorrerá nos países em desenvolvimento, principalmente na Ásia, e apenas 18% nos países desenvolvidos da América do Norte, Europa e Austrália. Devido a essa demanda, a produção de energia de todas as principais fontes continuará a aumentar. O consumo de energia nuclear aumentará. O crescimento mais rápido virá das fontes de energia renováveis. A energia da queima de carvão se estabilizará, substituída principalmente por aumentos no consumo de gás natural. Por consequência, a fração total do suprimento de energia mundial obtido da queima de combustíveis fósseis diminuirá apenas ligeiramente, de 81% hoje para cerca de 78% em 2040.

Atividade de Estudo: Figuras 13.6 e 13.27

Exercícios: Em 2017, as emissões globais de carbono foram de 9,9 Gt, para uma produção energética global de 536 quad. (a) Qual foi o fator de emissão de carbono do sistema energético global em 2017? (b) Com base na Figura 13.27, espera-se que o fator de emissão de carbono aumente, permaneça a mesma ou diminua no futuro? Por quê? (c) Com base nos dados neste capítulo, calcule uma estimativa aproximada do fator de emissão de carbono do sistema energético global em 2040.

Questão para Pensar: Qual é a principal fonte de energia que você pensa que vai ser utilizada em 2040? E no ano 2100?

EXERCÍCIO DE LEITURA VISUAL

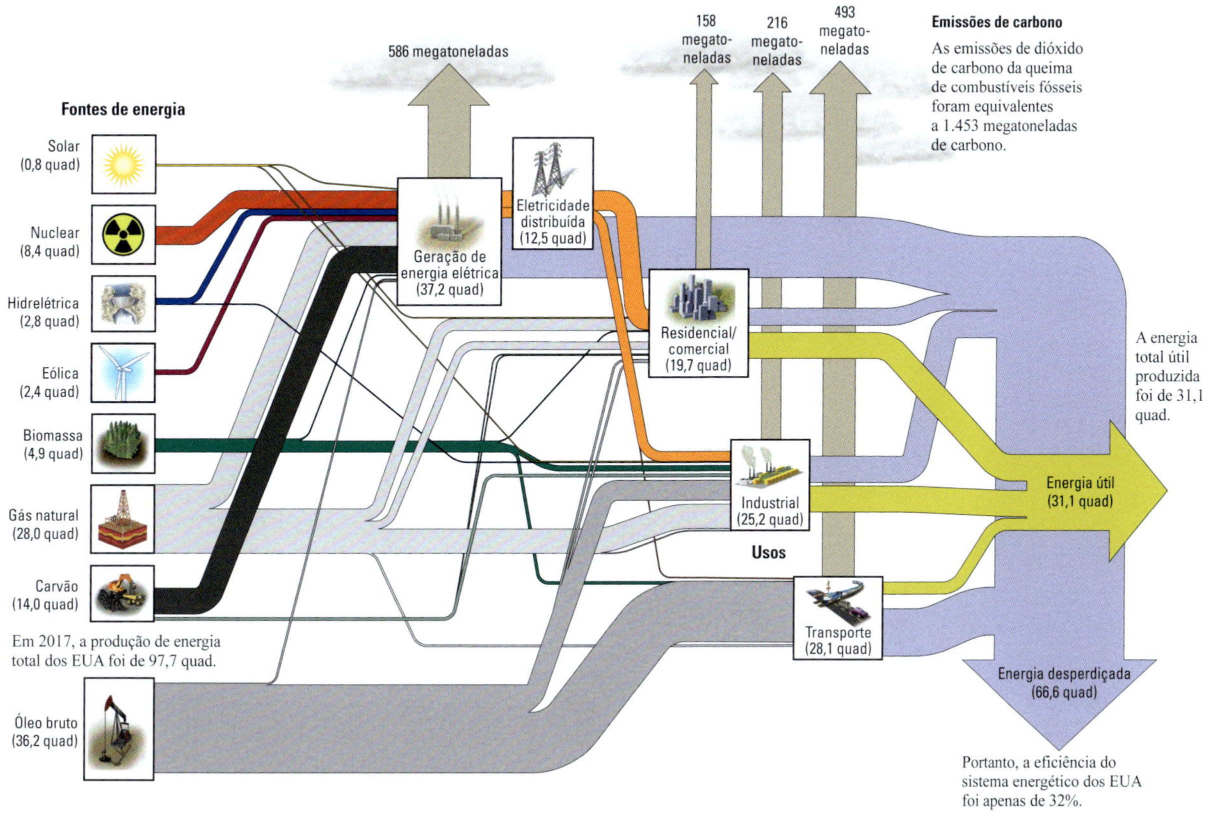

Fontes de energia

Solar (0,8 quad)

Nuclear (8,4 quad)

Hidrelétrica (2,8 quad)

Eólica (2,4 quad)

Biomassa (4,9 quad)

Gás natural (28,0 quad)

Carvão (14,0 quad)

Em 2017, a produção de energia total dos EUA foi de 97,7 quad.

Óleo bruto (36,2 quad)

586 megatoneladas

Geração de energia elétrica (37,2 quad)

Eletricidade distribuída (12,5 quad)

158 megatoneladas

216 megatoneladas

493 megatoneladas

Emissões de carbono

As emissões de dióxido de carbono da queima de combustíveis fósseis foram equivalentes a 1.453 megatoneladas de carbono.

Residencial/ comercial (19,7 quad)

Industrial (25,2 quad)

Usos

Transporte (28,1 quad)

A energia total útil produzida foi de 31,1 quad.

Energia útil (31,1 quad)

Energia desperdiçada (66,6 quad)

Portanto, a eficiência do sistema energético dos EUA foi apenas de 32%.

FIGURA 13.5 Consumo de energia nos Estados Unidos em 2017 (em quad). A energia das fontes primárias de combustível (caixas à esquerda) é fornecida aos setores residenciais, comerciais, industriais e de transporte (caixas do centro para a direita). Não estão representadas pequenas contribuições à geração de energia elétrica a partir da energia geotérmica (0,2 quad). [Informações do Lawrence Livermore National Laboratory, com base em dados da Energy Information Administration.]

A Figura 13.5 é um diagrama complexo que mostra o consumo de energia nos Estados Unidos em 2017.

1. **A figura liga as fontes de energia a atividades humanas usando uma série de "canos" com diferentes cores e larguras.**
   a. A cor de um cano no lado esquerdo da figura representa uma fonte de energia ou uma atividade humana?
   b. Por que a largura do cano que liga "carvão" a "geração de energia elétrica" tem cerca de o dobro da largura daquele que liga "energia nuclear" a "geração de energia elétrica"?

2. **O que determina a largura das setas amarelas e azuis que saem das caixas que representam as atividades humanas?**

3. **Por que a seta que aponta para cima a partir de "geração de energia elétrica" é mais larga do que as setas que apontam para cima nas outras caixas de atividades humanas?**

4. **Calcule respostas para as seguintes perguntas a partir dos valores numéricos na figura:**
   a. Qual percentual da produção de energia dos EUA vem de combustíveis fósseis?
   b. Qual atividade consumiu mais energia, a geração de energia elétrica ou o transporte?
   c. Qual percentual da produção de energia total foi desperdiçado?
   d. Quanto carbono o sistema de energia dos Estados Unidos emitiu em 2017?

Mudança global antropogênica 14

Malé, a capital das Maldivas, um país insular no Oceano Índico, é uma das áreas urbanas mais densas do mundo. Com elevação máxima de menos de 3 m, o país inteiro está vulnerável ao aumento do nível do mar causado pela mudança climática antropogênica. [George Steinmetz/National Geographic Creative.]

Objetivos de Aprendizagem

O objetivo deste capítulo é resumir o que sabemos sobre a mudança global antropogênica, assim como as escolhas que temos ao nosso dispor para administrar essas mudanças ambientais. A partir das informações neste capítulo, você será capaz de:

14.1 Explicar por que os cientistas podem afirmar, com alto nível de confiança, que o consumo de combustíveis fósseis está aumentando a concentração atmosférica de dióxido de carbono.

14.2 Catalogar os principais tipos de mudança global antropogênica e descrever seus principais efeitos na atmosfera, hidrosfera, criosfera e litosfera.

14.3 Explicar por que os cientistas podem afirmar, com alto nível de confiança, que o consumo de combustíveis fósseis causou o aquecimento do século XX e continua a causar o aumento da temperatura média da superfície.

14.4 Usar cenários desenvolvidos pelo Painel Intergovernamental sobre Mudanças do Clima (IPCC) para projetar o aumento das concentrações de gases de efeito estufa, da temperatura média da superfície e do nível do mar durante este século.

14.5 Avaliar os possíveis efeitos da mudança global antropogênica na biosfera e avaliar a possibilidade de que o início do Antropoceno será marcado por uma extinção em massa.

14.6 Ilustrar, com exemplos específicos, mudanças na produção e uso de energia global que poderiam estabilizar ou reduzir as emissões de carbono.

Durante toda a sua história geológica, o clima da Terra foi altamente variável, oscilando entre períodos de calor tropical e frio glacial. No Capítulo 12, aprendemos que os ciclos glaciais da época pleistocênica resultaram de variações atmosféricas nas concentrações de gases de efeito estufa, determinadas pelos ciclos de Milankovitch da forçante solar. No Capítulo 13, vimos que a queima de combustíveis fósseis está transformando o carbono da litosfera em dióxido de carbono na atmosfera a uma velocidade sem precedentes e examinamos fontes de energia alternativas que poderiam desacelerar esse fenômeno.

Neste capítulo, enfatizaremos as mudanças globais do sistema Terra que provavelmente ocorrerão por causa das atividades humanas. Discutiremos três das formas mais graves de mudança global antropogênica: (1) mudança climática global devido às concentrações crescentes de dióxido de carbono e outros gases de efeito estufa na atmosfera, (2) acidificação oceânica devido ao aumento do dióxido de carbono dissolvido na hidrosfera, e (3) perda de diversidade de espécies devido a mudanças na biosfera. Exploraremos como os geocientistas estão observando essas mudanças e combinando os dados com modelos do sistema Terra para prever mudanças futuras. Veremos que reduzir os impactos da mudança global antropogênica e adaptar-se às suas consequências exigirá um esforço conjunto em nível mundial, em uma escala sem precedentes.

As consequências sombrias da mudança global antropogênica estão motivando os governos a trabalharem em conjunto com base em novas formas para evitar a "tragédia dos comuns" – a deterioração de nossos recursos ambientais comuns pela exploração sem limites. Novos tratados internacionais, como o Acordo de Paris, adotado pela Organização das Nações Unidas em 2015, estão sendo formulados em uma tentativa de reduzir a poluição de carbono na atmosfera e os danos que causam ao meio ambiente global.

O aumento do dióxido de carbono na atmosfera: A curva de Keeling

A expressão *mudança global* entrou no vocabulário mundial no final do século XX, quando ficou evidente que as emissões da queima de combustíveis fósseis e de outras atividades estavam começando a alterar a química da atmosfera. As evidências mais convincentes sobre a mudança global foram coletadas pelo químico Charles David Keeling, que começou um programa de medição da concentração de dióxido de carbono na atmosfera em 1958.

Keeling desenvolveu instrumentos para medir o CO_2 atmosférico de modo mais prático e preciso do que jamais fora possível. Ele instalou um dos seus instrumentos no Observatório de Mauna Loa, a uma elevação de 3.397 metros, na Ilha Grande do Havaí, onde poderia coletar amostras do ar puro do Oceano Pacífico, sem a contaminação das emissões locais de combustíveis fósseis, e continuou com as medições até a sua morte em 2005. Outros pesquisadores, incluindo Ralph Keeling, seu pai, continuam o trabalho em Mauna Loa e em outras estações de observação ao redor do mundo.

O produto desses esforços persistentes é a **curva de Keeling**, o mais longo registro contínuo de medições de dióxido de carbono na atmosfera até então obtido no mundo (Figura 14.1). Os valores mensais (curva vermelha) mostram oscilações sazonais em torno de médias anuais que estão aumentando continuamente (curva azul). As médias aumentam de 310 ppm em 1958, quando Keeling começou as medições, para 410 ppm em 2018, uma variação de 32% em apenas 60 anos. Devido a circulação e turbulência na troposfera, a quantidade de CO_2 no ar das amostras de Mauna Loa é representativa de uma média global. Por observação direta, Keeling provou, sem sombra de dúvida, que a concentração atmosférica de dióxido de carbono, um gás de efeito estufa poderoso, está aumentando à incríveis meio por cento ao ano.

Antes de Keeling, outros cientistas haviam especulado que as atividades humanas estavam aumentando a concentração de dióxido de carbono na atmosfera e que isso poderia levar ao aquecimento global. O primeiro foi o químico sueco Svante Arrhenius, em 1896. Arrhenius acreditava que um pouco de aquecimento climático poderia ser bom, ao menos para a Suécia. Outros defendiam que a variabilidade natural da concentração de CO_2 seria muito maior e que qualquer contribuição humana seria relativamente minúscula. Keeling confirmou que as medições de CO_2 são bastante variáveis em florestas densas e outras zonas biologicamente ativas, mas não nas colinas altas e desoladas do vulcão de Mauna Loa.

Lá, Keeling observou a atividade global da biosfera de uma perspectiva completamente nova: como pequenos ciclos sazonais que acompanham o aumento antropogênico de CO_2. A variação sazonal no CO_2 atmosférico varia de 3 ppm acima do valor médio anual em maio para 3 ppm abaixo da média em outubro, como mostra o diagrama no quadro da Figura 14.1. Essas oscilações refletem ciclos no crescimento vegetal global, dominados pelas florestas temperadas e boreais do Hemisfério Norte. O saldo da massa vegetal continental aumenta durante o verão do Hemisfério Norte, quando a fotossíntese puxa o CO_2 para as plantas, e diminui durante o inverno desse hemisfério, quando a respiração das plantas devolve o CO_2 para a atmosfera. Esse vai e vem no fluxo de dióxido de carbono, observado originalmente por Keeling, é a própria "respiração global da biosfera".

Mas espere só um instante. Como podemos ter certeza que o aumento observado na curva de Keeling não é uma variação natural, sem relação com as atividades humanas? Para responder essa pergunta, Keeling e seus colegas químicos mediram os isótopos de carbono nas amostras de ar de Mauna Loa. Os dados demonstram que o aumento do CO_2 atmosférico não poderia ser produto de fontes naturais, como a decomposição de material vegetal; as amostras correspondiam à assinatura isotópica da queima de combustíveis fósseis. Os dados de Keeling sugerem que a civilização está alterando a química da atmosfera.

Para uma perspectiva geológica sobre a curva de Keeling, podemos compará-la com os resultados de outro esforço

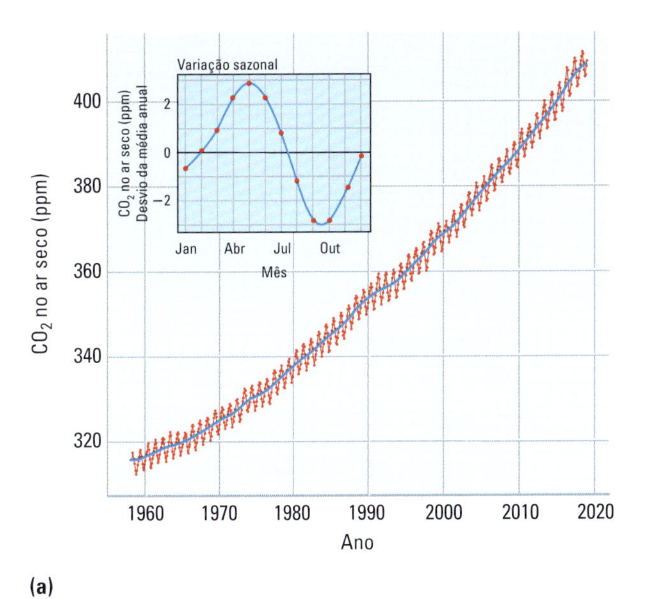

FIGURA 14.1 (a) A curva de Keeling é um gráfico que registra a concentração de CO_2 na atmosfera durante 60 anos, medida em partes por milhão (ppm), no Observatório de Mauna Loa. A curva azul mostra os valores anuais médios, que aumentaram em 32% nos últimos 60 anos, e a curva vermelha informa os dados mensais, oscilando em um ciclo sazonal em torno da média anual. O diagrama no quadro em detalhe mostra o ciclo sazonal médio; os pontos vermelhos são médias mensais. (b) Charles Keeling recebendo a Medalha Nacional de Ciências do Presidente George W. Bush em 2002. [(b) National Science Foundation.]

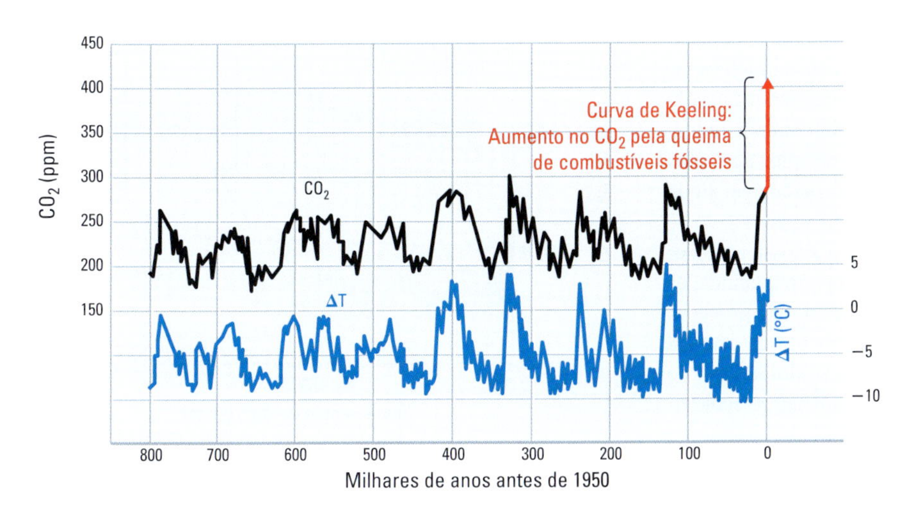

FIGURA 14.2 Dados de temperatura e dióxido de carbono atmosférico, derivados de medições de testemunhos de gelo da Antártida, dos últimos 800.000 anos. A curva de Keeling é o segmento praticamente vertical acoplado aos dados de testemunhos de gelo na parte superior direita. [Dados de D. C. Harris, *Anal. Chem.* 2010, 82, 7865–7870, e dados de D. Lüthi *et al.*, *Nature* 2008, 453, 379–382.]

heroico na coleta de dados ambientais: o registro de CO_2 derivado de testemunhos extraídos do manto de gelo da Antártida (Capítulo 12). E os resultados são alarmantes. Nos dois séculos desde a Revolução Industrial, o CO_2 atmosférico atingiu níveis muito acima daqueles observados nos últimos 800.000 anos da história do nosso planeta (**Figura 14.2**). Em nenhum momento nos últimos 800.000 anos as concentrações de CO_2 estiveram muito acima da média pré-industrial de 280 ppm. Na verdade, é preciso voltar muito no registro geológico para encontrar um período em que as concentrações de CO_2 estiveram acima de 400 ppm. Os estudos de testemunhos de sedimentos indicam que esses níveis são inéditos desde o Mesomioceno, mais de 14 milhões de anos atrás, quando a temperatura da superfície terrestre era muito maior do que é hoje.

Tipos de mudança global antropogênica

A concentração crescente de CO_2 documentada por Keeling é uma *mudança química* da atmosfera. Junto com ela, ocorrem *mudanças físicas* ao sistema do clima e *mudanças biológicas* dos ecossistemas que sustentam a vida na Terra. Por meio de interações no sistema Terra, um tipo de mudança pode causar os outros.

Por exemplo, a concentração atmosférica de dióxido de carbono está aumentando em cerca de meio por cento ao ano. Parte desse dióxido de carbono é absorvido pelos oceanos, o que causa a acidificação da água do mar. O CO_2 excedente que não é absorvido pelos oceanos ou pelas florestas continentais está intensificando o efeito estufa, o que leva ao aquecimento da superfície planetária e outras alterações físicas do sistema do clima. A mudança climática e a acidificação oceânica, por sua vez, perturbam a biosfera, o que leva à perda de espécies e pode vir a causar o colapso de ecossistemas inteiros.

Mudança química

Desde o início da era industrial, a queima de combustíveis fósseis, o desmatamento, mudanças no uso do solo e outras atividades humanas causaram um aumento rápido das concentrações de gases de efeito estufa na atmosfera. A **Figura 14.3** mostra as concentrações atmosféricas de três gases de efeito estufa – dióxido de carbono, metano e óxido nitroso – nos últimos 10 mil anos. Nos três casos, as concentrações permaneceram relativamente constantes durante quase todo o Holoceno, mas dispararam após a Revolução Industrial.

A concentração atmosférica global de metano aumentou praticamente 150% de seu valor pré-industrial, e, a do dióxido de carbono, quase 50%. Nos dois casos, os acréscimos observados podem ser explicados por atividades humanas. O setor de energia é a maior fonte de metano atmosférico – especificamente a produção, processamento, armazenamento e distribuição de carvão e gás natural. Outra fonte significativa de metano é a atividade microbiana de pântanos, arrozais e os sistemas digestórios das vacas e de outros ruminantes.

No entanto, o efeito estufa do metano é mais fraco do que o do dióxido de carbono, então mesmo que sua concentração relativa tenha subido mais, a contribuição ao aquecimento causado pelo efeito estufa é cerca de 30% a mais. O aumento pós-industrial de óxido nitroso, em geral proveniente de solos agrícolas fertilizados, contribuiu com cerca de 20%, um percentual ainda menor daquela do dióxido de carbono.

Duas outras mudanças químicas merecem a nossa atenção: a acidificação dos oceanos, à medida que absorvem quantidades crescentes de dióxido de carbono da atmosfera, um processo químico descrito no Capítulo 12; e o esgotamento da camada de ozônio na estratosfera. A segunda é um estudo de caso de como a sociedade humana consegue reagir a um perigo ecológico imediato e ser bem-sucedida.

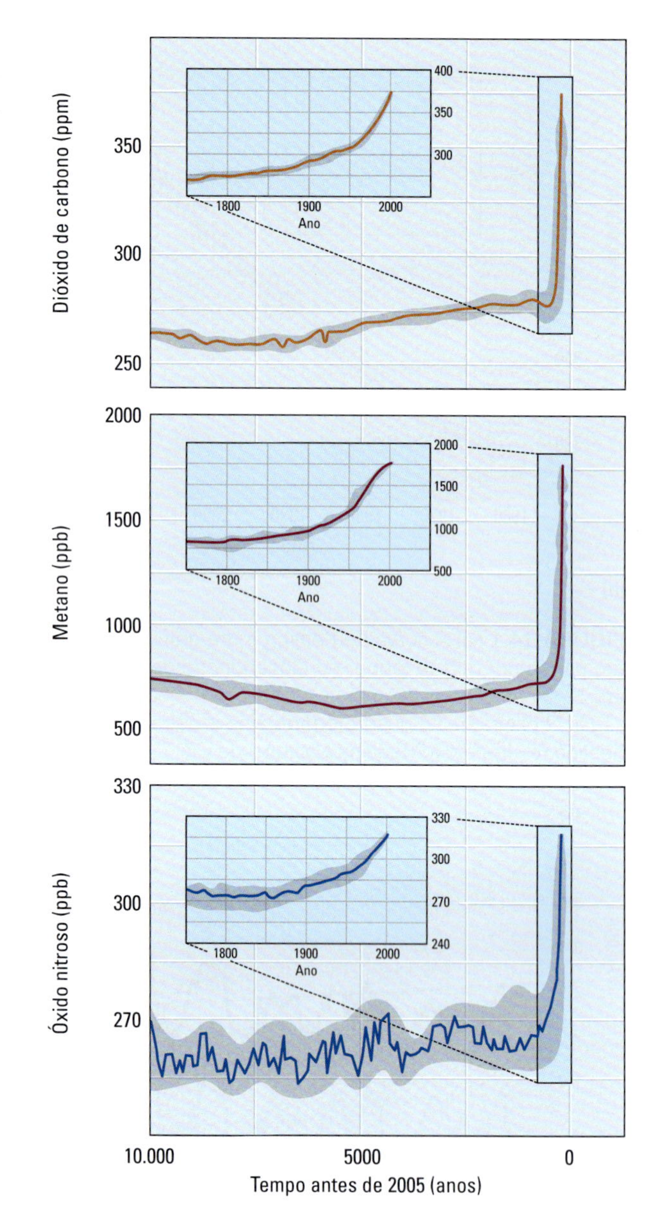

FIGURA 14.3 Concentrações atmosféricas de dióxido de carbono, metano e óxido nitroso nos últimos 10 mil anos (quadros grandes) e de 1750 a 2000 (quadros menores). Essas medições, compiladas pelo Painel Intergovernamental sobre Mudanças Climáticas, foram derivadas de testemunhos de gelo e amostras atmosféricas. As faixas sombreadas mostram as incertezas nas medições. [Dados do IPCC, *Climate Change 2007: The Physical Science Basis*. Figure SPM.1, Cambridge University Press.]

Redução do esgotamento da camada de ozônio: Uma história de sucesso ambiental Próximo à superfície terrestre, o ozônio é um componente importante do *smog* e um gás de efeito estufa poderoso. O ozônio superficial forma-se quando a luz do sol interage com óxidos de nitrogênio e outros resíduos químicos dos processos industriais e gases do escapamento de automóveis. O ozônio na estratosfera terrestre, concentrado em uma camada 20–30 km acima da superfície (ver Figura 12.2), é outra história. Lá, a radiação solar ioniza o gás oxigênio (O_2) e transforma-o em ozônio (O_3^+), formando uma camada protetora que serve de escudo contra a radiação ultravioleta (UV). Câncer de pele, cataratas, problemas imunológicos e baixo rendimento da lavoura são problemas atribuídos à exposição excessiva a raios UV. O ozônio é o "protetor solar" da Terra e bloqueia boa parte dessa radiação nociva.

Paul Crutzen, Mario Molina e Sherwood Rowland receberam o Prêmio Nobel da Química em 1995 pelas hipóteses que formularam com mais de 20 anos de antecedência, sobre como a camada protetora de ozônio pode ser rarefeita por reações que envolvem compostos produzidos por seres humanos. Uma classe desses compostos químicos, os clorofluorcarbonetos (CFCs), era bastante usada como refrigerante, propelente em aerossóis e solvente de limpeza. Os CFCs são estáveis e inofensivos, exceto quando migram para a estratosfera. Lá no alto, a luz solar intensa os decompõe e libera os seus átomos de cloro. Molina e Rowland propuseram que o cloro interage com as moléculas de ozônio na atmosfera e adelgaça a camada protetora de ozônio.

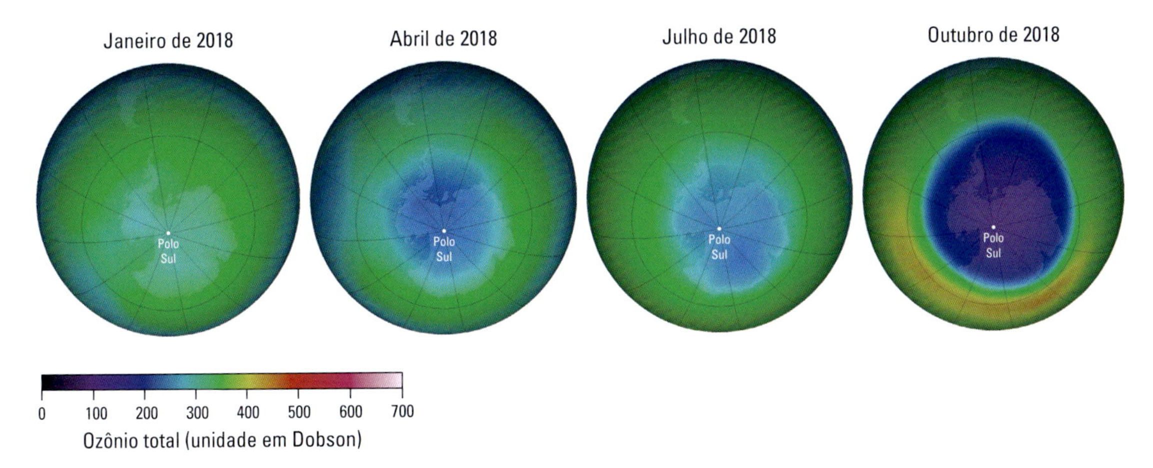

FIGURA 14.4 Ozônio total na atmosfera da Antártida, imagem de satélites da NASA de janeiro, abril, julho e outubro de 2018, medido em unidades Dobson. O buraco na camada de ozônio na Antártida é a região azul-escura/roxa na imagem de outubro (valores de ozônio abaixo de 220 Dobson). O buraco na camada de ozônio surge nos invernos austrais, quando o frio extremo precipita nuvens de gelo na estratosfera que catalisam a destruição do ozônio pelo cloro dos CFCs. [NASA Ozone Watch.]

A hipótese de Molina e Rowland foi confirmada quando um enorme buraco na camada de ozônio foi descoberto sobre a Antártida em 1985 (Figura 14.4). Subsequentemente, descobriu-se que o **esgotamento do ozônio estratosférico** era um fenômeno global. Os níveis elevados de radiação UV na superfície causados pelo esgotamento do ozônio estratosférico são observados desde o início da década de 1990.

Na década de 1980, quando os cientistas tentavam convencer o governo e o setor privado de que o uso de CFCs poderia estar causando a rarefação da camada de ozônio, um político importante disse que a solução seria que as pessoas usassem chapéus, protetor solar e óculos escuros. Felizmente, a sabedoria ambiental saiu-se vitoriosa. Em 1989, um grupo de países firmou um tratado global para proteger a camada de ozônio. Chamado de **Protocolo de Montreal** sobre Substâncias que Destroem a Camada de Ozônio, o tratado foi assinado por todos os 195 países do mundo. O Protocolo de Montreal eliminou gradualmente a produção de CFC até 1996 e estabeleceu um fundo, financiado pelos países desenvolvidos, para ajudar os países em desenvolvimento na transição para o uso de produtos químicos que não prejudicam a camada de ozônio.

Negociações posteriores produziram emendas com o objetivo de limitar as emissões de outros produtos químicos que atacam a camada de ozônio. A mais recente, chamada de Emenda de Kigali, entrou em vigor em 1º de janeiro de 2019; com ela, os países comprometem-se em reduzir a produção e o consumo de hidrofluorcarbonetos (HFCs) em mais de 80% nos próximos 30 anos. Graças a esses esforços de sucesso, as projeções de longo prazo indicam que a destruição da camada de ozônio pelo cloro antropogênico tem diminuído. O monitoramento do buraco na camada de ozônio por satélites e outras imagens confirma que os níveis de cloro na estratosfera estão diminuindo e que a camada está se recuperando aos poucos.

O Protocolo de Montreal tornou-se um modelo de como cientistas, lideranças industriais e políticos podem trabalhar juntos para impedir um desastre ambiental.

Mudanças físicas

O aquecimento da superfície terrestre é um exemplo de mudança física global. A humanidade vem monitorando as temperaturas globais há algum tempo. O termômetro foi inventado no início do século XVII, e Daniel Fahrenheit configurou a primeira escala padrão de temperatura em 1724. Por volta de 1880, as temperaturas ao redor do mundo estavam sendo registradas por um número suficiente de estações meteorológicas em terra e em navios para permitir estimativas precisas da média anual da temperatura da superfície terrestre. Embora a média anual da temperatura superficial flutue substancialmente de ano para ano e de década para década, a tendência geral tem sido ascendente (Figura 14.5). Entre o final do século XIX e o início do XXI, a temperatura média da superfície terrestre subiu cerca de 0,8°C (Figura 14.5a). Esse aumento é chamado de **aquecimento do século XX.**

O aquecimento do século XX não foi uniforme em todo o mundo. A Figura 14.6 mostra a variação geográfica das temperaturas médias anuais para 1912, 1962 e 2012, onde as cores correspondem às diferenças de temperatura em relação ao período de referência de 1951–1980. A média global da diferença entre 1912 e 2012 é de cerca de 0,8ºC, o que é consistente com o aquecimento do século XX. Mas algumas diferenças regionais são maiores, outras são menores. O aquecimento foi múltiplas vezes maior do que a média na região do Ártico, por exemplo, mas muito menor na região central do Oceano Pacífico. Em geral, as superfícies continentais aqueceram-se mais do que a dos oceanos. A maior parte do aquecimento ocorreu nos últimos 50 anos. Em grandes regiões dos continentes do Hemisfério Norte, o aumento da temperatura entre 1962 e 2012 superou 1ºC.

Sabemos que os humanos são os responsáveis pelo aumento de CO_2 na atmosfera porque, como Keeling demonstrou, os isótopos de carbono dos combustíveis fósseis têm uma assinatura distinta que precisamente se iguala à mudança da composição isotópica do carbono atmosférico. Mas como podemos ter

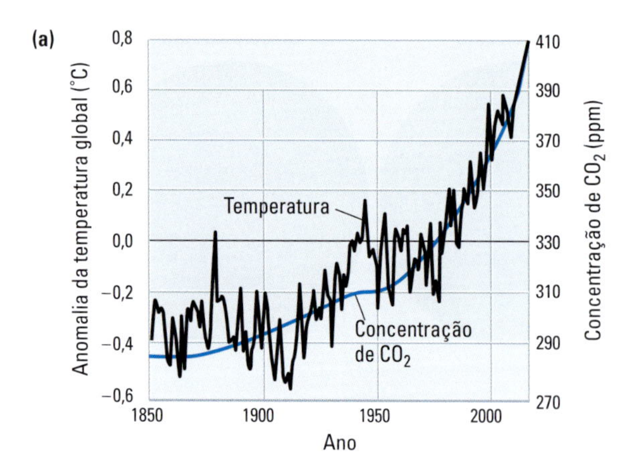

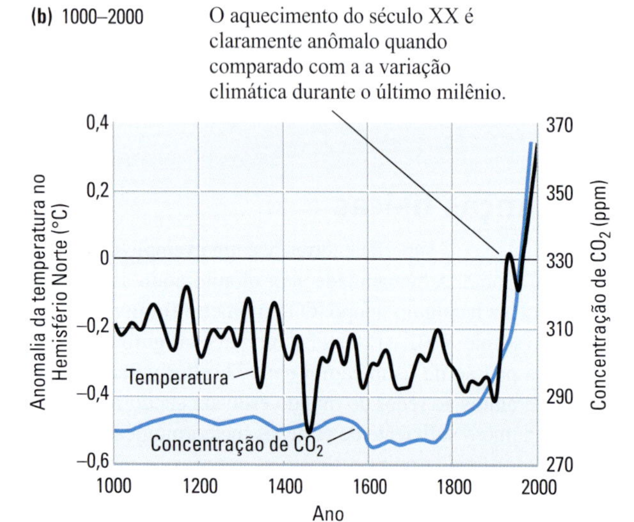

FIGURA 14.5 A comparação entre anomalias da média anual de temperatura superficial (linhas pretas) e concentrações atmosféricas de CO_2 (linhas azuis) mostra uma recente tendência de aquecimento que está correlacionada a aumentos das concentrações atmosféricas de CO_2. (a) Anomalias da média anual de temperatura superficial global, calculadas a partir de medições com termômetros, e concentrações de CO_2 entre 1850 e 2017. O pequeno aumento da temperatura durante a Segunda Guerra Mundial (1939–1945) se deve a vieses nos métodos utilizados pelas frotas dos EUA e do Reino Unido para calcular as médias das temperaturas. (b) Anomalias da média anual de temperatura superficial para o Hemisfério Norte, estimadas a partir de anéis de árvores, testemunhos de gelo e outros indicadores climáticos, e concentrações atmosféricas de CO_2 para o último milênio. Nas duas figuras, a anomalia de temperatura é definida como a diferença entre a temperatura observada e a média de temperatura para o período de 1961–1990. [Dados de IPCC, *Climate Change 2001: The Scientific Basis*, e IPCC, *Climate Change 2013: The Physical Science Basis*.]

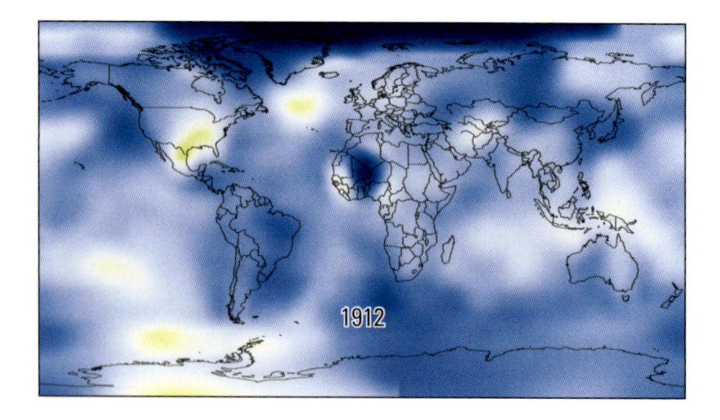

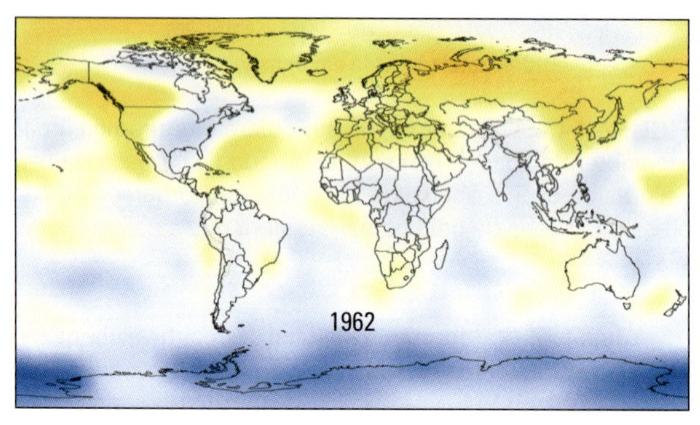

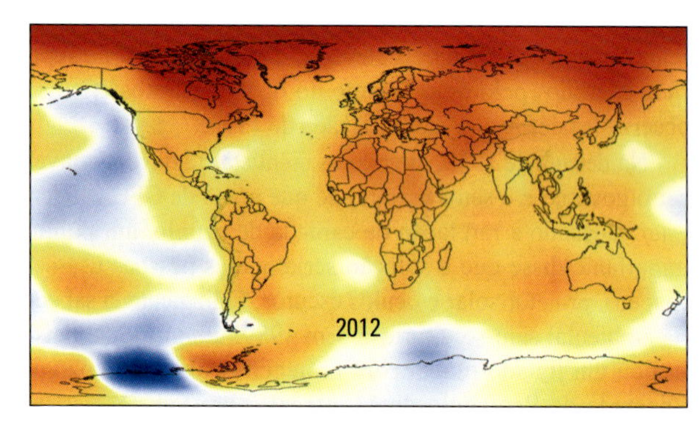

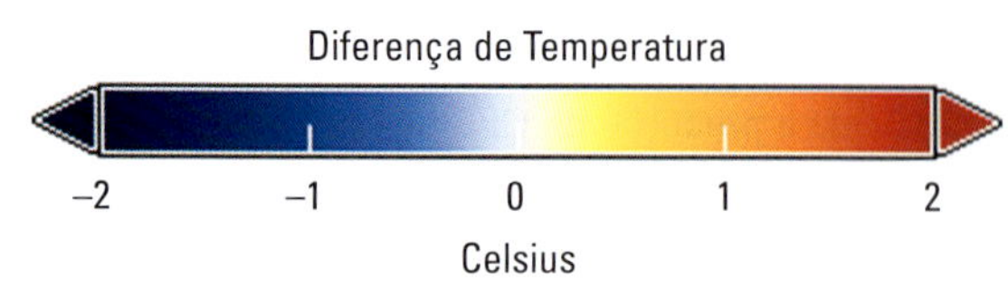

FIGURA 14.6 Anomalias da temperatura superficial nos anos de 1912 (topo), 1962 (meio) e 2012 (embaixo) em relação às temperaturas médias locais para o período de referência de 1951–1980. A média global da diferença entre 1912 e 2012 é de cerca de 0,8°C, o que é consistente com o aquecimento do século XX (ver Figura 14.5). O aquecimento foi várias vezes maior do que essa média na região do Ártico, mas muito menor na região central do Oceano Pacífico. [NASA/Goddard Space Flight Center Scientific Visualization Studio.]

certeza de que o aquecimento do século XX foi uma consequência direta do aumento antropogênico de CO_2 – isto é, um resultado da intensificação do efeito estufa – e não de algum outro tipo de mudança associada com a variabilidade climática natural?

Para responder esta e outras perguntas sobre como o clima da Terra está mudando, a Organização das Nações Unidas estabeleceu o **Painel Intergovernamental sobre Mudanças Climáticas** (IPCC – Intergovernmental Panel on Climate Change) em 1988, uma organização científica internacional que analisa toda a pesquisa sobre o clima e suas variações. O IPCC tem a missão de desenvolver um consenso, com base na ciência, sobre como o clima da Terra mudou no passado e o que pode vir a acontecer no futuro, incluindo os possíveis impactos ambientais e socioeconômicos da mudança climática antropogênica. Este livro retrata o consenso científico sobre a mudança climática antropogênica documentada nos Relatórios de Avaliação do IPCC (ver Jornal da Terra 14.1) e na recente *Quarta Avaliação Climática Nacional* publicada pelo Programa de Pesquisa sobre Mudança Global dos EUA (U.S. Global Change Research Program) em 2017.

Jornal da Terra 14.1 O Painel Intergovernamental sobre Mudanças Climáticas

O sistema do clima da Terra é incrivelmente complexo, então prever como ele responde às emissões antropogênicas de gases de efeito estufa está longe de ser uma tarefa fácil. Nenhuma pessoa consegue acompanhar sozinha a vasta quantidade de pesquisas sobre mudança climática realizada no mundo todo por milhares de cientistas. Em 1988, a Organização das Nações Unidas (ONU) e a Organização Meteorológica Mundial (OMM) constituíram o Painel Intergovernamental sobre Mudanças Climáticas (PIMC; em inglês, IPCC, de Intergovernmental Panel on Climate Change) para oferecer aos líderes governamentais e ao público em geral uma visão científica clara do conhecimento atual sobre mudança climática e os seus possíveis impactos ambientais e socioeconômicos.

O IPCC é aberto para todos os membros da ONU e da OMM, e todos os 195 países participam atualmente. O principal produto do IPCC tem sido uma série de Relatórios de Avaliação, publicados a cada cinco ou seis anos desde 1990. Milhares de cientistas de todo o mundo contribuíram voluntariamente para o trabalho do IPCC, atuando como autores, colaboradores e revisores para os grandes relatórios. Cada relatório apresentou, sucessivamente, resumos científicos definitivos de como o clima mudou no passado e como poderá mudar no futuro.

O *Primeiro Relatório de Avaliação* do IPCC, publicado em 1990, teve um papel crucial na criação da Convenção-Quadro das Nações Unidas sobre a Mudança do Clima, o principal tratado internacional para reduzir o aquecimento global e lidar com as consequências da mudança climática. O *Segundo Relatório de Avaliação* do IPCC, de 1995, forneceu materiais importantes para os negociadores do Protocolo de Quioto em 1997. O *Terceiro Relatório de Avaliação* foi publicado em 2001 e o *Quarto*, em 2007.

Em 2007, o Prêmio Nobel da Paz foi concedido ao IPCC e a Al Gore, ex-vice-presidente dos Estados Unidos, "pelos seus esforços para construir e disseminar mais conhecimento sobre a mudança climática causada pelo homem e para alicerçar as medidas necessárias para combatê-la".

O *Quinto Relatório de Avaliação*, finalizado em 2014, composto de sub-relatórios de três grupos de trabalho do IPCC, é intitulado *A base das ciências físicas da mudança climática*, *Impactos, adaptação e vulnerabilidade à mudança climática* e *Mitigação da mudança climática*. O relatório abriu o caminho para o Acordo de Paris, no qual todos os 195 países se comprometeram com a meta de "restringir o aumento da temperatura média global a menos de 2°C acima dos níveis pré-industriais e adotar esforços para limitar o aumento da temperatura a 1,5°C". O Acordo de Paris foi adotado em 12 de dezembro de 2015 pela Convenção-Quadro das Nações Unidas sobre a Mudança do Clima e ratificado por unanimidade por todos os países-membros. Na época da redação deste capítulo (dezembro de 2018), apenas um país, os Estados Unidos, ameaçavam se retirar do acordo.

O IPCC começou o processo de produzir a sua sexta avaliação em 2017*. Em outubro de 2018, foi lançado *Aquecimento global de 1,5°C: Um relatório especial do IPCC*, que descreve sem meios-termos as manifestações e consequências do aquecimento global de 1,5°C acima dos níveis pré-industriais, que está 0,5°C acima da temperatura média atual da superfície. A revista *The New Yorker* (9 de outubro de 2018) chamou o relatório pessimista de "um grito coletivo, filtrado pelo idioma rígido e laborioso do burocratês".

O material sobre mudança climática descrito neste capítulo e no resto deste livro baseia-se no consenso científico documentado nos relatórios do IPCC.

Uma reunião dos co-presidentes e autores principais do *Quinto Relatório de Avaliação* (AR5) em 2018. [Foto de IISD/Sean Wu (enb.iisd.org/climate/ipcc48/6oct.html).]

*N. de R.T.: O sexto Relatório de Avaliação do IPCC, lançado em 2022. Contém diretrizes para construir um Desenvolvimento Resiliente ao clima com a seguinte mensagem: "Qualquer atraso adicional na ação global concertada perderá a breve janela que ainda temos para garantir um futuro habitável".

O aquecimento do século XX situa-se dentro dos limites das variações de temperatura que têm sido inferidas para o Holoceno. Na verdade, as temperaturas médias em muitas regiões do mundo foram provavelmente mais quentes de 10 mil a 8 mil anos atrás do que são hoje. Entretanto, o registro do século XX é claramente anômalo quando comparado com o padrão e a taxa de mudança climática documentada durante o último milênio. Embora medições diretas de temperatura não estejam disponíveis antes do século XIX, indicadores climáticos como anéis de crescimento de plantas e testemunhos de gelo possibilitaram aos climatólogos reconstruírem um registro de temperatura para o Hemisfério Norte durante aquele período (Figura 14.15b). Esse registro mostra um resfriamento global irregular, mas constante de aproximadamente 0,2°C nos nove séculos entre 1000 e 1900. Ele também mostra que as flutuações das temperaturas médias durante qualquer um desses séculos foi menor que alguns décimos de grau.

O segundo argumento, e para muitos, o mais persuasivo de todos, deriva da coincidência entre o padrão observado de aquecimento e o padrão previsto pelos melhores modelos de sistemas climáticos. Os modelos que incluem mudanças nos gases de efeito estufa atmosféricos não somente reproduzem o aquecimento do século XX como reproduzem o padrão de mudança de temperatura tanto geograficamente como em relação à altitude da atmosfera – a impressão digital da **intensificação do efeito estufa**. Por exemplo, esses modelos predizem que, à medida que o aquecimento global causado pela atividade humana for ocorrendo, as baixas temperaturas superficiais da noite podem aumentar mais rapidamente que as altas temperaturas do dia, reduzindo, assim, a variação diária de temperatura. Os dados climáticos do último século confirmam essa predição.

Outra impressão digital do aquecimento global foram as mudanças vistas em geleiras de montanhas em baixas latitudes. Geleiras encontradas acima de 5.000 m na África, na América do Sul e no Tibete encolheram nos últimos 100 anos, uma observação que também é consistente com as previsões dos modelos climáticos (**Figura 14.7**).

FIGURA 14.7 O glaciologista Lonnie Thompson a uma altitude de 5.300 m na Geleira Dasuopu, no Tibete. Testemunhos de gelo nesta geleira fornecem evidências de aquecimento global anormal durante o século XX. [Lonnie Thompson/Byrd Polar Research Center/Ohio State University.]

Mudanças biológicas

A biosfera evoluiu durante todos os seus bilhões de anos. O registro geológico mostra longos períodos de estabilidade, pontuados por breves intervalos de mudanças rápidas e radicais na biosfera. Os eventos mais extremos de mudança biológica global são marcados por *extinções em massa* – perdas dramáticas no número de espécies durante períodos muito curtos. Alguns desses cataclismos são causados por eventos extraterrestres, como o impacto de meteorito que matou os dinossauros no final do período Cretáceo. Outros podem ter sido causados pela mudança climática e acidificação oceânica, incluindo a maior extinção em massa de todas, no final do Permiano, quando 95% de todas as espécies desapareceu do registro fóssil. A extinção do fim do Permiano, que marca o limite entre as eras Paleozoica e a Mesozoica, parece ter sido estimulada por enormes derramamentos de lavas basálticas e gases que levaram à formação dos Traps da Sibéria (ver Capítulo 5).

A Terra está passando por outro período de mudança biológica global, mas desta vez não pela martelada de algum evento extremo de origem extraterrestre ou intraterrestre, mas porque uma única espécie biológica – o *Homo sapiens* – evoluiu recentemente para transformar-se em agente ativo da mudança física global. Estamos à beira de um evento extremo que deixará a sua marca no registro geológico, visível milhões de anos no futuro. Muitos geocientistas acreditam que estamos saindo das condições naturais equilibradas da época holocênica e entrando em uma nova época de mudanças dominadas pelos seres humanos, o *Antropoceno*. Não sabemos quais feições desse evento serão mais facilmente reconhecidas pelos geólogos do futuro distante, pois o registro geológico está sendo escrito neste exato instante. O que ele dirá depende de como a nossa espécie responde ao próprio sucesso.

Mudança climática

No Quinto Relatório de Avaliação, finalizado em 2014, o IPCC obteve as seguintes conclusões:

- Entre o início do século XX e 2012, a temperatura média da superfície terrestre aumentou, em média, cerca de 0,9°C.
- A maior parte desse aquecimento foi causada por aumentos antropogênicos das concentrações atmosféricas de gases de efeito estufa.
- As concentrações de gases de efeito estufa na atmosfera continuarão a aumentar durante o século XXI, principalmente devido a atividades humanas.
- O aumento das concentrações atmosféricas de gases de efeito estufa causará um significativo aquecimento global durante o século XXI.

As tendências de temperatura na época da redação deste livro (final de 2018) apoiavam fortemente essa última previsão. Os quatro anos desde a publicação do relatório do IPCC foram os quatro mais quentes desde que os dados começaram a ser registrados, em 1880. O ano mais quente já registrado, 2016, superou o recorde anterior, ocorrido um ano antes, em 0,13°C. Os dez anos mais quentes no registro ocorreram desde 1998; os

20 mais quentes ocorreram todos a partir de 1995. A superfície do nosso planeta está, sem dúvida nenhuma, ficando mais quente (Figura 14.5b).

Projetando a mudança climática no futuro

Quanto vai aquecer e como esse aquecimento global afetará os climas e ecossistemas locais? As projeções são incertas, primeiro, porque não entendemos completamente como o sistema do clima funciona (nossos modelos são incertos) e, segundo, porque as projeções dependem muito de como a população humana e a economia global evoluirão, incluindo o modo como os recursos energéticos serão explorados e que decisões políticas serão tomadas para limitar a emissão de gases do efeito estufa. O IPCC projeta aumentos nas concentrações atmosféricas de CO_2 em termos de uma série de cenários que representam as possibilidades. Cada cenário é caracterizado por uma **trajetória de concentração representativa** (TCR, em inglês, RCP, de *representative concentration pathway*) que corresponde ao saldo de concentração de gases de efeito estufa na atmosfera terrestre no ano de 2100. Três desses cenários estão ilustrados na Figura 14.8:

- **O cenário A** (linha vermelha) pressupõe a continuidade da dependência dos combustíveis fósseis como nossa principal fonte de energia e, logo, o aumento da concentração de gases de efeito estufa. Nesse cenário, chamado de "TCR 8,5" pelo IPCC, a concentração de dióxido de carbono atingiria 900 ppm em 2100, mais de três vezes o seu nível pré-industrial, e a forçante radiativa seria de 8,5 W/m^2 em 2100. A **forçante radiativa** devida a uma variável climática, a exemplo da concentração de gases de efeito estufa, é uma variação no balanço de energia da Terra entre a energia solar de entrada e a energia infravermelha térmica de saída quando a variável é alterada, enquanto todos os outros fatores permanecem constantes. Uma forçante radiativa de 8,5 W/m^2, que especifica esse cenário particular de TCR, pode ser comparada à forçante solar média de 240 W/m^2.
- **O cenário B** (linha verde, "TCR 6,0") pressupõe que as concentrações de dióxido de carbono começarão a se estabilizar na segunda metade do século XXI e atingirão pouco mais de 600 ppm, mais do que o dobro do nível pré-industrial, até 2100. Esse cenário reduz a forçante radiativa para 6,0 W/m^2, mas concretizá-lo exigiria uma grande transição na direção da energia nuclear e de fontes de energia renováveis, além de combustíveis fósseis com menor intensidade de carbono, como o gás natural. Como vimos no Capítulo 13, a queima de combustíveis fósseis ainda domina a economia de energia, apesar de que a transição para fontes de energia com menor fator de emissão de carbono já está em andamento.
- **O cenário C** (linha azul, "TRC 2,6") tem o pico nas concentrações de dióxido de carbono em torno de 2050, seguido por uma leve queda nas concentrações até se aproximarem do nível atual (400 ppm) até o final do século. Atingir um cenário com tão pouca forçante radiativa (2,6 W/m^2) exigiria uma conversão muito mais rápida de combustíveis fósseis para fontes alternativas mais limpas do que o cenário B.

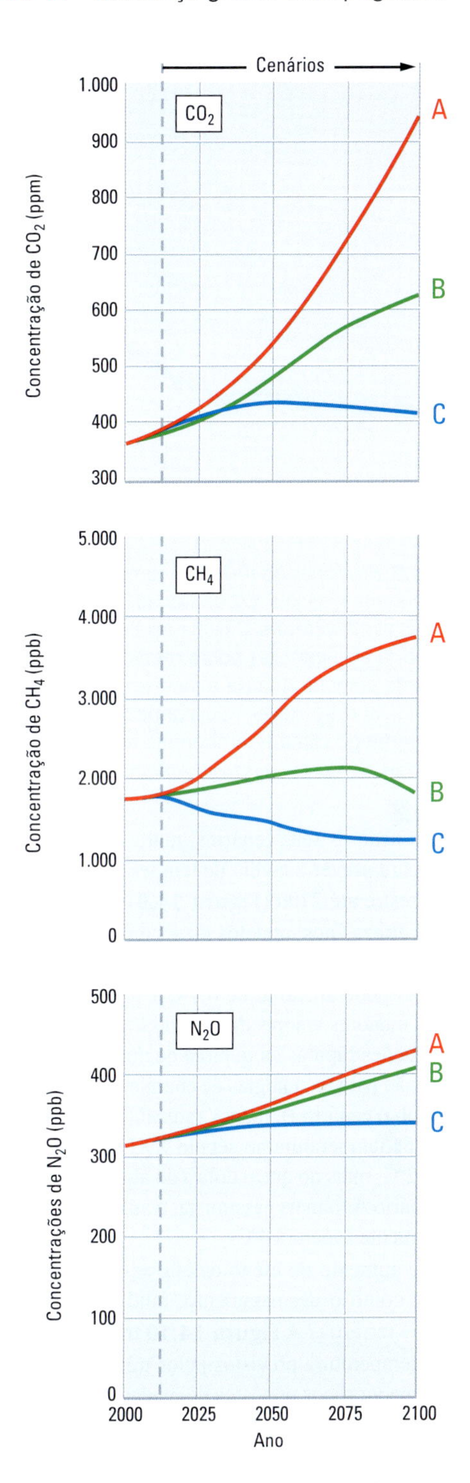

FIGURA 14.8 Três cenários ou "trajetórias de concentração representativa" (TRCs, em inglês, RCP, de *representative concentration pathways*) projetados pelo IPCC para o dióxido de carbono, o metano e o óxido nitroso durante o século XXI. O cenário A (linha vermelha) sugere a continuidade das altas taxas de queima de combustíveis fósseis (TCR 8,5); o cenário B (linha verde) sugere a estabilização das taxas de emissões na segunda metade do século XXI (TCR 6,0); o cenário C (linha azul) sugere uma conversão rápida para combustíveis não fósseis (TCR 2,6). [Dados de IPCC, *Climate Change 2013: The Physical Science Basis.*]

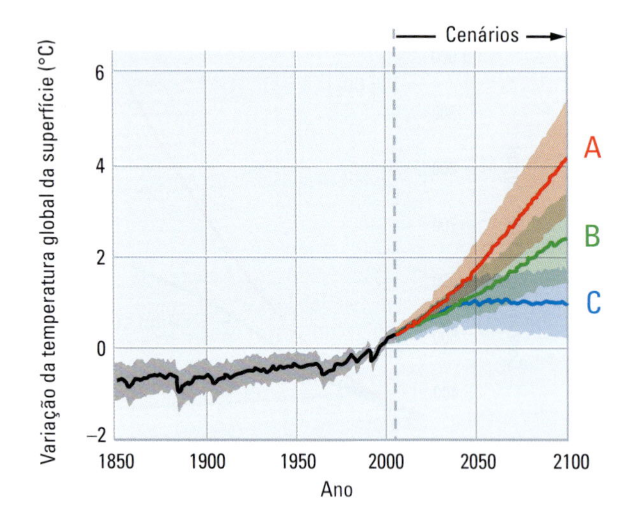

FIGURA 14.9 Previsões do IPCC das temperaturas médias da superfície durante o século XXI derivadas dos cenários A (linha vermelha), B (linha verde) e C (linha azul). A faixa sombreada em cinza indica as incertezas sobre medições passadas; a faixa sombreada colorida mostra a incerteza nas previsões de cada cenário, que se devem ao conhecimento incompleto sobre o sistema do clima e também às flutuações climáticas naturais. [Dados de IPCC, *Climate Change 2013: The Physical Science Basis*.]

O IPCC usou os seus cenários, junto com outros tipos de projeções, para prever a média de temperaturas globais da superfície terrestre até 2100 (**Figura 14.9**). Levando em conta algumas incertezas nos modelos do sistema Terra, a organização observou que os aumentos de temperatura globais durante o século XXI poderão variar de 0,5ºC a 5,5ºC, dependendo do cenário. Os menores valores do cenário C serão atingidos apenas por reduções rápidas da queima de combustíveis fósseis e pela conversão para tecnologias de energia limpa e eficiente em recursos. Sob o cenário B, menos radical (mas ainda otimista), o aumento de temperatura no século XXI provavelmente será de mais de 2ºC, mais do que o dobro do aquecimento do século XX. No cenário A, o mais pessimista, o aumento de temperatura provavelmente superará 4ºC.

Como o aumento do efeito estufa, associado a fatores relacionados, como o desmatamento, mudará as temperaturas da superfície terrestre? A **Figura 14.10** traz um mapa dos aumentos de temperatura previstos pelos três cenários do IPCC. Os padrões geográficos previstos de mudanças de temperaturas exibem algumas semelhanças com o padrão observado no aquecimento do final do século XX, na Figura 14.5. Sobretudo, o aquecimento é maior sobre a terra do que sobre os oceanos, e as regiões temperadas e polares do Hemisfério Norte mostram o maior aquecimento.

A população humana e a mudança global

A mudança global antropogênica está ligada inextricavelmente ao tamanho da população humana, que explodiu após a Revolução Industrial: de cerca de 1 bilhão de pessoas em 1800, hoje somos mais de 7,6 bilhões (**Figura 14.11**). A população é a variável dominante em todas as previsões sobre mudança antropogênica futura, tal é a força com que controla as emissões antropogênicas de gases de efeito estufa. Devido à sua dependência da população, as trajetórias de concentração representativa usadas pelo IPCC necessariamente adotam pressupostos implícitos sobre o crescimento populacional. A Figura 14.11 mostra curvas de crescimento populacional consistentes com esses cenários. As populações projetadas para o ano de 2100 variam de 12,4 bilhões no cenário A e 8,8 bilhões no cenário C.

Podemos comparar essas projeções baseadas em cenários com as previsões demográficas da Organização das Nações

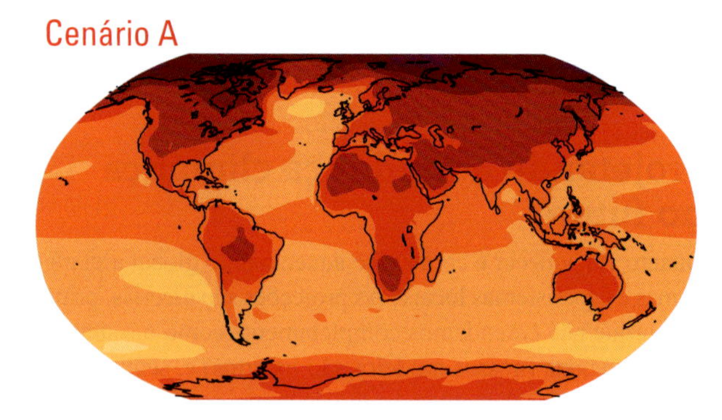

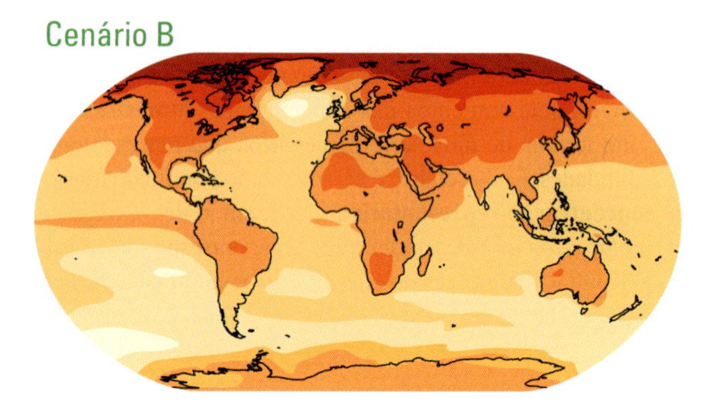

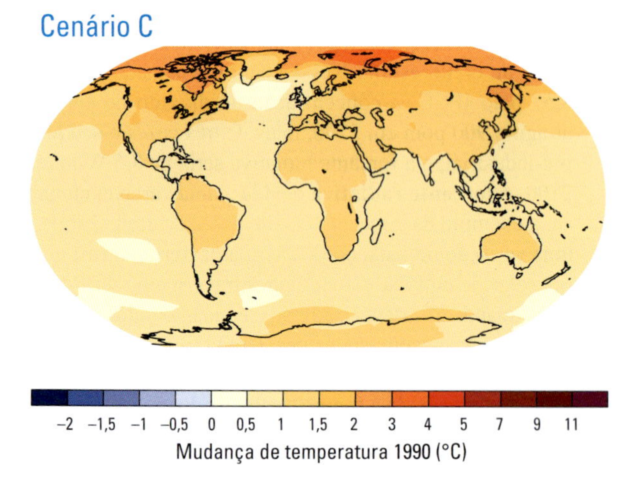

FIGURA 14.10 Temperaturas médias da superfície previstas para 2080–2100 pelos três cenários do IPCC, expressas como diferenças de temperaturas médias da superfície medidas no mesmo local durante o período entre 1986 e 2005. [Dados de IPCC, *Climate Change 2013: The Physical Science Basis*.]

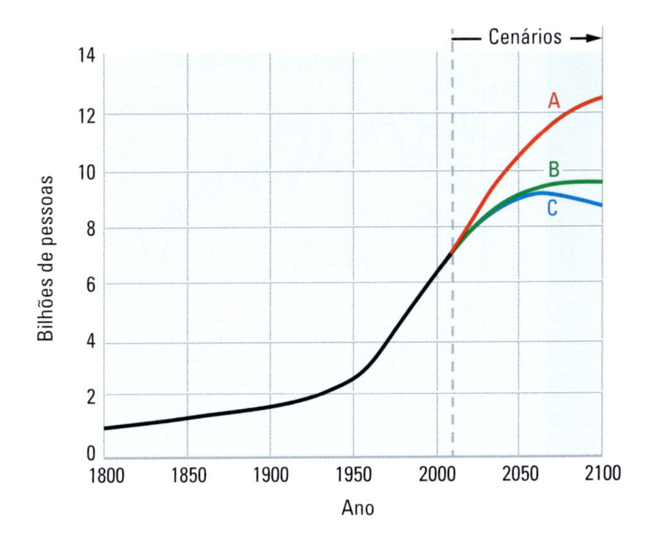

FIGURA 14.11 A linha preta marca o crescimento da população humana desde 1800. As linhas coloridas mostram o crescimento populacional futuro projetado pelos três cenários do IPCC da Figura 14.8. No cenário A (linha vermelha), a população mundial continua a crescer até o século XXII. No cenário B (linha verde), ela estabiliza-se no final do século XXI. No cenário C (linha azul), entra em queda após 2070. [Dados de IPCC, *Climate Change 2013: The Physical Science Basis*.]

Unidas. A projeção mediana da ONU, seu "melhor prognóstico", coloca a população humana em 11,3 bilhões de pessoas em 2100, no meio do caminho entre os cenários A e B. A ONU também atribui graus de incerteza às suas projeções. Quando os levamos em consideração, vemos que há mais de 85% de probabilidade de que a curva da população humana *real* fique em algum ponto na faixa entre os cenários A e C.

Entretanto, as probabilidades dadas pela ONU não estão distribuídas simetricamente nessa faixa. Há quase 80% de chance da trajetória populacional ficar entre os cenários A e B, mas menos de 5% de chance de ficar entre B e C. Em outras palavras, o cenário C é uma representação muito menos provável da mudança global futura do que A ou B. Na verdade, durante a última década, a população humana e suas emissões de gases de efeito estufa seguiram o cenário A de perto. Um futuro climático que se conforme com o cenário B está se tornando uma meta cada vez mais difícil.

As consequências da mudança climática

Como documentado pelo IPCC, as emissões humanas de gases de efeito estufa certamente causarão mais aquecimento global. Essas mudanças têm o potencial de afetar a civilização positiva e negativamente. Alguns climas regionais podem se tornar mais amenos e habitáveis, enquanto outros podem se deteriorar. No total, entretanto, a adaptação da civilização e da biosfera a um planeta muito mais quente não será fácil, e, com certeza, custará caro. Os autores, por exemplo, moram em Los Angeles, uma cidade que provavelmente ficará mais seca e mais quente. O **Quadro 14.1** lista alguns dos efeitos em potencial da mudança climática.

QUADRO 14.1 Efeitos em potencial da mudança climática nos ecossistemas e recursos

SISTEMA	EFEITOS EM POTENCIAL
Florestas e outros ecossistemas	Migração da vegetação; redução da variedade de ecossistemas; composição alterada dos ecossistemas
Diversidade de espécies	Perda de diversidade; migração de espécies; invasão de novas espécies
Pântanos costeiros	Inundação de pântanos; migração da vegetação pantaneira
Ecossistemas aquáticos	Perda de habitats; migração para novos habitats; invasão de novas espécies
Recursos costeiros	Inundação de estruturas costeiras; maior risco de enchentes
Recursos aquáticos	Mudanças em suprimentos de água; mudanças nos padrões de seca e enchentes; variações na qualidade da água
Agricultura	Mudanças no rendimento das lavouras; mudanças na produtividade relativa das regiões
Saúde humana	Mudanças na amplitude de ocorrência de organismos de doenças infecciosas; mudanças nos padrões de estresse térmico e doenças do frio
Energia	Aumento na demanda por resfriamento; queda na demanda por aquecimento; mudanças nos recursos de energia hidrelétrica

Fonte: Office of Technology Assessment, Congresso dos Estados Unidos.

Mudanças nos padrões meteorológicos regionais Em larga escala, os padrões geográficos da mudança climática no século XXI devem ser semelhantes aos observados nas últimas décadas. O IPCC documentou a possibilidade de continuação de uma série de tendências atuais de padrões meteorológicos regionais:

- A umidade relativa e frequência de eventos de precipitação intensa aumentaram sobre muitas áreas continentais de forma consistente com os aumentos observados de temperatura. Foi observada uma maior precipitação nas partes leste da América do Norte e do Sul, norte da Europa e Ásia setentrional e central. Por exemplo, 2018 foi o ano mais úmido registrado na história de muitas cidades do leste dos Estados Unidos, incluindo Washington D.C. e Pittsburgh.
- Observaram-se secas no Sahel, no Mediterrâneo, no sul da África e em partes do sul da Ásia. Secas mais intensas e de maior duração foram observadas sobre áreas maiores desde a década de 1970, sobretudo nos trópicos e subtrópicos.

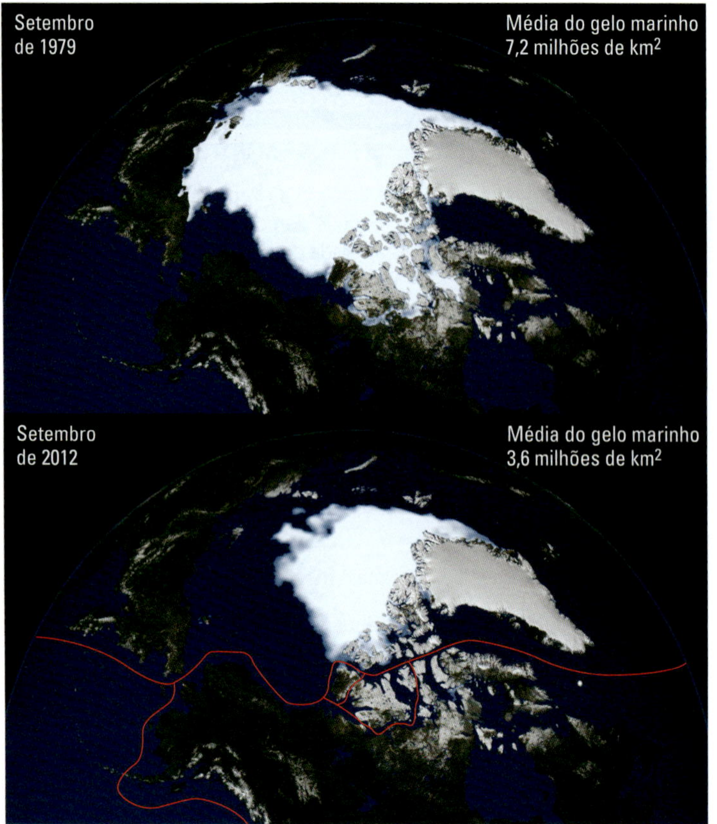

FIGURA 14.12 (a) O aquecimento global está derretendo a calota glacial do Ártico. Essas imagens do Ártico, derivadas de dados de satélite da NASA, comparam a extensão mínima da calota de gelo polar em 1979 (topo) com a extensão mínima em 2012 (embaixo). Um benefício de curto prazo para a sociedade humana poderia ser a abertura da Passagem do Noroeste e outras rotas marítimas mais curtas entre os oceanos Atlântico e Pacífico (as linhas vermelhas no quadro inferior). (b) O gráfico mostra que a extensão média do gelo marinho durante o mês de setembro diminuiu desde 1979. [NASA/Goddard Scientific Visualization Studio.]

- Foram observadas mudanças generalizadas nos extremos de temperatura nos últimos 50 anos. Dias e noites frios e geadas ficaram menos frequentes, enquanto dias e noites quentes e ondas de calor tornaram-se mais frequentes.
- A atividade intensa de furacões no Atlântico Norte aumentou de forma consistente com os aumentos das temperaturas da superfície marinha. Embora não exista uma tendência nítida de aumento no número anual de furacões, o número de furacões muito fortes (tempestades de categoria 4 e 5) quase dobrou nas últimas três décadas.

Mudanças na criosfera Em nenhum lugar os efeitos do aquecimento global são mais evidentes do que nas regiões polares. O volume de gelo marinho no Oceano Ártico está diminuindo com o tempo. A cobertura de gelo marinho em setembro de 2012 foi a mais baixa daquele mês desde o início dos registros por satélite em 1978: 3,6 milhões de quilômetros quadrados, uma redução por um fator de 2 em relação ao mínimo de 1979, de 7,2 milhões de quilômetros quadrados (**Figura 14.12**). Segundo os modelos climáticos, grande parte do Oceano Ártico ficará sem gelo em algumas décadas. A diminuição do gelo marinho já está abalando gravemente os ecossistemas árticos (**Figura 14.13**).

As temperaturas no topo da camada do permafrost no Ártico – o solo exposto permanentemente congelado dos continentes árticos (ver Capítulo 15) – subiram 3°C desde a década de 1980, e seu derretimento está desestabilizando estruturas, como o oleoduto Trans-Alasca. A área máxima coberta pelo solo congelado sazonalmente diminuiu cerca de 7% no Hemisfério Norte desde 1900, com uma redução na primavera de até 15%. As geleiras de vales em latitudes mais baixas recuaram durante o aquecimento do século XX (**Figura 14.14**). As 37 geleiras restantes no Parque Nacional das Geleiras perderam cerca de 40% da sua massa no último meio século, e a maioria delas desaparecerá nos próximos 50 anos.

FIGURA 14.13 A mudança climática já está perturbando os ecossistemas árticos e afetando negativamente o hábitat de animais nativos do Ártico, como os ursos polares. [Ralph Lee Hopkins/Getty Images.]

FIGURA 14.14 Geleira Boulder, no Parque Nacional das Geleiras, em 1932 (esquerda) e 2005 (direita). [Foto cortesia de T.J. Hileman, Glacier National Park Archives (*esquerda*); foto de Greg Pederson, U.S. Geological Survey (*direita*).]

Aumento do nível do mar O derretimento do gelo marinho não afeta o nível do mar, mas o nível do mar sobe se as geleiras continentais derretem. O nível do mar também sobe à medida que aumenta a temperatura da água oceânica, o que expande o seu volume total. O nível do mar aumentou mais de 200 mm desde a Revolução Industrial, e está atualmente subindo em torno de 3 mm por ano. A maior parte desse aumento se deve ao aquecimento dos oceanos (ver Pratique um Exercício de Geologia neste capítulo).

Os modelos climáticos baseados em cenários do IPCC indicam que o nível do mar pode subir em até um metro durante o século XXI (Figura 14.15), o que criaria problemas graves para países de elevação baixa, como Bangladesh (Figura 14.16). Países insulares, como as Maldivas, onde as maiores elevações não passam de alguns metros acima do mar, ficarão especialmente vulneráveis (ver foto de abertura do capítulo). Na Costa Leste e Costa do Golfo dos Estados Unidos, enchentes durante ressacas costeiras, como aquelas observadas nos Furacões Katrina (2005), Sandy (2012) e Michael (2018), podem tornar-se muito piores. Algumas partes do sudeste dos Estados Unidos já estão sofrendo inundações de marés de cidades litorâneas durante as marés mais altas, também chamadas de "super-marés", que ocorrem uma ou duas vezes por ano (Figura 14.17).

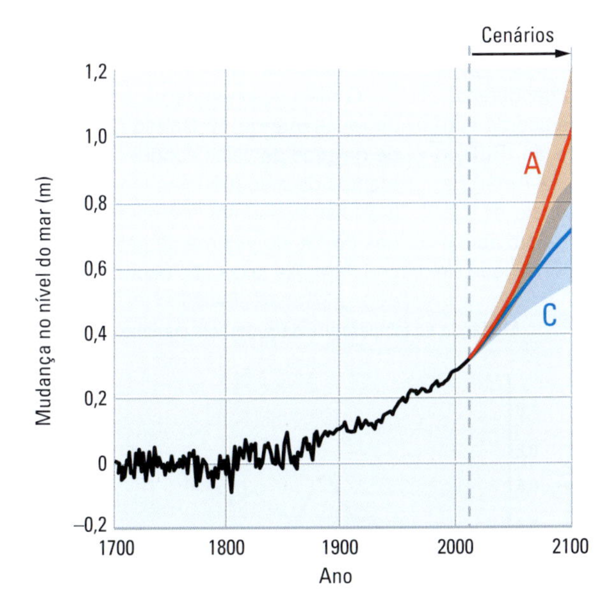

FIGURA 14.15 Aumento do nível do mar, 1700–2100. A linha preta mostra o valor observado até 2010. A curva vermelha é a previsão do IPCC para o aumento futuro do nível do mar durante o resto do século XXI, de acordo com o cenário B; a curva azul é a previsão de acordo com o cenário C.

O derretimento dos mantos de gelo continentais que cobrem a Antártida e a Groenlândia por ora teve uma pequena contribuição no aumento do nível do mar. No entanto, o processo de adelgaçamento glacial está aumentando, principalmente pela aceleração do fluxo glacial. As observações de satélite revelam que acelerações do fluxo de 20 a 100% ocorreram na última década (ver Capítulo 15). Os climatologistas preocupam-se que essas acelerações continuarão à medida que as regiões polares se aquecem e que a perda gelo levará a mais aquecimento devido à retroalimentação do albedo descrita no Capítulo 12.

Migração de espécies e de ecossistemas À medida que os climas local e regional mudam, os ecossistemas mudarão com eles. Muitas espécies vegetais e animais terão dificuldade

FIGURA 14.16 Vilarejo inundado ao sul de Dhaka, Bangladesh. [Yann Arthus-Bertrand/Getty Images.]

de se ajustarem à mudança climática rápida ou de migrarem para climas mais adequados. O relatório mais recente do IPCC sobre o aquecimento global estima que, sob condições semelhantes às do cenário B, 18% de todas as espécies de insetos e 16% de todas as plantas perderão mais de metade do seu hábitat climático até 2100.

O estresse nos ecossistemas será maior nas zonas áridas do que nas úmidas. Os desertos e a vegetação árida invadirão a zona climática do Mediterrâneo, por exemplo, e causarão mudanças que os seres humanos não testemunham há mais de 10.000 anos. Muitos impactos nos ecossistemas serão maiores nas altas latitudes, pois as taxas de aquecimento no inverno estarão muito acima da média global. A tundra e as florestas boreais de alta latitude estão especialmente em risco; arbustos lenhosos já estão invadindo a tundra.

Os organismos marinhos enfrentam níveis progressivamente menores de oxigênio e altas taxas de acidificação oceânica;

FIGURA 14.17 Marés sazonais altas combinadas com o aumento do nível do mar causaram enchentes em Miami Beach, Flórida (EUA), em 29 de setembro de 2015. [Joe Raedle/Getty Images.]

PRATIQUE UM EXERCÍCIO DE GEOLOGIA

Por que o nível do mar está subindo?

Durante o século XX, o nível do mar subiu em torno de 200 mm e está atualmente aumentando a uma taxa aproximada de 3 mm por ano, como mostra a figura abaixo. Por que o nível do mar está subindo?

Sabemos que o aquecimento antropogênico das regiões polares está reduzindo o volume de gelo marinho e causando a fragmentação de grandes plataformas de gelo. Porém, devido à isostasia, essa diminuição do volume do gelo flutuante não contribui para o aumento do nível do mar (ver Capítulo 15). O gelo derretido somente altera o nível do mar se o gelo estiver no continente, e não flutuando na água (ver Figura 15.13).

A maior parte do gelo mundial está contida nas enormes geleiras continentais que cobrem a Antártida e a Groenlândia. O aquecimento global estaria fazendo com que esses mantos de gelo derretam mais rapidamente do que podem ser regenerados por novas precipitações de neve? Instrumentos por radar em satélites orbitando a Terra podem medir diretamente as mudanças no volume de gelo de uma região. Os resultados foram surpreendentes.

Em primeiro lugar, de acordo com a avaliação mais recente do IPCC, o manto de gelo do leste da Antártida, o maior reservatório de gelo do planeta, *ganhou* massa de gelo a aproximadamente 21 Gt/ano no período de 1993–2010. Mudanças climáticas recentes nitidamente aumentaram a precipitação de neve no leste da Antártida. Essa acumulação resultante é uma boa notícia, pois subtrai qualquer aumento do nível do mar. Infelizmente, o manto de gelo da Antártida Ocidental está perdendo massa a uma velocidade muito maior, de cerca de 118 Gt/ano, e o manto de gelo menor da Groenlândia perde cerca de 121 Gt/ano.

O mais surpreendente é uma perda resultante de 57 Gt/ano da massa de geleiras de vales continentais e de mantos de gelo menores (como os da Islândia), que juntos representam menos de 1% do volume de gelo total da criosfera. As taxas são especialmente

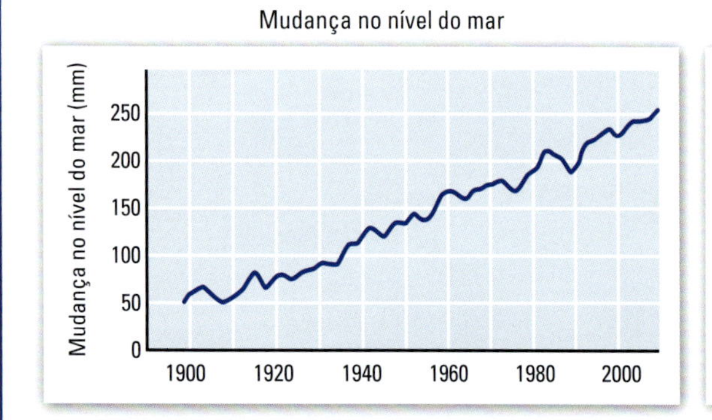

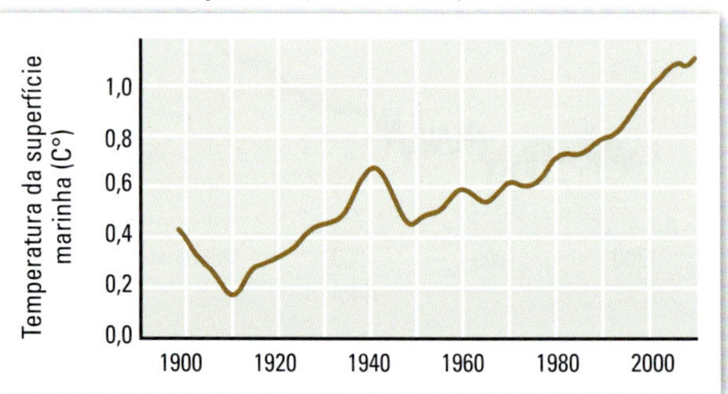

Durante o século XX, o nível do mar subiu aproximadamente 200 mm (painel à esquerda), e a temperatura média global da superfície do mar aumentou cerca de 1°C (painel à direita). [Dados sobre mudança no nível do mar de B. C. Douglas; dados sobre mudança na temperatura da superfície marinha do British Meteorological Office.]

o estresse ecológico será exacerbado pelos extremos crescentes da temperatura oceânica. As mudanças nas temperaturas da água farão com que algumas espécies móveis, como plânctons e peixes, transfiram-se para latitudes maiores. Novos ecossistemas podem surgir. Os recifes de coral, que movem-se muito lentamente, e ecossistemas polares, que não têm para onde ir, estão especialmente vulneráveis (**Figura 14.18**). Os ecossistemas que não têm como migrar com a mudança climática ou adaptar-se às suas consequências poderão sofrer perturbações e até entrar em colapso. Sob os cenários climáticos mais favoráveis, a maior parte dos recifes de coral de águas quentes em existência na atualidade desaparecerão até 2100; cenários mais realistas preveem perdas catastróficas de mais de 99%.

FIGURA 14.18 Branqueamento de corais nas Maldivas, no Oceano Índico. [the ocean agency / xl catlin seaview survey.]

O potencial de mudanças catastróficas no sistema do clima As atuais concentrações atmosféricas de dióxido de carbono e de metano ultrapassam em muito qualquer

altas para as geleiras de vales de regiões temperadas e tropicais, que estão desaparecendo rapidamente (ver Figura 14.14).

A soma desses números resulta em 275 Gt/ano para a taxa atual de perda de gelo continental. Basicamente, toda essa massa vai para o oceano. Uma gigatonelada de água ocupa um quilômetro cúbico (sua densidade é 1 g/cm^3), então o aumento do volume do oceano é em torno de 275 km^3 por ano. Podemos converter essa mudança de volume em mudança do nível do mar usando a fórmula

aumento do nível do mar = *aumento do volume do oceano ÷ área do oceano*

No Apêndice 2, vemos que a área do oceano é de $3{,}6 \times 10^8$ km^2, então:

aumento do nível do mar = 275 km^3/ano $\div 3{,}6 \times 10^8$ km^2 = $7{,}6 \times 10^{-7}$ km/ano

ou cerca de 0,8 mm/ano.

Esse número é apenas uma fração da taxa atual de aumento do nível do mar. O restante está vindo do aquecimento do próprio oceano. Mais de 90% do calor gerado pelo efeito estufa intensificado é absorvido pelos oceanos. Em média, a temperatura da superfície marinha aumentou quase 1°C no último século, o que causou a expansão da água na porção superior do oceano em uma fração minúscula, em torno de 0,01%. Esse pequeno aumento de volume pode explicar a maior parte do aumento de 200 mm no nível do mar durante aquele período. Se o clima da Terra mudar de acordo com o cenário A, a temperatura média da superfície marinha poderá aumentar em até 2,7°C durante o século XXI, com mudanças ainda maiores em algumas regiões litorâneas (ver figura abaixo).

PROBLEMA EXTRA: Se a água do mar expandir 0,01% para cada 1°C de aumento da temperatura, qual é a profundidade da camada do oceano que deve ser aquecida para que 1°C explique o aumento do nível do mar de 200 mm no século XX?

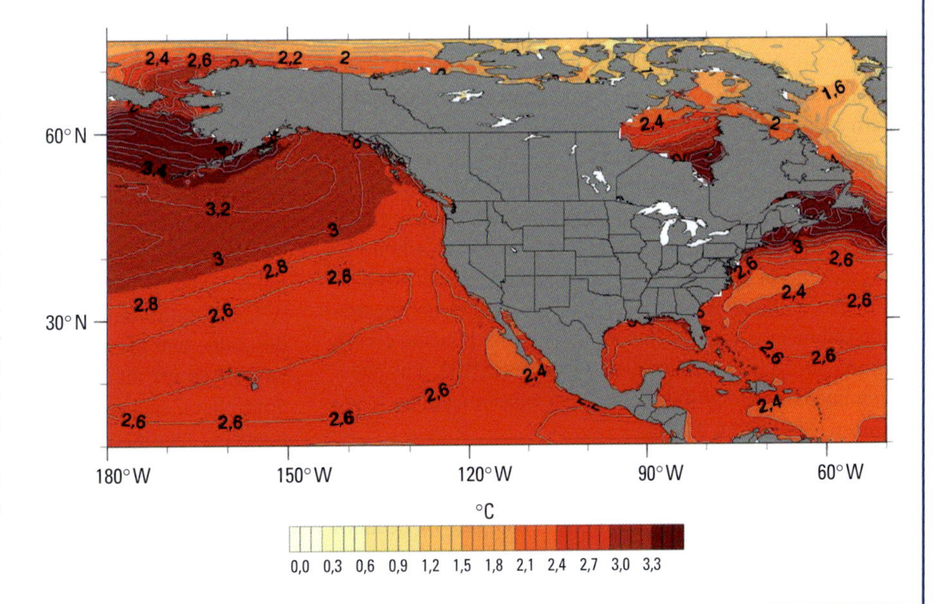

Mudanças projetadas na temperatura da superfície marinha (°C) do litoral dos Estados Unidos sob o cenário A. O mapa mostra a diferença entre a temperatura média da superfície marinha para o período de 2050–2099 e as temperaturas médias da superfície marinha para 1956–2005. [NOAA, de *Climate Science Special Report: Fourth National Climate Assessment*, Volume I. Wuebbles, D.J., D.W. Fahey, K.A. Hibbard, D.J. Dokken, B.C. Stewart e T.K. Maycock (eds.). U.S. Global Change Research Program.]

registro dos últimos 800 mil anos (ver Figura 14.2). Nosso sistema do clima está entrando em território desconhecido. Há quem critique as projeções do IPCC sobre mudança climática, dizendo que geram uma ansiedade desnecessária, mas a maioria dos cientistas acredita que essas projeções são conservadoras demais porque não consideram de forma adequada algumas das retroalimentações positivas que poderiam aumentar significativamente tal mudança. A seguir, descrevemos alguns exemplos de retroalimentação e de divisores de água que poderiam criar mudanças mais catastróficas do que as observações atuais preveem.

- *Aceleração da mudança climática pela retroalimentação do albedo.* O *albedo* da Terra é a fração da energia solar refletida pela sua superfície. A retroalimentação do albedo ocorre quando o aumento da temperatura reduz o acúmulo de gelo e neve na criosfera, o que diminui o albedo e aumenta a energia térmica que a superfície terrestre absorve. Esse aumento do aquecimento faz a temperatura subir, constituindo-se em uma retroalimentação positiva. Os modelos climáticos incluem explicitamente essa forma importante de retroalimentação, que foi contabilizada nas projeções do IPCC, mas aspectos do problema, como a retroalimentação neve-albedo de curto prazo e a retroalimentação do albedo das nuvens, ainda são incertos.
- *Desestabilização das geleiras continentais.* O derretimento superficial da geleira da Groenlândia em 2012 foi o maior já registrado, e as correntes glaciais no manto de gelo estão acelerando-se muito mais do que o esperado. Se as geleiras da Groenlândia e da Antártida começarem a perder gelo em uma velocidade maior do que a reposição do gelo pela precipitação de neve, o aumento do nível do mar poderia superar as previsões do IPCC. A melhor estimativa para a Groenlândia coloca esse limite em apenas 0,6°C acima do nível atual de aquecimento global, condições que serão atingidas até meados do século, mesmo sob as projeções otimistas do cenário C.
- *Liberação de carbono dos sedimentos do assoalho oceânico e do permafrost.* A liberação massiva de metano de sedimentos do assoalho oceânico raso ocorrida há cerca de 55 milhões de anos poderia ter causado um aquecimento global abrupto e levado à extinção em massa no limite Paleoceno-Eoceno. Hoje, há muito mais carbono orgânico armazenado em sedimentos do assoalho oceânico raso e no *permafrost* do que foi liberado no fim do Paleoceno. Se o aquecimento global começar a descongelar os depósitos de carbono, a retroalimentação poderia intensificar o aquecimento. Os modelos indicam que o dióxido de carbono liberado do *permafrost* pode ter um papel significativo na mudança climática durante este século. O metano liberado de sedimentos do assoalho oceânico provavelmente contribuirá pouco para o aquecimento global até 2100, mas poderia intensificar significativamente o aquecimento no longo prazo (**Figura 14.19**).
- *Redução da circulação termo-halina.* O aquecimento antropogênico da superfície marinha, que reduz a densidade das águas superficiais, está fazendo com que os oceanos tornem-se mais estratificados. A estratificação está se fortalecendo porque novos padrões de precipitação e evaporação estão reduzindo a salinidade e, logo, a densidade da água do mar nas latitudes médias e altas. O resultado é impedir que águas superficiais afundem na circulação termo-halina dos oceanos (ver Figura 12.5). Sob o cenário A, a circulação termo-halina pode enfraquecer-se em até 10 a 50%, o que resultaria em menor absorção de calor e CO_2 pelo oceano – uma retroalimentação positiva para o aquecimento global. Grandes mudanças na Corrente do Golfo, uma corrente forte na circulação termo-halina, poderiam alterar os climas da América do Norte e da Europa.

FIGURA 14.19 Bolhas de gás metano congeladas em gelo transparente no Lago Baikal, próximo à fronteira entre Rússia e Mongólia. [Streluk/Getty Images.]

Acidificação oceânica

Além de estarem se aquecendo, a química dos oceanos está mudando. A *acidificação oceânica*, também chamada de "gêmeo malvado" do aquecimento global, também se origina da queima de combustíveis fósseis. Cerca de 30% do dióxido de carbono emitido na atmosfera pelas atividades humanas é absorvido pelos oceanos (ver Figura 12.20). O dióxido de carbono reage com a água do mar para formar ácido carbônico, que é seguido por uma série de reações (mostradas na Figura 12.18) que acabam por lixiviar íons de carbonatos da água. O aumento na acidez da água do mar e a diminuição resultante da concentração de íons de carbonatos inibe os processos de calcificação que as criaturas marinhas usam para formar suas conchas e que os pólipos de corais usam para formar recifes de coral.

Voltando às aulas de química da escola, você deve lembrar que a acidez de uma solução aquosa é medida na escala de pH. À temperatura ambiente, uma solução neutra, como a água destilada, tem pH de 7. Soluções mais alcalinas (básicas) têm valores de pH maiores (~11 para a amônia usada na limpeza doméstica), enquanto as soluções mais ácidas têm valores menores (~2 para o suco de limão). O pH médio atual dos oceanos é de 8,1, de modo que está no lado alcalino da escala (em um oceano acidulado, não cresceriam nenhuma concha ou coral). O teor de dióxido de carbono do oceano acompanha a subida da curva de Keeling, então o pH da água do mar está em queda (**Figura 14.20**). A diminuição total desde a Revolução Industrial foi de cerca de 0,1 unidade de pH.

Essa diferença de pH pode parecer pequena, mas lembre-se que a escala de pH, assim como a escala Richter para medição de terremotos, é uma escala logarítmica de base 10. Uma unidade representa um fator de dez na concentração de íons de H^+, então uma diminuição de 0,1 unidade de pH representa um aumento de 26% na acidez da água do mar ($10^{0,1} = 0,259$). As reações bioquímicas necessárias para sustentar a vida são bastante sensíveis a pequenas variações no pH. Por exemplo, seu corpo normalmente regula o pH do seu sangue dentro de uma faixa bastante estreita, em torno de 7,4. Uma diminuição súbita de 0,2–0,3 unidade de pH pode colocá-lo em coma ou até matá-lo. Da mesma forma, uma pequena mudança no pH da água do mar pode prejudicar a vida marinha.

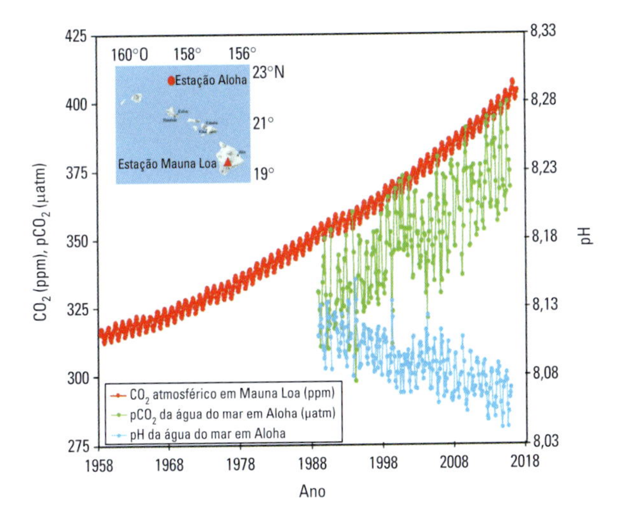

FIGURA 14.20 Comparação da curva de Keeling do Observatório de Mauna Loa (linha vermelha) com o conteúdo de CO_2 (pontos verdes) e acidez (pontos azuis) de amostras da água do mar extraídas na Estação Aloha, ao norte de Oahu (ver mapa no quadro). O conteúdo de CO_2 da atmosfera é medido em partes por milhão, enquanto o conteúdo de CO_2 da água do mar é medido como uma pressão parcial, em milionésimos de uma atmosfera (escala à esquerda); a acidez é medida em unidades de pH (escala à direita). [NOAA PMEL Carbon Program.]

É provável que a acidificação oceânica afete muitos tipos de organismos marinhos, não apenas os que têm conchas e esqueletos. As anêmonas e as medusas, por exemplo, parecem ser suscetíveis até a pequenas mudanças na acidez da água do mar, e aumentos maiores causam mudanças na química da água do mar que podem prejudicar a saúde de ouriços-do-mar e de lulas. A crescente acidez das águas da superfície oceânica também deve afetar as concentrações de metais-traço, como o ferro, um nutriente essencial ao crescimento de muitos organismos. Os ecossistemas oceânicos em latitudes mais elevadas normalmente têm menos flexibilidade para lidar com o influxo de acidez e apresentam condições corrosivas sazonais mais cedo do que os ecossistemas de latitudes baixas.

À medida que as atividades humanas continuam a bombear mais CO_2 para a atmosfera, o oceano continuará a se acidificar a uma velocidade inédita desde a era Cenozoica. Sob o cenário A, o pH da água superficial provavelmente cairá de 8,1 para 7,8 ou 7,7, o que corresponde a um aumento na acidez de 100 a 150% (**Figura 14.21**). Em janeiro de 2009, mais de 150 oceanógrafos de 26 países, reunidos sob o patrocínio das Nações Unidas, publicaram a Declaração de Mônaco, que afirma: "Estamos profundamente preocupados com as mudanças rápidas e recentes na química dos oceanos e com seu potencial, dentro de algumas décadas, de afetar gravemente os organismos marinhos... Danos severos são iminentes". Os cientistas mencionaram especificamente observações de diminuições no peso dos crustáceos relacionadas à acidificação e de crescimento desacelerado dos recifes de coral.

Ainda não se sabe se os organismos marinhos podem se adaptar às mudanças que estão por vir, mas os efeitos sobre a sociedade humana poderão ser consideráveis. No curto prazo, danos a ecossistemas de recifes de coral e às indústrias da pesca e do turismo que dependem deles podem resultar em perdas econômicas de até muitos bilhões de dólares por ano. No longo prazo, mudanças na estabilidade de recifes costeiros podem reduzir a proteção que oferecem às costas, e também pode haver efeitos diretos e indiretos sobre espécies de peixes e crustáceos de importância comercial.

A acidificação oceânica é basicamente irreversível durante nossas vidas. Mesmo que consigamos, por mágica, reduzir a concentração atmosférica de CO_2 ao nível de 200 anos atrás, seria preciso dezenas de milhares de anos para que a química oceânica retornasse às condições que existiam naquela época.

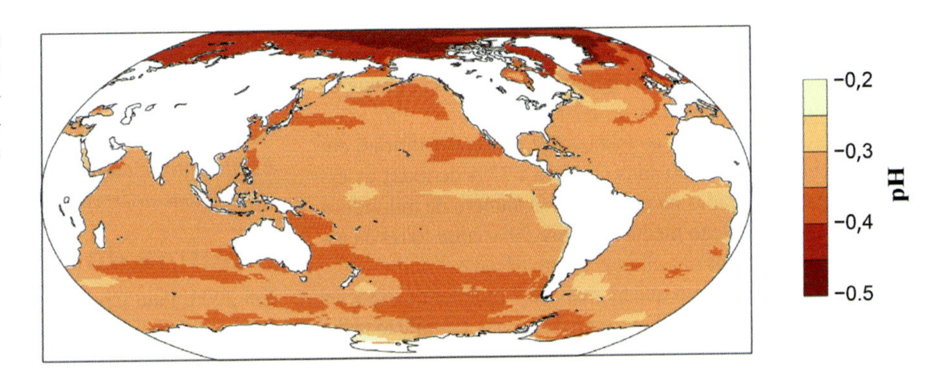

FIGURA 14.21 Previsão de mudança do pH da superfície marinha em 2090–2099 em relação a 1990–1999 sob o cenário A. [U.S. Environmental Protection Agency.]

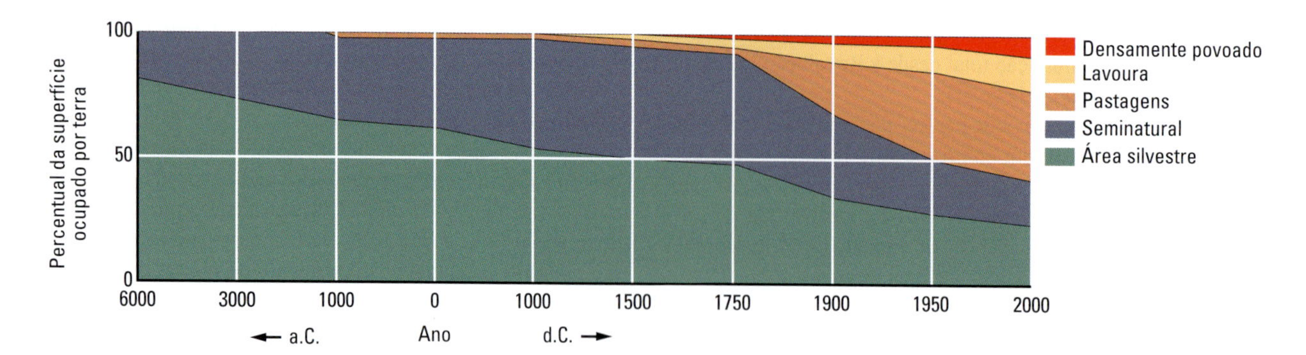

FIGURA 14.22 A transformação antropogênica da biosfera pode ser medida pelo uso do solo, mostrada aqui para últimos 8.000 anos na forma de porcentagens da área continental livre de gelo. A área ocupada pelos assentamentos humanos (vermelho) ou usada pelos seres humanos para a lavoura (amarelo) ou pastagens (laranja) aumentou de menos de 10% em 1750 para quase 60% em 2000. A escala de tempo não é linear. [Dados de E. C. Ellis, 2011, *Proceedings of the Royal Society of London, 369*, 1015–1035.]

Perda de biodiversidade

Os seres humanos têm alterado a biosfera terrestre desde antes do desenvolvimento da agricultura, cerca de 8.000 anos atrás, quando levaram espécies à extinção e transformaram ecossistemas inteiros. As populações neolíticas de alguns poucos milhões de indivíduos afetaram, de modo que se pode dimensionar, até 20% das terras globais livres de gelo, mas ocupavam diretamente apenas uma pequena parcela do que, na época, era um imenso território silvestre. A ocupação humana do solo continuou a ser uma pequena fração do total mundial entre as revoluções agrícola e industrial. Em 1750, menos de 10% das terras globais eram ocupadas por assentamentos ou usadas diretamente na agricultura ou pecuária (**Figura 14.22**). A explosão populacional subsequente elevou essa fração para quase 60% no ano 2000.

Segundo as Nações Unidas, mais de 150 mil km^2 de florestas tropicais – cerca de 1% do recurso total – estão sendo convertidos, por ano, para outros usos do solo, principalmente para fins de agricultura, e o desmatamento continua a aumentar. Em 1950, as florestas cobriam aproximadamente 25% do Haiti (um país em uma ilha do Caribe do tamanho do Estado de Alagoas, no Brasil); sua área florestal está atualmente em menos de 2% (**Figura 14.23**). Outros países em desenvolvimento enfrentam problemas semelhantes.

Considerando essas taxas de perda de hábitat, não surpreende o fato de que o número de espécies existentes – a medida mais importante de biodiversidade – está diminuindo. Cerca de um quarto das espécies de pássaros da Terra entrou em extinção nos dois últimos milênios, e biólogos documentaram recentemente quedas perturbadoras nas populações de insetos. A abundância de invertebrados como besouros e abelhas caiu mais de 45% nos últimos 40 anos.

Entre os vertebrados, ao menos 322 espécies entraram em extinção nos últimos 500 anos, e de 16 a 33% de todas as espécies estão ameaçadas ou em perigo. O número de indivíduos sofreu uma diminuição média de quase 30% entre todas as espécies de vertebrados nas últimas quatro décadas.

Os biólogos estimam que há mais de 9 milhões de espécies diferentes vivas no planeta hoje, embora apenas 1,5 milhão tenha sido oficialmente classificada. Essa falta de dados significa que é difícil quantificar as taxas de extinção. Estimativas aproximadas sugerem que de 10.000 a 60.000 espécies são perdidas todos os anos. Alguns cientistas acreditam que até um quinto de todas as espécies pode vir a desaparecer nos próximos 30 anos e que até metade delas pode ser extinta durante o século XXI. Um biólogo respeitado, Peter Raven, apresentou o problema de forma direta:

FIGURA 14.23 Atualmente, o Haiti, no Caribe, tem índices de desmatamento de 98%. A foto mostra a paisagem marrom do Haiti em forte contraste com o verde rico das florestas da República Dominicana, no outro lado da ilha. [James P. Blair/National Geographic/Getty Images.]

Estamos enfrentando um episódio de extinção de espécies maior do que qualquer coisa que o mundo já sofreu nos últimos 65 milhões de anos. De todos os problemas globais que nos desafiam, este é o que está se movendo com maior velocidade e o que terá as consequências mais sérias. E, diferente de outros problemas ecológicos globais, este é completamente irreversível.

A aurora do Antropoceno

Em 2003, Paul Crutzen, um químico atmosférico ganhador do Prêmio Nobel, propôs o reconhecimento de uma nova época geológica: o **Antropoceno**, ou Idade do Homem, que teria

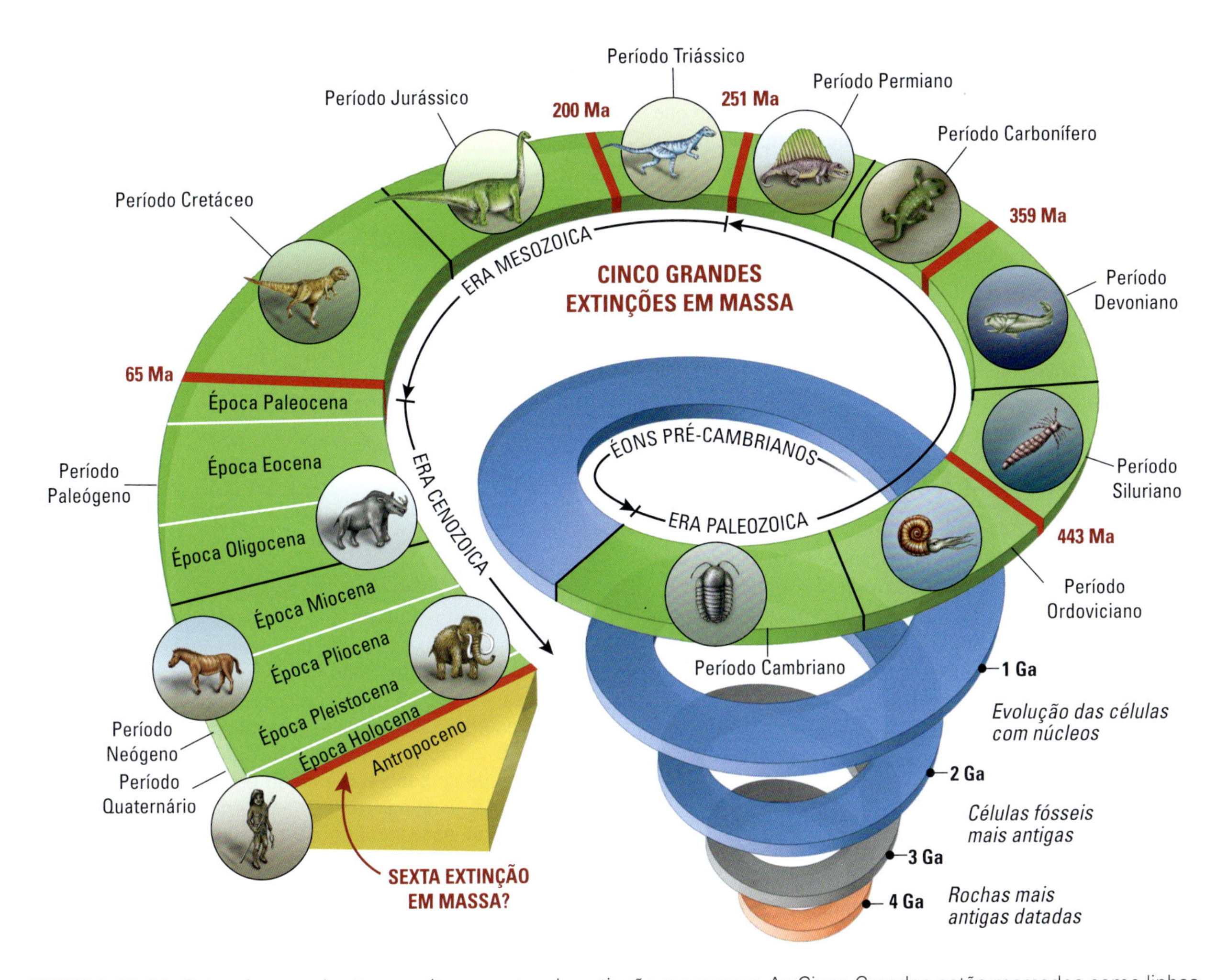

FIGURA 14.24 O éon fanerozoico teve muitos eventos de extinção em massa. As Cinco Grandes estão marcados como linhas vermelhas nesta espiral do tempo geológico. A transição atual do Holoceno para o Antropoceno provavelmente marcará uma sexta extinção em massa.

começado em torno de 1780, quando o motor a vapor movido a carvão de James Watt lançou a Revolução Industrial. As mudanças globais que marcam o limite entre o Holoceno e o Antropoceno ainda estão em andamento, então os geólogos do futuro poderão posicionar tal limite em alguma data diferente. Como aconteceu com muitos limites geológicos anteriores, o principal marcador será uma extinção em massa.

Alguns observadores, como o sociobiólogo E. O. Wilson e a jornalista científica Elizabeth Kolbert, chegaram ao ponto de chamar o rápido declínio atual da biodiversidade mundial de "Sexta Extinção", posicionando-a na mesma classificação que as "Cinco Grandes" extinções em massa do Éon Fanerozoico (ver **Figura 14.24** e o texto de Kolbert na revista *The New Yorker* de 25 de maio de 2009). As causas das Cinco Grandes extinções foram diferentes, mas todas ficaram marcadas no registro geológico pelas perdas de mais de três quartos de todas as espécies. Quantos anos demorará para que as taxas de extinção atuais produzam perdas equivalentes às Cinco Grandes? Não muitos.

Se todas as espécies "ameaçadas" entrarem em extinção neste século e essa taxa continuar, a magnitude da extinção entre os vertebrados terrestres chegaria ao nível das Cinco Grandes (75%) em um período surpreendentemente curto: cerca de 240 anos para os anfíbios terrestres, 330 anos para os mamíferos e 540 anos para as aves. Se limitarmos as extinções apenas para as espécies "criticamente ameaçadas" no próximo século e se essas taxas continuarem assim no futuro, aumentará o tempo por um fator de quatro, o que ainda é de uma rapidez ultrassônica em comparação com as taxas de extinção das Cinco Grandes. As taxas de extinção atuais da fauna oceânica não são tão conhecidas quanto as terrestres, mas a situação é igualmente devastadora. Sob os cenários de mudança climática mais plausíveis (A e B), o branqueamento e as mortandades em massa destruirão todos os recifes de coral antes do final do século, o que provavelmente causará o colapso dos ecossistemas baseados neles. A biomassa dos peixes que alimentam boa parte da humanidade também continuará a diminuir.

Ainda debate-se quais as principais assinaturas do Antropoceno que deveriam ser usadas para definir o verdadeiro início da época. Um forte candidato é o evento que ocorreu na metade do século XX, quando as explosões atômicas precipitaram, pela primeira vez, isótopos radiogênicos de longa duração, como plutônio-239, facilmente detectável no registro estratigráfico. Em torno dessa época, as emissões produzidas pela queima de combustíveis fósseis também se tornaram evidentes como uma mudança distintiva nas composições dos isótopos de carbono.

Há outras perspectivas. Os arqueólogos concordam que os impactos humanos na Terra são radicais o suficiente para merecer o próprio nome de época, mas defendem que a impressão humana no registro geológico – o início do Antropoceno – está visível há milhares de anos. Outros observadores diriam "ainda não": a extinção em massa em andamento deixará sua marca mais clara em algum momento no futuro. A autoridade final sobre questões relativas à escala do tempo geológico é a Comissão Internacional de Estratigrafia, que formou um grupo de trabalho para recomendar a definição do limite entre o Holoceno e o Antropoceno.

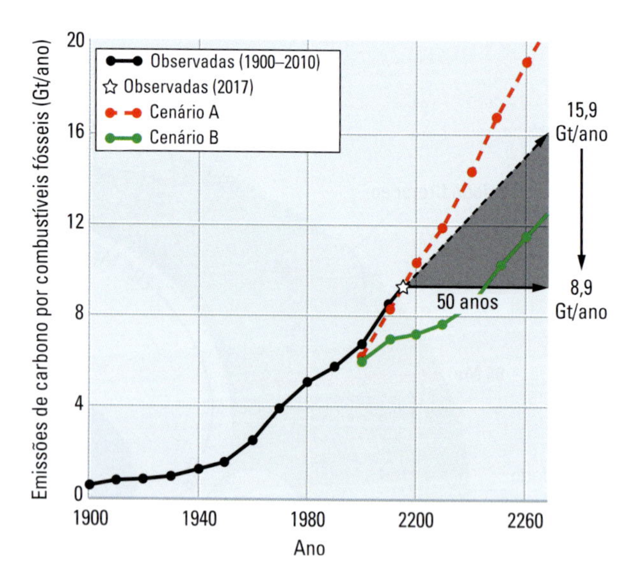

FIGURA 14.25 Emissões de dióxido de carbono por consumo de combustíveis fósseis, medidas em gigatoneladas de carbono por ano (Gt/ano). As observações de 1900–2010 (pontos pretos) e 2017 (estrela branca) são comparadas com as emissões pelo consumo de combustíveis fósseis projetadas de acordo com o cenário A (pontos vermelhos) e com o cenário B (pontos verdes). À taxa de crescimento atual, as emissões de carbono aumentarão em, no mínimo, 7 Gt/ano em 50 anos, atingindo 15,9 Gt/ano em 2067 (seta preta tracejada). Sob esse cenário de crescimento, estabilizar as emissões de carbono no nível de 2017, de 8,9 Gt/ano, exigiria ações especiais para reduzir o total das emissões de carbono em 175 Gt nos próximos 50 anos – a área do "triângulo de estabilização" sombreado. [Dados da Agência Internacional de Energia.]

A gestão da crise do carbono

Independentemente da medida utilizada, os problemas que enfrentamos no confronto com a mudança global são desanimadores. A queima de combustíveis fósseis é o principal fator por trás da mudança global antropogênica. As emissões de combustíveis fósseis aumentaram de 6,3 gigatoneladas de carbono por ano (Gt/ano) em 2000 para 8,9 Gt/ano em 2017. Sob o cenário de alto crescimento A, as emissões de carbono poderão atingir mais de 22 Gt/ano em 2100, o que levaria a uma concentração de CO_2 na atmosfera de mais de 900 ppm que continuaria a aumentar daí para a frente, com consequências desastrosas. O controle de nossas emissões de carbono – talvez a tarefa mais importante da civilização – exigirá ações extraordinárias e sem precedentes por parte da comunidade global.

Nesta seção, exploraremos a magnitude da tarefa por meio do problema enunciado a seguir. Vamos supor que a população humana e o uso de energia *per capita* continuem a aumentar nas suas taxas atuais. Com isso, a queima de combustíveis fósseis fará com que a taxa de emissões de carbono aumente de 8,9 Gt/ano em 2017, para cerca de 15,9 Gt/ano em 2067, um aumento de 7 Gt/ano em 50 anos (**Figura 14.25**). Que ações específicas poderiam ser adotadas para reduzir significativamente esse aumento?

Política energética

Um conjunto de questões que as autoridades devem considerar é quanto dinheiro devemos gastar para frear as emissões antropogênicas de carbono e se os benefícios justificam os custos. Gastos demasiados poderiam deprimir a economia, mas a prevenção dos efeitos mais drásticos da mudança climática pode custar muito menos do que ter que lidar com tais desastres depois de acontecerem.

Uma solução parcial – e certamente a mais econômica – é melhorar a eficiência do uso de energia e reduzir o desperdício. Em termos bastante concretos, a utilização de energia de modo mais eficiente é como descobrir uma nova fonte de combustível. Vimos que o sistema energético dos EUA tem eficiência de apenas 32%; 68% da energia total produzida é desperdiçada no caminho (ver Figura 13.5). Implementar medidas de eficiência tem custo relativamente baixo. Por exemplo, isolamento de prédios, uso de lâmpadas de led, em vez daquelas com filamentos incandescentes, melhoria da eficiência de motores a combustão e uso massivo do gás natural. A economia dos custos energéticos poderia ser de centenas de bilhões de dólares por ano. Esses passos modestos também ofereceriam benefícios extras, inclusive a melhoria da qualidade do ar.

Outra questão a ser considerada é que os combustíveis fósseis são relativamente baratos nos Estados Unidos. Atualmente, não há imposto sobre as emissões de carbono, como ocorre em muitos outros países desenvolvidos, então há pouco incentivo à conservação energética ou à conversão para novas fontes de energia. Os custos econômicos completos dos combustíveis fósseis incluem os custos de limpar a poluição atmosférica, derramamentos de petróleo e outros danos ambientais; os custos de déficits comerciais; e os custos militares de defender estoques de petróleo, assim como os custos do aquecimento global. Se estes fossem incluídos nos preços da energia, as fontes alternativas de energia poderiam se tornar muito mais competitivas do que os combustíveis fósseis. Porém, essa contabilidade completa de custos não tem tido apelo político nos Estados Unidos. Na verdade, a Lei da Segurança e da Energia Limpa Americana de 2009 (em inglês, Clean Energy and Security Act of 2009),

FIGURA 14.26 Uma grande usina termelétrica a carvão próxima a Ordos, uma cidade no norte da China. Em 2007, a China tomou o lugar dos Estados Unidos como o país com a maior taxa de emissões de gases de efeito estufa. As economias de carbono da China, da Índia e de outros países em desenvolvimento terão uma enorme influência no clima futuro. [ZumaWire/Newscom.]

que dispunha sobre diversas maneiras de limitar as emissões de carbono, foi aprovada pelo Congresso dos EUA em 2009, mas nunca foi debatida ou votada no Senado.

Também enfrentamos a questão de justiça na política internacional. Os Estados Unidos, o Canadá, a União Europeia e o Japão – com menos de um quarto da população mundial – são responsáveis por cerca de 75% do aumento global da concentração atmosférica de gases de efeito estufa. Essas nações industriais ricas têm melhores condições de arcar com os custos de suas emissões de gases de efeito estufa do que os países em desenvolvimento. A China, por exemplo, depende de enormes depósitos de carvão para seu rápido crescimento econômico; ela tornou-se a líder mundial em emissões de gases de efeito estufa em 2007 (Figura 14.26). Os países em desenvolvimento argumentam que precisarão de suporte financeiro e tecnológico dos países desenvolvidos para ajudá-los a reduzir as emissões. As autoridades concordam que os problemas da mudança climática global não podem ser solucionados em nível nacional e terão que ser enfrentados por meio da cooperação internacional.

Uso de recursos energéticos alternativos

Como vimos, nenhuma fonte de energia alternativa poderá substituir rapidamente os combustíveis fósseis. Porém, alguns recursos energéticos renováveis, como a energia solar, a energia eólica e os biocombustíveis, estão se tornando contribuintes mais importantes para o nosso sistema energético. Se essas tecnologias fossem implantadas de forma rigorosa nos próximos 50 anos, juntas poderiam reduzir gigatoneladas de emissões de carbono por ano.

Outro medida que poderia ser adotada é aumentar o uso de energia nuclear. A capacidade de usinas nucleares, que hoje é de aproximadamente 400 gigawatts, poderia ser facilmente triplicada nos próximos 50 anos, mas essa opção não é atraente para muitas pessoas, pelos motivos ambientais e de segurança que analisamos no Capítulo 13. Existe o potencial de tecnologias nucleares mais limpas, como a energia de fusão, que é a utilização de pequenas explosões termonucleares controladas para gerar energia. Mas o progresso científico em direção a esse objetivo tem sido lento, sendo necessárias inovações conceituais.

A engenharia do ciclo do carbono

E a possibilidade de controlar o ciclo do carbono para reduzir a acumulação de gases de efeito estufa na atmosfera? Diversas tecnologias promissoras pretendem reduzir as emissões de gases de efeito estufa pelo bombeamento do CO_2 gerado pela queima de combustíveis fósseis em reservatórios que não sejam a atmosfera – um procedimento conhecido como **sequestro de carbono** (Figura 14.27).

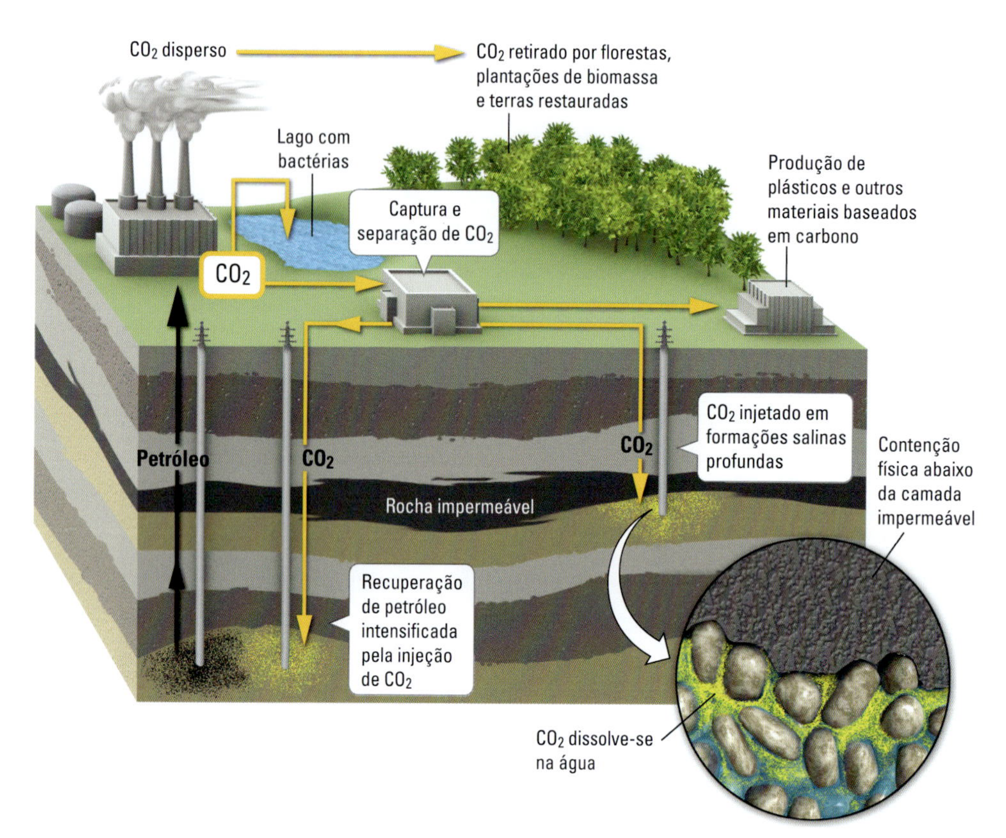

FIGURA 14.27 O sequestro de carbono é o processo de remover carbono da atmosfera e depositá-lo em reservatórios de longo prazo. Uma tecnologia promissora para o sequestro de carbono é a captura de CO_2 na origem, como em usinas de energia, e o seu armazenamento em reservatórios subterrâneos, como reservatórios de petróleo esgotados e formações salinas profundas.

O dióxido de carbono capturado de poços de petróleo e gás já está sendo bombeado de volta ao subsolo como forma fazer o petróleo fluir na direção dos poços de extração. Se a captura e o armazenamento subterrâneo do CO_2 de usinas termelétricas a carvão fossem economicamente viáveis, os abundantes recursos carboníferos mundiais seriam muito mais atraentes como substitutos do petróleo. Por ora, no entanto, as tecnologias de remoção e sequestro de carbono da atmosfera são caras demais para serem implementadas em uma escala grande o suficiente para reduzir significativamente as emissões de carbono atuais.

A biosfera oferece um mecanismo natural para remover o carbono que já está disperso na atmosfera. No Capítulo 12, vimos que as florestas extraem CO_2 da atmosfera em quantidades surpreendentemente grandes. Leis sobre uso do solo para desacelerar as altas taxas atuais de desmatamento, além de incentivar o reflorestamento e produção de outra biomassa, poderiam ajudar a mitigar a mudança climática antropogênica.

Outra possibilidade é a fertilização da biosfera marinha. Sabemos que os fitoplânctons (pequenos organismos marinhos fotossintéticos) consomem CO_2 da atmosfera por fotossíntese. Na maioria das regiões do oceano, a produtividade de fitoplânctons é limitada pela falta de nutrientes, como ferro. Experimentos preliminares na década de 1990 sugeriram que o crescimento de fitoplânctons poderia ser estimulado pelo despejo de quantidades modestas de ferro no oceano. Infelizmente, parece que a fertilização do oceano desta forma também estimula o crescimento de animais que comem o fitoplâncton e retornam o CO_2 rapidamente para a atmosfera.

Estabilização das emissões de carbono

Com as taxas de crescimento atuais, espera-se que as emissões de carbono aumentem, no mínimo, 7 Gt/ano no próximo meio século (ver Figura 14.25). Nos dois capítulos anteriores, analisamos modos de desacelerar as emissões de carbono. Mas não existe uma "solução mágica" para o problema.

Em 2004, dois cientistas da Universidade de Princeton, Stephen Pacala e Robert Socolow, reconheceram que será preciso uma abordagem em múltiplos níveis para reduzir as emissões de carbono. Pacala e Socolow representaram as possíveis contribuições para a redução do carbono na forma de **cunhas de estabilização**, sendo que cada uma compensa o crescimento projetado das emissões de carbono em 1 Gt por ano nos próximos 50 anos (**Figura 14.28**). Portanto, uma cunha corresponde aproximadamente a um sétimo da redução das emissões de carbono necessária para a estabilização.

A implantação de cada cunha de estabilização será uma tarefa monumental. Para atingir a cunha 1, por exemplo, o consumo de gasolina por quilômetro rodado de toda a frota mundial de veículos de passageiros, que crescerá para dois bilhões em meados do século, terá de ser aumentada de forma constante de 13 quilômetros por litro (km/l) para 25 km/l. Esse cálculo presume que um carro percorre 16 mil quilômetros por ano – a taxa média atual. Uma alternativa, não exibida na Figura 14.29, seria manter uma quilometragem de 13 km/l, mas reduzir o volume médio de uso de automóveis pela metade, para oito mil

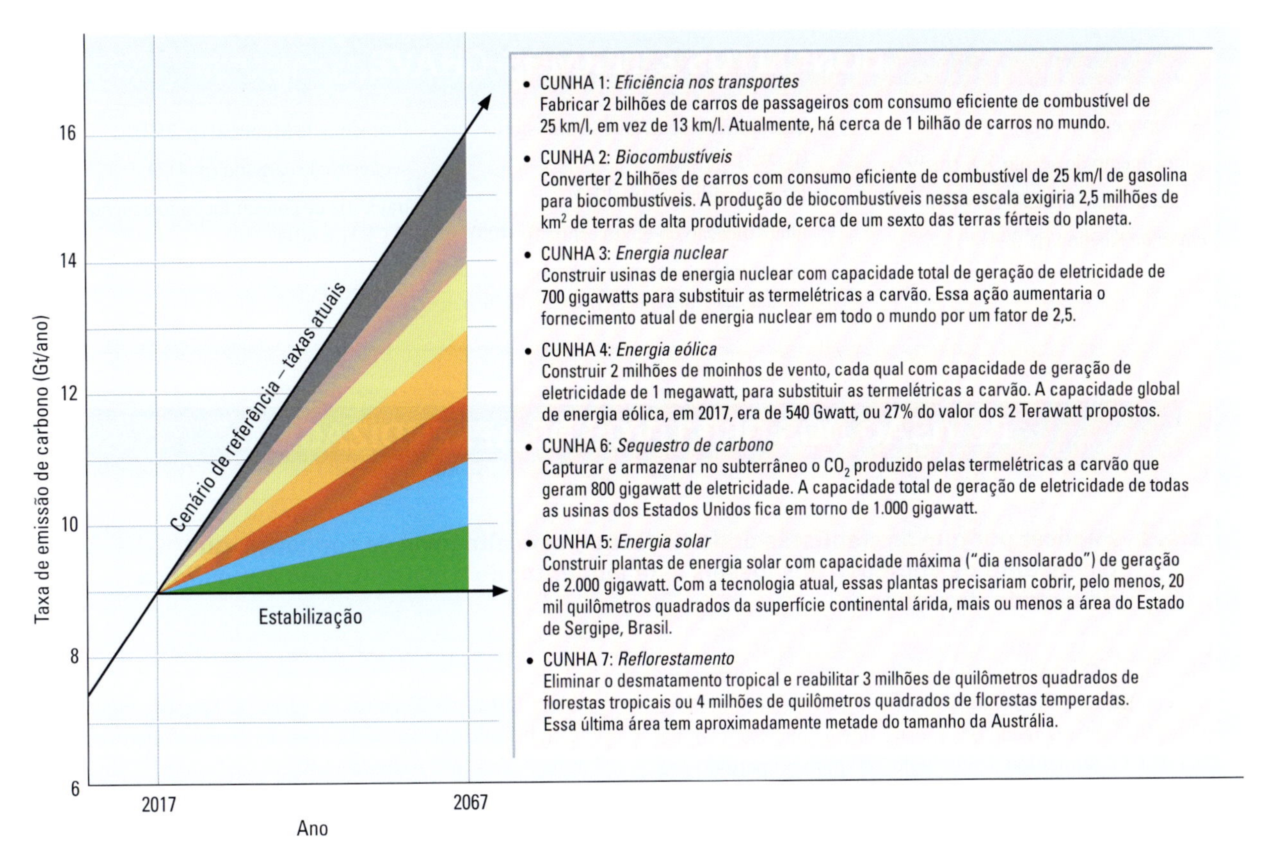

FIGURA 14.28 Com as taxas de crescimento atuais, espera-se que as emissões de carbono aumentem, no mínimo, 7 Gt/ano nos próximos 50 anos. O problema de estabilizar as emissões de carbono no seu nível de 2017, de cerca de 9 Gt/ano, pode ser dividido em sete cunhas de estabilização, sendo que cada uma representa uma redução de emissões de 1 Gt por ano até 2067. Ao lado de cada cunha, listam-se ações possíveis que usam tecnologias existentes para atingir reduções de cada cunha. [Pesquisa de S. Pacala & R. Socolow. "Stabilization Wedges: Solving the Climate Problem for the Next 50 Years with Current Technologies." *Science, 305*: 968–972 (2004).]

quilômetros por ano. Outra alternativa (cunha 2) seria converter todos os carros para biocombustíveis. O cultivo dessa quantidade de biocombustível consumiria um sexto da terra fértil do mundo, então essa estratégia poderia afetar de forma adversa a produtividade agrícola e os suprimentos alimentares.

Algumas cunhas de estabilização envolvem tecnologias controversas ou caras, como a expansão da energia nuclear por um fator de 2,5 (cunha 3), o aumento do número de moinhos grandes até atingir a cifra de milhões (cunha 4) ou a cobertura de vastas áreas desérticas com painéis solares (cunha 5). Como vimos, pelo menos uma das cunhas propostas, a captura e armazenamento de carbono emitido de usinas termelétricas a carvão (cunha 6), está na margem da viabilidade tecnológica atual. A última opção – eliminação do desmatamento tropical e reflorestamento de enormes áreas continentais adicionais (cunha 7) – é apoiada por muitas pessoas em princípio, mas seria difícil atingi-la sem impor restrições severas a países em desenvolvimento, como o Brasil.

A estabilização de emissões de carbono nas taxas atuais reduziria, mas não eliminaria a ameaça de mudança climática global. O cenário de estabilização de 50 anos (intermediário entre os cenários B e C na Figura 14.8) ainda permitiria que a concentração atmosférica de CO_2 crescesse para 500 ppm, quase duas vezes acima do valor pré-industrial. Seriam necessárias reduções posteriores de emissões de carbono durante a segunda metade do século XXI para manter as concentrações atmosféricas abaixo desse valor. Os modelos climáticos indicam que tal cenário ainda aumentaria a média de temperatura global em cerca de 2°C, mais de três vezes acima do aquecimento total do século XX.

Apesar disso, o aumento contínuo das concentrações atmosféricas de CO_2 não é inevitável. O estoque disponível de cunhas de estabilização constitui uma estrutura tecnológica para a ação coordenada dos governos. Enfrentar o problema da estabilização também envolve outras dificuldades, como desenvolver um consenso público geral e firmar acordos internacionais vinculantes. Porém, conforme demonstra a análise de Pacala e Socolow, ainda há tempo para ações que podem reduzir de modo substancial a mudança global antropogênica. Aproveitar de fato essa oportunidade dependerá de nosso entendimento do problema, das potenciais soluções e das consequências da inércia.

CONCEITOS E TERMOS-CHAVE

REVISÃO DOS OBJETIVOS DE APRENDIZAGEM

14.1 Explicar por que os cientistas podem afirmar, com alto nível de confiança, que o consumo de combustíveis fósseis está aumentando a concentração atmosférica de dióxido de carbono.

Os químicos atmosféricos podem medir diretamente a concentração de dióxido de carbono (CO_2) na atmosfera. O registro dessas medições mostra que a concentração média de CO_2 aumentou de cerca de 280 ppm no período pré-industrial para 410 ppm em 2018. O registro instrumental contínuo mais longo da concentração de CO_2 é a curva de Keeling (Figura 14.1). Os valores mensais mostram oscilações sazonais em torno das médias anuais que subiram de 310 ppm em 1958, para 410 ppm em 2018. Os dados sobre a mudança das razões entre isótopos do carbono atmosférico demonstram que a maior parte do aumento do CO_2 está sendo produzida pela queima de combustíveis fósseis.

Usando amostras de ar de testemunhos de gelo, os climatologistas estenderam o registro das concentrações de gases de efeito estufa para todo o Holoceno (Figura 14.3) e parte do Pleistoceno (Figura 14.2). Em nenhum momento, nos últimos 800.000 anos, as concentrações de CO_2 foram muito maiores do que a média pré-industrial de 280 ppm. Com base no registro de sedimentos, concentrações de CO_2 acima de 400 ppm não são observadas desde o Mesomioceno.

Atividades de Estudo: A curva de Keeling, Figura 14.1; história das concentrações de gases de efeito estufa, Figura 14.2 e Figura 14.3.

Exercícios: (a) Qual foi a taxa média de aumento da concentração de CO_2 atmosférico durante os 60 anos de história da curva de Keeling? Expresse a sua resposta em ppm por ano. (b) A partir da curva de Keeling, estime a taxa média de aumento da concentração de CO_2 durante intervalos de 20 anos com início em 1958, 1978 e 1998. (c) Essas médias de 20 anos indicam que a taxa está aumentando ou diminuindo com o tempo? (d) O que esses resultados sugerem sobre a taxa futura de emissões antropogênicas de CO_2?

Questões para Pensar: (a) A variação sazonal média do CO_2 atmosférico varia de 3 ppm acima da média anual, em maio, e até 3 ppm abaixo, em outubro, como mostra o diagrama no quadro da Figura 14.1. Por que a concentração de CO_2 é maior em maio e menor em outubro? (b) Se analisarmos de perto a curva de Keeling (linha vermelha na Figura 14.1), veremos que essa "respiração global da biosfera", na verdade, aumentou de amplitude em cerca de 50%, de ± 2,5 ppm, em 1958, para o ± 3,8 ppm, em 2018. Em termos qualitativos, como a retroalimentação entre a química atmosférica e a biosfera explica esse aumento de 50%? (c) Como você usaria essa "respiração mais profunda" para ilustrar o impacto humano na biosfera?

14.2 Catalogar os principais tipos de mudança global antropogênica e descrever seus principais efeitos na atmosfera, hidrosfera, criosfera e litosfera.

A mudança global antropogênica pode ser química, física ou biológica. Os exemplos de mudança química antropogênica são (1) o aumento do CO_2 e de outros gases de efeito estufa na atmosfera, (2) a acidificação dos oceanos, e (3) o esgotamento do ozônio estratosférico, catalisado por compostos de cloro fabricados pelos seres humanos.

A mudança (1) é responsável pela (2). As emissões humanas de carbono estão intensificando o efeito estufa pelo aumento da concentração de dióxido de carbono na atmosfera. Parte desse dióxido de carbono dissolve-se nos oceanos, onde se combina com a água para formar ácido carbônico. Essa acidificação oceânica age para aumentar a concentração de íons bicarbonatos às custas de íons carbonatos, dificultando a precipitação de conchas e esqueletos de carbonato de cálcio por organismos marinhos.

Os exemplos de mudança física antropogênica são o aquecimento global e reduções relacionadas na massa da criosfera, que reduz o albedo terrestre e transfere água para a hidrosfera, o que eleva o nível do mar. A retroalimentação criosfera-albedo é positiva, o que intensifica o aquecimento global. Os modelos climáticos que consideram essas retroalimentações indicam aumentos de 0,5°C a 5,5°C na temperatura global, dependendo de como os seres humanos lidarem com a crise do carbono.

As concentrações atmosféricas de gases de efeito estufa provavelmente continuarão a subir durante o século XXI, desviando as projeções no sentido de valores mais altos (Figura 14.9). O aquecimento global dessa magnitude perturbará os ecossistemas e aumentará a taxa de extinção de espécies. Os oceanos aquecerão e se expandirão e as geleiras continentais começarão a derreter, aumentando o nível do mar em até um metro no ano de 2100. A calota glacial do Ártico continuará a encolher e espera-se que grande parte do Oceano Ártico fique sem gelo durante os meses de verão. Tempestades, enchentes e secas se intensificarão.

Atividade de Estudo: Revisar a seção *Tipos de mudança global antropogênica.*

Exercícios: (a) Que mudanças físicas em larga escala do sistema do clima poderiam ser causadas por mudanças químicas antropogênicas na composição da atmosfera? (b) Quanto o nível do mar aumentou durante o século XX? (c) Qual foi a causa física primária desse aumento?

Questões para Pensar: (a) Entre as diversas mudanças antropogênicas no sistema do clima descritas neste capítulo, a qual você acha que os seres humanos terão mais dificuldade para se adaptar? Por quê? (b) Que ações os seres humanos poderiam adotar para se adaptar a esse tipo de mudança global?

14.3 Explicar por que os cientistas podem afirmar, com alto nível de confiança, que o consumo de combustíveis fósseis causou o aquecimento do século XX e continua a causar o aumento da temperatura média da superfície.

O aumento observado de cerca de 0,8°C na temperatura média da superfície da Terra durante o século XX correlaciona-se com o significativo aumento do CO_2 atmosférico e de outros gases de efeito estufa em relação ao período pré-industrial. Os isótopos de carbono demonstram que o aumento do CO_2 se deve à queima de combustíveis fósseis. O registro geológico documenta que as retroalimentações no sistema do clima mantiveram uma forte correlação entre concentrações de CO_2 e temperatura média da superfície durante todo o Holoceno (Figura 14.3) e até no Pleistoceno (Figura 14.2). Com base nos dados disponíveis e em previsões baseadas em modelos, basicamente todos os especialistas em clima da Terra estão atualmente convencidos de que o aquecimento do século XX foi em parte induzido pela ação humana e que continuará no século XXI à medida que os níveis de gases de efeito estufa atmosféricos continuarem a subir. As projeções de aquecimento global futuro produzidas pelos modelos climáticos dependem principalmente de quais ações a humanidade adotará para reduzir a queima de combustíveis fósseis e a rapidez com a qual serão implementadas.

Atividades de Estudo: Figuras 14.5 e 14.6

Exercícios: (a) Qual foi o aumento da concentração de CO_2 na atmosfera durante o século XX? (b) Como os climatologistas sabem que o aumento na concentração de CO_2 durante o século XX se deveu à queima de combustíveis fósseis e não a causas naturais? (c) Em quais regiões os aumentos na temperatura da superfície durante o século XX foram maiores do que a média global?

Questão para Pensar: Haveria justificativa para insistir que os países em desenvolvimento, que historicamente consumiram muito menos combustível fóssil do que países desenvolvidos, concordem em limitar suas emissões futuras de carbono?

14.4 Usar cenários desenvolvidos pelo Painel Intergovernamental sobre Mudanças do Clima (IPCC) para projetar o aumento das concentrações de gases de efeito estufa, da temperatura média da superfície e do nível do mar durante este século.

A Organização das Nações Unidas autorizou o IPCC a produzir relatórios sobre a mudança global antropogênica e oferecer recomendações sobre como reduzi-la e como adaptar-se aos seus efeitos prováveis. As projeções climáticas realizadas no *Quinto Relatório de Avaliação* do IPCC, discutido em detalhes neste capítulo, baseiam-se em "trajetórias de concentração representativa" (TCR) especificadas por um nível de forçante radiativa, medida em watts por metro quadrado (W/m^2). A projeção TCR 8,5 do IPCC (cenário A) pressupõe a continuidade da dependência de combustíveis fósseis; o aumento resultante das concentrações de gases de efeito estufa, para mais de 900 ppm para o CO_2, aumentaria a forçante radiativa em 8,5 W/m^2. A projeção TCR 6,0 (cenário B) pressupõe uma transição mais rápida para recursos energéticos alternativos, o que reduziria a forçante radiativa para 6,0 W/m^2, enquanto a projeção mais otimista, TCR 2,6 (cenário C) a reduz para apenas 2,6 W/m^2. As projeções correspondentes para a temperatura média da superfície e para o nível do mar estão indicadas nos gráficos das Figuras 14.10 e 14.15, respectivamente.

Atividade de Estudo: Revisar a seção *Projetando a mudança climática no futuro.*

Exercícios: (a) O "cenário A" é uma abreviatura do que o IPCC chama de cenário "TCR 8,5". Explique o significado de cada letra na sigla "TCR". O que o número "8,5" representa? Em que unidade é medido? (b) A descrição do cenário A compara a forçante radiativa das emissões de gases de efeito estufa antropogênicas com a forçante solar média de 240 W/m^2. Como calculamos a forçante solar média a partir dos valores da radiação solar recebida e o albedo da Terra dados na Figura 12.9? (c) Em que regiões a temperatura da superfície aumentará mais rapidamente do que a média global? (d) Qual é a melhor estimativa do aumento da temperatura da superfície durante o século XXI? Qual o seu nível de incerteza?

Questões para Pensar: (a) Certa vez, um economista escreveu: "A mudança prevista de temperatura global em consequência da atividade humana é menor do que a diferença da temperatura de inverno entre Nova York e Flórida, então por que se preocupar?". Devemos nos preocupar? Por que ou por que não? (b) Você espera que o fator de emissão de carbono *per capita* aumente ou diminua durante o século XXI? (c) A sua resposta para a pergunta (b) explica por que a mudança global antropogênica depende tanto de projeções da população mundial, como mostrado na Figura 14.11?

14.5 Avaliar os possíveis efeitos da mudança global antropogênica na biosfera e avaliar a possibilidade de que o início do Antropoceno será marcado por uma extinção em massa.

Mudanças químicas e físicas em nível global estão afetando a biosfera, o que levará inevitavelmente a mudanças biológicas globais. A biodiversidade dos ecossistemas em terra está diminuindo devido à perda de hábitats, além dos efeitos da mudança climática. Os oceanos estão se aquecendo e se acidificando e muitos ecossistemas são vulneráveis, especialmente os recifes de coral e hábitats polares. Mesmo sob os cenários moderados para o aquecimento global (cenário C), espera-se que a maioria dos recifes de coral morra até 2100. A taxa rápida atual de extinção de espécies levará a uma queda na biodiversidade igual às "Cinco Grandes" extinções em massa do Éon Fanerozoico.

Atividades de Estudo: Revisar as seções *Acidificação oceânica* e *Perda de biodiversidade*.

Exercícios: (a) Revise a escala de tempo geológico da Figura 9.12 e observe os limites entre os períodos geológicos identificados como as Cinco Grandes extinções em massa. Quais das Cinco Grandes marcam limites entre eras geológicas? (b) Sugira três assinaturas antropogênicas no registro geológico que poderiam ser utilizadas para identificar o início do Antropoceno. (c) Em quais formações geológicas essas assinaturas seriam melhor expressas?

Questão para Pensar: Considerando as taxas de extinção projetadas, quanto demorará para que as extinções de vertebrados atinjam as proporções das Cinco Grandes?

14.6 Ilustrar, com exemplos específicos, mudanças na produção e uso de energia global que poderiam estabilizar ou reduzir as emissões de carbono.

Estabilizar as emissões de carbono nos níveis atuais de cerca de 9 Gt/ano exigirá grandes reduções no fator de emissão de carbono das nossas fontes de energia. Se a civilização continuar a depender de combustíveis fósseis, as emissões antropogênicas de carbono aumentarão, pelo menos, 7 Gt/ano nos próximos 50 anos. O triângulo de estabilização (região sombreada da Figura 14.25) pode ser dividido em cunhas de estabilização, definidas por tipos específicos de ação que, se implementados nos próximos 50 anos, poderiam reduzir o crescimento projetado de emissões de carbono em 1 Gt/ano. Implementar as sete cunhas estabilizaria as emissões de carbono no nível de 2017 (ver Figura 14.28).

Atividade de Estudo: Revisar a seção *A gestão da crise do carbono.*

Exercício: Exercício de Leitura Visual.

Questões para Pensar: (a) Você acha que devemos agir agora para reduzir as emissões de carbono ou postergar até que o funcionamento do sistema do clima seja melhor compreendido? (b) Você acha que cientistas e engenheiros futuros conseguirão modificar o ciclo natural do carbono para evitar mudanças catastróficas no sistema do clima? (c) Na sua opinião, quais seriam as tecnologias mais eficazes para a redução do aquecimento global?

EXERCÍCIO DE LEITURA VISUAL

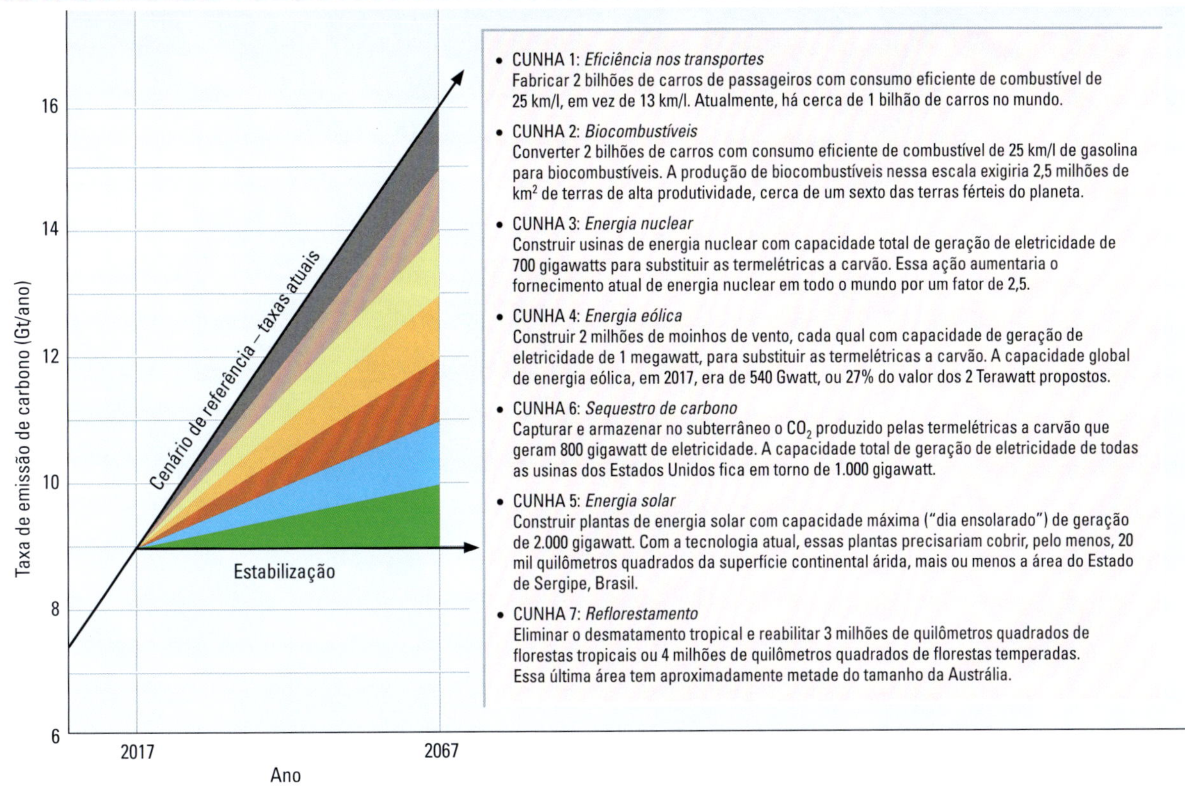

FIGURA 14.28 Com as taxas de crescimento atuais, espera-se que as emissões de carbono aumentem, no mínimo, 7 Gt/ano nos próximos 50 anos. O problema de estabilizar as emissões de carbono no seu nível de 2017, de cerca de 9 Gt/ano, pode ser dividido em sete cunhas de estabilização, sendo que cada uma representa uma redução de emissões de 1 Gt por ano até 2067. Ao lado de cada cunha, listam-se ações possíveis que usam tecnologias existentes para atingir reduções de cada cunha. [Pesquisa de S. Pacala & R. Socolow. "Stabilization Wedges: Solving the Climate Problem for the Next 50 Years with Current Technologies." *Science, 305*: 968–972 (2004).]

A Figura 14.28 mostra o "triângulo de estabilização", com sete cunhas, cada qual representando uma alternativa de redução das emissões de carbono necessária para que estas se estabilizem no nível de 2017.

1. **No eixo vertical, encontram-se as taxas de emissões de carbono em Gt/ano.**
   a. Quanto carbono foi emitido para a atmosfera pela queima de combustíveis fósseis em 2017?
   b. Se projetarmos o cenário de referência a partir das taxas de crescimento atuais, quanto carbono será emitido pela queima de combustíveis fósseis em 2067?

2. **A área de todo triângulo de estabilização pode ser medida em gigatoneladas de emissão de carbono.**
   a. Qual é a área de todo triângulo de estabilização?
   b. Quanto carbono está representado por cada cunha de estabilização?
   c. Qual é a porcentagem de redução das emissões representada por todo triângulo de estabilização em relação ao total emitido nos próximos 50 anos segundo o cenário de referência da Figura 14.28?

3. **Dentre as sete cunhas de estabilização listadas na figura:**
   a. Qual você considera a mais fácil de realizar?
   b. Qual você considera a mais difícil de realizar?

Geleiras: o trabalho do gelo

Objetivos de Aprendizagem

Geleiras – acumulações maciças de gelo fluente – são agentes geológicos poderosos que atuam na regulação do sistema do clima da Terra e na modelagem da sua superfície. Após estudar o capítulo, você será capaz de:

15.1 Identificar os principais tipos de geleiras.

15.2 Descrever como as geleiras crescem, encolhem e se movem.

15.3 Explicar como o derretimento de geleiras continentais aumenta o nível do mar, enquanto que o derretimento do gelo marinho não tem o mesmo efeito.

15.4 Reconhecer feições da paisagem que foram criadas ou modificadas por processos glaciais.

15.5 Entender o que o registro geológico nos conta sobre as idades do gelo do passado da Terra.

Diversas geleiras fluem juntas nas proximidades do Monte Waddington, nas Montanhas Costeiras da Colúmbia Britânica, Canadá. [All Canada Photos/ Alamy.]

A Terra vista do espaço é um mosaico de cores da água: vastos oceanos azuis, nuvens brancas em redemoinhos e os brancos ofuscantes do gelo sólido e da neve. O sistema Terra está continuamente movendo a água através da superfície planetária em padrões que mudam de maneira constante. Entre os principais reservatórios de água está o componente gelado do sistema – a *criosfera* – cujo aumento e diminuição é bem visível durante os ciclos climáticos.

Os mantos de gelo que cobrem a Groenlândia e a Antártida, que nos parecem muito grandes, cobrem hoje apenas 10% da superfície continental de nosso planeta. Há 20 mil anos, o que é pouco tempo, os mantos de gelo cobriam uma superfície quase três vezes maior que a ocupada atualmente, estendendo-se por todo o Canadá e invadindo o Meio-Oeste dos Estados Unidos. No próximo século, o aquecimento global pode derreter grandes partes dos mantos de gelo existentes, com efeitos sobre a sociedade humana em escala mundial. O nível do mar pode se elevar, submergindo cidades costeiras. As zonas climáticas poderão migrar, fazendo com que as zonas úmidas transformem-se em desertos e vice-versa. Considerando tais ameaças, não há dúvida de que o conhecimento da criosfera da Terra – sempre um assunto científico interessante – é um objetivo absolutamente prático.

Muitas das paisagens de vários continentes foram esculpidas pelas geleiras, que se derreteram desde então. Em regiões montanhosas, as geleiras erodem vales com paredes abruptas, raspam as superfícies do substrato rochoso e arrancam imensos blocos de seus assoalhos rochosos. Durante as idades do gelo do Pleistoceno, as geleiras arrastaram-se pelos continentes setentrionais e esculpiram muito mais o relevo do que fizeram os rios e o vento. A erosão glacial produz enormes quantidades de detritos, e as geleiras transportam imensas tonelagens de sedimento, depositando-as nas suas bordas, de onde poderão ser carregadas adiante pelos rios formados pela água de degelo. Os processos glaciais afetam as descargas e as cargas sedimentares de sistemas fluviais, a erosão e a sedimentação de áreas costeiras e a quantidade de sedimento transportado aos oceanos.

Neste capítulo, analisaremos em detalhe as geleiras terrestres, como elas se formam e mudam com o tempo, e como deixam suas marcas na superfície terrestre pela erosão e deposição de material à medida que avançam e se retraem. Examinaremos o papel das geleiras no sistema do clima e descobriremos o que o registro geológico da glaciação pode nos dizer sobre a mudança climática ao longo do tempo.

Tipos de geleira

A distribuição das geleiras na superfície terrestre define uma parte especial da zona climática polar – regiões que foram suficientemente frias e nevadas no passado recente para formar e sustentar geleiras. As geleiras cobrem 98% da Antártida e 80% da Groenlândia, representando 99% do gelo na superfície da Terra. Os 1% restantes estão distribuídos pelas regiões de alta latitude dos continentes, como o norte do Canadá e sul da Patagônia, e em cadeias de altas montanhas em latitudes menores, como os Himalaias, os Andes e as Montanhas Rochosas.

Devido ao aquecimento global, a zona climática glacial está encolhendo e o saldo de transferência de água da criosfera para os oceanos está aumentando, o que eleva o nível do mar (ver Capítulo 14). A capacidade de prever o nível do mar no próximo século depende do entendimento da velocidade com a qual as geleiras derreterão à medida que o clima se aquece. Observações recentes sugerem que o derretimento de grandes mantos de gelo está ocorrendo mais rapidamente do que os cientistas haviam previsto.

Acumulações de gelo como formações rochosas

Para um geólogo, um bloco de gelo é uma rocha, uma massa de grãos cristalinos de *gelo* mineral, a forma congelada da água (H_2O). Da mesma forma que as rochas sedimentares, o gelo glacial é formado a partir de materiais depositados em camadas na superfície terrestre (**Figura 15.1**). À medida que novos depósitos soterram os anteriores, a pressão aumenta, transformando acumulações pouco compactadas de partículas individuais em estruturas cristalinas mais densas e entrelaçadas. Em outras palavras, a rocha *gelo glacial* forma-se pelo soterramento e pelo metamorfismo do sedimento *neve.*

O gelo tem algumas propriedades incomuns. Sua temperatura de fusão é extremamente baixa (0°C), centenas de graus menor que as temperaturas nas quais as rochas silicáticas se fundem. A maioria das rochas é mais densa do que seus fundidos, o que explica por que o magma ascende à litosfera. Mas o gelo é menos denso do que seu fundido, justificando por que os icebergs flutuam no oceano. E embora pareça bem duro, o gelo é muito mais fraco do que a maioria das rochas.

Por ser tão fraco, o gelo flui facilmente encosta abaixo como um fluido viscoso. As **geleiras** são grandes massas de gelo que estão em movimento, deslizando devido a força da gravidade. Os geólogos classificam as geleiras, com base no seu tamanho e forma, em dois tipos básicos: *geleiras de vale* e *geleiras continentais.*

FIGURA 15.1 Camadas de gelo e neve expostas no paredão de uma grande fenda na Geleira Weissmies, nos Alpes Suíços. [Foto de J. Alean.]

Geleiras de vale

Muitos esquiadores e escaladores de montanhas estão familiarizados com as **geleiras de vale***, às vezes chamadas de *geleiras alpinas*. Esses rios de gelo formam-se nas frias altitudes das cadeias montanhosas, onde a neve se acumula. A seguir, movem-se declive abaixo e podem se unir em fluxos grandes o suficiente para escavarem vales com a forma em U bastante profundos (como na fotografia que abre este capítulo). Uma geleira de vale geralmente ocupa toda a largura do vale e pode soterrar sua base sob centenas de metros de gelo. Em climas mais quentes de latitude baixa, as geleiras de vale são encontradas somente nas cabeceiras dos vales dos picos montanhosos mais altos. Um exemplo disso é o gelo glacial que cobre as Montanhas Rwenzori, com elevações acima de 5.000 m, logo ao norte do equador, no leste da África Central (Figura 15.2).

Em climas mais frios de latitude alta, essas geleiras podem descer muitos quilômetros, preenchendo toda a extensão longitudinal do vale. Extensos lobos de gelo podem estender-se até as terras mais baixas que bordejam os sopés montanhosos. As geleiras de vale que fluem nas cordilheiras montanhosas costeiras em altas latitudes podem terminar na orla oceânica, onde massas de gelo rompem-se bruscamente para formar icebergs, um processo chamado de **desprendimento de iceberg** (Figura 15.3).

Geleiras continentais

Uma **geleira continental**** é um espesso *manto de gelo* que cobre grande parte de um continente ou outras massas volumosas de terra (Figura 15.4). Atualmente, as maiores geleiras continentais do mundo estão sobre a maior parte da Groenlândia e da Antártida***, cobrindo cerca de 10% da superfície continental da Terra e armazenando aproximadamente 75% da água doce do mundo.

Na Groenlândia, 2,6 milhões de quilômetros cúbicos de gelo cobrem 80% da área total da ilha de 4,5 milhões de quilômetros quadrados (Figura 15.5). A superfície superior do manto de gelo lembra uma gigantesca lente convexa. No seu ponto mais alto, no centro da ilha, o gelo atinge mais de 3.200 m de espessura. A partir dessa área central, a superfície de gelo declina para todos os lados até o mar. Na costa bordejada por montanhas, o manto de gelo divide-se em estreitas *correntes de gelo*, lembrando geleiras de vale que serpenteiam as montanhas até alcançar o mar, onde os icebergs se formam por desprendimento.

FIGURA 15.3 Desprendimento de iceberg na Geleira Dawes, Alasca (EUA). A desagregação ocorre quando blocos imensos de gelo descolam-se na borda de uma geleira que se moveu em direção ao litoral. [Paul Souders/Getty Images.]

FIGURA 15.4 Os Montes Transantárticos elevam-se mais de 4.000 m, irrompendo acima da espessa geleira continental da Antártida. [Foto de Ed Stump.]

FIGURA 15.2 Geleiras de vale tropicais no Monte Stanley, a altitudes próximas de 5.000 m, nas Montanhas Rwenzori, na fronteira entre Uganda e a República Democrática do Congo. A fotografia foi tirada pela expedição do Duque de Abruzzi, em 1906. Desde então, as geleiras se retraíram devido ao aquecimento global e provavelmente desaparecerão até 2030. [DeAgostini/Getty Images.]

*N. de R.T.: Também denominadas "geleiras alpinas", "geleiras de montanha" ou "geleiras de altitude".

**N. de R.T.: Também conhecida com "inlandsis", principalmente na literatura técnica mais antiga.

***N. de R.T.: Em português, deve-se distinguir os termos antártica e Antártida. Enquanto o primeiro é um adjetivo que designa a zona polar meridional em contraposição à ártica, o segundo, um substantivo próprio, designa o continente Antártida. Em outras línguas, também se coloca a mesma distinção, como no italiano antartico vs. Antartide, no espanhol antartico vs. Antartida, no alemão Antarktis vs. Antarktika, no russo Antarktika vs. Antarktida, no francês antarctique vs. Antarctide, e no inglês Antarctic vs. Antarctica.

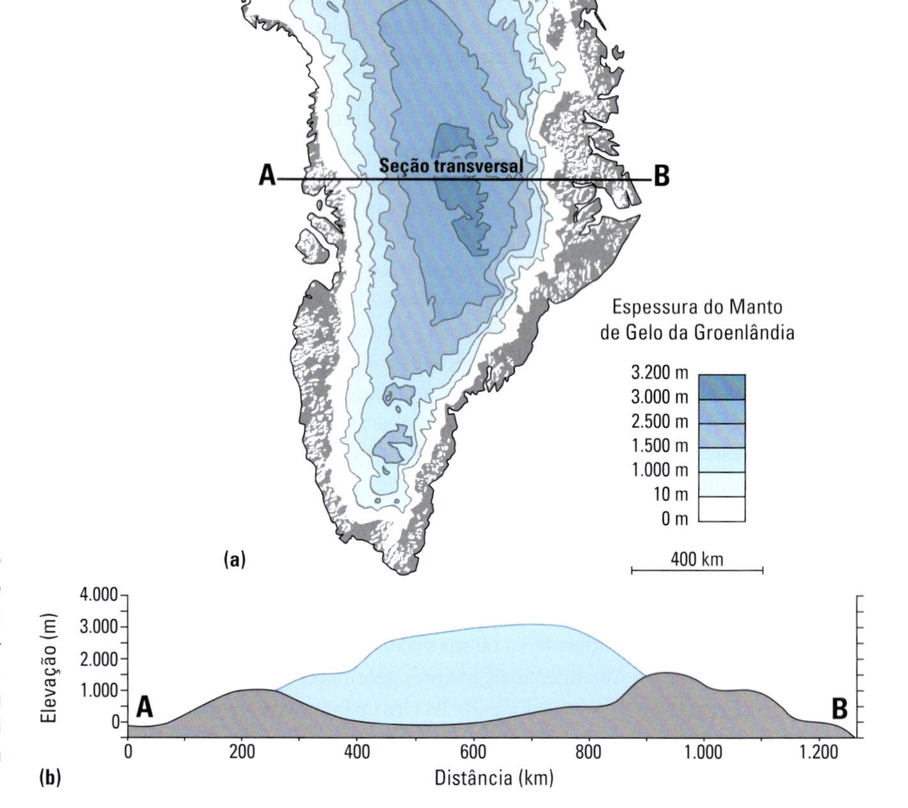

FIGURA 15.5 Mapa da espessura do gelo (ou mapa de isópacas) e secção transversal da geleira continental da Groenlândia. (a) A extensão e a elevação do manto de gelo da Groenlândia. (b) A seção transversal A–B mostra a forma de lente da geleira. O gelo flui do espesso domo central da geleira em direção à costa.

A forma de tigela do substrato rochoso sob o manto de gelo da Groenlândia, evidente na seção transversal na parte inferior da Figura 15.5, é causada pelo peso do gelo no meio da ilha. Essa depressão do substrato rochoso, consequência da isostasia, explica por que há montanhas bordejando a costa da Groenlândia.

Embora a geleira da Groenlândia seja enorme, ela fica pequena quando comparada com o manto de gelo da Antártida. O gelo cobre 98% desse continente, ocupando uma área de cerca de 14 milhões de quilômetros quadrados, e alcança uma espessura aproximada de 4.700 m (Figura 15.6). O volume total do gelo na Antártida – cerca de 30 milhões de quilômetros cúbicos – constitui mais de 90% da criosfera. Como na Groenlândia, o gelo forma domos na sua região central, que declinam em direção às suas margens.

Em certos lugares, lençóis delgados de gelo – as **plataformas de gelo*** – que flutuam no oceano permanecem contíguos à geleira principal. A mais bem conhecida dessas formas é a Plataforma de Gelo de Ross, uma espessa camada de gelo com o tamanho aproximado do Texas** que flutua sobre o Mar de Ross. As *calotas de gelo**** são as massas de gelo formadas nos polos Norte e Sul da Terra. A maior parte da calota de gelo ártica, localizada nas mais baixas latitudes do Hemisfério Norte, estende-se sobre a água e não é uma geleira. Toda a calota de gelo antártica, com exceção das plataformas de gelo, estende-se sobre o continente da Antártida e é considerada como uma geleira continental.

---

*N. de R.T.: O lençol ou plataforma de gelo sobre a água é também conhecido como banquisa.

**N. de R.T.: O que equivale à área de, aproximadamente, 2,5 vezes o Estado do Rio Grande do Sul ou a metade do Amazonas.

***N. de R.T.: Em inglês, *ice cap* (literalmente "tampa, boné, calota de gelo", cf. Webster's) foi definida pelos autores deste livro para designar genericamente as grandes formações de gelo que ocorrem nos polos, seja sobre a água do oceano (no Polo Norte, com a forma semelhante a uma calota esférica) seja no manto de gelo da Antártida (no Polo Sul, com a forma de uma lente biconvexa). Neste último caso, utiliza-se, de modo mais específico, também a expressão *ice sheet* ("manto de gelo"). Contudo, na literatura técnica brasileira, o termo geral *ice cap* tem sido traduzido como "calota de gelo" (para designar estritamente a formação de gelo do Ártico); "geleira tipo calota" e "manto de gelo" (referindo um gigantesco manto de gelo em área continental); "casquete de gelo" (designando um manto de gelo menor, sobre o continente). Por seu turno, o termo específico *ice sheet* tem sido traduzido como "lençol ou manto de gelo", sejam os gigantescos ou os menores (mais apropriadamente, "casquetes"). Sempre que possível, a expressão foi aqui traduzida de acordo com os significados empregados na literatura técnica brasileira.

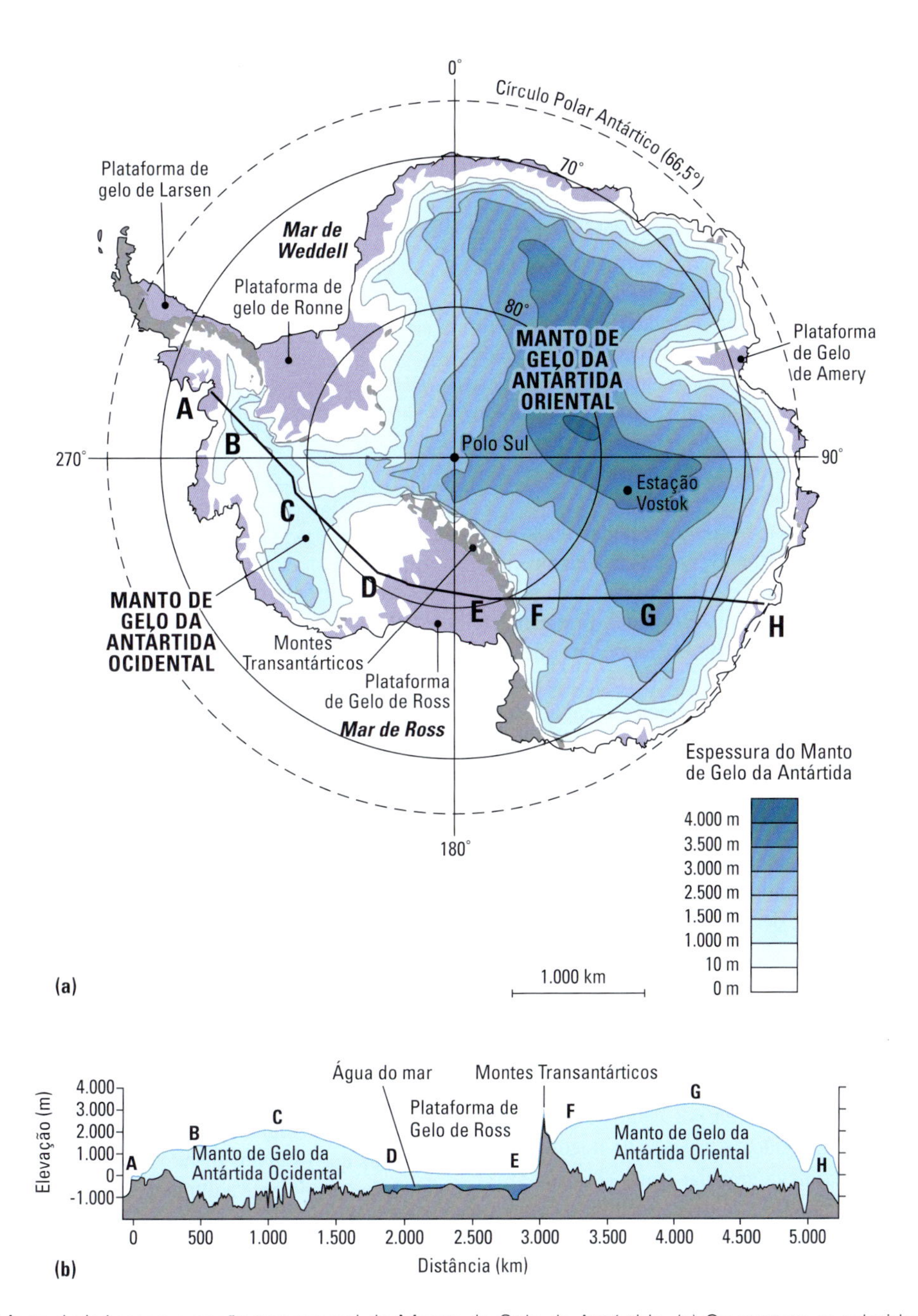

FIGURA 15.6 Mapa de isópacas e seção transversal do Manto de Gelo da Antártida. (a) Os contornos coloridos indicam a espessura do manto de gelo. As plataformas de gelo estão em roxo. (b) Seção transversal A–H, indicando o gelo espesso do Manto de Gelo da Antártida Ocidental (C) e do Manto de Gelo da Antártida Oriental (G) e o gelo flutuante mais delgado da Plataforma de Gelo Ross (D–E). [Dados da British Antarctic Survey.]

Como as geleiras se formam

Uma geleira pode formar-se onde há uma abundante precipitação de neve no inverno que não derrete no verão seguinte. A neve antiga é soterrada pela nova, que a espreme lentamente e recristaliza as partículas na forma de gelo; quando o gelo acumulado cresce o suficiente, este começa a fluir e transforma-se em uma geleira.

Ingredientes básicos: frio congelante e muita neve

Para uma geleira se formar, as temperaturas devem ser baixas o suficiente para manter a neve sobre o terreno durante todo o ano. Essas condições ocorrem em latitudes altas porque os raios solares atingem a Terra em ângulos baixos (ver Figura 12.4), e em altas elevações porque a atmosfera torna-se cada vez mais fria em altitudes próximas a 10 km (ver Figura 12.3). Portanto, a altitude da *linha de neve* – onde acima dela a neve não se derrete totalmente no verão – geralmente decresce em direção aos polos, onde a neve e o gelo se mantêm a cada ciclo anual, mesmo ao nível do mar. Próximo ao equador, as geleiras somente se formam em montanhas cujas altitudes ultrapassam 5.000 m (ver Figura 15.2).

A precipitação de neve e a formação de geleiras necessitam tanto de umidade como de frio. Os ventos carregados de umidade tendem a precipitar a maior parte de sua neve na vertente da cadeia montanhosa na qual sopra o vento (barlavento), de modo que o lado protegido a sotavento tem maior probabilidade de ser seco e sem neve. Partes das altas montanhas dos Andes, na América do Sul, por exemplo, situam-se em um cinturão no qual predominam os ventos do leste. As geleiras formam-se nas vertentes úmidas do leste, enquanto o lado seco do oeste tem pouca neve e gelo.

Os climas mais frios não são necessariamente os mais nevados. Por exemplo, a cidade de Nome*, no Alasca, tem um clima polar ártico com uma temperatura máxima média anual de 9°C, mas há somente 4,4 cm de precipitação anual, praticamente toda ela na forma de neve. Compare esses dados com aqueles da cidade de Caribou**, no Estado do Maine (EUA), que tem um clima frio com uma temperatura máxima média anual de 25°C e uma precipitação média anual de neve de colossais 310 cm. Entretanto, as condições da região de Nome, onde pouca neve derrete, são melhores para a formação de geleiras que as condições de Caribou, onde toda a neve precipitada derrete-se no verão. Em climas áridos, é absolutamente improvável que as geleiras se formem, a menos que a temperatura seja tão baixa durante todo o ano que a neve não se derreta e seja toda preservada.

Crescimento da geleira: a acumulação

A neve, logo após precipitar-se, é uma massa fofa de flocos soltos, com empacotamento aberto. À medida que os pequenos e delicados cristais de gelo permanecem por algum tempo no chão, eles se retraem e se tornam grãos, e a massa de flocos de neve compacta-se para formar neve granular densa (**Figura 15.7**). À medida que maior quantidade de neve precipita-se e soterra a antiga, a neve granular vai aumentando sua compactação para uma forma homogeneamente mais densa, chamada de *nevado****. O ulterior soterramento e envelhecimento produz gelo glacial duro à medida que os grãos menores recristalizam-se, cimentando todos os demais grãos. A transformação de neve em

*N. de R.T.: Situada na latitude de 64°31'N e 165°23'W, Nome é a principal cidade da costa sul da Península de Seward, margeada a leste pelo Estreito de Bering.

**N. de R.T.: Situada na latitude de 46°51'N, cerca de 2.000 km mais para o sul do que a cidade de Nome, e longitude de 68°01'W, no extremo norte da região leste dos Estados Unidos, quase na fronteira com o Canadá.

***N. de R.T.: O nevado é característico de um "campo de neve" ou "bacia de nevado" (firn basin) que alimenta uma geleira. Eventualmente, o termo inglês firn (pronuncia-se [firn]), ou seu correspondente francês névé (pronuncia-se [nêvê']), ocorre na literatura brasileira sem ser traduzido.

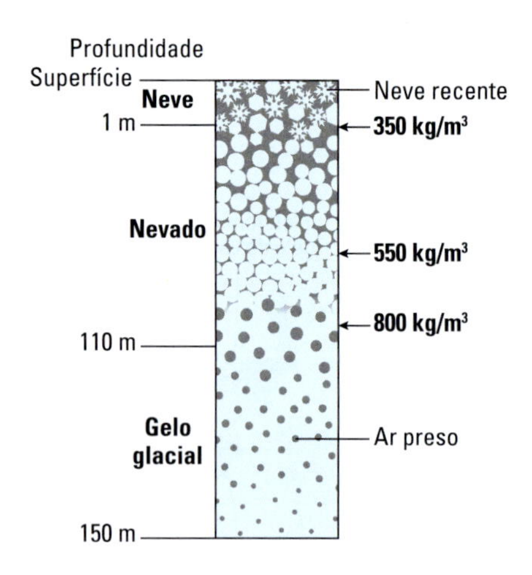

FIGURA 15.7 O soterramento transforma o gelo em nevado e, com o tempo, em gelo glacial. Um aumento correspondente de densidade acompanha essas transformações à medida que o ar é eliminado da neve compactada (números à direita). O gelo glacial formado na transição entre nevado e gelo é feito de neve precipitada centenas ou milhares de anos atrás.

gelo glacial pode levar centenas e até milhares de anos. Em uma geleira típica, uma camada de gelo é adicionada a cada ano na medida que a neve precipita sobre sua superfície. A quantidade de neve anualmente adicionada à geleira é a sua **acumulação******.

À medida que a neve e o gelo glacial se acumulam, eles aprisionam e preservam valiosas relíquias do passado da Terra. Em 1991, alpinistas descobriram o corpo de um humano pré-histórico preservado por mais de 5.000 anos no gelo alpino na fronteira entre a Áustria e a Itália. No norte da Sibéria, animais extintos – como o mamute peludo, uma criatura parecida com um grande elefante, que cruzava por terras geladas – foram encontrados congelados e preservados pelo gelo antigo. Partículas de pó e bolhas de gases atmosféricos ancestrais também estão preservadas em gelo glacial (ver Figura 15.7). As análises químicas das bolhas de ar, encontradas em gelo muito antigo e soterrado em grandes profundidades na Antártida e na Groenlândia, informam-nos de que os níveis de dióxido de carbono atmosférico foram mais baixos durante a última glaciação (Wisconsin, na América do Norte, também chamada de Würn, na Europa) do que durante o período seguinte em que as geleiras começaram a se retrair.

Retração glacial: ablação

À medida que flui encosta abaixo, sob a atração da gravidade, uma geleira flui até as altitudes mais baixas, onde as temperaturas são mais quentes. A quantidade total de gelo que uma geleira perde a cada ano é chamada de **ablação**. Quatro mecanismos são causadores da ablação:

1. *Derretimento.* À medida que o gelo derrete, a geleira perde material.

****N. de R.T.: Alguns autores incluem no conceito de acumulação todos os processos que adicionam neve ou gelo a uma geleira, a uma plataforma glacial ou cobertura de neve, incluindo, além da precipitação de neve, a condensação, as avalanchas, o transporte pelo vento e o congelamento de água.

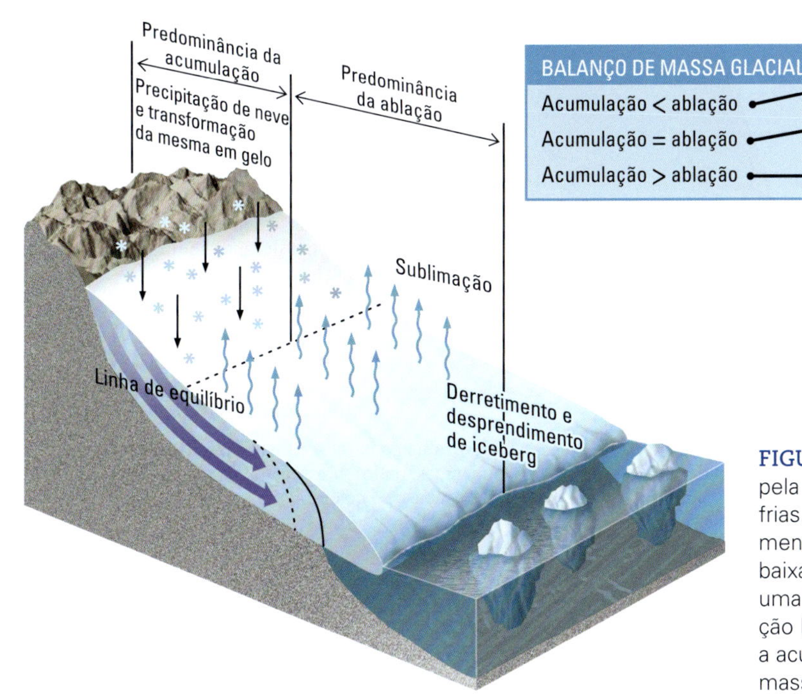

FIGURA 15.8 A acumulação ocorre principalmente pela precipitação de neve nas regiões mais altas e frias. A ablação ocorre por derretimento, desprendimento de icebergs ou sublimação nas regiões mais baixas e quentes. As duas áreas são separadas por uma linha de equilíbrio (tracejada) onde a acumulação local é igual à ablação local. A diferença entre a acumulação total e a ablação total é o balanço de massa glacial.

2. *Desprendimento de iceberg.** Pedaços de gelo descolam-se e formam icebergs quando uma geleira alcança a linha de costa (ver Figura 15.3).
3. *Sublimação.* Em climas frios, o gelo pode passar diretamente do estado sólido (gelo) para o gasoso (vapor d'água).
4. *Erosão eólica.* Ventos fortes podem erodir o gelo, principalmente por derretimento e sublimação.

A maior parte da ablação ocorre na região da borda da geleira. Assim, mesmo que uma geleira esteja avançando encosta abaixo ou radialmente a partir de seu centro, a borda de gelo, ou *frente da geleira*, pode estar se retraindo. Os dois mecanismos pelos quais as geleiras perdem a maior parte do gelo são o derretimento e o desprendimento de icebergs.

Balanço de massa glacial: acumulação menos ablação

A relação entre a acumulação e a ablação, chamada de *balanço de massa glacial***, resulta no crescimento ou na retração de uma geleira (Figura 15.8). As geleiras são divididas entre uma zona de acumulação superior e uma zona de ablação inferior, separadas por uma linha de equilíbrio. Acima dessa linha, a geleira consegue crescer, pois parte da neve do inverno anterior sobrevive à temporada de derretimento no verão. Abaixo da linha de equilíbrio, a geleira perde mais gelo do que pode ser reposto pela precipitação de neve no inverno.

Quando a acumulação total é igual à ablação total durante um longo período, a geleira permanece em um tamanho constante, mesmo quando continua a fluir declive abaixo a partir da área onde é formada. Tal geleira acumula neve e gelo na sua região superior na mesma quantidade em que ocorre a ablação na sua parte inferior. Se a acumulação excede a ablação, a geleira cresce; caso contrário, ela se retrai.

O balanço de massa varia de ano a ano. Nos últimos milhares de anos, muitas geleiras mantiveram um tamanho médio constante, embora algumas mostrem evidências de crescimento ou de recuo como resposta às variações climáticas regionais de curta duração. Entretanto, no século passado, o aquecimento global alterou o balanço de massa de muitas geleiras de vale e criou um saldo positivo de ablação, o que fez com que as geleiras recuassem (ver Figura 14.14). Por exemplo, a cobertura de gelo das Montanhas Rwenzori, mostrada na Figura 15.2, diminuiu de 7,5 km^2, em 1906, para 1 km^2 hoje. Todas as geleiras na região centro-leste da África provavelmente desaparecerão até 2030.

Como as geleiras se movem

Quando a espessura do gelo torna-se suficiente – normalmente várias dezenas de metros – para que sua resistência ao movimento seja superada pela força da gravidade, ele começa a se deslocar e, assim, torna-se uma geleira. O gelo de uma geleira flui lentamente declive abaixo da mesma maneira que o fluxo laminar de uma corrente de água (ver Figura 18.14). Ao contrário da facilidade de observar o fluxo rápido de um rio, o movimento do gelo de um dia para o outro é tão lento que deu origem à expressão "move-se a um ritmo glacial".

Os mecanismos do fluxo glacial

As geleiras fluem principalmente devido a dois mecanismos: fluxo plástico e deslizamento basal (Figura 15.9). No fluxo

*N. de R.T.: Também denominado "fragmentação glacial" ou "desagregação glacial".

**N. de R.T.: O balanço de massa glacial é também chamado apenas de "balanço de massa".

(a)

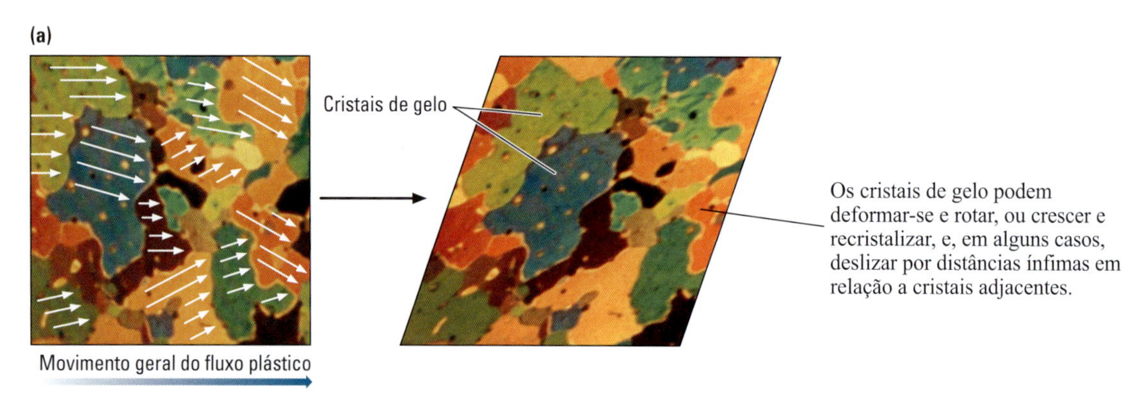

Os cristais de gelo podem deformar-se e rotar, ou crescer e recristalizar, e, em alguns casos, deslizar por distâncias ínfimas em relação a cristais adjacentes.

(b) **FLUXO PLÁSTICO**

O fluxo plástico predomina em regiões frias onde o gelo da base da geleira está congelado junto com o substrato rochoso ou o solo.

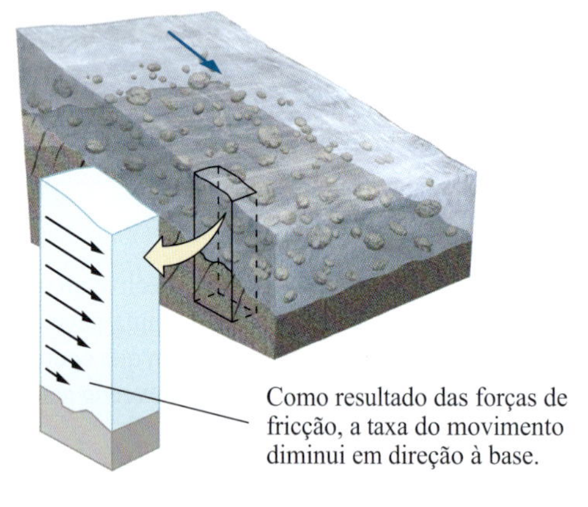

Como resultado das forças de fricção, a taxa do movimento diminui em direção à base.

(c) **DESLIZAMENTO BASAL**

O deslizamento basal predomina em regiões temperadas, onde a pressão do gelo sobreposto derrete a base da geleira.

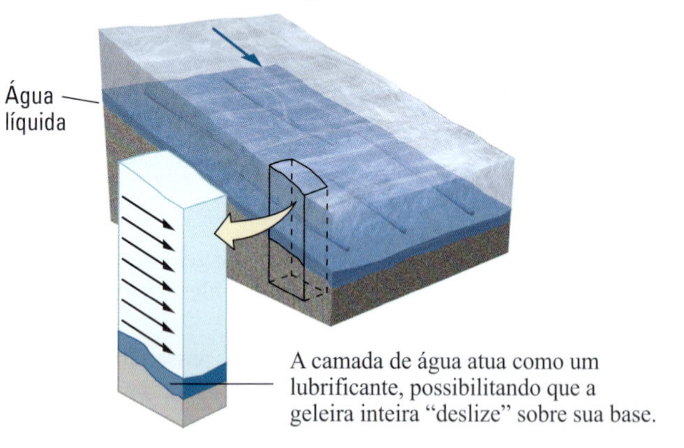

A camada de água atua como um lubrificante, possibilitando que a geleira inteira "deslize" sobre sua base.

(d) As geleiras de vale em regiões frias movem-se, predominantemente, por fluxo plástico. Se alguém fincar profundamente na geleira uma fileira de estacas alinhada transversalmente ao fluxo descendente, ...

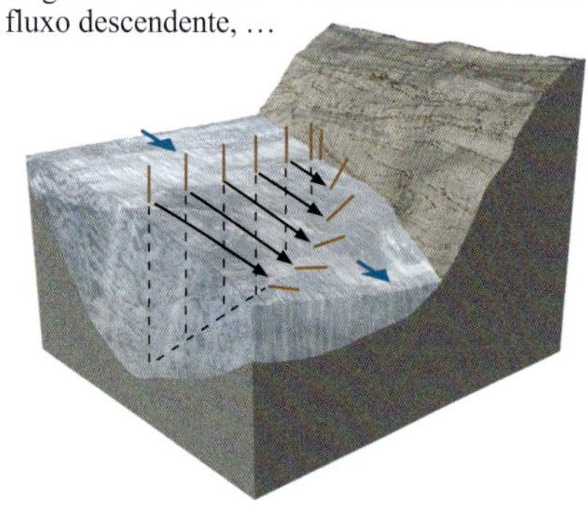

... poderá, posteriormente, observar que as estacas posicionadas no centro se deslocaram muito mais adiante e ficaram mais inclinadas para a frente do que as outras, o que indica que o movimento é mais rápido no centro e no topo da geleira.

(e) Em geleiras continentais, o gelo move-se radialmente declive abaixo a partir do ponto de maior espessura, como a massa mole de panqueca derramada em uma chapa, como mostrado pelas setas.

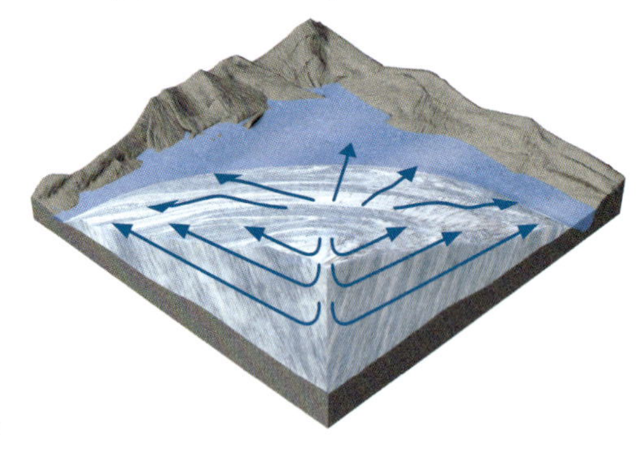

FIGURA 15.9 As geleiras fluem por meio de dois mecanismos principais: fluxo plástico e deslizamento basal. (a) Deformação em fluxo plástico. (b) Fluxo plástico. (c) Deslizamento basal. (d) Fluxo em geleiras de vale. (e) Fluxo em geleiras continentais.

plástico, o movimento ocorre na forma de deformação dentro da geleira. No deslizamento basal, a geleira desliza declive abaixo, como se fosse uma única peça ao longo de sua base, a exemplo de um bloco de gelo deslizando em uma tábua inclinada.

Movimento por fluxo plástico A força da gravidade exercida sobre uma geleira faz com que os cristais individuais de gelo deslizem por ínfimas distâncias durante curtos intervalos de tempo (Figura 15.9a). O somatório de todos esses pequenos movimentos, que ocorrem em muitos cristais de gelo constituintes da geleira deforma toda a massa glacial em um processo conhecido como **fluxo plástico**. Para visualizar esse processo, pense em uma pilha aleatória de cartas de baralho; a pilha inteira pode ser deslocada pela indução de vários deslizamentos pequenos entre as cartas. À medida que os cristais crescem sob tensão nas partes mais profundas da geleira, seus planos microscópicos de deslizamento tornam-se paralelos, aumentando a taxa de fluxo.

O fluxo plástico predomina em regiões muito frias, onde a temperatura do gelo em toda a parte da geleira, incluindo sua base, está bem abaixo do ponto de congelamento e o gelo basal está congelado junto com o terreno (Figura 15.9b). A maior parte do movimento dessas geleiras frias e secas ocorre acima da base por fluxo plástico. O movimento próximo à base congelada descola-se e transporta pedaços do embasamento rochoso e do solo. Por causa dessa mistura de material rochoso com gelo, a interface entre o gelo sobreposto e o solo sotoposto geralmente não é um limite tão nítido, sobretudo onde o solo consiste em sedimentos ou em rochas sedimentares frágeis. Pelo contrário, essa interface torna-se uma transição entre o gelo carregado de detritos e o terreno deformado contendo, por sua vez, quantidade apreciável de gelo.

Movimento por deslizamento basal O outro mecanismo de movimento do gelo é o **deslizamento basal**, que é o deslizamento da geleira ao longo do limite entre o gelo e o solo (Figura 15.9c). O ponto de fusão do gelo diminui com o aumento da pressão, portanto o gelo na base de uma geleira, onde o peso do gelo sobreposto é maior, derrete a uma temperatura mais baixa do que o gelo na geleira. O gelo derretido lubrifica a base da geleira, fazendo com que ela deslize declive abaixo. Esse é o mesmo efeito que torna possível a patinação sobre o gelo: o peso do corpo sobre a estreita lâmina do patim fornece pressão suficiente para derreter um pouco o gelo que está justamente embaixo dela, o que a lubrifica e possibilita que deslize facilmente sobre a superfície.

Em regiões temperadas, onde a temperatura do ar não atinge o ponto de congelamento durante partes do ano, o gelo pode estar no ponto de fusão em uma geleira, bem como em sua base. O fluxo plástico contribui com uma pequena quantidade do calor interno da geleira, a partir da fricção gerada pelos deslizamentos microscópicos dos cristais de gelo. Nessas geleiras, a água ocorre no gelo como pequenas gotas entre os cristais. A água que se infiltra pelas rachaduras do gelo forma poças ou correntes de água de degelo que escavam túneis no gelo. A água existente em todo o interior da geleira facilita o deslizamento interno entre as camadas de gelo.

Fluxo em geleiras de vale

Louis Agassiz, um zoólogo e geólogo suíço do século XIX, foi o primeiro a medir exatamente como uma geleira de vale se move. Quando era um jovem professor, na década de 1830, ele fincou estacas em uma geleira dos Alpes Suíços e mediu as mudanças de posição ao longo de alguns anos. Ele observou que as estacas ao longo da linha central da geleira tiveram um movimento mais rápido, cerca de 75 m em um ano, ao passo que as estacas próximas às paredes do vale moviam-se mais lentamente. Mais tarde, a deformação verificada nos longos tubos profundamente fincados demonstrou que o gelo na base da geleira fluía mais lentamente que aquele no centro.

Esse tipo de deformação, no qual a parte central de uma geleira move-se mais rapidamente do que as laterais ou a base, é um diagnóstico do fluxo plástico (Figura 15.9d). O gelo de certas geleiras de vale pode mover-se em uma velocidade mais uniforme, deslizando como um bloco único, quase exclusivamente por deslizamento basal, ao longo da camada lubrificante de água derretida próxima ao substrato. No entanto, o que ocorre com mais frequência é uma combinação de mecanismos de fluxo de geleiras de vale – parte por fluxo plástico na massa de gelo e parte por deslizamento basal.

Um período repentino de movimento rápido de uma geleira de vale, chamado de **avanço glacial súbito**, ocorre, à vezes, depois de um longo período de pouco deslocamento. Os avanços glaciais súbitos podem durar muitos anos e, durante esse tempo, o gelo pode se deslocar com velocidades de mais de 6 km/ano – mil vezes a velocidade normal de uma geleira. Em muitos casos, os avanços súbitos decorrem da pressão da água que se acumula na base da geleira ou próximos a ela. Essa água pressurizada aumenta bastante o deslizamento basal.

A parte superior de uma geleira sofre pouca pressão. Em pressões baixas, o gelo na superfície da geleira (mais rasa que aproximadamente 50 m) comporta-se como um sólido rígido e frágil, rachando à medida que é arrastado adiante pelo fluxo plástico do gelo sotoposto. Essas fissuras, chamadas de **fendas***, quebram a superfície do gelo em vários pedaços pequenos e grandes (**Figura 15.10**). As fendas ocorrem mais comumente em lugares onde a deformação da geleira é intensa – como na região próxima à parede rochosa do vale contra a qual o gelo é arrastado, nas curvas do vale, em irregularidades no solo do vale e onde o declive fica acentuadamente mais íngreme. O movimento do gelo superficial rúptil nesses lugares é um "fluxo" resultante dos diversos deslizamentos entre esses blocos irregulares, de certo modo similares àqueles do falhamento em rochas crustais.

A Antártida em movimento

A Antártida pode parecer uma terra congelada no tempo, mas o manto continental que cobre quase toda a sua superfície absolutamente não fica parado. Os geólogos usam satélites de GPS e radares aéreos para mapear os movimentos do gelo pelo continente. As medições revelam que o manto de gelo é uma estrutura composta que consiste de centenas de geleiras individuais, cada uma das quais fluindo na sua própria trajetória, do interior do continente para o litoral (**Figura 15.11**). O fluxo mais rápido ocorre na forma de **correntes de gelo** de 25 a 80 km de largura e 300 a 500 km de comprimento. A corrente de gelo da Geleira Lambert, mostrada no mapa da Figura 15.11, é a maior do mundo. As geleiras tributárias menores geralmente têm velocidades baixas, de 100 a 300 m/ano (verde), que aumentam gradualmente à medida que descem pela superfície do continente e se intersectam nas partes superiores da Geleira Lambert. A maior

*N. de R.T.: No original, *crevasse* (igual à forma francesa *crevasse* ou *crevice*), que, eventualmente, pode ocorrer na literatura brasileira sem estar traduzida.

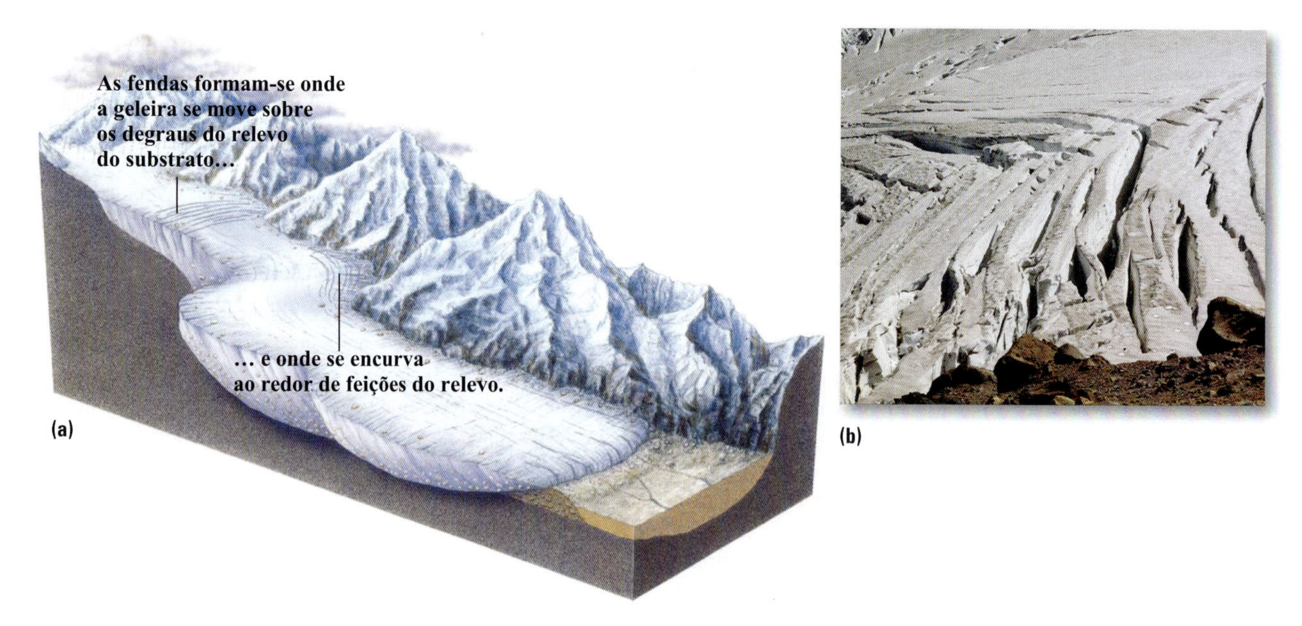

FIGURA 15.10 (a) As fendas em uma geleira de vale tendem a ocorrer onde a deformação do gelo é mais forte. (b) As fendas cobrem a Geleira Emmons, no flanco nordeste do Monte Rainier, no estado de Washington (EUA). [b: ©2002 Walter Siegmund.]

parte da Geleira Lambert tem velocidades de 400 a 800 m/ano (azul). À medida que adentra e atravessa a Plataforma de Gelo Amery e o manto de gelo se espalha e se adelgaça, as velocidades aumentam para 1.000 a 1.200 m/ano (rosa/vermelho).

Utilizando mapeamento de satélite com radar de alta resolução, os geólogos observaram que diversas geleiras da Antártida retraíram-se mais de 30 km em apenas três anos. Durante os últimos 20 anos, mais ou menos, enormes pedaços de gelo têm

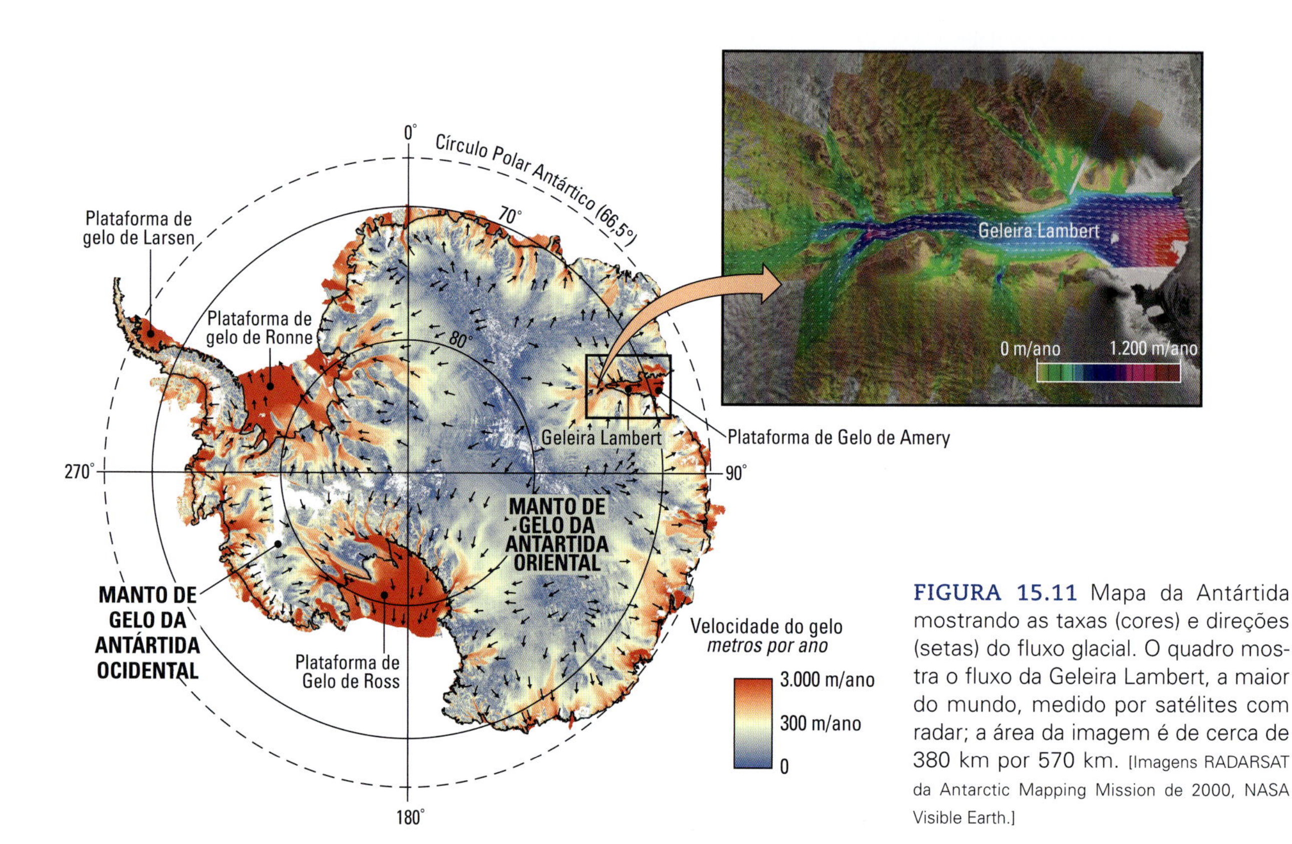

FIGURA 15.11 Mapa da Antártida mostrando as taxas (cores) e direções (setas) do fluxo glacial. O quadro mostra o fluxo da Geleira Lambert, a maior do mundo, medido por satélites com radar; a área da imagem é de cerca de 380 km por 570 km. [Imagens RADARSAT da Antarctic Mapping Mission de 2000, NASA Visible Earth.]

FIGURA 15.12 Colapso da Plataforma de Gelo Larsen. Esta imagem de satélite foi feita no dia 7 de março de 2002, quase no final de um período de dois meses em que um pedaço enorme da plataforma de gelo separou-se da costa e estilhaçou-se em milhares de icebergs. As cores mais escuras no lado direito da imagem identificam as águas do oceano aberto. As áreas brancas referem-se a icebergs, partes remanescentes da plataforma de gelo, e geleiras sobre o substrato. A área azul-clara representa uma mistura de água do mar e gelo intensamente fraturado. A área da imagem tem cerca de 150 por 185 km. [Imagem cortesia de NASA/GSFC/LaRC/JPL, MISR Team.]

se desprendido das geleiras da Antártida. Em março de 2000, um iceberg de 10.000 km^2, maior do que o Estado de Delaware* (EUA), desprendeu-se da Plataforma de Gelo de Ross. Em fevereiro e março de 2002, uma porção da Plataforma de Gelo de Larsen do tamanho de Rhode Island** (cerca de 3.250 km^2) desintegrou-se e separou-se do lado nordeste da Península Antártica (**Figura 15.12**). O fraturamento desse pedaço do manto de gelo produziu milhares de icebergs.

Os geólogos que monitoram a Plataforma de Gelo de Larsen foram capazes de predizer esse colapso de 2002. Observações de campo e de satélite mostraram que a taxa de fluxo da corrente de gelo tinha crescido de forma impressionante, o que foi interpretado como uma evidência de instabilidade. Após o colapso da plataforma de gelo, a taxa de fluxo da corrente de gelo aumentou ainda mais. Em geral, a destruição de plataformas de gelo tende a desestabilizar as geleiras continentais que as alimentam, fazendo com que as geleiras fluam mais rapidamente para os oceanos.

Devido ao aquecimento dos oceanos, as instabilidades das plataformas de gelo antárticas estão aumentando em magnitude e frequência a uma velocidade preocupante. A Plataforma de Gelo Wilkins, que ocupa uma área de 14.000 km^2 no sudoeste da Península Antártica, começou a se romper no início de 2008 e parece prestes a sofrer um novo colapso. Em julho de 2017, outro fragmento de 5.800 km^2 da Plataforma de Gelo Larsen se rompeu, formando um iceberg de mais de 200 m de espessura e peso de mais de um trilhão de toneladas.

*N. de R.T.: Com cerca de 5.327 km^2, o que equivale a cerca de ¼ da área de Sergipe.

**N. de R.T.: Rhode Island é um dos Estados localizados na costa leste dos Estados Unidos.

Isostasia e variação do nível do mar

Se as plataformas de gelo na Antártida continuarem a colapsar, o nível do mar subirá? Na verdade, se todas as plataformas de gelo da Terra se fragmentassem no oceano, o nível do mar não mudaria muito. O motivo está relacionado ao princípio da isostasia, discutido no Capítulo 11. Como os icebergs, as plataformas de gelo flutuam no oceano. Quando elas derretem, não há variação no nível do mar pela mesma razão que, quando os cubos de gelo em um copo derretem, o nível do líquido não muda.

Os icebergs flutuam porque a densidade do gelo (0,92 g/cm^3) é menor que a da água do mar (1,03 g/cm^3). O volume do gelo abaixo da superfície do mar, assim, pesa menos do que o volume da água salgada que ele desloca, e essa diferença de peso causa a força de empuxo que deve ser compensada pelo peso do gelo acima da linha da água (**Figura 15.13**). Os icebergs

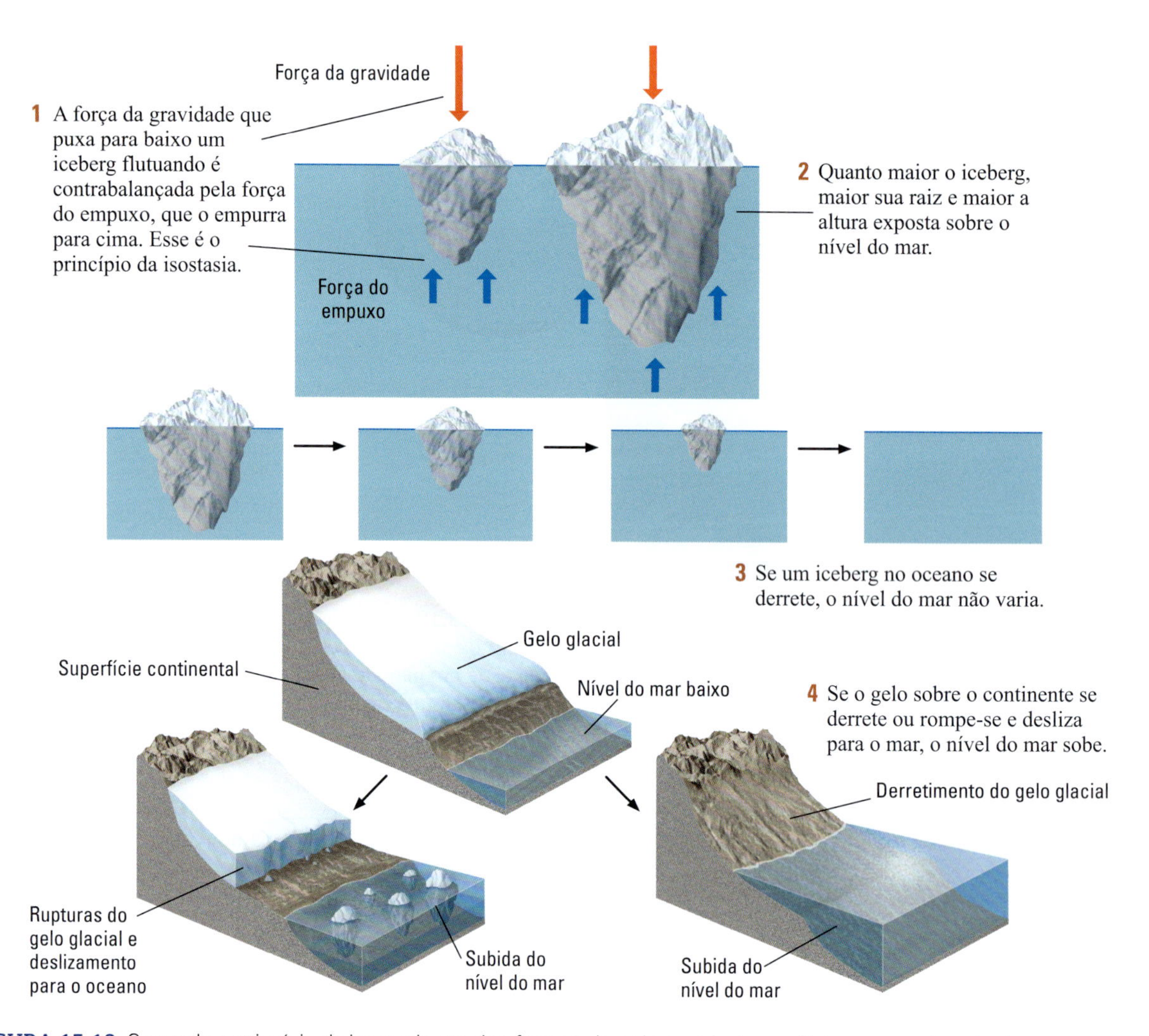

FIGURA 15.13 Segundo o princípio da isostasia, as plataformas de gelo e os icebergs flutuam e, assim, deslocam uma massa de água equivalente à sua própria massa; portanto, seu derretimento não altera o nível do mar. Porém, a fusão dos mantos de gelo no continente injeta nova água nos oceanos, causando um aumento no nível do mar.

maiores têm mais massa acima da superfície do mar, pois têm um volume maior abaixo dela, o que gera um empuxo também maior. Assim, o peso total de um iceberg é igual ao peso da água do mar que ele desloca, de modo que o seu derretimento não afeta o nível do mar.

Por outro lado, quando as geleiras continentais derretem, a maior parte da água flui para o oceano, o que aumenta o volume deste e, logo, eleva o nível do mar. Quando as geleiras continentais fluem diretamente para o oceano, a água nos oceanos é deslocada pelos icebergs que elas derramam, o que também aumenta o nível do mar. O aquecimento global reduziu o balanço de massa glacial, o que causou a redução do volume total de gelo das geleiras continentais e de vale. O Pratique um Exercício de Geologia após esta seção investiga quanto o derretimento das geleiras está afetando o nível do mar.

Concluímos que a destruição de uma plataforma de gelo somente faz o nível do mar subir se parte dela estiver assentada sobre o substrato. Nesse caso, quando desliza para o mar, o volume do gelo antes sustentado pelo continente desloca a água do mar, o que faz com o que o nível do mar suba.

As paisagens glaciais

O movimento das geleiras é responsável pelo enorme volume de trabalho geológico realizado pelo gelo: erosão, transporte e sedimentação. Da mesma forma que não se pode observar uma pegada na areia enquanto o pé ainda está cobrindo-a, não se podem ver os efeitos de uma geleira ativa em seu assoalho e paredes laterais. Somente quando o gelo derrete, seu trabalho geológico é revelado. Podemos inferir os processos físicos impulsionados pelo movimento do gelo a partir do relevo de áreas anteriormente glaciais e das distintas formas da superfície deixadas para trás.

A erosão glacial e as geoformas erosivas

O gelo é de longe um agente de erosão mais eficiente que a água ou o vento. Uma geleira de vale com poucos metros de largura pode arrancar e moer milhões de toneladas de substrato rochoso em um único ano. O gelo carrega essa pesada carga de sedimentos para a região frontal do gelo, onde é depositada quando ele

PRATIQUE UM EXERCÍCIO DE GEOLOGIA

Qual seria a elevação do nível do mar causada pelo derretimento dos mantos de gelo continentais?

Neste período de aquecimento global, há um forte interesse por saber quanto o nível do mar subirá devido ao derretimento dos mantos de gelo da Groenlândia e da Antártida. Vamos considerar o caso extremo do derretimento *total*. A área dos oceanos é de $3{,}6 \times 10^8$ km^2 (ver Apêndice 2); logo, elevar o nível do mar em um metro exige que o volume dos oceanos aumente em:

$$3{,}6 \times 10^8 \text{ km}^2 \times 1 \text{ m} = 3{,}6 \times 10^{14} \text{ m}^3$$

A densidade da água do mar é de $1{,}03$ g/cm^3 = 1.030 kg/m^3, que é maior do que a densidade da água pura (1 g/cm^3) devido à sua salinidade. A massa de água do mar necessária para que o nível suba um metro é, portanto:

$$3{,}6 \times 10^{14} \text{ m}^3 \times 1.030 \text{ kg/m}^3 = 3{,}7 \times 10^{17} \text{ kg}$$

Análises minuciosas da espessura do gelo (ver Figura 15.6) permitiram aos cientistas determinar que volume total do gelo antártico é de cerca de 26,9 milhões de quilômetros cúbicos. Contudo, se derretesse, nem todo esse volume de gelo contribuiria para a elevação do nível do mar. Em especial, o derretimento das plataformas de gelo da Antártida não alteraria o nível do mar (ver Figura 15.13). Esse volume de gelo flutuante é de cerca de 0,4 milhão de quilômetros cúbicos. Subtraí-lo resulta em 26,5 milhões de quilômetros cúbicos para o "volume de gelo de terra firme".

Há outro componente do volume de gelo que não contribui para a elevação do nível do mar. A espessura do gelo medida em algumas partes do continente é maior do que a sua elevação da superfície, incluindo boa parte do Manto de Gelo da Antártida Ocidental (ver perfil na Figura 15.6). Parte do gelo em terra firme está abaixo do nível do mar. O derretimento desse gelo "submerso", cerca de 3 milhões de quilômetros cúbicos, não contribuiria muito para uma elevação do nível do mar. Se reduzirmos o volume de gelo por essa quantidade, descobriremos que apenas cerca de 23,5 milhões de quilômetros cúbicos do volume de gelo da Antártida, ou seja, $2{,}35 \times 10^{16}$ m^3, contribuiriam para a elevação do nível do mar após o seu derretimento. A densidade média do gelo glacial é de 0,92 g/cm^3 = 920 kg/m^3, igual a uma massa de:

$$2{,}35 \times 10^{16} \text{ m}^3 \times 920 \text{ kg/m}^3 = 2{,}16 \times 10^{19} \text{ kg}$$

Assim, a elevação do nível do mar que seria causada pelo derretimento completo do Manto de Gelo da Antártida é de:

$$2{,}16 \times 10^{19} \text{ kg} \div 3{,}7 \times 10^{17} \text{ kg por metro de aumento do nível do mar} = 58 \text{ metros de aumento do nível do mar}$$

Dessa quantidade, uma elevação de 6 metros seria causada pelo derretimento do Manto de Gelo da Antártida Ocidental, enquanto os outros 52 metros seriam causados pelo Manto de Gelo da Antártida Oriental, que é muito maior.

PROBLEMA EXTRA: O volume total do Manto de Gelo da Groenlândia acima do nível do mar é de cerca de $2{,}7 \times 10^{18}$ kg. Quanto o derretimento de todo esse manto de gelo contribuiria para a elevação do nível do mar?

derrete. A quantidade total de sedimentos depositados nos oceanos mundiais foi várias vezes maior durante o período glacial recente do que durante os períodos não glaciais.

Em sua base e paredes laterais, uma geleira engolfa blocos de rocha fragmentados e fendidos, fraturando-os e triturando-os contra o pavimento rochoso sotoposto. A ação de moagem fragmenta a rocha em vários tamanhos, desde matacões tão grandes quanto uma casa, até material muito fino do tamanho silte e argila, chamado de *farinha de rocha*. A farinha de rocha está sujeita ao rápido intemperismo químico por causa da sua granulação mais fina, que aumenta a área superficial. Nos locais onde os detritos glaciais estão encapsulados pelo gelo e o substrato está por ele recoberto com um espesso manto, o intemperismo químico é mais lento do que em terrenos sem gelo. Quando a farinha de rocha é liberada do gelo nos bordos de derretimento da geleira, ela seca e torna-se pó, sendo carregada pelo vento. O vento pode soprar a poeira por grandes distâncias, depositando-a definitivamente como *loess*, que são muito comuns durante os períodos glaciais (ver Capítulo 19).

À medida que as geleiras arrastam blocos rochosos ao longo de sua base, eles arranham e sulcam o pavimento. Tais abrasões são denominadas **estrias**. A orientação das estrias mostra-nos a direção do movimento do gelo – uma observação particularmente importante no estudo de geleiras continentais. Pelo mapeamento das estrias de uma extensa área inicialmente coberta por geleiras continentais, podemos reconstruir os padrões de fluxo das geleiras (**Figura 15.14**).

Com o avanço das geleiras, o gelo esculpe pequenas elevações assimétricas no substrato – conhecidas como *rocha moutonnée**, devido à analogia com o dorso de um carneiro – com o lado montante mais suave e polido e com o lado jusante arrancado, resultando em um declive abrupto e irregular (**Figura 15.15**). Esses declives assimétricos indicam o sentido do movimento do gelo.

Uma geleira de vale esculpe uma série de formas erosivas à medida que flui desde sua origem até seu limite inferior (**Figura 15.16**). Na cabeceira do vale glacial, a ação de arrancar

*N. de R.T.: Pronuncia-se [mu.tɔ.ne]. Esta palavra, que deriva de *mouton* ("carneiro" em francês), não tem sido traduzida em português e, também, em outras línguas.

FIGURA 15.14 Estrias glaciais no substrato rochoso em Quebec, Canadá. As estrias evidenciam a direção do movimento do gelo e são pistas especialmente importantes para a reconstrução do movimento das geleiras continentais. [MICHAEL GADOMSKI/Science Source.]

e rasgar do gelo tende a entalhar uma bacia com a forma de um anfiteatro, chamada de **circo glacial**, geralmente com a forma de meio cone invertido. Com a erosão continuada, os circos glaciais nas cabeceiras dos vales adjacentes gradualmente se encontram nos topos das montanhas, produzindo *cristas* afiadas e pontudas chamadas de *arêtes** ao longo do divisor da bacia hidrográfica. À medida que a geleira do vale move-se para baixo a partir de seu circo, ela escava um novo vale ou aprofunda um vale fluvial preexistente, originando um característico **vale em U**. Os assoalhos dos vales glaciais são largos e planos e têm paredes abruptas, em contraste com os vales em V de muitos rios montanhosos.

As geleiras e os rios também diferem na forma com que os tributários desembocam neles. Embora a superfície de uma geleira tributária esteja no mesmo nível onde desemboca na geleira principal, o assoalho do vale tributário pode estar muito mais raso que o principal. Quando o gelo derrete, o vale tributário é deixado como um **vale suspenso** – aquele cujo assoalho fica mais alto que o do vale principal (ver Figura 15.16). Depois que o gelo desaparece e os rios ocupam os vales, a desembocadura é marcada por uma queda d'água, na qual o rio do vale suspenso salta o penhasco abrupto que o separa do vale principal mais embaixo.

As geleiras de vale nos litorais podem erodir seus assoalhos muito mais profundamente que o nível do mar. Quando o gelo se retrai, esses vales de paredes abruptas – que ainda mantêm um perfil em U – são inundados pela água do mar (ver Figura 15.16). Esses braços glaciais do mar, chamados de **fiordes**, originam o espetacular cenário acidentado que tornou famosas as costas do Alasca (EUA), da Colúmbia Britânica (Canadá), da Noruega e da Nova Zelândia.

*N. de R.T.: Pronuncia-se [a.ʁɛt]. Palavra sem tradução técnica na literatura portuguesa e assim apropriada do francês também na língua inglesa, a exemplo de moutonée.

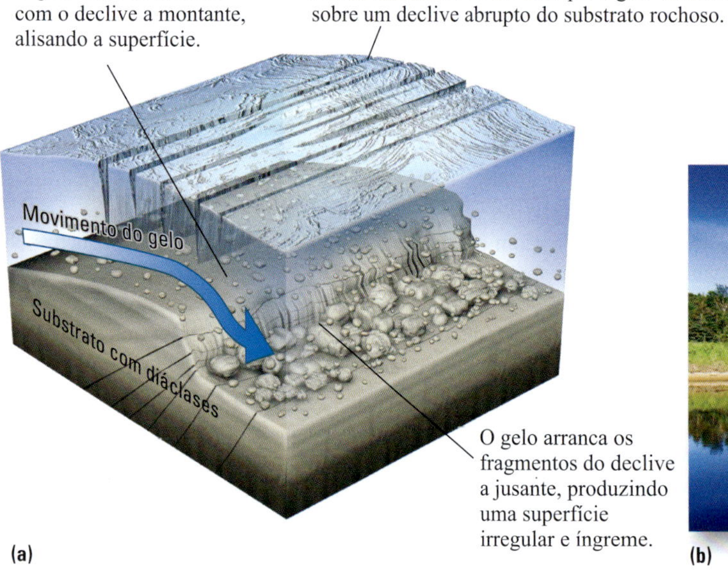

FIGURA 15.15 (a) A rocha *moutonnée* é um pequeno morrote do substrato rochoso, cuja face montante foi polida pelo gelo que, à medida que se movimentava, escavou também uma face irregular a jusante, arrancando pedaços do substrato a partir das juntas e fraturas e empurrando-os para a frente. (b) Uma rocha *moutonnée* conhecida como "A Colmeia" ergue-se acima de Sand Beach, no Parque Nacional Acadia, Maine (EUA). [mirceax/Getty Images.]

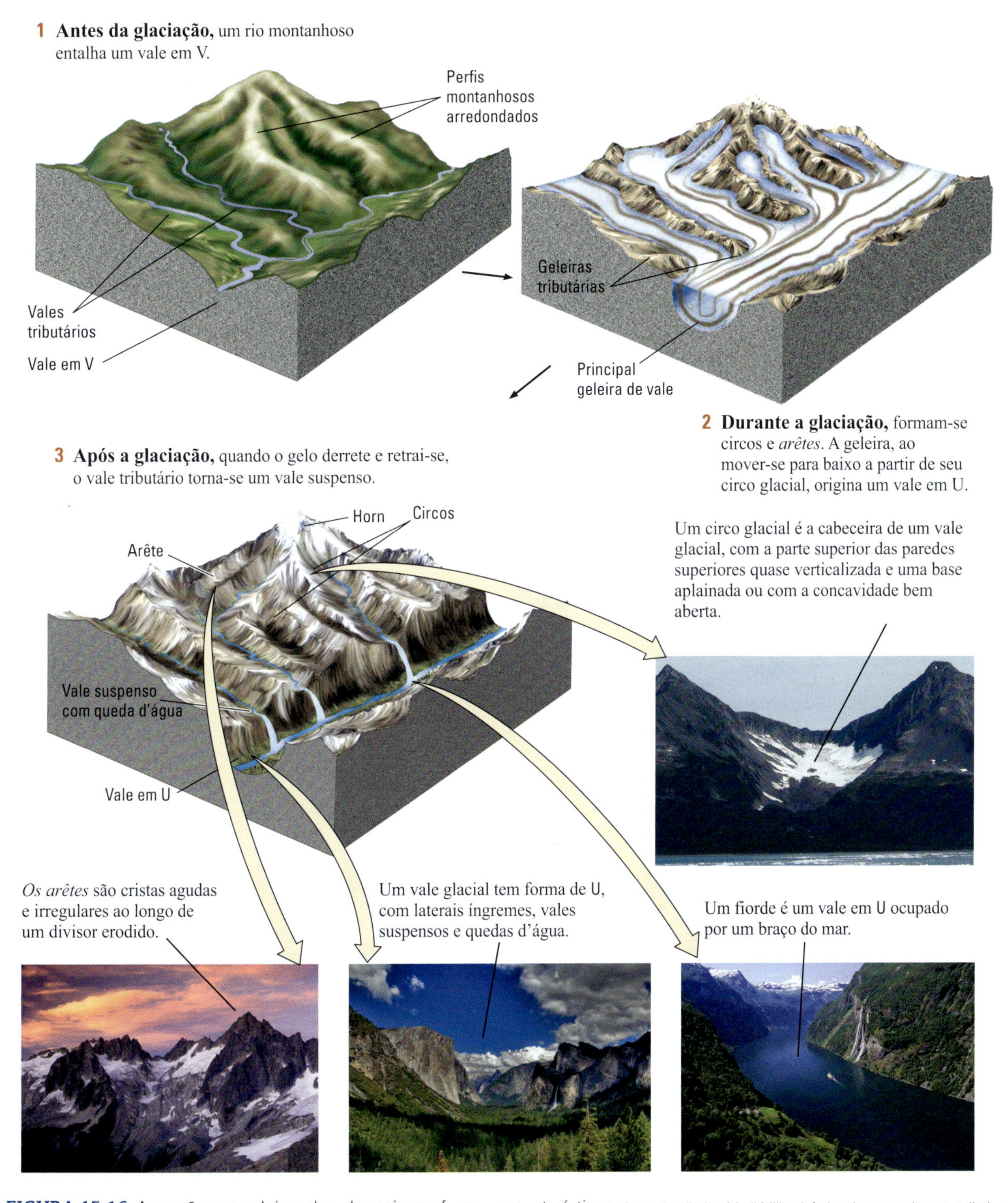

FIGURA 15.16 A erosão por geleiras de vales cria geoformas características. [superior direito: Marli Miller; inferior, da esquerda para a direita: Stephen Matera/Alamy; Radomir Rezny/Alamy; Philippe Body/age fotostock/Robert Harding Picture Library.]

A sedimentação glacial e as geoformas de acumulação

As geleiras erodem e transportam para jusante materiais rochosos de todos os tipos e tamanhos, depositando-os, por fim, onde o gelo se derrete. O gelo é o mais efetivo meio de transporte, pois o material que coleta não é sedimentado em seguida, como ocorre com a carga transportada por um rio. Assim como as correntes de água e de vento, o fluxo do gelo também tem competência (a capacidade para carregar partículas de um certo tamanho) e capacidade (a quantidade total de sedimento que pode ser transportada). O gelo tem uma competência extremamente alta: ele pode carregar imensos blocos com vários metros de diâmetro que nenhum outro agente de transporte poderia mover. O gelo também tem uma extraordinária capacidade. Alguns tipos de gelo estão tão carregados de material rochoso que têm uma cor escura e assemelham-se a sedimento cimentado pelo gelo.

Quando o gelo glacial se derrete, deposita uma carga heterogênea, pobremente selecionada, de matacões, seixos, areia e argila. A grande variedade de tamanhos é uma característica que diferencia o sedimento glacial de outros materiais, bem mais selecionados, depositados por rios e ventos. O material heterogêneo intrigou os geólogos antigos, que não estavam cientes de sua origem glacial. Eles o chamaram de *drift**, porque parecia que tinha sido, de algum modo, transportado de outras áreas. O termo **drift** é utilizado atualmente para *todo* material de origem glacial, encontrado em qualquer lugar no continente ou no mar.

Certos drifts são depositados diretamente pelo derretimento do gelo. Esse depósito sedimentar, sem estratificação e pobremente selecionado, é conhecido como **till** e pode conter fragmentos de todos os tamanhos – argila, areia ou matacão. Os enormes matacões, frequentemente contidos em um till, são chamados de *erráticos*, porque sua composição parece ser aleatória e muito diferente daquela das rochas locais (Figura 15.17).

Outros depósitos de drift são assentados quando o gelo se funde e espalha o sedimento. Os rios da água de degelo, fluindo em túneis dentro e embaixo do gelo e na frente da geleira, podem coletar, transportar e depositar parte do material. Depósitos de drift podem aprisionar parte da água de degelo, gerando seu acúmulo e a formação de lagos. Como qualquer outro sedimento transportado pela água, esse material é estratificado e bem selecionado, podendo ter estruturas do tipo estratificação

*N. de R.T.: Pronuncia-se [drɪft]. Este vocábulo, que significa literalmente "levado pela corrente", não tem sido traduzido em português nem em outras línguas e significa "pilha de detritos glaciais" ou "depósito glacial".

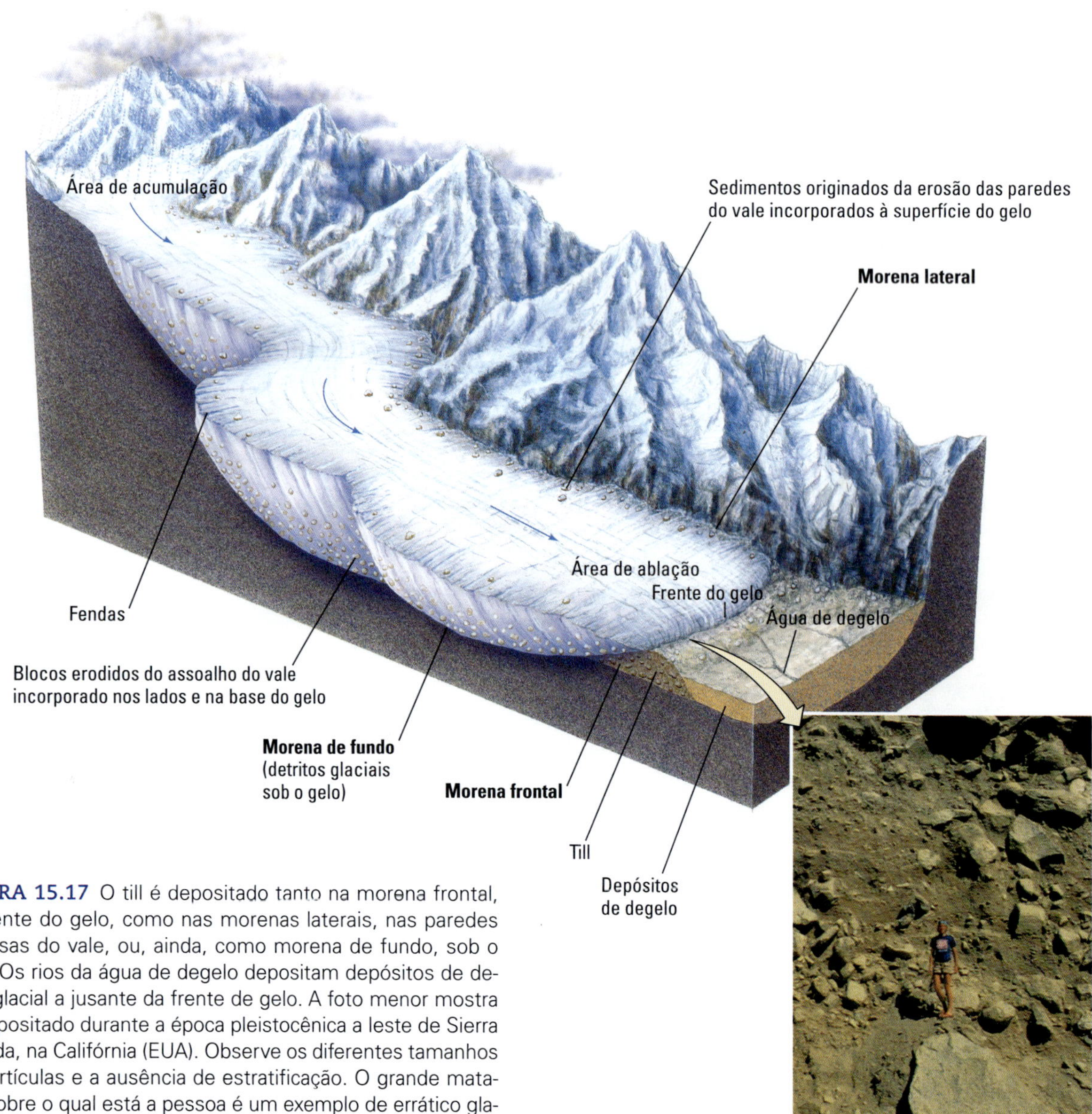

FIGURA 15.17 O till é depositado tanto na morena frontal, na frente do gelo, como nas morenas laterais, nas paredes rochosas do vale, ou, ainda, como morena de fundo, sob o gelo. Os rios da água de degelo depositam depósitos de degelo glacial a jusante da frente de gelo. A foto menor mostra till depositado durante a época pleistocênica a leste de Sierra Nevada, na Califórnia (EUA). Observe os diferentes tamanhos de partículas e a ausência de estratificação. O grande matacão sobre o qual está a pessoa é um exemplo de errático glacial. [Marli Miller.]

cruzada. O drift que foi coletado e distribuído pelos rios da água de degelo é chamado de **depósito de degelo*** e com frequência forma amplas planícies sedimentares a jusante de geleiras em processo de derretimento, conhecidas como *planícies de lavagem*. Os ventos intensos podem soprar o material de grão fino das planícies de lavagem e depositá-lo como loess.

Sequências sedimentares glaciais podem ser identificadas pelas texturas distintivas do interacamamento de tills, depósitos de degelo e loess, bem como pelas estrias e outras formas erosivas que podem ser preservadas. O mapeamento de tais sequências permite aos geólogos inferir as diversas glaciações de tempos geológicos passados.

Depósitos acumulados pelo gelo Uma **morena**** é uma acumulação de material rochoso, arenoso e argiloso carregada pelo gelo ou depositada como till. Existem muitos tipos de morenas, cada qual denominado de acordo com sua posição em relação à geleira que o originou (Quadro 15.1). Uma das mais proeminentes, em tamanho e aparência, é a *morena frontal****, formada na borda frontal da geleira. À medida que o gelo flui constantemente declive abaixo, leva mais e mais sedimentos para a borda de derretimento. O material não selecionado acumula-se lá como uma crista elevada de till. Sem levar em consideração a forma ou a localização, as morenas de todos os tipos consistem em till. A Figura 15.17 ilustra os processos pelos quais vários tipos de morenas se formam à medida que uma geleira avança pouco a pouco ao longo do vale.

Certos terrenos de geleiras continentais apresentam proeminentes formas superficiais chamadas de **drumlins****** – cordões alinhados de grandes colinas de till e substrato rochoso, paralelos à direção de movimento do gelo (Figura 15.18). Os drumlins, comumente encontrados em conjuntos, têm a forma de uma alongada colher invertida e com o declive mais suave voltado a jusante. Eles podem ter de 25 a 50 m de altura e 1 km de comprimento. Os drumlins formam-se quando a camada rica em sedimentos na base de uma geleira encontra uma saliência de substrato rochoso ou outro obstáculo, e o excesso de pressão força a saída da água e solta o sedimento.

Depósitos acumulados pela água Os depósitos de degelo glacial assumem diversas formas. O *kame****** é uma pequena colina de areia e cascalho criada quando o drift preenche um orifício em uma geleira e é deixado para trás quando a geleira recua. Certos kames são deltas acumulados em lagos no bordo frontal do gelo. Quando um lago é drenado, os deltas são preservados como colinas achatadas no topo. Os kames são frequentemente explorados como jazidas comerciais de areia e cascalho.

Os **eskers******* são cristas sinuosas de areia e cascalho, longas e estreitas, encontradas no meio das morenas de fundo (ver Figura 15.18). Eles se estendem por quilômetros em uma direção grosseiramente paralela à direção de movimento do gelo. Pode-se inferir a origem dos eskers pela presença de materiais bem selecionados, de acumulação subaquática e pelo trajeto sinuoso, semelhante ao de um canal, assumido pela crista. Os eskers foram depositados por rios de água de degelo fluindo em túneis pelo fundo de uma geleira em derretimento.

Kettles****** ("chaleiras") são bacias ou depressões não drenadas que frequentemente têm margens íngremes e podem ser ocupadas por água empoçada ou lagos. As geleiras atuais,

*N. de R.T.: Muitos autores empregam o termo inglês *outwash* para designar esses sedimentos.

**N. de R.T.: Vocábulo francês que significa "monte de Terra". Não é traduzido na literatura técnica e, eventualmente, também é grafado como "moraina", uma forma em desuso.

***N. de R.T.: Diferentemente deste livro, muitos autores consideram "morena frontal" como sinônimo de "morena terminal", preferindo o uso apenas desta última.

****N. de R.T.: Pronuncia-se [drəmlən]. Este vocábulo, da língua irlandesa, significa "crista", não tem sido traduzido na língua portuguesa e é apropriado com a mesma forma também em outros idiomas.

*****N. de R.T.: Pronuncia-se [kām]. Vocábulo escocês, significa "crista baixa", e, a exemplo de outros, não tem sido traduzido no vernáculo. Muitas dessas expressões que designam feições e processos glaciais mantêm o nome na língua do país em que foram descritas originalmente. Por isso, eventualmente, também em outros idiomas o vocábulo é mantido na língua original.

******N. de R.T.: Pronuncia-se [ɛskə], do irlandês, "crista".

*******N. de R.T.: Pronuncia-se [ˈkɛ.təl], do inglês antigo para "pequeno pote", sem tradução no vernáculo.

QUADRO 15.1 Morenas glaciais

TIPOS DE MORENA	LOCALIZAÇÃO NA GELEIRA	OBSERVAÇÕES
Morena frontal	Na frente do gelo	Depois que o gelo se funde, surge como cristas paralelas marcando a frente original do gelo
Morena terminal	Na frente do gelo, marcando a linha de maior avanço da geleira	Tipo de morena frontal
Morena lateral	Ao longo do bordo da geleira, onde ela raspa a parede lateral do vale	Carga sedimentar pesada que é erodida das paredes do vale; quando o gelo derrete, é vista como uma crista paralela às paredes do vale
Morena mediana ou central	Formada quando duas geleiras se juntam e suas morenas laterais coalescem a jusante da confluência	Carga sedimentar herdada das morenas laterais que a formaram; forma cristas paralelas às paredes do vale
Morena de fundo	Sob o gelo, como uma camada de detritos glaciais	Varia desde tills delgados e de pequena extensão até um espesso manto de tills

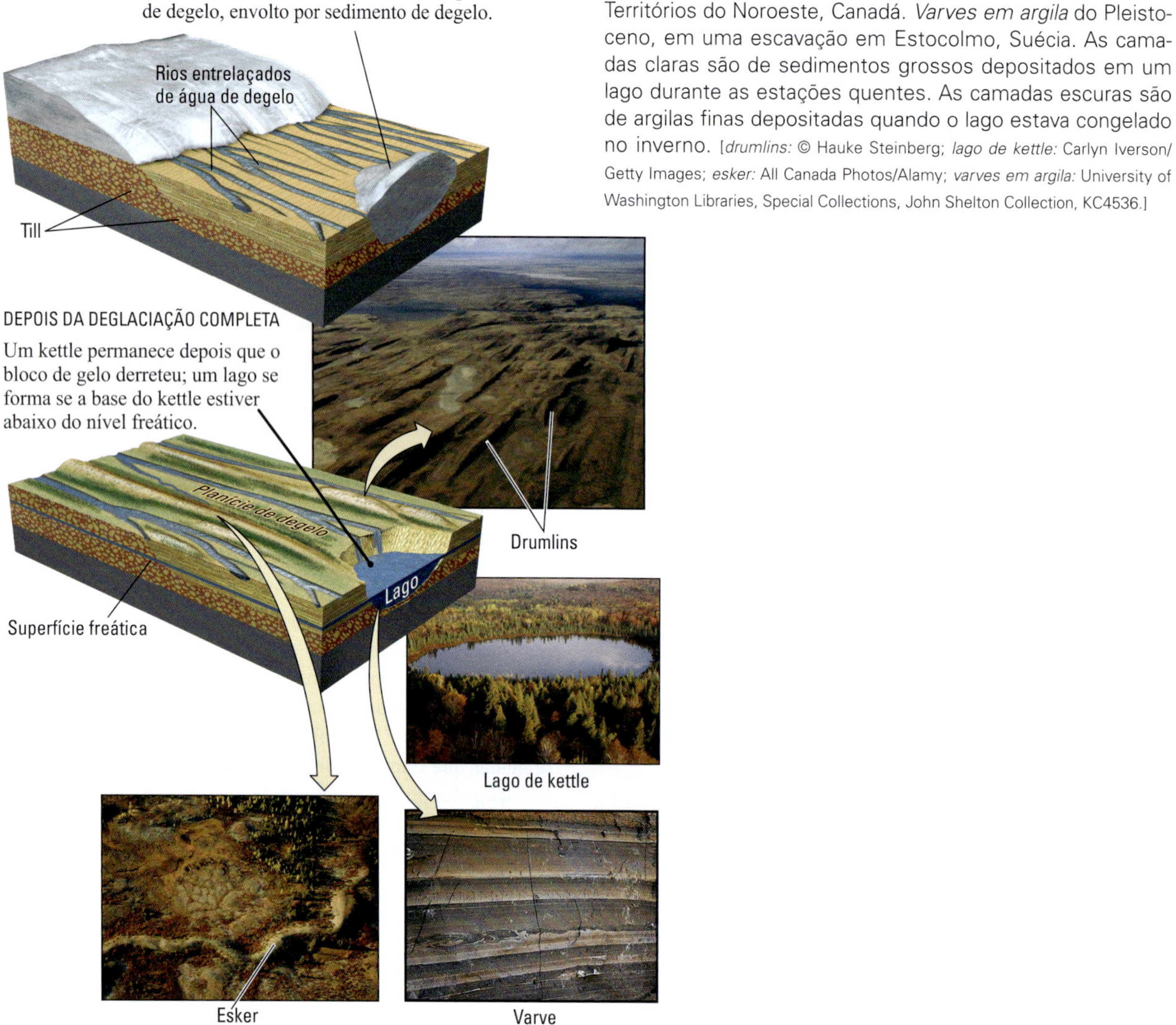

FIGURA 15.18 Depósitos glaciais acumulados pelo gelo e pela água. *Drumlins,* da Patagônia, Argentina. Lago de kettle, norte do Minnesota (EUA). *Esker* próximo ao Lago Whitefish, Territórios do Noroeste, Canadá. *Varves em argila* do Pleistoceno, em uma escavação em Estocolmo, Suécia. As camadas claras são de sedimentos grossos depositados em um lago durante as estações quentes. As camadas escuras são de argilas finas depositadas quando o lago estava congelado no inverno. [*drumlins:* © Hauke Steinberg; *lago de kettle:* Carlyn Iverson/ Getty Images; *esker:* All Canada Photos/Alamy; *varves em argila:* University of Washington Libraries, Special Collections, John Shelton Collection, KC4536.]

à medida que foram se derretendo, deixaram para trás enormes blocos isolados de gelo sobre as planícies de lavagem, oferecendo os vestígios para se entender a origem dos kettles. Um bloco de gelo de 1 km de diâmetro pode levar 30 anos ou mais para derreter. Durante esse tempo, o bloco em derretimento pode ser parcialmente soterrado pela areia e pelo cascalho de lavagem carregados pelos rios da água de degelo, comumente entrelaçados, que fluem no seu entorno. Durante o tempo transcorrido para que o bloco se derretesse completamente, a margem da geleira estava mais retraída e bem mais distante da área, que era alcançada apenas por pouca água de degelo. A areia e o cascalho que inicialmente envolviam o bloco de gelo passaram, então, a envolver a depressão. Se o fundo do kettle estiver abaixo do nível freático, um lago poderá se formar.

Os varves são formadas quando as geleiras de vale depositam silte e argila no fundo de um lago em uma série de camadas de grãos mais grossos e mais finos (ver Figura 15.18). O **varve** é um par de camadas formado em um ano pela sazonalidade do congelamento da superfície do lago. No verão, o silte grosso é depositado pelos abundantes rios da água de degelo, que fluem desde a geleira até o lago, o qual se encontra sem gelo. No inverno, quando a superfície do lago está congelada, as mais finas argilas decantam, formando uma fina camada sobreposta àquela mais grossa do último verão.

Certos lagos formados pelas geleiras continentais eram enormes, com muitos milhares de quilômetros quadrados de extensão. Os diques de till que represaram esses lagos eram, às vezes, fendidos e posteriormente arrebentavam, drenando rapidamente os lagos e causando enormes inundações. No leste do Estado de Washington (EUA), uma área chamada de Channeled Scabland* (**Figura 15.19**) é coberta por largos canais de um rio

*N. de R.T.: Termo geomorfológico regional que designa terreno desolado, definido por uma superfície de planalto, caracterizada por numerosos morros baixos com formas ásperas, de topo plano, constituídos de rocha nua.

FIGURA 15.19 O Channeled Scabland, no leste do Estado de Washington (EUA), contém feições erosivas singulares, formadas por inundações catastróficas resultantes da drenagem do Lago Missoula, um enorme lago glacial. Esta fotografia aérea mostra Dry Falls, um grupo de falésias recortadas produzidas pela inundação, com 100 m de altura e quase 5 km de largura. [Bruce Bjornstad.]

seco, resquícios de águas torrenciais de inundação que escoaram a partir do Lago Missoula, um grande lago glacial, que hoje está completamente seco. A partir de marcas onduladas gigantes, barras de areia e cascalhos grossos que foram encontrados lá, os geólogos puderam estimar que essas águas de inundação atingiram velocidades de 30 m/s, com vazões de 21 milhões de metros cúbicos por segundo. Em contraste, as velocidades dos fluxos comuns dos rios são medidas em frações de metro por segundo, e a descarga do rio Mississippi, quando cheio, é menor que 50.000 m^3/s.

Permafrost

O solo está sempre congelado em regiões muito frias, onde a temperatura de verão nunca é alta o suficiente para derreter mais do que uma delgada camada superficial. Os solos permanentemente congelados, ou ***permafrost****, cobrem atualmente cerca de 25% do total de terras emersas. Além do próprio solo, o permafrost inclui agregados de cristais de gelo como camadas, cunhas e massas irregulares. A proporção de gelo em relação ao solo e à espessura do permafrost varia de região para região. O permafrost não é definido pela quantidade de umidade do solo, pela cobertura de neve ou pela localização. Mais exatamente, ele é definido somente pela temperatura. Qualquer rocha ou solo que permanece a 0°C, ou menos, por dois ou mais anos, é um *permafrost*.

No Alasca e no norte do Canadá, a espessura do permafrost pode chegar de 300 a 500 m. O solo abaixo da camada de permafrost, isolado pelas temperaturas demasiadamente frias da superfície, permanece descongelado. Ele fica aquecido abaixo dessa profundidade pelo calor interno da Terra.

O permafrost é um material difícil de manejar em projetos de engenharia – como estradas, fundações de edificações e de oleoduto – porque se funde quando é escavado. A água de degelo não pode se infiltrar no solo que permanece congelado abaixo da escavação, de modo que fica na superfície, saturando de água o solo e fazendo-o rastejar, deslizar e escorregar. Os engenheiros decidiram construir parte do oleoduto do Alasca acima do solo, quando uma análise mostrava que ele descongelaria o

*N. de R.T.: Pronuncia-se [ˈpɘrmɘˌfrôst], do inglês *perma(nent)* + *frost* ("permanente" + "congelado"). Termo não traduzido, assim grafado em vários idiomas e incluído no Vocabulário Ortográfico da Língua Portuguesa, da Academia Brasileira de Letras.

FIGURA 15.20 O derretimento do permafrost pode desestabilizar estruturas em altas latitudes, como o oleoduto do Alasca, cujo trajeto de 1.300 km da Baía de Prudhoe até Valdez atravessa 675 km de permafrost. Onde passa pelo permafrost, o oleoduto é assentado sobre suportes verticais especialmente projetados. Uma vez que o descongelamento do permafrost deixaria os suportes instáveis, eles são equipados com bombas térmicas projetadas para manter o solo ao redor deles congelado. As bombas térmicas contêm amônia anidra, que vaporiza abaixo do solo e ascende e condensa acima dele, liberando calor através dos dois radiadores de alumínio sobre cada um dos suportes verticais. [Ron Niebrugge/Alamy.]

permafrost da área do entorno, levando a situações de instabilidade (Figura 15.20).

O permafrost cobre cerca de 82% do Alasca e 50% do Canadá, bem como grande parte da Sibéria (ver Figura 12.6). Fora das regiões polares, ele está presente em áreas montanhosas altas, especialmente no Planalto do Tibete. O permafrost estende-se por várias centenas de metros de profundidade em áreas marinhas rasas distantes das costas do Ártico, resultando em problemas difíceis de engenharia para perfuração de petróleo costa afora. O IPCC estima que, até meados do século XXI, a área de permafrost do Hemisfério Norte terá diminuído em 20–35% em relação à cobertura pré-industrial.

Os ciclos glaciais e a mudança climática

Louis Agassiz, o mesmo geólogo que mediu a velocidade de uma geleira alpina na Suíça, foi o primeiro a propor (em 1837) que as geleiras alpinas devem ter sido muito maiores e mais espessas no passado geológico recente. Ele sugeriu que, durante uma idade glacial passada, a Suíça foi coberta por uma extensa geleira continental quase tão espessa quanto suas montanhas, semelhante à da Groenlândia atual. Entre as evidências que ele citou estava a escultura glacial óbvia dos altos cumes alpinos, como o imponente Matterhorn (Figura 15.21). A hipótese de Agassiz era controversa e não foi aceita de imediato.

Agassiz imigrou para os Estados Unidos em 1846 e tornou-se professor na Universidade de Harvard, onde continuou seus estudos em Geologia e ciências afins. Para avançar suas

FIGURA 15.21 As altas montanhas dos Alpes, como o famoso Matterhorn, mostrado aqui, foram esculpidas por uma geleira continental quase tão espessa quanto a altura dos cumes. Esses picos esculpidos pelo gelo deram a Louis Agassiz evidências convincentes de uma idade glacial no passado geológico recente. [Hubert Stadler/Getty Images.]

FIGURA 15.22 Morros irregulares alternam-se com lagos em um terreno de till glacial em Coteau des Prairies, Dakota do Sul (EUA). Tais paisagens foram formadas pelas grandes glaciações continentais das idades do gelo do Pleistoceno. [University of Washington Libraries, Special Collections, John Shelton Collection, KC10367.]

pesquisas, Agassiz visitou muitos lugares no norte da Europa e da América do Norte, desde as montanhas da Escandinávia e da Nova Inglaterra até os morros arredondados do Meio-Oeste americano. Em todas essas diversas regiões, ele viu sinais de erosão e sedimentação glaciais. Nas planícies interiores das Planícies Centrais estadounidenses, Agassiz observou depósitos de drift glacial que o lembraram de morenas frontais de geleiras de vale suíças (Figura 15.22). O material heterogêneo do drift, incluindo blocos erráticos, convenceu-o da origem glacial dos seus achados, e o frescor dos sedimentos suaves indicavam que foram depositados no passado recente.

As áreas cobertas por esse drift eram tão vastas que o gelo que o depositou devia ter sido uma geleira continental maior que a da Groenlândia ou da Antártida. Agassiz ampliou sua hipótese da idade glacial, propondo que uma grande glaciação continental tinha estendido as calotas de gelo polar até regiões distantes, que hoje desfrutam de climas temperados. Pela primeira vez, começou-se a falar sobre as idades do gelo.

A glaciação de Wisconsin

Os geólogos determinaram a idade dos sedimentos glaciais estudados por Agassiz por datação isotópica, usando o carbono-14 em troncos soterrados no drift. O mais recente drift foi depositado pelo gelo no último intervalo da Época Pleistocênica. Ao longo da costa leste dos Estados Unidos, o avanço mais ao sul desse gelo está registrado por enormes depósitos de morenas terminais que formam Long Island (Nova York) e Cabo Cod (Massachusetts). Os geólogos norte-americanos denominaram essa glaciação Wisconsin porque seus efeitos se manifestam de forma bastante acentuada nos terrenos glaciais desse estado norte-americano. A glaciação de Wisconsin atingiu seu pico de 21 a 18 mil anos atrás. A Figura 15.23 mostra a distribuição de gelo perto do fim do máximo glacial.

A glaciação de Wisconsin foi um evento global, mas os geólogos de várias partes do mundo deram seus próprios nomes locais (chamando-a, p. ex., de glaciação Würm nos Alpes). Mantos de gelo com espessura de 2 a 3 km acumularam-se nas partes setentrionais da América do Norte, Europa e Ásia. No Hemisfério Sul, o manto de gelo da Antártida expandiu-se, e as extremidades meridionais da América do Sul e da África ficaram cobertas de gelo.

A glaciação e a mudança do nível do mar

Na máxima extensão glacial de Wisconsin, os continentes ficaram um pouco maiores do que hoje, pois as plataformas continentais ao seu redor – algumas com mais de 100 km de largura – ficaram expostas, devido ao rebaixamento do nível do mar em aproximadamente 130 m. Essa descida do nível do mar deveu-se ao enorme volume de água transferido da hidrosfera para a criosfera. Os rios estenderam seus canais através das novas plataformas continentais emersas e começaram a entalhar o antigo leito do mar. Culturas antigas, como aquelas do Egito pré-histórico, desenvolveram-se em terras mais adiante do manto de gelo, e os humanos vagavam por essas planícies costeiras.

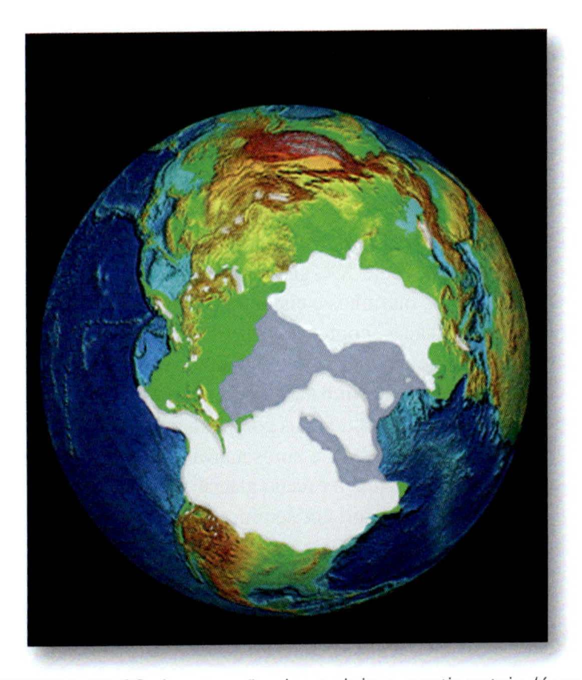

FIGURA 15.23 A extensão das geleiras continentais (área branca) e do gelo marinho (área cinza) no Hemisfério Norte no final do máximo glacial de Wisconsin, cerca de 18.000 anos atrás. [Mark McCaffrey, National Oceanic and Atmospheric Administration Paleoclimatology Program.]

A relação entre a variação do nível do mar e os ciclos glaciais fornece uma excelente ilustração das interações entre a hidrosfera e a criosfera, como discutido no Capítulo 12. À medida que a superfície terrestre aquece ou esfria, o volume da criosfera cresce ou se retrai. Porém, como resultado da isostasia, apenas mudanças no volume de gelo nos continentes afetam diretamente o nível do mar (ver Figura 15.13). À medida que as geleiras continentais crescem, o volume dos oceanos diminui e o nível do mar desce. Quando as geleiras continentais derretem, seu volume diminui e o nível do mar sobe. Assim, a variação do nível do mar é intimamente vinculada à mudança do clima por meio de mudanças da temperatura e do volume de gelo. Se o aquecimento global derretesse partes dos mantos de gelo restantes da Groenlândia e da Antártida, o nível do mar poderia subir dezenas de metros, apresentando sérios problemas para a civilização humana (ver Pratique um Exercício de Geologia).

O registro geológico das glaciações pleistocênicas

Logo após a hipótese de Agassiz sobre as idades do gelo tornar-se amplamente aceita em meados do século XIX, os geólogos descobriram que existiram múltiplas idades glaciais durante o Pleistoceno, com intervalos interglaciais mais quentes entre elas. À medida que mapeavam os depósitos glaciais em maior detalhe, ficavam cada vez mais cientes de que existiam diversas camadas de drift, sendo a mais inferior correspondente à idade do gelo mais antiga. Entre as camadas de material glacial mais antigas, estavam solos bem desenvolvidos contendo fósseis de plantas de clima quente. Esses fósseis eram a evidência de que as geleiras retraíram-se quando o clima esquentou. No começo do século XX, os cientistas acreditavam que quatro glaciações distintas tinham afetado a América do Norte e a Europa durante a época pleistocênica. Na América do Norte, essas idades do gelo, da mais antiga à mais recente, recebem os nomes de Estados dos EUA nos quais a evidência de avanço glacial está melhor preservada: Wisconsin, Illinois, Kansas e Nebrasca.

No final do século XX, geólogos e oceanógrafos examinaram sedimentos marinhos e encontraram evidências fósseis de glaciações passadas, conforme descrito no Capítulo 12. Esses sedimentos, que haviam se acumulado continuamente em bacias oceânicas não perturbadas, continham um registro geológico do Pleistoceno muito mais completo que aquele dos depósitos glaciais continentais e apresentavam uma história muito mais complexa do avanço e recuo glacial. Pela análise de razões de isótopos de oxigênio em sedimentos marinhos em todo o mundo, os geólogos criaram um registro da história climática de milhões de anos no passado (ver Figura 12.15).

Variações durante o ciclo glacial mais recente

Nos ciclos glaciais, as temperaturas não variam suavemente ao longo do tempo (ver Figura 12.16). Superpostas aos ciclos glaciais de 100 mil anos, existem as flutuações climáticas de duração mais curta, algumas quase tão grandes quanto as mudanças de um período glacial para outro interglacial. Os geólogos combinaram a informação dos testemunhos de gelo em geleiras continentais e de vales, dos sedimentos de lagos e do oceano profundo para reconstruir uma história década a década – e, em alguns casos, ano a ano – das variações climáticas de curta duração durante o último ciclo glacial.

As temperaturas começaram a cair há cerca de 120 mil anos, alcançando seus menores valores durante o máximo glacial de Wisconsin, entre 21 mil e 18 mil anos atrás. Então as temperaturas retornaram para um clima interglacial quente nos últimos 11.700 anos, marcando o fim do Pleistoceno e o início da época holocênica. Algumas características básicas dessa notável crônica são sintetizadas a seguir.

- Durante a glaciação de Wisconsin, o clima terrestre era altamente variável, com oscilações de temperatura mais curtas (mil anos) ocorrendo dentro de ciclos mais longos (10 mil anos). As variações mais extremas ocorreram na região do Atlântico Norte, onde as temperaturas médias locais subiram e caíram nada menos que 15°C. Cada ciclo de 10 mil anos compreende um conjunto de oscilações de mil anos progressivamente mais frias e termina com um aquecimento abrupto. As imensas descargas de icebergs e água doce resultantes do aquecimento alteraram a circulação termo-halina dos oceanos e descarregaram enormes quantidades de detritos glaciais na sedimentação marinha profunda.
- A transição da glaciação de Wisconsin para o período interglacial atual, o Holoceno, também envolveu flutuações climáticas rápidas. O clima esquentou rapidamente cerca de 14.500 anos atrás e então resfriou-se de volta para as condições glaciais em uma idade do gelo chamada de "Dryas recente", e então finalmente aqueceu-se até as condições atuais cerca de 11.700 anos atrás. Ambos os períodos de aquecimento foram bastante rápidos: vastas regiões da Terra experimentaram mudanças quase síncronas das temperaturas glaciais para interglaciais durante curtos intervalos que podem ter sido de 30 a 50 anos. Evidentemente, todo o sistema do clima pode inverter-se de um estado (glacial frio) para outro (interglacial quente) em um intervalo menor que o tempo de vida de uma pessoa! Essa observação levanta a possibilidade de que a mudança climática global induzida pelas ações humanas possa envolver inversões abruptas para um novo (e desconhecido) estado climático, não um aquecimento simples e gradual.
- O Holoceno tem sido, de forma incomum, longo e estável, quando comparado aos períodos interglaciais anteriores da Época Pleistocena. As temperaturas regionais variaram em cerca de 5°C em escalas de tempo de mais ou menos mil anos, mas as mudanças globais nesse período apresentam uma amplitude muito menor, com uma oscilação total de apenas 2°C. Não há dúvida de que as condições uniformes do Holoceno promoveram o rápido crescimento da agricultura e da civilização que se seguiu ao final da glaciação de Wisconsin.

Alguns cientistas acham que, se a civilização humana não tivesse existido, o clima da Terra poderia estar agora entrando em outra idade do gelo, movida por volumes decrescentes de energia solar em função de ciclos de Milankovitch e acompanhada de concentrações atmosféricas decrescentes de gases de efeito estufa. Segundo uma hipótese, a expansão da civilização começou a liberar quantidades substanciais de gases de efeito estufa na atmosfera desde 8 mil anos atrás, basicamente por desmatamento e aumento da agricultura, prolongando o período interglacial quente além de seu limite natural.

Qualquer que seja o motivo, as medições de testemunhos de gelo indicam que, do início do Holoceno até o início da era industrial, as concentrações atmosféricas dos principais gases de efeito estufa permaneceram relativamente constantes. A concentração média de CO_2, por exemplo, flutuou apenas entre 260 e 280 ppm – uma variação menor do que 10% sobre todo aquele período. Mas essa situação terminou no início do século XIX com o começo da Revolução Industrial, quando as emissões humanas de gases de efeito estufa dispararam (ver Capítulo 14).

O registro geológico das glaciações antigas

Os ciclos glaciais do Pleistoceno não foram os únicos da história da Terra. Desde a primeira metade do século XX, sabe-se, a partir de evidências de estrias glaciais e antigos tills litificados, chamados de **tilitos**, que as geleiras cobriram partes dos continentes diversas vezes no passado geológico, muito antes do Pleistoceno. Os tilitos indicam que houve importantes glaciações continentais durante os períodos Carbonífero-Permiano, Ordoviciano e, pelo menos, duas vezes durante o Pré-Cambriano (**Figura 15.24**). A glaciação carbonífera-permiana foi generalizada na porção sul do Gondwana há cerca de 300 milhões de anos, deixando depósitos de tilitos preservados em muitos continentes do Hemisfério Sul (ver Figura 15.24a, b). A junção dos continentes meridionais próximo ao Polo Sul para formar o Gondwana pode ter desencadeado o resfriamento que levou a essa glaciação. A glaciação ordoviciana foi mais limitada em sua extensão e está mais bem preservada no norte da África.

A glaciação mais antiga já confirmada ocorreu durante o Éon Proterozoico, há cerca de 2,4 bilhões de anos. Seus depósitos glaciais estão preservados em Wyoming (EUA), ao longo da margem canadense dos Grandes Lagos, no norte da Europa e na África do Sul. Alguns geólogos argumentam a favor de uma glaciação ainda mais antiga no Éon Arqueano, há quase 3 bilhões de anos, embora essa interpretação não esteja de todo confirmada.

A glaciação proterozoica mais nova, que se estendeu no período entre 750 milhões e cerca de 600 milhões de anos atrás, envolveu vários episódios de idades do gelo separadas por períodos interglaciais mais quentes. Os depósitos glaciais dessa idade foram encontrados em todos os continentes (Figura 15.24c). Curiosamente, a reconstrução dos paleocontinentes indicou que os mantos de gelo no Hemisfério Norte podem ter se estendido muito mais adiante ao sul do que durante as glaciações pleistocênicas, talvez por todo o equador! Essa evidência levou alguns geólogos a especular que a Terra pode ter sido completamente coberta por gelo, de polo a polo. Essa hipótese arrojada é chamada de *Terra como Bola de Neve** (Figura 15.24d).

De acordo com essa hipótese, havia gelo por toda parte – até mesmo os oceanos estavam congelados. A temperatura média global teria sido a da Antártida atual, cerca de –40°C. Exceto em alguns poucos pontos quentes próximos aos vulcões, nenhuma forma de vida teria sobrevivido. Como poderia ter ocorrido um evento tão apocalíptico? E como ele poderia ter terminado, devolvendo-nos a Terra que conhecemos hoje? As respostas podem estar nas retroalimentações que ocorrem dentro do geossistema do clima (ver Capítulo 12).

Inicialmente, à medida que a Terra esfria, os mantos de gelo nos polos espraiam-se radialmente e suas superfícies brancas refletem cada vez mais a luz do Sol para fora do planeta. O aumento do albedo da Terra resfriou o planeta, o que, por sua vez, aumentou a expansão dos mantos de gelo. Esse processo autoalimentado continuou até alcançar os trópicos, envolvendo o planeta em uma camada de gelo de até 1 km de espessura. Esse cenário é um exemplo da retroalimentação desenfreada do albedo.

Durante milhões de anos, a Terra permaneceu soterrada no gelo, enquanto os poucos vulcões que se sobressaíam na superfície lentamente lançavam dióxido de carbono na atmosfera. Quando o nível de dióxido de carbono na atmosfera alcançou um valor crítico, a temperatura subiu, o gelo derreteu e a Terra tornou-se novamente uma estufa.

A hipótese da Terra como Bola de Neve é controversa e alguns geólogos discordam da ideia de que os oceanos tenham se congelado. Todavia, a evidência de uma glaciação em latitudes baixas é forte, e a hipótese serve como um exemplo de como a retroalimentação do geossistema do clima pode funcionar para produzir mudanças extremas na Terra. Uma das tarefas dos geólogos é testar essa hipótese utilizando seu entendimento de como o geossistema do clima da Terra se comporta.

---

*N. de T.: No original, Snowball Earth.

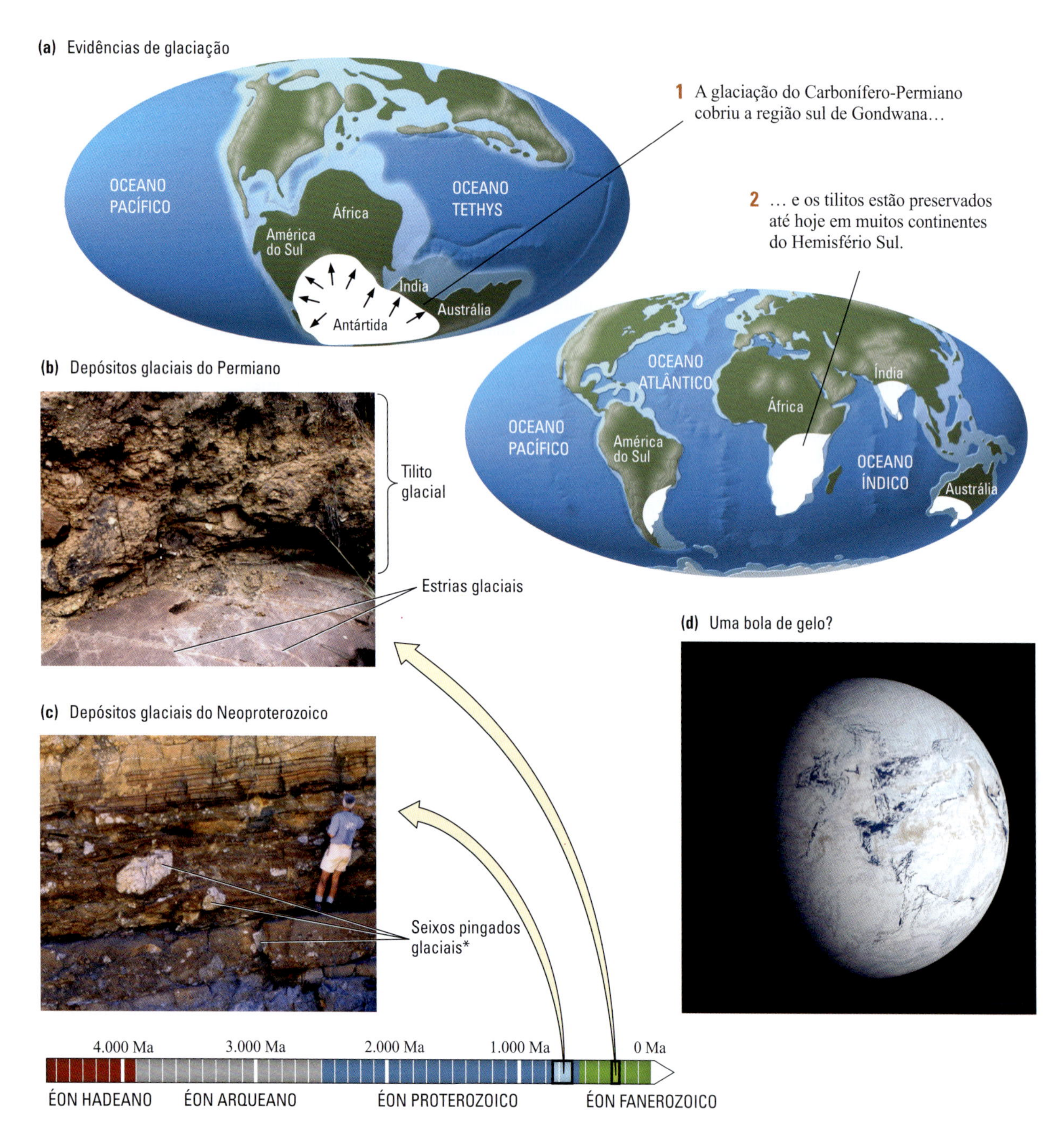

FIGURA 15.24 Glaciações antigas. (a) O primeiro mapa mostra a extensão da glaciação do Carbonífero-Permiano, que ocorreu há mais de 300 milhões de anos. Nessa época, os continentes meridionais estavam reunidos no megacontinente Gondwana, e o gelo estava situado no Hemisfério Sul, centrado sobre a Antártida, da mesma forma que os modernos campos de gelo. O segundo mapa mostra a distribuição atual dos depósitos glaciais do Carbonífero-Permiano. (b) Depósitos glaciais do Permiano da África do Sul. (c) Depósitos glaciais do Neoproterozoico. (d) Representação artística de uma Terra como Bola de Neve; a hipótese é que ela teria se formado no Neoproterozoico. Os geólogos debatem a extensão na qual o planeta foi coberto com gelo, mas alguns acreditam que até os oceanos foram congelados. [b e c: John Grotzinger; d: Chris Butler/Science Photo Library/Science Source.]

* N. de R.T.: Um "seixo pingado", também denominado "seixo caído", é um fragmento sedimentar grosso, que foi aprisionado e transportado no interior de um iceberg e depositado, quando este degelou, longe de sua fonte, geralmente, em um leito pelítico.

CONCEITOS E TERMOS-CHAVE

ablação (p. 428)
acumulação (p. 428)
avanço glacial súbito (p. 431)
circo glacial (p. 436)
corrente de gelo (p. 431)
depósito de degelo (p. 439)
deslizamento basal (p. 431)
desprendimento de iceberg (p. 425)
drift (p. 438)
drumlin (p. 439)
esker (p. 439)
estria (p. 435)
fenda (p. 431)
fiorde (p. 436)
fluxo plástico (p. 431)
geleira (p. 424)
geleira continental (p. 425)
geleira de vale (p. 425)
kettle (p. 439)
morena (p. 439)
permafrost (p. 441)
plataforma de gelo (p. 426)
tilito (p. 445)
till (p. 438)
vale em U (p. 436)
vale suspenso (p. 436)
varve (p. 440)

REVISÃO DOS OBJETIVOS DE APRENDIZAGEM

15.1 Identificar os principais tipos de geleiras.

As geleiras dividem-se em dois tipos principais. Uma geleira de vale é um rio de gelo que se forma nas alturas frias de cordilheiras e flui declive abaixo ao longo de um vale. Uma geleira continental é um manto de gelo espesso que cobre uma grande parte de um continente ou de outras massas grandes de terra e flui em direção à costa em correntes de gelo concentradas. Atualmente, as geleiras continentais cobrem a maior parte da Groenlândia e da Antártida. As geleiras formam-se onde o clima é frio o suficiente para que a neve, em vez de derreter-se no verão, seja transformada em gelo pela recristalização. À medida que a neve se acumula, o gelo se espessa, seja nas geleiras no topo dos vales das montanhas, seja nas áreas centrais, com forma de domo, dos mantos de gelo continentais. A espessura aumenta até que o gelo torna-se tão pesado que a gravidade vence sua resistência e ele se desloca declive abaixo.

Atividade de Estudo: Revisar a seção *Tipos de geleira*.

Exercícios: (a) Todas as geleiras movem-se em fluxos gravitacionais? (b) Dê um exemplo de calota glacial que não é uma geleira continental. (c) O fluxo de qual tipo de geleira é mais restrito pela topografia: continental ou de vale?

Questões para Pensar: (a) De que modo as acumulações de gelo que constituem as geleiras são análogas às rochas sedimentares? Às metamórficas? (b) As correntes de gelo que fluem como parte das geleiras continentais devem ser chamadas de geleiras?

15.2 Descrever como as geleiras crescem, encolhem e se movem.

As geleiras perdem gelo por derretimento, sublimação, desprendimento de icebergs e erosão eólica. O balanço de massa glacial é a relação entre ablação (o volume de gelo que uma geleira perde anualmente) e acumulação (a quantidade de nova neve e gelo que anualmente é agregada à geleira). Se a ablação for balanceada pela acumulação, seu tamanho permanece constante. Se a ablação for maior do que a acumulação, a geleira retrai-se; de modo inverso, se a acumulação exceder a ablação, a geleira expande-se. As geleiras movem-se por uma combinação de fluxo plástico e deslizamento basal. O fluxo plástico predomina em regiões muito frias, onde a base da geleira é congelada até o assoalho. O deslizamento basal é mais importante em climas mais quentes, onde o derretimento na base da geleira lubrifica o gelo.

Atividade de Estudo: Revisar os diferentes tipos de fluxo glacial na Figura 15.9.

Exercícios: (a) Considere uma geleira para a qual a acumulação é igual à ablação. (i) O tamanho da geleira permanece igual? (ii) A geleira é estacionária? (b) Para as geleiras tropicais das Montanhas Rwenzori, qual fenômeno é maior atualmente, a acumulação ou a ablação? (c) Qual dos dois mecanismos de fluxo glacial descritos na Figura 15.9 causa mais deformação interna dentro de uma geleira? (d) Qual dos dois mecanismos predomina nos climas muito frios?

Questões para Pensar: (a) Certas partes de uma geleira contêm muitos sedimentos, enquanto outras, muito pouco. O que determina a diferença? (b) Um dos perigos existentes na exploração de geleiras é a possibilidade de cair-se em uma fenda. Que feições do relevo de um vale glacial ou de seu entorno você poderia utilizar para prever se uma parte da geleira foi intensamente fendida?

15.3 Explicar como o derretimento de geleiras continentais aumenta o nível do mar, enquanto que o derretimento do gelo marinho não tem o mesmo efeito.

O gelo flutua porque a sua densidade (0,92 g/cm^3) é menor que a da água do mar (1,03 g/cm^3). O volume do iceberg abaixo da superfície do mar, assim, pesa menos do que o volume da água salgada que ele desloca, o que causa uma força de empuxo que deve ser compensada pelo peso do gelo acima da linha da água. Quando um iceberg derrete, não há mudança no nível do mar, pois o volume resultante da fusão é exatamente igual ao volume da água que foi deslocado pelo iceberg. Por outro lado, quando as geleiras continentais derretem, a maior parte da água flui para o oceano, o que aumenta o volume do oceano e, logo, o nível do mar. Quando as geleiras continentais fluem diretamente para o oceano, a água nos oceanos é deslocada pelos icebergs que se desprendem, o que também aumenta o nível do mar.

Atividade de Estudo: Revisar a Figura 15.13 e o Exercício de Geologia na Prática.

Exercícios: (a) Combinando as densidades do gelo e da água do mar com o princípio da isostasia, calcule que fração da massa de um iceberg flutua acima da superfície marítima. (b) Por que o nível do mar diminui durante as idades do gelo? (c) Explique se o derretimento das plataformas de gelo pelo aquecimento global dos oceanos aumentará ou não o nível do mar.

Questão para Pensar: Um resultado do continuado aquecimento global poderá ser a retração e o colapso do manto de gelo da Antártida Ocidental. Quanto o nível do mar subiria devido a esse derretimento e qual seria o impacto dessa elevação nas cidades litorâneas?

15.4 Reconhecer feições da paisagem que foram criadas ou modificadas por processos glaciais.

As geleiras erodem o substrato rochoso lascando-o, removendo-o e moendo-o em tamanhos que variam desde matacão até uma fina farinha de rocha. As geleiras de vale erodem circos glaciais e arêtes em suas cabeceiras; entalham formas em U e suspendem vales; e originam fiordes ao erodir o seu assoalho abaixo do nível do mar. O gelo glacial tem alta competência e capacidade, o que lhe permite carregar abundantes sedimentos de todos os tamanhos. As geleiras transportam imensas quantidades de sedimentos até a sua borda frontal, onde são dispersos com o degelo. Os sedimentos podem ser ou depositados diretamente a partir do derretimento do gelo, como till, ou coletados pelos rios da água de degelo e acumulados como depósitos de degelo. Morenas e drumlins são formas da superfície características de depósitos do gelo. Eskers e kettles são acumulados pela água do degelo. O permafrost forma-se onde as temperaturas de verão nunca sobem o bastante para derreter mais do que uma fina camada superficial do solo.

Atividade de Estudo: Revisar a seção *As paisagens glaciais*.

Exercícios: (a) Descreva três formas de relevo distintas criadas pelas geleiras. (b) Que tipo de depósito sedimentar marca o maior avanço de uma geleira? (c) Explique por que os kettles são descritos como feições acumulados pela água e não pelo gelo.

Questões para Pensar: (a) Qual a diferença entre o till de um terreno glaciado de rochas graníticas e metamórficas e o till de um terreno de folhelhos moles e arenitos fracamente cimentados? (b) Se você caminhasse pela crista sinuosa de um drift glacial, quais evidências buscaria para determinar se a crista é um esker ou uma morena frontal? (c) Quais evidências geológicas você mapearia para descrever as direções nas quais as geleiras continentais se moveram através do Canadá?

15.5 Entender o que o registro geológico nos conta sobre as idades do passado da Terra.

O drift glacial do Pleistoceno é extensamente distribuído nas regiões de latitudes altas que agora desfrutam de climas temperados. A ampla distribuição de drifts é uma evidência de que as geleiras continentais já se expandiram para além das regiões polares. Os estudos das idades geológicas dos depósitos glaciais sobre os continentes e em sedimentos marinhos mostraram que a época glacial pleistocênica consistiu em múltiplos avanços e retrações de mantos de gelo continentais. O avanço glacial mais recente, conhecido como glaciação de Wisconsin, cobriu de gelo as terras ao norte da América do Norte, Europa e Ásia e expôs vastas áreas de plataformas continentais. Os tilitos indicam que houve importantes glaciações continentais durante os tempos Carbonífero-Permiano, Ordoviciano e, pelo menos, duas vezes durante o Pré-Cambriano. A glaciação mais antiga já confirmada ocorreu durante o Éon Proterozoico, há cerca de 2,4 bilhões de anos. Uma glaciação no Neoproterozoico deixou depósitos em todos os continentes, motivando alguns geólogos a especular que a Terra estava coberta de gelo do Polo Sul ao Polo Norte – a hipótese da Terra como Bola de Neve.

Atividade de Estudo: Revisar a seção *Os ciclos glaciais e a mudança climática.*

Exercícios: (a) Quanto o nível do mar esteve mais baixo durante o máximo glacial de Wisconsin? (b) Em quais continentes encontramos evidências geológicas da glaciação do Carbonífero-Permiano? (c) Como a tectônica de placas explica a distribuição da glaciação do Carbonífero-Permiano?

Questões para Pensar: (a) Você acredita que os seres humanos tiveram um papel na extensão do Holoceno, tornando-o mais longo do que os períodos interglaciais pleistocênicos anteriores? (b) Por que é improvável que o clima da Terra volte a um estado de frio glacial nos próximos milênios?

EXERCÍCIO DE LEITURA VISUAL

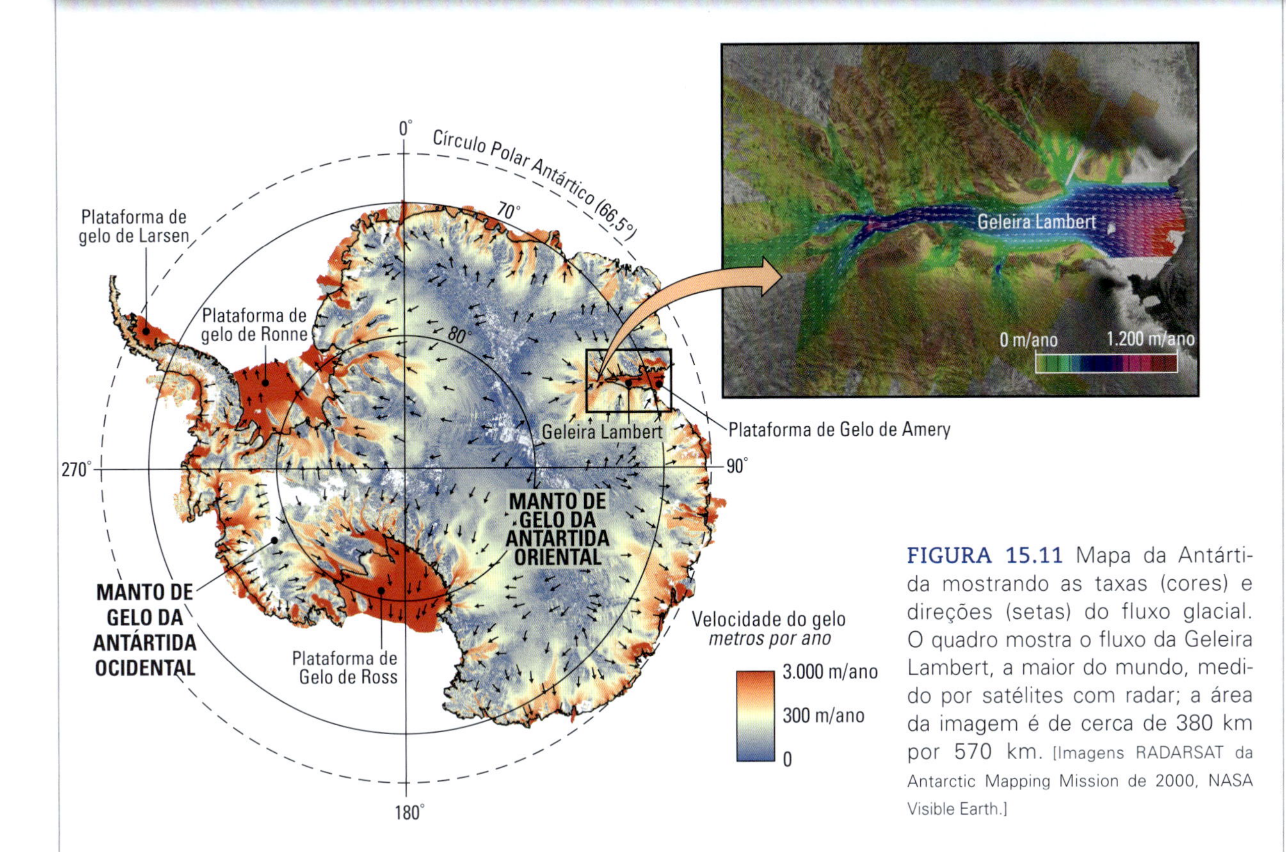

FIGURA 15.11 Mapa da Antártida mostrando as taxas (cores) e direções (setas) do fluxo glacial. O quadro mostra o fluxo da Geleira Lambert, a maior do mundo, medido por satélites com radar; a área da imagem é de cerca de 380 km por 570 km. [Imagens RADARSAT da Antarctic Mapping Mission de 2000, NASA Visible Earth.]

1. **Qual das plataformas de gelo antártico marcadas no mapa está nas menores latitudes?**
   a. Plataforma de Gelo de Ross
   b. Plataforma de Gelo de Amery
   c. Plataforma de Gelo de Ronne
   d. Plataforma de Gelo de Larsen

2. **Onde as velocidades do fluxo de gelo são menores?**
   a. Próximas ao centro do Manto de Gelo da Antártida Oriental
   b. Ao longo da costa da Antártida
   c. Próximas ao centro do Manto de Gelo da Antártida Ocidental
   d. Nas plataformas de gelo

3. **A direção geral do fluxo de gelo é em direção:**
   a. ao Polo Sul
   b. às partes mais espessas dos mantos de gelo
   c. às regiões de menor velocidade do gelo
   d. à costa da Antártida

4. **Onde as velocidades do fluxo de gelo são maiores?**
   a. Próximas ao centro do Manto de Gelo da Antártida Oriental
   b. Nas plataformas de gelo ao longo da costa da Antártida
   c. Próximas ao centro do Manto de Gelo da Antártida Ocidental
   d. No Polo Sul

Processos da superfície terrestre e evolução das paisagens

16

Objetivos de Aprendizagem

O Capítulo 16 descreve três processos geológicos que fragmentam as rochas e transportam os produtos por distâncias curtas: o intemperismo, a erosão e a dispersão de massa. Esses três processos resultam de interações entre os sistemas do clima e da tectônica de placas e dão origem à ampla variedade de paisagens da Terra.

16.1 Definir os controles do intemperismo.

16.2 Descrever os processos do intemperismo químico.

16.3 Descrever os processos do intemperismo físico.

16.4 Resumir os tipos de solo e que processos registram.

16.5 Descrever como a erosão cria vales fluviais.

16.6 Avaliar os mecanismos que causam movimentos de massa.

16.7 Distinguir os diferentes tipos de processos de dispersão de massa.

16.8 Resumir os processos que controlam a evolução das paisagens.

Um deslizamento de terra na área do Cânion Bluebird, em Laguna Beach, saturada pelas fortes chuvas de inverno cedeu e destruiu sete casas, além de danificar outras 11. Foto de 1° de junho de 2005. [Mark Boster/ Los Angeles Times via Getty Images.]

Você alguma vez já olhou para o horizonte e se perguntou por que a superfície da Terra tem essas formas e que forças as criaram? Entre os altos picos nevados e as extensas planícies onduladas, há uma diversificada coleção de paisagens – amplas ou restritas, acidentadas ou planas. As paisagens evoluem por meio de lentas transformações, à medida que processos como soerguimento, intemperismo, erosão, transporte e deposição combinam-se para esculpir a superfície terrestre. Todas as rochas – mesmo aquelas que, por serem muito duras, parecem indestrutíveis –, assim como automóveis antigos que enferrujam e jornais velhos que ficam amarelados, também podem enfraquecer-se e esfacelar-se quando expostas à água e aos gases da atmosfera. Entretanto, diferentemente dos automóveis e dos jornais, as rochas podem levar milhares de anos para se deteriorar.

O **intemperismo** é o processo geral pelo qual as rochas são destruídas na superfície da Terra. O intemperismo* é o primeiro passo no aplainamento de montanhas que foram soerguidas por processos da tectônica de placas. Mesmo à medida que as montanhas estão sendo soerguidas, a decomposição química e a fragmentação física, juntamente com a chuva, o vento, o gelo e a neve, desgastam essas regiões. O *intemperismo químico* ocorre quando os minerais de uma rocha são quimicamente alterados ou dissolvidos. O *intemperismo físico* ocorre quando a rocha sólida é fragmentada por processos mecânicos que não mudam sua composição química. Os intemperismos químico e físico reforçam-se mutuamente. O intemperismo químico deteriora as rochas e torna-as mais suscetíveis ao intemperismo físico. Quanto menores os blocos produzidos pelo intemperismo físico, tanto maior a superfície disponível para a ação do intemperismo químico.

Assim que o intemperismo reduz as rochas a partículas, elas podem acumular-se como solo ou ser removidas por erosão, transportadas e depositadas em outro local na forma de sedimentos. A **erosão** é o processo pelo qual as partículas produzidas por intemperismo são deslocadas e removidas de sua origem, geralmente por meio de correntes de água e ar. A erosão move as partículas das encostas para onde tem início o canal de um arroio, e o movimento dessas partículas desgasta e aprofunda os canais entalhados no substrato rochoso. A **dispersão de massa** inclui todos os processos pelos quais materiais terrestres alterados ou não por intemperismo movem-se encosta abaixo em grandes volumes e em grandes eventos isolados, geralmente sob a influência da gravidade. Os produtos da dispersão de massa – partículas liberadas por intemperismo e grandes massas de rochas inalteradas – também são transportados para onde tem início um curso d'água. Uma vez que esses materiais chegam até cursos d'água, arroios e rios, podem ser transportados de modo eficiente para bem longe da encosta, talvez atravessando continentes e chegando até o oceano. O transporte de sedimentos por cursos d'água, de suas áreas de origem em montanhas até seus sumidouros nos oceanos mundiais, será abordado em maior detalhe no Capítulo 18.

O intemperismo é um dos principais processos do ciclo das rochas. Ele modela a topografia da superfície terrestre e altera os materiais rochosos, convertendo todos os tipos de rochas em sedimentos e formando solos. As seções iniciais deste capítulo enfatizarão o intemperismo químico porque ele é, de alguma maneira, o fator controlador de todo o processo. Por exemplo, os efeitos do intemperismo físico, que serão examinados mais adiante, dependem largamente da decomposição química de minerais. Antes de aprofundar ainda mais o assunto, porém, examinaremos os fatores controladores do intemperismo.

*N. de R.T.: Em português, meteorização e alteração, que têm flexões em várias formas gramaticais, são sinônimos de intemperismo, que não tem forma verbal, portanto é preferível utilizar o primeiro vocábulo para expressar o processo. Contraditoriamente, meteorização tem sido cada vez menos utilizada na literatura técnica, de modo que haveria a necessidade de se criar as flexões de intemperismo, como o verbo intemperizar, para dar conta dos vários sentidos da palavra. Seguiremos, utilizando intemperismo quando se trata do processo geral, e alteração quando for necessário expressar a ação do intemperismo – a chuva altera (ou meteoriza, mas não intemperiza, pois não existe essa forma) a rocha – ou o seu resultado – rocha alterada (ou meteorizada).

Controles do intemperismo

Todas as rochas alteram-se, mas a maneira e as taxas pelas quais isso ocorre são variáveis. Os quatro fatores que controlam o intemperismo são as propriedades da rocha-matriz, o clima, a presença ou a ausência de solo e o tempo de exposição das rochas à atmosfera. Esses quatro fatores estão sumarizados no Quadro 16.1.

As propriedades da rocha-matriz

A mineralogia e a estrutura cristalina da rocha-matriz afetam o intemperismo porque os minerais alteram-se com taxas diferentes e a estrutura cristalina das rochas influencia sua suscetibilidade de fraturar-se e fragmentar-se. Inscrições em lápides de mármore antigas oferecem boas evidências da variação das taxas em que as rochas se alteram. As letras recém-esculpidas em uma lápide apresentam-se bem nítidas em relação à superfície polida de inscrição. Entretanto, após centenas de anos de exposição em um clima de chuvas moderadas, a superfície polida da lápide de calcário estará fosca e as letras inscritas terão quase se dissolvido, da mesma forma que o nome inscrito em uma barra de sabão desaparece logo depois de pouco uso (Figura 16.1). Por outro lado, a ardósia ou o granito mostrarão somente algumas poucas mudanças. As diferenças entre a alteração da ardósia e a do calcário resultam das distintas composições mineralógicas dessas rochas. Entretanto, depois de certo tempo, mesmo uma rocha com mais resistência inevitavelmente irá se decompor. Após centenas de anos, o monumento de granito também será consideravelmente alterado e apresentará uma superfície opaca e letras esmaecidas.

Clima: chuva e temperatura

As taxas de intemperismo químico e físico não variam apenas de acordo com as propriedades da rocha-matriz, mas também com o clima – sobretudo a temperatura e o volume de chuva

QUADRO 16.1 Principais fatores controladores das taxas de intemperismo

	TAXA DE INTEMPERISMO LENTA	⟶	RÁPIDA
PROPRIEDADES DA ROCHA-MATRIZ			
Solubilidade do mineral na água	Baixa (p. ex., quartzo)	Moderada (p. ex., piroxênio e feldspato)	Alta (p. ex., calcita)
Estrutura da rocha	Maciça	Algumas zonas de fraqueza	Muito fraturada ou acamamento muito delgado
CLIMA			
Precipitação de chuva	Baixa	Moderada	Alta
Temperatura	Fria	Temperada	Quente
PRESENÇA OU AUSÊNCIA DE SOLO E VEGETAÇÃO			
Espessura do perfil de solo	Nenhuma – rocha exposta	Fina a moderada	Espessa
Conteúdo orgânico	Baixo	Moderado	Alto
TEMPO DE EXPOSIÇÃO	Curto	Moderado	Longo

– onde a rocha-matriz está localizada. Altas temperaturas e chuvas intensas promovem o intemperismo químico mais rápido; o frio e a aridez desaceleram esse processo. Em climas frios, a água não pode dissolver os minerais porque está congelada. Em climas áridos, ela está relativamente ausente.

De outro modo, climas que minimizam o intemperismo químico podem acentuar o intemperismo físico. Por exemplo, a água congelada pode atuar como uma cunha, abrindo fissuras em rochas. Em climas temperados, a alternância entre congelamento e degelo que acompanha as mudanças de temperatura causa contração e expansão das rochas, ajudando a fragmentá-las.

Presença ou ausência de solo

Embora o solo seja ele próprio um produto do intemperismo, sua presença ou ausência pode afetar o intemperismo químico e físico dos materiais. A produção do solo é um *processo de retroalimentação positiva* – isto é, o produto do processo impulsiona o próprio processo. Uma vez iniciada a formação do solo, ele funciona como um agente geológico que acelera a alteração da rocha. O solo retém a água da chuva e hospeda diversos vegetais, bactérias e outros organismos. O metabolismo desses organismos gera um ambiente ácido, que, juntamente com a umidade,

FIGURA 16.1 Lápides sepulcrais do início do século XIX, em Wellfleet, Massachusetts (EUA), mostram os resultados do intemperismo químico. A rocha à direita é um calcário e está tão alterada que suas inscrições ficaram ilegíveis. A rocha à esquerda é ardósia, a qual mantém a legibilidade de suas inscrições sob as mesmas condições da outra lápide. [Cortesia de Raymond Siever.]

promove o intemperismo químico. Raízes de plantas e cavidades feitas por organismos no solo promovem o intemperismo físico, pois ajudam a criar fraturas na rocha. O intemperismo químico e físico, por sua vez, leva à formação de mais solo.

Tempo de exposição

Quanto maior o tempo de alteração de uma rocha, maior sua decomposição química, mais forte sua dissolução e mais intensa sua desagregação física. As rochas que têm sido expostas na superfície terrestre por alguns milhares de anos formam um *manto de intemperismo* – uma capa externa de material alterado com espessura variando desde alguns milímetros até muitos centímetros – que envolve a rocha sã e inalterada. Em climas secos, alguns mantos desenvolvem-se lentamente, com taxas de 0,006 mm por mil anos. Agora que examinamos os fatores que controlam as taxas de intemperismo, podemos considerar os dois tipos de intemperismo, o químico e o físico em maior detalhe.

Intemperismo químico

As rochas alteram-se quimicamente quando seus constituintes minerais reagem com o ar e a água. Nessas reações químicas, alguns minerais dissolvem-se. Outros se combinam com a água e alguns componentes da atmosfera, como o oxigênio e o gás carbônico, formando minerais novos. Iniciaremos nossa investigação pelo exame da alteração química do feldspato, o mineral mais abundante da crosta da Terra.

O papel da água no intemperismo do feldspato e de outros silicatos

O feldspato é um dos muitos silicatos que se alteram por reações químicas para formar argilominerais. O comportamento do feldspato durante o intemperismo ajuda-nos a entender de maneira geral o processo de alteração, por duas razões:

1. O feldspato é um mineral-chave em muitas rochas ígneas, sedimentares e metamórficas, além de ser um dos minerais mais abundantes da crosta terrestre.
2. Os processos químicos que provocam a alteração do feldspato são os mesmos que causam a alteração de outros tipos de minerais.

O feldspato é um componente do granito, que, como já vimos, é composto de diversos minerais distintos, que se decompõem com taxas diferentes. Em uma amostra de granito são, a rocha é dura e sólida porque uma rede de ligação intergranular mantém os cristais de quartzo, feldspato e outros firmemente juntos. Quando o feldspato é alterado para uma argila com fraca aderência, a rede intergranular torna-se debilitada e os grãos minerais são separados (Figura 16.2). Nesse exemplo, o intemperismo químico, por meio da produção de argila, também contribui para o intemperismo físico, pois a rocha passa a fragmentar-se mais facilmente pelo alargamento das fissuras nos bordos dos minerais.

A argila de cor branca a creme produzida pela alteração do feldspato é a *caulinita*, cujo nome deriva de Gaoling, um morro situado no sudoeste da China, de onde ela foi extraída pela primeira vez. Os artesãos chineses utilizavam-na pura, como matéria-prima na produção de cerâmica, muitos séculos antes de os europeus apropriarem-se dessa ideia no século XVIII.

Somente em climas áridos muito rigorosos de alguns desertos e regiões polares o feldspato mantém-se inalterado. Essa observação aponta a água como sendo o elemento essencial das reações químicas pelas quais o feldspato se transforma em caulinita. Esse argilomineral é um silicato de alumínio hidratado. Na reação em que a caulinita é produzida, o feldspato sólido altera-se por meio da *hidrólise* (reação de decomposição envolvendo a água; *hydro* = "água" e *lysis* = "afrouxar, deslocar a aderência"). O feldspato é fragmentado e perde vários componentes químicos, enquanto a caulinita ganha água.

A única parte de um sólido que reage com um fluido é sua superfície; portanto, à medida que se aumenta a área da superfície do sólido, acelera-se a reação. Por exemplo, quando grãos de café são moídos em partículas cada vez mais finas, aumenta-se a razão entre a área de superfície e o volume. Quanto mais finos os grãos são moídos, mais rápida será a reação com a água, e mais forte será a mistura. De modo análogo, quanto menor os

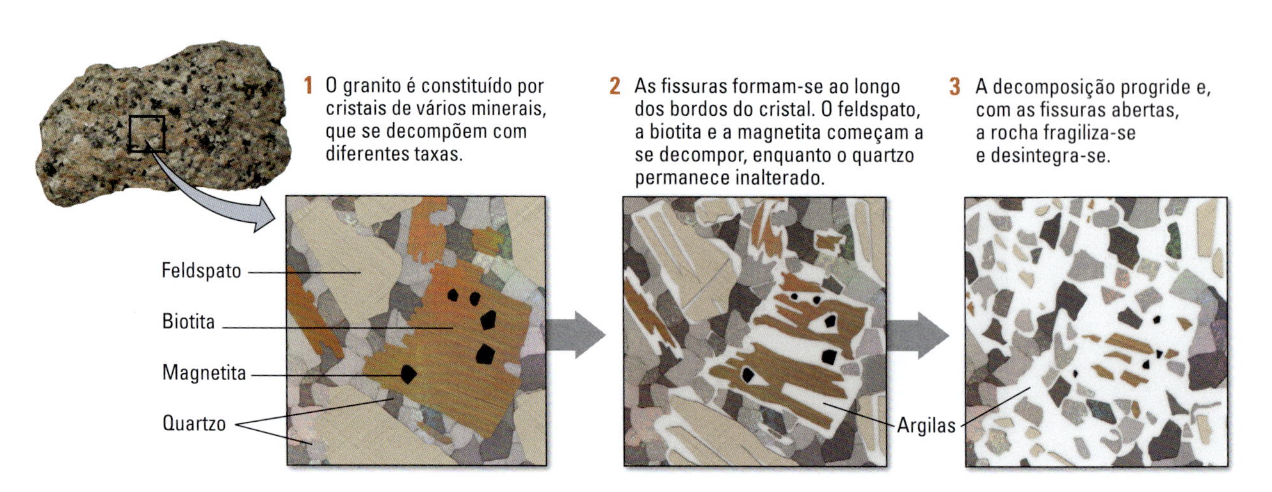

FIGURA 16.2 Vistas esquemáticas em microscópio dos estágios de desintegração do granito. [John Grotzinger/Ramón Rivera-Moret/Harvard Mineralogical Museum.]

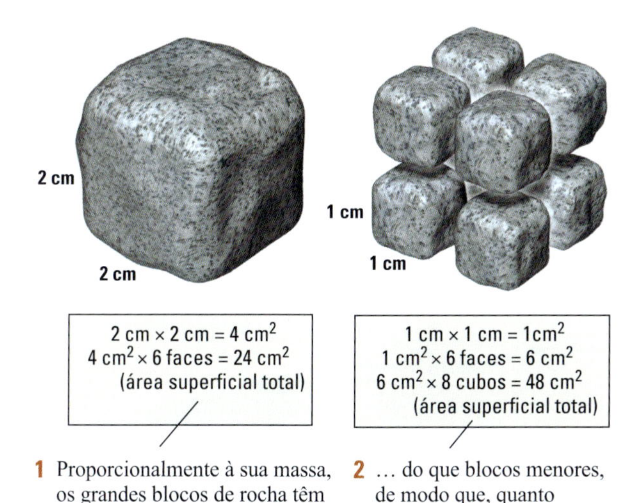

FIGURA 16.3 Quando uma massa de rocha se fragmenta em blocos menores, maior se torna a superfície disponível para as reações químicas do intemperismo.

fragmentos de minerais e rochas, maior a área de superfície. A razão entre área de superfície e volume aumenta bastante à medida que o tamanho médio da partícula diminui, conforme mostrado na **Figura 16.3**.

Dióxido de carbono, intemperismo e sistema do clima

O dióxido de carbono, como a água, está envolvido nas reações químicas do intemperismo. Dessa forma, a variação da concentração de CO_2 na atmosfera leva a uma variação correspondente na taxa de intemperismo (**Figura 16.4**). Por exemplo, níveis mais altos de concentração de CO_2 na atmosfera causam níveis mais altos também no solo, aumentando a taxa de intemperismo. Como vimos no Capítulo 14, o aumento de CO_2 atmosférico, um gás de efeito estufa, torna o clima da Terra mais quente e, assim, influencia o intemperismo. O intemperismo de rochas ricas em cálcio, por sua vez, remove CO_2 da atmosfera, tornando o clima global mais frio. Dessa forma, o intemperismo químico está relacionado com os sistemas da tectônica de placas e do clima. À medida que mais e mais CO_2 é consumido, acarretando esfriamento do clima, novamente há um decréscimo do intemperismo. À medida que o intemperismo diminui, a quantidade de CO_2 na atmosfera volta a aumentar e o clima aquece-se de novo, completando-se o ciclo.

O papel do dióxido de carbono no intemperismo A reação do feldspato com a água pura em laboratório é um processo tão lento que seriam necessários milhares de anos para que uma pequena quantidade de feldspato fosse completamente alterada. Se quisermos acelerar, poderemos adicionar ácidos fortes (como o ácido clorídrico) à água e, assim, dissolver o feldspato em poucos dias. Um *ácido* é uma substância que libera íons de hidrogênio (H^+) para uma solução. Um ácido forte produz muitos íons de hidrogênio; já um ácido fraco, relativamente poucos. A forte tendência do íon hidrogênio em se combinar quimicamente com outras substâncias torna os ácidos excelentes solventes.

Na superfície terrestre, o ácido natural mais comum – e responsável pelo aumento das taxas de intemperismo – é o ácido carbônico (H_2CO_3). Esse ácido fraco forma-se quando o gás dióxido de carbono (CO_2) contido na atmosfera dissolve-se na água da chuva:

$$\underset{CO_2}{\text{dióxido de carbono}} + \underset{H_2O}{\text{água}} \rightarrow \underset{H_2CO_3}{\text{ácido carbônico}}$$

A quantidade de dióxido de carbono dissolvida na água da chuva é pequena porque há pouquíssimo CO_2 na atmosfera. Cerca de 0,03% das moléculas da atmosfera terrestre são de dióxido de carbono. Logo, a quantidade de ácido carbônico formada pela água da chuva é muito pequena, sendo de cerca de 0,0006 g/L.

Conforme as atividades humanas aumentam a quantidade de dióxido de carbono na atmosfera, também aumenta levemente a quantidade de ácido carbônico na chuva. A chuva ácida acelera o intemperismo, mas a maior parte da acidez da chuva ácida não provém do dióxido de carbono, e sim dos gases dióxido de enxofre e de nitrogênio, os quais reagem com a água para formar ácidos fortes como o sulfúrico e o nítrico, respectivamente. Esses ácidos são capazes de impulsionar mais o intemperismo do que o ácido carbônico. Vulcões e pântanos costeiros emitem para a atmosfera gases de carbono, enxofre e nitrogênio, mas, de longe, a maior fonte é a poluição industrial.*

Embora a água da chuva contenha apenas uma quantidade relativamente pequena de ácido carbônico, essa quantia é suficiente para dissolver grandes quantidades de rochas em longos períodos de tempo. A reação química da alteração do feldspato é:

$$\underset{2KAlSi_3O_8}{\text{feldspato}} + \underset{2H_2CO_3}{\text{ácido carbônico}} + \underset{H_2O}{\text{água}} \rightarrow$$

$$\underset{Al_2Si_2O_5(OH)_4}{\text{caulinita dissolvida}} + \underset{4SiO_2}{\text{sílica dissolvida}} + \underset{2K^+}{\text{íons de potássio dissolvidos}} + \underset{2HCO_3^-}{\text{íons de bicarbonato dissolvidos}}$$

Essa simples reação do intemperismo ilustra os três principais efeitos químicos da decomposição dos silicatos:

1. Ela *lixivia*, ou leva em solução, cátions e sílica.
2. Ela *hidrata* (ou adiciona água a) os minerais.
3. Ela torna as soluções menos ácidas.

De forma específica, o ácido carbônico na água da chuva auxilia no intemperismo do feldspato da seguinte maneira (Figura 16.4):

- Uma pequena proporção de moléculas de ácido carbônico da água da chuva ioniza-se, formando íons de hidrogênio (H^+) e de bicarbonato (HCO_3^-) e, assim, torna a água levemente mais ácida.

---

*Considerada a atividade vulcânica atual.

- A água levemente mais ácida dissolve os íons de potássio e sílica do feldspato, deixando um resíduo de caulinita, que é uma argila sólida. Os íons de hidrogênio do ácido combinam-se com os átomos de oxigênio do feldspato para formar a água na estrutura da caulinita. Esse novo mineral torna-se parte do solo ou é transportado quando sílica, íons de potássio e bicarbonato dissolvidos são levados pela água da chuva e dos rios, sendo, por fim, transportados até o oceano.

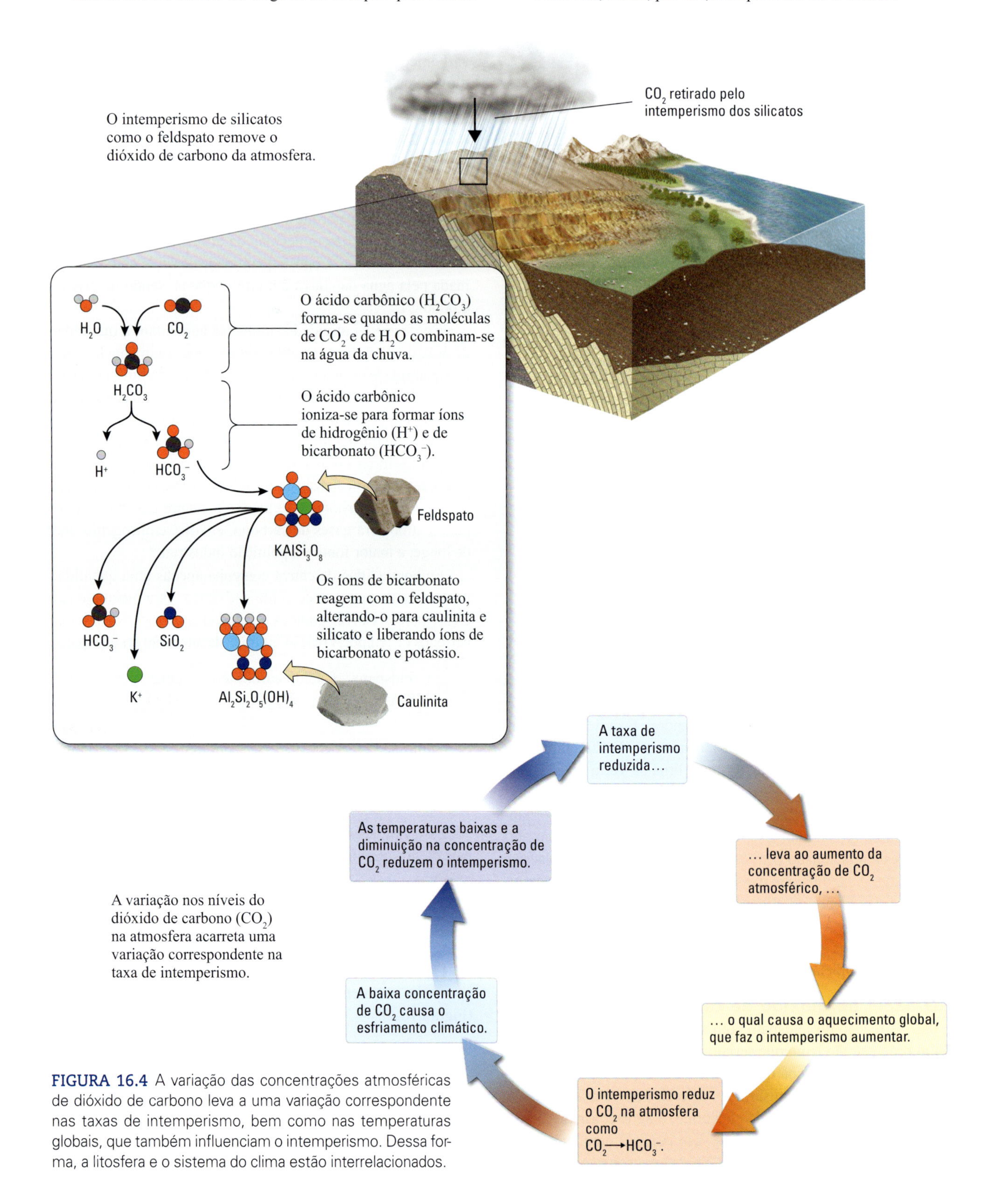

FIGURA 16.4 A variação das concentrações atmosféricas de dióxido de carbono leva a uma variação correspondente nas taxas de intemperismo, bem como nas temperaturas globais, que também influenciam o intemperismo. Dessa forma, a litosfera e o sistema do clima estão interrelacionados.

O papel do solo no intemperismo Agora que já entendemos a reação química pela qual a água ácida altera o feldspato, podemos compreender por que os feldspatos em uma superfície de rocha exposta são muito mais preservados do que aqueles que estão enterrados em solos úmidos. A reação química da alteração do feldspato fornece-nos duas coisas separadas, porém relacionadas: as quantidades de água e a quantidade de ácido disponíveis para a reação química. O feldspato em uma rocha exposta altera-se somente enquanto a rocha fica umedecida pela água da chuva. Durante todo o período seco, apenas o orvalho umedece a superfície da rocha exposta. Já no solo úmido, o feldspato está constantemente em contato com as pequenas quantidades de água que ficam retidas nos espaços entre os grãos. Por isso, altera-se continuamente no solo úmido.

Há mais ácido na água do solo do que na da chuva. Esta última leva o seu ácido carbônico original para o solo. À medida que ela se infiltra no solo, obtém ácido carbônico adicional e outros ácidos produzidos pelas raízes das plantas, por insetos e por outros animais que lá vivem, bem como pelas bactérias que degradam os restos de plantas e de animais. Recentemente, foi descoberto que algumas bactérias liberam ácidos orgânicos, mesmo em águas subterrâneas a centenas de metros de profundidade. Esses ácidos orgânicos alteram, então, o feldspato e outros minerais das rochas na subsuperfície. A respiração das bactérias no solo pode elevar a concentração de dióxido de carbono contido nele, superando em até mais de cem vezes os níveis da atmosfera!

As rochas alteram-se mais rapidamente em climas tropicais úmidos do que em climas temperados ou frios, principalmente porque as plantas e as bactérias crescem de maneira acelerada em climas quentes e úmidos, contribuindo com o ácido carbônico e outros ácidos que promovem a alteração. Além disso, a maioria das reações químicas, inclusive do intemperismo, acelera-se com o aumento de temperatura.

O papel do oxigênio: dos silicatos de ferro aos óxidos de ferro

O ferro é um dos oito elementos mais abundantes da crosta terrestre, mas o ferro metálico, ou seja, o elemento químico na sua forma pura, é raramente encontrado na natureza. Ele está presente somente em certos tipos de meteoritos que caem na Terra vindos de outros lugares do sistema solar. A maior parte do minério de ferro utilizada para produzir ferro e aço é formada pelo intemperismo. Esses minérios são compostos de óxidos de ferro originalmente produzidos durante o intemperismo de silicatos ricos em ferro, como o piroxênio e a olivina. O ferro liberado pela dissolução desses minerais combina-se com o oxigênio da atmosfera e da hidrosfera para formar óxidos de ferro.

O ferro pode estar presente nos minerais em três formas: ferro metálico, ferro ferroso ou ferro férrico. No ferro metálico, somente encontrado em meteoritos (e em produtos manufaturados), os átomos de ferro não têm carga: eles não ganharam nem perderam elétrons pela reação com qualquer outro elemento. No *ferro ferroso* (Fe^{2+}), encontrado em silicatos como o piroxênio, o átomo de ferro perdeu dois elétrons que possuía na forma metálica e, assim, tornou-se um íon. No *ferro férrico* (Fe^{3+}) encontrado nos óxidos férricos, os átomos do ferro perderam três elétrons. Os elétrons perdidos pelo ferro são ganhos pelos átomos de oxigênio em um processo chamado de *oxidação*. Os átomos de oxigênio da atmosfera e da água oxidam o íon ferroso, que então se converte no íon férrico. Assim, todos os óxidos de ferro formados na superfície terrestre, sendo que o mais abundante é a *hematita* (Fe_2O_3), são férricos. Assim como a hidrólise, a oxidação é um dos mais importantes processos do intemperismo químico.

Quando o piroxênio – ou outros silicatos ricos em ferro – é exposto à água, sua estrutura de silicato dissolve-se, liberando sílica e ferro ferroso para a solução, na qual o ferro ferroso é oxidado para a forma férrica (Figura 16.5). A força da ligação química entre o íon férrico e o oxigênio resulta na insolubilidade do ferro férrico na maioria das águas superficiais naturais. Portanto, ele se precipita da solução formando um óxido de

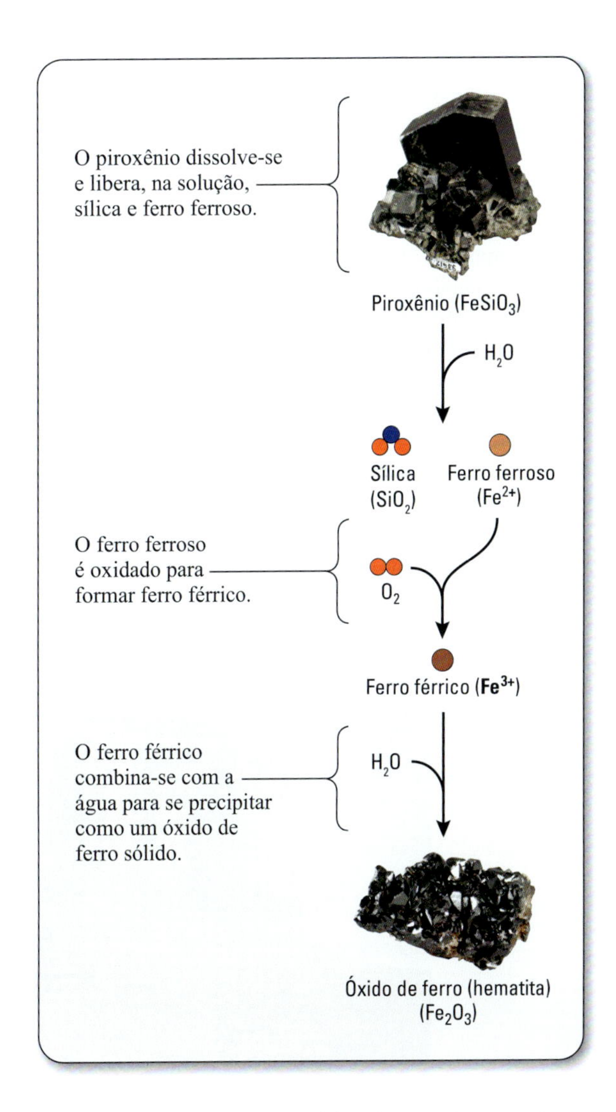

FIGURA 16.5 O percurso genérico das reações químicas pelas quais um mineral rico em ferro, como o piroxênio, altera-se na presença de oxigênio e água. [John Grotzinger/Ramón Rivera-Moret/Harvard Mineralogical Museum.]

ferro sólido. Todos temos familiaridade com o óxido de ferro férrico em outra forma de ocorrência: a ferrugem, que é produzida quando um metal de ferro em produtos manufaturados é exposto à atmosfera.

É possível mostrar essa reação geral da alteração pelo seguinte exemplo:

piroxênio rico em ferro	+	oxigênio	→	hematita	+	sílica dissolvida
$4FeSiO_3$		O_2		$2Fe_2O_3$		$4SiO_2$

Embora a equação não mostre de forma explícita, a água é necessária para que a reação ocorra.

Os minerais de ferro, que são praticamente onipresentes, alteram-se para as cores vermelha e marrom características do ferro oxidado (**Figura 16.6**). Os óxidos de ferro são encontrados como capas e incrustações que colorem o solo e as superfícies alteradas das rochas que contêm ferro. Os solos vermelhos na Geórgia (EUA) e em outras regiões quentes e úmidas* são coloridos pelos óxidos de ferro. Em contraste, os minerais de ferro alteram-se tão lentamente em regiões frias que o ferro dos meteoritos congelados na Antártida encontra-se quase totalmente inalterado.

Estabilidade química

Por que a taxa de intemperismo varia tão intensamente entre diferentes minerais? Os minerais alteram-se em taxas distintas porque têm estabilidade química diferente, na presença de água, em uma dada temperatura da superfície.

A **estabilidade química** é uma medida da tendência que uma substância tem de resistir em uma dada forma química, ao invés de reagir espontaneamente para tornar-se uma substância química diferente. As substâncias químicas são estáveis ou instáveis em relação a um determinado meio ambiente ou a um conjunto de condições específicas. O feldspato, por exemplo, é estável em condições encontradas em grandes profundidades da crosta terrestre (altas temperaturas e pequenas quantidades de água), mas instável em condições de superfície (baixas temperaturas e abundância de água). Duas características de um mineral – solubilidade e taxa de dissolução – ajudam a determinar sua estabilidade química.

*N. de R.T.: Como grande parte dos solos vermelhos no Brasil.

Solubilidade A *solubilidade* de um mineral específico é medida pela quantidade deste dissolvida na água quando a solução está saturada. A *saturação* é o ponto no qual a água não pode mais conter a substância dissolvida. Quanto maior a solubilidade do mineral, menor a sua estabilidade no intemperismo. Rochas evaporíticas que contêm halita, por exemplo, são instáveis ao intemperismo. Elas têm alta solubilidade na água (cerca de 350 g/L) e são lixiviadas do solo mesmo por pequenas quantidades deste líquido. O quartzo, pelo contrário, é estável em condições de intemperismo. Sua solubilidade na água é muito pequena (cerca de 0,008 g/L) e não é facilmente lixiviado do solo.

Taxa de dissolução A taxa de dissolução de um mineral é medida pela quantidade dele que se dissolve em uma solução não saturada em um dado intervalo de tempo. Quanto mais rápido um mineral se dissolve, menor a sua estabilidade. O feldspato dissolve-se em taxas muito mais rápidas que as do quartzo e, principalmente por causa disso, é menos estável que este no intemperismo.

Estabilidade relativa de minerais formadores de rocha comuns Conhecendo as estabilidades químicas relativas de vários minerais, pode-se descobrir a intensidade do intemperismo de uma determinada área. Em uma floresta tropical, somente os minerais mais estáveis permanecerão em um afloramento ou no solo e, assim, sabemos que lá o intemperismo é intenso. Em uma região árida, como no deserto do norte da África, onde o intemperismo é mínimo, monumentos de alabastro (gipsita) permanecem intactos, assim como muitos minerais instáveis. O **Quadro 16.2** mostra a estabilidade relativa

FIGURA 16.6 Óxidos de ferro vermelhos e marrons colorem as rochas alteradas no Vale dos Monumentos (Monument Valley), no Arizona (EUA). [William Boyce/EyeEm/Getty Images.]

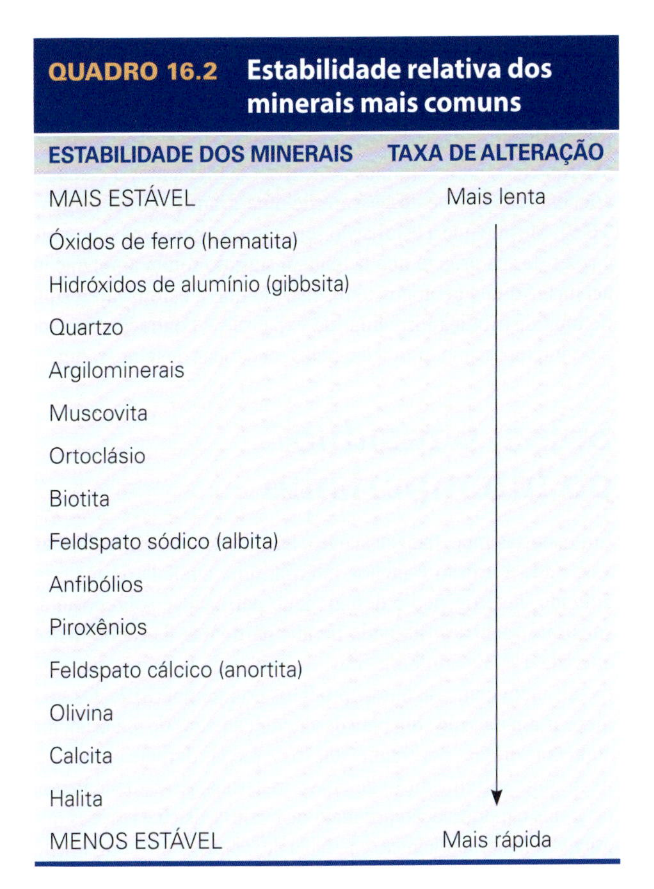

QUADRO 16.2 Estabilidade relativa dos minerais mais comuns

ESTABILIDADE DOS MINERAIS	TAXA DE ALTERAÇÃO
MAIS ESTÁVEL	Mais lenta
Óxidos de ferro (hematita)	↓
Hidróxidos de alumínio (gibbsita)	
Quartzo	
Argilominerais	
Muscovita	
Ortoclásio	
Biotita	
Feldspato sódico (albita)	
Anfibólios	
Piroxênios	
Feldspato cálcico (anortita)	
Olivina	
Calcita	
Halita	
MENOS ESTÁVEL	Mais rápida

de todos os minerais formadores de rocha comuns. Minerais de sal e de carbonato são os menos estáveis, enquanto os óxidos de ferro são os mais estáveis.

Intemperismo físico

Depois de termos investigado o intemperismo químico separadamente, podemos, agora, retornar ao seu aliado, o intemperismo físico. A ação desse intemperismo pode ser mais clara quando examinamos seu papel nas regiões áridas, onde o intemperismo químico tende a ser mínimo.

O que determina o modo como as rochas se fragmentam?

As rochas podem fragmentar-se por diversas causas, incluindo tensões ao longo de zonas de fraqueza e atividade química e biológica.

Zonas naturais de fraqueza As rochas têm zonas naturais de fraqueza, ao longo das quais tendem a se fraturar. Em rochas sedimentares, como arenitos e folhelhos, tais zonas são os planos de acamamento formados por sucessivos estratos de sedimentos litificados. Algumas rochas metamórficas foliadas, como a ardósia, têm planos paralelos de clivagem que possibilitam sua fácil separação em placas. Já os granitos e outras rochas não foliadas são *maciços*, o que, neste caso, significa que não contêm planos preexistentes de fraqueza. Rochas maciças tendem a se fragmentar ao longo de planos regulares de fraturas, espaçados desde um

FIGURA 16.7 Padrões de juntas alargadas e alteradas, desenvolvidas em duas direções, nas rochas da Reserva Estadual de Ponto Lobos (Point Lobos State Reserve), Califórnia (EUA). [Jeff Foott/Getty Images.]

até vários metros, chamados de *juntas** (Figura 16.7). Como vimos no Capítulo 8, as juntas e fraturas menos regulares resultam de deformação e do resfriamento e contração enquanto as rochas ainda estão soterradas profundamente na crosta terrestre. Por meio do soerguimento e da erosão, as rochas ascendem lentamente à superfície da Terra. Aí, livres do peso das rochas sobrepostas, as fraturas abrem-se levemente. Uma vez que elas estejam um pouco abertas, tanto a alteração química como a física trabalham para alargá-las ainda mais.

Atividade dos organismos A atividade dos organismos afeta tanto o intemperismo químico como o físico. As bactérias e as algas penetram nas fraturas, produzindo microfraturas. Esses organismos, tanto aqueles que estão em fraturas como os que se incrustam na rocha, produzem ácidos, os quais promovem o intemperismo químico. Em algumas regiões, os fungos produtores de ácidos são ativos nos solos, contribuindo para o intemperismo químico. Muitos já viram uma fratura de uma rocha que tenha sido alargada pela raiz de uma árvore (ver Figura 6.2). Os animais que escavam ou se movem pelas fissuras também podem quebrar a rocha.

Acunhamento do gelo Um dos mais eficientes mecanismos de abertura de fissuras é o **acunhamento do gelo**** – fragmentação resultante da expansão da água ao congelar. Quando a água congela, exerce uma força para os lados, suficiente para

*N. de R.T.: O mesmo que fraturas das rochas.

**N. de R.T.: Em inglês, *frost wedging*. Para partir um bloco de rocha, o pedreiro faz um acunhamento ao longo de uma fissura e vai batendo nas cunhas até atingir o objetivo. De forma análoga, a água, ao congelar-se nas fraturas, forma cunhas de gelo (*ice wedge*). A expansão gerada pelo congelamento ocasiona o processo de acunhamento do gelo, partindo a rocha.

alargar uma fratura como se fosse uma cunha e, assim, fragmentar a rocha (Figura 16.8). Esse é o mesmo processo que pode abrir fissuras no bloco do motor de um carro caso ele não esteja protegido por produtos anticongelantes. O acunhamento do gelo é mais importante onde a água, episodicamente, congela e degela, como nos climas temperados e em regiões montanhosas.

FIGURA 16.8 Matacão de granito partido pela ação do gelo nas Montanhas Sierra, Califórnia. [Susan Rayfield/Photo Researchers.]

Esfoliação Uma forma de fragmentação rochosa não está diretamente relacionada a zonas preexistentes de fraqueza. A **esfoliação** é um processo de intemperismo físico no qual grandes lâminas planas ou curvas da rocha fraturam-se e são destacadas do afloramento. Essas lâminas podem ser semelhantes a camadas concêntricas que se descascam de uma grande cebola (Figura 16.9). Mesmo que a esfoliação seja comum, nenhuma das explicações de sua origem que já tenham surgido foram amplamente aceitas. Alguns geólogos têm sugerido que a esfoliação resulta de uma distribuição irregular da expansão e contração causada pelo intemperismo químico e pelas mudanças de temperatura.

Solos: o resíduo do intemperismo

Em encostas moderadas e suaves, nas planícies e nas terras baixas, onde a erosão é menos intensa, uma camada de material alterado, heterogêneo e desagregado permanece sobreposta ao substrato rochoso. Ela pode incluir partículas da rocha-matriz alterada e sã, de argilominerais, de óxidos de ferro e de diversos metais, bem como de outros produtos do intemperismo. Os geólogos usam o termo **solo** para descrever camadas de material, inicialmente criadas por fragmentação de rochas durante o intemperismo, que sofrem adição de novos materiais, perda de materiais originais e modificação por meio de mistura física e reações químicas. A matéria orgânica, chamada de *húmus*, é um componente importante da maioria dos solos da Terra; ela consiste no produto dos resíduos e dos restos de muitos organismos que neles vivem. Restos de folhas, por exemplo, contribuem significativamente para o solo das florestas. Além disso, a maioria dos solos pode dar suporte a plantas enraizadas. Nem todos os solos oferecem suporte à vida, e também há solos em locais, como Antártida e Marte, nos quais ela esteja limitada ou possivelmente ausente.

A cor dos solos é variável, desde o vermelho e marrom intenso dos solos ricos em ferro até o preto de solos ricos em matéria orgânica. Os solos também variam de textura. Alguns são repletos de seixos e areia; outros são compostos quase

FIGURA 16.9 Esfoliação no Half Dome ("Meio Domo"), Parque Nacional de Yosemite, Califórnia (EUA). [Tony Waltham.]

inteiramente de argila. Os solos são facilmente erodíveis e, por isso, não se formam em encostas com alta declividade, onde as altas altitudes ou o clima frio inibem o crescimento de vegetais que os manteriam no lugar e contribuiriam com matéria orgânica. Os cientistas do solo, bem como agrônomos, geólogos e engenheiros, estudam a composição e a origem do solo, sua aptidão para a agricultura e a construção e seu valor como registro das condições climáticas do passado.

Os solos formam-se na interface entre os sistemas do clima e da tectônica de placas. Eles são essenciais à vida nos continentes terrestres, além de serem um dos recursos naturais mais valiosos da sociedade humana. Os solos são o reservatório primário de nutrientes para a agricultura e para os sistemas ecológicos que produzem recursos naturais renováveis. Eles filtram nossa água, reciclam nossos resíduos e oferecem o substrato necessário para nossas construções e infraestrutura. Além disso, ajudam a regular o clima global armazenando e liberando dióxido de carbono. Os solos contêm duas vezes mais carbono que a atmosfera e três vezes mais do que toda a vegetação do mundo.

Solos como geossistemas

Como vimos, o conceito da Terra como um conjunto de geossistemas interativos é de grande valor para o entendimento dos processos geológicos. Os solos, como muitos outros componentes do sistema Terra, podem ser descritos como um geossistema com entradas, processos e saídas (Figura 16.10).

Entradas: Rocha alterada, organismos e poeira Os solos desenvolvem-se a partir da rocha alterada, com entradas adicionais de matéria orgânica da biosfera e de poeira da

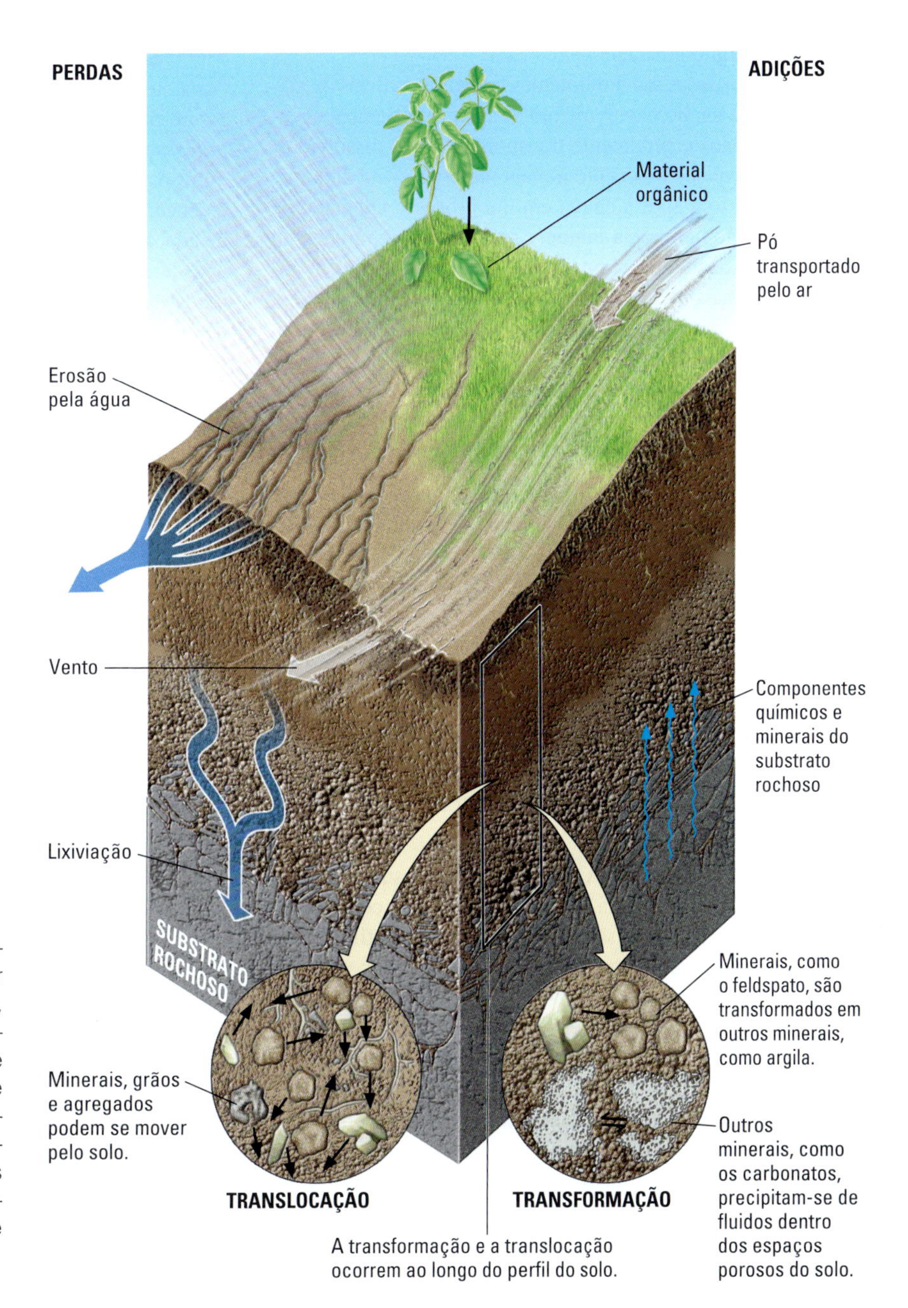

FIGURA 16.10 Os solos são geossistemas que se desenvolvem por meio de entradas de novos materiais, perdas de materiais originais e modificação causada por mistura física e reações químicas. Os processos de modificação do solo podem ser divididos em dois tipos básicos: translocações e transformações. Os horizontes distintos de solo que compõem o perfil do solo também são visíveis neste diagrama.

atmosfera. Conforme discutido anteriormente, o intemperismo físico fragmenta a rocha em pedaços pequenos, e o intemperismo químico transforma os minerais nessa rocha (como o feldspato) em outros minerais (como a argila). As plantas e outros organismos podem colonizar o solo e, quando morrem, seus tecidos decompõem-se para formar o húmus. A atmosfera também contribui com matéria para o solo, mas esse material é predominantemente poeira inorgânica.

Processos: Transformações e translocações À medida que o solo se desenvolve e amadurece, os materiais nele adicionados ou removidos causam uma série de *transformações*. A adição de húmus, por exemplo, oferece uma fonte de nutrientes que incentivam um maior crescimento vegetal e adicionam mais húmus – um processo de retroalimentação positiva dentro do geossistema do solo. Muitas transformações do solo envolvem o intemperismo químico do feldspato e de outros materiais para formar argilominerais.

As translocações são movimentos laterais e verticais de materiais no solo em desenvolvimento. A água é o principal agente da translocação, geralmente transportando sais dissolvidos. A água remove seletivamente alguns materiais à medida que se infiltra no solo após a chuva em um processo chamado de *lixiviação*. Entretanto, ela também pode subir para níveis do topo do solo quando as temperaturas aumentam e a evaporação remove mais água da superfície. Os organismos também exercem uma função importante na translocação ao moverem componentes do solo conforme escavam através dele.

Os solos são dinâmicos e respondem a mudanças climáticas, interações com organismos e perturbações por humanos. Cinco fatores são importantes em sua formação e desenvolvimento:

1. *Material-matriz:* a solubilidade dos minerais, o tamanho dos grãos e os padrões de fragmentação, como juntas e clivagem, do substrato rochoso.
2. *Clima:* temperaturas, níveis de precipitação e os padrões sazonais de variação.
3. *Topografia:* a declividade das encostas e a direção em que estão voltadas: encostas mais suaves voltadas para o Sol promovem um melhor desenvolvimento do solo.
4. *Organismos:* a diversidade e abundância de organismos que vivem no solo.
5. *Tempo:* a quantidade de tempo que um solo dispõe para se formar.

Saídas: Perfis de solo A maioria dos solos estrutura-se em camadas distintas à medida que se desenvolve. A composição e a aparência de um solo são conhecidas como **perfil do solo**. Os perfis do solo consistem de até seis *horizontes*: camadas distintas de cor e textura variadas, normalmente paralelas à superfície terrestre, que são visíveis nas seções verticais de solos expostos (ver Figura 16.10).

A camada superior do solo, chamada de *horizonte O*, costuma ser delgada e consiste em folhas soltas e detritos orgânicos. Abaixo dessa camada superior está o *horizonte A*, normalmente com pouco mais de um metro ou dois de espessura e com frequência a camada mais escura, porque contém a maior concentração de húmus. Logo abaixo está o *horizonte E*, que consiste principalmente em argila e minerais insolúveis como o quartzo, pois os minerais solúveis terão sido lixiviados dessa camada. Abaixo do horizonte E está o *horizonte B*, no qual a matéria orgânica é esparsa. Minerais solúveis e óxidos de ferro acumulam-se nessa camada. O clima influencia os tipos específicos de minerais que se acumulam no horizonte B; minerais carbonáticos e gipsita, por exemplo, são encontrados lá em climas áridos. A camada inferior, o *horizonte C*, é um substrato rochoso levemente alterado, fragmentado e decomposto, misturado com a argila do intemperismo químico. O substrato rochoso inalterado forma o nível mais inferior – o *horizonte R*.

Os cinco fatores de desenvolvimento do solo listados acima criam 12 tipos diferentes de solo, cada qual com um perfil distinto, que são reconhecidos pelos cientistas que estudam os solos (Quadro 16.3).

Paleossolos: investigando o clima antigo a partir do solo

Atualmente, tem havido muito interesse nos solos antigos que foram preservados como rochas no registro geológico. Esses *paleossolos*, como são chamados, estão sendo estudados como guias para entender o clima antigo e, mesmo, para quantificar a concentração de dióxido de carbono e oxigênio na atmosfera de épocas passadas. A mineralogia de paleossolos de bilhões de anos atrás, por exemplo, fornece evidências de que não houve oxidação dos solos nos primeiros estágios da história da Terra e de que, portanto, o oxigênio ainda não tinha se tornado um dos principais elementos da atmosfera.

A formação do solo é apenas um passo na evolução de uma paisagem. O intemperismo e a fragmentação de rochas geralmente desestabilizam feições topográficas e levam a mudanças mais drásticas causadas por dispersão de massa. Esse processo é uma parte importante da erosão geral dos continentes, sobretudo em regiões montanhosas.

Erosão e formação de vales fluviais

As observações de vales fluviais de várias regiões levaram à formulação de uma das primeiras e mais importantes teorias da Geologia: a ideia de que os vales fluviais foram criados por erosão causada pelos rios que neles fluíam. Os geólogos observaram que as formações de rochas sedimentares, em um lado de um vale, coincidiam com os mesmos tipos de formações no lado oposto. Isso os levou a concluir que as formações foram depositadas, em uma certa época, como uma única camada de sedimento, mas que o rio teria removido enormes quantidades das formações originais, quebrando a rocha e retirando-a.

A forma como um rio erode seu substrato rochoso depende da **energia da corrente** – o produto da declividade do leito pela vazão, balanceado pela capacidade que a rocha tem de resistir à erosão, sendo esta quantificada como o produto do volume de sedimentos presente no canal pelo tamanho do grão desses sedimentos (Figura 16.11). Se a energia da corrente for suficientemente alta para retirar a cobertura de sedimentos, então a resistência à erosão será sobretudo uma função da dureza do substrato rochoso.

QUADRO 16.3 Doze tipos de solo reconhecidos*

TIPO DE SOLO	DESCRIÇÃO	FATORES DE FORMAÇÃO MAIS IMPORTANTES[a]
Alfissolo (Luvissolos)	Solos de climas úmidos e subúmidos, com um horizonte subsuperficial de acúmulo de argila, sem lixiviação forte, comum em áreas florestais.	Clima, organismos
Andissolo (Andossolos)	Solos que se formaram em cinza vulcânica e contêm compostos ricos em matéria orgânica e alumínio.	Material-matriz
Aridissolo	Solos formados em climas secos, com pouca matéria orgânica e frequentemente com horizontes subsuperficiais com acúmulo de sal.	Clima
Entissolo (Fluvissolos, Litossolos)	Solos que não têm horizontes subsuperficiais porque a rocha-matriz acumulou-se recentemente ou por causa de erosão constante; comum em planícies aluviais, montanhas e terras áridas (áreas rochosas com alta erosão).	Tempo, topografia
Gelissolo (Criossolos)	Solos com pouca alteração, formados em áreas que contêm *permafrost* (solo congelado) no perfil do solo.	Clima
Histossolo (Histossolo)	Solos com uma espessa camada superior muito rica em matéria orgânica (0,25%) e com relativamente pouco material mineral.	Topografia
Inceptissolo	Solos com horizontes subsuperficiais pouco desenvolvidos e pouco ou nenhum acúmulo de argila no subsolo, porque o solo é recente ou o clima não promove intemperismo rápido.	Tempo, clima
Mollissolo	Solos minerais de savanas semiáridas e subúmidas de altitude média com horizonte A escuro e rico em matéria orgânica, sem lixiviação forte.	Clima, organismos
Oxissolo (Ferralsolos)	Solos muito antigos e com alto teor de lixiviação com acúmulos subsuperficiais de óxidos de ferro e de alumínio, geralmente encontrados em ambientes tropicais úmidos.	Clima, tempo
Espodossolo (Podzol)	Solos formados em climas frios e úmidos que têm um horizonte B bem desenvolvido, com acúmulo de óxidos de ferro e de alumínio, formados sob vegetação de pinheiros em material-matriz arenoso.	Material-matriz, organismos, clima
Ultissolo (Acnissolos)	Solos com horizonte subsuperficial de acúmulo de argila, com alto teor de lixiviação (mas não tão alto quanto o oxissolo), geralmente encontrados em climas tropicais e subtropicais úmidos.	Clima, tempo, organismos
Vertissolo (Vertissolos)	Solos que desenvolvem rachaduras profundas e largas quando secos (encolhem e incham) devido ao alto conteúdo de argila (0,35%) e não têm alto teor de lixiviação.	Material-matriz

[a]Os cinco fatores de formação de solos (clima, organismos, material-matriz, topografia e tempo) combinam-se para criar estes solos, mas apenas os fatores mais importantes foram listados para cada um deles.

Dados de E. C. Brevik, *Journal of Geoscience Education* 50 (2002): 541.

*N. de R.T.: Esses tipos de solo referem-se às grandes ordens da classificação utilizada nos Estados Unidos. Esta classificação difere daquela adotada pela FAO (Organização das Nações Unidas para Agricultura e Alimentação), que é também a mais utilizada no Brasil. Ver www.crips.embrapa.br. Quando existente, inserimos no quadro a unidade correspondente da classificação mundial entre parênteses.

As taxas de erosão do substrato rochoso crescem drasticamente à medida que a energia da corrente aumenta. Na maioria das vezes, um rio em movimento causa pouca erosão, pois a vazão e, portanto, a energia da corrente, são baixas. Entretanto, nos raros dias em que a vazão (e a energia da corrente) é muito alta, as taxas de erosão também podem tornar-se extremamente altas. Essa relação ilustra uma característica fundamental compartilhada por muitos geossistemas terrestres: eventos raros, de grande intensidade, geralmente causam muito mais mudanças que eventos frequentes, porém de pequena magnitude.

Três processos principais causam a erosão do substrato rochoso no terreno montanhoso. O primeiro é a abrasão do substrato rochoso por partículas sedimentares que se movem por saltação e em suspensão no fundo e nos lados do canal fluvial (ver Capítulo 18). Em segundo lugar, a força de arrasto da própria corrente causa abrasão do substrato rochoso, ao arrancar fragmentos de rocha do canal. Por fim, em terrenos mais elevados, a erosão glacial forma vales que podem ser, subsequentemente, ocupados por cursos d'água. A determinação da importância relativa desses três processos, em terrenos montanhosos, é um dos métodos utilizados pelos geólogos para distinguir entre as influências que o clima e a tectônica exercem na evolução da paisagem.

Os vales fluviais recebem muitos nomes – cânion, desfiladeiro, arroio, ravina –, mas todos têm essencialmente a mesma

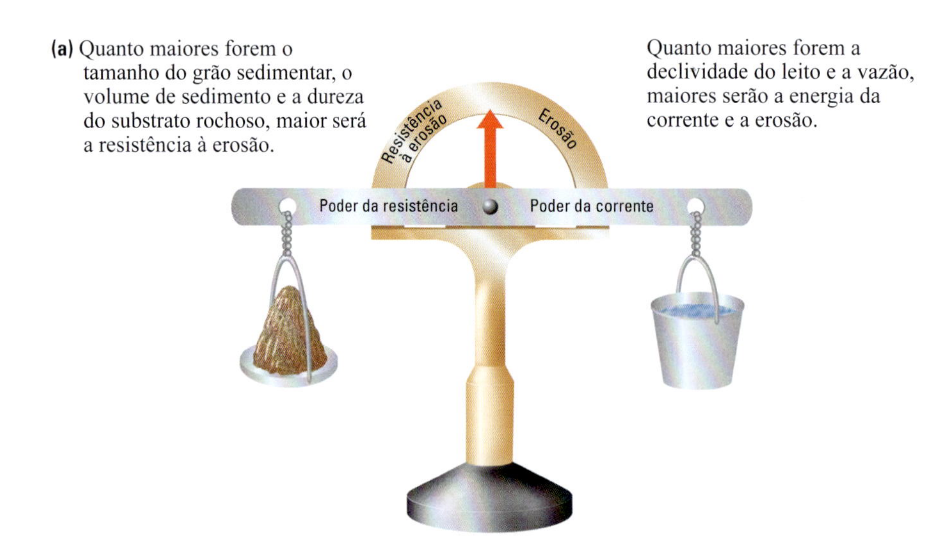

(b) Em terrenos íngremes, a energia da corrente supera a resistência à erosão. As partículas sedimentares são transportadas para longe, e a dureza do substrato rochoso do leito torna-se o principal fator de resistência à erosão.

(c) Nos locais onde a declividade é branda, a vazão fluvial é menor e, portanto, a energia da corrente também é menor. Assim, o sedimento começa a ser depositado, capeando o leito fluvial e detendo sua erosão. Neste ponto, a energia da corrente e a resistência à erosão estão em equilíbrio.

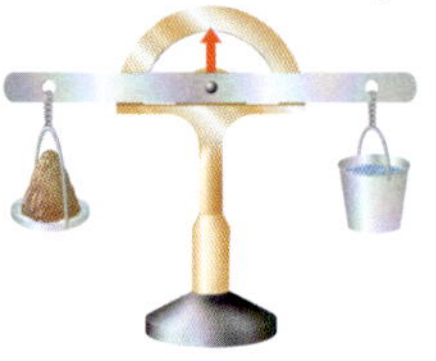

(d) Nos locais onde a declividade é muito baixa, a energia da corrente diminui bastante, depositando grandes quantidades de sedimentos. O leito fluvial cresce, e o vale é preenchido com sedimentos.

FIGURA 16.11 (a) A erosão é controlada por um balanço entre a força da corrente do rio e a resistência do substrato à erosão. (b) Rio Yellowstone, Parque Nacional de Yellowstone; (c) rio Snake, Suicide Point, Idaho (EUA); (d) Parque Nacional Denali, Alasca (EUA). [(a) Karl Weatherly/Getty Images; (b) Dave G. Houser/Getty Images; (c) Dennis Macdonald/Getty Images.]

geometria. Um corte vertical transversal em um vale novo, de um rio de montanha, com pequena planície de inundação, ou sem nenhuma planície, mostraria um perfil simples em forma de V (Figura 16.11b). Um amplo vale fluvial com uma larga planície de inundação mostraria uma secção transversal mais aberta, mas ainda diferente do perfil em forma de U, típico dos vales glaciais. As regiões com diferentes tipos de topografia e de substratos rochosos produzem vales fluviais de forma e largura variáveis (Figura 16.11b-d). As formas dos vales variam desde estreitos desfiladeiros, que se formam em cadeias de montanhas ou em rochas resistentes à erosão, até os amplos e rasos vales que se formam nas planícies e em rochas fáceis de erodir. Entre esses dois extremos, a largura de um vale geralmente será correspondente ao estado de erosão da região. Os vales serão, em geral, pouco largos em montanhas que começaram a ser rebaixadas e arredondadas pela erosão, e tornam-se muito mais amplos em regiões de baixa altitude com topografia suave. Os vales de cadeias de montanhas recentes podem ter encostas com alta declividade e, quando cortam uma rocha sólida, podem deixar terraços que marcam as posições anteriores do rio (Figura 16.12).

Interações entre o intemperismo físico e a erosão

O intemperismo e a erosão são processos interativos e muito relacionados. O intemperismo físico e a erosão estão estreitamente vinculados no modo como o vento, a água e o gelo trabalham para deslocar partículas de rochas e afastá-las de sua origem. O intemperismo físico fratura os grandes blocos rochosos em pedaços menores, os quais são mais facilmente erodíveis e transportados.

A declividade das encostas afeta tanto o intemperismo físico como o químico. O intemperismo físico e a erosão são mais intensos em encostas de alta declividade, e a ação desses processos tornam-nas ainda mais íngremes. Fluxos de água da chuva são o principal agente de erosão, mas o vento pode carregar as partículas mais finas e o gelo pode transportar grandes blocos rompidos do substrato rochoso.

As taxas de intemperismo químico são baixas em grandes altitudes, onde as temperaturas são geralmente baixas, o solo é delgado ou ausente, e a vegetação é esparsa. O intemperismo físico é maior nas grandes altitudes e nos terrenos glaciais, onde o gelo despedaça a rocha. É possível verificar que o tamanho do material formado pelo intemperismo físico está estreitamente relacionado com os vários processos erosivos. Quando o material alterado é erodido e transportado, pode novamente mudar sua forma e tamanho, e sua composição pode variar como resultado do intemperismo químico. Quando o transporte cessa, a deposição dos sedimentos formados pelo intemperismo tem início. A Figura 16.13 resume os fatores que influenciam o intemperismo e a erosão.

Dispersão de massa

Na manhã de 1° de junho de 2005, quando os residentes de Laguna Beach, Califórnia (EUA), estavam despertando e tomando café, a encosta da colina rompeu-se sob seus pés e desabou. Sete residências no valor de vários milhões de dólares foram destruídas quando uma grande massa de solo e substrato rochoso alterado cedeu e deslizou encosta abaixo. Outras 12 residências sofreram sérios danos e centenas foram evacuadas à medida que os moradores aguardavam com ansiedade a avaliação do local feita por geólogos para determinar se era seguro retornar. Algumas casas desabaram completamente; outras partiram-se literalmente ao meio; e houve aquelas que ficaram penduradas no topo da colina, onde se sobressaíam na parede de um enorme corte formado pela ruptura da massa de terra que deslizou (ver a fotografia de abertura do capítulo).

Esse evento de dispersão de massa foi desencadeado por um alto índice de chuva sazonal – o segundo maior já registrado para aquela parte do sul da Califórnia – que saturou o solo e o

FIGURA 16.12 O soerguimento rápido das montanhas forma terraços, marcando a antiga posição do rio à medida que corta o substrato rochoso sólido. O terraço na parte central do primeiro plano formou-se ao longo do Rio Indo, cortando o Himalaia em sua porção central. [D. W. Burbank.]

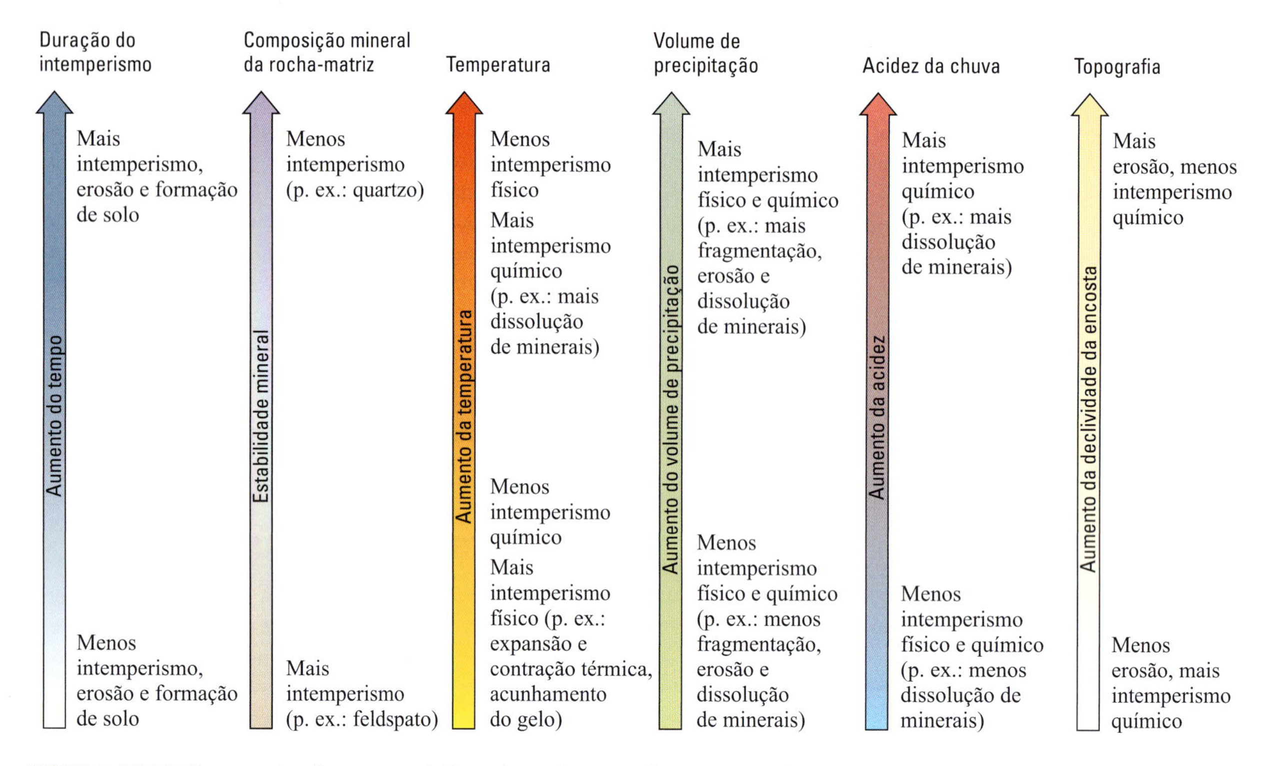

FIGURA 16.13 Resumo dos fatores que influenciam o intemperismo e a erosão.

substrato rochoso e criou as condições necessárias em um ambiente geológico já instável para inclinar a balança na direção do desastre. Antes, naquele mesmo ano, chuvas fortes haviam gerado eventos semelhantes, inclusive um que vitimou 10 pessoas quando residências foram soterradas em La Conchita, Califórnia. Em 2018, uma série de eventos semelhantes se repetiu, desta vez mais ao norte, em Montecito, também na Califórnia (**Figura 16.14**).

Esses eventos no sul da Califórnia representam apenas um entre muitos tipos de movimentações, encosta abaixo, de solo, rocha, lama ou outros materiais sob a força da gravidade, conhecidos coletivamente como **movimentos de massa***. As massas não são inicialmente puxadas para baixo devido à ação de um agente de erosão, como o vento, a água escorrendo ou o gelo de geleiras. Em vez disso, os movimentos de massa ocorrem quando a força da gravidade excede a força coesiva dos materiais da encosta. Então os materiais movem-se encosta abaixo, seja com taxas muito baixas, seja como enormes movimentos súbitos, às vezes catastróficos. Os movimentos de massa podem deslocar pequenas quantidades de solo, quase imperceptíveis, a jusante de uma suave encosta, como também constituir imensos escorregamentos que descarregam toneladas de terra e rocha no fundo dos vales próximos às encostas íngremes das montanhas.

Todos os anos, movimentos de massa ceifam vidas e trazem danos materiais em todo o mundo. No final de outubro e início de novembro de 1998, por exemplo, um dos mais catastróficos furacões do século XX, o Furacão Mitch, causou chuvas torrenciais na América Central, saturando o solo e gerando inundações e escorregamentos terríveis. Pelo menos 9 mil pessoas morreram e os danos materiais somaram bilhões de dólares, pois as inundações e os deslizamentos espalharam detritos nas terras anteriormente férteis e nas plantações de milho, feijão, café e amendoim. Um dos locais mais duramente atingidos situava-se próximo à fronteira entre a Nicarágua e Honduras, onde uma série de escorregamentos e fluxos de lama soterrou, pelo menos, 1.500 pessoas. Dezenas de vilarejos foram simplesmente eliminados, engolfados por um mar de lama. Os flancos de uma cratera do vulcão Casita desabaram e deram início a uma série de deslizamentos e fluxos que foram descritos como o movimento de uma muralha de lama com mais de 7 m de altura. Quem se encontrava diretamente no caminho da avalancha não pôde escapar, sendo que muitos foram soterrados vivos enquanto tentavam escapar da rápida torrente de lama.

Como os movimentos de massa são muito destrutivos, deveríamos ser capazes de predizê-los e, certamente, gostaríamos de evitar causá-los com nossas imprudentes interferências nos processos naturais. Não podemos prevenir a maioria dos

*N. de R.T.: Na literatura técnica nacional e internacional, os processos designados como movimentos de massa recebem várias denominações gerais, não havendo uma classificação consolidada. Em português, tais processos têm recebido, na imprensa, os nomes genéricos de escorregamentos de encostas, escorregamentos de solos, deslizamentos, entre outros. Na literatura geológica, esses fenômenos comparecem sob a designação geral de fluxos gravitacionais, fluxos densos, fluxo de detritos por gravidade, processos gravitacionais, escorregamentos subaéreos e subaquosos, entre outros. Atualmente, o nome geral de movimentos de massa vem sendo cada vez mais utilizado e os processos que designa podem ser classificados de várias formas, dependendo da área técnica dos proponentes, ora mais ligada à Mecânica dos Solos, ora mais relacionada à Geologia, à Geologia de Engenharia ou à Geologia Sedimentar.

FIGURA 16.14 Detritos de um deslizamento de lama cobrem uma residência em Montecito, Califórnia (EUA), em 10 de janeiro de 2018. [Justin Sullivan/Getty Images.]

movimentos de massa naturais, mas podemos controlar a construção e o uso do solo para minimizar perdas. Esses movimentos mudam a paisagem pelas cicatrizes deixadas nas vertentes das montanhas, quando grandes massas de material caem ou deslizam encosta abaixo. O material que se move acaba tendo a forma de línguas ou cunhas de detritos dispostas no fundo dos vales, às vezes empilhando-se e represando um rio que corre no talvegue. As cicatrizes e os depósitos de detritos, mapeados no campo ou a partir de fotografias aéreas, são vestígios de movimentos de massas que já ocorreram. Pela leitura desses vestígios, os geólogos podem ser capazes de predizer e alertar antecipadamente a possível ocorrência futura de novos movimentos similares.

A dispersão de massa é influenciada por três fatores primários (Quadro 16.4):

1. *A natureza dos materiais da encosta.* As encostas podem ser constituídas de *materiais inconsolidados* – os quais são cimentados; ou de *materiais consolidados*, os quais são compactados e ligados por cimentação mineral.
2. *A quantidade de água contida nos materiais.* Essa característica depende da porosidade dos materiais e da quantidade de chuva ou outras águas (como nível freático) a que estão expostos.
3. *A declividade das encostas.* Esse fator contribui para a tendência de os materiais caírem, deslizarem ou fluírem sob várias condições.

Os três fatores atuam na natureza, mas a estabilidade das encostas e o conteúdo de água são os mais influenciados pela atividade humana, como em escavações para a construção de prédios e rodovias. Todos os três produzem o mesmo resultado: diminuem a resistência ao movimento, e, então, a força da gravidade passa a controlá-los e os materiais da encosta começam a cair, deslizar ou fluir.

QUADRO 16.4 Fatores que influenciam os movimentos de massa

NATUREZA DO MATERIAL DA ENCOSTA	CONTEÚDO DE ÁGUA	DECLIVIDADE DA ENCOSTA	ESTABILIDADE DA ENCOSTA
NÃO CONSOLIDADO			
Areia ou silte arenoso soltos	Seco	Ângulo de repouso	Alta
	Úmido		Moderada
Mistura inconsolidada de areia, silte, solo e fragmentos de rocha	Seco	Moderada	Alta
	Úmido		Baixa
	Seco	Íngreme	Alta
	Úmido		Baixa
CONSOLIDADO			
Rocha diaclasada e deformada	Seco ou úmido	Moderada a íngreme	Moderada
Rocha maciça	Seco ou úmido	Moderada	Alta
	Seco ou úmido	Íngreme	Moderada

Materiais da encosta

Os materiais da encosta variam bastante porque são muito dependentes das propriedades físicas do terreno local. Assim, o substrato da vertente de um morro pode ser intensamente fraturado pela foliação, enquanto outro talude, a apenas poucas centenas de metros adiante, é constituído de granito maciço. As encostas de materiais inconsolidados são as menos estáveis de todas.

Areia e silte inconsolidados O comportamento da areia e do silte soltos e secos ilustra como a declividade e a estabilidade da encosta influenciam os movimentos de massa. As brincadeiras nas caixas de areia dos parques infantis nos deixaram familiarizados com as características das faces de um monte de areia seca. Em qualquer monte de areia ou silte seco, o ângulo de inclinação da face lateral e a horizontal é sempre o mesmo, quer o monte tenha poucos centímetros de altura ou muitos metros. Para a maioria das areias e siltes, o ângulo é de aproximadamente 35°. Se você escavar vagarosamente e com muito cuidado um pouco da areia da base do monte, poderá aumentar o ângulo de inclinação de sua face lateral, e ele permanecerá assim apenas temporariamente. Se, depois, você pular no chão próximo ao monte, a areia daquela face vai desabar e o ângulo de inclinação assumirá novamente seu valor original de 35°.

O ângulo de inclinação original do monte de areia é o **ângulo de repouso**, ou seja, o ângulo máximo no qual um plano de material inconsolidado repousa sem desabar. Um plano mais inclinado que o ângulo de repouso é instável e tenderá a desmoronar para formar outro com um ângulo estável. Os grãos de

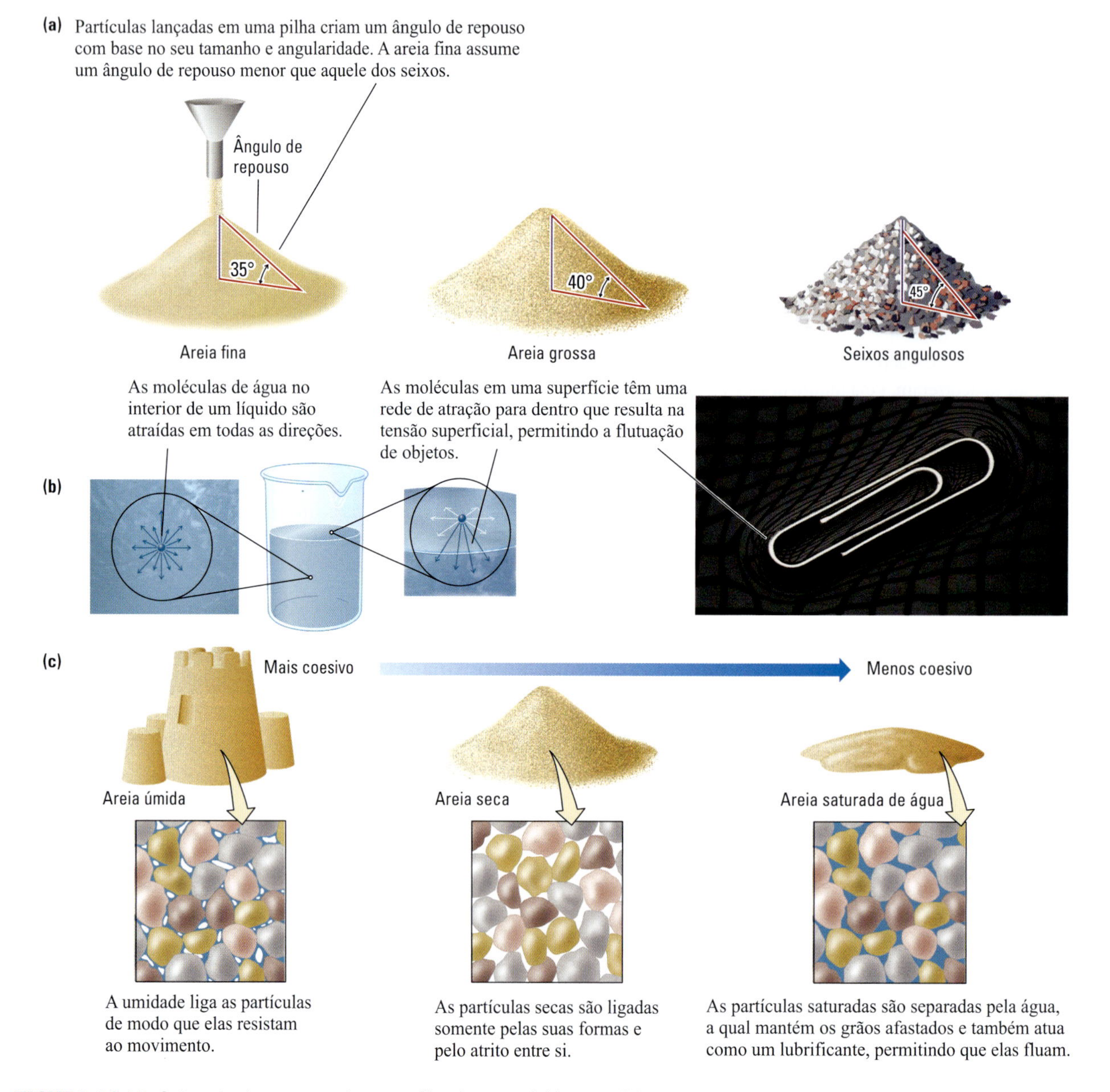

FIGURA 16.15 O ângulo de repouso de uma pilha de material inconsolidado depende do tamanho e da forma das partículas e do conteúdo de água. [Foto: © 1990 Chip Clark–Fundamental Photographs.]

areia e silte formam montes cuja inclinação é menor ou igual ao ângulo de repouso, devido à existência de forças de atrito entre os grãos individuais de areia. Entretanto, à medida que mais e mais grãos de areia vão sendo adicionados ao monte, as faces laterais passam a ficar mais inclinadas, diminuindo a capacidade que as forças de atrito têm de impedir um deslizamento, e, então, a pilha subitamente desabará. O ângulo de repouso varia devido a muitos fatores, entre eles, o tamanho e a forma das partículas (Figura 16.15a). As partículas maiores, mais achatadas e mais angulosas de material solto mantêm a estabilidade de planos com maior inclinação. O ângulo de repouso também varia com a quantidade de umidade existente entre as partículas. Em areias úmidas, ele é maior do que em areias secas, porque a pequena quantidade de umidade entre os grãos tende a ligá-los de modo a aumentar a resistência ao movimento. A origem dessa tendência à ligação é a *tensão superficial* – a força de atração entre moléculas em uma superfície (Figura 16.15b). A tensão superficial faz com que as gotas de água tenham a forma esférica e permite que uma lâmina de barbear ou um clipe flutuem na superfície da água parada. Uma quantidade muito grande de água, por outro lado, separaria as partículas e permitiria que elas se movessem livremente umas sobre as outras. A areia saturada, na qual os espaços dos poros são ocupados por água, escorre como um fluido e desmorona para uma forma achatada, como a de uma panqueca (Figura 16.15c). A tensão superficial que liga a areia úmida permite aos escultores de beira de praia criar castelos de areia bem elaborados (Figura 16.16). Contudo, quando a maré sobe e satura a areia, a escultura desmorona. Da mesma forma, mas em escala muito maior, os deslizamentos de terra em encostas dependem da abundância de água no solo. Fortes chuvas podem saturar os espaços porosos de uma encosta, causando uma falha catastrófica no solo.

Misturas de materiais inconsolidados Encostas compostas de misturas de materiais inconsolidados de areia, silte, argila, solo e fragmentos de rocha (frequentemente chamados de *detritos*) formarão planos com ângulos de inclinação moderados (ver Quadro 16.4). A forma laminar dos argilominerais, o conteúdo orgânico dos solos e a rigidez dos fragmentos de rocha são os fatores-chave que mudam a capacidade que os materiais têm de formar planos em um ângulo específico.

Materiais consolidados As encostas de materiais secos consolidados – como rochas, sedimentos cimentados e compactados e solos vegetados unidos por raízes de plantas – podem ser mais inclinadas e menos regulares que aquelas constituídas de materiais soltos. Contudo, podem se tornar instáveis com o aumento da declividade ou com a remoção da vegetação. As partículas de sedimentos consolidados, como argilas densas, são ligadas por forças coesivas existentes nessas partículas e pelo empacotamento fechado. A *coesão* é uma força de atração entre as partículas de materiais sólidos, que as mantém juntas. Quanto maior as forças coesivas de um material, maior a resistência ao movimento.

Conteúdo de água

O efeito da água nos materiais consolidados é semelhante a seu efeito nos materiais soltos. Os movimentos de massa de materiais consolidados comumente podem ser atribuídos aos efeitos da umidade, porém, também em combinação com outros fatores, como a remoção da vegetação ou o aumento da declividade da encosta. Quando o subsolo torna-se saturado de água, os planos de fraqueza no material sólido são lubrificados, o atrito interno é diminuído e as partículas ou grandes blocos agregados podem passar a mover-se mais facilmente uns em relação aos outros. Desse modo, o material pode começar a movimentar-se como um fluido. Esse processo é chamado de **liquefação.**

FIGURA 16.16 Os castelos de areia conservam sua forma porque são feitos de areia úmida. A inclinação das paredes é mantida pela tensão superficial existente na umidade entre os grãos. [Kelly/Mooney Photography/Getty Images.]

Declividade das encostas

As encostas rochosas podem ter inclinações suaves, como aquelas formadas por camadas de folhelhos ou de cinzas vulcânicas alteradas e podem, também, ser abruptas, a exemplo dos penhascos verticais de granito. A estabilidade das encostas rochosas depende do intemperismo e do grau de fragmentação do material. Os folhelhos, por exemplo, tendem a se alterar e fragmentar em pequenos pedaços, os quais formam uma delgada capa de fragmentos de rocha angular e solta (geralmente chamados de *pedregulho*) cobrindo o substrato (Figura 16.17a). O ângulo de inclinação resultante é similar ao ângulo de repouso da areia grossa e solta. A alteração do pedregulho gradualmente evolui além do ângulo de repouso, torna-se instável e, então, parte do material solto deslizará declive abaixo.

Por outro lado, em ambientes áridos, os calcários e arenitos duros e cimentados resistem à erosão e desintegram-se em grandes blocos, formando encostas íngremes de substrato exposto e encostas mais suaves cobertas com fragmentos de rocha (frequentemente chamadas de **tálus**) (Figura 16.17b). Os penhascos de substrato rochoso são bem mais estáveis, exceto quando as massas de rocha ocasionalmente caem ou rolam para baixo até

(a)

(b)

FIGURA 16.17 A estabilidade de uma encosta rochosa depende do padrão de intemperismo e fragmentação da rocha que a forma. (a) Este pequeno afloramento está sendo alterado para formar blocos fragmentados de rocha conhecidos como pedregulho. (b) O tálus acumula-se em encostas onde blocos grandes de rocha caem ou rolam morro abaixo para criar uma pilha em forma de cone. [(a) John Grotzinger; (b) Phil Stoffer/USGS.]

as partes inferiores das encostas, que são cobertas por fragmentos de rocha. Nos locais em que tais calcários e arenitos estão intercalados com camadas de folhelho, as encostas podem se tornar escalonadas (ver Figura 6.17a). À medida que o folhelho sotoposto às camadas de arenito vai sendo retirado, as camadas sobrepostas mais duras ficam sem sustentação, tornam-se menos estáveis e, por fim, despencam sob a forma de grandes blocos.

A declividade de camadas sedimentares individuais também influencia a estabilidade da encosta. Os movimentos de massa são mais prováveis quando o mergulho das camadas próximas à superfície é paralelo à encosta.

Desencadeamento de movimentos de massa

Quando a combinação certa de materiais, umidade e declividade torna uma encosta instável, um movimento de massa passa a ser inevitável. Só é necessário um gatilho. Às vezes, o deslizamento, como aquele que ocorreu em Laguna Beach, é provocado por tempestades de chuva torrencial. Muitos movimentos de massa são acionados por vibrações, como aquelas que ocorrem em um terremoto. Outros podem ser desencadeados pelo aumento gradual da declividade devido à erosão, que pode resultar em inúmeros colapsos repentinos do talude.

Os laudos geológicos podem ajudar a minimizar os custos humanos ocasionados por movimentos de massa (ver Pratique um Exercício de Geologia), mas somente se as equipes de planejamento urbano e os compradores de residências considerarem seriamente tais laudos e evitarem construções ou loteamentos em áreas instáveis. Os movimentos de massa devastadores no sul da Califórnia em 2005 estiveram nitidamente relacionados à alta e incomum precipitação sazonal durante o inverno de 2004–2005. Contudo, essa precipitação estava relacionada às condições do El Niño (descrito no Capítulo 12), que os geocientistas agora acreditam ser regularmente recorrente.

De forma semelhante, a maioria dos danos causados pelo grande terremoto do Alasca no dia 27 de março de 1964 foi causada pelos deslizamentos que ele próprio desencadeou. Os movimentos de massa de rocha, terra e neve fizeram estragos estupendos nas áreas residenciais de Anchorage, e houve importantes deslizamentos submarinos ao longo da costa e nos lagos costeiros. Imensos escorregamentos aconteceram nos terraços planos, de altitude inferior a 30 ou 35 m, gerando um relevo escalonado em uma área próxima à costa. Esses terraços eram compostos de intercalações de camadas de argila e silte. Durante o terremoto, o solo tremeu tão forte que as camadas de areia instáveis e saturadas de água intercaladas na argila foram transformadas em pastas fluidas. Enormes blocos de argila e silte desprenderam-se dos terraços escalonados e escorregaram ao longo da base plana costeira com os sedimentos liquefeitos, compondo uma superfície completamente acidentada de blocos desorientados e prédios rachados (**Figura 16.18**). Casas e estradas foram destruídas e carregadas junto com o deslizamento. Todo o processo durou somente cinco minutos, tendo iniciado cerca de dois minutos depois do primeiro choque do terremoto. Em uma localidade, três pessoas morreram e 75 casas foram destruídas. Os estudos sobre a estabilidade dessas encostas na Califórnia e no Alasca e a probabilidade de altas e repetidas precipitações ou terremotos indicaram que essa área era a principal candidata a sofrer escorregamentos. Um laudo geológico feito uma década antes tinha alertado sobre o perigo de deslizamentos exatamente na parte do Alasca que sofreu os maiores danos, mas a grande beleza cênica da região ofuscou o julgamento das pessoas. O mesmo vale para o sul da Califórnia. No Alasca, as pessoas pagaram o preço com suas vidas. Felizmente, em Laguna Beach, o custo foi apenas o valor das propriedades, mas mesmo isso foi excessivo em uma área em que o preço médio de uma residência estava bem acima de um milhão de dólares.

Classificação dos movimentos de massa

Embora a imprensa frequentemente se refira a qualquer movimento de massa como "deslizamento" ou "escorregamento",

(a)

(b)

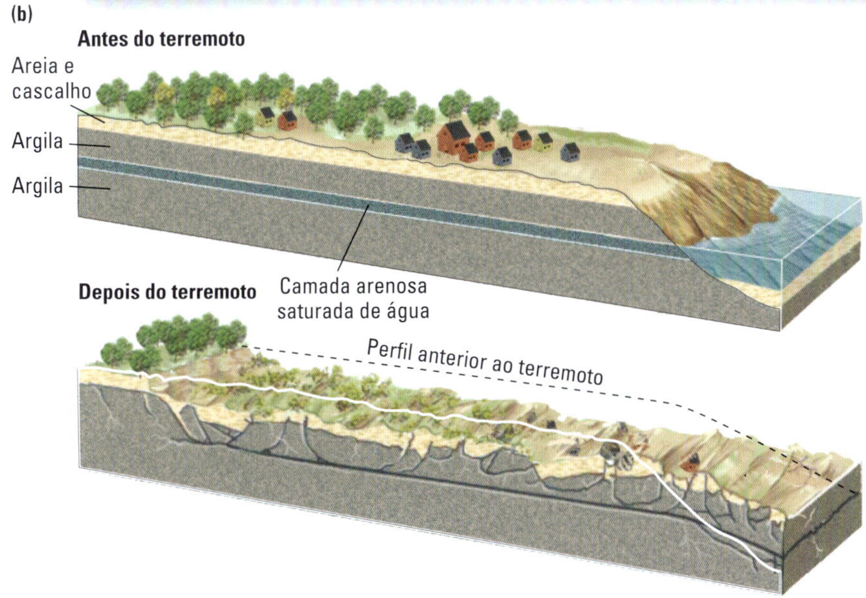

FIGURA 16.18 (a) Um deslizamento de terra desencadeado pelo grande terremoto do Alasca de 1964. (b) Secções transversais dos escalonamentos em Anchorage, Alasca, antes e depois do terremoto. [(a) USGS.]

eles apresentam características diferentes, constituindo vários tipos de eventos. Utiliza-se, neste livro, o termo *deslizamento* somente em um sentido popular, para referir os movimentos de massa em geral.

Os geólogos classificam os movimentos de massa de acordo com três características, como resumido na Figura 16.19:

1. A natureza do material (p. ex., se é rocha ou detrito inconsolidado).
2. A velocidade do movimento (desde alguns poucos centímetros por ano até muitos quilômetros por hora).
3. A natureza do movimento: se é deslizamento (o corpo do material move-se mais ou menos como uma unidade) ou se é fluxo (o material move-se como se fosse um fluido).

A natureza e a velocidade do movimento são muito influenciadas pelo conteúdo de água ou ar do material.

Alguns movimentos têm características que são intermediárias entre deslizamento e fluxo. A maior parte da massa move-se por deslizamento, por exemplo, mas partes ao longo da base podem mover-se como um fluido. Um movimento é chamado de *fluxo* se esse é o principal tipo de deslocamento de massa. Nem sempre é fácil dizer o mecanismo exato de um movimento, pois o tipo deste deve ser reconstruído a partir de detritos depositados depois que ele cessou.

Movimentos de massas de rochas

Os movimentos de rocha incluem queda, deslizamento e avalancha de rochas, desde blocos até grandes massas do substrato.

Durante uma *queda de rocha**, os fragmentos individuais recém-rompidos caem de súbito, em queda livre, a partir de um penhasco ou vertente montanhosa íngreme (**Figura 16.20**). O intemperismo enfraquece o substrato ao longo das juntas até que a mais leve pressão, frequentemente exercida pela expansão da água quando congela em uma fenda, é suficiente para desencadear a queda de rocha. A velocidade da queda livre de

*N. de R.T.: Em inglês, *rockfall*.

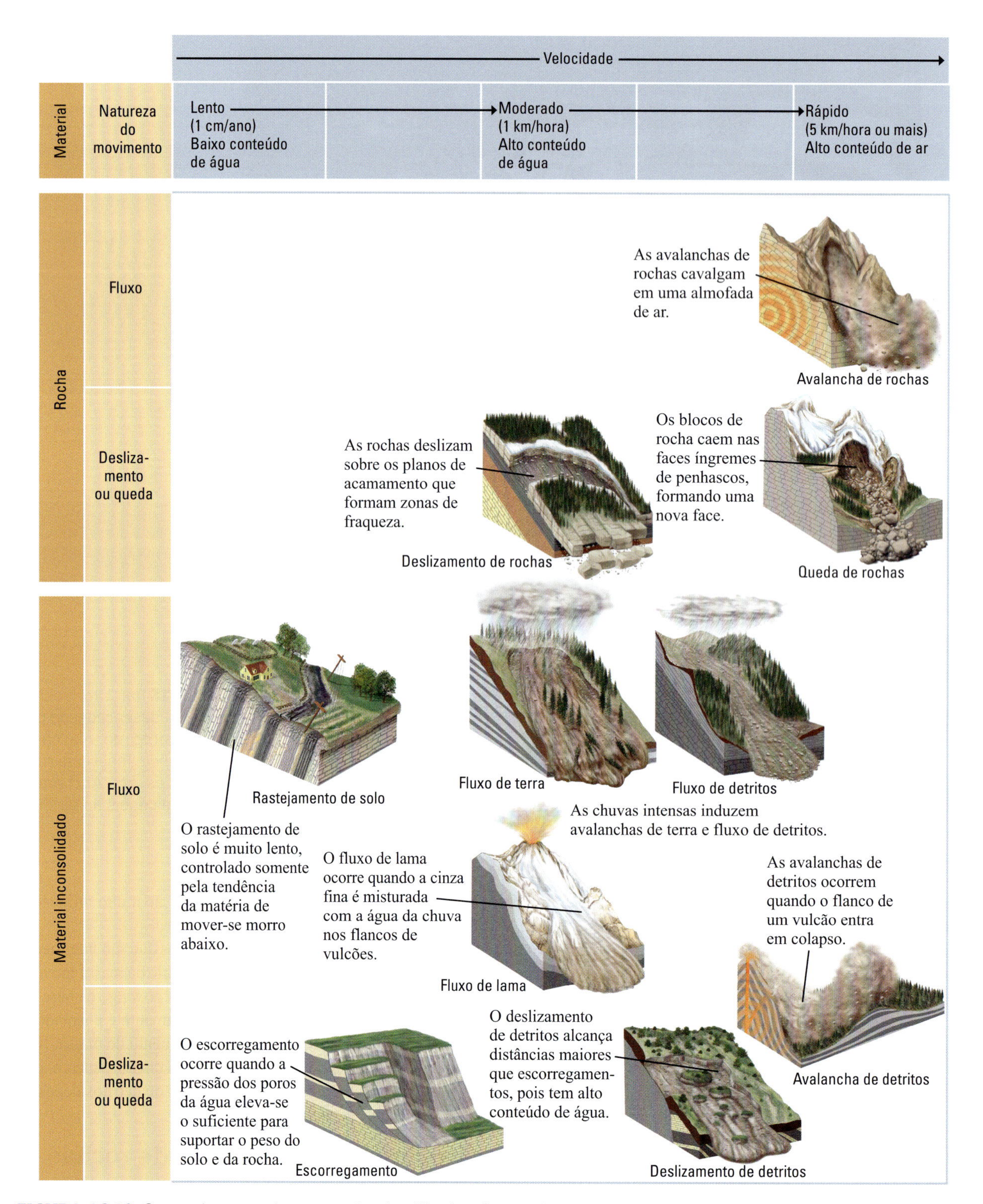

FIGURA 16.19 Os movimentos de massa são classificados de acordo com a natureza do material, a velocidade e a natureza do movimento.

blocos é a mais rápida entre todos os movimentos de rocha, mas a distância percorrida é a mais curta, geralmente de apenas alguns metros ou centenas de metros. A evidência da origem das quedas de blocos rochosos é clara a partir do acúmulo de tálus no sopé de penhascos rochosos, que podem ser correlacionados com a exposição rochosa de onde caíram. Os depósitos de tálus acumulam-se lentamente, construindo encostas de pedregulho ao longo da base de um penhasco durante longos períodos de tempo.

Em muitos *deslizamentos de rocha**, as rochas não caem em queda livre, mas deslizam pela encosta. Embora esses movimentos sejam rápidos, eles são mais lentos que as quedas de blocos, pois as massas do substrato deslizam mais ou menos como um corpo unitário, frequentemente nos planos de juntas ou na superfície de acamamento paralelos à declividade da encosta (Figura 16.21).

*N. de R.T.: Em inglês, *rockslides*.

FIGURA 16.20 (a) Queda de rocha em Hudson Palisades Cliffs, na State Line Lookout, Alpine, Nova Jersey (EUA). (b) Em uma queda de rocha, blocos individuais despencam em queda livre a partir de um penhasco ou vertente montanhosa íngreme. [(a) Bill Menke.]

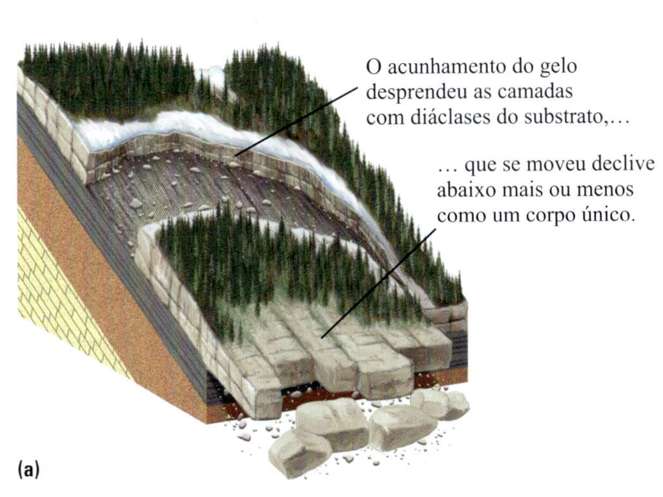

FIGURA 16.21 (a) Em um deslizamento de rochas, grandes massas do substrato movem-se mais ou menos como um bloco único em um deslocamento rápido declive abaixo. (b) Deslizamento de rocha no nordeste da Espanha. [(b) CABALAR/EPA/Newscom.]

PRATIQUE UM EXERCÍCIO DE GEOLOGIA

O que torna uma encosta instável demais para a construção?

Em encostas com declividade baixa, o solo é estável porque o componente perpendicular da gravidade é grande e tende a manter com firmeza as rochas e os solos no lugar.

Em encostas com declividade moderada, o solo pode tornar-se instável porque aumenta o componente da gravidade paralelo à declividade da encosta. Isso tende a empurrar as rochas e o solo declive abaixo e podem ocorrer rupturas.

Em encostas com declividade acentuada, o solo é instável porque o componente paralelo da gravidade aumenta muito e, portanto, a possibilidade de ruptura também é maior.

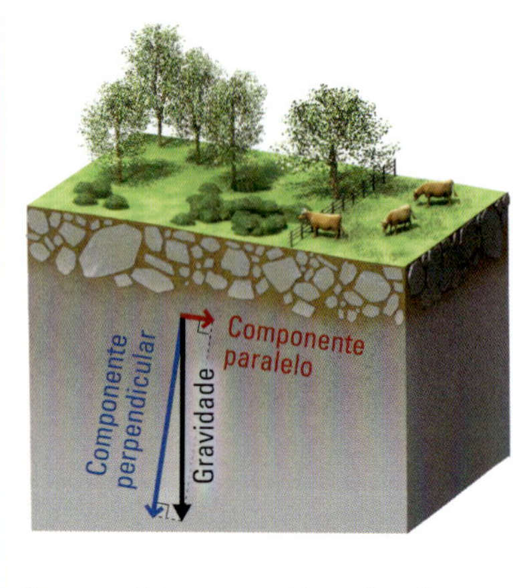

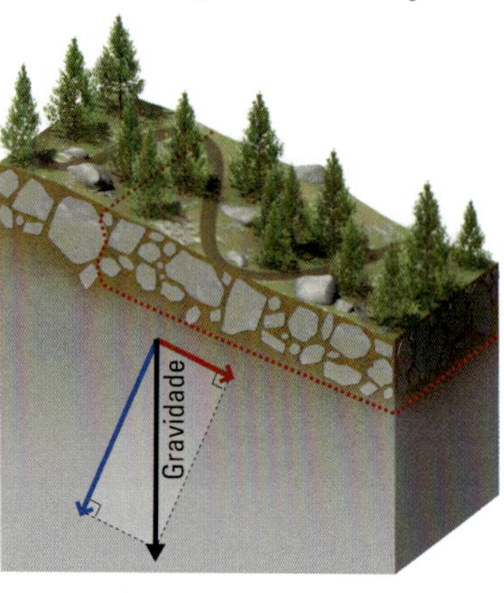

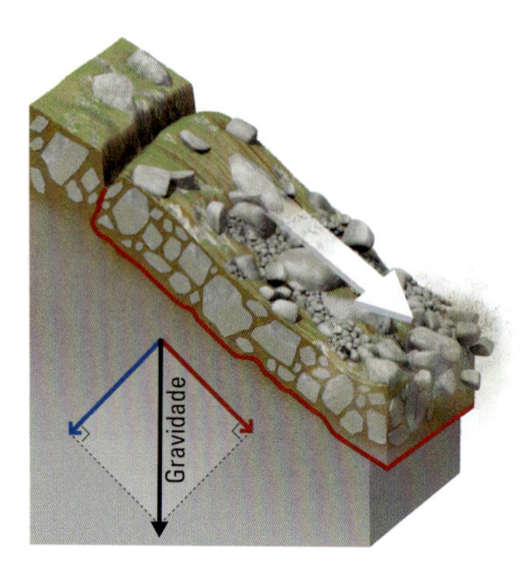

Forças agindo em um bloco de solo ou de rocha em diferentes inclinações.

Como a destruição de residências e outros edificações por deslizamentos de terra pode ser evitada? Existe maior probabilidade de deslizamentos de terra em áreas em que a topografia íngreme coincide com outros fatores-chave, como fortes chuvas esporádicas ou terremotos. Entender o risco associado à compra ou à construção de uma casa em tais áreas começa com uma avaliação do terreno e da probabilidade de sofrer movimentos de massa. Os geólogos desempenham um papel importante ao fazer tais avaliações e ao aconselhar potenciais proprietários e planejadores locais sobre quais tipos de imóveis têm maior probabilidade de sofrerem um deslizamento de terra.

A intuição diz-nos que, se construirmos uma estrutura em uma encosta que seja íngreme demais, ela deslizará. Lembre-se do monte de areia que descrevemos no texto: à medida que o monte fica mais íngreme, uma parte menor dele permanece no lugar e, em algum momento, independentemente de quanta areia é colocada sobre o monte, ele simplesmente continuará a deslizar. A mesma coisa ocorre com as massas de solo e rocha. Elas também deslizarão se a encosta tornar-se íngreme demais. A questão importante é: "o que é considerado íngreme demais?". Utilizam-se três fatores primários envolvidos nos movimentos de massa para determinar quais encostas são íngremes demais para sustentarem construções.

O fator mais importante é a declividade da encosta. Se os outros fatores forem iguais, a estrutura de uma encosta íngreme deslizará antes que a estrutura de mesmo tamanho em uma encosta mais suave. O segundo fator mais importante é a natureza dos materiais da encosta. Quanto maior for a coesão desses materiais, mais estável será a encosta. O terceiro fator é a presença de água nos materiais da encosta. Durante chuvas fortes, o solo e a rocha absorvem água, a coesão diminui e um deslizamento pode ser desencadeado, conforme alguns proprietários no sul da Califórnia descobriram em 2005 (ver a foto de abertura do capítulo e a Figura 16.14).

O diagrama que acompanha este texto ilustra as forças que atuam sobre uma massa de solo ou rocha – uma potencial massa de deslizamento. A principal força responsável pelos movimentos de massa é a gravidade, que age em todos os lugares da superfície terrestre, atraindo tudo em direção ao centro da Terra. Quando a massa de deslizamento

*As avalanchas de rochas** diferem dos deslizamentos de blocos por terem velocidades e distâncias de deslocamento maiores (**Figura 16.22**). Elas são compostas por grandes massas de materiais rochosos que foram fragmentados em partes menores quando caíram ou deslizaram. Então os fragmentos fluem encosta abaixo deslocando-se para mais longe com velocidades de dezenas a centenas de quilômetros por hora, cavalgando uma almofada de ar. As avalanchas de blocos são desencadeadas tipicamente por terremotos. Elas são os movimentos de massa mais destrutivos, devido ao seu grande volume (muitas ultrapassam meio milhão de metros cúbicos) e por

*N. de R.T.: Em inglês, *rock avalanches*. Em português, o vocábulo "avalancha" comparece eventualmente na literatura na forma "avalanche". Nesse caso, está grafado com a forma do francês, de onde se originou a palavra. Contudo, é preferível a forma dicionarizada "avalancha", que é sinônimo de "alude".

repousa sobre uma superfície horizontal, a gravidade exerce uma força para baixo sobre ela, mantendo-a firme no local. Porém, em uma encosta, a força da gravidade forma um ângulo com a superfície basal da massa de deslizamento, porque a gravidade atrai para o centro da Terra, não importando a posição da massa de deslizamento. Neste caso, a força da gravidade pode ser dividida em dois componentes: uma força perpendicular à base da massa de deslizamento e uma força paralela à essa base.

O que essas forças dizem-nos sobre a probabilidade de um deslizamento de terra? O componente paralelo da gravidade cria *tensão de cisalhamento* paralelamente à base da massa deslizante, que a puxa no sentido descendente. O componente perpendicular da gravidade, conhecido como *resistência ao cisalhamento*, atua para resistir ao deslizamento descendente da massa. O atrito na base da massa de deslizamento e a coesão entre as partículas dessa massa contribuem para a resistência ao cisalhamento.

O deslizamento tende a ocorrer em encostas mais íngremes porque a tensão de cisalhamento aumenta e a resistência ao cisalhamento diminui. Quando a tensão de cisalhamento torna-se maior do que a resistência ao cisalhamento, a massa deslizará para baixo. Dessa forma, os deslizamentos de terra são mais prováveis onde a tensão de cisalhamento é alta (em encostas mais íngremes) e a resitência ao cisalhamento é baixa (em uma encosta saturada por muita chuva).

Uma equação simples, conhecida como *fator de segurança*, F_s, pode ser usada para prever onde e quando ocorrerá um movimento de massa:

$$F_s = \frac{\text{resistência ao cisalhamento}}{\text{tensão de cisalhamento}}$$

Se o fator de segurança para uma encosta for menor do que 1, então pode-se esperar a ocorrência de movimento de massa.

Pode-se consultar as Tabelas A e B para valores de resistência e tensão de cisalhamento para determinar quais combinações de declividade e material de encosta proporcionariam locais seguros para construção.

Tabela A

Declividade	Tensão de cisalhamento
5°	1
20°	5
30°	25

Tabela B

Material	Resistência ao cisalhamento
Solo solto	3
Ardósia	10
Granito	50

Vamos calcular o fator de segurança para um local de construção sobre ardósia em uma declividade moderada de 20°.

$$F_s = \frac{\text{resistência ao cisalhamento para a ardósia}}{\text{tensão de cisalhamento para declividade de 20°}}$$

$$= 10/5 = 2$$

Espera-se que a encosta seja estável, mas não muito. Em muitos municípios, essa encosta seria considerada tão pouco estável que poderia não ser liberada para construção sem atender a padrões de engenharia extremamente caros.

PROBLEMA EXTRA: Preencha as lacunas da Tabela C para as combinações restantes de declividade e material (p. ex., começando com uma declividade de 5° em solo solto). Quais declividades seriam estáveis o bastante para sustentar uma construção?

Tabela C

	Fator de segurança (F_s)		
Declividade	Solo solto	Ardósia	Granito
5°	___	___	___
20°	___	___	___
30°	___	___	___

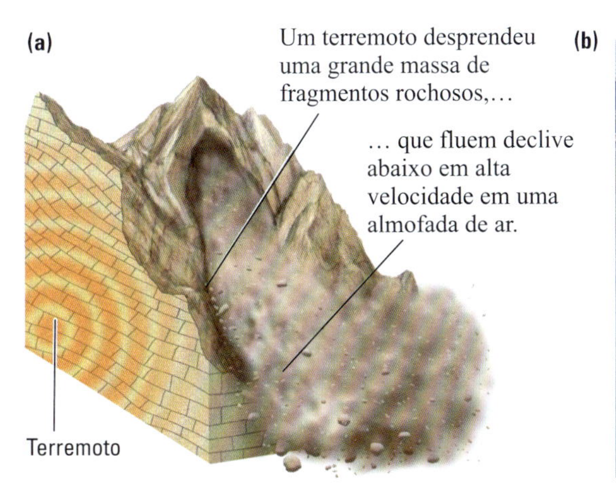

FIGURA 16.22 (a) Em uma avalancha de rochas, grandes massas de material rochoso fragmentado, em vez de deslizarem, fluem declive abaixo em alta velocidade. (b) A avalancha de rochas de West Salt Creek ocorreu na noite de 25 de maio de 2014, perto de Collbran, Colorado (EUA), no lado norte da Grand Mesa, cerca de 48 km a leste de Grand Junction. Foi o maior deslizamento de terra da história do Colorado. [(b) Mesa County Sheriff's Office.]

causarem o rápido deslocamento de materiais por milhares de metros em altas velocidades.

A maioria dos movimentos de massas rochosas ocorre em regiões de altas montanhas, sendo raros em áreas acidentadas baixas. Essas massas tendem a se mover onde o intemperismo e a fragmentação atingem as rochas já predispostas a se romperem, devido à deformação estrutural, como falhas e juntas, planos de acamamento relativamente fracos ou foliação. Em muitas dessas regiões, as acumulações extensas de tálus ocorreram por quedas e deslizamentos de blocos pouco frequentes, mas de grandes proporções.

Movimentos de massa de material inconsolidado

Os movimentos de massa de materiais inconsolidados incluem várias misturas de areia, silte, argila, solo, substrato rochoso fragmentado, árvores e arbustos, além de materiais construídos pelo homem, desde cercas até carros e casas. Geralmente, esses eventos são mais lentos que a maioria dos movimentos de rocha, em grande parte por causa dos ângulos menores da encosta em que esses materiais se tornam instáveis. Embora parte dos materiais inconsolidados movimente-se como corpos unitários coerentes, vários fluxos parecem-se com fluidos muito viscosos. (A viscosidade, como você deve se lembrar do Capítulo 4, é a medida da resistência ao movimento de um fluido.)

O movimento de massa inconsolidada mais lento é o **rastejamento do solo*** – deslocamento do solo ou de outros detritos declive abaixo (Figura 16.23). As taxas variam desde 1 até 10 mm/ano, dependendo do tipo de solo, do clima, da declividade do talude e da densidade da cobertura vegetal. O movimento é uma deformação muito lenta do regolito, na qual as camadas superiores deste deslocam-se declive abaixo mais rapidamente que as inferiores. Tais movimentos lentos podem causar inclinações de árvores, postes da rede de telefonia e cercas ou leves deslocamentos encosta abaixo. O grande peso das massas de solo rastejando declive abaixo pode quebrar muros de contenção mal projetados e rachar as paredes e fundações de prédios. Em regiões periglaciais onde o subsolo está permanentemente congelado, ocorre *solifluxão*, um tipo de movimento quando a água das camadas superficiais do solo alternadamente se congela e descongela, fazendo com que ele escorra declive abaixo carregando consigo fragmentos rochosos e outros detritos.

Os fluxos de terra ou solo e os fluxos de detritos são movimentos de massa fluida que ocorrem quando a chuva ensopa e afrouxa o material permeável sobrejacente a uma camada de rocha menos permeável. Eles geralmente deslocam-se mais rápido que o rastejo, a uma velocidade de poucos quilômetros por hora, principalmente porque estão saturados com água e, assim, têm menos resistência ao fluxo. Um *fluxo de terra*** é um movimento fluido de materiais de grãos relativamente finos, como solos, folhelhos alterados e argilas (Figura 16.24). Um *fluxo de detritos**** é um movimento de massa fluida de fragmentos

*N. de R.T.: Em inglês, *creep*. O rastejamento do solo também é conhecido como rastejo do solo ou cripe, termo em desuso originado do vocábulo inglês *creep*, que significa "rastejar".

**N. de R.T.: Em inglês, *earthflow*. Quando utilizado como um termo geral, fluxo de terra também pode designar outros movimentos conhecidos como corridas de lama, fluxos de lama, fluxos de solo, entre outros. Porém, nesta obra, tais movimentos estão diferenciados.

***N. de R.T.: Em inglês, *debris flow*.

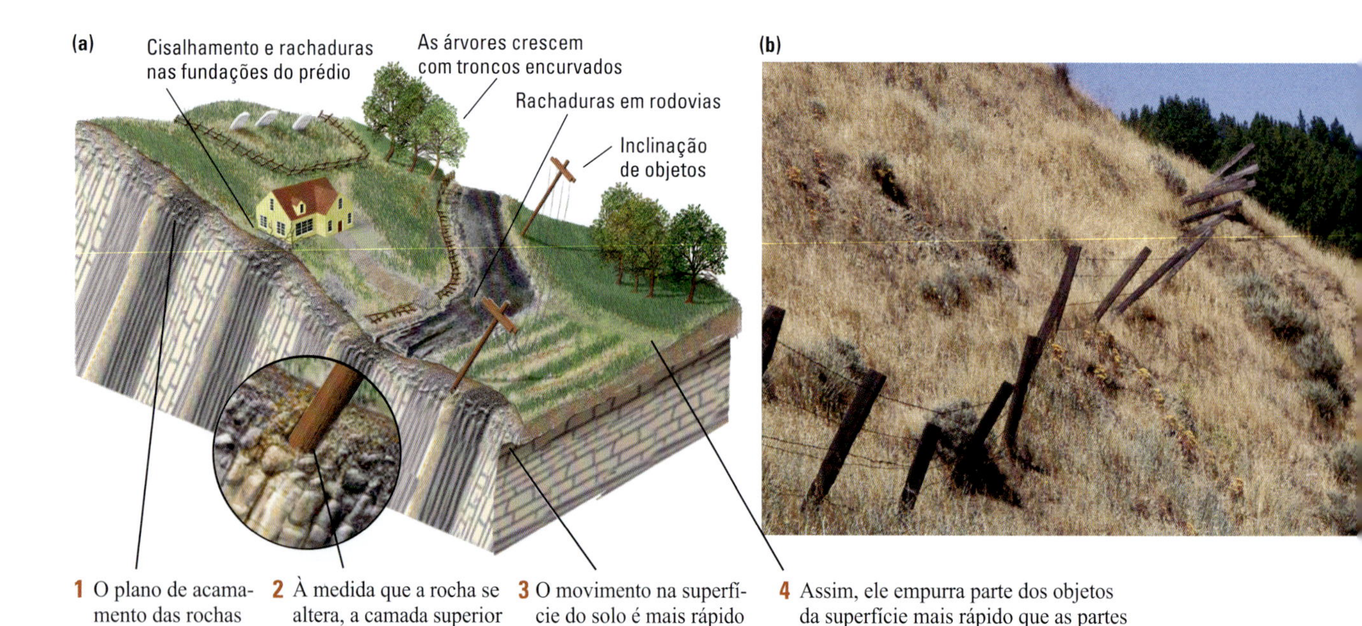

FIGURA 16.23 (a) O rastejamento do solo é o movimento deste e de outros detritos declive abaixo em uma taxa de cerca de 1 a 10 mm/ano. (b) Uma cerca inclinada pelo rastejamento do solo na localidade de Marin, na Califórnia (EUA). [(b) Travis Amos.]

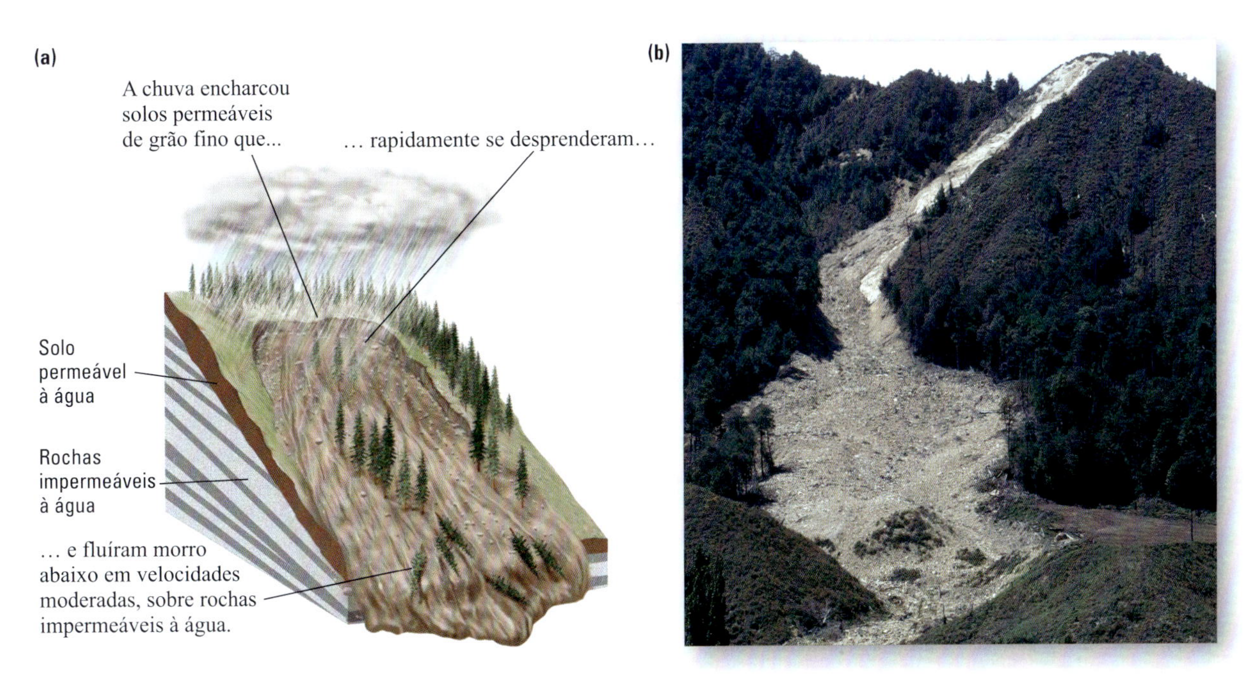

FIGURA 16.24 (a) Um fluxo de terra é um movimento de materiais de granulação relativamente fina, que se desloca com a rapidez de poucos quilômetros por hora. (b) Fluxo de terra em Buller Valley, na Ilha Sul da Nova Zelândia. [(b) G. R. Dick Roberts/Science Source.]

de rocha suportados por uma matriz lamosa (**Figura 16.25**). Os fluxos de detritos contêm muito material com granulação mais grossa que areia e tendem a se mover mais rapidamente que os fluxos de terra. O deslizamento em Laguna Beach, Califórnia, descrito acima, foi classificado como um fluxo de detritos. Em alguns casos, os fluxos de detritos podem alcançar velocidades de 100 km/h.

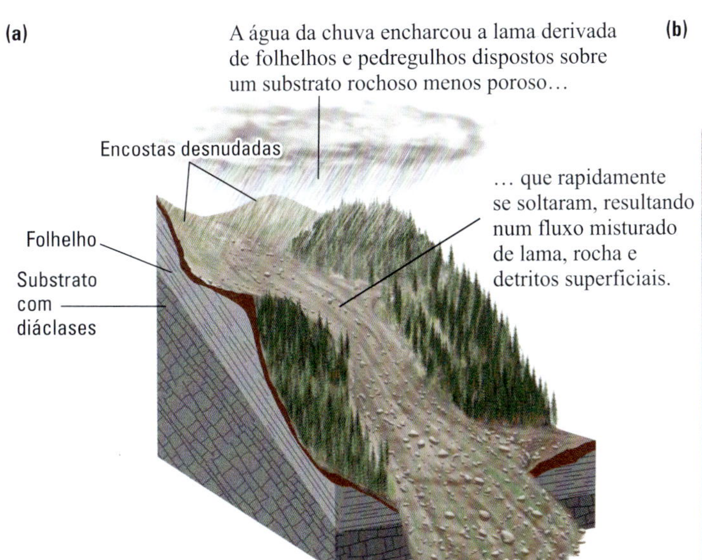

FIGURA 16.25 (a) Um fluxo de detritos contém material que é mais grosso que areia e se desloca em velocidades que variam de poucos quilômetros até muitas dezenas de quilômetros por hora. (b) Fluxos de detritos no Cânion Bear, Tucson, Arizona (EUA). [(b) J. P. Cook, Arizona Geological Survey.]

*Fluxos de lama** são fluxos de massas de materiais predominantemente mais finos que areia, junto com alguns detritos de rocha, contendo grande quantidade de água (**Figura 16.26**). A lama oferece pouca resistência ao movimento por causa de seu alto conteúdo de água e, assim, tende a se mover mais rápida que os fluxos de terra ou de detritos. Muitos fluxos de lama movem-se a vários quilômetros por hora. Predominantes em regiões acidentadas e semiáridas, os fluxos de lama acontecem quando o material de grão fino torna-se saturado. Fluxos de lama de material piroclástico úmido, chamados de *lahar*, podem ser desencadeados por erupções vulcânicas, como quando um fluxo de lava derrete a neve e o gelo (ver Capítulo 5). Da mesma forma, os fluxos de lama podem começar quando a lama seca e rachada em uma encosta é submetida a chuvas infrequentes e, às vezes, prolongadas. Se a lama continuar absorvendo a água enquanto a chuva prosseguir, suas propriedades físicas mudam; o atrito interno diminui e a massa torna-se muito menos resistente ao movimento. As encostas, que eram estáveis quando secas, tornam-se instáveis, e qualquer perturbação, como um terremoto, desencadeia o movimento de massas de lamas embebidas em água. Os fluxos de lama deslocam-se desde as vertentes altas até mergulharem no fundo do vale. Onde eles saem do confinamento dos vales e alcançam as amplas encostas baixas e planas, podem se alargar, cobrindo enormes áreas com detritos úmidos. Os fluxos de lama podem carregar imensos matacões, árvores e, mesmo, casas.

*Avalanchas de detritos*** (**Figura 16.27**) são rápidos movimentos declive abaixo de solo e rocha que geralmente ocorrem em regiões montanhosas úmidas. Suas velocidades resultam de uma combinação entre o grande conteúdo de água e a inclinação da encosta. Detritos saturados em água podem mover-se com velocidade de até 70 km/h, comparável àquela da água fluindo em uma encosta de declive moderado. Uma avalancha de detritos carrega consigo tudo o que encontra em seu caminho.

Em 1962, uma avalancha de detritos no nevado Huascarán***, no Peru, uma das montanhas mais altas dos Andes, deslocou-se quase 15 km em aproximadamente sete minutos, engolfando grande parte de oito vilas e vitimando 3.500 pessoas. Oito anos depois, em 31 de maio de 1970, um terremoto ocasionou o desprendimento de uma enorme massa de gelo, situada na mesma montanha. Quando o gelo se fragmentou, misturou-se com detritos do alto da encosta e tornou-se uma avalancha de detritos e gelo. A avalancha colheu mais detritos enquanto corria encosta abaixo, aumentando inacreditavelmente sua velocidade para cerca de 280 km/h. Mais de 50 milhões de metros cúbicos de detritos lamosos ribombaram nos vales, matando 18 mil pessoas e varrendo do mapa os vilarejos que lá se situavam (Figura 16.27b). Em 30 de maio de 1990, um terremoto estremeceu outra área montanhosa no norte do Peru, na mesma zona de subducção ativa, novamente acionando avalanchas de detritos e fluxos de lama. Ela ocorreu um dia antes da cerimônia organizada para relembrar o desastre ocorrido 20 anos antes. Em regiões próximas a limites de placas convergentes, onde o soerguimento e o vulcanismo geram encostas instáveis e terremotos frequentes, não pode haver dúvida sobre a necessidade de aprender como prever não só os terremotos como também os perigosos movimentos de massa que se seguem.

Um **escorregamento****** é um deslizamento lento de material inconsolidado que se desloca como um corpo unitário, deixando uma cicatriz em sua origem (**Figura 16.28**).

*N. de R.T.: Em inglês, *mudflow*. Os fluxos de lama também são conhecidos como corridas de lama.

**N. de R.T.: Em inglês, *debris avalanches*.

***N. de R.T.: O nevado Huascarán, com 6.768 m de altura, o mais alto do Peru e o segundo da América do Sul, faz parte da Cordilheira Blanca que se localiza na província Ancash, na região norte desse país.

****N. de R.T.: Em inglês, *slump*.

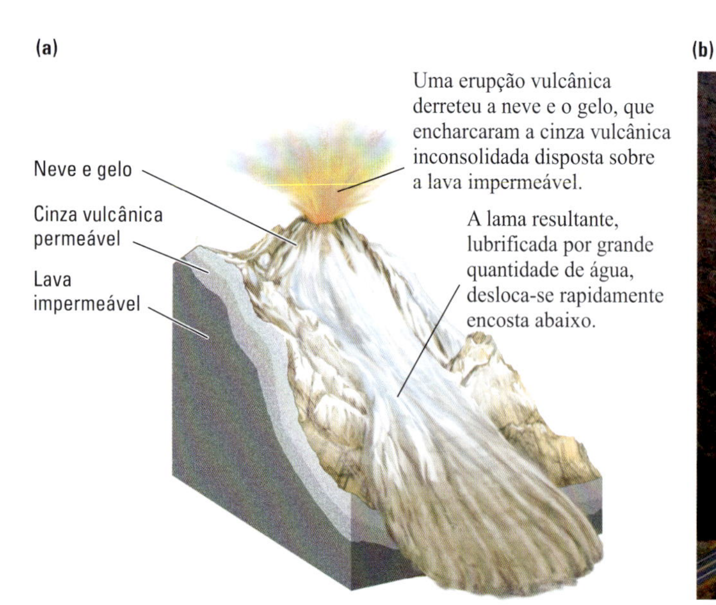

FIGURA 16.26 (a) Os fluxos de lama tendem a mover-se mais rápido que os fluxos de terra ou de detritos porque contêm grande quantidade de água. (b) Um fluxo de lama de uma encosta desnudada atravessa a Rodovia 6 perto do Condado de Lewis, Washington (EUA), após chuvas fortes. [(b) Washington State Department of Transportation/Seattle Times/MCT/Newscom.]

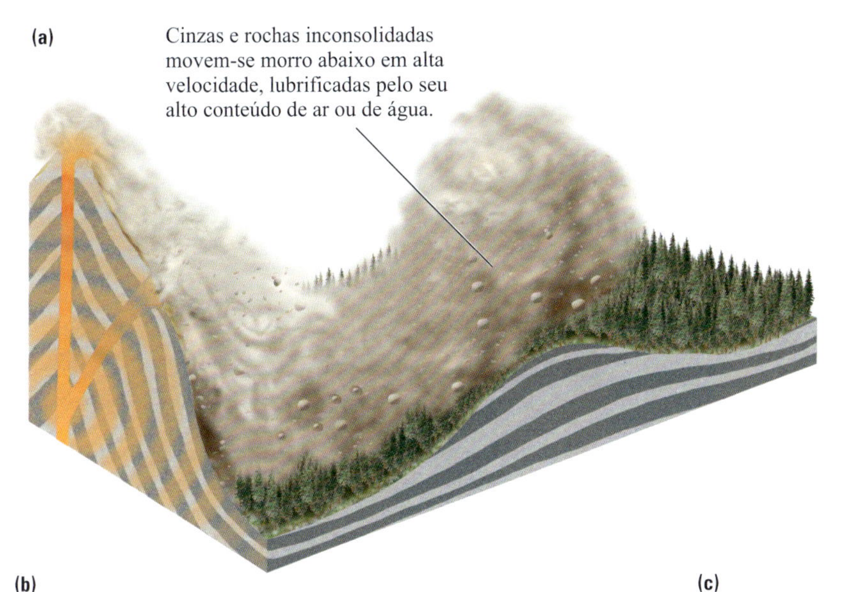

FIGURA 16.27 (a) Uma avalanche de detritos é o mais rápido fluxo inconsolidado, devido ao seu alto conteúdo de água e deslocamento em encostas de alta declividade. (b, c) Em 1970, uma avalanche induzida por terremoto no nevado Huascarán, no Peru, soterrou os vilarejos de Yungay e Ranrahirca, matando 18 mil pessoas. A avalanche percorreu 17 km a uma velocidade superior a 280 km/h e estima-se que tenha atingido um volume de 50 milhões de metros cúbicos de água, lama e rochas. [(b,c) Lloyd S. Cluff/Steinbrugge Collection, NISEE-PEER, University of California, Berkeley.]

(b)

Cidades de Yungay e Ranrahirca antes de serem soterradas por uma avalanche de detritos induzida por um terremoto no monte Huascarán, Peru.

(c)

Consequências da avalanche.

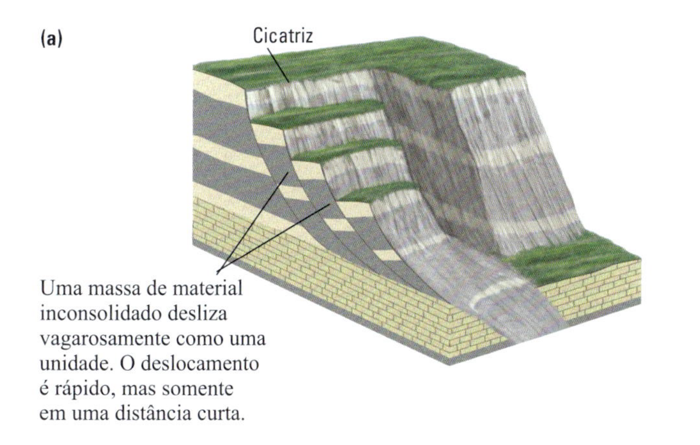

FIGURA 16.28 (a) Um escorregamento é um lento deslizamento de material não consolidado que se desloca como uma unidade. (b) Escorregamento do solo, norte da Califórnia (EUA). [(b) Marli Bryant Miller.]

FIGURA 16.29 (a) Um deslizamento de detritos desloca-se como uma ou várias unidades e move-se mais rapidamente que um escorregamento. (b) Um deslizamento de árvores maciço observado próximo à rodovia Peak to Peak, no Colorado (EUA). [(b) Helen H. Richardson/Getty Images.]

Na maioria dos lugares, os escorregamentos deslizam ao longo de uma superfície basal de ruptura com forma côncava para cima, como uma colher. Mais rápidos que os escorregamentos são os *deslizamentos de detritos** (**Figura 16.29**), nos quais os materiais rochosos e o solo movem-se como uma ou mais unidades de grandes extensões ao longo de planos de fraqueza, como uma zona de argila saturada de água situada dentro ou na base dos detritos. Durante o deslizamento, parte dos detritos pode comportar-se como um fluxo remexido e caótico. Tal deslizamento pode tornar-se predominantemente um fluxo enquanto move-se rapidamente declive abaixo e a maioria dos materiais se mistura como se fosse um fluido.

*N. de R.T.: Em inglês, *debris slides*. Conhecidos, também, apenas como deslizamentos.

Geomorfologia e evolução da paisagem

O termo **geomorfologia** refere-se à forma de uma paisagem** e ao ramo das geociências relacionado a essa forma e a como ela evolui. O conhecimento de como as paisagens evoluem pode ajudar-nos no gerenciamento dos recursos do terreno e na análise das interligações da tectônica e do clima. Em um sentido

**N. de R.T.: Os autores, por razões didáticas, definem "paisagem" como sendo apenas os aspectos geológicos e geomorfológicos. Estes são referidos na ecologia de paisagem como elementos da "geopaisagem", enquanto que os elementos bióticos são os da "biopaisagem". Assim, para a ciência da ecologia de paisagem, a paisagem total é composta por todos esses elementos e também aqueles inseridos pelas modificações humanas.

PICO

Mapa

Paisagem com curvas de nível

Exemplo

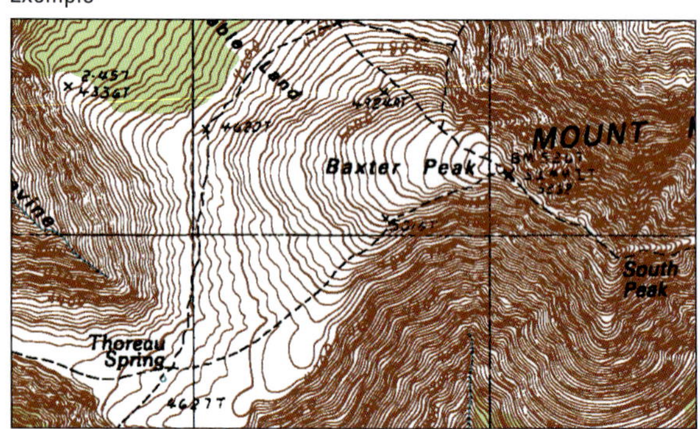

Monte Katahdin, Maine (EUA)

FIGURA 16.30 A topografia de um pico montanhoso (esquerda) e de um vale fluvial (bem à direita) pode ser representada com precisão em um mapa topográfico por meio de curvas de nível, que são linhas conectando pontos com a mesma elevação. Quanto mais próximas entre si estiverem as curvas de nível, maior a declividade. [Informações de A. Maltman, *Geological Maps: An Introduction*. New York: Van Nostrand Reinhold, 1990, p. 17. Mapas topográficos do USGS/DRG.]

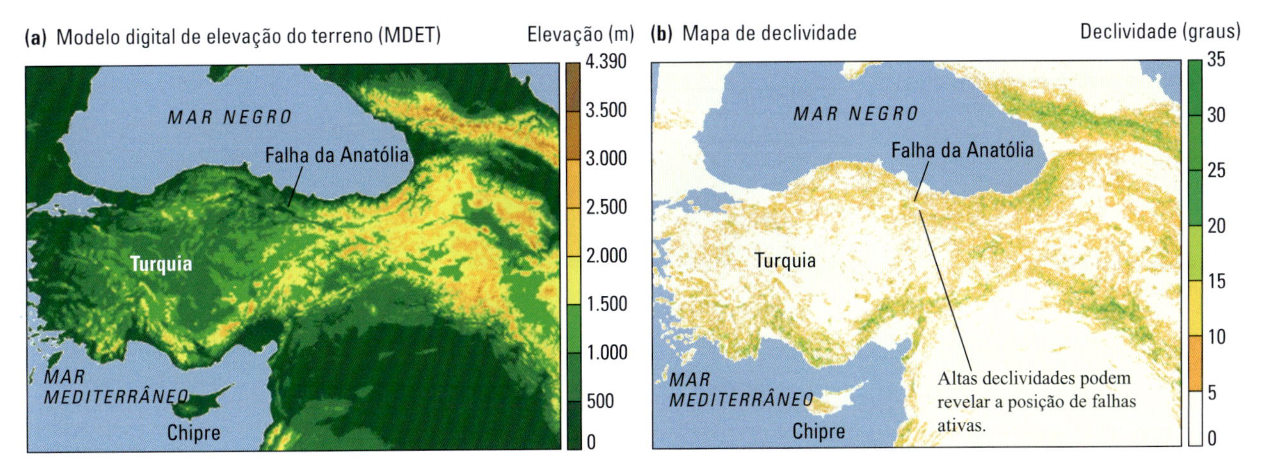

FIGURA 16.31 Mapas topográficos da Turquia e de áreas adjacentes. (a) Modelo Digital de Elevação do Terreno. Os valores são mostrados digitalmente e cada pixel representa um valor de altitude. (b) Para produzir este mapa de declividade, os valores do MDET foram utilizados para calcular as declividades entre pixels adjacentes. As declividades foram, então, representadas por ângulos medidos em graus a partir da horizontal. Esse mapa de declividade é muito útil para a identificação de locais onde as mudanças na topografia são particularmente abruptas, como em sopés de montanhas ou em escarpas de falhas ativas. [Informações de Marin Clark.]

mais amplo, as paisagens podem ser consideradas como resultado da interação entre os processos que provocam o levantamento da crosta terrestre e aqueles que causam seu rebaixamento. A crosta terrestre é soerguida e se formam as cadeias de montanhas e planaltos, devido a processos da tectônica de placas. As rochas soerguidas são expostas aos processos intempéricos e erosivos determinados pelo clima.

Começaremos nosso estudo da Geomorfologia com os fatos básicos de qualquer terreno, que são óbvios quando se examina a superfície terrestre: a altura e a irregularidade, ou rugosidade, dos terrenos das montanhas e das planícies. A **topografia** é a configuração geral da variedade de alturas que formam a superfície terrestre (ver Figura 1.8). A altura das feições da paisagem é comparada em relação ao nível do mar – que é a altura média dos oceanos do mundo. Então, expressa-se a distância vertical acima ou abaixo do nível do mar como **elevação**. Um mapa topográfico mostra a distribuição da elevação em uma área e, geralmente, apresenta essa distribuição como *curvas de nível**, que são linhas conectando pontos de mesma elevação (Figura 16.30). Quanto mais próximas estiverem entre si as curvas de nível, mais inclinada será a vertente.

Há séculos, os geólogos aprenderam como levantar a topografia e construir mapas para lançá-la e registrar informações geológicas. Embora os levantamentos de terreno baseados em métodos tradicionais ainda sejam utilizados para certos objetivos, os cartógrafos modernos lançam mão de imagens de satélites, de radares, de sensores remotos a laser e de outras tecnologias que lhes permitam discernir a elevação e outras propriedades topográficas (Figura 16.31).

Uma das propriedades da topografia é o **relevo** – que representa a diferença entre a elevação mais alta e a mais baixa, em

*N. de R.T.: Também denominadas "curvas de contorno".

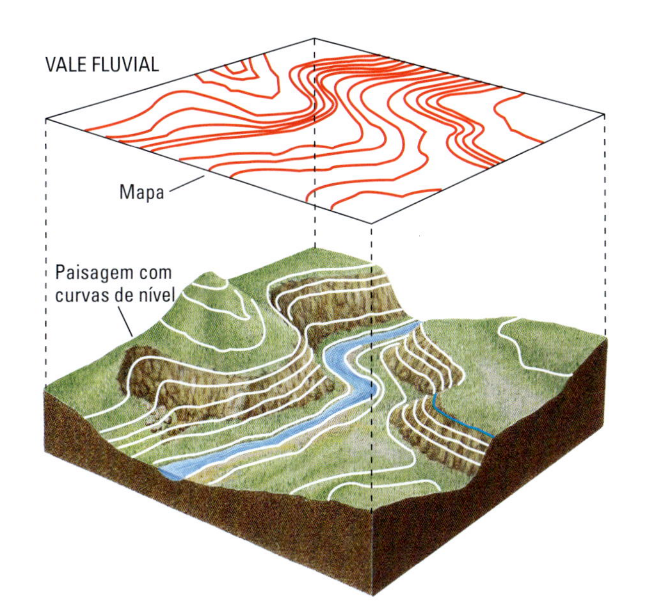

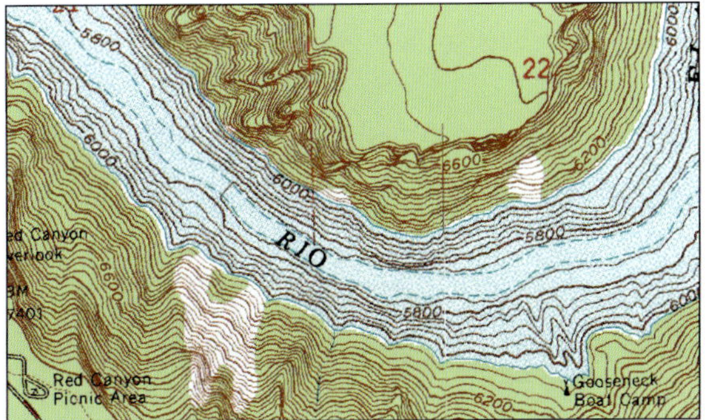

Desfiladeiro Flaming, Wyoming (EUA)

FIGURA 16.30 *(Continuação)*

Relevo de vertente é a diferença de elevação entre os topos ou linhas de cumeada de montanhas e o ponto onde surgem os canais.

Relevo de tributário é a diminuição de elevação ao longo de tributários.

Relevo de canal principal é a diminuição de elevação entre a confluência com o tributário mais alto e o fim do canal.

Relevo de vertente

Relevo de canal principal

Relevo de tributário

FIGURA 16.32 O relevo é a diferença entre a elevação mais alta e a mais baixa de uma região.

uma área específica (Figura 16.32). Como está implícito na definição, o relevo varia de acordo com a área na qual é medido. Em estudos de geomorfologia, torna-se útil definir três componentes fundamentais do relevo: relevo de vertente (a diferença de elevação entre os topos de montanhas/linhas de cumeada e o ponto onde surgem os canais), relevo de canal tributário (a diminuição da elevação ao longo de tributários de onde iniciam até o curso d'água principal, ou *tronco,* com o qual se fundem) e relevo do canal principal (a diminuição de elevação do tributário mais alto até o final do canal principal).

Para estimar o relevo em uma área de interesse a partir das curvas de nível ou em um mapa topográfico, subtrai-se a elevação da curva de nível mais baixa, geralmente no fundo de um vale fluvial, daquela mais alta, no topo da montanha ou do morro mais alto. O relevo é uma medida da irregularidade de um terreno. Quanto mais alto o relevo, mais acidentada é a topografia. O Monte Everest, no Himalaia, a mais alta montanha do mundo, com uma elevação de 8.850 m, está localizado em uma área de relevo extremamente alto (Figura 16.33a). Em geral, a maioria das regiões com alta elevação também tem alto relevo, e a maioria das áreas com baixa elevação tem baixo relevo. Entretanto, existem exceções. Por exemplo, o Mar Morto, entre Israel e a Jordânia, tem a mais baixa elevação do mundo, com 392 m abaixo do nível do mar, mas é limitado por impressionantes montanhas, produzindo um relevo significativo nessa pequena área da Terra (Figura 16.33b). Outras regiões, como o Planalto do Tibete, podem localizar-se em áreas elevadas, mas têm relevo relativamente baixo (ver Figura 16.33a).

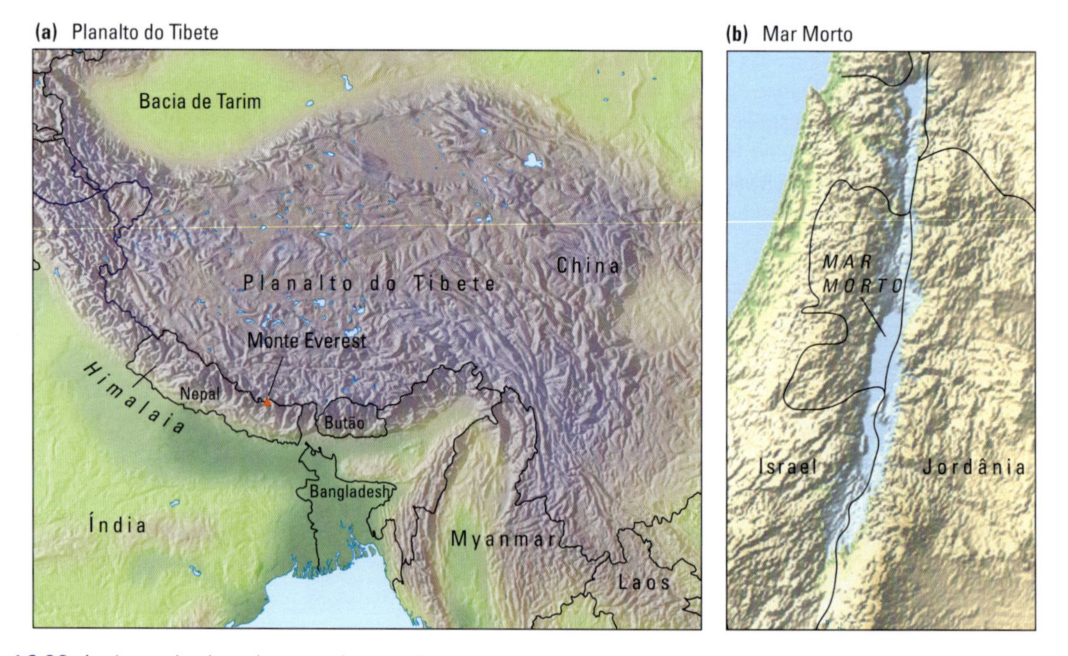

FIGURA 16.33 As áreas de alto relevo geralmente (mas não sempre) são áreas de alta elevação. (a) O Monte Everest, a montanha mais alta do mundo, está localizado em uma área de alto relevo. Porém, o Planalto do Tibete, ao norte, é uma região de alta elevação, mas de relativamente baixo relevo. (b) O Mar Morto, a elevação mais baixa do mundo, está localizado em uma área de relevo relativamente alto. [Informações de Marin Clark e Nathan Niemi.]

Tipos de formas de relevo

Os rios, as geleiras e o vento deixam suas marcas na superfície terrestre em uma variedade de **formas de relevo**: vertentes de montanhas íngremes, amplos vales, planícies de inundação, dunas etc. A proporção das formas de relevo varia desde regional até estritamente local. Na proporção maior (dezenas de milhares de quilômetros), as cadeias de montanhas formam barreiras topográficas ao longo dos limites de placas litosféricas. Na proporção menor (métrica), a topografia de um afloramento individual pode ser formada pelo intemperismo diferencial das rochas de diferentes durezas que o compõem. Esta seção é dedicada principalmente ao estudo das feições de proporção regional que definem a topografia da superfície da Terra.

As montanhas e os morros Neste livro, utilizamos muitas vezes a palavra **montanha**, de difícil definição. Na definição mais precisa que pode ser feita, diremos que uma montanha é uma grande massa rochosa que se projeta significativamente acima de sua área adjacente. A maioria das montanhas é encontrada agrupada com outras, constituindo cadeias, nas quais é difícil individualizar cada montanha separadamente, sendo mais fácil distinguir os picos de alturas variadas (Figura 16.34). As montanhas que formam picos individualizados, destacando-se em meio aos terrenos mais baixos adjacentes, geralmente são vulcões isolados ou remanescentes erosionais de antigas cadeias de montanhas.

A distinção entre montanhas e morros é feita somente pelas dimensões e pelo costume; assim, as elevações que seriam chamadas de montanhas em terrenos mais baixos são também chamadas de morros em regiões mais altas. Entretanto, as formas de relevo que se projetam a algumas centenas de metros acima dos terrenos adjacentes são, em geral, denominadas montanhas.

FIGURA 16.34 A maioria das montanhas forma cadeias, e não picos individuais. Neste terreno esculpido por geleiras do sul da Argentina, todos os picos são em formas de arête. [Renato Granieri/Alamy.]

As montanhas são manifestações diretas e indiretas da atividade da tectônica de placas. Quanto mais recente essa atividade, mais altas elas tendem a ser. O Himalaia, a cordilheira de montanhas mais alta do mundo, encontra-se entre as mais novas. A declividade das vertentes em áreas montanhosas e altas quase sempre está correlacionada com a elevação e o relevo. As vertentes mais inclinadas costumam ser encontradas nas montanhas mais altas, de grande relevo. As vertentes montanhosas de elevação mais baixa e relevo menor são menos inclinadas e irregulares. Como veremos mais adiante neste capítulo, o relevo de uma cadeia montanhosa depende muito do nível da incisão das geleiras e dos rios no substrato rochoso, relativamente ao soerguimento tectônico ocorrido.

FIGURA 16.35 Topografia em cristas e vales formada em um terreno de rochas sedimentares dobradas nas Montanhas Zagros, Irã. A deformação é tão recente (Plioceno) que a erosão ainda não modificou significativamente as formas estruturais das anticlinais (cristas) e sinclinais (vales). [Imagem fornecida pelo USGS EROS Data Center Satellite Systems Branch.]

Planaltos Um **planalto** é uma grande área ampla e relativamente plana, com elevação considerável quando comparada com os terrenos adjacentes.* A maioria dos planaltos tem elevações mais baixas que 3.000 m, mas o Altiplano da Bolívia tem uma elevação de 3.600 m. O Planalto do Tibete, extraordinariamente alto, estende-se por uma área com dimensões de 1.000 km por 5.000 km (bem maior que a metade do tamanho dos Estados Unidos ou do Brasil) e tem uma elevação de 5.000 m (Figura 16.33a). Os planaltos formam-se em locais onde a atividade tectônica produz um soerguimento regional.

As feições em forma de planaltos, com menores dimensões, podem ser denominadas *relevos tabuliformes***. No oeste dos Estados Unidos, uma pequena elevação, plana, limitada em todos os lados por vertentes íngremes, é chamada de *mesa* (Figura 16.6). As mesas podem resultar da alteração diferencial de rochas com dureza variada.

Cristas e Vales Em montanhas novas, durante os estágios iniciais de dobramento e soerguimento, as dobras antiformes (anticlinais) constituem cristas, e as dobras sinformes (sinclinais), vales (**Figura 16.35**). À medida que a erosão e o intemperismo começam a predominar e as ravinas e os vales se aprofundam nas estruturas geológicas subjacentes, a topografia pode tornar-se invertida, de forma que os anticlinais venham a formar vales, e os sinclinais, cristas. Isso acontece nos locais onde as rochas – tipicamente sedimentares, como calcários, arenitos e folhelhos – exercerem forte controle sobre a topografia, por causa de suas diferentes resistências à erosão. Se as rochas sob um anticlinal forem mecanicamente fracas, como é o caso dos folhelhos, o núcleo dele poderá ser erodido para formar um vale anticlinal (**Figura 16.36**). Em uma região que tenha sido erodida durante muitos milhões de anos, um padrão de anticlinais e sinclinais lineares produzirá uma série de cordilheiras e vales, como aqueles da Província de Vales e Cristas dos Montes Apalaches (**Figura 16.37**).

As interações entre clima, tectônica e topografia controlam as paisagens

De forma geral, o controle da paisagem é feito pela interação dos mecanismos térmicos internos e externos da Terra. O calor interno controla os processos da tectônica de placas, que soerguem as montanhas e os vulcões. O motor externo da Terra, cuja energia vem do Sol, controla o clima e, com isso, os processos na superfície terrestre que desgastam as montanhas e preenchem as bacias com sedimentos. A radiação solar fornece energia para a circulação atmosférica que produz os climas da Terra, inclusive os diferentes regimes de temperatura e precipitação. Assim, a paisagem é controlada pelas interações dos sistemas do clima e tectônicos globais (**Figura 16.38**).

Muitas das forças de intemperismo e erosão operam em diferentes taxas e altitudes. Assim, o clima, que varia em função da altitude, controla o intemperismo e a erosão, e, portanto, também modula o soerguimento das cadeias de montanhas.

Este capítulo descreve alguns dos efeitos do clima no intemperismo, na erosão e nos movimentos de massa. O clima influencia as taxas de congelamento e degelo, bem como a

TEMPO 1
As rochas mais duras, resistentes à erosão, dispõem-se sobre as rochas mais macias e erodíveis. As cristas correspondem aos anticlinais, e os rios fluem em vales, formados por sinclinais. Os tributários nos flancos dos anticlinais correm com mais rapidez e com mais força que os rios que correm nos vales. A erosão dos flancos do anticlinal, causada por esses tributários, é muito mais rápida que a erosão causada nos vales pelos rios principais.

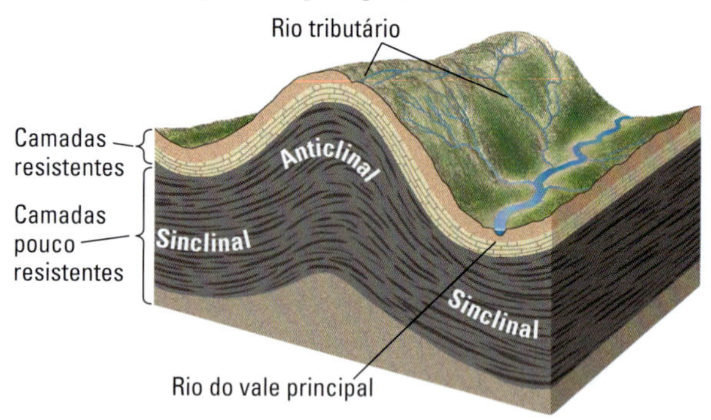

TEMPO 2
Os tributários que correm nas cristas de anticlinais atravessam as camadas das rochas resistentes e começam a escavar rapidamente a rocha subjacente, menos resistente, formando vales com vertentes íngremes nos anticlinais.

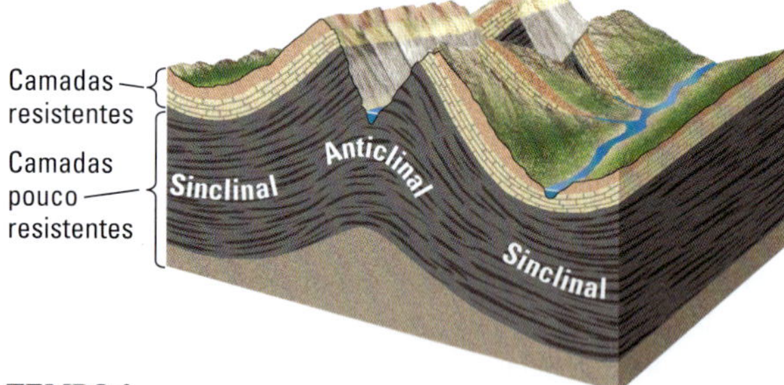

TEMPO 3
À medida que o processo continua, formam-se vales nos anticlinais e, nas áreas de sinclinais, sobram cristas capeadas por estratos resistentes.

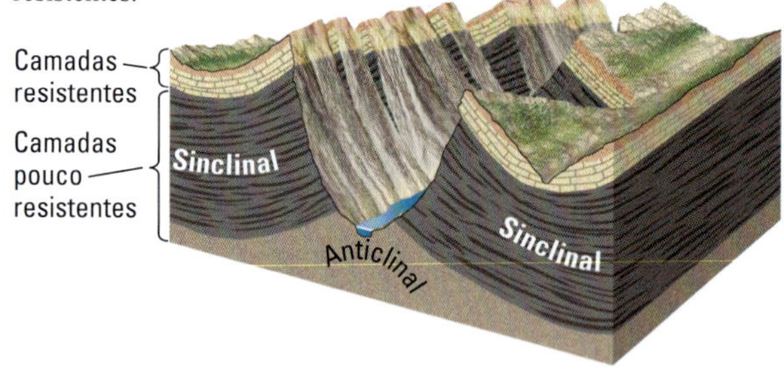

FIGURA 16.36 Estágios de desenvolvimento de cristas e vales em montanhas dobradas. Nos estágios iniciais (tempo 1), as cordilheiras são formadas pelos anticlinais, e os vales, pelos sinclinais. Nos estágios tardios (tempos 2 e 3), os anticlinais podem ser rompidos. As cordilheiras podem ser mantidas pelo capeamento de rochas resistentes, enquanto a erosão forma vales em rochas menos resistentes.

*N. de R.T.: Além disso, predominam, nos planaltos, os processos erosivos em relação aos processos de acumulação.

**N. de R.T.: No Brasil, esses relevos são também chamados de "chapada", "chapadão" e "tabuleiro", entre outras designações.

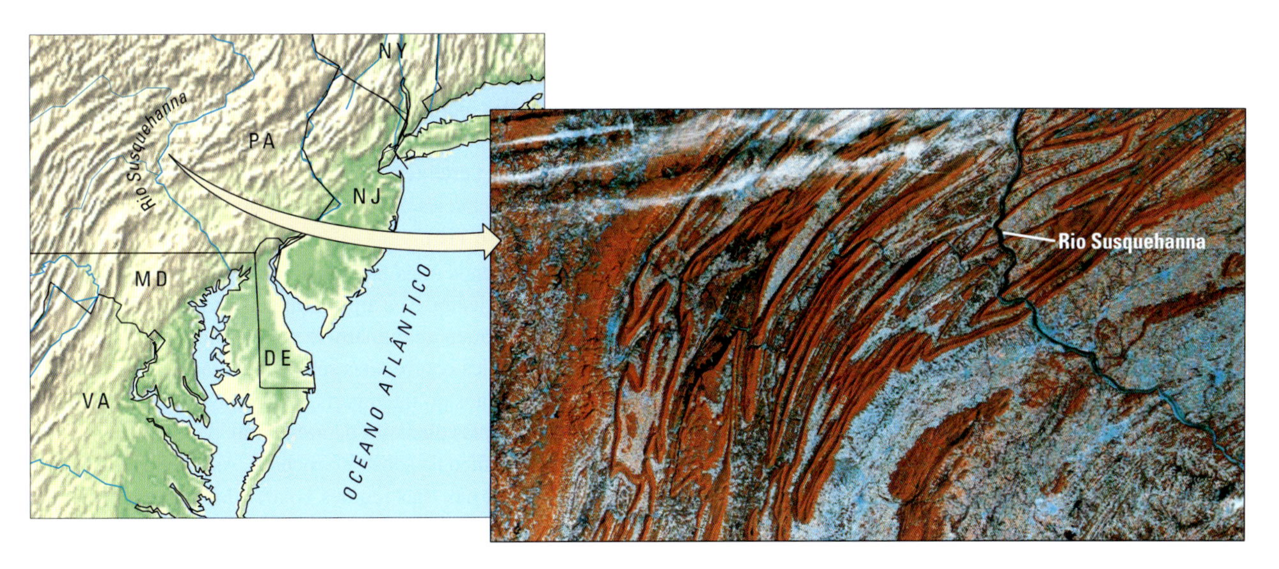

FIGURA 16.37 A província de vales e cristas apalachiana tem uma topografia estruturalmente controlada por anticlinais e sinclinais e exposta à erosão por a milhões de anos. As cristas proeminentes, representadas em laranja-avermelhado, são constituídas de rochas sedimentares resistentes à erosão. [Cortesia de MDA Information Systems LLC.]

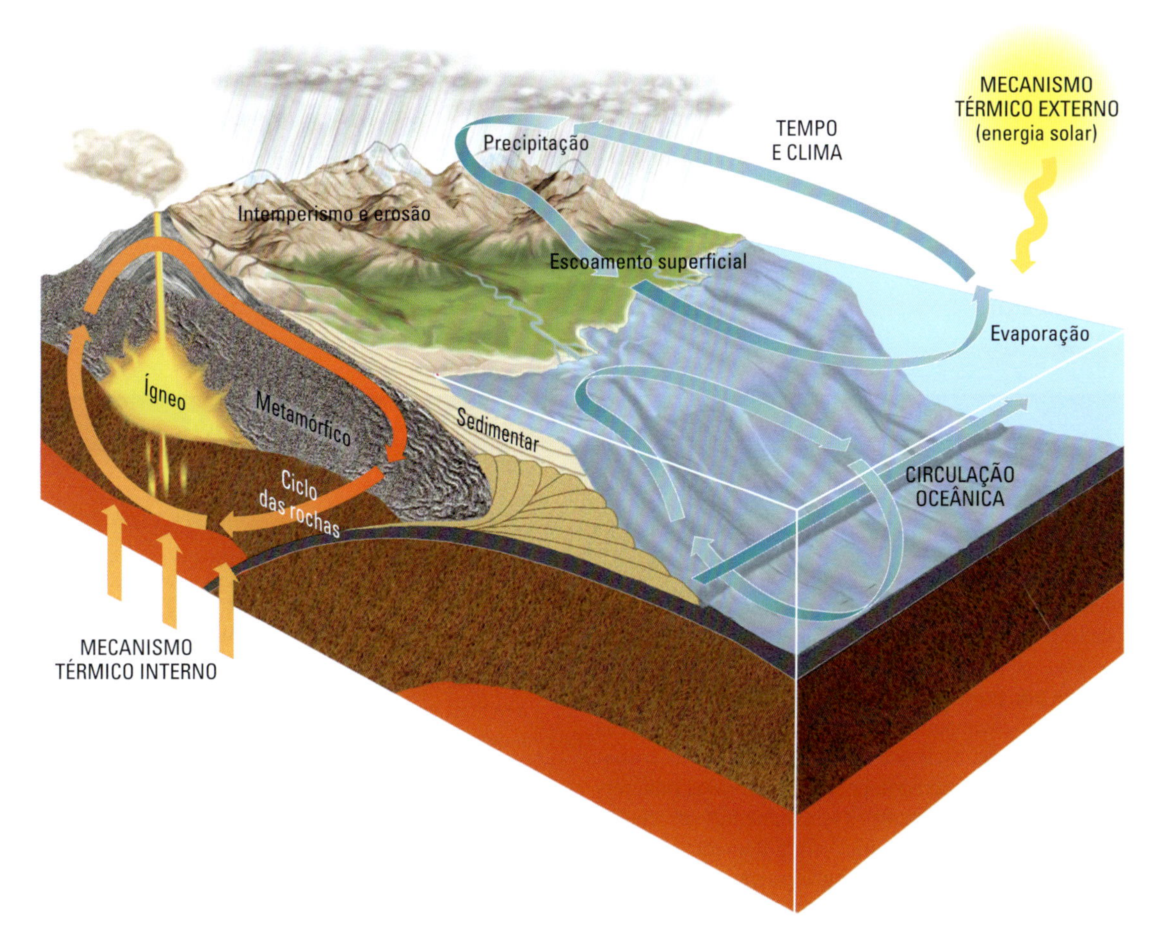

FIGURA 16.38 A evolução da paisagem é controlada pelas interações dos geossistemas das placas tectônicas e do clima.

expansão e a contração decorrentes do aquecimento e resfriamento das rochas. O clima também afeta a taxa com que a água dissolve os minerais. A precipitação e a temperatura, que são os principais componentes do clima, causam intemperismo e erosão por infiltração, escoamento, fluxo de correntes e a formação de geleiras. Todos esses agentes transportadores ajudam a fragmentar as partículas de rochas e de minerais, carregando-as para os locais mais baixos.

Os altos relevos e elevações aumentam a fragmentação e a ruptura mecânica das rochas, em parte por promoverem congelamento e degelo. Nas altas elevações, onde o clima é frio, as geleiras de montanhas lixam o substrato rochoso e formam vales profundos. A água da chuva lubrifica a rocha nas vertentes das montanhas, que movem-se rapidamente por processos de deslizamento e outros tipos de movimentos de massas, expondo a rocha fresca ao ataque do intemperismo. Os rios correm mais rápido nas montanhas do que nas terras mais baixas, e, portanto, erodem e transportam sedimentos mais rapidamente. O intemperismo químico desempenha um papel importante na erosão das altas montanhas, mas a fragmentação mecânica das rochas é tão rápida que a maioria dos fragmentos não aparenta ter sofrido sua ação. Os produtos de decomposição química – materiais dissolvidos e argilominerais – são retirados das vertentes íngremes das montanhas tão logo se formam. A intensa erosão que ocorre nas altas elevações produz uma topografia caracterizada por vertentes íngremes, vales profundos e restritos, bem como planícies de inundação e divisores de água restritos (ver Figura 16.11b).

Nos terrenos mais baixos, ao contrário, o intemperismo e a erosão são lentos e os argilominerais produzidos pelo intemperismo químico acumulam-se como solos espessos. A fragmentação física ocorre, mas seus efeitos são pequenos, quando comparados aos do intemperismo químico. A maioria dos rios corre em amplas planícies de inundação, provocando pouco arranque mecânico do substrato rochoso. As geleiras estão ausentes, a não ser nas frias regiões polares. Mesmo em desertos de regiões baixas, os ventos fortes apenas raspam afloramentos e fragmentos rochosos, em vez de despedaçá-los. Assim, os terrenos baixos tendem a apresentar uma topografia mais suave, com vertentes arredondadas, morros ondulados e planícies (ver Figura 16.11d).

CONCEITOS E TERMOS-CHAVE

acunhamento pelo gelo (p. 461)
ângulo de repouso (p. 470)
dispersão de massa (p. 454)
elevação (p. 483)
energia da corrente (p. 464)
erosão (p. 454)
escorregamento (p. 480)
esfoliação (p. 462)
estabilidade química (p. 460)
forma de relevo (p. 485)
geomorfologia (p. 482)
intemperismo (p. 454)
liquefação (p. 471)
montanha (p. 485)
movimento de massa (p. 468)
perfil do solo (p. 464)
planalto (p. 486)
rastejamento do solo (p. 478)
relevo (p. 483)
solo (p. 462)
tálus (p. 471)
topografia (p. 483)

REVISÃO DOS OBJETIVOS DE APRENDIZAGEM

16.1 Definir os controles do intemperismo.

As rochas são desintegradas na superfície terrestre pelo intemperismo químico – a alteração química ou dissolução de um mineral – e pelo intemperismo físico – a fragmentação das rochas por processos mecânicos. A erosão transporta os produtos do intemperismo, que são a matéria-prima dos sedimentos e afasta-os de sua origem. A natureza da rocha-matriz afeta o intemperismo porque os diversos minerais alteram-se em ritmos diferentes e têm diferentes susceptibilidades às fraturas. O clima influencia fortemente o intemperismo: a chuva intensa e o calor acelerando-o; e o frio e a aridez tornando-o lento. A presença de solo também acelera o intemperismo, pois fornece umidade e ácidos secretados por organismos. Quanto maior o tempo de alteração, mais completamente a rocha se altera.

Atividade de Estudo: Quadro 16.1

Exercício: Ordene as rochas a seguir de acordo com a rapidez com que elas se alteram em um clima úmido e quente: um arenito de puro quartzo, um calcário de pura calcita, um granito e um depósito evaporítico de halita.

Questão para Pensar: Como a chuva abundante afeta o intemperismo?

16.2 Descrever os processos do intemperismo químico.

O intemperismo do feldspato, que é o silicato mais abundante, serve de exemplo dos processos que alteram a maioria dos minerais silicatados. Na presença de água, o feldspato é submetido à hidrólise para formar caulinita. O dióxido de carbono (CO_2) dissolvido na água favorece a alteração química, reagindo com a água para formar ácido carbônico (H_2CO_3). A água levemente ácida dissolve íons de potássio e sílica, deixando a caulinita. O ferro (Fe), que é encontrado na forma de ferro ferroso em muitos silicatos, altera-se pela oxidação, produzindo óxidos de ferro férrico. Esses processos operam em várias taxas, dependendo da estabilidade química dos minerais submetidos ao intemperismo.

Atividade de Estudo: Figura 16.4

Exercício: Quais minerais formadores de rocha encontrados em rochas ígneas alteram-se para argilominerais?

Questão para Pensar: Como o dióxido de carbono na atmosfera reage com a água para formar ácido e então reage com minerais ígneos para formar minerais de alteração?

16.3 Descrever os processos do intemperismo físico.

O intemperismo físico desagrega as rochas em fragmentos, seja ao longo de zonas de fraqueza preexistentes, seja ao longo das juntas e de outras fraturas das massas rochosas. O intemperismo físico é impulsionado pelo acunhamento do gelo e pelas escavações e buracos feitos por organismos e raízes de vegetais, processos que contribuem para a expansão das fendas. Os microrganismos contribuem tanto para o intemperismo físico quanto para o químico. Padrões de desagregação, como a esfoliação, resultam das interações entre intemperismo químico e mudanças de temperatura.

Atividade de Estudo: Figura 16.8

Exercício: Considere que um granito com grãos de cerca de 4 mm de diâmetro e com um sistema retangular de juntas espaçadas aproximadamente de 0,5 a 1 m esteja se alterando na superfície terrestre. Que tamanho geral você esperaria encontrar para a maior partícula alterada?

Questão para Pensar: Qual é o papel da água no acunhamento pelo gelo?

16.4 Resumir os tipos de solo e que processos registram.

O solo é uma mistura de partículas de rocha, argilominerais e outros produtos do intemperismo, bem como de húmus. Ele desenvolve-se por meio de entrada de novo material, perda de material original e modificação por mistura física e reações químicas. Os cinco fatores-chave que afetam o desenvolvimento do solo são o material-matriz, o clima, a topografia, os organismos e o tempo.

Atividade de Estudo: Figura 16.10

Exercício: Resuma as entradas, saídas e processos principais que controlam o desenvolvimento do solo.

Questão para Pensar: Pressupondo que não há vida em Marte, como os solos naquele planeta seriam diferentes dos da Terra?

16.5 Descrever como a erosão cria vales fluviais.

Três processos principais causam a erosão do substrato rochoso no terreno montanhoso. O primeiro é a abrasão do substrato rochoso pelo movimento de saltação e suspensão de partículas sedimentares ao longo do fundo e dos lados do canal fluvial. Em segundo lugar, a força de arrasto da própria corrente causa abrasão do substrato rochoso, ao arrancar fragmentos de rocha do canal. Por fim, em terrenos mais elevados, a erosão glacial forma vales que podem ser, subsequentemente, ocupados por rios.

Atividade de Estudo: Figura 16.11

Exercício: Resuma os três processos que causam erosão do subtrato rochoso em terrenos montanhosos.

Questão para Pensar: Como a declividade do leito fluvial e a vazão afetam a energia da corrente?

16.6 Avaliar os mecanismos que causam movimentos de massa.

Os três fatores que têm a maior importância em predispor o material a se mover morro abaixo são a declividade da encosta, a natureza do material que ali se encontra e o conteúdo de água deste material. As encostas de material inconsolidado tornam-se instáveis quando estão mais inclinadas que o ângulo de repouso, que é o ângulo máximo que o talude de um material assumirá sem desabar. As encostas de material consolidado podem também se tornar instáveis quando sua inclinação passa a ser excessiva ou sua vegetação é removida. A água absorvida pelo material da encosta contribui para a instabilidade pela diminuição do atrito interno e pela lubrificação dos planos de fraqueza do material. Os movimentos de massa podem ser acionados por terremotos, chuvas torrenciais ou pelo aumento gradual da declividade de uma encosta em função da erosão.

Atividades de Estudo: Quadro 16.4, Figura 16.15

Exercício: Resuma o papel da água no controle do ângulo de repouso.

Questão para Pensar: Como a declividade de uma encosta influencia a sua estabilidade?

16.7 Distinguir os diferentes tipos de processos de dispersão de massa.

Os movimentos de massa são deslizamentos, fluxos ou quedas declive abaixo de grandes massas de material como resposta à atração pela gravidade. Os movimentos podem ser imperceptivelmente lentos ou rápidos demais para serem ultrapassados por uma pessoa correndo. As massas consistem em material consolidado, incluindo rochas e sedimentos compactados ou cimentados; ou materiais inconsolidados. Os movimentos de rochas incluem a queda, o deslizamento e as avalanchas. O material inconsolidado move-se por rastejamento do solo, escorregamento, deslizamento de detritos, avalancha de detritos, fluxo de terra, fluxo de lama e fluxo de detritos.

Atividade de Estudo: Figura 16.19

Exercício: Diferencie as velocidades relativas de um fluxo de detritos das de uma avalancha de detritos.

Questão para Pensar: Que tipo(s) de movimentos de massa espera-se que ocorram em uma encosta íngreme, com uma espessa camada de solo cobrindo areias e lamas inconsolidadas, depois de um prolongado período de chuvas intensas?

16.8 Resumir os processos que controlam a evolução das paisagens.

A paisagem é descrita em termos da topografia, que inclui a elevação, que é a distância vertical acima ou abaixo do nível do mar, e o relevo, que é a diferença entre os pontos mais baixo e mais alto de uma região. Na paisagem, podem-se também distinguir as diversas formas de relevo produzidas por erosão e sedimentação por rios, geleiras, dispersão de massa e vento. As formas de relevo mais comuns são as montanhas e morros, os planaltos e os penhascos e cristas com controle estrutural – todas formadas pela atividade tectônica modificada pela erosão. A tectônica de placas eleva as montanhas e expõe as rochas. A erosão esculpe o substrato rochoso, formando vales e encostas. O clima, por sua vez, afeta as taxas de intemperismo e erosão. Variações climáticas e no tipo de substrato rochoso modificam fortemente a evolução da paisagem, tornando as paisagens desérticas e glaciais muito distintas.

Atividades de Estudo: Figuras 16.36 e 16.38

Exercício: Que mudanças na paisagem das Montanhas Rochosas do Colorado poderiam resultar de uma mudança do clima atual, que é temperado e um pouco seco, para um clima mais quente e com um grande aumento na pluviosidade?

Questão para Pensar: O que é relevo e como se relaciona com a elevação?

EXERCÍCIO DE LEITURA VISUAL

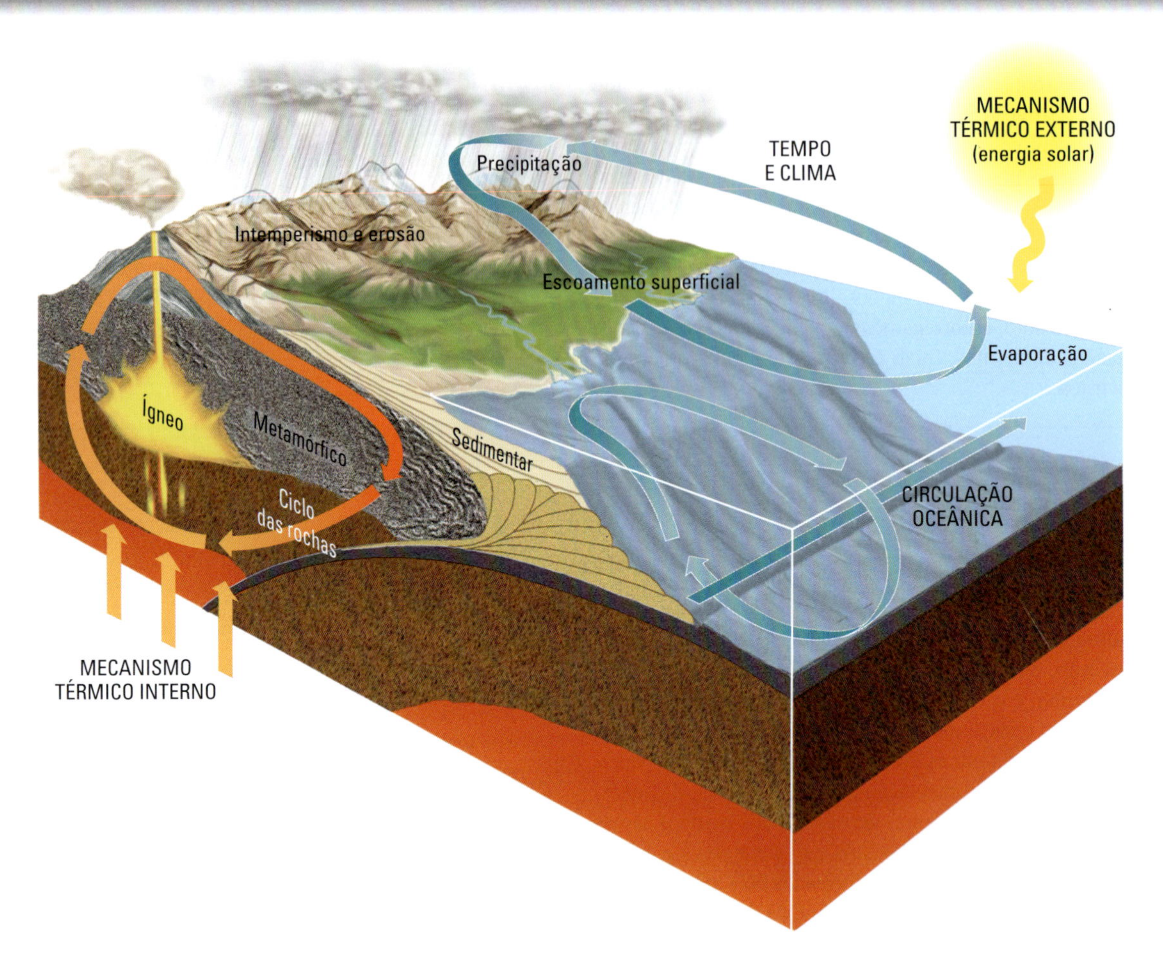

FIGURA 16.38 A evolução da paisagem é controlada pelas interações dos geossistemas das placas tectônicas e do clima.

1. **Qual fator influencia mais diretamente o intemperismo?**
   a. Circulação oceânica
   b. Fusão para formar rochas ígneas
   c. Precipitação
   d. Geração de calor no interior da Terra

2. **Quais processos a energia solar controla?**
   a. Evaporação da água do mar
   b. Precipitação de chuva
   c. Metamorfismo
   d. Fusão para formar rochas ígneas

3. **Qual processo controla a erosão?**
   a. Evaporação da água do mar
   b. Circulação oceânica
   c. Metamorfismo
   d. Escoamento da água da chuva

4. **Quais os principais componentes do ciclo das rochas?**
   a. Energia solar, evaporação, circulação oceânica, precipitação
   b. Intemperismo, erosão, soterramento, metamorfismo de soterramento e fusão de rochas, soerguimento
   c. Intemperismo, solo, escoamento superficial, deposição
   d. Soterramento, subducção, fusão, metamorfismo

5. **Como a precipitação controla o intemperismo e a erosão?**
   a. A chuva reage com minerais e converte-os em argilas, o que amacia o subtrato rochoso
   b. A chuva flui sobre o substrato rochoso e causa erosão por abrasão
   c. A precipitação compensa a evaporação da água do mar
   d. O escoamento superficial da água e partículas sedimentares leva a deposição no delta

O ciclo hidrológico e a água subterrânea

17

Objetivos de Aprendizagem

O Capítulo 17 estuda a distribuição, os movimentos e as características da água seja acima, debaixo, ou sobre a superfície terrestre. Seguiremos o trajeto da água em grande detalhe conforme ela vai se infiltrando no solo e fluindo pelos reservatórios subterrâneos. À medida que o fizermos, veremos o que torna a água subterrânea um recurso limitado que deve ser gerenciado de forma diligente. Após estudar o capítulo, você será capaz de:

17.1 Descrever como a água se move através do ciclo hidrológico.

17.2 Resumir como a hidrologia local é influenciada pelo clima local.

17.3 Explicar o processo de como a água se move abaixo da superfície.

17.4 Classificar os processos geológicos que são afetados pela água subterrânea.

17.5 Descrever os fatores que determinam o uso dos recursos da água subterrânea pelos seres humanos.

17.6 Ilustrar como a água nas profundezas da crosta afeta os processos hidrotermais.

Conhecido na Venezuela como Salto del Ángel*, a cascata salta de 979 m de altura a partir de uma imponente meseta de arenitos, chamada de Ayuan Tepuy ("montanha do diabo", na língua pemón). O salto leva esse nome em homenagem a Jimmy Angel, que caiu com seu avião no topo do tepuy na década de 1930. [Miquel Gonzalez/laif/Redux.]

*N. de T.: O Salto del Ángel situa-se na região La Gran Sábana, a sudeste da Venezuela, formada por grandes mesas de arenito, melhor conhecidas como tepuys, resultantes da dissecação do Planalto das Guianas. Essa região se estende até a fronteira com o Brasil, em Roraima, onde atinge as maiores altitudes, com 2.771 metros.

No poema "A Balada do Velho Marinheiro", de Samuel Taylor Coleridge, há os seguintes versos: "Água, água, em todos os lugares/E nem uma gota para beber". Cerca de 71% da superfície terrestre são cobertos de água, mas apenas uma fração dela está disponível para consumo humano. Os humanos não podem sobreviver mais do que poucos dias sem água. Entretanto, o volume consumido pela sociedade moderna ultrapassa em muito o que precisamos para a mera sobrevivência física. Imensas quantidades de água são utilizadas na indústria, na agricultura e para necessidades urbanas, como sistemas de esgoto. A hidrogeologia está se tornando importante para todos nós à medida que há um aumento da demanda de um estoque limitado de água.

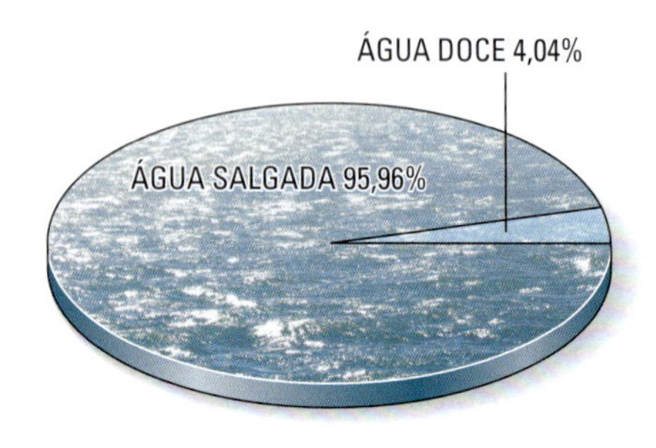

Nos dois capítulos anteriores, vimos que a água é essencial a uma ampla variedade de processos geológicos. Abordamos, no Capítulo 12, que a troca de água entre os oceanos e a atmosfera forma uma interação crucial no sistema do clima da Terra; os cientistas do clima hoje reconhecem que o entendimento do ciclo da água é um dos passos mais importantes na previsão meteorológica. No Capítulo 16, comentamos que a água também é importante no intemperismo e na erosão, como solvente dos minerais das rochas e do solo e como um agente de transporte que carrega para longe materiais dissolvidos e alterados. O ciclo hidrológico relaciona todos esses processos. No Capítulo 17, veremos como as correntes e os rios formados por escoamento ajudam a modelar as paisagens dos continentes. Este capítulo tem como foco a água que se infiltra na crosta terrestre para formar imensos reservatórios subterrâneos.

O ciclo geológico da água

Com que taxa podemos bombear água de reservatórios subterrâneos sem esgotá-los? Quais serão os efeitos da mudança climática sobre o suprimento de água? A tomada de decisão inteligente sobre a conservação e gestão dos recursos hídricos exige conhecimento acerca de como a água se move acima, sobre e sob a superfície terrestre e de como esse fluxo

FIGURA 17.1 Cenas da distribuição de água na Terra. [(b) John Grotzinger; (c) Ron Niebrugge/wildnatureimages; (d) Viktor Lyagushkin/National Geographic Creative; (e) Charlie Munsey/Getty Images.]

responde a mudanças naturais e modificações humanas. Esse campo de estudo é conhecido como **hidrologia.**

Os fluxos e os reservatórios

Podemos ver a água nos lagos, oceanos e em calotas de gelo polar, assim como vê-la fluindo na superfície terrestre em correntes e geleiras. Mas é mais difícil observar as imensas quantidades de água armazenadas na atmosfera e no subsolo e os mecanismos pelos quais ela flui para esses locais de armazenamento e depois sai deles. Quando a água evapora, ela desaparece na atmosfera como vapor. Quando a água da chuva infiltra-se no subsolo, torna-se **água subterrânea** – a massa de água armazenada sob a superfície terrestre. Como os organismos usam água, pequenas quantidades dela também são armazenadas na biosfera.

Cada lugar onde a água é armazenada constitui um *reservatório*. Os principais reservatórios naturais da Terra, por ordem de tamanho, são os oceanos e mares, com 95,96% ($1{,}40 \times 10^9$ km^3); a água doce representa o restante: as geleiras e o gelo polar, 2,97% ($4{,}34 \times 10^7$ km^3); a água subterrânea, 1,05% ($1{,}54 \times 10^7$ km^3); os lagos e os rios, 0,009% ($1{,}27 \times 10^5$ km^3); a atmosfera, 0,001% ($1{,}5 \times 10^4$ km^3); e a biosfera, 0,0001% (2×10^3 km^3). A Figura 17.1 mostra a distribuição da água nesses reservatórios. Embora a quantidade total de água nos rios e lagos seja relativamente pequena em comparação com o volume nos oceanos e mesmo em água subterrânea, esses reservatórios são importantes para a população humana porque não contém sal ou altas concentrações de outros materiais dissolvidos.

Os reservatórios ganham água pelos influxos, como o pluvial e o fluvial que escoa para eles, e a perdem pelos defluxos, como a evaporação e o fluvial que escoa deles. Se o influxo é igual ao defluxo, o tamanho do reservatório permanece constante, mesmo quando a água está continuamente entrando e saindo. Esses fluxos implicam a permanência, no reservatório, de uma dada quantidade de água durante um certo tempo médio, chamado de *tempo de residência*.

Qual é a quantidade de água existente na Terra?

A quantidade total de água disponível no mundo é imensa – cerca de 1,4 bilhão de quilômetros cúbicos distribuídos entre os vários reservatórios. Se cobrirmos com esse volume o território dos Estados Unidos, todos os 50 estados ficariam submersos em uma lâmina de água com cerca de 145 quilômetros de profundidade. Esse volume é constante, embora o fluxo de um reservatório para o outro possa variar diariamente, ano a ano ou até em períodos de séculos. Durante esses intervalos de tempo geologicamente curtos, não há ganho ou perda algum de água para fora ou para o interior da Terra, nem qualquer perda de água da atmosfera para o espaço exterior.

O ciclo hidrológico

Toda a água da Terra circula pelos vários reservatórios nos oceanos, na atmosfera, e aqueles sobre e sob a superfície continental. O movimento cíclico da água – do oceano para a atmosfera pela evaporação, de volta para a superfície por meio da chuva e, então, para os rios e aquíferos por meio do escoamento superficial, retornando aos oceanos – é o **ciclo hidrológico** (Figura 17.2).

Dentro dos limites de temperatura encontrados na superfície terrestre, a água muda entre os três estados da matéria: líquido (água), gasoso (vapor d'água) e sólido (gelo). Essas transformações impulsionam parte dos principais fluxos de um reservatório para outro. O mecanismo de calor externo da Terra, movido pelo Sol, controla o ciclo hidrológico, principalmente pela evaporação da água do oceano e transportando-a como vapor d'água na atmosfera.

Sob certas condições de temperatura e umidade, o vapor d'água condensa-se em minúsculas gotas que formam as nuvens e, então, precipita-se como chuva ou neve – referidas juntas como **precipitação**. Parte da precipitação encharca o subsolo

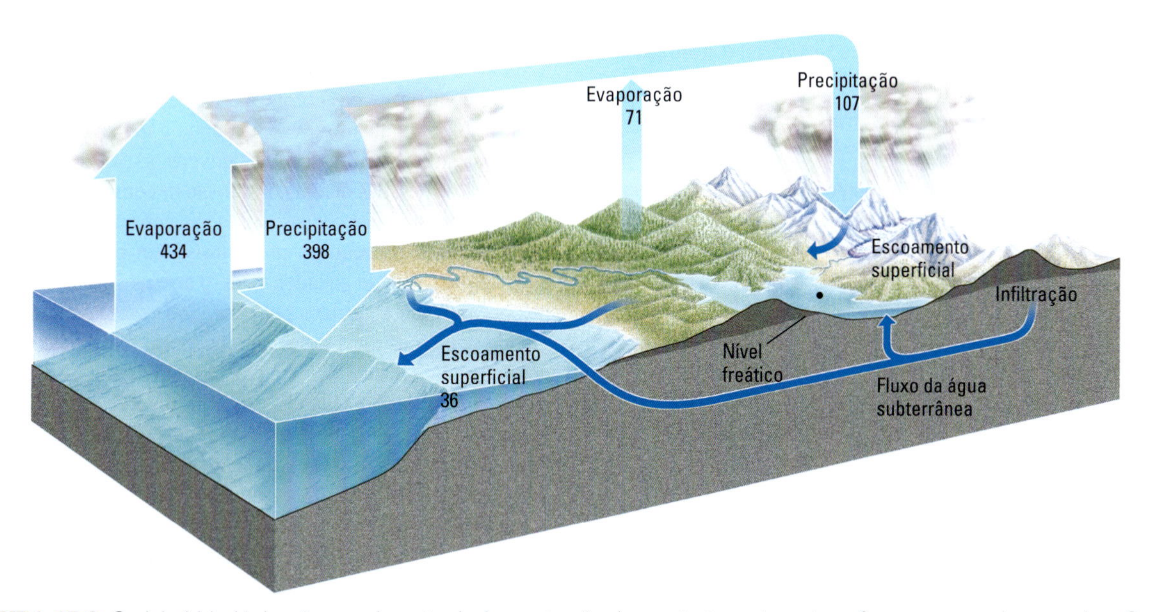

FIGURA 17.2 O ciclo hidrológico é o movimento da água através da crosta terrestre, atmosfera, oceanos, lagos e rios. Os números indicam o volume de água (em milhares de quilômetros cúbicos por ano) que flui entre esses reservatórios anualmente.

pela **infiltração**, o processo pelo qual a água penetra na rocha ou no solo pelos espaços das fraturas ou dos pequenos poros entre as partículas. Parte dessa água do subsolo evapora através do solo superficial e retorna à atmosfera como vapor d'água. Outra parte move-se pela biosfera e é absorvida pelas raízes das plantas, transportada para as folhas e retornada à atmosfera por meio de um processo chamado de *transpiração*. A maior parte dessa água subterrânea, porém, flui lentamente no subsolo. O tempo de residência da água nos reservatórios subterrâneos é longo, mas ela acaba retornando à superfície em nascentes que alimentam rios e lagos e, assim, retorna aos oceanos.

A precipitação que não se infiltra no solo escoa superficialmente, sendo gradualmente coletada pelos rios e lagos. A quantidade total de água da chuva que flui sobre a superfície, incluindo a fração que pode temporariamente infiltrar-se nas formações próximas à superfície e em seguida retornar para ela, é chamada de **escoamento superficial***. Parte do escoamento superficial pode, posteriormente, infiltrar-se no solo ou evaporar dos rios e lagos, mas a maior quantidade move-se para os oceanos.

A neve pode ser convertida em gelo nas geleiras, o qual retorna aos oceanos como água pelo degelo e pelo escoamento superficial e para a atmosfera pela *sublimação* – a transformação de um sólido (gelo) diretamente em gás (vapor d'água).

A maior parte da água que evapora dos oceanos retorna para eles como precipitação**. O restante precipita-se sobre os continentes e, então, ou evapora ou retorna para os oceanos na forma de escoamento superficial. A Figura 17.2 mostra o balanço do fluxo total entre os reservatórios no ciclo hidrológico. A superfície continental, por exemplo, ganha água pela precipitação e perde a mesma quantidade pela evaporação e pelo escoamento superficial. O oceano ganha água pelo escoamento superficial e pela precipitação e perde a mesma quantidade pela evaporação. A quantidade de água que evapora dos oceanos é superior à que se precipita neles como chuva. Essa perda é compensada pela água que retorna como escoamento superficial dos continentes. Assim, o tamanho de cada reservatório permanece constante. Contudo, variações de clima produzem variações locais no balanço entre evaporação, precipitação, escoamento superficial e infiltração.

Quanta água está disponível para o uso?

Apenas uma pequena proporção do enorme estoque de água na Terra é útil à sociedade humana. O ciclo hidrológico global é, por definitivo, o que controla a oferta de água. Por exemplo, os 96% da água terrestre que residem nos oceanos são basicamente inacessíveis para nós. Quase toda a água que utilizamos é *doce*. A dessalinização (remoção do sal) da água do mar produz um pequeno mas constante aumento da quantidade de água doce em áreas como o árido Oriente Médio.*** No mundo natural, entretanto, a água doce é fornecida somente pela chuva, pelos rios e lagos e, em parte, pelas águas subterrâneas e pelo degelo das neves ou geleiras continentais. Todas essas águas provêm originariamente da precipitação. Portanto, a quantidade máxima de água doce natural que podemos pensar em usar é aquela constantemente fornecida aos continentes pela precipitação.

*N. de R.T.: Em inglês, *runoff*. A expressão "escoamento superficial" é também conhecida na literatura técnica brasileira por outros termos, como "lençol de escoamento superficial", "filete de rolamento", "água de rolamento", "água de escoamento superficial", "fluxo laminar", entre outros.

**N. de R.T.: A água que resulta de precipitação, como chuva, neve, granizo, etc. é referida, também, como água meteórica.

A hidrologia e o clima

Em muitos aspectos práticos, os geólogos estudam a hidrologia local (que é a quantidade de água existente nos reservatórios de uma região e a forma como ela flui de um reservatório para outro), em vez da hidrologia global. O fator que exerce a mais forte influência na hidrologia local é o clima, que inclui a temperatura e a precipitação. Em regiões quentes, onde as chuvas são frequentes durante todo o ano, o estoque de água superficial e subterrânea é abundante. Em regiões áridas ou semiáridas quentes, raramente chove, e a água é um recurso inestimável. As pessoas que vivem em climas frios contam com a água do degelo da neve e das geleiras. Em algumas partes do mundo, estações de chuvas intensas, chamadas de *monções*, alternam-se com longas estações secas, nas quais a oferta de água cai, os solos secam e a vegetação murcha.

Umidade, chuva e paisagem

Muitas diferenças geográficas no clima estão relacionadas com a temperatura média do ar e com a quantidade de vapor d'água que ele contém, sendo que ambas afetam os níveis de precipitação. A **umidade relativa** é a quantidade de vapor d'água no ar, expressa como uma porcentagem da quantidade total de água que o ar poderia suportar em uma dada temperatura, se estivesse saturado. Quando a umidade relativa do ar é de 50% e a temperatura é 15°C, por exemplo, a quantidade de umidade no ar é a metade da quantidade máxima que o ar poderia carregar a 15°C.

O ar quente pode carregar muito mais vapor d'água do que o ar frio. Quando o ar quente não saturado esfria o suficiente, ele se torna supersaturado e parte do vapor se condensa como gotas d'água. As gotas de água condensada formam as nuvens. Podemos observar as nuvens porque elas são constituídas de gotas de água visíveis, enquanto o vapor d'água é invisível. Quando se condensa suficiente umidade nas nuvens, as gotas aumentam e podem ficar pesadas demais. Então caem como chuva, por não conseguirem permanecer suspensas nas correntes de ar.

A maioria das chuvas precipita-se em regiões úmidas e quentes próximas ao equador, onde o ar e as águas superficiais dos oceanos são aquecidos pelo Sol. Sob essas condições, uma grande porção da água do oceano evapora, resultando em uma umidade alta. Quando o ar é aquecido, ele expande-se, torna-se menos denso e sobe. Quando o ar úmido sobre os oceanos tropicais ascende a altas altitudes e correntes de ar sopram para os continentes próximos, ele esfria, condensa e torna-se supersaturado. O resultado é uma chuva pesada sobre o continente, mesmo a grandes distâncias da costa.

***N. de R.T.: Os dessalinizadores são usados em muitos povoados do semiárido do Nordeste brasileiro para tratar a água salobra proveniente de poços.

Na latitude aproximada de 30°N e 30°S, o ar que descarregou sua precipitação nos trópicos começa a afundar de volta à superfície terrestre. Esse ar frio e seco se aquece e absorve umidade à medida que desce, produzindo céus limpos e climas áridos. Muitos desertos estão localizados nessas latitudes.

Os climas polares tendem a ser muito secos. Os oceanos polares e o ar sobre eles são frios, de modo que a evaporação da superfície marinha é minimizada e o ar pode carregar pouca umidade. Entre os extremos tropical e polar estão os climas temperados, onde as chuvas e as temperaturas são moderadas.

Os padrões climáticos que acabamos de descrever são impulsionados por padrões de circulação de ar na atmosfera, como comentado no Capítulo 12. Os processos da tectônica de placas também influenciam os processos climáticos. Por exemplo, as cordilheiras de montanhas formam uma zona de **sombra pluvial**, que consiste em uma área de baixa precipitação nas encostas de sotavento (declive no sentido do vento). O ar carregado de umidade que ascende nas altas montanhas resfria-se, e a chuva precipita-se na encosta de barlavento (frontal ao vento). Com isso, o ar perde grande parte da sua umidade antes de alcançar a encosta de sotavento (Figura 17.3). O ar aquece-se novamente quando desce até as elevações inferiores do outro lado da cordilheira de montanhas. A umidade relativa declina porque o ar quente pode suportar mais umidade, diminuindo ainda mais a probabilidade de precipitação. As Montanhas Cascade, em Oregon (EUA), soerguidas pela subducção da Placa do Pacífico sob a Placa da América do Norte, cria uma zona de sombra. A maior parte do vento que sopra do Oceano Pacífico choca-se com a vertente oeste das montanhas, causando pesadas chuvas*, o que possibilita um ecossistema florestal exuberante. A vertente leste, no outro lado da cordilheira, é seca e árida.

*N. de R.T.: Este fenômeno, denominado chuva orográfica, ocorre com muita frequência nas regiões semiáridas do Nordeste do Brasil, onde os relevos residuais, mesmo com pouca diferença de altitude em relação aos planaltos adjacentes, atuam como barreiras, gerando regiões de clima subúmido e até úmido, com florestas estacionais nas encostas e nos topos das elevações, em meio à caatinga adjacente. É o caso das Serras de Ibiapaba e de Jacobina, da Chapada Diamantina e outras, onde, graças a esse processo, originam-se as nascentes dos poucos rios perenes da região.

Assim como as feições dos acidentes geológicos podem alterar os padrões de precipitação, as variações resultantes nos padrões de precipitação controlam as taxas de intemperismo e erosão, que modelam a paisagem.

Secas

As **secas** – períodos de meses ou anos em que a precipitação é muito mais baixa que o normal – podem ocorrer em todos os climas, mas as regiões áridas são especialmente vulneráveis a seus efeitos. Como a reposição da água a partir da precipitação não ocorre, os rios podem diminuir e secar, as lagoas e os lagos podem evaporar, e o solo pode ressecar e fender-se enquanto a vegetação morre. À medida que a população cresce, a demanda por reservatórios também aumenta, e a ocorrência de seca pode reduzir o já precário abastecimento de água.

As secas mais severas das últimas décadas afetaram uma região da África conhecida como Sahel, ao longo da fronteira sul do Saara (Figura 17.4). Essa longa seca fez com que o deserto se expandisse, como veremos no Capítulo 19, e efetivamente destruiu fazendas e pastagens da região. Centenas de milhares de vidas foram perdidas pelo flagelo da fome.

Outra seca prolongada, mas menos trágica, afetou grande parte da Califórnia de 1987 até fevereiro de 1993, quando ocorreram chuvas torrenciais. Durante esse período, os níveis da água subterrânea e dos reservatórios caíram para os menores valores em 15 anos. Algumas medidas de controle foram instituídas, mas um movimento para diminuir o uso extensivo dos estoques de água em irrigação encontrou fortes resistências políticas dos fazendeiros e da agroindústria. À medida que a ameaça da escassez de água se avulta, o uso da mesma entra para a arena do debate das políticas públicas (ver Plano de ação para a Terra 17.1).

Um exemplo de evento de curto prazo, mas de alto impacto, é a seca de 2013 na Nova Zelândia. O país sofreu uma seca generalizada grave entre o final de 2012 e abril de 2013.

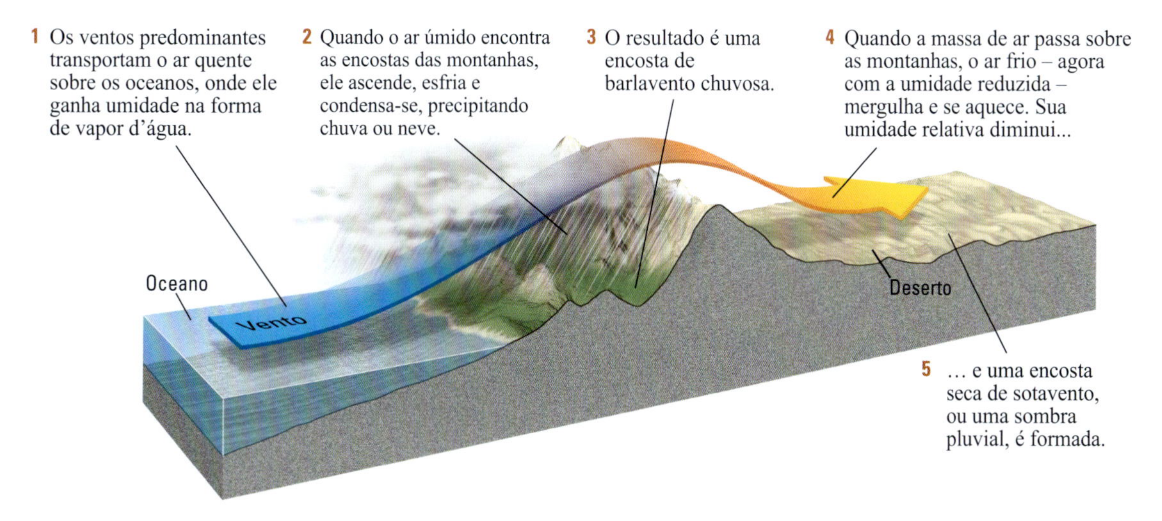

FIGURA 17.3 Zonas de sombra pluvial são áreas de baixa precipitação nas encostas de sotavento (declive a favor do vento) de uma cordilheira de montanhas.

FIGURA 17.4 Este campo de painço em um vilarejo próximo a Zinder, no Níger, mostra os efeitos de uma longa seca sobre o solo e as plantações. Esta foto foi tirada em 27 de setembro de 2010, mas a seca continua até hoje. [Tomas van Houtryve/VII/Redux.]

Plano de ação para a Terra 17.1 A água é um bem precioso: quem tem acesso a ela?

Até recentemente, a maioria das pessoas nos Estados Unidos considerava que o abastecimento de água estivesse garantido. No futuro próximo, contudo, devido à mudança climática e ao crescimento populacional, principalmente em regiões áridas, muitas áreas daquele país vão sofrer escassez de água com maior frequência. Essas carências criarão conflitos entre os diversos setores de consumidores – residencial, industrial, agrícola e recreativo – para saber qual deles tem mais direito ao abastecimento.

Nos últimos anos, as secas amplamente noticiadas e as restrições legais ao uso da água na Califórnia, na Flórida, no Colorado e em muitos outros lugares alertaram o público de que os Estados Unidos enfrentam um grande problema de abastecimento de água. Entretanto, o envolvimento do público oscila, aumentando e diminuindo à medida que os períodos de seca e abundância de chuvas alternam-se e os governos não adotam soluções duradouras com a urgência que o caso mereceria. Aqui estão alguns fatos que devem ser ponderados:

- Uma pessoa pode sobreviver com aproximadamente 2 litros de água por dia. Nos Estados Unidos, o uso doméstico *per capita* é próximo a 250 litros por dia. Se forem considerados os usos para produção industrial, agrícola e de energia, então a utilização *per capita* sobe para aproximadamente 6 mil litros por dia.
- A energia termelétrica usa cerca de 44% e a irrigação cerca de 37% da água suprida pelos reservatórios dos EUA.
- O uso doméstico *per capita* nos Estados Unidos é duas a três vezes maior que o da Europa Ocidental, onde os consumidores pagam cerca de 350% a mais pela sua água.

Irrigação no Vale Imperial da Califórnia, um deserto natural. [David McNew/Getty Images.]

A magnitude da seca foi incomum, ocorrendo simultaneamente em toda a Ilha Norte e partes da Ilha Sul. Muitos dos pastos não são irrigados e dependem da chuva. A falta de chuva levou a safras perdidas e afetou os pastos em um país onde a agricultura é um dos maiores setores da economia.

Nossa história climática pode nos dar uma perspectiva da gravidade das secas. O Sudoeste dos Estados Unidos, por exemplo, vem passando por uma seca recente. Porém, durante o período de 400 anos de 1500 a 1900, o Sudoeste era mais seco, em média, do que tem sido no último século. Além disso, o registro geológico mostra secas que foram mais severas e de maior duração do que a seca atual (pelo menos até o presente momento). As secas recentes são apenas flutuações de curta duração no clima ou sinalizam um retorno a um período extenso de secas? Como a mudança climática global afetará as chuvas no Sudoeste? Explorando o passado, os geólogos e os cientistas do clima podem encontrar informações que os ajudarão a prever o futuro.

A hidrologia do escoamento superficial

Quanto da precipitação que cai sobre uma área transforma-se em escoamento superficial? Um exemplo impressionante de como a precipitação afeta o escoamento dos rios pode ser observado quando ocorrem inundações rápidas depois de chuvas torrenciais. Quando os níveis de precipitação e escoamento superficial são medidos em uma vasta área (como toda a região drenada por um grande rio) e durante um longo período de tempo (um ano, digamos), a conexão é menos evidente, mas ainda acentuada. Os mapas mostrados na **Figura 17.5** ilustram essa relação. Quando comparados, observamos que em áreas de baixa precipitação – como no sul da Califórnia, no Arizona e no Novo México – somente uma pequena fração da água da chuva acaba como escoamento superficial. Em regiões secas, boa parte da precipitação deixa a superfície terrrestre pela evaporação e infiltração. Em áreas úmidas, como no sudeste dos Estados Unidos, uma proporção muito maior da precipitação escoa superficialmente para os rios. Um grande rio pode carregar uma enorme quantidade de água de uma área chuvosa para uma com pouca precipitação. O rio Colorado, por exemplo, nasce em uma área de chuva moderada no Colorado e, então, carrega sua água através de áreas áridas do oeste do Arizona e do sul da Califórnia.

Os rios e cursos de água transportam grande parte do escoamento superficial do mundo. Os milhões de pequenos e médios rios transportam cerca de metade do escoamento total do planeta, e cerca de 70 grandes rios carregam a outra metade. Desta última parte, o rio Amazonas, na América do Sul, carrega quase

- Embora os os estados do oeste dos Estados Unidos recebam um quarto das chuvas do país, têm um uso *per capita* (grande parte para a irrigação) 10 vezes maior que aquele dos estados do leste, e a um custo bem menor. Na Califórnia, por exemplo, que importa a maior parte de sua água, 85% dela são utilizados para a irrigação, 10% pelos municípios e consumo pessoal e 5% pela indústria. Uma redução de 15% no uso para a irrigação quase dobraria a quantidade de água disponível para o uso nas cidades e indústrias.
- A água doce usada nos Estados Unidos retorna ao ciclo hidrológico, mas pode retornar a reservatórios que não estejam bem localizados para o uso humano e sua qualidade pode estar degradada. Depois de utilizada para irrigação, a água frequentemente se torna mais salgada e fica contaminada com pesticidas. As águas poluídas das cidades chegam até os oceanos.
- A maneira tradicional de aumentar o abastecimento de água, como a construção de barragens, reservatórios e poços, tornou-se extremamente cara, porque a maioria dos melhores locais (e, portanto, mais baratos) já foi utilizada. Além disso, a construção de mais barragens para formar grandes reservatórios traz custos ambientais, como a inundação de áreas povoadas, mudanças prejudiciais no fluxo dos rios a jusante e a montante das barragens e a perturbação da ictiofauna e dos hábitats silvestres. A avaliação de todos esses fatores tem causado o adiamento ou a rejeição das propostas de construção de novas barragens.

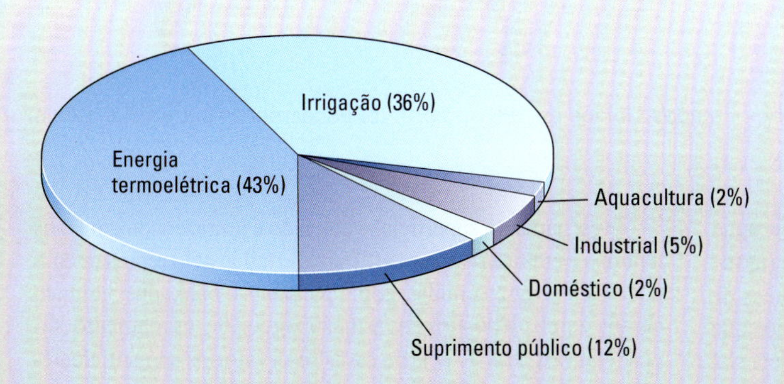

Uso de água nos Estados Unidos por categoria em 2015. [Dados de U.S. Geological Survey.]

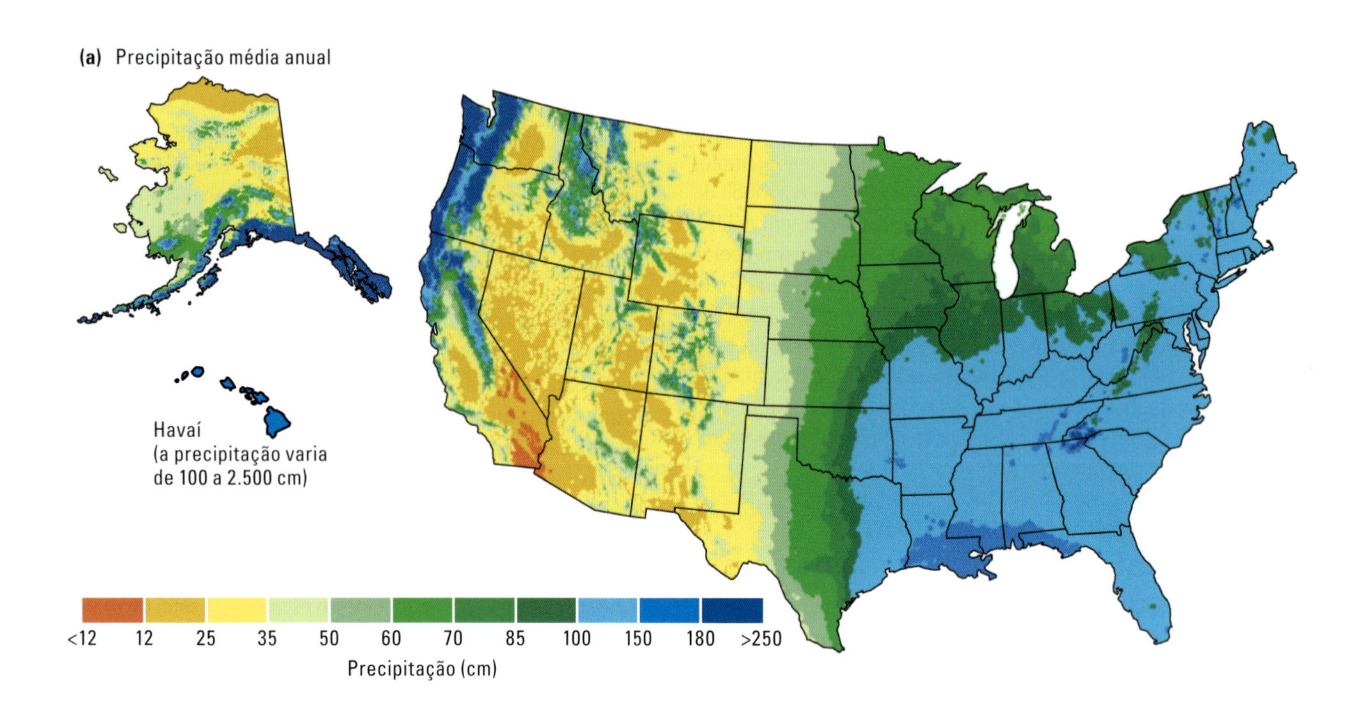

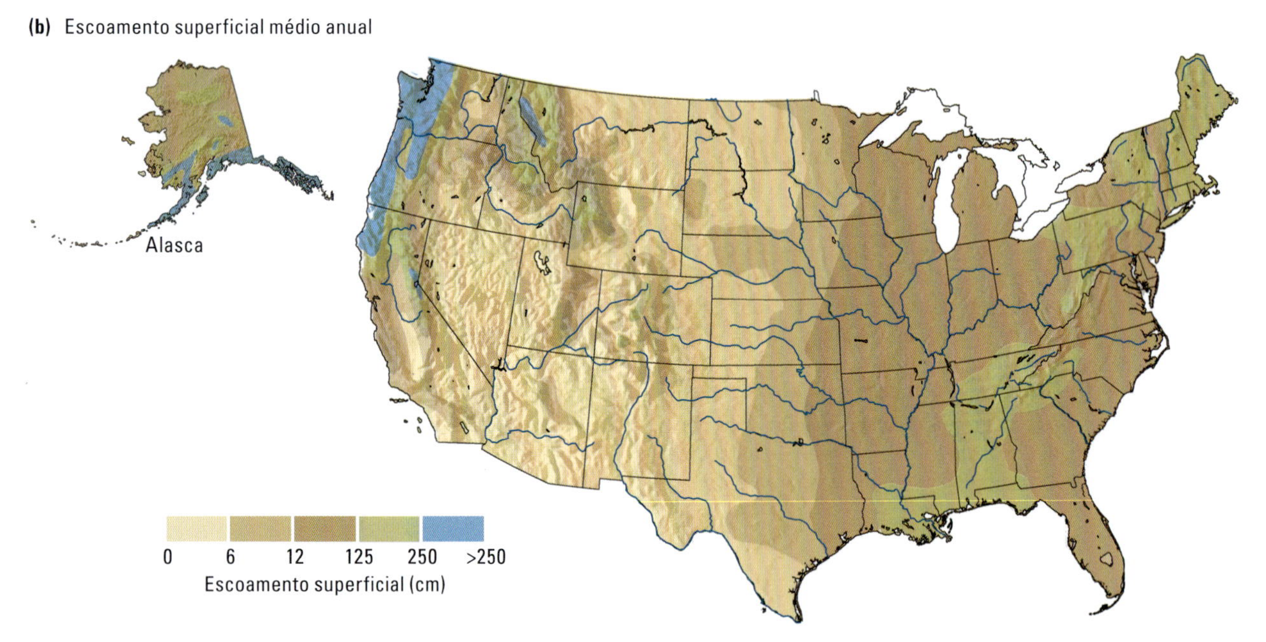

FIGURA 17.5 (a) Mapa da precipitação média anual nos Estados Unidos de 1981 a 2010. (b) Escoamento superficial médio anual nos Estados Unidos. [Dados do USGS.]

a metade. O Amazonas transporta cerca de 10 vezes mais água que o Mississippi, que é o maior rio da América do Norte (Quadro 17.1). Os principais rios transportam enormes volumes de água porque as coletam em grandes redes de arroios e rios que abrangem vastas áreas. O Mississippi, por exemplo, coleta sua água de uma rede de arroios que cobre aproximadamente dois terços dos Estados Unidos (Figura 17.6).

O escoamento superficial é coletado e armazenado em lagos naturais e em reservatórios artificiais criados pelo represamento dos rios. As terras úmidas, como pântanos e banhados, também atuam como depósitos de armazenagem do escoamento superficial (Figura 17.7). Se esses reservatórios são suficientemente grandes, podem absorver influxos de curta duração das principais chuvas, retendo parte da água que, de outro modo,

QUADRO 17.1 Vazão de alguns dos maiores rios

RIO	VAZÃO (m^3/s)
Amazonas, América do Sul	175.000
La Plata*, América do Sul	79.300
Congo, África	39.600
Yangtze, Ásia	21.800
Brahmaputra, Ásia	19.800
Ganges, Ásia	18.700
Mississippi, América do Norte	17.500

*N. de R.T.: O La Plata não é um rio, mas um estuário comum dos rios Paraguai-Paraná e Uruguai, além de outros menores, onde confluem as águas de uma área com cerca de 4 milhões de km^2, na qual se situam ecorregiões importantes como o Chaco e grande parte do Pantanal, do Planalto Meridional Brasileiro e do Pampa.

extravasaria das margens dos rios. Durante as estações menos úmidas ou secas prolongadas, os reservatórios lançam água para os rios ou para os sistemas de água construídos para o uso humano. Esses reservatórios suavizam os efeitos das variações sazonais ou anuais do escoamento superficial e regularizam a vazão da água rio abaixo, ajudando a controlar as inundações. Além dessas funções, as terras úmidas são importantes para a diversidade biológica, pois nesses lugares ocorre a procriação de muitas espécies de plantas e animais.* Por essas razões, muitos governos têm leis que regulam a drenagem artificial das terras úmidas causada pela ocupação imobiliária. Apesar disso, o desaparecimento das terras úmidas está ocorrendo rapidamente, como consequência da ocupação do solo. Nos Estados Unidos, mais da metade das terras úmidas originais existentes antes da colonização europeia desapareceu. Na Califórnia e em Ohio restaram apenas 10% das terras úmidas originais.

A hidrologia da água subterrânea

A água subterrânea forma-se quando as gotas de chuva se infiltram no solo e em outros materiais superficiais não consolidados, penetrando até mesmo em rachaduras e fendas do substrato rochoso. Essas águas superficiais, formadas a partir da precipitação atmosférica recente, são conhecidas como **águas meteóricas** (do grego *metéoron*, "fenômeno no céu", que também origina a palavra *meteorologia*). Os imensos reservatórios de água subterrânea armazenam cerca de 29% de toda a água doce, sendo o restante acumulado em lagos e rios, geleiras, gelo polar e atmosfera. Por milhares de anos, as pessoas têm extraído esse recurso, seja pela escavação de poços rasos ou pelo

*N. de R.T.: As áreas úmidas são fundamentais para a procriação de répteis, mamíferos, peixes e anfíbios, como ocorre no Pantanal e no Chaco úmido.

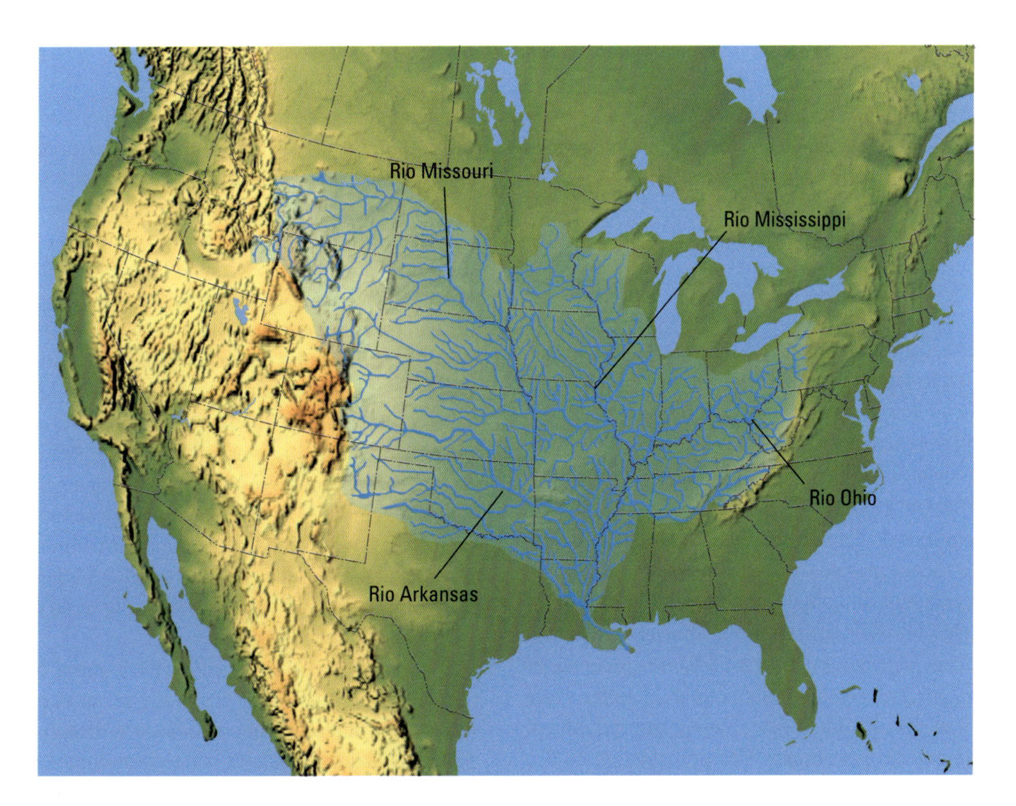

FIGURA 17.6 O Rio Mississippi e seus tributários formam a rede de drenagem dos Estados Unidos.

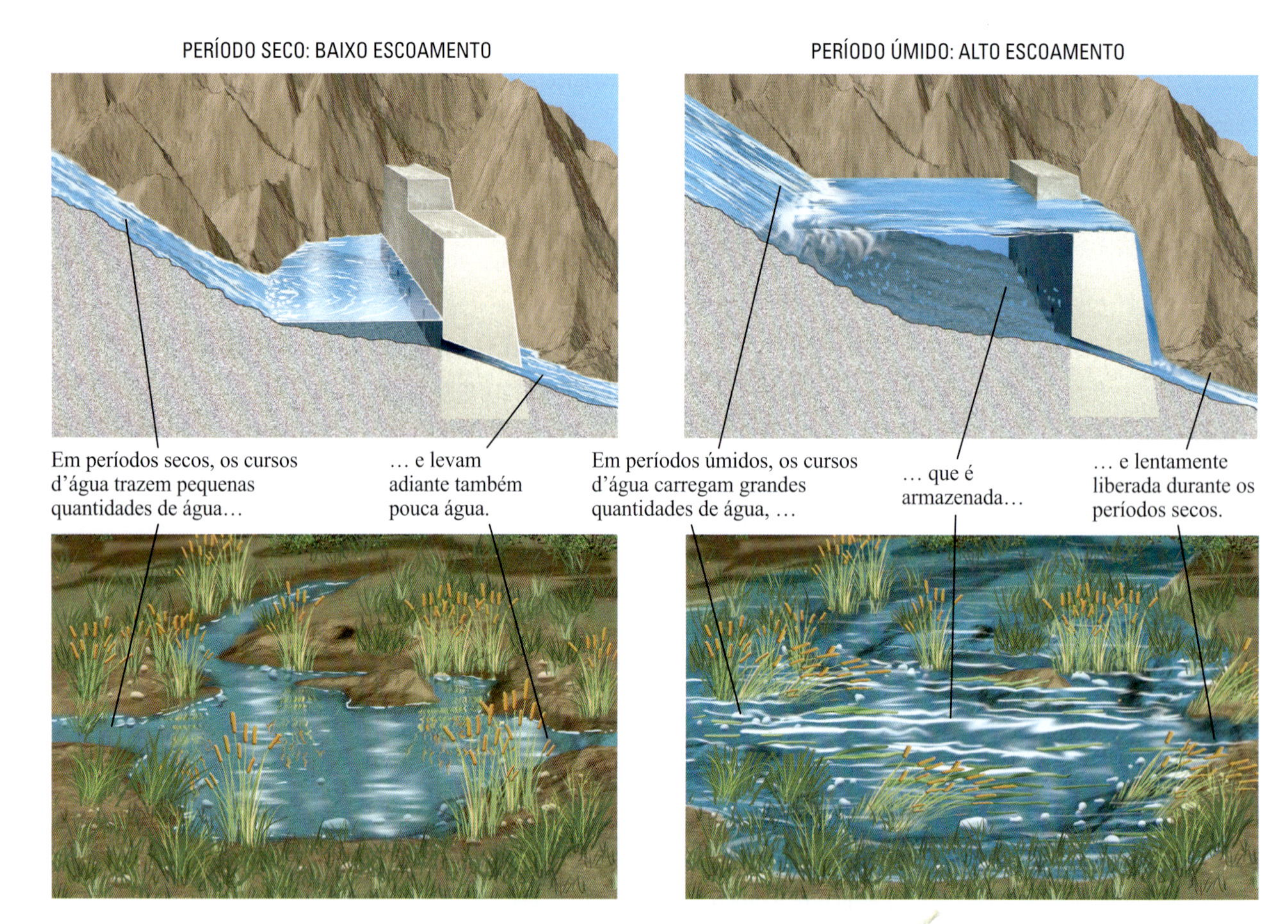

FIGURA 17.7 Como em um lago natural ou em um reservatório artificial de uma barragem, um banhado armazena água durante o período de rápido escoamento para liberá-la lentamente durante os períodos de escoamento baixo.

armazenamento da água que flui para a superfície em nascentes d'água. Essas nascentes são a evidência direta do movimento da água sob a superfície (**Figura 17.8**).

Porosidade e permeabilidade

Quando a água se move para e através do solo, o que determina onde e em que taxas ela flui? Com exceção das cavernas, não existem grandes espaços abertos para piscinas ou rios de água subterrânea. O único espaço disponível para a água é aquele dos poros e fraturas no solo e no substrato rochoso. Todo tipo de rocha e solo tem poros, mesmo que sejam pequenos e poucos. Porém, grandes quantidades de espaços porosos são mais frequentes em arenitos e calcários.

Podemos lembrar, do Capítulo 6, que a quantidade de espaço poroso nas rochas, nos solos ou em sedimentos é a *porosidade* – a porcentagem do volume total que é ocupada pelos poros. Esse espaço poroso consiste principalmente em espaço entre os grãos e nas rachaduras (**Figura 17.9**). Ele pode variar de uma pequena porcentagem do volume total do material até 50%, onde a rocha foi dissolvida pelo intemperismo químico. As rochas sedimentares geralmente têm porosidades de 5 a 15%. A maioria das rochas ígneas e metamórficas tem pouco espaço poroso, exceto na ocorrência de fraturas.

Há três tipos de poros: espaços entre grãos (*porosidade intergranular*), espaços em fraturas (*porosidade de fraturas*) e espaços criados por dissolução (*porosidade vacuolar*). A porosidade intergranular, que caracteriza os solos, os sedimentos e as rochas sedimentares, depende do tamanho e forma dos grãos que compõem esses materiais e de como eles estão conjuntamente empacotados. Quanto mais aberto o empacotamento das partículas, maior o espaço dos poros entre os grãos. Quanto menores as partículas e mais variadas as suas formas, mais firmemente elas se ajustam. Os minerais que cimentam os grãos reduzem a porosidade intergranular, que varia entre 10 e 40%.

A porosidade é menor em rochas ígneas e metamórficas, nas quais o espaço poroso é criado basicamente por fraturas, inclusive juntas e clivagem em zonas naturais de fraqueza. Os valores da porosidade de fratura normalmente são baixos (1 a 2%), embora algumas rochas fraturadas contenham considerável espaço poroso – até 10% do volume da rocha – em suas muitas rachaduras.

O espaço poroso em calcários e em outras rochas altamente solúveis, como os evaporitos, pode ser criado quando a água subterrânea interage com a rocha e a dissolve parcialmente, deixando vazios irregulares conhecidos como cavidades (*vugs*). A porosidade vacuolar pode ser muito alta (mais de 50%). As cavernas são exemplos de cavidades extremamente grandes.

FIGURA 17.8 A água subterrânea flui de um penhasco em Vasey's Paradise, no Cânion Marble, no Parque Nacional do Grand Canyon, Arizona (EUA), onde o relevo acidentado permite que a água do subsolo aflore na superfície. [Inge Johnsson/ Alamy.]

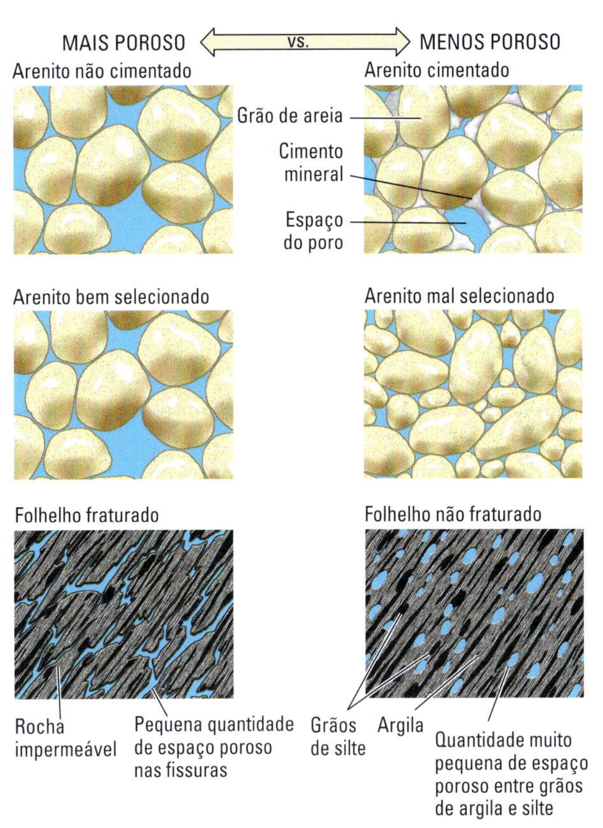

FIGURA 17.9 A porosidade nas rochas depende de vários fatores. Nos arenitos, a extensão da cimentação e o grau de seleção de grãos são importantes. Nos folhelhos, a porosidade é limitada devido aos pequenos espaços entre os grãos minúsculos, mas pode ser aumentada por fraturamento.

Embora a porosidade nos diga quanta água uma rocha pode reter se todos os seus poros estiverem preenchidos, ela não nos fornece informação alguma sobre a rapidez com que a água pode fluir através desses poros. A água desloca-se no material poroso com uma trajetória sinuosa entre os grãos e através das fissuras. Quanto menores os espaços porosos e mais tortuoso o caminho, mais lentamente a água o percorre. A **permeabilidade** é a capacidade que um sólido tem de deixar que um fluido atravesse seus poros. Geralmente, a permeabilidade aumenta com o aumento da porosidade, mas também depende da forma dos poros, do quão bem conectados estão e do quão tortuoso é o caminho que a água deve percorrer para passar através do material. Redes de cavidades em rochas carbonáticas podem ter permeabilidade extremamente alta. Sistemas de cavernas são tão permeáveis que permitem que as pessoas e a água se movimentem por eles!

Tanto a porosidade como a permeabilidade são fatores importantes quando se está procurando um reservatório de água subterrânea. Em geral, um bom reservatório de água subterrânea é um corpo de rocha, sedimento ou solo com alta porosidade (de modo que possa reter grande quantidade de água) e alta permeabilidade (de sorte que a água possa ser bombeada dele mais facilmente). Os perfuradores de poços de regiões com clima temperado, por exemplo, sabem que é mais provável encontrar um bom estoque de água se furarem as camadas de areia ou arenito não muito profundas em relação à superfície. Uma rocha com alta porosidade, mas baixa permeabilidade, pode conter uma boa quantidade de água, mas como esta flui muito lentamente, torna-se difícil bombeá-la da rocha. O Quadro 17.2 resume a porosidade e a permeabilidade de vários tipos de rocha.

QUADRO 17.2 Porosidade e permeabilidade de aquíferos em rochas e sedimentos

TIPO DE ROCHA OU SEDIMENTO	POROSIDADE	PERMEABILIDADE
Cascalho	Muito alta	Muito alta
Areia grossa a média	Alta	Alta
Areia fina e silte	Moderada	Moderada a baixa
Arenito, moderadamente cimentado	Moderada a baixa	Baixa
Folhelho fraturado ou rochas metamórficas	Baixa	Muito baixa
Folhelho não fraturado	Muito baixa	Muito baixa

A superfície freática

Quanto maior a profundidade alcançada pelos poços perfurados no solo e na rocha, mais úmidas as amostras trazidas para a superfície. Em profundidades pequenas, o material não é saturado – parte dos poros contém ar e não é completamente preenchida com água. Esse intervalo é chamado de **zona não saturada** (frequentemente denominada também *zona vadosa*). Abaixo dela está a **zona saturada** (geralmente chamada de *zona freática*), o intervalo no qual os poros estão completamente preenchidos com água. As zonas saturada e não saturada podem estar em material inconsolidado ou no substrato rochoso. O limite entre essas duas zonas é a **superfície freática***, geralmente chamada apenas de *nível d'água* (abreviação NA) (**Figura 17.10**). Quando um buraco é perfurado abaixo da superfície freática, a água da zona saturada flui para ele e o preenche até atingir o mesmo nível.

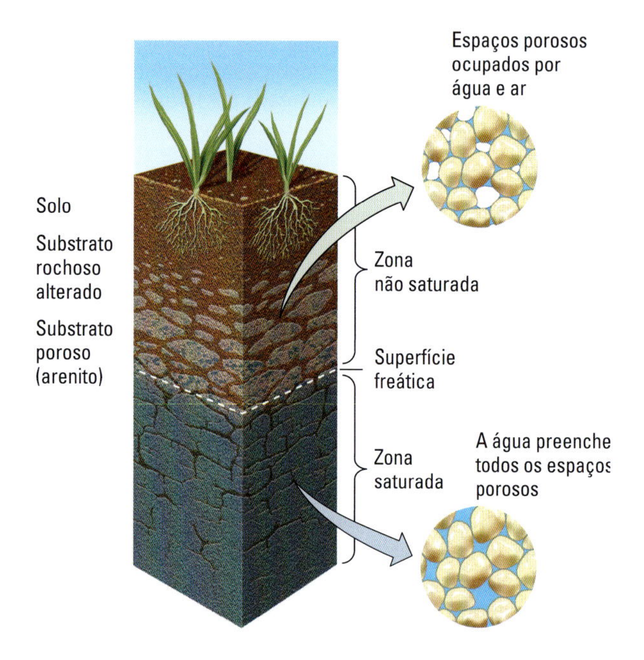

FIGURA 17.10 A superfície freática é o limite entre a zona não saturada e a zona saturada. Essas zonas podem estar tanto em materiais inconsolidados como no substrato rochoso.

A água subterrânea move-se sob a força da gravidade e, desse modo, parte da água da zona não saturada pode se mover para a superfície freática. Uma fração da água, entretanto, permanecerá na zona não saturada, retida nos pequenos espaços porosos pela tensão superficial. A tensão superficial é o que mantém úmida a areia da praia. A evaporação da água nos espaços porosos da zona não saturada é retardada tanto pelo efeito da tensão superficial como pela umidade relativa do ar nesses poros, a qual pode estar próxima a 100%. Se perfurarmos poços em vários lugares e medirmos a profundidade da água de cada um deles, poderemos construir um mapa da superfície freática. Uma seção transversal da paisagem se pareceria com aquela mostrada na **Figura 17.11a**. A superfície freática acompanha a forma geral da superfície do relevo, mas sua declividade é mais suave, e chega até a superfície nos leitos dos rios e lagos e em nascentes. Sob a influência da gravidade, a água subterrânea move-se declive abaixo desde uma área onde a elevação da superfície freática é alta – sob um morro, por exemplo –, até lugares de elevações baixas, como em nascentes, onde a água sai para a superfície.

A água entra e sai da zona saturada por meio de recarga e descarga (Figura 17.11b). A **recarga** é a infiltração da água em qualquer formação subsuperficial, frequentemente pela água da chuva ou do degelo da neve. A **descarga** é a saída da água subterrânea para a superfície, sendo o oposto da recarga. A água subterrânea é descarregada por evaporação, através de nascentes, e pelo bombeamento de poços artificiais. A água também pode entrar e sair da zona saturada pelos arroios. A recarga também pode ocorrer no leito de um rio onde o canal está mais elevado do que a superfície freática. Os rios que recarregam a água subterrânea dessa forma são chamados de *rios influentes*, sendo mais característicos em regiões áridas, onde a superfície freática é profunda. Por outro lado, quando um canal está em uma elevação abaixo daquela da superfície freática, a água é descarregada da água subterrânea para o rio. Tal *rio efluente* é típico de áreas úmidas e continua a fluir por muito tempo após o término do escoamento superficial, pois é alimentado pela água subterrânea. Assim, o reservatório de água subterrânea pode ser aumentado pelos rios influentes e reduzido pelos efluentes.

*N. de R.T.: A "superfície freática" também é conhecida na literatura técnica brasileira como "superfície de água subterrânea", "nível de água subterrânea" (abreviada como NA) e "nível freático".

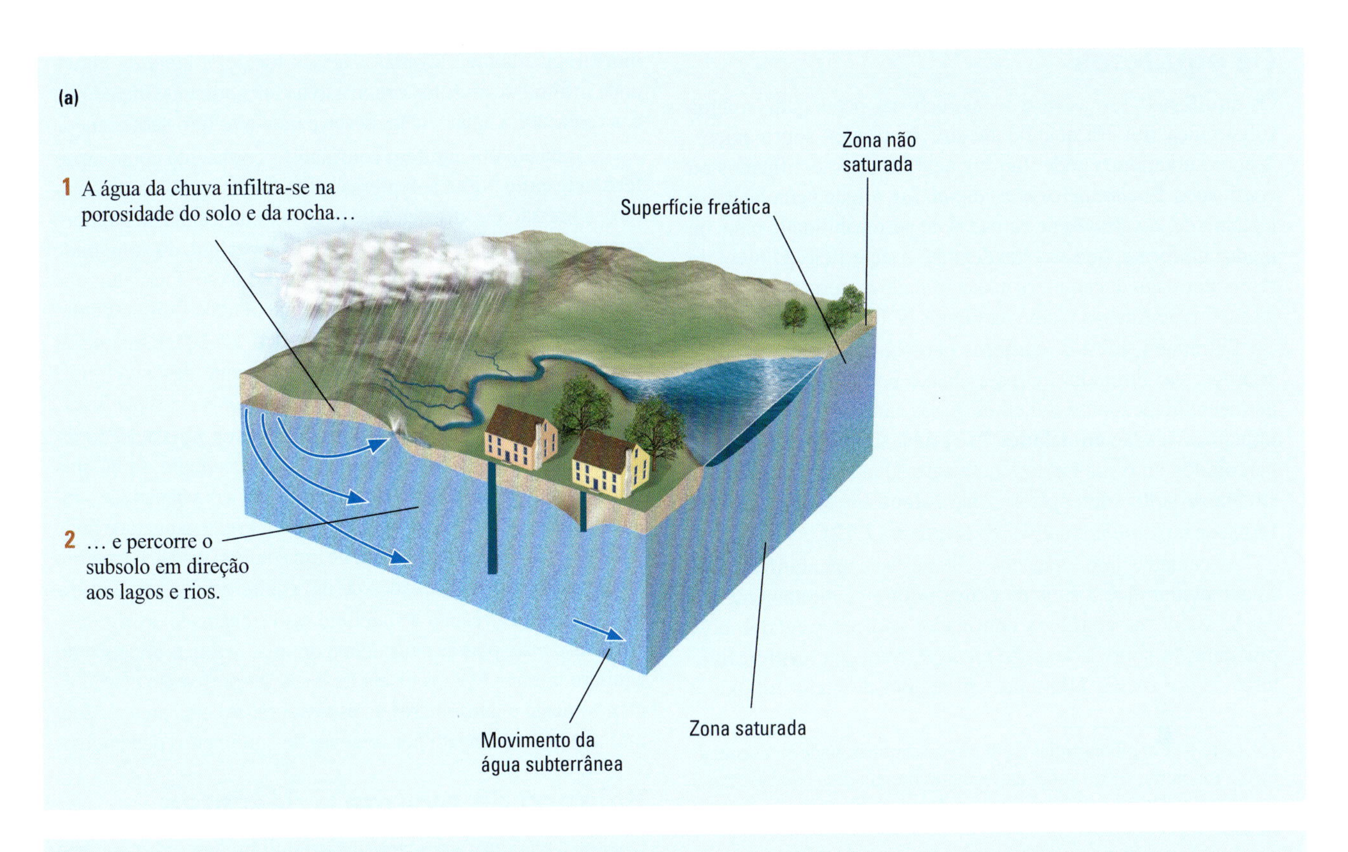

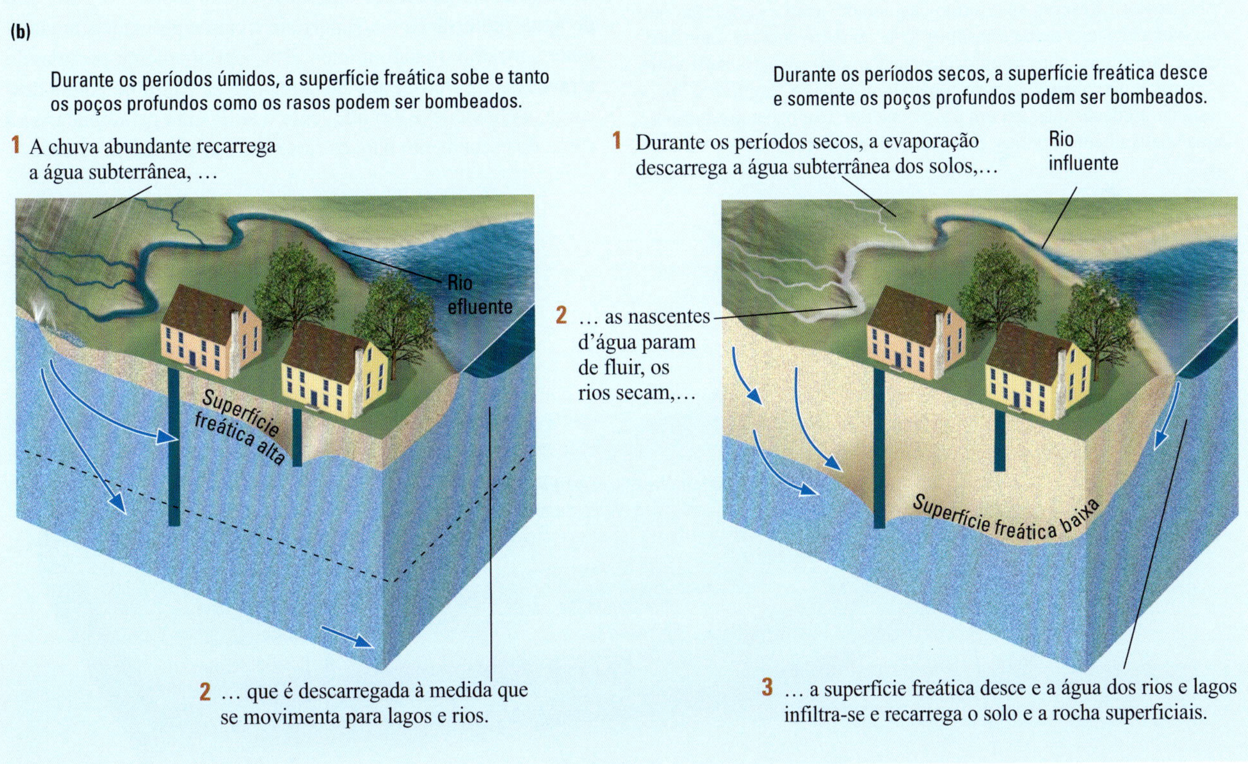

FIGURA 17.11 Dinâmica da superfície freática em uma formação permeável rasa, em clima temperado. (a) A superfície freática segue a forma geral da topografia superficial, mas suas declividades são mais suaves. (b) A profundidade da superfície freática flutua em resposta ao equilíbrio entre a água adicionada pela precipitação (recarga) e a água perdida pela evaporação e por poços, nascentes e rios (descarga).

Os aquíferos

Os **aquíferos*** são as formações rochosas pelas quais a água subterrânea flui em quantidade suficiente para suprir poços. A água subterrânea pode fluir em aquíferos não confinados ou confinados. Em *aquíferos não confinados*, a água percola, passa lentamente, ou através de camadas de permeabilidade mais ou menos uniforme, que se estendem até a superfície. O nível do reservatório em um aquífero não confinado corresponde à altura da superfície freática (como na Figura 17.11a).

Entretanto, muitos aquíferos permeáveis, tipicamente de arenitos, são limitados acima e abaixo por camadas de baixa permeabilidade, como folhelhos. Essas camadas relativamente impermeáveis são **aquicludes****, e a água subterrânea não pode percolá-los ou o faz muito lentamente. Quando os aquicludes situam-se tanto sobrepostos como sotopostos a um aquífero, forma-se um *aquífero confinado* (**Figura 17.12**).

As camadas impermeáveis sobrepostas a um aquífero confinado evitam que a água da chuva infiltre-se diretamente até ele e, assim, os aquíferos confinados são recarregados pela precipitação sobre a *área de recarga*, frequentemente caracterizada por rochas aflorantes em regiões de maior altitude e morfologicamente elevadas. Nesses locais, a água da chuva pode infiltrar-se no solo porque não há um aquiclude impedindo a percolação. A água, então, desce para o aquífero subterrâneo.

A água em um aquífero confinado – conhecido como **aquífero artesiano** – está sob pressão. Em qualquer ponto do aquífero, a pressão é equivalente ao peso de toda a água do aquífero que está acima dele. Se a elevação da superfície do solo, onde perfuramos um poço em um aquífero confinado, for menor que o nível freático da área de recarga, então a água fluirá espontaneamente acima da boca do poço (**Figura 17.13**). Esse tipo de poço, chamado de *artesiano*, é extremamente desejável, pois não necessita de energia para bombear a água até a superfície.

Em ambientes geológicos mais complexos, a posição do nível freático pode ser mais complicada. Por exemplo, se há uma camada de argila relativamente impermeável – um aquiclude – intercalada em uma formação arenosa permeável, o aquiclude pode situar-se abaixo do nível freático de um aquífero raso e, ao mesmo tempo, acima do nível freático de um aquífero profundo (**Figura 17.14**). O nível freático do aquífero raso é chamado de *nível freático suspenso*, pois se situa acima do nível freático principal do aquífero inferior. Muitos níveis freáticos suspensos são delgados, com somente alguns metros de espessura e em uma área restrita, mas alguns se estendem por centenas de quilômetros quadrados.

Balanço de recarga e descarga

Quando a recarga e a descarga estão equilibradas, o reservatório de água subterrânea e a superfície freática permanecem constantes, mesmo quando a água está continuamente percolando através do aquífero. Para que a recarga se equilibre com a descarga, a chuva deve ser frequente o suficiente para igualar-se à soma do escoamento para os rios e para as nascentes e poços.

*N. de R.T.: Em bibliografias técnicas mais antigas, pode-se eventualmente encontrar, entre outras, as seguintes designações equivalentes a "aquífero": "lençol aquífero", "lençol d'água subterrâneo" e "lençol freático".

**N. de R.T.: Reserva-se o termo "aquiclude" para as unidades que têm baixa capacidade de transmitir água, embora possam estar saturadas; "aquifugo" para as unidades que não têm conectividade entre os poros e não absorvem nem transmitem água; e "aquitarde" para designar unidades que, em um dado contexto, têm baixa produção de água relativamente a outras, chamadas de "aquíferas".

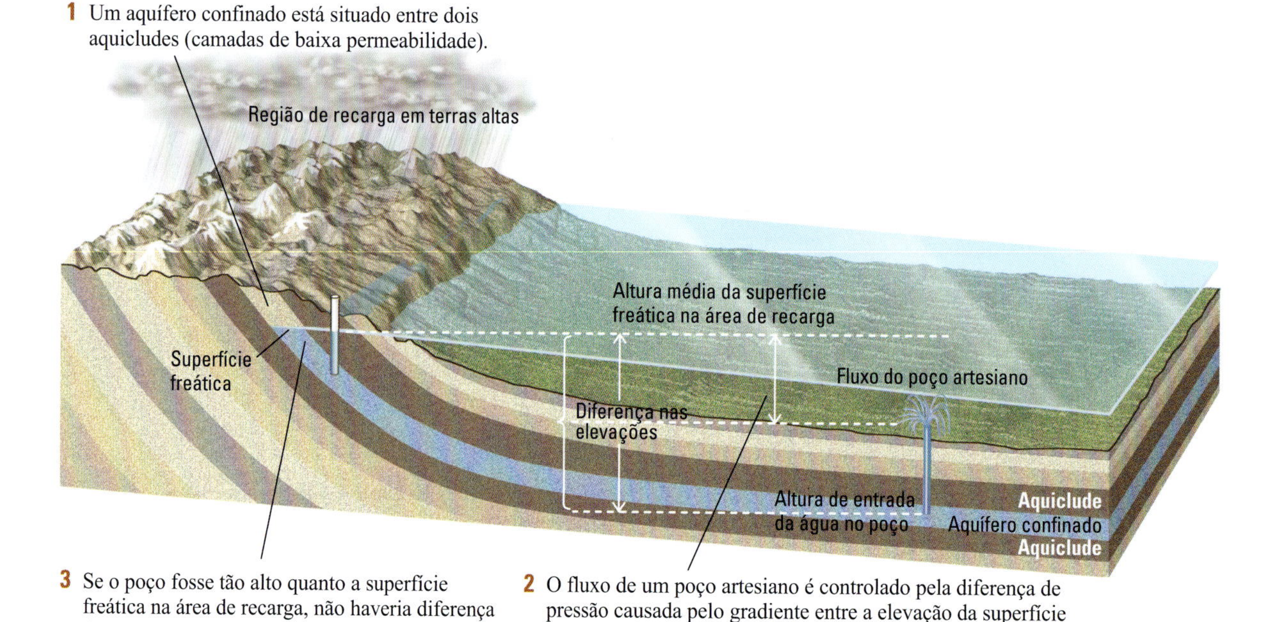

FIGURA 17.12 Uma formação permeável situada entre dois aquicludes forma um aquífero confinado, através do qual a água flui sob pressão.

FIGURA 17.13 A água flui de um poço artesiano sob sua própria pressão. Este poço artesiano fornece água no sul da região de Gulf Savannah, em Queensland, Austrália. [ENVIRONMENTAL IMAGES/Science Source.]

Mas a recarga e a descarga nem sempre serão iguais, pois a chuva varia de estação para estação. Tipicamente, a superfície freática desce em estações secas e sobe durante períodos úmidos (ver Figura 17.11b). Uma diminuição na recarga, como em secas prolongadas, será seguida por um intervalo longo de desequilíbrio e um nível freático baixo.

Um aumento na descarga, geralmente a partir do aumento do bombeamento no poço, pode produzir o mesmo desequilíbrio a longo prazo e um rebaixamento do nível freático. Poços rasos podem terminar secando, tornando-se uma zona não saturada. Quando o bombeamento de água de um poço é mais rápido que a sua recarga, o nível d'água do aquífero é rebaixado

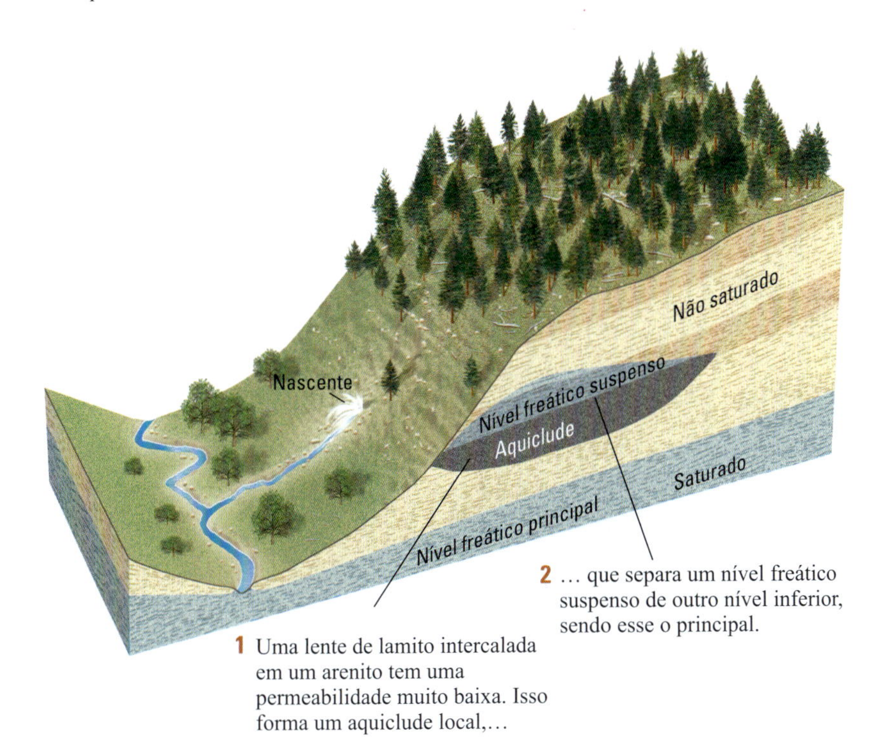

FIGURA 17.14 Um nível freático suspenso forma-se em situações geologicamente complexas – no caso aqui ilustrado, ele ocorre no aquiclude de folhelho situado acima da superfície freática principal do aquífero de arenito. A dinâmica de recarga e descarga do nível freático suspenso pode ser diferente daquela do nível principal.

sob a forma de um cone que se localiza em uma área no entorno do poço, chamada de *cone de depressão* (**Figura 17.15**). O nível d'água no poço é rebaixado até a posição deprimida da superfície freática. Se o cone de depressão rebaixar para além do fundo do poço, então o poço ficará seco. Contudo, se o fundo do poço estiver acima da base do aquífero, pode-se perfurar mais e aumentar a sua profundidade dentro do aquífero, o que poderá permitir que mais água seja extraída, mesmo com uma taxa de bombeamento alta e contínua. Entretanto, se a taxa de bombeamento é mantida e a profundidade do poço é aumentada até atingir toda a espessura do aquífero, o cone de depressão poderá alcançar a base do aquífero e exauri-lo. O aquífero recuperar-se-á somente se a taxa de bombeamento for reduzida o suficiente para que haja tempo de recarga.

A extração excessiva de água não apenas reduz o aquífero, mas também pode causar outros efeitos ambientais indesejáveis. Quando a pressão da água no espaço poroso (chamada de poro pressão) cai, a superfície do solo sobre o aquífero pode afundar, criando depressões semelhantes a crateras de abatimento ou dolinas (**Figura 17.16**). Quando a água em alguns sedimentos é removida, os sedimentos se compactam e a perda de volume é manifestada pelo abatimento da superfície, um fenômeno conhecido como *subsidência*. A subsidência causada por excesso de bombeamento ocorreu na cidade do México e em Veneza, na Itália, bem como em muitas outras regiões em que essa prática é intensa, como no Vale de San Joaquin, na Califórnia (EUA). Nesses lugares, a taxa de subsidência da superfície atingiu quase 1 m a cada três anos. Embora alguns experimentos tenham tentado reverter a subsidência pela injeção de água no sistema de água subterrânea, não tiveram muito sucesso. Isso se deu porque a maior parte do material compactado não se expandiu facilmente para seu estado anterior. A melhor medida para interromper a subsidência é a restrição do bombeamento.

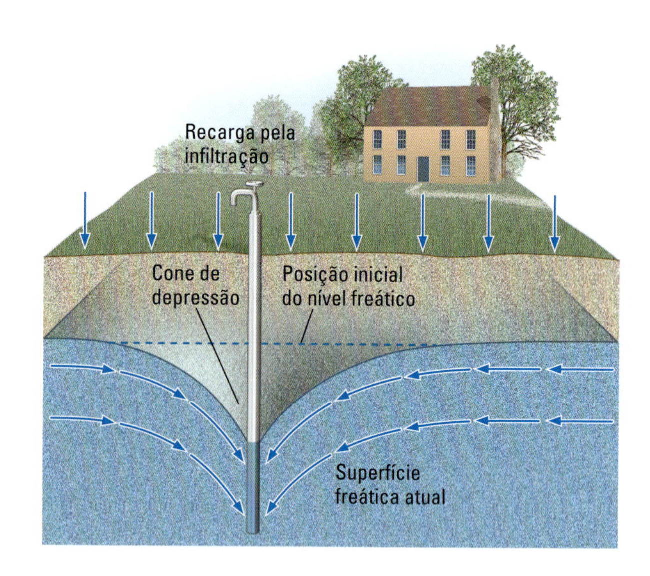

FIGURA 17.15 O excesso de bombeamento intensivo em relação à recarga causa rebaixamento da superfície freática, que assume a forma de um cone de depressão. O nível d'água no poço desce até a posição deprimida da superfície freática.

As pessoas que vivem próximas à orla oceânica podem enfrentar problemas diferentes quando as taxas de bombeamento são altas em relação à recarga: a intrusão de água salgada para o poço*. Próximo à costa ou um pouco mais perto do mar, um limite separa a água subterrânea salgada sob o leito do mar da água subterrânea doce sob a superfície em terra. A partir da

*N. de R.T.: Na literatura mais antiga, esse evento era designado por "contaminação do poço por água salgada". Mais recentemente, vem sendo empregada a expressão "intrusão salina" para esse fenômeno.

FIGURA 17.16 Fissura exposta no sul do Condado de Pinal, Arizona (EUA), causada pelo bombeamento excessivo de água subterrânea. [J. P. Cook, Arizona Geological Survey.]

linha de costa, essa *interface de água salgada* inclina-se para baixo e estende-se para o interior, de modo que a água salgada subjaz à água doce do aquífero costeiro (Figura 17.17a). Sob muitas ilhas oceânicas, uma lente de água doce subterrânea (com a forma semelhante a uma lente biconvexa simples) flutua sobre o nível de água salgada. A água doce flutua porque é menos densa que a salgada (1,00 g/cm³ *versus* 1,02 g/cm³, uma diferença pequena, mas significativa). Normalmente, a pressão da água doce mantém a superfície de água salgada um pouco afastada da linha de costa. O balanço entre a recarga e a descarga em aquíferos de água doce mantém estável esse limite entre água doce e salgada.

Enquanto a recarga pela água da chuva é, pelo menos, igual à descarga por bombeamento, o poço fornece água doce. Entretanto, se a extração de água é mais rápida que a recarga, um cone de depressão desenvolve-se no topo do aquífero. Na base do reservatório de água doce, forma-se então outro cone, simetricamente invertido, que se eleva da interface de água salgada subjacente. O cone de depressão dificulta o bombeamento de água doce, e o cone invertido inferior causa a entrada de água salgada no fundo do poço (ver Figura 17.17b). As pessoas que vivem próximas à praia são as primeiras a serem afetadas. Algumas cidades em Cabo Cod, em Massachusetts (EUA); em Long Island, em Nova York; e em muitas outras áreas costeiras têm denunciado que sua água potável contém mais sal do que é considerado saudável pelos órgãos ambientais. Não há outra solução imediata para esse problema a não ser diminuir o bombeamento ou, em alguns locais, recarregar o aquífero artificialmente por meio de injeção do escoamento superficial para o solo.

Um dos efeitos previstos do aquecimento global é uma elevação do nível do mar. Pode-se ver que, quando o nível do mar sobe, a interface de água salgada de aquíferos costeiros também sobe. A água do mar pode invadir os aquíferos costeiros e deixar a água doce salgada.

A velocidade do fluxo da água subterrânea

A velocidade na qual a água se move no subsolo afeta intensamente o balanço entre descarga e recarga. A maior parte da água subterrânea move-se lentamente, um processo natural que forma nossos estoques de água subterrânea. Se a água subterrânea se movesse tão rápido como os rios, os aquíferos rapidamente secariam após um período de tempo sem chuva, da mesma forma como geralmente ocorre em muitos cursos d'água pequenos. O lento movimento do fluxo da água subterrânea também torna impossível uma recarga rápida se os níveis d'água forem rebaixados pelo bombeamento excessivo.

Embora todo o fluxo de água subterrânea através dos aquíferos seja lento, alguns são mais demorados que outros. Na metade do século XIX, Henri Darcy*, engenheiro civil de Dijon, na França, propôs uma explicação para a diferença das taxas de diferentes fluxos. Enquanto estudava o abastecimento de água da cidade, Darcy mediu as profundidades do nível d'água em

*N. de R.T.: Darcy estudou na Ècole des Ponts et Chaussées ("Escola de Pontes e Calçadas"), tendo recebido seu diploma de engenheiro em 1826. Em 1834, publicou o relatório Como prover os recursos hídricos para a cidade de Dijon.

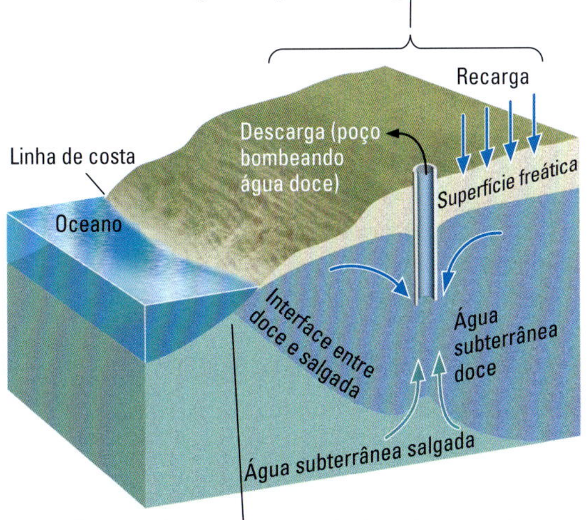

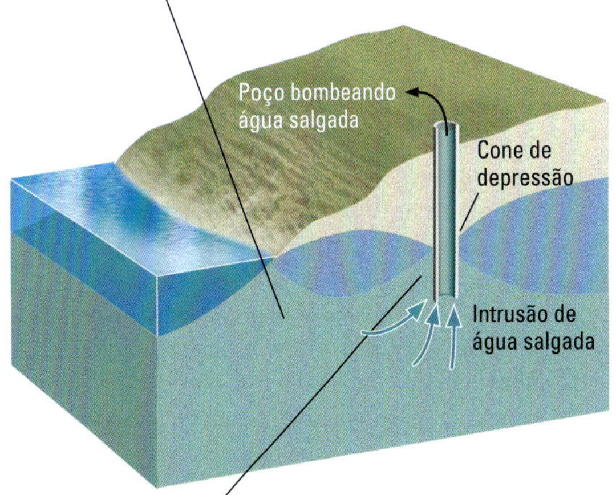

FIGURA 17.17 O balanço entre a recarga e a descarga mantém na mesma posição a interface entre a água salgada e a água doce de um aquífero costeiro. Preservar o equilíbrio impede que a água salgada entre nos poços (a), mas o bombeamento excessivo faz com que ela entre nos poços (b).

PRATIQUE UM EXERCÍCIO DE GEOLOGIA

Quanta água nossos poços conseguem produzir?

A pergunta mais importante que alguém que esteja cogitando perfurar um poço pode fazer é se esse poço produzirá água suficiente para satisfazer suas necessidades. Um poço perfurado em um tipo de formação pode produzir água em abundância, enquanto outro, não muito distante, mas em uma formação diferente, pode não ter o mesmo resultado. Como podemos prever quanta água um poço produzirá em determinada localidade?

Henri Darcy transformou seu entendimento conceitual dos princípios do fluxo de água subterrânea em uma equação matemática simples e bastante útil. Essa equação – a *lei de Darcy* – mostra como os fatores geológicos controlam a taxa de fluxo de água através de um aquífero:

$$Q = A\left[\frac{K(h_a - h_b)}{l}\right]$$

A equação relaciona os seguintes valores:

- O volume de água que flui durante um determinado tempo (Q);
- A área da seção transversal do aquífero através da qual o volume de água flui (A);
- A permeabilidade da rocha ou solo através do qual a água flui, chamada de *condutividade hidráulica* do aquífero (K);
- O gradiente hidráulico, determinado pela instalação de poços de teste em dois pontos, a e b, para medir a diferença de altura entre eles ($h_a - h_b$);
- A distância entre os poços de teste (l).

A equação nos informa que o fluxo de água aumentará se a área da seção transversal do aquífero, o gradiente hidráulico ou a condutividade hidráulica aumentarem.

Em muitas partes rurais e suburbanas dos Estados Unidos, a perfuração de poços é uma prática comum para o suprimento de água da família. Ao escolher um local para residência, a família deve tomar cuidado e considerar a geologia do lugar e procurar saber se é ou não adequado para um fluxo suficiente de água. A água que flui no poço no ponto B do diagrama ao lado produzirá água suficiente para as necessidades de uma família? Depende de uma série de fatores, inclusive o tipo de formação em que o poço é perfurado. Podemos usar a lei de Darcy para avaliar os efeitos da condutividade hidráulica sobre a quantidade de água que fluirá pelo poço.

Utilizando as medidas dadas no diagrama, encontramos os seguintes valores:

Área transversal do cano do poço
$$= A = 0{,}25\ \text{m}^2$$

$$\text{Gradiente hidráulico} = \left[\frac{h_a - h_b}{l}\right]$$

$$= \left[\frac{440\ \text{m} - 415\ \text{m}}{1.250\ \text{m}}\right]$$

$$= \left[\frac{25\ \text{m}}{1.250\ \text{m}}\right]$$

$$= 0{,}02$$

vários poços e mapeou as diversas elevações da superfície freática da região. Calculou então as distâncias que a água percorre de um poço para outro e mediu a permeabilidade dos aquíferos. Estas foram as suas descobertas:

- Para um aquífero específico e para uma determinada distância percorrida, a taxa na qual a água flui de um ponto para outro é diretamente proporcional ao desnível vertical da superfície freática entre os dois pontos. Quando o desnível aumenta, a taxa do fluxo também aumenta.
- A taxa do fluxo de um aquífero específico, que tem um certo desnível vertical, é inversamente proporcional à distância percorrida pelo fluxo da água. Isto é, com o aumento da distância, a taxa do fluxo diminui. O quociente entre o desnível vertical e a distância percorrida pelo fluxo é chamado de **gradiente hidráulico.**

Darcy deduziu que a relação entre o fluxo e o gradiente hidráulico da água deveria ser idêntica na água que corre por um aquífero de cascalho bem selecionado ou por um aquífero arenítico lodoso e menos permeável. Você poderia supor que a água se move mais rapidamente nos grandes espaços porosos do cascalho bem selecionado do que através dos caminhos irregulares do aquífero arenítico lodoso de grãos finos e menos permeável. Darcy reconheceu essa possibilidade e incluiu uma medida de permeabilidade em sua equação final. Desse modo, como as outras variáveis permanecem idênticas, quanto maior a permeabilidade, maior a facilidade de movimento e, portanto, mais rápido o fluxo. A simples equação desenvolvida por Darcy a partir dessas observações, hoje conhecida como **lei de Darcy**, pode ser usada para prever o comportamento da água subterrânea e, por isso, tem aplicações importantes na gestão dos recursos hídricos, conforme discutido no Pratique um Exercício de Geologia.

Recursos e gestão da água subterrânea

Grande parte da América do Norte conta com água subterrânea para todas as necessidades da população. A demanda por recursos de água subterrânea tem crescido com o aumento da população e com a expansão dos usos, como a irrigação (**Figura 17.18**). Muitas áreas da região das Grandes Planícies e outras do Sudoeste situam-se em formações areníticas, a maioria das quais são aquíferos confinados, como aquele mostrado na Figura 17.12. Esses aquíferos são recarregados em suas áreas aflorantes nos planaltos do oeste, alguns dos quais muito próximos ao sopé das Montanhas Rochosas. A partir de lá, a água

A seguir, usando os valores de K mostrados abaixo, calculamos Q para a areia bem selecionada:

Material	Condutividade hidráulica (K)
Argila	0,001 m/dia
Areia lodosa	0,3 m/dia
Areia bem selecionada	40 m/dia
Cascalho bem selecionado	3.750 m/dia

$$Q = A\left[\frac{K(h_a - h_b)}{l}\right]$$

$$= 0{,}25\ m^2 \times 40\ m/dia \times 0{,}02$$

$$= 0{,}2\ m^3\ /dia\ (cerca\ de\ 190\ litros/dia)$$

E para a argila:

$$Q = A\left[\frac{K(h_a - h_b)}{l}\right]$$

$$= 0{,}25\ m^2 \times 0{,}001\ m/dia \times 0{,}02$$

$$= 0{,}000005\ m^3\ /dia\ (cerca\ de\ 1\ colher\ de\ chá/dia)$$

É evidente que se o poço for perfurado em areia bem selecionada, poderá fornecer água suficiente para uma família de quatro pessoas, presumindo que cada pessoa utiliza 38 litros por dia para beber, tomar banho, usar o toalete, cozinhar, limpar e fazer a manutenção do jardim. Por outro lado, se o poço for perfurado em argila, é provável que seja uma frustração enorme.

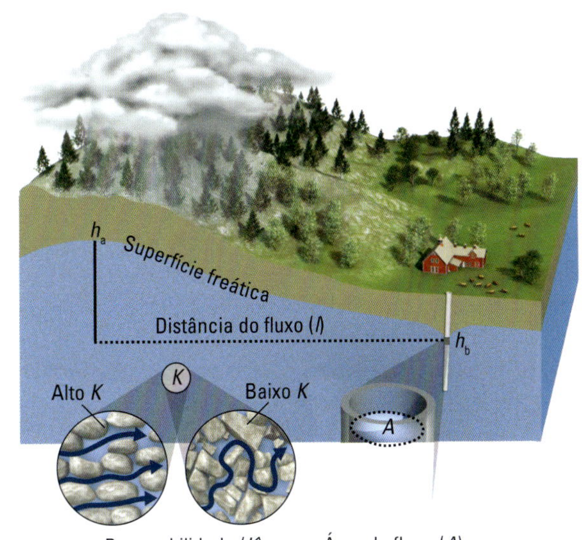

PROBLEMA EXTRA: Use a lei de Darcy para encontrar o volume de água que poderia fluir pelo poço em um dia se fosse perfurado em areia lodosa ou em cascalho bem selecionado.

As velocidades calculadas pela lei de Darcy foram confirmadas experimentalmente ao medir-se quanto tempo um pigmento não prejudicial introduzido em um poço levou para alcançar outro. Na maioria dos aquíferos, a água subterrânea move-se em uma taxa de poucos centímetros por dia. Em camadas de cascalho muito permeáveis próximas à superfície, a água subterrânea pode percorrer até 15 cm/dia. (Essa velocidade ainda é muito baixa quando comparada com a dos rios, cujo fluxo tem uma velocidade típica de 20 a 50 cm/s.)

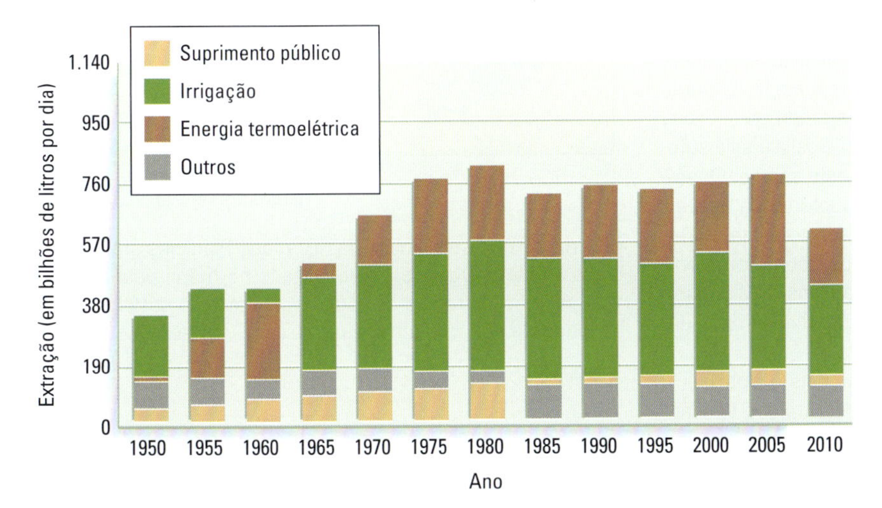

FIGURA 17.18 Extração de água subterrânea nos Estados Unidos de 1950 a 2010. [Dados da U.S. Geological Survey.]

subterrânea desloca-se para as altitudes inferiores em direção a leste por centenas de quilômetros. Milhares de poços têm sido perfurados nesses aquíferos, constituindo-se em um importante recurso hídrico.

A lei de Darcy nos diz que, em um aquífero, a água flui com taxas proporcionais ao declive entre sua área de recarga e um dado poço. Nas Grandes Planícies, as declividades são suaves e a água move-se lentamente pelos aquíferos, recarregando-os em taxas baixas. Inicialmente, muitos desses poços eram artesianos e a água fluía livremente. À medida que mais poços foram perfurados, o nível da água caiu, e ela precisou ser bombeada para a superfície. O bombeamento intensivo retirou a água de alguns aquíferos mais rápido que a lenta recarga vinda de longe poderia preenchê-los, de modo que as reservas estão sendo reduzidas (ver Plano de Ação para a Terra 17.2).

A erosão pela água subterrânea

Todos os anos, milhares de pessoas visitam cavernas, seja em excursões que visam a atrações populares, como a Caverna Mammoth, em Kentucky (EUA), seja em explorações aventureiras de cavernas pouco conhecidas. Esses grandes espaços subterrâneos são, na verdade, cavidades enormes produzidas pela dissolução de calcário (ou, raramente, de outras rochas solúveis, como os evaporitos) pela água subterrânea. Imensas quantidades de calcário foram dissolvidas para formar algumas cavernas. A Caverna Mammoth, por exemplo, tem dezenas de quilômetros de grandes e pequenas câmaras interconectadas e o grande salão da Caverna de Carlsbad, no Novo México (EUA), tem mais de 1.200 m de comprimento, 200 m de largura e 100 m de altura.

Plano de ação para a Terra 17.2 O aquífero Ogallala: um recurso de água subterrânea ameaçado

Por mais de 100 anos, a água do aquífero Ogallala, uma formação de areia e cascalho, supriu água doce para grande parte das cidades, povoados, fazendas e granjas do sul das Grandes Planícies. A população da região aumentou de poucos milhares no final do século XIX para cerca de 1 milhão nos dias atuais. O bombeamento, inicialmente para a irrigação, tem sido tão intenso (cerca de 6 bilhões de metros cúbicos de água por ano, de um total de 170 mil poços) que a recarga não pode ser mantida. A pressão da água nos poços tem diminuído constantemente, e a superfície freática sofreu um rebaixamento de 30 m ou mais.

A recarga natural do aquífero Ogallala é muito lenta no sul das Grandes Planícies, pois a chuva é esparsa, o grau de evaporação é alto e a área de recarga é pequena. As águas do aquífero Ogallala de hoje podem ter sido acumuladas antes de 10 mil anos atrás, durante a glaciação de Wisconsin, quando o clima das Grandes Planícies era mais úmido. Nas taxas atuais de recarga, se todo o bombeamento fosse interrompido, seriam necessários milhares de anos para que a superfície freática recuperasse seu nível original e a pressão dos poços fosse restaurada. Alguns cientistas fizeram tentativas de recarregar o aquífero artificialmente pela injeção de água a partir de lagos rasos que se formam na estação úmida no planalto. Esses experimentos têm aumentado a recarga, mas o aquífero ainda continuará em situação de perigo por um longo tempo.

Estima-se que a água remanescente no Ogallala seja suficiente apenas para as primeiras décadas deste século. Quando esse inestimável reservatório de água subterrânea estiver exaurido, cerca de 20,6 mil km^2 de área irrigada no oeste do Texas e no leste do Novo México estarão secos – comprometendo, com isso, 12% da produção norte-americana de algodão, milho, sorgo e trigo e uma significativa porção dos campos de engorda dos rebanhos de gado do país.

Outros aquíferos nas planícies setentrionais e outros lugares da América do Norte estão em uma situação similar. Em três importantes áreas dos Estados Unidos – no Arizona, nos planaltos e na Califórnia – o abastecimento de água subterrânea está reduzido.

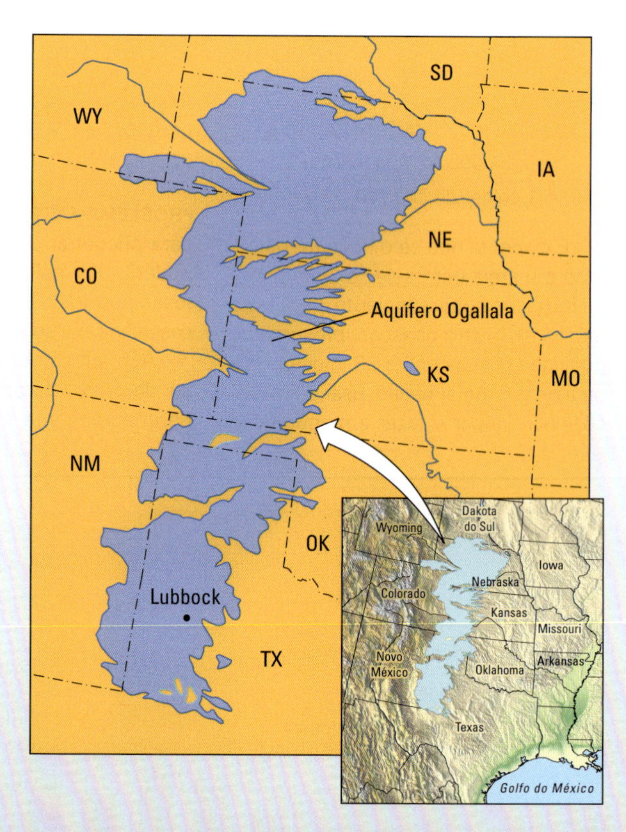

Grande parte da região sul das Grandes Planícies situa-se sobre o aquífero Ogallala, representado no mapa pela área em azul. A principal região de recarga do aquífero está localizada ao longo de sua margem oeste. [Dados da U.S. Geological Survey.]

As formações de calcário são comuns na porção superior da crosta, mas as cavernas formam-se somente onde essas rochas relativamente solúveis estão na superfície ou próximas a ela, em locais onde quantidades suficientes de águas ricas em dióxido de carbono ou de enxofre infiltram-se para dissolver extensas áreas de calcário. Como vimos no Capítulo 16, o dióxido de carbono atmosférico contido na água da chuva forma ácido carbônico, que acentua a dissolução do calcário. A água que se infiltra no solo pode captar ainda mais o dióxido de carbono produzido por raízes de vegetais, microrganismos e outros organismos que ali vivem e que liberam esse gás. Quando essa água rica em dióxido de carbono move-se da zona não saturada para a saturada, origina espaços à medida que dissolve os minerais carbonáticos. Esses espaços aumentam devido à dissolução do calcário ao longo das juntas e fraturas, formando uma rede de salões e passagens. Tais redes formam-se intensivamente na zona saturada, onde, pelo fato de as cavernas estarem preenchidas com água, a dissolução ocorre em todas as superfícies, incluindo os assoalhos, as paredes e os tetos.

Podemos explorar as cavernas que uma vez estiveram abaixo da superfície freática mas que, hoje, encontram-se na zona não saturada devido ao rebaixamento do nível da água subterrânea. Nessas cavernas, agora preenchidas pelo ar, a água saturada com carbonato de cálcio pode gotejar do teto. Quando cada gota pinga do teto, parte de seu dióxido de carbono dissolvido evapora, escapando para a atmosfera da caverna. A evaporação torna o carbonato de cálcio em solução na água subterrânea menos solúvel, e cada gota de água que cai deixa precipitada no teto uma pequena quantidade de carbonato de cálcio. Esses depósitos acumulam-se, exatamente como cresce um pingente de gelo, em um espigão estreito e alongado, suspenso no teto, chamado de *estalactite*. Quando o pingo da água cai no chão da caverna, mais dióxido de carbono escapa e outra pequena quantidade de carbonato de cálcio fica ali precipitada, bem embaixo da estalactite. Esses depósitos também se acumulam, formando uma *estalagmite*. Com o tempo, uma estalactite e uma estalagmite podem crescer juntas e formar uma coluna (**Figura 17.19**).

Água antiga

Em algumas das minas mais profundas da Terra, os geólogos descobriram recentemente porções de água antiga confinadas em rochas com mais de 1,5 bilhão de anos de idade. A descoberta baseia-se em uma nova técnica de datação, baseada em isótopos de xenônio. O xenônio e outros gases nobres registram precisamente quando massas de fluidos estiveram em contato com a atmosfera pela última vez.

As únicas águas mais antigas do que elas são inclusões minúsculas, do tamanho de uma cabeça de alfinete, em minerais encontrados em rochas com mais de 3 bilhões de anos. Mas água nesse nível de abundância, fluindo de fato da rocha, nunca fora encontrada antes. A água ocorre em fraturas abertas, formadas bilhões de anos atrás, quando forças tectônicas relacionadas à formação continental criaram amplos sistemas de fraturas dentro das rochas metamórficas. Algumas dessas fraturas se encheram de minerais economicamente valiosos, mas outras simplesmente se encheram de água que nunca esteve em contato com a atmosfera.

Essa descoberta tem consequências para a habitabilidade dos ambientes crustais profundos. A água contém hidrogênio e metano que poderiam ser usados por microrganismos adaptados à vida em ambientes extremos (ver Capítulo 22, "Geobiologia: a vida interage com a Terra"). Se os cientistas conseguirem provar que micróbios também vivem nesse ambiente, isso mostraria que tais microrganismos, junto com a água, têm evoluído de forma isolada, possivelmente durante bilhões de anos. Além disso, à medida que direcionamos mais atenção à habitabilidade potencial de Marte, a descoberta nos leva à possibilidade de que micróbios semelhantes também poderiam ocupar sistemas de fraturas subterrâneos similares que existem em escalas de tempo planetárias.

Uma série de abordagens inovadoras está sendo usada para aumentar a sustentabilidade dos recursos de água subterrânea. Os esforços para reduzir a descarga excessiva têm sido complementados pela tentativa de aumentar artificialmente a recarga dos aquíferos de algumas áreas. Em Long Island, em Nova York (EUA), por exemplo, o órgão de abastecimento de água perfurou um grande sistema de poços de recarga para bombear água usada para o solo, tendo sido previamente tratada e purificada. O órgão de abastecimento de água também construiu grandes bacias rasas sobre as áreas de recarga natural para aumentar a infiltração das águas superficiais, pela coleta e desvio do escoamento superficial, incluindo a drenagem pluvial e águas utilizadas pela indústria. Os funcionários públicos responsáveis pelo programa sabiam que o desenvolvimento urbano pode diminuir a recarga ao interferir na infiltração. À medida que a urbanização progride, os materiais impermeáveis utilizados para pavimentar grandes áreas de ruas, calçadas e estacionamentos impedem a infiltração da água no solo. Essa diminuição da infiltração natural pode privar os aquíferos de grande parte de sua recarga. Uma solução é coletar e utilizar o escoamento pluvial em um programa sistemático de recarga artificial, como foi feito pelo órgão de abastecimento de água em Long Island. Os múltiplos esforços das autoridades de abastecimento de água ajudaram a restabelecer o aquífero de Long Island, embora sem atingir os níveis originais.

Orange County, próximo a Los Angeles, Califórnia (EUA), recebe apenas cerca de 38 cm de chuva por ano, mas essa água deve suprir uma população de 2,5 milhões de pessoas. A água subterrânea bombeada da parte oeste do condado atende aproximadamente 75% de suas necessidades. Porém, a superfície freática está caindo gradualmente, o que ameaça diminuir tal abastecimento. Para ajudar a reabastecer o suprimento, o Departamento Hídrico de Orange County opera 23 poços que injetam água residual tratada, misturada com água subterrânea de um segundo aquífero localizado sob o principal aquífero do condado. A água reciclada atende aos padrões de água potável com tratamento adicional, mas a maioria dos contaminantes é filtrada pela rede de poros do aquífero.

FIGURA 17.19 As Cavernas de Luray, na Virgínia (EUA). As estalactites do teto e as estalagmites do assoalho uniram-se para formar uma coluna. [Ivan Vdovin/Alamy.]

FIGURA 17.20 Esta imagem aérea mostra a enorme dolina que continua a crescer enquanto trabalhadores tentam, sem sucesso, recuperar carros esportivos da depressão em Winter Park, Flórida (EUA), em 11 de maio de 1981. [AP Photo.]

Extremófilos microbianos (ver Capítulo 22) foram descobertos habitando cavernas, apesar da falta de luz solar e das condições altamente ácidas que evitam que a maioria dos organismos viva em tais ambientes. Alguns geólogos acreditam que esses microrganismos contribuíram com a formação das Cavernas Carlsbad utilizando sulfatos dissolvidos de evaporitos de gipsita ($CaSO_4$) como fonte de energia e liberando ácido sulfúrico como subproduto. O ácido sulfúrico, assim, ajudou a dissolver o calcário para formar as cavernas.

Em alguns lugares, a dissolução pode adelgaçar de tal modo o teto de uma caverna de calcário que ele colapsa repentinamente, produzindo uma **dolina*** – uma depressão pequena e íngreme na superfície acima da caverna (Figura 17.20). As dolinas são características de uma paisagem típica, conhecida como *carste*, denominação de uma região do norte da Eslovênia**. O **relevo cárstico** é um terreno acidentado irregular caracterizado por dolinas, cavernas e ausência de rios superficiais (Figura 17.21). Os canais de drenagem subterrânea substituem o sistema de drenagem superficial de pequenos e grandes rios. Os cursos d'água curtos e escassos frequentemente terminam em dolinas, sumindo no subterrâneo*** e, às vezes, reaparecendo quilômetros adiante.

O relevo cárstico é encontrado em regiões com as seguintes características:

1. Um clima úmido, com abundante vegetação (fornecendo águas ricas em dióxido de carbono)
2. Formações calcárias intensamente fraturadas
3. Gradientes hidráulicos apreciáveis

Nas Américas do Norte e Central, o relevo cárstico é encontrado em terrenos calcários de Indiana, Kentucky e Flórida e na Península de Yucatán, no México. O carste é bem desenvolvido em calcários coralíferos, que foram soerguidos em terrenos cenozoicos tardios de arcos insulares em clima tropical.****

Os terrenos cársticos frequentemente têm problemas ambientais, incluindo subsidência superficial a partir de colapsos no espaço subterrâneo e desmoronamentos potencialmente catastróficos. A espetacular torre cárstica no sudeste da China formou-se quando redes de cavernas entraram em colapso para formar dolinas, que, então, se expandiram e se fundiram, criando "torres" (Figura 17.22).

A qualidade da água

Diferentemente das pessoas de muitas outras partes do mundo, os habitantes da América do Norte são afortunados porque quase todo o sistema de abastecimento de água é isento de contaminação por bactérias e a maior parte dele é livre o suficiente de contaminantes químicos para que a água seja consumida com

*N. de R.T.: As dolinas, conhecidas também como crateras de abatimento, podem variar desde algumas dezenas de centímetros até quase mil metros de diâmetro e desde algumas dezenas de centímetros até próximo a cem metros de profundidade.

**N. de R.T.: A região de terrenos calcários e dolomíticos dos Alpes Dináricos, que acompanha a faixa litorânea do Mar Adriático, outrora pertencente à antiga Iugoslávia, faz parte, hoje, da Eslovênia, Croácia e Iugoslávia. As designações das feições geomorfológicas cársticas derivam dessa região e, comumente, não têm sido traduzidas em português e, também, em outras línguas. Um exemplo é a palavra "carste", forma aportuguesada do vocábulo alemão *karst*, que, por sua vez, deriva da denominação local dada àquela paisagem. Na literatura brasileira mais antiga, eventualmente, encontra-se na forma "*karst*", como é grafada em inglês.

***N. de R.T.: O rio que perde sua água na rocha calcária é chamado de "rio sumido" e o curso que prossegue sob a superfície é denominado de "rio subterrâneo".

****N. de R.T.: No Brasil, aproximadamente 7% do território é constituído por relevo cárstico, com predomínio de calcário e dolomito, sendo mais significativas as seguintes regiões de exposição: a) do Grupo Bambuí (Neoproterozoico), no noroeste de Minas Gerais, leste de Goiás, sudeste do Tocantins e oeste da Bahia; b) do Grupo Una (Neoproterozoico), na porção central da Bahia. A caverna mais extensa, com cerca de 80 km, localiza-se em Campo Formoso (BA). Também ocorrem terrenos cársticos nos Estados de São Paulo, Paraná, Mato Grosso e Mato Grosso do Sul. Neste Estado, situam-se as impressionantes cavernas e paisagens do município de Bonito.

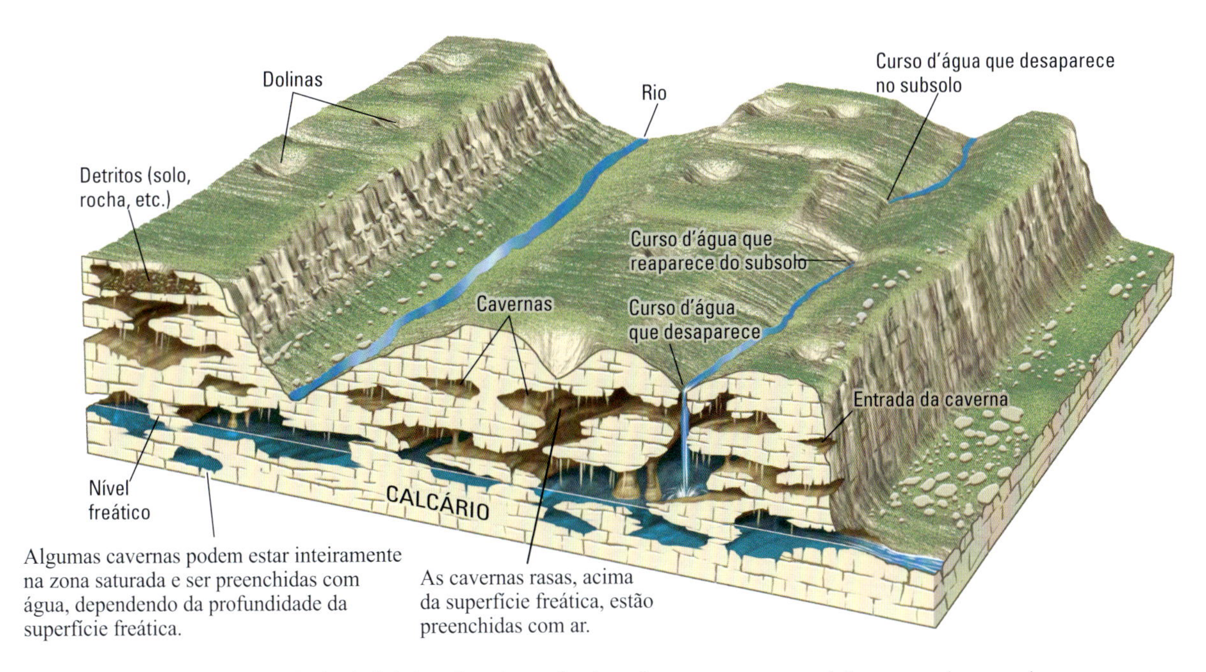

FIGURA 17.21 Algumas das principais feições do relevo cárstico são as cavernas, as dolinas e os rios que desaparecem.

FIGURA 17.22 A torre cárstica no sudeste da China é um terreno espetacular que contém morros isolados com encostas praticamente verticais. [Reimar/Alamy.]

segurança. Porém, conforme mais rios tornam-se poluídos e mais aquíferos são contaminados por resíduos tóxicos, é provável que os norte-americanos vejam mudanças na qualidade da água. A maioria dos residentes dos Estados Unidos está começando a ver seu abastecimento de água doce e pura como um recurso limitado. Muitas pessoas agora viajam com seu próprio suprimento de água engarrafada, instalando sistemas de purificação em suas casas ou de fontes d'água comercialmente disponíveis.

A contaminação da água potável

A qualidade da água subterrânea é frequentemente ameaçada por uma série de contaminantes. A maioria deles é química, embora os microrganismos na água também possam ter efeitos negativos sobre a saúde humana sob certas condições.

Poluição por chumbo O chumbo é um poluente bem conhecido produzido pelos processos industriais que lançam contaminantes na atmosfera. Quando o vapor d'água se condensa na atmosfera, o chumbo é incorporado nas gotas da chuva, as quais o transportam para a superfície terrestre. O chumbo é rotineiramente eliminado da água por meio de tratamento químico feito pelo sistema de abastecimento público, antes que ela seja distribuída pela rede de água. Em casas mais antigas com canos de chumbo, a água pode lixiviar esse elemento. Mesmo nas construções mais novas, as soldas de chumbo utilizadas para conectar canos de cobre e metais usados nas torneiras podem ser fontes de contaminação. A substituição dos velhos canos de chumbo por canos de plástico duráveis pode reduzir a contaminação. Até mesmo o ato de deixar a água correr por poucos minutos, para limpar os canos, pode ajudar.

Outros contaminantes químicos Uma série de atividades humanas produz químicos que podem contaminar a água subterrânea (Figura 17.23). Algumas décadas atrás, quando sabíamos muito menos sobre os efeitos ambientais e na saúde

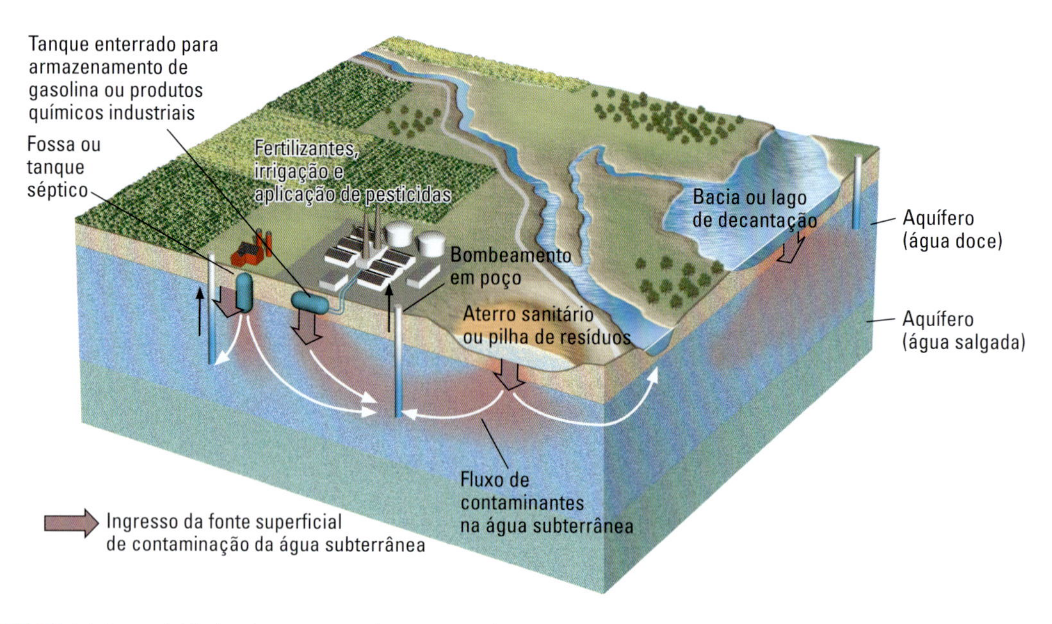

FIGURA 17.23 Muitas atividades humanas podem contaminar a água subterrânea. Os contaminantes de fontes superficiais, como aterros sanitários, e subsuperficiais, como tanques sépticos e fossas, entram no aquífero através do fluxo normal da água subterrânea. Os contaminantes podem ser introduzidos no abastecimento de água durante o bombeamento de poços. [Dados da U.S. Environmental Protection Agency.]

causados por resíduos tóxicos, industriais, de mineração e militares, que hoje sabemos ser perigosos, estes eram depositados no solo, lagos e rios ou descarregados no subsolo. Embora muitas dessas fontes de poluição estejam sendo tratadas, os contaminantes ainda estão chegando nos aquíferos pelo fluxo lento da água subterrânea, e os químicos tóxicos ainda estão entrando na água subterrânea a partir de várias outras fontes.

A disposição de solventes clorados – como o tricloroetileno (TCE)*, muito utilizado como solvente em processos industriais – traz um terrível problema. Esses solventes persistem no meio ambiente porque são difíceis de ser removidos das águas contaminadas. A queima do carvão e a incineração de resíduos urbanos e médicos emitem mercúrio para a atmosfera, que contamina os suprimentos de água. Os tanques subterrâneos de armazenagem de gasolina podem vazar,** e o sal espalhado nas estradas e ruas*** inevitavelmente infiltra-se no solo até alcançar, por fim, um aquífero. A água da chuva pode lavar do solo os pesticidas, herbicidas e fertilizantes agrícolas. A partir do solo, eles percolam até os aquíferos. Em algumas áreas agrícolas onde os fertilizantes de nitrato são intensamente utilizados, a água subterrânea pode conter altas quantidades desse contaminante. Um estudo recente mostrou que 21% das amostras de poços rasos, que forneciam água potável, excediam a quantidade máxima de nitrato (10 ppm) permitida nos Estados Unidos. Esse nível elevado de nitrato traz o perigo da síndrome do "bebê azul" (a incapacidade de manter níveis saudáveis de oxigênio), que atinge crianças com até seis meses de idade.

Resíduos radioativos Não há uma solução fácil para o problema da contaminação da água subterrânea com resíduos radioativos. Quando o resíduo radioativo é enterrado no subsolo, ele pode ser lixiviado pela água subterrânea e encontrar um modo de alcançar aquíferos. Os tanques e os depósitos subterrâneos de fábricas de armas nucleares em Oak Ridge, Tennessee (EUA), e em Hanford, Washington (EUA), já tiveram vazamento de resíduos radioativos em águas subterrâneas rasas.

Microrganismos As causas mais comuns de contaminação da água subterrânea por microrganismos são tanques sépticos e fossas residenciais. Esses recipientes, amplamente utilizados em algumas áreas desprovidas de redes de coleta de esgoto, são tanques subterrâneos instalados, nos quais os resíduos sólidos do esgoto doméstico são decompostos por bactérias. Para prevenir a contaminação da água potável, as fossas devem ser substituídas por tanques sépticos instalados a uma distância adequada dos poços de água de aquíferos rasos.

Revertendo a contaminação

Podemos reverter a contaminação da água potável? Sim, mas o processo apresenta custos elevadíssimos e é muito lento. Quanto mais rápida for a recarga de um aquífero, mais fácil será o processo de descontaminação. Se a recarga é rápida, uma vez que cessam as fontes de contaminação, a água doce move-se para o aquífero e, em um curto período de tempo, a qualidade da

---

*N. de R.T.: O TCE, com fórmula química C_2HCl_3, também é usado na lavagem de roupas a seco.

**N. de R.T.: A vida útil de um tanque de combustível subterrâneo é de 10 a 15 anos. Depois disso, a probabilidade de ocorrer vazamento passa a ser muito grande.

***N. de R.T.: Prática comum nos países em que há fortes nevadas. O sal entra em solução na água da neve, aumentando seu ponto de congelamento. Assim, a água ajuda a derreter mais neve das estradas, até eliminá-la, diminuindo os riscos de acidentes.

água é restaurada.* Mesmo uma rápida recuperação, entretanto, pode levar alguns anos.

A contaminação de reservatórios com recarga lenta é mais difícil de ser revertida. A taxa de fluxo da água subterrânea pode ser tão lenta que a contaminação a partir de uma fonte distante pode levar muito tempo para ser identificada. Quando a identificação ocorre, já é muito tarde para uma recuperação rápida. Mesmo com recargas para limpeza, certos reservatórios contaminados, que são profundos e distam centenas de quilômetros da área de recarga, podem não responder por muitas décadas.

Quando as fontes de água do abastecimento público estão poluídas, podemos bombear a água e, então, tratá-la quimicamente para torná-la potável, mas esse é um procedimento de custo elevado. Alternativamente, podemos tentar tratar a água enquanto ela ainda está no subsolo. Em um procedimento experimental de sucesso moderado, a água contaminada foi escoada para um grande tanque cheio de limalhas de ferro que descontaminaram a água pelas reações com os poluentes. Essas reações produziram um novo composto, atóxico, que se fixou por si mesmo nas limalhas de ferro.

*N. de R.T.: A visão dos autores apresenta-se otimista, ou mesmo esperançosa. Contudo, a descontaminação de solos e águas subterrâneas é um dos grandes desafios técnico-científicos. Muitos contaminantes, como os hidrocarbonetos, têm desdobramentos pouco conhecidos. Há um caso notório, embora ocorrido na superfície: o derrame de 41 milhões de litros de petróleo pelo navio Exxon Valdez, no Alasca, em 1989. Passados 14 anos do acidente, a revista Science (dezembro, 2003) publicou os resultados do investimento para a descontaminação (em torno de 2 bilhões de dólares) feito nesse período, destacando que: a) as populações de animais perderam sua fertilidade e não dão sinais de recuperação; b) os hidrocarbonetos se decompuseram em novos e mais terríveis contaminantes, sendo essa decomposição pouco conhecida. Na subsuperfície, os problemas tendem a se complexificar ainda mais.

Pode-se beber a água subterrânea?

Grande parte da água em reservas subterrâneas é inutilizável não porque foi contaminada por atividades humanas, mas porque naturalmente contém grandes quantidades de materiais dissolvidos. A água que tem um sabor agradável e não causa danos à saúde é chamada de **água potável**. As quantidades de substâncias dissolvidas na água potável são muito pequenas, geralmente medidas como pesos em partes por milhão (ppm). As águas subterrâneas potáveis e de boa qualidade contêm tipicamente algo em torno de 150 ppm de sólidos totais dissolvidos. Mesmo a mais pura água natural contém alguma substância dissolvida derivada do intemperismo. Somente a água destilada contém menos de 1 ppm de substâncias dissolvidas.

Estudos geológicos sobre rios e aquíferos permitem-nos melhorar a qualidade de nossos recursos hídricos, bem como sua quantidade. Os vários casos de contaminação da água subterrânea causados pela atividade humana levou ao estabelecimento de padrões de qualidade da água, a partir de estudos médicos. Esses estudos concentraram-se nos efeitos da ingestão de quantidades médias de água contendo várias quantias de contaminantes, tanto naturais quanto antropogênicos. Por exemplo, a Agência de Proteção Ambiental dos Estados Unidos** estabeleceu que a concentração máxima permitida de arsênico, um veneno cuja natureza é bem conhecida, é de 0,05 ppm (Figura 17.24). A contaminação natural da água subterrânea por arsênico é especialmente grave em Bangladesh, onde a água subterrânea fornece 97% do abastecimento de água potável. Os geólogos estão ajudando a orientar o posicionamento de novos poços para extrair água com concentrações aceitáveis de arsênico.

A água subterrânea é quase sempre isenta de partículas sólidas quando verte para um poço a partir de aquíferos em areia ou arenitos. Os tortuosos corredores dos poros da rocha ou da areia

**N. de R.T.: Em inglês, Environmental Protection Agency.

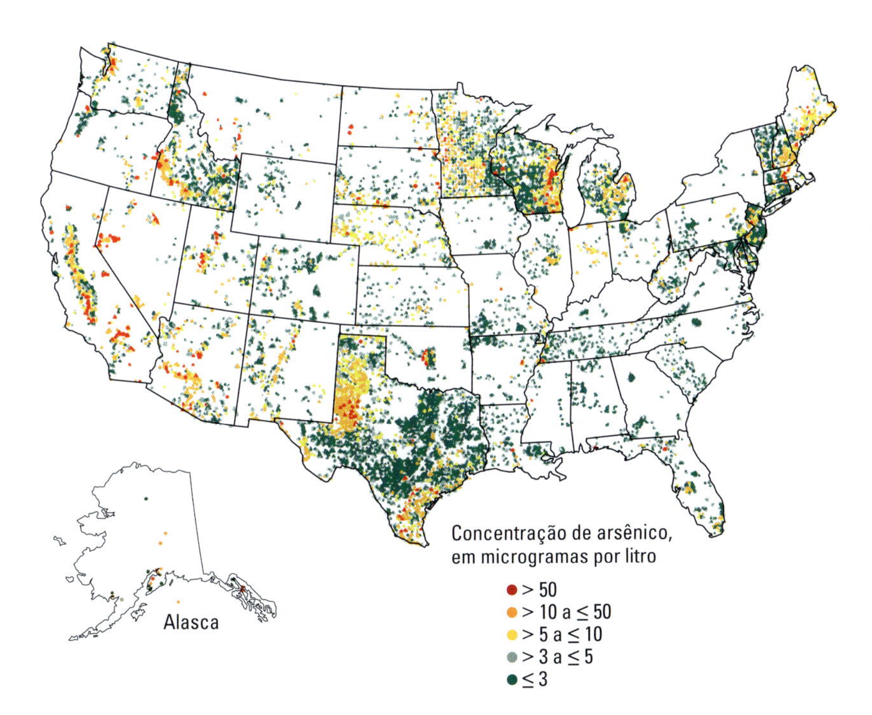

FIGURA 17.24 O Programa de Avaliação da Qualidade da Água dos Estados Unidos mede os níveis de arsênico, radônio e urânio em amostras de água subterrânea no país. Este mapa mostra concentrações de arsênico medidas em microgramas por litro (µg/L) em 2012. [Dados da U.S. Geological Survey.]

atuam como um filtro fino, removendo pequenas partículas de argila e de outros sólidos e até removendo microrganismos e vírus de grande tamanho. Os aquíferos em calcários podem ter poros grandes e, assim, não podem filtrar eficientemente* a água. Qualquer contaminação bacteriana encontrada no fundo de um poço é, quase sempre, introduzida a partir da proximidade da disposição subterrânea de esgotos, frequentemente quando os tanques sépticos vazam ou estão nas adjacências da extração da água.

Certas águas subterrâneas, embora saudáveis para beber, têm um sabor desagradável. Algumas têm um sabor ruim de "ferro" ou são levemente azedas. A água subterrânea, quando passa através do calcário, dissolve os minerais carbonáticos e carrega íons de cálcio, magnésio e bicarbonato, tornando a água "dura". A água dura pode ter um bom sabor, mas não espuma facilmente quando usada com sabão. A água que passa através de florestas alagadas ou solos pantanosos pode conter compostos orgânicos dissolvidos e sulfeto de hidrogênio, que dão à água um cheiro desagradável semelhante a ovos podres.

*N de R.T.: A maioria dos calcários que existem no Brasil foi metamorfizada e, portanto, apresenta porosidade e permeabilidade baixas. Os aquíferos nessas rochas costumam estar localizados em cavernas subterrâneas ou em zonas fraturadas e, portanto, possuem tendência a terem um alto risco de contaminação.

Como essas diferenças no sabor e na qualidade resultam em uma água potável saudável? Algumas fontes de água com a melhor qualidade e sabor para o abastecimento público provêm de lagos e reservatórios artificiais de superfície, muitos dos quais são simplesmente locais de coleta da água da chuva. Algumas águas subterrâneas têm um sabor no limite da agradabilidade e frequentemente são águas que passaram através de rochas pouco alteradas. Já os arenitos, por exemplo, são constituídos predominantemente por quartzo, que contribui pouco com substâncias dissolvidas, e, assim, as águas que passam por eles têm um sabor agradável.

Como vimos, a contaminação das águas subterrâneas em aquíferos relativamente rasos é um problema e a recuperação é difícil. Mas existem águas subterrâneas mais profundas que poderiam ser utilizadas?

A água nas profundezas da crosta

A maioria das rochas abaixo da superfície freática é saturada com água. Mesmo nos poços de extração de petróleo mais profundos, que atingem até 8 ou 9 km, sempre encontramos água em formações permeáveis. Nessas profundidades, a água se move tão devagar – provavelmente, menos de um centímetro

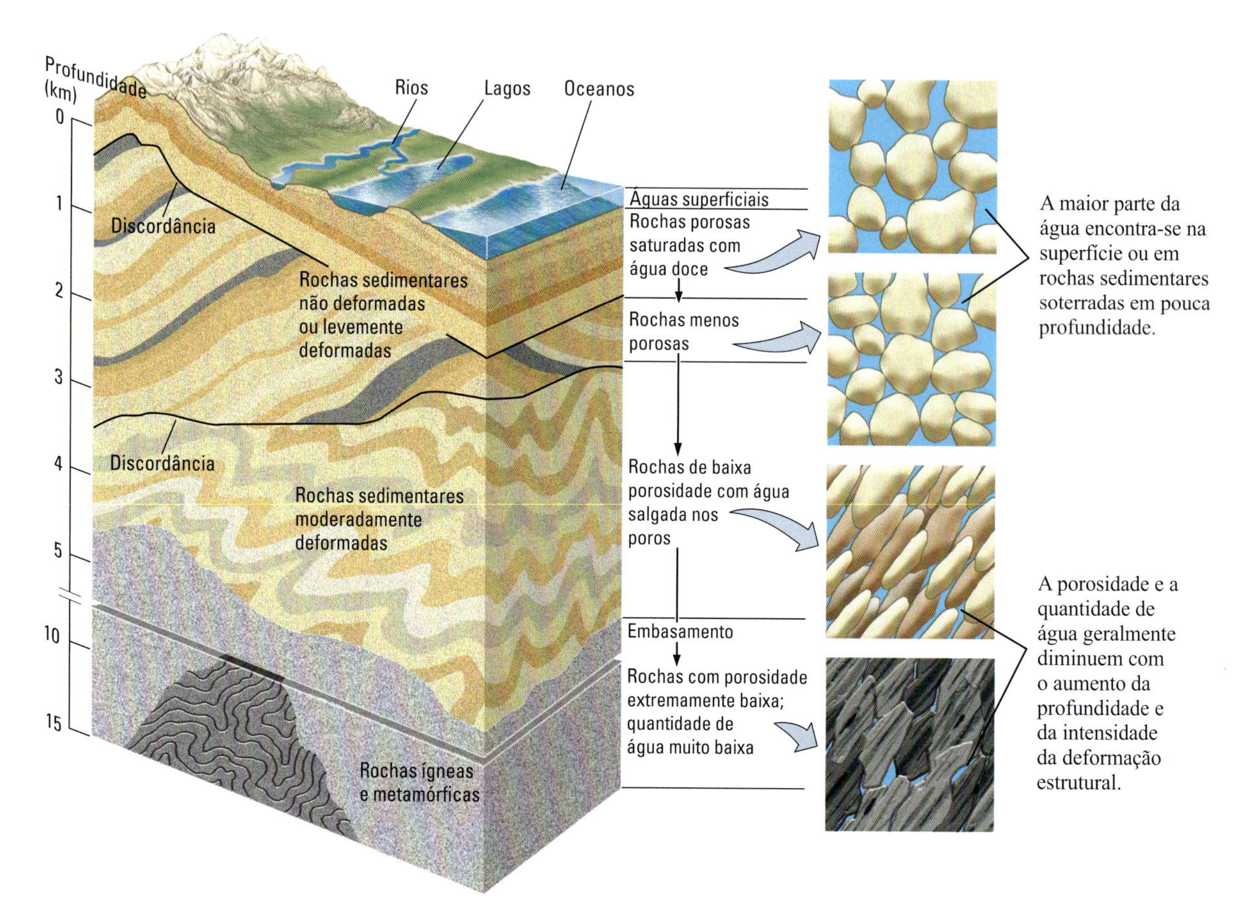

FIGURA 17.25 A porosidade e a permeabilidade e, portanto, o conteúdo de água geralmente diminuem com o aumento da profundidade da crosta terrestre.

por ano – que dispõe de bastante tempo para dissolver até mesmo os minerais muito insolúveis das rochas pelas quais percola.* Assim, essas águas enriquecem-se em materiais dissolvidos mais que a dos aquíferos superficiais, tornando-se impróprias para o consumo. Por exemplo, as águas subterrâneas que percolam camadas de sal, as quais se dissolvem rapidamente, tendem a conter grandes concentrações de cloreto de sódio.

Em profundidades maiores que 12 a 15 km, nas funduras do embasamento de rochas ígneas e metamórficas, que está sotoposto às formações sedimentares situadas na parte superior da crosta, a porosidade e a permeabilidade são muito baixas devido ao peso enorme das rochas sobrepostas. Embora essas rochas contenham muito pouca água, são saturadas (**Figura 17.25**). Presume-se que mesmo certas rochas do manto contenham água, embora em quantidades muito diminutas.

Águas hidrotermais

Em algumas das regiões mais profundas da crosta, como ao longo das zonas de subducção, as águas quentes contendo dióxido de carbono dissolvido desempenham um papel importante nas reações químicas do metamorfismo, como vimos no Capítulo 6. Essas *águas hidrotermais* ajudam a dissolver alguns minerais e a precipitar outros.

A maioria das águas hidrotermais dos continentes originou-se das águas meteóricas que percolaram até regiões mais profundas da crosta. As taxas de percolação de águas meteóricas nas profundezas da crosta são muito baixas e, portanto, a água pode ser muito antiga. Já foi determinado, por exemplo, que a água de Hot Springs, no Arkansas (EUA), derivou das águas da chuva e da neve que caíram há mais de 4 mil anos e lentamente se infiltraram no solo. A água que escapa do magma também pode juntar-se às águas hidrotermais. Em áreas de atividade ígnea, as águas meteóricas que se infiltram são aquecidas quando encontram massas de rochas quentes. As águas meteóricas quentes misturam-se, então, com a água proveniente do magma.

*N. de R.T.: Isso pode ocorrer em aquíferos de rochas fraturadas, em regiões com pouca chuva e baixa recarga. As águas permanecem isoladas nas fraturas e em contato prolongado com a rocha e o solo, enriquecendo-se em sais até um ponto em que se tornam impróprias para o consumo humano. É o caso de muitas áreas no Nordeste do Brasil.

As águas hidrotermais estão carregadas de substâncias químicas dissolvidas das rochas em altas temperaturas. Enquanto a água permanece quente, o mineral dissolvido fica em solução. Entretanto, quando as águas hidrotermais alcançam a superfície e esfriam rapidamente, podem precipitar vários minerais, como a opala (uma forma de sílica) e a calcita ou a aragonita (formas de carbonato de cálcio). As crostas produzidas pelo carbonato de cálcio, em algumas fontes quentes, estruturam-se para formar travertino**, que pode formar depósitos impressionantes, como os vistos em Mammoth Hot Spring, no Parque Nacional Yellowstone (**Figura 17.26**). Surpreendentemente, microrganismos extremófilos que podem resistir a temperaturas acima do ponto de ebulição da água foram descobertos nesses ambientes, onde podem contribuir para a formação de crostas de carbonato de cálcio. As águas hidrotermais que esfriam lentamente abaixo da superfície depositam parte dos minérios metálicos mais abundantes do mundo, como aprendemos no Capítulo 3. As fontes quentes e os gêiseres existem onde as águas hidrotermais migram rapidamente para cima, sem perder muito calor, e emergem na superfície, às vezes em temperatura de ebulição. As fontes quentes fluem constantemente; os gêiseres lançam água quente e vapor intermitentemente.

A teoria que explica as erupções intermitentes dos gêiseres é um exemplo de dedução geológica. Não se pode observar diretamente o processo, pois a dinâmica do sistema de água quente do subsolo é inacessível para a visão por ocorrer a centenas de metros de profundidade. Geólogos propuseram a hipótese de que os gêiseres são conectados à superfície por um sistema de fraturas tortuosas e muito irregulares, câmaras e passagens – em contraste com as fraturas mais regulares e diretamente conectadas das fontes quentes (**Figura 17.27**). As fraturas irregulares sequestram parte da água em câmaras, de modo que isso ajuda a impedir que as águas do fundo se misturem com as que estão mais no topo e então esfriem. As águas do fundo são aquecidas

**N. de R.T.: Essa rocha é utilizada em edificações na Itália. Também referida na literatura como tufo calcário ou sínter calcário.

FIGURA 17.26 Depósitos de travertino em Mammoth Hot Springs, Parque Nacional Yellowstone, formam grandes massas semelhantes a lóbulos compostos de aragonita e calcita. [John Grotzinger.]

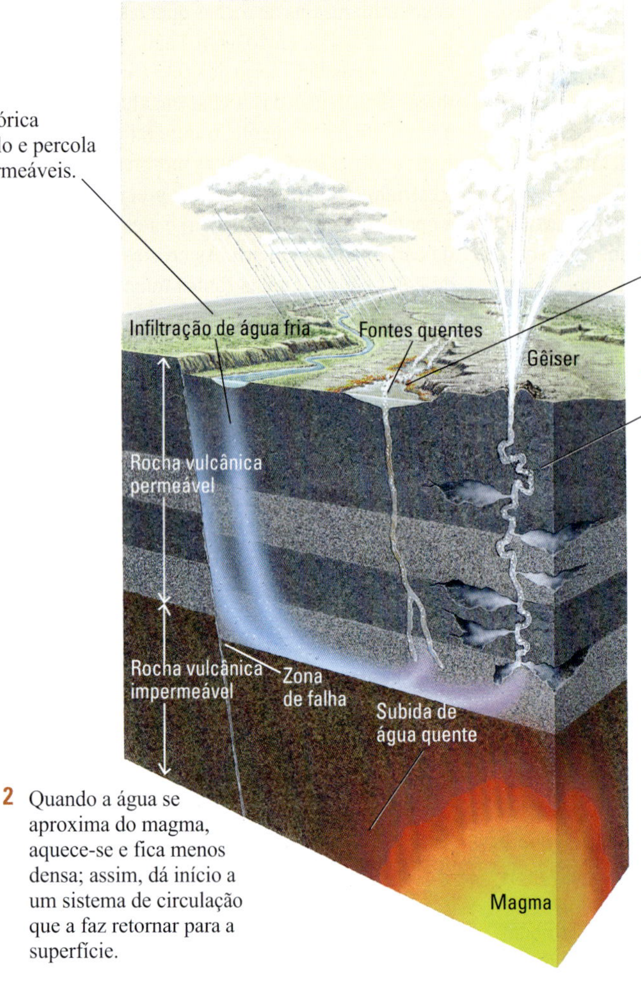

FIGURA 17.27 A circulação de água sobre o magma ou rochas quentes profundas na crosta produz gêiseres e fontes quentes.

pelo contato com a rocha quente. Quando elas alcançam o ponto de fusão, o vapor inicia a ascensão e aquece as águas mais rasas, aumentando a pressão e disparando uma erupção. Depois que a pressão é aliviada, o gêiser torna-se inativo, enquanto as fraturas lentamente são preenchidas com água.

Em 1997, geólogos noticiaram os resultados de uma nova técnica para entender os gêiseres. Eles introduziram uma miniatura de câmara de vídeo a cerca de 7 m abaixo da superfície de um gêiser e descobriram que o duto deste era estreitado naquele ponto. Mais abaixo, o duto abria-se para uma enorme câmara contendo uma turbulenta mistura em ebulição de vapor, água e de algo que pareciam ser bolhas de dióxido de carbono. Essas observações diretas confirmaram, de forma impressionante, a teoria previamente formulada de como os gêiseres funcionam.

Embora as águas hidrotermais sejam importantes à sociedade humana como fontes de energia e depósitos de minérios, elas não contribuem para o abastecimento de água superficial, principalmente por conterem material dissolvido em demasia.

Microrganismos antigos em aquíferos profundos

Nos últimos anos, os geólogos têm explorado aquíferos subterrâneos profundos (atingindo vários milhares de metros) em busca de água subterrânea potável. Não a encontraram, mas conseguiram desvelar uma interação notável entre a biosfera e a litosfera. Encontraram microrganismos vivendo na água subterrânea em quantidades enormes. Esses microrganismos quimioautotróficos, muito além do alcance da luz solar, derivam sua energia da dissolução e metabolismo de minerais em rochas. Essas reações metabólicas, além de servirem de fonte de energia para os microrganismos, continuam o processo de intemperismo no subsolo. As substâncias químicas liberadas por essas reações tornam a água imprópria para o consumo.

Os geobiólogos acreditam que os ancestrais desses microrganismos estavam confinados nos poros dos sedimentos, que foram soterrados a grandes profundidades, onde ficaram isolados da superfície. Em alguns casos, tais aquíferos profundos podem não ter tido contato com a superfície terrestre por centenas de milhões de anos. Ainda assim, os microrganismos sobreviveram, vivendo unicamente de substâncias químicas fornecidas pela dissolução de minerais e desenvolvendo novas gerações de descendentes sem interferência de qualquer outro organismo. Esses ecossistemas, que incluem apenas microrganismos, são provavelmente os mais antigos da Terra e testemunham a favor do incrível equilíbrio que pode ser atingido entre a vida e o meio ambiente.

CONCEITOS E TERMOS-CHAVE

água meteórica (p. 503)
água potável (p. 519)
água subterrânea (p. 497)
aquiclude (p. 508)
aquífero artesiano (p. 508)
ciclo hidrológico (p. 497)
descarga (p. 506)
dolina (p. 516)
escoamento superficial (p. 498)
fluxo artesiano (p. 508)
gradiente hidráulico (p. 512)
hidrologia (p. 497)
infiltração (p. 498)
lei de Darcy (p. 512)
permeabilidade (p. 505)
precipitação (p. 497)
recarga (p. 506)
relevo cárstico (p. 516)
seca (p. 499)
sombra pluvial (p. 499)
superfície freática (p. 506)
umidade relativa (p. 498)
zona saturada (p. 506)
zona não saturada (p. 506)

REVISÃO DOS OBJETIVOS DE APRENDIZAGEM

17.1 Descrever como a água se move através do ciclo hidrológico.

O movimento da água mantém um constante equilíbrio entre os principais reservatórios de água na Terra. A evaporação dos oceanos, a evapotranspiração dos continentes e a sublimação das geleiras transferem a água para a atmosfera. A precipitação como chuva e neve retorna a água da atmosfera para o oceano e para a superfície continental. O escoamento superficial dos rios retorna uma parte da precipitação sobre os continentes de volta para o oceano. O restante infiltra-se no solo para tornar-se água subterrânea. Diferentes climas produzem variações locais no equilíbrio entre evaporação, precipitação, escoamento superficial e infiltração.

Atividade de Estudo: Figura 17.1

Exercício: Quais são os principais reservatórios de água na superfície terrestre ou próximos a ela?

Questão para Pensar: O aquecimento global aumenta bastante a evaporação dos oceanos. Como esse fenômeno afeta o ciclo hidrológico?

17.2 Resumir como a hidrologia local é influenciada pelo clima local.

O fator que exerce a mais forte influência na hidrologia local é o clima, que inclui a temperatura e a precipitação. Muitas diferenças no clima estão relacionadas com a temperatura média do ar e com a quantidade de vapor d'água que ele contém, sendo que ambas afetam os níveis de precipitação. A umidade é a quantidade de vapor d'água no ar, expressa como uma porcentagem da quantidade total de água que o ar poderia suportar em uma dada temperatura, se estivesse saturado. As secas ocorrem quando há períodos de meses ou anos com precipitação abaixo do normal, o que afeta a vegetação, a água potável, a agricultura e a pecuária. Os níveis de precipitação também afetam o escoamento superficial. Em áreas secas, a água da precipitação deixa a terra por evaporação e por infiltração. Nas áreas mais úmidas, uma parcela maior da precipitação é escoada em cursos d'água. O escoamento é coletado e armazenado em lagos naturais, reservatórios artificiais e pântanos.

Atividade de Estudo: Figura 17.3

Exercício: Como as montanhas formam sombras de chuva?

Questão para Pensar: Se considerarmos a temperatura e a umidade, por que os trópicos recebem bastante chuva e os desertos, muito pouca?

17.3 Explicar o processo de como a água se move abaixo da superfície.

A água subterrânea forma-se a partir da infiltração da água da chuva e percola através de poros e de formações permeáveis. O nível freático é o limite entre as zonas saturada e não saturada. A água subterrânea move-se declive abaixo sob a influência da gravidade, por fim emergindo como nascente, onde a superfície freática intercepta a superfície do solo. A água subterrânea pode fluir em aquíferos não confinados em formações de permeabilidade uniforme ou em aquíferos confinados, que são limitados por aquicludes. Os aquíferos confinados produzem fluxos artesianos e espontaneamente fluem em poços artesianos. A lei de Darcy descreve a taxa do fluxo da água subterrânea em relação ao gradiente hidráulico e à permeabilidade do aquífero.

Atividade de Estudo: Figura 17.11

Exercícios: Qual é a diferença entre as zonas saturada e não saturada de água subterrânea? Como os aquicludes podem formar um aquífero confinado?

Questão para Pensar: A sua casa nova está construída sobre um solo que cobre um embasamento granítico. Embora você pense que a prospecção para perfurar um poço tenha pouca probabilidade de sucesso, devido ao embasamento granítico, o perfurador de poços, familiarizado com essa rocha, disse que tem aberto poços com muita água. Que argumentos poderiam ser utilizados para que um convencesse o outro?

17.4 Classificar os processos geológicos que são afetados pela água subterrânea.

A erosão pela água subterrânea em terrenos de calcário úmidos produz o relevo de carste, com cavernas, dolinas e rios que desaparecem. As formações de calcário são comuns na porção superior da crosta, mas as cavernas formam-se somente onde essas rochas relativamente solúveis estão na superfície ou próximas a ela, em locais onde quantidades suficientes de águas ricas em dióxido de carbono ou de enxofre infiltram-se para dissolver extensas áreas de calcário. Se a dissolução adelgaça de tal modo o teto de uma caverna de calcário que ele colapsa repentinamente, o resultado é uma dolina. As dolinas são características do relevo cárstico, um terreno acidentado irregular caracterizado por dolinas, cavernas e ausência de rios superficiais

Atividade de Estudo: Figura 17.21

Exercício: Como a água subterrânea cria o relevo cárstico?

Questão para Pensar: Você está explorando uma caverna e observa um pequeno curso de água fluindo no assoalho dela. De onde a água poderia estar vindo?

17.5 Descrever os fatores que determinam o uso dos recursos da água subterrânea pelos seres humanos.

Com o crescimento populacional, a demanda por água subterrânea aumenta muito, em particular onde a irrigação é intensamente usada. Conforme a descarga continua a exceder a recarga, muitos aquíferos, como aqueles das Grandes Planícies da América do Norte, estão sendo reduzidos e, por muitos anos, não haverá perspectiva de renovação. A recarga artificial pode ajudar a renovar certos aquíferos. A contaminação da água subterrânea por esgotamento doméstico, efluentes industriais e resíduos radioativos reduz a potabilidade de certas águas e limita nossos recursos.

Atividade de Estudo: Figura 17.23

Exercício: Cite alguns dos contaminantes mais comuns na água subterrânea.

Questão para Pensar: Por que você não recomenda a ocupação e a urbanização intensiva na área de recarga de um aquífero que abastece sua comunidade?

17.6 Ilustrar como a água nas profundezas da crosta afeta os processos hidrotermais.

A grandes profundidades da crosta, as rochas contêm quantidades extremamente pequenas de água, porque suas porosidades são significativamente reduzidas. Essa água se move devagar, então dissolve os minerais das rochas pelas quais percola. Os minerais tornam-se concentrados, o que torna a água não potável. Em algumas das regiões da crosta, como ao longo das zonas de subducção, o aquecimento da água forma águas hidrotermais, que podem retornar à superfície na forma de gêiseres e fontes quentes. Os microrganismos também vivem nas águas subterrâneas, longe da luz do sol, e derivam sua energia da dissolução e metabolismo dos minerais nas rochas. Essas reações metabólicas continuam o processo de intemperismo no subterrâneo.

Atividade de Estudo: Figura 17.27

Exercício: Como os microrganismos sobrevivem nas profundezas da crosta terrestre?

Questão para Pensar: Que processos geológicos poderiam estar ocorrendo sob a superfície do Parque Nacional de Yellowstone (EUA), conhecido pela grande quantidade de fontes quentes e gêiseres?

EXERCÍCIO DE LEITURA VISUAL

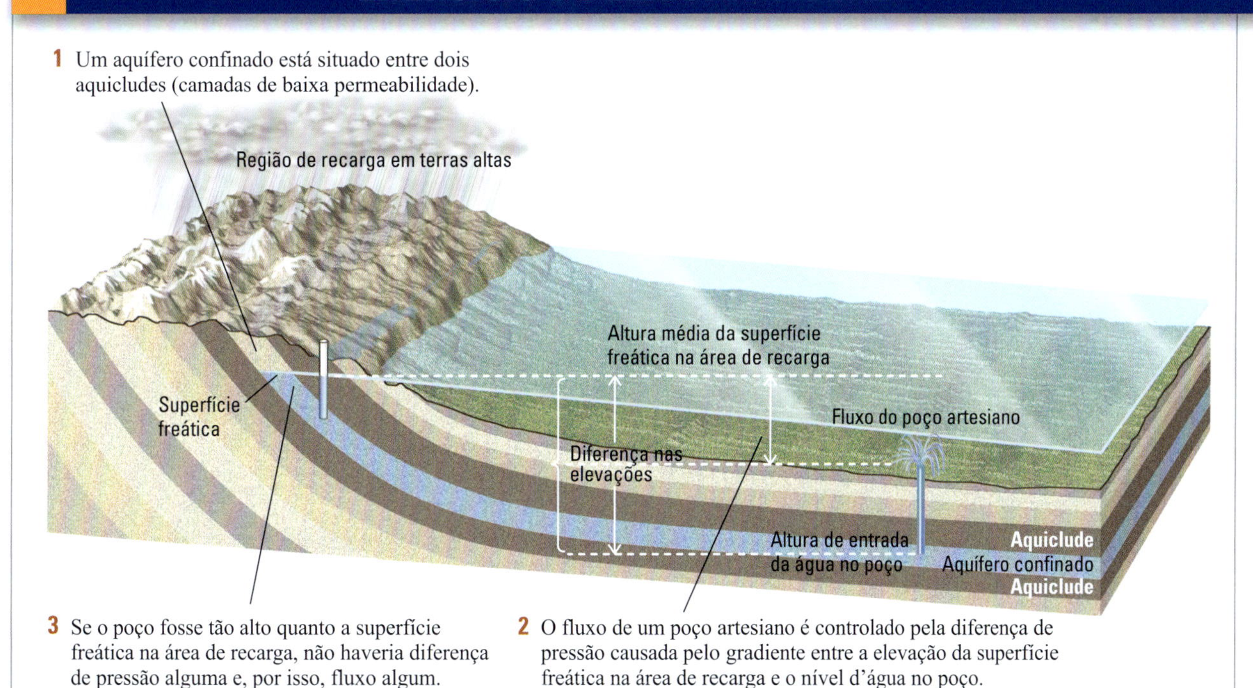

FIGURA 17.12 Uma formação permeável situada entre dois aquicludes forma um aquífero confinado, através do qual a água flui sob pressão.

1. **Como os planaltos ajudam com a recarga?**
2. **O que é um aquífero?**
3. **O que é um aquiclude?**
4. **Por que há fluxo de água de um poço artesiano?**

Transporte fluvial: das montanhas aos oceanos

18

Objetivos de Aprendizagem

O Capítulo 18 descreve como os rios formam-se e executam seu trabalho geológico – isto é, como esculpem os vales e desenvolvem vastas redes de canais em uma escala mais ampla; e como fragmentam e erodem a rocha sólida em uma escala mais restrita. Examinamos como a água flui em correntes e como elas transportam sedimentos. A seguir, retornamos a escalas mais amplas para analisar os rios como geossistemas modelados por interações entre os sistemas da tectônica de placas e do clima. Após estudar o capítulo, você será capaz de:

18.1 Identificar como os vales fluviais e seus canais e planícies de inundação se desenvolvem.

18.2 Resumir como a água corrente causa a erosão do solo e das rochas.

18.3 Explicar como o fluxo da água em rios transporta e deposita sedimentos.

18.4 Descrever de que forma as redes de drenagem trabalham como sistemas de coleta, e os deltas, como sistemas de distribuição de água e sedimento.

18.5 Definir como o perfil longitudinal de um curso d'água representa um equilíbrio entre erosão e sedimentação.

Rio Alatna, um dos seis designados como 'rio remoto' ou 'rio cênico', no Parque Nacional e Reserva Portões do Ártico (Gates of the Arctic National Park and Preserve), no norte do Alasca. As nascentes do rio encontram-se na linha de montanhas ao fundo da imagem, onde se situa o divisor de águas das bacias que escoam para o Oceano Ártico, próximo à vila de Nunamuit, no Passo Anaktuvuk. [NPS Photo/Sean Tevebaugh.]

Antes de existirem carros e aviões, viajava-se pelos rios. Em 1803, os Estados Unidos compraram, da França, o território da Louisiana. Tratava-se de uma enorme extensão de terra com mais de 2 milhões de quilômetros quadrados, incluindo partes do que hoje são o Texas e a Louisiana e estendendo-se até os Estados de Montana e Dakota do Norte. Em 1804, o presidente Thomas Jefferson pediu a Meriwether Lewis e William Clark que liderassem uma expedição por esse novo território rumo ao oeste da América do Norte. Um dos objetivos mais importantes era mapear os rios ocidentais, que forneciam a chave para abrir essa fronteira inexplorada. Lewis e Clark decidiram seguir o rio Missouri até sua cabeceira e nascentes. Depois, atravessaram as Montanhas Rochosas e seguiram o rio Colúmbia na direção oeste, para o Oceano Pacífico. A viagem total foi de 6 mil km – somente a seção ao longo do rio Missouri cobria 3.200 km – e toda ela rio acima.

Os escritos e os mapas produzidos por Lewis e Clark criaram um corpo de conhecimento que pôde ser obtido apenas seguindo um dos grandes rios que drenam o interior da América do Norte. Em outros continentes e em outros países, outros grandes rios evocam um senso semelhante de aventura: na América do Sul, o Amazonas; na Ásia, o Yang-Tsé e o Indo; e na África, o famoso Nilo. Ainda assim, cursos d'água e rios não são apenas rotas de acesso para explorações lendárias, mas também os locais onde as pessoas se estabelecem e fazem suas residências. Um curso d'água atravessa quase todas as vilas e cidades de boa parte do mundo. Esses rios servem como hidrovias comerciais para barcaças e navios e, também, como recursos hídricos para o abastecimento da população e indústrias.* Os sedimentos que depositaram durante inundações construíram terras férteis para a agricultura. Entretanto, viver próximo aos rios também implica riscos. Quando eles extravasam, destroem vidas e propriedades, às vezes, em enormes proporções.

Neste capítulo, você aprenderá que os cursos d'água são as linhas da vida dos continentes. Sua aparência é um registro da interação entre os processos do clima e da tectônica de placas. Os processos tectônicos soerguem a terra, produzindo o relevo íngreme e as encostas de regiões montanhosas. O clima determina onde cairão a chuva e a neve. A água da chuva desce os declives, causando erosão nas rochas e nos solos das montanhas, formando canais e esculpindo vales à medida que se agrupa em arroios. Os cursos d'água transportam de volta ao mar a maior parte da precipitação que cai na terra e grande parte dos sedimentos produzidos por erosão da superfície continental. Os cursos d'água são tão importantes para entender o papel do clima e da água na Terra que sua descoberta em Marte motivou uma geração de missões em busca de evidência de água – e de um clima diferente no passado distante daquele planeta.

*N. de R.T.: De forma contraditória, os mesmos rios que abastecem a cidade também servem como lugar de descarte dos esgotos e efluentes que ela produz, causando enorme impacto ambiental e diminuindo a qualidade da água que os humanos bebem.

A forma dos rios

Reservamos a palavra **curso d'água** para qualquer corpo de água, grande ou pequeno, que flui sobre a superfície continental, e **rio** para os principais ramos de um grande sistema de cursos d'água**. A maioria dos cursos d'água flui através de sulcos bem definidos chamados de *canais*, que permitem o fluxo da água por distâncias longas. À medida que os cursos d'água percorrem a superfície terrestre – em certos lugares com substrato rochoso e, em outros, com sedimento inconsolidado –, causam erosão nesses materiais e criam vales.

A identificação e o mapeamento de vales fluviais foram tarefas cruciais para Lewis e Clark durante sua missão, 200 anos atrás. Conforme viajavam a montante e o rio ramificava-se, tinham que escolher qual braço era maior. Usaram duas observações para ajudá-los a fazer tal escolha: a largura do vale fluvial e a profundidade do canal fluvial. O vale era largo o bastante, e o canal profundo o suficiente para que os barcos passassem? Vales estreitos e canais rasos poderiam significar que o ramo conduziria a uma rota muito mais curta e, portanto, menos desejável; vales mais largos e canais mais profundos, por outro lado, prometiam uma passagem mais longa pelo braço principal do rio.

Vales fluviais

Um **vale** fluvial abrange toda a área entre os topos das encostas de ambos os lados do rio. O perfil transversal de muitos vales fluviais tem a forma de V, porém outros têm um perfil bem mais aberto e discreto, como aquele mostrado na Figura 18.1. No fundo dos vales está o **canal**, o sulco ao longo do qual a água corre. O canal carrega toda a água durante períodos normais, quando não há cheias. Com o nível da água baixo, o rio pode correr somente pelo fundo do canal. Com níveis mais altos da água, o rio ocupa a maior parte do canal. Em vales abertos, uma **planície de inundação** – uma área plana adjacente ao nível do topo do canal – estende-se em ambos os lados do rio. Ela é a parte do vale que é inundada quando o rio extravasa suas margens, carregando com ele silte e areia para além do canal principal.

Em montanhas altas, os vales fluviais são estreitos e têm margens íngremes, e o canal pode ocupar a maior parte ou todo o fundo do vale (Figura 18.2). Uma pequena planície de inundação pode ser observada somente com o nível d'água baixo. Em tais vales, o rio está escavando ativamente o substrato rochoso, característica comum de regiões tectonicamente ativas e soerguidas há pouco tempo. A erosão das vertentes do vale é ajudada pelo intemperismo químico e pelos deslizamentos de massa. Nas terras baixas, onde o soerguimento tectônico cessou há muito tempo, o curso d'água modela seu vale pela erosão de partículas sedimentares e seu transporte a jusante. Com um longo

**N. de R.T.: A palavra inglesa *stream* corresponde, em português, a "corrente de água" ou "curso d'água", que pode ser um canal grande, no caso de "rio", ou pequeno, no caso de "arroio". Este termo, por sua vez, também tem outras designações regionais, como corja, corjão, corjo, córrego (utilizado na região média do São Francisco), igarapé (na Amazônia, inclusive no Mato Grosso), levada, regato, riacho, ribeira, ribeirada, ribeirão, ribeiro, sanga (no Rio Grande do Sul e em Santa Catarina), veia, veio, caudal, corrente, flume, grunado, torrente, uade e valão, além de diversas outras designações nas línguas indígenas.

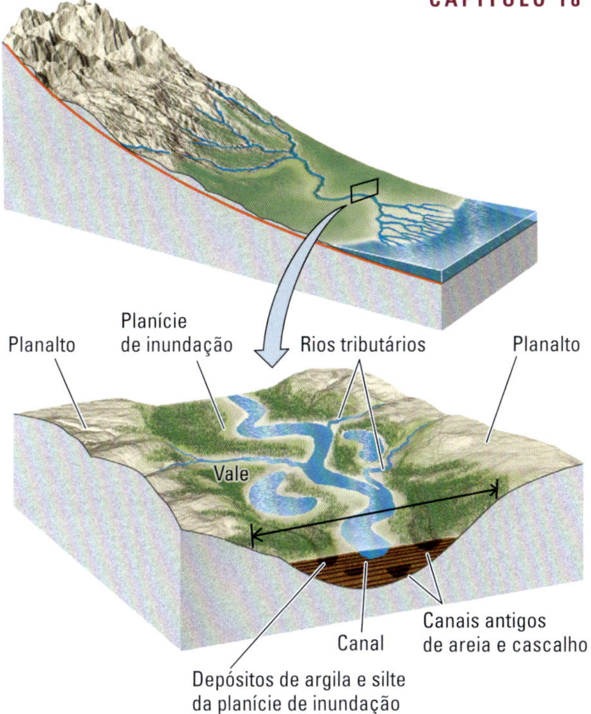

FIGURA 18.1 Um rio flui em um canal que se move em uma planície de inundação plana e ampla, em um vale aberto. As planícies de inundação podem ser estreitas ou ausentes em vales escarpados.

período de atividade, esses processos produzirão encostas suaves e planícies de inundação de muitos quilômetros de largura.

Padrões de canais

À medida que um canal fluvial abre seu caminho no fundo de um vale, ele pode correr reto em alguns trechos e assumir uma trajetória sinuosa e irregular em outros, algumas vezes, dividindo-se em múltiplos canais. O canal pode fluir ao longo do centro da planície de inundação ou espremer um de seus lados contra a escarpa do vale.

Meandros Na imensa maioria das planícies de inundação, os canais seguem formas de curvas e laços chamados de **meandros**, assim denominados devido ao rio Maiandros (atual Menderes), na Turquia, celebrado em tempos antigos por seu curso curvo e tortuoso. Os meandros são comuns em rios que fluem em declives suaves de planícies ou terras baixas, onde os canais tipicamente cortam sedimentos inconsolidados – areia fina, silte ou argila – ou substrato rochoso facilmente erodível. Os meandros são menos pronunciados, mas ainda comuns, onde o canal flui em declives mais íngremes e substratos mais duros. Em tais terrenos, os segmentos meandrantes podem alternar-se com segmentos longos e relativamente retos.

Um rio que escavou profundamente as curvas e os laços de seu canal pode produzir meandros encaixados (Figura 18.2). Outros rios podem meandrar em planícies de inundação um pouco mais largas, limitadas pelas paredes rochosas íngremes do vale. Não temos certeza das causas do aparecimento desses dois padrões diferentes. Entretanto, sabemos que o padrão meandrante é muito comum não somente em rios, mas também em vários outros

FIGURA 18.2 Esta seção do rio San Juan, Utah (EUA), é um bom exemplo de um cinturão meandrante encaixado ou inciso: um vale meandrante, profundamente erodido, com a forma de V, virtualmente sem planície de inundação. [DEA/PUBBLI AER FOTO/Getty Images.]

tipos de fluxos. Por exemplo, a Corrente do Golfo, uma poderosa corrente no oeste do Oceano Atlântico Norte, meandra. Os derrames de lava terrestre meandram, como veremos no Capítulo 20, e os geólogos planetários encontraram meandros em canais de água secos em Marte, bem como em fluxos de lava em Marte e Vênus.

Os meandros em uma planície de inundação migram em períodos de muitos anos, erodindo a margem externa das curvas, onde a corrente é mais forte (Figura 18.3a). À medida que o lado externo da margem é erodido, barras de areia em crescente, chamadas de **barras de meandro ou de pontal**, são depositadas ao longo da margem interna, onde a corrente é mais lenta (Figura 18.3b). Dessa forma, os meandros alternam sua posição de um lado para o outro no sentido jusante, em um movimento serpenteante, parecido com aquele de uma longa corda que está sendo ondulada. A migração pode ser rápida: alguns meandros do Mississippi mudam em uma taxa que chega a 20 m/ano. À medida que os meandros migram, de modo a originarem as barras de pontal, formam depósitos de areia e silte na porção da planície de inundação por onde o canal migrou.

À medida que os meandros migram, às vezes desigualmente, os laços podem crescer cada vez mais próximos uns dos outros, até que o rio abandona o laço já muito fechado e toma um atalho até o próximo arco, geralmente durante uma inundação vigorosa. O rio assume um curso novo e mais curto. No laço abandonado, ele deixa para trás um **lago em crescente*** – um laço com a forma de crescente preenchido com água (Figura 18.3c).

Os engenheiros, às vezes, retificam e confinam artificialmente um rio meandrante, canalizando-o ao longo de uma trajetória reta com a ajuda de diques marginais de concreto. O Corpo de Engenheiros do Exército dos Estados Unidos vem canalizando o

*N. de R.T.: Também denominado "meandro abandonado".

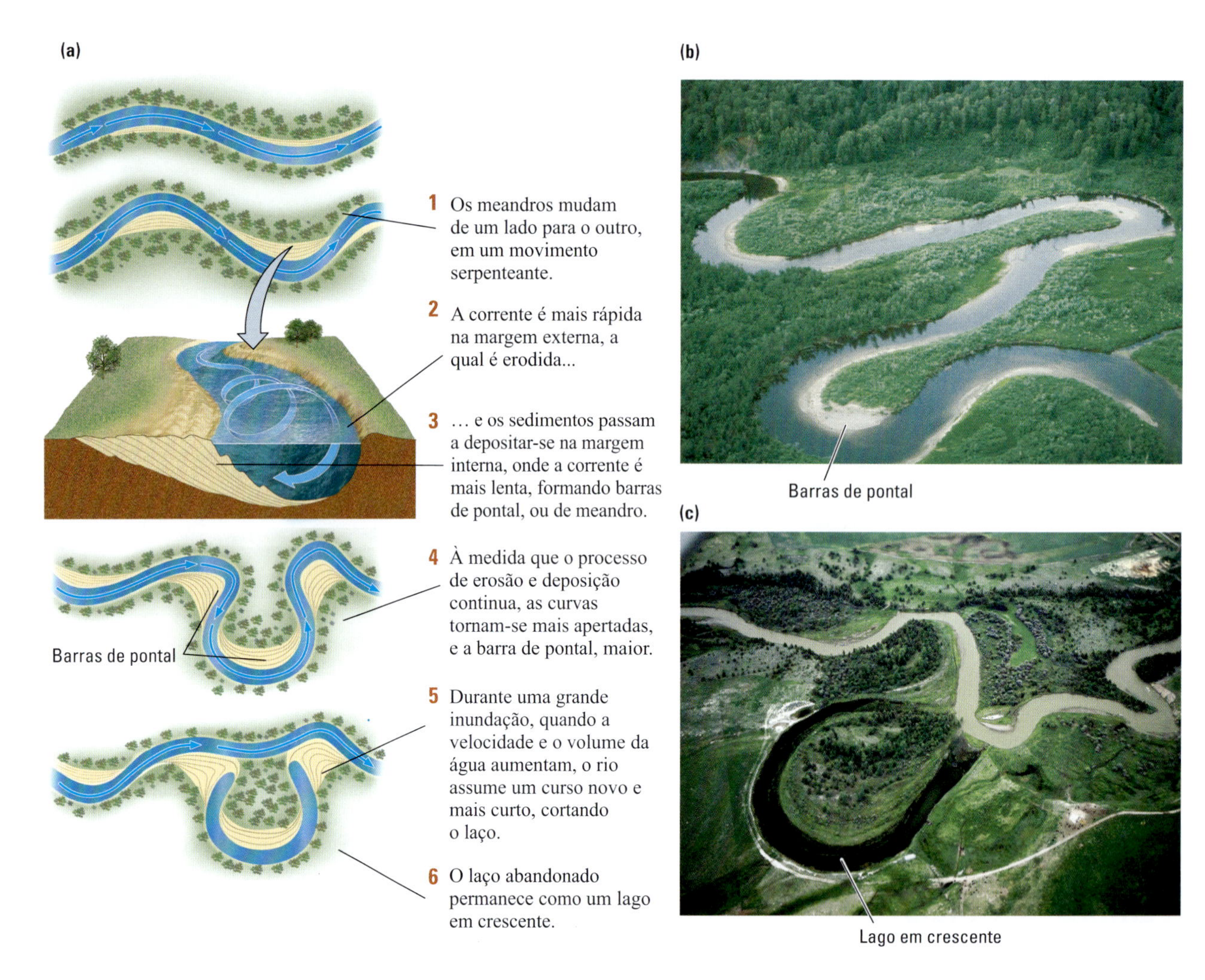

FIGURA 18.3 Os meandros migram ao longo do tempo. (a) Como os meandros movem-se. (b) Meandros em um rio do Alasca. (c) Lago em crescente no vale do rio Blackfoot, Montana (EUA). [(b) Peter Kresan; (c) James Steinberg/Science Source.]

rio Mississippi desde 1878. Em um período de 13 anos, o comprimento do segmento inferior desse rio foi diminuído em 243 km. Parte das causas da grande enchente do Mississippi de 1993 deveu-se à sua canalização. Sem a canalização, as enchentes seriam mais frequentes, mas menos prejudiciais. Com a canalização, os prejuízos podem ser catastróficos quando uma inundação rompe os altos diques artificiais, como ocorreu em 1993. Esta construção também tem sido criticada por destruir as terras úmidas e a maior parte da vegetação e fauna naturais da planície de inundação pela interrupção do suprimento de sedimentos depositados por pequenos e frequentes extravasamentos do canal.

Questões ambientais como essas estimularam ações para restabelecer o curso meandrante original de um rio canalizado, o Kissimmee, na Flórida central (EUA). Atualmente, os projetos de restauração estão bem avançados. Se for deixado conduzir-se por seu próprio processo natural, o Kissimmee talvez possa recuperar-se dentro de algumas dezenas ou centenas de anos.

Rios entrelaçados Certos rios têm muitos canais ao invés de apenas um. Um **rio entrelaçado** é aquele em que o canal se subdivide em uma rede entrecruzada de canais, os quais se reencontram, em um padrão parecido com tranças de cabelo (Figura 18.4). Os rios entrelaçados ocorrem em muitos cenários, desde fundos de vales com amplas terras baixas até largos vales preenchidos com sedimentos próximos às cordilheiras montanhosas. O entrelaçamento tende a se formar em rios com grande variação no volume do fluxo combinada com uma grande carga sedimentar e margens facilmente erodíveis. Eles são bem desenvolvidos, por exemplo, em rios atulhados de sedimentos e formados pela água de degelo nas bordas de geleiras. As correntes em rios entrelaçados geralmente fluem com rapidez, em contraste às dos rios meandrantes.

A planície de inundação fluvial

Um canal fluvial migrando sobre o fundo de um vale cria uma planície de inundação. As barras de pontal, formadas durante a migração, constituem a planície juntamente com os sedimentos depositados pelas águas que, em uma inundação, extravasam as margens do rio. Terraços ou porções de planícies de inundação erodidas, cobertas com uma fina camada de sedimento, podem formar-se quando ocorre a migração de um rio que erode o substrato rochoso ou sedimento inconsolidado enquanto migra.

FIGURA 18.4 Este segmento do Rio Joekulgilkvisl, na Islândia, é de um rio entrelaçado. [Dirk Bleyer/imageBROKER/SuperStock.]

À medida que a água da cheia alaga a planície de inundação, sua velocidade diminui e a corrente perde sua capacidade de carregar sedimento. A velocidade da água da cheia cai de forma rápida a partir da borda do canal em direção aos terenos laterais alagados. Como resultado, a corrente deposita grandes volumes de sedimentos grossos, tipicamente areia e cascalho, ao longo de uma estreita tira que acompanha a borda do canal. Sucessivas inundações formam **diques naturais**, ou seja, cristas de material grosso que confinam o rio dentro de suas margens nos intervalos entre as inundações, mesmo quando o nível da água está alto (Figura 18.5). Em locais onde os diques naturais alcançaram uma altura de muitos metros, e o rio preenche quase todo o canal, o nível da planície de inundação fica abaixo daquele do rio. Pode-se caminhar nas ruas de uma antiga cidade ribeirinha, construída na planície de inundação de um rio, como Vicksburg, Mississippi (EUA), e enxergar o dique, sabendo que as águas do rio estão correndo acima de sua cabeça.

Durante as cheias, sedimentos finos – silte e lama – são carregados para muito além das margens do canal, frequentemente cobrindo toda a planície de inundação, e são aí depositados à medida que as águas da enchente passam a perder a velocidade. O recuo das águas da cheia deixa para trás pequenos lagos e poças de água estagnada. As argilas mais finas são aí depositadas à medida que a água estagnada vai desaparecendo lentamente por evaporação e infiltração. Depósitos de planície de inundação de grão muito fino, que são ricos em nutrientes minerais e orgânicos, desde tempos antigos têm sido um importante recurso para a agricultura. A fertilidade da planície de inundação do Nilo e de outros rios do Oriente Médio, por exemplo, contribuíram para a evolução das culturas que lá floresceram há milhares de anos. Atualmente, a grande e larga planície de inundação do Ganges, no norte da Índia, continua a ter um papel importante na vida e na agricultura daquele país. Muitas cidades antigas e modernas estão localizadas em planícies de inundação (ver Jornal da Terra 18.1).

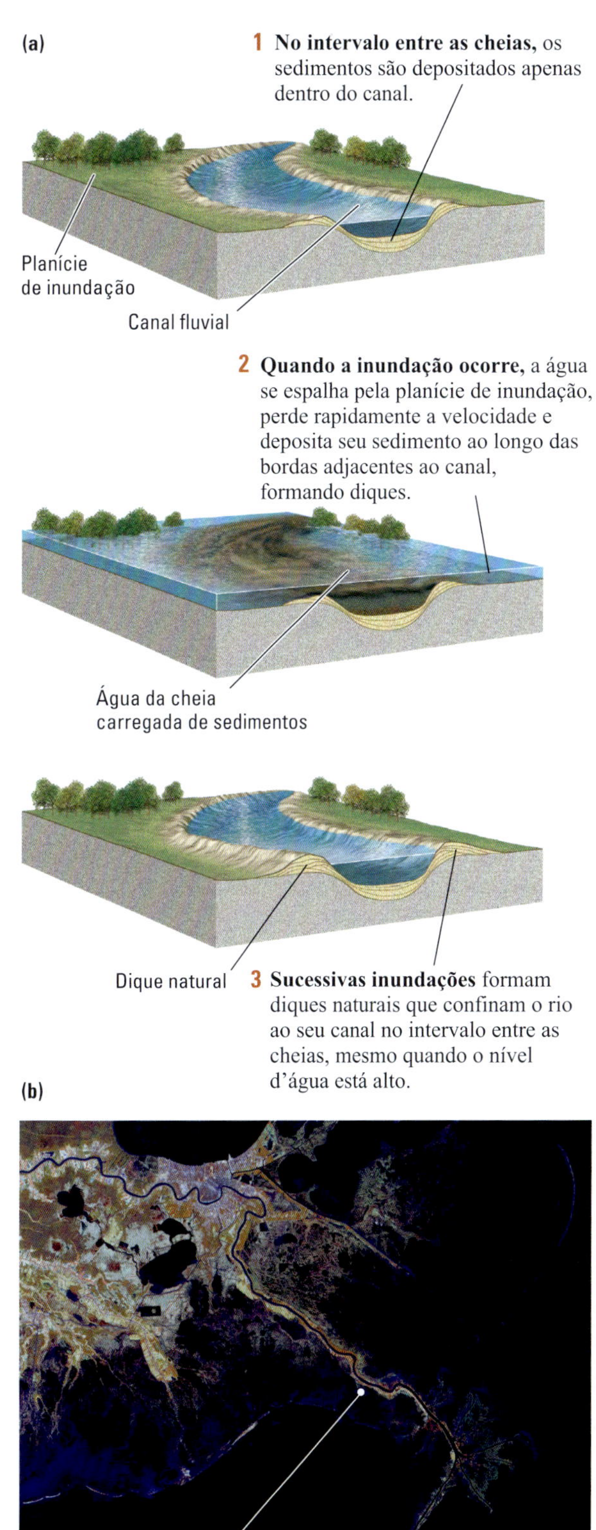

FIGURA 18.5 (a) As inundações formam diques naturais ao longo das margens de um rio. (b) Estes diques naturais estão sobre o canal principal do rio Mississippi, próximo a South Pass, Louisiana. [b: U.S. Geological Survey National Wetlands Research Center.]

Bacias hidrográficas

Toda elevação entre dois rios, quer meça poucos metros ou milhares, forma um **divisor de águas** – uma crista ou terreno elevado de onde toda a água da chuva escoa para um ou outro lado.

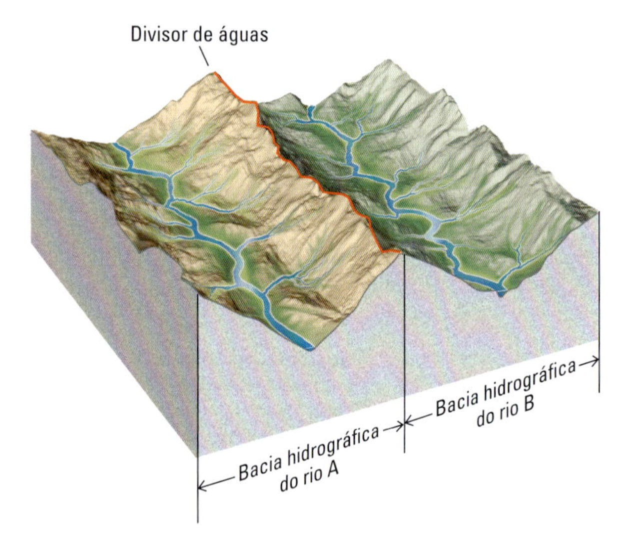

FIGURA 18.6 Bacias hidrográficas são separadas pelos divisores de águas.

Uma **bacia hidrográfica** é uma área do terreno limitada por divisores, que canaliza toda a sua água para a rede de rios que a drenam (Figura 18.6). A bacia hidrográfica pode ter uma área pequena, como a de uma ravina ao redor de um pequeno riacho, ou pode ser uma grande região drenada por um rio principal e seus tributários (Figura 18.7).

Um continente tem várias bacias hidrográficas importantes separadas pelos divisores de água principais. Na América do Norte, o divisor de águas continental ao longo das Montanhas Rochosas separa a água que verte para o Oceano Pacífico de

FIGURA 18.7 A bacia hidrográfica do rio Colorado cobre cerca de 630.000 km^2, abrangendo uma grande parte do sudoeste dos Estados Unidos. Ela é limitada pelos divisores que a separam das bacias hidrográficas vizinhas.

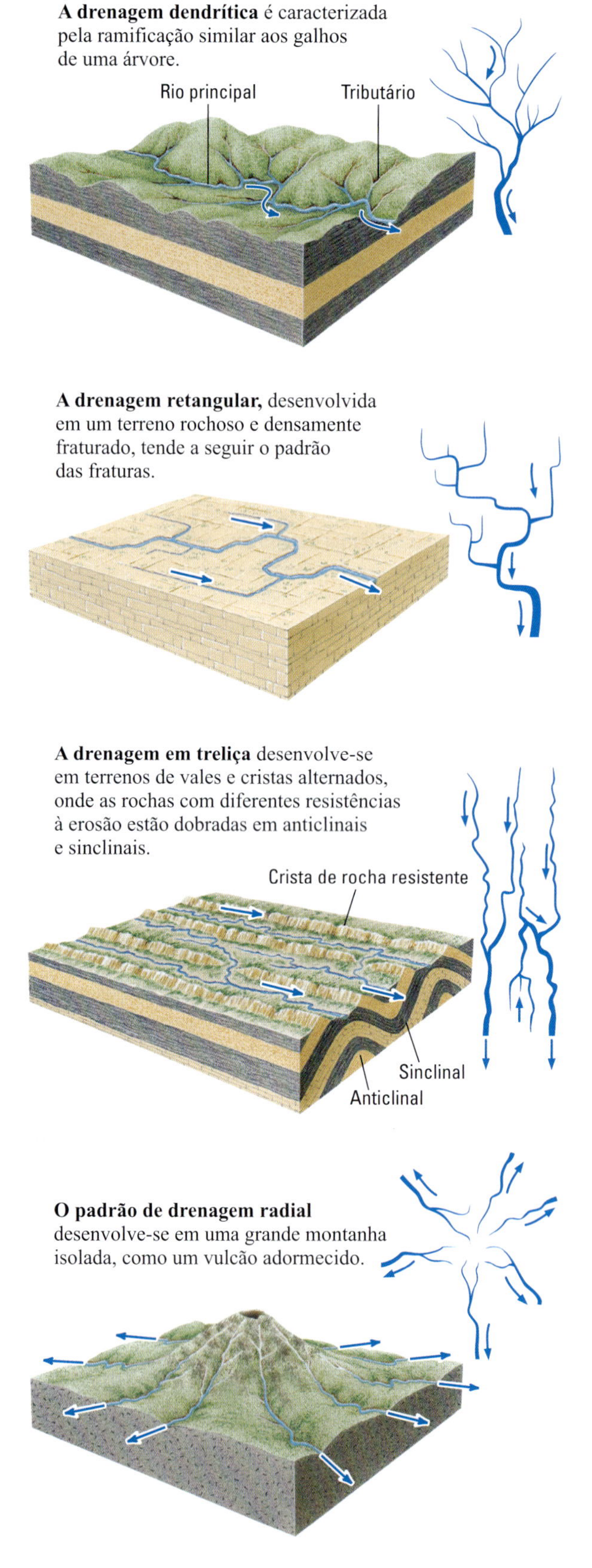

FIGURA 18.8 Padrões típicos de redes de drenagem.

toda a restante, que escoa inteiramente para o Atlântico. Lewis e Clark seguiram o rio Missouri a montante até sua nascente no divisor continental no oeste de Montana. Após cruzarem o divisor, encontraram a nascente do rio Colúmbia, o qual acompanharam até o Oceano Pacífico.

As redes de drenagem

O padrão de interconexões dos canais de grandes e pequenos rios, que pode ser visualizado mais facilmente em um mapa, chama-se de **rede de drenagem**. Se você seguir um rio desde sua foz até a nascente, observará que ele, invariavelmente, divide-se em **tributários** cada vez menores, formando redes de drenagem que mostram um padrão ramificado característico (Figura 19.8).

A ramificação é uma propriedade geral de muitos tipos de redes na qual o material é coletado e distribuído. Talvez as redes ramificadas mais familiares sejam aquelas das árvores e raízes. A maioria dos rios segue o mesmo tipo de padrão ramificado irregular, chamado de **drenagem dendrítica** (do grego *dendron*, que significa "árvore"). Esse padrão de drenagem bastante randômico é típico de terrenos onde o substrato rochoso é uniforme, como os de rochas sedimentares com acamamento horizontal ou de rochas ígneas ou metamórficas maciças. Outros padrões são o *retangular, em treliça* e *radial* (Figura 18.8).

Os padrões de drenagem e a história geológica

Podemos observar diretamente ou avaliar a partir do registro geológico como a maioria dos padrões de drenagem fluvial evoluiu. Alguns rios, por exemplo, cortam transversalmente as cristas de substrato rochoso resistente à erosão para formar desfiladeiros ou gargantas de paredes escarpadas. O que poderia levar um rio a entalhar um vale estreito transversalmente a uma crista ao invés de correr ao longo dos terrenos mais baixos de qualquer um de seus lados? A história geológica da região fornece as respostas.

Se uma dobra está se formando em um terreno onde flui um rio, ele pode ir erodindo a crista enquanto ela é soerguida, resultando em uma garganta de paredes escarpadas, como na Figura 18.9. Tal rio é chamado de **rio antecedente**, pois existia antes de o atual relevo ter sido modelado e manteve seu curso original, apesar das mudanças nas rochas subjacentes e no relevo.

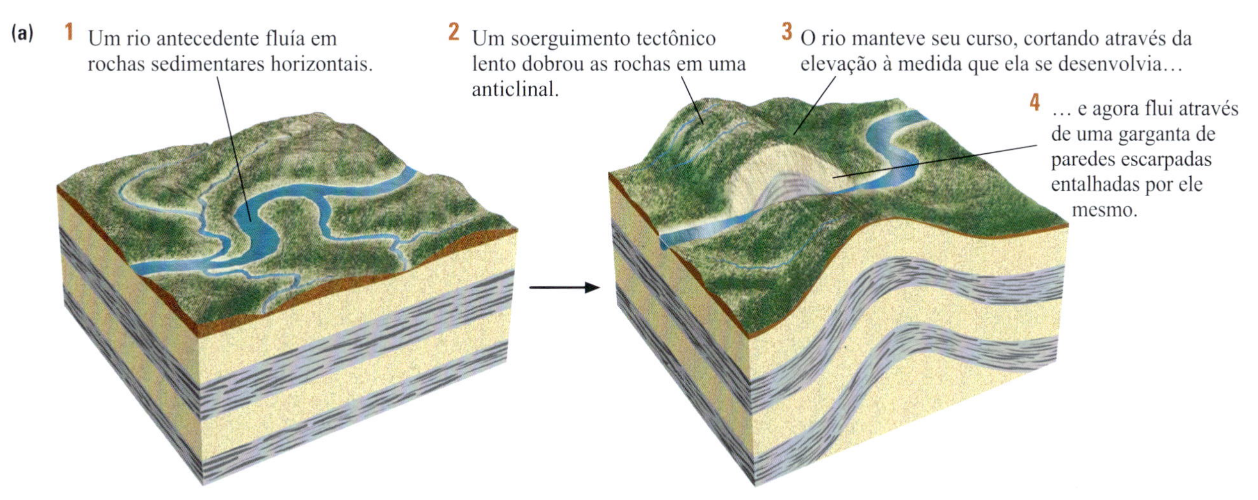

FIGURA 18.9 (a) Como um rio antecedente corta uma garganta de paredes escarpadas. (b) O Desfiladeiro Delaware Water, localizado entre a Pensilvânia e Nova Jersey. Neste ponto, o rio Delaware é um rio antecedente. [b: Michael P. Gadomski/Science Source.]

Jornal da Terra 18.1 O desenvolvimento das cidades nas planícies de inundação

As planícies de inundação atraem assentamentos humanos desde o começo da civilização. Elas são lugares naturais para os assentamentos urbanos, porque combinam fácil transporte hidroviário com acesso a terras férteis e agricultáveis. Tais lugares, entretanto, estão sujeitos às enchentes que formaram as planícies de inundação. Pequenas enchentes são comuns e geralmente causam poucos danos, mas os episódios de maior proporção que ocorrem com intervalo de algumas décadas podem ser bastante destrutivos.

Há cerca de 4 mil anos, as cidades começaram a se estabelecer nas planícies de inundação ao longo do rio Nilo, no Egito, nas terras da antiga Mesopotâmia, entre os rios Tigre e Eufrates, e, na Ásia, ao longo do rio Indo, na Índia, e do Yang-Tsé e Huang Ho (Amarelo), na China. Posteriormente, muitas das capitais da Europa foram construídas sobre planícies de inundação: Roma, na margem do Tibre; Londres, ao longo do rio Tâmisa; e Paris, junto ao Sena. Entre as cidades da América do Norte construídas em planícies de inundação, podem ser citadas Saint Louis, ao longo do rio Mississippi; Cincinnati, junto ao rio Ohio; e Montreal, margeando o rio Saint Lawrence.* As enchentes periodicamente destruíram partes dessas cidades antigas e modernas que se localizavam nas regiões mais baixas das planícies de inundação, mas seus habitantes sempre as reconstruíram.

Atualmente, muitas das maiores cidades estão protegidas por diques artificiais que reforçam e elevam os diques naturais dos rios. Além disso, sistemas extensivos de barragens podem ajudar a controlar as enchentes que afetam essas cidades, mas são incapazes de eliminar completamente os riscos. Em 1973, o Mississippi causou sérios problemas em uma enchente que durou 77 dias consecutivos em Saint Louis, Missouri (EUA). O rio alcançou uma altura recorde de 4,03 m acima do nível de inundação. Em 1993, o Mississippi e seus tributários saíram novamente de seus leitos e ultrapassaram os registros mais antigos, resultando em uma devastadora enchente, a segunda pior da história dos Estados Unidos, como foi oficialmente considerada (atrás da enchente de Nova Orleans causada pela elevação da maré que se seguiu ao furacão Katrina em 2005). Essa cheia ocasionou 487 mortes e prejuízos materiais de mais de 15 bilhões de dólares. Em Saint Louis, o Mississippi ficou acima do nível normal durante 144 dos 183 dias que existem entre abril e setembro. Um resultado inesperado dessa inundação foi a dispersão de poluentes, que ocorreu quando a água da cheia lavou os agrotóxicos das fazendas e depositou-os nas áreas inundadas.

Descobrir como proteger a sociedade contra inundações apresenta alguns problemas complexos. Alguns geólogos acreditam que a construção de diques artificiais para confinar o Mississippi contribuiu para que a inundação atingisse níveis tão elevados. O rio não pode mais erodir suas margens e alargar seu canal para acomodar parte da quantidade adicional de água que flui durante os períodos de maior vazão. Além disso, a planície de inundação não recebe mais depósitos de sedimentos. No caso de Nova Orleans, a planície de inundação afundou abaixo do nível do rio Mississippi, aumentando a probabilidade de futuras enchentes.

O que as cidades e os povoados desses lugares estão fazendo? Alguns se apressaram em parar toda construção e ocupação nas partes mais inferiores da planície de inundação. Outros têm exigido a supressão dos fundos para desastres subsidiados pelo governo federal para reconstruir essas áreas. A cidade de Harrisburg, na Pensilvânia, fortemente afligida pela enchente de 1972, transformou em parques as áreas ribeirinhas devastadas. Em um movimento dramático depois da cheia do Mississippi de 1993, a cidade de Valmeyer, em Illinois, votou por transferir-se inteiramente para uma região mais alta, localizada a vários quilômetros de distância. O novo lugar foi escolhido com a ajuda de uma equipe de geólogos do Serviço Geológico de Illinois (Illinois Geological Survey). Contudo, os benefícios de viver em uma planície de inundação continuam a atrair pessoas a esses locais, e alguns que sempre viveram na planície de inundação querem ficar e estão preparados para viver com os riscos das enchentes. Os custos para proteger algumas áreas localizadas no nível de enchente são proibitivos, e esses lugares continuarão a apresentar problemas para as políticas públicas.

*N. de R.T.: Na América do Sul, temos Buenos Aires, ao longo do rio de La Plata; Assunção, ao longo do rio Paraguai; Manaus e Belém, ao longo do rio Amazonas; São Paulo, ao longo do Tietê e Pinheiros, entre tantas outras. Também ocorrem cidades ao longo de planícies deltaicas e lacustres, como no caso de Porto Alegre, nas margens do Lago Guaíba.

A exemplo de muitas cidades construídas em planícies de inundação, Davenport, Iowa, está sujeita a enchentes. Esta foto mostra os funcionários da Peterson Paper Company indo para o trabalho de canoa em 2 de julho de 1993, atravessando a região central da cidade durante uma enchente. Ao fundo, o nível do Rio Mississippi continua a elevar-se. [Chris Wilkins/AFP/Getty Images.]

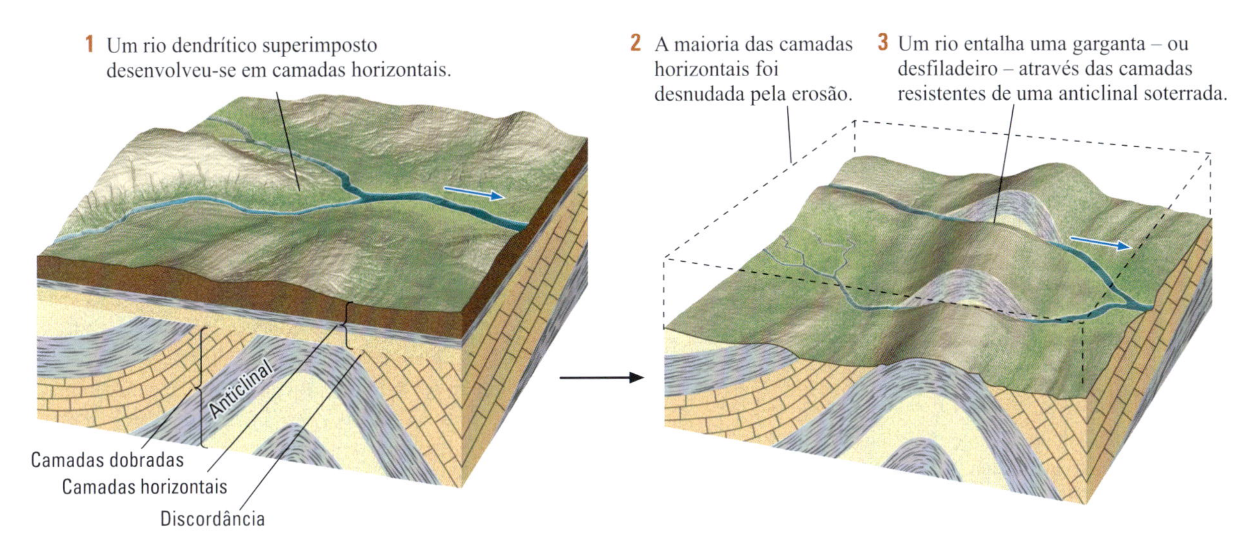

FIGURA 18.10 Como um rio superimposto mantém seu curso.

Em outra situação geológica, um rio pode fluir em um padrão de drenagem dendrítica, sobre rochas sedimentares com acamamento horizontal que se superpõem a rochas dobradas e falhadas, com diferentes resistências à erosão. Ao longo do tempo, à medida que as camadas mais brandas são removidas por erosão, o rio entalha uma camada mais dura de rochas subjacentes e erode uma garganta na camada resistente (Figura 18.10). Assim, o **rio superimposto*** flui através de formações resistentes, porque seu curso foi estabelecido em níveis mais altos, sobre rochas uniformes, antes do entalhamento se aprofundar. Um rio superimposto tende a continuar o padrão previamente desenvolvido, mais do que se ajustar às novas condições.

Onde os rios começam? Como a água corrente causa a erosão do solo e das rochas

Os canais dos córregos começam onde a água da chuva, escoando pela superfície da terra, flui tão rápido que desgasta o solo e o substrato rochoso, esculpindo uma *ravina* (basicamente um vale pequeno). Assim que se forma uma ravina, ela captura mais escoamento superficial e, assim, aumenta a tendência da corrente de cortar o substrato. À medida que a ravina se aprofunda progressivamente, a taxa de entalhamento aumenta porque mais água é capturada (Figura 18.11).

É relativamente fácil observar a erosão de material inconsolidado. Pode-se facilmente ver um rio capturando areia solta de seu leito e transportando-a avante. Em níveis altos de água e durante as inundações, pode-se até ver um rio esculpindo e cortando suas margens, que desmoronam para o fluxo e são carregadas. Os rios progressivamente vão cortando seus canais a montante até alcançarem as terras mais altas. Esse processo,

FIGURA 18.11 Os rios criam ravinas quando a ação da água que flui pela superfície terrestre causa erosão. As menores ravinas convergem para formar canais maiores e mais adiante no declive tornam-se canais fluviais. Estas ravinas foram formadas no deserto de Omã por tempestades ocasionais que inundam a superfície com água de fluxo rápido, erodindo o substrato rochoso. [Cortesia de Petroleum Development Oman.]

*N. de R.T.: Esta drenagem também é chamada de epigênica.

chamado de *erosão remontante** geralmente acompanha o alargamento e o aprofundamento dos vales. Seu progresso pode ser extremamente rápido – de até vários metros em um tempo de poucos anos, em solos facilmente erosíveis. A erosão a jusante é muito menos comum e é melhor expressa em raros eventos catastróficos, como quando um terremoto quebra uma represa natural e envia águas que se precipitam a jusante.

Não podemos observar com facilidade a erosão lenta das rochas duras. A água que escoa erode a rocha dura pela abrasão e pelo intemperismo químico e físico, além da ação de solapamento causada pelas correntes.

Abrasão

Um dos principais meios que um rio utiliza para fragmentar e erodir as rochas é a **abrasão**. A areia e os seixos da carga fluvial criam uma espécie de jateamento de areia que desgasta continuamente até mesmo as rochas mais duras. Sobre certos leitos de rios, seixos e calhaus giram dentro de remoinhos e desgastam o substrato, gerando **marmitas** profundas (Figura 18.12). Quando o nível da água baixa, podem-se observar seixos e areia depositados no fundo das marmitas expostas.

*N. de R.T.: Também chamada de erosão regressiva.

Intemperismo químico e físico

O intemperismo químico desagrega as rochas nos leitos dos rios, da mesma maneira como atua na superfície. O intemperismo físico pode ser violento, quando o desmoronamento de matacões e o impacto menor, porém constante, dos seixos e da areia quebram a rocha ao longo das fraturas. Tais impactos no canal de um rio fragmentam a rocha muito mais rápido que o lento intemperismo que ocorre na encosta suave de um morro. Quando esses processos desprendem grandes blocos do substrato rochoso, fortes remoinhos ascendentes podem empurrá-los para cima e para fora arrancando-os de forma violenta e repentina.

O intemperismo físico é particularmente acentuado em corredeiras e quedas d'água. As *corredeiras* são lugares de um rio onde o fluxo é extremamente rápido porque a declividade do leito torna-se repentinamente mais íngreme, normalmente nas saliências rochosas. A velocidade e a turbulência da água quebram, com rapidez, os blocos em pedaços menores, que são carregados adiante pela forte corrente.

A ação de escavação das quedas d'água

As quedas d'água desenvolvem-se onde rochas duras resistem à erosão ou onde o falhamento desloca o leito do rio. O estrondoso impacto de enormes volumes de água que caem

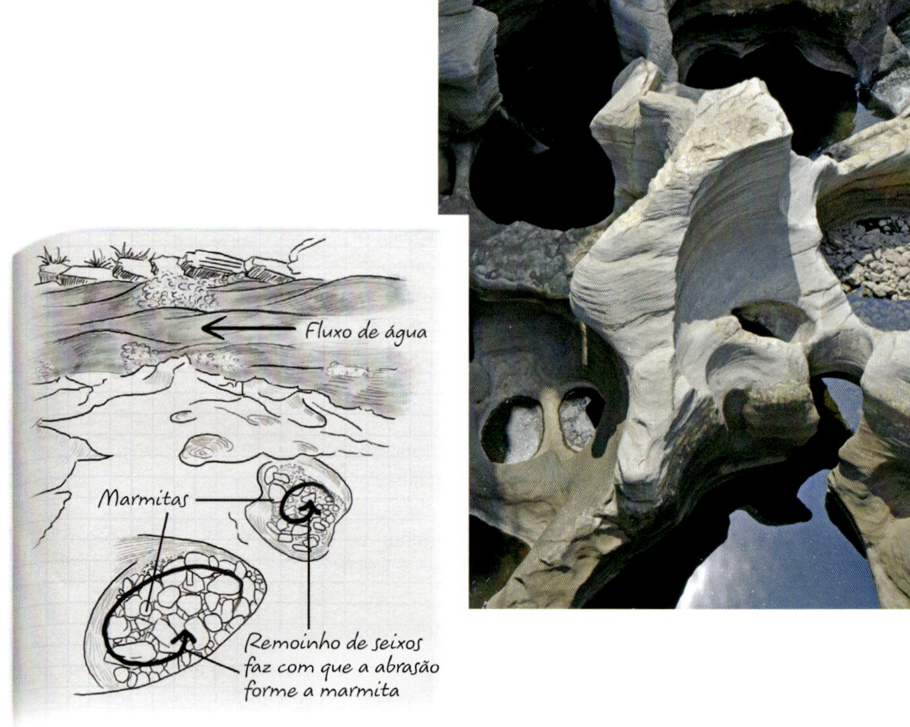

FIGURA 18.12 As marmitas no leito rochoso de Bourke's Luck, na Blyde River Canyon Nature Reserve, África do Sul. Os seixos giram dentro das marmitas, desgastando o substrato rochoso e gerando buracos profundos. [Walter G. Allgöwer/imageBROKER/AGE Fotostock.]

FIGURA 18.13 O canyon das Cataratas do Iguaçu (Brasil) está retrocedendo para montante à medida que a água vai caindo e o sedimento golpeia a base do penhasco, solapando-o. Desde o centro até o topo esquerdo da imagem, podem-se observar as paredes verticais, que são remanescentes da retração da queda d'água para montante. [Donald Nausbaum/Getty Images.]

e de matacões que rolam rapidamente erode os leitos rochosos abaixo das quedas d'água. As quedas d'água também erodem as camadas rochosas sob o próprio penhasco que forma a cachoeira. À medida que a erosão escava a base desse penhasco, as camadas superiores entram em colapso e a queda d'água regride no sentido montante (Figura 18.13). A erosão em quedas d'água é mais rápida onde as camadas rochosas são horizontais, estando as camadas mais resistentes no topo, e as mais moles como folhelhos, na base. Os registros históricos mostram que a principal seção das Cataratas do Niágara, talvez a mais famosa cachoeira da América do Norte, tem se movido no sentido montante em uma taxa de um metro por ano.

Como as correntes fluem e transportam sedimentos

Todas as correntes, sejam na água ou no ar, compartilham as características básicas da dinâmica de fluidos. Podemos ilustrar dois tipos de escoamento de fluidos usando linhas de movimento chamadas de *linhas de corrente* (Figura 18.14). No **fluxo laminar**, o tipo de movimento mais simples, as linhas de corrente retas ou levemente curvas correm paralelas umas às outras, não havendo mistura ou cruzamento de camadas. O lento movimento de uma calda espessa sobre uma panqueca, com fios de manteiga derretida fluindo paralelamente, mas por caminhos separados, é um fluxo laminar. O **fluxo turbulento** tem um padrão de movimento mais complexo, no qual as linhas de fluxo misturam-se, cruzam-se e formam espirais e turbilhões. As águas que se movem rapidamente em um rio em geral mostram esse padrão. A turbulência – que é uma medida das irregularidades e do turbilhonamento do fluxo – pode ser baixa ou alta.

Tanto o fluxo laminar como o turbulento dependem de três fatores:

1. Sua velocidade (taxa de movimento)
2. Sua geometria (principalmente sua profundidade)
3. Sua viscosidade (resistência ao fluxo)

A viscosidade resulta das forças atrativas entre as moléculas de um fluido. Essas forças tendem a impedir o escorregamento e o deslizamento das moléculas umas sobre as outras. Quanto maior a força atrativa, maior a resistência de mistura entre as moléculas vizinhas e mais alta a viscosidade. Por exemplo, quando um xarope gelado ou um óleo viscoso de cozinha é escoado, seu fluxo é lento e laminar. A viscosidade da maioria dos fluidos, inclusive da água, decresce com o aumento da temperatura. Se o aquecimento for suficiente, a viscosidade de um fluido pode diminuir até passar de um fluxo laminar para um turbulento.

A água tem baixa viscosidade nos limites comuns de temperatura da superfície terrestre. Só por essa razão, a maioria dos cursos d'água na natureza tende a apresentar fluxo turbulento.

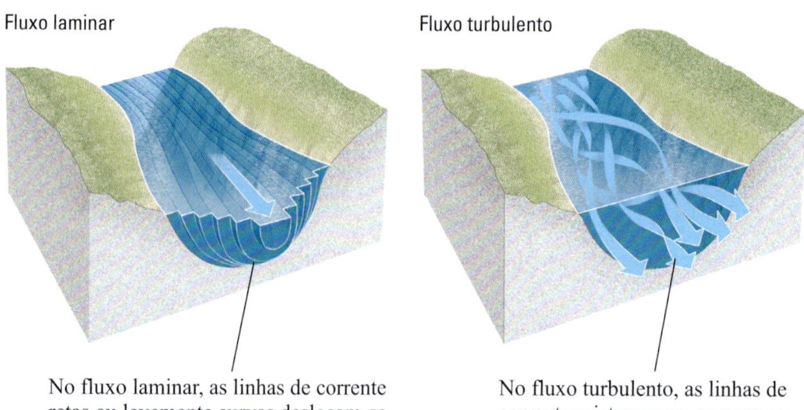

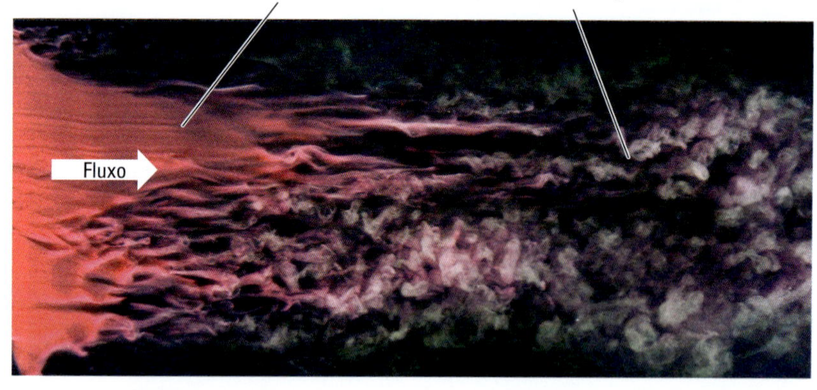

FIGURA 18.14 Os dois padrões básicos de fluxo: fluxo laminar e fluxo turbulento. A fotografia mostra a transição do fluxo laminar para o turbulento na trajetória da água em uma placa plana, revelada com o uso de pigmento. O fluxo vai da esquerda para a direita. [Henri Werlé, Onera, The French Aerospace Lab.]

Além disso, a velocidade e a geometria da água na maioria dos rios é outro fator que também os torna turbulentos. Na natureza, pode-se ver o fluxo laminar da água somente em finas lâminas de escoamento da chuva fluindo lentamente em vertentes aproximadamente planas. Nas cidades, podemos ver pequenos fluxos laminares nas sarjetas das ruas.

Pelo fato de a maioria dos rios e arroios ser larga e profunda e fluir rapidamente, seus fluxos são quase sempre turbulentos. Um rio pode mostrar fluxo turbulento em grande parte de sua largura e fluxo laminar ao longo de suas bordas, onde a água é rasa e se move lentamente. Em geral, a velocidade do fluxo é máxima na proximidade do centro do canal do rio; onde o rio meandra, a velocidade de fluxo é mais alta nas partes externas das curvas. Comumente, referimo-nos a um fluxo rápido como sendo uma corrente forte.

Erosão e transporte de sedimentos

Os rios variam de acordo com sua capacidade de erodir e carregar grãos de areia e outros sedimentos. Os fluxos laminares da água podem levantar e carregar somente as partículas menores, mais leves, de tamanho argila. Os fluxos turbulentos, dependendo de suas velocidades, podem mover partículas que variam desde o tamanho argila até seixo e calhau. À medida que a turbulência levanta as partículas do leito do rio, o fluxo carrega-as para jusante. A turbulência também faz as partículas grandes rolarem ou deslizarem sobre o leito. A **carga de suspensão** do rio inclui todo o material suspenso no fluxo de forma temporária ou permanente. Sua **carga de fundo** é o material que o rio carrega adiante sobre o leito, por deslizamento ou rolamento (Figura 18.15). O *leito*, neste contexto, é a camada de material inconsolidado no canal que interage com a corrente.

Quanto mais rápida a corrente, maiores as partículas carregadas como carga de suspensão ou de fundo. A aptidão que um fluxo tem de carregar material de um determinado tamanho é a sua **competência**. À medida que a corrente aumenta sua velocidade e as partículas um pouco mais grossas são suspensas, a carga de suspensão cresce. Ao mesmo tempo, mais material do fundo estará em movimento, e a carga de fundo também aumenta. Como seria de se esperar, quanto maior o volume de um fluxo, maior a carga de sedimento (carga de suspensão e de fundo) capaz de ser transportada. A carga sedimentar total que o fluxo transporta é a sua **capacidade.**

A velocidade e o volume de um fluxo afetam a competência e a capacidade de um rio. O rio Mississippi, por exemplo, flui com uma velocidade moderada na maior parte do seu percurso e carrega somente partículas finas e médias (argila e areia), mas, por outro lado, a quantidade carregada é enorme. Em contraposição, um pequeno rio fluindo rapidamente na escarpa de uma região montanhosa pode carregar até matacões, mas somente em pequena quantidade.

A capacidade que um rio tem de carregar sedimentos depende de um equilíbrio entre a turbulência, que levanta as partículas, e a força da gravidade, que concorre com ela, ao fazer com que as partículas se depositem, abandonando a corrente e tornando-se parte do leito. A velocidade com que partículas de vários pesos, em suspensão na corrente, depositam-se até o

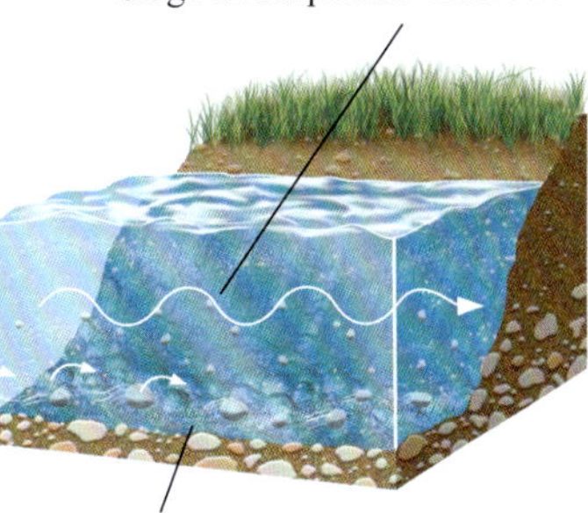

FIGURA 18.15 Uma corrente que flui sobre um leito de material inconsolidado pode transportar partículas de três formas.

fundo é chamada de **velocidade de sedimentação**. Pequenos grãos de silte e argila são facilmente levantados pela corrente e decantam lentamente, de modo que tendem a permanecer em suspensão. A velocidade de sedimentação de partículas grandes, como de areia média e grossa, é muito mais rápida. Portanto, a maioria dos grãos grandes fica suspensa na corrente somente por um pequeno intervalo de tempo antes de se depositar.

À medida que a velocidade da corrente aumenta, as partículas de sedimentos da carga de fundo começam a se mover por um terceiro processo, conhecido como **saltação** – um movimento de saltos intermitentes na superfície do leito da corrente. Os grãos de areia em um fluxo movem-se tipicamente por saltação, porque são leves o bastante para serem coletados do leito pela corrente, mas pesados o suficiente para não serem transportados em suspensão. Os grãos são aspirados para o fluxo por remoinhos turbulentos, movendo-se com a corrente por uma distância curta, e, então, caem de volta no leito (ver Figura 18.15). Se você ficasse em pé em um rio arenoso de fluxo rápido, poderia ver uma nuvem de grãos saltitantes de areia movendo-se ao redor de seus tornozelos. Quanto maiores os grãos, mais tempo eles tendem a permanecer no leito antes de serem levantados. Quando um grão grande está na corrente, ele se deposita rapidamente. Quanto menor o grão, mais frequentemente ele será levantado e maiores serão o salto e o tempo que levará para se depositar.

Em todo o mundo, os rios transportam, anualmente, cerca de 25 bilhões de toneladas de sedimentos siliciclásticos e, além disso, 2 a 4 bilhões de toneladas de material dissolvido. Os humanos são responsáveis por grande parte da carga atual dos rios. De acordo com certas estimativas, o transporte de sedimentos, antes do surgimento do homem, era algo em torno de 9 bilhões de toneladas por ano, menos da metade da quantidade atual. Em certos lugares, a carga sedimentar dos rios aumentou devido à agricultura e à erosão acelerada. Em outros, a carga sedimentar foi reduzida pela construção de barragens, que retêm os sedimentos atrás de seus diques de contenção.

Para estudar como um rio em particular transporta os sedimentos, os geólogos e os engenheiros hidráulicos medem a relação entre o tamanho das partículas e a força que o fluxo exerce sobre elas nas cargas de suspensão e de fundo. Essa relação possibilita o cálculo de quanto sedimento um fluxo particular pode mover e a rapidez da movimentação. Essa informação permite-lhes planejar barragens e pontes ou estimar a rapidez com que os reservatórios artificiais, represados por diques, serão preenchidos com sedimentos. Como vimos no Capítulo 5, os geólogos podem inferir as velocidades de correntes antigas a partir dos tamanhos dos grãos das rochas sedimentares.

O gráfico da Figura 18.16 estabelece a relação entre o tamanho do grão no leito do rio e a velocidade do fluxo necessária para causar a erosão. Percebe-se que, neste gráfico, contrariando nossa discussão anterior de competência, a velocidade da corrente necessária para erodir alguns tipos de partículas do leito, na verdade, aumenta à medida que o tamanho da partícula diminui. Essa relação existe porque é mais fácil para o fluxo levantar do leito partículas não coesivas (que não colam entre si) do que partículas coesivas (que colam entre si, como acontece em muitos argilominerais). Quanto mais fina for a partícula coesiva, maior deverá ser a velocidade do fluxo para erodi-la. Para esses grãos pequenos, a velocidade de sedimentação é tão lenta que mesmo correntes suaves, com cerca de 20 cm/s, podem mantê-los em suspensão e transportá-los por longas distâncias.

Formas de leito: dunas e marcas onduladas

Quando os grãos de areia depositados em um leito de rio são transportados por saltação, eles tendem a formar dunas e marcas onduladas (ver Capítulo 5). As **dunas** são cristas alongadas de areia, que podem ter muitos metros de altura e se formam em fluxos de vento ou água sobre um leito arenoso. As **marcas onduladas** são dunas muito pequenas – com altura variando desde menos de um centímetro até alguns centímetros – cuja dimensão mais longa é posicionada em ângulo reto em relação à corrente. Embora as dunas e as marcas onduladas subaquáticas sejam mais difíceis de ser observadas do que aquelas produzidas

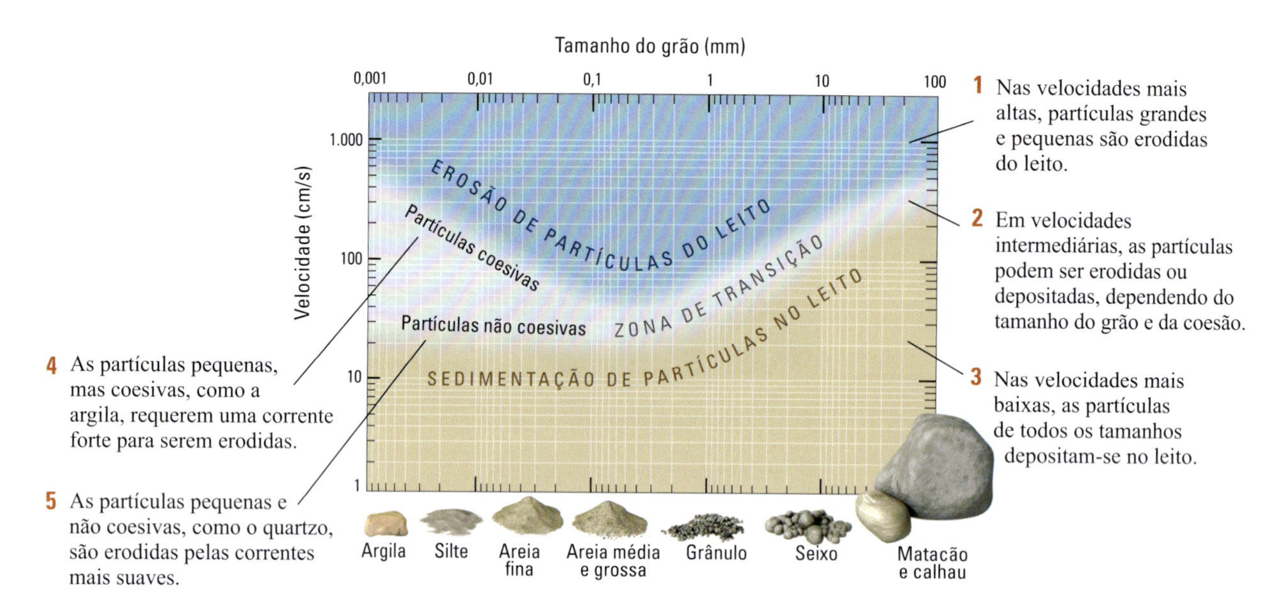

FIGURA 18.16 A relação entre a velocidade da corrente e a erosão e sedimentação de partículas de tamanhos diferentes. A área azul representa as velocidades em que as partículas são erodidas do leito do rio; a área cinza, as velocidades com que as partículas podem ser erodidas ou depositadas; e a área marrom, as velocidades em que as partículas depositam-se no leito.

sobre o solo pelas correntes de ar, elas se formam da mesma maneira e também são comuns.

À medida que uma corrente move os grãos de areia por saltação, eles são erodidos da face montante das marcas onduladas e das dunas e depositados na face jusante. Essa transferência continuada de grãos ao longo das cristas causa a migração a jusante das dunas e das marcas onduladas. A velocidade dessa migração é bem menor que a do movimento individual dos grãos e muito menor que a da corrente. (Veremos, com mais detalhes, a migração de marcas onduladas e dunas eólicas no Capítulo 19.)

As formas das marcas onduladas e das dunas, bem como suas velocidades de migração, mudam à medida que a velocidade da corrente aumenta. Quando a velocidade da corrente é baixa, poucos grãos estão saltando, e o leito arenoso da corrente é plano. Com um pequeno aumento da velocidade, o número de grãos saltando cresce. Então um leito ondulado se forma, e as marcas onduladas migram a jusante (**Figura 18.17**). À medida que a velocidade aumenta ainda mais, as marcas onduladas aumentam de tamanho e migram mais rapidamente até que, a partir de uma certa altura (mais de 50 cm) passam a ser chamadas de dunas. As marcas onduladas e as dunas têm estrutura interna do tipo estratificação cruzada (ver Figura 5.11). À medida que a corrente flui sobre elas, essa estrutura pode até se inverter, quando, então, o lado jusante da duna passa a migrar em direção contrária à corrente*. À medida que as dunas ficam maiores, as marcas onduladas se formam sobre elas. Essas marcas onduladas tendem a galgar os dorsos das dunas porque migram mais rapidamente que elas. Ao adquirir velocidade muito alta, a corrente apaga as dunas e forma um leito plano sob uma densa nuvem de grãos de areia saltando rapidamente. A maior parte desses grãos é recorrentemente levantada e dificilmente chega a se depositar no fundo. Alguns ficam em permanente suspensão.

*N. de R.T.: Quando a duna tem seu lado jusante migrando no sentido contrário da corrente, é chamada de antiduna. Isso ocorre sob condições de regime de fluxo superior.

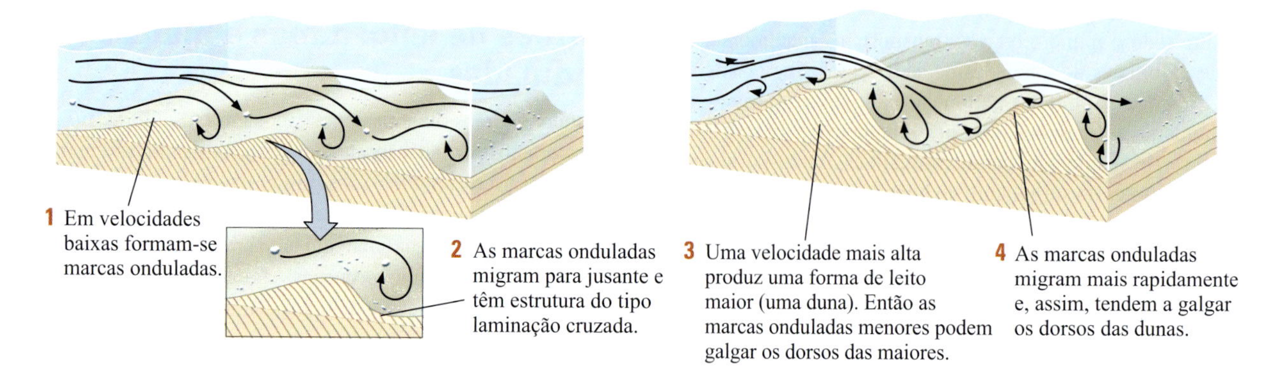

FIGURA 18.17 A forma de um leito sedimentar muda com a velocidade da corrente.

Deltas: as desembocaduras dos rios

Mais cedo ou mais tarde, todos os rios terminam por desaguar em um lago ou oceano, misturando-se com a água do corpo receptor, e – sem poder mais descer morro abaixo – gradualmente perdem seu ímpeto para mover-se adiante. Os maiores rios, como o Amazonas e o Mississippi, podem manter suas correntes muitos quilômetros mar adentro*. Nos locais onde os pequenos rios entram em uma costa turbulenta e com intensa arrebentação de ondas, as correntes desaparecem quase imediatamente depois da foz do rio.

A sedimentação deltaica

À medida que sua corrente aos poucos definha, um rio perde sua força para transportar sedimentos de forma progressiva. O material mais grosso, normalmente areia, é abandonado primeiro, bem na foz de grande parte dos rios. As areias mais finas são largadas adiante, seguidas pelo silte e, bem mais distante, pela argila. Como o assoalho do lago ou do oceano submerge em águas mais profundas longe da praia, todo o material depositado, de vários tamanhos, forma um extenso depósito plano chamado de **delta**. (Devemos o nome *delta* ao historiador grego Heródoto, que viajou para o Egito aproximadamente em 450 a.C. A forma grosseiramente triangular do imenso depósito deltaico na foz do Nilo inspirou-o a denominá-la com a letra grega Δ, delta.)

Quando um rio aproxima-se de seu delta, onde o perfil do declive é quase nivelado com o mar, ele inverte seu padrão de drenagem ramificada do curso superior. Ao invés de coletar mais água de seus tributários, ele descarrega água por meio dos **distributários** – canais menores que se ramificam *a jusante* a partir do canal principal e que recebem deste água e sedimentos, para serem por eles distribuídos. Os materiais depositados no topo do delta, tipicamente areia, formam um pacote de **camadas de topo****. A jusante, na frente externa do delta, areia fina e silte são depositados para formar um pacote de **camadas frontais*****, que lembra uma estratificação cruzada de grande proporção. Espalhando-se sobre o assoalho marinho, avante das camadas frontais, está o pacote de **camadas basais******, finas e horizontais, compostas de lama, que são soterradas à medida que o delta continua a crescer. A **Figura 18.18** mostra como essas estruturas formam um delta marinho típico.

O crescimento dos deltas

À medida que um delta se desenvolve mar adentro, a foz de seu rio também avança nessa direção, deixando, no percurso, novos terrenos. A maioria desses terrenos é uma *planície deltaica* com uma elevação de poucos metros acima do nível do mar. Na margem da planície voltada para o mar, depressões amplas entre canais distributários ficam abaixo do nível do mar e formam baías rasas que são preenchidas com sedimentos de grãos finos. Com o tempo, elas acabarão se tornando pântanos salobros (ver Figura 18.18).

À medida que um delta se desenvolve, os canais de certos distributários modificam-se, procurando caminhos mais curtos até o mar. Como resultado desse deslocamento, o delta cresce em uma mesma direção por algumas centenas ou milhares de anos e, então, o canal principal pode desviar o curso e irromper em um novo distributário, enviando sedimentos para o oceano em outra direção. Dessa forma, um rio principal pode formar um grande delta, com área de milhares de quilômetros quadrados. O delta do Mississippi cresceu durante milhões de anos. Há aproximadamente 150 milhões de anos, ele iniciou perto de onde hoje se situa a junção dos rios Ohio e Mississippi, no extremo sul de Illinois. Ele avançou cerca de 1.600 km, desde então, criando quase inteiramente os Estados de Louisiana e Mississippi, bem como partes importantes dos territórios adjacentes. A **Figura 18.19** mostra o crescimento do delta do

*N. de R.T.: O Amazonas mantém sua influência por longas distâncias mar adentro. Além de depositar imensa quantidade de sedimentos na plataforma, que atinge nessa região sua maior largura na costa brasileira, com cerca de 350 km, entalha no talude um enorme cânion, por onde fluem sedimentos que atingem a planície abissal do Atlântico. Nessa planície, em profundidades de até 4.850 m, forma-se o Cone do Amazonas, uma gigantesca pilha de sedimentos que se projeta adiante, a partir do sopé continental, por mais 700 km.

**N. de R.T.: Em inglês, *topset beds*, camadas que se empilham horizontalmente, como uma extensão da planície deltaica que avança no corpo d'água receptor.

***N. de R.T.: Em inglês, *foreset beds*, ou camadas da frente deltaica, subaquosas, que avançam como um talude inclinado em direção ao corpo receptor.

****N. de R.T.: Em inglês, *bottomset beds*, depositam-se quase horizontalmente, no prodelta.

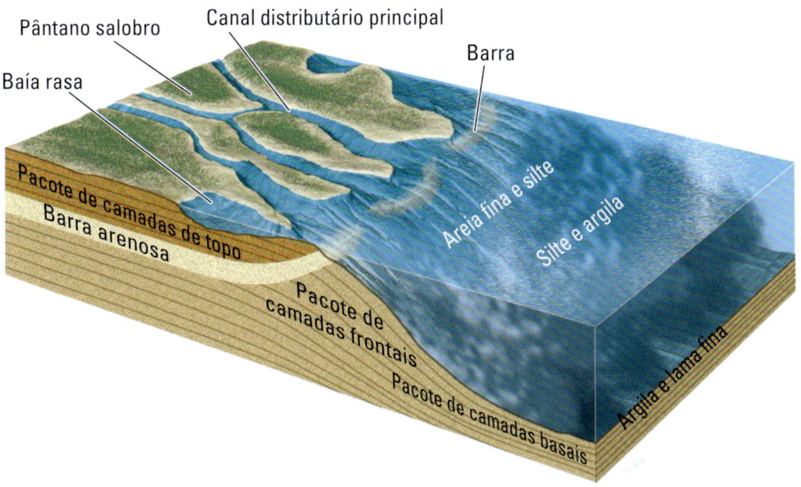

Pântano salobro
Canal distributário principal
Barra
Baía rasa
Pacote de camadas de topo
Barra arenosa
Areia fina e silte
Silte e argila
Pacote de camadas frontais
Pacote de camadas basais
Argila e lama fina

FIGURA 18.18 Um grande delta marinho típico, com muitos quilômetros de extensão, no qual as camadas frontais de grão fino são depositadas em baixo ângulo, comumente de apenas 4 a 5° ou menos. Barreiras arenosas formam-se nas desembocaduras dos distributários, onde a velocidade das correntes repentinamente diminui. O delta cresce para frente pelo avanço da barra e dos pacotes das camadas de topo, frontais e basais. Entre os canais distributários, as baías rasas são preenchidas com sedimentos de grão fino e tornam-se pântanos salobros. Essa estrutura geral é encontrada no delta do Mississippi.

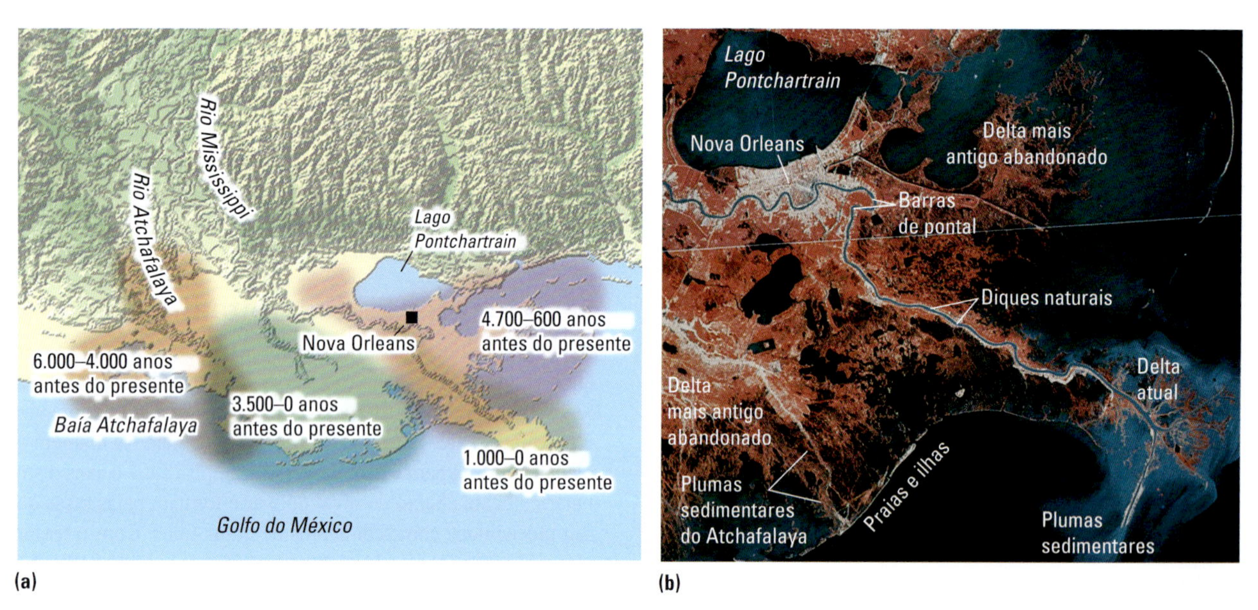

Rio Atchafalaya

Nova Orleans

Rio Mississippi

Silte carregado pela descarga do rio Mississippi

(c)

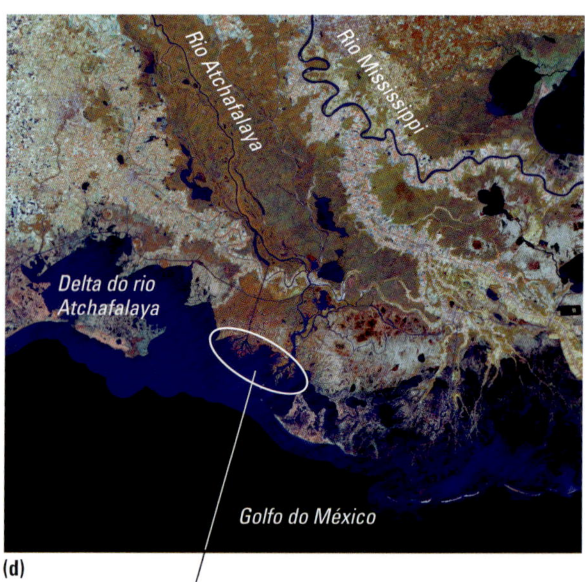

Silte carregado pela descarga do rio Atchafalaya... ... que aumentará à medida que o delta se deslocar no futuro.

FIGURA 18.19 Nos últimos 6 mil anos, o delta do Mississippi tem construído seu delta, primeiro em uma direção e, depois, em outra, à medida que o escoamento de água troca um canal distributário principal por outro. (a) O delta moderno foi precedido de deltas depositados para o leste e o oeste. (b) O filme com sensibilidade para o infravermelho, usado para registrar esta imagem de satélite do delta do Mississippi, possibilita que a vegetação seja observada na cor vermelha, a água relativamente limpa na cor azul-escura, e a água com sedimento em suspensão, na cor azul-clara. Na parte superior esquerda estão a cidade de Nova Orleans e o Lago Pontchartrain. Diques naturais bem definidos e barras de pontal ocorrem no centro. No bordo inferior esquerdo, estão as praias e ilhas que se formaram quando as ondas e as correntes transportaram do delta as areias depositadas pelo rio. (c) Imagem de satélite do delta do Mississippi. (d) Esta imagem mostra a descarga de sedimento para o Golfo do México feita pelo delta do rio Mississippi e pelo rio Atchafalaya. Uma grande inundação pode desviar-se do fluxo principal do rio Mississippi, ingressando no rio Atchafalaya, o que possibilitaria a formação de um novo delta. A construção de diques artificiais pelo Corpo de Engenheiros do Exército dos Estados Unidos impediu que isso prosseguisse. [(b) Fonte: G. T. Moore, "Mississippi River Delta from Landsat 2," Bulletin of the American Association of Petroleum Geologists (1979); (c) NASA; (d) U.S. Geological Survey National Wetlands Research Center.]

Mississippi nos últimos 6 mil anos, bem como a direção que seu crescimento deve tomar no futuro.

Os deltas crescem pela adição de sedimentos e afundam à medida que há compactação das partículas e subsidência da crosta devido ao peso da carga sedimentar. Veneza, parcialmente edificada no delta do rio Pó, no Norte da Itália, tem afundado constantemente há muitos anos. As causas são tanto a subsidência crustal como a depressão do terreno, devido ao bombeamento da água dos aquíferos sob a cidade.

Efeitos humanos sobre os deltas

Grandes áreas de terras úmidas encontradas nas planícies deltaicas são valiosas porque armazenam a água e constituem o hábitat de muitas espécies de plantas e animais, como observado no Capítulo 17. As terras úmidas do delta do rio Mississippi, como as terras úmidas deltaicas em muitas outras áreas, sofreram um ataque duplo. Primeiro, o controle muito amplo das cheias por meio de barragens, construídas desde 1930, diminuiu o volume de sedimentos levados para o delta e, desse modo, reduziu o aporte sedimentar para as terras úmidas. Segundo, os grandes diques artificiais evitaram as cheias pequenas, mas frequentes, que alimentavam as terras alagáveis deltaicas. Em Nova Orleans, a planície de inundação do rio Mississippi afundou abaixo do nível do rio, aumentando a probabilidade de futuras inundações catastróficas.

Os efeitos das ondas, das marés e dos processos da tectônica de placas

Ondas fortes, correntes costeiras e marés afetam o crescimento e a forma dos deltas marinhos. As ondas e as correntes costeiras podem mover os sedimentos ao longo da praia quase com a mesma rapidez com que eles são ali depositados pelo rio. A frente deltaica torna-se, então, uma longa praia, com apenas uma ligeira protuberância na foz. Em locais onde as correntes de maré movem-se em direção ao continente e ao mar, elas redistribuem os sedimentos deltaicos em barras alongadas paralelas à direção das correntes e, na maioria desses lugares, em ângulos aproximadamente retos em relação à praia* (ver Figura 18.19b).

Em outros locais, as ondas e as marés são fortes o suficiente para impedir a formação de um delta. Em vez disso, o sedimento do rio levado para o fundo do mar é dispersado ao longo da linha de costa, como praias e barras, e é transportado para as águas mais profundas costa afora. A costa leste da América do Norte não tem deltas por essa razão. O Mississippi tem sido capaz de construir seu delta porque nem as ondas nem as marés são muito fortes no Golfo do México.

A tectônica também exerce algum controle sobre o posicionamento do lugar onde os deltas se formam, pois a formação deltaica tem outros dois pré-requisitos: soerguimento da bacia hidrográfica, que aporta sedimentos em abundância; e subsidência crustal na região deltaica, para acomodar o grande peso e o volume de sedimentos. Dois dos maiores deltas do mundo – o Mississippi e o Ródano (na França) – têm sua enorme carga sedimentar derivada principalmente das cadeias montanhosas distantes: as Rochosas, para o Mississippi, e os Alpes, para o Ródano. Ambos localizam-se no mesmo cenário na placa tectônica – uma margem passiva originalmente formada a partir da extensão de uma margem continental. A convergência continental, que soergueu o Himalaia, também formou os grandes deltas do Indo e do Ganges.

Poucos dos grandes deltas estão associados a zonas de subducção ativa. A razão pode estar ligada ao fato de não ser comum que um grande rio (como o Colúmbia, do noroeste Pacífico) carregue para o mar quantidade abundante de sedimento através de um arco vulcânico (a Cordilheira Cascade). Além disso, essas áreas com rápido soerguimento são instáveis demais para que grandes deltas de desenvolvam. Os arcos de ilha oceânicos têm áreas pequenas demais para prover grande quantidade de sedimentos siliciclásticos.

*N. de R.T.: Um exemplo de delta dominado por maré é o do Ganges-Brahmaputra, na região de Bengala, sul da Ásia.

Os rios como geossistemas

Os rios são geossistemas dinâmicos que estão em constante mudança em resposta às influências dos processos da tectônica de placas e do clima, e tais mudanças, por sua vez, influenciam o transporte de água e de sedimentos. O fluxo de um rio pode parecer constante quando visto de uma ponte por alguns minutos ou quando se navega por ele por algumas horas, mas seu volume e velocidade podem se alterar consideravelmente em diferentes meses ou estações. Em determinado local, o rio está em constante mudança, alternando de águas rasas para um estágio de enchente em algumas horas ou dias e remodelando seu vale ao longo de períodos maiores (**Figura 18.20**). As dimensões do fluxo e do canal de um rio também se alteram à medida que ele se move declive abaixo, desde vales estreitos em sua nascente até planícies de inundação mais amplas em seus cursos intermediário e inferior. A maioria dessas mudanças de longo prazo são ajustes no volume normal (sem inundação) e na velocidade do fluxo, bem como na profundidade e largura do canal.

Da nascente até a foz, todos os rios reagem a mudanças climáticas (como mudanças de precipitação) e a processos da tectônica de placas (como soerguimento ou subsidência da crosta terrestre). Como vimos, os rios agrupam-se em cursos d'água cada vez maiores, formando, por fim, um único rio grande, como no caso do rio Mississippi. A precipitação na nascente pode afetar o fluxo da corrente mais adiante no rio, onde seu volume pode exceder aquele do canal e, então, extravasar as margens e ocasionar uma enchente. Dessa forma, os processos e eventos em uma parte da rede fluvial são propagados através do sistema e afetam o comportamento de outra parte.

O transporte de sedimentos muda de forma semelhante, embora em uma escala de tempo de maior duração. Se a precipitação na nascente aumentar por um período longo – porque, digamos, o clima tornou-se mais chuvoso – ou se as taxas de soerguimento tectônico aumentarem, há um acréscimo nas taxas de erosão e de produção de sedimentos. A rede fluvial propaga uma "onda" de sedimentos que, com o tempo, atinge o delta, onde pode ser preservada no registro rochoso como um intervalo de acúmulo de sedimentos excepcionalmente alto. Analisaremos mais essas relações e seus efeitos sobre o desenvolvimento da paisagem no Capítulo 22.

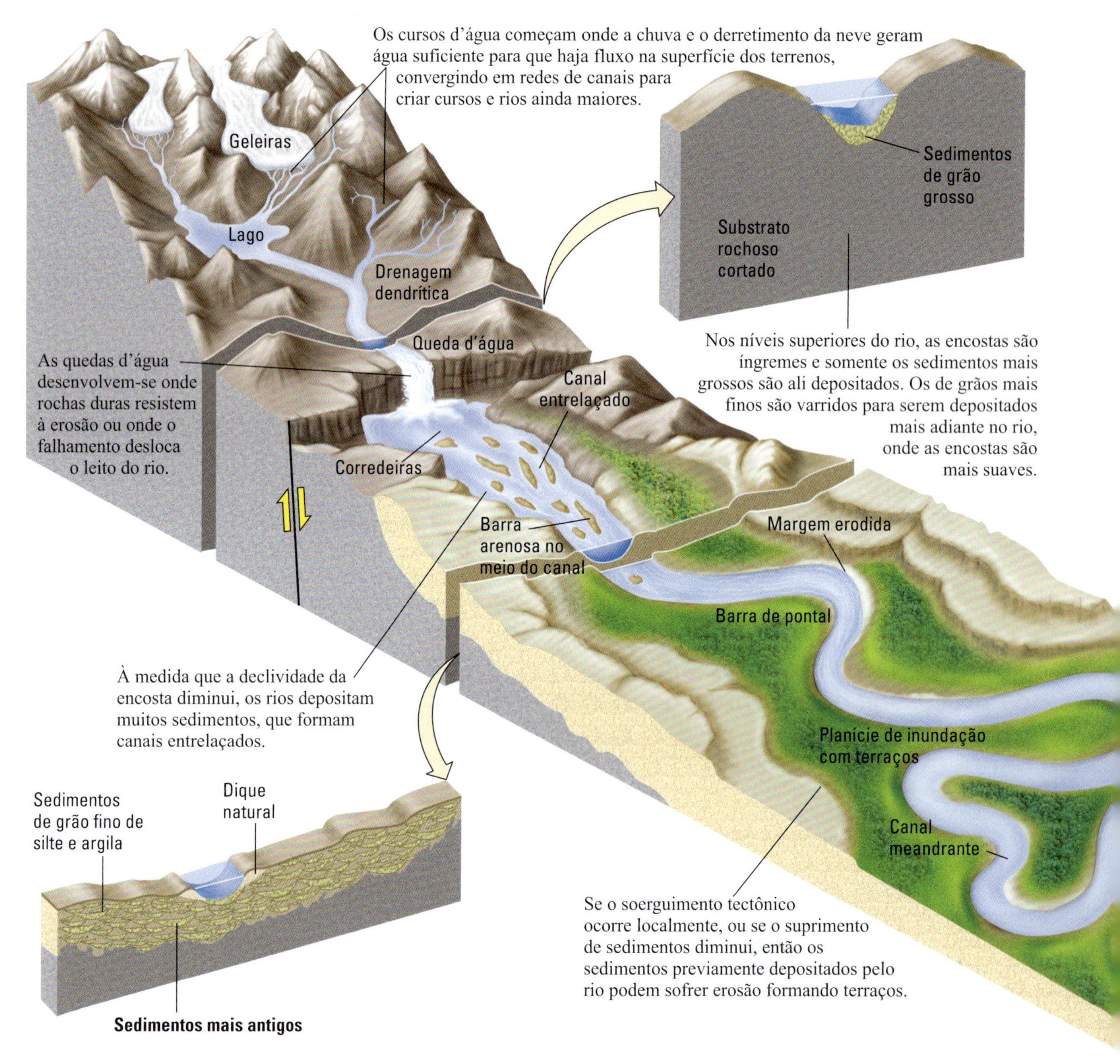

FIGURA 18.20 Redes de rios transportam água e sedimentos da nascente até o oceano.

Diversos fatores são importantes no controle de como a água e os sedimentos fluem pelos geossistemas fluviais. Esses fatores incluem a vazão do rio, seu perfil longitudinal e mudanças no nível de base.

Vazão

Medimos o fluxo de um rio pela sua **vazão** ou descarga – o volume de água que passa em um dado ponto e em um dado momento à medida que flui por um canal de certa largura e profundidade. (No Capítulo 17, definimos *descarga* como o volume de fluxo que sai de um aquífero por unidade de tempo. Essas definições são consistentes porque ambas descrevem volume de fluxo por unidade de tempo.) A vazão fluvial é medida em metros cúbicos por segundo (m^3/s). A vazão em pequenos rios pode variar desde cerca de 0,25 a 300 m^3/s. A vazão de um rio de porte médio bastante estudado na Suécia, o Klarälven, varia de 500 m^3/s, no nível baixo, até 1.320 m^3/s, no nível alto da água. A descarga do rio Mississippi pode variar desde escassos 1.400 m^3/s, no nível baixo, até mais de 57.000 m^3/s, durante as cheias.

A vazão coincide com a recarga em qualquer local onde a precipitação ou a descarga de água subterrânea contribua com o rio. Quando a recarga é menor do que a descarga, como durante uma seca, os níveis fluviais podem cair drasticamente. Quando a recarga é maior do que a descarga, os níveis fluviais subirão, e ocorrerão enchentes se o desequilíbrio entre descarga e recarga tornar-se grande demais.

Para calcular a vazão, multiplicamos a área da seção transversal (a largura multiplicada pela profundidade da parte do canal ocupada pela água) pela velocidade do fluxo (distância percorrida por segundo):

$$\text{vazão} = \frac{\text{seção transversal}}{\text{(largura profundidade)}} \times \frac{\text{velocidade}}{\text{(distância percorrida por segundo)}}$$

A Figura 18.21 ilustra essa relação. Para que a vazão aumente, a velocidade ou a área da seção transversal, ou ambas, devem aumentar. Considere o aumento da vazão de uma mangueira de jardim ao abrir ainda mais a torneira, o que ocasiona o aumento da velocidade da água que sai. A área da seção transversal da mangueira não pode mudar, ao passo que a vazão deve aumentar. Em um rio, quando a vazão em um ponto particular aumenta, tanto a velocidade como a área da seção transversal tendem a aumentar. (A velocidade é também afetada pela declividade do canal e pela rugosidade das margens e do fundo do rio, que podemos negligenciar para os propósitos dessa explicação.) A área da secção transversal aumenta porque o fluxo pode passar a ocupar maior área e profundidade do canal.

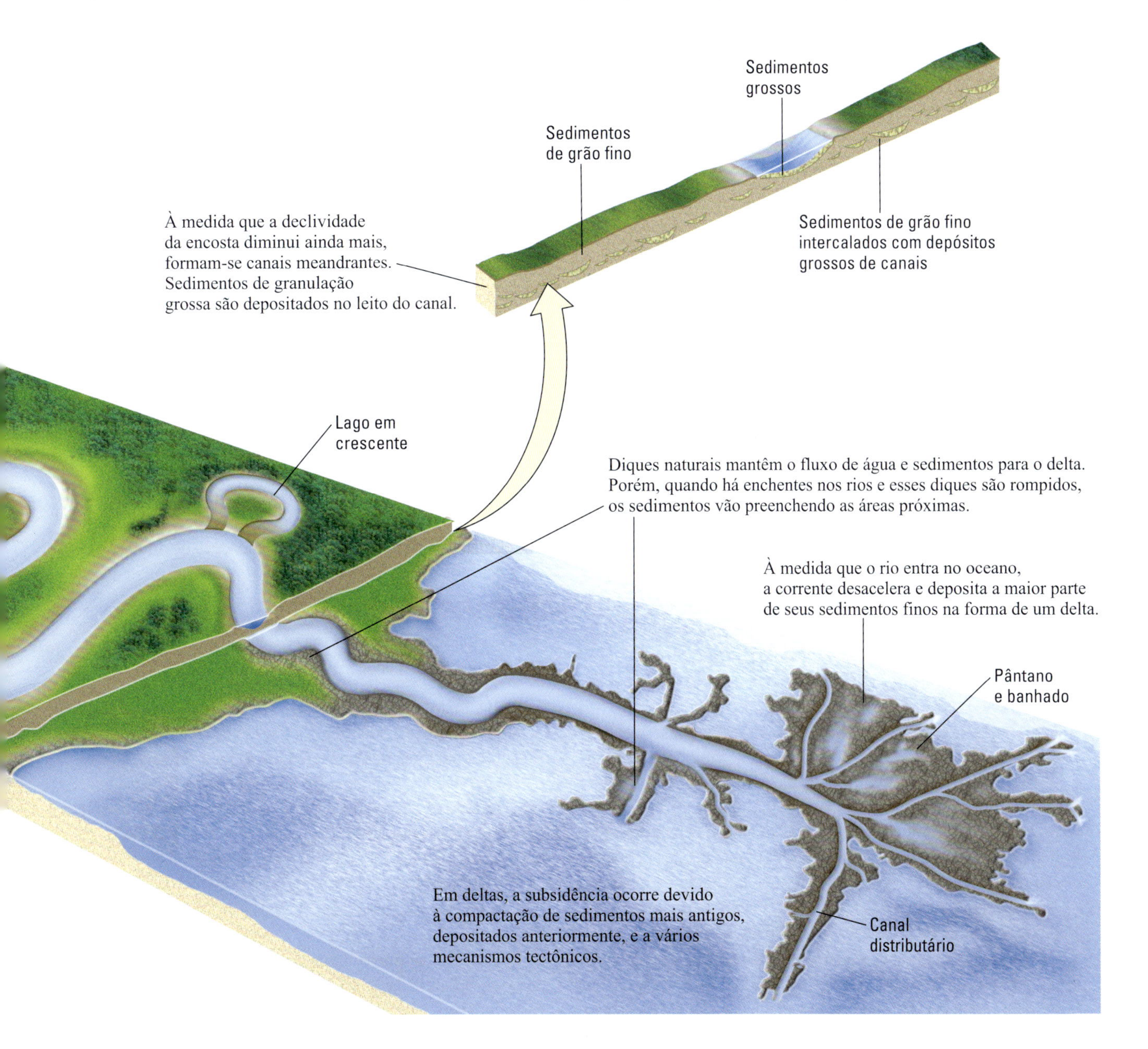

Um rio com uma área de secção transversal pequena e uma velocidade baixa tem uma vazão menor (vazão 3 m × 10 m = 30 m^2 × 1 m/s = 30 m^3/s)...

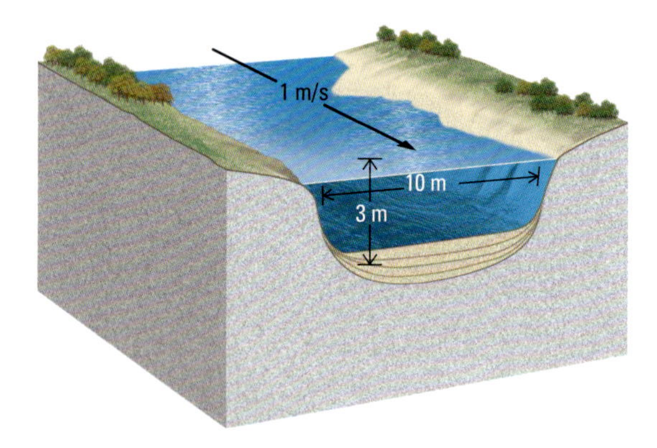

...que a de um rio que tenha uma secção transversal com maior área e uma velocidade maior, resultando em uma vazão maior (9 m × 10 m = 90 m^2 × 2 m/s = 180 m^3/s).

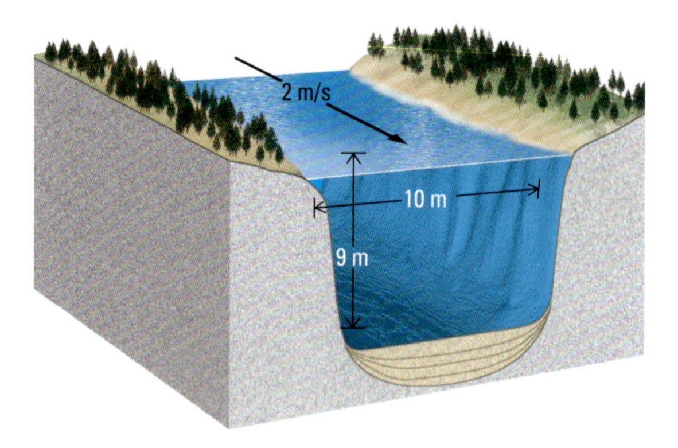

FIGURA 18.21 A vazão depende da velocidade e da área da seção transversal.

A vazão da maioria dos rios aumenta a jusante à medida que mais água flui dos tributários. O aumento da vazão significa que a largura, a profundidade ou a velocidade também devem aumentar. A velocidade não aumenta a jusante na mesma medida do aumento da vazão, como poderíamos esperar, porque a declividade ao longo do curso inferior de um rio diminui (a diminuição na declividade reduz a velocidade). Quando a vazão não aumenta significativamente a jusante, e a declividade diminui muito, um rio fluirá mais lentamente.

As inundações

A **inundação** é um caso extremo do aumento da vazão que resulta de um pequeno período de desequilíbrio entre a entrada e a saída de água. À medida que a vazão aumenta, a velocidade do fluxo também sobe, e a água gradualmente preenche todo o canal. Com o aumento continuado da vazão, o rio atinge o *estágio de inundação* (o ponto em que a água extravasa sobre as margens).

Alguns rios extravasam sobre as margens quase todos os anos quando a neve derrete ou as chuvas chegam; outros, em intervalos irregulares. Algumas inundações trazem níveis da água muito altos, que enchem a planície de inundação durante vários dias. No outro extremo, estão as inundações menores que, logo ao extravasar o canal, já recuam. As inundações pequenas são mais frequentes, ocorrendo, em média, a cada 2 ou 3 anos. As grandes inundações são, em geral, menos frequentes, ocorrendo, comumente, a cada 10, 20 ou 30 anos.

Ninguém pode saber exatamente o tamanho – seja do nível da água ou da descarga – que uma inundação poderá ter em um ano qualquer, de modo que as previsões são estabelecidas em termos de *probabilidades*, e não de certezas. Para um dado rio, um geólogo pode estipular que há uma probabilidade de 20% de que uma inundação com certa descarga – digamos, de 1.500 m^3/s – venha a ocorrer em um determinado ano. Essa probabilidade corresponde a um intervalo médio de tempo – nesse caso, a 5 anos (1 em 5 = 20%) – em que esperamos a ocorrência de duas inundações com uma vazão de 1.500 m^3/s. Referimo-nos a uma inundação com essa vazão como sendo um evento de cinco anos. Uma inundação de maior magnitude – digamos, 2.600 m^3/s –, nesse mesmo rio, comumente ocorre a cada 50 anos, a qual, por sua vez, seria chamada de uma inundação de 50 anos. Assim como ocorre com os terremotos, as inundações de maiores proporções têm intervalos de recorrência mais longos. Um gráfico das probabilidades anuais e intervalos de recorrência para uma variação das vazões de um rio é conhecido como *curva de frequência de inundações.*

O intervalo de recorrência de inundações de diferentes vazões depende de três fatores:

1. O clima da região
2. A largura da planície de inundação
3. O tamanho do canal

Em um clima seco, por exemplo, o intervalo de recorrência de uma inundação de 2.600 m^3/s pode ser muito maior que o de um rio similar em uma área que tem chuvas intermitentes. Por essa razão, curvas de frequência de inundações dos rios principais são necessárias, se as cidades ao longo desses rios tiverem que ser preparadas para enfrentar inundações. Uma curva de frequência de inundações para um rio – o Skykomish, no Estado de Washington (EUA) – é mostrado na **Figura 18.22**.

A predição das inundações fluviais e da altura de seus níveis tornou-se muito mais confiável, à medida que medições automáticas da chuva precipitada e da elevação do nível da água dos rios, combinadas com novos modelos computadorizados, passaram a ser usadas. Os geólogos agora podem prognosticar subidas e descidas do nível dos rios com muitos meses de antecedência, podendo emitir avisos de inundação poucos dias antes. Essa informação também é útil para muitos outros propósitos, de gestão de recursos hídricos ao planejamento de passeios recreativos de barco (ver Pratique um Exercício de Geologia).

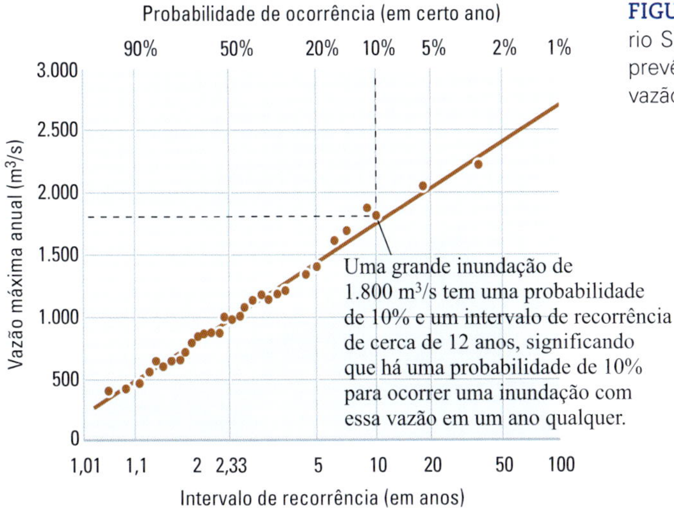

FIGURA 18.22 A curva de frequência de inundações para o rio Skykomish, em Gold Bar, Washington (EUA). Esta curva prevê a probabilidade de que uma inundação de determinada vazão ocorra em um ano específico.

PRATIQUE UM EXERCÍCIO DE GEOLOGIA

Podemos remar hoje? Usando dados de medição de fluxo de corrente de rios para planejar um passeio de barco seguro e agradável

Como os geólogos medem e registram o fluxo de água nos cursos d'água e rios? Nos Estados Unidos, o Serviço Geológico (USGS) monitora informações sobre o fluxo de água há mais de 100 anos. O USGS utiliza *medidores de* corrente para mensurar e registrar a altura da superfície da água em intervalos repetidos (por hora, dia, semana ou período mais longo). Em 2007, ele operou e manteve mais de 7.400 medidores em rios e cursos d'água em nível nacional. Os geólogos usam dados de medição do USGS para gerenciar os recursos hídricos dessa nação de uma série de formas: prever inundações e secas; gerenciar e operar represas e reservatórios artificiais; e proteger a qualidade da água, entre outras.

A disponibilidade imediata desses dados também pode proporcionar passeios mais seguros e prazerosos para pescadores amadores, praticantes de caiaque, canoagem e rafting. Muitos medidores mantidos pelo USGS transmitem dados praticamente em tempo real através de redes de satélite ou rede telefônica diretamente para um site da Internet. Os dados dos medidores são atualizados a intervalos de quatro horas ou menos e estão disponíveis ao público em http://water.usgs.gov.

A verificação desses dados antes de um passeio no rio pode evitar frustrações e perda de tempo associadas a um deslocamento longo até o local preferido e a descoberta de que a água está baixa ou rápida demais para a navegação. Por outro lado, os praticantes podem estar dispostos a percorrer um caminho mais longo para um passeio, quando sabem que as condições de fluxo em seu rio preferido estão excelentes. Os dados do USGS permitem às pessoas combinar as condições da água com suas próprias habilidades.

Os medidores de corrente registram a altura da superfície da água, geralmente chamada de *nível d'água*. Porém, o uso apenas do nível d'água pode ser enganoso. "Nível" refere-se à elevação da superfície da água acima de um ponto de referência fixo próximo ao medidor e pode não corresponder diretamente à profundidade da água. Nunca presuma que a leitura do nível d'água seja equivalente à distância entre a superfície da água e o leito do rio. A vazão é um indicador mais confiável das condições que os amantes de rios encontrarão.

Conforme discutido no texto do capítulo, a vazão de um rio é determinada pela medida da área transversal (largura × profundidade) e da velocidade do fluxo. A profundidade do rio abaixo do ponto de referência fixo e sua largura em cada medidor de corrente são conhecidas, então se pode estimar a vazão se soubermos a velocidade e o nível d'água. Os valores de descarga de cada medição podem ser representados em gráfico em função do nível registrado ao mesmo tempo para desenvolver uma curva de classificação para cada medidor. Os praticantes podem encontrar a leitura do medidor para sua corredeira preferida e depois ler a curva de classificação para obter uma estimativa da vazão.

Suponha que você consulte o site do USGS e veja que a leitura mais recente do medidor para o rio escolhido é de 0,9 m.

- Encontre 0,9 m no eixo vertical do gráfico a seguir e faça a leitura da curva de classificação.
- A seguir, encontre a vazão em um estágio de 0,9 m: 15 metros cúbicos por segundo (MCS).

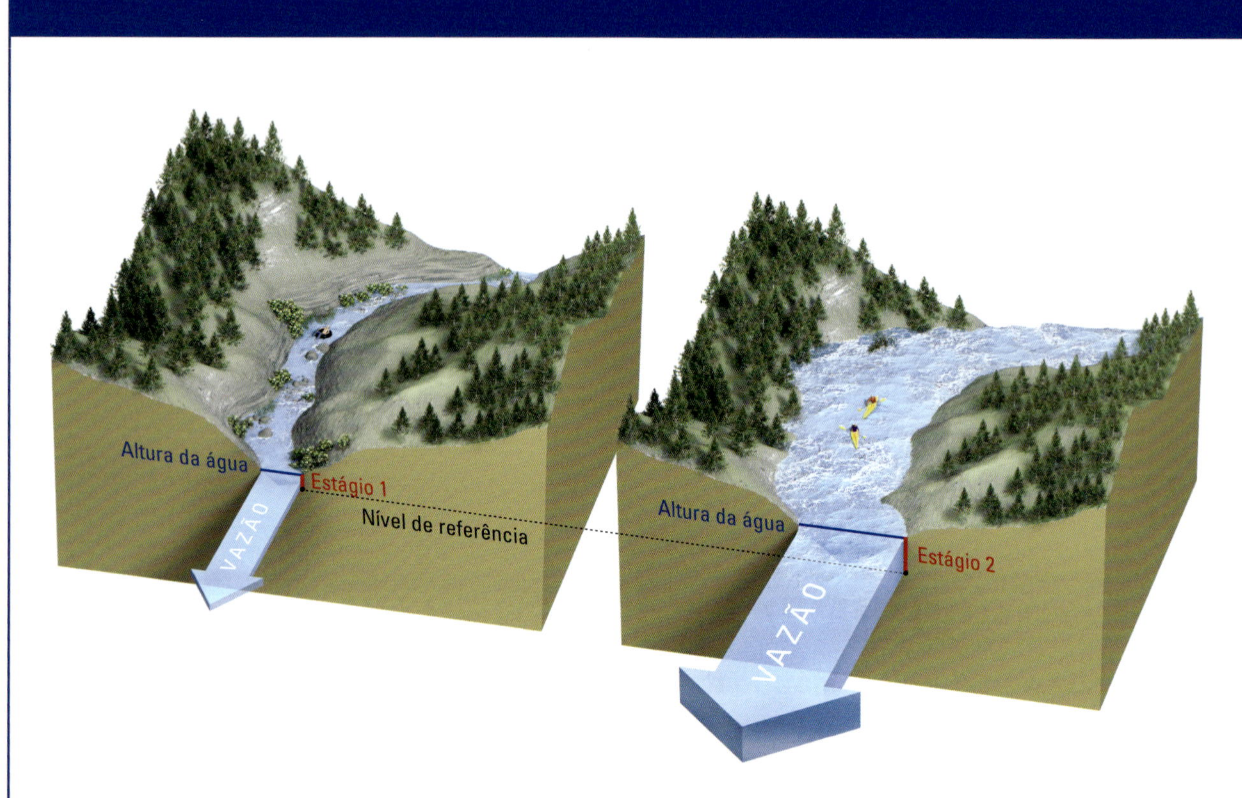

A vazão de um rio geralmente aumenta à medida que as chuvas ou o derretimento de neve no divisor de águas aumentam. A maneira de monitorar isso é pela medição do nível d'água, que é a altura do rio em relação a um ponto de referência arbitrário. Conforme aumentam o nível e a vazão, o rio torna-se cada vez mais turbulento e potencialmente perigoso.

À medida que a vazão aumenta em um determinado local, o rio torna-se cada vez mais desafiador e, por fim, perigoso para a prática de esportes. O valor da vazão que indicará a adoção de cuidados extras pode ser conhecido apenas por experiência com o trecho do rio que será usado. Os praticantes podem tomar notas ou manter um diário sobre as condições que encontram em diversas vazões em um determinado trecho para aprender mais sobre o rio e planejar viagens futuras.

Dados de medição de corrente e de vazão disponíveis no site do USGS também possibilitam a projeção das condições prováveis no rio por diversos dias. Por exemplo, pescadores amadores podem estar interessados em saber quando será seguro atravessar o rio à medida que os fluxos diminuem após uma tempestade intensa ou derretimento de neve. Pela monitoração de hidrográficos (gráficos de vazão *versus* tempo) praticamente em tempo real, quem tiver interesse em fluxos fluviais pode acompanhar as condições em constante mudança para determinar quando a água está ideal para a prática de seu esporte e se está de acordo com seu nível de habilidade.

PROBLEMA EXTRA: Tente fazer a leitura da curva de classificação sozinho. Qual é a vazão que corresponde a um nível de 3 m? E a um nível de 9 m?

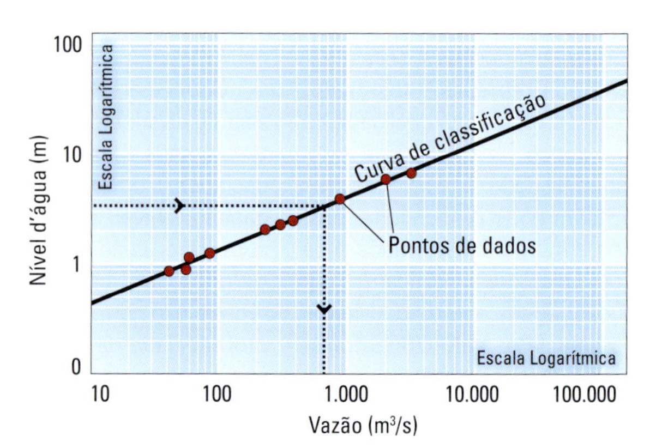

Uma curva de classificação registra a relação entre nível d'água e vazão em um determinado medidor de corrente.

Perfis longitudinais

Já abordamos que há um equilíbrio do fluxo fluvial em qualquer localidade em termos de entradas e saídas, o qual se torna temporariamente desajustado durante as inundações. Os estudos das mudanças na vazão, na velocidade, nas dimensões do canal e no relevo ao longo de todo o comprimento de um rio, desde as cabeceiras até sua foz, revelam um equilíbrio de ampla escala e longo intervalo de tempo. Um rio está em equilíbrio dinâmico entre a erosão de seu leito e a sedimentação no canal e na planície de inundação em toda a sua extensão. Esse equilíbrio é controlado por cinco fatores:

1. Relevo (incluindo declividade)
2. Clima
3. Fluxo da corrente (incluindo tanto a vazão como a velocidade)
4. A resistência da rocha ao intemperismo e à erosão
5. Carga sedimentar

Uma combinação particular de fatores – como altitudes elevadas, clima úmido, vazão e velocidade altas, rochas duras e carga sedimentar baixa – poderia fazer com que um rio erodisse o substrato rochoso de um vale íngreme e carregasse todo o sedimento derivado dessa erosão. A jusante, onde as altitudes são menores e o rio pode fluir sobre sedimentos erodíveis, ele pode depositar sedimentos nas barras e na planície de inundação, resultando na elevação do leito do rio pela sedimentação.

Descrevemos o **perfil longitudinal** de um rio, das cabeceiras até a foz, plotando em um gráfico as elevações do seu leito contra as distâncias desde as nascentes. A **Figura 18.23** representa a declividade dos rios Platte e South Platte, desde as cabeceiras deste último, na região central do Colorado (EUA), até a foz do primeiro, onde entra no rio Missouri, em Nebraska. Todos os rios, desde os pequenos riachos até os grandes rios propriamente ditos, mostram o mesmo perfil geral com concavidade para cima, partindo de uma declividade significativamente alta próxima à zona das cabeceiras, que se torna baixa, quase plana, próximo à foz.

Por que todos os rios seguem esse mesmo perfil? A resposta reside na combinação dos fatores que controlam a erosão e a sedimentação. Todos os rios correm morro abaixo desde suas nascentes até suas desembocaduras. A erosão é maior nas partes mais altas do curso do rio do que nas partes mais baixas, pois as declividades são maiores e as velocidades dos fluxos podem ser muito altas, o que exerce uma importante influência na erosão do substrato rochoso (como veremos no Capítulo 22). No curso inferior de um rio, onde ele carrega sedimentos derivados da erosão do curso superior, a sedimentação torna-se mais significativa. As diferenças no relevo e outros fatores listados anteriormente podem tornar o perfil longitudinal mais íngreme ou suave nos cursos superior e inferior de um rio, mas a forma geral permanece com a concavidade para cima.

Níveis de base O perfil longitudinal é controlado no seu segmento final inferior pelo **nível de base** de erosão do rio, a elevação na qual ele termina desembocando em um grande corpo de água parada, como um lago ou oceano, ou em outro rio. Os rios não podem erodir abaixo do nível de base, pois ele é a "base do declive do morro" – o limite inferior do perfil longitudinal.

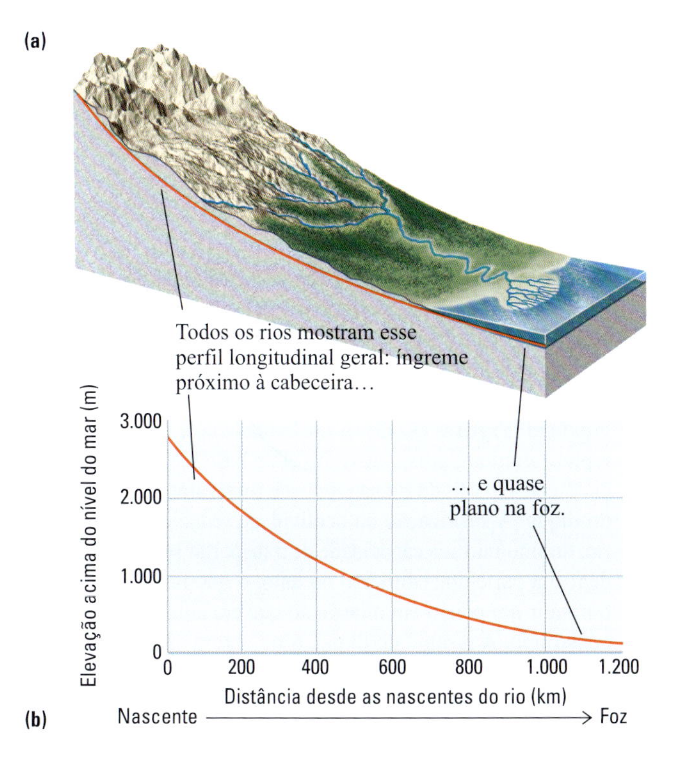

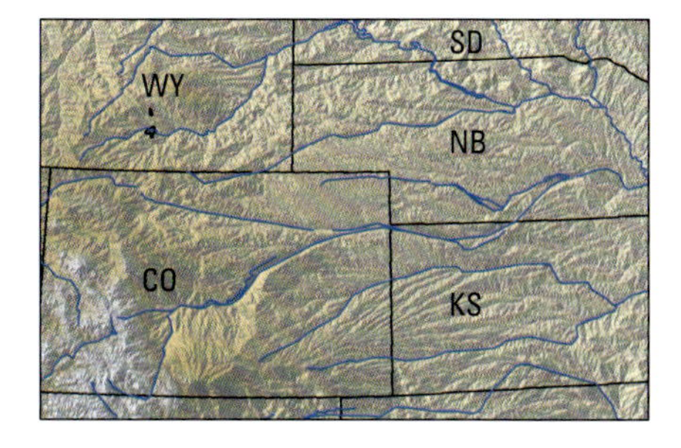

FIGURA 18.23 (a) Um perfil longitudinal de um rio típico. (b) O perfil longitudinal dos rios Platte e South Platte desde as nascentes deste último, no Colorado central, até a foz do primeiro, no rio Missouri, em Nebraska. [Dados de H. Gannett, em *Profiles of Rivers in the United States.* USGS Water Supply Paper 44, 1901]

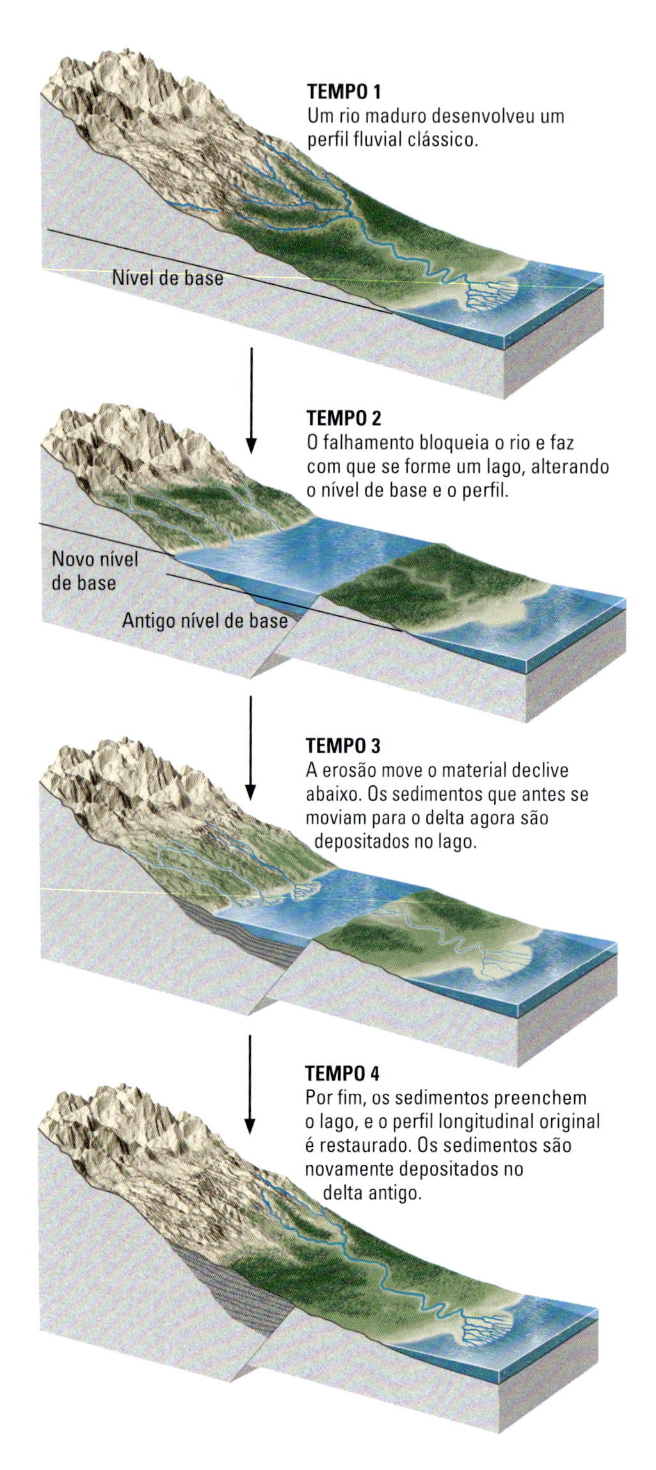

FIGURA 18.24 O nível de base de um rio controla o segmento final inferior de seu perfil longitudinal. Se o nível de base de um rio for alterado, o perfil longitudinal ajusta-se ao novo nível de base ao longo do tempo.

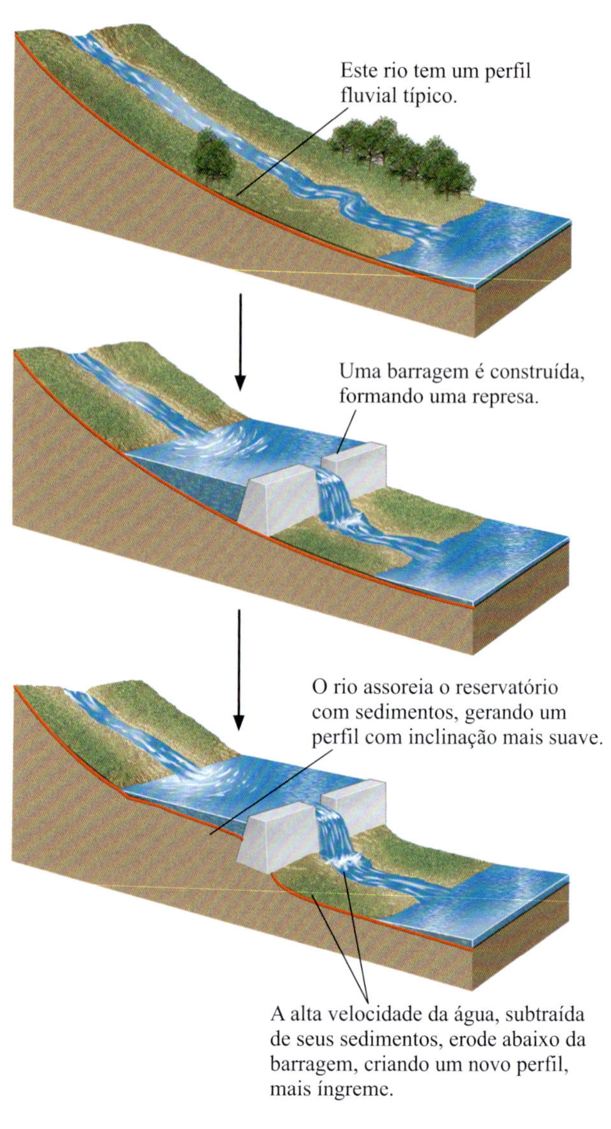

FIGURA 18.25 Uma mudança no nível de base de um rio, causada pela atividade humana, como a construção de uma barragem, altera o perfil longitudinal do rio.

Quando os processos tectônicos alteram o nível de base, isso afeta o perfil longitudinal de forma previsível. Se o nível de base regional subir – talvez devido a um falhamento –, o perfil mostrará os efeitos da sedimentação, à medida que o rio formar novos depósitos de canal e de planície de inundação para alcançar essa nova elevação, mais alta que a do nível anterior (Figura 18.24).

Ao se represar artificialmente um rio, pode ser criado um novo nível de base local, com efeitos similares no perfil longitudinal (Figura 18.25). A declividade do rio a montante da represa diminui, pois o novo nível de base local aplaina artificialmente o perfil do rio na região do reservatório formado atrás do dique. A suavização da declividade reduz a velocidade do rio, diminuindo sua capacidade de transportar sedimentos. O rio deposita parte do sedimento no leito, o que faz a concavidade diminuir um pouco em relação ao que era antes de o dique ser construído. A jusante do dique, o rio, agora carregando muito menos sedimentos, ajusta seu perfil para as novas condições e tipicamente erode seu canal na seção exatamente abaixo da barragem.

Esse tipo de erosão afetou seriamente as barras arenosas e as praias fluviais do Parque Nacional do Grand Canyon, situadas a jusante da Barragem do Cânion Glen. A erosão ameaça os hábitats dos animais e os sítios arqueológicos, bem como as praias utilizadas para recreação. Especialistas em rios calcularam que, se a vazão durante as cheias fosse aumentada em certa quantidade, seria depositada areia suficiente para prevenir a perda pela erosão. Esse cálculo foi confirmado por um grande experimento no qual uma cheia controlada foi simulada na Barragem do Cânion Glen, em 1996. À medida que as comportas da barragem foram abertas, cerca de 38 milhões de metros cúbicos de água espalharam-se no cânion em uma taxa tão rápida que poderia encher os cem andares do edifício Willis Tower*, Chicago, em apenas 17 minutos. Esse experimento mostrou que as áreas erodidas poderiam ser recuperadas pela sedimentação durante as cheias.

A queda do nível do mar também altera o nível de base regional e o perfil longitudinal dos rios. O nível de base regional de todos os rios que desembocam no oceano é rebaixado e seus vales são entalhados nos depósitos fluviais anteriores. Quando a descida do nível do mar é grande, a exemplo do último período glacial, os rios erodem vales incisos nas planícies costeiras e nas plataformas continentais.

Rios em equilíbrio Passado um período de alguns anos, o perfil de um rio torna-se estável à medida que gradualmente preenche os pontos baixos e erode os altos, produzindo, desse modo, uma curva suave que representa o equilíbrio entre a erosão e a sedimentação. Esse equilíbrio é governado não somente pelo nível de base do rio, mas também pelo soerguimento de suas nascentes e por todos os outros fatores que controlam o equilíbrio dinâmico do rio. Ao atingir o perfil de equilíbrio, diz-se que o rio é um **rio em equilíbrio** – aquele em que a declividade, a velocidade e a descarga combinam-se para transportar sua carga sedimentar sem que haja erosão nem sedimentação no rio ou em sua planície de inundação. Se as condições que produzem um determinado perfil de equilíbrio fluvial mudarem, o perfil do rio mudará para atingir o novo equilíbrio. Tais mudanças podem incluir padrões deposicionais e erosivos e alterações na forma do canal.

Em lugares onde o nível de base regional é constante ao longo do tempo geológico, o perfil longitudinal representa o equilíbrio entre o soerguimento tectônico e a erosão, de um lado, e o transporte e a deposição, de outro; em outras palavras, o rio está em equilíbrio. Se o soerguimento é dominante, tipicamente no curso superior de um rio, o perfil será íngreme e expressará o predomínio da erosão e do transporte. À medida que o soerguimento diminui e a região das cabeceiras é erodida, o perfil torna-se mais raso, quer dizer, nivelado.

O efeito do clima O clima também afeta fortemente o perfil longitudinal, primeiramente por meio da influência da temperatura e da precipitação no intemperismo e na erosão (ver Capítulo 16). Temperaturas quentes e precipitações altas promovem o intemperismo e a erosão dos solos e das vertentes das elevações e, assim, aumentam o transporte sedimentar pelos rios. A precipitação alta também leva a uma maior vazão fluvial, que resulta em mais erosão do leito do rio. Uma análise do transporte sedimentar em toda a extensão dos Estados Unidos fornece evidências de que uma mudança climática global ao longo dos últimos 50 anos é responsável por um aumento geral do escoamento fluvial. O acúmulo a curto prazo de sedimentos ou de erosão pode ser o resultado de mudanças climáticas, principalmente de variações na temperatura.

Leques aluviais Os processos da tectônica de placas podem forçar mudanças no perfil longitudinal de um rio de várias maneiras. Um lugar onde um rio deve ajustar-se rapidamente à variação das condições é no *sopé das montanhas*, onde uma cordilheira subitamente encontra planícies com declividade suave. Ali, os rios saem dos estreitos vales montanos e entram em vales abertos, relativamente planos, nas altitudes mais baixas. Em sopés montanhosos bem definidos, tipicamente na frente de escarpas de falhas íngremes, os rios descarregam grande

*N. de R.T.: Antes conhecido como Sears Towers, é o terceiro edifício mais alto da América do Norte e o primeiro do mundo de 1974–1998 (atualmente o 25º), com 443 m de altura (520 m com as antenas) e um volume total em torno de 1,17 milhão de metros cúbicos.

FIGURA 18.26 Um leque aluvial (Tucki Wash) no Vale da Morte, na Califórnia (EUA). Os leques aluviais são grandes acumulações de sedimentos, com formas cônicas ou em leque, depositadas quando a velocidade do rio diminui, como no sopé de uma montanha. [Marli Miller.]

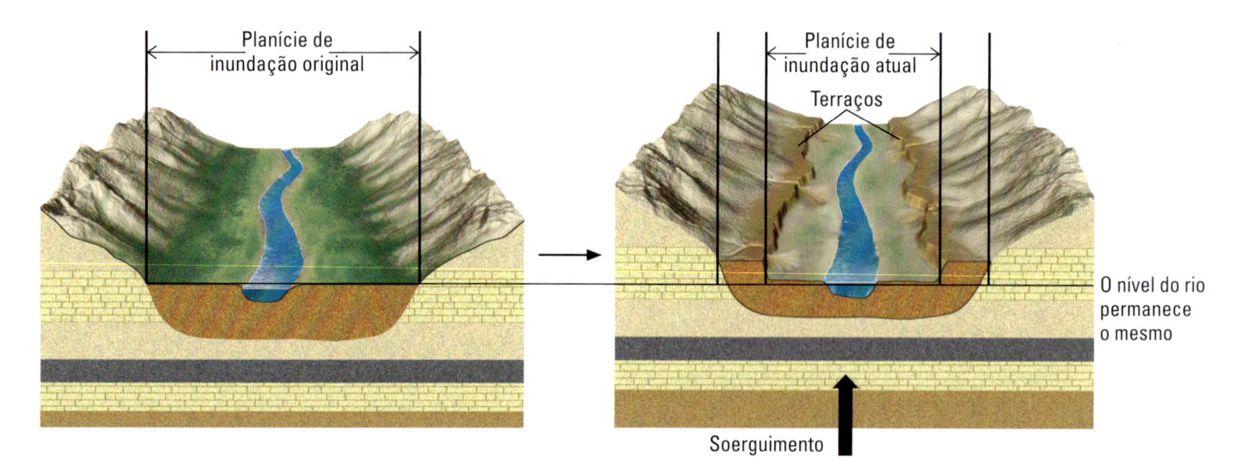

FIGURA 18.27 Os terraços formam-se quando a superfície do terreno é soerguida, e um rio erode sua própria planície de inundação e estabelece uma nova planície, em um nível inferior. Os terraços são os remanescentes da planície de inundação anterior.

quantidade de sedimentos na forma de cones – ou com a forma de acumulações em leques, chamadas de **leques aluviais** (Figura 18.26). Essa deposição resulta da súbita diminuição da velocidade que ocorre quando o canal alarga-se abruptamente. Em menor grau, a diminuição da declividade no sopé da escarpa também contribui para reduzir o fluxo. A superfície do leque aluvial tem, tipicamente, uma forma côncava para cima, que conecta um perfil montano mais íngreme com o outro perfil mais suave do vale. Materiais grossos, desde matacões até areia, dominam nos declives íngremes mais superiores do leque. Nas partes mais baixas a jusante, areias finas, siltes e lamas são depositados. Os leques de vários canais adjacentes, ao longo do sopé montanhoso, podem coalescer, formando uma longa cunha de sedimentos, cuja aparência pode mascarar os limites dos leques individuais que a constituem.

Terraços O soerguimento tectônico pode resultar em superfícies planas e escalonadas nas encostas do vales, acima da planície de inundação e mais ou menos paralelas ao rio. Esses **terraços** marcam antigas planícies de inundação, que existiram em um nível de base mais elevado anterior ao soerguimento regional, ou antes de um aumento da vazão que levou o rio a erodir a planície de inundação anterior. Os terraços são constituídos por depósitos da planície de inundação e frequentemente encontram-se dispostos em pares, um de cada lado do rio, em um mesmo nível (Figura 18.27). A formação dos terraços inicia-se quando um rio cria uma planície de inundação. O rápido soerguimento muda, então, o perfil de equilíbrio do rio, levando-o a entalhar mais profundamente a própria planície de inundação. Ao longo do tempo, o rio restabelece um novo equilíbrio, em um nível inferior. Ele pode, então, construir outra planície de inundação, a qual também será soerguida e entalhada, para formar outro par de terraços mais baixos.

Lagos

Os lagos são acidentes do perfil longitudinal, como podemos facilmente observar quando um reservatório se forma atrás de uma barragem (ver Figura 18.25). Os lagos formam-se onde quer que o fluxo de um rio seja obstruído. Os lagos variam desde reservatórios de apenas 100 m de um lado ao outro, até o maior e mais profundo lago do mundo, o Lago Baikal*, no sudoeste da Sibéria (Rússia). Esse lago tem aproximadamente 20% da quantidade total de água doce dos rios e lagos do mundo. Ele está localizado em uma zona de rifte continental, um cenário na placa tectônica típico para lagos. O represamento que acontece em um vale em rifte resulta do falhamento que bloqueia a saída normal da água (ver Figura 18.24). Os rios podem facilmente afluir para um vale em rifte, mas não podem fluir para fora dele, a não ser que a água o preencha em um nível suficiente para permitir o seu escoamento. Da mesma forma, no norte dos Estados Unidos e do Canadá, existem muitos lagos, devido ao gelo glacial e aos detritos sedimentares glaciários que interromperam a drenagem normal. Cedo ou tarde, se as condições tectônicas e climáticas permanecerem estáveis, tais lagos serão drenados quando se formarem novos escoadouros e o perfil longitudinal tornar-se suave.

Pelo fato de os lagos serem bem menores que os oceanos, é mais provável que sua água seja afetada pela poluição. As indústrias químicas e outras poluíram o Lago Baikal, e, na América do Norte, o Lago Erie** foi muito poluído durante vários anos, embora tenha havido alguma melhora mais recentemente.

*N. de R.T.: O Lago Baikal tem 1.637 m de profundidade e uma área de 31.500 km^2.

**N. de R.T.: O Lago Erie situa-se na fronteira entre os Estados Unidos e o Canadá, a sul da cidade de Toronto. No emissário desse lago, que flui para o norte até o Lago Ontário, ocorrem as famosas cataratas do Niágara.

CONCEITOS E TERMOS-CHAVE

abrasão (p. 536)
bacia hidrográfica (p. 532)
barra de meandro ou de pontal (p. 529)
camada basal (p. 541)
camada de topo (p. 541)
camadas frontais (p. 541)
canal (p. 528)
capacidade (p. 538)
carga de fundo (p. 538)
carga de suspensão (p. 538)
competência (p. 538)
curso d'água (p. 528)
delta (p. 541)
dique natural (p. 531)
distributário (p. 541)
divisor de águas (p. 531)
drenagem dendrítica (p. 533)
duna (p. 539)
fluxo laminar (p. 537)
fluxo turbulento (p. 537)
inundação (p. 546)
lago em crescente (p. 529)
leque aluvial (p. 552)
marca ondulada (p. 539)
marmitas (p. 536)
meandro (p. 529)
nível de base (p. 549)
perfil longitudinal (p. 549)
planície de inundação (p. 528)
rede de drenagem (p. 533)
rio (p. 528)
rio antecedente (p. 533)
rio em equilíbrio (p. 551)
rio entrelaçado (p. 530)
rio superimposto (p. 535)
saltação (p. 539)
terraço (p. 552)
tributário (p. 533)
vale (p. 528)
vazão (p. 544)
velocidade de sedimentação (p. 539)

REVISÃO DOS OBJETIVOS DE APRENDIZAGEM

18.1 Identificar como os vales fluviais e seus canais e planícies de inundação se desenvolvem.

À medida que um rio flui, ele entalha um vale e constrói uma planície de inundação em cada lado de seu canal. O vale pode ter encostas de declive íngreme a suave. O canal pode ser reto, meandrante ou entrelaçado. Durante os períodos normais, de vazante, o canal de um rio carrega o fluxo de água e sedimentos. Durante as enchentes, a água sobrecarregada de sedimento transborda as margens do canal e alaga a planície de inundação. A velocidade da água da enchente diminui à medida que se espalha sobre a planície. A água deposita os sedimentos, que formam diques naturais e depósitos na planície de inundação.

Atividades de Estudo: Figuras 18.1 e 18.3

Exercício: Em que se diferenciam os canais fluviais entrelaçados e meandrantes?

Questão para Pensar: Você vive em uma cidade situada na curvatura de um meandro de um grande rio. Um engenheiro propôs que sua cidade invista em um novo dique artificial, mais alto, para impedir que a alça do meandro seja cortada pelo canal. Argumente a favor e contra esse investimento.

18.2 Resumir como a água corrente causa a erosão do solo e das rochas.

A água que escoa erode a rocha dura pela abrasão; pelo intemperismo químico; pelo intemperismo físico, à medida que areia, seixos e matacões chocam-se contra a rocha; e pelas ações de arrancar e de solapar causadas pelas correntes. A areia e os seixos da carga fluvial criam uma ação de jatear com areia que desgasta as rochas e, quando giram dentro de remoinhos, desgastam o substrato, gerando marmitas profundas. O grande volume de água os matacões que caem nas quedas d'água podem causar erosão rápida dos leitos abaixo delas, e também das camadas rochosas sob o penhasco que forma a cachoeira.

Atividades de Estudo: Figuras 18.12 e 18.13

Exercício: Descreva como uma ravina se forma e como a taxa de entalhamento é afetada pela sua formação.

Questão para Pensar: Explique a diferença entre a erosão remontante e a erosão a jusante e os cenários que causariam cada uma delas.

18.3 Explicar como o fluxo da água em rios transporta e deposita sedimentos.

Qualquer fluido pode mover-se em fluxo laminar ou turbulento, dependendo de sua velocidade, viscosidade e da geometria do fluxo. Os fluxos de correntes naturais são quase sempre turbulentos. Esses fluxos são responsáveis pelo transporte de sedimentos em suspensão, por rolagem e deslizamento ao longo do leito, e por saltação. Quando uma corrente transporta grãos de areia por saltação, podem se formar dunas e marcas onduladas com estratificação cruzada no leito do rio. A velocidade de sedimentação mede a velocidade com que as partículas suspensas são depositadas no leito do rio.

Atividades de Estudo: Figuras 18.14 e 18.15

Exercício: Que tipo de estratificação caracteriza uma marca ondulada ou uma duna?

Questão para Pensar: Por que o fluxo de um rio muito pequeno e raso poderia ser laminar no inverno e turbulento no verão?

18.4 Descrever de que forma as redes de drenagem trabalham como sistemas de coleta, e os deltas, como sistemas de distribuição de água e sedimento.

Os rios e seus tributários constituem uma rede de drenagem ramificada a montante, que coleta água e sedimentos que escoam em uma bacia hidrográfica específica. Cada bacia é separada de suas vizinhas por um divisor de água. As redes de drenagem mostram vários padrões de ramificação – dendrítico, retangular, em treliça e radial. Quando entra em um lago ou oceano, o rio pode depositar seus sedimentos para formar um delta. No delta, o rio tende a ramificar-se a jusante em canais distributários, que depositam sua carga sedimentar em pacotes de camadas de topo, frontais e basais. Os deltas são modificados ou estão ausentes onde ondas, marés e correntes costeiras são fortes. Os processos da tectônica de placas influenciam a formação do delta pelo soerguimento da bacia hidrográfica e pela subsidência da região deltaica.

Atividade de Estudo: Figura 18.18

Exercício: Qual é o tipo de rede de drenagem que se desenvolve mais comumente em rochas sedimentares com acamamento horizontal?

Questão para Pensar: Um rio principal, que carrega uma pesada carga sedimentar, não tem delta algum ao desembocar no oceano. Quais condições poderiam ser responsáveis pela ausência de um delta?

18.5 Definir como o perfil longitudinal de um curso d'água representa um equilíbrio entre erosão e sedimentação.

Um rio está em equilíbrio dinâmico entre a erosão e a sedimentação durante todo o tempo. O relevo, o clima, a vazão, a velocidade, a resistência à erosão e a carga sedimentar afetam esse equilíbrio. Um perfil longitudinal de um rio é um gráfico da elevação do seu curso, desde as cabeceiras até o nível de base.

Atividade de Estudo: Figura 18.23

Exercício: Como é definido o perfil longitudinal de um rio?

Questão para Pensar: Se um aquecimento global produz uma significativa subida do nível do mar à medida que o gelo polar derrete, como os perfis longitudinais dos rios do mundo serão afetados?

EXERCÍCIO DE LEITURA VISUAL

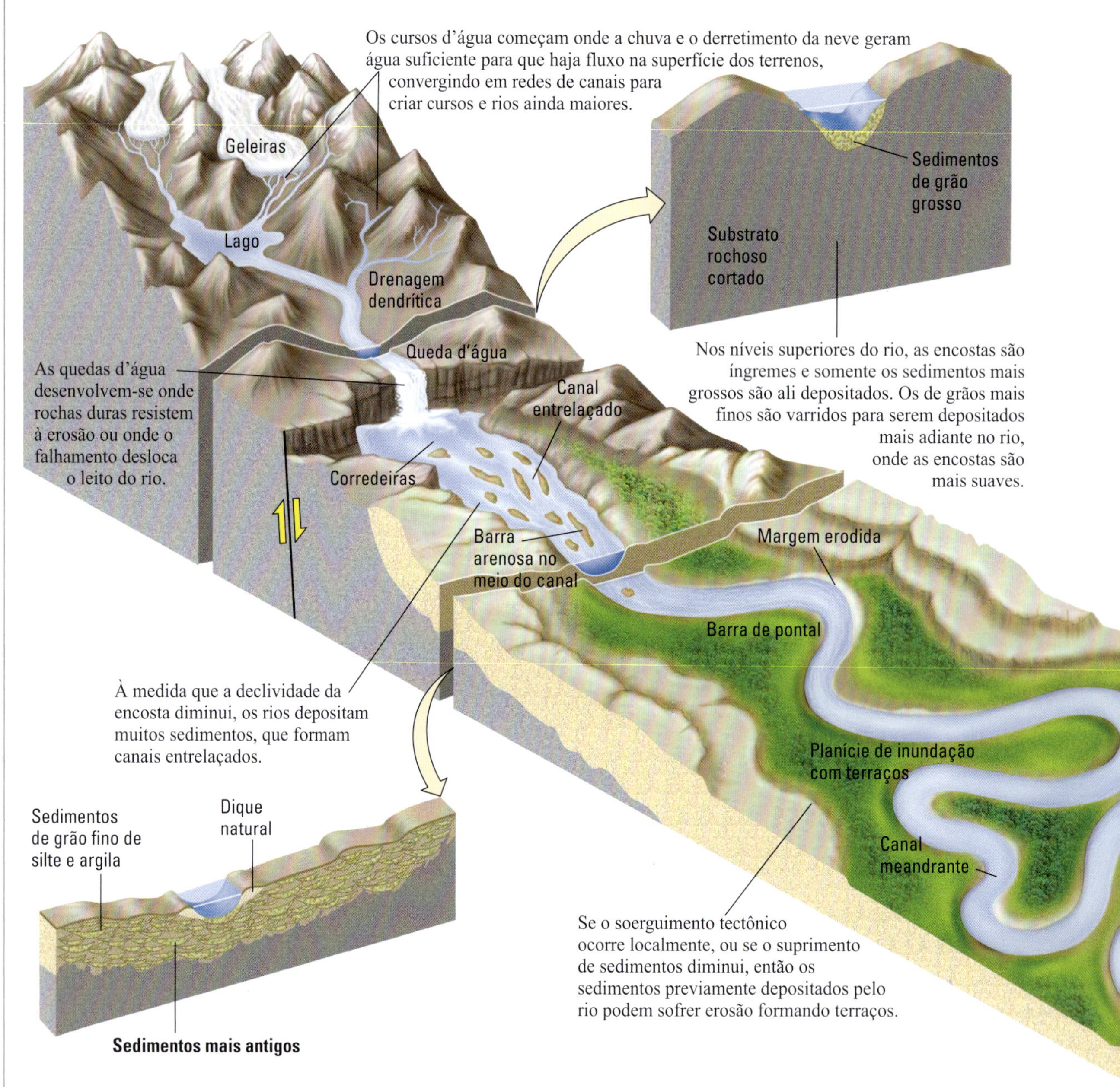

FIGURA 18.20 Redes de rios transportam água e sedimentos da nascente até o oceano.

1. **Onde começam os cursos d'água?**
2. **Onde terminam os cursos d'água?**
3. **Como são produzidos os terraços?**
4. **Como mudanças no tamanho do grão dos sedimentos do curso d'água refletem a proximidade aos segmentos superiores *versus* inferiores do canal?**

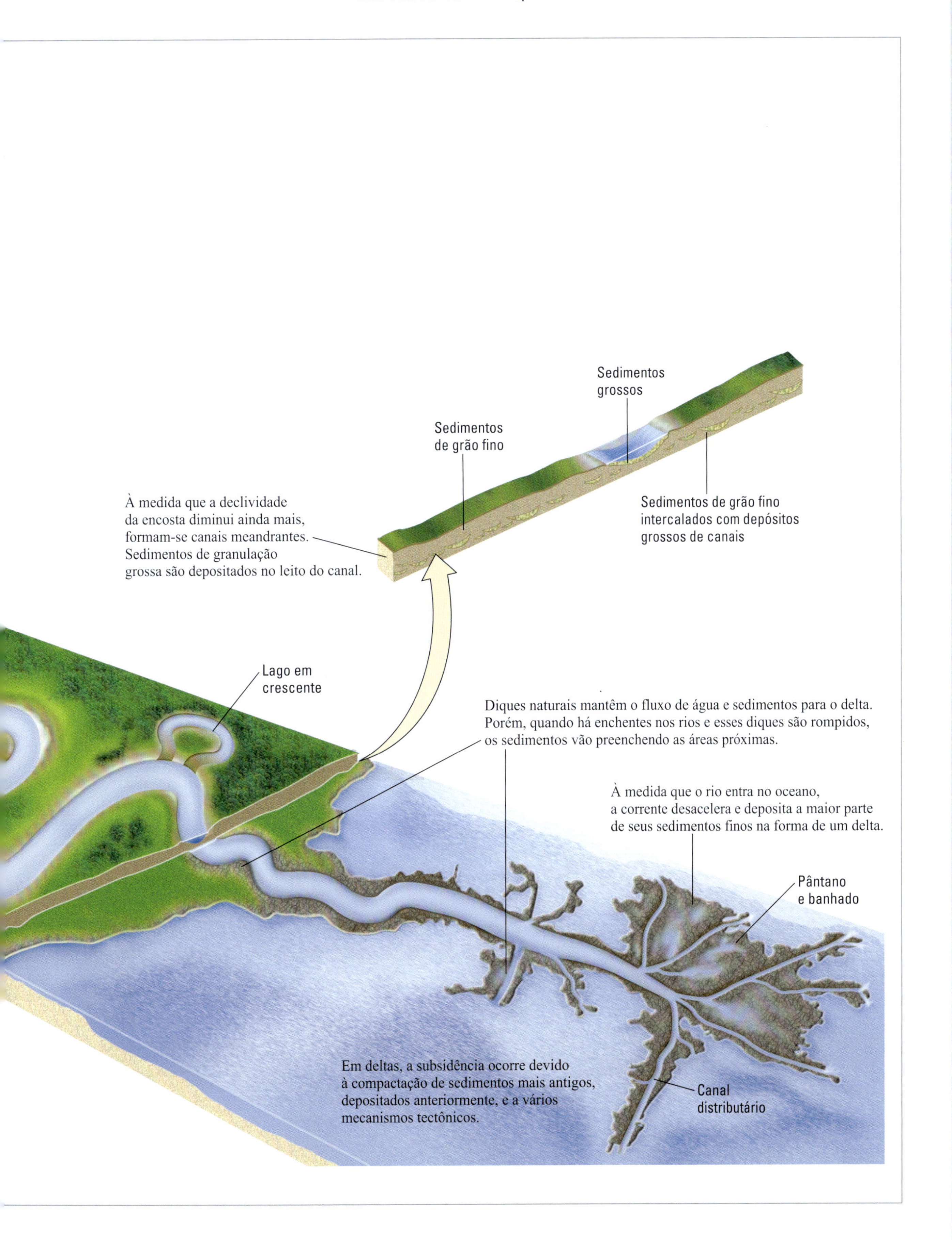

Sedimentos grossos
Sedimentos de grão fino
À medida que a declividade da encosta diminui ainda mais, formam-se canais meandrantes. Sedimentos de granulação grossa são depositados no leito do canal.
Sedimentos de grão fino intercalados com depósitos grossos de canais
Lago em crescente
Diques naturais mantêm o fluxo de água e sedimentos para o delta. Porém, quando há enchentes nos rios e esses diques são rompidos, os sedimentos vão preenchendo as áreas próximas.
À medida que o rio entra no oceano, a corrente desacelera e deposita a maior parte de seus sedimentos finos na forma de um delta.
Pântano e banhado
Em deltas, a subsidência ocorre devido à compactação de sedimentos mais antigos, depositados anteriormente, e a vários mecanismos tectônicos.
Canal distributário

Costas e desertos

Objetivos de Aprendizagem

Após estudar o capítulo, você será capaz de:

19.1 Identificar os processos costeiros que atuam nas linhas de costa.

19.2 Resumir como os processos moldam as linhas de costa.

19.3 Explicar como os furacões afetam as áreas costeiras.

19.4 Descrever como os ventos erodem e transportam areia e sedimentos de grão mais fino.

19.5 Discutir como os ventos depositam dunas arenosas e poeira.

19.6 Explicar como o vento e a água se combinam para modelar o ambiente desértico e sua paisagem.

19.7 Resumir os controles tectônicos, climáticos e humanos dos desertos.

O deserto encontra a costa em Sandwich Harbor, Namíbia. Estas dunas estão entre as mais altas do mundo, e a areia soprada para o Oceano Atlântico esculpe praias arenosas. [Cortesia de Roger Swart.]

As linhas de costa e os desertos são componentes de importância crítica do ambiente da superfície terrestre, e estão também entre os ambientes mais sensíveis à mudança global. As grandes populações que vivem à beira-mar conhecem bem as forças das ondas, a subida e descida das marés e os efeitos devastadores de tempestades severas. As forças que controlam esses processos costeiros resultam de interações entre o sistema do clima e o sistema solar. As marés são causadas por interações gravitacionais entre a Terra, o Sol e a Lua, e a arrebentação costeira e as tempestades resultam de interações entre a atmosfera e a hidrosfera. Os desertos, por sua vez, são governados por interações com os sistemas do clima, mas neles a força do vento, não da água, tende a dominar o desenvolvimento da paisagem. Os desertos são importantes porque muitos dos processos geológicos que modelam esses ambientes áridos estão relacionados com o trabalho do vento. As correntes da água modelam nossas linhas de costa e, de forma semelhante, correntes de ar modelam as formas de relevo dos desertos. Ambos os ambientes também envolvem o transporte de grandes quantidades de areia – um pela água, o outro pelo vento.

No Capítulo 19, detalhamos os processos geológicos que formam linhas de costa e desertos e como mudam ao longo do tempo em resposta a influências tectônicas, climáticas e humanas. Descrevemos e interpretamos os processos que afetam as linhas de costa e as áreas costeiras e consideramos os efeitos de ondas, marés e tempestades danosas. Também examinamos como a erosão, transporte e deposição pelo vento modelam a superfície. Por fim, discutimos os elementos que compõem as paisagens desérticas e como tais paisagens estão se espalhando pelo globo.

Os processos costeiros

As *linhas de costa* são as amplas regiões onde a terra e os rios encontram o mar. Os problemas ambientais atuais, como a erosão costeira e a poluição das águas rasas, têm feito com que a geologia das linhas de costa seja uma área crítica de pesquisa. As paisagens das linhas de costa, mesmo dentro de um único continente, apresentam contrastes marcantes (**Figura 19.1**). Na costa da Carolina do Norte (EUA), por exemplo, as praias arenosas, longas e retas estendem-se por quilômetros ao longo das baixas planícies costeiras (Figura 19.1a). Ali, a atividade tectônica é limitada, e são as correntes produzidas pela quebra de ondas que modelam o litoral. A costa do Maine (EUA), por outro lado, é dominada por penhascos rochosos. Embora o efeito das ondas seja considerável, é a recuperação isostática pós-glacial relativa à retração dos mantos de gelo ancestrais que modela essa paisagem. Muitas bordas marítimas de ilhas nos trópicos são recifes de coral, modelados por sedimentação biológica (Figura 19.1d). Como veremos, a tectônica, a erosão e a sedimentação (Figura 19.1c) trabalham juntas para criar essa grande variedade de formas e materiais.

Os cinco oceanos principais (Atlântico, Pacífico, Índico, Ártico e Antártico*) formam um corpo único de água conectada, que poderia ser chamado de *oceano global*. O termo *mar* é usado para se referir a corpos menores de água de alguma maneira secundários em relação aos oceanos. O Mar Mediterrâneo, por exemplo, está estreitamente conectado com o Oceano Atlântico por meio do Estreito de Gibraltar e com o Oceano Índico pelo Canal de Suez. Outros mares estão conectados mais abertamente, como o Mar do Norte e o Oceano Atlântico. A composição química geral da água do mar – a água salgada dos oceanos e mares – é surpreendentemente constante em anos e lugares diferentes. O equilíbrio químico mantido pelos oceanos é determinado pela composição geral das águas dos rios que o adentram, pela composição dos sedimentos levados até eles e pela formação de novos sedimentos no próprio oceano.

As maiores forças geológicas operando na **linha de costa**** – a linha onde a água intercepta a costa – são as correntes oceânicas criadas pelas ondas e marés. Essas correntes erodem até as costas rochosas mais resistentes. Elas também transportam os sedimentos produzidos por erosão e depositam-nos em praias e águas rasas ao longo da costa.

Como vimos em capítulos anteriores, as correntes são essenciais para entender os processos geológicos na superfície terrestre, e os processos costeiros não são exceção. Examinaremos os vários tipos de correntes que modelam nossas linhas de costa.

Movimento das ondas: a chave para a dinâmica da linha praial

Séculos de observação ensinaram-nos que as ondas são mutáveis. Quando está um tempo calmo, elas rolam regularmente na costa com vales calmos entre si. Quando ocorrem os ventos intensos de uma tempestade, no entanto, as ondas movem-se em uma confusão de formas e tamanhos. Elas podem ser baixas e suaves longe da costa, mas tornam-se altas e profundas à medida que se aproximam da terra. As ondas altas podem quebrar na costa com grande violência, quebrando muros de contenção de concreto e rachando casas construídas na praia. Para entender a dinâmica das linhas de costa e tomar decisões apropriadas a respeito da sua ocupação e desenvolvimento, necessitamos entender como as ondas trabalham.

O vento que sopra sobre a superfície da água cria ondas por transferência de energia do movimento do ar para a água. Quando uma brisa suave de 5 a 20 km/h começa a soprar sobre a superfície do mar calmo, ondas capilares – pequenas ondulações de menos de 1 cm de altura – tomam forma. À medida que a velocidade do vento aumenta para cerca de 30 km/h, as pequenas ondulações tornam-se ondas de tamanho normal. Ventos mais

---

*N. de R.T.: O "Oceano Antártico" não é reconhecido em diversas publicações importantes sobre o assunto, como, por exemplo, o National Geographic Atlas of the World (Washington: National Geographic Society, 1992), pois não se constitui em uma bacia oceânica específica, mas em uma região de águas mais frias circunvizinha à Antártida. O assoalho oceânico dessa região pertence às extremidades meridionais dos oceanos Atlântico, Índico e Pacífico.

**N. de R.T.: Também conhecida como "linha praial" ou "linha costeira".

FIGURA 19.1 As linhas de costa exibem uma grande variedade de formas geológicas. (a) Praia arenosa, longa e retilínea, Ilha Pea, Carolina do Norte (EUA). (b) Linha de costa rochosa, Ilha Mount Desert, Maine (EUA). Essa linha de costa, na qual houve a ação do gelo, está sendo soerguida desde o final da última idade do gelo, há cerca de 11 mil anos. (c) Os Doze Apóstolos, um grupo de pilares em Porto Campbell, Austrália, desenvolvido em rochas sedimentares. Esses remanescentes da erosão da costa são deixados para trás à medida que a linha de costa retrai-se sob a ação das ondas. (d) Recife de coral ao longo da linha de costa da Flórida (EUA). [(a) Westend61/Getty Images; (b) Neil Rabinowitz/Getty Images; (c) Christopher Groenhout/Getty Images; (d) Dr. Hays Cummins, Interdisciplinary Studies, Miami University.]

fortes formam ondas maiores e sopram os seus topos para formar topos brancos. A altura das ondas depende de três fatores:

- A velocidade do vento
- O período de tempo durante o qual o vento sopra
- A distância que o vento percorre na superfície da água

As tempestades sopram enormes ondas irregulares que se irradiam a partir da área de tempestade, como ondulações movendo-se a partir de um seixo caído em uma poça. À medida que as ondas deslocam-se a partir do centro, em círculos que aumentam progressivamente, elas tornam-se mais regulares, transformando-se em ondas baixas, largas e arredondadas, denominadas *ondulação**, que podem viajar centenas de quilômetros. Diversas tempestades diferentes em uma linha de costa, cada uma produzindo o seu próprio padrão de ondulação, explicam os frequentes intervalos irregulares entre ondas que se aproximam da costa.

Se você já viu ondas no oceano ou em um grande lago, provavelmente deve ter notado o modo como um pedaço de madeira flutuando na água move-se um pouco para frente, à medida que a crista da onda passa, e, depois, um pouco para trás, à medida que o vale entre as ondas passa. Movendo-se para trás e para frente, a madeira permanece aproximadamente no mesmo lugar, e o mesmo ocorre com a água em torno dela. As moléculas de água movem-se em círculos, embora as ondas estejam se movendo na direção da costa.

Descrevemos a forma de uma onda em termos das três características seguintes (Figura 19.2):

1. *Comprimento de onda*, a distância entre as cristas
2. *Altura da onda*, a distância vertical entre a crista e o vale
3. *Período*, o tempo que leva para duas cristas de ondas sucessivas passarem um ponto fixo

Mede-se a velocidade na qual a onda move-se para frente usando uma equação básica:

$$V = \frac{L}{T}$$

*N. de R.T.: Em inglês, *swell*, eventualmente também traduzido na literatura técnica como "marulho".

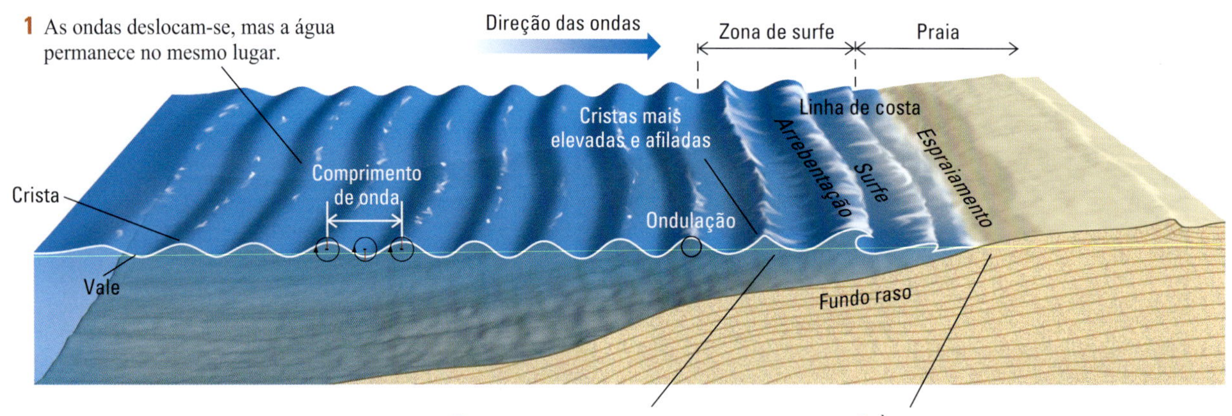

FIGURA 19.2 O movimento da onda na linha de costa é influenciado pela profundidade da água e pela forma do fundo.

em que V é a velocidade, L é o comprimento de onda e T é o período. Assim, uma onda típica, com um comprimento de 24 m e um período de 8 s teria uma velocidade de 3 m/s. O período da maioria das ondas varia de apenas poucos segundos até 15 a 20 s, com comprimentos de onda variando de 6 a 600 m. Consequentemente, as velocidades de onda variam de 3 a 30 m/s. O movimento orbital torna-se muito pequeno abaixo de uma profundidade de aproximadamente metade do comprimento de onda. É por isso que os mergulhadores de grandes profundidades e submarinos não são afetados pelas ondas na superfície.

A zona de surfe

A ondulação torna-se mais alta à medida que se aproxima da linha de costa, onde assume a forma familiar de uma onda com crista nítida. Elas são denominadas ondas de *arrebentação* porque, conforme se aproximam da costa, quebram e formam o surfe, que é uma superfície com bolhas e espuma. O cinturão ao longo do qual as ondas de arrebentação colapsam à medida que se aproximam da linha de costa é a *zona de surfe*. A transformação da ondulação para ondas de arrebentação inicia-se onde a profundidade do leito é menor que a metade do comprimento da ondulação. Nesse ponto, o pequeno movimento orbital das partículas de água próximas ao fundo torna-se restrito porque, agora, a água move-se apenas para frente e para trás, horizontalmente. Acima disso, ela pode desenvolver um pequeno movimento vertical (ver Figura 19.2). O movimento restrito das moléculas de água desacelera a onda inteira. No entanto, seu período permanece o mesmo porque a ondulação continua a deslocar-se desde o mar alto na mesma taxa. A partir da equação da onda, sabemos que, se o período permanece constante e o comprimento de onda diminui, a velocidade também deve diminuir. A onda típica que usamos anteriormente como exemplo pode, uma vez mantido o mesmo período de 8 s, mudar para um comprimento de 16 m e, assim, sua velocidade será de 2 m/s. Desse modo, as ondas tornam-se menos espaçadas, mais altas e menos inclinadas, e suas cristas tornam-se mais afiladas.

À medida que uma onda rola em direção à costa, ela torna-se tão inclinada que a água não suporta mais a si mesma, e, então, a onda colapsa na zona de surfe (ver Figura 19.2). Os leitos com leve inclinação promovem a quebra da onda mais longe da costa, e os leitos com grande inclinação fazem a onda quebrar próximo à costa. Onde as costas rochosas são bordejadas por águas profundas, as ondas quebram diretamente nas rochas com a força de toneladas por metro quadrado, atirando água para o alto, no ar. Não surpreende que muros de contenção construídos para proteger construções ao longo da costa comecem a rachar rapidamente e necessitem de reparos frequentes.

Após quebrar na zona de surfe, as ondas, agora reduzidas em altura, continuam a mover-se, quebrando novamente na linha de costa. Elas correm subindo a face inclinada da praia, formando uma golfada de água chamada de *espraiamento**. A água então retorna novamente, como uma *onda de recuo***. O espraiamento e a onda de recuo podem carregar*** areia e até grandes seixos e calhaus se as ondas forem altas o suficiente. A onda de recuo carrega as partículas de volta para o mar.

O movimento de ida e volta da água próximo à costa é forte o suficiente para carregar grãos de areia e até cascalho. A ação das ondas em águas com profundidade de cerca de 20 m pode mover areia fina. Grandes ondas causadas por tempestades intensas podem escavar o fundo em profundidades muito maiores que 50 m. Em profundidades menores, as tempestades transportam sedimentos na direção oposta à costa, frequentemente exaurindo as areias finas das praias.

Refração de ondas

Longe da costa, as linhas de ondulação são paralelas umas às outras, mas geralmente apresentam um ângulo com a linha de costa. À medida que as ondas aproximam-se da costa com um fundo cada vez mais raso, as sequências de onda gradualmente encurvam-se para uma direção mais paralela à costa (**Figura 19.3a**). Esse encurvamento é chamado de *refração de onda*. É similar ao encurvamento de raios de luz na refração óptica, que faz com que

*N. de R.T.: Também conhecida como "onda de avanço", "água de espraiamento", "água de fluxo" ou "saca" (*uprush*).

**N. de R.T.: Também conhecida como "água de refluxo" ou "ressaca".

***N. de R.T.: A região da praia onde ocorrem o espraiamento e a onda de recuo é chamada de "face praial", "zona de varrido" ou "zona de espraiamento".

um lápis semissubmerso pareça encurvado quando observado na superfície da água. A refração de onda inicia-se à medida que a parte da onda mais próxima da costa encontra antes o fundo cada vez mais raso, e a frente da onda reduz a velocidade. Então a parte seguinte da onda encontra o fundo e também reduz a velocidade. Enquanto isso, as partes mais próximas da costa moveram-se para águas mais rasas ainda e, com isso, diminuíram bem mais a sua velocidade. Assim, em uma transição contínua ao longo da crista da onda, a linha de ondas encurva-se em direção à costa à medida que reduz sua velocidade (Figura 19.3b).

A refração de ondas resulta em ação mais intensa das ondas nos promontórios (Figura 19.3c) e ação menos intensa em baías indentadas. As águas tornam-se rasas mais rapidamente em torno dos promontórios que nas águas profundas que o circundam. Assim, as ondas são refratadas em torno dos promontórios – ou seja, são encurvadas em direção à parte que está se projetando da costa em ambos os lados. As ondas convergem em torno do ponto emerso e despendem, proporcionalmente, mais da sua energia ao quebrar nesses lugares do que em outros ao longo da costa. Por causa dessa concentração da energia das ondas em promontórios, elas tendem a desgastá-los mais rapidamente do que em seções retilíneas da linha de costa.

O oposto acontece como resultado da refração de ondas em baías. As águas no centro da baía são mais profundas, de modo que as ondas são refratadas nas águas mais rasas em ambos os lados. A energia do movimento das ondas é reduzida no centro da baía, o que as torna bons portos para navios.

Embora a refração torne as ondas mais paralelas à costa, muitas ainda se aproximam formando pequenos ângulos. À medida que elas se arrebentam na costa, a onda de avanço sobe o declive praial em uma direção perpendicular àquele pequeno ângulo. A onda de recuo desce o declive praial no sentido oposto e segundo o ângulo de maior declividade. A combinação dos dois movimentos move a água em um pequeno percurso longitudinal à praia. (Figura 19.3d). Os grãos de areia carregados pelo espraiamento e pela onda de recuo são, assim, movimentados ao longo da praia em um movimento de ziguezague conhecido como *deriva litorânea.*

As ondas, ao aproximarem-se obliquamente ao longo da linha de costa, também podem causar uma **corrente longitudinal***, ou seja, uma corrente de águas rasas que é paralela à costa. O movimento da água do espraiamento e da onda de recuo cria uma trajetória em ziguezague das partículas da água que se soma ao transporte verificado ao longo da costa, na mesma direção da deriva litorânea. Grande parte do transporte de areia verificado ao longo de muitas praias provém desse tipo de corrente. As correntes longitudinais são as determinantes principais das formas e da extensão das barras de areia e outras feições deposicionais ao

*N. de R.T.: Também chamada de "corrente litorânea" ou "corrente de deriva litorânea".

(a)

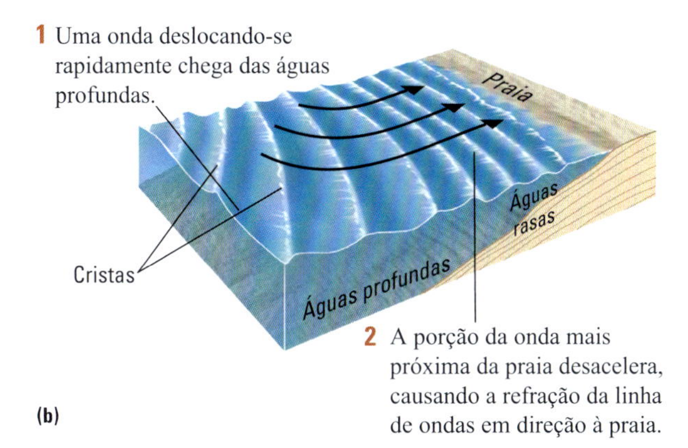

(b)

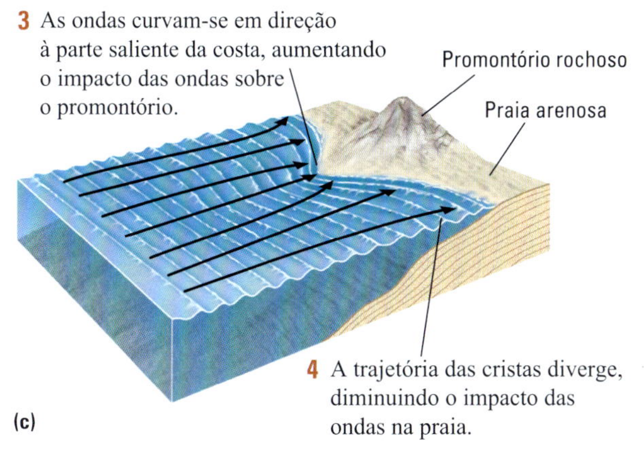

(c)

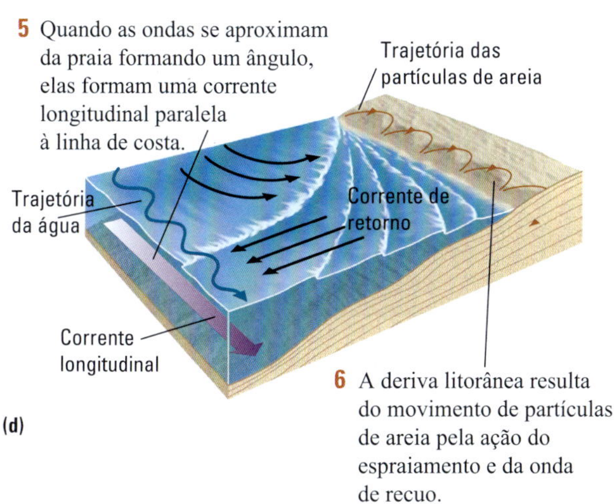

(d)

FIGURA 19.3 Refração de onda. (a) As ondas aproximam-se da costa com um ângulo. (b) À medida que as ondas aproximam-se da costa, o ângulo das cristas da onda fica mais paralelo à linha de costa. (c) A refração da onda aumenta a erosão de pontais projetados. (d) A refração da onda origina a deriva e as correntes litorâneas. [(a) Rob Crandall/Alamy.]

longo da costa. Ao mesmo tempo, por causa da sua capacidade de erodir a areia solta, as correntes longitudinais podem remover muita areia de uma praia. A deriva litorânea e as correntes longitudinais trabalhando juntas são processos potentes no transporte de grandes quantidades de areia em praias e em águas muito rasas. Em águas mais profundas, mas ainda rasas (menos de 50 m), as correntes longitudinais – especialmente aquelas que se movem durante grandes tempestades – afetam em muito o fundo.

Alguns tipos de fluxos relacionados às correntes longitudinais podem ameaçar banhistas desavisados. Uma *corrente de retorno*, por exemplo, é um forte fluxo de água movendo-se em direção ao mar em ângulo reto com a linha de praia (ver Figura 19.3d). Ela ocorre quando uma corrente longitudinal origina-se ao longo da costa e a água acumula-se imperceptivelmente até que um ponto crítico é alcançado. Nesse ponto, a água irrompe para o mar, fluindo em uma corrente rápida através das ondas que se aproximam. Os banhistas podem evitar ser carregados para dentro do mar nadando paralelamente à costa para fugir da corrente de retorno.

As marés

Há milhares de anos, a subida e a descida do mar duas vezes ao dia são conhecidas dos marinheiros e dos moradores litorâneos, e são o que chamamos de **marés**. Muitos observadores notaram a relação entre a posição e as fases da Lua, as alturas das marés e as horas do dia em que a água alcança o nível de maré mais alto. No entanto, foi somente a partir do século XVII, quando Isaac Newton formulou a lei da gravidade, que começamos a entender que as marés resultam da atração gravitacional da Lua e do Sol nas águas dos oceanos.

A atração gravitacional de dois corpos decresce à medida que eles se distanciam. Assim, a força que produz as marés varia nas diferentes partes da Terra. No lado da Terra mais próximo da Lua, a água dos oceanos experimenta uma atração gravitacional maior que a atração média da parte sólida do planeta. Isso produz uma intumescência na água. Já no lado oposto da Terra, mais distante da Lua, a parte sólida, ficando mais próxima da Lua do que a água, é puxada mais em direção ao satélite do que a água, e esta aparenta ter sido puxada para o lado oposto, para longe da Terra como outra protuberância. Assim, duas intumescências de água ocorrem nos oceanos em faces opostas da Terra: uma do lado mais próximo à Lua; e outra no lado mais afastado (**Figura 19.4a**). À medida que a Terra gira, as intumescências de água mantêm-se aproximadamente alinhadas. Uma está sempre de frente para a Lua e a outra, sempre diretamente oposta. Essas protuberâncias de água que se formam quando a face da Terra em rotação passa por esse ponto são as marés altas.

O Sol, embora muito mais distante, tem tanta massa (e, desse modo, tanta gravidade) que é, também, causador de marés. As marés solares são um pouco menores que a metade da altura das marés lunares e não são sincrônicas com elas. As marés solares ocorrem à medida que a Terra gira uma vez a cada 24 horas, a duração de um dia solar. A rotação da Terra em relação à da Lua é um pouco mais longa, porque esta, ao se mover em torno daquela, resulta em um dia lunar de 24 horas e 50 minutos. Nesse dia lunar, existem duas marés altas, com duas marés baixas entre elas.

Quando a Lua, a Terra e o Sol estão alinhados, as forças gravitacionais do Sol e da Lua são reforçadas. Isso produz as *marés*

(a)

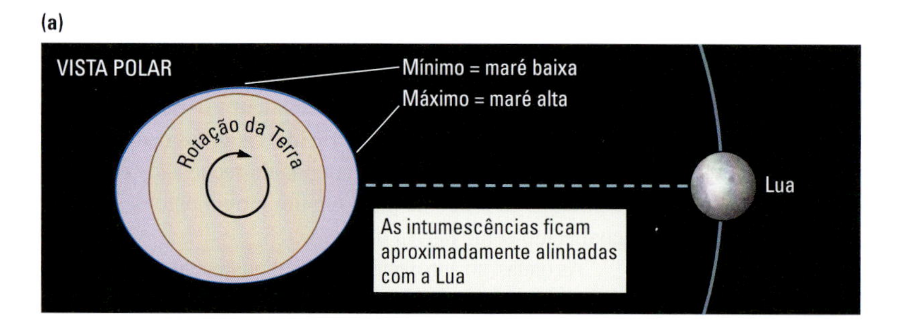

(b)

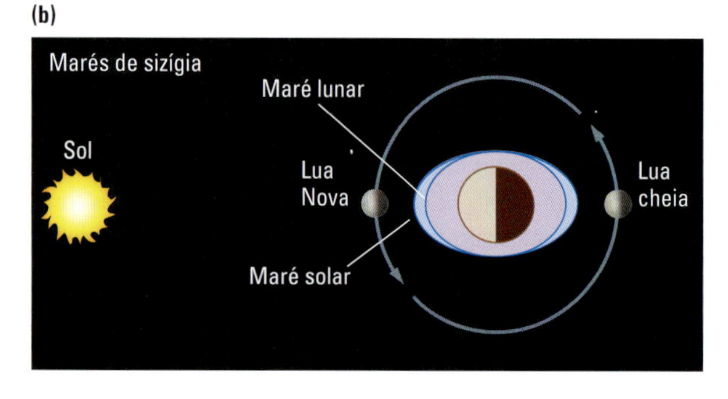

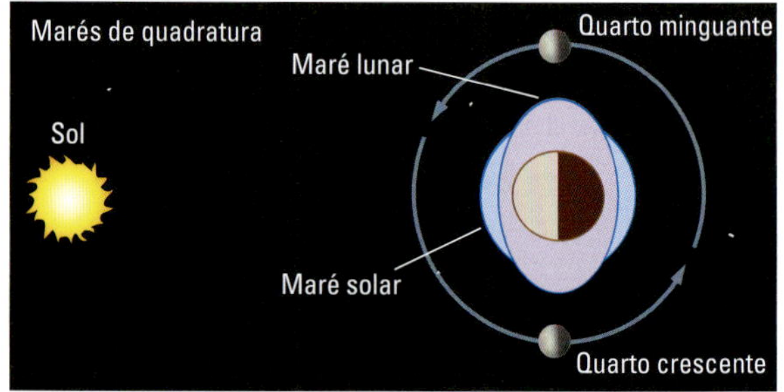

FIGURA 19.4 As marés são causadas pela atração gravitacional da Terra, da Lua e do Sol. (a) A atração gravitacional da Lua causa duas intumescências de água nos oceanos da Terra, uma no lado próximo à Lua e outra no lado oposto, mais distante. À medida que a Terra gira, essas intumescências mantêm-se alinhadas com a Lua e deslocam-se sobre a superfície do planeta, formando as marés altas. (b) Nas Luas nova e cheia, as marés do Sol e da Lua reforçam-se e causam as mais altas marés (sizígia). Na Lua crescente e na minguante, as marés do Sol e da Lua estão em oposição, causando as mais baixas marés (marés de quadratura).

*de sizígia**, que são as mais altas; ocorrem a cada duas semanas, durante a Lua cheia e a nova. As marés mais baixas, as *marés de quadratura*, ocorrem intercaladas às outras, durante a Lua crescente e minguante, quando o Sol e a Lua formam ângulos retos ao se alinharem à Terra (*Figura 19.4b*).

Embora as marés ocorram regularmente em todos os lugares, as diferenças entre as marés altas e as baixas variam em diferentes partes do oceano. À medida que a Terra gira, as protuberâncias das águas se movem ao longo da superfície do oceano, encontrando obstáculos, como continentes e ilhas, que diminuem o fluxo da água. No meio do Oceano Pacífico – no Havaí, por exemplo, onde existe pouca constrição ou obstrução ao fluxo das marés – a diferença entre as marés baixa e alta é de apenas 0,5 m. Próximo a Seattle, onde a costa ao longo da Angra de Puget é muito irregular e o fluxo das marés deve percorrer passagens estreitas, a diferença entre as marés baixa e alta é de cerca de 3 m. Marés excepcionais ocorrem em alguns lugares, como na Baía de Fundy, no leste do Canadá, onde a variação pode ser de mais de 12 m. Muitas pessoas que vivem ao longo da costa precisam saber quando as marés vão ocorrer, de modo que os governos publicam tabelas mostrando a previsão de suas alturas e a hora em que ocorrerão. Essas tabelas combinam a experiência local com o conhecimento de movimentos astronômicos da Terra e da Lua com relação ao Sol.

As marés que se movem próximas à linha de costa causam correntes que podem atingir a velocidade de poucos quilômetros por hora. À medida que a maré sobe, a água flui em direção à costa como *maré enchente*, movendo-se através de passagens estreitas em enseadas e baías, em zonas úmidas costeiras rasas e subindo pequenos cursos d'água. À medida que a maré passa pelo seu estágio mais alto e começa a diminuir, a *maré vazante* retira-se e as áreas costeiras baixas ficam novamente expostas. Essas correntes de maré meandram em canais entalhados nas **planícies de maré**, as áreas lamosas ou arenosas que estão acima da maré baixa, mas que são inundadas na maré alta (Figura 19.5). Onde obstáculos restringem o fluxo das marés e aumentam sua variação, as velocidades da corrente podem se tornar muito altas. Grandes cristas de areia, com vários metros de altura, podem se formar nesses canais de maré.

A modelagem das linhas de costa

Os efeitos dos processos costeiros que acabamos de descrever são mais bem observados nas linhas de costa. Ondas, correntes longitudinais, correntes de maré e ondas de tempestade interagem com os processos da tectônica de placas e com as estruturas geológicas da costa para moldar as linhas de costa em múltiplas formas. Podemos ver esses fatores funcionando nas linhas de costa mais populares – as praias.

*N. de R.T.: O termo sizígia provém do grego *suzugos*, e siginifica "ligados pelo mesmo jugo". Em astronomia, refere-se à conjunção ou oposição Terra-Lua-Sol (ou outros planetas). Essa maré também é chamada de "maré viva" ou "maré de cabeça", em oposição às "marés mortas" ou "de quadratura".

FIGURA 19.5 As planícies de marés, como esta no Monte Saint-Michel, na França, podem constituir-se em áreas extensas, cobrindo muitos quilômetros quadrados, mas ocorrem com maior frequência sob a forma de estreitas faixas de praia voltadas para o mar. Quando uma maré muito alta avança em uma ampla planície de maré, ela pode mover-se tão velozmente que as áreas são inundadas mais rápido do que uma pessoa possa correr. É bastante aconselhável que os frequentadores das praias obtenham informações sobre as marés locais antes de sair para passear nelas. [Thierry Prat/ Sygma via Getty Images.]

Praias

Uma **praia** é um ambiente da linha de costa formada por areia e seixos. As praias podem mudar de forma a cada dia, a cada semana, a cada estação e a cada ano. As ondas e as marés podem, algumas vezes, alargar e estender a praia por meio da deposição de areia e, em outros momentos, estreitá-las, carregando a areia embora. Muitas praias são segmentos retilíneos de areia variando de 1 a mais de 100 km de comprimento; outras são pequenas faixas de areia em forma de meia lua entre promontórios rochosos. Cinturões de dunas margeiam o limite terrestre de muitas praias; colinas ou penhascos de sedimentos ou rocha margeiam outras. As praias podem ter *terraços de maré* – áreas planas e rasas entre a praia superior e uma barra de areia mais externa – no lado voltado para o mar (Figura 19.6).

A estrutura das praias A Figura 19.7 mostra as principais zonas de uma praia. Nem todas estão presentes em certas praias. Mais distante em direção ao mar, está a *zona costa afora*, limitada pela zona de surfe, onde o fundo torna-se raso o suficiente para que as ondas arrebentem. A *antepraia* inclui a zona de surfe; a planície de maré; e, exatamente na praia, a *zona de espraiamento*, um declive praial dominado pelas ondas de avanço e de recuo. O *pós-praia* estende-se da zona de espraiamento para trás, até o nível mais alto da praia.

O balanço de areia de uma praia Uma praia é um lugar de movimento incessante. Cada onda move areia para frente e para trás com o espraiamento e a onda de recuo. A deriva litorânea e as correntes longitudinais movem a areia para longe da praia. Na borda de uma praia, e também ao longo dela, a areia é

FIGURA 19.6 Terraço de maré exposto na maré baixa. Esta depressão rasa entre a crista exterior (uma barra de areia durante a maré alta) e a praia superior está repleta de marcas de onda devido ao fluxo da maré em muitos lugares. [David Hall/Alamy.]

removida e depositada em águas profundas. Na zona de pós-praia ou ao longo de falésias marinhas, a areia e os seixos são liberados pela erosão e repõem o material da praia. O vento que sopra na praia transporta areia, algumas vezes, para costa afora e, outras vezes, costa adentro, sobre o continente.

Todos esses processos juntos mantêm um balanço entre adição e remoção de areia, resultando em uma praia que pode parecer estável, mas que, na verdade, está trocando o seu material em ambos os lados. A Figura 19.8 ilustra o balanço de areia de uma praia – a remoção e a adição de material por erosão, sedimentação e transporte. Em qualquer ponto ao longo de uma praia, há ganho de areia por adição a partir das seguintes fontes: do material erodido do pós-praia; da areia que chega à praia pela deriva litorânea e corrente longitudinal; e sedimentos carregados para o litoral pelos rios. A praia perde areia a partir: do vento, que a carrega para as dunas de pós-praia; da deriva litorânea e das correntes longitudinais; e das correntes de águas profundas, que transportam sedimentos durante as tempestades.

Se houver um balanço entre o aporte e a retirada de sedimentos, a praia estará em equilíbrio dinâmico e manterá a mesma forma geral. Se o aporte e a retirada de sedimentos não estiverem equilibrados, a praia cresce ou encolhe. Os desequilíbrios ocorrem naturalmente em períodos de semanas, meses ou anos. Uma série de grandes tempestades, por exemplo, pode mover uma grande quantidade de areia da praia para as águas mais profundas, estreitando a praia. Então, em um período de semanas de clima mais ameno e com ondas mais baixas, a areia pode mover-se para a costa e reconstruir uma praia larga. Sem esse movimento constante de areias, as praias podem tornar-se incapazes de recuperar-se do lixo, dos entulhos e de alguns tipos de poluição. Dentro de um ano ou dois, mesmo o petróleo de derramamentos pode ser transportado ou recoberto, embora resíduos com piche possam ser posteriormente descobertos em alguns pontos.

Algumas formas comuns de praias As praias arenosas longas e rasas crescem onde o aporte de areia é abundante, frequentemente onde os sedimentos inconsolidados formam a costa. Nos locais onde o pós-praia é pouco elevado e os ventos sopram em direção ao continente, largos cinturões de dunas margeiam a praia. Se a linha de costa for tectonicamente elevada e as rochas forem resistentes, formam-se falésias alinhadas à praia, e quaisquer pequenas praias que se formarem serão compostas por material erodido das falésias. Onde a costa é baixa, a areia é abundante e as correntes de maré são fortes, extensas planícies de maré são estabelecidas e expostas na maré baixa.

Preservação de praias O que acontece se um dos aportes é bloqueado – por exemplo, por um muro de contenção construído ao longo da praia para prevenir a erosão? Se a erosão, um dos processos que fornece areia para a praia, for impedida, o suprimento de areia será cortado e, desse modo, a praia encolherá. Tentativas de salvar a praia, realizadas sem uma compreensão de seu equilíbrio dinâmico, podem, na verdade, destruí-la.

Os seres humanos estão alterando esse equilíbrio cada vez mais pela construção de prédios nas praias e estruturas para protegê-los da erosão. Edificamos cabanas e hotéis na costa; pavimentamos estacionamentos nas praias; e construímos molhes, muros de contenção, píeres e quebra-mares. A consequência dessas construções efetuadas com pouco conhecimento é o encolhimento das praias em um lugar e a expansão em outro. À medida que os proprietários e os construtores processam uns aos outros e os governos estatais, os advogados introduzem nos tribunais de justiça o tema dos "direitos da areia" – ou seja, o direito da praia de ter a areia que ela naturalmente conteria.

Para usar um exemplo clássico, vamos examinar o que acontece quando um píer estreito ou um quebra-mar – uma

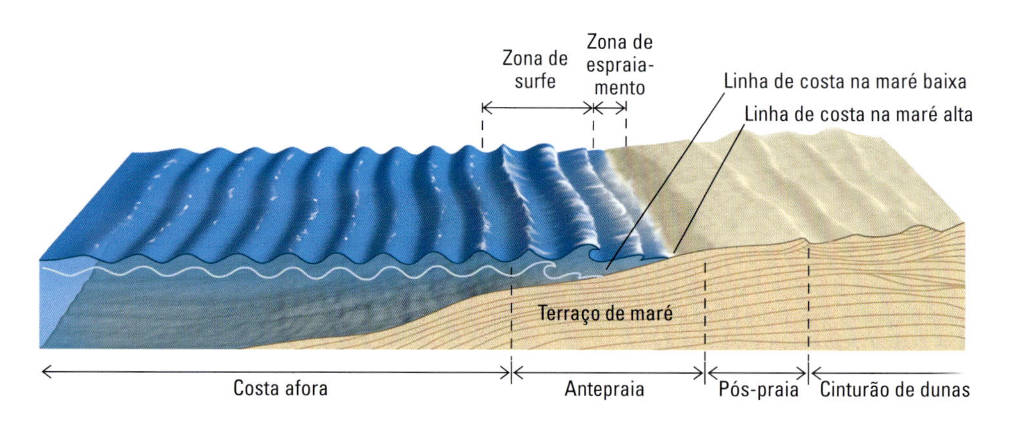

FIGURA 19.7 Perfil de uma praia mostrando suas partes principais.

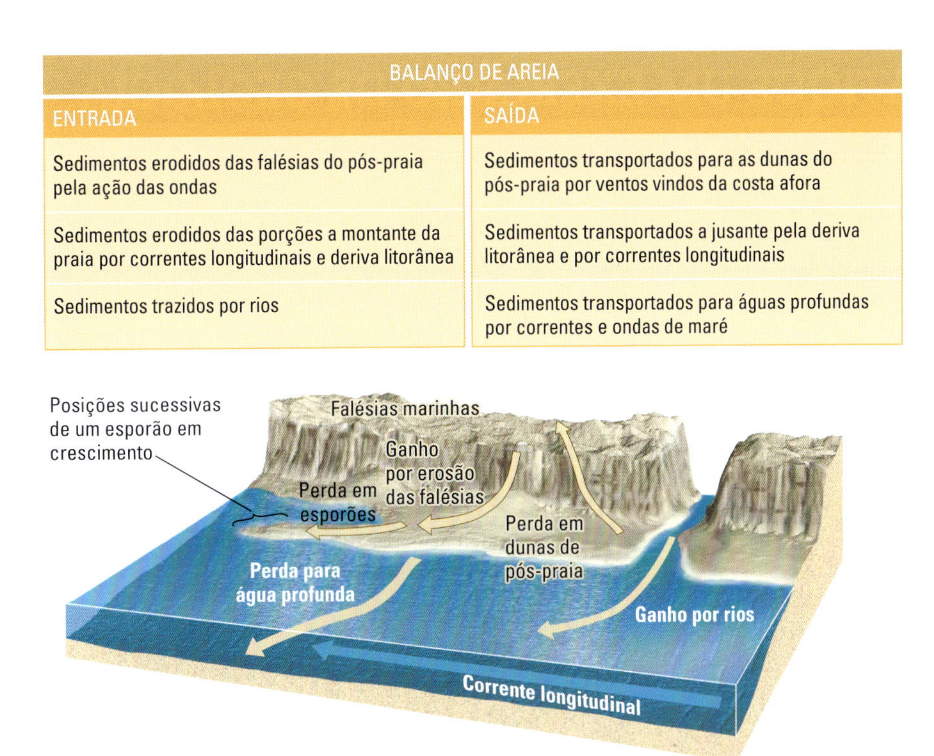

BALANÇO DE AREIA	
ENTRADA	SAÍDA
Sedimentos erodidos das falésias do pós-praia pela ação das ondas	Sedimentos transportados para as dunas do pós-praia por ventos vindos da costa afora
Sedimentos erodidos das porções a montante da praia por correntes longitudinais e deriva litorânea	Sedimentos transportados a jusante pela deriva litorânea e por correntes longitudinais
Sedimentos trazidos por rios	Sedimentos transportados para águas profundas por correntes e ondas de maré

FIGURA 19.8 O balanço de areia é o equilíbrio entre entrada e saída de areia por erosão, transporte e sedimentação.

estrutura construída a partir da praia em ângulo reto com ela – é instalada. Nos meses e anos subsequentes, a areia da praia desaparece em um lado do quebra-mar e alarga-se bastante no outro (Figura 19.9). Essas mudanças são resultados previsíveis de processos costeiros normais. As ondas, a corrente longitudinal e a deriva litorânea trazem areia em direção ao quebra-mar a partir da montante da corrente (geralmente, a direção dominante do vento). Quando são retidas no queba-mar, elas depositam a areia nesses lugares. No lado jusante do quebra-mar, a corrente e a deriva aumentam novamente e erodem a praia. Nesse lado, no entanto, a reposição de areia é esparsa, devido ao quebra-mar que bloqueia o seu fornecimento. Como resultado, o balanço de areia fica desequilibrado e a praia encolhe. Se o quebra-mar é removido, a praia volta ao seu estado inicial.

A única maneira de salvar uma praia é deixá-la trabalhar por si. Quebra-mares e muros de contenção são apenas soluções temporárias ao problema da erosão em praias e, mesmo que possam ser mantidos com grandes custos, muitas vezes por conta do orçamento público, a praia em si vai deteriorar. Projetos de restauração de praias, que envolvem o transporte de grandes volumes de areia provenientes da costa afora, tiveram algum sucesso (ver Pratique um Exercício de Geologia), mas também são extremamente caros. Cedo ou tarde, devemos aprender a deixar as praias em seu estado natural.

FIGURA 19.9 A construção de quebra-mar para controlar a erosão de uma praia pode produzir erosão a jusante da barreira e perda de parte da praia, enquanto a areia acumula-se do outro lado. [Airphoto—Jim Wark.]

PRATIQUE UM EXERCÍCIO DE GEOLOGIA

A restauração de praias funciona?

A erosão de praias é um problema enfrentado por muitas comunidades que passaram a apreciar a beleza cênica de suas praias e dependem delas para dar suporte ao turismo e ao desenvolvimento econômico. A erosão de praias é geralmente motivada por processos naturais; no entanto, em alguns casos, é intensificada por práticas de engenharia falhas que se propõem a preveni-la. Nos últimos anos, cientistas e engenheiros combinaram esforços para criar novas abordagens que levaram a um maior sucesso na proteção de praias.

As praias do Condado de Monmouth, em Nova Jersey, na costa atlântica dos Estados Unidos, estão entre as mais estudadas do mundo. A modificação humana dessas praias começou em 1870 com a construção da ferrovia de Nova York e Long Branch. O acesso pela ferrovia permitiu o desenvolvimento do turismo e, por fim, o transporte para o trabalho na cidade de Nova York, que passaram a alterar a costa. Muros de contenção substituíram praias, e dunas de areia e quebra-mares rochosos foram construídos a cada 400 metros, aproximadamente, ao longo da linha de costa de 20 km do condado. Pouco a pouco, 100 anos seguintes, o Condado de Monmouth estreitou-se muito, até que quilômetros da costa ficaram sem nenhum tipo de praia de areia. As únicas praias para banho eram encontradas em pequenos bolsões encravados nos cantos feitos pelo muro de contenção e um quebra-mar. Tempestades de inverno em 1991 e 1992 causaram danos consideráveis a toda a linha de costa do Condado de Monmouth, movendo o calçadão de volta para as ruas na forma de detritos despedaçados. Ocorreram danos às residências à medida que o oceano facilmente elevou-se sobre as praias quase inexistentes e muros de contenção insuficientes.

Em 1994, o Estado de Nova Jersey levou a sério a busca de uma solução para o problema da erosão nas praias e pediu ajuda ao governo federal. O Congresso subsequentemente autorizou o financiamento do maior projeto de restauração de praias já tentado no país,

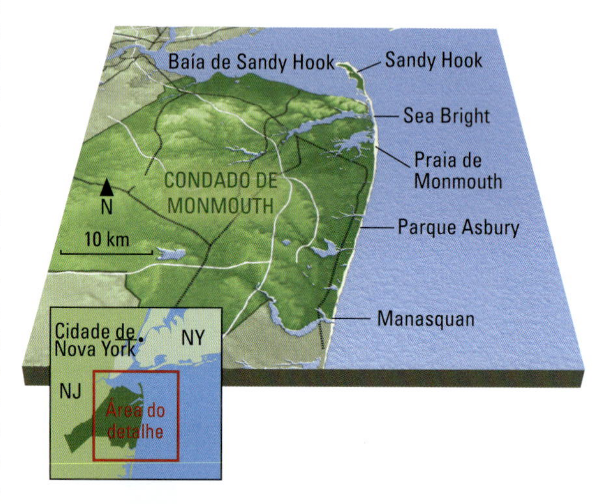

Disposição de areia na extremidade sul da praia de Monmouth, no Condado de Monmouth, Nova Jersey (EUA). Este projeto de controle de erosão por parte do Corpo de Engenheiros do Exército dos Estados Unidos incluiu o fornecimento periódico de materiais às praias restauradas em ciclos de seis anos, por um período de 50 anos. [Cortesia de U. S. Army Corp of Engineers, Distrito de Nova York.]

Erosão e deposição nas linhas praiais

A topografia da linha praial, como a do interior do continente, é um produto de forças tectônicas elevando ou rebaixando a crosta terrestre, da erosão desgastando-a e da sedimentação preenchendo os locais mais baixos. Assim, os fatores que trabalham diretamente são:

- soerguimento tectônico da região costeira, o que leva à formação de feições de erosão costeira;
- subsidência tectônica da região costeira, que produz formas deposicionais litorâneas;
- a natureza das rochas ou dos sedimentos ao longo da linha praial;
- mudanças no nível do mar, que afetam o afogamento ou a exposição de uma linha de costa;
- a média de altura das ondas de tempo bom e de tempestade, que afetam a erosão;
- as alturas das marés, que afetam tanto a erosão como a sedimentação.

abrangendo 32 km de costa no Condado de Monmouth, da cidade de Sea Bright à Baía de Manasquan. O projeto de restauração envolveu o bombeamento de areia de áreas afastadas da costa suficiente para construir uma praia restaurada com 30 metros de largura e elevação de 3 metros acima do nível médio de água baixa. O projeto incluiu suprimento periódico das praias restauradas em ciclos de seis anos durante 50 anos, a partir do início da construção da praia em 1994.

Com início em 1994 e término em 1997, 57 milhões de metros cúbicos de areia foram bombeados de aproximadamente 1,5 km da costa, a um custo de US$ 210 milhões. Esse volume inicial de colocação forneceu um suprimento enorme de areia nova às praias de nove dos 12 municípios costeiros. Os primeiros locais restaurados responderam bem, exigindo pouco acréscimo de areia desde o início do projeto.

No princípio, não era evidente que o projeto de restauração das praias do Condado de Monmouth teria êxito. Algumas pessoas previram perda total da areia em um ano ou dois. Apesar disso, o projeto teve resultados bem melhores do que todas as expectativas. Os resultados foram acompanhados pelo monitoramento de mudanças no volume de areia ao longo de um segmento de 13 km de comprimento da zona de restauração.

A tabela anexa dá um sentido mais quantitativo das mudanças sazonais no volume de areia ao longo da linha de costa em função da erosão e deposição por processos naturais. O monitoramento da erosão e deposição de areia com base sazonal entre 1998 e 2004 gerou um valor médio de metros cúbicos de areia perdida (ou ganha) por metro de costa (m^3/m) em cada estação. Quando esse valor sazonal é multiplicado pelo comprimento de 13 km da linha de costa, a mudança no volume da costa (m^3) pode ser calculada. Note que, no outono de 2002, um volume adicional de areia, suprido de modo artificial, foi acrescentado à linha de costa. Esse preenchimento de manutenção foi projetado para compensar a remoção esperada de areia por processos naturais.

A partir desses dados, podemos tirar as seguintes conclusões:

Mudanças no volume de areia para uma extensão de 13 km da linha de costa do Condado de Monmouth, Nova Jersey, outono de 1998 a outono de 2004

Perda (–) ou ganho (+) por metro de linha de costa (m^3)	Perda ou ganho total ao longo da costa (m^3/m)	Período
+1,41	+18.330	Outono 1998
+0,16	+2.080	Primavera 1999
–22,97	–298.610	Outono 1999
–42,09	–547.170	Primavera 2000
–24,7	–321.100	Outono 2000
–29,82	–2.387.660	Primavera 2001
–43,44	–564.720	Outono 2001
–1,02	–13.260	Primavera 2002
+522,47	+6.792.110	Outono 2002*
–101,64	–1.321.320	Primavera 2003
–77,00	–1.001.000	Outono 2003
–38,84	–504.920	Primavera 2004
–79,53	–1.033.890	Outono 2004

*Este ganho representa o preenchimento de manutenção no outono de 2002.

1. A linha de costa perdeu uma média de 20 m^3/m do volume de preenchimento inicial desde a primeira colocação até a primavera de 2002. (Esse número é a média da primeira coluna de números até o preenchimento de manutenção no outono de 2002.)
2. A taxa média de perda sazonal da linha de costa aumentou para 74 m^3/m após o preenchimento de manutenção no outono de 2002. (Esse número é a média da primeira coluna de números depois do preenchimento de manutenção no outono de 2002.)
3. A linha de costa sofreu uma perda líquida de 162 m^3/m desde a colocação inicial até a primavera de 2002. (Esse número é a média da segunda coluna de números até o preenchimento de manutenção no outono de 2002.)
4. A linha de costa sofreu uma perda líquida de 297 m^3/m após o preenchimento de manutenção no outono de 2002. (Esse número é a média da segunda coluna de números após o preenchimento de manutenção no outono de 2002.)

Não se sabe quais fatores contribuíram para o aumento da perda de areia após 2002, mas os cientistas puderam investigar processos como aumento da frequência de tempestades ou maior intensidade de tempestades ao longo desse período.

O volume de areia fornecido pelo preenchimento de manutenção no outono de 2002 compensou as perdas entre 1998 e 2004? Pode-se responder a essa pergunta somando os números na segunda coluna da tabela (5.973.240 m^3) e comparando essa adição com o volume de areia adicionado no preenchimento de manutenção no outono de 2002 (6.792.110 m^3). Esses números são próximos o bastante para que se possa concluir que as perdas devidas a causas naturais foram compensadas pelo preenchimento de manutenção artificial.

PROBLEMA EXTRA: Considerando o custo total do projeto de restauração inicial que teve início em 1994 e o volume de areia que foi bombeado para a costa naquela época, calcule o custo médio por metro cúbico de areia. Depois, use esse valor para estimar o custo do preenchimento de manutenção ocorrido no outono de 2002. Você acha que esse custo contínuo – a cada seis anos – vale a pena?

Formas de erosão costeira A erosão é um importante processo em costas rochosas tectonicamente soerguidas. Ao longo dessas costas, falésias e promontórios proeminentes se projetam para o mar, alternando-se com enseadas estreitas e baías irregulares com pequenas praias. As ondas quebram contra as costas rochosas, solapando falésias e causando a queda de enormes blocos na água, onde são gradualmente desgastados. À medida que as falésias marinhas retraem-se, os fragmentos isolados remanescentes, chamados de agulha ou *pilar rochoso**, são deixados em pé no mar, bem longe da costa (ver Figura 19.1c). A erosão pelas ondas também aplaina a superfície rochosa abaixo da zona de surfe e cria um **terraço de abrasão marinha**, algumas vezes visível nas marés baixas (Figura 19.10). A erosão das ondas continuada por longos períodos pode retificar as linhas de costa, à medida que os promontórios retraem-se mais rápido que as reentrâncias e as baías.

Nos locais onde sedimentos inconsolidados ou rochas sedimentares formam a região costeira, as encostas são mais suaves e a altura dos penhascos costeiros é mais baixa. As ondas eficientemente erodem esses materiais mais macios; a erosão de penhascos nessas praias pode ser extraordinariamente rápida. As falésias de mar alto de materiais glaciais inconsolidados ao longo do Litoral Nacional de Cape Cod**, em Massachusetts (EUA), por exemplo, estão se retraindo a cerca de um metro por ano. Desde que Henry David Thoreau percorreu a extensão completa da praia, abaixo dessas falésias, na metade do século XIX, e escreveu sobre as suas viagens no livro *Cape Cod*, cerca de 6 km^2 de terreno costeiro foram engolidos pelo mar, o que equivale a cerca de 150 m de retração da praia.

Nossa discussão sobre praias ilustra a importância dos processos erosivos nesses ambientes com sedimentos macios. Em décadas recentes, mais de 70% da extensão total das praias arenosas do mundo têm se retraído a uma taxa de, pelo menos, 10 cm por ano, e 20% da extensão total têm se retraído a uma taxa de 1 m por ano. Grande parte dessa perda pode ser atribuída ao represamento de rios, que diminui o suprimento de sedimentos para a linha de costa.

*N. de R.T.: Em inglês, *stack*.

**N. de R.T.: O Litoral Nacional de Cape Cod (Cape Cod National Seashore) é uma área de proteção ambiental, administrada pelo Serviço de Parques Nacionais dos Estados Unidos.

Formas deposicionais costeiras Os sedimentos acumulam-se em áreas onde a subsidência rebaixa a crosta ao longo de uma linha de costa. Essas costas são caracterizadas por amplas planícies costeiras de rochas sedimentares e largas e longas praias. Entre as formas ao longo desse tipo de costa incluem-se as barras arenosas, as ilhas arenosas baixas e as grandes planícies de maré. As longas praias crescem à medida que as correntes longitudinais carregam a areia para a extremidade da praia a jusante da corrente. Lá, ela é primeiramente construída como uma barra submersa e, então, emergindo na superfície da água, estende a praia pela adição de uma faixa estreita denominada **esporão.**

Extensas barras arenosas podem ser construídas mar adentro, tornando-se **ilhas-barreira**, que formam a barricada entre a zona de oceano aberto e a linha de costa principal. As ilhas-barreira são comuns, especialmente ao longo de costas mais baixas compostas de sedimentos finos facilmente erodíveis e transportáveis ou de rochas sedimentares fracamente cimentadas e em locais onde as correntes longitudinais são fortes. À medida que as barras constroem-se acima das ondas, a vegetação se instala, estabilizando as ilhas e auxiliando-as a resistir à erosão das ondas durante tempestades. As ilhas-barreira são separadas da costa por planícies de maré ou por lagunas rasas. Assim como as praias na costa continental principal, as ilhas-barreira estão em equilíbrio dinâmico com as forças que as moldam. Esse equilíbrio pode ser rompido por mudanças naturais do clima ou do regime de ondas e correntes ou por ocupação humana. O rompimento ou a perda da vegetação podem levar a uma erosão crescente, e as ilhas-barreira podem até desaparecer abaixo da superfície do mar. Elas também podem desenvolver-se e tornar-se mais estáveis se a sedimentação aumentar.

Durante centenas de anos, as linhas de costa arenosas podem sofrer mudanças significativas. Os furacões e outras tempestades intensas podem formar novas reentrâncias ou pontais ou romper reentrâncias e pontais existentes. Essas mudanças

FIGURA 19.10 Múltiplos terraços de abrasão marinha no litoral da Ilha de São Clemente, Califórnia (EUA). Cada terraço registra uma elevação nitidamente distinta do nível do mar, que, por sua vez, é controlado por volumes de gelo glacial (ver Capítulo 15); quando volumes de gelo são estáveis, o nível do mar é fixo e as ondas erodem o substrato rochoso. [Dan Muhs, USGS Geosciences and Environmental Change Science Center.]

foram documentadas a partir de fotografias aéreas tiradas em diferentes intervalos de tempo. A linha de costa de Chatham, Massachusetts, no cotovelo do Cabo Cod, modificou-se bastante nos últimos 160 anos, e o farol teve de ser transferido. A Figura 19.11 ilustra as diversas mudanças que ocorreram na configuração das barras ao norte e ao longo do pontal da Ilha de Monomoy, bem como as diversas rupturas das barras. Muitas casas estão agora em risco em Chatham, mas há poucas coisas

(a) Praia próxima ao Farol de Chatham

O rompimento da ilha-barreira, em 1987, mostrado no quadro abaixo bem à direita, foi fechado novamente antes de esta foto ter sido feita.

(b)

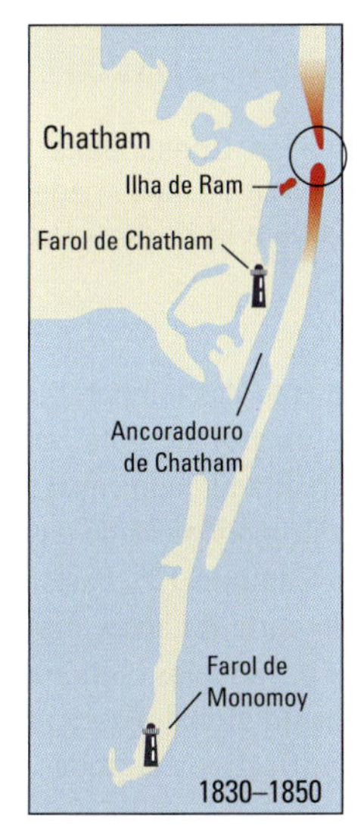

O círculo mostra a posição aproximada do rompimento da ilha-barreira em 1846. A ilha de Ram desapareceu posteriormente.

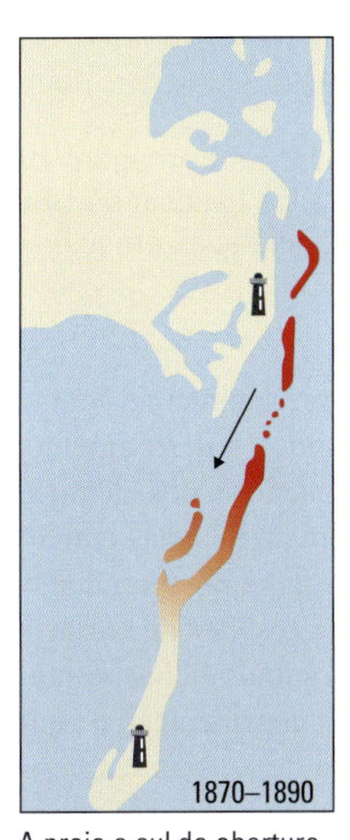

A praia a sul da abertura separa-se e migra para sudoeste, em direção ao continente e a Monomoy.

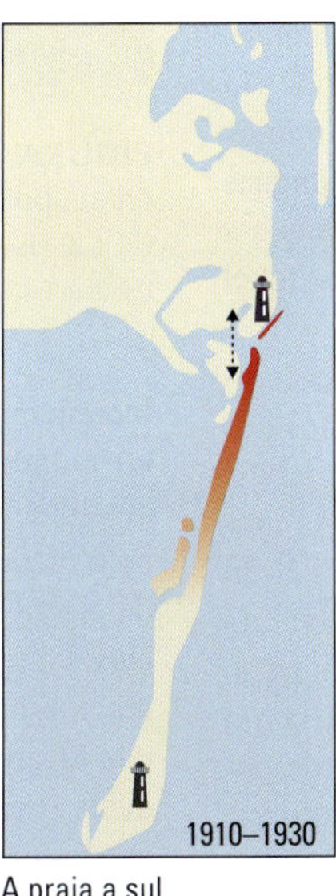

A praia a sul desapareceu, e seus remanescentes logo conectarão Monomoy ao continente.

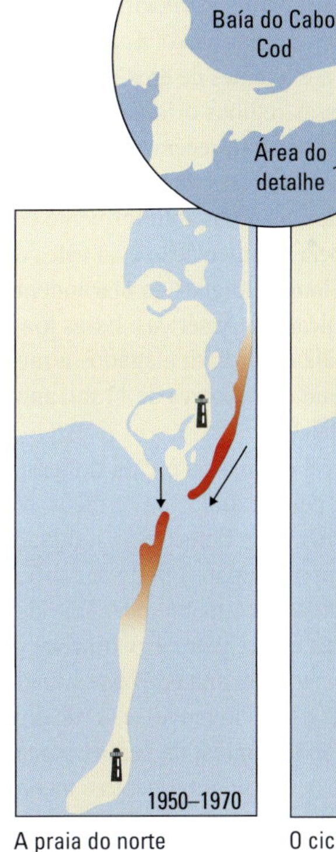

A praia do norte cresce constantemente com os sedimentos provindos das falésias; Monomoy separa-se do continente.

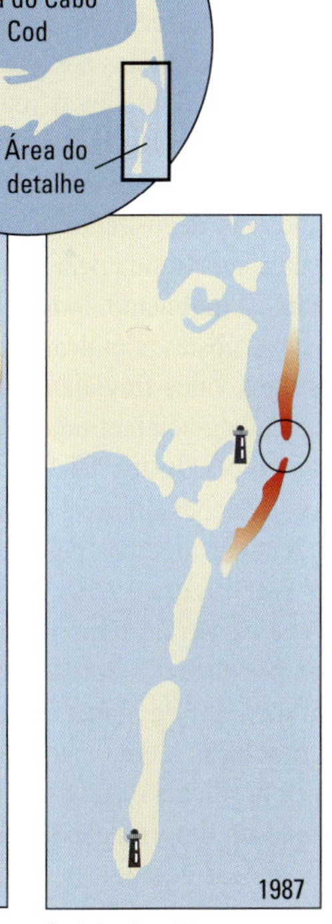

O ciclo de 140 anos inicia-se novamente com o rompimento, em 2 de janeiro, da ilha-barreira em frente ao Farol de Chatham (círculo).

FIGURA 19.11 Ilhas-barreira migrando em Chatham, Massachusetts, na ponta sul do Cabo Cod, Massachusetts (EUA). (a) Vista aérea do Ponto de Monomoy. Este esporão-barreira avançou em direção às águas profundas ao sul (primeiro plano da foto) a partir das ilhas-barreira ao longo do corpo principal do cabo, para o norte (plano de fundo da foto). (b) Transformações da linha de costa em Chatham durante os últimos 160 anos. [(a) Steve Dunwell/The Image Bank; (b) Fonte: Cindy Daniels, *Boston Globe* (February 23, 1987).]

que os residentes ou o governo possam fazer para prevenir que os processos praiais sigam o seu curso natural.

Efeitos da mudança do nível do mar

As linhas de costa do mundo servem como barômetros para as iminentes mudanças causadas por muitos tipos de atividades humanas. A poluição dos nossos cursos d'água nos continentes, cedo ou tarde, chega às nossas praias, assim como o chorume dos lixões das cidades e o óleo de lavagem de tanques em alto-mar são levados à costa. À medida que a ocupação imobiliária e as construções ao longo das linhas costeiras expandem-se, veremos a diminuição continuada e, mesmo, o desaparecimento de algumas de nossas mais belas praias. À medida que o aquecimento global causar a subida do nível do mar, também veremos os efeitos nas nossas praias.

As linhas de costa são sensíveis a variações do nível do mar, que pode alterar a altura das marés, modificar a aproximação das ondas e afetar o caminho das correntes longitudinais ao longo da costa. A subida e a descida do nível do mar podem ser locais – um resultado de subsidência ou soerguimento tectônico – ou globais – o resultado, por exemplo, do derretimento ou da formação de geleiras. Uma das preocupações básicas em relação ao aquecimento global induzido pelo homem é o seu potencial para causar elevação do nível do mar e, dessa maneira, alagar as linhas praiais, como aprendemos no Capítulo 14.

Em períodos de nível de mar baixo, as áreas que eram submersas ficam expostas aos agentes de erosão. Os rios estendem os seus cursos sobre essas regiões originalmente submersas e cortam vales na planície costeira recém-exposta. Quando o nível do mar sobe, alagando as terras do pós-praia, os sedimentos marinhos são depositados em áreas anteriormente continentais, a erosão é substituída pela sedimentação e os vales dos rios são afogados. Atualmente, longas línguas de mar indentam muitos litorais nas costas atlânticas das Américas. Essas longas línguas são antigos vales fluviais que foram alagados à medida que a última idade glacial terminou, há cerca de 11 mil anos, e o nível do mar subiu (**Figura 19.12**).

FIGURA 19.12 Esta imagem da Baía de Chesapeake foi criada pela equipe Landsat do USGS a partir de seis imagens do Landsat 5, coletadas em julho de 2009 e 2011. [NASA/USGS/Landsat 5.]

As variações do nível do mar na escala do tempo geológico podem ser medidas pelos estudos de terraços cortados por ondas (ver Figura 19.10), mas detectar as mudanças globais na breve escala do tempo (humana) pode ser difícil. As mudanças podem ser medidas localmente por meio da utilização de um medidor de marés que registra as variações do nível do mar em relação a uma marca da linha de base situada em terra. O maior problema é que o terreno move-se verticalmente como resultado da deformação tectônica, da sedimentação e de outras mudanças geológicas, e esse movimento é incorporado nas observações de medidas da maré. Os altímetros de satélites fornecem uma nova técnica para determinar as mudanças do nível do mar. O altímetro envia pulsos de ondas de radar que são refletidos pelo oceano, fornecendo medidas da distância entre o satélite e a superfície do mar com uma precisão de poucos centímetros.

Usando esses métodos, os oceanógrafos descobriram que o nível global dos mares subiu 17 cm durante o último século e continua a aumentar em torno de 3 mm por ano. Esse incremento correlaciona-se com o aumento das temperaturas no mundo todo e o derretimento dos mantos de gelo, que, atualmente, a maioria dos cientistas acredita ter sido causado, pelo menos em parte, pelas emissões antropogênicas de gases de efeito estufa (como aprendemos no Capítulo 12). Parte da elevação pode resultar de variações de curta duração, mas a magnitude da subida é consistente com os modelos climáticos que levam em consideração o aquecimento global. Esses modelos predizem que, sem esforços significativos de todas as nações para reduzir a emissão de gases de efeito estufa, o nível do mar vai subir, provavelmente, 3.100 cm durante o século XXI.

Um dos principais impactos associados com o aumento do nível do mar é a vulnerabilidade crescente das comunidades litorâneas, que devem esperar mais enchentes durante grandes tempestades, pois o aumento do nível do mar no longo prazo se soma à sua elevação temporária durante a passagem de tempestades, incluindo furacões.

Furacões e ondas de tempestade costeiras

Os **furacões** são as maiores tempestades na Terra, massas rodopiantes de nuvens densas com centenas de quilômetros de diâmetro que sugam sua energia das águas quentes da superfície dos oceanos tropicais. O termo *furacão* origina-se do nome *Huracán*, o deus das tempestades para o povo maia da América Central. No Pacífico Ocidental e no Mar da China, os furacões são conhecidos como *tufões*, da palavra cantonesa *tai-fung*, que significa "grande vento". Na Austrália, em Bangladesh, no Paquistão e na Índia, são chamados de *ciclones*; e nas Filipinas, de *baguios*.

Independentemente do nome, essas intensas tempestades tropicais podem causar destruição. Por exemplo, um ciclone catastrófico atingiu as terras baixas costeiras de Bangladesh em 1970, matando 500 mil pessoas afogadas – talvez o desastre natural mais fatídico dos tempos modernos. Outro ciclone atingiu a mesma região em 1991, quando pelo menos 140 mil morreram afogados (Figura 19.13). A tempestade de 1991 foi mais intensa, mas o número de mortos foi menor devido a melhores preparativos para o desastre; 2 milhões de pessoas foram evacuadas.

FIGURA 19.13 Devastação causada por um ciclone em Chittagong, Bangladesh, em 1991. [Peter Charlesworth/Getty Images.]

Jornal da Terra 19.1 A grande inundação de Nova Orleans

No dia 25 de agosto de 2005, o furacão Katrina atingiu o sul da Flórida como uma tempestade de categoria 1, matando 11 pessoas. Três dias depois, no Golfo do México, o furacão transformou-se em uma tempestade monstruosa de categoria 5, com ventos sustentados máximos de até 280 km/h e rajadas de até 360 km/h. Em 28 de agosto, o Serviço de Meteorologia dos Estados Unidos emitiu um boletim prevendo danos "devastadores" na Costa do Golfo, e o prefeito de Nova Orleans ordenou uma evacuação obrigatória sem precedentes na cidade.

Quando o Katrina atingiu a costa exatamente a sul de Nova Orleans em 29 de agosto, já era quase uma tempestade de categoria 4, com ventos sustentados de 204 km/h. Tinha pressão atmosférica mínima de 918 milibares (68,854 cm), sendo o terceiro furacão mais forte registrado a atingir os Estados Unidos. Mais de 100 pessoas perderam a vida nas primeiras horas da manhã de 29 de agosto como resultado do impacto direto da tempestade.

Uma onda de tempestade de 5 a 9 m chegou à linha de costa em praticamente todo o litoral da Louisiana, Mississippi, Alabama e noroeste da Flórida. A onda de tempestade de 9 m em Biloxi, Mississippi, foi a maior já registrada nos Estados Unidos. Os efeitos dessa onda em Nova Orleans foram devastadores e sem precedentes. O Lago Pontchartrain, que, na verdade, é uma enseada costeira facilmente influenciada pelas condições oceânicas, foi inundado pela onda de tempestade. Ao meio-dia de 29 de agosto, diversas seções do sistema de diques que continha as águas do Lago Pontchartrain de Nova Orleans desmoronaram. A inundação subsequente da cidade a profundidades de até 7 ou 8 m deixou 80% de Nova Orleans submersos. Os efeitos da enchente custaram pelo menos outras 300 vidas e, em 21 de setembro, o número de mortes ultrapassou 1.500 quando doenças e desnutrição indiretamente causadas pela inundação produziram efeitos.

A água transborda sobre um dique ao longo do Canal de Navegação de Inner Harbor e inunda a área central de Nova Orleans. [POOL/AFP/Getty Images.]

Moradores atravessam com dificuldade uma rua alagada de Nova Orleans após a passagem do furacão Katrina. [James Nielsen/AFP/Getty Images.]

O furacão Katrina ultrapassou o furacão Andrew e tornou-se o desastre natural mais dispendioso da história dos Estados Unidos, com danos atingindo quase US$ 200 bilhões. Além das milhares de vidas perdidas, mais de 150 mil residências foram destruídas, e mais de 1 milhão de pessoas ficaram desabrigadas.

Assim como a maioria dos desastres naturais, este foi o resultado de forças geológicas raras, mas poderosas, combinado com uma falta de preparação humana. Ninguém havia previsto nem feito planos para o pior cenário. Os geocientistas haviam previsto há décadas que um furacão categoria 4 ou 5 um dia atingiria Nova Orleans. O registro histórico de furacões evidenciou que a ocorrência de um evento desses era praticamente certa. Como mostra a Figura 19.18, Nova Orleans está aproximadamente no meio da "luva de beisebol" para ocorrências de furacões nos Estados Unidos. Mas a cidade estava preparada para resistir aos efeitos prejudiciais apenas de um furacão categoria 3 ou menor. Cortes no orçamento federal deixaram somente um suporte simbólico disponível para manter e reforçar a margem leste dos diques contra furacões, que continham o Lago Pontchartrain. Essa complexa rede de muros de concreto, portões de metal e bermas feitas de terra nunca foi concluída, deixando a cidade vulnerável. Além disso, não é fácil proteger uma cidade contra ondas de tempestade de furacão quando as calçadas e residências estão, em média, 4 m abaixo do nível do mar. Nova Orleans está igualmente vulnerável a enchentes de proporções incomuns do rio Mississippi, que também é contido por um sistema de diques artificiais.

Os efeitos prejudiciais dos ventos sustentados extremamente fortes de um furacão e das chuvas torrenciais são, por natureza, fáceis de entender. Porém, a onda de tempestade ou "ressaca" associada, que pode inundar regiões importantes da linha de costa, é potencialmente o efeito mais destruidor de um furacão. Quando o furacão Katrina atingiu Nova Orleans, Louisiana (EUA), em 29 de agosto de 2005, o desastre que se seguiu não resultou tanto do impacto direto do furacão em si, mas sim da onda de tempestade, que, com o tempo, causou o desabamento de diversas partes do sistema de diques artificiais que protege Nova Orleans (ver Plano de Ação para a Terra 19.1, *A grande inundação de Nova Orleans*). A inundação subsequente de partes da cidade custou centenas de vidas e deixou a cidade submersa e abandonada por quase um mês. O furacão Sandy foi o segundo mais custoso da história dos Estados Unidos (atrás apenas do Katrina), atingindo a Costa Leste do país no final de outubro de 2012. O Sandy causou a elevação dos níveis da água ao longo de toda a Costa Leste, mas causou uma onda de tempestade catastrófica ao longo das costas dos estados de Nova Jersey, Nova York e Connecticut.

Formação de furacões

Os furacões formam-se sobre porções tropicais dos oceanos terrestres, entre as latitudes 8° e 20°, em áreas de alta umidade, ventos leves e temperaturas quentes da superfície marinha (normalmente 26°C ou mais). Essas condições geralmente ocorrem no verão e no início do outono no Atlântico Norte e Pacífico Norte tropicais. Por essa razão, a "estação" dos furacões no Hemisfério Norte vai de junho a novembro (**Figura 19.14**).

O primeiro sinal de desenvolvimento de furacões é o surgimento de um aglomerado de tempestades com trovoadas sobre o oceano tropical em uma região em que há convergência de ventos alísios. Ocasionalmente, um desses aglomerados rompe-se dessa zona de convergência e fica mais organizado. A maioria dos furacões que afetam o Oceano Atlântico e o Golfo do México origina-se em uma zona de convergência próxima à costa da África Ocidental e intensifica-se à medida que rompe e se dirige para oeste ao longo do Atlântico tropical.

Conforme o furacão desenvolve-se, o vapor d'água se condensa para formar chuva, que libera energia térmica. Em resposta a esse aquecimento atmosférico, o ar circundante torna-se menos denso e começa a ascender, e a pressão atmosférica no nível do mar cai na região de aquecimento. À medida que sobe, o ar desencadeia mais condensação e precipitação, o que, por sua vez, libera mais calor. Nesse ponto, um processo de retroalimentação positiva é posto em movimento, conforme as temperaturas crescentes no centro da tempestade fazem com que as pressões de superfície caiam para níveis progressivamente mais baixos. No Hemisfério Norte, em função do efeito de Coriolis,

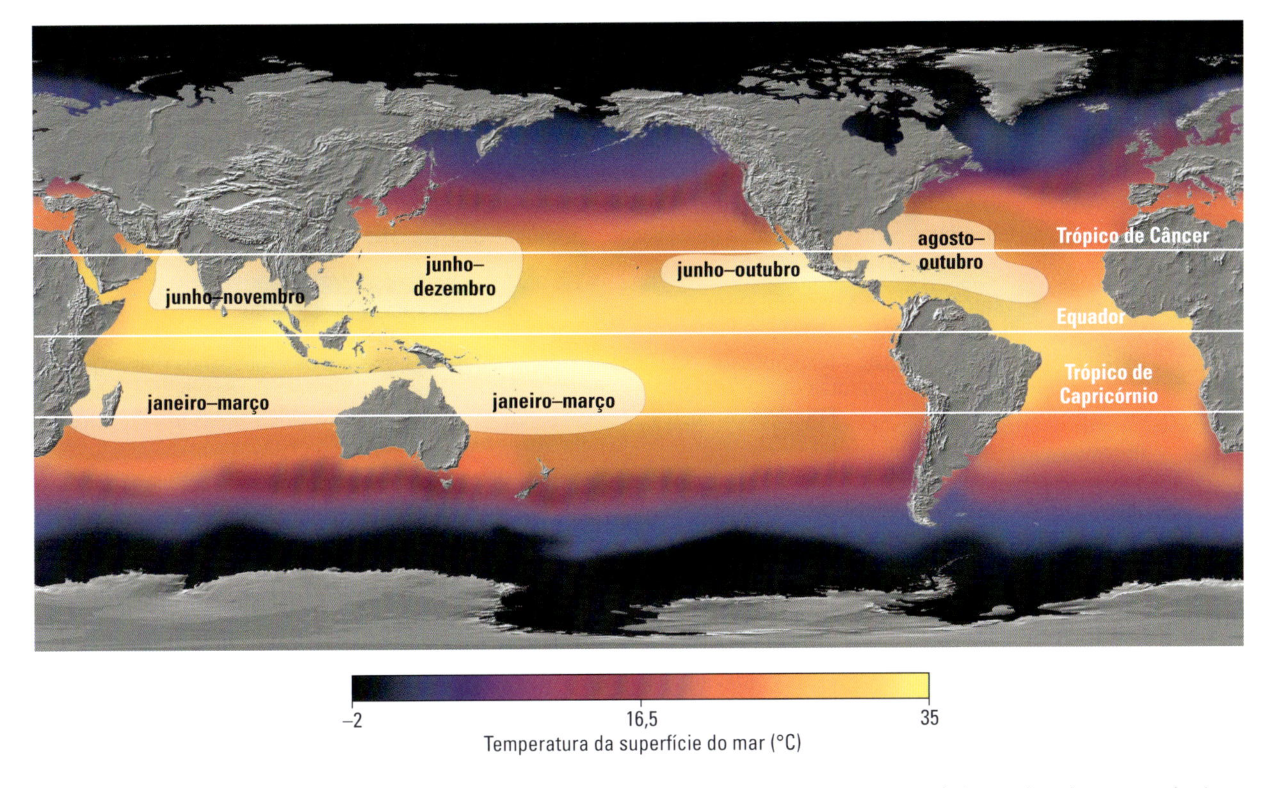

FIGURA 19.14 Os furacões surgem no verão e no início do outono, quando a temperatura oceânica está mais quente. As áreas com sombras claras indicam os locais onde os furacões são mais comuns. Também são exibidas as épocas do ano em que são mais frequentes. [NASA/GSFC.]

os ventos crescentes começam a circular em um padrão anti-horário em torno da área da tempestade de menor pressão, que, por fim, torna-se o "olho" do furacão (**Figura 19.15**).

Assim que a velocidade sustentada dos ventos atinge 37 km/h, o sistema da tempestade é chamado de *depressão tropical*. À medida que os ventos aumentam para 63 km/h, o sistema é chamado de *tempestade tropical* e recebe um nome. Essa tradição de dar nomes começou com o uso de códigos na Segunda Guerra Mundial, como Andrew, Bonnie, Charlie e assim por diante. Finalmente, quando a velocidade dos ventos atinge 119 km/h, a tempestade é classificada como furacão. Assim que se torna um furacão, a tempestade recebe uma classificação de 1 a 5 com base na *escala de intensidade de furacões de Saffir-Simpson* (**Quadro 19.1**). Essa escala é utilizada para estimar os potenciais danos a propriedades e a inundação esperada ao longo da costa em razão da chegada em terra do furacão. Ela é análoga à escala de intensidade de Mercalli para terremotos (ver Quadro 10.1).

FIGURA 19.15 O furacão Katrina, em 28 de agosto de 2005, algumas horas antes de atingir Nova Orleans. No Hemisfério Norte, os ventos circulam em sentido anti-horário em torno do "olho" do furacão, que é a localização de menor pressão atmosférica. [NASA/Jeff Schmaltz, MODIS Land Rapid Response Team.]

QUADRO 19.1 A escala de intensidade de furacões de Saffir-Simpson

CLASSIFICAÇÃO DA TEMPESTADE	DESCRIÇÃO
Categoria 1	Ventos de 119 a 153 km/h. Onda de tempestade geralmente 1 a 1,5 m acima do normal. Nenhum dano real às estruturas das construções. Os principais danos são a trailers não ancorados, arbustos e árvores. Alguns danos a paineis de propaganda mal construídos. Alguma inundação de estradas costeiras e danos leves ao píer.
Categoria 2	Ventos de 154 a 177 km/h. Onda de tempestade geralmente 2 a 2,5 m acima do normal. Danos aos telhados, portas e janelas das construções. Danos consideráveis a arbustos e árvores, sendo que algumas árvores são derrubadas. Danos consideráveis a trailers, paineis de propaganda mal construídos e píeres. As rotas de fuga costeiras e de baixo relevo inundam 2 a 4 horas antes da chegada do centro do furacão. Pequenas embarcações ancoradas em locais desprotegidos rompem as amarras. O furacão Frances de 2004 atingiu a costa pela extremidade sul da Ilha de Hutchinson, Flórida (EUA), na forma de furacão categoria 2.
Categoria 3	Ventos de 178 a 209 km/h. Onda de tempestade geralmente 2,5 a 3,5 m acima do normal. Alguns danos estruturais a pequenas residências e edificações de serviços públicos, com uma pequena quantidade de danos em fachadas do tipo muro-cortina. Danos a arbustos e árvores, folhagem e grandes árvores arrancadas. Trailers e painéis de propaganda mal construídos são destruídos. Rotas de fuga em terrenos baixos são interrompidas pela subida da água 3 a 5 horas antes da chegada do centro do furacão. A inundação próxima à costa destrói estruturas pequenas, e as estruturas maiores são danificadas por golpes de detritos flutuantes. Terrenos contínuos abaixo de 1,5 m de elevação podem ser inundados 3 m em áreas do interior. Pode ser necessária a evacuação de residências em áreas baixas dentro de um raio de diversos quarteirões da linha de costa. Os furacões Jeanne e Ivan de 2004 eram de categoria 3 quando aterrissaram na Flórida e no Alabama (EUA), respectivamente. O furacão Katrina de 2005 atingiu o continente próximo a Buras-Triumph, Louisiana, com ventos de 204 km/h. O Katrina é o furacão que causou o maior prejuízo na história registrada, com estimativas de mais de US$ 200 bilhões em perdas.
Categoria 4	Ventos de 210 a 250 km/h. Onda de tempestade geralmente 3,5 a 5 m acima do normal. Danos em fachadas tipo muro-cortina mais extensos, com alguns destelhamentos completos em pequenas residências. Arbustos, árvores e todos os painéis de propaganda são arrancados. Destruição completa de trailers. Grandes danos em portas e janelas. Rotas de fuga em terrenos baixos podem ser interrompidas pela subida da água 3 a 5 horas antes da chegada do centro do furacão. Danos sérios aos andares inferiores de estruturas próximas à costa. Terrenos abaixo de 3 m de elevação podem ser inundados, exigindo evacuação generalizada de áreas residenciais distantes até 15 km da costa.
Categoria 5	Ventos acima de 250 km/h. Onda de tempestade geralmente maior que 5 m acima do normal. Destelhamento completo de muitas residências e prédios industriais. Colapso completo de algumas edificações, e pequenos quiosques de utilidade pública são arrastadas ou voam para longe. Todos os arbustos, árvores e painéis de propaganda são arrancados. Destruição completa de trailers. Grandes danos em portas e janelas. Rotas de fuga em terrenos baixos são interrompidas pela subida da água 3 a 5 horas antes da chegada do centro do furacão. Grandes danos aos andares inferiores de todas as estruturas localizadas abaixo de 4,5 m de elevação e distantes até 500 m da linha de costa. Pode ser necessária evacuação generalizada de áreas residenciais em terrenos baixos distantes até 15 a 20 km da costa. Somente três furacões categoria 5 atingiram a costa dos Estados Unidos desde o início dos registros. O furacão Labor Day, em 1935, aterrissou na Florida; o furacão Andrew de 1992 aterrissou pelo sul do Condado de Miami-Dade, Flórida, causando US$ 26,5 bilhões em perdas – o terceiro furacão mais custoso registrado. O furacão Sandy, que atingiu a Costa Leste em 2012, foi o segundo mais custoso, causando prejuízo de US$ 68 bilhões.

Ondas de tempestade

À medida que um furacão se intensifica, um domo de água do mar – conhecido como **onda de tempestade** – ergue-se acima do nível da superfície oceânica circundante. A altura da onda de tempestade está diretamente relacionada à pressão atmosférica no olho do furacão e à intensidade dos ventos que o circulam. Ondulações grandes, arrebentação alta e ondas levadas pelo vento flutuam sobre a onda de tempestade. Conforme o furacão aproxima-se do continente, a onda de tempestade move-se para a costa e inunda áreas continentais costeiras, causando danos extensos às estruturas e ao ambiente da linha de costa (**Figura 19.16**). Qualquer massa de terra no caminho de uma onda de tempestade será afetada em maior ou menor grau, dependendo de uma série de fatores. Quanto mais forte a tempestade e mais rasas as águas em alto-mar, maior é a ressaca. Quando os efeitos de uma onda de tempestade coincidem com uma maré alta normal, o resultado é conhecido como *maré de tempestade* (**Figura 19.17**).

FIGURA 19.16 Ondas de tempestade de furacões ao longo das costas podem resultar na destruição completa de prédios residenciais, que se empilham como faixas de detritos a uma distância grande da linha de costa. Os danos vistos aqui foram causados pelo furacão Katrina em 2005. [U.S. Navy/Getty Images.]

A onda de tempestade é o mais mortal dos perigos associados aos furacões, conforme evidenciado pelo furacão Katrina em 2005 e o furacão Sandy em 2012. A magnitude de um furacão geralmente é descrita em termos da velocidade do vento (ver Quadro 19.1), mas a inundação costeira causa mais óbitos do que os ventos fortes. Barcos arrancados do ancoradouro, postes de eletricidade e outros detritos flutuantes em uma ressaca frequentemente causam a demolição dos prédios que não foram destruídos pelos ventos. Mesmo sem o peso de detritos flutuantes, uma ressaca pode causar uma grave erosão em praias e rodovias e solapar pontes. Como grande parte das linhas de costa do Atlântico e da Costa do Golfo densamente populadas dos Estados Unidos estão menos de 3 m acima do nível do mar, o perigo de ondas de tempestade nesses locais é enorme.

Enquanto se formava, o furacão Sandy afetou boa parte do Caribe, incluindo a Jamaica, Haiti, República Dominicana, Porto Rico, Cuba e as Bahamas, depois seguiu seu caminho até a Costa Leste dos Estados Unidos e afetou 24 estados americanos.

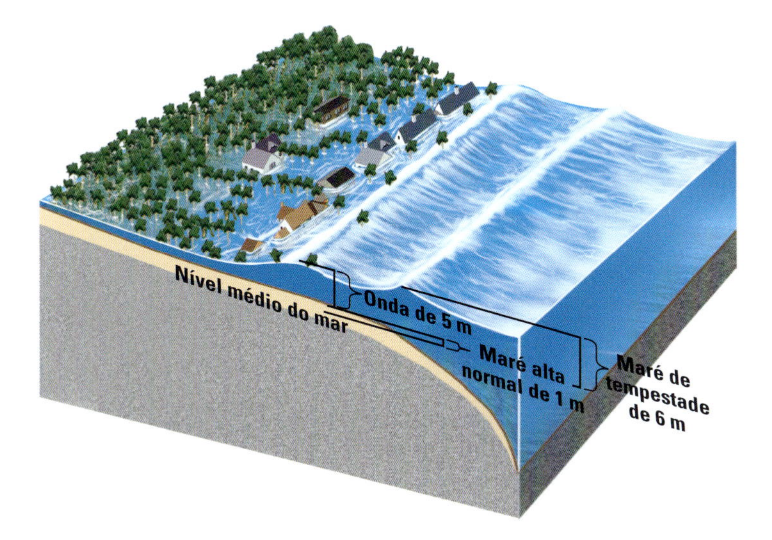

FIGURA 19.17 Uma maré de tempestade é a combinação de uma onda de tempestade com uma maré alta normal. Se a onda de tempestade chegar ao mesmo tempo que uma maré alta, a altura da água será aumentada. Por exemplo, se uma maré alta normal 1 m acima do nível do mar for combinada com uma onda de tempestade de 5 m, a maré de tempestade resultante terá 6 m de altura.

A tempestade atingiu a costa perto de Brigantine, Nova Jersey. A onda de tempestade inundou ruas, túneis e linhas de metrô e causou apagões em boa parte da região. A trajetória fora prevista corretamente quase 8 dias antes de atingir a Costa Leste, então as preparações haviam começado dias antes da inudação. As entradas e grades do metrô estavam cobertas na cidade de Nova York, mas a enchente ainda ocorreu. Houve evacuações obrigatórias, escolas foram fechadas, o transporte coletivo foi paralisado, aeroportos foram fechados e serviços ferroviários e rodoviários foram suspensos. Apesar da preparação, diversas comunidades foram inundadas com água e areia, casas foram varridas dos seus alicerces, o calçadão beira-mar e o píer de Nova Jersey foram destruídos e carros e barcos foram jogados de um lado para o outro. A tempestade também causou incêndios devastadores em Nova York. Árvores foram derrubadas sobre linhas de energia, transformadores explodiram e fios caíram na água, o que criou um incêndio perigoso, difícil de acessar e combater devido às enchentes nas comunidades.

Aterrissagem do furacão

Uma vez que os furacões se formam e se movem através de águas tropicais, a maioria atinge a costa em latitudes baixas. A maioria dos furacões do Atlântico Norte aterrissam na Flórida e no norte do Golfo do México (**Figura 19.18**). Entretanto, como existe uma tendência nos ventos de serem desviados para o norte (devido ao efeito de Coriolis), os furacões, por vezes, aterrissam mais adiante na costa atlântica. Em casos raros, podem atingir a Nova Inglaterra, mas sempre são de intensidade menor em razão das temperaturas mais baixas da superfície oceânica. Os furacões mais potentes de categoria 4 e 5 estão restritos a latitudes baixas.

As tempestades tropicais que se transformam em furacões podem ser monitoradas por satélites, e as condições meteorológicas dentro das tempestades podem ser investigadas por aeronaves. Pela inserção de muitos tipos de dados em modelos de computador, os meteorologistas podem prever o trajeto de uma

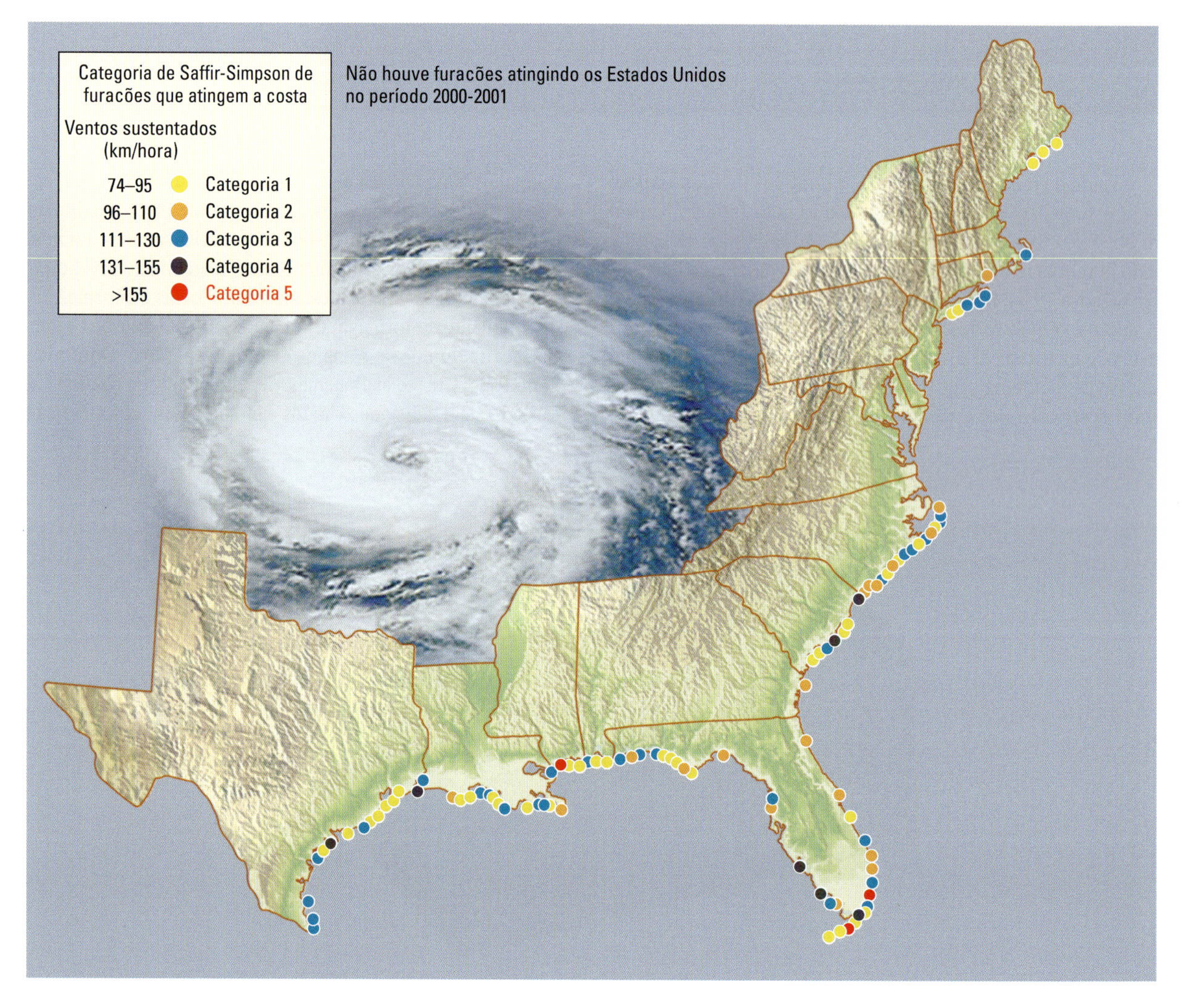

FIGURA 19.18 Os furacões com origem no Oceano Atlântico Norte geralmente atingem as áreas costeiras do sudeste dos Estados Unidos, inclusive nos Estados da Costa do Golfo. Os furacões perdem energia à medida que se movem através da água fria, então o número de furacões que aterrissam cai drasticamente para os estados no centro e no nordeste. [Informações do NOAA.]

tempestade e as mudanças de sua intensidade até alguns dias antes dela aterrissar com precisão razoável. O Centro de Furacões dos Estados Unidos previu que o Katrina atingiria Nova Orleans na forma de um furacão severo três dias antes do evento.

Os furacões também são famosos pelos danos provocados pelos ventos fortes persistentes. Os desertos são outro ambiente onde ventos fortes podem ocorrer, o que resulta em tempestades de areia que transportam partículas sedimentares através dos oceanos.

Processos de desertos

Em algum momento de nossas vidas, é possível que já tenhamos quase sido derrubados por um vento forte, caso não tivéssemos inclinado o corpo para frente ou nos agarrado em algo firme. Londres, que raramente tem ventos fortes, experimentou um vendaval em 25 de janeiro de 1990. Ventos soprando a mais de 175 km/h arrancaram os telhados das edificações, derrubaram carretas e tornaram praticamente impossível caminhar nas ruas. Nos desertos, ventos fortes são muito mais comuns e podem uivar por dias a fio. As tempestades de poeira são frequentes, e muitos ventos são fortes o suficiente para soprar grãos de areia no ar, criando tempestades de areia.

A localização dos grandes desertos mundiais é determinada pela chuva, que, por sua vez, depende de uma série de fatores (**Figura 19.19**). Os desertos do Saara e de Kalahari, na África, e o Grande Deserto da Austrália recebem precipitações de chuva extremamente baixas, normalmente menores que 25 mm/ano e, em alguns lugares, menos que 5 mm/ano. Esses desertos subtropicais são encontrados em latitudes entre 30° N e 30° S, onde os padrões predominantes de vento fazem com que o ar seco desça ao nível do solo (Figura 12.4). Como a umidade relativa é extremamente baixa nessas zonas de ar descendente, as nuvens são raras e a possibilidade de precipitação é muito baixa. O Sol incide diretamente na superfície durante semanas a fio.

Os desertos também existem em latitudes médias – entre 30° N e 50° N e entre 30° S e 50° S – em regiões onde a precipitação de chuva é baixa porque os ventos muito úmidos são bloqueados pelas cadeias montanhosas ou devem deslocar-se por grandes distâncias desde o oceano, que é a sua fonte de umidade. Os desertos da Grande Bacia* e de Mojave, no oeste dos Estados Unidos, por exemplo, estão situados em uma zona de sombra pluvial criada pelas montanhas costeiras ocidentais. O deserto de Gobi e outros da Ásia Central são tão interiores que os ventos que lá chegam já precipitaram, durante o longo trajeto que cumpriram, toda a umidade que obtiveram no oceano.

Outro tipo de deserto é encontrado nas regiões polares. Existe pouca preciptação de chuva nessas áreas frias e secas porque o ar gelado pode manter a umidade somente em quantidades extremamente pequenas. A região de baixíssima umidade do vale do sul da Terra de Victoria, na Antártida, é tão seca e fria, que seu ambiente lembra o de Marte.

À medida que o clima global muda, esses cinturões de ar seco descendente também podem mudar, expandindo e deslocando seus limites em alguns locais e diminuindo-os em outros. Desta forma, uma região fronteiriça a um deserto – talvez já passando por uma escassez de chuva – pode começar a emergir como um ambiente desértico persistente. Com o tempo, a região pode se tornar parte do deserto. As condições no sul da

*N. de R.T.: Em inglês, Great Basin.

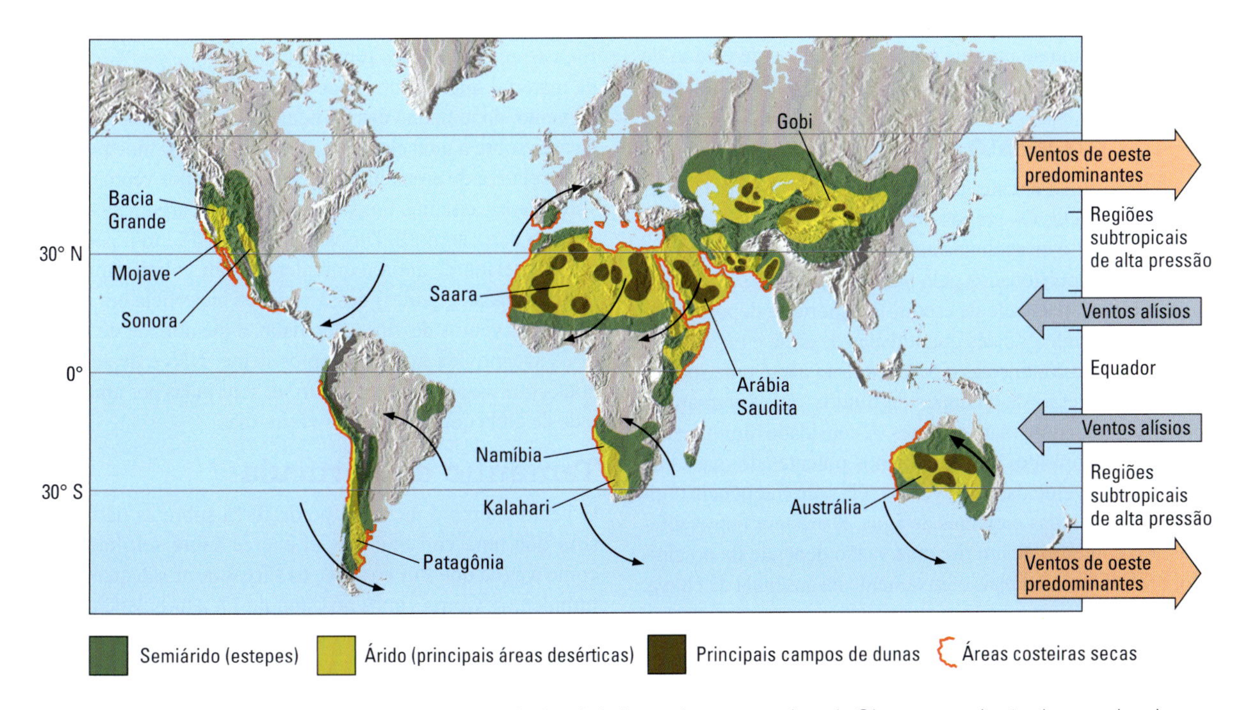

FIGURA 19.19 Principais áreas desérticas do mundo (excluindo os desertos polares). Observe a relação de seus locais com a direção dos ventos predominantes e principais áreas montanhosas. Observe também que as dunas arenosas ocupam somente uma pequena proporção da área desértica total. [Informações de K. W. Glennie, *Desert Sedimentary Environments*. New York: Elsevier, 1970.]

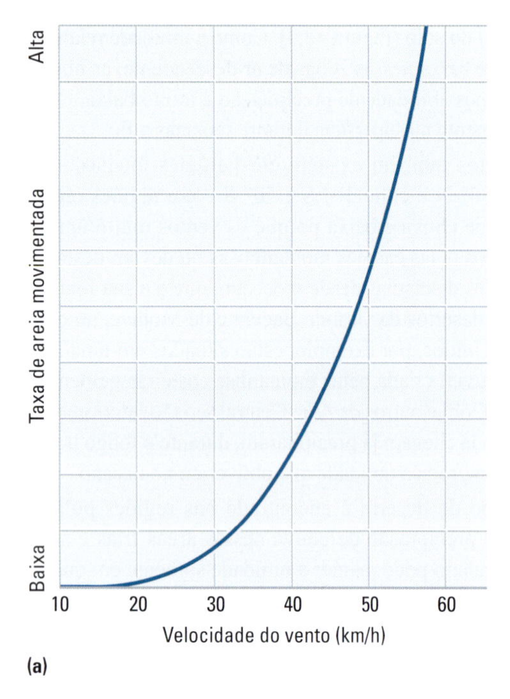

FIGURA 19.20 (a) A quantidade de areia movimentada diariamente em uma faixa de um metro de largura na superfície de uma duna varia em relação à velocidade do vento. Ventos de alta velocidade soprando durante dias podem mover grandes quantidades de areia. (b) Uma nuvem gigante de uma tempestade de poeira (*haboob*) prestes a cobrir uma acampamento militar em Al Asad, Iraque, logo antes do pôr-do-sol, em 27 de abril de 2005. [Dados de R. A. Bagnold, *The Physics of Blown Sand and Desert Dunes*. London: Methuen, 1941; (b) Foto do DOD, Cabo Alicia M. Garcia, U.S. Marine Corps.]

Espanha, por exemplo, tornaram-se tão secas que cada vez mais pessoas estão se perguntando se o Saara saltou o Mar Mediterrâneo e está agora invadindo o sul da Europa. O processo de *desertificação*, em que a terra não desértica é transformada em deserto, tornou-se um dos principais objetos de estudo de cientistas que tentam compreender o sistema do clima terrestre.

A força do vento

O vento é um fluxo natural do ar que é paralelo à superfície de rotação do planeta. Os gregos antigos chamavam o deus dos ventos de Éolo*, e os geólogos atuais usam o termo **eólico** para os processos impulsionados pelo vento. O vento é semelhante à água em sua capacidade de erodir, transportar e depositar sedimentos, movendo grandes quantidades de areia e pó** sobre vastas regiões de continentes e oceanos. Isso não é uma surpresa, pois as leis gerais da dinâmica de fluidos, que governam os líquidos, também governam os gases. A densidade muito menor do ar torna as correntes de vento menos potentes do que as de água, embora a velocidade dos ventos seja com frequência muito maior do que a das correntes de água. E existem outras diferenças. Ao contrário de um rio, cuja vazão depende da precipitação, o vento trabalha mais efetivamente na ausência de chuva.

*N. de R.T.: Cuja forma grega é Aíolos, e a latina, Aeolus.

**N. de R.T.: Neste livro, utilizamos a palavra "pó" para referir um determinado tamanho de partícula, aquilo que foi reduzido ao tamanho do "pó"; e "poeira" para designar nuvens ou eventos nos quais o pó está em movimento devido a uma certa causa, ou encontra-se ou foi depositado em um lugar específico.

Temporais e até tempestades de neve***, ventos fortes acompanhados de intensa precipitação, são mais frequentes em algumas localidades. Em outras, são mais comuns tempestades secas, durante as quais ventos fortes, soprando durante dias a fio, carregam enormes tonelagens de areia e pó. A quantidade de material que o vento pode carregar depende da intensidade do vento, do tamanho das partículas e dos materiais superficiais da área sobre a qual ele sopra. A **Figura 19.20** mostra a quantidade relativa de areia que pode ser erodida por ventos de várias velocidades, em uma faixa de um metro de largura na superfície de uma duna arenosa. Um vento forte de 48 km/h pode mover meia tonelada de areia (equivalente a um volume aproximado de duas malas grandes) dessa pequena superfície em um único dia. Com ventos de alta velocidade, a quantidade de areia que pode ser movida aumenta rapidamente. Não é de se admirar, então, que casas inteiras possam ser soterradas por uma tempestade de areia que persista por vários dias!

Tamanho da partícula

O vento exerce o mesmo tipo de força sobre as partículas do solo que uma corrente fluvial exerce sobre seu leito. Assim como a água que flui nos rios, os fluxos de ar são quase sempre turbulentos. Como vimos no Capítulo 17, a turbulência depende de três características do fluido: densidade, viscosidade e velocidade. A densidade e a viscosidade extremamente baixas do ar tornam-no turbulento mesmo na velocidade de uma leve brisa.

***N. de R.T.: As tempestades de neve podem ser comuns em grande parte das cidades do norte da Europa, da Ásia e da América do Norte.

Assim, a turbulência e o movimento para frente combinam-se para que as partículas fiquem suspensas na corrente de vento, que as carrega em sua trajetória, pelo menos temporariamente.

Mesmo a mais leve brisa carrega o pó, que é a mais fina partícula. O **pó** comumente consiste em partículas com diâmetro menor que 0,01 mm (inclui silte e argila), mas, com frequência, incluem-se algumas partículas mais grossas. Os ventos moderados podem carregar o pó para alturas de muitos quilômetros, mas somente ventos fortes podem carregar partículas com diâmetro maior que 0,06 mm, como grãos de areia muito fina. Brisas moderadas podem rolar e deslizar esses grãos ao longo de um leito arenoso, mas é preciso um vento mais forte para suspendê-los no fluxo do ar. Entretanto, geralmente um vento não pode transportar partículas mais grossas, pois o ar tem baixa viscosidade e densidade. Embora os ventos possam ser muito fortes, somente em raros casos eles podem mover seixos e calhaus da mesma forma que os rios fluindo rápido fazem.

Areia e pó eólicos

O vento pode transportar areia e pó apenas de materiais superficiais como solo seco, sedimento ou substrato rochoso. O vento não pode erodir e transportar solos úmidos porque eles são muito coesivos. Ele pode carregar os grãos de areia desprendidos pelo intemperismo de um arenito fracamente cimentado, mas não pode erodir os grãos de um granito ou basalto. À medida que se move, o ar coleta partículas soltas e as transporta por distâncias surpreendentemente longas. Como vimos, a maior parte desse material é pó, embora a areia também possa ser transportada pelo vento.

A areia que o vento transporta pode ser constituída por quase todo tipo de grão mineral produzido pelo intemperismo. Os grãos de quartzo são de longe os mais comuns, pois esse mineral é um abundante constituinte de muitas rochas superficiais, especialmente arenitos. Muitos grãos de quartzo transportados pelo vento têm uma superfície embaçada ou fosca (áspera e sem brilho vítreo) (Figura 19.21), como o vidro fosco do interior de uma lâmpada. Parte da foscagem dos grãos é produzida pelos impactos ocasionados pelo vento, mas a maior parte resulta da lenta dissolução pelo orvalho. Até mesmo a diminuta quantidade de orvalho encontrada em climas áridos é suficiente para corroer cavidades e buracos microscópicos nos grãos de areia, criando a aparência embaçada. Esse embaçamento é encontrado somente em ambientes eólicos e, desse modo, constitui-se em uma boa evidência de que o grão de areia foi carregado pelo vento.

FIGURA 19.21 Fotomicrografia de grãos de areia arredondados e foscos do Deserto de Wahiba, Sultanato de Omã. [John Grotzinger.]

A abrasão pela areia

A areia eólica é um agente natural efetivo de **abrasão**. O método comum de limpeza de edifícios e monumentos com jatos de areia, utilizando ar comprimido, funciona exatamente com o mesmo princípio: o impacto de partículas em alta velocidade desgasta as superfícies duras. Os "jatos de areia" naturais funcionam principalmente próximos ao solo, onde grande parte dos grãos de areia é carregada. A abrasão arredonda e erode afloramentos rochosos, matacões e seixos e torna foscas eventuais garrafas de vidro.

Os **ventifactos** são seixos cujas faces, polidas pelo vento, apresentam superfícies curvas ou quase planas que se interceptam em arestas agudas (Figura 19.22). Cada superfície ou face resulta de efeitos abrasivos que incidem no lado do seixo voltado para o vento. As tempestades ocasionais rolam ou giram os seixos, expondo um novo lado para o "jato de areia" que vem de onde sopra o vento. Muitos ventifactos são encontrados em desertos e depósitos glaciais de cascalho, onde a necessária combinação de cascalho, areia e ventos fortes está presente.

Deflação

À medida que as partículas de argila, silte e areia tornam-se soltas e secas, o vento pode suspendê-las e carregá-las para longe, erodindo gradualmente a superfície do terreno em um processo chamado de **deflação** (Figura 19.23). A deflação, que pode escavar depressões rasas ou cavidades, ocorre em planícies secas e desertos e em planícies de inundação fluvial e leitos de lagos temporariamente secos. Contudo, ela pode ser retardada pela vegetação bem estabelecida, até mesmo pela vegetação esparsa das regiões áridas e semiáridas. A deflação ocorre lentamente em áreas vegetadas, porque as raízes prendem o solo e os caules e as folhas interrompem as correntes de ar e protegem a superfície do solo. A deflação funciona rápido onde a cobertura vegetal está

FIGURA 19.22 Estes ventifactos eólicos do Vale de Taylor, Antártida, foram modelados pela areia eólica em um ambiente frio. [Ronald Sletten.]

FIGURA 19.23 Erosão do solo no sopé do Chimborazo, Equador. O vento escavou a superfície e erodiu-a para um nível levemente inferior. A deflação ocorre em áreas secas onde a cobertura vegetal está ausente ou danificada. [Patricio Mena Vásconez.]

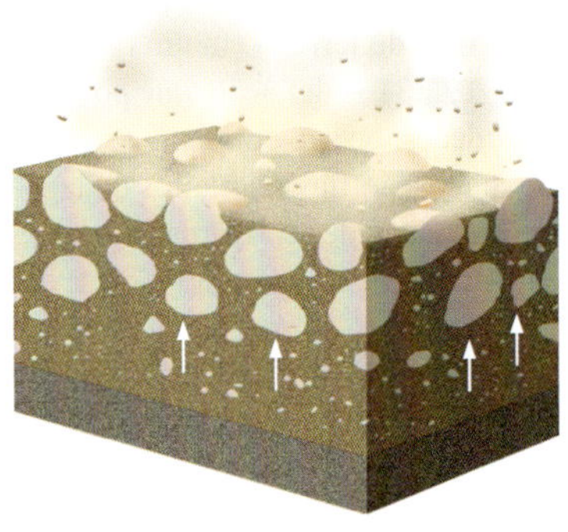

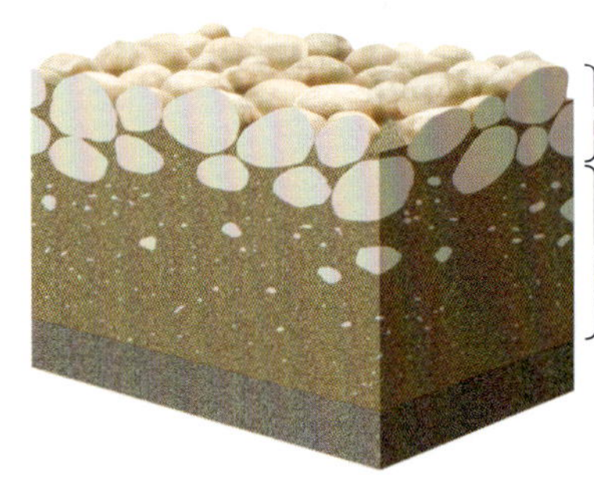

FIGURA 19.24 (a) De acordo com uma hipótese recente, o pavimento desértico é formado pela interação entre clima e microrganismos com os sedimentos e solo soprados pelo vento. (b) Exemplo de pavimento desértico no Deserto da Namíbia. [John Grotzinger.]

danificada, seja naturalmente, quando é eliminada pela seca, ou artificialmente, pelo cultivo ou por edificações e rodovias.

Quando a deflação remove os grãos mais finos de uma mistura de cascalho, areia e silte, ela produz uma superfície remanescente de cascalho muito grosso para ser transportado pelo vento. Ao longo de milhares de anos, à medida que a deflação remove os grãos mais finos, o cascalho vai ficando acumulado como uma camada de **pavimento desértico***, que é uma cobertura superficial cascalhenta e rugosa que protege o solo ou os sedimentos sotopostos de uma ulterior erosão.

Essa teoria da formação do pavimento desértico não é inteiramente aceita, porque vários dos que foram analisados não se formaram dessa maneira. Uma nova teoria sugere que alguns deles são formados pela deposição de sedimentos transportados pelo vento. O pavimento de fragmentos rochosos grossos que fica na superfície, enquanto a poeira eólica infiltra-se em uma camada embaixo dele, é modificado por processos formadores de solo e aí é acumulado (Figura 19.24).

Dunas

Quando o vento cessa, ele não pode mais transportar a areia e o pó que carregava. O material mais grosso é depositado em dunas arenosas de várias formas, cujo tamanho varia desde pequenos morrotes até imensos morros de mais de 100 m de altura (ver foto de abertura do capítulo). O pó mais fino acumula-se em mantos mais ou menos uniformes de silte e argila. Pela observação do funcionamento atual desses processos deposicionais, os geólogos têm sido capazes de relacioná-los a certas características, como estratificação e textura, para deduzir climas e padrões de vento de outras épocas a partir de depósitos de areia e poeira.

Onde se formam as dunas As dunas arenosas ocorrem em relativamente poucas situações ambientais. Muitas pessoas já devem ter tido a oportunidade de observar as dunas que se formam atrás das praias dos oceanos ou ao longo das margens de grandes lagos. Certas dunas são encontradas em planícies de inundação arenosas de grandes rios em regiões áridas e semiáridas. As mais espetaculares são os campos de dunas que cobrem vastas áreas de alguns desertos (Figura 19.25). Tais dunas podem alcançar alturas de 250 m, formando verdadeiras montanhas de areia.

As dunas formam-se somente em lugares onde há um suprimento de areia solta disponível: praias arenosas ao longo da costa, depósitos arenosos de barras ou de planícies de inundação em vales fluviais e substratos compostos de formações de arenitos em desertos. Outro fator comum na formação de dunas é a força do vento. Nos oceanos e lagos, ventos fortes sopram costa adentro para longe da água. Os ventos fortes, às vezes de longa duração, são comuns nos desertos.

Como vimos, o vento não pode coletar facilmente materiais úmidos, de modo que a maioria das dunas é encontrada em climas secos. A exceção é o cinturão de dunas ao longo da costa, onde a areia é tão abundante e seca tão rapidamente ao vento, que as dunas podem formar-se mesmo em climas úmidos. Em tais climas, o solo e a vegetação começam a cobri-las somente na interface interna da praia, de modo que o vento não coleta mais a areia.

As dunas podem tornar-se estáveis e vegetadas quando o clima torna-se mais úmido e, depois, podem começar a mover-se de novo quando o clima árido retorna. Existem evidências geológicas que mostram que, durante as secas há dois ou três séculos, e mesmo antes disso, as dunas arenosas das terras altas ocidentais da América do Norte foram reativadas e migraram ao longo das planícies.

Como as dunas arenosas se formam e migram De modo quase inevitável, quando o vento move a areia ao longo do leito, produz ondulações e dunas de forma muito semelhante àquelas formadas pela água (Figura 19.26). As ondulações na areia seca, assim como aquelas subaquáticas, são *transversais*; isto é, formam-se em ângulo reto em relação à corrente.

*N. de R.T.: Também conhecido como "pavimento detrítico".

FIGURA 19.25 Dunas lineares na Bacia de Qaidam, China. [David Rubin.]

FIGURA 19.26 Marcas onduladas eólicas no Monumento Nacional das Areias Brancas, no Novo México (EUA). Embora com formas complexas, essas ondulações estão sempre transversais (em ângulos retos) à direção do vento. [John Grotzinger.]

Em velocidades baixas a moderadas, o vento forma pequenas ondulações. À medida que a velocidade do vento aumenta, as ondulações tornam-se maiores. As ondulações migram na direção do vento sobre o dorso das grandes dunas. Certos ventos estão quase sempre soprando e, assim, um leito arenoso está, de certa forma, quase sempre ondulado.

Com areia e vento suficientes, qualquer obstáculo – como uma grande rocha ou um tufo de ervas – pode iniciar uma duna. As linhas da corrente de vento, como aquelas da água, separam-se contornando o obstáculo e voltam a se reunir, criando uma sombra de vento a jusante do objeto. A velocidade do vento é muito menor na sombra de vento do que no fluxo principal no entorno do obstáculo. De fato, ela é baixa o suficiente para permitir que grãos de areia soprados para dentro da zona de sombra depositem-se aí. O vento está se movendo tão lentamente que não pode mais coletar esses grãos e eles se acumulam como um *montículo de areia*, uma pequena pilha de areia a sotavento de um obstáculo (Figura 19.27). À medida que o processo continua, o próprio montículo de areia torna-se um obstáculo. Se houver areia suficiente e o vento continuar a soprar na mesma direção em uma certa duração, o monte aumenta, tornando-se uma duna. As dunas também podem crescer a partir do continuado aumento das ondulações, exatamente como ocorre com as dunas subaquáticas.

À medida que uma duna se desenvolve, todo o monte começa a migrar na direção do vento por movimentos combinados de uma multidão de grãos individuais. O vento faz com que os grãos de areia deslizem e rolem ao longo da superfície, e também se desloquem por *saltação*, um movimento em saltos no qual temporariamente os grãos ficam suspensos em uma corrente de água ou ar (Figura 18.28). A saltação nos fluxos de ar

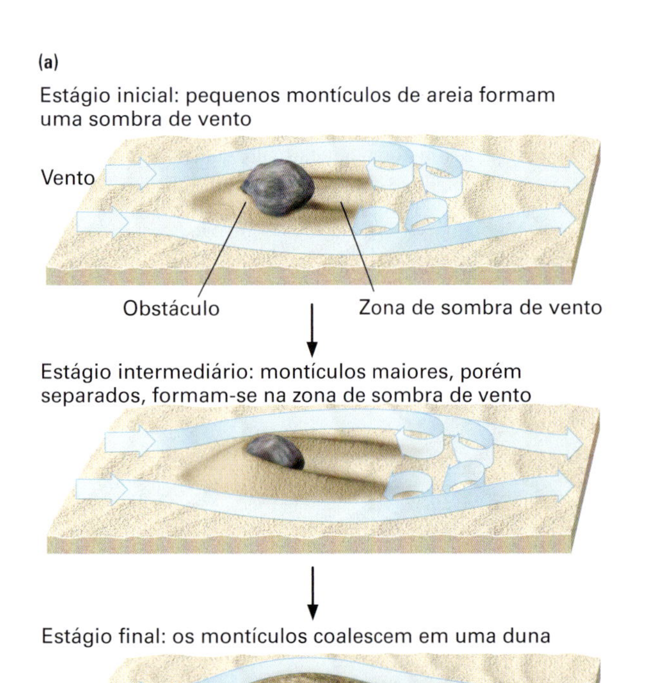

FIGURA 19.27 As dunas arenosas podem formar-se a sotavento de uma rocha ou outro obstáculo. (a) Pela separação das linhas de corrente do vento, a rocha cria uma sombra de vento na qual os remoinhos formados são mais fracos que o fluxo principal. Os grãos de areia suspensos pelo vento podem, assim, depositar-se e empilhar-se em montículos que coalescem em uma duna. (b) Dunas arenosas Owens Lake, Califórnia (EUA). [(b) Marli Miller]

1 Uma ondulação ou duna avança pelo movimento individual dos grãos de areia. A forma, no seu conjunto, move-se lentamente para frente à medida que a areia é erodida do declive voltado para o vento (barlavento) e depositada no declive protegido do vento (sotavento).

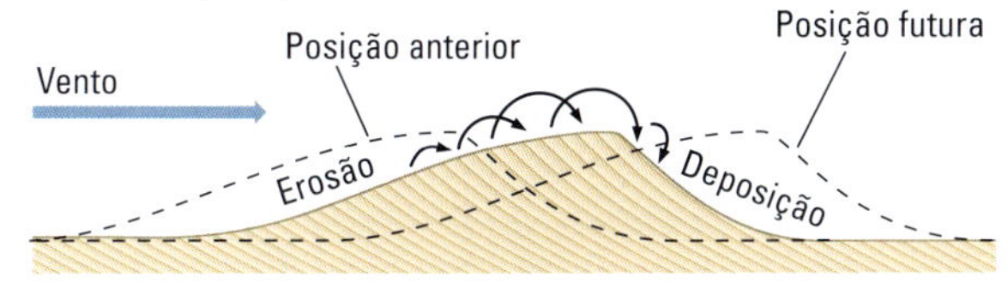

2 As partículas de areia que avançam sobre o declive da duna voltado para o vento movem-se por saltação sobre a crista...

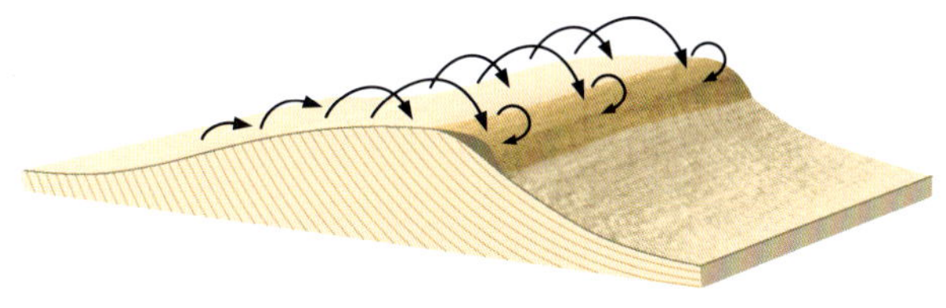

3 ... onde a velocidade do vento diminui e a areia depositada escorrega no declive a sotavento.

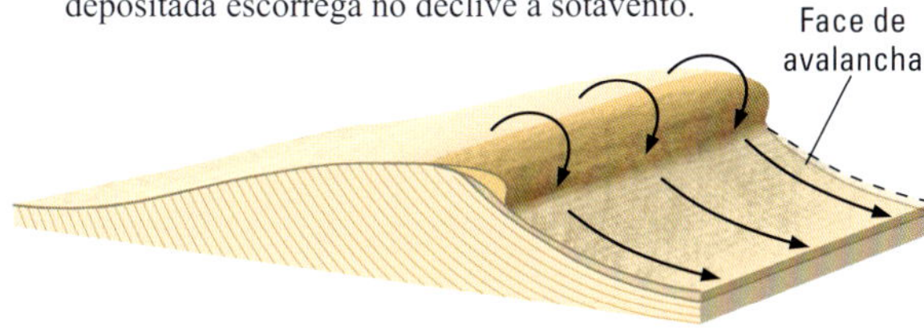

4 Esse processo atua como uma esteira transportadora que move a duna para frente.

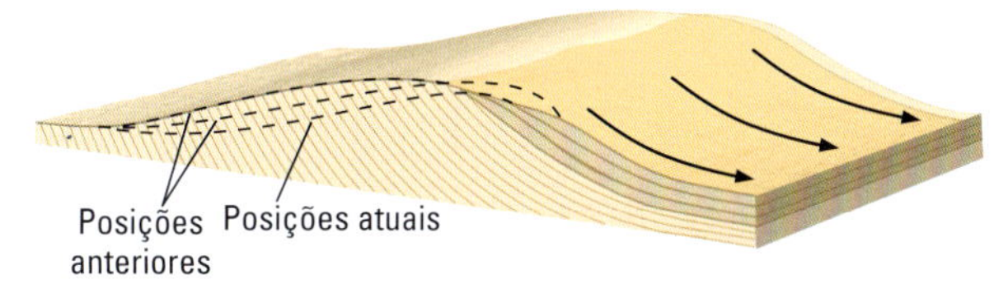

5 A duna para de crescer verticalmente quando alcança uma altura na qual o vento é tão veloz que sopra os grãos de areia para fora do topo com a mesma rapidez que os leva para lá.

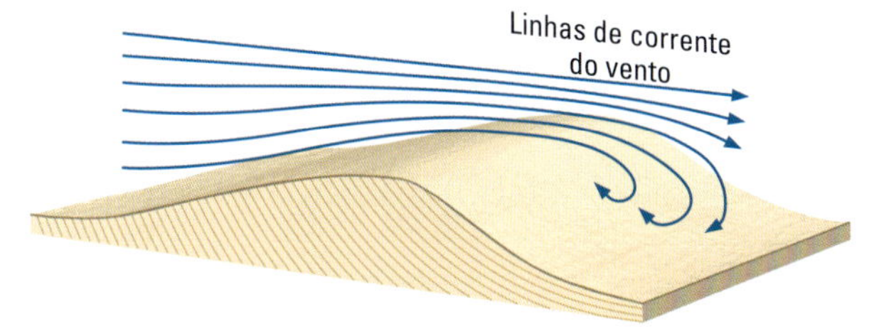

FIGURA 19.28 As dunas de areia crescem e movem-se à medida que o vento transporta partículas de areia por saltação.

funciona da mesma maneira que em um rio, exceto que os saltos no fluxo de ar são mais altos e longos. Os grãos de areia suspensos na corrente de ar sobem, frequentemente, até alturas de 50 cm acima de um leito arenoso e até 2 m sobre uma superfície seixosa – muito mais alto que qualquer grão com o mesmo tamanho pode pular na água. A diferença deve-se, em parte, ao fato de que o ar é menos viscoso que a água e, por isso, não inibe o movimento dos grãos tanto quanto ela. Além disso, o impacto da queda dos grãos, em meio aéreo, induz pulos cada vez mais altos em outros grãos, à medida que eles se chocam na superfície. Essas colisões, que o ar dificilmente amortece, jogam os grãos superficiais para o ar em uma espécie de efeito salpicador. À medida que os grãos saltitantes impactam o leito arenoso, eles podem empurrar para frente grãos muito grandes para serem lançados ao ar, levando a camada a rastejar na direção do vento. Um grão de areia que se choca na superfície a uma velocidade alta pode impelir outros grãos até seis vezes seu próprio diâmetro.

Os grãos de areia saltam, constantemente, até o topo do lado menos inclinado da duna, que recebe o vento, e, então, caem para a sombra de vento, no lado mais inclinado, a sotavento (ver Figura 19.28). Esses grãos progressivamente formam uma acumulação íngreme e instável na parte superior do lado a sotavento. Periodicamente, a acumulação cede e, de modo espontâneo, desliza ou escorre para baixo nesta *face de avalancha**, como é chamada, para uma nova inclinação, em um ângulo mais baixo. Se desconsiderarmos as inclinações instáveis de curta duração, a face de avalancha mantém uma declividade de ângulo constante e estável – seu ângulo de repouso. Como foi visto no Capítulo 17, esse ângulo aumenta com o aumento do tamanho e da angularidade das partículas.

As sucessivas faces de avalancha depositadas segundo o ângulo de repouso criam a estratificação cruzada, que é a marca registrada das dunas eólicas (ver Figura 6.11). À medida que as dunas se acumulam, interferem nas outras e passam a ficar soterradas em uma sequência sedimentar, e a estratificação cruzada é preservada, mesmo que a forma original das dunas seja perdida. Os conjuntos de arenito com estratificação cruzada e muitos metros de espessura são evidências de dunas eólicas altas. A partir da direção dessas estratificações eólicas, os geólogos podem reconstruir as direções dos ventos do passado. A estratificação cruzada preservada em Marte (ver Figura 20.28b) fornece evidências de antigas dunas eólicas naquele planeta.

Se muito mais areia se acumular no lado da duna onde sopra o vento, ao invés de ser depositada na face de avalancha, a duna aumentará sua altura. A maioria das dunas tem dezenas de metros de altura, mas as imensas dunas na Arábia Saudita alcançam 250 m, que parece ser o limite. A explicação para o limite da altura da duna reside na relação entre o desenvolvimento das linhas da corrente do vento, a velocidade e o relevo. As linhas da corrente que avançam sobre as costas da duna tornam-se mais comprimidas quando a duna fica mais alta (ver Figura 19.28). À medida que mais ar precisa passar através de um espaço que ficou reduzido, a velocidade do vento deve aumentar. Ao final, a velocidade do ar no topo da duna torna-se tão grande que os

---

*N. de R.T.: Em inglês, *slip face*.

As barcanas são dunas com forma de crescente, encontradas comumente em grupos. Os chifres da ponta em crescente apontam para o sentido do vento. As barcanas são produtos de um suprimento de areia limitado e ventos unidirecionais.

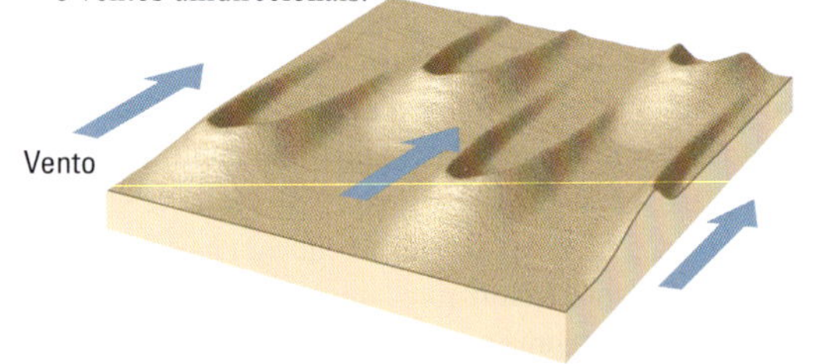

As dunas de deflação são quase o reverso das barcanas. Elas têm a face de avalancha com a convexidade apontando o sentido do vento, enquanto as barcanas, diferentemente, têm a concavidade apontando nesse mesmo sentido.

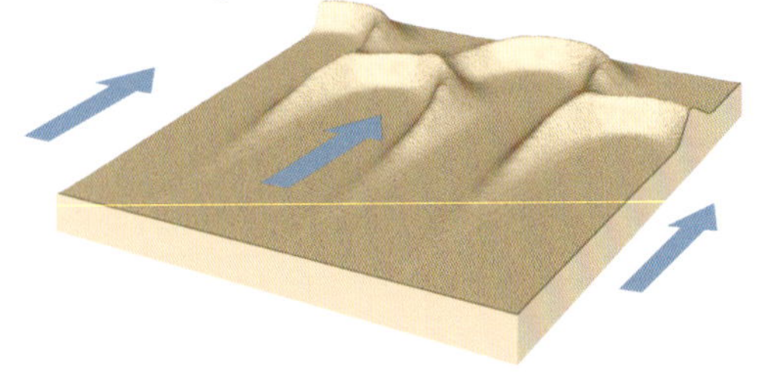

As dunas transversais são longas cristas em ângulo reto com a direção do vento. Elas se formam em regiões áridas onde há abundância de areia e a vegetação é ausente. As faixas de dunas arenosas atrás das praias são tipicamente compostas por dunas transversais, formadas pelos ventos fortes que sopram costa adentro.

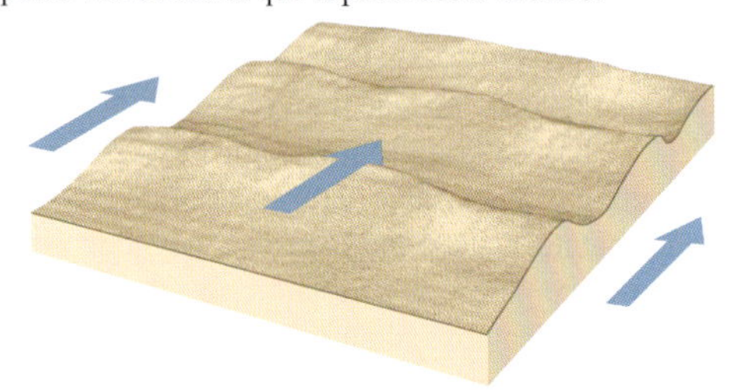

As dunas longitudinais são longas cristas de areia orientadas paralelamente à direção do vento. Essas dunas podem alcançar alturas de 100 m e estender-se por muitos quilômetros. A maioria das áreas cobertas por dunas lineares tem um suprimento de areia moderado, um pavimento rugoso e ventos que sopram sempre na mesma direção geral.

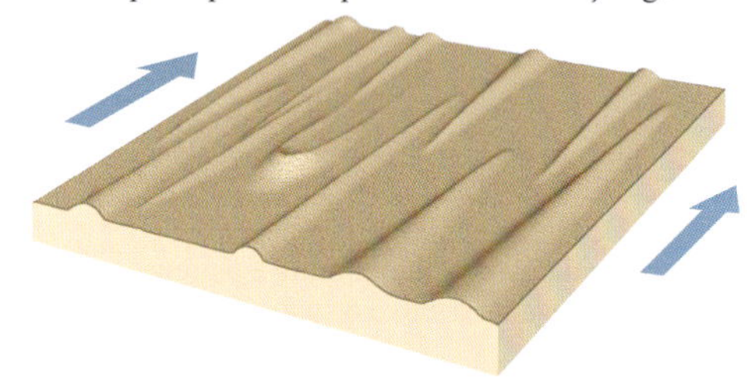

FIGURA 19.29 As formas e os arranjos gerais das dunas arenosas dependem da quantidade de areia disponível e da direção, duração e força do vento.

grãos de areia são soprados para fora com a mesma rapidez com que são levados até a face voltada para o vento (barlavento). Quando esse equilíbrio é alcançado, a altura da duna mantém-se constante.

Os tipos de duna arenosas Uma pessoa que se posicionasse no meio de uma grande área de dunas poderia ficar desorientada pela disposição aparentemente desordenada dos planos ondulados. Ela precisaria de um olho experimentado para ver o padrão dominante e, além disso, poderia ser necessário observar do alto. As formas e os arranjos gerais das dunas arenosas dependem da quantidade de areia disponível e da direção, duração e força do vento. Os geólogos reconhecem quatro tipos principais de dunas: barcana, de deflação transversal e longitudinal (Figura 19.29).

Poeira eólica

O ar tem uma grande capacidade de suspender o pó, formado por fragmentos microscópicos de rochas e minerais de todos os

FIGURA 19.30 Imagem de satélite de uma tempestade de poeira originada no Deserto da Namíbia em setembro de 2002. A poeira e a areia estão sendo transportadas da direita (leste) para a esquerda (oeste) devido aos fortes ventos, que sopram em direção ao mar. Esses sedimentos podem ser transportados por centenas a milhares de quilômetros através do oceano. [NASA.]

tipos, especialmente silicatos, como poderia ser esperado, dada a sua abundância como minerais formadores de rocha. As duas mais importantes fontes de silicatos constituintes da poeira são as argilas dos solos das planícies secas e a poeira vulcânica das erupções. Os materiais orgânicos, como o pólen e as bactérias, também são componentes comuns da poeira. O pó do carvão vegetal é abundante a jusante dos ventos que passam por florestas incendiadas. Quando encontrado em sedimentos soterrados, é evidência de florestas incendiadas em tempos geológicos passados. Desde o início da Revolução Industrial, temos lançado no ar novos tipos de pó sintético – desde cinzas produzidas pela queima do carvão, até os vários compostos químicos sólidos produzidos pelos processos industriais, pela incineração de resíduos e pela exaustão de motores de veículos.

Em grandes tempestades de poeira, 1 km^3 de ar pode carregar nada menos que mil toneladas de pó, equivalendo ao volume de uma pequena casa. Quando uma tempestade dessas cobre centenas de quilômetros quadrados, ela pode carregar mais do que 3 milhões de toneladas de pó e depositá-las em camadas de muitos metros de espessura. As finas partículas do Saara têm sido encontradas em locais muito distantes, como na Inglaterra, e têm atravessado o Oceano Atlântico até a Flórida (EUA). A cada ano, o vento transporta do Saara para o Oceano Atlântico cerca de 260 milhões de toneladas de material, predominantemente pó. Os cientistas em navios de pesquisa oceanográfica mediram a poeira aerotransportada bem longe da costa e, atualmente, podem observar esse fenômeno diretamente do espaço (Figura 19.30). A comparação entre a composição dessa poeira e aquela dos sedimentos do fundo do mar da mesma região indica que a poeira eólica é um importante contribuinte da sedimentação marinha, suprindo-a com bilhões de toneladas a cada ano. Uma grande parte dessa poeira vem de vulcões, e existem camadas só de cinza no assoalho marinho marcando as erupções muito grandes.

A poeira vulcânica é abundante porque a maioria de seus grãos é muito fina e lançada para o alto da atmosfera, onde ela pode viajar mais longe que as cinzas de outro tipo, sopradas pelos ventos mais próximos da superfície. As explosões vulcânicas injetam imensas quantidades de poeira na atmosfera. A poeira vulcânica da erupção do Monte Pinatubo, nas ilhas Filipinas, em 1991, envolveu a Terra, e a maior parte das mais finas partículas não decantou até 1994 ou 1995.

A poeira mineral na atmosfera aumenta quando a agricultura, o desmatamento, a erosão e a mudança no uso da superfície danificam o solo. Uma grande quantidade de poeira mineral pode vir de Sahel, uma região semiárida no bordo sul do Saara, onde secas e pastagens intensivas são responsáveis por uma pesada carga de poeira.

A poeira eólica tem efeitos complexos sobre o clima global. A poeira mineral na atmosfera reflete a radiação visível que chega do Sol e absorve a radiação infravermelha que escapa da superfície terrestre. Assim, a poeira mineral tem um efeito final tanto de esfriamento da parte visível do espectro como de aquecimento do infravermelho.

Depósitos de poeira e loess

À medida que a velocidade do vento diminui, a poeira que carrega decanta para formar o **loess**, um manto de sedimento composto por partículas finas. As camadas de loess não apresentam estratificação interna. Em depósitos compactados de mais de um metro de espessura, o loess tende a formar gretas verticais e a romper-se ao longo de paredes abruptas (Figura 19.31). Os geólogos teorizam que as fissuras verticais podem ser causadas pela combinação de penetração de raízes e percolação descendente uniforme da água subterrânea, mas os mecanismos exatos ainda são desconhecidos.

O loess cobre cerca de 10% da superfície continental da Terra. Os principais depósitos de loess são encontrados na América do Norte e na China, sendo que, neste país, ocupam uma área de mais de 1 milhão de quilômetros quadrados (Figura 19.32). O maior depósito de loess da China estende-se sobre amplas áreas na região noroeste, e a maioria deles tem de 30 a 100 m de espessura, embora alguns tenham mais de 300 m. Os ventos forneceram a poeira ao soprar sobre o Deserto de Gobi e das regiões áridas da Ásia central e continuam soprando avante, sobre o leste da Ásia e o interior da China. Alguns desses depósitos chineses de loess têm idade de 2 milhões de anos. Eles se formaram depois que um aumento na elevação

FIGURA 19.31 Camadas empilhadas de loess em Elba, Nebraska. [Daniel R. Muhs, U.S. Geological Survey.]

FIGURA 19.32 Antigas habitações escavadas em depósitos de loess na Província de Shanxi, norte da China. [Ashley Cooper/ AGE Fotostock.]

do Himalaia e dos cinturões de montanhas adjacentes no oeste da China geraram desertos de sombra pluvial e climas áridos no interior continental. O soerguimento tectônico desses cinturões de montanhas foi responsável pelos climas frios e secos do Pleistoceno, na maior parte da Ásia. Esses climas impediram o avanço da vegetação e secaram os solos, causando uma extensa ação de processos erosivos e de transporte pelos ventos.

O depósito de loess mais bem conhecido da América do Norte situa-se no Vale Superior do Mississippi. Ele se originou à medida que silte e argila foram depositados nas vastas planícies de inundação dos rios que drenavam áreas de degelo das geleiras do Pleistoceno. Os ventos muito fortes secaram as planícies de inundação, onde o clima frio e as rápidas taxas de sedimentação impediram o crescimento da vegetação, e sopraram extraordinárias quantidades de poeira, que, então, se depositaram no leste. Os geólogos reconheceram que esse depósito de loess está distribuído como um manto de espessura mais ou menos uniforme, tanto nos morros como nos vales situados nas imediações ou nas próprias áreas originalmente glaciais. Mudanças na espessura regional do loess em relação à predominância dos ventos de oeste confirmam a sua origem eólica. O loess na margem leste das principais planícies de inundação fluvial tem espessura entre 8 e 30 m, maior que aquela do lado oeste. Essa espessura diminui rapidamente a sotavento para 1 a 2 m, nas áreas do extremo leste da planície de inundação.

Os solos formados no loess são férteis e altamente produtivos. Eles também apresentam problemas ambientais, pois são facilmente erodíveis em voçorocas abertas por pequenos riachos e deflacionados pelo vento quando muito expostos e com pouco cultivo.

O ambiente desértico

O deserto, dentre todos os ambientes terrestres, é aquele em que o vento consegue exercer ao máximo sua capacidade de erosão, transporte e sedimentação. Os desertos quentes e secos do mundo estão entre os ambientes mais hostis para os humanos. Apesar disso, muitas pessoas são fascinadas por essas zonas quentes, secas e aparentemente sem vida, repletas de rochedos nus e dunas arenosas. O clima seco dos desertos cria condições adversas, porém frágeis, onde o impacto humano permanece durante décadas.

Ao todo, as regiões áridas somam um quinto da área continental do planeta, cerca de 27,5 milhões de quilômetros quadrados. As planícies semiáridas contribuem com mais um sétimo. As causas para a existência de grandes áreas desérticas no mundo atual são os efeitos dos cinturões de vento da Terra sobre os climas, o soerguimento de montanhas e a deriva continental. Levando esses fatores em conta, podemos ficar confiantes que, de acordo com o princípio do uniformitarismo, desertos extensos sempre existiram durante todo o tempo geológico.* Por outro lado, os desertos atuais podem ter sido regiões úmidas no passado, que secaram como resultado da mudança climática de longa duração.

*N. de R.T.: Um dos desertos antigos mais extensos é o do Período Jurássico, registrado no Brasil pela Formação Botucatu, na Bacia do Paraná. Essa unidade e outras a ela correlacionáveis distribuem-se hoje em uma vasta região do centro-sul da América do Sul. Além disso, ela se correlaciona, também, com a Formação Clarens, do Supergrupo Karoo, na África do Sul.

Intemperismo e erosão no deserto

Embora os desertos sejam únicos, os processos geológicos que neles operam são idênticos aos de outros lugares. Os intemperismos físico e químico funcionam da mesma maneira como em qualquer outro lugar, mas, nos desertos, atuam com um equilíbrio diferente. Nesses lugares, o intemperismo físico predomina em relação ao químico. O intemperismo químico dos feldspatos e de outros silicatos em argilominerais ocorre lentamente porque a água necessária para que a reação aconteça não está presente. A pouca argila que se forma geralmente é carregada pelos ventos fortes antes que possa se acumular. O intemperismo químico lento e o transporte eólico rápido combinam-se para impedir a formação de solos com espessura significativa, até mesmo onde a vegetação esparsa agrega algumas partículas. Assim, os solos são delgados e fragmentados. A ocorrência de areia, cascalho e pedregulho rochoso de vários tamanhos, além de rochas nuas, é característica da maioria das superfícies desérticas.

As cores do deserto As cores ferrugíneas marrom-alaranjadas de muitas superfícies meteorizadas do deserto originam-se do óxido de ferro férrico de minerais como a hematita e a limonita. Esses minerais são produzidos pelo lento intemperismo dos silicatos de ferro, como o piroxênio. Os óxidos de ferro, mesmo aqueles presentes em pequenas quantidades, tingem as superfícies de areia, cascalho e argilas.

O **verniz desértico** é um revestimento característico de cor marrom-escura, às vezes brilhante, encontrado em muitas superfícies rochosas do deserto. Trata-se de uma mistura de argilominerais com pequenas quantidades de manganês e de óxidos de ferro. O verniz desértico provavelmente forma-se quando o orvalho causa intemperismo químico de minerais primários nas superfícies expostas das rochas para produzir argilominerais e óxidos de manganês e ferro. Além disso, quantidades minúsculas de pó soprado pelo vento podem se aderir à superfície da rocha. O processo é tão lento que as inscrições feitas pelos antigos povos indígenas norte-americanos, ao rasparem o verniz desértico há centenas de anos, ainda parecem frescas. Há um perfeito contraste entre a cor escura do verniz sobreposto à cor clara da rocha inalterada que foi revelada com a raspagem (Figura 19.33). O verniz precisa de milhares de anos para se formar, e certos vernizes antigos na América do Norte são de idade miocênica. Entretanto, o reconhecimento desse verniz, em arenitos antigos, é difícil.

Rios: Os agentes primários da erosão O vento desempenha um papel muito mais importante na erosão de desertos do que em outros lugares, mas não pode competir com o poder da erosão dos rios. Mesmo que as chuvas muito raras tornem apenas intermitente o fluxo da maioria dos cursos d'água desérticos, eles acabam realizando o mais importante trabalho erosivo quando fluem nesse ambiente.

Até mesmo o deserto mais seco recebe chuva ocasional. Nas áreas arenosas e cascalhentas dos desertos, a infiltração da água das raras chuvas no solo e no substrato permeável reabastece temporariamente a zona não saturada do aquífero. Ali, uma parte dela evapora muito lentamente pelo espaço poroso intergranular. Uma quantidade menor, por fim, infiltra-se bem abaixo do nível freático – em certos lugares, até centenas de metros abaixo da superfície terrestre. Os oásis desérticos formam-se onde o nível

FIGURA 19.33 Petroglifos raspados no verniz desértico por antigos povos norte-americanos, em Newspaper Rock ("Rocha do Jornal"), Canyonlands, Utah (EUA). A raspagem do verniz que levou milhares de anos para se acumular foi feita há várias centenas de anos e ainda parece fresca. [Peter L. Kresan Photography.]

freático fica próximo da superfície o suficiente para que as raízes das palmeiras e outras plantas possam alcançá-lo.

Quando a chuva ocorre em fortes aguaceiros, a grande quantidade de água que cai em um curto intervalo de tempo ultrapassa, em muito, a taxa de infiltração, de sorte que o volume principal escoa para os rios. Sem o impedimento da vegetação, o escoamento superficial é rápido e pode causar inundações súbitas nos fundos de vales que estavam secos durante anos. Assim, uma grande proporção das correntes fluviais nos desertos consiste em inundações (Figura 19.34a). Quando as inundações ocorrem, elas têm um grande poder erosivo, pois a maioria dos detritos meteorizados soltos não se encontra fixada na superfície pela vegetação. Os rios podem tornar-se tão atulhados de sedimentos que se parecem mais com movimentos rápidos de lama. A abrasividade dessa carga sedimentar movendo-se rapidamente com velocidades típicas de inundações transforma tais rios em eficientes agentes erosivos dos vales rochosos.

Sedimentos e sedimentação dos desertos

Os desertos são compostos de um conjunto diverso de ambientes de sedimentação. Esses ambientes podem mudar de maneira drástica quando a chuva subitamente forma rios turbulentos e lagos amplos. Há a interferência de períodos prolongados de seca, durante os quais os sedimentos são soprados para dunas de areia.

Sedimentos aluviais À medida que as inundações súbitas atulhadas de sedimentos secam, deixam distintos depósitos sobre os assoalhos dos vales desérticos. Em muitos casos, um pavimento plano de detritos grossos cobre todo o fundo do vale e as torrentes dos desertos não mostram a diferenciação em canal, dique natural e planície de inundação (Figura 19.34b). Os sedimentos de muitos outros vales desérticos mostram claramente a mistura entre depósitos de canal fluvial e da planície de inundação com sedimentos eólicos. A combinação de processos fluviais e eólicos ocorridos no passado formou extensos lençóis de arenito eólico separados por superfícies de inundação fluvial e arenitos da planície de inundação.

Os grandes leques aluviais são feições proeminentes nos sopés das montanhas dos desertos, porque é aí onde os rios descarregam a maior parte de sua carga sedimentar. A rápida infiltração da água fluvial no material permeável do leque retira dos rios a água necessária para carregar a carga sedimentar mais a jusante. Os fluxos de detritos e de lama constituem grande parte dos leques aluviais de regiões montanhosas áridas.

Sedimentos eólicos De longe, as mais dramáticas acumulações sedimentares nos desertos são as dunas arenosas, descritas acima. O tamanho dos campos de dunas varia desde poucos quilômetros quadrados até "mares de areia" encontrados na Península Arábica. Esses mares de areia – ou *ergs* – podem cobrir até 500.000 km^2, duas vezes a área do Estado de Nevada* (EUA).

*N. de R.T.: Essa área equivale, aproximadamente, à área da Bahia ou à de São Paulo ou, ainda, duas vezes à do Rio Grande do Sul.

(a)

(b)

FIGURA 19.34 Uma grande proporção dos fluxos fluviais em desertos ocorre na forma de inundações. (a) Um vale desértico durante uma tempestade de verão no Monumento Nacional de Saguaro, Arizona (EUA). (b) O mesmo rio efêmero depois da inundação. Os detritos grossos depositados pela inundação desértica súbita podem cobrir todo o fundo do vale. [Peter L. Kresan Photography.]

Embora a descrição do cinema e da televisão possa levar-nos a pensar que os desertos sejam compostos predominantemente de areia, somente um quinto da área dos desertos atuais do mundo é coberta por esse material (ver Figura 19.19). Os quatro quintos restantes são cobertos por materiais rochosos ou pelo pavimento desértico. A areia cobre apenas um pouco mais de um décimo do Saara, e as dunas arenosas são ainda menos comuns nos desertos do sudoeste dos Estados Unidos.

Sedimentos evaporíticos Os rios desérticos contribuem com grandes quantidades de minerais dissolvidos, e esses minerais acumulam-se nas *playas* lacustres. À medida que a água do lago evapora, os minerais são concentrados e gradualmente precipitados. Se a evaporação for completa, formam-se ***playas***, que são leitos lacustres remanescentes formados por camadas planas de argila às vezes incrustadas por sais precipitados. Os *lagos desérticos tipo playa** são quase sempre temporários e, eventualmente, permanentes, e ocorrem em bacias e vales montanhosos áridos, onde a água é aprisionada após tempestades (Figura 19.35). Os lagos de deserto são fontes de minerais evaporíticos: carbonato de sódio, bórax (borato de sódio) e outros sais incomuns.

A paisagem desértica

As paisagens desérticas são certamente as mais variadas da Terra. Áreas extensas, baixas e planas são cobertas por *playas*, pavimentos desérticos e campos de dunas. As terras altas são rochosas, entalhadas de diversos modos pelos íngremes vales e gargantas fluviais. A ausência de vegetação e solos faz com que tudo seja visto de forma mais proeminente e áspera do que seria em paisagens de climas mais úmidos. Em contraste com as vertentes arredondadas, cobertas por solo e vegetação, encontradas em regiões mais úmidas, os fragmentos grossos de vários tamanhos produzidos pelo intemperismo desértico formam encostas abruptas contornadas, em suas bases, por massas de tálus angulosos (Figura 19.36).

Grande parte da paisagem dos desertos é modelada pelos rios, mas os vales – chamados de **leitos secos****, no oeste dos Estados Unidos, e de *wadi****, no Oriente Médio – são geralmente secos. Os vales dos desertos têm a mesma variação de perfis dos vales de outros lugares, mas, de longe, apresentam mais paredes abruptas, produzidas pela rápida erosão causada por fluxos de rios, em combinação com a falta de precipitação que pode suavizar as encostas das paredes do vale entre eventos de inundação.

Os rios desérticos são altamente espaçados, pois as chuvas são incomuns. Os padrões de drenagem são, em geral, similares àqueles de outros terrenos. Entretanto, há uma diferença importante: muitos rios desérticos terminam no meio do deserto antes de alcançarem um rio maior que desemboque até o oceano.

*N. de R.T.: A expressão inglesa *playa lake* eventualmente aparece na literatura geológica brasileira sem ser traduzida. Por vezes, é traduzida como "lago de deserto", "lago seco", "leito seco de lago", ou "lago efêmero". *Playa*', do espanhol, siginifica "praia".

**N. de R.T.: Em inglês, *dry-wash*, literalmente, "arroio seco".

***N. de R.T.: O *wadi* corresponde a um pavimento de rio efêmero. Também denominado na literatura técnica brasileira "rio de deserto", "rio efêmero" e "uede".

FIGURA 19.35 Um lago desértico tipo playa no Vale da Morte, Califórnia (EUA). [Universal Images Group/Getty Images.]

FIGURA 19.36 Esta paisagem desértica de Kofa Butte, no Refúgio Nacional da Vida Selvagem de Kofa, Arizona (EUA), mostra encostas escarpadas e massas de tálus produzidas pelo intemperismo do deserto. [Peter L. Kresan Photography.]

A maioria acaba na base de leques aluviais. O represamento pelas dunas ou o confinamento em vales fechados pode levar ao desenvolvimento de *playas* lacustres.

Um tipo especial de superfície do substrato rochoso erodido, chamado de **pedimento**, é uma geoforma característica do modelado do deserto. Os pedimentos são vastas plataformas suavemente inclinadas de substrato rochoso deixado para trás à medida que a frente das montanhas foi sendo erodida e recuada de seus vales (Figura 19.37).O pedimento espalha-se como um avental contornando a base das montanhas como depósitos delgados de areias aluviais e acumulados de cascalhos. A erosão continuada em um longo período acaba formando um extenso pedimento abaixo de poucas montanhas remanescentes (Figura 19.38). Uma secção transversal de um pedimento típico e de suas montanhas poderia revelar a encosta de uma montanha razoavelmente íngreme bruscamente aplainada pelo declive suave do pedimento. Os leques aluviais depositados no bordo inferior do pedimento misturam-se com o preenchimento sedimentar do vale abaixo dele.

Existem muitas evidências de que um pedimento é formado pelo escoamento da água, que entalha e forma a superfície do pedimento, bem como pelo transporte e depósito de sedimentos para criar um avental de leques aluviais. Ao mesmo tempo, a encosta da montanha na cabeceira do pedimento mantém sua declividade à medida que se retrai, ao invés de se tornar arredondada e suave como encontrada em regiões úmidas. Não sabemos como os tipos específicos de rochas e os processos erosivos interagem em um ambiente árido para manter a declividade enquanto o pedimento aumenta de tamanho.

Controles tectônicos, climáticos e humanos dos desertos

O papel da tectônica de placas

De certo modo, os desertos são um resultado da tectônica de placas. As montanhas que originam as zonas de sombra pluvial são resultantes dos limites de placas convergentes. A grande distância que separa a Ásia central dos oceanos é uma consequência do tamanho do continente, uma imensa massa aglutinada a partir de placas menores pela deriva continental. Os grandes desertos são encontrados em latitudes baixas porque a deriva continental moveu os continentes para essas latitudes a partir daquelas mais altas. Se, por hipótese, em uma posição futura das placas tectônicas a América do Norte for deslocada 2.000 km, ou mais, para o sul, então as Grandes Planícies do norte dos Estados Unidos e do Canadá vão se tornar um deserto quente e seco. Fato semelhante a esse aconteceu com a Austrália. Há cerca de 20 milhões de anos, esse continente encontrava-se bem mais ao sul de sua posição atual, e seu interior tinha um clima quente e úmido. Desde então, ele moveu-se ao norte para uma zona subtropical árida, onde seu interior tornou-se desértico.

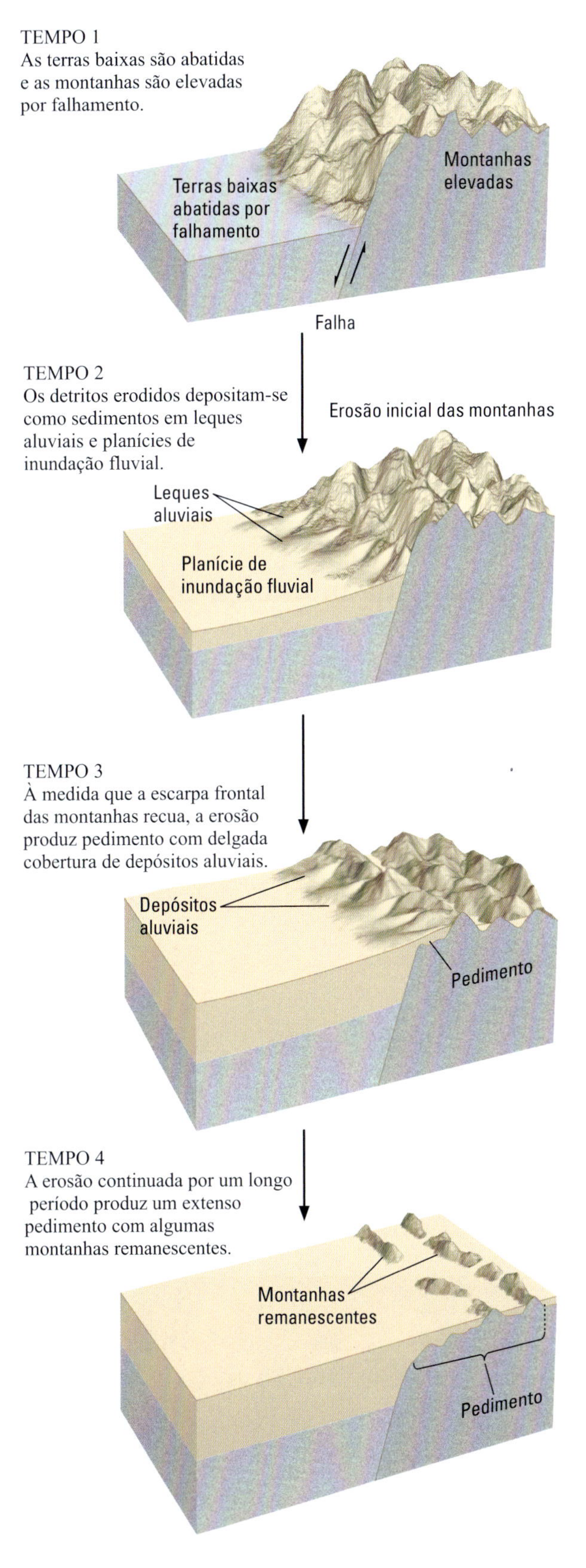

FIGURA 19.37 Os pedimentos formam-se à mededda que as frentes das montanhas erodem e recuam.

FIGURA 19.38 O Domo Cima é um pedimento no Deserto de Mojave. A superfície do domo é coberta por um delgado lençol de sedimentos aluviais. Os dois morrotes, à esquerda e à direita do domo, são considerados como os remanescentes de uma antiga montanha. [Russ White, Lynn Canal Geological Services.]

O impacto da mudança climática

As mudanças no clima de uma região podem transformar as terras áridas em desertos, em um processo chamado de **desertificação**. As mudanças climáticas, que ainda não entendemos inteiramente, podem diminuir a precipitação durante décadas e até mesmo séculos. Depois de um período seco, a região pode retornar a um clima mais úmido e ameno. Ao longo dos últimos 10 mil anos, o clima do Saara parece ter oscilado entre condições mais secas e mais úmidas. Temos evidências, a partir de imagens de satélite, que um vasto sistema de canais fluviais existiu no Saara há poucos milhares de anos (Figura 19.39). Esse sistema de drenagem antigo, agora seco e soterrado por depósitos arenosos mais recentes, carregou água abundante através do norte do Saara durante períodos mais úmidos.

O Saara agora pode estar se expandindo para o norte. O projeto Observatório do Deserto (Desert Watch), conduzido pela Agência Espacial Europeia, relata que mais de 300 mil km² da

(a)

(b)

FIGURA 19.39 O clima do Saara nem sempre foi tão árido quanto é hoje. (a) Técnicas de sensoriamento remoto que varrem apenas a superfície terrestre não mostram nada além de areia no Saara. (b) Entretanto, técnicas de sensoriamento remoto que penetram alguns metros abaixo da superfície revelam uma densa rede de leitos de rios soterrados. [NASA/JPL Imaging Radar Team]

costa mediterrânea da Europa – uma área quase do tamanho do Estado de Nova York, com população de 16 milhões – estão passando pela seca mais longa da história registrada. Durante 2005 e 2012, incêndios alastraram-se pelo sul da costa espanhola, e as temperaturas excederam os valores máximos por semanas a fio. Foram meramente verões quentes e longos ou esses são sintomas iniciais de desertificação, agravados por superpopulação e desenvolvimento excessivo nos ecossistemas frágeis de paisagens secas? Existem cada vez mais evidências para sustentar o último cenário. Os solos foram afrouxados pela seca prolongada, tornando-os mais suscetíveis ao transporte eólico e à deflação. Os níveis de água subterrânea atingiram novos valores de níveis baixos. E restam poucas dúvidas de que a Europa está ficando mais quente: durante o século XX, a temperatura média aumentou aproximadamente 0,7°C. A década de 1990 foi a mais quente desde o início do registro em meados da década de 1800, registrando dois dos cinco anos mais quentes já registrados.

A influência dos seres humanos

Oscilações climáticas ocorrem naturalmente no Saara e em outros desertos, mas as atividades humanas são também responsáveis por algumas das desertificações atuais. O crescimento da população humana em regiões semiáridas, acompanhado pela agricultura e pelo aumento de pastagens para rebanhos, pode resultar na expansão dos desertos. Quando o crescimento populacional e os períodos de seca coincidem, o resultado pode ser calamitoso. Na Espanha, a maior expansão urbana e agrícola está ocorrendo na costa mediterrânea – a região mais seca daquele país. Fazendas antigas tiveram sua vegetação eliminada devido ao uso excessivo da terra (até quatro safras por ano), o que exaure a água e desnuda o solo. Um grande aumento do turismo e o desenvolvimento resultante estão literalmente pavimentando as terras secas e dessecando a zona rural que restou. Em 2004, mais de 350 mil novas residências foram construídas na costa mediterrânea, muitas com piscinas nos quintais e campos de golfe próximos, o que exige grandes volumes de água. Sozinhas, qualquer uma dessas atividades humanas poderia não ter um efeito negativo. Juntas, porém, resultam em desertificação.

"Fazer os desertos florescerem", o oposto da desertificação, tem sido o lema de certos países com terras desérticas. Eles utilizam irrigação em grandes proporções para tornar áreas áridas ou semiáridas em fazendas produtivas. O Vale Central da Califórnia (EUA), onde grande parte das frutas, legumes e verduras da América do Norte é cultivada, é um exemplo. Se as águas usadas para irrigação contêm substâncias dissolvidas (como quase todas as águas naturais), então, com o tempo, essas águas evaporam e depositam as substâncias dissolvidas na forma de sais. Assim, ironicamente, a irrigação em um clima árido ou semiárido pode, por fim, causar desertificação por meio do acúmulo lento de sais.

CONCEITOS E TERMOS-CHAVE

abrasão (p. 581)
corrente longitudinal (p. 563)
deflação (p. 581)
desertificação (p. 592)
esporão (p. 570)
eólico (p. 580)
furacão (p. 573)
ilha-barreira (p. 570)
leito seco (p. 590)
linha de costa (p. 560)
loess (p. 587)
maré (p. 564)
onda de tempestade (p. 576)
pavimento desértico (p. 583)
pedimento (p. 591)
planície de maré (p. 565)
playa (p. 590)
praia (p. 565)
pó (p. 581)
terraço de abrasão marinha (p. 570)
ventifacto (p. 581)
verniz desértico (p. 588)

REVISÃO DOS OBJETIVOS DE APRENDIZAGEM

19.1 Identificar os processos costeiros que atuam nas linhas de costa.

Os ventos que sopram sobre o mar geram ondas; à medida que elas se aproximam da costa, arrebentam na zona de surfe. A refração das ondas resulta em correntes longitudinais e em deriva litorânea, que transportam areia ao longo das praias. As marés, geradas pela atração gravitacional da água dos oceanos pela Lua e pelo Sol, também podem gerar correntes que transportam sedimentos.

Atividade de Estudo: Figuras 19.2 e 19.4

Questão para Pensar: Em um período de 100 anos, a extremidade meridional de uma praia estreita e alongada na direção norte-sul foi estendida por cerca de 200 m para o sul por processos naturais. Que processo costeiro pode ter causado essa extensão?

Exercício: Como as ondas oceânicas são formadas?

19.2 Resumir como os processos moldam as linhas de costa.

As ondas e as marés, interagindo com os processos da tectônica de placas, modelam o relevo costeiro, que variam de praias e planícies de maré até costas rochosas soerguidas.

Atividade de Estudo: Figuras 19.8, 19.10 e 19.11

Questão para Pensar: Como o balanço de areia de uma praia determina sua forma? Considere as entradas e saídas.

Exercício: Como a refração de ondas concentra a erosão nos promontórios?

19.3 Explicar como os furacões afetam as áreas costeiras.

Os furacões são tempestades tropicais intensas com ventos extremamente fortes e pressão atmosférica muito baixa. A pressão baixa resulta na formação de um domo de água do mar, conhecido como onda de tempestade. À medida que o furacão move-se para a costa, a onda de tempestade inunda áreas de baixo relevo, frequentemente causando danos mais intensos do que os fortes ventos da tempestade.

Atividade de Estudo: Figuras 19.16 e 19.17

Questão para Pensar: Após um período de calmaria, ao longo de uma seção da Costa do Golfo da América do Norte, uma tempestade forte e com ventos intensos passa sobre a costa em direção ao Vale do Mississippi. Descreva o estado da zona de surfe, bem como a elevação do nível do mar antes, durante e após a tempestade. O que aconteceria com os rios continentais?

Exercício: O que é a onda de tempestade?

19.4 Descrever como os ventos erodem e transportam areia e sedimentos de grão mais fino.

O vento coleta e transporta sedimentos secos da mesma maneira que a água corrente faz. Os fluxos de ar têm limitações quanto ao tamanho das partículas que podem carregar (raramente maiores que areia) e, também, capacidade restrita para manter as partículas em suspensão. Essas limitações resultam da baixa viscosidade e densidade do ar. Entre os materiais eólicos encontram-se a cinza vulcânica, fragmentos de quartzo e de outros minerais, como argilominerais, e materiais orgânicos, como pólen e bactérias. O vento pode carregar grandes quantidades de areia e poeira. Ele move os grãos de areia principalmente por saltação e carrega as partículas mais finas de pó em suspensão. A deflação e a abrasão são as principais formas pelas quais o vento erode a superfície terrestre.

Atividade de Estudo: Figura 19.24

Questão para Pensar: Quais os principais processos envolvidos na formação do pavimento desértico?

Exercício: Que tipos de materiais e tamanhos de partículas o vento pode mover?

19.5 Discutir como os ventos depositam dunas arenosas e poeira.

Quando os ventos cessam, eles depositam areia em dunas de várias formas e tamanhos. As dunas formam-se em regiões desérticas arenosas, em zonas atrás das praias e ao longo de planícies de inundação arenosas, locais esses com bom suprimento de areia solta e ventos fortes a moderados. As dunas começam como um montículo de areia a sotavento de obstáculos e crescem até alcançar 250 metros, embora a maioria tenha dezenas de metros de altura. As dunas migram na direção do vento à medida que os grãos de areia saltam sobre a face mais de barlavento, e caem na face de avalancha, mais inclinada, de sotavento. As várias formas e arranjos das dunas são determinados pela direção, duração e intensidade do vento e pela disponibilidade de areia. À medida que a velocidade dos ventos carregados de poeira diminui, ela se deposita para formar loess, um manto espesso de partículas finas. As camadas de loess em várias áreas com recente ação glacial foram depositadas por ventos que sopraram sobre planícies de inundação de rios formados pela água de degelo. O loess pode acumular-se como depósitos que aumentam sua espessura na direção do vento em regiões desérticas com muita poeira.

Atividade de Estudo: Figuras 19.29 e 19.31

Questão para Pensar: Existem vastas áreas de dunas arenosas em Marte. A partir desse fato isolado, o que você pode inferir sobre as condições da superfície marciana?

Exercício: Cite três tipos de dunas arenosas e mostre a relação de cada uma com a direção do vento.

19.6 Explicar como o vento e a água se combinam para modelar o ambiente desértico e sua paisagem.

Os desertos ocorrem em zonas de sombra de vento das cadeias montanhosas, em regiões subtropicais com pressão alta constante e no interior de vastos continentes. Em todos esses lugares, os ventos originalmente carregados de umidade tornam-se secos e a chuva raramente ocorre. Os mecanismos de intemperismo nos desertos são os mesmos das regiões úmidas, mas nas regiões secas a desintegração física das rochas é predominante, com um intemperismo químico muito reduzido devido à ausência da água. A maioria dos solos desérticos é delgada e superfícies rochosas nuas são comuns. Os rios podem fluir apenas intermitentemente, mas causam a maior parte da erosão e sedimentação no deserto, carregando adiante pesadas cargas de sedimento grosso e depositando-as em leques aluviais e planícies de inundação. Rios naturalmente represados em desertos montanhosos podem formar *playas* ou lagos efêmeros, que depositam minerais evaporíticos à medida que secam. As paisagens desérticas compreendem dunas formadas pela sedimentação eólica, pavimentos desérticos e pedimentos, que são amplas plataformas de declive suave erodidas do substrato rochoso à medida que as montanhas recuam enquanto mantêm a declividade de suas encostas.

Atividade de Estudo: Figuras 19.34, 19.35 e 19.36

Questão para Pensar: Que tipos de feições da paisagem você atribuiria ao trabalho do vento, dos rios ou de ambos?

Exercício: Quais são os processos geológicos que formam *playas* ou leitos lacustres secos?

19.7 Resumir os controles tectônicos, climáticos e humanos dos desertos.

Em escala global, a tectônica de placas influencia a formação de desertos ao mover os continentes e massas de terra associadas, levando-os para as latitudes subtropicais com climas áridos ou semiáridos. O tamanho dos continentes também importa; a Ásia, por ser tão grande, impede que a umidade derivada dos oceanos atinja o interior do continente. O clima também varia por motivos que não compreendemos bem. O que sabemos é que as regiões úmidas da Terra podem tornar-se secas e então voltar à umidade, e vice-versa. Quando as regiões úmidas secam devido à mudança climática, o processo é chamado de desertificação. As influências humanas, como o uso de pastagens intensivas, podem acelerar o processo.

Atividade de Estudo: Figuras 19.37, 19.38 e 19.39

Questão para Pensar: Como a tectônica de placas pode influenciar a formação de desertos?

Exercício: O que é desertificação?

EXERCÍCIO DE LEITURA VISUAL

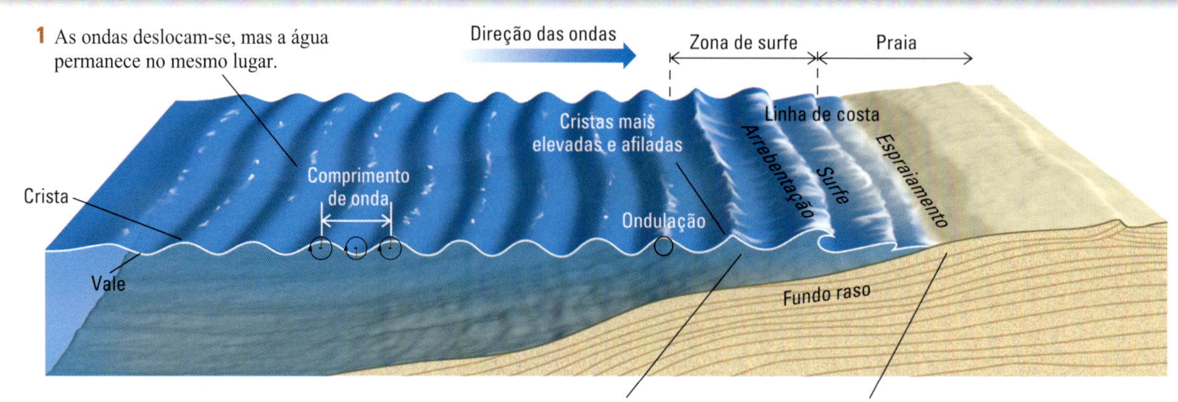

FIGURA 19.2 O movimento da onda na linha de costa é influenciado pela profundidade da água e pela forma do fundo.

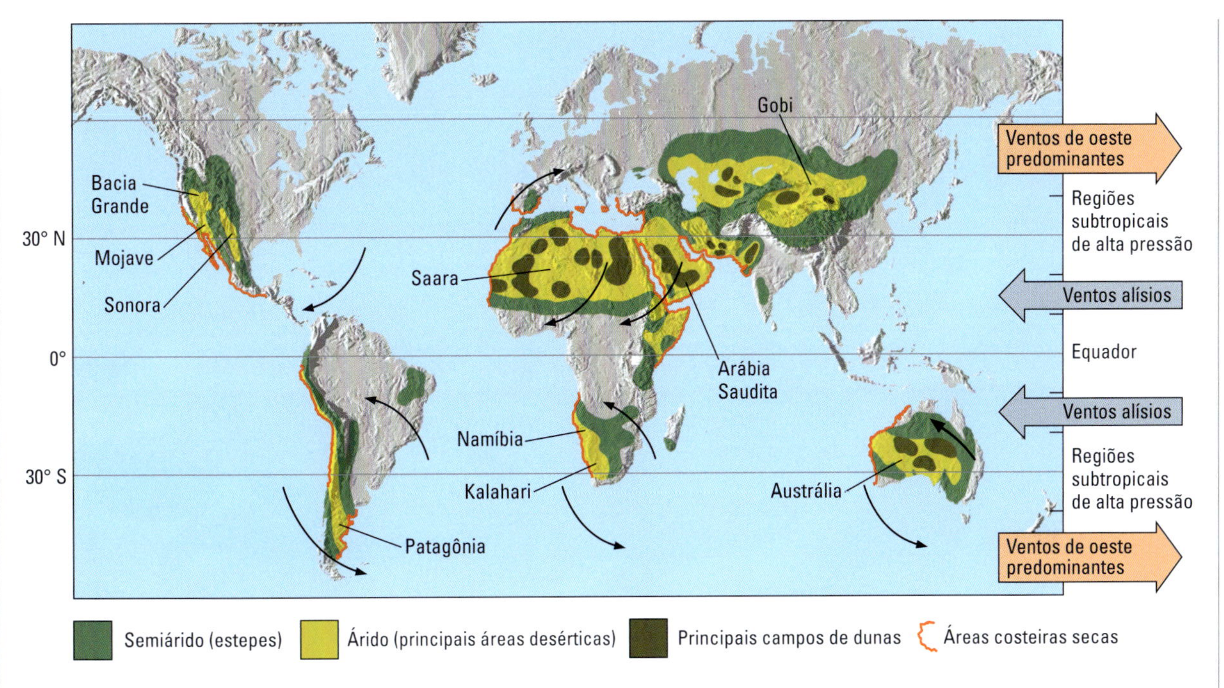

FIGURA 19.19 Principais áreas desérticas do mundo (excluindo os desertos polares). Observe a relação de seus locais com a direção dos ventos predominantes e principais áreas montanhosas. Observe também que as dunas arenosas ocupam somente uma pequena proporção da área desértica total. [Informações de K. W. Glennie, *Desert Sedimentary Environments*. New York: Elsevier, 1970.]

Para as três primeiras perguntas, consulte a Figura 9.2.

1. **Como as ondas afetam o movimento da água em grandes profundidades?**

2. **Em que ponto as ondas se desaceleram?**

3. **O que faz com que as ondas se quebrem?**

Para as duas perguntas seguintes, consulte a Figura 9.19.

4. **Em que latitudes ocorrem os grandes desertos?**
   a. Regiões polares
   b. Regiões tropicais equatoriais
   c. Regiões subtropicais de alta pressão
   d. Antártida

5. **Quais os dois maiores desertos da Terra?**
   a. Mojave e Sonora
   b. Saara e Gobi
   c. Kalahari e Namíbia
   d. Patagônia e Austrália central

HIGH SIERRA

História primordial dos planetas terrestres 20

Objetivos de Aprendizagem

Após estudar o capítulo, você será capaz de:

20.1 Descrever como o sistema solar se originou.

20.2 Explicar como a Terra se formou e evoluiu ao longo do tempo.

20.3 Comparar a diversidade dos planetas e o que os torna semelhantes e diferentes entre si.

20.4 Resumir alguns dos principais eventos dos primórdios da história do sistema solar e descrever como a datação das superfícies planetárias é possível.

20.5 Discutir como Marte e os outros planetas foram explorados. Os dados das espaçonaves mostram evidências da presença de água em Marte?

20.6 Descrever como usamos a luz para explorar as estrelas e o sistema solar. O nosso sistema solar é único?

Jessica Watkins, astronauta da NASA, no campo no Monumento Nacional de Rio Grande del Norte, no Novo México (EUA). Watkins tem doutorado em geologia e estudou os processos de dispersão de massa na Terra e em Marte. Ela juntou-se ao corpo de astronautas da NASA em 2017 e espera um dia aplicar suas habilidades na Lua ou em Marte. [NASA.]

Em uma série de seis aterrissagens de 1969 a 1972, os astronautas das missões Apollo exploraram a superfície da Lua. Esses astronautas, treinados em Geologia, tiraram fotografias, mapearam afloramentos, conduziram experimentos e coletaram amostras de poeira e de rochas para análise na Terra. Esse feito sem precedentes foi possível somente por meio de uma colaboração próxima entre cientistas, engenheiros e as agências de financiamento que reconheceram a importância de pesquisas básicas no desenvolvimento de novas tecnologias. Talvez o ingrediente mais importante de todos tenha sido o impulso irrepreensível, inerente a todos os seres humanos, de explorar o desconhecido. O desejo de explorar nosso universo existe desde que os humanos desenvolveram a capacidade de pensar. Edwin Powell Hubble foi quem melhor capturou o espírito de exploração espacial quando observou modestamente que "equipado com seus cinco sentidos, o homem explora o universo ao seu redor e chama essa aventura de ciência".

A era moderna da exploração espacial começou no início da década de 1900, quando alguns cientistas com um anseio de escapar dos confins da gravidade terrestre começaram a desenvolver a primeira geração de foguetes. Por volta do final da década de 1920, esses foguetes de fundo de quintal, movidos a propelenes líquidos, estavam prontos para uso. Ocorreram desenvolvimentos rápidos nas décadas seguintes, culminando na febril corrida da Guerra Fria entre os Estados Unidos e a União Soviética para pôr o primeiro foguete no espaço, o primeiro satélite na órbita da Terra, o primeiro humano na Lua e o primeiro robô em Marte. Em meados da década de 1970 – 50 anos após a invenção dos primeiros foguetes movidos com combustível líquido – todos esses objetivos foram atingidos.

Os dividendos científicos da exploração espacial foram enormes. A idade do sistema solar, evidências de água líquida nos primórdios de Marte e a atmosfera espessa de Vênus foram reveladas em meados dos anos 1970. Desde aquela época, continuamos nossa exploração do sistema solar e mais além. Utilizando instrumentos na órbita terrestre e em espaçonaves enviadas aos limites distantes de nosso sistema solar, obtivemos uma visão bem melhor do que literalmente está *muito* longe! De todos esses instrumentos, nenhum produziu imagens visuais tão espetaculares do espaço profundo como o Telescópio Espacial Hubble, batizado em homenagem a Edwin Powell Hubble. Desde que Galileu apontou seu telescópio para os céus em 1609, nenhum instrumento havia causado uma mudança tão profunda em nossa compreensão do universo.

As superfícies marcadas por crateras na Lua e em nossos planetas vizinhos, bem como o meteorito ocasional que cai na atmosfera terrestre, lembram-nos de uma época desorganizada e caótica, quando o sistema solar era recente e o ambiente da Terra era muito menos habitável. Como o sistema solar tornou-se o lugar bem ordenado que é hoje, com os planetas movendo-se em órbitas majestosas em torno do Sol? Como a massa rochosa da Terra agrupou-se e diferenciou-se em núcleo, manto e crosta? Por que a superfície terrestre, com seus oceanos azuis e continentes errantes, parecia tão distinta das superfícies de seus planetas vizinhos? Os geólogos podem obter conclusões a partir de muitas linhas de evidências para responder essas questões. As rochas dos continentes preservam um registro de processos geológicos com mais de 4 bilhões de anos, e mesmo materiais mais antigos já foram coletados de meteoritos. E agora podemos ir além da Terra para obter mais respostas.

No Capítulo 20, exploraremos o sistema solar não apenas para fora, através dos vastos domínios do espaço interplanetário, mas também para trás no tempo, até sua história mais antiga. Veremos como a Terra e os outros planetas formaram-se em torno do Sol e diferenciaram-se em corpos estruturados em camadas. Os processos geológicos que modelaram a Terra serão comparados com os que formaram Mercúrio, Marte, Vênus e a Lua, e veremos como a exploração do sistema solar por espaçonaves pode oferecer respostas a questões fundamentais sobre o desenvolvimento de nosso planeta e da vida contida nele.

A origem do sistema solar

A busca da origem do Universo, e de nossa própria e pequena parte contida nele, remonta às mais antigas mitologias registradas. Atualmente, a explicação científica mais aceita é a da teoria da Grande Explosão (Big Bang), a qual considera que nosso Universo começou cerca de 13,7 bilhões de anos atrás a partir de uma "explosão" cósmica. Antes desse instante, toda a matéria e energia estavam concentradas em um único ponto de densidade inconcebível. Embora saibamos pouco do que ocorreu na primeira fração de segundo após o início do tempo, os astrônomos obtiveram um entendimento geral dos bilhões de anos que se seguiram. Desde aquele instante, em um processo que ainda continua, o Universo expandiu-se e rarefez-se para formar galáxias e estrelas. A Geologia analisa os últimos 4,5 bilhões de anos dessa vasta expansão, um tempo durante o qual o nosso *sistema solar* – a estrela que chamamos de Sol e os planetas que nela orbitam – formou-se e evoluiu. Mais especificamente, os geólogos examinam o sistema solar para entender a formação da Terra e dos planetas semelhantes ao nosso.

A hipótese da nebulosa

Em 1755, o filósofo alemão Immanuel Kant sugeriu que a origem do sistema solar poderia ser traçada pela rotação de uma nuvem de gás e poeira fina, uma ideia chamada de **hipótese da nebulosa**. Hoje sabemos que o espaço exterior além do sistema solar não está vazio como anteriormente era pensado. Os astrônomos registraram muitas nuvens do mesmo tipo da que Kant supôs, tendo denominado elas de *nebulosas* (da palavra em latim *nebula*, para "neblina" ou "nuvem") (**Figura 20.1**). Eles também identificaram os materiais que formam essas nuvens. Os gases são predominantemente hidrogênio e hélio, os dois elementos que constituem tudo, exceto uma pequena fração do nosso Sol. As partículas do tamanho do pó são quimicamente similares aos materiais encontrados na Terra.

(a)

(b)

FIGURA 20.1 A exploração espacial evoluiu de um início modesto para lidar com questões essenciais, como a origem do sistema solar. (a) Robert H. Goddard, um dos pais da ciência de foguetes, lançou este foguete movido a oxigênio líquido e gasolina em 16 de março de 1926 em Auburn, Massachusetts (EUA). (b) Setenta anos mais tarde, em 2 de novembro de 1995, o Telescópio Espacial Hubble (em órbita ao redor da Terra) obteve esta fotografia impressionante da Nebulosa Eagle. As estruturas escuras, semelhantes a pilares, são colunas de gás hidrogênio resfriado e poeira que dão origem a novas estrelas. [(a) NASA; (b) NASA/ESA/STSci.]

Como pôde o nosso sistema solar ter ficado com a forma que tem, a partir de tal nuvem? Essa nuvem difusa em rotação lenta contraiu-se devido à força da gravidade (Figura 20.2). A contração, por sua vez, acelerou a rotação das partículas (exatamente como os patinadores sobre o gelo, que giram mais rápido quando contraem os braços), e essa rotação mais rápida achatou a nuvem na forma de um disco.

A formação do Sol

Sob a atração da gravidade, a matéria começou a deslocar-se para o centro, acumulando-se como uma protoestrela, a precursora do nosso Sol atual. Comprimido sob seu próprio peso, o material do protossol tornou-se mais denso e quente. A temperatura interna do protossol elevou-se para milhões de graus, iniciando-se então uma fusão nuclear. A fusão nuclear do Sol, que continua até hoje, é a mesma reação nuclear que ocorre em uma bomba de hidrogênio. Em ambos os casos, átomos de hidrogênio sob intensa pressão e em alta temperatura combinam-se (fundem-se) para formar hélio. Nesse processo, parte da massa é convertida em energia. O Sol emite parte dessa energia como luz; uma bomba-H, como uma grande explosão.

A formação dos planetas

Embora a maior parte da matéria da nebulosa original tenha sido concentrada no protossol, restou um disco de gás e poeira, chamado de **nebulosa solar**, envolvendo-o. A nebulosa solar tornou-se quente quando se achatou na forma de um disco e ficou mais quente na região interna, onde mais matéria se acumulou, do que nas regiões externas menos densas. Uma vez formado, o disco começou a esfriar e muitos gases condensaram-se. Ou seja, eles mudaram para suas formas líquidas ou sólidas, assim como o vapor d'água condensa em gotas na parte externa de um copo gelado e a água solidifica em gelo quando esfria até o ponto de congelamento.

A atração gravitacional causou a agregação de poeira e material condensado por meio de colisões "pegajosas" em pequenos blocos ou **planetesimais** de 1 km. Por sua vez, esses planetesimais colidiram e se agregaram, formando corpos maiores, com o tamanho da Lua (ver Figura 20.2). Em um estágio final de impactos cataclísmicos, uma pequena quantidade desses corpos maiores – cuja atração gravitacional é também maior – arrastou os outros para formar os nossos planetas em suas órbitas atuais. A formação de planetas foi rápida, provavelmente 10 milhões de anos após a condensação da nebulosa.

FIGURA 20.2 A hipótese da nebulosa explica a formação do sistema solar.

Quando os planetas se formaram, aqueles cujas órbitas estavam mais próximas do Sol desenvolveram-se de maneira marcadamente diferente daqueles com órbitas mais afastadas. Assim, a composição dos planetas interiores é muito diferente daquela dos planetas exteriores.

Os planetas terrestres Os quatro planetas interiores, em ordem de proximidade do Sol, são: Mercúrio, Vênus, Terra e Marte (Figura 20.3), também conhecidos como **planetas terrestres** ("parecidos com a Terra"). Eles formaram-se próximos ao Sol, onde as condições eram tão quentes que a maioria dos materiais voláteis – aqueles que mais facilmente se tornam gases – não pôde ser retida. O fluxo de radiação e matéria proveniente do Sol (vento solar) impeliu a maior parte do hidrogênio, do hélio, da água e de outros gases e líquidos leves que havia nesses planetas. Dessa forma, os planetas interiores formaram-se principalmente da matéria densa deixada para trás, que incluiu silicatos formadores de rochas e metais como o ferro e o níquel. A partir da datação isotópica dos meteoritos, que ocasionalmente golpeiam a Terra e são tidos como remanescentes do período pré-planetário, deduzimos que os planetas interiores começaram a acrescer há cerca de 4,56 bilhões de anos (ver Capítulo 9). Simulações por computador indicam que eles teriam crescido até o tamanho de planeta em um intervalo de tempo impressionantemente curto, de menos de 10 milhões de anos.

Os planetas exteriores gigantes A maioria dos materiais voláteis varridos da região dos planetas interiores foi impelida para a parte mais externa e fria do sistema solar para formar os planetas exteriores gigantes – Júpiter, Saturno, Urano e Netuno – e seus satélites. Os planetas gigantes, suficientemente grandes e com forte atração gravitacional, varreram os constituintes mais leves da nebulosa. Assim, embora tenham núcleos rochosos e ricos em metais, eles (como o Sol) são compostos predominantemente por hidrogênio e hélio, além de outros constituintes leves da nebulosa original.

Corpos pequenos do sistema solar

Nem todos os materiais da nebulosa solar transformaram-se em planetas. Alguns planetesimais foram coletados entre as órbitas de Marte e Júpiter para formar o *cinturão de asteroides* (ver Figura 20.3). Essa região agora contém mais de 10 mil **asteroides** com diâmetros maiores do que 10 km e aproximadamente 300 com mais de 100 km. O maior é Ceres, que tem 930 km de diâmetro. A maioria dos **meteoritos** – blocos de material do espaço externo que atingem a Terra – são pedaços minúsculos de asteroides ejetados do cinturão de asteroides durante colisões entre eles. Os astrônomos acreditavam, inicialmente, que os asteroides eram remanescentes de um grande planeta que se fragmentou nos primórdios da história do sistema solar, mas agora sabe-se que são pedaços que nunca coalesceram em um planeta, provavelmente em função da influência gravitacional de Júpiter.

FIGURA 20.3 O sistema solar. A figura mostra o tamanho relativo dos planetas e o cinturão de asteroides que separa os planetas internos dos externos. Embora considerado um dos nove planetas desde sua descoberta em 1930, a União Astronômica Internacional retirou essa condição de Plutão em 2006. Com essa revisão, existem apenas oito planetas verdadeiros, e não nove.

Outro grupo importante de corpos pequenos e sólidos são os *cometas*, agregações de poeira e gelo que condensaram nas extensões mais frias da nebulosa solar. Talvez haja muitos milhões de cometas com diâmetros maiores do que 10 km. A maioria dos cometas orbita o Sol muito além dos planetas externos, formando "halos" concêntricos em torno do sistema solar. De tempos em tempos, colisões ou quase colisões arremessam um cometa em uma órbita que penetra o sistema solar interior. Podemos, então, observá-lo como um objeto brilhoso com uma cauda de gases soprados pelo vento solar para longe do Sol. Talvez o mais famoso deles seja o cometa Halley, que tem período orbital de 76 anos e foi visto pela última vez em 1986. Os cometas são intrigantes para os geólogos porque oferecem pistas sobre os componentes mais voláteis da nebulosa solar, inclusive água e compostos ricos em carbono, os quais existem em abundância nos cometas.

A Terra primitiva: formação de um planeta estruturado em camadas

Sabemos que a Terra é um planeta estruturado em camadas com núcleo, manto e crosta, circundado por um oceano líquido e uma atmosfera gasosa (ver Capítulo 1). Como, a partir de uma massa rochosa quente, a Terra evoluiu até um planeta vivo, com continentes, oceanos e um clima agradável? A resposta reside na **diferenciação gravitacional**: a transformação de blocos aleatórios de matéria primordial em um corpo cujo interior é dividido em camadas concêntricas, que diferem umas das outras tanto física como quimicamente. A diferenciação gravitacional ocorreu nos primeiros momentos da história da Terra, quando o planeta adquiriu calor suficiente para se fundir.

Aquecimento e fusão da Terra primordial

Embora tenha provavelmente começado como uma acumulação de planetesimais e outros remanescentes da nebulosa solar, a Terra não reteve essa forma por muito tempo. Para entender a atual estrutura em camadas da Terra, devemos retornar ao tempo em que ela foi exposta aos violentos impactos dos planetesimais e de corpos maiores. À medida que esses objetos colidiam com o planeta primitivo, a maior parte de sua energia de movimento (energia cinética) era convertida em calor – outra forma de energia –, que causava a fusão. Um planetesimal colidindo com a Terra a uma velocidade típica de 15 a 20 km/s liberaria uma energia cinética equivalente a 100 vezes o seu peso em TNT.* A energia de impacto de um corpo com o tamanho de Marte colidindo com a Terra seria equivalente a explodir vários trilhões de bombas nucleares de 1 megaton (uma só destruiria uma grande cidade). Isso seria suficiente para ejetar no espaço uma grande quantidade de detritos e fundir a maior parte do que restou da Terra.

Muitos cientistas agora pensam que tal cataclismo de fato ocorreu durante os estágios tardios de acrescimento da Terra. Um grande impacto causado por um corpo do tamanho de Marte criou uma chuva de detritos, tanto da Terra como do corpo impactante, que se propalou para o espaço. A Lua agregou-se a partir desses detritos (Figura 20.4). Segundo essa teoria, a Terra teria se reconstituído como um corpo com camada externa com espessura de quilômetros – um *oceano de magma*. Esse monumental impacto acelerou a velocidade de rotação da Terra e mudou seu eixo rotacional, golpeando-o da posição vertical em relação ao plano orbital da Terra para sua atual inclinação de 23°.** Tudo isso há cerca de 4,51 bilhões de anos, entre o início

*N. de R.T.: TNT é a sigla de trinitrotolueno, $C_7H_5O_6N_3$.

** N. de R.T.: A inclinação do eixo da Terra varia de 22,1° a 24,5° a cada 21 mil anos, sendo conhecida como variação da obliquidade. A inclinação atual é de 23,4°.

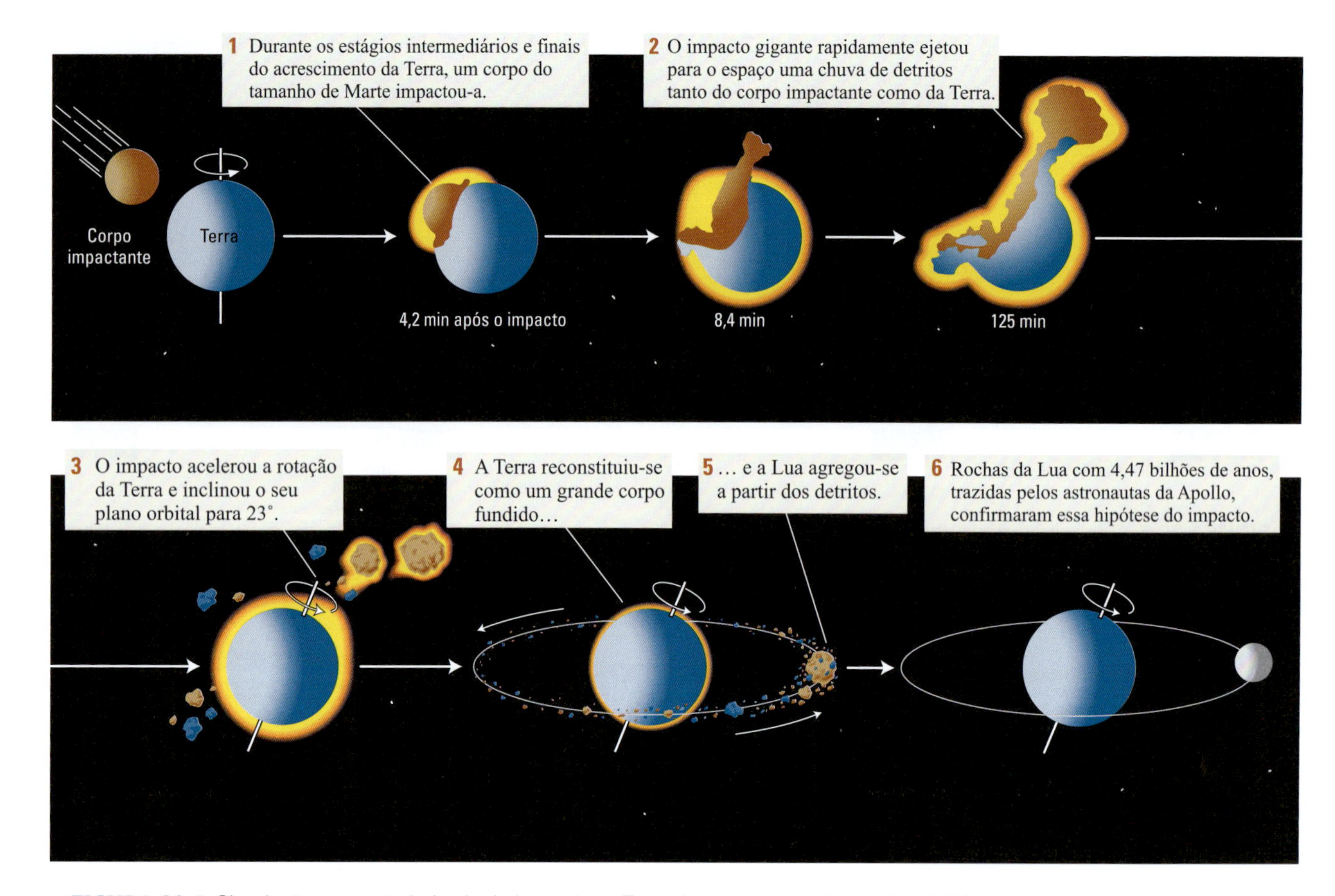

FIGURA 20.4 Simulação computadorizada do impacto na Terra de um corpo do tamanho de Marte. [Dados da *Solid-Earth Sciences and Society.* National Research Council, 1993.]

do período de acrescimento da Terra (4,56 bilhões de anos) e a idade das rochas mais antigas da Lua (4,47 bilhões de anos) trazidas pelos astronautas da Apollo.

Outra fonte de calor que teria causado a fusão nos primórdios da história da Terra foi a radioatividade. Os elementos radioativos emitem calor quando decaem. Embora presente apenas em quantidades pequenas, os isótopos radioativos de urânio, tório e potássio continuaram a manter o interior da Terra quente.

Diferenciação entre núcleo, manto e crosta da Terra

Por consequência do enorme impacto e da energia absorvida durante a formação da Terra, seu interior aqueceu-se até um estado "leve" (menos denso), no qual seus componentes podiam mover-se de um lado para outro. O material pesado mergulhou para o núcleo, liberando energia gravitacional e causando mais fusão, e o material mais leve flutuou para a superfície e formou a crosta. A emersão do material mais leve carregou consigo calor interno para a superfície, de onde ele poderia irradiar-se para o espaço. Dessa forma, a Terra transformou-se em um planeta diferenciado ou estruturado em três camadas principais: um núcleo central, um manto e uma crosta externa (**Figura 20.5**).

Núcleo da terra O ferro, mais denso que a maioria dos outros elementos, correspondia a cerca de um terço do material do planeta primitivo (ver Figura 1.11). O ferro e outros elementos pesados, como o níquel, mergulharam para formar o *núcleo*, o qual começa a uma profundidade de cerca de 2.890 km. Por meio de sondagem com ondas sísmicas, os cientistas descobriram que o núcleo é líquido na parte externa, mas sólido em uma região chamada de *núcleo interno*, que se estende desde uma profundidade de cerca de 5.150 km até o centro da Terra, a cerca de 6.370 km. Hoje o núcleo interno é sólido porque a pressão no centro é muito alta para o ferro fundir-se.

Crosta da terra Outros materiais líquidos e menos densos do que o ferro e o níquel flutuaram em direção à superfície do oceano de magma. Aí se resfriaram para formar a *crosta* sólida da Terra, que atualmente tem espessura variando de aproximadamente 7 km no assoalho oceânico até cerca de 40 km nos continentes. Sabemos que a crosta oceânica é constantemente gerada por expansão do assoalho oceânico e reciclada no manto por subducção. Em contrapartida, a crosta continental começou a acumular-se nos primórdios da história da Terra, a partir de silicatos de densidade relativamente baixa com uma composição félsica e baixas temperaturas de fusão. Esse contraste entre a crosta oceânica densa e a crosta continental menos densa é o que ajuda a mergulhar a crosta oceânica em zonas de subducção, enquanto a crosta continental resiste à subducção.

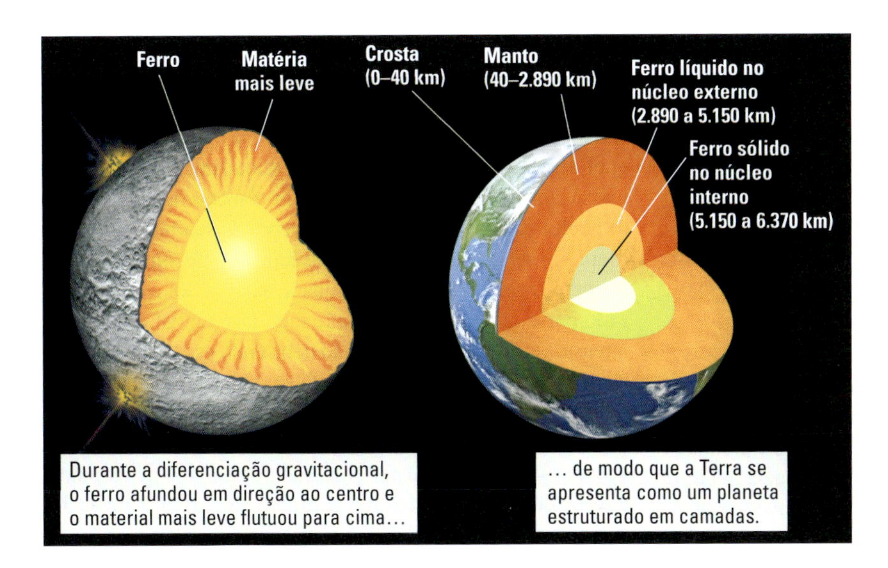

FIGURA 20.5 A diferenciação gravitacional da Terra primordial resultou em um planeta com três camadas principais.

Recentemente, no oeste da Austrália (ver Capítulo 9), um fragmento do mineral zircão foi datado com a idade de 4,4 bilhões de anos, sendo o mais antigo material terrestre já descoberto. Análises químicas indicam que ele foi formado próximo à superfície, na presença de água, sob condições relativamente frias. Essa descoberta sugere que a Terra resfriou-se o suficiente para formar uma crosta somente 100 milhões de anos depois de ter se reconstituído do gigantesco impacto que produziu a Lua.

Manto da terra Entre o núcleo e a crosta encontra-se o *manto*, a camada que forma a maior parte da Terra sólida. O manto é o material deixado na zona intermediária depois que grande quantidade da matéria mais densa afundou e a matéria menos densa emergiu. O manto tem aproximadamente 2.850 km de espessura e consiste em rochas silicatas ultramáficas que contêm mais magnésio e ferro do que os silicatos crustais. A convecção no manto remove calor do interior da Terra (ver Capítulo 2).

Como o manto era mais quente nos primórdios da história terrestre, provavelmente sua convecção acontecia de modo mais vigoroso do que o atual. Alguma forma de tectônica de placas pode ter estado em operação mesmo naquela época, embora as "placas" provavelmente fossem muito menores e mais delgadas, e é provável que as feições tectônicas fossem muito distintas dos cinturões lineares de montanhas e longas dorsais mesoceânicas que vemos hoje na superfície terrestre. Alguns cientistas acham que, atualmente, Vênus serve de analogia para esses processos há muito desaparecidos na Terra. Em breve, faremos uma comparação entre os processos tectônicos na Terra e em Vênus.

A formação dos oceanos e da atmosfera da Terra

Os oceanos e a atmosfera podem ter sua origem rastreada no "nascimento úmido" da própria Terra. Os planetesimais que se agregaram para formar nosso planeta tinham gelo, água e outros voláteis, como nitrogênio e carbono, ligados nos minerais. Quando a Terra se aqueceu e seus materiais fundiram-se parcialmente, o vapor d'água e outros gases foram liberados e levados para a superfície pelos magmas, sendo lançados na atmosfera pela atividade vulcânica.

O enorme volume de gases emitido pelos vulcões há cerca de 4 bilhões de anos consistiam, provavelmente, nas mesmas substâncias que são expelidas dos vulcões atuais (embora não necessariamente na mesma quantidade relativa): principalmente hidrogênio, dióxido de carbono, nitrogênio, vapor d'água e alguns outros gases (**Figura 20.6**). Quase todo o hidrogênio escapou para o espaço exterior, enquanto os gases pesados

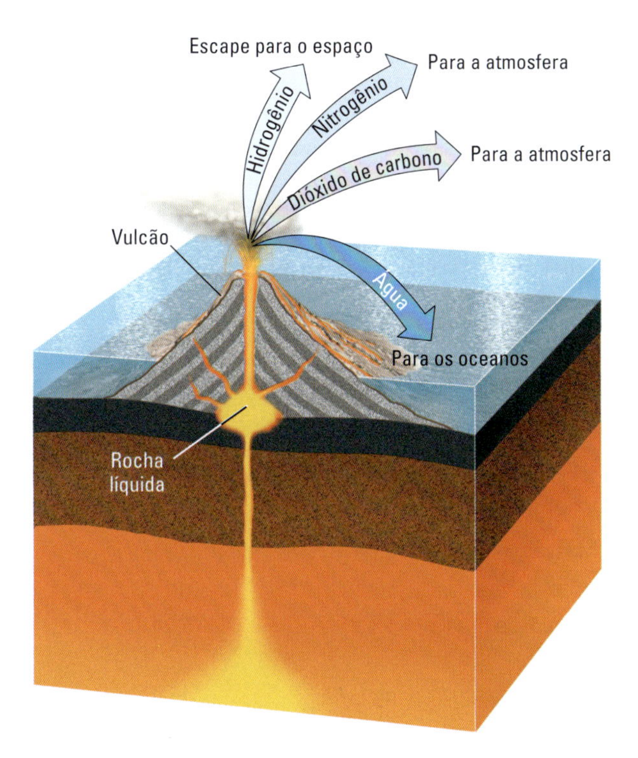

FIGURA 20.6 A atividade vulcânica primitiva contribuiu com o lançamento, para a atmosfera e os oceanos, de grandes quantidades de vapor d'água, dióxido de carbono e nitrogênio. O hidrogênio, devido à sua leveza, escapou para o espaço exterior.

envolveram o planeta. Parte do ar e da água também pode ter vindo de corpos do sistema solar externo ricos em voláteis, como cometas, que atingiram o planeta após sua formação. Incontáveis cometas podem ter bombardeado a Terra nos primórdios de sua história, fornecendo água, dióxido de carbono e gases que, assim, deram origem aos oceanos e à atmosfera primitivos. Essa atmosfera primitiva era destituída de oxigênio, elemento que hoje constitui 21% da atmosfera. O oxigênio não fazia parte da atmosfera até que organismos fotossintéticos evoluíssem, como veremos no Capítulo 22.

A diversidade de planetas

Há cerca de 4,4 bilhões de anos, um pouco menos de 200 milhões de anos desde sua origem, a Terra tornou-se um planeta inteiramente diferenciado em camadas. O núcleo ainda estava quente e em grande parte fundido, mas o manto estava razoavelmente bem solidificado, e uma crosta primitiva e seus continentes tinham começado a se desenvolver. Os oceanos e a atmosfera haviam se formado, e os processos geológicos que hoje observamos estavam iniciando seu funcionamento. Mas o que ocorreu com os outros planetas? Tiveram a mesma história inicial? Informações transmitidas pelas sondas espaciais indicam que nos quatro planetas terrestres ocorreu uma diferenciação gravitacional com formação de estruturas em camadas com um núcleo de ferro-níquel, um manto de silicato e uma crosta externa (**Quadro 20.1**).

Mercúrio tem uma tênue atmosfera, predominantemente formada por hélio. A pressão atmosférica na sua superfície é menor que um trilionésimo da pressão na Terra. Não há ação de ventos ou água para erodir e suavizar a antiga superfície desse planeta mais interno. Ele se assemelha com a Lua: predominantemente crateriforme e coberta por uma camada de detritos, os quais são os fragmentos remanescentes de bilhões de anos de impactos de meteoritos. Devido ao fato de não existir propriamente uma atmosfera e estar muito próximo do Sol, a superfície do planeta se aquece com temperaturas de 470°C durante o dia e esfria para –170°C à noite. Essa é a maior variação de temperatura em planetas do sistema solar.

A densidade média de Mercúrio é quase a mesma da Terra, embora seja um planeta muito menor. Considerando diferenças de pressão interna (lembre-se de que pressões maiores aumentam a densidade), os cientistas supõem que o núcleo de ferro-níquel de Mercúrio deve compor aproximadamente 70% de sua massa, uma proporção recorde para os planetas do sistema solar (o núcleo da Terra tem apenas um terço de sua massa). Talvez Mercúrio tenha perdido parte de seu manto de silicato em um impacto gigante. Outra possibilidade é que o Sol tenha vaporizado parte de seu manto durante uma fase inicial de radiação intensa. Os cientistas ainda estão debatendo essas hipóteses.

Vênus evoluiu para um planeta em que as condições superficiais ultrapassam a maioria das descrições do inferno. Ele está envolto em uma atmosfera pesada, venenosa e incrivelmente quente (475°C), composta sobretudo por dióxido de carbono e nuvens de gotículas de ácido sulfúrico corrosivo. Um ser humano que permanecesse em sua superfície seria esmagado pela pressão, cozido pelo calor e corroído pelo ácido sulfúrico. Pelo menos 85% da superfície de Vênus é coberta por derrames de lavas. O restante é predominantemente montanhoso – evidência de que o planeta tem sido geologicamente ativo (**Figura 20.7**). Vênus é gêmeo da Terra em massa e tamanho, e seu núcleo parece ter o mesmo tamanho do núcleo terrestre, com partes líquidas e sólidas. Como pôde evoluir para um planeta tão diferente do nosso é uma questão que intriga os geólogos planetários.

Marte passou por muitos processos semelhantes aos que modelaram a Terra (Figura 20.7). O Planeta Vermelho é consideravelmente menor do que a Terra, com apenas cerca de um décimo da massa terrestre. No entanto, o núcleo marciano, assim como os núcleos da Terra e de Vênus, parece ter um raio de aproximadamente metade do raio do planeta e, como o do Terra, parece ter uma porção exterior líquida e uma interior sólida.

Marte conta com uma delgada atmosfera composta quase inteiramente de dióxido de carbono. A água líquida não está presente na sua superfície atual – o planeta é tão frio e sua atmosfera tão delgada que a água ou congela ou evapora. Diversas evidências, entretanto, indicam que a água líquida foi abundante na superfície de Marte há mais de 3,5 bilhões de anos e que um

QUADRO 20.1 Características dos planetas terrestres e da Lua da Terra

	MERCÚRIO	VÊNUS	TERRA	MARTE	LUA DA TERRA
Raio (km)	2.440	6.052	6.370	3.388	1.737
Massa (Terra = 1)	0,06 ($3,3 \times 10^{23}$ kg)	0,81 ($4,9 \times 10^{24}$ kg)	1,00 ($6,0 \times 10^{24}$ kg)	0,11 ($6,4 \times 10^{23}$ kg)	0,01 ($7,2 \times 10^{22}$ kg)
Densidade média (g/cm^3)	5,43	5,24	5,52	3,94	3,34
Período orbital (dias terrestres)	88	224	365	687	27
Distância do Sol ($\times 10^6$ km)	57	108	148	228	
Luas	0	0	1	2	0

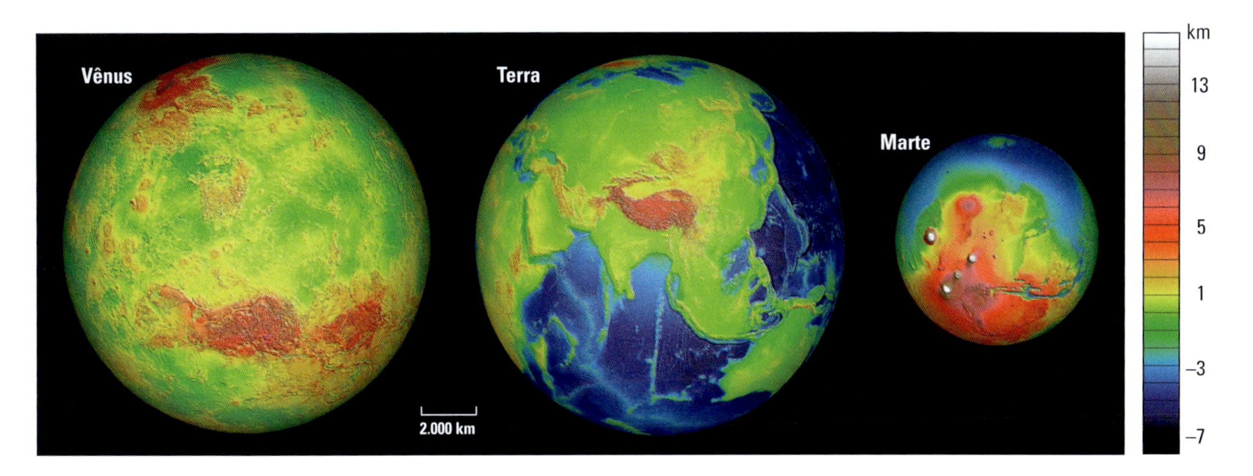

FIGURA 20.7 Uma comparação das superfícies sólidas de Vênus, Terra e Marte, todas na mesma escala. A topografia de Marte, que mostra o maior contraste, foi medida entre 1998 e 1999 por meio de um altímetro a laser a bordo da espaçonave orbitadora *Mars Global Surveyor* ("Mapeador Global de Marte"). A de Vênus, que mostra o menor contraste altitúdico, foi medida entre 1990 e 1993 por um altímetro de radar, a bordo da espaçonave orbitadora *Magellan* ("Magalhães"). A topografia da Terra, dominada pelos continentes e oceanos e com contraste intermediário, foi sintetizada a partir de medidas altimétricas da superfície do solo, batimétricas dos oceanos, obtidas por navios, e medidas do campo gravimétrico, obtidas da superfície do assoalho oceânico por satélites orbitais da Terra. [Cortesia de Greg Neumann/MIT/GSFC/NASA.]

grande volume de água sólida pode estar atualmente armazenado abaixo da superfície e nas calotas de gelo polar. A vida pode ter existido em um planeta Marte úmido de bilhões de anos atrás e pode existir hoje como micróbios sob a superfície.

A maior parte da superfície do planeta tem mais de 3 bilhões de anos. Na Terra, ao contrário, grande parte da superfície de mais de 500 milhões de anos foi obliterada pelas atividades combinadas dos sistemas de tectônica de placas e do clima. Mais adiante neste capítulo, será feita uma comparação dos processos superficiais na Terra e em Marte em maior detalhe.

Além da Terra, a *Lua* é o outro corpo mais bem conhecido do sistema solar devido à sua proximidade e aos programas de exploração tripulada e não tripulada que foram projetados para explorá-la. Em geral, os materiais da Lua são mais leves que os da Terra. Enquanto a matéria mais pesada do gigante corpo colidente permaneceu encravada na Terra depois da colisão, a porção mais leve formou o satélite. Portanto, o núcleo lunar é pequeno, constituindo apenas cerca de 20% da massa lunar.

A Lua não tem atmosfera e é predominantemente muito seca, tendo perdido sua água devido ao calor gerado pelo enorme impacto. Há algumas evidências novas, a partir de observações de sondas espaciais, de que pode existir gelo em pequenas quantidades em crateras profundas e sombrias nos polos norte e sul da Lua. A superfície lunar intensamente crateriforme que vemos hoje é aquela de um corpo muito antigo e geologicamente inativo, que data de um período primitivo na história do sistema solar, quando impactos formadores de crateras eram bastante frequentes. Assim que a topografia é criada em qualquer corpo planetário, a tectônica de placas e os processos climáticos trabalharão para "refazer a superfície", assim como ocorreu em Vênus e em Marte. Porém, na ausência desses processos, o planeta permanecerá muito semelhante a como era logo após sua formação. Desta forma, os terrenos intensamente crateriformes de corpos planetários pouco estudados, como Mercúrio, indicam a inexistência de um manto em convecção e de uma atmosfera.

Os planetas exteriores gigantes e gasosos – *Júpiter, Saturno, Urano* e *Netuno* – permanecerão como um quebra-cabeça por muito tempo. Essas imensas bolas de gases são quimicamente tão distintas e tão grandes que devem ter seguido uma trajetória evolutiva inteiramente diferente daquela dos pequenos planetas telúricos. Acredita-se que todos os quatro planetas gigantes tenham núcleos rochosos, ricos em sílica e em ferro e circundados por camadas espessas de hidrogênio líquido e hélio. Dentro de Júpiter e de Saturno, as pressões tornam-se tão altas que os cientistas acreditam que o hidrogênio transforma-se em metal.

Exatamente o que está além da órbita de Netuno, o planeta gigante mais distante, permanece um mistério. O minúsculo *Plutão*, que já foi considerado o nono planeta, é uma estranha mistura congelada de gás, gelo e rocha com uma órbita incomum que, por vezes, aproxima-o mais do Sol do que de Netuno. Plutão, junto com "2003 UB313" e outros dois corpos que compartilham seus atributos – tamanho minúsculo, órbita incomum, composição de rocha, gelo e gás – agora é conhecido como um **planeta anão**. Os planetas anões estão em um cinturão de corpos gelados que é a região de origem dos cometas que periodicamente passam pelo sistema solar interior. É provável que outros objetos do tamanho de planetas anões sejam encontrados à medida que explorarmos as regiões exteriores do sistema solar. Uma espaçonave chamada *New Horizons** ("Novos Horizontes") visitou Plutão em 2015.

*N, de R.T.: Os nomes de espaçonaves, orbitadores, sondas, aterrissadores e locomotores não têm sido traduzidos na literatura técnica. Nesta obra, eles aparecem em inglês grafados em itálico, com a tradução em parêntesis quando conveniente.

O que há em uma face? A idade e a compleição das superfícies planetárias

Assim como os membros de uma família, os quatro planetas terrestres são um pouco semelhantes entre si. São todos planetas diferenciados em camadas, com um núcleo de ferro-níquel, manto de silicato e crosta exterior. Porém, como já vimos, não há gêmeos nessa família. Seus tamanhos e massas distintos, além de suas distâncias variáveis do Sol, distinguem esses quatro planetas, sobretudo suas superfícies.

Assim como rostos humanos, as faces dos planetas revelam suas idades. Em vez de formar rugas conforme envelhecem, as superfícies de planetas terrestres são marcadas por crateras. As superfícies de Mercúrio, Marte e da Lua são intensamente craterizadas e, portanto, obviamente antigas. Por outro lado, Vênus e a Terra têm pouquíssimas crateras, porque suas superfícies são muito mais novas. Nesta seção, estudaremos as superfícies planetárias para aprender sobre os processos tectônicos e climáticos que as modelaram. A Terra foi excluída porque é o assunto principal deste livro-texto, e Marte será apenas brevemente mencionado porque sua superfície é descrita em maior detalhe na próxima seção.

FIGURA 20.8 A Lua tem dois tipos de terreno: as terras altas lunares, com muitas crateras, e as terras baixas lunares, ou mares, com poucas crateras. Os mares parecem mais escuros devido à presença de basaltos abundantes que fluíram através de suas superfícies mais de 3 bilhões de anos atrás. [Larry Keller, Lititz Pa./Getty Images.]

O homem na Lua: uma escala de tempo planetária

Se você olhar a face da Lua com binóculos em uma noite de céu claro, verá dois tipos distintos de terreno: áreas irregulares que parecem ter cor clara com muitas crateras grandes, e áreas suaves e escuras, geralmente de formato circular, onde as crateras são pequenas ou quase ausentes (**Figura 20.8**). As regiões de cor clara são as *terras altas montanhosas da Lua*, que cobrem aproximadamente 80% da superfície. As regiões escuras são planícies de baixo relevo chamadas de *mares lunares*, porque pareciam mares para os primeiros observadores. É o contraste entre as terras altas e os mares que forma o padrão que podemos ver da Terra como sendo o "homem na Lua".

Nos preparativos para as missões Apollo à Lua, geólogos como Gene Shoemaker (**Figura 20.9**) desenvolveram uma escala de tempo relativa para a formação de superfícies lunares baseada nos seguintes princípios simples:

FIGURA 20.9 O astrogeólogo Eugene Shoemaker lidera uma viagem de treinamento para astronautas na borda da Cratera de Barringer (ou Cratera do Meteoro), no Arizona, EUA, em maio de 1967. (A Figura 1.6b mostra uma visão panorâmica dessa cratera.) Shoemaker e outros geólogos usaram suas observações de crateras para desenvolver uma escala de tempo relativa para a datação de superfícies lunares. [USGS.]

- As crateras estão ausentes em uma superfície geológica nova; superfícies mais antigas têm mais crateras do que as mais novas.
- Impactos de corpos pequenos são mais frequentes do que impactos de corpos grandes; assim, as superfícies mais antigas têm mais crateras maiores.
- Crateras de impacto mais recente cortam transversalmente ou cobrem as mais antigas.

Com a aplicação desses princípios e pelo mapeamento do número e do tamanho das crateras – um procedimento conhecido como *contagem de crateras* –, os geólogos demonstraram que as terras altas lunares são mais antigas do que os mares. Eles interpretaram os mares como sendo bacias formadas pelos impactos de asteroides ou cometas que foram, subsequentemente, inundadas por basaltos, que "repavimentaram" as bacias. Eles conseguiram associar diferentes partes da superfície da Lua a intervalos geológicos análogos aos da escala de tempo relativa desenvolvida por geólogos do século XIX para a Terra.

Nos dias pré-Apollo, ninguém sabia as idades absolutas dos mares ou das terras altas, mas a aposta era de que ambos eram muito antigos. A intensa craterização evidente nas terras altas e os grandes impactos que formaram os mares eram consistentes com os resultados de modelos teóricos do sistema solar primitivo. Esses modelos previam um período chamado de **Bombardeio Pesado**, durante o qual os planetas colidiam frequentemente com os materiais residuais que ainda entulhavam suas órbitas no sistema solar depois de terem sido agregados (**Figura 20.10**). De acordo com os modelos, o número e o tamanho de objetos impactantes teria sido maior logo após a formação dos planetas e teria diminuído rapidamente à medida que os materiais foram varridos pelos planetas.

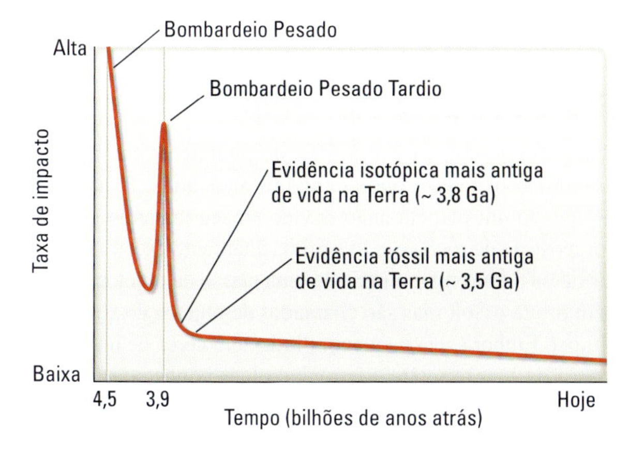

FIGURA 20.10 O número de impactos planetários variou ao longo da história do sistema solar. Após a formação dos planetas, eles continuaram a colidir com a matéria residual que ainda entulhava o sistema solar. Essas colisões diminuíram gradualmente durante os primeiros 500 milhões de anos de desenvolvimento planetário. Porém, houve outro período de impactos frequentes, conhecido como Bombardeio Pesado Tardio, que atingiu seu pico há aproximadamente 3,9 bilhões de anos. (Ga, Giga anos ou bilhões de anos atrás.)

Aplicando os métodos de datação isotópica descritos no Capítulo 22 a amostras de rochas trazidas pelos astronautas da Apollo, os geólogos puderam calibrar, para a Lua, a escala de tempo numérica que haviam desenvolvido por contagem de crateras. Sem dúvida, as terras altas eram mesmo bem antigas (4,4 a 4,0 bilhões de anos de idade), e os mares, mais novos (4,0 a 3,2 bilhões de anos de idade). A **Figura 20.11** mostra um gráfico dessas idades na fita de tempo geológico.

No entanto, as idades relativamente novas dos mares acabaram virando um quebra-cabeça. As melhores simulações computadorizadas do Bombardeio Pesado indicaram que ele deveria ter acabado de modo bastante rápido, talvez em algumas centenas de milhões de anos, ou mesmo menos. Por que, então, alguns dos maiores impactos observados na Lua – os que formaram os mares – ocorreram tão tarde na história lunar?

As simulações não consideraram um evento importante. A taxa pela qual objetos grandes atingiram a Lua diminuiu rapidamente, conforme as simulações previram, mas depois aumentaram novamente em um período conhecido como Bombardeio Pesado *Tardio*, que ocorreu entre 4,0 e 3,8 bilhões de anos atrás (ver Figura 20.10). A explicação desse evento ainda é polêmica, mas é provável que pequenas mudanças nas órbitas de Júpiter e Saturno há cerca de 4 bilhões de anos (causadas por suas interações gravitacionais à medida que se assentavam nas órbitas atuais) perturbaram as órbitas dos asteroides. A hipótese prevê que alguns dos asteroides foram arremessados para o sistema solar interior, onde colidiram com a Lua e com os planetas terrestres, inclusive com a Terra. O Bombardeio Pesado Tardio pode explicar por que tão poucas rochas na Terra têm idades maiores do que 3,9 bilhões de anos, marcando o final do Éon Hadeano e o início do Éon Arqueano (ver Figura 20.11).

A escala de tempo desenvolvida pela primeira vez para a Lua por contagem de crateras foi ampliada a outros planetas, considerando as diferenças de taxas de impacto como resultado da massa de cada planeta e de sua posição no sistema solar.

Mercúrio: o planeta antigo

A topografia de Mercúrio quase não é compreendida. A *Mariner 10* ("Marinheiro 10") foi a primeira e única espaçonave a visitar Mercúrio quando voou pelo planeta em março de 1974. Ela mapeou menos da metade do planeta, e temos uma vaga ideia do que está no outro lado.

A Mariner 10 confirmou que Mercúrio tem uma superfície altamente craterizada e geologicamente inativa. Ele tem a superfície mais antiga de todos os planetas terrestres (**Figura 20.12**). Entre suas antigas crateras grandes estão planícies mais novas, que provavelmente são vulcânicas, como os mares lunares. As imagens da *Mariner 10* mostram uma diferença de cor entre as crateras e as planícies que dá suporte a essa hipótese. Diferentemente da Terra e de Vênus, Mercúrio mostra muito poucas feições que resultam claramente do remodelamento de sua superfície causado por forças tectônicas.

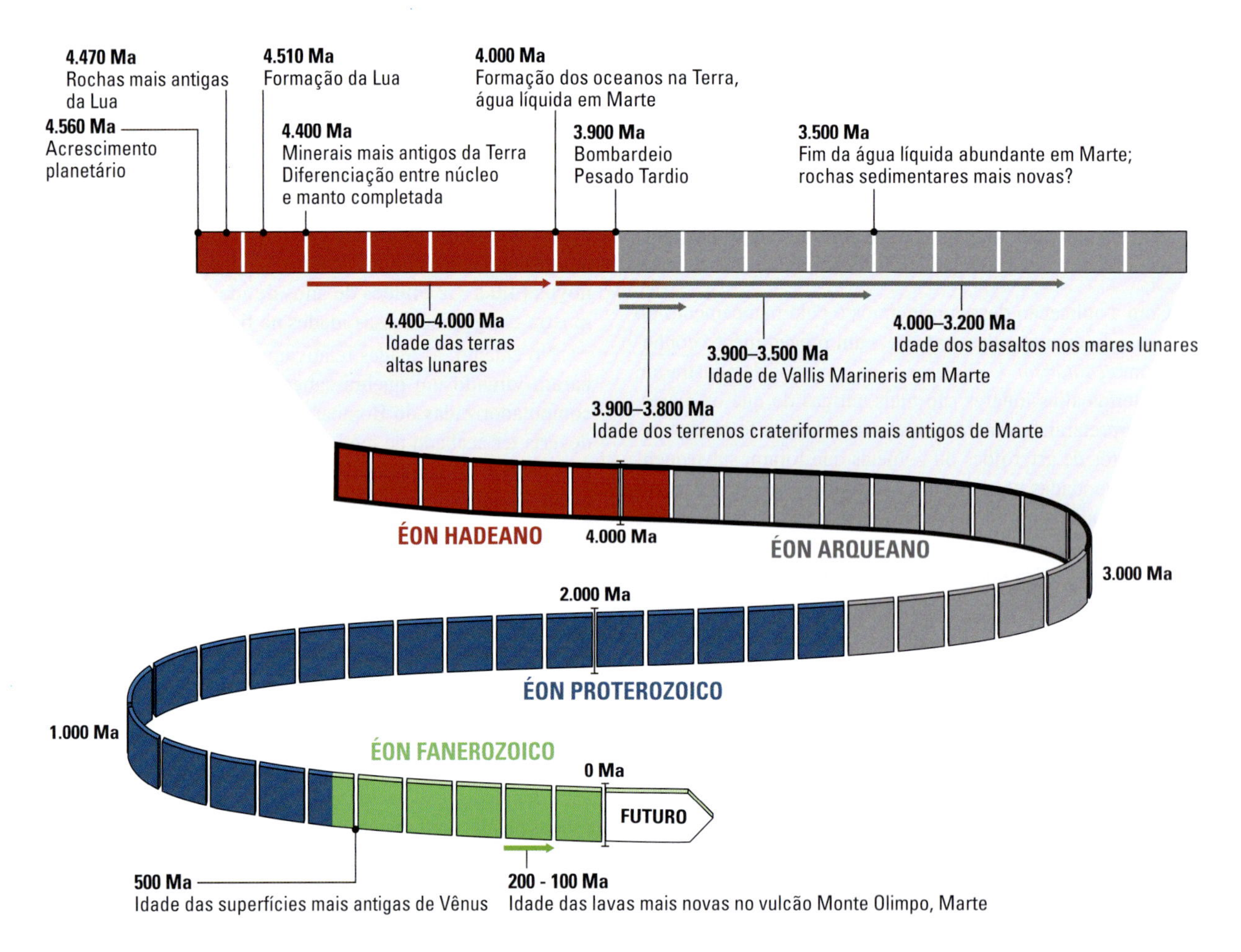

FIGURA 20.11 Ao calibrar a escala de tempo relativa desenvolvida por contagem de crateras com as idades absolutas de rochas lunares, os geólogos construíram uma escala do tempo geológico para planetas terrestres. (Ma, milhões de anos.)

Em muitos aspectos, a face de Mercúrio é muito semelhante à da Lua. Os dois corpos são similares em tamanho e massa, e a maior parte de sua atividade tectônica ocorreu no primeiro bilhão de anos de suas histórias. Porém, existe uma diferença interessante. A face de Mercúrio tem diversas cicatrizes, marcadas por escarpas com quase 2 km de altura e atingindo até 500 km de comprimento (Figura 20.13). Tais feições são comuns em Mercúrio, mas raras em Marte e ausentes na Lua. Esses penhascos parecem ter resultado da compressão horizontal da crosta frágil, que formou falhas enormes de cavalgamento (ver Capítulo 8). Alguns geólogos acham que elas se formaram durante o resfriamento da crosta do planeta imediatamente após sua formação.

Em 3 de agosto de 2004, a primeira missão a Mercúrio em 30 anos foi lançada com êxito. A espaçonave *Messenger* ("Mensageiro") entrou em uma órbita em torno de Mercúrio em março de 2011. A *Messenger* está fornecendo informações sobre a composição da superfície de Mercúrio, sua história geológica e seu manto e núcleo, além de buscar evidências de gelo e de outros gases congelados, como dióxido de carbono, nos polos do planeta.

Plutão: o planeta anão

Plutão foi descoberto em 1930 e originalmente era considerado o nono planeta. Contudo, alguns anos atrás, Plutão foi redesignado um planeta anão devido ao seu tamanho diminuto, composição de rocha e gelo e órbita altamente excêntrica. Esses atributos o aproximam mais de uma classe de objetos que também orbita o Sol, mas são chamados de objetos do Cinturão de Kuiper. Embora seja pequeno, Plutão tem cerca de um sexto da massa da Lua terrestre e tem cinco luas conhecidas: Caronte, Estige, Nix, Cérbero e Hidra.

Em 19 de janeiro de 2006, a espaçonave *New Horizons* foi lançada da Terra para voar até Plutão, estudá-lo e então seguir em frente para estudar outros objetos do Cinturão de Kuiper. Em 14 de julho de 2015, a New Horizons passou a 12.500 km acima da superfície de Plutão, tornando-se a primeira espaçonave a explorar o planeta anão. Diversas descobertas significativas ocorreram, provavelmente a mais interessante indica que a superfície de Plutão é "ativa", no sentido de que seus gelos superficiais têm mobilidade suficiente para apagar o registro de impactos de meteoritos que pontilha outros planetas sólidos, como Mercúrio e a Lua. A superfície de Plutão é marcada por

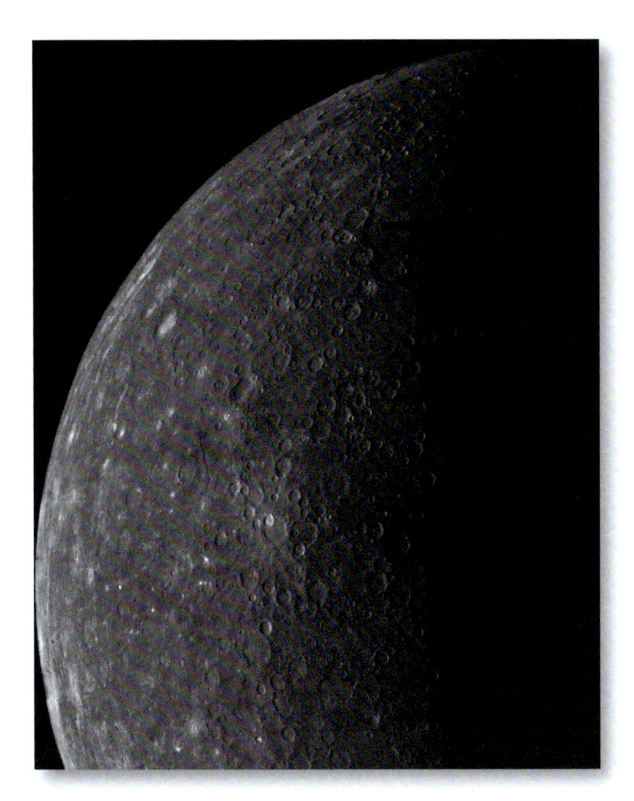

FIGURA 20.12 Mercúrio tem uma superfície altamente crateriforme, semelhante à da Lua da Terra. [NASA/JPL/USGS.]

planícies e montanhas, como a região de Sputnik Planitia (Figura 20.14). As planícies são compostas por 98% de gelo de nitrogênio, com traços de gelos de metano e dióxido de carbono. As montanhas, por outro lado, são feitas de gelo de água.

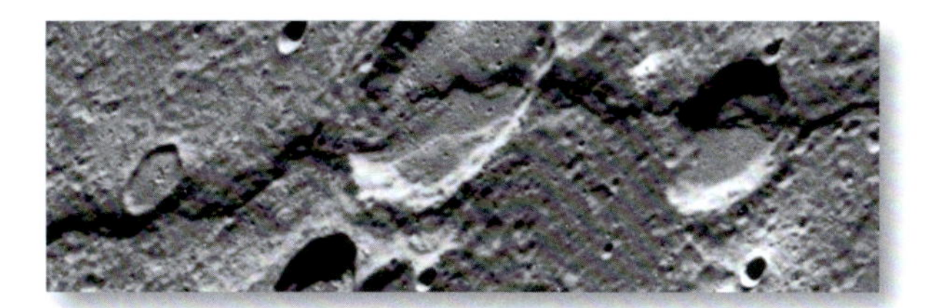

FIGURA 20.13 Acredita-se que a escarpa proeminente que serpenteia por esta imagem de Mercúrio tenha se formado à medida que a crosta do planeta foi comprimida, possivelmente durante o resfriamento após sua formação. Observe que a escarpa deve ser mais nova do que as crateras que ela desloca. [NASA/JPL/Northwestern University.]

A Sputnik Planitia parece ter se formado pelo soerguimento de nitrogênio líquido do interior do planeta, que congelou-se em uma bacia de 1.000 km de largura. A bacia está dividida em células poligonais, consideradas evidências da convecção prévia do fluido precursor ao gelo. Blocos fragmentados que podem ter pertencido a uma crosta de gelo de água encontram-se encravados no gelo de nitrogênio (Figura 20.15).

Vênus: o planeta vulcânico

Vênus é nosso vizinho planetário mais próximo, muitas vezes claramente visível no céu logo antes do pôr do sol. Ainda assim, nas primeiras décadas da exploração espacial, Vênus frustrou os cientistas. Todo o planeta está envolto em uma neblina densa de dióxido de carbono, vapor d'água e ácido sulfúrico, evitando que os cientistas estudem sua superfície com telescópios e câmeras comuns. Embora muitas espaçonaves tenham sido enviadas a Vênus, apenas algumas conseguiram penetrar nessa

FIGURA 20.14 Plutão, um planeta anão, foi explorado recentemente pela espaçonave *New Horizons*, que descobriu a complexidade surpreendente da sua superfície. Um mapa geológico indica que as planícies são formadas de gelo de nitrogênio, como em Sputnik Planitia, onde células poligonais (mostradas como linhas pretas no mapa) podem indicar células de convecção congeladas. [NASA/JHUAPL/SwRI.]

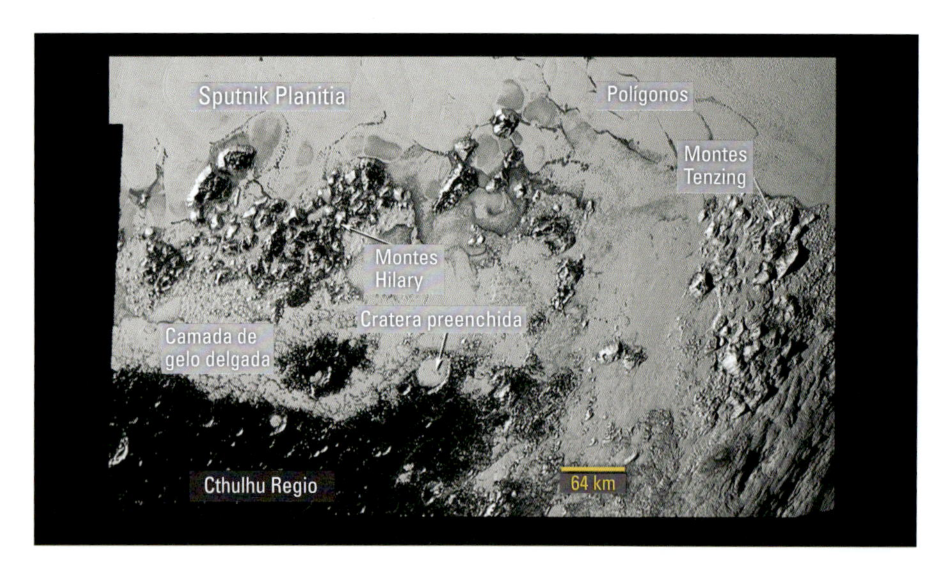

FIGURA 20.15 O mosaico de imagens em detalhe de Sputnik Planitia revela uma superfície plana, formada de gelo de nitrogênio, separada de planaltos montanhosos, formados de gelo de água. As montanhas podem representar uma antiga crosta que foi fragmentada e cercada pelo nitrogênio líquido que fluía de regiões mais profundas do interior de Plutão. O nitrogênio líquido posteriormente congelou-se para formar Sputnik Planitia. [NASA/JHUAPL/SwRI.]

neblina ácida, e as primeiras que tentaram pousar na superfície foram esmagadas sob o enorme peso de sua atmosfera.

Foi só em 10 de agosto de 1990, após percorrer 1,3 bilhão de quilômetros, que a espaçonave *Magellan* ("Magalhães) chegou hegou a Vênus e obteve as primeiras fotografias de alta resolução de sua superfície (**Figura 20.16**). A *Magellan* fez isso usando dispositivos de *radar* (abreviação do inglês *radio detection and ranging*, "detecção e telemetria pelo rádio") semelhantes às câmeras que os policiais usam para fiscalizar limites de velocidade (eles "veem" à noite, e através da neblina,

FIGURA 20.16 Este mapa topográfico de Vênus baseia-se em mais de uma década de mapeamento, culminando na missão Magellan de 1990–1994. Variações regionais de elevação são ilustradas pelas terras altas (cor de canela), o terreno montanhoso (cor verde) e as terras baixas (cor azul). Vastas planícies de lava encontram-se nas terras baixas. [NASA/USGS.]

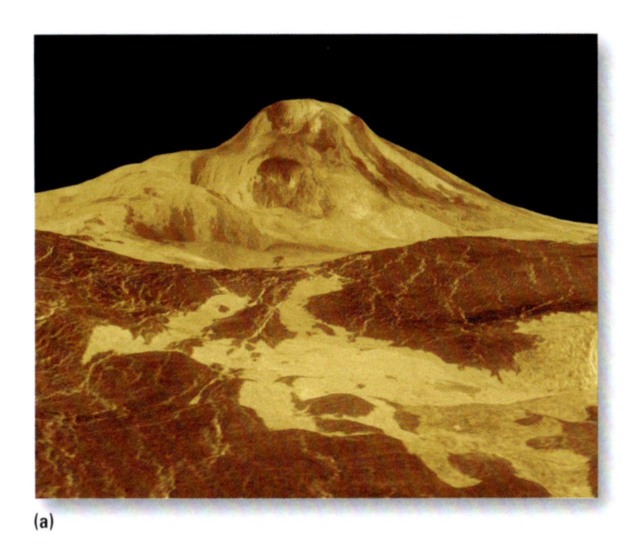

(a)

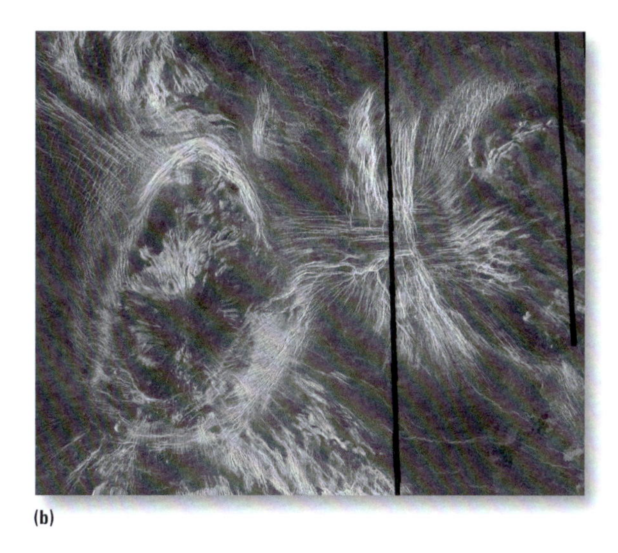

(b)

FIGURA 20.17 Vênus é um planeta tectonicamente ativo com muitas feições de superfície. (a) Maat Mons, uma montanha vulcânica que pode ter até 3 km de altura e 500 km de diâmetro. (b) Feições vulcânicas chamadas de coronas não são observadas em nenhum outro planeta além de Vênus. As linhas visíveis que definem as coronas são fraturas, falhas e dobras produzidas quando uma grande bolha de lava quente entrou em colapso como um suflê murcho. Cada corona tem algumas centenas de quilômetros de diâmetro. [(a) NASA/JPL; (b) NASA/USGS.]

para registrar sua velocidade). Câmeras de radar formam imagens refletindo ondas de rádio em superfícies estacionárias (como as dos planetas) ou em movimento (como as dos carros).

As imagens que a *Magellan* retornou à Terra mostram claramente que, por trás de sua neblina, Vênus é um planeta surpreendentemente diverso e tectonicamente ativo com montanhas, planícies, vulcões e vales em rifte. As planícies das terras baixas de Vênus – as regiões azuis na Figura 20.16 – têm bem menos crateras do que os mares mais novos da Lua, indicando que devem ser ainda mais novos. Estimativas de idade variam de 1.600 milhões a 300 milhões de anos. Como não há chuva em Vênus, há muito pouca erosão e, por isso, as feições que vemos hoje foram "fixadas" por todo esse tempo. O número relativamente baixo de crateras sugere que muitas crateras devem ter sido cobertas por lava e, portanto, que Vênus deve ter estado tectonicamente ativo em tempos relativamente recentes.

As planícies novas são pontilhadas por centenas de milhares de pequenos domos vulcânicos com 2 a 3 km de extensão e, talvez, cerca de 100 m de altura, que se formaram em locais onde a crosta de Vênus ficou muito quente. Também existem vulcões maiores e isolados, com até 3 km de altura e 500 km de extensão, semelhantes aos vulcões-escudo das Ilhas Havaianas (**Figura 20.17a**). A *Magellan* também observou feições circulares incomuns, chamadas de *coronas*, que parecem resultar de bolhas de lava quente que se elevaram, criaram uma grande saliência na superfície e, depois, afundaram, causando o colapso do domo e deixando um largo anel que se assemelha a um suflê murcho (Figura 20.17b).

Como Vênus tem tanta evidência de vulcanismo generalizado, foi denominado de Planeta Vulcânico. Vênus tem um manto em convecção como o da Terra, em que o material quente ascende e o frio afunda (**Figura 20.18a**), mas, diferentemente desta, não parece ter placas espessas de litosfera rígida. Em vez disso, apenas uma fina crosta de lava solidificada encontra-se sobre o manto em convecção. À medida que as vigorosas correntes empurram e expandem a superfície, a crosta rompe-se em flocos ou enruga-se como um tapete, e criam-se bolhas de magma quente para formar grandes massas de terra e depósitos vulcânicos (Figura 20.18b). Os cientistas chamaram esse processo de **tectônica de flocos**. Quando a Terra era mais nova e mais quente, é possível que flocos, em vez de placas, tenham sido a principal expressão de sua atividade tectônica.

Marte: o planeta vermelho

De todos os planetas, Marte tem a superfície mais parecida com a da Terra. Marte tem feições que sugerem que a água líquida já fluiu por sua superfície, e ainda pode existir água líquida em sua subsuperfície profunda. E onde há água, pode haver organismos vivos. Nenhum outro planeta no sistema solar tem tanta chance de abrigar vida extraterrestre quanto Marte, mas uma missão a Europa, uma das luas de Júpiter, em 2024, começará a busca por ambientes habitáveis no sistema solar externo.

A abundância de minerais de óxido de ferro na superfície de Marte é a origem do nome do Planeta Vermelho. Minerais de óxido de ferro são comuns na Terra e tendem a se formar onde ocorre o intemperismo de silicatos contendo ferro. Sabemos que muitos outros minerais comuns na Terra, como a olivina e o piroxênio, que se formam no basalto, também estão presentes em Marte. Porém, há outros minerais relativamente incomuns em Marte, como sulfatos, que registram uma fase mais antiga e mais úmida, quando a água líquida pode ter sido estável.

A topografia de Marte mostra uma variação de elevação maior do que a da Terra ou de Vênus (ver Figura 21.7). O Monte Olympus, com 25 km de altura, é um vulcão gigante e recentemente ativo – a montanha mais alta do sistema solar (**Figura 20.19a**). O cânion Vallis Marineris, com 4.000 km de extensão

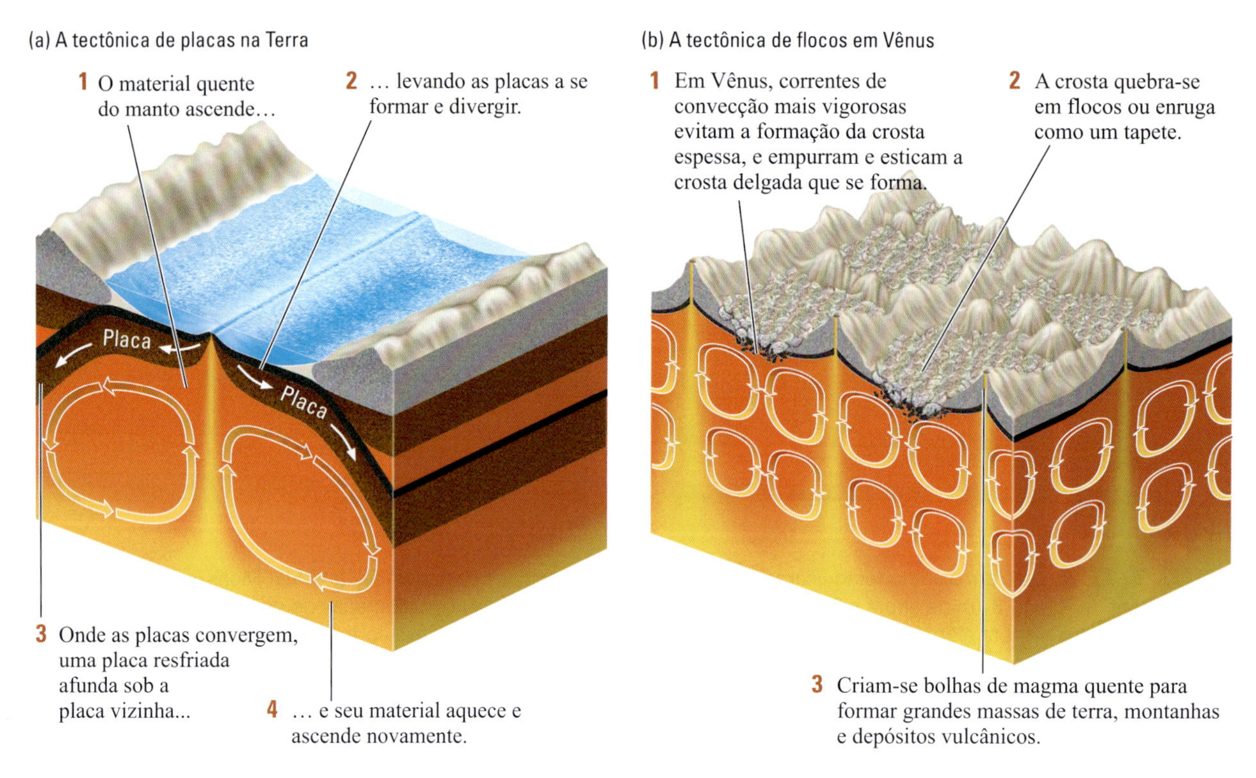

FIGURA 20.18 A tectônica de flocos em Vênus (b) é muito diferente da tectônica de placas na Terra (a), mas poderia ser semelhante aos processos tectônicos da Terra primitiva.

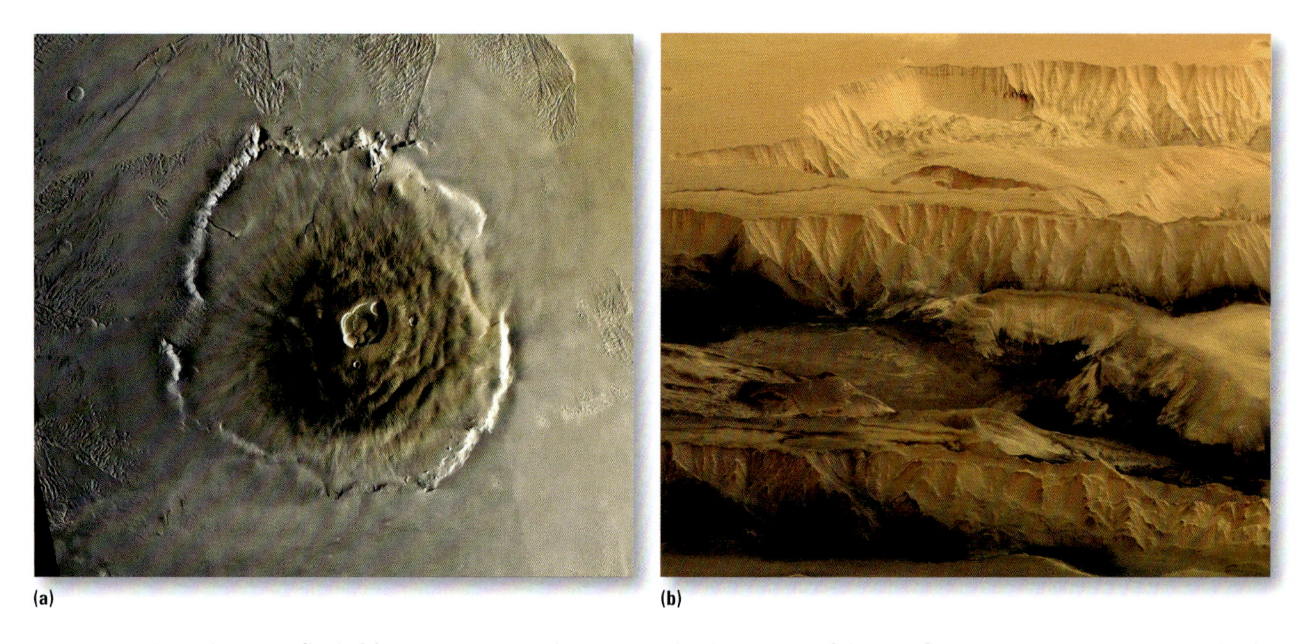

FIGURA 20.19 A topografia de Marte mostra uma alta variação de elevação. (a) O Monte Olympus é o vulcão mais alto do sistema solar, com pico quase 25 km acima das planícies circundantes. Ao redor do vulcão há uma escarpa voltada para fora com 550 km de diâmetro e diversos quilômetros de altura. Além da escarpa existe um fosso coberto de lava, provavelmente derivado do Monte Olympus. (b) O Vallis Marineris é o cânion mais extenso (4.000 km) e profundo (até 10 km) do sistema solar. Ele é cinco vezes mais profundo do que o Grand Canyon. Nesta imagem, o cânion está exposto como uma série de bacias delimitadas por falhas cujos lados entraram em colapso parcial (como no canto superior esquerdo), deixando pilhas de detritos de rochas. As paredes do cânion têm 6 km de altura aqui. As camadas das paredes do cânion sugerem deposição de rochas sedimentares ou vulcânicas antes do falhamento. [(a) NASA/USGS; (b) ESA/DLR/FU Berlin.]

e profundidade média de 8 km, cobre a mesma distância entre Nova York e Los Angeles e é cinco vezes mais profundo do que o Grand Canyon (Figura 20.19b). Recentemente, os geólogos descobriram evidências de antigos processos glaciais, quando mantos de gelo semelhantes aos que cobriram a América do Norte durante a idade do gelo mais recente, fluíram pela superfície de Marte. Finalmente, como a Lua, Mercúrio e Vênus, Marte tem terras altas antigas e terras baixas mais novas intensamente craterizadas. No entanto, ao contrário das de Mercúrio, de Vênus e da Lua, as terras baixas de Marte não são criadas apenas por fluxos de lava, mas também por sedimentos, rochas sedimentares e acúmulos de poeira carregada pelo vento.

A face de Marte pode ser sofisticada, mas nem sempre teve fácil leitura, apesar de ter sido visitada e vista mais do que qualquer outro planeta além da Terra. Porém, como veremos em breve, os segredos de Marte finalmente estão sendo revelados.

Terra: não há lugar como a nossa casa

Cada vista da Terra destaca a beleza singular criada pelas influências avassaladoras da tectônica de placas, da água líquida e da vida. De seus céus e oceanos azuis, sua vegetação verde, montanhas acidentadas cobertas de neve e continentes em movimento, realmente não há lugar como a nossa casa. A aparência notável da Terra é mantida pelo delicado equilíbrio de condições necessárias para dar suporte e sustentar a vida.

As feições que definem a face de nosso planeta são discutidas em todo este livro-texto, mas um processo que merece uma revisão aqui é o da craterização. Os impactos de meteoritos e asteroides são preservados no registro geológico de todos os planetas terrestres, mas, em contraste com outros planetas, cujas superfícies estão basicamente congeladas no tempo, a Terra preserva muitos poucos vestígios de sua formação inicial. A reciclagem por tectônica de placas, que é ainda mais eficiente do que a tectônica de flocos em Vênus, repavimentou quase completamente a superfície de nosso planeta. As crateras que permanecem são muito mais novas do que o fim do Bombardeio Pesado Tardio e são preservadas inteiramente em continentes, que resistem à subducção (Figura 20.20).

Apesar disso, a Terra acumula muitos resíduos do espaço. Atualmente, cerca de 40.000 toneladas de material extraterrestre caem na Terra por ano, sendo que a maior parte é poeira e pequenos objetos imperceptíveis. Embora a taxa de impactos seja agora ordens de magnitude menor do que era durante o Bombardeio Pesado, um grande bloco de matéria de 1 a 2 km de tamanho ainda colide com a Terra a cada alguns milhões de anos aproximadamente. Ainda que essas colisões tenham se tornado raras, telescópios estão sendo utilizados para fazer buscas espaciais e alertar-nos com antecedência sobre corpos de tamanho considerável que possam golpear a Terra. Astrônomos da NASA há pouco previram "com probabilidade não desprezível" (1 chance em 300) que um asteroide com diâmetro de 1 km colidirá com a Terra em março de 2880. Tal evento ameaçaria a civilização humana.

Já sabemos que impactos com grandes objetos podem modificar as condições que dão suporte à vida na Terra. Como veremos no Capítulo 22, uma colisão com um asteroide de 10 km há 65 milhões de anos causou a extinção de 75% das espécies da Terra, inclusive os dinossauros. Talvez esse evento tenha possibilitado que os mamíferos se tornassem a espécie dominante, preparando o caminho para a humanidade. O Quadro 20.2 descreve os efeitos potenciais de impactos de objetos de tamanhos variados em nosso planeta e nas formas de vida.

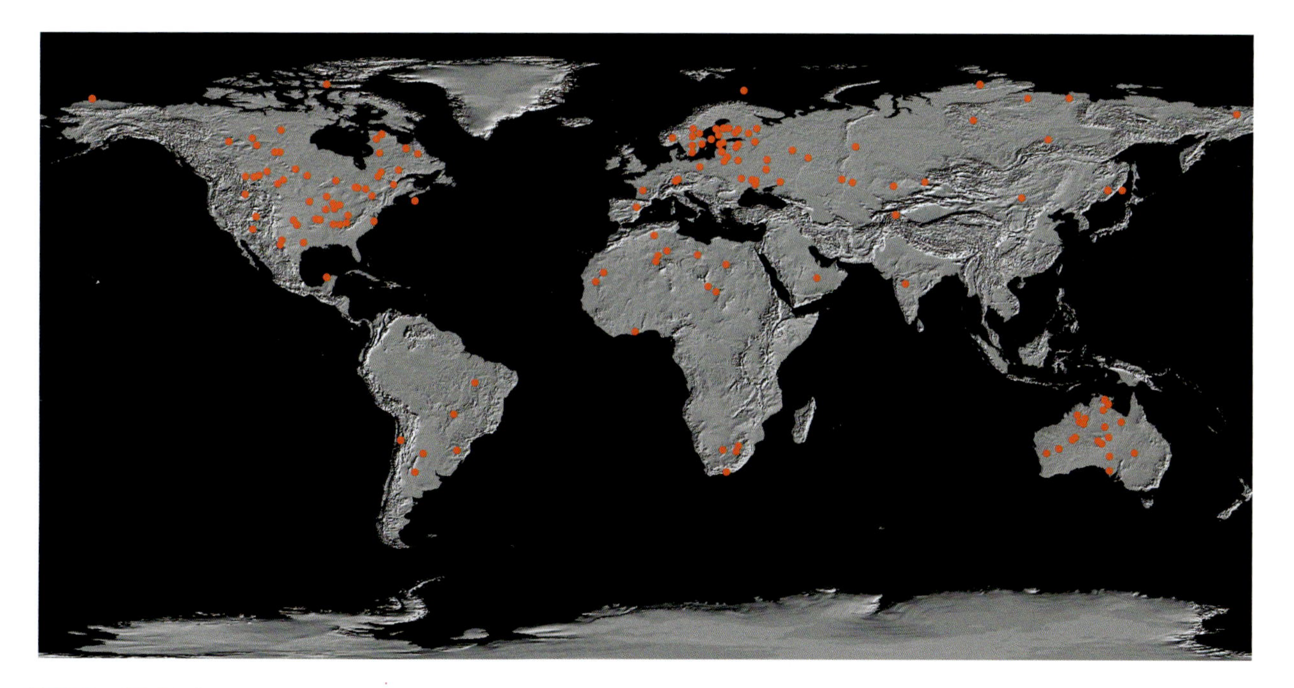

FIGURA 20.20 Crateras de impacto formadas por meteoritos e asteroides são raras na Terra em comparação com os outros planetas terrestres. A reciclagem da crosta terrestre pela tectônica de placas apagou quase todas as evidências dos impactos. As crateras que permanecem (pontos vermelhos) são preservadas apenas nos continentes. [NASA/JPL/ASU.]

QUADRO 20.2 Impactos de asteroides e meteoritos e seus efeitos na vida na Terra

	EXEMPLO OU TAMANHO EQUIVALENTE	MAIS RECENTE	EFEITOS PLANETÁRIOS	EFEITOS NA VIDA
Super-colossal: $R > 2.000$ km	Evento de formação da Lua	$4{,}51 \times 10^9$ anos atrás	Fusão do planeta	Forte emissão de voláteis; extinção da vida na Terra
Colossal: $R > 700$ km	Plutão	Mais do que $4{,}3 \times 10^9$ anos atrás	Fusão da crosta	Extinção da vida na Terra
Imenso: $R > 200$ km	4 Vesta* (um grande asteroide)	Cerca de $4{,}0 \times 10^9$ anos atrás	Vaporização dos oceanos	A vida pode sobreviver sob a superfície
Extragrande: $R > 70$ km	Chiron (maior cometa em movimento)	$3{,}8 \times 10^9$ anos atrás	Vaporização do topo dos oceanos até 100 m	Pode cessar a fotossíntese
Grande: $R > 30$ km	Cometa Hale-Bopp	Cerca de 2×10^9 anos atrás	Aquecimento da atmosfera e da superfície até cerca de 727°C	Queima dos continentes
Médio: $R > 10$ km	Bólido do limite Cretáceo/Paleógeno 433 Eros (o maior asteroide próximo da Terra)	65×10^6 anos atrás	Incêndios, poeira, escuridão; mudanças químicas no oceano e na atmosfera; grande oscilação de temperaturas	O impacto Cretáceo/Paleógeno levou à extinção de 75% das espécies e de todos os dinossauros
Pequeno: $R > 1$ km	Tamanho aproximado de asteroides próximos da Terra	Cerca de 300.000 anos atrás	Suspensão de poeira em toda a atmosfera durante meses	Interrupção da fotossíntese; indivíduos morrem, mas poucas espécies são extintas; ameaça à civilização
Muito pequeno: $R > 100$ m	Evento de Tunguska (Sibéria)	1908	Derrubou árvores em um rastro de dezenas de quilômetros; causou pequenos efeitos hemisféricos; suspensão de poeira na atmosfera	Manchetes nos jornais; pôr do sol romântico; crescimento da taxa de natalidade

*N. de T.: O número 4 indica a quantidade conhecida de asteroides do mesmo tamanho de Vesta, cujo raio é de 269 km.
Dados de J. D. Lissauer, *Nature* 402 (1998): C11–C14.

Marte é incrível!

Vivemos na idade de ouro da exploração de Marte. Quando escrevemos este livro, havia um veículo e um aterrissador robótico operando na superfície do planeta e três orbitadoras circundando-o. Essas cinco espaçonaves estão retornando um fluxo aparentemente interminável de novos dados que estão levando a novas descobertas significativas. Nosso entendimento da história de antigos ambientes superficiais em Marte está mudando drasticamente. E as boas novas não terminarão logo: a NASA e a Agência Espacial Europeia prometeram entregar um veículo adicional nos próximos anos e estão sendo feitos planos para retornar amostras de rocha de Marte para a Terra. Todos os cientistas participando dessas missões são gratos de viverem em uma época de tantas aventuras.

Nossa compreensão dos processos na superfície de Marte melhorou acentuadamente quando dois robôs do tamanho de carrinhos de golfe pousaram em Marte em janeiro de 2004. Os Mars Exploration Rovers ("Veículos Exploradores de Marte"), chamados de *Spirit* ("Espírito") e *Opportunity* ("Oportunidade"), iniciaram sua jornada de 300 milhões de quilômetros do Cabo Canaveral, Flórida, até o Planeta Vermelho em junho de 2003, acompanhados do *Mars Express* ("Expresso de Marte"), um orbitador equipado com ferramentas de sensoriamento geológico remoto. Essas missões superaram todas as expectativas, tornando 2004 e 2005 dois dos melhores anos da história da exploração espacial. Outro novo orbitador, o *Mars Reconnaissance* ("Reconhecimento de Marte"), que começou sua missão em 2006, coletou um enorme conjunto de observações que demonstram evidências de processos aquosos ao longo de amplas regiões do planeta. Sua câmera está obtendo imagens impressionantes da superfície de Marte usando uma resolução sem precedentes (25 cm/pixel). O aterrisador *Phoenix* ("Fênix") conduziu operações na região polar de Marte de junho a novembro de 2008 e confirmou a presença de gelo apenas alguns centímetros abaixo da superfície empoeirada. Em agosto de 2012, o veículo Laboratório Científico de Marte *Curiosity* ("Curiosidade", cuja sigla em inglês é MSL, de Mars Science Laboratory) fez sua aterrissagem espetacular na Cratera Gale de Marte (um vídeo dos "Sete Minutos de Terror" está disponível em https://youtu.be/M4tdMR5HLtg).

Na época da redação deste livro, o veículo estava na sua missão estendida, subindo a base do Monte Sharp, uma montanha com 5 km de altura, em direção ao centro da cratera, que contém um registro riquíssimo da história ambiental antiga de Marte, quando o planeta possivelmente tinha um ambiente habitável. (Um dos autores deste livro-texto, John Grotzinger, foi o cientista-chefe da equipe do *Curiosidade* durante a missão primária.)

Missões para Marte: sobrevoos, orbitadores, aterrissadores e sondas

Missões prévias a Marte ajudaram a assentar a base para o sucesso das missões atuais. Todas as espaçonaves enviadas a Marte desde o início da década de 1960 funcionaram de quatro modos distintos. Primeiro, a espaçonave pioneira de exploração a Marte, como a *Mariner 4* ("Marinheiro 4"), sobrevoou Marte rapidamente, adquirindo todos os dados possíveis antes de desaparecer no espaço profundo.

O segundo – e mais comum – modo de operação é orbitar Marte da mesma forma que os satélites orbitam a Terra. A *Mariner 9* ("Marinheiro 9"), lançada em maio de 1971, foi a primeira espaçonave a orbitar outro planeta. Desde então, outros oito orbitadores ajudaram a mapear a superfície de Marte. O *Mars Odyssey* ("Odisseia de Marte"), *Mars Express* ("Expresso de Marte") e o *Mars Reconnaissance* ("Reconhecimento de Marte") ainda hoje estão ativos. Após uma missão de muito sucesso com duração de mais de 10 anos, o *Mars Global Surveyor* ("Mapeador Global de Marte") interrompeu suas operações em 2006.

O terceiro método de observação de Marte envolve o pouso de uma espaçonave na superfície marciana. A missão Viking mobilizou duas espaçonaves, sendo que cada uma consistia em uma orbitadora e em um aterrissador. O aterrissador *Viking 1* tocou a superfície de Marte em 20 de julho de 1976 e tornou-se a primeira espaçonave a aterrissar em outro planeta e transmitir dados úteis para a Terra. A missão Viking deu-nos o primeiro vislumbre da superfície de outro planeta a partir do solo. Ela também foi responsável por nossas primeiras análises químicas de rochas marcianas e conduziu os primeiros experimentos de detecção de vida.

O quarto método de exploração de Marte envolve o uso de um locomotor (em inglês, *rover*): um veículo robótico que pode se mover pela superfície do planeta. Por mais empolgante que tenha sido a missão Viking, foi preciso duas décadas até que outra espaçonave aterrissasse com segurança na superfície de Marte. Desta vez, foi a *Pathfinder* ("Explorador"), que chegou em 4 de julho de 1997. No entanto, o aterrissador *Pathfinder* também incluiu um locomotor do tamanho de uma caixa de sapato – chamada de *Sojourner**– que pôde passear pela superfície, analisando rochas e solos, à distância de poucos metros do *Pathfinder*. *Sojourner* foi o primeiro veículo móvel a operar com sucesso em outro planeta e tornou-se o protótipo para outros Locomotores de Exploração de Marte, bem maiores e mais capazes, como o que aterrissou em 2004.

*N. de T.R.: O nome do veículo homenageia Sojourner Truth [1797-1883], abolicionista e feminista americana. O nome, escolhido por um concurso promovido pela Sociedade Planetária e o Laboratório de Propulsão a Jato (JPL) da NASA, foi sugerido por Valerie Ambroise, de 12 anos.

Primeiras missões: Mariner (1965–1971) e Viking (1976–1980) As missões Mariner e Viking enviaram as primeiras imagens detalhadas de Marte para a Terra. Vimos em parte de sua superfície um terreno crateriforme semelhante ao da Lua. Em outras áreas, vimos feições espetaculares, inclusive vulcões e cânions enormes, vastos campos de dunas, calotas de gelo nos dois polos e as luas marcianas de Phobos e Deimos. As primeiras imagens também confirmaram tempestades globais de poeira que já haviam sido observadas da Terra. Espaçonaves em órbita continuam a monitorar essas tempestades de poeira (Figura 20.21).

Além disso, foram descobertas extensas redes de canais de correntes, oferecendo as primeiras evidências de que líquidos – possivelmente água – podem ter fluído em algum momento pela superfície de Marte (Figura 20.22). Coletivamente, esses dados também revelaram algo que não havia sido avaliado antes: o planeta pode ser dividido em duas regiões principais – planícies baixas no norte e terras altas crateriformes no sul.

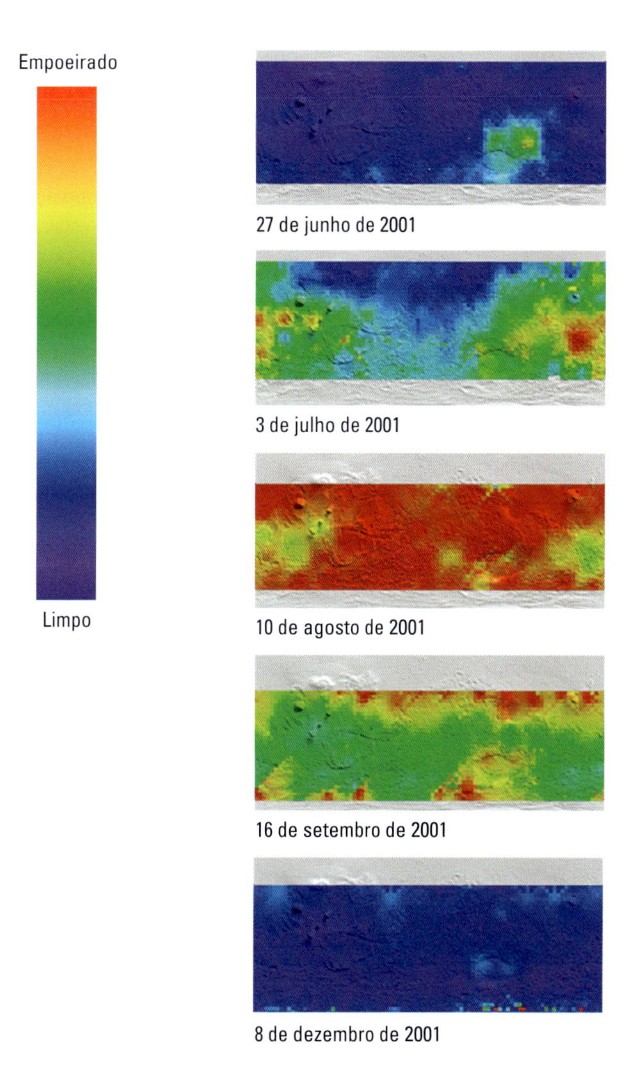

FIGURA 20.21 Tempestades globais de poeira ocorrem em Marte. As tempestades começam localmente e expandem-se de modo gradual até cobrir o planeta inteiro, conforme visto nessas imagens. [NASA/JPL/ASU.]

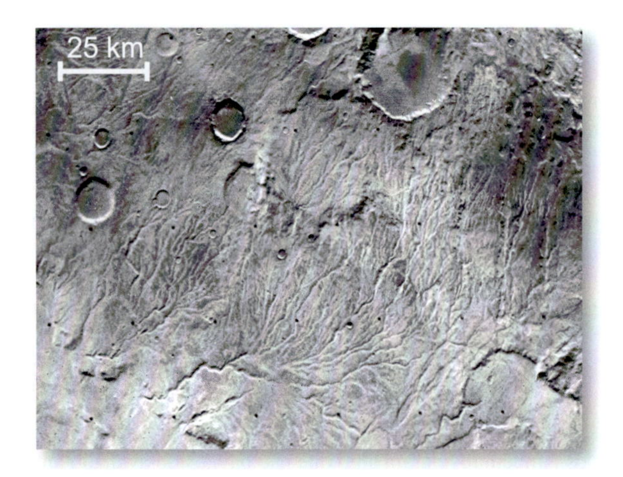

FIGURA 20.22 Redes de canais entalhadas na superfície de Marte foram reveladas pelo orbitador *Viking*. A complexidade desses canais sugere que a água líquida era provavelmente a principal força de erosão. [NASA/Washington University.]

Os dois aterrissadores *Viking* forneceram visualizações de alta resolução do terreno marciano. Os dois locais de pouso estavam repletos de rochas com formas um pouco arredondadas pelos efeitos da areia soprada pelo vento. Sensores químicos mostraram que as rochas e os solos tinham composição predominantemente basáltica. Porém, todas as rochas estavam soltas, e não havia evidência de substrato rochoso exposto. Um experimento biológico a bordo não encontrou evidências de vida em nenhum local. Essas missões revelaram que o Planeta Vermelho tem essa cor em função da presença de óxidos de ferro nos solos, e que a cor do céu marciano não é azul, mas rosa, por causa da alta concentração de partículas de poeira de óxido de ferro suspensas

Pathfinder (1997) A câmera do Pathfinder enviou imagens muito parecidas com aquelas obtidas pelos aterrissadores *Viking*: os locais de pouso eram rochosos, com areia soprada pelo vento formando caudas atrás de algumas rochas, e não havia evidência de substrato rochoso exposto. No entanto, além da evidência de basaltos, o locomotor *Sojourner* detectou evidência de andesitos. A presença de andesitos em Marte indica que pelo menos algumas partes da crosta marciana foram constituídas por fusão parcial de basaltos previamente existentes, sugerindo uma história mais complexa de desenvolvimento crustal do que se acreditava anteriormente. O conjunto de instrumentos do *Pathfinder* também incluiu um ímã que coletava poeira da atmosfera para análise. Constatou-se que a poeira continha minerais magnéticos que somente se formam em ambientes com níveis baixos de oxigênio.

Mars Global Surveyor (1996–2006) e Mars Odyssey (2001–) Os recursos de mapeamento global bastante aprimorados do *Mars Global Surveyor* e do *Mars Odyssey* resultaram em uma série de descobertas significativas. O *Mars Global Surveyor* carregou um altímetro a laser que analisou a topografia marciana com resolução sem precedentes. As novas imagens ofereceram as mais contundentes evidências até então de água líquida, desta vez expressa como depósitos sinuosos de sedimentos soltos (**Figura 20.23**). Os canais entalhados no substrato observados pelos orbitadores *Viking* sugeriram água corrente; no entanto, a presença de cursos de água sinuosos (ver Capítulo 18) é evidência ainda maior de que houve fluxo de água na superfície de Marte. Mas foi apenas em 2004 que a Mars Exploration Rovers confirmou pela primeira vez a presença de minerais que *requerem* água líquida para sua ocorrência.

O *Mars Global Surveyor* e o *Mars Odyssey* também demonstraram que o *permafrost* (solo rico em gelo; ver Capítulo 16) está na base do solo marciano das latitudes médias até os polos. Também foi demonstrada a ocorrência de geleiras disseminadas no passado relativamente recente, sugerindo que Marte, como a Terra, pode ter passado por idades do gelo motivadas por mudanças no clima global. Finalmente, o *Mars Global Surveyor* descobriu porções raras de hematita (Fe_2O_3) – um mineral que geralmente forma-se na água da Terra – espalhadas sobre a superfície de Marte. Como veremos, essa descoberta contribuiu

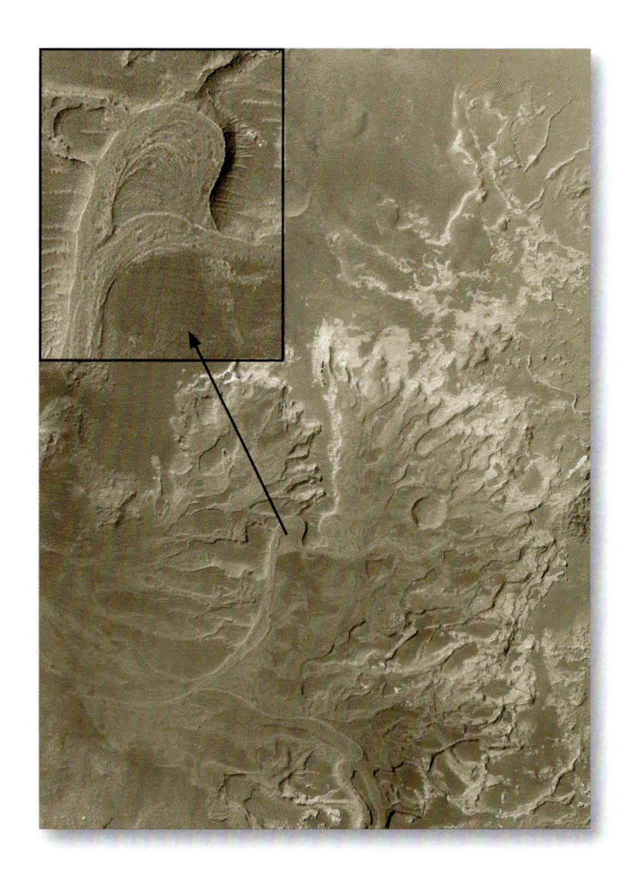

FIGURA 20.23 Esta imagem adquirida pelo *Mars Global Surveyor* mostra evidências nítidas de padrões sinuosos em sedimentos depositados na Cratera Eberswalde. A água líquida parece ter fluído pela superfície marciana e entrado na cratera, onde depositou sedimentos em canais sinuosos semelhantes aos vistos atualmente no rio Mississippi (ver Capítulo 18). [NASA/JPL/MSSS.]

com o sucesso da missão da *Mars Exploration Rovers* ("Veículos de Exploração de Marte").

Veículos de exploração de Marte: *Spirit* e *Opportunity*

Os veículos de exploração de Marte – *Spirit* e *Opportunity* (Figura 20.24) – foram os primeiros artefatos espaciais enviados a Marte a funcionar quase tão bem quanto um geólogo humano. Ao contrário dos orbitadores, que olham de longe, e dos aterrissadores, que não podem se mover do local de pouso, o *Spirit* e o *Opportunity* podem se movimentar entre rochas, coletando e escolhendo quais amostras serão estudadas em maior detalhe. E quando a rocha correta é encontrada, o veículo pode analisá-la com uma lupa de mão – assim como os geólogos fazem aqui na Terra, tanto na sala de aula quanto no campo. Porém, diferentemente dos geólogos na Terra, esses veículos carregam um laboratório móvel, de forma que as rochas podem ser analisadas no local sem precisar arcar com os enormes custos de trazê-las de volta à Terra. Em razão desse recurso notável, o *Spirit* e o *Opportunity* foram chamados de primeiros *geólogos robóticos* em Marte.

Os veículos exploradores de Marte foram projetados para sobreviver três meses sob as condições hostis da superfície marciana e percorrer uma distância de, no máximo, 300 m. Eles já percorreram mais de 50 km sobre a superfície marciana e o *Opportunity* havia acabado de parar de operar na época da redação deste capítulo, em 2018 (o *Spirit* parou de operar em 2010). Os dois tiveram que sobreviver a temperaturas noturnas abaixo de -90°C, redemoinhos que poderiam tê-los derrubado, tempestades globais de poeira que diminuíram sua energia solar e percursos ao longo de encostas rochosas de quase 30° e através de montes de poeiras traiçoeiras sopradas pelo vento. Apesar de todos esses obstáculos, os veículos descobriram um baú do tesouro de maravilhas geológicas.

FIGURA 20.24 O *Spirit* (esquerda), um dos veículos de exploração de Marte, tem o tamanho aproximado de um carrinho de golfe. Ele está ao lado de um gêmeo do *Sojourner* (centro), um veículo que foi enviado a Marte em 1997. O Mars Science Laboratory (*direita*, "Laboratório Científico de Marte") tem aproximadamente o tamanho de um carro de pequeno porte e foi enviado a Marte em 2011. [NASA/JPL.]

Laboratório Científico de Marte (*Mars Science Laboratory* – MSL): *Curiosity*

O Curiosity foi lançado em 2011 e aterrissou na Cratera Gale em agosto de 2012. Os objetivos científicos gerais da missão eram avaliar o sítio da aterrissagem do veículo para determinar se este tinha condições ambientais favoráveis à vida microbiana. O *Curiosity* é semelhante ao *Spirit* e ao *Opportunity,* mas tem cerca de o dobro do comprimento (3 m) e o quíntuplo do peso – pesa literalmente uma tonelada (Figura 20.25). Além disso, o veículo possui o conjunto de instrumentos mais sofisticado jamais enviado a outro planeta. Os veículos MER são movidos a energia solar, mas o *Curiosity* é alimentado por um sistema de radioisótopo, que obtém sua energia do decaimento natural do plutônio.

A Cratera Gale tem uma montanha de cerca de 5 km de altura no centro, o Monte Sharp, composto de estratos sedimentares com uma ampla variedade de minerais hidratados, o que indica que os estratos se formaram, ao menos em parte, na presença de água. O *Curiosity* passou boa parte do primeiro

FIGURA 20.25 O veículo Mars Science Laboratory *Curiosity* tirou este autorretrato (composto de dezenas de exposições) com o seu instrumento Mars Hand Lens Imager (MAHLI) durante o 177° dia marciano (ou "sol") de trabalho do *Curiosity* em Marte. O quadrante inferior esquerdo da imagem mostra poeira cinza e os dois orifícios onde o *Curiosity* usou a sua broca na rocha-alvo "John Klein." [NASA/JPL - Caltech/MSSS.]

ano da sua primeira missão em uma região chamada de Baía de Yellowknife, onde encontrou evidências de um ambiente potencialmente habitável, preservado em rochas de mais de 3 bilhões de anos de idade. No passado, cursos d'água fluíam da borda da cratera em direção ao sopé do Monte Sharp, onde a água formava um lago com baixa salinidade e pH neutro, ambas condições favoráveis à vida. Atualmente, o *Curiosity* está investigando os materiais na base do Monte Sharp, onde continuará a busca por ambientes habitáveis adicionais que possam ter caracterizado essa parte de Marte mais de 3 bilhões de anos atrás.

O que está embaixo do capô? O *Spirit* e o *Opportunity* estão equipados com seis rodas, uma câmera estereoscópica colorida como a visão humana, câmeras de controle de direção nas partes traseira e dianteira, uma "lupa de mão" para inspeção em detalhe de rochas e solos e instrumentos para detectar a composição química e mineral de rochas e solos. Entre os instrumentos do *Curiosity*, incluem-se câmeras de vídeo de alta definição a cores, detectores que medem radiação nociva aos seres humanos e uma estação meteorológica (direção e velocidade do vento, pressão atmosférica, umidade, etc.). No interior do veículo, o *Curiosity* leva dois instrumentos de laboratório que fornecem informações sobre a composição mineral das amostras extraídas (**Figura 20.26**), além da sua composição elemental e isotópica e a presença de quaisquer componentes orgânicos. Os veículos são movidos a energia solar, enquanto o MSL usa uma fonte de energia nuclear, e todos são controlados por cientistas na Terra, que enviam sequências de comandos diariamente para cada veículo por meio de sinais de rádio. Como levam 10 minutos para que esses sinais percorram a distância entre a Terra e Marte, os veículos têm alguns recursos de navegação autocontrolada e precaução contra riscos. Porém, quase todas as outras decisões são tomadas por uma equipe de pessoas na Terra. Essa estrutura garante que os veículos "pensem" como geólogos. Computadores de bordo recebem as sequências de comando da Terra que controlam a atividade de cada veículo, inclusive a navegação; fotografias do terreno, de rochas e de solos; análise de rochas e minerais; e estudo da atmosfera e das luas de Marte.

FIGURA 20.26 O ***Curiosity*** perfurou esta rocha alvo, a "Cumberland", durante o 279º dia marciano (ou "sol") de trabalho do veículo em Marte e coletou uma amostra de material em pó do interior da rocha. O ***Curiosity*** usou a câmera Mars Hand Lens Imager (MAHLI) no braço do veículo para capturar esta vista do orifício na Cumberland no mesmo sol em que o orifício foi criado. O diâmetro do orifício é de cerca de 1,6 cm e a profundidade é de cerca de 6,6 cm. [NASA/JPL – Caltech/MSSS.]

Locais de pouso dos veículos A missão Mars Exploration Rovers foi motivada pela busca de evidências de água líquida em Marte. Os veículos foram construídos com esse objetivo em mente e enviados a duas localizações onde os dados do *Mars Global Surveyor* e do *Mars Odyssey* sugeriam uma maior possibilidade de encontrar evidência geológica de água. (Porém, alguns dos melhores locais foram desconsiderados devido ao risco extremo de aterrissar em um terreno rochoso; ver Pratique um Exercício de Geologia no final deste capítulo.) Foram escolhidos dois das diversas centenas de locais possíveis, ambos próximos ao equador marciano, mas em lados opostos do planeta. As posições equatoriais oferecem energia máxima aos painéis solares dos veículos durante todo o ano. Quando o *Curiosity* pousou, dez anos depois, os engenheiros do Laboratório de Propulsão a Jato (JPL, sigla do inglês para Jet Propulsion Laboratory), em Pasadena, Califórnia (EUA), haviam aprendido a desenvolver um sistema de aterrissagem que levaria o veículo a um local bastante específico, com alto valor científico. Quatro locais finais foram selecionados pela equipe, todos acessíveis pelo sistema de aterrissagem. O finalista, a Cratera Gale, foi escolhido por ter a maior diversidade de alvos para estudos científicos. Foi uma decisão criticamente importante, e o primeiro alvo explorado (a Baía de Yellowknife) conseguiu cumprir a meta de encontrar um ambiente antigo habitável. Apesar de o *Curiosity* ser extremamente capaz, o sistema de aterrissagem também teve importância crítica para ajudar a capacitar essa descoberta.

O *Spirit* foi enviado à Cratera Gusev, uma cratera grande com aproximadamente 160 km de diâmetro, a qual se acredita já ter tido água suficiente para formar um vasto lago (**Figura 20.27a**). O *Opportunity* foi enviado a Meridiani Planum ("Planícies de Meridiani"), onde o *Mars Global Surveyor* coletara hematita (Figura 20.27b). Desde a aterrissagem, o *Spirit* percorreu uma planície vulcânica, ascendeu as Colinas Columbia e desceu pelo outro lado para chegar a um afloramento cuja forma singular conquistou o nome de Home Plate. Após essa longa e árdua caminhada, uma das rodas dianteiras da esquerda do *Spirit* travou. Porém, ao dar meia volta e dirigir para trás de forma a arrastar, em vez de puxar a roda quebrada, o *Spirit* finalmente conseguiu chegar a uma parte de Home Plate, onde fez uma descoberta impressionante: depósitos minerais compostos de mais de 90% de sílica. Esses depósitos indicam que as águas aquecidas que uma vez fluíram na ou perto da superfície de Marte carregavam altas concentrações de sílica dissolvida, que se precipitou para formar crostas endurecidas, semelhante ao que ocorre atualmente nas termas quentes do Parque Nacional Yellowstone na Terra – um lugar onde se sabe que vicejam microrganismos (ver a foto de abertura do Capítulo 22). Assim, a descoberta feita pelo *Spirit* das rochas ricas em sílica sugere um ambiente potencialmente habitável em um certo

(a)

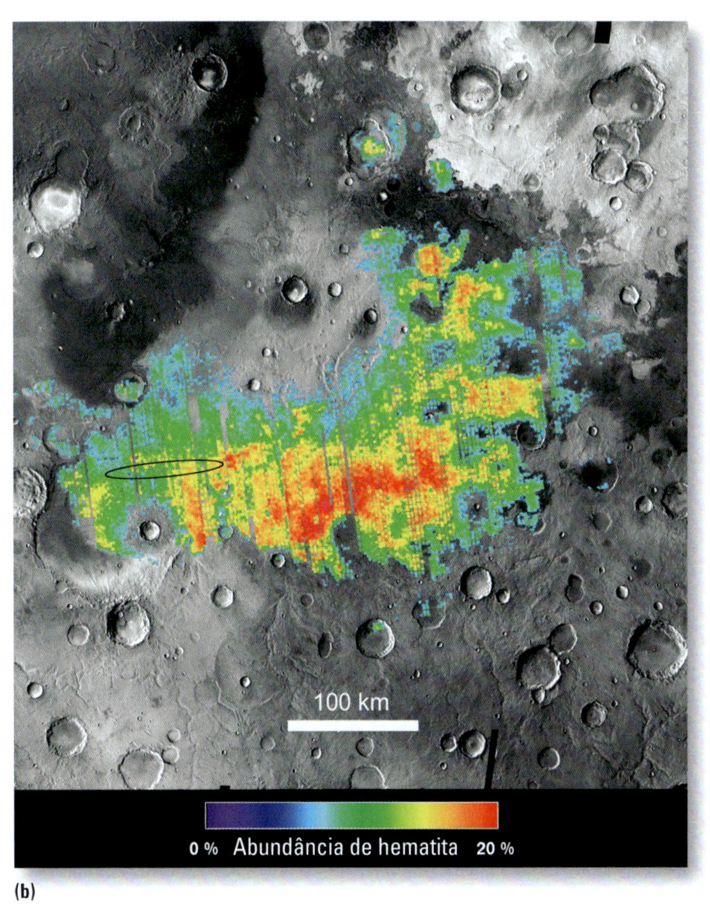

(b)

FIGURA 20.27 Locais de aterrissagem dos veículos de exploração de Marte. (a) O *Spirit* está explorando a Cratera Gusev, com cerca de 160 km de diâmetro, a qual se acredita ter tido água, formando um antigo lago. Um canal que poderia ter fornecido água à cratera é visível na parte inferior à direita. (b) O *Opportunity* foi enviado a uma área do Meridiani Planum onde a hematita – um mineral que, na Terra, geralmente se forma na água – é abundante. A imagem mostra concentrações de hematita; a elipse destaca a área admissível de aterrissagem. [(a) NASA/JPL/ASU/MSSS; (b) NASA/ASU.]

momento e que pode ser confirmado por uma missão futura, com um conjunto de instrumentos semelhante ao do *Curiosity*.

O *Opportunity* pousou na Cratera Eagle (uma pequena cratera com diâmetro aproximado de 20 m), onde passou 60 dias estudando as primeiras rochas sedimentares já encontradas em outro planeta e coletando evidências de que elas devem ter se formado na água. A seguir, o *Opportunity* moveu-se para outra cratera, maior, (Cratera Endurance, com cerca de 180 m de diâmetro), onde ficou nos seis meses seguintes colocando aquelas rochas sedimentares em um contexto mais amplo de evolução ambiental. O *Opportunity*, então, percorreu 5 km até uma cratera muito maior (Cratera Victoria, diâmetro em torno de 1 km), onde explorou afloramentos ainda mais extensos de rocha sedimentar. Esse veículo descobriu um antigo deserto arenoso no qual lagoas rasas de água em algum momento preencheram depressões entre as dunas de areia. Acredita-se que essas lagoas de água tenham sido bastante ácidas e também extremamente salinas. Microrganismos podem sobreviver em águas extremamente ácidas, como veremos no Capítulo 23; no entanto, se a salinidade tornar-se alta demais, a disponibilidade de água torna-se limitada, e os microrganismos não podem sobreviver. (De forma semelhante, mas substituindo o sal pelo açúcar, é por isso que o mel não estraga, mesmo sem refrigeração ou adição de conservantes.) Dessa forma, o *Opportunity* também descobriu evidência de um ambiente potencialmente habitável, embora restringindo os microrganismos a viverem em condições extremas. A seguir, o *Opportunity* percorreu mais 10 km até a Cratera Endeavor, onde descobriu rochas basálticas antiquíssimas, cuja alteração formou depósitos que contêm argila, o que indica um pH mais neutro. Esse ambiente mais antigo teria sido mais favorável para microrganismos, caso tivessem se originado em Marte.

O *Curiosity* aterrissou no sopé do Monte Sharp, a montanha central da Cratera Gale, próximo à extremidade de um antigo leque aluvial formado pelos sedimentos transportados por rios com nascente na borda da cratera. Após aterrissar, o veículo deslocou-se cerca de 600 metros para o leste, onde descobriu rochas sedimentares que preservam evidências de ambientes fluviais e lacustres antigos, caracterizados por baixa salinidade e pH neutro. Na época da redação deste capítulo, o *Curiosity* havia avançado 20 km até a parte inferior da montanha, onde mais rochas sedimentares foram descobertas, depositadas em um antigo lago que existiu por muito tempo; as rochas contêm argila, sulfatos e minerais com ferro que precisariam de água persistente na forma de lago e de água subterrânea nos poros e fraturas. A Cratera Gale é especial porque contém uma ampla variedade de ambientes aquáticos antigos. Ao explorar essa grande diversidade de materiais geológicos, os cientistas descobriram que tipos de rochas são favoráveis para preservar a evidência de ambientes habitáveis antigos, assim como os compostos orgânicos que poderiam ser trazidos de volta para a Terra em missões futuras e analisados em busca de evidência de vida.

Missão do aterrissador *InSight*

O *InSight* ("Ver dentro/Ver diferente") foi lançado em 5 de maio de 2018 e aterrissou em Marte na região de Elysium Planitia em 26 de novembro de 2018 (**Figura 20.28**). Os objetivos da *InSight* são instalar um sismômetro na superfície marciana para medir atividades sísmicas e fornecer informações sobre o seu interior profundo. O aterrissador também instalará uma sonda detectora de calor para estudar a evolução térmica de Marte e a sua evolução geológica inicial, incluindo processos de acreção e diferenciação. O projeto do *InSight* baseia-se no do aterrissador *Phoenix* e é alimentado por painéis solares. Na época da redação deste capítulo, o *InSight* havia acabado de informar um "Martemoto", em abril de 2019. Mais dados serão necessários para avaliarmos o interior planetário.

Missões recentes: Orbitador *Mars Reconnaissance* (2006–) e *Phoenix* (maio–novembro de 2008)

O orbitador *Mars Reconnaissance* está mapeando as rochas e os minerais de Marte com nível de detalhe sem precedentes. Enquanto os veículos de exploração estão limitados a alguns quilômetros da superfície marciana, o orbitador pode mapear qualquer lugar do planeta. Ele está equipado com diversos instrumentos, inclusive uma câmera estereoscópica colorida de alta resolução capaz de distinguir objetos na superfície de Marte com 1 m de diâmetro. Outro dispositivo importante analisa a luz solar refletida da superfície marciana para revelar a ocorrência de minerais que se formaram na água. Uma das observações mais notáveis do orbitador é a descoberta de camadas sedimentares que estão estratificadas de modo tão uniforme que podem preservar um registro de mudanças periódicas no clima marciano que ocorreram há bilhões de anos (**Figura 20.29**).

Em maio de 2008, um novo aterrissador pousou na superfície de Marte. Seu nome é *Phoenix*, porque ele era irmão gêmeo de outro aterrissador (*Mars Polar Lander*, "Polos de Marte") que colidiu com a superfície marciana em 1999. Cientistas da NASA estudaram as causas do mau funcionamento e ficaram confiantes de que poderiam acertar com o gêmeo remanescente. O nome *Phoenix* parecia apropriado para um projeto que era ressuscitado das cinzas de uma ruína anterior. Na mitologia egípcia e grega, a fênix é uma ave que pode queimar periodicamente e regenerar-se.

O *Phoenix* foi enviado para buscar gelo na região polar de Marte. Equipado com painéis solares para gerar energia, ele não foi projetado para sobreviver ao escuro inverno marciano; tinha, portanto, uma expectativa de vida planejada de apenas alguns meses. Sua missão concentrou-se na análise da composição de diversas amostras de solo no local de aterrissagem. Apenas um mês após o pouso, ele atingiu sua meta principal de

FIGURA 20.28 A imagem mostra o Escudo Eólico e Térmico da ***InSight***, que cobre o seu sismômetro. A imagem foi capturada no 110º dia marciano (ou "sol") da missão. O sismômetro é chamado de Seismic Experiment for Interior Structure (SEIS – Experimento Sísmico da Estrutura Interior). Em 23 de abril de 2019, a NASA informou que o instrumento relatara o seu primeiro "Martemoto". [NASA/JPL – Caltech.]

FIGURA 20.29 Estes estratos sedimentares expostos na Cratera Becquerel têm aparência regular e quase periódica. Cada camada tem alguns metros de espessura, estando agrupadas em sequências com espessura de algumas dezenas de metros. Acredita-se que essas camadas sejam compostas de poeira depositada pelo vento. O fornecimento de sedimentos pode ter sido regulado por mudanças periódicas no clima. [NASA/JPL/University of Arizona.]

demonstrar a ocorrência de gelo dentro do solo. A presença de gelo fora prevista pelo orbitador *Mars Odyssey*, mas foi importante confirmá-la no solo.

Além disso, o *Phoenix* fez sua própria descoberta surpreendente em relação ao ambiente da superfície marciana. Com base em dados das sondas e orbitadores recentes, havia se formado um consenso de que o ambiente da superfície global de Marte provavelmente era bastante ácido. No entanto, quando o *Phoenix* analisou sua primeira amostra de solo polar, encontrou um pH neutro. Essa constatação é outro indicativo de habitabilidade, uma vez que a maioria dos microrganismos prefere um pH neutro.

Descobertas recentes: a evolução ambiental de Marte

As missões recentes de sondas e orbitadores a Marte transformaram nosso entendimento de sua evolução primitiva. Assim como a Lua e os outros planetas terrestres, Marte tem terrenos crateriformes antigos que preservam o registro do Bombardeio Pesado Tardio. Portanto, esses terrenos antigos devem ser compostos de rochas com mais de 3,8 a 3,9 bilhões de anos (ver Figura 20.11). Superfícies mais novas, que se formaram após o período do Bombardeio Pesado Tardio, também são disseminadas em Marte. Até pouco tempo, acreditava-se que essas superfícies mais novas eram predominantemente vulcânicas, como em Vênus. Porém, dados dos Veículos de Exploração de Marte e do *Mars Express* mostram-nos que, pelo menos, algumas – e, talvez, muitas – dessas superfícies mais novas estão sobrepostas por rochas sedimentares.

Algumas dessas rochas sedimentares são compostas de minerais de sílica derivados da erosão de antigas lavas basálticas e das rochas basálticas pulverizadas dos antigos terrenos crateriformes. Por exemplo, os depósitos de canais meandrantes visíveis na Figura 20.23 podem ter se formado, em grande parte, pelo acúmulo de sedimentos basálticos. Porém, na maioria, se não em todas as rochas sedimentares abaixo do Meridiani Planum, onde o *Opportunity* tem explorado, minerais de sulfatos – que são sedimentos químicos – estão misturados com silicatos. Os sulfatos devem ter se precipitado quando a água evaporou, provavelmente em lagos ou mares rasos. A água deve ter sido muito salgada para precipitar esses minerais e deve ter contido sulfatos comuns, como a gipsita ($CaSO_4$). Além disso, a ocorrência de sulfatos incomuns, como a *jarosita* (**Figura 20.30**) – um sulfato rico em ferro – diz-nos que a água deve ter sido bastante ácida. Em Marte, o ácido sulfúrico provavelmente formou-se quando as abundantes rochas basálticas interagiram com a água e foram alteradas, liberando enxofre. A água rica em ácido, então, fluiu pelas rochas, intensamente fraturadas pelos impactos, e sobre a superfície para acumular-se em lagos ou em mares rasos, onde a jarosita precipitou-se como sedimento químico.

Como vimos nos Capítulos 6 e 9, as rochas sedimentares são registros valiosos da história da Terra. A sucessão vertical de rochas sedimentares – sua *estratigrafia* – diz-nos como os ambientes mudaram ao longo do tempo. Uma das constatações mais empolgantes da missão Veículos Exploradores de Marte,

FIGURA 20.30 O primeiro afloramento estudado em outro planeta (Marte). Este afloramento é composto de rochas sedimentares formadas parcialmente de minerais sulfáticos, inclusive de jarosita. A jarosita pode formar-se apenas na água – e somente na água rica em ácido. A área mostrada no fotografia tem cerca de 50 cm de largura. [NASA/JPL/Cornell.]

por ora, foi a descoberta de um registro estratigráfico na Cratera Endurance. Como a cratera é muito grande, há muitos afloramentos a serem observados, e ela não foi, na maior parte, afetada por outros impactos formadores de crateras. A **Figura 20.31** mostra o afloramento que contém todas as pistas estratigráficas. Utilizando o *Opportunity* para medir cada camada, os geólogos conseguiram montar uma estratigrafia de alta resolução (Figura 21.31b), a primeira desse tipo gerada em outro planeta. O interessante é que esse desenho interpretativo – de um planeta a 300 milhões de quilômetros de distância – fornece o mesmo nível de entendimento que é normalmente obtido aqui na Terra (como, p. ex., na Figura 6.15). O *Curiosity* está realizando um trabalho estratigráfico semelhante na Cratera Gale e espera-se que aprendamos sobre a sequência cronológica de eventos que caracterizou a evolução ambiental inicial de Marte.

Talvez um dia venhamos a ter compreensão suficiente da estratigrafia de Marte para conseguirmos correlacionar rochas sedimentares e vulcânicas de uma parte do planeta com outras de locais distintos. Para isso, precisaremos relacionar observações feitas pelos veículos de exploração no solo com dados panorâmicos fornecidos por orbitadores. Os orbitadores recentes mostraram que os sulfatos e os argilominerais são abundantes em diversos locais de Marte – sobretudo no Vallis Marineris, onde podem formar depósitos com vários quilômetros de espessura. Essa observação leva-nos a supor que sua formação esteve relacionada a um processo ocorrido de modo global, possivelmente durante um período longo. Existem evidências que sugerem que os argilominerais podem ter se formado antes dos sulfatos. Contudo, ainda não sabemos se esses depósitos foram

PRATIQUE UM EXERCÍCIO DE GEOLOGIA

Como se aterrissa uma espaçonave em Marte? Sete minutos de terror

Quando enviamos um aterrissador a Marte, como decidimos onde pousá-lo? A parte mais arriscada dessa missão é quando ocorrem a entrada da espaçonave na atmosfera marciana, sua descida e sua aterrissagem na superfície do planeta. Esse passo, chamado de *Entrada, Descida e Aterrissagem* (EDL, sigla em inglês para Entry, Descent, and Landing) leva aproximadamente sete minutos. Durante esse tempo, o aterrissador desacelera de 7.500 a 0 km/h, e seu escudo de calor torna-se tão quente quanto a superfície do Sol (cerca de 1.500°C), devido ao atrito causado pela atmosfera. Muita coisa pode dar errado, por isso o EDL é chamado de "sete minutos de terror".

A forma e a elevação da superfície marciana exercem funções essenciais no projeto do aterrissador, que armazena uma quantidade limitada de combustível para impulsionar seus motores. Portanto, se a superfície de pouso tiver uma grande variação de altitude, o aterrissador precisa perder tempo (e combustível) manobrando. Sua tarefa de geólogo da equipe de EDL é escolher um local de pouso seguro – um que não tenha grande variação de altitude. Ao mesmo tempo, você precisa escolher um local que ofereça afloramentos interessantes para serem estudados pelo aterrissador ou pelo veículo. Então seu problema é determinar quanta variação de altitude é "demais".

Para solucionar esse problema, precisamos das seguintes informações: os motores são ativados quando o radar determina que o aterrissador está a 1.000 m acima da superfície marciana. Os motores desaceleram a descida, permitindo que o aterrissador desça a uma taxa de 50 metros por segundo (m/s) até que esteja 10 m acima do solo. Neste ponto, o aterrissador descende a 2 m/s até tocar o solo. A taxa de consumo de combustível dos motores é de 5 litros por segundo (L/s). O tanque de combustível armazena 150 L.

Primeiro, quanto tempo leva para que o aterrissador descenda até a superfície? Observe que duas taxas devem ser usadas: uma para os primeiros 990 m de descida e outra para os últimos 10 m.

$$\text{tempo} = \text{distância} \div \text{taxa de descida do aterrissador} = 900 \text{ m} \div 50 \text{ m/s} = 20 \text{ s}$$

$$\text{tempo} = \text{distância} \div \text{taxa de descida do aterrissador} = 10 \text{ m} \div 2 \text{ m/s} = 5 \text{ s}$$

$$\text{total} = 20 \text{ s} + 5 \text{ s} = 25 \text{ s}$$

A seguir, quanto combustível é consumido durante a aterrissagem?

$$\text{consumo de combustível} = \text{tempo} \times \text{taxa de consumo de combustível} = 25\text{s} \times 5\text{L/s} = 125 \text{ L}$$

Considerando que 150 L de combustível estão disponíveis, mas apenas 125 L são usados, haveria uma reserva de 25 L após a aterrissagem. Esse cálculo é para a condição de aterrissagem "perfeita", em que a distância total de descida é 1.000 m (ver "Caso 1" na figura).

Agora vamos considerar o que aconteceria se a aterrissadora se deslocasse

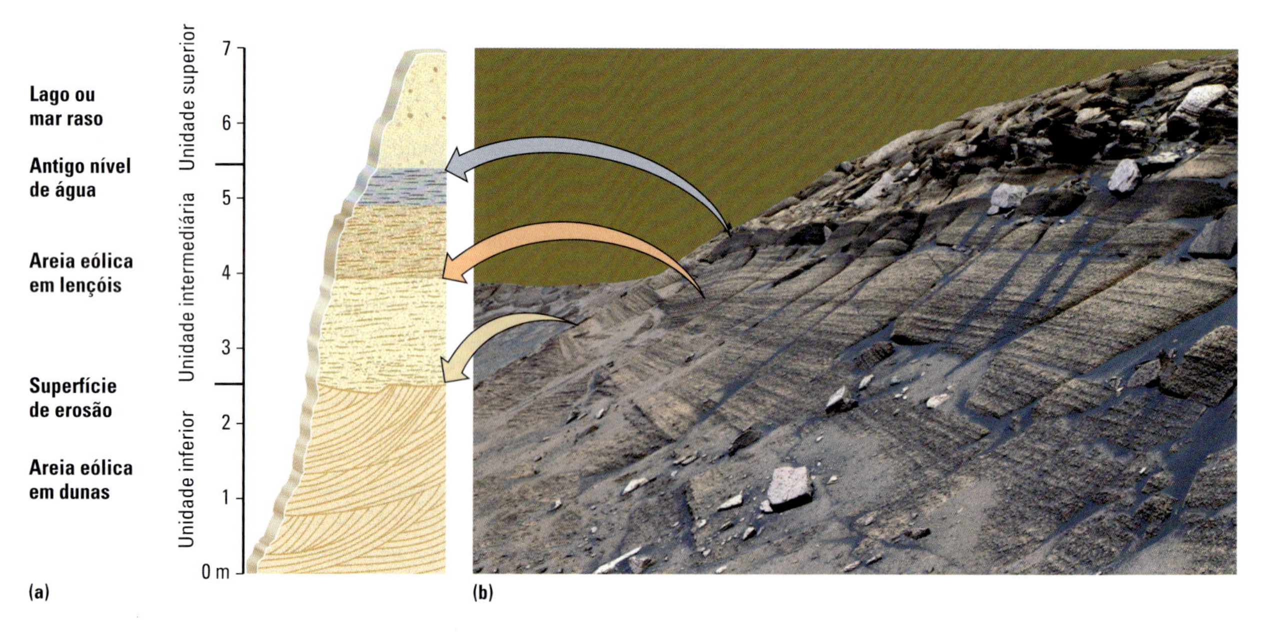

FIGURA 20.31 Uma sequência sedimentar exposta ao longo do flanco da Cratera Endurance, fotografada pelo veículo *Opportunity*. (a) Um desenho didático mostrando cada estágio na história do afloramento. (b) A sucessão vertical de camadas no afloramento preserva um registro excelente de antigos ambientes marcianos. [NASA/JPL/Cornell.]

para os lados durante a descida, porque havia vento, e se movesse sobre um ponto baixo na superfície marciana (ver "Caso 2" na figura). Neste caso, a distância total de descida seria maior do que 1.000 m. Se o ponto inferior fosse baixo demais, o aterrissador correria o risco de esgotar todas as reservas de combustível antes do pouso, despedaçando-se na superfície. Portanto, precisamos determinar quanta mudança de elevação consumiria toda a reserva de combustível.

Em primeiro lugar, temos que determinar quanto tempo extra é oferecido pelos 25 L do combustível de reserva:

tempo = volume do combustível de reserva
= 25L ÷ 5L/s = 5s

Agora podemos determinar a distância adicional de descida que poderia ser percorrida com segurança antes que a reserva de combustível fosse consumida:

distância de descida = tempo de reserva × taxa de descida da aterrissadora
= 5 s × 50 m/s
= 250m

A solução nos diz quanta mudança de elevação seria "demais" para haver um local de pouso seguro: qualquer valor maior do que 250 m é demais. O geólogo da equipe deve encontrar um local de aterrissagem onde a elevação varie menos do que 250 m, mas que ainda ofereça feições geológicas interessantes. Na prática, há uma negociação entre interesse geológico e segurança do local de pouso.

PROBLEMA EXTRA: Determine a variação máxima de elevação em um local de aterrissagem que poderia ser tolerada por um aterrissador com um volume de tanque de combustível de 200 L. Quanta variação poderia ser aceita se a taxa de descida final fosse de 1 m/s, em vez de 2 m/s?

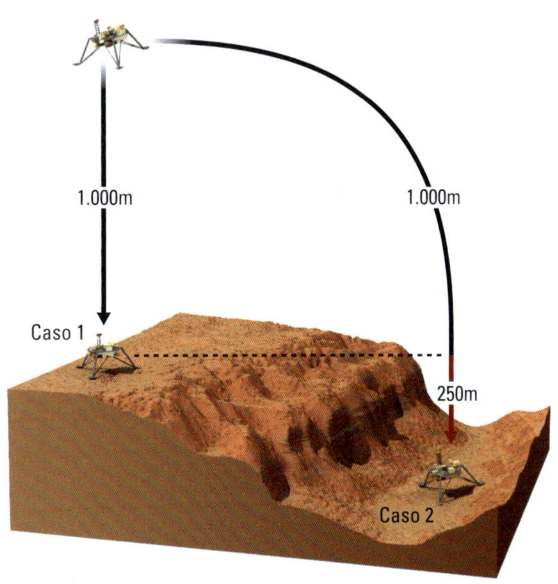

(*em cima*) Engenheiros construindo o aterrissador *Phoenix*, que chegou à superfície de Marte em 2008. (*embaixo*) A aterrissagem bem-sucedida na superfície de Marte exige planejamento cuidadoso e avaliação do ambiente geológico da superfície, inclusive de variações de topografia. [foto: NASA/JPL/UA/Lockheed Martin.]

formados todos ao mesmo tempo, sinalizando um evento ambiental global que pode ter sido único na história de Marte, ou se eles se formaram em vários momentos e em locais diferentes. As descobertas iniciais do *Curiosity* na Baía de Yellowknife, na Cratera Gale, sugerem a segunda possibilidade. Essa conclusão apontaria para um processo mais comum que operou ao longo da história de Marte onde quer que e sempre que as condições locais permitissem.

Atualmente, há evidências irrefutáveis de que, em algum momento na história marciana, houve água líquida em sua superfície e no subsolo. O planeta deve ter sido mais quente do que é hoje, a menos que a água tenha tido uma curta existência, brotando à superfície brevemente e, depois, evaporando rapidamente ou afundando de volta ao subsolo antes de ser congelada, como aconteceria hoje. Há muitas questões sem resposta. Quanta água havia? Quanto tempo durou? Choveu algum dia ou era apenas água subterrânea emergindo para a superfície? A água durou tempo suficiente e tinha a composição certa para dar origem à vida? Apenas uma coisa é certa neste ponto: mais missões são necessárias para responder a essas questões.

Explorando o sistema solar e além

Um astrônomo olhando através de um telescópio talvez seja a primeira imagem que vem à mente quando a maioria das pessoas pensa na exploração do sistema solar. Mas a maioria dos telescópios modernos não têm mais uma ocular e, ao contrário, gravam as imagens com câmeras digitais. Muitos telescópios, como o Telescópio Espacial Hubble, sequer estão localizados na Terra, mas sim encontram-se posicionados no espaço.

Independentemente de onde esteja posicionado ou de como obtenha suas fotografias, o objetivo de um telescópio é sempre o mesmo: coletar mais luz do que podemos fazê-lo a olho nu. Suas fotografias podem ser processadas para aumentar ainda mais o brilho ou ajustar o contraste; tais técnicas podem revelar importantes feições planetárias de superfície, como crateras e cânions. Todas as feições geológicas de superfície dos planetas discutidas até agora neste capítulo foram estudadas dessa forma.

Porém, a luz coletada por telescópios e câmeras digitais, como as do *Spirit* e do *Opportunity*, também pode ser estudada usando uma segunda técnica. Assim que obtemos um registro da luz vinda de um objeto de interesse – digamos, um planeta, uma estrela ou um afloramento – podemos estudar seu espectro. Todos sabemos que a luz solar, quando passa por um prisma, divide-se em um arco-íris de cores chamado de *espectro*. A luz gerada por uma estrela, ou refletida da superfície de um planeta ou de um afloramento, também produz um espectro. As cores desse espectro podem revelar a composição química de materiais que produzem ou refletem luz. Assim, os geólogos podem analisar o espectro de luz refletida de um planeta e saber quais gases estão na atmosfera e quais substâncias químicas e minerais estão nas rochas e nos solos.

Os astrônomos usam este mesmo princípio para estudar a luz que vem de estrelas e galáxias muito distantes. Os espectros que eles veem dizem-nos as idades dessas estrelas e galáxias, revelam como evoluíram e até oferecem informações fascinantes sobre a origem e a evolução do universo.

Missões espaciais

A maioria das observações de nosso sistema solar e além ainda são feitas da Terra. Nos últimos 50 anos, porém, enviamos todos os tipos de máquinas, robôs e mesmo humanos para o espaço em nossa busca de explorar o desconhecido. As missões espaciais são um empreendimento custoso, exigindo um esforço tremendo de centenas e, por vezes, milhares de pessoas a um custo de centenas de milhões a bilhões de dólares. O custo da missão Veículos Exploradores de Marte foi por volta de US$ 800 milhões para os dois veículos, e o Laboratório Científico de Marte – aproximadamente o tamanho de um carro – custará mais de US$ 2 bilhões. E as missões espaciais são um negócio arriscado: menos da metade das missões enviadas a Marte tiveram êxito. Como lembra-nos o programa de ônibus espacial, a exploração do espaço também é arriscada para humanos.

Todos esses esforços, custos e riscos valem a pena? Por milhares de anos, as pessoas olharam para os céus e ponderaram sobre o universo. Do que são feitos as estrelas e os planetas? Como o universo formou-se? Existe vida fora daqui? Para responder a essas questões, temos que procurar pistas, e a maioria delas será fornecida apenas por missões espaciais. A questão não é tanto se deve ou não haver exploração espacial, mas como ela deve ser feita. A maioria dos debates concentra-se no fato de ser ou não essencial enviar humanos ao espaço ou se as missões dos veículos enviados a Marte demonstraram a adequação dos robôs.

Estamos ativamente explorando o espaço de muitas formas diferentes. Espaçonaves foram enviadas para orbitar planetas, luas e asteroides e para voar próximo a planetas e cometas no sistema solar externo e além. Em outras ocasiões, instruímos aterrissadores e outras sondas a descer em superfícies planetárias e a fazer medições diretas de rochas, minerais, gases e fluidos. Em 3 de julho de 2005, uma sonda foi liberada da espaçonave *Deep Impact* ("Impacto profundo") e instruída a colidir deliberadamente com o cometa Tempel 1. A profundidade da cratera resultante e a luz emitida na colisão (**Figura 20.32**) revelaram do que é composto o interior do cometa. Constatou-se que o cometa consiste em uma mistura de poeira e gelo; o componente de poeira incluía argilominerais, carbonatos e silicatos e era rico em sódio, que é raro no espaço.

FIGURA 20.32 Os primeiros momentos após a sonda *Deep Impact* (Impacto Profundo) ter colidido com o cometa Tempel 1. Detritos do interior do cometa estão se expandindo a partir do local de impacto. [NASA/JPL – Caltech/UMD.]

A missão Cassini-Huygens a Saturno

Uma história ainda mais notável de exploração do espaço profundo envolve a missão Cassini-Huygens. Em 2005, o aterrissador *Huygens* tornou-se a espaçonave que viajou a maior distância para alcançar outro planeta e "viveu" para contar a história.

A Cassini-Huygens é uma das missões mais ambiciosas já lançadas no espaço. A espaçonave *Cassini-Huygens* inclui dois componentes: o orbitador *Cassini* e o aterrissador *Huygens*. A espaçonave foi lançada da Terra em 15 de outubro de 1997. Após percorrer mais de um bilhão de quilômetros pelo espaço profundo em quase sete anos, a *Cassini-Huygens* navegou pelos anéis de Saturno em 1 de julho de 2004. Os lindos anéis de Saturno são o que o diferenciam dos outros planetas (**Figura 20.33a**). É o sistema de anéis mais extenso e complexo do sistema solar, estendendo-se a centenas de milhares de quilômetros do planeta. Composto de bilhões de partículas de gelo e rocha – com variação de tamanho desde grãos de areia até casas – os anéis orbitam Saturno com velocidades distintas. Entender a natureza e a origem desses anéis é um dos principais objetivos dos cientistas da Cassini-Huygens. O aterrissador Huygens pousou na superfície de Titã e descobriu um planeta cuja superfície é composta principalmente de hidrocarboneto – líquidos, sólidos e gasosos –, com lagos e rios formados desses materiais (Figura 20.33b).

Em 24 de dezembro de 2004, o aterrissador *Huygens* foi liberado do orbitador e viajou mais de 5 milhões de quilômetros até chegar a Titã, uma das 18 luas de Saturno. Em 14 de janeiro de 2005, atingiu a atmosfera superior de Titã, onde acionou um paraquedas e, a seguir, mergulhou para a superfície, pousando com sucesso. Suas câmeras mostraram feições de superfície que parecem ser redes de drenagem, semelhantes às vistas na Terra e em Marte. O local de pouso estava repleto de rochas com até 10–15 cm de diâmetro (Figura 20.33b). No entanto, essas "rochas" provavelmente são gelo composto de metano (CH_4) e outros compostos orgânicos.

Maior do que o planeta Mercúrio, Titã é de especial interesse para os cientistas, porque é um dos poucos satélites do sistema solar com sua própria atmosfera. Ele está encoberto em uma névoa espessa e semelhante a uma mistura de fumaça e neblina que os cientistas acreditam ser similar à atmosfera terrestre antes da vida ter começado, há mais de 3,8 bilhões de anos (ver Capítulo 22). Compostos orgânicos, inclusive gases feitos de metano, são abundantes em Titã. Estudos posteriores dessa lua prometem revelar muito sobre a formação planetária e, talvez, sobre os dias primordiais da Terra.

(a)

(b)

FIGURA 20.33 a) Saturno e seus anéis preenchem inteiramente o campo de visão desta imagem em cor natural obtida pela espaçonave *Cassini-Huygens* em 27 de março de 2004. Variações de cor nos anéis refletem diferenças na composição dos materiais que os estruturam, como gelo e rocha. Os cientistas da *Cassini-Huygens* investigarão a natureza e a origem dos anéis à medida que a missão progredir. (b) A superfície de Titã está repleta de "rochas" de gelo compostas de metano congelado e outros compostos que contêm carbono. [(a) NASA/JPL/SSI/ESA/University of Arizona; (b) ESA/NASA/University of Arizona.]

Outros sistemas solares

Cientistas e filósofos especulam há muito tempo sobre a existência de planetas ao redor de outras estrelas e não somente do nosso Sol. Na década de 1990, os astrônomos descobriram planetas orbitando próximos a estrelas semelhantes ao Sol. Em 1999, a primeira família de **exoplanetas** – os sistemas solares de outras estrelas – foi identificada. Esses planetas têm luz muito fraca para serem vistos diretamente pelos telescópios. Porém, sua existência pode ser inferida a partir de uma leve atração gravitacional da estrela em que orbitam, causando nela movimentos de vaivém que podem ser medidos. Vemos esses movimentos registrados nos espectros da luz estelar. Sondas espaciais acima da atmosfera terrestre são capazes de procurar por um esmorecimento da luz de uma estrela-mãe no momento em que um planeta em órbita passa na frente dela, interceptando a linha de visão da Terra. A maioria dos planetas encontrados dessa forma é do tamanho de Júpiter ou ainda maior e orbita próximo das estrelas-mães – muitos a uma distância abrasante. Planetas do tamanho da Terra foram descobertos em anos recentes utilizando outros métodos. No início de 2009, os astrônomos haviam descoberto mais de 300 novos planetas, organizados em 249 sistemas solares. Na época da redação deste capítulo, no final de 2018, havia 3.545 novos planetas, situados em 2.660 sistemas solares. O ritmo das descobertas é simplesmente impressionante.

Somos fascinados pelos sistemas planetários de outras estrelas pelo que eles podem vir a nos ensinar sobre nossa própria origem. Nosso redobrado interesse, todavia, reside na profunda implicação científica e filosófica contida na questão: "Existe mais alguém fora daqui?". Hoje, a NASA está trabalhando em uma espaçonave que levará instrumentos para analisar as atmosferas de exoplanetas de nossa galáxia na busca de indícios da presença de algum tipo de vida. Tendo em vista o que conhecemos sobre os processos biológicos, a vida em um exoplaneta seria, provavelmente, baseada em carbono e precisaria de água líquida. As temperaturas brandas que desfrutamos na Terra – não tão afastadas do intervalo entre os pontos de congelamento e ebulição da água – parecem ser essenciais (ver Capítulo 22). Uma atmosfera é necessária para filtrar a radiação prejudicial da estrela-mãe, e o planeta deve ser grande o suficiente para que seu campo gravitacional impeça a atmosfera de escapar para o espaço. Para que exista um planeta habitável e com vida avançada *como nós a conhecemos*, são necessárias condições ainda mais limitantes. Por exemplo, se o planeta fosse muito grande, organismos delicados, como os humanos, seriam frágeis demais para resistir a sua vigorosa força gravitacional. Esses requisitos são muito restritivos para que a vida exista em algum outro lugar? Muitos cientistas pensam que não, considerando a existência de bilhões de estrelas semelhantes ao Sol na nossa galáxia.

CONCEITOS E TERMOS-CHAVE

asteroide (p. 602)
Bombardeio Pesado (p. 609)
diferenciação gravitacional (p. 603)
exoplaneta (p. 628)
hipótese da nebulosa (p. 600)
meteorito (p. 602)
nebulosa solar (p. 601)
planeta anão (p. 607)
planeta terrestre (p. 602)
planetesimal (p. 601)
tectônica de flocos (p. 613)

REVISÃO DOS OBJETIVOS DE APRENDIZAGEM

20.1 Descrever como o sistema solar se originou.

Segundo a hipótese da nebulosa, o Sol e sua família de planetas se formaram quando uma nuvem de gás e poeira, conhecida como nebulosa solar, se condensou há cerca de 4,5 bilhões de anos. A atração gravitacional levou à agregação de poeira e material condensado por meio de colisões "pegajosas" em planetesimais, que, por sua vez, colidiram e se agregaram, formando corpos maiores. Com a formação dos planetas, os quatro mais próximos ao Sol (os planetas terrestres) desenvolveram composições muito diferentes dos planetas exteriores (planetas exteriores gigantes).

Atividade de Estudo: Figura 20.2

Questão para Pensar: Qual é a origem do cinturão de asteroides entre Marte e Júpiter?

Exercício: Como e por que os planetas interiores do sistema solar diferem dos planetas exteriores?

20.2 Explicar como a Terra se formou e evoluiu ao longo do tempo.

A Terra provavelmente aumentou por acrescimento de planetesimais colidentes. Logo depois de formada, foi impactada por um corpo gigantesco aproximadamente do tamanho de Marte. A matéria ejetada para o espaço, tanto da Terra como do corpo, agregou-se para formar a Lua. O impacto gerou calor suficiente para fundir grande parte do que restou da Terra. A radioatividade e a energia gravitacional também contribuíram para o aquecimento e a fusão inicial. A matéria mais pesada, rica em ferro, afundou para o centro da Terra formando o núcleo, e a matéria mais leve ascendeu originando a crosta. Gases ainda mais leves formaram os oceanos e a atmosfera da Terra. Dessa forma, a Terra foi transformada em um planeta diferenciado, com camadas distintas.

Atividade de Estudo: Figura 20.4

Questão para Pensar: Sabendo como a Lua foi formada, que resultados você esperaria encontrar se alguém lhe informasse que um grande meteorito colidiu com um planeta duas vezes maior que ele? Em que o resultado do impacto seria diferente se o meteoro fosse significativamente menor que o planeta?

Exercício: O que causou a diferenciação da Terra em um planeta em camadas e qual foi o resultado?

20.3 Comparar a diversidade dos planetas e o que os torna semelhantes e diferentes entre si.

Os quatro planetas terrestres sofreram diferenciação gravitacional que criaram estruturas em camadas, com um núcleo de ferro-níquel, um manto silicático e uma crosta externa. Os planetas exteriores gasosos são tão quimicamente distintos, e tão grandes, que a sua formação deve ter sido drasticamente diferente daquela dos planetas terrestres. Acredita-se que os quatro planetas exteriores gasosos tenham núcleos rochosos ricos em sílica e ferro, circundados por camadas espessas de hidrogênio líquido e hélio. Plutão, antes considerado um planeta, atualmente é chamado de planeta anão – distinguido pelo seu tamanho minúsculo, órbita incomum e composição de rocha, gelo e gás.

Atividade de Estudo: Quadro 20.1

Questões para Pensar: Explique por que as grandes variações de temperatura em Mercúrio e a temperatura incrivelmente alta de Vênus dependem do tipo de atmosfera que têm. Por que a Terra tem uma amplitude de temperatura capaz de sustentar vida?

Exercício: A densidade média de Mercúrio é menor do que a da Terra, mas o tamanho relativo de seu núcleo é maior. Como você explica isso?

20.4 Resumir alguns dos principais eventos dos primórdios da história do sistema solar e descrever como a datação das superfícies planetárias é possível.

A idade do sistema solar, conforme determinada a partir da datação isotópica de meteoritos, é de aproximadamente 4,56 bilhões de anos. A Terra e os outros planetas terrestres formaram-se em um intervalo de cerca de 10 milhões de anos. O impacto que formou a Lua ocorreu há 4,51 bilhões de anos. Minerais de até 4,4 bilhões de anos de idade sobreviveram na crosta terrestre. O Bombardeio Pesado Tardio, que teve seu pico em torno de 3,9 bilhões de anos atrás, marcou o fim do Éon Hadeano na Terra. Rochas coletadas na superfície da Lua pelas missões Apollo foram datadas usando métodos isotópicos. As terras lunares altas mostram idades de 4,4 a aproximadamente 4,0 bilhões de anos. Os mares lunares mostram idades de 4,0 a 3,2 bilhões de anos. Essas idades isotópicas permitiram aos geólogos calibrar a escala de tempo relativa que haviam desenvolvido por contagem de crateras.

Atividade de Estudo: Figura 20.11

Questão para Pensar: Se você fosse um astronauta prestes a aterrissar em um planeta inexplorado, como poderia decidir se tal planeta foi diferenciado em camadas e, além disso, se foi geologicamente ativo?

Exercício: Se contasse todas as crateras de impacto na Lua e registrasse os seus tamanhos, e também tivesse informações sobre as suas idades, qual seria a relação entre tamanho e idade?

20.5 Discutir como Marte e os outros planetas foram explorados. Os dados das espaçonaves mostram evidências da presença de água em Marte?

Quatro tipos de espaçonaves têm sido usados para explorar Marte e os outros planetas. Durante um sobrevoo, uma espaçonave aproxima-se de um planeta apenas uma vez. Um orbitador circula o planeta, fazendo observações remotas de sua superfície e de seu interior. Um aterrissador pode, de fato, tocar a superfície de um planeta para fazer observações locais. Um veículo de exploração pode deixar o local de pouso e percorrer diversos quilômetros para investigar novos terrenos. Atualmente, dois veículos e três orbitadores exploram Marte, enviando novos dados todos os dias, o que leva a novas descobertas significativas sobre a evidência da presença de água e da possibilidade do ambiente ter sido habitável no passado. Hoje, a água está presente em Marte apenas na forma de calotas de gelo nos polos marcianos e também como *permafrost*. No passado, a água pode ter estado presente na forma líquida, segundo a evidência geológica de que ela percorreu a superfície para cavar canais fluviais e depositar sedimentos em canais meandrantes. A água também acumulou-se em lagos ou mares rasos, onde evaporou e precipitou uma variedade de sedimentos químicos, inclusive sulfatos.

Atividade de Estudo: Figuras 20.21 e 20.22

Questão para Pensar: Durante uma tempestade de poeira em Marte, os sedimentos preenchem a atmosfera com poeira. Mas Marte tem uma atmosfera muito mais delgada do que a da Terra. Para mover areia, o vento teria que soprar mais rápido em Marte para compensar essa diferença?

Exercício: Que feições de superfície você procuraria em Marte se estivesse buscando evidências de água líquida em seu passado geológico?

20.6 Descrever como usamos a luz para explorar as estrelas e o sistema solar. O nosso sistema solar é único?

Em alguns casos, podemos usar fotografias aprimoradas de telescópios, que podem revelar feições superficiais de objetos distantes. Em outros, podemos usar informações do espectro de luz, que varia dependendo da composição do objeto que produz ou reflete essa luz. Temos evidência de mais de 300 planetas que giram em torno de outras estrelas. Em diversos casos, existe mais de um planeta nesses sistemas solares. Uma vez que esses novos planetas estão fora do nosso sistema solar, podem ser chamados de exoplanetas.

Atividade de Estudo: Figura 20.32

Questão para Pensar: Como a descoberta de planetas orbitando outras estrelas pode contribuir para o debate sobre a possibilidade de a vida existir em qualquer parte do cosmos? Quais as implicações filosóficas e científicas que a possível existência de vida em planetas de outras estrelas pode trazer?

Exercício: Com base na vida que conhecemos na Terra, discuta as características que outro planeta precisaria ter para ser habitável.

EXERCÍCIO DE LEITURA VISUAL

FIGURA 20.3 O sistema solar. A figura mostra o tamanho relativo dos planetas e o cinturão de asteroides que separa os planetas internos dos externos. Embora considerado um dos nove planetas desde sua descoberta em 1930, a União Astronômica Internacional retirou essa condição de Plutão em 2006. Com essa revisão, existem apenas oito planetas verdadeiros, e não nove.

1. **Quantos planetas há no sistema solar?**
   a. 9
   b. 8
   c. 3
   d. 5
2. **Onde está localizado o cinturão de asteroides?**
   a. Entre o Sol e Mercúrio
   b. Além de Plutão
   c. Entre Marte e Júpiter
   d. Os asteroides estão espalhados por todo o sistema solar
3. **Qual é a composição dominante dos planetas internos?**
   a. Gasosa
   b. Rochosa
   c. Hidrogênio
   d. Gelo
4. **Quais planetas têm anéis?**
   a. Mercúrio, Plutão e a Terra
   b. Vênus, Marte e o Sol
   c. Netuno e Mercúrio
   d. Júpiter, Urano e Saturno
5. **Quais planetas são o maior e o menor?**
   a. Júpiter e Marte
   b. Urano e Plutão
   c. Júpiter e Mercúrio
   d. Saturno e Plutão

A história dos continentes

Objetivos de Aprendizagem

Continentes são amálgamas de rochas ricas em sílica de baixa densidade que flutuam sobre um manto em convecção mais denso. A partir das informações neste capítulo, você será capaz de:

21.1 Identificar as principais províncias tectônicas em um mapa da América do Norte.

21.2 Reconhecer os principais tipos de províncias tectônicas dos continentes.

21.3 Descrever os processos tectônicos que adicionam nova crosta aos continentes.

21.4 Explicar como as orogêneses modificam os continentes.

21.5 Ordenar a sequência de eventos da tectônica de placas que constituem o ciclo de Wilson.

21.6 Categorizar os principais mecanismos da epirogênese.

21.7 Explicar como crátons continentais sobreviveram bilhões de anos frente aos processos da tectônica de placas.

Mapa de sombreamento do relevo do continente norte-americano. [USGS.]

Quase dois terços da superfície terrestre – toda a crosta oceânica – foram criados pela expansão do assoalho oceânico durante os últimos 200 milhões de anos, um intervalo que abrange meros 4% da história da Terra. Para entender como a Terra evoluiu antes disso, precisamos analisar as evidências preservadas na crosta continental, que contém rochas cuja idade chega a 4 bilhões de anos.

O registro geológico na crosta continental é muito complexo, mas nossa habilidade para lê-lo foi imensamente aperfeiçoada nas últimas décadas. Nosso conhecimento sobre a tectônica de placas pode ser usado para interpretar cinturões de montanhas que foram erodidos e as assembleias de rochas que resultaram do fechamento de bacias e da colisão de continentes. A datação isotópica acurada e outras ferramentas geoquímicas ajudam-nos a decifrar a história das rochas continentais. Redes de sismógrafos e outros sensores nos permitem criar imagens da estrutura dos continentes muito abaixo da superfície terrestre.

Neste capítulo, descreveremos a estrutura dos continentes da Terra e examinaremos sua história de 4 bilhões de anos para entender os processos que os formaram – e ainda os modificam hoje em dia. Veremos como os processos tectônicos adicionaram material novo à crosta continental e como a convergência de placas espessou essa crosta em cinturões de montanhas. Exploraremos, também, como essas montanhas foram erodidas para expor as rochas do embasamento metamórfico encontradas em várias regiões mais antigas dos continentes. Voltaremos ao período mais primitivo da evolução continental, o Éon Arqueano* (4,0 a 2,5 bilhões de anos atrás), para refletir sobre dois dos grandes mistérios da história da Terra: como os continentes se formaram e como eles se mantiveram durante bilhões de anos frente a ação da tectônica de placas e deriva continental?

Os continentes, como as pessoas, mostram uma grande variedade de feições que refletem suas origens e sua experiência ao longo do tempo. No entanto, também como as pessoas, os continentes mostram muitas similaridades em sua estrutura básica e padrões de crescimento. Antes de considerar os continentes de forma geral, vamos discutir algumas das maiores feições de um continente cuja geologia é bem conhecida: a América do Norte**.

A estrutura da América do Norte

A história tectônica da América do Norte se reflete em suas **províncias tectônicas** – regiões bastante amplas formadas por processos tectônicos específicos (**Figura 21.1**).

*N. de R.T.: Nesta tradução, adotamos os limites cronoestratigráficos da Comissão Internacional de Estratigrafia (IUGS), amplamente utilizada no Brasil, a qual pode apresentar diferenças com escalas de tempo geológico regionais.

**N. de R.T.: Para a América do Sul, com especial referência ao Brasil, ver o livro Geologia do Brasil, de Y. Hasui, C.D.R. Carneiro, F.F.M. Almeida e A. Bartorelli (2012).

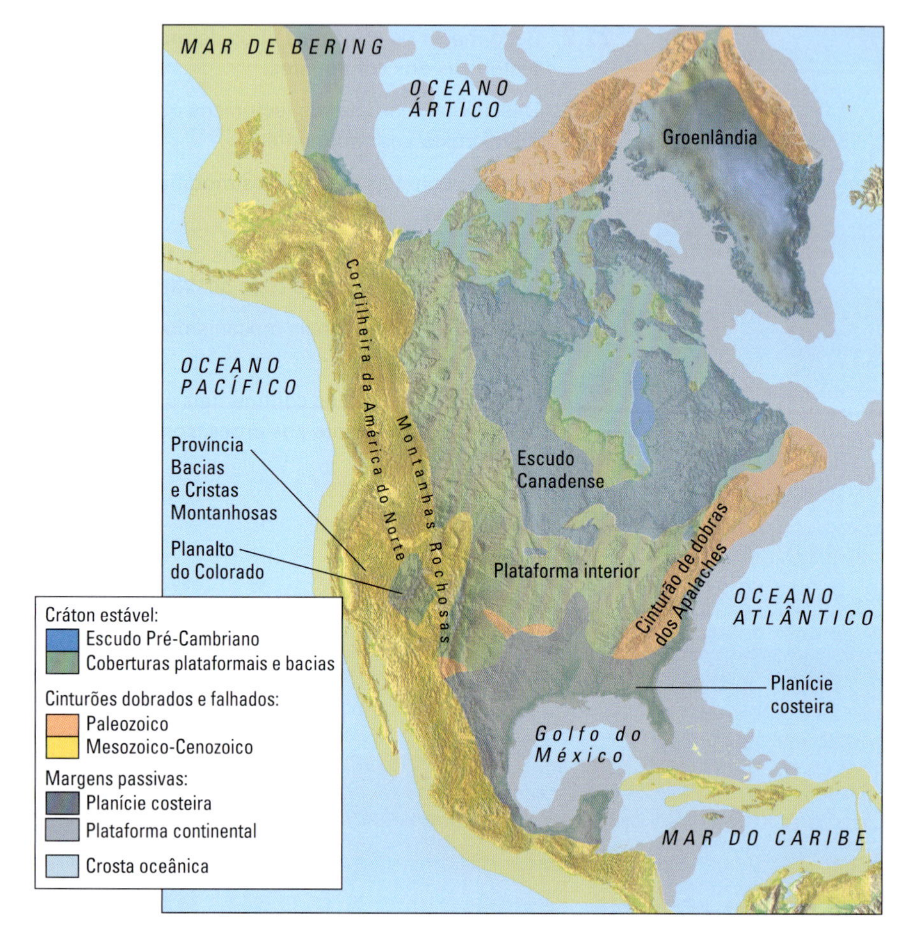

FIGURA 21.1 As principais feições tectônicas da América do Norte refletem os processos que formaram o continente.

As partes mais antigas da crosta, construídas durante os episódios de deformação também antigos, tendem a ser encontradas na porção norte do interior continental. Essa região, que inclui a maior parte do Canadá e as massas de terra estreitamente conectadas à Groenlândia, é *tectonicamente estável*. Em outras palavras, grande parte dela se manteve não perturbada durante os episódios recentes de rifteamento, deriva e colisão continental e foi intensamente erodida. Nos limites desses terrenos mais antigos estão os cinturões metamórficos mais novos, onde a maioria das cadeias de montanhas atuais é encontrada, formando feições topográficas alongadas próximas às margens dos continentes. Podem-se citar como exemplos a Cordilheira da América do Norte*, que se estende ao longo da borda oeste do continente e inclui as Montanhas Rochosas, e o *cinturão de dobramentos dos Apalaches*, que tem uma direção sudoeste-nordeste ao longo da margem oriental. Em nossa descrição das províncias tectônicas, fazemos referência frequente à escala de tempo geológico da Figura 9.16, então sugerimos que marque a página 257 onde a figura se encontre para consultá-la.

O interior estável

Em grande parte do centro e do leste do Canadá, estende-se uma paisagem de embasamento cristalino composto de rochas muito antigas – um domínio tectônico imenso (8.000.000 km^2) que os geólogos chamam de *Escudo Canadense* (**Figura 21.2**). Ele consiste principalmente de rochas graníticas e metamórficas do Pré-Cambriano, como gnaisses, junto com rochas vulcânicas e sedimentares altamente deformadas e metamorfizadas, além de conter grandes depósitos de ferro, ouro, cobre, diamantes e níquel. Grande porção do escudo foi formada durante o Éon Archeano, de modo que ele representa um dos registros mais antigos da história da Terra. Eduard Suess, um geólogo austríaco do século XIX, denominou essas áreas de **escudos** continentais porque elas emergem das rochas sedimentares circundantes como um escudo parcialmente enterrado em um campo de batalha.

Na América do Norte, extensas camadas sedimentares horizontalizadas (*plataformas*) foram depositadas na crosta continental estável em torno da borda do Escudo Canadense e também próximo ao seu centro, perto da baía de Hudson (ver Figura 21.1). Ao sul e a oeste do Escudo Canadense existe uma vasta região de terras baixas cobertas por rochas sedimentarers, denominada *Plataforma Interior*, que compreende as Grandes Planícies do Canadá e dos Estados Unidos. As rochas do embasamento pré-cambriano sotopostas à Plataforma Interior representam a continuidade do Escudo Canadense, embora nesse local elas estejam sob camadas de rochas sedimentares paleozoicas, geralmente com menos de 2 km de espessura.

As rochas sedimentares da plataforma norte-americana foram depositadas sobre o embasamento pré-cambriano deformado e erodido sob condições variáveis. Algumas formações rochosas (arenitos marinhos, calcários, folhelhos, depósitos

*N. de R.T.: Em toda borda oeste da América do Sul estende-se a impressionante Cordilheira dos Andes, há uma série de cadeias montanhosas menores, como a Cordilheira Branca, no Peru, o Altiplano Boliviano-Peruano, o Lago Titicaca, o Deserto de Atacama, entre outros.

FIGURA 21.2 Uma vista aérea das antigas rochas metamórficas erodidas expostas na superfície do Escudo Canadense, Nunavut, Territórios do Noroeste, Canadá. [Paolo Koch/ Science Source.]

deltaicos, evaporitos) indicam sedimentação em mares intracontinentais extensos e rasos. Outras (sedimentos não marinhos, depósitos de carvão) indicam depósitos de planície aluvial ou de lagos ou pântanos.

Na Plataforma Interior, existe uma série de estruturas circulares: amplas *bacias sedimentares*, formando depressões aproximadamente circulares ou ovais onde os sedimentos são mais espessos que aqueles que circundam a plataforma, e *domos*, que são áreas onde rochas sedimentares da plataforma foram soerguidas e erodidas, expondo as rochas do embasamento (**Figura 21.3**). A maioria das bacias é de subsidência térmica, ou seja, são regiões que afundaram quando porções aquecidas da litosfera resfriaram e contraíram-se (ver Capítulo 6). Um exemplo é a Bacia de Michigan, uma área circular de aproximadamente 200.000 km^2 que cobre a maior parte da Península Inferior de Michigan* (Figura 8.15). A subsidência dessa bacia ocorreu durante grande parte da Era Paleozoica e recebeu sedimentos com mais de 5 km de espessura em sua porção mais central e profunda. Os arenitos e outras rochas sedimentares das bacias foram depositados sob condições tranquilas, permanecendo não metamorfizados e apenas levemente deformados até hoje. As bacias da Plataforma Interior contêm importantes depósitos de urânio, carvão, petróleo e gás. Ricos depósitos minerais nas rochas do embasamento estão próximos à superfície nos domos e também podem configurar-se como armadilhas para petróleo e gás.

*N. de R.T.: Essa península é banhada, a leste, pelo Lago Huron, e, a oeste, pelo Lago Michigan.

O cinturão de dobras dos Apalaches

Margeando o lado leste do interior estável da América do Norte estão as antigas e erodidas Montanhas dos Apalaches. Esse clássico cinturão de dobras e falhas de cavalgamento, que já analisamos no Capítulo 8, estende-se ao longo da América do Norte, desde a Terra Nova** até o Estado do Alabama. As assembleias de rochas e estruturas hoje encontradas nessa área resultaram de colisões entre continentes que formaram o supercontinente Pangeia entre 470 e 270 milhões de anos atrás. O lado oeste dos Apalaches é limitado pelo *planalto de Allegheny*, uma região de rochas sedimentares levemente soerguidas e com pouca deformação que é rica em carvão e petróleo. Movendo-se para o leste, podem-se encontrar regiões progressivamente mais deformadas (**Figura 21.4**):

- *Província de Vales e Cristas****. As espessas rochas sedimentares paleozoicas depositadas sobre uma antiga plataforma continental foram dobradas e empurradas de sudeste para noroeste por forças compressivas. As rochas mostram que a deformação ocorreu em três episódios de construção de montanhas: o primeiro iniciou no Ordoviciano Médio (cerca de 470 milhões de anos atrás); o segundo, no Devoniano Médio ao Superior (380 a 360 milhões de anos atrás);

**N. de R.T.: Terra Nova (Newfoundland) é uma ilha situada no Golfo de São Lourenço, pertencente à província homônima, que é a mais setentrional e oriental das províncias do Canadá.

***N. de R.T.: Em inglês, Valley and Ridge Province.

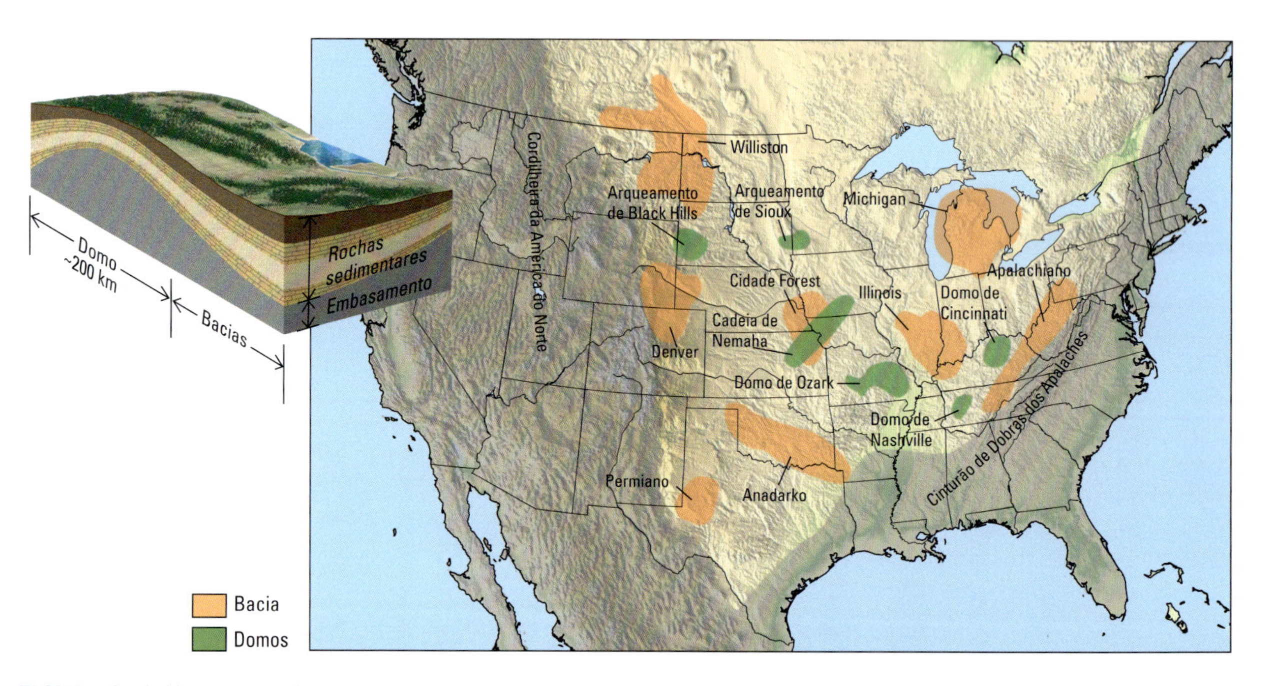

FIGURA 21.3 Um mapa da Plataforma Interior da América do Norte, mostrando a sua estrutura em domos e bacias. As bacias são regiões aproximadamente circulares de rochas sedimentares com grande espessura. Os domos são regiões onde as rochas sedimentares têm espessura anomalamente pequena. Rochas do embasamento estão expostas nos topos desses domos, como no arqueamento de Black Hills* e no Domo de Ozark.

*N. de R.T.: Literalmente, "Morros Negros".

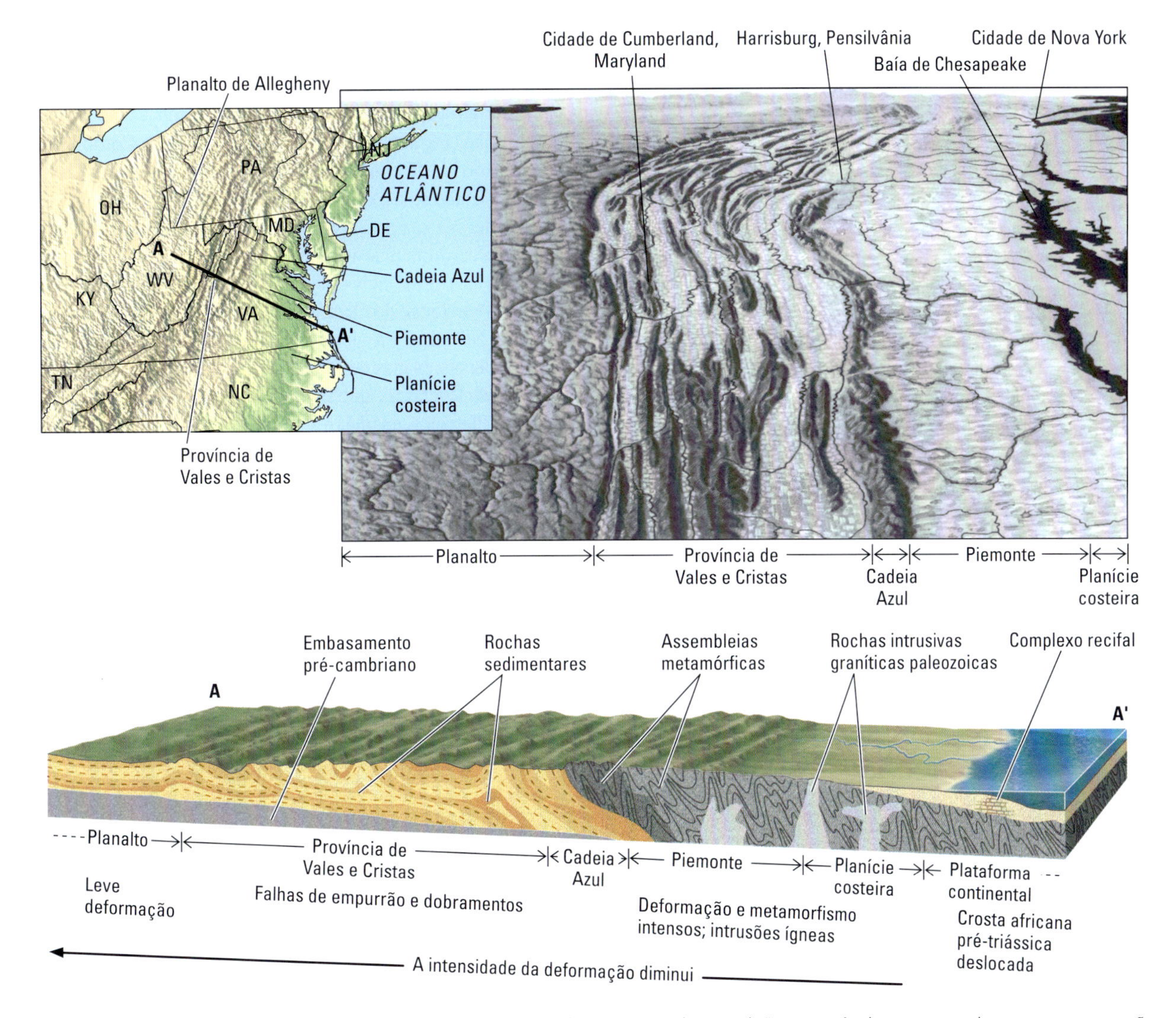

FIGURA 21.4 A Província do Cinturão de Dobras dos Apalaches, mostrada em visão panorâmica para nordeste, e uma secção transversal idealizada. A intensidade de deformação aumenta do oeste para o leste. [Informações de S. M. Stanley, *Earth System History*. New York: W. H. Freeman, 2005. Aerial view from NASA.]

e o terceiro, no final do Carbonífero Superior e no início do Permiano (320 a 270 milhões de anos atrás).

- *Província Cadeia Azul (Blue Ridge).* Essas montanhas erodidas são compostas principalmente de rochas cristalinas intensamente metamorfizadas, cambrianas e pré-cambrianas. As rochas dessa província não foram intrudidas e metamorfizadas na sua atual posição geográfica, tendo sido empurradas como escamas sobre as rochas sedimentares da Província de Cristas e Vales no final da Era Paleozoica, há aproximadamente 300 milhões de anos.
- *Piemonte.* Essa região montanhosa contém rochas sedimentares e vulcânicas pré-cambrianas e paleozoicas metamorfizadas e intrudidas por granito, sendo o conjunto erodido para formar os atuais relevos baixos. O vulcanismo iniciou-se no final do Pré-Cambriano e continuou no Cambriano. O Piemonte foi empurrado sobre as rochas da Província Cadeia Azul, ao longo de uma falha de empurrão de grande escala, cavalgando-as para o noroeste. Pelo menos dois episódios de deformação são evidentes, coincidindo com os dois últimos episódios de formação de montanhas na Província de Vales e Cristas.

A planície costeira e a plataforma continental

Na Planície Costeira do Atlântico, a leste e a sul do Cinturação de Dobras dos Apalaches, as rochas sedimentares relativamente não perturbadas do Jurássico e as mais novas estão sobrepostas a rochas similares àquelas do Piemonte. A Planície Costeira e a plataforma continental, que é sua continuação costa afora (ver Figura 21.1), começaram a se desenvolver no Período Triássico, em torno de 180 milhões de anos atrás, por meio do rifteamento que precedeu a fragmentação da Pangeia e a abertura do atual Oceano Atântico Norte. Os vales em rifte formaram bacias que aprisionaram uma sequência espessa de sedimentos não marinhos. À medida que esses depósitos acumulavam-se, foram sendo intrudidos por soleiras e diques basálticos. O vale do rio Connecticut e a Baía de Fundy são vales em rifte preenchidos por esses sedimentos.

No início do Período Cretáceo, à medida que a expansão do assoalho oceânico ampliava o Oceano Atlântico Norte, a superfície da planície costeira atlântica, profundamente erodida, e a plataforma continental começaram a resfriar-se, afundar e a receber sedimentos do continente. Os sedimentos do Cretáceo e do Terciário, cuja espessura chega a 5 km, preencheram a fossa que estava em lenta subsidência, e ainda mais material sedimentar foi depositado nas águas mais profundas da margem continental. Essa bacia ainda está ativa e continua a receber sedimentos. Se o estágio atual de abertura do Atlântico for revertido daqui a alguns milhões de anos, os sedimentos dessas bacias serão dobrados e falhados por um processo do mesmo tipo que produziu os Apalaches.

A planície costeira e a plataforma do Golfo do México são extensões contínuas da planície costeira e da plataforma atlântica, interrompidas brevemente apenas pela Península da Flórida, uma grande plataforma carbonática. Os rios Mississippi, Grande e outros que drenam o interior do continente norte-americano forneceram sedimentos para preencher uma bacia com cerca de 10 a 15 km de profundidade que se localizava paralela à costa. A planície costeira e a plataforma do Golfo são ricos reservatórios de petróleo e gás natural.

A Cordilheira da América do Norte

A plataforma interior estável da América do Norte é limitada a oeste por um complexo de cadeias de montanhas e cinturões de deformação (Figura 21.5). Essa região é parte da Cordilheira da América do Norte, um cinturão de montanhas que se estende do Alasca à Guatemala e que contém alguns dos mais altos picos do continente. Na sua seção média, entre San Francisco e Denver, o sistema cordilheirano tem uma largura de cerca de 1.600 km e inclui diversas províncias fisiográficas contrastantes: as Cadeias Costeiras* ao longo do Oceano Pacífico; as majestosas montanhas da Sierra Nevada; a Província de Bacias e Cristas Montanhosas;** as terras altas e planas do Planalto do Colorado; e as acidentadas Montanhas Rochosas, que terminam abruptamente no limite das Grandes Planícies, na plataforma interior estável.

A história da Cordilheira da América do Norte é complicada, envolvendo uma história de interação das placas do Pacífico, de Farallon e da América do Norte durante os últimos 200 milhões de anos. Antes da fragmentação da Pangeia, a Placa de Farallon ocupou a maior parte do Oceano Pacífico Leste. À medida que a América do Norte moveu-se para oeste, a maior parte dessa litosfera oceânica foi consumida para leste, sob o continente. A margem oeste do continente varreu arcos de

*N. de R.T.: Em inglês, Coast Ranges.

**N. de R.T.: Em inglês, Basin and Range.

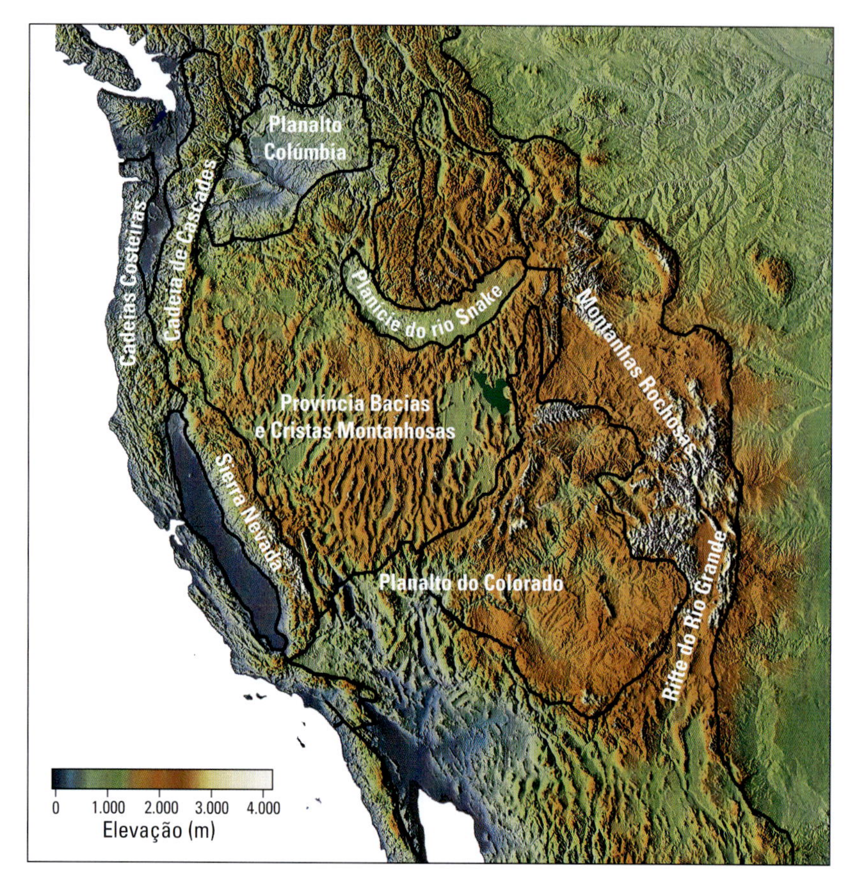

FIGURA 21.5 Topografia da Cordilheira da América do Norte no oeste dos Estados Unidos. A modelização digital de elevação a partir de processamento computadorizado de dados produziu este mapa colorido de sombreamento de relevo. As principais províncias estruturais da região são claramente visíveis, como se estivessem sendo iluminadas por uma fonte de luz baixa a partir do oeste.

ilhas e fragmentos continentais, e a zona de subducção, por fim, engolfou porções do centro de expansão do Pacífico-Farallon, que converteu o limite convergente no moderno sistema da falha transformante de Santo André (**Figura 21.6**). Hoje, tudo o que restou da Placa de Farallon são pequenos fragmentos, que constituem as placas de Juan de Fuca e de Coccos, as quais ainda estão sendo subduzidas sob a América do Norte.

A principal fase de construção de montanhas da Cordilheira aconteceu na última metade da Era Mesozoica e no início do Período Paleógeno (150 a 50 milhões de anos atrás). O sistema cordilheirano é topograficamente mais alto que os Apalaches, o que não surpreende, uma vez que houve menos tempo para a erosão aplainá-lo. A forma e a altura da Cordilheira que vemos hoje são manifestações de eventos ainda mais recentes ocorridos no Período Neógeno, abrangendo os últimos 15 ou 20 milhões de anos, quando a Placa do Pacífico encontrou pela primeira vez a da América do Norte (ver Figura 21.6). Durante esses períodos, ocorreu o **rejuvenescimento** das montanhas, isto é, elas foram soerguidas novamente e trazidas de volta para um estágio mais jovem. Nessa época, as porções central e meridional das Rochosas atingiram a maior parte da sua altura atual como resultado de um amplo arqueamento regional. As Rochosas foram soerguidas de 1.500 a 2.000 metros, à medida que as rochas do embasamento pré-cambriano e sua cobertura de sedimentos deformados tardiamente foram empurradas acima do nível de suas circunvizinhanças. A erosão fluvial acelerou-se, a topografia das montanhas ficou mais afilada e os cânions se aprofundaram. Como vimos no Capítulo 16, o rejuvenescimento não é apenas controlado por processos tectônicos, mas também pela interação das mudanças climáticas e tectônicas. Por exemplo, parte do aumento do relevo das cadeias montanhosas da Cordilheira pode ter ocorrido como resultado do final das idades glaciais no Pleistoceno.

A *Província Bacias e Cristas Montanhosas* desenvolveu-se por meio de soerguimento e extensão da crosta na direção noroeste-sudeste. Essa extensão começou com o aquecimento da litosfera por correntes de convecção mantélica ascendentes há cerca de 15 milhões de anos e continua até o presente (ver Capítulo 8). Isso resultou em uma ampla zona de falhamento normal que se estende da região meridional de Oregon até o México e do leste da Califórnia até oeste do Texas. A Província Bacias e Cristas Montanhosas é vulcanicamente ativa e contém extensos depósitos hidrotermais de ouro, prata, cobre e outros metais valiosos. Milhares de falhas aproximadamente verticais cortaram a crosta em inúmeros blocos soerguidos e rebaixados, formando centenas de cadeias de montanhas de blocos falhados, aproximadamente paralelas e separadas por vales em rifte preenchidos por sedimentos. A Cadeia de Wasatch, em Utah, e a Cadeia de Teton, em Wyoming (**Figura 21.7**), estão sendo soerguidas na borda leste dessa Província enquanto a Sierra Nevada da Califórnia está sendo soerguida e inclinada pela borda oeste.

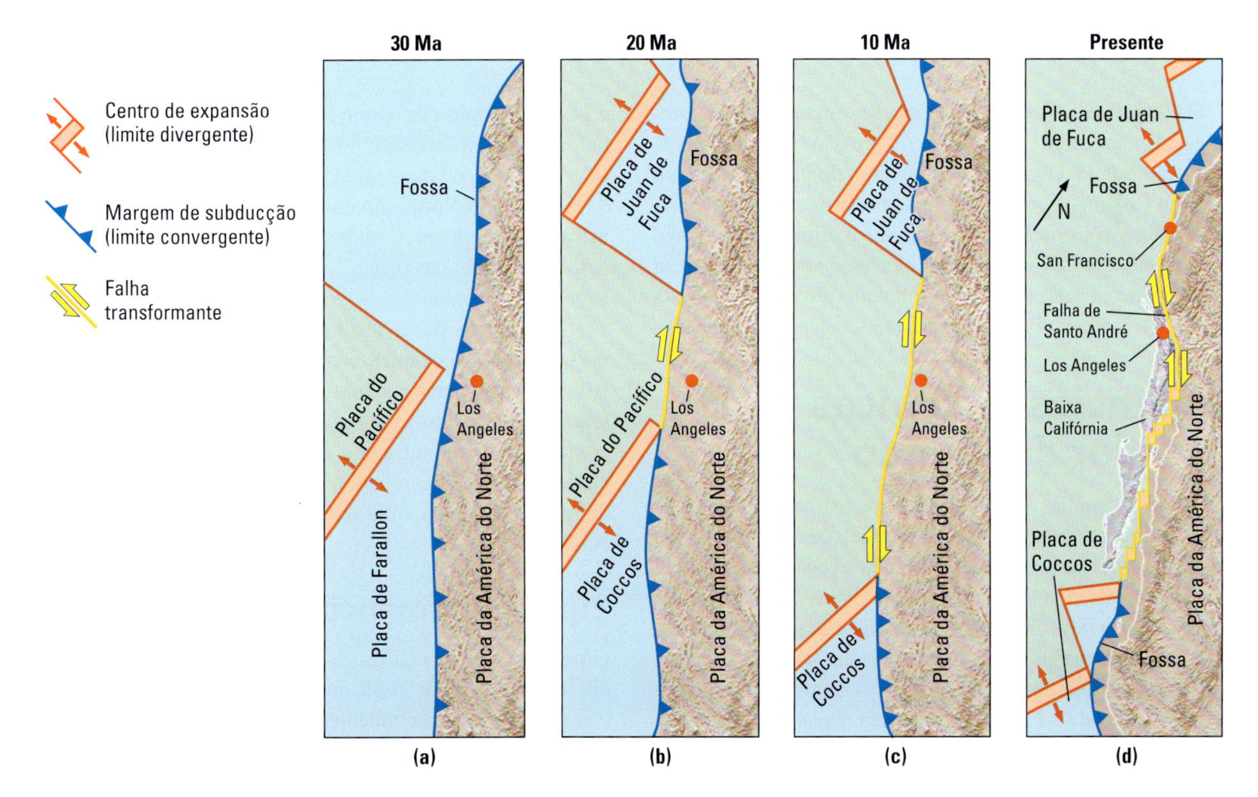

FIGURA 21.6 A interação da costa oeste da América do Norte com a Placa de Farallon, que se reduziu à medida que foi progressivamente consumida sob a Placa da América do Norte, deixou as placas atuais de Juan de Fuca e de Coccos como sendo seus pequenos remanescentes. (Ma, milhões de anos atrás.)

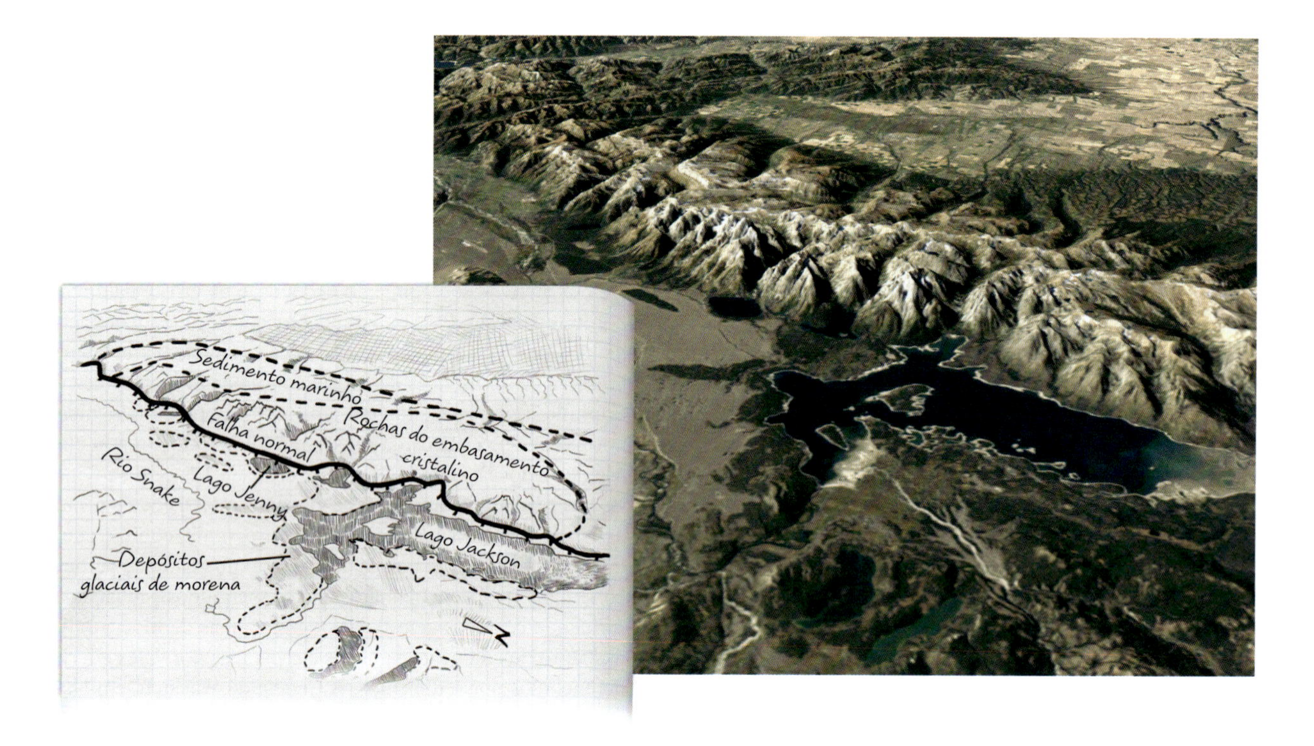

FIGURA 21.7 Desenho sintetizado a partir de dados de satélite da Cordilheira Teton, em Wyoming, EUA. A face leste acentuada da cordilheira, que tem relevo vertical de mais de 2.000 m, resulta do falhamento normal ao longo da borda nordeste da Província Bacias e Cristas Montanhosas. A vista é do nordeste, olhando para o sudoeste. A montanha Grand Teton, próxima ao centro da imagem, chega a uma altitude de 4.200 metros. [NASA/Goddard Space Flight Center Landsat 7 Team.]

O *Planalto do Colorado* aparenta ser uma ilha de estabilidade onde não correu extensão ou compressão relevantes desde o Pré-Cambriano. O amplo soerguimento do planalto fez com que o rio Colorado cortasse profundamente as camadas tabulares das formações rochosas sedimentares, originando o Grand Canyon. Os geólogos acreditam que esse soerguimento foi causado pelo mesmo tipo de aquecimento litosférico que está estirando a crosta na Província Bacias e Cristas Montanhosas.

Províncias tectônicas ao redor do mundo

Vamos agora ampliar nosso olhar para os outros continentes da Terra. Cada continente tem suas próprias feições distintivas, mas um padrão geral torna-se evidente quando a geologia continental é vista em escala mundial (Figura 21.8a). Os escudos e as plataformas continentais compõem as partes mais estáveis da litosfera continental, chamadas de **crátons**, e contêm os remanescentes erodidos das antigas rochas deformadas. O cráton da América do Norte compreende o Escudo Canadense e a plataforma interior (ver Figura 21.1).

Em torno desses crátons estão dispostos os cinturões de montanhas alongados ou **orógenos** (do grego *oros*, "montanha", e *génos*, "gerado por"), que foram formados por episódios de deformação compressiva posteriores. Os sistemas orogênicos (de construção de montanhas) mais novos, como a Cordilheira da América do Norte, são encontrados ao longo das **margens ativas** dos continentes, onde os processos tectônicos causados pelo movimento das placas tectônicas deforma continuamente a crosta continental.

As **margens passivas** dos continentes – aquelas que estão presas à crosta oceânica como parte da mesma placa e, por isso, não estão perto dos limites de placas – são zonas de crosta estendida, estiradas durante o rifteamento que fragmentou continentes mais antigos e iniciou a expansão do assoalho oceânico. Esse rifteamento ocorreu paralelamente a cinturões de montanhas mais antigos, como o Cinturão de Dobras dos Apalaches.

Tipos de províncias tectônicas

O padrão geral de crátons delimitados por orógenos pode ser observado na Figura 21.8a, que representa as principais províncias tectônicas dos continentes ao redor do mundo. As classificações apresentadas neste mapa estão estreitamente relacionadas com as regiões que utilizamos para descrever as províncias tectônicas da América do Norte:

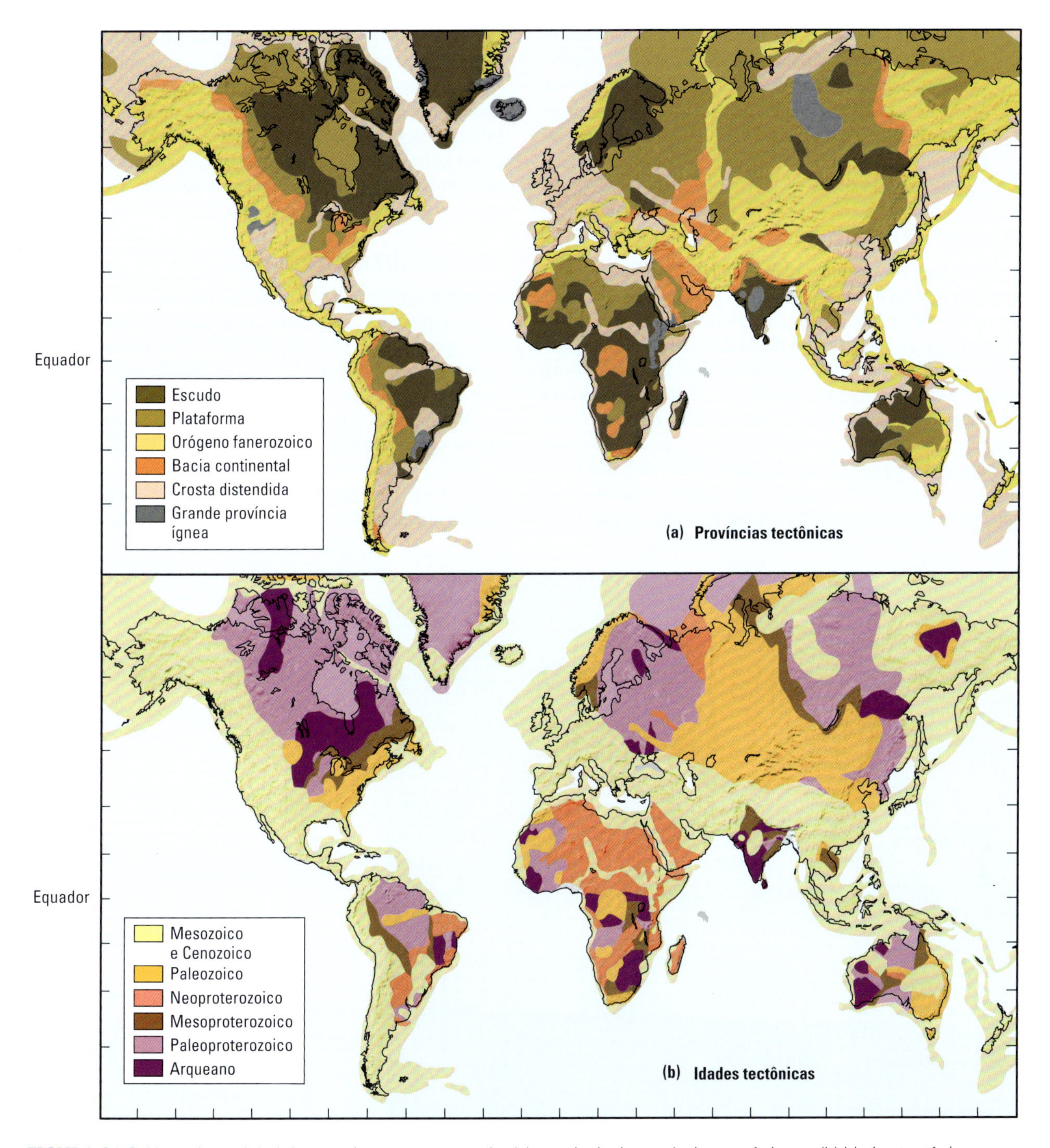

FIGURA 21.8 Uma visão global dos continentes mostrando: (a) as principais províncias tectônicas e (b) idades tectônicas.

- *Escudo.* Uma região de rochas do embasamento cristalino, de idades pré-cambrianas, que permaneceram sem deformação no Éon Fanerozoico (542 milhões de anos atrás até o presente). Exemplo: Escudo Canadense.
- *Plataforma.* Uma região onde as rochas do embasamento pré-cambriano estão recobertas por alguns quilômetros de rochas sedimentares tabulares. Exemplos: Plataforma Interior da região central da da América do Norte, Baía de Hudson.
- *Bacia continental.* Uma região de subsidência prolongada onde se acumularam espessos sedimentos do Fanerozoico, com camadas mergulhantes para o centro das bacias. Exemplos: Bacia de Michigan.

- *Orógeno fanerozoico.* Uma região onde a construção de montanhas ocorreu durante o Fanerozoico. Exemplos: Cinturão dos Apalaches e Cordilheira da América do Norte.
- *Crosta distendida.* Uma região onde a deformação mais recente envolveu uma extensão crustal de grande proporção. Exemplos: Província Bacias e Cristas Montanhosas, Planície Costeira Atlântica.

Idades tectônicas

A **idade tectônica** de uma rocha é aquela do último grande episódio de deformação crustal nela registrado (Figura 21.8b). A maioria das rochas do embasamento continental sobreviveu a uma longa e complexa história de deformação, fusão e metamorfismo repetidos. Os geólogos podem, frequentemente, utilizar técnicas de datação isotópica e de outros indicadores de idades (ver Capítulo 9) para atribuir mais de uma idade a qualquer tipo de rocha. As idades tectônicas indicam a *última* vez que os "relógios" isotópicos dentro das rochas foram reiniciados pela atividade tectônica e pelo metamorfismo concomitante da crosta superior. Por exemplo, muitas rochas ígneas do sudoeste dos Estados Unidos foram originalmente derivadas da fusão da crosta e do manto no Paleoproterozoico (1,9 a 1,6 bilhão de anos atrás) (**Figura 21.9**). No entanto, essas rochas foram substancialmente metamorfizadas durante os períodos subsequentes, incluindo diversos episódios de deformação compressiva no Mesozoico e rifteamento no Cenozoico. Assim, os geólogos atribuem essa região a uma categoria de idades mais novas (Mesozoico-Cenozoico).

Um quebra-cabeça global

A atual distribuição das províncias continentais e respectivas idades representa um quebra-cabeça gigante, cujas peças têm sido rearranjadas e remodeladas por rifteamento, deriva e colisão continental ao longo de bilhões de anos. Apenas os últimos 200 milhões de anos de movimentos de placas podem ser determinados com confiança a partir da crosta oceânica. Os movimentos de placa anteriores a esse período devem ser inferidos a partir de evidências indiretas, encontradas em rochas continentais. No Capítulo 2, vimos que os geólogos têm feito notável progresso na reconstrução das configurações anteriores

FIGURA 21.9 O Xisto Vishnu, parte do embasamento do Mesoproterozoico (1,8 bilhão de anos) encontrado na base do Grand Canyon. [NPS photo by Michael Quinn.]

dos continentes, a partir tanto de dados paleomagnéticos e paleoclimáticos como das assinaturas da deformação expostas em antigos cinturões de montanhas.

Na próxima seção, traçamos a história dos continentes ainda mais antigos do tempo geológico. Novamente, usamos a história da América do Norte como exemplo principal, começando com as províncias mais novas da costa oeste e retrocedendo no tempo até o Escudo Canadense. Nosso foco deverá concentrar-se em três questões-chave da evolução continental: que processos geológicos construíram os continentes que vemos hoje? Como esses processos se encaixam na teoria da tectônica de placas? A tectônica de placas pode explicar a formação original dos crátons? Como veremos, essas questões não foram completamente respondidas pela pesquisa geológica.

Como os continentes crescem

Ao longo de sua história de 4 bilhões de anos, uma nova porção de crosta foi adicionada aos continentes a uma taxa média de 2 km^3 por ano. Um grande debate entre os geólogos diz respeito ao modo como os continentes cresceram: teria sido um crescimento gradual ao longo do tempo geológico ou foi concentrado na história inicial da Terra? No moderno sistema da tectônica de placas, dois processos básicos trabalham em conjunto para formar novas porções de crosta continental: a adição magmática e a acreção.

A adição magmática

O processo de diferenciação magmática de rochas de baixa densidade e ricas em sílica no manto terrestre e o transporte *vertical* desse material félsico e leve do manto para a crosta é chamado de **adição magmática**.

A maior parte da nova crosta continental é originada nas zonas de subducção, a partir de magmas formados pela fusão induzida por fluidos da laje litosférica em subducção e pela cunha do manto acima dela (ver Capítulo 4). Esses magmas, que são de composição basáltica a andesítica, migram para a superfície, acumulando-se em câmaras magmáticas próximas à base da crosta. Ali, eles incorporam materiais crustais e diferenciam-se progressivamente para formar magmas félsicos que migram para a crosta superior, formando plútons dioríticos e granodioríticos encimados por vulcões andesíticos.

Esse processo pode adicionar novo material crustal diretamente às margens das placas continentais ativas. A subducção da Placa de Farallon sob a América do Norte durante o Período Cretáceo, por exemplo, criou os batólitos da borda oeste do continente, inclusive as rochas expostas atualmente na Baixa Califórnia e na Sierra Nevada. A subducção da Placa Juan de Fuca remanescente continua a adicionar novo material para a crosta nos vulcões ativos da Cadeia Cascade, no Pacífico noroeste, do mesmo modo que a subducção da Placa de Nazca está construindo a crosta nas montanhas dos Andes, na América do Sul.

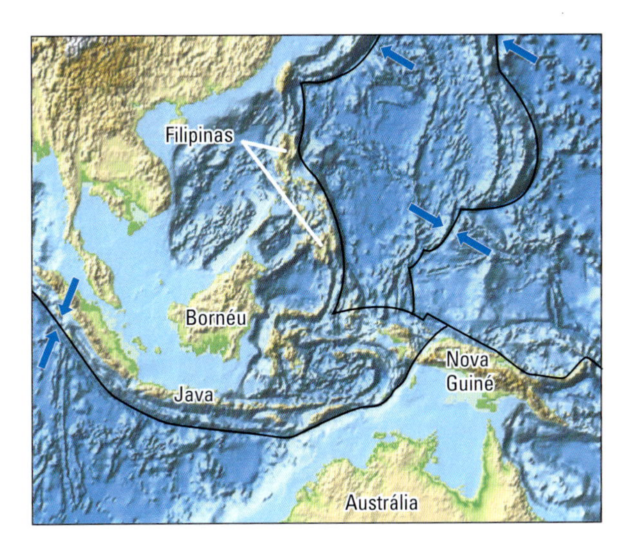

FIGURA 21.10 As Filipinas e outros grupos de ilhas do sudoeste do Pacífico ilustram como os arcos de ilha se amalgamam para formar a crosta protocontinental em zonas de convergência oceano-oceano.

A crosta félsica flutuante também é produzida muito longe dos continentes, nos arcos de ilhas, em zonas de convergência entre oceanos. Com o passar do tempo, esses arcos de ilhas podem amalgamar-se em espessas seções da crosta rica em sílica, como aquelas encontradas nas Filipinas e em outros grupos de arcos de ilhas do sudoeste do Pacífico (Figura 21.10). Os movimentos de placas transportam esses fragmentos de crosta horizontalmente através do globo e, por fim, agrupam-nos nas margens continentais ativas por meio de acreção.

Acreção

Acreção é a adição de material crustal previamente diferenciado a partir do material mantélico em massas continentais já existentes por transporte *horizontal* durante movimentos da placa.

As evidências geológicas para a acreção podem ser encontradas nas margens ativas da América do Norte. No Pacífico noroeste e no Alasca, a crosta consiste em uma mistura de peças antigas – arcos de ilhas, montes submarinos (vulcões submersos extintos) e remanescentes de planaltos basálticos, cadeias de montanhas antigas e outros fragmentos da crosta continental – que foram grudados na margem principal do continente enquanto se movia pela superfície da Terra. Esses fragmentos, por vezes, são denominados **terrenos acrescidos***. Os geólogos usam esse termo para definir grandes fragmentos de crosta, de dezenas a centenas de quilômetros de extensão geográfica, que contêm características comuns e uma origem diferente, geralmente transportados por grandes distâncias pelos movimentos de placas.

*N. de R.T.: Em inglês, *accreted terranes*. Comumente, a expressão comparece simplificada como *terrane*, em inglês, e "terreno", em português.

FIGURA 21.11 Grande parte da Cordilheira da América do Norte formou-se por acreção de terrenos ao longo dos últimos 200 milhões de anos. Wrangellia, por exemplo, é um antigo planalto basáltico que foi transportado até sua localização atual por uma distância de 5.000 km. Outros terrenos acrescidos são constituídos por arcos de ilhas, assoalho oceânico antigo e fragmentos continentais.

O arranjo geológico de terrenos acrescidos pode ser caótico (Figura 21.11). Blocos de crosta adjacentes podem contrastar nitidamente em termos de tipos de rocha, da natureza das dobras e falhas e da história do magmatismo e do metamorfismo. Os geólogos frequentemente encontram fósseis indicativos de que esses blocos originalmente se formaram em diferentes ambientes e em tempos diferentes em relação às áreas circundantes. Por exemplo, um terreno acrescido compreendendo conjuntos de ofiólito (pedaços de assoalho oceânico) que contém fósseis de águas profundas pode ser envolto por remanescentes de arcos de ilhas e fragmentos continentais contendo fósseis de águas rasas de idades completamente diferentes. Os limites entre terrenos acrescidos são quase sempre falhas, que acomodaram deslizamento substancial (embora a natureza da falha seja frequentemente difícil de determinar). Os blocos de crosta que parecem estar completamente fora de lugar são chamados de *terrenos exóticos*.

Antes da descoberta da tectônica de placas, os terrenos exóticos foram assunto de um intenso debate entre os geólogos, que tinham dificuldade em produzir explicações razoáveis para a sua origem. Hoje em dia, a análise de terreno acrescido é um campo especializado dentro da pesquisa em tectônica de placas. Mais de cem áreas da Cordilheira da América do Norte (muito mais que aquelas exibidas na Figura 21.11) foram identificadas como terrenos exóticos acrescidos durante os últimos 200 milhões de anos. Um desses terrenos, originalmente um grande planalto basáltico (uma região de crosta oceânica engrossada por um grande derrame de lava basáltica), chamado de Wrangellia, parece ter sido transportado por mais de 5.000 km do Hemisfério Sul até a sua presente posição no Alasca e no oeste do Canadá. Extensos terrenos acrescidos têm sido mapeados no Japão, no sudeste da Ásia, na China e na Sibéria.

Somente em poucos casos os geólogos conseguiram determinar com precisão onde esses terrenos foram originados. Podemos começar a decifrar como os demais foram acrescidos considerando quatro processos tectônicos distintos que podem resultar em acreção (Figura 21.12):

1. Transferência de fragmentos crustais de uma placa em subducção para a placa cavalgante, o que pode ocorrer quando o fragmento é pouco denso para mergulhar no manto. Os fragmentos podem ser pequenos pedaços de continente ("microcontinentes") ou seções espessadas da crosta oceânica (grandes montes submarinos, planaltos oceânicos).
2. Fechamento de um mar marginal que separa um arco de ilha de um continente. Uma colisão com a frente do continente que está avançando pode acrescer a crosta espessada do arco de ilha a esse continente.
3. Duas placas que deslizam uma em relação à outra ao longo de uma falha transformante podem resultar em falhamento direcional e transporte de um fragmento crustal de uma placa para a outra. Hoje, a parte sudoeste da Califórnia amalgamada à Placa do Pacífico está se movendo na direção noroeste relativamente à Placa da América do Norte ao longo da falha transformante de Santo André (ver Figura 21.6).

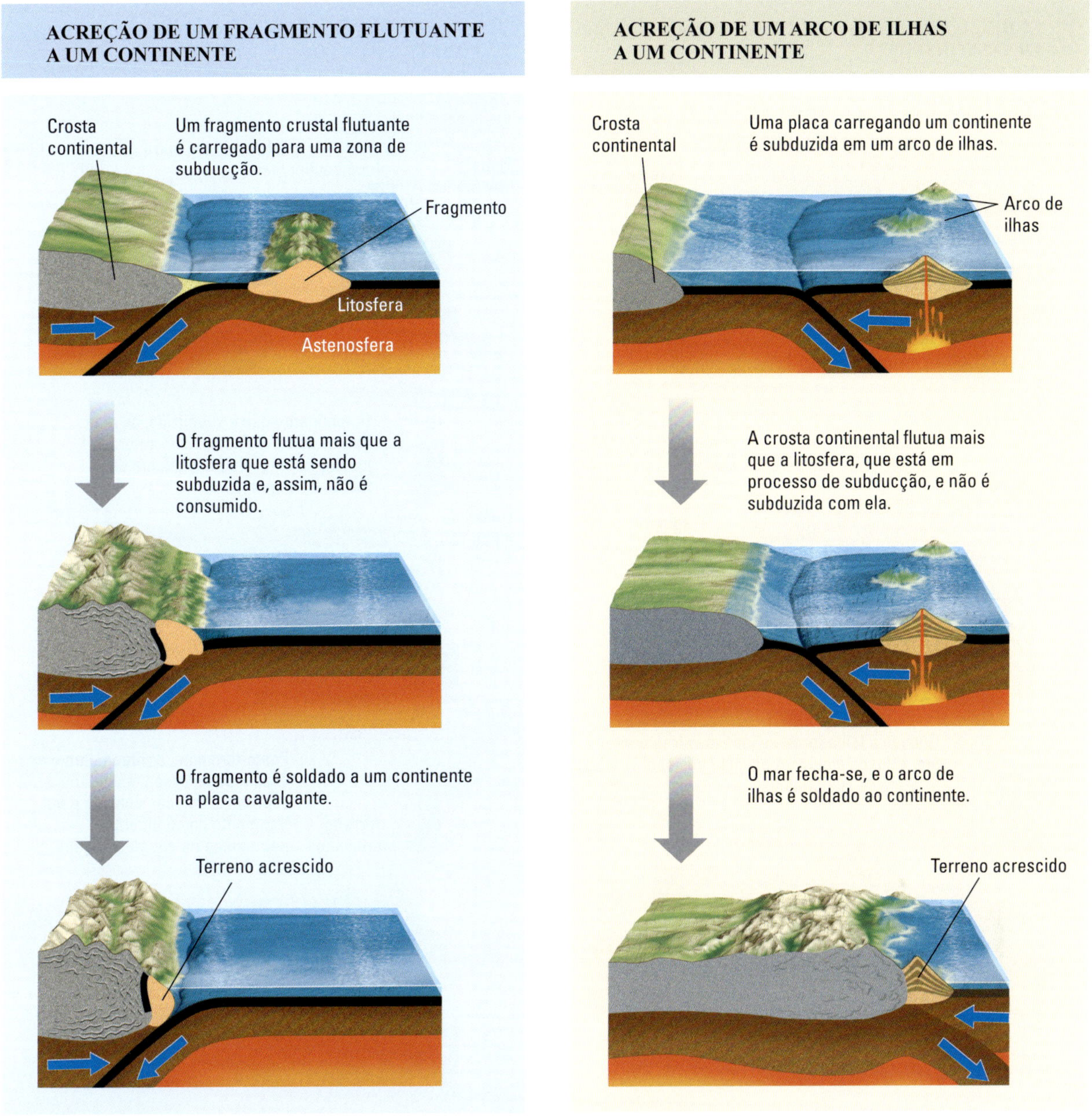

ACREÇÃO DE UM FRAGMENTO FLUTUANTE A UM CONTINENTE

Crosta continental

Um fragmento crustal flutuante é carregado para uma zona de subducção.

Fragmento

Litosfera

Astenosfera

O fragmento flutua mais que a litosfera que está sendo subduzida e, assim, não é consumido.

O fragmento é soldado a um continente na placa cavalgante.

Terreno acrescido

ACREÇÃO DE UM ARCO DE ILHAS A UM CONTINENTE

Crosta continental

Uma placa carregando um continente é subduzida em um arco de ilhas.

Arco de ilhas

A crosta continental flutua mais que a litosfera, que está em processo de subducção, e não é subduzida com ela.

O mar fecha-se, e o arco de ilhas é soldado ao continente.

Terreno acrescido

FIGURA 21.12 Quatro processos distintos explicam a acreção de terrenos exóticos. (*Continua.*)

O falhamento direcional no lado continental da fossa, em zonas de subducção oblíqua, também pode transportar terrenos por centenas de quilômetros.

4. Dois continentes, ao colidirem, são colados por uma sutura e, posteriormente, fragmentam-se em um local diferente.

O quarto processo explica como alguns dos terrenos acrescidos podem ser encontrados na margem passiva do leste da América do Norte. O Cinturão de Dobras dos Apalaches contém fragmentos das antigas Europa e África, bem como diversos terrenos exóticos. As rochas e os fósseis mais antigos da Flórida são mais semelhantes aos da África do que aqueles encontrados no restante dos Estados Unidos, indicando que a maior parte desta península foi provavelmente transportada para a América do Norte quando a Pangeia se formou e, então, ficou para trás quando a América do Norte e a África separaram-se há cerca de 200 milhões de anos.

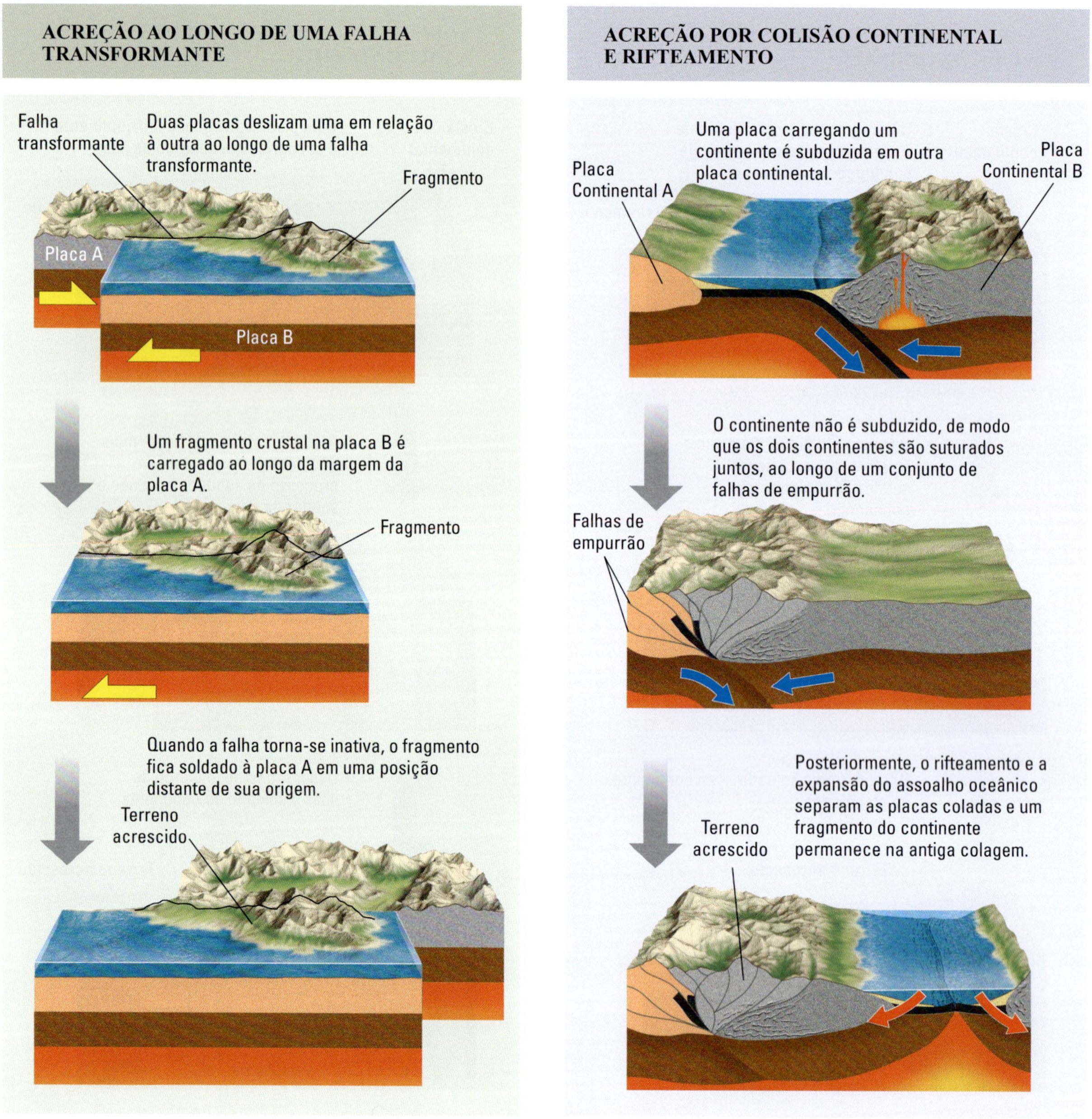

ACREÇÃO AO LONGO DE UMA FALHA TRANSFORMANTE

Falha transformante

Duas placas deslizam uma em relação à outra ao longo de uma falha transformante.

Fragmento

Placa A

Placa B

Um fragmento crustal na placa B é carregado ao longo da margem da placa A.

Fragmento

Quando a falha torna-se inativa, o fragmento fica soldado à placa A em uma posição distante de sua origem.

Terreno acrescido

ACREÇÃO POR COLISÃO CONTINENTAL E RIFTEAMENTO

Placa Continental A

Uma placa carregando um continente é subduzida em outra placa continental.

Placa Continental B

O continente não é subduzido, de modo que os dois continentes são suturados juntos, ao longo de um conjunto de falhas de empurrão.

Falhas de empurrão

Terreno acrescido

Posteriormente, o rifteamento e a expansão do assoalho oceânico separam as placas coladas e um fragmento do continente permanece na antiga colagem.

FIGURA 21.12 Quatro processos distintos explicam a acreção de terrenos exóticos. (*Continuação.*)

Como os continentes são modificados

A geologia da Cordilheira da América do Norte, com muitos terrenos exóticos, não se parece em nada com a do antigo Escudo Canadense, que se posiciona diretamente a leste da Cordilheira. Em particular, os terrenos acrescidos do sistema da jovem Cordilheira não mostram o mesmo alto grau de fusão ou de metamorfismo que caracteriza a crosta pré-cambriana do Escudo. Por que há essa diferença? A resposta está nos processos tectônicos que vêm repetidamente modificando as partes mais antigas do continente ao longo da sua história.

Orogenia: a modificação por colisão de placas

A crosta continental é profundamente modificada por **orogenia** – o processo de construção de montanhas envolvendo dobramento, falhamento, magmatismo e metamorfismo. Os processos orogênicos têm repetidamente modificado as bordas dos crátons durante a longa história destes. A maioria dos períodos de construção de montanhas (orogenia) envolve a convergência de placas. Quando uma ou as duas placas são constituídas de litosfera oceânica, sua convergência acontece principalmente por subducção, em vez de por orogenia. As orogenias podem ocorrer quando um continente cavalga forçosamente sobre uma

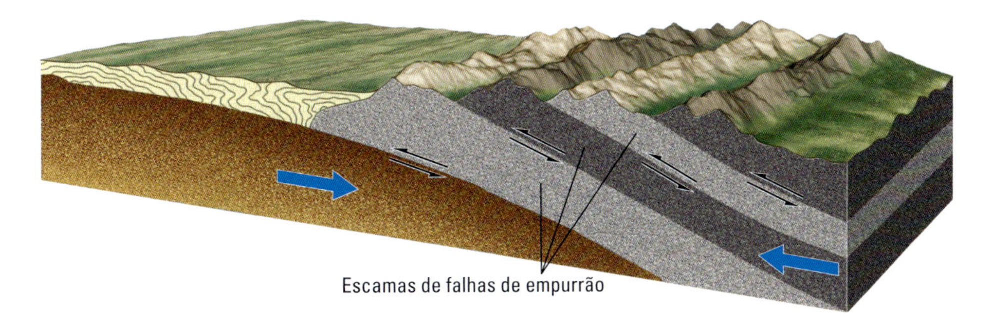

FIGURA 21.13 Quando as placas carregando continentes colidem, a crosta continental pode fragmentar-se em escamas de falhas de empurrão empilhadas umas sobre as outras.

placa oceânica em subducção, como é o caso da orogenia dos Andes, que está em processo na América do Sul. Mas as orogenias mais intensas são causadas pela convergência de dois ou mais continentes. Como observamos no Capítulo 2, quando duas placas continentais colidem, a rigidez de ambas, que é um princípio básico da tectônica de placas, tem de ser modificada.

A crosta continental tem mais flutuabilidade que o manto, de modo que os continentes que estão colidindo resistem à subducção da placa que está carregando-os. Em vez disso, a crosta continental deforma-se e quebra-se em uma combinação de intenso dobramento e falhamento que pode se estender a centenas de quilômetros da zona de colisão, conforme descrito no Capítulo 8. As falhas de cavalgamento, causadas pela convergência, podem se empilhar na parte superior da crosta como múltiplas escamas de cavalgamentos com dezenas de quilômetros de espessura, deformando e metamorfizando as rochas que contêm (**Figura 21.13**). Lascas de sedimentos da plataforma continental podem ser raspadas do embasamento sobre o qual foram depositadas e empurradas para cima do continente. A compressão horizontal por meio da crosta pode duplicar sua espessura, causando a fusão das rochas da crosta inferior. Essa fusão pode gerar grandes quantidades de magma granítico, que ascende para formar extensos batólitos na crosta superior.

A Orogenia Alpino-Himalaiana Para ver a orogenia em ação hoje, observamos as grandes cadeias de altas montanhas que se estendem desde a Europa, passam pelo Oriente Médio e vão até a Ásia, conhecidas coletivamente como *cinturão Alpino-Himalaiano* (**Figura 21.14**). A fragmentação da Pangeia impulsionou a África, a Arábia e a Índia em direção ao norte, causando o fechamento do Oceano Tethys, à medida que a litosfera dele era consumida sob a Eurásia (ver Figura 2.16). Esses antigos fragmentos do continente de Gondwana* colidiram com a Eurásia em uma sequência complexa, iniciando-se na porção oeste da Eurásia, durante o Período Cretáceo, e continuando para leste, durante o Terciário, soerguendo os Alpes na Europa central, as montanhas do Cáucaso e de Zagros no Oriente Médio e o Himalaia e outras cadeias de altas montanhas na Ásia Central.

O Himalaia, onde estão as montanhas mais altas do mundo, é o resultado espetacular desse moderno episódio de colisão continente-continente (ver Pratique um Exercício de Geologia

*N. de R.T.: Pronuncia-se [gɒn'dwɑːnə].

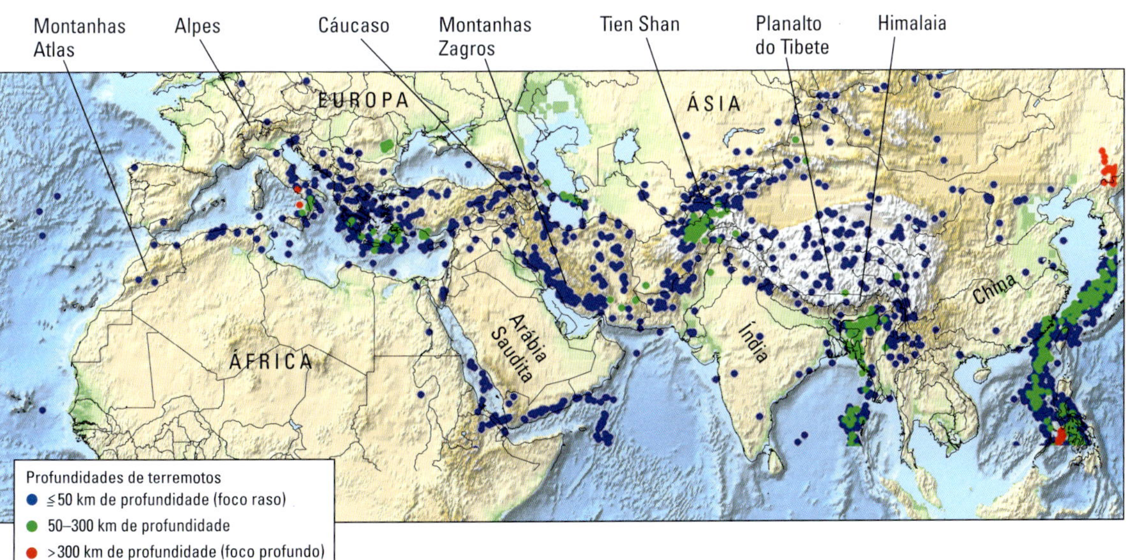

FIGURA 21.14 O cinturão Alpino-Himalaiano mostra as cadeias de altas montanhas construídas pela colisão em curso das placas da África, da Arábia e da Índia com a Placa da Eurásia. Esta orogenia é marcada por intensa atividade de terremotos.

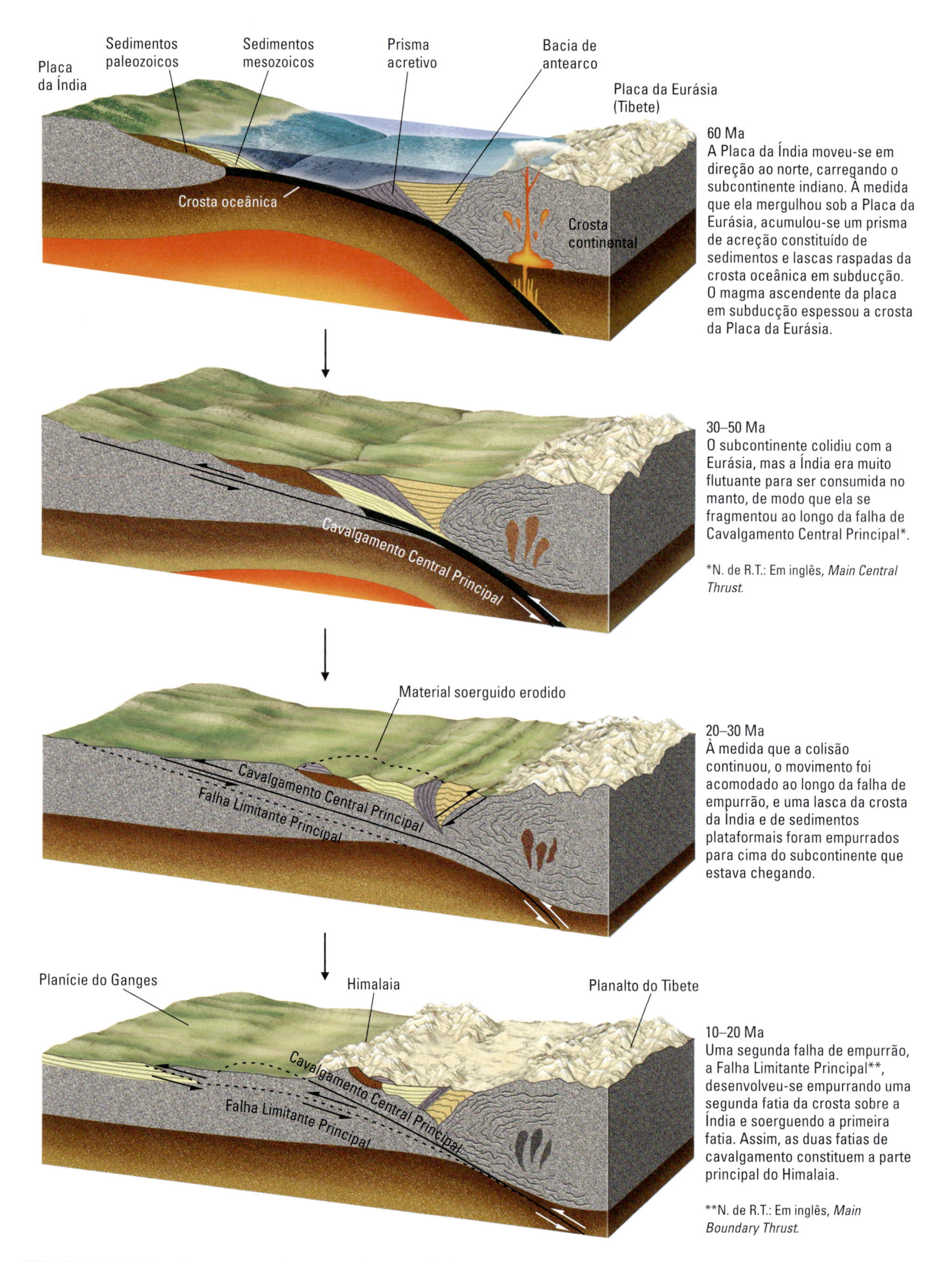

FIGURA 21.15 Secções transversais mostrando a sequência de eventos que causaram a orogenia Himalaiana, simplificados e com exagero vertical. (Ma, milhões de anos atrás.)

após esta seção). Há cerca de 50 milhões de anos, o subcontinente indiano, ao cavalgar na Placa da Índia que estava em subducção, primeiramente encontrou os arcos de ilhas e cinturões vulcânicos continentais, que na época margeavam a placa da Eurásia (**Figura 21.15**). À medida que as massas de terra da Índia e da Eurásia se aglutinavam, o Oceano Tethys desaparecia por subducção. Pedaços da crosta oceânica ficaram aprisionados ao longo da zona de sutura entre os continentes em convergência e podem ser vistos hoje como ofiólitos ao longo dos vales dos rios Indo e Tsangpo, que separam o alto Himalaia do Planalto do Tibete. A colisão retardou o avanço da Índia, mas a placa continuou a movimentar-se em direção ao norte. Não obstante, a Índia penetrou mais de 2.000 km na Eurásia, causando a maior e mais intensa orogenia da Era Cenozoica.

O Himalaia foi formado pelo cavalgamento de fatias da porção norte da antiga Índia, que se empilharam umas sobre as outras (ver Figura 21.15). Esse processo fez parte da compressão. A compressão horizontal e a formação de cinturões de dobras e cavalgamentos também espessaram a crosta no norte da Índia, causando o soerguimento do enorme Planalto do Tibete, que agora tem uma espessura crustal de 60 a 70 km (quase duas vezes a espessura da crosta continental normal) e situa-se cerca de 5 km acima do nível do mar. Essa e outras zonas de compressão explicam a metade da endentação da Índia na Eurásia. Outros processos de compressão empurraram a China e a Mongólia para o leste, tirando-as do caminho de colisão com a Índia, como creme dental espremido do tubo. O movimento foi ao longo da falha de Altyn Tagh e de outras falhas direcionais de deslocamento de grande porte mostradas no mapa da **Figura 21.16**. As montanhas, os planaltos, as falhas e os grandes terremotos da Ásia, a milhares de quilômetros da sutura Indo-Eurasiana, são, assim, afetados pela orogenia Himalaiana, que continua à medida que a Índia empurra a Ásia a uma taxa de 40 a 50 mm/ano.

Orogenias paleozoicas durante a aglutinação da Pangeia Se recuarmos ainda mais no tempo geológico, encontraremos abundantes evidências de orogenias mais antigas. Já mencionamos, por exemplo, que pelo menos três orogenias distintas ocasionaram a deformação paleozoica, atualmente expostas e erodidas no Cinturão de Dobras dos Apalaches, no leste da América do Norte. Esses três períodos de construção de montanhas foram relacionados a eventos da tectônica de placas que levaram à aglutinação do supercontinente Pangeia, próximo ao final do Paleozoico.

O supercontinente Rodínia começou a fragmentar-se ao final do Éon Proterozoico, liberando diversos paleocontinentes (ver Figura 2.16). Um deles foi o grande continente de *Gondwana*. Dois outros foram a *Laurentia**, que incluía o cráton norte-americano e a Groenlândia, e a *Báltica*, compreendendo as terras em volta do mar Báltico (Escandinávia, Finlândia e a parte europeia da Rússia). No Período Cambriano, a Laurentia encontrava-se girada para a direita quase 90º em relação à sua posição atual, posicionando-se com uma parte a sul e outra a norte do equador; seu lado sul (hoje leste) era uma margem continental passiva. Logo ao sul localizava-se o proto-Atlântico ou Oceano** *Iapetus**** (na mitologia grega, Iapetus era pai de Atlantis), que estava sendo subduzido em um arco de ilha distante. A Báltica estava situada a sudeste, e Gondwana estava a milhares de quilômetros

*N. de R.T.: Pronuncia-se [lɒˈrenʃə].

**N. de R.T.: Embora tecnicamente fosse melhor referir o Iapetus como um "paleoceano", foi mantida a designação como no original. O mesmo ocorre para os "paleocontinentes" referidos neste capítulo (p. ex., paleocontinente de Gondwana etc.), bem como para as "paleoplacas" (p. ex., paleoplaca de Fallaron).

***N. de R.T.: Pronuncia-se [æpɪtəs].

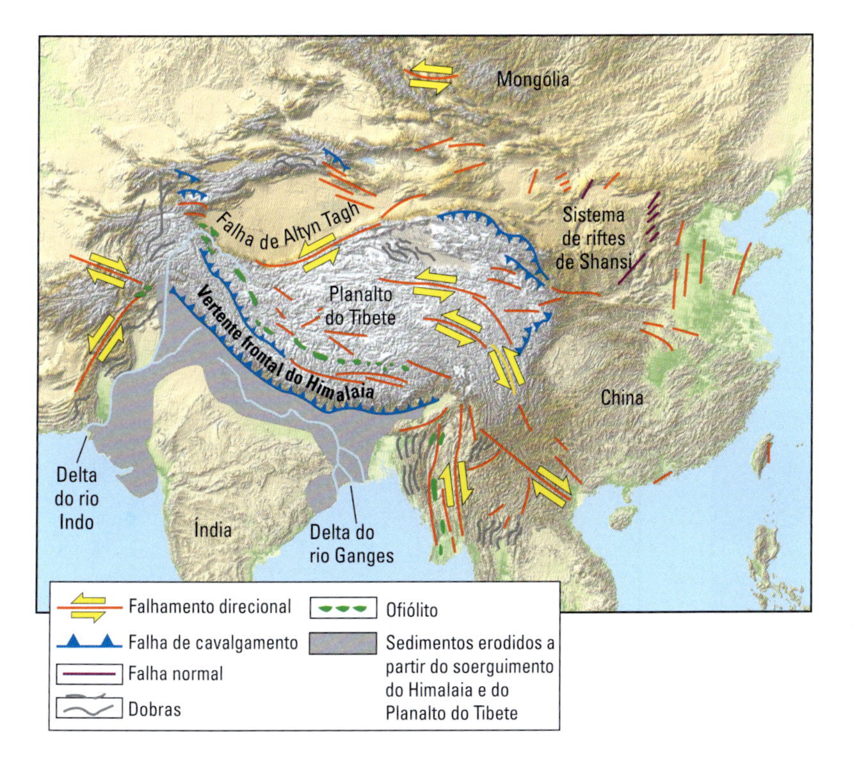

FIGURA 21.16 A colisão entre a Índia e a Eurásia produziu muitas feições tectônicas espetaculares, inclusive falhamento e soerguimento em grande escala.

Mesocambriano (510 Ma)
Após a ruptura da Rodínia, o continente da Laurentia passou pelo equador. Seu lado sul era uma margem continental passiva, banhada pelo Oceano Iapetus.

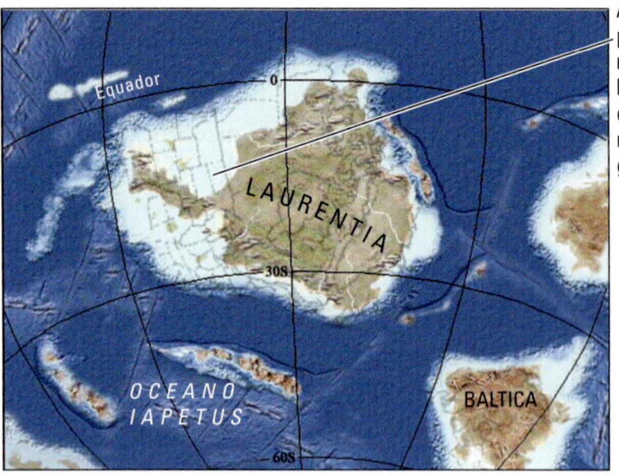

Neo-Ordoviciano (450 Ma)
O arco de ilhas originado pela subducção orientada para o sul da litosfera do Oceano Iapetus colidiu com a Laurentia, no no Meso a Neo-Ordoviciano, causando a orogenia Taconiana.

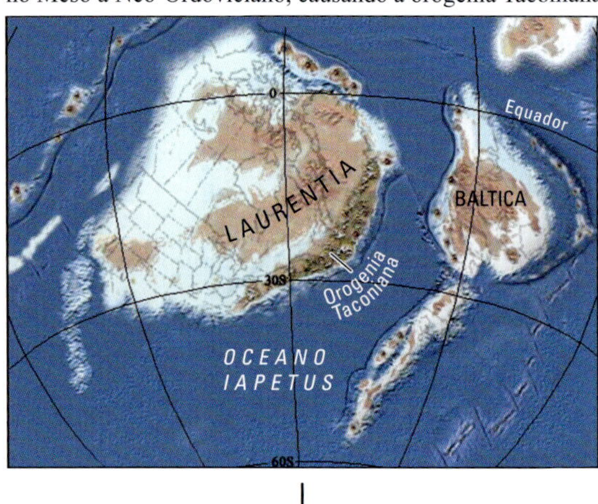

Eodevoniano (400 Ma)
A colisão dos continentes Laurentia e Báltica causou a orogenia Caledoniana e formou a Laurússia. A continuação para o sul da convergência originou a orogenia Acadiana.

Eocarbonífero (340 Ma)
A colisão de Gondwana com a Laurússia iniciou com a orogenia Variscana, onde hoje se situa a Europa Central...

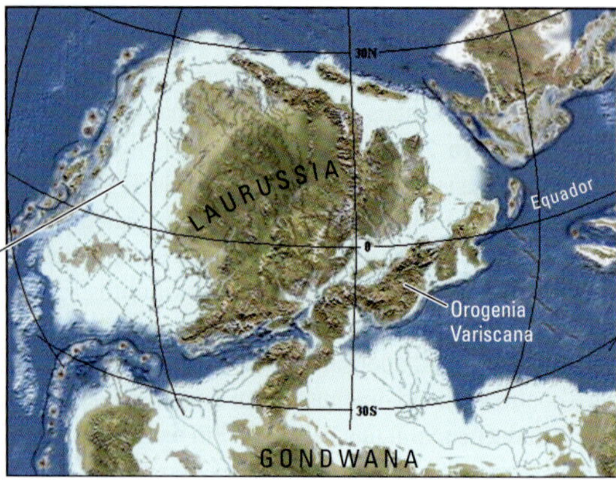

Neocarbonífero (300 Ma)
... e continuou ao longo da margem do cráton da América do Norte com a orogenia Apalachiana. Durante esse cataclismo terminal, a Sibéria convergiu com a Laurússia na orogenia Uraliana para formar a Laurásia, enquanto a orogenia Herciniana criou novos cinturões de montanhas na Europa e no norte da África.

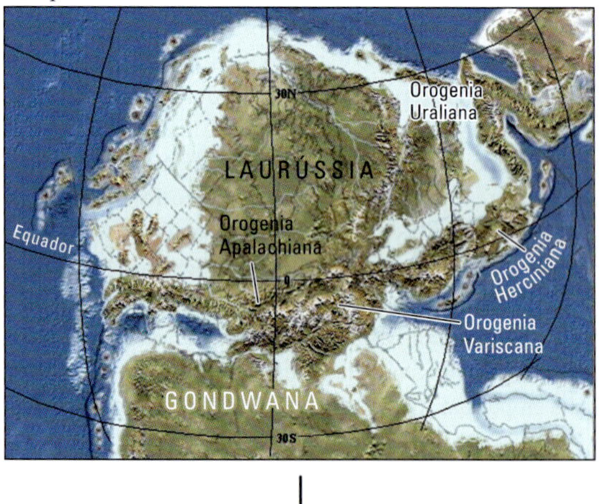

Eopermiano (270 Ma)
O produto final desses episódios de convergência continental foi o supercontinente da Pangeia.

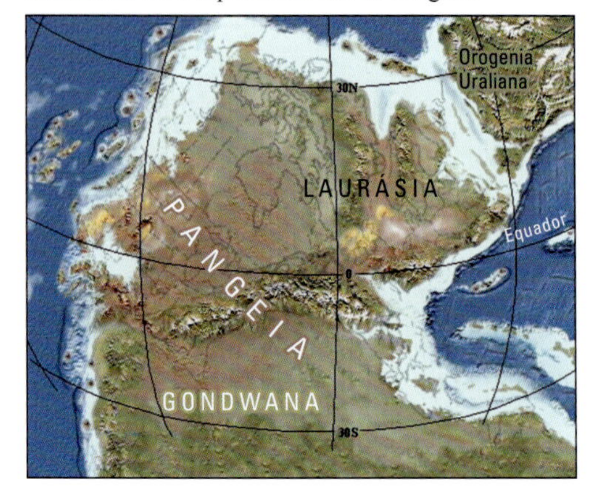

FIGURA 21.17 Reconstituição paleogeográfica da região atual do Atlântico Norte, mostrando a sequência de eventos orogênicos que resultaram na formação da Pangeia. (Ma, milhões de anos atrás.) [Informações de R. C. Blakey, Northern Arizona University, Flagstaff.]

para o sul. A Figura 21.17 mostra a sequência de eventos acontecidos à medida que os três continentes convergiram.

O arco de ilhas construído pela subducção para o sul da litosfera do Oceano Iapetus colidiu com a Laurentia no Meso a Neo-Ordoviciano (470 a 440 milhões de anos), causando o primeiro episódio de formação de montanhas – a *orogenia Taconiana*. (Podemos observar algumas das rochas acrescidas e deformadas durante esse período quando trafegamos pela Avenida Parque Taconic*, que passa a leste do rio Hudson por cerca de 160 km, ao norte da cidade de Nova York.) O segundo episódio foi iniciado quando a Báltica e um conjunto de arcos de ilhas a ela conectados começaram a colidir com a Laurentia no Eodevoniano (cerca de 400 milhões de anos atrás). A colisão deformou o sudeste da Groenlândia, o noroeste da Noruega e a Escócia, no que os geólogos europeus referem-se como *orogenia Caledoniana*. A deformação continuou para o sul adentrando na América do Norte atual, sendo conhecida como *orogenia Acadiana*, quando foram adicionados, como arcos de ilhas, os terrenos das atuais ilhas do Canadá e da Nova Inglaterra à Laurentia, no Meso ao Neodevoniano (380 a 360 milhões de anos atrás).

O *grand finale* na aglutinação da Pangeia foi a colisão das gigantescas massas de terra do Gondwana com a Laurásia e a Báltica, nessa época reunidas em um continente denominado *Laurússia*. A aglutinação iniciou-se há cerca de 340 milhões de anos com a *orogenia Variscana*, sendo hoje a Europa Central, e continuou ao longo da margem do cráton da América do Norte com a *orogenia Apalachiana* (320 a 270 milhões de anos atrás). Nessa última fase de aglutinação, a crosta do Gondwana cavalgou sobre a Laurentia, soerguendo a Cadeia Azul como um cinturão de montanhas, talvez tão alto quanto o Himalaia moderno, e causando a maior parte da deformação atualmente observada no Cinturão de Dobras dos Apalaches. Também durante essa fase, os terrenos da Sibéria e outros terrenos asiáticos convergiram com a Laurússia na *orogenia Uraliana*, formando o continente da *Laurásia* e empurrando as montanhas dos Urais. Ao mesmo tempo, a extensa deformação criou novos cinturões de montanhas na Europa e no norte da África (a *orogenia Herciniana*).

A amalgamação de todas essas massas continentais alterou profundamente a estrutura da crosta. Os crátons rígidos foram pouco afetados, mas os terrenos acrescidos mais novos, aprisionados entre eles, foram consolidados, espessados e metamorfizados. As porções inferiores dessa crosta juvenil foram parcialmente fundidas, produzindo magmas graníticos que ascenderam para formar batólitos na crosta superior e vulcões na superfície. As montanhas e os planaltos foram erodidos, expondo as rochas metamórficas de alto grau que estiveram anteriormente a muitos quilômetros de profundidade e depositando espessas sequências sedimentares. Os sedimentos depositados após a primeira orogenia foram deformados e metamorfizados por episódios posteriores de construção de montanhas.

Orogenias mais antigas Até agora investigamos dois importantes períodos de formação de montanhas: as orogenias paleozoicas associadas com a amalgamação da Pangeia e a orogenia Alpino-Himalaiana do Cenozoico. No Capítulo 2, discutimos a formação do supercontinente de Rodínia no final do Éon Proterozoico. Agora, você não se surpreenderá ao saber que grandes orogenias acompanharam a formação desse supercontinente mais antigo.

Algumas das melhores evidências dessas orogenias provêm das margens leste e sul do Escudo Canadense, no largo cinturão conhecido como Província Grenville, onde novo material crustal foi adicionado ao continente no Mesoproterozoico há cerca de 1,1 a 1 bilhão de anos (ver Figura 21.8b). Os geólogos acreditam que essas rochas, que estão agora intensamente metamorfizadas, originalmente consistiam em cinturões de vulcões continentais e terrenos de arcos de ilhas que foram acrescidos e comprimidos pela colisão da Laurentia com a parte oeste de Gondwana. Eles propuseram uma analogia entre o que aconteceu durante essa *orogenia Grenvilliana* e o que está acontecendo hoje na orogenia Himalaiana. Um planalto semelhante ao do Tibete foi formado por compressão e espessamento da crosta, por meio de dobramentos e falhas de cavalgamento que metamorfizaram a crosta superior e fundiram parcialmente grande parte da crosta inferior. Uma vez terminada a orogenia, a erosão do planalto adelgaçou a crosta e expôs as rochas cristalinas de alto grau metamórfico. Os geólogos encontraram cinturões orogênicos de idades similares em vários continentes e, embora muitos dos detalhes ainda permaneçam incertos, eles reconstruíram, a partir desse registro geológico (que inclui dados paleomagnéticos), uma visão geral de como a Rodínia foi formada entre 1,3 e 0,9 bilhão de anos atrás.

O Ciclo de Wilson

A partir do nosso breve exame da história da parte leste da América do Norte, podemos inferir que as bordas de muitos crátons experimentaram múltiplos episódios de deformação em um ciclo de tectônica de placas genérico que compreende quatro fases principais (Figura 21.18):

1. Rifteamento durante a fragmentação de um supercontinente
2. Resfriamento de uma margem passiva e acumulação de sedimentos durante a expansão do assoalho oceânico e a abertura do oceano
3. Vulcanismo de margem ativa e acreção de terreno durante a subducção e o fechamento do oceano
4. Orogenia durante a colisão continente-continente, que forma o próximo supercontinente

Os geólogos referem-se a essa sequência idealizada de eventos como **Ciclo de Wilson**, denominado a partir do pioneiro da tectônica de placas, o canadense J. Tuzo Wilson, que foi o primeiro a reconhecer a importância desse mecanismo para a evolução dos continentes.

Os dados geológicos sugerem que o Ciclo de Wilson operou nos Éons Proterozoico e Fanerozoico (Figura 21.19), resultando na formação de, pelo menos, dois supercontinentes anteriores à Rodínia. Um desses supercontinentes, (chamado de *Colúmbia*), formou-se entre 1,9 e 1,7 bilhão de anos atrás; o outro, uma amalgamação ainda mais antiga, há cerca de 2,7 a 2,5 bilhões de anos. Essa última data marca a transição do Éon Arqueano para o Proterozoico. Teria o Ciclo de Wilson operado no Éon Arqueano? Retornaremos em seguida a essa questão.

*N. de R.T.: Em inglês, Taconic Parkway. Trata-se de uma via larga, com amplo canteiro central ajardinado e arborizado.

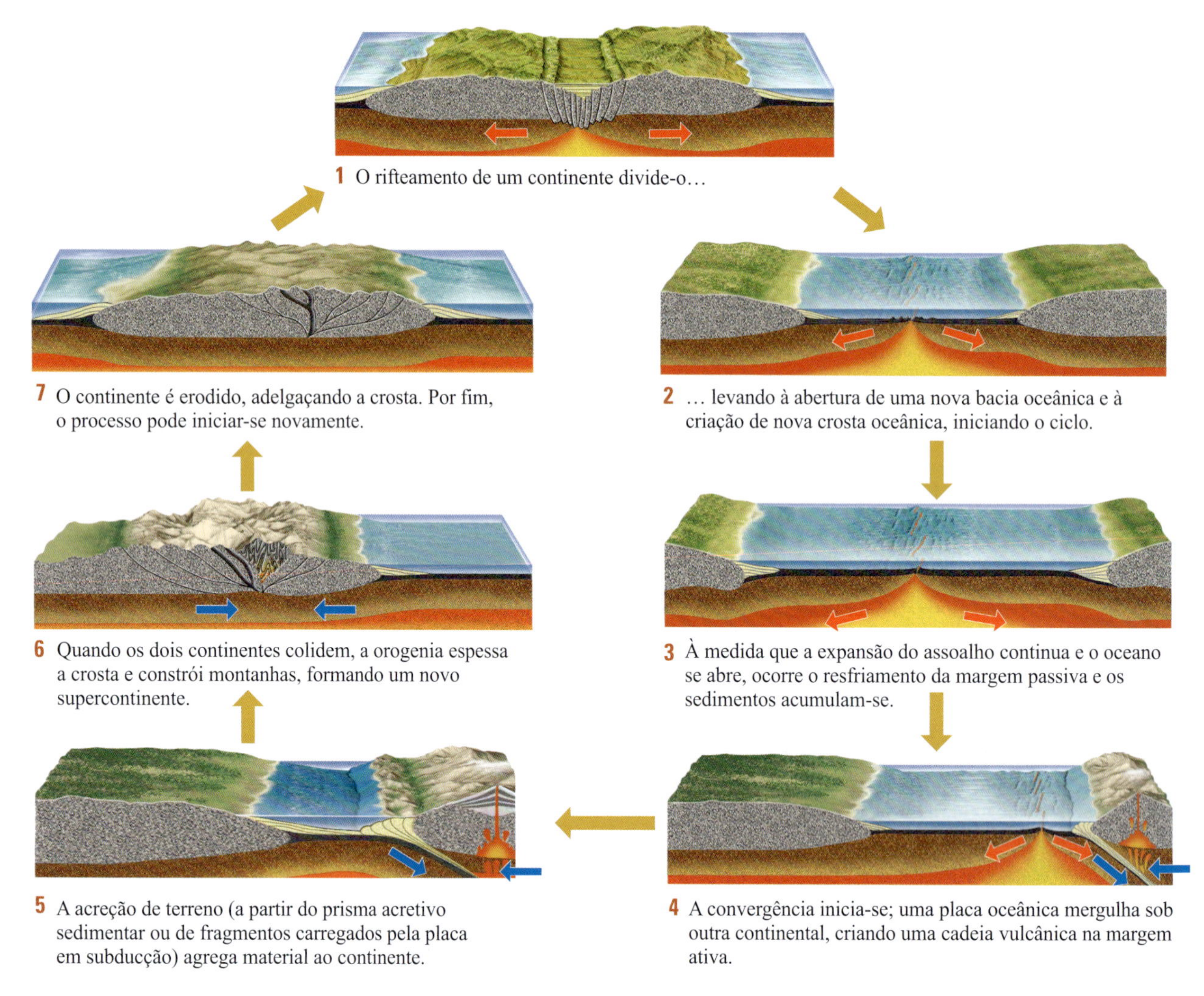

FIGURA 21.18 O Ciclo de Wilson compreende os processos da tectônica de placas responsáveis pela formação e fragmentação de supercontinentes e pela abertura e fechamento de bacias oceânicas.

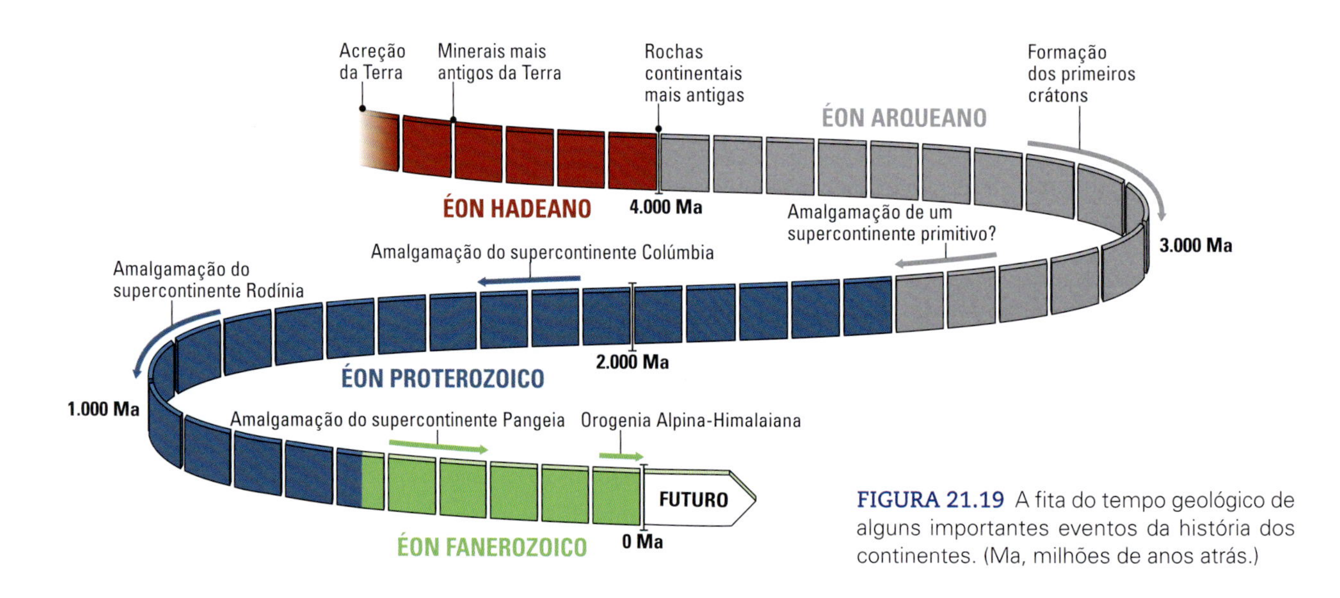

FIGURA 21.19 A fita do tempo geológico de alguns importantes eventos da história dos continentes. (Ma, milhões de anos atrás.)

Epirogenia: a modificação por movimentos verticais

Até agora, nossas considerações sobre a evolução continental enfatizaram a acreção e a orogenia, processos que envolvem movimentos horizontais de placas e são geralmente acompanhados por deformação sob a forma de dobramentos e falhamentos. Em todo o mundo, no entanto, as sequências de rochas sedimentares registram outro tipo de movimento que modificou os continentes: os movimentos ascendentes e descendentes graduais de amplas regiões da crosta, sem dobramento ou falhamento significativos. Esses movimentos verticais envolvem um conjunto de processos chamados de **epirogenia** (do grego *epeiros*, "continente"), um termo cunhado em 1890 pelo geólogo americano Clarence Dutton.

Os movimentos epirogenéticos descendentes resultam, geralmente, em uma sequência de sedimentos relativamente tabulares, como os encontrados no interior da plataforma da América do Norte. Os movimentos ascendentes causam erosão e interrupções de continuidade no registro sedimentar, denominadas discordâncias. A erosão pode causar a exposição de rochas do embasamento cristalino, como as encontradas no Escudo Canadense.

Os geólogos têm identificado diversas causas para os movimentos epirogênicos. Um exemplo é a **recuperação isostática glacial** (Figura 21.20a). O peso das grandes geleiras deprime a crosta continental durante as idades glaciais. Quando elas derretem, a crosta recupera-se elevando-se durante dezenas de milhares de anos. O alívio do peso glacial explica o soerguimento da Finlândia e da Escandinávia e das praias suspensas do norte do Canadá (Figura 21.21), que se seguiram à glaciação mais recente, a qual se encerrou há 17 mil anos. Embora a recuperação isostática pareça lenta para os padrões humanos, é um processo rápido, em termos geológicos.

O resfriamento e o aquecimento da litosfera continental são causas importantes dos movimentos epirogenéticos em uma escala de tempo mais longa. O aquecimento causa a expansão das rochas, diminuindo a sua densidade e, assim, elevando a superfície (Figura 21.20b). Um bom exemplo é o Planalto do Colorado, que foi soerguido cerca de 2 km acima do nível do mar, há aproximadamente 10 milhões de anos. Os geólogos pensam que esse aquecimento resulta da ascensão ativa de uma porção do manto, que também está estirando a crosta na Província Bacias e Cristas Montanhosas nos lados oeste e sul do planalto.

De modo oposto, o resfriamento da litosfera aumenta a sua densidade, fazendo com que ela afunde sob a ação do seu próprio peso para criar uma bacia de subsidência térmica (Figura 21.20c). O resfriamento de uma área anteriormente aquecida pode explicar a Bacia de Michigan e outras bacias profundas na parte central da América do Norte (ver Figura 21.3). Quando um novo episódio de expansão do assoalho oceânico causa a ruptura de um continente, as bordas soerguidas são erodidas e acabam entrando em subsidência à medida que se resfriam, permitindo que os sedimentos sejam depositados e que as plataformas carbonáticas sejam acumuladas nas margens passivas (Figura 21.20d). Esse processo formou as espessas sequências sedimentares ao longo da costa leste dos Estados Unidos.

Um quebra-cabeça que intriga os geólogos é o do Planalto Sul-Africano, onde um cráton foi soerguido durante o Cenozoico

(a) RECUPERAÇÃO ISOSTÁTICA GLACIAL

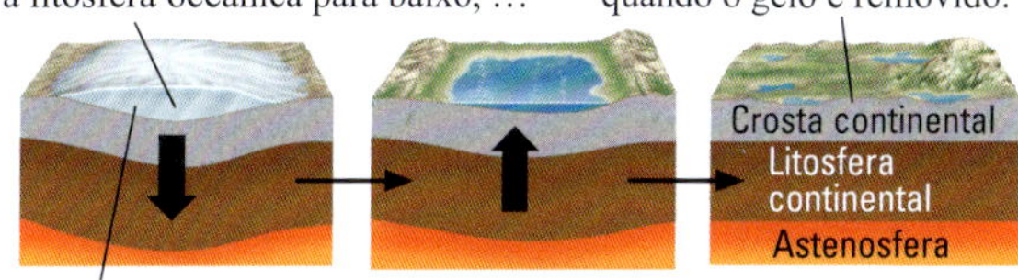

(b) AQUECIMENTO DA LITOSFERA

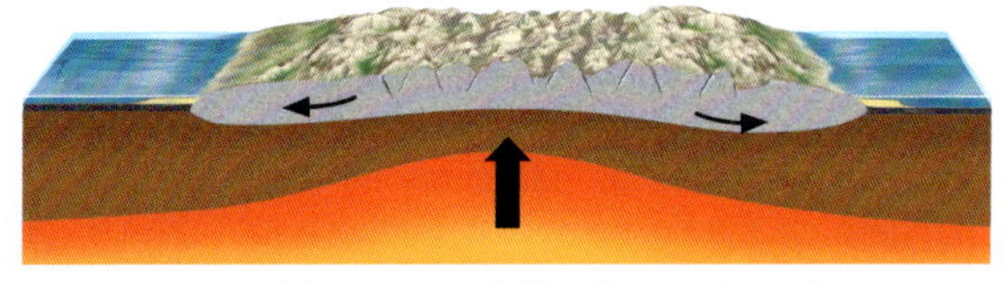

Arqueamento e adelgaçamento da litosfera continental como resultado do aquecimento e resfriamento.

(c) RESFRIAMENTO DA LITOSFERA NO INTERIOR CONTINENTAL

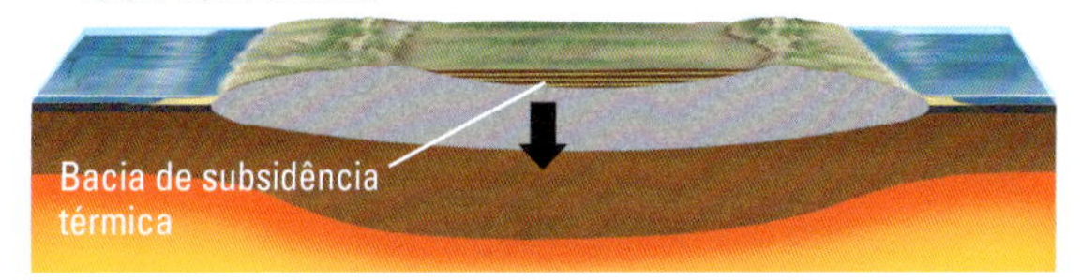

À medida que a litosfera esfria-se e contrai-se, entra em subsidência para formar uma bacia dentro do continente.

(d) RESFRIAMENTO DA LITOSFERA NA MARGEM CONTINENTAL

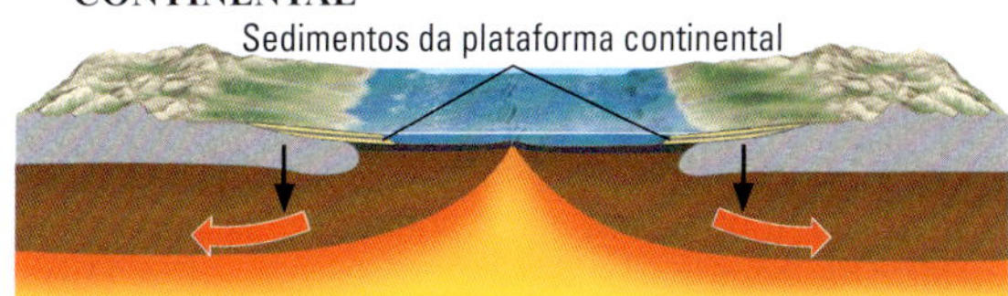

Quando a expansão do assoalho oceânico separa o continente à parte, as bordas entram em subsidência à medida que se esfriam, acumulando espessas cunhas sedimentares.

(e) AQUECIMENTO DO MANTO PROFUNDO

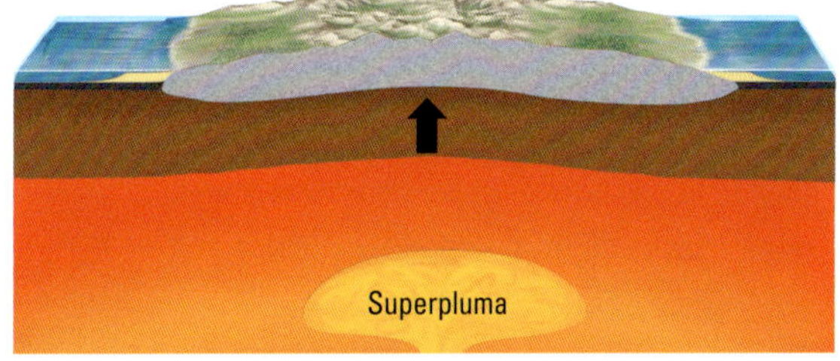

A ascensão de uma superpluma do manto profundo aquece a litosfera e eleva a base do continente, flexionando para cima uma grande área da superfície.

FIGURA 21.20 Cinco principais mecanismos de epirogênese.

a altitudes de quase 2 km acima do nível do mar – mais que duas vezes a elevação da maioria dos crátons. No entanto, a litosfera nessa parte do continente não parece ser anomalamente quente. Uma possível explicação é que as forças originadas nas profundezas do manto podem ser responsáveis pelo soerguimento do cráton Sul-Africano (ver Capítulo 11). Essa "superpluma"

PRATIQUE UM EXERCÍCIO DE GEOLOGIA

Com que velocidade as montanhas do Himalaia estão soerguendo-se e com que rapidez estão erodindo?

O Himalaia, as mais altas e acidentadas montanhas do mundo, estão sendo soerguidas por falhas de cavalgamento, causadas pela colisão da Placa da Índia com a da Ásia (ver Figura 21.15). Com que velocidade ele está ascendendo e com que rapidez está sendo erodido? As respostas a essas perguntas dependem de mapeamento topográfico de precisão.

Em 6 de fevereiro de 1800, o Coronel William Lambton, do 33° Regimento de Infantaria do Exército Britânico, recebeu ordens para iniciar o Grande Levantamento de Topografia Trigonométrica da Índia – o projeto científico mais ambicioso do século XIX. Ao longo das décadas seguintes, intrépidos exploradores britânicos, conduzidos por Lambton e seu sucessor, George Everest, carregaram enormes telescópios e equipamentos pesados de topografia pelas selvas do subcontinente indiano, triangulando as posições de monumentos de referência estabelecidos em pontos altos do terreno, a partir dos quais podiam determinar com precisão o tamanho e a forma da Terra. Durante o percurso, em 1852, os agrimensores descobriram que um desconhecido pico do Himalaia, indicado em seus mapas apenas como "Pico XV", era a montanha mais alta da Terra. Imediatamente chamaram-no de Monte Everest, em homenagem a seu ex-chefe. Seu nome tibetano oficial, Chomolungma, significa "Mãe do Universo".

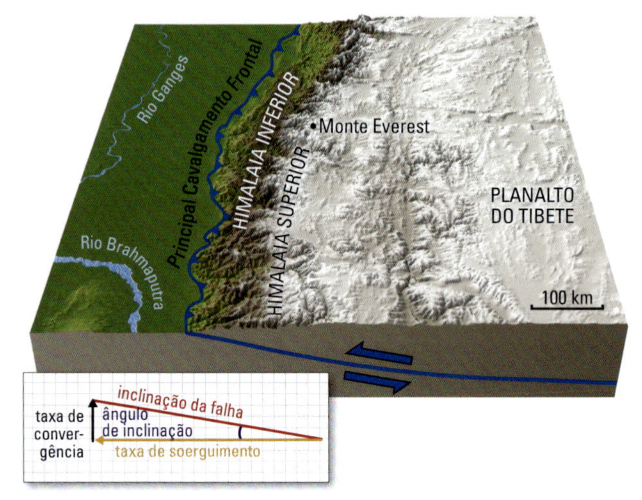

Secção transversal do Himalaia, mostrando a localização aproximada da falha de cavalgamento que está soerguendo as montanhas. O ângulo de inclinação é de aproximadamente 10°.

Em 11 de fevereiro de 2000, quase 200 anos após Lambton ter iniciado sua exploração, a NASA lançou outro grande projeto, a Missão Topográfica Radar Shuttle (SRTM, da sigla em inglês para Shuttle Radar Topography Mission). O ônibus espacial *Endeavour* carregou duas grandes antenas de radar em uma órbita baixa da Terra, uma no compartimento de carga, e a segunda armada sobre um mastro que podia se estender 60 m para fora. Trabalhando em conjunto, como um par de olhos, essas antenas mapearam a altura da superfície terrestre abaixo da espaçonave em uma rede muito densa

FIGURA 21.21 Essas praias suspensas na costa de Point Lake, Territórios do Noroeste, Canadá, são evidências do movimento vertical da crosta após a remoção do gelo glacial. [Reproduzido com permissão de Natural Resources Canada 2009, cortesia da Geological Survey of Canada (Foto 2001-208 por Lynda Dredge).]

de pontos geográficos, representando o terreno com detalhes tridimensionais sem precedentes. O interessante é que a altura do Monte Everest, conforme confirmada pela SRTM (8.850 m) era apenas 10 m maior do que a estimativa original de 1852.

Embora a precisão do Grande Levantamento de Topografia Trigonométrica tenha sido impressionante, a coleta de dados foi um processo lento. Foram precisos 70 anos para que os britânicos pudessem medir as posições de 2.700 estações espalhadas pelo subcontinente indiano, uma média de aproximadamente três posições por mês. Em comparação, a SRTM coletou cerca de 3.000 medições de posição *por segundo*. Em somente 11 dias, a SRTM mapeou 2,6 bilhões de pontos, cobrindo 80% da superfície terrestre do planeta, inclusive muitas áreas remotas dos continentes que ainda não haviam sido mapeadas. E, ao contrário dos agrimensores britânicos, a tripulação do ônibus espacial não precisava combater a malária nem tigres!

As medições de posição da SRTM foram utilizadas para criar um *modelo digital de elevação*, ou MDE (em inglês DEM, *digital elevation model*), do Himalaia, mostrado aqui como um mapa topográfico. Uma análise das feições deste mapa, que inclui os picos mais altos e os desfiladeiros mais profundos da Terra, indica que a altura média da cordilheira de montanhas permanece aproximadamente constante no tempo. Em outras palavras, a taxa com que o Himalaia está ascendendo é quase exatamente equilibrada pela taxa com que ele está sendo erodido:

O modelo de elevação digital para a região do Monte Everest do Himalaia deriva de posições da SRTM com um espaçamento horizontal de 90 m. [Imagens da NASA por Robert Simmon, com base em dados da SRTM.]

taxa de soerguimento = taxa de erosão

Conforme mostrado na secção transversal, a geometria da principal falha de cavalgamento implica que

$$\text{inclinação da falha de cavalgamento} = \frac{\text{taxa de soerguimento}}{\text{taxa de convergência}}$$

Usando dados de GPS, os geólogos mediram a taxa de convergência transversal ao Himalaia como sendo em torno de 20 mm/ano. A partir da localização de terremotos, sabemos que a principal falha de cavalgamento tem ângulo aproximado de 10° sob a cordilheira de montanhas. A inclinação da falha é a tangente de seu ângulo de inclinação. Usando uma calculadora científica, encontramos tan(10°) = 0,18. Portanto, a taxa de erosão é

$$\begin{aligned}\text{taxa de erosão} &= \text{inclinação da falha de cavalgamento} \times \text{taxa de convergência}\\ &= 0{,}18 \times 20 \text{ mm/ano}\\ &= 3{,}6 \text{ mm/ano}\end{aligned}$$

Essa estimativa é consistente com a taxa de erosão de 3–4 mm/ano obtida dos trajetos de pressão e temperatura de rochas metamórficas no Himalaia exumadas por erosão, usando as técnicas descritas no Capítulo 7.

PROBLEMA EXTRA: Considerando que a taxa de convergência entre as placas da Índia e da Eurásia é de aproximadamente 54 mm/ano (ver Figura 2.7), que percentual do movimento relativo das placas é absorvido pela falha de cavalgamento no Himalaia? Como o movimento de placas remanescente é acomodado por deformação na Eurásia?

poderia aplicar forças verticais na base da litosfera suficientes para soerguer a superfície por cerca de 1 km (Figura 21.20e).

Nenhum dos mecanismos propostos para a epirogenia explica uma feição principal dos crátons continentais: a existência de escudos continentais soerguidos e da subsidência de plataformas. Essas regiões são muito amplas e persistiram por muito tempo para que sua epirogenia possa ter sido causada pelos processos de tectônica de placas que discutimos até agora.

A origem dos crátons

Todo cráton continental contém regiões da litosfera antiga que têm permanecido estáveis (ou seja, não deformadas) desde o Éon Arqueano (4,0 a 2,5 bilhões de anos atrás). Como vimos, a deformação ocorreu nas bordas dessas massas de terra estáveis, e a nova crosta foi acrescida em torno delas, durante ciclos de Wilson subsequentes. Mas, afinal, como foram criadas essas partes centrais dos crátons?

Sabemos que a Terra foi um planeta mais quente há 4 bilhões de anos, devido ao calor gerado pelo decaimento de elementos radioativos, que eram mais abundantes, bem como à energia liberada pela diferenciação em camadas e também durante o período de Bombardeamento Pesado (ver Capítulo 20). As evidências para um manto mais quente provêm de um tipo peculiar de rochas vulcânicas ultramáficas, encontradas apenas na crosta arqueana, denominadas *komatiitos* (cujo nome deriva

(a) (b)

FIGURA 21.22 Rochas recém-descobertas mostram que a crosta continental existiu na superfície da Terra durante o Éon Hadeano. (a) O Gnaisse Acasta, no Cráton Slave, foi datado em 4 bilhões de anos. (b) Rochas com anfibólios do cinturão de *greenstones* de Nuvvuagittuq, norte de Quebec, Canadá, foram datadas em 4,28 bilhões de anos, tornando-as a formação rochosa mais antiga já descoberta. [(a) Cortesia de Sam Bowring, Massachusetts Institute of Technology; (b) Jonathan O'Neil.]

do rio Komati, no sudeste da África, onde foram descobertas pela primeira vez). Os komatiitos contêm uma percentagem muito alta (até 33%) de óxido de magnésio, e sua formação envolveu um grau de fusão muito mais alto do manto do que o encontrado em qualquer outro lugar da Terra atual.

Uma crosta continental rica em sílica existiu durante esse estágio primitivo da história da Terra. Formações com idades chegando a 3,8 bilhões de anos foram encontradas em muitos continentes; mas a maioria delas é de rochas metamórficas evidentemente derivadas da crosta continental mais antiga. Em alguns poucos lugares, pequenos pedaços dessa crosta antiga ainda sobrevivem. O Gnaisse Acasta, na parte noroeste do Escudo Canadense, foi datado em 4 bilhões anos, sendo muito semelhante aos gnaisses modernos (**Figura 21.22a**). Os geólogos descobriram recentemente uma formação rochosa ainda mais antiga, com quase 4,3 bilhões de anos, no norte de Quebec (Figura 21.22b). Na Austrália, grãos de zircão (mineral muito duro que sobrevive à erosão) foram datados em 4,4 bilhões de anos (ver Capítulo 9).

No início do Éon Arqueano, a crosta continental que foi diferenciada a partir do manto era muito móvel, talvez organizada sob a forma de pequenas jangadas, que eram rapidamente empurradas juntas e rompidas pela intensa atividade tectônica – uma versão do processo de tectônica de flocos que parece estar ocorrendo atualmente em Vênus. A primeira crosta continental com estabilidade de longo prazo iniciou a sua formação em torno de 3,3 a 3 bilhões de anos. Na América do Norte, o mais antigo exemplo sobrevivente é o cráton central de Slave, no noroeste do Canadá (onde se encontra o Gnaisse Acasta), estabilizado em torno de 3 bilhões de anos. Os geólogos conseguiram demonstrar que esse processo de estabilização envolveu a crosta continental e também alterações químicas na porção mantélica da litosfera continental, como veremos em breve.

As assembleias de rochas desses núcleos cratônicos arqueanos podem ser classificadas em dois grupos principais (**Figura 21.23**):

1. **Terrenos granito-*greenstone****, áreas com enormes intrusões de granitos que circundam pequenas porções de *greenstones*, que, por sua vez, são capeadas com sedimentos. Os *greenstones*, como vimos no Capítulo 7, são rochas metamórficas de baixo grau derivadas de rochas vulcânicas, principalmente de composição máfica. A origem dessas rochas verdes é controvertida, mas muitos geólogos pensam que foram pedaços de crosta oceânica, formada em pequenos centros de expansão posicionados atrás de arcos

*N. de R.T.: Ver nota no capítulo 7. O termo *greenstone* geralmente não é traduzido em português.

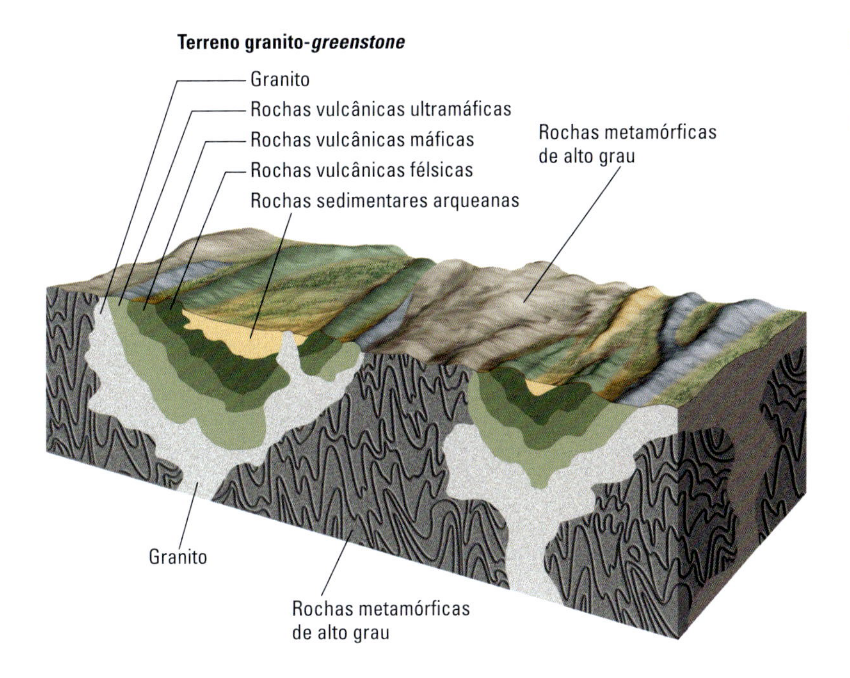

FIGURA 21.23 Dois principais tipos de formações de rochas encontrados nos crátons arqueanos: terrenos granito-*greenstone* e terrenos metamórficos de alto grau.

de ilhas, incorporados aos continentes e, mais tarde, engolfados por intrusões graníticas.

2. **Terrenos metamórficos de alto grau**, áreas de rochas metamórficas de alto grau (fácies granulito) derivadas, fundamentalmente, de compressão, soterramento e subsequente erosão de crosta granítica. Essas áreas são semelhantes às partes profundamente erodidas dos cinturões orogênicos, hoje expostas, mas a geometria da deformação é diferente. As orogenias modernas produzem geralmente cinturões de montanhas lineares onde os limites das bordas dos grandes crátons convergem. No Arqueano, o estilo de deformação era mais circular ou, visto em planta, senoidal, refletindo o fato de os crátons terem sido muito menores, com limites mais curvos.

No final do Arqueano, há 2,5 bilhões de anos, uma quantidade suficiente de crosta continental já tinha sido estabilizada em núcleos cratônicos para permitir a formação de continentes cada vez maiores por adição magmática e acreção. A tectônica de placas estava, provavelmente, operando da mesma maneira que o faz hoje. Foi nessa época que encontramos as primeiras evidências de grandes colisões continentais e de amalgamação dos supercontinentes. Desse ponto em diante da história da Terra, a evolução dos continentes foi governada pelos processos de tectônica de placas do Ciclo de Wilson.

A estrutura profunda dos continentes

Neste capítulo, pesquisamos os processos mais importantes que levaram ao desenvolvimento da crosta continental. No entanto, ainda não fornecemos uma explicação adequada para um aspecto essencial do comportamento dos continentes: a estabilidade dos crátons a longo prazo. Como esses crátons sobreviveram às colisões da tectônica de placas, durante bilhões de anos? A resposta a essa questão não está na crosta, mas no manto subcontinental.

As quilhas cratônicas

Usando ondas sísmicas para imagear o interior da Terra, os geólogos descobriram um fato extraordinário: os crátons continentais são sobrepostos a uma espessa camada de manto mecanicamente resistente, que se move junto com as placas pela deriva continental. Essas secções espessadas da litosfera estendem-se por profundidades de mais de 200 km – mais que o dobro da espessura da litosfera oceânica mais antiga.

De 100 a 200 km abaixo da crosta dos oceanos (bem como abaixo da maioria das regiões mais novas dos continentes), as rochas do manto são quentes e pouco resistentes. Elas são parte da astenosfera convectiva que flui relativamente fácil, permitindo que as placas se desloquem pela superfície da Terra. A litosfera abaixo dos crátons estende-se para essas regiões como o casco de um navio na água, de modo que muitos geólogos referem-se a essas estruturas do manto como **quilhas cratônicas** (Figura 21.24). Todos os crátons, em cada continente, aparentam ter essas quilhas.

As quilhas continentais apresentam muitos desafios que os cientistas estão tentando resolver. Sob o cráton está vindo menos calor do manto do que sob a crosta oceânica. Essa observação indica que as quilhas são resistentes porque elas são muitas centenas de graus mais frias que a astenosfera circundante. No entanto, se as rochas do manto sob os crátons são tão frias, por que elas não afundam no manto sob a ação do seu próprio peso, do mesmo modo que as placas oceânicas pesadas e frias afundam na zona de subducção?

Composição das quilhas

As quilhas cratônicas afundariam se a composição química fosse a mesma que a dos peridotitos comuns do manto. Para contornar esse problema, os geólogos levantaram a hipótese de que as quilhas cratônicas são feitas de rochas diferentes, de composição menos densa (ver Figura 21.24). A densidade mais baixa compensa o aumento de densidade resultante da temperatura mais fria dessas rochas.

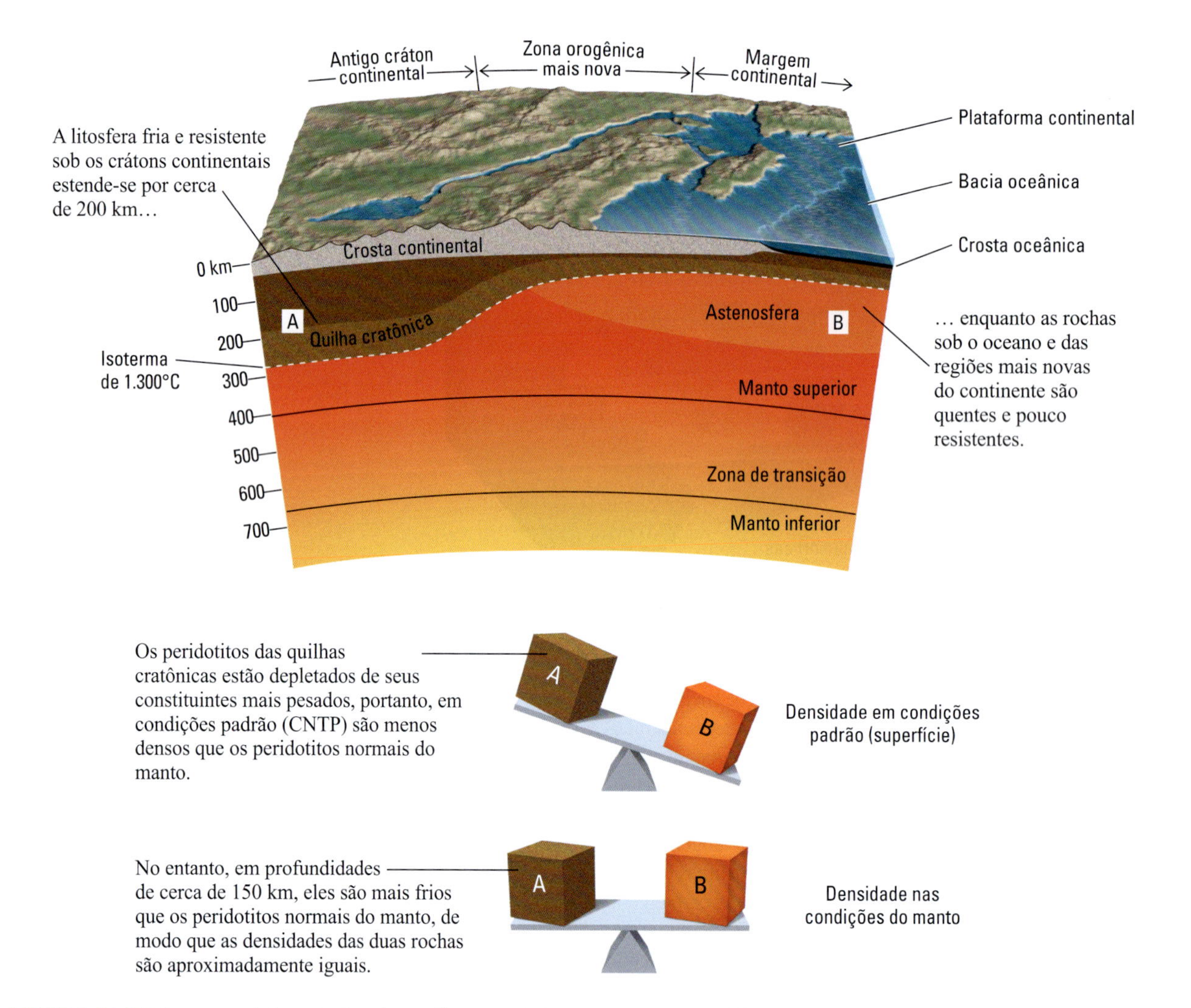

FIGURA 21.24 A composição química das quilhas cratônicas compensa os efeitos da temperatura para estabilizá-las em relação à ruptura por processos de tectônica de placas. [Dados de T. H. Jordan, "The Deep Structure of Continents," *Scientific American* (January 1979).]

Evidências para corroborar essa hipótese vieram de amostras do manto encontradas em chaminés kimberlíticas – o mesmo tipo de rocha vulcânica que produz diamantes, como vimos no Capítulo 12. As chaminés de kimberlitos são os *necks* erodidos (diatremas) de vulcões que entraram em erupção explosiva a partir de grandes profundidades (**Figura 21.25**). Quase todos os kimberlitos que contêm diamante estão localizados no interior de crátons arqueanos. Um diamante transforma-se em grafite em profundidades menores que 150 km, a não ser que seja rapidamente resfriado a baixas temperaturas. Desse modo, a presença de diamantes nessas chaminés demonstra que magmas kimberlíticos provêm de profundidades maiores que 150 km e que foram extravasados através das quilhas, quando o magma fraturou a litosfera de forma muito rápida.

Durante uma erupção kimberlítica violenta, fragmentos da quilha, alguns contendo diamantes, são arrancados e trazidos pelo magma à superfície como xenólitos do manto. Descobriu-se que a maioria dos xenólitos do manto é peridotítica, com menos ferro (um elemento pesado) e menos granada (um mineral pesado) que as rochas comuns do manto. Essas rochas podem ser produzidas por meio da extração de um magma basáltico (ou komatiitico) a partir da astenosfera em convecção. Em outras palavras, o manto debaixo dos crátons é um resíduo empobrecido, remanescente da fusão que ocorreu em algum tempo muito antigo da história da Terra. Uma quilha cratônica dessas rochas empobrecidas pode flutuar sobre o manto, apesar de ser mais fria (ver Figura 21.24).

A idade das quilhas

Por meio da análise dos xenólitos dos kimberlitos e dos diamantes que eles contêm, os geólogos foram capazes de demonstrar que as quilhas cratônicas têm a mesma idade que a crosta arqueana que está sobre elas. (O diamante de um anel ou colar tem, provavelmente, muitos bilhões de anos!) Desse modo, as rochas atuais das quilhas cratônicas foram empobrecidas por extração

FIGURA 21.25 Escavação de uma chaminé de kimberlito na mina de diamantes Jwaneng, em Botswana. Os diamantes são encontrados na rocha de kimberlito de coloração escura no centro da mina, que delineia o *neck* de um antigo vulcão erodido. Os diamantes e outros fragmentos da quilha continental africana encontrados em Jwaneng sofreram erupção de profundidades maiores que 150 km, e a análise desses fragmentos confirma a hipótese de estabilização química ilustrada na Figura 21.24. Jwaneng é a mais rica mina de diamantes do mundo, e espera-se que produza 100 milhões de quilates (20.000 kg), no valor de aproximadamente US$ 15 bilhões, durante todos os seus anos de operação. [Peter Essick/Robert Harding Picture Library.]

de uma fusão do tipo basáltica muito cedo na história da Terra e, subsequentemente, posicionadas debaixo da crosta arqueana na época em que a crosta foi estabilizada.

Na verdade, a formação de quilhas foi provavelmente a causa da estabilização tectônica dos crátons. A existência de uma quilha fria e mecanicamente forte pode explicar o porquê de certos crátons terem conseguido sobreviver a muitas colisões continentais sem muita deformação interna, incluindo, pelo menos, quatro episódios de formação de supercontinentes.

No entanto, muitos aspectos desse processo ainda não são entendidos. Como as quilhas se resfriaram? Como elas chegaram ao equilíbrio de densidade ilustrado na Figura 21.24? Por que os crátons com as quilhas mais espessas têm idades arqueanas? Alguns cientistas acreditam que os continentes podem exercer um papel mais importante no sistema de convecção do manto que controla a tectônica de placas, mas como as quilhas afetam a convecção no manto ainda não é inteiramente compreendido. Na verdade, muitas das ideias apresentadas neste capítulo são hipóteses que ainda não foram integradas em uma teoria totalmente aceita da evolução continental e das estruturas profundas. A busca dessa teoria mantém-se como foco central da pesquisa geológica.

CONCEITOS E TERMOS-CHAVE

acreção (p. 643)
adição magmática (p. 643)
ciclo de Wilson (p. 651)
cráton (p. 640)
epirogenia (p. 653)
escudo (p. 635)
idade tectônica (p. 642)
margem ativa (p. 640)
margem passiva (p. 640)
orogenia (p. 646)
orógeno (p. 640)
província tectônica (p. 634)
quilha cratônica (p. 657)
recuperação isostática glacial (p. 653)
rejuvenescimento (p. 639)
terreno acrescido (p. 643)

REVISÃO DOS OBJETIVOS DE APRENDIZAGEM

21.1 Identificar as principais províncias tectônicas em um mapa da América do Norte.

A crosta mais antiga está exposta no Escudo Canadense. Ao sul deste está a plataforma interior coberta por sedimentos, onde as rochas do embasamento pré-cambriano são recobertas por camadas de rochas sedimentares paleozoicas. Em torno dos limites dessas províncias estão as cadeias de montanhas alongadas. O Cinturão de Dobras dos Apalaches tem uma direção sudoeste-nordeste, na borda leste do continente. A planície costeira e a plataforma continental do Oceano Atlântico e o Golfo do México são parte de uma margem continental passiva que entrou em subsidência após o rifteamento ocorrido durante a fragmentação da Pangeia. A Cordilheira da América do Norte é uma região montanhosa que percorre o lado oeste do continente homônimo, contendo diversas províncias tectônicas distintas, incluindo as Montanhas Rochosas, a Província Bacias e Cristas, o Planalto do Colorado e a Cordilheira Cascade.

Atividade de Estudo: As províncias tectônicas das Figuras 21.1 e 21.5.

Exercícios: (a) Esboce um perfil topográfico dos Estados Unidos, de São Francisco a Washington D. C., e assinale as grandes feições geológicas. (b) Quais linhas de costa da América do Norte são margens continentais ativas? (c) Quais linhas de costa da América do Norte são margens continentais passivas?

Questões para Pensar: (a) Em qual era geológica os Montes Apalaches atingiram sua elevação máxima? (b) Por que a topografia da Cordilheira da América do Norte é mais elevada que a dos Montes Apalaches?

21.2 Reconhecer os principais tipos de províncias tectônicas dos continentes.

Os tipos de províncias tectônicas encontrados na América do Norte também existem em outros continentes. Escudos e plataformas continentais compõem os crátons continentais, que são as partes mais antigas e estáveis dos continentes. Em torno desses crátons estão os orógenos, sendo que os mais novos são encontrados nas margens ativas de continentes, onde a deformação tectônica continua. As margens passivas de continentes são zonas de extensão crustal e sedimentação.

Atividade de Estudo: As províncias tectônicas e idades tectônicas da Figura 21.8.

Exercícios: (a) Qual parte do continente australiano é tectonicamente mais antigo e estável, a metade ocidental ou a oriental? (b) A partir das informações nas Figuras 21.1 e 21.8, descreva a província tectônica em que você vive.

Questão para Pensar: A Califórnia é classificada na Figura 21.8 como uma zona orogênica fanerozoica com idade tectônica mesozoica-cenozoica, mas é possível encontrar rochas pré-cambrianas em algumas partes do estado. Explique por que isso não é uma contradição.

21.3 Descrever os processos tectônicos que adicionam nova crosta aos continentes.

Dois processos da tectônica de placas, adição magmática e acreção, acrescentam crosta aos continentes. Rochas ricas em sílica com capacidade de flutuar são produzidas por diferenciação de magmas, principalmente em zonas de subducção, e adicionadas à crosta continental por transporte vertical. A acreção ocorre quando o material crustal preexistente é anexado às massas continentais pelo movimento horizontal da placa por meio de quatro processos principais: transferência para uma placa continental cavalgante de fragmentos crustais de menor densidade a partir de uma placa em subducção; fechamento de um mar que separa um arco de ilhas do continente; transporte lateral de material crustal ao longo das margens continentais por falhas transcorrentes; e sutura de duas margens continentais por colisão continente-continente e subsequente fragmentação dessas zonas por rifteamento continental.

Atividade de Estudo: Os quatro processos de acreção continental descritos na Figura 21.12.

Exercícios: (a) Ilustre dois processos de acreção continental com exemplos de terrenos acrescidos na América do Norte. (b) A Figura 21.8b mostra mais crosta continental do Mesozoico-Cenozoico do que de qualquer outra idade tectônica. Essa observação contradiz a hipótese de que a maior parte da crosta continental foi diferenciada do manto na primeira metade da história da Terra? Explique sua resposta.

Questões para Pensar: (a) Como você reconhece um terreno acrescido? (b) Como se pode dizer que ele foi originado muito longe ou nas proximidades?

21.4 Explicar como as orogêneses modificam os continentes.

Forças tectônicas horizontais, surgindo principalmente da convergência de placas, podem produzir montanhas por dobramento e falhamento. O falhamento com cavalgamento pode empilhar a porção superior da crosta em lâminas de cavalgamento com dezenas de quilômetros de espessura, originando montanhas muito altas metamorfoseando formações rochosas soterradas. A compressão da crosta continental pode dobrar a sua espessura, causando a fusão das rochas da crosta inferior. Essa fusão pode gerar grandes quantidades de magma granítico, que ascendem para formar extensos batólitos na crosta superior.

Atividade de Estudo: Revisar a seção *Orogenia: a modificação por colisão de placas.*

Exercícios: Dois continentes colidem, espessando a crosta de 35 para 70 km para formar um planalto elevado. Após centenas de milhões de anos, o planalto foi erodido até o nível do mar. (a) Que tipos de rochas foram expostas à superfície por essa erosão? (b) Qual é a espessura crustal após a ocorrência da erosão? (c) Onde na América do Norte essa sequência de eventos foi registrada na geologia de superfície?

Questões para Pensar: (a) Como você poderia identificar uma região onde uma orogenia ativa esteja ocorrendo hoje? (b) Dê um exemplo.

21.5 Ordenar a sequência de eventos da tectônica de placas que constituem o ciclo de Wilson.

O Ciclo de Wilson é uma sequência de eventos tectônicos que ocorre durante a assembleia e fragmentação de supercontinentes e na abertura e fechamento de bacias oceânicas. Ele compreende quatro fases principais: rifteamento, durante a fragmentação do supercontinente; esfriamento da margem passiva e acumulação de sedimentos, durante a expansão do assoalho oceânico e a abertura do oceano; adição magmática ativa e acreção, durante a subducção e o fechamento do oceano; e orogênese, durante a colisão continente-continente. A orogenia é seguida de erosão, que adelgaça a crosta.

Atividade de Estudo: O ciclo de Wilson, representado na Figura 21.18.

Exercícios: (a) Quantas vezes os continentes podem ter se aglutinado em supercontinentes desde o Éon Arqueano? (b) Use esse número para fornecer uma duração típica de um Ciclo de Wilson e a velocidade com que se movem os continentes durante a tectônica de placas.

Questão para Pensar: Os interiores do continente são geralmente mais novos ou mais antigos que as margens? Explique sua resposta usando o conceito do Ciclo de Wilson.

21.6 Categorizar os principais mecanismos da epirogênese.

A epirogenia é um movimento ascendente ou descendente de uma ampla região da crosta sem dobramento ou falhamento. Movimentos ascendentes epirogênicos podem resultar de recuperação isostática glacial, aquecimento da litosfera por ascensão do material mantélico e soerguimento da litosfera por uma "superpluma" no manto profundo. O resfriamento da litosfera previamente aquecida pode causar movimentos epirogênicos descendentes no interior de um continente ou nas margens de dois continentes separados por rifteamento. A densificação da litosfera causada pelo resfriamento pode formar bacias de subsidência térmica, como a Bacia de Michigan, que são preenchidas por sedimentos.

Atividade de Estudo: Processos epirogênicos ilustrados na Figura 21.20.

Exercícios: (a) Qual processo epirogênico explica as bacias aproximadamente circulares mostradas na Figura 21.3? (b) Quanto tempo demora para ocorrer a recuperação isostática glacial? (c) Quanto tempo demora para ocorrer a subsidência pelo resfriamento da litosfera?

Questão para Pensar: As bacias oceânicas têm o tamanho certo para conter toda a água da superfície terrestre. Quais processos atuam em conjunto para manter essa igualdade aproximada?

21.7 Explicar como crátons continentais sobreviveram bilhões de anos frente aos processos da tectônica de placas.

As regiões mais antigas dos crátons, formadas no Éon Arqueano, são suportadas por uma camada de manto mais fria e resistente, ultrapassando 200 km de espessura, que se move com os continentes durante a deriva. Essas quilhas cratônicas são formadas por peridotitos do manto que foram empobrecidos de seus constituintes químicos mais densos pela extração de magmas por fusão parcial. As densidades e temperaturas menores fortalecem as quilhas e as estabilizam contra rompimentos por processos da tectônica de placas.

Atividade de Estudo: Revisar a seção *A estrutura profunda dos continentes.*

Exercícios: (a) Quais são as diferenças entre as orogêneses arqueanas e as dos éons Proterozoico e Fanerozoico? (b) Que fatores podem explicar essas diferenças?

Questões para Pensar: (a) O que aconteceria com a superfície terrestre se a quilha fria sob um cráton fosse subitamente aquecida? (b) Como esse efeito poderia estar relacionado à formação do Planalto do Colorado?

EXERCÍCIO DE LEITURA VISUAL

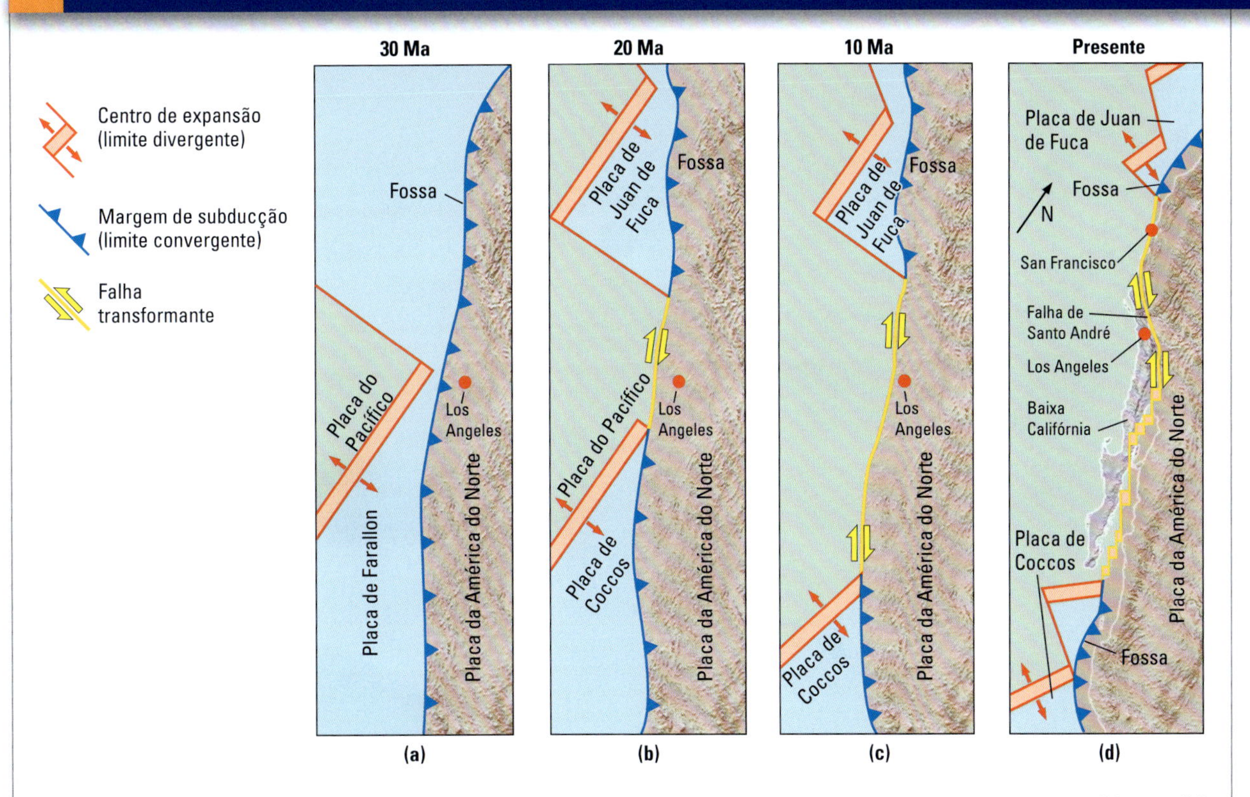

FIGURA 21.6 A interação da costa oeste da América do Norte com a Placa de Farallon, que se reduziu à medida que foi progressivamente consumida sob a Placa da América do Norte, deixou as placas atuais de Juan de Fuca e de Coccos como sendo seus pequenos remanescentes. (Ma, milhões de anos atrás.)

1. **As interações tectônicas mostradas na figura ocorreram durante qual época geológica?**
   a. Jurássica
   b. Cretácea
   c. Paleógena
   d. Neógena

2. **Durante esse intervalo, qual foi a direção do movimento da Placa do Pacífico em relação à Placa da América do Norte?**
   a. norte
   b. noroeste
   c. leste
   d. sudeste

3. **Hoje, a crosta continental da Baixa Califórnia pertence a qual placa?**
   a. Placa da América do Norte
   b. Placa do Pacífico
   c. Placa de Coccos
   d. Placa de Farallon

4. **Vinte milhões de anos atrás, a crosta continental da Baixa Califórnia pertencia a qual placa?**
   a. Placa da América do Norte
   b. Placa do Pacífico
   c. Placa de Coccos
   d. Placa de Farallon

Geobiologia: a vida interage com a Terra

22

Objetivos de Aprendizagem

Após estudar o capítulo, você será capaz de:

22.1 Definir a Geobiologia e a biosfera.

22.2 Comparar alguns dos processos do metabolismo.

22.3 Resumir o ciclo biogeoquímico e discutir alguns dos modos pelos quais o metabolismo afeta o ambiente físico.

22.4 Discutir como microrganismos interagem com o ambiente físico.

22.5 Discutir como a vida se originou e deu início à atmosfera com oxigênio.

22.6 Comparar os processos evolutivos de radiação e extinção.

22.7 Formular alguns dos modos pelos quais podemos buscar vida em outros mundos.

Grande Fonte Termal Prismática, Parque Nacional de Yellowstone, Wyoming, EUA. O impressionante arranjo de cores reflete diferentes comunidades de microrganismos que são bastante sensíveis à temperatura da água. A água que flui do centro da fonte (azul) resfria-se, fazendo com que uma determinada comunidade de microrganismos seja substituída por uma comunidade diferente que cresce melhor na nova temperatura, mais baixa. A passarela visível na parte inferior da foto permite que os turistas observem suas profundezas e oferece uma noção de escala. [Luis Castañeda/AGE Fotostock.]

A Geologia é o estudo dos processos físicos e químicos que controlam a Terra, hoje e no passado. A Biologia é o estudo da vida e dos organismos vivos, inclusive de sua estrutura, função, origem e evolução. Por mais distintas que a Geologia e a Biologia possam parecer, os organismos e seu ambiente físico interagem de muitas formas. Há muito reconhecemos que a Biologia e a Geologia estão intimamente relacionadas, mas até pouco tempo não sabíamos exatamente como. Felizmente, avanços tecnológicos nas ciências terrestres e biológicas agora nos permitem fazer perguntas e dar respostas que antes estavam além de nosso escopo. Na década passada, os cientistas que trabalhavam na fronteira entre os dois campos começaram a entender como funcionam diversos processos geobiológicos.

Sabemos que os organismos podem alterar a Terra. Por exemplo, a atmosfera terrestre é distinta daquela de qualquer outro planeta por ter uma concentração significativa de oxigênio, resultante da evolução de microrganismos que produzem oxigênio há bilhões de anos. Os organismos também contribuem com a meteorização das rochas ao liberar substâncias químicas que ajudam a decompor os minerais; por meio desse processo, eles obtêm nutrientes essenciais ao crescimento. Da mesma forma, os processos geológicos podem alterar a vida, como quando um asteroide atingiu a Terra 65 milhões de anos atrás, causando uma extinção em massa que dizimou os dinossauros.

No Capítulo 22, exploramos as ligações entre organismos e o ambiente físico da Terra. Descrevemos como a biosfera funciona como um sistema e de onde vem a capacidade da Terra de dar suporte à vida. A seguir, analisamos a incrível função que os microrganismos exercem nos processos geológicos e discutimos alguns dos principais eventos geobiológicos que mudaram nosso planeta. Finalmente, consideramos os ingredientes centrais para dar suporte à vida e refletimos sobre a eterna questão feita por astrobiólogos: existe vida lá fora?

A biosfera como sistema

A vida existe em todo lugar da Terra. A **biosfera** é a parte de nosso planeta que contém todos os organismos vivos. Ela inclui as plantas e os animais com os quais estamos mais familiarizados, assim como os microrganismos quase invisíveis que vivem em alguns dos ambientes mais extremos da Terra. Esses organismos vivem na superfície terrestre, na atmosfera e nos oceanos, e na crosta superior, interagindo continuamente com todos esses ambientes. Uma vez que está relacionada com a litosfera, a hidrosfera e a atmosfera, a biosfera pode influenciar e até controlar processos geológicos e climáticos básicos. A **Geobiologia** é o estudo dessas interações entre a biosfera e o ambiente físico da Terra.

A biosfera é um sistema de componentes interativos que trocam energia e matéria com o ambiente. Entradas na biosfera incluem energia (geralmente na forma de luz solar) e matéria (como carbono, nutrientes e água). Os organismos usam essas entradas para funcionar e crescer. No processo, criam uma incrível variedade de saídas, sendo que algumas delas exercem uma importante influência nos processos geológicos. Em escala local – como a do poro cheio de água nas partículas de sedimentos soltos –, um pequeno grupo de organismos pode ter um efeito geológico que é limitado a um ambiente de sedimentação específico. Em escala mais ampla, as atividades de organismos podem influenciar as concentrações de gases na atmosfera ou o ciclo de certos elementos pela crosta terrestre.

Ecossistemas

Pense em um projeto de aula em que cada membro de uma equipe têm habilidades especiais que permitem que a equipe como um todo supere as capacidades de indivíduos trabalhando isoladamente. Grupos de organismos agem de forma semelhante: organismos individuais desempenham papéis que contribuem para a sobrevivência de outros organismos, bem como para sua própria. No caso de grupos humanos, realizamos esse trabalho em equipe como resultado de decisões conscientes. Para os organismos que vivem juntos em um determinado ambiente – chamados de *comunidade* – isso acontece por tentativa e erro e envolve uma retroalimentação entre a comunidade e os indivíduos, que determina a estrutura e o funcionamento da comunidade.

Seja em escala local, regional ou mundial, as interações de comunidades biológicas com seus ambientes definem unidades organizacionais, conhecidas como **ecossistemas**. Os ecossistemas são constituídos por componentes biológicos e físicos que funcionam de uma maneira equilibrada e inter-relacionada, ocorrendo em muitas escalas distintas (Figura 22.1). Eles podem ser separados por barreiras geológicas como montanhas, desertos ou oceanos nas escalas mais amplas, ou por barreiras térmicas como a tonação de temperatura da água produzida por uma única fonte quente, em escala muito restrita (ver a foto de abertura do capítulo). Não importa se são grandes ou pequenos, todos os ecossistemas são caracterizados por um *fluxo* de energia e matéria entre organismos e ambiente.

Um ecossistema típico pode envolver, por exemplo, um rio e seu ambiente, no qual diferentes grupos de organismos são adaptados para viver na água (peixes), no sedimento (vermes, lesmas) ou nas margens (gramíneas, árvores, rato-almiscarado) e no céu (pássaros, insetos). Por um lado, o rio controla onde os organismos vivem pelo suprimento de água, sedimentos e nutrientes minerais dissolvidos no ecossistema. Por outro, os organismos influenciam o comportamento do rio; por exemplo, as gramíneas e as árvores estabilizam as margens do rio contra os efeitos destrutivos de enchentes. O equilíbrio entre esses processos biológica e geologicamente controlados garante a estabilidade em longo prazo do ecossistema.

Os ecossistemas respondem sensivelmente a mudanças biológicas, como a introdução de novos grupos de organismos. Quando ocorrem desequilíbrios graves nos ecossistemas, as respostas costumam ser drásticas. Considere os efeitos da introdução de um novo organismo no ambiente de seu bairro, como uma nova planta linda para seu jardim. Em muitos casos,

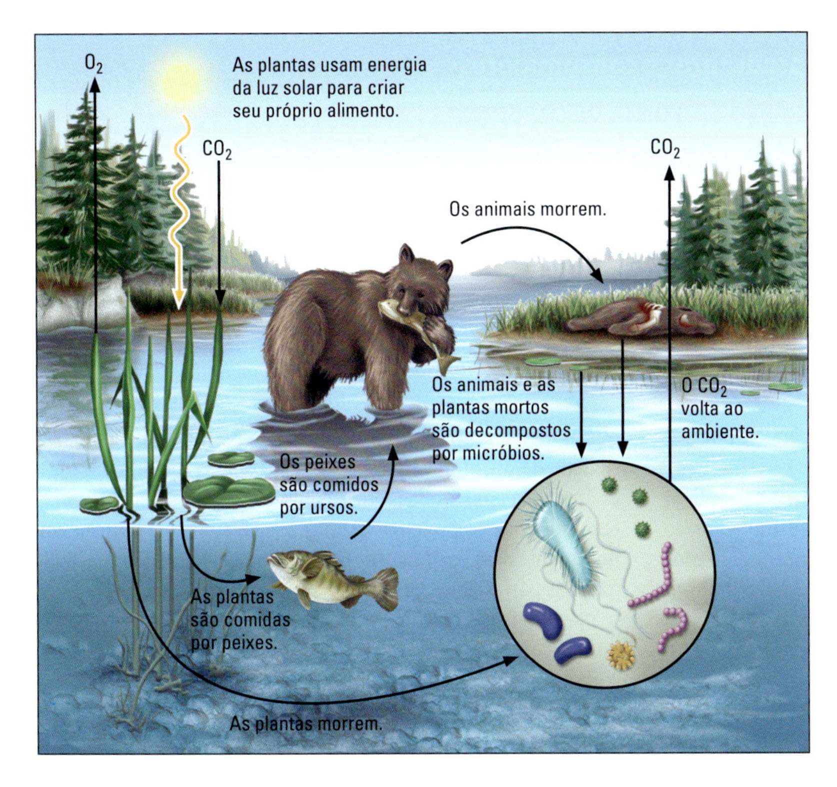

FIGURA 22.1 Os ecossistemas são caracterizados por um fluxo de energia e matéria entre organismos e seu ambiente. Neste exemplo, a luz solar é usada como fonte de energia por plantas, que são comidas por peixes, que, por sua vez, são comidos por ursos. As plantas, os peixes e os ursos um dia morrem e são decompostos por microrganismos. Dessa forma, a matéria que compunha esses organismos retorna ao ambiente físico, onde pode ser usada novamente.

o novo organismo é mais adequado a seu novo ambiente do que os habitantes atuais e torna-se *invasivo*, multiplicando-se rapidamente e expulsando os habitantes anteriores, que podem acabar extintos (Figura 22.2). Um invasor bem-sucedido frequentemente vem de um lugar onde o ambiente físico é semelhante, mas no qual a competição biológica é menos intensa,

(a)

(c)

(b)

FIGURA 22.2 Organismos invasivos criam problemas pela dominação de seus ecossistemas locais. (a) O kudzu, introduzido na América do Norte para deter a erosão nas rodovias, rapidamente sobrepôs-se a outras plantas. (b) A salgueirinha-roxa, trazida da Europa como uma planta ornamental, invadiu muitos pantanais norte-americanos. (c) O mexilhão-zebra coloniza agressivamente e domina os mexilhões comuns. Em 2002, o U.S. Fish and Wildlife Service estimou que US$ 5 bilhões foram gastos por empresas de energia elétrica apenas para consertar encanamentos de água bloqueados por mexilhões-zebra. [(a) Kerry Britton/U.S. Department of Agriculture, Forest Service, Athens, Georgia, USA; (b) Gaertner/Alamy Stock Photo; (c) U.S. Fish and Wildlife.]

QUADRO 22.1 Organismos como produtores e consumidores

TIPO	FONTE DE ENERGIA	FONTE DE CARBONO	EXEMPLO
Fotoautótrofo	Sol	CO_2	Cianobactérias
Foto-heterótrofo	Sol	Compostos orgânicos	Bactérias púrpuras
Quimioautótrofo	Substâncias químicas	CO_2	Bactérias H, S, Fe
Quimio-heterótrofo	Substâncias químicas	Compostos orgânicos	Maioria das bactérias, fungos e animais, inclusive humanos

por isso tem maior probabilidade de vencer a batalha por nutrientes e espaço em seu novo lar.

A história da Terra mostra-nos que os ecossistemas também respondem sensivelmente a processos geológicos. Impactos de meteoritos, enormes erupções vulcânicas e o aquecimento global rápido são apenas alguns dos processos que contribuíram para a extinção de grandes grupos de organismos. Exploraremos alguns de seus efeitos mais adiante neste capítulo.

Entradas: do que a vida é feita

Os organismos de qualquer ecossistema podem ser subdivididos em produtores e consumidores, de acordo com a forma como obtêm *alimento*, que é a fonte de energia e nutrientes deles (Quadro 22.1). Os produtores, ou **autótrofos**, são organismos que criam seu próprio alimento. Eles usam a energia da luz solar ou, em alguns casos, a energia derivada de substâncias químicas no ambiente para fabricar compostos orgânicos, como carboidratos. Exemplos dessas substâncias incluem hidrogênio, enxofre e ferro. Os consumidores, ou **heterótrofos**, obtêm alimento nutrindo-se direta ou indiretamente dos produtores.

Costuma-se dizer que você é o que come, e essa afirmação não vale apenas para humanos; ela também é verdadeira para todos os organismos. Todos os nossos alimentos são compostos praticamente dos mesmos materiais: moléculas constituídas de carbono, hidrogênio, oxigênio, fósforo e enxofre. Portanto, não importa se o organismo é autótrofo ou heterótrofo, ele ainda utiliza os mesmos seis elementos como alimento. O que difere é a forma, ou seja, a estrutura molecular, do alimento. Quando heterótrofos como humanos comem pão, estão se alimentando de *carboidratos*: grandes moléculas formadas de carbono, hidrogênio e oxigênio. Mesmo os mais simplórios microrganismos nutrem-se de moléculas contendo carbono, como dióxido de carbono (CO_2) ou metano (CH_4). A diferença reside no fato de que o alimento de um microrganismo pode não parecer alimento para nós!

Carbono O bloco de construção essencial de toda vida na Terra é o carbono. Se a água for removida, a composição de todos os organismos, inclusive dos humanos, é dominada pelo carbono. Nenhum outro elemento químico equivale-se a esse em termos de variedade e complexidade dos compostos que pode formar. Parte do motivo dessa versatilidade é que o carbono pode formar quatro ligações covalentes consigo próprio e com outros elementos (ver Figura 3.3), o que permite uma ampla variedade de estruturas. O carbono age como o modelo em torno do qual são construídas todas as moléculas orgânicas, como os carboidratos e as proteínas. Assim, esse elemento é criticamente importante para os organismos porque faz parte da fabricação de todas as partes deles, de genes a estruturas corporais.

A biosfera controla, em grande parte, o fluxo de carbono através do sistema Terra. Os organismos marinhos extraem carbono – que está presente na água marinha na forma de CO_2 dissolvido – para formar conchas e esqueletos carbonáticos. Quando os organismos morrem, seus esqueletos depositam-se no fundo oceânico, onde se acumulam como sedimentos, transferindo o carbono da biosfera para a litosfera com eficiência. O acúmulo dos remanescentes orgânicos de organismos em pantanais de água doce e no fundo oceânico também move esse elemento da biosfera para a litosfera. Ao longo do tempo geológico, esses remanescentes orgânicos são transformados em petróleo, gás natural e depósitos de carvão. Atualmente, quando extraímos e queimamos esses depósitos, estamos transferindo carbono da litosfera para a atmosfera na forma de emissões de CO_2.

Nutrientes Os nutrientes são elementos ou compostos químicos que os organismos precisam para viver e crescer. Nutrientes comuns de plantas incluem os elementos fósforo, nitrogênio e potássio – os que são encontrados com maior frequência em fertilizantes para jardinagem. Outros organismos também dependem de ferro e de cálcio. Alguns organismos podem fabricar seus próprios nutrientes, mas outros devem obtê-los em suas dietas de materiais no ambiente. Alguns microrganismos especializados podem obter nutrientes por minerais dissolvidos.

Água A vida como a conhecemos exige água (H_2O). Todos os organismos na Terra, inclusive os humanos, são compostos principalmente de água, tipicamente de 50 a 95%. Sabe-se que os humanos podem viver semanas sem comer, mas a maioria morreria em apenas alguns dias sem água. Mesmo microrganismos que vivem na atmosfera devem obter água de minúsculas gotas que condensam em torno de partículas de poeira, e os vírus devem obter água de seus hospedeiros.

A água é o hábitat no qual a vida emergiu pela primeira vez e onde grande parte dela ainda viceja. As propriedades químicas da água e a forma como ela responde a mudanças de temperatura a tornam um meio ideal para a atividade biológica. As células de todos os organismos são compostas basicamente de uma solução aquosa que promove as reações químicas da vida. A água também ajuda a moderar o clima terrestre, que tem dado suporte à vida por, pelo menos, 3,5 bilhões de anos (ver Capítulo 12). A água é um ingrediente tão importante para a vida que a busca por vida extraterrestre deve começar com a busca de água, como veremos no final deste capítulo.

Energia Todos os organismos precisam de energia para viver e crescer. Alguns dos organismos mais simples, como as algas unicelulares, obtêm energia da luz solar. Outros adquirem energia decompondo substâncias químicas em seu ambiente. Os heterótrofos obtêm energia nutrindo-se de outros organismos. A energia é importante porque abastece a conversão de moléculas simples, como dióxido de carbono e água, em moléculas maiores, como carboidratos e proteínas, que são essenciais à vida.

Processos e saídas: como os organismos vivem e crescem

O **metabolismo** compreende todos os processos que os organismos usam para converter entradas em saídas. Em um tipo de processo metabólico, os organismos usam pequenas moléculas, como CO_2, H_2O e CH_4, e energia para criar moléculas maiores, como proteínas e certos tipos de carboidratos, que os permitem funcionar e crescer. Outros carboidratos – por exemplo, um açúcar chamado glicose – são armazenados para uso posterior como fonte de energia, ou seja, como alimento. Em outro tipo de processo metabólico, os organismos decompõem o alimento para liberar a energia contida nele.

Um processo metabólico em especial é mais bem conhecido: a **fotossíntese** (Figura 22.3). Por meio desse processo,

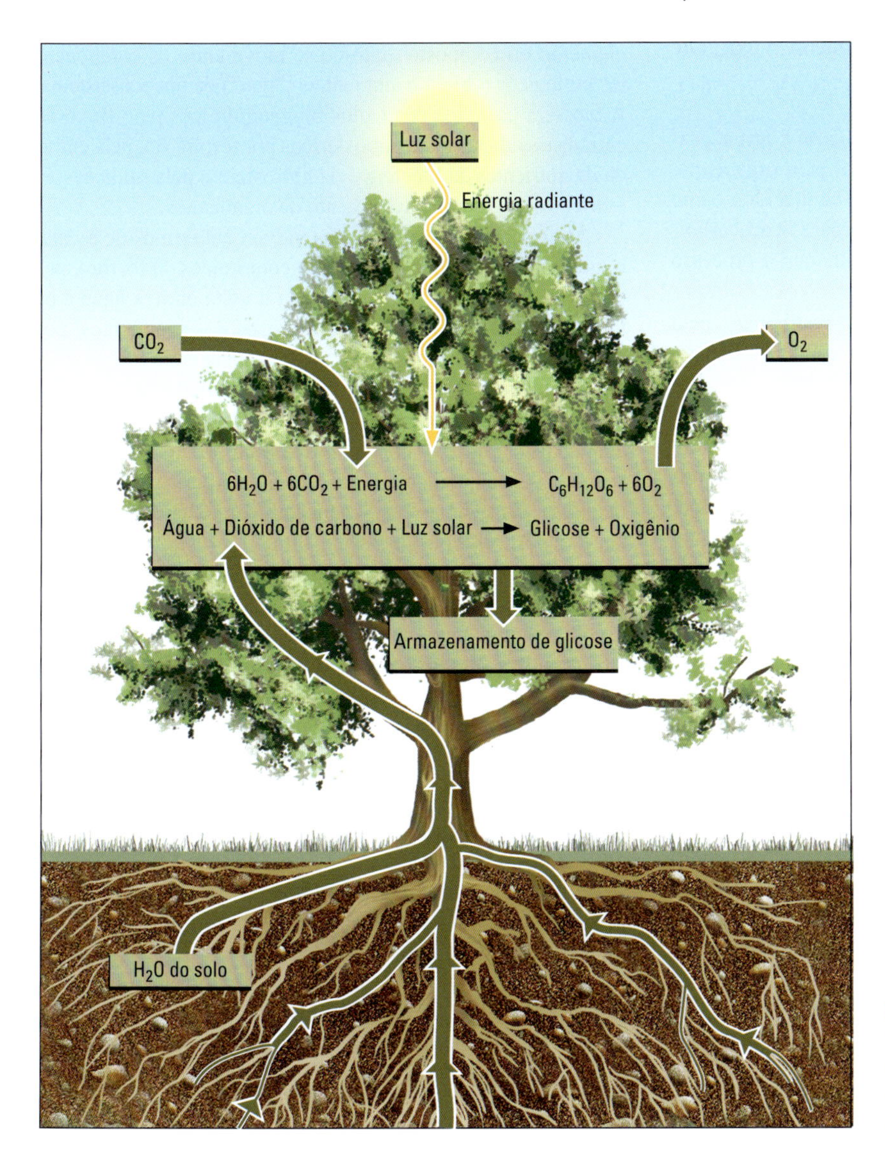

FIGURA 22.3 Durante o processo metabólico da fotossíntese, os organismos usam dióxido de carbono e água do ambiente e a energia da luz solar para fazer carboidratos, como a glicose.

QUADRO 22.2 Comparação entre fotossíntese e respiração

FOTOSSÍNTESE	RESPIRAÇÃO
Armazena energia na forma de carboidratos	Libera energia dos carboidratos
Usa CO_2 e H_2O	Libera CO_2 e H_2O
Aumenta a massa	Diminui a massa
Produz oxigênio	Consome oxigênio

organismos como as plantas e as algas usam energia da luz solar para converter água e dióxido de carbono em carboidratos (como glicose) e oxigênio (Quadro 22.2). Essa reação progride da seguinte forma:

$$\text{Água} + \text{dióxido de carbono} + \text{luz solar} \rightarrow \text{glicose} + \text{oxigênio}$$
$$6H_2O + 6\,CO_2 + \text{energia} \rightarrow C_6H_{12}O_6 + 6\,O_2$$

O oxigênio é liberado na atmosfera, e a glicose é armazenada como fonte de energia para uso posterior pelo organismo. Um grupo importante de microrganismos, conhecidos como **cianobactérias**, também usam fotossíntese para fazer carboidratos; na verdade, elas provavelmente originaram o processo nos primórdios da história da vida.

O outro processo metabólico central é a **respiração**, pela qual os organismos liberam a energia armazenada em carboidratos, como a glicose (ver Quadro 22.2). Todos os organismos usam oxigênio para queimar, ou *respirar*, carboidratos a fim de liberar energia, mas diferentes organismos respiram de formas distintas. Por exemplo, os humanos e muitos outros organismos consomem gás oxigênio (O_2) da atmosfera para metabolizar carboidratos e liberam dióxido de carbono e água como subprodutos. Neste caso, a reação é o reverso da fotossíntese:

$$\text{glicose} + \text{oxigênio} \rightarrow \text{água} + \text{dióxido de carbono} + \text{energia}$$
$$C_6H_{12}O_6 + 6\,O_2 \rightarrow 6H_2O + 6\,CO_2 + \text{energia}$$

Porém, outros organismos, como os microrganismos que vivem em ambientes onde o oxigênio está ausente, têm uma tarefa mais difícil. Eles precisam decompor compostos que contêm oxigênio dissolvidos na água, como o sulfato (SO_4^{-2}), para obter oxigênio. Durante o curso dessas reações, vários gases – como o hidrogênio (H_2), o sulfeto de hidrogênio (H_2S) e o metano (CH_4) – podem ser produzidos como subprodutos. Tais gases escapam para a atmosfera e contribuem para o aquecimento global. De modo contrário, quando consomem esses gases, os organismos contribuem com o resfriamento global.

O metabolismo de organismos afeta os componentes geológicos do ambiente. Por exemplo, o oxigênio liberado pela fotossíntese reage com minerais silicáticos contendo ferro, como o piroxênio e o anfibólio, para formar minerais óxidos contendo ferro, como a hematita (ver Capítulo 16).

Ciclos biogeoquímicos

No curso da vida e da morte, os organismos trocam energia e matéria continuamente com o ambiente. Essa troca ocorre na escala do organismo individual, do ecossistema do qual ele é parte e da biosfera global. O consumo e a produção metabólicos de gases como CO_2 e CH_4 são bons exemplos de como os organismos podem exercer controles globais sobre o clima da Terra. O dióxido de carbono e o metano são *gases de efeito estufa*, ou seja, absorvem o calor emitido pela Terra e o armazenam na atmosfera. A concentração de gases de efeito estufa na atmosfera não é o único controle sobre os climas globais, como aprendemos no Capítulo 14, mas é importante e envolve diretamente a biosfera.

Os geobiólogos monitoram as trocas entre a biosfera e outras partes do sistema Terra estudando os ciclos biogeoquímicos. Um **ciclo biogeoquímico** é um caminho pelo qual um elemento ou composto químico se move entre os componentes biológicos ("bio") e ambientais ("geo") de um ecossistema. A biosfera participa dos ciclos biogeoquímicos pelo fluxo de entrada e saída de gases atmosféricos por respiração, pela entrada de nutrientes da litosfera e da hidrosfera e pela saída desses nutrientes por morte e decaimento de organismos.

Assim como os ecossistemas variam em termos de escala, o mesmo ocorre com os ciclos biogeoquímicos. O fósforo, por exemplo, pode criar um ciclo de ida e volta entre a água e os microrganismos nos interstícios porosos dos sedimentos, podendo, também, retroceder e avançar no ciclo entre rochas soerguidas em montanhas e os sedimentos depositados ao longo das margens de bacias oceânicas (Figura 22.4). Nos dois casos, quando os organismos contendo fósforo morrem, essa substância pode se acumular em um repositório temporário antes de ser reciclada. Os sedimentos e as rochas sedimentares são importantes repositórios para esse elemento.

O conhecimento de ciclos biogeoquímicos é importante para compreender os mecanismos associados aos principais eventos geobiológicos da história da Terra, como veremos mais adiante neste capítulo. Também é essencial para o entendimento de como os elementos e os compostos que os humanos emitem na atmosfera e no oceano estão interagindo com a biosfera, como vimos nos Capítulos 13 e 14.

Microrganismos: os químicos minúsculos da natureza

Organismos unicelulares, que incluem bactérias, arqueias, alguns fungos, algumas algas e a maioria dos protistas, são conhecidos como **microrganismos**, ou *micróbios*. Onde quer que exista água, haverá microrganismos. Os microrganismos, como outros organismos, precisam de água para viver e reproduzir-se.

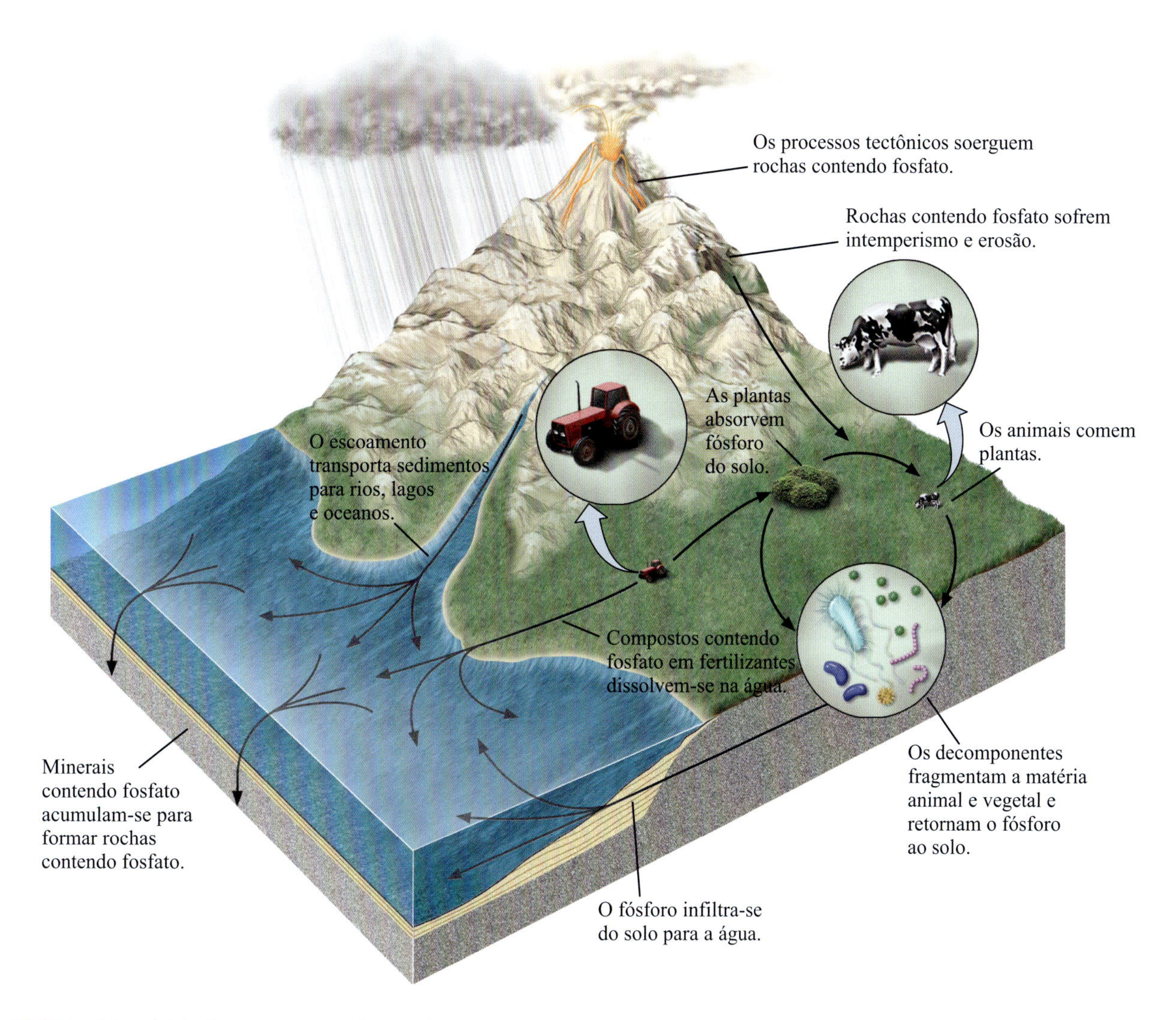

FIGURA 22.4 A biosfera exerce uma função importante no ciclo biogeoquímico do fósforo.

Eles podem ter tamanhos de até alguns mícrons (1 mícron = 10^{-6}m) e podem habitar quase tudo que se possa imaginar, de, pelo menos, 5 km abaixo da superfície terrestre até mais de 10 km de altura na atmosfera. Os microrganismos vivem no ar, no solo, sobre e dentro de rochas, em pilhas de lixo tóxico, em campos congelados de neve e em corpos aquáticos de todos os tipos, inclusive em fontes quentes em ebulição. Eles vivem em temperaturas que variam de menos de –20°C a mais do que o ponto de ebulição da água (100°C).

Exploram-se os efeitos úteis do metabolismo microbiano há milhares de anos para produzir pão, vinho e queijo. Hoje, também usam-se microrganismos para produzir antibióticos e outros medicamentos valiosos. Os geobiólogos estudam os microrganismos para entender suas funções nos ciclos biogeoquímicos e para compreender a evolução inicial da biosfera antes do advento de organismos mais complexos.

Abundância e diversidade de microrganismos

Os microrganismos dominam a Terra no que tange ao número de indivíduos. Concentrações entre 10^3 a 10^9 microrganismos/cm^3 foram relatadas em solos, sedimentos e águas naturais. Sempre que caminha pelo solo, você pisa em bilhões de microrganismos! Em alguns casos, as superfícies tornam-se revestidas de densas concentrações de microrganismos, chamadas de *biofilmes*, que podem conter até 10^8 indivíduos/cm^2 de área de superfície.

O que é mais importante é que os microrganismos são o grupo mais geneticamente diverso de organismos na Terra. Os **genes** são moléculas grandes dentro das células de cada organismo que codificam todas as informações que determinam como certo organismo se parecerá, como viverá e se reproduzirá e como diferirá de todos os outros organismos. Os genes também são as unidades hereditárias básicas, passadas de geração para geração. A diversidade genética de microrganismos é importante porque permitiu a colonização, adaptação e desenvolvimento em ambientes que seriam letais para a maioria dos outros organismos. Essas capacidades, por sua vez, são importantes porque permitem aos microrganismos reciclar materiais importantes em um amplo – até mesmo extremo – espectro de ambientes geológicos.

A árvore universal da vida Os biólogos aprenderam a usar as informações genéticas contidas em organismos vivos para entender quais formas de vida estão mais intimamente relacionadas entre si. Esse conhecimento possibilitou organizar a hierarquia de ancestrais e descendentes em uma árvore universal da vida (**Figura 22.5**). Há aproximadamente 30 anos, foi feita uma descoberta surpreendente quando se construíram as primeiras árvores genealógicas para os microrganismos. Quando os genes para *todos os tipos de microrganismos* foram comparados, demonstrou-se que, apesar de seus tamanhos (minúsculos) e formas (hastes e elipses simples) semelhantes, havia diferenças enormes no conteúdo genético. Além disso, quando os genes de *todos os tipos de organismos*, inclusive de plantas e animais, foram comparados, constatou-se que as diferenças entre grupos de microrganismos eram muito maiores do que as diferenças entre plantas e animais, inclusive humanos.

Os três domínios da vida A raiz única da árvore universal da vida mostrada na Figura 22.5 é chamada de *ancestral universal*. Esse ancestral universal deu origem a três grupos (ou domínios) principais de descendentes: as bactérias, as arqueias e os eucariotos*. As bactérias e as arqueias parecem ter evoluído primeiro; todos os seus descendentes permaneceram microrganismos unicelulares. Os eucariotos, considerados o ramo mais novo da árvore, têm uma estrutura celular mais complexa, que inclui um núcleo celular contendo os genes. Essa estrutura possibilitou aos eucariotos evoluir de pequenos organismos unicelulares para organismos multicelulares maiores – um passo crucial na evolução de animais e plantas.

Microrganismos pré-cambrianos, como os que vivem hoje, eram minúsculos. Os traços de microrganismos individuais preservados em rochas são, portanto, chamados de **microfósseis**. É desnecessário dizer que com essas características eram muito mais difíceis de encontrar do que os fósseis macroscópicos de conchas, ossos e galhos usados por geólogos para estudar a evolução de animais e plantas durante o Éon Fanerozoico (lembre que *Fanerozoico* significa "vida visível").

Para os geobiólogos, a árvore universal da vida é um mapa que revela como os microrganismos relacionam-se entre si e interagem com a Terra. Os nomes dos microrganismos, como *halobactérias, termococos* e *metanopiros*, sugerem que esses organismos podem viver em ambientes extremos que são muito salgados (*halo*, "halita"), quentes (*termo*) ou com alto teor de metano. Os microrganismos que vivem em ambientes extremos são quase exclusivamente as arqueias e as bactérias.

Extremófilos: microrganismos que vivem no limite Os **extremófilos** são microrganismos que vivem em ambientes que matariam outros organismos (**Quadro 22.3**). O sufixo *filo* deriva da palavra latina *philus*, que significa "ter uma forte afinidade ou preferência por". Os extremófilos sobrevivem com todos os tipos de alimento, inclusive petróleo e lixos tóxicos. Alguns usam substâncias diferentes do oxigênio, como ácido nítrico, ácido sulfúrico, ferro, arsênico ou urânio, para a respiração.

Os acidófilos são microrganismos que sobrevivem em ambientes ácidos. Eles podem tolerar níveis de pH baixos o bastante para matar outros organismos. Esses microrganismos vivem

*N. de R.T.: Também grafados como "eucariontes".

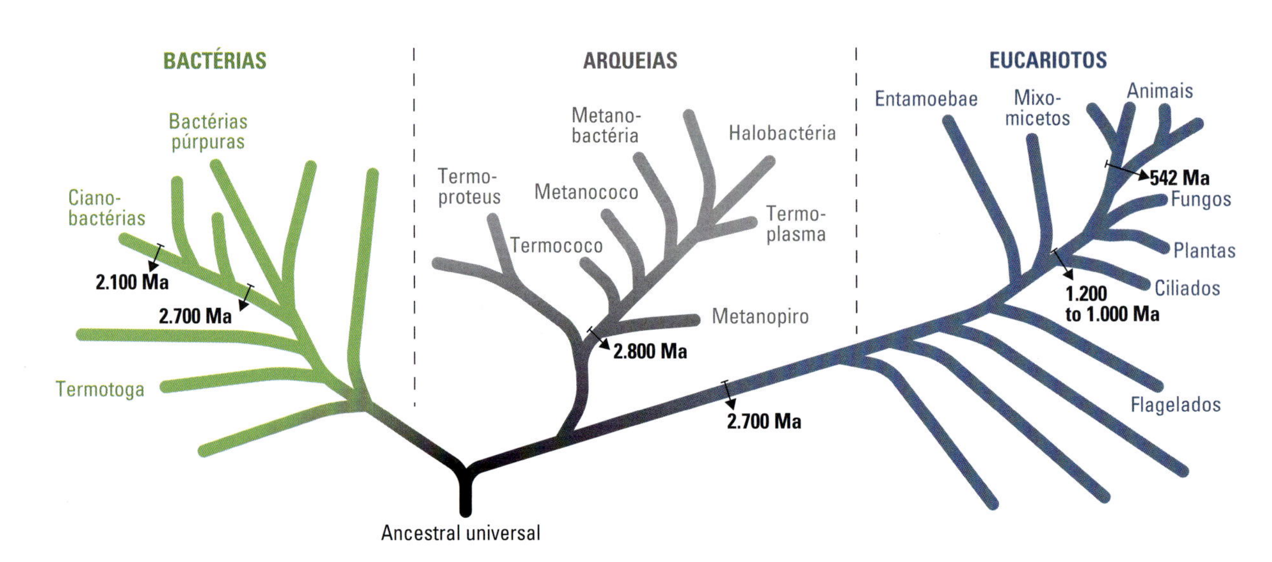

FIGURA 22.5 A árvore universal da vida mostra como todos os organismos estão relacionados entre si. Os organismos são subdivididos em três grandes domínios: as bactérias, as arqueias e os eucariotos. Todos esses domínios descendem de um ancestral universal comum. Nos três domínios há predominância de microrganismos. Observe que os animais aparecem na ponta do ramo dos eucariotos. (Ma, milhões de anos atrás.)

QUADRO 22.3 Características dos extremófilos

TIPO	TOLERÂNCIA	AMBIENTE	EXEMPLO
Halófilo	Alta salinidade	Lagos de desertos Evaporitos marinhos	Grande Lago Salgado, Utah, EUA
Acidófilo	Alta acidez	Drenagem de minas Água próxima a vulcões	Rio Tinto, Espanha
Termófilo	Alta temperatura	Fontes quentes Fontes em dorsais mesoceânicas	Parque Nacional de Yellowstone
Anaeróbio	Sem oxigênio	Poros de sedimentos úmidos Água subterrânea Tapetes microbianos Fontes em dorsais mesoceânicas	Sedimentos da Baía de Cape Cod

nutrindo-se de sulfeto! Eles conseguem sobreviver nesses hábitats ácidos porque desenvolveram uma forma de bombear para fora o ácido que se acumula em suas células. Tais hábitats extremamente ácidos ocorrem naturalmente (ver Jornal da Terra 22.1, página 674), mas são mais comumente associados à mineração.

Os termófilos são microrganismos que vivem e crescem em ambientes extremamente quentes. Eles crescem melhor em temperaturas entre 50°C e 70°C e podem tolerar temperaturas de até 120°C. Porém, não se desenvolvem se a temperatura cair abaixo de 20°C. Os termófilos vivem em hábitats geotérmicos, como fontes quentes e hidrotermais em dorsais mesoceânicas, e em ambientes que criam seu próprio calor, como pilhas de composto e aterros sanitários. Os microrganismos que revestem o fundo da Grande Fonte Termal Prismática (ver a foto de abertura do capítulo) são dominados por termófilos. Dos três domínios da vida, os eucariotos (que incluem os humanos) são geralmente os menos tolerantes a altas temperaturas (60°C parece ser o limite máximo). As bactérias são mais tolerantes (com limite máximo próximo a 90°C), e as arqueias têm a maior tolerância, podendo suportar temperaturas de até 120°C. Os microrganismos que podem aguentar temperaturas acima de 80°C são chamados de *hipertermófilos.*

Os halófilos são microrganismos que vivem e se desenvolvem em ambientes altamente salinos. Eles podem tolerar concentrações salgadas até dez vezes maior do que a água oceânica normal. Os halófilos vivem em lagos desérticos, como o Grande Lago Salgado e o Mar Morto, e em algumas partes do oceano, como o extremo sul da Baía de São Francisco, onde a água marinha é comercialmente evaporada para extração de sal (Figura 22.6). Esses microrganismos podem controlar a concentração salina dentro de suas células pela expulsão do sal extra das células para o ambiente.

FIGURA 22.6 Os humanos represaram partes do oceano para criar lagos onde a água marinha pode evaporar e precipitar halita para sal de cozinha e outros usos. As bactérias halofílicas que se desenvolvem nesses ambientes hipersalinos produzem um pigmento característico que dá aos lagos uma coloração rosa. [NNehring/Getty Images.]

Jornal da Terra 22.1 Sulfetos minerais reagem para formar águas ácidas na Terra e em Marte

Muitos depósitos minerais economicamente significativos são associados com altas concentrações de sulfetos minerais. Quando a água entra em contato com sulfetos minerais, o sulfeto contido nela reage com o oxigênio para formar ácido sulfúrico. Dessa forma, no decorrer e após a mineração, a água da chuva e a água subterrânea podem interagir com esses minerais para produzir águas de superfície e subterrânea altamente ácidas. Infelizmente, essas águas ácidas são letais para a maioria dos organismos. À medida que se propagam pelo ambiente, pode ocorrer uma extensa devastação. Em alguns casos, os únicos organismos que sobrevivem são extremófilos acidofílicos.

Em alguns lugares da Terra, onde os sulfetos minerais ocorrem em concentrações altas o suficiente, as águas ácidas são produzidas naturalmente. Um desses lugares é o rio Tinto, na Espanha. Nesse rio, os geólogos conseguiram estudar um sistema em que um depósito de minério de ocorrência natural, de quase 400 milhões de anos, interage com a água subterrânea que flui através dele por circulação hidrotermal. Com a ajuda de microrganismos acidofílicos que dissolvem minerais, os sulfetos minerais no depósito de minério, como a pirita (FeS_2), reagem com o oxigênio na água subterrânea para produzir ácido sulfúrico, íons de sulfato (SO_4^{-2})e íons de ferro (Fe^{3+}). A nascente quente que flui para fora do depósito na forma de rio é extremamente ácida. A pele humana seria dissolvida se alguém nadasse naquela água.

O rio é vermelho (*tinto* em espanhol) por causa dos íons dissolvidos de Fe^{3+}. Os íons de Fe^{3+} combinam-se com o oxigênio para produzir os minerais de óxido de ferro goethita e hematita, que podem ter coloração avermelhada ou amarronzada. Além disso, minerais sulfáticos incomuns de ferro, como a jarosita (de cor marrom-amarelada), formam-se com abundância no rio Tinto. Quando os geólogos encontram esse mineral na Terra, sabem que a água do qual precipitou deve ter sido extremamente ácida.

O que é contexto geológico raro – e prejudicial ao ambiente – na Terra pode já ter sido predominante em Marte. Como vimos no Capítulo 20, explorações recentes de Marte revelaram minerais sulfáticos abundantes similares aos encontrados no rio Tinto, inclusive jarosita. O entendimento de como esse mineral incomum formou-se na Terra possibilita aos geólogos fazer inferências sobre os ambientes passados de Marte. Nesse caso, a presença de jarosita indica que as águas em Marte eram bastante ácidas, talvez devido à interação da água subterrânea com as rochas ígneas compostas de basalto e com quantidades traço de sulfeto.

Esse cenário tem implicações sobre como pensamos na possibilidade de vida – passada ou presente – em outros planetas. Ambientes como o rio Tinto na Terra mostram que os microrganismos aprenderam a adaptar-se a condições altamente ácidas e ajudam a motivar a busca de vida antiga em Marte. No entanto, alguns cientistas acreditam que, embora possa ter aprendido a se adaptar a condições tão adversas, a vida pode não ter conseguido se originar sob tais condições. Em qualquer caso, a busca de vida em outros planetas será fortemente guiada por nosso entendimento de rochas, minerais e ambientes extremos na Terra.

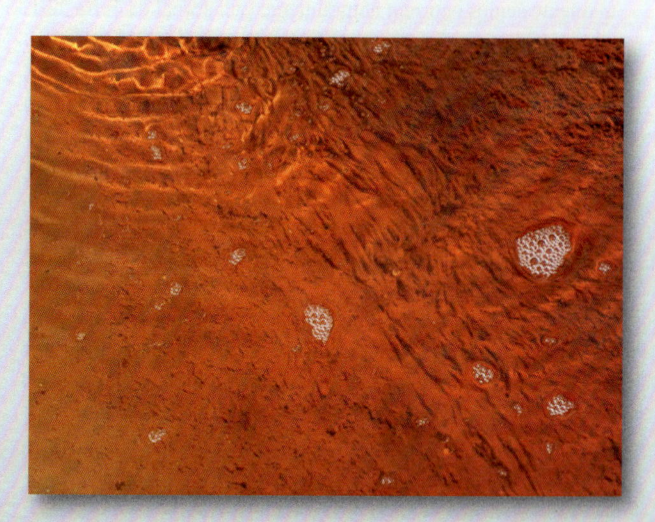

Microrganismos desenvolvem-se na água ácida do rio Tinto, na Espanha. [John Grotzinger.]

Os anaeróbios são microrganismos que vivem em ambientes completamente destituídos de oxigênio. No fundo da maioria dos lagos, correntes e oceanos, os fluidos nos poros de sedimentos apenas alguns milímetros ou centímetros abaixo da interface entre sedimentos e água são privados de oxigênio. Os microrganismos que vivem na interface entre sedimentos e água consomem todo o oxigênio durante a respiração, criando uma *zona anaeróbica* (sem oxigênio) abaixo deles no sedimento, onde apenas anaeróbios sobrevivem. A camada sedimentar superior, rica em oxigênio, é conhecida como *zona aeróbica*. Muitos microrganismos que vivem na zona aeróbica não conseguiriam sobreviver na zona anaeróbica, e vice-versa. O limite entre essas zonas é geralmente bastante claro, conforme mostrado na Figura 22.7.

Interações entre microrganismos e minerais

Os microrganismos exercem uma função importante em muitos processos geológicos, inclusive na precipitação e dissolução mineral e no fluxo de elementos através da crosta terrestre em ciclos biogeoquímicos. Como aprenderemos mais adiante neste capítulo, eles também têm sido fatores cruciais na história evolutiva de organismos maiores e mais complexos.

Precipitação mineral Os microrganismos precipitam minerais de duas formas distintas: *indiretamente*, ao influenciar a composição da água circundante; e *diretamente* em suas células, como resultado do metabolismo. A precipitação indireta

FIGURA 22.7 Os microrganismos podem formar depósitos superpostos chamados de tapetes microbianos. A parte superior do tapete, que fica exposta ao Sol, contém microrganismos autotróficos fotossintéticos, conforme revelado pela cor verde. Mais abaixo no tapete, mas ainda na zona aeróbica, estão os autótrofos não fotossintéticos, como mostra a cor roxa. Em uma parte mais profunda do tapete, a cor fica cinza, revelando a zona anaeróbica onde os heterótrofos vivem. [John Grotzinger.]

ocorre quando os minerais dissolvidos em uma solução supersaturada precipitam-se nas superfícies de microrganismos individuais. Isso acontece porque a superfície de um microrganismo tem locais que ligam elementos formadores de minerais dissolvidos. A precipitação mineral frequentemente leva à completa incrustação dos microrganismos, que são efetivamente enterrados vivos. A precipitação microbiana de minerais carbonáticos e sílica em fontes quentes são bons exemplos desse tipo de biomineralização microbiana (Figura 22.8a). Os termófilos podem ser completamente dominados pelos depósitos minerais que ajudam a precipitar.

Os minerais são diretamente precipitados pelas atividades metabólicas de alguns microrganismos. Por exemplo, a respiração microbiana causa a precipitação de pirita (Figura 22.9) na zona anaeróbica de sedimentos que contêm minerais com ferro e água, na qual o sulfato é dissolvido. Como aprendemos, todos os organismos – inclusive os microrganismos – precisam de oxigênio para a respiração. Porém, na zona anaeróbica, o O_2 não está disponível. Alguns decompositores microbianos adaptaram-se a esse ambiente adverso, mas bastante comum, evoluindo maneiras de obter oxigênio de outras fontes. Esses microrganismos podem remover o oxigênio contido no sulfato

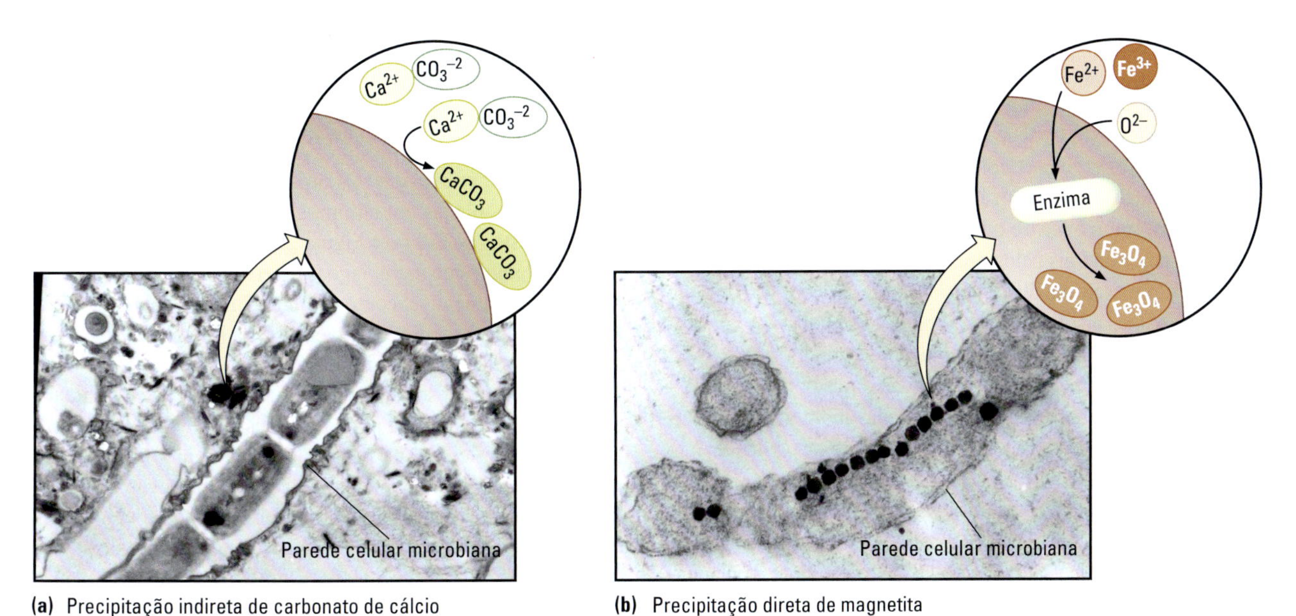

(a) Precipitação indireta de carbonato de cálcio

(b) Precipitação direta de magnetita

FIGURA 22.8 Os microrganismos podem precipitar minerais indireta ou diretamente. (a) A precipitação de carbonato de cálcio nas superfícies de bactérias é um exemplo de precipitação indireta. (b) A produção intracelular de cristais de magnetita (Fe_3O_4) por algumas bactérias é um exemplo de precipitação direta. Alguns organismos usam esses cristais para encontrar uma direção pela percepção do campo magnético da Terra. [(a) Grant Ferris, University of Toronto; (b) Richard B. Frankel, Ph.D., California Polytechnic State University.]

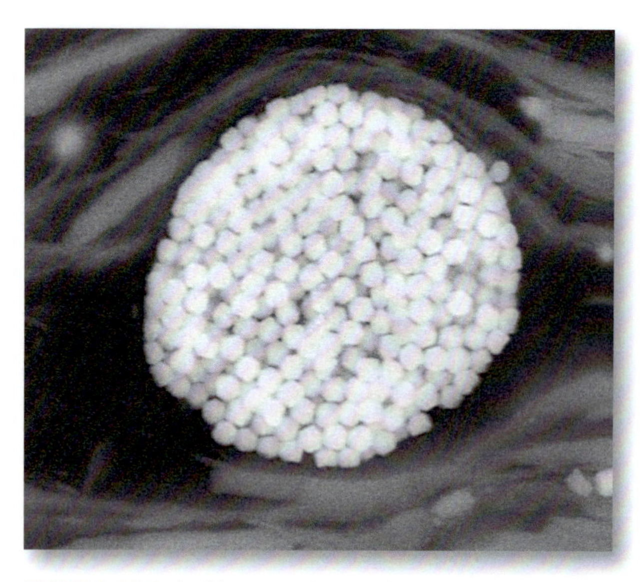

FIGURA 22.9 A pirita normalmente forma pequenos glóbulos nos fluidos de poros de sedimentos anaeróbicos. [Cortesia Dr. Jüergen Schieber.]

(SO_4), que é abundante na maioria dos fluidos de poros de sedimentos. No processo, eles criam gás sulfato de hidrogênio (H_2S), que produz o odor desagradável de ovos podres, liberado quando se cava em sedimentos arenosos ou lamacentos na maré baixa. No passo final do processo, o sulfato de hidrogênio reage com o ferro, que substitui o hidrogênio para formar pirita (FeS_2). A pirita é muito abundante em rochas sedimentares que contenham matéria orgânica, como folhelhos. Outro exemplo de precipitação direta é a formação de partículas minúsculas de magnetita dentro de algumas bactérias (Figura 22.8b), que usam esses cristais para navegar por meio do sensoriamento do campo magnético da Terra.

Dissolução mineral Alguns elementos essenciais para o metabolismo microbiano, como o enxofre e o nitrogênio, estão prontamente disponíveis em águas naturais na forma dissolvida, mas outros, como o ferro e o fósforo, devem ser ativamente vasculhados em minerais pelos microrganismos. Todos os microrganismos precisam de ferro, mas as concentrações de ferro em águas próximas à superfície geralmente são tão baixas que eles devem obtê-lo por meio da dissolução de minerais próximos. De forma semelhante, alguns microrganismos obtêm fósforo – necessário para a construção de moléculas biologicamente importantes – pela dissolução de minerais como a apatita (fosfato de cálcio). Alguns autótrofos não derivam sua energia da luz solar, mas das substâncias químicas produzidas quando os minerais são dissolvidos. Esses organismos são conhecidos como **quimioautótrofos** (ver Quadro 22.1). Por exemplo, o manganês (Mn^{2+}), o ferro (Fe^{2+}), o enxofre (S), o amônio (NH_4^+) e o hidrogênio (H_2) fornecem energia para microrganismos quando são liberados de minerais.

Os microrganismos dissolvem minerais produzindo moléculas orgânicas que reagem com esses minerais para liberar íons de superfícies minerais. As taxas de dissolução mineral são normalmente baixas, mas podem aumentar onde minerais que contêm elementos nutrientes são revestidos por biofilmes microbianos. Os acidófilos que dissolvem minerais sobrevivem em águas onde a dissolução mineral resulta em formação prolífica de ácido.

Microrganismos e ciclos biogeoquímicos A precipitação de pirita por microrganismos desempenha um importante papel no ciclo biogeoquímico global do enxofre (Figura 22.10). Como vimos, o ferro e o enxofre são precipitados na forma de pirita, que se acumula em abundância nos sedimentos. À medida que camadas de sedimentos são depositadas, a pirita é enterrada e encapsulada nas rochas sedimentares. Ela permanece enterrada até que as rochas retornem à superfície terrestre por soerguimento tectônico. Quando sofrem intemperismo, o ferro e o enxofre na pirita são dissolvidos na forma de íons na água ou são incorporados em novos minerais, que se acumulam em sedimentos, dando início ao ciclo biogeoquímico mais uma vez.

Em escala global, os microrganismos exercem funções em diversos outros ciclos biogeoquímicos. A precipitação microbiana de minerais fosfáticos contribui para o fluxo de fósforo nos sedimentos, sobretudo ao longo das costas oeste da América do Sul e da África, onde a água oceânica profunda rica em fósforo que sobe à superfície está disponível aos microrganismos que vivem na água mais rasa, como vimos no Capítulo 6. O intemperismo químico de rochas continentais é influenciado por microrganismos que podem aumentar a acidez de solos, levando a taxas mais rápidas de intemperismo. E, finalmente, como também vimos no Capítulo 5, a precipitação de minerais carbonáticos em ambientes marinhos é estimulada por processos microbianos. Este último exemplo é especialmente importante, porque os minerais carbonáticos servem como um sumidouro para o CO_2 atmosférico e para cátions como Ca^{2+} e Mg^{2+} liberados durante o intemperismo de minerais silicatados.

Tapetes microbianos Os **tapetes microbianos** são comunidades microbianas em lâminas. É mais provável ver os que estão expostos ao Sol (ver Figura 22.7). Eles geralmente ocorrem em planícies de maré, lagoas hipersalinas e fontes quentes. No topo, usualmente encontra-se uma lâmina de cianobactérias que produzem oxigênio e usam energia da luz solar para a fotossíntese. Essa lâmina mais no topo é verde porque as cianobactérias contêm o mesmo pigmento que absorve luz das plantas e das algas. Essa lâmina pode ter espessura de até 1 mm, mas pode ser tão eficiente na produção de energia a partir do Sol quanto uma floresta de madeira de lei ou uma savana. Essa lâmina verde no topo define a zona aeróbica do tapete. A zona anaeróbica ocorre abaixo da lâmina cianobacteriana e geralmente tem coloração cinza-escura. Embora essa parte do tapete não contenha oxigênio, ainda pode ser muito ativa. Os heterótrofos anaeróbicos nessa lâmina derivam seu alimento da matéria orgânica produzida pelas cianobactérias. Sua respiração

FIGURA 22.10 A precipitação de pirita por microrganismos é um componente-chave do ciclo do enxofre.

resulta, com frequência, na precipitação da pirita, conforme descrito anteriormente neste capítulo.

Os tapetes microbianos são modelos em miniatura dos mesmos ciclos biogeoquímicos que ocorrem em escala regional ou mesmo global. Em um tapete microbiano, os autótrofos fotossintéticos usam a energia da luz solar para converter o carbono do CO_2 atmosférico em carbono de moléculas maiores, como carboidratos. Após a morte dos fotoautótrofos, os heterótrofos usam o carbono nos corpos deles como fonte de energia. No processo, os heterótrofos convertem parte desse carbono em CO_2, que retorna à atmosfera, onde pode ser usado pela próxima geração de fotoautótrofos, e assim por diante. No caso dos microrganismos, esse ciclo é confinado à pequeníssima escala de uma camada de sedimento, mas é diretamente análogo ao processo pelo qual as florestas tropicais – em escala global – extraem CO_2 da atmosfera durante a fotossíntese. Embora as árvores individuais façam o trabalho real, pode-se pensar na floresta tropical como uma máquina gigante de fotossíntese que remove quantidades enormes de CO_2 da atmosfera e produz volumes altíssimos de carboidratos. Quando as árvores morrem, sua matéria orgânica é utilizada por heterótrofos no solo da floresta para produzir energia. Esse processo retorna volumes enormes de carbono – na conhecida forma de CO_2 – para a atmosfera.

Estromatólitos Hoje, os tapetes microbianos estão restritos a lugares na Terra onde plantas e animais não podem interferir em seu crescimento. No entanto, antes da evolução de plantas e animais, os tapetes microbianos eram predominantes, sendo uma das feições mais comuns preservadas em rochas sedimentares pré-cambrianas formadas em ambientes aquáticos. Acredita-se que os **estromatólitos** – rochas com lâminas delgadas distintivas – tenham se formado a partir de antigos tapetes

(a) Estromatólitos modernos em Shark Bay, Austrália, crescem na zona entremaré.

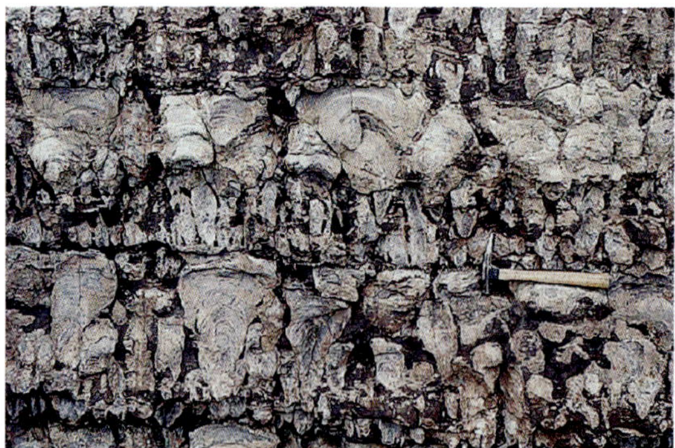

(b) No norte da Sibéria, antigos estromatólitos (mais de 1 bilhão de anos) em seção transversal formam colunas.

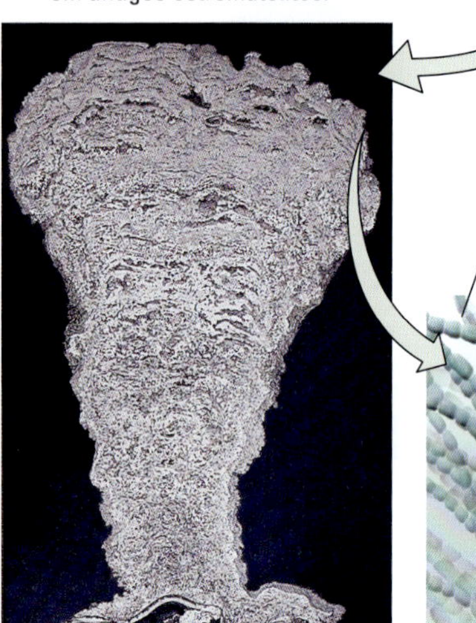

(c) Uma seção transversal de um estromatólito vivo revela lâminas semelhantes às vistas em antigos estromatólitos.

(d) As lâminas revelam como crescem estromatólitos antigos e modernos.

FIGURA 22.11 Os estromatólitos são feições sedimentares que resultam da interação de microrganismos com o ambiente. [Imagens de John Grotzinger.]

microbianos. Os estromatólitos têm forma variada: de folhas planas a estruturas em forma de domo com complexos padrões de ramificação (**Figura 22.11**). Eles são um dos tipos mais antigos de fósseis na Terra e nos dão um vislumbre de um mundo dominado por microrganismos.

A maioria dos estromatólitos provavelmente formou-se quando sedimentos trazidos pela chuva sobre tapetes microbianos eram aprisionados e ligados por microrganismos que viviam nas superfícies dos tapetes (Figura 22.11d). Depois de cobertos por sedimentos, os microrganismos cresciam para cima entre as partículas sedimentares e espalhavam-se lateralmente, ligando-as. Cada lâmina de estromatólito corresponde à deposição de um nível sedimentar superposto por um nível de microrganismos que aprisionaram e ligaram as partículas sotopostas. As comunidades microbianas podem ser observadas construindo essas estruturas hoje em dia em ambientes entremaré, como Shark Bay, no oeste da Austrália (Figura 22.11a).

Porém, em outros casos, os estromatólitos formam-se por precipitação mineral, em vez do aprisionamento e ligação de sedimentos por microrganismos. Essa precipitação mineral pode ser indiretamente controlada por microrganismos ou pode simplesmente ser o resultado de supersaturação da água circundante. Como vimos no Capítulo 6, o oceano contém cálcio e carbonato em abundância, que reagem para formar os minerais calcita e aragonita. Esses minerais são importantes para o crescimento de estromatólitos formados por precipitação mineral.

A função potencial de microrganismos na formação de estromatólitos é importante para compreender porque essas estruturas em camadas e com forma de domo têm sido usadas como evidência de vida na Terra primordial. Mas se os estromatólitos podem ser construídos por precipitação mineral não microbiana, seu uso como evidência de vida antiga é incerto. Apenas pelo estudo cuidadoso dos processos pelos quais os microrganismos interagem com minerais e sedimentos e das digitais químicas e texturais dessas interações conseguiremos determinar se a formação de estromatólitos nos primórdios da Terra exigiu a presença de microrganismos.

Eventos geobiológicos na história da Terra

A escala do tempo geológico divide o tempo com base nas idas e vindas de assembleias de fósseis (ver Capítulo 9). Esses padrões biológicos oferecem uma régua conveniente para subdividir a história da Terra, mas quase sempre eram associados a mudanças ambientais globais. Em muitos dos principais limites da escala do tempo geológico, a Terra sofreu um evento único que causou mudanças drásticas nas condições de vida. Algumas dessas mudanças foram desencadeadas pelos próprios organismos, outras por eventos geológicos e, por fim, também por forças de fora do sistema Terra.

Agora estudaremos alguns desses eventos drásticos na história terrestre – eventos nos quais a ligação entre a vida e o ambiente físico é claramente visível. A Figura 22.12 mostra a grande antiguidade da vida na Terra e a idade de diversos desses eventos maiores.

A origem da vida e os fósseis mais antigos

Quando a Terra se formou, em torno de 4,5 bilhões de anos atrás, não tinha vida e era inóspita. Um bilhão de anos depois, proliferavam microrganismos. Como a vida começou? Junto com outros grandes enigmas, como a origem do universo, essa questão continua a ser um dos maiores mistérios da ciência.

A questão de *como* a vida pode ter se originado é muito diferente da questão de *por que* a vida se originou. A ciência oferece uma abordagem apenas para entender o "como" desse mistério porque, você deve se lembrar do Capítulo 1, ela usa observações e experimentos para criar hipóteses testáveis. Essas hipóteses podem explicar a série de passos envolvidos na origem e na evolução da vida e podem ser testadas por meio da busca de evidência no registro fóssil e geológico. Porém, observações e experimentos não oferecem uma abordagem testável à questão de por que a vida evoluiu.

O registro fóssil diz-nos que os microrganismos unicelulares eram as formas mais antigas de vida e que evoluíram para todos os organismos multicelulares que são encontrados nas partes mais novas do registro geológico. O registro fóssil também mostra-nos que a maior parte da história da vida relaciona-se à evolução de microrganismos. Podemos encontrar microfósseis em rochas com 3,5 bilhões de anos, mas podemos identificar de maneira conclusiva fósseis de organismos multicelulares apenas em rochas com menos de 1 bilhão de anos. Portanto, parece que os microrganismos eram os únicos organismos na Terra por, pelo menos, 2,5 bilhões de anos!

A teoria da evolução prevê que esses primeiros microrganismos – e toda a vida que veio depois deles – evoluíram a

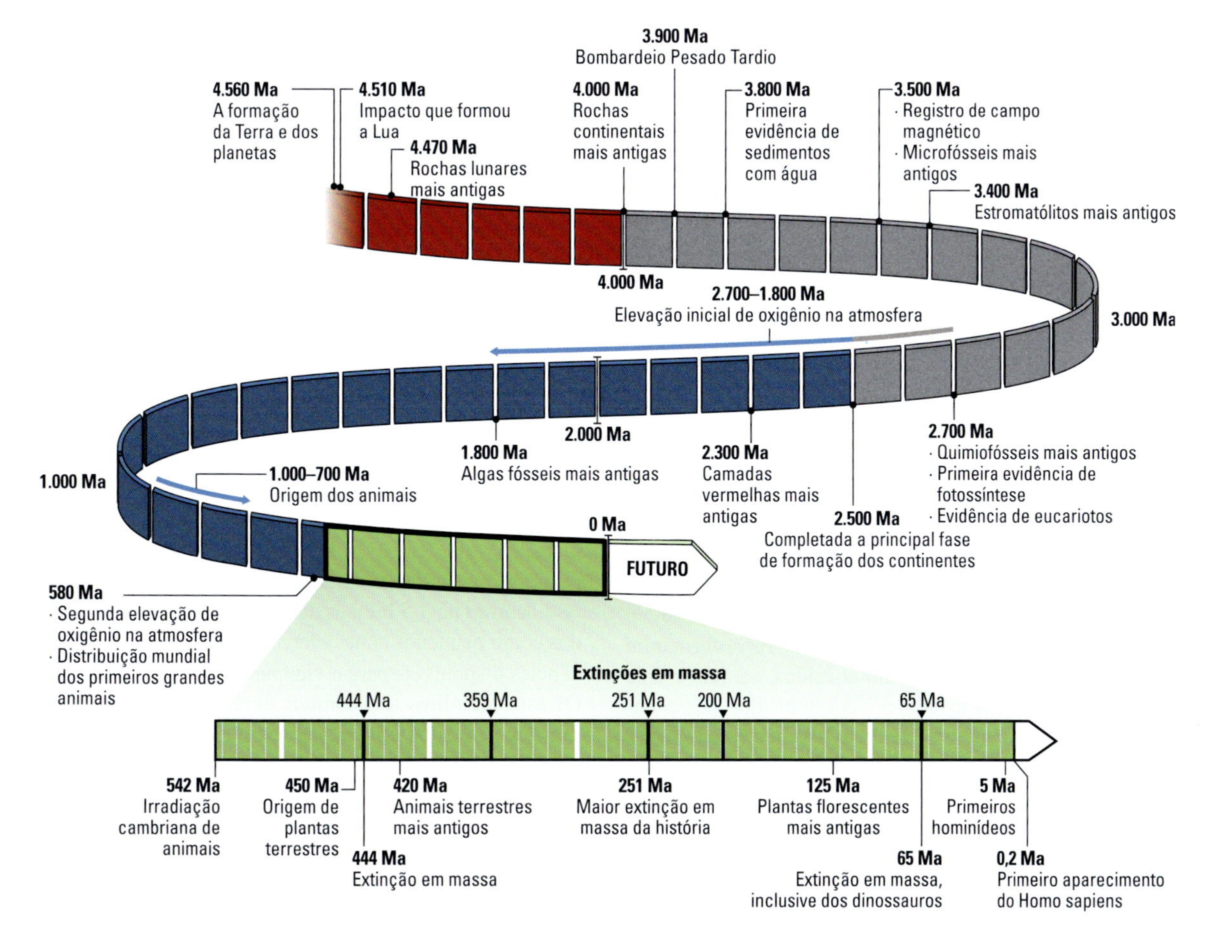

FIGURA 22.12 A escala do tempo geológico, mostrando os principais eventos na história da vida. (Ma, milhões de anos atrás.)

partir de um ancestral universal (ver Figura 22.5). Como era esse ancestral universal? Realmente não sabemos, mas a maioria dos geobiólogos concorda que deve ter tido diversas características importantes. A mais essencial delas seria a informação genética: instruções para crescimento e reprodução. Do contrário, não teria tido descendentes. O ancestral universal também deve ter sido constituído de compostos ricos em carbono. Como vimos, todas as substâncias orgânicas, inclusive os organismos, são compostos, principalmente, de carbono.

Como o ancestral universal surgiu? Uma abordagem para responder a essa questão seria buscar pistas nas rochas. No entanto, fósseis bem preservados são apenas encontrados em rochas sedimentares que não foram afetadas de modo significativo por metamorfismo ou deformação. Não há rochas sedimentares bem preservadas do tempo em que a vida começou a evoluir, então os cientistas devem usar outras abordagens. Químicos de laboratório têm desempenhado um papel importante neste aspecto.

Sopa pré-biótica: o experimento original sobre a origem da vida

Em experimentos laboratoriais que investigam a origem da vida, os cientistas tentaram recriar algumas das condições ambientais que, acredita-se, tenham existido na Terra antes do surgimento da vida. No início da década de 1950, Stanley Miller, um aluno de pós-graduação da Universidade de Chicago, conduziu o primeiro experimento projetado para explorar as reações químicas de criação de vida nos primórdios da Terra. Seu experimento era incrivelmente simples (**Figura 22.13**). Na parte inferior de um frasco, ele criou um "oceano" de água, que foi aquecido para gerar vapor d'água. O vapor d'água emitido do oceano era misturado com outros gases para produzir uma "atmosfera" contendo alguns dos compostos considerados mais abundantes na atmosfera inicial da Terra: metano (CH_4), amônia (NH_3), hidrogênio (H_2) e vapor d'água. O oxigênio – um gás importante na atmosfera terrestre atual – provavelmente estava ausente naquela época. No próximo passo, Miller expôs essa atmosfera a faíscas elétricas ("raios"), que fizeram com que os gases reagissem entre si e com a água no oceano.

Os resultados foram impressionantes. O experimento gerou compostos chamados de *aminoácidos*, além de outros compostos contendo carbono. Os aminoácidos são os blocos de construção fundamentais das moléculas de proteínas, cruciais para a vida. Dessa forma, se você quiser construir um organismo, o primeiro passo seria a criação de aminoácidos. A descoberta de Miller foi instigante porque demonstrava que os aminoácidos podem ter sido abundantes no início da Terra. Isso levou à hipótese de que o oceano e a atmosfera da Terra formaram um tipo de "sopa pré-biótica" de aminoácidos, na qual a vida teve origem. Outros pesquisadores sugeriram que nosso ancestral universal continha material genético que possibilitava aos aminoácidos formar proteínas, com as quais contava para autoperpetuação.

A hipótese da "sopa pré-biótica" previa que os materiais planetários iniciais poderiam conter aminoácidos. Essa previsão foi confirmada anos mais tarde quando, em 1969, um meteorito atingiu a Terra próximo a Murchison, na Austrália. Quando os geólogos o analisaram, descobriram que o meteorito de Murchison continha vários (cerca de 20) aminoácidos que Miller havia criado no laboratório! Na verdade, ele tinha até quantidades relativas parecidas daqueles aminoácidos.

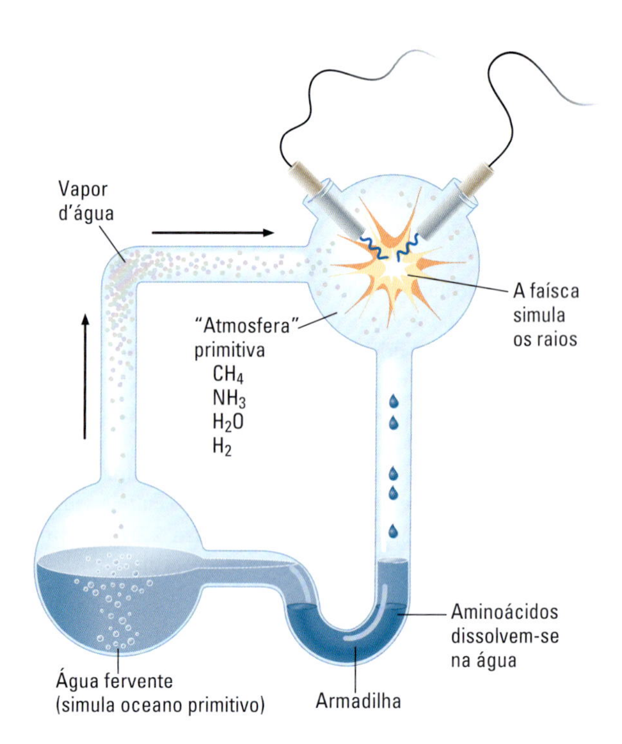

FIGURA 22.13 Stanley Miller utilizou esse projeto experimental simples para explorar a origem da vida. Neste aparato, amônia (NH_3), hidrogênio (H_2), vapor d'água (H_2O) e pequenas moléculas contendo carbono, como metano (CH_4) eram convertidos em aminoácidos – um componente central para os organismos vivos.

A mensagem de todas aquelas descobertas é a mesma: os aminoácidos poderiam ter se formado em um planeta sem oxigênio. Mas o oposto também é verdadeiro: onde o oxigênio está presente, os aminoácidos não se formam ou estão presentes somente em quantidades diminutas. Esse é um dos diversos motivos pelos quais os geocientistas pensam que a Terra inicial era um planeta sem oxigênio.

Os fósseis mais antigos e a vida inicial

Quaisquer que tenham sido os processos pelos quais a vida se originou, os possíveis fósseis mais antigos na Terra sugerem que isso ocorreu há 3,5 bilhões de anos. Os estromatólitos modelados como pequenos cones oferecem algumas das melhores evidências disponíveis para a vida nessa época (**Figura 22.14a**). Os estromatólitos são comuns em crátons continentais e foram identificados em rochas sedimentares do início do Éon Arqueano. Além disso, as taxas de isótopos de carbono encontradas em algumas rochas do início do Arqueano mostram valores que poderiam ter sido produzidos apenas por processos biológicos (ver Pratique um Exercício de Geologia). Os fósseis mais antigos que preservam possíveis evidências morfológicas para a vida são minúsculos fios com tamanho e aparência semelhantes aos microrganismos modernos, encerrados em sílex.

(a)

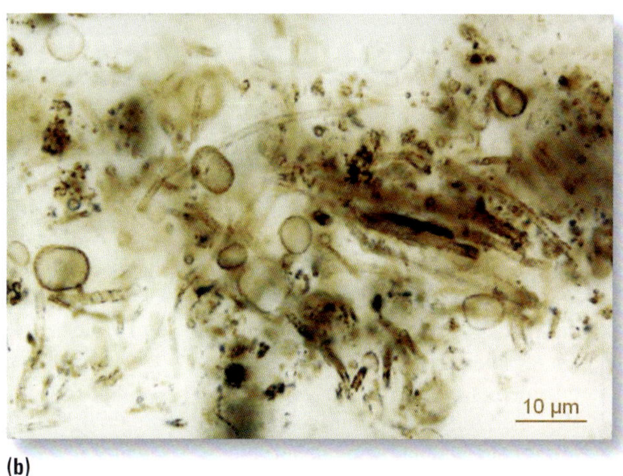

(b)

FIGURA 22.14 (a) Estromatólitos do Arqueano inicial (3,4 bilhões de anos atrás) na formação Warrawoona, no oeste da Austrália. As formas cônicas sugerem que os tapetes microbianos que formaram essas rochas cresciam na direção da luz solar. (b) Microfósseis abundantes são bem preservados na Formação de Gunflint de 2,1 bilhões de anos do sul de Ontário, Canadá. [Imagens cortesia de H. J. Hofmann.]

Essas feições foram encontradas em formações no oeste da Austrália e podem ter até 3,4 bilhões de anos, embora sua interpretação como microfósseis permaneça polêmica. Microfósseis mais novos e mais bem preservados ocorrem na Formação Figueira, da África do Sul, de 3,2 bilhões de anos, e na Formação Gunflint, do sul do Canadá, de 2,1 bilhões de anos (Figura 22.14b). Os fósseis de Gunflint, descobertos em 1954, foram os primeiros já descobertos em rochas pré-cambrianas, desencadeando uma onda de pesquisas que continua até o momento. Nos últimos 50 anos, vimos, em muitas localidades novas, o quão antiga a vida na Terra é e como ela pode ser bem preservada sob as circunstâncias geológicas adequadas.

A maioria dos geobiólogos concorda que havia vida na Terra há bilhões de anos, mas estão incertos sobre como aqueles organismos iniciais funcionavam ou obtinham energia e nutrientes. Alguns cientistas argumentam que os organismos mais antigos na árvore universal da vida eram quimioautotróficos, obtendo energia diretamente de substâncias químicas no ambiente. Além disso, esses organismos mais antigos podem ter sido hipertermofílicos. Essa possibilidade sugere que a vida pode ter se originado em água muito quente, como a de fontes quentes ou hidrotermais em dorsais mesoceânicas, onde a luz solar estava indisponível como fonte de energia, mas as substâncias químicas eram abundantes (Figura 22.15).

FIGURA 22.15 A água quente liberada de fontes hidrotermais ao longo de dorsais mesoceânicas (visível aqui como uma pluma que se parece com fumaça negra) está repleta de nutrientes minerais, dos quais os microrganismos quimioautotróficos obtêm energia. É possível que a vida tenha se originado em tais ambientes. [NOAA PMEL EOI Program.]

PRATIQUE UM EXERCÍCIO DE GEOLOGIA

Como os geobiólogos encontram evidências de vida primitiva em rochas?

Talvez a questão mais importante que um geobiólogo possa levantar é: "Que evidências de vida estão preservadas nas rochas?". Se fósseis de conchas e esqueletos animais estão presentes em rochas, então essa pergunta pode ser facilmente respondida. No entanto, em muitos casos, os processos geológicos que transformam sedimentos em rochas sedimentares destroem os materiais que poderiam ter se tornado fósseis. Além disso, a maioria dos organismos não tem conchas ou esqueletos rígidos para que sejam facilmente preservados, então não esperaríamos que se tornassem fósseis. E na Terra primordial, antes do advento de animais com conchas e esqueletos rígidos, a maioria dos organismos era de tamanho microscópico. Dito de forma simples, como a presença antiga de vida na Terra pode ser detectada em situações em que os fósseis não são preservados?

Uma abordagem que os geobiólogos aplicam com frequência é a utilização de assinaturas químicas da vida ancestral. O carbono oferece o exemplo mais óbvio de um elemento que pode ter sido concentrado por processos biológicos. Porém, nem todas as concentrações de carbono têm origem biológica, por isso devem-se realizar testes adicionais.

Um desses testes pergunta se o carbono presente nos materiais tem composição *isotópica* singular. Lembre-se do Capítulo 3, em que vimos que os isótopos são átomos do mesmo elemento com diferentes números de nêutrons. Muitos elementos de baixo peso atômico têm dois ou mais isótopos (não radioativos). Um átomo de carbono tem seis prótons, mas muitos têm seis, sete ou oito nêutrons, o que resulta em massas atômicas de 12, 13 ou 14, respectivamente. O carbono-12 é, de longe, o isótopo mais comum, então amostras de carbono de rochas antigas ou de sedimentos modernos produzirão predominantemente carbono-12.

Felizmente, processos metabólicos, como a fotossíntese, utilizam o carbono-12 e o carbono-13 de modo distinto. A diferença de massa atômica entre o carbono-12 (geralmente denotado como ^{12}C) e o carbono-13 (^{13}C) resulta em diferenças na sua absorção por organismos. Organismos fotossintéticos, por exemplo, usam dióxido de carbono e água para formar carboidratos. Eles utilizam moléculas de dióxido de carbono que contêm ^{12}C, tendo preferência sobre as que contenham ^{13}C. Por consequência, os organismos fotossintéticos ficam enriquecidos em ^{12}C em relação ao ambiente do qual obtêm dióxido de carbono.

Podemos, portanto, usar isótopos de carbono como ferramenta para detectar vida antiga por meio da medição de quantidades de ^{12}C e ^{13}C presentes em rochas sedimentares. Se os sedimentos são formados na presença de matéria orgânica que está enriquecida em ^{12}C (ou qualquer outro isótopo), esse enriquecimento pode ser passado adiante para os sedimentos e depois para a rocha resultante. Dessa forma, um folhelho que pode ter bilhões de anos é capaz de preservar uma "assinatura" da vida registrada por sua composição de isótopo de carbono.

Começamos com a medição das quantidades de ^{12}C e ^{13}C em uma amostra de rocha e com o cálculo da razão entre elas ($^{12}C/^{13}C$). A seguir, comparamos essa razão com a razão $^{12}C/^{13}C$ de um *padrão*. O padrão é um material (normalmente um mineral puro, como a calcita) cuja razão $^{12}C/^{13}C$ é conhecida com precisão e tem variação muito baixa. O padrão pode ser comparado diversas vezes com amostras de outras rochas e sedimentos contendo carbono, bem como com organismos vivos e outras substâncias naturais. Pela comparação de amostras de rocha e organismos com o padrão, podemos buscar semelhanças que relacionam amostras de rocha a determinados processos biológicos. O quadro abaixo lista as razões de $^{12}C/^{13}C$ para um padrão, três amostras de rocha e duas substâncias naturais – material vegetal e gás metano:

Padrão	Rocha A	Rocha B	Rocha C	Material vegetal	Gás metano
1.000	995	1.020	1.050	1.025	1.060

Quimiofósseis e eucariotos Apenas a forma e o tamanho não são suficientes para deduzir a função dos microrganismos, por isso os microfósseis são, em última análise, limitados nas informações que podem fornecer. Informações adicionais podem ser obtidas de **quimiofósseis**, os remanescentes químicos dos compostos orgânicos feitos por microrganismos antigos enquanto estavam vivos. Quando um organismo morre, a maioria dos compostos orgânicos de seu corpo são rapidamente decompostos em moléculas muito menores, geralmente por heterótrofos. Algumas dessas moléculas, porém, são bastante estáveis e resistem à reciclagem. O *colestano*, por exemplo, é uma substância muito durável, composta apenas de eucariotos, que é muito semelhante ao composto bem conhecido do colesterol. Quimiofósseis de colestano foram identificados em rochas de 2,7 bilhões de anos no oeste da Austrália. A presença desses quimiofósseis evidencia que os microrganismos unicelulares eucarióticos devem ter emergido naquela época. São os eucariotos que, por fim, evoluiriam em organismos multicelulares, inclusive os animais, mas somente muito mais tarde.

A seguinte equação* permite-nos comparar esses dados:

$$R_{(amostra)} = [^{12}C/^{13}C \text{ do padrão}] - [^{12}C/^{13}C \text{ da amostra}]$$

onde *R* representa o valor da diferença entre as duas razões.

Para a maioria das rochas, o valor de *R* será próximo a zero, mas poderia ser levemente positivo ou negativo. Por outro lado, se a fotossíntese estivesse envolvida na formação de matéria orgânica incorporada em uma rocha sedimentar – por exemplo, um folhelho – o valor de *R* para uma amostra desse folhelho poderia ser negativo – próximo a −20. Alguns microrganismos quimioautotróficos que consomem gás metano produzem rochas carbonáticas com valor de *R* extremamente negativo, na ordem de −50.

Utilizando os dados e a equação anterior, vamos tentar identificar qual de nossas amostras rochosas formou-se na presença de processos biológicos. Começamos com a rocha B:

$$B_{(rocha\ B)} = [^{12}C/^{13}C \text{ do padrão}] - [^{12}C/^{13}C \text{ da rocha B}] = 1.000 - 1.020 = -20$$

Este resultado mostra que a rocha B tem valor de *R* substancialmente diferente de zero, sugerindo que antigos processos biológicos podem ter ocorrido quando a rocha se formou. Podemos confirmar que seu valor de −20 é um correspondente próximo para o valor de *R* previsto para a fotossíntese pelo cálculo do valor de *R* para o material vegetal:

$$R_{(planta)} = [^{12}C/^{13}C \text{ do padrão}] - [^{12}C/^{13}C \text{ do material vegetal}] = 1.000 - 1.025 = -25$$

O valor de *R* para o material vegetal, em −25, está próximo o bastante do valor de *R* para a rocha B, em −20, para que nossa hipótese de fotossíntese antiga seja fortalecida.

PROBLEMA EXTRA: Tente calcular os valores de *R* para as rochas A e C. Qual rocha não registra uma assinatura distintiva de processos biológicos? Existe uma rocha entre as amostras que possa ter se formado na presença de microrganismos que consomem metano? Em caso afirmativo, você pode verificar esse resultado?

*Esta equação é uma simplificação da que normalmente é usada na prática. Ela despreza a notação "delta" padrão, que normaliza as abundâncias reais dos isótopos na amostra para aquelas do padrão.

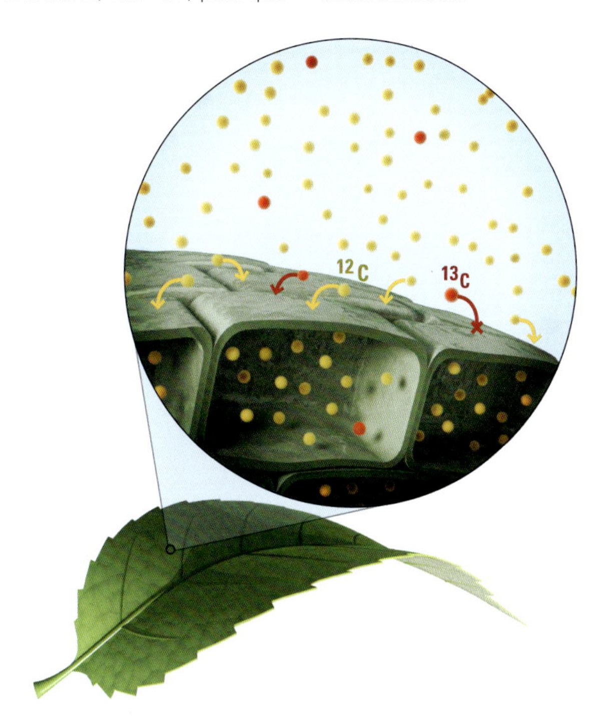

As plantas absorvem dióxido de carbono durante a fotossíntese. Como elas absorvem moléculas de CO_2 contendo ^{12}C com mais facilidade do que as que contêm ^{13}C, as plantas ficam enriquecidas em ^{12}C em relação ao ambiente.

Origem da atmosfera oxigenada da Terra

O aumento de oxigênio – a coisa que respiramos – é outro marco importante na história de interações entre a vida e seu ambiente. Como aprendemos no Capítulo 9, a atmosfera inicial da Terra continha pouco oxigênio. Nossa atmosfera atual rica em oxigênio foi produzida pela vida primordial por fotossíntese. O interessante é que as mesmas rochas australianas que preservam evidências quimiofósseis de eucariotos também preservam evidências quimiofósseis de cianobactérias. Devido a essas evidências, os geólogos acreditam que a fotossíntese tornou-se um importante processo metabólico há 2,7 bilhões de anos. Assim, um grupo de organismos (cianobactérias) alterou de forma permanente o ambiente da Terra pela alteração da composição de sua atmosfera, enquanto outro grupo de organismos (eucariotos) foi influenciado por essa mudança para evoluir em novas direções.

A oxigenação da atmosfera terrestre provavelmente ocorreu em dois passos principais, separados por mais de um bilhão de

(a)

(b)

(c)

FIGURA 22.16 Rochas sedimentares incomuns e eucariotos novos e maiores marcam o aumento das concentrações de oxigênio na atmosfera entre 2,7 e 2,1 bilhões de anos atrás. (a) Uma formação de ferro bandado. (b) Esses fósseis de *Grypania*, um tipo de alga eucariótica, são visíveis a olho nu. (c) Camadas vermelhas de arenitos são compostas de arenitos e folhelhos, cimentados por minerais de óxido de ferro. [(a) Francois Gohier/Science Source; (b) Cortesia de H. J. Hofmann; (c) John Grotzinger.]

anos. O primeiro grande aumento de oxigênio começou com a evolução das cianobactérias. O oxigênio produzido por elas reagiu com o ferro dissolvido na água do mar, fazendo com que minerais óxidos, como a magnetita e a hematita, e minerais ricos em sílica, como silicatos de sílex e de ferro, precipitassem e afundassem para o fundo oceânico. Esses minerais acumularam-se em lâminas delgadas e alternadas de sedimentos chamadas de **formações de ferro bandado** (Figura 22.16a). O ferro é solúvel em água quando concentrações de oxigênio são baixas, como teria sido o caso na Terra antes da evolução das cianobactérias. Porém, quando as concentrações de oxigênio são altas, o ferro reage com o oxigênio para formar compostos altamente insolúveis. Portanto, o oxigênio produzido por cianobactérias teria, imediatamente, feito com que o ferro precipitasse da água do mar e afundasse para o fundo oceânico. Esse processo teria continuado até que a maioria do ferro dissolvido fosse consumido, possibilitando que o oxigênio se acumulasse no oceano e na atmosfera.

Concentrações atmosféricas de oxigênio começaram a se desenvolver há aproximadamente 2,4 bilhões de anos e atingiram um patamar inicial em torno de 2,1 a 1,8 bilhões de anos atrás, quando os primeiros fósseis eucarióticos, de um tipo de algas, entraram no registro geológico (Figura 22.16b). Acredita-se que o tamanho grande desses organismos – pelo menos dez vezes maior do que qualquer coisa que veio antes deles – seja consequência do aumento de oxigênio. Essa época também marca a primeira aparição de **camadas vermelhas** (*red beds*), depósitos incomuns de arenitos e folhelhos unidos por cimento de óxido de ferro, que dá a eles sua cor avermelhada (Figura 22.16c). A presença de óxidos de ferro nesses depósitos indica que o oxigênio deve ter estado presente na atmosfera para precipitá-los.

Depois que as algas eucarióticas entraram em cena, não aconteceu muita coisa em termos evolutivos por mais de um bilhão de anos. Então, há aproximadamente 580 milhões de anos, as concentrações atmosféricas de oxigênio subiram drasticamente, quase ao nível atual. O motivo para esse segundo aumento ainda não é entendido, embora possa estar relacionado a um aumento do soterramento de carbono orgânico por sedimentação. Em um processo de certa forma semelhante ao que produz formações de ferro bandado, o oxigênio reage com a matéria orgânica, geralmente com a ajuda de microrganismos. Desta forma, contanto que exista matéria orgânica por perto, o oxigênio será consumido. Porém, se for removida do sistema por soterramento em sedimentos, a matéria orgânica não pode reagir com o oxigênio disponível. Assim, o segundo passo no aumento do oxigênio atmosférico pode ter sido relacionado a uma elevação na produção de sedimentos. Tal aumento pode ter ocorrido quando as montanhas foram soerguidas – e, a seguir, erodidas – durante eventos tectônicos globais, como a amalgamação de supercontinentes. Em todo caso, as consequências foram drásticas: surgiram os primeiros grandes animais multicelulares, e todos os grupos modernos de animais evoluíram logo a seguir, anunciando o Éon Fanerozoico com seus organismos maravilhosamente complexos e diversos.

Irradiações evolutivas e extinções em massa

Na maioria dos casos, os limites entre eras e períodos no Éon Fanerozoico são marcados pelo fim, ou *extinção*, de um determinado grupo de organismos, seguido do aumento, ou *irradiação*, de um novo grupo. Quando grupos de organismos não conseguem mais se adaptar a mudanças de condições ambientais ou competir com grupos mais bem-sucedidos de organismos, eles tornam-se extintos. Um intervalo em que muitos grupos de organismos tornam-se extintos ao mesmo tempo é chamado de *extinção em massa* (Figura 22.17) (ver Capítulo 9). Em alguns casos, os limites da escala do tempo geológico são marcados por catástrofes ambientais de magnitude verdadeiramente global. As irradiações são estimuladas pela disponibilidade de novos hábitats, onde uma extinção em massa elimina grupos de organismos altamente competitivos e bem estabelecidos.

Irradiação da vida: a explosão cambriana

Talvez o evento geobiológico mais notável da história da Terra, excetuando-se a origem da própria vida, tenha sido o aparecimento súbito de grandes animais com conchas e esqueletos no fim do Pré-Cambriano (Figura 22.18). Esse desenvolvimento rápido de novos tipos de organismos a partir de um ancestral comum – o que os biólogos chamam de **irradiação evolutiva** – teve um efeito tão extraordinário no registro fóssil que seu auge há 542 milhões de anos é usado para marcar o limite mais profundo da escala do tempo geológico: o início do Éon Fanerozoico. Esse limite também coincide com o começo da Era Paleozoica e do Período Cambriano (ver Capítulo 9 e Figura 22.12).

As irradiações evolutivas são rápidas por natureza; se não o fossem, não seriam percebidas no registro fóssil. Porém, a irradiação de animais durante o início do Cambriano, após quase 3 bilhões de anos de evolução muito lenta, foi tão rápida que é geralmente chamada de **explosão cambriana**, ou Big Bang da biologia. Cada importante grupo animal que existe na Terra hoje, bem como alguns outros que foram extintos, surgiu em menos de 10 milhões de anos. Todos os principais ramos (*filos*) da árvore da vida animal (Figura 22.19) originaram-se durante a explosão cambriana. Porém, note que, por mais impressionante que possa parecer, essa árvore de animais é um ramo único e curto da árvore universal da vida (ver Figura 22.5).

Os geobiólogos suscitaram duas grandes questões sobre a explosão cambriana. Primeiro, o que permitiu que esses animais desenvolvessem formas corporais tão complexas de maneira tão rápida, tornando-se, assim, tão diversos? A mudança sistemática em organismos por muitas gerações é denominada **evolução**. A evolução é motivada pela **seleção natural**, o processo pelo qual populações de organismos adaptam-se a mudanças no ambiente. A teoria da *evolução por seleção natural* afirma que, ao longo de muitas gerações, os indivíduos com os traços mais favoráveis têm maior probabilidade de sobreviver e reproduzir, passando esses traços para a prole. Se as condições ambientais mudarem ao longo do tempo, os traços que são favorecidos também se alteram. Esse processo pode, por fim, levar à emergência de novas espécies.

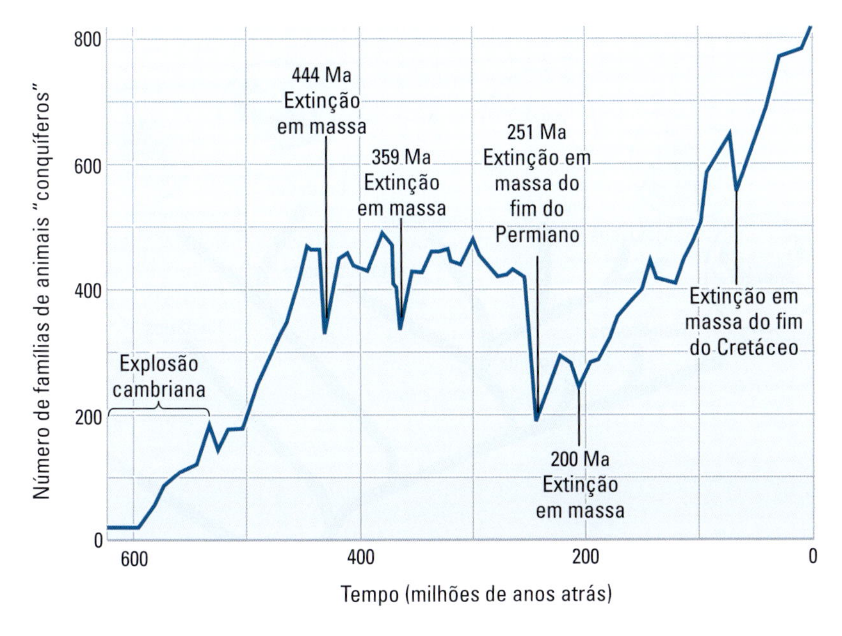

FIGURA 22.17 A diversidade de fósseis animais revela extinções em massa e irradiações. Este gráfico mostra o número de famílias de animais "conquíferos" encontrado no registro fóssil durante os últimos 600 milhões de anos; cada família compreende muitas espécies. Durante uma irradiação, como a explosão cambriana, aumenta o número de novas famílias. Durante uma extinção em massa, como a do fim do Período Cretáceo, diminui o número de famílias. (Ma, milhões de anos atrás.)

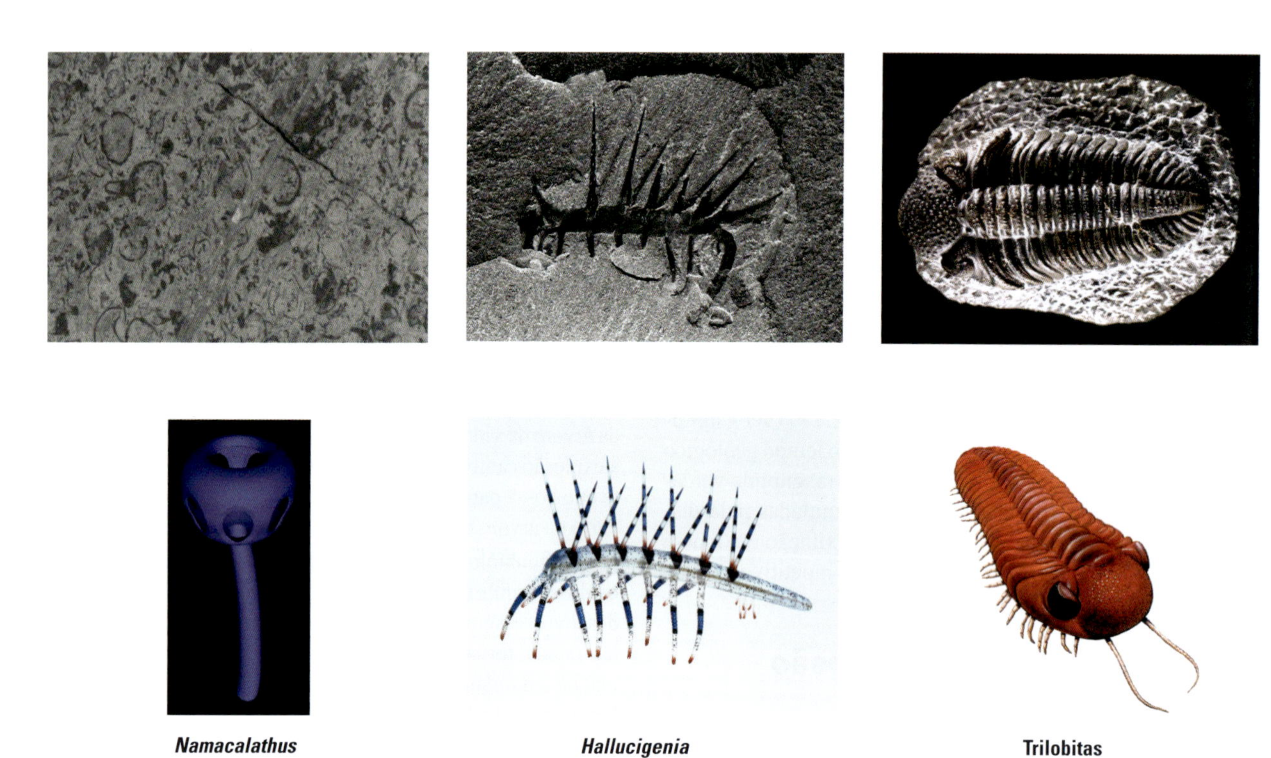

FIGURA 22.18 Fósseis que registram a explosão cambriana. Organismos pré-cambrianos, como o *Namacalathus* (*esquerda*), foram os primeiros organismos a usar calcita na criação de conchas. Esses organismos foram extintos no limite entre o Pré-Cambriano e o Cambriano. Sua extinção pavimentou o caminho para um estranho novo grupo de organismos, incluindo a *Hallucigenia* (*centro*) e os mais conhecidos trilobitas (*direita*), que formaram conchas fracas feitas de material orgânico semelhante a unhas. Em cada exemplo, os fósseis são mostrados acima e o organismo reconstruído na parte inferior. [*esquerda, topo:* John Grotzinger; *esquerda, embaixo:* W. A. Watters; *centro, topo:* Burgess Shale *Hallucigenia* 18-5 por Chip Clark, Smithsonian; *centro, embaixo:* Chase Studio/Science Source; *direita, topo:* Cortesia de Musée cantonal de géologie, Lausanne. Foto de Stéphane Ansermat; *direita, embaixo:* Chase Studio/Science Source.]

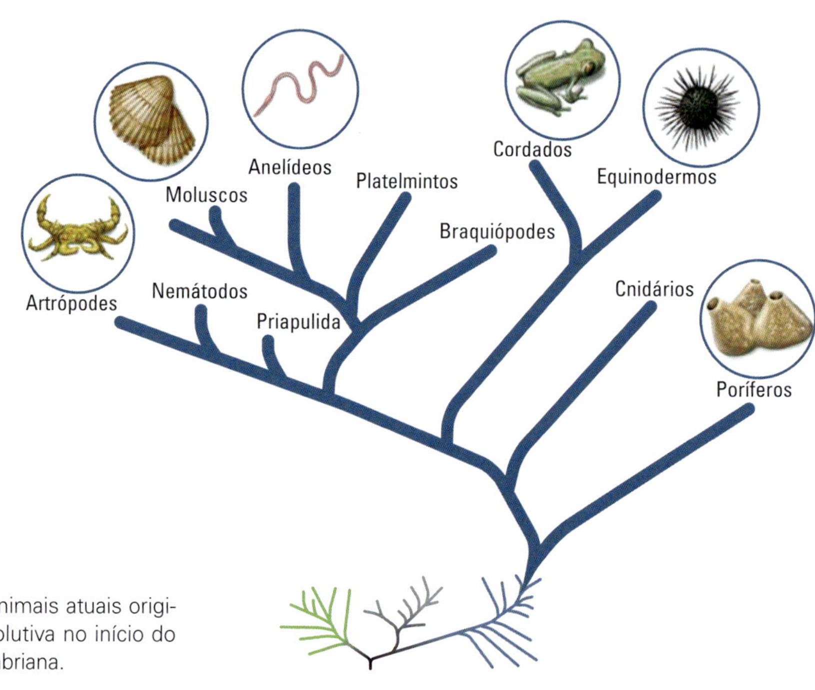

FIGURA 22.19 Cada grupo principal de animais atuais originou-se durante uma grande irradiação evolutiva no início do Cambriano, conhecida como explosão cambriana.

FIGURA 22.20 Um embrião de animal fossilizado da última parte do Pré-Cambriano. Tais fósseis demonstram que animais multicelulares evoluíram antes do Período Cambriano e são os ancestrais dos animais que evoluíram durante a explosão cambriana. [Cortesia de Shuhai Xiao, Virginia Tech.]

Uma hipótese para a causa da explosão cambriana é que os genes desses primeiros animais mudaram de alguma forma que os possibilitou superar algum tipo de barreira evolutiva. Estava armado o palco para o desenvolvimento de multicelularidade no final do Pré-Cambriano (**Figura 22.20**), que abriu novas possibilidades evolutivas. Também é possível que os animais ancestrais tivessem que atingir um determinado tamanho antes de poderem se diversificar. Alguns animais pré-cambrianos, como o embrião de animal fóssil mostrado na Figura 22.20, são tão pequenos que somente podem ser vistos com um microscópio. O desenvolvimento de conchas e esqueletos pode ter sido um gatilho importante para uma maior diversificação: assim que um grupo de animais tivesse evoluído partes rígidas, os outros também teriam, senão poderiam ter sido eliminados por competição.

O segundo enigma da explosão cambriana é por que esses animais diferenciaram-se *quando* o fizeram. Os geobiólogos ficaram intrigados com o momento certo da explosão cambriana por mais de 150 anos. Na época de Charles Darwin, não estava claro se a explosão cambriana representava a própria origem da vida. Mas o aparecimento súbito de fósseis animais complexos e diversos no registro geológico apresentou um desafio à teoria de Darwin de seleção natural. Sua teoria previa mudanças lentas na forma e na função de organismos; logo, previa que formas de vida menos complexas deveriam ter ocorrido antes dos primeiros animais, e não podia acomodar facilmente essas criaturas complexas que aparentemente não tinham ancestrais mais simples. Portanto, Darwin propôs a hipótese de que os ancestrais esperados devem estar ausentes do registro porque as rochas que contêm os fósseis cambrianos devem estar acima de uma discordância. Ele previu que as rochas da época da discordância proposta seriam, algum dia, descobertas, e que essas rochas conteriam os ancestrais "faltantes". Constatou-se que Darwin estava correto, mas foi somente nas últimas décadas que os geobiólogos descobriram os fósseis descritos anteriormente neste capítulo, provando que os animais, de fato, originaram-se antes da explosão cambriana.

Então parece claro que os animais cambrianos tiveram de fato ancestrais, talvez escondidos entre grãos minúsculos de areia no fundo de mares rasos. Contudo, técnicas de datação isotópica mostram que esses animais minúsculos eram provavelmente menos de 100 milhões de anos mais antigos do que seus descendentes cambrianos. Outras técnicas de datação, baseadas em estudos dos genes de organismos modernos, sugerem que a origem de animais pode ter antecedido a explosão cambriana em várias centenas de milhões de anos. Mas mesmo essas estimativas dificilmente importam, comparadas com os bilhões de anos que se passaram antes da ocorrência da explosão cambriana.

A maioria dos geobiólogos concorda que, havendo a evolução dos animais, poderia ter havido irradiação a qualquer momento. Por que, então, houve irradiação há cerca de 542 milhões de anos, e não em algum outro momento? Talvez o tempo da explosão cambriana tenha sido motivado pelas mudanças ambientais drásticas que ocorreram próximo ao fim do Pré-Cambriano. Aos olhos humanos, a Terra naquela época pareceria um lugar muito estranho; cadeias longas de grandes montanhas estavam se formando à medida que os pedaços do gigante continente de Gondwana estavam sendo amalgamados, e o clima era caótico, alternando-se entre períodos frios, quando a Terra pode ter ficado inteiramente coberta de gelo, e períodos extremamente quentes, sem gelo (ver Capítulo 15). As concentrações de oxigênio nos oceanos e na atmosfera estavam aumentando conforme a erosão das montanhas soerguidas produzia sedimentos, que soterravam a matéria orgânica, cuja decomposição teria, do contrário, consumido esse oxigênio. Essa última mudança talvez tenha sido a mais importante. Sem oxigênio suficiente, os animais simplesmente não poderiam ficar maiores.

Qualquer que tenha sido a causa definitiva da explosão cambriana, uma questão ficou clara: as irradiações evolutivas são resultado da possibilidade genética, combinada com a oportunidade ambiental. A irradiação de organismos não é apenas o resultado de ter os genes corretos, nem de somente viver no ambiente adequado. Os organismos devem tirar vantagem de ambos para evoluir.

Cauda diabólica: a morte dos dinossauros

A extinção em massa que marca o limite entre o Cretáceo e o Paleógeno e o fim da Era Mesozoica (aproximadamente 65 milhões de anos atrás; ver Figuras 9.11 e 9.15) representa um dos maiores eventos da história da Terra. Todos os ecossistemas globais foram obliterados e cerca de 75% de todas as espécies do planeta, tanto em terra como no oceano, foram extintas para sempre. Os dinossauros são apenas um dos diversos grupos que foram extintos no fim do Período Cretáceo, mas certamente são os mais proeminentes. Outros grupos, como os amonoides, os répteis marinhos, certos tipos de moluscos e muitos tipos de plantas e plânctons, também pereceram.

Ao contrário da explosão cambriana, quase todos os cientistas estão de acordo em relação à causa da extinção em massa do Cretáceo-Plaeógeno. Agora temos praticamente certeza de que a causa foi um gigantesco impacto de asteroide. Em 1980, os geólogos descobriram uma camada fina de poeira contendo *irídio*

FIGURA 22.21 O canivete marca uma camada de cor clara de argila, contendo materiais extraterrestres e de rochas locais onde ocorreu o impacto em Chicxulub, que se acumulou em Raton Basin, no sudoeste dos Estados Unidos. Tais depósitos foram encontrados no mundo inteiro. [Dr. David A. Kring.]

– um elemento típico de materiais extraterrestres – em sedimentos depositados no fim do Cretáceo na Itália (**Figura 22.21**).

Essa poeira extraterrestre foi em seguida encontrada em muitos outros locais em todo o mundo, em todos os continentes e em todos os oceanos, mas sempre exatamente no limite entre o Cretáceo e o Paleógeno. Os geólogos argumentaram que o acúmulo dessa poeira contendo muito irídio exigiria que um asteroide com diâmetro aproximado de 10 km atingisse a Terra, explodisse e enviasse detritos cósmicos por todo o globo. A publicação dessa hipótese estimulou uma busca da cratera de impacto, a qual estava fadada a ser complicada por dois motivos. Primeiro, a maior parte da superfície terrestre é coberta por oceanos, então a cratera poderia facilmente ter sido submersa. Segundo, uma vez que a cratera teria 65 milhões de anos, ela poderia ter sofrido erosão ou sido preenchida com sedimentos e rocha sedimentar. Porém, no início da década de 1990, os geólogos encontraram uma cratera enorme, com quase 200 km de diâmetro e 1,5 km de profundidade, soterrada sob sedimentos próximo a uma cidade na Península de Iucatã, no México, chamada de Chicxulub*.

Evidências geológicas de Chicxulub, bem como da região circundante e ao redor do mundo, possibilitaram aos geólogos desenhar um quadro do que aconteceu lá. O nome *Chicxulub* significa "cauda diabólica" no idioma local maia, e o resultado imediato do impacto teria sido, de fato, infernal. O asteroide atingiu Chicxulub em Mach 40,** vindo do sul a um ângulo de aproximadamente 20° a 30° da horizontal. Sua explosão teria produzido um estrondo seis milhões de vezes mais poderoso do que a erupção de 1980 do Monte Santa Helena. Ela teria criado ventos de fúria inimaginável e um tsunâmi com altura de até 1 km (100 vezes maior do que o grande tsunâmi do Oceano Índico em 2004). O céu teria ficado preto com volumes massivos de poeira e vapor. Um incêndio incontrolável global pode ter ocorrido, à medida que fragmentos flamejantes da explosão caíam de volta para a Terra (**Figura 22.22**).

Os materiais da cratera de impacto espalharam-se em uma zona de morte radial concentrada na direção oeste e central da América do Norte. As criaturas que viviam naquela época, presumindo que não pereceram na zona de morte, podem ter testemunhado os seguintes eventos: um clarão brilhante quando o asteroide golpeou Chicxulub, vaporizando a crosta superior da Terra em temperaturas de até 10.000°C; um arco de rochas quentes flamejantes que voou pelos ares com velocidade de até 40.000 km/hora e, depois, caíram na América do Norte; e uma pluma de detritos, gás e material fundido que aqueceu parte da atmosfera a diversas centenas de graus, perfurou o espaço e, a seguir, entrou em colapso na Terra. Nos diversos dias ou semanas depois, os materiais mais finos dessa pluma teria se assentado por toda a superfície terrestre.

Os efeitos diretos do impacto teriam sido devastadores para muitos organismos. Mas pior ainda seriam as consequências por meses e anos depois, as quais os cientistas acreditam que levaram à verdadeira extinção em massa. A alta concentração de detritos na atmosfera teria bloqueado o Sol, reduzindo enormemente a luz disponível para fotossíntese. Além de partículas sólidas de detritos, gases venenosos contendo enxofre e nitrogênio teriam sido injetados na atmosfera, onde teriam reagido com o vapor d'água para formar ácidos sulfúricos e nítricos tóxicos que teriam caído sobre a Terra. A combinação desses dois efeitos, e de outros, teria sido devastadora para plantas e outros autótrofos fotossintéticos e, portanto, para os ecossistemas marinhos e terrestres que dependiam deles como a base da cadeia alimentar. Os heterótrofos, inclusive os dinossauros, teriam sido os próximos; assim que as fontes de alimento esgotaram, eles também teriam morrido. Uma série progressiva desses efeitos, levando ao colapso de ecossistemas, foi provavelmente a causa definitiva da extinção em massa.

*N. de R.T.: Pronuncia-se [ˌ t͡ʃɪkʃəˈlu:b], nome de origem Maia da cidade mexicana próxima do local do impacto do meteoro na Península de Iucatã.

**N. de R.T.: Um mach equivale a 1.234 km/h, velocidade mínima para ultrapassar a barreira do som.

FIGURA 22.22 A versão de um artista da cena do Cretáceo-Paleógeno após o impacto do asteroide mostra criolofossauros fugindo de um incêndio florestal. [Mark Stevenson/Stocktrek Images/Getty Images.]

Desastre do aquecimento global: a extinção em massa do Paleoceno-Eoceno

A extinção em massa no limite entre o Paleoceno e o Eoceno (cerca de 55 milhões de anos atrás; ver Figura 9.11) não foi um dos maiores eventos desse tipo. No entanto, foi um evento relevante na evolução da vida, porque pavimentou o caminho para que os mamíferos, inclusive os primatas, irradiassem como um grupo importante. Diferentemente da extinção em massa que exterminou os dinossauros, esta não teve causa extraterrestre. Em vez disso, foi causada por aquecimento global abrupto. Os geocientistas estão bastante interessados nos detalhes do que aconteceu, porque o aquecimento global – desta vez produzido por atividades humanas – pode ameaçar os ecossistemas nas próximas décadas (ver Capítulo 14).

Agora acreditamos que o aquecimento global no fim do Paleoceno ocorreu quando os oceanos subitamente expeliram uma quantidade enorme de metano – um potente gás de efeito estufa – na atmosfera. O aquecimento global resultante foi a causa primária da extinção em massa. Mas de onde veio todo esse metano? Para desvendar esse mistério, devemos reunir os vários processos que aprendemos neste capítulo, inclusive o metabolismo microbiano, ciclos biogeoquímicos e o comportamento global da biosfera.

Os microrganismos plantam as sementes do desastre A história começa com o ciclo biogeoquímico do carbono, que foi descrito em maior detalhe no Capítulo 12. Normalmente, o carbono é retirado da atmosfera por fotoautótrofos, incluindo algas e cianobactérias nos oceanos. Após a morte desses organismos marinhos, eles se depositam lentamente no leito oceânico, onde se acumulam na forma de detritos orgânicos. Alguns desses detritos ricos em carbono são soterrados em sedimentos, mas outros são consumidos por microrganismos heterotróficos como alimento. Como você talvez se lembre, alguns microrganismos heterotróficos que vivem em ambientes anaeróbicos produzem metano como subproduto da respiração. O metano produzido por esses anaeróbios acumula-se nos poros de sedimentos do assoalho oceânico. Se o assoalho oceânico for tão frio como é em nosso clima atual (cerca de 3°C), o metano combina-se com a água para formar um sólido congelado (hidrato de metano, um gelo de metano), que permanece nos sedimentos. Os geólogos que buscam petróleo e gás natural encontraram camadas abundantes em hidrato de metano nos 1.500 m mais superiores de sedimentos ao longo de muitas margens continentais. Porém, se as temperaturas subirem por até alguns graus, esse hidrato derrete-se, sendo rapidamente transformado em um gás.

Os oceanos borbulham metano No fim do Paleoceno, as temperaturas médias no mar profundo podem ter subido em até 6°C. Uma vez que os primeiros hidratos de metano degelaram e voltaram a ser gases, eles borbulharam pelos oceanos e entraram na atmosfera, onde reforçaram o efeito estufa. Esse efeito elevou ainda mais as temperaturas no fundo oceânico, que, por sua vez, aceleraram a taxa de degelo. Essas retroalimentações positivas resultaram em uma liberação súbita – e catastrófica – de metano, que fez com que as temperaturas globais médias subissem drasticamente. Até dois *trilhões* de toneladas de carbono, na forma de metano, podem ter escapado para a atmosfera por um período tão curto quanto 10.000 anos ou menos!

Como o metano reage facilmente com o oxigênio para produzir dióxido de carbono, a liberação de metano também fez com que concentrações de oxigênio nos oceanos despencassem. Os organismos marinhos foram basicamente sufocados quando as concentrações de oxigênio caíram abaixo de um nível crítico. A diminuição de oxigênio e o aumento de temperatura foram devastadores para os ecossistemas do leito oceânico e até 80% de animais bentônicos, como moluscos, foram extintos.

Recuperação e evolução de mamíferos modernos Após a catástrofe, foram necessários aproximadamente 100.000 anos para que a Terra retornasse a seu estado anterior. Durante esse tempo, as temperaturas permaneceram incomumente altas, até que a Terra conseguisse absorver todo o carbono extra que havia sido liberado na atmosfera. As temperaturas mais quentes permitiram uma expansão rápida das florestas em latitudes maiores. As sequóias-vermelhas – relacionadas às sequoias gigantes da Califórnia – cresceram ao norte até a latitude de 80°, as florestas tropicais estavam disseminadas em Montana e na Dakota do Norte e do Sul e as palmeiras tropicais floresceram próximo a Londres, Inglaterra. Os mamíferos primitivos evoluíram rapidamente para os ancestrais dos mamíferos modernos de hoje, que se adaptaram para dar conta das altas temperaturas da época. Um grupo específico de mamíferos – os *primatas* – deram, por fim, origem aos humanos.

Depósitos atuais de metano: Uma bomba-relógio? Será que podemos ver uma repetição do desastre do aquecimento global do Paleoceno-Eoceno hoje em dia? Na tundra congelada do norte do Canadá e em outras regiões árticas do mundo, pode haver até meio trilhão de toneladas de metano congelado, e os sedimentos do mar profundo ao redor do mundo contêm muito mais. Estima-se que o inventário global de depósitos de metano contenha de 10 a 20 trilhões de toneladas de carbono, bem mais do que foi liberado para causar a extinção em massa do Paleoceno-Eoceno. As atividades humanas estão adicionando gases de efeito estufa à atmosfera a uma taxa sem precedentes, fazendo com que o clima aqueça de modo significativo. Se essa tendência continuar e os oceanos aquecerem, é possível que esses depósitos de metano possam degelar. Seria aconselhável prestar atenção às lições de nossa história geológica.

A mãe de todas as extinções em massa: de quem é a culpa? As extinções do Cretáceo-Paleógeno e do Paleoceno-Eoceno são exemplos bem nítidos de mudançsas drásticas no ambiente terrestre que causaram o colapso catastrófico de ecossistemas e levaram à extinção em massa. Esses eventos foram grandes, mas não os maiores. Na extinção em massa que marcou o fim do Período Permiano e da Era Paleozoica (ver Figura 22.17), 95% de todas as espécies da Terra foram extintas.

Neste caso, parece improvável que algo tão direto quanto o impacto de um asteroide possa explicar como quase todas as espécies do planeta foram mortas. Não é de surpreender o fato de que a ausência de evidências claras de qualquer causa única tenha resultado em uma longa lista de hipóteses, como vimos no Capítulo 1. Alguns cientistas apontam para eventos extraterrestres, como o impacto de um cometa ou um aumento no vento solar. Outros argumentam a favor de eventos gerados pela própria Terra, como um aumento de vulcanismo, esgotamento de oxigênio nos oceanos ou uma liberação súbita de dióxido de carbono dos oceanos. Como na extinção do Paleoceno-Eoceno, também foi proposta uma liberação súbita de metano dos oceanos.

Recentemente, demonstrou-se que a extinção em massa no fim do Permiano ocorreu exatamente há 251 milhões de anos. Talvez não seja coincidência que a idade de um enorme depósito de basaltos de platô na Sibéria também tenha 251 milhões de anos. Os *basaltos de platô*, como vimos no Capítulo 12, são rochas ígneas extrusivas formadas a partir de enormes volumes de lava que se derramam pela superfície da Terra em tempo relativamente curto. Na Sibéria, fissuras vulcânicas expeliram cerca de três milhões de quilômetros cúbicos de lava basáltica, cobrindo uma área de quatro milhões de quilômetros quadrados, quase duas vezes mais que o Alasca. A datação isotópica do basalto mostra que todo ele foi formado em um milhão de anos ou menos. É difícil fugir à conclusão de que a extinção em massa do Permiano esteve, de alguma forma, relacionada a essa erupção catastrófica, que poderia ter injetado quantidades enormes de gases de dióxido de carbono e dióxido de enxofre na atmosfera. O dióxido de carbono contribui para o aquecimento global, e o dióxido de enxofre é a principal fonte da chuva ácida. Ambos são prejudiciais à vida se as concentrações atmosféricas ficarem altas demais.

Trabalhos adicionais são necessários para testar todas essas hipóteses. Por exemplo, os basaltos de Deccan, na Índia, têm 65 milhões de anos, e é possível que o volumoso derrame de lava que os formou tenha acentuado a extinção em massa do Cretáceo-Terciário. Porém, derrames igualmente grandes ocorreram em outras épocas da história da Terra sem que houvesse tais efeitos aparentemente devastadores.

Qualquer que seja a causa da extinção em massa do Permiano, uma questão está clara: assim como nas extinções em massa do Cretáceo-Paleógeno e do Paleoceno-Eoceno, a causa definitiva foi o colapso de ecossistemas. Sabemos que esse colapso ocorreu, embora não saibamos exatamente como. A mensagem que devemos tirar dessa história é que esses eventos podem se repetir. As mudanças ambientais que os humanos estão fazendo hoje inevitavelmente influenciarão os ecossistemas – só não sabemos exatamente como, pelo menos ainda não.

Astrobiologia: a busca de vida extraterrestre

Olhando para as estrelas em uma noite de céu limpo, é difícil não se perguntar se estamos sozinhos no universo. Como aprendemos, as atividades da vida em nosso planeta criam assinaturas biogeoquímicas características. Algumas dessas assinaturas de vida podem ser detectadas remotamente, como a presença de oxigênio na atmosfera de um planeta em outro sistema solar. Em outros casos, podemos aterrissar uma espaçonave equipada com instrumentos para detectar quimiofósseis ou fósseis morfológicos preservados em rochas.

Nas últimas décadas, os **astrobiólogos** começaram a buscar sistematicamente evidência de vida em outros mundos. Embora nenhum organismo tenha sido descoberto ainda além da Terra, devemos ser incentivados a perseguir essa busca. A vida pode também ter iniciado em outro lugar, mesmo que não tenha prosperado. Em nosso próprio sistema solar, Marte e Europa (uma lua de Júpiter) são alvos tentadores porque são semelhantes à Terra em diversas maneiras importantes. Além disso, novas descobertas de planetas orbitando outras estrelas nos permitiram estender essa busca a outros sistemas solares.

A busca de vida em outros mundos exige uma abordagem paciente, sistemática e científica. A abordagem mais aceita foi reconhecer que a vida, como a conhecemos aqui na Terra, baseia-se na água líquida e em compostos orgânicos contendo carbono. Portanto, uma estratégia sensata pode começar com uma busca por esses dois principais componentes da vida. Os compostos feitos de carbono são comuns em todo o universo; os astrônomos encontram evidências deles em todo lugar, de gases

FIGURA 22.23 O meteorito Allende, que caiu na Terra próximo a Allende, México, em 1969, está repleto de compostos de carbono. Tais descobertas fornecem evidências de que esses compostos, um dos dois componentes centrais da vida, são comuns por todo o universo. [John Grotzinger/Ramón Rivera-Moret/Harvard Mineralogical Museum.]

interestelares e partículas de poeira a meteoritos que caem na Terra (Figura 22.23). Portanto, os astrobiólogos concentraram-se na busca de água líquida. A missão Mars Exploration Rovers, descrita no Capítulo 20, foi projetada para buscar evidências de água na superfície de Marte, enquanto a missão Mars Science Laboratory foi projetada para buscar ambientes habitáveis. Se os dois veículos, *Spirit* e *Opportunity*, não tivessem detectado evidência de água em Marte, qualquer plano futuro de busca de vida ou ambientes habitáveis nesse planeta (como a missão Laboratório de Ciência de Marte) poderia simplesmente ter sido abandonado.

É claro que existe algum risco nessa abordagem "vida como a conhecemos" quando se procura a vida para além da Terra. Podemos deixar passar formas de vida sobre as quais não sabemos nada. Poderíamos imaginar um conjunto completo de outros elementos e compostos nos quais a vida poderia se basear. Porém, em geral, esses esquemas alternativos oferecem basicamente combustível para escritores de ficção científica. Pelo menos por enquanto, carbono e água são considerados os componentes centrais de toda a vida no universo.

Zonas habitáveis em torno das estrelas

Na escala mais ampla, presumimos que a vida é restrita a superfícies de planetas e luas que orbitam as estrelas (Figura 22.24). O truque é identificar planetas em que a água possa permanecer estável como um líquido por tempo longo o bastante para originar a vida. Isso poderia levar centenas de milhões de anos, com base em nossa experiência na Terra. Se a superfície de um planeta for próxima demais de sua estrela, a água ferverá e se tornará um gás. Isso é o que ocorreu em Vênus, que está 30% mais próximo do Sol do que a Terra e cuja temperatura de superfície é de 475°C. Se a superfície de um planeta estiver longe demais de sua estrela, a água congelará e se tornará um sólido. Este é o caso em Marte hoje, que está 50% mais distante do Sol do que a Terra, e cuja temperatura de superfície pode cair abaixo de –150°C. A Terra está na zona intermediária, onde a água é estável como líquido e as temperaturas de superfície são adequadas à vida. Para cada estrela, existe uma **zona habitável**, marcada pelas distâncias da estrela em que a água é estável

FIGURA 22.24 As estrelas têm zonas habitáveis, onde poderia existir vida em um planeta orbitante. A zona habitável é determinada pela distância da estrela; ela estende-se do ponto em que a água ferveria (próximo demais da estrela) ao ponto em que a água congelaria (distante demais da estrela).

como líquido. Se um planeta estiver dentro da zona habitável, há uma chance de que a vida possa ter se originado lá.

Os gases de efeito estufa, como dióxido de carbono e metano, também exercem uma função importante na determinação da zona habitável. A atmosfera marciana pode ter tido altas concentrações de gases de efeito estufa nos primórdios de sua história. Assim, mesmo que Marte esteja mais distante do Sol do que a Terra, pode ter sido aquecido pelo efeito estufa, como ocorre com a Terra hoje. De fato, novas descobertas sugerem que a água líquida esteve presente na superfície de Marte, embora não saibamos há quanto tempo ela pode ter ficado estável. Desta forma, é possível que Marte tenha sido habitável em algum momento no passado. Porém, assim que os gases de efeito estufa se perderam, Marte foi transformado no deserto de gelo que é atualmente.

Ambientes habitáveis em Marte

As pessoas há muito se perguntam sobre a vida em Marte. Esse planeta é o mais semelhante à Terra e, portanto, é o que tem maior probabilidade em nosso sistema solar de hospedar, ou ter hospedado, vida. Como vimos no Capítulo 20, os Veículos de Exploração de Marte e o Laboratório de Ciência de Marte encontraram evidências de água líquida na superfície marciana em algum ponto do passado. Baseados nas estimativas das idades das feições superficiais, os geólogos estimam que a água em Marte esteve estável há 3 bilhões de anos, quando esculpiu cânions profundos através da superfície do planeta, dissolveu rochas e minerais e, a seguir, precipitou-os em uma variedade de bacias, onde a água evaporou.

A água ainda está presente em Marte, mas apenas na forma de gelo. Qualquer vida que evoluiu nos primórdios teria tido que buscar refúgio do clima frígido moderno muito abaixo da superfície. Qualquer organismo que tenha permanecido na superfície estaria agora inteiramente congelado. No entanto, o interior de Marte, como o da Terra, é aquecido por decaimento radioativo, então, em alguma profundidade dentro de Marte, o gelo que está presente ou logo abaixo de sua superfície deve se transformar em água líquida. Portanto, é possível que organismos – talvez extremófilos microbianos – vivam em uma zona aquática localizada a poucas centenas de metros até alguns quilômetros abaixo da superfície de Marte.

Infelizmente, a falta de água líquida não é o único desafio que a vida moderna ou antiga teria que enfrentar em Marte. Como vimos no Capítulo 20, as rochas sedimentares descobertas pelo veículo *Opportunity* estão repletas de jarosita, um mineral de sulfato de ferro incomum que se precipita da água altamente ácida (**Figura 22.25**). Na Terra, a jarosita acumula-se em algumas das águas mais ácidas já observadas em ambientes naturais.

Logo, parece que a vida em Marte não teria que enfrentar apenas água limitada, mas possivelmente água muito ácida. A boa notícia é que os extremófilos na Terra podem viver sob tais condições (ver Jornal da Terra 22.1). Mas a questão mais importante é se a vida pode se originar em tais ambientes.

FIGURA 22.25 Rochas sedimentares descobertas recentemente em Marte contêm uma variedade de minerais sulforosos que se formam por precipitação da água. A presença de jarosita mostra que as águas das quais eles se precipitaram eram extremamente ácidas. Os extremófilos podem viver sob tais condições, mas ainda não está claro se podem se originar nessas águas ácidas. Os buracos nas rochas foram perfurados em 2004 pelo *Opportunity*, um dos equipamentos dos veículos do programa Veículos Exploradores de Marte, para analisar sua composição. [NASA/JPL/Cornell.]

Experimentos sobre a origem da vida sugerem que pode ser difícil. Algumas das reações simples que Miller observou na década de 1950 não seriam possíveis em um oceano de água altamente ácida.

Contudo, nem todos os ambientes em Marte podem ser altamente ácidos. O veículo explorador *Curiosity* descobriu recentemente um ambiente de lago habitável representado por rochas formadas há mais de 3 bilhões de anos cuja química indica a presença de condições mais neutras a alcalinas. Além disso, esse ambiente antigo não tinha salinidade muito alta, em forte contraste com o ambiente extremamente salino descoberto pelo *Opportunity*, e que também tinha alta acidez. As descobertas da missão *Curiosity* são animadoras, pois sugerem que Marte tem ambientes que poderiam ser favoráveis à vida, bem como ambientes que podem desafiar a vida. As descobertas impressionantes feitas pelas missões *Opportunity, Spirit, Phoenix* e *Curiosity* confirmam que Marte pode ter sido habitável em algum momento. Porém, apenas a exploração contínua mostrará se a vida algum vez originou-se lá.

CONCEITOS E TERMOS-CHAVE

astrobiólogo (p. 690)
autótrofo (p. 668)
biosfera (p. 666)
camadas vermelhas (p. 684)
cianobactéria (p. 670)
ciclo biogeoquímico (p. 670)
ecossistema (p. 666)
estromatólito (p. 677)
evolução (p. 685)
explosão cambriana (p. 685)
extremófilo (p. 672)
formação de ferro bandado (p. 684)
fotossíntese (p. 669)
gene (p. 671)
geobiologia (p. 666)
heterótrofo (p. 668)
irradiação evolutiva (p. 685)
metabolismo (p. 669)
microfóssil (p. 672)
microrganismo (p. 670)
quimioautótrofo (p. 676)
quimiofóssil (p. 682)
respiração (p. 670)
seleção natural (p. 685)
tapete microbiano (p. 676)
zona habitável (p. 691)

REVISÃO DOS OBJETIVOS DE APRENDIZAGEM

22.1 Definir a Geobiologia e a biosfera.

Geobiologia é o estudo de como os organismos influenciaram e foram influenciados pelo ambiente físico da Terra. A biosfera é a parte de nosso planeta que contém todos os organismos vivos. Como está entrelaçada com a litosfera, a hidrosfera e a atmosfera, a biosfera pode influenciar, ou mesmo controlar, processos geológicos e climáticos básicos. A biosfera é um sistema de componentes interativos que trocam energia e matéria com o ambiente. Os organismos usam entradas de energia e matéria para funcionar e crescer. No processo, geram saídas, como oxigênio e determinados minerais sedimentares.

Atividade de Estudo: Figura 22.1

Questão para Pensar: A biosfera pode ser considerada um sistema Terra? Como esse sistema seria descrito?

Exercício: Como os autótrofos diferem dos heterótrofos?

22.2 Comparar alguns dos processos do metabolismo.

Metabolismo é um processo que os organismos usam para converter entradas em saídas. A fotossíntese é um processo metabólico em que os organismos usam energia da luz solar para converter água e dióxido de carbono em carboidratos, liberando oxigênio como subproduto. A respiração é um processo metabólico no qual os organismos usam oxigênio para liberar a energia armazenada dos carboidratos. Muitos organismos absorvem oxigênio da atmosfera e liberam dióxido de carbono e água como subprodutos da respiração. Outros, como microrganismos que vivem em ambientes onde o oxigênio está ausente, devem obter oxigênio pela decomposição de compostos contendo oxigênio, produzindo substâncias como hidrogênio, sulfato de hidrogênio ou metano como subprodutos da respiração.

Atividade de Estudo: Figura 22.3

Questão para Pensar: Como o metabolismo dos organismos afeta os componentes geológicos do seu ambiente?

Exercício: Qual é a diferença entre fotossíntese e respiração?

22.3 Resumir o ciclo biogeoquímico e discutir alguns dos modos pelos quais o metabolismo afeta o ambiente físico.

Um ciclo biogeoquímico é um caminho pelo qual um elemento ou composto químico se move entre os componentes biológicos e ambientais de um ecossistema. Quando os organismos produzem oxigênio, ele é liberado na atmosfera, onde pode reagir com outros elementos e compostos. Quando os organismos liberam dióxido de carbono ou metano, que são gases de efeito estufa, contribuem para o aquecimento global. Por outro lado, quando os organismos consomem esses gases, contribuem para o resfriamento global.

Atividade de Estudo: Figura 22.4

Questão para Pensar: Como o ciclo biogeoquímico do carbono afeta os climas globais?

Exercício: Desenhe um diagrama de um ciclo biogeoquímico. O que são entradas e saídas? Quais são os processos que movem o ciclo?

22.4 Discutir como microrganismos interagem com o ambiente físico.

Os microrganismos são os organismos mais abundantes e diversos da Terra. Alguns microrganismos, chamados de extremófilos, podem viver em ambientes extremamente quentes, ácidos, salinos, sem oxigênio ou, de alguma forma, inóspitos. Os microrganismos participam de muitos processos geológicos, como intemperismo, precipitação mineral, dissolução mineral e a liberação de gases para a atmosfera. Desta forma, desempenham papéis essenciais no fluxo de elementos através do sistema Terra em ciclos biogeoquímicos.

Atividade de Estudo: Figura 22.5 e Quadro 22.3

Questão para Pensar: Como a precipitação da pirita por microrganismos tem um papel importante no ciclo biogeoquímico do enxofre?

Exercício: Em que ambientes pode-se encontrar extremófilos? Os humanos podem adaptar-se para viver sob condições extremas de temperatura e salinidade?

22.5 Discutir como a vida se originou e deu início à atmosfera com oxigênio.

Experimentos demonstram que compostos considerados abundantes nos primórdios da Terra, como metano, amônia, hidrogênio e água, podem ter se combinado para formar aminoácidos, que, por sua vez, poderiam ter se combinado para formar proteínas e materiais genéticos. Esses resultados foram apoiados pela descoberta de meteoritos ricos em aminoácidos e em outros compostos contendo carbono. Os potenciais fósseis mais antigos da Terra têm 3,5 bilhões de anos e parecem ser os remanescentes de microrganismos, com base em seu tamanho e forma. Os quimiofósseis de aproximadamente 2,7 bilhões de anos atrás sugerem que bactérias e eucariotos fotossintéticos estavam presentes naquela época. Formações de ferro bandado, camadas vermelhas de arenitos (*red beds*) e o aparecimento de algas eucarióticas são testemunhas de um aumento inicial no oxigênio atmosférico há cerca de 2,1 bilhões de anos. Uma segunda e mais drástica elevação de oxigênio ocorreu próximo ao fim do Pré-Cambriano e pode ter desencadeado a evolução dos animais.

Atividade de Estudo: Figura 22.12

Questão para Pensar: Como as formações de ferro bandado são indicativas do aumento do oxigênio na atmosfera e na água do mar?

Exercício: O carbono é considerado o ponto de partida de toda a vida. O que mais é importante?

22.6 Comparar os processos evolutivos de radiação e extinção.

Quando grupos de organismos não conseguem mais se adaptar a mudanças de condições ambientais ou competir com grupos mais bem-sucedidos de organismos, tornam-se extintos. Em uma extinção em massa, muitos grupos de organismos são extintos ao mesmo tempo. Uma irradiação evolutiva é a evolução relativamente rápida de novos tipos de organismos de um ancestral comum. As irradiações são estimuladas pela disponibilidade de novos hábitats, quando uma extinção em massa elimina grupos altamente competitivos e bem estabelecidos. A maior irradiação de animais na história da Terra ocorreu durante o início do Período Cambriano, quando todos os filos animais vivos hoje evoluíram. Diversas extinções em massa ocorreram ao longo do Éon Fanerozoico. Uma importante extinção em massa ocorreu no fim do Cretáceo, quando um asteroide atingiu a Terra e 75% de todas as espécies foram exterminadas. O aquecimento global resultante de uma liberação de metano causou uma extinção em massa no limite entre o Paleoceno e o Eoceno. A causa da maior extinção em massa de todos os tempos, que dizimou 95% de todas as espécies no fim do Permiano, é desconhecida.

Atividade de Estudo: Figura 22.17

Questão para Pensar: Qual é a principal hipótese sobre a extinção dos dinossauros?

Exercício: No diagrama mostrado na Figura 22.12, quantos limites entre períodos da escala do tempo geológico são marcados por extinções em massa? Quantos limites entre eras são marcados por extinções em massa?

22.7 Formular alguns dos modos pelos quais podemos buscar vida em outros mundos.

Os astrobiólogos em busca de vida extraterrestre reconhecem que a vida como a conhecemos na Terra é baseada em compostos contendo carbono e em água líquida. Existem evidências amplas de que compostos de carbono são comuns no universo, por isso os astrobiólogos buscam evidências da presença de água líquida, hoje ou no passado. Existe uma zona habitável a certa distância de cada estrela onde a água líquida pode permanecer estável. Se um planeta estiver dentro da zona habitável, há uma chance de que a vida possa ter se originado lá. Há evidências inequívocas de que Marte tinha água líquida em sua superfície e que, portanto, pode ter sido habitável em algum momento no passado.

Atividade de Estudo: Figura 22.24

Questões para Pensar: Carbono e água são a base de toda a vida como a conhecemos. Se uma "girafa de silício", cujas biomoléculas contêm o elemento silício no lugar do carbono, passasse por uma das sondas de exploração a Marte, como saberíamos que ela estava viva?

Exercício: O que controla a zona habitável em torno de estrelas? Netuno está na zona habitável de nosso sistema solar?

EXERCÍCIO DE LEITURA VISUAL

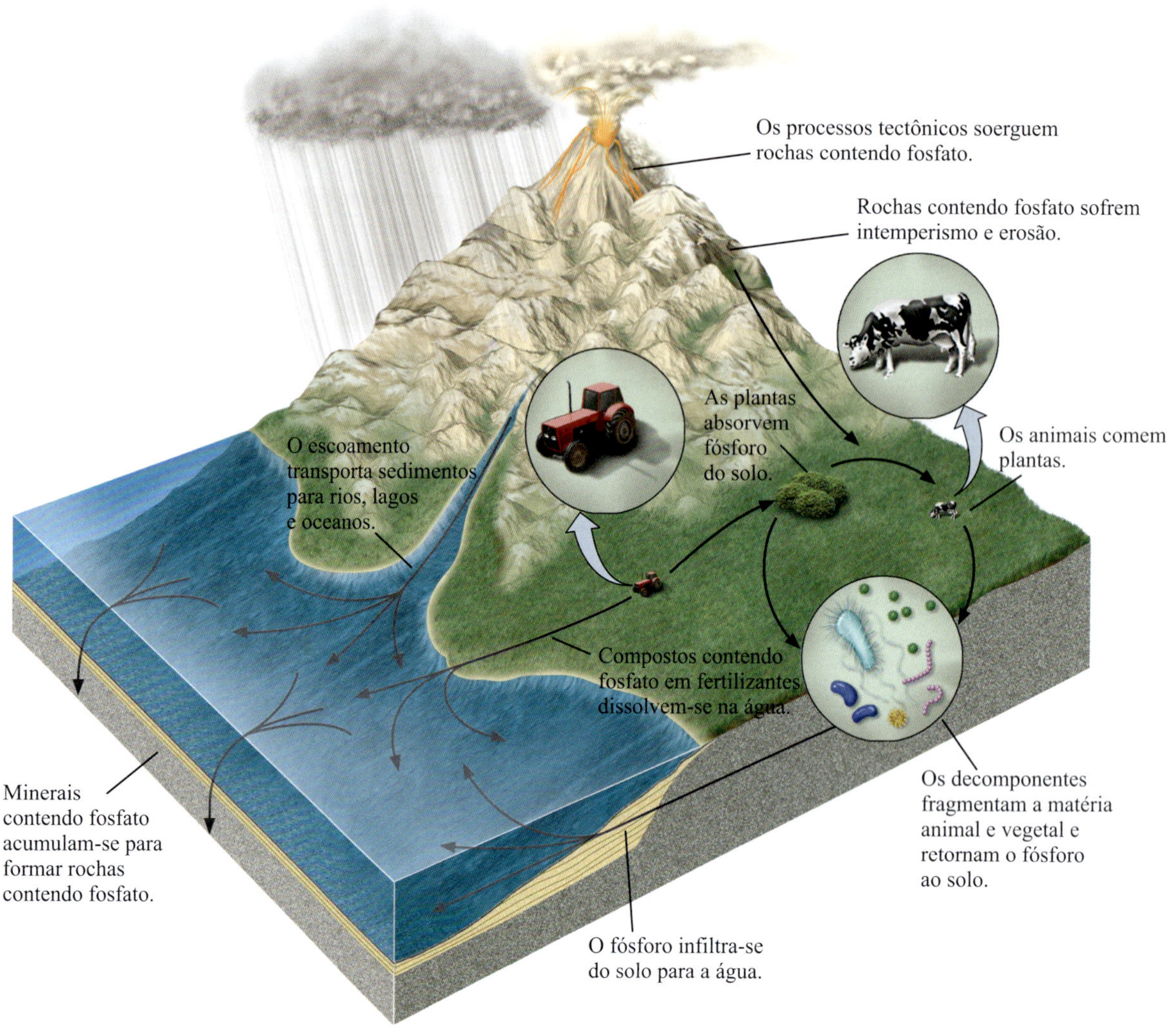

Os processos tectônicos soerguem rochas contendo fosfato.

Rochas contendo fosfato sofrem intemperismo e erosão.

As plantas absorvem fósforo do solo.

Os animais comem plantas.

O escoamento transporta sedimentos para rios, lagos e oceanos.

Compostos contendo fosfato em fertilizantes dissolvem-se na água.

Os decomponentes fragmentam a matéria animal e vegetal e retornam o fósforo ao solo.

Minerais contendo fosfato acumulam-se para formar rochas contendo fosfato.

O fósforo infiltra-se do solo para a água.

FIGURA 22.4 A biosfera exerce uma função importante no ciclo biogeoquímico do fósforo.

1. **Os organismos são essenciais no ciclo biogeoquímico do fósforo?**
   a. Não
   b. Sim
   c. Possivelmente
   d. Provavelmente não

2. **Qual é a fonte definitiva do fósforo?**
   a. Oceanos
   b. Rochas
   c. Tratores
   d. Solo

3. **Como o fósforo é derivado de rochas?**
   a. Circulação da água nos oceanos
   b. Animais que comem plantas
   c. Intemperismo e erosão
   d. Dissolução de fertilizantes

4. **O fósforo é um nutriente essencial para o crescimento da vegetação. Como as plantas o obtêm?**
   a. De vulcões
   b. De animais
   c. Do solo
   d. Dos oceanos

5. **Como minerais que contêm fosfato são formados?**
   a. Decomposição de matéria vegetal
   b. Decomposição de matéria animal
   c. Soerguimento de rochas
   d. Precipitação de fósforo dissolvido na água do mar para formar depósitos sedimentares

APÊNDICE 1 Fatores de conversão

COMPRIMENTO

1 centímetro	0,3937 polegada
1 polegada	2,5400 centímetros
1 metro	3,2808 pés; 1,0936 jarda
1 pé	0,3048 metro
1 jarda	0,9144 metro
1 quilômetro	0,6214 milha (terrestre); 3281 pés

COMPRIMENTO

1 milha (terrestre)	1,6093 quilômetro
1 milha (náutica)	1,8531 quilômetro
1 fathom	6 pés, 1,8288 metro
1 angstrom	10^{-8} centímetros
1 micrômetro	0,0001 centímetro

VELOCIDADE

1 quilômetro/hora	27,78 centímetros/segundo
1 milha/hora	17,60 polegadas/segundo

ÁREA

1 centímetro quadrado	0,1550 polegada quadrada
1 polegada quadrada	6,452 centímetros quadrados
1 metro quadrado	10,764 pés quadrados; 1,1960 jarda quadrada
1 pé quadrado	0,0929 metro quadrado
1 quilômetro quadrado	0,3861 milha quadrada
1 milha quadrada	2,590 quilômetros quadrados
1 acre (EUA)	4.840 jardas quadradas

VOLUME

1 centímetro cúbico	0,0610 polegada cúbica
1 polegada cúbica	16,3872 centímetros cúbicos
1 metro cúbico	35,314 pés cúbicos
1 pé cúbico	0,02832 metro cúbico
1 metro cúbico	1,3079 jarda cúbica
1 jarda cúbica	0,7646 metro cúbico
1 litro	1.000 centímetros cúbicos; 1,0567 quarto (líquido, EUA)
1 galão (líquido, EUA)	3,7853 litros

MASSA

1 grama	0,03527 onça
1 onça	28,3495 gramas
1 quilograma	2,20462 libras
1 libra	0,45359 quilograma

PRESSÃO

1 quilograma/centímetro quadrado	0,96784 atmosfera; 0,98067 bar; 14,2233 libras/polegada quadrada
1 bar	0,98692 atmosfera; 10^5 pascais

ENERGIA

1 joule	0,239 caloria; $9,479 \times 10^{-4}$ Btu
1 unidade térmica britânica (Btu)	251,9 calorias; 1.054 joules
1 quad	10^{15} Btu

FORÇA

1 watt	0,001341 cavalo-de-força (EUA); 3,413 Btu/hora

APÊNDICE 2 Dados numéricos referentes à Terra

Raio equatorial	6.378 quilômetros
Raio polar	6.357 quilômetros
Raio de uma esfera com o mesmo volume da Terra	6.371 quilômetros
Volume	$1{,}083 \times 10^{12}$ quilômetros cúbicos
Área superficial	$5{,}1 \times 10^{8}$ quilômetros quadrados
Percentual da superfície ocupado por oceanos	71
Percentual da superfície ocupado por terra	29
Elevação média dos continentes	623 metros
Profundidade média dos oceanos	3.600 metros
Massa total	$5{,}976 \times 10^{24}$ quilogramas
Densidade média	5,517 gramas/centímetro cúbico
Gravidade no equador	9,78 metros/segundo/segundo
Massa da atmosfera	$5{,}1 \times 10^{18}$ quilogramas
Massa de gelo	$25 - 30 \times 10^{18}$ quilogramas
Massa dos oceanos	$1{,}4 \times 10^{21}$ quilogramas
Massa da crosta	$2{,}5 \times 10^{22}$ quilogramas
Massa do manto	$4{,}05 \times 10^{24}$ quilogramas
Massa do núcleo	$1{,}90 \times 10^{24}$ quilogramas
Distância média até o Sol	$1{,}496 \times 10^{8}$ quilômetros
Distância média até a Lua	$3{,}844 \times 10^{5}$ quilômetros
Razão: massa do Sol/massa da Terra	$3{,}329 \times 10^{5}$
Razão: massa da Terra/massa da Lua	81,303
Total de energia geotérmica do Sol que chega à superfície da Terra, a cada ano	10^{21} joules; 949 quads
Recebimento diário de energia solar	$1{,}49 \times 10^{22}$ joules; 14.137 quads
Consumo de energia dos Estados Unidos, ano de 2017	97,7 quads

APÊNDICE 3 Reações químicas

Camadas eletrônicas e estabilidade iônica

Os elétrons circundam o núcleo de um átomo em um conjunto único de esferas concêntricas, chamadas de camadas eletrônicas. Cada camada pode conter certo número máximo de elétrons. Nas reações químicas que envolvem a maioria dos elementos, somente os elétrons das camadas mais externas interagem entre si. Na reação entre o sódio (Na) e o cloro (Cl) que forma o cloreto de sódio (NaCl), o átomo de sódio perde um elétron da sua camada eletrônica mais externa, e o átomo de cloro ganha um elétron na sua camada mais externa (ver Figura 3.4).

Antes de reagir com o cloro, o átomo de sódio tem um elétron na sua camada mais externa. Quando ele perde esse elétron, essa camada é eliminada, e a camada inferior seguinte, que tem oito elétrons (o máximo de elétrons que ela pode conter), torna-se a camada mais externa. O átomo de cloro original tinha sete elétrons na sua camada mais externa, que pode conter até oito elétrons. Quando ele ganha um elétron, essa camada mais externa é preenchida. Muitos elementos têm forte tendência a completar a configuração eletrônica de sua camada mais externa. Alguns desses elementos fazem isso ao adquirir elétrons, e outros completam a configuração da sua camada mais externa ao perder os elétrons durante uma reação química.

Muitas reações químicas produzem perdas e ganhos de vários elétrons, à medida que dois ou mais elementos combinam-se. O elemento cálcio (Ca), por exemplo, torna-se um cátion com carga dupla, Ca^{2+}, quando reage com dois átomos de cloro para formar o cloreto de cálcio. Na fórmula química do cloreto de cálcio, $CaCl_2$, a presença de dois íons cloreto é simbolizada pelo número 2 em subscrito. Assim, as fórmulas químicas mostram-nos a proporção relativa de átomos ou íons em um composto. Uma prática comum é omitir o número subscrito 1 dos símbolos dos íons únicos da fórmula.

Elementos de maior abundância na crosta terrestre

Elementos de menor abundância, mas de grande importância geológica

Carbono 6 C 12,011 — Nome do elemento; Número atômico; Símbolo; Massa atômica

1	2	3	4	5	6	7	8	9
Hidrogênio 1 H 1,0079								
Lítio 3 Li 6,941	Berílio 4 Be 9,0122							
Sódio 11 Na 22,9898	Magnésio 12 Mg 24,3050							
Potássio 19 K 39,0983	Cálcio 20 Ca 40,078	Escândio 21 Sc 44,9559	Titânio 22 Ti 47,867	Vanádio 23 V 50,9415	Cromo 24 Cr 51,9961	Manganês 25 Mn 54,9380	Ferro 26 Fe 55,845	Cobalto 27 Co 58,9332
Rubídio 37 Rb 85,4678	Estrôncio 38 Sr 87,62	Ítrio 39 Y 88,9059	Zircônio 40 Zr 91,224	Nióbio 41 Nb 92,9064	Molibdênio 42 Mo 95,94	Tecnécio 43 Tc (97,907)	Rutênio 44 Ru 101,07	Ródio 45 Rh 102,9055
Césio 55 Cs 132,9054	Bário 56 Ba 137,327	Lantânio 57 La 138,9055	Háfnio 72 Hf 178,49	Tântalo 73 Ta 180,9479	Tungstênio 74 W 183,84	Rênio 75 Re 186,207	Ósmio 76 Os 190,2	Irídio 77 Ir 192,22
Frâncio 87 Fr (223,02)	Rádio 88 Ra (226,0254)	Actínio 89 Ac (227,0278)	Rutherfórdio 104 Rf (261,11)	Dúbnio 105 Db (262,11)	Seabórgio 106 Sg (263,12)	Bóhrio 107 Bh (262,12)	Hássio 108 Hs (265)	Meitnério 109 Mt (266)

10	11	12	13	14	15	16	17	18
								Hélio 2 He 4,0026
			Boro 5 B 10,811	Carbono 6 C 12,011	Nitrogênio 7 N 14,0067	Oxigênio 8 O 15,9994	Flúor 9 F 18,9984	Neônio 10 Ne 20,1797
			Alumínio 13 Al 26,9815	Silício 14 Si 28,0855	Fósforo 15 P 30,9738	Enxofre 16 S 32,066	Cloro 17 Cl 35,4527	Argônio 18 Ar 39,948
Níquel 28 Ni 58,6934	Cobre 29 Cu 63,546	Zinco 30 Zn 65,39	Gálio 31 Ga 69,723	Germânio 32 Ge 72,61	Arsênio 33 As 74,9216	Selênio 34 Se 78,96	Bromo 35 Br 79,904	Criptônio 36 Kr 83,80
Paládio 46 Pd 106,42	Prata 47 Ag 107,8682	Cádmio 48 Cd 112,411	Índio 49 In 114,818	Estanho 50 Sn 118,710	Antimônio 51 Sb 121,760	Telúrio 52 Te 127,60	Iodo 53 I 126,9045	Xenônio 54 Xe 131,29
Platina 78 Pt 195,08	Ouro 79 Au 196,9665	Mercúrio 80 Hg 200,59	Tálio 81 Tl 204,3333	Chumbo 82 Pb 207,2	Bismuto 83 Bi 208,9804	Polônio 84 Po (208,98)	Ástato 85 At (209,99)	Radônio 86 Rn (222,02)
Darmstácio 110 Ds (269)	Roentgênio 111 Rg (272)	Ununbium 112 Uub (277)	113 (284)	Fleróvio 114 Fl (289)	115 (288)	Livermório 116 Lv (293)		

Cério 58 Ce 140,115	Praseodímio 59 Pr 140,9076	Neodímio 60 Nd 144,24	Promécio 61 Pm (144,91)	Samário 62 Sm 150,36	Európio 63 Eu 151,965	Gadolínio 64 Gd 157,25	Térbio 65 Tb 158,9253	Disprósio 66 Dy 162,50	Hólmio 67 Ho 164,9303	Érbio 68 Er 167,26	Túlio 69 Tm 168,9342	Itérbio 70 Yb 173,04	Lutécio 71 Lu 174,967
Tório 90 Th 232,0381	Protactínio 91 Pa 231,0388	Urânio 92 U 238,0289	Netúnio 93 Np (237,0482)	Plutônio 94 Pu (244,664)	Amerício 95 Am (243,061)	Cúrio 96 Cm (247,07)	Berquélio 97 Bk (247,07)	Califórnio 98 Cf (251,08)	Einstênio 99 Es (252,08)	Férmio 100 Fm (257,10)	Mendelévio 101 Md (258,10)	Nobélio 102 No (259,10)	Laurêncio 103 Lr (262,11)

A tabela periódica.

A tabela periódica organiza os elementos (da esquerda para a direita ao longo das linhas) em ordem de número atômico (número de prótons), o que igualmente indica que o número de elétrons na camada mais externa também aumenta. A terceira linha a partir do topo, por exemplo, começa na esquerda com o sódio (número atômico 11), que tem um elétron na sua camada mais externa. O próximo é o magnésio (número atômico 12), que tem dois elétrons na sua camada mais externa, seguido pelo alumínio (número atômico 13), com três, e o silício (número atômico 14), com quatro. Então vem o fósforo (número atômico 15), com cinco; o enxofre (número atômico 16), com seis; e o cloro (número atômico 17), com sete. O último elemento nessa fila é o argônio (número atômico 18), com oito elétrons, o máximo possível em sua camada mais externa. Cada coluna na tabela forma um agrupamento vertical de elementos com padrões de camadas eletrônicas similares.

Elementos que tendem a perder elétrons

Todos os elementos situados na coluna mais à esquerda da tabela têm um único elétron em suas camadas mais externas e uma forte tendência a perdê-lo em reações químicas. Desse grupo, o hidrogênio (H), o sódio (Na) e o potássio (K) são encontrados em grande abundância na superfície terrestre e em sua crosta.

A segunda coluna, a partir da esquerda, contém mais dois elementos de grande abundância, o magnésio (Mg) e o cálcio (Ca). Os elementos dessa coluna têm dois elétrons em suas camadas mais externas e apresentam uma forte tendência de perdê-los durante as reações químicas.

Elementos que tendem a ganhar elétrons

Em direção ao lado direito da tabela, as duas colunas que começam com o oxigênio (O), que é o elemento mais abundante na Terra, e o flúor (F), que é um gás tóxico altamente reativo, agrupam os elementos que tendem a ganhar elétrons nas suas camadas mais externas. Os elementos da coluna iniciada pelo oxigênio têm seis elétrons dos oito possíveis na camada mais externa e tendem a ganhar mais dois elétrons. Os elementos da coluna iniciada pelo flúor têm sete elétrons na camada externa e tendem a ganhar um.

Outros elementos

Os elementos nas colunas situadas entre as que estão mais à esquerda e mais à direita têm tendências variáveis de ganhar, perder ou compartilhar elétrons. A coluna situada no lado direito da tabela e iniciada pelo carbono (C) inclui o silício (Si), que é outro elemento de grande abundância na Terra. Tanto o silício como o carbono tendem a compartilhar elétrons.

Os elementos da última coluna à direita, iniciada pelo hélio (He), têm suas camadas mais externas preenchidas e, assim, não têm tendência nem de ganhar nem de perder elétrons. Como resultado, esses elementos, ao contrário daqueles das outras colunas, não reagem quimicamente com outros elementos, a não ser em condições muito especiais.

APÊNDICE 4 Propriedades dos minerais mais comuns da crosta da Terra

Cor geral/ Abundância/ Ocorrência	Nome do mineral ou do grupo	Estrutura ou composição*	Variedades e composição química	Forma, características diagnósticas	Clivagem, fratura	Cor	Dureza
MINERAIS DE COR CLARA, MUITO ABUNDANTES EM TODOS OS PRINCIPAIS TIPOS DE ROCHAS DA CROSTA TERRESTRE	FELDSPATO	Silicatos em cadeias tridimensionais (TECTOSSILICATOS)	*ORTOCLÁSIO* $KAlSi_3O_8$ Sanidina Ortoclásio Microclínio	Forma massas cristalinas cliváveis, granulares grossas ou finas; cristais isolados ou grãos em rocha, geralmente sem faces cristalinas	Duas clivagens em ângulo reto, uma perfeita e uma boa, brilho nacarado na clivagem perfeita	Branca a cinza, frequentemente rosa ou amarelada, alguns mostram cores verdes	6
			PLAGIOCLÁSIO $NaAlSi_3O_8$ Albita $CaAl_2Si_2O_8$ Anortita		Duas clivagens em ângulos retos, uma perfeita e uma boa; finas estriações paralelas visíveis na face perfeita	Branca a cinza; menos comumente, esverdeada ou amarelada	
	QUARTZO		SiO_2	Cristais únicos ou massas de cristais prismáticos com seis faces, também como cristais sem forma e grãos finos ou grossos	Muito fraca ou impossível de detectar; fratura concoidal	Incolor, geralmente transparente; também levemente colorido em cinza esfumaçado, rosa, amarelo	7
	MICA	Silicatos com estrutura em folha (FILOSSILICATOS)	*MOSCOVITA* $KAl_2(AlSi_3O_{10})(OH)_2$	Cristais delgados, com forma de discos, alguns com contornos hexagonais; como grãos dispersos ou como agregados	Uma clivagem perfeita; pode-se separar em folhas transparentes muito finas e flexíveis	Incolor; levemente cinza ou verde a marrom quando em fragmentos espessos	2–2½
MINERAIS DE COR ESCURA, ABUNDANTES EM MUITOS TIPOS DE ROCHAS ÍGNEAS E METAMÓRFICAS			*BIOTITA* $K(Mg, Fe)_3AlSi_3\ (OH)_2$	Massas irregulares, foliadas; agregados com aspecto de escamas	Uma clivagem perfeita, pode-se separar em folhas finas e flexíveis	Preta a marrom-escura; translúcido a opaco	2½–3
			CLORITA $(Mg,Fe)_5(Al,Fe)_2Si_3O_{10}(OH)_8$	Massas foliadas ou agregados de pequenas escamas	Uma perfeita, finas folhas flexíveis, mas não elásticas	Vários tons de verde	2–2½
	ANFIBÓLIO	Silicatos em cadeias duplas (INOSSILICATOS)	*TREMOLITA-ACTINOLITA* $Ca_2(Mg,Fe)_5Si_8O_{22}(OH)_2$	Cristais prismáticos longos, geralmente com seis lados; comumente em massas fibrosas ou agregados irregulares	Duas direções de clivagem perfeitas formando ângulos de 56° e 124°	Verde-escura a pálido A tremolita pura é branca	5–6
			HORNBLENDA Silicatos complexos de Ca, Na, Mg, Fe e Al			Em geral preta, mas varia de cinza-claro a preta	
	PIROXÊNIO	Silicatos em cadeias únicas (INOSSILICATOS)	*ENSTATITA-HIPERSTÊNIO* $(Mg,Fe)_2Si_2O_6$	Cristais prismáticos com quatro ou oito lados; massas granulares e grãos disseminados	Duas direções de clivagem boas em ângulos próximos a 90°	Verde a marrom ou ou acinzentada ou banca-esverdeada	5–6
			DIOPSÍDIO $(Ca,Mg)_2Si_2O_6$			Verde-clara a verde-escura	
			AUGITA Silicatos complexos de Ca, Na, Mg, Fe e Al			Verde muito escura a preta	

*N. de T.: Embora a nomenclatura das subclasses dos silicatos não conste no original, ela foi introduzida por ser de amplo uso na literatura técnica brasileira.

continua

Cor geral/ Abundância/ Ocorrência	Nome do mineral ou do grupo	Estrutura ou composição*	Variedades e composição química	Forma, características diagnósticas	Clivagem, fratura	Cor	Dureza
	OLIVINA	Tetraedros isolados (NESOSSILICATOS)	$(Mg,Fe)_2SiO_4$	Massas granulares e pequenos grãos disseminados	Fratura concoide	Verde-oliva a verde-acinzentado e marrom	6½–7
	GRANADA		Silicato de Ca, Mg, Fe e Al	Cristais isométricos bem formados ou arredondados; alta gravidade específica 3,5-4,3	Fratura concoide e irregular	Vermelho e marrom, cores pálidas são menos comuns	6½–7
MINERAIS DE COR CLARA, CONSTITUINTES ABUNDANTES EM SEDIMENTOS E ROCHAS SEDIMENTARES	CALCITA	CARBONATOS	$CaCO_3$	Cristalina grossa a fina, em camadas, veios e outros agregados; faces de clivagem podem estar presentes em massas mais grossas; a calcita efervesce rapidamente, a dolomita lentamente, somente quando reduzida a pó	Três clivagens perfeitas em ângulos oblíquos; divide-se em fragmentos de clivagem romboédricos	Incolor, transparente a translúcida; colorida de forma variada por impurezas	3
	DOLOMITA		$CaMg(CO_3)_2$				3½–4
	ARGILO-MINERAIS	ALUMINOSSILICATOS HIDRATADOS	*CAULINITA* $Al_2Si_2O_5(OH)_4$	Massas terrosas em solos; acamadas; em associação com outras argilas, óxidos de ferro ou carbonatos; plástica quando molhada; a montmorillonita incha quando molhada	Terrosa, irregular	Branca a cinza-clara e parda-avermelhada, também cinza a cinza-escura, cinza-esverdeada e acastanhada, dependendo das impurezas e dos minerais associados	1½–2½
			ILLITA Semelhante à moscovita +Mg, Fe				
			ESMECTITA Silicato complexo de Ca, Na, Mg, Fe, Al + H_2O				
	GIPSITA	SULFATOS	$CaSO_4 \cdot 2H_2O$	Massas cristalinas finas, granulares ou terrosas; cristais tabulares	Uma clivagem perfeita quebrando-se em finas fatias ou folhas; duas outras clivagens boas	Incolor a branca; transparente a translúcida	2
	ANIDRITA		$CaSO_4$	Agregados maciços ou cristalinos em camadas e veios	Uma perfeita, uma quase perfeita, uma boa; em ângulos retos	Incolor, algumas tingidas de azul	3–3½
	HALITA	HALETO	NaCl	Massas granulares acamadas; alguns cristais cúbicos; gosto salgado	Três clivagens perfeitas em ângulos retos	Incolor, transparente a translúcida	2½
	OPALA-CALCEDÔNIA	SÍLICA	SiO_2 [A opala é uma variedade amorfa, e a calcedônia é um quartzo microcristalino sem forma]	Camadas em sedimentos silicosos e sílex; em veios ou agregados bandados	Fratura conchoidal	Incolor ou branca quando pura, mas tingida de várias cores por impurezas em bandas, especialmente nas ágatas	5–6½
MINERAIS DE COR ESCURA, COMUNS EM MUITOS TIPOS DE ROCHAS	MAGNETITA	ÓXIDOS DE FERRO	Fe_3O_4	Magnética; grãos disseminados, massas granulares; ocasionalmente cristais isométricos octaédricos; alta gravidade específica, 5,2	Fratura concoide irregular	Preta a brilho metálico	6

*N. de T.: Embora a nomenclatura das subclasses dos silicatos não conste no original, ela foi introduzida por ser de amplo uso na literatura técnica brasileira.

continua

Cor geral/ Abundância/ Ocorrência	Nome do mineral ou do grupo	Estrutura ou composição*	Variedades e composição química	Forma, características diagnósticas	Clivagem, fratura	Cor	Dureza
	HEMATITA	ÓXIDOS DE FERRO	Fe_2O_3	Massas terrosas a densas, algumas com formas arredondadas algumas granulares ou foliadas; alta gravidade específica, 4,9-5,3	Nenhuma fratura irregular, às vezes em forma de lascas	Castanha-avermelhada a preta	5–6
	"LIMONITA"		*GOETHITA* [principal mineral da mistura denominada "limonita", um termo de campo] FeO (OH)	Massas terrosas, corpos maciços ou incrustações, camadas irregulares, alta gravidade específica 3,3-4,3	Uma clivagem excelente em cristais raros; quando o mineral é cristalino, geralmente uma fratura recente	Castanha-amarelada a castanha-escura e preta	5–5½
MINERAIS DE COR CLARA, CONSTITUINTES COMUNS OU MENORES EM ROCHAS ÍGNEAS E METAMÓRFICAS	CIANITA	ALUMINOS-SILICATOS	Al_2SiO_5	Cristais ou agregados longos e laminares ou tabulares	Uma clivagem perfeita e uma pobre, paralela ao comprimento maior do cristal	Branca ou em cores claras ou azul-clara	5, paralela ao comprimento do cristal 7, transversal ao comprimento do cristal
	SILLIMANITA		Al_2SiO_5	Cristais longos, delgados ou fibrosos, massas feltrosas	Uma clivagem perfeita paralela ao comprimento, difícil de distinguir	Incolor, cinza a branca	6–7
	ANDALUZITA		Al_2SiO_5	Cristais prismáticos grossos, quase quadrados, alguns com impurezas de arranjo simétrico	Uma distinta; fratura irregular	Vermelha, castanha avermelhada, verde-oliva	7½
	FELDSPATOIDES		*NEFELINA* $(Na,K)AlSiO_4$	Massas compactas ou com grãos incluídos, raramente como cristais prismáticos pequenos	Uma distinta; fratura irregular	Incolor, branca cinza-clara; cinza-esverdeada em massas, com brilho graxo	5½–6
			LEUCITA $KAlSi_2O_6$	Cristais trapezoides em rochas vulcânicas	Uma muito imperfeita	Branca a cinza	5½–6
	SERPENTINA		$Mg_6Si_4O_{10}(OH)_8$	Massas fibrosas (asbestos) ou placosas	Fratura com aparência de estilhaço	Verde, às vezes amarelada, acastanhada a cinza; brilho de cera ou de graxa quando o hábito é maciço; brilho sedoso quando o hábito é fibroso	4–6
	TALCO		$Mg_3Si_4O_{10}(OH)_2$ massas ou agregados	Agregados ou massas foliadas ou compactas	Uma perfeita, originando finas placas ou escamas; sensação de tato gorduroso	Branca a verde pálido; brilho nacarado ou graxo	1
	CORÍNDON		Al_2O_3	Alguns cristais arredondados com forma de barris; geralmente como grãos disseminados ou massas granulares (esmeril)	Fratura irregular	Geralmente rosa, castanha ou azul, preta-de-esmeril Variedades de gema: rubi, safira	9

*N. de T.: Embora a nomenclatura das subclasses dos silicatos não conste no original, ela foi introduzida por ser de amplo uso na literatura técnica brasileira.

continua

Cor geral/ Abundância/ Ocorrência	Nome do mineral ou do grupo	Estrutura ou composição*	Variedades e composição química	Forma, características diagnósticas	Clivagem, fratura	Cor	Dureza
MINERAIS ESCUROS, COMUNS ROCHAS METAMÓRFICAS	EPÍDOTO	SILICATOS	$Ca_2(Al,Fe)Al_2Si_3O_{12}(OH)$	Agregados de cristais prismáticos longos, massa granular ou compacta, grãos inclusos nos outros	Uma boa, uma pobre, em ângulos diferentes de 90º, fratura concoide e irregular	Verde, amarelo-verde, cinza, algumas variedades castanha-escura a preta	6–7
	ESTAUROLITA		$Fe_2Al_9Si_4O_{22}(O,OH)_2$	Cristais prismáticos curtos, alguns deles em forma de cruz, geralmente de granulação mais grossa do que a matriz da rocha	Uma pobre	Castanha-avermelhada ou castanha-escura a preta	7–7½
MINERAIS COM BRILHO METÁLICO, COMUNS EM MUITOS TIPOS DE ROCHAS (ABUNDANTES EM VEIOS)	PIRITA	SULFETOS	FeS_2	Massas granulares ou cristais cúbicos bem formados em veios e camadas ou disseminados; alta gravidade específica, 4,9-5,2	Fratura irregular	Amarela-latão-pálida	6–6½
	GALENA		PbS	Massas granulares em veios e disseminados; alguns cristais cúbicos; gravidade específica muito alta, 7,3-7,6	Três clivagens perfeitas em ângulos retos entre si, formando fragmentos de clivagem cúbicos	Cinza-prata	2½
	ESFALERITA		ZnS	Massas granulares ou agregados cristalinos compactos; alta gravidade específica, 3,9-4,1	Seis clivagens perfeitas em ângulos de 60º entre si	Branca a verde, castanha e preta; brilho resinoso a submetálico	3½–4
	CALCOPIRITA		$CuFeS_2$	Massas granulares ou compactas; cristais disseminados; alta gravidade específica, 4,1-4,3	Fratura irregular	Amarelo-latão a amarelo-ouro	3½–4
	CALCOCITA		Cu_2S	Massa de granulação fina; alta gravidade específica, 5,5-5,8	Fratura concoide	Cinza-chumbo a preta; pode adquirir manchas verdes ou azuis	2½–3
MINERAIS DE COR DIVERSA, PEQUENAS QUANTIDADES EM GRANDE VARIEDADE DE TIPOS DE ROCHAS, VEIOS E PLÁCERES	RUTILO	ÓXIDOS DE TITÂNIO	TiO_2	Cristais alongados a prismáticos; massas granulares; alta gravidade específica, 4,25	Uma distinta, uma menos distinta; fratura concoide	Castanha-avermelhada, alguns cristais amareladas, violetas ou pretas	6–6½
	ILMENITA		$FeTiO_3$	Massas compactas, grãos incluídos em outros, grãos detríticos em areia; alta gravidade específica, 4,79	Fratura concoide	Preta-metálica; brilho metálico a submetálico	5–6
	ZEÓLITAS	SILICATOS	Silicatos hidratados complexos; muitas variedades de minerais, incluindo analcima, natrolita, phillipsita, heulandita e chabasita	Cristais radiados bem formados em cavidades de rochas vulcânicas, veios e fontes quentes; também como depósitos acamados de granulação fina a terrosa	Uma clivagem perfeita na maioria das espécies	Incolor, branca, às vezes rosada	4–5

*N. de T.: Embora a nomenclatura das subclasses dos silicatos não conste no original, ela foi introduzida por ser de amplo uso na literatura técnica brasileira.

APÊNDICE 5 Pratique um Exercício de Geologia: respostas dos problemas extras

Capítulo 1 $1{,}083 \times 10^{12}$ km^3

Capítulo 2 A distância entre a margem continental norte-americana de Charleston, Carolina do Sul, e a margem continental africana próximo a Dakar, Senegal, medida com a ferramenta de régua do Google Earth, é de aproximadamente 6.300 km. A partir do mapa de isócronas da Figura 2.15, é possível estimar que os dois continentes começaram a se afastar por rifteamento há cerca de 200 a 180 milhões de anos (ver também Figura 2.16). Presumindo que os continentes se separaram 200 milhões de anos atrás, temos

$$6.300 \text{ km} \times 200 \text{ milhões de anos} = 31{,}5 \text{ km}/10^6 \text{ anos} = 31{,}5 \text{ mm/ano}$$

Presumindo que a idade do rifteamento é de 180 milhões de anos, obtemos

$$6.300 \text{ km} \times 180 \text{ milhões de anos} = 35 \text{ km}/10^6 \text{ anos} = 35 \text{ mm/ano}$$

Capítulo 3 US$ 163.200.000 – US$ 120.000.000 = lucro de US$ 43.200.000. Portanto, sim, vale a pena.

Capítulo 4 O plagioclásio se depositará a uma taxa de 1,18 cm por hora, sendo mais lenta do que a olivina.

Capítulo 5 A taxa de produção dos basaltos havaianos é

$$100.000 \text{ km}^3 \div 1 \text{ milhão de anos} = 0{,}1 \text{ km}^3\text{/ano}$$

O comprimento do limite de placas Nazca-Pacífico necessário para produzir esse valor é dado pela seguinte equação:

$$1{,}4 \times 10^{-4}\text{km/ano} \times 7 \text{ km} \times \textit{comprimento} = 0{,}1 \text{ km}^3\text{/ano}$$

ou

$$\textit{comprimento} = 0{,}1 \text{ km}^3\text{/ano} \div (1{,}4 \times 10^{-4}\text{km/ano} \times 7 \text{ km}) = 102 \text{ km}$$

Capítulo 6 125°C

Capítulo 7 Uma mudança de pressão a temperatura constante poderia indicar que as rochas foram movidas para cima ou para baixo em uma zona de subducção. Os movimentos nas zonas de subducção podem ser tão rápidos que a temperatura não tem tempo de se alterar, embora a pressão possa estar mudando rapidamente.

Capítulo 8 As chances de encontrar petróleo na rocha reservatório no ponto C são baixas. A partir da estrutura geológica exposta na superfície, pode-se ver que a anticlinal está mergulhando para o nordeste, com ângulo de inclinação em torno de 30º. Portanto, a profundidade da rocha reservatório de arenito está aumentando para o nordeste, sendo provável que a perfuração no ponto C encontre água, em vez de petróleo.

Capítulo 9 A idade da rocha é dada por

$$T = \log(1{,}0143)/\log(2) = 0{,}00617/0{,}301 = 0{,}0205 \text{ meia-vida}$$

A multiplicação desse resultado pela meia-vida do rubídio-87 resulta em uma idade de

$$0{,}0205 \times 49 \text{ bilhões de anos} = 1{,}00 \text{ bilhão de anos}$$

Capítulo 10 Uma ruptura de magnitude 6 tem uma área 100 vezes maior do que uma ruptura de magnitude 4 (porque $10^{(6-4)} = 10^2$) e 10 vezes maior que o deslocamento (porque $10^{(6-4)}/2 = 10^1$); portanto, é preciso 100 × 10 = 1.000 terremotos de magnitude 4 para ser equivalente a um terremoto de magnitude 6.

Capítulo 11 A equação isostática apropriada é

$$\text{Elevação do Planalto do Tibete} = (0{,}15 \times \text{Espessura da crosta do Planalto do Tibete}) - (0{,}12 \times 7{,}0 \text{ km}) - (0{,}70 \times 4{,}5 \text{ km})$$

Solucionando a espessura da crosta, obtemos

$$\text{Espessura crustal do Planalto do Tibete} = \frac{(\text{Elevação do Planalto do Tibete}) + (0{,}12 \times 7{,}0 \text{ km}) + (0{,}70 \times 4{,}5 \text{ km})}{0{,}15}$$

Para uma elevação de 5 km, esta fórmula fornece uma espessura da crosta de 60 km, que está de acordo com os dados sísmicos coletados no Planalto do Tibete.

Capítulo 12 O saldo do fluxo de carbono da superfície continental é dado pela diferença entre o fluxo positivo para a atmosfera devido a mudanças no uso do solo e o fluxo negativo da atmosfera para o sumidouro continental devido ao saldo do crescimento da vegetação.

1980–1989: 1,4 Gt – 1,5 Gt = –0,1 Gt
1990–1999: 1,6 Gt – 2,7 Gt = –1,1 Gt
2000–2009: 1,1 Gt – 2,6 Gt = –1,5 Gt

O saldo do fluxo de carbono da superfície continental foi negativo (absorção) durante todas as três décadas. Uma explicação do porquê o saldo negativo do fluxo crescer com o tempo é a *retroalimentação do crescimento da vegetação* (p. 347), a retroalimentação negativa causada pelo estímulo ao crescimento da vegetação devido ao aumento das concentrações de CO_2 na atmosfera.

Capítulo 13 O fator de emissão de carbono para o componente de combustíveis fósseis do sistema energético americano é calculado pela divisão do fluxo de carbono total pela taxa de produção de energia total por combustíveis fósseis.

$$\text{Fluxo de carbono total} = (0{,}586 + 0{,}158 + 0{,}216 + 0{,}493) \text{ Gt/ano} = 1{,}453 \text{ Gt/ano}$$

$$\text{Produção de energia total} = (36{,}2 + 14{,}0 + 28{,}0) \text{ quad/ano} = 78{,}2 \text{ quad/ano}$$

Fator de emissão de carbono na produção de energia por combustíveis fósseis nos EUA

$$= 1{,}453 \text{ Gt/ano}/78{,}2 \text{ quad/ano} = 0{,}0186 \text{ Gt/quad}$$

Capítulo 14 Se D é a profundidade da camada superficial aquecida, então 200 mm = 0,0001 D. O cálculo de D resulta em D = 200 mm/0,0001 = 0,2 m × 10.000 = 2.000 m = 2 km.

Capítulo 15 200 mm ÷ 0,0001 = 2×10^6mm = 2 km

Capítulo 16

Tabela C

	FATOR DE SEGURANÇA (FS)		
	Solo solto	Ardósia	Granito
5°	3	10	50
20°	0,6	2	10
30°	0,12	0,4	2

Um valor do fator de segurança acima de 1 indica que uma encosta é estável o bastante para sustentar uma construção.

Capítulo 17 Areia lodosa: 0,0015 m^3/dia
Cascalho bem selecionado: 18,75 m^3/dia

Capítulo 18 3 m = cerca de 180 m^3/s
9 m = cerca de 1.500 m^3/s

Capítulo 19 O custo do preenchimento de manutenção de 2002 foi de aproximadamente US$ 25 milhões.

Capítulo 20 A variação máxima de elevação em um local de aterrissagem que poderia ser tolerada por uma aterrissadora com um volume de tanque de combustível de 200 L é de 750 m. A variação máxima aceitável se a taxa de descida final fosse de 1 m/s, em vez de 2 m/s, é de 500 m.

Capítulo 21 A fração do movimento de placas relativo ocupada pela falha de cavalgamento é de 20 mm/ano ÷ 54 mm/ano = 0,37. O movimento remanescente, cerca de 60% do total, é acomodado por falhamento e dobramento ao norte do Himalaia, basicamente pelo movimento na falha de Altyn Tagh e em outras falhas direcionais importantes, à medida que a China e a Mongólia são empurradas para o leste (ver Figura 21.16).

Capítulo 22 Rocha A: R = 5; a Rocha A não registra uma assinatura distinta de processos biológicos.

Rocha C: R = –50; essa razão negativa grande, que é semelhante à da razão para o metano, mostra uma assinatura distinta de processos biológicos.

APÊNDICE 6 Respostas dos Exercícios de Leitura Visual

Capítulo 1

1. O sistema da tectônica de placas e o geodínamo
2. O geodínamo
3. O sistema do clima
4. Todos os três
5. A litosfera interage fortemente com os outros componentes do sistema do clima (atmosfera, hidrosfera, criosfera e biosfera) e também é um dos componentes principais do sistema da tectônica de placas.

Capítulo 2

1. c
2. d
3. b
4. c
5. a

Capítulo 3

1. b
2. c
3. d
4. a
5. c

Capítulo 4

1. d
2. b e d
3. c
4. a
5. c

Capítulo 5

1. a
2. c
3. a
4. Todos os anteriores
5. d

Capítulo 6

1. c
2. c
3. b
4. d
5. d

Capítulo 7

1. b
2. b
3. b
4. d
5. a

Capítulo 8

1. a
2. a
3. c
4. c
5. c

Capítulo 9

1. a. Há quatro éons: Hadeano, Arqueano, Proterozoico e Fanerozoico.
   b. O éon mais longo é o Proterozoico, que começou 2.500 Ma e terminou 542 Ma.
   c. O éon mais antigo é o Hadeano, que começou 4.560 Ma e terminou 3.900 Ma.
2. a. A Era Paleozoica é composta de seis períodos e a Mesozoica, de três.
   b. O limite Mesozoico–Cenozoico corresponde ao limite entre os períodos Cretáceo e o Paleógeno).
3. Era Cenozoica, 65 Ma–0 Ma
4. O Período Neógeno abrange duas Épocas que vão de 23 a 2,58 Ma.

Capítulo 10

1. d
2. c
3. c
4. b

Capítulo 11

1. a. Branco
   b. Amarelo
   c. Azul
2. a. O núcleo externo
   b. O núcleo interno
   c. Porque é mais frio e mais denso do que a média do manto
3. a. Painel (b)
   b. Litosfera fria e estável do cráton continental
   c. Subducção da fria litosfera oceânica no manto inferior

Capítulo 12

1. c
2. b
3. Porque o fluxo de carbono ocorre em ambas as direções
4. Verdadeiro

Capítulo 13

1. a. Uma fonte de energia
   b. Porque a energia elétrica produzida pela queima de carvão é o dobro da quantidade produzida pela fissão nuclear
2. A largura da seta amarela é proporcional à quantidade de energia útil; a largura da seta azul é proporcional à quantidade de energia desperdiçada
3. Porque a geração de energia elétrica produz mais desperdício de carbono do que todas as outras atividades humanas
4. a. (36,2 + 14,0 + 28,0)/97,7 = 0,80
   b. Geração de energia elétrica
   c. 66,6/97,7 = 0,68
   d. 1.453 Mt

Capítulo 14

1. a. Cerca de 9 Gt
   b. Cerca de 16 Gt
2. a. 350 Gt
   b. 50 Gt
   c. 350 Gt/(350 Gt + 450 Gt) = 44%
3. a. resposta subjetiva
   b. resposta subjetiva

Capítulo 15

1. a
2. a
3. d
4. b

Capítulo 16

1. c
2. a e b
3. d
4. b
5. a

Capítulo 17

1. A precipitação sobre colinas e montanhas injeta águas nas rochas, que flui para elevações menores.
2. Uma camada de rocha permeável que se estende para o subterrâneo
3. Uma camada de rocha de menor permeabilidade que ajuda a guiar o fluxo dentro de um aquífero
4. Se uma área de recarga está em elevação maior do que um poço, então naturalmente haverá fluxo de água no poço devido à diferença de pressão criada pela diferença de elevação da área de recarga em relação ao poço.

Capítulo 18

1. Onde o derretimento da neve e a chuva geram água suficiente para que haja fluxo sobre a superfície dos terrenos
2. Nos deltas, formados nas margens de lagos e oceanos onde as correntes se desaceleram e depositam sedimentos
3. Se está sujeito a soerguimento tectônico, ou a uma redução no fluxo de sedimentos, o curso d'água entalhará sedimentos depositados anteriormente.
4. Os sedimentos do curso d'água são mais grossos nos níveis superiores, onde as encostas são mais íngremes, e mais fino nos níveis inferiores, onde as encostas são menos íngremes.

Capítulo 19

1. As ondas deslocam-se, mas a água permanece no mesmo lugar.
2. Quando a profundidade da água atinge cerca de metade do comprimento de onda
3. Onde a profundidade da água torna-se muito rasa, as ondas crescem e então sofrem colapso
4. c
5. b

Capítulo 20

1. b
2. c
3. b
4. d
5. c

Capítulo 21

1. d
2. b
3. b
4. a

Capítulo 22

1. b
2. b
3. c
4. c
5. d

Glossário

As palavras em *itálico* presentes nas definições têm verbetes próprios neste Glossário. Os minerais específicos estão definidos e descritos no Apêndice 4.

abalo precursor (*foreshock*) Um *terremoto* que ocorre antes e próximo a um grande terremoto. (Compare com *abalo secundário.*)

abalo secundário (*aftershock*) Um *terremoto* que ocorre como consequência de um terremoto precedente de maior magnitude. (Compare com *abalo precursor.*)

ablação (*ablation*) Quantidade total de gelo que uma *geleira* perde a cada ano. (Compare com *acumulação.*)

abrasão (*abrasion*) Ação erosiva que ocorre quando partículas de *sedimento* em suspensão e em processo de saltação movem-se pelo fundo e pelas paredes de um canal de curso d'água.

abrasão pela areia (*sandblasting*) *Erosão* de uma superfície sólida por *abrasão* causada pelo impacto de grãos de *areia* carregados pelo vento em alta velocidade.

acamamento (*bedding*) Formação de camadas paralelas pela deposição de partículas *sedimentares.*

acidificação oceânica (*ocean acidification*) Um processo em que o dióxido de carbono da atmosfera dissolve-se no oceano e reage com água marinha para formar ácido carbônico (H_2CO_3), aumentando a acidez do oceano.

acreção (*accretion*) Um processo de crescimento continental, no qual fragmentos de *crosta* flutuantes são anexados (acrescidos) às massas continentais existentes por transporte horizontal durante os movimentos das placas. (Compare com *adição magmática.*)

acumulação (*accumulation*) O volume de neve adicionado a uma *geleira* anualmente. (Compare com *ablação.*)

acunhamento pelo gelo (*frost wedging*) Um processo do *intemperismo físico* pelo qual a expansão da água congelada em uma fratura leva uma *rocha* a quebrar-se.

adição magmática (*magmatic addition*) Um processo de crescimento continental no qual a *rocha* de baixa densidade e rica em sílica se diferencia no *manto* e é transportada verticalmente para a *crosta.* (Compare com *acreção.*)

água meteórica (*meteoric water*) Chuva, neve ou outra forma de água derivada da atmosfera.

água potável (*potable water*) Água que tem gosto agradável e que não é perigosa para a saúde.

água subterrânea (*groundwater*) O volume de água que flui abaixo da superfície terrestre.

albedo (*albedo*) Uma fração de *energia solar* refletida pela superfície de um planeta ou satélite. (Do latim *albus*, que significa "branco".)

ambiente de sedimentação (*sedimentary environment*) Um determinado lugar geográfico caracterizado por uma combinação particular de condições climáticas e processos físicos, químicos e biológicos.

andesito (*andesite*) Um tipo de *rocha vulcânica de composição intermediária* entre um *dacito* e um *basalto*; extrusiva equivalente ao *diorito.*

anfibolito (*amphibolite*) (1) Uma rocha geralmente *granoblástica*, constituída predominantemente de anfibólio e plagioclásio, tipicamente formada por metamorfismo de rocha vulcânica máfica de médio a alto grau. Anfibolitos foliados podem ser produzidos por *deformação.* (2) O grau metamórfico acima do *xisto verde.*

ângulo de repouso (*angle of repose*) O ângulo máximo em que uma encosta de material inconsolidado permanecerá sem ser movimentada pela gravidade.

ânion (*anion*) Um íon com carga negativa. (Compare com *cátion.*)

anomalia magnética (*magnetic anomaly*) O padrão de bandas estreitas e longas de campos magnéticos altos e baixos do assoalho oceânico que são paralelos e quase perfeitamente simétricos em relação à crista da dorsal mesoceânica.

anticlinal (*anticline*) Uma dobra arqueada de *rochas* em camadas que contém as rochas mais antigas no centro da dobra. (Compare com *sinclinal.*)

Antropoceno (*Anthropocene*) A "Era Humana", uma época geológica com início em torno de 1780, quando o motor a vapor movido a carvão originou a Revolução Industrial; proposto por Paul Crutzen, um químico atmosférico, a fim de reconhecer a velocidade e a magnitude das mudanças que a sociedade industrializada está causando no *sistema Terra.*

aquecimento do século XX (*twentieth-century warming*) Um aumento da temperatura média da superfície da Terra de, aproximadamente, 0,6°C entre o fim do século XIX e o começo do XXI.

aquiclude (*aquiclude*) Uma *formação* relativamente impermeável que limita um *aquífero*, localizado acima ou abaixo dela, e que age como uma barreira ao fluxo da *água subterrânea.*

aquífero (*aquifer*) Uma *formação* porosa que armazena e transmite *água subterrânea* em quantidade suficiente para alimentar poços.

arco de ilhas (*island arc*) Uma cadeia de ilhas vulcânicas, formada na placa cavalgante, em um *limite convergente* de placas, a partir de *magmas* ascendentes derivados do *manto* à medida que a água liberada da placa litosférica subduzida causa *fusão induzida por fluidos.*

arcózio (*arkose*) Um arenito com mais de 25% de feldspato.

ardósia (*slate*) Uma *rocha foliada* de grão fino facilmente separável em finas folhas, é originada principalmente pelo metamorfismo de baixo grau do *folhelho.*

área voçorocada ou ravinada (*badland*) Topografia com forte ravinamento resultante da *erosão* rápida de *folhelhos* e *argilas facilmente erodíveis.*

areia (*sand*) Um *sedimento siliciclástico* que consiste em partículas de tamanho médio variável de 0,062 a 2 mm de diâmetro.

areias betuminosas (*tar sands*) Um depósito de *areia* ou *arenito* que, certa vez, conteve petróleo, mas perdeu muitos de seus componentes voláteis, deixando uma substância semelhante ao alcatrão, chamada de betume.

arenito lítico (*lithic sandstone*) Um arenito que contém muitas partículas de rochas de granulação fina, principalmente *folhelhos*, rochas vulcânicas e *rochas metamórficas de grão fino.*

arenito (*sandstone*) Equivalente litificado da *areia.*

argila (*clay*) Um *sedimento siliciclástico* em que a maioria das partículas tem diâmetro menor que 0,0039 mm e que consiste em grande parte de argilominerais; é o componente mais abundante das *rochas sedimentares de granulação fina.*

argilito (*claystone*) Uma *rocha sedimentar* composta exclusivamente de partículas de tamanho *argila.*

armadilha de petróleo (*oil trap*) Uma barreira impermeável à migração de *petróleo* ou *gás natural* em direção à superfície e que permite que os mesmos sejam coletados abaixo dela. Também conhecida como "trapa de petróleo".

astenosfera (*astenosphere*) Camada fraca e *dúctil* de *rocha* compreendendo a parte inferior do *manto* superior (abaixo da *litosfera*) e sobre a qual deslizam as placas litosféricas. (Do grego *asthenes*, "fraco".)

asteroide (*asteroid*) Um dos mais de 10 mil corpos celestes em órbita do Sol, sendo que a maioria está entre as órbitas de Marte e Júpiter.

astrobiólogo (*astrobiologist*) Um cientista que investiga os blocos de construção química da vida, ambientes que podem ter dado suporte à vida ou mesmo a vida em outros mundos.

atividade hidrotermal (*hydrothermal activity*) Circulação de água através de *rochas* vulcânicas quentes e *magmas.*

autótrofo (*autotroph*) Um produtor; um organismo que cria seu próprio alimento pela fabricação de compostos orgânicos, como carboidratos, usados como fonte de energia. (Compare com *heterótrofo.*)

avanço glacial súbito (*surge*) Período repentino de um rápido movimento em uma *geleira de vale.*

bacia (*basin*) Uma estrutura sinclinal que consiste em uma depressão em forma de tigela das camadas *rochosas* que *mergulham* radialmente em direção a um ponto central. (Compare com *domo.*)

bacia de subsidência térmica (*thermal subsidence basin*) Uma *bacia sedimentar* produzida nos últimos estágios da separação de placas, enquanto a *litosfera* que foi adelgaçada e aquecida durante o estágio de rifte anterior se resfria, levando a um aumento na densidade, o que, por sua vez, leva à subsidência abaixo do nível do mar. (Compare com *bacia de rifte.*)

bacia flexural (*flexural basin*) Um tipo de *bacia sedimentar* que se desenvolve em um *limite convergente* onde uma placa litosférica é empurrada para cima da outra. O peso da placa acavalada faz com que a placa subjacente seja arqueada e flexionada para baixo.

bacia hidrográfica (*drainage basin*) Uma área da superfície, limitada por *divisores de água*, onde toda a sua água aflui para uma rede de *rios* que a drena.

bacia rifte (*rift basin*) Uma *bacia sedimentar* que se desenvolve em um *limite divergente* no estágio inicial de separação de placas à medida que a deformação e o adelgaçamento da crosta continental resultam em subsidência. (Compare com *bacia de subsidência térmica.*)

bacia sedimentar (*sedimentary basin*) Uma região onde a combinação de deposição e *subsidência* formou espessas acumulações de *sedimento* e *rocha sedimentar.*

barra de pontal ou de meandro (*point bar*) Uma barra curva de areia depositada na margem convexa da alça de um *rio*, onde a corrente é mais lenta.

basalto (*basalt*) Uma *rocha ígnea máfica*, escura, de granulação fina, composta em grande parte por plagioclásio e piroxênio; equivalente *extrusivo* do *gabro.*

basalto de platô (*flood basalt*) Um imenso *platô* ou planalto de basalto formado por *erupções fissurais* de *lava basáltica altamente fluida.*

batólito (*batholith*) Uma grande massa irregular de *rochas ígneas intrusivas* que cobre uma área de pelo menos 100 km^2; é o maior *plúton.*

biocombustível (*biofuel*) Um combustível, como o etanol, derivado de biomassa.

biosfera (*biosphere*) O componente do *sistema Terra* que contém todos os organismos vivos.

bioturbação (*bioturbation*) Processo pelo qual os organismos retrabalham *sedimentos* preexistentes, escavando através deles.

bomba (*bomb*) Um *piroclasto* com 2 mm ou mais, geralmente consistindo em uma bolha de *lava* que resfria no voo e se torna arredondada ou um bloco desprendido de rocha vulcânica previamente solidificada. (Compare com *cinza vulcânica.*)

Bombardeio Pesado (*Heavy Bombardment*) Um momento nos primórdios da história do sistema solar quando os planetas foram sujeitos a impactos formadores de cratera com muita frequência.

brecha (*breccia*) Uma *rocha* vulcânica formada pela *litificação* de *piroclastos* grandes. (Compare com *tufo.*)

brilho (*luster*) Modo pelo qual a superfície de um *mineral* reflete a luz. (Ver Quadro 3.3.)

calcário (*limestone*) Uma *rocha carbonática* composta principalmente de carbonato de cálcio, na forma de calcita.

caldeira (*caldera*) Uma grande depressão com paredes inclinadas, em forma de bacia, formada após uma erupção violenta na qual grandes volumes de *magmas* são ejetados rapidamente de uma *câmara magmática*, havendo um colapso de estrutura vulcânica, causada pelo desabamento do teto da câmara magmática.

camada basal (*bottomset bed*) Uma camada de *lama*, delgada e horizontal, que se deposita na parte distal de um *delta* e, posteriormente, é soterrada pelo crescimento continuado do mesmo.

camada de topo (*topset bed*) Uma camada de *sedimentos* horizontais – tipicamente *areia* – depositada no topo de um *delta.*

camada vermelha (*red bed*) Um depósito fluvial incomum de *arenitos* e *folhelhos* unidos por cimento de óxido de ferro, que dá a eles sua cor avermelhada.

camadas frontais (*foreset bed*) Depósito de inclinação suave de *areia* fina e *silte*, lembrando uma estratificação cruzada de grande porte, formado na posição frontal de um *delta.*

câmara magmática (*magma chamber*) Um tanque grande de *magma* que se forma na *litosfera* à medida que os magmas ascendentes derretem e deslocam as rochas sólidas vizinhas.

campo magnético (*magnetic field*) A região de influência de um corpo magnetizado ou de uma corrente elétrica.

canal (*channel*) O sulco bem definido onde a água de um *rio* flui.

capacidade (*capacity*) Total de carga de *sedimento* carregado por uma corrente. (Compare com *competência.*)

carbonatos (*carbonates*) Uma classe de minerais compostos de carbono e oxigênio – na forma do ânion carbonato (CO_3^{2-}) – em combinação com cálcio e magnésio.

carga de fundo (*bed load*) O material que uma *corrente* carrega no seu leito por meio de deslizamento e rolamento. (Compare com *carga de suspensão.*)

carga de suspensão (*suspended load*) Todo material em suspensão temporária ou permanentemente no fluxo de um rio. (Compare com *carga de fundo.*)

carvão (*coal*) Uma *rocha sedimentar biológica*, composta quase inteiramente de carbono orgânico e formada pela *diagênese* de restos de vegetação pantanosa.

cascalho (*gravel*) O *sedimento siliciclástico* mais grosso, consistindo em partículas com mais de 2 mm de diâmetro, o que inclui seixos, calhaus e matacões.

cátion (*cation*) Um íon com carga positiva. (Compare com *ânion.*)

caulinita (*kaolinite*) Uma *argila* branca ou de cor creme, produzida pelo *intemperismo* do feldspato.

centro de expansão (*spreading center*) Um *limite divergente*, marcado por um rifte na crista de uma dorsal mesoceânica, onde nova *crosta* está sendo formada por *expansão do assoalho oceânico.*

cianobactérias (*cyanobacteria*) Um grupo de microrganismos que produz carboidratos e libera oxigênio por *fotossíntese* e que provavelmente originou o processo nos primórdios da história da vida.

ciclo biogeoquímico (*biogeochemical cycle*) O padrão de fluxo de um químico entre os componentes biológicos ("bio") e ambientais ("geo") de um *ecossistema.*

ciclo das rochas (*rock cycle*) Um conjunto de processos geológicos que convertem cada tipo de *rocha* – *ígnea, sedimentar* e *metamórfica* – nos outros dois tipos.

ciclo de Milankovitch (*Milankovitch cycle*) Um padrão de variações periódicas na geometria dos parâmetros orbitais da Terra ao redor do Sol que afeta a quantidade de energia solar recebida na superfície terrestre. Os ciclos de Milankovitch incluem variações na excentricidade da órbita terrestre, na inclinação do eixo de rotação da Terra e na precessão – o giro da Terra sobre seu eixo de rotação.

ciclo de Wilson (*Wilson cycle*) A sequência de eventos tectônicos nos continentes causada pela formação e fechamento de bacias oceânicas. O ciclo compreende: (1) rifteamento durante a ruptura de um supercontinente; (2) resfriamento das *margens passivas* e acumulação de *sedimentos* durante a *expansão do assoalho oceânico* e a abertura do oceano; (3) *adição magmática* e *acreção* durante a *subducção* e o fechamento de oceano; e (4) orogênese durante a colisão continente-continente.

ciclo do carbono (*carbon cycle*) O contínuo movimento do carbono entre os diferentes componentes do *sistema Terra.*

ciclo geoquímico (*geochemical cycle*) O padrão de fluxo de um químico de um componente do *sistema Terra* para outro.

ciclo glacial (*glacial cycle*) Um ciclo climático que alterna entre períodos glaciais frios, ou *idades do gelo*, durante os quais há um declínio de temperatura, a água é transferida da hidrosfera para a criosfera, os mantos de gelo expandem-se para latitudes mais baixas e o nível do mar diminui, e *períodos interglaciais* mais quentes, durante os quais a temperatura sobe de modo abrupto, a água é transferida da criosfera para a hidrosfera e o nível do mar sobe.

ciclo hidrológico (*hydrologic cycle*) O movimento cíclico da água do oceano para a atmosfera, por evaporação, em seguida para a superfície, por meio da *precipitação*; para os *rios*, por meio do *escoamento superficial* e pelo fluxo da *água subterrânea*; e, finalmente, de volta para o oceano.

cimentação (*cementation*) Uma mudança diagenética na qual *minerais* são precipitados nos poros entre as partículas *sedimentares*, ligando-as.

cinza vulcânica (*volcanic ash*) *Piroclastos* com diâmetro menor que 2 mm, geralmente de vidro, que se formam quando o escapamento de gases força a saída de um fino jato de *magma* de um *vulcão*. (Compare com *bomba.*)

circo (*cirque*) Uma depressão em anfiteatro formada nas cabeceiras de um vale glacial pela ação erosiva do gelo.

circulação termo-halina (*thermohaline circulation*) Um padrão tridimensional de circulação oceânica global movido por diferenças de temperatura e de salinidade – e, portanto, de densidade – das águas oceânicas.

clima (*climate*) As condições médias do meio ambiente da superfície terrestre e suas variações.

clivagem (*cleavage*) (1) Tendência que um *cristal* tem de quebrar-se ao longo de superfícies planas. (2) Padrão geométrico produzido por tal quebra.

código de obras (*building code*) Padrões para projetar e construir novos edifícios que especificam o grau de vibração que uma estrutura pode ser capaz de suportar quando agitada por um *terremoto.*

colina abissal (*abyssal hill*) Uma colina na vertente de uma *dorsal mesoceânica*, tipicamente com cerca de 100 m de altura e alinhada paralelamente à crista da dorsal, sendo formada sobretudo por falhamento da *crosta* oceânica basáltica à medida que esta se afasta do vale em rifte.

combustível fóssil (*fossil fuel*) Um *recurso* energético formado pelo soterramento e aquecimento de materiais orgânicos mortos, como *carvão, petróleo* e *gás natural.*

compactação (*compaction*) Uma diminuição diagenética no volume e na *porosidade* de um *sedimento* que ocorre quando os grãos são espremidos juntos devido ao peso dos sedimentos sobrejacentes.

compartilhamento de elétrons (*electron sharing*) O mecanismo pelo qual uma *ligação covalente* se forma entre os elementos de uma reação química.

competência (*competence*) Capacidade que uma corrente tem de carregar materiais de um determinado tamanho. (Compare com *capacidade.*)

condução (*conduction*) Transferência mecânica da energia térmica de átomos e moléculas agitados termicamente. (Compare com *convecção.*)

conglomerado (*conglomerate*) Uma *rocha sedimentar* composta de seixos, calhaus e matacões. O equivalente litificado do *cascalho.*

convecção (*convection*) A transferência mecânica de energia térmica que ocorre quando o material aquecido expande-se e ascende, deslocando o material mais frio, que então se aquece e ascende para continuar o ciclo. (Compare com condução.)

cor (*color*) Propriedade de um *mineral* determinada pela luz transmitida ou refletida.

cornubianito (*hornfels*) Uma *rocha granoblástica* com tamanho de grão uniforme, não deformada ou que sofreu pouca *deformação*. Geralmente formada por *metamorfismo de contato*, em altas temperaturas.

corrente de gelo (*ice stream*) Um fluxo de gelo, em uma *geleira continental*, que corre mais rápido que o gelo adjacente. Pode ser referida, também, como "rio de gelo".

corrente de turbidez (*turbidity current*) Um *fluxo turbulento* de água transportando uma *carga de suspensão lamosa* que flui pelo *talude continental* por baixo da água límpida sobrejacente.

corrente longitudinal (*longshore current*) Uma corrente de águas rasas que flui paralela à costa.

cratera (*crater*) (1) Um fosso em forma de tigela encontrado no pico da maioria dos *vulcões*, centralizado no conduto. (2) Uma depressão causada pelo impacto de um *meteorito.*

cráton (*craton*) Uma região estável de *crosta* continental antiga, geralmente composta de *escudos* e plataformas continentais.

cristal (*crystal*) Um arranjo tridimensional de átomos em que o arranjo básico repete-se em todas as direções.

cristalização (*crystalization*) Crescimento de um *mineral* sólido a partir de um gás ou de um líquido cujos átomos constituintes agrupam-se em proporções químicas próprias e segundo um arranjo tridimensional ordenado.

cristalização fracionada (*fractional crystallization*) O processo pelo qual os *cristais* formados em um *magma* em resfriamento são segregados da *rocha* líquida remanescente, geralmente por deposição no assoalho da *câmara magmática.*

crosta (*crust*) A delgada camada externa da Terra, com espessura média de 8 km sob os oceanos até cerca de 40 km abaixo dos continentes, que consiste em silicatos de densidade relativamente baixa, que se fundem em temperaturas também relativamente baixas.

cuesta (*cuesta*) Uma crista assimétrica formada por um pacote de camadas *inclinadas* e *erodidas* com diferentes resistências (fraca e forte) ao desgaste.

cunha de estabilização (*stabilization wedge*) Uma estratégia para reduzir as emissões de carbono em uma gigatonelada por ano nos próximos 50 anos em relação a um cenário que mantém as atuais emissões. São necessárias cerca de sete cunhas de estabilização para manter estáveis os níveis atuais de emissões de carbono.

curso d'água (*stream*) Qualquer corpo de água, grande ou pequeno, que flui sobre a superfície terrestre.

curva de Keeling (*Keeling curve*) O registro contínuo de medições do nível de dióxido de carbono na atmosfera mais longo do mundo, iniciado por Charles Keeling em 1958, no Observatório de Mauna Loa. A curva de Keeling documenta um aumento na concentração média de CO_2, de 310 ppm em 1958 para 410 ppm em 2018, uma variação de 32% em 60 anos.

curva de nível (*contour*) Linha que conecta pontos de mesma *elevação* um mapa topográfico.

dacito (*dacite*) Uma *rocha ígnea intermediária* de cor clara, de granulação fina, com uma composição entre a do *riolito* e a do *andesito*; equivalente *extrusivo* do *granodiorito.*

datação isotópica (*isotopic dating*) O uso de elementos radioativos de ocorrência natural para determinar a idade de *rochas.*

deflação (*deflation*) Remoção de *argila, silte* e *areia* do *solo* seco, por ventos fortes que gradualmente causam depressões no terreno.

deformação (*deformation*) A modificação de rochas devido a dobramento, falhamento, cisalhamento, compressão ou extensão pelas forças da tectônica de placas.

delta (*delta*) Um depósito grande e plano de *sedimentos* formado onde um *rio* entra no oceano ou lago e sua corrente perde velocidade.

densidade (*density*) A razão entre massa e volume de uma substância comumente expressa em gramas por centímetro cúbico (g/cm^3). (Compare com *gravidade específica.*)

depósito de degelo (*outwash*) Detrito glacial (*drift*) que uma vez foi recolhido e distribuído por *correntes de degelo.*

depósito de fluxos de cinza (*ash-flow deposit*) Uma camada extensa de *tufo* vulcânico produzida por uma erupção continental de *piroclastos.*

depósito disseminado (*disseminated deposit*) Um depósito de minérios que está espalhado através de volumes de rocha muito maiores do que um veio.

deriva continental (*continental drift*) Movimentos em ampla escala dos continentes pela superfície terrestre, impulsionados pelo *sistema da tectônica de placas.*

descontinuidade de Mohorovičić (*Mohorovičić discontinuity, Moho*) O limite entre a *crosta* e o *manto* em uma profundidade de 5 a 45 km marcado por um aumento abrupto da velocidade das *ondas P* para mais de 8 km/s. Também chamada de Moho.

desenvolvimento sustentável (*sustainable development*) Desenvolvimento que atende as necessidades do presente sem comprometer a capacidade que gerações futuras terão de satisfazer suas próprias necessidades.

desertificação (*desertification*) A transformação de terras semiáridas em desertos.

deslizamento basal (*basal slip*) Escorregamento de uma *geleira* no limite entre o gelo e o solo. (Compare com *fluxo plástico*.)

desprendimento de iceberg (*iceberg calving*) O processo pelo qual pedaços de gelo rompem-se de uma *geleira de vale* e formam icebergs quando a geleira atinge uma *linha de costa*.

diagênese (*diagenesis*) Mudanças químicas e físicas, incluindo pressão, temperatura e reações químicas, pelas quais os *sedimentos* soterrados são litificados e transformados em *rochas sedimentares*.

diatrema (*diatreme*) Uma estrutura formada quando um conduto vulcânico e o canal alimentador abaixo dele são preenchidos por *brechas* à medida que uma erupção explosiva perde força.

diferenciação gravitacional (*gravitational differentiation*) A transformação de um planeta por forças gravitacionais em um corpo cujo interior é dividido em camadas concêntricas que diferem entre si física e quimicamente.

diferenciação magmática (*magmatic differentiation*) Processo pelo qual *rochas* de composição variável podem surgir a partir de um *magma* parental uniforme à medida que vários *minerais* são retirados dele por *cristalização fracionada* conforme resfria, mudando sua composição.

diorito (*diorite*) Uma *rocha ígnea intermediária* de granulação grossa com composição intermediária entre o *granodiorito* e o *gabro*; equivalente *intrusivo* do *andesito*.

dipolo (*dipole*) Pertencente a dois polos magnéticos com polarização oposta.

dique (*dike*) Uma *intrusão ígnea discordante* que corta o plano de acamamento das *rochas encaixantes*. (Compare com *soleira*.)

dique marginal (*natural levee*) Uma crista de material grosso construído por *inundações* sucessivas que confina um *rio* dentro das suas margens no período entre as inundações, mesmo quando o nível da água é alto.

direção (*strike*) A direção, medida na bússola, da linha de intersecção de uma camada de rocha ou uma superfície de falha com uma superfície horizontal.

discordância (*unconformity*) Uma superfície entre duas camadas *rochosas* em uma *sucessão estratigráfica* que foram depositadas com um intervalo de tempo entre elas.

dispersão de massa (*mass wasting*) Todos os processos pelos quais os materiais terrestres que foram ou não alterados pelo intemperismo movem-se encosta abaixo em grandes quantidades e em grandes eventos únicos, geralmente sob a influência da gravidade.

distributário (*distributary*) Um *canal menor* que recebe água e *sedimento* do *canal* de um *rio* que, ao ramificar-se a jusante, distribui a água e o sedimento para uma rede de canais; tipicamente encontrado em um *delta*.

divisor de água (*divide*) Uma crista de um terreno elevado a partir da qual toda a água da chuva escoa para um dos dois lados das vertentes divergentes.

dobra (*fold*) Uma estrutura de deformação curva formada quando uma estrutura originalmente plana, como uma sequência sedimentar, é dobrada por forças tectônicas.

dolina (*sinkhole*) Uma pequena depressão íngreme na superfície da terra formada quando o telhado delgado de uma caverna de calcário entra em colapso subitamente.

dolomito (*dolostone*) Uma *rocha carbonática* abundante, composta basicamente de dolomita e formada pela *diagênese* de *sedimentos carbonáticos* e *calcários*.

domo (*dome*) Uma estrutura anticlinal que consiste em um extenso arqueamento positivo de camadas rochosas com forma circular ou oval, na qual as camadas mergulham radialmente a partir de um ponto central. (Compare com *bacia*.)

dorsal mesoceânica (*mid-ocean ridge*) Uma elevação montanhosa submersa em um *limite divergente*, caracterizada por terremotos, vulcanismo e rifteamento causados por esforços distensivos da convecção mantélica, que estão afastando as duas placas.

drenagem dendrítica (*dendritic drainage*) Um *rede de drenagem* irregular que lembra os galhos de uma árvore. (Do grego *dendron*, que significa "árvore".)

drift (*drift*) Material de origem glacial encontrado em qualquer lugar, na terra ou no mar.

drumlin (*drumlin*) Uma colina com forma de extensos cordões alongados de *till* e substrato rochoso, paralelos à direção de movimento do gelo, em um terreno de *geleira continental*.

dúctil (*ductile*) Um material que sofre *deformação* suave e contínua à medida que recebe força sem se fraturar e que não volta à sua forma original, quando a força deformante termina. (Compare com *material frágil*.)

duna (*dune*) Uma crista de *areia* alongada formada por uma corrente de vento ou água.

dureza (*hardness*) Medida da facilidade com que a superfície de um *mineral* pode ser riscada.

eclogito (*eclogite*) Uma *rocha metamórfica* formada em pressões ultra-altas e em temperaturas moderadas a altas na base da *crosta*, tipicamente contendo *minerais* como a coesita (uma forma de quartzo muito densa e de alta pressão).

economia dos hidrocarbonetos (*hydrocarbon economy*) A economia da civilização industrial que utiliza combustíveis fósseis como sua fonte de energia primária.

ecossistema (*ecosystem*) Uma unidade organizacional em qualquer escala composta de componentes físicos e biológicos que operam de forma equilibrada e inter-relacionada.

efeito estufa intensificado (*enhanced greenhouse effect*) Aquecimento global da atmosfera terrestre devido a aumentos antropogênicos da concentração de CO_2 e de outros gases de efeito estufa, demonstrado pelo IPCC como a causa primária do aquecimento do século XX.

efeito estufa (*greenhouse effect*) Um efeito de aquecimento global no qual um planeta, com uma atmosfera que contenha *gases* *de efeito estufa*, irradia a *energia solar* de volta para o espaço de forma menos eficiente que um planeta sem atmosfera.

El Niño (*El Niño*) Um aquecimento anômalo do leste tropical do Oceano Pacífico que ocorre a intervalos de 3 a 7 anos, com duração aproximada de um ano.

elemento-traço (*trace element*) Um elemento que compõe menos de 0,1% de um mineral.

elevação continental (*continental rise*) Um avental de *sedimento* lamoso e arenoso que se estende desde o *talude continental* até a *planície abissal.*

elevação (*elevation*) A distância vertical, acima ou abaixo do nível do mar.

enchente (*flood*) Inundação que ocorre quando o aumento da *vazão*, resultante de um desequilíbrio de curto prazo entre o influxo e o escoamento, faz com que um *rio* transborde suas margens.

energia da corrente (*stream power*) O produto da declividade do leito pela *vazão.*

energia eólica (*wind energy*) Energia produzida por geradores elétricos movidos pelo vento, representando 6% da energia elétrica total gerada nos EUA em 2017.

energia geotérmica (*geothermal energy*) Energia produzida quando água subterrânea é aquecida ao passar por uma região subsuperficial contendo *rochas quentes.*

energia hidrelétrica (*hydroeletric energy*) Energia derivada da água que cai devido à força da gravidade e que é utilizada para mover turbinas elétricas e gerar eletricidade.

energia nuclear (*nuclear energy*) Energia produzida pela fissão do isótopo radioativo de urânio-235, que libera calor para gerar vapor d'água, o qual, por sua vez, move as turbinas para gerar eletricidade.

energia solar (*solar energy*) Energia derivada do Sol.

ENOS (El Niño – Oscilação do Sul) (*El Niño-Southern Oscillation – ENSO*) Um ciclo natural de variação na troca de calor entre a atmosfera e o Oceano Pacífico tropical, do qual fazem parte o *El Niño* e um evento de resfriamento complementar, conhecido como La Niña.

eólico (*eolian*) Relativo ao vento.

éon (*eon*) Maior divisão do tempo geológico, composta de várias *eras.*

epicentro (*epicenter*) Um ponto geográfico da superfície terrestre diretamente acima do *foco* de um *terremoto.*

epirogênese (*epeirogeny*) Movimentos graduais ascensionais e descensionais de amplas regiões da *crosta* sem dobramentos ou falhamentos significativos. (Do grego *epeiros*, que significa "continente".)

época (*epoch*) Divisão do tempo geológico representando uma subdivisão de um *período.*

era (*era*) Uma divisão do tempo geológico representando uma subdivisão de um *éon* e incluindo vários *períodos.*

erosão (*erosion*) Conjunto de processos que desagregam o *solo* e a *rocha*, movendo-os para as porções mais baixas do terreno.

erupção fissural (*fissure eruption*) Uma erupção vulcânica que extravasa de uma fissura alongada na superfície terrestre, em vez de um conduto central.

escala de dureza de Mohs (*Mohs scale of hardness*) Uma escala de progressiva *dureza* baseada na capacidade que um *mineral* tem de riscar o outro (ver Quadro 3.2).

escala de intensidade (*intensity scale*) Uma escala para estimar a intensidade de um evento geológico destrutivo, como um terremoto ou um furacão, diretamente a partir dos efeitos destrutivos de um evento.

escala de magnitude (*magnitude scale*) Escala para estimar o tamanho de um *terremoto* usando um logaritmo do maior movimento do solo registrado por um *sismógrafo* (magnitude Richter) ou um logaritmo da área da ruptura na *falha* (magnitude momentânea).

escala de tempo geológico (*geologic time scale*) Uma história mundial de eventos geológicos que divide a existência da Terra em intervalos, sendo que muitos são marcados por conjuntos distintivos de *fósseis* e limitados por momentos em que tais conjuntos mudaram de modo abrupto.

escala do tempo de polaridades geomagnéticas (*magnetic time scale*) A história detalhada das reversões do *campo magnético* da Terra, como determinado pelas medidas da magnetização termorremanescente em amostras de *rochas* cujas idades são conhecidas.

escoamento superficial (*runoff*) Soma de toda a *precipitação* que flui na superfície, incluindo a fração que pode temporariamente infiltrar-se em formações subsuperficiais e então retornar ao fluxo superficial.

escorregamento (*slump*) *Movimento de massa* lento de *material inconsolidado* que se move como uma unidade.

escudo (*shield*) Uma grande *província tectônica* no interior de um continente que é tectonicamente estável e onde as rochas do antigo embasamento cristalino estão expostas na superfície.

esfoliação (*exfoliation*) Um processo de *intemperismo físico* no qual grandes folhas planas ou encurvadas de *rochas* fraturam-se e destacam-se do afloramento.

esker (*esker*) Uma crista longa, estreita e sinuosa de *areia* e *cascalho* encontrada no meio de uma *morena*, dispondo-se mais ou menos paralela à direção do movimento do gelo, depositada por correntes de água de degelo que fluem em túneis ao longo do fundo de uma *geleira em derretimento.*

esporão (*spit*) Uma extensão estreita de *praia* formada por *correntes longitudinais* que transportam *areia* no sentido da corrente.

estabilidade química (*chemical stability*) Uma medida da tendência que uma substância tem de permanecer em uma determinada forma química ao invés de reagir espontaneamente para formar uma substância química diferente.

estratificação cruzada (*cross-bedding*) Uma *estrutura sedimentar* composta de lâminas depositadas sequencialmente por correntes de vento ou de água, cujo mergulho é de até 35° a partir da horizontal.

estratificação gradacional (*graded bedding*) Uma camada que mostra mudança progressiva no tamanho dos grãos, de partículas sedimentares grandes na base a partículas pequenas no topo, geralmente indicando um enfraquecimento da corrente que depositou as partículas.

estratigrafia (*stratigraphy*) A descrição, correlação e classificação dos estratos das *rochas sedimentares*.

estratosfera (*stratosphere*) A camada fria e seca da atmosfera acima da *troposfera* que se estende entre 11 e 50 km de altitude. (Compare com *troposfera*.)

estratovulcão (*stratovolcano*) Um *vulcão* de forma côncava tendo camadas alternadas de derrames de lava e camadas de *piroclastos*.

estriação (*striation*) Um arranhão ou sulco deixado no leito rochoso por uma *geleira* arrastando rochas ao longo de sua base; pode mostrar a direção do movimento glacial.

estromatólito (*stromatolite*) Uma rocha com camadas delgadas distintas que, acredita-se, foi formada por antigos *tapetes microbianos*; um dos tipos de *fósseis* mais antigos da Terra.

estrutura sedimentar (*sedimentary structure*) Qualquer tipo de *estratificação* ou outra feição (como *estratificação cruzada, estratificação gradacional* e *marcas de ondas*) formadas na época da deposição sedimentar.

evolução (*evolution*) Mudança sistemática dos organismos ao longo do tempo, impulsionada pelos processos de *seleção natural*.

exoplaneta (*exoplanet*) Um planeta fora do sistema solar.

expansão do assoalho oceânico (*seafloor spreading*) Mecanismo pelo qual é criada uma nova *crosta* oceânica em um *centro de expansão* na crista de uma dorsal mesoceânica. À medida que as placas adjacentes se separam uma da outra, o *magma* ascende para o rifte entre elas para formar uma nova crosta, que se expande lateralmente para longe do rifte e é substituída continuamente por uma crosta ainda mais nova.

Explosão cambriana (*Cambrian explosion*) A rápida *radiação evolutiva* de animais durante o início do Período Cambriano, após quase 3 bilhões de anos de evolução muito lenta, na qual todos os principais ramos da árvore animal da vida se originaram dentro de cerca de 10 milhões de anos.

extinção em massa (*mass extinction*) Um intervalo curto durante o qual uma grande proporção das espécies vivas na época desaparecem do *registro geológico*.

extremófilo (*extremophile*) Um *microrganismo* que vive em ambientes que seriam fatais à maioria dos organismos.

exumação (*exhumation*) O transporte de *rochas metamórficas* subductadas de volta à superfície.

face de avalancha (*slip face*) Vertente íngreme de sotavento de uma *duna* sobre a qual a *areia* é depositada em estratos cruzados em um *ângulo de repouso*.

fácies metamórficas (*metamorphic facies*) Agrupamento de *rochas metamórficas* de várias composições minerais formadas sob diferentes graus de metamorfismo, a partir de diferentes rochas parentais.

falha (*fault*) Uma fratura na *rocha* que a desloca em ambos os lados.

falha de cavalgamento (*thrust fault*) Uma *falha reversa* de ângulo baixo, com mergulho menor que 45°.

falha de rejeito de mergulho (*dip-slip fault*) Uma *falha* em que o movimento relativo de blocos opostos de rocha é para cima ou para baixo ao longo do *mergulho* do plano da falha.

falha direcional (*strike-slip fault*) Uma *falha* em que o movimento relativo dos blocos opostos de rocha tem sido horizontal, paralelo à *direção* do plano de falha.

falha normal (*normal fault*) Uma *falha de rejeito de mergulho* em que o *teto* se move para baixo em relação ao *muro*, ampliando a estrutura horizontalmente.

falha reversa (*reverse fault*) Uma *falha de rejeito de mergulho* em que o *teto* se move para cima em relação ao *muro*, comprimindo a estrutura horizontalmente.

falha transformante (*transform fault*) Uma margem de placa na qual as placas deslizam uma em relação à outra e onde não há nem criação nem destruição de *litosfera*.

fator de emisssão de carbono (*carbon intensity*) A quantidade de carbono liberada na atmosfera por quantidade de energia produzida pelo consumo de um combustível fóssil. Por exemplo, queimar metano libera 14,5 Gt de carbono por quad de energia produzida, então seu fator de emissão de carbono é de 14,5 Gt/quad.

fenda (*crevasse*) Uma grande rachadura vertical na superfície de uma *geleira* causada pelo movimento da superfície do gelo com comportamento frágil à medida que ele é empurrado pelo *fluxo plástico* do gelo subjacente.

filito (*phyllite*) *Rocha foliada* cujo grau de cristalização é intermediário entre o da *ardósia* e o do *xisto*; pequenos *cristais* de mica e clorita conferem-lhe um brilho fraco.

fiorde (*fjord*) Um antigo vale glacial com paredes inclinadas e um perfil em forma de U, ocupado pelo mar.

fluxo artesiano (*artesian flow*) Fluxo espontâneo da *água subterrânea* presente em um *aquífero* confinado, para um ponto onde a elevação da superfície do solo é mais baixa do que a da *superfície freática*.

fluxo laminar (*laminar flow*) Uma corrente na qual as linhas de fluxo, retilíneas ou levemente curvas, correm paralelas umas às outras, sem que haja mistura ou interferência entre as camadas. (Compare com *fluxo turbulento*.)

fluxo piroclástico (*pyroclastic flow*) Uma nuvem cintilante de cinza quente, poeira e gases, ejetada por uma erupção vulcânica que se move encosta abaixo em alta velocidade.

fluxo plástico (*plastic flow*) A deformação de uma *geleira* que resulta do total de todos os pequenos movimentos de *cristais* de gelo que a formam. (Compare com *deslizamento basal*.)

fluxo turbulento (*turbulent flow*) Um fluxo em que as linhas de corrente cruzam-se e formam espirais e redemoinhos. (Compare com *fluxo laminar*.)

foco (*focus*) O ponto de uma *falha* no qual começa o deslizamento em um *terremoto*.

folhelho betuminoso (*oil shale*) Uma *rocha sedimentar* de granulação fina e rica em argila que contém quantidades relativamente grandes de matéria orgânica, a partir da qual podem ser extraídos petróleo e gás.

folhelho (*shale*) Uma *rocha sedimentar* de granulação fina composta de *silte*, além de um significativo componente de *argila*, que faz com que ela se quebre facilmente ao longo de planos de acamamento.

foliação (***foliation***) Um conjunto de planos de *clivagem* paralelos, planos ou ondulados, produzido por *deformação* sob pressão direta; típico de rochas com metamorfismo regional.

foraminífero (***foraminifera***) Um grupo de pequenos organismos unicelulares que vivem em águas superficiais e cujas secreções e carapaças calcíticas representam grande parte dos *sedimentos carbonáticos* dos oceanos.

força compressiva (***compressive force***) Uma força que espreme ou encurta um corpo. (Compare com *força de cisalhamento; força extensional ou distensiva.*)

força de cisalhamento (***shearing force***) Uma força que empurra dois lados de um corpo em direções opostas. (Compare com *força compressiva; força extensional ou distensiva.*)

força extensional ou distensiva (***tensional force***) Uma força que estica um corpo e tende a rompê-lo. (Compare com *força compressiva; força de cisalhamento.*)

forçante radiativa (***radiative forcing***) Variação no balanço de energia da Terra entre a energia solar recebida e a energia térmica infravermelha emitida quando uma variável climática, como a concentração de gases de efeito estufa na atmosfera terrestre, muda instantaneamente, ao passo que todas as outras variáveis permanecem constantes. Mede em unidades de fluxo radiativo [W/m^2] a sensibilidade do efeito estufa à mudança na variável climática. Os valores numéricos podem ser comparados diretamente com a forçante radiativa solar de 240 W/m^2.

forçante solar (***solar forcing***) Variação cíclica da quantidade de energia solar recebida na superfície terrestre.

forma de relevo (***landform***) Uma feição da paisagem da superfície terrestre cuja forma foi construída por processos de *erosão* e de sedimentação.

formação (***formation***) Uma série de camadas *rochosas* de uma determinada região, com propriedades físicas semelhantes e podendo conter a mesma assembleia de *fósseis*.

formação de ferro bandado (***banded iron formation***) Uma formação de *rocha sedimentar* composta de camadas delgadas e alternantes de minerais de óxido férrico e ricos em sílica, precipitados da água do mar quando o oxigênio foi produzido pela primeira vez por *cianobactérias* e reagiu com o ferro dissolvido na água marinha.

formação ferrífera (***iron formation***) Uma *rocha sedimentar* que geralmente contém mais de 15% de ferro sob forma de óxidos de ferro, bem como alguns silicatos e carbonatos desse elemento.

formações fechadas (***tight formations***) Camadas geradoras impermeáveis que contêm recurso petrolíferos, incluindo amplos depósitos de folhelho ricos em gás natural.

fosforito (***phosphorite***) Uma *rocha sedimentar* química ou biológica composta de fosfato de cálcio da água do mar rica em fosfato, formada diageneticamente pela interação entre fosfato de cálcio e sedimentos lamosos e *carbonáticos*.

fóssil (***fossil***) Traço de um organismo que foi preservado no *registro geológico.*

fotossíntese (***photosynthesis***) O processo pelo qual organismos, como plantas e algas, usam a energia da luz solar para converter água e dióxido de carbono em carboidratos e oxigênio.

fratura (***fracture***) A tendência que um *cristal* apresenta de quebrar-se em superfícies irregulares diferentes dos planos de *clivagem.*

fraturamento hidráulico (***hydraulic fracturing fracking***) Técnica para extrair petróleo e gás natural de folhelho e outras formações fechadas. Bombeia-se água e areia em um poço sob altas pressões para criar fraturas através das quais o petróleo e o gás natural podem fluir mais facilmente.

furacão (***hurricane***) Uma tempestade intensa que se forma sobre as águas superficiais quentes de oceanos tropicais (entre as latitudes de 8° e 20°) em áreas de alta umidade e ventos leves, produzindo ventos de, no mínimo, 119 km/h e um grande volume de precipitação.

fusão induzida por fluidos (***fluid-induced melting***) Fusão *rochosa* induzida pela presença de água, que diminui a temperatura de fusão. (Compare com *fusão por descompressão.*)

fusão parcial (***partial melting***) Fusão incompleta de uma *rocha* porque os *minerais* que a compõem fundem-se em diferentes temperaturas.

fusão por descompressão (***decompression melting***) Fusão espontânea que ocorre quando material do *manto* ascende até uma área onde a pressão baixa até um ponto crítico, sem introdução de qualquer calor adicional. (Compare com *fusão induzida por fluidos.*)

gabro (***gabbro***) *Rocha ígnea* intrusiva cinza-escura, de granulação grossa e com abundância de *minerais* máficos, particularmente piroxênio. Equivalente *intrusivo* do *basalto.*

gás (***gas***) Ver *gás de efeito estufa; gás natural.*

gás de efeito estufa (***greenhouse gas***) Um gás que absorve e irradia energia quando está presente na atmosfera de um planeta. Os gases de efeito estufa na atmosfera terrestre incluem vapor d'água, dióxido de carbono e metano.

gás natural (***natural gas***) Gás metano (CH4), o hidrocarboneto mais simples.

geleira (***glacier***) Uma grande massa de gelo sobre o continente que mostra evidência de estar em movimento ou de ter estado, sob a força da gravidade. (Ver também *geleira continental; geleira de vale.*)

geleira continental (***continental glacier***) Uma espessa camada de gelo com movimento extremamente lento que cobre grande parte de um continente. (Compare com *geleira de vale.*)

geleira de vale (***valley glacier***) Um rio de gelo que se forma nas altitudes frias das cadeias de montanhas onde a neve se acumula, depois se move encosta abaixo, fluindo por um vale fluvial preexistente ou esculpindo um novo vale. (Compare com *geleira continental.*)

genes (***genes***) Moléculas grandes dentro das células de todos os organismos que codificam todas as informações que determinam como o organismo se parecerá, como viverá e se reproduzirá e como será diferente de todos os outros organismos.

Geobiologia (***Geobiology***) O estudo das interações entre a *biosfera* e o ambiente físico da Terra.

Geodésia (*geodesy*) A ciência da mensuração da forma da Terra e da localização de pontos em sua superfície.

geodínamo (*geodynamo*) O *geossistema* global que produz o *campo magnético* terrestre, essencialmente gerado por *convecção* do *núcleo externo.*

Geologia (*Geology*) O ramo das geociências que estuda todos os aspectos do planeta: sua história, sua composição e estrutura interna, além de suas feições de superfície.

geomorfologia (*geomorphology*) (1) A forma de uma paisagem. (2) O ramo das geociências que estuda as formas das paisagens e de sua evolução.

geossistema vulcânico (*volcanic geosystem*) O sistema total de *rochas, magmas* e processos necessários para descrever a sequência inteira de eventos, desde a fusão até a erupção de *lava* de um *vulcão* na superfície terrestre.

geossistema (*geosystem*) Um subsistema do *sistema Terra* que produz tipos específicos de atividade geológica.

geoterma (*geotherm*) Curva que descreve como a temperatura se eleva com o aumento da profundidade da Terra.

gnaisse (*gneiss*) Uma *rocha metamórfica* de alto grau com fraca *foliação*, de cor clara, contendo bandas grossas de *minerais* claros e escuros segregados.

gradiente hidráulico (*hydraulic gradient*) A razão entre a diferença de *elevação* entre dois pontos da *superfície freática* e a distância que o fluxo de água percorre entre eles.

grande província ígnea (*large igneous province – LIP*) Grandes volumes de rochas ígneas, predominantemente *extrusivas* e *intrusivas máficas* cuja origem está ligada a processos não correlacionáveis às taxas normais de *expansão do assoalho oceânico*. Exemplos de Grandes Províncias Ígneas são os *basaltos de platô* continentais, os basaltos de platô das bacias oceânicas e as cadeias assísmicas produzidas por pontos quentes.

granito (*granite*) Uma *rocha ígnea* félsica, de granulação grossa, composta de quartzo, ortoclásio, plagioclásio sódico e micas. Equivalente *intrusivo* do *riolito.*

granodiorito (*granodiorite*) Uma *rocha ígnea intermediária*, de granulação grossa e cor clara, semelhante ao *granito* por ter abundante quartzo, mas cujo feldspato predominante é o plagioclásio e não o ortoclásio. Equivalente *intrusivo* do *dacito.*

granulito (*granulite*) (1) Uma *rocha granoblástica* de alto grau e de granulação média a grossa. (2) O maior grau metamórfico.

grão (*grain*) Partícula cristalina de um *mineral.*

grauvaca (*graywacke*) Um arenito composto de uma mistura heterogênea de fragmentos *rochosos* e *grãos* angulares de quartzo e feldspato no qual os grãos de *areia* são imersos em uma matriz de *argila* de sedimentos finos.

gravidade específica (*specific gravity*) Peso de uma substância dividido pelo peso de um volume igual de água pura a 4°C. (Compare com *densidade*.)

greenstone (*greenstone*) Uma *rocha granoblástica* produzida por metamorfismo de baixo grau de *rochas* máficas vulcânicas, contendo clorita em abundância, o que responde pela cor verde.

guyot (*guyot*) Um *monte submarino* de topo achatado, resultante da *erosão* de um vulcão insular quando este estava acima do nível do mar.

hábito cristalino (*crystal habit*) Forma em que cresceram os *cristais* individuais de um mineral ou agregados de cristais.

hematita (*hematite*) O principal *minério* de ferro; o óxido de ferro mais abundante na superfície da Terra.

heterótrofo (*heterotroph*) Um organismo consumidor que obtém alimento direta ou indiretamente de *autótrofos*. (Compare com *autótrofo*.)

hidrologia (*hydrology*) Ciência que estuda o movimento e as características da água na superfície e na subsuperfície da Terra.

hipótese da nebulosa (*nebular hypothesis*) A ideia de que o sistema solar originou-se a partir de uma nuvem difusa de gases e poeira fina (uma "nébula") em lenta rotação que se contraiu pela força da gravidade e, por fim, transformou-se no Sol e nos planetas.

hogback (*hogback*) Uma formação semelhante a uma *cuesta*, estreita, com encostas de alta declividade e mais ou menos simétricas, formada pela *erosão* de camadas verticais de estratos duros com ângulo de mergulho íngreme.

horizontalidade original, princípio da (*original horizontality, principle of*) Ver *princípio da horizontalidade original.*

húmus (*humus*) Um componente orgânico do *solo* que consiste nos restos e nos produtos da decomposição de muitos organismos que vivem nesse solo. Também grafado na forma menos usada "humo".

idade absoluta (*absolute age*) O número real de anos que se passaram desde um evento geológico até o presente. (Compare com *idade relativa.*)

idade do gelo (*ice age*) O período frio de um *ciclo glacial*, durante o qual a Terra esfria, a água é transferida da hidrosfera para a criosfera, o manto de gelo se expande e o nível do mar diminui. Também chamada de período glacial. (Compare com *período interglacial.*)

idade relativa (*relative age*) Idade de um evento geológico comparada com a de outros eventos. (Compare com *idade absoluta.*)

idade tectônica (*tectonic age*) A idade de uma *rocha* que corresponde ao último grande episódio de *deformação* crustal intensa o bastante para ajustar os relógios isotópicos da rocha por metamorfismo.

ilha-barreira (*barrier island*) Uma longa barra de areia na costa afora, que cresce até formar uma barreira entre as ondas do oceano aberto e a *linha de costa.*

infiltração (*infiltration*) O movimento da água nas *rochas* ou no *solo* através de rachaduras ou pequenos poros entre as partículas.

intemperismo físico (*physical weathering*) *O intemperismo* no qual a *rocha* sólida é fragmentada por processos mecânicos que não mudam sua composição química. (Compare com *intemperismo químico*.)

intemperismo químico (*chemical weathering*) *O intemperismo* que ocorre quando os *minerais* de uma *rocha* são quimicamente alterados ou dissolvidos. (Compare com *intemperismo físico*.)

intemperismo (*weathering*) Processo geral que quebra as *rochas* na superfície terrestre para produzir partículas *sedimentares*. (Ver também *intemperismo químico; intemperismo físico.*)

intervalo de recorrência (*recurrence interval*) Intervalo de tempo médio entre *terremotos* intensos em uma determinada localização; segundo a teoria do rebote elástico, é o tempo necessário para acumular a deformação que será liberada por deslizamento de falha em um terremoto futuro.

intrusão concordante (*concordant intrusion*) Uma intrusão ígnea cujos limites são paralelos às camadas da *rocha encaixante* preexistente. (Compare com *intrusão discordante.*)

intrusão discordante (*discordant intrusion*) Uma intrusão ígnea que corta as camadas de uma *rocha encaixante.* (Compare com *intrusão concordante.*)

íon (*íon*) Um átomo ou grupo de átomos que ganhou ou perdeu elétrons e, portanto, tem uma carga elétrica positiva ou negativa.

isócrona (*isochron*) Uma linha de contorno, como uma *curva de nível,* que conecta pontos de mesma idade.

isostasia (*isostasy*) Princípio segundo o qual a força de empuxo que empurra para cima um corpo de menor densidade (como um continente ou um iceberg) flutuando em um meio de maior densidade (como a *astenosfera* ou a água do mar) deve ser equilibrado pela força gravitacional que o puxa para baixo. (Do grego para "igual em equilíbrio".)

isótopo (*isotope*) Uma de duas ou mais formas de átomos do mesmo elemento que tem números diferentes de nêutrons e, portanto, diferentes *massas atômicas.*

janela do petróleo (*oil window*) A variação limitada de pressões e temperaturas, geralmente encontrada em profundidades entre 2 e 5 km, na qual se forma o *petróleo.*

junta (*joint*) Uma rachadura em uma *rocha,* ao longo da qual não houve movimentação considerável.

kettle (*kettle*) Uma depressão oca ou não drenada que frequentemente tem margens íngremes e pode ser ocupada por água empoçada ou lagos; formada em depósitos glaciais de *lavagem* que se dispõem ao redor de um bloco residual de gelo que, posteriormente, derrete.

lago de deserto (*playa lake*) Um lago permanente ou temporário, que ocorre em *vales* ou *bacias* das montanhas áridas. À medida que a água do lago evapora, os *minerais* dissolvidos podem ser concentrados e gradualmente precipitados.

lago em crescente (*oxbow lake*) Uma curva em forma de crescente, preenchida com água, formada no antigo leito de um *rio* quando ele abandona um *meandro* e adquire novo curso mais curto.

lahar (*lahar*) Um fluxo de lama torrencial de detritos vulcânicos úmidos.

lama (*mud*) Um *sedimento siliciclástico* de granulação fina misturado com água no qual a maioria das partículas tem menos que 0,062 mm de diâmetro.

lamito (*mudstone*) Uma *rocha sedimentar* de granulação fina, com acamamento mal definido e tendência a formar blocos, produzida pela *litificação* de *lama.*

lava (*lava*) *Magma* que flui para a superfície terrestre.

lava andesítica (*andesitic lava*) Um tipo de lava de composição intermediária com conteúdo de sílica mais alto do que o *basalto*; entra em erupção em temperaturas mais baixas e é mais viscosa.

lava basáltica (*basaltic lava*) Um tipo de lava de composição máfica com baixo conteúdo de sílica; entra em erupção em temperaturas altas e flui de modo constante.

lava riolítica (*rhyolitic lava*) O tipo de lava que é o mais rico em sílica; entra em erupção nas temperaturas mais baixas e é o mais viscoso.

lei de Darcy (*Darcy's law*) Um resumo das relações entre o volume de água que flui através de um *aquífero* em um certo tempo e o desnível vertical do fluxo, a distância do fluxo e a *permeabilidade* do aquífero.

leque aluvial (*alluvial fan*) Uma acumulação de *sedimento* em forma de cone ou de leque depositada onde uma *corrente* se alarga abruptamente ao deixar uma região montanhosa para entrar em um *vale.*

ligação covalente (*covalent bond*) Uma ligação entre átomos na qual os elétrons são compartilhados. (Compare com *ligação iônica.*)

ligação iônica (*ionic bond*) Uma ligação formada pela atração elétrica entre *íons* de cargas opostas quando os elétrons são transferidos. (Compare com *ligação covalente.*)

ligação metálica (*metallic bond*) Uma *ligação covalente* na qual os elétrons livres são compartilhados e dispersados entre íons de elementos metálicos que têm a tendência de perder elétron e se empacotar junto como *cátions.*

limite convergente (*convergent boundary*) Um limite entre as placas litosféricas no qual as placas se movem uma em direção à outra e uma delas é reciclada no *manto.* (Compare com *limite divergente; falha transformante.*)

limite divergente (*divergent boundary*) Um limite entre as placas litosféricas no qual as placas se afastam e cria-se uma nova *litosfera.* (Compare com *limite convergente; falha transformante.*)

limite núcleo-manto (*core-mantle boundary*) Limite entre o *manto* e o *núcleo*, a cerca de 2.890 km abaixo da superfície.

linha de costa (*shoreline*) A linha onde a superfície oceânica encontra a superfície continental.

liquefação (*liquefaction*) Transformação temporária de material sólido para o estado líquido quando saturado com água.

litificação (*lithification*) O processo que transforma *sedimentos* em *rocha* sólida por *compactação* ou *cimentação.*

litosfera (*lithosphere*) A camada mais externa da Terra, forte e rígida, que contém a *crosta* e a parte superior do *manto*, até uma profundidade média de 100 km. (Do grego *lithus*, que significa "pedra".)

loess (*loess*) Um manto de *sedimento de granulação fina, não estratificado e depositado pelo vento.*

magma (*magma*) Massa de *rocha fundida.*

magnetização remanente deposicional (*depositional remanent magnetization*) Uma fraca magnetização das *rochas sedimentares* originada por partículas magnéticas, que se alinham paralelamente à direção do *campo magnético* da Terra, à medida que são depositadas e preservadas quando os *sedimentos* são litificados.

magnetização termorremanente (*thermoremanent magnetization*) Uma magnetização permanente adquirida pelos minerais das *rochas ígneas* à medida que grupos de átomos de minerais alinham-se na direção do *campo magnético*, quando o material ainda está quente. Com o resfriamento do material abaixo de cerca de 500°C, esses átomos ficam trancados e, portanto, magnetizados para sempre na mesma direção.

manto (*mantle*) A região que forma a maior parte da Terra sólida entre a *crosta* e o *núcleo*, contendo *rochas* de *densidade* intermediária, principalmente compostos de oxigênio com magnésio, ferro e silício.

manto inferior (*lower mantle*) Uma região relativamente homogênea do *manto* com cerca 2.200 km de espessura, que começa na *mudança de fase* a 660 km abaixo da superfície e se estende até o *limite núcleo-manto*.

manto superior (*upper mantle*) A parte do *manto* que se estende da *descontinuidade de Mohorovičić* à base da *zona de transição*, a cerca de 660 km de profundidade.

mapa geológico (*geologic map*) Um mapa bidimensional que representa as formações rochosas expostas na superfície terrestre.

marca de onda (*ripple*) Uma duna de *areia* ou de *silte* muito pequena que tem a dimensão mais longa disposta em ângulo reto com a direção de corrente.

maré (*tide*) Subida e descida do nível do mar duas vezes ao dia causada pela atração gravitacional entre a Terra e a Lua.

margem ativa (*active margin*) Uma *margem continental* onde forças tectônicas causadas por movimentos de placas estão causando uma deformação ativa na crosta continental. (Compare com *margem passiva*.)

margem continental (*continental margin*) A *linha de costa*, plataforma e talude de um continente.

margem passiva (*passive margin*) Uma *margem continental* longe do limite de placas. (Compare com *margem ativa*.)

marmita (*pothole*) Uma cavidade semiesférica no substrato rochoso de um leito fluvial, formada pela *abrasão* causada por pequenos seixos e pedregulhos que giram em um remoinho.

mármore (*marble*) Uma *rocha granoblástica* produzida pelo metamorfismo de *calcário* ou *dolomito*.

massa atômica (*atomic mass*) A soma das massas dos prótons e nêutrons de um elemento.

material consolidado (*consolidated material*) *Sedimento* que é compactado e mantido coeso por cimentos. (Compare com *material inconsolidado*.)

material frágil (*brittle*) Comportamento de um material que sofre pouca *deformação* sob tensão crescente até que se rompe de repente. (Compare com *material dúctil*.)

material inconsolidado (*unconsolidated material*) *Sedimento* solto e mal cimentado. (Compare com *material consolidado*.)

meandro (*meander*) Uma curva ou arco de um *rio* que se desenvolve à medida que a margem externa da volta é erodida e o *sedimento* é depositado na margem interna.

mecanismo de falhamento (*fault mechanism*) A orientação da ruptura e a direção do mergulho da falha que causou um *terremoto*.

meia-vida (*half-life*) Tempo necessário para que aconteça o decaimento de metade do número original de átomos-pais em um *isótopo* radiativo.

mélange (*mélange*) Uma assembleia metamórfica distinta formada onde a *litosfera* oceânica entra em subducção sob uma placa que carrega um continente em sua margem dominante.

mergulho (*dip*) A quantidade de inclinação de uma camada *rochosa*; o ângulo com que essa rocha se inclina a partir da horizontal, medido em ângulos retos à *direção*.

mesa (*mesa*) Uma pequena elevação de topo plano com vertentes íngremes em todos os seus lados, gerada por *intemperismo* diferencial do substrato rochoso de dureza variada.

metabolismo (*metabolism*) Todos os processos que os organismos usam para converter entradas (como luz solar, água e dióxido de carbono) em saídas (como oxigênio e carboidratos).

metamorfismo de alta pressão (*high-pressure metamorphism*) Metamorfismo que ocorre em pressões de 8 a 12 kbar.

metamorfismo de assoalho oceânico (*seafloor metamorphism*) Uma forma de *metassomatismo* associada com dorsais mesoceânicas na qual a água do mar se infiltra na lava basáltica quente, é aquecida e circula através da crosta oceânica recém-formada por convecção, reagindo com e alterando a composição química do basalto.

metamorfismo de contato (*contact metamorphism*) Metamorfismo resultante do calor e da pressão em uma pequena área, como nas rochas próximas ao contato de uma intrusão ígnea.

metamorfismo de impacto (*shock metamorphism*) Metamorfismo que ocorre quando *minerais* são submetidos a altas pressões e temperaturas por ondas de choque de um *meteorito* quando colide com a Terra.

metamorfismo de pressão ultra-alta (*ultra-high-pressure metamorphism*) Metamorfismo que ocorre em pressões acima de 28 kbar.

metamorfismo de soterramento (*burial metamorphism*) Metamorfismo de baixo grau em que as *rochas sedimentares* soterradas são modificadas pelo aumento progressivo da pressão exercida pelos *sedimentos* e rochas sedimentares sobrepostas e pela elevação da temperatura devido à alta profundidade de soterramento.

metamorfismo regional (*regional metamorphism*) Metamorfismo causado por altas pressões e temperaturas que se estende ao longo de extensas regiões; típico de limites convergentes onde dois continentes colidem. (Compare com *metamorfismo de contato*.)

metassomatismo (*metasomatism*) Uma mudança na composição química de uma *rocha* por transporte fluido de componentes químicos para dentro ou para fora dela.

meteorito (*meteorite*) Um pedaço de material do espaço exterior que atinge a Terra.

método científico (*scientific method*) Plano de pesquisa geral, baseado em observações metódicas e experimentos, pelo qual os cientistas propõem e testam hipóteses que explicam alguns aspectos de como funciona o mundo físico.

microfóssil (*microfossil*) Traço de um *microrganismo* ou qualquer fragmento fóssil (pólen, esporos, etc.) com dimensões entre 0,001 e 1 mm preservado no *registro geológico*.

microrganismo (*microorganism*) Um organismo unicelular. Os microrganismos incluem as bactérias, alguns fungos e algas e a maioria dos protistas.

migmatito (*migmatite*) Uma mistura de *rocha ígnea* e *metamórfica* produzida por fusão incompleta. Os migmatitos são fortemente deformados e contorcidos e são penetrados por muitos *veios*, pequenos bolsões e lentes de rocha fundida.

mineral (*mineral*) Uma substância sólida cristalina de ocorrência natural, geralmente inorgânica, com uma composição química específica.

mineralogia (*mineralogy*) (1) A disciplina da Geologia que estuda a composição, a estrutura, a aparência, a estabilidade, a ocorrência e as associações de *minerais*. (2) As proporções relativas dos constituintes minerais de uma *rocha*.

minério (*ore*) Um depósito *mineral* a partir do qual substâncias minerais valiosas podem ser recuperadas economicamente.

modelo climático (*climate model*) Qualquer representação do *sistema do clima* capaz de reproduzir um ou mais aspectos do comportamento do clima.

monte submarino (*seamount*) Um *vulcão* submerso geralmente extinto, encontrado no assoalho oceânico.

morena (*moraine*) Uma acumulação de material rochoso, arenoso e argiloso carregado por gelo glacial ou depositado por *till*.

movimento de massa (*mass movement*) Um movimento de *solo, de rocha ou de lama* encosta abaixo causado pela força da gravidade.

mudança de fase (*phase change*) Uma transformação na estrutura *cristalina* de uma rocha (mas provavelmente não de sua composição) alterando condições de temperatura e pressão, detectada como uma mudança na velocidade das *ondas sísmicas*.

mudança global antropogênica (*anthropogenic global change*) Modificação do ambiente global pelos seres humanos, incluindo mudança climática, acidificação oceânica e perda de biodiversidade.

mudança global (*global change*) Uma mudança do *sistema do clima* que tem efeitos mundiais na *biosfera*, na atmosfera e em outros componentes do *sistema Terra*.

muro (*foot wall*) O bloco de rocha abaixo de um plano de *falha* mergulhante. (Compare com *teto*.)

nebulosa solar (*solar nebula*) Segundo a *hipótese da nebulosa*, um disco de gás e poeira que circundou o protossol e a partir do qual se formaram os planetas do sistema solar.

nível de base (*base level*) A *elevação* na qual um *rio* termina ao entrar em um grande corpo de água parada.

núcleo (*core*) Parte central densa da Terra abaixo do *limite núcleo-manto*, composta principalmente de ferro e níquel. (Ver também *núcleo interno; núcleo externo*.)

núcleo externo (*outer core*) A camada da Terra que se estende do *limite núcleo-manto* até o *núcleo interno*, em profundidades de 2.890 a 5.150 km, composta de ferro e níquel fundidos e quantidades pequenas de elementos mais leves, como oxigênio ou enxofre.

núcleo interno (*inner core*) A parte central da Terra abaixo de uma profundidade de 5.150 km, que consiste em uma esfera sólida, composta de ferro e níquel, suspensa dentro do *núcleo externo líquido*.

número atômico (*atomic number*) Número de prótons do núcleo de um átomo.

obsidiana (*obsidian*) Uma *rocha* vulcânica vítrea e densa, geralmente de composição félsica.

óleo (oil) Ver *petróleo*.

onda compressional (*compressional wave*) Uma *onda sísmica* que se propaga por expansão e compressão do material através do qual se move. (Compare com *onda de cisalhamento*.)

onda de cisalhamento (*shear wave*) Uma onda sísmica que se propaga por um movimento de um lado a outro. Não pode se propagar através de qualquer líquido – água, ar ou ferro líquido do *núcleo externo* da Terra. (Compare com *onda compressional*.)

onda de superfície (*surface wave*) Uma *onda sísmica* que viaja em torno da superfície da Terra a partir do *foco* de um *terremoto* e chega a um *sismógrafo* após a *onda S*.

onda P (*P wave*) A primeira *onda sísmica* a chegar a um *sismógrafo* do *foco* de um *terremoto*; um tipo de uma *onda compressional*.

onda S (*S wave*) A segunda *onda sísmica* a chegar a um *sismógrafo* do *foco* de um *terremoto*; um tipo de *onda de cisalhamento*. As ondas S não podem se propagar por líquidos ou gases.

onda sísmica (*seismic wave*) Uma vibração do terreno produzida por *terremotos*. (Ver também *onda S, onda P, onda de superfície*.) (Do grego *seismos*, que significa "terremoto".)

orogênese (*orogeny*) Construção de montanhas por forças tectônicas, particularmente por dobramento e cavalgamento de *rochas* acamadas, frequentemente acompanhada de vulcanismo. (Do grego *oros*, que significa "montanha", e *gen*, que significa "ser produzido".)

orógeno (*orogen*) Um cinturão de montanhas alongado, geralmente formado por um episódio de *deformação compressiva*.

óxidos (*oxides*) Uma classe de minerais que são compostos do ânion de oxigênio (O^{2-}) e cátions metálicos.

ozônio estratosférico, esgotamento do (*stratospheric ozone depletion*) Redução na concentração total de ozônio estratosférico devido a mudanças químicas na estratosfera, especialmente aquelas causadas por emissões antropogênicas de clorofluorcarbonetos no século XX, hoje reduzidas graças ao Protocolo de Montreal.

padrão de drenagem (*drainage network*) O padrão de conexões de *tributários* grandes e pequenos de um *bacia de drenagem*.

Painel Intergovernamental sobre Mudanças Climáticas (*Intergovernmental Panel on Climate Change, IPCC*) Organização científica internacional criada pela Organização das Nações Unidas (ONU) para avaliar pesquisas sobre o clima, desenvolver um consenso científico sobre como o clima mudou no passado e desenvolver projeções científicas da mudança climática no futuro, incluindo os possíveis impactos ambientais e socioeconômicos da mudança climática antropogênica.

paleomagnetismo (*paleomagnetism*) O *registro geológico* de antigas magnetizações.

Pangeia (*Pangeia*) Um supercontinente que coalesceu ao fim da *Era* Paleozoica e reunia todos os continentes atuais. A ruptura da Pangeia começou no Mesozoico.

pavimento desértico (*desert pavement*) Uma superfície remanescente de cascalho, deixada quando a *deflação* continuada remove as partículas mais finas de uma mistura de *areia* e *silte* de *solos desérticos.*

pedimento (*pediment*) Uma plataforma ampla e de suave inclinação do substrato rochoso, que é formada à medida que uma frente montanhosa é erodida e recua de seu *vale.*

pedra-pomes (*pumice*) Uma *rocha* vulcânica, geralmente de composição *riolítica*, com grande número de cavidades (vesículas) que se formam quando o gás aprisionado escapa da *lava em processo de solidificação.*

pegmatito (*pegmatite*) Um *veio* de *granito* com granulação extremamente grossa, que se cristalizou a partir de um *magma* rico em água nos últimos estágios de solidificação, e que é intrusivo em uma *rocha encaixante* muito mais fina. Pode conter concentrações ricas de *minerais raros.*

perfil de solo (*soil profile*) A composição e a aparência de um *solo*, geralmente caracterizado por camadas distintas.

perfil longitudinal (*longitudinal profile*) Uma curva suave, com a convexidade para cima, que representa uma seção longitudinal de um *rio*, desde as fortes inclinações próximas às suas cabeceiras até as inclinações suaves na proximidade da desembocadura.

perfuração horizontal (*horizontal drilling*) Técnica para manobrar brocas em trajetórias horizontais através de rochas sedimentares sub-horizontais, bastante usada na produção de petróleo e gás natural pelo fraturamento hidráulico de formações compactas.

peridotito (*peridotite*) Uma *rocha ígnea ultramáfica intrusiva* de granulação grossa e cor verde-escura, composta de olivina e de pequenas quantidades de piroxênios e outros minerais, como espinélio e granada. É a rocha dominante do *manto* e a fonte das rochas basálticas.

perigo sísmico (*seismic hazard*) Intensidade dos tremores e da ruptura do terreno a partir de um *terremoto* que pode ser esperado a longo prazo em um determinado lugar.

período (*period*) Uma divisão do tempo geológico que representa a subdivisão de uma *era.*

período interglacial (*interglacial period*) O período quente de um *ciclo glacial*, durante o qual os mantos de gelo derretem, a água é transferida da criosfera para a hidrosfera e o nível do mar sobre. (Compare com *idade do gelo.*)

permafrost (*permafrost*) Solo permanentemente congelado que contém agregados de cristais de gelo; ocorre em regiões muito frias; qualquer *rocha* ou *solo* que permaneça em temperatura de 0°C ou abaixo disso, por mais de dois anos.

permeabilidade (*permeabillity*) A capacidade que um sólido tem de permitir que fluidos passem através dele.

petróleo (*crude oil*) Um sedimento orgânico que se forma a partir da diagênese da matéria orgânica nos poros de rochas sedimentares; uma classe diversa de líquidos composta de hidrocarbonetos complexos.

pico de Hubbert (*Hubbert's peak*) O ponto alto de uma curva em forma de sino que representa a taxa de produção de petróleo; o ponto em que a produção de petróleo atinge seu valor máximo e, então, começa a declinar.

piroclasto (*pyroclast*) Um fragmento de *rocha* vulcânica ejetado no ar durante uma erupção. (Ver também *bomba; cinza vulcânica.*)

planalto (*plateau*) Uma área plana, ampla, extensa, com *elevação* notável acima dos terrenos vizinhos.

planeta anão (*dwarf planet*) Qualquer objeto minúsculo do sistema solar externo (inclusive Plutão) composto de uma mistura congelada de gases, gelo e rocha e que orbita o Sol seguindo um padrão incomum que, por vezes, os deixa mais próximos ao Sol do que Netuno.

planeta terrestre (*terrestrial planet*) Qualquer um dos quatro planetas internos do sistema solar (Mercúrio, Vênus, Terra e Marte) que se formou a partir de matéria densa próximo ao Sol, onde as condições eram tão quentes que a maioria de seus materiais voláteis entrou em ebulição.

planetesimal (*planetesimal*) Qualquer bloco de material, com tamanho de um quilômetro, que acresceram por atração gravitacional nos primórdios da história do sistema solar.

planície abissal (*abyssal plain*) Uma planície ampla e plana que cobre grandes áreas do fundo oceânico, em profundidades de cerca de 4 mil a 6 mil metros.

planície de inundação (*floodplain*) Uma área plana quase na mesma altura do *canal* fluvial e situada em cada um de seus lados. Ela é parte do *vale* que é inundado quando um *rio* extravasa de suas margens.

planície de maré (*tidal flat*) Uma área lamosa ou arenosa que é exposta na *maré* mais baixa mas que é inundada na maré alta.

plataforma continental (*continental shelf*) Uma plataforma ampla, plana e submersa, coberta por uma camada espessa de *sedimento* de águas rasas que se estende da *linha de costa* até o limite do *talude continental.*

plataforma de gelo (*ice shelf*) Uma camada de gelo flutuante no oceano que está anexo a uma *geleira continental* no continente.

playa (*playa*) Uma camada de *argila*, incrustada com sais, que se forma pela evaporação completa de um *lago de deserto.*

pluma do manto (*mantle plume*) Um jato cilíndrico e estreito de material quente e sólido ascendendo das profundidades do *manto* e tido como responsável pelo vulcanismo intraplacas.

plúton (*pluton*) Uma grande intrusão ígnea, cujo tamanho varia de 1 km3 até centenas de km^3, formada na *crosta profunda.*

pó (*dust*) Material carregado pelo vento; geralmente consiste em partículas com diâmetro abaixo de 0,01 mm (inclusive *silte* e *argila*), mas com frequência inclui partículas maiores.

polimorfo (*polymorph*) Uma das duas ou mais estruturas *cristalinas* possíveis para um único composto químico; por exemplo, os *minerais* quartzo e cristobalita são polimorfos da sílica (SiO_2).

ponto quente (*hot spot*) Uma região de vulcanismo intenso localizada distante do limite de placas; hipoteticamente, seria a expressão superficial de uma *pluma mantélica.*

pórfiro (*porphyry*) Uma *rocha ígnea* com *textura* mista na qual grandes *cristais* (fenocristais) "flutuam" em uma matriz dominantemente fina.

porfiroblasto (*porphyroblast*) Um grande *cristal*, circundado por uma matriz muito mais fina contendo outros *minerais*, formado em *rocha metamórfica* de um mineral que é estável em uma faixa ampla de temperatura e pressão.

porosidade (*porosity*) A percentagem de um volume de rocha que consiste em poros abertos entre os grãos.

praia (*beach*) Um ambiente da *linha de costa* composto de *areia* e seixos.

precipitação (*precipitation*) (1) Um depósito, na superfície terrestre, de vapor d'água atmosférico condensado na forma de chuva, neve, granizo ou nevoeiro. (2) A condensação de um sólido de uma solução durante uma reação química.

precipitado (*precipitate*) Os *cristais* que são retirados de uma solução saturada.

princípio da horizontalidade original (*principal of original horizontality*) Princípio estratigráfico de que os *sedimentos* são depositados como camadas essencialmente horizontais.

princípio da superposição (*principle of superposition*) Princípio que estabelece que cada camada *sedimentar* de uma sequência tectonicamente não perturbada é mais nova que aquela sotoposta a ela e mais antiga que a sobreposta.

princípio de sucessão faunística (*principle of faunal succession*) Um princípio estratigráfico segundo o qual os estratos de *rocha sedimentar* em um afloramento contêm distintos *fósseis* dispostos em uma sequência definida da base para o topo.

princípio do uniformitarismo (*principle of uniformitarism*) Um princípio postulando que os processos geológicos que vemos atualmente em ação funcionaram basicamente da mesma forma ao longo do passado geológico.

profundidade de compensação carbonática (PCC) (*carbonate compensation depth*) A profundidade oceânica abaixo da qual a água do mar é suficientemente subsaturada com carbonato de cálcio que dissolve as conchas e os esqueletos de carbonato de cálcio.

província tectônica (*tectonic province*) Uma região de ampla escala formada por processos tectônicos específicos.

quad (*quad*) Uma unidade que consiste em 1 quadrilhão (10^{15}) de unidades térmicas britânicas (Btu), utilizada para medir grandes volumes de energia.

quartzarenito (*quartz arenite*) Um arenito composto quase exclusivamente de grãos de quartzo, normalmente bem selecionado e arredondado.

quartzito (*quartzite*) Uma *rocha granoblástica* muito dura e branca, derivada do arenito rico em quartzo.

quilha cratônica (*cratonic keel*) Uma parte do *manto* litosférico mecanicamente estável e quimicamente distinta que se estende na astenosfera a 200 ou 300 km abaixo de um *cráton* como o casco de um barco dentro d'água.

quimioautótrofo (*chemoautotroph*) Um *autótrofo* que não deriva sua energia da luz solar, e sim de químicos produzidos quando os minerais são dissolvidos.

quimiofóssil (*chemofossil*) O remanescente químico de um composto orgânico feito por um organismo enquanto estava vivo.

radiação (*radiation*) Ver *radiação evolutiva.*

radiação evolutiva (*evolutionary radiation*) A evolução relativamente rápida de muitos novos tipos de organismos a partir de um ancestral comum.

rastejamento (*creep*) Lento *movimento de massa* do *solo* ou de outros detritos em uma taxa variável de 1 a 10 mm por ano.

recarga (*recharge*) A *infiltração* de água em qualquer formação rochosa subsuperficial.

recife (*reef*) Uma estrutura orgânica em forma de montículo ou de parede, constituída de esqueletos e conchas carbonáticos de organismos marinhos.

recuperação isostática glacial (*glacial rebound*) Um mecanismo de epirogenia em que a litosfera continental, deprimida pelo peso de uma geleira grande, recupera-se para cima por dezenas de milênios após o derretimento da geleira.

recurso (*resource*) (1) Quantidade total de um dado material que pode tornar-se disponível para uso no futuro, incluindo as *reservas*, além dos depósitos que foram descobertos e ainda não têm viabilidade econômica, mais os depósitos não descobertos que os geólogos acreditam poder, eventualmente, descobrir. (Compare com *reserva.*) (2) Um *recurso natural.*

recurso não renovável (*nonrenewable resourse*) Um *recurso natural* que é produzido a uma taxa muito mais lenta do que a taxa em que a civilização humana o está consumindo; por exemplo, *combustíveis fósseis*. (Compare com *recurso renovável.*)

recurso natural (*natural resource*) Um suprimento de energia, água ou matéria-prima utilizado pela civilização humana e que está disponível em seu ambiente natural. (Ver também *recurso.*)

recurso renovável (*renewable resourse*) Um *recurso natural* que é produzido a uma taxa rápida o bastante para compensar a taxa com que a civilização humana o está consumindo; por exemplo, madeira. (Compare com *recurso não renovável.*)

registro geológico (*geologic record*) Informações sobre eventos e processos geológicos que foram preservadas em rochas à medida que se formaram em vários momentos da história da Terra.

rejeito (*fault slip*) A distância do deslocamento dos dois blocos de *rocha* de cada lado de uma *falha* que ocorre durante um *terremoto.*

rejuvenescimento (*rejuvenation*) Soerguimento renovado de uma cadeia de montanhas, em um local já soerguido anteriormente, fazendo com que a área retorne a um estágio mais jovem.

relevo cárstico (*karst topography*) Um terreno irregular, ondulado, caracterizado pela ocorrência de *sumidouros*, cavernas e pela ausência de *rios* superficiais; formado em regiões de clima úmido, vegetação abundante, formações calcárias fortemente fraturadas e um *gradiente hidráulico* notável. Também grafado na forma menos utilizada como "relevo cársico".

relevo (*relief*) A diferença entre as *elevações* mais alta e mais baixa de uma área.

reserva (*reserve*) Depósito de um *recurso natural* que já foi descoberto e que pode ser minerado econômica e legalmente. (Compare com *recurso.*)

reservatório geoquímico (*geochemical reservoir*) Um dos componentes do *sistema Terra* onde uma substância química é armazenada em algum ponto de seu *ciclo geoquímico.*

reservatório (*reservoir*) Ver *reservatório geoquímico.*

respiração (*respiration*) O processo metabólico pelo qual os organismos liberam a energia armazenada em carboidratos; exige oxigênio.

ressaca (*storm surge*) Um domo de água do mar, formado por um *furacão*, que ascende acima do nível da superfície oceânica circundante.

retroalimentação negativa (*negative feedback*) Processo pelo qual uma ação produz um efeito (retroalimentação) e tende a neutralizar a ação original e estabilizar o sistema contra qualquer mudança. (Compare com *retroalimentação positiva.*)

retroalimentação positiva (*positive feedback*) Um processo no qual uma ação produz um efeito (retroalimentação) que tende acelerar a ação original e amplificar a mudança no sistema. (Compare com *retroalimentação negativa.*)

rio (*river*) Um braço principal de um sistema *fluvial*.

rio antecedente (*antecedent stream*) Uma *corrente* que já existia antes que a presente *topografia* fosse criada e que, assim, manteve seu curso original, apesar das mudanças na estrutura das *rochas* subjacentes e na topografia. (Compare com *rio superimposto.*)

rio efêmero (*dry wash*) Um *vale* de deserto que transporta água somente após uma chuva; chamado de *wadi* no Oriente Médio; o mesmo que oued e uede.

rio em equilíbrio (*graded stream*) Um *rio* no qual a declividade, a velocidade e a *vazão* combinam-se para transportar sua carga *sedimentar*, sem que haja sedimentação ou *erosão* no rio ou em sua planície de inundação.

rio entrelaçado (*braided stream*) Um *rio* cujo *canal* divide-se em uma rede entrelaçada de canais, os quais então voltam a se reunir, formando um padrão que lembra uma trança de cabelo.

rio superimposto (*superposed stream*) Um *rio* que erode uma ravina em *formações* resistentes porque o seu curso foi estabelecido em um nível mais alto em *rochas* uniformes, antes que o solapamento começasse. (Compare com *rio antecedente.*)

riólito (*rhyolite*) Uma *rocha ígnea félsica* de granulação fina, de cor castanha-clara a cinza. Equivalente *extrusivo* do *granito.*

risco sísmico (*seismic risk*) Danos causados por terremotos que podem ser esperados a longo prazo em uma região específica. Geralmente medidos em termos de perdas médias em valores monetários por ano.

rocha (*rock*) Um agregado sólido de minerais de ocorrência natural ou, em alguns casos, matéria sólida não mineral.

rocha carbonática (*carbonate rock*) Uma *rocha sedimentar* formada por *sedimentos carbonáticos.*

rocha encaixante (*country rock*) Rocha que circunda uma rocha ígnea intrusiva.

rocha evaporítica (*evaporite rock*) Uma *rocha sedimentar* formada por *sedimentos evaporíticos.*

rocha félsica (*felsic rock*) Uma *rocha ígnea* de cor clara, pobre em ferro e magnésio e rica em *minerais* com alto teor de sílica, como quartzo, ortoclásio e plagioclásio. (Compare com *rocha máfica; rocha ultramáfica.*)

rocha foliada (*foliated rock*) *Uma rocha metamórfica* com *foliação*. Dentre as rochas foliadas encontram-se a *ardósia, o filito, o xisto* e o *gnaisse*. (Compare com *rocha granoblástica.*)

rocha granoblástica (*granoblastic rock*) Uma *rocha metamórfica* não foliada, formada principalmente por *cristais* que crescem em formas equidimensionais, como cubos e esferas, em vez de crescerem com formas placoides ou alongadas. Dentre as rochas granoblásticas encontram-se *cornubianitos, quartzitos, mármores, greenstones, anfibolitos* e *granulitos*. (Compare com *rocha foliada.*)

rocha ígnea extrusiva (*extrusive igneous rock*) Uma *rocha ígnea* de granulação fina ou vítrea formada a partir de um *magma* resfriado rapidamente que irrompe na superfície por meio de um vulcão. (Compare com *rocha ígnea intrusiva.*)

rocha ígnea intermediária (*intermediate igneous rock*) Uma *rocha ígnea* cuja composição situa-se entre a das rochas máficas e félsicas, não sendo nem tão rica em sílica quanto as *rochas félsicas* nem tão pobre quanto as *rochas máficas.*

rocha ígnea intrusiva (*intrusive igneous rock*) Uma *rocha ígnea* de granulação grossa formada a partir do *magma* que se alojou em *rochas encaixantes* localizadas em alta profundidade na *crosta* e resfriou lentamente. (Compare com *rocha ígnea extrusiva.*)

rocha ígnea (*igneous rock*) Uma *rocha* formada pela solidificação de um *magma*. (Do latim *ignis*, que significa "fogo".)

rocha máfica (*mafic rock*) Uma *rocha ígnea* de cor escura contendo *minerais* (como piroxênios e olivinas) ricos em ferro e magnésio e relativamente pobres em sílica. (Compare com *rocha félsica; rocha ultramáfica.*)

rocha metamórfica (*metamorphic rock*) *Uma rocha* formada por alta temperatura e pressão que causa mudanças na mineralogia, textura ou composição química de qualquer tipo de rocha preexistente enquanto mantém a forma sólida. (Do grego *meta*, que significa "mudança", e *morphe*, que significa "forma".)

rocha sedimentar orgânica (*organic sedimentary rock*) Uma *rocha sedimentar* que consiste parcial ou inteiramente em depósitos orgânicos ricos em carbono, formados pelo soterramento e *diagênese* de material anteriormente vivo.

rocha sedimentar (*sedimentary rock*) Uma *rocha* formada pelo soterramento e *diagênese* de camadas de *sedimentos.*

rocha ultramáfica (*ultramafic rock*) Uma *rocha ígnea* composta basicamente de *minerais* máficos que contém menos de 10% de feldspato. (Compare com *rocha félsica; rocha máfica.*)

Rodínia (*Rodinia*) Um supercontinente mais antigo que a *Pangeia* que se formou há cerca de 1,1 bilhão de anos e começou a se fragmentar aproximadamente 750 milhões de anos atrás.

salinidade (*salinity*) Quantidade total de substâncias dissolvidas em um dado volume de água do mar.

saltação (*saltation*) O transporte de *areia* e de *sedimentos* finos ao longo de uma corrente, na qual as partículas se movem em uma sequência de saltos intermitentes.

seca (*drought*) Um período de meses ou anos quando a precipitação é muito mais baixa do que o normal.

seção geológica transversal (*geologic cross section*) Um diagrama que mostra as feições geológicas que seriam visíveis se fossem feitos cortes verticais através de parte da *crosta.*

sedimento (*sediment*) Um material depositado na superfície da Terra por agentes físicos (vento, água e gelo), químicos (*precipitação* a partir de oceanos, lagos e *rios*) ou biológicos (organismos vivos e mortos).

sedimento bioclástico (*bioclastic sediment*) Um *sedimento* de água rasa composto de fragmentos de conchas ou esqueletos precipitados diretamente de organismos marinhos e consistindo nos dois *minerais* carbonato de cálcio, calcita e aragonita, em proporções variáveis.

sedimento biológico (*biological sediment*) Um *sedimento* formado próximo a seu local de deposição como resultado de *precipitação* direta ou indireta por organismos. (Compare com *sedimento químico*.)

sedimento carbonático (*carbonate sediment*) O *sedimento* formado pela acumulação de minerais carbonáticos direta ou indiretamente precipitados por organismos marinhos.

sedimento evaporítico (*evaporite sediment*) *Sedimento químico* que é precipitado a partir da água do mar em evaporação ou da evaporação da água dos lagos.

sedimento pelágico (*pelagic sediment*) *Sedimento* de mar aberto composto de partículas terrígenas de granulação fina e partículas precipitadas biologicamente que se assentam lentamente da superfície do mar até o fundo.

sedimento químico (*chemical sediment*) *Sedimento* formado em seu local de deposição ou próximo a ele a partir de produtos dissolvidos e *precipitado* a partir da água. (Compare com *sedimento biológico*.)

sedimento siliciclástico (*siliciclastic sediment*) *Sedimento* formado de partículas clásticas produzidas pelo *intemperismo* de *rochas* e fisicamente depositado pela água corrente, pelo vento ou pelo gelo. (Do grego *klastos*, que significa "quebrado".)

sedimento terrígeno (*terrigenous sediment*) *Sedimento* erodido na superfície da Terra.

seleção natural (*natural selection*) O processo pelo qual traços herdados em uma população de organismos aumentam a probabilidade de que um organismo sobreviva e se reproduza com êxito ao longo de sucessivas gerações.

seleção (*sorting*) A tendência que as correntes têm, à medida que variam de velocidade, de segregar os *sedimentos* de acordo com o tamanho.

sequestro de carbono (*carbon sequestration*) O processo de remover carbono da atmosfera e depositá-lo em reservatórios de longo prazo.

sílex (*chert*) Uma *rocha sedimentar* composta de sílica por processos químicos ou biológicos.

silicatos (*silicates*) A classe de minerais mais abundante da crosta terrestre, composta de oxigênio (O) e silício (Si), principalmente em combinação com cátions de outros elementos.

silte (*silt*) *Sedimento siliciclástico* no qual a parte dos grãos situa-se entre os diâmetros de 0,0039 e 0,0062 mm.

siltito (*siltstone*) Uma *rocha sedimentar* que contém predominantemente *silte* e é similar ao *lamito* ou *arenito* de granulação muito fina. Equivalente litificado do silte.

sinclinal (*syncline*) Uma dobra de *rochas* em camada em forma de fossa que contém camadas mais jovens no núcleo da dobra. (Compare com *anticlinal*.)

sismógrafo (*seismograph*) Instrumento que registra *ondas sísmicas* geradas por terremotos.

sistema da tectônica de placas (*plate tectonic system*) Um *geossistema* global que inclui o *manto* em convecção e seu mosaico sobreposto de placas litosféricas.

sistema do clima (*climate system*) O *geossistema* global que inclui todas as partes do *sistema Terra* e todas as interações entre esses componentes que são necessárias para determinar o clima em escala global e como ele muda ao longo do tempo.

sistema Terra (*Earth system*) A coleção dos *geossistemas* abertos, interativos e, muitas vezes, sobrepostos da Terra.

soleira (*sill*) Uma *intrusão ígnea concordante* tabular formada pela injeção do *magma* entre as camadas paralelas de *rocha encaixante*. (Compare com *dique*.)

solo (*soil*) Uma combinação intricada de *rocha* intemperada e matéria orgânica.

solução hidrotermal (*hydrothermal solution*) Uma solução de água quente formada quando a *água subterrânea* ou a água do mar entra em contato com uma intrusão magmática quente, reage com ela e transporta quantidades significativas de elementos e íons liberados pela reação, que podem ser posteriormente depositados na forma de minérios.

sombra pluvial (*rain shadow*) Uma área de baixa precipitação na vertente de sotavento de uma cadeia de montanhas.

stock (*stock*) Um *plúton* com menos de 100 km^2 de área.

subducção (*subduction*) O afundamento da *litosfera* oceânica, sob outra placa, em um limite convergente de placas.

subsidência (*subsidence*) Uma depressão ou afundamento de uma área ampla da *crosta* em relação à crosta circundante, induzida parcialmente pelo peso adicional de *sedimentos*, mas causada principalmente por processos da tectônica de placas.

sucessão de camadas (*bedding sequence*) Uma sequência de camadas tipicamente intercaladas e empilhadas verticalmente de diferentes tipos de *rochas sedimentares*.

sucessão estratigráfica (*stratigraphic succession*) Um conjunto de estratos *rochosos* ordenados de forma cronológica.

sucessão faunística, princípio de (*faunal succession, principle of*) Ver *princípio de sucessão faunística*.

suíte ofiolítica (*ophiolite suite*) Uma assembleia de *rochas*, característica do fundo oceânico, mas encontrada também nos continentes, e que consiste em *sedimentos* de mar profundo, *lavas basálticas* submarinas e intrusões *ígneas máficas*.

sulfatos (*sulfates*) Uma classe de *minerais* que são compostos do ânion sulfato (SO_4^{2-}) e de *cátions metálicos*.

sulfetos (*sulfides*) Uma classe de minerais que são compostos do ânion sulfeto (S^{2-}) e de *cátions metálicos*.

superfície freática (*groundwater table*) Limite entre a *zona subsaturada* e a *zona saturada*.

superposição, princípio da (*superposition, principle of*) Ver *princípio da superposição*.

sutura (*suture*) Uma zona estreita onde dois blocos continentais foram justapostos por convergência de placas, e a bacia oceânica que já os separou foi inteiramente subduzida. As zonas de sutura são frequentemente marcadas por *suítes ofiolicas*.

talude continental (*continental slope*) Uma encosta íngreme localizada entre a *plataforma continental* e a *elevação continental*.

tálus (***talus***) Grandes blocos de *rocha* caídos de uma vertente muito íngreme de *calcário* ou arenito duro e cimentado e que se acumulam em uma encosta mais suave no pé da vertente.

tapete microbiano (***microbial mat***) Uma comunidade microbiana em camadas que geralmente ocorre em *planícies de maré*, lagoas hipersalinas e fontes termais.

tectônica de flocos (***flake tectonics***) O processo tectônico de um planeta com um manto em convecção vigorosa sotoposto a uma *crosta* delgada, que se rompe em flocos ou se enruga como um tapete; acredita-se ter ocorrido em Vênus e, possivelmente, nos primórdios da Terra.

tectônica de placas (***plate tectonics***) Teoria que descreve e explica a criação e a destruição das placas litosféricas da Terra e seu movimento sobre a superfície terrestre. (Do grego *tekton*, que significa "construtor".)

tempo de residência (***residence time***) Tempo médio que um átomo de um elemento específico permanece em um *reservatório geoquímico* antes de deixá-lo.

tensão (***stress***) A força por unidade de área que atua em qualquer superfície de um corpo sólido.

teoria do rebote elástico (***elastic rebound theory***) Teoria sobre o movimento das falhas e da geração de *terremotos*. Sustenta que à medida que os blocos crustais em ambos os lados de uma falha são deformados por forças tectônicas, eles permanecem travados no lugar devido ao atrito, vindo a acumular energia de deformação elástica, até fraturar e voltar ao seu estado não deformado.

terraço de abrasão (***wave-cut terrace***) Uma superfície plana formada pela *erosão* do substrato rochoso das zonas *costeiras* causada pelas ondas abaixo da zona de surfe; pode ser visível na maré baixa.

terraço (***terrace***) Uma superfície plana em forma de degraus que acompanha o curso de um rio, acima da *planície de inundação*. Os terraços geralmente ocorrem em ambas as margens do rio e marcam uma antiga planície de inundação, que existiu em um nível mais alto, antes de ser erodida pelo curso d'água devido ao soerguimento regional ou ao aumento da *vazão*.

terremoto (***earthquake***) Movimentação violenta do terreno que ocorre quando as *rochas* frágeis que estão sob tensões quebram-se repentinamente ao longo de uma *falha*.

terreno acrescido (***accreted terrain***) Uma porção da *crosta* continental, com dezenas a centenas de quilômetros de extensão, com características comuns e origem distinta, geralmente transportado ao longo de grandes distâncias por movimentos de placa e emplastrado no bordo de um continente.

teto (***hanging wall***) O bloco de rocha acima de um plano de *falha* mergulhante. (Compare com *muro*.)

textura (***texture***) Tamanhos e formas dos cristais minerais de uma rocha e a maneira como são juntamente dispostos.

tilito (***tillite***) O equivalente litificado do *till*.

till (***till***) Um *sedimento* sem estratificação e pobremente selecionado, contendo todos os tamanhos de fragmentos, desde *argila* até matacão, e que é depositado diretamente por uma *geleira* em derretimento.

tomografia sísmica (***seismic tomography***) Técnica que usa diferenças nos tempos de propagação de *ondas sísmicas* de *terremotos*, registradas em *sismógrafos*, para construir uma imagem tridimensional do interior da Terra.

topografia (***topography***) Configuração geral das altitudes variáveis que dão forma à superfície terrestre, medidas em relação ao nível do mar.

traço (***streak***) A *cor* do fino depósito de poeira *mineral* deixado sobre uma superfície abrasiva quando um mineral é nela riscado.

trajetória de concentração representativa – TCR (***representative concentration pathway – RCP***) Cenário desenvolvido pelo IPCC no seu Quinto Relatório de Avaliação referente a como as concentrações de gases de efeito estufa na atmosfera terrestre irão variar durante o século XXI. Cada cenário é caracterizado por uma concentração de gases de efeito estufa no ano 2100, expressos como a forçante radiativa líquida em unidades de fluxo radiativo [W/m^2] em relação à atmosfera pré-industrial.

trajetória de pressão-temperatura (***pressure-temperature path***) Ver *trajetória P-T*.

trajetória dos raios sísmicos (***seismic ray path***) A trajetória ao longo da qual a energia sísmica se propaga. As trajetórias dos raios são perpendiculares às frentes de ondas.

trajetória P-T (***P-T path***) A história da mudança de condições de temperatura (T) e pressão (P), refletida na textura e *mineralogia* de uma *rocha metamórfica*.

transferência de elétrons (***electron transfer***) O mecanismo pelo qual uma *ligação iônica* se forma entre os elementos de uma reação química.

tributário (***tributary***) Um *rio* que descarrega sua água em outro maior.

troposfera (***troposphere***) A camada mais inferior da atmosfera, que tem espessura média em torno de 11 km, contém cerca de três quartos da massa da atmosfera e conduz calor de forma vigorosa, devido ao aquecimento irregular da superfície terrestre pelo Sol. (Do grego *tropos*, que significa "virar" ou "misturar".) (Compare com *estratosfera*.)

tsunâmi (***tsunami***) Uma onda marinha gigante, de grande velocidade, gerada por *terremoto* que ocorre abaixo do assoalho oceânico, que se propaga pelo oceano e aumenta de tamanho quando atinge a costa.

tufo (***tuff***) Qualquer *rocha* vulcânica *litificada* a partir de *piroclastos* pequenos. (Compare com *brecha*.)

turfa (***peat***) Um material rico em matéria orgânica, composto de vegetação acumulada preservada a partir do decaimento em um ambiente pantanoso, e que contém mais de 50% de carbono.

umidade relativa (***relative humidity***) A quantidade de vapor d'água no ar expressa como uma percentagem da quantidade total de água que o ar poderia manter naquela temperatura, se estivesse saturado.

uniformitarismo, princípio do (***uniformitarianism, principle of***) Ver *princípio do uniformitarismo*.

vale (***valley***) Área entre os topos das vertentes em ambos os lados de um canal ou de um *rio*.

vale em U (***U-shaped valley***) Um *vale* profundo com paredes íngremes que muda para um fundo plano; é a típica forma de um vale erodido por uma *geleira*.

vale suspenso (*hanging valley*) Um *vale* abandonado de uma geleira tributária que adentra um vale glacial maior, acima da sua base e em posição elevada na parede deste.

varve (*varve*) Um par de camadas *sedimentares* alternadas de grãos finos e grossos, depositadas no fundo de um lago por uma geleira de vale, formadas em um ano pelo congelamento sazonal da superfície de um lago.

vasa de foraminífero (*foraminiferal ooze*) Um *sedimento* arenoso e siltoso composto de carapaças de *foraminíferos mortos; também denominada lama de foraminíferos.*

vasa silicosa (*siliceous ooze*) Um *sedimento pelágico* precipitado biologicamente que consiste em restos das carapaças silicosas de diatomáceas e radiolários.

vazão (*discharge*) (1) Volume de *água subterrânea* que deixa um *aquífero* em um dado tempo. (Compare com *recarga*.) (2) O volume de água que passa em um dado tempo e local à medida que flui através de um *canal* de certa profundidade e largura.

veio (*vein*) Um depósito tabular de *minerais* em fraturas ou *juntas* que são estranhos à *rocha encaixante*, geralmente por uma *solução hidrotermal.*

velocidade de assentamento (*settling velocity*) Velocidade na qual as partículas de vários pesos suspensas em uma corrente assentam-se no fundo.

velocidade relativa das placas (*relative plate velocity*) Velocidade na qual uma placa litosférica se move em relação a outra.

ventifacto (*ventifact*) Um seixo facetado pelo vento que tem várias faces curvas ou quase planas que se encontram em arestas agudas. Cada superfície ou faceta é resultado da abrasão do lado de barlavento do seixo.

verniz do deserto (*desert varnish*) Uma distinta película de cor castanho-escura, às vezes brilhante, encontrada em muitas superfícies rochosas do deserto, que resulta de uma mistura de argilo-minerais com menores quantidades de óxidos de manganês e de ferro.

viscosidade (*viscosity*) A medida da resistência ao fluxo oferecida por um fluido.

vulcão (*volcano*) Uma colina ou montanha construída pela acumulação de *lavas* e *piroclastos.*

vulcão-escudo (*shield volcano*) Um amplo *vulcão* em forma de escudo, com muitas dezenas de quilômetros de circunferência e mais de 2 km de altura, construído por fluxos sucessivos de *lava basáltica* fluida a partir de um conduto central.

wadi (*wadi*) Um *vale* de deserto que transporta água somente após uma chuva; o mesmo que oued e uede; chamado de *rio efêmero* ou dry wash no Oeste dos EUA.

xisto (*schist*) Uma *rocha metamórfica* de grau intermediário caracterizada por *foliação* penetrativa grossa e ondulada, conhecida como xistosidade.

xisto azul (*bluechist*) Uma *rocha metamórfica* formada em condição de alta pressão e temperatura moderada, geralmente contendo glaucofano, um anfibólio azul.

xisto verde (*greenschist*) (1) Uma *rocha metamórfica* de baixo grau formada de rochas máficas vulcânicas e que contém uma abundância de clorita. (2) O grau metamórfico acima do grau da zeólita.

zeólita (*zeolite*) (1) Classe de *minerais* silicáticos que contêm água dentro da estrutura do *cristal*, formados por metamorfismo em temperaturas e pressões muito baixas. (2) O menor grau metamórfico.

zona de baixa velocidade (*low-velocity zone*) Uma camada próxima à base da *litosfera*, começando a uma profundidade de aproximadamente 100 km, onde a velocidade das *ondas S* diminui abruptamente, marcando a parte superior da *astenosfera.*

zona de sombra (*shadow zone*) (1) Uma zona além de 105° a partir do *foco* de um *terremoto*, onde as *ondas S* estão ausentes, por não serem transmitidas através do *núcleo externo* líquido. (2) Uma zona entre a distância angular de 105° e 142° a partir do foco de um terremoto onde as *ondas P* estão ausentes, porque elas são refratadas para baixo em direção ao núcleo e emergem a distâncias maiores, após o atraso causado pela sua viagem através do núcleo.

zona de transição (*transition zone*) A parte do *manto* unida por duas *mudanças de fase* abruptas em profundidades de aproximadamente 410 e 660 km.

zona habitável (*habitable zone*) A distância de uma estrela em que a água permanece estável na forma líquida; se a órbita de um planeta estiver nesta zona, existe a possibilidade de a vida ter se originado lá.

zona saturada (*satured zone*) Nível abaixo do *lençol freático* no qual os poros do *solo* ou da *rocha* estão completamente preenchidos com água. Também chamada de zona freática. (Compare com *zona subsaturada*.)

zona subsaturada (*unsatured zone*) O nível acima do *lençol freático* em que os poros do *solo* ou da *rocha* não estão completamente preenchidos com água. Também chamado de zona vadosa. (Compare com *zona saturada*.)

Índice

Os números de página em *itálico* indicam figuras; os números de página em **negrito** indicam termos-chave; e a letra *q* após um número de página indica um quadro.

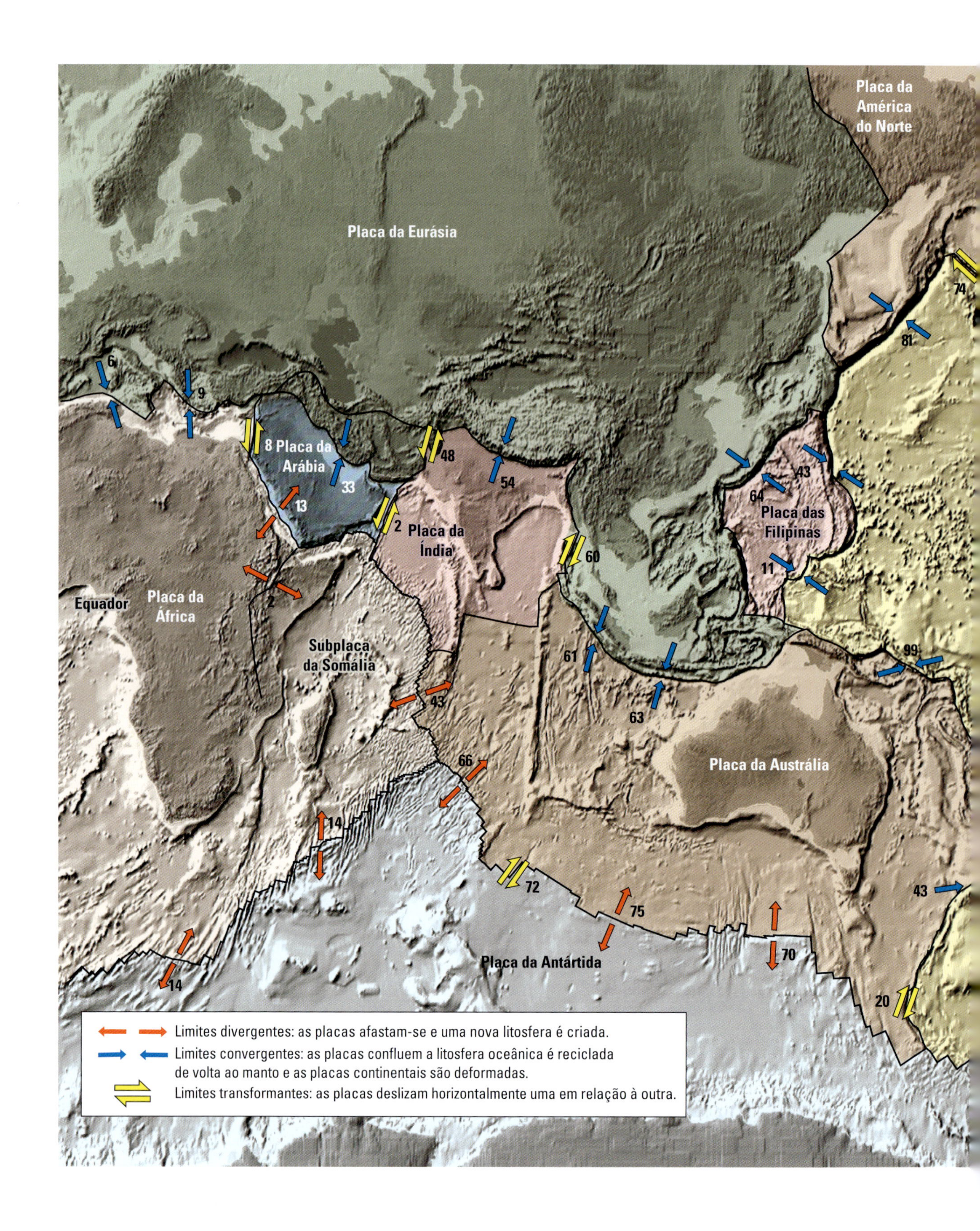

Placa da América do Norte
Placa da Eurásia
74
81
6
9
8 Placa da Arábia
33
13
48
54
2 Placa da Índia
43
64
Placa das Filipinas
60
11
Equador
Placa da África
2
Subplaca da Somália
61
99
43
63
66
Placa da Austrália
14
72
75
43
70
14
Placa da Antártida
20
Limites divergentes: as placas afastam-se e uma nova litosfera é criada.
Limites convergentes: as placas confluem a litosfera oceânica é reciclada de volta ao manto e as placas continentais são deformadas.
Limites transformantes: as placas deslizam horizontalmente uma em relação à outra.

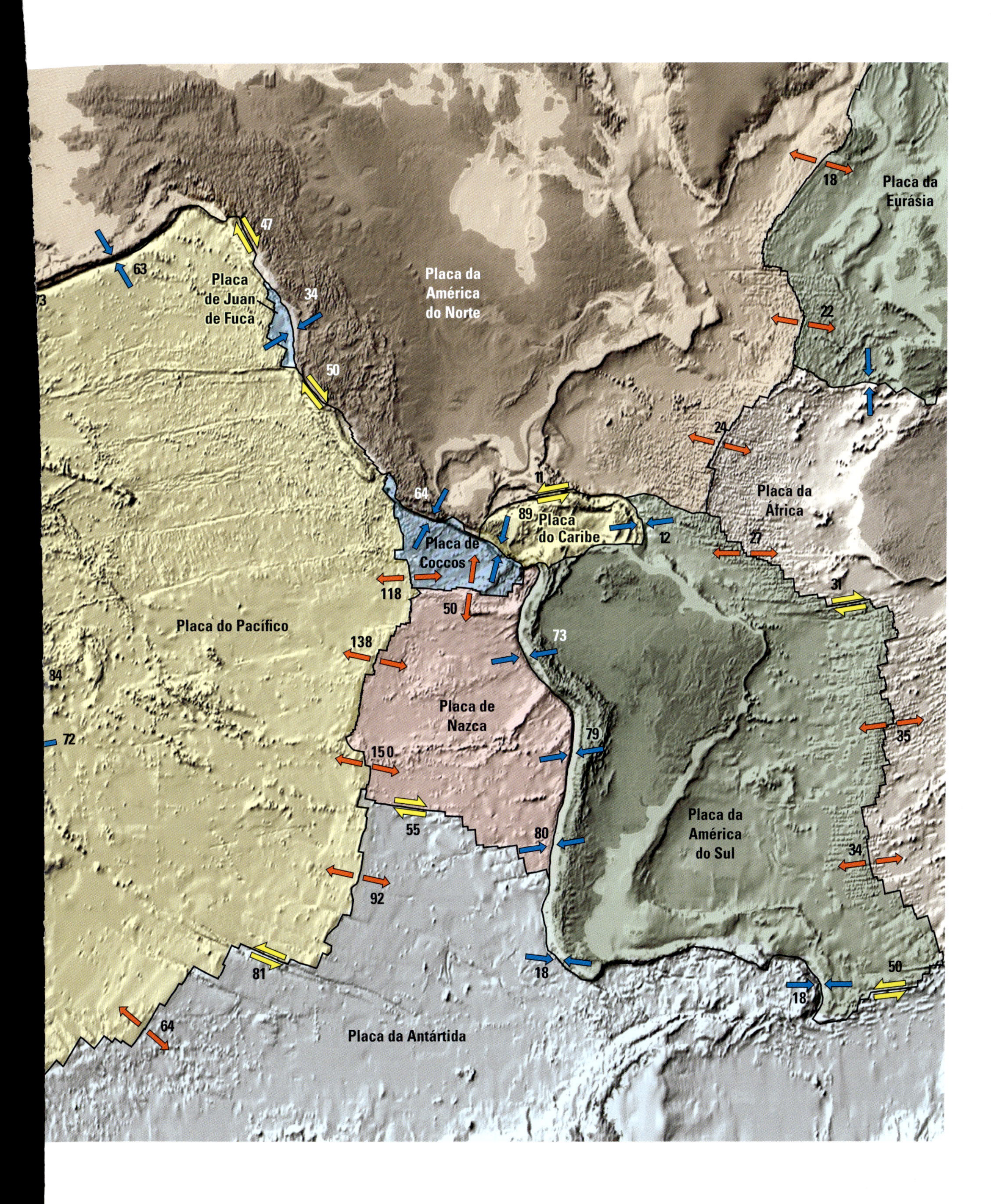

Placa da Eurásia
18
47
63
Placa de Juan de Fuca
34
Placa da América do Norte
22
50
24
Placa da África
11
64
89
Placa do Caribe
12
Placa de Coccos
27
118
31
50
Placa do Pacífico
138
73
84
Placa de Nazca
79
35
72
150
Placa da América do Sul
55
80
34
92
81
18
50
18
64
Placa da Antártida